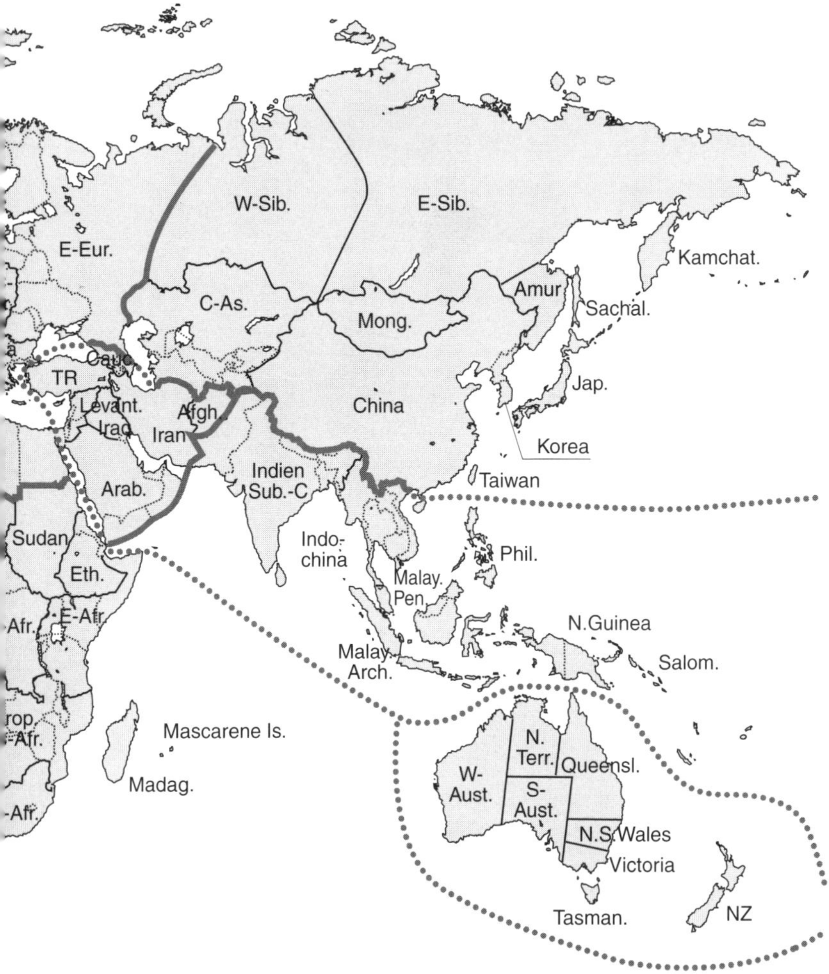
W-Sib.
E-Sib.
E-Eur.
Kamchat.
Amur
Sachal.
C-As.
Mong.
Cauc.
TR
Levant.
Iraq
Afgh.
Iran
China
Jap.
Korea
Indien
Sub.-C
Taiwan
Arab.
Sudan
Eth.
Indo-
china
Phil.
Malay.
Pen.
E-Afr.
Afr.
N.Guinea
Malay.
Arch.
Salom.
Mascarene Is.
Madag.
N.
Terr.
Queensl.
W-
Aust.
S-
Aust.
N.S.Wales
Victoria
Tasman.
NZ

Walter Erhardt / Erich Götz /
Nils Bödeker / Siegmund Seybold

Zander

Handwörterbuch der Pflanzennamen
Dictionary of plant names
Dictionnaire des noms des plantes

17. Auflage

E.U.
VERLAG
EUGEN
ULMER

Übersetzungen / Translation / Traduction

Michael Ashdown, Wellington (NZ)
Charles Quest-Ritson, Salisbury (GB)
Jean-Pierre Cordier, Angers (F)
Ulla Neumann, Céline Pertuson, Paris (F)
16. Auflage: Dr. Hilde Fischer, Bindlach (D)
Aline Raynal-Roques, Paris (F)
Laurent Bray, Paris (F)

Bildnachweis / Picture credits

Alle Karten wurden von Helmuth Flubacher, Waiblingen, nach Vorlagen der Autoren oder entsprechend vermerkten Quellen gefertigt.
All maps prepared by Helmuth Flubacher, Waiblingen (D), in accordance with authors' drafts or noted sources.

Die Deutsche Bibliothek – CIP-Einheitsaufnahme
Ein Titelsatz für diese Publikation ist bei Der Deutschen Bibliothek erhältlich

Wollgrasweg 41, 70599 Stuttgart (Hohenheim)
www.ulmer.de
Info@ulmer.de
Lektorat: Hermine Tasche
Herstellung: Otmar Schwerdt
Printed in Germany
Druck und Bindung: Clausen + Bosse, Leck

ISBN 3-8001-3573-6
ISBN 1-903257-09-3
ISBN 2-84138-194-3

Inhaltsverzeichnis

Taxonomische Klassifikationen sind niemals richtig oder falsch; sie sind lediglich mehr oder weniger sinnvoll und akzeptabel.
Peter F. Yeo

Vorwort

Die 16. Auflage stellte einen gravierenden Einschnitt in der Serie der *Zander*-Auflagen dar. Nicht etwa, weil zum Teil die Bearbeiter gewechselt haben, sondern weil das Buch erstmals auf der Basis einer elektronischen Datenbank erstellt wurde. Diese bestand zum einen aus den Satzdaten der 15. Auflage, den Daten des »PPP-Index« sowie weiterer Einzeldateien, die in Verbund zueinander gebracht werden mussten. Jeder, der schon länger mit dem Computer arbeitet, weiß aber auch, dass es keine Software gibt, die bereits in der ersten Version völlig frei von Fehlern wäre. Auch wir sind uns im Klaren darüber, dass uns der Computer bei einigen Dingen im Stich gelassen hat und sich Fehler eingeschlichen haben, die eventuell vermeidbar gewesen wären.
Besonders gravierend war, dass, von uns völlig unbemerkt, die Vulgärnamen der Gemüsearten nicht übernommen worden waren. Wir haben nicht nur diese ergänzt, sondern zugleich eingesehen, dass die Gruppierungen, wie sie im englischen Sprachraum üblich sind, zu einer ziemlichen Verallgemeinerung führen. Eine Einteilung in Subspezies und Varietäten, auch wenn es sich beim Gemüse oft um Kulturformen handelt, ist demnach sinnvoller. Nicht nur hier hat es sich zudem als nützlich erwiesen, die Autonyme, die wir aus Platzgründen weggelassen hatten, beizubehalten.
Unser Hauptanliegen ist es aber, Ihnen zunächst einmal eine fehlerbereinigte Ausgabe des *Zander* zu präsentieren. Die »neue« Linie, die das Buch seit der letzten Auflage verfolgt, ist jedoch geblieben. Die Zahlenverweise der vorherigen Ausgaben entfallen, stattdessen sind die Synonymverweise klar lesbar. Eine rekursive Synonymsuche ist leider aus Platzgründen nicht möglich. Die Bestimmungen des ICBN (Saint Louis Code) wurden auf eine nunmehr leicht lesbare Form verkürzt, ebenso wie der ICNCP. Da nun die beiden Regelwerke in allgemein verständlicher Form vorliegen, dürften sich bestimmt einige Fragen von selbst klären.
Bei der 16. Auflage war die häufigste Frage nach den Hybriden. Da Bezeichnungen wie *Fuchsia*-Hybriden keine botanischen Bezeichnungen sind, hatten wir diese weggelassen und damit ziemliche Unruhe gestiftet. Damit nun ab dieser Auflage wieder Klarheit herrscht, wie mit Sortennamen umgegangen werden soll und wie deren korrekte Schreibweise ist, haben wir ein eigenes Kapitel über Sorten eingefügt und dazu die wichtigsten gärtnerischen Gattungen klassifiziert. Ebenso war bedauert worden, dass die Übersetzungen der Artbezeichnungen weggefallen waren. Diese werden jetzt aus Umfangsgründen in einem gesonderten Band von Herrn Dr. Seybold herausgegeben. Das Buch erscheint im Verlag Eugen Ulmer, Stuttgart. Dort finden Sie auch die von manchen vermissten Betonungszeichen. Neu ist die Nennung der Winterhärtezonen bei den Arten und die Anzahl der jeweiligen Spezies zu den Gattungen.
An dieser Stelle danken wir all denen, die uns durch konstruktive Kritik geholfen haben, Fehlern auf die Schliche zu kommen. Hierbei ist der Computer ein hervorragendes Hilfsmittel, diese rasch und unkompliziert zu bereinigen, auch wenn er uns in der letzten Auflage den einen oder anderen Streich gespielt hat. Umso mehr schätzen wir aber auch die Arbeit unserer Vorgänger, denn Dr. Fritz Encke hat bis ins hohe Alter keine elektronischen Hilfsmittel benützt, um den *Zander* auf dem aktuellen Stand zu halten. Dies ist in der Tat eine unvorstellbare Leistung, denn die Errungenschaften des Informationszeitalter machen doch vieles einfacher, wenn man z. B. allein an die Informationsbeschaffung durch das Internet denkt.
Für Hinweise auf Fehler und Klärung von Detailfragen danken wir Hans Götz, Prof. Dr. W. Greuter, Hans Hachmann, Dr. S. A. Hammer, Prof. Dr. K. Kubitzki, Dr. M. Lauerer, Prof. Dr. S. Liede, Dr. J. D. Nauenburg, Dr. R. K. Rabeler, David Rhodes, Peter Robinson, Prof. Dr. P. A. Schmidt, Thomas Unger und Dr. Rolf Wisskirchen.

Stuttgart im Sommer 2002

I Über die Autoren

1 Prof. Dr. Robert Zander

geb. am 26.07.1892, Magdeburg, gest. am 08.05.1969, Berlin

Herausgeber folgender Ausgaben des *Handwörterbuchs der Pflanzennamen:*
1. Aufl. (1927), hierzu Nachtrag 1928; 2. Aufl. (1932); 3. Aufl. (1936); 4. Aufl. (1938); 5. Aufl. (1938); 6. Aufl. (1940); 7. Aufl. (1954); 8. Aufl. (1955); 9. Aufl. (1964).
Zwischen Geburt und Tod dieses Mannes liegt ein reiches, der Botanik und dem Gartenbau verschriebenes Leben, dessen Wirken sich am sichtbarsten niedergeschlagen hat in zahlreichen Schriften und dem Aufbau der Bücherei des deutschen Gartenbaues, mit 35000 Bänden eine der reichhaltigsten Gartenbaubüchereien der Welt. Robert Zander legte seinen Arbeitsschwerpunkt in den letzen Jahren auf die Erfassung des Inhalts gartenbaulicher Zeitschriften. Die Karteikarten, die damals entstanden, zeugen von einer mühsamen Arbeit, deren Ergebnisse noch heute denen zugute kommen, die auf gartenbaulichem Gebiet wissenschaftlich arbeiten.
Das Verzeichnis der wichtigsten Schriften Robert Zanders zeigt seine Vielseitigkeit. Über Jahre prägte er als Schriftleiter einige Zeitschriften, darunter die altberühmte *Gartenflora*, die während des Krieges ihr Erscheinen einstellen musste. Diejenige der Zanderschen Schriften aber, die am stärksten wirkt, ist das *Handwörterbuch der Pflanzennamen*, das heute, wenn auch längst nicht mehr von ihm bearbeitet, in der 17. Auflage vorliegt. Den Anstoß zu dieser Arbeit bekam Zander 1926, als ihn der Reichsverband des deutschen Gartenbaus nach Berlin rief mit dem Auftrag, ein Handwörterbuch der Pflanzennamen als Grundlage für eine einheitliche Benennung gärtnerisch genutzter Pflanzen zu schaffen. Die erste Auflage konnte bereits 1927 erscheinen, ein Nachtrag 1928.
Inzwischen wurde das Handwörterbuch, der *Zander*, wie es von allen seinen Benutzern genannt wird, zum unentbehrlichen Ratgeber für Gärtner, Förster, Pharmazeuten und viele Botaniker, also all derer, die rasch und sicher den korrekten Namen einer wirtschaftlich oder anders genutzten Pflanze feststellen wollen. Die Arbeit an der gartenbauliche Nomenklatur führte Robert Zander in den Internationalen Gartenbau-Nomenklaturausschuss, dessen Sekretär er auf dem 12. Internationalen Gartenbau-Kongress in Berlin war. Bis zu seinem Tode war er tätiges Mitglied des Deutschen Arbeitskreises für Gartenbau-Nomenklatur.
Im Laufe seines Lebens, vor allem als Leiter der heute der Bibliothek der Technischen Universität Berlin angegliederten Gartenbaubücherei, hat er zahllose Menschen an seinem großen Wissen und seiner einzigartigen Literaturkenntnis teilnehmen lassen, sie angeregt und ihnen jede erdenkliche Hilfe bei wissenschaftlichen Arbeiten gegeben.

Liste der wichtigsten Veröffentlichungen:

- *Beitrag zur Kenntnis der tertiären Hölzer des Geiseltals*. Dr. Dissertation, in *Braunkohle* Jahrg. XXII, Nr. 2, 1923.
- *Führer durch den Botanischen Garten der Universität Halle/Saale*, 1925
- *Handwörterbuch der Pflanzennamen und ihrer Erklärungen*. Gärtnerische Verlagsgesellschaft Berlin, Berlin. Ab der 7. Auflage: Verlag Eugen Ulmer, Stuttgart.
- *Wunder der Blüten,* in *Weg zum Wissen* Bd. 76, 1927.
- *Schmarotzende Pflanzen*, 1930.
- *Zanders großes Gartenlexikon*, 1934.
- *Wörterbuch der gärtnerischen Fachausdrücke in vier Sprachen*, 1938.
- *Fachwörterbuch der Konservenindustrie in acht Sprachen*, 1939.
- *Die Kunst des Pflanzenbeschreibens*, 1947.

- *Deutsch-Botanisches Wörterbuch*, 1940, 2. Auflage: *Kleines Botanisches Fremdwörterbuch*, 1947.
- *Die Pflanze im Liebesleben der Völker*, 1951.
- *Geschichte des Gärtnertums*, 1952.
- Mitarbeit am *Leitfaden für den gärtnerischen Berufsschulunterricht*, 1929.
- Mitarbeit bei *Kluges Alphabet*, 1934/35.
- In Zusammenarbeit mit Dr. CLARA TESCHNER, *Der Rosengarten, eine geschichtliche Studie durch zwei Jahrtausende*, 1939.
- *Geschichte des Obstbaues*, in *Trenkles Lehrbuch des Obstbaus*, 1942 sowie die folgenden Ausgaben.

2 Fritz Encke, Günter Buchheim, Siegmund Seybold

Dr. h. c. Fritz Joseph Encke
geb. am 01.08.1904, Köln, gest. am 04.03.02, Greifenstein

Mitherausgeber folgender Ausgaben des *Handwörterbuchs der Pflanzennamen*:
9. Aufl. (1964); 10. Aufl. (1972); 11. Aufl. (1979); 12. Aufl. (1980); 13. Aufl. (1984); 14. Aufl. (1993); 15. Aufl. (1994).
Fritz Joseph Encke arbeitete in den zwanziger Jahren als Gärtner in deutschen und nordamerikanischen Gärtnereien, ab 1929 dann im Palmengarten, Frankfurt, dem er in der Zeit von 1945 bis 1968 als Direktor vorstand. Seinem großen persönliche Einsatz ist zunächst der Fortbestand des Palmengarten nach dem zweiten Weltkrieg und später der Aufbau der bedeutenden Pflanzensammlung zu verdanken. 1968 erhielt er die Ehrendoktorwürde und war Träger des Bundesverdienstkreuzes 1. Klasse. Sein umfangreiches fachschriftstellerisches Werk macht deutlich, dass er sich der gärtnerisch botanischen Wissensvermittlung an Fachleute und Pflanzenliebhaber verpflichtet fühlte. Er verfolgt die Entwicklungen der Botanik und prägte das *Handwörterbuch der Pflanzennamen* nach Robert Zander entscheidend. Seinem Kenntnisreichtum und seiner konzentrierten Arbeitsweise ist es zu verdanken, dass die Heimatgebiete sämtlicher Pflanzenarten aufgenommen werden konnten.

Liste der wichtigsten Veröffentlichungen:
- *Pflanzen für Zimmer und Balkon*, 1. Aufl. 1952 bis 8. Aufl. 1964; 9. Aufl. 1973 bis 13. Aufl. 1987 unter dem Titel *Zimmerpflanzen.*
- *Sommerblumen*, 1961.
- *Die schönsten Kalt- und Warmhauspflanzen*, 1968; 2. Aufl. 1987 unter dem Titel *Kalt- und Warmhauspflanzen.*
- *Zwergsteingärten*, 1978.
- *Kletterpflanzen für Haus und Garten*, 1980.
- *Kübelpflanzen*, 1982.

Dr. Arno Fritz Günther Buchheim
geb. am 26.10.1924, Döbeln

Mitherausgeber folgender Ausgaben des *Handwörterbuchs der Pflanzennamen*:
9. Aufl. (1964); 10. Aufl. (1972); 11. Aufl. (1979); 12. Aufl. (1980); 13. Aufl. (1984); 14. Aufl. (1993); 15. Aufl. (1994)).
Arno Fritz Günther Buchheim ist Botaniker, Bibliograph und Bibliothekar. Er arbeitete zunächst am Botanischen Museum Berlin-Dahlem. Von 1963 bis 1981 war er am Hunt Institute for Botanical Dokumentation, Pittsburgh Pennsylvania tätig. 1985 wechselte er zur John Carter Brown Library, Providenz Rhode Island und arbeitete dort bis zu seinem Ruhestand 1993. Seine Hauptarbeitsgebiete sind die Taxonomie und Nomenklatur mitteleuropäischer Kulturpflanzen sowie die Bibliographie der botanischen Literatur 1730 bis 1840.

Liste der wichtigsten Veröffentlichungen:

- Mitarbeiter am *Syllabus der Pflanzenfamilien*, 12. Aufl., 1968.
- Mitherausgeber des *Botanico-Periodicum-Huntianum*, 1968.

Prof. Dr. Siegmund Gerhard Seybold
geb. am 05.09.1939, Stuttgart

Mitherausgeber folgender Ausgaben des *Handwörterbuchs der Pflanzennamen*: 10. Aufl. (1972); 11. Aufl. (1979); 12. Aufl. (1980); 13. Aufl. (1984); 14. Aufl. (1993); 15. Aufl. (1994), 16. Aufl. (2000), 17. Aufl. (2002).
Siegmund Gerhard Seybold ist Botaniker, arbeitet am staatlichen Naturkundemuseum Stuttgart und ist Honorar-Professor der Universität Stuttgart. Sein Hauptarbeitsgebiet ist die Flora von Baden-Württemberg und ihre Kartierung.
Er übernimmt in den zukünftigen wie auch in den vergangenen Auflagen die Aktualisierung der Übersetzungen der Artbezeichnungen sowie die Pflege der Liste der Autorennamen mit deren Kurzbiographien.

Liste der wichtigsten Veröffentlichungen:

- Mitherausgeber von *Die Farn- und Blütenpflanzen Baden-Württembergs* in 8 Bänden, 1990 bis 1998.
- Mitbearbeiter von SCHMEIL und FITSCHEN, *Flora von Deutschland und angrenzender Gebiete*, ab 89. Auflage, 1993 und Herausgeber dieses Werkes auf CD-ROM, 2001.
- Mitarbeit bei *Index Holmiensis*, seit 1988.

3 Walter Erhardt, Erich Götz, Nils Bödeker, Siegmund Seybold

Walter Erhardt
geb. am 19.02.1952, Kulmbach

Mitherausgeber der 16. Auflage (2000) und der 17. Auflage des *Handwörterbuchs der Pflanzennamen*.
Walter Erhardt ist Lehrer und Medien- und informationstechnischer Berater des Landkreises Kulmbach sowie der Leiter des dortigen Medienzentrums. Als Gartenschriftsteller verfasste er zahlreiche Bücher und Artikel. Durch seine intensive Beschäftigung mit Pflanzen und fachschriftstellerische Tätigkeit entstand eine umfangreiche botanische Fachbibliothek. Er erfasste die Daten für die 16. Auflage des Handwörterbuches und überprüft sie auf ihre nomenklatorische Richtigkeit. Zudem versucht er durch Einbeziehung nationaler und internationaler Fachleute eine Klärung bei der strittigen Frage der Sortenbezeichnungen herbeizuführen.

Liste der wichtigsten Veröffentlichungen:

- *Hemerocallis* (Taglilien),1988; Übersetzung ins Englische, 1992.
- *Pflanzen-Einkaufsführer*, 1990; ab der 2. Auflage mehrsprachig unter dem Titel *PPP-Index*: 2. Aufl. 1995; 3. Aufl. 1997, 4. Aufl. 2000 unter dem Titel *Pflanze gesucht?*
- *Schöne Usambaraveilchen und andere Gesnerien*, 1993.
- *Narzissen, Osterglocken – Jonquillen – Tazetten*, 1993.
- Mitarbeit an dem von der Société Nationale d'Horticulture de France herausgegebenen Buch *35.000 plantes*, 1997.

Dr. Erich Götz
geb. am 12.12.1940, München

Mitherausgeber der 16. Auflage (2000) und der 17. Auflage des *Handwörterbuchs der Pflanzennamen*.
Erich Götz ist Privatdozent an der Universität Hohenheim. Er lehrt und forscht dort am Institut für Botanik und betreut außerdem die sehr umfangreiche Pflanzensammlung. Er gilt als ein hervorragender Systematiker.
Seine Arbeitsgebiete sind die Gartenstauden, Kakteen, europäischen Gehölze und die mitteleuropäischen Wildpflanzen. Er recherchiert vor allem die Angaben über Herkunft und Verwendung der bisherigen und neu aufgenommenen Arten. Ein weiteres wichtiges Anliegen sind ihm die deutschen Pflanzennamen.

Liste der wichtigsten Veröffentlichungen:
- Die Gehölze der Mittelmeerländer, 1975.
- Mit H. KNODEL: *Erkenntnisgewinnung in der Biologie*, 1980.
- Mit G. GRÖNER: *Kakteen*, 7. Auflage, 1999.
- Sowie eine Reihe von Buchbeiträgen.

Nils Bödeker
geb. am 22.05.1966, Mettmann

Mitherausgeber der 16. Auflage (2000) und der 17. Auflage des *Handwörterbuchs der Pflanzennamen*.
Nach seinem Studium der Landespflege widmete er sich der Softwareentwicklung in diesem Fachbereich. Leicht bedienbare Programme für den Endanwender zu erstellen, ist seine Haupttätigkeit. Auf der Basis seiner gut strukturierten Datenbank ist es möglich die Daten des Handwörterbuches digital zu erfassen, weiterzuverarbeiten und zu ergänzen.

Liste der wichtigsten Veröffentlichungen:
- *PLANTUS* (CD-ROM), 2. Auflage 1999, in Zusammenarbeit mit PETER KIERMEIER.
- *PLANTUS-SÜD* (CD-ROM), 2000, in Zusammenarbeit mit CHRISTOPH WIESCHUS.
- Sowie weitere Veröffentlichungen zum Thema Datenbanken in verschiedenen Gartenfachzeitschriften.

II Einführung in die botanische Namenkunde

1 Allgemeine Regeln für die Namenkunde

Die Benennung der (Wild- und Kultur-) Pflanzen mit wissenschaftlichen Namen (d. h. botanischen Namen in lateinischer Form) wird durch den »International Code of Botanical Nomenclature« (Saint Louis Code) aus dem Jahr 2000, kurz ICBN, geregelt. Eine Übertragung ins Deutsche unter dem Titel »Internationaler Code der botanischen Nomenklatur« gibt es nur vom Tokyo Code, er wurde von Prof. Dr. WERNER GREUTER, Leitender Direktor, und Dr. PAUL HIEPKO, Direktor am Botanischen Garten und Museum in Berlin-Dahlem, gefertigt (Englera 15, Berlin 1995).
Was Prof. Dr. WERNER GREUTER für die deutsche Übersetzung schreibt, gilt gleichermaßen für die französische: »Wie ihr Vorgänger ist diese Übersetzung zwar vollständig und kann ohne weitere Hilfsmittel gebraucht werden. Dennoch ist sie nicht als Surrogat für den offiziellen, englischsprachigen *Code* gedacht. Es ist vielmehr zu empfehlen, sie wenn möglich immer zusammen mit der englischen Urfassung zu benutzen.« Dies gilt umso mehr, da in der jetzigen Auflage des *Zander* nur eine Zusammenfassung in leicht lesbarer Form geboten wird. Bei einer eingehenderen Beschäftigung mit der Materie ist es deshalb unabdingbar, sich mit der Originalliteratur auseinanderzusetzen.
Die Benennung der land-, wald- und gartenbaulichen Sorten wird durch den »International Code of Nomenclature for Cultivated Plants« (ICNCP) von 1995 geregelt. Herausgeber ist PIERS TREHANE. Bislang gibt es hiervon weder eine deutsche noch eine französische Übersetzung, sodass es sich bei der Zusammenfassung, die in Kapitel II-4 genannt wird, um nicht autorisierte Übersetzungen handelt. Umso wichtiger ist hier ein Heranziehen der Originalquelle.

2 Einteilung des Pflanzenreichs

Als Grundlage der Einteilung des Pflanzenreichs dient die international festgelegte Reihenfolge der Rangstufen laut Artikel 1–5 des ICBN. Sie lautet:

Regnum*		Reich
Subregnum*		Unterreich
Divisio, Phylum	(Endung -phyta)**	Abteilung, Stamm
Subdivisio	(Endung -phytina)	Unterabteilung
Classis	(Endung -opsida)	Klasse
Subclassis	(Endung -idae)	Unterklasse
Ordo	(Endung -ales)	Ordnung
Subordo*	(Endung -ineae)	Unterordnung
Familia	(Endung -aceae)***	Familie
Subfamilia	(Endung -oideae)	Unterfamilie
Tribus*	(Endung -eae)	Zweig
Subtribus*	(Endung -inae)	Unterzweig
Genus		Gattung
Subgenus*		Untergattung

* für die Ausführungen im vorliegenden Buch ohne Bedeutung
** Die Endungen von Divisio bis Subordo sind empfohlene, aber nicht vorgeschriebene Endungen.
*** erlaubte Ausnahmen sind in Artikel 18.5 des ICBN geregelt

Sectio*		Sektion
Subsectio*		Untersektion
Series*		Serie
Subseries*		Unterserie
Spezies		Art
Subspezies	(Abkürzung subsp.)	Unterart
Varietas	(Abkürzung var.)	Varietät
Subvarietas*	(Abkürzung subvar.)	Untervarietät
Forma	(Abkürzung fo.)	Form
Subforma*	(Abkürzung subfo.)	Unterform

Das ×-Zeichen steht für Bastarde. Ein Beispiel dafür ist *Narcissus × incomparabilis (= N. poeticus × N. pseudonarcissus*). Hierbei wird Artname × Artname in alphabetischer Reihenfolge geschrieben.

Als Beispiel für die Einordnung einer Pflanze soll Zitronengelbe Reifrock-Narzisse, *Narcissus bulbocodium* subsp. *bulbocodium* var. *citrinum* dienen.

Diviso	*Spermatophyta*	Samenpflanzen
Subdivisio	*Magnoliophytina (Angiospermae)*	Bedecktsamer
Classis	*Liliopsida (Monocotyledoneae)*	Einkeimblättrige Pflanzen
Subclassis	*Liliidae*	Lilienähnliche
Ordo	*Asparagales*	Spargelartige
Familia	*Amaryllidaceae*	Amaryllisgewächse
Genus	*Narcissus*	Narzisse
Spezies	*bulbocodium*	Reifrock-Narzisse
Subspezies	subsp. *bulbocodium*	Eigentliche Reifrock-Narzisse (Autonym)
Varietät	var. *citrinum*	Zitronengelbe Reifrock-Narzisse
Cultivar	'Kenellis'	Sorte 'Kenellis'

3 Internationaler Code der Botanischen Nomenklatur (ICBN)

Seit der letzten Auflage des *Zander* hat sich der Code geändert, allerdings nur unmaßgeblich. Die gültige Version ist jetzt der sogenannte »Saint Louis Code« aus dem Jahr 2000, die vorherige war der »Tokyo Code« von 1994.

Die Botanik verlangt ein einfaches, klares, von den Botanikern aller Länder befolgtes System der Nomenklatur, das sich einerseits mit den Fachausdrücken beschäftigt, die zur Bezeichnung von Rangstufen der taxonomischen Gruppen oder Einheiten verwendet werden, und andererseits mit den wissenschaftlichen Namen der einzelnen taxonomischen Pflanzengruppen. Deshalb regelt dieser Code die korrekte Namengebung und deren Anerkennung auch unabhängig von der Prioritätsregel. Hierbei zählt nicht die völlige grammatikalische Korrektheit, die Regelmäßigkeit oder der Wohlklang der Namen und der mehr oder weniger verbreitete Gebrauch. Allein maßgebliche Gründe, Namen zu ändern, sind entweder eine gründliche Kenntnis der Tatsachen, die sich aus sachkundiger taxonomischer Forschung ergibt, oder die Notwendigkeit, eine regelwidrige Benennung aufzugeben.

Dennoch wird in den Grundsätzen die Prioritätsregel ausdrücklich hervorgehoben, die besagt, dass in der Regel die älteste Veröffentlichung die Nomenklatur einer taxonomischen Gruppe bestimmt. Da dies früher häufig zu Umbenennungen führte, wenn ein einmal eingeführter Gattungsname plötzlich durch einen in einer älteren Veröffentlichung gefundenen ungültig wurde, beschloss man, allgemein gebräuchliche Namen per Dekret in *nomina conservanda* (= geschützte Namen, Sing.: *nomen conservandum*) zu verwandeln. Galt dies vorläufig nur für Gattungsnamen, so kann diese Regelung seit 1994 auch für Artnamen angewandt werden. Wenn man also neueren Forschungen folgt und *Lychnis* und *Silene* als eine Gattung ansieht, so verfügen beide Gattungen über die gleiche Priorität, da sie gleich alt sind. Da es jedoch bereits im Jahre 1771 eine Vereinigung der beiden Gattungen unter *Lychnis* gab, wäre *Lychnis* der nun gültige Name. Da es jedoch weitaus mehr Arten gibt, die *Silene* zugerechnet werden müssen, hat man beschlossen, den Aufwand möglichst gering zu halten und stattdessen die *Lychnis*-Arten umzubenennen. *Silene* wurde ein *nomen conservandum*. Allerdings ist auch *Lychnis* weiterhin gültig, wenn man beide als getrennte Gattungen ansieht.

Die Rangstufen der Taxa von *Regnum* bis *Subforma* sind im vorhergehenden Abschnitt in einem Beispiel erläutert, hinzu kommen die Rangstufen der Bastardnamen. Diese werden gekennzeichnet durch die Vorsilbe *Notho-* , also *Nothogenus* für die Gattung und *Nothospecies* für die Art. Die Rangstufe ist die gleiche wie bei Gattung und Art, sie dienen lediglich zur Kennzeichnung des Bastardcharakters.

Ein Gattungsname darf nicht aus zwei Wörtern bestehen, ein Artname hingegen besteht immer aus zwei Wörtern, nämlich aus dem Gattungsnamen und dem Art-Epitheton. Sollte dieses wiederum aus zwei Wörtern bestehen, so sind diese durch einen Bindestrich zu verbinden (z. B. *Euphorbia caput-medusae*). Auch darf das Art-Epitheton nicht eine Wiederholung des Gattungsnamens sein. Das Geschlecht der Artbezeichnung richtet sich nach dem der Gattung, Bäume z. B. sind in der Regel weiblich (*Fagus sylvatica*).

Die Endungen für das Geschlecht sind im Lateinischen *–us*, für die maskuline (= männliche) Form, hinzu kommen unter anderem Zusammensetzungen mit *-codon, -myces, -odon, -pogon* und *-stemon*. Feminin (= weiblich) sind Bezeichnungen mit *-a, -achne, -chlamys, -daphne, -mecon* oder *-osma*. Neutra (= sächlich) schließlich können auf *-um, -ceras, -dendron, -nema, -stigma* oder *-stoma* enden. Dass allein die Wahl des richtigen Geschlechts eine Wissenschaft für sich ist, zeigt die Tatsache, dass die aus dem Griechischen stammenden Endungen *-anthus* (von *-anthos*) und *-chilus* (von *-chilos*) Neutra sein müssten, jedoch in Übereinstimmung mit der botanischen Nomenklatur als Maskulina behandelt werden.

Man spricht bei den botanischen Bezeichnungen auch oft von den »lateinischen« Pflanzennamen, obwohl die Epitheta keineswegs immer lateinischen Ursprungs sind. Selbst Buchstaben, die im Lateinischen nicht vorkommen, wie w und y, sowie das k, das nur selten verwendet wurde, dürfen Bestandteil eines Gattungs- oder Artnamens sein. Die deutschen Umlaute ä, ö und ü sind mit ae, oe und ue zu umschreiben, nationale Eigenheiten wie die französischen Betonungszeichen è, é, ê oder das spanische ñ sind ebenso verboten. Deshalb hier noch einmal der ausdrückliche Hinweis, warum wir auf die Betonungszeichen, die bis zur 15. Auflage des *Zander* verwendet wurden, völlig verzichten, sogar auf die einzige erlaubte Ausnahme, nämlich das gesprochene ë wie in *Aloë*.

Ein Artname ist immer nur dann gültig, wenn er veröffentlich wurde. Hierbei wird dann der Name des Autors, der diese Veröffentlichung vornahm, mit eingeführt. Wir folgen der inzwischen international gültigen Praxis, hierzu die Abkürzungen des Standardwerkes BRUMMITT »Authors of Plant Names« (1992) zu verwenden. Diese Abkürzungen finden Sie auch im Kapitel XII »Autoren der Pflanzennamen« ab Seite 935. Epitheta, die keinen Autor haben, jedoch trotzdem im gärtnerischen Gebrauch sind, erhalten in der Regel den Zusatz hort. (= hortulanorum), siehe hierzu auch Seite 130. Klammern werden bei der Verwendung des Autorenzitats nicht verwendet, es sei denn, ein Autor ändert den Namen eines Epithetons. Der ursprüngliche Autor muss dann erhalten bleiben. Korrekt ist also *Achillea ageratifolia* var. *serbica* (NYMAN) HEIMERL, weil die Pflanze vorher Artstatus hatte, also *A. serbica* NYMAN hieß. Wenn Pflanzen umbenannt werden, so sind in der Regel neue Erkenntnisse zutage getreten, die berücksichtigt werden. Besonders rasterelektronenmikroskopische Untersuchungen oder molekulare Untersuchungen der Gene, wie sie erst in jüngster Zeit möglich geworden sind, machen mitunter die Zuordnung einer Pflanze zu einer anderen Gattung notwendig. Ausdrücklich jedoch verbietet der Code eine Umbenennung, nur weil ein anderes Epitheton gebräuchlicher oder wohlklingender ist. Wenn eine neue Pflanze benannt wird, so ist dieser eine Beschreibung in lateinischer Sprache beizufügen und ein Herbarbogen anzulegen. Alternativ können auch Präparate erstellt oder Zeichnungen angefertigt werden. Dieses Exemplar, das zugleich vom Autor beschrieben und präpariert und/oder gezeichnet wurde, nennt man den Holotypus einer Art.

Im Anhang des Codes findet man noch Hinweise zu Verwendung von Bastardnamen. Man spricht bei Gattungsbastarden von einem Nothogenus und kennzeichnet diesen durch das

Hybridzeichen × (× *Solidaster* = Aster × Solidago). Artbastarde heißen demzufolge Nothospecies und werden durch dasselbe Zeichen gekennzeichnet, allerdings steht es vor dem Art-Epitheton (*Dactylorhiza* × *carnea* = *D. incarnata* × *D. maculata*). Bei der Nennung der Elternteile ist es nicht notwendig, Vater und Mutter in einer bestimmten Sortierung aufzuführen, die Auflistung erfolgt lediglich in alphabetischer Aufzählung.
Eine besondere Erwähnung bedarf noch der Artikel 18.5 des ICBN. Er besagt, dass Familienbezeichnungen nicht unbedingt auf *-ceae* enden müssen. Schon vorher geltende Bezeichnungen dürfen beibehalten werden bei Palmae (Arecaceae; Typus Areca L.); Gramineae (Poaceae; Typus Poa L.); Cruciferae (Brassicaceae; Typus Brassica L.); Leguminosae (Fabaceae; Typus Faba Mill.); Guttiferae (Clusiaceae; Typus Clusia L.); Umbelliferae (Apiaceae; Typus Apium L.); Labiatae (Lamiaceae; Typus Lamium L.); Compositae (Asteraceae; Typus Aster L.).

4 Internationaler Code der Nomenklatur der Kulturpflanzen (ICNCP)

Der Code zur Nomenklatur der Kulturpflanzen ist seit 1995 unverändert und regelt die Schreibweise von Sortennamen. Bis zur 15. Auflage des *Zander* war unter der Auflistung der Arten häufig die Bezeichnung »-Hybriden« zu finden. Dies ist kein botanischer Terminus, der vom ICNCP zugelassen ist, sondern eine allgemeine Bezeichnung, für die man ebenso den Begriff »-Cultivar« verwenden könnte (siehe hierzu auch Seite 36). Man kann also nach wie vor von *Fuchsia*-Hybriden oder *Iris* Sibirica-Hybriden sprechen, wenn man eine ganze Gruppe von Pflanzen meint. Die korrekte Schreibweise eines Sortennamens regelt der Code.
Als Kulturpflanzen bezeichnet man Pflanzen, die durch Hybridisierung – also Kreuzung von Elternsorten oder Arten – in Kultur entstanden sind, oder solche, die durch Selektionen aus einem Kulturbestand oder einer wilden Population hervorgegangen sind. Allerdings müssen die besonderen Kennzeichen einer solchen Auslese über Generationen erhalten bleiben. Bislang ist es zwar im Gegensatz zu den Wildpflanzen nicht notwendig, ein Belegexemplar zu hinterlegen, um später Unklarheiten anhand dieses Herbarexemplars oder Präparates klären zu können, doch sollte ein solches Vorgehen gefördert werden. Bei den Kulturpflanzen gilt ebenso wie bei den Wildpflanzen der Grundsatz der Erstveröffentlichung. Da z.B. *Cimicifuga simplex* 'Armleuchter' eine Karl-Foerster-Züchtung ist, ist der Name 'White Pearl' zu verwerfen bzw. als Synonym anzusehen.
Zu unterscheiden ist zwischen Sortennamen und Warenzeichen. Da Letztere jedoch Eigentum natürlicher oder juristischer Personen sind, stehen sie nicht uneingeschränkt zur Benutzung frei und werden daher auch nicht als Sorten-Epitheta betrachtet. Ebenso wenig befürwortet der Code die Praxis, Handelsnamen als Ersatz für Sortennamen zu verwenden. Hingegen gibt es keine Regelung für die Schreibweise von Sorten-Epitheta. Diese können jeder Sprache, sogar jedem Jargon entnommen sein und dürfen beliebige nationale Sonderzeichen enthalten. Im Gegensatz zum ICBN hat der ICNCP also weitaus mehr empfehlenden als verbindlichen Charakter.
Verbindlich ist, dass eine Varietät nicht als Sorte bezeichnet werden darf. Der Begriff Sorte wird verwendet für Klone, Pfropfchimären, Linien, die durch Inzucht hervorgingen, F_1-Hybriden und gentechnisch veränderte Pflanzen. Da aus Samen gezogene Individuen häufig variieren, darf in diesem Zusammenhang auch der Begriff »Auslese« oder »Gruppe« im Sorten-Epitheton gebraucht werden. Im Gegensatz zum Sortennamen wird aber der Name einer Sortengruppe nicht in Hochkommas geschrieben (also *Delphinium* 'Finsteraarhorn' im Gegensatz zu *Delphinium* Black Knight Grp.). Die Abkürzung »Grp.« ist ebenfalls durch den Code geregelt, da sie international verständlich ist (für Gruppe, *group*, *groupe*). Nicht verwendet werden sollen die Wörter Kreuzung, Form, Hybride, Auslese, Mutante, Spielart oder Varietät. Ebenso sollte auf den Begriff »verbessert« verzichtet werden, doch findet man häufig in Sorten-Epitheta das Wort »improved«.
Der vollständige Name einer Sorte besteht aus dem anerkannten Namen des Taxons in lateinischer Form (also *Iris sibirica*) gefolgt vom Epitheton der Sorte. Dieses muss mit einem Großbuchstaben beginnen und wird in Hochkommas gesetzt (also *Iris sibirica* 'Caesar's

Brother'). Doppelte Anführungszeichen („ ...") oder die Bezeichung cv. sind nicht erlaubt. Überflüssig ist das Einfügen des Wortes Hybride, also *Iris* Sibirica-Hybride 'Caesar's Brother'. Eine weitere Regelung besagt, dass neue Sorten-Epitheta keine lateinischen Wörter sein dürfen und seit 1996 nicht mehr als 30 Buchstaben oder Zeichen enthalten sollen. Die Sorten-Epitheta dürfen für Drucksachen nicht kursiv gesetzt werden.

Wenn eine fremdsprachliche Veröffentlichung erscheint, darf der Name nicht übersetzt werden, wenn er das gleiche Alphabet benutzt wie die Sprache der Originalveröffentlichung. Ansonsten ist jedoch eine Transliteration erlaubt. Abkürzungen sind verboten (also 'Mount Helena' und nicht 'Mt. Helena'), lediglich Anredewörter und -formen sind erlaubt (Mr, Mrs, Dr, Prof – nach internationalen Gepflogenheit jetzt ohne Abkürzungs-Punkt). Das Hybridzeichen darf nicht verwendet werden (also niemals *Iris* × 'Caesar's Brother'). Es ist überflüssig, den Namensautor anzugeben. Man kann zwar den Züchter mit anführen, doch ist dieser in keiner Weise Bestandteil eines Sorten-Epithetons.

»Taxonomic classifications are never right or wrong; they are merely more or less wise and acceptable.« Peter F. Yeo

Foreword

The 16th edition represents a major turning point in the continuing *Zander* series, not because some of the contributors are new, but because – for the first time – the book has been prepared from an electronic database. This database consisted of the data records of the 15th edition, the »PPP Index« data and also additional individual files, all of which had to be combined. However, as anyone who has ever worked with computers for any length of time will be aware, no initial version of any software is completely flawless. We, too, are cognisant that the computer has let us down in some respects, and errors have crept in that could have been avoided.
It was particularly serious that, completely unnoticed by us, the common names of the vegetable species had been left out. We have not only added to these, but also recognized that the taxonomic groupings, as they are typical for English-speaking countries, lead to something of a generalization. Hence, a classification into subspecies and varieties is more meaningful, even when, in vegetables, these are often cultivated forms. It was not just here that it also proved useful to retain the autonyms that we had left out for reasons of space.
Our main intention for now, however, is to present you with a corrected edition of the *Zander*. The new direction that the book has followed since the previous edition has been retained, however. The numeric references of earlier editions have been dropped; instead, the synonym references are clearly understandable. Unfortunately, for reasons of space, a recursive synonym search is not possible. The regulations of the ICBN (St. Louis Code) have now been shortened to an easily readable form, as have those of the ICNCP. Since both sets of regulations are now in a form that can be generally understood, certain questions will surely now be clarified.
The most frequent question associated with the 16th edition was that of the German term »Hybriden« (hybrids). Since designations such as »*Fuchsia*-Hybriden« are not botanical ones, we had omitted them, and this led to quite some unrest. Now that clarity prevails once again, from this edition on, with respect to how cultivar names are treated and written correctly, we have added a new chapter devoted exclusively to cultivars, and also classified the most important horticultural genera. Some readers also expressed regret that we had omitted the translations of the specific epithets. Given that there are so many of these, they will now be issued in a separate volume by Dr. SEYBOLD, to be published by Verlag Eugen Ulmer, Stuttgart. In it, you will also find the accent marks that some readers have missed. The naming of the winter hardiness zones and the number of respective species associated with the genera are new to this edition.
At this point, we would like to thank all those who have helped us to identify errors through their constructive criticism. The computer is an excellent aid for correcting these quickly and easily, even when it played the odd trick on us in the last edition. However, we are also more grateful than ever for the work of our predecessors, for right into old age Dr. Fritz Encke did not use any electronic aids in keeping the *Zander* up to date. This is really an unimaginable feat, since the achievements of the information age make many things so much easier – one only has to think of the task of acquiring information via the Internet.
Finally, we would like to thank the following for their help in identifying errors and clarifying details: Hans Götz, Prof. Dr. W. Greuter, Hans Hachmann, Dr. S.A. Hammer, Prof. Dr. K. Kubitzki, Dr. M. Lauerer, Prof. Dr. S. Liede, Dr. J.D. Nauenburg, Dr. R.K. Rabeler, David Rhodes, Peter Robinson, Prof. Dr. P.A. Schmidt, Thomas Unger and Dr. Rolf Wisskirchen.

Stuttgart, Summer 2002

I About the Authors

1 Professor Dr. Robert Zander

Born 26.07.1892 Magdeburg, died 08.05.1969 Berlin

Editor of the following editions of the *Handbook of Plant Names:* 1st ed. (1927), with supplement 1928; 2nd ed. (1932); 3rd ed. (1936); 4th ed. (1938); 5th ed. (1938); 6th ed. (1940); 7th ed. (1954); 8th ed. (1955); 9th ed. (1964).

Between his birth and death, Robert Zander led a rich life devoted to botany and horticulture. His work is reflected most conspicuously in his numerous publications and in the establishment of the Bücherei des deutschen Gartenbaus (= German Horticultural Library), with 35,000 volumes one of the most extensive horticultural libraries in the world. In his final working years, Robert Zander concentrated on recording the contents of horticultural journals. His index cards from the time bear witness to a laborious task, the results of which still benefit specialists working in the horticultural field today.

Robert Zander's diversity is evident in the list of his most important publications. For years, he had a formative influence on a number of journals as editor, including the renowned *Gartenflora*, whose publication had to be discontinued during the Second World War. However, Zander's most influential publication is the *Handbook of Plant Names*, which today – although it has long since been revised and edited without his further participation – is now available in the seventeenth edition. Zander had the impetus for this work in 1926, when the Reichsverband des deutschen Gartenbaus (= Imperial German Horticultural Union) summoned him to Berlin to produce a handbook of plant names as the basis for a standardized naming of plants used in horticulture. The first edition was published in 1927, with a supplement in 1928.

Since then, the *Handbook* – the *Zander*, as it is known by all its users – has become an indispensable reference for horticulturists, foresters, pharmacists, and many botanists, i.e., all those wishing to find the correct name of a plant quickly and reliably, whether used economically or otherwise. Robert Zander's work on horticultural nomenclature led to his joining the International Commission for the Nomenclature of Cultivated Plants, for which he served as Secretary at the 12th International Horticultural Congress in Berlin. He was an active member of the Deutscher Arbeitskreis für Gartenbau-Nomenklatur (= German Committee of Horticultural Nomenclature) right up to his death.

During his life, in particular as head of the horticultural library that today is affiliated to the Bibliothek der Technischen Universität Berlin (= Library of the Technical University of Berlin), he let countless people to partake in his great knowledge, including his unique grasp of the literature, stimulating them, and giving them every possible assistance in their scientific work.

List of most important publications:

- *Beitrag zur Kennnis der tertiären Hölzer des Geiseltals*. Doctoral dissertation, in *Braunkohle* Vol. XXII, No. 2, 1923.
- *Führer durch den Botanischen Garten der Universität Halle/Saale*, 1925.
- *Handwörterbuch der Pflanzennamen und ihrer Erklärungen*. Gärtnerische Verlagsgesellschaft Berlin, Berlin. From the 7th edition on: Verlag Eugen Ulmer, Stuttgart.
- *Wunder der Blüten*, in *Weg zum Wissen* Vol. 76, 1927.
- *Schmarotzende Pflanzen*, 1930.
- *Zanders großes Gartenlexikon*, 1934.
- *Wörterbuch der gärtnerischen Fachausdrücke in vier Sprachen*, 1938.

- *Fachwörterbuch der Konservenindustrie in acht Sprachen*, 1939.
- *Die Kunst des Pflanzenbeschreibens*, 1947.
- *Deutsch-Botanisches Wörterbuch*, 1940, 2nd edition *Kleines Botanisches Fremdwörterbuch*, 1947.
- *Die Pflanze im Liebesleben der Völker*, 1951.
- *Geschichte des Gärtnertums*, 1952.
- Mitarbeit am *Leitfaden für den gärtnerischen Berufsschulunterricht*, 1929.
- Mitarbeit bei *Kluges Alphabet*, 1934/35.
- In collaboration with Dr. Clara Teschner, *Der Rosengarten, eine geschichtliche Studie durch zwei Jahrtausende*, 1939.
- *Geschichte des Obstbaues*, in *Trenkles Lehrbuch des Obstbaus*, 1942, and also subsequent editions.

2 Fritz Encke, Günter Buchheim, Siegmund Seybold

Dr. h.c. Fritz Joseph Encke
Born 01.08.1904, Cologne; died 04.03.02, Greifenstein

Co-editor of the following editions of the *Handbook of Plant Names*: 9th ed. (1964); 10th ed. (1972); 11th ed. (1979); 12th ed. (1980); 13th ed. (1984); 14th ed. (1993); 15th ed. (1994).
In the 1920s, Fritz Joseph Encke worked as a horticulturist in German and American nurseries, and from 1929 in the Palmengarten in Frankfurt, where he was to serve as director from 1945 to 1968. The continued existence of the Palmengarten following the Second World War and the later establishment of the important plant collection there were due to his considerable personal efforts. In 1968, he was awarded an honorary doctorate, and he holds the Order of the Federal Republic of Germany, 1st Class. It is clear from his extensive literary oeuvre that he is committed to imparting horticultural and botanical knowledge to specialists and plant enthusiasts. He keeps abreast of developments in botany and has had a crucial influence on the *Handbook of Plant Names* in the years after Robert Zander. His abundant knowledge and concentrated working method have made it possible to include the home territories of all the plant species in this *Handbook*.

List of most important publications:
- *Pflanzen für Zimmer und Balkon*, 1st ed. 1952 until 8th ed. 1964; 9th ed. 1973 until 13th ed. 1987, entitled *Zimmerpflanzen.*
- *Sommerblumen*, 1961.
- *Die schönsten Kalt- und Warmhauspflanzen*, 1968; 2nd ed. 1987, entitled *Kalt- und Warmhauspflanzen.*
- *Zwergsteingärten*, 1978.
- *Kletterpflanzen für Haus und Garten*, 1980.
- *Kübelpflanzen*, 1982.

Dr. Arno Fritz Günther Buchheim
Born 26.10.1924, Döbeln

Co-editor of the following editions of the *Handbook of Plant Names*: 9th ed. (1964); 10th ed. (1972); 11th ed. (1979); 12th ed. (1980); 13th ed. (1984); 14th ed. (1993); 15th ed. (1994).
Arno Fritz Günther Buchheim is a botanist, bibliographer, and librarian. He worked for a time at the Botanischen Museum Berlin-Dahlem, and from 1963 to 1981 he was at the Hunt Institute for Botanical Documentation in Pittsburgh, Pennsylvania. In 1985, he moved to the John Carter Brown Library in Providence, Rhode Island, where he worked until his retirement in 1993. His main areas of work are the taxonomy and nomenclature of central European cultivated plants and the bibliography of botanical literature from 1730 to 1840.

List of most important publications:
- Contributor to the *Syllabus der Pflanzenfamilien*, 12th ed., 1968.
- Co-editor of the *Botanico-Periodicum-Huntianum*, 1968.

Professor Dr. Siegmund Gerhard Seybold
Born 05.09.1939, Stuttgart

Co-editor of the following editions of the *Handbook of Plant Names*: 10th ed. (1972); 11th ed. (1979); 12th ed. (1980); 13th ed. (1984); 14th ed. (1993); 15th ed. (1994); 16th ed. (2000); 17th ed. (2002).
Siegmund Gerhard Seybold is a botanist. He works at the Staatliches Naturkundemuseum in Stuttgart, and is an Honorary Professor at the University of Stuttgart. His work focuses on the flora of the German federal state of Baden-Württemberg, and its survey.
As he has been in the past, he will in future editions continue to be responsible for updating the translations of species designations, as well as maintaining the list of authors' names, including the short biographies.

List of most important publications:
- Co-editor of *Die Farn- und Blütenpflanzen Baden-Württembergs* in eight volumes, 1990 to 1998.
- Contributor to SCHMEIL und FITSCHEN, *Flora von Deutschland und angrenzender Gebiete*, from the 89th edition, 1993.
- Contribution to the *Index Holmiensis*, from 1988.

3 Walter Erhardt, Erich Götz, Nils Bödeker, Siegmund Seybold

Walter Erhardt
Born 19.02.1952, Kulmbach

Co-editor of the 16th (2000) and 17th edition of the *Handbook of Plant Names*.
Walter Erhardt is an teacher and horticultural writer. His intensive occupation with plants and literary work led to the establishment of an extensive botanical library. He compiled the data for the 15th edition of the *Handbook* and verified their nomenclatural accuracy. On this basis, the *Zander – Handbook of Plant Names* will remain an important reference work in the digital age.

List of most important publications:
- *Hemerocallis* (day-lilies), 1988; translation into English, 1992.
- *Pflanzen-Einkaufsführer, 1990;* published in several languages from the 2nd edition on, entitled *PPP-Index*: 2nd ed. 1995; 3rd ed. 1997. 4th ed. (2000 under the title *Pflanze gesucht?*).
- *Schöne Usambaraveilchen und andere Gesnerien*, 1993.
- *Narzissen* (*narcissi, daffodils*), 1993.
- Contribution to the book *35.000 plantes* (published by the Société Nationale d'Horticulture de France), 1997.

Dr. Erich Götz
Born 12.12.1940, Munich

Co-editor of the 16th (2000) and 17th edition of the *Handbook of Plant Names*.
Erich Götz is an unsalaried lecturer at the University of Hohenheim. He teaches and researches there at the Institute of Botany, where he is also in charge of a very extensive plant collection. He is considered to be an excellent systematist.
His areas of work include the garden perennial shrubs, cacti, European trees and shrubs, and central European wild perennial herbs. In particular, he has researched the entries concerning

the origin and use of both hitherto and newly included species. German plant names represent for him a further important field.

List of most important publications:
- *Die Gehölze der Mittelmeerländer*, 1975.
- With H. KNODEL: *Erkenntnisgewinnung in der Biologie*, 1980.
- With G. GRÖNER: *Kakteen*, 7th edition, 1999.
- Additionally, a series of book contributions.

Nils Bödeker
Born 22.05.1966, Mettmann

Co-editor of the 16th (2000) and 17th edition of the *Handbook of Plant Names*.
Following his studies in landscape husbandry, Nils Bödeker has dedicated himself to software development in this specialist field. His main work has been to develop easy-to-use programs for the end user. On the basis of his well-structured database, it has been possible digitally to compile, process, and supplement the data in the *Handbook*.

List of most important publications:
- *PLANTUS*, 2nd edition, 1999 in collaboration with PETER KIERMEIER.
- *PLANTUS-SÜD (CD-ROM),* 2000, in collaboration with CHRISTOPH WIESCHUS.

vAdditional publications on the topic of databases, in various specialist horticultural journals.

II An introduction to botanical nomenclature

1 General rules of naming

The naming of both wild and cultivated plants with scientific names (i.e., botanical names in Latin) is regulated by the »International Code of Botanical Nomenclature« (Saint Louis Code) of 2000 (abbreviated as ICBN). Foreign translations should always, if possible, be used in conjunction with the original English version.
The naming of agricultural, forestry and horticultural plants is regulated by the »International Code of Nomenclature for Cultivated Plants« (ICNCP) of 1995, published by PIERS TREHANE. The present edition of the *Zander* contains only an easy readable summery of the ICBN and the ICNCP. For a more detailed study of the material, reference to the original literature remains essential.

2 Classification of the plant kingdom

The order of rank as internationally laid down in Articles 1-5 of the ICBN serves as the basis for the classification of the plant kingdom, and is as follows:

Regnum*		Kingdom
Subregnum*		Subkingdom
Divisio, Phylum	(ending -phyta)**	Division, Phylum
Subdivisio	(ending -phytina)	Subdivision
Classis	(ending -opsida)	Class
Subclassis	(ending -idae)	Subclass
Ordo	(ending -ales)	Order
Subordo*	(ending -ineae)	Suborder
Familia	(ending -aceae)***	Family
Subfamilia	(ending -oideae)	Subfamily
Tribus*	(ending -eae)	Tribe
Subtribus*	(ending -inae)	Subtribe
Genus		Genus
Subgenus*		Subgenus
Sectio*		Section
Subsectio*		Subsection
Series*		Series
Subseries*		Subseries
Species		Species
Subspecies	(abbreviated subsp.)	Subspecies
Varietas	(abbreviated var.)	Variety
Subvarietas*	(abbreviated subvar.)	Subvariety
Forma	(abbreviated fo.)	Form
Subforma*	(abbreviated subfo.)	Subform

The × symbol stands for hybrids. An example is *Narcissus × incomparabilis* (= *N. poeticus × N. pseudonarcissus*). Here, »species name × species name« is written in alphabetical order.

* not relevant for the explanations in this volume
** the endings from divisio to subordo are recomended, but not prescribed endings.
*** permitted exceptions are regulated by Article 18.5 of the ICBN (cf. this Article)

Narcissus bulbocodium subsp. *bulbocodium* var. *citrinum* is given below as an example of how a plant is classified.

Divisio	*Spermatophyta*	Seed plants
Subdivisio	*Magnoliophytina (Angiospermae)*	Angiosperms
Classis	*Liliopsida (Monocotyledoneae)*	Monocotyledons
Subclassis	*Liliidae*	Liliaceous plants
Ordo	*Asparagales*	Asparagus-like plants
Familia	*Amaryllidaceae*	Amaryllis plants
Genus	*Narcissus*	Narcissi
Species	*bulbocodium*	Petticoat Daffodil
Subspecies	subsp. *bulbocodium*	Petticoat Daffodil
Variety	var. *citrinum*	lemon
Cultivar	'Kenellis'	Cultivar 'Kenellis'

For most names commonly used in practice, only the genus and the ranks below it are of importance. Essentially, these are the generic and species names, e.g., *Víola odoràta. Víola* is the generic name, *odoràta* the species designation (= the epitheton specificum). This double naming (binary nomenclature) was consistently used by LINNÉ; as a consequence, a great many species bear the author's name LINNÉ (L.). In horticultural and other books for practical use, the author's name can be dispensed with; however, it should be stated according to which work or index the names have been authorised. (Cf. Section XII, LINNÉ). Here, we should point out a major error in commercial plant lists. In these, designations for variety or form are often given directly after the generic name. This is not permissible, since it can lead to confusion; often, the same varietal names can exist for different species of the same genus. For example, ROXBURGH (1751–1815) introduced the epithet *rúbra* for a red *Nymphaea*; should red varieties of other species be identified, these may not likewise be called *Nymphaea rúbra*, but instead, e.g., *Nymphaea odoráta* var. *rúbra*.

In practice, it is best in cases where such names as *Azálea*, *Cinerária* etc. have become established, to retain the names as so-called vernacular designations: i.e., in a price list for *Azálea* to refer to *Rhododéndron*; under *Rhododéndron* a distinction is then made between azaleas (*Rhododéndron* (*Azálea*)) and rhododendrons (*Rhododéndron* (true)) etc. Likewise, for *Cinerária*, there would be a reference to *Senécio*, and under *Senécio* a distinction would be made between cinerarias (*Senécio-Cinerária*), groundsels (*Senécio*-true), etc. It is understandable that changes to firmly established names give rise to considerable irritation, especially among the older generation, until such time as the new name prevails. Horticultural literature, which in all other problems of nomenclature keeps well abreast of current scientific developments, tends rather to avoid these issues, which leads to difficulties of acceptance on the part of practitioners. The above example illustrates a practical way of attaining the goal.

The example *Gloxínia: Sinníngia* illustrates the necessity for renaming. According to the detailed explanations in BAILEY (cf. Bibliography, Section XIII), L'HÉRITIER (1785) established the genus *Gloxínia* on the basis of the Brazilian species *Gloxínia maculáta* L'HÉRIT. LODDIGES established the related species *Gloxínia speciósa* LODD., in 1817. All the varieties of gloxinia originate from this species. In the meantime, it has become clear that the plant belongs to the genus *Sinníngia*, established by NEES VON ESENBECK in 1825. NEES named the plant *Sinníngia hélieri*; according to the international rules, it must now therefore be called *Sinníngia speciósa* (LODD.) HIERN. In practice, *Sinníngia speciósa* therefore bears the »vernacular« name gloxinia (after the Colmar physician GLOXIN) and in horticulture it would always be referred to as a gloxinia – with the botanical name *Sinníngia*. (On the vernacular English names, see Part X.)

An excellent, contrasting example of nomenclatural resolution can be attributed to the late Prof. BURRET who, in examining palms, encountered the following curiosity. In the Index Kewensis (cf. Bibliography) may be found: *Seafórthia élegans*, see *Archontophoenix cunninghámii* H. WENDL. et DRUDE. According to the literature reference however, the plant is called *Archontophoenix cunninghamiána* (H. WENDL.) H. WENDL. et DRUDE. In the case of *Seafórthia*

élegans, the author given in the Index Kewensis is HOOK. However, this must be HOOK. non R. BR., since there is a description by ROBERT BROWN that does not correspond to that of HOOKER, and from which it can be seen that HOOKER used a combination of parts of *Archontophoenix* and *Seafórthia* (leaves and fruits) as the basis for his plate of *Seafórthia élegans* HOOK. Since, however, according to more recent research, *Seafórthia élegans* R. BR. belongs to the genus *Ptychospérma*, it is now called *Ptychospérma élegans* (R. BR.) BL., with the synonym *Seafórthia élegans* R. BR. In addition, there also exists *Archontophoenix cunninghamiána* (H. WENDL.) H. WENDL. et DRUDE.
In horticulture, this coexistence has become a muddle, with *Archontophoenix cunninghamiána* (H. WENDL.) H. WENDL. et DRUDE frequently cultivated as *Ptychospérma* (or as *Seafórthia*), although in fact these plants belong to different genera.

3 International Code of Botanical Nomenclature (ICBN)

Since the last edition of the *Zander*, the Code has changed, although not markedly. The current version is the »Saint Louis Code« of 2000; the previous version was the »Tokyo Code« of 1994.
Botany requires a precise and simple system of nomenclature that botanists of all countries can use. On the one hand, it must deal with the terms that denote taxonomic groups or units, and on the other with the scientific plant names that are applied to the individual taxonomic groups of plants. Hence, this Code governs the correct naming and its recognition, also independent of the priority rule. Here, it is not absolute grammatical correctness that counts, or the regularity or melodious sound of the names and their more or less common usage. The Code dictates that the only proper reasons for changing a name are either a more profound knowledge of the facts resulting from adequate taxonomic research, or the necessity of giving up a nomenclature that is contrary to the rules.
Nevertheless, the priority rule is expressly emphasized in the Principles, stating that, as a rule, the oldest publication determines the nomenclature of a taxonomic group. Since, in the past, this often led to renaming, when a once-established generic name suddenly became invalid owing to another name turning up in an older publication, it was decided that commonly used names should become *nomina conservanda* (= protected names; singular: *nomen conservandum*). Although this provisionally applied only to generic names, since 1994 this regulation can also be applied to specific epithets. Hence, if we follow more recent research and accept that *Lychnis* and *Silene* are one and the same genus, both genera have the same »priority« because they are of the same age. However, since both genera were already combined under *Lychnis* in 1771, *Lychnis* would now be the valid name. On the other hand, since there are far more species to be ascribed to *Silene*, it was decided to keep things as simple as possible and rename the species of *Lychnis* instead. *Silene*, then, became a *nomen conservandum*. Nevertheless, *Lychnis*, too, is still valid, if both genera are recognized as separate.
The taxonomic groups from *Regnum* to *Subforma* have been explained in an example in the previous section; in addition, there are the taxonomic groups of the hybrid names. These are denoted by the prefix *Notho-*, e.g. *Nothogenus* for the genus and *Nothospecies* for the species. The ranks are the same as for genus and species, and serve merely to denote the hybrid character.
A generic name may not consist of two words. The name of a species, on the other hand, always consists of two words: the generic name and the specific epithet. If the latter also consists of two words, they are joined by a hyphen (e.g. *Euphorbia caput-medusae*). Moreover, the specific epithet may not repeat the generic name. The gender of the name of the species depends on the genus; for example, trees, as a rule, are feminine (*Fagus sylvatica*).
In Latin, the endings for the gender are *-us* for the masculine form, in addition to other combinations with *-codon, -myces, -odon, -pogon* and *-stemon*. Feminine designations are those ending in *-a, -achne, -chlamys, -daphne, -mecon* or *-osma*. Finally, neuter designations end in *-um, -ceras, -dendron, -nema, -stigma* or *-stoma*. That the choice of the correct gender alone is a science in itself is demonstrated by the fact that endings derived from Greek such as

-anthus (from *-anthos*) and *-chilus* (from *-chilos*) ought to be neuter, but are treated as masculine, in accordance with botanical nomenclature.
In botanical designations, there is often mention of »Latin« plant names, although the epithets are by no means always of Latin origin. Even letters that are foreign to Latin, such as w and y, or k, which is only seldom used, may be present in a generic name or specific epithet. The German umlauts ä, ö and ü are replaced by ae, oe and ue respectively, while national peculiarities such as the French è, é, ê or the Spanish ñ are also prohibited. Hence, this is another reason why we completely eschew the accent marks that were used up to the 15th edition of the *Zander*, even the one permitted exception, the spoken ë as in *Aloë.*
However, a specific epithet is valid only once it has been published, featuring the name of the circumscribing author. We follow the now international practice of using the abbreviations of the standard reference BRUMMITT (1992): »Authors of Plant Names«. You will also find these abbreviations in the chapter 'Authors of plant names', beginning on page 935. Epithets which are without an author, but which are nevertheless in horticultural use, are generally assigned the additional name hort. (= hortulanorum); see also page ‾. Parentheses are not used in conjunction with an author citation, unless an author changes the name of a specific epithet. The name of the original author must then be retained. Hence, *Achillea ageratifolia* var. *serbica* (NYMAN) HEIMERL indicates that the plant formerly had species status, i.e. it was called *A. serbica* NYMAN.
As a rule, when plants are renamed, this means that new findings have come to light, and have been considered. In particular, scanning electron microscopy or molecular studies of genes – possible only in recent times – are among those factors that make it necessary to reassign a plant to another genus. However, the Code expressly forbids renaming merely because another specific epithet is more commonly used, or sounds better. Whenever a new plant is named, a description in Latin must accompany it and a herbarium sheet must be completed. Alternatively, specimens or drawings can be prepared. Such a specimen, which at the same time is described, prepared and/or drawn by the author, is called the »holotype« of a species.
In the appendix of the Code, there are also references to the use of hybrid names. An intergeneric hybrid is termed a nothogenus and is characterized by the hybrid sign × (× *Solidaster* = Aster × Solidago). By the same token, interspecific hybrids are termed nothospecies and characterized by the same sign, which now, however, comes before the specific epithet (*Dactylorhiza* × *carnea* = *D. incarnata* × *D. maculata*). In naming the parent plants, it is not necessary to list »father« and »mother« in a particular order; they are simply listed alphabetically.
Article 18.5 of the ICBN deserves special mention. It dictates that family names do not necessarily have to end in -ceae. Already valid names may be retained, such as the following: Palmae (Arecaceae; Typus Areca L.); Gramineae (Poaceae; Typus Poa L.); Cruciferae (Brassicaceae; Typus Brassica L.); Leguminosae (Fabaceae; Typus Faba MILL.); Guttiferae (Clusiaceae; Typus Clusia L.); Umbelliferae (Apiaceae; Typus Apium L.); Labiatae (Lamiaceae; Typus Lamium L.); Compositae (Asteraceae; Typus Aster L.).

4 International Code of Nomenclature for Cultivated Plants (ICNCP)

The International Code of Nomenclature for Cultivated Plants has remained unchanged since 1995, and governs the written form of cultivar names. Up until the 15th edition of the *Zander*, the German term »Hybride« was often included in the list of species. This is not a botanical term, but rather a general term for which one can easily substitute the term cultivar (see also page 38). Hence, in German, we can speak of *Fuchsia*-Hybriden or *Iris* Sibirica-Hybriden, if referring to a complete taxonomic group of plants. The Code governs the correct written form of a cultivar name.
Cultivated plants are those which have resulted from hybridization, i.e. through crosses of parent cultivars, or which have arisen from selections from a cultivated stand or wild population. Nevertheless, the particular characteristics of such a selection must be maintained over generations. To date, in contrast to wild plants, it has not been an official requirement to deposit a voucher specimen of cultivated plants in order to clarify later ambiguities on the basis of

this herbarium specimen or preparations, yet such a procedure ought to be promoted. The principle of priority of publication applies to both cultivated and wild plants. Since, for example, *Cimicifuga simplex* 'Armleuchter' was bred by Karl Foerster, the name 'White Pearl' should be given up or considered a synonym.

A distinction must be made between cultivar names and trademarks. Since the latter are, however, the property of horticulturalists or jurists, they cannot be used universally and hence are also not considered cultivar epithets. The Code makes just as little advocacy for the practice of substituting trade names for cultivar names. By contrast, there is no regulation that governs the written form of cultivar epithets. These can be taken from any language, or even from jargon, and may contain any special national characters. Thus, in contrast to the ICBN, the ICNCP has far more to recommend in terms of binding character.

It is binding that a variety may not be designated a cultivar. The term is used for clones, graft-chimeras, lines that have resulted from inbreeding, F_1 hybrids and genetically modified plants. Since seed-raised individuals frequently vary, the terms »selection« or »group« in cultivar epithets may also be used in this context. In contrast to cultivar names, however, the name of a cultivar-group is not written in single quotation marks (e.g. *Delphinium* 'Finsteraarhorn', in contrast to *D.* Black Knight Grp.). The abbreviation »Grp.« is also governed by the Code, since it can be understood internationally (for *Gruppe*, *groupe*). Words such as cross, form, the German »Hybride«, selection, mutant, strain or variety should not be used. The word »improved« should also be avoided, although it is often found in cultivar epithets.

The full name of a cultivar consists of the recognized taxonomic name in Latin form (e.g. *Iris sibirica*), followed by the cultivar epithet. This must start with an initial capital letter and be enclosed in single quotation marks (e.g. *I. sibirica* 'Caesar's Brother'). Double quotation marks („ ...“) or the abbreviation cv. are not permitted. The insertion of the German word »Hybride« is redundant, e.g. *I.* Sibirica-Hybride 'Caesar's Brother'. A further regulation states that the cultivar epithet may not be a Latin word, and since 1996 it should not contain more than 30 letters or characters. In contrast to botanical names, cultivar epithets may not be printed in Italics.

When a publication is issued in a foreign language, the cultivar epithet may not be translated if the same alphabet as the language of the original publication is used. Otherwise, however, a transliteration is permitted. Abbreviations are prohibited (e.g. 'Mount Helena' and not 'Mt. Helena'); only titles and forms of address are permitted (Mr, Mrs, Dr, Prof – now without full stops, in accordance with international custom). The hybrid sign may not be used (i.e. never *Iris* × 'Caesar's Brother'). It is not necessary to include the circumscribing author. The breeder may be listed, but this in no way forms part of a cultivar epithet.

Les classifications taxonomiques ne sont jamais vraies ou fausses; elles sont simplement plus ou moins fondées et acceptables. Traduction libre d'une citation orginale de Peter F. Yeo

Préface

La 16ème édition représentait un événement important dans la série des éditions du *Zander*. Non pas parce qu'une partie des rédacteurs ait changé, mais parce que l'ouvrage était réalisé à partir d'une banque de données électronique. Celle-ci se composait des éléments de la 15ème édition, des données du »PPP-Index«, ainsi que d'autres données isolées qui devaient être réunies ensembles. Tous ceux qui travaillent depuis longtemps sur ordinateur, savent qu'il n'existe aucune application capable de fonctionner sans erreur dès la première version. Ainsi nous constatons que l'ordinateur nous a laissés en plan sur quelques points et que des erreurs, qui auraient pu être évitées, se sont glissées.

Un oubli important nous a totalement échappé. Les noms vulgaires des espèces de légumes n'ont pas été pris en compte. Nous ne les avons pas seulement complétés. Nous avons aussi compris en même temps que le regroupement, tel qu'il est d'usage dans l'espace anglophone conduit à une certaine généralisation. Une classification en sous-espèces et variétés est par conséquent plus logique même si, pour les légumes, il s'agit souvent de formes cultivées. Il s'est aussi révélé utile, pas seulement là, de conserver l'autonyme que nous avions omis par manque de place.

Mais notre principale intention est avant tout de vous présenter une édition corrigée du *Zander*. La »nouvelle ligne« que suit le livre depuis la dernière édition est cependant maintenue. Les renvois chiffrés des éditions précédentes disparaissent au profit de renvois aux synonymes clairement lisibles. Les recherches récursives ne sont pas possibles pour des raisons de place. Les définitions de l'ICBN (Code de Saint Louis) sont maintenant abrégées dans une forme facilement déchiffrable, de même que celles de l'ICNCP. Maintenant que les deux ouvrages existent dans une forme généralement compréhensible, certaines questions devraient trouver réponse facilement.

La question la plus fréquente dans la 16ème édition concernait les hybrides. Comme des désignations telles que *Fuchsia*-Hybriden n'ont pas de valeur botanique, nous les avons abandonnées et apaisé ainsi certains doutes. Afin que la clarté règne à partir de cette édition, afin que l'on connaisse la manière de traiter les noms de cultivars et la manière de les écrire correctement, nous avons introduit un chapitre particulier pour les cultivars et classifié en outre les genres horticoles les plus importants.

Il était également regretté que les traductions des épithètes spécifiques aient été abandonnées. Pour des raisons de volume, elles sont maintenant publiées dans un ouvrage particulier du Dr. SEYBOLD. L'ouvrage paraît au Verlag Eugen Ulmer, Stuttgart.

Une meilleure information signifie aussi que l'entrée de l'une ou l'autre plante dans cette édition s'est effectuée consciemment avec beaucoup de retenue. Nous voulons également donner plus d'informations complémentaires sur les plantes. La mention des zones de rusticité des espèces est nouvelle, ainsi que le nombre d'espèces que comporte un genre.

Nous remercions ici tous ceux qui nous ont aidés, par une critique constructive, à venir à bout des erreurs. L'ordinateur est un excellent moyen de les éliminer rapidement et simplement, même si, lors de la dernière édition, il nous a joué l'un ou l'autre tour. Nous en estimons d'autant plus le travail de nos prédécesseurs. Dr. Fritz Encke n'a utilisé, jusqu'à un âge avancé, aucun moyen électronique pour tenir le Zander dans son état actuel. C'est en fait un travail inimaginable. A l'ère de l'information, l'acquisition de données est beaucoup plus facile, ne serait-ce par exemple que par l'internet.

Pour l'indication d'erreurs et l'éclaircissement de questions de détail, nous remercions: Hans Götz, Prof. Dr. W. Greuter, Hans Hachmann, Dr. S.A. Hammer, Prof. Dr. Kubitzki, Dr. M. Lauerer, Prof. Dr. S. Liede, Dr. J.D. Nauenburg, Dr. R.K. Rabeler, David Rhodes, Peter Robinson, Prof. Dr. P.A. Schmidt, Thomas Unger et Dr. Rolf Wisskirchen.

Stuttgart, en été 2002

I A propos des auteurs

1 Prof. Dr. Robert Zander

né à Magdebourg le 26.07.1892, mort le 08.05.1969 à Berlin

Auteur des éditions suivantes du *Dictionnaire des Noms de Plantes*:
1ère édition (1927), complétée en 1928; 2ème édition (1923); 3ème édition (1936); 4ème édition (1938); 6ème édition (1940); 8ème édition (1955); 9ème édition (1964).
La vie de cet homme a été dédiée à la botanique et à l'horticulture. Ses travaux les plus marquants sont les très nombreuses publications qu'il laisse ainsi que la Bibliothèque de l'horticulture allemande qui, avec ses 35.000 volumes est l'une des plus importantes du monde. Robert Zander a consacré ses dernières années à enregistrer le contenu des revues horticoles. Ses fiches témoignent d'un travail minutieux, et sont aujourd'hui encore utiles à tous ceux qui font des recherches scientifiques dans le domaine de l'horticulture.
Le relevé des publications les plus importantes de Robert Zander montre leur diversité. En tant qu'auteur, il a longtemps marqué plusieurs revues dont la très célèbre *Gartenflora* dont la publication a dû être interrompue pendant la guerre. La publication essentielle de Robert Zander reste cependant son Dictionnaire des Noms de Plantes, dont la 17ème édition est aujourd'hui disponible, même s'il lui-même n'y travaille plus depuis bien longtemps. C'est à la demande de l'association de l'horticulture allemande que Zander a été appelé à Berlin afin de rédiger un dictionnaire des noms de plantes permettant d'uniformiser les appellations des plantes cultivées. Cette première édition est parue en 1927 et a été complétée dès 1928.
Entre-temps, le *Zander*, comme l'appellent ses utilisateurs, est devenu un ouvrage de référence irremplaçable pour les horticulteurs, les gardes forestiers, les pharmaciens et de nombreux botanistes, pour tous ceux donc qui ont besoin de rapidement s'assurer du nom d'une plante. Robert Zander a réalisé ses travaux concernant la nomenclature horticole dans le cadre de la commission internationale de nomenclature horticole, dont il a été le secrétaire au cours du 12ème congrès international d'horticulture de Berlin. Il est resté toute sa vie un membre actif du groupe de travail allemand sur la nomenclature horticole.
Par ses recherches et surtout en tant que directeur de la bibliothèque horticole (dépendant aujourd'hui de l'université technique de Berlin), il a permis à de nombreuses personnes de partager son savoir et ses connaissances bibliographiques, il a été une source d'inspiration et une aide précieuse à beaucoup de travaux scientifiques.

Liste de ses principales publications:

- *Beitrag zur Kenntnis der tertiären Hölzer des Geiseltals.* Thèse de doctorat dans *Braunkohle* XXII, Nr. 2, 1923.
- *Führer durch den Botanischen Garten der Universität Halle/Saale*, 1925.
- *Handwörterbuch der Pflanzennamen und ihrer Erklärungen*, Gärtnerische Verlagsgesellschaft Berlin, Berlin. A partir de la 7ème édition: Verlag Eugen Ulmer, Stuttgart.
- *Wunder der Blüten*, dans *Weg zum Wissen*, Nr. 76, 1927.
- *Schmarotzende Pflanzen*, 1930.
- *Zanders großes Gartenlexikon*, 1934.
- *Wörterbuch der gärtnerischen Fachausdrücke in vier Sprachen*, 1938.
- *Fachwörterbuch der Konservenindustrie in acht Sprachen*, 1939.
- *Die Kunst des Pflanzenbeschreibens*, 1947.
- *Deutsch-Botanisches Wörterbuch*, 1940, *Kleines Botanisches Fremdwörterbuch,* 2ème édition, 1947.
- *Die Pflanze im Liebesleben der Völker*, 1951.

- *Geschichte des Gärtnertums*, 1952.
- Mitarbeit am *Leitfaden für den gärtnerischen Berufsschulunterricht*, 1929.
- Mitarbeit bei *Kluges Alphabet*, 1934/35.
- *Der Rosengarten, eine geschichtliche Studie durch zwei Jahrtausende*, 1939, en coopération avec Dr. CLARA TESCHNER.
- *Geschichte des Obstbaues* in *Trenkles Lehrbuch des Obstbaus*, 1942 et éditions suivantes.

2 Fritz Encke, Günther Buchheim, Siegmund Seybold

Dr. h. c. Fritz Joseph Encke
né à Cologne en 1904; mort le 04.03.02 à Greifenstein

Co-auteur des éditions suivantes du Dictionnaire des Noms de Plantes: *9ème édition (1964); 10ème édition (1972); 11ème édition (1979); 12ème édition (1980); 13ème édition (1984); 14ème édition (1993); 15éme èdition (1994).*
Dans les années 20, Fritz Joseph Encke a travaillé dans des exploitations horticoles en Allemagne et en Amérique du Nord; en 1929, il a rejoint le Palmengarten de Francfort dont il a assuré la direction entre 1945 et 1968. C'est à son grand engagement personnel que l'on doit dès l'après-guerre les arbres du Palmengarten, et par la suite, son importante collection de plantes. Il est élevé à la dignité de docteur honoris causa en 1968 et a également été décoré par l'Etat allemand. L'important volume de ses publications professionnelles montre à quel point il se sent le devoir de faire partager ses connaissances botaniques et horticoles à la profession et aux amateurs de plantes. Il se tient au courant des évolutions de la botanique et a considérablement influencé le Dictionnaire des Noms de Plantes. C'est à la richesse de ses connaissances et à son travail minutieux que l'on doit d'avoir pu enregistrer les origines géographiques de toutes les espèces.

Liste de ses principales publications:
- *Pflanzen für Zimmer und Balkon*, 1ère édition en 1952 à 8ème édition en 1964; 9ème édition (1973) à 13ème édition (1987) sous le titre *Zimmerpflanzen.*
- *Sommerblumen* (1961).
- *Die schönsten Kalt- und Warmhauspflanzen*, 1968; 2ème édition en 1987 sous le titre *Kalt- und Warmhauspflanzen.*
- *Zwergsteingärten*, 1978.
- *Kletterpflanzen für Haus und Garten*, 1980.
- *Kübelpflanzen*, 1982.

Dr. Arno Fritz Günther Buchheim
né à Döbeln le 26.10.1924

Co-auteur des éditions suivantes du *Dictionnaire des Noms de Plantes*: 9ème édition (1964); 10ème édition (1972); 11ème édition (1979); 12ème édition (1980); 13ème édition (1984); 14ème édition (1993); 15ème édition (1994).
Arno Fritz Günther Buchheim est botaniste, bibliographe et bibliothécaire. Il a tout d'abord travaillé au musée botanique de Berlin-Dahlem. Entre 1963 et 1981, il travaille à Pittsburgh en Pennsylvanie, auprès du Hunt Institute for Botanical Documentation. Il termine sa carrière au John Carter Brown Library de Providence, Rhode Island. Ses principaux domaines d'étude sont la taxonomie et la nomenclature des plantes cultivées d'Europe Centrale ainsi que la bibliographie botanique entre 1730 et 1840.

Liste de ses principales publications:
- Co-auteur de *Syllabus der Pflanzenfamilien*, 12ème édition, 1968.
- Co-auteur du *Botanico-Periodicum-Huntianum*, 1968.

Prof. Dr. Siegmund Gerhard Seybold
né à Stuttgart le 05.09.1939

Co-auteur des éditions suivantes du *Dictionnaire des Noms de Plantes*: 10ème édition (1972); 11ème édition (1979); 12ème édition (1980); 13ème édition (1984); 14ème édition (1993); 15ème édition (1994); 16ème édition (2000); 17ème édition (2002).
Siegmund Gerhard Seybold est botaniste et travaille au musée des sciences de la nature de Stuttgart. Il est également professeur honoraire de l'université de Stuttgart. Son principal domaine de travail concerne la flore du Bade-Wurtemberg et sa cartographie.
Il se charge d'actualiser la traduction des appellations d'espèces et de tenir à jour la liste des auteurs.

Liste de ses principales publications:
- Co-auteur de *Die Farn- und Blütenpflanzen Baden-Württembergs*, en 8 volumes, 1990 à 1998.
- Participation à *Flora von Deutschland und angrenzender Gebiete*, SCHMEIL et FITSCHEN, à partir de la 89ème édition, 1993, et éditeur de cet ouvrage sur CD-ROM, 2001.
- Participation à *Index Holmiensis*, depuis 1988.

3 Walter Erhardt, Erich Götz, Nils Bödeker, Siegmund Seybold

Walter Erhardt
né à Kulmbach le 19.02.1952

Co-auteur de la 16ème édition (2000) et la 17ème édition du *Dictionnaire des Noms de Plantes.*
Walter Erhardt est professeur et conseiller technique et médiatique de l'arrondissement de Kulmbach, ainsi que Directeur de la médiathèque. En tant qu'écrivain horticole, il a rédigé de nombreux livres et articles. Ses activités lui ont permis de réunir une importante bibliothèque spécialisée. C'est lui qui a rassemblé les données de la 15ème édition et s'est chargé d'en vérifier la nomenclature. Ce travail permettra au Dictionnaire des Noms de Plantes de toujours rester un ouvrage de référence d'actualité. En outre, par la consultation de spécialistes nationaux et internationaux, il cherche à apporter une clarification à la question litigieuse des dénominations des cultivars.

Liste de ses principales publications:
- *Hemerocallis* (Taglilien), 1988; traduction en anglais en 1992.
- *Pflanzen-Einkaufsführer*, 1990; version internationale à partir de la seconde édition sous le titre *PPP-index*, en 1995; 3ème édition en 1997, 4ème édition en 2000 sous le titre *Planze gesucht ?*
- *Schöne Usambaraveilchen und andere Gesnerien*, 1993.
- *Narzissen, Osterglocken – Jonquillen – Tazetten,* 1993.
- Participation à l'ouvrage de la Société Nationale d'Horticulture de France *35.000 plantes*, 1997.

Dr. Erich Götz
né à Munich le 12.12.1940

Co-auteur de la 16ème édition (2000) et la 17ème édition du *Dictionnaire des Noms de Plantes.*
Erich Götz est professeur libre à l'université de Hohenheim. Il y enseigne et y fait de la recherche dans le cadre de l'institut de botanique. Il gère en outre une très importante collection de plantes. Il a la réputation d'être un esprit très méthodique.
Ses domaines de travail sont les plantes vivaces de jardin, les cactus, les plantes ligneuses européennes et les plantes vivaces sauvages d'Europe Centrale. Il recherche essentiellement des renseignements sur les origines et les utilisations des espèces nouvellement répertoriées. Il s'intéresse également aux noms de plantes allemands.

Liste de ses principales publications:

- *Die Gehölze der Mittelmeerländer*, 1975.
- En collaboration avec H. KNODEL: *Erkenntnisgewinnung in der Biologie*, 1980.
- En collaboration avec G. GRÖNER: *Kakteen*, 7ème édition, 1999.
- De nombreuses participations à divers ouvrages.

Nils Bödeker
né à Mettmann le 22.05.1966

Co-auteur de la 16ème édition (2000) et la 17ème édition du *Dictionnaire des Noms de Plantes.*
Après ses études d'agronomie, il s'est consacré au développement de logiciels applicables dans ce domaine. Sa base de données permet la gestion et la mise à jour des informations contenues dans le Dictionnaire des Noms de Plantes.

Liste de ses principales publications:
- *PLANTUS* (CD-ROM), 2ème édition 1999, en collaboration avec PETER KIERMEIER.
- *PLANTUS-SUD* (CD-ROM), 2000, en collaboration avec CHRISTOPH WIESCHUS.
- Plusieurs articles sur les bases de données dans différentes revues d'horticulture.

II Introduction à la nomenclature botanique

1 Règles générales de la nomenclature

La désignation des plantes (sauvages et cultivées) par des noms scientifiques (c'est-à-dire des noms botaniques de forme latine) est réglée par »l'International Code of Botanical Nomenclature« (Code de Saint Louis, 2000), abrégé en ICBN. Une traduction en français a suivi pour la 16ème édition du Zander sous forme d'extraits produits par Aline Raynal-Roques et Laurent Bray, Paris. La traduction effectuée dans la présente édition est suffisante et peut être utilisée comme seul outil. Cependant, elle ne prétend pas remplacer le Code officiel de langue anglaise. Il est recommandé de l'utiliser, si possible, avec l'original anglais, d'autant plus que pour la présente édition du *Zander*, il n'est offert qu'une forme résumée, facilement lisible. A cela il faut ajouter que le chapitre II-4 du Code ne figure que sous forme d'extraits. Il est donc indispensable, pour un travail plus spécifiquement nomenclatural, de consulter la version originale.
La désignation des cultivars agronomiques, sylviculturaux et horticulturaux est réglée par »l'International Code of Nomenclature for Cultivated Plants« (ICNCP), également traduit dans le présent ouvrage.

2 Classification du règne végétal

Les taxons de rangs hiérarchisés sont classés dans un ordre fixé internationalement (article 1-5 de l'ICBN) qui représente la base de la classification végétale, ci-dessous :

désignation en latin des unités hiérarchisées, rangées en ordre progressif de bas en haut	**terminaison du nom latin des unités: la terminaison indique le rang de l'unité dans la classification**	**désignation en français des unités hiérarchisées, rangées en ordre progressif de bas en haut**
Regnum*		Règne
Subregnum*		Sous-règne
Divisio, Phylum	-phyta**	Division
Subdivisio	-phytina	Sous-division
Classis	-opsida	Classe
Subclassis	-idae	Sous-classe
Ordo	-ales	Ordre
Subordo*	-ineae	Sous-ordre
Familia	-aceae***	Famille
Subfamilia	-oideae	Sous-famille
Tribus*	-eae	Tribu
Subtribus*	-inae	Sous-tribu
Genus		Genre
Subgenus*		Sous-genre
Sectio*		Section
Subsectio*		Sous-section
Series*		Série

* sans importance pour les explications du présent livre
** Les terminaisons de Divisio et de Subdivisio sont des terminaisons conseillées, mais non obligatoires.
*** Des exceptions sont autorisées par l'article 18.5 de l'*IBCN*.

Subseries*		Sous-série
Species		Espèce
Subspecies	abréviation subsp.	Sous-espèce
Varietas	abréviation var.	Variété
Subvarietas*	abréviation subvar.	Sous-variété
Forma	abréviation fo.	Forme
Subforma*	abréviation subfo.	Sous-forme

Le signe × signale les hybrides; par ex., *Narcíssus* × *incomparábilis (N. poéticus* × *N. pseudo-narcíssus)*. Dans cette seconde façon d'écrire, le premier nom d'espèce est celui de la plante ayant produit la graine (plante »mère«); si on n'a pas cette information, les deux noms sont en ordre alphabétique.
Le narcisse bulbocode jaune citron, *Narcissus bulbocodium* subsp. *bulbocodium* var. *citrinum* peut servir d'exemple pour la classification d'une plante.

Division	*Spermatophyta*	Plantes à graines
Sous-division	*Magnoliophytina*	Angiospermes
Classe	*Liliopsida*	Monocotylédones
Sous-classe	*Liliidae*	Rosidées
Ordre	*Asparagales*	Asparagales
Famille	*Amaryllidaceae*	Amaryllidacées
Genre	*Narcissus*	Narcisse
Espèce	*bulbocodium*	Narcisse bulbocode
Sous-espèce	subsp. *bulbocodium*	véritable narcisse bulbocode (autonyme)
Variété	var. *citrinum*	jaune citron
Cultivar	'Kenellis'	Cultivar 'Kenellis'

Dans la pratique, on ne prend généralement en compte que le nom de genre et les unités de rangs inférieurs. Essentiellement, il s'agit des noms du genre et de l'espèce, par ex. *Víola odoràta*. *Víola* est le nom du genre, *odoràta* la désignation de l'espèce (l'épithète spécifique). A la suite de ces deux mots formant le nom de l'espèce, on inscrit le nom de l'auteur qui a créé ce double nom pour désigner la plante dont il est question. Cette double-désignation (nomenclature linnéene) fut strictement appliquée par LINNÉ; voilà pourquoi le nom de l'auteur de très nombreuses espèces est LINNÉ (L.). Dans les livres d'horticulture et autres ouvrages d'intérêt pratique, le nom de l'auteur est facultatif; il serait cependant judicieux d'indiquer l'œuvre ou le dictionnaire qui est la source des noms utilisés. (cf. partie XII, LINNÉ). Dans ce contexte, on doit attirer l'attention sur le fait qu'un ensemble de deux mots, le premier étant un nom de genre, peut ne pas toujours désigner une espèce: un cultivar, une forme horticole, peut être désigné par un nom de genre immédiatement suivi du nom du cultivar; la confusion entre ce cas et le nom d'une espèce botanique est évitée par le fait que, selon les règles modernes, un cultivar ne doit pas être un mot latin ou ayant une forme latine, qu'il ne s'écrit pas en caractères italiques et qu'il est entre des guillemets simples; par ex. *Rósa* 'Zéphirine Drouhin' est le nom d'un cultivar dont on ne sait pas de quelles espèces il est issu; *Rósa rugósa* est le nom d'une espèce botanique. Autrefois, on donnait des noms latins à des cultivars; ces noms doivent désormais être écrits en caractères droits et entre des guillemets simples.
Dans des cas où des noms comme *Azálea*, *Cinerária* etc. ont une signification précise, dans l'usage courant, ont peut les garder comme noms vulgaires, en langue vivante. Les catalogues de plantes peuvent citer *Azálea* et renvoyer à *Rhododéndron*; sous *Rhododéndron*, on pourra distinguer les Azalées (*Rhododéndron-Azálea*) et les *Rhododéndron* proprement dits. De la même manière, *Cinerária* peut à renvoyer à *Senécio*, et sous *Senécio* on distingue les Cinéraires (*Senécio-Cinerária*) et les séneçons (*Senécio* proprement dits). On comprend que le changement de noms traditionnellement utilisés soit d'abord perçu comme un phénomène gênant, jusqu'à ce que le nouveau nom soit adopté (par la génération suivante). La littérature horticole, qui se tient généralement au niveau de l'avancement des sciences, évite souvent les difficultés que l'accueil de ces problèmes pourraient susciter auprès des praticiens, ses usagers

habituels. Les exemples ci-dessus montrent pourtant qu'on peut admettre les changements de noms, sans pour autant faire disparaître immédiatement les repères utiles aux utilisateurs.
L'exemple de *Gloxínia* = *Sinníngia* peut montrer sur quoi se base la nécessité d'un changement de nom. D'après l'exposé détaillé de BAILEY (cf. références bibliographiques), le genre *Gloxínia* fut fondé par L'HÉRITIER (1785) sur l'espèce brésilienne *Gloxínia maculáta* L'HÉR. En 1817, LODDIGES créait l'espèce voisine *Gloxínia speciósa* LODD., espèce d'où proviennent les cultivars. En 1825, NEES VON ESENBECK montre que cette espèce appartient au genre *Sinníngia* et la nomme *Sinníngia hélleri*; selon les règles internationales de nomenclature, elle doit s'appeler maintenant *Sinníngia speciósa* (LODD.) HIERN. Mais en pratique, cette *Sinníngia speciósa* va continuer à s'appeler Gloxinia, d'après le médecin Gloxin de Colmar; ce nom est devenu un nom vulgaire en langue courante, et n'est plus un nom scientifique.
Au cours de son étude des Palmiers, feu le Pr. Dr. BURRET a rencontré une curiosité qui est devenue un exemple somptueux de réorganisation nomenclaturale:
Dans l'Index Kewensis (cf. références bibliographiques) on trouve: »*Seafórthia élegans*, voir *Archontophœnix cunninghámii* H. WENDL. et DRUDE«. Cependant, selon les sources, il faut dire *Archontophœnix cunninghamiána* (H. WENDL.) H. WENDL. et DRUDE. Dans l'Index Kewensis, l'auteur à qui est attribué *Seafórthia élegans* est HOOK.; mais il faut comprendre que l'auteur est HOOK. non R. BR., car ROBERT BROWN a donné une description différente de celle de HOOKER; en effet, HOOKER avait basé sa planche de *Seafórthia élegans* sur un mélange de *Archontophœnix* et de *Seafórthia* (feuilles et fruits). On a montré par la suite que *Seafórthia élegans* R. BR. appartient au genre *Ptychospérma*: elle s'appelle désormais *Ptychospérma élegans* (R. BR.) BL. et est basée sur *Seafórthia élegans* R. BR. L'*Archonophœnix cunninghamiána* (H. WENDL.) H. WENDL. et DRUDE existe, distinct, à côté.
En l'horticulture, la coexistence est devenue une confusion, c'est-à-dire *Archonophœnix cunninghamiána* (H. WENDL.) H. WENDL. et DRUDE est souvent cultivée sous le nom de *Ptychospérma* bien que les deux plantes appartiennent à des genres différents.

3 Code International de la Nomenclature Botanique (ICBN)

Depuis la dernière édition du *Zander* le code a changé, de façon peu importante.
La version valide est maintenant le »Code de Saint Louis«, de l'année 2000. Le précédent était le »Code de Tokyo«, de 1994.
La botanique nécessite un système de nomenclature précis et simple utilisé par les botanistes de tous pays, portant d'une part sur les termes qui indiquent les rangs de groupes ou unités taxonomiques, et d'autre part sur les noms scientifiques qui sont attribués aux groupes taxonomiques individuels de plantes.
C'est pourquoi ce code règle la dénomination correcte et sa reconnaissance même en l'absence de la règle de priorité. L'exactitude grammaticale, la régularité, l'euphonie des noms ou la fréquence de leur utilisation ne comptent pas. Les seules raisons valables de modifier un nom sont soit une connaissance parfaite de la réalité qui résulte d'une étude taxonomique sérieuse, soit la nécessité d'abandonner une dénomination contraire à la règle.
Cependant, dans les principes, la règle de priorité est formellement soulignée. Elle mentionne que la plus ancienne publication détermine la nomenclature d'un groupe taxonomique. Cela conduisit souvent à un changement de dénomination par le passé, lorsqu'un nom de genre déjà introduit devenait illégitime par la découverte d'un autre dans une publication plus ancienne. Il fut décidé de transformer par décret les noms généralement utilisés en *nomina conservanda* (= noms conservés, au singulier: *nomen conservandum*). Cela valait provisoirement pour les noms de genre. Depuis 1994 cette règle peut être appliquée aussi aux noms d'espèces. Si l'on se réfère aux plus récentes recherches, *Lychnis* et *Silene* apparaissent comme un genre. Les deux noms bénéficient de la même priorité puisqu'ils ont le même âge. Parce qu'il existait une réunion des deux genres en 1771 sous le nom *Lychnis*, *Lychnis* devrait être maintenant le nom légitime. Mais parce que nettement plus d'espèces doivent être attribuées à *Silene*, on a décidé de limiter le plus possible le travail et de renommer les espèces de *Lychnis*. *Silene* devint un *nomen conservandum*. Cependant, *Lychnis* reste aussi un nom légitime, si l'on considère les deux comme des genres distincts.

Les rangs des taxa, de *Regnum* à *Subforma* sont commentés dans un exemple du chapitre précédent. Viennent en plus les rangs des noms d'hybrides. Ils sont caractérisés par leur préfixe *Notho-*, d'où *Nothogenus* pour le genre et *Nothospecies* pour l'espèce. Le rang est le même que pour le genre et l'espèce. Ils servent uniquement à distinguer le caractère hybride.
Un nom de genre ne peut se composer de deux mots. Un nom d'espèce, en revanche, se compose toujours de deux mots, le nom de genre et l'épithète spécifique. Si celle-ci se compose également de deux mots, alors ces deux mots sont liés par un trait d'union (ex. *Euphorbia caput-medusae*). L'épithète spécifique ne peut être une répétition du nom d'espèce. L'épithète spécifique s'accorde au nom de genre. Les arbres, par exemple, sont en règle générale féminins (*Fagus sylvatica*).
Les terminaisons pour le genre grammatical sont en latin *-us* pour le masculin, à laquelle s'ajoute entre autres *-codon*, *-myces*, *-odon*, *-pogon* et *-stemon*. Les désignations achevées par *-a*, *-achne*, *-chlamys*, *-dapne*, *-mecon* ou *-osma* sont féminines. Les neutres peuvent s'achever par *-um*, *-ceras*, *-dendron*, *-nema*, *-stigma* ou *-stoma*. Le fait que les terminaisons d'origine grecque *-anthus* (de *-anthos*) et *-chilus* (de *-chilos*), neutres, soient traitées comme masculines en accord avec la nomenclature botanique, montre que le choix du genre grammatical correct est une science en soi.
A propos des dénominations botaniques, on parle souvent des noms »latins« des plantes bien que les épithètes ne soit en aucun cas toujours d'origine latine. Même les caractères qui n'apparaissent pas en latin, comme w et y, ainsi que k, utilisé seulement rarement, peuvent être partie intégrante d'un nom de genre ou d'espèce. Les inflexions allemandes ä, ö et ü deviennent respectivement ae, oe et ue. Les particularités nationales telles que les caractères accentués français é, è et ê, ou le ñ espagnol sont également interdits. C'est pourquoi, selon cette remarque formelle, nous renonçons totalement aux signes d'accentuation qui ont été employés jusqu'à la 15ème édition du *Zander*, ainsi qu'à la seule exception permise, le tréma, comme dans *Aloë*.
Un nom d'espèce n'est légitime que lorsqu'il a été publié. Le nom de l'auteur qui a entrepris cette publication est publié en même temps. Nous suivons la pratique internationale valide établie entre temps et nous utilisons les abréviations de l'ouvrage de référence de BRUMMIT & POWELL (1992): »Authors of Plant Names«. Vous trouverez aussi les abréviations au chapitre »Auteurs des noms de plantes« à partir de la page 935. Les épithètes qui n'ont pas de nom d'auteur mais sont d'usage en horticulture, reçoivent en règle générale la mention hort. (= hortulanorum), voir en outre page 130. Les parenthèses ne sont pas utilisées lors de la citation de l'auteur. Elles le sont lorsqu'un auteur a changé le nom d'une épithète. Le nom de l'auteur originel doit être maintenu. Ainsi, *Achillea ageratifolia* var. *serbica* (NYMAN) HEIMERL est correct parceque la plante avait auparavant le statut d'espèce. Elle s'appelait *A. serbica* NYMAN.
En règle générale, lorsque des plantes sont renommées, c'est que de nouvelles connaissances ont été mises au jour et sont prises en considération. Les examens au microscope à balayage électronique ou les recherches moléculaires sur les gènes, qui ne sont devenus possibles que récemment, rendent quelquefois nécessaire l'attribution d'une plante à un autre genre. Le code interdit formellement un changement de nom seulement parce qu'une autre épithète est plus usitée ou plus agréable. Lorsqu'une nouvelle plante est dénommée, on lui joint une description en latin et une planche d'herbier. Un dessin ou des préparations peuvent la remplacer. Cet exemplaire, décrit en même temps, préparé ou dessiné par l'auteur, est appelé holotype (holotypus) d'une espèce.
En annexe du code on trouve encore des remarques sur l'utilisation des noms d'hybrides. Dans le cas d'un hybride générique, on parle de nothogenre (nothogenus) et on le distingue par le signe de multiplication × (× *Solidaster* = *Aster* × *Solidago*). Les hybrides spécifiques s'appellent en conséquence nothoespèces (nothospecies) et sont distingués par le même signe disposé devant l'épithète spécifique (*Dactylorhiza* × *carnea* = *D. incarnata* × *D. maculata*). Pour la mention des parents il n'est pas nécessaire de citer le père et la mère dans un ordre déterminé, ils apparaissent simplement dans l'ordre alphabétique.

4 Code International de la Nomenclature des Plantes Cultivées (ICNCP)

Le code de la nomenclature des plantes cultivées est inchangé depuis 1995 et fixe la manière d'écrire les noms de cultivar. Jusqu'à la 15ème édition du Zander, la mention »-Hybriden« apparaissait fréquemment dans les listes des espèces. Ce n'est pas un terme botanique mais une indication générale pour laquelle on pourrait également utiliser la notion -Cultivar (voir également page 40). On peut, tout comme avant, parler de *Fuchsia*-Hybriden ou *Iris* Sibirica-Hybriden lorsque l'on pense à un groupe complet de plantes. Le code règle la manière correcte d'écrire un nom de cultivar.

Par l'expression »plantes cultivées«, on désigne les plantes issues de cultivars parents par hybridation, c'est-à-dire par croisement, ou celles qui sont produites par sélection sur un lot en culture ou sur une population sauvage. Cependant, les caractères particuliers d'une telle sélection doivent se maintenir au travers des générations. Jusqu'ici et contrairement aux plantes sauvages, il n'est pas nécessaire de déposer un exemplaire de référence afin de clarifier des confusions, ultérieurement, à l'aide de cet exemplaire d'herbier ou de cette préparation. Pourtant, un tel procédé devrait être encouragé. Pour les plantes cultivées, comme pour les plantes sauvages, prévaut également le principe de la première publication. Du fait que *Cimicifuga simplex* 'Armleuchter' est une obtention de Karl Foerster, le nom plus récent 'White Pearl' est à rejeter ou à considérer comme synonyme.

Il faut distinguer les noms de cultivars des marques. Ces dernières étant la propriété de personnes physiques ou morales elles ne sont pas libres d'utilisation et ne sont pas considérées non plus comme des épithètes de cultivars. Le code ne recommande pas plus l'utilisation de noms de marques en remplacement de noms de cultivars. En revanche, il n'existe pas de règle pour l'écriture d'une épithète de cultivar. Elle peut être tirée de toutes les langues, et même de tous les jargons, et peut comporter n'importe quel caractère national particulier. Contrairement à l'ICBN, l'ICNCP a beaucoup plus un caractère de recommandation qu'un caractère obligatoire.

Il est fait obligation de ne pas désigner une variété en tant que cultivar. La notion s'applique aux clones, aux chimères de greffe, aux lignées obtenues par autofécondation, aux hybrides F_1 et aux plantes modifiées génétiquement. Comme les individus issus de graines varient souvent, la notion »sélection« ou »groupe« peut être utilisée aussi dans l'épithète de cultivar dans cette relation. Contrairement aux noms de cultivars, le nom d'un groupe n'est pas écrit entre guillemets simples (donc, *Delphinium* 'Finsteraarhorn' au contraire de *D.* Black Knight Grp.). L'abréviation »Grp.« est également réglée par le code car elle est internationalement compréhensible pour groupe, *group, Gruppe*. Les mots croisement, forme, hybride, mutant, mélange ou variété ne peuvent être utilisés. Il faut également renoncer à la mention »amélioré«, pourtant, on trouve souvent le mot *improved* dans les noms de cultivars.

Le nom complet d'un cultivar se compose du nom reconnu du taxon dans sa forme latine (exemple: *Iris sibirica*) suivi par l'épithète de cultivar. Cette dernière doit être écrite avec une majuscule initiale et est placée entre guillemets simples (exemple: *Iris sibirica* 'Caesar's Brothers'). Les guillemets doubles („ ...“) ou l'indication cv. ne sont pas permises. L'insertion du mot hybride *I.* Sibirica-Hybride 'Caesar's Brother' est superflue. Une autre règle énonce qu'une épithète de cultivar ne doit pas être un mot latin et, depuis 1996, ne doit pas comporter plus de 30 lettres ou signes. Pour ce qui concerne l'impression, l'épithète de cultivar ne doit pas être composée en italique comme c'est le cas pour les noms botaniques.

Lorsqu'une publication paraît dans une langue étrangère, le nom ne doit pas être traduit, s'il utilise le même alphabet que la langue de la publication originale. Sinon, une translittération est permise. Les abréviations sont interdites (exemple: 'Mount Helena' et non pas 'Mt. Helena'). Seules les abréviations des titres (Mr, Mrs, Dr, Prof) sont permises, sans point abréviatif maintenant selon les usages internationaux. Le signe hybride ne doit pas être utilisé (donc jamais *Iris* × 'Caesar's Brother'). Il est superflu d'indiquer le nom d'auteur. On peut il est vrai citer l'obtenteur mais son nom n'est en aucune manière partie de l'épithète de cultivar.

III Sorten
III Cultivars
III Cultivars

• 1 Der Umgang mit dem Begriff »Hybride«

Seit dem Tokio-Beschluss 1996 sollen die Wörter Kreuzung, Hybride, Gruppe, Mutant, Sämling, Selektion, Sport oder Strain (in engl: cross, hybrid, group, mutant, seedling, selection, sport, strain) nicht mehr Bestandteil des Sortennamens sein (siehe hierzu die Regeln 17.16 und 19.10 des ICNCP). Diese international gültige Nomenklaturempfehlung bewirkt einige Neuregelungen.

Darf man das Wort Hybride überhaupt noch verwenden? Ja, wenn mit diesem Begriff Sortengruppen benannt werden sollen. Man spricht also weiterhin von *Gerbera*-Hybriden oder *Paenonia*-Lactiflora-Hybriden. Beispiele für weitere Sortengruppenbezeichnungen finden Sie ab Seite 43.

Der Begriff Hybride wird im deutschen Sprachraum bevorzugt, doch international hat sich die Bezeichnung Cultivar oder Cultivars durchgesetzt. Sie können als Alternative auch im deutschen Sprachgebrauch verwendet werden, obwohl die Bezeichnung Sorten sinnvoller wäre, da viele »Hybriden« gar keine Kreuzungen sind, sondern Auslesen, Mutationen oder Formen einer Art. Eine Tautologie stellt der Begriff »Hybridcultivar« dar, er ist deswegen unzulässig.

Darf das Wort Hybride auch im Sortennamen auftauchen? Nein, denn das widerspricht eindeutig der Regelung des ICNCP. Werden Sorten namentlich aufgelistet, so entfällt der Namenszusatz Hybride. Man ordnet die Sorte also nur der Art zu und verzichtet darauf, zwischen Form, Auslese und Hybride zu unterscheiden. Die Sorte *Iris* Sibirica-Hybride 'Caesar's Brother' wird deshalb jetzt *Iris sibirica* 'Caesar's Brother' genannt. Dies resultiert daraus, dass zu vielen Gattungen keine Sortenregister geführt werden. Deswegen kann häufig keine Unterscheidung zwischen einer Auslese oder einer Sorte gemacht werden, was mit der Regelung des ICNCP als überflüssig erachtet wird.

Jedoch sind die vereinfachten Sortenbennungen wie Delphinium 'Jubelruf' oder Delphinium Astolat Grp. unzureichende Kennzeichnungen: Über den Namen lassen sich keine charakteristischen Merkmale der Sorte ableiten, die oft auch Folgen für die gärtnerische Kultur haben. In solchen Fällen behilft man sich mit einem Namenszusatz, der die Merkmale der entsprechenden züchterischen Eingruppierung wiedergibt. *Delphinium* 'Jubelruf' (Elatum Grp.) ist eine vegetativ vermehrte Sorte, die höhere Ansprüche an Luft- und Bodenfeuchtigkeit stellt als zum Beispiel *Delphinium* Astolat Grp. (Pacific Grp.), welcher als Sortengruppe geführt wird, vor allem da er samenvermehrt wird. Entsprechend der Gruppenbezeichnungen können Sie auch die Abkürzungen verwenden, die ab Seite 43 aufgeführt werden.

Was verbirgt sich hinter dem Begriff »Sortengruppe«? Auch Sortennamen können den Wortteil Gruppe – abgekürzt Grp., abgeleitet vom englischen Wort *group* – enthalten. Zu Gruppen zusammengefasst werden können ähnliche Individuen einer Auslese – oder einer anderen züchterischen Methode, die auf der generativen Vermehrung beruht – und deren vegetativ vermehrte Nachkommen. Je nach Züchtungsziel werden unterschiedliche Merkmale als Gruppenkennzeichnung herangezogen, dies können beispielsweise Frostresistenz, aber auch morphologische Merkmale sein. Es ist unmaßgeblich, ob sich die einzelnen Pflanzen in Form und Farbe nur gering unterscheiden, wie die oben genannten Individuen der *Delphinium* Astolat Grp., oder in stärkerem Maße, z. B. in Blütenform und -farbe, wie beispielsweise die *Anemone coronaria* St Brigid Grp..

Umbenennungen von Pflanzenarten können zu neuen Gruppierungen führen. Ein Beispiel: *Rhododendron repens* BALF. f. et FORREST wurde auf Grund seiner engen Verwandtschaft umbenannt zu *Rhododendron forrestii* (BALF. f. et FORREST) COWAN et DAVIDIAN. *Rhododendron repens* BALF f. et FORREST ist also ein Synonym zu dem nun gültigen Namen *R. forrestii* (BALF. f. et FORREST) COWAN et DAVIDIAN. Sorten mit den Eigenschaften von *R. repens* werden durch die Zusammenfassung zu einer Gruppe von den übrigen Sortengruppen und Sorten formal unterschieden. Die korrekte Bezeichnung dieser Pflanzengruppe lautet nun *Rhododendron forrestii* subsp. *forrestii* Repens Grp.. Wissenschaftlich korrekt würde eine Sorte dieser Gruppe dann *R. forrestii* subsp. *forrestii* (Repens Grp.) 'Baden Baden' heißen, denn laut ICNCP dürfen Gruppenbezeichnungen dem Sortennamen vor- oder nachgestellt werden. Da eine solche Bezeichnung wohl kaum mehr auf ein Etikett passen würde, sollte man sinnvollerweise auf Autonyme und Sortengruppen verzichten, beziehungsweise letztere allenfalls als Abkürzung hinter den Sortennamen setzen. Es genügt, die Sorte als *R. forrestii* 'Baden Baden' zu bezeichnen.

Gibt es bei den gärtnerischen Pflanzennamen Abweichungen von den wissenschaftlichen? Leider ja, denn viele Gärtner machen wissenschaftliche Umbenennungen nicht immer mit. Dies ist verständlich, da sonst auch neue Etiketten und Kataloge gedruckt werden müssen. Die Sorte, die zuvor als Beispiel angeführt wurde, wird deshalb in der Mehrzahl der Fälle immer noch unter der Bezeichnung *Rhododendron repens* 'Baden-Baden' gehandelt. Umfangreiche Synonymangaben in diesem Buch und die Kenntnis von einigen wenigen Grundsätzen vermitteln zwischen den beiden nomenklatorischen Gewohnheiten.

Wie gehe ich mit dem Begriff »Strain« um, wenn ich Sortengruppen beschreiben will? Der Begriff »Strain«, der vor allem bei Lilien verwendet wird, ist durch die Bezeichnung »Gruppe« überflüssig geworden. Sprach man früher vom *Lilium* 'Bellingham Strain' oder von Bellingham-Hybriden, so lautet die korrekte Bezeichnung nun *L.* Bellingham Grp..

Wie gehe ich mit dem Begriff »Serie« um, wenn ich Sortengruppen beschreiben will? Der Begriff »Serie« – abgekürzt Ser. vom englischen Wort *series* – benennt Individuen einer Kreuzung mit einheitlichen Eigenschaften, doch unterschiedlichen Blütenfärbungen. Der Begriff wird überwiegend bei einjährigen Pflanzen verwendet. Beispielsweise zeigen alle Sorten der Kablouna-Serie (Kablouna Ser.) von *Calendula officinalis* das typische Merkmal gefüllter Blüten mit eingeschnittenen Blütenblättern, doch es gibt goldgelb gefärbte ('Kablouna Goldgelb'), orangefarbene ('Kablouna Orange') oder goldgelbe Blüten mit schwarzer Mitte ('Kablouna Goldgelb mit schwarzer Mitte'). Eine Serie wird also beispielsweise korrekt *Calendula officinalis* Kablouna Ser. bezeichnet, eine Sorte dieser Serie wird hingegen 'Kablouna Goldgelb' genannt. Zu beachten ist zudem, dass der Name einer Serie ohne Hochkommas geschrieben wird (Kablouna Ser.), der Name einer Sorte hingegen mit ('Kablouna Goldgelb').

Ist die Bezeichnung »grex« auch von der neuen Nomenklaturregel betroffen? Die Bezeichnung »grex« wird nur bei der Klassifizierung von Orchideenzüchtungen verwendet. Die Individuen einer Generation, die einer bestimmten Kreuzungskombination entsprechen – unabhängig davon, ob die Kreuzung einmalig oder bei verschiedenen Züchtern durchgeführt wurde – erhalten alle dieselbe grex-Bezeichnung. Zum Beispiel werden die Nachkommen aus der Kreuzung von *Phalaenopsis stuartiana* × *P. lueddemanniana* mit dem grex Hermione gekennzeichnet. Eine Sorte dieses grex wird dann wie folgt bezeichnet: *Phalaenopsis* Hermione 'Sachsen Anhalt'. Der Begriff »grex« taucht als Namenszusatz bei Sortennennungen niemals auf. Nur der Name des grex wird immer großgeschrieben vor den wie üblich gekennzeichneten Sortennamen gesetzt.

Grundsätze zur Benennung von Sorten in der gärtnerischen Praxis
Im Gegensatz zur wissenschaftlichen Nomenklatur sind in der Praxis einschlägig tätiger Betriebe oft vereinfachte oder verkürzte Namen in Gebrauch. Die folgenden Grundsätze sollen helfen, zwischen den beiden Nomenklaturen zu vermitteln und bei der Benennung von Sorten in der gärtnerischen Praxis Transparenz zu wahren.

Grundsatz 1:
Eine Sorte ist ausreichend gekennzeichnet durch Gattungs-, Art- und Sortenbezeichnung. Auf den Namenszusatz Subspezies (subsp.) oder Varietät (var.) kann verzichtet werden, wenn ein eindeutiger Sortenname vorliegt, auf Autonyme sollte man verzichten. Sortenbezeichnungen wie 'Alba', 'Rubra' und ähnliche hingegen sind nicht eindeutig, da man diese Namen häufiger verschiedenen Subspezies oder Varietäten einer Art mehrfach zugeordnet hat, hier ist die Angabe der Supspezies notwendig. Während bei *Heliopsis helianthoides* var. *scabra* die Angabe der Varietät nicht unbedingt notwendig ist, da es keine Sorten der var. *helianthoides* gibt, ist dies bei *Astilbe chinensis* var. *taquetii* hingegen nötig, wenn man die dortigen Hybriden nicht mit denen der var. *chinensis* in einen Topf werfen will.

Grundsatz 2:
Die Unterscheidung von Auslesen und Hybriden spiegelt sich nicht mehr in der Benennung einer Sorte wider, der Wortstamm -Hybride ist zu verwerfen. Aus *Iris* Sibirica-Hybride 'Caesar's Brother' wird *Iris sibirica* 'Caesar's Brother'.

Grundsatz 3:
Eine Klassifizierung der Sorte durch Zuordnung einer Gruppe (siehe Seite 43) muss nicht erfolgen. Hilfreich ist diese Gliederung, um Eigenschaften übersichtlich darzustellen. In Katalogen ist dieser Namenszusatz meist ein Gewinn. Obwohl die Gruppenbezeichnung in Klammern auch vor den Sortennamen gestellt werden darf, also *Acer palmatum* (Dissectum Grp.) 'Ornatum' empfiehlt es sich die Gruppenbezeichnung hinter den Sortennamen zu setzen (siehe ICNCP Art. 4). Hilfreich sind auch die international gebräuchlichen Abkürzungen des nachfolgenden Kapitels.

• 1 Treatment of the German term »Hybride«

Since the Tokyo agreement of 1996, the words cross, Hybride, group, mutant, seedling, selection, sport or strain should no longer form part of cultivar names (see Rules 17.16 and 19.10 of the ICNCP). This internationally applicable nomenclatural recommendation effectively brings about some new regulations.

Can the German word »Hybride« still be used at all? Yes, if this term must be used to name cultivar-groups. Hence, it is still possible to speak of *Gerbera*-Hybriden or *Paenonia*-Lactiflora-Hybriden. Examples of other cultivar-group designations can be found beginning on page 43.
The term »Hybride« is preferred in German-speaking countries, but internationally the terms »cultivar« or 'cultivars' have prevailed. They can also be used as alternatives in German, although the term 'Sorten' (= cultivars) would be more logical, since many »Hybriden« are not crosses at all, but rather selections, mutations or forms of a species. The German term »Hybridcultivar« is tautologous, and therefore inadmissable.
Can the German word »Hybride« also be present in a cultivar name? No, since this would clearly conflict with the ICNCP Rule. If cultivars are listed by name, the additional name »Hybride« is dropped. Hence, the cultivar *Iris* Sibirica-Hybride 'Caesar's Brother' becomes *Iris sibirica* 'Caesar's Brother'. This is because there is no register of cultivars for many genera. Hence, it is often not possible to distinguish between a selection and a cultivar, something that the ICNCP Rule makes redundant.

However, simplified cultivar designations such as Delphinium 'Jubelruf' or Delphinium Astolat Grp. are inadequate. It is not possible to derive the characteristic features of the cultivar from the names, and these are often important for cultivation. In such cases, an additional name is used as an aid, reflecting the features of the corresponding breeding grouping. *Delphinium* 'Jubelruf' (Elatum Grp.) is a vegetatively propagated cultivar that has higher air and soil moisture requirements than, for example, *Delphinium* Astolat Grp. (Pacific Grp.), which is listed as a cultivar-group, particularly since it is seed-raised. In accordance with the group designations, you can also use the abbreviations listed beginning on page 43.

What does the term cultivar-group represent? Cultivar names, too, can contain the word component Grp., derived from the English *group*. Similar individuals of a selection – or of another breeding method which is based on generative reproduction – and also their vegetatively propagated offspring can be combined into groups. Depending on the goal of breeding, different features can be used as a group designation, e.g. frost resistance, and also morphological features. It is of little consequence whether the individual plants differ only slightly in form and colour, such as the above-named individuals of the *Delphinium* Astolat Grp., or more markedly, e.g. in flower form and colour, such as in *Anemone coronaria* St Brigid Grp.

Renaming of plant species can lead to new groupings. An example: owing to its close relationship with another taxon, *Rhododendron repens* BALF. f. et FORREST was renamed *Rhododendron forrestii* (BALF. f. et FORREST) COWAN et DAVIDIAN. *Rhodendron repens* BALF f. et FORREST is hence a synonym for the now valid names *R. forrestii* (BALF. f. et FORREST) COWAN et DAVIDIAN. Through combination to form a group, cultivars with the characteristics of *R. repens* are formally distinguished from other cultivar-groups and cultivars. The correct name of this plant group is now *Rhododendron forrestii* subsp. *forrestii* Repens Grp. The correct scientific name of a cultivar of this group would hence be *R. forrestii* subsp. *forrestii* (Repens Grp.) 'Baden Baden', for according to the ICNCP, group designations may come before or after the cultivar name. Since such a designation would hardly fit on a label anymore, it is logical to leave out the autonyms and cultivar-groups, or at least abbreviate the latter following the cultivar name. It is sufficient to name the cultivar *R. forrestii* 'Baden Baden'.

Are there any discrepancies between horticultural and scientific plant names? Unfortunately yes, because many gardeners do not always adopt scientific renaming. This is understandable, since otherwise it would be necessary to print new labels and catalogues. The above-mentioned cultivar is still mostly traded under the name *Rhododendron repens* 'Baden-Baden'. Comprehensive synonym listings in this book and knowledge of a few basic principles help clarify the differences between the two nomenclatural forms.

How do I use the term strain if I want to describe cultivar-groups? The term »strain«, used for lilies in particular, has been superseded by the term »group«. While the former convention was *Lilium* 'Bellingham Strain' or Bellingham-Hybriden, the correct designation is now *L.* Bellingham Grp..

How do I use the term series if I want to describe cultivar-groups? The term »series«, abbreviated to Ser. (from the English word *series*), is used to name individuals of a cross with uniform characteristics, but different flower colours. The term is mainly used for annuals. For example, a typical feature of all cultivars of the Kablouna series (Kablouna Ser.) of *Calendula officinalis* is that of double flowers with divided or incised petals, but there are golden-yellow ('Kablouna Goldgelb'), orange ('Kablouna Orange') or golden-yellow flowers with a black centre ('Kablouna Goldgelb mit schwarzer Mitte'). Hence, as an example, a series is correctly designated *Calendula officinalis* Kablouna Ser., while a cultivar of this series is named 'Kablouna Goldgelb'. It should be also noted that the name of a series is not enclosed within single quotation marks (Kablouna Ser.), but the name of a cultivar is ('Kablouna Goldgelb').

Is the designation grex also covered by the new nomenclatural rule? The designation »grex« is used only for the classification of cultivated orchids. Individuals of a generation that correspond to a particular cross combination – independent of whether the cross has been made once, or more than once by different breeders – are all given the same grex designation. For example, the offspring of the cross *Phalaenopsis stuartiana* × *P. lueddemanniana* are denoted by the grex Hermione. A cultivar of this grex is therefore *Phalaenopsis* Hermione 'Sachsen Anhalt'. The term »grex« never occurs as an additional name in cultivar naming. Instead, the name of the grex is always written in capitals, placed before the normal cultivar name.

Principles of cultivar naming in horticultural practice

In contrast to scientific nomenclature, simplified or abbreviated names are often used in horticultural practice. The following principles should help clarify the differences between both nomenclatural forms and also the naming of cultivars in horticultural practice.

Principle 1:
A cultivar is sufficiently denoted by genus, species and cultivar name. The additional names subspecies (subsp.) or variety (var.) may be omitted when a definite cultivar name is present; autonyms should be avoided. By contrast, cultivar names such as 'Alba', 'Rubra' and the like are ambiguous, since these names have been used for subspecies and varieties of a species that are often different; here, it is necessary to give the name of the subspecies. Whereas, in *Heliopsis helianthoides* var. *scabra*, it is not strictly necessary to name the variety, since there are no cultivars of the var. *helianthoides*, this is necessary in the case of *Astilbe chinensis* var. *taquetii* if the respective cultivars are not to be lumped together with those of var. *chinensis*.

Principle 2:
This distinction between selections and hybrids is no longer reflected in the naming of a cultivar; the root word -Hybride should be given up. *Iris* Sibirica-Hybride 'Caesar's Brother' becomes *Iris sibirica* 'Caesar's Brother'.

Principle 3:
It is not necessary to classify a cultivar through the classification of a group (see page 43). This classification is helpful for presenting characteristics clearly. In catalogues, this additional name is usually an advantage. Although the group designation in parentheses may also come before the cultivar name, e.g. *Acer palmatum* (Dissectum Grp.) 'Ornatum', it is recommended that the group designation follow the cultivar name (see ICNCP Art. 4). The internationally standard abbreviations given in the following chapter are also helpful.

• 1 A propos de la notion »hybride«

Depuis les résolutions de Tokyo, 1996, les mots croisement, hybride, groupe, mutant, semis, sélection, sport ou population (en anglais: cross, hybrid, group, mutant, seedling, selection, sport, strain) ne doivent plus être partie d'un nom de cultivar (voir en outre la règle 17.16 et 19.10 de l'ICNCP). Cette recommandation nomenclaturale valable internationalement entraîne quelques règles nouvelles.

Peut-on tout de même utiliser encore le mot hybride? Oui, si un groupe de cultivars doit être désigné par cette notion. On parle alors de *Gerbera*-Hybrides ou de *Paeonia* Lactiflora-Hybrides. Vous trouverez des exemples d'autres désignations de groupes de cultivars à partir de la page 43.
La notion hybride est préférée dans les pays germanophones, pourtant la dénomination cultivar ou cultivars s'est imposée internationalement.
Le mot hybride peut-il apparaître dans un nom de cultivar? Non, ceci est contraire à la règle de l'ICNCP. Lorsque des noms de cultivars sont listés, le mot hybride n'apparaît pas. On rattache seulement le nom à l'espèce et l'on renonce aux distinctions forme, sélection, hybride. *Iris* Sibirica-Hybride 'Caesar's Brother' est appelé maintenant *Iris sibirica*

'Caesar's Brother'. Cela résulte du fait que, pour de nombreux genres, il n'est pas tenu de registre des cultivars. En conséquence, il est souvent impossible de différencier une sélection d'un cultivar, ce qui est jugé superflu par la règle de l'ICNCP.
Pourtant, des dénominations simplifiées telles que *Delphinium* 'Jubelruf' ou *Delphinium* Astolat Grp. sont insuffisantes. Le nom ne laisse ressortir aucune caractéristique du cultivar, alors qu'elles ont souvent un intérêt pour la culture. Dans de tels cas on peut s'aider par un complément qui restitue les caractéristiques du groupe horticole correspondant. *Delphinium* 'Jubelruf' (Elatum Grp.) est un cultivar de multiplication végétative plus exigeant en humidité du sol et de l'air que par exemple *Delphinium* Astolat Grp. (Pacific Grp.), considéré comme un groupe avant tout parce qu'il est multiplié par graines. Vous pouvez utiliser aussi des abréviations correspondant aux désignations des groupes et listées à partir de la page 43.
Que se cache-t-il derrière la notion de groupe de cultivar? Des noms de cultivars peuvent comporter le mot groupe, Grp. en abrégé, issu du mot anglais *group*. Des individus semblables issus d'une sélection, ou d'une autre méthode de sélection basée sur la multiplication végétative, ainsi que leur descendance multipliée végétativement, peuvent être réunis dans des groupes. Selon les objectifs de la sélection, différentes caractéristiques sont utilisables comme distinction du groupe. Ce peut être par exemple la résistance au froid, mais également des caractéristiques morphologiques. Peu importe si les individus diffèrent peu dans la forme et la couleur, à l'exemple des individus du groupe des *Delphinium* Astolat mentionné plus haut, ou de manière plus importante, comme chez *Anemone coronaria* St Brigid Grp. plus différentes dans la forme et la couleur des fleurs.
Renommer des espèces végétales peut conduire à de nouveaux groupements. Un exemple: *Rhododendron repens* BALF. f. et FORREST a été inclus dans *Rhododendron forrestii* (BALF. f. et FORREST) COWAN et DAVIDIAN en raison de son étroite parenté. *Rhododendron repens* BALF. f. et FORREST est donc un synonyme du nom maintenant légitime *Rhododendron forrestii* (BALF. f. et FORREST) COWAN et DAVIDIAN. Les cultivars aux particularités de *R. repens* sont donc formellement distinguées des autres cultivars et groupes de cultivars par leur réunion dans un groupe propre. La dénomination correcte de ce groupe de plantes est maintenant *Rhododendron forrestii* subsp. *forrestii* Repens Grp. Un cultivar de ce groupe a été nommé de façon scientifiquement correcte *Rhododendron forrestii* subsp. *forrestii* (Repens Grp.) 'Baden Baden' car, selon l'ICNCP, les désignations de groupes peuvent être disposées avant ou après le nom de cultivar. Comme une telle appellation s'adapterait mal à une étiquette, on devrait logiquement renoncer à l'autonyme et au nom de groupe de cultivars, ce dernier au besoin abrégé et placé après le nom de cultivar. Désigner le cultivar comme *R. forrestii* 'Baden Baden' suffit.
Existe-t-il des différences entre les noms horticoles des plantes et les noms scientifiques? Malheureusement oui, car de nombreux praticiens ne prennent pas toujours en compte les changements de noms. Cela est compréhensible car sinon il faudrait réimprimer les étiquettes et les catalogues. C'est pourquoi, dans la plupart des cas, le cultivar cité précédemment en exemple est toujours proposé sous le nom *R. repens* 'Baden Baden'. La mention de très nombreux synonymes dans ce livre et la connaissance de certains principes concilient les deux usages nomenclaturaux.
Comment traiter la notion »strain« lorsque je souhaite décrire des groupes de cultivars? La notion »Strain«, qui est surtout utilisée pour les lis, est devenue inutile, remplacée par la désignation »groupe«. Parlait-on précédemment de *Lilium* 'Bellingham Strain' ou Bellingham-Hybrides, la dénomination correcte est maintenant *L.* Bellingham Grp..
Comment traiter la notion »série« lorsque je souhaite décrire des groupes de cultivars? La notion »série«, en abrégé Ser., du mot anglais *series* désigne les individus d'un croisement aux caractères homogènes et pourtant différents par la couleur des fleurs. Cette notion concerne principalement les plantes annuelles. Ainsi, tous les cultivars de la série Kablouna (Kablouna Ser.) de *Calendula officinalis* présentent la caractéristique typique des fleurs doubles à ligules incisées. Pourtant il existe des coloris jaune d'or ('Kablouna Goldgelb'), orange ('Kablouna Orange'), jaune d'or à centre noir ('Kablouna Goldgelb mit schwarzer Mitte'). Une série est désignée correctement *Calendula officinalis* Kablouna Ser. Un cultivar de cette série sera nommé 'Kablouna Goldgelb'. Il faut remarquer, en outre, que le nom

d'une série est écrit sans guillemets simples (Kablouna Ser.), le nom d'un cultivar en revanche avec ('Kablouna Goldgelb').

La désignation »grex« est-elle aussi concernée par les nouvelles règles de nomenclature? La désignation »grex« n'est utilisée que pour la classification des obtentions d'orchidées. Les individus d'une génération qui correspondent à une combinaison particulière de croisement, indépendamment du fait qu'il ait été réalisé une fois ou par différents obtenteurs, reçoivent la même désignation de »grex«. Par exemple, les descendants issus du croisement de *Phalaenopsis stuartiana* × *P. lueddemanniana* sont désignés par le grex Hermione. Un cultivar de ce grex est désigné comme suit: *Phalaenopsis* Hermione 'Sachsen Anhalt'. La mention »grex« n'apparaît jamais en complément du nom dans la dénomination d'un cultivar. Seul le nom du grex est toujours écrit avec une majuscule initiale avant le nom de cultivar identifié comme il est d'usage.

Principes de dénomination d'un cultivar dans la pratique horticole

Contrairement à la nomenclature scientifique, des noms simplifiés ou abrégés sont souvent utilisés dans la pratique par les entreprises actives sur ce sujet. Les principes suivants doivent aider à concilier les deux nomenclatures et à maintenir une transparence lors de la dénomination des plantes dans la pratique horticole.

Principe 1:

Un cultivar est suffisamment identifié par les noms de genre, d'espèce et le nom de cultivar. On peut renoncer aux compléments sous-espèce (subsp.) ou variété (var.). Lorsqu'un nom de cultivar non équivoque existe on devrait renoncer à l'autonyme. Des noms de cultivars comme 'Alba', 'Rubra' et d'autres semblables ne sont pas sans équivoque car ces noms ont été souvent attribués plusieurs fois à différentes sous-espèces ou variétés d'une espèce. Dans ce cas, l'indication de la sous-espèce est nécessaire. Alors que pour *Heliopsis helianthoides* var. *scabra* l'indication de la variété n'est pas absolument indispensable, du fait qu'il n'existe pas de cultivars de la var. *helianthoides*, cette mention est en revanche nécessaire pour *Astilbe chinensis* var. *taquetii* si l'on ne veut pas confondre ses hybrides avec ceux de la var. *chinensis*.

Principe 2:

La distinction entre sélection et hybrides ne se reflète plus dans la dénomination d'un cultivar, le radical hybride est à rejeter. *Iris* Sibirica-Hybride 'Caesar's Brother' devient *Iris sibirica* 'Caesar's Brother'.

Principe 3:

Une classification d'un cultivar à un groupe (voir page 43) ne doit pas se faire. Cette information est pourtant utile à la connaissance des caractères propres d'une plante. Dans les catalogues, ce complément est souvent un avantage. Bien que la désignation d'un groupe puisse être disposée entre parenthèses même devant le nom de cultivar (*Acer palmatum* (Dissectum Grp.) 'Ornatum', il est recommandé de la placer à la suite (voir l'ICNCP, Art. 4). Les abréviations internationales courantes du chapitre suivant sont aussi une aide.

2 Sorten mit Klassifizierungen
2 Cultivars with classifications
2 Cultivars avec classification

- Wegen Platzmangel wird die folgende Tabelle nur zweisprachig wiedergegeben. Wir bitten um Ihr Verständnis.
- For reasons of space, the following table is given in only two languages. We apologize for any inconvenience this may cause.
- Par manque de place, le tableau suivant n'est reproduit qu'en deux langues. Nous vous remercions de votre compréhension.

Acer palmatum		
(P)	Gruppe 1: Palmatum	Group 1: Palmatum
(A)	Gruppe 2: Amoenum	Group 2: Amoenum
(M)	Gruppe 3: Matsumarae	Group 3: Matsumarae
(D)	Gruppe 4: Dissectum	Group 4: Dissectum
(L)	Gruppe 5: Linearilobum	Group 5: Linearilobum
(B)	Gruppe 6: Zwerg, Bonsai und Penjing	Group 6: Dwarf, bonsai and penjing
(O)	Gruppe 7: Sonstige	Group 7: Other
	Beispiel: *Acer palmatum* 'Autumn Glory' (A) gehört zur Amoenum-Gruppe.	**Example:** *Acer palmatum* 'Autumn Glory' (A) is a member of the Amoenum group.

Acer pseudoplatanus		
(1)	Gruppe 1: fünffingrige Blätter, grün	Group 1: leaves 5-lobed, green
(2)	Gruppe 2: fünffingrige Blätter, rot oder panschiert	Group 2: leaves 5-lobed, red or variegated
(3)	Gruppe 3: fünffingrige Blätter, grün mit purpurfarbener Unterseite	Group 3: leaves 5-lobed, green with purple undersides
(4)	Gruppe 4: dreifingrige Blätter	Group 4: leaves 3-lobed
(5)	Gruppe 5: dreieckige Blätter	Group 5: leaves triangular
(6)	Gruppe 6: abweichende Blattformen	Group 6: leaves with aberrant forms
	Beispiel: Acer *pseudoplatanus* 'Prinz Handjéry' (2) gehört in Gruppe 2.	**Example:** *Acer pseudoplatanus* 'Prinz Handjéry' (2) is a member of the Group 2.

Actinidia deliciosa		
(sp)	selbstbestäubend	Self-pollinating
	Beispiel: *Actinidia* 'Jenny' (sp) ist selbstbestäubend.	**Example:** *Actinidia* 'Jenny' (sp) is self-pollinating.

Agapanthus		
(A)	Africanus-Gruppe	Africanus group
(C)	Campanulatus-Gruppe	Campanulatus group

(I)	Inapertus-Gruppe	Inapertus group
(P)	Praecox-Gruppe	Praecox group
	Beispiel: *Agapanthus* 'Black Beauty' (A) gehört zur Africanus-Gruppe.	**Example:** *Agapanthus* 'Black Beauty' (A) is a member of the Africanus group.

Begonia

(1)	Rohrstämmige Gruppe	Reed-like group
(2)	Strauchförmige Gruppe	Shrub-like group
(3)	Dickstämmige Gruppe	Thick-stemmed group
(4)	Semperflorens-Cultorum-Gruppe	Semperflorens-Cultorum group
(5)	Rhizombildende Gruppe	Rhizomatous group
(6)	Rex-Cultorum-Gruppe	Rex-Cultorum group
(7)	Tuberhybrida-Gruppe (Knollenbegonien)	Tuberous group (tuberous begonias)
(8)	Kletternde Gruppe	Trailing/scandent group
	Beispiel: *Begonia* 'Tahiti' (7) ist eine Knollenbegonie.	Example: *Begonia* 'Tahiti' (7) is a tuberous begonia.

Calceolaria

(F)	Fructohybrida-Gruppe	Fructohybrida group
(H)	Herbeohybride-Gruppe	Herbeohybrida group
(HG)	Untergruppe Grandiflora	Grandiflora subgroup
(HM)	Untergruppe Multiflora	Multiflora subgroup
	Beispiel: *Calceolaria* 'Bunter Bikini' (HM) gehört zur Herbeohybrida-Gruppe, Untergruppe Multiflora.	**Example:** *Calceolaria* 'Bunter Bikini' (HM) is a member of the Herbeohybrida group, Multiflora subgroup.

Catharanthus roseus

(A)	Albus-Gruppe	Albus group
(O)	Ocellatus-Gruppe	Ocellatus group
(R)	Roseus-Gruppe	Roseus group
	Beispiel: *Catharanthus roseus* 'Apricot Delight' (R) besitzt zart aprikosenfarbene Blüten mit einem himbeerfarbenen Auge.	**Example:** *Catharanthus roseus* 'Apricot Delight' (R) has delicately apricot-coloured flowers with a raspberry-coloured bud.

Celosia argentea

(Ch)	Childsii-Gruppe	Childsii group
(Cr)	Cristata-Gruppe (Bizarrer Hahnenkamm)	Cristata group (cockscomb)
(P)	Plumosus-Gruppe (Gefiederter Hahnenkamm)	Plumosus group (plume flower)
(S)	Spicata-Gruppe	Spicata group
	Beispiel: *Celosia argentea* 'New Look' (P) ist ein »Gefiederter Hahnenkamm«.	**Example:** *Celosia argentea* 'New Look' (P) is a »plume flower«.

Chrysanthemum

(1)	Hauskultur, großblumig	Indoor Large (Exhibition)
(2)	Hauskultur, mittelgroßblumig	Indoor Medium (Exhibition)
(3)	Hauskultur, geschlossene Ballform	Indoor Incurved
(4)	Hauskultur, hängende Strahlen	Indoor Reflexed
(5)	Hauskultur, mittelblumig	Indoor Intermediate
(6)	Hauskultur, Anemonen-ähnlich	Indoor Anemone
(7)	Hauskultur, einfachblühend	Indoor Single
(8)	Hauskultur, Pompon und Semi-Pompon	Indoor True Pompon and Semi-Pompon
(9)	Hauskultur, kleinblütig	Indoor Spray
(10)	Hauskultur, feder- oder löffelartig	Indoor Spider, Quill and Spoon
(11)	Hauskultur, andere Formen	Any other Indoor Type
(12)	Hauskultur, Charme und Kaskade	Indoor Charm and Cascade
(13)	Oktoberblüte, geschlossene Ballonform	October-flowering Incurved
(14)	Oktoberblüte, hängende Strahlen	October-flowering Reflexed
(15)	Oktoberblüte, mittelgroßblütig	October-flowered Intermediate
(16)	Oktoberblüte, großblütig	October-flowering Large
(17)	Oktoberblüte, einfachblühend	October-flowering Single
(18)	Oktoberblüte, Pompon	October-flowering Pompon
(19)	Oktoberblüte, kleinblütig	October-flowering Spray
(20)	Oktoberblüte, andere Blütenformen	Any other October-flowering Type
(22)	Charm	Charm
(23)	Freiland, frühblühend, Ballonform	Early-flowering Outdoor Incurved
(24)	Freiland, frühblühend, mit hängenden Strahlen	Early-flowering Outdoor Reflexed
(25)	Freiland, frühblühend, mittelgroßblütig	Early-flowering Outdoor Intermediate
(26)	Freiland, frühblühend, Anemonen-ähnlich	Early-flowering Outdoor Anemone
(27)	Freiland, frühblühend, einfachblühend	Early-flowering Outdoor Single
(28)	Freiland, frühblühend, Pompon	Early-flowering Outdoor Pompon
(29)	Freiland, frühblühend, kleinblumig	Early-flowering Outdoor Spray
(30)	Freiland, frühblühend, andere Blütenformen	Any other Early-flowering Outdoor Type
(K)	Koreanum-Hybriden	Korean type
(Rub)	Rubellum-Hybriden	Rubellum type
	Beispiel: Chrysanthemum 'Harvey' (29-K) ist eine frühblühende Freiland-Chrysantheme des Korea-Typs.	**Example:** Chrysanthemum 'Harvey' 29-K) is an early-flowering field (chrysanthemum of the Korean type.

Clematis

(A)	Atragene-Gruppe	Atragene group
(Ar)	Armandii-Gruppe	Armandii group
(C)	Cirrhosa-Gruppe	Cirrhosa group
(D)	Diversifolia-Gruppe	Diversifolia group
(Fl)	Florida-Gruppe	Florida group
(Fm)	Flammula Gruppe	Flammula group
(Fo)	Forsteri-Gruppe	Forsteri group
(H)	Heracleifolia-Gruppe	Heracleifolia group
(I)	Integrifolia-Gruppe	Integrifolia group
(J)	Jackmanii-Gruppe	Jackmanii group
(M)	Montana-Gruppe	Montana group
(P)	Patens-Gruppe	Patens group
(T)	Tangutica-Gruppe	Tangutica group
(Te)	Texensis-Gruppe	Texensis group
(Va)	Vitalba-Gruppe	Vitalba group
(Vt)	Viticella-Gruppe	Viticella group
	Beispiel: *Clematis* 'Duchess of Edinburgh'(P-d) gehört zur Patens-Gruppe und hat gefüllte Blüten.	**Example:** *Clematis* 'Duchess of Edinburgh' (P-d) is a member of the Patens group and has double flowers.

Dahlia

(1)	Einfach blühende Dahlien	Single (Sin.)
(2)	Anemonenblütige Dahlien	Anemone-flowered (Anem.)
(3)	Halskrausen-Dahlien	Collerette (Coll.)
(4)	Seerosen-Dahlien	Water lily (WL)
(5)	Dekorative Dahlien (Schmuck-Dahlien)	Decorative (D)
(6)	Ball-Dahlien	Ball (Ba.)
(7)	Pompon-Dahlien	Pompon (Pom.)
(8)	Kaktus-Dahlien	Cactus (C)
(9)	Semi-Kaktus-Dahlien	Semi-cactus (S-c)
(10)	Diverse Dahlien	Miscellaneous (Misc.)

Ergänzt werden die Klassen durch folgende Buchstaben:

The above classes are supplemented by the following letters:

(-a)	riesenblütig	Giant
(-b)	großglütig	Large
(-c)	mittelgroß	Medium
(-d)	kleinblütig	Small
(-e)	miniaturblütig	Miniature

Beispiel: *Dahlia* 'Cream Beauty' (4-d) ist eine kleinblütige Seerosen-Dahlie.

Example: *Dahlia* 'Cream Beauty' (4-d) is a small-flowered starfish dahlia.

Delphinium

(B)	Belladonna-Gruppe	Belladonna group
(E)	Elatum-Gruppe	Elatum group
(P)	Pacific-Gruppe	Pacific group

Beispiel: *Delphinium* Black Knight Grp. (P) gehört zur Pacific-Gruppe.

Example: *Delphinium* Black Knight group (P) is a member of the Pacific group.

Dianthus

Da Nelken im deutschsprachigen Raum nicht den Stellenwert haben wie in England, werden die Sorten meist den Arten direkt zugeordnet. Bei reinen Hybriden gilt folgende Einteilung:

Since carnations are not as highly regarded in German-speaking countries as they are in England, cultivars are mostly classified directly to the species. Pure hybrids are classified as follows:

(P)	Hybrid-Federnelken	Pink
(Pa)	einjährige Nelken	Annual pink
(Pf)	Remontant-Nelken	Perpetual-flowering (remontant) carnations
(B)	Rabatten-Nelken	Border carnations
(M)	Malmaison-Nelke	Malmaison carnations

Beispiel: *Dianthus* 'Princess of Wales' (M) ist eine Malmaison-Nelke.

Example: *Dianthus* 'Princess of Wales' (M) is a Malmaison carnation.

Gladiolus

(100)	miniaturblütig	Miniature
(200)	kleinblütig	Small
(300)	mittelgroß	Medium
(400)	großblütig	Large
(500)	riesenblütig	Giant

Zur Angabe der Blütengröße kommt der Code der Farbe, der folgendem Schema folgt:

The flower size is supplemented by a colour code, as follows:

Farbe		*bleich*	*hell*	*mittel*	*dunkel*
Colour		*Pale*	*Light*	*Medium*	*Dark*
weiß	White	00			
grün	Green		02	04	
gelb	Yellow	10	12	14	16
orange	Orange	20	22	24	26
lachs	Salmon-pink	30	32	34	36

rosa	Pink	40	42	44	46
rot	Red	50	52	54	56
rosé	Rosé	60	62	64	66
lavendel	Lavendar	70	72	74	76
violett	Violet	80	82	84	86
»smoky«	»Smoky«	90	92	94	96

Zusätzliche Typenbezeichnungen können sein: — Additional type designations include:

(B)	Butterfly-Gruppe	Butterfly group
(N)	Nanus-Gruppe	Nanus group
(P)	Primulinus-Gruppe	Primulinus group

Beispiel: *Gladiolus* 'Oscar' (556) ist riesenblütig und dunkelrot.

Example: *Gladiolus* 'Oscar' (556) is giant-flowering and dark red.

Hydrangea

(H)	Hortensia-Gruppe (Mophead-Hortensien)	Hortensia group
(L)	Lacecap-Gruppe (Teller-Hortensien)	Lacecap group

Beispiel: *Hydrangea* 'Blaumeise' (L) gehört zur Lacecap-Gruppe.

Example: *Hydrangea* 'Blaumeise' (L) is a member of the Lacecap group.

Iris

(AB)	Arilbred-Gruppe	Arilbred group
(AR)	Aril-Gruppe	Aril group
(BB)	Border Bearded	Border Bearded
(Cal-Sib)	Calsib-Gruppe	Calsib Hybrid
(CH)	Pacific-Coast-Gruppe	Californian Hybrid
(Dut)	Hollandica-Gruppe	Dutch Hybrid
(IB)	Intermedia Bearded	Intermedia Bearded
(LA)	Louisiana-Gruppe	Louisiana Hybrid
(MDB)	Miniature Dwarf Bearded	Miniature Dwarf Bearded
(MTB)	Miniature Tall Bearded	Miniature Tall Bearded
(SDB)	Standard Dwarf Bearded	Standard Dwarf Bearded
(Sino-Sib)	Sino-Sibs	Sino-Sibs
(TB)	Tall Bearded	Tall Bearded

Weitere Hybriden werden aufgelistet unter *Iris ensata* (früher *Iris* Kaempferi-Hybriden), *Iris sibirica* und *Iris spuria.*

Further hybrids are listed under *Iris ensata* (formerly *I.* Kaempferi hybrids), *I. sibirica* and *I. spuria.*

Beispiel: *Iris* 'Gingerbread Man' (SDB) gehört zur Barbata-Nana-Gruppe (Standard Dwarf Bearded).

Example: *Iris* 'Gingerbread Man' (SDB) is a member of the Barbata-Nana group (Standard Dwarf Bearded).

Lilium

(1)	Asiatische Hybriden: (1a) Sorten mit aufrechten Blüten (1b) Sorten mit seitlich zeigenden Blüten (1c) Sorten mit hängenden Blüten	Early-flowering Asian hybrids: (1a) Cultivars with erect flowers (1b) Cultivars with horizontal flowers (1c) Cultivars with pendent flowers.
(2)	Martagon-Hybriden	Hybrids of the Martagon type
(3)	Candidum-Hybriden	Hybrids of the Candidum type.
(4)	Amerikanische Hybriden	Hybrids of American species
(5)	Longiflorum-Hybriden	Hybrids of the Longiflorum type
(6)	Trompetenlilien (6a) Sorten mit trompetenförmigen Blüten (6b) Sorten mit becherförmigen Blüten (6c) Sorten mit flachen Blüten (6d) Sorten mit zurückgeschlagenen Blütenblättern	Hybrid trumpet lilies (6a) Cultivars with trumpet-shaped flowers (6b) Cultivars with cup-shaped flowers (6c) Cultivars with flat flowers (6d) Cultivars with reflexed petals.
(7)	Orienthybriden: (7a) Sorten mit trompetenförmigen Blüten (7b) Sorten mit becherförmigen Blüten (7c) Sorten mit flachen Blüten (7d) Sorten mit zurückgeschlagenen Blütenblättern	Hybrids of oriental species: (7a) Cultivars with trumpet-shaped flowers (7b) Cultivars with cup-shaped flowers (7c) Cultivars with flat flowers (7d) Cultivars with reflexed petals.
(8)	Alle sonstigen Hybriden	All other hybrids that do not belong in one of the above divisions
(9)	Spezies	Species
	Beispiel: *Lilium* 'Black Beauty' (7d) ist eine Orienthybride mit zurückgeschlagenen Blütenblättern.	**Example:** *Lilium* 'Black Beauty' (7d) is an oriental hybrid with reflexed petals.

Narcissus

(1)	Trompeten-Narzissen	Trumpet
(2)	Großkronige Narzissen	Large-cupped
(3)	Kleinkronige Narzissen.	Small-cupped
(4)	Gefülltblühende Narzissen	Double
(5)	Engelstränen-Narzissen	Triandrus
(6)	Alpenveilchen-Narzissen	Cyclamineus
(7)	Jonquillen	Jonquilla and Apodanthus
(8)	Tazetten	Tazetta
(9)	Dichternarzissen	Poeticus
(10)	Reifrocknarzissen	Bulbocodium
(11)	Split-Corona-Narzissen: Narzissen mit geschlitzten Nebenkronen, wobei zwischen (a) Halskrause oder Collar und (b) Schmetterling oder Papillon unterschieden wird.	Split-corona Narcissi with split corona, with differentiation between (a) Collar and (b) Papillon.

(12)	Sonstige Hybriden: Alle Züchtungen, die in keine der vorherigen Gruppen passen	Miscellaneous: All cultivars that do not belong in one of the above groups.
(13)	Spezies	Species
	Hinzu kommt ein Farbcode, der die Farbe von Krone und Nebenkrone beschreibt:	There is also a colour code which describes the colour of the perianth and corona:
(G)	grün	Green
(R)	rot	Red
(P)	rosa	Pink
(O)	orange	Orange
(W)	weiß	White
(Y)	gelb	Yellow
	Beispiel: *Narcissus* 'Moyle' (9 W-GYO) ist eine weißblühende Dichternarzisse mit einer gelben Nebenkrone, einem grünen Schlund und einem orangefarbenen Rand.	**Example:** *Narcissus* 'Moyle' (9 W-GYO) is a white-flowering Poeticus narcissus with a yellow corona, green throat and orange-coloured margin.

Nymphaea

(H)	winterhart	Hardy
(T)	tropisch	Tropical
(D)	tagblühend	Day-flowering
(N)	nachtbluhend.	Night-flowering
	Beispiel: *Nymphaea* 'Saint Louis' (T/D) ist eine tropische, tagblühende Seerose.	**Example:** *Nymphaea* 'Saint Louis' (T/D) is a tropical, day-flowering water lily.

Paeonia

(H)	Hybridpäonien	Hybrid peonies
(I)	Itoh-Gruppe	Itoh group
(L)	Lutea-Gruppe	Lutea group
(S)	Suffruticosa-Gruppe	Suffruticosa group
	Beispiel: *Paeonia* 'Luxuriant' (I) gehört zur Itoh-Gruppe.	**Example:** *Paeonia* 'Luxuriant' (I) is a member of the Itoh group.

Pelargonium

(A)	Angel-Gruppe	Angel group
(C)	Fancy-leaved-Gruppe	Coloured foliage group
(Dec)	Dekorative Gruppe	Decorative group
(Dw)	Zwerg-Gruppe	Dwarf group
(Fr)	Frutetorum-Gruppe	Frutetorum group

(I)	Peltatum-Gruppe	Ivy-leaved group
(Min)	Miniatur-Gruppe	Miniature group
(R)	Grandiflorum-Gruppe	Regal group
(Sc)	Duftpelargonien	Scented group
(U)	Unique-Gruppe	Unique group
(Z)	Zonale-Gruppe	Zonal group
	Zu diesen Gruppen können in Kombination noch folgende Angaben zu den Blütenformen gemacht werden:	In combination with these groups, the following information on flower form can be included:
(Ca)	kaktusblütig	Cactus
(-d)	gefüllt	Double
(St)	sternblütig	Stellar
(T)	tulpenblütig	Tulip
	Beispiel: *Pelargonium* 'Wallis Friesdorf' (Dw/Ca-d) ist eine Zwergsorte mit kaktusblütigen, gefüllten Blüten.	**Example:** *Pelargonium* 'Wallis Friesdorf' (Dw/Ca-d) is a dwarf cultivar with cactus-flowered, double flowers.

Primula

(1)	Sektion Amethystina	Amethystina
(2)	Sektion Auricula	Auricula
(3)	Sektion Bullatae	Bullatae
(4)	Sektion Candelabra	Candelabra
(5)	Sektion Capitatae	Capitatae
(6)	Sektion Carolinella	Carolinella
(7)	Sektion Cortusoides	Cortusoides
(8)	Sektion Cuneifolia	Cuneifolia
(9)	Sektion Denticulata	Denticulata
(10)	Sektion Dryadifolia	Dryadifolia
(11)	Sektion Farinosae	Farinosae
(12)	Sektion Floribundae	Floribundae
(13)	Sektion Grandis	Grandis
(14)	Sektion Malacoides	Malacoides
(15)	Sektion Malvacea	Malvacea
(16)	Sektion Minutissimae	Minutissimae
(17)	Sektion Muscarioides	Muscarioides
(18)	Sektion Nivales	Nivales
(19)	Sektion Obconica	Obconica
(20)	Sektion Parryi	Parryi
(21)	Sektion Petiolares	Petiolares

(22)	Sektion Pinnatae	Pinnatae
(23)	Sektion Pycnoloba	Pycnoloba
(24)	Sektion Reinii	Reinii
(25)	Sektion Rotundifolia	Rotundifolia
(26)	Sektion Sikkimensis	Sikkimensis
(27)	Sektion Sinenses	Sinenses
(28)	Sektion Soldanelloideae	Soldanelloideae
(29)	Sektion Souliei	Souliei
(30)	Sektion Vernales	Vernales
(A)	Alpine Aurikel	Alpine Auricula
(B)	Beet-Aurikel	Border Auricula
(Poly)	Polyanthus-Hybriden	Polyanthus
(Prim)	Primrose-Hybriden	Primrose
(S)	Show-Aurikel	Show Auricula

Beispiel: *Primula* 'Beamish Foam' (30 Poly) ist eine Polyanthus-Hybride und gehört in die Sektion Vernales.

Example: *Primula* 'Beamish Foam' (30 Poly) is a Polyanthus hybrid and is included in the Vernales section.

Rhododendron

Es gibt zwar hervorragende Literatur zu den Rhododendren, diese ist aber zum Teil in der botanischen Einordnung der einzelnen Arten sehr widersprüchlich. Wir richten uns daher in der Auflistung der Arten nomenklatorisch im Wesentlichen nach der »European Garden Flora« (CULLEN, J. et al., 1997). Es gibt jedoch eine Ausnahme: Die Botaniker haben die gärtnerisch bedeutende Art *R. yakushimanum* NAKAI zu *R. degronianum* CARRIÈRE gestellt (subsp. *yakushimanum* (NAKAI) HARA). Wir folgen jedoch der RHS (Royal Horticultural Society), die in ihren Veröffentlichungen (z. B. LORD, T. (ed.), 2001; BRICKELL, C., (ed.) 1996) weiterhin die Bezeichnung *R. yakushimanum* NAKAI verwendet.

Andererseits verzichten wir auf eine Klassifizierung der Hybriden wie bei der RHS, sondern verwenden die Einteilung des BdB (Bund deutscher Baumschulen). Demnach haben großblumige Rhododendron-Hybriden keine weitere Kennzeichnung. Hybriden, die sich einer Art zuordnen lassen, sind in der Regel unter dieser zu finden. Es gilt:

- Yakushimanum-Hybriden siehe *R. yakushimanum* (Anmerkung siehe oben).

Although there is excellent literature available on the rhododendrons, some of it is very contradictory with respect to the botanical classification of the individual species. Hence, in the list of species, we essentially follow the nomenclature of the «European Garden Flora» (CULLEN, J. et al., 1997). We make one exception, however: botanists have classified the horticulturally important species *R. yakushimanum* NAKAI to *R. degronianum* CARRIÈRE (subsp. *yakushimanum* (NAKAI) HARA). However, we follow the RHS (Royal Horticultural Society), who are still using the designation *R. yakushimanum* NAKAI in their publications (e.g. LORD, T. ed., 2001; BRICKELL, C., ed. 1996).

On the other hand, we eschew a classification of the hybrids as used by the RHS, but instead use the classification of the BdB (Bund deutscher Baumschulen), according to which large-flowering rhododendron hybrids have no further designation. Hybrids which can be classified to a species are generally found here. The following applies:

- Yakushimanum-Hybriden – see *R. yakushimanum* (see comment above).

	• Williamsianum-Hybriden siehe *R. williamsianum.*	• Williamsianum-Hybriden – see *R. williamsianum.*
	• Repens-Hybriden siehe *R. forrestii* Repens Grp.	• Repens hybrids – see *R. forrestii* Repens group.
	• Sommergrüne Azaleen siehe *R. luteum, R. molle, R. occidentale, R. prinophyllum.*	• Deciduous azaleas – see *R. luteum, R. molle, R. occidentale, R. prinophyllum.*
	• Japanische Azaleen siehe *R.* × *obtusum.*	• Japanese azaleas – see *R.* × *obtusum.*
	Weitere Hybriden sind direkt bei den Arten zu finden.	**Other hybrids are classified directly to the species.**
	Im Zweifelsfall werden Sorten, die nicht zu den großblumigen Rhododendren gehören, sich aber nicht zuordnen lassen, folgendermaßen gekennzeichnet:	In cases of doubt, cultivars which are not included with the large-flowered rhododendrons, but which cannot be classified, are characterized as follows:
(Az)	Azalee	Azaleas
(AD)	Azaleodendron	Azaleodendron
(EA)	immergüne Azalee	Evergreen azaleas
	Beispiel: *Rhododendron obtusum* 'Anne Frank' (EA) ist eine immergrüne Azalee.	**Example:** *Rhododendron obtusum* 'Anne Frank' (EA) is an evergreen azalea.

Rosa

In der nachfolgenden Klassifikation ist häufig von »Alten« und »Modernen« Rosen die Rede. Die »Alten« Rosen sind vor 1900 entstanden, die »Modernen« später. Als erste »Moderne« Rose wird allgemein die Zucht der Sorte 'La France' im Jahr 1867 angesehen.

The following classification often includes mention of »old« and »modern« roses. »Old« roses originated before 1900, »modern« ones later. It is agreed generally that the first »modern« rose was the cultivar 'La France', from 1867.

(A)	Alba-Rosen	Alba
(Bb)	Bourbon-Rosen	Bourbon
(Bs)	Boursault-Rosen	Boursault
(Ce)	Centifolia-Rosen	Centifolia
(Ch)	China-Rosen	China
(Cl)	Kletterrosen (in Kombination)	Climbing (in combination)
(D)	Damaszener-Rosen (1) Sommer-Damaszener (2) Herbst-Damaszener	Damask (1) Summer Damask (2) Autumn Damask
(DPo)	Portlandrosen	Damask Portland
(E)	Englische Rosen	English
(F)	Floribunda-Rosen	Floribunda or Cluster-flowered
(G)	Gallica-Rosen	Gallica
(Ga)	Garnette-Rosen	Garnette

(GC)	Bodendecker-Rosen	Ground Cover
(HM)	Moschata-Rosen	Hybrid Musk
(HP)	Remontantrosen	Hybrid Perpetual
(HT)	Tee-Hybriden	Hybrid Tea or Large-flowered
(Min)	Zwergrosen	Miniature
(Mo)	Moosrosen (in Kombination)	Moss (in combination)
(N)	Noisette-Rosen	Noisette
(Patio)	Patio-Rosen	Patio
(Poly)	Polyantha-Rosen	Polyantha
(PiH)	Pimpinellifolia-Hybriden	Pimpinellifolia hybrid (Hybrid Scots Briar)
(Ra)	Rambler-Rosen	Rambler
(RH)	Rubiginosa-Hybriden	Rubiginosa hybrid (Hybrid Sweet Brist)
(Ru)	Rugosa-Hybriden	Rugosa
(S)	Strauchrosen	Shrub
(T)	Teerosen.	Tea
	Beispiel: *Rosa* 'The Fairy' (Poly) ist eine Polyantha-Rose.	**Example:** *Rosa* 'The Fairy' (Poly) is a Polyantha rose.

Saxifraga

(1)	Sektion Ciliatae	Ciliatae
(2)	Sektion Cymbalaria	Cymbalaria
(3)	Sektion Merkianae	Merkianae
(4)	Sektion Micranthes	Micranthes
(5)	Sektion Irregulares	Irregulares
(6)	Sektion Heterisia	Heterisia
(7)	Sektion Porphyrion	Porphyrion
(8)	Sektion Ligulatae	Ligulatae
(9)	Sektion Xanthizoon	Xanthizoon
(10)	Sektion Trachyphyllum	Trachyphyllum
(11)	Sektion Gymnopera	Gymnopera
(12)	Sektion Cotylea	Cotylea
(13)	Sektion Odontophyllae	Odontophyllae
(14)	Sektion Mesogyne	Mesogyne
(15)	Sektion Saxifraga	Saxifraga
	Beispiel: *Saxifraga* 'Hi-Ace' (15) gehört in die Sektion Saxifraga.	**Example:** *Saxifraga* 'Hi-Ace' (15) is a member of the section Saxifraga.

Silene banksia

(C)	Coronata-Gruppe	Coronata group
(H)	Haageana-Gruppe	Haageana group
(S)	Senno-Gruppe	Senno group
	Beispiel: *Silene banksia* 'Haageana' (H) gehört zur Haageana-Gruppe.	**Example:** *Silene banksia* 'Haageana' (H) is a member of the Haageana group.

Tulipa

(1)	Einfach blühende, frühe Gruppe	Single early group
(2)	Gefüllt blühende, frühe Gruppe	Double early group
(3)	Triumph-Tulpen	Triumph group
(4)	Darwin-Hybriden	Darwin hybrid group
(5)	einfach blühende, späte Gruppe (inklusive Darwin-Tulpen und Cottage-Tulpen)	Single late group (including Darwin group and Cottage group)
(6)	Lilienblütige Hybriden	Lily-flowered group
(7)	Gefranste Tulpen	Fringed group
(8)	Viridiflora-Tulpen	Viridiflora group
(9)	Rembrandt-Tulpen	Rembrandt group
(10)	Papageien-Tulpen	Parrot group
(11)	Gefüllt blühende, späte Gruppe	Double late group
(12)	Kaufmanniana-Tulpen	Kaufmanniana group
(13)	Fosteriana-Tulpen	Fosteriana group
(14)	Greigii-Tulpen Später blühend als Gruppe 12	Greigii group Later flowering than group 12
(15)	Sonstige Tulpen	Miscellaneous
	Beispiel: *Tulipa* 'Daydream' (4) ist eine Darwin-Hybride.	**Example:** *Tulipa* 'Daydream' (4) is a Darwin hybrid.

Viola

Da Veilchen im deutschsprachigen Raum nicht den Stellenwert haben wie in England, werden die Sorten meist den Arten direkt zugeordnet. Als internationale Klassifikation ist seit 2001 gültig:

Since violets are not as highly regarded in German-speaking countries as they are in England, cultivars are mostly classified directly to the species. The following international classification has been in force since 2001:

	Sektion Nominum	Section Nominum
(1)	einfach blühende Veilchen	Single Violets
(1a)	Gobernor Herrick Typ	Governor Herrick type
(1b)	einfach blühende Hybrid-Veilchen	Hybrid Single Violets
(2)	halbgefüllt blühende Veilchen	Semi-double Violets
(3)	gefüllt blühende Veilchen	Double Violets

(4)	Parmaveilchen	Parma Violets
	Sektion Melanium	Section Melanium
(5)	Stiefmütterchen, historische Sorten	Early Pansies
(6)	Stiefmütterchen, Liebhabersorten	Fancy Pansies
(7)	Stiefmütterchen, Showsorten	Show Pansies
(8)	Stiefmütterchen, Beetsorten	Bedding Pansies
(9)	Veilchenhybriden, Beetsorten	Bedding Viola
(10)	Veilchenhybriden, Showsorten	Exhibition Viola
(11)	Violetta-Hybriden	Violetta
(12)	Hornveilchen-Sorten	Cornuta Hybrids
	Beispiel: *Viola* 'Rebecca' (11) ist eine Violetta-Hybride.	**Example:** *Viola* 'Rebecca' (11) is a Violetta hybrid.

Sonstige mögliche Kennzeichnungen / Other possible designations

(f)	weibliche Blüten	Female
(m)	männlich Blüten	Male
(sd)	halb gefüllte Blüten	Semi-double
(d)	gefüllte Blüten	Double
(v)	panaschiertes Laub	Variegated
	Beispiel: *Salix caprea* 'Pendula' (f) = *Salix caprea* 'Weeping Sally'; *Salix caprea* 'Pendula' (m) = *Salix caprea* 'Kilmarnock'.	**Example:** *Salix caprea* 'Pendula' (f) = *Salix caprea* 'Weeping Sally'; *Salix caprea* 'Pendula' (m) = *Salix caprea* 'Kilmarnock'

3 Sorten ohne Klassifizierungen
3 Cultivars without classifications
3 Cultivars sans classification

- Die folgenden Hybrid-Namen sind allgemeine Bezeichnungen, Sorten hingegen werden unter den Arten eingeordnet, aus denen sie hervorgingen. Ist eine solche Zuordnung nicht möglich oder sind die Sorten aus Kreuzungen zwischen verschiedenen Arten entstanden, so werden sie ohne Art-Epitheton aufgelistet. So ist die Schreibweise *Pieris* 'Forest Flame' (früher *P. japonica* 'Forest Flame') korrekt, da dies eine Kreuzung aus *P. formosa* × *P. japonica* ist. Um Ihnen eine Hilfe für korrekte Zuordnungen zu geben, wurden wichtige Hybridgruppen in der nachfolgenden Liste zusammengestellt.
- The following hybrid names are general designations; cultivars, however, are classified to the species from which they were crossed. If such a classification is not possible, or if the cultivars are the result of crosses of different species, they are listed without a species epithet. Hence, the written form *Pieris* 'Forest Flame' (formerly *P. japonica* 'Forest Flame') is correct, since this is the cross *P. formosa* × *P. japonica.* In order to give you an aid to correct classification, important hybrid groups have been summarized in the following list.
- Les noms d'hybrides suivants sont des désignations générales, les cultivars, en revanche, sont classés dans les espèces à l'origine du croisement. Si une telle classification n'est pas possible, ou si des cultivars sont issus de différentes espèces, ils sont alors listés sans épithète spécifique. Ainsi, écrire *Pieris* 'Forest Flame' (précédemment *P. japonica* 'Forest

Flame') est correct car il s'agit du croisement de *P. formosa* × *P. japonica*. Les groupes d'hybrides importants ont été réunis dans la liste suivante, afin de faciliter une classification correcte.

→ : siehe unter / see under / voir

Abutilon-Hybriden / Hybrids / Hybrides	• da die Abstammung meist unklar ist, erfolgt die Auflistung unter Sorten • since the origin is mostly unclear, these are listed under cultivars • l'origine étant généralement incertaine, la classification est faite par cultivar
Acalypha-Wilkesiana-Hybriden / Hybrids / Hybrides	→ *A. wilkesiana*
Achimenes-Hybriden / Hybrids / Hybrides	• stammen oft von *A. longiflora* ab, werden jedoch als Sorten aufgelistet • often derived from *A. longiflora*, but listed as cultivars • sont souvent issus de *A. longiflora* mais sont cependant listés par cultivar
Alstroemeria-Hybriden / Hybrids / Hybrides	• da *A. ligtu* stets mit anderen Arten gekreuzt wurde, ist es auch nicht sinnvoll, von A.-Ligtu-Hybriden zu sprechen, die Auflistung erfolgt unter Sorten • since *A. ligtu* is always crossed with other species, it makes no sense to speak of A.-Ligtu-Hybrids; hence listed under cultivars • *A. ligtu* étant toujours croisée avec d'autres espèces, il n'est pas logique de parler de A.-Ligtu-Hybrides, ils sont donc listés par cultivar
Anemone-Japonica-Hybriden / Hybrids / Hybrides	• werden unter *A. hupehensis* var. *japonica* aufgeführt, ebenso gibt es Sorten von *A. hupehensis* (var. *hupehensis*) • listed under *A. hupehensis* var. *japonica*; similarly, there are also *A. hupehensis* (var. *hupehensis*) cultivars • sont attribués à *A. hupehensis* var. *japonica*, il existe aussi des cultivars de *A. hupehensis* (var. *hupehensis*)
Anthurium-Andraeanum-Hybriden / Hybrids / Hybrides	→ *A. andraeanum*
Anthurium-Scherzerianum-Hybriden / Hybrids / Hybrides	→ *A. scherzerianum*
Aquilegia-Hybriden / Hybrids / Hybrides	→ *A. caerulea, A. vulgaris* und Sorten → *A. caerulea, A. vulgaris* and cultivars → *A. caerulea, A. vulgaris* et par cultivar
Arctotis-Hybriden / Hybrids / Hybrides	→ Sorten → cultivars → par cultivar

Aster-Hybriden / Hybrids / Hybrides	→ jeweilige Art, also *A. amellus, A. dumosus, A. ericoides,* usw. → respective species, hence *A. amellus, A. dumosus, A. ericoides* etc. → attribués aux espèces respectives: *A. amellus, A. dumosus, A. ericoides,* etc.
Astilbe-Arendsii-Hybriden / Hybrids / Hybrides	→ *A.* × *arendsii*
Astilbe-Crispa-Hybriden / Hybrids / Hybrides	→ *A.* × *crispa*
Astilbe-Japonica-Hybriden / Hybrids / Hybrides	→ *A. japonica*
Astilbe-Thunbergii-Hybriden / Hybrids / Hybrides	→ *A. thunbergii*
Aubrieta-Hybriden / Hybrids / Hybrides	→ Sorten → cultivars → par cultivar
Babiana-Stricta-Hybriden / Hybrids / Hybrides	• stammen meist von *B. stricta* ab und werden dort aufgeführt • mostly derive from *B. stricta* and listed there • la plupart issus de *B. stricta* et attribués à cette espèce
Bergenia-Hybriden / Hybrids / Hybrides	→ Sorten → cultivars → par cultivar
Buddleja-Nanhoensis-Hybriden / Hybrids / Hybrides	→ *B. davidii*
Caladium-Bicolor-Hybriden / Hybrids / Hybrides	→ *C. bicolor*
Canna-Indica-Hybriden / Hybrids / Hybrides	→ Sorten → cultivars → par cultivar
Ceanothus-Hybriden / Hybrids / Hybrides	→ *C.* × *delilianus, C.* × *pallidus* und Sorten
Chaenomeles-Hybriden / Hybrids / Hybrides	→ *C. speciosa* und *C.* × *superba*
Chrysanthemum-Hybriden / Hybrids / Hybrides	→ *C.* × *grandiflorum*
Colchicum-Hybriden / Hybrids / Hybrides	→ Sorten → cultivars → par cultivar
Coleus-Blumei-Hybriden / Hybrids / Hybrides	→ *Solenostemon scutellarioides*

Cotoneaster-Watereri-Hybriden / Hybrids / Hybrides	→ *C.* × *watereri*
Cytisus-Scoparius-Hybriden / Hybrids / Hybrides	→ *C. scoparius*
Deutzia-Hybriden / Hybrids / Hybrides	→ *D.* × *elegantissima, D.* × *hybrida, D.* × *magnifica* und andere Bastardbezeichnungen → *D.* × *elegantissima, D.* × *hybrida, D.* × *magnifica* and other hybrid designations → *D.* × *elegantissima, D.* × *hybrida, D.* × *magnifica* et autres groupes d'hybrides
Dipladenia-Hybriden / Hybrids / Hybrides	→ *Mandevilla* × *amabilis*
Echinopsis-Chamaecereus-Hybriden / Hybrids / Hybrides	→ Sorten → cultivars → par cultivar
Eremurus-Hybriden / Hybrids / Hybrides	→ Sorten → cultivars → par cultivar
Erica-Hybriden / Hybrids / Hybrides	→ jeweilige Art (*E. carnea, E. cinerea.* u. a.) → respective species (*E. carnea, E. cinerea,* and others) → aux espèces respectives (*E. carnea, E. cinerea,* parmi d'autres)
Erigeron-Hybriden / Hybrids / Hybrides	→ Sorten → cultivars → par cultivar
Euphorbia-Lomii-Hybriden / Hybrids / Hybrides	→ *E.* × *lomii*
Freesia-Hybriden / Hybrids / Hybrides	→ Sorten → cultivars → par cultivar
Fuchsia-Hybriden / Hybrids / Hybrides	• stehen mit Ausnahme von Fuchsia-Magellanica-Hybriden unter Sorten • listed under cultivars, with the exception of Fuchsia-Magellanica-Hybrids • excepté les Fuchsia-Magellanica-Hybrides, classés par cultivar
Gaillardia-Hybriden / Hybrids / Hybrides	• stehen meist unter *G.* × *grandiflora* • mostly listed under *G.* × *grandiflora* • attribués généralement à *G.* × *grandiflora*
Gazania-Hybriden / Hybrids / Hybrides	→ Sorten → cultivars → par cultivar

Gerbera-Hybriden/ Hybrids / Hybrides	→ Sorten → cultivars → par cultivar
Geum-Hybriden / Hybrids / Hybrides	• stehen bei unklarer Herkunft unter Sorten, sonst unter der jeweiligen Art • listed under cultivars in cases of unclear origin, otherwise under the respective species • par cultivar en cas d'origine incertaine, sinon attribués aux espèces respectives
Guzmania-Hybriden / Hybrids / Hybrides	→ Sorten → cultivars → par cultivar
Hebe-Andersonii-Hybriden / Hybrids / Hybrides	→ *H.* × *andersonii*
Helenium-Hybriden / Hybrids / Hybrides	→ Sorten → cultivars → par cultivar
Helianthemum-Hybriden / Hybrids / Hybrides	→ Sorten → cultivars → par cultivar
Helleborus-Hybriden / Hybrids / Hybrides	→ Sorten, wenn sie nicht zu *H. niger* oder *H. orientalis* gehören → cultivars, if they do not belong to *H. niger* or *H. orientalis* → classés par cultivar s'ils n'appartiennent pas à *H. niger* ou *H. orientalis*
Hemerocallis-Hybriden / Hybrids / Hybrides	→ Sorten → cultivars → par cultivar
Heuchera-Hybriden / Hybrids / Hybrides	→ Sorten, wenn sie nicht zu *H.* × *brizoides* gehören → cultivars, if they do not belong to *H.* × *brizoides* → par cultivar s'ils n'appartiennent pas à *H.* × *brizoides*
Hippeastrum-Hybriden / Hybrids / Hybrides	→ Sorten → cultivars → par cultivar
Hosta-Hybriden / Hybrids / Hybrides	→ Sorten → cultivars → par cultivar
Impatiens-Neuguinea-Hybriden / Hybrids / Hybrides	→ Sorten, mit Hinweis auf die Neuguinea Grp. (vor oder hinter dem Sortennamen) → cultivars, with indication of the New Guinea group (before or after the cultivar name) → par cultivar, avec l'indication Neuguinea Grp. (avant ou après le nom de cultivar)

Ixia-Hybriden / Hybrids / Hybrides	→ Sorten → cultivars → par cultivar
Ixora-Hybriden / Hybrids / Hybrides	→ Sorten → cultivars → par cultivar
Kalanchoe-Hybriden / Hybrids / Hybrides	• stehen meist unter *K. blossfeldiana,* sonst unter Sorten • mostly listed under *K. blossfeldiana,* otherwise under cultivars • attribués généralement à *K. blossfeldiana,* sinon par cultivar
Kniphofia-Hybriden / Hybrids / Hybrides	→ Sorten → cultivars → par cultivar
Kohleria-Amabils-Hybriden / Hybrids / Hybrides	→ *K. amabilis*
Kohleria-Bogotensis-Hybriden / Hybrids / Hybrides	→ *K. bogotensis*
Kohleria-Eriantha-Hybriden / Hybrids / Hybrides	→ *K. eriantha*
Lachenalia-Aloides-Hybriden / Hybrids / Hybrides	→ *L. aloides*
Lantana-Camara-Hybriden / Hybrids / Hybrides	→ *L. camara*
Leptospermum-Hybriden / Hybrids / Hybrides	→ *L. scoparium*
Leucanthemum-Maximum-Hybriden / Hybrids / Hybrides	→ *L.* × *superbum*
Lewisia-Hybriden / Hybrids / Hybrides	→ Sorten → cultivars → par cultivar
Linaria-Bipartita-Hybriden / Hybrids / Hybrides	→ Sorten → cultivars → par cultivar
Lupinus-Polyphyllus-Hybriden / Hybrids / Hybrides	→ Sorten → cultivars → par cultivar
Magnolia-Soulangeana-Hybriden / Hybrids / Hybrides	→ *M.* × *soulangeana*
Malus-Hybriden / Hybrids / Hybrides	→ Sorten → cultivars → par cultivar

Mimulus-Hybriden / Hybrids / Hybrides	→ *M.* × *hybridus*
Monarda-Hybriden / Hybrids / Hybrides	→ Sorten → cultivars → par cultivar
Myosotis-Hybriden / Hybrids / Hybrides	→ jeweilige Art (*M. alpestris, M. palustris* und *M. sylvatica*) → respective species (*M. alpestris, M. palustris* and *M. sylvatica*) → à l'espèce respective (*M. alpestris, M. palustris* et *M. sylvatica*)
Nematanthus-Hybriden / Hybrids / Hybrides	→ Sorten → cultivars → par cultivar
Nemesia-Hybriden / Hybrids / Hybrides	→ Sorten oder jeweilige Art → cultivars or respective species → par cultivar ou à l'espèce respective
Nepenthes-Hybriden / Hybrids / Hybrides	→ Sorten → cultivars → par cultivar
Oenothera-Hybriden / Hybrids / Hybrides	→ Sorten → cultivars → par cultivar
Penstemon-Barbatus-Hybriden / Hybrids / Hybrides	→ *P. barbatus*
Petunia-Hybriden / Hybrids / Hybrides	→ Sorten → cultivars → par cultivar
Philadelphus-Coronarius-Hybriden / Hybrids / Hybrides	→ *P. coronarius*
Philadelphus-Polyanthus-Hybriden / Hybrids / Hybrides	→ *P.* × *polyanthus*
Philadelphus-Virginalis-Hybriden / Hybrids / Hybrides	→ *P.* × *virginalis*
Phlox-Arendsii-Hybriden / Hybrids / Hybrides	→ *P.* × *arendsii*
Phlox-Maculata-Hybriden / Hybrids / Hybrides	→ *P. maculata*
Phlox-Paniculata-Hybriden / Hybrids / Hybrides	→ *P. paniculata*
Phyllocactus-Hybriden / Hybrids / Hybrides	→ *Epiphyllum*-Sorten → *Epiphyllum* cultivars → par cultivar à *Epiphyllum*

Poinsettia-Hybriden / Hybrids / Hybrides	→ *Euphorbia pulcherrima*
Populus-Canadensis-Hybriden / Hybrids / Hybrides	→ *P.* × *canadensis*
Potentilla-Hybriden / Hybrids / Hybrides	• stehen meist unter *P. fruticosa,* aber auch unter Sorten • Mostly listed under *P. fruticosa,* but also under cultivars • attribués généralement à *P. fruticosa,* mais aussi par cultivar
Saintpaulia-Ionantha-Hybriden / Hybrids / Hybrides	→ Sorten → cultivars → par cultivar
Sarracenia-Hybriden / Hybrids / Hybrides	→ Sorten → cultivars → par cultivar
Schizanthus-Wisetonensis-Hybriden / Hybrids / Hybrides	→ *S.* × *wisetonensis*
Schlumbergera-Hybriden / Hybrids / Hybrides	→ Sorten → cultivars → par cultivar
Sempervivum-Hybriden / Hybrids / Hybrides	→ Sorten → cultivars → par cultivar
Sidalcea-Hybriden / Hybrids / Hybrides	→ Sorten → cultivars → par cultivar
Sinningia-Hybriden / Hybrids / Hybrides	→ Sorten → cultivars → par cultivar
Smithiantha-Hybriden / Hybrids / Hybrides	→ Sorten → cultivars → par cultivar
Solidago-Hybriden / Hybrids / Hybrides	→ Sorten → cultivars → par cultivar
Sorbus-Lombarts-Hybriden / Hybrids / Hybrides	→ *S.* × *arnoldiana*
Sparaxis-Tricolor-Hybriden / Hybrids / Hybrides	→ *S. tricolor*
Spiraea-Billardii-Hybriden / Hybrids / Hybrides	→ *S.* × *billardii*

Streptocarpus-Hybriden / Hybrids / Hybrides	→ Sorten → cultivars → par cultivar
Symphoricarpus-Hybriden / Hybrids / Hybrides	• stehen meist unter *S.* × *chenaultii* und *S.* × *doorenbosii* • Mostly listed under *S.* × *chenaultii* and *S.* × *doorenbosii* • attribués généralement à *S.* × *chenaultii* et *S.* × *doorenbosii*
Syringa-Hyacinthiflora-Hybriden / Hybrids / Hybrides	→ *S.* × *hyacinthiflora*
Syringa-Preston-Hybriden / Hybrids / Hybrides	→ *S.* × *prestoniae*
Syringa-Vulgaris-Hybriden / Hybrids / Hybrides	→ *S. vulgaris*
Tagetes-Erecta-Hybriden / Hybrids / Hybrides	→ *T. erecta*
Tagetes-Patula-Hybriden / Hybrids / Hybrides	→ *T. patula*
Tradescantia-Andersoniana-Hybrids / Hybride / Hybrides	→ *T.* × *andersoniana*
Trollius-Hybriden / Hybrids / Hybrides	→ Sorten → cultivars → par cultivar
Tropaeolum-Hybriden / Hybrids / Hybrides	→ *T. majus*
Verbascum-Hybriden/ Hybrids / Hybrides	→ Sorten, wenn sie nicht zu *V. chaixii* gehören → cultivars, if they do not belong to *V. chaixii* → par cultivar s'ils n'appartiennent pas à *V. chaixii*
Verbena-Hybriden / Hybrids / Hybrides	→ Sorten → cultivars → par cultivar
Vriesea-Hybriden / Hybrids / Hybrides	→ Sorten → cultivars → par cultivar
Watsonia-Hybriden / Hybrids / Hybrides	→ Sorten → cultivars → par cultivar
Weigela-Hybriden / Hybrids / Hybrides	→ Sorten, wenn sie nicht zu *W. florida* gehören → cultivars, if they do not belong to *W. florida* → par cultivar s'ils n'appartiennent pas à *W. florida*

IV Bedeutung, sprachliche Behandlung und Aussprache der botanischen Namen

1 Bedeutung und sprachliche Behandlung der Gattungsnamen und der spezifischen Epitheta (Artbezeichnungen)

Grundsätzlich sollte man sich daran halten, dass die Pflanzennamen lediglich Bezeichnungsmittel sind, die wie andere Wörter manchen Bedeutungswandel erfahren haben. Die erste als *Chrysánthemum* bezeichnete Blume war offenbar gelb blühend (*chrysos* = Gold, *anthemon* = Blume). Später wurde das Wort zum Gattungsnamen. Mit einer beträchtlichen Anzahl Ausnahmen lässt sich feststellen, dass die Namen etwas aussagen über:

- die Beschaffenheit der Pflanze oder ihrer Teile, z.B. *Adiántum* = das Unbenetzbare (*a* = nicht, *diainein* = benetzen), *tuberósus* = knollig (*túber* = Knolle);
- die Herkunft der Pflanze, z. B. *Castánea* = die aus Kastana in Thessalien stammende Pflanze, *bogorènsis* = aus Buitenzorg (Java) stammend (holländisch *Buitenzorg* heißt zu deutsch »ohne Sorge« bzw. »außer Sorge«; die Ansiedlung heißt javanisch *Bogor*);
- die Ähnlichkeit mit einer anderen Pflanze, mit Tieren oder Gegenständen: *Béllis* – *Bellidiástrum* (*-ástrum* deutet die Ähnlichkeit an), *Artemísia* – *artemisiifólius* (artemisiablättrig);
- die Ehrung eines Forschers, Heiligen usw: *Robínia* (nach dem Gärtner ROBIN, *engleriánus* (nach dem Botaniker ENGLER), *Diánthus* (wörtlich »Zeusblume), *maríae* (der heiligen Maria geweiht);
- die Verwendung der Pflanze: *Aristolóchia* (= das Beste für die Geburt), *torminàlis* (= koliklindernd) usw..

Die *Gattungsnamen* bilden das Hauptwort und tragen ein bestimmtes Geschlecht; männlich (-m-), weiblich (-f-) oder sächlich (-n-). Die Regeln, nach denen sich das Geschlecht richtet, sind mit vielerlei Ausnahmen verbunden, sodass es günstiger für das Buch erschien, das Geschlecht jedes Gattungsnamens in der alphabetischen Liste anzugeben, als hier die Regeln mit all ihren Ausnahmen aufzuzählen. Bäume sind für gewöhnlich weiblich, obwohl sie auf *-us* enden, daher heißt es die (nicht der) *Táxus*, die *Búxus*, aber das *Ácer* als einzige Ausnahme.
Die spezifischen Epitheta (in der Umgangssprache meist »Artnamen« genannt, obgleich diese Bezeichnung falsch ist, da ein Artname aus der Kombination eines Gattungsnamens mit einem spezifischen Epitheton besteht), stellen meistens Eigenschaftswörter dar, deren Endungen sich je nach dem Geschlecht der Gattung, zu der sie gestellt werden, ändern.
Die Abänderung für Geschlechter in nachstehender Reihenfolge (von links nach rechts) ist:

männlich	**weiblich**	**sächlich**
-us	*-a*	*-um*
-er	*-a*	*-um*
-er	*-is*	*-e*
-is	*-is*	*-e*
-or	*-or*	*-us*

Daneben gibt es Endungen, die für alle drei Geschlechter gleich sind:

- die auf *-as*, *-es*, *-ys*, und die auf *-s* mit vorausgehenden Konsonanten.
- wenn ein Gattungsname als spezifisches Epitheton zu einer anderen Gattung gestellt wird, bleibt er unverändert, z.B. wurde zu TOURNEFORTS Gattung *Cichórium* (-n-) die Art hinzugestellt, die BAUHIN als eigene Gattung *Endívia* (-f-) und die HERMANN als *Íntybus* (-m-) aufführt. Es heißt also: *Cichórium endívia* (nicht C. endivium), *Cichórium íntybus* (nicht C. intybum), *Schínus mólle* (nicht mollis), denn *Mólle* war bei TOURNEFORT und LINNÉ Gattungsname.

- unverändert bleiben die Personennamen im zweiten Fall der Einzahl und Mehrzahl, z.B. *éngleri* (dagegen wird z.B. *engleriánus*, *dielsiánus* regelmäßig mit *-a*, *-um* gebildet).
- Hauptwörter im ersten Fall.
- alle spezifischen Epitheta fremder Sprachen, die keine lateinischen Endungen haben, z.B. *móno* bei *Ácer móno*.
- Spezifische Epitheta, die aus zwei Wörtern bestehen, z.B. *ágnus-cástus*.

Die Epitheta der Unterarten (subsp. ...), Varietäten (var. ...), Formen (fo. ...) usw. tragen dasselbe Geschlecht wie der Gattungsname, z.B.: *Andrósace cárnea* subsp. *brigantíaca, Cápsicum barbarátum* var. *péndulum, Hydrangéa macrophýlla* fo. *coerúlea*. Dies gilt auch, wenn das spezifische Epitheton ein früherer Gattungsname ist und ein anderes Geschlecht hat als der Gattungsname, z.B. *Dáphne* (-f-) *mezéreum* var. *álba*.

2 Aussprache- und Betonungsregeln

Alle wissenschaftlichen Pflanzennamen werden, abgesehen von den Sortennamen, nach den jetzt gültigen Regeln für die lateinische Sprache behandelt, auch wenn sie rein griechische oder neusprachliche Form behalten haben.

Für den allgemeinen Gebrauch ist es als ausreichend erkannt worden, durch ein einheitliches Zeichen die zu betonende Silbe zu markieren.

Für eingehendere Studien bedarf es der Unterscheidung von kurz oder lang zu bewertenden Vokalen, wie es im Folgenden erläutert wird.

Zur Erleichterung der Unterschiede, ob ein Vokal kurz oder lang zu sprechen ist, werden hier nur in diesem Abschnitt – sonst nicht! – zwei verschiedene Akzente verwendet. Der Akut (á) gibt den kurzen Vokal an, der Gravis (à) den langen.

Es ist also zu sprechen:

kurz und betont:	**lang und betont:**
á wie Apfel	à wie in Dahlie
é wie in Kelch	è wie in Reseda
í wie in Himbeere	ì wie in Primel
ó wie in Hopfen	ò wie in Mohn
ú wie in Tulpe	ù wie in Blume

Für die Aussprache galten früher »Die Richtlinien für die Lehrpläne der höheren Schulen«, Weidmannsche Taschenausgabe 19. Heft, 1. Band, 8. Aufl., Stand vom 1. Januar 1931. Neuerdings wird die Aussprache in den deutschen Schulen nicht mehr einheitlich gelehrt. Das *c* wird z.T. wieder vor *e, i, y, ae, oe* wie z gesprochen, sonst wie k.

Selbstlaute (Vokale)

- Alle Selbstlaute werden getrennt gesprochen, z.B. *le-i-ánthus* (glattblütig), nicht *lei-ánthus*. Im täglichen gärtnerischen Gebrauch ist gegen die Annäherung an unsere Umgangssprache kaum etwas einzuwenden, also z.B. *lei-ánthus* zu sprechen. In diesem Sinn ist auch für diese Auflage die Konzession gemacht worden, die Umlaute *ae*, *oe*, *ue* usw. als einen einzigen Vokal zu werten. Einer der Gründe, warum auf die Betonungszeichen in diesem Buch verzichtet wird, ist, dass sie bislang nicht viel bewirkt haben. Der ausschlaggebendere Punkt ist jedoch der, dass in den wissenschaftlichen Pflanzennamen keine Betonungszeichen verwendet werden und in der lateinischen Sprache auch nicht vorgesehen sind. Außerdem würden solche Sonderzeichen die Arbeit mit der Datenbank sehr erschweren.
- Das *i* wird stets i, niemals wie j gesprochen, z.B. *ionánthus* (veilchenblütig), nicht jonanthus.
- Das zu den Selbstlauten gezählte *Y* wird am Wortanfang und wenn ein Vokal folgt oder wenn es zwischen zwei Vokalen steht wie j, sonst aber wie ü gesprochen, z.B. *yúlan* (Artbezeichnung einer Magnolie), sprich juhlan; *scotophýllus*, sprich skotofül-lus (dunkelblättrig) – nicht zu verwechseln mit *scotóphilus*, sprich skotofilus (schattenliebend).

Mitlaute (Konsonanten)

- Alle *c* vor *ae*, *e*, *i*, *oe*, *y* wie z, sonst wie k, z.B. *Caesalpínia*, *Ácer*, *Círsium*, *Coelógyne*, *Cydónia*, *Cacália*, *Cúcumis*, sprich Zäsalpinia, Azer, Zirsium, Zölogyne, Züdonia, Kakalia, Kukumis; *cc* stets wie kz, *coccíneus*, sprich kokzine-us (scharlachrot). (Dem steht noch unentschieden die – wohlbegründete – Lehrmeinung gegenüber, dass alle *c* wie k zu sprechen sind.)
- Das *sch* in rein griechischen Wörtern stets wie sk; in lateinischen wie sch (beachte: alle Pflanzennamen werden nach lateinischen Regeln behandelt!). Für *ch* allein besteht keine Regel. (Vgl. die übliche Aussprache des *ch* in den drei deutschen Namen Eiche, Buche Buchsbaum!)
- Alle *ti* stets wie ti, nie wie zi; z.B. *lutetiánus* (pariserisch), sprich lutetianus (nicht lutezianus!).
- *gu*, *qu*, *su* vor Selbstlauten stets wie gw, qw, sw; z.B. *guineénsis*, *Quércus*, *suécicus*, sprich gwine-ehnsis, Kwerkus, swezikus oder swekikus.
- *v* stets wie w; z.B. *Víola*, sprich Wiola.
- alle Doppelmitlaute sind als zwei Laute zu sprechen; z.B. *Scílla*, sprich Szil-la, *serrátus*, sprich ser-ratus.

Der Unterschied in der Aussprache zwischen Erika (Mädchenname) und *Eríca* (Pflanzenname) möge als Muster dafür dienen, dass wir durch die verdeutschte Aussprache ursprünglicher Fremdwörter häufig dazu verleitet werden, auch für die unveränderten Fremdwörter deutsche Betonungsregeln anzuwenden. Einige weitere Beispiele mögen dies zeigen:

Balsamìne	aber *balsàmina*	Fòlie	aber *fólius*
Gladiòle	aber *Gladíolus*	ròsig	aber *róseus*
Platàne	aber *Plátanus*	Kámmer	aber *càmmarus*
Textìlien	aber *téxtilis*	Glósse	aber *glòssa*
sterìl	aber *stérilis*	Tùba	aber *túba*
barbàrisch	aber *bárbarus*	Thýmian	aber *Thýmus*

Die für uns meist entbehrliche Angabe für lang oder kurz ist andererseits durchaus nicht so unwesentlich, wie sie zuerst erscheinen mag, denn es ergibt sich zuweilen aus anderer Aussprache ein anderer Sinn. Lateinisch *pòpulus* ist die Pappel, aber *pópulus* ist das Volk; *àpis* = Stier, *ápis* = Biene; *làbrum* = Wanne, Becken, *lábrum* = Lippe; *làtus* = breit, *látus* = Seite; *òs* = Antlitz, Gesicht, *ós* = Knochen, Gerippe. In der griechischen Sprache ist es genauso, z.B. heißt *hèlos* der Nagel, *hélos* dagegen der Sumpf. Endlich gibt auch die Verlegung des Tons auf eine andere Silbe einen anderen Sinn; so bedeutet *frigère* von *frígeo* = ich friere; *frígere* von *frìgo* = ich röste; *nómos* = Gesetz, *nomós* = Bezirk; *bíos* = Leben, *biós* = Bogen, usw. Das ist auch in der deutschen Sprache so. Gründung mit kurzem »ü« kommt von gründen, mit langem »ü« dagegen bedeutet es Düngung mit grünen Pflanzenteilen; *Pàris* ist Pflanzenname (nach dem Sohn des Priamos und der Hekabe), *Parìs* ist Städtename; umgràben (= um etwas herumgraben), úmgraben (= untergraben); úntergraben (= in die Erde versenken), untergràben (= schädigen, z.B. die Gesundheit).

Alle diese Unterschiede, die vielen Regeln und noch häufigeren Ausnahmen können selbst bei humanistischer Schulbildung nicht vorausgesetzt werden; schreiben doch sogar Sprachwissenschaftler, dass oft lang dauerndes Quellenstudium notwendig ist, um die naturwissenschaftlichen Fremdwörter sprachlich zu klären. Dies mögen einige Beispiele zeigen, die Dr. ZICKGRAF in seinem Artikel »Schreibweise und Aussprache der botanischen Namen« (Seite 228) bringt.

inodòrus	aber *echinódorus*	*caerúleus*	aber *colossèus*
opàcus	aber *Dìpsacus*	*Juníperus*	aber *Cypèrus*
cardíaca	aber *Portulàca*	*seguièri*	aber *sprèngeri*
chartàceus	aber *chalybèus*	*sempèrvirens*	aber *Sempervìvum*
Hòrdeum	aber *Heraclèum*	*Ácorus*	aber *decòrus*
gramíneus	aber *gingatèus*	*Cànnabis*	aber *Sinàpis*

Endlich ist zu beobachten, dass einige griechische Wörter anders ausgesprochen werden als buchstabenmäßig übertragen zu erwarten wäre. Griechisch *αγχω* (übertragen *ágcho*) spricht sich áncho; *γογγυλος* (*goggylos*) spricht sich gongylos usw. Wir haben deshalb die Übertragung stets so gewählt, wie es die Aussprache erfordert. (Vgl. die moderne zoologische Nomenklatur, die z.B. heute für »Ancistron« die von Amerika eingeführte Form »Agkistron« vorschreibt, usw.)

Als Zweifelsfall tritt immer wieder die Aussprache solcher Pflanzennamen auf, die latinisierte Wörter und Namen lebender Sprachen sind, wie *Decaisnea*, *Pluméria*, *Deschàmpsia*, *Michauxia*, *Duchèsnea*, *Lejeunia*, *Forsýthia*, *Cattleya*, *Downìngia*, *Húmea*, *Leycestéria* usw. An sich muss die lateinische Aussprache gelten, weil diese Pflanzennamen nach lateinischen Sprachregeln zu behandeln sind. Wer aber z.B. »Dekähnea« aussprechen will, muss auch »Forsseissie« oder »Lestrie« für *Forsýthia* und *Leycestéria* sagen.

Die Regeln für die Betonung richten sich nach der Länge der Vokale. In der lateinischen Sprache unterscheidet man Selbstlaute mit so genannter Naturlänge und andere (durch Position lange), die nur dann lang sind, wenn auf sie ein Doppelmitlaut oder zwei oder mehrere andere Mitlaute (ausgenommen *h*) folgen. Jedoch zählen hier nicht *b*, *c*, *d*, *f*, *g*, *k*, *p*, *t*, *ch*, *ph*, *th* mit nachfolgenden *l* oder *r*, z.B. hat nígra ein kurzes i, da es vor *gr* steht.

Die Länge der Vokale ist deswegen entscheidend für die Betonung, weil nach der Hauptregel die vorletzte Silbe betont wird; wenn sie jedoch bei drei- und mehrsilbigen Wörtern einen kurzen Vokal enthält, wird der Ton auf die drittletzte Silbe zurückverlegt, z.B. *sempervìvum* (weil in *vìvus* = lebend das *i* lang ist), aber *sempèrvirens* (weil in *vìrens* = grünend das *i* kurz ist).

Ob ein Vokal naturlang ist, lässt sich nicht durch einfache Regeln angeben. Auch ist es häufig notwendig, die Ableitung aus dem Griechischen zu kennen. Stand im griechischen Stammwort ein Doppelvokal (z.B. *ei*), der im latinisierten Wort zu einem einzigen Vokal (z.B. *e*) geworden ist, so ist er lang, z.B. wird aus griechisch gigánteios = riesenhaft im Lateinischen notwendig giganteus. Die griechische Sprache unterscheidet auch zwischen kurzem E (*e* = epsilon) und langem E (η = eta), kurzem O (o = omikron) und langem O (ω = omega). Die langen griechischen Vokale bedingen ebenfalls Naturlänge im latinisierten Wort. *Antheros* = blühend hat langes E, daher heißt es im Lateinischen *anthèra* (Staubbeutel). *Polygònus* (-a, -um) heißt vielkantig (von griechisch *gonia* = Kante, Winkel usw.), polýgonus (-a, -um) heißt vielknieig, vielknotig (von griechisch *gony* = Knie). Da aber im Griechischen gelegentlich aus einem langen e (η) oder ein o (ω) ein kurzes e (ε) bzw. o (o) werden kann, kommen dadurch neue Fehlerquellen der Betonung hinzu. Typisch hierfür sind Fälle wie *Arrhenátherum*. In einigen Büchern wird die vorletzte, in anderen die drittvorletzte Silbe mit Betonung angegeben. Der Name ist nach der Eigenschaft der Pflanze gewählt, bei der die männliche (*àrrhen*) Blüte eine Granne (*athèr*) trägt; *ather* hat ein langes e (η), aber der Genitiv *atheros* (daraus latinisiert *atherum*) hat ein kurzes e (*e*). Es zählt also nicht das lange e von *ather*, sondern das kurze von *atheros*. Die vorletzte Silbe ist also kurz und mithin muss es *Arrhenátherum* heißen. Im Lateinischen heißt compònere zusammensetzen, aber das davon abgeleitete compósitus hat ein kurzes o usw..

Solche und ähnliche Beispiele zeigen, dass die Regeln allein nicht helfen können, die richtige Betonung zu finden, wenn man nicht gleichzeitig den Wortschatz der fraglichen Sprachen genau kennt. Für den praktischen Gebrauch ergibt sich daher als sicherstes Mittel die Gewöhnung an richtige Betonung.

Leider muss gesagt werden, dass es trotz über 150-jähriger Bemühungen im deutschen Gartenbau bisher nicht geglückt ist, die richtige Betonung zu erreichen, wie sie z.B. schon in Bosses »Blumengärtnerei«, fünf Bände, 1840 und früher angegeben worden ist. Schon dort stand *Làthyrus*, *Erìca*, *Urtìca*, *Aspáragus*, *gigantèus*, *Clèmatis* usw..

(Vgl. hierzu die Ausführungen von Robert Zander in Heft 56 und 57 der Schriftenreihe »Grundlagen und Fortschritte im Garten- und Weinbau«, Verlag Eugen Ulmer.)

IV Importance, linguistic treatment and pronunciation of botanical names

1 Significance and linguistic treatment of generic names and specific epithets (species designations)

It should be remembered that plant names are merely a means of designation. Like other words, they have been subject to changes in meaning. The first flower to be designated *Chrysánthemum* was evidently yellow-flowered (*chrysos* = gold, *anthemon* = flower). Later, the word became the generic name. Subject to many exceptions, it can be said that plant names tend to refer to:

- the qualities of the plant, or parts of it, e.g., *Adiántum* = cannot be moistened (*a* = not, *diainein* = to moisten), *tuberósus* = bulbous (*túber* = tuber or bulb);
- the home territory of the plant, e.g., *Castánea* = the plant from Kastana in Thessalia, *bogorènsis* = from Buitenzorg in Java (Buitenzorg is a Dutch name which means »without worry« or »beyond worry«; the Javanese name for the settlement is Bogor);
- the similarity to another plant, to animals, or to certain objects: *Béllis* – *Bellidiástrum* (*-ástrum* indicates the similarity), *Artemísia* – *artemisiifólius* (*artemisia*-leaved);
- important people, like saints or scientists, after whom the plant is named: *Robínia* (after the gardener ROBIN, who imported the plant around 1600), *engleriánus* (after the botanist ENGLER), *Diánthus* (literally »flower of the Gods«), *maríae* (dedicated to the Virgin Mary);
- the use of the plant: *Aristolóchia* (= the best for giving birth), *torminàlis* (= for the alleviation of colic), etc.

The *generic names* make up the noun and have a particular gender: masculine (-m-), feminine (-f-), or neuter (-n-). There are, however, so many exceptions to the rules for determining the gender that we have decided to specify the gender of each generic name in the alphabetical list, rather than itemizing the rules here with all their exceptions. Trees are usually feminine, even if they end in *-us*, hence *Táxus* (-f-), *Búxus* (-f-) (but *Ácer* is neuter, the only exception to the rule). The *specific epithets* (colloquially referred to as »species names«, although this designation is incorrect, since the name of a species is made up of the combination of a generic name with a specific epithet) are mostly adjectives, the endings of which are modified according to the gender of the genus with which they are associated.
The modification of gender in the following order (from left to right) is:

Masculine	feminine	neuter
-us	-a	-um
-er	-a	-um
-er	-is	-e
-is	-is	-e
-or	-or	-us

Since, therefore, it is not possible to distinguish between the second and third forms, the endings (*-a*, *-um*) or (*-is*, *-e*) are always given for *-er*.
Additionally, there are endings that are the same for all three genders:

- *-as*, *-es*, and *-ys*, as well as *-s* preceded by consonants.
- when a generic name is used as a specific epithet for another genus, it remains unchanged: e.g., for TOURNEFORT'S genus *Cichórium* (-n-), a species was identified that BAUHIN lists as a separate genus, *Endívia* (-f-), and that HERMANN lists as *Íntybus* (-m-). It is therefore called: *Cichórium endívia* (not C. endivium), *Cichórium íntybus* (not C. intybum). A further example is that of *Schínus mólle* (not *mollis*), since TOURNEFORT and LINNÉ used *Mólle* as a generic name.

- proper names remain unchanged in the second case, singular and plural, e.g. *éngleri*. By contrast, other names such as *engleriánus* and *dielsiánus* are regularly formed with *-a*, *-um*.
- nouns in the first case.
- all specific epithets of foreign languages that do not have Latin endings, e.g., *móno* in the case of *Ácer móno*.
- specific epithets that consist of two words, e.g. *ágnus-cástus*.

The epithets of *subspecies* (subsp. ...), *varieties* (var. ...), and *forms* (fo. ...) etc. have the same gender as the generic name, e.g.: *Andrósace cárnea* subsp. *brigantíaca, Cápsicum barbátum* var. *péndulum, Hydrangéa macrophýlla* fo. *coerúlea.*

This rule also applies if the specific epithet is a former generic name and has a different gender to that of the generic name, e.g., *Dáphne* (-f-) *mezéreum* var. *álba.*

2 Rules of pronunciation and accentuation

Botanical Latin is principally a written language, but there are occasions when Latin words – particularly plant names – have to be spoken, and this may cause quite unnecessary anxiety or criticism. Latin is spoken by different people in so many different ways that the English-speaking world has tended to adopt a relaxed attitude to the whole problem. There are no hard-and-fast rules of pronunciation or accentuation: the important thing is to be able to understand and be understood. Latin-speakers tend to apply the rules of pronunciation which apply to their own mother-tongue: hence the Italians, Spanish, French and Germans each have idiosyncrasies which sound strange to our ears when they speak Latin. Church Latin offers further rules and complications. And within the English-speaking world there is a division between traditional pronunciation and the academic pronunciation which is taught in the classics faculties of our universities. In practice, the everyday pronunciation of plant names tends more towards the traditional pronunciation than the academic, but it cannot be emphasised too strongly that there are no rules for pronouncing botanical Latin – speakers should concentrate instead upon making themselves understood.

That said, there are a number of generally accepted conventions which help to ensure that people do not have problems when they pronounce botanical names. One is that, with the exception of varietal names, all scientific plant names should bepronounced consistently, even if they derive from ancient Greek or a modern language: there is in fact a high degree of unanimity on the correct pronunciation of words derived from ancient languages. But the convention on pronunciation is full of exceptions, largely because nearly 80 per cent of generic names and 30 per cent of specific epithets are derived from languages other than Latin and Greek – often from proper names. Different nationalities pronounce letters in different ways. For example, generic names like *Choisya*, *Decaisnea*, *Deschampsia*, *Duchesnea*, *Lejeunia* and *Michauxia* are all derived from French surnames, and will be pronounced differently by native French-speakers than English-speakers. Likewise Germans will tend to pronounce such names as *Deutzia*, *Fuchsia*, *Heuchera* and *Weigela* according to the rules of German pronunciation, while botanists from the Slavonic world can be expected to pronounce such epithets as *przewalskii*, *warscewiczii* and *warshenewskiana* in ways that seem strange to the rest of us. They have the same problem with English names: it is sometimes difficult for them to know how we pronounce such names as *Forsythia*, *Cattleya*, *Downingia*, and *Humea*. And there is a further problem, which is that, of all European languages, English is the least phonetic, so that it becomes difficult even for a native English-speaker to know how to pronounce such names as, *Leycestria*, *Mahonia* and *Menziesia*. Botanists in such countries as Germany and Austria have for many years tried to impose a uniform formula for the pronunciation of all botanic Latin. The English-speaking world is much more pragmatic, and insists that there can be no correct system of pronunciation. There is much to be said in favour of uniformity, but the worlds of botany and horticulture have a long way to go before any rules of pronunciation are universally accepted in principle, let alone practised in everyday usage.

All pronunciation is governed by three variables: the length of the vowels, the actual sound of a spoken letter, and the incidence of stress. In order to make it easier to recognize whether a vowel is pronounced short or long (this is also important for the rules of accentuation – see below), we use two different accent marks in this Section (but not in the rest of the book!). The acute accent (á) indicates a short vowel, the grave (à) a long vowel. Pronunciation is therefore as follows:

short and stressed:
á like *a* in marigold
é like *e* in cress
í like *i* in chicory
ó like *o* in hops
ú like *u* in bush

long and stressed:
à like *a* in grass
è like *a* in hay
ì like *ee* in seed
ò like *o* in crocus
ù like *oo* in bloom

Guide-lines for vowels

- all vowels are pronounced separately, e.g., »del-to-id-es« (= *deltoides*), not »del-toi-des«. Purists sometimes place a diacritic mark (a dieresis or umlaut) over the second vowel, to make this distinction: hence *Aizoön, Aloë* and, of course, *deltoïdes*. In daily horticultural use however, there is no objection to colloquial pronunciations: thus, *Cotoneaster* is generally pronounced »co-to-ne-a-ster« by botanists, but not infrequently »co-to-nee-ster« by gardeners. And, since German vowels with umlauts, ä, ö and ü are often transcribed in ordinary German writing as ae, oe and ue, they are treated as one vowel, not two, when they occur in this volume.
- *i* is pronounced like ee in »seed« at the beginning of a word, never like j or y: thus *ionánthus* (= violet-like flowers) is »ee-o-nan-thus«, not »jonánthus« or »yonánthus«. It is worth noting here that all languages except English invariably pronounce the long *i* as ee: thus we often refer to *Víola* as »V-eye-ola«, and the endingii attached to a specific epithet isusually pronounced »i-eye« by English-speakers (but no-one else). Likewise, the dipthong *-ae* is usually pronounced ee (as in seed), e.g. *graecus* (»greek-us«) but as »eye« when it occurs after *i* at the end of a specific epithet, e.g. *banksiae* (»banks-i-eye«).
- *y* is pronounced like y in yacht at the beginning of a word, or when it is between two vowels (*delavayi*). Otherwise it is pronounced like a short í (see above) as in *scotophýllus*, (sko-to-fill-us) (= dark-leaved) or like »eye«, as in *scotóphyllus*, pronounced sko to-fye-lus (= growing in shade).

Guide-lines for consonants

English-speakers pronounce Latin consonants as if they were English. Thus:

- *c* is normally hard before a, o and u (»cat«, »cot«, »cut«) and soft before e, i and y (»cell«, »city«, »cyst«). The same is true of *g*, which is normally hard before a, o and u (»gate«, »got«, »gut«) and soft before e, i and y (»gem«, »gin«, »gyre«). These conventions do not apply to native-speakers of other languages. The hard *c* is pronounced ts by Slavs, while the soft *c* is pronounced *ts* by Germans, ch by Italians and th by Spaniards.
- *ch* has a hard pronunciation in German and Italian, but soft in English and Spanish.
- *ti* is pronounced »ti«, not »tsi«: *lutetianus* (= Parisian) is pronounced »lu-te-ti-a-nus« not »lu-tet-si-a-nus«. But Italian-speakers pronounce *ti* as »tsi«. And there are many similar anomalies which one hears, and learns to recognise. For example, some Italians pronounce *gu* (e.g., *guineénsis*) as gw, some Spaniards pronounce *qu* (e.g., *Quércus*) as a k; and some Germans pronounce *Scílla* as »stsil-la« (giving it a hard German s, and enunciating every consonant separately). Italians, on the other hand, pronounce it like the girl's name »Sheila«.

Germans, in particular, tend to use different stresses and vowel lengths, and insist that their usage is correct. Thus, they refer to *Erìca*, *balsàmina*, *fólius*, *Gladíolus*, *róseus*, *glòssa* and *túba*.

They point out that a different pronunciation may change the meaning of a word and cite many examples: *àpis* = bull, *ápis* = bee; *làbrum* = tub, basin, *lábrum* = lip; *làtus* = wide, *látus* = side; *òs* = face, *ós* = bone. They insist that *pòpulus* is a poplar, but *pópulus* is the people. Nevertheless, English speakers invariably refer to the tree as *Pópulus*. German authorities point out that transferring the accent to another syllable may result in a different meaning: e.g., *bíos* = life, *biós* = bow / arch. And they point out that these differences exist in English (e.g., contént / cóntent). But stress is less of a problem for English and American speakers of Latin. Ultimately, the anglophones insist that Latin is a written language and that the principal aim when speaking it should be to ensure that the audience recognizes the name of the plant in question: too many rules of pronunciation dissuade people from trying to use it at all.

Part of the problem, in the English-speaking world, is the difference between the traditional pronunciation of Latin, and the academic pronunciation set out by such writers as ALLEN, W. S., »Vox Latina« (London, 1978). The academics pronounce *v* as w, *oe* as oi, *ei* as ay, and *ch* as k. Moreover, *c* and g are always hard, so that Cicero is pronounced »Kikero«. Some botanists and horticulturists in the English-speaking world adopt some elements of the academic pronunciation for some words or on some occasions. But the traditional pronunciation prevails in almost every English-speaking country, institute and organization.

The same is true of accentuation: in English there are no rules. As a general guide, however, the stress should be put on the penultimate syllable. If the word has more than two syllables, and the penultimate syllable contains a short vowel, then the accent is shifted back to the previous syllable. How does one discover whether that penultimate syllable is short or long? Here the English speakers part company again with the foreign authorities. The English generally apply the traditions of English pronunciation, and then put the stress where it would be in English. Thus the German authorities argue that *Sempervivum* should be pronounced »sem-per-vì-vum« (since the *i* in *vìvum* [= living] is long), but *sempervirens* should be pronounced »sem-pèr-vi-rens« (since the *i* in *vìrens* [=greening] is short). The English tend to put the stress in *Sempervivum* upon the penultimate *i* because they pronounce it »sem-per-vee-vum« or »em-per-vye-vum« (i.e. with a long English vowel). But they invariably refer not to »sem-pèr-vi-rens« but to »sem-per-vì-rens« for exactly the same reason, i.e. because they put a long vowel on the penultimate syllable and refer to »sem-per-veer-ens« or »sem-per-vye-rens«.

The classical authorities sometimes look to the original Greek to determine where the stress should lie. Thus they distinguish a short e (ε = epsilon) from a long e (η = eta), and a short o (ο = omicron) and long o (ω = omega), and maintain that knowing the original Greek word helps us to decide where to put the stress. However, they are the first to point out that such rules have many exceptions (not least because a long vowel may become a short one when a noun is declined or a verb is conjugated). Likewise, the Latin verb *compònere* means to compose or assemble, but the word *compósitus* that is derived from it has a short o. It follows that that knowing where to put the stress within a word depends upon a detailed knowledge of Latin and Greek vocabulary. Professor WILLIAM STEARNE sums up the best approach in his »Botanical Latin« (4th edition, 1992): »whichever system is adopted, the word will sound best and be least objectionable to scholars if a distinction is made between long and short vowels and the stress put in the right place according to classical Latin procedure«. For practical purposes, therefore, the most reliable solution is to become familiar with the usual accentuation, so that speakers have a better chance of making themselves understood.

IV Signification, grammaire et prononciation des noms botaniques

1 Signification et grammaire des noms de genre et des épithètes spécifiques (noms d' espèces)

En principe, on devrait se tenir au fait que les noms des plantes sont simplement des outils de désignation qui ont subi, comme d'autres mots, des changements de signification. La première plante désignée sous le nom de *Chrysánthemum* avait apparemment des fleurs de couleur jaune (*chrysos* = or, *anthemon* = fleur). Ultérieurement, le mot devint le nom du genre. Avec de nombreuses exceptions, on peut constater que les noms témoignent:

- des caractères de la plante ou de ses parties, par ex. *Adiántum* = non-mouillé (*a* = non, *diainein* = mouiller), *tuberósus* = tubérisé (*túber* = tubercule);
- de l'origine de la plante, par ex. *Castánea* = la ville de Castane (Castania) en Thessalie, était célèbre pour ses beaux châtaigniers; *bogorènsis* = provenant de Bogor (Java, Indonésie);
- de la ressemblance avec une autre plante, avec un animal ou avec n'importe quel objet, *Béllis / Bellidiástrum* (*-ástrum* indique la ressemblance), *Artemísia / artemisiifólius* (dont la feuille ressemble à celle d'une *Artemísia*);
- de l'hommage à un chercheur, un saint etc., *Robínia* (dédié à JEAN ROBIN, botaniste et apothicaire, qui le premier cultiva la plante en 1601; *engleriánus* (dédié au botaniste ENGLER); *Diánthus* (littéralement »fleur de dieu«, »fleur de Zeus«); *maríae* (voué à Sainte-Marie);
- de l'utilisation d'une plante: *Aristolóchia* (= le meilleur pour l'accouchement), *torminàlis* (= calmant une colique) etc..

Les noms des genre sont des substantifs auxquels on attribue un genre précis; masculin (-m-), féminin (-f-) ou neutre (-n-). Les règles selon lesquelles le genre (-m-, -f- ou -n-) est attribué souffrent de nombreuses exceptions; il paraissait donc préférable pour ce livre de fournir le genre grammatical de chaque nom de genre dans la liste alphabétique plutôt que d'énumérer ici les règles avec toutes leurs exceptions. Les arbres sont généralement féminins, bien que leurs noms se terminent par *-us*: *Táxus*, *Búxus*, sont féminins; mais *Ácer* est neutre et constitue la seule exception. Les *épithètes spécifiques* (dans le langage familier souvent appelées »nom d'espèce« bien que cette désignation soit erronée car le nom d'une espèce est composé de deux mots, le nom de genre et l'épithète spécifique) présentent souvent des adjectifs dont les terminaisons s'accordent avec le nom du genre dans lequel les espèces sont placées.
Les noms et les adjectifs latins se classent en cinq catégories appelées les *déclinaisons*; chaque déclinaison est caractérisée par la terminaison du mot. Pour chacune des cinq déclinaisons, la terminaison (au nominatif singulier) sera:

déclinaison	**masculin**	**féminin**	**neutre**
1ère	*-us*	*-a*	*-um*
2ème	*-er*	*-a*	*-um*
3ème	*-er*	*-is*	*-e*
4ème	*-is*	*-is*	*-e*
5ème	*-or*	*-or*	*-us*

Comme en l'occurrence on ne peut pas distinguer entre la deuxième et la troisième déclinaison *-er* est toujours donné avec *-a, -um* ou *-is, -e*.
Les noms et les adjectifs latins prennent des formes différentes, en fonction du rôle qu'ils tiennent dans la phrase: ce sont les *cas* ; chaque cas peut être, en outre, au singulier ou au pluriel. Parmi les cinq cas (nominatif, accusatif, génitif, datif et ablatif), seuls deux, le nominatif et le génitif, sont utilisés dans les noms de plantes. Les noms des genres sont toujours au nominatif singulier.

Le second mot du nom spécifique, caractérisant l'espèce, peut être de différentes sortes:

- c'est souvent un adjectif, qui s'accorde au genre du nom du genre:
  - cet adjectif peut être descriptif, par ex.: *lóngus* dans *Cypérus lóngus*, nom masculin + adjectif masculin;
  - l'adjectif peut indiquer une origine géographique et se termine alors en *-ensis (-e)*, *-anus (-a, -um)* ou *-icus (-a, -um)*, par ex. *Neillia thibética* (= »tibétain« et non pas »du Tibet«);
  - l'adjectif peut dériver d'un nom de personne; il s'accorde au genre du nom du genre; par ex. *Ampelópsis davidiana* (*Ampelópsis* et *davidiana* sont tous deux au féminin); il ne faut pas le confondre avec un nom au génitif (dans *Ácer davídii*, *Ácer* est neutre, *davídii* est un nom au génitif qui ne s'accorde pas avec *Ácer*);
- il peut être un nom, et sera alors toujours invariable; son genre ne s'accorde pas à celui du nom du genre; par ex., une espèce qui fut considérée comme un genre nommé *Endívia* (-f-) par BAUHIN et *Íntybus* (-m-) par HERMANN, a été transférée dans le genre *Cichórium* (-n-) de TOURNEFORT. On dit alors: *Cichórium endívia* (et non C. endivium); *Cichórium íntybus* (et non C. intybum). *Schínus mólle* (et non mollis) car *Mólle* fut un nom de genre chez TOURNEFORT et LINNÉ.
- On trouve divers types d'exemples de ces noms invariables:

des noms utilisés en apposition, qui peuvent être:

- soit le nom latin d'un genre (il est utilisé au nominatif): par ex., *ephémerum* dans *Lysimáchia ephémerum*;
- soit un nom composé, par ex. *ágnus-cástus* dans *Vítex ágnus-cástus*: *ágnus* est un nom, *cástus* est un adjectif;
- soit un nom dans une autre langue que le latin: par ex. *móno* dans *Ácer móno*, *rœtam* dans *Retáma rœtam*; leur terminaison n'est pas latine, même si elle en a l'apparence, comme *kóbus* (transcription d'un nom japonais) dans *Magnólia kóbus*;

des noms au génitif (c'est le cas grammatical du complément de nom), qui demeurent invariables:

- ce sont souvent des noms de personnes, par ex. *éngleri* (= de ENGLER); on ne doit pas les confondre avec les adjectifs dérivés (par ex. *engleriánus*) qui s'accordent au nom du genre;
- ce peuvent être aussi des noms de pays ou de régions, par ex. *nóvæ-ángli* dans *Áster nóvæ-ángliæ* (= de Nouvelle-Angleterre).

Les épithètes des sous-espèces (subsp.), des variétés (var.), des formes (fo.) etc. s'accordent avec le nom du genre, par ex.: *Andrósace cárnea* subsp. *brigantíaca; Cápsicum barbátum* var. *péndulum; Hydrangéa macrophýlla* fo. *coerúlea.*
Ceci est également valable même si le nom d'espèce est un substantif ayant un genre différent de celui du nom du genre, par ex. *Dáphne* (-f-) *mezéreum* (-n-) var. *álba* (-f-).

2 Règles de prononciation et d'accentuation

Tous les noms scientifiques, à l'exception des noms de cultivars, sont traités selon les règles de la langue latine, même s'ils ont gardé la forme grecque ou celle des langues vivantes.
La prononciation des mots latins a suivi des règles impliquant, entre autres, l'accentuation de certaines syllabes. Le respect de ces règles se retrouve parfois dans la tradition botanique allemande, bien que la prononciation ne soit plus enseignée de manière uniforme dans les lycées. Par ailleurs, les habitudes de prononciation diffèrent assez largement d'une communauté linguistique à l'autre, ce qui n'entrave guère la communication entre les personnes. En raison du développement du caractère international des relations qui s'établissent entre les horticulteurs ou les botanistes, le souci de la prononciation du latin tend à perdre de son actualité.
D'une manière générale, toutes les voyelles sont prononcées séparément, par ex. *le-i-ánthus* (à fleur lisse) et non *lei-ánthus.*
Dans la partie principale de cet ouvrage, on a admis de marquer la syllabe à accentuer par un accent.
L'indication de son long ou bref est plus importante qu'il n'y paraît au premier abord. Afin de distinguer les deux sons, deux accents sont utilisés dans la partie II (et nulle part ailleurs dans

ce livre). Selon les règles classiques, on doit distinguer des voyelles brièvement accentuées (marquées dans les exemples suivants par un accent aigu) et des voyelles longuement accentuées (marquées par un accent grave). La distinction entre sons longs ou brefs révèle parfois des mots différents, ayant des significations différentes. En latin *pòpulus* signifie peuplier, mais *pópulus* signifie peuple; *àpis* = taureau, *ápis* = abeille; *làbrum* = cuve, bassin, *lábrum* = lèvre; *làtus* = large, *látus* = côté; *òs* = face, visage, *ós* = os, squelette. C'est pareil pour la langue grecque, par ex. *hèlos* veut dire le clou, par contre *hélos* signifie le marais. Finalement, le fait de placer l'accent sur une syllabe ou une autre donne des sens différents; ainsi *frigère* venant de frígeo signifie je gèle; *frígere* venant de frìgo = je fais griller; *nómos* = loi, *nomós* = district; *bíos* = vie, *biós* = arc etc..

La prononciation des noms de plantes qui sont des mots latinisés de langues vivantes, tels que *Decaisnea*, *Pluméria*, *Deschàmpsia*, *Michauxia*, *Duchèsnea*, *Lejeunia*, *Forsythia*, *Cattleya*, *Downìngia*, *Húmea*, *Leycestéria*, est toujours douteuse. On respecte généralement la prononciation, dans la langue d'origine, du nom qui a servi à créer le mot latin; on peut dire par ex. prononcer »Dekähnea« en allemand, »Dekainea« *(Decaisnea)* dans les autres langues, et il faudra alors dire »Forsseissie« et »Lestrie« en allemand, »Forssa-issia« et »Lesteria« dans les autres langues *(Forsythia* et *Leycestéria)*.

Les exemples que nous venons de voir nous ont conduits à renoncer à l'utilisation des deux sortes d'accents dans ce livre. Il est important de noter qu'aucun accent n'est utilisé dans les noms scientifiques des plantes et qu'ils ne sont pas prévus dans la langue latine. En outre, de tels caractères spéciaux compliqueraient beaucoup l'emploi des banques de données.

V Systematische Übersicht über die Farn- und Blütenpflanzen
V Systematic overview of the vascular plants
V Aperçu systématique des Ptéridophytes et des Spermatophytes

- Eine Übersicht über die verschiedenen Pflanzensystematiken findet man bei BRUMMITT (1992), beginnend mit BENTHAM & HOOKER (1862–1883), »Genera Plantarum« und endend mit CRONQUIST (1988), »The Evolution and Classification of Flowering Plants«. In den Grundzügen folgen wir letzterem Werk, berücksichtigen jedoch bei den Liliopsida (Monocotyledoneae) DAHLGREN, CLIFFORD & YEO (1985), »The Families of Monocotyledons«. Somit entspricht die Systematik in diesem Werk weitgehend der Einteilung des anfänglich zitierten Werkes von BRUMMIT (1992), »Vascular Plant Families and Genera«. Vor allem die Schreibweise der Gattungsnamen folgt strikt diesem Buch. So wurde aus *Choenomeles* nun wieder *Chaenomeles*.
  Es bleibt sicher nicht aus, dass sich bei weiteren Auflagen des *Zander* kleinere Verschiebungen ergeben, denn neuere Forschungsergebnisse, die wir vor allem KUBITZKI (1990–1998), »The Families and Genera of Vascular Plants« entnehmen, sollen nicht unberücksichtigt bleiben. Dieses Werk liegt bislang in vier Bänden vor und die letzten beiden, die Teile der Liliopsida (Monocotyledoneae) behandeln, zeigen bereits wieder leichte Abweichungen zum bisherigen Status einiger Familien. Die Systematik oberhalb der Rangstufe Gattung ist aber bei weitem nicht so maßgeblich wie die Zuordnung der Sippen zu bestimmten Gattungen, sodass wir hier keine Umstellungen gemacht haben.

- An overview of the various plant classification systems may be found in BRUMMIT (1992), beginning with BENTHAM & HOOKER (1862–1883), »Genera Plantarum« and ending with CRONQUIST (1988), »The Evolution and Classification of Flowering Plants«. Basically, we follow the latter work; however, in the case of the Liliopsida (Monocotyledoneae) we take account of DAHLGREN, CLIFFORD & YEO (1985), »The Families of Monocotyledons«. Hence, the classification system in this volume largely corresponds to the classification of BRUMMIT (1992), »Vascular Plant Families and Genera«, cited above. The spelling of the generic names in particular follows this book strictly. For example, *Choenomeles* has now finally been renamed *Chaenomeles*.
  Further small changes in future editions of *Zander* cannot be ruled out entirely, since the results of more recent research, which we have taken from KUBITZKI (1990–1998), »The Families and Genera of Vascular Plants« in particular, should not be disregarded. To date, this work has been available in four volumes, and the last two, which deal with parts of the Liliopsida (Monocotyledoneae), already show slight differences with respect to the previous status of certain families. The classification system above the rank of genus is, however, not nearly as crucial as the assigning of taxa to particular genera, so that we have not made any changes here.

- Une vue d'ensemble des différentes classifications systématiques des plantes se trouve chez BRUMMIT (1992), »Vascular Plant Families and Genera«, allant de BENTHAM & HOOKER (1862–1883), »Genera Plantarum« à CRONQUIST (1988), »The Evolution and Classification of Flowering Plants«. Dans les grandes lignes, nous suivrons ce dernier ouvrage; toutefois, nous tiendrons compte de la classification des Liliopsida (Monocotyledoneae) par DAHLGREN, CLIFFORD & YEO (1985), »The Families of Monocotyledons«. La systématique adoptée ici suit largement la classification de BRUMMIT (1992) cité ci-dessus. L'orthographe des noms de genres suivra strictement cet ouvrage. C'est ainsi que *Choenomeles* devient *Chaenomeles*.

Il sera sûrement nécessaire d'apporter quelques modifications lors de futures éditions du *Zander*, car des résultats récents devront être pris en compte, surtout ceux de KUBITZKI (1990–1998), »The Families and Genera of Vascular Plants«. Cet ouvrage compte 4 tomes et les deux derniers, traitant des Liliopsida (Monocotyledoneae), montrent déjà de légères différences par rapport à la position actuelle de quelques familles. Mais la systématique au-dessus du rang de genre est beaucoup moins sujette à variation que la classification à l'intérieur de certains genres, si bien que nous n'avons rien changé ici.

1. DIVISIO: PTERIDOPHYTA
1. Classis: Psilotopsida
1. Ordo: Psilotales
Psilotaceae [Kanitz 1887]
2. Classis: Lycopodiopsida
1. Ordo: Isoetales
Isoetaceae [Rchb. 1828]
2. Ordo: Lycopodiales
Lycopodiaceae [P. Beauv. ex Mirb. 1802]
3. Ordo: Selaginellales
Selaginellaceae [Mett. 1856]
3. Classis: Equisetopsida
1. Ordo: Equisetales
Equisetaceae [Michx. ex DC. 1804]
4. Classis: Pteridopsida (Filices)
1. Ordo: Ophioglossales
Ophioglossaceae [(R. Br.) C. Agardh 1822]
2. Ordo: Marattiales
Marattiaceae [Bercht. et J. Presl 1820]
3. Ordo: Osmundales
Osmundaceae [Gérardin et Desv. 1817]
4. Ordo: Pteridales
Actiniopteridaceae [Pic.Serm. 1962]
Adiantaceae [(C. Presl) Ching 1940]
Aspleniaceae [Mett. ex A.B. Frank 1877]
Blechnaceae [(C. Presl) Copel. 1947]
Cheiropleuriaceae [Nakai 1928]
Cyathaceae [Kaulf. 1827]
Davalliaceae [Mett. ex A.B. Frank 1877]
Dennstaedtiaceae [Lotsy 1901]
Dicksoniaceae [(C. Presl) Bower 1908]
Dipteridaceae [(Diels) Seward et E. Dale 1901]
Dryopteridaceae [Ching 1965]
Gleicheniaceae [(R. Br.) C. Presl 1825]
Grammititdaceae [(C. Presl) Ching 1940]
Hymenophyllaceae [Link 1833]
Hymenophyllopsidaceae [C. Chr. ex Pic.Serm. 1970]
Lomariopsidaceae [Alston 1956]
Lophosoriaceae [Pic.Serm. 1970]
Loxsomataceae [C. Presl 1847]
Matoniaceae [C. Presl 1847]
Metaxyaceae [Pic.Serm. 1970]
Monachosoraceae [Ching 1978]
Nephrolepidaceae [Pic.Serm. 1974]
Oleandraceae [(J. Sm.) Ching ex Pic.Serm. 1965]
Parkeriaceae [Hook. 1825]

---

* nomen conservandum

Plagiogyriaceae [Bower 1926]
Platyzomataceae [Nakai 1950]
Polypodiaceae [Bercht. et J. Presl 1820]
Pteridaceae [Spreng. ex Jameson 1821]
Schizaeaceae [Kaulf. 1827]
Stromatopteridaceae [(Nakai) Bierh. 1968]
Thelypteridaceae [Pic.Serm. 1970]
Vittariaceae [(C. Presl) Ching 1940]
Woodisiaceae [(Diels) Herter 1949]

5. Ordo: Marsileales

Marsileaceae [Mirb. 1802]

6. Ordo: Salviniales

Azollaceae [Wettst. 1903]
Salviniaceae [T. Lestib. 1826]

2. DIVISIO: SPERMATOPHYTA

1. SUBDIVISIO: CONIFEROPHYTINA

1. Classis: Ginkgoopsida

1. Ordo: Ginkgoales

Ginkgoaceae [Engl. 1897] *

2. Classis: Pinopsida (Coniferae)

1. Ordo: Pinales

Araucariaceae [Henkel et W. Hochst. 1865] *
Cephalotaxaceae [Neger 1907] *
Cupressaceae [Rich. ex Bartl. 1830] *
Phyllocladaceae [(Pilg.) Keng 1973]
Pinaceae [Lindl. 1836] *
Podocarpaceae [Endl. 1847] *
Sciadopityaceae [Seward 1919]
Taxodiaceae [Warm. 1884] *

2. Ordo: Taxales

Taxaceae [Gray 1821] *

2. SUBDIVISIO: CYCADOPHYTINA

1. Classis: Cycadopsida

1. Ordo: Cycadales

Boweniaceae [D.W. Stev. 1981]
Cycadaceae [Pers. 1807] *
Stangeriaceae [(Pilg.) L.A.S. Johnson 1959]
Zamiaceae [Horan. 1834]

2. Classis: Gnetopsida

1. Ordo: Gnetales

Ephedraceae [Dumort. 1829] *
Gnetaceae [Lindl. 1834] *
Welwitschiaceae [Markgr. 1926] *

3. SUBDIVISIO: MAGNOLIOPHYTINA (ANGIOSPERMAE)

1. Classis: Magnoliopsida (Dicotyledoneae)

1. Subclassis: Magnoliidae

1. Ordo: Magnoliales

Annonaceae [Juss. 1789] *
Austrobaileyaceae [(Croizat) Croizat 1943] *
Canellaceae [Mart. 1832] *
Degeneriaceae [I.W. Bailey et A.C. Sm. 1942] *
Eupomatiaceae [Endl. 1841] *

---

* nomen conservandum

Himantandraceae [Diels 1917] *
Lactoridaceae [Engl. 1888] *
Magnoliaceae [Juss. 1789] *
Myristicaceae [R. Br. 1810] *
Winteraceae [R. Br. ex Lindl. 1830] *

2. Ordo: Laurales
Amborellaceae [Pichon 1948] *
Calycanthaceae [Lindl. 1819] *
Gomortegaceae [Reiche 1896] *
Hernandiaceae [Blume 1826] *
Idiospermaceae [S.T. Blake 1972]
Lauraceae [Juss. 1789] *
Monimiaceae [Juss. 1809] *
Trimeniaceae [(Perkins et Gilg) Gibbs 1917] *

3. Ordo: Piperales
Chloranthaceae [R. Br. ex Lindl. 1821] *
Piperaceae [C. Agardh 1824] *
Saururaceae [Rich. ex E. Mey. 1827] *

4. Ordo: Aristolochiales
Aristolochiaceae [Juss. 1789] *

5. Ordo: Illiciales
Illiciaceae [(DC.) A.C. Sm. 1947] *
Schisandraceae [Blume 1830] *

6. Ordo: Nymphaeales
Cabombaceae [A. Rich. 1828] *
Ceratophyllaceae [Gray 1821] *
Nymphaeaceae [Salisb. 1805] *

7. Ordo: Nelumbonales
Nelumbonaceae [(DC.) Dumort. 1829] *

8. Ordo: Ranunculales
Berberidaceae [Juss. 1789] *
Circaeasteraceae [Hutch. 1926] *
Glaucidiaceae [(Himmelb.) Tamura 1972]
Lardizabalaceae [Decne. 1839] *
Menispermaceae [Juss. 1789] *
Ranunculaceae [Juss. 1789] *
Sargentodoxaceae [Stapf ex Hutch. 1926] *

9. Ordo: Papaverales
Fumariaceae [DC. 1821] *
Papaveraceae [Juss. 1789] *

2. Subclassis: Hamamelididae

1. Ordo: Trochodendrales
Tetracentraceae [A.C. Sm. 1945] *
Trochodendraceae [Prantl 1888] *

2. Ordo: Hamamelidales
Cercidiphyllaceae [Engl. 1909] *
Eupteleaceae [K. Wilh. 1910] *
Hamamelidaceae [R. Br. 1818] *
Myrothamnaceae [Nied. 1891] *
Platanaceae [T. Lestib. ex Dumort. 1829] *

3. Ordo: Daphniphyllales
Daphniphyllaceae [Müll. Arg. 1869] *

4. Ordo: Didymelales
Didymelaceae [Leandri 1937]

* nomen conservandum

5. Ordo: Eucommiales
Eucommiaceae [Engl. 1909] *
6. Ordo: Urticales
Barbeyaceae [Rendle 1916] *
Cannabaceae [Endl. 1837] *
Cecropiaceae [C.C. Berg 1978]
Moraceae [Link 1831] *
Ulmaceae [Mirb. 1815] *
Urticaceae [Juss. 1789] *
7. Ordo: Leitneriales
Leitneriaceae [Benth. et Hook. f. 1880] *
8. Ordo: Juglandales
Juglandaceae [A. Rich. ex Kunth 1824] *
Rhoipteleaceae [Hand.-Mazz. 1932] *
9. Ordo: Myricales
Myricaceae [Blume 1829] *
10. Ordo: Fagales
Balanopaceae [Benth. et Hook. f. 1880] *
Betulaceae [Gray 1821] *
Corylaceae [Mirb. 1815] * *siehe Betulaceae*
Fagaceae [Dumort. 1829] *
Ticodendraceae [Gómez-Laur. et L.D. Gómez 1991]
11. Ordo: Casuarinales
Casuarinaceae [R. Br. 1814] *
3. Subclassis: Caryophyllidae
1. Ordo: Caryophyllales
Achatocarpaceae [Heimerl 1934] *
Agdestidaceae [(Heimerl) Nakai 1942]
Aizoaceae [F. Rudolphi 1830] *
Amaranthaceae [Juss. 1789] *
Barbeuiaceae [(H. Walter) Nakai 1942]
Basellaceae [Moq. 1840] *
Cactaceae [Juss. 1789] *
Caryophyllaceae [Juss. 1789] *
Chenopodiaceae [Vent. 1799] *
Didiereaceae [Drake 1903] *
Gisekiaceae [(Endl.) Nakai 1942]
Halophytaceae [A. Soriano 1984]
Hectorellaceae [Philipson et Skipw. 1961]
Illecebraceae [R. Br. 1810] *
Molluginaceae [Hutch. 1926] *
Nyctaginaceae [Juss. 1789] *
Phytolaccaceae [R. Br. 1818] *
Portulacaceae [Juss. 1789] *
Stegnospermataceae [(A. Rich.) Nakai 1942]
2. Ordo: Polygonales
Polygonaceae [Juss. 1789] *
3. Ordo: Plumbaginales
Plumbaginaceae [Juss. 1789] *
4. Subclassis: Dilleniidae
1. Ordo: Dilleniales
Dilleniaceae [Salisb. 1807] *
Paeoniaceae [F. Rudolphi 1830] *

---
* nomen conservandum

2. Ordo: Theales
Actinidiaceae [Hutch. 1926] *
Asteropeiaceae [(Szyszyl.) Takht. ex Reveal et Hoogland 1990]
Caryocaraceae [Szyszyl. 1893] *
Clusiaceae [Lindl. 1836] *
Diegodendraceae [Capuron 1964]
Dipterocarpaceae [Blume 1825] *
Elatinaceae [Dumort. 1829] *
Guttiferae [Juss. 1789] *siehe Clusiaceae*
Marcgraviaceae [Choisy 1824] *
Medusagynaceae [Engl. et Gilg 1924] *
Nepenthaceae [Dumort. 1829] *
Ochnaceae [DC. 1811] *
Oncothecaceae [Kobuski ex Airy Shaw 1965]
Paracryphiaceae [Airy Shaw 1965]
Pellicieraceae [(Triana et Planch.) Beauvis. ex Bullock 1959]
Pentaphylacaceae [Engl. 1897] *
Quiinaceae [Choisy ex Engl. 1888] *
Sarcolaenaceae [Caruel 1881] *
Scytopetalaceae [Engl. 1897] *
Sphaerosepalaceae [(Warb.) Tiegh. ex Bullock 1959]
Strasburgeriaceae [Engl. et Gilg 1924] *
Tetrameristaceae [Hutch. 1959]
Theaceae [D. Don 1825] *

3. Ordo: Malvales
Bombacaceae [Kunth 1822] *
Elaeocarpaceae [Juss. ex DC. 1824] *
Malvaceae [Juss. 1789] *
Sterculiaceae [(DC.) Bartl. 1830] *
Tiliaceae [Juss. 1789] *

4. Ordo: Lecythidales
Lecythidaceae [Poit. 1825] *

5. Ordo: Sarraceniales
Sarraceniaceae [Dumort. 1829] *

6. Ordo: Droserales
Droseraceae [Salisb. 1808] *

7. Ordo: Violales
Achariaceae [Harms 1897] *
Ancistrocladaceae [Planch. ex Walp. 1851] *
Begoniaceae [C. Agardh 1824] *
Bixaceae [Link 1831] *
Caricaceae [Dumort. 1829] *
Cistaceae [Juss. 1789] *
Cochlospermaceae [Planch. 1847] * *siehe Bixiaceae*
Cucurbitaceae [Juss. 1789] *
Datiscaceae [R. Br. ex Lindl. 1830] *
Dioncophyllaceae [(Gilg) Airy Shaw 1952] *
Flacourtiaceae [Rich. ex DC. 1824] *
Fouquieriaceae [DC. 1828] *
Frankeniaceae [A. St.-Hil. ex Gray 1821] *
Hoplestigmataceae [Gilg 1924] *
Huaceae [A. Chev. 1947]
Lacistemataceae [Mart. 1826] *

* nomen conservandum

Loasaceae [Dumort. 1822] *
Malesherbiaceae [D. Don 1827] *
Passifloraceae [Juss. ex Kunth 1817] *
Peridiscaceae [Kuhlm. 1950] *
Plagiopteraceae [Airy Shaw 1965]
Scyphostegiaceae [Hutch. 1926] *
Stachyuraceae [J. Agardh 1858] *
Tamaricaceae [Link 1821] *
Turneraceae [Kunth ex DC. 1828] *
Violaceae [Batsch 1802] *

8. Ordo: Salicales
Salicaceae [Mirb. 1815] *

9. Ordo: Capparales
Brassicaceae [Burnett 1835] *
Capparaceae [Juss. 1789] *
Cruciferae [Juss. 1789] *siehe Brassicaceae*
Moringaceae [R. Br. ex Dumort. 1829] *
Resedaceae [DC. ex Gray 1821] *
Tovariaceae [Pax 1891] *

10. Ordo: Batales
Bataceae [Mart. ex Meisn. 1842] *
Gyrostemonaceae [Endl. 1841] *

11. Ordo: Ericales
Clethraceae [Klotzsch 1851] *
Cyrillaceae [Endl. 1841] *
Empetraceae [Gray 1821] *
Epacridaceae [R. Br. 1810] *
Ericaceae [Juss. 1789] *
Grubbiaceae [Endl. 1839] *
Monotropaceae [Nutt.] *
Pyrolaceae [Dumort. 1829] *

12. Ordo: Diapensiales
Diapensiaceae [(Link) Lindl. 1836] *

13. Ordo: Ebenales
Ebenaceae [Gürke 1891] *
Lissocarpaceae [Gilg 1924] *
Sapotaceae [Juss. 1789] *
Styracaceae [Dumort. 1829] *
Symplocaceae [Desf. 1820] *

14. Ordo: Primulales
Myrsinaceae [R. Br. 1810] *
Primulaceae [Vent. 1799] *
Theophrastaceae [Link 1829] *

5. Subclassis: Rosidae

1. Ordo: Rosales
Chrysobalanaceae [R. Br. 1818] *
Crossosomataceae [Engl. 1897] *
Neuradaceae [Link 1831] *
Rhabdodendraceae [(Huber) Prance 1968]
Rosaceae [Juss. 1789] *
Stylobasiaceae [J. Agardh 1858]
Surianaceae [Arn. 1834] *

2. Ordo: Fabales [*Leguminosae* (Juss. 1789)]
Caesalpiniaceae [R. Br. 1814] *

* nomen conservandum

Fabaceae [Lindl. 1836] *
Mimosaceae [R. Br. 1814] *
Papilionaceae [Giseke 1792] *siehe Fabaceae*

3. Ordo: Proteales
Proteaceae [Juss. 1789] *

4. Ordo: Elaeagnales
Elaeagnaceae [Juss. 1789] *

5. Ordo: Podostemales
Podostemaceae [Rich. ex C. Agardh 1822] *

6. Ordo: Haloragales
Gunneraceae [Meisn. 1842] *
Haloragaceae [R. Br. 1814] *

7. Ordo: Myrtales
Alzateaceae [S.A. Graham 1985]
Combretaceae [R. Br. 1810] *
Crypteroniaceae [A. DC. 1868] *
Lythraceae [J. St.-Hil. 1805] *
Melastomataceae [Juss. 1789] *
Myrtaceae [Juss. 1789] *
Oliniaceae [Harv. et Sond. 1862] *
Onagraceae [Juss. 1789] *
Penaeaceae [Sweet ex Guill. 1828] *
Punicaceae [Horan. 1834] *
Rhynchocalycaceae [L.A.S. Johnson et B.G. Briggs 1985]
Sonneratiaceae [Engl. et Gilg 1924] *
Thymelaeaceae [Juss. 1789] *
Trapaceae [Dumort. 1829] *

8. Ordo: Rhizophorales
Anisophylleaceae [Ridl. 1922]
Rhizophoraceae [R. Br. 1814] *

9. Ordo: Cornales
Alangiaceae [DC. 1828] *
Aralidiaceae [Philipson et B.C. Stone 1980]
Aucubaceae [J. Agardh 1858]
Cornaceae [(Dumort.) Dumort. 1829] *
Garryaceae [Lindl. 1834] *
Griseliniaceae [(Wangerin) Takht. 1987]
Helwingiaceae [Decne. 1836]
Melanophyllaceae [Takht. ex Airy Shaw 1972]
Nyssaceae [Juss. ex Dumort. 1829] *
Torricelliaceae [(Wangerin) Hu 1934]

10. Ordo: Santalales
Dipentodontaceae [Merr. 1941] *
Eremolepidaceae [Tiegh. ex Nakai 1952]
Loranthaceae [Juss. 1808] *
Medusandraceae [Brenan 1952] *
Misodendraceae [J. Agardh 1858] *
Olacaceae [Mirb. ex DC. 1824] *
Opiliaceae [(Benth.) Valeton 1886] *
Santalaceae [R. Br. 1810] *
Viscaceae [Batsch 1802]

11. Ordo: Balanophorales
Balanophoraceae [Rich. 1822] *
Cynomoriaceae [(C. Agardh) Endl. ex Lindl. 1833] *

---

* nomen conservandum

12. Ordo: Rafflesiales
Hydnoraceae [C. Agardh 1821] *
Mitrastemonaceae [Makino 1911] *
Rafflesiaceae [Dumort. 1829] *

13. Ordo: Celastrales
Aextoxicaceae [Engl. et Gilg 1920] *
Aquifoliaceae [Bartl. 1830] *
Canotiaceae [Airy Shaw 1965]
Cardiopteridaceae [Blume 1843] *
Celastraceae [R. Br. 1814] *
Corynocarpaceae [Engl. 1897] *
Dichapetalaceae [Baill. 1886] *
Geissolomataceae [Endl. 1841] *
Goupiaceae [Miers 1862]
Hippocrateaceae [Juss. 1811] *
Icacinaceae [(Benth.) Miers 1851] *
Lophopyxidaceae [(Engl.) H. Pfeiff. 1951]
Phelliniaceae [(Loes.) Takht. 1967]
Salvadoraceae [Lindl. 1836] *
Sphenostemonaceae [P. Royen et Airy Shaw 1972]
Stackhousiaceae [R. Br. 1814] *
Tepuianthaceae [Maguire et Steyerm. 1981]

14. Ordo: Euphorbiales
Buxaceae [Dumort. 1822] *
Euphorbiaceae [Juss. 1789] *
Pandaceae [Engl. et Gilg 1913] *
Simmondsiaceae [(Müll. Arg.) Tiegh. ex Reveal et Hoogland 1990]

15. Ordo: Rhamnales
Leeaceae [(DC.) Dumort. 1829] *
Rhamnaceae [Juss. 1789] *
Vitaceae [Juss. 1789] *

16. Ordo: Polygalales
Emblingiaceae [(Pax) Airy Shaw 1965]
Euphroniaceae [Marc.-Berti 1989]
Krameriaceae [Dumort. 1829] *
Malpighiaceae [Juss. 1789] *
Polygalaceae [R. Br. 1814] *
Tremandraceae [R. Br. ex DC. 1824] *
Trigoniaceae [Endl. 1841] *
Vochysiaceae [A. St.-Hil. 1820] *
Xanthophyllaceae [(Chodat) Gagnep. ex Reveal et Hoogland 1990]

17. Ordo: Sapindales
Aceraceae [Juss. 1789] *
Akaniaceae [Stapf 1912] *
Anacardiaceae [Lindl. 1830] *
Balanitaceae [Endl. 1841] *
Bretschneideraceae [Engl. et Gilg 1924] *
Burseraceae [Kunth 1824] *
Cneoraceae [Link 1831] *
Connaraceae [R. Br. 1818] *
Coriariaceae [DC. 1824] *
Hippocastanaceae [DC. 1824] *
Irvingiaceae [(Engl.) Exell et Mendonça 1951] *

* nomen conservandum

Julianiaceae [Hemsl. 1906] *
Meliaceae [Juss. 1789] *
Melianthaceae [Link 1831] *
Meliosmaceae [Endl. 1841] *siehe Sabiaceae*
Physenaceae [Takht. 1985]
Podoonaceae [Baill. ex Franch. 1889]
Ptaeroxylaceae [J.-F. Leroy 1960]
Rutaceae [Juss. 1789] *
Sabiaceae [Blume 1851] *
Sapindaceae [Juss. 1789] *
Simaroubaceae [DC. 1811] *
Staphyleaceae [(DC.) Lindl. 1829] *
Zygophyllaceae [R. Br. 1814] *

18. Ordo: Geraniales

Balsaminaceae [A. Rich. 1822] *
Ctenolophonaceae [(H. Winkl.) Exell et Mendonça 1951]
Erythroxylaceae [Kunth 1822] *
Geraniaceae [Juss. 1789] *
Humiriaceae [A. Juss. 1829] *
Ixonanthaceae [(Benth. et Hook. f.) Exell et Mendonça 1951] *
Lepidobotryaceae [J. Léonard 1950] *
Limnanthaceae [R. Br. 1833] *
Linaceae [DC. ex Gray 1821] *
Oxalidaceae [R. Br. 1817] *
Tropaeolaceae [Juss. ex DC. 1824] *

19. Ordo: Apiales

Apiaceae [Lindl. 1836] *
Araliaceae [Juss. 1789] *
Umbelliferae [Juss. 1789] *siehe Apiaceae*

20. Ordo: Saxifragales

Cephalotaceae [Dumort. 1829] *
Crassulaceae [DC. 1805] *
Eremosynaceae [Dandy 1959]
Greyiaceae [Hutch. 1926] *
Grossulariaceae [DC. 1805] *
Parnassiaceae [Gray 1821] *
Penthoraceae [Rydb. ex Britton 1901] *
Saxifragaceae [Juss. 1789] *
Vahliaceae [Dandy 1959]

21. Ordo: Cunoniales

Brunelliaceae [Engl. 1897] *
Bruniaceae [R. Br. ex DC. 1825] *
Cunoniaceae [R. Br. 1814] *
Davidsoniaceae [G.G.J. Bange 1952]
Eucryphiaceae [Endl. 1841] *

22. Ordo: Hydrangeales

Alseuosmiaceae [Airy Shaw 1965]
Columelliaceae [D. Don 1828] *
Escalloniaceae [R. Br. ex Dumort. 1829] *
Hydrangeaceae [Dumort. 1829] *
Montiniaceae [Nakai 1943] *
Pterostemonaceae [Small 1905] *

23. Ordo: Pittosporales

Byblidaceae [(Engl. et Gilg) Domin 1922] *

---

* nomen conservandum

Pittosporaceae [R. Br. 1814] *
Roridulaceae [Engl. et Gilg 1924] *

6. Subclassis: Asteridae

1. Ordo: Gentianales

Apocynaceae [Juss. 1789] *
Asclepiadaceae [R. Br. 1810] *
Dialypetalanthaceae [Rizzini et Occhioni 1949] *
Gentianaceae [Juss. 1789] *
Loganiaceae [R. Br. ex Mart. 1827] *
Retziaceae [Bartl. 1830]
Saccifoliaceae [Maguire et Pires 1978]

2. Ordo: Solanales

Boraginaceae [Juss. 1789] *
Cobaeaceae [D. Don 1824]
Convolvulaceae [Juss. 1789] *
Cuscutaceae [(Dumort.) Dumort. 1829] *
Duckeodendraceae [Kuhlm. 1950]
Goetzeaceae [Miers ex Airy Shaw 1965]
Hydrophyllaceae [R. Br. 1817] *
Menyanthaceae [(Dumort.) Dumort. 1829] *
Nolanaceae [Dumort. 1829] *
Polemoniaceae [Juss. 1789] *
Solanaceae [Juss. 1789] *

3. Ordo: Lamiales

Avicenniaceae [Endl. 1841] *
Cyclocheilaceae [Marais 1981]
Labiatae [Lindl. 1836] *siehe Lamiaceae*
Lamiaceae [Lindl. 1836] *
Lennoaceae [Solms 1870] *
Nesogenaceae [Marais 1981]
Phrymaceae [Schauer 1847] *
Stilbaceae [Kunth 1831] *
Tetrachondraceae [Skottsb. ex Wettst. 1924]
Verbenaceae [J. St.-Hil. 1805] *

4. Ordo: Callitrichales

Callitrichaceae [Link 1821] *
Hippuridaceae [Link 1821] *
Hydrostachyaceae [Engl. 1898] *

5. Ordo: Plantaginales

Plantaginaceae [Juss. 1789] *

6. Ordo: Scrophulariales

Acanthaceae [Juss. 1789] *
Bignoniaceae [Juss. 1789] *
Buddlejaceae [K. Wilh. 1910] *
Gesneriaceae [Dumort. 1822] *
Globulariaceae [DC. 1805] *
Lentibulariaceae [Rich. 1808] *
Mendonciaceae [Bremek. 1953]
Myoporaceae [R. Br. 1810] *
Oleaceae [Hoffmanns. et Link 1820] *
Orobanchaceae [Vent. 1799] *
Pedaliaceae [R. Br. 1810] *
Scrophulariaceae [Juss. 1789] *

* nomen conservandum

7. Ordo: Campanulales
Brunoniaceae [Dumort. 1829] *
Campanulaceae [Juss. 1789] *
Donatiaceae [(Engl.) Chandler 1911] *
Goodeniaceae [R. Br. 1810] *
Pentaphragmataceae [J. Agardh 1858] *
Sphenocleaceae [Mart. ex DC. 1839] *
Stylidiaceae [R. Br. 1810] *
8. Ordo: Rubiales
Rubiaceae [Juss. 1789] *
Theligonaceae [Dumort. 1829] *
9. Ordo: Dipsacales
Adoxaceae [Trautv. 1853] *
Caprifoliaceae [Juss. 1789] *
Carlemanniaceae [Airy Shaw 1965]
Dipsacaceae [Juss. 1789] *
Morinaceae [Raf. 1820]
Triplostegiaceae [(Höck) Bobrov ex Airy Shaw 1965]
Valerianaceae [Batsch 1802] *
10. Ordo: Calycerales
Calyceraceae [R. Br. ex Rich. 1820] *
11. Ordo: Asterales
Asteraceae [Dumort. 1822] *
Compositae [Giseke 1792] *siehe Asteraceae*
2. Classis: Liliopsida (Monocotyledoneae)
1. Subclassis: Alismatidae
1. Ordo: Alismatales
Alismataceae [Vent. 1799] *
Butomaceae [Rich. 1815] *
Limnocharitaceae [Takht. ex Cronquist 1981]
2. Ordo: Hydrocharitales
Hydrocharitaceae [Juss. 1789] *
3. Ordo: Najadales
Aponogetonaceae [J. Agardh 1858] *
Cymodoceaceae [N. Taylor 1909] *
Juncaginaceae [Rich. 1808] *
Lilaeaceae [Dumort. 1829] *
Najadaceae [Juss. 1789] *
Posidoniaceae [Hutch. 1934] *
Potamogetonaceae [Dumort. 1829] *
Ruppiaceae [Horan. ex Hutch. 1934] *
Scheuchzeriaceae [F. Rudolphi 1830] *
Zannichelliaceae [Dumort. 1829] *
Zosteraceae [Dumort. 1829] *
4. Ordo: Triuridales
Petrosaviaceae [Hutch. 1934] *
Triuridaceae [Gardner 1843] *
2. Subclassis: Arecidae
1. Ordo: Arecales
Arecaceae [Schultz Sch. 1832] *
Palmae [Juss. 1789] *siehe Arecaceae*
2. Ordo: Cyclanthales
Cyclanthaceae [Poit. ex A. Rich. 1824] *

* nomen conservandum

3. Ordo: Pandanales
Pandanaceae [R. Br. 1810] *
4. Ordo: Arales
Acoraceae [Martinov 1820]
Araceae [Juss. 1789] *
Lemnaceae [Gray 1821] *
3. Subclassis: Commelinidae
1. Ordo: Commelinales
Commelinaceae [R. Br. 1810] *
Mayacaceae [Kunth 1842] *
Rapateaceae [Dumort. 1829] *
Xyridaceae [C. Agardh 1823] *
2. Ordo: Eriocaulales
Eriocaulaceae [P. Beauv. ex Desv. 1828] *
3. Ordo: Restionales
Anarthricaceae [D.F. Cutler et Airy Shaw 1965]
Centrolepidaceae [Endl. 1836] *
Ecdeiocoleaceae [D.F. Cutler et Airy Shaw 1965]
Flagellariaceae [Dumort. 1829] *
Joinvilleaceae [Toml. et A.C. Sm. 1970]
Restionaceae [R. Br. 1810] *
4. Ordo: Juncales
Juncaceae [Juss. 1789] *
Thurniaceae [Engl. 1907] *
5. Ordo: Cyperales
Cyperaceae [Juss. 1789] *
6. Ordo: Poales
Gramineae [Juss. 1789] *siehe Poaceae*
Poaceae [(R. Br.) Barnhart 1895] *
7. Ordo: Hydatellales
Hydatellaceae [U. Hamann 1976]
8. Ordo: Typhales
Sparganiaceae [F. Rudolphi 1830] *
Typhaceae [Juss. 1789] *
4. Subclassis: Zingiberidae
1. Ordo: Bromeliales
Bromeliaceae [Juss. 1789] *
2. Ordo: Zingiberales
Cannaceae [Juss. 1789] *
Costaceae [(Meisn.) Nakai 1941]
Heliconiaceae [(A. Rich.) Nakai 1941]
Lowiaceae [Ridl. 1924] *
Marantaceae [Petersen 1888] *
Musaceae [Juss. 1789] *
Strelitziaceae [(K. Schum.) Hutch. 1934] *
Zingiberaceae [Lindl. 1835] *
5. Subclassis: Liliidae
1. Ordo: Liliales
Alstroemeriaceae [Dumort. 1829] *
Colchicaceae [DC. 1805] *
Iridaceae [Juss. 1789] *
Liliaceae [Juss. 1789] *
2. Ordo: Dioscoreales
Dioscoreaceae [R. Br. 1810] *

* nomen conservandum

Petermanniaceae [Hutch. 1934] *
Rhipogonaceae [Conran et Clifford 1985]
Smilacaceae [Vent. 1799] *
Stemonaceae [Engl. 1887] *
Taccaceae [Dumort. 1829] *
Trichopodaceae [Hutch. 1934] *
Trilliaceae [Lindl. 1846] *

3. Ordo: Melanthiales

Melanthiaceae [Batsch 1802] *

4. Ordo: Pontederiales

Pontederiaceae [Kunth 1816] *

5. Ordo: Philydrales

Philydraceae [Link 1821] *

6. Ordo: Haemodorales

Haemodoraceae [R. Br. 1810] *

7. Ordo: Velloziales

Velloziaceae [Endl. 1841] *

8. Ordo: Asparagales

Agavaceae [Endl. 1841] *
Alliaceae [J. Agardh 1858] *
Aloeaceae [Batsch 1802]
Amaryllidaceae [J. St.-Hil. 1805] *
Anthericaceae [J. Agardh 1858]
Aphyllanthaceae [Burnett 1835]
Asparagaceae [Juss. 1789] *
Asphodelaceae [Juss. 1789]
Asteliaceae [Dumort. 1829]
Blandfordiaceae [R. Dahlgren et Clifford 1985]
Calectasiaceae [Endl. 1837]
Convallariaceae [Horan. 1834]
Cyanastraceae [Engl. 1900] *
Dasypogonaceae [Dumort. 1829]
Doryanthaceae [R. Dahlgren et Clifford 1985]
Dracaenaceae [Salisb. 1866] *
Eriospermaceae [Endl. 1841]
Hanguanaceae [Airy Shaw 1965]
Hemerocallidaceae [R. Br. 1810]
Herreriaceae [Endl. 1841]
Hostaceae [B. Mathew 1988]
Hyacinthaceae [Batsch ex Borkh. 1797]
Hypoxidaceae [R. Br. 1814] *
Ixioliriaceae [(Pax) Nakai 1943]
Lomandraceae [Lotsy 1911]
Philesiaceae [Dumort. 1829] *
Phormiaceae [J. Agardh 1858]
Ruscaceae [Spreng. ex Hutch. 1934] *
Tecophilaeaceae [Leyb. 1862] *
Xanthorrhoeaceae [Dumort. 1829] *

9. Ordo: Orchidales

Orchidaceae [Juss. 1789] *

10. Ordo: Burmanniales

Burmanniaceae [Blume 1827] *
Corsiaceae [Becc. 1878] *
Geosiridaceae [Jonker 1939] *

* nomen conservandum

VI Familien und Gattungen in alphabetischer Übersicht
VI Alphabetical overview of families and genera
VI Familles et genres par ordre alphabétique

- Hinweise zu den Gattungen finden Sie auch in der Einleitung zum vorherigen Kapitel. So finden Sie die *Palmae* unter *Arecaceae,* die *Gramineae* unter *Poaceae*, die *Cruciferae* unter *Brassicaceae*, die *Leguminosae* unter *Fabaceae*, die *Guttiferae* unter *Clusiaceae*, die *Umbelliferae* unter *Apiaecae*, die *Labiatae* unter *Lamiaceae* und die *Compositae* unter *Asteraceae*. Laut oben zitierter Regel dürfen aber die Familienbezeichnungen alternativ und gleichwertig verwendet werden.
  Die nachfolgende Auflistung ist weder im Hinblick auf die Familien noch auf die der Gattungen komplett, sondern beinhaltet lediglich die Familien- und Gattungsnamen, die in der alphabetischen Pflanzenliste (Teil VIII-6) aufgeführt werden. Auch auf die Gattungssynonyme wird nicht eingegangen, da diese ebenfalls aus dem Hauptteil des Buches ersichtlich sind.

- References to genera may also be found in the introduction to the previous chapter. The *Palmae* may be found under *Arecaceae*, the *Gramineae* under *Poaceae*, the *Cruciferae* under *Brassicaceae*, the *Leguminosae* under *Fabaceae*, the *Guttiferae* under *Clusiaceae*, the *Umbelliferae* under *Apiaecae*, the *Labiatae* under *Lamiaceae*, and the *Compositae* under *Asteraceae*. According to the rule cited above, however, these taxonomic designations may be used alternatively and with equal validity.
  The following listing is complete neither with respect to the families nor in relation to the genera, but contains only those family and generic names in the alphabetical plant list (Section VIII-6). Similarly, details of generic synonyms have been omitted since these, too, may be found in the main part of the volume.

- Vous trouverez des indications à propos des genres dans l'introduction du chapitre précédent. C'est ainsi que l'on a remplacé les *Palmae* par *Arecaceae*, les *Gramineae* par *Poaceae*, les *Cruciferae* par *Brassicaceae*, les *Leguminosae* par *Fabaceae*, les *Guttiferae* par *Clusiaceae*, les *Umbelliferae* par *Apiaceae*, les *Labiatae* par *Lamiaceae* et les *Compositae* par *Asteraceae*. Cependant, selon la règle citée ci-dessus, les noms de familles peuvent être utilisés alternativement et d'une manière équivalente.
  La liste suivante est incomplète en ce qui concerne les familles et les genres; elle ne comprend que les noms des familles et des genres qui seront indiqués dans la liste alphabétique des plantes (partie VIII-6). Les synonymes des noms des genres ne sont pas traités non plus, car ils figurent dans la partie principale de cet ouvrage.

Acanthaceae: *Acanthus - Aphelandra - Asystasia - Barleria - Brillantaisia - Chamaeranthemum - Crossandra - Dicliptera - Eranthemum - Fittonia - Graptophyllum - Gymnostachyum - Hemigraphis - Hygrophila - Hypoestes - Justicia - Mackaya - Meyenia - Odontonema - Pachystachys - Peristrophe - Pseuderanthemum - Ruellia - Ruspolia - Ruttya - Sanchezia - Schaueria - Stenandrium - Strobilanthes - Thunbergia - Whitfieldia - Xantheranthemum*

Aceraceae: *Acer - Dipteronia*

Acoraceae: *Acorus*

Actinidiaceae: *Actinidia - Clematoclethra - Saurauia*

Actiniopteridaceae: *Actiniopteris*

Adiantaceae: *Adiantopsis - Adiantum - Anogramma - Cheilanthes - Coniogramme - Cryptogramma - Doryopteris - Hemionitis - Llavea - Onychium - Pellaea - Pityrogramma*

Adoxaceae: *Adoxa*

Agavaceae: *Agave - Beschorneria - Cordyline - Furcraea - Hesperaloe - Hesperoyucca - Polianthes - Samuela - Yucca*

Aizoaceae: *Acrodon - Aethephyllum - Aloinopsis - Aptenia - Argyroderma - Aridaria - Astridia - Bergeranthus - Carpanthea - Carpobrotus - Carruanthus - Cephalophyllum - Chasmatophyllum - Cheiridopsis - Cleretum - Conicosia - Conophytum - Cylindrophyllum - Delosperma - Dinteranthus - Disphyma - Dorotheanthus - Dracophilus - Drosanthemum - Eberlanzia - Ebracteola - Erepsia - Faucaria - Fenestraria - Gibbaeum - Glottiphyllum - Hereroa - Hymenogyne - Jacobsenia - Jensenobotrya - Juttadinteria - Kensitia - Lampranthus - Lithops - Machairophyllum - Malephora - Mesembryanthemum - Mitrophyllum - Monilaria - Nananthus - Neohenricia - Oophytum - Phyllobolus - Pleiospilos - Prenia - Psammophora - Psilocaulon - Rabiea - Rhinephyllum - Rhombophyllum - Ruschia - Sceletium - Schwantesia - Sesuvium - Skiatophytum - Sphalmanthus - Stomatium - Tanquana - Tetragonia - Titanopsis - Trichodiadema - Vanheerdea - Vanzijlia*

Alangiaceae: *Alangium*

Alismataceae: *Alisma - Baldellia - Caldesia - Echinodorus - Luronium - Sagittaria*

Alliaceae: *Agapanthus - Allium - Bessera - Bloomeria - Brodiaea - Dichelostemma - Ipheion - Leucocoryne - Milla - Nectaroscordum - Nothoscordum - Triteleia - Tulbaghia*

Aloaceae: *Aloe - Astroloba - Gasteria - Haworthia - Poellnitzia*

Alstroemeriaceae: *Alstroemeria - Bomarea*

Amaranthaceae: *Achyranthes - Aerva - Alternanthera - Amaranthus - Bosea - Celosia - Froelichia - Gomphrena - Iresine - Ptilotus - Pupalia*

Amaryllidaceae: × *Amarcrinum* - × *Amarygia - Amaryllis - Brunsvigia - Caliphruria - Chlidanthus - Clivia - Crinum - Cyrtanthus - Eucharis - Galanthus - Griffinia - Habranthus - Haemanthus - Hippeastrum - Hymenocallis - Leucojum - Lycoris - Narcissus - Nerine - Pancratium - Phaedranassa - Pyrolirion - Rhodophiala - Scadoxus - Sprekelia - Sternbergia - Worsleya - Zephyranthes*

Anacardiaceae: *Anacardium - Astronium - Cotinus - Dracontomelon - Gluta - Harpephyllum - Lannea - Lithraea - Mangifera - Pachycormus - Pistacia - Rhus - Schinopsis - Schinus - Semecarpus - Spondias*

Annonaceae: *Annona - Artabotrys - Asimina - Cananga - Cymbopetalum - Monodora - Oxandra - Stelechocarpus - Xylopia*

Anthericaceae: *Anthericum - Arthropodium - Chlorophytum - Thysanotus*

Aphyllanthaceae: *Aphyllanthes*

Apiaceae (Umbelliferae): *Aciphylla - Aegopodium - Aethusa - Ammi - Ammodaucus - Ammoides - Anethum - Angelica - Anthriscus - Apium - Arracacia - Astrantia - Athamanta - Azorella - Berula - Bifora - Bunium - Bupleurum - Carum - Caucalis - Centella - Chaerophyllum - Cicuta - Cnidium - Conioselinum - Conium - Conopodium - Coriandrum - Crithmum - Cryptotaenia - Cuminum - Daucus - Dorema - Eryngium - Falcaria - Ferula - Ferulago - Foeniculum - Hacquetia - Heracleum - Hydrocotyle - Imperatoria - Lagoecia - Laser - Laserpitium - Levisticum - Ligusticum - Lilaeopsis - Magydaris - Melanoselinum - Meum - Molopospermum - Myrrhis - Myrrhoides - Oenanthe - Opopanax - Orlaya -*

Pastinaca - Petroselinum - Peucedanum - Pimpinella - Pleurospermum - Ptychotis - Ridolfia - Sanicula - Scandix - Selinum - Seseli - Silaum - Sison - Sium - Smyrnium - Thapsia - Tordylium - Torilis - Trachymene - Trachyspermum - Trinia - Trochiscanthes - Turgenia - Zizia

Apocynaceae: *Acokanthera - Adenium - Allamanda - Alstonia - Amsonia - Apocynum - Aspidosperma - Beaumontia - Carissa - Catharanthus - Cerbera - Couma - Dyera - Echites - Funtumia - Hancornia - Hunteria - Landolphia - Mandevilla - Nerium - Pachypodium - Peltastes - Plumeria - Prestonia - Rauvolfia - Rhazya - Strophanthus - Tabernaemontana - Thevetia - Trachelospermum - Vinca - Willughbeia*

Aponogetonaceae: *Aponogeton*

Aquifoliaceae: *Ilex - Nemopanthus*

Araceae: *Aglaonema - Alocasia - Amorphophallus - Anthurium - Anubias - Ariopsis - Arisaema - Arisarum - Arum - Caladium - Calla - Callopsis - Colocasia - Cryptocoryne - Culcasia - Cyrtosperma - Dieffenbachia - Dracontium - Dracunculus - Epipremnum - Homalomena - Lagenandra - Lasia - Lysichiton - Monstera - Nephthytis - Orontium - Peltandra - Philodendron - Pinellia - Pistia - Pothos - Remusatia - Rhaphidophora - Rhektophyllum - Rhodospatha - Sauromatum - Schismatoglottis - Scindapsus - Spathicarpa - Spathiphyllum - Stenospermation - Steudnera - Symplocarpus - Syngonium - Typhonium - Typhonodorum - Xanthosoma - Zamioculcas - Zantedeschia*

Araliaceae: *Aralia - Cussonia - Eleutherococcus - × Fatshedera - Fatsia - Hedera - Kalopanax - Meryta - Oplopanax - Oreopanax - Panax - Polyscias - Pseudopanax - Schefflera - Tetrapanax - Trevesia*

Araucariaceae: *Agathis - Araucaria*

Arecaceae (Palmae): *Acanthophoenix - Acoelorrhaphe - Acrocomia - Aiphanes - Archontophoenix - Areca - Arenga - Astrocaryum - Attalea - Bactris - Bentinckia - Borassus - Brahea - Butia - Calamus - Calyptrogyne - Caryota - Ceroxylon - Chamaedorea - Chamaerops - Chambeyronia - Chrysalidocarpus - Clinostigma - Coccothrinax - Cocos - Copernicia - Corypha - Cryosophila - Cyrtostachys - Daemonorops - Desmoncus - Dictyosperma - Elaeis - Euterpe - Geonoma - Hedyscepe - Howea - Hyophorbe - Hyphaene - Jessenia - Jubaea - Kentiopsis - Latania - Leopoldinia - Lepidorrhachis - Licuala - Livistona - Lodoicea - Lytocaryum - Mauritia - Metroxylon - Nannorrhops - Neodypsis - Nypa - Orbignya - Phoenicophorium - Phoenix - Phytelephas - Pinanga - Polyandrococos - Pritchardia - Ptychosperma - Raphia - Reinhardtia - Rhapidophyllum - Rhapis - Rhopalostylis - Roystonea - Sabal - Salacca - Scheelea - Serenoa - Syagrus - Synechanthus - Thrinax - Trachycarpus - Trithrinax - Veitchia - Verschaffeltia - Wallichia - Washingtonia*

Aristolochiaceae: *Aristolochia - Asarum*

Asclepiadaceae: *Araujia - Asclepias - Calotropis - Caralluma - Ceropegia - Cionura - Cryptostegia - Cynanchum - Dischidia - Dregea - Duvalia - Echidnopsis - Fockea - Gomphocarpus - Hoodia - Hoya - Huernia - Huerniopsis - Marsdenia - Metaplexis - Orbea - Orbeopsis - Oxypetalum - Pachycymbium - Pectinaria - Periploca - Piaranthus - Quaqua - Sarcostemma - Schubertia - Stapelia - Stephanotis - Tavaresia - Trichocaulon - Tridentea - Tromotriche - Tweedia - Vincetoxicum - Whitesloanea - Xysmalobium*

Asparagaceae: *Asparagus*

Asphodelaceae: *Asphodeline - Asphodelus - Bulbine - Bulbinella - Eremurus - Kniphofia - Paradisea*

Aspleniaceae: *Asplenium*

Asteliaceae: *Astelia*

Asteraceae (Compositae): *Achillea - Acmella - Acroclinium - Acroptilon - Adenostyles - Ageratina - Ageratum - Ajania - Amberboa - Ambrosia - Ammobium - Anacyclus - Anaphalis - Andryala - Antennaria - Anthemis - Aposeris - Arctanthemum - Arctium - Arctotheca - Arctotis - Argyranthemum - Arnica - Arnoseris - Artemisia - Aster - Asteriscus - Athanasia - Ayapana - Baccharis - Bahia - Barnadesia - Bartlettina - Bellis - Bellium - Berardia - Berkheya - Bidens - Blumea - Boltonia - Brachyglottis - Brachylaena - Brachyscome - Buphthalmum - Calendula - Callistephus - Calocephalus - Calomeria - Carduncellus - Carduus - Carlina - Carpesium - Carthamus - Cassinia - Catananche -*

Celmisia - Centaurea - Cephalipterum - Chaenactis - Chamaemelum - Chiliotrichum - Chondrilla - Chrysanthemoides - Chrysanthemum - Chrysocoma - Chrysogonum - Chrysopsis - Chrysothamnus - Cicerbita - Cichorium - Cineraria - Cirsium - Cladanthus - Cnicus - Coleostephus - Conoclinium - Conyza - Coreopsis - Cosmos - Cotula - Craspedia - Crassocephalum - Crepis - Crupina - Cyanopsis - Cynara - Dahlia - Delairea - Dimorphotheca - Dittrichia - Doronicum - Dracopsis - Dyssodia - Echinacea - Echinops - Edmondia - Emilia - Erechtites - Erigeron - Eriocephalus - Eriophyllum - Eupatorium - Euryops - Farfugium - Felicia - Filago - Fleischmannia - Gaillardia - Galactites - Galinsoga - Gazania - Gerbera - Gnaphalium - Gonospermum - Grindelia - Guizotia - Gynura - Haplopappus - Hebeclinium - Helenium - Helianthella - Helianthus - Helichrysum - Heliopsis - Helipterum - Helminthotheca - Heteranthemis - Heterotheca - Hidalgoa - Hieracium - Homogyne - Hymenostemma - Hymenoxys - Hyoseris - Hypochaeris - Inula - Ismelia - Iva - Jurinea - Jurinella - Kalimeris - Kleinia - Lactuca - Lapsana - Lasthenia - Launaea - Layia - Leontodon - Leontopodium - Leptinella - Leucanthemella - Leucanthemopsis - Leucanthemum - Leucogenes - Leucophyta - Leuzea - Liatris - Ligularia - Lindheimera - Linosyris - Lonas - Madia - Marshallia - Matricaria - Melampodium - Microglossa - Micropus - Mikania - Montanoa - Mutisia - Mycelis - Nabalus - Nauplius - Nipponanthemum - Oldenburgia - Olearia - Onopordum - Onoseris - Osteospermum - Otanthus - Othonna - Ozothamnus - Packera - Palafoxia - Parthenium - Perezia - Pericallis - Pertya - Petasites - Phaenocoma - Picris - Piqueria - Podachaenium - Podolepis - Polymnia - Prenanthes - Pseudognaphalium - Pteronia - Ptilostemon - Pulicaria - Pyrrocoma - Raoulia - Ratibida - Relhania - Rhagadiolus - Rhodanthe - Rhodanthemum - Rhynchospermum - Rudbeckia - Santolina - Sanvitalia - Saussurea - Schoenia - Scolymus - Scorzonera - Senecio - Serratula - Sigesbeckia - Silphium - Silybum - Sinacalia - Solidago - × Solidaster - Sonchus - Spilanthes - Staehelina - Steirodiscus - Stevia - Stoebe - Stokesia - Tagetes - Tanacetum - Taraxacum - Tarchonanthus - Telekia - Tephroseris - Thelesperma - Thymophylla - Tithonia - Tolpis - Townsendia - Tragopogon - Tridax - Tripleurospermum - Tussilago - Urospermum - Ursinia - Verbesina - Vernonia - Vittadinia - Waitzia - Wedelia - Willemetia - Wyethia - Xanthium - Xanthophthalmum - Xeranthemum - Zinnia

Azollaceae: *Azolla*

Balanitaceae: *Balanites*
Balsaminaceae: *Hydrocera - Impatiens*
Basellaceae: *Anredera - Basella - Ullucus*
Begoniaceae: *Begonia - Hillebrandia*
Berberidaceae: *Achlys - Berberis - Bongardia - Caulophyllum - Diphylleia - Epimedium - Gymnospermium - Jeffersonia - Leontice - × Mahoberberis - Mahonia - Nandina - Podophyllum - Ranzania - Vancouveria*
Betulaceae: *Alnus - Betula - Carpinus - Corylus - Ostrya - Ostryopsis*
Bignoniaceae: *Anemopaegma - Bignonia - Campsidium - Campsis - Catalpa - Clytostoma - Crescentia - Cybistax - Daniella - Distictis - Eccremocarpus - Glaziova - Incarvillea - Jacaranda - Kigelia - Macfadyena - Oroxylum - Pandorea - Parmentiera - Pithecoctenium - Podranea - Pyrostegia - Radermachera - Rhigozum - Spathodea - Stereospermum - Tabebuia - Tecoma - Tecomaria*
Bixaceae: *Bixa*
Blandfordiaceae: *Blandfordia*
Blechnaceae: *Blechnum - Doodia - Stenochlaena - Woodwardia*
Bombacaceae: *Adansonia - Bombax - Ceiba - Chorisia - Durio - Ochroma - Pachira - Pseudobombax*
Boraginaceae: *Alkanna - Amsinckia - Anchusa - Arnebia - Asperugo - Borago - Brunnera - Caccinia - Carmona - Cerinthe - Cordia - Cynoglossum - Echium - Ehretia - Eritrichium - Heliotropium - Lappula - Lindelofia - Lithodora - Lithospermum - Lobostemon - Mertensia - Moltkia - Myosotis - Nonea - Omphalodes - Onosma - Pentaglottis - Pulmonaria - Rindera - Solenanthus - Symphytum - Trachystemon*

Boweniaceae: *Bowenia*
Brassicaceae (Cruciferae): *Aethionema - Alliaria - Alyssoides - Alyssum - Anastatica - Arabidopsis - Arabis - Armoracia - Aubrieta - Aurinia - Barbarea - Berteroa - Biscutella - Brassica - Braya - Bunias - Cakile - Calepina - Camelina - Capsella - Cardamine - Cardaminopsis - Cardaria - Chorispora - Clypeola - Cochlearia - Coincya - Coluteocarpus - Conringia - Coronopus - Crambe - Degenia - Descurainia - Diplotaxis - Draba - Erophila - Eruca - Erucastrum - Erysimum - Euclidium - Eutrema - Farsetia - Fibigia - Heliophila - Hesperis - Hirschfeldia - Hornungia - Hugueninia - Hymenolobus - Iberis - Ionopsidium - Isatis - Kernera - Lepidium - Lobularia - Lunaria - Malcolmia - Matthiola - Moricandia - Morisia - Murbeckiella - Myagrum - Nasturtium - Neslia - Orychophragmus - Pachyphragma - Parrya - Peltaria - Petrocallis - Phoenicaulis - Pritzelago - Raphanus - Rapistrum - Rorippa - Schivereckia - Schizopetalon - Sinapis - Sisymbrium - Subularia - Succowia - Teesdalia - Thlaspi - Vella - Wasabia*
Bromeliaceae: *Abromeitiella - Acanthostachys - Aechmea - Ananas - Araeococcus - Billbergia - Brocchinia - Bromelia - Canistrum - Catopsis - Cottendorfia - Cryptanthus - Deuterocohnia - Dyckia - Fascicularia - Fosterella - Greigia - Guzmania - Hechtia - Hohenbergia - Lindmania - Neoglaziovia - Neoregelia - Nidularium - Ochagavia - Orthophytum - Pitcairnia - Portea - Pseudananas - Puya - Quesnelia - Ronnbergia - Streptocalyx - Tillandsia - Vriesea - Wittrockia*
Bruniaceae: *Brunia*
Buddlejaceae: *Buddleja*
Burseraceae: *Aucoumea - Boswellia - Bursera - Canarium - Commiphora - Dacryodes*
Butomaceae: *Butomus*
Buxaceae: *Buxus - Pachysandra - Sarcococca*
Byblidaceae: *Byblis*

Cabombaceae: *Brasenia - Cabomba*
Cactaceae: *Acanthocalycium - Aporocactus -* × *Aporophyllum - Arequipa - Ariocarpus - Arrojadoa - Arthrocereus - Astrophytum - Austrocactus - Austrocephalocereus - Aztekium - Bergerocactus - Blossfeldia - Borzicactus - Browningia - Carnegiea - Cephalocereus - Cereus - Chiapasia - Cleistocactus - Coleocephalocereus - Copiapoa - Corryocactus - Coryphantha - Deamia - Denmoza - Disocactus -* × *Disophyllum - Echinocactus - Echinocereus - Echinofossulocactus - Echinomastus - Echinopsis - Encephalocarpus - Epiphyllum - Epithelantha - Eriocereus - Eriosyce - Erythrorhipsalis - Escobaria - Espostoa - Eulychnia - Facheiroa - Ferocactus - Frailea - Gymnocalycium - Haageocereus - Harrisia - Hatiora - Heliabravoa - Heliocereus - Hildewintera - Hylocereus - Lepismium - Leuchtenbergia - Lobivia - Lophocereus - Lophophora - Machaerocereus - Maihuenia - Mammillaria - Matucana - Melocactus - Micranthocereus - Mila - Monvillea - Myrtillocactus - Neobuxbaumia - Neolloydia - Neoporteria - Neoraimondia - Nopalxochia - Notocactus - Nyctocereus - Obregonia - Opuntia - Oreocereus - Oroya - Pachycereus - Parodia - Pediocactus - Pelecyphora - Peniocereus - Pereskia - Pereskiopsis - Pfeiffera - Pilosocereus - Polaskia - Pseudorhipsalis - Pterocactus - Rebutia - Rhipsalidopsis - Rhipsalis - Schlumbergera - Sclerocactus - Selenicereus - Setiechinopsis - Stenocereus - Stephanocereus - Stetsonia - Strombocactus - Sulcorebutia - Thelocactus - Trichocereus - Turbinicarpus - Uebelmannia - Weberbauerocereus - Weberocereus - Weingartia - Wilcoxia - Wittiocactus*
Caesalpiniaceae (Leguminosae): *Afzelia - Amherstia - Bauhinia - Brownea - Caesalpinia - Cassia - Ceratonia - Cercis - Chamaecrista - Copaifera - Delonix - Distemonanthus - Erythrophleum - Gleditsia - Gossweilerodendron - Guibourtia - Gymnocladus - Haematoxylum - Hymenaea - Intsia - Isoberlinia - Parkinsonia - Peltogyne - Peltophorum - Schotia - Senna - Tamarindus*
Callitrichaceae: *Callitriche*
Calycanthaceae: *Calycanthus - Chimonanthus*
Calyceraceae: *Acicarpha*
Campanulaceae: *Adenophora - Asyneuma - Azorina - Campanula - Canarina -*

Centropogon - Codonopsis - Cyananthus - Downingia - Edraianthus - Hypsela - Jasione - Laurentia - Legousia - Lobelia - Michauxia - Monopsis - Musschia - Ostrowskia - Physoplexis - Phyteuma - Platycodon - Pratia - Siphocampylus - Symphyandra - Trachelium - Triodanis - Wahlenbergia
Canellaceae: *Canella - Cinnamodendron*
Cannabaceae: *Cannabis - Humulus*
Cannaceae: *Canna*
Capparaceae: *Capparis - Cleome - Crateva - Polanisia*
Caprifoliaceae: *Abelia - Diervilla - Dipelta - Heptacodium - Kolkwitzia - Leycesteria - Linnaea - Lonicera - Sambucus - Symphoricarpos - Triosteum - Viburnum - Weigela*
Caricaceae: *Carica*
Caryocaraceae: *Caryocar*
Caryophyllaceae: *Agrostemma - Arenaria - Bufonia - Cerastium - Cucubalus - Dianthus - Drypis - Gypsophila - Holosteum - Honckenya - Lepyrodiclis - Minuartia - Moehringia - Moenchia - Petrocoptis - Petrorhagia - Phrynella - Polycarpon - Pseudostellaria - Sagina - Saponaria - Silene - Spergula - Spergularia - Stellaria - Vaccaria*
Casuarinaceae: *Casuarina*
Cecropiaceae: *Cecropia - Coussapoa - Musanga*
Celastraceae: *Cassine - Catha - Celastrus - Elaeodendron - Euonymus - Maytenus - Paxistima - Tripterygium*
Cephalotaceae: *Cephalotus*
Cephalotaxaceae: *Cephalotaxus*
Ceratophyllaceae: *Ceratophyllum*
Cercidiphyllaceae: *Cercidiphyllum*
Chenopodiaceae: *Anabasis - Atriplex - Bassia - Beta - Camphorosma - Chenopodium - Corispermum - Cycloloma - Haloxylon - Krascheninnikovia - Polycnemum - Salicornia - Salsola - Spinacia - Suaeda*
Chloranthaceae: *Chloranthus*
Chrysobalanaceae: *Chrysobalanus - Licania - Parinari*
Cistaceae: *Cistus - Fumana - × Halimiocistus - Halimium - Helianthemum - Tuberaria*
Clethraceae: *Clethra*
Clusiaceae (Guttiferae): *Calophyllum - Clusia - Garcinia - Harungana - Hypericum - Mammea - Mesua - Platonia*
Cneoraceae: *Cneorum*
Cobaeaceae: *Cobaea*
Colchicaceae: *Bulbocodium - Colchicum - Gloriosa - Littonia - Sandersonia - Wurmbea*
Combretaceae: *Anogeissus - Combretum - Quisqualis - Terminalia*
Commelinaceae: *Aneilema - Callisia - Coleotrype - Commelina - Cyanotis - Dichorisandra - Geogenanthus - Gibasis - Palisota - Siderasis - Tinantia - Tradescantia - Tripogandra - Weldenia*
Convallariaceae: *Aspidistra - Clintonia - Convallaria - Disporum - Liriope - Maianthemum - Medeola - Ophiopogon - Peliosanthes - Polygonatum - Reineckea - Rohdea - Smilacina - Speirantha - Streptopus - Tricyrtis - Uvularia*
Convolvulaceae: *Argyreia - Calystegia - Convolvulus - Cuscuta - Dichondra - Evolvulus - Falkia - Ipomoea - Jacquemontia - Merremia - Operculina - Porana - Stictocardia*
Coriariaceae: *Coriaria*
Cornaceae: *Aucuba - Cornus - Curtisia - Griselinia - Helwingia*
Corynocarpaceae: *Corynocarpus*
Costaceae: *Costus - Tapeinochilos*
Crassulaceae: *Adromischus - Aeonium - Aichryson - Bryophyllum - Chiastophyllum - Cotyledon - Crassula - × Cremneria - Cremnophila - Dudleya - Echeveria - Graptopetalum - Greenovia - Jovibarba - Kalanchoe - Lenophyllum - Monanthes - Orostachys - Pachyphytum - × Pachyveria - Pistorinia - Rhodiola - Rosularia - × Sedatia - Sedum - Sempervivum - Sinocrassula - Tylecodon - Umbilicus - Villadia*
Cucurbitaceae: *Abobra - Acanthosicyos - Alsomitra - Benincasa - Bryonia - Citrullus -*

Coccinia - Cucumeropsis - Cucumis - Cucurbita - Cyclanthera - Diplocyclos - Ecballium - Echinocystis - Echinopepon - Gurania - Kedrostis - Lagenaria - Luffa - Melothria - Momordica - Mukia - Neoalsomitra - Sechium - Sicana - Sicyos - Telfairia - Thladiantha - Trichosanthes - Xerosicyos - Zehneria

Cunoniaceae: *Bauera - Ceratopetalum - Cunonia*

Cupressaceae: *Austrocedrus - Callitris - Calocedrus - Chamaecyparis - × Cupressocyparis - Cupressus - Fitzroya - Fokienia - Juniperus - Libocedrus - Microbiota - Platycladus - Tetraclinis - Thuja - Thujopsis - Widdringtonia*

Cyanastraceae: *Cyanastrum*

Cyatheaceae: *Cyathea*

Cycadaceae: *Cycas*

Cyclanthaceae: *Carludovica - Cyclanthus - Dicranopygium - Ludovia*

Cyperaceae: *Blysmus - Bolboschoenus - Carex - Cladium - Cymophyllus - Cyperus - Eleocharis - Eriophorum - Ficinia - Fimbristylis - Isolepis - Kobresia - Lagenocarpus - Lepironia - Mapania - Rhynchospora - Schoenoplectus - Schoenus - Scirpodendron - Scirpoides - Scirpus - Trichophorum*

Daphniphyllaceae: *Daphniphyllum*

Datiscaceae: *Datisca*

Davalliaceae: *Davallia - Humata - Scyphularia*

Dennstaedtiaceae: *Dennstaedtia - Hypolepis - Lonchitis - Microlepia - Pteridium*

Diapensiaceae: *Diapensia - Galax - Shortia*

Dicksoniaceae: *Cibotium - Culcita - Dicksonia*

Didiereaceae: *Decaryia - Didierea*

Dilleniaceae: *Dillenia - Hibbertia*

Dioscoreaceae: *Dioscorea - Tamus*

Dipsacaceae: *Cephalaria - Dipsacus - Knautia - Pterocephalus - Scabiosa - Succisa - Succisella*

Dipterocarpaceae: *Dipterocarpus - Dryobalanops - Hopea - Shorea - Vateria*

Doryanthaceae: *Doryanthes*

Dracaenaceae: *Beaucarnea - Dasylirion - Dracaena - Nolina - Sansevieria*

Droseraceae: *Aldrovanda - Dionaea - Drosera - Drosophyllum*

Dryopteridaceae: *Arachniodes - Didymochlaena - Dryopteris - Fadyenia - Olfersia - Polybotrya - Polystichum - Rumohra - Tectaria*

Ebenaceae: *Diospyros*

Elaeagnaceae: *Elaeagnus - Hippophae - Shepherdia*

Elaeocarpaceae: *Aristotelia - Crinodendron - Elaeocarpus*

Elatinaceae: *Elatine*

Empetraceae: *Corema - Empetrum*

Epacridaceae: *Cyathodes - Dracophyllum - Epacris - Leucopogon - Trochocarpa*

Ephedraceae: *Ephedra*

Equisetaceae: *Equisetum*

Ericaceae: *Agapetes - Andromeda - Arbutus - Arctostaphylos - Bejaria - Bruckenthalia - Bryanthus - Calluna - Cassiope - Cavendishia - Chamaedaphne - Cladothamnus - Daboecia - Enkianthus - Epigaea - Erica - Gaultheria - Gaylussacia - Kalmia - Ledum - Leiophyllum - Leucothoe - Loiseleuria - Lyonia - Macleania - Menziesia - Monotropa - Oxydendrum - × Phylliopsis - Phyllodoce - × Phyllothamnus - Pieris - Rhododendron - Rhodothamnus - Thibaudia - Tripetaleia - Vaccinium - Zenobia*

Eriocaulaceae: *Eriocaulon - Paepalanthus - Syngonanthus*

Erythroxylaceae: *Erythroxylum*

Escalloniaceae: *Brexia - Corokia - Escallonia - Itea*

Eucommiaceae: *Eucommia*

Eucryphiaceae: *Eucryphia*

Euphorbiaceae: *Acalypha - Adelia - Aleurites - Andrachne - Antidesma - Baccaurea -*

Breynia - Chamaesyce - Chrozophora - Cnidoscolus - Codiaeum - Croton - Dalechampia - Euphorbia - Excoecaria - Garcia - Hevea - Hippomane - Homalanthus - Hura - Jatropha - Joannesia - Mallotus - Manihot - Mercurialis - Monadenium - Pedilanthus - Phyllanthus - Plukenetia - Reutealis - Ricinodendron - Ricinus - Sapium - Sauropus - Securinega - Stillingia - Synadenium - Tetracarpidium

Eupteleaceae: *Euptelea*

Fabaceae (Leguminosae): *Abrus - Adenocarpus - Adesmia - Aeschynomene - Alhagi - Alysicarpus - Ammodendron - Amorpha - Amphicarpaea - Anagyris - Andira - Anthyllis - Apios - Arachis - Argyrocytisus - Aspalathus - Astragalus - Baphia - Baptisia - Bituminaria - Bolusanthus - Bossiaea - Brachysema - Burtonia - Butea - Cajanus - Calicotome - Calophaca - Calopogonium - Campylotropis - Canavalia - Caragana - Carmichaelia - Castanospermum - Centrosema - Chamaecytisus - Chamaespartium - Chorizema - Christia - Cicer - Cladrastis - Clianthus - Clitoria - Colutea - Coronilla - Crotalaria - Cyamopsis - Cytisophyllum - Cytisus - Dalbergia - Daviesia - Derris - Desmodium - Dillwynia - Dipogon - Dipteryx - Dolichos - Dorycnium - Erinacea - Erythrina - Eutaxia - Flemingia - Galega - Genista - Gliricidia - Glycine - Glycyrrhiza - Gompholobium - Goodia - Halimodendron - Hardenbergia - Hedysarum - Hippocrepis - Hovea - Indigofera - Inocarpus - Kennedia - Kummerowia - Lablab - + Laburnocytisus - Laburnum - Lathyrus - Lens - Lespedeza - Lonchocarpus - Lotononis - Lotus - Lupinus - Maackia - Macroptilium - Macrotyloma - Medicago - Melilotus - Mirbelia - Mucuna - Mundulea - Myroxylon - Neonotonia - Notospartium - Onobrychis - Ononis - Ornithopus - Oxylobium - Oxytropis - Pachyrhizus - Parochetus - Petteria - Phaseolus - Physostigma - Piptanthus - Piscidia - Pisum - Podalyria - Psophocarpus - Psoralea - Pterocarpus - Pueraria - Pultenaea - Retama - Rhynchosia - Robinia - Scorpiurus - Securigera - Sesbania - Sophora - Spartium - Sphenostylis - Strongylodon - Stylosanthes - Sutherlandia - Swainsona - Templetonia - Tephrosia - Tetragonolobus - Thermopsis - Tipuana - Trifolium - Trigonella - Ulex - Vicia - Vigna - Virgilia - Wisteria*

Fagaceae: *Castanea - Castanopsis - Chrysolepis - Fagus - Lithocarpus - Nothofagus - Quercus*

Flacourtiaceae: *Azara - Berberidopsis - Dovyalis - Flacourtia - Hydnocarpus - Idesia - Pangium - Poliothyrsis - Ryania - Xylosma*

Fouquieriaceae: *Fouquieria*

Frankeniaceae: *Frankenia*

Fumariaceae: *Adlumia - Capnoides - Ceratocapnos - Corydalis - Dicentra - Fumaria - Hypecoum - Pseudofumaria - Rupicapnos - Sarcocapnos*

Garryaceae: *Garrya*

Gentianaceae: *Bartonia - Blackstonia - Centaurium - Chironia - Cicendia - Eustoma - Exacum - Gentiana - Gentianella - Halenia - Lisianthius - Lomatogonium - Orphium - Sabatia - Swertia*

Geraniaceae: *Biebersteinia - Erodium - Geranium - Pelargonium - Sarcocaulon*

Gesneriaceae: *Achimenes - Aeschynanthus - Alloplectus - Asteranthera - Boea - Briggsia - Chirita - Chrysothemis - × Codonantanthus - Codonanthe - Columnea - Conandron - Corallodiscus - Cyrtandra - Diastema - Didymocarpus - Drymonia - Episcia - Eucodonia - Gesneria - Gloxinia - Haberlea - × Heppimenes - Jancaea - Koellikeria - Kohleria - Mitraria - Moussonia - Nautilocalyx - Nematanthus - Neomortonia - Opithandra - Petrocosmea - Ramonda - Rhabdothamnus - Rhynchoglossum - Rhytidophyllum - Saintpaulia - Sarmienta - Sinningia - Smithiantha - Streptocarpus - Titanotrichum - Trichantha*

Ginkgoaceae: *Ginkgo*

Glaucidiaceae: *Glaucidium*

Gleicheniaceae: *Gleichenia - Sticherus*

Globulariaceae: *Globularia*

Gnetaceae: *Gnetum*

Goodeniaceae: *Goodenia - Leschenaultia - Scaevola - Selliera*
Greyiaceae: *Greyia*
Grossulariaceae: *Ribes*
Gunneraceae: *Gunnera*

Haemodoraceae: *Anigozanthos - Haemodorum - Macropidia - Wachendorfia - Xiphidium*
Haloragaceae: *Haloragis - Myriophyllum - Proserpinaca*
Hamamelidaceae: *Altingia - Corylopsis - Disanthus - Distylium - Fothergilla - Hamamelis - Liquidambar - Loropetalum - Parrotia - Parrotiopsis - Sinowilsonia - × Sycoparrotia - Sycopsis - Trichocladus*
Heliconiaceae: *Heliconia*
Hemerocallidaceae: *Hemerocallis*
Hippocastanaceae: *Aesculus*
Hippuridaceae: *Hippuris*
Hostaceae: *Hosta*
Hyacinthaceae: *Albuca - Bellevalia - Bowiea - Brimeura - Camassia - Chionodoxa - × Chionoscilla - Drimia - Drimiopsis - Eucomis - Galtonia - Hyacinthella - Hyacinthoides - Hyacinthus - Lachenalia - Ledebouria - Muscari - Ornithogalum - Puschkinia - Scilla - Urginea - Veltheimia*
Hydrangeaceae: *Carpenteria - Decumaria - Deinanthe - Deutzia - Dichroa - Fendlera - Hydrangea - Jamesia - Kirengeshoma - Philadelphus - Pileostegia - Schizophragma*
Hydrocharitaceae: *Egeria - Elodea - Hydrilla - Hydrocharis - Lagarosiphon - Limnobium - Ottelia - Stratiotes - Vallisneria*
Hydrophyllaceae: *Eriodictyon - Hydrolea - Hydrophyllum - Nemophila - Phacelia - Pholistoma - Romanzoffia - Wigandia*
Hymenophyllaceae: *Hymenophyllum - Sphaerocionium - Trichomanes*
Hypoxidaceae: *Curculigo - Hypoxis - Rhodohypoxis*

Icacinaceae: *Citronella*
Illecebraceae: *Herniaria - Illecebrum - Paronychia - Scleranthus*
Illiciaceae: *Illicium*
Iridaceae: *Anomatheca - Aristea - Babiana - Belamcanda - Chasmanthe - Crocosmia - Crocus - Cypella - Dierama - Dietes - Diplarrhena - Ferraria - Freesia - Galaxia - Geissorhiza - Gladiolus - Gynandriris - Herbertia - Hermodactylus - Hesperantha - Homeria - Iris - Ixia - Lapeirousia - Libertia - Moraea - Neomarica - Nivenia - Olsynium - Orthrosanthus - × Pardancanda - Pardanthopsis - Romulea - Schizostylis - Sisyrinchium - Solenomelus - Sparaxis - Tigridia - Tritonia - Watsonia - Witsenia*
Isoetaceae: *Isoetes*
Ixioliriaceae: *Ixiolirion*

Juglandaceae: *Carya - Juglans - Platycarya - Pterocarya*
Juncaceae: *Juncus - Luzula - Prionium*
Juncaginaceae: *Triglochin*

Krameriaceae: *Krameria*

Lamiaceae (Labiatae): *Acinos - Aeollanthus - Agastache - Ajuga - Amethystea - Ballota - Calamintha - Cedronella - Clinopodium - Collinsonia - Dracocephalum - Elsholtzia - Eremostachys - Galeopsis - Glechoma - Hedeoma - Horminum - Hyptis - Hyssopus - Lallemantia - Lamium - Lavandula - Leonotis - Leonurus - Lycopus - Marrubium - Meehania - Melissa - Melittis - Mentha - Micromeria - Moluccella - Monarda - Monardella - Nepeta - Ocimum - Origanum - Orthosiphon - Perilla - Perovskia - Phlomis - Physostegia - Plectranthus - Pogostemon - Prostanthera - Prunella - Pycnostachys - Rosmarinus - Salvia - Satureja - Scutellaria - Sideritis - Solenostemon - Stachys - Tetradenia - Teucrium - Thymus - Westringia - Ziziphora*

Lardizabalaceae: *Akebia - Decaisnea - Holboellia - Lardizabala - Sinofranchetia - Stauntonia*
Lauraceae: *Apollonias - Cassytha - Cinnamomum - Cryptocarya - Dicypellium - Eusideroxylon - Laurus - Licaria - Lindera - Litsea - Neolitsea - Ocotea - Persea - Phoebe - Sassafras - Umbellularia*
Lecythidaceae: *Barringtonia - Bertholletia - Lecythis*
Leeaceae: *Leea*
Lemnaceae: *Lemna - Spirodela - Wolffia*
Lentibulariaceae: *Pinguicula - Utricularia*
Liliaceae: *Calochortus - Cardiocrinum - Erythronium - Fritillaria - Gagea - Lilium - Lloydia - Nomocharis - Notholirion - Tulipa*
Limnanthaceae: *Limnanthes*
Limnocharitaceae: *Hydrocleys - Limnocharis*
Linaceae: *Linum - Radiola - Reinwardtia*
Loasaceae: *Blumenbachia - Caiophora - Eucnide - Loasa - Mentzelia - Scyphanthus*
Loganiaceae: *Desfontainia - Fagraea - Gelsemium - Logania - Spigelia - Strychnos*
Lomariopsidaceae: *Bolbitis - Elaphoglossum - Lomariopsis*
Loranthaceae: *Loranthus*
Lowiaceae: *Orchidantha*
Lycopodiaceae: *Diphasiastrum - Huperzia - Lycopodiella - Lycopodium*
Lythraceae: *Cuphea - Lafoensia - Lagerstroemia - Lawsonia - Lythrum - Peplis*

Magnoliaceae: *Liriodendron - Magnolia - Manglietia - Michelia*
Malpighiaceae: *Banisteriopsis - Bunchosia - Byrsonima - Galphimia - Malpighia - Thryallis*
Malvaceae: *Abelmoschus - Abutilon - Alcea - Althaea - Alyogyne - Anisodontea - Anoda - Callirhoe - Goethea - Gossypium - Hibiscus - Hoheria - Kitaibela - Lagunaria - Lavatera - Lawrencia - Malachra - Malope - Malva - Malvastrum - Malvaviscus - Napaea - Palaua - Pavonia - Phymosia - Plagianthus - Sida - Sidalcea - Sphaeralcea - Thespesia - Triplochlamys - Urena - Wercklea - Wissadula*
Marantaceae: *Ataenidia - Calathea - Ctenanthe - Maranta - Stachyphrynium - Stromanthe - Thalia - Thaumatococcus*
Marattiaceae: *Angiopteris - Marattia*
Marcgraviaceae: *Marcgravia*
Marsileaceae: *Marsilea - Pilularia - Regnellidium*
Mayacaceae: *Mayaca*
Melanthiaceae: *Aletris - Chamaelirium - Helonias - Heloniopsis - Melanthium - Narthecium - Schoenocaulon - Tofieldia - Veratrum - Xerophyllum - Zigadenus*
Melastomataceae: *Amphiblemma - Bertolonia - × Bertonerila - Calvoa - Centradenia - Clidemia - Dissotis - Gravesia - Heeriaÿ - Heterocentron - Heterotrichum - Medinilla - Melastoma - Miconia - Monochaetum - Monolena - Osbeckia - Phyllagathis - Rhexia - Sonerila - Tibouchina - Tococa - Triolena*
Meliaceae: *Aglaia - Azadirachta - Cabralea - Carapa - Cedrela - Entandrophragma - Guarea - Khaya - Lansium - Melia - Sandoricum - Swietenia - Toona*
Melianthaceae: *Melianthus*
Menispermaceae: *Anamirta - Chondrodendron - Cocculus - Dioscoreophyllum - Jateorhiza - Menispermum - Sinomenium*
Menyanthaceae: *Menyanthes - Nymphoides - Villarsia*
Mimosaceae (Leguminosae): *Acacia - Adenanthera - Albizia - Calliandra - Dichrostachys - Entada - Enterolobium - Faidherbia - Inga - Leucaena - Mimosa - Neptunia - Parkia - Pithecellobium - Prosopis - Xylia*
Molluginaceae: *Corrigiola - Mollugo - Telephium*
Monimiaceae: *Peumus*
Moraceae: *Antiaris - Artocarpus - Brosimum - Broussonetia - Castilla - Chlorophora - Cudrania - Dorstenia - Ficus - × Macludrania - Maclura - Milicia - Morus - Pseudolmedia - Treculia*

Morinaceae: *Morina*
Moringaceae: *Moringa*
Musaceae: *Ensete - Musa*
Myoporaceae: *Myoporum*
Myricaceae: *Comptonia - Myrica*
Myristicaceae: *Myristica - Pycnanthus - Virola*
Myrsinaceae: *Ardisia - Hymenandra - Labisia - Myrsine*
Myrtaceae: *Acca - Agonis - Angophora - Astartea - Baeckea - Beaufortia - Callistemon - Calothamnus - Campomanesia - Chamelaucium - Darwinia - Eucalyptus - Eugenia - Kunzea - Leptospermum - Lophomyrtus - Lophostemon - Luma - Melaleuca - Metrosideros - Myrciaria - Myrtus - Pimenta - Psidium - Regelia - Rhodomyrtus - Syzygium - Tristania - Ugni - Verticordia*

Najadaceae: *Najas*
Nelumbonaceae: *Nelumbo*
Nepenthaceae: *Nepenthes*
Nephrolepidaceae: *Nephrolepis*
Nolanaceae: *Nolana*
Nyctaginaceae: *Abronia - Bougainvillea - Mirabilis - Pisonia*
Nymphaeaceae: *Euryale - Nuphar - Nymphaea - Victoria*
Nyssaceae: *Camptotheca - Davidia - Nyssa*

Ochnaceae: *Lophira - Ochna*
Olacaceae: *Dulacia - Ongokea - Ptychopetalum - Ximenia*
Oleaceae: *Abeliophyllum - Chionanthus - Fontanesia - Forestiera - Forsythia - Fraxinus - Jasminum - Ligustrum - Olea - Osmanthus - Phillyrea - Schrebera - Syringa*
Oleandraceae: *Oleandra*
Onagraceae: *Boisduvalia - Circaea - Clarkia - Epilobium - Fuchsia - Gaura - Lopezia - Ludwigia - Oenothera*
Ophioglossaceae: *Botrychium - Ophioglossum*
Orchidaceae: *Acampe - Acanthephippium - Aceras - Acineta - Ada - × Adaglossum - × Adamara - × Adioda - Aerangis - × Aeridachnis - Aerides - × Aeridocentrum - × Aeridofinetia - × Aeridoglossum - × Aeridopsis - × Aeridostylis - × Aeridovanda - Aganisia - × Aliceara - Anacamptis - Angraecum - Anguloa - × Angulocaste - Anoectochilus - × Anoectomaria - Ansellia - × Ansidium - Arachnis - × Arachnoglottis - × Arachnopsis - × Arachnostylis - × Aranda - × Arandanthe - × Aranthera - Arethusa - × Arizara - × Armodachnis - Arpophyllum - Arundina - × Ascocenda - Ascocentrum - × Ascofinetia - × Ascorachnis - Aspasia - × Aspoglossum - × Bardendrum - Barkeria - × Bateostylis - Bifrenaria - Bletia - Bletilla - × Bloomara - Bollea - Bonatea - Bothriochilus - × Brapasia - Brassavola - Brassia - × Brassidium - × Brassocattleya - × Brassodiacrium - × Brassoepidendrum - × Brassolaelia - × Brassolaeliocattleya - × Brassotonia - × Bratonia - Broughtonia - × Broughtopsis - Bulbophyllum - × Burkillara - × Burrageara - Calanthe - Calypso - Catasetum - Cattleya - × Cattleytonia - Caularthron - × Caulocattleya - Cephalanthera - Chamorchis - × Charlesworthara - Chiloschista - × Chondrobollea - Chondrorhyncha - Chysis - Cirrhaea - Cleisostoma - Clowesia - Cochleanthes - × Cochlenia - Cochlioda - Coelia - Coeloglossum - Coelogyne - × Colmanara - Comparettia - Corallorrhiza - Coryanthes - Cryptochilus - Cryptophoranthus - Cycnoches - × Cycnodes - Cymbidium - Cypripedium - Cyrtopodium - Cyrtorchis - Dactylorhiza - × Dekensara - Dendrobium - Dendrochilum - × Diabroughtonia - × Dialaelia - × Dialaeliocattleya - × Dialaeliopsis - Diaphananthe - Dichaea - × Dillonara - Dimorphorchis - Disa - × Domindesmia - × Domliopsis - × Doriella - × Doritaenopsis - Doritis - Dossinia - Dracula - × Elleanthera - Elleanthus - Encyclia - Epidendrum - × Epidiacrium - × Epidrobium - Epigeneium - × Epigoa - × Epilaelia - × Epilaeliocattleya - × Epilaeliopsis - Epipactis - × Epiphronitis - Epipogium - × Epitonia - Eria - Eriopsis - Erycina - Esmeralda - × Esmeranda - Euanthe - Eulophia - Eulophiella - × Eurachnis - ×*

Fujiwarara - Galeandra - Gastrochilus - × Gauntlettara - Gomesa - Gongora - Goodyera - Grammatophyllum - Grobya - Gymnadenia - Habenaria - Hammarbya - × Hartara - × Hawaiiara - Helcia - Herminium - Hexadesmia - Hexisea - Himantoglossum - × Holttumara - × Hookerara - Hormidium - Houlletia - × Huntleanthes - Huntleya - Ionopsis - Isabelia - Isochilus - × Iwanagara - × Kirchara - Lacaena - Laelia - × Laeliocattkeria - × Laeliocattleya - × Laeliopleya - Laeliopsis - × Laelonia - × Laycockara - × Leptolaelia - Leptotes - × Liaopsis - × Limara - Limodorum - Liparis - Listera - Listrostachys - Lockhartia - × Lowara - Ludisia - Lueddemannia - × Luisanda - Luisia - Lycaste - × Lycasteria - Macodes - Malaxis - Masdevallia - Maxillaria - Meiracyllium - Mendoncella - Mesospinidium - Miltonia - × Miltonidium - × Miltonioda - Miltoniopsis - × Miltonpasia - × Miltonpilia - × Mizutara - × Moirara - Mormodes - Mormolyca - Nageliella - × Nakamotoara - Neofinetia - Neogyna - × Neostylis - Neottia - Nigritella - Octomeria - × Odontioda - × Odontobrassia - × Odontocidium - Odontoglossum - × Odontonia - Oeceoclades - × Oncidenia - × Oncideza - × Oncidioda - Oncidium - × Oncidpilia - × Onoara - Ophrys - × Opsisanda - × Opsisanthe - Orchis - Ornithocephalus - × Osmentara - Otoglossum - Pabstia - Paphinia - Paphiopedilum - Papilionanthe - Paraphalaenopsis - Pecteilis - Peristeria - Pescatoria - × Pescoranthes - × Phaiocalanthe - × Phaiocymbidium - Phaius - Phalaenopsis - × Phalaerianda - × Phalandopsis - × Phalanetia - Pholidota - Phragmipedium - Physosiphon - Platanthera - Pleione - Pleurothallis - Polycycnis - Polystachya - Porroglossum - × Potinara - Promenaea - Pseudorchis - Psygmorchis - Pteroceras - Pterostylis - × Recchara - × Renades - × Renancentrum - × Renanetia - × Renanopsis - × Renanstylis - × Renantanda - Renanthera - × Renanthoglossum - × Renanthopsis - Restrepia - × Rhynchocentrum - Rhyncholaelia - × Rhynchonopsis - Rhynchostylis - × Rhynchovanda - × Rhyndoropsis - × Ridleyara - × Rodrassia - × Rodrettia - × Rodricidium - × Rodridenta - Rodriguezia - × Rodritonia - × Rolfeara - Rossioglossum - Rudolfiella - × Sanderara - × Sappanara - Sarcochilus - × Sarcorhiza - × Sarcothera - Scaphosepalum - Scaphyglottis - Schoenorchis - × Schombavola - × Schombocattleya - × Schombodiacrium - × Schomboepidendrum - × Schombolaelia - × Schombonia - Schomburgkia - Scuticaria - Sedirea - Serapias - × Shipmanara - Sigmatostalix - Sobralia - × Sophrocattleya - × Sophrolaelia - × Sophrolaeliocattleya - Sophronitella - Sophronitis - Spathoglottis - Spiranthes - Stanhopea - Stenoglottis - Stenorrhynchos - Symphyglossum - × Tetraliopsis - Tetramicra - × Tetratonia - Thunia - Traunsteinera - × Trevorara - Trichocentrum - × Trichocidium - Trichopilia - × Trichovanda - Trigonidium - × Vancampe - Vanda - × Vandachnis - × Vandaenopsis - × Vandofinetia - × Vandopsides - Vandopsis - × Vandoritis - Vanilla - × Vascostylis - × Vuylstekeara - × Warneara - Warrea - × Wilsonara - × Withnerara - Xylobium - × Yamadara - × Yapara - × Zygobatemannia - × Zygocaste - × Zygocolax - Zygopetalum - × Zygorhyncha - × Zygostylis

Orobanchaceae: *Orobanche*

Osmundaceae: *Leptopteris - Osmunda - Todea*

Oxalidaceae: *Averrhoa - Biophytum - Oxalis*

Paeoniaceae: *Paeonia*

Pandanaceae: *Freycinetia - Pandanus*

Papaveraceae: *Argemone - Bocconia - Chelidonium - Dendromecon - Dicranostigma - Eomecon - Eschscholzia - Glaucium - Hesperomecon - Hunnemannia - Hylomecon - Macleaya - Meconopsis - Papaver - Platystemon - Roemeria - Romneya - Sanguinaria - Stylophorum*

Parkeriaceae: *Ceratopteris*

Parnassiaceae: *Parnassia*

Passifloraceae: *Adenia - Passiflora*

Pedaliaceae: *Ceratotheca - Craniolaria - Harpagophytum - Ibicella - Martynia - Proboscidea - Sesamum*

Penthoraceae: *Penthorum*

Philesiaceae: *Geitonoplesium - Lapageria - Philesia*

Philydraceae: *Philydrum*
Phormiaceae: *Dianella - Phormium*
Phrymaceae: *Phryma*
Phyllocladaceae: *Phyllocladus*
Phytolaccaceae: *Ercilla - Ledenbergia - Phytolacca - Rivina - Trichostigma*
Pinaceae: *Abies - Cedrus - Keteleeria - Larix - Picea - Pinus - Pseudolarix - Pseudotsuga - Tsuga*
Piperaceae: *Peperomia - Piper*
Pittosporaceae: *Billardiera - Bursaria - Citriobatus - Hymenosporum - Pittosporum - Sollya*
Plantaginaceae: *Littorella - Plantago - Psyllium*
Platanaceae: *Platanus*
Plumbaginaceae: *Acantholimon - Armeria - Ceratostigma - Goniolimon - Limoniastrum - Limonium - Plumbagella - Plumbago - Psylliostachys*
Poaceae (Gramineae): *Acroceras - Aegilops - Agropyron - Agrostis - Aira - Alopecurus - Ammophila - Andropogon - Anthoxanthum - Apera - Arrhenatherum - Arundinaria - Arundo - Avena - Axonopus - Bambusa - Beckmannia - Bothriochloa - Bouteloua - Brachiaria - Brachypodium - Briza - Bromus - Buchloe - Calamagrostis - × Calammophila - Catabrosa - Catapodium - Cenchrus - Chasmanthium - Chimonobambusa - Chloris - Chrysopogon - Chusquea - Cinna - Cleistogenes - Coix - Coleanthus - Cortaderia - Corynephorus - Crypsis - Cymbopogon - Cynodon - Cynosurus - Dactylis - Danthonia - Dasypyrum - Dendrocalamus - Deschampsia - Diarrhena - Dichanthium - Digitaria - Dinochloa - Echinaria - Echinochloa - Eleusine - Elymus - Eragrostis - Eulalia - Fargesia - Festuca - × Festulolium - Gastridium - Gaudinia - Gigantochloa - Glyceria - Guadua - Gynerium - Hakonechloa - Helictotrichon - Heteropogon - Hierochloe - Holcus - Hordelymus - Hordeum - Hyparrhenia - Hystrix - Imperata - Indocalamus - Ischaemum - Koeleria - Lagurus - Lamarckia - Leersia - Leymus - Lolium - Lygeum - Melica - Melocanna - Mibora - Micropyrum - Milium - Miscanthus - Molinia - Muhlenbergia - Nardus - Oplismenus - Oreochloa - Oryza - Oryzopsis - Otatea - Oxytenanthera - Panicum - Parapholis - Paspalum - Pennisetum - Phalaris - Pharus - Phleum - Pholiurus - Phragmites - Phyllorachis - Phyllostachys - Pleioblastus - Poa - Pogonatherum - Polypogon - Pseudosasa - Psilurus - Puccinellia - Rhynchelytrum - Rostraria - Saccharum - Sasa - Sasaella - Sasamorpha - Schizachyrium - Sclerochloa - Scolochloa - Secale - Semiarundinaria - Sesleria - Setaria - Shibataea - Sinarundinaria - Sorghastrum - Sorghum - Spartina - Spodiopogon - Sporobolus - Stenotaphrum - Stipa - Taeniatherum - Thamnocalamus - Themeda - Thysanolaena - Tragus - Tricholaena - Tripsacum - Trisetaria - Trisetum - × Triticosecale - Triticum - Uniola - Ventenata - Vetiveria - Vulpia - Yushania - Zea - Zizania*
Podocarpaceae: *Afrocarpus - Dacrycarpus - Dacrydium - Microcachrys - Microstrobos - Nageia - Podocarpus - Prumnopitys - Saxegothaea*
Polemoniaceae: *Cantua - Collomia - Eriastrum - Gilia - Ipomopsis - Linanthus - Navarretia - Phlox - Polemonium*
Polygalaceae: *Polygala*
Polygonaceae: *Aconogonon - Antigonon - Atraphaxis - Bistorta - Coccoloba - Emex - Eriogonum - Fagopyrum - Fallopia - Homalocladium - Muehlenbeckia - Oxyria - Persicaria - Polygonum - Rheum - Rumex*
Polypodiaceae: *Aglaomorpha - Arthromeris - Campyloneurum - Drynaria - Goniophlebium - Lemmaphyllum - Microgramma - Microsorum - Niphidium - Phlebodium - Platycerium - Pleopeltis - Polypodium - Pyrrosia - Solanopteris*
Pontederiaceae: *Eichhornia - Heteranthera - Pontederia*
Portulacaceae: *Anacampseros - Calandrinia - Claytonia - Lewisia - Montia - Portulaca - Portulacaria - Talinum*
Posidoniaceae: *Posidonia*
Potamogetonaceae: *Groenlandia - Potamogeton*
Primulaceae: *Anagallis - Androsace - Ardisiandra - Coris - Cortusa - Cyclamen - Dionysia - Dodecatheon - Glaux - Hottonia - Lysimachia - Primula - Samolus - Soldanella - Trientalis*

- *Vitaliana*

Proteaceae: *Aulax - Banksia - Dryandra - Embothrium - Gevuina - Grevillea - Hakea - Helicia - Isopogon - Leucadendron - Leucospermum - Lomatia - Macadamia - Protea - Roupala - Stenocarpus - Stirlingia - Telopea - Xylomelum*

Psilotaceae: *Psilotum*

Pteridaceae: *Acrostichum - Pteris*

Punicaceae: *Punica*

Pyrolaceae: *Chimaphila - Moneses - Orthilia - Pyrola*

Ranunculaceae: *Aconitum - Actaea - Adonis - Anemone - Anemonella - Anemonopsis - Aquilegia - Callianthemum - Caltha - Ceratocephala - Cimicifuga - Clematis - Consolida - Coptis - Delphinium - Eranthis - Helleborus - Hepatica - Hydrastis - Isopyrum - Leptopyrum - Myosurus - Nigella - Pulsatilla - Ranunculus - Semiaquilegia - Thalictrum - Trautvetteria - Trollius - Xanthorhiza*

Resedaceae: *Reseda - Sesamoides*

Restionaceae: *Elegia*

Rhamnaceae: *Berchemia - Ceanothus - Colletia - Frangula - Hovenia - Noltea - Paliurus - Phylica - Pomaderris - Rhamnella - Rhamnus - Sageretia - Ziziphus*

Rhizophoraceae: *Ceriops - Rhizophora*

Roridulaceae: *Roridula*

Rosaceae: *Acaena - Adenostoma - Agrimonia - Alchemilla - Amelanchier - × Amelasorbus - Aphanes - Aremonia - Aronia - Aruncus - Bencomia - Cercocarpus - Chaenomeles - Chamaebatia - Chamaebatiaria - Coluria - Cotoneaster - + Crataegomespilus - Crataegus - × Crataemespilus - Cydonia - Dryas - Duchesnea - Eriobotrya - Exochorda - Fallugia - Filipendula - Fragaria - Geum - Gillenia - Hagenia - Heteromeles - Holodiscus - Kerria - Luetkea - Maddenia - Malus - Margyricarpus - Mespilus - Neillia - Neviusia - Oemleria - Osteomeles - Pentactina - Peraphyllum - Petrophytum - Photinia - Physocarpus - Potentilla - Prinsepia - Prunus - Pseudocydonia - Purshia - Pyracantha - × Pyracomeles - Pyrus - Quillaja - Rhaphiolepis - Rhodotypos - Rosa - Rubus - Sanguisorba - Sarcopoterium - Sibbaldia - Sibiraea - Sorbaria - × Sorbaronia - × Sorbocotoneaster - × Sorbopyrus - Sorbus - Spenceria - Spiraea - Spiraeanthus - Stephanandra - Waldsteinia*

Rubiaceae: *Adina - Alibertia - Asperula - Bouvardia - Cephalanthus - Chiococca - Cinchona - Coffea - Coprosma - Corynanthe - Coutarea - Crucianella - Cruciata - Emmenopterys - Galium - Gardenia - Genipa - Hamelia - Hedyotis - Hoffmannia - Houstonia - Hydnophytum - Ixora - Leptodermis - Luculia - Manettia - Mitchella - Morinda - Mussaenda - Myrmecodia - Nertera - Oxyanthus - Paederia - Pausinystalia - Pavetta - Pentas - Phuopsis - Psilanthus - Psychotria - Putoria - Randia - Remijia - Rondeletia - Rothmannia - Rubia - Serissa - Sherardia - Uncaria - Valantia - Vangueria*

Ruppiaceae: *Ruppia*

Ruscaceae: *Danae - Ruscus - Semele*

Rutaceae: *Adenandra - Aegle - Agathosma - Amyris - Boenninghausenia - Boronia - Calodendrum - Casimiroa - Chloroxylon - Choisya - × Citrofortunella - × Citroncirus - Citropsis - Citrus - Clausena - Coleonema - Correa - Crowea - Cusparia - Dictamnus - Diosma - Eremocitrus - Eriostemon - Erythrochiton - Euodia - Fortunella - Galipea - Glycosmis - Haplophyllum - Limonia - Melicope - Microcitrus - Murraya - Orixa - Phellodendron - Pilocarpus - Poncirus - Ptelea - Ruta - Severinia - Skimmia - Tetradium - Triphasia - Zanthoxylum*

Sabiaceae: *Meliosma*

Salicaceae: *Populus - Salix*

Salviniaceae: *Salvinia*

Santalaceae: *Pyrularia - Santalum - Thesium*

Sapindaceae: *Alectryon - Blighia - Cardiospermum - Dimocarpus - Dodonaea - Filicium - Harpullia - Koelreuteria - Lepisanthes - Litchi - Melicoccus - Nephelium - Paullinia - Pometia - Sapindus - Schleichera - Serjania - Ungnadia - Xanthoceras*

Sapotaceae: *Argania - Baillonella - Bumelia - Chrysophyllum - Diploknema - Ecclinusa - Madhuca - Manilkara - Mimusops - Palaquium - Payena - Pouteria - Synsepalum - Tieghemella - Vitellaria*
Sarraceniaceae: *Darlingtonia - Heliamphora - Sarracenia*
Saururaceae: *Anemopsis - Houttuynia - Saururus*
Saxifragaceae: *Astilbe - Astilboides - Bensoniella - Bergenia - Boykinia - Chrysosplenium - Darmera - Francoa - Heuchera - × Heucherella - Leptarrhena - Mitella - Mukdenia - Peltoboykinia - Rodgersia - Saxifraga - Tanakaea - Tellima - Tiarella - Tolmiea*
Scheuchzeriaceae: *Scheuchzeria*
Schisandraceae: *Kadsura - Schisandra*
Schizaeaceae: *Anemia - Lygodium*
Sciadopityaceae: *Sciadopitys*
Scrophulariaceae: *Aeginetia - Alonsoa - Anarrhinum - Angelonia - Antirrhinum - Asarina - Bacopa - Bartsia - Bowkeria - Calceolaria - Chaenorhinum - Chelone - Collinsia - Cymbalaria - Dermatobotrys - Diascia - Digitalis - Erinus - Euphrasia - Freylinia - Gratiola - Hebe - Hebenstretia - Isoplexis - Jovellana - Keckiella - Kickxia - Lagotis - Lathraea - Leucophyllum - Limnophila - Limosella - Linaria - Lindenbergia - Lindernia - Lophospermum - Manulea - Maurandya - Mazus - Melampyrum - Micranthemum - Mimulus - Misopates - Nemesia - Odontites - Oftia - Otacanthus - Ourisia - Paederota - Parahebe - Parentucellia - Paulownia - Pedicularis - Penstemon - Phygelius - Picrorhiza - Pseudolysimachion - Rehmannia - Rhinanthus - Rhodochiton - Russelia - Scrophularia - Sibthorpia - Sutera - Synthyris - Tetranema - Torenia - Tozzia - Verbascum - Veronica - Veronicastrum - Wulfenia - Zaluzianskya*
Selaginellaceae: *Selaginella*
Simaroubaceae: *Ailanthus - Picramnia - Picrasma - Quassia*
Simmondsiaceae: *Simmondsia*
Smilacaceae: *Smilax*
Solanaceae: *Acnistus - Atropa - Browallia - Brugmansia - Brunfelsia - Capsicum - Cestrum - Cyphomandra - Datura - Duboisia - Fabiana - Hyoscyamus - Iochroma - Juanulloa - Lycianthes - Lycium - Lycopersicon - Mandragora - Nicandra - Nicotiana - Nierembergia - Petunia - Physalis - Physochlaina - Salpichroa - Salpiglossis - Schizanthus - Scopolia - Solandra - Solanum - Streptosolen - Vestia - Withania*
Sonneratiaceae: *Sonneratia*
Sparganiaceae: *Sparganium*
Stachyuraceae: *Stachyurus*
Stangeriaceae: *Stangeria*
Staphyleaceae: *Staphylea*
Sterculiaceae: *Abroma - Brachychiton - Cola - Dombeya - Firmiana - Fremontodendron - Hermannia - Pterygota - Sterculia - Theobroma - Thomasia - Triplochiton*
Strelitziaceae: *Ravenala - Strelitzia*
Stylidiaceae: *Stylidium*
Styracaceae: *Alniphyllum - Halesia - Pterostyrax - Styrax*
Symplocaceae: *Symplocos*

Taccaceae: *Tacca*
Tamaricaceae: *Myricaria - Reaumuria - Tamarix*
Taxaceae: *Taxus - Torreya*
Taxodiaceae: *Cryptomeria - Cunninghamia - Glyptostrobus - Metasequoia - Sequoia - Sequoiadendron - Taiwania - Taxodium*
Tecophilaeaceae: *Tecophilaea*
Tetracentraceae: *Tetracentron*
Theaceae: *Camellia - Cleyera - Eurya - Franklinia - Gordonia - Stewartia - Ternstroemia - Visnea*
Theligonaceae: *Theligonum*
Thelypteridaceae: *Christella - Cyclosorus - Oreopteris - Parathelypteris - Phegopteris -*

Thelypteris
Theophrastaceae: *Clavija - Deherainia - Theophrasta*
Thymelaeaceae: *Daphne - Dirca - Edgeworthia - Gnidia - Gonystylus - Passerina - Pimelea - Stellera - Thymelaea*
Tiliaceae: *Clappertonia - Corchorus - Entelea - Grewia - Muntingia - Pentace - Sparrmannia - Tilia - Triumfetta*
Trapaceae: *Trapa*
Trilliaceae: *Paris - Trillium*
Trochodendraceae: *Trochodendron*
Tropaeolaceae: *Tropaeolum*
Turneraceae: *Turnera*
Typhaceae: *Typha*

Ulmaceae: *Aphananthe - Celtis - Hemiptelea - Pteroceltis - Trema - Ulmus - Zelkova*
Urticaceae: *Boehmeria - Debregeasia - Dendrocnide - Elatostema - Laportea - Maoutia - Myriocarpa - Parietaria - Pellionia - Pilea - Soleirolia - Urera - Urtica*

Valerianaceae: *Centranthus - Fedia - Nardostachys - Patrinia - Valeriana - Valerianella*
Velloziaceae: *Barbacenia - Talbotia - Vellozia*
Verbenaceae: *Aloysia - Amasonia - Callicarpa - Caryopteris - Clerodendrum - Duranta - Gmelina - Holmskioldia - Lantana - Lippia - Nyctanthes - Petrea - Phyla - Premna - Rhaphithamnus - Stachytarpheta - Tectona - Verbena - Vitex*
Violaceae: *Hymenanthera - Melicytus - Viola*
Viscaceae: *Viscum*
Vitaceae: *Ampelopsis - Cayratia - Cissus - Cyphostemma - Parthenocissus - Rhoicissus - Tetrastigma - Vitis*
Vittariaceae: *Vittaria*

Welwitschiaceae: *Welwitschia*
Winteraceae: *Drimys*
Woodsiaceae: *Athyrium - Cystopteris - Diplazium - Gymnocarpium - Matteuccia - Onoclea - Woodsia*

Xanthorrhoeaceae: *Xanthorrhoea*
Xyridaceae: *Xyris*

Zamiaceae: *Ceratozamia - Dioon - Encephalartos - Lepidozamia - Macrozamia - Microcycas - Zamia*
Zannichelliaceae: *Zannichellia*
Zingiberaceae: *Aframomum - Alpinia - Amomum - Boesenbergia - Burbidgea - Cautleya - Curcuma - Elettaria - Etlingera - Globba - Hedychium - Kaempferia - Roscoea - Zingiber*
Zosteraceae: *Zostera*
Zygophyllaceae: *Guaiacum - Nitraria - Peganum - Porlieria - Tribulus*

VII Abkürzung der Heimatgebiete
VII Abbreviations of home territories
VII Abréviations des régions d'origine

Verbreitungsangaben

Die Verbreitungsangaben sind, soweit dies möglich ist, einheitlich angegeben. Weltweit werden acht Großräume unterschieden. Sie werden in der Weltkarte deutlich gekennzeichnet.

N-Am. = Nordamerika mit USA, Kanada und Grönland
Lat.-Am. = Lateinamerika, von Mexiko bis Feuerland
Eur. = Europa und Nordafrika
NE-As. = Nord- und Ostasien
Near East = Naher Osten
Afr. = Afrika südlich der Sahara
trop. As. = Tropisches Asien, von Vorder- und Hinterindien bis zu den Südseeinseln
Austr. NZ = Australien und Neuseeland

Die Großräume werden wiederum in Regionen untergliedert. In manchen Fällen entspricht die Abgrenzung den politischen Grenzen eines Landes. Die Regionen werden in der Übersicht unterstrichen dargestellt. Bis zu dieser Ebene wurde versucht, die Verbreitungsangaben möglichst vollständig wiederzugeben.

Bei Arten, deren Verbreitung auf ein kleineres Gebiet beschränkt ist, werden Bundesstaaten, Provinzen oder kleinere Länder genannt. Das Verbreitungsareal von engräumig vorkommenden Endemiten wird mit entsprechend kleinräumigen Gebietsangaben bezeichnet.

Die Verbreitung von Pflanzen nach den politischen Grenzen von Staaten und Provinzen anzugeben, vermittelt oft eine falsche Vorstellung von den tatsächlichen Verbreitungsarealen. Zum Beispiel können Pflanzenarten der Alpen in allen sechs Alpenländern vorkommen. In solch einem Fall wird das Areal zusätzlich eingeschränkt, zum Beispiel durch Alp., Pyr. (Alpen und Pyrenäen). Zu erwarten sind diese Angaben besonders bei Gebirgs- und Küstenarten.

Distribution entries

As far as possible, the distribution entries have been standardized. Eight major regions are distinguished world-wide. These are clearly demarcated in the world map.

N-Am. = North America, including USA, Canada, and Greenland
Lat.-Am. = Latin America, from Mexico to Tierra del Fuego
Eur. = Europe and northern Africa
NE-As. = Northern and eastern Asia
M.-East = Middle East
Afr. = Africa south of the Sahara
trop. As. = Tropical Asia, from western and Southeast Asia to the South Sea islands
Austr. NZ = Australia and New Zealand

These major regions are, in turn, subdivided into smaller regions. In some cases, the demarcation corresponds to the political borders of a country. These regions are shown underlined in the overview. Down to this level, we have attempted to list the distribution entries as completely as possible.

In the case of species with small geographic distributions, the names of federal states, provinces, or smaller countries are given. The geographic distributions of endemic species occurring over very restricted areas have been designated by correspondingly small-scale geographic entries.

To give the distributions of plants in terms of the political boundaries of countries, states, and provinces often gives a wrong impression of their true geographic distributions. For instance, plant species of the European Alps can occur in all six countries of the region. In such cases, the entry for area has been further restricted in geographic terms, e.g., by Alp. Pyr. (Alps and

Pyrenees). Such entries may be expected in the case of alpine and coastal species in particular.

Informations sur la répartition géographique des plantes

Nous avons dans la mesure du possible essayé d'uniformiser les indications concernant la répartition géographique des plantes. On distingue 8 grands domaines dans le monde; ces domaines sont clairement indiqués sur la carte.

N-Am.	= Amérique du Nord, Canada et Groenland
Lat.-Am.	= Amérique Latine, du Mexique à la Terre de Feu
Eur.	= Europe et Afrique du Nord
NE-As.	= Asie orientale et Asie du Nord
Near East	= Proche Orient
Afr.	= Afrique au Sud du Sahara
trop. As.	= Asie tropicale, de l'Inde et l'Indochine jusqu'aux îles des mers du Sud
Austr. NZ	= Australie et Nouvelle-Zélande

Ces grands domaines sont eux-mêmes subdivisés en régions dont les limites coïncident parfois avec les frontières politiques d'un pays. Dans le tableau suivant, les régions sont soulignées. Certaines espèces sont répandues dans des zones plus petites, on indiquera alors les Etats, les provinces ou les petits pays dont il s'agit, tout en s'efforçant d'être le plus précis possible.
Indiquer la distribution des plantes par les frontières politiques d'un pays ou d'une province peut parfois donner une idée fausse des étendues concernées: les espèces présentes par exemple dans les Alpes peuvent être répandues dans les 6 pays alpins. Il est dans ce cas utile de préciser par exemple: Alp., Pyr (Alpes et Pyrénées). Ces précisions seront données surtout pour les espèces de montagnes ou de bords de mer.

Übersicht der Verbreitungsareale

Für die Bundesstaaten Kanadas und der USA werden die amtlich gebräuchlichen, bei europäischen Ländern die international üblichen Abkürzungen verwendet. Für neun größere Regionen Europas mussten besondere Abkürzungen eingeführt werden (siehe Europakarte). Alle Abkürzungen und verwendeten geographischen Bezeichnungen sind in der folgenden Übersicht enthalten.

Overview of geographic distributions

We have used the official abbreviations of the federal states of Canada and the USA on the one hand and the internationally customary abbreviations for European countries on the other. Additional abbreviations have had to be introduced for nine larger European regions (see Europe map). All abbreviations and geographic designations used are contained in the following overview.

Tableau récapitulatif des aires de répartition

En ce qui concerne les Etats-Unis et le Canada, nous utiliserons les abréviations officielles, pour les pays européens, nous utiliserons les abréviations internationalement reconnues (cf. carte de l'Europe). Toutes les abréviations et les appellations géographiques se trouvent dans le tableau suivant.

N-Am.		Nordamerika	North America	Amérique du Nord
Greenl.		Grönland	Greenland	Groenland
Alaska		Alaska	Alaska	Alaska
Can.		Kanada	Canada	Canada
Can:W		westl. Kanada	Western Canada	Canada de l'Ouest
	B. C.	British Columbia	British Columbia	Colombie britannique
	Alta.	Alberta	Alberta	Alberta
	Sask.	Saskatchewan	Saskatchewan	Saskatchewan
	Yukon	Yucon	Yukon	Yukon
	Mackenzie	District of Mackenzie	District of Mackenzie	Mackenzie
Can:E		östliches Kanada	Eastern Canada	Canada de l'est
	Man.	Manitoba	Manitoba	Manitoba
	Keewatin	District of Keewatin	District of Keewatin	Keewatin
	Ont.	Ontario	Ontario	Ontario
	Que.	Québec	Quebec	Québec
	Labrador	Labrador	Labrador	Labrador
	Nfld.	Neufundland *(mit St. Pierre und Miquelon).*	Newfoundland *(incl. St. Pierre and Miquelon Island)*	Terre-Neuve
	N. B.	New Brunswick	New Brunswick	Nouveau-Brunswick
	P. E. I.	Prince Edward-Insel	Prince Edward Island	Île du Prince Edouard
	N. S.	Nova Scotia	Nova Scotia	Nouvelle-Ecosse
USA:NW		USA: Nordwesten	USA: Northwest	Etats-Unis: Nord-Ouest
	Wash.	Washington	Washington	Washington
	Oreg.	Oregon	Oregon	Oregon
USA:Calif.		USA: Kalifornien	USA: California	Etats-Unis: Californie
	Calif.	Kalifornien	California	Californie
USA:Rocky Mts		USA: Rocky Mountains	USA: Rocky Mountains	Etats-Unis: Rocheuses
	Mont.	Montana	Montana	Montana
	Idaho	Idaho	Idaho	Idaho
	Wyo.	Wyoming	Wyoming	Wyoming
	Nev.	Nevada	Nevada	Nevada
	Utah	Utah	Utah	Utah
	Colo.	Colorado	Colorado	Colorado

USA:SW		USA: Südwesten	USA: Southwest	Etats-unis: Sud-Ouest
	Ariz.	Arizona	Arizona	Arizona
	N.Mex.	New Mexico	New Mexico	Nouveau-Mexique
USA:NC		USA: nördl. Prärie-Staaten	USA: Northern prairie states	Etats-Unis: Prairie du Nord
	N.Dak.	North Dakota	North Dakota	Dakota du Nord
	S.Dak.	South Dakota	South Dakota	Dakota du Sud
	Nebr.	Nebraska	Nebraska	Nebraska
	Kans.	Kansas	Kansas	Kansas
USA:SC		USA: südl. Prärie-Staaaten	USA: Southern prairie states	Etats-Unis: Prairie du Sud
	Okla.	Oklahoma	Oklahoma	Oklahoma
	Tex	Texas	Texas	Texas
USA:NE		USA: Nordosten	USA: Northeast	Etats-Unis: Nord-Est
	Maine	Maine	Maine	Maine
	Vt.	Vermont	Vermont	Vermont
	N. H.	New Hampshire	New Hampshire	New Hampshire
	Mass.	Massachusetts	Massachusetts	Massachusetts
	R. I.	Rhode Island	Rhode Island	Rhode Island
	Conn.	Connecticut	Connecticut	Connecticut
	N. Y.	New York	New York	New York
	N. J.	New Jersey	New Jersey	New Jersey
	Pa.	Pennsylvania	Pennsylvania	Pennsylvanie
	Del.	Delaware	Delaware	Delaware
	Md.	Maryland	Maryland	Maryland
	Va.	Virginia	Virginia	Virginie
	W. Va	West Virginia	West Virginia	Virginie-Occidentale
	Ky.	Kentucky	Kentucky	Kentucky
USA:NEC		USA: Nordost-Zentral	USA: Northeast-Central	Etats-Unis: Nord-Est-Centre
	Minn.	Minnesota	Minnesota	Minnesota
	Wis.	Wisconsin	Wisconsin	Wisconsin
	Mich.	Michigan	Michigan	Michigan
	Ohio	Ohio	Ohio	Ohio
	Indiana	Indiana	Indiana	Indiana
	Ill.	Illinois	Illinois	Illinois
	Iowa	Iowa	Iowa	Iowa
	Mo.	Missouri	Missouri	Missouri

USA:SE		USA: Südosten	USA: Southeast	Etats-Unis: Sud-Est
	Ark.	Arkansas	Arkansas	Arkansas
	La.	Louisiana	Louisiana	Louisiane
	Miss.	Mississippi	Mississippi	Mississipi
	Tenn.	Tennessee	Tennessee	Tennessee
	Ala.	Alabama	Alabama	Alabama
	Ga.	Georgia	Georgia	Georgie
	N. C.	North Carolina	North Carolina	Caroline du Nord
	S. C.	South Carolina	South Carolina	Caroline du Sud
USA:Fla.		USA: Florida	USA: Florida	Etats-Unis: Floride
	Flor.	Florida	Florida	Floride
Lat.-Am.		**Lateinamerika**	**Latin America**	**Amérique Latine**
Mex.		Mexiko	Mexico	Mexique
C-Am.		Zentralamerika	Central America	Amerique Centrale
	Belize	Belize	Belize	Belize
	Guat.	Guatemala	Guatemala	Guatemala
	Hond.	Honduras	Honduras	Honduras
	El Salv.	El Salvador	El Salvador	(San) Salvador
	Nicar.	Nicaragua	Nicaragua	Nicaragua
	Costa Rica	Costa Rica	Costa Rica	Costa Rica
	Panama	Panama	Panama	Panama
W.Ind.		Westindien	West Indies	Indes occidentales
	Cuba	Kuba	Cuba	Cuba
	Hispaniola	Hispaniola *(Haiti und Dominikanische Republik)*	Hispaniola *(Haiti and Dominican Republic)*	Hispaniola *(Haiti et République Dominicaine)*
	Jamaica	Jamaika	Jamaica	Jamaïque
	Puerto Rico	Puerto Rico	Puerto Rico	Porto Rico
	Bahamas	Bahamas,	Bahamas	Bahamas
	Lesser Antilles	Kleine Antillen	Lesser Antilles	Petites Antilles
Venez.		Venezuela	Venezuela	Venezuela
Col.		Kolumbien	Colombia	Colombie
Ecuad.		Ecuador	Ecuador	Equateur
Galapagos		Galapagos	Galapagos Islands	Iles Galapagos
Peru		Peru	Peru	Pérou
Bol.		Bolivien	Bolivia	Bolivie
Chile		Chile	Chile	Chili
Arg.		Argentinien	Argentina	Argentine

	Patag.	Patagonien *(Neuquén, Río Negro, Chubut, Santa Cruz, Tierra del Fuego)*	Patagonia	Patagonie
Falkland		Falklandinseln	Falkland Islands	Iles Falkland
Urug.		Uruguay	Uruguay	Uruguay
Parag.		Paraguay	Paraguay	Paraguay
Bras.		Brasilien	Brazil	Brésil
	Amaz.	Amazonien *(Amazonas, Acre, Roraima, Amapá, Pará, Rondônia, Mato Grosso)*	Amazon Region	Amazonie
	Gran Chaco	«Gran Chaco»	Gran Chaco	Gran Chaco
	Rio Grande do Sul	Rio Grande do Sul	Rio Grande do Sul	Rio Grande do Sul
	Bras.:W	«W-Brasilien» *(«Planalto Brasileiro» mit allen übrigen Bundesstaaten)*	West Brazil *(«Planalto Brasileiro» incl. all remaining federal states)*	Brésil Ouest *(Planalto Brasileiro et autres Etats)*
Guyanas		Guyanas	Guianas	Guyanes
	Guyana	Guyana	Guyana	Guyane
	Surinam	Surinam	Surinam	Surinam
	French Guiana	Franz. Guyana	French Guiana	Guyane française
Eur.		**Europa u. N-Afrika**	**Europe and North Africa**	**Europe et Afrique du Nord**
Sk		Nordeuropa	Scandinavia	Péninsule Scandinave
	DK	Dänemark	Denmark	Danemark
	IS	Island	Iceland	Islande
	Norw.	Norwegen	Norway	Norvège
	Sweden	Schweden,	Sweden	Suède
	FIN	Finnland	Finland	Finlande
BrI		Britische Inseln	British Isles	Iles Britanniques
	GB	Großbritannien	Great Britain	Grande-Bretagne
	IRL	Irland	Ireland	Irlande
Ib		Iberische Halbinsel	Iberian Peninsula	Péninsule Ibérique
	P	Portugal *(ohne Azoren und Madeira)*	Portugal *(excluding. the Azores and Madeira)*	Portugal *(sans les Açores et Madère)*
	Sp	Spanien *(mit Balearen, ohne Kanaren)*	Spain *(incl. the Balearics, but excluding the Canary Islands)*	Espagne *(avec les Baléares, sans les Canaries)*

Fr		Frankreich und Benelux-Staaten	France and Benelux countries	France et Bénélux
	F	Frankreich *(ohne Korsika)*	France *(excluding Corsica)*	France *(sans la Corse)*
	NL	Niederlande	The Netherlands	Pays-Bas
	B	Belgien *(mit Luxemburg)*	Belgium *(incl. Luxembourg)*	Belgique *(et Luxembourg)*
Ap		Apenninenhalbinsel	Italian Peninsula	Péninsule des Apennins
	I	Italien	Italy	Italie
	Corse	Korsika	Corsica	Corse
	Sard.	Sardinien	Sardinia	Sardaigne
	Sic.	Sizilien *(mit Malta)*	Sicily *(incl. Malta)*	Sicile *(et Malte)*
C-Eur.		Zentraleuropa	Central Europe	Europe Centrale
	D	Deutschland	Germany	Allemagne
	CH	Schweiz	Switzerland	Suisse
	A	Österreich	Austria	Autriche
EC-Eur.		östliches Mitteleuropa	Eastern Central Europe	Europe Centrale de l'Ouest
	H	Ungarn	Hungary	Hongrie
	Slova.	Slowakei	Slovakia	Slovaquie
	CZ	Tschechien	Czech Republic	République tchèque
	PL	Polen	Poland	Pologne
Ba		Balkanhalbinsel	Balkan Peninsula	Péninsule des Balkans
	Slove.	Slowenien	Slovenia	Slovénie
	Croatia	Kroatien	Croatia	Croatie
	Bosn.	Bosnien-Herzegowina	Bosnia and Herzegovina	Bosnie Herzégovine
	YU	Jugoslawien *(Serbien, Montenegro)*	Yugoslavia *(Serbia, Montenegro)*	Yougoslavie *(Serbie, Montenegro)*
	Maced.	Mazedonien	Macedonia	Macédoine
	AL	Albanien	Albania	Albanie
	GR	Griechenland	Greece	Grèce
	Crete	Kreta	Crete	Crète
	BG	Bulgarien	Bulgaria	Bulgarie
	Eur.TR	europäische Türkei	European Turkey	Turquie européenne
E-Eur.		Osteuropa	Eastern Europe	Europe orientale

	Balt.	Baltikum *(Litauen, Lettland, Estland, Kaliningrad)*	Baltic States *(Lithuania, Latvia, Estonia, Kalinin-grad)*	Pays Baltes
	RUS.	europ. Russland *(Weißrussland (BY), Ukraine (UA), Moldawien (MO) und Krim)*	European Russia *(Belorussia (BY), Ukraine (UA), Moldavia (MO), and Crimea)*	Russie
	RO	Rumänien	Romania	Roumanie
N-Afr.		N-Afrika	N. Africa	Afrique du Nord
	Maroc.	Marokko	Morocco	Maroc
	Alger.	Algerien	Algeria	Algérie
	Tun.	Tunesien	Tunisia	Tunisie
	Libya	Libyen	Libya	Lybie
	Egypt.	Ägypten	Egypt	Egypte
Macaron.		Makaronesien	Macaronesia	Macaronésie
	Azor.	Azoren	Azores	Açores
	Canar.	Kanaren	Canary Islands	Canaries
	Madeira	Madeira	Madeira	Madère
NE-As.		**N- und O-Asien**	**Northern and eastern Asia**	**Asie du Nord et de l'Ouest**
Sib.		Sibirien	Siberia	Sibérie
	W-Sib.	Westsibirien *(bis zum Jenissei)*	Western Siberia *(west of the Yenisei)*	Sibérie occidentale *(jusqu'au Ienisseï)*
	E-Sib.	Ostsibirien	Eastern Siberia	Sibérie orientale
	Kamchat.	Kamtschatka	Kamchatka	Kamtchatka
	Sachal.	Sachalin	Sakhalin	Sakhalin
C-As.		Mittelasien	Central Asia	Asie Centrale
	Kasach.	Kasachstan	Kazakhstan	Kazakhstan
	Turkm.	Turkmenistan	Turkmenistan	Turkménistan
	Usbek.	Usbekistan	Uzbekistan	Ouzbékistan
	Kirgi.	Kirgistan	Kirgizia	Kirghizistan
	Tadschik.	Tadschikistan	Tajikistan	Tadjikistan
Mong.		Mongolei	Mongolia	Mongolie
China		China	China	Chine
	Tibet	Tibet	Tibet	Tibet
	Manch.	Manschurei	Manchuria	Mandchourie
	Sinkiang	Sinkiang (Xin-Jiang)	Sinkiang	Sin-K'iang
	Sichuan	Setschuan, (Si-Chuan)	Szechwan	Se-tchouan

	Yunnan	Yunnan	Yunnan	Yun-Nan
	China:S	Süd-China *(südlich des Tsing-lingshan (Qin-lin))*	Southern China *(south of the Qin-lin)*	Chine du Sud *(au sud des monts Tsin-ling)*
	China:N	Nord-China *(nördlich des Qin-lin)*	Northern China *(north of the Qin-lin)*	Chine du Nord *(au nord des monts Tsin-ling)*
	Hainan	Hainan	Hainan	Hai-Nan
<u>Taiwan</u>		<u>Taiwan</u>	<u>Taiwan</u>	<u>Taiwan</u>
<u>Korea</u>		<u>Korea</u>	<u>Korea</u>	<u>Corée</u>
<u>Jap.</u>		<u>Japan</u>	<u>Japan</u>	<u>Japon</u>
M-East		**Naher Osten**	**Middle East**	**Proche Orient**
<u>TR</u>		<u>Türkei</u> *(ohne europ. Türkei)*	<u>Turkey</u> *(except. Europ. Turkey)*	<u>Turquie</u> *(sans Turquie européenne)*
<u>Cauc.</u>		<u>Kaukasus</u> *(-länder)*	<u>Caucasus</u> Region *(states)*	<u>Caucase</u>
	Georg.	Georgien	Georgia	Géorgie
	Armen.	Armenien	Armenia	Arménie
	Azerb.	Aserbeidschan	Azerbaijan	Azerbaïdjan
<u>Levant</u>		<u>Levante</u>	<u>Middle East</u>	<u>Levant</u>
	Syr.	Syrien	Syria	Syrie
	Lebanon	Libanon	Lebanon	Liban
	Palaest.	Israel, Jordanien	Israel, Jordan	Israël, Jordanie
	Cyprus	Zypern	Cyprus	Chypre
<u>Iraq</u>		<u>Irak</u>	<u>Iraq</u>	<u>Irak</u>
<u>Iran</u>		<u>Iran</u>	<u>Iran</u>	<u>Iran</u>
<u>Afgh.</u>		<u>Afghanistan</u>	<u>Afghanistan</u>	<u>Afghanistan</u>
<u>Arab.</u>		<u>Arabien</u> *(mit Kuweit, Arab. Emirate, Oman)*	<u>Arabia</u> *(with Kuwait, Arab Emirates, Oman)*	<u>Arabie</u> *(avec Koweit, Emirats Arabes, Oman)*
<u>Yemen</u>		<u>Jemen</u>	<u>Yemen</u>	<u>Yemen</u>
<u>Socotra</u>		<u>Sokotra</u>	<u>Socotra</u>	<u>Socotra</u>
Afr.		**Afrika**	**Africa**	**Afrique**
<u>Cap Ver</u>		<u>Kap Verde</u>	<u>Cape Verde</u>	<u>Cap-Vert</u>
<u>W-Sudan</u>		<u>westl. Sudanländer</u>	<u>Western Sahara</u>	<u>Ouest-Soudan</u>
	Maur.	Mauretanien	Mauritania	Mauritanie
	Seneg.	Senegal *(mit Gambia)*	Senegal *(incl. Gambia)*	Sénégal
	Mali	Mali	Mali	Mali
	Burkina Faso	Burkina Faso	Burkina Faso	Burkina Faso
	Niger	Niger	Niger	Niger

	Chad	Tschad	Chad	Tchad
Sudan		Sudan	Sudan	Soudan
	Sudan	Sudan	Sudan	Soudan
W-Afr.		W-Afrika	West Africa	Afrique Occidentale
	Guinea Bis.	Guinea Bissau	Guinea-Bissau	Guinée-Bissau
	Guinea	Guinea	Guinea	Guinée
	Sierra Leone	Sierra Leone	Sierra Leone	Sierra Leone
	Liberia	Liberia	Liberia	Libéria
	Ivory Coast	Elfenbeinküste	Ivory Coast	Côte d'Ivoire
	Ghana	Ghana	Ghana	Ghana
	Togo	Togo	Togo	Togo
	Benin	Benin	Benin	Bénin
	Nigeria	Nigeria	Nigeria	Nigéria
C-Afr.		Zentralafrika	Central Africa	Afrique Centrale
	Cameroun	Kamerun	Cameroon	Cameroun
	Sao Tome	Sao Tomé und Príncipe	Sao Tome and Principe	Sao Tomé et Príncipe
	Equat. Guinea	Äquatorial-Guinea	Equatorial Guinea	Guinea Equatoriale
	Gabon	Gabun	Gabon	Gabon
	Congo	Kongo	Congo	Congo
	Zaire	Zaire	Zaire	Zaïre
	CAfr.Rep.	Zentralafrikanische Republik	Central African Republic	République centrafricaine
	Eth.	Äthiopien, Eritraea	Ethiopia, Eritraea	Ethiopie, Erythrée
E-Afr.		O-Afrika	East Africa	Afrique Orientale
	Djibouti	Dschibuti	Djibouti	Djibouti
	Somalia	Somalia	Somalia	Somalie
	Kenya	Kenia	Kenya	Kénia
	Uganda	Uganda	Uganda	Ouganda
	Rwanda	Ruanda	Rwanda	Rouanda
	Burundi	Burundi	Burundi	Burundi
	Tanzania	Tansania	Tanzania	Tanzanie
trop. S-Afr		tropisches Afrika	Tropical Africa	Afrique tropicale
	Angola	Angola	Angola	Angola
	Namibia	Namibia	Namibia	Namibie
	Zambia	Sambia	Zambia	Zambie
	Botswana	Botswana	Botswana	Botswana
	Zimbabwe	Simbabwe	Zimbabwe	Zimbabwe

	Malawi	Malawi	Malawi	Malawi
	Mozamb.	Mosambik	Mozambique	Mozambique
S-Afr.		Südafrika *(mit Lesotho und Swasiland)*	South Africa *(with Lesotho and Swaziland)*	Afrique du Sud *(avec Lesotho et Swaziland)*
Madag.		Madagaskar *(mit Komoren)*	Madagascar *(incl. Comoro Islands*	Madagascar *(avec Comores)*
Seych.		Seychellen	Seychelles	Seychelles
Mascarena Is.		Maskarenen	Mascarene Is.	Îles Mascareignes
St. Helena		St. Helena	St. Helena	Ste Hélène
Ascension		Ascension	Ascension	Ascension
trop. As.		**tropisches Asien**	**Tropical Asia**	**Asie tropicale**
Indian sub.-C		Vorderindien	Indian Sub-Continent	Indes
	Pakist.	Pakistan	Pakistan	Pakistan
	Ind.	Indien	India	Inde
	Nepal	Nepal	Nepal	Népal
	Bhutan	Bhutan	Bhutan	Bhoutan
	Bangladesh	Bangladesh	Bangladesh	Bangladesh
	Sri Lanka	Sri Lanka	Sri Lanka	Sri Lanka
Indochina		Hinterindien	Indochina	Indochine
	Myanmar	Myanmar (Birma)	Burma	Birmanie
	Thailand	Thailand	Thailand	Thaïlande
	Laos	Laos	Laos	Laos
	Cambodia	Kambodscha	Cambodia	Cambodge
	Vietnam	Vietnam	Vietnam	Vietnam
Malay. Arch.		Malaiischer Archipel	Malay Archipelago	Archipel de la Malaisie
	Malay. Pen.	Malaiische Halb-insel (Malakka)	Malay Peninsula (Malacca)	Péninsule malaise
	Sumat.	Sumatra	Sumatra	Sumatra
	Java	Java	Java	Java
	Kalimantan	Kalimantan (Borneo)	Kalimantan (Borneo)	Bornéo
	Sulawesi	Sulawesi (Celebes)	Sulawesi (Celebes)	Célèbes
	Lesser Sunda Is.	Kleine Sundainseln	Lesser Sunda Islands	Îles de la sonde métridionales
	Molucca I	Molukken	Moluccas	Moluques
Phil.		Philippinen	Philippines	Philippines
N.Guinea		Neuguinea	New Guinea	Nouvelle Guinée
Salom.		Salomonen	Solomon Islands	Archipel Salomon

Vanuatu		Vanuatu *(Neue Hebriden)*	Vanuatu *(New Hebrides)*	Nouvelles Hébrides
N.Caled		Neukaledonien	New Caledonia	Nouvelle Calédonie
Fiji		Fidschi	Fiji	Fidji
Hawaii		Hawaii	Hawaiian Islands	Iles Hawaii
Polyn.		Polynesien *(ohne Hawaii)*	Polynesia *(exept Hawaii)*	Polynésie *(sans Hawaii)*
Micron.		Mikronesien	Micronesia	Micronésie
Austr., NZ		**Australien, Neuseeland**	**Australia, New Zealand**	**Nouvelle-Zélande Australie,**
Austr.		Australien	Australia	Australie
	W-Austr.	West-Australien	Western Australia	Australie occidentale
	S-Austr.	Süd-Australien	South Australia	Australie du Sud
	N.Terr.	Nord-Territorium	Northern Territory	Territoire du Nord
	Queensl.	Queensland	Queensland	Queensland
	N.S.Wales	Neusüdwales *(mit Bundesdistrikt)*	New South Wales *(with Australian Capital Territory)*	Nouvelle-Galles du Sud
	Victoria	Victoria	Victoria	Victoria
	Tasman.	Tasmanien	Tasmania	Tasmanie
NZ		Neuseeland	New Zealand	Nouvelle-Zélande
	NZ:N	Nordinsel	North Island	Ile du Nord
	NZ:S	Südinsel	South Island	Ile du Sud
	Norfolk	Norfolk-Insel	Norfolk Island	Ile Norfolk
Other abbreviations		**Weitere Angaben**	**Other abbreviations**	**Autres indications indispensables**
N		Nord	North	Nord
S		Süd	South	Sud
E		Ost	East	Est
W		West	West	Ouest
C		Zentral	Central	central
M		Mittel	Mid-	central
Alp.		Alpen	Alps	Alpes
Pyr.		Pyrenäen	Pyrenees	Pyrénées
Carp. Mts.		Karpaten	Carpathian Mts.	Carpates
Apenn.		Apennin	Apennines	Apennins
Balkan Mts.		Balkan	Balkan Mts.	Balkans
Altai Mts.		Altai	Altai Mts.	Altaï
Him.		Himalaya	Himalayas	Himalaya
And.		Anden	Andes	Andes

mts.		Gebirge	Mountains	Montagnes
nat. in		eingebürgert in	naturalized	introduit à/en
orig.?		Heimat unbekannt	native home unknown	origine inconnue
cult.		Gartenherkunft	horticultural origin	origine horticole
cosmopl.		Kosmopolitisch (alle acht Groß-räume)	Cosmopolitan (all eight major regions)	Cosmopolite (tous les 8 grands domaines)
+		Verbreitung unvollständig	Distribution incomplete	Répartition incomplète
*		alle Gebiete (z.B. Eur.*)	all regions (e.g. Eur.*)	tous pays (par ex. Eur.*)
exc.		ohne	except	exclu

VIII Gattungen und Arten
VIII Genera and species
VIII Genres et espèces

1 Erläuterungen

- Die wissenschaftlichen Pflanzennamen sind alphabetisch nach den Gattungsnamen angeordnet. Die korrekten Namen sind fett, die Verweisungen mager gedruckt.
- Die Artnamen sind innerhalb der Gattungen ebenfalls alphabetisch angeordnet und die korrekten durch Fettdruck hervorgehoben. Die Synonyme sind mager gedruckt, das »=«-Zeichen verweist auf den gültigen Pflanzennamen.
- Im Gegensatz zu den vorhergehenden Auflagen werden die Synonyme nicht nochmals in Klammern zu den gültigen Artnamen gesetzt.
- Varietäten, Formen und Sorten sind nur in einigen Fällen berücksichtigt worden, und zwar meistens die, für die in Preisverzeichnissen Verwechslungen mit Arten vorliegen. Auch haben sich gelegentlich die Rangstufen geändert, sodass aus Varietäten Formen oder Auslesen wurden, die lediglich durch Hochkommas gekennzeichnet werden.
- Artbastarden, die durch ein Epitheton in lateinischer Form mit vorangehendem Multiplikationszeichen (×) bezeichnet sind, folgt in der Klammer eine Formel, die in alphabetischer Reihenfolge die Namen der Eltern enthält, z.B. *Begonia × duchartrei* (*B. echinosepala × B. scharffiana*).
- Die Autorennamen werden in der nach BRUMMIT & POWELL (1992), »Authors of Plant Names«, gültigen Schreibweise hinzugefügt. Im praktischen Betrieb sind sie oft entbehrlich, wenn der korrekte Artname verwendet wird. Allerdings ist darauf zu achten, ob nicht derselbe Name mit einem anderen Autor ein Synonym kennzeichnet, z.B. ist *Dipsacus fullonum* (L.) der jetzt gültige Name für *D. sylvestris* (HUDS.), während *D. fullonum* (auct. non L.) seinerseits ein Synonym für *D. sativus* [(L.) HONCK.] ist.
- Von den deutschen, englischen und französischen Pflanzennamen werden nur die jeweils gebräuchlichsten aufgenommen. In Kapitel IX finden Sie nur die volkstümlichen Gattungsbezeichnungen, die davon abzuleitenden Artnamen stehen in der folgenden Liste der Sippen (siehe Seite 136).
- In der Kopfzeile jeder Gattung finden sich neben dem Autor auch noch das Geschlecht des Gattungsnamens (-m-, -f- oder -n-) sowie die Pflanzenfamilie.
- Der Kennzeichnung der Winterhärte wurden das Klima Mitteleuropas, vorzüglich Deutschlands, und der Gebiete mit ähnlichem Klima und die entsprechenden Klimazonen der USA zugrunde gelegt.

1 Explanations

- The scientific plant names are ordered alphabetically, according to their generic names. The correct names are printed in bold type, references to other names in ordinary type.
- The names of species within the genera are also ordered alphabetically, the correct names emphasized by the use of bold face. Synonyms are printed in light face; the symbol »=« indicates the valid plant names.
- In contrast to previous editions, synonyms are no longer given in parentheses after the names of species.
- Varieties, forms, and cultivars are only specified in certain cases, mostly where confusion with species tends to occur in commerce. Occasionally, the ranks have also changed, so that former varieties become forms or selections. These are denoted by quotation marks.

- In the case of species hybrids, which are denoted by an epithet in Latin form preceded by a multiplication sign (×), the names of the parent species are then given in alphabetical order, e.g. *Begonia × durchartrei* (*B. echinosepala × B. scharffiana*).
- Authors' names are given according to the valid spelling in BRUMMIT & POWELL (1992), »Authors of Plant Names«. In practice, these can often be dispensed with if the correct name of the species is used. Nevertheless, it should be ascertained whether the same name with a different author constitutes a synonym, e.g., *Dipsacus fullonum* (L.) is now the valid name for *D. sylvestris* (HUDS.), while *D. fullonum* (auct. non L.) has become a synonym for *D. sativus* [(L.) HONCK.].
- Only the most commonly used German, English, and French plant names have been included.
- In addition to the author, the gender of the generic name (-m-, -f-, or -n-) and the plant family are given in the header for each genus.
- Degrees of winter hardiness are based on the climate of Central Europe – especially that of Germany and areas with a similar climate – and also on the equivalent climatic zones of the USA.

1 Explications

- Les noms scientifiques des plantes sont rangés en ordre alphabétique des genres dans la partie VIII-6. Les noms corrects sont imprimés en gras, les renvois en caractère standard.
- Les noms des espèces, au sein des genres, sont également rangés par ordre alphabétique et les noms corrects sont imprimés en gras. Les synonymes sont imprimés en standard, le signe »=« renvoie au nom scientifique des plantes.
- Par rapport aux éditions précédentes, les synonymes ne sont pas ajoutés entre parenthèses après le nom de l'espèce.
- Les variétés, les formes et les cultivars n'ont été pris en compte que dans quelques cas; pour la plupart, ce sont ceux pour lesquels on trouve des confusions avec des espèces dans les listes de prix. Les rangs hiérarchisés ont également changé parfois, de sorte que des variétés sont devenues des formes ou des cultivars, elles sont marquées par des guillemets simples.
- Les hybrides, marqués par une épithète latine précédée d'un signe de multiplication, sont suivis d'une formule entre parenthèses contenant, par ordre alphabétique, les noms de »parents«; par ex. *Begonia × duchartrei (B. echinosepala × B. scharffiana).*
- L'orthographe des noms d'auteurs est celle utilisée dans BRUMMIT & POWELL (1992), »Authors of Plant Names«. Dans la pratique, ils sont souvent superflus, si le nom correct de l'espèce est utilisé. Toutefois, il faut faire attention que deux plantes ayant le même nom mais avec des noms d'auteur différents ne soient pas des synonymes, par ex. *Dipsacus fullonum* (L.) est le nom actuel pour *D. sylvestris* (HUDS.) tandis que *D. fullonum* (auct. non L.) est un synonyme pour *D. sativus* [(L.) HONCK.].
- Concernant les noms vernaculaires allemands, anglais et français des plantes, seuls les plus utilisés seront admis.
- Pour chaque nom de genre sont indiqués, en plus de l'auteur, le sexe attribué au nom générique (-m-, -f- ou -n-) ainsi que la famille.
- L'indication de la rigueur hivernale est basée sur les conditions climatiques en Europe centrale, notamment en Allemagne, c'est-à-dire qu'elle s'applique aux régions ayant des conditions climatiques semblables et aux zones climatiques correspondantes des Etats-Unis.

2 Winterhärtezonen

Die Winterhärtezone (Z1 bis Z10) gibt an, welche Tieftemperatur eine bestimmte Art ohne größere Schäden überstehen kann. Dazu ein Beispiel: Die Winterhärtezone Z6 zeigt an, dass in dieser Zone Pflanzenarten der Winterhärtezone Z6 oder darunter, bis Z1, im Freiland durchschnittliche Winter gut überstehen können, aber Arten der Winterhärtezone Z7 oder darüber erhebliche Schäden davontragen oder erfrieren würden. Boden und Kleinklima können die Winterhärte etwas verändern.
Für Gehölze, die dem Klima voll ausgesetzt sind, ist die Winterhärtezone eine sehr hilfreiche Angabe. Für Stauden ist sie weniger zuverlässig, für Zwiebelpflanzen nur noch bedingt aussagekräftig. Für Einjährige ist eine Angabe der Winterhärtezone weniger bedeutsam, da trockene Samen meist völlig kälteunempfindlich sind, jedoch die Winterhärtezone einen Hinweis für die Anzuchtbedingungen gibt.

2 Winter Hardiness Zones

The winter hardiness zone (Z1 to Z10) gives an indication of the minimum temperature that a particular species can survive without suffering severe damage. Example: the winter hardiness zone Z6 indicates that, in this zone, plant species of the winter hardiness zone Z6 or below, down to Z1, can survive average winters outdoors, while plants of the winter hardiness zone Z7 or above would suffer severe damage or freeze. Soil and microclimate can influence winter hardiness to some degree.
An indication of the winter hardiness zone is very helpful for woody plants that are fully exposed to the climate. It is less reliable for perennial herbs, and of only limited value for bulbous plants. For annuals, an indication of winter hardiness has little meaning, since dry seeds are mostly completely insensitive to cold.

2 Zone de rusticité

La zone de rusticité (Z1 à Z10) indique quelle température négative peut surmonter une espèce donnée sans gros dommages. Par exemple, dans la zone de rusticité Z6, les espèces végétales des zones de rusticité Z6 et inférieures, jusqu'à Z1, peuvent surmonter correctement les hivers moyens en plein air. En revanche, les espèces des zones Z7 ou supérieures subiraient des dommages importants ou gèleraient. Le sol et le microclimat peuvent modifier la rigueur de l'hiver.
Pour les ligneux, entièrement soumis au climat, l'indication de la zone de rusticité est très utile. Pour les plantes vivaces cette indication est moins sûre. Elle est encore moins absolue pour les plantes bulbeuses. L'indication de la zone de rusticité pour les plantes annuelles a peu de sens car leurs graines mûres sont pour la plupart insensibles au froid.

Winterhärtezonen für Gehölze in Europa
Winterhärtezonen und deren Temperaturbereiche mittlerer jährlicher Minimumtemperatur ($t_{min} \times$ J).

Winter Hardiness Zones for Woody Plants in Europe
Winter hardiness zones and their temperature ranges with respect to mean annual minimum temperature ($t_{min} \times$ year).

Zones de rusticité pour les ligneux en Europe
Zones de rusticité et leurs amplitudes de température selon la moyenne annuelle des températures minimum ($t_{min} \times$ A).

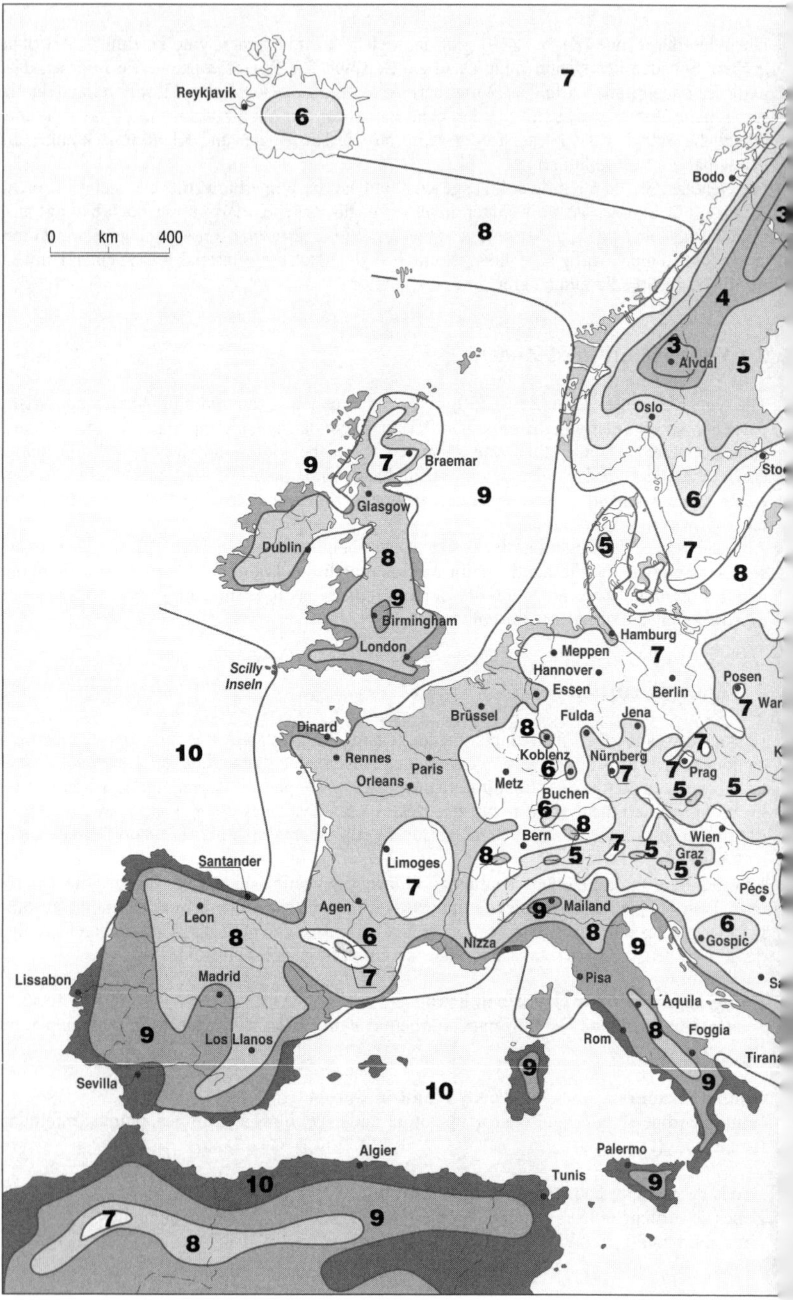
Reykjavik
6
7
0 km 400
8
Bodo
4
3
Alvdal
5
Oslo
9
7
Braemar
9
Glasgow
Dublin
8
9
Birmingham
London
Scilly Inseln
6
5
7
8
Hamburg
7
Meppen
Hannover
Essen
Berlin
Posen
7
Brüssel
Fulda
Jena
Dinard
8
Koblenz
Nürnberg
7
7
Prag
10
Rennes
Paris
6
Metz
7
5
5
Orleans
Buchen
6
8
Bern
7
5
Wien
8
5
Graz
5
Limoges
Santander
7
Pécs
Leon
Agen
9
Mailand
8
6
8
6
Gospić
9
Nizza
7
Lissabon
Madrid
Pisa
L'Aquila
8
Foggia
9
Los Llanos
Rom
Sevilla
9
Tirana
10
9
Algier
Palermo
10
Tunis
9
7
9
8

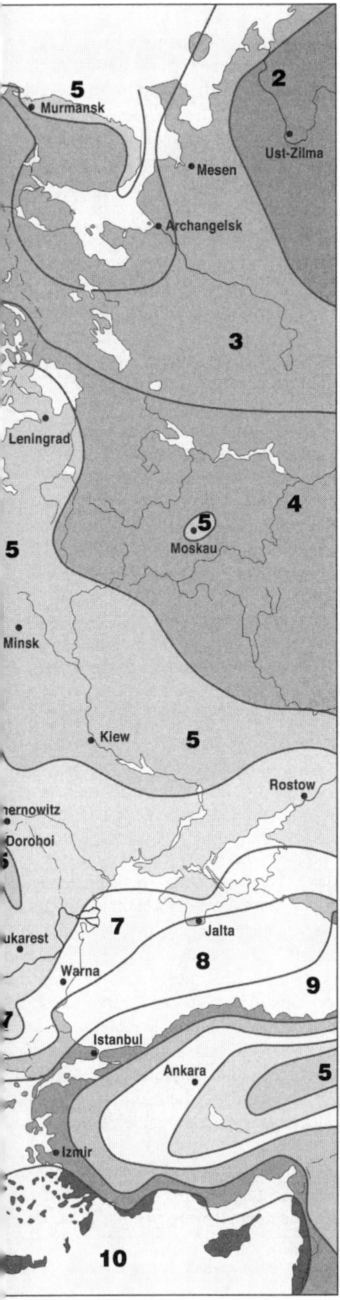

Zone	°F	°C
1	< -50	< -45,5
2	-50 – -40	-45,5 – -40,1
3	-40 – -30	-40,0 – -34,5
4	-30 – -20	-34,4 – -28,9
5	-20 – -100	-28,8 – -23,4
6	-10 – 0	-23,3 – -17,8
7	0 – +10	-17,7 – -12,3
8	+10 – +20	-12,2 – -6,7
9	+20 – +30	-6,6 – -1,2
10	> 30	> 1,2

Quelle / Source / Source: »Winterhärtezoneneinteilung für Mitteleuropa« (HEINZE & SCHREIBER, MDDG, Vol. 75).

3 Zeichen

Die im Teil VIII verwendeten Zeichen und Abkürzungen sind fast alle dem Normblatt DIN 11 530 entnommen. Diese Norm wurde vom Gartenbau-Nomenklatur-Ausschuss im Zentralverband des Deutschen Gemüse-, Obst- und Gartenbaues e. V. in Zusammenarbeit mit dem Bund Deutscher Baumschulen entwickelt. »Sie erstreckt sich auf die wichtigsten Zeichen und Abkürzungen, die in Katalogen, Saatzuchtbetrieben sowie sonstigem gärtnerischem Schrifttum verwendet werden. Ihre einheitliche Benutzung soll die Veständigung sowie die Lagerhaltung und Bestellung der Drucktypen für die Zeichen erleichtern«. Das Normblatt ist durch den Beuth-Vertreib GmbH, Berlin und Köln zu beziehen.
Nachfolgend werden nur Zeichen und Abkürzungen aufgeführt, die in Teil V, VI, VIII dieses Werkes benutzt werden.

3 Symbols

The symbols and abbreviations used in Section VIII are nearly all taken from the German Industrial Standards Sheet DIN 11 530. This standard was laid down by the *Gartenbau-/ Nomenklatur-Ausschuss im Zentralverband des Deutschen Gemüse-, Obst- und Gartenbaus e. V.* (The Horticultural Nomenclature Committee of the Central Federation of German Vegetable- and Fruit-Growers and Horticulturists) in collaboration with the *Bund deutscher Baumschulen (BdB)* – The Association of German Tree-Nurseries. They include all the most important symbols and abbreviations used in the catalogues and brochures of market gardens, tree-nurseries, and seedsmen, as well as other horticultural publications. It is intended to set up a system of information with common symbols which will ensure that plants are correctly treated at all stages.
The Standards Sheet DIN 11 530 should be consulted by anyone concerned with the compilation of catalogues, brochures, and price lists, and by any horticultural writer who intends to use symbols in a technical document. The Standards Sheet DIN 11 530 is obtainable from the company Beuth-Vertrieb GmbH.
Only those symbols and abbreviations that are used in Sections V, VI and VIII of this volume are listed below.

3 Symboles

L'utilisation de symboles et d'abréviations est un outil précieux permettant d'économiser de l'espace et ainsi des dépenses, surtout pour des listes de prix et des catalogues, mais également pour d'autres publications. Du reste, des symboles se gravent facilement dans la mémoire. Les symboles et les abréviations utilisés dans la partie VIII sont pour la plupart tirés de la norme DIN 11 530. Cette norme a été établie par le Comité de Nomenclature des Architectes Paysagistes de la Fédération Centrale des Exploitants Agricoles (Légumes, Fruits et Plantes Ornementales), Association déclarée (»Gartenbau-Nomenklatur-Ausschuss im Zentralverband des Deutschen Gemüse-, Obst- und Gartenbaues e.V.«) en collaboration avec la Fédération des Pépinières Allemandes (»Bund deutscher Baumschulen« BdB). »Elle s'applique aux principaux symboles et abréviations utilisés dans les catalogues et prospectus de jardinages, de pépinières et de semenciers ainsi que dans d'autres ouvrages de jardinage. Leur utilisation conventionelle doit faciliter la communication ainsi que le stockage et la commande des caractères d'imprimerie des symboles.«
Tous ceux qui s'occupent de l'établissement de catalogues, de prospectus et de listes de prix, mais aussi chaque créateur de paysages qui envisage d'utiliser des symboles dans des revues professionnelles devraient posséder la norme DIN 11 530; elle peut être envoyée par la Beuth-Vertrieb.
Ci-dessous seront énumérés les symboles et les abréviations utilisés dans les parties V, VI et VIII de cet ouvrage.

⊙	Einjährige Pflanze	Annual plant	plante annuelle
⊙	Zweijährige Pflanze	Biennial plant	plante bisannuelle
♃	Staude	Perennial	plante vivace
♄	Halbstrauch	Sub-shrub	petit arbuste
♄	Strauch	Shrub	arbuste
♄	Baum	Tree	arbre
ψ	Sukkulente	Succulents	succulente
d	laubabwerfend	Deciduous	caduc
s	halbimmergrün	Semi-evergreen	semi-persistant
e	immergrün	Evergreen	persistant
×	Bastard (Hybride)	Hybrid	hybride
+	Pfropfbastard	Graft-chimaera	hybride de greffe (chimère)
≀	Hängepflanze	Hanging plant	plante pendante
≀	Kletterpflanze	Climbing plant	plante volubile
⇝	Kriechpflanze	Creeping plant	plante rampante
◡	Topfpflanze	Pot-plant	plante en pot
⁞	Einfassung	Border plant	bordure
⌓	Polsterpflanze	Cushion plant	plante cespiteuse
△	Steingarten	Rockery	plante de rocaille
≈	Ufer- und Sumpfpflanze	Riparian and marsh plant	plante de rive et de marais
≋	Wasserpflanze	Aquatic plant	plante aquatique
Z1 – Z10	Winterhärtezonen (siehe Kapitel VIII-2)	Winter hardiness zones (see Chapter VIII-2)	zones de rusticité (voir chapitre VIII-2)
(W)	Warmhaus	Hothouse	serre chau
(K)	Kalthaus	Cold house, winter house	serre froide Alpinenhaus
(A)	Alpinenhaus	Alpine house	serre alpine
▭	Kasten	Window-box	chassis
∧	Winterschutz	Winter protection	protection hivernale
⚕	Arzneipflanze	Medical plant, officinal plant	plante officinale
☠	Giftpflanze	Toxic plant	plante toxique
ఌ	Fruchtschmuck	Fruit decoration	fruits décoratifs

Ⓝ	Nutzpflanze	Useful plant	plante cultivée
✂	Schnitt für Vasen-schmuck oder Verwen-dung in der Binderei	Cut flowers for floristry purposes	plantes à couper pour vase ou bouquets
I–XII	Monatsnamen / Blütezeit	Flowering time: month(s) in Roman numerals	noms des mois / période de floraison
D	Duftpflanze	Scent	parfum
▽	Nach Bundesnatur-schutzgesetz vom 1. Februar 2001.	Protected according to the terms of Federal Nature Conservation law of 1st Febuary 2001.	Protégée selon la Loi fédérale sur la protection de la nature du 1er février 2001.
*	Nach dem Washingtoner Artenschutzüberein-kommen geschützte Art (vgl. EG-Verordnung Nr. 338/97 Anhänge A, B; vom 9. 12. 1996, geändert 18. 12. 2000)[1].	Protected species according to the Convention on International Trade in Endangered Species of Wild Fauna and Flora [CITES] (cf. European Community Ordinance No. 338/97, Supplements A and B, of 9 December 1996, amended 18 December 2000)[1].	Espèce protégée selon la Convention de la Protection des Espèces de Washington (cf. Ordonnance de la Communanté Européenne N° 338/97. Annexes A et B du 9. 12. 1996, modifiée le 18. 12. 2000)[1].

[1] Jeder, der Pflanzen aus Übersee oder aus dem Ausland einführen oder mitbringen will, unterrichte sich vorher, ob sie aufgrund des Washingtoner Artenschutzübereinkommens weder gesammelt noch eingeführt werden dürfen.

[1] Anyone wishing to import or otherwise introduce plants from a foreign country or overseas should first ascertain whether they may be collected or imported according to the terms of CITES.

[1] Chaque personne qui veut introduire ou rapporter des plantes d'outre-mer ou de l'étranger, devrait s'informer d'abord qu'il n'est pas interdit de les cueillir ou de les introduire selon la Convention de la Protection des Espèces de Washington.

4 Abkürzungen und Fachbegriffe

Wir folgen hier der sehr guten Zusammenstellung in WISSKIRCHEN & HAEUPLER (1998) »Die Standardliste der Farn- und Blütenpflanzen Deutschlands«, Seite 33–36. Zitate werden nicht als solche gekennzeichnet.

4 Abbreviations and technical terms

We have followed the very good compilation in WISSKIRCHEN & HAEUPLER (1998) »Die Standardliste der Farn- und Blütenpflanzen Deutschlands«, pp. 33–36. Citations are not denoted as such.

4 Abréviations et termes techniques

Nous suivrons ici les abréviations et termes techniques donnés dans *La liste standard des Ptéridophytes et des Spermatophytes de la République Fédérale d'Allemagne*, pp. 33–36, de WISSKIRCHEN & HAEUPLER (1998). Les citations tirées de cet ouvrage ne seront pas indiquées comme telles.

agg. (Aggregat / aggregate / agrégat)
- Nomenklatorisch unverbindliche Bezeichnung für eine Artengruppe.
- An informal designation for a group of allied species.
- Désignation d'un groupe d'espèces sans engagement nomenclatural.

alt. (alternus)
- Alternativ zu verwendender Name. Zum Beispiel lässt »Asteraceae alt.: Compositae« die Wahl, welcher der beiden Familiennamen verwendet wird.
- A name that can be used as an alternative: e.g., in the case of »Asteraceae alt.: Compositae«, either family name may be used.
- Nom alternatif: on peut utiliser celui des deux noms que l'on préfère, par ex. »Asteraceae alt.: Compositae« laisse le choix entre les deux noms.

auct. non (auctorum non)
- Im Sinne von anderen Autoren, aber nicht im Sinne des eigentlichen Autors des Namens – kennzeichnet eine falsche Namensverwendung, den so genannten auct.-Fall. Damit ist die Situation gemeint, dass ein Autor oder viele Autoren einen Namen falsch angewandt haben.
- A reference to other authors, who are not the actual author of the name. This denotes the wrong use of a name, the so-called auct. case. This refers to situations where one or more authors have used a name wrongly.
- Nom appliqué à une plante par certains auteurs, tandis que l'auteur initial de ce nom l'applique à une autre plante – indique une utilisation erronée d'un nom, on dit cas-auct. Il signifie qu'un auteur, ou de nombreux d'auteurs, ont employé un nom par erreur.

Autonym (ein von selbst entstehender Name / a name that arises by itself / nom qui se crée tout seul, qui se désigne lui-même)
- Wird innerhalb einer Art eine abweichende Sippe erkannt und ein entsprechender Name veröffentlicht (z.B. *Campanula latifolia* L. var. *macrantha* FISCH ex HONEM.), dann entsteht gleichzeitig und automatisch, also unabhängig von seiner Nennung ein Autonym (hier: *Campanula latifolia* L. var. *latifolia)*. Dieses wiederholt das Art-Epitheton, enthält den Typus des Artnamens, besitzt aber keinen Autor.

- If, within a species, a distinct taxon is recognized and a distinct name for it is published (e.g., *Campanula latifolia* L. var. *macrantha* FISCH ex HONEM.), an autonym automatically arises, i.e. independently of the naming (in this case, *Campanula latifolia* L. var. *latifolia*). The autonym repeats the specific epithet and contains the nomenclatural type expressed in the name of the species, but has no author.
- Si au sein d'une espèce un groupe distinct est reconnu et un nom correspondant est publié (par ex. *Campanula latifolia* L. var. *macrantha* FISCH ex HONEM.), un autonyme se crée en même temps et automatiquement, donc indépendemment de sa désignation (ici: *Campanula latifolia* L. var. *latifolia*). L'autonyme repète l'épithète spécifique, contient le type nomenclatural du nom de l'espèce, mais ne posséde pas d'auteur.

comb. nov. (combinatio nova)
- Bei Neukombinationen von Sippenbezeichnungen.
- Used for new combinations of taxonomic designations
- Indique une nouvelle combinaison nomenclaturale (qui est faite pour la première fois à l'endroit où cette mention est publiée).

emend. (emendavit)
- Abgeändert durch. Beispielsweise wurde die Beschreibung *Adonis autumnalis* L. von WILLIAM HUDSON geändert in *Adonis autumnalis* L. emend. HUDS..
- Changed by: e.g., the description *Adonis autumnalis* L. was changed by WILLIAM HUDSON to *Adonis autumnalis* L. emend. HUDS..
- Modifié par. Par ex. l'acception de la description *Adonis autumnalis* L. fut modifé par WILLIAM HUDSON en *Adonis autumnalis* L. emend. HUDS..

Epitheton (Beiwort / epithet / mot joint)
- Das zweite Wort bei einem Artnamen oder das letzte Wort bei infraspezifischen (infragenerischen) Namen. Beispielsweise ist *campestre* das Art-Epitheton von *Acer campestre*, *Acer* selbst ist der Gattungsname. Gattungsname und Art-Beiwort ergeben den Artnamen. Bei einem infraspezifischen Namen kommt ein zweites Epitheton am Ende hinzu. Zum Beispiel ist *leiocarpum* das infraspezifische Epitheton zu dem Namen *Acer campestre* subsp. *leiocarpum*.
- The second word in the name of a species, or the last word in infraspecific (infrageneric) names: e.g., *campestre* is the specific epithet of *Acer campestre*; *Acer* itself is the generic name. Together, the generic name and specific epithet make up the name of a species. In infraspecific names, a second epithet is added at the end: e.g., *leiocarpum* is the infraspecific epithet of *Acer campestre* subsp. *leiocarpum*.
- Deuxième mot d'un nom d'espèce ou dernier mot des noms infraspécifiques. Par ex. *campestre* est l'épithète spécifique d'*Acer campestre*, *Acer* lui-même est le nom de genre. Le nom de genre et l'épithète spécifique donnent le nom de l'espèce. Dans le cas d'un nom infraspécifique, une deuxième epithète s'ajoute à la fin. Par ex. *leiocarpum* est l'épithète infraspécifique du nom *Acer campestre* subsp. *leiocarpum*.

et (und... /and .../ et ....)
- In manchen Büchern wird das „et" (z.B. HUMB., BONPL. et KUNTH) auch durch „&" (z.B. HUMB., BONPL. & KUNTH) dargestellt.
- In some books, "&" is used in place of "et" (e.g. HUMB., BONPL. & KUNTH).
- Le „et" (par ex. HUMB., BONPL. et KUNTH) est représenté dans de nombreux livres par „&".

ex (aus ... / from .../ de ...)
- Kennzeichnung einer Validierungsbeziehung (steht zwischen zwei Autoren). Der nach dem »ex« stehende Autor hat den Namen, den der vor dem »ex« stehende Autor geprägt oder nur ungültig veröffentlicht hat, gültig veröffentlicht, d.h. validiert. Der vor dem »ex« stehende Autor ist der sog. Ex-Autor.

- Denotes a »validation relationship« (placed between the names of two authors). The person whose name appears after »ex« is the author who published – i.e., validated – a botanical name that had originally been established or published only in an invalid form by the author whose name appears before »ex«. The latter author is the so-called ex-author.
- Désignation d'une relation de validation (placé entre deux auteurs). L'auteur placé après »ex« a valablement publié, c'est-à-dire a validé, le nom créé ou publié d'une manière non-valable par l'auteur placé devant »ex«. L'auteur placé devant »ex« est l'auteur dit ex-auteur.

f. (filius)
- Der Sohn. Dient in einigen Fällen zur Unterscheidung zweier miteinander verwandter Autoren (Vater und Sohn), wobei dann nur der Sohn den Zusatz erhält, z.B. »L.« für LINNÉ und »L. f.« für LINNÉ filius. Auch bei Reichenbach (RCHB. f.), Hooker (HOOK. f.) und anderen Autoren.
- The son. Used in some cases to distinguish between two related authors (father and son), whereby the abbreviation denotes only the son: e.g., »L.« for LINNÉ and »L. f.« for LINNÉ filius. Also used for Reichenbach (RCHB. f.), Hooker (HOOK. f.), and other authors.
- Le fils. Peut servir dans quelques cas pour distinguer deux auteurs apparentés (père et fils); dans ce cas, seulement le fils reçoit cette mention, par ex. »L.« pour LINNÉ et »L. f.« pour LINNÉ filius. Egalement chez Reichenbach (RCHB. f.), Hooker (HOOK. f.) et d'autres auteurs.

fo. (forma)
- Rangstufe: Form. Oft auch nur durch Hochkommas gekennzeichnet, z.B. »fo. alba« entspricht 'Alba'.
- Rank: form. Often denoted only by quotation marks: e.g., »fo. alba« corresponds to 'Alba'.
- Rang: forme. Souvent simplement marqué par des guillemets simples, par ex. »fo. alba« correspond à 'Alba'.

-f- (femininum)
- Weiblichen Geschlechts, im Lateinischen gekennzeichnet durch die Endung *-a*.
- Female gender, characterized in Latin by the ending *-a*.
- De sexe féminin, en latin indiqué par la terminaison *-a*.

Grp. (Gruppe / group / groupe)
- Taxonomische Artengruppe in der englischsprachigen Literatur – entspricht begrifflich dem Aggregat. Der Begriff wird im vorliegenden Werk hauptsächlich dazu verwendet, um gärtnerische Züchtungsgruppen voneinander zu unterscheiden, z.B. *Delphinum* Belladonna Grp. und *Delphinum* Elatum Grp..
- This is sometimes used by English language writers to indicate a group of allied species: technically speaking, this corresponds to »aggregate«. In this volume, however, the term is mainly used to distinguish between horticultural cultivar-groups: e.g., *Delphinium* Belladonna Group and *Delphinum* Elatum Group.
- Groupe taxonomique d'espèces dans la littérature anglophone – correspond au concept de l'agrégat. Dans le présent ouvrage, le terme est principalement utilisé pour distinguer différents groupes de sélection horticole, par ex. *Delphinium* Belladonna Grp. et *D.* Elatum-Grp..

Homonym (gleichlautender Name / a name that has the same form or sound as another, but a different meaning / nom homophone)
- Alle jüngeren Homonyme sind illegitim und daher nicht als Namen verwendbar. Das älteste Homonym ist legitim, wenn der Name ansonsten den Regeln entspricht. Nur gültig veröffentlichte Namen werden bei der Homonymie-Regel berücksichtigt. Infraspezifische Namen auf verschiedenen Rangstufen mit dem gleichen, aber heterotypischen Epitheton gelten ebenfalls als Homonyme.

- All the more recent homonyms are illegitimate and hence cannot be used as names. The oldest homonym is legitimate if the name otherwise corresponds to the rules. Only validly published names are considered under the homonym rule. Also considered as homonyms are infraspecific names of different ranks with the same, but heterotypical, epithet.
- Tous homonymes récents sont illégitimes et par conséquent non utilisables comme noms scientifiques. L'homonyme le plus ancien est légitime s'il correspond aux règles. Seuls les noms valablement publiés sont pris en considération pour la règle d'homonymie. Des noms infraspécifiques de différents rangs avec toutefois la même épithète hétérotypique comptent également comme homonymes.

hort. (hortulanorum)
- Steht anstelle eines Autors. Der Name ist eine gärtnerische Bezeichnung für eine Sippe ohne einen spezifischen Autor; der Name ist nicht gültig veröffentlicht. Im Englischen wird der Begriff auch oft gleichgesetzt mit »... of gardens«. Dies bedeutet, dass eine Pflanze im Handel oft unter falschem Namen kursiert. So wird z. B. die echte *Passiflora antioquiensis* (H. KARST) kaum angeboten, sondern es handelt sich um *P.* × *exoniensis* (L.H. BAILEY). »*P. antioquiensis* of gardens« wird demnach als *P. antioquiensis* hort. bezeichnet.
- This is used instead of the name of an author. It indicates a horticultural designation for a taxon without reference to an author: the name has not been validly published. In English, the term is often equated with » ... of gardens«. This may mean that a plant appears in the trade under a wrong name: e.g. the true *Passiflora antioquiensis* (H. KARST) is hardly ever supplied: *P.* × *exoniensis* (L.H. BAILEY) usually takes its place. Hence, »*P. antioquiensis* of gardens« is designated *P. antioquiensis* hort.
- Prend la place du nom d'auteur. Le nom est une désignation horticole pour un groupe sans auteur spécifique; le nom n'est pas valablement publié. En anglais, le terme est équivalent de »... of gardens«. Cela signifie qu'une plante circule sous un nom erroné dans le commerce. C'est ainsi que la véritable *Passiflora antioquiensis* (H. KARST) est rarement mise en vente: il s'agit de *P.* × *exoniensis* (L.H. BAILEY), que l'on désigne par »*P. antioquiensis* of gardens« ou *P. antioquiensis* hort.

in (in ... / en ...)
- Veröffentlicht im Werk des nachfolgenden Autors (des so genannten In-Autors), der nach den neuen Nomenkalturregeln nicht mehr zum Autorzitat gehört. Das »in« steht zwischen dem Autor des Namens und dem Autor des Werkes.
- Published in the work of the following author (the so-called in-author) who, according to the new nomenclatural rules, no longer attaches to the author citation. The »in« appears between the author of the name and the author of the work.
- Indique qu'un texte dû à un auteur est publié dans un ouvrage postérieur, dû à un autre auteur. L'auteur dit in-auteur, selon les nouvelles règles de nomenclature, ne fait plus partie de la citation des auteurs. Le »in« est placé entre l'auteur du texte et l'auteur de l'ouvrage.

incl. (incluso)
- Einschließlich (eines Synonyms)
- Including (a synonym).
- Inclusivement (à propos d'un synonyme).

Infraspezifisch / infraspecific / infraspécifique
- Eine infraspezifische Sippe ist eine innerartliche Sippe. An infraspezifischen Sippen werden hier hauptsächlich Unterart (subsp.), Varietät (var.) und Form (fo.) unterschieden. *Ballota nigra* subsp. *meridionalis* ist ein infraspezifischer Name; *meridionalis* ein infraspezifisches Epitheton.
- An infraspecific taxon is one that is ordered within a species, i.e., below it in rank. Here, a distinction is mainly made between subspecies (subsp.), variety (var.) and Form (fo.). *Ballota nigra* subsp. *meridionalis* is an infraspecific name, *meridionalis* is an infraspecific epithet.

– Un groupe infraspécifique est un groupe au sein d'une espèce. Les principaux groupes infraspécifiques distingués dans cet ouvrage sont: sous-espèce (subsp.), variété (var.) et forme (fo.). *Ballota nigra* subsp. *meridionalis* est un nom infraspécifique; *méridionalis* est une épithète infraspécifique.

-m- (maskulinum)
– Männlichen Geschlechts, im Lateinischen gekennzeichnet durch die Endung *-us*.
– Male gender, characterized in Latin by the ending *-us*.
– De sexe masculin, en latin indiqué par la terminaison *-us*.

mult. (multorum)
– ... vieler, z.B. »auct. mult. non ...« bedeutet: im Sinne vieler Autoren, aber nicht im Sinne des Autors des Namens.
– ... of many: e.g., »auct. mult. non ...« means in the sense of many authors, but not in the sense of the author of the name.
– ... de nombreux, par ex., »auct. mult. non ...« signifie: dans le sens de nombreux auteurs mais non dans le sens de l'auteur du nom.

-n- (neutrum)
– Sächlichen Geschlechts, im Lateinischen gekennzeichnet durch die Endung *-um*.
– Neuter gender, characterized in Latin by the ending *-um*.
– De sexe neutre, en latin indiqué par la terminaison *-um*.

nec (auch nicht, also not, non plus)
– Steht im Zusammenhang mit non-Zitaten, wenn weitere Homonyme erwähnt werden.
– Appears in connection with non-citations, where further homonyms are mentioned.
– Indiqué en rapport avec des non-citations si d'autres homonymes sont mentionnés.

nom. cons. (nomen conservandum)
– Ein nach dem ICBN konservierter Name.
– A conserved name (according to the ICBN).
– Nom conservé selon l'ICBN.

nom. illeg. (nomen illegitimum)
– Ein unrechtmäßiger Name (ein jüngeres Homonym oder ein überflüssiger Name, der einen bereits bestehenden legitimen Namen zu ersetzen versucht).
– An illegitimate name (usually a more recent homonym or a superfluous name that threatens to supersede a legitimate name already in existence).
– Nom illégitime (c'est par ex. un homonyme récent ou un nom superflu attribués à une plante qui a déjà un nom légitime).

nom. nud. (nomen nudum)
– Ein »nackter Name«, ein Name ohne die nomenklatorisch geforderte Beschreibung.
– A »naked name«, without the nomenclaturally required description.
– »Nom nu«, c'est-à-dire un nom créé dans une publication où il n'est pas accompagné d'une description latine, comme l'exigent les règles de la nomenclature.

nom. rej. (nomen rejiciendum)
– Ein nach dem ICBN zu verwerfender Name, gilt auch für alle Namen, die auf diesen Kombinationen beruhen. Bei taxonomischen Synonymen gilt die Verwerfung nur dann, wenn beide als nicht verschieden gewertet werden.
– A name to be rejected (according to the ICBN). Also applies to all names that are based on these combinations. In the case of taxonomic synonyms, the rejection applies only if both names are judged not to be different.

- Nom à rejeter selon l'ICBN, également valable pour tous les noms basés sur les combinaisons qui l'utilisent. Dans le cas de synonymes taxonomiques, le rejet se fait si les deux noms sont estimés être semblables.

nom. superfl. (nomen superfluum)
- Ein überflüssiger Name liegt vor, wenn ein Autor bei der Veröffentlichung eines Namens einen bereits existierenden (und nach den Regeln anzunehmenden) älteren Namen oder seinen Typus zitiert. Alle Kombinationen, die auf diesem älteren Namen beruhen, also den gleichen Typus besitzen, gelten als mitzitiert.
- A superfluous name exists when an author, in publishing a name, cites an already existing (and, according to the rules, legitimate), older name or its nomenclatural type. All combinations that are based on this older name, i.e., those with the same nomenclatural type, are considered to be cited as well.
- Si un auteur cite, dans le cadre de la publication d'un nom, un nom plus ancien déjà existant (et valable selon les règles) ou son type nomenclatural, alors ce nouveau nom est superflu. Toutes les combinaisons basées sur le même type nomenclatural, sont considérées comme implicitement citées.

non (nicht)
- Verneinung, die bei auct.-Fällen und bei Homonymen steht (der vor dem »non« stehende Name ist das jüngere, in der Regel illegitime Homonym, der nach dem »non« stehende Name ist das ältere Homonym).
- Negation, appearing in connection with auct. cases and homonyms. The name before the »non« is the more recent (as a rule illegitimate) homonym; the name after the »non« is the older homonym.
- Négation, également utilisée avec les cas-auct. et en combinaison avec des homonymes (le nom placé devant le »non« est l'homonyme plus récent, généralement illégitime; le nom placé après le »non« est l'homonyme plus ancien).

p.p. (pro parte)
- Zum Teil, also bei Namen, die sich auf zwei oder mehr Sippen beziehen – entweder bei Namen, deren Typus noch nicht feststeht und in der Vergangenheit für mehr als eine Sippe verwendet wurde. Eine »p.p.«-Kennzeichnung steht aber auch bei Sippennamen, die von bestimmten Autoren in weiterer Umgrenzung verwendet werden, als in der vorliegenden Klassifikation, in der sie als »p.p.«-Synonyme dargestellt sind.
- In part, i.e., in the case of names that relate to two or more taxa – either in names whose nomenclatural type has not yet been established, or which have been used in the past for more than one taxon. However, a »p.p.« designation is also used in connection with taxonomic names that have been used by certain authors in a broader definition than in the current classification.
- En partie, donc chez des noms qui se réfèrent à deux ou plusieurs groupes – chez des noms dont l'appartenance du type nomenclatural à un groupe n'est pas déterminée et qui ont été utilisés auparavant pour plus d'un groupe. L'indication »p.p.« est également donnée pour des noms de groupes qui sont utilisés par d'autres auteurs dans une délimitation plus large que celle de la classification en question; dans cette classification, les groupes sont indiqués comme »p.p.«-synonymes.

s.l. (sensu lato)
- »In einem weiten Sinn« meint die taxonomisch weite Umgrenzung einer Sippe (jeglicher Rangstufe). Nicht – wie in manchen Floren – als alternative Bezeichnung für eine Artengruppe bzw. »Sammelart« zu verstehen!
- »In a broad sense«, i.e., the broad limits of a taxon (of any rank). Not – as in some floras – to be understood as an alternative designation for a species group or aggreggate.

- »Dans un sens large« – veut dire la délimitation taxonomique large d'un groupe (de n'importe quel rang) ce qui ne signifie pas un groupe d'espèces ou une »espèce collective«, comme il est dit dans quelques flores!

s.str. (sensu stricto)
- »In einem engeren Sinn« ist dies eine Sippe (jeglicher Rangstufe) in taxonomisch enger Umgrenzung.
- »In a narrow sense«: a taxon (of any rank) in a taxonomically narrow definition.
- »Dans un sens restreint« indique un groupe (de n'importe quel rang) d'une délimitation taxonomique restreinte.

sensu (im Sinne von / in the sense of / dans le sens de)
- In der taxonomischen Auffassung bzw. Umgrenzung eines (nachfolgend genannten) Autors oder seines Werkes.
- According to the taxonomic interpretation or definition of a (subsequently named) author or his work.
- Dans le sens d'une conception ou d'une délimitation taxonomique donnée par un auteur ou dans un de ses ouvrage (mentionné après).

stat. nov. (Status novus)
- Rangstufenänderung (an dieser Stelle).
- Change in rank (at this level).
- Changement de rang (à l'endroit où figure cette mention).

subsp. (subspecies)
- Rangstufe: Unterart
- Rank: Subspecies.
- Rang: sous-espèce.

Syn. (Synonym / synonym / synonyme)
- Ein gleichbedeutender Name ist ein Name, der nicht gültig veröffentlicht, nicht legitim oder nicht korrekt (der älteste) ist – oder der aufgrund der mit ihm zum Ausdruck gebrachten systematischen Stellung oder Bewertung nicht akzeptiert wird.
- A synonym is a name that is not validly published, or one that is illegitimate or incorrect (the oldest), or one that is not accepted because of the systematic level or value that it expresses.
- Un synonyme, un nom de même sens, est un nom qui n'est pas valablement publié, qui n'est pas légitime ou qui n'est pas correct (qui n'est pas le plus ancien) – ou qui n'est pas acceptable à cause de la position ou de l'évaluation systématique qu'il exprime.

Tautonym
- Ein in der botanischen Nomenklatur nicht erlaubter Artname, bei dem das Artbeiwort den Gattungsnamen wiederholt. Wird z.B. *Acer negundo* L. in eine eigene Gattung *Negundo* gestellt, darf die Art nicht zu dem Tautonym *Negundo negundo* L. umkombiniert werden, sondern heißt in diesem Falle *Negundo aceroides* (MOENCH).
- A name that is not permitted in botanical nomenclature, one in which the specific epithet repeats the generic name. For example, if *Acer negundo* L. is placed into the separate genus *Negundo*, the species name may not be renamed to give the tautonym *Negundo negundo* L.; in this case, the species is called *Negundo aceroides* (MOENCH).
- Nom d'espèce illégitime selon la nomenclature botanique chez lequel l'épithète spécifique répète le nom de genre. Si par ex. *Acer negundo* L. est placé dans un propre genre *Negundo*, l'espèce ne doit pas porter le tautonyme *Negundo negundo* L., mais, dans ce cas, elle est nommée *Negundo aceroides* (MOENCH).

var. (varietas)
- Rangstufe: Varietät
- Rank: variety.
- Rang: variété.

vel (auch, aber auch / also, but also / mais, mais également)
- Wenn ein Sippenname im Sinne mehrerer Autoren verwendet wird, z.B. *Philadelphus satsumanus* sensu KOCH vel REHDER.
- Appears when a taxonomic name is used in the sense of several authors: e.g., *Philadelphus satsumanus* sensu KOCH vel REHDER.
- Si le nom d'un groupe est utilisé dans le sens de plusieurs auteurs, par ex. *Philadelphus satsumanus* sensu KOCH vel REHDER.

5 Beispiel / Example / Exemple

Acer[1] L.[2] –n–[3] Aceraceae[4] · 124 sp[5] · D: Ahorn[6], E: Maple[7], F: Erable[8]

....

– **campestre**[9] L.[10]

– – subsp. **campestre**[11] · D: Gewöhnlicher Feld-Ahorn[12]; E: Field Maple, Hedge Maple[13]; F: Erable champêtre[14] · ♄ ♄[15] V[16] d ⚕ Ⓝ[17] ; Eur. *, Kauk., TR, N-Iran, Maroc., Alger.[18]; Z 5[19]

– – 'Royal Ruby'[20]

– – var. *hebecarpum*[21] DC. =[22] Acer campestre subsp. campestre

– – var. **tauricum**[23] (Kirchn.) Pax · D: Taurischer Feld-Ahorn

– – subsp. **leiocarpum**[24] Pax · D: Kahlfrüchtiger Feld-Ahorn

– var. **tauricum**[25] (Kirchn.) Pax

...

---

1 Gattungsname / genus / nom de genre
2 Autor des Gattungsnamens / author of genus / auteur du nom de genre
3 grammatikalisches Geschlecht des Namens / Latin gender / genre grammatical
4 Pflanzenfamilie / family / famille
5 Anzahl der Arten / number of species / nombre d'espèces
6 deutscher Gattungsname / German name for genus / nom allemand du genre
7 englischer Gattungsname / English name for genus / nom anglais du genre
8 französischer Gattungsname / French name for genus / nom français du genre
9 Artname / species / nom d'espèce
10 Autor des Artnamens / author of species / auteur du nom de l'espèce
11 Autonym / autonym / autonyme
12 deutscher Artname / German name / nom allemand de l'espèce
13 englischer Artname / English name / nom anglais de l'espèce
14 französischer Artname / French name / nom français de l'espèce
15 Lebensform / life form / forme biologique
16 Blütezeit (Monat in röm. Ziffern) / flowering time (month in Roman numerals) / époque de floraison (mois en chiffres romains)
17 zusätzliche Angaben (siehe Zeichentabelle) / additional details / indications supplémentaires
18 Verbreitungsgebiet / distribution / répartition géographique
19 Winterhärtezone / winter hardiness zone / zone de rusticité
20 Sorte / cultivar / cultivar
21 Synonym (kursiv) / synonym (italics) / synonymes (italiques)
22 Synonymverweis auf gültigen Namen / cross reference to correct name / renvoi au nom correct
23 Varietät der Art / variety of the species / Variété de l'espèce
24 Subspezies / subspecies / sous-espèce
25 Varietät (oder Subspecies) der Art (eingerückt) / variety (or subspecies) of the species (indented) / Variété (ou sous-espèce).

6 Alphabetische Liste der Gattungen und Arten
6 Alphabetical list of genera and species
6 List alphabétique des genres et d'espèces

Abelia R. Br. -f- *Caprifoliaceae* · 40 sp · D:Abelie; E:Abelia; F:Abélia
– **chinensis** R. Br. · D:China-Abelie; E:Chinese Abelia · ħ d Z8 Ⓚ VII-IX; China
– **engleriana** (Graebn.) Rehder · D:Englers Abelie; E:Engler's Abelia · ħ d Z8 Ⓚ VI-VII; China
– **floribunda** (Mart. et Galeotti) Decne. · D:Reichblütige Abelie; E:Mexican Abelia · ħ e Z8 Ⓚ V-VI; Mex.
– **graebneriana** Rehder · D:Graebners Abelie; E:Graebner's Abelia · ħ d Z8 Ⓚ VII; C-China
– × **grandiflora** (Rovelli ex André) Rehder (*A. chinensis* × *A. uniflora*) · D:Großblütige Abelie; E:Glossy Abelia · ħ s Z8 Ⓚ ∧ VII-X; cult.
– *longituba* Rehder = Abelia schumannii
– **mosanensis** Chung ex Nakai · ħ Z8 Ⓚ V-VI; Korea
– *rupestris* hort. Späth = Abelia × grandiflora
  – var. *grandiflora* André = Abelia × grandiflora
– *rupestris* Lindl. = Abelia chinensis
– **schumannii** (Graebn.) Rehder · D:Schumanns Abelie; E:Schumann's Abelia · ħ s Z8 Ⓚ ∧ VI-IX; W-China
– **spathulata** Siebold et Zucc. · ħ d Z8 Ⓚ V; Jap.
– **triflora** R. Br. ex Wall. · ħ d Z8 Ⓚ VI-VII; NW-Him.
– **uniflora** R. Br. ex Wall. · ħ e Z8 Ⓚ VI-IX; E-China
– **zanderi** (Graebn.) Rehder · ħ d Z8 Ⓚ VII-VIII; China

Abeliophyllum Nakai -n- *Oleaceae* · 1 sp · D:Schneeforsythie; E:White Forsythia; F:Forsythia blanc
– **distichum** Nakai · D:Schneeforsythie; E:White Forsythia · ħ d Z7 ∧ V; C-Korea

Abelmoschus Medik. -m- *Malvaceae* · 20 sp · D:Bisameibisch; F:Gombo, Okra
– **esculentus** (L.) Moench · D:Bisameibisch, Okra; E:Gumbo, Lady's Fingers, Okra · ⊙ Z9 Ⓦ VII-VIII Ⓝ; Ind., NE-Afr., nat. in Trop.
– **manihot** (L.) Medik. · D:Maniok-Bisameibisch; E:Manioc Hibiscus · ⊙ ⊙ ♃ Z9 Ⓚ VII-IX Ⓝ; trop. As., nat. in Trop.
– **moschatus** Medik. · D:Ambramalve, Muskateller-Bisameibisch; E:Musk Mallow · ⊙ ⊙ Z9 Ⓚ VII-VIII ⚕ Ⓝ; Ind., nat. in Trop.

Aberia Hochst. = Dovyalis
– *caffra* Hook. f. et Harv. = Dovyalis caffra
– *gardneri* Clos = Dovyalis hebecarpa

Abies Mill. -f- *Pinaceae* · 49 sp · D:Tanne; E:Fir, Silver Fir; F:Sapin
– **alba** Mill. · D:Weiß-Tanne; E:European Silver Fir · ŧ Z4 V-VI Ⓝ; Eur.* exc. BrI, Sc
– **amabilis** (Douglas ex Loudon) Douglas ex Forbes · D:Purpur-Tanne; E:Pacific Silver Fir, Red Silver Fir · ŧ e Z6 Ⓝ; SE-Alaska, B.C., Wash., Oreg., N-Calif.
– **balsamea** (L.) Mill.
  – fo. **hudsonia** (Jacq.) Fernald et Weath. · ħ e Z4; USA: New Hampshire
  – var. **balsamea** · D:Balsam-Tanne; E:Balm of Gilead, Balsam Fir · ŧ e D Z2 ⚕ Ⓝ; Can., USA: NE, NCE
– × **borisii-regis** Mattf. (*A. alba* × *A. cephalonica*) · D:König Boris-Tanne; E:King Boris Fir · ŧ e Z6; GR, S-BG
– *bornmuelleriana* Mattf. = Abies nordmanniana subsp. equi-trojani
– *brachyphylla* Maxim. = Abies homolepis var. homolepis
– **bracteata** (D. Don) Poit. · D:Santa Lucia-Tanne; E:Bristlecone Fir, Santa Lucia Fir · ŧ e Z8; SW-Calif.
– *candicans* Fisch. ex Henkel et W. Hochst. = Abies nordmanniana subsp. nordmanniana
– **cephalonica** Loudon · D:Griechische Tanne; E:Grecian Fir, Greek Fir · ŧ e Z6 Ⓝ
  – var. *apollinis* (Link) Beissn. = Abies cephalonica
  – var. *graeca* (Fraas) T.S. Liu = Abies nordmanniana subsp. equi-trojani
– **chensiensis** Tiegh. · D:Shensi Tanne;

E:Shensi Fir · ♄ e Z6; China: Shaanxi, Hubei, Yunnan
– **cilicica** (Antoine et Kotschy) Carrière · D:Cilicische Tanne; E:Cilician Fir · ♄ e Z6; TR, N-Syr.
– **concolor** (Gordon et Glend.) Lindl. ex Hildebr. · D:Colorado-Tanne; E:Colorado Fir, White Fir · ♄ e Z5 V Ⓝ; USA: Oreg., Calif., Rocky Mts., SW; Mex.: Baja Calif., Sonora
  – **Lowiana Grp.** · D:Pazifische Weiß-Tanne; E:Low's Fir, Pacific White Fir, Sierra White Fir · ♄ e Z4; USA: Oreg., Calif.
  – var. *lowiana* (Gordon) Lemmon = Abies concolor Lowiana Grp.
– **delavayi** Franch.
  – var. **delavayi** · D:Delavays Tanne; E:Delavay's Fir · ♄ e Z7; SW-China, NE-Ind., N-Myanmar
  – var. *fabri* (Mast.) Hunt = Abies fabri
  – var. *faxoniana* (Rehder et E.H. Wilson) A.B. Jacks. = Abies fargesii var. faxoniana
  – var. *forrestii* (Coltm.-Rog.) A.B. Jacks. = Abies forrestii
  – var. *smithii* (Vig. et Gaussen) T.S. Liu = Abies forrestii
– *equi-troyani* Asch. et Sint. = Abies nordmanniana subsp. equi-trojani
– *excelsa* Poir. = Picea abies var. abies
– **fabri** (Mast.) Craib · D:Fabers Tanne; E:Faber's Fir · ♄ e Z6; China: Yunnan
– **fargesii** Franch.
  – var. **fargesii** · ♄ e Z7; C-China
  – var. **faxoniana** (Rehder et E.H. Wilson) Tang S. Liu · ♄ e Z7; W-China: Sichuan
  – var. **sutchuensis** Franch. · ♄ e Z7; W-China
– **firma** Siebold et Zucc. · D:Momi-Tanne; E:Japanese Fir, Momi Fir · ♄ e Z6; Jap.
– **forrestii** Craib · ♄ e Z7; SW-China
– **fraseri** (Pursh) Poir. · D:Frasers Tanne; E:Southern Balsam Fir · ♄ e Z5 Ⓝ; USA: Va., W.Va., Tenn., N.C.
– **grandis** (Douglas ex D. Don) Lindl. · D:Küsten-Tanne; E:Giant Fir, Grand Fir · ♄ e Z6 V Ⓝ; B.C., USA: NW, Rocky Mts., N-Calif.
  – var. *idahoensis* Silba = Abies grandis
– **holophylla** Maxim. · D:Mandschurische Tanne; E:Manchurian Fir · ♄ e Z6; Korea, Manch.
– **homolepis** Siebold et Zucc.
  – var. **homolepis** · D:Nikko-Tanne; E:Nikko Fir · ♄ e Z5 Ⓝ; Jap.
  – var. **umbellata** (Mayr) E.H. Wilson · ♄ e Z5; Honshu
– × **insignis** Carrière ex Bailly (*A. nordmanniana* × *A. pinsapo*) · ♄ e Z6; cult.
– **kawakamii** (Hayata) Ito · D:Formosa-Tanne; E:Formosan Fir, Taiwan Fir · ♄ e Z7; Taiwan
– **koreana** E.H. Wilson · D:Koreanische Tanne; E:Korean Fir · ♄ e ♧ Z5; Korea
– **lasiocarpa** (Hook.) Nutt. · D:Felsengebirgs-Tanne; E:Alpine Fir, Subalpine Fir · ♄ e Z4 Ⓝ; Alaska, Can.: W; USA: NW, Rocky Mts., SW
– *lowiana* (Gordon) A. Murray = Abies concolor
– **magnifica** A. Murray · D:Prächtige Tanne; E:California Red Fir, Red Fir · ♄ e Z6 Ⓝ; USA: Oreg., Calif., Nev.
– **mariesii** Mast. · D:Maries-Tanne; E:Maries Fir, Shasta Red Fir · ♄ e Z6; Jap.
– *nobilis* (Douglas ex D. Don) Lindl. = Abies procera
– *nobilis* A. Dietr. = Abies alba
  – var. *magnifica* (A. Murray) Kellogg = Abies magnifica
– **nordmanniana** (Steven) Spach
  – subsp. **equi-trojani** (Asch. et Sint.) Coode et Cullen · D:Bornmüllers Tanne; E:Bornmueller's Fir · ♄ e Z6; N-TR
  – subsp. **nordmanniana** · D:Nordmanns-Tanne; E:Caucasian Fir, Christmas Tree · ♄ e Z5 V Ⓝ; Cauc., TR
– **numidica** de Lannoy ex Carrière · D:Numidische Tanne; E:Algerian Fir · ♄ e Z6; NE-Alger.
– *pectinata* DC. = Abies alba
– *pichta* Forbes = Abies sibirica
– **pindrow** (Lamb.) Royle · D:Pindrow-Tanne; E:Pindrow Fir, West Himalayan Fir · ♄ e Z8 Ⓝ; Him.: Afgh., Kashmir, NW-Ind., W-Nepal
– **pinsapo** Boiss. · D:Spanische Tanne; E:Hedgehog Fir, Spanish Fir · ♄ e Z6 Ⓝ; S-Sp., N-Maroc.
– **procera** Rehder · D:Edle Tanne; E:Noble Fir · ♄ e Z6 Ⓝ; USA: Wash., Oreg., N-Calif.
– **recurvata** Mast. · D:Min-Tanne; E:Min Fir · ♄ e Z5; W-China: Sichuan
– **sachalinensis** (F. Schmidt) Mast. · D:Sachalin-Tanne; E:Sakhalin Fir · ♄ e Z4 Ⓝ; N-Jap., Sachal.
– **sibirica** Ledeb. · D:Sibirische Tanne; E:Siberian Fir · ♄ e Z4 Ⓝ; Eur.: Russ.; N-

As., C-As., Mong., nat. in Sc
- **spectabilis** (D. Don) Spach · D:Himalaya-Tanne; E:Himalayan Fir · ħ e Z8 Ⓝ; Him.: Afgh., Kashmir, NW-Ind., Nepal, Bhutan
- **squamata** Mast. · D:Schuppenrindige Tanne; E:Flaky Fir · ħ e Z6; SW-China: Sichuan
- *subalpina* Engelm. = Abies lasiocarpa
- **veitchii** Lindl.
  - var. *nikkoensis* Mayr = Abies veitchii var. veitchii
  - var. *olivacea* Shiras. = Abies veitchii var. veitchii
  - var. *sachalinensis* F. Schmidt = Abies sachalinensis
  - var. **veitchii** · D:Veitchs Tanne; E:Veitch Fir, Veitch's Silver Fir · ħ e Z5; C-Jap.
- *venusta* (Douglas) K. Koch = Abies bracteata
- × **vilmorinii** Mast. (*A. cephalonica* × *A. pinsapo*) · D:Vilmorins Tanne; E:Vilmorin's Fir · ħ e Z6; cult.
- *webbiana* (Wall. ex D. Don) Lindl. = Abies spectabilis

Abobra Naudin -f- *Cucurbitaceae* · 1 sp
- **tenuifolia** (Gillies) Cogn. · ♃ ≀ ஃ Ⓚ ∧; Arg., Urug.
- *viridiflora* Naudin = Abobra tenuifolia

Abroma Jacq. -n- *Sterculiaceae* · 2 sp
- **augustum** (L.) L. f. · ħ e Ⓦ ☠ Ⓝ; SE-As, N-Austr.

Abromeitiella Mez -f- *Bromeliaceae* · 2-4 sp
- **brevifolia** (Griseb.) A. Cast. · ♃ ⌓ Z9 Ⓚ; NW-Arg., S-Bol.
- *chlorantha* (Speg.) Mez = Abromeitiella brevifolia
- **lorentziana** (Mez) A. Cast. · ♃ ⌓ Z9 Ⓚ; NW-Arg.

Abronia Juss. -f- *Nyctaginaceae* · c. 35 sp · D:Sandverbene; E:Sand Verbena; F:Verveine des sables
- **umbellata** Lam. · D:Rosafarbene Sandverbene; E:Pink Sand Verbena · ⊙ ♃ D Z8 Ⓚ VII-X; B.C.; USA: Wash., Oreg., Calif.; Mex.: Baja Calif.

Abrus Adans. -m- *Fabaceae (Leguminosae)* · 17 sp · D:Paternostererbse; F:Pois à chapelet
- **precatorius** L. · D:Paternostererbse; E:Crab's Eye Vine, Indian Liquorice, Rosary Pea · ♄ ≀ Ⓦ ⚕ ☠ Ⓝ; Trop., nat. in S-Fla.

Abutilon Mill. -n- *Malvaceae* · 150-200 sp · D:Sammetmalve, Samtpappel, Schönmalve; E:Flowering Maple, Indian Mallow; F:Abutilon, Lanterne chinoise
- *avicennae* Gaertn. = Abutilon theophrasti
- **darwinii** Hook. f. · ♄ Z8 Ⓚ; Bras.
- *globosum* hort. = Abutilon × hybridum
- × **hybridum** hort. (*A. darwinii* × *A. pictum*) · D:Chinalaterne; E:Chinese Lantern · ♄ Z8 Ⓚ; cult.
- **indicum** (L.) Sweet · D:Indische Samtpappel; E:Indian Mallow · ⊙ ⊙⊙ ♃ Z10 Ⓚ ⚕ Ⓝ; trop. Afr., trop. As., nat. in Fla., W-Ind., trop. S-Am.
- **insigne** Planch. · ♄ Z9 Ⓚ; Col., Venez.
- **megapotamicum** (Spreng.) A. St.-Hil. et Naudin · D:Kriechende Samtpappel; E:Trailing Abutilon · ♄ e ≀ Z8 Ⓚ I-XII; Bras.
- **ochsenii** (Phil.) Phil. · ♄ e Z8 Ⓚ; Chile
- **pictum** (Gillies ex Hook. et Arn.) Walp. · D:Bunte Samtpappel; E:Painted Indian Mallow · ♄ ħ Z9 Ⓚ VIII-XI; Bras., nat. in C-Am., n S-Am.
- **sellowianum** (Klotzsch) Regel · ♄ Ⓚ
- *striatum* Dicks. ex Lindl. = Abutilon pictum
- × **suntense** C.D. Brickell (*A. ochsenii* × *A. vitifolium*) · ♄ e Ⓚ; cult.
- **theophrasti** Medik. · D:Chinesische Samtpappel; E:Butter-Print, China Jute, Velvet Leaf · ⊙ Z4 VII-VIII Ⓝ; Ind., China, nat. in Eur.: Ib, F Ap, H, Ba, EC-Eur.; TR, Cauc., C-As., N-Afr., USA, Austr.
- **venosum** Walp. · ♄ Z9 Ⓚ VIII-XI; ? Bras.
- *vexillarium* E. Morren = Abutilon megapotamicum
- **vitifolium** (Cav.) C. Presl · ♄ e Z8 Ⓚ V-VI; Chile
- **Cultivars**
  - **in vielen Sorten**

Acacallis Lindl. = Aganisia
- *cyanea* Lindl. = Aganisia cyanea

Acacia Mill. -f- *Mimosaceae (Leguminosae)* · 700-1200 sp · D:Mimose der Gärtner, Akazie; E:Mimosa, Whattle; F:Acacia, Mimosa
- **acinacea** Lindl. · D:Goldstaub-Akazie; E:Gold-dust Wattle · ♄ e Z9 Ⓚ; Austr.:

N.S.Wales, Victoria, S-Austr.
– **aculeatissima** J.F. Macbr. · D:Schmalblättrige Akazie; E:Creeping Wattle, Thin-leaf Wattle · ♄ e Z9 Ⓚ I-XII; Austr.: N.S.Wales, Victoria
– **acuminata** Benth. · D:Himbeer-Akazie; E:Raspberry Acacia · ♄ Z9 Ⓚ; Austr.: W-Austr.
– **adunca** A. Cunn. ex G. Don · D:Wallangarra-Akazie; E:Wallangarra Wattle · ♄ ♄ e Z9 Ⓚ; Austr.: N.S.Wales
– **alata** R. Br.
  – var. **alata** · D:Geflügelte Akazie; E:Winged Wattle · ♄ e Z8 Ⓚ; W-Austr.
  – var. **platyptera** Benth. · ♄ e Z8 Ⓚ III-V; W-Austr.
– **aneura** F. Muell. · D:Mulga-Akazie; E:Mulga · ♄ ♄ e Z9 Ⓚ; Austr.: Queensl., N.S.Wales, S-Austr., W-Austr., N.Terr.
– *arabica* (Lam.) Willd. = Acacia nilotica
– **argyrophylla** Hook. · ♄ Z9 Ⓚ; S-Austr.
– *armata* R. Br. = Acacia paradoxa
– **auriculiformis** A. Cunn. ex Benth. · D:Ohrförmige Akazie; E:Black Wattle · ♄ e Z9 Ⓚ Ⓝ; N.Guinea
– **baileyana** F. Muell. · D:Baileys Akazie; E:Bailey Acacia, Cootamundra Wattle · ♄ ♄ e Z8 Ⓚ III-IV Ⓝ; Austr.: N.S.Wales
– **buxifolia** A. Cunn. · D:Buchsblättrige Akazie; E:Box Leaf Wattle · ♄ e Z9 Ⓚ; Austr.: Queensl., N.S.Wales, Victoria
– **caffra** (Thunb.) Willd. · ♄ Z9 Ⓚ; trop. Afr, S-Afr.
– **calamifolia** Sweet ex Lindl. · D:Besen-Akazie; E:Broom Wattle · ♄ e Z9 Ⓚ III-IV; Austr.: N.S.Wales, Victoria
– **cardiophylla** A. Cunn. ex Benth. · ♄ ♄ Z9 Ⓚ; Austr.: N.S.Wales
– **catechu** (L. f.) Willd. · D:Cachou Akazie; E:Cachou Acacia · ♄ d Z9 Ⓚ ⚕ Ⓝ; Eth., Sambia, Pakist., Ind., Myanmar, Thail., Sumat., Java
– **cavenia** (Molina) Molina · ♄ d Z9 Ⓚ; Chile, Arg.
– **cornigera** (L.) Willd. · D:Stierhorn-Akazie; E:Bull Horn Acacia · ♄ ♄ d Z9 Ⓦ III; Mex., C-Am., nat. in W.Ind., S-Fla.
– **cultriformis** A. Cunn. ex G. Don · D:Messerblatt-Akazie; E:Knife Leaf Wattle · ♄ e Z8-9 Ⓚ III-IV; Austr.: Queensl., N.S.Wales
– **cyanophylla** Lindl. · ♄ e Z9 Ⓚ II-IV Ⓝ; Austr.: W-Austr., nat. in S-Eur., N-Afr.
– **cyclops** A. Cunn. ex G. Don · D:Küsten-Akazie; E:Coastal Wattle, Rooikrans · ♄ e Z9 Ⓚ Ⓝ; Austr.: W-Austr., nat. in C-P
– **dealbata** Link · D:Mimose der Gärtner; E:Mimosa, Silver Wattle · ♄ e Z8 Ⓚ I-IV Ⓝ; Austr.: Queensl., N.S.Wales, Victoria, Tasman., nat. in S-Eur.
– **decora** Rchb. · ♄ ♄ e Z9 Ⓚ; Austr.: Queensl., N.S.Wales, Victoria
– **decurrens** (J.C. Wendl.) Willd. · D:Frühe Schwarzholz-Akazie; E:Early Black Wattle, Green Wattle · ♄ e Z7-8 I-IV Ⓝ; Austr.: N.S.Wales, nat. in S-Austr., Vict., Tasman.
  – var. *dealbata* (Link) F. Muell. = Acacia dealbata
  – var. *mollis* Lindl. = Acacia mearnsii
– **drummondii** Lindl. · D:Drummonds Akazie; E:Drummond's Wattle · ♄ e Z9 Ⓚ ⊔ III-IV; W-Austr.
– **dunnii** (Maiden) Turrill · D:Elefantenohr-Akazie; E:Elephant Ear Wattle · ♄ ♄ e Z9 Ⓚ; N-Austr.
– **eburnea** Willd. · ♄ Z9 Ⓦ; Arab., Ind., Sri Lanka
– **extensa** Lindl. · D:Borstige Akazie; E:Wiry Wattle · ♄ e Z9 Ⓚ; Austr.: W-Austr.
– **farnesiana** (L.) Willd. · D:Antillen-Akazie; E:Scented Wattle, Sweet Acacia · ♄ ♄ e Z8 Ⓚ II-IV ⚕ Ⓝ; USA: Tex., SW, S-Calif., Fla.; Mex., W.Ind., S-Am., nat. in USA: SE; Sp.
– **fimbriata** A. Cunn. ex G. Don · D:Gefranste Akazie; E:Fringed Wattle · ♄ ♄ e Z9 Ⓚ; Austr.: Queensl., N.S.Wales
– **floribunda** (Vent.) Willd. · D:Blassgelbe Akazie; E:Sally Wattle, White Sallow · ♄ ♄ Z9 Ⓚ III
– **glaucoptera** Benth. · E:Clay Wattle, Flat Wattle · ♄ ♄ e Z9 Ⓚ; W-Austr.
– **hakeoides** A. Cunn. ex Benth. · D:Westliche Schwarzholz-Akazie; E:Hakea-leaf Wattle, Western Black Wattle · ♄ ♄ e Z9 Ⓚ; Austr.: Queensl., N.S.Wales, Victoria, S-Austr., W-Austr.
– **hemiteles** Benth. · D:Braune Akazie; E:Tan Wattle · ♄ e Z9 Ⓚ; Austr.
– **homalophylla** A. Cunn. ex Benth. · D:Australisches Veilchenholz · ♄ e Z9 Ⓚ Ⓝ; Austr.
– *horrida* hort. non Willd. = Acacia karroo
– *juniperina* Willd. = Acacia ulicifolia
– **karroo** Hayne · D:Karroo-Akazie; E:Sweet Thorn · ♄ ♄ d Z8 Ⓚ Ⓝ; S-Afr., nat. in SW-Eur., N-Afr.
– **kirkii** Oliv. · ♄ Z9 Ⓦ Ⓝ; W-Sudan, Tanzania, trop. S-Afr.

– **latifolia** Benth. · D:Breitblättrige Akazie; E:Broadleaf Acacia · ħ̄ e Z9 ⓚ; NE-Austr.
– *lebbeck* Willd. = Albizia lebbeck
– **ligulata** A. Cunn. ex Benth. · ħ ħ̄ e Z9 ⓚ; Austr.
– **longifolia** (Andrews) Willd. · D:Sydney Gold-Akazie; E:Sydney Golden Wattle · ħ ħ̄ e Z8 ⓚ; E-Austr.
  – var. *floribunda* (Vent.) F. Muell. = Acacia floribunda
– *lophantha* Willd. = Albizia lophantha
– **mearnsii** De Wild. · D:Gerber-Akazie; E:Black Wattle · ħ̄ e Z9 ⓚ I-IV Ⓝ; Austr.: Queensl., N.S.Wales, Victoria, Tasman., nat. in P, Sp., I
– **melanoxylon** R. Br. · D:Schwarzholz-Akazie; E:Black Wood Acacia, Blackwood · ħ̄ e Z8 ⓚ III-IV Ⓝ; Austr.: Queensl., N.S.Wales, Victoria, Tasman., nat. in SW-Eur., N-Afr.
– *mollissima* auct. non Willd. = Acacia mearnsii
– **nilotica** (L.) Willd. ex Delile · D:Ägyptischer Schotendorn; E:Babul, Gum Arabic Tree · ħ̄ Z9 ⓚ ⚕ Ⓝ; trop. Afr., S-Afr., nat. in Ind.
– **paradoxa** DC. · D:Känguru-Akazie; E:Hedge Wattle, Kangaroo Thorn · ħ Z8-9 ⓚ ▽ III-IV Ⓝ
– **podalyriifolia** A. Cunn. ex G. Don · D:Queensland-Akazie; E:Queensland Silver Wattle · ħ ħ̄ e Z8 ⓚ XII-III; Austr.: Queensl., N.S.Wales
– **polyacantha** Willd. · ħ̄ Z9 ⓚ Ⓝ; trop. Afr., Sri Lanka, Myanmar
– **pubescens** (Vent.) R. Br. · D:Flaumige Akazie; E:Downy Wattle · ħ̄ ħ e Z9 ⓚ; Austr.
– **pulchella** R. Br. · D:Mosesdorn; E:Prickly Moses · ħ Z8 ⓚ ▽ IV-V; Austr.: W-Austr.
– **pycnantha** Benth. · D:Gold-Akazie; E:Golden Wattle · ħ ħ̄ e Z8 ⓚ III-IV Ⓝ; Austr.: N.S.Wales, Victoria, S-Austr., nat. in S-P, I
– **retinodes** Schltdl. · D:Wasser-Akazie; E:Water Wattle, Wirilda · ħ ħ̄ e D Z9 ⓚ II-IX; Austr.: Victoria, S-Austr., Tasman., nat. in S-Eur.
– **riceana** Hensl. · D:Rices Akazie; E:Rice's Wattle · ħ ħ̄ e Z8 ⓚ III-IV; Tasman.
– **rigens** A. Cunn. ex G. Don · D:Nadelkissen-Akazie; E:Nealie, Needle-bush Wattle · ħ e Z9 ⓚ; Austr.: N.S.Wales, Victoria, S-Austr.
– **saligna** (Labill.) H.L. Wendl. · D:Blaublättrige Akazie; E:Blue Leaf Wattle · ħ ħ̄ e Z9 ⓚ; W-Austr.
– *saligna* auct. mult. non (Labill.) H.L. Wendl. = Acacia cyanophylla
– **senegal** (L.) Willd. · D:Gummi-Akazie, Gummi-Arabicumbaum; E:Gum Arabic Tree, Sudan Gum Arabic · ħ ħ̄ d Z9 ⓚ ⚕ Ⓝ; W.Sudan, Nigeria, Arab.
– *sentis* F. Muell. = Acacia victoriae
– **seyal** Delile · D:Seyal Gummi-Akazie; E:Thirty Thorn, Whistling Tree · ħ̄ d Z9 ⓚ Ⓝ; trop. Afr, Egypt
– *spadicigera* Schltdl. et Cham. = Acacia cornigera
– **spectabilis** A. Cunn. ex Benth. · D:Ruhmes-Akazie; E:Glory Wattle, Mudgee · ħ̄ ħ e Z9 ⓚ; Austr.: Queensl., N.S.Wales
– **sphaerocephala** Schltdl. et Cham. · ħ ħ̄ Z9 ⓦ; Mex.
– **stenophylla** A. Cunn. ex Benth. · ħ̄ e Z9 ⓚ; Austr.
– **suaveolens** (Sm.) Willd. · D:Duft-Akazie; E:Sweet Scented Wattle · ħ e Z9 ⓚ III-VIII; Austr.: Queensl., N.S.Wales, Victoria, Tasman.
– **subulata** Bonpl. · D:Ahlenblättrige Akazie; E:Awl-leaf Wattle · ħ e Z8 ⓚ; SE-Austr.
– *suma* (Roxb.) Kurz = Acacia polyacantha
– *tenuifolia* F. Muell. non L. = Acacia aculeatissima
– **terminalis** (Salisb.) J.F. Macbr. · D:Sonnenschein-Akazie; E:Sunshine Wattle · ħ̄ ħ e Z9 ⓚ; Austr.: N.S.Wales, Victoria, Tasman.
– **tortilis** (Forssk.) Hayne · D:Drehfrüchtige Akazie; E:Umbrella Thorn · ħ̄ ħ Z9 ⓦ Ⓝ; N-Afr., Arab.
– **ulicifolia** (Salisb.) Court · D:Stechginsterblättrige Akazie; E:Juniper Wattle · ħ e Z9 ⓚ III-IV; Austr.: Queensl., N.S.Wales, Victoria, Tasman.
– *verek* Guill. et Perrott = Acacia senegal
– **verniciflua** A. Cunn. · D:Firnis-Akazie; E:Varnish Wattle · ħ̄ ħ e Z8 ⓚ; Austr.: Queensl., N.S.Wales, Victoria, S-Austr., Tasman.
– **verticillata** (L'Hér.) Willd. · ħ e Z8 ⓚ III-IV; Austr.: N.S.Wales, S-Austr., Tasman., Victoria
– **victoriae** Benth. · D:Brombeer-Akazie; E:Bramble Wattle · ħ̄ ħ e Z9 ⓚ; E-Austr.
– **villosa** Willd. · ħ Z9 ⓦ; W.Ind.
– **williamsonii** Court · ħ̄ ħ e Z9 ⓚ; Austr.

Acaena Mutis ex L. -f- *Rosaceae* · 100-150 sp · D:Stachelnüsschen; E:New Zealand Bur; F:Acaena
– **adscendens** Vahl · ♃ Z6; Magellan region, Antarctic Is., Macquarie Is.
– *affinis* Hook. f. = Acaena adscendens
– **anserinifolia** (J.R. Forst. et G. Forst.) Druce · ♄ ⁓→ Z6; NZ, nat. in BrI
– **argentea** Ruiz et Pav. · ♃ ⁓→ Z6; Peru, Chile
– **buchananii** Hook. f. · D:Blaugrünes Stachelnüsschen · ♃ ⁓→ Z6; NZ
– **caesiiglauca** (Bitter) Bergmans · D:Graublaues Stachelnüsschen · ♃ ⁓→ Z6; NZ
– *glauca* hort. = Acaena caesiiglauca
– *glaucophylla* Bitter = Acaena magellanica
– **lucida** Vahl · ♃ ⁓→ Z5-6; Chile, W-Arg., Falkland Is.
– **magellanica** (Lam.) Vahl · ♃ ⁓→ Z6; Patag., S-Chile
– **microphylla** Hook. f. · D:Braunblättriges Stachelnüsschen; E:New Zealand Burr · ♃ ⁓→ Z6; NZ
  – *'Glauca'* = Acaena caesiiglauca
– **novae-zelandiae** Kirk · D:Piripiri-Stachelnüsschen; E:Biddy Biddy, Piripiri · ♃ ⁓→ Z6; NZ
– **pinnatifida** Ruiz et Pav. · ♃ Z6; Chile, Patag.
– *sanguisorbae* (L. f.) Vahl = Acaena anserinifolia
– **splendens** Hook. et Arn. · ♃ ⌓ Z6; Chile, Patag.

Acalypha L. -f- *Euphorbiaceae* · 430-450 sp · D:Katzenschwanz, Nesselblatt; E:Cat's Tail, Copperleaf; F:Queue-de-chat
– **godseffiana** hort. Sander ex Mast. · ♄ e Z10 ⓦ; N.Guinea
  – **'Heterophylla'** · e ⓦ
  – var. *heterophylla* Mast. = Acalypha godseffiana 'Heterophylla'
– **hispaniolae** Urb. · ♄ ⌇ ⁓→ Z10 ⓦ III-IX; Hispaniola
– **hispida** Burm. f. · D:Roter Katzenschwanz; E:Red Hot Cat's Tail · ♄ e Z10 ⓦ ▢ I-X ☠; ? Malay. Arch., cult. Trop., nat. in Trop.
– **indica** L. · D:Indisches Kupferblatt; E:Indian Acalypha · ⊙ Z10 ⓦ VII-VIII ☠; trop. Afr., trop. As.
– **integrifolia** Willd.
  – var. **colorata** (Poir.) Pax et K. Hoffm. · ♄ Z10 ⓦ; Maskarene Is.
  – var. **integrifolia** · ♄ Z10 ⓦ; trop. Afr., trop. As.
– *pendula* hort. = Acalypha hispaniolae
– **virginica** L. · D:Virginisches Kupferblatt; E:Virginian Acalypha · ⊙ V-VIII; USA: NE, NCE, SC, SE, Fla, nat. in I, CH, A
– **wilkesiana** Müll. Arg. · D:Buntlaubiges Kupferblatt; E:Beefsteak Plant, Copper Leaf, Jacob's Coat · ♄ e Z10 ⓦ; Pacific Is.

Acampe Lindl. -f- *Orchidaceae* · 10-13 sp
– **rigida** (Sm.) P.F. Hunt · ♃ Z10 ⓦ VII-X ▽ ✱; E-Afr., trop. As.

Acanthephippium Blume -n- *Orchidaceae* · 15 sp
– **bicolor** Lindl. · ♃ Z10 ⓦ V-VI ▽ ✱; Sri Lanka
– **javanicum** Blume · ♃ Z10 ⓦ III-IV ▽ ✱; Malay. Pen., Sumat., Java, Kalimantan

Acanthocalycium Backeb. -n- *Cactaceae* · 2 sp
– *formosum* (Pfeiff.) Backeb. = Trichocereus formosus
– **hyalacanthum** (Speg.) Backeb. · ♆ Z9 ⓚ ▽ ✱; Arg.
– **klimpelianum** (Weidlich et Werderm.) Backeb. · ♆ Z9 ⓚ; Arg.
– *peitscherianum* Backeb. = Acanthocalycium spiniflorum var. spiniflorum
– **spiniflorum** (K. Schum.) Backeb.
  – **'Violaceum'** · ♆ Z9 ⓚ ▽ ✱; Arg.
  – var. *klimpelianum* (Weidlich et Werderm.) = Acanthocalycium klimpelianum
  – var. **spiniflorum** · ♆ Z9 ⓚ ▽ ✱; Arg.
– *violaceum* (Werderm.) Backeb. = Acanthocalycium spiniflorum 'Violaceum'

Acantholimon Boiss. -n- *Plumbaginaceae* · 120-170 sp · D:Igelpolster; E:Prickly Thrift; F:Acantholimon
– *albanicum* hort. = Acantholimon ulicinum
– *androsaceum* (Jaub. et Spach) Boiss. = Acantholimon ulicinum
– **avenaceum** Bunge · ♄ e Z3; C-As
– **bracteatum** (Girard) Boiss. · ♄ e Z3; Cauc., Iran
– **caryophyllaceum** Boiss. · ♄ e Z3; TR, N-Iraq, Cauk., Iran
– *echinus* Boiss. = Acantholimon ulicinum
– **glumaceum** (Jaub. et Spach) Boiss. · ♄ e ⌓ △ Z3 VII-VIII; TR, Cauc., N-Iran

– **hohenackeri** (Jaub. et Spach) Boiss. · ♄ e Z3; Cauc., Iran
– **kotschyi** (Jaub. et Spach) Boiss. · ♄ e ⌓ △ Z3 VII-VIII; Syr.
– **libanoticum** (Fenzl) Boiss. · ♄ e ⌓ △ Z3 VII-VIII; Lebanon
– **olivieri** (Jaub. et Spach) Boiss. · ♄ e ⌓ △ Z3 VII-VIII; TR: Cilician Taurus
– **ulicinum** (Willd. ex Schult.) Boiss. · ♄ e ⌓ △ Z3 VII-VIII; Eur.: Ba; TR, Lebanon
– *venustum* Boiss. = Acantholimon olivieri

Acanthopanax (Decne. et Planch.) Witte = Eleutherococcus
– *giraldii* Harms = Eleutherococcus giraldii
– *henryi* (Oliv.) Harms = Eleutherococcus henryi
– *pentaphyllus* (Siebold et Zucc.) Marchal = Eleutherococcus sieboldianus
– *ricinifolius* (Siebold et Zucc.) Seem. = Kalopanax septemlobus var. septemlobus
– *senticosus* (Rupr. et Maxim.) Harms = Eleutherococcus senticosus
– *setchuenensis* Harms ex Diels = Eleutherococcus setchuenensis
– *sieboldianus* Makino = Eleutherococcus sieboldianus
– *simonii* C.K. Schneid. = Eleutherococcus simonii
– *spinosus* hort. non (L. f.) Miq. = Eleutherococcus sieboldianus

Acanthophoenix H. Wendl. -f- *Arecaceae (Palmae)* · 1 sp · D:Bartelpalme; E:Barbel Palm; F:Palmier épineux
– *crinita* (Bory) H. Wendl. = Acanthophoenix rubra
– **rubra** (Bory) H. Wendl. · D:Bartelpalme; E:Barbel Palm · ♄ e Z10 ⓦ; Maskarene Is

Acanthorrhiza H. Wendl. = Cryosophila
– *aculeata* (Liebm.) H. Wendl. = Cryosophila nana
– *warscewiczii* H. Wendl. = Cryosophila warscewiczii

Acanthosicyos Welw. ex Hook. f. -m- *Cucurbitaceae* · 2 sp · D:Naraspflanze
– **horridus** Welw. ex Hook. f. · D:Narakürbis, Naraspflanze; E:Butterpips, Nara · ♃ Z10 ⓚ Ⓝ; Angola, Namibia

Acanthosicyus Post et Kuntze = Acanthosicyos

Acanthostachys Klotzsch -f- *Bromeliaceae* · 1 sp · D:Stachelähre; E:Prickly Ear; F:Acantostachys
– **strobilacea** (Schult. f.) Klotzsch · D:Stachelähre; E:Prickly Ear · ♃ ≩ Z10 ⓦ; Bras., Parag., Arg.

Acanthoxanthium (DC.) Fourr. = Xanthium
– *spinosum* (L.) Fourr. = Xanthium spinosum

Acanthus L. -m- *Acanthaceae* · 30 sp · D:Akanthus, Bärenklau; E:Bear's Breeches; F:Acanthe
– *balcanicus* Heywood et Richardson = Acanthus hungaricus
– *caroli-alexandri* Hausskn. = Acanthus spinosus
– **dioscoridis** L.
  – var. **dioscoridis** · ♃ Z8; TR, Iraq, Iran
  – var. **perringii** (Siehe) E. Hossain · ♃ △ Z8 ∧ VI-VII; TR; mts.
– **hungaricus** (Borbás) Baen. · D:Ungarischer Akanthus; E:Hungarian Bear's Breeches; F:Acanthe de Hongrie · ♃ ✂ Z6 VI-VIII; Eur.: Ba, SW-RO
– **ilicifolius** L. · ♄ ~ Z8 ⓦ; SE-Afr., Ind., Sri Lanka, Malay. Arch., Phil., Austr., Polyn.; coasts
– *longifolius* Host non Poir. = Acanthus hungaricus
– **mollis** L. · D:Pracht-Akanthus; E:Bear's Breeches; F:Acanthe molle · ♃ Z6 VII-VIII ⚕; Eur.: Ib, Fr, Ap, Croatia, Maced.
– **montanus** (Nees) T. Anderson · D:Gebirgs-Akanthus; E:Mountain Thistle · ♄ Z10 ⓦ IX-II; W-Afr.
– *perringii* Siehe = Acanthus dioscoridis var. perringii
– *spinosissimus* Desf. = Acanthus spinosus Spinosissimus Grp.
– **spinosus** L. · D:Stachliger Akanthus; E:Spiny Bear's Breeches; F:Acanthe épineuse · ♃ △ Z6 VII-VIII; Eur.: S-I, Ba; TR, Alger.
  – **Spinosissimus Grp.** (*A. mollis* × *A. spinosus*) Z6; cult.

Acca O. Berg -f- *Myrtaceae* · 2-3 sp
– **sellowiana** (O. Berg) Burret · D:Feijoa; E:Pineapple Guava · ♄ e Z8 ⓦ Ⓝ; S-Bras., Parag., Urug., N-Arg.

Acelica Rizzini = Justicia

Acer L. -n- *Aceraceae* · 124 sp · D:Ahorn;

E:Maple; F:Erable
– **acuminatum** Wall. ex D. Don · ♄ d Z6; N-Indien, Nepal, Sikkim, SE-Tibet
– **argutum** Maxim. · D:Feinzähniger Ahorn; E:Pointed-leaf Maple · ♄ ♄ d Z6 IV-V; Japan
– **buergerianum** Miq.
– subsp. **buergerianum** · D:Dreizähniger Ahorn; E:Three-toothed Maple · ♄ d Z6; Jap., Taiwan, E-China
– var. *trinerve* (Siesm.) Rehder = Acer buergerianum subsp. buergerianum
– *californicum* (Torr. et A. Gray) D. Dietr. = Acer negundo subsp. californicum
– **campestre** L.
– **in Sorten**
– subsp. **campestre** · D:Feld-Ahorn; E:Field Maple, Hedge Maple; F:Erable champêtre · ♄ ♄ d Z5 V ⚕ (N); Eur.*, Cauc., TR, N-Iran, Maroc., Alger.
– var. **tauricum** (Kirchn.) Pax · D:Taurischer Feld-Ahorn · Z4
– var. *hebecarpum* DC. = Acer campestre subsp. campestre
– **capillipes** Maxim. · D:Roter Schlangenhaut-Ahorn; E:Red Snake Bark Maple; F:Erable oriental rouge · ♄ d Z6 V; Jap.
– **cappadocicum** Gled.
– subsp. **cappadocicum** · D:Kolchischer Ahorn; E:Caucasian Maple; F:Erable de Colchide · ♄ d Z6 V-VI; TR, Cauc., N-Iran, W-Him., W-China
– subsp. **lobelii** (Ten.) de Jong · D:Italienischer Ahorn; E:Lobel's Maple; F:Erable de Lobel · ♄ Z6 V; I (Neapel)
– var. *indicum* (Pax) Rehder = Acer cappadocicum subsp. cappadocicum
– **carpinifolium** Siebold et Zucc. · D:Hainbuchen-Ahorn; E:Hornbeam Maple; F:Erable à feuilles de charme · ♄ ♄ d Z6 V; Jap.
– **caudatifolium** Hayata · ♄ d Z8 (K); Taiwan
– *caudatum* Nicholls non Wall. ex Rehder = Acer acuminatum
– **circinatum** Pursh · D:Wein-Ahorn; E:Vine Maple; F:Erable à feuilles de vigne · ♄ ♄ d Z5 IV-V (N); Alaska, USA: Wash., Oreg., N-Calif.
– **cissifolium** (Siebold et Zucc.) K. Koch · D:Cissusblättriger Ahorn; E:Vine-Leafed Maple · ♄ d Z6 V; Jap.
– subsp. *henryi* (Pax) E. Murray = Acer henryi
– × **conspicuum** van Gelderen et Oterdoom (*A. davidii* × *A. pensylvanicum*) · ♄ ♄ d Z6; cult.
– **crataegifolium** Siebold et Zucc. · D:Weißdornblättriger Ahorn; E:Hawthorn Maple · ♄ ♄ d Z6 V; Jap.
– *creticum* L. non F. Schmidt = Acer sempervirens
– *dasycarpum* Ehrh. = Acer saccharinum
– **davidii** Franch.
– subsp. **davidii** · D:Davids Ahorn; E:Père David's Maple, Snakebark Maple; F:Erable de David · ♄ d Z6 V; China: Hupeh, Yunnan, Sichuan
– subsp. **grosseri** (Pax) de Jong · D:Grossers Ahorn; F:Erable de Grosser · ♄ ♄ d Z6 IV-V; C-China
– **diabolicum** Blume ex K. Koch · ♄ d Z5 IV-V; Jap.
– × **dieckii** Pax (*A. cappadocicum subsp. lobelii* × *A. platanoides*) · ♄ d Z5; Naturhybride
– *forrestii* Diels = Acer pectinatum subsp. forrestii
– *ginnala* Maxim. = Acer tataricum subsp. ginnala
– subsp. *semenowii* Pax = Acer tataricum subsp. semenovii
– **glabrum** Torr.
– subsp. **douglasii** (Hook.) Wesm. · ♄ ♄ d Z5 V; Alaska, Can.: W; USA: NW, Rocky Mts.
– subsp. **glabrum** · D:Kahler Ahorn; E:Rocky Mountain Maple · ♄ ♄ d Z6 V; N-USA, Can.: Rocky Mts.
– **griseum** (Franch.) Pax · D:Zimt-Ahorn; E:Paperbark Maple; F:Erable à écorce de bouleau · ♄ d Z6 V; W-China
– *grosseri* Pax = Acer davidii subsp. grosseri
– var. *hersii* (Rehder) Murray = Acer davidii subsp. grosseri
– **heldreichii** Orph. ex Boiss.
– subsp. **heldreichii** · D:Griechischer Ahorn; E:Greek Maple · ♄ d Z6 V (N); Eur.: Ba; mts.
– subsp. **trautvetteri** (Medw.) Murray · D:Kaukasischer Ahorn; E:Red Bud Maple; F:Erable de Trautvetter · ♄ d Z6 V; N-TR, W-Cauc.
– **henryi** Pax · D:Henrys Ahorn; E:Henry's Maple · ♄ d Z6 V; C-China: Hupeh, Sichuan
– *hersii* Rehder = Acer davidii subsp. grosseri
– × **hybridum** Bosc (*A. opalus* × *A. pseudoplatanus*) · ♄ d Z6

– **hyrcanum** Fisch. et C.A. Mey. · D:Balkan-Ahorn; E:Balkan Maple · ♄ d Z5 IV-V; Eur.: Ba
– *insigne* Boiss. et Buhse = Acer velutinum var. velutinum
– *insigne* G. Nicholson = Acer heldreichii subsp. trautvetteri
– *italum* Lauth = Acer opalus subsp. opalus
– **japonicum** Thunb. · D:Japanischer Ahorn; E:Full Moon Maple, Japanese Maple; F:Erable du Japon · ħ ♄ d Z5 V; Jap.
– *kawakamii* Koidz. = Acer caudatifolium
– *laetum* C.A. Mey. non Schwer. = Acer cappadocicum subsp. cappadocicum
– *lobelii* Ten. = Acer cappadocicum subsp. lobelii
– **macrophyllum** Pursh · D:Oregon-Ahorn; E:Big Leaf Maple, Oregon Maple · ♄ d Z7 V Ⓝ; SE-Alaska, B.C., Wash., Oreg., Calif.
– **mandshuricum** Maxim. · D:Mandschurischer Ahorn; E:Manchurian Maple · ħ ħ d Z6 V; Manch., Amur, Korea
– **maximowiczianum** Miq. · D:Nikko-Ahorn; E:Nikko Maple · ♄ d Z6 V; Jap., C-China
– *maximowiczii* Pax = Acer pectinatum subsp. maximowiczii
– **miyabei** Maxim. · D:Miyabes Ahorn; E:Miyabe's Maple; F:Erable de Miyabe · ♄ d Z5 V; Jap.
– **mono** Maxim.
  – subsp. **mono** var. **mayrii** (Pax) Rehder · ♄ d Z7 IV-V; Jap.
  – subsp. **mono** var. **mono** · D:Nippon-Ahorn; E:Painted Maple · ♄ d Z6 IV-V; Amur, China, Manch., Korea, Jap., Sachal.
  – subsp. **okamotoanum** (Nakai) De Jong · ♄ d Z7; Korea (Ullung-do)
– **monspessulanum** L. · D:Felsen-Ahorn, Französischer Ahorn; E:Montpelier Maple; F:Erable de Montpellier · ♄ d Z5 IV Ⓝ; Eur.: Ib, Fr, Ap, Ba, RO, C-Eur.; TR, Syr., NW-Afr.
– *montanum* Aiton = Acer spicatum
– *morrisonense* Hayata = Acer caudatifolium
– × *neglectum* Lange = Acer × zoeschense
– **negundo** L.
  – **in Sorten**
  – subsp. **californicum** (Torr. et A. Gray) Wesm. · D:Kalifornischer Eschen-Ahorn; E:Californian Box Elder · ♄ d Z3 IV; Calif.
  – subsp. **negundo** L. · D:Eschen-Ahorn; E:Ash Leafed Maple, Common Box Elder; F:Erable à feuilles de frêne · ♄ d Z2 IV Ⓝ; USA: NE, NCE, SE, Fla., SC, SW, nat. in Can.: E; USA: NW, Eur.
– *nigrum* F. Michx. = Acer saccharum subsp. nigrum
– *nikoense* (Maxim.) Miq. = Acer maximowiczianum
– *obtusatum* Waldst. et Kit. ex Willd. = Acer opalus subsp. obtusatum
– *okamotoanum* Nakai = Acer mono subsp. okamotoanum
– **oliverianum** Pax · ♄ d Z6 IV-V; China: Yunnan, Hupeh, Taiwan
– **opalus** Mill.
  – subsp. **obtusatum** (Willd.) Gams · D:Bosnischer Ahorn; E:Bosnian Maple · ♄ d Z6 IV Ⓝ; Eur.: Ap, Ba; Alger.
  – subsp. **opalus** · D:Schneeballblättriger Ahorn; E:Italian Maple · ♄ d Z6 IV-V; Eur.: Ib, Fr, Ap, C-Eur.
    – var. **tomentosum** (Tausch) Rehder Z6; I (Neapel)
  – var. *hyrcanum* (Fisch. et C.A. Mey.) Rehder = Acer hyrcanum
– *opulifolium* Vill. = Acer opalus subsp. opalus
– *orientale* auct. non L. = Acer sempervirens
– **palmatum** Thunb. ex Murray
  – **in vielen Sorten (siehe Kapitel III)**
  – subsp. **amoenum** (Carrière) Hara · ħ ♄ Z5 V; Jap., Korea
  – subsp. **palmatum** · D:Fächer-Ahorn; E:Japanese Maple; F:Erable japonais · ħ ♄ d Z6 VI; Jap., Taiwan
  – var. *coreanum* Nakai = Acer palmatum subsp. amoenum
  – var. *heptalobum* Rehder = Acer palmatum subsp. amoenum
– *papilio* King = Acer heldreichii subsp. trautvetteri
– **pectinatum** Wall.
  – subsp. **forrestii** (Diels) Murray · D:Forrests Ahorn; E:Forrest's Maple · ♄ d Z6; China: Hupeh, Sichuan
  – subsp. **maximowiczii** (Pax) Murray Z6; C-China
  – subsp. **pectinatum** · ♄ Z6; Him.
– **pensylvanicum** L. · D:Streifen-Ahorn; E:Moosewood, Snakebark Maple; F:Erable jaspé · ♄ d Z6 VI; Can.: E; USA: NE, NCE, SE
– *pictum* Thunb. ex Murray = Acer mono subsp. mono var. mono
– **platanoides** L.
  – **in vielen Sorten**

– subsp. **platanoides** · D:Spitz-Ahorn; E:Norway Maple; F:Erable plane · ħ d Z4 IV-V Ⓝ; Eur.* exc. BrI, Cauc.
– *polymorphum* Siebold et Zucc. = Acer palmatum subsp. palmatum
– **pseudoplatanus** L. · D:Berg-Ahorn; E:Sycamore; F:Erable sycomore · ħ d Z4 V Ⓝ; Eur.* exc. BrI, Sc; TR, Cauc.
– **in Sorten (siehe Kapitel III)**
– **rubrum** L.
– var. **rubrum** · D:Rot-Ahorn; E:Red Maple, Scarlet Maple; F:Erable rouge · ħ d Z4 III-IV Ⓝ; Can.: E; USA: NE, NCE, NC, SC, SE, Fla.
– var. **trilobum** Torr. et A. Gray ex K. Koch Z4; USA: NE, SE, Fla.
– **rufinerve** Siebold et Zucc. · D:Rotnerviger Ahorn; E:Red-veined Maple; F:Erable rufinerve · ♄ d Z6 V; Jap.
– **saccharinum** L. · D:Silber-Ahorn; E:Silver Maple; F:Erable argenté · ħ d Z5 III-IV Ⓝ; Can.: E; USA: NE, NCE, NC, Okla., SE, Fla.
– **saccharum** Marshall · D:Zucker-Ahorn; E:Sugar Maple
– subsp. **nigrum** (F. Michx.) Desmarais · D:Schwarzer Zucker-Ahorn; E:Black Sugar Maple · ħ d Z5 IV; E-Can.; USA: NE, NEC
– subsp. **saccharum** · D:Gewöhnlicher Zucker-Ahorn; E:Common Sugar Maple; F:Erable à sucre · ħ d Z3 IV Ⓝ; Can.: E; USA: NE, NCE, SE, SC
– *semenovii* Regel et Herder = Acer tataricum subsp. semenovii
– **sempervirens** L. · D:Kretischer Ahorn; E:Cretan Maple · ♄ ħ e Z8 Ⓚ; Eur.: GR, Crete; TR
– *septemlobum* Thunb. ex A. Murray = Acer palmatum subsp. palmatum
– **shirasawanum** L. · D:Shirasawas Ahorn; E:Shirasawa's Maple; F:Erable du Japon · ♄ d Z6; Jap.
– **sieboldianum** Miq. · D:Siebolds Ahorn; E:Siebold's Maple; F:Erable de Siebold · ♄ ħ d Z5 V; Jap.
– **spicatum** Lam. · D:Vermont-Ahorn; E:Mountain Maple · ♄ ħ d Z2 V-VI; Can.: E, Sask.; USA: NE, NCE, SE
– *striatum* Du Roi = Acer pensylvanicum
– **tataricum** L.
– subsp. **ginnala** (Maxim.) Wesm. · D:Feuer-Ahorn; E:Amur Maple; F:Erable du fleuve Amour · ♄ d Z4 V Ⓝ; E-Sib., Mong., China, Manch., Korea, Jap.
– subsp. **tataricum** · D:Tataren-Ahorn; E:Tatarian Maple; F:Erable de Tartarie · ħ ♄ d Z4 V Ⓝ; Eur.: A, EC-Eur., Ba, E-Eur.; TR, Cauc., N-Iran
– subsp. **semenovii** (Regel et Herder) Pax · ħ ♄ d Z4 V; C-As., Iran, Afgh.
– **tegmentosum** Maxim. · ħ d Z5 V; Amur, Manch., Korea
– *trautvetteri* Medw. = Acer heldreichii subsp. trautvetteri
– *trifidum* Hook. ex Arn. non Thunb. = Acer buergerianum subsp. buergerianum
– **triflorum** Kom. · D:Dreiblütiger Ahorn; E:Rough-Barked Maple, Three-flowered Maple; F:Erable à trois fleurs · ħ d Z6 V; Korea, NE-China
– **truncatum** Bunge · ħ d Z5 V Ⓝ; N-China
– subsp. *mono* (Maxim.) E. Murray = Acer mono subsp. mono var. mono
– **velutinum** Boiss. · D:Samt-Ahorn; E:Velvet Maple; F:Erable d'Asie
– var. **glabrescens** (Boiss. et Buhse) Rehder · ħ d Z6
– var. **vanvolxemii** (Mast.) Rehder · ħ d Z5 V; E--Cauc.
– var. **velutinum** · ħ d Z5; Cauc., N-Iran; mts.
– × **zoeschense** Pax (*A. campestre* × *A. cappadocicum subsp. lobelii*) · D:Zöschener Ahorn; E:Zoeschen Maple; F:Erable de Zoeschen · ħ d Z6 IV; cult.

Aceranthus C. Morren et Decne. = Epimedium
– *diphyllus* (Graham) C. Morren et Decne. = Epimedium diphyllum

Aceras R. Br. -n- *Orchidaceae* · 1 sp · D:Ohnsporn; E:Man Orchid; F:Orchis-homme pendu
– **anthropophorum** (L.) R. Br. ex W.T. Aiton · D:Ohnsporn; E:Man Orchid · ♃ Z5 V-VI ▽ ✱; Eur.: Ib, Fr, Ap, Ba, BrI

Aceriphyllum Engl. = Mukdenia
– *rossii* (Oliv.) Engelm. = Mukdenia rossii

Acetosa Mill. = Rumex
– *alpina* (L.) Moench = Rumex alpinus
– *scutata* (L.) Mill. = Rumex scutatus

Achillea L. -f- *Asteraceae (Compositae)* · 85 sp · D:Garbe, Schafgarbe; E:Milfoil, Yarrow; F:Achillée
– **abrotanoides** (Vis.) Vis. · ♃ Z6 VI-VIII;

Eur.: Ba; mts.
– **aegyptica** L. · D:Griechische Schafgarbe
  – var. **taygetea** (Boiss. et Heldr.) Halácsy · D:Griechische Edel-Schafgarbe; F:Achillée de Grèce · ♃; GR
– **ageratifolia** (Sibth. et Sm.) Boiss.
  – subsp. **ageratifolia** · D:Ageratumblättrige Schafgarbe; E:Greek Yarrow; F:Achillée à feuilles d'agérate · ♃ ⌓ △ Z3 VI-VII; Eur.: Ba; mts.
  – subsp. **aizoon** (Griseb.) Heimerl Z3; Eur.: Ba
  – subsp. **serbica** (Nyman) Heimerl · F:Achillée de Serbie · ♃ ⌓ △ Z3 V-VI
– **ageratum** L. · D:Süße Schafgarbe; E:Sweet Nancy · ♃ Z7; Eur.: Ib, Fr, Ap, ? Croatia, ? GR +
– *aizoon* (Griseb.) Halácsy = Achillea ageratifolia subsp. aizoon
– *argentea* hort. = Achillea umbellata
– **aspleniifolia** Vent. · D:Farn-Schafgarbe · ♃ V-VII; Eur.: A, H, CZ, PL, Bosn., Serb., RO, S-Russ.
– **atrata** L. · D:Schwarzrandige Schafgarbe · ♃ Z6 VII-IX ▽; Eur.: F, I, CH, D, A, Slove.; Alp.
– *aurea* Lam. = Achillea chrysocoma
– **canescens** Forman · ♃ △ VI; Montenegro, AL, GR
– **cartilaginea** Ledeb. · ♃ Z6; Eur.: D, PL, E-Eur.; Cauc., W-Sib., E-Sib., C-As.
– **chrysocoma** Friv. · F:Achillée à cheveux dorés · ♃ ⇝ △ Z6 VI-VIII; Maced., AL, TR
– **clavennae** L. · D:Bittere Schafgarbe, Steinraute, Weißer Speik · ♃ Z3 VII-IX ▽; Eur.: C-Eur., E-Alp., S-Alp., I, ? Ba, RO
– **clusiana** Tausch · D:Ostalpen-Schafgarbe · ♃ Z6 VII-VIII; Eur.: A, Ba, ? RO; mts.
– **clypeolata** Sibth. et Sm. non hort. · D:Goldquirl-Garbe · ♃ Z6 VI-VII; Eur.: Ba.
– **collina** Becker ex Rchb. · D:Hügel-Schafgarbe · ♃ Z6 VI-XI; Eur.: C-Eur., Ap, EC-Eur., Ba, RO
– **crithmifolia** Waldst. et Kit. · D:Meerfenchelblättrige Schafgarbe · ♃ V-VII; Eur.: EC-Eur., Ba, RO; mts.
– *decolorans* Schrad. = Achillea ageratum
– **distans** Waldst. et Kit. ex Willd. · D:Zahnblatt-Schafgarbe; E:Tall Yarrow · ♃ Z6 VII-IX; Eur.: Fr, C-Eur., Ap, EC-Eur., Ba, RO, W-Russ.; Alp., Carp., BG
– **erba-rotta** All.
  – subsp. **ambigua** (Heimerl) I. Richardson Z6; Eur.: W-Alp., Apenn.
  – subsp. **erba-rotta** · ♃ Z6; Eur.: F, I, CH, A, ; SW-Alp.
  – subsp. **moschata** (Wulfen) I. Richardson · D:Moschus-Schafgarbe · ♃ △ Z6 VI-IX; Eur.: F, I, CH, A; Alp.
  – subsp. **rupestris** (Porta) I. Richardson · ♃ △ Z6 V-VI; I: Apenn.
– *eupatorium* M. Bieb. = Achillea filipendulina
– **filipendulina** Lam. · D:Gold-Garbe; E:Fernleaf Yarrow; F:Achillée jaune · ♃ ✂ Z3 VII-IX; TR, Cauc., Iran, Afgh., C-As.
  – **in Sorten**
– **grandifolia** Friv. · ♃ Z6 VI; Eur.: Ba
– **holosericea** Sibth. et Sm. · ♃ △ Z6 V-VIII; Eur.: Ba
– × **jaborneggii** Halácsy (*A. clavennae* × *A. erba-rotta*) · ♃ △ Z6 VI-VIII; cult.
– × **kellereri** Sünd. (*A. clypeolata* × *A. ptarmica*) · ♃ △ Z6 VI-VIII; cult.
– × **kolbiana** Sünd. (*A. clavennae* × *A. umbellata*) · ♃ △ Z6 VI-VIII; cult.
– × **lewisii** Ingw. (*A. clavennae* × *A. clypeolata*) · ♃ Z5; cult.
– **ligustica** All. · D:Mediterrane Schafgarbe; E:Southern Yarrow · ♃ Z6; Eur.: Ib, Fr, Ap, Ba; Maroc., Alger., Tun.
– **lingulata** Waldst. et Kit. · ♃ △ Z6 VI-VII; Eur.: Ba, RO, W-Russ.; Carp., Balkan
– **macrophylla** L. · D:Großblättrige Schafgarbe · ♃ VII-IX; Eur.: F, I, CH, D, A; Alp., N-Apenn., nat. in EC-Eur.
– **millefolium** L.
  – subsp. **millefolium** · D:Gewöhnliche Schafgarbe, Wiesen-Schafgarbe; E:Common Yarrow; F:Achillée millefeuille · ♃ ✂ Z2 X ⚕ Ⓝ; Eur.*, TR, Cauc., Iran, Him., W-Sib., Amur, C-As., nat. in N-Am., Austr., NZ
  – **in vielen Sorten**
– *mongolica* Fisch. = Achillea sibirica
– *moschata* Wulfen = Achillea erba-rotta subsp. moschata
– **nana** L. · D:Zwerg-Schafgarbe · ♃ Z6 VII-VIII; Eur.: I, F, CH; Alp., Apenn.
– **nobilis** L. · D:Edle Schafgarbe · ♃ Z6 VI-X; Eur.* exc. BrI, Sc; TR, Cauc.
– × **obristii** Sünd. (*A. erba-rotta subsp. rupestris* × *A. umbellata*) · ♃; cult.
– **oxyloba** (DC.) Sch. Bip. · D:Dolomiten-Schafgarbe · ♃ Z6 VII-IX; Eur.: I, A, RO, W-Russ.; SE-Alp., Apenn., Carp.
– **pannonica** Scheele · D:Ungarische Schafgarbe · ♃ VI-VIII; Eur.: D, A, EC-

Eur., Ba, E-Eur.
– **pratensis** Saukel et Länger · D:Rasige Schafgarbe · ♃ V-XI; Eur.: D, A +
– **ptarmica** L. · D:Sumpf-Schafgarbe; E:Sneezewort · ♃ ~ ✂ Z5 VII-IX Ⓝ; Eur.*, nat. in N-Am.
  – subsp. *pyrenaica* (Sibth. ex Godr.) Heimerl = Achillea pyrenaica
– **pyrenaica** Sibth. ex Godr. · ♃ Z6 VII-IX; Eur.: Sp.(Pyr.), F
– **roseoalba** Ehrend. · D:Blassrote Schafgarbe · ♃ VII-IX; Eur.: I, CH, D, A, Slove.
– *rupestris* Porta = Achillea erba-rotta subsp. rupestris
– **salicifolia** Besser · D:Weidenblättrige Schafgarbe · ♃ VII-IX; Eur.: D, PL, E-Eur.; Cauc., Sib., C-As., nat. in FIN
– *serbica* Nyman = Achillea ageratifolia subsp. serbica
– **setacea** Waldst. et Kit. · D:Feinblättrige Schafgarbe · ♃ V-VI; Eur.: Ap, C-Eur., EC-Eur., Ba, ? Ib; TR, Cauc., Iran
– **sibirica** Ledeb. · D:Sibirische Schafgarbe; E:Siberian Yarrow · ♃ ~ ✂ Z6 VII-IX; Alaska, Can., Kamchat., E-Sib., Sachal., Jap., Korea, Manch., China
– **stricta** Gremli · D:Straffe Schafgarbe · ♃ VII-VIII; Eur.: I, C-Eur., EC-Eur., W-Ba, RO, W-Russ.; Alp., Apenn., Carp.
– *taygetea* Boiss. et Heldr. = Achillea aegyptica var. taygetea
– × **taygetea** hort. (*A. clypeolata* × *A. millefolium*) · ♃ Z6 VI-VII; cult.
– **tomentosa** L. · D:Gelbe Schafgarbe; E:Woolly Yarrow; F:Achillée laineuse, Petite achillée d'or · ♃ △ Z3 V-VII; Eur.: Sp., F, I, CH
– **umbellata** Sibth. et Sm. · ♃ △ Z6 VI-VIII; GR
– **Cultivars**
  – **in vielen Sorten**

Achimenes Pers. -f- *Gesneriaceae* · 25 sp · D:Schiefteller; E:Hot Water Plant; F:Achimène
– *argyrostigma* Hook. = Koellikeria erinoides
– **candida** Lindl. · D:Weißer Schiefteller · ♃ Z10 Ⓦ VI-VIII; C-Am.
– *coccinea* (Scop.) Pers. = Achimenes erecta
– **dulcis** C.V. Morton · ♃ Z10 Ⓦ VII-IX; Mex.
– *ehrenbergii* (Hanst.) H.E. Moore = Eucodonia verticillata
– **erecta** (Lam.) H.P. Fuchs · D:Aufrechter Schiefteller · ♃ Z10 Ⓦ VII-IX; Mex., C-Am., Jamaica, Col.
– *erinoides* DC. = Koellikeria erinoides
– **flava** C.V. Morton · D:Gelber Schiefteller · ♃ Z10 Ⓦ VII-VIII; Mex.
– *ghiesbreghtii* hort. ex Lindl. = Achimenes grandiflora
– **glabrata** (Zucc.) Fritsch · ♃ Z10 Ⓦ VI-VIII; Mex.
– *gloxiniiflora* (Scheidw.) Forkel et Lem. = Achimenes glabrata
– **grandiflora** (Schiede) DC. · D:Großblütiger Schiefteller · ♃ Z10 Ⓦ ▽ VII-IX; Mex., C-Am.
– **heterophylla** (Mart.) DC. · ♃ Z10 Ⓦ ▽ VII-IX; Mex., Guat.
– *hirsuta* Lindl. non DC. = Achimenes skinneri
– *ignescens* Lem. = Achimenes heterophylla
– *lanata* (Planch. et Lindl. ex Lem.) Hanst. = Eucodonia verticillata
– **longiflora** (Sessé et Moç.) DC. · ♃ Z10 Ⓦ ▽ VII-IX; C-Am.
– **mexicana** (Seem.) Benth. et Hook. f. ex Fritsch · ♃ Z10 Ⓦ ▽ VII-IX; Mex.
– **misera** Lindl. · ♃ Z10 Ⓦ VII-IX; Mex., Guat., Hond.
– **patens** Benth. · ♃ Z10 Ⓦ ▽ VII-IX; Mex.
– **pedunculata** Benth. · ♃ Z10 Ⓦ ▽ VII-IX; Mex., C-Am., Col., Venez.
– *pulchella* (L'Hér.) Hitchc. = Achimenes erecta
– *rosea* Lindl. = Achimenes erecta
– **skinneri** Lindl. · ♃ Z10 Ⓦ ▽ VII-IX; Mex., Guat.
– *tubiflora* (Hook.) Britton = Sinningia tubiflora
– **warszewicziana** (Regel) H.E. Moore · ♃ Z10 Ⓦ VII-IX; Mex., Guat., Hond., El Salv.
– **Cultivars**
  – **in vielen Sorten**

Achlys DC. -f- *Berberidaceae* · 2 sp
– **triphylla** (Sm.) DC. · D:Vanilleblatt; E:Vanilla Leaf · ♃ VII-VIII; B.C., Wash., Oreg., Calif.

Achnatherum P. Beauv. = Stipa
– *calamagrostis* (L.) P. Beauv. = Stipa calamagrostis
– *pekinense* (Hance) Ohwi = Stipa pekinensis
– *splendens* (Trin.) Nevski = Stipa splendens

Achras L. = Manilkara, Pouteria
– *caimito* Ruiz et Pav. = Pouteria caimito
– *lucuma* Ruiz et Pav. = Pouteria lucuma
– *zapota* L. = Manilkara zapota

Achyranthes L. -f- *Amaranthaceae* · 6 sp · D:Spreublume; F:Achyranthes
– **aspera** L. · ☉ ♃ Z8; Trop., nat. in Sp., Sic.
– *lindenii* (Van Houtte) hort. = Iresine lindenii
– *verschaffeltii* Lem. = Iresine herbstii

Acicarpha Juss. -f- *Calyceraceae* · 5 sp
– **tribuloides** Juss. · ☉; S-Am.

Acidanthera Hochst. = Gladiolus
– *bicolor* Hochst. = Gladiolus callianthus
 – var. *murielae* R.H. Perry = Gladiolus callianthus 'Murielae'

Acineta Lindl. -f- *Orchidaceae* · 15 sp
– **barkeri** (Bateman) Lindl. · ♃ Z10 ⓦ IX-XI ▽ ✻; Mex.
– **chrysantha** (C. Morren) Lindl. et Paxton · ♃ Z10 ⓦ IX-X ▽ ✻; Costa Rica, Panama, Col.
– *densa* Lindl. et Paxton = Acineta chrysantha
– *humboldtii* Lindl. = Acineta superba
– **superba** (Humb., Bonpl. et Kunth) Rchb. f. · ♃ Z10 ⓦ III-VI ▽ ✻; Ecuad., Col., Venez.

Acinos Mill. -m- *Lamiaceae (Labiatae)* · 10 sp · D:Steinquendel; E:Calamint; F:Calament
– **alpinus** (L.) Moench · D:Alpen-Steinquendel; E:Alpine Calamint; F:Calament des Alpes · ♃ △ Z5 VII-IX; Eur.* exc. BrI, Sc; TR, NW-Afr.
– **arvensis** (Lam.) Dandy · D:Feld-Steinquendel; E:Mother of Thyme · ☉ ☉ Z7 VI-IX ⚕; Eur.*, TR, Cauc., N-Iran
– *thymoides* Moench = Acinos arvensis

Aciphylla J.R. Forst. et G. Forst. -f- *Apiaceae (Umbelliferae)* · 40 sp · D:Speergras; E:Speargrass; F:Aciphylla
– **aurea** W.R.B. Oliv. · D:Goldenes Speergras; E:Golden Spaniard · ♄ e Z7 ⓐ; NZ
– **squarrosa** J.R. Forst. et G. Forst. · D:Sperriges Speergras; E:Bayonet Plant, Speargrass · ♃ Z5 VIII; NZ

Acmella Rich. ex Pers. -f- *Asteraceae (Compositae)* · 30 sp · D:Parakresse; E:Para Cress; F:Cresson de Para
– **oleracea** (L.) R.K. Jansen · D:Parakresse; E:Para Cress, Toothache Plant · ♃ ⓚ ⚕ Ⓝ; cult. in W.Ind., Bras., Ind.

Acnistus Schott -m- *Solanaceae* · 1 sp
– **arborescens** (L.) Schltdl. · ♄ ⓚ; Mex.
– *australis* (Griseb.) Griseb. = Iochroma australe

Acoelorrhaphe H. Wendl. -f- *Arecaceae (Palmae)* · 1 sp
– **wrightii** (Griseb. et H. Wendl.) H. Wendl. · ♄ e Z10 ⓦ; S-Fla., Mex., Guat., Hond., Cuba, Bahamas

Acokanthera G. Don -f- *Apocynaceae* · 5 sp · D:Schöngift; E:Poison Bush, Poison Tree; F:Acokanthéra
– **oblongifolia** (Hochst.) Codd · D:Afrikanisches Schöngift; E:African Wintersweet · ♄ e D Z10 ⓦ II-IV ☠; S-Afr.: Kap, Natal
– **oppositifolia** (Lam.) Codd · D:Buschmanns Schöngift; E:Bushman's Poison · ♄ e D Z10 ⓚ II-IV ☠; E-Afr., S-Afr.
– *ouabaio* Boiss. = Acokanthera oppositifolia
– **schimperi** (A. DC.) Schweinf. · D:Pfeilspitzen Schöngift; E:Arrow Poison Tree · ♄ e Z10 ⓚ II-IV ⚕ ☠; E-Afr., SW-Arab.
– *spectabilis* (Sond.) Hook. f. = Acokanthera oblongifolia
– *venenata* auct. non (Thunb.) G. Don = Acokanthera oppositifolia

Aconitum L. -n- *Ranunculaceae* · c. 100 (or 300-350) sp · D:Eisenhut, Wolfshut; E:Monk's Hood; F:Aconit
– **anthora** L. · D:Blassgelber Eisenhut; E:Pale Aconite, Yellow Monkshood · ♃ Z7 VIII ☠ ▽; Eur.* exc. BrI, Sc; TR, Cauc., W-Sib., E-Sib., C-As.
 – fo. *jacquinii* Rchb. = Aconitum anthora
– × *arendsii* hort. = Aconitum carmichaelii Arendsii Grp.
– × *bicolor* Schult. = Aconitum × cammarum 'Bicolor'
– × **cammarum** L. (*A. napellus* × *A. variegatum*) · D:Garten-Eisenhut · ♃ ⋊ Z3 VII-VIII ☠; Eur.: Sc
 – **in Sorten**

– **'Bicolor'**
– **carmichaelii** Debeaux
– **Arendsii Grp.** · ♃ ⫘ Z3 IX-X ☠; cult.
– **Wilsonii Grp.** · ♃ Z3 VIII-IX ☠ ▽; C-China
– var. *arendsii* hort. = Aconitum carmichaelii Arendsii Grp.
– var. **carmichaelii** · D:Chinesischer Eisenhut; E:Aconite; F:Aconit d'automne · ♃ Z3 ⚕ ☠ ▽; C-China, W-China
– var. *wilsonii* (Stapf ex Mottet) Munz = Aconitum carmichaelii Wilsonii Grp.
– **degenii** Gáyer
– subsp. **degenii** · D:Degens Eisenhut · ♃ ☠ ▽; RO, Russ.; mts.
– subsp. **paniculatum** (Arcang.) Mucher · D:Rispen-Eisenhut · ♃ VII-IX ☠ ▽; Eur.: F, I, C-Eur., Slove., Bosn., Montenegro; mts.
– *fischeri* Forbes et Hemsl. = Aconitum carmichaelii var. carmichaelii
– **hemsleyanum** E. Pritz. · ♃ ≩ Z4 VII-IX ☠ ▽; C-China
– **henryi** E. Pritz. · ♃ Z4 VII-VIII ☠ ▽; W-China
– × *intermedium* DC. = Aconitum × cammarum
– *lamarckii* Rchb. ex Spreng. = Aconitum lycoctonum subsp. neapolitanum
– **lycoctonum** L. · D:Gelber Eisenhut; E:Badger's Bane, Wolfsbane
– subsp. **lycoctonum** · D:Wolfs-Eisenhut · ♃ Z3 VI ☠; Eur.: Sc, E-Eur.
– subsp. **moldavicum** (Hacq.) Jalas · ♃ Z3 ▽; Eur.: PL, EC-Eur., RO, W-Russ.
– subsp. **neapolitanum** (Ten.) Nyman · D:Hahnenfußblättriger Eisenhut; F:Aconit des Pyrénées · ♃ Z3 VI-VIII ☠ ▽; S-Eur., C-Eur., Maroc.; mts.
– subsp. **vulparia** (Rchb. ex Spreng.) Nyman · D:Fuchs-Eisenhut; E:Monkshood; F:Aconit tue-loup · ♃ Z3 VI-VIII ☠ ▽; Eur.: F, NL, C-Eur., EC-Eur., RO, I, W-Ba
– *moldavicum* Hacq. = Aconitum lycoctonum subsp. moldavicum
– **napellus** L. · D:Blauer Eisenhut; E:Friar's Cap, Garden Monkshood
– subsp. **napellus** · D:Gewöhnlicher Blauer Eisenhut; F:Aconit blanc · ♃ Z6 VI-VIII ⚕ ☠ ▽; Eur.*
– subsp. **pyramidale** (Mill.) Rouy et Foucaud · ♃ Z6 VII-VIII ☠ ▽; Eur.: C-Eur., S-Alp.
– subsp. *tauricum* (Wulfen) Gáyer = Aconitum tauricum
– **orientale** Mill. · ♃ Z6 ☠ ▽; TR, Cauc., Iran
– *paniculatum* auct. non Lam. = Aconitum degenii subsp. paniculatum
– *paniculatum* Lam. = Aconitum × cammarum
– **plicatum** Köhler ex Rchb. · D:Klaffender Eisenhut · ♃ ☠ ▽; D, A, CZ
– *pyramidale* Mill. = Aconitum napellus subsp. pyramidale
– *pyrenaicum* L. p.p. = Aconitum lycoctonum subsp. neapolitanum
– *ranunculifolium* Rchb. = Aconitum lycoctonum subsp. neapolitanum
– *rostratum* Bernh. = Aconitum variegatum
– *septentrionale* Koelle = Aconitum lycoctonum subsp. lycoctonum
– × *stoerkianum* Rchb. = Aconitum × cammarum
– **tauricum** Wulfen · D:Tauern-Eisenhut · ♃ Z6; Eur.: E-Alp., Carp.
– **variegatum** L. · D:Gewöhnlicher Bunter Eisenhut · ♃ Z6 VII-VIII ☠ ▽; Eur.* exc. BrI, Sc; Cauc.; mts.
– **volubile** Pall. ex Koelle · ♃ ≩ Z2 VII-VIII ☠ ▽; Jap., Korea, Manch., E-Sib.
– *vulparia* Rchb. ex Spreng. = Aconitum lycoctonum subsp. vulparia
– *wilsonii* Stapf ex Mottet = Aconitum carmichaelii Wilsonii Grp.

Aconogonon (Meisn.) Rchb. -n- *Polygonaceae* · c. 30 sp · D:Bergknöterich; F:Renouée des montagnes
– **alpinum** (All.) Schur · D:Alpen-Bergknöterich; E:Alpine Knotweed · ♃ Z5 VII-IX; Eur.: Ib, Fr, Ap, C-Eur., Ba, EC-Eur.; TR, Cauc., N-Iran, Him., W-Sib., E-Sib, Amur, C-As., Mong., nat. in BrI, Sc
– **campanulatum** (Hook. f.) H. Hara · ♃ Z8; Him.
– **lichiangense** (W.W. Sm.) Soják · ♃ Z5 VIII-X; W-Him.
– **polystachyum** (Wall. ex Meisn.) Small · D:Himalaya-Bergknöterich, Vielähriger Bergknöterich; E:Himalayan Knotweed; F:Renouée de l'Himalaya · ♃ D Z6 X; Him., nat. in BrI, Sc, C-Eur., Fr
– **sericeum** (Pall.) H. Hara · ♃ Z5 V-VI; Sib.
– **weyrichii** (F. Schmidt ex Maxim.) H. Hara · D:Weyrichs Bergknöterich; E:Weyrich's Knotweed; F:Renouée de Weyrich · ♃ Z5 VII-VIII; Sachal., Kurilen

Aconogonum (Meisn.) Rchb. = Aconogonon

Acorus L. -m- *Acoraceae* · 2 sp · D:Kalmus; E:Sweet Flags; F:Acore
- **calamus** L. · D:Kalmus; E:Calamus, Flag Root, Sweet Myrtle; F:Acore odorant · ♃ ~ Z3 VI-VII ⚕ ☠ Ⓝ; Him., Ind., Sri Lanka, E-As., nat. in Eur., W-As., N-Am.
- **gramineus** Sol. · D:Lakritz-Kalmus; E:Japanese Sweet Flag; F:Acore à feuilles de graminée · ♃ ~ Z7 Ⓐ ∧ ⚕; Ind., Thail., China, Jap.
  - **'Pusillus'** · F:Acore à feuilles de graminée 'Pusillus' · ♃ ~ Ⓚ Ⓐ ∧; cult.
  - var. *pusillus* (Siebold) Engl. = Acorus gramineus 'Pusillus'
- *pusillus* Siebold = Acorus gramineus 'Pusillus'

Acroceras Stapf -n- *Poaceae (Gramineae)* · c. 20 sp
- **macrum** Stapf · ♃ Ⓝ; S-Afr., E-Afr.

Acroclinium A. Gray -n- *Asteraceae (Compositae)* · 3 sp · D:Papierblümchen; E:Paper Daisy; F:Acroclinium
- **roseum** Hook. · D:Rosa Papierblümchen; E:Pink Paper Daisy, Rosy Sunray · ⊙ ✂ Z9 VII-IX; Austr.

Acrocomia Mart. -f- *Arecaceae (Palmae)* · 20 sp · D:Schopfpalme; E:Gru Gru Palm; F:Acrocomia
- **totai** Mart. · D:Coyoli-Palme; E:Gru Gru Nut, Mucaja · ♄ e Z10 Ⓚ Ⓝ; Bol., Parag., Arg.
- **vinifera** Oerst. · ♄ e Z10 Ⓦ Ⓝ; trop. S-Am.

Acrodon N.E. Br. -m- *Aizoaceae* · 4 sp
- **bellidiflorus** (L.) N.E. Br. · ♃ ♆ Ⓚ; Kap

Acroptilon Cass. -n- *Asteraceae (Compositae)* · 1 sp · D:Federblume; E:Russian Knapweed
- **repens** (L.) DC. · D:Federblume · ♃ VII-IX; Eur.: Russ.; TR, Iraq, Cauc., Iran, Afgh., C-As., Mong., nat. in N-Am.

Acrostichum L. -n- *Pteridaceae* · 3 sp · D:Mangrovefarn; E:Leather Farn; F:Acrostic
- **aureum** L. · D:Mangrovefarn; E:Leather Fern · ♃ ~ ≈ Z10 Ⓦ; Trop.; coasts
- *latifolium* Sw. = Elaphoglossum latifolium
- *villosum* Sw. = Elaphoglossum villosum

Actaea L. -f- *Ranunculaceae* · 8 sp · D:Christophskraut; E:Baneberry; F:Herbe de St-Christophe
- **alba** (L.) Mill. · D:Weißfrüchtiges Christophskraut; E:White Baneberry; F:Actée blanche · ♃ ♣ Z3 V-VI ☠; Can.: E; USA: NE, NCE, NC, SE, Okla.
- *nigra* (L.) Gaertn., B. Mey. et Scherb. = Actaea spicata
- *pachpoda* Elliott = Actaea alba
- **rubra** (Aiton) Willd. · D:Rotfrüchtiges Christophskraut; E:Red Baneberry; F:Actée rouge · ♃ ♣ Z3 V-VI ☠; Alaska, Can., USA: NE, NCE, NC, Rocky Mts., NW, SW, Calif.
- **spicata** L. · D:Schwarzfrüchtiges Christophskraut; E:Baneberry; F:Actée en épis · ♃ ♣ Z5 V-VI ☠; Eur.*, Cauc., W-Sib. (Altai)
  - var. *alba* L. = Actaea alba

Actinea A. Juss. = Hymenoxys
- *acaulis* (Pursh) Spreng. = Hymenoxys acaulis
- *grandiflora* (Torr. et A. Gray ex A. Gray) Kuntze = Hymenoxys grandiflora
- *herbacea* (Greene) B.L. Rob. = Hymenoxys acaulis
- *linearifolia* (Hook.) Kuntze = Hymenoxys linearifolia

Actinella Pers. = Hymenoxys
- *grandiflora* Torr. et A. Gray ex A. Gray = Hymenoxys grandiflora
- *linearifolia* (Hook.) Torr. et A. Gray = Hymenoxys linearifolia

Actinidia Lindl. -f- *Actinidiaceae* · 40 (-54) sp · D:Kiwipflanze, Strahlengriffel; E:Kiwi Fruit; F:Actinidia, Kiwi
- **arguta** (Siebold et Zucc.) Planch. ex Miq. · D:Scharfzähniger Strahlengriffel; E:Tara Vine, Yang-Tao; F:Actinidier · ♄ d ≷ D Z5 VI Ⓝ; China, Korea, Jap.
- **callosa** Lindl.
  - var. **callosa** Z7
  - var. **henryi** Maxim. · ♄ d Z6; C-China, W-China
- *chinensis* hort. non Planch. = Actinidia deliciosa
- **coriacea** (Finet et Gagnep.) Dunn · d ≷ Z6 V-VI; W-China

– **deliciosa** (A. Chev.) C.F. Liang et A.R. Ferguson · D:Chinesische Stachelbeere, Kiwifrucht; E:Chinese Gooseberry, Kiwi Fruit; F:Kiwi de Chine · ♄ d ≷ Z6 V-VI Ⓝ; China, Taiwan
– **in Sorten (siehe Kapitel III)**
– **kolomikta** (Rupr. et Maxim.) Maxim. · D:Kolomikta-Strahlengriffel; F:Kiwi d'ornement · ♄ d ≷ D Z5 V Ⓝ; Jap., Korea, China
– **melanandra** Franch. · ♄ d ≷ Z6 VI-VII Ⓝ; China
– **polygama** (Siebold et Zucc.) Planch. ex Maxim. · D:Silberrebe; E:Silver Vine · ♄ d ≷ D Z4 VI-VII Ⓝ; Jap., Korea, Sachal., Manch., W-China
– **purpurea** Rehder · D:Purpur-Strahlengriffel · ♄ d ≷ Z8 ∧ VI-VII; W-China

Actiniopteris Link -f- *Actiniopteridaceae* · 5 sp · D:Strahlenfarn; F:Actinioptéris
– **australis** (L. f.) Link · ♃ Z10 Ⓦ; E-Afr., S-Afr., Arab., Ind.

Actinomeris Nutt. = Verbesina
– *alternifolia* (L.) DC. = Verbesina alternifolia
– *helianthoides* (Michx.) Nutt. = Verbesina helianthoides
– *squarrosa* Nutt. = Verbesina alternifolia

Actinophloeus (Becc.) Becc. = Ptychosperma
– *macarthurii* (H. Wendl.) Becc. = Ptychosperma macarthurii

Ada Lindl. -f- *Orchidaceae* · 2 (- 8-15) sp
– **aurantiaca** Lindl. · ♃ Z9 Ⓚ II-III ▽ *; Ecuad., Col., Venez.

× **Adaglossum** hort. -n- *Orchidaceae* (*Ada* × *Odontoglossum*)

× **Adamara** hort. -f- *Orchidaceae* (*Brassavola* × *Cattleya* × *Epidendrum* × *Laelia*)

Adamsia Willd. = Puschkinia
– *scilloides* (Adams) Willd. = Puschkinia scilloides var. scilloides

Adansonia L. -f- *Bombacaceae* · 8-10 sp · D:Affenbrotbaum, Baobab; E:Monkey-bread Tree; F:Baobab
– **digitata** L. · D:Affenbrotbaum; E:Baobab · ♄ d Z10 Ⓚ Ⓝ; trop. Afr., Madag.

Adelia L. -f- *Euphorbiaceae* · 15 sp
– *acuminata* Michx. = Forestiera acuminata
– *ligustrina* Michx. = Forestiera ligustrina
– *neomexicana* (A. Gray) Kuntze = Forestiera neomexicana

Adelocaryum Brand = Lindelofia, Cynoglossum
– *anchusoides* (Lindl.) Brand = Lindelofia anchusoides
– *coelestinum* (Lindl.) Brand = Cynoglossum coelestinum

Adenandra Willd. -f- *Rutaceae* · 18 sp
– **fragrans** (Sims) Roem. et Schult. · D:Himmelsduft; E:Breath of Heaven · ♄ e D Z9 Ⓚ III-IV Ⓝ; Kap

Adenanthera L. -f- *Mimosaceae (Leguminosae)* · 8-15 sp · D:Drüsenbaum; E:Coral Wood, Redwood; F:Adénanthéra
– **pavonina** L. · D:Indischer Drüsenbaum, Roter Sandelholzbaum; E:Bead Tree, Coralwood, Peacock Flower Fence, Red Sandalwood Tree · ♄ e ♧ Z10 Ⓚ Ⓝ; Him., Ind., Sri Lanka, Malay. Arch., Phil., China; cult. Trop.

Adenia Forssk. -f- *Passifloraceae* · 94 sp
– **pechuelii** (Engl.) Harms · ♄ ♆ Z9 Ⓚ; Namibia

Adenium Roem. et Schult. -n- *Apocynaceae* · 1 sp · D:Wüstenrose; E:Desert Rose, Mock Azalea; F:Lis des impalas, Rose du désert
– *arabicum* Balf. f. = Adenium obesum
– *namaquanum* Wyley ex Harv. = Pachypodium namaquanum
– **obesum** (Forssk.) Roem. et Schult. · D:Wüstenrose; E:Desert Rose, Mock Azalea · ♄ ♆ Z9 Ⓦ ☠; Egypt, Sudan, Eth., E-Afr., Arab.

Adenocarpus DC. -m- *Fabaceae (Leguminosae)* · 15 sp · D:Drüsenginster; F:Adénocarpe
– **complicatus** (L.) J. Gay · ♄ d Z9 Ⓚ V-VII; Eur.: Ib, Fr, Ap, Ba; TR, Syr., Maroc., Alger.
– **decorticans** Boiss. · ♄ d Z8 Ⓚ V-VI; Eur.: Sp.; Maroc., Alger.
– **foliolosus** (Aiton) DC. · ♄ e Z8 Ⓚ V-VI;

Canar.
– *intermedius* DC. = Adenocarpus complicatus

Adenophora Fisch. -f- *Campanulaceae* · c. 40 sp · D:Schellenblume; E:Ladybells; F:Adénophore
– **bulleyana** Diels · D:Bulleys Schellenblume · ♃ Z3 VII-VIII; W-China
– **confusa** Nannf. · D:Verkannte Schellenblume · ♃ Z3 VI-VII; W-China
– **coronopifolia** Fisch. · D:Krähenfußblättrige Schellenblume · ♃ Z6 VII-VIII; E-Sib., Amur, Mong., N-China
– **divaricata** Franch. et Sav. · D:Sperrige Schellenblume · ♃; NE-China, Korea, Jap.
– *farreri* hort. = Adenophora confusa
– *himalayana* Feer = Adenophora coronopifolia
– *liliiflora* Schur = Adenophora liliifolia
– **liliifolia** (L.) Ledeb. ex A. DC. · D:Lilienblättrige Schellenblume, Sibirische Schellenblume · ♃ Z2 VII-VIII ▽; Eur.: C-Eur., EC-Eur., I, Ba, E-Eur.; W-Sib., C-As.
– **megalantha** Diels · D:Großblütige Schellenblume · ♃ Z6 VII-VIII; C-China.
– **ornata** Diels · D:Schmuck-Schellenblume · ♃ Z6 VII-VIII; W-China
– **palustris** Kom. · D:Sumpf-Schellenblume · ♃ Z6 VII-VIII; China, Jap.
– **potaninii** Korsh. · D:Potanins Schellenblume; E:Bush Ladybell · ♃ Z3 VII-VIII; W-China
– **tashiroi** (Makino et Nakai) Makino et Nakai · ♃ Z7 VII-VIII; Jap.
– **triphylla** (Thunb.) A. DC. · D:Dreiblättrige Schellenblume; E:Giant Bellflower · ♃ Z7 VII-VIII; E-Sib., China, Jap., Taiwan
– *verticillata* (Pall.) Fisch. = Adenophora triphylla

Adenostoma Hook. et Arn. -n- *Rosaceae* · 2 sp · D:Scheinheide; E:Ribbonwood; F:Adénostome
– **fasciculatum** Hook. et Arn. · D:Strauchige Scheinheide; E:Common Chamise · ♄ e Z8 Ⓚ V-VI; Calif., Baja Calif.
– **sparsifolium** Torr. · D:Lockerblättrige Scheinheide; E:Greasewood, Ribbonwood · ♄ e Z8 Ⓚ V-VI; S-Calif., Baja Calif.

Adenostyles Cass. -f- *Asteraceae (Compositae)* · 4 sp · D:Alpendost; F:Adénostyle
– *albifrons* (L. f.) Rchb. = Adenostyles alliariae
– **alliariae** (Gouan) A. Kern. · D:Grauer Alpendost; E:Adenostyles · ♃ △ Z6 VII-VIII; Eur.* exc. BrI, Sc ; mts.
– *alpina* (L.) Bluff et Fingerh. = Adenostyles alliariae
– *alpina* hort. = Adenostyles glabra
– **glabra** (Mill.) DC. · D:Kahler Alpendost · ♃ △ Z6 VII-VIII; Eur.: C-Eur., F, Corse, I, Slove., Croatia; Alp., Apenn., Jura, Corse
– **leucophylla** (Willd.) Rchb. · D:Filziger Alpendost · ♃ Z6 VII-VIII; Eur.: I, F, CH, A; Alp.

Adesmia DC. -f- *Fabaceae (Leguminosae)* · c. 230 sp
– **boronioides** Hook. · ♄ Ⓚ V; Chile

Adhatoda Mill. = Justicia
– *cydoniifolia* Nees = Justicia cydoniifolia

Adiantopsis Fee -f- *Adiantaceae* · 7 sp
– **pedata** T. Moore · ♃ Z10 Ⓦ; Jamaica, Cuba
– **radiata** (L.) Fée · ♃ Z10 Ⓦ; Mex., W-Ind., trop. S-Am.

Adiantum L. -n- *Adiantaceae* · 150-200 sp · D:Frauenhaarfarn; E:Maidenhair Fern; F:Capillaire
– **aethiopicum** L. · D:Buschiger Frauenhaarfarn; E:Common Maidenhair Fern · ♃ Z9 Ⓦ; trop. Afr., trop. As., Austr., NZ, S-Afr.
– *assimile* Sw. = Adiantum aethiopicum
– **bessoniae** Jenman · ♃ Ⓦ; W.Ind.
– **capillus-veneris** L. · D:Gewöhnlicher Frauenhaarfarn, Venushaar; E:Maidenhair Fern, Southern Maidenhair, Venus Maidenhair · ♃ Z8 Ⓚ Ⓐ VI-IX ⚕; Eur.: Ib., BrI, F, Ap, CH, Ba, Krim; Can.: B.C.; USA*; Trop., nat. in B, H
– **caudatum** L. · ♃ ⚘ ⟿ Z10 Ⓦ; trop. Afr., trop. As.
– *ciliatum* Blume = Adiantum caudatum
– **concinnum** Willd. · D:Zerbrechlicher Frauenhaarfarn; E:Brittle Maidenhair · ♃ Z9 Ⓐ; Mex., W.Ind., Venez., Bras., Peru, nat. in Sri Lanka
– *cuneatum* Langsd. et Fisch. = Adiantum raddianum
– **curvatum** Kaulf. · ♃ Z10 Ⓦ; Bras.
– *decorum* T. Moore = Adiantum raddianum 'Decorum'

– **diaphanum** Blume · ♃ Z9 Ⓦ; trop. As., E-Austr., NZ, Pacific Is., nat. in Sri Lanka
– **dolabriforme** Hook. · ♃ Z10 Ⓦ; Panama, Bras.
– **edgeworthii** Hook. · ♃ ⌇ ⇝ Z10 Ⓦ; Him., China
– **feei** T. Moore · ♃ Z10 Ⓦ; Mex., Guat.
– **formosum** R. Br. · D:Australischer Frauenhaarfarn; E:Australian Maidenhair Fern · ♃ Z9 Ⓦ; Austr., NZ, nat. in Sri Lanka
– *fragrans* L. f. = Cheilanthes pteridioides
– **fulvum** Raoul · ♃ Z10 Ⓚ; Austr., NZ, Polyn.
– **hispidulum** Sw. · D:Rauer Frauenhaarfarn; E:Rosy Maidenhair, Rough Maidenhair · ♃ Z10 Ⓚ; trop. Afr., trop. As., Austr., NZ
– *lunulatum* Burm. = Adiantum philippense
– **macrophyllum** Sw. · ♃ Z10 Ⓦ; C-Am., W.Ind., Galapagos, Bol., Bras.
– *monosoratum* Willd. = Adiantum pulverulentum
– **pedatum** L.
  – var. **aleuticum** Rupr. · D:Krauser Pfauenradfarn; E:Aleutian Maidenhair · ♃ Z5; Alaska, Can.: E
  – var. **pedatum** · D:Amerikanischer Frauenhaarfarn, Pfauenradfarn; E:American Maidenhair, Five Finger Fern; F:Capillaire pédalée, Fougère fer-à-cheval · ♃ Z5; Can.: E; USA: NE, NCE, NC, SC, SE; , NW, Rocky Mts., Calif., Ariz., NO; Mex.: Chihuahua
– **peruvianum** Klotzsch · D:Silberdollar-Frauenhaarfarn; E:Silver Dollar Maidenhair · ♃ Z10 Ⓦ; Ecuad., Peru, Bol.
– **philippense** L. · D:Kriechender Frauenhaarfarn; E:Walking Maidenhair Fern, Wild Tea-Leaves · ♃ Z10 Ⓦ; trop. Afr., trop. As.
– **platyphyllum** Sw. · ♃ Z10 Ⓦ; C-Am., Ecuad., Peru, Bol., Bras.
– **polyphyllum** Willd. · ♃ Z10 Ⓦ; Col, Venez., Trinidad
– **princeps** T. Moore · ♃ Z10 Ⓦ; C-Am., Col.
– **pulverulentum** L. · ♃ Z10 Ⓦ; Mex., C-Am., trop. S-Am., nat. in Sri Lanka
– **raddianum** C. Presl · D:Dreieckiger Frauenhaarfarn; E:Delta Maidenhair Fern · ♃ ✂ Z10 Ⓦ ▽; C-Am., trop. S-Am., nat. in Azor., Sri Lanka
  – **'Decorum'** · Ⓦ; cult.
– **reniforme** L. · ♃ Z9 Ⓚ; Canar., Madeira
– *rhomboideum* Schkuhr = Adiantum trapeziforme
– **rubellum** T. Moore · ♃ Z10 Ⓦ; Bol.
– *seemannii* Hook. = Adiantum platyphyllum
– **tenerum** Sw. · D:Fächer-Frauenhaarfarn; E:Brittle Maidenhair Fern, Fan Maidenhair · ♃ Z9 Ⓦ ▽; USA: Fla.; Mex., W.Ind., C-Am., trop. S-Am.
  – *'Bessoniae'* = Adiantum bessoniae
– **tetraphyllum** Humb. et Bonpl. ex Willd. · D:Vierblättriger Frauenhaarfarn; E:Four Leaf Maidenhair · ♃ Z10 Ⓦ; trop. Am., W-Afr.
– **trapeziforme** L. · ♃ Z10 Ⓦ; Mex., W-Ind., Venez., Bras., nat. in Sri Lanka
– **venustum** G. Don · D:Immergrüner Frauenhaarfarn; E:Evergreen Maidenhair Fern; F:Capillaire cheveux de Vénus · ♃ Z8 ∧; Him.
– **williamsii** T. Moore · ♃ Z10 Ⓦ; Peru

Adina Salisb. -f- *Rubiaceae* · 8 sp
– **cordifolia** (Roxb.) Benth. et Hook. f. ex Brandis · ₺ d Ⓦ Ⓝ; Ind., Sri Lanka, Myanmar, Laos, Vietn.

× **Adioda** hort. -f- *Orchidaceae* (*Ada* × *Cochlioda*)

Adlumia Raf. ex DC. -f- *Fumariaceae* · 1 sp
– *cirrhosa* Raf. = Adlumia fungosa
– **fungosa** (Aiton) Greene ex Britton, Sterns et Poggenb. · E:Allegheny Vine, Climbing Fumitory, Mountain Fringe · ⊙ ⌇ Z6 VII-X; Can.: E; USA: NE, NCE, N.C., Tenn

Adonidia Becc. = Veitchia
– *merrillii* (Becc.) Becc. = Veitchia merrillii

Adonis L. -f- *Ranunculaceae* · 26 sp · D:Adonisröschen, Teufelsauge; E:Pheasant's Eye; F:Adonide
– **aestivalis** L. · D:Sommer-Adonisröschen; E:Summer Adonis, Summer Pheasant's Eye · ⊙ ⁞ Z6 V-VIII ⚕ ☠; Eur.* exc. BrI, Sc; TR, Levante, Iraq, Cauc., Iran, Afgh., Pakist., C-As., W-Sib., NW-Afr., Libya
– **aleppica** Boiss. · ⊙ ⁞ Z7 IV-VI ☠; TR, Syr., N-Iraq
– **amurensis** Regel et Radde · D:Amur-Adonisröschen; E:Amur Pheasant's Eye; F:Adonis de l'Amour · ♃ △ Z3 II-IV ☠; Amur, Manch., Korea, Jap. Sachal.
– **annua** L. · D:Herbst-Adonisröschen; E:Pheasant's Eye · ⊙ ⁞ Z3 VI-VIII ☠; Eur.: Ib, Fr, Ap, CH, Ba; TR, Levante,

NW-Afr., nat. in BrI
– *autumnalis* L. = Adonis annua
– *dahurica* Ledeb. ex Rchb. = Adonis amurensis
– *davurica* hort. = Adonis amurensis
– **flammea** Jacq. · D:Flammen-Adonisröschen · ⊙ ⁞ Z3 V-VII ☠; Eur.* exc. BrI, Sc; TR, Syr., Cauc., Iran
– **pyrenaica** DC. · ♃ △ Z6 VI-VII ☠; Eur.: Sp., F; Cordillera Cantábrica, Pyr., Alp. Maritimes
– **vernalis** L. · D:Frühlings-Adonisröschen; E:Spring Adonis, Yellow Pheasant's Eye; F:Adonis de printemps · ♃ △ Z3 IV-V ⚕ ☠ ▽ ✻; Eur.* exc. BrI; Cauc., W-Sib., E-Sib.

Adoxa L. -f- *Adoxaceae* · 4 sp · D:Moschuskraut; E:Muskroot; F:Adoxa
– **moschatellina** L. · D:Moschuskraut; E:Muskroot, Town Hall Clock · ♃ III-V; Eur.*, Cauc., W-Sib., E-Sib., Amur, C-As., W-Him., China, Manch., Jap., Alaska, Can., USA: NE, NCE, NC, Rocky Mts.

Adromischus Lem. -m- *Crassulaceae* · 26 sp · D:Kurzstiel; F:Adromischus
– *clavifolius* (Haw.) Lem. = Adromischus cristatus var. clavifolius
– **cooperi** (Baker) A. Berger · D:Kiebitzei-Kurzstiel; E:Plover Eggs · ♃ ♆ Z9 (K); Kap
– **cristatus** (Haw.) Lem.
  – var. **clavifolius** (Haw.) Toelken · ♃ ♆ Z9 (K); Kap
  – var. **cristatus** · ♃ ♆ Z9 (K); Kap
– *festivus* C.A. Sm. = Adromischus cooperi
– **hemisphaericus** (L.) Lem. · ♃ ♆ Z9 (K); Kap, Namibia
– **maculatus** hort. non (Salm-Dyck) Lem. · D:Gefleckter Kurzstiel; E:Calico Hearts · ♃ ♆ Z9 (K); Kap
– **mammillaris** (L. f.) Lem. · ♃ ♆ Z9 (K); Kap, Namibia
– **marianae** (Marloth) A. Berger · ♃ ♆ Z9 (K); Kap
– *rhombifolius* (Baker) Berger = Adromischus sphenophyllus
– **rhombifolius** (Haw.) Lem.
  – var. **rhombifolius** · ♄ ♆ e Z9 (K); Kap
  – var. *sphenophyllus* C.A. Sm. = Adromischus sphenophyllus
– *rotundifolius* (Haw.) Poelln. = Adromischus hemisphaericus
– **sphenophyllus** C.A. Sm. · ♆ Z9 (K); Kap
– **trigynus** (Burch.) Poelln. · ♃ ♆ Z9 (K); S-Afr., Namibia
– **umbraticola** C.A. Sm. · ♃ ♆ Z9 (K); Kap
– *vanderheydenii* hort. ex A. Berger = Adromischus cristatus var. clavifolius

Aechmea Ruiz et Pav. -f- *Bromeliaceae* · 173 sp · D:Lanzenrosette; F:Aechméa
– **aquilega** (Salisb.) Griseb. · ♃ Z10 (W); Costa Rica, Venez., Trinidad, Bras.
– *bernoulliana* Wittm. = Aechmea mexicana
– **bicolor** L.B. Sm. · ♃ Z9 (K); Bras.: Bahia
– **bracteata** (Sw.) Griseb. · ♃ Z9 (W); C-Am., Col.
– **bromeliifolia** (Rudge) Baker · ♃ Z9 (W); C-Am., S-Am.
– *caerulescens* (Regel) hort. ex Baker = Aechmea lueddemanniana
– **calyculata** (E. Morren) Baker · ♃ Z9 (W); Bras., Arg.
– **candida** E. Morren ex Baker · ♃ Z10 (W); Bras.
– **caudata** Lindm. · ♃ Z10 (W); Bras.
– **chantinii** (Carrière) Baker · ♃ Z10 (W); Col., N-Peru, Bras.: Amazon.
– **coelestis** (K. Koch) E. Morren · ♃ Z10 (W); Bras.
– *comata* (Gaudin) Baker = Aechmea lindenii var. lindenii
  – var. *mackoyana* (Mez) L.B. Sm. = Aechmea lindenii 'Mackoyana'
– *crocophylla* (E. Morren) Baker = Aechmea pectinata
– **cylindrata** Lindm. · ♃ Z10 (W); Bras.
– **dealbata** E. Morren ex Baker · ♃ Z10 (W); Bras.
– **distichantha** Lem.
  – var. **distichantha** · ♃ Z9 (W); Bras., Urug., Parag., Bol., Arg.
  – var. **glaziovii** (Baker) L.B. Sm. · ♃ Z9 (W); Bras.
– **farinosa** (Regel) L.B. Sm.
  – var. **conglomerata** (Baker) L.B. Sm. · ♃ Z10 (W); Bras.
  – var. **farinosa** · ♃ Z10 (W); Bras.
– **fasciata** (Lindl.) Baker · D:Silbervase; E:Urn Plant, Vase Plant · ♃ Z9 (W) VII-IX; Bras.
– **fendleri** André · ♃ Z9 (W); Venez.
– **filicaulis** (Griseb.) Mez · ♃ Z9 (W); Venez.
– **fosteriana** L.B. Sm. · ♃ Z10 (W); Bras.
– **fulgens** Brongn.
  – var. **discolor** (C. Morren) Brongn. ex Baker Z9 (W); Bras.
  – var. **fulgens** · ♃ Z9 (W); Bras.
– **galeottii** Baker · ♃ Z10 (W); Mex.

- **gamosepala** Wittm. · ♃ Z10 ⌂; Bras.
- *glaziovii* Baker = Aechmea distichantha var. glaziovii
- *glomerata* (Beer) Mez = Aechmea farinosa var. conglomerata
  - var. *farinosa* (Regel) Mez = Aechmea farinosa var. farinosa
- **gracilis** Lindm. · ♃ Z10 ⌂; Bras.
- *hystrix* E. Morren = Aechmea ornata
- **kertesziae** Reitz · ♃ Z10 ⌂; Bras.
- *lalindei* Linden et Rodigas = Aechmea mariae-reginae
- *legrelliana* (Baker) Baker = Aechmea recurvata
- **lindenii** (E. Morren) Baker
  - **'Mackoyana'**; cult.
  - *'Variegata'* = Aechmea lindenii 'Mackoyana'
  - var. **lindenii** · ♃ Z9 ⌂; Bras.
  - var. *mackoyana* Mez = Aechmea lindenii 'Mackoyana'
- **lingulata** (L.) Baker · ♃ Z10 ⌂; Lesser Antilles, Trinidad, Venez., Bras.
- **lueddemanniana** (K. Koch) Mez · ♃ Z10 ⌂; S-Mex., Guat., Belize
- **magdalenae** (André) André ex Baker · ♃ Z10 ⌂ Ⓝ; Mex., C-Am., Col., Ecuad., Venez.
- **mariae-reginae** H. Wendl. · ♃ Z10 ⌂; Costa Rica, Col.
- *marmorata* (Lem.) Mez = Quesnelia marmorata
- **melinonii** Hook. · ♃ Z10 ⌂; Bras.: Amazon.; Guyana
- **mertensii** (G. Mey.) Schult. f. · ♃ Z9 ⌂; Col., Ecuad., Peru. Venez., Guyan., Trinidad, Venez.
- **mexicana** Baker · ♃ Z9 ⌂; Mex., Guat., Costa Rica, Ecuad.
- **miniata** (Beer) hort. ex Baker · ♃ Z9 ⌂; Bras.
- **nidularioides** L.B. Sm. · ♃ Z10 ⌂; S-Col., N-Peru
- **nudicaulis** (L.) Griseb. · ♃ Z10 ⌂; Mex., C-Am., W.Ind., Ecuad., Venez., Bras.
- **orlandiana** L.B. Sm. · ♃ Z10 ⌂; Bras.
- **ornata** Baker · ♃ Z10 ⌂; Bras.
- **pectinata** Baker · ♃ Z10 ⌂; Bras.
- **penduliflora** André · ♃ Z10 ⌂; C-Am., trop. S-Am.
- **pineliana** (Brongn. ex Planch.) Baker · ♃ Z10 ⌂; Bras.
- **pubescens** Baker · ♃ Z10 ⌂; C-Am., Col.
- **purpureorosea** (Hook.) Wawra · ♃ Z9 ⌂; Bras.
- **racinae** L.B. Sm. · ♃ Z10 ⌂; Bras.
- **ramosa** Mart. ex Schult. f. · ♃ Z10 ⌂; Bras.
- **recurvata** (Klotzsch) L.B. Sm. · ♃ Z9 ⌂; Bras., Urug.
- **saxicola** L.B. Sm. · ♃ Z10 ⌂; E-Bras.
- *schiedeana* Schltdl. = Aechmea bracteata
- *schultesiana* Mez = Aechmea penduliflora
- **spectabilis** Brongn. ex Houllet · ♃ Z10 ⌂; Col., Venez.
- **sphaerocephala** Baker · ♃ Z10 ⌂; Bras.
- *suaveolens* Knowles et Westc. = Aechmea purpureorosea
- **tessmannii** Harms · ♃ Z10 ⌂; Col., Peru
- **tillandsioides** (Mart. ex Schult. f.) Baker · ♃ Z10 ⌂; Mex., C-Am., Col. Venez., Guyana, Bras.
- **victoriana** L.B. Sm. · ♃ Z10 ⌂; Bras.
- **warasii** E. Pereira · ♃ Z10 ⌂; Bras.: Espírito Santo
- **weilbachii** Didr. · ♃ Z10 ⌂; Bras.
  - **'Leodiensis'** · ⊙ ⌂; cult.
  - var. *leodiensis* André = Aechmea weilbachii 'Leodiensis'
- **zebrina** L.B. Sm. · ♃ Z10 ⌂; S-Col., N-Ecuad.

Aegilops L. -f- *Poaceae (Gramineae)* · 21-25 sp · D:Walch; F:Egylops
- **cylindrica** Host · D:Walzenförmiger Walch · ⊙ Z9 V-VII; Eur.: EC-Eur., Ba, E-Eur.; TR, Cauc., C-As., nat. in F, I
- **geniculata** Roth · ⊙ ⋈ Z9 VI-VIII; Eur.: Ib, Fr, Ap, Ba, RO, Krim; TR, SW-As., N-Afr.
- **neglecta** Req. ex Bertol. · ⊙ Z9; Eur.: Ib, Fr, Ap, Ba, RO, Krim; TR, Cauc., Iran
- *squarrosa* L. = Aegilops triuncialis
- **triuncialis** L. · D:Langgranniger Walch · ⊙ Z9 VI-VIII Ⓝ; Eur.: Ib, Fr, Ap, Ba, Krim; TR, Cauc., Iran, C-As., N-Afr.
- **ventricosa** Tausch · ⊙ ⋈ Z9 VII-VIII Ⓝ; Eur.: Sp., Balear., Sard., I, Slove.; Egypt, NW-Afr., nat. in F

Aeginetia L. -f- *Scrophulariaceae* · 3 sp
- **indica** L. · D:Indische Sommerwurz; E:Indian Broomrape · ♃ Z10 ⌂ VIII-X; Ind., Malay. Pen., Jap.

Aegle Correa -f- *Rutaceae* · 3 sp
- **marmelos** (L.) Corrêa · D:Belbaum; E:Bael Tree, Bengal Quince · ♄ d ⌂ ⚕ Ⓝ; Ind., Myanmar

Aegonychon Gray = Lithospermum
– *purpurocaeruleum* (L.) Holub = Lithospermum purpurocaeruleum

Aegopodium L. -n- *Apiaceae (Umbelliferae)* · 5-7 sp · D:Geißfuß, Giersch; E:Goutweed, Ground Elder; F:Aegopode, Herbe-aux-goutteux
– **podagraria** L. · D:Geißfuß, Gewöhnlicher Giersch; E:Bishop's Weed, Ground Elder · ♃ VI-VIII ⚕ Ⓝ; Eur.* exc. BrI, Sc; TR, Cauc., W-Sib., E-Sib., C-As., nat. in BR, e N-Am.

Aeollanthus Mart. ex Spreng. -m- *Lamiaceae (Labiatae)* · 43 sp
– **repens** Oliv. · ♄ e Ⓦ IV-V; Cameroun, E-Afr., Sudan

Aeonium Webb et Berthel. -n- *Crassulaceae* · 31 sp
– **arboreum** (L.) Webb et Berthel. · ♄ ♆ Z9 Ⓚ I-II; Maroc., nat. in S-Eur.
– **balsamiferum** Webb et Berthel. · ♄ ♆ D Z9 Ⓚ; Canar.
– *caespitosum* (C. Sm. ex Otto) Webb et Berthel. = Aeonium simsii
– **canariense** (L.) Webb et Berthel. · E:Giant Velvet Rose · ♄ ♆ Z9 Ⓚ IV-V; Canar.
– **ciliatum** (Willd.) Webb et Berthel. · ♄ ♆ Z9 Ⓚ III-IV; Canar.
– **cuneatum** Webb et Berthel. · ♄ ♆ e Z9 Ⓚ IV-VI; Canar.: Teneriffa
– **decorum** (H. Christ) Webb ex Bolle · ♄ ♆ Z9 Ⓚ IV-VI; Canar.
– × *domesticum* (Praeger) A. Berger = Aichryson × domesticum
– *giganteum* Webb ex H. Christ = Aeonium canariense
– **glutinosum** (Aiton) Webb et Berthel. · ♄ ♆ Z9 Ⓚ VI-VIII; Madeira
– **goochiae** Webb et Berthel. · ♄ ♆ Z9 Ⓚ V-VIII; Canar.
– **haworthii** Webb et Berthel. · E:Pin Wheel · ♄ ♆ Z9 Ⓚ IV-V; Canar.
– **hierrense** (Murray) Pit. et Proust · ♄ ♆ Z9 Ⓚ IV-V; Canar.
– **holochrysum** Webb et Berthel. · ♄ ♆ Z9 Ⓚ XII-III; Canar.
– **lindleyi** Webb et Berthel. · ♄ ♆ Z9 Ⓚ VII-IX; Canar.
– *manriqueorum* (H. Christ) Bolle = Aeonium arboreum
– **nobile** Praeger · ⊙ ♄ ♆ e Z9 Ⓚ VI; Canar.
– **percarneum** (Murray) Pit. et Proust · ♄ ♆ e Z9 Ⓚ IV-V; Canar.
– **sedifolium** (Webb) Pit. et Proust · ♄ ♆ e Z9 Ⓚ V; Canar.
– **simsii** (Sweet) Stearn · ♃ ♆ Z9 Ⓚ IV-V; Canar.
– **spathulatum** (Hornem.) Praeger · ♄ ♆ Z9 Ⓚ III-V; Canar.
– *strepsicladum* Webb et Berthel. = Aeonium spathulatum
– **tabuliforme** (Haw.) Webb et Berthel. · ⊙ ♃ ♆ e Z9 Ⓚ VII-VIII; Canar.
– *tortuosum* (Aiton) Berger = Aichryson tortuosum
– **undulatum** Webb et Berthel. · E:Saucer Plant · ♄ ♆ Z9 Ⓚ IV-V; Canar.
– **urbicum** (C. Sm. ex Hornem.) Webb et Berthel. · ♄ ♆ e Z9 Ⓚ IV-V; Canar.
– *youngianum* Webb et Berthel. = Aeonium undulatum

Aerangis Rchb. f. -f- *Orchidaceae* · c. 60 sp
– **articulata** (Rchb. f.) Schltr. · ♃ Z10 Ⓦ III-IV ▽ *; Madag.
– **citrata** (Thouars) Schltr. · ♃ Z10 Ⓦ II-IV ▽ *; Madag.
– **ellisii** (Rchb. f.) Schltr. · ♃ Z10 Ⓦ VII-IX ▽ *; Madag.
– **hyaloides** (Rchb. f.) Schltr. · ♃ Z10 Ⓦ II-III ▽ *; Madag.
– **kotschyana** (Rchb. f.) Schltr. · ♃ Z10 Ⓦ IX-X ▽ *; E-Afr., S-Afr.
– **modesta** (Hook. f.) Schltr. · ♃ Z10 Ⓦ IV-V ▽ *; Madag.

× **Aeridachnis** hort. -f- *Orchidaceae* (*Aerides* × *Arachnis*)

Aerides Lour. -f- *Orchidaceae* · 20 (40) sp
– *brookei* Bateman = Aerides crispa
– **crassifolia** Parish et Rchb. f. · ♃ Z10 Ⓦ V-VI ▽ *; Myanmar: Moulmein
– **crispa** Lindl. · ♃ Z10 Ⓦ V-VI ▽ *; Malay.Arch.
– *cylindrica* Hook. = Papilionanthe vandarum
– **falcata** Lindl. ex Paxton · ♃ Z10 Ⓦ V-VI ▽ *; Myanmar
– *japonica* Linden et Rchb. f. = Sedirea japonica
– *larpentiae* Rchb. f. = Aerides falcata
– **lawrenceae** Rchb. f. · ♃ Z10 Ⓦ VI-VIII ▽ *; Phil.
– **multiflora** Roxb. · ♃ Z10 Ⓦ VI-IX ▽ *; Him., Myanmar, Vietn.
– **odorata** Lour. · ♃ Z10 Ⓦ VI-VII ▽ *;

Ind., China, Malay. Arch., Phil.
– *retusum* (L.) Sw. = Rhynchostylis retusa
– *vandarum* Rchb. f. = Papilionanthe vandarum

× **Aeridocentrum** hort. -n- *Orchidaceae* (*Aerides* × *Ascocentrum*)

× **Aeridofinetia** hort. -f- *Orchidaceae* (*Aerides* × *Neofinetia*)

× **Aeridoglossum** hort. -n- *Orchidaceae* (*Aerides* × *Asconopsis*)

× **Aeridopsis** hort. -f- *Orchidaceae* (*Aerides* × *Phalaenopsis*)

× **Aeridostylis** A.D. Hawkes -f- *Orchidaceae* (*Aerides* × *Rhynchostylis*)

× **Aeridovanda** hort. -f- *Orchidaceae* (*Aerides* × *Vanda*)

Aerva Forssk. -f- *Amaranthaceae* · 10 sp
– **scandens** (Roxb.) Wall. · ♃ ⌂; W-Afr., Ind., Java

Aesandra Pierre = Diploknema
– *butyracea* (Roxb.) Baehni = Diploknema butyracea

Aeschrion Vell. = Picrasma
– *excelsa* (Sw.) Kuntze = Picrasma excelsa

Aeschynanthus Jack -m- *Gesneriaceae* · 100-140 sp · D:Sinnblume; E:Basket Plant, Blush Wort; F:Aeschynanthus
– **boscheanus** de Vriese · ♄ e ≹ Z10 ⌂ VI-VIII; Sumat.
– **evrardii** Pellegr. · ‡♄ e Z10 ⌂; Vietn.: Annam
– *grandiflorus* (D. Don) Spreng. = Aeschynanthus parasiticus
– **hildebrandtii** Hemsl. · ‡♄ e ⇝ Z10 ⌂; Myanmar
– *javanicus* hort. = Aeschynanthus radicans
– *lamponga* Miq. = Aeschynanthus boscheanus
– **lobbianus** Hook. · D:Lippenstift-Sinnblume; E:Lipstick Plant · ♄ ≹ Z10 ⌂; Java
– **marmoratus** T. Moore · D:Gefleckte Sinnblume; E:Zebra Basket Vine · ♄ e ≹ Z10 ⌂; Thail., Malay. Pen.
– **micranthus** C.B. Clarke · ♄ e ≹ Z10 ⌂ VI-VIII; Him., Myanmar
– **parasiticus** (Roxb.) Wall. · ♄ e ≹ Z10 ⌂ VII-VIII; Ind.: Khasia Hills
– **pulcher** (Blume) G. Don · ♃ Z10 ⌂; Java
– **radicans** Jack · D:Strahlige Sinnblume; E:Lipstick Plant · ♃ ♄ e Z10 ⌂; Malay. Pen., Java
– **speciosus** Hook. · ♄ e ≹ Z10 ⌂ VI-IX; Malay. Pen., Java, Kalimantan
– × **splendidus** T. Moore (*A. parasiticus* × *A. speciosus*) · ♄ e ≹ Z10 ⌂; cult.
– **tricolor** Hook. · ♄ e ≹ Z10 ⌂ V-VII; Kalimantan

Aeschynomene L. -f- *Fabaceae (Leguminosae)* · c. 150 sp · D:Schampflanze; E:Joint Vetch
– **americana** L. · D:Amerikanische Schampflanze; E:American Joint Vetch · ♄ ⌂ Ⓝ; trop. Am., nat. in Malay. Arch.
– **aspera** L. · D:Raue Schampflanze; E:Sola Pith Plant · ♄ ~~ ⌂ Ⓝ; Ind.
– **elaphroxylon** (Guill. et Perr.) Taub. · D:Ambatsch · ‡♄ ⌂ Ⓝ; trop. Afr.
– **indica** L. · D:Indische Schampflanze; E:Curly Indigo, Hard Sola, Indian Joint Vetch · ⊙ ~~ ⌂ VII-IX Ⓝ; Ind.

Aesculus L. -f- *Hippocastanaceae* · 15 sp · D:Rosskastanie; E:Horse Chestnut; F:Marronnier
– *arguta* Buckley = Aesculus glabra var. arguta
– **californica** (Spach) Nutt. · D:Kalifornische Rosskastanie; E:California Buckeye · ‡♄ ♄ d Z7; Calif.
– × **carnea** Hayne (*A. hippocastanum* × *A. pavia*) · D:Rote Rosskastanie; E:Red Horse Chestnut; F:Marronnier rouge · ‡♄ d Z4 V-VI ☠; cult.
  – **'Plantierensis'** · ‡♄ d
– **chinensis** Bunge · D:Chinesische Rosskastanie; E:Chinese Horse Chestnut · ‡♄ d Z6 ☠; N-China
– *discolor* Pursh = Aesculus pavia var. discolor
– **flava** Sol. · D:Gelbe Rosskastanie; E:Sweet Buckeye, Yellow Buckeye; F:Marronnier jaune · ‡♄ d Z6 V-VI ☠ Ⓝ; USA: NE, SE
– *georgiana* Sarg. = Aesculus sylvatica
– **glabra** Willd.
  – var. **arguta** (Buckley) B.L. Rob. · ‡♄ d Z6 V ☠; USA: Kans., SC
  – var. **glabra** · D:Ohio Rosskastanie; E:Ohio Buckeye; F:Marronnier de l'Ohio

· ♄ d Z6 V ☠ Ⓝ; USA: NE, NCE, NC, SC, SE
– var. *monticola* Sarg. = Aesculus glabra var. glabra
– **glaucescens** Sarg. · F:Marronnier aurore · Z5; USA: Ga.
– **hippocastanum** L. · D:Gewöhnliche Rosskastanie; E:Horse Chestnut; F:Marronnier d'Inde · ♄ d Z4 V ⚕ Ⓝ; Eur.: Ba; ? Cauc., N-Iran, Him., nat. in Fr, IRL, C-Eur., EC-Eur.
– **in Sorten**
– × **hybrida** DC. (*A. flava* × *A. pavia*) · D:Bastard-Rosskastanie; F:Marronnier hybride · ♄ d Z5 V-VI; cult.
– **indica** (Wall. ex Cambess.) Hook. · D:Indische Rosskastanie; E:Indian Horse Chestnut; F:Marronnier de l'Himalaya · ♄ d Z7 VI-VII; Afgh., Him.
– *lutea* Wangenh. = Aesculus flava
– *macrostachya* Michx. = Aesculus parviflora
– × **marylandica** Booth (*A. flava* × *A. glabra*) · ♄ d Z5; cult.
– × **mutabilis** (Spach) Schelle (*A. pavia* × *A. sylvatica*) · F:Marronnier hybride · ♄ d Z5 V-VI; cult.
– × **neglecta** Lindl. (*A. flava* × *A. sylvatica*) · D:Carolina Rosskastanie; E:Sunrise Horse Chestnut; F:Marronnier aurore · ♄ d Z5 V-VI; USA: Va., SE, Fla.
– *octandra* Marshall = Aesculus flava
– *ohioensis* (F. Michx.) DC. = Aesculus glabra var. glabra
– **parviflora** Walter · D:Strauch-Rosskastanie; E:Dwarf Buckeye, Shrubby Pavia; F:Pavier blanc · ♄ d Z5 VII-VIII; USA: SE, Fla.
– **pavia** L.
– var. **discolor** (Pursh) Torr. et Gray · F:Marronnier bicolore · ♄ ♄ Z6 V-VI ☠
– var. *humilis* (Lindl.) Rehder = Aesculus pavia var. pavia
– var. **pavia** · D:Pavie; E:Red Buckeye; F:Pavier rouge · ♄ ♄ d Z5 VI ⚕ ☠; USA: Va., W.Va., SC, SE, Fla.
– × *plantierensis* André = Aesculus × carnea 'Plantierensis'
– × *rubicunda* Loisel. = Aesculus × carnea
– *splendens* Sarg. = Aesculus pavia var. pavia
– **sylvatica** W. Bartram · ♄ ♄ d Z5; USA: SE (N.C., Tenn., Ga.)
– **turbinata** Blume · D:Japanische Rosskastanie; E:Japanese Horse Chestnut; F:Marronnier du Japon · ♄ d Z6 V-VI Ⓝ; Jap.
– × *versicolor* (Spach) Wender. = Aesculus × hybrida

Aetheopappus Cass. = Centaurea
– *pulcherrimus* (Willd.) Cass. = Centaurea pulcherrima

Aethephyllum N.E. Br. -n- *Aizoaceae* · 1 sp
– **pinnatifidum** (L. f.) N.E. Br. · ⊙ Ψ Ⓚ; Kap

Aethionema R. Br. -n- *Brassicaceae (Cruciferae)* · 46 (-70) sp · D:Steintäschel; E:Stone Cress; F:Aethionema
– **armenum** Boiss. · ♃ △ Z7 V; TR
– **'Warley Rose'**
– **cordatum** (Desf.) Boiss. · ♃ △ Z7 ∧ V-VI; Eur.: GR; TR, Cauc.
– **coridifolium** DC. · D:Zierliches Steintäschel; E:Stonecress · ♄ △ Z6-7 V-VIII; S-TR, Lebanon
– **diastrophis** Bunge · ♃ ♄ △ Z7 ∧ V-VI; Cauc. (Armen.)
– *graecum* Boiss. et Spruner = Aethionema saxatile
– **grandiflorum** Boiss. et Hohen. · D:Großblütiges Steintäschel; E:Persian Stone Cress; F:Aethionema à grandes fleurs, Aethionema de Perse · ♄ △ Z6-7 VI-VII; TR, N-Iraq, Cauc., Iran
– **Pulchellum Grp.** · ; cult.
– **iberideum** (Boiss.) Boiss. · ♃ △ Z7 ∧ V; E-GR, TR, Cauc.
– **oppositifolium** (Pers.) Hedge · ♃ △ Z7 ∧ IV-V; TR, Cauc., Lebanon
– *pulchellum* Boiss. et A. Huet = Aethionema grandiflorum Pulchellum Grp.
– **saxatile** (L.) R. Br. · D:Felsen-Steintäschel; E:Candy Mustard · ⊙ ♃ △ IV-VI; Eur.* exc. Sc, BrI; TR, Alger., Maroc.
– **schistosum** (Boiss. et Kotschy) Kotschy · ♃ △ Z7 ∧ VI; TR: Cilician Taurus
– **speciosum** Boiss. et A. Huet · ♃ △ Z7 ∧; E-TR, Iraq
– **stylosum** DC. · ♃ △ Z7 ∧ VI; TR: Cilician Taurus, W-Syr.
– **thomasianum** J. Gay · ♃ Z7; Eur.: F, I, ? CH
– × *warleyense* C.K. Schneid. ex Boom = Aethionema armenum 'Warley Rose'

Aethusa L. -f- *Apiaceae (Umbelliferae)* · 1 sp · D:Hundspetersilie; E:Foll's Parsley;

F:Ethuse, Petite ciguë
– **cynapium** L. · D:Hundspetersilie
 – subsp. **cynapium** · D:Acker-Hundspetersilie; E:Dog Poison, Fool's Parsley · ⊙ VI-X ☠; Eur.*, Cauc, N-TR, Alger., nat. in N-Am.
 – subsp. **elata** (Friedl. ex Fisch.) Schübl. et G. Martens · D:Wald-Hundspetersilie

Aframomum K. Schum. -n- *Zingiberaceae* · c. 50 sp · D:Malaguetapfeffer; E:Melagueta Pepper; F:Malaguette, Maniguette
– **angustifolium** (Sonn.) K. Schum. · D:Kamerun-Kardamom · ♃ Z10 Ⓦ Ⓝ; Madag., Seych., Mauritius
– **melegueta** K. Schum. · D:Paradieskörnerpflanze; E:Grains of Paradise, Guinea Grains · ♃ Z10 Ⓦ ⚕ Ⓝ; W-Afr.

Afrocarpus (Buchholz et N.E. Gray) C.N. Page -m- *Podocarpaceae* · 6 sp · D:Afrogelbholz; E:Yellowwood
– **falcatus** (Thunb.) Gaussen · D:Gewöhnliches Afrogelbholz; E:Common Yellowwood, Oteniqua Yellowwood · ♄ e Z10; S-Afr., Angola
– **gracilior** (Pilg.) Page · D:Schlankes Afrogelbholz; E:African Fern Pine · ♄ e Z10 Ⓚ; Eth., Uganda, Kenya

Afzelia Sm. -f- *Caesalpiniaceae (Leguminosae)* · 8 (-13) sp
– **africana** Sm. ex Pers. · D:Makolabaum; E:Makola · ♄ ✂ Z10 Ⓦ Ⓝ; W-Afr., C-Afr.

Aganisia Lindl. -f- *Orchidaceae* · 3 sp
– **cyanea** (Lindl.) Rchb. f. · ♃ Z10 Ⓦ V-VI ▽ ✻; Col., Venez., Bras.

Agapanthus L'Hér. -m- *Alliaceae* · 9 sp · D:Liebesblume, Schmucklilie; E:African Lily; F:Agapanthe
– **africanus** (L.) Hoffmanns. · D:Afrikanische Schmucklilie; E:African Lily · ♃ Z9 Ⓚ VII-VIII ☠; Kap
– **campanulatus** Leight. · ♃ Z8 Ⓚ VII-VIII; S-Afr.
– **caulescens** Spreng. · ♃ Z8 Ⓚ VIII-IX; S-Afr.
– **comptonii** Leight. · ♃ Z8 Ⓚ IX-X; Kap
– **inapertus** P. Beauv. · ♃ Z8 Ⓚ IX-X; S-Afr.: Transvaal
– *orientalis* Leight. = Agapanthus praecox subsp. orientalis
– **praecox** Willd. · D:Immergrüne Schmucklilie
 – subsp. **minimus** (LIndl.) Leight. Z9 Ⓚ; S-Afr.
 – subsp. **orientalis** (Leight.) Leight. · ♃ Z9 Ⓚ; S-Afr.
 – subsp. **praecox** · ♃ ✂ Z9 Ⓚ VII-VIII; S-Afr.: Kap, Natal
– *umbellatus* L'Hér. = Agapanthus africanus
– *umbellatus* Redoute = Agapanthus praecox subsp. praecox
– **Cultivars**
 – **in vielen Sorten (siehe Kapitel III)**

Agapetes D. Don ex G. Don -f- *Ericaceae* · 95 sp
– **acuminata** D. Don ex G. Don · ♄ Z9 Ⓚ; Bhutan, Ind.: Khasia Hills
– **buxifolia** Nutt. · ♄ e Z9 Ⓚ ▯ III-V; Bhutan
– **rugosa** (Hook.) Sleumer · ♄ e Z9 Ⓚ III-V; Ind.: Khasia Hills
– **serpens** (Wight) Sleumer · ♄ e ⌇ Z9 Ⓚ I-V; Him.

Agastache Gronov. -f- *Lamiaceae (Labiatae)* · 22 (-30) sp · D:Duftnessel; E:Mexican Hyssop; F:Agastache
– *anethiodora* Britton = Agastache foeniculum
– *anisata* hort. = Agastache foeniculum
– **cana** (Hook.) Wooton et Standl. · D:Moskitopflanze; E:Mosquito Plant · ⊙ ♄ Z9 VII-VIII; USA: N.Mex., Tex.
– **foeniculum** (Pursh) Kuntze · D:Anis-Ysop, Duftnessel; E:Anise Hyssop; F:Hysope anisée · ♃ Z7 ⚕; Can., USA: NEC, NC, Rocky Mts.
– **mexicana** (Humb., Bonpl. et Kunth) Linton et Epling · D:Limonen-Ysop; E:Mexican Giant Hyssop; F:Agastache · ♃ Z9 VII-IX; Mex.
– **urticifolia** (Benth.) Kuntze · D:Falsche Brennnessel; E:Nettle Leaf Giant Hyssop · ⊙ ♃ ✂ Z7 VIII; B.C., USA: NW, Mont., Calif.

Agathaea Cass. = Felicia
– *caelestis* Cass. = Felicia amelloides

Agathis Salisb. -f- *Araucariaceae* · 21 sp · D:Dammarabaum, Kaurifichte; E:Kauri Pine; F:Agathis
– *alba* (Blume) Foxw. = Agathis philippinensis

- **australis** (D. Don) Salisb. · D:Kaurifichte; E:Kauri Pine · ħ e Z9 Ⓚ Ⓝ; NZ
- *dammara* (Lamb.) Rich. = Agathis philippinensis
- *loranthifolia* Salisb. = Agathis philippinensis
- **philippinensis** Warb. · D:Harzige Kaurifichte; E:Pitch Tree · ħ e Z9 Ⓚ Ⓝ; Indochina, Malay. Arch., Phil.
- **robusta** (C. Moore ex F. Muell.) F.M. Bailey · D:Queensland-Kaurifichte; E:Queensland Kauri · ħ e Z9 Ⓚ Ⓝ; Austr.: Queensl.

Agathosma Willd. -f- *Rutaceae* · 135 sp · D:Duftraute

- **betulina** (Bergius) Pillans · D:Birkenähnliche Duftraute; E:Round Buchu · ♄ e Z9 Ⓚ ⚕; Kap
- **ciliata** (L.) Link · ♄ e Z9 Ⓚ III-V; S-Afr.
- **crenulata** (L.) Pillans · D:Feinzähnige Duftraute; E:Buchu · ♄ e Z9 Ⓚ ⚕; S-Afr.
- **foetidissima** (Bartl. et H.L. Wendl.) Steud. · ♄ e Z9 Ⓚ III-IV; Kap
- **hirta** (Lam.) Bartl. et H.L. Wendl. · ♄ e Z9 Ⓚ VI-VII; S-Afr.
- **imbricata** (L.) Willd. · ♄ e Z9 Ⓚ VI-VII; S-Afr.
- **lanceolata** (L.) Engl. · ♄ e Z9 Ⓚ II-III; S-Afr.: Kap, Natal
- **pulchella** (L.) Link · ♄ e Z9 Ⓚ II-VI; Kap
- **serratifolia** (Curtis) Spreeth · ♄ e Z9 Ⓚ IV-V ⚕; Kap

Agave L. -f- *Agavaceae* · 221 sp · D:Agave; E:Century Plant, Maguey; F:Agave

- *albicans* Jacobi = Agave celsii var. albicans
- **americana** L. · D:Hundertjährige Agave; E:Century Plant · ψ Z9 Ⓚ VII-VIII ⚕ Ⓝ; Mex., nat. in Trop., Subtrop.
- **angustifolia** Haw. · ψ Z9 Ⓚ; Mex., C-Am.
- **applanata** K. Koch · ψ Z9 Ⓚ; Mex.
- **atrovirens** Karw. ex Salm-Dyck
  - var. **atrovirens** · ψ Z9 Ⓚ Ⓝ; Mex.; mts.
  - var. *salmiana* (Otto ex Salm-Dyck) Trel. = Agave salmiana
- **attenuata** Salm-Dyck · D:Drachenbaum-Agave · ψ Z9 Ⓚ; Mex.
- *beaucarnei* Lem. = Agave kerchovei
- *besseriana* Jacobi = Agave macroacantha
- **bracteosa** S. Watson ex Engelm. · ψ Z9 Ⓚ; NE-Mex.
- *californica* Baker = Agave striata subsp. falcata
- *californica* Jacobi = Hesperoyucca whipplei
- **cantala** (Haw.) Roxb. · D:Cantala-Agave; E:Cantala · ψ Z9 Ⓚ Ⓝ; ? W-Mex., nat. in SE-As.
- *caroli-schmidtii* A. Berger = Agave seemanniana
- **celsii** Hook.
  - var. **albicans** (Jacobi) Gentil Z9 Ⓚ; Mex.
  - var. **celsii** · ψ Z9 Ⓚ; Mex.
- *cernua* A. Berger = Agave attenuata
- **chiapensis** Jacobi · ♃ ψ Z9 Ⓚ; Mex.
- *coccinea* Roezl ex Jacobi = Agave atrovirens var. atrovirens
- *concinna* Baker = Agave macroacantha
- *cornuta* hort. = Agave xylonacantha
- *cubensis* Haw. = Furcraea hexapetala
- **dasylirioides** Jacobi et Bouché
  - var. **dasylirioides** · ψ Z8 Ⓚ; Guat.
  - var. *dealbata* (Lem. ex Jacobi) Baker = Agave dealbata
- **dealbata** Lem. ex Jacobi · ψ Z9 Ⓚ; Mex.
- **deweana** Trel. · ψ Z9 Ⓝ; Mex.
- *echinoides* Jacobi = Agave striata subsp. striata
- *excelsa* Jacobi = Agave angustifolia
- *falcata* Engelm. = Agave striata subsp. falcata
  - var. *espadina* Berger = Agave striata subsp. falcata
- **fenzliana** Jacobi · ψ Z9 Ⓚ; Mex.
- *ferdinandi-regis* A. Berger = Agave victoriae-reginae
- **ferox** K. Koch · ψ Z9 Ⓚ; Mex.
- *filamentosa* Salm-Dyck = Agave filifera
- **filifera** Salm-Dyck · D:Faden-Agave; E:Thread Agave · ψ Z9 Ⓚ; Mex.
  - var. *filamentosa* (Salm-Dyck) Baker = Agave filifera
- *foetida* L. = Furcraea foetida
- **fourcroydes** Lem. · D:Weiber-Sisal; E:Sisal Hemp · ψ Z8 Ⓚ Ⓝ; Mex.: Yucatan
- **franzosinii** Baker · ψ Z9 Ⓚ; Mex.
- **funkiana** K. Koch et Bouché · D:Jamauvefaser · ψ Z9 Ⓚ Ⓝ; Mex.
- **geminiflora** (Tagl.) Ker-Gawl. · ψ Z9 Ⓚ; ? Mex.
- **ghiesbreghtii** K. Koch · ψ Z9 Ⓚ; Mex.
- *guadelajara* Trel. = Agave megalacantha
- *hexapetala* Jacq. = Furcraea hexapetala
- **horrida** Lem. ex Jacobi · ♃ ψ Z9 Ⓚ; Mex.
- *ingens* A. Berger = Agave americana
- *ixtlioides* Hook. f. = Agave angustifolia
- **kerchovei** Lem. · ψ Z9 Ⓚ; Mex.
- *latissima* Jacobi = Agave atrovirens var. atrovirens

– **lechuguilla** Torr. · D:Ixtlefaser · ψ Z9 Ⓚ Ⓝ; Tex., N-Mex.
– **letonae** F.W. Taylor ex Trel. · ψ Z9 Ⓝ; El Salv.
– **lophantha** Schiede · D:Tula-Ixtle; E:Lechuguilla · ψ Z9 Ⓚ Ⓝ; Mex.
– **lurida** Aiton · ψ Z9 Ⓚ; Mex.
– **macroacantha** Zucc. · ψ Z9 Ⓚ; Mex.
– **macroculmis** Tod. · ψ Z9; Mex.
– **maculosa** Hook. · ψ Z9 Ⓚ V-VIII; S-Tex., N-Mex.
– **margaritae** Brandegee · ψ Z9 Ⓚ; Mex.: Baja Calif.
– **marmorata** Roezl · ψ Z9 Ⓚ; Mex.
– **megalacantha** Hemsl. · ψ Z8; Mex.
– *mexicana* Lam. = Agave lurida
– *mitis* Mart. ex Salm-Dyck = Agave celsii var. celsii
– **parrasana** A. Berger · ψ Z9 Ⓚ; Mex.
– **parryi** Engelm. · D:Mescal-Agave; E:Mescal · ψ Z8 Ⓚ; Ariz., Mex.
– **polyacantha** Haw.
  – var. **polyacantha** · ψ Z9 Ⓚ; E-Mex.
  – var. **xalapensis** (Roezl ex Jacobi) A.H. Gentry · ψ Z9 Ⓚ; Mex.
– **potatorum** Zucc. · ψ Z9 Ⓚ; Mex.
  – var. *verschaffeltii* (Lem.) A. Berger = Agave potatorum
– *purpusorum* A. Berger = Agave ghiesbreghtii
– *roezliana* Baker = Agave ghiesbreghtii
– **salmiana** Otto ex Salm-Dyck · ψ Z9 Ⓚ Ⓝ; Mex.
– **scabra** Salm-Dyck · ψ Z9 Ⓚ; Mex.
– **schidigera** Lem. · ψ Z9 Ⓚ; Mex.
– *schnittspahnii* Jacobi = Agave applanata
– *scolymus* Karw. = Agave potatorum
– **seemanniana** Jacobi · ψ Z9 Ⓚ; Guat.
– **shawii** Engelm. · ψ Z9; Mex. (Baja California)
– **sisalana** Perrine · D:Sisal, Sisal-Agave; E:Sisal · ψ Z9 Ⓚ Ⓝ; Mex.
– **striata** Zucc.
  – subsp. **falcata** (Engelm.) A.H. Gentry · ψ Z9 Ⓚ Ⓝ; Mex.
  – subsp. **striata** · ψ Z9 Ⓚ; Mex.
– **stricta** Salm-Dyck · ψ Z9 Ⓚ; Mex.
– *univittata* Haw. = Agave lophantha
– **utahensis** Engelm. · D:Utah-Agave; E:American False Aloe
  – subsp. **utahensis** · ψ Z9 Ⓚ; USA: Calif., Utah, Ariz.
    – var. *discreta* M.E. Jones = Agave utahensis subsp. utahensis
– **vangrolae** Trel. · ψ Z9 Ⓚ; W.Ind.
– **variegata** Jacobi · ψ Z9 Ⓚ IV-V; S-Tex., N-Mex.
– *vera-cruz* Mill. = Agave lurida
– *verschaffeltii* Lem. = Agave potatorum
– **victoriae-reginae** T. Moore · D:Königs-Agave; E:Royal Agave · ψ Z9 Ⓚ ▽ ✻; Mex.
– **vilmoriniana** A. Berger · ♃ ψ Z9 Ⓚ; NW-Mex.
– **virginica** L. · E:Snake Chief Root · ψ Z8 Ⓚ ∧ VIII-IX; USA: NE, NCE, NC, SE, Fla.
– **vivipara** L. · ψ Z9 Ⓚ; Mex.
– *wislizeni* Engelm. = Agave parrasana
– *xalapensis* Roezl ex Jacobi = Agave polyacantha var. xalapensis
– **xylonacantha** Salm-Dyck · ψ Z9 Ⓚ; Mex.
– **yuccifolia** DC. · ψ Z9 Ⓚ; Mex.

Ageratina Spach -f- *Asteraceae (Compositae)* · 230-290 sp
– **altissima** (L.) R.M. King et H. Rob. · D:Weiße Natternwurz; E:Mist Flower, White Snakeroot; F:Eupatoire à feuilles molles · ♃ Z6 VII-IX ☠; Can.: E, Sask.; USA: NE, NC, SE, Fla., SC
– **aromatica** (L.) Spach · ♃ Z4 VIII-X; USA: NE, Ohio, SE, Fla.
– **glechonophylla** (Less.) R.M. King et H. Rob. · ♄ Z9 Ⓚ VII-X; Chile
– **riparia** (Regel) R.M. King et H. Rob. · D:Wuchernde Natternwurz; E:Spreading Snakeroot · ♃ Z10 Ⓚ IX-V; Mex., W.Ind.
– **vernalis** (Vatke et Kurtz) R.M. King et H. Rob. · ♃ ♄ Z10 Ⓚ II-III; Mex.

Ageratum L. -n- *Asteraceae (Compositae)* · 44 sp · D:Leberbalsam; E:Flossflower; F:Agératum
– **conyzoides** L. · D:Mexikanischer Leberbalsam; E:Mexican Ageratum, Tropical Whiteweed · ⊙ Z9 VII-IX; C-Am., S-Am., nat. in Trop.
– **corymbosum** Zucc. · ♄ Z9 Ⓚ VI-IX; Mex.
– **houstonianum** Mill. · D:Leberbalsam; E:Bluemink, Floss Flower; F:Agérate · ⊙ Z8 Ⓚ X; Mex., Guat., Belize
  – **in vielen Sorten**
– *mexicanum* Sims = Ageratum houstonianum

Aglaia Lour. -f- *Meliaceae* · c. 120 sp · D:Glanzbaum
– *domestica* (Corrêa) Pellegr. = Lansium domesticum

– *odorata* Lour. = Aglaia pinnata
– **pinnata** (L.) Druce · D:Glanzbaum; E:Chulan · ħ D Ⓦ ⚕ Ⓝ; SE-As., Phil.

Aglaomorpha Schott -f- *Polypodiaceae* · 32 sp
– **coronans** (Wall.) Copel. · ♃ Z10 Ⓦ; S-Him., Indochina
– **heraclea** (Kunze) Copel. · ♃ Z10 Ⓦ; Malay.Arch., N.Guinea
– **meyeniana** Schott · ♃ Z10 Ⓦ; Phil., Taiwan

Aglaonema Schott -n- *Araceae* · 21 sp · D:Kolbenfaden; F:Aglaonema
– **brevispathum** (Engl.) Engl. · ♄ e Z10 Ⓦ; SE-As.
  – fo. **hospitum** (Williams) Nicolson · ♄ e Ⓦ; Thail.
– **commutatum** Schott · D:Kolbenfaden; E:Aglaonema Aroid · ☠
  – **'Pseudobracteatum'** · Ⓦ; cult.
  – **'Treubii'** · Ⓦ; cult.
  – **'Tricolor'** · Ⓦ; cult.
  – var. **commutatum** · ♄ e Z10 Ⓦ; Phil., Sulawesi
  – var. **elegans** (Engl.) Nicolson · ♄ Z10 Ⓦ; Phil.: Luzon
  – var. **maculatum** (Hook. f.) Nicolson · D:Gefleckter Kolbenfaden · ♄ Z10 Ⓦ; Phil.: Luzon
  – var. **robustum** (Alderw.) Nicolson · ♄ Z10 Ⓦ; cult.
– **costatum** N.E. Br. · ♄ e Z10 Ⓦ; Malay. Pen.: Lankawi
– **crispum** (R. Pitcher et Manda) Nicolson · D:Gezeichneter Kolbenfaden; E:Painted Drop Tongue · ♄ e Z10 Ⓚ; Phil.: Luzon
– *elegans* Engl. = Aglaonema commutatum var. elegans
– *hospitum* F.N. Williams = Aglaonema brevispathum fo. hospitum
– **marantifolium** Blume · ♄ e Z10 Ⓦ; N.Guinea, Molucca Is.
  – var. *maculatum* Hook. f. = Aglaonema commutatum var. maculatum
  – var. *tricolor* hort. = Aglaonema commutatum 'Tricolor'
– **modestum** Schott ex Engl. · D:Chinesischer Kolbenfaden; E:Chinese Evergreen · ♄ e Z10 Ⓦ; N-Thail., N-Laos, S-China
– **nitidum** (Jack) Kunth · E:Aglaonema Aroid · ♄ e Z10 Ⓦ; Malay. pen., Kalimantan
  – **'Curtisii'** · ♄ e Z10 Ⓦ; Myanmar, Sumat., Kalimantan
– *oblongifolium* Schott non (Roxb.) Kunth = Aglaonema nitidum
  – var. *curtisii* N.E. Br. = Aglaonema nitidum 'Curtisii'
– **pictum** (Roxb.) Kunth · D:Punktierter Kolbenfaden; E:Aglaonema Aroid · ♄ e Z10 Ⓦ; Sumat.
– *pseudobracteatum* hort. = Aglaonema commutatum 'Pseudobracteatum'
– *robustum* Alderw. = Aglaonema commutatum var. robustum
– *roebelinii* R. Pitcher et Manda = Aglaonema crispum
– **rotundum** N.E. Br. · ♄ e Z10 Ⓦ; Sumat.
– **simplex** Blume · D:Malayischer Kolbenfaden; E:Malayan Sword · ♄ e Z10 Ⓦ; Nicobar., S-Myanmar, Thail., Malay. Arch., Phil.
– *simplex* L.H. Bailey = Aglaonema modestum
– *treubii* hort. non Engl. = Aglaonema commutatum 'Treubii'

Agonis (DC.) Sweet -f- *Myrtaceae* · 12 sp · D:Weidenmyrte; E:Willow Myrtle; F:Agonis
– **flexuosa** (Willd.) Sweet · D:Trauer-Weidenmyrte; E:Sweet Willow Myrtle, Willow Peppermint · ħ ħ e Ⓚ; W-Austr.
– **parviceps** Schauer · D:Stachlige Weidenmyrte · ħ e Ⓚ; W-Austr.

Agrimonia L. -f- *Rosaceae* · 15 sp · D:Odermennig; E:Agrimony, Cocklebur; F:Aigremoine
– **eupatoria** L. · D:Kleiner Odermennig; E:Agrimony, Cocklebur · ♃ VI-VIII ⚕ ; Eur.*, TR, Iran, Levante, N-Afr.,
– *odorata* auct. non Mill. = Agrimonia procera
– *odorata* Mill. = Agrimonia repens
– **procera** Wallr. · D:Großer Odermennig; E:Fragrant Agrimony · ♃ VI-VIII ⚕ ; Eur.*
– **repens** L. · ♃; TR, Iraq

Agropyron Gaertn. -n- *Poaceae (Gramineae)* · 15 sp · D:Kammquecke; E:Dog Grass, Wheatgrass; F:Chiendent
– *caninum* (L.) P. Beauv. = Elymus caninus
– **cristatum** (L.) Gaertn.
  – subsp. **cristatum** · D:Kammquecke; E:Crested Wheatgrass · ♃ Ⓝ; Eur.: Ib, Ap, C-Eur., EC-Eur., Ba, E-Eur.; TR,

Cauc., Iran, Afgh., W-Sib., E-Sib., Amur, C-As., Mong., Tibet, China: Xijiang
- subsp. **sabulosum** Lavrenko · ♃; Eur.: S-Russ.
- *intermedium* (Host) P. Beauv. ex Baumg. = Elymus hispidus subsp. hispidus
- subsp. *trichophorum* (Link) Volkart = Elymus hispidus subsp. hispidulus
- *junceiforme* (A. Löve et D. Löve) A. Löve et D. Löve = Elymus farctus subsp. boreoatlanticus
- *junceum* (L.) P. Beauv. = Elymus farctus subsp. farctus
- subsp. *borealiatlanticum* Simonet et Guin. = Elymus farctus subsp. boreoatlanticus
- *pauciflorum* (Schwein.) Hitchc. non Schur = Elymus trachycaulus
- *repens* (L.) P. Beauv. = Elymus repens
- *trachycaulum* (Link) Malte ex H.F. Lewis = Elymus trachycaulus
- *trichophorum* (Link) Richt. = Elymus hispidus subsp. hispidulus

Agrostemma L. -n- *Caryophyllaceae* · 2-4 sp · D:Kornrade, Rade; E:Corncockle; F:Nielle
- *coronaria* L. = Silene coronaria
- **githago** L. · D:Gewöhnliche Kornrade; E:Corn Cockle · ⊙ VI-VIII ☠; Eur.*, TR, Syr., Palaest., Iran, C-As., W-Sib., E-Sib., Amur, N-China, NW-Afr., Libya, nat. in N-Am.
- **gracilis** Boiss. · ⊙; E-GR, TR

Agrostis L. -f- *Poaceae (Gramineae)* · 120 (-150-220) sp · D:Straußgras; E:Bent Grass; F:Agrostis
- **agrostiflora** (Beck) Rauschert · D:Zartes Straußgras · ♃ VII-VIII; Eur.: F, I, CH, D, A, Slove.; Alp., Apenn., ? Pyr.
- *alba* L. = Agrostis gigantea
- var. *gigantea* (Roth) G. Mey. = Agrostis gigantea
- var. *stolonifera* (L.) Sm. = Agrostis stolonifera
- **alpina** Scop. · D:Alpen-Straußgras · ♃ VII-VIII; Eur.: Sp., F, I, C-Eur., EC-Eur., Slove., Croatia, Bosn., RO, W-Russ.; mts.
- *calamagrostis* L. = Stipa calamagrostis
- **canina** L. · D:Sumpf-Straußgras · ♃ ~ VI-VIII Ⓝ; Eur.*, W-Sib., E-Sib., Amur, Sachal., Kamchat., Mong., nat. in N-Am.
- subsp. *montana* (Hartm.) Hartm. = Agrostis vinealis
- *capillaris* hort. non L. = Agrostis nebulosa
- **capillaris** L. · D:Rotes Straußgras; E:Common Bent · ♃ VI-VII Ⓝ; Eur.*, TR, Cauc., N-Iran, W-Sib., E-Sib., Afgh., Pakist., Ind., Tun. Canar., nat. in N-Am., C-Am., S-Am., Greenl., S-Afr., Austr., NZ
- **castellana** Boiss. et Reut. · D:Kastilisches Straußgras · ♃ VI-VII; Eur.: Ib, Fr, Ap, Ba; TR
- *coarctata* Ehrh. ex Hoffm. = Agrostis vinealis
- **curtisii** Kerguélen · E:Bristle Bent · ♃ VI-VII; Eur.: BrI, F, Ib
- *elegans* (Willd. ex Gaudin) hort. = Aira elegantissima
- *elegans* Thore ex Loisel. = Agrostis tenerrima
- **gigantea** Roth · D:Fioringras, Riesen-Straußgras; E:Black Bent, Redtop · ♃ VI-VIII Ⓝ; Eur.*, TR, Iraq, Cauc., Iran, W-Sib., E-Sib., Afgh., Pakist., NW-Ind., Mong., China, Maroc., Alger., nat. in N-Am., C-Am., S-Am., S-Afr., Austr., NZ
- *miliacea* L. = Piptatherum miliaceum
- **nebulosa** Boiss. et Reut. · D:Schleier-Straußgras; E:Cloud Grass; F:Agrostide brouillard · ⊙ ♃ ⋊ Z7 VI-IX; Ib, Maroc.
- *nigra* With. = Agrostis gigantea
- *palustris* Huds. = Agrostis stolonifera
- *pulchella* hort. = Aira elegantissima
- *pusilla* Dumort. = Agrostis vinealis
- **rupestris** All. · D:Felsen-Straußgras · ♃ VII-VIII; Eur.* exc. BrI, Sc; mts.
- **scabra** Willd. · D:Raues Straußgras · ♃ VI-VII; NE-As., N-Am., Greenl., nat. in D, A
- **schleicheri** Jord. et Verl. · D:Pyrenäen-Straußgras, Schleichers Straußgras · ♃ VII-IX; Eur.: Sp., F, I, C-Eur.; mts.
- *setacea* Curtis = Agrostis curtisii
- *spica-venti* L. = Apera spica-venti
- **stolonifera** L. · E:Creeping Bent, Spreading Bent · ♃ VI-VII Ⓝ; Eur.*, TR, Levante, Iraq, Cauc., Iran, Afgh., Pakist., NW-Ind., W-Sib., E-Sib., Amur, Sachal., Kamchat., Tibet, Him., Mong., China, Korea, N-Afr., nat. in Jap., N-Am., C-Am., S-Am., Austr., NZ
- *stricta* J.F. Gmel. = Agrostis vinealis
- **tenerrima** Trin. · ⊙ Z6 V-VI; Eur.: F, Ib; NW-Afr.
- *tenuis* Sibth. = Agrostis capillaris
- **vinealis** Schreb. · D:Sand-Straußgras · ♃ VI-VIII Ⓝ; Eur.* exc. Ib, Ap; TR, Cauc., Iran, W-Sib., E-Sib., Amur, Sachal., Kamchat., Pakist., Him., Mong., NE-China,

NW-Afr., Greenl.
– *vulgaris* With. = Agrostis capillaris

Aichryson Webb et Berthel. -n- *Crassulaceae* · 15 sp · D:Immergold
– *dichotomum* (DC.) Webb et Berthel. = Aichryson laxum
– × **domesticum** Praeger (*A. tortuosum* × *A. punctatum*) · D:Immergold; E:Youth-and-Old-Age · ♄ ♆ e Z9 ⓚ VII; cult.
– **laxum** (Haw.) Bramwell · ⊙ ⊙ ♆ Z9 ⓚ V-VI; Canar., nat. in P
– *pygmaeum* C.A. Sm. = Aichryson tortuosum
– *sedifolium* Webb = Aeonium sedifolium
– **tortuosum** (Aiton) Praeger · ♄ ♆ Z9 ⓚ V-VI

Ailanthus Desf. -f- *Simaroubaceae* · 5 sp · D:Götterbaum; E:Tree of Heaven; F:Ailanthe
– **altissima** (Mill.) Swingle · F:Ailante, Faux vernis du Japon · ♄ d Z6 VII ⚕ ☠ Ⓝ; China, nat. in N-Am., Eur.
– **giraldii** Dode · ♄ d Z6; W-China: Sichuan
– *glandulosa* Desf. = Ailanthus altissima
– *peregrina* (Buc'hoz) F.A. Barkley = Ailanthus altissima
– **vilmoriniana** Dode · F:Ailante, Faux vernis du Japon · ♄ d Z6; W-China: Sichuan, W-Hupeh

Aiphanes Willd. -f- *Arecaceae (Palmae)* · c. 40 sp · D:Stachelpalme; E:Ruffle Palm; F:Palmier
– **caryotifolia** (Humb., Bonpl. et Kunth) H. Wendl. · D:Coyure-Palme; E:Ruffle Palm, Spine Palm · ♄ e Z10 ⓦ Ⓝ; trop. S-Am.

Aipyanthus Steven = Arnebia
– *echioides* (L.) Steven = Arnebia pulchra

Aira L. -f- *Poaceae (Gramineae)* · c. 10 sp · D:Haferschmiele, Schmielenhafer; E:Hair Grass; F:Aira
– *caerulea* L. = Molinia caerulea
– *capillaris* Host = Aira elegantissima
– **caryophyllea**
  – subsp. **multiculmis** (Dumort.) Bonnier et Layens · ⊙ Z6; Eur.: Ib, F, CH, Cors., Sic.; Alger.
– **caryophyllea** L. · D:Nelken-Haferschmiele; E:Silver Hair Grass · ⊙ Z6 VI-VII; Eur.*, Canar., Azor., TR, Cauc., N-Iran, NW-Afr., Eth., trop. Afr., S-Afr., nat. in N-Am., S-Am., Austr., NZ
– *cespitosa* L. = Deschampsia cespitosa subsp. cespitosa
– *elegans* (Willd. ex Gaudin) hort. = Aira elegantissima
– **elegantissima** Schur · D:Haar-Haferschmiele, Zierliche Haferschmiele · ⊙ ✂ Z6 V-VIII; Eur.: Ib, Fr, Ap, Ba, RO, Krim, A, CH; TR, Syr., Cyprus, Lebanon, Cauc., Iran, Maroc., Alger., nat. in N-Am.
– *flexuosa* L. = Deschampsia flexuosa
– *multiculmis* Dumort. = Aira caryophyllea subsp. multiculmis
– **praecox** L. · D:Frühe Haferschmiele; E:Early Hair Grass · ⊙ Z6 V-VI; Eur.* exc. Ba, Ap; Canar., nat. in TR, N-Am.
– *pulchella* Link = Aira tenorei
– **tenorei** Guss. · ⊙ Z6 IV-V; Eur.: Ib, Ap, GR; NW-Afr., Libya

Ajania Poljakov -f- *Asteraceae (Compositae)* · c. 30 sp
– **pacifica** (Nakai) Bremer et Humphries · D:Gold-und-Silber Chrysantheme; E:Gold-and-Silver Chrysanthemum · ♃ ✂ X; Jap.

Ajuga L. -f- *Lamiaceae (Labiatae)* · 40-50 (-100) sp · D:Günsel; E:Bugle; F:Bugle
– **chamaepitys** (L.) Schreb. · D:Gelber Günsel; E:Ground Pine, Yellow Bugle · ⊙ ⊙ △ Z6 V-IX ⚕; Eur.* exc. Sc; TR, Levante, N-Iraq, Iran, C-As., NW-Afr., nat. in USA: Va.
– *crispa* hort. = Ajuga pyramidalis 'Metallica Crispa'
– **genevensis** L. · D:Genfer Günsel, Heide-Günsel; E:Blue Bugle, Upright Bugle · ♃ △ Z6 IV-VI; Eur.: Fr, Ap, C-Eur., EC-Eur., Ba, E-Eur.; TR, Cauc., nat. in Am.
– × **hybrida** A. Kern. (*A. genevensis* × *A. reptans*) · ♃ Z6
– **pyramidalis** L. · D:Pyramiden-Günsel; E:Pyramid Bugle · ♃ △ Z6 V-VII; Eur.*
  – **'Metallica Crispa'**
– **reptans** L. · D:Kriechender Günsel; E:Bugle; F:Bugle rampante · ♃ ⇝ △ Z6 V-VI ⚕; Eur.*, TR, Cauc., N-Iran, Alger., Tun., nat. in N-Am.
  – **in Sorten**
– *suffrutescens* Willk. = Ajuga chamaepitys

Akebia Decne. -f- *Lardizabalaceae* · 5 sp · D:Akebie; E:Chocolate Vine; F:Akébia
– *lobata* Decne. = Akebia trifoliata
– **quinata** (Houtt.) Decne. · D:Fingerblättrige

Akebie; E:Chocolate Vine, Five Leaf Akebia; F:Akébie à cinq feuilles · ♄ d ⌇ Z6 IV-V; C-China, Korea, Jap.
- **trifoliata** (Thunb.) Koidz. · D:Kleeblättrige Akebie; E:Chocolate Vine, Three Leaf Akebia; F:Akébie à trois feuilles · ♄ d ⌇ Z6 V ⚕; China, Jap.

Alangium Lam. -n- *Alangiaceae* · 20-30 sp · D:Alangie; F:Alangium
- **chinense** (Lour.) Harms · ♄ ♄ d °; Afr., C-China, SE-As.
- **platanifolium** (Siebold et Zucc.) Harms
  - var. **platanifolium** · F:Alangium à feuilles de platane · ♄ ♄ d D Z9 ∧ VI-VII; Jap., Korea
  - var. **trilobum** (Miq.) Ohwi · ♄ d Z8 Ⓚ; Jap., Korea, Manch.

Albizia Durazz. -f- *Mimosaceae (Leguminosae)* · c. 150 sp · D:Seidenakazie; F:Albizzia
- **adianthifolia** (Schumach.) W. Wight · ♄ d Z9 Ⓚ; trop. Afr.
- **chinensis** (Osbeck) Merr. · ♄ d Z9 Ⓦ Ⓝ; SE-As.
- *distachya* (Vent.) J.F. Macbr. = Albizia lophantha
- *falcata* auct. = Albizia falcataria
- **falcataria** (L.) Fosberg · ♄ Z9 Ⓦ Ⓝ; Malay. Arch.
- **julibrissin** Durazz. · D:Schlafbaum, Seidenakazie; E:Pink Siris, Silk Tree; F:Acacia de Constantinople, Arbre de soie · ♄ d Z8 Ⓚ VIII-IX Ⓝ; Iran, Pakist., Him., C-China, Jap., nat. in SE-USA
- **lebbeck** (L.) Benth. · D:Lebbekbaum; E:Siris Tree · ♄ d Z9 Ⓚ Ⓝ; Him., Ind., Sri Lanka, Indochina, S-China, Malay. Arch., NE-Austr., nat. in Afr., W.Ind.
- **lophantha** (Willd.) Benth. · D:Schirmakazie; E:Plume Albizia · ♄ ♄ d Z9 Ⓚ III-IV; Austr.
- *moluccana* Miq. = Albizia falcataria
- **procera** (Roxb.) Benth. · ♄ d Z9 Ⓚ; Ind., Myanmar, China, Malay. Arch.
- **saman** F. Muell. · D:Regenbaum; E:Monkey Pod, Rain Tree · ♄ Z9 Ⓦ Ⓝ; Mex., C-Am., S-Am., nat. in W.Ind., trop. Afr., trop. As.
- *stipulata* (Roxb.) Boivin = Albizia chinensis

Albuca L. -f- *Hyacinthaceae* · c. 30 sp · D:Stiftblume
- **nelsonii** N.E. Br. · ♃ Ⓚ VII-VIII; S-Afr.: Natal

Alcea L. -f- *Malvaceae* · 60 sp · D:Stockrose; E:Hollyhook; F:Rose trémière
- **ficifolia** L. · ♃ ⊙ Z3; Sib.
- **pallida** (Willd.) Waldst. et Kit. · D:Blasse Stockrose · ♃ ⊙ VII-IX; Eur.: A, EC-Eur., Ba, E-Eur.; TR, nat. in I
- **rosea** L. · D:Chinesische Stockrose, Gewöhnliche Stockrose; E:Hollyhock; F:Rose trémière · ⊙ ⊙ ♃ ⋊ VI-X ⚕ Ⓝ; ? Ba, ? SW-As., nat. in Eur.* exc. Sc, cosmop.
  - **in Sorten**
- **rugosa** Alef. · D:Runzlige Stockrose · ♃; SW-Russ.
- **sulphurea** (Boiss. et Hohen.) Alef. · D:Schwefelgelbe Stockrose · ♃; Iraq, Iran

Alchemilla L. -f- *Rosaceae* · c. 300 sp · D:Frauenmantel; E:Lady's Mantle; F:Alchémille, Manteau de Notre-Dame
- *acutiloba* hort. = Alchemilla mollis
- **alpina** L. · D:Alpen-Frauenmantel; E:Alpine Lady's Mantle; F:Alchémille des Alpes · ♃ △ VI-VIII ⚕; Eur.* exc. EC-Eur., Ba
- *arvensis* (L.) Scop. = Aphanes arvensis
- *caucasica* Buser = Alchemilla erythropoda
- **conjuncta** Bab. · D:Verbundener Frauenmantel; E:Silver Lady's Mantle · ♃ △ VI-VIII; Eur.: F, CH; SW-Alp., Jura, nat. in GB
- **erythropoda** Juz. · ♃ VI-VIII; Eur.: EC-Eur., Ba, Krim; Cauc.
- **fissa** Günther et Schummel · D:Zerschlitzter Frauenmantel · ♃ △ VI-VIII; Eur.: Sp., F, C-Eur., CZ, PL; Pyr., Alp., Sudeten
- **glaucescens** Wallr. · D:Graugrüner Frauenmantel · ♃ V-IX; Eur.* exc. Ib
- **hoppeana** (Rchb.) Dalla Torre · D:Hoppes Frauenmantel; F:Alchémille de Hoppe · ♃ △ VI-VIII; Eur.: CH, D, A; N-Alp., Jura, SW-D
- **mollis** (Buser) Rothm. · D:Weicher Frauenmantel; E:Lady's Mantle; F:Manteau de Notre-Dame · ♃ VI; Eur.: RO, W-Russ.; N-TR, Cauc., N-Iran; mts., nat. in A
- **pentaphyllea** L. · D:Schneetälchen-Frauenmantel · ♃ VII-IX; Eur.: F, I, CH, A; Alp.
- *pratensis* auct. non Opitz = Alchemilla xanthochlora

– **splendens** H. Christ ex Favrat · D:Schimmernder Frauenmantel · ♃ △ VI-VIII; Eur.: F, CH; Alp., Jura
– **subsericea** Reut. · D:Schwachseidiger Frauenmantel · ♃ VII-IX; Eur.: Sp., F, I, CH, A; mts.
– *vulgaris* auct. non L. = Alchemilla xanthochlora
– **xanthochlora** Rothm. · D:Gelbgrüner Frauenmantel, Gewöhnlicher Frauenmantel · ♃ V-VIII ⚕; Eur.*, nat. in N-Am.

Aldrovanda L. -f- *Droseraceae* · 1 sp · D:Wasserfalle; E:Waterwheel Plant; F:Aldrovandie
– **vesiculosa** L. · D:Wasserfalle; E:Waterwheel Plant · ♃ ≈ VII-VIII ▽; Eur.: F, I, D, EC-Eur., W-Ba; C-As, S-As., E-As., NE-Afr., Austr: N.Terr., Queensl., N.S.Wales

Alectryon Gaertn. -n- *Sapindaceae* · ca. 30 sp
– **subinereus** (A. Gray) Radlk. · ₺ e Z10 ⌂; E-Austr.

Aletris L. -f- *Melanthiaceae* · 10 (-15) sp
– **farinosa** L. · D:Runzelwurzel, Sternwurzel; E:Ague Root, Colic Root, Unicorn Root · ♃ VII-VIII ⚕; Can.: E; USA: NE, NCE, SE, SC, Fla.
– *punicea* Labill. = Blandfordia punicea

Aleurites J.R. Forst. et G. Forst. -f- *Euphorbiaceae* · 5-6 sp · D:Tungölbaum; E:Tungoil Tree; F:Aleurite, Bancoulier
– **cordata** (Thunb.) R. Br. ex Steud. · D:Japanischer Tungölbaum; E:Japanese Tungoil Tree · ₺ e Z9 Ⓚ ☠ Ⓝ; China, Jap.
– **fordii** Hemsl. · D:Tungölbaum; E:Tungoil Tree · ₺ e Z10 Ⓦ ☠ Ⓝ; C-As., W-China, C-China
– **moluccana** (L.) Willd. · D:Lichtnussbaum; E:Candlenut Tree · ₺ e Z10 Ⓦ ☠ Ⓝ; Malay. Arch., nat. in Trop.
– **montana** (Lour.) E.H. Wilson · ₺ e Z9 Ⓚ ☠ Ⓝ; SE-China, N-Myanmar
– *triloba* J.R. Forst. et G. Forst. = Aleurites moluccana
– *trisperma* Blanco = Reutealis trisperma

Alhagi Gagnebin -f- *Fabaceae (Leguminosae)* · 4 sp · D:Kameldorn; E:Camel Thorn; F:Epine de chameau
– *camelorum* Fisch. = Alhagi pseudalhagi
– **maurorum** Medik. · D:Mannastrauch; E:Manna Tree · ₺ Ⓚ Ⓝ; TR, Syr., Cyprus, Arab., N-Afr.
– **pseudalhagi** (M. Bieb.) Desv. ex B. Keller et Shap. · D:Kameldorn; E:Camel Thorn · ♄ Ⓚ Ⓝ; SE-Russ., Cauc. (Armen.), Iran., C-As. (Kasach.), Egypt

Alibertia A. Rich. ex DC. -f- *Rubiaceae* · 35 sp
– **edulis** (A. Rich.) A. Rich. · D:Wilde Guave; E:Wild Guava · ₺ e Z10 Ⓦ Ⓝ; Mex., C-Am., W.Ind., trop. S-Am.

× **Aliceara** hort. -f- *Orchidaceae* (*Brassaia* × *Miltonia* × *Oncidium*)

Alisma L. -n- *Alismataceae* · 9 sp · D:Froschlöffel; E:Water Plantain; F:Grenouillette, Plantain d'eau
– *flavum* L. = Limnocharis flava
– **gramineum** Lej. · D:Grasblättriger Froschlöffel; E:Ribbon Leaved Water Plantain · ♃ ~ ≈ Z6 VII-VIII; Eur.* exc. Ib; Cauc., W-Sib., E-Sib., C-As., China, Maroc., Egypt, USA: NE, NCE, NC, Rocky Mts.
– **lanceolatum** With. · D:Lanzettblättriger Froschlöffel; E:Narrow-leaved Water Plantain; F:Plantain d'eau lancéolé · ♃ ~ Z6 VI-VII; Eur.*, TR, Levante, Cauc., Iran, C-As., Afgh., Pakist., NW-Afr.
– *loeselii* Górski = Alisma gramineum
– *natans* L. = Luronium natans
– *parnassiifolium* L. = Caldesia parnassiifolia
– **plantago-aquatica** L.
  – subsp. *brevipes* (Greene) Sam. = Alisma triviale
  – subsp. **orientale** (Sam.) Sam. · D:Asiatischer Froschlöffel; E:Asiatic Water Plantain · ♃ ~ Z6 VI-IX; E-Sib., Mong., Sachal., Manch., Korea, Jap.
  – subsp. **plantago-aquatica** · D:Gewöhnlicher Froschlöffel; E:Water Plantain; F:Fluteau, Plantain d'eau · ♃ ≈ Z6 VII-VIII ⚕; Eur.*, TR, Levante, Cauc., Iran, W-Sib., Afgh., Pakist.
  – var. *americanum* Schult. et Schult. f. = Alisma triviale
  – var. *parviflorum* Pursh = Alisma subcordatum
– *ranunculoides* L. = Baldellia ranunculoides
– *stenophyllum* (Asch. et Graebn.) Sam. = Alisma lanceolatum
– **subcordatum** Raf. · D:Südstaaten

Froschlöffel; E:Southern Water Plantain; F:Plantain d'eau américain · ♃ ≈ Z6; E-Can.; USA: NE, NEC, NC, SE, SC
– *subulatum* L. = Sagittaria subulata
– *tenellum* Mart. = Echinodorus tenellus
– **triviale** Pursh · D:Amerikanischer Froschlöffel; E:Northern Water Plantain · ♃ ~ Z6 VI-IX; Can., USA: NE, NCE, NC, SW, NW, Rocky Mts., Calif.; Mex.

Alkanna Tausch -f- *Boraginaceae* · c. 30 sp · D:Alkannawurzel; E:Alkanet; F:Orcanette
– **graeca** Boiss. et Spruner · ♃; Eur.: Ba
– *tinctoria* (L.) Tausch = Alkanna tuberculata
– **tuberculata** (Forssk.) Meikle · D:Schminkwurz; E:Alkanet · ♃ Ⓚ VI ⚕ ☠ Ⓝ; Eur.: Sp., F, Ap, EC-Eur., Ba, RO; NW-Afr.

Allamanda L. -f- *Apocynaceae* · 12 sp · D:Allamande; E:Allamanda; F:Allamande
– **blanchetii** A. DC. · D:Purpur-Allamande; E:Purple Allamanda · ħ e ≷ Z10 Ⓦ IX-X; S-Am.
– **cathartica** L. · D:Goldtrompete; E:Golden Trumpet · ħ e ≷ Z10 Ⓦ V-XI; S-Am.
  – **'Grandiflora'** · Ⓦ; cult.
  – **'Hendersonii'** · Ⓦ; cult.
  – **'Nobilis'** · Ⓦ; cult.
  – var. *schottii* Pohl = Allamanda schottii
– *grandiflora* Lam. = Allamanda cathartica 'Grandiflora'
– *hendersonii* Bull. = Allamanda cathartica 'Hendersonii'
– *neriifolia* Hook. = Allamanda schottii
– *nobilis* T. Moore = Allamanda cathartica 'Nobilis'
– **schottii** Pohl · D:Strauch-Allamande; E:Bush Allamanda · ħ e ≷ Z10 Ⓦ; trop. S-Am.
– *violacea* Gardner et Fielding = Allamanda blanchetii

Allemanda L. = Allamanda

Alliaria Heist. ex Fabr. -f- *Brassicaceae (Cruciferae)* · 2 sp · D:Knoblauchsrauke, Lauchkraut; E:Garlic Mustard; F:Alliaire
– *officinalis* Andrz. ex M. Bieb. = Alliaria petiolata
– **petiolata** (M. Bieb.) Cavara et Grande · D:Gewöhnliche Knoblauchsrauke; E:Hedge Garlic, Jack-by-the-Hedge · ⊙ IV-VI ⚕; Eur.*, TR, Cyprus, Syr., Cauc., Iran, W-Sib., C-As., Afgh., Him., Pakist., NW-Afr., nat. in N-Am.

Allium L. -n- *Alliaceae* · c. 690 sp · D:Lauch, Zwiebel; E:Garlic, Onion; F:Ail
– **acuminatum** Hook. · D:Kerzen-Lauch; E:Hooker's Onion, Taper Tip Onion · ♃ △ Z6 V-VI; Can.: B.C.; USA: NW, Calif., Rocky Mts., Ariz.
– **aflatunense** B. Fedtsch. · ♃ Z8 V; C-As.
– *albopilosum* C.H. Wright = Allium christophii
– **ampeloprasum** L. · D:Acker-Knoblauch, Sommer-Lauch; E:Kurrat, Wild Leek · ♃ Z6 ⚕ Ⓝ; Eur.: BrI, Fr, Ib, Ba, RO; TR, Syr., N-Iraq, ? Cauc., Iran, N-Afr., nat. in Va.
  – var. *porrum* (L.) Gay = Allium porrum
– **angulosum** L. · D:Kantiger Lauch · ♃ Z5 VII-VIII; Eur.: H, I, C-Eur., Ba, E-Eur.; Sib.
– *angulosum* Lour. non L. = Allium tuberosum
– *ascalonicum* auct. non L. = Allium cepa Aggregatum Grp.
– **atropurpureum** Waldst. et Kit. · D:Schwarzpurpurner Lauch · ♃ Z7 VI-VII; Eur.: H, Croatia, Serb., BG, RO; TR, nat. in A
– *azureum* Ledeb. = Allium caeruleum
– *beesianum* hort. = Allium cyaneum
– **beesianum** W.W. Sm. · ♃ △ Z7 VI-VII; W-China
– *bulgaricum* (Janka) Prodán = Nectaroscordum siculum subsp. bulgaricum
– **caeruleum** Pall. · D:Blau-Lauch, Sibirischer Enzian-Lauch; E:Blue Allium; F:Ail azuré · ♃ ⋈ Z7 VI-VII; Eur.: E-Russ.; W-Sib., C-As., China: Sinkiang
– **caesium** Schrenk · ♃ △ Z7 ▭ ∧ V-VI; C-As., Sib.
– *candidissimum* Cav. = Allium neapolitanum
– **carinatum** L.
  – subsp. **carinatum** · D:Gekielter Lauch; E:Keeled Garlic · ♃ Z7 VI-VII; Eur.* exc. BrI, N-TR, nat. in BrI
  – subsp. **pulchellum** (G. Don) Bonnier et Layens · D:Schöner Lauch; F:Ail à carène élégant · ♃ Z7 VII-VIII; Eur.: F, I, C-Eur., Ba, E-Eur.; N-TR, Cauc.
– **cepa** L. · ⊙ ♃ Z5 VI-VIII ⚕ Ⓝ; cult.
  – **Aggregatum Grp.** · D:Schalotte; E:Ever-ready Onion, Shallot · ♃ VI-VII; cult.
  – **Cepa Grp.** · D:Küchen-Zwiebel,

Sommer-Zwiebel; E:Onion · ; cult.
– **Proliferum Grp.** · D:Ägyptische Zwiebel; E:Egyptian Onion, Tree Onion · ♃ Ⓝ; cult.
– **'Viviparum'** · D:Kartoffel-Zwiebel; E:Potato Onion · ♃ VI-VII Ⓝ; orig. ?
– var. *ascalonicum* Baker = Allium cepa Aggregatum Grp.
– var. *proliferum* (Moench) Alef. = Allium cepa Proliferum Grp.
– var. *viviparum* (Metzg.) Alef. = Allium cepa Proliferum Grp. 'Viviparum'
– **cernuum** Roth · E:Nodding Onion, Wild Onion; F:Ail penché · ♃ Z6 VI-VII Ⓝ; Can., USA* exc. Fla., Calif; Mex.
– **chinense** G. Don · ♃ Z7 Ⓝ; China, cult. Austr., Calif.
– **christophii** Trautv. · D:Sternkugel-Lauch; E:Star of Persia; F:Ail à boule étoilée · ♃ Z8 VI-VII; TR, Iran
– *cirrhosum* Vand. = Allium carinatum subsp. pulchellum
– *cowanii* Lindl. = Allium neapolitanum Cowanii Grp.
– **crispum** Greene · D:Krauser Lauch; E:Crinkled Onion · ♃ ∧ V; Calif.
– **cyaneum** Regel · D:Enzian-Lauch · ♃ △ Z8 V-VI; W-China
– **cyathophorum** Bureau et Franch.
– var. **cyathophorum** · D:Becher-Lauch; E:Onion · ♃ Z7; China
– var. **farreri** (Stearn) Stearn · D:Farrers Becher-Lauch · ♃ Z7 VII-VIII; China: Kansu
– **ericetorum** Thore · D:Gelblichweißer Lauch · ♃ VII-VIII; Eur.* exc. Sc
– *farreri* Stearn = Allium cyathophorum var. farreri
– **fistulosum** L. · D:Winter-Zwiebel; E:Japanese Bunching Onion, Welsh Onion · ♃ Z5 VI-VIII ⚕ Ⓝ; cult.
– **flavum** L.
– subsp. **flavum** · D:Gelber Lauch; E:Small Yellow Onion; F:Ail jaune · ♃ △ Z7 VI-VII; Eur.: Fr, Ap, A, EC-Eur., Ba, E-Eur.
– var. *pulchellum* (G. Don) Regel = Allium carinatum subsp. pulchellum
– **giganteum** Regel · D:Riesen-Lauch; E:Giant Allium; F:Ail géant de l'Himalaya · ♃ ✂ Z7 VII-VIII; Him., C-As.
– **insubricum** Boiss. et Reut. · ♃ △ Z8 V-VI; I: Alp.
– **jesdianum** Boiss. · ♃ V; Iran, Iraq
– *kansuense* Regel = Allium sikkimense
– **karataviense** Regel · D:Blauzungen-Lauch; E:Turkestan Allium; F:Ail du Turkestan · ♃ △ Z7 IV-V; C-As.
– **kurrat** Schweinf. ex K. Krause · ♃ Ⓝ; Arab., ? Sinai , cult. in Egypt
– *lineare* L. = Allium strictum
– **moly** L. · D:Gold-Lauch; E:Lily Leek, Moly; F:Ail doré · ♃ △ Z7 V-VI; Sp., SW-F
– *montanum* F.W. Schmidt = Allium senescens subsp. montanum
– *multibulbosum* Jacq. = Allium nigrum
– *murrayanum* auct. non Regel = Allium unifolium
– **narcissiflorum** Vill. · D:Narzissen-Lauch · ♃ △ Z7 V-VI; Eur.: P, F, I; N-P, SW-Alp.
– var. *insubricum* (Boiss. et Reut.) Fiori = Allium insubricum
– **neapolitanum** Cirillo · D:Neapel-Lauch; E:Daffodil Garlic, Flowering Onion · ♃ Z8 ⓚ V-VI; Eur.: Ib, Fr, Ap, Ba; TR, Med.
– **Cowanii Grp.** · ; cult.
– **nigrum** L. · D:Schwarzer Lauch, Zwiebelreicher Lauch; E:Black Garlic · ♃ Z7 III-V; Eur.: Ib, Fr, Ap, Ba, ? Krim, ? A; TR, Syr, N-Afr
– **nutans** L. · D:Nickender Lauch · ♃ Z5; Sib.
– *odorum* L. = Allium ramosum
– **oleraceum** L. · D:Gemüse-Lauch, Kohl-Lauch · ♃ Z5 VII-VIII; Eur.* exc. Ib; Cauc.
– **oreophilum** C.A. Mey. · D:Rosen-Zwerg-Lauch; F:Ail décoratif · ♃ △ Z7 VI-VII; Cauc., C-As.
– *ostrowskianum* Regel = Allium oreophilum
– **paradoxum** (M. Bieb.) G. Don · D:Seltsamer Lauch; E:Few-flowered Leek · ♃ △ Z7 IV-V; Cauc., N-Iran, C-As., nat. in D, EC-Eur.
– **porrum** L. · D:Winter-Lauch
– var. **porrum** · D:Porree; E:Leek · ⊙ ♃ Z6 VI-VII Ⓝ; cult.
– var. **sectivum** Lueder · D:Perl-Zwiebel; E:Kurrat · Z6 Ⓝ; cult.
– × *proliferum* (Moench) Schrad. ex Willd. = Allium cepa Proliferum Grp.
– *pulchellum* G. Don = Allium carinatum subsp. pulchellum
– *purdomii* W.W. Sm. = Allium cyaneum
– **ramosum** L. · D:Ästiger Lauch; E:Fragrant Garlic · ♃ Z7 VI Ⓝ; C-As.
– **rosenbachianum** Regel · D:Paukenschläger-Lauch · ♃ ✂ Z7 V-VI; C-As., Afgh., Pakist.
– **roseum** L. · D:Rosen-Lauch; E:Rosy

Garlic
- var. **bulbiferum** DC. · D:Steriler Rosen-Lauch · ♃ Z8
- var. **roseum** · ♃ Z8 V-VI; Eur.: Ib, Fr, Ap, Ba; TR, N-Afr., nat. in BrI

– *rotundum* L. = Allium scorodoprasum subsp. rotundum
– **sativum** L. · D:Knob-Lauch, Knoblauch; E:Garlic
- var. **ophioscorodon** (Link) Döll · D:Rockenbolle, Schlangen-Knoblauch; E:Rocambole, Serpent Garlic · ♃ Z7; cult.
- var. **sativum** · D:Echter Knoblauch; E:Common Garlic · ♃ Z7 VII-VIII ⚕ ®; cult.

– **schoenoprasum** L.
- var. **schoenoprasum** · D:Schnitt-Lauch, Schnittlauch; E:Chives; F:Ciboulette · ♃ Z5 VI-VII ®; Eur.*, TR, Iraq, Cauc., Iran, Pakist., W-Sib., E-Sib., Amur, Kamchat., C-As., Mong., Him., Jap. China, Alaska, Can., USA: NE, NCE, Rocky Mts.
- var. **sibiricum** (L.) Garcke · D:Alpen-Schnittlauch · ♃ Z5

– **schubertii** Zucc. · ♃ Z7 VI-VII; TR, Syr., Libya
– **scorodoprasum** L.
- subsp. **rotundum** (L.) Stearn · D:Rundköpfiger Lauch · ♃ Z7 VI-VIII; Eur.* exc. BrI, Sc; TR, Levante, Cauc., N-Iran, Maroc., Canar.
- subsp. **scorodoprasum** · D:Schlangen-Lauch; E:Giant Garlic, Sand Leek · ♃ Z7 VI-VII; Eur.*, TR, Cauc.

– **senescens** L. · D:Berg-Lauch
- subsp. **montanum** (Fr.) Holub · D:Berg-Lauch · ♃ Z5 VII-VIII ▽; Eur. excl. BrI: N-mts.; Cuac., C-As., W-Sib., Kamchat.
- subsp. **senescens** · D:Ausdauernder Lauch; E:German Garlic · ♃ Z5; Eur.* exc. BrI; W-Sib., E-Sib., Amur, C-As., Mong., Manch., Korea

– *senescens* Miq. non L. = Allium tuberosum
– *siculum* Ucria = Nectaroscordum siculum subsp. siculum
– **sikkimense** Baker · ♃ △ Z7 VI-VII; Him., W-China
– **sphaerocephalon** L. · D:Kugel-Lauch; E:Round-headed Leek; F:Ail à tête ronde · ♃ ✂ Z5 VI-VII; Eur.* exc. Sc; TR, N-Afr., Cauc.
– **stipitatum** Regel · ♃ Z7 VII; C-As., Afgh., Pakist.
– **strictum** Schrad. · D:Steifer Lauch · ♃ Z4 VI-VIII; Eur.: F, I, C-Eur., EC-Eur., Russ.; W-Sib., E-Sib., Amur, Sachal., Kamchat., C-As., Mong.
– **suaveolens** Jacq. · D:Wohlriechender Lauch · ♃ VII-IX; Eur.: F, I, C-Eur., EC-Eur., Russ.
– **subhirsutum** L. · ♃ Z9 Ⓚ; Eur.: Ib, Fr, Ap, Ba + TR, N-Afr.
– *tibeticum* Rendle = Allium sikkimense
– **triquetrum** L. · D:Dreikantiger Lauch; E:Three-cornered Leek · ♃ △ Z8 Ⓚ ▭ ∧ III-V; Eur.: Ib, F, Ap; N-Afr., Eth., nat. in BrI
– **tuberosum** Rottler ex Spreng. · D:Schnitt-Knoblauch; E:Chinese Chives, Oriental Garlic · ♃ Z7 VIII-IX ⚕ ®; Ind., Nepal, China, Jap.
– **unifolium** Kellogg · D:Einblättriger Lauch; E:One-leaf Onion, Wild Onion · ♃ Z8; USA: Oreg., Calif.
– *urceolatum* Regel = Allium caesium
– **ursinum** L. · D:Bär-Lauch; E:Ramsons, Wood Garlic · ♃ Z5 V ⚕; Eur.*, Cauc.
– **victorialis** L. · D:Allermannsharnisch; E:Alpine Leek · ♃ Z6 VII-VIII ⚕; Eur.* exc. BrI, Sc; mts.; Cauc., Him., W-Sib., E-Sib., Amur, Sachal., Kamchat., China, Korea, Jap.
– **vineale** L. · D:Kochs Lauch, Weinbergs-Lauch; E:Crow Garlic, False Garlic · ♃ Z5 VI-VII; Eur.*, TR, Cauc., nat. in E-USA
– **zebdanense** Boiss. et Noë · ♃ △ Z8 V; TR, Lebanon

Alloplectus Mart. -m- *Gesneriaceae* · 65 sp
– **capitatus** Hook. · ♄ Z10 Ⓦ; Col., Venez.
– *forgetii* Sprague = Nautilocalyx forgetii
– *lynchii* Hook. f. = Nautilocalyx lynchii
– *nummularia* (Hanst.) Wiehler = Nematanthus gregarius
– *pallidus* Sprague = Nautilocalyx pallidus
– *sanguineus* (Pers.) Mart. = Columnea sanguinea
– **schlimii** Planch. et Linden · ♄ Z10 Ⓦ; Col., Venez.; And.
– **vittatus** Linden et André · ♄ Z10 Ⓦ; E-Peru

Allosorus Bernh. = Cryptogramma
– *crispus* (L.) Röhl. = Cryptogramma crispa

Alniphyllum Matsum. -n- *Styracaceae* · 3 sp · D:Erlenblatt
– **fortunei** (Hemsl.) Perkins · ♄ ♄ Ⓚ; W-

China. Sichuan, Fujian

Alnus Mill. -f- *Betulaceae* · 35 sp · D:Erle; E:Alder; F:Aulne
- **cordata** (Loisel.) Desf. · D:Herzblättrige Erle; E:Italian Alder; F:Aulne de Corse · ♄ d Z6 III-IV Ⓝ; Eur.: Corse, S-I, nat. in Sp., Azor.
- *cordifolia* Ten. = Alnus cordata
- × **elliptica** Regel (*A. cordata* × *A. glutinosa*) · ♄ d; Corse
- **firma** Siebold et Zucc. · ♄ d Z6 IV Ⓝ; Jap.
- **glutinosa** (L.) Gaertn. · D:Schwarz-Erle; E:Common Alder, European Alder; F:Aulne commun, Aulne glutineux · ♄ ♄ d Z3 III ⚕ Ⓝ; Eur.*, Cauc., W-Sib., C-As., TR, N-Iran, NW-Afr., nat. in N-Am.
- **hirsuta** (Spach) Rupr. · D:Färber-Erle; E:Manchurian Alder · ♄ d Z4 Ⓝ; Jap., Korea, Sachal., Kamchat., E-Sib.
- **incana** (L.) Moench · D:Grau-Erle; E:Grey Alder; F:Aulne blanc · ♄ ♄ d Z2 II-IV; Eur.* exc. BrI, Ib; Cauc., W-Sib., nat. in BrI, Ib, N-Am.
  - subsp. *rugosa* Du Roi = Alnus rugosa
- **japonica** (Thunb.) Steud. · D:Japanische Erle; E:Japanese Alder; F:Aulne du Japon · ♄ d Z4 IV Ⓝ; Jap., Korea, Manch., Amur
- **jorullensis** Humb., Bonpl. et Kunth · ♄ d Z8 Ⓚ Ⓝ; Mex., Ecuad., Peru, Bol., Arg., Venez.
- × **koehnei** Callier (*A. incana* × *A. subcordata*) · ♄ d; orig. ?
- **maximowiczii** Callier · F:Aulne de Maximowicz · ♄ ♄ d Z6; Jap., Sachal.
- **nitida** (Spach) Endl. · ♄ d Z7 IX; Kashmir, Him., W-Nepal
- *oregana* Nutt. = Alnus rubra
- × **pubescens** Tausch (*A. glutinosa* × *A. incana*) · ♄ d; Eur.
- **rubra** Bong. · D:Oregon-Erle; E:Oregon Alder, Red Alder; F:Aulne de l'Orégon · ♄ d Z6 Ⓝ; Alaska, Can.: W; USA: NW, Idaho, Calif.
- *rubra* Desf. ex Steud. = Alnus serrulata
- **rugosa** (Du Roi) Spreng. · D:Runzelblättrige Erle; E:Speckled Alder · ♄ ♄ d ~ Z4 III-IV; Can.: E; USA: NE, NCE, Kans., SC, SE, Fla., nat. in C-Eur.
- **serrulata** (Aiton) Willd. · D:Hasel-Erle · ♄ ♄ d; Can.: Ont.; USA: NE, NCE, NC, SC, SE, Fla.
- **sinuata** (Regel) Rydb. · ♄ ♄ d Z4 IV-VI; Alaska, B.C., USA: NW, Calif.
- × **spaethii** Callier (*A. japonica* × *A. subcordata*) · D:Späths Erle; F:Aulne de Späth · ♄ d; cult.
- **subcordata** C.A. Mey. · D:Kaukasische Erle; E:Caucasian Alder · ♄ d Z5 IV; Cauc., Iran
- *tinctoria* Sarg. = Alnus hirsuta
- **viridis** (Chaix) DC. · D:Grün-Erle; E:Green Alder; F:Aulne vert · ♄ ♄ d Z2 IV-VI; Eur.: Fr, Ap, C-Eur., EC-Eur., Ba, E-Eur.; W-Sib., E-Sib., Amur, N-Mong.

Alocasia (Schott) G. Don -f- *Araceae* · 70 sp · D:Pfeilblatt; E:Elephant's-Ear Plant; F:Alocasia, Oreille d'éléphant
- × **amazonica** André (*A. lowii* × *A. sanderiana*) · ♃ Z10 Ⓦ; cult.
- **cucullata** (Lour.) G. Don · ♃ Z10 Ⓦ Ⓝ; Ind.: Bengalen; Sri Lanka, Myanmar
- **cuprea** (K. Koch et Bouché) K. Koch · D:Metallisches Pfeilblatt · ♃ Z9 Ⓦ; Kalimantan
- **indica** (Roxb.) Schott · ♃ Z10 Ⓦ Ⓝ; Ind., Malay. Arch.
- **korthalsii** Schott · ♃ Z10 Ⓦ; Kalimantan
- *lindenii* Rodigas = Homalomena lindenii
- **lowii** Hook. f. · ♃ Z10 Ⓦ; Malay. Pen., Kalimantan
- **macrorrhiza** (L.) G. Don · D:Riesenblättriges Pfeilblatt; E:Giant Taro · ♃ Z10 Ⓦ Ⓝ; ? Sri Lanka
  - **'Variegata'** · ♃ Ⓦ; cult.
  - var. *variegata* (K. Koch et Bouché) Furtado = Alocasia macrorrhiza 'Variegata'
- *metallica* (Otto) Hook. f. = Alocasia cucullata
- **micholitziana** Sand. · D:Elefantenohr-Pfeilblatt; E:Elephant's Ear · ♃ Z10 Ⓦ; Phil.
- **odora** (Lodd.) Spach · ♃ Z10 Ⓦ; NE-Ind., China, Phil.
- **plumbea** K. Koch ex Van Houtte · ♃ Z10 Ⓦ; Java
- **portei** Schott · ♃ Z10 Ⓦ; Phil.
- **putzeysii** N.E. Br. · ♃ Z10 Ⓦ; Sumat.
- **sanderiana** W. Bull · D:Sanders Pfeilblatt; E:Kris Plant · ♃ Z10 Ⓦ; Phil.: Mindanao
- *thibautiana* Mast. = Alocasia cuprea
- **watsoniana** Mast. · ♃ Z10 Ⓦ; Sumat.
- **zebrina** K. Koch et Veitch · ♃ Z10 Ⓦ; Phil.

Aloe L. -f- *Aloaceae* · 446 sp · D:Aloe; E:Aloe; F:Aloe
- **abyssinica** Lam. · ♃ ♆ Z9 Ⓚ I-IV Ⓝ ▽ *;

Eth.
– **africana** Mill. · ħ ψ e Z9 Ⓚ III-IV ⚕ ▽ ✻; S-Afr.: Kap, Transvaal
– *africana* Salm-Dyck = Aloe × principis
– *albocincta* Haw. = Aloe striata
– **arborescens** Mill. · D:Tintenfisch-Aloe; E:Candelabra Aloe, Octopus Plant · ħ ψ Z9 Ⓚ I-IV ▽ ✻; S-Afr.: Kap, Natal; Malawi, nat. in S-Sp., S-F, P
– **aristata** Haw. · D:Bebänderte Aloe; E:Lace Aloe, Torch Plant · ♃ ψ Z9 Ⓚ V-VI ▽ ✻; S-Afr.: Orange Free State, Natal
– *atrovirens* DC. = Haworthia herbacea
– **bainesii** Dyer · ♄ ψ Z9 Ⓚ ▽ ✻; S-Afr.
– *barbadensis* Mill. = Aloe vera
– **brevifolia** Mill. · D:Kurzblättrige Aloe; E:Short-leaved Aloe · ♃ ψ Z9 Ⓚ ▽ ✻; Kap
– **camperi** Schweinf. · ♄ ψ Z10 Ⓚ IV-VI ▽ ✻; Eth.
– **ciliaris** Haw. · ♄ ψ ⌇ Z9 Ⓚ I-III ▽ ✻; S-Afr.
– **comosa** Marloth et A. Berger · ♄ ψ Z9 Ⓚ ▽ ✻; Kap
– **dichotoma** Masson · D:Drachenbaum-Aloe, Köcherbaum · ħ ψ e Z9 Ⓚ ▽ ✻; Namibia, S-Afr.
– **distans** Haw. · D:Goldzahn-Aloe; E:Jewelled Aloe · ♄ ψ Z9 Ⓚ VI-VII ▽ ✻; Kap
– *disticha* L. = Gasteria disticha var. disticha
– *disticha* Mill. = Aloe saponaria
– **divaricata** A. Berger · ♄ ψ Z10 Ⓚ ▽ ✻; W-Madag.
– *eru* A. Berger = Aloe camperi
– **ferox** Mill. · D:Kap-Aloe; E:Cape Aloe · ħ ♄ ψ e Z9 Ⓚ III-IV ⚕ ☠ ▽ ✻; S-Afr.
– **glauca** Mill. · ♃ ψ Z9 Ⓚ ▽ ✻; Kap
– **grandidentata** Salm-Dyck · ♄ ψ Z9 Ⓚ VI-VII ▽ ✻; S-Afr.
– **humilis** (L.) Mill. · ♃ ♄ ψ Z9 Ⓚ III-VI ▽ ✻; Kap
– **littoralis** Baker · ψ Z9 Ⓚ ▽ ✻; Angola, Namibia
– **longistyla** Baker · ♃ ψ Z9 Ⓚ ▽ ✻; Kap
– *macowanii* Baker = Aloe striatula
– *maculata* Forssk. = Aloe vera
– *maculata* Ker-Gawl. = Gasteria bicolor var. bicolor
– **marlothii** A. Berger · ♄ ψ Z9 Ⓚ ▽ ✻; S-Afr.: Natal, Transvaal; Botswana
– **mitriformis** Mill. · ♄ ψ Z9 Ⓚ VI-VIII ▽ ✻; Kap
– *nigricans* Haw. = Gasteria nigricans
– *nitida* Salm-Dyck = Gasteria nitida var. nitida
– *nobilis* Baker = Aloe stans
– *nobilis* Haw. = Aloe mitriformis
– *obliqua* DC. = Gasteria obliqua
– *obliqua* Haw. = Gasteria bicolor var. bicolor
– *obliqua* Jaquet = Gasteria nigricans
– *pentagona* (Willd.) Haw. = Astroloba spiralis subsp. foliolosa 'Pentagona'
– *perfoliata* L. = Aloe mitriformis
  – var. *vera* L. = Aloe vera
– **perryi** Baker · ♄ ψ Z10 Ⓚ ⚕ Ⓝ ▽ ✻; Socotra; cult. E-Afr., Arab.
– **plicatilis** (L.) Mill. · ♄ ħ ψ e Z9 Ⓚ V-VI ⚕ ▽ ✻; Kap
– × **principis** (Haw.) Stearn (*A. arborescens* × *A. ferox*) · ♄ ψ Z9 Ⓚ III-IV ▽ ✻; S-Afr.
– *prolifera* Haw. = Aloe brevifolia
– *pseudonigricans* Salm-Dyck = Gasteria pseudonigricans
– *pulchra* Jaquet = Gasteria obliqua
– *rubrolutea* Schinz = Aloe littoralis
– **rubroviolacea** Schweinf. · ♄ ψ Z10 Ⓚ ▽ ✻; Yemen
– × *salmdyckiana* Roem. et Schult. = Aloe × principis
– **saponaria** (Aiton) Haw. · ♃ ψ Z9 Ⓚ V-VI ▽ ✻; S-Afr.: Natal
– *soccotrina* DC. = Aloe succotrina
– **spicata** Baker · ħ ψ e Z9 Ⓚ ⚕ ▽ ✻; S-Afr.
– *spiralis* Haw. = Astroloba spiralis subsp. foliolosa 'Pentagona'
– *spiralis* L. = Astroloba spiralis subsp. spiralis
– **stans** A. Berger · ♄ ψ Z9 Ⓚ ▽ ✻; S-Afr.
– **striata** Haw. · D:Rotrandige Aloe; E:Coral Aloe · ♃ ψ Z9 Ⓚ IV-V ▽ ✻; Kap, Namibia
– **striatula** Haw. · ♄ ψ Z9 Ⓚ ▽ ✻; S-Afr.
– *subcarinata* Salm-Dyck = Gasteria carinata var. carinata
– *subnigricans* Spreng. = Gasteria pseudonigricans
– **succotrina** All. · ♄ ψ Z9 Ⓚ I-II ⚕ ▽ ✻; Kap, nat. in S-Sp., S-F
– *supralaevis* Haw. = Aloe ferox
– **tenuior** Haw. · ♄ ψ Z9 Ⓚ I-II ▽ ✻; S-Afr.
– **thraskii** Baker · ♄ ψ Z9 Ⓚ ▽ ✻; S-Afr.
– *umbellata* Salm-Dyck = Aloe saponaria
– **variegata** L. · D:Tiger-Aloe; E:Partridge Breast Aloe, Tiger Aloe · ♄ ψ Z9 Ⓚ IV-V ☠ ▽ ✻; Botswana, Kap
– **vera** (L.) Burm. f. · D:Echte Aloe; E:Bitter Aloe · ♃ ♄ ψ e Z8 Ⓚ I-IV ⚕ Ⓝ ▽ ✻; NE-

Afr, trop. Afr., S-Afr., Arab., Ind., nat. in Eur.: Ib, Ap, GR, Crete; TR
– *verrucosa* Mill. = Gasteria carinata var. verrucosa
– **virens** Haw. · ♃ ♆ Z9 Ⓚ IV-VII ▽ ✻; orig. ?
– *vulgaris* Lam. = Aloe vera
– **zebrina** Baker · ♃ Z9 Ⓚ ▽ ✻; Angola, Namibia, Botswana, S-Afr.: Transvaal

Aloinopsis Schwantes -f- *Aizoaceae* · 12 sp
– **orpenii** (N.E. Br.) L. Bolus · ♃ ♆ Z9 Ⓚ; Kap

Alona Lindl. = Nolana
– *coelestis* Lindl. = Nolana coelestis

Alonsoa Ruiz et Pav. -f- *Scrophulariaceae* · 16 sp · D:Maskenblume; E:Mask Flower; F:Alonsoa
– **acutifolia** Ruiz et Pav. · ⊙ ♄ Z10 VII-IX; Peru, Bol.
– **incisifolia** Ruiz et Pav. · ♃ ♄ Z10; Peru, Chile
– *linearifolia* Steud. = Alonsoa linearis
– **linearis** (Jacq.) Ruiz et Pav. · ⊙ ♄ Z10 VII-IX; Peru
– *linifolia* Roezl = Alonsoa linearis
– **meridionalis** (L. f.) Kuntze · ⊙ ⊙ ♃ ♄ Z10 VII-IX; Mex., C-Am., S-Am.
– *myrtifolia* Roezl = Alonsoa acutifolia
– **warscewiczii** Regel · D:Maskenblume; E:Mask Flower · ⊙ ♄ Z10; Peru

Alopecurus L. -m- *Poaceae (Gramineae)* · 36 (-50) sp · D:Fuchsschwanzgras; E:Foxtail Grass; F:Queue-de-renard, Vulpin
– **aequalis** Sobol. · D:Rotgelbes Fuchsschwanzgras · ♃ Z5 V-X; Eur.*, TR, Cauc., W-Sib., E-Sib., Amur, Sachal., Kamchat., C-As.
– *agrestis* L. = Alopecurus myosuroides
– **arundinaceus** Poir. · D:Rohr-Fuchsschwanzgras · ♃ Z5 V-VI; Eur.*, TR, N-As.
– **bulbosus** Gouan · D:Knolliges Fuchsschwanzgras · ♃ Z5 V-VII; Eur.: Ib, Fr, BrI, Ap, D, N-Ba; TR, Alger., Tun.
– **geniculatus** L. · D:Knick-Fuchsschwanzgras; E:Marsh Foxtail, Marsh Meadow Foxtail · ♃ ~ Z5 V-X; Eur.*, Iran, Afgh., Ind., W-Sib., China, Jap., nat. in N-Am., Austr., NZ
– **lanatus** Sibth. et Sm. · ♃ △ Z4 V; TR
– **myosuroides** Huds. · D:Acker-Fuchsschwanzgras; E:Black Grass · ⊙ Z5 V-X; Eur.: Ib, Fr, Ap, Ba, E-Eur., nat. in Sc, C-Eur., EC-Eur., NZ
– **pratensis** L. · D:Wiesen-Fuchsschwanzgras; E:Meadow Foxtail · ♃ Z5 V-VII Ⓝ; Eur.*, Cauc., W-Sib., E-Sib., C-As., nat. in n N-Am.
– **rendleri** Eig · D:Aufgeblasenes Fuchsschwanzgras · ⊙ Z5 V-VI; Eur.: Ib, Fr, Ap, C-Eur., Ba; TR

Aloysia Juss. -f- *Verbenaceae* · 37 sp · D:Zitronenstrauch; F:Citronnelle
– **chamaedrifolia** Cham. · ♄ Z8 Ⓚ VII-VIII; Bras., Arg.
– *citriodora* Ortega ex Pers. = Aloysia triphylla
– **triphylla** (L'Hér.) Britton · D:Zitronen-Verbene, Zitronenstrauch; E:Lemon Verbena; F:Citronnelle verveine · ♄ e D Z8 Ⓚ VII-IX ⚕ Ⓝ; Urug., Arg., Chile

Alpinia Roxb. -f- *Zingiberaceae* · c. 200 sp · D:Alpinie, Ingwerlilie; E:Ginger Lily; F:Alpinie
– **calcarata** (Haw.) Roscoe · D:Indische Ingwerlilie; E:Indian Ginger · ♃ Z10 Ⓦ IX-X; Ind.
– **galanga** (L.) Willd. · D:Siamesische Ingwerlilie; E:Galangal · ♃ Z10 Ⓦ ⚕ Ⓝ; Ind., Sri Lanka, Malay. Arch.
– **japonica** (Thunb.) Miq. · D:Japanische Ingwerlilie; E:Japanese Ginger · ♃ Z10 Ⓚ; China, Jap., Taiwan
– **malaccensis** (Burm. f.) Roscoe · ♃ Z10 Ⓦ III-V Ⓝ; E-Him., Myanmar, Malay. Arch.
– *nutans* hort. = Alpinia zerumbet
– **officinarum** Hance · D:Galgant; E:Lesser Galangal · ♃ Z10 Ⓦ ⚕ Ⓝ; S-China, Hainan
– **purpurata** (Vieill.) K. Schum. · D:Roter Ingwer; E:Red Ginger · ♄ ✂ Z10 Ⓦ; Pacific Is.
– **rafflesiana** Wall. ex Baker · ♃ Z10 Ⓦ; Malay. Pen.
– *sanderae* hort. Sander = Alpinia vittata
– *speciosa* (J.C. Wendl.) K. Schum. = Alpinia zerumbet
– **vittata** W. Bull · D:Gestreifte Ingwerlilie; E:Variegated Ginger · ♄ Z10 Ⓦ; Salom.
– **zerumbet** (Pers.) B.L. Burtt et R.M. Sm. · D:Porzellan-Ingwerlilie; E:Pink Porcelain Lily, Shell Ginger · ♃ Z10 Ⓦ IV-VI; S-As., E-As.

– *zingiberina* Hook. f. = Alpinia galanga

Alsobia Hanst. = Episcia
– *dianthiflora* (H.E. Moore et R.G. Wilson) Wiehler = Episcia dianthiflora
– *punctata* (Lindl.) Hanst. = Episcia punctata

Alsomitra (Blume) M. Roem. -f- *Cucurbitaceae* · 2 sp
– **macrocarpa** (Blume) M. Roem. · Z10 Ⓦ; Malay. Arch.
– *sarcophylla* (Wall.) M. Roem. = Neoalsomitra sarcophylla

Alsophila R. Br. = Cyathea
– *australis* R. Br. = Cyathea australis
– *capensis* (L. f.) J. Sm. = Cyathea capensis
– *tricolor* (Colenso) Tryon = Cyathea dealbata

Alstonia R. Br. -f- *Apocynaceae* · 40-45 sp
– **congensis** Engl. · D:Bokukabambale, Emien · ♄ e Z10 Ⓦ Ⓝ; W-Afr., C-Afr., E-Afr.
– **constricta** F. Muell. · D:Bitterrinde; E:Fever Bark · ♄ e Z10 Ⓚ; Austr.: Queensl., N.S.Wales
– **scholaris** (L.) R. Br. · D:Teufelsbaum; E:Devil Tree, Pali-mari · ♄ e Z10 Ⓦ ⚕ Ⓝ; Him., Ind., Sri Lanka, Malay. Arch., Austr.

Alstroemeria L. -f- *Alstroemeriaceae* · 50 (-70) sp · D:Inkalilie; E:Lily of the Incas, Peruvian Lily; F:Alstroemère, Lis des Incas
– *aurantiaca* D. Don = Alstroemeria aurea
– **aurea** Graham · D:Goldene Inkalilie; F:Lis des Incas · ♃ Z7 ∧ VI-VIII; Chile
– **haemantha** Ruiz et Pav. · ♃ Z8 Ⓚ ∧ VI-VII; Chile
– **ligtu** L. · D:Inkalilie; E:St Martin's Flower · ♃ Z8 ▭ ∧ VI-VII; Arg., Chile
– **pelegrina** L. · ♃ Z9 Ⓚ ▭ VI-VIII; Peru, N-Chile
– *peregrina* Pers. = Alstroemeria pelegrina
– **psittacina** Lehm. · D:Papageien-Inkalilie; E:Parrot Lily, Peruvian Lily · ♃ Z8 ▭ ∧ VI-VIII; N-Bras.
– *pulchella* hort. = Alstroemeria versicolor
– **pulchella** L. f. · ♃ Z8; N-Bras.
– *pulchella* Sims = Alstroemeria psittacina
– **versicolor** Ruiz et Pav. · ♃ Z9 Ⓚ ▭ VI-VII; Chile
– **Cultivars**
  – **in vielen Sorten**

Altamiranoa Rose = Villadia
– *ericoides* (Rose) H. Jacobsen = Villadia imbricata
– *guatemalensis* (Rose) E. Walther = Villadia guatemalensis

Alternanthera Forssk. -f- *Amaranthaceae* · 80-100 (-200) sp · D:Papageienblatt; E:Copperleaf, Joseph's Coat; F:Alternanthère
– *amoena* (Lem.) Voss = Alternanthera ficoidea 'Amoena'
– **bettzickiana** (Regel) Voss · ♃ Z8 Ⓚ; Peru
– **ficoidea** (L.) R. Br. ex Roem. et Schult. · ♃ ⁞ Z8 Ⓦ Ⓝ; Mex., C-Am., trop. S-Am.
  – **'Amoena'** · Ⓦ; cult.
  – *'Bettzickiana'* = Alternanthera bettzickiana
– **reineckii** Briq. · ⊙ Z8; e S-Am.
  – **'Versicolor'**; cult.
– *versicolor* (Lem.) Seub. = Alternanthera reineckii 'Versicolor'

Althaea L. -f- *Malvaceae* · 12 sp · D:Eibisch, Stockmalve; E:Marsh Mallow; F:Guimauve
– **cannabina** L. · D:Hanfblättriger Eibisch; E:Armenian Mallow · ♃ Z6 VII-IX Ⓝ; Eur.: Ib, Fr, Ap, Ba, EC-Eur., E-Eur.; TR, Cauc., Iran, C-As.
– **hirsuta** L. · D:Rauhaariger Eibisch; E:Rough Marsh Mallow · ⊙ VII-VIII; Eur.* exc. BrI, Sc; TR, Levante, Cauc., Iran, C-As., NW-Afr., Libya
– **officinalis** L. · D:Echter Eibisch; E:Marsh Mallow, White Mallow · ♃ Z3 VII ⚕ Ⓝ ▽; Eur.*, TR, Syr., Palaest., Cauc., Iran, Afgh., W-Sib., E-Sib., C-As., Alger., Tun., nat. in N-Am.
– *rosea* (L.) Cav. = Alcea rosea
– *rugostellulata* Czeczott = Alcea rugosa

Altingia Noronha -f- *Hamamelidaceae* · 8-12 sp
– **excelsa** Noronha · D:Kindan; E:Rasamala · ♄ Ⓦ Ⓝ; Malay. Arch. , China: Yunnan

Alyogyne Alef. -f- *Malvaceae* · 4 sp · D:Blauer Hibiscus; E:Lilac Hibiscus; F:Alyogyne, Hibiscus bleu
– **hakeifolia** (Giord.) Alef. · ♄ Z10 Ⓦ; Austr.: S-Austr., W-Austr.
– **huegelii** (Endl.) Fryxell · D:Blauer Hibiscus; E:Liliac Hibiscus · ♃ Z10 Ⓚ IV-XI; Austr.: S-Austr., W-Austr.

Alysicarpus Desv. -m- *Fabaceae (Leguminosae)* · 25-30 sp
– **vaginalis** (L.) DC. · ♃ Ⓦ Ⓝ; Trop. Old World

Alyssoides Mill. -f- *Brassicaceae (Cruciferae)* · 3 sp · D:Blasenschötchen; F:Faux-alysson, Vésicaire
– **utriculata** (L.) Medik. · D:Blasenschötchen · ♃ △ Z7 IV-VI; Eur.: F, I, Ba, RO; TR, nat. in D

Alyssum L. -n- *Brassicaceae (Cruciferae)* · c. 170 sp · D:Steinkraut; E:Alison, Madwort; F:Alysson, Corbeille d'or
– **alpestre** L. · D:Alpen-Steinkraut · ♃ ⁓→ △ Z6 VI-VII; Eur.: F, I, Ch; Alp.
– **alyssoides** (L.) L. · D:Kelch-Steinkraut; E:Small Alison · ⊙ Z6 IV-IX; Eur.* exc. BrI, Sc; Maroc.
– *arduini* Fritsch = Aurinia saxatilis
– **argenteum** All. · D:Silbergraues Steinkraut · ♄ △ Z6 VII-VIII; Eur.: I; SW-Alp.
– *argenteum* hort. = Alyssum murale
– **desertorum** Stapf · D:Steppen-Steinkraut · ⊙ Z6 IV-V; Eur.: A, EC-Eur., Ba, E-Eur.; TR, Levante, Cauc., Iran, W-Sib., E-Sib., C-As., Him., Mong., Egypt
– **diffusum** Ten. · ♃ ⁓→ △ Z6 IV-VI; Eur.: Sp., F, I, ? GR; mts.
– *maritimum* (L.) Lam. = Lobularia maritima var. maritima
– **markgrafii** O.E. Schulz · ♃ △ Z7 ∧ V-VI; Eur.: W-Ba
– **moellendorfianum** Asch. ex Beck · ♃ △ Z6 VI-VII; Eur.: Bosn.
– **montanum** L. · D:Gewöhnliches Berg-Steinkraut; E:Mountain Alison; F:Alysse des montagnes · ♃ ⁓→ △ D Z6 III-VI ▽; Eur.* exc. BrI, Sc
– **murale** Waldst. et Kit. · D:Mauer-Steinkraut, Silbriges Steinkraut; E:Yellow Tuft; F:Alysse des murailles · ♃ △ Z5 V-VI; Eur.: Ba, EC-Eur.; TR, Syr., Lebanon, Cauc., Iran, nat. in D, A
– **ovirense** A. Kern. · D:Karawanken-Steinkraut · ♃ ⁓→ △ Z6 VI; Eur.: I, A, Slove., Bosn., Montenegro; mts.
– *petraeum* Ard. = Aurinia petraea
– **repens** Baumg. · D:Kriechendes Steinkraut · ♃ △ Z5 IV-VI; Eur.: A, Ba, RO, Krim; Cauc., Syr., N-Iran, C-As.
– **rostratum** Steven · ⊙ ⊙ Z8 V-VI; Eur.: W-Ba, RO, Russ.; N-TR, Cauc.
– *rupestre* Ten. = Aurinia rupestris
– *saxatile* L. = Aurinia saxatilis
– **serpyllifolium** Desf. · ♃ △ Z7 VI; Eur.: Ib, F; NW-Afr.
– **spinosum** L. · D:Dorn-Steinkraut; E:Spiny Alison · ♄ △ Z8 Ⓐ ∧ V-VI; Eur.: Sp., F; Maroc., Alger.
– *transsilvanicum* Schur = Alyssum repens
– **wulfenianum** Bernh. · D:Wulfens Steinkraut · ♃ ⁓→ △ Z7 V-VIII; Eur.: I, A, Bosn., Montenegro, Maced.; SE-Alp.

Amaracus Gled. = Origanum
– *dictamnus* (L.) Benth. = Origanum dictamnus
– *pulchellus* (Boiss.) Briq. = Origanum × hybridum
– *pulcher* (Boiss. et Heldr.) Briq. = Origanum scabrum subsp. pulchrum
– *scaber* (Boiss. et Heldr.) Briq. = Origanum scabrum subsp. scabrum

Amaranthus L. -m- *Amaranthaceae* · 60 sp · D:Fuchsschwanz; E:Amaranth, Pigweed; F:Amaranthe
– **albus** L. · D:Weißer Fuchsschwanz · ⊙ Z5 VII-X; s N-Am., C-Am, nat. in Eur.* exc. BrI, Sc; Cauc., W-Sib., Amur, C-As., TR, N-Afr
– **blitoides** S. Watson · D:Westamerikanischer Fuchsschwanz · ⊙ Z5 VII-IX; s N-Am., C-Am., nat. in Eur.* exc. BrI, Sc
– **blitum** L. · ⊙
  – subsp. **blitum** · D:Aufsteigender Fuchsschwanz · ⊙ Z5 VII-IX; Eur., As, Afr.
  – subsp. **emarginatus** (Moq. ex Uline et W.L. Bray) Carretero et al. · D:Ufer-Fuchsschwanz · ⊙ Z5 VI-X; Trop.
– **bouchonii** Thell. · D:Bouchons Fuchsschwanz · ⊙ Z5 VI-X; ? S-USA, nat. in F, C-Eur.
– **caudatus** L. · D:Garten-Fuchsschwanz; E:Love Lies Bleeding; F:Amarante queue-de-renard · ⊙ Z5 VII-X Ⓝ; S-Am., nat. in Cauc., C-As., Iran, TR, S-Eur., ? Eth., ? Tibet
  – subsp. *mantegazzianus* (Pass.) Hanelt = Amaranthus mantegazzianus
– *chlorostachys* L. = Amaranthus hybridus
– **crispus** (Lesp. et Thévenau) N. Terracc. · D:Krauser Fuchsschwanz · ⊙ Z5 VII-IX; Arg., nat. in Eur.: I, A, EC-Eur., Ba, RO
– **cruentus** L. · D:Rispiger Fuchsschwanz; E:Red Amaranth · ⊙ Z5 VIII-IX Ⓝ; ? S-

Mex., ? Guat., nat. in S-Eur.
– **deflexus** L. · D:Liegender Fuchsschwanz · ♃ Z5 VI-X; n S-Am., nat. in Eur.* exc. BrI, Sc., Cauc., C-As.
– **dubius** Mart. et Thell. · ⊙ Z5 Ⓝ; trop. Am.
– *gangeticus* L. = Amaranthus tricolor
– **graecizans** L. · D:Wilder Fuchsschwanz · ⊙ Z5 VII-IX; Eur.: Ib, Fr, Ap, Ba, A, Krim; TR, Levante, Cauc., C-As., N-Afr., nat. in D, CH, H, RO
– **hybridus** L. · D:Ausgebreiteter Fuchsschwanz; E:Purple Amaranth; F:Amarante queue-de -renard · ⊙ Z5 VII-X Ⓝ; trop. Am., nat. in N-Am., Eur., As.
  – subsp. *cruentus* (L.) Thell. = Amaranthus cruentus
  – subsp. *hypochondriacus* (L.) Thell. = Amaranthus hypochondriacus
– **hypochondriacus** L. · D:Trauer-Fuchsschwanz; E:Prince's Feather · ⊙ Z5 VII-IX ⚕ Ⓝ; N-Am., nat. in Eur., China, Ind.
– *leucocarpus* S. Watson = Amaranthus hypochondriacus
– *lividus* L. = Amaranthus blitum
– **mantegazzianus** Pass. · ⊙ Z5 Ⓝ
– *melancholicus* L. = Amaranthus tricolor
– **muricatus** (Gillies ex Moq.) Hieron. · ♃ Z5; S-Am., nat. in Eur.: Ib, Sard., Sic., GR
– **paniculatus** L. · ⊙ Z5 Ⓝ; trop. As
– **powellii** S. Watson · D:Grünähriger Fuchsschwanz · ⊙ Z5; N-Am., S-Am., nat. in Eur.: Sp., F, I, D
– **retroflexus** L. · D:Zurückgekrümmter Fuchsschwanz; E:Common Amaranth, Pigweed · ⊙ Z5 VII-IX Ⓝ; ? N-Am., nat. in cosmop.
– **standleyanus** Parodi ex Covas · D:Standleys Fuchsschwanz · ⊙ Z5 VII-X; Arg.
– **tricolor** L. · D:Surinamesischer Fuchsschwanz; E:Chinese Spinach · ⊙ Z5 Ⓝ; trop. As.

× **Amarcrinum** Coutts -n- *Amaryllidaceae* (*Amaryllis* × *Crinum*)
– *howardii* Coutts = × Amarcrinum memoria-corsii
– **memoria-corsii** (Ragion.) H.E. Moore (*Amaryllis bella-donna* × *Crinum moorei*) · ♃ Z8 Ⓚ; cult.

× **Amarygia** Cif. et Giacom. -f- *Amaryllidaceae* (*Amaryllis* × *Brunsvigia*)
– **parkeri** (W. Watson) H.E. Moore (*Amaryllis bella-donna* × *Brunsvigia josephinae*) · ♃ Z9 Ⓚ; cult.

Amaryllis L. -f- *Amaryllidaceae* · 1 sp · D:Belladonnenlilie; E:Belladonna Lily, Jersey Lily; F:Amaryllis
– *aulica* Ker-Gawl. = Hippeastrum aulicum var. aulicum
– *aurea* Ruiz et Pav. = Pyrolirion aureum
– **bella-donna** L. · D:Belladonnenlilie; E:Belladonna Lily, Jersey Lily; F:Amaryllis Belle-dame · ♃ ✂ Z8 Ⓚ ▭ VIII-IX ☠; Kap
  – **in Sorten**
– *bulbisperma* Burm. f. = Crinum bulbispermum
– *formosissima* L. = Sprekelia formosissima
– *pardina* Hook. f. = Hippeastrum pardinum
– *psittacina* Ker-Gawl. = Hippeastrum psittacinum
– *purpurea* Aiton = Cyrtanthus purpureus
– *reginae* L. = Hippeastrum reginae
– *reticulata* L'Hér. = Hippeastrum reticulatum
– *robusta* Otto et A. Dietr. = Hippeastrum aulicum var. robustum
– *tettaui* Topf = Hippeastrum aulicum var. robustum
– *vittata* L'Hér. = Hippeastrum vittatum

Amasonia L. f. -f- *Verbenaceae* · 8 sp
– **calycina** Hook. f. · ♄ ♄ d Z10 Ⓦ XI-III; Guyan.
– *punicea* hort. = Amasonia calycina

Amberboa (Pers.) Less. -f- *Asteraceae (Compositae)* · 6 sp · D:Amberkörbchen, Bisampflanze; F:Centaurée musquée
– **moschata** (L.) DC. · D:Duftende Bisampflanze; E:Sweet Sultan · ⊙ ⊙ ✂ Z8 VII-IX; TR, Cauc.

Ambrosia L. -f- *Asteraceae (Compositae)* · 43 sp · D:Ambrosie, Traubenkraut; E:Ragweed; F:Ambroisie
– **artemisiifolia** L. · D:Beifußblättriges Traubenkraut; E:Annual Ragweed, Common Ragweed · ⊙ VIII-X; Can., USA*, Mex., nat. in EC-Eur., Ba
– **coronopifolia** Torr. et A. Gray · D:Ausdauerndes Traubenkraut · ♃ VII-X; N-Am., nat. in Eur: Sp., Fr, I, C-Eur., DK, EC-Eur., W-Russ.
– *elatior* L. = Ambrosia artemisiifolia
– **maritima** L. · D:Strand-Ambrosie · ⊙

VIII-X; Eur.: Ib, Fr, Ap, Ba; TR, Afr.
– *mexicana* hort. = Chenopodium botrys
– **psilostachya** DC. · D:Stauden-Ambrosie; E:Ragweed, Western Ragweed · ♃ X; Can.: Sask.; USA*, nat. in Eur., Cauc., S-Afr., Austr.
– **trifida** L. · D:Dreilappiges Traubenkraut; E:Giant Ragweed · ☉ VIII-X; Can., USA*; Mex., nat. in D

Ambulia Lam. = Limnophila
– *gratioloides* (R. Br.) Baill. = Limnophila indica
– *heterophylla* (Roxb.) Baill. = Limnophila heterophylla
– *sessiliflora* (Blume) Baill. = Limnophila sessiliflora

Amelanchier Medik. -f- *Rosaceae* · 33 sp · D:Felsenbirne; E:Juneberry, Serviceberry; F:Amélanchier
– **alnifolia** (Nutt.) Nutt. · D:Erlenblättrige Felsenbirne; E:Saskatoon Service Berry; F:Amélanchier à feuilles d'aulne · ♄ ♄ d Z5 IV-V Ⓝ; Alaska, Can., USA: NCE, NC, Rocky Mts., SW, NW, Calif.
  – var. *florida* (Lindl.) C.K. Schneid. = Amelanchier florida
  – var. *semiintegrifolia* (Hook.) C.L. Hitchc. = Amelanchier florida
– *alnifolia* auct. non (Nutt.) Nutt. = Amelanchier florida
– *amabilis* Wiegand = Amelanchier sanguinea
– **arborea** (F. Michx.) Fernald · D:Schnee-Felsenbirne; E:Downy Service Berry, June Berry · ♄ ♄ d Z5 III-IV Ⓝ; Can.: E; USA: NE, NCE, SC, SE, Fla.
– **asiatica** (Siebold et Zucc.) Endl. ex Walp. · D:Japanische Felsenbirne · ♄ ♄ d Z6 V; Jap., Korea
– *botryapium* (L. f.) Borkh. = Amelanchier canadensis
– *botryapium* DC. = Amelanchier lamarckii
– **canadensis** (L.) Medik. · D:Kanadische Felsenbirne; E:Canadian Service Berry, Snowy Mespilus · ♄ ♄ d Z5 IV Ⓝ; Can.: E; USA: NE, SE
– *canadensis* K. Koch = Amelanchier lamarckii
– **confusa** Hyl. · ♄ d Z5; orig. ?, nat. in S-Sweden
– *confusa* auct. non Hyl. = Amelanchier lamarckii
– **florida** Lindl. · D:Blütenreiche Felsenbirne; E:Western Service Berry · ♄ ♄ d Z5 V; Alaska, Can.: W; USA: NW, Idaho, Calif.
– *laevis* Clapham, Tutin et Warb. = Amelanchier lamarckii
– **laevis** Wiegand · D:Kahle Felsenbirne; E:Allegheny Service Berry · ♄ ♄ d Z5 IV-V Ⓝ; Can.: E; USA: NE, NCE, Kans., SE
– **lamarckii** F.G. Schroed. · D:Kupfer-Felsenbirne · ♄ ♄ d Z5 IV-V; Can.: E; USA: NE, NCE, nat. in D, NL, B
– *oblongifolia* (Torr. et A. Gray) M. Roem. = Amelanchier canadensis
– *ovalis* Borkh. non Medik. = Amelanchier spicata
– **ovalis** Medik. · D:Gewöhnliche Felsenbirne, Mitteleuropäische Felsenbirne; F:Amélanchier des bois · ♄ d Z5 IV-V Ⓝ; Eur.: Ib, Fr.Ap, C-Eur, EC-Eur., Ba, RO, Krim; TR, Lebanon, N-Iraq, Cauc., NW-Afr.
– *oxyodon* Koehne = Amelanchier florida
– *rotundifolia* (Lam.) Dum.-Cours. = Amelanchier ovalis
– *rotundifolia* M. Roem. = Amelanchier sanguinea
– **sanguinea** (Pursh) DC. · D:Vermont-Felsenbirne; F:Amélanchier sanguin · ♄ ♄ d Z5 V; Can.: E; USA: NE, NCE, Tenn.
– **spicata** (Lam.) K. Koch · D:Ährige Felsenbirne, Besen-Felsenbirne; E:Garden Shadblow; F:Amélanchier · ♄ d Z5 IV-V; Can.: E; USA: NE, NCE, N.Dak., nat. in N-Eur., D, A, F
– **stolonifera** Wiegand · D:Ausläufertreibende Felsenbirne; E:Running Service Berry · ♄ d Z5 V Ⓝ; Can.: E; USA: NE, NCE
– **utahensis** Koehne · D:Utah-Felsenbirne; E:Utah Service Berry · ♄ ♄ d Z3 V; USA: NW, Calif., Rocky Mts., Tex., SW; Mex. , Baja Calif.
– *vulgaris* Moench = Amelanchier ovalis

× **Amelasorbus** Rehder -m- *Rosaceae* (*Amelanchier* × *Sorbus*)
– **jackii** Rehder (*Amelanchier florida* × *Sorbus scopulina*) · ♄ d Z5; USA: Idaho, Oreg.

Amethystea L. -f- *Lamiaceae (Labiatae)* · 1 sp · D:Amethystblume
– **caerulea** L. · ☉ Z7; TR, N-As., China, Mandsch., Korea, Japan

Amherstia Wall. -f- *Caesalpiniaceae (Leguminosae)* · 1 sp · D:Tohabaum; F:Gloire de Birmanie
– **nobilis** Wall. · ħ e ⓦ; Myanmar

Ammi L. -n- *Apiaceae (Umbelliferae)* · 10 sp · D:Knorpelmöhre; E:Bullwort; F:Ammi
– **majus** L. · D:Bischofskraut, Große Knorpelmöhre; E:Bullwort, False Bishop's Weed · ⊙ Z6 VI-X ⚕ Ⓝ; Eur.: Ib, Fr, Ap, Ba; TR, Cyprus, Syr., Iraq, Iran, N-Afr., Eth., nat. in W-Eur., C-Eur. N-Am., Austr., NZ
– **visnaga** (L.) Lam. · D:Zahnstocher-Ammei; E:Pick Tooth · ⊙ ⊙ Z6 VII-IX ⚕ Ⓝ; Eur.: Ib, Fr, Ap, Ba; TR, Cyprus, N-Iraq, Iran; Canar., N-Afr., nat. in N-Am., Mex., Chile, Arg.

Ammobium R. Br. ex Sims -n- *Asteraceae (Compositae)* · 3 sp · D:Papierknöpfchen, Sandimmortelle; E:Winged Everlasting; F:Immortelle de sables
– **alatum** R. Br. · D:Papierknöpfchen, Sandimmortelle; E:Winged Everlasting · ⊙ ♃ ✂ Z9 VII-IX; Austr.: Queensl., N.S.Wales
– *grandiflorum* hort. = Ammobium alatum

Ammodaucus Coss. -m- *Apiaceae (Umbelliferae)* · 1 sp
– **leucotrichus** Coss. · ⊙ ⓚ Ⓝ; Alger.

Ammodendron Fisch. ex DC. -n- *Fabaceae (Leguminosae)* · 3-6 sp
– **conollyi** Bunge · ħ d ⓚ; C-As.

Ammoides Adans. -f- *Apiaceae (Umbelliferae)* · 2 sp
– **pusilla** (Brot.) Breistr. · ⊙; Eur.: Ib, Ap, Ba, nat. in D, CH

Ammophila Host -f- *Poaceae (Gramineae)* · 2-4 sp · D:Helmgras, Strandhafer; E:Beach Grass; F:Oyat
– **arenaria** (L.) Link · D:Gewöhnlicher Strandhafer, Helm; E:Beach Grass, Marram Grass · ♃ Z5 VI-VIII Ⓝ; Eur.*, TR, Cyprus, Palaest., N-Afr.; coasts, nat. in N-Am.
– **breviligulata** Fernald · D:Amerikanischer Strandhafer; E:American Beach Grass · ♃ Z5 VII-IX Ⓝ; Can.: E; USA: NE, NCE; N.C.

Amomum Roxb. -n- *Zingiberaceae* · 90 sp · D:Kardamom; E:Cardamom; F:Cardamome
– **aromaticum** Roxb. · D:Bengal-Kardamom · ♃ Z10 ⓦ Ⓝ; Ind., Pakist.
– *cardamomum* auct. = Amomum compactum
– *cardamomum* L. non Roxb. = Elettaria cardamomum
– **compactum** Sol. ex Maton · E:Round Cardamom · ♃ ✂ Z10 ⓦ Ⓝ; Malay. Arch.
– **krervanh** Pierre · D:Kambodja-Kardamom · ♃ Z10 ⓦ Ⓝ; Cambodia, Thail.
– **subulatum** Roxb. · D:Nepal-Kardamom · ♃ Z10 ⓦ Ⓝ; trop. As.
– **xanthioides** Wall. · D:Bastard-Kardamom · ♃ Z10 ⓦ ⚕ Ⓝ; Myanmar, Thail.

Amorpha L. -f- *Fabaceae (Leguminosae)* · 15 sp · D:Bastardindigo, Bleibusch, Scheinindigo; E:False Indogo; F:Amorpha, Faux-indigo
– **canescens** Pursh · D:Weißgrauer Bleibusch; E:Lead Plant · ħ d △ Z5 VI-VII Ⓝ; Can.: E, Sask.; USA: NCE, NC, SC, SE, N.Mex.
– **fruticosa** L. · D:Gewöhnlicher Bastardindigo, Scheinindigo; E:Bastard Indigo; F:Faux indigo · ħ d Z5 VI-VIII Ⓝ; Can.: Man., Sask.; USA: NE, NCE, Fla., SC, SW; Mex., nat. in C-Eur., S-Eur.
– *microphylla* Pursh = Amorpha nana
– **nana** Nutt. · D:Duft-Bleibusch; E:Fragrant Indigo Bush · ħ d △ Z4 VI-VII Ⓝ; Can.: Man., Sask.; USA: NC, NCE, SW

Amorphophallus Blume ex Decne. -m- *Araceae* · 90 sp · D:Titanenwurz; E:Devil's Tongue; F:Langue du diable
– **bulbifer** (Roxb.) Blume · ♃ Z10 ⓦ; NE-Ind.
– *campanulatus* (Roxb.) Blume = Amorphophallus paeoniifolius
– **konjac** K. Koch · D:Stinkende Titanenwurz; E:Devil's Tongue, Umbrella Arum · ♃ Z10 ⓦ Ⓝ; cult. SE-As., E-As.
– **paeoniifolius** (Dennst.) Nicolson · D:Elefantenkartoffel; E:Elephant Yam, Telingo Potato · ♃ Z10 ⓦ Ⓝ; NE-Ind., Indochina, Phil., N.Guinea, Polyn.
– *rivieri* Durieu = Amorphophallus konjac
– **titanum** (Becc.) Becc. ex Arcang. · D:Titanenwurz · ♃ Z10 ⓦ; Sumat.

Ampelopsis Michx. -f- *Vitaceae* · 25 sp ·

D:Doldenrebe, Scheinrebe; F:Vigne vierge
- **aconitifolia** Bunge · D:Sturmhutblättrige Scheinrebe; F:Vigne vierge à fruits jaunes · ƀ d ≩ Z6; Mong., N-China
- **bodinieri** (Lév. et Vaniot) Rehder · ƀ d ≩ Z5; C-China
- **brevipedunculata** (Maxim.) Trautv.
  - var. **brevipedunculata** · D:Ussuri-Scheinrebe; E:Blueberry Climber; F:Vigne vierge à fruits bleus · ƀ d ≩ Z5 VII-VIII; China, Korea, Jap.
  - var. *citrulloides* (Lebasque) L.H. Bailey = Ampelopsis brevipedunculata var. maximowiczii 'Citrulloides'
  - var. *elegans* L.H. Bailey = Ampelopsis brevipedunculata var. maximowiczii 'Elegans'
  - var. **maximowiczii** (Regel) Rehder · ƀ d ≩ ⚘ Z5 ⊔; E-China
    - **'Citrulloides'**
    - **'Elegans'**
- *hederacea* (Ehrh.) DC. = Parthenocissus quinquefolia var. quinquefolia
- *henryana* (Hemsl.) Rehder = Parthenocissus henryana
- *heterophylla* (Thunb.) Siebold et Zucc. = Ampelopsis brevipedunculata var. maximowiczii
- **japonica** (Thunb.) Makino · D:Japanische Scheinrebe; E:Japanese Pepper Vine; F:Vigne vierge du Japon · d ⤳ ⚘ Z7 ∧; Jap., N-China
- **megalophylla** (Veitch) Diels et Gilg · D:Riesenblättrige Scheinrebe · d ≩ ⚘ Z6; W-China
- **orientalis** (Lam.) Planch. · F:Vigne vierge · ƀ d ≩ Ⓚ ⊔ ∧; TR, Syr.
- *quinquefolia* (L.) Michx. = Parthenocissus quinquefolia var. quinquefolia
- *serjaniifolia* Bunge = Ampelopsis japonica
- *tricuspidata* Siebold et Zucc. = Parthenocissus tricuspidata
- *veitchii* hort. = Parthenocissus tricuspidata 'Veitchii'

Amphiblemma Naudin -n- *Melastomataceae* · 13 sp
- **cymosum** (Schrad. et J.C. Wendl.) Naudin · ƀ Ⓦ VII-VIII; W-Afr.

Amphicarpaea Elliott ex Nutt. -f- *Fabaceae (Leguminosae)* · 3 sp · D:Doppelfrucht, Futtererdnuss; E:Hog Paenut
- **bracteata** (L.) Fernald · ♃ Z7; Can.: E; USA: NE, NCE, NC, Rocky Mts., SC, SE, Fla.

Amphicome Royle = Incarvillea
- *arguta* Royle = Incarvillea arguta
- *emodi* Lindl. = Incarvillea delavayi

Amsinckia Lehm. -f- *Boraginaceae* · c. 50 sp · D:Gelbe Klette; E:Fiddleneck
- **calycina** (Moris) Chater · ⊙ Z7; N-Am., S-Am., nat. in F
- **douglasiana** A. DC. · ⊙ Z7; N-Am.
- **intermedia** Fisch. et C.A. Mey. · ⊙ Z7; N-Am.
- **lycopodioides** (Lehm.) Lehm. · ⊙ Z7; N-Am., nat. in Sc, BrI, Fr
- **menziesii** (Lehm.) A. Nelson et T. Macbr. · ⊙ Z7; N-Am.

Amsonia Walter -f- *Apocynaceae* · 20 (-30) sp · D:Amsonie; E:Blue Star; F:Amsonia
- *amsonia* (L.) Britton = Amsonia tabernaemontana
- *angustifolia* Michx. = Amsonia ciliata
- **ciliata** Walter · ♃ Z7 IV-V; USA: SC, SE, Fla.
- *orientalis* Decne. = Rhazya orientalis
- **tabernaemontana** Walter · ♃ Z7 IV-V; USA: NE, NCE, Kans., SE, Okla., nat. in USA

Amyris P. Browne -f- *Rutaceae* · 31-40 sp · D:Balsamstrauch, Fackelholz; E:Torchwood; F:Arbre à gomme, Bois chandelle
- **balsamifera** L. · D:Balsamstrauch; E:Balsam Torchwood · ƀ ƀ Ⓚ Ⓝ; Fla., Mex., W.Ind., C-Am., S-Am.

Anabasis L. -f- *Chenopodiaceae* · 27 (-42) sp
- **aphylla** L. · ƀ e Ⓚ Ⓝ; Eur.: E-Russ.; Cauc., W-Iran, C-As., Him.

Anacampseros L. -f- *Portulacaceae* · 22 (-70) sp · D:Liebesröschen; E:Love Plant; F:Anacampseros
- **albissima** Marloth · ♃ Ψ Z10 Ⓚ ▽ ✻; Kap, Namibia
- **alstonii** Schönl. · ♃ Ψ Z10 Ⓚ ▽ ✻; Kap, Namibia
- **arachnoides** (Haw.) Sims · ♃ Ψ Z10 Ⓚ ▽ ✻; S-Afr.: Kap, Transvaal
- *arachnoides* hort. = Anacampseros rufescens

– *avasmontana* Dinter = Anacampseros albissima
– **dinteri** Schinz · ♃ ♆ Z10 Ⓚ ▽ ✻; Namibia
– **filamentosa** (Haw.) Sims · ♃ ♆ Z10 Ⓚ ▽ ✻; Kap
– *filamentosa* De Wild. = Anacampseros rufescens
– **papyracea** E. Mey. ex Sond. · ♃ ♆ Z10 Ⓚ ▽ ✻; Kap, Namibia
– **quinaria** E. Mey. ex Sond. · ♃ ♆ Z10 Ⓚ ▽ ✻; Kap, Namibia
– **rufescens** (Haw.) Sweet · ♃ ♆ Z10 Ⓚ ▽ ✻; Kap
– **telephiastrum** DC. · ♃ ♆ Z10 Ⓚ ▽ ✻; Kap
– **tomentosa** A. Berger · ♃ ♆ Z10 Ⓚ ▽ ✻; Namibia

Anacamptis Rich. -f- *Orchidaceae* · 1 sp · D:Hundswurz; E:Pyramid Orchid; F:Anacamptis, Orchis
– **pyramidalis** (L.) Rich. · D:Hundswurz, Spitzorchis; E:Pyramid Orchid · ♃ Z6 VI-VII ▽ ✻; Eur.*, TR, Cauc., Iran, NW-Afr.

Anacardium L. -n- *Anacardiaceae* · 8 sp · D:Acajubaum, Cashewnuss, Herznussbaum; E:Cashew; F:Anacardier
– **occidentale** L. · D:Acajubaum, Cashewnuss, Kaschubaum; E:Cashew · ♄ e Z10 Ⓦ ⚕ Ⓝ; ? Bras., nat. in Trop.

Anacharis Rich. = Elodea
– *callitrichoides* Rich. = Elodea callitrichoides
– *canadensis* (Michx.) Rich. = Elodea canadensis
– *densa* (Planch.) Vict. = Egeria densa
– *nuttallii* Planch. = Elodea nuttallii
– *occidentalis* (Pursh) Vict. = Elodea nuttallii

Anacyclus L. -m- *Asteraceae (Compositae)* · 12 sp · D:Bertram, Kreisblume, Ringblume; E:Anacyclus; F:Camomille du Maroc
– **clavatus** (Desf.) Pers. · D:Keulen-Bertram · ⊙ Z6 VI-VII; Eur.: Ib, Fr, Ap, Ba; TR, N-Afr., Canar.
– *depressus* Ball = Anacyclus pyrethrum var. depressus
– **officinarum** Hayne · D:Deutscher Bertram; E:Apothecary's Anacyclus · ⊙ Z6 ⚕ Ⓝ; cult.
– **pyrethrum** (L.) Link
  – var. **depressus** (Ball) Maire · D:Marokko-Bertram, Marokkokamille; E:Mount Atlas Daisy; F:Camomille marocaine · ♃ △ Z7 ∧ V-VIII; Alger.; Atlas
  – var. **pyrethrum** · D:Römischer Bertram; E:Pellitory, Pyrethrum · ⊙ ♃ Z7 ⚕ Ⓝ; Eur.: SE-Sp.; Maroc., Alger.
– **radiatus** Loisel. · D:Gelber Betram; E:Yellow Anacyclus · ⊙ Z6 VI-VIII; Eur.: Ib, Fr, Ap, Ba; Syr., N-Afr.

Anagallis L. -f- *Primulaceae* · 28-30 sp · D:Gauchheil; E:Pimpernel; F:Mouron
– **arvensis** L.
  – var. **arvensis** · D:Acker-Gauchheil; E:Scarlet Pimpernel · ⊙ VI-X ⚕ ☠; Eur.*, TR, Levante, Iraq, Arab., Cauc., Iran, C-As., Afgh., Ind., Korea, Jap., Taiwan, SE-China, N-Afr., Sudan, Eth., Can., USA: NC, SC, SW, Rocky Mts., Calif., Greenl., S-Am., Austr., NZ
  – var. *caerulea* (L.) Gouan = Anagallis foemina
– *collina* Schousb. = Anagallis monellii subsp. linifolia
– × **doerfleri** Ronniger (*A. arvensis* × *A. foemina*) · ⊙ Z7; C-Eur., CZ, Sweden
– **foemina** Mill. · D:Blauer Gauchheil · ⊙ VI-X ☠; Eur.*
– *grandiflora* Andrews = Anagallis monellii subsp. linifolia
– *linifolia* L. = Anagallis monellii subsp. linifolia
– **minima** (L.) E.H.L. Krause · D:Kleinling, Zwerg-Gauchheil; E:Chaffweed · ⊙ Z7 V-IX; Eur.*, Alger, Tun.
– **monellii** L.
  – subsp. **linifolia** (L.) Maire · F:Mouron · ⊙ ♃ Z7; Eur.: Ib, Sic.; NW-Afr., Libya
  – subsp. **monellii** · E:Blue Pimpernel · ⊙ ♃ Z7 VI-IX; Eur.: Ib, Sard., Sic.; NW-Afr., Libya
– **tenella** (L.) L. · D:Zarter Gauchheil · ♃ Z7 VII-VIII ▽; Eur.: Ib, BrI, Fr, Ap, C-Eur., GR; NW-Afr.

Anagyris L. -f- *Fabaceae (Leguminosae)* · 1-2 sp · D:Stinkstrauch; F:Anagyre, Bois puant
– **foetida** L. · D:Stinkstrauch; E:Stinking Bean Trefoil · ♄ d Z8 Ⓚ V ☠; Eur.: Ib, Fr, Ap; TR, Levante, NW-Afr., Libya

Anamirta Colebr. -f- *Menispermaceae* · 1 sp

· D:Scheinmyrte; E:False Myrtle; F:Faux-myrte
– *cocculus* Wight et Arn. = Anamirta paniculata
– *flavescens* Miq. = Anamirta paniculata
– **paniculata** Colebr. · D:Scheinmyrte; E:Levant Berry · ♄ ≹ Ⓦ ⚕ ☠ Ⓝ; Ind., Sri Lanka, Malay. Arch., N.Guinea

Ananas Mill. -m- *Bromeliaceae* · 8 sp · D:Ananas; E:Pineapple; F:Ananas
– *ananas* Voss = Ananas comosus
– **bracteatus** (Lindl.) Schult. f. · D:Rote Ananas; E:Red Pineapple, Wild Pineapple · ♃ Z10 Ⓦ; Bras., Parag.
– **comosus** (L.) Merr. · D:Ananas; E:Pineapple · ♃ Z10 Ⓦ ⚕ Ⓝ; cult.
– **nanus** (L.B. Sm.) L.B. Sm. · ♃ Z10 Ⓦ; Bras.
– *sativus* Schult. f. = Ananas comosus

Ananassa Lindl. = Ananas
– *sativa* Lindl. = Ananas comosus

Anaphalis DC. -f- *Asteraceae (Compositae)* · 60-110 sp · D:Perlkörbchen, Silberimmortelle; E:Pearly Everlasting; F:Immortelle d'argent
– *cinnamomea* (DC.) Benth. ex C.B. Clarke = Anaphalis margaritacea var. cinnamomea
– **margaritacea** (L.) Benth. et Hook. f.
  – var. **cinnamomea** (DC.) Herder et Maxim. · ♃ Z3 VII-VIII; Him.
  – var. **margaritacea** · D:Großblütiges Perlkörbchen, Silberimmortelle; E:Pearly Everlasting; F:Immortelle d'argent · ♃ Z3 VII-IX; Alaska, Can., USA: NE, NCE, NC, Rocky Mts., SW, NW, Calif.; Jap., China, nat. in N-Eur., D
  – var. **yedoensis** (Franch. et Sav.) Ohwi · ♃ VII-IX; Jap.
– **nepalensis** (Spreng.) Hand.-Mazz. · ♃ Z6; Him., W-China
  – var. *monocephala* (DC.) Hand.-Mazz. = Anaphalis nubigena
– **nubigena** DC. · ♃ △ Z6 VI-VII; Afgh., Pakist., Tibet, Yunnan
– **triplinervis** (Sims) C.B. Clarke · F:Immortelle de l'Himalaya · ♃ △ Z5 VII-VIII; Him.
– *yedoensis* (Franch. et Sav.) Maxim. = Anaphalis margaritacea var. yedoensis

Anarrhinum Desf. -n- *Scrophulariaceae* · 8 (-12) sp · D:Lochschlund; F:Anarrhinum
– **bellidifolium** (L.) Willd. · D:Lochschlund; E:Anarrhinum · ⊙ ♃ △ Z7 VI-VII; Eur.: P, Sp., F, I, D, nat. in CH

Anastatica L. -f- *Brassicaceae (Cruciferae)* · 1 sp · D:Rose von Jericho, Jerichorose; E:Rose of Jericho; F:Rose de Jéricho
– **hierochuntica** L. · D:Rose von Jericho; E:Resurrection Plant, Rose of Jericho · ⊙ Z9 Ⓚ VII; Maroc., Alger., Sahara, S-Iran

Anchusa L. -f- *Boraginaceae* · c. 35 sp · D:Ochsenzunge, Wolfsauge; E:Alkanet; F:Buglosse
– *angustissima* K. Koch = Anchusa leptophylla subsp. incana
– **arvensis** (L.) M. Bieb. · D:Gewöhnlicher Acker-Krummhals · ⊙ V-IX; Eur.*, N-As., Eth.
– **azurea** Mill. · D:Italienische Ochsenzunge; E:Large Blue Alkanet · ⊙ ♃ Z3 V-IX; Eur.: Ib, Fr, Ap, Ba, EC-Eur., E-Eur.; TR, Levante, Iraq, Arab., Cauc., Iran, C-As., Him.; N-Afr.
  – **in Sorten**
– **barrelieri** (All.) Vitman · ⊙ ♃ Z3 VI-VIII; Eur.: H, Ba, E-Eur.; TR
– *caespitosa* hort. = Anchusa leptophylla subsp. incana
– **capensis** Thunb. · D:Kap-Ochsenzunge; E:Annual Anchusa, Cape Forget-Me-Not · ⊙ ⊙ Z9 VII-VIII; S-Afr.
– **cespitosa** Lam. · ♃ △ Ⓐ V-IX; Crete
– *echioides* (L.) M. Bieb. = Arnebia pulchra
– *italica* Retz. = Anchusa azurea
– **leptophylla** Roem. et Schult.
  – subsp. **incana** (Ledeb.) Chamb. · ♃ △ ∧ V-X; N-TR, C-TR
  – subsp. **leptophylla** · ⊙ ♃ Ⓚ; Eur.: RO, BG, Krim; TR
– *myosotidiflora* Lehm. = Brunnera macrophylla
– **ochroleuca** M. Bieb. · D:Gelbe Ochsenzunge · ⊙ ♃ Z5 V-VII; Eur.: H, BG, E-Eur., nat. in NL, I
– **officinalis** L. · D:Gewöhnliche Ochsenzunge; E:Alkanet · ⊙ ♃ Z5 V-IX ⚕ ☠; Eur.* exc. BrI; TR
– *sempervirens* L. = Pentaglottis sempervirens
– **undulata** L. · D:Welligblättrige Ochsenzunge · ♃ VI-IX; Eur.: Ib, Fr, Ap, Ba; TR, Alger., Maroc.

Ancistrocactus (K. Schum.) Britton et Rose =

Sclerocactus
– *crassihamatus* (F.A.C. Weber) L.D. Benson = Sclerocactus uncinatus var. crassihamatus
– *scheerii* (Salm-Dyck) Britton et Rose = Sclerocactus scheerii
– *uncinatus* (Galeotti) L.D. Benson = Sclerocactus uncinatus var. uncinatus

Andira Juss. -f- *Fabaceae (Leguminosae)* · 20-30 sp · D:Kohlbaum; E:Andelmin, Angelim
– **araroba** Aguiar · D:Drogen-Kohlbaum; E:Angelim · ħ Z10 ⓦ ⚕ ☠; Bras.
– **inermis** (C. Wright) Humb., Bonpl. et Kunth ex DC. · D:Kohlbaum; E:Cabbage Tree · ħ e Z9 ⓦ ☠ Ⓝ; S-Fla., Mex., C-Am., W.Ind., S-Am., W-Afr.

Andrachne L. -f- *Euphorbiaceae* · c. 25 sp · D:Andrachne, Myrtenkraut; F:Andrachné
– **colchica** Fisch. et C.A. Mey. ex Boiss. · D:Kolchische Andrachne; F:Andrachne de Colchide · ħ d Z6 VII-IX; Cauc.
– **phyllanthoides** (Nutt.) Müll. Arg. · ħ d VII-IX; USA: SE, Tex.

Andromeda L. -f- *Ericaceae* · 2 sp · D:Rosmarinheide; E:Bog Rosemary; F:Andromède
– *arborea* L. = Oxydendrum arboreum
– *axillaris* Lam. = Leucothoe axillaris
– *calyculata* L. = Chamaedaphne calyculata
– *catesbaei* Walter = Leucothoe axillaris
– *dealbata* Bartram ex Willd. = Zenobia pulverulenta var. pulverulenta
– *ferruginea* Walter = Lyonia ferruginea
– *floribunda* Pursh ex Sims = Pieris floribunda
– *fontanesiana* Steud. = Leucothoe fontanesiana
– *formosa* Wall. = Pieris formosa var. formosa
– **glaucophylla** Link · D:Behaarte Rosmarinheide; E:Bog Rosemary; F:Andromède à feuilles glauques · ħ e Z3 V-VI ☠; Greenl., Can.: E, Sask.; USA: NE, NCE
– *japonica* Thunb. ex Murray = Pieris japonica
– *lucida* Lam. = Lyonia lucida
– *mariana* L. = Lyonia mariana
– *nana* Maxim. = Pieris nana
– **polifolia** L. · D:Kahle Rosmarinheide; E:Common Bog Rosemary; F:Andromède à feuilles de polium · ħ e Z3 V-VIII ⚕ ☠; Eur.* exc. Ib; W-Sib., E-Sib., Amur, Sachal., Kamchat., Jap., Mong., Alaska, Can., USA: NW; Greenl.
– *pulverulenta* Bartram ex Willd. = Zenobia pulverulenta var. pulverulenta
– *racemosa* L. = Leucothoe racemosa
– *racemosa* Lam. = Lyonia mariana
– *recurva* Buckland = Leucothoe recurva

Andropogon L. -m- *Poaceae (Gramineae)* · c. 100 sp · D:Gambagras; E:Beard Grass, Blue Stem; F:Andropogon, Barbon
– *barbatus* L. = Chloris barbata
– *citratus* DC. ex Nees = Cymbopogon citratus
– *confertiflorus* Steud. = Cymbopogon nardus var. confertiflorus
– *flexuosus* Nees ex Steud. = Cymbopogon flexuosus
– **gayanus** Kunth · ♃ ⓦ Ⓝ; trop. Afr., nat. in Bras., Ind., Austr.: Queensl.
– **gerardii** Vitman · D:Gambagras · ♃ Z4; N-Am.
– *gryllus* L. = Chrysopogon gryllus
– *ischaemum* L. = Bothriochloa ischaemum
– *iwarancusa* Roxb. = Cymbopogon iwarancusa
– *martinii* Roxb. = Cymbopogon martinii
– *muricatus* Retz. = Vetiveria zizanioides
– *nardus* L. = Cymbopogon nardus var. nardus
– *polydactylos* L. = Chloris barbata
– *schoenanthus* L. = Cymbopogon schoenanthus
– *scoparius* Michx. = Schizachyrium scoparium
– *squarrosus* Hack. = Vetiveria zizanioides

Androsace L. -f- *Primulaceae* · c. 100 sp · D:Mannsschild; E:Rock Jasmine; F:Androsace
– **aizoon** Duby · ♃ △ Z5 V ▽; Ind., China
– **albana** Steven · ⊙ △ Z6 IV-V ▽; TR, Cauc. (Armen.), N-Iran
– **alpina** (L.) Lam. · D:Alpen-Mannsschild · ♃ Z5 VII-VIII ▽; Eur.: F, CH, A, I; Alp.
– *arachnoidea* Schott, Nyman et Kotschy = Androsace villosa var. arachnoidea
– **brevis** (Hegetschw.) Ces. · D:Charpentiers Mannsschild · ♃ Z7 VI ▽; E-Alp.: CH, I (Lago di Como)
– *brigantiaca* Jourd. et Fourr. = Androsace carnea subsp. brigantiaca
– **carnea** L.

– subsp. **brigantiaca** (Jord. et Fourr.) I.K. Ferguson · ♃ △ Z5 VI ▽; Eur.: F, I; SW-Alp.
– subsp. **carnea** · D:Flaumigbehaarter Mannsschild, Fleischroter Mannsschild; E:Pink Rock Jasmine · ♃ △ Z5 VI-VII ▽; Eur.: Sp., F, CH, I; mts.
– subsp. *halleri* L. = Androsace carnea subsp. rosea
– subsp. **laggeri** (A. Huet) Nyman · ♃ △ Z5 IV-VI ▽; Eur.: Sp., F; C-Pyr.
– subsp. **rosea** (Jord. et Fourr.) Rouy · D:Hallers Mannsschild · ♃ Z5 VI-VII ▽; E-Pyr., mts. F
– **chamaejasme** Wulfen · D:Bewimperter Mannsschild; E:Bastard Rock Jasmine · ♃ △ Z5 VI ▽; Eur.: F, I, C-Eur., EC-Eur.; Pyr., Alp., Carp.; Cauc., Him., E-Sib., Alaska, Can.: W
– *charpentieri* (Heer) Rchb. = Androsace brevis
– *chumbyi* hort. = Androsace sarmentosa 'Chumbyi'
– **ciliata** DC. · ♃ Z6 ▽; Eur.: F, Sp., C-Pyr.
– **cylindrica** DC. · ♃ Z6 ▽; Eur.; F, Sp.; C-Pyr.
– *dubyi* (Derganc) N.P. Balakr. = Androsace sarmentosa
– *dubyi* Hyl. = Androsace primuloides
– **elongata** L. · D:Langgestielter Mannsschild · ⊙ Z6 IV-V ▽; Eur.: Ib, Sic., Fr, C-Eur., EC-Eur., Ba, E-Eur.; Cauc., ? W-Sib., E-Sib., Mong., China, nat. in Norw.
– **foliosa** Duby ex Decne. · ♃ △ Z6 V-VI ▽; NW-Him.
– **globifera** Duby · ♃ Z4 ▽; Him.
– *halleri* L. = Androsace carnea subsp. rosea
– **hausmannii** Leyb. · D:Dolomiten-Mannsschild · ♃ Z6 VII-VIII ▽; E-Alp.: D, A, I, W-Ba
– **hedraeantha** Griseb. · ♃ △ Z6 V-VI ▽; Eur.: Ba; mts.
– **helvetica** (L.) All. · D:Schweizer Mannsschild · ♃ △ Z6 V-VI ▽; Eur.: F, I, CH, D, A; Alp., ? Pyr.
– **hirtella** Dufour · ♃ Z6 ▽; Eur. ; F, Sp.; C-Pyr.
– *imbricata* (Lam.) = Androsace vandellii
– **lactea** L. · D:Milchweißer Mannsschild; E:Milkwhite Rock Jasmine · ♃ △ Z6 VI ▽; Eur.: Fr, C-Eur., EC-Eur., Ap, Slove., Croatia, Bosn., Serb., RO; mts.
– **lactiflora** Pall. · ⊙ △ Z4 V-VI ▽; Sib., Mong.
– *laggeri* A. Huet = Androsace carnea subsp. laggeri
– **lanuginosa** Wall. · D:Himalaya-Mannsschild; E:Rock Jasmine · ♃ △ Z6 V-VI ▽; Him.
– **limprichtii** Pax et Hoffm. · ♃ ▽; China (Sichuan, Xizang)
– **mathildae** Levier · ♃ Z6 ▽; I: C-Apenn.
– **maxima** L. · D:Großer Mannsschild · ⊙ △ IV-V ▽; Eur.* exc. BrI, Sc; TR, Iraq, Levante, Cauc., Iran, C-As., W-Sib., Mong., NW-Afr., Libya
– *microphylla* Hook. f. = Androsace mucronifolia
– **mucronifolia** D. Watt · ♃ Z5 ▽; Him., Tibet, Afgh., Kashmir
– **muscoidea** Duby · ♃ Z5 ▽; Him., Tibet
– **obtusifolia** All. · D:Stumpfblättriger Mannsschild · ♃ △ Z4 V-VI ▽; Eur.: Fr, C-Eur., EC-Eur., Ap, Ba, RO; mts.
– **primuloides** Duby · ♃ △ Z6 VI-VII ▽; W-Him.: Kashmir
– *primuloides* hort. = Androsace sarmentosa
– **pubescens** DC. · ♃ Z5 ▽; Sp., F, CH, I; C-Alp., SW-Alp., Pyren.
– **pyrenaica** Lam. · D:Pyrenäen-Mannsschild · ♃ Z6 ▽; F, Sp.; Pyr.
– **rotundifolia** Hardw. · ♃ Z4 ▽; Afgh., N-Ind., Bhutan
– var. *elegans* (Duby) Knuth = Androsace rotundifolia
– **sarmentosa** Wall. · F:Androsace de Chine, Androsace sarmenteuse · ♃ △ Z3 VI-VII ▽; Him., W-China
– **'Chumbyi'** · ▽
– *'Limprichtii'* = Androsace limprichtii
– *'Watkinsii'* = Androsace limprichtii
– var. *chumbyi* Fitzh. = Androsace sarmentosa 'Chumbyi'
– var. *watkinsii* Hook. f. = Androsace limprichtii
– **sempervivoides** Jacquem. ex Duby · F:Androsace naine de l'Himalaya · ♃ △ Z5 VI-VII ▽; Kashmir, Tibet
– **septentrionalis** L. · D:Nördlicher Mannsschild; E:Rock Jasmine · ⊙ △ Z4 IV-V ▽; Eur.: Fr, Ap, C-Eur., EC-Eur., Sc, EC-Eur.; Cauc., W-Sib., E-Sib., Amur, Kamchat., Mong., China: Xijiang; Alaska, Can., USA: NE, NCE, SW, Rocky Mts., NW, Calif.; Greenl.
– **strigillosa** Franch. · ♃ △ Z7 VI ▽; Sikkim
– **vandellii** (Turra) Chiov. · D:Vandellis Mannsschild · ♃ Z6 VII ▽; Eur.: Sp., F, I, CH, A; Sierra Nevada, Pyr., Alp.

– **villosa** L.
  – var. **arachnoidea** (Schott, Nyman et Kotschy) Knuth · ♃ △ Z4 VI-VII ▽; Eur.: I, SE-Eur.
  – var. *congesta* Boiss. = Androsace villosa var. villosa
  – var. **villosa** · D:Zottiger Mannsschild · ♃ Z4 VI-VII ▽; Eur.: Ib, Fr, C-Eur., Ap, Ba, EC-Eur.; TR, Syr., Cauc., C-As., W-Him.; mts.
– *vitaliana* (L.) Lapeyr. = Vitaliana primuliflora subsp. primuliflora
– **wulfeniana** Sieber · D:Wulfens Mannsschild · ♃ Z5 VI-VII ▽; A, I; E-Alp.

Andryala L. -f- *Asteraceae (Compositae)* · 25 sp
– **agardhii** Haens. ex DC. · ♃ Z7 Ⓐ ▭ V-VII; S-Sp.: Sierra Nevada

Aneilema R. Br. -f- *Commelinaceae* · 62 sp
– *geniculatum* (Jacq.) Woodson = Gibasis geniculata
– **zebrinum** Chiov. · ♃ ⇝ Z10 VIII-XI; Eth.

Anemia Sw. -f- *Schizaeaceae* · c. 100 sp
– **mandiocana** Raddi · ♃ Z10 Ⓦ; Bras.
– **phyllitidis** (L.) Sw. · ♃ Z10 Ⓦ; Mex., C-Am., W.Ind., trop. S-Am., nat. in Sri Lanka
– **rotundifolia** Schrad. · ♃ Z10 Ⓦ; S-Bras.
– **tomentosa** (Savigny) Sw. · ♃ Z10 Ⓦ; S-Am., Eth., S-Afr. (Natal), S-Ind.

Anemone L. -f- *Ranunculaceae* · 144 sp · D:Anemone, Windröschen; E:Anemone, Windflower; F:Anémone
– *aconitifolia* Michx. = Anemone canadensis
– *acutiloba* (DC.) M.A. Lawson = Hepatica acutiloba
– *albana* Steven = Pulsatilla albana
– *alpina* L. = Pulsatilla alpina subsp. alpina
– *angulosa* auct. non Lam. = Hepatica transsylvanica
– **apennina** L. · D:Apenninen-Windröschen; F:Anémone des Apennins · ♃ △ Z6 IV-V; Eur.: Corse, I, Sic., Croatia, YU, AL, nat. in BrI, Sc, Fr, C-Eur.
– **baicalensis** Turcz. et Ledeb. · ♃ ⇝ Z5 IV-V; E-Sib.
– **baldensis** Jacq. · D:Monte Baldo-Windröschen, Tiroler Windröschen; E:Monte Baldo Anemone · ♃ △ Z6 VII-VIII; Eur.: F, I, CH, A, Slove., Montenegro; Alp., Montenegro
– **blanda** Schott et Kotschy
  – **in Sorten**
  – var. **blanda** · D:Balkan-Windröschen, Berg-Anemone; E:Windflower; F:Anémone de mars des Balkans · ♃ △ Z5 III-IV; Eur.: Ba; TR, Cauc.
– **canadensis** L. · D:Kanadisches Windröschen; E:Canada Anemone · ♃ △ Z3 V; Can., USA: NE, NCE, NC, N.Mex.
– **coronaria** L. · D:Garten-Anemone, Kronen-Anemone · ♃ ✂ Z8 III-V; Eur.: Ib, Fr, Ap, Ba; TR, Levante, Egypt, Tun., Alger.
  – **in vielen Sorten**
– **cylindrica** A. Gray · ♃ Z5; Can., USA: NE, NCE, NC, Rocky Mts., SW
– *dichotoma* Michx. non L. = Anemone canadensis
– × **fulgens** (DC.) J. Gay (*A. hortensis* × *A. pavonina*) · ♃ ✂ Z8 III-V; cult.
– *globosa* (Torr. et A. Gray) Nutt. = Anemone multifida
– *hepatica* L. = Hepatica nobilis var. nobilis
– **hortensis** L. · D:Stern-Anemone · ♃ Z8 Ⓚ; Eur.: F, Ap, Ba
– **hupehensis** (Lemoine) Lemoine · D:Herbst-Anemone; E:Japanese Anemone; F:Anémone d'automne
  – var. **hupehensis** · ♃ Z6; C-China
    – **in Sorten**
  – var. **japonica** (Thunb.) Bowles et Stearn · D:Japanische Herbst-Anemone · ♃ ✂ Z6 VIII-IX; Jap., S-China
    – **in Sorten**
  – var. *tomentosa* (Maxim.) Hyl. = Anemone tomentosa
– *japonica* (Thunb.) Siebold et Zucc. = Anemone hupehensis var. japonica
  – var. *hupehensis* Lemoine = Anemone hupehensis var. hupehensis
– × **lesseri** H.R. Wehrh. (*A. multifida* × *A. sylvestris*) · ♃ △ Z3 V-VI; cult.
– **leveillei** Ulbr. · ♃ Z6; C-China
– *magellanica* hort. = Anemone multifida
– *montana* Hoppe = Pulsatilla montana
– **multifida** Poir. · D:Pazifisches Windröschen; E:Pacific Anemone · ♃ Z2 VI; Alaska, Can., USA: NE, NCE, NC, Rocky Mts., NW, SW, Calif.; s S-Am
– **narcissiflora** L. · D:Berghähnlein, Narzissenblütiges Windröschen; E:Narcissus Flowered Anemone · ♃ △ Z3 V-VI ☠ ▽; Eur.* exc. BrI, Sc; TR, Cauc., W-Sib. (Ural); mts.
– **nemorosa** L. · D:Busch-Windröschen;

E:Wind Flower, Wood Anemone; F:Anémone des bois, Anémone Sylvie · ♃ Z5 III-V ☠; Eur.*, TR
– **in Sorten**
– *nipponica* Merr. = Anemone hupehensis var. japonica
– **palmata** L. · ♃ Z8 ⓚ V-VI; Eur.: Ib, F, Sard., Sic., ? GR; NW-Afr.
– *patens* L. = Pulsatilla patens
– **pavonina** Lam. · ♃ Z8 V-VI; Eur.: N-Sp.; mts.
– *pensylvanica* L. = Anemone canadensis
– **polyanthes** D. Don · ♃ △ Z6 VI; Pakist., Him.
– *pratensis* L. = Pulsatilla pratensis subsp. pratensis
– *pulsatilla* L. = Pulsatilla vulgaris subsp. vulgaris
– **ranunculoides** L. · D:Gelbes Windröschen; E:Yellow Anemone · ♃ Z4 IV-V ☠; Eur.* exc. BrI; TR, Cauc., ? Tibet
– subsp. *wockeana* (Asch. et Graebn.) Ulbr. = Anemone ranunculoides
– **rivularis** Buch.-Ham. ex DC. · D:Bach-Windröschen; F:Anémone des rives · ♃ Z7 V-VI; Ind., SW-China
– **rupicola** Cambess. · D:Felsen-Windröschen; E:Rock Windflower · ♃ △ Z6 VII-VIII; Afgh., Him., SW-China
– *slavica* G. Reuss = Pulsatilla halleri subsp. slavica
– *stellata* Lam. = Anemone hortensis
– **sylvestris** L. · D:Großes Windröschen; E:Snowdrop Windflower, Windflower; F:Anémone des forêts printanière · ♃ Z4 IV-VI ☠ ▽; Eur.* exc. BrI; Cauc., W-Sib., E-Sib., Amur, ? Kamchat., C-As., Mong., ? Manch.
– **tetrasepala** Royle · ♃ Z6; W-Him.: Afgh., NW-Ind.
– *thalictroides* L. = Anemonella thalictroides
– **tomentosa** (Maxim.) C. P'ei · ♃ Z3 VIII-IX; N-China
– *transsylvanica* (Fuss) Heuff. = Hepatica transsylvanica
– **trifolia** L. · D:Dreiblättriges Windröschen · ♃ Z6 V; Eur.: Ib, F, I, A, H
– *vernalis* L. = Pulsatilla vernalis
– **virginiana** L. · ♃ Z4; Can., USA: NE, NCE, NC, SE
– **vitifolia** Buch.-Ham. ex DC. · ♃ Z7 VIII-X; Afgh., Him., W-China, Myanmar

Anemonella Spach -f- *Ranunculaceae* · 1 sp · D:Rautenanemone; E:Rue Anemone; F:Anémonelle
– **thalictroides** (L.) Spach · D:Rautenanemone; E:Rue-Anemone · ♃ Z4 IV-V; Ont., USA: NE, NCE, Okla., SE, Fla.

Anemonopsis Siebold et Zucc. -f- *Ranunculaceae* · 1 sp · D:Scheinanemone; E:False Anemone; F:Fausse-anémone
– **macrophylla** Siebold et Zucc. · D:Scheinanemone; E:False Anemone · ♃ Z4 VIII; Jap.

Anemopaegma Mart. ex Meisn. -n- *Bignoniaceae* · 43 sp
– **chamberlaynii** (Sims) Bureau et K. Schum. · E:Yellow Trumpet Vine · ♄ e ≹ Z10 ⓦ IX; Bras.

Anemopsis Hook. et Arn. -f- *Saururaceae* · 1 sp · D:Eidechsenschwanz; E:Yerba Mansa; F:Queue-de-lézard
– **californica** (Nutt.) Hook. et Arn. · D:Eidechsenschwanz; E:American Swamp Root, Lizard's Tail, Yerba Mansa · ♃ ~ Z8 ⓚ VII-VIII; USA: Oreg., Calif., Rocky Mts., SW, SC, Kans. ; Mex.

Anethum L. -n- *Apiaceae (Umbelliferae)* · 1 (-2) sp · D:Dill; E:Dill; F:Aneth
– **graveolens** L. · D:Dill; E:Dill
– var. **graveolens** · D:Acker-Dill · ⊙ Z8 VII-IX; SW-As, Ind., ? N-Afr, nat. in Eur.* exc. BrI, Sc; N-Am.
– var. **hortorum** Alef. · D:Garten-Dill · ⊙ Z8 VII-VIII ⚕ Ⓝ; cult.
– **'Sowa'**
– *sowa* hort. = Anethum graveolens var. hortorum 'Sowa'

Angelica L. -f- *Apiaceae (Umbelliferae)* · c. 110 sp · D:Engelwurz; E:Archangel; F:Angélique
– **archangelica** L. · D:Echte Engelwurz; E:Archangel, Garden Angelica · ♃ Z4 VI-VIII ⚕; Eur.: Sc, NL, C-Eur., EC-Eur., E-Eur.; Cauc., W-Sib., nat. in BrI, F, Ap, Ba
– var. *sativa* (Mill.) Rikli = Angelica archangelica
– **palustris** (Besser) Hoffm. · D:Sumpf-Engelwurz · ⊙ VII-VIII ▽; Eur.: C-Eur., EC-Eur., Serb., Montenegro, E-Eur.; W-Sib., E-Sib., C-As.
– **pyrenaea** (L.) Spreng. · D:Pyrenäen-

Engelwurz · ⊙ VI-IX; Eur.: Sp., F; NW-Sp., Vosges
- **sylvestris** L. · D:Gewöhnliche Wald-Engelwurz · ♃ Z7 VII-IX ⚕ Ⓝ; Eur.*; TR, Cauc., W-Sib., E-Sib.

Angelonia Bonpl. -f- *Scrophulariaceae* · 25 sp
- **angustifolia** Benth. · ♃ Z9 ⓦ VII-X; Mex., C-Am., trop. S-Am.
- **cornigera** Hook. · ⊙ Z9 ⓦ VII-VIII; Bras.
- **gardneri** Hook. · ♃ ♄ e Z9 ⓦ VII-VIII; Bras.
- *grandiflora* hort. = Angelonia salicariifolia
- **salicariifolia** Humb. et Bonpl. · ♃ Z9 ⓦ VII-X; W.Ind., trop. S-Am.

Angiopteris Hoffm. -f- *Marattiaceae* · 1 sp · D:Bootfarn; E:Turnip Fern; F:Fougère arborescente
- **evecta** (G. Forst.) Hoffm. · D:Bootfarn; E:Giant Fern, King Fern, Turnip Fern · ♃ Z10 ⓦ; Madag., Ind., Sri Lanka, Jap., N-Austr., Polyn.

Angophora Cav. -f- *Myrtaceae* · 13 sp · D:Gummimyrte; E:Gum Myrtle
- **floribunda** (Sm.) Sweet · ♄ e Z9 ⓚ; Austr.: Queensl., N.S.Wales, Victoria

Angraecum Bory -n- *Orchidaceae* · 200-250 sp
- *arcuatum* Lindl. = Cyrtorchis arcuata
- *articulatum* Rchb. f. = Aerangis articulata
- *citratum* Thouars = Aerangis citrata
- **eburneum** Bory
  - subsp. **eburneum** · ♃ Z10 ⓦ XI-I ▽ *; Maskarene Is.
  - subsp. **superbum** (Thouars) H. Perrier · ♄ Z10 ⓦ XI-I ▽ *; Madag.
- **eichlerianum** Kraenzl. · ♄ Z10 ⓦ IX ▽ *; Cameroun, Nigeria, Gabon, Zaire, Angola
- *ellisii* Rchb. f. = Aerangis ellisii
- *falcatum* (Thunb.) Lindl. = Neofinetia falcata
- *hyaloides* Rchb. f. = Aerangis hyaloides
- *kotschyanum* Rchb. f. = Aerangis kotschyana
- *kotschyi* Rchb. f. = Aerangis kotschyana
- *modestum* Hook. f. = Aerangis modesta
- *pellucidum* Lindl. = Diaphananthe pellucida
- **sesquipedale** Thouars · D:Kometenorchidee; E:Comet Orchid, Star of Bethlehem Orchid · ♄ Z10 ⓦ XII-II ▽ *; Madag.
- *superbum* Thouars = Angraecum eburneum subsp. superbum

Anguloa Ruiz et Pav. -f- *Orchidaceae* · 10 sp · D:Nussmaul, Tulpenorchidee; E:Cradle Orchid, Tulip Orchid; F:Anguloa
- **brevilabris** Rolfe · ♃ Z10 ⓦ VI ▽ *; Col.
- **cliftonii** Rolfe · ♃ Z10 ⓦ ▽ *; Col.
- **clowesii** Lindl. · ♃ Z10 ⓦ V-VII ▽ *; Col., Venez.
- *hernandezii* Kunth = Stanhopea hernandezii
- **ruckeri** Lindl. · ♃ Z10 ⓦ V-VI ▽ *; Col.
- **uniflora** Ruiz et Pav. · ♃ Z10 ⓦ V-VII ▽ *; Col., Ecuad., Peru, Venez.
- *virginalis* Lindl. = Anguloa uniflora

× **Angulocaste** hort. -f- *Orchidaceae* (*Anguloa* × *Lycaste*)

Anhalonium Lem. = Ariocarpus, Lophophora
- *fissuratum* (Engelm.) Engelm. = Ariocarpus fissuratus var. fissuratus
- *furfuraceum* (S. Watson) J.M. Coult. = Ariocarpus retusus
- *kotschoubeanum* Lem. = Ariocarpus kotschoubeyanus
- *lewinii* Henn. = Lophophora williamsii var. lutea
- *trigonum* F.A.C. Weber = Ariocarpus trigonus
- *williamsii* (Lem. ex Salm-Dyck) Lem. = Lophophora williamsii var. williamsii

Anigosanthos Lemee = Anigozanthos

Anigozanthos Labill. -m- *Haemodoraceae* · 11 sp · D:Kängurublume, Kängurupfote, Spaltlilie; E:Kangaroo Paw; F:Fleur-de-kangourou
- *coccineus* Paxton = Anigozanthos flavidus
- **flavidus** DC. · D:Große Kängurupfote; E:Tall Kangaroo Paw · ♃ Z9 ⓚ V-VI; W-Austr.
- *fuliginosus* Hook. = Macropidia fumosa
- **gabrielae** Domin · ♃ Z9 ⓚ V-VI; W-Austr.
- *grandiflorus* Salisb. = Anigozanthos flavidus
- **humilis** Lindl. · D:Horstbildende Kängurupfote; E:Common Cats Paw · ♃ Z9 ⓚ V-VI; W-Austr.

– **manglesii** D. Don · D:Riemenblättrige Kängurupfote; E:Kangaroo Paw · ♃ Z9 ⓚ V-VI; W-Austr.
– **pulcherrimus** Hook. · D:Gelbe Kängurupfote; E:Yellow Kangaroo Paw · ♃ Z9 ⓚ V-VI; W-Austr.
– **rufus** Labill. · D:Rote Kängurupfote; E:Kangaroo Paw · ♃ Z9 ⓚ V-VI; W-Austr.
– **viridis** Lindl. · D:Grüne Kängurupfote; E:Green Kangaroo Paw · ♃ Z9 ⓚ V-VI; W-Austr.

Anisantha K. Koch = Bromus
– *sterilis* (L.) Nevski = Bromus sterilis
– *tectorum* (L.) Nevski = Bromus tectorum

Anisodontea C. Presl -f- *Malvaceae* · 19 sp
– **capensis** (L.) D.M. Bates · ♄ e Z9 ⓚ VI-IX; S-Afr.
– **scabrosa** (L.) Bates · ♄ e Z9 ⓚ; Kap

Anisum Hill = Pimpinella
– *vulgare* Gaertn. = Pimpinella anisum

Annona L. -f- *Annonaceae* · 137 sp · D:Anone, Vanilleapfel, Zimtapfel; E:Custard Apple; F:Anone, Cachiman, Chérimolier, Corossol
– **cherimola** Mill. · D:Rahmapfel; E:Cherimoya, Custard Apple · ♄ d Z9 ⓦ Ⓝ; Ecuad., Peru, nat. in Trop., Subtrop.
– **diversifolia** Saff. · ♄ Z9 ⓚ Ⓝ; S-Mex., C-Am., nat. in Fla.
– **glabra** L. · D:Wasserapfel; E:Pondapple · ♄ e Z9 ⓦ Ⓝ; USA: S-Fla.; trop. Am., W-Afr.
– **montana** Macfad. · D:Schleimapfel · ♄ Z9 ⓦ Ⓝ; C-Am., W.Ind.
– **muricata** L. · D:Sauersack, Stachliger Rahmapfel; E:Prickly Custard Apple, Sour Sop · ♄ e Z9 ⓦ Ⓝ; S-Mex., C-Am., W.Ind., trop. S-Am.
– **purpurea** Moq. et Sessé · ♄ Z9 ⓦ Ⓝ; S-Mex., C-Am., W.Ind.
– **reticulata** L. · D:Netzapfel, Ochsenherz; E:Bullock's Heart, Custard Apple · ♄ d Z9 ⓦ Ⓝ; Mex., W.Ind.
– **squamosa** L. · D:Süßsack, Zimtapfel; E:Custard Apple, Sweet Sop · ♄ s Z9 ⓦ ⚕ Ⓝ; C-Am., W.Ind., nat. in Fla.
– *triloba* L. = Asimina triloba

Anoda Cav. -f- *Malvaceae* · 23 sp
– **cristata** (L.) Schltdl. · ⊙ ♃ Z9; SW-USA, Mex., W.Ind., trop. S-Am.
– **wrightii** A. Gray · ⊙ Z9; USA: N.Mex., S-Ariz.; Mex.

Anoectochilus Blume -m- *Orchidaceae* · 35 (-60) sp
– *dawsonianus* S.H. Low ex Rchb. f. = Ludisia discolor var. dawsoniana
– *lowii* Blume = Dossinia marmorata
– **regalis** Blume · ♃ Z10 ⓦ IV-VI ▽ *; Sri Lanka
– *setaceus* (Blume) Lindl. = Anoectochilus regalis
– **sikkimensis** King et Pantl. · ♃ Z10 ⓦ ▽ *; Ind.: Sikkim

× **Anoectomaria** hort. -f- *Orchidaceae* (*Anoectochilus* × *Ludisia*)

Anogeissus (DC.) Wall. -m- *Combretaceae* · 8 sp
– **latifolia** (Roxb. ex DC.) Wall. ex Bedd. · D:Knopfbaum; E:Gum Ghatti · ♄ d ⓦ Ⓝ; Ind., Sri Lanka

Anogramma Link -f- *Adiantaceae* · 5 sp · D:Nacktfarn; E:Jersey Fern; F:Anogramma
– **leptophylla** (L.) Link · D:Nacktfarn; E:Jersey Fern · ♃ Z9 ⓚ III-IV; Eur.: Ib, Fr, CH, Ap, Ba, Krim; TR, Levante, Cauc., Ind., Austr., NW-Afr., Libya, S-Afr., N-Am
– *schizophylla* (Baker ex Jenman) Diels = Pityrogramma schizophylla

Anomalesia N.E. Br. = Gladiolus
– *cunonia* (L.) N.E. Br. = Gladiolus cunonius

Anomatheca Ker-Gawl. -f- *Iridaceae* · 6 sp
– *corymbosa* (L.) hort. = Lapeirousia corymbosa
– *cruenta* Lindl. = Anomatheca laxa
– **grandiflora** Baker · ♃ ⓚ IV-V; S-Afr.
– *juncea* (L. f.) Ker-Gawl. = Anomatheca verrucosa
– **laxa** (Thunb.) Goldblatt · ♃ ⓚ IV-VI; S-Afr.
– **verrucosa** (Vogel) Goldblatt · ♃ ⓚ IV-V; Kap

Anota Schltr. = Rhynchostylis
– *densiflora* (Lindl.) Schltr. = Rhynchostylis gigantea
– *violacea* (Lindl.) Schltr. = Rhynchostylis violacea

Anredera Juss. -f- *Basellaceae* · 9 sp · D:Resedenwein; E:Madeira Vine; F:Vigne de Madeire
– **baselloides** (Kunth) Baill. · ♃ ⚘
– *baselloides* hort. = Anredera cordifolia
– **cordifolia** (Ten.) Steenis · D:Resedenwein; E:Madeira Vine · ♃ ⚘ Z9 Ⓚ Ⓝ; Parag., S-Bras., N-Arg., nat. in Ib, F, Malta

Ansellia Lindl. -f- *Orchidaceae* · 2 sp
– **africana** Lindl. · ♄ Z9 Ⓦ XII-I ▽ ✱; W-Afr.
– **gigantea** Rchb. f. · ♄ Z9 Ⓦ XII-I ▽ ✱; trop. Afr., S-Afr.
 – var. *nilotica* N.E. Br. = Ansellia africana

× **Ansidium** hort. -n- *Orchidaceae* (*Ansellia* × *Cymbidium*)

Antelaea Gaertn. = Azadirachta
– *azadirachta* (L.) Adelb. = Azadirachta indica

Antennaria Gaertn. -f- *Asteraceae (Compositae)* · c. 50-70 sp · D:Katzenpfötchen; E:Cat's Ears, Pussy-Toes; F:Pied-de-chat
– **alpina** (L.) Gaertn. · E:Alpine Pussytoes · ♃ ⟿ △ Z2 VII-VIII; Eur.: Sc, N-Russ.
– *aprica* Greene = Antennaria parvifolia
– *candida* Greene = Antennaria dioica var. borealis
– **carpatica** (Wahlenb.) Bluff et Fingerh. · D:Karpaten-Katzenpfötchen · ♃ Z2 VI-VIII; Eur.: Ib, Fr, C-Eur., Ap, EC-Eur., RO, W-Russ.; Pyr., Alp., Carp.
– *cinnamomea* DC. = Anaphalis margaritacea var. cinnamomea
– **dioica** (L.) Gaertn.
 – var. **borealis** A. Camus · ♃ ⟿ △ Z5 V-VI; subarct. Zone
 – var. **dioica** · D:Gewöhnliches Katzenpfötchen; E:Cat's Foot; F:Patte de chat, Pied de chat · ♃ ⟿ Z5 V-VI ⚕ Ⓝ ▽; Eur.*, Cauc., TR, Sib., Mong., Amur, N-Jap., Sachal.
– *margaritacea* R. Br. = Anaphalis margaritacea var. margaritacea
– **neglecta** Greene
 – var. **attenuata** (Fernald) Cronquist · ♃ ⟿ △ V-VI; Alaska, Can., USA: NE, NCE, NW, SW; Mex.
 – var. **neglecta** · D:Feld-Katzenpfötchen; E:Field Pussytoes · ♃; Alaska, Can.: W; USA: NE, NCE, NC, SW, Rocky Mts., Calif.
– **neodioica** Greene · D:Kanadisches Katzenpfötchen; E:Lesser Cat's Foot · ♃ Z2; Can.
– **parvifolia** Nutt. · D:Kleinblättriges Katzenpfötchen; E:Little Leaf Pussytoes; F:Camomille à petites fleurs · ♃ ⟿ △ Z3 V-VI; Alaska, Can., USA: NCE, NC, SW, Rocky Mts., NW; Mex.
– **plantaginifolia** (L.) Richardson · D:Wegerichblättriges Katzenpfötchen; E:Woman's Tobacco · ♃ ⟿ △ Z3 V-VI; Can.: E; USA: NE, NCE, SC, SE
– *rupicola* Fernald = Antennaria neglecta var. attenuata
– *tomentosa* hort. = Antennaria dioica var. borealis

Anthemis L. -f- *Asteraceae (Compositae)* · 100-200 sp · D:Färberkamille, Hundskamille; E:Chamomile, Dog Fennel; F:Camomille
– **altissima** L. · D:Höchste Hundskamille · ⊙ Z6 VII-VIII Ⓝ; Eur.: Ib, Fr, Ap, Ba, Krim; TR, Cauc., C-As., nat. in C-Eur.
– *arabica* L. = Cladanthus arabicus
– **arvensis** L. · D:Acker-Hundskamille; E:Corn Chamomile · ⊙ ⊙ V-X; Eur.*, TR, Cauc., Iran, nat. in N-Am., S-Am., Austr., NZ
– **austriaca** Jacq. · D:Österreichische Hundskamille · ⊙ ⊙ VII-VIII; Eur.: A, I, EC-Eur., Ba, E-Eur.; TR, Cauc.
– *biebersteiniana* (Adams) K. Koch = Anthemis marschalliana
– **carpatica** Waldst. et Kit. ex Willd. · D:Karpaten-Hundskamille · ♃ △ VII-VIII; Eur.: Ib, Ap, C-Eur., Ba, PL, E-Eur.; NW-TR; mts.
– **cinerea** Pančić · ♃ △ Z7 ∧ VI-VIII; Eur.: E-Pyr., Serb., Maced., AL, BG
– *cota* auct. = Anthemis altissima
– **cotula** L. · D:Stinkende Hundskamille; E:Stinking Chamomile · ⊙ Z5 VI-X ⚕ Ⓝ; Eur.*, TR, Levante, Cauc., Iraq, Iran, N-Afr., Eth., nat. in N-Am., S-Am., Austr., NZ
– **cretica** L. · ♃ △ Z6 VI-VII; Eur.: ? Sp., F, I, Ba, RO; TR, Lebanon, Cauc.
– **haussknechtii** Boiss. et Reut. · ♃ △ Z7 VI-VII; S-TR, Syr., Iraq, Iran
– **marschalliana** Willd. · D:Hundskamille; F:Camomille argentée · ♃ △ Z7 ∧ V-VII; TR mts., Cauc.
– *montana* L. = Anthemis cretica

– *nobilis* L. = Chamaemelum nobile
– *orientalis* (L.) Degen = Anthemis pectinata
 – subsp. *montana* Hayek = Anthemis cretica
– **pectinata** (Bory et Chaub.) Boiss. et Reut. · ♃; GR, eur. TR
– *pyrethrum* L. = Anacyclus pyrethrum var. pyrethrum
– *rudolfiana* Adams = Anthemis marschalliana
– **ruthenica** M. Bieb. · D:Ruthenische Hundskamille · ⊙ V-VIII; Eur.: C-Eur., EC-Eur., Ba, E-Eur; Cauc..
– **sancti-johannis** Turrill · D:Bulgarische Hundskamille; E:Roman Chamomile · ♃ Z7 ∧ VI-VIII; SW-BG
– **segetalis** Ten. · ⊙; Eur.: I, Ba, nat. in A
– **tinctoria** L. · D:Färber-Hundskamille; E:Dyer's Chamomile, Yellow Chamomile; F:Camomille des teinturiers · ♃ ✂ Z6 VI-IX; Eur.* exc. BrI, Ib; TR, Syr., Cauc., Iran, nat. in BrI
 – **in Sorten**
– **triumfettii** (L.) DC. · D:Trionfettis Hundskamille · ♃ Z7 VII-VIII; Eur.: Ib, Fr, Ap, Ba, CH, RO; TR, Cauc.

Anthericum L. -n- *Anthericaceae* · 50 sp · D:Graslilie, Zaunlilie; E:Spider Plant; F:Phalangère
– *bichetii* (Karrer) Hua = Chlorophytum bichetii
– **liliago** L. · D:Astlose Graslilie; E:St Bernard's Lily; F:Phalangère faux-lis · ♃ Z7 V-VI ▽; Eur.* exc. BrI; TR
– *liliastrum* L. = Paradisea liliastrum
– **ramosum** L. · D:Ästige Graslilie; F:Phalangère rameuse · ♃ Z7 VI-VIII ▽; Eur.* exc. BrI; Cauc.

Antholyza L. = Babiana, Chasmanthe,. Corocosmia, Gladiolus
– *aethiopica* L. = Chasmanthe aethiopica
– *caffra* Baker = Chasmanthe caffra
– *cunonia* L. = Gladiolus cunonius
– *paniculata* Klatt = Crocosmia paniculata

Anthoxanthum L. -n- *Poaceae (Gramineae)* · 15-20 sp · D:Ruchgras; E:Vernal Grass; F:Flouve
– **alpinum** A. Löve et D. Löve · D:Alpen-Ruchgras, Japanisches Ruchgras · ♃ V-VII; Eur.: N, mts.; TR, Cauc., Iran, W-Sib., E-Sib., C-As., Mong., ? N-Am.
– *aristatum* Boiss. = Anthoxanthum puelii
– **odoratum** L. · D:Gewöhnliches Ruchgras; E:Scented Vernal Grass; F:Flouve odorante · ♃ D V-VI ⚕ Ⓝ; Eur.*, TR, Cauc., W-Sib., E-Sib., C-As., NW-Afr., Greenl., nat. in N-Am., Austr., Tasman.
– **puelii** Lecoq et Lamotte · D:Grannen-Ruchgras; E:Annual Vernal Grass, Small Sweet Vernal Grass · ⊙ Z7 V-VII; Eur.: Ib, Fr, Ap, Ba; Canar., Madeira, nat. in BrI, D, DK, PL, Balt., N-Am.

Anthriscus Pers. -m- *Apiaceae (Umbelliferae)* · 12 sp · D:Kerbel; E:Chervil; F:Cerfeuil
– **caucalis** M. Bieb. · D:Hunds-Kerbel · ⊙ Z7 V-VI; Eur.*, TR, Syr., Cyprus, Cauc., NW-Afr., nat. in N-Am., NZ
– **cerefolium** (L.) Hoffm. · D:Garten-Kerbel; E:Chervil
 – subsp. **cerefolium** · D:Echter Garten-Kerbel · ⊙ Z7 V-VIII ⚕ Ⓝ; cult.
 – subsp. **trichospermus** (Wimm.) Arcang. · D:Wilder Garten-Kerbel · ⊙ Z7 VI; Eur., TR, N-Iraq, Cauc., Iran, C-As., NW-Afr., Libya
 – var. *sativus* (Lam.) Endl. = Anthriscus cerefolium subsp. cerefolium
– **nitida** (Wahlenb.) Hazsl. · D:Glanz-Kerbel · ♃ Z7 VI-VIII; Eur.: Fr, Ap, C-Eur., EC-Eur., Ba; mts.
– **sylvestris** (L.) Hoffm. · D:Gewöhnlicher Wiesen-Kerbel; E:Queen Anne's Lace · ♃ V-VII Ⓝ; Eur.*, Cauc., Sib., N-Afr., Eth.,, nat. in N-Am.
– *trichospermus* Spreng. non Pers. = Anthriscus cerefolium subsp. trichospermus

Anthurium Schott -n- *Araceae* · 700+ sp · D:Flamingoblume, Schwanzblume, Schweifblume; E:Flamingo Flower, Tail Flower; F:Anthurium
– **acaule** (Jacq.) Schott · ♃ Z10 ⓦ; W.Ind.
– **andraeanum** Linden · D:Große Flamingoblume; E:Flamingo Flower · ♃ Z10 ⓦ; Col.
– **bakeri** Hook. f. · ♃ ♣ Z10 ⓦ; C-Am., Col.
– **bellum** Schott · ♄ Z10 ⓦ; Bras.
– **bogotense** Schott · ♄ Z10 ⓦ; Col.
– × *carneum* Regel = Anthurium × ferrierense
– **corrugatum** Sodiro · ♄ Z10 ⓦ; Col., Ecuad.
– **crassinervium** (Jacq.) Schott · ♃ Z10 ⓦ;

Venez.
– **crystallinum** Linden et André · D:Kristall-Schweifblume; E:Crystal Anthurium · ♃ D Z10 ⓦ; Panama, Col., Ecuad., Peru
– × *cultorum* Birdsey = Anthurium × ferrierense
– **digitatum** (Jacq.) G. Don · ♄ Z10 ⓦ; Venez.
– *ellipticum* K. Koch et Bouché = Anthurium crassinervium
– **erythrocarpum** Sodiro · ♄ Z10 ⓦ; Bras.
– × **ferrierense** Mast. et T. Moore (*A. andraeanum* × *A. nymphaeifolium*) · ♃ Z10 ⓦ; cult.
– *fissum* K. Koch ex Regel = Anthurium palmatum
– **forgetii** N.E. Br. · ♄ D Z10 ⓦ; Col.
– **galeottii** K. Koch · ♃ Z10 ⓦ; S-Bras.
– **harrisii** Endl. · ♄ Z10 ⓦ; Bras.
– **hookeri** Kunth · ♄ Z10 ⓦ; Lesser Antilles, Trinidad, Surinam
– × *hortulanum* Birdsey = Anthurium scherzerianum
– **insigne** Mast. · ♄ ⌇ Z10 ⓦ; Col., Ecuad.
– **kalbreyeri** hort. Veitch ex Mast. et T. Moore · ♄ ⌇ Z10 ⓦ; Col.
– **leuconeurum** Lem. · ♄ Z10 ⓦ; Mex.
– **macrolobum** hort. W. Bull ex Mast. et T. Moore · ♄ Z10 ⓦ; Bras.
– **magnificum** Linden · ♄ Z10 ⓦ; Col.
– **nymphaeifolium** K. Koch et Bouché · ♄ Z10 ⓦ; Venez., Col.
– *ornatum* Schott = Anthurium nymphaeifolium
– **palmatum** (L.) G. Don · ♄ Z10 ⓦ; W.Ind.
– *papillosum* Markgr. = Anthurium corrugatum
– **paraguayense** Engl. · ♃ Z10 ⓦ; Parag.
– **pedatoradiatum** Schott · ♄ Z10 ⓦ; Mex.
– **radicans** K. Koch · ♄ ⌇ Z10 ⓦ; ? S-Bras.
– **regale** Linden · ♄ Z10 ⓦ; Peru
  – **'Robustum'** · ♄ ⓦ; cult.
– × *robustum* hort. = Anthurium regale 'Robustum'
– **scandens** (Aubl.) Engl. · ♄ ⌇ ♣ Z10 ⓦ; S-Mex., C-Am., W.Ind., trop. S-Am.
– **scherzerianum** Schott · D:Kleine Flamingoblume · ♄ Z10 ⓦ ☠; Guat., Costa Rica
– **signatum** K. Koch et Mathieu · ♄ Z10 ⓦ; Venez.
– **subsignatum** Schott · ♄ Z10 ⓦ; Costa Rica
– **trinerve** Miq. · ♄ Z10 ⓦ; Bras.
– **veitchii** Mast. · ♄ Z10 ⓦ; Col.
– **warocqueanum** T. Moore · ♄ Z10 ⓦ; Col.
– **wendlingeri** G.M. Barroso · ♃ ⌇ ♣ Z10 ⓦ; Costa Rica

Anthyllis L. -f- *Fabaceae (Leguminosae)* · 20-25 sp · D:Wundklee; E:Kidney Vetch; F:Anthyllis
– **barba-jovis** L. · ♄ e Z8 ⓚ III-V; Eur.: Ib, Fr, Ap, Ba
– **hermanniae** L. · ♄ ♄ e △ Z6-7 V-VI; Eur.: Ib, Ap, Ba; TR
– **montana** L.
  – subsp. **jacquinii** (A. Kern.) Hayek · D:Jacquins Wundklee · ♃ Z7 VI; Eur.: E-Alp., mts. Ba
  – subsp. **montana** · D:Berg-Wundklee · ♃ △ Z7 VI-VIII; Eur.: F, Ap, Ba, C-Eur., Alp., Apenn.
– **vulneraria** L. · D:Gewöhnlicher Wundklee · ♃ Z7 V-VI ⚕ Ⓝ; Eur.*, TR, Syr., Palaest., N-Afr., Eth.
– **webbiana** Hook. · ♃ ⓚ; Madeira

Antiaris Lesch. -f- *Moraceae* · 6 sp · D:Upasbaum; E:Upas Tree; F:Arbre à upas
– **toxicaria** (Pers.) Lesch. · D:Upasbaum; E:Upas Tree · ♄ d Z10 ⓦ ☠ Ⓝ; trop. Afr., Ind., Sri Lanka, Malay. Arch., Phil., Fiji

Antidesma L. -n- *Euphorbiaceae* · c. 160 sp
– **bunius** (L.) Spreng. · ♄ e Z10 ⓦ Ⓝ; Him., Ind., Sri Lanka, SW-China, Malay. Arch., Phil., Austr.: Queensl.

Antigonon Endl. -n- *Polygonaceae* · 3 sp · D:Mexikanischer Knöterich, Korallenwein; E:Coral Vine; F:Liane corail
– **leptopus** Hook. et Arn. · D:Dünnstieliger Korallenwein; E:Chain of Love, Coral Vine, Mexican Creeper · ♄ ⌇ Z10 ⓦ VII-VIII; W-Mex.

Antirrhinum L. -n- *Scrophulariaceae* · 42 sp · D:Löwenmaul; E:Snapdragon; F:Gueule-de-loup, Muflier
– *asarina* L. = Asarina procumbens
– *bellidifolium* L. = Anarrhinum bellidifolium
– **braun-blanquetii** Rothm. · ♃ Z8 ⓚ; Eur.: N-P, N-Sp.
– *glutinosum* Boiss. et Reut. = Antirrhinum hispanicum
– **hispanicum** Chav. · ♃ △ Z7 ∧ VII-IX; SE-Sp., Maroc.
– **latifolium** Mill. · ♃ Z7; Eur.: I, F, NE-Ap

– **majus** L.
– **in vielen Sorten**
– subsp. **majus** · D:Garten-Löwenmaul, Großes Löwenmaul; E:Snapdragon; F:Gueule-de-loup, Muflier · ⊙ ♃ ✂ Z7 VI-IX ⚕ ; Eur.: Ib, F,, nat. in Eur.
– **molle** L. · ħ △ Z7 Ⓐ ∧ VII-IX; Eur.: N-P, N-Sp.

Anubias Schott -f- *Araceae* · 7 sp
– **afzelii** Schott · ♃ ≈ Z10 ⓦ; W-Afr.
– **barteri** Schott
– var. **barteri** · ♃ Z10 ⓦ; W-Afr., Cameroun, Gabun
– var. **glabra** N.E. Br. · ♃ ≈ Z10 ⓦ; S-Nigeria, Cameroun, Gabon
– var. **nana** (Engl.) Crusio · ♃ ≈ Z10 ⓦ; Cameroun
– *congensis* N.E. Br. = Anubias heterophylla
– **heterophylla** Engl. · ♃ ≈ Z10 ⓦ; trop. Afr.
– *lanceolata* hort. = Anubias afzelii
– *lanceolata* N.E. Br. = Anubias barteri var. glabra
– *nana* Engl. = Anubias barteri var. nana

Apera Adans. -f- *Poaceae (Gramineae)* · 3 sp · D:Windhalm; E:Silky Bent
– **interrupta** (L.) P. Beauv. · D:Unterbrochener Windhalm; E:Dense Silky Bent · ⊙ Z6 VI-VII; Eur.*, TR, Cauc., Iran, Afgh., Pakist., C-As., NW-Afr.
– **spica-venti** (L.) P. Beauv. · D:Gewöhnlicher Windhalm; E:Loose Silky Bent · ⊙ Z6 VI-VII; Eur.*, W-Sib.

Aphananthe Planch. -f- *Ulmaceae* · 5 sp
– **aspera** (Blume) Planch. · ħ ħ d Z7 IV-V; Jap., Korea, E-China

Aphanes L. -f- *Rosaceae* · 20 sp · D:Ackerfrauenmantel, Sinau; E:Parsley Piert; F:Alchémille des champs
– **arvensis** L. · D:Gewöhnlicher Ackerfrauenmantel; E:Breakstone, Parsley Piert · ⊙ V-IX ⚕ ; Eur.*, TR, Levante, Cauc., N-Iran, Madeira, NW-Afr., nat. in N-Am., Austr.
– **inexspectata** W. Lippert · D:Kleinfrüchtiger Ackerfrauenmantel · ⊙ V-IX; Eur.* exc. Ap, Ba

Aphelandra R. Br. -f- *Acanthaceae* · 175 sp · D:Glanzkölbchen; E:Saffron Spike; F:Aphélandra
– *amoena* W. Bull = Aphelandra blanchetiana
– *atrovirens* N.E. Br. = Aphelandra bahiensis
– **aurantiaca** (Scheidw.) Lindl.
– var. **aurantiaca** · ħ e Z10 ⓦ; Mex., C-Am., trop. S-Am.
– **'Roezlii'** · ⓦ; cult.
– var. **nitens** (Hook. f.) Wassh. · ħ e Z10 ⓦ IV-V; Col., Ecuad., Peru
– var. *roezlii* Van Houtte = Aphelandra aurantiaca var. aurantiaca 'Roezlii'
– **bahiensis** (Nees) Wassh. · ♃ Z10 ⓦ; Bras.: Bahia
– **blanchetiana** (Nees) Hook. f. · ħ e Z10 ⓦ VII-VIII; Bras.: Bahia
– **chamissoniana** Nees · ħ e Z10 ⓦ IX-X; S-Bras.
– *fascinator* Linden et André = Aphelandra aurantiaca var. aurantiaca
– **flava** Nees · ħ e Z10 ⓦ IX-X; Col.
– *fuscopunctata* Markgr. = Aphelandra flava
– *leopoldii* (Van Houtte) Lowe = Aphelandra squarrosa 'Leopoldii'
– **liboniana** Linden · ħ e Z10 ⓦ IV-VI; Bras.
– *maculata* (Tafalla ex Nees) Voss = Stenandrium lindenii
– *nitens* Hook. f. = Aphelandra aurantiaca var. aurantiaca
– *punctata* hort. = Aphelandra aurantiaca var. aurantiaca
– *punctata* W. Bull = Aphelandra chamissoniana
– **sinclairiana** Nees · D:Rotes Glanzkölbchen · ħ e Z10 ⓦ IV-IX; Costa Rica, Panama
– **squarrosa** Nees · D:Glanzkölbchen; E:Saffron Spike, Zebra Plant · ħ e Z10 ⓦ ◻ VI-X; SE-Bras.
– **'Leopoldii'** · ⓦ; cult.
– var. *leopoldii* Van Houtte = Aphelandra squarrosa 'Leopoldii'
– **tetragona** (Vahl) Nees · D:Sparriges Glanzkölbchen · ħ e Z10 ⓦ VI-X; Venez.

Aphyllanthes L. -f- *Aphyllanthaceae* · 1 sp · D:Binsenlilie; F:Aphyllanthe
– **monspeliensis** L. · ♃ Z8 ⓚ; Eur.: , Ib, Fr, Ap; Maroc.

Apicra Willd. = Haworthia, Astroloba, Poellnitzia
– *aspera* (Haw.) Willd. = Astroloba aspera
– *deltoidea* (Hook. f.) Baker = Astroloba spiralis subsp. foliolosa

– *foliolosa* (Haw.) Willd. = Astroloba spiralis subsp. foliolosa
– *pentagona* (Willd.) Willd. = Astroloba spiralis subsp. foliolosa 'Pentagona'
– *rubriflora* L. Bolus = Poellnitzia rubriflora
– *spiralis* (Duval) Willd. = Astroloba spiralis subsp. spiralis

Apios Fabr. -f- *Fabaceae (Leguminosae)* · 10 sp · D:Erdbirne; E:Potato Bean; F:Glycine tubéreuse
– **americana** Medik. · D:Amerikanische Erdbirne; E:Earthnut, Potato Bean · ♃ ⧙ D Z3 VII-IX Ⓝ; Can.: E; USA: NE, NCE, NC, Colo., SC, SE, Fla., nat. in I, F
– *tuberosa* Moench = Apios americana

Apium L. -n- *Apiaceae (Umbelliferae)* · 20-30 sp · D:Sellerie; E:Marshwort; F:Céleri
– **graveolens** L. · D:Echter Sellerie; E:Celery
 – var. **dulce** (Mill.) Pers. · D:Bleich-Sellerie, Stiel-Sellerie · ⊙ Ⓝ; cult.
 – var. **graveolens** · D:Sumpf-Sellerie, Wilder Sellerie; E:Wild Celery · ⊙ ♃ ~ VII-IX ⚕; Eur.*, Cauc., TR, Levante, Iraq, Cauc., N-Iran, W-Him., Pakist., Canar., Madeira, N-Afr.
 – var. **rapaceum** (Mill.) Gaudin · D:Knollen-Sellerie, Wurzel-Sellerie; E:Celeriac, Turnip-rooted Celery · Ⓝ; cult.
 – var. **secalinum** Alef. · D:Schnitt-Sellerie · Ⓝ; cult.
– **inundatum** (L.) Rchb. f. · D:Flutender Sellerie; E:Lesser Marshwort · ♃ VI-VII ▽; Eur.: Ib, Fr, BrI, I, D, Sc, PL
– **nodiflorum** (L.) Lag. · D:Knotenblütiger Sellerie; E:Fool's Water Cress · ♃ VII-IX; Eur.: Ib, Fr, Ap, Ba, BrI, C-Eur., ? RO; TR, Iran, SW-As., C-As., N-Afr., nat. in N-Am., S-Am.
– **repens** (Jacq.) Lag. · D:Kriechender Sellerie; E:Creeping Marshwort · ♃ VII-IX ▽; Eur.: Fr, C-Eur., EC-Eur., Russ., Ib, Ap, Sc

Aploleia Raf. = Callisia
– *monandra* (Sw.) H.E. Moore = Callisia monandra
– *multiflora* (M. Martens et Galeotti) H.E. Moore = Callisia multiflora

Apocynum L. -n- *Apocynaceae* · 7-9 (-12) sp · D:Hundsgift; E:Dogbane; F:Apocyn
– **androsaemifolium** L. · D:Gewöhnliches Hundsgift; E:Spreading Dogbane · ♃ Z4 VII-IX ☠; Alaska, Can., USA* ; Mex.
– **cannabinum** L. · D:Amerikanisches Hundsgift; E:American Hemp · ♃ Z4 VII-IX ⚕ ☠
 – var. *glaberrimum* A. DC. = Apocynum cannabinum
 – var. *greenianum* (Bég. et Bel.) Woodson = Apocynum cannabinum
 – var. *pubescens* (J. Mitch. ex R. Br.) Woodson = Apocynum cannabinum
– *venetum* A. DC. = Apocynum cannabinum
– **venetum** L. · ♃ Z8 VI-VII ☠ Ⓝ; Eur.: I, Ba, ? RO; TR, Cauc., Iran; coasts

Apollonias Nees -f- *Lauraceae* · 2 sp
– **barbujana** (Cav.) Bornm. · ħ d Ⓚ; Canar.
– *canariensis* Nees = Apollonias barbujana

Aponogeton L. f. -m- *Aponogetonaceae* · ca. 44 sp · D:Wasserähre; E:Pondweed; F:Aponogeton
– **bernierianus** (Decne.) Hook. f. · ♃ ≈ Z9 Ⓦ; E-Madag.
– **boivinianus** Baill. ex Jum. · ♃ ≈ Z10 Ⓦ IX-II; N-Madag.
– **crispus** Thunb. · ♃ ≈ Z10 Ⓦ; Sri Lanka
– **desertorum** Zeyh. ex Spreng. · ♃ ~ Z9 Ⓦ; E-Afr., S-Afr.
– **distachyos** L. f. · D:Kap-Wasserähre; E:Cape Pondweed, Water Hawthorn · ♃ ≈ D Z9 Ⓚ; Kap, nat. in S-Austr., NZ, w. S-Am., W-Eur.
– **elongatus** F. Muell. ex Benth. · ♃ ≈ Z10 Ⓦ; N-Austr., E-Austr.
– *fenestralis* (Poir.) Hook. f. = Aponogeton madagascariensis
– *henckelianus* Falkenb. et Baum = Aponogeton madagascariensis
– *kraussianus* Hochst. = Aponogeton desertorum
– *leptostachyus* E. Mey. = Aponogeton desertorum
– **madagascariensis** (Mirb.) H. Bruggen · D:Madagaskar-Wasserähre; E:Lace Leaf · ♃ ≈ Z10 Ⓦ; Madag.
– **nudiflorus** Peter · ♃ ≈ Z9 Ⓦ; E-Afr.
– **ulvaceus** Baker · ♃ ≈ Z10 Ⓦ; Madag.
– **undulatus** Roxb. · ♃ ≈ Z10 Ⓦ; SW-Ind. Sri Lanka, Malay. Arch., Austr.

Aporocactus Lem. -m- *Cactaceae* · 2 sp · D:Peitschenkaktus, Schlangenkaktus; E:Rat's-Tail Cactus; F:Cactus-serpent, Queue-de-rat

– *conzattii* Britton et Rose = Aporocactus martianus
– **flagelliformis** (L.) Lem. · D:Peitschenkaktus; E:Rat's Tail Cactus · ♆ ⸾ Z8 ⓚ ▽ *; Mex.: Hidalgo
– *leptophis* (DC.) Britton et Rose = Aporocactus flagelliformis
– **martianus** (Zucc.) Britton et Rose · D:Schlangenkaktus · ♆ ⸾ Z8 ⓦ ▽ *; Mex.: Oaxaca

× **Aporophyllum** hort. -n- *Cactaceae* (*Aporocactus* × *Epiphyllum*)
– **Cultivars**
  – **in vielen Sorten**

Aposeris Neck. ex Cass. -f- *Asteraceae (Compositae)* · 1 sp · D:Stinksalat; F:Aposéris
– **foetida** (L.) Less. · D:Hainsalat, Stinksalat; E:Heart-leaf Iceplant · ♃ △ VI-VII; Eur.: ? Sp., Fr, N-I, C-Eur., EC-Eur., Ba

Aptenia N.E. Br. -f- *Aizoaceae* · 4 sp
– **cordifolia** (L. f.) N.E. Br. · E:Baby Sun Rose · ♄ ♆ e Z8 ⓚ VII-IX; S-Afr., nat. in S-Eur.

Aquilegia L. -f- *Ranunculaceae* · c. 80 sp · D:Akelei; E:Columbine; F:Ancolie
– *akitensis* Huth = Aquilegia flabellata var. flabellata
– **alpina** L. · D:Alpen-Akelei; E:Alpine Columbine · ♃ △ Z5 V-VII ▽; Eur.: F, I, CH, A; Alp., Apenn.
– **amaliae** Heldr. ex Boiss. · ♃ △ Z5 V ▽; Eur.: Ba
– *arctica* Loudon = Aquilegia formosa
– **atrata** W.D.J. Koch · D:Schwarzviolette Akelei; E:Dark Columbine; F:Ancolie noirâtre · ♃ Z5 VI ▽; Eur.: F, I, C-Eur., Slove.; Alp., Apenn.
– *atropurpurea* Miq. = Aquilegia buergeriana
– *atropurpurea* Willd. = Aquilegia viridiflora
– **bertolonii** Schott · ♃ Z5 ▽; SE-F, NW-I
– *bicolor* Ehrh. = Aquilegia sibirica
– **buergeriana** Siebold et Zucc. · ♃ Z7 ▽; Jap.
– **caerulea** James · D:Rocky-Mountains-Akelei; E:Rocky Mountain Columbine · ♃ ⋊ Z3 V-VI ▽; USA: Rocky Mts., N.Mex.
– **canadensis** L. · D:Rote Akelei; E:Meeting House, Red Columbine; F:Ancolie du Canada · ♃ ⋊ Z3 V-VI ▽; Can.: E, Sask.; USA: NE, NCE, NC, SE, SC, Fla.
– **chrysantha** A. Gray · D:Gold-Akelei; E:Golden Spurred Columbine; F:Ancolie à fleur dorée · ♃ ⋊ Z3 VI-VIII ▽; USA: Color., SW; N-Mex.
– **discolor** Levier et Leresche · ♃ △ Z7 V ▽; N-Sp.
– *ecalcarata* Maxim. = Semiaquilegia ecalcarata
– **einseleana** F.W. Schultz · D:Einseles Akelei, Kleinblütige Akelei · ♃ △ Z5 VI-VII ▽; Eur.: I, C-Eur., Slove.; Alp.
– *elegantula* Greene = Aquilegia canadensis
– **flabellata** Siebold et Zucc.
  – var. **flabellata** · D:Kurilen-Akelei; E:Fan Columbine; F:Ancolie du Japon · ♃ Z3 ▽; N-Jap., Sachal.
  – var. *nana* hort. = Aquilegia flabellata var. pumila
  – var. **pumila** (Huth) Kudô · D:Zwerg-Akelei · ♃ △ Z3 V ▽; Jap.
– **flavescens** S. Watson · ♃ Z4 ▽; B.C., USA: NW, Rocky Mts
– **formosa** Fisch. · D:Schöne Akelei; E:Western Columbine · ♃ ⋊ Z3 V-VII ▽; Alaska, Can.: B.C.; USA: NW, Rocky Mts., Calif.
– **fragrans** Benth. · ♃ Z7 ▽; W-Him.: Pakist., W-Ind.
– **glandulosa** Fisch. ex Link
  – var. **glandulosa** · ♃ Z3 ▽; W-Sib., E-Sib., C-As., Mong., China: Sikiang
  – var. **jucunda** (Fisch. et Avé-Lall.) Baker · ♃ △ Z3 V-VI ▽; Altai
– **grata** F. Maly ex Zimmeter · ♃ △ Z6 V ▽; Eur.: Bosn., Serb.
– **jonesii** Parry · D:Kalk-Akelei; E:Limestone Columbine · ♃ △ Z3 V ▽; Can.: Alta.; USA: Rocky Mts.
– *jucunda* Fisch. et Avé-Lall. = Aquilegia glandulosa var. jucunda
– **longissima** A. Gray ex S. Watson · ♃ ⋊ D Z8 VI-VII ▽; USA: Tex., N.Mex.; Mex.
– *macrantha* Hook. et Arn. = Aquilegia caerulea
– **micrantha** Eastw. · E:Mancos Columbine · ♃ Z4 ▽; USA: Utah, Colo., Ariz.
– **nigricans** Baumg. · D:Dunkle Akelei · ♃ Z4 VI-VII ▽; Eur.: I, A, EC-Eur., Ba, E-Eur.
– **olympica** Boiss. · ♃ △ Z5 V ▽; Cauc., N-Iran
– **pyrenaica** DC. · D:Pyrenäen-Akelei; E:Pyrenean Columbine · ♃ △ Z5 IV-VI ▽; Eur.: Sp., F; Pyr.
– **scopulorum** Tidestr.

– subsp. *perplexans* Clokey = Aquilegia scopulorum var. scopulorum
– var. **scopulorum** · ♃ △ Z3 V-VI ▽; USA: Wyo., Nev., Utah
– **shockleyi** Eastw. · ♃ Z7 ▽; Calif., Nev.
– **sibirica** (L.) Lam. · ♃ △ ⋊ Z2 V-VI ▽; W-Sib., E-Sib., C-As., Mong.
– **skinneri** Hook. · ♃ ⋊ Z8 ∧ V-VII ▽; USA: N.Mex.: mts.
– **thalictrifolia** Schott et Kotschy · ♃ △ Z7 V-VI ▽; Eur.: N-I
– **viridiflora** Pall. · ♃ Z3 ▽; E-Sib., W-China
– **vulgaris** L.
– **in vielen Sorten**
– var. *clematiflora* = Aquilegia vulgaris var. stellata
– var. **stellata** Schur · D:Spornlose Akelei · ♃ Z4; F, C-Eur., I, Slove.; Alp., Apenn., Abruzz.
– var. **vulgaris** · D:Gewöhnliche Akelei; E:Columbine, Granny's Bonnet; F:Ancolie vulgaire · ♃ ⋊ Z4 V-VI ☠ ▽; Eur.* exc. Sc; Canar., Madeira, Maroc., Alger., nat. in Sc

Arabidopsis Heynh. -f- *Brassicaceae (Cruciferae)* · c. 20 sp · D:Schmalwand; E:Thale Cress; F:Fausse-arabette
– **suecica** (Fr.) Norrl. · D:Schwedische Schmalwand · ⊙ V-VI; Eur.: Sc, Russ., D
– **thaliana** (L.) Heynh. · D:Acker-Schmalwand · ⊙ IV-V; Eur.*, TR, Levante, Cauc., W-Sib., C-As., NW-Afr., Libya

Arabis L. -f- *Brassicaceae (Cruciferae)* · c. 120 sp · D:Gänsekresse; E:Rockcress; F:Arabette, Corbeille d'argent
– *albida* Steven ex Fisch. = Arabis caucasica
– **allionii** DC. · D:Sudeten-Gänsekresse · ♃ Z6 VI-VII; Eur.: Fr, Ap, C-Eur., EC-Eur., Ba, W-Russ.; mts.
– **alpina** L. · D:Alpen-Gänsekresse; E:Alpine Rock Cress · ♃ △ Z5 III-X; Eur.*, W-Sib., E-Sib., Kamchat.
– subsp. *caucasica* (Willd.) Briq. = Arabis caucasica
– **androsacea** Fenzl · ♃ ⌓ △ Z6 V-VI; TR (Cilician Taurus)
– × **arendsii** H.R. Wehrh. (*A. aubrietoides* × *A. caucasica*) · ♃ △ Z5 IV; cult.
– **aubrietoides** Boiss. · ♃ △ Z6 IV; TR (Cilician Taurus)
– **auriculata** Lam. · D:Öhrchen-Gänsekresse · ⊙ IV-V; Eur.* exc. BrI, Sc; TR, Levante, Cauc., Iran, ? Afgh., Him., C-As., NW-Afr., Libya
– **bellidifolia** Crantz · D:Zwerg-Gänsekresse
– subsp. **bellidifolia** · D:Gewöhnliche Zwerg-Gänsekresse · ♃ VI-VIII
– subsp. **stellulata** (Bertol.) Greuter et Burdet · D:Sternhaarige Zwerg-Gänsekresse · ♃ VI-VIII; Eur.: F, I, C-Eur., W-Ba; mts.
– *bellidifolia* Jacq. = Arabis soyeri subsp. subcoriacea
– **blepharophylla** Hook. et Arn. · E:Rose Rock Cress · ♃ △ Z7 Ⓐ ∧ III-V; C-Calif.
– **bryoides** Boiss. · ♃ ⌓ △ Z7 VI-VII; Eur.: Maced., AL, GR
– **caerulea** (All.) Haenke · D:Blaue Gänsekresse · ♃ Z6 VII-VIII; Eur.: F, I, C-Eur., Slove.; Alp.
– **carduchorum** Boiss. · ♃ △ Z6 VI-VII; TR, Cauc. (Armen.)
– **caucasica** Willd. · D:Kaukasische Gänsekresse; E:Garden Arabis, Snow on the Mountain, Variegated Wall Rock Cress; F:Arabette du Caucase · ♃ △ Z4 III-IV; Eur.: Sic., GR, Crete, BG; TR, Syr., Cauc., Iran, C-As., Maroc., Alger.
– **ciliata** Clairv. · D:Doldige Gänsekresse · ⊙ ♃; Eur.: Ib, Fr, C-Eur., EC-Eur., Ap, Ba, nat. in DK
– *ciliata* R. Br. = Arabis hirsuta
– **collina** Ten. · D:Hügel-Gänsekresse, Mauer-Gänsekresse; E:Rosy Cress · ♃ V; Eur.: Ib, F, Ap, CH, Ba, nat. in B
– **ferdinandi-coburgii** Kellerer et Sünd. · ♃ △ Z7 IV-VI; Maced.
– **glabra** (L.) Bernh. · D:Kahle Gänsekresse, Turmkraut; E:Tower Mustard · ⊙ V-VII; Eur.*, TR, Cauc., Afgh., C-As., Maroc., Alger.
– *halleri* L. = Cardaminopsis halleri
– **hirsuta** (L.) Scop. · D:Behaarte Gänsekresse; E:Hairy Rock Cress · ⊙ ♃ V-VII; Eur.*, TR, Iraq, Cauc., Iran, W-Sib., E-Sib., Amur, Maroc., Alger., nat. in China, N-Am.
– *jacquinii* Beck = Arabis soyeri subsp. subcoriacea
– × **kellereri** Sünd. (*A. bryoides* × *A. ferdinandi-coburgii*) · ♃ Z6; cult.
– **nemorensis** (Hoffm.) W.D.J. Koch · D:Flachschotige Gänsekresse · ⊙ V-VII; Eur.* exc. BrI, Sc
– **nova** Vill. · D:Felsen-Gänsekresse · ⊙ V-VI; Eur.: Sp., I, CH, A, Ba; Pyr., Alp., Jura,

Balkan
- **pauciflora** (Grimm) Garcke · D:Armblütige Gänsekresse, Wenigblütige Gänsekresse · ♃ V-VII; Eur.: Sp., Fr, Ap, C-Eur., EC-Eur., Slove., ? Bosn., Serb.
- **planisiliqua** (Pers.) Rich. · ☉; Eur.* exc. BrI, Sc
- **procurrens** Waldst. et Kit. · D:Ungarische Gänsekresse · ♃ △ Z5 IV-V; Eur.: Ba, RO; mts.
- *pumila* Jacq. = Arabis bellidifolia subsp. bellidifolia
- **sagittata** (Bertol.) DC. · D:Pfeilblättrige Gänsekresse · ☉ V-VII; Eur.: Fr, Ap, C-Eur., EC-Eur., Ba, E-Eur.; TR, Syr., N-Iran, Alger.
- **scopoliana** Boiss. · ♃ ⌓ △ Z6 V; Eur.: Slove., Croatia, Bosn.
- **serpillifolia** Vill. · ☉ ♃ Z6; Eur.: F, I, CH, Ba; mts.
- **soyeri** Reut. et A. Huet
  - subsp. *jacquinii* (Beck) B.M.G. Jones = Arabis soyeri subsp. subcoriacea
  - subsp. **soyeri** · D:Glänzende Gänsekresse; E:Rock Cress · ♃ Z5 V-VIII; Pyr.
  - subsp. **subcoriacea** (Gren.) Breistr. · D:Sternhaar-Gänsekresse · ♃ △ Z5 VI-VII; Eur.: Alp., W-Carp.
- *stellulata* Desv. et Berthel. = Arabis soyeri subsp. subcoriacea
- × **suendermannii** Kellerer ex Sünd. (*A. ferdinandi-coburgii* × *A. procurrens*) · ♃ ⌓ △ Z6 IV-V; cult.
- **turrita** L. · D:Turm-Gänsekresse; E:Tower Cress · ☉ ♃ Z6 IV-VI; Eur.* exc. BrI, Sc; TR, Levante, Cauc., Alger.
- **vochinensis** Spreng. · D:Wocheiner Gänsekresse · ♃ ⟿ △ Z6 V; Eur.: I, A, Slove.; SE-Alp.
- × **wilczekii** Sünd. (*A. bryoides* × *A. carduchorum*) · ♃ Z6; cult.

Arachis L. -f- *Fabaceae (Leguminosae)* · 22 sp · D:Erdnuss; E:Peanut; F:Arachide, Cacahuète
- **glabrata** Benth. · ♃ Z8 ⓦ Ⓝ; Bras., Arg., Bol.
- **hypogaea** L. · D:Erdnuss; E:Groundnut, Monkey Nut, Peanut · ☉ Z8 ▭ ⚕ Ⓝ; ? Bol.

Arachnanthe Blume = Esmeralda, Dimorphorchis
- *cathcartii* (Lindl.) Benth. = Esmeralda cathcartii
- *lowii* (Lindl.) Benth. et Hook. f. = Dimorphorchis lowii

Arachniodes Blume -f- *Dryopteridaceae* · c. 60 sp
- **nipponica** (Rosenst.) Ohwi · ♃ Z7 ∧; China, Jap.
- **standishii** (T. Moore) Ohwi · ♃ Z7; Jap., Korea

Arachnis Blume -f- *Orchidaceae* · 11 sp · D:Spinnenorchidee; E:Scorpion Orchid; F:Arachnanthe, Fleur-araignée
- *lowii* (Lindl.) Benth. et Hook. f. = Dimorphorchis lowii

× **Arachnoglottis** hort. -f- *Orchidaceae* (*Arachnis* × *Trichoglottis*)

× **Arachnopsis** hort. -f- *Orchidaceae* (*Arachnis* × *Phalaenopsis*)

× **Arachnostylis** hort. -f- *Orchidaceae* (*Arachnis* × *Rhynchostylis*)

Araeococcus Brongn. -m- *Bromeliaceae* · 5 sp
- **flagellifolius** Harms · ♃ ⓦ; Amazon.

Aralia L. -f- *Araliaceae* · c. 50 sp · D:Angelikabaum, Aralie; E:Angelica Tree; F:Aralia
- *balfouriana* Sander ex André = Polyscias scutellaria 'Balfourii'
- **cachemirica** Decne. · ♃ Z7 VI-VII; Kashmir
- **californica** S. Watson · D:Kalifornischer Angelikabaum; E:California Spikenard, Elk Clover · ♃ Z8 VII-VIII; USA: S-Oreg., Calif.
- *chabrieri* hort. = Cassine orientalis
- **chinensis** L. · D:Chinesischer Angelikabaum; E:Chinese Angelica Tree, Chinese Angelica; F:Aralia de Chine · ♄ d Z6 VIII-IX Ⓝ; China
  - var. *mandshurica* (Rupr. et Maxim.) Rehder = Aralia elata
- **cordata** Thunb. · D:Herzförmiger Angelikabaum; E:Angelica Tree, Udo · ♃ Z7 VI-VII Ⓝ; China, Korea, Manch., Jap., Sachal.
- *edulis* Siebold et Zucc. = Aralia cordata
- **elata** (Miq.) Seem. · D:Japanischer Angelikabaum; E:Japanese Angelica Tree;

F:Angélique en arbre du Japon · ♄ ♄ Z5 VIII-X Ⓝ
– *elegantissima* Veitch ex Mast. = Schefflera elegantissima
– *filicifolia* C. Moore ex E. Fourn. = Polyscias cumingiana
– *fruticosa* (L.) hort. = Polyscias fruticosa
– *guilfoylei* Bull. = Polyscias guilfoylei
– **hispida** Vent. · D:Steifhaariger Angelikabaum; E:Bristly Sarsaparilla, Dwarf Elder · ♄ d Z3 VI-VII; Can.: E; USA: NE, NCE, N.C.
– *japonica* Thunb. = Fatsia japonica
– *kerchoveana* Veitch ex P.W. Richards = Schefflera kerchoveana
– *mandshurica* Rupr. et Maxim. = Aralia elata
– **nudicaulis** L. · D:Nacktstängliger Angelikabaum; E:American Sarsaparilla, Wild Sarsaparilla; F:Angélique à tige nue · ♃ Z4 VI-VII ⚕; Can., USA: NE, NCE, NC, SE, Rocky Mts., NW
– *nymphaeifolia* Hibberd = Oreopanax nymphaeifolius
– *papyrifera* Hook. = Tetrapanax papyrifer
– **racemosa** L. · D:Amerikanischer Angelikabaum; E:American Spikenard, Life-of-Man · ♃ Z4 VII-VIII ⚕; Can.: E; USA: NE, NCE, NC, Rocky Mts., SW, SE, SC; Mex.
– *reticulata* hort. = Meryta denhamii
– *schefflera* Spreng. = Schefflera digitata
– *sieboldii* hort. = Fatsia japonica
– **spinosa** L. · D:Herkuleskeule; E:Devil's Walking Stick, Hercules' Club; F:Angélique épineuse · ♄ ♄ d Z5 VII-VIII ☠; USA: NE, NCE, SC, SE, Fla.
– *veitchii* Carrière = Schefflera veitchii

× **Aranda** hort. -f- *Orchidaceae* (*Arachnis* × *Vanda*)

× **Arandanthe** hort. -f- *Orchidaceae* (*Arachnis* × *Euanthe* × *Vanda*)

× **Aranthera** hort. -f- *Orchidaceae* (*Arachnis* × *Renanthera*)

Araucaria Juss. -f- *Araucariaceae* · 19 sp · D:Araukarie, Zimmertanne; E:Monkey-Puzzle; F:Araucaria
– **angustifolia** (Bertol.) Kuntze · D:Kandelaber-Araukarie; E:Brazilian Pine, Candelabra Tree, Parana Tree · ♄ e Z9 Ⓚ Ⓝ; S-Bras., N-Arg. ; mts.
– **araucana** (Molina) K. Koch · D:Andentanne, Chilenische Araukarie; E:Chile Pine, Monkey Puzzle; F:Araucaria du Chili, Bourreau des singes · ♄ e Z8 Ⓚ ∧ Ⓝ ∇ ✱; S-Chile, Patag.
– **bidwillii** Hook. · D:Bunya-Bunya Baum, Queensland-Araukarie; E:Bunya Bunya · ♄ e Z9 Ⓚ Ⓝ; Austr.: SE-Queensl.
– *brasiliana* A. Rich. = Araucaria angustifolia
– **columnaris** (G. Forst.) Hook. · D:Neukaledonische Araukarie; E:New Caledonia Pine · ♄ e Z10 Ⓚ; N.Caled., Vanuatu
– *cookii* R. Br. ex Lindl. = Araucaria columnaris
– **cunninghamii** Sweet · D:Neuguinea-Araukarie; E:Hoop Pine, Moreton Bay Pine · ♄ e Z10 Ⓚ Ⓝ; N.Guinea, Queensl.
– *excelsa* (Lamb.) R. Br. = Araucaria columnaris
– *excelsa* R. Br. = Araucaria heterophylla
– **heterophylla** (Salisb.) Franco · D:Zimmertanne; E:Norfolk Island Pine · ♄ e Z9 Ⓚ; Norfolk Is.
– *imbricata* Pav. = Araucaria araucana

Araujia Brot. -f- *Asclepiadaceae* · 4 sp
– **sericifera** Brot. · ♄ e ≩ Z9 Ⓚ VII-IX Ⓝ; Peru, Arg, nat. in SW-Eur.

Arbutus L. -f- *Ericaceae* · 14 sp · D:Erdbeerbaum; E:Manzanita, Strawberry Tree; F:Arbousier
– **andrachne** L. · D:Östlicher Erdbeerbaum; E:Cyprus Strawberry Tree, Grecian Strawberry Tree; F:Arbousier hybride de Chypre · ♄ ♄ e Z8 Ⓚ III-IV; Eur.: AL, GR, Crete, Krim; TR, Levante
– × **andrachnoides** Link (*A. andrachne* × *A. unedo*) · D:Bastard-Erdbeerbaum; E:Hybrid Strawberry Tree; F:Arbousier hybride de Chypre · ♄ ♄ e Z8 Ⓚ III-IV; Eur.: Ba
– **menziesii** Pursh · D:Madrone; E:Madrona, Madrone · ♄ e Z7 Ⓝ; B.C., USA: NW, Calif.; Mex: Baja Calif.
– **unedo** L. · D:Westlicher Erdbeerbaum; E:Strawberry Tree; F:Arbousier commun · ♄ ♄ e Z7 XI-XII ⚕ Ⓝ; Eur.: Ib, Fr, IRL, Ap, Ba; TR, Cyprus, Lebanon, Canar., NW-Afr.
– *uva-ursi* L. = Arctostaphylos uva-ursi

Arceuthos Antoine et Kotschy = Juniperus

– *drupacea* (Labill.) Antoine et Kotschy = Juniperus drupacea

Archangelica Wolf = Angelica
– *officinalis* (Moench) Hoffm. = Angelica archangelica
– *sativa* (Mill.) Besser = Angelica archangelica

Archontophoenix H. Wendl. et Drude -f- *Arecaceae (Palmae)* · 2 sp · D:Feuerpalme, Herrscherpalme; E:King Palm; F:Palmier royal
– **alexandrae** (F. Muell.) H. Wendl. et Drude · D:Alexandrapalme, Herrscherpalme; E:Alexandra Palm, King Palm · ♄ e Z10 ⓦ; Austr.: Queensl.
– **cunninghamiana** (H. Wendl.) H. Wendl. et Drude · D:Feuerpalme; E:Bangalow Palm, Piccabeen Palm · ♄ e Z10 ⓦ; Austr.: Queensl., N.S.Wales, S-Austr.

Arctanthemum (Tzvelev) Tzvelev -n- *Asteraceae (Compositae)* · 4 sp · D:Grönlandmargerite
– **arcticum** (L.) Tzvelev · D:Grönlandmargerite; E:Arctic Chrysanthemum · ♃ Z1 IX-X

Arcterica Coville = Pieris
– *nana* (Maxim.) Makino = Pieris nana

Arctium L. -n- *Asteraceae (Compositae)* · 10 sp · D:Klette; E:Burdock; F:Bardane
– **lappa** L. · D:Große Klette; E:Great Burdock · ⊙ Z3 VII-VIII ⚕; Eur.*, TR, Cauc., Iran, W-Sib., Amur, Sachal., C-As., Him., China, Alaska, Can., USA: NE, NCE, NC, SE, NW, Calif.
– **minus** (Hill) Bernh. · D:Kleine Klette; E:Common Burdock, Lesser Burdock · ⊙ Z3 VII-VIII ⚕; Eur.*, TR, Syr., Cauc., NW-Afr., nat. in N-Am.
– **nemorosum** Lej. · D:Hain-Klette; E:Wood Burdock · ⊙ Z3 VIII; Eur.* exc. Ib
– **pubens** Bab. · ⊙ Z3 VIII; Eur.: BrI, DK, Fr, Ib, Ap, CH, RO; TR, Syr., Iran, C-As., N-As., Jap.
– **tomentosum** Mill. · D:Filzige Klette; E:Hairy Burdock · ⊙ Z3 VII-VIII ⚕; Eur.* exc. BrI; TR, C-As., nat. in BrI, Can. N-USA

Arctostaphylos Adans. -f- *Ericaceae* · c. 50 sp · D:Bärentraube; E:Bearberry; F:Busserole, Raisin-d'ours
– **alpina** (L.) Spreng. · D:Alpen-Bärentraube; E:Alpine Bearberry, Black Bearberry; F:Busserolle des Alpes · ♄ ♄ d ⇝ △ Z3 Ⓐ V-VI; Eur.*, W-Sib., E-Sib., Amur, Kamchat., C-As., Alaska, Can., USA: NE; Greenl.
– **manzanita** Parry · D:Manzanita; E:Manzanita · ♄ e Z8 Ⓚ IV-V; USA: Oreg., N-Calif.
– **myrtifolia** Parry · ♄ e Z8 Ⓚ; Calif.
– **nevadensis** A. Gray · F:Busserolle · ♄ e Z3; Oregon, Calif.; Sierra Nevada
– **uva-ursi** (L.) Spreng. · D:Echte Bärentraube, Immergrüne Bärentraube; E:Bearberry, Mountain Cranberry; F:Busserolle, Raisin d'ours · ♄ ♄ e ⇝ △ Z3 III-V ⚕ ▽; Eur.*, Cauc., W-Sib., E-Sib., Amur, Alaska, Can., USA: NE, NCE, NC, Rocky Mts., SW, NW, Calif.; Greenl.

Arctotheca J.C. Wendl. -f- *Asteraceae (Compositae)* · 5 sp · D:Kaplöwenzahn; E:Plain Treasureflower; F:Souci du Cap
– **calendula** (L.) Levyns · D:Kaplöwenzahn; E:Cape Dandelion, Cape Weed · ⊙ ♃ Z9 VII-X; S-Afr.

Arctotis L. -f- *Asteraceae (Compositae)* · c. 50 sp · D:Bärenohr; E:African Daisy; F:Arctotide
– **acaulis** L. · D:Stängelloses Bärenohr · ⊙ ♃ Z9 VI-IX; S-Afr.
– **breviscapa** Thunb. · D:Kurzstängeliges Bärenohr · ⊙ ⊙ Z9 VII-IX; S-Afr.
– **fastuosa** Jacq. · D:Prächtiges Bärenohr; E:Cape Daisy · ⊙ Z9 Ⓚ VI-IX; S-Afr.
– *scapigera* Thunb. = Arctotis acaulis
– *stoechadifolia* hort. = Arctotis venusta
– **venusta** Norl. · D:Anmutiges Bärenohr; E:African Daisy, Blue-Eyed African Daisy · ⊙ ♃ Z8 VIII-X; S-Afr.
– **Cultivars**
  – **in vielen Sorten**

Arctous Nied. = Arctostaphylos
– *alpina* (L.) Nied. = Arctostaphylos alpina

Ardisia Sw. -f- *Myrsinaceae* · c. 250 sp · D:Ardisie, Spitzenblume; E:Marlberry; F:Ardisia
– **crenata** Sims · D:Gewürzbeere; E:Coralberry, Hen's Eyes, Spiceberry · ♄ e ❀ Z9 ⓦ ▢; N-Ind., China, Korea, Jap., Taiwan

– *crenulata* Lodd. = Ardisia crenata
– **crispa** (Thunb.) DC. · D:Korallenbeere; E:Japanese Holly · ♄ Z7
– **japonica** (Thunb.) Blume · D:Mergelbeere; E:Marlberry · ♄ e Z8 ⓚ; China, Jap.
– **malouiana** (Linden et Rodigas) Markgr. · ♄ e ⓦ; Kalimantan

Ardisiandra Hook.f. -f- *Primulaceae* · 3 sp
– **wettsteinii** J. Wagner · ♃ ⇝ Z8 ⓚ ⓐ VI-VIII; trop. Afr.; mts.

Areca L. -f- *Arecaceae (Palmae)* · c. 60 sp · D:Betelpalme; F:Arec, Aréquier, Noix d'Arec
– *alba* Bory = Dictyosperma album
– **aliceae** F. Muell. · ♄ e Z10 ⓦ; Austr.
– *baueri* (Seem.) Hook. f. = Rhopalostylis baueri
– **catechu** L. · D:Betelnuss, Betelpalme; E:Betel Nut, Betel Palm · ♄ e Z10 ⓦ ⚕ Ⓝ; ? Phil.
– *crinita* Bory = Acanthophoenix rubra
– *lutescens* Bory = Chrysalidocarpus lutescens
– *rubra* Bory = Acanthophoenix rubra
– *sapida* Sol. ex G. Forst. = Rhopalostylis sapida
– **triandra** Roxb. · ♄ e Z10 ⓦ; Ind., Malay. Pen.
– **vestiaria** Giseke · ♄ e Z10 ⓦ; Sulawesi, Molucca I.

Arecastrum (Drude) Becc. = Syagrus
– *romanzoffiana* (Cham.) Becc. = Syagrus romanzoffiana

Aremonia Neck. ex Nestl. -f- *Rosaceae* · 1 sp · D:Aremonie, Nelkenwurzodermennig; E:Bastard Agrimony; F:Arémonia
– **agrimonoides** (L.) DC. · D:Nelkenwurzodermennig; E:Bastard Agrimony · ♃ V-VI; Eur.: Ap, C-Eur., EC-Eur., Ba, RO; TR, nat. in BrI

Arenaria L. -f- *Caryophyllaceae* · c. 160 sp · D:Sandkraut; E:Sandwort; F:Arénaire, Sabline
– *armeriastrum* Boiss. = Arenaria armerina
– **armerina** Bory · ♃ ⇝ △ VI-VII; S-Sp., Maroc.
– **balearica** L. · D:Korsisches Sandkraut; E:Corsican Sandwort, Mossy Sandwort · ♃ △ Z7 IV-VIII; Eur.: Balear., Corse, Sard., I, nat. in BrI, F
– *biebersteinii* Schltr. = Arenaria procera subsp. glabra
– **biflora** L. · D:Zweiblütiges Sandkraut · ♃ VII-IX; Eur.: Ib, Fr, Ap, C-Eur., Ba, RO; mts.
– **ciliata** L.
  – subsp. **ciliata** · D:Wimper-Sandkraut; E:Fringed Sandwort · ♃ Z1 VII-VIII; Alp., Cap., IRL
  – subsp. *moehringioides* (Murr) Murr = Arenaria ciliata subsp. multicaulis
  – subsp. **multicaulis** L. · D:Vielstängeliges Sandkraut · ♃ Z1 VII-VIII; Eur.: Sp., F, I, CH, D, A; mts. Sp., Pyr., Alp., Jura
– **gothica** auct. helv. · D:Gothisches Sandkraut · ⊙ ⊙; Eur.: Sweden, Ch
– **gracilis** Waldst. et Kit. · ♃ △ V-VI; Eur.: Croatia, Bosn., Montenegro, AL
– *graminifolia* Ard. = Minuartia graminifolia
– *graminifolia* Schrad. = Arenaria procera subsp. glabra
– **grandiflora** L. · D:Großblütiges Sandkraut · ♃ △ V-VIII; Eur.: Ib, F, Ap, CH, A, Slova.; Afr. mts.
– **gypsophiloides** L. · ♃ △ VI-VII; Eur.: BG; TR, Iraq, Cauc., Iran
– *laricifolia* L. = Minuartia laricifolia
– **ledebouriana** Fenzl · ♃ ⇝ △ Z6 VII-VIII; TR
– **leptoclados** (Rchb.) Guss. · D:Dünnstängeliges Sandkraut · ⊙ V-IX; Eur.*, TR, Levante, Cauc., Afr.
– **longifolia** M. Bieb. · ♃; Russ.
– **marschlinsii** W.D.J. Koch · ⊙ VII-VIII; Eur.: Pyr., CH
– *micradenia* Smirn. = Arenaria procera subsp. glabra
– **montana** L. · D:Alpen-Sandkraut; E:Alpine Sandwort, Large-flowered Sandwort · ♃ △ Z4 V-VIII; Eur.: Ib, F; Maroc.
– **procera** Spreng.
  – subsp. **glabra** (F.N. Williams) Holub · ♃ △ Z3 VI-VII
  – subsp. **procera** · D:Grasblättriges Sandkraut · ♃ △ Z3 VI-VII; Eur.: A, EC-Eur., E-Eur.
– **purpurascens** Ramond ex DC. · D:Rosafarbenes Sandkraut; E:Pink Sandwort · ♃ △ Z6 VII-VIII; Eur.: Sp., F; Cordillera Cantábrica, Pyr., Vercors
– **rigida** M. Bieb. · ♃ ⇝ △ VII-IX; Eur.: BG, EC-Eur.
– **rotundifolia** M. Bieb. · ♃ △ VII-VIII;

Eur.: Ba, RO; TR, Cauc.
- **serpyllifolia** L.
  - subsp. *leptoclados* Rchb. = Arenaria leptoclados
  - subsp. **lloydii** (Jord.) Bonnier · D:Lloyds Sandkraut · ; Eur.: D + ; coasts
  - subsp. **serpyllifolia** · D:Thymianblättriges Sandkraut; E:Thyme Leaved Sandwort · ⊙ ⊙ V-IX; Eur.*, TR, Syr., Cauc., W-Sib., C-As., China, Jap., NW-Afr., Egypt, Eth., nat. in N-Am., Austr.
- **tetraquetra** L. · ♃ ⌓ △ Z6 VII-VIII; Eur.: Sp., F; mts.
- **tmolea** Boiss. · ♃ Z6; TR

Arenga Labill. -f- *Arecaceae (Palmae)* · 17 sp · D:Zuckerpalme; F:Palmier à sucre
- **engleri** Becc. · D:Riukiu Zucker-Palme · ♄ e Z10 ⓦ; Riukiu-Is., Taiwan
- **pinnata** (Wurmb) Merr. · D:Molukken Zucker-Palme; E:Sugar Palm · ♄ e Z10 ⓦ Ⓝ; Malay. Arch.
- **porphyrocarpa** (Blume) H.E. Moore · D:Gomuti-Palme · ♄ e D Z10 ⓦ; Java
- *saccharifera* Labill. ex DC. = Arenga pinnata

Arequipa Britton et Rose -f- *Cactaceae* · 2 sp
- *aurantiaca* (Vaupel) Werderm. = Matucana aurantiaca
- *erectocylindrica* Rauh et Backeb. = Arequipa hempeliana
- *haynei* (Otto ex Salm-Dyck) Britton et Rose = Matucana haynei
- **hempeliana** (Gürke) Oehme · ♆ Z9 ⓚ ▽ *; S-Peru, N-Chile; mts.
- **leucotricha** (Phil.) Britton et Rose · ♆ Z9 ⓚ ▽ *; S-Peru, N-Chile
- *myriacantha* (Vaupel) Britton et Rose = Matucana weberbaueri
- *rettigii* (Quehl) Oehme = Arequipa hempeliana
- *weingartiana* Backeb. = Arequipa hempeliana

Arethusa L. -f- *Orchidaceae* · 1 sp
- *chinensis* Rolfe = Bletilla chinensis

Aretia L. = Vitaliana
- *vitaliana* (L.) Murray = Vitaliana primuliflora subsp. primuliflora

Argania Roem. et Schult. -f- *Sapotaceae* · 1 sp
- **spinosa** (L.) Skeels · D:Arganbaum, Eisenholz · ♄ e ⓚ Ⓝ; SW-Maroc.

Argemone L. -f- *Papaveraceae* · c. 28 sp · D:Stachelmohn; E:Mexican Poppy; F:Argémone
- *alba* James = Argemone polyanthemos
- **albiflora** Hornem. · D:Weißer Stachelmohn; E:White Prickly Poppy · ⊙ Z7; USA: NE, SE, Fla.
- **grandiflora** Sweet · D:Großblütiger Stachelmohn · ⊙ Z8 VII-IX; Mex.
- **mexicana** L. · D:Mexikanischer Stachelmohn; E:Devil's Fig, Mexican Poppy · ⊙ Z8 VII-IX ✝ Ⓝ; C-Am., W.Ind., nat. in S-Eur., C-Eur.
- **ochroleuca** Sweet · D:Bleicher Stachelmohn; E:Pale Mexican Poppy · ⊙ ♃ Z8; Mex.
- **platyceras** Link et Otto · D:Riesenblütiger Stachelmohn; E:Crested Poppy, Prickly Poppy · ⊙ Z8 VIII-IX; Mex.
- **polyanthemos** (Fedde) G.B. Ownbey · D:Gehörnter Stachelmohn; E:Plains Prickly Poppy · ⊙ ⊙ Z6 VII-IX; USA: Rocky Mts., NC, SW, Tex.

Argyranthemum Webb -n- *Asteraceae (Compositae)* · 23 sp · D:Strauchmargerite; E:Marguerite; F:Marguerite en arbre
- *anethifolium* (Willd.) Brouss. = Argyranthemum foeniculaceum
- **foeniculaceum** (Willd.) Webb · ♄ Z9 ⓚ I-XII; Canar.: Teneriffa
- **frutescens** (L.) Sch. Bip. · D:Strauchmargerite; E:Boston Daisy, Marguerite; F:Anthémis · ♄ Z9 ⓚ I-XII; Canar.
  - **in vielen Sorten**

Argyreia Lour. -f- *Convolvulaceae* · c. 90 sp · D:Silberwinde; E:Morning Glory; F:Liseron arbustif
- **nervosa** (Burm. f.) Bojer · D:Holz-Rose; E:Woolly Morning Glory · ♄ ≀ Z9 ⓚ VII; Ind.

Argyrocytisus (Maire) Raynaud -m- *Fabaceae (Leguminosae)* · 1 sp · D:Silberginster; F:Genêt argenté
- **battandieri** (Maire) Reyn. · D:Silberginster; E:Moroccan Broom, Pineapple Broom · ♄ d D Z7 V-VI; NW-Afr.

Argyroderma N.E. Br. -n- *Aizoaceae* · 10 sp · D:Silberhaut; F:Plante-caillou
– **testiculare** (Aiton) N.E. Br. · ♃ Z9 Ⓚ; Kap

Aridaria N.E. Br. -f- *Aizoaceae* · 35 sp
– **noctiflora** (L.) Schwantes · ♃ ψ D Ⓚ VII-VIII; Namibia

Ariocarpus Scheidw. -m- *Cactaceae* · 6 sp · D:Wollfruchtkaktus; E:Living Rock; F:Cactus
– **agavoides** (Castañeda) E.F. Anderson · ψ Z8 Ⓚ ▽ *; Mex.: Tamaulipas
– *denegrii* (Fric) W.T. Marshall = Obregonia denegrii
– **fissuratus** (Engelm.) K. Schum.
  – var. **fissuratus** · ψ Z8 Ⓚ ▽ *; SW-Tex., Mex.: Coahuila
  – var. **lloydii** (Rose) W.T. Marshall · ψ Z8 Ⓚ ▽ *; Mex.: Coahuila, Durango, Zacatecas
– *furfuraceus* (S. Watson) C.H. Thomps. = Ariocarpus retusus
– **kotschoubeyanus** (Lem.) K. Schum. · ψ Z8 Ⓚ ▽ *; Mex.: Durango, Nuevo Leon, San Luis Potosí
– *lloydii* Rose = Ariocarpus fissuratus var. lloydii
– **retusus** Scheidw. · ψ Z8 Ⓚ ▽ *; Mex.: Coahuila, San Luis Potosi, Zacatecas
– **scapharostrus** Boed. · ψ Z9 Ⓚ ▽ *; Mex.: Nuevo León
– *strobiliformis* Werderm. = Encephalocarpus strobiliformis
– **trigonus** (F.A.C. Weber) K. Schum. · ψ Z9 Ⓚ ▽ *; Mex.: Nuevo León, Tamaulipas

Ariopsis Nimmo -f- *Araceae* · 1 sp
– **peltata** Nimmo · ♃ Ⓦ II-III; Malay. Arch.

Arisaema Mart. -n- *Araceae* · c. 150 sp · D:Feuerkolben; E:Cobra Lily; F:Arisaema
– *atrorubens* (Aiton) Blume = Arisaema triphyllum
– **candidissimum** W.W. Sm. · ♃ Z8 Ⓦ; W-China
– **consanguineum** Schott · D:Chinesischer Feuerkolben; E:Chinese Jack-in-the-Pulpit · ♃ ⚘ Z7 ∧ V ⚕; Him., SW-China
– **dracontium** (L.) Schott · D:Drachen-Feuerkolben; E:Dragon Root · ♃ Z4 VI; Can.: E; USA: NE, NCE, SC, SE, Fla.
– **fargesii** Buchet · ♃ Ⓚ III-IV; China: Sichuan
– **flavum** (Forssk.) Schott · ♃ Z7; Afgh., Him., SW-China
– **griffithii** Schott · D:Gelber Feuerkolben; E:Yellow Cobra Lily · ♃ Z8 ∧ III-IV; Him.: Nepal, Sikkim, Bhutan
– *helleborifolium* Schott = Arisaema tortuosum
– **heterophyllum** Blume · ♃; Ind.
– *japonicum* Blume = Arisaema serratum
– *quinatum* (Nutt.) Schott = Arisaema triphyllum
– **ringens** (Thunb.) Schott · D:Japanischer Feuerkolben · ♃ Z7 III-IV; Jap., S-Korea, E-China
– **serratum** (Thunb.) Schott · ♃ Z8 Ⓚ III-IV; China, Korea, Jap.
– **speciosum** (Wall.) Mart. · D:Prächtiger Feuerkolben; E:Showy Cobra Lily · ♃ Z8 Ⓚ III Ⓝ; Him.: Nepal, Sikkim
– **tortuosum** (Wall.) Schott · ♃ Z9 Ⓦ V-VI Ⓝ; Ind.
– **triphyllum** (L.) Torr. · D:Dreiblättriger Feuerkolben; E:Indian Turnip · ♃ ⚘ Z4 III-IV ⚕; Can.: E; USA: NE, NCE, SC, SE, Fla.

Arisarum Mill. -n- *Araceae* · 3 sp · D:Mäuseschwanz; E:Mousetailplant; F:Capuchon de moine
– **proboscideum** (L.) Savi · ♃ Z7 V; Eur.: SW-Sp., I
– **vulgare** O. Targ. Tozz. · D:Gewöhnlicher Feuerkolben; E:Jack-in-the-Pulpit · ♃ Z7 V; Eur.: Ib, Fr, Ap, Ba; TR, N-Afr., Azor.

Aristea Aiton -f- *Iridaceae* · 50 sp · D:Grannenlilie; E:Blue Corn Lily; F:Aristéa
– **africana** (L.) Hoffm. · ♃ Z9 Ⓚ IV-X; S-Afr.
– *corymbosa* (Benth. et Hook. f.) Baker = Nivenia corymbosa
– *cyanea* (Sol.) Aiton = Aristea africana

Aristolochia L. -f- *Aristolochiaceae* · c. 300 sp · D:Osterluzei, Pfeifenwinde; E:Birthwort; F:Aristoloche
– *altissima* Desf. = Aristolochia sempervirens
– *brasiliensis* Mart. et Zucc. = Aristolochia labiata
– **californica** Torr. · ♄ d ⌇ Z8 Ⓚ; Calif.
– *caudata* Booth = Aristolochia macroura
– **cauliflora** Ule · ♄ ⌇ Ⓦ; Peru
– **clematitis** L. · D:Gewöhnliche Osterluzei;

E:Birthwort · ♃ Z6 V-VII ⚕ ☠; Eur.* exc. BrI, Sc; TR, Cauc., nat. in GB, . Norw.
- *durior* Hill = Aristolochia macrophylla
- *elegans* Mast. = Aristolochia littoralis
- **fimbriata** Cham. · ♄ ≩ Z10 ⓦ V-VII; Bras., Parag., Arg.
- **gigantea** Mart. et Zucc. · ♄ e ≩ Z10 ⓦ; Panama
- *gigas* Lindl. = Aristolochia grandiflora
- **grandiflora** Sw. · D:Großblütige Pfeifenwinde; E:Pelican Flower · ♄ d ≩ Z10 ⓦ VII-IX; W.Ind.
- **labiata** Willd. · e ≩ Z10 ⓦ IV-IX; Bras.
- *leuconeura* hort. = Aristolochia cauliflora
- **lindneri** Berger · ⊙ ⟿ ⓦ VII-VIII; Bol.
- **littoralis** Parodi · D:Strand-Pfeifenwinde; E:Calico Flower · ♄ e ≩ Z9 ⓚ IV-X; Bras.
- **macrophylla** Lam. · D:Amerikanische Pfeifenwinde; E:Dutchman's Pipe; F:Aristoloche siphon · ♄ d ≩ Z5 VI-VIII; USA: NE, SE
- **macroura** B.A. Gomes · ♄ ≩ ⓦ VI-IX; Bol., Parag., Bras., Arg.
- **manshuriensis** Kom. · ♄ d ≩ Z7; Manch., Korea
- **moupinensis** Franch. · D:Chinesische Pfeifenwinde · ♄ d ≩ Z5 VI; W-China
- *ornithocephala* Hook. = Aristolochia labiata
- *ringens* Link et Otto = Aristolochia labiata
- **rotunda** L. · D:Rundblättrige Osterluzei; E:Birthwort · ♃ Z8 ∧ V; Eur.: Ib, Fr, CH, Ap, Ba
- **sempervirens** L. · E:Long Birthwort · ♄ e ≩ Z8 ⓚ; Eur.: Sic., GR, Cr; W-TR, Levante, Alger., nat. in F, Sard., I
- **serpentaria** L. · E:Virginia Snakeroot · ♃ Z8 ⓚ VII ⚕ ; USA: NE, NCE, NC, SC, SE, Fla.
- *sipho* L'Hér. = Aristolochia macrophylla
- **tomentosa** Sims · D:Filzige Pfeifenwinde; E:Woolly Dutchman's Pipe · ♄ d ≩ Z6 VI-VII; USA: SE, Kans., SC, Fla., nat. in USA: N.Y.
- **tricaudata** Lem. · ♄ ⓦ II-IX; Mex.

Aristotelia L'Hér. -f- *Elaeocarpaceae* · 5 sp · D:Weinbeere; E:Wineberry; F:Aristotélia
- **chilensis** (Molina) Stuntz · D:Chile-Weinbeere; E:Wineberry · ♄ e Z8 ⓚ; Chile
- *macqui* L'Hér. = Aristotelia chilensis

× **Arizara** hort. -f- *Orchidaceae* (*Cattleya* × *Epidendrum* × *Domingoa*)

Armeria Willd. -f- *Plumbaginaceae* · 80-100 sp · D:Grasnelke; E:Thrift; F:Armérie, Gazon d'Espagne
- *alliacea* (Cav.) Hoffmanns. et Link = Armeria arenaria
- **alpina** Willd. · D:Alpen-Grasnelke · ♃ Z4 VII-VIII; Eur.: Sp., F, I, A, Ba
- **arenaria** (Pers.) Schult. · D:Wegerich-Grasnelke; E:Jersey Thrift · ♃ △ Z7 VI-VII ▽; Eur.: Ib, F, I, CH, D
- *caespitosa* Boiss. = Armeria juniperifolia
- *cespitosa* (Cav.) Boiss. = Armeria juniperifolia
- *elongata* (Hoffm.) W.D.J. Koch = Armeria maritima subsp. elongata
- *formosa* hort. ex Vilm. = Armeria pseudarmeria
- **juniperifolia** (Vahl) Hoffmanns. et Link · ♃ △ Z7 IV-V ▽; Eur.: Sp.
- *latifolia* Willd. = Armeria pseudarmeria
- *laucheana* hort. = Armeria maritima 'Laucheana'
- **leucocephala** Salzm. ex Koch · ♃ Z8 ⓚ ▽; Corse
- **maritima** (Mill.) Willd. · D:Gewöhnliche Grasnelke; E:Common Thrift, Thrift
  - **in Sorten**
  - **'Laucheana'**
  - subsp. **maritima** · D:Strand-Grasnelke; F:Gazon d'Espagne · ♃ ⁞ △ IX-XI ▽; Eur.: Sc, N-Russ.
  - subsp. *alpina* (Willd.) P. Silva = Armeria alpina
  - subsp. **elongata** (Hoffm.) Bonnier · D:Sand-Grasnelke · ♃ VIII ▽; Eur.: BrI, Sc, Fr, C-Eur., EC-Eur., E-Eur.
  - subsp. **halleri** (Wallr.) Rothm. · D:Galmei-Grasnelke · ♃ ▽; Eur.: F, NL, D, PL
  - subsp. **purpurea** (Koch) A. Löve et D. Löve · D:Purpur-Grasnelke · ♃ ▽; Eur.: S-D, ? N-I
- *plantaginea* (All.) Willd. = Armeria arenaria
- **pseudarmeria** (Murray) Mansf. · ♃ △ Z8 VI-VIII ▽; C-P
- *pseudarmeria* auct. non (Murray) Mansf. = Armeria arenaria
- *vulgaris* Willd. = Armeria maritima subsp. maritima

× **Armodachnis** hort. -f- *Orchidaceae* (*Arachnis* × *Armoracia*)

Armoracia P. Gaertn. , B. Mey. et Scherb. -

f- *Brassicaceae (Cruciferae)* · 4 sp · D:Meerrettich; E:Horse Radish; F:Cran, Cranson, Raifort
– **rusticana** Gottfr. Gaertn., B. Mey. et Scherb. · D:Gewöhnlicher Meerrettich; E:Horseradish · ♃ Z5 V-VII ⚕ Ⓝ; ? Russ., nat. in Eur., Cauc., N-Am.

Arnebia Forssk. -f- *Boraginaceae* · 25 sp · D:Prophetenblume; F:Fleur du prophète
– *echioides* (L.) A. DC. = Arnebia pulchra
– *longiflora* K. Koch = Arnebia pulchra
– **pulchra** (Willd. ex Roem. et Schult.) Edmondston · ♃ Z7; TR, Cauc., N-Iran

Arnica L. -f- *Asteraceae (Compositae)* · 32 sp · D:Arnika, Wohlverleih; F:Arnica, Panacée des montagnes
– *alpina* (L.) Olin = Arnica angustifolia
– **angustifolia** Vahl · ♃ Z2; Sc, N-Russ.
– **chamissonis** Less. · E:Leafy Leopardsbane · ♃ Z2 V-VIII ⚕ ; Alaska, Can.: B.C.; USA: NW, Calif., Rocky Mts., SW
– *foliosa* Nutt. = Arnica chamissonis
– **lanceolata** Nutt. · E:Soft Leaved Arnica · ♃ VII; Can.: E; USA: NE
– *mollis* Hook. = Arnica lanceolata
– **montana** L. · D:Berg-Wohlverleih, Echte Arnika; E:Mountain Arnica · ♃ △ Z6 VI ⚕ Ⓝ ▽; Eur.* exc. BrI
– **sachalinensis** (Regel) A. Gray · ♃ Z2 VII-VIII; Amur, Sachal., ? Jap.
– *tussilaginea* Burm. f. = Farfugium japonicum

Arnoseris Gaertn. -f- *Asteraceae (Compositae)* · 1 sp · D:Lämmersalat; E:Lamb's Succory; F:Arnoséris
– **minima** (L.) Schweigg. et Körte · D:Lämmersalat; E:Lamb's Succory · ⊙ VI-IX; Eur.*, Maroc., nat. in NZ, Austr.

Aromadendron Andrews ex Steud. = Eucalyptus
– *oreadum* (Diels) Kaneh. et Hatus. = Magnolia liliifera var. liliifera

Aronia Medik. -f- *Rosaceae* · 2 sp · D:Apfelbeere; E:Chokeberry; F:Aronia
– **arbutifolia** (L.) Pers.
 – var. **arbutifolia** · D:Filzige Apfelbeere; E:Red Chokeberry; F:Aronia à feuilles d'arbousier · ♄ d ♧ Z5 IV-V; Can.: E; USA: NE, NCE, SE, Fla., Tex.
  – fo. **leiocalyx** Rehder Z4
 – var. **atropurpurea** (Britton) C.K. Schneid. · ♄ d Z5
– *floribunda* Spach = Aronia × prunifolia
– **melanocarpa** (Michx.) Elliott
 – var. **elata** Rehder · ♄ d Z5
 – var. **grandifolia** Lindl. · ♄ d Z5; S-Appalachians
 – var. **melanocarpa** · D:Kahle Apfelbeere; E:Black Chokeberry; F:Aronia · ♄ d Z4 V-VI Ⓝ; Can.: E; USA; NE, NCE, SE
– × **prunifolia** (C.K. Schneid.) Graebn. (*A. arbutifolia* × *A. melanocarpa*) · D:Pflaumenblättrige Apfelbeere; E:Purple Chokeberry; F:Aronia · ♄ d Z5 V-VI; Ca.: E; E-USA
– *prunifolia* (Marshall) Rehder = Aronia × prunifolia

Arpophyllum Lex. -n- *Orchidaceae* · 3-6 sp · D:Sichelblattorchidee; E:Bottlebrush Orchid; F:Orchidée
– **giganteum** Lindl. · ♃ Z10 ⓚ III-IV ▽ *; Mex., C-Am., Jamaica, Col.
– **spicatum** Lex. · ♃ Z10 ⓚ XII-I ▽ *; Mex., C-Am.

Arracacia Bancr. -f- *Apiaceae (Umbelliferae)* · 55 sp
– **xanthorrhiza** Bancr. · D:Arrakatscha · ♃ Ⓝ; orig. ?, nat. in Venez., Col., Bol., Peru

Arrhenatherum P. Beauv. -n- *Poaceae (Gramineae)* · 6 sp · D:Glatthafer; E:False Oat Grass; F:Avoine en chapelet
– *desertorum* Less. = Helictotrichon desertorum
– **elatius** (L.) P. Beauv. ex J. Presl et C. Presl
 – var. **bulbosum** (Willd.) Spenn. · D:Knolliger Glatt-Hafer · ♃ Z6 VI-VII; Eur.: S-Eur., W-Eur.
  – **'Variegatum'**
 – var. **elatius** · D:Gewöhnlicher Glatt-Hafer; E:False Oat Grass; F:Fromental élevé · ♃ Z6 VI-VII; Eur.*, TR, N-Iraq, Cauc., Iran, Canar., Madeira, NW-Afr., nat. in N-Am.
– *parlatorei* (J. Woods) Potztal = Helictotrichon parlatorei

Arrojadoa Britton et Rose -f- *Cactaceae* · 3 sp
– **penicillata** (Gürke) Britton et Rose · ♆ Z10 ⓚ ▽ *; Bras.
– *polyantha* (Werderm.) D.R. Hunt = Micranthocereus polyanthus

– **rhodantha** (Gürke) Britton et Rose · ♆ Z10 Ⓚ ▽ ✻; Bras.

Artabotrys R. Br. -m- *Annonaceae* · c. 100 sp · D:Klimmtraube; E:Tail Grape
– **hexapetalus** (L. f.) Bhandari · ♄ e ≹ D Z10 Ⓦ; S-Ind., Sri Lanka
– *uncinatus* (Lam.) Merr. = Artabotrys hexapetalus

Artanthe Miq. = Piper
– *magnifica* Linden = Piper magnificum

Artemisia L. -f- *Asteraceae (Compositae)* · c. 300 sp · D:Absinth, Beifuß, Eberraute, Wermut; E:Mugwort; F:Absinthe, Armoise
– **abrotanum** L. · D:Eberraute; E:Lad's Love, Southernwood; F:Citronnelle aurone · ♄ ♄ Z6 VII-X ⚕ Ⓝ; orig. ?, nat. in S-Eur., SE-Eur., W-As., Sib.
– **absinthium** L. · D:Absinth, Echter Wermut; E:Absinthe, Common Wormwood; F:Armoise absinthe · ♃ ♄ d Z6 VII-IX ⚕ ☠ Ⓝ; Eur.*, TR, Cauc., N-Iran, W-Sib., C-As., nat. in N-Am.
– **alba** Turra · D:Kampfer-Wermut · ♃ Z6 VII-IX; Eur.: Sp, Fr, Ap, Ba, RO; NW-Afr.
– **annua** L. · D:Einjähriger Beifuß; E:Sweet Wormwood · ⊙ Z8 VIII-X ⚕; Eur.* exc. BrI; TR, Syr., Palaest., Cauc., N-Iran, W-Sib., E-Sib., China, Korea, Jap., nat. in Can.: W; USA: NCE, NC, Rocky Mts., SW
– **arborescens** L. · ♄ e Z8 Ⓚ; Eur.: Ib, Ap, Ba; TR, N-Afr., nat. in Fr
– **armeniaca** Lam. · ♃ ⤳ △ Z5; Cauc. (Armen.)
– *assoana* Willk. = Artemisia caucasica
– **austriaca** Jacq. · D:Österreichischer Beifuß · ♃ ⤳ VII-VIII; Eur.: A, EC-Eur., BG, E-Eur.; TR, Cauc., N-Iran, nat. in F, D
– *baumgartenii* Besser = Artemisia eriantha
– **biennis** Willd. · D:Zweijähriger Beifuß · ⊙ VII-IX; N-As., N-Am., nat. in BrI, NL, DK, S-Sweden
– *borealis* Pall. = Artemisia campestris subsp. borealis
– *brachyphylla* Kitam. = Artemisia splendens var. brachyphylla
– **campestris** L. · D:Feld-Beifuß
  – subsp. **borealis** (Pall.) H.M. Hall et Clem. · D:Nordischer Beifuß; E:Boreal Sagebrush · ♃ Z2 VII-X; Eur.:
  – subsp. **campestris** · D:Gewöhnlicher Feld-Beifuß; E:Field Wormwood · ♃ Z2 VIII-X; Eur.*, TR, Cauc., W-Sib., C-As., NW-Afr.
– *camphorata* Vill. = Artemisia alba
– **canariensis** (Besser) Less. · ♄ Z9 Ⓚ; Canar.
– *canescens* Willd. = Artemisia armeniaca
– **caucasica** Willd. · F:Armoise du Caucase · ♃ Z5; Eur.: Ba, Ib, Ap, E-Eur.; Cauc.
– **cina** O. Berg · D:Zitwer; E:Levant Wormwood · ♄ VII-IX ⚕ ☠; C-As. (S-Kasach.)
– **dracunculus** L. · D:Estragon; E:Tarragon; F:Estragon · ♃ Z3 VIII-X ⚕ Ⓝ; Eur.: Russ.; W-Sib., E-Sib., C-As., W-Him., Mong., China, Alaska, Can., USA* exc. NE, SE, Fla., nat. in F, C-Eur., EC-Eur., JU, RO
– **eriantha** Ten. · ♃ △ Z5 VI-VIII; Eur.: Ib, Fr, Ap, EC-Eur., Ba, RO; mts.
– **frigida** Willd. · ♃ ♄ ♄ Z4 VII-VIII; Alaska, Can.: W, B.C.; USA: NW, Rocky Mts., Ariz., NC, NCE; Sib., nat. in ne N-Am.
– **genipi** Weber · D:Schwarze Edelraute · ♃ Z4 VII-VIII ⚕; Eur.: A, D, CH, I; Alp.
– **glacialis** L. · D:Gletscher-Edelraute; E:Glacier Wormwood · ♃ Z5 VII-VIII; Eur.: F, I, CH; SW-Alp.
  – var. *nitida* (Bertol.) Fiori et Paol. = Artemisia nitida
– *glauca* Pall. = Artemisia dracunculus
– **gmelinii** Webb ex Stechm. · ⊙ ♄ VIII-IX; S-Russ., Sib., Afgh., Him.
– *gnaphalodes* Nutt. = Artemisia ludoviciana
– **laciniata** Willd. · D:Schlitzblättriger Beifuß · ♃ VIII-X ▽; Eur.: A, D, Sveden (Öland), CZ, Russ.; W-Sib., E-Sib., C-As., Him., Mong., Amur, Manch.
– **lactiflora** Wall. ex DC. · D:Weißer China-Beifuß; E:White Mugwort; F:Armoise à fleurs laiteuses · ♃ ✂ Z4 IX-X ⚕; W-China
– *lanata* Willd. = Artemisia caucasica
  – var. *nitida* (Bertol.) DC. = Artemisia nitida
– *laxa* (Lam.) Fritsch = Artemisia umbelliformis
– **ludoviciana** Nutt. · D:Weißer Beifuß; E:Cudweed, Western Mugwort · ♃ Z5 VII-VIII; Alaska, Can.: W; USA*; Mex.
– **maritima** L. · D:Meer-Wermut, Strand-Beifuß; E:Sea Wormwood · ♃ ♄ Z7 IX-X Ⓝ; Eur.: BrI, Sc, Fr, D, Balt.; coasts
– *mutellina* S.G. Gmel. = Artemisia splendens var. splendens
– *mutellina* Vill. = Artemisia umbelliformis

– **nitida** Bertol. · D:Glänzende Edelraute · ♃ △ Z5 VIII-IX; Eur.: I, A, Slove.; SE-Alp., Alpi Apuane
– **nivalis** Braun-Blanq. · D:Schnee-Edelraute · ♃ VIII; Eur.: SW-CH
– **pancicii** (Janka) Ronniger · D:Waldsteppen-Beifuß · ♃ IX-X ▽; Eur.: A, Serb.
– *pedemontana* Balb. = Artemisia caucasica
– *petrosa* Fritsch = Artemisia eriantha
– **pontica** L. · D:Pontischer Beifuß; E:Roman Wormwood; F:Absinthe romaine · ♃ ⇝ Z4 VIII-X Ⓝ; Eur.: D, A, EC-Eur., BG, E-Eur.; Cauc., W-Sib., nat. in F, I, CH
– *procera* Willd. = Artemisia abrotanum
– *purshiana* Besser = Artemisia ludoviciana
– **rupestris** L. · D:Steppen-Beifuß · ♃ Z3 IX-X ▽; Eur.: D, Sweden, Russ; Sib., C-As.
– *sacrorum* Ledeb. = Artemisia gmelinii
– **santonica** L. · D:Salz-Beifuß · ♃ IX-X; Eur.: A, EC-Eur., Ba, E-Eur.
– **schmidtiana** Maxim. · D:Kurilen-Beifuß; E:Angel's Hair; F:Armoise de Schmidt · ♃ △ Z4 VIII; Jap., Sachal.
– **scoparia** Waldst. et Kit. · D:Besen-Beifuß · ⊙ Z3 VIII-X; Eur.: C-Eur., EC-Eur., E-Eur., Ba; TR, Iraq, Arab., Cauc., Iran, W-Sib., E-Sib., Amur, Sachal., C-As., Afgh., Pakist., NW-Ind., Mong., China, Korea, nat. in F
– **sieversiana** Ehrh. ex Willd. · D:Sievers-Beifuß · ⊙ ⊙ VII-IX; Eur.: Balt.; C-As., N-As.
– **splendens** Willd. · D:Kaukasischer Beifuß; E:Alpine Wormwood
  – var. **brachyphylla** Boiss. · ♃ △ Z5 VII-VIII; TR, Cauc., Iran
  – var. **splendens** · ♃ Z5 VII-VIII; Cauc., N-Iran, N-Iraq
– **stelleriana** Besser · D:Silber-Wermut; E:Dusty Miller, Old Woman; F:Armoise des côtes d'Extrême-Orient · ♃ ⇝ Z5 VII-VIII; Korea, Jap., Sachal., Kamchat., nat. in e N-Am., N-Eur.
– **tournefortiana** Rchb. · D:Armenischer Beifuß · ⊙ VII-IX; TR, Iran, Afgh., Him., nat. in D
– **tridentata** Nutt. · D:Dreizähniger Wermut; E:Big Sage, Sage Brush · ♄ e D Z7 VIII-IX; Can.: W; USA: NW, Calif., Rocky Mts., SW, NC; Mex: Baja Calif.
– **umbelliformis** Lam. · D:Echte Edelraute · ♃ △ Z4 VII-IX Ⓝ ▽; Eur.: F, I, C-Eur.; Pyr., Alp., N-Apenn.
– **vallesiaca** All. · D:Walliser Wermut; E:Valais Wormwood; F:Armoise du Valais · ♃ △ Z7 VIII-X; Eur.: SE-F, CH, N-I
– **verlotiorum** Lamotte · D:Kamtschatka-Beifuß · ♃ IX-XI; Jap., Kamchat., nat. in Eur.* exc. Sc, EC-Eur.
– *villarsii* Godr. et Gren. = Artemisia eriantha
– **vulgaris** L. · D:Gewöhnlicher Beifuß; E:Mugwort · ♃ Z3 VIII-XI ⚕ Ⓝ; Eur.*, TR, Cauc., Iran, W-Sib., E-Sib., C-As., Alger., Tun., Alaska, Can., USA: NE, NCE, NC, SE

Arthrocereus A. Berger et F.M. Knuth -m- *Cactaceae* · 5 sp
– **microsphaericus** (K. Schum.) A. Berger · ♆ Z9 Ⓚ ▽ ✱; Bras.
– *mirabilis* (Speg.) W.T. Marshall = Setiechinopsis mirabilis
– **rondonianus** Backeb. et Voll ex Backeb. · ♆ Z9 Ⓚ ▽ ✱; Bras.

Arthromeris (T. Moore) J. Sm. -f- *Polypodiaceae* · 9 sp
– **wallichiana** (Spreng.) Ching · ♃ Z9 Ⓦ; China, N-Ind.

Arthropodium R. Br. -n- *Anthericaceae* · 11-12 sp · D:Felsenlilie; E:Rock Lily; F:Lis des rochers
– **candidum** Raoul · D:Gras-Felsenlilie; E:Star Lily · ♃ Z8 Ⓚ V-VI; NZ
– **cirrhatum** (G. Forst.) R. Br. · D:Funkien-Felsenlilie; E:Rienga Lily, Rock Lily · ♃ Z8 Ⓚ V-VI; NZ
– **milleflorum** (DC.) J.F. Macbr. · ♃ Z8 Ⓚ V-VI; Austr.: Queensl., N.S.Wales, Victoria, S-Austr., Tasman.
– **minus** R. Br. · ♃ Z8 Ⓚ VI-VII; Austr.
– *paniculatum* (Andrews) R. Br. = Arthropodium milleflorum
– *reflexum* Colenso = Arthropodium candidum

Artocarpus J.R. Forst. et G. Forst. -m- *Moraceae* · c. 50 sp · D:Brotfruchtbaum; E:Breadfruit; F:Arbre à pain
– **altilis** (Parkinson) Fosberg · D:Brotfruchtbaum; E:Breadfruit · ♄ e Z10 Ⓦ Ⓝ; Molucca I., N.Guinea
– *cannonii* W. Bull ex Van Houtte = Ficus aspera 'Canonii'
– *communis* J.R. Forst. et G. Forst. = Artocarpus altilis
– **elasticus** Reinw. ex Blume · ♄ e Z10 Ⓦ Ⓝ;

Malay. Arch.
– **heterophyllus** Lam. · D:Jackfruchtbaum; E:Jackfruit · ₺ e Z10 ⓦ Ⓝ; Ind.
– *incisus* (Thunb.) L. f. = Artocarpus altilis
– **integer** (Thunb.) Merr. · D:Campedak; E:Taboda · ₺ e Z10 ⓦ Ⓝ; Indochina, Malay. Pen., Sumat., Kalimantan
– *integrifolius* auct. non L. f. = Artocarpus heterophyllus
– *integrifolius* L. f. = Artocarpus integer
– *jaca* Lam. = Artocarpus heterophyllus

Arum L. -n- *Araceae* · 26 sp · D:Aronstab; E:Lords and Ladies; F:Arum, Gouet
– *alpinum* Schott et Kotschy = Arum cylindraceum
– *bicolor* Aiton = Caladium bicolor
– *cornutum* hort. = Sauromatum venosum
– **creticum** Boiss. et Heldr. · ♃ Z7; Crete
– **cylindraceum** Gasp. · D:Dänischer Aronstab · ♃; Eur.: DK, S-Sweden
– **dioscoridis** Sibth. et Sm.
  – var. **dioscoridis** · ♃ Z8 ⓚ III-IV; TR
  – var. *liepoldtii* (Schott) Engl. = Arum dioscoridis var. dioscoridis
  – var. *luschanii* R.R. Mill = Arum dioscoridis var. dioscoridis
  – var. *smithii* Engl. = Arum dioscoridis var. dioscoridis
  – var. *spectabile* (Schott) Engl. = Arum dioscoridis var. dioscoridis
– *dracunculus* L. = Dracunculus vulgaris
– *esculentum* L. = Colocasia esculenta
– *guttatum* Wall. = Sauromatum venosum
– **italicum** Mill. · D:Italienischer Aronstab; E:Italian Arum; F:Gouet d'Italie · ♃ ♧ Z6 IV-V ☠; Eur.: Ib, Fr, BrI, Ap, CH, Ba, Krim; TR, Iraq, Cauc., Canar., Madeira, NW-Afr., nat. in NL
– **maculatum** L. · D:Gefleckter Aronstab; E:Cuckoo Pint, Lords-and-Ladies; F:Gouet tacheté · ♃ ♧ Z6 IV-V ⚕ ☠; Eur.* exc. Sc; TR, nat. in Sc
– **orientale** M. Bieb. · ♃ Z6 VI; Eur.: I, A, EC-Eur., Ba, RO, S-Russ.; TR, Cyprus, Cauc.
– **palaestinum** Boiss. · D:Schwarzer Aronstab; E:Black Calla · ♃ D Z9 ⓚ III-IV; Palaest.
– *petteri* Schott = Arum orientale
– **pictum** L. f. · ♃ Z8 ⓚ ∧ IX-X; Corse, Sard., Balear.
– *sanctum* Dammann = Arum palaestinum
– *ternatum* Thunb. = Pinellia ternata

Aruncus L. -m- *Rosaceae* · 4 sp · D:Geißbart; E:Buck's Beard; F:Barbe-de-bouc
– **aethusifolius** (Lév.) Nakai · D:Kleiner Geißbart; E:Dwarf Goat's Beard; F:Barbe de bouc · ♃ V-VI; Jap., Korea
– *astilboides* Maxim. = Aruncus dioicus var. astilboides
– **dioicus** (Walter) Fernald
  – var. **astilboides** (Maxim.) Hara · ♃ Z6 VI-VII; Jap.
  – var. **dioicus** · D:Wald-Geißbart; E:Goat's Beard; F:Barbe de bouc · ♃ ⋈ Z7 VI-VII ☠; Eur.* exc. BrI, Sc; TR, Cauc.
– **parvulus** Kom. · ♃ △ VI; Sib.
– **sinensis** hort. · ♃; cult.
– *sylvestris* Kostel. = Aruncus dioicus var. dioicus
– *vulgaris* Raf. = Aruncus dioicus var. dioicus

Arundina Blume -f- *Orchidaceae* · 5 (1-6) sp · D:Schilforchidee; F:Orchidée-roseau
– **graminifolia** (D. Don) Hochr. · D:Schilforchidee; E:Bamboo Orchid · ♃ Z10 ⓦ III-IV ▽ *; Him., Nepal, Indochina, Malay. Arch., nat. in Hawaii

Arundinaria Michx. -f- *Poaceae (Gramineae)* · c. 50 sp · E:Cane Reed
– *acuminata* Munro = Otatea acuminata
– *alpina* K. Schum. = Yushania alpina
– *anceps* Mitford = Yushania anceps
– *auricoma* Mitford = Pleioblastus auricomus
– *chino* Franch. et Sav. = Pleioblastus chino
– *disticha* (Mitford) Pfitzer ex Houz. = Pleioblastus pygmaeus var. distichus
– *fastuosa* (Lat.-Marl. ex Mitford) Houz. = Semiarundinaria fastuosa
– *fortunei* (Van Houtte) Rivière et C. Rivière = Pleioblastus variegatus 'Fortunei'
  – *'Shibuyana'* = Pleioblastus variegatus
– **gigantea** (Walter) Muhl. · E:Cane Reed, Giant Reed · ₺ Z6; USA: NE, NEC, SE
– *graminea* (Bean) Makino = Pleioblastus gramineus
– *hindsii* Munro = Pleioblastus hindsii
– *humilis* Mitford = Pleioblastus humilis
– *japonica* Siebold et Zucc. ex Steud. = Pseudosasa japonica
– *jaunsarensis* Gamble = Yushania anceps
– *marmorea* Mitford = Chimonobambusa marmorea
– *murieliae* Gamble = Fargesia murieliae
– *nitida* Mitford = Fargesia nitida

- *palmata* (Mitford) Bean = Sasa palmata
- *pumila* Mitford = Pleioblastus pumilus
- *pygmaea* (Miq.) Makino = Pleioblastus pygmaeus var. pygmaeus
- *ragamowskii* (Keng f.) Pfitzer = Indocalamus tessellatus
- *ramosa* Makino = Sasaella ramosa
- *simonii* (Carrière) Rivière et C. Rivière = Pleioblastus simonii
- *spathacea* D.C. McClint. = Fargesia murieliae
- *tessellata* (Nees) Munro = Thamnocalamus tessellatus
- *variegata* hort. = Pleioblastus variegatus
- *viridistriata* (Siebold ex André) Makino ex Nakai = Pleioblastus auricomus

Arundo L. -f- *Poaceae (Gramineae)* · 3 sp · D:Pfahlrohr; E:Giant Reed; F:Canne de Provence
- *arenaria* L. = Ammophila arenaria
- **donax** L.
  - var. **donax** · D:Pfahlrohr; E:Giant Reed · ♃ ~ Z7 ∧ ⚕ Ⓝ; ? C-As., ? S-As., nat. in Eur.: Ib, F, Ap, Ba; USA: Ark., Tex., Calif. SW; , trop. Am.
  - var. **versicolor** (Mill.) Stokes Z7; cult.
    - *'Variegata'* = Arundo donax var. versicolor

Asarina Mill. -f- *Scrophulariaceae* · 1 sp · D:Felsenlöwenmaul; E:Creeping Snapdragon; F:Maurandie, Muflier grimpant
- *antirrhiniflora* (Humb. et Bonpl. ex Willd.) Pennell = Maurandella antirrhiniflora
- *barclaiana* (Lindl.) Pennell = Maurandya barclaiana
- *erubescens* (D. Don) Pennell = Lophospermum erubescens
- *lophospermum* (L.H. Bailey) Pennell = Lophospermum scandens
- **procumbens** Mill. · D:Felsenlöwenmaul, Nierenblättriges Löwenmaul; E:Creeping Snapdragon · ♃ △ Z7 Ⓐ ∧ V-IX; Eur.: NE-Sp., S-F
- *purpusii* (Brandegee) Pennell = Lophospermum purpusii
- *scandens* (Cav.) Pennell = Maurandya scandens

Asarum L. -n- *Aristolochiaceae* · c. 70 sp · D:Haselwurz; E:Asarabacca, Wild Ginger; F:Asaret
- **canadense** L. · D:Kanadische Haselwurz; E:Wild Ginger · ♃ Z4 III-IV ⚕; Can., USA: NE, NCE, NC, SE
- **caudatum** Lindl. · D:Geschwänzte Haselwurz; E:Wild Ginger · ♃ Z7 VII; Can.: W; USA: NW, Rocky Mts., Calif.
- **europaeum** L. · D:Gewöhnliche Haselwurz; E:Asarabacca; F:Asaret d'Europe · ♃ Z5 III-V ⚕ ☠; Eur.* exc. BrI, Ib; W-Sib., nat. in BrI
- **hartwegii** S. Watson · D:Hartwegs Haselwurz; E:Hartweg's Ginger · ♃ Z7 Ⓐ ∧; USA: Oreg., Calif.

Asclepias L. -f- *Asclepiadaceae* · 108 sp · D:Seidenpflanze; E:Milkweed, Sildweed; F:Asclépiade
- *carnosa* Blanco = Hoya carnosa
- *cornuti* Decne. = Asclepias syriaca
- **curassavica** L. · D:Indianer-Seidenpflanze; E:Bloodflower Milkweed · ⊙ ♄ e Ⓚ VI-IX; Fla., W-Ind., Mex., C-Am., trop. S-Am., nat. in Sp., Maroc.
- *douglasii* Hook. = Asclepias speciosa
- **fruticosa** L. · D:Baumwoll-Seidenpflanze; E:Goose Plant · ♄ ⁂ Z9 Ⓚ VI-VIII Ⓝ; S-Afr., nat. in S-Eur., Austr.
- **incarnata** L. · D:Rote Seidenpflanze; E:Swamp Milkweed · ♃ Z3 VI-VIII; Can.: E; USA: NE, NCE, NC, Rocky Mts., SW, SC, SE
- **physocarpa** (E. Mey.) Schltr. · D:Schwanen-Seidenpflanze; E:Swan Plant · ♄ d Z9 Ⓚ; trop. Afr., S-Afr.
- **speciosa** Torr. · D:Stachlige Seidenpflanze; E:Showy Milkweed · ♃ ⁂ Z2 VI-VIII; Can.: W; USA: NW, . Calif., Rocky Mts., NC, SW, Tex.
- **syriaca** L. · D:Gewöhnliche Seidenpflanze; E:Silkweed · ♃ ⁂ ∧ VI-VIII ☠ Ⓝ; Can.: E, Sask.; USA: NE, NCE, NC, SC, SE, nat. in Eur.
- **tuberosa** L. · D:Knollige Seidenpflanze; E:Butterfly Weed, Pleurisy Root · ♃ ⁂ ∧ VI-VIII ⚕ ☠; USA: NE, NCE, NC, SW, Rocky Mts., SC, SE, Fla.

× **Ascocenda** hort. -f- *Orchidaceae* (*Ascocentrum* × *Vanda*)

Ascocentrum Schltr. ex J.J. Sm. -n- *Orchidaceae* · 8 sp
- **ampullaceum** (Lindl.) Schltr. · ♄ Z10 Ⓦ V-VI ▽ *; Him., Myanmar, Thail.
- **curvifolium** (Lindl.) Schltr. · ♄ Z10 Ⓦ ▽ *; Ind. (Assam), Nepal, Indochina

– **miniatum** (Lindl.) Schltr. · ♃ Z10 ⓦ ▽ *; Him., Indochina, Java, Phil.

× **Ascofinetia** hort. -f- *Orchidaceae* (*Ascocentrum* × *Neofinetia*)

× **Ascorachnis** hort. -f- *Orchidaceae* (*Arachnis* × *Ascocentrum*)

Asimina Adans. -f- *Annonaceae* · 8 sp · D:Papau; E:Pawpaw; F:Asiminier
– **triloba** (L.) Dunal · D:Dreilappige Papau; E:Pawpaw · ♄ ♄ d Z6 IV-V Ⓝ; Ont., USA: NE, NCE, NC, SC, SE, Fla.

Aspalathus L. -f- *Fabaceae (Leguminosae)* · 278 sp
– **acuminata** Lam. · ♄ e Z9 ⓚ; S-Afr.
– **contaminata** DC. · ♄ e Z9 ⓚ; S-Afr.
– **linearis** (Burm. f.) R. Dahlgren · D:Rooibostee, Rotbusch; E:Rooibos · ♄ e Z9 ⓚ ⚕ Ⓝ; S-Afr.

Aspalthium Medik. = Bituminaria
– *bituminosum* (L.) Fourr. = Bituminaria bituminosa

Asparagopsis (Kunth) Kunth = Asparagus
– *setacea* Kunth = Asparagus setaceus

Asparagus L. -m- *Asparagaceae* · c. 130-140 (-300) sp · D:Spargel; E:Asparagus; F:Asperge
– **acutifolius** L. · ♄ e ≷ Z8 ⓚ; Eur.: Ib, Fr, Ap, Ba; TR, N-Afr.
– **africanus** Lam. · ♄ e ≷ Z9 ⓚ; Namibia, S-Afr.
– **albus** L. · ♄ e ♣ Z8 ⓚ; Eur.: Ib, Ap; NW-Afr.
– **asparagoides** (L.) Druce · D:Stechwinden Spargel; E:Smilax Asparagus · ♃ ≷ ✂ Z10 ⓦ; Kap, nat. in S-Eur.
– *cooperi* Baker = Asparagus africanus
– **crispus** Lam. · D:Krauser Spargel; E:Basket Asparagus · ♃ ≷ ≷ Z9 ⓚ; S-Afr.
– *decumbens* Jacq. = Asparagus crispus
– **deflexus** Baker · ♄ ≷ ⓚ; Angola
– **densiflorus** (Kunth) Jessop · D:Zier-Spargel; E:Foxtail Fern · ♄ e ≷ ✂ Z9 ⓚ ▽; S-Afr.: Natal
  – **'Myersii'** · D:Meyers Zier-Spargel; E:Myers Asparagus · ⓚ; cult.
  – **'Sprengeri'** · D:Sprengers Zier-Spargel; E:Sprenger Asparagus · ⓚ; cult.
– **drepanophyllus** Welw. · ♄ e ≷ Z9 ⓦ XII-II; trop. Afr.
– *duchesnei* Lindl. = Asparagus drepanophyllus
– **falcatus** L. · D:Sicheldorn-Spargel; E:Sickle Thorn Asparagus · ♄ e ≷ Z10 ⓦ ⓚ VII-VIII; trop. Afr., S-Afr., Sri Lanka
– **filicinus** Buch.-Ham. · ♃ ✂ Z8 ∧; Him., SW-China
– **laricinus** Burch. · ♄ e Z9 ⓚ; S-Afr., Botswana
– **lucidus** Lindl. · D:Chinesischer Spargel; E:Lucid Asparagus · ♄ e ≷ Z7 ∧; China, Korea, Jap., Taiwan
– **madagascariensis** Baker · ♄ e Z9 ⓦ; Madag.
– *medeoloides* (L. f.) Thunb. = Asparagus asparagoides
– *meyeri* hort. = Asparagus densiflorus 'Myersii'
– *myersii* hort. = Asparagus densiflorus 'Myersii'
– **officinalis** L. · D:Gemüse-Spargel; E:Asparagus, Sparrow Grass, Wild Asparagus · ♃ ✂ Z4 V ⚕ Ⓝ; Eur.*, Cauc., W-Sib., nat. in N-Am.
  – var. *pseudoscaber* (Grecescu) Asch. et Graebn. = Asparagus pseudoscaber
– *plumosus* Baker = Asparagus setaceus
– **pseudoscaber** Grecescu · ♃ ✂ Z4 IV-V; Eur.: Ba, RO, W-Russ.
– **racemosus** Willd. · E:Asparagus · ♄ e ≷ Z9 ⓚ; E-Afr., S-Afr., trop. As.
– **retrofractus** L. · ♄ e ≷ Z9 ⓚ; S-Afr.
– **scandens** Thunb.
  – var. **deflexus** Baker · ♃ ≷ Z9 ⓚ; Kap
  – var. **scandens** · D:Kletternder Spargel; E:Basket Asparagus · ♃ ≷ Z9 ⓚ; S-Afr.
– **setaceus** (Kunth) Jessop · D:Farn-Spargel, Feder-Spargel; E:Asparagus Fern · ♄ e ≷ ✂ Z9 ⓦ ▽ IX-X; S-Afr.
– *sprengeri* Regel = Asparagus densiflorus 'Sprengeri'
– **tenuifolius** Lam. · D:Zartblättriger Spargel · ♃ ♣ ✂ Z7 V; Eur.: Fr, Ap, C-Eur., Ba, E-Eur.; TR
– *tetragonus* Bresler = Asparagus racemosus
– **trichophyllus** Bunge · ♃ ✂ Z6; Sib., N-China
– **umbellatus** Link · ♄ e ♣ Z9 ⓚ VI-VIII; Canar., Madeira
– **verticillatus** L. · ♄ ≷ ✂ Z6; Eur.: Ba, E-Eur.; TR, N-Iraq, Cauc., Iran, C-As.
– **virgatus** Baker · ♃ Z9 ⓚ; S-Afr.

Aspasia Lindl. -f- *Orchidaceae* · 5 (-10) sp

– **lunata** Lindl. · ♃ Z10 Ⓦ IV-V ▽ *; Bras.

Asperella Humb. = Hystrix
– *hystrix* Willd. = Hystrix patula

Asperugo L. -f- *Boraginaceae* · 1 sp · D:Scharfkraut, Schlangenäuglein; E:Madwort; F:Rapette
– **procumbens** L. · D:Scharfkraut, Schlangenäuglein · ☉ V-VIII; Eur.: C-Eur., Ap, EC-Eur., Sc, Ba, E-Eur.; TR, Levante, Cauc., W-Sib., E-Sib., C-As., Him., NW-Afr., Libya, nat. in Ib, Fr

Asperula L. -f- *Rubiaceae* · c. 90 sp · D:Meier, Meister; E:Woodruff; F:Aspérule
– **arcadiensis** Sims · ♃ Z8 V-VI; S-GR
– **aristata** L. f. · D:Grannen-Meier · ♃ Z7 VI-VIII; Eur.: Ib, Fr, CH, Ap, A, Ba, RO
– **arvensis** L. · D:Acker-Meier · ☉ V-VI; Eur.* exc. BrI, Sc; TR, Iraq, Cauc., Iran, nat. in Sc
– *athoa* Boiss. = Asperula suberosa
– *azurea* Jaub. et Spach = Asperula orientalis
– **cynanchica** L. · D:Hügel-Meier; E:Squinancy Wort · ♃ △ Z6 VI-IX; Eur.* exc. Sc; Cauc.
– **gussonii** Boiss. · ♃ △ Z7 VII-VIII; N-Sic.
– **hexaphylla** All. · ♃ △ VI-VII; Eur.: F, I; SW-Alp.
– **hirta** Ramond · ♃ △ Z6 VII-X; Eur.: Sp., F; Pyr.
– **lilaciflora** Boiss. · E:Woodruff · ♃ △ Z5 VI-VII; TR
  – subsp. *caespitosa* Boiss. = Asperula lilaciflora
– **neilreichii** Beck · D:Ostalpen-Meier · ♃ △ VI-IX; Eur.: D, A, Slova., ? RO, ? W-Russ; NE-Alp., Carp.
– **nitida** Sibth. et Sm. · ♃ △ Z7 VII-VIII; NW-TR (Ulu Dagh)
– *odorata* L. = Galium odoratum
– **orientalis** Boiss. et Hohen. · F:Aspérule azurée · ☉ D VI-VII; TR, Syr., Iraq, Cauc., Iran, nat. in H
– **purpurea** (L.) Ehrend. · D:Purpur-Meier · ♃ VII-VIII; Eur.: Fr, Ch, A, Ba, RO
– *setosa* hort. = Asperula orientalis
– *suberosa* Guss. = Asperula gussonii
– **suberosa** Sibth. et Sm. · ♃ △ Z7 V-VI; N-GR, SW-BG
– **taurina** L. · D:Turiner Meier · ♃ Z4 V-VI; Eur.: Ib, Fr, CH, A, Ba, RO, Krim; TR, Cauc., N-Iran, nat. in BrI, D, DK
– **tinctoria** L. · D:Färber-Meier; E:Dyer's Woodruff · ♃ Z4 VI-VII; Eur.* exc. BrI, Ib; S-Ural

Asphodeline Rchb. -f- *Asphodelaceae* · 14 (-20) sp · D:Junkerlilie; E:Jacob's Rod; F:Asphodéline
– *balansae* Baker = Asphodeline damascena
– **damascena** (Boiss.) Baker · ♃ Z8 Ⓚ ∧ V; TR, Syr.
– *isthmocarpa* Baker = Asphodeline damascena
– **liburnica** (Scop.) Rchb. · F:Bâton de Jacob · ♃ Z7 ∧ VI; Eur.: S-I, Ba, ? H; TR
– **lutea** (L.) Rchb. · D:Junkerlilie; E:King's Spear, Yellow Asphodel; F:Bâton de Jacob · ♃ Z7 ∧ V-VI; Eur.: Ap, Ba, RO; TR, Cauc.
– **taurica** (Pall.) Kunth · ♃ Z7 ∧ IV-V; GR, TR, Cauc.
– **tenuior** (Fisch.) Ledeb. · ♃ Z8 Ⓚ ∧ VI; Cauc., Iran

Asphodelus L. -m- *Asphodelaceae* · 12 sp · D:Affodill; E:Asphodel; F:Asphodèle
– **albus** Mill. · D:Affodill; E:Asphodel; F:Asphodèle blanche · ♃ Z6 V-VI ☠ Ⓝ; Eur.: Ib, Fr, CH, Ap, Ba; NW-Afr.
– **fistulosus** L. · D:Röhriger Affodill · ☉ ♃ Z8 Ⓚ ☠; Eur.: Ib, Fr, Ap, Ba; TR, Arab., Canar., N-Afr.
– *liburnicus* Scop. = Asphodeline liburnica
– *luteus* L. = Asphodeline lutea
– *tauricus* Pall. = Asphodeline taurica

Aspidistra Ker-Gawl. -f- *Convallariaceae* · c. 10 (-40) sp · D:Schildnarbe, Schusterpalme; E:Bar-Room Plant; F:Aspidistra, Plante des concierges
– **elatior** Blume · ♃ Z7 II-IV; China, nat. in Jap.
– **lurida** Ker-Gawl. · ♃ Z8 Ⓚ III-V; China

Aspidosperma Mart. et Zucc. -n- *Apocynaceae* · 50-80 sp
– **quebracho-blanco** Schltdl. · D:Quebrachobaum; E:Kebrako, Quebracho · ♄ Ⓚ ⚕ ☠ Ⓝ; w S-Am.
– **ramiflorum** Müll. Arg. · ♄ ⋈ Ⓚ; Bras.

Asplenium L. -n- *Aspleniaceae* · c. 720 sp · D:Streifenfarn; E:Spleenwort; F:Doradille
– *achilleifolium* (Lam.) H. Christ = Asplenium rutifolium
– **adiantum-nigrum** L. · D:Schwarzer Streifenfarn; E:Black Spleenwort · ♃ △ Z6

VII-VIII; Eur.*, TR, Cyprus, Cauc., C-As. (Tien-schan), NW-Afr.
- **adulterinum** Milde · D:Braungrüner Streifenfarn · ♃ Z4 VII-VIII ▽; Eur.: Sc, C-Eur., EC-Eur., Ap, Ba, RO
- *alpestre* Hoppe = Athyrium distentifolium
- × **alternifolium** Wulfen (*A. septentrionale × A. trichomanes subsp. trichomanes*) · D:Deutscher Streifenfarn · ♃ VII-IX; Eur. , W-TR
- *angustifolium* (Michx.) Milde = Athyrium pycnocarpon
- **antiquum** Makino · ♃ Z9 Ⓦ; Jap., Riukiu-Is., Taiwan
- **australasicum** (J. Sm.) Hook. · D:Nestfarn; E:Bird's Nest Fern · ♃ Z10 Ⓦ; E-Afr., trop. As., Austr., Polyn.
- *belangeri* (Bory) Kunze = Asplenium thunbergii
- *belangeri* (Kunze) C. Chr. = Asplenium decorum
- *bilotii* F.W. Schultz = Asplenium obovatum subsp. lanceolatum
- **bulbiferum** G. Forst. · D:Lebendgebärender Streifenfarn; E:Hen-and-Chicken Fern, Mother Fern · ♃ Z10 Ⓦ; Austr., NZ, N-Ind.
- **ceterach** L. · D:Milzfarn, Schriftfarn; E:Rusty Spleenwort; F:Herbe dorée · ♃ Z7 Ⓐ ∧ VI-VIII; Eur.* exc. Sc; TR, Levante, Cauc., C-As., Him., N-Afr.
- **cuneifolium** Viv. · D:Serpentin-Streifenfarn · ♃ Z5 VII-VIII ▽; Eur.* exc. BrI, Sc, ? Ib; TR; Cauc., S-China
- **daucifolium** Lam. · ♃ Z10 Ⓦ; Mascarene Is.
- **decorum** Kunze · ♃ Ⓦ; Sri Lanka, Indochina, Phil., Sumat., N.Guinea
- **dimorphum** Kunze · ♃ Z9 Ⓦ; Norfolk Is.
- *ebeneum* Aiton = Asplenium platyneuron
- *filix-femina* (L.) Bernh. = Athyrium filix-femina
- **fissum** Kit. ex Willd. · D:Zerschlitzter Streifenfarn · ♃ △ Z6 VII-IX ▽; Eur.: F, I, C-Eur., Ba; mts.
- **fontanum** (L.) Bernh. · D:Jura-Streifenfarn; E:Smooth Rock Spleenwort · ♃ △ Z6 VII-IX ▽; Eur.: Ib, Fr, ,Ap, C-Eur., Ec-Eur., Ba; Maroc.
- **forisiense** O. Le Grand · D:Französischer Streifenfarn · ♃ Z7 VI-IX ▽; Eur.: Ib, Fr, Ap, C-Eur., W-Ba
- *halleri* (Roth) DC. = Asplenium fontanum
- *lanceolatum* Huds. = Asplenium obovatum subsp. lanceolatum
- **lepidum** C. Presl · D:Zarter Streifenfarn · ♃ Z6 III-X; Eur.: Ib, Fr, A, H, Ba, RO; TR
- **longissimum** Blume · ♃ Z10 Ⓦ; Malay. Arch.
- *lucidum* G. Forst. non Burm. = Asplenium lyallii
- **lyallii** (Hook. f.) T. Moore · ♃ Z9 Ⓦ; Madag., S-Afr., NZ
- × **murbeckii** Dörfl. (*A. ruta-muraria × A. septentrionale*) · D:Schwäbischer Streifenfarn · ♃; Eur.: Sp., F, GB, Sc, C-Eur., H, RO: Cauc.
- **nidus** L. · D:Vogel-Nestfarn; E:Bird's Nest Fern · ♃ Z10 Ⓦ; E-Afr., trop. As., Austr., Polyn.
  - var. *australasicum* J. Sm. = Asplenium australasicum
- *nidus-avis* hort. = Asplenium nidus
- **obovatum** Viv.
  - subsp. *bilottii* (F.W. Schultz) O. Bolòs = Asplenium obovatum subsp. lanceolatum
  - subsp. **lanceolatum** (Fiori) P. Silva · D:Billots Streifenfarn; E:Billot's Spleenwort · ♃ VII-IX; Eur.: Ba; TR
  - subsp. **obovatum** · D:Lanzettblättriger Streifenfarn; E:Lanceolate Spleenwort · ♃ Z8 Ⓚ Ⓐ ∧; Eur.: Ba; , Canar.; TR
- **onopteris** L. · D:Spitzer Streifenfarn; E:Irish Spleenwort · ♃ Z6 V-X; Eur.: Ib, IRL, Fr, Ap, H, PL, Ba, RO; TR, Levante, NW-Afr., Libya
- **platyneuron** (L.) Oakes · D:Breitnerviger Streifenfarn; E:Ebony Spleenwort · ♃ Z5; Can.: E; USA: NE, NCE, NC, Colo., SC, SE, Fla.; W-Ind., n S-Am., S-Afr.
- **rhizophyllum** L. · D:Kriechender Streifenfarn; E:Walking Fern, Walking Leaf · ♃ Z6 Ⓐ; Can.: E; USA: NE, NCE, Mo., Okla., SE
- **ruta-muraria** L. · D:Mauer-Streifenfarn, Mauerraute; E:Wall Rue · ♃ △ Z6 VII-IX; Eur.*, TR, Syr., Cauc., C-As., W-Sib., E-Sib., Amur, Maroc., Alger., Can.: E; USA: NE., NC, SE
- **rutifolium** (Bergius) Kunze · ♃ Z10 Ⓦ; Ind., China, S-Korea, Jap., Taiwan
- **scolopendrium** L. · D:Hirschzungenfarn; E:Hart's Tongue Fern, Hart's Tongue; F:Scolopendre · ♃ Z5 ⛉ VII-VIII ⚕ ▽; Eur.*, TR, Syr., Palaest., Cauc., N-Iran, Jap., Canar., NW-Afr., Libya, Can., USA: NE, NCE, SE; Mex.
  - **in Sorten**
- **seelosii** Leyb. · D:Dolomit-Streifenfarn · ♃ Z6 VII-VIII; Eur.: Ib, Fr, C-Eur., Ap, Ba;

N-Sp., Pyr., Alp.; Maroc.
- **septentrionale** (L.) Hoffm. · D:Nordischer Streifenfarn; E:Forked Spleenwort, Grass Fern · ♃ △ Z3 VII-VIII; Eur.*, TR, Cauc., W-Sib., C-As., Him., Maroc., USA: NC, SC, SW, Rocky Mts., Calif.
- **serra** Langsd. et Fisch. · ♃ Z9 (W); trop. Am., trop. Afr.
- **tenerum** G. Forst. · ♃ Z10 (W); trop. As., Polyn.
  - var. *belangeri* Bory = Asplenium thunbergii
- **thunbergii** Mett. · ♃ Z10 (W); Malaysia
- **trichomanes** L. · D:Silikatliebender Brauner Streifenfarn; F:Fausse-Capillaire · ♃ △ Z2 VII-VIII; cosmop.
- **viride** Huds. · D:Grüner Streifenfarn; E:Green Spleenwort · ♃ △ Z5 VII-VIII; Eur.*, TR, Cyprus, Cauc., W-Sib., E-Sib., C-As., Him., Maroc., Alaska, Can., USA: NE, NCE, NC, Rocky Mts., NW, Calif., Greenl.
- *viviparum* (L. f.) C. Presl = Asplenium daucifolium

× **Aspoglossum** hort. -n- *Orchidaceae* (*Aspasia* × *Odontoglossum*)

Astartea DC. -f- *Myrtaceae* · 7-8 sp
- **fascicularis** DC. · ♄ (K); Austr.: W-Austr.

Astelia Banks et Sol. ex R. Br. -f- *Asteliaceae* · 25 sp
- **banksii** A. Cunn. · ♃ Z9 (K); NZ

Aster L. -m- *Asteraceae (Compositae)* · 250 sp · D:Aster; E:Aster, Michaelmas Daisy; F:Aster
- *acris* L. = Aster sedifolius subsp. sedifolius
- *ageratoides* Turcz. = Aster trinervius
  - var. *ageratoides* = Aster trinervius subsp. ageratoides
  - var. *ovatus* (Fr. et Sav.) Nakai = Aster trinervius subsp. microcephalus
- *agrostifolius* Small = Aster lateriflorus
- **albescens** (DC.) Hand.-Mazz. · E:Shrubby Aster · ♄ △ Z6 VII-VIII; Kashmir, Him., SW-China, Myanmar
- × **alpellus** hort. (*A. alpinus* × *A. amellus*) · ♃ △ Z3 VI-VII; cult.
- **alpigenus** (Torr. et A. Gray) A. Gray · D:Oregon-Aster; E:Tundra Aster
  - subsp. **alpigenus** · ♃ Z7; USA: NW, Calif., Rocky Mts.
  - subsp. **andersonii** (A. Gray) Ouno · ♃ Z7 VII-IX; USA: NW, Calif., Nev.
- **alpinus** L. · D:Alpen-Aster; E:Alpine Aster, Blue Alpine Daisy; F:Aster des Alpes · ♃ △ Z3 VI ▽; Eur.* exc. BrI, Sc; mts.; TR, Cauc., N-Iran, W-Sib., E-Sib., C-As., Mong., China, Alaska, Can., USA: Rocky Mts.
  - **in Sorten**
  - var. *dolomiticus* Beck = Aster alpinus
- **amellus** L. · D:Berg-Aster, Kalk-Aster; E:Italian Aster, Italian Starwort · ♃ Z5 VII-IX ▽; Eur.: Fr, Ap, C-Eur., EC-Eur., Ba, E-Eur.; TR, Cauc.
  - **in vielen Sorten**
- *andersonii* A. Gray = Aster alpigenus subsp. andersonii
- **asteroides** (DC.) Kuntze · ♃ △ Z6 V-VI; Bhutan, SE-Tibet, W-China
- **azureus** Lindl. · ♃ Z5 VIII-IX; Ont., USA: NE, NCE, SC, SE
- **bellidiastrum** (L.) Scop. · D:Alpenmaßliebchen; E:Daisy-star Aster · ♃ △ Z6 IV-VI; Eur.: Fr, Ap, C-Eur., EC-Eur., Ba, ? RO; mts.
- *bergerianus* (Spreng.) Harv. = Felicia bergeriana
- *canus* Waldst. et Kit. = Aster sedifolius subsp. canus
- *chinensis* L. = Callistephus chinensis
- **ciliolatus** Lindl. · D:Lindleys Aster; E:Lindley's Aster · ♃ Z2 IX-X; Can.; USA: NE, NCE, NC, Rocky Mts.
- **cordifolius** L. · D:Blaue Wald-Aster; E:Blue Wood Aster
  - **in Sorten**
  - subsp. **cordifolius** · F:Aster à feuilles en couer · ♃ Z3 IX-X; Can.: E; USA; NE, NCE, SE
- *delavayi* Franch. = Aster diplostephioides
- **diplostephioides** (DC.) C.B. Clarke · ♃ △ Z5 V-VI; Him., SE-Tibet, W-China
- **divaricatus** L. · D:Weiße Wald-Aster; E:White Wood Aster; F:Aster divariqué · ♃ Z4 IX-X; Can.: E; USA: NE, NCE, SE, nat. in NL
- **dumosus** L. · D:Buschige Aster, Kissen-Aster; E:Bushy Aster, Rice Button Aster; F:Aster nain d'automne · ♃ Z3 VIII-X; Can.: E; USA: NE, NCE, SE
  - **in vielen Sorten**
- **ericoides** L. · D:Erika-Aster, Myrten-Aster; E:White Heath Aster
  - **in Sorten**
  - *'Monte Cassino'* = Aster pringlei 'Monte Cassino'

– subsp. **ericoides** · ♃ Z3 IX-XI; Can.: W; USA: NE, NCE, NC, Rocky Mts., SW, SC, SE; Mex.
– **farreri** W.W. Sm. et Jeffrey · ♃ △ Z4 V-VI; Tibet, W-China
– **flaccidus** Bunge · ♃ △ Z6 V-VI; C-As., Afgh., Pakist., Him., SW-China
– × **frikartii** Frikart (*A. amellus* × *A. thomsonii*) · D:Frikarts Aster; E:Frikart's Aster; F:Aster de Frikart · ♃ Z4 VIII-XI; cult.
– **in Sorten**
– **himalaicus** C.B. Clarke · ♃ △ Z6 V-VI; Nepal, Bhutan, Sikkim, Tibet, N-Ind.: Assam; Myanmar
– *hirsuticaulis* Lindl. ex DC. = Aster lateriflorus
– *incisus* Fisch. = Kalimeris incisa
– **laevis** L. · D:Glatte Aster, Kahle Aster; E:Smooth Aster · ♃ Z4 X; Can., USA* exc. Calif., SC, nat. in Eur.
– **lanceolatus** Willd. · ♃ Z4 VIII-X; N-Am., nat. in Eur.*
– **lateriflorus** (L.) Britton · D:Kattun-Aster, Verkümmerte Aster; E:Farewell Summer, Starved Aster; F:Aster à fleurs latérales · ♃ Z3 IX-X; Can.: E; USA: NE, NCE, SE
– *likiangensis* Franch. = Aster asteroides
– *lindleyanus* Torr. et A. Gray = Aster ciliolatus
– **linosyris** (L.) Bernh. · D:Goldhaar-Aster; E:Goldilocks; F:Aster doré · ♃ Z4 VIII-X; Eur.*, TR, Cauc., Alger.
– *lutescens* (Lindl.) Torr. et A. Gray = Aster ptarmicoides var. lutescens
– × *luteus* hort. = × Solidaster luteus
– **macrophyllus** L. · D:Herzblättrige Aster; E:Bigleaf Aster · ♃ Z3 VIII; Can.: E; USA: NE, NCE, SE, nat. in NL, N-D, PL
– *mongolicus* Franch. = Kalimeris mongolica
– *montanus* R. Br. = Aster sibiricus
– *multiflorus* Aiton = Aster ericoides subsp. ericoides
– **novae-angliae** L. · D:Neuengland-Aster, Raublatt-Aster; E:New England Aster; F:Aster de Nouvelle-Angleterre · ♃ ✂ Z2 X-XI; Can., USA: NE, SE, NC, Rocky Mts., SW, nat. in C-Eur.
– **in vielen Sorten**
– **novi-belgii** L. · D:Glattblatt-Aster, Neubelgien-Aster; E:Michaelmas Daisy; F:Aster à feuilles lisses · ♃ ✂ Z2 X; Can.: E; USA: NE, SE, nat. in Eur.*
– **in vielen Sorten**
– *pappei* Harv. = Felicia amoena
– **parviceps** (Burgess) Mack. et Bush · ♃ ✂ X-XI; USA: Iowa, Ill., Mo.
– **parviflorus** Nees · D:Kleinblütige Aster · ♃ VIII-X; Can.: E; USA: NE, NCE, nat. in C-Eur.
– **pilosus** Willd. · D:Weichhaarige Aster; E:White Oldfield Aster
– var. **demotus** Blake · D:Kleinköpfige Aster · ♃ Z5 VIII-X; Can.: Ont.; USA: NE, NCE, SE
– var. **pilosus** · ♃ Z5; Can.: E; USA: NE, NCE, NC, SE, nat. in Eur.
– var. *pringlei* (A. Gray) Blake = Aster pringlei
– **pringlei** (A. Gray) Britton · D:Pringleis Aster · ♃ IX-X; Can.: Ont.; USA: NE, NCE, SE
– **'Monte Cassino'**
– **ptarmicoides** (Nees) Torr. et A. Gray · D:Hochland-Aster
– var. **lutescens** (Lindl.) A. Gray · D:Gelbe Hochland-Aster · Z3; Can.: W, Sask.; USA: NCE, NC
– var. **ptarmicoides** · D:Weiße Hochland-Aster · ♃ Z3 VIII-IX; USA: NE, NCE, NC, SE
– *purdomii* Hutch. = Aster flaccidus
– **pyrenaeus** Desf. ex DC. · D:Pyrenäen-Aster; F:Aster des Pyrénées · ♃ Z6 VIII-IX ▽; Eur.: F; Pyr.
– × **salignus** Willd. (*A. lanceolatus* × *A. novi-belgii*) · D:Weidenblättrige Aster · ♃ Z2 VIII-X; Eur.: D, BrI, F, H; W-Sib., nat. in Eur.* exc. Ib
– **savatieri** Makino · ♃ △ Z7 V-VII; Jap.
– **schreberi** Nees · D:Schrebers Aster · ♃ VII-VIII; USA: NE, NCE, nat. in Scotland
– **sedifolius** L.
– subsp. **canus** (Waldst. et Kit.) Merxm. · D:Graue Aster · ♃ Z6 IX-X; Eur.: A, Slova., H, Serb., BG, RO
– subsp. **sedifolius** · F:Aster à fleurs en étoile · ⊙ ♃ Z6 VIII-IX; Eur.* exc. BrI, Sc; Cauc., Sib.
– **shortii** Lindl. · D:Shorts Aster; E:Short's Aster · ♃ Z4 IX-X; USA: NE, NCE, SE
– **sibiricus** L. · D:Arktische Aster; E:Arctic Aster · ♃ Z3 VIII-IX ▽; Eur.: Norw., Russ., W-Sib., E-Sib., Amur, Sachal., Kamchat., Alaska, Can.: W; USA: NW
– *spectabilis* Willd. = Aster novi-belgii
– **stracheyi** Hook. f. · ♃ △ Z6 V-VI; W-Him.
– *subcoeruleus* S. Moore = Aster tongolensis
– *subintegerrimus* (Trautv.) Ostenf. et Resv.-

Holms. = Aster sibiricus
– **tataricus** L. f. · D:Tatarische Aster; E:Tartarian Aster · ♃ Z3 VIII-X ⚕ ; Sib., Mong., China, Manch., Korea, Jap.
– **thomsonii** C.B. Clarke · ♃ Z7 VII-IX; W-Him.
– **tibeticus** Hook. f. · D:Tibet-Aster · ♃ △ Z6 V-VI; Him., Tibet
– **tongolensis** Franch. · D:Szetschuan-Aster; F:Aster de l'Himalaya · ♃ △ Z6 V-VI; W-China
– *tradescantii* hort. = Aster pilosus var. demotus
– **tradescantii** L. · D:Tradescants Aster; E:Tradescant's Aster · ♃ Z3 VIII-X; Can.: E; USA: NE, NCE
– **trinervius** D. Don
  – subsp. **ageratoides** (Turcz.) Grierson · ♃ Z7; SW-China, Myanmar, Him.
  – subsp. **microcephalus** (Miq.) Makino · ♃ Z7; Jap.
  – subsp. **trinervius** · ♃ Z7; Him.
– **tripolium** L. · D:Strand-Aster; E:Sea Aster · ⊙ Z6 VII-IX; Eur.*, Cauc., W-Sib., E-Sib., Sachal., C-As., Mong., China, Korea, Jap.
– **umbellatus** Mill. · D:Schirm-Aster; E:Umbelled Aster · ♃ Z3 VIII-IX; Can.: E; USA: NE, NCE, SE
– × **versicolor** Willd. (*A. laevis* × *A. novi-belgii*) · D:Bunte Glattblatt-Aster · ♃ Z2 IX-X; cult., nat. in Eur.: Fr, I, BrI, C-Eur., EC-Eur., RO
– **vimineus** Lam. · ♃ Z3 VIII-X; Can.: E; USA: NE, NCE, SC, SE
– **yunnanensis** Franch. · ♃ △ Z5 V-VI; W-China

Asterago Everett = × Solidaster
– *lutea* Everett = × Solidaster luteus

Asteranthera Hanst. -f- *Gesneriaceae* · 1 sp
– **ovata** (Cav.) Hanst. · ♄ e ≹ Z9 ⓚ XII-V; S-Chile

Asteriscus Mill. -m- *Asteraceae (Compositae)* · 3 sp · D:Sternauge; F:Astérolide
– **aquaticus** (L.) Less. · D:Gewöhnliches Sternauge · ⊙ Z7; Eur.: Ib, Fr, Ap, Ba; TR, N-Afr.
– **maritimus** (L.) Less. · ♃ Z8 ⓚ VIII-IX; Eur.: Ib, F, Ap, GR, Canar.; N-Afr.
– **pygmaeus** Coss. et Kralik · ⊙ Z7; N-Afr., Iran, Pakist.
– *sericeus* (L. f.) DC. = Nauplius sericeus
– **spinosus** (L.) Cass. · ⊙ ⊙ Z7; Eur.: Ib, F, Ap, Ba, Krim; TR, Cyprus, Levante, N-Afr., Canar.

Astilbe Buch.-Ham. ex G. Don -f- *Saxifragaceae* · 12 sp · D:Astilbe, Prachtspiere; E:False Buck's Beard; F:Astilbe
– × **arendsii** Arends (*A. astilboides* × *A. chinensis var. davidii* × *A. thunbergii* × *A. yakushimana*) · D:Garten-Astilbe · ♃ Z6; cult.
  – **in vielen Sorten**
– **astilboides** (Maxim.) Lemoine · ♃ Z6 VII; Jap.
– **chinensis** (Maxim.) Franch. et Sav.
  – var. **chinensis** · D:China-Astilbe; E:Chinese Astilbe; F:Astilbe naine · ♃ Z5 VII; Amur, N-China, Korea
  – var. **davidii** Franch. · D:Hohe China-Astilbe · ♃ VII; Amur, N-China, Manch., Korea, Jap.
  – var. **pumila** Vilm. · D:Zwerg-Astilbe · ♃ Z5 VIII-IX; Tibet
  – var. **taquetii** (Lév.) Vilm. · D:Purpur-Astilbe · ♃ Z5 VII; E-China
– × **crispa** (Arends) Bergmans (*?*) · ♃ Z6; cult.
– *davidii* (Franch.) Henry = Astilbe chinensis var. davidii
– **glaberrima** Nakai
  – var. **glaberrima** · ♃ Z6; Jap.: Kyushu
  – var. **saxatilis** Nakai · ♃ △ Z6 VII-VIII; Jap.
– **grandis** Stapf ex E.H. Wilson · ♃ VII-VIII; NW-China, C-China
– **japonica** (C. Morren et Decne.) A. Gray · D:Japanische Astilbe; E:Japanese Astilbe; F:Astilbe du Japon · ♃ Z5 V-VI; Jap.
  – **in vielen Sorten**
– **koreana** (Kom.) Nakai · D:Koreanische Astilbe; E:Korean Astilbe · ♃ Z7 VII-VIII; Korea, N-China
– **rivularis** Buch.-Ham. · D:Bach-Astilbe; F:Astilbe des ruisseaux · ♃ Z7 VIII; Him.
– **simplicifolia** Makino · D:Kleine Astilbe; F:Astilbe glabre · ♃ Z7 VII; Jap.
  – **in Sorten**
– *taquetii* (Lév.) Koidz. = Astilbe chinensis var. taquetii
– **thunbergii** (Siebold et Zucc.) Miq. · E:Thunberg's Astilbe · ♃ Z7 VII-VIII; Jap.

Astilboides (Hemsl.) Engl. -f- *Saxifragaceae*

· 1 sp · D:Tafelblatt
– **tabularis** (Hemsl.) Engl. · D:Tafelblatt · ♃ ⁓ Z7 VI; Manch., N-Korea

Astragalus L. -m- *Fabaceae (Leguminosae)* · c. 2000 sp · D:Berglinse, Stragel, Tragant; E:Milk Vetch; F:Astragale, Réglisse sauvage
– **alopecuroides** L. · D:Fuchsschwanz-Tragant · ♃ Z6; Sp., S-F
– **alpinus** L. · D:Alpen-Tragant; E:Alpine Milk Vetch · ♃ Z5 VI-VIII; Eur.*, Cauc., W-Sib., E-Sib., Amur, Kamchat., C-As; N-Am.
– **angustifolius** Lam. · F:Astragale à feuilles étroites · ♄ △ Z8 Ⓚ VII-VIII; Eur.: Ba; TR, Cauc.
– **arenarius** L. · D:Sand-Tragant · ♃ VI-VII ▽; Eur.: D, Sweden, EC-Eur., E-Eur.
– *aristatus* L'Hér. = Astragalus sempervirens
– **asper** Jacq. · D:Rau-Tragant · ♃ V-VI; Eur.: A, EC-Eur., BG, E-Eur.; Cauc.
– **australis** (L.) Lam. · D:Südlicher Tragant · ♃ V-VI; Eur.* exc. BrI, Sc; mts.; W-Sib., E-Sib., Mong.
– **austriacus** L. · D:Österreichischer Tragant · ♃ VI-VIII; Eur.* exc. BrI, Sc
– **boeticus** L. · ♃ Z8 V-VII Ⓝ; Eur.: Ib, Fr, Ap, Ba; Levante, Sinai, Iran, N-Afr., Macaron.
– *campestris* L. = Oxytropis campestris
– **centralpinus** Braun-Blanq. · ♃ Z6 VII-VIII ▽; Eur.: F, I, BG; SW-Alp., Rodope mts.
– **cicer** L. · D:Kicher-Tragant; E:Chick Pea Milk Vetch, Wild Lentil · ♃ VI-VIII Ⓝ; Eur.* exc. BrI, Sc; TR, Cauc.
– **danicus** Retz. · D:Dänischer Tragant; E:Purple Milk Vetch · ♃ △ Z5 V-VI; Eur.* exc. Ib, Ba; Cauc., W-Sib., E-Sib., C-As., Mong.
– **depressus** L. · D:Niederliegender Tragant · ♃ △ Z6 V-VI; Eur.: Ib, Fr, Ap, Ba, RO, CH; TR, Maroc., Alger.
– **exscapus** L. · D:Stängelloser Tragant · ♃ △ Z5 V-VI; Eur.: F, I, C-Eur., EC-Eur., Ba, RO
– **frigidus** (L.) A. Gray · D:Gletscher-Tragant · ♃ Z5 VII-VIII; Eur.: Fr, Ap, C-Eur., EC-Eur., Sc, E-Eur.; N, mts.; W-Sib., E-Sib., Amur, Kamchat.
– **glycyphyllos** L. · D:Bärenschote, Süßer Tragant; E:Wild Liquorice · ♃ Z3 VI-IX Ⓝ; Eur.*, N-TR, Cauc., W-Sib.
– **gummifer** Labill. · D:Gummi-Tragant; E:Gum Tragacanth · ♄ Ⓚ ⚕ Ⓝ; TR, Lebanon
– **hypoglottis** L. · D:Purpur-Tragant · ♃ VI-VII; Eur.: Sp., F, I, Ba
– **leontinus** Wulfen · D:Tiroler Tragant · ♃ Z5 VI-VII; Eur.: F, I, Ch, A, Croatia, Bosn.; Alp., NW-Ba
– **microcephalus** Willd. · ♄ Ⓚ ⚕; Cauc., TR
– **monspessulanus** L. · D:Französischer Tragant · ♃ △ Z6 V-VI; Eur.: Ib, Fr, CH, Ap, Ba, E-Eur.; NW-Afr.
– *montanus* L. = Oxytropis jacquinii
– **norvegicus** Weber · D:Norwegischer Tragant · ♃ VII-VIII; Eur.: A, Slova., Sc, Russ., ? RO; N, E-Alp., Carp.
– **onobrychis** L. · D:Esparsetten-Tragant · ♃ Z5 VI-VII; Eur.* exc. BrI, Sc; TR, Cauc., W-Sib., C-As., Alger.
– **penduliflorus** Lam. · D:Alpen-Blasenschote, Hängeblütiger Tragant · ♃ Z5 VII-VIII; Eur.* exc. BrI; S-Sweden, Pyr., Alp., Carp.
– *purpureus* Lam. = Astragalus hypoglottis
– **sempervirens** Lam. · D:Dorniger Tragant · ♄ △ Z5 V-VIII; Eur.: Sp., F, I, CH, GR
– *sericeus* Lam. = Oxytropis halleri
– **sulcatus** L. · D:Ungarischer Tragant · ♃ V-VII; Eur.: A, EC-Eur., E-Eur.; W-Sib., E-Sib., C-As.
– **tragacantha** L. · ♄ Ⓚ VI-VII; Eur.: Ib, F, Corse, Sard.
– **vesicarius** L. · D:Blasen-Tragant · ♃ V-VIII; Eur.: Ib, Fr, Ap, Ba, A, EC-Eur., E-Eur.

Astrantia L. -f- *Apiaceae (Umbelliferae)* · 10 sp · D:Sterndolde; E:Masterwort; F:Astrance, radiaire
– **bavarica** F.W. Schultz · D:Bayerische Sterndolde · ♃ △ Z6 VI-VIII; Eur.: I, D, A, Slove.; E-Alp.
– **carniolica** Wulfen · D:Krainer Sterndolde · ♃ △ Z6 VII-VIII; Eur.: I, A, Slove.; SE-Alp.
– *helleborifolia* Salisb. = Astrantia maxima
– *heterophylla* Willd. = Astrantia maxima
– **major** L.
  – subsp. **carinthiaca** Arcang. · D:Kärntner Sterndolde · ♃ Z6; Eur.: Sp., F, I, Ba; mts.
  – subsp. **involucrata** W.D.J. Koch Z6; C-Eur.
  – subsp. **major** · D:Große Sterndolde; E:Greater Masterwort; F:Grande Astrance · ♃ ⋊ Z6 VI-VIII; Eur.* exc.

BrI, Sc, nat. in BrI, Sc
 – **in vielen Sorten**
 – **'Rubra'**
– **maxima** Pall. · F:Astrance à feuilles d'hellébore · ♃ ⫘ Z6 VI-VIII; Cauc., TR
– **minor** L. · D:Kleine Sterndolde; E:Lesser Masterwort · ♃ △ Z6 VII-VIII; Eur.: Sp., F, CH, I; Pyr., SW-Alp., N-Apenn.
– *rubra* hort. = Astrantia major subsp. major 'Rubra'

Astrapaea Lindl. = Dombeya
– *wallichii* Lindl. = Dombeya wallichii

Astridia Dinter -f- *Aizoaceae* · 7 sp
– **dinteri** L. Bolus · ♃ ψ Z9 Ⓚ; Namibia

Astrocaryum G. Mey. -n- *Arecaceae (Palmae)* · c. 50 sp · D:Sternnusspalme; F:Palmier
– **jauari** Mart. · ♄ e Ⓦ Ⓝ; Bras.
– **mexicanum** Liebm. · ♄ e Ⓦ; Mex., Guat. Hond.
– **murumuru** Mart. · ♄ e Ⓦ Ⓝ; Bras.
– **tucuma** Mart. · ♄ e Ⓦ Ⓝ; Bras.
– **vulgare** Mart. · ♄ e Ⓦ Ⓝ; Bras.

Astroloba Uitewaal -f- *Aloaceae* · 4-7 sp
– **aspera** (Haw.) Uitewaal · ♃ ψ Z9 Ⓚ; Kap
– *deltoidea* (Hook. f.) Uitewaal = Astroloba spiralis subsp. foliolosa
– *muricata* hort. = Astroloba aspera
– **spiralis** (L.) Uitewaal
 – subsp. **foliolosa** (Haw.) L.E. Groen · ♃ ψ Z9 Ⓚ; S-Afr. (Karroo)
  – **'Pentagona'** · ♃ ψ Ⓚ; Kap
 – subsp. **spiralis** · ♃ ψ Z9 Ⓚ; Kap

Astromerremia Pilg. = Merremia

Astronium Jacq. -n- *Anacardiaceae* · 15 sp
– **balansae** Engl. · D:Urundayholz · ♄ Ⓝ; N-Arg., Parag.

Astropanax Seem. = Schefflera

Astrophyllum Torr. et A. Gray = Choisya

Astrophyton Lawr. = Astrophytum

Astrophytum Lem. -n- *Cactaceae* · 4-5 sp · D:Bischofsmütze, Sternkaktus; F:Bonnet d'évêque, Cactus étoilé
– **asterias** (Zucc.) Lem. · D:Seeigel-Sternkaktus; E:Sand Dollar, Silver Dollar Cactus · ψ Z9 Ⓚ VI-VIII ▽ ✻; S-Tex., N-Mex.
– **capricorne** (A. Dietr.) Britton et Rose · D:Bockshorn-Kaktus; E:Goat's Horn Cactus · ψ Z9 Ⓚ ▽ ✻; N-Mex.
– **myriostigma** Lem. · D:Bischofsmütze; E:Bishop's Cap Cactus, Bishop's Hood · ψ Z9 Ⓚ ▽ ✻; NE-Mex.
– **ornatum** (DC.) F.A.C. Weber · D:Mönchskappe; E:Ornamental Monk's Hood, Star Cactus · ψ Z9 Ⓚ ▽ ✻; E-Mex.

Astrotheca Vesque = Clusia

Asyneuma Griseb. et Schenck -n- *Campanulaceae* · c. 50 sp · D:Traubenrapunzel; F:Asyneuma
– **canescens** (Waldst. et Kit.) Griseb. et Schenk · D:Graue Traubenrapunzel · ♃ Z5 VII-VIII; Eur.: EC-Eur., Ba, E-Eur.
– **michauxioides** (Boiss.) Damboldt · ⊙ Z5 VI-VII; TR

Asystasia Blume -f- *Acanthaceae* · c. 70 sp
– *bella* (Harv.) Benth. et Hook. f. = Mackaya bella
– **scandens** (Lindl.) Hook. · ♄ Ⓦ VII-VIII; W-Afr.: Guinea, Sierra Leone, Liberia

Ataccia C. Presl = Tacca
– *aspera* (Jack) Kunth = Tacca integrifolia
– *cristata* (Roxb.) Kunth = Tacca integrifolia

Ataenidia Gagnep. -f- *Marantaceae* · 2 sp
– **conferta** (Benth.) Milne-Redh. · ♃ Z10 Ⓦ; C-Afr., Angola

Athamanta L. -f- *Apiaceae (Umbelliferae)* · 5-6 sp · D:Augenwurz; E:Athamanta; F:Athamante
– **cretensis** L. · D:Zottige Augenwurz; E:Candy Carrot · ⊙ ♃ Z6 V-VIII; Eur.: Ib, Fr, Ap, Ba, C-Eur.
– *haynaldii* Borbás et Uechtr. = Athamanta turbith subsp. haynaldii
– *matthioli* Wulfen = Athamanta turbith subsp. turbith
– *rupestris* Rchb. = Athamanta turbith subsp. turbith
– **turbith** (L.) Brot.
 – subsp. **haynaldii** (Borbás et Uechtr.) Tutin · ♃ △ Z6 VI-VII; Eur.: A, Slove., Croatia, Bosn., YU, AL
 – subsp. **turbith** · ♃ Z6; Eur.: I, Slove.,

Athanasia L. -f- *Asteraceae (Compositae)* · 40 sp
– *annua* L. = Lonas annua
– **crithmifolia** (L.) L. · ♄ Z9 ⓚ VI-VIII; S-Afr.
– **parviflora** L. · ♄ Z9 ⓚ; S-Afr.

Athyrium Roth -n- *Woodsiaceae* · c. 100 (180) sp · D:Frauenfarn; E:Lady Fern; F:Fougère femelle
– *acrostichoides* (Sw.) Diels = Diplazium acrostichoides
– *alpestre* (Hoppe) Rylands = Athyrium distentifolium
– *australe* (R. Br.) C. Presl = Diplazium australe
– **distentifolium** Tausch ex Opiz · D:Gebirgs-Frauenfarn; E:Alpine Lady Fern · ♃ Z5 VII-VIII; Eur.*, TR, Cauc., N-Iran, W-Sib., E-Sib., Sachal., Kamchat., Jap., Alaska, Can., USA: NW, Rocky Mts., Calif; Greenl.
– **filix-femina** (L.) Roth · D:Wald-Frauenfarn; E:Lady Fern, Southern Lady Fern; F:Fougère femelle · ♃ Z2 VII-VIII; Eur.*, TR, Cauc., N-Iran, W-Sib., E-Sib., Amur, Sachal., Kamchat., Him., Ind., China, Jap., NW-Afr., Can., USA*, Mex. S-Am.(And.)
  – **in vielen Sorten**
– *goeringianum* (Kunze) T.V. Moore = Athyrium niponicum
– **niponicum** (Mett.) Hance · ♃ Z4; China, Manch., Korea, Jap., Taiwan
– **pycnocarpon** (Spreng.) Tidestr. · D:Silberner Frauenfarn; E:Glade Fern, Silvery Spleenwort · ♃ ~ Z7; Can.: E; USA: NE, NCE, SE
– *rhaeticum* (L.) Gremli = Athyrium distentifolium
– *thelypteroides* (Michx.) Desv. = Diplazium acrostichoides
– *umbrosum* (Aiton) C. Presl = Diplazium australe
– **vidalii** (Franch. et Sav.) Nakai · ♃ Z7; Jap., Korea, Taiwan

Atragene L. = Clematis
– *alpina* L. = Clematis alpina
– *macropetala* (Ledeb.) Ledeb. = Clematis macropetala
– *sibirica* L. = Clematis turkestanica
– *speciosa* Weinm. = Clematis turkestanica

Atraphaxis L. -f- *Polygonaceae* · 25 sp · D:Bocksknöterich
– **frutescens** (L.) K. Koch · D:Strauchiger Bocksknöterich · ♄ d Z6; Eur.: Russ., W-As., C-As.
– *lanceolata* (M. Bieb.) Meisn. = Atraphaxis frutescens
– **muschketowii** Krasn. · ♄ d △ ꕥ Z5 V-VI; C-As (Tien-schan)
– **spinosa** L. · D:Dorniger Bocksknöterich · ♄ d △ ꕥ Z7 VIII; Eur.: E-Russ.; TR, Iran, SW-As.

Atriplex L. -f- *Chenopodiaceae* · c. 100 (-200-300) sp · D:Melde; E:Orache, Saltbush; F:Arroche
– **calotheca** (Rafn) Fr. · D:Pfeilblättrige Melde · ⊙ VI-IX; Eur.: Sc, D, PL, Russ.; coasts
– **glabriuscula** Edmondston · D:Kahle Melde; E:Babington's Orache · ⊙ VI-IX; Eur.* exc. Ap, ? Ib; coasts
– **halimus** L. · ♄ s Z8 ⓚ VII-IX; Eur.; Ib, Ap, F, GR, Crete; TR, Levante, N-Afr.
– **hortensis** L. · D:Garten-Melde, Spanischer Salat; E:Garden Orache; F:Arroche rouge des jardins · ⊙ Z6 VII-IX ⚕ Ⓝ; C-As., nat. in Eur.* exc. BrI, Sc
– **laciniata** L. · D:Gelappte Melde; E:Frosted orache · ⊙ VII-IX; Eur.: Sc, B, Fr, Sp., D; Cauc., Iran, W-Sib., C-As., Mong., China: Sinkiang; Him.
– **littoralis** L. · D:Strand-Melde; E:Grass-leaved Orache · ⊙ VII-IX; Eur.* ; Syr. Lebanon, Cauc., Iran, W-Sib., Amur, C-As., Egypt, NW-Afr., coasts, saline habitats
– **longipes** Drejer · D:Langstielige Melde; E:Long-stalked Orache · ⊙ VII-IX; Eur.: BrI, Sc, PL, N-Russ.
– **micrantha** Ledeb. · D:Verschiedensamige Melde · ⊙ VII-IX; Eur.: Russ.; Cauc., W-Sib., C-As, nat. in Sp., D, PL
– **oblongifolia** Waldst. et Kit. · D:Langblättrige Melde · ⊙ VII-IX; Eur.* exc. BrI, Ib; TR, Cauc., C-As., nat. in F
– **patula** L. · D:Spreizende Melde; E:Common Orache · ⊙ X; Eur.*, Cauc., TR, Cyprus, Syr., W-Sib., E-Sib., C-As., N-Afr., Alaska, Can., USA*, Greenl.
– **pedunculata** L. · D:Stielfrüchtige Salzmelde; E:Pedunculate Sea Purslane · ⊙ VII-X; Eur.* exc. Ib, Ap
– **portulacoides** L. · D:Strand-Salzmelde; E:Sea Purslane · ♃ d VII-IX; Eur.* exc. EC-Eur., E-Eur.; TR, Levante, Cauc., Iran, W-Sib., C-As., China: Sinkiang; Mong., N-

Afr.
– **prostrata** Boucher ex DC. · D:Spieß-Melde, Spießblättrige Melde; E:Spear-leaved Orache · ⊙ VII-IX; Eur.*, TR, Levante, NW-Afr., Egypt
– **rosea** L. · D:Rosen-Melde · ⊙ VII-IX; Eur.* exc. BrI, Sc; TR
– **sagittata** Borkh. · D:Glanz-Melde · ⊙ VII-IX; Eur.: Ap, C-Eur., EC-Eur., Ba, E-Eur; TR, W-Sib., C-As., nat. in F
– **tatarica** L. · D:Tataren-Melde · ⊙ VII-IX; Eur.* exc. BrI, Sc; TR, Cyprus, Cauc., Iran, W-Sib., C-As., Mong., China: Sinkiang; Tibet, Him., NW-Afr., Egypt

Atropa L. -f- *Solanaceae* · 4 sp · D:Belladonna, Tollkirsche; E:Deadly Nightshade; F:Atropa, Belladonne
– **acuminata** Royle ex Lindl. · ♃ Z7 ☠; Ind.
– **bella-donna** L. · D:Belladonna, Echte Tollkirsche; E:Deadly Nightshade · ♃ Z7 VI-VII ⚕ ☠; Eur.* exc. Sc; TR, Cauc., N-Iran, NW-Afr., nat. in Sc
– *rhomboidea* Gillies et Hook. = Salpichroa origanifolia

Attalea Kunth -f- *Arecaceae (Palmae)* · 22-25 sp · D:Pindrowpalme, Pissavepalme; E:Bissaba Palm; F:Palmier piassaba
– *cohune* Mart. = Orbignya cohune
– *excelsa* Mart. ex Spreng. = Scheelea martiana
– **funifera** Mart. ex Spreng. · ♄ e Z10 (W) Ⓝ; Bras.: Bahia, Espirito Santo
– *spectabilis* Mart. = Orbignya spectabilis

Aubrieta Adans. -f- *Brassicaceae (Cruciferae)* · 12 sp · D:Blaukissen; E:Aubrietia; F:Aubriète
– **columnae** Guss. · ♃ ⁓→ △ Z6 IV-V; Eur.: I, Ba, RO
– **deltoidea** (L.) DC. · D:Griechisches Blaukissen; E:Aubretia · ♃ ⁓→ △ Z6 IV-V; Eur.: Sic., Ba; TR, nat. in BrI, F, Sp.
– *graeca* Griseb. = Aubrieta deltoidea
– **Cultivars**
  – **in vielen Sorten**

Aucoumea Pierre -f- *Burseraceae* · 2 sp
– **klaineana** Pierre · ♄ (W) Ⓝ; W-Afr.

Aucuba Thunb. -f- *Cornaceae* · 3 sp · D:Aukube; E:Spotted Laurel; F:Aucuba
– **japonica** Thunb. ex Murray
  – var. **japonica** · D:Japanische Aukube; E:Aucuba, Spotted Laurel; F:Aucuba du Japon · ♄ e ♧ Z8 (K) III-IV ☠; S-Jap., China, Taiwan
  – **in Sorten**

Aulax Bergius -f- *Proteaceae* · 3 sp
– **umbellata** (Thunb.) R. Br. · ♄ e ✂ (K); S-Afr.

Auliza Small = Epidendrum
– *ciliaris* (L.) Salisb. = Epidendrum ciliare
– *parkinsoniana* (Hook.) Brieger = Epidendrum parkinsonianum

Aurinia Desv. -f- *Brassicaceae (Cruciferae)* · 11 sp · D:Steinkresse; E:Rock Madwort; F:Cresson des pierres
– **petraea** (Ard.) Schur · D:Friauler Steinkresse · ♃ Z7 IV-VI; Eur.: I, Ba, RO, nat. in F, C-Eur.
– **rupestris** (Ten.) Cullen et Dudley · ♃ Z7; Eur.: I, Ba; TR
– **saxatilis** (L.) Desv. · D:Felsen-Steinkresse; E:Golden Alyssum, Golden Tuft; F:Alysse des rochers, Corbeille d'or · ♃ ♄ ⁞ △ Z6 IV-V; Eur.: Ap, C-Eur., EC-Eur., Ba, E-Eur.; TR, nat. in F
  – **in vielen Sorten**

Austrocactus Britton et Rose -m- *Cactaceae* · 5 sp
– **patagonicus** (F.A.C. Weber) Backeb. · ♆ Z8 (K) ▽ ✻; S-Arg., S-Chile
– **spiniflorus** (Phil.) F. Ritter · ♆ Z8 (K) ▽ ✻; Chile

Austrocedrus Florin et Boutelje -m- *Cupressaceae* · 1 sp · D:Chilezeder; E:Chilean Cedar; F:Cèdre du Chili
– **chilensis** (D. Don) Pic.Serm. et Bizzarri · ♄ e Z8 (K); Chile, W-Arg.

Austrocephalocereus Backeb. -m- *Cactaceae* · 2-7 sp
– **dybowskii** (Rol.-Goss.) Backeb. · ♆ Z9 (K) ▽ ✻; E-Bras.: Bahia
– *fluminensis* (Miq.) Buxb. = Coleocephalocereus fluminensis
– **lehmannianus** (Werderm.) Backeb. · ♆ Z9 (K) ▽ ✻; Bras.
– **purpureus** (Gürke) Backeb. · ♆ Z9 (K) ▽ ✻; Bras.

Avena L. -f- *Poaceae (Gramineae)* · 25 sp · D:Hafer; E:Oat; F:Avoine

– **abyssinica** Hochst. · ⊙ Z5 Ⓝ; Eth.
– **barbata** Pott ex Link · D:Bart-Hafer; E:Slender Oat · ⊙ Z5 V-VI; Eur.: Ib, Fr, Ap, Ba, RO, Krim; TR, Cauc., Iraq, Iran, C-As., N-Afr., nat. in A, N-Am., S-Am.
– **byzantina** K. Koch · D:Mittelmeer-Hafer; E:Common Red Oats · ⊙ Z5 Ⓝ; cult. TR, W-Iran, W-Pakist., NW-Afr.
– *candida* hort. = Helictotrichon sempervirens
– *desertorum* Less. = Helictotrichon desertorum
– *distichophylla* Vill. = Trisetum distichophyllum
– *elatior* L. = Arrhenatherum elatius var. elatius
– **fatua** L. · D:Flug-Hafer; E:Wild Oats · ⊙ ⋈ Z5 VI-VIII; Eur.*, TR, Iraq, Lebanon, Syr., Palaest., Arab., Cauc., W-Sib., E-Sib., Amur, Sachal., C-As., Afgh., Pakist., Ind., Tibet, Mong., nat. in China, Jap., Phil., S-Afr., N-Am., Mex., Austr., NZ
– *flavescens* L. = Trisetum flavescens
– **nuda** L. · D:Sand-Hafer; E:Naked Oat · ⊙ Z5 VI-VIII; cult.
  – subsp. *strigosa* (Schreb.) Mansf. = Avena nuda
– *parlatorei* J. Woods = Helictotrichon parlatorei
– *planiculmis* Schrad. = Helictotrichon planiculme
– *pratensis* L. = Helictotrichon pratense
– *pubescens* Huds. = Helictotrichon pubescens
– **sativa** L. · D:Saat-Hafer; E:Oats · ⊙ Z5 VI-VII ⚕ Ⓝ; orig. ?; cult.
– *sempervirens* Vill. = Helictotrichon sempervirens
– **sterilis** L. · D:Tauber Hafer; E:Animated Oat · ⊙ ⋈ Z5 VII-VIII; Eur.: Ib, Fr, Ap, Ba, E-Eur.; TR, Iraq, Syr., Israel, Arab., Cauc., Iran, Afgh., N-Afr., nat. in BrI, EC-Eur.
– *strigosa* Schreb. = Avena nuda

Avenastrum Opiz = Helictotrichon
– *desertorum* (Less.) Podp. = Helictotrichon desertorum
– *parlatorei* (J. Woods ex Dalla Torre) Beck = Helictotrichon parlatorei
– *planiculme* (Schrad.) Jess. = Helictotrichon planiculme
– *pratense* (L.) Pilg. = Helictotrichon pratense
– *pubescens* (Huds.) Jess. = Helictotrichon pubescens

Avenella Parl. = Deschampsia
– *flexuosa* (L.) Drejer = Deschampsia flexuosa

Avenochloa Holub = Helictotrichon
– *planiculmis* (Schrad.) Holub = Helictotrichon planiculme
– *pratensis* (L.) Holub = Helictotrichon pratense
– *pubescens* (Huds.) Holub = Helictotrichon pubescens
– *versicolor* (Vill.) Holub = Helictotrichon versicolor

Avenula (Dumort.) Dumort. = Helictotrichon
– *planiculmis* (Schrad.) Parl. = Helictotrichon planiculme
– *pratensis* (L.) Dumort. = Helictotrichon pratense
– *pubescens* (Huds.) Dumort. = Helictotrichon pubescens
– *versicolor* (Vill.) Lainz = Helictotrichon versicolor

Averrhoa L. -f- *Oxalidaceae* · 2 sp · D:Baumstachelbeere, Gurkenbaum; E:Cucumber Tree; F:Arbre à concombres, Carambolier
– **bilimbi** L. · D:Gurkenbaum; E:Bilimbi · ♄ e Z10 Ⓦ Ⓝ; orig. ?, nat. in Trop.
– **carambola** L. · D:Karambole, Sternfrucht; E:Carambola, Star Fruit · ♄ e Z10 Ⓦ Ⓝ; Malay. Pen., nat. in Trop.

Axonopus P. Beauv. -m- *Poaceae (Gramineae)* · c. 35 (-110) sp
– **compressus** (Sw.) P. Beauv. · ♃ Ⓦ Ⓝ; C-Am., W.Ind.

Ayapana Spach -f- *Asteraceae (Compositae)* · 15 sp
– **triplinervis** (Vahl) R.M. King et H. Rob. · D:Dreinerviger Wasserdost; E:Triplinerved Eupatorium · ♄ Ⓦ Ⓝ; trop. Am., nat. in Mauritius, Ind., Java

Aylostera Speg. = Rebutia
– *deminuta* (F.A.C. Weber) Backeb. = Rebutia deminuta
– *fiebrigii* (Gürke) Backeb. = Rebutia fiebrigii
– *kupperiana* (Boed.) Backeb. = Rebutia kupperiana

– *pseudodeminuta* (Backeb.) Backeb. = Rebutia pseudodeminuta
– *spegazziniana* (Backeb.) Backeb. = Rebutia spegazziniana
– *steinmannii* (Solms) Backeb. = Rebutia steinmannii var. steinmannii

Azadirachta A. Juss. -f- *Meliaceae* · 3 sp · D:Nimbaum; E:Neem Tree
– **indica** A. Juss. · D:Burma-Nimbaum; E:Margosa, Neem Tree; F:Margosier · ♄ Z10 Ⓦ ☠ Ⓝ; Ind., Sri Lanka, Myanmar, Malay. Arch., nat. in E-Afr., S-Arab., Iran

Azalea L. = Rhododendron
– *albrechtii* (Maxim.) Kuntze = Rhododendron albrechtii
– *amoena* Lindl. = Rhododendron kiusianum
– *arborescens* Pursh = Rhododendron arborescens
– *atlantica* Ashe = Rhododendron atlanticum
– *aurantiaca* A. Dietr. = Rhododendron calendulaceum
– *calendulacea* Michx. = Rhododendron calendulaceum
– *californica* Torr. et A. Gray ex Durand = Rhododendron occidentale
– *canadensis* (L.) Kuntze = Rhododendron canadense
– *coccinea* Lodd. = Rhododendron calendulaceum
– *crocea* Hoffmanns. = Rhododendron calendulaceum
– *ferruginosa* Pall. = Rhododendron lapponicum
– *flammea* Bartram = Rhododendron calendulaceum
– *fragrans* Raf. = Rhododendron arborescens
– *indica* L. non hort. = Rhododendron indicum
– *japonica* A. Gray = Rhododendron molle subsp. japonicum
– *kaempferi* (Planch.) André = Rhododendron kaempferi
– *linearifolia* (Siebold et Zucc.) Hook. f. = Rhododendron stenopetalum 'Linearifolium'
– *lutea* (Hoffmanns.) G. Don = Rhododendron luteum
– *macrantha* Bunge = Rhododendron indicum
– *mollis* André = Rhododendron molle subsp. japonicum
– *mollis* Blume = Rhododendron molle subsp. molle
– *mucronata* Blume = Rhododendron mucronatum
– *nudiflora* L. = Rhododendron periclymenoides
– *obtusa* Lindl. = Rhododendron × obtusum
– *occidentalis* Torr. et A. Gray = Rhododendron occidentale
– *parvifolia* Adams = Rhododendron lapponicum
– *pentaphylla* (Maxim.) Copel. = Rhododendron pentaphyllum
– *periclymenoides* Michx. = Rhododendron periclymenoides
– *pontica* L. = Rhododendron luteum
– *prinophylla* Small = Rhododendron prinophyllum
– *procumbens* L. = Loiseleuria procumbens
– *reticulata* (D. Don ex G. Don) K. Koch = Rhododendron reticulatum
– *rosea* Loisel. = Rhododendron prinophyllum
– *schlippenbachii* (Maxim.) Kuntze = Rhododendron schlippenbachii
– *sinensis* Lodd. = Rhododendron molle subsp. molle
– *tschonoskii* (Maxim.) Kuntze = Rhododendron tschonoskii
– *vaseyi* (A. Gray) Rehder = Rhododendron vaseyi
– *viscosa* L. = Rhododendron viscosum

Azara Ruiz et Pav. -f- *Flacourtiaceae* · 10 sp
– **dentata** Ruiz et Pav. · ♄ e Z8 Ⓚ; Chile
– **lanceolata** Hook. f. · D:Schmalblättriger Azarabaum; E:Lanceolate Azara · ♄ ♄ e Z8 Ⓚ; Chile, Arg.
– **microphylla** Hook. f. · D:Buchsblättriger Azarabaum; E:Boxleaf Azara · ♄ e D Z8 Ⓚ II-III; Chile
– **serrata** Ruiz et Pav. · ♄ e Ⓚ III-V; Chile

Azolla Lam. -f- *Azollaceae* · 8 sp · D:Algenfarn; E:Water Fern; F:Fougère aquatique
– **caroliniana** Willd. · D:Moskito-Algenfarn; E:Fairy Moss; F:Fougère aquatique, Mousse des fées · ♃ ≈ Z7; USA: NE, NCE, SE, Fla.; Mex., W.Ind., C-Am., nat. in Eur.* exc. BrI, Sc
– **filiculoides** Lam. · D:Feenmoos, Großer Algenfarn; E:Large Mosquito Fern · ♃ ≈ Z7 VIII-X; Alaska, USA: NW, Calif; Mex., C-Am., S-Am., nat. in Eur.* exc. BrI, Sc
– **mexicana** C. Presl · D:Kleiner Algenfarn · ♃ ≈ Z8 Ⓚ VI-VII; N-Am., C-Am., nat.

in Fr, Ap, D, EC-Eur., Ba, EC-Eur.
– **pinnata** R. Br. · ♃ ≈ Ⓚ Ⓝ; China, cult. China, Jap., Calif. etc.

Azorella Lam. -f- *Apiaceae (Umbelliferae)* · 70 sp
– **peduncularis** (Spreng.) Math. et Const. · ♃ Z8 Ⓚ; Ecuad.
– **trifurcata** (Gaertn.) Pers. · D:Andenpolster; F:Coussin des Andes · ♃ △ Z8 ∧ VI-VII; Chile, Arg.

Azorina Feer -f- *Campanulaceae* · 1 sp
– **vidalii** (H.C. Watson) Feer · ♄ Z9 Ⓚ VII-VIII ▽; Azor.

Aztekium Boed. -n- *Cactaceae* · 2 sp
– **ritteri** (Boed.) Boed. · ♆ Z8 Ⓚ ▽ *; Mex.: Nuevo León

Azureocereus Akers et H. Johnson = Browningia
– *hertlingianus* (Backeb.) Backeb. = Browningia hertlingiana
– *nobilis* Akers et H. Johnson = Browningia hertlingiana
– *viridis* Rauh et Backeb. = Browningia viridis

Babiana Ker-Gawl. ex Sims -f- *Iridaceae* · 63 sp · D:Pavianblume; E:Baboon Flower; F:Fleur des babouins
– **stricta** (Aiton) Ker-Gawl. · D:Gerippte Pavianblume; E:Baboon Flower · ♃ Z9 Ⓚ III-IV; Kap

Baccaurea Lour. -f- *Euphorbiaceae* · 80 sp
– **dulcis** (Jacq.) Müll. Arg. · ♄ Ⓦ Ⓝ; Malay. Arch.
– **motleyana** (Müll. Arg.) Müll. Arg. · ♄ Ⓦ Ⓝ; Malay. Pen., Sumat., Java, Kalimantan
– **sapida** Müll. Arg. · ♄ e Ⓦ Ⓝ; Ind., China, Malay. Arch.

Baccharis L. -f- *Asteraceae (Compositae)* · c. 400 sp · D:Kreuzstrauch; E:Tree Groundsel; F:Baccharis
– **genistelloides** Pers. · ♄ d D Ⓚ XI-I; S-Am.
– **halimifolia** L. · D:Kreuzstrauch; E:Groundsel Tree · ♄ d ♧ Z7 VIII-X; USA: NE, SE, Fla., SC; Mex., C-Am., W.Ind., nat. in W-F u. NW-Sp.
– **magellanica** (Lam.) Pers. · ♃ d Z8 Ⓚ; S-Chile, S-Arg., Falkland

Bacopa Aubl. -f- *Scrophulariaceae* · 56 sp · D:Wasserysop; E:Water Hyssop; F:Bacopa
– *amplexicaulis* (Pursh) Wettst. = Bacopa caroliniana
– **caroliniana** (Walter) B.L. Rob. · ♃ ~ ≈ Z8 Ⓦ; USA: Va, SE, Tex., Fla.
– **monnieri** (L.) Pennell · D:Wasserysop; E:Baby Tears, Water Hyssops · ♃ ~ ≈ Z8 Ⓦ ⚕; USA: NE, SE, Fla., Tex.; Mex., C-Am., trop. S-Am., Phil., Malay. Pen., Iraq, nat. in Ib

Bactris Jacq. -f- *Arecaceae (Palmae)* · 239 sp · D:Pfirsichpalme; E:Spiny-Club Palm; F:Péjibaie
– **gasipaes** Humb., Bonpl. et Kunth · D:Pfirsichpalme; E:Peach Palm · ♄ e Ⓦ Ⓝ; ? Peru; cult.

Baeckea L. -f- *Myrtaceae* · c. 70 sp
– **virgata** (J.R. Forst. et G. Forst.) Andrews · ♄ ♄ Z9 Ⓚ VIII-X; Austr.: North Terr., Queensl., N.S.Wales, Victoria

Baeothryon A. Dietr. = Trichophorum
– *alpinum* (L.) Egorova = Trichophorum alpinum

Baeria Fisch. et C.A. Mey. = Lasthenia
– *californica* (Nutt.) A. Gray = Lasthenia coronaria
– *chrysostoma* (Fisch. et C.A. Mey.) Greene = Lasthenia californica
– *coronaria* (Nutt.) A. Gray = Lasthenia coronaria
– *gracilis* (DC.) A. Gray = Lasthenia californica

Bahia Lag. -f- *Asteraceae (Compositae)* · 12-15 sp
– **dissecta** (A. Gray) Nutt. · ⊙ ♃ Z9; USA: SW, Mex.

Baillonella Pierre -f- *Sapotaceae* · 1 sp
– **toxisperma** Pierre · D:Afrikanischer Birnbaum, Njabi; E:Djave · ♄ Ⓦ Ⓝ; Nigeria, Cameroun, Gabun, Congo

Balanites Delile -f- *Balanitaceae* · 9 (25) sp · D:Zachunbaum, Zahnbaum; F:Balanites
– **aegyptiaca** Delile · D:Zachunbaum; E:Desert Date · ♄ ♄ Ⓝ; Palaest., Arab., n trop. Afr., Eth.

Balantium Desv. ex Ham. = Parinari

– *culcita* (L'Hér.) Kaulf. = Culcita macrocarpa

Baldellia Parl. -f- *Alismataceae* · 2 sp · D:Igelschlauch; E:Lesser Water Plantain
– **ranunculoides** (L.) Parl. · D:Gewöhnlicher Igelschlauch; E:Lesser Water Plantain; F:Fluteau d'eau fausse renoncule · ♃ ~ ≈ Z7 ⓚ VII-X; Eur.*, ? TR, NW-Afr.

Baldingera P. Gaertn. , B. Mey. et Scherb. = Phalaris
– *arundinacea* (L.) Dumort. = Phalaris arundinacea

Ballota L. -f- *Lamiaceae (Labiatae)* · 35 sp · D:Gottvergess, Schwarznessel; E:Horehound; F:Ballote
– **nigra** L. · D:Langzähnige Schwarznessel · ♃ Z6 VI-IX ⚕ ; Eur.*, TR, Levante, Iraq, Cauc., Iran, NW-Afr.
– **pseudodictamnus** (L.) Benth. · D:Kreta-Nessel · ♃ △ Z8 ⓐ ∧ VII-VIII; Eur.: GR, Crete; TR, Libya, nat. in I, Sic.

Balsamina Tourn ex Scop. = Impatiens
– *hortensis* Desp. = Impatiens balsamina

Balsamita Mill. = Tanacetum
– *major* Desf. = Tanacetum balsamita
– *vulgaris* Willd. = Tanacetum balsamita

Bambusa Schreb. -f- *Poaceae (Gramineae)* · 120 sp · E:Bamboo
– *apus* Schult. f. = Gigantochloa apus
– *arundinacea* (Retz.) Willd. = Bambusa bambos
– *aspera* Schult. f. = Gigantochloa aspera
– *aurea* Carrière = Phyllostachys aurea
– **bambos** (L.) Voss · E:Spiny Bamboo, Thorny Bamboo · ♄ e ⓦ ⚕ Ⓝ; Ind.
– *fastuosa* Lat.-Marl. ex Mitford = Semiarundinaria fastuosa
– *flexuosa* Carrière non Munro = Phyllostachys flexuosa
– *glaucescens* (Willd.) Holttum = Bambusa multiplex
– *kumasaca* Zoll. ex Steud. = Shibataea kumasasa
– *marmorea* Mitford = Chimonobambusa marmorea
– *metake* Siebold ex G. Nicholson = Pseudosasa japonica
– **multiplex** (Lour.) Rausch · E:Hedge Bamboo · ♄ e Z9 ⓚ; China
– *nigra* Lodd. ex Lindl. = Phyllostachys nigra
– *palmata* Burb. = Sasa palmata
– *ramosa* Makino = Sasaella ramosa
– **stricta** Nees · ♄ e Ⓝ; N-Ind., Myanmar, Jap.
– *tesselata* Munro = Indocalamus tessellatus
– **tulda** Roxb. · ♄ e ⓦ Ⓝ; Ind., Myanmar, Tahiti
– *veitchii* Carrière = Sasa veitchii
– **ventricosa** McClure · E:Buddha's Belly Bamboo · ♄ e Z9 ⓦ ⓚ; S-China
– *verticillata* Willd. = Gigantochloa verticillata
– *viridiglaucescens* Carrière = Phyllostachys viridiglaucescens
– **vulgaris** Schrad. ex J.C. Wendl. · E:Common Bamboo · ♄ e Z10 ⓦ Ⓝ; cult., nat. in Trop.

Banisteriopsis C.B. Rob. ex Small -f- *Malpighiaceae* · 92 sp
– **caapi** (Spruce ex Griseb.) Morton · ♄ ≷ ⓦ ⚕ ☠ Ⓝ; Amazon., Col., Ecuad., Peru

Banksia L. f. -f- *Proteaceae* · 73 sp · D:Banksie; E:Banksia; F:Banksia
– **aemula** R. Br. · ♄ ♄ e Z9 ⓚ; E-Austr.
– **attenuata** R. Br. · D:Zarte Banksie; E:Slender Banksia · ♄ e ⋈ Z9 ⓚ; Austr.
– **baxteri** R. Br. · D:Vogelnest-Banksie; E:Bird's Nest Banksia · ♄ e ⋈ Z9 ⓚ; W-Austr.
– **coccinea** R. Br. · D:Scharlachrote Banksie; E:Scarlet Banksia · ♄ e ⋈ Z9 ⓚ; W-Austr.
– **collina** R. Br. · ♄ e Z9 ⓚ; Austr.: Queensl., N.S.Wales, Victoria
– **ericifolia** L. f. · D:Erikablättrige Banksie; E:Heath-leaf Banksia · ♄ e Z9 ⓚ; Austr.: N.S.Wales
– **grandis** Willd. · D:Stier-Banksie; E:Bull Banksia · ♄ e ⋈ Z9 ⓚ; W-Austr.
– **hookeriana** Meisn. · D:Hookers Banksie; E:Hooker's Banksia · ♄ e ⋈ Z9 ⓚ; Austr.
– **integrifolia** L. f. · D:Küsten-Banksie; E:Coast Banksia · ♄ e Z8 ⓚ; Austr.: Queensl., N.S.Wales, Victoria
– *littoralis* Lindl. = Banksia grandis
– **marcescens** R. Br. · ♄ e ⋈ Z8 ⓚ; Austr.
– **marginata** Cav. · D:Silber-Banksie; E:Silver Banksia · ♄ e Z9 ⓚ; Austr.: N.S.Wales, Victoria, S-Austr., Tasman.
– **menziesii** R. Br. · D:Feuerholz-Banksie; E:Firewood Banksia · ♄ e ⋈ Z9 ⓚ; Austr.
– **nutans** R. Br. · ♄ e ⋈ Z9 ⓚ; W-Austr.

– **occidentalis** R. Br. · D:Sumpf-Banksie; E:Red Swamp Banksia, Waterbush · ♄ e ✂ Z8 Ⓚ; Austr.
– **paludosa** R. Br. · ♄ e Z9 Ⓚ; Austr.: N.S.Wales
– **prionotes** Lindl. · D:Eichel-Banksie; E:Acorn Banksia, Orange Banksia · ♄ e ✂ Z8 Ⓚ; W-Austr.
– **sceptrum** Meisn. · ♄ e ✂ Z9 Ⓚ; W-Austr.
– **speciosa** R. Br. · D:Prächtige Banksie; E:Showy Banksia · ♄ e Z8 Ⓚ; W-Austr.
– **verticillata** R. Br. · ♄ e Z9 Ⓚ; W-Austr.

Baphia Afzel. ex Lodd. -f- *Fabaceae (Leguminosae)* · 45 sp · D:Camholz; E:Camwood
– **nitida** Afzel. ex Lodd. · D:Camholz, Gabanholz; E:Barwood, Camwood · ♄ ♄ Z9 Ⓦ Ⓝ; W-Afr.

Baptisia Vent. -f- *Fabaceae (Leguminosae)* · 17 sp · D:Färberhülse; E:False Indigo; F:Lupin indigo, Podalyre
– **australis** (L.) R. Br. · D:Blaue Färberhülse, Indigolupine; E:Blue False Indigo; F:Lupin indigo · ♃ VII-VIII; USA: NE, NCE, SE
– *lactea* (Raf.) Thieret = Baptisia leucantha
– **leucantha** Torr. et A. Gray · D:Weiße Färberhülse; E:White False Indigo · ♃ VI-VII; Ont., USA: NE, NCE, Kans., SC, SE, Fla.
– **tinctoria** (L.) Vent. · D:Gelbe Färberhülse; E:Horsefly Weed · ♃ VII-VIII ⚕ ☠; Ont., USA: NE, NCE, SE, Fla.

Barbacenia Vand. -f- *Velloziaceae* · 104 sp
– *elegans* (Oliv. ex Hook. f.) Pax = Talbotia elegans

Barbarea R. Br. -f- *Brassicaceae (Cruciferae)* · 20 (12) sp · D:Barbarakraut, Barbenkraut; E:Barbara's Herb, Winter Cress; F:Barbarée, Herbe de Ste-Barbe
– **intermedia** Boreau · D:Mittleres Barbarakraut; E:Medium-flowered Winter Cress · ⊙ Z6 IV-V; Eur.: Ib, Fr, Ap, Ba; TR, Maroc., Alger., nat. in BrI, DK, PL
– *praecox* (Sm.) R. Br. = Barbarea verna
– **stricta** Andrz. · D:Steifes Barbarakraut; E:Small-flowered Winter Cress · ⊙ Z6 IV-VI; Eur.* exc. Ib, Fr; Cauc., W-Sib., E-Sib., C-As., nat. in Fr
– **verna** (Mill.) Asch. · D:Frühlings-Barbarakraut; E:American Cress, Land Cress · ⊙ ⊙ Z6 IV-VI Ⓝ; Eur.: Ib, Fr, Ap, Krim; TR, nat. in BrI, DK, C-Eur., W-Russ., N-Am., S-Afr., Austr., NZ, Jap.
– **vulgaris** R. Br. · D:Gewöhnliches Barbarakraut; E:Bittercress, Winter Cress, Yellow Rocket · ⊙ ♃ Z6 V-VII Ⓝ; Eur.*, TR, Levante, Cauc., Iran, Him., W-Sib., E-Sib., Mong., Tibet, China: Sinkiang, Tun., Alger., nat. in S-Afr., N-Am., Austr., NZ

× **Bardendrum** hort. -n- *Orchidaceae* (*Barkeria* × *Epidendrum*)

Barkeria Knowles et Westc. -f- *Orchidaceae* · 10 sp
– **elegans** Knowles et Westc. · ♃ Z10 Ⓦ III ▽ ✻; Mex.
– **skinneri** (Bateman ex Lindl.) Paxton · ♃ Z10 Ⓦ IX-I ▽ ✻; Guat.
– **spectabilis** Bateman ex Lindl. · ♃ Z10 Ⓦ XI-XII ▽ ✻; S-Mex., Guat., El Salv.

Barleria L. -f- *Acanthaceae* · 230-250 sp · D:Barlerie; E:Barleria; F:Barléria
– **cristata** L. · D:Philippinenveilchen; E:Phillippine Violet · ♄ e Z10 Ⓦ VI-VIII; Ind., Myanmar
– **obtusa** Nees · ♄ e Z10 Ⓚ; S-Afr.
– **prionitis** L. · D:Stachelschweinblume; E:Porcupine Flower · ♄ e Z10 Ⓦ VI-VIII; trop. As.

Barnadesia Mutis ex L.f. -f- *Asteraceae (Compositae)* · 23 sp
– **rosea** Lindl. · ♄ Z9 Ⓚ V-VI; E-Bras., C-Bras.

Barosma Willd. = Agathosma
– *betulina* (Bergius) Bartl. et H.L. Wendl. = Agathosma betulina
– *crenulata* (L.) Hook. = Agathosma crenulata
– *foetidissima* Bartl. et H.L. Wendl. = Agathosma foetidissima
– *lanceolata* (Thunb.) Sond. = Agathosma lanceolata
– *pulchella* (L.) Bartl. et H.L. Wendl. = Agathosma pulchella
– *serratifolia* (Curtis) Willd. = Agathosma serratifolia

Barringtonia J.R. Forst. et G. Forst. -f- *Lecythidaceae* · 39 sp
– **asiatica** (L.) Kurz · ♄ e D Z10 Ⓦ; Madag., Malay. Pen., Austr.: Queensl.; Pacific Is.
– **racemosa** Roxb. · ♄ e Z10 Ⓦ Ⓝ; Malay.

Arch., Pacific Is.

Bartlettina R.M. King et H. Rob. -f- *Asteraceae (Compositae)* · 23 (-37) sp
- **sordida** (Less.) R.M. King et H. Rob. · D:Mexikanischer Dost · ♄ ♄ D Z10 ⓦ II-IV; Mex.

Bartonia Muhl. ex Willd. -f- *Gentianaceae* · 3-4 sp
- *aurea* Lindl. = Mentzelia lindleyi
- *decapetala* Pursh = Mentzelia decapetala
- *ornata* Nutt. = Mentzelia decapetala
- **virginica** (L.) Britton, Sterns et Poggenb. · ♃; USA: NC, SC

Bartschella Britton et Rose = Mammillaria
- *schumannii* (Hildm.) Britton et Rose = Mammillaria schumannii

Bartsia L. -f- *Scrophulariaceae* · 49 (-60) sp · D:Alpenhelm, Bartisie; E:Bartsia; F:Bartsie
- **alpina** L. · D:Europäischer Alpenhelm; E:Alpine Bartsia, Velvet Bells · ♃ Z5 VI-VIII; Eur.*, Can.: W; Greenl.

Barylucuma Ducke = Pouteria

Basella L. -f- *Basellaceae* · 5 sp · D:Indischer Spinat, Baselle; E:Malabar Nightshade; F:Baselle, Epinard de Malabar
- **alba** L. · D:Indischer Spinat, Malabarspinat; E:Indian Spinach, Malabar Nightshade · ⊙ ♆ ≷ ⇝ ஃ Z10 ⓦ Ⓝ; ? SE-As., ? Afr., nat. in Trop.
  - **'Rubra'**
- *rubra* L. = Basella alba 'Rubra'
- *tuberosa* (Caldas) Humb. = Ullucus tuberosus

Bassia All. -f- *Chenopodiaceae* · 21-26 sp · D:Besenkraut, Dornmelde, Radmelde, Sommerzypresse; E:Summer Cypress; F:Bassia
- **hirsuta** (L.) Asch. · D:Rauhaarige Dornmelde · ⊙ Z6 VIII-IX; Eur.: Fr, Ap, C-Eur., Sc, Ba, E-Eur.; Cyprus, Cauc., W-Sib., C-As., Mong. ; #, nat. in N-Am.
- **hyssopifolia** (Pall.) Kuntze · D:Ysopblättrige Dornmelde; E:Five-Horn Smotherweed · ⊙ Z6 VIII; Eur.: Ib., Russ.; Syr., Cauc., Iran, C-As., Sib., Mong, China: Sinkiang, nat. in F
- **laniflora** (S.G. Gmel.) A.J. Scott · D:Sand-Radmelde · ⊙ Z6 VII-IX; Eur.* exc. BrI, Sc; Cauc., W-Sib., E-Sib., C-As., Mong.
- **prostrata** (L.) A.J. Scott · D:Halbstrauch-Radmelde · ♃ Z6 VII-IX; Eur.* exc. BrI, Sc; TR, Cauc., Iran, W-Sib., E-Sib. , C-As., Him., Tibet, Mong., China: Sinkiang, Manch., N-Afr.
- **scoparia** (L.) A.J. Scott · ⊙; W-Sib, E-Sib., Mong., Manch., China, nat. in C-Eur., GB, B, NL
  - subsp. **densiflora** · D:Dichtblütige Besen-Radmelde · Z6
  - subsp. **scoparia** · D:Besen-Radmelde, Sommerzypresse; E:Belvedere, Burning Bush, Summer Cypress; F:Ansérine belvédère · ⊙ ⁞ Z6 VII-IX Ⓝ; Russ., TR, Cyprus, Cauc., Iran, Ind., W-Sib., Amur, C-As., Him., China, Jap., Taiwan, nat. in Eur.* exc. BrI, Sc

× **Bateostylis** hort. -f- *Orchidaceae* (*Batemannia* × *Ottelia*)

Batrachium (DC.) Gray = Ranunculus
- *aquatile* (L.) Dumort. = Ranunculus aquatilis
- *circinatum* (Sibth.) Spach = Ranunculus circinatus

Bauera Banks ex Andrews -f- *Cunoniaceae* · 3 sp
- **rubioides** Andrews · D:Flussrose; E:River Rose · ♄ e Z9 ⓚ II-V; Austr.: N.S.Wales, Queensl., S-Austr., Tasman.

Bauhinia L. -f- *Caesalpiniaceae (Leguminosae)* · 250-300 sp · D:Bauhinie; E:Mountain Ebony; F:Bauhinia
- **acuminata** L. · D:Berg-Bauhinie; E:Mountain Orchid · ♄ e Z9 ⓦ V-IX; Ind., China, Malay. Pen.
- **esculenta** Burch. · D:Maramabohne; E:Marama Bean · ♃ Z9 Ⓝ; trop. S-Afr., S-Afr.
- **forficata** Link · ♄ ♄ e Z9 ⓦ; S-Am.
- **galpinii** N.E. Br. · D:Rote Bauhinie; E:Red Butterfly Tree · ♄ s ≷ Z9 ⓦ; S-Afr., trop. Afr.
- **monandra** Kurz · ♄ ♄ e Z9 ⓦ; Guyana, nat. in W.Ind.
- **purpurea** L. · D:Schmetterlings-Bauhinie; E:Butterfly Tree · ♄ ♄ d Z9 ⓦ Ⓝ; Ind., China
- **racemosa** Lam. · ♄ e ≷ Z9 ⓦ IV-IX; NE-Ind.

– **tomentosa** L. · ħ e Z9 Ⓦ; Ind., China
– **variegata** L. · D:Bunte Bauhinie; E:Mountain Ebony, Orchid Tree · ♄ ħ e Z9 Ⓦ I-IV; Ind., China
– **yunnanensis** Franch. · ħ e ≀ Z9 Ⓚ; Yunnan

Beaucarnea Lem. -f- *Dracaenaceae* · 8 sp · D:Klumpstamm; F:Arbre-bouteille, Pied-d'éléphant
– *glauca* Roezl = Beaucarnea recurvata
– **gracilis** Lem. · ħ Ψ e Z10 Ⓚ; Mex.
– *longifolia* (Schult. et Schult. f.) Baker = Nolina longifolia
– *oedipus* Rose = Beaucarnea gracilis
– **recurvata** Lem. · D:Ponyschwanz; E:Elephant's Foot, Pony Tail · ħ Ψ Z10 Ⓚ; Mex.
– **stricta** Lem. · ħ Ψ e Z10 Ⓚ; Mex.
– *tuberculata* Roezl = Beaucarnea recurvata

Beaufortia R. Br. -f- *Myrtaceae* · 17-18 sp · D:Flaschenbürste; E:Botlebrush; F:Beaufortia
– **decussata** R. Br. · ħ Z9 Ⓚ IV-V; W-Austr.
– **orbifolia** F. Muell. · ħ Z9 Ⓚ; Austr.: W-Austr.
– **purpurea** Lindl. · ħ Z9 Ⓚ VI-VIII; W-Austr.
– **schaueri** Preiss · ħ Z9 Ⓚ; W-Austr.
– **sparsa** R. Br. · ħ Z9 Ⓚ VI-VIII; W-Austr.

Beaumontia Wall. -f- *Apocynaceae* · 9 sp · D:Heroldstrompete; E:Herald's Trumpet; F:Beaumontia
– **grandiflora** (Roxb.) Wall. · D:Großblütige Heroldstrompete; E:Easter Lily Vine, Herald's Trumpet · ħ e ≀ D Z10 Ⓦ XII-III; E-Him.

Beckmannia Host -f- *Poaceae (Gramineae)* · 2 sp · D:Doppelährengras, Fischgras, Raupenähre; E:Slough Grass; F:Beckmannia
– **eruciformis** (L.) Host · D:Europäisches Doppelährengras, Fischgras; E:European Slough Grass · ⊙ ♃ Ⓝ; Eur.: I, EC-Eur., Ba, E-Eur.; TR, Cauc., NW-Iran, W-Sib., C-As., E-As., nat. in D, N-Am.
– **syzigachne** (Steud.) Fernald · D:Amerikanisches Doppelährengras; E:American Slough Grass · ⊙ VI-VIII Ⓝ; C-As, S-Sib., nat. in Alaska, Can., USA: NE, NCE, NC, Rocky Mts., SW, Calif.

Begonia L. -f- *Begoniaceae* · c. 900 (-1400) sp · D:Begonie, Schiefblatt; E:Begonia; F:Bégonia
– **acetosa** Vell. · ♃ Z10 Ⓦ III-V; Bras.
– *acida* Mart. ex A. DC. = Begonia subacida
– **acida** Vell. · ♃ Z10 Ⓦ; Bras.
– **aconitifolia** A. DC. · ♄ Z10 Ⓦ; Bras.
– *acuminata* Dryand. = Begonia acutifolia
– **acutifolia** Jacq. · D:Ilexblättrige Begonie; E:Holly-leaf Begonia · ♃ Z10 Ⓦ; Jamaica
– **albopicta** W. Bull · D:Weißgefleckte Begonie; E:Guinea-wing Begonia · ♄ Z10 Ⓦ; Bras.
– *angularis* Raddi = Begonia stipulacea
– *argyrostigma* Fisch. ex Link et Otto = Begonia maculata
– **barbata** Wall. · ♃ Z10 Ⓦ; Ind., Myanmar
– **baumannii** Lem. · ♃ Z10 Ⓚ; Bol.
– **bipinnatifida** J.J. Sm. · ♄ Z10 Ⓦ; N.Guinea
– **bogneri** Ziesenh. · ♃ Z10 Ⓦ VIII-IX; Madag. (Presquelle de Masoala)
– **boliviensis** A. DC. · ♃ Z10 Ⓚ; Bras.
– **bowerae** Ziesenh. · D:Wimpern-Begonie; E:Eyelash Begonia · ♃ Z10 Ⓦ; Mex.
– *bowringiana* hort. = Begonia cathayana
– **bradei** Irmsch. · ♃ ♄ ħ Z10 Ⓦ; Bras., Cameroun
– **carolineifolia** Regel · ♃ Z10 Ⓦ; Mex., Guat.
– **cathayana** Hemsl. · ♃ Z10 Ⓦ; China
– **cinnabarina** Hook. · ♃ Z10 Ⓦ; Bol.
– **coccinea** Hook. · D:Engelsflügel-Begonie; E:Angelwing Begonia · ♃ Z10 Ⓦ; Bras.
– **compta** W. Bull · ħ Z10 Ⓦ; Bras.
– **conchifolia** A. Dietr. · ħ Z10 Ⓦ; Hond., Costa Rica, Panama
– **concinna** Schott · ♃ Z10 Ⓦ; Bras.
– **convolvulacea** A. DC. · ♃ ≀ Z10 Ⓦ; Bras.
– × **corallina** Carrière (*B. coccinea* × *B. teuscheri*) · ♄ Z10 Ⓦ; Bras.
– **coriacea** A. DC. · ♃ Z10 Ⓦ III-V; Bol.
– × **credneri** Haage et E. Schmidt (*B. metallica* × *B. scharffii*) · ♄ Z10 Ⓚ; cult.
– **crispula** Brade · ♃ Z10 Ⓦ; Bras.
– **cubensis** Hassk. · D:Kuba-Begonie; E:Cuban Holly · ♃ Z10 Ⓦ; W.Ind.
– **cucullata** Willd. · D:Sukkulente Begonie; E:Fibrous Rooted Begonia
  – var. **cucullata** · ♃ Z10; Bras.
  – var. **hookeri** (A. DC.) L.B. Sm. et Schub. · ♃ Z10 Ⓦ; Bras.
– *daedalea* É. Lemoine = Begonia strigillosa
– **davisii** hort. Veitch ex Hook. f. · ♃ Z10 Ⓚ; Peru

– **decora** Stapf · D:Haarige Begonie; E:Hairy Begonia · ♃ ⇝ Z10 (W); Malay. Pen.
– **deliciosa** Böhme · ♃ Z10 (W); Kalimantan
– **diadema** Linden · ♃ Z10 (W); Kalimantan
– **dichotoma** Jacq. · D:Gabelige Begonie; E:Kidney Begonia · ♃ Z10 (W); Venez.
– **dichroa** Sprague · ♃ Z10 (W); Bras.
– **dietrichiana** Irmsch. · ♄ Z10 (W) XII-III; Bras.
– **dipetala** Graham · ♃ Z10 (W); Ind.
– *discolor* Aiton = Begonia grandis subsp. grandis
– **dregei** Otto et A. Dietr. · D:Ahornblättrige Begonie; E:Maple-leaf Begonia · ♃ Z10 (K); Kap
– × **duchartrei** Bruant ex André (*B. echinosepala* × *B. scharffii*) · ♄ Z10 (W); cult.
– **echinosepala** Regel · ♃ Z10 (W); Bras.
– **egregia** N.E. Br. · ♃ Z10 (W); Bras.
– **eminii** Warb. · ♃ Z10 (W); E-Afr.
– **epipsila** Brade · ♃ Z10 (W); Bras.
– × **erythrophylla** Neumann (*B. hydrocotylifolia* × *B. manicata*) · D:Kidney-Begonie; E:Beafsteak Begonia, Kidney Begonia · ♃ Z10 (W); cult.
– *evansiana* Andrews = Begonia grandis subsp. evansiana
– **exotica** L.B. Sm. · ♃ Z10 (W); N.Guinea
– **fagifolia** Fisch. · ♃ ≀ Z10 (W); Bras.
– *faureana* Linden ex Garnier = Begonia aconitifolia
– × *feastii* hort. ex L.H. Bailey = Begonia × erythrophylla
– **fernandoi-costae** Irmsch. · ♃ Z10 (W); Bras.
– **ficifolia** Irmsch. · ♃ Z10 (W); Nigeria
– **foliosa** Humb., Bonpl. et Kunth · D:Farnblättrige Begonie; E:Fern-leaved Begonia · ♄ Z10 (W); Col., Venez.
  – var. *fuchsifoliosa* (Chev.) hort. = Begonia × fuchsifoliosa
  – var. *miniata* (Planch.) L.B. Sm. et Hook. = Begonia fuchsioides
– **franconis** Liebm. · ⊙ Z10 (W); S-Mex., Guat.
– **froebelii** A. DC. · ♃ Z10 (K); Ecuad.
– **fruticosa** (Klotzsch) A. DC. · ♄ Z10 (W); Bras.
– × **fuchsifoliosa** Chevall. (*B. foliosa* × *B. fuchsioides*) · ♄ Z10 (W); cult.
– **fuchsioides** Hook. · D:Fuchsien-Begonie; E:Corazon de Jesus, Fuchsia Begonia · ♄ e Z10 (W); Venez.
– **fulvosetulosa** Brade · ♃ Z10 (W); Bras.
– × **fuscomaculata** Lange (*B. heracleifolia* × *B. strigillosa*) · ♃ Z10 (W); cult.
– **glabra** Aubl. · ♃ ♄ ♄ ≀ ≀ Z10 (W); Mex., C-Am., W.Ind., trop. S-Am.
– *glaucophylla* Gower = Begonia radicans
– **goegoensis** N.E. Br. · D:Feuer-Begonie; E:Fire-king Begonia · ♃ Z10 (W); Sumat.
– **gracilis** Humb., Bonpl. et Kunth · D:Stockrosen-Begonie; E:Hollyhock Begonia · ♃ Z10 (W); Mex., Guat.
– **grandis** Dryand.
  – subsp. **evansiana** (Andrews) Irmsch. · D:Japan-Begonie; E:Evans Begonia · ♃ Z8 (W) (K) ∧; China
  – subsp. **grandis** · D:Winterharte Begonie; E:Hardy Begonia · ♃ Z8 (K); Jap., C-China, SE-As.
– *haageana* hort. ex W. Wats. = Begonia scharffiana
– **hatacoa** Buch.-Ham. · ♃ Z10 (W); Him.
– **heracleifolia** Schltdl. et Cham. · ♃ Z10 (W); Mex., Guat., Belize
– **herbacea** Vell. · ♃ Z10 (W); Bras.
– **hirtella** Link · D:Bärtige Begonie; E:Bearded Begonia · ⊙ Z10 (W) (K); Bras., Peru
– **hispida** Schott
  – var. **cucullifera** Irmsch. · ♃ Z10 (W); Bras.
  – var. **hispida** · ♃ Z10 (W); Bras.
– **humilis** Dryand.
  – var. **humilis** · ♃ Z10 (W) (K); trop. S-Am.
  – var. **porteriana** (Fisch., C.A. Mey. et Avé-Lall.) A. DC. · ⊙ Z10 (W) (K); Mex., W.Ind., C-Am., S-Am.
– **hydrocotylifolia** Otto ex Hook. · ♃ Z10 (W); Mex.
– **imperialis** Lem.
  – var. **imperialis** · ♃ ⇝ Z10 (W); Mex.
  – var. **smaragdina** Lem. ex A. DC. · ♃ Z10 (W); Mex.
– *incana* Lindl. = Begonia peltata
– **incarnata** Link et Otto · ♃ Z10 (W); Mex.
– **involucrata** Liebm. · ♃ Z10 (W); C-Am.
– **isoptera** Dryand. · ♃ Z10 (W); Java
– **kellermannii** C. DC. · ♄ Z10 (W); Guat.
– *laciniata* Roxb. = Begonia palmata
– × **langeana** Fotsch (?) · ♃ Z10 (W); cult.
– **leptotricha** C. DC. · ♃ Z9 (W); Parag.
– *liebmannii* A. DC. = Begonia ludicra
– *liminghii* K. Koch = Begonia radicans
– *limmingheana* C. Morren = Begonia radicans
– **lindleyana** Walp. · ♃ Z10 (W); S-Mex., C-Am., Col.

– **listada** L.B. Sm. et Wassh. · ♃ Z10 Ⓦ; Parag.
– **lubbersii** E. Morren · ♃ Z10 Ⓦ; Bras.
– **ludicra** A. DC. · ♃ Z10 Ⓦ; C-Am.
– **ludwigii** Irmsch. · ♃ Z10 Ⓦ; Ecuad.
– **luxurians** Scheidw. · D:Palmblättrige Begonie; E:Palm-leaf Begonia · ♃ Z10 Ⓦ; Bras.
– **lyncheana** Hook. f. · ♃ Z10 Ⓦ; Mex.
– *macrocarpa* Warb. = Begonia bradei
– **maculata** Raddi · ♄ e Z10 Ⓦ; Bras.
– **malabarica** Lam. · ♃ Z10 Ⓦ; Ind., Sri Lanka
– **manicata** Brongn. ex Cels · ♃ Z10 Ⓚ; Mex., Guat.
– **mannii** Hook. f. · ♃ Z10 Ⓦ; Zaire
– × **margaritae** hort. ex Fotsch (*B. echinosepala* × *B. metallica*) · ♃ Z10 Ⓦ; cult.
– **martiana** Link et Otto · ♃ Z10 Ⓦ; Mex.
– **masoniana** Irmsch. · D:Ordens-Begonie; E:Iron-cross Begonia · ♃ Z10 Ⓦ; N.Guinea
  – *'Iron Cross'* = Begonia masoniana
– **mazae** Ziesenh. · ♃ Z10 Ⓦ XII-V; Mex.
– **metachroa** Fotsch · ♃ Z10 Ⓦ; orig. ?
– **metallica** W.G. Sm. · D:Metallische Begonie; E:Metallic-leaf Begonia · ♃ Z10 Ⓚ; Bras.
– **mexicana** H. Karst. · ♃ ⁓→ Z10 Ⓦ; Mex.
– **micranthera** Griseb. · ♃ Z10 Ⓚ; Bol., Arg.
– *miniata* Planch. = Begonia fuchsioides
– **minor** Jacq. · ♃ ♄ ≀ Z10 Ⓦ; C-Afr.: Sao Tomé
– **mollicaulis** Irmsch. · ⊙ Z10 Ⓦ; Bras.
– **natalensis** Hook. · ♃ Z10 Ⓚ XII-III; S-Afr.: Natal
– **nelumbiifolia** Cham. et Schltdl. · D:Lotosblättrige Begonie; E:Lily-pad Begonia · ♃ Z10 Ⓦ; C-Am., Col.
– *nitida* Aiton = Begonia minor
– **octopetala** L'Hér. · ♃ Z10 Ⓚ; Peru
– **odorata** Willd. · ♄ D Z10 Ⓦ; W.Ind.
– **olbia** Kerch. · ♃ Z10 Ⓦ; Bras.
– **organensis** Brade · ♄ Z10 Ⓦ; Bras.: Rio de Janeiro
– **palmata** D. Don · ♃ Z10 Ⓦ; Ind., Myanmar, S-China
– *palmifolia* hort. = Begonia vitifolia
– **partita** Irmsch. · ♄ Z10 Ⓦ; S-Afr.
– *parva* Sprague non Merr. = Begonia mannii
– **paulensis** A. DC. · ♃ Z10 Ⓦ; Bras.
– **pearcei** Hook. f. · ♃ Z10 Ⓚ; Bol.
– **peltata** Schott ex A. DC. · D:Seerosenblättrige Begonie; E:Lily-pad Begonia · ♃ ♄ ⁓→ Z10 Ⓦ; Mex.
– **peponifolia** Vis. · ♃ Z10 Ⓦ; ? Mex.
– × **phyllomaniaca** Mart. (*B. incarnata* × *B. manicata*) · ♃ Z10 Ⓦ; cult.
– × *pictavensis* Bruant non Bruant ex André = Begonia × credneri
– × *pictaviensis* Bruant = Begonia × credneri
– *plagioneura* Milne-Redh. = Begonia cubensis
– **platanifolia** Schott · ♄ Z10 Ⓦ; Bras.
– *poggei* Warb. = Begonia eminii
– **polygonoides** Hook. f. · ♃ ≀ Z10 Ⓦ; W-Afr., C-Afr.
– **popenoei** Standl. · ♃ Z10 Ⓦ; Hond.
– **prismatocarpa** Hook. f. · ♃ ≀ Z10 Ⓦ; Ivory Coast, Cameroun, Fernando Póo
– × **pseudophyllomaniaca** Lange (*B. heracleifolia* × *B. incarnata*) · ♃ Z10 Ⓦ; cult.
– **pulchella** Raddi · ♃ Z10 Ⓦ; Bras.
– *quadrilocularis* Brade = Begonia egregia
– **radicans** Vell. · D:Garnelen-Begonie; E:Shrimp Begonia · ♄ ≀ ♧ Z10 Ⓦ III-V; Bras.
– **rajah** Ridl. · ♃ Z10 Ⓦ; Malay.Arch.
– **ramentacea** Paxton · ♃ Z10 Ⓦ; Bras.
– *reniformis* Hook. = Begonia vitifolia
– **rex** Putz. · D:Königs-Begonie; E:King Begonia, Rex Begonia · ♃ Z10 Ⓦ; Ind: Assam
– **rhizocarpa** Fisch. · ♃ Z10 Ⓦ III-V; Bras.
– **rhizocaulis** hort. Bertol. ex A. DC. · ♃ Z10 Ⓦ; C-Am.
– *richardsiana* T. Moore = Begonia suffruticosa
– *richardsoniana* Houllet = Begonia suffruticosa
– × **ricinifolia** A. Dietr. (*B. heracleifolia* × *B. peponifolia*) · D:Rizinusblättrige Begonie; E:Castor Oil Begonia · ♃ Z10 Ⓦ; cult.
– *roezlii* hort. Benary ex Lynch non Regel = Begonia lyncheana
– × *rubella* Buch.-Ham. ex D. Don = Begonia × fuscomaculata
– × *rubellina* L.H. Bailey = Begonia × fuscomaculata
– *rubra* hort. non Bl. = Begonia coccinea
– *rubrovenia* Planch. = Begonia hatacoa
– **sanguinea** Raddi · ♄ Z10 Ⓦ; Bras.
– **scabrida** A. DC. · ♃ Z10 Ⓦ; Venez.
– *scandens* Sw. = Begonia glabra
– **scharffiana** Regel · D:Elefantenohr-Begonie; E:Elephant's Ear Begonia · ♄ Z10

(K); Bras.
– *scharffii* Hook. f. = Begonia scharffiana
– **schmidtiana** Regel · ♃ Z10 (W); Bras.
– *schmidtii* Haage et E. Schmidt = Begonia schmidtiana
– **schulziana** Urb. et Ekman · ♃ ↝ Z10 (W); Haiti
– *semperflorens* Link et Otto = Begonia cucullata var. hookeri
– **serratipetala** Irmsch. · ♃ Z10 (W); N.Guinea
– *similis* Brade = Begonia pulchella
– *sinensis* A. DC. = Begonia grandis subsp. evansiana
– **socotrana** Hook. f. · ♃ Z10 (W); Socotra
– *spraguei* C. Weber = Begonia mannii
– **squamulosa** Hook. f. · ♃ ξ Z10 (W); Nigeria, C-Afr.
– **stipulacea** Willd. · ħ Z10 (W); Bras.
– **strigillosa** A. Dietr. · ♃ Z10 (W); Guat., Costa Rica
– *suaveolens* Lodd. = Begonia odorata
– **subacida** Irmsch. · ♃ Z10 (W); Bras.
– *subvillosa* hort. = Begonia mollicaulis
– **suffruticosa** Meisn. · ♃ Z10 (K); S-Afr.: Natal
– **sulcata** Scheidw. · ħ Z10 (W); Col.
– **sutherlandii** Hook. f. · ♃ Z9 (K); S-Afr.: Natal
– × **thurstonii** hort. ex Kennedy (*B. metallica* × *B. peponifolia*) · ♃ Z10 (W); cult.
– **tomentosa** Schott · ħ Z10 (W); Bras.
– **ulmifolia** Willd. · D:Ulmenblättrige Begonie; E:Elm-leaf Begonia · ħ Z10 (W); Venez.
– **undulata** Schott · ħ Z10 (W); Bras.
– **veitchii** Hook. f. · ♃ Z10 (K); Peru
– **venosa** Skan ex Hook. f. · ♃ Z10 (W); Bras.
– × **verschaffeltii** Regel (*B. carolineifolia* × *B. manicata*) · ♃ Z10 (W); cult.
– **vitifolia** Schott · ♃ Z10 (W); Bras.
– **wallichiana** Steud. · ⊙ Z10 (W); Ind.
– × **weltoniensis** hort. ex André (*B. dregei* × *B. sutherlandii*) · ♃ Z10 (K); cult.
– **xanthina** Hook. · ♃ Z10 (W); Bhutan
– *zebrina* hort. = Begonia stipulacea
– **Cultivars**
  – **in vielen Sorten (siehe Kapitel III)**

Bejaria Mutis ex L. -f- *Ericaceae* · 15-30 sp · D:Andenrose; F:Rose des Andes
– **coarctata** Humb. et Bonpl. · ħ e Z10 (K); Peru

Belamcanda Adans. -f- *Iridaceae* · 2 sp · D:Leopardenblume, Pantherblume; E:Leopard Lily; F:Fleur-léopard, Iris tigré
– **chinensis** (L.) DC. · D:Leopardenblume; E:Blackberry Lily, Leopard Lily · ♃ ♧ Z8 (K) VII-VIII ⚕; N-Ind., China, Jap., Taiwan, nat. in USA

Bellevalia Lapeyr. -f- *Hyacinthaceae* · c. 45 sp
– **romana** (L.) Rchb. · D:Römische Hyazinthe; E:Roman Hyacinth · ♃ Z7 (A) ∧ IV-V; Eur.: F, Ap, Ba

Bellidiastrum Scop. = Aster
– *michelii* Cass. = Aster bellidiastrum

Bellis L. -f- *Asteraceae (Compositae)* · 7 sp · D:Gänseblümchen, Maßliebchen; E:Daisy; F:Pâquerette
– **annua** L. · D:Einjähriges Gänseblümchen; E:Annual Daisy · ⊙; Eur.: Ib, Fr, Ap, Ba; TR, NW-Afr., Macaron.
– **perennis** L. · D:Gänseblümchen, Maßliebchen; E:Daisy, English Daisy; F:Pâquerette · ♃ Z4 I-VI ⚕; Eur.*, TR, Syr., Palaest., nat. in N-Am., Chile, NZ
  – **in Sorten**
– **rotundifolia** (Desf.) Boiss. et Reut. · ♃ △ Z9 (A) III-V; SW-Sp., Maroc., Alger.
– **sylvestris** Cirillo · ♃ Z7; Eur.: Ib, Fr, Ap, Ba; TR, Cyprus, Syr., Palaest., Maroc., Alger., Tun., Libya
  – var. *rotundifolia* (Desf.) Batt. = Bellis rotundifolia

Bellium L. -n- *Asteraceae (Compositae)* · 4 sp · D:Scheingänseblümchen, Zwergmaßliebchen; F:Fausse-pâquerette
– **bellidioides** L. · ♃ △ Z8 ∧ V-VI; Corse, Sard., Balear.
– **minutum** (L.) L. · D:Zwergmaßliebchen; E:Little Mary · ⊙ △ Z8 V-VIII; Eur.: Sic., GR, Crete

Beloperone Nees = Justicia
– *guttata* Brandegee = Justicia brandegeana
– *plumbaginifolia* (Jacq.) Nees = Justicia plumbaginifolia
– *violacea* Planch. et Linden = Justicia carthaginensis

Bencomia Webb et Berthel. -f- *Rosaceae* · 5 sp
– **caudata** (Aiton) Webb et Berthel. · ħ e Z9

⌂K; Canar.

Benincasa Savi -f- *Cucurbitaceae* · 1 sp · D:Wachskürbis; E:Wax Gourd; F:Courge céreuse
– **hispida** (Thunb. ex Murray) Cogn. · D:Wachs-Kürbis; E:Wax Gourd · ⊙ ≹ ✿ Z10 ⌂W ⚕ Ⓝ; cult.

Bensoniella C.V. Morton -f- *Saxifragaceae* · 1 sp
– **oregana** (Abrams et Bacig.) C.V. Morton · ♃ Z6; ? NW-Calif., SW-Oreg.
– *oregona* = Bensoniella oregana

Benthamidia Spach = Cornus
– *fragifera* Lindl. = Cornus canadensis

Bentinckia Berry ex Roxb. -f- *Arecaceae (Palmae)* · 2 sp · E:Bentinck's Palm
– **nicobarica** (Kurz) Becc. · ħ e ⌂W; Nikobar. Is.

Benzoin Nees = Lindera
– *aestivale* Nees = Lindera benzoin
– *praecox* Siebold et Zucc. = Lindera praecox
– *sericeum* Siebold et Zucc. = Lindera sericea

Berardia Vill. -f- *Asteraceae (Compositae)* · 1 sp
– **subacaulis** Vill. · ♃ △ ∧ VII-VIII; Eur.: F, I; SW-Alp.

Berberidopsis Hook.f. -f- *Flacourtiaceae* · 2 sp · E:Coral Plant
– **corallina** Hook. f. · E:Coral Plant · ħ e ≹ Z8 ⌂K VII-IX; Chile

Berberis L. -f- *Berberidaceae* · c. 450 sp · D:Berberitze, Sauerdorn; E:Barberry; F:Berbéris, Epine-vinette
– **actinacantha** Mart. ex Roem. et Schult. · ħ d △ Z7 ∧; Chile
– **aggregata** C.K. Schneid.
  – var. **aggregata** · D:Knäuelfrüchtige Berberitze · ħ d Z5; China: Sichuan, Gansu
  – var. *prattii* (C.K. Schneid.) C.K. Schneid. = Berberis prattii
  – var. **recurvata** C.K. Schneid. · ħ d Z6; W-China
– **amurensis** Rupr.
  – var. **amurensis** Rupr. · D:Amur-Berberitze · ħ d Z5 V; Amur, China, Manch., Korea, Jap.
  – var. **japonica** (Regel) Rehder · ħ d Z6; Jap.
– *angulizans* hort. ex A. Massal. = Berberis canadensis
– **angulosa** Wall. ex Hook. f. et Thomson · D:Kantige Berberitze · ħ d △ Z6 V; Nepal, Bhutan, Sikkim
– *approximata* Sprague = Berberis dictyophylla var. approximata
– *aquifolium* Pursh = Mahonia aquifolium
– **aristata** DC. · D:Begrannte Berberitze · ħ d ✿ Z6 V Ⓝ; N-Ind., Nepal, Bhutan
– **atrocarpa** C.K. Schneid. · ħ e Z6 V-VI; W-China
– *bealei* Fortune = Mahonia bealei
– **beaniana** C.K. Schneid. · ħ d Z6 VI; W-China
– **bergmanniae** C.K. Schneid. · ħ e Z6 V-VI ☠; W-China
– **brachypoda** Maxim. · ħ d ✿ Z5 V; NW-China
– **bretschneideri** Rehder · ħ d Z5 V; Jap.
– *brevipaniculata* hort. non Schneid. = Berberis aggregata var. aggregata
– **buxifolia** Lam. ex Poir. · D:Buchsblättrige Berberitze; E:Magellan Barberry; F:Berbéris à feuilles de buis · ħ e ⁞ Z7 V; Chile
  – **'Nana'**
– **calliantha** Mulligan · ħ e ⁞ Z7 ∧ V; SE-Tibet
– **canadensis** Mill. · D:Kanadische Berberitze; E:Allegheny Barberry, Bush Pepper · ħ d ✿ Z5 V-VI Ⓝ; USA: NE, SE, NCE
– **candidula** (C.K. Schneid.) C.K. Schneid. · D:Schneeige Berberitze · ħ e △ Z6 V; C-China
– × **carminea** Ahrendt (*B. aggregata* × *B. wilsoniae var. parvifolia*) · ħ d Z6; cult.
– **caroli** C.K. Schmeid · ħ; S-Mong.
  – var. *hoanghensis* C.K. Schneid. = Berberis vernae
– × *chenaultii* Ahrendt = Berberis × hybrido-gagnepainii 'Chenault'
– **chillanensis** (C.K. Schneid.) Sprague
  – var. **chillanensis** · ħ e Z7 ∧ IV-V; Peru, Chile
  – var. **hirsutipes** Sprague · ħ e Z7; Chile, Arg.; Anden
– **chinensis** hort. Paris ex Poir. · ħ d Z6 V; Cauc.
– **chitria** Buch.-Ham. ex Ker-Gawl. · ħ d ✿

🏠 ∧ V; NW-Ind., W-Nepal
– *chitria* Lindl. = Berberis aristata
– **circumserrata** (C.K. Schneid.) C.K. Schneid. · ♄ d Z5 V; NW-China
– **concinna** Hook. f. · ♄ d △ ♣ Z6 V; Nepal, Sikkim
– *coryi* Veitch = Berberis wilsoniae var. subcaulialata
– **darwinii** Hook. · D:Darwins Berberitze; E:Darwin Barberry; F:Epine-vinette de Darwin · ♄ e △ Z7 ∧ IV-V; Arg., Chile
– **diaphana** Maxim. · D:Durchsichtige Berberitze · ♄ d Z6 V; China: Kansu
– **dictyophylla** Franch.
 – var. **approximata** (Sprague) Rehder · ♄ d ♣ Z6 V; W-China
 – var. **dictyophylla** · D:Netzblättrige Berberitze · ♄ d Z6; Yunnan
 – var. **epruinosa** C.K. Schneid. · ♄ d ♣ Z6 V; China: Yunnan
– **dielsiana** Fedde · ♄ d ♣ Z5 V; China: Sichuan
– *dulcis* Sweet = Berberis buxifolia
 – var. *nana* Carrière = Berberis buxifolia 'Nana'
– **edgeworthiana** C.K. Schneid. · ♄ d Z6; NW-Him.
– **empetrifolia** Lam. ex Poir. · D:Krähenbeer-Berberitze · ♄ e △ Z6 V; Chile
– *fortunei* Lindl. = Mahonia fortunei
– **francisci-ferdinandi** C.K. Schneid. · D:Franz-Ferdinand-Berberitze · ♄ d ♣ Z6 V; W-China
– *fremontii* Torr. = Mahonia fremontii
– × **frikartii** C.K. Schneid. (*B. candidula* × *B. verruculosa*) · ♄ e △ Z6; cult.
– **gagnepainii** C.K. Schneid.
 – var. **gagnepainii** · D:Gagnepains Berberitze · ♄ e Z6; W-China
 – var. **lanceifolia** Ahrendt · ♄ e Z5 V-VI; China: Hupeh
– **gilgiana** Fedde · ♄ d Z5; N-China, C-China: Shaanxi
– **giraldii** Hesse · ♄ d ♣ Z6 VI; China
– **henryana** C.K. Schneid. · ♄ d Z5; C-China: W-Hubei, Sichuan, Shaanxi
– **heteropoda** Schrenk ex Fisch. et C.A. Mey. · ♄ d ♣ Z7 V; C-As., Mong., China: Sinkiang
– **hookeri** Lem. · D:Hookers Berberitze
 – var. **hookeri** · ♄ e Z6 V-VI; Nepal, Bhutan, Ind.: Sikkim, Assam; China
 – var. *latifolia* hort. = Berberis manipurana
 – var. **viridis** C.K. Schneid. · ♄ e Z6 V; Him.
– × **hybrido-gagnepainii** Ahrendt (*B. gagnepainii* × *B. verruculosa*) · ♄ e Z6 V-VI; cult.
 – **'Chenault'**
– **hypokerina** Airy Shaw · D:Silberne Berberitze; E:Silver Holly · ♄ e △ Z8 🏠 ∧; N-Myanmar
– **ilicifolia** G. Forst. · ♄ e Z8 🏠; S-Chile
– *ilicifolia* hort. ex Zab. = × Mahoberberis neubertii
– × **interposita** Ahrendt (*B. hookeri var. viridis* × *B. verruculosa*) · ♄ d Z7; cult.
– **jamesiana** Forrest et W.W. Sm. · ♄ d Z6 VI; China: NW-Yunnan
– *japonica* Thunb. ex Murray = Mahonia japonica
 – var. *bealei* (Fortune) Skeels = Mahonia bealei
– **julianae** C.K. Schneid. · D:Julianes Berberitze; E:Wintergreen Barberry; F:Epine-vinette de Juliana · ♄ e Z6 V-VI; China: Hupeh
– **kawakamii** Hayata · ♄ e Z6; Taiwan
– **koreana** Palib. · D:Koreanische Berberitze · ♄ d ♣ Z5 V; Korea
– **lempergiana** Ahrendt · ♄ e Z5 V; China
– **linearifolia** Phil. · D:Linearblättrige Berberitze · ♄ e Z7 ∧ V-VI; Chile
– × **lologensis** Sandwith (*B. darwinii* × *B. linearifolia*) · D:Lolog-Berberitze · ♄ e Z7 ∧ VI; Arg.
– **lycium** Royle · D:Himalaya-Berberitze; E:Indian Lycium, Lycium · ♄ d Z6 V-VI; Him.: Kashmir, NW-Ind., Nepal
– × **macracantha** Schrad. (*B. aristata* × *B. vulgaris*) · ♄ d; cult.
– **manipurana** Ahrendt · ♄ e Z6 V; Ind. (Assam, Manipur)
– × **mentorensis** L.M. Ames (*B. julianae* × *B. thunbergii*) · ♄ e Z6; cult.
– **mitifolia** Stapf · ♄ d Z6; China
– **morrisonensis** Hayata · D:Mount Morrison-Berberitze; E:Mount Morrison Berberis · ♄ d △ ♣ Z6 V; Taiwan
– *nepalensis* Spreng. = Mahonia napaulensis
– *nervosa* Pursh = Mahonia nervosa
– × **notabilis** C.K. Schneid. (*B. heteropoda* × *B. vulgaris*) · ♄ d; cult.
– **oblonga** (Regel) C.K. Schneid. · ♄ d ♣ Z6; C-As.
– **orthobotrys** Aitch. · ♄ d; Afgh., Pakist., NW-Ind., W-China
– × **ottawensis** C.K. Schneid. (*B. thunbergii* × *B. vulgaris*) · ♄ d ♣ Z5 V; cult.

– **parvifolia** Sprague · ₺ d △ VI; W-China
– *pinnata* Lag. = Mahonia pinnata
– **poiretii** C.K. Schneid. · D:Poirets Berberitze · ₺ d Z5; NE-China, Mong., E-Sib., Korea
– **prattii** C.K. Schneid. · ₺ △ ♣ Z5 V-VI; W-China
– **pruinosa** Franch. · D:Bereifte Berberitze · ₺ e Z7 IV-V; Yunnan
– *repens* Lindl. = Mahonia repens
– **replicata** W.W. Sm. · ₺ e Z5 V; Yunnan
– × **rubrostilla** Chitt. (*B. aggregata* × *B. wilsoniae var. parvifolia*) · ₺ d ♣ Z6 VI; cult.
– **sargentiana** C.K. Schneid. · D:Sargents Berberitze · ₺ e Z6 V-VI; C-China
– **sibirica** Pall. · ₺ d △ V; Sib.
– **sieboldii** Miq. · ₺ d △ ♣ Z5 V; Jap.
– *sinensis* Desf. = Berberis chinensis
– × **stenophylla** Lindl. (*B. darwinii* × *B. empetrifolia*) · D:Schmalblättrige Berberitze; E:Rosemary Barberry · ₺ e Z7 ∧ V; cult.
  – **in Sorten**
– **thunbergii** DC. · D:Thunbergs Berberitze; E:Japanese Barberry, Purple Leaf Barberry; F:Epine-vinette de Thunberg · ₺ d ⁞ ♣ Z4 V; Jap.
  – **in vielen Sorten**
– **tischleri** C.K. Schneid. · ₺ d V; W-China
– **veitchii** C.K. Schneid. · D:Veitchs Berberitze · ₺ e Z6 V; C-China.
– **vernae** C.K. Schneid. · D:Vernas Berberitze · ₺ d ♣ Z6 V; NW-China
– **verruculosa** Hemsl. et E.H. Wilson · D:Warzige Berberitze; E:Warty Barberry; F:Epine-vinette verruqueuse · ₺ e △ Z5 V-VI; China: Kansu
– **virescens** Hook. f. et Thomson · ₺ d Z6 V-VI; Ind.: Sikkim
– **vulgaris** L. · D:Gewöhnliche Berberitze, Sauerdorn; E:Common Barberry · ₺ d Z3 IV-V ⚕ ⓝ; Eur.* exc. BrI, Sc; TR, Cauc., nat. in BrI, Sc, E-Can., USA
  – var. *amurensis* (Rupr.) Regel = Berberis amurensis var. amurensis
– *wallichiana* Hook. f. non DC. = Berberis hookeri var. hookeri
– **wilsoniae** Hemsl. et E.H. Wilson · D:Wilsons Berberitze; E:Wilson's Barberry
  – var. **stapfiana** C.K. Schneid. · ₺ d Z6 V; W-China
  – var. **subcaulialata** (C.K. Schneid.) C.K. Schneid. · F:Epine-vinette de Wilson · ₺ d ⸾ △ ♣ Z6 VI-VII; W-Sichuan
  – var. **wilsoniae** · ₺ d △ ♣ Z6 V-VI; W-Sichuan
– **yunnanensis** Franch. · ₺ d Z6; W-China

Berchemia Neck. ex DC. -f- *Rhamnaceae* · 12 (31) sp
– **giraldiana** C.K. Schneid. · ₺ d ⸾ Z6 V-VI; China: Hupeh, Yunnan
– **racemosa** Siebold et Zucc. · D:Japanische Berchemie · ₺ d ⸾ Z6 VIII-IX; Jap., Taiwan
– **scandens** (Hill) K. Koch · D:Amerikanische Berchemie; E:Black Jack, Supple Jack · ₺ d ⸾ Z7 ∧ VI; USA: Va., NCE, SE, Fla., Tex.
– *volubilis* (L. f.) DC. = Berchemia scandens

Bergenia Moench -f- *Saxifragaceae* · 8 sp · D:Bergenie; E:Elephant Ears; F:Bergenia, Plante-du-savetier
– *bifolia* Moench = Bergenia crassifolia var. crassifolia
– **ciliata** (Haw.) Sternb. · D:Kaschmir-Bergenie; F:Bergenia cilié · ♃ Z7; Him.
  – fo. **ligulata** (Wall.) Engl. · ♃ △ ∧ III-IV; Afgh., Pakist.
– **cordifolia** (Haw.) Sternb. · D:Altai-Bergenie; E:Heart-leaf Bergenia; F:Plante des savetiers · ♃ △ Z3 IV-V; Altai, Mong.
– **crassifolia** (L.) Fritsch · D:Dickblatt-Bergenie; E:Winter-blooming Bergenia
  – var. **crassifolia** · F:Bergenia à feuilles épaisses · ♃ △ Z3 IV-V ⓝ; Sib., Mong., nat. in A, F
  – var. *orbicularis* (Regel) hort. = Bergenia × schmidtii
  – var. **pacifica** (Kom.) Nekr. · ♃ △ Z3 IV-V; Amur
– *delavayi* (Franch.) Engl. = Bergenia purpurascens
– *ligulata* Engl. = Bergenia ciliata fo. ligulata
  – var. *ciliata* (Haw.) Engl. = Bergenia ciliata
– × *newryensis* Yeo = Bergenia × smithii
– *ornata* Stein ex Guill. = Bergenia × schmidtii
– *pacifica* (Kom.) Kom. = Bergenia crassifolia var. pacifica
– **purpurascens** (Hook. f. et Thomson) Engl. · ♃ △ Z4 V-VI; W-China, N-Myanmar
– × **schmidtii** (Regel) Silva Tar. (*B. ciliata* × *B. crassifolia*) · ♃ △ Z5 III-V; cult.
– × **smithii** Engl. et Irmsch. (*B. cordifolia* × *B. purpurascens*) · ♃ △ Z3 IV-V; cult.
– **stracheyi** (Hook. f. et Thomson) Engl. ·

D:Himalaya-Bergenie · ♃ △ Z6 III; E-Afgh., Pakist., Kashmir, Nepal, W-Tibet
– var. *schmidtii* (Regel) hort. ex H.R. Wehrh. = Bergenia × schmidtii
– *yunnanensis* hort. = Bergenia purpurascens
– **Cultivars**
– **in vielen Sorten**

Bergeranthus Schwantes -m- *Aizoaceae* · 12 sp
– **multiceps** (Salm-Dyck) Schwantes · ♃ ♆ Z9 ⓚ; Kap
– **scapiger** (Haw.) N.E. Br. · ♃ ♆ Z9 ⓚ; Kap
– **vespertinus** (A. Berger) Schwantes · ♃ ♆ Z9 ⓚ; Kap

Bergerocactus Britton et Rose -m- *Cactaceae* · 1 sp
– **emoryi** (Engelm.) Britton et Rose · ♆ Z9 ⓚ ▽ *; Calif., Baja Calif.

Berkheya Ehrh. -f- *Asteraceae (Compositae)* · 75 sp
– **macrocephala** J.M. Wood · ♃ Z8 ⓚ VII-VIII; S-Afr.

Berteroa DC. -f- *Brassicaceae (Cruciferae)* · 5 sp · D:Graukresse; E:Hoary Alison; F:Bertéroa
– **incana** (L.) DC. · D:Gewöhnliche Graukresse; E:Hoary Alison, Hoary False Madwort · ⊙ ⊙ Z7 X; Eur.: C-Eur., EC-Eur., DK, Ba.E-Eur.; Cauc., W-Sib., E-Sib., C-As., nat. in BrI, Sc, Fr, Ib, N-Am.

Bertholletia Bonpl. -f- *Lecythidaceae* · 1 sp · D:Paranuss; E:Brazil Nut; F:Noix de Para
– **excelsa** Humb. et Bonpl. · D:Paranuss; E:Brazil Nut · ♄ e Z10 ⓦ Ⓝ; Amazon.

Bertolonia Raddi -f- *Melastomataceae* · 14 (8) sp · D:Bertolonie; F:Bertolonia
– *guttata* Hook. = Gravesia guttata
– *hirsuta* Benth. = Triolena hirsuta
– **maculata** Mart. ex DC. · ♃ Z10 ⓦ; NE-Bras.
– **marmorata** Naudin · ♃ Z10 ⓦ; N-Bras.
– *pubescens* hort. = Triolena pustulata

× **Bertonerila** hort. -f- *Melastomataceae* (*Bertolonia* × *Sonerila*)
– **houtteana** hort. (*Bertolonia guttata* × *Sonerila margaritacea*) · ♃ ⓦ; cult.

Berula Besser et W.D.J. Koch -f- *Apiaceae (Umbelliferae)* · 1 (-2) sp · D:Berle, Merk; F:Bérula
– **erecta** (Huds.) Coville · D:Berle, Schmalblättriger Merk · ♃ VII-IX ☠; Eur.*, Cauc., Iran, Afgh., N-As., C-As., N-Am., nat. in N-Am., Mex., Austr.

Beschorneria Kunth -f- *Agavaceae* · 7 sp
– **bracteata** Jacobi · ♃ ♆ Z9 ⓚ; Mex.
– **decosteriana** Baker · ♃ ♆ Z9 ⓚ; Mex.
– *multiflora* hort. = Furcraea bedinghausii
– **pubescens** A. Berger · ♃ ♆ Z9 ⓚ; Mex.
– **tubiflora** (Kunth et Bouché) Kunth · ♃ ♆ Z9 ⓚ; Mex.
– **yuccoides** Hook. f. · ♃ ♆ Z9 ⓚ; Mex.

Bessera Schult. -f- *Alliaceae* · 2 sp · D:Korallentröpfchen; E:Coral Drops; F:Bessera
– **elegans** Schult. f. · D:Korallentröpfchen; E:Coral Drops · ♃ Z9 ⓚ VII-IX; Mex.

Beta L. -f- *Chenopodiaceae* · 6 (-12) sp · D:Bete, Rübe; E:Beet; F:Betterave, Poirée
– **trigyna** Waldst. et Kit. · D:Dreiweibige Runkelrübe · ♃ Z5 VII-VIII; Eur.: Ba, E-Eur.; TR, Cauc., Iran, nat. in BrI, F
– **vulgaris** L.
  – subsp. **cicla** (L.) Alef. · D:Mangold · ⊙ Z5
    – var. **cicla** · D:Blatt-Mangold, Schnitt-Mangold; E:Foliage Beet, Leaf Beet · ; cult.
    – var. **flavescens** DC. · D:Römische Bete, Stiel-Mangold; E:Swiss Chard · ; cult.
  – subsp. **maritima** (L.) Arcang. · D:See-Mangold, Wild-Bete; E:Sea Beet · ♃; Eur.: Ib, Ap, Ba; TR, Cyprus, Levante, N-Afr., Canar., Azor., Iran, Iraq, NW-Ind.; coasts
  – subsp. **vulgaris** · ⊙ ⊙ Z5
    – var. **alba** DC. · D:Weiße Bete · ; cult.
    – var. **altissima** Döll · D:Zucker-Rübe; E:Sugar Beet · ; cult.
    – var. *conditiva* Alef. = Beta vulgaris subsp. vulgaris var. vulgaris
    – var. **lutea** DC. · D:Gelbe Bete, Gelbe Rübe · ; cult.
    – var. **rapacea** K. Koch · D:Futter-Rübe, Runkel-Rübe · ; cult.
    – var. *rubra* Moq. = Beta vulgaris subsp. vulgaris var. vulgaris
    – var. **vulgaris** · D:Rote Bete, Rote Rübe; E:Beetroot, Mangel Wurzel, Mangold, Root Beet · ⊙ VII-IX; Eur.* exc. EC-

Eur., E-Eur.; TR, Levante, N-Arab., Canar., Madeira, N-Afr.

Betonica L. = Stachys
– *alopecuros* L. = Stachys alopecuros
– *grandiflora* Steven ex Willd. = Stachys macrantha
– *hirsuta* L. = Stachys monnieri
– *macrantha* K. Koch = Stachys macrantha
– *nivea* (Labill.) Steven = Stachys discolor
– *officinalis* L. = Stachys officinalis

Betula L. -f- *Betulaceae* · 102 sp · D:Birke; E:Birch; F:Bouleau
– *alba* L. = Betula pendula
– **albosinensis** Burkill
– var. **albosinensis** · D:Chinesische Birke; E:Chinese Red Birch; F:Bouleau à écorce rouge · ₧ d Z7; Sichuan
– var. **septentrionalis** C.K. Schneid. Z7; W-China
– **alleghaniensis** Britton · D:Gelb-Birke; E:Yellow Birch · ₧ d Z3 Ⓝ; Can.: E; USA; NE, NCE, SE
– **alnoides** Buch.-Ham. ex D. Don · ₧ d Z8 ∧; Him., NE-Ind., SW-China: Sichuan, Yunnan
– *alnus* L. = Alnus incana
– var. *glutinosa* L. = Alnus glutinosa
– var. *incana* L. = Alnus incana
– × **caerulea** Blanch. (*B. cordifolia* × *B. populifolia*) · ₧ d Z4; Can., NE-USA
– *caerulea-grandis* hort. = Betula × caerulea
– **celtiberica** Rothm. et Vasc. · ₧ ₧ d Z7; Eur.: Sp., P
– **chinensis** Maxim. · ₧ ₧ d Z5; Korea, N-China, ? Jap.
– **corylifolia** Regel et Maxim. ex Regel · D:Haselblättrige Birke · ₧ d Z5; Jap.
– **costata** Trautv. · D:Gerippte Birke; E:Costata Birch · ₧ d Z5; Amur, Manch.
– **davurica** Pall. · D:Dahurische Birke; E:Asian Black Birch · ₧ d Z5 Ⓝ; Amur, Manch., Korea, Jap.
– **ermanii** Cham.
– var. **ermanii** · D:Ermans Birke, Gold-Birke; E:Erman's Birch, Russian Rock Birch; F:Bouleau du Japon · ₧ d Z5 Ⓝ; Jap., Korea, Sachal., Kamchat.
– var. **subcordata** (Regel) Koidz. · ₧ ₧ d Z2; Japan, Korea, Sachal., Kamtsch.
– **glandulifera** (Regel) B.T. Butler · ₧ d Z4; Can.: B.C.; USA
– **grossa** Siebold et Zucc. · D:Zierkirschen-Birke; E:Japanese Cherry Birch · ₧ d Z5; Japan
– **humilis** Schrank · D:Strauch-Birke · ₧ d Z3 IV-V; Eur.: C-Eur., PL, E-Eur.; W-Sib., E-Sib., Mong.
– *jacquemontii* Spach = Betula utilis var. jacquemontii
– × **koehnei** C.K. Schneid. (*B. papyrifera* × *B. pendula*) · ₧ d Z4; cult.
– **lenta** L. · D:Zucker-Birke; E:Cherry Birch, Sweet Birch · ₧ d Z4 Ⓝ; Can.: E; USA: NE, SE
– **luminifera** H. Winkl. · ₧ d Z7; China: Sichuan, W-Hupeh
– *lutea* F. Michx. = Betula alleghaniensis
– *mandshurica* (Regel) Nakai = Betula platyphylla var. platyphylla
– var. *japonica* (Miq.) Rehder = Betula platyphylla var. japonica
– **maximowicziana** Regel · D:Lindenblättrige Birke; E:Monarch Birch; F:Bouleau monarque · ₧ d Z6; Jap., S-Kurilen
– **medwediewii** Regel · D:Kaukasische Birke; E:Transcaucasian Birch · ₧ ₧ d Z6; Cauc.
– **middendorffii** Trautv. et C.A. Mey. · ₧ d Z3; E-Sib., Amur, Kamchat., N-Manch.
– **nana** L. · D:Zwerg-Birke; E:Dwarf Birch; F:Bouleau nain · ₧ d △ Z1 IV-VI ▽; Eur.: Fr, BrI, C-Eur., EC-Eur., Sc, E-Eur.; W-Sib., E-Sib.
– **nigra** L. · D:Schwarz-Birke; E:Black Birch, Red Birch, River Birch; F:Bouleau noir · ₧ d Z5 Ⓝ; USA: NE, NCE, SE, SC, Fla.
– *papyracea* Aiton = Betula papyrifera var. papyrifera
– **papyrifera** Marshall
– var. **cordifolia** (Regel) Fernald · ₧ ₧ d Z1; E-Can.; USA: NE, N.C., Minn.
– var. **grandis** C.K. Schneid. Z1
– var. **kenaica** (W.H. Evans) Henry · ₧ d Z2; Alaska, Can: : Yukon
– var. **papyrifera** · D:Papier-Birke; E:Canoe Birch, Paper Birch, White Birch; F:Bouleau à canots, Bouleau à papier · ₧ d Z4 Ⓝ; Alaska, Can., USA: NE, N.C., NCE, NC, Rocky Mts., NW
– **pendula** Roth · D:Hänge-Birke, Warzen-Birke; E:European White Birch, Silver Birch; F:Bouleau blanc, Bouleau verruqueux · ₧ d Z2 IV-V ⚕ Ⓝ; Eur.*, W-Sib., TR, N-Iraq, Cauc., N-Iran, Maroc.
– **platyphylla** Sukaczev
– var. **japonica** (Miq.) Hara · ₧ d Z5; Jap.

– var. **kamtschatica** (Regel) Hara · ♄ d Z5; Jap., Kamchat., NE-As.
– var. **platyphylla** · D:Mandschurische Birke; E:Japanese White Birch · ♄ d Z5 Ⓝ; Korea, Manch., N-China
– var. *szechuanica* (C.K. Schneider) Rehder = Betula szechuanica
– **populifolia** Marshall · D:Pappelblättrige Birke; E:Grey Brich · ♄ d Z5; Can.: E; USA: NE, NCE
– **potaninii** Batalin · ♄ d Z4; W-China
– **pubescens** Ehrh. · D:Moor-Birke
– subsp. **carpatica** (Willd.) Asch. et Graebn. · D:Karpaten-Birke · ♄ ♄ d Z1 IV-V; N-Eur. , Pyr. Carp.
– subsp. **pubescens** · D:Gewöhnliche Moor-Birke; E:Downy Birch, White Birch; F:Bouleau pubescent · ♄ ♄ d Z1 IV-V ⚕ Ⓝ; Eur.*, Cauc., W-Sib., E-Sib.
– subsp. **tortuosa** (Ledeb.) Nyman · ♄ ♄ d Z1; Sc, N-Russ., W-Sib., Greenl.
– **pumila** L. · D:Kleine Birke; E:American Dwarf Birch · ♄ d Z3; Can.; USA: NE, NCE, N.Dak., Mont.
– subsp. *glandulifera* Regel = Betula glandulifera
– **raddeana** Trautv. · ♄ ♄ d Z5; Cauc.
– **schmidtii** Regel · ♄ d Z5 Ⓝ; Jap., Korea, Manch., Amur
– **szechuanica** (C.K. Schneid.) C.-A. Jansson · ♄ d Z6; W-China: Sichuan, Yunnan, Sikang
– **tianschanica** Rupr. · ♄ ♄ d; China
– **turkestanica** Litv. · ♄ d; C-As.
– **utilis** D. Don
– var. **jacquemontii** (Spach) Winkl. · D:Weiße Himalaya-Birke; E:Jacquemont's Birch, White Barked Himalayan Birch · ♄ d Z7; W-Him.
– var. **prattii** Burkill · ♄ d Z6; W-China
– var. **utilis** · D:Himalaya-Birke; E:Himalayan Birch; F:Bouleau de l'Himalaya · ♄ d Z7; Him.
– *verrucosa* Ehrh. = Betula pendula
– *viridis* Chaix = Alnus viridis
– *wilsonii* Bean = Betula potaninii

Bidens L. -f- *Asteraceae (Compositae)* · c. 240 sp · D:Zweizahn; E:Bur Marigold; F:Bident
– *atrosanguinea* (Hook.) Ortega = Cosmos atrosanguineus
– **bipinnata** L. · D:Fiederblättriger Zweizahn; E:Spanish Needles · ⊙ Z3 VII-X; USA* exc. Calif., NW, nat. in F, I, CH, Slove.
– **cernua** L. · D:Nickender Zweizahn; E:Nodding Bur Marigold · ⊙ VIII-X; Eur.*, TR, Cauc., N-As., N-Am.
– **connata** H.L. Mühl. ex Willd. · D:Verwachsenblättriger Zweizahn; E:London Bur Marigold · ⊙ Z3 VIII-X; Can.: E; USA: NE, NCE, Kans., nat. in Fr, CH, D, PL
– *dahlioides* hort. = Cosmos atrosanguineus
– *dahlioides* S. Watson = Cosmos diversifolius
– *diversifolia* (Otto) Sch. Bip. = Cosmos diversifolius
– **ferulifolia** (Jacq.) DC. · F:Bident · ⊙ ⊙ Z8 VIII; S-Ariz., Mex.
– *formosa* Greene = Cosmos bipinnatus
– **frondosa** L. · D:Schwarzfrüchtiger Zweizahn; E:Beggarticks · ⊙ VIII-IX; N-Am., nat. in Eur.* exc. Sk
– *humilis* Humb., Bonpl. et Kunth = Bidens triplinervia var. macrantha
– var. *macrantha* Wedd. = Bidens triplinervia var. macrantha
– **radiata** Thuill. · D:Strahliger Zweizahn · ⊙ VIII-X; Eur.: Fr, C-Eur., EC-Eur., E-Eur., Sc; C-As., NE-As.
– **subalternans** DC. · D:Rio Grande-Zweizahn · ⊙ VII-X; Bol., Bras., Urug., Arg., nat. in Sp., F, CH
– **tripartita** L. · D:Dreiteiliger Zweizahn; E:Trifid Bur Marigold · ⊙ Z6 VII-IX ⚕; Eur.*, TR, W-As. , N-Afr., N-Am.
– **triplinervia** Humb., Bonpl. et Kunth
– var. **macrantha** (Wedd.) Scherff. · ⊙ ♃ Z9 VII; Mex., C-Am., S-Am.
– var. **triplinervia** · ♃ Z9; Mex., C-Am., S-Am.

Biebersteinia Stephan -f- *Geraniaceae* · 5 sp
– **orphanidis** Boiss. · ♃ △ Z8 Ⓐ ∧ V-VI; S-GR, TR

Bifora Hoffm. -f- *Apiaceae (Umbelliferae)* · 3 sp · D:Hohlsame
– **radians** M. Bieb. · D:Strahlen-Hohlsame · ⊙ V-VIII; Eur.: Ib, Fr, Ap, Ba, D, EC-Eur., E-Eur.; TR, Cauc., Iran
– **testiculata** (L.) Spreng. · D:Warziger Hohlsame · ⊙; Eur.: Ib, Fr, Ap, Ba; TR, Syr., Iraq, Cauc., Iran, C-As., nat. in D, CH

Bifrenaria Lindl. -f- *Orchidaceae* · 10-24 sp
– **atropurpurea** (Lodd.) Lindl. · ♃ Z10 Ⓦ VI-VII ▽ ✻; Bras.

– **aureofulva** (Hook.) Lindl. · ♃ Z10 ⓦ X ▽ ✱; Bras.
– *bella* Lem. = Coelia bella
– *fuerstenbergiana* Schltr. = Bifrenaria inodora
– **harrisoniae** (Hook.) Rchb. f. · ♃ Z10 ⓦ III-V ▽ ✱; Bras.
– **inodora** Lindl. · ♃ Z10 ⓦ VII ▽ ✱; Bras.
– **tetragona** (Lindl.) Schltr. · ♃ Z10 ⓦ VI-VII ▽ ✱; S-Bras.
– **tyrianthina** Rchb. f. · ♃ Z10 ⓦ V-VII ▽ ✱; Bras.

Bignonia L. -f- *Bignoniaceae* · 1 sp · D:Trompetenwein; E:Trumpet Vine; F:Bignone
– *australis* Aiton = Pandorea pandorana
– *buccinatoria* DC. = Distictis buccinatoria
– *callistegioides* Cham. = Clytostoma callistegioides
– *capensis* Thunb. = Tecomaria capensis
– **capreolata** L. · D:Trompetenwein; E:Cross Vine, Quartervine, Trumpet Vine · ♄ e ⌇ Z8 ⓚ V-VI; USA: NE, NCE, SE, SC, Fla.
– *chamberlaynii* Sims = Anemopaegma chamberlaynii
– *chinensis* Lam. = Campsis grandiflora
– *grandiflora* Thunb. = Campsis grandiflora
– *ignea* Vell. = Pyrostegia venusta
– *pandorana* Andrews = Pandorea pandorana
– *radicans* L. = Campsis radicans
– *speciosa* Graham = Clytostoma callistegioides
– *stans* L. = Tecoma stans
– *tweediana* Lindl. = Macfadyena unguis-cati
– *unguis-cati* L. = Macfadyena unguis-cati
– *venusta* Ker-Gawl. = Pyrostegia venusta

Bilderdykia Dumort. = Fallopia
– *aubertii* (L. Henry) Moldenke = Fallopia baldschuanica
– *baldschuanica* (Regel) D.A. Webb = Fallopia baldschuanica
– *convolvulus* (L.) Dumort. = Fallopia convolvulus
– *dumetorum* (L.) Dumort. = Fallopia dumetorum

Billardiera Sm. -f- *Pittosporaceae* · 8 sp · E:Apple Berry
– **longiflora** Labill. · E:Apple Berry, Blueberry · ♄ e ⌇ ⌇ ♧ Z8 ⓚ VII; Tasman.
– **scandens** Sm. · ♄ e ⌇ ⌇ ♧ Z8 ⓚ VI-IX; Austr.: Queensl., N.S.Wales, Victoria, S-Austr., Tasman.

Billbergia Thunb. -f- *Bromeliaceae* · 56 sp · D:Zimmerhafer; E:Billbergia; F:Billbergia
– *amabilis* Beer = Billbergia vittata
– **amoena** (Lodd.) Lindl. · ♃ Z10 ⓦ; E-Bras.
– *baraquiniana* Lem. = Billbergia decora
– **brasiliensis** L.B. Sm. · ♃ Z10 ⓦ; Bras.
– *burchellii* Baker = Billbergia distachia
– **chlorosticta** hort. Saunders · ♃ Z10 ⓦ; NE-Bras.
– **decora** Poepp. et Endl. · ♃ Z10 ⓦ; Peru, Bol., NW-Bras.
– **distachia** (Vell.) Mez · ♃ Z10 ⓦ; Bras.
– **euphemiae** E. Morren · ♃ Z10 ⓦ; S-Bras.
– *fasciata* Lindl. = Aechmea fasciata
– *granulosa* Brongn. = Billbergia rosea
– **horrida** Regel · ♃ Z10 ⓦ; Bras.
– **iridifolia** (Nees et Mart.) Lindl. · ♃ Z10 ⓦ; E-Bras., N-Bras.
– **leopoldii** (hort. Verschaff. ex Lem.) Linden ex Houllet · ♃ Z10 ⓦ; Bras.
– *leopoldii* E. Morren = Billbergia brasiliensis
– *leopoldii* K. Koch = Billbergia vittata
– *liboniana* De Jonghe = Quesnelia liboniana
– **lietzei** E. Morren · ♃ Z10 ⓦ; Bras.
– **macrocalyx** Hook. · ♃ Z10 ⓦ; Bras.
– **magnifica** Mez · ♃ Z10 ⓦ; Bras.
– **meyeri** Mez · ♃ Z10 ⓦ; Bras.
– *moreliana* Brongn. = Billbergia morelii
– **morelii** Brongn. · ♃ Z10 ⓦ; Bras.
– **nutans** H. Wendl. ex Regel · D:Zimmerhafer; E:Friendship Plant, Queen's Tears · ♃ Z9 ⓦ ⓚ; S-Bras., Parag., Urug., N-Arg.
– *porteana* Baker = Billbergia rosea
– **porteana** Brongn. ex Beer · ♃ Z10 ⓦ; Bras.
– **pyramidalis** (Sims) Lindl. · ♃ Z10 ⓦ; E-Bras.
– *rhodocyanea* Lem. = Aechmea fasciata
– **rosea** hort. ex Beer · ♃ Z10 ⓦ; Venez
– **sanderiana** E. Morren · ♃ Z10 ⓦ; Bras.
– *saundersii* hort. Bull. ex Dombr. = Billbergia chlorosticta
– *speciosa* Thunb. = Billbergia amoena
– *thyrsoidea* Mart. ex Schult. = Billbergia pyramidalis
– **venezuelana** Mez · ♃ Z10 ⓦ; Venez.
– **viridiflora** H. Wendl. · ♃ Z10 ⓦ; Guat., Hond.
– **vittata** Brongn. ex Morel · ♃ Z10 ⓦ; Bras., Parag., N-Arg.
– **zebrina** (Herb.) Lindl. · ♃ Z10 ⓦ; E-Bras., Parag., N-Arg.

Biophytum DC. -n- *Oxalidaceae* · 50-75 sp · D:Sinnklee; F:Sensitive
- **proliferum** (Arn.) Wight · ♃ Z10 ⓦ; Sri Lanka
- **sensitivum** (L.) DC. · ♃ Z10 ⓦ; trop. Afr., trop. As.

Biota (D. Don) Endl. = Platycladus
- *orientalis* (L. f.) Endl. = Platycladus orientalis

Biscutella L. -f- *Brassicaceae (Cruciferae)* · 40 sp · D:Brillenschötchen; F:Lunetière
- **auriculata** L. · ⊙ Z8; Ib, Fr
- **cichoriifolia** Loisel. · D:Wegwartenblättriges Brillenschötchen · ⊙ Z8 VI; Eur.: Sp., F, CH, I, W-Ba
- **didyma** L. · ⊙ Z8; Eur.: Ap, Ba; TR, Syr., Iraq, Iran
- **laevigata** L. · D:Glattes Brillenschötchen; E:Buckler Mustard · ♃ △ Z6 V-VI ▽; Eur.: Ib, Fr, Ap, C-Eur., EC-Eur., Ba, RO

Bistorta (L.) Adans. -f- *Polygonaceae* · c. 25 sp · D:Wiesenknöterich; F:Bistorte, Polygonum bistorte
- **affinis** (D. Don) Greene · D:Teppich-Wiesenknöterich; F:Renouée en tapis · ♃ ⇝ Z3 VIII-IX; Nepal
- **amplexicaulis** (D. Don) Greene · D:Kerzen-Wiesenknöterich; E:Mountain Fleece · ♃ Z5 VI-X; Him., nat. in BrI
  - **in Sorten**
- **macrophyllum** (D. Don) Soják · D:Großblättriger Wiesenknöterich · ♃ Z5 VII-IX; Him., W-China
- *major* Gray = Bistorta officinalis subsp. officinalis
- **officinalis** Delarbre
  - subsp. **carnea** (K. Koch) Wissk. · ♃ △ ✂ Z4 V-VII; Him.
  - subsp. **officinalis** · D:Schlangen-Wiesenknöterich; E:Adderwort, Meadow Bistort; F:Renouée bistorte · ♃ Z4 V-VIII ⚕; Eur.* exc. Sc; TR, Cauc., Iran, W-Sib., E--Sib., Amur, Sachal., Kamchat., China, Korea, Jap., Maroc., Alaska, Can.: Yukon, nat. in Sc
- **tenuicaule** (Bisset et S. Moore) Petrov · D:Dünnstängeliger Wiesenknöterich; E:Knotweed · ♃ ⇝ △ Z6 IV-VI; Jap.
- **vacciniifolia** (Wall. ex Meisn.) Greene · D:Heidelbeerstrauchiger Wiesenknöterich · ♄ ⇝ △ Z7 ⓐ ∧ VIII-IX; Him.
- **vivipara** (L.) Delarbre · D:Knöllchen-Wiesenknöterich; E:Alpine Bistort, Serpent Grass · ♃ △ Z3 V-VIII; Eur.*, Cauc., W-Sib., E-Sib., Amur, Sachal., C-As., Mong., Him., China, Jap., Alaska, Can., USA: NE, NCE, NC, SW, Rocky Mts., NW; Greenl.

Bituminaria Heist. ex Fabr. -f- *Fabaceae (Leguminosae)* · 2 sp · D:Asphaltklee; E:Triphyllon
- **bituminosa** (L.) C.H. Stirt. · D:Asphaltklee; E:Triphyllon · ♃ ⓚ Ⓝ; Eur.: Ib, Fr, Ap, Ba, Krim; TR, Levante, Sinai, Cauc., NW-Afr., Libya

Bixa L. -f- *Bixaceae* · 1 sp · D:Anattostrauch, Orleanstrauch; E:Lipstick Tree; F:Rocouyer
- **orellana** L. · D:Anattostrauch, Orleanstrauch; E:Annatto, Lipstick Tree · ♄ ♄ e Z10 ⓦ ⚕ Ⓝ; Mex., C-Am., W.Ind, trop. S-Am., nat. in trop. Afr., trop. As., Austr.: Queensl.

Blackstonia Huds. -f- *Gentianaceae* · 4-6 sp · D:Bitterling; E:Yellow Wort; F:Centaurée jaune
- **acuminata** (W.D.J. Koch et Ziz) Domin · D:Später Bitterling · ⊙ VIII-IX; C-Eur., S-Eur., TR, Levante, Maroc.
- **perfoliata** (L.) Huds. · D:Durchwachsener Bitterling; E:Yellow Wort · ⊙ VI-VIII; Eur.: Ba, Fr, BrI, Ap, EC-Eur., Ib, C-Eur., Krim; TR, Levante, Iraq, Cauc., NW-Afr.

Blandfordia Sm. -f- *Blandfordiaceae* · 4 sp · D:Lilientrichter, Weihnachtsglöckchen; E:Christmas Bells; F:Blandfordia
- **cunninghamii** Lindl. · D:Weihnachtsglöckchen; E:Christmas Bell · ♃ Z9 ⓦ; Austr.: N.S.Wales
- *flammea* Hook. = Blandfordia grandiflora
- *grandiflora* auct. = Blandfordia cunninghamii
- **grandiflora** R. Br. · ♃ Z9 ⓚ VII-VIII; Austr.: Queensl., N.S.Wales
- *marginata* Herb. = Blandfordia punicea
- **nobilis** Sm. · ♃ Z9 ⓚ VII; Austr.: N.S.Wales
- **punicea** (Labill.) Sweet · D:Tasmanisches Weihnachtsglöckchen; E:Tasmanian Christmas Bell · ♃ Z9 ⓚ; Tasman.

Blechnum L. -n- *Blechnaceae* · 150-200 sp · D:Rippenfarn; E:Hard Fern; F:Blechnum
- **auriculatum** Cav. · ♃ Z9 ⓚ; S-Am.; mts.

– **australe** L. · ♃ Z9 Ⓚ; S-Afr.
– **brasiliense** Desv. · ♃ Z9 Ⓚ; Guat., Col., Peru, Bol., Bras., Parag., Urug., Arg.
– **fraxineum** Willd. · ♃ Z10 Ⓦ; trop. N-Am, trop. S-Am.
– **gibbum** (Labill.) Mett. · ♃ Z9 Ⓦ; N.Caled., Vanuatu
– **moorei** C. Chr. · ♃ Z9 Ⓦ; N.Caled.
– **occidentale** L. · D:Östlicher Rippenfarn; E:Hammock Fern · ♃ Z9 Ⓦ; W.Ind., trop. Am., Chile, Pacific Is., nat. in Sri Lanka
– **penna-marina** (Poir.) Kuhn · D:Seefeder; F:Blechne de la Terre de Feu · ♃ △ Z8 Ⓐ ∧; Austr.: N.S.Wales, Victoria, Tasman.; NZ, s. S-Am.
– **spicant** (L.) Roth · D:Gewöhnlicher Rippenfarn; E:Deer Fern, Hard Fern; F:Blechne en épi · ♃ △ Z5 VII-IX; Eur.*, TR, Cauc., N-Iran, Levante, Jap., NW-Afr., Libya, Alaska, , Can.: W; USA: NW, Calif.
– **tabulare** (Thunb.) Kuhn · ♃ Z8 Ⓚ ∧; W.Ind., Falkland Is., S-Afr., Madag., Austr., NZ

Bletia Ruiz et Pav. -f- *Orchidaceae* · c. 30 sp
– **campanulata** La Llave et Lex. · ♃ Z10 Ⓦ V-VIII ▽ *; Mex.
– **catenulata** Ruiz et Pav. · ♃ Z10 Ⓦ V-VII ▽ *; Ecuad., Peru, Bol., Bras.
– *hyacinthina* (Sm.) R. Br. = Bletilla striata
– *masuca* D. Don = Calanthe masuca
– **purpurea** (Lam.) DC. · ♃ Z10 Ⓦ V-VII ▽ *; Fla., C-Am., W.Ind., Col. Venez.
– *sanguinea* Poepp. et Endl. = Bletia catenulata
– *shepherdii* Hook. = Bletia purpurea
– *verecunda* R. Br. = Bletia purpurea

Bletilla Rchb.f. -f- *Orchidaceae* · 9 sp · D:Chinaorchidee; E:Chinese Ground Orchid; F:Jacinthe blétille
– **chinensis** (Rolfe) Schltr. · D:Chinaorchidee · ♃ Ⓚ VI ▽ *; China: Yunnan
– *gebinae* (Lindl.) Rchb. f. = Bletilla striata
– *hyacinthina* (Sm.) Rchb. f. = Bletilla striata
– **striata** (Thunb.) Rchb. f. · D:Gestreifte Chinaorchidee; E:Chinese Ground Orchid · ♃ Ⓚ Ⓐ ∧ V-VI ⚕ ▽ *; China, E-Tibet, Jap., Okinawa
  – fo. *gebina* = Bletilla striata

Blighia K.D. Koenig -f- *Sapindaceae* · 4 sp · D:Akee, Akipflaume; E:Akee; F:Akee
– **sapida** C. Koenig · D:Akipflaume; E:Akee · ♄ e Z9 Ⓦ Ⓝ; W-Afr., Cameroun, nat. in Trop., Subtrop., S-Fla.

Blitum L. = Chenopodium
– *capitatum* L. = Chenopodium capitatum
– *virgatum* L. = Chenopodium foliosum

× **Bloomara** hort. -f- *Orchidaceae* (*Broughtonia* × *Laeliopsis* × *Tetramicra*)

Bloomeria Kellogg -f- *Alliaceae* · 3 sp · D:Goldstern; E:Goldenstars; F:Bloomeria
– **crocea** (Torr.) Coville · D:Goldstern; E:Common Goldenstars · ♃ Z8 Ⓚ VII; S-Calif.

Blossfeldia Werderm. -f- *Cactaceae* · 1 sp
– *atrovirens* F. Ritter = Blossfeldia liliputana
– *campaniflora* Backeb. = Blossfeldia liliputana
– *fechseri* Backeb. = Blossfeldia liliputana
– **liliputana** Werderm. · ♆ Z9 Ⓚ VII ▽ *; Arg.: Catamarca, Salta, Jujuy, La Rioja; Bol.: Tarija, Chuquisaca
– *minima* F. Ritter = Blossfeldia liliputana
– *pedicellata* F. Ritter = Blossfeldia liliputana

Blumea DC. -f- *Asteraceae (Compositae)* · c. 100 sp
– **balsamifera** (L.) DC. · D:Büffelohr; E:Buffalo Ear · ♃ Ⓚ Ⓝ; Him., Ind., S-China, Taiwan, Myanmar, Malay. Arch., Phil.

Blumenbachia Schrad. -f- *Loasaceae* · 6 sp
– *grandiflora* (Lam.) Ruiz et Pav. ex G. Don = Caiophora contorta
– **hieronymii** Urb. · ⊙; Arg.
– **insignis** Schrad. · ⊙ VII-VIII; Bras., Arg.
– *lateritia* (Hook.) Griseb. = Caiophora lateritia

Blumia Nees ex Blume = Magnolia
– *candollei* (Blume) Nees = Magnolia liliifera var. liliifera

Blysmus Panz. ex Schult. -m- *Cyperaceae* · 3 sp · D:Quellbinse, Quellried; E:Flat Sedge
– **compressus** (L.) Panz. ex Link · D:Zusammengedrücktes Quellried; E:Flat Sedge · ♃ VI-VII; Eur.* exc. Ib; TR, Cauc., Iran, C-As., Him., China: Sinkiang, Maroc.
– **rufus** (Huds.) Link · D:Rotbraunes Quellried; E:Saltmarsh Flat Sedge · ♃ V-

VII; Eur.: BrI, Sc, D, PL, Russ.; W-Sib., E-Sib., C-As. , Mong., China: Sinkiang

Bocconia L. -f- *Papaveraceae* · 9 sp · D:Baummohn; E:Tree Celandine; F:Bocconia
- *cordata* Willd. = Macleaya cordata var. cordata
- **frutescens** L. · D:Baummohn; E:Tree Celandine · ♄ ♄ Z9 Ⓚ X; Mex., Costa Rica, W.Ind.
- *microcarpa* Maxim. = Macleaya microcarpa

Boea Comm. ex Lam. -f- *Gesneriaceae* · 17 sp
- **hygroscopica** F. Muell. · ♃ e Z10 Ⓦ; Austr.: Queensl.

Boehmeria Jacq. -f- *Urticaceae* · 50-100 sp · D:Chinagras, Ramie; E:False Nettle; F:Ortie de Chine
- *argentea* hort. = Myriocarpa stipitata
- **biloba** Wedd. · ♃ Z7 Ⓚ; Jap.
- **nivea** (L.) Gaudich.
  - var. **nivea** · D:Ramie; E:China Grass, Rami · ♃ Z7 Ⓝ; China, Malay. Arch., Indochina, Jap.
  - var. **tenacissima** Miq. · ♃ e Z7 Ⓝ; Malay. Arch.

Boenninghausenia Rchb. ex Meisn. -f- *Rutaceae* · 1 sp
- **albiflora** (Hook.) Rchb. ex Meisn. · ♄ Z8 Ⓚ; Ind.: Assam, China, Jap.

Boesenbergia Kuntze -f- *Zingiberaceae* · 30-43 sp
- **ornata** (N.E. Br.) R.M. Sm. · ♃ Z10 Ⓦ; Kalimantan
- **rotunda** (L.) Mansf. · D:Tropenkrokus; E:Chinese Keys, Galingale, Tropical Crocus · ♃ Z10 Ⓦ V Ⓝ; Ind., Sri Lanka, Java

Boisduvalia Spach -f- *Onagraceae* · 6 sp
- **densiflora** (Lindl.) S. Watson · ⊙ Z8; Can.: B.C.; USA: NW, Calif., Rocky Mts.

Bolbitis Schott -f- *Lomariopsidaceae* · 44 sp · D:Wasserfarn; F:Fougère aquatique
- **heteroclita** (C. Presl) Ching · ♃ Z10 Ⓦ; trop. SE-As.

Bolboschoenus (Asch.) Palla -m- *Cyperaceae* · 8 (-16) sp · D:Strandsimse; E:Sea Club Rush
- **maritimus** (L.) Palla · D:Gewöhnliche Strandsimse; E:Sea Club Rush; F:Scirpe maritime · ♃ Z6 VI-VIII; Eur.*, cosmop.

Bolivicereus Cardenas = Borzicactus
- *samaipatanus* Cárdenas = Borzicactus samaipatanus

Bollea Rchb.f. -f- *Orchidaceae* · 6 (3-10) sp
- **coelestis** (Rchb. f.) Rchb. f. · ♃ Z10 Ⓦ VII-VIII ▽ *; Col.
- **lalindei** Rchb. f. · ♃ Z10 Ⓦ VII-VIII ▽ *; Col.

Boltonia L'Hér. -f- *Asteraceae (Compositae)* · 5-8 sp · D:Boltonie, Scheinkamille; E:False Chamomile; F:Boltonia, Fausse-camomille
- **asteroides** (L.) L'Hér. · D:Scheinkamille; E:False Chamomile
  - var. **asteroides** · F:Aster étoilé · ♃; USA: NE, SE, Fla.
  - var. **latisquama** (A. Gray) Cronquist · ♃ VIII-IX; USA: Mo., Kans., Okla., Ark.
- *latisquama* A. Gray = Boltonia asteroides var. latisquama

Bolusanthus Harms -m- *Fabaceae (Leguminosae)* · 1 sp · D:Elefantenholz; E:Elephantwood; F:Glycine en arbre
- **speciosus** (Bolus) Harms · ♄ e Z9 Ⓚ; S-Afr., Zimb., Mozamb., Angola

Bomarea Mirb. -f- *Alstroemeriaceae* · c. 100 sp
- **caldasii** (Humb., Bonpl. et Kunth) Asch. et Graebn. · ♃ ≩ Z9 Ⓚ VI-VIII; Col., Ecuad.
- **carderi** Mast. · ♃ ≩ Z9 Ⓚ VI-VIII; Col.
- *conferta* Benth. = Bomarea patacocensis
- **edulis** (Tussac) Herb. · ♃ ≩ Z9 Ⓚ VI-VIII; Mex., C-Am., W.Ind., trop. S-Am.
- **patacocensis** Herb. · ♃ ≩ Z9 Ⓚ VI-VIII; Col., Ecuad.
- **salsilla** (L.) Herb. · ♃ ≩ Z9 Ⓚ VI-VIII; Chile

Bombax L. -n- *Bombacaceae* · c. 20 sp · D:Baumwollbaum, Seidenwollbaum; E:Silk-Cotton Tree; F:Fromager, Kapokier
- **ceiba** L. · D:Roter Seidenwollbaum; E:Bombax, Red Silk-Cotton Tree · ♄ Ψ d Z10 Ⓦ Ⓝ; trop. As., N.Guinea, N-Austr.
- *ellipticum* Humb., Bonpl. et Kunth =

Pseudobombax ellipticum
– *malabaricum* DC. = Bombax ceiba

Bonapartea Haw. = Agave
– *juncea* Willd. = Agave geminiflora

Bonatea Willd. -f- *Orchidaceae* · 20 sp
– **speciosa** (L. f.) Willd. · ♃ Z9 Ⓚ III-V ▽ ✱; S-Afr.

Bongardia C.A. Mey. -f- *Berberidaceae* · 2 sp
– **chrysogonum** (L.) Griseb. · ♃ Z9 Ⓚ IV-V; TR, Syr., Iraq, Cauc., Iran, Pakist.

Borago L. -f- *Boraginaceae* · 3 sp · D:Borretsch, Gurkenkraut; E:Borage; F:Bourrache
– *laxiflora* Poir. = Borago pygmaea
– **officinalis** L. · D:Einjähriger Borretsch, Gurkenkraut; E:Borage · ⊙ Z7 VI-VII ⚕ Ⓝ; Eur.: Ib, Fr, Ap, Ba; Cyprus, Syr., Iran, Libya, nat. in Eur.: BrI, C-Eur., EC-Eur., E-Eur.; TR
– *orientalis* L. = Trachystemon orientalis
– **pygmaea** (DC.) Chater et Greuter · D:Ausdauernder Boretsch; E:Dwarf Borage · ♃ △ Z7 ∧ VII-X; Corse, Sard.

Borassus L. -f- *Arecaceae (Palmae)* · 7-11 sp · D:Borassuspalme; E:Toddy Palm; F:Palmier à vin, Rondier
– **aethiopum** Mart. · D:Delebpalme · ♄ e Ⓦ Ⓝ; E-Afr.
– **flabellifer** L. · D:Palmyrapalme; E:Palmyra Palm, Toddy Palm · ♄ e Ⓦ Ⓝ; Ind., Sri Lanka, Myanmar

Boronia Sm. -f- *Rutaceae* · 95-104 sp · D:Korallenraute; E:Boronia; F:Boronia
– **alata** Sm. · ♄ e Z9 Ⓚ V; W-Austr.
– **denticulata** Sm. · ♄ e Z9 Ⓚ; W-Austr.
– *elatior* Bartl. = Boronia molloyae
– **heterophylla** F. Muell. · D:Rote Korallenraute; E:Red Boronia · ♄ e Z9 Ⓚ III-IV; W-Austr.
– **megastigma** Nees ex Bartl. · D:Duftende Korallenraute; E:Brown Boronia, Scented Boronia · ♄ e D Z9 Ⓚ III-V; W-Austr.
– **molloyae** Drumm. · D:Hohe Korallenraute; E:Pink Boronia, Tall Boronia · ♄ e Z9 Ⓚ IV-V; W-Austr.
– **pilosa** Labill. · D:Haarige Korallenraute; E:Hairy Boronia · ♄ e Z9 Ⓚ; Austr.: N.S.Wales, Vict., Tasman., S-Austr.
– **pinnata** Sm. · D:Gefiederte Korallenraute; E:Pinnate Boronia · ♄ e Z9 Ⓚ V; Austr.: N.S.Wales, Victoria, Tasman.

Borzicactus Riccob. -m- *Cactaceae* · c. 10 sp
– **acanthurus** (Vaupel) Britton et Rose · ψ Z9 Ⓚ; C-Peru
– *aurantiacus* (Vaupel) Kimnach et Hutchison = Matucana aurantiaca
– *aureispinus* (F. Ritter) Hutchison et Kimnach = Hildewintera aureispina
– *aurivillus* (K. Schum.) Britton et Rose = Borzicactus icosagonus
– *doelzianus* (Backeb.) Kimnach = Oreocereus doelzianus
– *haynei* (Otto) Kimnach = Matucana haynei
– *hempelianus* (Gürke) Donald = Arequipa hempeliana
– **icosagonus** (Kunth) Britton et Rose · ♄ ψ Z9 Ⓚ ▽ ✱; S-Ecuad., N-Peru
– *leucotrichus* (Phil.) Kimnach = Arequipa leucotricha
– **roezlii** (Haage) W.T. Marshall · ♄ ψ Z9 Ⓚ ▽ ✱; N-Peru
– **samaipatanus** (Kimnach) Cárdenas · ψ Z9 Ⓚ ▽ ✱; Bol.
– **sepium** (Humb., Bonpl. et Kunth) Britton et Rose · ψ Z9 Ⓚ ▽ ✱; Ecuad.

Bosea L. -f- *Amaranthaceae* · 3 sp
– **yervamora** L. · ♄ e ♧ Ⓚ; Canar.

Bossiaea Vent. -f- *Fabaceae (Leguminosae)* · c. 50 sp · D:Wasserbusch; E:Water Bush; F:Bossiaea
– **cinerea** R. Br. · ♄ Z9 Ⓚ III; Austr.: N.S.Wales, Victoria, Tasman.
– **disticha** Lindl. · ♄ Z9 Ⓚ III-V; W-Austr.
– **heterophylla** Vent. · ♄ Z9 Ⓚ; Austr.: Queensl., N.S.Wales, Victoria
– **linophylla** R. Br. · ♄ Z9 Ⓚ V-VI; W-Austr.

Boswellia Roxb. ex Colebr. -f- *Burseraceae* · c. 20 sp · D:Weihrauchbaum; F:Arbre-à-encens
– **sacra** Flueck. · ♄ e Ⓚ ⚕ Ⓝ; Egypt, Somalia, S-Arab.

Bothriochilus Lem. -m- *Orchidaceae* · 4 sp
– **macrostachyus** (Lindl.) L.O. Williams · ♃ Ⓦ VIII-IX ▽ ✱; Mex., Costa Rica, Panama, Col.

Bothriochloa Kuntze -f- *Poaceae (Gramineae)* · c. 35 sp · D:Bartgras; E:Beard Grass
– **ischaemum** (L.) Keng · D:Gewöhnliches Bartgras; E:Yellow Blue Stem Grass · ♃ Z5 VII-X; Eur.* exc. BrI, Sc; TR, Arab., Cauc., Iran, Afgh., W-Sib., C-As., Him., Mong., China, NW-Afr., Sahara (Tibesti)

Botrychium Sw. -n- *Ophioglossaceae* · c. 50 sp · D:Mondraute; E:Moonwort; F:Lunaire
– **lanceolatum** (S.G. Gmel.) Angstr. · D:Lanzettliche Mondraute · ♃ VII-VIII ▽; Eur.: I, C-Eur., PL, Sc, N-Russ.; N, Alp., W-Carp.; W-Sib., E-Sib., Amur, Sachal., Kamchat., C-As., N-Am.
– **lunaria** (L.) Sw. · D:Echte Mondraute; E:Common Moonwort, Moonwort · ♃ V-VIII ▽; Eur.*, TR, Cauc., W-Sib., E-Sib., Amur, Sachal., Kamchat., C-As., Him., China, Jap., Alaska, Can., USA: NW, Rocky Mts., Calif., SW, S.Dak., NE; Greenl
– **matricariifolium** (A. Braun ex Döll) W.D.J. Koch · D:Ästige Mondraute; E:Daisy-leaved Grape Fern · ♃ VI-VII ▽; Eur.* exc. BrI, Ib; Can.: E; USA: NE, NCE, SE
– **multifidum** (S.G. Gmel.) Rupr. · D:Vielteilige Mondraute; E:Leathery Grape Fern · ♃ VII-IX ▽; Eur.* exc. BrI, Ib; W-Sib., W-As., Him., N-Am., Patag., Austr.
– **simplex** E. Hitchc. · D:Einfache Mondraute · ♃ V-VI ▽; Eur.* exc. BrI, Ib; Can., USA: NE, NCE, NC, Va., NW, Rocky Mts., Calif.; Greenl.
– **virginianum** (L.) Sw. · D:Virginische Mondraute; E:Rattlesnake Fern · ♃ VI-IX ▽; Eur.: C-Eur., EC-Eur., Slove., Sc, E-Eur.; W-Sib., E-Sib., Him., China, Manch. Korea, Jap., Alaska, Can., USA * exc. Calif.; Mex., C-Am., S-Am.

Bougainvillea Comm. ex Juss. -f- *Nyctaginaceae* · 18 sp · D:Bougainvillee; E:Bougainvillea; F:Bougainvillée
– *brasiliensis* Rausch = Bougainvillea spectabilis
– × **buttiana** Holttum et Standl. (*B. glabra* × *B. peruviana*) · ♄ ⌇ Z9 Ⓦ IV-VI; cult.
  – **in Sorten**
– **glabra** Choisy · D:Brasilianische Bougainvillea; E:Paper Flower · ♄ e ⌇ Z9 Ⓚ IV-VI; Bras.
– **peruviana** Humb. et Bonpl. · D:Peruanische Bougainvillea · ♄ ⌇ Z9 Ⓦ; Col., Ecuad., Peru
– **spectabilis** Willd. · ♄ e ⌇ Z9 Ⓦ IV-VI; Bras.
  – **in Sorten**
– **Cultivars**
  – **in vielen Sorten**

Boussingaultia Kunth = Anredera
– *baselloides* Kunth = Anredera baselloides
– *cordifolia* Ten. = Anredera cordifolia
– *gracilis* Miers = Anredera cordifolia
  – var. *pseudobaselloides* (Hauman) L.H. Bailey = Anredera cordifolia

Bouteloua Lag. -f- *Poaceae (Gramineae)* · 39 sp · D:Haarsschotengras, Moskitogras; E:Grama Grass; F:Herbe-à-moustiques
– **curtipendula** (Michx.) Torr. · D:Hohes Haarschotengras; E:Sideoats Grass, Tall Grama · ♃ Z6 VII-IX Ⓝ; Can.: Ont.; USA: NE, NCE, NC, Rocky Mts., SE, SC, Calif.; SW; Mex., C-Am.
– **eriopoda** Torr. · D:Schwarzes Haarschotengras; E:Black Grama · ♃ Ⓝ; SW-USA, N-Mex.
– **gracilis** (Humb., Bonpl. et Kunth) Griffiths · D:Haarschotengras, Moskitogras; E:Blue Grama, Mosquito Grass · ♃ Z7 VII-IX Ⓝ; Can.: W, Man.; USA: NCE, Rocky Mts., Calif., SW, Sc, SE; Mex.
– *oligostachya* (Nutt.) Torr. ex A. Gray = Bouteloua gracilis
– *racemosa* Lag. = Bouteloua curtipendula

Bouvardia Salisb. -f- *Rubiaceae* · 20 sp · D:Bouvardie; E:Bouvardia; F:Bouvardie
– *cavanillesii* DC. = Bouvardia multiflora
– *flava* Decne. = Bouvardia laevis
– *humboldtii* hort. = Bouvardia longiflora
– *jacquinii* Humb., Bonpl. et Kunth = Bouvardia ternifolia
– **laevis** M. Martens et Galeotti · ♄ e Z9 Ⓚ IV-V; Mex.
– **leiantha** Benth. · ♄ e Z9 Ⓚ VII-IX; Mex., C-Am.
– **longiflora** (Cav.) Humb., Bonpl. et Kunth · ♄ e Z9 Ⓚ VIII-XI; Mex.
– **multiflora** (Cav.) Schult. et Schult. f. · ♄ e Z9 Ⓚ VIII-IX; Mex.
– **ternifolia** (Cav.) Schltdl. · ♄ e Z9 Ⓚ IV-VI; Mex.
– *triphylla* Salisb. = Bouvardia ternifolia

Bowenia Hook. -f- *Boweniaceae* · 2 sp · D:Queenslandpalmfarn; E:Byfield Fern; F:Bowénia, Fougère-palmier
– **serrulata** (W. Bull) Chamb. · D:Queenslandpalmfarn; E:Byfield Fern · ♃ e Z10 ⓦ ▽ *; Austr.: Queensl.
– **spectabilis** Hook. ex Hook. f. · ♃ e Z10 ⓦ ▽ *; Austr.: Queensl.

Bowiea Harv. ex Hook.f. -f- *Hyacinthaceae* · 2 sp
– **volubilis** Harv. ex Hook. f. · D:Zulukartoffel; E:Climbing Onion · ♃ Ψ ≩ Z10 ⓚ ☠; Namibia, S-Afr.

Bowkeria Harv. -f- *Scrophulariaceae* · 3-5 sp
– **gerrardiana** Harv. ex Hiern · ♄ d Z9 ⓚ IV-V; S-Afr.: Natal

Boykinia Nutt. -f- *Saxifragaceae* · 9 sp
– **aconitifolia** Nutt. · ♃ Z6 VI-VII; USA: W.Va., Va., SE
– **jamesii** (Torr.) Engl. · ♃ Z5 ⓐ IV-VI; Can.: W; USA: Rocky Mts., NC
– **rotundifolia** Parry · ♃ Z7 VI-VIII; S-Calif.
– *tellimoides* (Maxim.) Engl. = Peltoboykinia tellimoides

Brachiaria (Trin.) Griseb. -f- *Poaceae (Gramineae)* · c. 100 sp · D:Palisadengras, Signalgras; E:Signal Grass
– **brizantha** (Hochst. ex A. Rich.) Stapf · D:Palisadengras; E:Palisade Grass · ♃ Z10 Ⓝ; trop. S-Afr., S-Afr., nat. in Sri Lanka, Bras.
– **decumbens** Stapf · D:Signalgras, Surinamgras; E:Signal Grass · ♃ Z10 ⓦ Ⓝ; trop. Afr.
– **deflexa** (Schumach.) C.E. Hubb. · ⊙ Z10 ⓚ Ⓝ; trop., Afr., S-Afr., Yemen, Madag.
– **eruciformis** (Sm.) Griseb. · ⊙ ⤫ Z10 VII-VIII; Eur.: Sp., Ap, Ba; TR, Cauc., Iran, Pakist., C-As., Him., Egypt, Arab., nat. in F
– **mutica** (Forssk.) Stapf · D:Paragras; E:Para Grass · ⊙ ♃ Z10 ⓦ Ⓝ; W-Afr., W.Sudan
– **ramosa** (L.) Stapf · ⊙ ♃ Z10 ⓦ Ⓝ; Ind.
– **ruziziensis** Germ. et C.M. Evrard · D:Niederliegendes Palisadengras; E:Congo Grass, Ruzi Grass · ♃ Z10 ⓦ Ⓝ; Congo, nat. in Austr.

Brachychilum (R. Br. ex Wall.) Petersen = Hedychium
– *horsfieldii* (R. Br. ex Wall.) Petersen = Hedychium horsfieldii

Brachychiton Schott et Endl. -m- *Sterculiaceae* · 31 sp · D:Flaschenbaum; E:Bottle Tree; F:Sterculier
– **acerifolius** (A. Cunn.) F. Muell. · D:Flammender Flaschenbaum; E:Australian Flame Tree, Flame Bottle Tree · ♄ e Z10 ⓚ; Austr.: Queensl., N.S.Wales
– **discolor** F. Muell. · ♄ d Z10 ⓚ; N-Austr., Queensl., New S-Wales
– **populneus** (Schott et Endl.) R. Br. · D:Kurrajong-Flaschenbaum; E:Kurrajong · ♄ e Z10 ⓚ; Austr.: Queensl., N.S.Wales
– **rupestris** (Lindl.) K. Schum. · D:Queensland-Flaschenbaum; E:Queensland Bottle Tree · ♄ d Z10 ⓚ; Austr.: Queensl.

Brachyglottis J.R. Forst. et G. Forst. -f- *Asteraceae (Compositae)* · 29 sp · D:Jakobskraut; E:Ragwort; F:Brachyglottis
– **greyi** (Hook. f.) B. Nord. · ♄ ⓚ VII-VIII; NZ (Wellington)
– **hectoris** (Buchanan) B. Nord. · ♄ ⓚ; S-NZ
– **laxifolia** (Buchanan) B. Nord. · ♄ ⓚ VII-VIII; S-NZ
– **monroi** (Hook. f.) B. Nord. · ♄ ⓚ; NZ
– **repanda** J.R. Forst. et G. Forst. · D:Hecken-Jakobskraut; E:Hedge Ragwort, Pukapuka · ♄ ♄ e ⓚ; NZ
– **rotundifolia** J.R. Forst. et G. Forst. · ♄ ♄ ⓚ; NZ

Brachylaena R. Br. -f- *Asteraceae (Compositae)* · c. 17 sp
– **glabra** (L. f.) Druce · ♄ ♄ Z10; S-Afr.

Brachypodium P. Beauv. -n- *Poaceae (Gramineae)* · 17 sp · D:Zwenke; E:False Brome; F:Brachypode
– **distachyon** (L.) P. Beauv. · ⊙ Z5; Eur.: Ib, Fr, Ap, Ba, W-Russ., Krim; TR, C-As., Iran, Afgh., Azor., Canar., Kap Verde, N-Afr., Eth., S-Afr.
– **phoenicoides** (L.) Roem. et Schult. · ♃ Z5; Eur.: Ib, Ap, Fr, Ba; Marok., Alger., Tun.
– **pinnatum** (L.) P. Beauv. · D:Fieder-Zwenke; E:Tor Grass; F:Brachypode penné · ♃ Z5 VI-VIII Ⓝ; Eur.*, TR, Cauc., Iran, Cauc., W-Sib., E-Sib., C-As.; Alger.
– **rupestre** (Host) Roem. et Schult. · D:Felsen-Zwenke · ♃ Z5 VI-VIII; Eur.: Ib,

Fr, BrI, C-Eur., CZ, Ap, Ba, RO, Krim; TR, Lebanon, Syr.
- **sylvaticum** (Huds.) P. Beauv. · D:Wald-Zwenke; E:Slender False Brome · ♃ Z5 VII-IX; Eur.*, TR, Cauc., Iran, W-Sib., C-As., Him., Sri Lanka, Canar., Madeira, NW-Afr.

Brachyscome Cass. -f- *Asteraceae (Compositae)* · 66 sp · D:Blaues Gänseblümchen; E:Swan River Daisy; F:Pâquerette bleue
- **iberidifolia** Benth. · D:Blaues Gänseblümchen; E:Swan River Daisy; F:Brachycome à feuilles d'ibéris · ⊙ D Z8 VII-IX; Austr.: W-Austr., S-Austr.
- **melanocarpa** F. Muell. et Sond. · ♃ Z8 (K); Austr.
- **multifida** DC. · ⊙ Z8 VI-IX; Austr.: Queensl.

Brachysema R. Br. -n- *Fabaceae (Leguminosae)* · 8-15 sp · D:Kurzfähnchen; E:Swan River Pea
- **celsianum** Lem. · D:Australischer Erbsenstrauch, Kurzfähnchen; E:Swan River Pea · ♄ Z9 (K); W-Austr.
- *lanceolatum* Meisn. = Brachysema celsianum

Brahea Mart. ex Endl. -f- *Arecaceae (Palmae)* · 12 sp · D:Hesperidenpalme; E:Hesper Palm; F:Palmier-éventail
- **armata** S. Watson · D:Blaue Hesperidenpalme; E:Blue Fan Palm, Blue Palm, Mexican Blue Palm · ♄ e Z10 (K); Mex.: Baja Calif.
- **brandegeei** (Purpus) H.E. Moore · D:San Jose Hesperidenpalme; E:San José Hesper Palm · ♄ e Z10 (K); S-Calif.
- **dulcis** (Humb., Bonpl. et Kunth) Mart. · ♄ e Z10 (K); Mex., Guat.
- **edulis** H. Wendl. ex S. Watson · D:Essbare Hesperidenpalme, Guadalupepalme; E:Guadalupe Palm · ♄ e Z10 (W); Mex.

× **Brapasia** hort. -f- *Orchidaceae* (*Aspasia* × *Brassia*)

Brasenia Schreb. -f- *Cabombaceae* · 1 sp · D:Schleimkraut, Wasserschild; E:Water Schield; F:Brasénie
- **schreberi** J.F. Gmel. · D:Schleimkraut, Wasserschild; E:Water Shield · ♃ ≈ (W) (N); Can.: E; USA: NE, NCE, SC, SE, Fla., NW, Calif.; Him., trop. As., Afr., Austr.

Brasilicactus Backeb. = Notocactus
- *graessneri* (K. Schum.) Backeb. = Notocactus graessneri
- *haselbergii* (Haage) Backeb. = Notocactus haselbergii

Brassaia Endl. = Schefflera
- *actinophylla* Endl. = Schefflera actinophylla

Brassavola R. Br. -f- *Orchidaceae* · 15 sp
- **cebolleta** Rchb. f. · ♃ Z10 (W) ▽ *; E-Bras., Parag.
- **cucullata** (L.) R. Br. · ♃ Z10 (W) IX-XII ▽ *; Mex., Guat., Hond., El Salv., W.Ind., Venez.
- *digbyana* Lindl. = Rhyncholaelia digbyana
- **flagellaris** Rodr. · ♃ Z10 (W) IV ▽ *; Bras.
- *glauca* Lindl. = Rhyncholaelia glauca
- **nodosa** (L.) Lindl. · E:Lady-of-the-Night Orchid · ♃ Z10 (W) X-XII ▽ *; C-Am., W.Ind., Col., Venez., Surinam
- **perrinii** Lindl. · ♃ Z10 (W) V-VI ▽ *; Parag., SE-Bras.

Brassia R. Br. -f- *Orchidaceae* · c. 25 sp
- **antherotes** Rchb. f.
  - var. **antherotes** · ♃ Z10 (W) ▽ *; trop. Am.
  - var. **longissima** (Rchb. f.) Teusch. · ♃ Z10 (W) VI ▽ *; Costa Rica
- *brachiata* Lindl. = Brassia verrucosa
- **caudata** (L.) Lindl. · E:Cricket Orchid · ♃ Z10 (W) II-III ▽ *; Fla., Mex., C-Am., W.Ind.
- **gireoudiana** Rchb. f. et Warsz. · ♃ Z10 (W) V-VIII ▽ *; Costa Rica, Panama
- *guttata* Lindl. = Brassia maculata
- **lanceana** Lindl. · ♃ Z10 (W) VIII-IX ▽ *; Venez., Surinam
- **lawrenceana** Lindl. · ♃ Z10 (W) V-VI ▽ *; Venez., Guyana, Surinam, Bras.
- *longissima* (Rchb. f.) Schltr. = Brassia antherotes var. longissima
  - var. *minor* Schltr. = Brassia antherotes var. antherotes
- **maculata** R. Br. · ♃ Z10 (W) VI-VIII ▽ *; W.Ind., Guat., Hond., Belize
- **verrucosa** Lindl. · ♃ Z10 (W) IV-VI ▽ *; Mex., Guat., Hond., Venez.

Brassica L. -f- *Brassicaceae (Cruciferae)* · c.

35 sp · D:Kohl; E:Cabbage; F:Chou

– *alboglabra* L.H. Bailey = Brassica oleracea var. alboglabra

– *campestris* L. = Brassica rapa subsp. rapa

– **carinata** A. Braun · D:Abessinischer Kohl; E:Abyssinian Cabbage · ⊙ Ⓝ; Eth.

– *chinensis* L. = Brassica rapa subsp. chinensis

– **elongata** Ehrh. · D:Langtraubiger Kohl · ⊙ VI-IX; Eur.: A, EC-Eur., Ba, E-Eur.; TR, Iran, Cauc., W-Sib., C-As., Maroc., nat. in Sc, Fr, Ap

– *eruca* L. = Eruca sativa

– *hirta* Moench = Sinapis alba

– **juncea** (L.) Czern. · D:Ruten-Kohl, Sarepta-Senf; E:Chinese Mustard, Indian Mustard · ⊙ Z7 VI-IX Ⓝ; W-Sib., E-Sib., C-As., Mong., N-China, nat. in Sp., BG, RO, Russ., TR, Cauc., Iran, Afgh., Ind.

– *kaber* (DC.) L.C. Wheeler = Sinapis arvensis

  – var. *pinnatifida* (Stokes) L.C. Wheeler = Sinapis arvensis

– *napobrassica* (L.) Mill. = Brassica napus subsp. rapifera

– **napus** L.

  – subsp. **napus** · D:Raps; E:Oilseed Rape, Rape · ⊙ IV-IX; cult.

    – var. **annua** L. · D:Sommer-Raps, Sommerrübsen; E:Summer Rape · Ⓝ; Eth.

  – subsp. **rapifera** Metzg. · D:Kohl-Rübe, Steck-Rübe; E:Swedish Turnip · ⊙ Ⓝ; cult.

  – var. *napobrassica* (L.) Rchb. = Brassica napus subsp. rapifera

– **nigra** (L.) W.D.J. Koch · D:Schwarzer Senf, Senf-Kohl; E:Black Mustard · ⊙ VI-IX ⚕ Ⓝ; Eur.*, Cauc., TR, Maroc., Egypt, Sudan

– **oleracea** L. · D:Kohl; E:Wild Cabbage

  – var. **acephala** DC. · D:Zier-Kohl; E:Decorative Kale, Flowering Cabbage · Ⓝ; cult.

  – var. **alboglabra** (L.H. Bailey) Musil · D:Chinesischer Kohl, Chinesischer Brokkoli; E:Chinese Broccoli, Chinese Kale · Ⓝ; C-China, S-China

  – var. **botrytis** L. · D:Blumen-Kohl, Kopf-Brokkoli; E:Cauliflower · Ⓝ

  – var. **capitata** (L.) Alef. · D:Blaukraut, Rot-Kohl, Weiß-Kohl, Weißkraut; E:Red Cabbage, White Cabbage · Ⓝ

  – var. **costata** DC. · D:Portugiesischer Kohl, Rippen-Kohl, Tronchuda-Kohl; E:Portoguese Cabbage · Ⓝ; cult.

  – var. **gemmifera** DC. · D:Brüsseler Kohl, Rosen-Kohl, Rosen-Wirsing; E:Brussels Sprouts · Ⓝ

  – var. **gongylodes** L. · D:Kohlrabi; E:Kohlrabi, Turnip Kale · Ⓝ; cult.

  – var. **italica** Plenck · D:Brokkoli, Spargel-Kohl; E:Broccoli · Ⓝ; cult.

  – var. **medullosa** Thell. · D:Mark-Kohl, Markstamm-Kohl; E:Marrow-stem Kale · Ⓝ; cult.

  – var. **oleracea** · D:Wild-Kohl; E:Wild Cabbage · ⊙ ♃ V-IX; Eur.*, Cauc., TR, Maroc., Egypt, Sudan, nat. in D, Ba.

  – var. **ramosa** DC. · D:Stauden-Kohl, Strauch-Kohl, Tausendkopf-Kohl; E:Branching Cabbage · Ⓝ; cult.

  – var. *rubra* L. = Brassica oleracea var. capitata

  – var. **sabauda** L. · D:Welsch-Kohl, Wirsing; E:Savoy Cabbage · Ⓝ; cult.

  – var. **sabellica** L. · D:Braun-Kohl, Feder-Kohl, Grün-Kohl; E:Curlies, Kale · Ⓝ; cult.

  – var. *tronchuda* L.H. Bailey = Brassica oleracea var. costata

  – var. **viridis** L. · D:Blatt-Kohl, Futter-Kohl, Kuh-Kohl; E:Collards, Cow Cabbage · Ⓝ; cult.

– *pekinensis* (Lour.) Rupr. = Brassica rapa subsp. pekinensis

– **rapa** L.

  – subsp. **chinensis** (L.) Hanelt · D:China-Kohl, Chinesischer Senf-Kohl; E:Chinese White Cabbage, Pak Choi · Ⓝ; cult.

    – var. **parachinensis** (L.H. Bailey) Hanelt · D:Choisum, Tsoi-sum; E:Choisum · Ⓝ

  – subsp. **dichotoma** (Roxb. et Fleming) Hanelt · D:Indischer Kohl; E:Brown Sarson, Indien Rape · Ⓝ; cult. Ind.

  – subsp. **nipposinica** (L.H. Bailey) Hanelt

    – var. **chinoleifera** (Vielh.) Kitam. · D:Komatsuna, Senf-Spinat; E:Hendergreen, Spinach Mustard · Ⓝ; cult.

  – subsp. **oleifera** (DC.) Metzg. · D:Rübsaat, Rübsen; E:Winter Turnip Rape · Ⓝ; cult.

  – subsp. **pekinensis** (Lour.) Hanelt · D:Peking-Kohl; E:Chinese Cabbage · Ⓝ; cult.

  – subsp. **rapa** L. · D:Herbst-Rübe, Stoppel-Rübe, Wasser-Rübe, Weiße Rübe; E:Field Mustard, Turnip · ⊙ IV-IX Ⓝ; orig. ? , cult. Eur., Sib., Ind., etc., nat. in

Eur.*
– subsp. **trilocularis** (Roxb.) Hanelt · D:Indischer Rübsen; E:Indian Colza, Yellow Sarson · ®; cult. Ind.
– var. *perviridis* L.H. Bailey = Brassica rapa subsp. nipposinica var. chinoleifera
– var. *silvestris* (Lam.) S.M. Briggs = Brassica rapa subsp. oleifera
– *trilocularis* (Roxb.) Hanelt = Brassica rapa subsp. trilocularis

× **Brassidium** hort. -n- *Orchidaceae* (*Brassia* × *Oncidium*)

× **Brassocattleya** hort. -f- *Orchidaceae* (*Brassavola* × *Cattleya*)

× **Brassodiacrium** hort. -n- *Orchidaceae* (*Brassavola* × *Caularthron*)

× **Brassoepidendrum** hort. -n- *Orchidaceae* (*Brassavola* × *Epidendrum*)

× **Brassolaelia** hort. -f- *Orchidaceae* (*Brassavola* × *Laelia*)

× **Brassolaeliocattleya** hort. -f- *Orchidaceae* (*Brassavola* × *Cattleya* × *Laelia*)

× **Brassotonia** hort. -f- *Orchidaceae* (*Brassia* × *Broughtonia*)

× **Bratonia** hort. -f- *Orchidaceae* (*Brassia* × *Miltonia*)

Bravoa La Llave et Lex. = Polianthes
– *geminiflora* La Llave et Lex. = Polianthes geminiflora

Braya Sternb. et Hoppe -f- *Brassicaceae (Cruciferae)* · 20 sp · D:Breitschötchen, Knotenschötchen
– **alpina** Sternb. et Hoppe · D:Breitschötchen · ♃ Z5 VII; Eur.: I, A; E-Alp.

Brevipodium A. Löve et D. Löve = Brachypodium
– *sylvaticum* (Huds.) Á. Löve et D. Löve = Brachypodium sylvaticum

Brexia Noronha ex Thouars -f- *Escalloniaceae* · 1 (-9) sp
– **madagascariensis** (Lam.) Ker-Gawl. · ♄ e (W); Madag.

Breynia J.R. Forst. et G. Forst. -f- *Euphorbiaceae* · c. 25 sp
– **disticha** J.R. Forst. et G. Forst. · D:Schneebusch; E:Snow Bush · ♄ e (W); Pacific Is., nat. in S-Fla., Trop.

Briggsia Craib -f- *Gesneriaceae* · c. 25 sp
– **aurantiaca** B.L. Burtt · ♃ Z8 (A); S-Tibet
– **muscicola** (Diels) Craib · ♃ Z8 (A) V-VI; Bhutan, SE-Tibet, Yunnan
– *penlopii* C.E.C. Fisch. = Briggsia muscicola

Brillantaisia P. Beauv. -f- *Acanthaceae* · 9 (-40) sp
– **lamium** (Nees) Benth. · ♃ (W) IV-IX; trop. Afr.

Brimeura Salisb. -f- *Hyacinthaceae* · 2 sp · D:Scheinhyazinthe; F:Brimeura, Chouard
– **amethystina** (L.) Chouard · D:Amethyst-Scheinhyazinthe · ♃ Z5 IV-VI ▽; Eur.: N-Sp., F, N-Ba; Pyr.

Briza L. -f- *Poaceae (Gramineae)* · 10-20 sp · D:Zittergras; E:Quaking Grass; F:Amourette, Hochet du vent
– *gracilis* hort. = Briza minor
– **maxima** L. · D:Größtes Zittergras; E:Greater Quaking Grass; F:Grande brize · ⊙ Z5 V-VI; Eur.: Ib, Fr, Ap, Ba; TR, Azor., nat. in BrI, E-Russ., N-Am., Jap., Austr.
– **media** L. · D:Mittleres Zittergras; E:Common Quaking Grass; F:Brize intermédiaire · ♃ V-VII ®; Eur.*, TR, Cauc.
– *minima* hort. ex Nichols. = Briza minor
– **minor** L. · D:Kleines Zittergras; E:Lesser Quaking Grass · ⊙ VI-VII; Eur.: Ib, Fr, BrI, Ap, Ba; TR, Cauc., SW-As., Subtrop.
– *rubra* Lam. = Briza maxima

Brocchinia Schult.f. -f- *Bromeliaceae* · 18 sp
– **paniculata** Schult. f. · ♃ Z9 (W); SE-Col., Venez., Bras.

Brodiaea Sm. -f- *Alliaceae* · 15 sp · D:Brodiee; E:Cluster Lily; F:Brodiaea
– *bridgesii* S. Watson = Triteleia bridgesii
– *congesta* Sm. = Dichelostemma congestum
– **coronaria** (Salisb.) Engl. · D:Herbst-Brodiee; E:Harvest Cluster Lily
– subsp. **coronaria** · ♃ Z8 (K) ▭; B.C., USA: NW, Calif.

– var. *mundula* Jeps. = Brodiaea elegans
– **elegans** Hoover · D:Großblütige Brodiee; E:Cluster Lily · ♃ Z8 ⓚ VI; USA: Oreg., Calif.
– *grandiflora* hort. = Brodiaea elegans
– *grandiflora* Sm. = Brodiaea coronaria subsp. coronaria
– *ixioides* (Aitch.) S. Watson = Triteleia ixioides
– *ixioides* Hook. = Leucocoryne ixioides
– *laxa* (Benth.) S. Watson = Triteleia laxa
– *lutea* Lindl. = Triteleia ixioides
– *multiflora* Benth. = Dichelostemma multiflorum
– *peduncularis* (Lindl.) S. Watson = Triteleia peduncularis
– *uniflora* (Lindl.) Engl. = Ipheion uniflorum

Bromelia L. -f- *Bromeliaceae* · 47 sp · E:Bromelia
– **agavifolia** Brongn. ex Houllet · ♃ Z9 ⓦ; Guyan.
– *ananas* L. = Ananas comosus
– **balansae** Mez · D:Zaunbromelie; E:Heart-of-Flame · ♃ Z9 ⓦ; Arg., Parag.
– *bicolor* Ruiz et Pav. = Fascicularia bicolor
– *comosa* L. = Ananas comosus
– *fastuosa* Lindl. = Bromelia pinguin
– *lingulata* L. = Aechmea lingulata
– **pinguin** L. · D:Wilde Ananas; E:Pinguin, Wild Pineapple · ♃ Z9 ⓦ Ⓝ; W.Ind., Panama, Guyana, Bras.
– **serra** Griseb. · ♃ Z9 ⓦ Ⓝ; Bol., Parag., Bras., Arg.

Bromopsis (Dumort.) Fourr. = Bromus
– *ramosa* (Huds.) Holub = Bromus ramosus

Bromus L. -m- *Poaceae (Gramineae)* · c. 100 sp · D:Trespe; E:Brome; F:Brome
– **arvensis** L. · D:Acker-Trespe; E:Field Brome · ⊙ ⋈ V-VIII Ⓝ; Eur.: Ib, Fr, Ap, Ba, E-Eur.; Cauc., nat. in Eur.: BrI, Sc, C-Eur., EC-Eur.; TR, Iran, C-As., N-Am., Arg., S-Afr., NZ
– *arvensis* Pollich = Bromus erectus subsp. erectus
– *asper* Murray = Bromus ramosus
– **benekenii** (Lange) Trimen · D:Benekens Trespe · ♃ VI-VII; Eur.*, TR, Cauc., NW-Iran, Afgh., Him., Ind., W-Sib. C-As., Maroc., Alger., nat. in China
– **brachystachys** Hornung · D:Kurzährige Trespe · ⊙ VI-VII; Eur.: D extinct
– **briziformis** Fisch. et C.A. Mey. · D:Schlangen-Trespe; E:Rattlesnake Brome · ⊙ ⋈ VI-VIII; Cauc., N-Iran, C-As., nat. in Alaska, Can.
– **bromoideus** (Lej.) Crép. · D:Ardennen-Trespe · ⊙; Eur.: F, B; extinct
– **carinatus** Hook. et Arn. · D:Plattährige Trespe; E:California Brome · ⊙ ♃ VI-XI; N-Am., nat. in BrI, NL
– **catharticus** Vahl · D:Ährengrasähnliche Trespe, Pampas-Trespe; E:Rescue Brome, Rescue Grass · ⊙ ⊙ ♃ ⋈ VI-IX Ⓝ; S-Am., nat. in USA: SE; S-Eur.
– **commutatus** Schrad. · D:Verwechselte Trespe, Wiesen-Trespe; E:Meadow Brome · ⊙ VI; Eur.*, Cauc.
– *cristatus* L. = Agropyron cristatum subsp. cristatum
– **danthoniae** Trin. · ⊙ VI-VIII; TR, Cauc., Iran, C-As.
– **diandrus** Roth · D:Hohe Trespe; E:Great Brome · ⊙; Eur.: Ib, Fr, Ap, Ba; TR, SW-As., N-Afr., nat. in BrI, Krim
– **erectus** Huds.
  – subsp. **condensatus** (Hack.) Asch. et Graebn. · D:Zusammengezogene Trespe · ♃ V-VI; Eur.: CH, I, Ba; S-Alp., NW-Balkan
  – subsp. **erectus** · D:Aufrechte Trespe; E:Upright Brome · ♃ V-X Ⓝ; Eur.* exc. Sc; TR, NW-Afr., nat. in Sc, N-Am.
– **grossus** Desf. ex DC. · ⊙ ▽; Eur.: B
– *gussonei* Parl. = Bromus diandrus
– **hordeaceus** L.
  – subsp. **divaricatus** (L.) A.R. Clapham · D:Aufrechte Strandtrespe, Spreizende Trespe · ; S-Eur. , Macaron., N-Afr.
  – subsp. **hordeaceus** · D:Weiche Trespe; E:Soft Brome · ⊙ V-VIII; Eur.*, TR, Cauc., Iran, Pakist., nat. in N-Am., Baja Calif., S-Am., Jap., Austr., NZ, Hawaii
  – subsp. **pseudothominei** (P.M. Sm.) H. Scholz · ; Eur.: BrI, Sc, C-Eur. +
– **inermis** Leyss. · D:Unbegrannte Trespe; E:Hungarian Brome, Smooth Brome · ♃ VI-VII Ⓝ; Eur.* exc. BrI; TR, Cauc., N-Iran, W-Sib., E-Sib., C-As., Him., Mong., Manch., nat. in BrI, Sc, Amur, N-Am., S-Am., S-Afr., Austr.
– **japonicus** Thunb. ex Murray · D:Japanische Trespe; E:Japanese Brome · ⊙ ♃ V-VI; Eur.: F, I, C-Eur., EC-Eur., Ba, E-Eur.; TR, Syr., Lebanon, Cauc., C-As., N-Afr., nat. in N-Am.
– *jubatus* Ten. = Bromus sterilis
– *lanceolatus* Roth = Bromus macrostachys

- **lepidus** Holmb. · D:Zierliche Trespe; E:Slender Soft Brome · ⊙ VI-VIII; orig. ?, nat. in BrI, Sc, Fr, D
- **macrostachys** Desf. · D:Langgrannige Trespe; F:Brome à grands épillets · ⊙ VI-VIII; Eur.: Ib, Fr, Ap, Ba; TR, Cauc., C-As., Him., W-Sib., nat. in N-Am.
- **madritensis** L. · D:Madrider Trespe, Mittelmeer-Trespe; E:Compact Brome · ⊙ V-VII; Eur.: Ib, Fr, Ap, Ba, Krim; TR, Syr., Lebanon, Iraq, Arab., Iran, SW-As., Iran, N-Afr., nat. in BrI, Sc, N-Am., S-Am., Austr.
- *mollis* L. = Bromus hordeaceus subsp. hordeaceus
- **pannonicus** Kumm. et Sendtn. · D:Pannonische Trespe · ♃ V-X; Eur.: A, H, Slove., Croatia, Bosn., RO
- **racemosus** L. · D:Traubige Trespe; E:Smooth Brome · ♃ VI; Eur.*, TR, Cauc., Iran, Afgh.
- **ramosus** Huds. · D:Wald-Trespe; E:Hairy Brome · ♃ ⋊ VII-VIII; Eur.*, TR, Cauc., N-Iran, Him., NW-Afr.
- **rigidus** Roth · D:Steife Trespe · ⊙ VI-VII; Eur.: Ib, Fr, Ap, Ba, RO; TR, Cyprus, Cauc. W-As., N-Afr., nat. in EC-Eur.
- **rubens** L. · D:Fuchsschwanz-Trespe; E:Fox Tail Brome · ⊙ VII-VIII; Eur.: Ib, Fr, Ap, Ba; TR, Cauc., C-As., N-Afr., nat. in USA
- **scoparius** L. · D:Gedrungene Trespe · ⊙; Eur.: Ib.Ap, Ba, Krim, E-Russ.; TR, Cauc., Iran, C-As., N-Afr.
- **secalinus** L.
  - subsp. **multiflorus** (Sm.) Hegi · D:Dicke Trespe · VI-VII; Eur.: B
  - subsp. **secalinus** · D:Roggen-Trespe; E:Rye Brome · ⊙ ⋊ VI-VIII; Eur.: Ib, Fr, Ap, Ba, EC-Eur., E-Eur.; W-Sib., Amur, Sachal., nat. in BrI, Sc, C-Eur., N-Am.
- **squarrosus** L. · D:Sparrige Trespe · ⊙ V-VI; Eur.* exc. BrI, Sc; TR, Iraq, Syr., Lebanon, Cauc., Iran, Him., W-Sib., C-As., NW-Afr., C-Sahara, nat. in N-Am., Chile
- **sterilis** L. · D:Taube Trespe; E:Barren Brome, Poverty Brome · ⊙ ⋊ V-VIII; Eur.*, TR, Levante, Iraq, Cauc., Iran, C-As., NW-Afr., nat. in N-Am., S-Am., Austr., NZ
- **tectorum** L. · D:Dach-Trespe; E:Downy Brome, Drooping Brome · ⊙ ⊙ V-VI; Eur.*, TR, Levante, Arab., Cauc., Iran, Afgh., Pakist., C-As., Canar., NW-Afr., Egypt, nat. in BrI, Greenl., N-Am., C-Am., S-Am., Phil., Austr., NZ, Hawaii
- **thominii** Hardouin · D:Dünen-Trespe · ⊙ V-VI; Eur.: BrI, Fr, Sc, D, S-Eur..; TR; coasts, nat. in N-Am.
- **transsylvanicus** Hack. · D:Siebenbürgische Trespe · ♃; Eur.: N-I, Ba, RO
- *unioloides* (Willd.) Humb., Bonpl. et Kunth = Bromus catharticus
- *willdenowii* Kunth = Bromus catharticus

Brosimum Sw. -n- *Moraceae* · 13 sp · D:Kuhbaum, Milchbaum; E:Cow Tree, Milk Tree; F:Arbre à lait
- **alicastrum** Sw. · D:Brotnussbaum; E:Breadnut · ҟ e Z10 Ⓦ Ⓝ; Mex., C-Am., W.Ind., Venez., Ecuad., Peru, Bras.
- *galactodendron* D. Don ex Sweet = Brosimum utile
- **utile** (Humb., Bonpl. et Kunth) Pittier · D:Milchbaum; E:Cowtree · ҟ e Z10 Ⓦ Ⓝ; Guyan., Bras., Peru

Broughtonia R. Br. -f- *Orchidaceae* · 1 (- 2-5) sp
- *domingensis* (Lindl.) Rolfe = Laeliopsis domingensis
- **sanguinea** (Sw.) R. Br. · ♃ Z10 Ⓦ V-VI ▽ *; Jamaica, Cuba

× **Broughtopsis** hort. -f- *Orchidaceae* (*Broughtonia* × *Laeliopsis*)

Broussonetia L'Hér. ex Vent. -f- *Moraceae* · 8 sp · D:Papiermaulbeerbaum; E:Paper Mulberry; F:Mûrier à papier
- **kazinoki** Siebold · ♄ ҟ d Z7 Ⓝ; Korea, Jap.
- **papyrifera** (L.) Vent. · D:Papier-Maulbeere; E:Paper Mulberry · ♄ ҟ d Z7 V Ⓝ; Myanmar, China, nat. in S-Eur., USA

Browallia L. -f- *Solanaceae* · 3 sp · D:Browallie, Veilchenbusch; E:Bush Violet; F:Browalia
- **americana** L. · D:Amethyst-Veilchenstrauch; E:Amethyst Flower; F:Browalle · ⊙ Z9 Ⓚ VII-IX; trop. Am.
- *demissa* L. = Browallia americana
- *elata* L. = Browallia americana
- **grandiflora** D. Don · ⊙ Z9 Ⓚ VI-IX; Peru
- *grandiflora* Graham = Browallia americana
- *major* hort. = Browallia speciosa
- **speciosa** Hook. · D:Saphir-Veilchenstrauch; E:Sapphire Flower · ♄ Z9

Ⓚ I-XII; Col.
– **viscosa** Humb., Bonpl. et Kunth · ⊙ Z9 VI-IX; Peru

Brownea Jacq. -f- *Caesalpiniaceae (Leguminosae)* · 12 (- c. 25) sp
– **ariza** Benth. · D:Rose von Venezuela; E:Rose of Venezuela · ♄ e Z10 Ⓦ; Col.
– **coccinea** Jacq. · ♄ e Z10 Ⓦ; Venez.
– *grandiceps* hort. = Brownea ariza
– **grandiceps** Jacq. · ♄ e Z10 Ⓦ; Venez.

Browningia Britton et Rose -f- *Cactaceae* · 7 sp
– **chlorocarpa** (Humb., Bonpl. et Kunth) W.T. Marshall · ♆ Z9 Ⓚ ▽ *; N-Peru
– **hertlingiana** (Backeb.) Buxb. · ♆ Z9 Ⓚ ▽ *; Peru
– **microsperma** (Werderm. et Backeb.) W.T. Marshall · ♆ Z9 Ⓚ Ⓝ ▽ *; N-Peru
– **viridis** (Rauh et Backeb.) Buxb. · ♆ Z9 Ⓚ ▽ *; Peru

Bruckenthalia Rchb. -f- *Ericaceae* · 1 sp · D:Ährenheide; E:Spike Heath
– **spiculifolia** (Salisb.) Rchb. · D:Ährenheide; E:Spike Heath · ♄ e △ Z6 VI-VII; Eur.: Ba, RO; NE-TR, mts.

Brugmansia Pers. -f- *Solanaceae* · 6 sp · D:Engelstrompete; E:Angel's Trumpet; F:Trompette des anges
– *affinis* (Soff.) Moldenke = Brugmansia aurea
– **arborea** (L.) Lagerh. · D:Baumartige Engelstrompete; E:Angel's Trumpet · ♄ e Z9 Ⓚ ☠; Ecuad., Peru, Bol., N-Chile
– **aurea** Lagerh. · D:Goldene Engelstrompete; E:Golden Angel's Trumpet · ♄ ♄ e Z9 Ⓚ VII-IX ☠; Col. Ecuad.; And.
  – **in Sorten**
– *bicolor* Pers. = Brugmansia sanguinea subsp. sanguinea
– × **candida** Pers. (*B. aurea* × *B. versicolor*) · D:Weiße Engelstrompete; E:White Angel's Trumpet · ♄ e D Z9 Ⓚ VI-XI ☠; Ecuad.
  – **in Sorten**
– *ceratocaula* (Ortega) Court ex Gaede = Datura ceratocaula
– *chlorantha* Hook. = Datura metel
– *cornigera* Hook. = Brugmansia arborea
– × **dolichocarpa** Lagerh. (*B. suaveolens* × *B. versicolor*) · ♄ ☠; cult.
– × **insignis** (Rodr.) Lockwood (*B.* × *dolichocarpa* × *B. suaveolens*) · ♄ ♄ e Z9 Ⓚ VII-IX; cult.
– × *longifolia* Lagerh. = Brugmansia × dolichocarpa
– *mollis* (Soff.) Moldenke = Brugmansia versicolor
– *rosei* Saff. = Brugmansia sanguinea subsp. sanguinea
– **sanguinea** (Ruiz et Pav.) D. Don
  – subsp. **sanguinea** · D:Rote Engelstrompete; E:Red Angel's Trumpet · ♄ e Z9 Ⓚ I-III ☠; Col., Ecuad., Peru, N-Chile
  – subsp. **vulcanicola** (A.S. Barclay) Govaerts · ♄ e Z9 Ⓚ ☠; Col.
– **suaveolens** (Humb. et Bonpl. ex Willd.) Bercht. et C. Presl · D:Duftende Engelstrompete; E:Angel's Trumpet · ♄ D Z9 Ⓚ VIII-X ☠; SE-Bras.
  – **in Sorten**
– **versicolor** Lagerh. · ♄ ♄ e Z9 Ⓚ VII-IX ☠; Ecuad. (Guyaquil)
  – **in Sorten**
– *vulcanicola* (A.S. Barclay) R.E. Schult. = Brugmansia sanguinea subsp. vulcanicola
– *waymannii* Paxton = Datura metel
– **Cultivars**
  – **in vielen Sorten**

Brunfelsia L. -f- *Solanaceae* · c. 40 sp · D:Brunfelsie; E:Morning, Noon and Night; F:Brunfelsia
– **americana** L. · D:Weiße Brunfelsie; E:Lady-of-the-Night · ♄ e D Z10 Ⓦ; W.Ind.
– *calycina* Benth. = Brunfelsia pauciflora var. calycina
– *hopeana* (Hook.) Benth. = Brunfelsia uniflora
– **latifolia** (Pohl) Benth. · D:Breitblättrige Brunfelsie; E:Kiss Me Quick · ♄ e Z10 Ⓦ I-V; Bras.
– **pauciflora** (Cham. et Schltdl.) Benth.
  – var. **calycina** (Benth.) J.A. Schmidt · ♄ e Z10 Ⓦ I-VI; Bras.
  – var. **pauciflora** · D:Purpurne Brunfelsie; E:Yesterday, Today and Tomorrow · ♄ e Z10 Ⓦ ☠; Bras.
– **undulata** Sw. · ♄ e D Z10 Ⓦ; Jamaica
– **uniflora** (Pohl) D. Don · D:Manac-Brunfelsie; E:Manac, Vegetable Mercury · ♄ e D Z10 Ⓦ I-VII ☠; Guyan., Bras., Peru

Brunia Lam. -f- *Bruniaceae* · 7 sp
– **albiflora** E. Phillips · ŧ ✄ D Z9 ⌂; Kap
– **laevis** Thunb. · ŧ ✄ Z9 ⌂; S-Afr.
– **nodiflora** L. · E:Stompie · ŧ ✄ Z9 ⌂; S-Afr.

Brunnera Steven -f- *Boraginaceae* · 3 sp · D:Kaukasusvergissmeinnicht; E:Great Forget-me-not; F:Myosotis du Caucase
– **macrophylla** (Adams) I.M. Johnst. · D:Großblättriges Kaukasusvergissmeinnicht; E:Siberian Bugloss; F:Myosotis du Caucase · ♃ Z3 IV-VI; Cauc., W-Sib.

Brunsvigia Heist. -f- *Amaryllidaceae* · c. 20 sp · D:Brunsvigie; E:Brunsvigia; F:Lis de Joséphine
– *gigantea* Heist. = Brunsvigia orientalis
– **josephinae** (Redouté) Ker-Gawl. · D:Kaiserin Josephines Brunsvigie; E:Josephine's Lily · ♃ Z9 ⌂ VIII-X; S-Afr.
– *multiflora* Aitch. = Brunsvigia orientalis
– **orientalis** (L.) Aiton ex Eckl. · ♃ Z9 ⌂ VIII-X; S-Afr.

Bryanthus J.G. Gmel. -m- *Ericaceae* · 1 sp · D:Moosheide
– **gmelinii** G. Don · ħ e △ Z6 VII-VIII; Jap., Kamchat.
– *musciformis* (Poir.) Nakai = Bryanthus gmelinii

Bryonia L. -f- *Cucurbitaceae* · 12 sp · D:Zaunrübe; E:Bryony; F:Bryone
– **alba** L. · D:Schwarzfrüchtige Zaunrübe, Weiße Zaunrübe; E:Bryony · ♃ ⌇ ⚘ Z6 VI-VII ⚕ ☠; Eur.: I, C-Eur., EC-Eur., Ba, E-Eur.; TR, Cauc., N-Iran, C-As., nat. in F, Sc
– **cretica** L.
  – subsp. **cretica** · D:Kretische Zaunrübe; E:Cretan Bryony · ♃ Z8 ⌂ ☠; Eur.: GR, Crete; TR, Levante, Cauc., Iran, C-As., Egypt, Libya
  – subsp. **dioica** (Jacq.) Tutin · D:Rotfrüchtige Zaunrübe, Zweihäusige Zaunrübe; E:White Bryony · ♃ ⌇ ⚘ Z6 VI-IX ⚕ ☠; Eur.* exc. EC-Eur.; NW-Afr.
– *dioica* Jacq. = Bryonia cretica subsp. dioica
– *laciniosa* hort. = Diplocyclos palmatus
– *punctata* Thunb. = Zehneria scabra
– *scabra* Thunb. = Zehneria scabra

Bryophyllum Salisb. -n- *Crassulaceae* · c. 30 sp · D:Brutblatt; F:Bryophyllum, Kalanchoe
– *calycinum* Salisb. = Bryophyllum pinnatum
– *crenatum* Baker = Bryophyllum laxiflorum
– **daigremontianum** (Raym.-Hamet et H. Perrier) A. Berger · D:Brutblatt; E:Devil's Backbone · Ψ ⌂; SW-Madag.
– **laxiflorum** (Baker) Baker · ♃ Ψ ⌂ I-III; Madag.
– **manginii** (Raym.-Hamet et H. Perrier) Nothdurft · ♃ Ψ ⌇ ⇝ ⌂ II-III; S-Madag.
– **miniatum** (Hilsenb. et Bojer) A. Berger · ħ Ψ ⌂; Madag.
– **pinnatum** (Lam.) Oken · D:Schwiegermutterpflanze; E:Cathedral Bells · ♃ Ψ ⌂; orig. ?, nat. in Trop., Subtrop.
– **porphyrocalyx** (Baker) A. Berger · ħ Ψ ⌂; C-Madag.
– **proliferum** Bowie · ♃ Ψ ⌂; C-Madag.
– **scandens** (H. Perrier) A. Berger · ♃ Ψ ⌇ ⌂; Madag.
– **schizophyllum** (Baker) A. Berger · ♃ Ψ ⌇ ⌂; C-Madag.
– **tubiflorum** Harv. · D:Röhrenblütiges Brutblatt; E:Chandelier Plant · ♃ Ψ ⌂; S-Madag.
– **uniflorum** (Stapf) A. Berger · ♃ Ψ ⇝ ⌂; Madag.

Buchloe Engelm. -m- *Poaceae (Gramineae)* · 1 sp · D:Büffelgras; E:Buffalo Gras; F:Herbe-aux-bisons
– **dactyloides** (Nutt.) Engelm. · D:Büffelgras; E:Buffalo Grass · ♃ Z4 Ⓝ; Can.: Man.; USA: NCE, NC, SW, SC; Mex.

Buddleja L. -f- *Buddlejaceae* · c. 100 sp · D:Schmetterlingsstrauch, Sommerflieder; E:Butterfly Bush; F:Arbres-aux-papillons
– **albiflora** Hemsl. · ħ d Z6 VII-IX; W-China, C-China
– **alternifolia** Maxim. · D:Schmalblättriger Sommerflieder; E:Fountain Buddleia; F:Arbre aux papillons · ħ d D Z6 VI; NW-China
– **asiatica** Lour. · ŧ ħ e Z8 ⌂; Ind., China
– **auriculata** Benth. · ŧ ħ e Z8 ⌂; S-Afr.
– **colvilei** Hook. f. et Thomson · ħ d Z8 ⌂ VI; Him.
– **crispa** Benth. · ħ d D Z8 VII-VIII; Him.
  – *'Farreri'* = Buddleja farreri
– **davidii** Franch. · D:Sommerflieder;

E:Butterfly Bush, Summer Lilac
– **in vielen Sorten**
– var. **davidii** · D:Gewöhnlicher Sommerflieder, Schmetterlingsstrauch; F:Arbre aux papillons, Lilas d'été · ♄ d Z6 VII-X; China, nat. in Eur.: Fr, BrI, C-Eur., I; Calif.
– var. **nanhoensis** Rehder Z5; C-China
– **farreri** Balf. f. et W.W. Sm. · ♄ d Z9 Ⓚ IV-V; NW-China: Kansu
– **globosa** Hope · D:Kugel-Sommerflieder; E:Orange Ball Tree · ♄ s Z7 VII-VIII; Peru, Chile
– *hemsleyana* Koehne = Buddleja albiflora
– *heterophylla* Lindl. = Buddleja madagascariensis
– **indica** Lam. · E:Indoor Oak · ♄ e Z10 Ⓦ Ⓚ; Madag.
– **japonica** Hemsl. · D:Japanischer Sommerflieder · ♄ d Z7 VII-VIII; Jap., nat. in F
– **lindleyana** Fortune · ♄ e Z8 Ⓚ VII-VIII; E-China
– **madagascariensis** Lam. · ♄ e ≹ Z9 Ⓦ I-V; Madag.
– × *nanhoensis* hort. = Buddleja davidii var. nanhoensis
– **nivea** Duthie · ♄ d Z7 Ⓚ ∧ VIII-IX; W-China
– × **pikei** Fletcher (*B. alternifolia* × *B. crispa*) · ♄ d Z7; cult.
– *stenostachya* Rehder et Wilson = Buddleja nivea
– *variabilis* Hemsl. = Buddleja davidii var. davidii
– × **weyeriana** Weyer (*B. davidii* × *B. globosa*) · ♄ d Z7 VII-X; cult.

Buergeria Siebold et Zucc. = Magnolia
– *obovata* Siebold et Zucc. = Magnolia kobus
– *salicifolia* Siebold et Zucc. = Magnolia salicifolia
– *stellata* Siebold et Zucc. = Magnolia stellata

Bufonia L. -f- *Caryophyllaceae* · 20 sp · D:Buffonie; F:Buffonia
– **paniculata** Dubois · D:Rispige Buffonie · ⊙ VII; Eur.: Sp., F, I, CH, GR; Lebanon, Syr.

Buglossoides Moench = Lithospermum
– *gastonii* (Benth.) I.M. Johnst. = Lithospermum gastonii
– *purpurocaeruleum* (L.) I.M. Johnst. = Lithospermum purpurocaeruleum

Buglossum Adans. = Anchusa
– *barrelieri* All. = Anchusa barrelieri

Bulbine Wolf -f- *Asphodelaceae* · 35-50 sp
– **alooides** (L.) Willd. · ♃ ♆ Z9 Ⓚ IV; S-Afr.
– *annua* hort. = Bulbine semibarbata
– **bulbosa** (R. Br.) Haw. · ♃ ♆ Z9 Ⓚ; Austr.: Queensl., N.S.Wales, Victoria, S-Austr., Tasman.
– *caulescens* L. = Bulbine frutescens
– **frutescens** (L.) Willd. · ♄ ♆ Z9 Ⓚ III; Kap
– **mesembryanthoides** Haw. · ♃ ♆ Z9 Ⓚ; Kap
– **semibarbata** (R. Br.) Haw. · E:Leek Lily · ⊙ Z9 V-VI; Austr.

Bulbinella Kunth -f- *Asphodelaceae* · 15-21 sp
– **angustifolia** (Cockayne et Laing) L.B. Moore · ♃ Z8 Ⓚ Ⓐ VI-VII; NZ
– **hookeri** (Hook.) Cheeseman · ♃ Z8 Ⓚ Ⓐ VI-VII; NZ
– **rossii** (Hook. f.) Cheeseman · ♃ Z8 Ⓚ Ⓐ VI-VII; NZ

Bulbinopsis Borzi = Bulbine
– *bulbosa* (R. Br.) Borzi = Bulbine bulbosa
– *semibarbata* (R. Br.) Borzi = Bulbine semibarbata

Bulbocodium L. -n- *Colchicaceae* · 2 sp · D:Lichtblume; F:Bulbocode
– **vernum** L. · D:Frühlings-Lichtblume · ♃ ☘ II-III; Eur.: Sp., F, I, CH, A; Pyr., Alp.

Bulbophyllum Thouars -n- *Orchidaceae* · c. 1200 sp · D:Zwiebelblatt; F:Bulbophyllum
– **auratum** (Lindl.) Rchb. f. · ♃ Z10 Ⓦ X ▽ *; Sumat.
– **barbigerum** Lindl. · ♃ Z10 Ⓦ VI-VII ▽ *; W-Afr., C-Afr.
– **ericssonii** Kraenzl. · ♃ Z10 Ⓦ X ▽ *; Kalimantan
– **falcatum** (Lindl.) Rchb. f. · ♃ Z10 Ⓦ V-VI ▽ *; W-Afr., C-Afr., Uganda
– *fascinator* (Rolfe) Rolfe = Bulbophyllum putidum
– **gracillimum** (Rolfe) Rolfe · ♃ Z10 Ⓦ VI-X ▽ *; Malay. Arch., Fiji
– **leucorhachis** (Rolfe) Schltr. · ♃ Z10 Ⓦ IV-V ▽ *; Cameroun, W-Nigeria
– **lobbii** Lindl. · ♃ Z10 Ⓦ V-VI ▽ *; Myanmar, Thail., Malay. Pen., Sumat.,

Java, Kalimantan
– **longiflorum** Thouars · ♃ Z10 (w) VII ▽ *; trop. E-Afr., Madag., SE-As., Malay. Arch., N-Austr., Pacific Is.
– **longissimum** (Ridl.) J.J. Sm. · ♃ Z10 (w) XI ▽ *; Thail., Malay. Pen.
– **makoyanum** (Rchb. f.) Ridl. · ♃ Z10 (w) I-II ▽ *; Ind.
– **mastersianum** (Rolfe) J.J. Sm. · ♃ Z10 (w) I-II ▽ *; Kalimantan, Molucca I.
– **medusae** (Lindl.) Rchb. f. · ♃ Z10 (w) X-XII ▽ *; Thail., Malay. Pen., Sumat., Kalimantan, Phil.
– **ornatissimum** (Rchb. f.) J.J. Sm. · ♃ Z10 (w) ▽ *; Ind.: Assam; E-Him.
– **picturatum** (Lodd.) Rchb. f. · ♃ Z10 (w) V-VI ▽ *; Myanmar
– **putidum** (Teijsm. et Binn.) J.J. Sm. · ♃ Z10 (w) IX ▽ *; Vietn.: Annam
– **wendlandianum** (Kraenzl.) Dammer · ♃ Z9 (w) V ▽ *; N-Myanmar

Bumelia Sw. -f- *Sapotaceae* · c. 25 sp · E:Shittimwood
– **lanuginosa** (Michx.) Pers. · ♄ d Z6; USA: NE, NCE, SE, SC, Kans., Fla.; Mex.

Bunchosia Rich. ex Kunth -f- *Malpighiaceae* · 55 sp
– **costaricensis** Rose ex Pittier · ♄ ♄ e Z10 (w) (N); Costa Rica

Bunias L. -f- *Brassicaceae (Cruciferae)* · 6 sp · D:Zackenschötchen; E:Warty Cabbage; F:Bunias, fausse-roquette
– **erucago** L. · D:Flügel-Zackenschötchen · ⊙ Z7 V-VII; Eur.: Ba, Ap, Fr, Ib, CH; TR, N-Afr., nat. in C-Eur., EC-Eur., RO
– **orientalis** L. · D:Orientalisches Zackenschötchen; E:Warty Cabbage · ♃ Z7 V-VIII; Eur.: EC-Eur., Ba, E-Eur.; Cauc., N-Iraq, N-Iran, nat. in BrI, Sc, Fr, C-Eur., Ap

Bunium L. -n- *Apiaceae (Umbelliferae)* · 48 sp · D:Erdknolle, Knollenkümmel; E:Great Pignut; F:Cumin tubéreux
– **bulbocastanum** L. · D:Erdkastanie, Gewöhnlicher Knollenkümmel; E:Earth Chestnut, Great Earthnut · ♃ VI-VII (N); Eur.: BrI, Fr, Ib., Ap, C-Eur., Slove., nat. in DK

Buphthalmum L. -n- *Asteraceae (Compositae)* · 2 sp · D:Ochsenauge; E:Ox Eye; F:Oeil-de-bœuf
– *maritimum* L. = Asteriscus maritimus
– **salicifolium** L. · D:Rindsauge, Weidenblättriges Ochsenauge; E:Yellow Ox-Eye · ♃ Z4 VI-VIII; Eur.: F, N-I, C-Eur., EC-Eur., Ba
– *sericeum* L. f. = Nauplius sericeus
– *speciosissimum* L. = Telekia speciosissima
– *speciosum* Schreb. = Telekia speciosa

Bupleurum L. -n- *Apiaceae (Umbelliferae)* · c. 150 sp · D:Hasenohr; E:Hare's Ear; F:Buplèvre, Oreille-de-lièvre
– **affine** Sadler · D:Ungarisches Hasenohr · ⊙ VII-IX; Eur.: A, EC-Eur., Ba, E-Eur.
– **commutatum** Boiss. et Balansa · ⊙; Eur.: H, Ba, RO, Krim; TR, W-Iran
– **falcatum** L. · D:Sichelblättriges Hasenohr; E:Sickle-leaved Hare's Ear · ♃ Z3 VII-IX ⚕; Eur.* exc. Sc; TR, Cauc., Iran, W-Sib., E-Sib., Him, Manch., Korea, Jap.
– **fruticosum** L. · D:Strauchiges Hasenohr; E:Shrubby Hare's Ear · ♄ e Z7 (k) VII-IX; Eur.: Ib, F, Ap; Med., Alger., Lebanon, N-Afr., nat. in BrI, Krim
– **gerardii** All. · D:Südliches Hasenohr · ⊙ VII-VIII; Eur.: Ib, Fr, Ap, Ba, Krim; TR, Cyprus, Syr., Cauc., W-Iran, C-As., Libya, nat. in D
– **lancifolium** Hornem. · ⊙; Eur.: Ib, Ap, Ba; Cyprus, Syr., Palaest., Iraq, W-Iran, C-As., Egypt, Libya, Alger., nat. in A, B, Br
– **longifolium** L. · D:Langblättriges Hasenohr · ♃ Z3 VII-VIII; Eur.: Fr, C-Eur., EC-Eur., Ba, E-Eur.; W-Sib., E-Sib., C-As., N-China
– **petraeum** L. · D:Felsen-Hasenohr · ♃ Z6 VII-VIII; Eur.: I, F, A, Slove.; Alp.
– **praealtum** L. · D:Simsen-Hasenohr · ⊙ VII-IX; Eur.: Ib, Fr, Ap, Ba, A, EC-Eur., RO
– **ranunculoides** L. · D:Hahnenfuß-Hasenohr · ♃ △ Z6 VII-VIII; Eur.: Sp., F, I, C-Eur., EC-Eur., W-Ba, RO; mts.
– **rotundifolium** L. · D:Durchwachsenes Hasenohr, Rundblättriges Hasenohr; E:Hare's Ear, Thorow Wax · ⊙ Z6 VI-VIII; Eur.* exc. Sc; TR, Cauc., N-Iran, C-As., nat. in N-Am., Austr., NZ etc.
– **stellatum** L. · D:Sternblütiges Hasenohr · ♃ VII-VIII; Eur.: F, Corse, I, CH, A; Alp., Corse
– **tenuissimum** L. · D:Salz-Hasenohr; E:Slender Hare's Ear · ⊙ VIII-IX; Eur.*, TR, Cauc., Maroc., Alger.

– **veronense** Turra · ☉; Eur.: I, Ba

Burbidgea Hook.f. -f- *Zingiberaceae* · 6 sp
– **schizocheila** Hackett · ♃ Z10 ⓦ III-VI; Kalimantan

× **Burkillara** hort. -f- *Orchidaceae* (*Aerides* × *Arachnis* × *Vanda*)

× **Burrageara** hort. -f- *Orchidaceae* (*Cochlioda* × *Miltonia* × *Odontoglossum* × *Oncidium*)

Bursaria Cav. -f- *Pittosporaceae* · 3 sp · D:Taschenblume
– **spinosa** Cav. · ₺ ₺ e Z9 Ⓚ; Austr.: N.S.Wales, Tasman.

Bursera Jacq. ex L. -f- *Burseraceae* · 40-80 sp · D:Amerikanischer Balsambaum, Weißgummibaum; E:Torchwood; F:Arbre à térébenthine, Gommier
– *delpechiana* Poiss. ex Engl. = Bursera penicillata
– **fagaroides** (Humb., Bonpl. et Kunth) Engl. · D:Duftender Weißgummibaum; E:Quauhxiotl · ₺ ₺ d Z10 Ⓚ; Ariz., Mex., Baja Calif.
– *gummifera* L. = Bursera simaruba
– **penicillata** (Sessé et Moç. ex DC.) Engl. · D:Elemi-Weißgummibaum; E:Torchwood · ₺ d Z10 Ⓚ Ⓝ; Mex., trop. Am.
– **simaruba** (L.) Sarg. · D:Birkenblättriger Weißgummibaum; E:Jobo, West Indian Birch · ₺ d Z10 Ⓚ Ⓝ; S-Fla., Mex., C-Am., W.Ind.
– **tenuifolia** Rose · ₺ d Z10 Ⓚ; Mex.

Burtonia R. Br. -f- *Fabaceae (Leguminosae)* · 12 sp
– **scabra** (Sm.) R. Br. · ₺ e Z10 Ⓚ; Austr.: W-Austr.

Butea Roxb. ex Willd. -f- *Fabaceae (Leguminosae)* · 4 sp · D:Lackbaum; F:Arbre-à-laque, Butéa
– **monosperma** (Lam.) Taub. · ₺ d Z10 ⓦ ⚕; Ind., Sri Lanka, Myanmar
– **superba** Roxb. · D:Kinobaum, Lackbaum; E:Climbing Palas, Flame of the Forest · ₺ d ⓦ Ⓝ; Thail.

Butia (Becc.) Becc. -f- *Arecaceae (Palmae)* · 8 sp · D:Geleepalme, Palasabaum; E:Jelly Palm; F:Palmier butia, Palmier-à-gelée
– **bonnetii** (Becc.) Becc. · ₺ e Z10 Ⓚ; Bras.
– **capitata** (Mart.) Becc. · D:Gewöhnliche Geleepalme; E:Jelly Palm · ₺ e Z10 Ⓚ; S-Bras., Urug., N-Arg.
– **eriospatha** (Mart. ex Drude) Becc. · D:Wollige Geleepalme; E:Wooly Butia Palm · ₺ e Z10 Ⓚ; S-Bras.
– **yatay** (Mart.) Becc. · D:Yatay Geleepalme; E:Yatay Palm · ₺ e Z10 Ⓚ; Arg.

Butomus L. -m- *Butomaceae* · 1 sp · D:Blumenbinse; E:Flowering Rush; F:Butome, Jonc fleuri
– **umbellatus** L. · D:Blumenbinse, Schwanenblume; E:Flowering Rush, Water Gladiolus; F:Jonc fleuri · ♃ ⟿ Z5 VI-VIII; Eur.*, TR, Syr., Cauc., Iran, Afgh., Him., W-Sib., E-Sib., Amur, C-As., Mong., Him., NW-Afr., nat. in N-Am.

Butyrospermum Kotschy = Vitellaria
– *paradoxum* (C.F. Gaertn.) Hepper = Vitellaria paradoxa
– *parkii* (G. Don) Kotschy = Vitellaria paradoxa

Buxus L. -f- *Buxaceae* · c. 70 sp · D:Buchsbaum; E:Box; F:Buis
– **balearica** Lam. · D:Balearen-Buchsbaum; E:Balearic Box · ₺ e Z8 Ⓚ ☠; Eur.: S-Sp., Balear., Sard.
– *harlandii* hort. = Buxus microphylla var. sinica
– **henryi** Mayr · ₺ e Z6 ☠; China: W-Hubei, Sichuan, Guizhau
– *japonica* Müll. Arg. = Buxus microphylla var. japonica
– **microphylla** Siebold et Zucc.
  – **in vielen Sorten**
  – var. **japonica** (Müll. Arg.) Rehder et E.H. Wilson · ₺ ₺ e Z6 ☠; Jap.
  – var. **koreana** Nakai · ₺ e Z6 ☠; China, Korea
  – var. **microphylla** · D:Kleinblättriger Buchsbaum; E:Japanese Boxwood, Korean Boxwood · ₺ e Z6 ☠; Jap.
  – var. **sinica** Rehder et E.H. Wilson · ₺ e Z6 ☠; China
– **sempervirens** L. · D:Europäischer Buchsbaum, Gewöhnlicher Buchsbaum; E:Boxwood, Common Box; F:Buis commun · ₺ ₺ e Z6 III-IV ⚕ ☠ Ⓝ ▽; Eur.: Ib, Fr, BrI, Ap, C-Eur., Ba; TR, Cauc., N-Iran, Maroc., Alger., Libya, nat. in RO

– **in vielen Sorten**

Byblis Salisb. -f- *Byblidaceae* · 2 sp · D:Regenbogenpflanze; E:Rainbow Plant; F:Byblis, Plante-arc-en-ciel
– **gigantea** Lindl. · D:Große Regenbogenpflanze; E:Great Rainbow Plant · ♃ Z10 Ⓦ; N.Guinea, W-Austr.
– **liniflora** Salisb. · D:Leinblütige Regenbogenpflanze; E:Rainbow Plant · ♃ Z10 Ⓦ; N.Guinea, N-Austr.

Byrsonima Rich. ex Kunth -f- *Malpighiaceae* · 130-150 sp
– **crassifolia** (L.) Humb., Bonpl. et Kunth · ♄ e Ⓦ Ⓝ; trop. Am.

Cabomba Aubl. -f- *Cabombaceae* · 5 sp · D:Haarnixe; E:Water Shield; F:Cabomba
– **aquatica** Aubl. · D:Riesen-Haarnixe · ♃ ≈ Z10 Ⓦ; Guyanas, Amazon.
– **australis** Speg. · ♃ ≈ Z10 Ⓦ Ⓚ; Chile, Arg., S-Bras., Parag., Urug.
– **caroliniana** A. Gray · D:Nordamerikanische Haarnixe; E:Fish Grass · ♃ ≈ Z8 Ⓦ; USA: NCE, SE, Fla., Tex., nat. in Mass.
  – var. *pulcherrima* R.M. Harper = Cabomba pulcherrima
– **furcata** Schult. · D:Gegabelte Haarnixe · ♃ ≈ Ⓦ; Bras.
– **pulcherrima** (R.M. Harper) Fassett · ♃ ≈ Z8 Ⓦ; USA: SE, Fla.

Cabralea A. Juss. -f- *Meliaceae* · 1 (-6) sp
– **cangerana** Saldanha · ♄ Ⓚ; Bras.

Cacalia L. = Adenostyles
– *alliariae* Gouan = Adenostyles alliariae
– *coccinea* Sims = Emilia coccinea
– *glabra* Mill. = Adenostyles glabra

Caccinia Savi -f- *Boraginaceae* · 6 sp
– *glauca* Savi = Caccinia macranthera var. crassifolia
– **macranthera** (Banks et Sol.) Brand
  – var. **crassifolia** (Vent.) Brand · E:Kaksinia · ♄ △ Z7 V-VI; N-Iran

Cactus L. = Mammillaria, Corryocactus, Ferocactus, Opuntia, et al.

Caesalpinia L. -f- *Caesalpiniaceae (Leguminosae)* · c. 150 sp · D:Caesalpinie; F:Brésillet
– **coriaria** (Jacq.) Willd. · E:Divi Divi · ♄ Z10 Ⓦ Ⓝ; Mex., C-Am., W.Ind., trop. S-Am..
– **decapetala** (Roth) Alston
  – var. **decapetala** · D:Mauritiusdorn; E:Mysore Thorn · ♄ e ⌇ Z8 Ⓚ VI-VII; Ind., Sri Lanka, China, Korea, Malay. Arch.
  – var. **japonica** (Siebold et Zucc.) Ohashi Z9 Ⓚ; Jap.
– **digyna** Rottler · D:Tari-Hülsen · Z10 Ⓝ; Afr., Ind.
– **echinata** Lam. · D:Pernambucoholz; E:Brazil Wood · ♄ Z10 Ⓦ Ⓝ; trop. Am.
– **ferrea** Mart. ex Tul. · D:Leopardenbaum; E:Leopard Tree · ♄ d Z10 Ⓦ; E-Bras.
– **gilliesii** (Wall. ex Hook.) Benth. · D:Pardiesvogelstrauch; E:Bird-of-Paradise Flower, Poinciana · ♄ ♄ d Z10 Ⓚ VII-VIII; Urug., Arg., Chile
– *japonica* Siebold et Zucc. = Caesalpinia decapetala var. japonica
– **mexicana** A. Gray · ♄ ♄ e Z10 Ⓦ; Mex.
– **pulcherrima** (L.) Sw. · D:Stolz von Barbados, Pfauenstrauch; E:Barbados Pride, Peacock Flower · ♄ ♄ d Z9 Ⓚ VII; W.Ind.
– **sappan** L. · D:Indisches Rotholz; E:Sepang · ♄ ♄ d Z10 Ⓦ Ⓝ; Ind., Sri Lanka, China, Indochina, Malay. Arch.
– *sepiaria* Roxb. = Caesalpinia decapetala var. decapetala
– **spinosa** (Molina) Kuntze · D:Taragummi · ♄ ♄ d ⌇ Z10 Ⓦ Ⓝ; w S-Am.

Caiophora C. Presl -f- *Loasaceae* · 65 sp · D:Brennwinde, Fackelbrennkraut; F:Liseron brûlant
– **contorta** (Lam.) C. Presl · ⊙ ⌇ Z9 VII-IX; Peru, Chile
– **lateritia** (Hook.) Klotzsch · ⊙ ♃ ⌇ Z9 VII-X; Arg.

Cajanus DC. -m- *Fabaceae (Leguminosae)* · 3 sp · D:Taubenerbsenbaum; E:Catjang Pea; F:Ambreuvade, Pois d'angol
– **cajan** (L.) Huth · D:Katjangstrauch, Taubenerbsenbaum; E:Catjang Pea, Red Gram · ♄ Z10 Ⓚ Ⓝ; cult., nat. in Trop.

Cajophora C. Presl = Caiophora

Cakile Mill. -f- *Brassicaceae (Cruciferae)* · 7 sp · D:Meersenf; E:Sea Rocket; F:Caquilier, Roquette de mer

– **maritima** Scop. · D:Europäischer Meersenf · ⊙ Z6 VII-X; Eur., coasts; N-Afr., SW-As., nat. in N-Am., Austr.

Caladium Vent. -n- *Araceae* · 7 sp · D:Kaladie; E:Angel Wings, Elephant's Ear; F:Caladium
– *argyrites* Lem. = Caladium humboldtii
– **bicolor** (Aiton) Vent. · D:Elefantenohr, Engelsflügel; E:Elephant's Ear, Heart of Jesus · ♃ Z10 ⌂ II-IV ☠; Ecuad.
– × *hortulanum* Birdsey = Caladium bicolor
– **humboldtii** Schott · ♃ Z10 ⌂; Venez., Bras.
– **lindenii** (André) Madison · ♃ Z10 ⌂; Col.
– *marmoratum* Mathieu = Caladium bicolor
– *picturatum* K. Koch = Caladium bicolor
– **schomburgkii** Schott · ♃ Z10 ⌂; Guyan., Bras.
– *seguinum* Vent. = Dieffenbachia seguine
– *thripedestum* Lem. = Caladium bicolor

Calamagrostis Adans. -f- *Poaceae (Gramineae)* · c. 230 sp · D:Reitgras; E:Small Reed; F:Calamagrostis
– × **acutiflora** (Schrad.) Rchb. (*C. arundinacea* × *C. epigejos*) · D:Moor-Reitgras; E:Feather Reed Grass · ♃ Z2-6 VI-VII; Eur.: BrI, NL, D, EC-Eur., Sc
  – **'Karl Foerster'** · ♃ VII-VIII
– *arenaria* (L.) Roth = Ammophila arenaria
– **arundinacea** (L.) Roth · D:Wald-Reitgras · ♃ Z7 VI-VII; Eur.* exc. BrI; TR, Cauc., W-Sib., E-Sib.
– **brachytricha** Steud. · D:Diamant-Reitgras · Z7; C-As., E-As.
– **canescens** (Weber) Roth · D:Sumpf-Reitgras; E:Purple Small Reed · ♃ Z7 VII-VIII; Eur.*, TR, Cauc.
– **epigejos** (L.) Roth · D:Land-Reitgras; E:Bush Grass, Wood Small Reed · ♃ Z7 VII-VIII; Eur.*, TR, N-Iran, Cauc., Afgh., Him., W-Sib., E-Sib., Amur, Sachal., C-As., Mong., China, Korea, Jap., Taiwan
– **phragmitoides** Hartm. · D:Purpur-Reitgras · ♃ Z7 VII-VIII; Eur.: Fr, C-Eur., EC-Eur., Sc, Russ.; Cauc., W-Sib.
– **pseudophragmites** (Haller f.) Koeler · D:Ufer-Reitgras · ♃ Z7 VI-VII; Eur.: Fr, Ap, C-Eur., EC-Eur., Ba, E-Eur., ? Sp.; TR, Iraq, Cauc., Iran, W-Sib., E-Sib., Amur, C-As., Mong., China: Sinkiang; China, Korea, Jap., Maroc., Alger.
– **pseudopurpurea** Gerstl. ex O.R. Heine · D:Sächsisches Reitgras · ♃ Z7 VI-VII; Eur.: D (Dresden)
– *stricta* hort. = Calamagrostis × acutiflora 'Karl Foerster'
– **varia** (Schrad.) Host · D:Buntes Reitgras · ♃ Z7 VII-IX; Eur.* exc. BrI
– *varia* Turcz. = Calamagrostis brachytricha
– **villosa** (Chaix) J.F. Gmel. · D:Wolliges Reitgras · ♃ Z7 VII-VIII; Eur.: Fr, I, C-Eur., EC-Eur., Ba, RO; mts.

Calamintha Mill. -f- *Lamiaceae (Labiatae)* · 7 sp · D:Bergminze; E:Calamint; F:Calament, Menthe de montagne
– *alpina* (L.) Lam. = Acinos alpinus
– *clinopodium* Benth. = Clinopodium vulgare subsp. vulgare
– **einseleana** F.W. Schultz · D:Einseles Bergminze · ♃ VII-IX; Eur.: A, D (Berchtesgaden) +
– *glandulosa* (Req.) Benth. = Calamintha nepeta subsp. glandulosa
– **grandiflora** (L.) Moench · D:Großblütige Bergminze; E:Large-flowered Calamint, Mint Savory; F:Calament à grandes fleurs · ♃ △ Z5 VII-VIII; Eur.: Ib, Fr, Ap, CH, A, Ba, RO, Krim; TR, Cauc., NW-Iran
– **menthifolia** Host · D:Aufsteigende Bergminze, Wald-Bergminze · ♃ VII-IX; Eur.* ex Sc.; TR, Lebanon, Cauc., N-Iran, Alger.
– **nepeta** (L.) Savi
  – subsp. **glandulosa** (Req.) P.W. Ball · D:Drüsige Bergminze; E:Common Calamint · ♃ Z6 VII-IX; Eur.: Ib, Ap., Krim; TR, Cauc.
  – subsp. **nepeta** · D:Kleinblütige Bergminze; E:Lesser Calamint; F:Menthe de montagne · ♃ Z6 VII-IX ⚕; Eur.* exc. Sc; TR, Cauc.
– *nepetoides* Jord. = Calamintha nepeta subsp. nepeta
– *officinalis* Moench = Calamintha nepeta subsp. glandulosa
– *sylvatica* Bromf. = Calamintha menthifolia

× **Calammophila** Brand -f- *Poaceae (Gramineae)* · D:Bastardstrandhafer; F:Oyat bâtard (*Ammophila* × *Calamagrostis*)
– **baltica** (Flüggé ex Schrad.) Brand (*Ammophila arenaria* × *Calamagrostis epigejos*) · D:Baltischer Strandhafer, Bastardstrandhafer · ♃ VI-VII; Eur.; coasts

Calamus L. -m- *Arecaceae (Palmae)* · 370-

400 sp · D:Spanisches Rohr, Rotangpalme; E:Rattan Palm; F:Rotin
– **asperrimus** Blume · ♄ e ⚘ Z10 ⓦ; Java
– **caesius** Blume · D:Spanisches Rohr, Stuhlrohr; E:Rattan Palm · ♄ e ⚘ Z10 ⓦ Ⓝ; Malay. Pen., Kalimantan
– **ciliaris** Blume · ♄ e ⚘ Z10 ⓦ; Sumat., Java
– **longisetus** Griff. · ♄ e ⚘ ✂ Z10 ⓦ; Myanmar
– **manan** Miq. · e ⚘ Z10 ⓦ Ⓝ; Malay. Pen., Sumat.
– **optimus** Becc. · ♄ e ⚘ Z10 ⓦ Ⓝ; Kalimantan
– **rotang** L. · D:Rattanpalme; E:Rattan Cane · ♄ e ⚘ Z10 ⓦ Ⓝ; S-Ind., Sri Lanka

Calandrinia Kunth -f- *Portulacaceae* · 60 (-150) sp · D:Kalandrine; E:Calandrina; F:Calandrinia
– **ciliata** (Ruiz et Pav.) DC.
  – var. **ciliata** · ⊙; USA: Calif., Ariz.
  – var. **menziesii** (Hook.) J.F. Macbr. · D:Rote Kalandrine; E:Red Maids · ⊙ VI-VII; USA: Wash., Oreg., Calif.
– **grandiflora** Lindl. · ⊙ ♃ ♄ VI-IX; Chile
– *menziesii* (Hook.) Torr. et A. Gray = Calandrinia ciliata var. menziesii
– *speciosa* Lindl. = Calandrinia ciliata var. menziesii
– **umbellata** (Ruiz et Pav.) DC. · D:Schirm-Kalandrine; E:Rock Purslane · ⊙ ♃ ♄ VII-IX; Peru, Chile

Calanthe Ker-Gawl. -f- *Orchidaceae* · c. 150 (- 200-250) sp · D:Schönorchis; F:Calanthe
– **brevicornu** Lindl. · ♃ ⓦ V-VI ▽ ✻; Nepal, Sikkim
– **cardioglossa** Schltr. · ♃ ⓦ X-XII ▽ ✻; Ind.: Assam; Laos, Cambodia, Thail.
– *fuerstenbergiana* Kraenzl. = Calanthe cardioglossa
– **masuca** (D. Don) Lindl. · ♃ Z9 ⓦ VI-VIII ▽ ✻; SW-China, Ind. (Sikkim), Thail., Malay. Pen.
– *regnieri* Rchb. f. = Calanthe vestita 'Regnieri'
– **rosea** (Lindl.) Benth. et Hook. f. · ♃ Z10 ⓦ X-XI ▽ ✻; Thail.
– **sylvatica** (Thouars) Lindl. · ♃ Z10 ⓦ V ▽ ✻; Madag., Mauritius
– **triplicata** (Willemet) Ames · ♃ Z10 ⓦ IV-V ▽ ✻; S-Ind., Sri Lanka, SE-As., Jap., Malay. Arch., E-Austr., Fiji
– *veratrifolia* (Willd.) R. Br. = Calanthe triplicata
– **vestita** Lindl. · ♃ Z10 ⓦ XII-III ▽ ✻; Indochina, Malay. Pen., Kalimantan, Sulawesi
  – **'Regnieri'** Z10 ⓦ ▽ ✻; cult.
  – var. *regnieri* (Rchb. f.) Veitch = Calanthe vestita 'Regnieri'

Calathea G. Mey. -f- *Marantaceae* · c. 300 sp · D:Korbmaranthe; F:Galanga
– **aemula** Körn. · ♃ Z9 ⓦ; orig. ?
– **allouia** (Aubl.) Lindb. · D:Guinea-Korbmaranthe; E:Guinea Arrowroot · ♃ Z9 ⓦ Ⓝ; Hispaniola, Puerto Rico, Lesser. Antill., Guyan.
– **argyraea** Körn. · ♃ Z9 ⓦ; orig. ?
– **bachemiana** E. Morren · ♃ Z9 ⓦ; Bras.
– *bicolor* (Ker-Gawl.) Steud. = Maranta bicolor
– **crocata** E. Morren et Joriss. · ♃ Z9 ⓦ IV-V; Bras.
– **cylindrica** (Roscoe et K. Koch) K. Schum. · ♃ Z9 ⓦ; Bras.
– **eximia** (Mathieu) Körn. · ♃ Z9 ⓦ; C-Am.
– *fasciata* (Linden) Körn. = Calathea rotundifolia var. fasciata
– *insignis* hort. ex W. Bull = Calathea lancifolia
– **lancifolia** Boom · ♃ Z9 ⓦ; Bras.
– **leopardina** (W. Bull) Regel · ♃ Z9 ⓦ; Bras.
– **lietzei** E. Morren · ♃ Z9 ⓦ; Bras.
– **lindeniana** Wallis · ♃ Z9 ⓦ; NW-Bras., Peru
– **lutea** (Aubl.) G. Mey. · D:Cauassuwachs; E:Cauassu · ♃ Z9 ⓦ Ⓝ; C-Am., W.Ind., Bras.
– **majestica** H.A. Kenn. · ♃ Z9 ⓦ; Col., Guyan.
  – **'Princeps'** · ♃ ⓦ; N-Bras.
– **makoyana** E. Morren · D:Pfauen-Korbmaranthe; E:Peacock Plant · ♃ Z9 ⓦ; Bras.
– **mediopicta** (E. Morren) Regel · ♃ Z9 ⓦ; Bras.
– **micans** (Klotzsch) Körn. · ♃ Z9 ⓦ; C-Am., trop. S-Am.
– *orbiculata* Lodd. = Calathea truncata
– *orbifolia* (Linden) H.A. Kenn. = Calathea rotundifolia
– *ornata* (Linden) Körn. = Calathea majestica
– **pavonii** Körn. · ♃ Z9 ⓦ; Peru
– **picturata** (Linden) K. Koch et Linden · ♃ Z9 ⓦ; Bras.

– *princeps* (Linden) Regel = Calathea majestica 'Princeps'
– **roseopicta** (Linden) Regel · ♃ Z9 ⓦ; Bras.
– **rotundifolia**
  – var. **fasciata** (Linden) Petersen · ♃ Z9; Bras.
  – var. **rotundifolia** · ♃ Z9; Bras.
– **rotundifolia** (K. Koch) Körn.
– **rufibarba** Fenzl · ♃ Z9 ⓦ; Bras.
– **truncata** (Link) K. Schum. · ♃ Z9 ⓦ; Bras.
– *tubispatha* Hook. f. = Calathea pavonii
– **undulata** Linden et André · ♃ Z9 ⓦ; Bras., Peru
– **variegata** (K. Koch) Körn. · ♃ Z9 ⓦ; orig. ?
– **veitchiana** Veitch ex Hook. f. · ♃ Z9 ⓦ; trop. S-Am.
– **warscewiczii** (Mathieu ex Planch.) Körn. · ♃ Z9 ⓦ; Costa Rica
– *wiotiana* Jacob-Makoy ex E. Morren = Calathea wiotii
– **wiotii** (E. Morren) Regel · ♃ Z9 ⓦ; E-Bras.
– **zebrina** (Sims) Lindl. · D:Zebra-Pfeilwurz; E:Zebra Plant · ♃ Z9 ⓦ; SE-Bras.

Calathiana Delarbre = Gentiana
– *verna* (L.) Holub = Gentiana verna

Calceolaria L. -f- *Scrophulariaceae* · 388 sp · D:Pantoffelblume; E:Slipperwort; F:Calcéolaire
– **alba** Ruiz et Pav. · ♄ Z9 ⓚ VI-VII; Peru, Chile, Arg.
– **arachnoidea** Graham · ♃ Z9 ⓚ; Chile
– **biflora** Lam. · ♃ △ Z8 ⓚ ∧ V-VI; Arg., Chile
– **chelidonioides** Humb., Bonpl. et Kunth · ⊙ Z9; Mex., Peru, N-Chile
– **crenatiflora** Cav. · D:Gekerbte Pantoffelblume; E:Pocketbook Flower · ♃ Z8 V-VI; Chile
– *darwinii* Benth. = Calceolaria uniflora var. darwinii
– **falklandica** (S. Moore) Kraenzl. · D:Falkland-Pantoffelblume · ♃ Z7; Falkland Is.
– **integrifolia** Murray · ♄ e Z9 ⓚ V-IX; Chile (Chiloe)
– **mexicana** Benth. · ⊙ Z9 VI-VIII; Mex., C-Am.
– **pavonii** Benth. · ♄ ≀ Z9 ⓚ VIII-X; Peru, Bol.
– **pinnata** L. · ⊙ Z9 VI-IX; Jamaica, Bras., Peru, Bol., Chile
– *plantaginea* Sm. = Calceolaria biflora
– **polyrrhiza** Cav. · D:Patagonische Pantoffelblume · ♃ △ Z8 ∧ VI-VIII; Arg.: Patag.
– *punctata* Vahl = Jovellana punctata
– *rugosa* Ruiz et Pav. = Calceolaria integrifolia
– *scabiosifolia* Roem. et Schult. = Calceolaria tripartita
– *sinclairii* Hook. = Jovellana sinclairii
– **tenella** Poepp. et Endl. · ♃ Z8 ⓚ ∧ V-VII; Chile
– **tripartita** Ruiz et Pav. · F:Calcéolaire rugueuse 'Gold Bukett' · ⊙ Z9 V-IX; Ecuad., Peru, Chile
– **uniflora** Lam.
  – var. **darwinii** (Benth.) Witasek · D:Darwins Pantoffelblume · ♃ Z8 ⓐ; Arg.: S-Patagon., Tierra del Fuego
  – var. **uniflora** · D:Einblütige Pantoffelblume · ♃ Z8 ⓐ VI-VII; Arg.: Patag., Chile
– *violacea* Cav. = Jovellana violacea
– **Cultivars**
  – **in vielen Sorten (siehe Kapitel III)**

Calcitrapa Adans. = Centaurea
– *stellata* Lam. = Centaurea calcitrapa

Caldesia Parl. -f- *Alismataceae* · 4 sp · D:Herzlöffel; F:Caldesia
– **parnassiifolia** (Bassi ex L.) Parl. · D:Herzlöffel · ♃ ~ ≈ ⓚ VII-IX ▽; Eur.: F, D, EC-Eur., I, Croatia, E-Eur..; Amur, China, Manch., Jap., Egypt, NE-Afr., Madag., trop. As., Austr.

Calendula L. -f- *Asteraceae (Compositae)* · 12 sp · D:Ringelblume; E:Marigold; F:Souci
– **arvensis** L. · D:Acker-Ringelblume; E:Field Marygold · ⊙ Z6 VI-X; Eur.: Ib, Fr, Ap, Ba, C-Eur., H, RO, Krim, W-Russ.; TR, Cauc., Iran, Afgh., NW-Afr., Macaron.
– **officinalis** L. · D:Garten-Ringelblume; E:Pot Marigold, Ruddles, Scotch Marigold; F:Souci · ⊙ ⊙ Z6 IX-X ⚕ Ⓝ; orig. ?, nat. in Sp., I, Br
  – **in vielen Sorten**
– *pluvialis* (L.) Moench = Dimorphotheca pluvialis

Calepina Adans. -f- *Brassicaceae*

(Cruciferae) · 1 sp · D:Wendich
– **irregularis** (Asso) Thell. · D:Wendich · ⊙ Z8 V-VI; Eur.: Ib, Fr, Ap, Ba, RO, Krim; TR, Levante, Cauc., Iran, C-As., Maroc., Alger., Libya, nat. in C-Eur.

Calicotome Link -f- *Fabaceae (Leguminosae)* · 2 sp
– **spinosa** (L.) Link · ♄ d Z8 Ⓚ; Eur.: Ib, F, Ap

Caliphruria Herb. -f- *Amaryllidaceae* · 4 sp
– **subedentata** Baker · ♃ Z10 Ⓦ XII; Col.

Calla L. -f- *Araceae* · 1 sp · D:Schlangenwurz, Sumpfkalla; E:Bog Arum, Water Arum; F:Arum aquatique, Calla
– *aethiopica* L. = Zantedeschia aethiopica
– *elliottiana* (W. Watson) Knight = Zantedeschia elliottiana
– **palustris** L. · D:Schlangenwurz; E:Bog Arum, Water Arum; F:Arum d'eau · ♃ ~ Z4 V-VI ☠ ▽; Eur.: Fr, C-Eur., EC-Eur., Sc, E-Eur.; W-Sib., E-Sib., Amur, Sachal., Kamchat., N-Jap., Alaska, Can., USA: NE, SE, nat. in BrI

Calliandra Benth. -f- *Mimosaceae (Leguminosae)* · c. 200 sp · D:Puderquastenstrauch; E:Powder Puff Tree; F:Calliandra
– **anomala** (Kunth) J.F. Macbr. · ♄ e Z10 Ⓦ; Mex.
– **calothyrsus** Meisn. · ♄ e Z10 Ⓦ Ⓝ; C-Am.
– **eriophylla** Benth. · D:Mexikanischer Puderquastenstrauch; E:Fairy Duster, Mock Mesquite · ♄ e Z10 Ⓚ; USA: S-Calif., Ariz., New Mex.; N-Mex.
– **fulgens** Hook. f. · ♄ e Z10 Ⓦ III; Mex.
– **gracilis** Klotzsch · ♄ e Z10 Ⓦ; C-Am.
– *houstonii* (L'Hér.) Benth. = Calliandra inermis
– **inermis** (L.) Druce · ♄ e Z10 Ⓦ; Mex.
– **portoricensis** (Jacq.) Benth. · ♄ e Z10 Ⓦ VI-VII; C-Am., W.Ind.
– **tweedii** Benth. · D:Brasilianischer Puderquastenstrauch; E:Cunure, Mexican Flamebush · ♄ e Z10 Ⓦ; Bras.

Callianthemum C.A. Mey. -n- *Ranunculaceae* · 14 sp · D:Jägerblume, Schmuckblume; F:Callianthème
– **anemonoides** (Zahlbr.) Endl. ex Heynh. · D:Anemonen-Schmuckblume · ♃ △ Z5 IV; Eur.: A; NE-Alp.
– **coriandrifolium** Rchb. · D:Korianderblättrige Schmuckblume · ♃ △ Z6 VI-VII; Eur.: Ib, F, Ap, C-Eur., EC-Eur., Bosn., RO; mts.
– **kernerianum** Freyn ex A. Kern. · ♃ △ Z6 V-VI; Eur.: I; S-Alp.
– *rutifolium* (L.) C.A. Mey. = Callianthemum coriandrifolium
– *rutifolium* Rchb. = Callianthemum anemonoides

Callicarpa L. -f- *Verbenaceae* · c. 140 sp · D:Liebesperlenstrauch, Schönfrucht; F:Callicarpa
– **americana** L. · D:Amerikanische Schönfrucht; E:Mulberry · ♄ d ⚘ Z7 VI-VII; USA: NE, SE, Fla., Tex; W.Ind.
– **bodinieri** Lév.
  – var. **bodinieri** · D:Bodiniéres Schönfrucht · ♄ d Z6; W-China, C-China
  – var. **giraldii** (Hesse ex Rehder) Rehder · ♄ d ⚘ Z6 VI-VII; W-China, C-China
– **dichotoma** (Lour.) K. Koch · D:Purpur-Schönfrucht · ♄ d ⚘ Z7; Jap., Korea, China, Taiwan
– *giraldii* Hesse ex Rehder = Callicarpa bodinieri var. giraldii
– **japonica** Thunb.
  – var. **angustata** Rehder · ♄ d ⚘ Z7 VIII; C-China
  – var. *angustifolia* Sav. = Callicarpa dichotoma
  – var. **japonica** · D:Japanische Schönfrucht · ♄ d Z7; Jap.
– **mollis** Siebold et Zucc. · ♄ d Z7; Jap., Korea
– *purpurea* Juss. = Callicarpa dichotoma
– **rubella** Lindl. · ♄ d ⚘ Z9 Ⓚ; Ind.: Assam; Myanmar, China

Calliopsis Rchb. = Coreopsis
– *bicolor* Rchb. = Coreopsis tinctoria var. tinctoria
– *cardaminifolia* DC. = Coreopsis tinctoria var. atkinsoniana
– *tinctoria* (Nutt.) DC. = Coreopsis tinctoria var. tinctoria

Callirhoe Nutt. -f- *Malvaceae* · 8 sp · D:Mohnmalve; E:Poppy Mallow; F:Mauve-pavot
– **digitata** Nutt. · ⊙ ♃ Z5 VII-IX; USA: Mo., Kans., Ark., Okla., Tex.

– **involucrata** (Torr. et A. Gray) A. Gray · D:Purpurne Mohnmalve; E:Purple Poppy Mallow · ⊙ ♃ Z4 VII-IX; USA: NC, Rocky Mts., SC; Mex.
– **leiocarpa** R.F. Martin · D:Hohe Mohnmalve; E:Tall Poppy Mallow · ⊙ ♃ Z6 VII-IX; USA: Tex., Okla.
– **papaver** (Cav.) A. Gray · D:Wald-Mohnmalve; E:Woodland Poppy Mallow · ⊙ ♃ Z6 VII-IX; USA: SE, Mo., Fla., Tex.
– *pedata* (Torr. et A. Gray) A. Gray = Callirhoe leiocarpa
– *verticillata* (L.) Groenland = Callirhoe involucrata

Callisia Loefl. -f- *Commelinaceae* · 20 sp · D:Callisie, Schönpolster; F:Callisia
– **elegans** Alex. ex H.E. Moore · D:Zierliches Schönpolster · ♃ ⌇ ⇝ Z10 (W); N-Mex.
– **fragrans** (Lindl.) Woodson · D:Duftendes Schönpolster · ♃ Z10 (W); S-Mex.
– *martensiana* (Kunth) C.B. Clarke = Callisia multiflora
– **monandra** (Sw.) Schult. et Schult. f. · D:Einmänniges Schönpolster · ♃ ⌇ ⇝ Z10 (W); Trop.
– **multiflora** (M. Martens et Galeotti) Standl. · D:Vielblütiges Schönpolster · ♃ ⌇ ⇝ Z10 (W); Mex., Guat.
– **navicularis** (Ortgies) D.R. Hunt · D:Kahnförmiges Schönpolster; E:Chain Plant · ♃ ⇝ Z10 (K); Mex.
– **repens** L. · D:Kriechendes Schönpolster; F:Bon Dieu Soleil · ♃ ⌇ ⇝ Z9 (W); USA: Tex.; W-Ind., trop. Am.
– *umbellulata* Lam. = Callisia monandra
– **warszewicziana** (Kunth et Bouché) D.R. Hunt · ♃ Z10 (W); Guat.

Callista Lour. = Dendrobium
– *aggregata* (Roxb.) Brieger = Dendrobium lindleyi
– *chrysotoxa* (Lindl.) Brieger = Dendrobium chrysotoxum
– *densiflora* (Wall.) Brieger = Dendrobium densiflorum
– *farmeri* (Paxton) Brieger = Dendrobium farmeri

Callistemon R. Br. -m- *Myrtaceae* · 20-30 sp · D:Lampenputzerstrauch, Schönfaden, Zylinderputzer; E:Bottle-Brush Bush; F:Callistemon, Rince-bouteille
– **brachyandrus** Lindl. · D:Stachliger Zylinderputzer; E:Prickly Bottlebrush · ♄ e Z9 (K) VIII-IX; Austr.: N.S. Wales, S-Austr., Victoria
– **citrinus** (Curtis) Skeels · D:Kaminroter Zylinderputzer; E:Crimson Bottlebrush · ♄ e Z9 (K) VI-VII; Austr.: Queensl., N.S.Wales, Victoria
– *lanceolatus* (Sm.) DC. = Callistemon citrinus
– *linearifolius* DC. = Callistemon rigidus
– **linearis** DC. · D:Schmalblättriger Zylinderputzer; E:Narrow-leaved Bottlebrush · ♄ e Z8 (K); Austr.: Queensl., N.S.Wales
– **macropunctatus** (Dum.-Cours.) Court · D:Scharlachroter Zylinderputzer; E:Scarlet Bottlebrush · ♄ e Z9 (K); Austr.: N.S.Wales, Victoria, S-Austr.
– **pachyphyllus** Cheel · D:Niedriger Zylinderputzer; E:Wallum Bottlebrush · ♄ e Z9 (K); Austr.: Queensl., N.S.Wales
– **pallidus** (Bonpl.) DC. · D:Zitronen-Zylinderputzer; E:Lemon Bottlebrush · ♄ e Z9 (K); Austr.: Queensl., N.S.Wales, Victoria, Tasman.
– **phoeniceus** Lindl. · D:Purpurner Zylinderputzer; E:Lesser Bottlebrush · ♄ e Z9 (K); W-Austr.
– **pinifolius** DC. · ♄ e Z9 (K); Austr.: N.S.Wales
– **rigidus** R. Br. · D:Steifer Zylinderputzer; E:Stiff Bottlebrush · ♄ e Z9 (K); Austr.: N.S.Wales
– **salignus** (Sm.) DC. · D:Weidenblättriger Zylinderputzer; E:Willow Bottlebrush · ♄ ♄ e Z8 (K) VI-VII; Austr.: N.S. Wales, S-Austr., Queensl.
– **sieberi** DC. · D:Gelber Zylinderputzer; E:Alpine Bottlebrush · ♄ e Z8 (K); Austr.: N.S.Wales, Victoria
– **speciosus** (Sims) DC. · D:Albany Zylinderputzer; E:Albany Bottlebrush · ♄ ♄ e Z9 (K) VI-VIII; W-Austr.
– **teretifolius** F. Muell. · D:Grüner Zylinderputzer; E:Green Bottlebrush · ♄ e Z9 (K); S-Austr.
– **viminalis** (Sol. ex Gaertn.) G. Don · D:Trauer-Zylinderputzer; E:Weeping Bottle Brush · ♄ e Z9 (K) IV-V; Austr.: N.S.Wales
– **viridiflorus** (Sims) Sweet · ♄ e Z9 (K); Tasman.

Callistephus Cass. -m- *Asteraceae (Compositae)* · 1 sp · D:Sommeraster; E:China Aster; F:Reine-marguerite

– **chinensis** (L.) Nees · D:Gartenaster, Madeleine-Aster, Sommeraster; E:China Aster; F:Reine-marguerite · ⊙ ⋈ VII-X; China
  – **in vielen Sorten**

Callitriche L. -f- *Callitrichaceae* · 17 sp · D:Wasserstern; E:Water Starwort; F:Callitriche, Etoile d'eau
– *autumnalis* L. = Callitriche hermaphroditica
– **brutia** Petagna · D:Stielfrüchtiger Wasserstern · ♃ ≈ V-IX; Eur.: Sc, BrI, Fr, Ib, Ap
– **cophocarpa** Sendtn. · D:Stumpfkantiger Wasserstern · ♃ ≈ V-X; Eur.* exc. Ib
– **hamulata** Kütz. ex W.D.J. Koch · D:Haken-Wasserstern · ♃ ≈ IV-VI; Eur.* exc. Ib
– **hermaphroditica** L. · D:Herbst-Wasserstern; E:Autumn Water Starwort · ♃ ≈ Z6 VI-IX; Eur.: BrI, Sc, NL, D, PL, E-Eur.; W-Sib., E-Sib., Amur, Sachal., Kamchat., C-As., Alaska, Can., USA* exc. SC; Greenl., Bol.
– *intermedia* auct. non Hoffm. = Callitriche hamulata
  – subsp. *hamulata* Kütz. ex W.D.J. Koch = Callitriche hamulata
– **obtusangula** Le Gall · D:Nussfrüchtiger Wasserstern · ♃ ≈ V-X; Eur.: Ib, Fr, Ap, Ba, BrI, C-Eur.; NW-Afr.
– **palustris** L. · D:Sumpf-Wasserstern · ♃ ≈ Ⓚ IV-X; Eur.*, Cauc., W-Sib., E-Sib., Amur, Sachal., Kamchat., C-As., Him., Jap., Alaska, Can.
  – subsp. *hamulata* Kütz. ex W.D.J. Koch = Callitriche hamulata
  – subsp. *stagnalis* (Scop.) Schinz et Thell. = Callitriche stagnalis
– **platycarpa** Kütz. · D:Flachfrüchtiger Wasserstern · ♃ ≈ V-X; Eur.: Sc, BrI, Fr, Sp., C-Eur., EC-Eur., ? RO
– **stagnalis** Scop. · D:Teich-Wasserstern; E:Water Starwort · ♃ ≈ Ⓚ V-X; Eur.*, TR, Cauc., Ind., C-China, NW-Afr., E-Afr.
– *verna* L. = Callitriche palustris
– *vernalis* Kütz. ex W.D.J. Koch = Callitriche palustris

Callitris Vent. -f- *Cupressaceae* · 15 sp · D:Zypressenkiefer; E:Cypress-Pine; F:Pin-cyprès
– *arenosa* A. Cunn. ex R.T. Baker et H.G. Sm. = Callitris columellaris
– *articulata* (Vahl) Asch. et Graebn. = Tetraclinis articulata
– *calcarata* A. Cunn. ex Mirb. = Callitris endlicheri
– **columellaris** F. Muell. · D:Weiße Zypressenkiefer; E:White Cypress Pine · ♄ e Z10 Ⓚ; W-Austr.
– *cupressiformis* D. Don ex Loudon = Callitris rhomboidea
– **endlicheri** (Parl.) F.M. Bailey · D:Rote Zypressenkiefer; E:Red Cypress Pine · ♄ e Z9 Ⓚ Ⓝ; Austr.: Queensl., N.S.Wales, Victoria
– *glauca* R. Br. = Callitris columellaris
– *hugelii* Franco = Callitris columellaris
– **preissii** Miq. · ♄ e Z10 Ⓚ Ⓝ; W-Austr.
– *quadrivalvis* Vent. = Tetraclinis articulata
– **rhomboidea** R. Br. ex Rich. · D:Oyster-Bay-Zypressenkiefer; E:Oyster Bay Cypress Pine, Port Jackson Pine · ♄ e Z9 Ⓚ Ⓝ; Austr.: Queensl., N.S.Wales
– *robusta* A. Cunn. ex Parl. = Callitris preissii
– **roei** (Endl.) F. Muell. · ♄ e Z10 Ⓚ; Austr.: N.S.Wales

Callopsis Engl. -f- *Araceae* · 1 sp
– **volkensii** Engl. · ♃ Ⓦ I-XII; Tanzania

Calluna Salisb. -f- *Ericaceae* · 1 sp · D:Besenheide, Heidekraut; E:Heather; F:Bruyère à balai, Callune
– **vulgaris** (L.) Hull · D:Besenheide, Heidekraut; E:Ling, Scots Heather; F:Bruyère commune, Callune · ♄ ♄ e Z6 IX-X ⚕ Ⓝ; Eur.*, N-TR, Azor., Maroc., nat. in N-Am.
  – **in vielen Sorten**

Calocarpum Pierre = Pouteria
– *sapota* (Jacq.) Merr. = Pouteria sapota

Calocedrus Kurz -f- *Cupressaceae* · 3 sp · D:Flusszeder; F:Cèdre à encens
– **decurrens** (Torr.) Florin · D:Kalifornische Flusszeder; E:Incense Cedar · ♄ e Z7 IV Ⓝ; USA: Oreg., Calif., Nev.; Baja Calif.

Calocephalus R. Br. -m- *Asteraceae (Compositae)* · 18 sp
– *brownii* (Cass.) F. Muell. = Leucophyta brownii

Calochortus Pursh -m- *Liliaceae* · 60 sp · D:Mormonentulpe; E:Globe Tulip,

Mariposa Tulip; F:Tulipe de la Prairie
- **albus** (Benth.) Douglas ex Benth. · D:Weiße Mormonentulpe; E:Fairy Lantern, Globe Lily · ♃ Z6 VI-VIII; Calif.
- **amabilis** Purdy · D:Goldene Mormonentulpe; E:Golden Fairy Lantern · ♃ Z6 VI-VII; Calif.
- **caeruleus** (Kellogg) S. Watson · ♃ Z6 VII; Calif.
- **macrocarpus** Douglas · D:Gestreifte Mormonentulpe; E:Sagebrush Mariposa · ♃ Z6 VIII; B.C., USA: NW, Rocky Mts., Calif.; N-Mex.
- **splendens** Douglas ex Benth. · ♃ Z6 VIII; Calif., Baja Calif.
- **superbus** Purdy ex Howell · D:Getüpfelte Mormonentulpe; E:Superb Mariposa Lily · ♃ Z6 VI-VII; Calif.
- **venustus** Douglas ex Benth. · D:Schmetterlings-Mormonentulpe; E:White Mariposa Lily · ♃ Z6 VI-VII; Calif.
  - var. *vestae* (Purdy) Wilson = Calochortus vestae
- **vestae** Purdy · ♃ Z6 VI-VII; Calif.

Calodendrum Thunb. -n- *Rutaceae* · 1 sp · D:Kapkastanie; E:Cape Chestnut; F:Châtaignier du Cap
- **capense** (L. f.) Thunb. · D:Kapkastanie; E:Cape Chestnut · ♄ e Z9 (K); S-Afr.

Calomeria Vent. -f- *Asteraceae (Compositae)* · 1 sp
- **amaranthoides** Vent. · D:Moschus-Federbusch; E:Incense Plant, Plume Bush · ⊙ D Z9 (K) VI-XI; Austr.: N.S.Wales, Victoria

Calonyction Choisy = Ipomoea
- *aculeatum* (L.) House = Ipomoea alba
- *album* (L.) House = Ipomoea alba
- *bona-nox* (L.) Bojer = Ipomoea alba
- *muricatum* (L.) G. Don = Ipomoea muricata
- *speciosum* Choisy = Ipomoea alba
  - var. *muricatum* (L.) Choisy = Ipomoea muricata

Calophaca Fisch. ex DC. -f- *Fabaceae (Leguminosae)* · 5 sp · D:Schönhülse
- **grandiflora** Regel · D:Großblütige Schönhülse · ♄ d ⇝ Z6 VI-VII; C-As.
- **wolgarica** (L. f.) Fisch. · D:Wolga-Schönhülse · ♄ d Z5 VI-VII; Eur.: Russ.

Calophyllum L. -n- *Clusiaceae (Guttiferae)* · 187 sp
- *antillanum* Britton = Calophyllum brasiliense
- **brasiliense** Cambess. · D:Marienlorbeer; E:Dame Marie, Santa Maria; F:Bois Marie · ♄ e Z10 (W) ☠ Ⓝ; W.Ind., Mex., C-Am., n S-Am.
- *calaba* Jacq. = Calophyllum brasiliense
- **inophyllum** L. · D:Indischer Lorbeer; E:Alexandrian Laurel, Indian Laurel · ♄ e Z10 (W) ☠ Ⓝ; E-Afr., S-Ind., Sri Lanka, Indochina, Malay. Arch., Austr.: N.Terr., Queensl.; Polyn.
- *jacquinii* Fawc. et Rendle = Calophyllum brasiliense

Calopogonium Desv. -n- *Fabaceae (Leguminosae)* · 8 sp
- **mucunoides** Desv. · ♃ ⇝ (W) Ⓝ; trop. Am.

Calothamnus Labill. -m- *Myrtaceae* · 24 sp
- **asper** Turcz. · ♄ e Z9 (K); W-Austr.
- **longissimus** F. Muell. · ♄ e Z9 (K); W-Austr.
- **quadrifidus** R. Br. · ♄ e Z9 (K); W-Austr.
- **sanguineus** Labill. · ♄ e Z9 (K); W-Austr.
- **villosus** R. Br. · ♄ e Z9 (K); W-Austr.

Calotropis R. Br. -f- *Asclepiadaceae* · 3 sp · D:Kielkrone; F:Calotropis, Pomme de Sodome
- **gigantea** (L.) Dryand. · D:Mudarpflanze; E:Crownplant, Giant Milkweed · ♄ e Z10 (W) ☠ Ⓝ; Ind., Sri Lanka, S-China, Myanmar, Malay. Arch.
- **procera** (Aiton) Dryand. · D:Oscherstrauch; E:Apple of Sodom, Giant Milkweed · ♄ e Z9 (K) ☠ Ⓝ; W-Afr., C-Afr., E-Afr., Arab., Iran, Pakist., Ind.

Caltha L. -f- *Ranunculaceae* · 10 sp · D:Dotterblume; E:Marsh Marigold; F:Populage
- *alpestris* Schott = Caltha palustris var. palustris
- *cornuta* Schott, Nyman et Kotschy = Caltha palustris var. palustris
- *holubyi* Beck = Caltha palustris var. palustris
- **leptosepala** DC. · ♃ ~ Z3 V; Alaska, Can.: W; USA: NW, Rocky Mts., SW
- **natans** Pall. · D:Schwimmende Dotterblume; F:Populage nageant · ♃ ~

≈ Z2; N-As., Alaska, Can., Minn., Wisc.
- **palustris** L. · D:Sumpf-Dotterblume; E:Kingcup, Marsh Marigold
  - var. **alba** Hook. f. et Thomson · D:Weiße Sumpf-Dotterblume · ♃ ~
  - var. *minor* (Mill.) DC. = Caltha palustris var. palustris
  - var. **palustris** · D:Gewöhnliche Sumpf-Dotterblume; F:Populage des marais · ♃ ~ Z3 IV-V ⚕ ☠; Eur.*, TR, Cauc., W-Sib., E-Sib., Amur, Sachal., Kamchat., C-As., Mong., China, Jap. , Alaska, Can., USA: NE, NCE, NC, SE, NW

Calvoa Hook.f. -f- *Melastomataceae* · 18 sp
- **orientalis** Taub. · ♃ ⌂; trop. Afr.
- *sessiliflora* Cogn. ex De Wild. et T. Durand = Calvoa orientalis

Calycanthus L. -m- *Calycanthaceae* · 6 sp · D:Gewürzstrauch; E:Spicebush; F:Calycanthus
- **fertilis** Walter
  - var. **fertilis** · D:Nelkenpfeffer; E:Allspice · ♄ d Z6; USA: NE, SE
  - var. **laevigatus** (Willd.) Bean · ♄ d Z6 V-VII; USA: NE, Ohio, SE
- **floridus** L. · D:Echter Gewürzstrauch; E:Carolina Allspice; F:Arbre aux anémones · ♄ d D Z6 V-VII; USA: Va., W.Va., SE, Fla.
  - var. *laevigatus* (Willd.) Torr. et A. Gray = Calycanthus fertilis var. laevigatus
- *glaucus* Willd. = Calycanthus floridus
- *laevigatus* Willd. = Calycanthus fertilis var. laevigatus
- **occidentalis** Hook. et Arn. · D:Westlicher Gewürzstrauch; E:Californian Allspice, Spice Bush · ♄ d D Z6 VI-VIII; USA: Calif.
- *praecox* L. = Chimonanthus praecox
- *sterilis* Walter = Calycanthus floridus

Calypso Salisb. -f- *Orchidaceae* · 1 sp · D:Kappenständel; E:Calypso; F:Calypso
- **bulbosa** (L.) Oakes · D:Kappenständel; E:Calypso, Fairy Slipper Orchid · ♃ Z5 IV-V ▽ *; Alaska, Can., USA: NE, NCE, NC, Rocky Mts., SW, NW, Calif.

Calyptrogyne H. Wendl. -f- *Arecaceae (Palmae)* · 5-8 sp
- **ghiesbreghtiana** (Linden et H. Wendl.) H. Wendl. · ♄ e ⌂; Mex., Guat., Hond.

Calystegia R. Br. -f- *Convolvulaceae* · c. 25 sp · D:Zaunwinde; E:Bindweed; F:Liseron des haies
- **dahurica** (Herb.) Sweet · ♃ ⌇ VII-VIII; C-As.
  - var. *pellita* (Ledeb.) Choisy = Calystegia hederacea
- *dahurica* auct. = Calystegia pulchra
- **hederacea** Wall. · ♃ ⌇ Z5 VI-IX; Jap., Korea, N-China
- *pellita* (Ledeb.) G. Don = Calystegia hederacea
- **pulchra** Brummitt et Heywood · D:Schöne Zaunwinde · ♃ ⌇ Z5 VI-X; ? NE-As., nat. in N-Eur., C-Eur.
- **sepium** (L.) R. Br. · D:Gewöhnliche Zaunwinde; E:Bindweed, Granny Pop Out Of Bed · ♃ ⌇ Z4 VI-IX ⚕ Ⓝ; Eur.*, TR, Levante, Cauc., Iran, W-Sib., E-Sib., Amur, Mong., Him., China, Jap., NW-Afr., N-Am., S-Am., Austr., NZ
- **silvatica** (Kit.) Griseb. · D:Wald-Zaunwinde · ♃ Z7 VI-IX; Eur.: Ib, Fr, Ap, Ba, RO, Krim; TR, Syr., Cauc., Iran, NW-Afr., nat. in BrI, D
- **soldanella** (L.) R. Br. ex Roem. et Schult. · D:Strand-Zaunwinde; E:Sea Bindweed · ♃ VII-VIII ▽; Eur.* exc. EC-Eur.; TR, Syr., Sachal., Jap., N-China, Korea, NW-Afr., Libya, USA: NW, Calif.; Arg., Chile SE-Austr., NZ; coasts

Camassia Lindl. -f- *Hyacinthaceae* · 6 sp · D:Camassie, Prärielilie; E:Camass, Quamash; F:Camassia, Lis de la prairie
- **cusickii** S. Watson · D:Cusicks Prärielilie; E:Cusick's Camass · ♄ Z6 IV-V; USA: Oreg.
- *esculenta* (Ker-Gawl.) Coville = Camassia scilloides
- *esculenta* (Nutt.) Lindl. = Camassia quamash subsp. quamash
- *fraseri* Torr. = Camassia scilloides
- **leichtlinii** (Baker) S. Watson · D:Leichtlins Prärielilie; E:Leichtlin's Camass · ♃ Z6; Can.: B.C., USA: NW, Calif.
- **quamash** (Pursh) Greene
  - subsp. **azurea** (A. Heller) Gould Z6; USA: Wash.
  - subsp. **quamash** · D:Essbare Prärielilie; E:Quamash · ♃ Z5 V-VI; Can.; W; USA: NW, Rocky Mts., Calif.
- **scilloides** (Raf.) Cory · D:Östliche Prärielilie; E:Wild Hyacinth · ♃ Z7 ∧ IV-V; Can.: Ont.; USA: NE, NCE, Kans., SC,

SE

Camelina Crantz -f- *Brassicaceae (Cruciferae)* · 10 sp · D:Leindotter; E:Gold of Pleasure; F:Caméline
– **alyssum** (Mill.) Thell. · D:Gezähnter Leindotter · ⊙ Z7 V-VIII; Eur.* exc. BrI
– **microcarpa** Andrz. · D:Kleinfrüchtiger Leindotter; E:Small-seed False Flax · ⊙ Z7 V-VII; Eur.* exc. Ib; Cauc., W-Sib., E-Sib., C-As.
– **rumelica** Velen. · D:Balkanischer Leindotter · ⊙ Z7 V-VII; Eur.: Ba; TR, Cyprus, Syr., Cauc., Iran, Afgh., C-As., Egypt, nat. in Ib, Fr, Ap, C-Eur., EC-Eur.
– **sativa** (L.) Crantz
  – var. **sativa** · D:Saat-Leindotter; E:Big-seed False Flax, Gold of Pleasure · ⊙ Z7 V-VII ®; Eur.*, TR
  – var. **zingeri** Mirek · D:Behaarter Saat-Leindotter · ⊙ Z7 V-VII; D +

Camellia L. -f- *Theaceae* · c. 200 sp · D:Kamelie, Teestrauch; E:Camellia; F:Camélia, Théier
– **chrysantha** (Hu) Tuyama · ₺ e Z8 ⓚ; S-China
– **cuspidata** (Kochs) Veitch · ♄ e Z7 III-IV; China
– **granthamiana** Sealy · ₺ e Z8 ⓚ; Hongkong
– **hongkongensis** Seem. · ₺ e Z8 ⓚ I-II; China: Hongkong
– **japonica** L.
  – subsp. **japonica** · D:Japanische Kamelie; E:Common Camellia; F:Camélia du Japon · ♄ ₺ e Z8 ⓚ I-IV ®; Jap., Korea, Riukiu-Is., Taiwan
  – **in vielen Sorten**
– × **maliflora** Lindl. (*?*) · ♄ ₺ e ⓚ I-III; China
– **oleifera** C. Abel · D:Öl-Teestrauch; E:Tea Oil Plant · ₺ e Z8 ⓚ X-XII ®; China: Sichuan, Hunan, Kiangsu
– **pitardii** Cohen-Stuart · ₺ ♄ e Z8 ⓚ; W-China
– **reticulata** Lindl. · ₺ e Z8 ⓚ II-III; China
– **rosiflora** Hook. · ♄ e Z8 ⓚ; China
– **salicifolia** Champ. ex Benth. · ₺ e Z8 ⓚ XI-II; China, Taiwan
– **saluenensis** Stapf ex Bean · ♄ e Z7 IX-III; Yunnan
– **sasanqua** Thunb. · D:Sasquana-Kamelie; E:Sasquana Camellia · ♄ ₺ e D Z8 ⓚ XI-III ®; China, Jap., Riukiu-Is., Vietn., Laos
  – **in Sorten**
– **sinensis** (L.) Kuntze · D:Teestrauch; E:Tea Plant
  – var. **assamica** (Mast.) Kitam. · D:Assam-Teestrauch; E:Assam Tea · ♄ ₺ e Z8 ⓚ ®; Myanmar
  – var. **sinensis** · D:China-Teestrauch; E:China Tea · ♄ ₺ e Z8 ⓚ ⚕ ®; Ind.: Assam; Myanmar, China
– *thea* Link = Camellia sinensis var. sinensis
– *theifera* Griff. = Camellia sinensis var. sinensis
– × **williamsii** W.W. Sm. (*C. japonica* × *C. saluenensis*) · ♄ e Z8 ⓚ; cult.
  – **in Sorten**
– **Cultivars**
  – **in vielen Sorten**
  – *'Betty McCaskill'* = Camellia × maliflora

Campanula L. -f- *Campanulaceae* · c. 300 sp · D:Glockenblume; E:Bellflower; F:Campanule
– *abietina* Griseb. = Campanula patula subsp. abietina
– **alliariifolia** Willd. · D:Knoblauchrauken-Glockenblume, Lauchblättrige Glockenblume; E:Ivory Bells; F:Campanule à feuilles d'ail · ♃ Z3 VI-VII; TR, Cauc.
– *allionii* Vill. = Campanula alpestris
– **alpestris** All. · ♃ △ Z5 VI-VII; Eur.: F, I; SW-Alp.
– **alpina** Jacq. · D:Alpen-Glockenblume; E:Alpine Bellflower · ⊙ ♃ △ Z4 VII-VIII; Eur.: C-Eur., EC-Eur., Ba, RO, W-Russ.; E-Alp., Carp., Balkan
– *argunensis* Rupr. = Campanula aucheri
– **arvatica** Lag. · ♃ Z7 ⓐ VII; NW-Sp.
– **aucheri** A. DC. · ♃ △ Z5 VI; E-Cauc., Iran
– **barbata** L. · D:Bärtige Glockenblume; E:Bearded Bellflower · ⊙ ♃ △ Z6 VI-VII; Eur.: F, I, C-Eur., EC-Eur., Slove., Norw.; Alp., E-Sudeten, Norw.
– **baumgartenii** Becker · D:Lanzettblättrige Glockenblume · ♃ Z6 VIII; Eur.: E-F, SW-D
– **beckiana** Hayek · D:Becks Glockenblume · ♃ VI-IX; Eur.: A, Slove.; E-Alp.
– **bellidifolia** Adams · ♃ △ Z5 V-VI; Cauc.
– **bertolae** Colla · D:Bertols Glockenblume · ♃ VI-VIII; Eur.: I; SW-Alp., ? Apenn.
– **betulifolia** K. Koch · F:Campanule à feuilles de bouleau · ♃; TR, Cauc.
– **bononiensis** L. · D:Bologneser

Glockenblume · ♃ Z3 VII-IX ▽; Eur.: Fr, Ap, C-Eur., EC-Eur., Ba, E-Eur.; TR, Cauc., Iran, W-Sib., C-As.
- *canariensis* L. = Canarina canariensis
- *capensis* L. = Wahlenbergia capensis
- *carnica* Schiede ex Mert. et W.D.J. Koch = Campanula linifolia
- **carpatica** Jacq. · D:Karpaten-Glockenblume; E:Carpathian Harebell, Tussock Bellflower
  - var. **carpatica** · F:Campanule des Carpathes · ♃ △ Z3 VI-VII; Eur.: Slova., PL, RO, W-Russ.; Carp., nat. in H
    - **in Sorten**
  - var. **turbinata** (Schott, Nyman et Kotschy) Nichols · F:Campanule des Carpathes en toupie · ♃ △ Z3 V-VI; Carp.
    - **in vielen Sorten**
- **cenisia** L. · D:Mont Cenis-Glockenblume; E:Mount Cenis Bellflower · ♃ △ Z5 VII-VIII; Eur.: F, I, CH, A; Alp.
- **cervicaria** L. · D:Borstige Glockenblume · ⊙ Z6 VI-VIII ▽; Eur.* exc. BrI, ? Ib; W-Sib., E-Sib.
- **cespitosa** Scop. · D:Rasen-Glockenblume · ♃ △ VIII-IX; Eur.: I, A, Slove.; Alp.
- **cochleariifolia** Lam. · D:Zwerg-Glockenblume; E:Frairies' Thimbles; F:Campanule élégante, Campanule fluette · ♃ △ Z6 VI-VII; Eur.* exc. BrI, Sc
  - **in vielen Sorten**
  - *'Warleyensis'* = Campanula × haylodgensis 'Warley White'
- **collina** M. Bieb. · ♃ △ Z5 VI-VII; TR, Cauc.
- **elatines** L. · D:Adriatische Glockenblume; E:Adriatic Bellflower · ♃ △ Z7 ∧ VI-VII; I (Piemont)
  - var. *fenestrellata* (Feer) L.H. Bailey = Campanula fenestrellata subsp. fenestrellata
  - var. *garganica* (Ten.) Fiori = Campanula garganica
- **erinus** L. · ⊙; Eur.: Ib, F, Ap, Ba, Krim; TR, N-Iraq, Cauc., Iran, Maroc.
- **excisa** Schleich. ex Murith · D:Ausgeschnittene Glockenblume · ♃ ⇝ △ Ⓐ VII; Eur.: F, I, CH; Alp.
- **fenestrellata** Feer
  - subsp. **fenestrellata** · ♃ △ Z7 ∧ VI-VII; Eur.: Croatia, AL
  - subsp. **istriaca** (Feer) Fed. · ♃ Z7; Croatia
- *finitima* Fomin = Campanula betulifolia
- **formanekiana** Degen et Dörfl. · ⊙ Z7; GR, Maced.
- **fragilis** Cirillo · ♃ ≹ Z8 Ⓚ VI-VII; Eur.: I
- **garganica** Ten. · F:Campanule du Gargano · ♃ △ Z7 ∧ VI-VIII; Eur.: I (Monte Gargano), GR (Kephallinia) ? AL
  - subsp. *fenestrellata* (Feer) Hayek = Campanula fenestrellata subsp. fenestrellata
  - var. *istriaca* (Feer) Hayek = Campanula fenestrellata subsp. istriaca
- **gentilis** Kovanda · D:Fremde Glockenblume · ♃ VI-VIII; Eur.: SE-D, CZ
- **glomerata** · D:Knäuel-Glockenblume; E:Clustered Bellflower; F:Campanule agglomérée · ♃ Z2 VI-VIII; Eur.*, W-Sib., E-Sib., C-As.
  - **in Sorten**
- *graminifolia* L. = Edraianthus graminifolius
- *grandiflora* Jacq. = Platycodon grandiflorus
- *grandiflora* Lam. = Campanula medium
- *grandis* Fisch. et C.A. Mey. = Campanula persicifolia subsp. sessiliflora
- **grossekii** Heuff. · ♃ Z6; Serb., BG, RO
- × **haylodgensis** hort. (*C. carpatica* × *C. cochleariifolia*) · F:Campanule élégante
  - **'Warley White'** · ♃; cult.
- *hederacea* L. = Wahlenbergia hederacea
- **isophylla** Moretti · D:Stern-Glockenblume; E:Italian Bellflower, Star of Bethlehem · ♃ ≹ Z8 Ⓚ VII-IX; Eur.: I (Liguria: Savona)
- *jacquinii* (Sieber) A. DC. = Trachelium jacquinii subsp. jacquinii
- **kemulariae** Fomin · ♃ Z4; Cauc.
- **kolenatiana** C.A. Mey. ex Rupr. · ⊙ ♃ △ Z5 VI-VII; Cauc.
- **laciniata** L. · ♃ Z8 Ⓚ VI; S-GR, Crete
- **lactiflora** M. Bieb. · D:Riesen-Dolden-Glockenblume; E:Milky Bellflower · ♃ Z5 VI-VII; Cauc., TR, nat. in BrI
- **lanata** Friv. · ⊙ △ Z7 VI-VII ▽; Eur.: S-Ba
- **latifolia** L.
  - var. **latifolia** · D:Breitblättrige Glockenblume; E:Greater Bellflower · ♃ Z3 VI-VII ▽; Eur.*, Cauc., TR, W-Sib., C-As., W-Him.
  - var. **macrantha** Fisch. ex Hornem. Z3
- *latiloba* A. DC. = Campanula persicifolia subsp. sessiliflora
- *liliifolia* L. = Adenophora liliifolia
- **linifolia** Scop. · D:Karnische Glockenblume · ♃ Z5 VI-VIII; Eur.: I, A,

Slove., Croatia; S-Alp.
- **longistyla** Fomin · ⊙ Z6 VI-VII; Cauc.
- *macrantha* Fisch. = Campanula latifolia var. macrantha
- **macrostyla** Boiss. et Heldr. · ⊙ Z7 VII; TR
- *marchesetii* Witasek = Campanula rotundifolia
- **medium** L. · D:Marien-Glockenblume; E:Canterbury Bells, Cup and Saucer Plant; F:Campanule carillon · ⊙ ⋊ Z8 ∧ VI-VII; Eur.: SE-F, I, nat. in BrI, C-Eur., Sp., H, RO
  - **in Sorten**
- *michauxioides* Boiss. = Asyneuma michauxioides
- **mirabilis** Albov · ⊙ Z5 VI-VII; W-Cauc.
- **moesiaca** Velen. · ⊙ Z6 VI-VII; Eur.: Bosn., YU, AL, BG
- **moravica** (Spitzn.) Kovanda · D:Mährische Glockenblume · ♃ VI-IX; Eur.: A, EC-Eur., W-Ba, RO
- *muralis* Port. = Campanula portenschlagiana
- *nobilis* Lindl. = Campanula punctata
- **ochroleuca** Kem.-Nath. · ♃ Z6; Cauc.
- **orphanidea** Boiss. · ⊙ △ Z7 ∧ VI-VII; NE-GR, S-BG
- **patula** L.
  - subsp. **abietina** (Griseb.) Simonk. · ♃ △ Z6 VI-VIII; Carp., N-Balkan
  - subsp. **patula** · D:Wiesen-Glockenblume; E:Spreading Bellflower · ⊙ Z6 V-VII; Eur.*, W-Sib.
- *pendula* M. Bieb. = Symphyandra pendula
- *pentagonia* L. = Legousia pentagonia
- **persicifolia** L. · D:Pfirsichblättrige Glockenblume; E:Peach Leaved Bellflower, Peach-bells, Willow Bell
  - subsp. **persicifolia** · F:Campanule à feuilles de pêcher · ♃ Z3 VI-IX; Eur.* exc. BrI; Cauc., W-Sib., nat. in BrI
    - **in Sorten**
  - subsp. **sessiliflora** (K. Koch) Velen. · ♃ ⋊ Z3 VI-VII; Eur.: Ba
    - **in Sorten**
- **piperi** Howell · ♃ Z7; USA: Wash.
- **portenschlagiana** Schult. · D:Dalmatiner Glockenblume; E:Dalmatian Bellflower, Wall Harebell; F:Campanule de Dalmatie · ♃ △ Z4 VI-VIII; Eur.: Croatia, Bosn.
- **poscharskyana** Degen · D:Hängepolster-Glockenblume · ♃ △ Z3 VI-IX; Eur.: Croatia
  - **in Sorten**
- **praesignis** Beck · D:Auffällige Glockenblume · ♃ VI-IX; Eur.: A; NE-Alp.
- **primulifolia** Brot. · ♃ Z8 VI-VII; P, SW-Sp.
- × **pseudoraineri** hort. (*C. carpatica var. turbinata* × *C. raineri*) · ♃ Z4; cult.
- **pulla** L. · D:Dunkle Glockenblume · ♃ △ Z6 VI-VIII; Eur.: A; NE-Alp.
- × **pulloides** hort. (*C. carpatica var. turbinata* × *C. pulla*) · ♃ Z6; cult.
- **punctata** Lam. · D:Punktierte Glockenblume; E:Spotted Bellflower · ♃ △ Z6 VI-VII; Jap., Korea, NW-China, E-Sib.
- *pusilla* Haenke = Campanula cochleariifolia
- **pyramidalis** L. · D:Pyramiden-Glockenblume; E:Chimney Bellflower · ♃ Z8 (K) ▭ VI-VIII; Eur.: Slove., Croatia, Bosn., Montenegro, AL
- **raddeana** Trautv. · ♃ △ Z6 VI-VII; Cauc.
- **raineri** Perp. · ♃ Z6; I; SE-Alp.
- **rapunculoides** L. · D:Acker-Glockenblume; E:Creeping Bellflower; F:Campanule fausse raiponce · ♃ Z3 VI-IX; Eur.* exc. BrI; TR, Cauc., Iran, C-As., W-Sib., nat. in BrI, N-Am.
- **rapunculus** L. · D:Rapunzel-Glockenblume; E:Rampion, Rampion Bellflower · ⊙ VI Ⓝ; Eur.* exc. BrI, Sc; Cauc., nat. in BrI, Sc
- **rhomboidalis** L. · D:Rautenblättrige Glockenblume · ♃ Z5 VI-VII; Eur.: F, I, CH; Alp., Jura, nat. in B, NL, A, D
- **rotundifolia** L. · D:Rundblättrige Glockenblume; E:Harebell, Scottish Bluebell; F:Campanule à feuilles rondes · ♃ Z3 X; Eur.*, W-Sib., E-Sib.
- **rupestris** Sibth. et Sm. · ⊙ Z9 (K) VI-VII; C-GR
- **sarmatica** Ker-Gawl. · F:Campanule de Sarmatie · ♃ Z5 VI-VII; Cauc.
- **saxifraga** M. Bieb. · ♃ △ Z4 VI-VII; Cauc.
- **scheuchzeri** Vill. · D:Scheuchzers Glockenblume · ♃ Z5 VII-VIII; Eur.: Ib, Fr, Ap, C-Eur, .EC-Eur., Ba, RO.; mts.
- *serpyllifolia* Vis. = Edraianthus serpyllifolius
- *sessiliflora* K. Koch = Campanula persicifolia subsp. sessiliflora
- **sibirica** L. · D:Sibirische Glockenblume · ⊙ Z6 VI-VIII; Eur.: I, C-Eur., EC-Eur., Ba, E-Eur.; W-Sib., E-Sib.
- **speciosa** Pourr. · E:Pyrenean Bellflower · ♃ (A) VI-VII; Eur.: Sp., F; Pyr., Corbières,

Cevénnes
– *speculum-veneris* L. = Legousia speculum-veneris
– **spicata** L. · D:Ährige Glockenblume · ⊙ △ V-VII; Eur.: F, I, CH, A, Slove., Croatia, Montenegro; mts.
– × **stansfieldii** hort. (*C. carpatica var. turbinata* × *C. waldsteiniana*) · ♃ △ Z5 VII-VIII; cult.
– **takesimana** Nakai · D:Korea-Glockenblume; E:Korean Bellflower · ♃ Z7; Korea
– **thyrsoides** L. · D:Strauß-Glockenblume; E:Yellow Bellflower · ⊙ △ Z5 VII-VIII ▽; Eur.: F, I, C-Eur., Ba; Alp., Jura, Balkan
– **tommasiniana** W.D.J. Koch · ♃ △ Z6 VI-VII; Eur.: Croatia (Mala Ucka)
– **trachelium** L. · D:Nesselblättrige Glockenblume; E:Bats in the Belfry, Nettle-Leaved Bellflower; F:Campanule gantelée · ♃ Z3 VII-VIII; Eur.*, TR, Syr., N-Iran, W-Sib., NW-Afr.
– **tridentata** Schreb. · ♃ △ Z4 IV-V; TR, Cauc.
– *turbinata* Schott, Nyman et Kotschy = Campanula carpatica var. turbinata
– × **vanhouttei** Carr (*C. latifolia* × *C. punctata* × *?*) · ♃ Z4 VI-VII; cult.
– **versicolor** Andrews · ♃ Z8 ∧ VII-IX; Eur.: S-I, Ba
– *vidalii* H.C. Watson = Azorina vidalii
– **waldsteiniana** Schult. · ♃ △ Z6 VI-VII; Croatia
– *warleyensis* hort. = Campanula × haylodgensis 'Warley White'
– **witasekiana** Vierh. · D:Witasek-Glockenblume · ♃ VII-IX; Eur.: A, I, Slove., Bosn., BG; E-Alp., Balkan
– × **wockei** Sünd. (*C. pulla* × *C. waldsteiniana*) · ♃ △ Z5 VII; cult.
– **zoysii** Wulfen · D:Nickende Glockenblume, Zois-Glockenblume · ♃ △ Z6 VII-VIII; Eur.: I, A, Slove.; SE-Alp.

Campe Dualc = Barbarea
– *barbarea* (L.) W. Wight ex Piper = Barbarea vulgaris

Campelia Rich. = Tradescantia
– *zanonia* (L.) Humb., Bonpl. et Kunth = Tradescantia zanonia

Camphorosma L. -f- *Chenopodiaceae* · 11 sp · D:Kampferkraut; F:Camphorine
– **annua** Pall. · D:Kampferkraut · ⊙ VIII-IX; Eur.: A, EC-Eur., Ba, E-Eur.

Campomanesia Ruiz et Pav. -f- *Myrtaceae* · 30 (-80) sp
– **lineatifolia** Ruiz et Pav. · ₺ Ⓦ Ⓝ; Col., Ecuad., Peru, Bol., NW-Bras.

Campsidium Seem. -n- *Bignoniaceae* · 1 sp
– *chilense* Reissek et Seem. = Campsidium valdivianum
– **filicifolium** Van Geert · ₺ e ≹ Z10 Ⓦ; Fiji
– **valdivianum** Seem. · ₺ e ≹ Z10 Ⓚ; Chile

Campsis Lour. -f- *Bignoniaceae* · 2 sp · D:Trompetenblume, Trompetenwinde; E:Trumpet Creeper; F:Bignone de Chine
– *chinensis* (Lam.) K. Koch = Campsis grandiflora
– *flava* hort. = Campsis radicans 'Flava'
– **grandiflora** (Thunb.) K. Schum. · D:Chinesische Trompetenwinde; E:Campsis, Chinese Trumpet Vine · ₺ d ≹ Z7-8 Ⓚ VIII-IX; China
– × *hybrida* Zabel = Campsis × tagliabuana
– **radicans** (L.) Seem. ex Bureau · D:Amerikanische Trompetenwinde; E:Trumpet Creeper; F:Bignone de Virginie · ₺ d ≹ Z6 VII-IX; USA: NE, NCE, SC, SE, Fla.
  – **'Flava'** · F:Bignone de Virginie 'Flava'
  – *'Yellow Trumpet'* = Campsis radicans 'Flava'
– × **tagliabuana** (Vis.) Rehder (*C. grandiflora* × *C. radicans*) · ₺ d ≹ Z7 ∧ VII-VIII; cult.

Camptosorus Link = Asplenium
– *rhizophyllus* (L.) Link = Asplenium rhizophyllum

Camptotheca Decne. -f- *Nyssaceae* · 1 sp
– **acuminata** Decne. · D:Glücksbaum; E:Happy Tree · ₺ d Ⓚ; China, Tibet

Campyloneurum C. Presl -f- *Polypodiaceae* · 20-25 sp · D:Riemenfarn; E:Strap Fern
– **phyllitidis** (L.) C. Presl · D:Florida-Riemenfarn; E:Cow-tongue Fern, Florida Strap Fern · ♃ Z10 Ⓦ; USA: Fla.; trop. S-Am.

Campylotropis Bunge -f- *Fabaceae (Leguminosae)* · 65 sp
– **macrocarpa** (Bunge) Rehder · ₺ d Z7

VIII-IX; N-China, C-China

Cananga (DC.) Hook.f. et Thomson -f- *Annonaceae* · 2 sp
- **odorata** (Lam.) Hook. f. et Thomson · D:Ylang-Ylangbaum; E:Ylang Ylang · ♄ e Z10 Ⓦ ⚕ Ⓝ; Malay. Arch., Phil., N-Austr., Pacific Is.

Canarina L. -f- *Campanulaceae* · 3 sp · D:Kanarenglockenblume; E:Canary Island Bellflower; F:Campanule des Canaries
- **canariensis** (L.) Vatke · D:Kanarische Glockenblume; E:Canary Island Bellflower · ♃ ≹ Z9 Ⓚ XI-III; Canar.

Canarium L. -n- *Burseraceae* · 77 sp · D:Kanaribaum, Kanarinuss; E:Chinese Olive; F:Canarion, Elemi
- **album** (Lour.) Raeusch. · D:Weiße Kanarinuss; E:Chinese Olive · ♄ Ⓦ Ⓝ; S-China, Vietn.
- *commune* L. = Canarium indicum
- *edule* (G. Don) Hook. = Dacryodes edulis
- **indicum** L. · D:Galipnuss; E:Java Olive · ♄ Ⓦ Ⓝ; Molucca I., N.Guinea, Salom. Vanuatu
- **luzonicum** Miq. · D:Elemiharz, Manila-Elemi; E:Elemi Canary-tree · ♄ Ⓦ ⚕ Ⓝ; Phil.
- **ovatum** Engl. · D:Pilinuss; E:Pilinut · ♄ Ⓦ Ⓝ; Phil.: Luzon
- **pimela** C. Koenig · D:Schwarze Kanarinuss; E:Wu Lan · ♄ Ⓦ Ⓝ; S-China, Hongkong, Hainan, Laos, Cambodia, Vietn.
- **strictum** Roxb. · D:Weißer Mahagonibaum; E:Black Dammar · ♄ e Ⓦ Ⓝ; Ind., Myanmar

Canavalia DC. -f- *Fabaceae (Leguminosae)* · 51 sp · D:Jackbohne, Schwertbohne; E:Jack Bean; F:Pois-sabre
- **ensiformis** (L.) DC. · D:Jackbohne, Pferde-Schwertbohne; E:Gotani Bean, Jack Bean · ♃ ≹ Z10 Ⓦ Ⓝ; trop. S-Am.
- **gladiata** (Jacq.) DC. · D:Schwertbohne; E:Chopper Bean · ♃ ≹ Z10 Ⓦ Ⓝ; trop. Afr., trop. As.
- **plagiosperma** Piper Z10 Ⓦ Ⓝ; trop. Am.
- **polystachya** (Forssk.) Schweinf. · ♃ ≹ Z10 Ⓦ Ⓝ; Eth., Somalia, Madag., Arab., Ind., SW-China

Canella P. Browne -f- *Canellaceae* · 1 sp · D:Kaneelbaum, Zimtrindenbaum; E:Wild Cinnamon; F:Cannelier
- *alba* Murray = Canella winterana
- **winterana** (L.) Gaertn. · D:Weißer Zimtrindenbaum; E:White Cinnamon, Wilde Cinnamon · ♄ e D Z10 Ⓦ ⚕ Ⓝ; S-Fla., W.Ind.

Canistrum E. Morren -n- *Bromeliaceae* · 7 sp
- *amazonicum* (Baker) Mez = Wittrockia amazonica
- **aurantiacum** E. Morren · ♃ Z10 Ⓦ; Bras.
- *eburneum* E. Morren = Canistrum lindenii var. lindenii
- **fosterianum** L.B. Sm. · ♃ Z10 Ⓦ; Bras.
- **lindenii** (Regel) Mez
  - var. **lindenii** · ♃ Z10 Ⓦ; Bras.
  - var. **roseum** (E. Morren) L.B. Sm. · ♃ Z10 Ⓦ; Bras.
- *roseum* E. Morren = Canistrum lindenii var. roseum

Canna L. -f- *Cannaceae* · 10 sp · D:Blumenrohr; E:Canna Lily; F:Balisier
- *edulis* Ker-Gawl. = Canna indica
- **flaccida** Salisb. · F:Balisier, Canna · ♃ ~ Z8 Ⓦ Ⓚ; USA: SE, Fla.
- × **generalis** L.H. Bailey (*C. indica* × *?*) · ♃ Ⓚ; cult.
- **glauca** L. · ♃ Z10 Ⓚ VI-IX; W.Ind., S-Am.
- **indica** L. · D:Essbares Blumenrohr, Westindisches Blumenrohr; E:Indian Shot, Queensland Arrowroot; F:Balisier, Canna · ♃ Z8 Ⓚ VII-IX Ⓝ; C-Am., W.Ind., S-Am., nat. in S-USA, trop. Afr., trop. As.
- **iridiflora** Ruiz et Pav. · ♃ Z9 Ⓚ VI-IX; Peru
- *lutea* Mill. = Canna indica
- × **orchiodes** hort. (*C. flaccida* × *?*) Z8; cult.
- **Cultivars**
  - **in vielen Sorten**

Cannabis L. -f- *Cannabaceae* · 1 sp · D:Hanf; E:Hemp, Marijuana; F:Chanvre
- *gigantea* Delacr. ex Vilm. = Cannabis sativa subsp. sativa 'Gigantea'
- *indica* Lam. = Cannabis sativa subsp. indica
- *ruderalis* Janisch. = Cannabis sativa subsp. spontanea
- **sativa** L.
  - subsp. **indica** (Lam.) Small et Cronquist ·

D:Haschisch, Indischer Hanf; E:Marijuana, Pot · ⊙ Z9 ⓦ ⓚ ⚕ Ⓝ; Ind.
- subsp. **sativa** · D:Kultur-Hanf; E:Hemp · ⊙ Z8 VII-VIII; cult., nat. in Eur., N-Am.
  - **'Gigantea'** · ☠
- subsp. **spontanea** Serebr. · D:Wilder Hanf; E:Hemp · Z8 V-VII; ? C-As., ? W-As.

Cantua Juss. ex Lam. -f- *Polemoniaceae* · 6 sp · D:Cantue; F:Cantua
- *breviflora* Juss. = Gilia laciniata
- **buxifolia** Juss. ex Lam. · ♄ e Z9 ⓚ IV; Peru, Bol., Chile

Capnoides Mill. -n- *Fumariaceae* · 1 sp
- **sempervirens** (L.) Borkh. · D:Rosa Lerchensporn; E:Pink Corydalis, Rock Harlequin · ⊙ ⊙ △ VII; Alaska, Can., USA: NE, NCE, NC, Tenn., Mont., nat. in Norw.

Capparis L. -f- *Capparaceae* · 250 sp · D:Kapernstrauch; E:Caper; F:Câprier
- **spinosa**
  - subsp. *inermis* Turra = Capparis spinosa subsp. rupestris
- **spinosa** L. · D:Kapernstrauch; E:Caper Plant
  - subsp. **rupestris** (Sm.) Nyman · D:Dornenloser Kapernstrauch · ♄ d Z8 ⓚ Ⓝ; Eur.: Ib, F, Ap, Ba; TR, N-Afr, N-Ind.
  - subsp. **spinosa** · D:Gewöhnlicher Kapernstrauch; E:Common Caper · ♄ d Z8 ⓚ ⚕ Ⓝ; Eur.: Ib, Fr, Ap, Ba, Krim; TR, Levante, Cauc., Iran, C-As., Kashmir, N-Afr.

Capsella Medik. -f- *Brassicaceae (Cruciferae)* · 5 sp · D:Hirtentäschel; E:Shepherd's Purses; F:Capselle
- **bursa-pastoris** (L.) Medik. · D:Gewöhnliches Hirtentäschel; E:Shepherd's Purse · ⊙ ⊙ I-X ⚕ Ⓝ; Eur.*, cosmop. exc. Trop.
- **rubella** Reut. · D:Rötliches Hirtentäschel · ⊙ VI-X; Eur.: Ib, Fr, Ap, Ba, BrI; TR, ? N-Afr., nat. in C-Eur.

Capsicum L. -n- *Solanaceae* · 10 sp · D:Chili, Paprika; E:Pepper, Sweet Pepper; F:Chili, Piment
- **annuum** L. · D:Spanischer Pfeffer, Paprika; E:Green Pepper, Red Pepper, Sweet Pepper · ⊙ ⊙ ♃ ♄ Z9 VI-IX ⚕ Ⓝ; ? Mex.
  - **in vielen Sorten**
  - **Cerasiforme-Grp.** · D:Zier-Paprika; E:Cherry Pepper · ; cult.
  - **Conioides-Grp.** · D:Spitz-Paprika; E:Cone Pepper · Ⓝ; cult.
  - **Fasciculatum-Grp.** · D:Büschel-Paprika; E:Red Cone Pepper · Ⓝ; cult.
  - **Grossum-Grp.** · D:Gemüse-Paprika, Süßer Paprika; E:Bell Pepper, Pimento, Sweet Pepper · ♃ Ⓝ; trop. Am.
  - **Longum-Grp.** · D:Cayennepfeffer, Peperoni; E:Cayenne Pepper, Chilli Pepper · Ⓝ; cult.
  - var. *cerasiforme* (Mill.) Irish = Capsicum annuum Cerasiforme-Grp.
  - var. *grossum* (L.) Sendtn. = Capsicum annuum Grossum-Grp.
  - var. *longum* DC. = Capsicum annuum Longum-Grp.
- **baccatum** L.
  - var. **baccatum** · ⊙ ♄ ♄ Z9 ⚕ ; Peru, Bol., S-Bras. Parag., N-Arg.
  - var. **pendulum** (Willd.) Eshbaugh · D:Peruanischer Pfeffer; E:Brown's Pepper · ⊙ ⊙ ♃ ♄ Z9 Ⓝ; Peru, Bol.
- **chinense** Jacq. · ⊙ ⊙ ♃ ♄ Z9 ⚕ Ⓝ; ? W-Amazon.; cult.
- **frutescens** L. · D:Chili, Tabasco; E:Hot Pepper, Tabasco Pepper · ⊙ ⊙ ♃ ♄ Z9 ⚕ Ⓝ; trop. Am.
- *minimum* Roxb. = Capsicum frutescens
- *pendulum* Willd. = Capsicum baccatum var. baccatum
- **pubescens** Ruiz et Pav. · D:Baum-Chili, Filziger Paprika; E:Apple Chile · ⊙ ♄ Z9 Ⓝ; S-Am, C-Am.

Caragana Fabr. -f- *Fabaceae (Leguminosae)* · c. 80 sp · D:Erbsenstrauch; E:Pea Shrub, Pea Tree; F:Acacia jaune
- **ambigua** Stocks ex Hook. · ♄ d; Pakistan
- **arborescens** Lam. · D:Gewöhnlicher Erbsenstrauch; E:Siberian Pea Tree; F:Caragan arborescent · ♄ d Z3 V ☠ Ⓝ; W-Sib., E-Sib., C-As., Mong., nat. in F
- **aurantiaca** Koehne · D:Orangeblütiger Erbsenstrauch · ♄ d Z5 V-VI; C-As., China: Sinkiang
- **boisii** C.K. Schneid. · ♄ d; W-China
- **decorticans** Hemsl. · D:Afghanischer Erbsenstrauch; E:Afghan Pea Shrub · ♄ d Z6 VI; Afgh.
- *frutescens* (L.) Medik. = Caragana frutex
- **frutex** (L.) K. Koch · D:Busch-

Erbsenstrauch; E:Russian Pea Shrub · ₺ d Z3 V; Eur.: BG, RO, Russ.; Cauc., W-Sib., E-Sib., C-As.
- **gerardiana** (Royle) Benth. · ₺ d Z5 IV-V; Him., Tibet
- **grandiflora** (M. Bieb.) DC. · ₺ d; Cauc., C-As.
- **jubata** (Pall.) Poir. · D:Mähnen-Erbsenstrauch; E:Shag-spine Pea Shrub · ₺ d Z3 IV-V; E-Sib., Amur, C-As., Mong., Tibet., Him., China
- **laeta** Kom. · ₺ d; C-As., China: Sinkiang
- **maximowicziana** Kom. · ₺ d Z2 V-VI; W-China
- **microphylla** Lam. · D:Kleinblättriger Erbsenstrauch · ₺ d Z4 V-VI; Sib., N-China
- **pygmaea** (L.) DC. · D:Zwerg-Erbsenstrauch; F:Caragan nain · ₺ d △ Z4 V-VI; NW-China, Sib.
- **sinica** (Buc'hoz) Rehder · D:Chinesischer Erbsenstrauch · ₺ d Z4 V-VI; N-China
- × **sophorifolia** Tausch (*C. arborescens* × *C. microphylla*) · ₺ d Z3; cult.
- **spinosa** (L.) DC. · D:Dorniger Erbsenstrauch · ₺ d Z3 IV-VI; Sib.
- **tangutica** Maxim. · ₺ d; China: Kansu

Caralluma R. Br. -f- *Asclepiadaceae* · c. 80 sp · D:Fliegenblume; F:Caralluma
- *atrosanguinea* N.E. Br. = Huerniopsis atrosanguinea
- *brownii* Dinter et A. Berger = Orbeopsis lutea subsp. vaga
- **burchardii** N.E. Br. · ♃ ♆ Z9 ⓚ ▽; Canar., S-Maroc.
- *compta* (N.E. Br.) Schltr. = Piaranthus comptus
- *crassa* N.E. Br. = Whitesloanea crassa
- **europaea** (Guss.) N.E. Br.
  - var. **confusa** (Font Quer) Font Quer · ♃ ♆ Z9 ⓚ; S-Sp.
  - var. **europaea** · ♃ ♆ Z9 ⓚ; Eur.: Sp., Sic.; N-Afr.
- *grandidens* Verd. = Orbea maculata
- *leendertziae* N.E. Br. = Orbeopsis melanantha
- **lugardii** N.E. Br. · ♃ ♆ Z9 ⓚ; Botswana, Namibia, Kap
- *lutea* N.E. Br. = Orbeopsis lutea subsp. lutea
  - subsp. *vaga* N.E. Br. = Orbeopsis lutea subsp. vaga
- *maculata* N.E. Br. = Orbea maculata
- *mammillaris* (L.) N.E. Br. = Quaqua mammillaris
- *melanantha* (Schltr.) N.E. Br. = Orbeopsis melanantha
- **moniliformis** P.R.O. Bally · ♃ ♆ Z10 ⓚ; Somalia
- *nebrownii* A. Berger = Orbeopsis lutea subsp. vaga
- *pseudonebrownii* Dinter = Orbeopsis lutea subsp. vaga
- *vansonii* Bremek. et Oberm. = Orbeopsis lutea subsp. lutea

Carapa Aubl. -f- *Meliaceae* · 2 sp
- **guianensis** Aubl. · D:Läuseholz; E:Crabwood · ₺ e ⓦ Ⓝ; C-Am., Col., Venez., Guyan., Trinidad, Bras.
- **procera** DC. · D:Uganda-Läuseholz; E:Uganda Crabwood · ₺ e ⓦ Ⓝ; trop. Afr.

Cardamine L. -f- *Brassicaceae (Cruciferae)* · c. 150 sp · D:Schaumkraut, Zahnwurz; E:Bitter Cress; F:Cardamine
- **alpina** Willd. · D:Alpen-Schaumkraut · ♃ Z4 VII-VIII; Eur.: Pyr., Alp.
- **amara** L. · D:Bittere Kresse, Bitteres Schaumkraut · ♃ IV-VI Ⓝ; Eur.*, TR, W-Sib.
- *asarifolia* hort. = Pachyphragma macrophylla
- **bulbifera** (L.) Crantz · D:Zwiebel-Zahnwurz; E:Coral Root Bittercress · ♃ Z6 V; Eur.* exc. Ib; TR, Cauc., N-Iran
- **dentata** Schult. · D:Sumpf-Schaumkraut · ♃ IV-VI; Eur.
- *digitata* (Lam.) O.E. Schulz = Cardamine pentaphyllos
- **enneaphyllos** (L.) Crantz · D:Quirl-Zahnwurz, Quirlblättrige Zahnwurz; E:Drooping Bittercress · ♃ Z7 IV-VI ♀; Eur.: C-Eur., I, EC-Eur., Ba, RO
- **flexuosa** With. · D:Wald-Schaumkraut · ⊙ ⊙ IV-X; Eur.*, Maroc., Alger., nat. in N-Am., N-China, Jap.
- **heptaphylla** (Vill.) O.E. Schulz · D:Fieder-Zahnwurz; E:Dentaria · ♃ Z6 IV-V; Eur.: Sp., F, I, CH, D
- **hirsuta** L. · D:Viermänniges Schaumkraut · ⊙ III-VI; Eur.*, TR, Levante, Cauc., Iran, Him., NW-Afr., Libya, Cameroun, Eth., Kilimandsharo, nat. in cosmop.
- **impatiens** L. · D:Spring-Schaumkraut · ⊙ ⊙ V-VII; Eur.*, TR, Cauc., Iran, W-Sib., E-Sib., Amur, Sachal., C-As., Him. Tibet
- **kitaibelii** Bech. · D:Kitaibels Zahnwurz, Vielblättrige Zahnwurz · ♃ Z6 VII-IX;

Eur.: I, CH, Slove.; Alp., Apenn.
– **matthioli** Mor. · D:Weißes Wiesen-Schaumkraut · ♃ IV-VI; Eur.: I, A, Slove., Slova., CZ, H, BG, RO
– **parviflora** L. · D:Kleinblütiges Schaumkraut · ⊙ V-VII; Eur.* exc. BrI; Alger.
– **pentaphyllos** (L.) Crantz · D:Finger-Zahnwurz · ♃ Z6 IV-VI; Eur.: Sp., F, I, C-Eur., ? Croatia, Bosn.
– *pinnata* (Lam.) R. Br. = Cardamine heptaphylla
– **pratensis** L. · D:Wiesen-Schaumkraut; E:Cuckoo Flower, Lady's Smock; F:Cardamine des prés · ♃ Z4 IV-V ⚕; Eur.*, W-Sib., E-Sib., Amur, Sachal., Kamchat., Korea, Mong., W-Tibet, Eth., Alaska, Can., USA: NE, SE; Greenl.
– **resedifolia** L. · D:Resedablättriges Schaumkraut · ♃ V-VIII; Eur.* exc. BrI, Sc; mts.; Cauc., Iran, W-Sib., E-Sib., Amur, C-As., Mong., Tibet, E-As.
– **rivularis** Schur · D:Voralpen-Wiesen-Schaumkraut · ♃ VI-VIII; Eur.: BG, RO
– **trifolia** L. · D:Dreiblättrige Zahnwurz, Kleeblättriges Schaumkraut; E:Trifoliate Bittercress; F:Cardamine à trois feuilles · ♃ △ Z7 IV-VI; Eur.: Fr, I, D, A, EC-Eur., Slove., Croatia, Bosn.
– **udicola** Jord. · D:Morast-Schaumkraut · ♃ IV-V; Eur.
– **waldsteinii** Dyer · D:Illyrische Zahnwurz · ♃; Eur.: A, H, Slove.

Cardaminopsis (C.A. Mey.) Hayek -f- *Brassicaceae (Cruciferae)* · 13 sp · D:Schaumkresse; F:Arabette des sables
– **arenosa** (L.) Hayek · D:Sand-Schaumkresse · ⊙ ♃ Z7 IV-VIII; Eur.* exc. BrI, Ib
– **halleri** (L.) Hayek · D:Hallers Schaumkresse, Wiesen-Schaumkresse · ♃ Z6 IV-VI; Eur.: Fr, Ap, C-Eur., EC-Eur., E-Eur.; mts.
– **petraea** (L.) Hiitonen · D:Felsen-Schaumkresse · ♃ Z7 V-VII; Eur.* exc. Ib, Ba

Cardaria Desv. -f- *Brassicaceae (Cruciferae)* · 6 sp · D:Pfeilkresse; F:Cardaire, Passerage drave
– **draba** (L.) Desv. · D:Pfeilkresse; E:Hoary Cress, Whitetop · ♃ V-VII; Eur.* exc. BrI, Sc; TR, Levante, SW-As., Egypt, nat. in BrI, Sc

Cardiocrinum (Endl.) Lindl. -n- *Liliaceae* · 3 sp · D:Riesenlilie; E:Giant Lily; F:Lis géant
– **cathayanum** (Wilson) Stearn · ♃ Z7; C-China, E-China
– **cordatum** (Thunb.) Makino · ♃ Z7 VIII; China, S-Jap., S-Sachal.
– **giganteum** (Wall.) Makino · D:Riesenlilie; E:Giant Himalayan Lily · ♃ Z7 VII-VIII; Him., SE-Tibet, NW-Myanmar

Cardiospermum L. -n- *Sapindaceae* · 14 sp · D:Ballonrebe, Herzsame; E:Balloon Vine; F:Pois de cœur
– **grandiflorum** Sw. · D:Großblütiger Herzsame; E:Heartseed · ♄ d ≹ Z9 (W); trop. Am.
– fo. **hirsutum** (Willd.) Radlk. · D:Rauhaariger Herzsame · d ≹ Z9 (K)
– **halicacabum** L. · D:Ballonwein, Herzsame; E:Balloon Vine, Heart Pea · ⊙ ⊙ ≹ ✿ Z9; USA.: Fla, SE, SC; trop. Am., trop. Afr., Ind., nat. in Trop.

Carduncellus Adans. -m- *Asteraceae (Compositae)* · 30 sp · D:Färberdistel; F:Cardoncelle
– **mitissimus** (L.) DC. · ♃ Z7; F, NE-Sp.
– **rhaponticoides** Coss. et Durieu ex Pomel · ♃ Z7 ∧ V-VI; Maroc., Alger.

Carduus L. -m- *Asteraceae (Compositae)* · 91 sp · D:Distel; E:Thistle; F:Chardon
– **acanthoides** L. · D:Weg-Distel · ⊙ Z7 VI-IX; Eur.* exc. Ib; TR, Cauc.
– **acicularis** Bertol. · D:Benadelte Distel · ⊙ Z7; Eur.: Fr, Ap, Ba; TR, Iraq, Cyprus, Syr., nat. in CH
– *altissimus* L. = Cirsium altissimum
– *benedictus* (L.) Steud. = Cnicus benedictus
– **carduelis** Ten. · D:Stieglitz-Distel · ♃ Z7 VI-IX; Eur.: I, A, Ba; mts.
– **collinus** Waldst. et Kit. · D:Hügel-Distel · ⊙; Eur.: I, EC-Eur., Ba, RO
– **crispus** L. · D:Krause Distel · ⊙ VII-IX; Eur.* exc. BrI; Cauc., nat. in N-Am., Jap., Arg.
– **defloratus** L.
– subsp. **carlinaefolius** Lam. · ; N-Sp., F, CH, I; mts. NE-Sp., Pyr., Alps, Apenn.
– subsp. **defloratus** · D:Berg-Distel; E:Alpine Thistle · ♃ VI-VIII; Eur.: C-Eur., EC-Eur., I, Slove., Croatia, RO; mts.
– subsp. **tridentatus** sensu Heitz ·

D:Eberwurzblättrige Distel, Rätische Distel · ♃ VI-IX
– subsp. **tridentinus** (Evers) Murr · ; Eur.: C-Alp, E-Alp.
– *eriophorus* L. = Cirsium eriophorum
– **hamulosus** Ehrh. · D:Hakige Distel · ⊙; Eur.: EC-Eur., Ba, E-Eur.; TR, Cauc., NW-Iran, nat. in CH, A
– **kerneri** Simonk. · ♃ VII-VIII; Eur.: Ba, Ro, W-Russ.
– **macrocephalus** Desf. · ⊙; Eur.: Ap, Ba; TR, Maroc., Alger., Tun., nat. in CH
– *medius* Schrank = Carduus defloratus subsp. defloratus
– *mollis* L. = Jurinea mollis
– **nutans** L. · D:Nickende Distel; E:Musk Thistle · ⊙ VII-VIII Ⓝ; Eur.*
– **personata** (L.) Jacq. · D:Kletten-Distel · ♃ VII-VIII; Eur.: Fr, Ap, C-Eur., EC-Eur., Ba, RO, W-Russ.; mts.
– **pycnocephalus** L. · D:Knaulköpfige Distel; E:Italian Thistle · ⊙; Eur.: Ib, Fr, Ap, Ba, E-Eur.; TR, Lebanon, Syr, Palaest, Iraq, Cauc., Iran, Afgh., C-As., N-Afr.
– **tenuiflorus** Curtis · D:Dünnköpfige Distel; E:Shore Thistle · ⊙ VI; Eur.: BrI, Fr, Ib, Ap, CH, nat. in Sc
– **thoermeri** Weinm. · ⊙; Eur.: H, Ba, E-Eur., D, CH; TR, Cauc., NW-Afr.
– **vivariensis** Jord. · ⊙; Eur.: Sp., F, I, nat. in CH

Carex L. -f- *Cyperaceae* · c. 2000 sp · D:Segge; E:Sedge; F:Laîche
– **acuta** L. · D:Schlank-Segge; E:Slender-tufted Sedge · ♃ ⁓ Z3 V-VI; Eur.*, TR, Lebanon, Syr., Cauc. ., W-Sib., NW-Afr.
– **acutiformis** Ehrh. · D:Sumpf-Segge; F:Laîche des marais · ♃ ⁓ Z3 VI; Eur.*, Cauc., TR, Iran, Iraq, Afgh., Pakist., W-Sib., E-Sib., C-As., Alger.
– **alba** Scop. · D:Weiße Segge; E:White Sedge · ♃ Z6 IV; Eur.* exc. BrI, Sc; Cauc., W-Sib., E-Sib.
– **appropinquata** Schumach. · D:Schwarzschopf-Segge · ♃ ⁓ V-VI; Eur.* exc. Ib; Cauc., W-Sib., E-Sib.
– **aquatilis** Wahlenb. · D:Wasser-Segge · ♃ ⁓ VI-VII; Eur.: BrI, Sc, D, NL, Russ.; W-Sib., E-Sib.
– **arenaria** L. · D:Sand-Segge; E:Sand Sedge · ♃ Z7 V-X ⚕ Ⓝ; Eur.: Ib, Fr, BrI, Sc, D, PL, Russ., nat. in N-Am.
– **atherodes** Spreng. · D:Grannen-Segge · ♃ ⁓ V-VI; Eur.: FIN, D, PL, Russ.; TR, Cauc., Sib., China, N-Am.
– **atrata** L.
– subsp. **aterrima** (Hoppe) Hartm. · D:Rußgeschwärzte Segge · ♃ Z3 VI-VIII; Eur.: Alp., Sudeten, Ba, Ural, TR, Cauc.
– subsp. **atrata** · D:Schwarze Segge · ♃ Z3 VI-VIII; Eur.*
– **atrofusca** Schkuhr · D:Schwarzrote Segge · ♃ VII-VIII; Eur.: BrI, Sc, Fr, Ap, C-Eur., EC-Eur., RO, N-Russ.; N-Alp., Carp., Ural, N-Am., Greenl.
– **austroalpina** Bech. · D:Südalpine Segge · ♃ V-VI; Eur.: I, CH; S-Alp.
– **baccans** Nees · ♃ ⚘ Z8 Ⓚ; Ind.
– **baldensis** L. · D:Monte Baldo-Segge · ♃ △ Z7 VI-VII ▽; Eur.: I, CH, D, A; Alp.
– **bebbii** Olney ex Britton · ♃; Alaska, USA: NE, NEC, NC, Rocky Mts., NW
– × **beckmanniana** Figert (*C. riparia* × *C. rostrata*) · D:Beckmanns Bastard-Segge · ♃ ⁓ ; Eur.: CH, D, PL
– **bicolor** All. · D:Zweifarbige Segge · ♃ ⁓ VII; Eur.* exc. BrI, Ib; W-Sib., E-Sib., Mong., Greenl.
– **bigelowii** Torr. ex Schwein. · D:Starre Segge · ♃ ⁓ VI-VII; Alaska, Can., USA: NE, Rocky Mts.; Eur.: BrI, Sc, Fr, C-Eur., EC-Eur., E-Eur., ?Ba
– **binervis** Sm. · D:Zweinervige Segge · ♃ V-VI; Eur.: Sc, BrI, Fr, D, Ib; NW-Afr.
– **bohemica** Schreb. · D:Zypergras-Segge · ♃ ⁓ VI-IX; Eur.* exc. BrI; Cauc., W-Sib., E-Sib., C-As., Manch., Jap.
– **brachystachys** Schrank · D:Kurzährige Segge · ♃ VI-VIII; Eur.: Sp., F, I, C-Eur., EC-Eur., Croatia, Bosn., Serb., RO, mts.
– **brizoides** L. · D:Seegras-Segge, Zittergras-Segge · ♃ V-VI; Eur.* exc. BrI, Sc
– **brunnea** Thunb. · ♃ Z8 Ⓦ Ⓚ ▭; Him., Ind., Sri Lanka, Malay. Arch., Mascarene Is., Austr.
– **'Variegata'**
– **brunnescens** (Pers.) Poir. · D:Bräunliche Segge · ♃ VII; Eur.* exc. BrI, Ib; W-Sib., E-Sib., C-As., N-Jap., N-Am.
– **buchananii** Berggr. · D:Fuchsrote Segge; E:Leatherleaf Sedge; F:Laîche de Buchanan · ♃ △ Z7; NZ
– **buekii** Wimm. · D:Banater Segge · ♃ V; Eur.: C-Eur., EC-Eur., Ba, E-Eur., ? I; Cauc.
– **buxbaumii** Wahlenb. · D:Buxbaums Segge · ♃ ⁓ V-VI; Eur.* exc. Ib; W-Sib., E-Sib., C-As.
– **canescens** L. · D:Graue Segge; F:Laîche

blanchâtre · ♃ ~ V-VI; Eur.*, TR, Cauc., W-Sib., E-Sib., Amur, Sachal., Kamchat., C-As., Manch., Korea, Jap., N-Am.
- **capillaris** L. · D:Haarstielige Segge · ♃ V-VII; Eur.*, TR, C-As., E-Sib., N-Am.
- **capitata** L. · D:Kopf-Segge · ♃ ~ V-VI; Eur.: Sc, Russ., A, I; N, E-Alp.; W-Sib., E-Sib., Amur, N-Am.
- **caryophyllea** Latourr. · D:Frühlings-Segge; E:Spring Sedge · ♃ Z7 IV; Eur.*, TR, Cauc., W-Sib., C-As.
- **cespitosa** L. · D:Rasen-Segge · ♃ ~ V-VI; Eur.* exc. BrI, Ib; Cauc., W-Sib., E-Sib., C-As.
- **chordorrhiza** L. f. · D:Strick-Segge · ♃ ~ V-VI; Eur.: BrI, Sc, Fr, C-Eur., EC-Eur., E-Eur.; W-Sib., E-Sib., Amur, Sachal., Kamchat.
- **comans** Berggr. · ♃ Z7 ∧; NZ
- **conica** Boott · ♃ Z7 IV-VI; Jap.
- **crawfordii** Fernald · D:Crawfords Segge · ♃; N-Am., nat. in BrI, NL
- *cuprina* Nendtv. = Carex otrubae
- *curta* Good = Carex canescens
- **curvula** All. · D:Krumm-Segge · ♃ △ VII-VIII; Eur.: Sp., F, I, CH, A, Ba, RO, W-Russ.; mts.
- **davalliana** Sm. · D:Davalls-Segge · ♃ ~ V-VI; Eur.* exc. BrI, Sc; TR
- **demissa** Hornem. · D:Grün-Segge · ♃ V-VII; Eur.* exc. Ap, Ba; Can.: E; Tasm., NZ
- **depauperata** Curtis ex With. · D:Armblütige Segge · ♃ IV-V; Eur.: Ib, Fr, Ap, Ba, BrI, CH, RO, Krim; Cauc.
- **depressa** Link
  - subsp. **transsilvanica** (Schur) T.V. Egorova · D:Siebenbürger Segge · ♃ IV-V; Eur.: Carp., SE-Eur.; TR, Cauc., N-Iran
- **diandra** Schrank · D:Draht-Segge · ♃ ~ V-VI; Eur.* exc. Ib; TR, Cauc., W-Sib., E-Sib., C-As., N-Am.
- **digitata** L. · D:Finger-Segge; E:Fingered Sedge; F:Laîche digitée · ♃ Z6 V; Eur.*, Cauc., W-Sib.
- **dioica** L. · D:Zweihäusige Segge · ♃ ~ V-VI; Eur.*, W-Sib., E-Sib.
- **distans** L. · D:Entferntährige Segge · ♃ ~ VI-VII; Eur.*, TR, Iraq, Cyprus, Syr., Arab., N-Afr.
- **disticha** Huds. · D:Zweizeilige Segge · ♃ ~ V-VI; Eur.*, Cauc., W-Sib., E-Sib., C-As.
- **divisa** Huds. · D:Geteilte Segge · ♃ ~ IV-VI; Eur.: BrI, Ib, Fr, Ap, C-Eur., EC-Eur., Ba, RO, Krim; TR, Cauc., N-Afr., nat. in N-Am., S-Afr., NZ
- **divulsa** Stokes · D:Unterbrochenährige Segge · ♃ V-VIII; Eur.*, TR, Lebanon, Syr., Cauc., N-Iran, C-As., N-Afr.
- **echinata** Murray · D:Igel-Segge · ♃ ~ V-VI; Az., Eur.* , Maroc., TR, W-As., Cauc., W-Sib., Kamchat., Sachal., China, Korea, Jap., Malaysia, Austr., NZ, N-Am., Santo Domingo
- **elata** All. · D:Steife Segge; E:Tufted Sedge; F:Laîche élevée · ♃ ~ Z6 IV-V; Eur.*, TR, Cauc., NW-Iran, Alger.
- *elegantissima* hort. = Carex brunnea 'Variegata'
- **elongata** L. · D:Langährige Segge, Walzen-Segge · ♃ ~ V-VI; Eur.* exc. Ib; Cauc., W-Sib., E-Sib.
- × **elytroides** Fr. (*C. acuta* × *C. nigra*) · D:Bastard-Segge · ♃ ~ ; Eur.: BrI, Sc, D, N-Russ. +
- **ericetorum** Pollich · D:Heide-Segge; E:Heath Sedge · ♃ ⤳ IV-V; Eur.*, Cauc., W-Sib., E-Sib., C-As.
- **extensa** Good · D:Strand-Segge · ♃ ~ VII-VIII; Eur.*, TR, Cyprus, Cauc., Egypt
- **ferruginea** Scop. · D:Rost-Segge · ♃ VI-IX; Eur.: Sp., F, I, C-Eur., Ba, RO; mts.
- **fimbriata** Schkuhr · D:Gefranste Segge · ♃ VII-VIII; Eur.: F, I, CH, Alp.
- **firma** Host · D:Polster-Segge; E:Dwarf Pillow Sedge · ♃ △ VI-VIII; Eur.: F, I, C-Eur., EC-Eur., Slove., Croatia, RO, W-Russ.; Alp., Apenn., Carp.
- **flacca** Schreb. · D:Blaugrüne Segge; E:Blue-green Sedge; F:Laîche glauque · ♃ Z5 V-VII; Eur.*, TR, N-Iraq, Syr., Cyprus, Cauc., Iran, Pakist., N-Afr.
- **flava** L.
  - var. **alpina** Kneuck. · D:Alpen-Gelb-Segge · ♃ ~ VII; Eur.: Sp., F, Corse, C-Eur., ? W-Ba; Sierra Nevada, Alp., Corse ; TR
  - var. **flava** · D:Gelb-Segge; E:Yellow Sedge · ♃ ~ V-VII; Eur.*, TR, Cauc., Iran, Him.. NW-Afr., Alaska, Can., USA: NE, NCE, NC, Rocky Mts.
- **foetida** All. · D:Schneetälchen-Segge · ♃ VII-VIII; Eur.: Sp., F, I, CH, A; Pyr., Alp.
- **fraseri** Andrews · ♃ Z7 V-VII; USA: NE, NCE
- **frigida** All. · D:Eis-Segge · ♃ VI-VIII; Eur.: Sp., F, Ap, C-Eur., Slove.; mts.
- **fritschii** Waisb. · D:Fritschs Segge · ♃ IV-VI; Eur.: F, I, C-Eur., EC-Eur., Slove.

- **fuliginosa** Schkuhr · D:Ruß-Segge · ♃ VI-VIII; Eur.* exc. BrI, Sc; Cauc., W-Sib.. E-Sib., Greenl., N-Can.
- *glauca* Scop. = Carex flacca
- *gracilis* Curtis = Carex acuta
- **grayi** Carey · D:Morgenstern-Segge; E:Mace Sedge · ♃ ~ Z7 VI; Can.: E; USA; NE, NCE, SE
- **guestphalica** (Boenn. ex Rchb.) Boenn. ex O. Lang · D:Leers Segge, Westfälische Segge · ♃ V-VIII; Eur.* exc. Ib; TR, Cauc., W-Sib., C-As, N-Iran, Kashmir, Mong.
- **hachijoensis** Akiyama · ♃; Jap.
- **halleriana** Asso · D:Grundstielige Segge, Hallers Segge · ♃ IV-V; Eur.: Ib, Fr, Ap, C-Eur., EC-Eur., Ba, RO, Krim; TR, Cauc., Afgh., Him.
- **hartmanii** Cajander · D:Hartmans Segge · ♃ ~ V-VI; Eur.* exc. BrI, Ib; Cauc., W-Sib., E-Sib., C-As., e. N-Am.
- **heleonastes** L. f. · D:Torf-Segge · ♃ ~ V-VI; Eur.* exc. Ib, BrI; Cauc., W-Sib., E-Sib.
- **hirta** L. · D:Behaarte Segge; F:Laîche hérissée · ♃ ~ V-VI; Eur.*, TR, Cauc., N-Am.
- **hordeistichos** Vill. · D:Gersten-Segge · ♃ VI; Eur.: Ib, Fr, C-Eur., Ba, EC-Eur., ? Corse; TR, Cauc., Iran, ? Afgh., Pakist., NW-Afr.
- **hostiana** DC. · D:Saum-Segge · ♃ ~ VI-VII; Eur.* , Cauc., Iran , Can.: E, Greenl.
- *hudsonii* A.W. Benn. = Carex elata
- **humilis** Leyss. · D:Erd-Segge; E:Dwarf Sedge; F:Laîche humble · ♃ Z4 IV; Eur.* exc. Sc; TR, Cauc., W-Sib.
- × **involuta** (Bab.) Syme (*C. rostrata* × *C. vesicaria*) · D:Bastard-Blasen-Segge · ♃ ~
- *japonica* hort. = Carex morrowii
- **jemtlandica** (Palmgr.) Palmgr. · ♃; Eur.: Sc, N-Russ., Balt., ? CH
- **juncella** Fr. · D:Binsenartige Segge · ♃ V-VI; N-Eur.
- **lachenalii** Schkuhr · D:Lachenals Segge · ♃ VII-VIII; Eur.*, N-As., N-Am., NZ
- **laevigata** Sm. · D:Glatte Segge · ♃ IV-V; Eur.: Ib, Fr, Corse, BrI, D
- **lasiocarpa** Ehrh. · D:Faden-Segge · ♃ ~ VI-VII; Eur.*, Cauc., W-Sib., E-Sib., Amur, Sachal., Kamchat., C-As., Mong.
- *leersiana* Rauschert = Carex guestphalica
- **lepidocarpa** Tausch · D:Schuppenfrüchtige Gelb-Segge · ♃ ~ VI-VII; Eur.* , Maroc., e. N-Am.
- *leporina* auct. non L.. = Carex ovalis
- **ligerica** J. Gay · D:Französische Segge · ♃ IV-V; Eur.: Sc, Fr, D, EC-Eur., Ba, E-Eur.; TR, Cauc., W-Sib.
- **limosa** L. · D:Schlamm-Segge · ♃ ~ VI-VII; Eur.*, TR, Cauc., W-Sib., E-Sib., Amur, Sachal., Kamchat., Mong., Manch., N-Am.
- **liparocarpos** Gaudin · D:Glanz-Segge · ♃ IV-V; Eur.* exc. BrI, Sc; TR, Cauc., N-Iran
- **loliacea** L. · D:Lolchartige Segge · ♃ ~ ; Eur.: Sc, PL, E-Eur.; W-Sib., E-Sib., Amur, Sachal., Kamchat., C-As., Manch., Korea, N-Jap.
- **maritima** Gunnerus · D:Binsenblättrige Segge · ♃ VII-VIII; Eur.: BrI, Sc, Balt., F, I, Ch, A, ? Sp.; N, Alp.; Sib., N-Am.
- *maxima* Scop. = Carex pendula
- **melanostachya** M. Bieb. ex Willd. · D:Schwarzährige Segge · ♃ ~ V-VI; Eur.* exc. BrI, Sc; TR, Iraq, Cauc., Iran, Afgh., W-Sib., C-As.
- **michelii** Host · D:Michelis Segge · ♃ IV-V; Eur.: I, A, EC-Eur., Ba, E-Eur.; Cauc., nat. in ? F
- **microglochin** Wahlenb. · D:Kleingrannige Segge · ♃ ~ V-VII; Eur.: BrI, Sc, N-Russ., Fr, Ap, C-Eur., ? Balt.; TR, Cauc., W-Sib., E-Sib.
- × **microstachya** Ehrh. (*C. canescens* × *C. dioica*) · D:Kleinährige Bastard-Segge · ♃ ~ ; Eur.: D, PL, Alp.
- **montana** L. · D:Berg-Segge; E:Mountain Sedge; F:Laîche des montagnes · ♃ △ Z6 III-V; Eur.*, Cauc., W-Sib.
- **morrowii** Boott · D:Japan-Segge; E:Goldband Carex · ♃ Z7; Jap.
  - **in Sorten**
- **mucronata** All. · D:Stachelspitzige Segge · ♃ V-VIII; Eur.: F, Ap, C-Eur., Slove., Croatia., ? RO; Alp., Apenn.; ? Cauc.
- **muricata** L. · D:Sparrige Segge · ♃; Eur.*, TR, Cauc., N-Am.
- **muskingumensis** Schwein. · ♃ Z7; Can.: E; USA: NE, NCE, NC
- **nigra** (L.) Reichard · D:Braun-Segge, Wiesen-Segge; F:Laîche sombre · ♃ ~ Z5 V-VI; Eur.*, TR, W-Sib.
- **norvegica** Retz. · D:Norwegische Segge · ♃ VII-VIII; Eur.: BrI, Sc, Russ., C-Eur., I, ? F; Greenl.
- **obtusata** Lilj. · D:Stumpfe Segge · ♃ IV-V; Eur.: D, Sweden, Russ.; Cauc., W-Sib., E-Sib., Amur, C-As., w N-Am.

– × **oenensis** A. Neumann ex B. Walln. (*C. acuta* × *C. randalpina*) · D:Bastard-Inn-Segge · ♃ V; C-Eur.
– **ornithopoda** Willd. · D:Vogelfuß-Segge; E:Birds Foot Sedge; F:Laîche pied-d'oiseau · ♃ △ Z6 V-VI; Eur.*
– **ornithopodioides** Hausm. · D:Vogelfußähnliche Segge · ♃ VII-VIII; Eur.: Pyr., Alp., ? Ba mts.
– **otrubae** Podp. · D:Hain-Segge · ♃ ~ V-VII; Macaron., Eur.*, N-Afr., W-As., Him., C-As.
– **ovalis** Good · D:Hasenfuß-Segge · ♃ VI-VII; Eur.*, TR, Cauc., W-Sib., E-Sib., nat. in N-Am.
– **pairae** F.W. Schultz · D:Pairas Segge · ♃ V-VIII; Eur.*, TR, Cauc., W-Sib., E-Sib., N-Afr., Madeira, nat. in N-Am.
– **paleacea** Schreb. ex Wahlenb. · ♃; Eur.: Sc, N.Russ.; Can., Greenl.
– **pallescens** L. · D:Bleiche Segge · ♃ V-VII; Eur.*, TR, Syr., Cauc., N-Iran, W-Sib., E-Sib., Amur, C-As, w N-Am.
– **panicea** L. · D:Hirse-Segge · ♃ ~ V-VI; Eur.*, TR, Iraq, Cauc., Iran, W-Sib., E-Sib., Amur, C-As
– **paniculata** L. · D:Rispen-Segge; F:Laîche paniculée · ♃ ~ Z6 V-VI; Eur.*, Cauc.
– **parviflora** Host · D:Kleinblütige Segge · ♃ VII-VIII; Eur.* exc. BrI, Sc +; mts.
– **pauciflora** Lightf. · D:Armblütige Segge · ♃ ~ V-VII; Eur.* exc. Ib; W-Sib., E-Sib., Amur, Sachal., Kamchat., C-As, N-Am.
– **paupercula** Michx. · D:Riesel-Segge · ♃ ~ VI-VIII; Eur.* exc. Ib, Ba; TR, Cauc., Sib., Mong., E-As., N-Am.
– **pediformis** C.A. Mey. · D:Dickwurzel-Segge · ♃ V-VII; Eur.: Sc, EC-Eur., E-Eur., A
– **pendula** Huds. · D:Hänge-Segge, Riesen-Segge; E:Drooping Sedge, Pendulous Sedge; F:Laîche géante, Laîche pendante · ♃ ~ Z6 VI; Eur.*, Cauc., N-Iran
– × **peraffinis** Appel (*C. cespitosa* × *C. nigra*) · D:Bastard-Rasen-Segge · ♃ ~ ; Eur.: D, PL
– **petriei** Cheeseman · ♃ ∧ VII-X; NZ
– **pilosa** Scop. · D:Wimper-Segge · ♃ V-VI; Eur.: Fr, Ap, C-Eur., EC-Eur., Ba, E-Eur.
– **pilulifera** L. · D:Pillen-Segge · ♃ V-VI; Eur.*
– **plantaginea** Lam. · E:Plantain Leaved Sedge; F:Laîche à feuilles de plantain · ♃ Z7 V-VI; Can.: E; USA; NE, NCE, SE
– *praecox* Jacq. = Carex caryophyllea
– **praecox** Schreb.
  – subsp. **intermedia** (Čelak.) W. Schultze-Motel · D:Gekrümmte Segge, Gekrümmte Frühe Segge · ♃ V-VI; Eur.: B, F(Alsace), D, PL, CZ, Slova., A, RO
  – subsp. **praecox** · D:Frühe Segge · ♃ IV-VI; Eur.* exc. BrI, Sc; Cauc., W-Sib., E-Sib., C-As., nat. in FIN
– **pseudobrizoides** Clavaud · D:Reichenbachs Segge · ♃ IV-VI; Eur.: Fr, D, PL, CZ
– **pseudocyperus** L. · D:Scheinzypergras-Segge; E:Cyperus Sedge; F:Laîche faux-souchet · ♃ ~ VI; Eur.*, TR, Syr., Cauc., N-Iran, W-Sib., E-Sib., C-As., Mong., NW-Afr., Can., USA: NE, NCE, NC; NZ
– **pulicaris** L. · D:Floh-Segge · ♃ ~ V-VI; Eur.*
– **punctata** Gaudin · D:Punktierte Segge · ♃ V-VII; Eur.* exc. EC-Eur.; TR
– **randalpina** B. Walln. · D:Inn-Segge · ♃; Eur.: A, D
– **remota** L. · D:Winkel-Segge · ♃ ~ VI-VII; Eur.*, Cauc., N-Iran, Alger.
– **repens** Bellardi · D:Kriech-Segge · ♃ V-VI; Eur.: I, D, A, EC-Eur., RO, ? F
– **riparia** Curtis · D:Ufer-Segge; E:Pond Sedge; F:Laîche des rives · ♃ ~ Z6 VI; Eur.*, Cauc., TR, Iran, W-Sib., E-Sib., C-As.
– **rostrata** Stokes · D:Schnabel-Segge · ♃ ~ VI; Eur.*, TR, Cauc., N-Iran, W-Sib., E-Sib., Amur, Sachal., Kamchat., C-As., N-Am.
– **rupestris** All. · D:Felsen-Segge · ♃ VI-VII; Eur.*, Cauc., W-Sib., E-Sib., ? Amur, Mong., N-Am.
– *ruthenica* Krecz. = Carex caryophyllea
– *scabricuspis* Krecz. = Carex caryophyllea
– **scaposa** C.B. Clarke · ♃ Z8 ⓦ IX-XI; S-China, Indochina
– **secalina** Wahlenb. · D:Roggen-Segge · ♃ ~ VI; Eur.: C-Eur., EC-Eur., E-Eur.; Cauc., W-Sib., E-Sib., C-As.
– **sempervirens** Vill. · D:Horst-Segge, Immergrüne Segge · ♃ VI-VIII; Eur.* exc. BrI, Sc
– **serotina** Mérat · ♃ ~ ; Eur.*, Azor., Madeira, Maroc., Iran, Sib., NZ
– **siderosticha** Hance · ♃ Z7 IV-V; Amur, China, Manch., Korea, Jap.
– **spicata** Huds. · D:Dichtährige Segge · ♃ V-VIII; Eur.*, TR, Cauc., N-Iran, W-Sib., Canar., N-Afr., nat. in N-Am.

– **stenophylla** Wahlenb. · D:Schmalblatt-Segge · ♃ IV-VIII; Eur.: I, A, W-Ba, EC-Eur., ? Sp.; TR, Cauc., Iran, Afgh., C-As., Kashmir, Mong.
– *stricta* Good = Carex elata
– **strigosa** Huds. · D:Dünnährige Segge · ♃ VI-VII; Eur.*, Cauc., N-Iran
– **supina** Wahlenb. · D:Steppen-Segge · ♃ IV-V; Eur.: I, C-Eur., EC-Eur., Croatia, E-Eur.; Cauc., W-Sib., C-As.
– **sylvatica** Huds. · D:Wald-Segge; E:Wood Sedge; F:Laîche des bois · ♃ Z6 VI; Eur.*, Cauc., W-Sib.
– **tomentosa** L. · D:Filz-Segge · ♃ V-VI; Eur.*, Cauc., W-Sib., E-Sib., C-As.
– **trinervis** Degl. · D:Dreinervige Segge · ♃ VI-VII; Eur.: Fr, D, DK, PL, ? Sp.; coasts
– × **turfosa** Fr. (*C. elata* × *C. nigra*) · D:Bastard-Steif-Segge · ♃ ~ ; Eur.
– **umbrosa** Host · D:Schatten-Segge; F:Laîche des ombrages · ♃ Z6 V; Eur.* exc. BrI, Sc; TR, Cauc.
– **vaginata** Tausch · D:Scheiden-Segge · ♃ VI-VII; Eur.* exc. Ap, Ba; Cauc., W-Sib., E-Sib.
– **vesicaria** L. · D:Blasen-Segge · ♃ ~ VI; Eur.*, Cauc., W-Sib., E-Sib., C-As., N-Afr., N-Am.
– **viridula** Michx.
  – subsp. **pulchella** (Lönnr.) B. Schmid · D:Küsten-Gelb-Segge · ♃ ~ ; N-Am.
  – subsp. **viridula** · D:Oeders Segge, Skandinavische Segge, Späte Gelb-Segge · ♃ ~ V-IX; N-Am., Kamchat., Sachal., Jap.
– **vulpina** L. · D:Fuchs-Segge; E:Fox Sedge · ♃ ~ Z7 V-VI; Eur.*, Cauc., W-Sib., E-Sib., C-As.
– **vulpinoidea** Michx. · D:Fuchsartige Segge · ♃ ~ V-VI; N-Am., nat. in Eur.: BrI, Fr, CH, EC-Eur.; TR

Carica L. -f- *Caricaceae* · 23 sp · D:Melonenbaum, Papaya; E:Pawpaw; F:Arbre-aux-melons, Papayer
– *candamarcensis* hort. ex Hook. = Carica pubescens
– × **heilbornii** V.M. Badillo (*C. pubescens* × *C. stipulata*) · ₺; Ecuad.
  – var. *pentagona* (Heilborn) V.M. Badillo = Carica pentagona
– **papaya** L. · D:Melonenbaum, Papaya; E:Papaya · ₺ e Ⓦ ⚕ Ⓝ; S-Am., nat. in S-Fla., Mex., C-Am., W.Ind., trop. Afr., trop. As,
– **pentagona** Heilborn · D:Babaco; E:Babaco · ₺ Ⓦ Ⓝ; S-Am.; ? And.
– **pubescens** (A. DC.) Solms · D:Berg-Papaya; E:Mountain Papaya · ₺ e Ⓦ Ⓝ; Panama, Col., Ecuad., Chile; And.

Carissa L. -f- *Apocynaceae* · 37 sp · D:Wachsbaum; E:Natal Plum; F:Arbre-à-cire, Carisse
– *acokanthera* Pichon = Acokanthera oppositifolia
– *arduina* Lam. = Carissa bispinosa
– **bispinosa** (L.) Desf. ex Brenan · D:Dorniger Wachsbaum; E:Hedgethorn · ♄ e Z10 Ⓚ; S-Afr.
– **carandas** L. · D:Karanda-Wachsbaum; E:Karanda · ₺ ♄ e Z10 Ⓦ Ⓝ; Ind., Malay. Arch.
– **edulis** Vahl · D:Karanda-Pflaume; E:Carandas Plum · ♄ e Z10 Ⓦ; trop. Afr., Arab.
– *grandiflora* (E. Mayer) A. DC. = Carissa macrocarpa
– **macrocarpa** (Eckl.) A. DC. · D:Natal-Pflaume; E:Natal Plum · ♄ e Z10 Ⓚ Ⓝ; S-Afr.
– *schimperi* A. DC. = Acokanthera schimperi
– *spectabilis* (Sond.) Pichon = Acokanthera oblongifolia

Carlina L. -f- *Asteraceae (Compositae)* · 28 sp · D:Eberwurz, Silberdistel, Wetterdistel; E:Carline Thistle; F:Carline
– **acanthifolia** All. · D:Acanthusblättrige Eberwurz; F:Carline à feuilles d'acanthe, Chardon-soleil · ♃ △ Z7 ∧ VII-IX; Eur.: Ib, Fr, Ap, Ba, PL, EC-Eur.
– **acaulis** L. · D:Silberdistel
  – subsp. **acaulis** · D:Große Eberwurz, Stängellose Silberdistel; E:Stemless Carline Thistle; F:Carline à tige courte · ♃ Z4 VII-IX ⚕ ▽; Eur.* exc. BrI, Sc
    – *'Caulescens'* = Carlina acaulis subsp. caulescens
  – subsp. **caulescens** (Lam.) Schübl. et G. Martens · D:Krausblättrige Silberdistel; F:Carline argentée · ♃ △ Z4 VII-IX ▽; Eur.* exc. BrI, Sc
  – subsp. *simplex* (Waldst. et Kit.) Nyman = Carlina acaulis subsp. caulescens
  – var. *alpina* (Jacq.) Beck = Carlina acaulis subsp. caulescens
– **biebersteinii** Bernh. ex Hornem.
  – subsp. **biebersteinii** · D:Steife Golddistel · ⊙ VII-IX; Eur.: Sc, C-Eur., EC-Eur., E-

Eur.; Sib., TR
– subsp. **brevibracteata** (Andrae) Werner · D:Mittlere Golddistel · ⊙ VII-IX
– *caulescens* Lam. = Carlina acaulis subsp. caulescens
– *utzka* Hacq. = Carlina acanthifolia
– **vulgaris** L. · D:Gewöhnliche Golddistel, Kleine Eberwurz; E:Common Carline Thistle · ⊙ ♃ VII-IX Ⓝ; Eur.*, TR, Cauc., N-Iran

Carlostephania Bubani = Circaea

Carludovica Ruiz et Pav. -f- *Cyclanthaceae* · 3 sp · D:Carludovike, Panamapalme; F:Palmier du Panama
– *atrovirens* H. Wendl. = Dicranopygium atrovirens
– **humilis** Poepp. et Endl. · ♄ e Z10 Ⓦ; Col.
– **latifolia** Ruiz et Pav. · ♄ e Z10 Ⓦ; W.Ind.
– **moritziana** Klotzsch · ♄ e Z10 Ⓚ; Col.
– **palmata** Ruiz et Pav. · D:Panamahutpalme, Panamapalme; E:Panama Hat Plant · ♄ e Z10 Ⓦ Ⓝ; trop. S-Am., nat. in W.Ind., E-Afr., Pacific Is.
– **plicata** Klotzsch · ♄ e Z10 Ⓦ; Col., Bras.

Carmichaelia R. Br. -f- *Fabaceae (Leguminosae)* · 40 sp · D:Rutenblume; F:Carmichaelia
– **arborea** (G. Forst.) Druce · ♄ Z8 Ⓚ VI-VII; NZ
– *australis* auct. non R. Br. ex Lindl. = Carmichaelia arborea
– **enysii** Kirk · ♄ Z8 Ⓚ VI-VIII; NZ
– **flagelliformis** Colenso ex Hook. f. · ♃ ♄ Z8 Ⓚ VI; NZ
– **monroi** Hook. f. · ♄ Z8 Ⓚ; NZ
– **orbiculata** Colenso · ♄ Z8 Ⓚ; NZ
– **petriei** Kirk · ♄ Z8 Ⓚ; NZ
– **rivulata** G. Simpson · ♄ Z8 Ⓚ; NZ
– **williamsii** Kirk · ♄ Z8 Ⓦ III-IV; NZ

Carmona Cav. -f- *Boraginaceae* · 1 sp
– *heterophylla* Cav. = Carmona retusa
– *microphylla* (Lam.) G. Don = Carmona retusa
– **retusa** (Vahl) Masam. · ♄ Ⓦ; Ind., Malay. Arch, Phil., Taiwan

Carnegiea Britton et Rose -f- *Cactaceae* · 1 sp · D:Riesenkaktus, Saguaro; E:Saguaro; F:Sagaro
– *euphorbioides* (Haw.) Backeb. = Neobuxbaumia euphorbioides
– **gigantea** (Engelm.) Britton et Rose · D:Riesenkaktus, Saguaro; E:Giant Cactus, Saguaro · ♄ Ψ Z9 Ⓚ Ⓝ ▽ *; USA: S-Calif., Ariz.; Mex.
– *polylopha* (DC.) D.R. Hunt = Neobuxbaumia polylopha

Carolinea L. = Pachira
– *insignis* Sw. = Pachira insignis
– *macrocarpa* Cham. et Schltdl. = Pachira aquatica

Carpanthea N.E. Br. -f- *Aizoaceae* · 1 sp
– **pomeridiana** (L.) N.E. Br. · ⊙ Ψ VI-IX; Kap

Carpenteria Torr. -f- *Hydrangeaceae* · 1 sp · D:Baumanemone; E:Tree Anemone
– **californica** Torr. · D:Baumanemone; E:Tree Anemone · ♄ e Z8 Ⓚ VI-VII; Calif.

Carpesium L. -n- *Asteraceae (Compositae)* · 20-25 sp · D:Kragenblume; F:Carpésium
– **cernuum** L. · D:Nickende Kragenblume · ⊙ VII-IX; Eur.* exc. BrI, Sc; TR, Cauc., N-Iran, Him., China, Jap.

Carpinus L. -f- *Betulaceae* · 41 sp · D:Hainbuche; E:Hornbeam; F:Charme
– **betulus** L. · D:Gewöhnliche Hainbuche, Weißbuche; E:Common Hornbeam, European Hornbeam; F:Charme commun, Charmille · ♄ d ☘ Z5 IV-VI Ⓝ; Eur.*, Cauc., TR, Iran
– **in Sorten**
– **caroliniana** Walter · D:Amerikanische Hainbuche; E:American Hornbeam · ♄ ♄ d ☘ Z5 Ⓝ; Can.: E; USA: NE, NCE, SE, SC; Mex., Guat., Belize
– *caucasica* Grossh. = Carpinus betulus
– **cordata** Blume · D:Herzblättrige Hainbuche · ♄ d ☘ Z5; Jap., Korea, China
– **japonica** Blume · D:Japanische Hainbuche; E:Japanese Hornbeam · ♄ d Z5; Japan
– **laxiflora** (Siebold et Zucc.) Blume · ♄ d Z5; Japan, Korea
– **orientalis** Mill. · D:Orientalische Hainbuche; E:Oriental Hornbeam · ♄ ♄ d ☘ Z6; Eur.: Ap, Ba, H, RO, Krim; TR, Cauc., N-Iran
– **polyneura** Franch. · ♄ d; W-China: Sichuan, Hupeh
– **tschonoskii** Maxim. · D:Tschonoskis Hainbuche · ♄ d ☘ Z5; Jap., Korea, N-China

– *yedoensis* Maxim. = Carpinus tschonoskii

Carpobrotus N.E. Br. -m- *Aizoaceae* · 30 sp · D:Hottentottenfeige; E:Hottentot-Fig; F:Figue des Hottentots
– **acinaciformis** (L.) L. Bolus · ♃ ♆ Z9 ⓚ VII-XI; S-Afr.: Kap, Natal; Austr., Tasman.
– **edulis** (L.) N.E. Br. · D:Hottentottenfeige; E:Hottentot Fig · ♃ ♆ Z8 ⓚ Ⓝ; Kap
– **muirii** (L. Bolus) L. Bolus · ♃ ♆ Z9 ⓚ; Kap

Carpogymnia (H.P. Fuchs ex Janch.) Á. Löve et D. Löve = Gymnocarpium
– *dryopteris* (L.) Á. Löve et D. Löve = Gymnocarpium dryopteris
– *robertiana* (Hoffm.) Á. Löve et D. Löve = Gymnocarpium robertianum

Carruanthus (Schwantes) Schwantes -m- *Aizoaceae* · 2 sp
– *caninus* (Haw.) Schwantes = Carruanthus ringens
– **peersii** L. Bolus · ♃ ♆ Z9 ⓚ; Kap
– **ringens** (L.) Boom · ♃ ♆ Z9 ⓚ; Kap

Carthamus L. -m- *Asteraceae (Compositae)* · -20 sp · D:Saflor; E:Safflower; F:Carthame, Safran bâtard
– **lanatus** L. · D:Wolliger Saflor; E:Distaff Thistle · ⊙ VI-VII; Eur.: Ba, Ib, EC-Eur., Fr, Ap, E-Eur., Ba, CH; Iraq, Cauc., Iran, C-As., N-Afr.
– **tinctorius** L. · D:Färber-Distel, Färber-Saflor; E:Dyer's Saffron, Fake Saffron · ⊙ VII ⚕ ☠ Ⓝ; W-As., cult. S-Eur., Ind., Calif, nat. in C-Eur., S-Eur.

Carum L. -n- *Apiaceae (Umbelliferae)* · c. 30 sp · D:Kümmel; E:Caraway; F:Cumin
– **carvi** L. · D:Wiesen-Kümmel; E:Caraway · ⊙ Z3 V-VI ⚕ Ⓝ; Eur.* exc. BrI; TR, Cauc., N-Iran, W-Sib., E-Sib., Kamchat., C-As., Mong., Afgh., Him. China, NW-Afr., nat. in N-Am., NZ
– *copticum* (L.) Benth. et Hook. f. = Trachyspermum ammi
– *petroselini* (L.) Benth. et Hook. = Petroselinum crispum
– **verticillatum** (L.) Koch · D:Quirlblättriger Kümmel · ♃ VII-VIII; Eur.: BrI, Fr, Ib

Carya Nutt. -f- *Juglandaceae* · c. 20 sp · D:Hickorynuss; E:Hickory, Pecan; F:Noyer d'Amérique
– *alba* (L.) Nutt. = Carya ovata
– *alba* K. Koch = Carya tomentosa
– *amara* (F. Michx.) Nutt. = Carya cordiformis
– **cordiformis** (Wangenh.) K. Koch · D:Bittere Hickorynuss, Bitternuss; E:Bitternut Hickory, Swamp Hickory · ₺ d Z6 Ⓝ; Can.: E; USA: NE, NCE, NC, SC, SE, Fla.
– **glabra** (Mill.) Sweet · D:Ferkelnuss; E:Pignut · ₺ d Z6 Ⓝ; Ont., USA: NE, NCE, SC, SE, Fla.
– **illinoinensis** (Wangenh.) K. Koch · D:Pekannuss; E:Pecan · ₺ d Z6 Ⓝ; USA: NCE, Ky.
– **laciniosa** (F. Michx.) Loudon · D:Königsnuss; E:Shellbark Hickory · ₺ d Z6 Ⓝ; Ont., USA: NE, NCE, NC, Okla., SE
– *microcarpa* Nutt. = Carya ovalis
– **myristiciformis** (F. Michx.) Nutt. · D:Muskat-Hickorynuss; E:Nutmeg Hickory · ₺ d Z9 ⓚ; USA: SE, SC.; Mex.: Nuevo Leon
– *olivaeformis* Nutt. = Carya illinoinensis
– **ovalis** (Wangenh.) Sarg. · D:Rote Hickorynuss; E:Red Hickory · ₺ d Z6 Ⓝ; Can.: Ont.; USA: NE, NCE, SE
– **ovata** (Mill.) K. Koch · D:Schuppenrinden-Hickorynuss; E:Shagbark Hickory · ₺ d Z6 Ⓝ; Can.: E; USA: NE, NCE, NC, SC, SE; Mex.
– *pecan* (Marsh) Engl. et Graebn. = Carya illinoinensis
– *porcina* (F. Michx.) Nutt. = Carya glabra
– *pubescens* (Willd.) Sweet = Carya laciniosa
– *sulcata* Nutt. = Carya laciniosa
– **tomentosa** (Lam. ex Poir.) Nutt. · D:Spottnuss; E:Big Bud Hickory, Mockernut · ₺ d Z6 Ⓝ; Ont., USA: NE, NCE, NC, SC, SE, Fla.

Caryocar L. -n- *Caryocaraceae* · 15 sp
– **brasiliense** Cambess. · ₺ Z10 ⓦ Ⓝ; Bras., Parag., Bol.
– **nuciferum** L. · D:Souarinuss; E:Butternut · ₺ Z10 ⓦ Ⓝ; Guyan., Bras., Peru

Caryophyllus L. = Syzygium
– *aromaticus* L. = Syzygium aromaticum

Caryopteris Bunge -f- *Verbenaceae* · 6 sp · D:Bartblume; E:Bluebeard; F:Caryoptéris
– × **clandonensis** N.W. Simmonds ex Rehder

(*C. incana* × *C. mongholica*) · D:Clandon-Bartblume; E:Blue Beard, Blue Spiraea; F:Caryoptéris · ♄ d Z6 IX; cult.
– **in Sorten**
– **incana** (Thunb. ex Houtt.) Miq. · D:Graufilzige Bartblume; F:Barbe bleue · ♄ d Z7 ∧ IX-X; China, Korea, Jap., Taiwan
– *mastacantha* Schauer = Caryopteris incana
– **mongholica** Bunge · D:Mongolische Bartblume · ♄ d Z7 ∧ VIII-IX; Mong., N-China
– *sinensis* (Lour.) Dippel = Caryopteris incana
– *tangutica* Maxim. = Caryopteris incana

Caryota L. -f- *Arecaceae (Palmae)* · 12 sp · D:Fischschwanzpalme; E:Fishtail Palm; F:Palmier queue-de-poisson
– **maxima** Blume · D:Indonesische Fischschwanzpalme · ♄ e Z10 Ⓦ; Java
– **mitis** Lour. · D:Buschige Fischschwanzpalme; E:Burmese Fishtail Palm · ♄ e Z10 Ⓦ; Myanmar, Malay. Pen., Java, Phil.
– *sobolifera* Wall. ex Mart. = Caryota mitis
– **urens** L. · D:Brennpalme, Sagopalme; E:Sago Palm, Wine Palm · ♄ e Z10 Ⓦ Ⓝ; Ind., Sri Lanka, Malay. Pen.

Casimiroa La Llave -f- *Rutaceae* · 6 sp · D:Weiße Sapote; E:White Sapote; F:Sapote blanche
– **edulis** La Llave et Lex. · D:Weiße Sapote; E:Mexican Apple, White Sapote · ♄ e Z9 Ⓦ Ⓝ; Mex., Guat.

Cassandra D. Don = Chamaedaphne
– *calyculata* (L.) D. Don = Chamaedaphne calyculata

Cassia L. -f- *Caesalpiniaceae (Leguminosae)* · c. 30 sp · D:Gewürzrinde, Kassie, Senna; E:Shower Tree; F:Séné
– *acutifolia* Delile = Senna alexandrina
– *angustifolia* Vahl = Senna alexandrina
– *artemisioides* Gaudich. ex A. DC. = Senna artemisioides
– *corymbosa* Lam. = Senna corymbosa var. corymbosa
– *cotinifolia* G. Don = Chamaecrista cotinifolia
– *didymobotrya* Fresen. = Senna didymobotrya
– **fistula** L. · D:Röhren-Kassie; E:Indian Laburnum, Purging Cassia · ♄ s Z10 Ⓦ ⚕ Ⓝ; Ind.
– *floribunda* Cav. = Senna × floribunda
– **grandis** L. f. · D:Grobfrüchtige Kassie; E:Appleblossom Cassia, Pink Shower · ♄ s Z10 Ⓦ Ⓝ; Mex., C-Am., W.Ind., trop. S-Am.
– *hebecarpa* Fernald = Senna hebecarpa
– *italica* (Mill.) Lam. ex Steud. = Senna italica
– **javanica** L. · D:Rosafarbene Kassie; E:Rainbow Shower · ♄ d Z10 Ⓦ; Malay. Arch.
– *laevigata* Willd. = Senna septemtrionalis
– *marilandica* hort. = Senna hebecarpa
– *marilandica* L. = Senna marilandica
– *nairobensis* L.H. Bailey = Senna didymobotrya
– *nodosa* Roxb. = Cassia javanica
– *obovata* Collad. = Senna italica
– *occidentalis* L. = Senna occidentalis
– **odorata** Morris · ♄ Z9 Ⓚ; Austr.: N.S.Wales
– *senna* L. = Senna alexandrina
– *siamea* Lam. = Senna siamea
– *speciosa* Kunth = Senna spectabilis
– *spectabilis* DC. = Senna spectabilis
– *tomentosa* L. = Senna multiglandulosa
– *tora* L. = Senna tora

Cassine L. -f- *Celastraceae* · c. 80 sp
– **orientalis** (Jacq.) Kuntze · D:Falscher Olivenbaum; E:False Olive · ♄ Z10 Ⓦ; Madag., Mauritius

Cassinia R. Br. -f- *Asteraceae (Compositae)* · 20 sp
– **fulvida** Hook. f. · D:Goldpappel; E:Golden Cottonwood, Golden Heather · ♄ Z9 Ⓚ VII-VIII; NZ
– **retorta** A. Cunn. ex DC. · ♄ Z8 Ⓚ; NZ
– **vauvilliersii** (Hombr. et Jacquinot ex Decne.) Hook. f. · ♄ Z8 Ⓚ VII-VIII; NZ

Cassiope D. Don -f- *Ericaceae* · 12 sp · D:Schuppenheide; E:Mountain Heather; F:Cassiope
– **fastigiata** (Wall.) D. Don · D:Himalaya-Schuppenheide · ♄ e IV-V; Him., China
– **hypnoides** (L.) D. Don · D:Moosige Schuppenheide · ♄ e △ Z2 VI-VII; Eur.: Sc, N-Russ.; W-Sib., Greenl.
– **lycopodioides** (Pall.) D. Don · D:Bärlappähnliche Schuppenheide; E:Clubmoss Mountain Heather · ♄ e Z5 IV-

V; Alaska, Kamchat., Jap.
- **mertensiana** (Bong.) D. Don · D:Weiße Schuppenheide; E:Western Moss Heather · ♄ e △ Z5 IV; Alaska, Can.: W; USA: NW, Calif., Nev.
- **tetragona** (L.) D. Don · D:Vierkantige Schuppenheide; E:White Arctic Mountain Heather · ♄ e △ Z5 V; Eur.: Sc, N-Russ; W-Sib., E-Sib., Amur, Kamchat., Alaska, N-Can., Greenl.
- **wardii** C. Marquand · D:Wards Schuppenheide; E:Ward's Moss Heather · ♄ e △ V; SE-Tibet

Cassytha L. -f- *Lauraceae* · 20 sp
- **pubescens** R. Br. · ♄ ≹ (K); Austr.

Castanea Mill. -f- *Fagaceae* · 8 sp · D:Kastanie; E:Chestnut; F:Châtaignier
- *americana* (Michx.) Raf. = Castanea dentata
- **crenata** Siebold et Zucc. · D:Japanische Kastanie; E:Japanese Chestnut · ♄ ♄ d Z6 (N); Jap.
- **dentata** (Marshall) Borkh. · D:Amerikanische Kastanie; E:American Chestnut · ♄ d Z5 (N); Ont., USA: NE, NCE, SE
- *japonica* Blume = Castanea crenata
- **mollissima** Blume · D:Chinesische Kastanie; E:Chinese Chestnut · ♄ d Z4 (N); China, Korea, Taiwan
- **pumila** (L.) Mill. · D:Pennsylvanische Kastanie; E:Allegheny Chinkapin · ♄ ♄ d Z6 (N); USA: NE, SE, Fla., SC
- **sativa** Mill. · D:Edel-Kastanie, Ess-Kastanie, Marone; E:Spanish Chestnut, Sweet Chestnut; F:Châtaignier commun · ♄ d Z6 VI ⚕ (N); Eur.: Ap, A, EC-Eur., Ba; TR, Cauc., N-Iran, NW-Afr., nat. in BrI, Sc, Fr, BrI, E-Eur.
  - **in Sorten**
- *vesca* Gaertn. = Castanea sativa
- *vulgaris* Lam. = Castanea sativa

Castanopsis (D. Don) Spach -f- *Fagaceae* · 134 sp · D:Scheinkastanie; E:Chinquapin; F:Faux-châtaignier
- *chrysophylla* (Douglas ex Hook.) A. DC. = Chrysolepis chrysophylla
- **cuspidata** (Thunb.) Schottky · ♄ e Z7; S-Jap., SE-China
- **hystrix** Hook. f. et Thomson ex Miq. · ♄ e (W) (N); Him., Malay. Pen.

Castanospermum A. Cunn. ex Hook. -n- *Fabaceae (Leguminosae)* · 1 sp · D:Australische Kastanie; E:Australia Chestnut; F:Châtaignier d'Australie
- **australe** A. Cunn. et Fraser ex Hook. · D:Australische Kastanie, Giftkastanie; E:Australia Chestnut, Black Bean Tree, Moreton Bay Chestnut · ♄ e Z9 (K) ⚕; Austr.: N.S.Wales

Castilla Cerv. -f- *Moraceae* · 3 sp · D:Kautschukbaum; E:Rubber Tree; F:Arbre à caoutchouc du Panama
- **elastica** Cerv. · D:Panama-Kautschukbaum; E:Castilla Rubber Tree, Panama Rubber Tree · ♄ Z10 (W) (N); S-Mex., C-Am., trop. S-Am.
- **ulei** Warb. · ♄ Z10 (W) (N); S-Am.

Casuarina L. -f- *Casuarinaceae* · c. 70 sp · D:Kängurubaum, Kasuarine, Keulenbaum; E:Australian Pine, Beefwood; F:Casuarina
- **cunninghamiana** Miq. · D:Fluss-Keulenbaum; E:River Oak · ♄ e Z9 (K) (N); Austr.: Queensl., N.S.Wales
- **equisetifolia** J.R. Forst. et G. Forst. · D:Eisenholz, Strand-Keulenbaum; E:Horsetail Tree, South Sea Ironwood · ♄ e Z9 (K) (N); SE-As., NE-Austr., Polyn., nat. in S-Fla., Bermudas etc.
- **littoralis** Salisb. · ♄ e Z9 (K); Austr.: Queensl., N.S.Wales, Victoria, Tasman.
- **nana** Siebold · D:Zwerg-Keulenbaum; E:Dwarf She Oak · ♄ e Z9 (K); Austr.
- *quadrivalvis* Labill. = Casuarina stricta
- **stricta** Dryand. · ♄ e Z9 (K) (N); Austr., Tasman.
- **torulosa** Dryand. · ♄ e Z9 (K) (N); Austr.: Queensl., N.S.Wales

Catabrosa P. Beauv. -f- *Poaceae (Gramineae)* · 2-4 sp · D:Quellgras; E:Whorl Grass; F:Catabrosa
- **aquatica** (L.) P. Beauv. · D:Europäisches Quellgras; E:Whorl Grass; F:Glycérie panachée · 4 ~ VI-X; Eur.*, TR, Iraq, Cauc., Iran, W-Sib., E-Sib., C-As., Afgh., Pakist., Mong., Tibet, Him., Alger., Libya, Can., USA: NCE, NC, SW, Rocky Mts.; Greenl., Arg.

Catalpa Scop. -f- *Bignoniaceae* · 11 sp · D:Trompetenbaum; E:Catalpa; F:Arbre-aux-trompettes, Catalpa
- **bignonioides** Walter · D:Gewöhnlicher

Trompetenbaum; E:Indian Bean Tree; F:Catalpa commun, Catalpa de la Caroline · ħ d Z5 VI-VII ‡ Ⓝ; USA: SE, Fla., nat. in USA
– **bungei** C.A. Mey.
  – var. **bungei** · D:Bunges Trompetenbaum; E:Manchurian Catalpa · ħ d Z6 VII-VIII Ⓝ; N-China
  – var. **heterophylla** C.A. Mey. · ħ d Z6; N-China
– × **erubescens** Carr (*C. bignonioides* × *C. ovata*) · D:Hybrid-Trompetenbaum; E:Hybrid Catalpa · ħ d Z6 VI-VII; cult.
– **fargesii** Bureau · D:Farges Trompetenbaum; E:Farge's Catalpa · ħ d Z6 VII; W-China
  – fo. **duclouxii** (Dode) Gilmour · ħ d Z6; C-China, W-China
– *henryi* Dode = Catalpa ovata
– × *hybrida* Späth = Catalpa × erubescens
– *kaempferi* (DC.) Siebold et Zucc. = Catalpa ovata
– **ovata** G. Don · D:Kleinblütiger Trompetenbaum; E:Chinese Catalpa, Yellow Catalpa; F:Catalpa jaune · ħ d Z6 VII; China, nat. in USA: NE
– **speciosa** (Warder ex Barney) Engelm. · D:Prächtiger Trompetenbaum; E:Western Catalpa · ħ d Z6 VI Ⓝ; USA: NCE, Tenn., Ark., nat. in W.Va., Va.
– *vestita* Diels = Catalpa fargesii

Catananche L. -f- *Asteraceae (Compositae)* · 5 sp · D:Rasselblume; E:Blue Cupidone; F:Cupidone
– **caerulea** L. · D:Amorpfeil, Blaue Rasselblume; E:Blue Cupidone, Cupid's Dart · ♃ Z7 VII-IX; Eur.: Sp., F, I; NW-Afr., Libya
– **lutea** L. · D:Gelbe Rasselblume; E:Yellow Cupidone · ⊙ Z7; Eur.: Ba, Ap, Ib; TR

Catapodium Link -n- *Poaceae (Gramineae)* · 2 sp · D:Steifgras; E:Fern Grass
– **marinum** (L.) C.E. Hubb. · D:Gewöhnlicher Lolchschwingel, Niederliegendes Steifgras · ⊙; Eur.: Ib, Fr, BrI, Ap, Ba; coasts
– **rigidum** (L.) C.E. Hubb. · D:Gewöhnliches Steifgras; E:Fern Grass · ♃ ⋈ V-IX; Eur.: Ib, Fr, Ap, Ba, ? RO, Krim, C-Eur., BrI; TR, N-Iraq, Syr., Cauc., Iran

Catasetum Rich. ex Kunth -n- *Orchidaceae* · c. 70 sp
– **atratum** Lindl. · ♃ Z10 Ⓦ V ▽ ✻; Bras.
– **barbatum** (Lindl.) Lindl. · ♃ Z10 Ⓦ V ▽ ✻; Guyan., Bras., Peru
– *bungerothii* N.E. Br. = Catasetum pileatum
– **callosum** Lindl. · ♃ Z10 Ⓦ XII ▽ ✻; Col., Venez.
– **cernuum** (Lindl.) Rchb. f. · ♃ Z10 Ⓦ V-VI ▽ ✻; Bras.
– **fimbriatum** (C. Morren) Lindl. et Paxton · ♃ Z10 Ⓦ V-VI ▽ ✻; trop. S-Am.
– **integerrimum** Hook. · ♃ Z10 Ⓦ IX ▽ ✻; Guat., Col., Ecuad., Venez.
– **macrocarpum** Rich. ex Kunth · ♃ Z10 Ⓦ X-XII ▽ ✻; S-Am.
– *maculatum* Bateman = Catasetum integerrimum
– **pileatum** Rchb. f. · ♃ Z10 Ⓦ X ▽ ✻; Venez., Trinidad, Bras.
– **platyglossum** Schltr. · ♃ Z10 Ⓦ ▽ ✻; Col., Ecuad.
– *russellianum* Hook. = Clowesia russelliana
– **saccatum** Lindl. · ♃ Z10 Ⓦ ▽ ✻; Guyan., Bras., Peru
– **trulla** Lindl. · ♃ Z10 Ⓦ IX ▽ ✻; Bras.

Catha Forssk. ex Schreb. -f- *Celastraceae* · 1 sp · D:Kathstrauch; E:Khat
– **edulis** (Vahl) Forssk. ex Endl. · D:Arabischer Tee, Khat; E:Khat, Khat Tree · ħ e Z10 Ⓚ ‡ ☠ Ⓝ; Eth., trop. Afr., S-Afr., Yemen

Catharanthus G. Don -m- *Apocynaceae* · 8 sp · D:Catharanthe, Zimmerimmergrün; E:Madagascar Periwinkle; F:Pervenche de Madagascar
– **roseus** (L.) G. Don · D:Rosafarbenes Zimmerimmergrün; E:Madagascar Periwinkle, Rosy Periwinkle; F:Pervenche de Madagascar · ♃ Z10 Ⓦ Ⓚ III-X ‡ ☠; Madag., nat. in Trop.
  – **in Sorten (siehe Kapitel III)**

Cathcartia Hook.f. = Meconopsis
– *villosa* Hook. f. ex Hook. = Meconopsis villosa

Catopsis Griseb. -f- *Bromeliaceae* · 19 sp · D:Riementillandsie; E:Strap Air Plant
– **berteroniana** (Schult. f.) Mez · D:Pudrige Riementillandsie; E:Powdery Strap Airplant · ♃ Z10 Ⓦ; S-Fla., C-Am., W.Ind., Venez., Trinidad, E-Bras.
– **brevifolia** Mez et Wercklé · ♃ Z10 Ⓦ; Mex., Guat., Costa Rica

- **floribunda** (Brongn.) L.B. Sm. · D:Reichblütige Riementillandsie; E:Florida Strap Airplant · ♃ Z10 ⓦ; S-Fla., W-Ind., C-Am., trop. S-Am
- **hahnii** Baker · ♃ Z10 ⓦ; S-Mex., Guat., Hond., Nicar.
- **morreniana** Mez · ♃ Z10 ⓦ; S-Mex., C-Am.
- **nutans** (Sw.) Griseb. · D:Nickende Riementillandsie; E:Nodding Strap Airplant · ♃ Z10 ⓦ; C-Am., W.Ind., trop. S-Am.
- *penduliflora* C.H. Wright = Fosterella penduliflora
- **sessiliflora** (Ruiz et Pav.) Mez · ♃ Z10 ⓦ; S-Mex., C-Am., trop. S-Am.

Cattleya Lindl. -f- *Orchidaceae* · c. 45 sp
- **aclandiae** Lindl. · ♃ Z10 ⓦ VI-VII ▽ *; Bras.: Bahia
- **amethystoglossa** Linden et Rchb. f. · ♃ Z10 ⓦ IV-V ▽ *; Bras.: Bahia, Minas Gerais
- **aurantiaca** (Bateman ex Lindl.) P.N. Don · ♃ Z10 ⓦ VII-VIII ▽ *; Mex.
- **bicolor** Lindl. · ♃ Z10 ⓦ IX-XI ▽ *; Bras.: Rio de Janeiro, Minas Gerais
- **bowringiana** O'Brien · ♃ Z10 ⓦ X-XI ▽ *; C-Am.
- *citrina* (La Llave et Lex.) Lindl. = Encyclia citrina
- **dormaniana** Rchb. f. · ♃ Z10 ⓦ I-II ▽ *; Bras.: Rio de Janeiro
- **dowiana** Bateman
  - var. **aurea** (Linden) B.S. Williams et T. Moore · ♃ Z10 ⓦ IX-X ▽ *; Col.
  - var. **dowiana** · ♃ Z10 ⓦ ▽ *; C-Am.
- *elatior* Lindl. = Cattleya guttata
- **elongata** Barb. Rodr. · ♃ Z10 ⓦ V ▽ *; Bras.: Bahia, Minas Gerais
- **forbesii** Lindl. · ♃ Z10 ⓦ VII-IX ▽ *; E-Bras., S-Bras.
- **gaskelliana** Rchb. f. ex B.S. Williams · ♃ Z10 ⓦ VII-IX ▽ *; Venez., Bras.
- **granulosa** Lindl. · ♃ Z10 ⓦ VIII-IX ▽ *; Bras.: Espirito Santo
- **guttata** Lindl. · ♃ Z10 ⓦ X-XI ▽ *; Bras.
- *harrisoniae* hort. = Cattleya loddigesii
- **harrisoniana** Lindl. · ♃ Z10 ⓦ ▽ *; Bras.
- *imperialis* hort. = Cattleya warscewiczii
- **intermedia** Graham ex Hook. · ♃ Z10 ⓦ V-XI ▽ *; NE-Bras.
- **labiata** Lindl. · ♃ Z10 ⓦ ▽ *; NE-Bras.
  - var. *autumnalis* hort. = Cattleya labiata
  - var. *dowiana* (Bateman et Rchb.) Veitch = Cattleya dowiana var. dowiana
  - var. *gaskelliana* (Rchb. f.) Veitch = Cattleya gaskelliana
  - var. *lueddemanniana* (Rchb. f.) Rchb. f. = Cattleya lueddemanniana
  - var. *mendelii* (Backh. f.) Rchb. f. = Cattleya mendelii
  - var. *mossiae* (Parker ex Hook.) Lindl. = Cattleya mossiae
  - var. *percivaliana* Rchb. f. = Cattleya percivaliana
  - var. *schroederae* (Rchb.) hort. = Cattleya schroederae
  - var. *trianaei* (Linden et Rchb. f.) Duch. = Cattleya trianae
  - var. *vera* hort. = Cattleya labiata
  - var. *warneri* (T. Moore ex Warner) Veitch = Cattleya warneri
  - var. *warscewiczii* (Rchb. f.) Rchb. f. = Cattleya warscewiczii
- **lawrenceana** Rchb. f. · ♃ Z10 ⓦ III-IV ▽ *; Venez., Guyan.
- **loddigesii** Lindl. · ♃ Z10 ⓦ VIII-IX ▽ *; Bras., Parag.
  - var. *harrisoniana* Rolfe = Cattleya harrisoniana
- **lueddemanniana** Rchb. f. · ♃ Z10 ⓦ VII-IX ▽ *; Venez.
- **luteola** Lindl. · ♃ Z10 ⓦ XI-XII ▽ *; Ecuad., Peru, Bras.: Amazon.; Bol.
- **maxima** Lindl. · ♃ Z10 ⓦ X-I ▽ *; Col., Ecuad., Peru
- **mendelii** (Backh. f.) Rchb. f. · ♃ Z10 ⓦ V-VI ▽ *; Col.
- **mossiae** Parker ex Hook. · ♃ Z10 ⓦ V-VI ▽ *; Venez.
- **nobilior** Rchb. f. · ♃ Z10 ⓦ V-VI ▽ *; SW-Bras.
- **percivaliana** (Rchb. f.) O'Brien · ♃ Z10 ⓦ I-III ▽ *; Venez.
- **rex** O'Brien · ♃ Z10 ⓦ VII-VIII ▽ *; Col., Peru
- *sanderiana* hort. = Cattleya warscewiczii
- **schilleriana** Rchb. f. · ♃ Z10 ⓦ VII-IX ▽ *; Bras.: Bahia
- **schroederae** hort. Sander · ♃ Z10 ⓦ III-V ▽ *; Col.
- **skinneri** Bateman · ♃ Z10 ⓦ III-IV ▽ *; Mex., C-Am.
- **trianae** Linden et Rchb. f. · ♃ Z10 ⓦ XII-II ▽ *; Col.
  - var. *schroederae* (hort. Sander) Rchb. f. = Cattleya schroederae

– **velutina** Rchb. f. · ♃ Z10 ⓦ V-VII ▽ ✻; Bras. (Paraiba)
– **violacea** (Humb., Bonpl. et Kunth) Rolfe · ♃ Z10 ⓦ VII-IX ▽ ✻; Col., Ecuad., Peru, Venez., Guyan.
– *violacea* (Lindl.) Beer = Sophronitella violacea
– *violacea* hort. = Cattleya loddigesii
– **walkeriana** Gardner · ♃ Z10 ⓦ II-V ▽ ✻; Bras., Bol.
– **warneri** T. Moore ex Warner · ♃ Z10 ⓦ VI-VII ▽ ✻; Bras.: Minas Gerais, Espirito Santo
– **warscewiczii** Rchb. f. · ♃ Z10 ⓦ VII-VIII ▽ ✻; Col. (Medellin)
– **Cultivars**
  – **in vielen Sorten**

× **Cattleytonia** hort. -f- *Orchidaceae* (*Broughtonia* × *Cattleya*)

Caucalis L. -f- *Apiaceae (Umbelliferae)* · 1 sp · D:Haftdolde; F:Caucalis
– **platycarpos** L. · D:Gewöhnliche Acker-Haftdolde · ⊙ V-VII; Eur.* exc. Sc, BrI; TR, Cauc., Iran

Caularthron Raf. -n- *Orchidaceae* · 2 sp
– **bicornutum** (Hook.) Raf. · ♃ Z10 ⓦ IV ▽ ✻; trop. S-Am.

× **Caulocattleya** Dressler -f- *Orchidaceae* (*Cattleya* × *Caularthron*)

Caulophyllum Michx. -n- *Berberidaceae* · 2 sp · D:Indianerwiege; E:Papoose Root
– **thalictroides** (L.) Michx. · D:Indianische Blaubeere, Indianerwiege; E:Papoose Root, Squaw Root · ♃ Z7 V ⚕ ☠; Can.: E; USA; NE, NCE, SE

Cautleya (Benth.) Hook.f. -f- *Zingiberaceae* · 5 sp
– **gracilis** (J.J. Sm.) Dandy · ♃ Z8 ⓚ VIII; Him.
– *lutea* Royle = Cautleya gracilis

Cavendishia Lindl. -f- *Ericaceae* · c. 100 sp
– **acuminata** (Hook.) Benth. ex Hemsl. · ♃ e ≀ Z10 ⓚ XI; Col., Ecuad.

Cayratia Juss. -f- *Vitaceae* · 45 sp
– **japonica** (Thunb.) Gagnep. · E:Lakum · ♃ ≀ Z8 VI-VII; Ind., China, Malay. Pen., Ryukyu Is., Jap.

– **thomsonii** (M.A. Lawson) Suess. · ♄ d ≀ Z8 ⓚ; W-China, C-China, Him.

Ceanothus L. -m- *Rhamnaceae* · 55 sp · D:Säckelblume; E:California Lilac; F:Céanothe
– **americanus** L. · D:Amerikanische Säckelblume; E:Wild Snowball · ♄ d Z6 VII-IX ⚕; Can.: E; USA: NE, NCE, SC, SE, Fla.
– *arnouldii* Carr = Ceanothus × delilianus
– *azureus* Ker-Gawl. = Ceanothus coeruleus
– **coeruleus** Lag. · ♄ e ⓚ VII-X; Mex., Guat.
– × **delilianus** Spach (*C. americanus* × *C. coeruleus*) · D:Französische Hybrid-Säckelblume; F:Céanothe d'été · ♄ e Z6; cult.
  – **in Sorten**
– *dentatus* hort. = Ceanothus × lobbianus
– **fendleri** A. Gray · D:Fendlers Säckelblume; E:Buckbrush · ♄ e Z5 VI-VII; USA: NC, Rocky Mts, SW; N-Mex.
– **gloriosus** J.T. Howell · ♄ e Z8 ⓚ; Calif.
– **griseus** (Trel.) McMinn · ♄ e Z8 ⓚ; Calif.
– **impressus** Trel. · ♄ e Z8 ⓚ; Calif.
– × **lobbianus** (Hook.) McMinn (*C. dentatus* × *C. griseus*) · D:Sankt Barbaras Säckelblume; E:Santa Barbara Ceanothus · ♄ e Z8 ⓚ; Calif.
– *ovalis* Bigelow = Ceanothus ovatus
– **ovatus** Desf. · D:Ovalblättrige Säckelblume; E:New Jersey Tea · ♄ d Z5 VI; Can.: E; USA: NE, NCE, SC, SE
– × **pallidus** Lindl. (*C.* × *delilianus* × *C. ovatus*) · D:Hybrid-Säckelblume · ♄ d Z6; cult.
  – **in Sorten**
– **thyrsiflorus** Eschw.
  – var. *griseus* Trel. = Ceanothus griseus
  – var. **repens** McMinn · D:Kriechende Säckelblume; E:Creeping Blue Blossom · ♄ ⟿ Z8 ⓚ; Calif.
  – var. **thyrsiflorus** · D:Blaue Säckelblume; E:Blue Blossom; F:Céanothe à feuilles de thyrse · ♄ ♄ e Z8 ⓚ; Calif., S-Oregon
– × **veitchianus** Hook. (*C. griseus* × *C. rigidus*) · ♄ e Z8 ⓚ; cult.
– **Cultivars**
  – **in vielen Sorten**

Cecropia Loefl. -f- *Cecropiaceae* · 75-100 sp · D:Ameisenbaum; E:Snake Wood; F:Parasolier
– **palmata** Willd. · D:Mexikanischer

Ameisenbaum; E:Ambay, Snakewood Tree · ħ Z9 Ⓦ; Mex., W.Ind., Bras.
– **peltata** L. · D:Karibischer Ameisenbaum; E:Trumpet Tree · ħ Z9 Ⓦ Ⓝ; C-Am., W.Ind., trop. S-Am.

Cedrela P. Browne -f- *Meliaceae* · 8 sp · D:Zedrele; F:Cèdre bâtard
– **odorata** L. · D:Westindische Zedrele; E:Spanish Cedar, Toona · ħ Z9 Ⓚ Ⓝ ✻; Mex., C-Am., S-Am.
– *sinensis* A. Juss. = Toona sinensis
– *toona* Roxb. ex Rottler = Toona ciliata

Cedronella Moench -f- *Lamiaceae (Labiatae)* · 1 sp · D:Balsamstrauch; F:Baume de Galaad
– *cana* Hook. = Agastache cana
– **canariensis** (L.) Webb et Berthel. · D:Balsamstrauch; E:Balm of Gilead · ♃ Z8 Ⓚ ⚕; Canar., Azor., Madeira
– *mexicana* (Kunth) Benth. = Agastache mexicana
– *triphylla* Moench = Cedronella canariensis

Cedrostis Post et Kuntze = Kedrostis

Cedrus Trew -f- *Pinaceae* · 4 sp · D:Zeder; E:Cedar; F:Cèdre
– **atlantica** (Endl.) Manetti ex Carrière · D:Atlas-Zeder; E:Atlas Cedar; F:Cèdre de l'Atlas · ħ e Z7 ⚕ Ⓝ; Maroc., Alger.; Atlas
– **brevifolia** (Hook. f.) Henry · D:Zypern-Zeder; E:Cyprus Cedar · ħ Z7; Cyprus
– **deodara** (Roxb.) G. Don · D:Himalaya-Zeder; E:Deodar, Indian Cedar; F:Cèdre de l'Himalaya · ħ e Z7 Ⓝ; Afgh., W-Him.
  – **in Sorten**
– **libani**
  – subsp. *atlantica* (Endl.) Franco = Cedrus atlantica
  – subsp. *brevifolia* (Hook. f.) Meikle = Cedrus brevifolia
  – subsp. **libani** · ħ e Z7 Ⓝ; S-TR, Lebanon, Syr., Cyprus
  – subsp. **stenocoma** (Schwarz) P.H. Davis · ħ e Z6; SE-TR
– *libanotica* Link = Cedrus libani subsp. libani
  – subsp. *atlantica* (Endl.) Holmboe = Cedrus atlantica

Ceiba Mill. -f- *Bombacaceae* · 10 sp · D:Kapokbaum; E:Kapok Tree; F:Kapokier
– **pentandra** (L.) Gaertn. · D:Weißer Kapokbaum; E:Kapok Tree, Silk Cotton Tree · ħ d Z10 Ⓦ ⚕ Ⓝ; orig. ?; cult. Trop.

Celastrus L. -m- *Celastraceae* · 32 sp · D:Baumwürger; E:Bittersweet; F:Bourreau des arbres
– **angulatus** Maxim. · D:Kantiger Baumwürger · ħ d ≹ ♣ Z5 VI; NW-China, C-China
– *articulatus* Thunb. = Celastrus orbiculatus var. orbiculatus
– *edulis* Vahl = Catha edulis
– **flagellaris** Rupr. · ħ ≹ ♣ Z4 VI; Amur, N-China, Manch., Korea, Jap.
– **hookeri** Prain · ħ ≹ Z6; S-China, Him.
– **hypoleucus** (Oliv.) Warb. ex Loes. · ħ d ≹ Z8 Ⓚ VI; C-China: Sichuan, Hupeh
– **loeseneri** Rehder et Wilson · ħ ≹ Z6; C-China
– **orbiculatus** Thunb.
  – var. **orbiculatus** · D:Rundblättriger Baumwürger; E:Oriental Bittersweet, Staff Vine; F:Bourreau des arbres · ħ d ≹ ♣ Z5 VI; China, Manch., Jap. Sachal., nat. in E-USA
  – var. **punctatus** (Thunb.) Rehder · ħ d ≹ Z4 VI; s E-As.
– **rosthornianus** Loes. · ħ d ≹ ♣ Z5 VI; W-China, C-China
– **scandens** L. · D:Amerikanischer Baumwürger; E:American Bittersweet, Waxwork · ħ d ≹ ♣ Z5 VI ☠; Can.: E; USA: NE, NCE, Okla., SE

Celmisia Cass. -f- *Asteraceae (Compositae)* · 62 sp
– **coriacea** (G. Forst.) Hook. f. · ♃ Z7 Ⓐ; NZ
– **holosericea** (G. Forst.) Hook. f. · ♃ Z7 Ⓐ; NZ

Celosia L. -f- *Amaranthaceae* · c. 50 sp · D:Brandschopf, Hahnenkamm; E:Cockscomb, Woolflower; F:Célosie, Crête-de-coq
– **argentea** L.
  – var. **argentea** · D:Silber-Brandschopf; E:Red Spinach · ⊙ Z9 VII-IX Ⓝ; Trop.
  – var. **cristata** (L.) Kuntze · D:Hahnenkamm; E:Cockscomb; F:Célosie crête de coq · ⊙ Z9 VII-IX; cult.
    – **in vielen Sorten (siehe Kapitel III)**
– *cristata* L. = Celosia argentea var. cristata
– *plumosa* Burv. = Celosia argentea var.

cristata

Celsia L. = Verbascum
– *acaulis* Bory et Chaub. = Verbascum acaule
– *arcturus* (L.) Jacq. = Verbascum arcturus
– *atroviolacea* Sommier et Lév. = Verbascum phoeniceum
– *bugulifolia* (Lam.) Jaub. et Spach = Verbascum bugulifolium
– *cretica* L. f. = Verbascum creticum
– *rechingeri* Murb. = Verbascum phoeniceum

Celtis L. -f- *Ulmaceae* · c. 80-100 sp · D:Zürgelbaum; E:Nettle Tree; F:Micocoulier
– **australis** L. · D:Südlicher Zürgelbaum; E:Nettle Tree · ♄ ♄ d Z6 III-IV ⚕ Ⓝ; Eur.: Ib, Fr, Ap, Ba, RO; TR, Levante, Cauc., Madeira, NW-Afr., Libya, nat. in CH
– **biondii** Pamp. · ♄ d Z5; C-China
– **bungeana** Blume · ♄ d Z6; C-China, N-China, Manch., Korea
– **caucasica** Willd. · D:Kaukasischer Zürgelbaum; E:Caucasian Nettle Tree · ♄ ♄ d Z6; E-BG, TR, Cauk., C-As, Afgh.
– **glabrata** Planch. · D:Kahler Zürgelbaum · ♄ ♄ d Z5; Cauc., Krim, TR
– **integrifolia** Lam. · ♄ Z9 Ⓚ; trop. Afr., Arab.
– *integrifolia* Nutt. = Celtis laevigata
– **julianae** C.K. Schneid. · ♄ d; C-China
– **koraiensis** Nakai · D:Koreanischer Zürgelbaum · ♄ Z6; Korea, Manch., N-China
– **labilis** C.K. Schneid. · ♄ d Z6; C-China
– **laevigata** Willd. · D:Glattblättriger Zürgelbaum; E:Sugarberry · ♄ Z6 Ⓝ; USA: Va., Mo., Kans., SE, SC, N.Mex.; Mex., W.Ind.
– *mississippiensis* Spach = Celtis laevigata
– **occidentalis** L.
  – var. **cordata** (Pers.) Willd. · ♄ ♄ d Z5; S-USA
  – var. **occidentalis** · D:Amerikanischer Zürgelbaum; E:Common Hackberry, Mississippi Hackberry · ♄ d Z5 Ⓝ; E-Can., USA: NE, NCE, NC, SC, SE
  – var. *pumila* (Muhl.) Pursh = Celtis occidentalis var. occidentalis
– **reticulata** Torr. · ♄ ♄ d Z6; SW-USA
– **sinensis** Pers. · D:Chinesicher Zürgelbaum; E:Chinese Hackberry · ♄ d Z8 ∧; Jap., Korea, E-China
– **tournefortii** Lam. · D:Tourneforts Zürgelbaum · ♄ ♄ d Z6; Eur.: Sic., Ba, Krim; TR, N-Iraq, N-Iran

Cenchrus L. -m- *Poaceae (Gramineae)* · 25 sp · D:Klebgras, Stachelgras; E:Sandbur
– **ciliaris** L. · D:Klebgras; E:African Foxtail Grass, Buffel Grass · ♃ Z8 Ⓝ; Afr., SW-As., Sic.
– **incertus** M.A. Curtis · D:Stachelgras; E:Coast Sandbur, Spiny Burr Grass · ⊙ Z9; Am., nat. in Corse, I, ? F, ? Sp.

Cenia Comm. ex Juss. = Cotula
– *barbata* (DC.) Benth. et Hook. f. = Cotula barbata

Centaurea L. -f- *Asteraceae (Compositae)* · c. 500 sp · D:Flockenblume, Kornblume; E:Knapweed, Star Thistle; F:Bleuet, Centaurée
– *alpestris* Hegetschw. = Centaurea scabiosa subsp. alpestris
– **americana** Nutt. · D:Amerikanische Flockenblume; E:American Star Thistle, Basket Flower · ⊙ Z4 VII-VIII; USA: Mo. SE, SC, SW; Mex.
– **argentea** L. · ♃ Z8 Ⓚ; Eur.: Crete; mts.
– *axillaris* Willd. = Centaurea triumfettii subsp. triumfettii
– **babylonica** (L.) L. · ♃ Z6; S-TR, Lebanon
– **bella** Trautv. · D:Zierliche Silber-Flockenblume; F:Centaurée élégante · ♃ △ Z6 VI-VII; Cauc.
– **bracteata** Scop. · D:Hellschuppige Flockenblume · ♃ VII-IX; Eur.: F, I, CH, A, Slove.; Croatia; S-Alp.
– **calcitrapa** L. · D:Stern-Flockenblume; E:Purple Star Thistle · ⊙ ⊙ VII-X; Eur.*, NW-Afr., nat. in BrI, A, D, N-Am.
– **cana** Waldst. et Kit. · ♃; Eur.: Ba, Krim
– *candidissima* hort. = Centaurea ragusina
– *candidissima* Lam. = Centaurea cineraria
– **cineraria** L. · ♃ ♄ Z8 Ⓚ VII-VIII; Eur.: W-I, Sic.
– **clementei** Boiss. ex DC. · ♃ Z6; SW-Sp.
– **cyanus** L. · D:Kornblume; E:Bachelor's Button, Cornflower · ⊙ ✂ VI-X ⚕; Eur.: Sic., Ba, nat. in Eur.*, Cauc., W-Sib., E-Sib., NW-Afr., N-Am.
  – **in vielen Sorten**
– **dealbata** Willd. · F:Centaurée blanchâtre · ♃ Z3 VI-VII; Cauc.
– **diffusa** Lam. · D:Sparrige Flockenblume; E:White Knapweed · ⊙ VII-VIII; Eur.: Ba,

E-Eur.; TR, nat. in C-Eur., EC-Eur., F, I
– **glastifolia** L. · ♃ ~ Z6 VI-IX; Eur.: Russ.; TR, Cauc.
– **hypoleuca** DC. · ♃ Z5 VII-X; TR, Cauc., NW-Iran
– **jacea** Gren. et Godr.
  – subsp. **jacea** · D:Gewöhnliche Wiesen-Flockenblume · ♃ Z6 VI-X; Eur.* exc. BrI; TR, nat. in BrI, N-Am.
– **jacea** L. · D:Wiesen-Flockenblume; E:Brown Knapweed
  – subsp. *gaudini* (Boiss. et Reut.) Gremli = Centaurea bracteata
– **kosaninii** Hayek · ♃ △ VI; AL
– **kotschyana** Heuff. ex W.D.J. Koch · ♃ Z5 VI-VII; Eur.: Ba, RO, W-Russ.; mts.
– **macrocephala** Puschk. ex Willd. · D:Big-head Knapweed; E:Great Golden Knapweed; F:Centaurée à grosse tête · ♃ Z3 VII-VIII; Cauc.
– *maculosa* Lam. = Centaurea stoebe subsp. stoebe
– **melitensis** L. · D:Malteser Flockenblume; E:Maltese Star Thistle · ⊙ X-VII; Eur.: Ib, F, Ap, Ba; Canar., Madeira, NW-Afr.
– **microptilon** (Godr.) Gren. et Godr. · D:Kleinfederige Flockenblume · ♃; Eur.: Sp., F, B, NL
– **montana** L. · D:Berg-Flockenblume; E:Mountain Knapweed, Perennial Cornflower; F:Centaurée des montagnes · ♃ Z3 V-X; Eur.: Ib, Fr, Ap, C-Eur., EC-Eur., Slove., Croatia ; mts., nat. in FIN
– *moschata* L. = Amberboa moschata
– *nervosa* Willd. = Centaurea uniflora subsp. nervosa
– **nigra** L.
  – subsp. **debauxii** Gren. et Godr. · ♃ Z5; SW-F, N-Sp.
  – subsp. **nemoralis** (Jord.) Gremli · D:Hain-Flockenblume · ♃ Z5 VII-IX; Eur.: C-Eur., F
  – subsp. **nigra** · D:Schwarze Flockenblume; E:Black Knapweed, Common Knapweed · ♃ Z5 VII-IX; Eur.: Fr, BrI, Ib, Ap, C-Eur., Ba, Sc, nat. in N-Am., NZ
– **nigrescens** Willd. · D:Schwärzliche Flockenblume; E:Vochin Knapweed · ♃ VII-IX; Eur.: Fr, Ap, C-Eur., EC-Eur., Ba, RO, ? W-Russ.
– *odorata* hort. = Amberboa moschata
– **orientalis** L. · ♃ Z7 ∧ VII-IX; Eur.: Ba, E-Eur.
– **paniculata** L. · D:Rispige Flockenblume · ⊙ VII-IX; Eur.: Ib, F, I
– **phrygia** L. · D:Phrygische Flockenblume · ♃ Z6 VIII-IX; Eur.: Ap, C-Eur., EC-Eur., Sc, Ba, E-Eur., ; Cauc.
– × **psammogena** Gáyer (*C. diffusa* × *C. stoebe*) · D:Sandblütige Flockenblume · ; Eur.: D (Mannheim)
– **pseudophrygia** C.A. Mey. · D:Perücken-Flockenblume · ♃ VIII-IX; C-Eur., DK, Norw., S-Russl.
– **pulcherrima** Willd. · D:Silber-Flockenblume · ♃ Z6 VI-VII; Cauc., TR
– **ragusina** L. · E:Dusty Miller · ♃ Z7 VII-VIII; Eur.: Croatia
– **rhaetica** Moritzi · D:Rätische Flockenblume · ♃ VII-VIII; Eur.: I, CH; S-Alp.
– *rhapontica* L. = Stemmacantha rhapontica
– *rhenana* Boreau = Centaurea stoebe subsp. stoebe
– **ruthenica** Lam. · D:Gelbe Flockenblume · ♃ Z3 VII-VIII; Eur.: E-Eur.; Cauc., W-Sib., C-As.
– **scabiosa** L.
  – subsp. **alpestris** (Hegetschw.) Nyman · D:Alpen-Flockenblume · ♃ Z4 VII-VIII; Eur.: F, I, CH, A, EC-Eur., ? Sp.; Pyr., Alp., Jura, W-Carp.
  – subsp. **fritschii** Hayek · D:Fritschs Flockenblume · ♃ Z4 VI-X; Eur.: A, Slove., H, BG, AL
  – subsp. **grineensis** (Reut.) Nyman · D:Schmalblättrige Flockenblume · ♃ Z4 VI-IX; Eur.: I, C-Eur., EC-Eur., Ba, RO
  – subsp. **scabiosa** · D:Skabiosen-Flockenblume; E:Greater Knapweed; F:Centaurée scabieuse · ♃ Z4 VII-VIII; Eur.*, W-Sib., E-Sib.
– **simplicicaulis** Boiss. et A. Huet · ♃ △ Z4 VI; Cauc. (Armen.)
– **solstitialis** L. · D:Sonnwend-Flockenblume; E:St Barnaby's Thistle, Yellow Star Thistle · ⊙ ⊙ VII-X; Eur.: Ib, Fr, Ap, Ba, E-Eur.; TR, Lebanon, Cauc., Iran, nat. in BrI, C-Eur., EC-Eur., N-Am.
– **speciosa** Boiss. · ♃ ♄ ⓚ; TR, Palaest.
– **splendens** L. · D:Glänzende Flockenblume · ⊙ ♃ VII-VIII; Eur.: I, CH, Ba
– **stenolepis** A. Kern. · D:Schmalschuppige Flockenblume · ♃ Z5 VIII-IX; Eur.: I, A, EC-Eur., Ba, E-Eur.
– **stoebe** L.
  – subsp. *maculosa* (Lam.) Schinz et Thell. = Centaurea stoebe subsp. stoebe
  – subsp. **micranthos** (Gugler) Hayek ·

D:Kleinköpfige Rispen-Flockenblume · ♃ VII-IX; Eur.: A, H
– subsp. **stoebe** · D:Gefleckte Flockenblume, Gewöhnliche Rispen-Flockenblume · ⊙ ♃ VII-IX; Eur.: F, C-Eur., N-I, nat. in N-Am.
– *suaveolens* Willd. = Amberboa moschata
– **transalpina** Schleich. ex DC. · D:Südliche Flockenblume · ♃; Eur.: F, CH, A, I; Alp.
– **triumfettii** All.
– subsp. **cana** (Waldst. et Kit.) Dostal · ♃ Z5; Ba, Krim
– subsp. **triumfettii** · D:Filzige Flockenblume · ♃ Z5 V-VII; Eur.* exc. BrI, Sc; TR, Lebanon, Cauc., N-Iran, Maroc.
– **uniflora** Turra
– subsp. **nervosa** (Willd.) Bonnier et Layens · D:Federige Flockenblume; E:Plume Knapweed · ♃ Z4 VII; Eur.: F, I, C-Eur., Ba, RO; Alp., N-Apenn., S-Carp., Balkan mts.
– subsp. **uniflora** · ♃ Z4; Eur.: F, I, CH; SW-Alp., Apenn.
– **vallesiaca** (DC.) Jord. · D:Walliser Flockenblume · ⊙ VII-IX; Eur.: F, CH, I; SW-Alp.

Centaurium Hill -n- *Gentianaceae* · c. 30 sp · D:Tausendgüldenkraut; E:Centaury; F:Gentianelle, Petite centaurée
– *chloodes* (Brot.) Gren. et Godr. = Centaurium confertum
– **confertum** (Pers.) Druce · ⊙ ⊙ △ Z8 Ⓐ VII-IX ▽; Eur.: Ib, F; costs
– **erythraea** Rafn · D:Echtes Tausendgüldenkraut, Kopfiges Tausendgüldenkraut; E:Centaury, Common Centaury · ⊙ ⊙ Z8 VII-X ⚕ ▽; Eur.*, TR, Levante, Cauc., N-Iraq, Iran, W-Sib., C-As., Afgh., Pakist., NW-Afr., Libya
– **littorale** (Turner) Gilmour · D:Strand-Tausendgüldenkraut · ⊙ Z8 VII-IX ▽; Eur.: Sc, BrI, Fr, C-Eur., EC-Eur., E-Eur., ? I
– *minus* auct. non Moench = Centaurium erythraea
– **pulchellum** (Sw.) Druce · D:Kleines Tausendgüldenkraut · ⊙ Z8 VII-IX ▽; Eur.*, TR, Levante, Cauc., C-As.
– **scilloides** (L. f.) Samp. · D:Staudiges Tausendgüldenkraut; E:Perennial Centaury · ⊙ ⊙ ♃ △ Z8 VII-IX ▽; Eur.: Ib, F, BrI
– **spicatum** (L.) Fritsch · D:Ähriges Tausendgüldenkraut · ⊙ ⊙ Z8 ▽; Eur.: Ib, Fr, Ap, Ba, E-Eur.; TR, Levante, Iraq, Cauc., Iran, Afgh., C-As., N-Afr.
– *umbellatum* Gilib. = Centaurium erythraea

Centella L. -f- *Apiaceae (Umbelliferae)* · c. 40 sp · D:Sumpfpfennigkraut; E:Pennywort
– **asiatica** (L.) Urb. · D:Asiatisches Sumpfpfennigkraut; E:Asiatic Pennywort, Indian Pennywort · ♃ ~ Ⓚ ⚕ ☠ Ⓝ; ? Afr.

Centradenia G. Don -f- *Melastomataceae* · 4 sp
– **floribunda** Planch. · ♄ Z9 Ⓦ II-VI; Guat.
– **grandifolia** (Schltdl.) Endl. · ♄ Z9 Ⓦ XI-XII; S-Mex., Guat.
– **inaequilateralis** (Schltdl. et Cham.) G. Don · ♄ Z9 Ⓦ XI-I; Mex.
– *rosea* Lindl. = Centradenia inaequilateralis

Centranthus Lam. et DC. -m- *Valerianaceae* · 9 sp · D:Spornblume; E:Red Valerian; F:Valériane des jardins
– **angustifolius** (Mill.) DC. · D:Schmalblättrige Spornblume · ♃ ∧ VI-VII; Eur.: F, CH, I
– **calcitrapae** (L.) Dufr. · ⊙ VII-VIII; Eur.: Ib, Fr, Ap, Ba, Krim; TR, Cyprus, Madeira, Canar., NW-Afr.
– **macrosiphon** Boiss. · ⊙ V-VIII; Eur.: S-Sp.; Alger., nat. in I
– **ruber** (L.) DC. · D:Rote Spornblume; E:Jupiter's Beard, Red Valerian; F:Lilas d'Espagne, Valériane rouge · ♃ Z7 V-VII ⚕; Eur.: Ib, Fr, Ap, Ba; NW-TR, Syr., NW-Afr., nat. in BrI, C-Eur., Krim

Centropogon C. Presl -m- *Campanulaceae* · 230 sp · D:Stachelbart
– **cornutus** (L.) Druce · ♄ ≀ Z10 Ⓦ XII-II; C-Am., trop. S-Am.
– **fastuosus** Scheidw. Z10 Ⓦ
– × **lucyanus** Houllet (*C. fastuosus* × *Siphocampylus betulifolius*) · ♄ Z10 Ⓦ XII-II; NE-TR, Syr., Lebanon
– *surinamensis* C. Presl = Centropogon cornutus

Centrosema (DC.) Benth. -n- *Fabaceae (Leguminosae)* · c. 40 sp · D:Schmetterlingserbse; E:Butterfly Pea; F:Pois bâtard, Pois-rivière
– **plumieri** (Turpin ex Pers.) Benth. · ♃ Ⓦ Ⓝ; trop. Am., nat. in trop. As., Afr.
– **pubescens** Benth. · ♃ Ⓦ Ⓝ; trop. Am.

- **virginianum** (L.) Benth. · D:Virginische Schmetterlingserbse; E:Butterfly Pea, Conchita · ♃ ≹ Z6 VII-VIII; USA: NE, SE, Fla., SC; trop. S-Am., nat. in trop. Afr.

Centrosolenia Benth. = Nautilocalyx
- *bullata* Lem. = Nautilocalyx bullatus
- *picta* Hook. = Nautilocalyx pictus

Cephaelis Sw. = Psychotria
- *acuminata* G. Karst. = Psychotria acuminata
- *ipecacuanha* (Brot.) Tussac = Psychotria ipecacuanha

Cephalandra Schrad.ex Eckl. et Zeyh. = Coccinia
- *indica* (Wight et Arn.) Naudin = Coccinia grandis

Cephalanthera Rich. -f- *Orchidaceae* · 12 sp · D:Waldvögelein; E:Helleborine; F:Céphalanthère
- *alba* (Crantz) Simonk. = Cephalanthera damasonium
- **damasonium** (Mill.) Druce · D:Bleiches Waldvögelein; E:White Helleborine · ♃ Z6 V-VI ▽ *; Eur.*, TR, Cauc., N-Iran, N-As., Alger.
- *ensifolia* (Sw.) Rich. = Cephalanthera longifolia
- *grandiflora* Gray = Cephalanthera damasonium
- **longifolia** (L.) Fritsch · D:Langblättriges Waldvögelein; E:Sword-leaved Helleborine, White Lady · ♃ Z7 V-VI ▽ *; Eur.*, TR, Lebanon, Cauc., Iran, Him., C-As., E-As.
- *pallens* (Sw.) Rich. = Cephalanthera damasonium
- **rubra** (L.) Rich. · D:Rotes Waldvögelein; E:Red Helleborine · ♃ Z6 VI-VII ▽ *; Eur.*, TR, Cyprus, Cauc., NW-Iran, Maroc.

Cephalanthus L. -m- *Rubiaceae* · 6 sp · D:Kopfbusch; E:Buttonbush; F:Pois-bouton
- **occidentalis** L. · D:Kopfbusch; E:Button Bush, Button Willow · ♄ d Z5 VII-VIII; Can.: E; USA: NE, NCE, SE, Fla., SC, SW, Calif.; Mex. W.Ind.

Cephalaria Schrad.ex Roem. et Schult. -f- *Dipsacaceae* · c. 65 sp · D:Schuppenkopf; E:Giant Scabious; F:Céphalaire
- **alpina** (L.) Schrad. ex Roem. et Schult. · D:Alpen-Schuppenkopf; E:Alpine Scabious · ♃ VII-VIII; Eur.: I, C-Eur.; Alp., Jura, Apenn.
- *boetica* Boiss. = Cephalaria leucantha
- **gigantea** (Ledeb.) Bobrov · D:Großer Schuppenkopf; E:Giant Scabious, Yellow Scabious · ♃ VII-VIII; Cauc.
- **leucantha** (L.) Schrad. ex Roem. et Schult. · ♃ VII-VIII; Eur.: Ib, Fr, Ap, Ba; Maroc., Alger.
- **radiata** Griseb. et Schenk · D:Strahlender Schuppenkopf · ♃; Eur.: RO; mts.
- **syriaca** (L.) Schrad. ex Roem. et Schult. · D:Orientalischer Schuppenkopf · ⊙ Ⓝ; Cauc., Iran, Afgh., C-As., nat. in F, I
- *tatarica* hort. non (L.) Roem. et Schult. = Cephalaria gigantea
- **transsylvanica** (L.) Roem. et Schult. · D:Siebenbürger Schuppenkopf · ⊙ VII-VIII; Eur.: Fr, Ap, EC-Eur., Ba, E-Eur.; TR, Cauc., Iran, nat. in A

Cephalipterum A. Gray -n- *Asteraceae (Compositae)* · 1 sp · D:Silberne Strohblume; E:Silver-flowered Everlasting; F:Immortelle argentée
- **drummondii** A. Gray · D:Silberne Strohblume; E:Silver-flowered Everlasting · ⊙ ✂ Z8 Ⓚ; W-Austr., S-Austr.

Cephalocereus Pfeiff. -m- *Cactaceae* · 1 sp
- *blossfeldiorum* Werderm. = Espostoa blossfeldiorum
- *dybowskii* (Rol.-Goss.) Britton et Rose = Austrocephalocereus dybowskii
- *glaucescens* (Labour.) Borg = Pilosocereus glaucescens
- *guentheri* Kupper = Espostoa guentheri
- *lehmannianus* Werderm. = Austrocephalocereus lehmannianus
- *leucostele* (Gürke) Britton et Rose = Stephanocereus leucostele
- *melanostele* Vaupel = Espostoa melanostele
- *palmeri* Rose = Pilosocereus leucocephalus
- *pentaedrophorus* (Labour.) Britton et Rose = Pilosocereus pentaedrophorus
- *polyanthus* Werderm. = Micranthocereus polyanthus
- *purpureus* Gürke = Austrocephalocereus purpureus
- **senilis** (Haw.) Pfeiff. · D:Greisenhaupt; E:Old Man Cactus · Ψ Z9 Ⓦ ▽ *; C-Mex.

Cephalocleistocactus F. Ritter = Cleistocactus
– *ritteri* (Backeb.) Backeb. = Cleistocactus ritteri

Cephalophyllum (Haw.) N.E. Br. -n- *Aizoaceae* · 30 sp
– **decipiens** (Haw.) L. Bolus · ♃ ᛘ Z9 ⓚ; Kap
– **subulatoides** (Haw.) N.E. Br. · ♃ ᛘ Z9 ⓚ; Kap
– **tricolorum** (Haw.) N.E. Br. · ♃ ᛘ Z9 ⓚ; Kap

Cephalotaxus Siebold et Zucc. -f- *Cephalotaxaceae* · 10 sp · D:Kopfeibe; E:Plum Yew; F:If-à-prunes
– *drupacea* Siebold et Zucc. = Cephalotaxus harringtonia var. drupacea
– **fortunei** Hook. · D:Chinesische Kopfeibe; E:Chinese Plum Yew · ♄ e Z7; C-China
– **harringtonia** (Knight ex J. Forbes) K. Koch
  – var. **drupacea** (Siebold et Zucc.) Koidz. · D:Pflaumen-Kopfeibe; E:Cow's Tail Pine, Plum Yew · ♄ e Z7 Ⓝ; Jap., C-China
  – var. **harringtonia** · D:Harringtons Kopfeibe; E:Japanese Plum Yew · ♄ ♄ e Z6; China, Korea, Jap.
– *pedunculata* Siebold et Zucc. = Cephalotaxus harringtonia var. harringtonia

Cephalotus Labill. -m- *Cephalotaceae* · 1 sp · D:Drüsenköpfchen; E:Australian Pitcher Plant; F:Plante-outre
– **follicularis** Labill. · D:Drüsenköpfchen; E:Australian Flycatcher Plant · ♃ Z10 ⓦ ⓚ; W-Austr.

Cerastium L. -n- *Caryophyllaceae* · c. 100 sp · D:Hornkraut; E:Mouse Ear; F:Céraiste
– **alpinum** L.
  – subsp. **alpinum** · D:Alpen-Hornkraut; E:Alpine Mouse Ear · ♃ Z3 VII-VIII; Eur.*; N, mts.
  – subsp. **lanatum** (Lam.) Asch. et Graebn. · ♃ △ Z3 VI-VIII; Eur.*; N, mts.; N-As., China, N-Am., Greenl.
– **arvense** L. · D:Acker-Hornkraut; F:Céraiste des champs · ♃ △ Z3 IV-V; Eur.*, Cauc., W-Sib., E-Sib., Amur, C-As., Mong., N-China, Maroc., nat. in N-Am.
– **biebersteinii** DC. · ♃ ⤳ V-VI; Krim
– **brachypetalum** Desp. ex Pers. · D:Bärtiges Hornkraut, Kleinblütiges Hornkraut · ⊙ IV-VI; Eur.*, TR, Levante, Maroc., Alger.
– **candidissimum** Correns · ♃ ⤳ V-VI; GR
– **carinthiacum** Vest
  – subsp. **austroalpinum** (Kunz) Kunz · D:Südalpines Hornkraut · ♃ VI-IX; Eur.: CH, A
  – subsp. **carinthiacum** · D:Kärntner Hornkraut · ♃ VI-IX; Eur.: CH, I, A, Slove.; E-Alp.
– **cerastoides** (L.) Britton · D:Dreigriffeliges Hornkraut · ♃ VII-VIII; Eur.*, TR, Levante, Cauc., Iran, W-Sib., E-Sib., C-As., Him., Mong., Maroc., N-Am., Greenl.
– *columnae* Ten. = Cerastium tomentosum var. columnae
– **diffusum** Pers.
  – subsp. **diffusum** · D:Viermänniges Hornkraut · ⊙ III-VI; Eur.*, NW-TR, Maroc., Alger., Libya
  – subsp. **subtetrandrum** (Lange) P.D. Sell et Whitehead · D:Fünfmänniges Hornkraut · III-V; Eur.: A, EC-Eur., S-Sweden
– **dubium** (Bastard) Guépin · D:Klebriges Hornkraut · ⊙ IV-VI; Eur.* exc. BrI, Sc; TR, Levante, Alger.
– **fontanum** Baumg. · D:Quellen-Hornkraut · ♃ IV-VI; Eur.*, TR, Maroc., Tun.
– **glomeratum** Thuill. · D:Knäuel-Hornkraut · ⊙ III-IX; Eur.*, TR, Levante, Cauc., C-As., NW-Afr., Libya, N-Am., S-Am., S-Afr., Austr.
– **glutinosum** Fr. · D:Bleiches Hornkraut · ⊙ III-V; Eur.*, TR, Cauc., Maroc.
– **grandiflorum** Waldst. et Kit. · ♃ △ VII-VIII; Eur.: Croatia, Bosn., Montenegro, YU, ,AL
– **holosteoides** Fr. · D:Gewöhnliches Hornkraut · ♃ III-VI; Eur.*, TR, Maroc., Tun., nat. in cosmop.
– **julicum** Schellm. · D:Julisches Hornkraut · ♃ V-VII; Eur.: A, Slove.; SE-Alp.
– *lanatum* Lam. = Cerastium alpinum subsp. lanatum
– **latifolium** L. · D:Breitblättriges Hornkraut · ♃ VII-VIII; Eur.: F, I, C-Eur., EC-Eur., RO; Alp., Apenn., Carp.
– **ligusticum** Viv. · D:Ligurisches Hornkraut · ⊙ IV-V; Eur.: Ap, Ba, ? F; TR
– **lucorum** (Schur) Möschl · D:Großfrüchtiges Hornkraut · ♃ IV-VI; N-Sp. to C-Eur.

– **pedunculatum** Gaudin · D:Langstieliges Hornkraut · ♃ VII-VIII; Eur.: F, I, D, A; Alp.
– **pumilum** Curtis · D:Niedriges Hornkraut · ⊙ III-V; Eur.*, TR, Cauc., Iran, Maroc., Tun.
– *repens* M. Bieb. non L. = Cerastium biebersteinii
– **semidecandrum** L. · D:Sand-Hornkraut · ⊙ III-V; Eur.*, TR, Cyprus, Cauc., N-Iran
– **siculum** Guss. · D:Sizilianisches Hornkraut · ⊙; Eur.: Balear., F, I, ? Sp.
– **sylvaticum** Waldst. et Kit. · D:Wald-Hornkraut · ♃ VI-VII; Eur.: I, A, EC-Eur., Ba, E-Eur.
– **tenoreanum** Ser. · D:Tenores Hornkraut · ⊙ IV-V; CH, A, I, Ba
– **tomentosum** L. · D:Filziges Hornkraut; E:Snow-in-Summer
  – var. **columnae** (Ten.) Arcang. · F:Céraiste laineux · ♃ ⇝ △ Z4 V-VI; S-I
  – var. **tomentosum** · F:Céraiste feutré, Céraiste laineux · ♃ Z4 V-VII; Eur.: I, Sic.; Apenn., nat. in BrI, Sc, C-Eur., EC-Eur.
– **uniflorum** Clairv. · D:Einblütiges Hornkraut · ♃ VII-VIII; Eur.: I, C-Eur., EC-Eur., Slove., Bosn., Serb.; Alp., Carp., Bosn., Serb.
– *villosum* Baumg. = Cerastium alpinum subsp. lanatum

Ceratocapnos Durieu -f- *Fumariaceae* · 3 sp · D:Lerchensporn
– **claviculata** (L.) Lidén · D:Rankender Lerchensporn · ⊙ VI-IX; Eur.: Sc, BrI, Fr, D, Ib

Ceratocephala Moench -f- *Ranunculaceae* · 3 sp · D:Hornköpfchen; F:Cératocéphale
– **falcata** (L.) Pers. · D:Sichelfrüchtiges Hornköpfchen · ⊙ III-V; Eur.: Ib, Fr, Ap, Ba, E-Eur., ? H; TR, Cyprus, Cauc., Iran, C-As., Him., NW-Afr.
– **testiculata** (Crantz) Roth · D:Geradfrüchtiges Hornköpfchen · ⊙ III-V; Eur.: A, EC-Eur., Ba, E-Eur.; TR, Cauc., Iran, Afgh., Pakist., Sib., Maroc., Alger.

Ceratonia L. -f- *Caesalpiniaceae (Leguminosae)* · 2 sp · D:Johannisbrotbaum; E:St John's Bread; F:Caroubier
– **siliqua** L. · D:Johannisbrotbaum; E:Carob, St John's Bread · ħ ħ e Z8 ⓚ ⚕ Ⓝ; Eur.: Ib, Fr, Ap, Ba; TR, Levante, Arab., NW-Afr., Libya

Ceratopetalum Sm. -n- *Cunoniaceae* · 5 sp
– **gummiferum** Sm. · ħ ħ Z10 ⓚ; Austr.: Queensl., N.S.Wales

Ceratophyllum L. -n- *Ceratophyllaceae* · 2-6 (-30) sp · D:Hornblatt; E:Hornwort; F:Cératophylle
– **demersum** L. · D:Raues Hornblatt; E:Coon's Tail, Hornwort; F:Cératophylle émergé · ♃ ≈ ⓚ VI-IX; Eur.*, TR, Cauc., W-Sib., E-Sib., N-Afr.
– **submersum** L. · D:Zartes Hornblatt; E:Soft Hornwort; F:Cératophylle submergé · ♃ ≈ ⓚ VI-VIII; Eur.*, TR, Palaest., Cauc., W-Sib., C-As., Alger., Tun., Libya

Ceratopteris Brongn. -f- *Parkeriaceae* · 4 sp · D:Hornfarn; E:Floating Fern, Water Fern; F:Fougère cornue
– **thalictroides** (L.) Brongn. · D:Wasserhornfarn; E:Water Fern · ♃ Z10 ⓦ; trop. Afr., Ind., Sri Lanka, Malay. Arch., S-Jap., Polyn., nat. in Jamaica

Ceratostigma Bunge -n- *Plumbaginaceae* · 8 sp · D:Hornnarbe; E:Plumbogo; F:Dentelaire
– **griffithii** C.B. Clarke · ħ e Z7; Tibet, Bhutan; Him.
– **plumbaginoides** Bunge · D:Kriechende Hornnarbe; E:Dwarf Plumbago, Leadwort; F:Dentelaire bleue · ♃ ħ d Z6 IX-X; W-China, nat. in NW-F, NW-I
– **willmottianum** Stapf · D:Willmotts Hornnarbe; E:Chinese Plumbago · ħ d Z7 ∧ IX-X; Tibet, W-China

Ceratotheca Endl. -f- *Pedaliaceae* · 5 sp
– **sesamoides** Endl. · D:Falscher Sesam; E:False Sesame · ⊙ Z10 ⓦ Ⓝ; W-Sudan, trop. Afr.
– **triloba** E. Mey. ex Bernh. · ⊙ D Z10 ⓚ; S-Afr.

Ceratozamia Brongn. -f- *Zamiaceae* · 10 sp
– *longifolia* Miq. = Ceratozamia mexicana var. longifolia
– **mexicana** Brongn.
  – var. **longifolia** (Miq.) J. Schust. Z10 ⓦ ▽ ✻; Mex.

- var. **mexicana** Brongn. · ♄ e Z10 ⓦ ▽ ✻; Mex.
- var. **miqueliana** (H. Wendl.) J. Schust. Z10 ⓦ ▽ ✻; Mex.
- *miqueliana* H. Wendl. = Ceratozamia mexicana var. miqueliana
- *robusta* Miq. = Ceratozamia mexicana var. longifolia

Cerbera L. -f- *Apocynaceae* · 4 (-8) sp
- **manghas** L. · E:Bentan, Bintaru · ♄ ♄ e ✂ Z10 ⓦ ☠; Ind., Sri Lanka, China, Malay. Arch., Austr., Pacific Is.
- *odollam* Gaertn. = Cerbera manghas
- **tanghin** Hook. · D:Gottesurteilsbohne; E:Madagascar Ordeal Bean · ♄ e Z10 ⓦ ☠; Madag.
- *venenifera* Steud. = Cerbera tanghin

Cercidiphyllum Siebold et Zucc. -n- *Cercidiphyllaceae* · 1 sp · D:Katsurabaum, Kuchenbaum; E:Katsura Tree; F:Cercidiphyllum
- **japonicum** Siebold et Zucc. · D:Katsurabaum, Kuchenbaum; E:Katsura Tree
  - var. **japonicum** · D:Japanischer Katsurabaum · ♄ d Z5; W-China, C-China, Jap.
  - var. **magnificum** Nakai · D:Großer Katsurabaum · ♄ d Z5 IV-V; Jap.
  - var. **sinense** Rehder et E.H. Wilson · D:Chinesischer Katsurabaum · ♄ d Z5 III-IV; C-China, W-China

Cercis L. -f- *Caesalpiniaceae (Leguminosae)* · 6 sp · D:Judasbaum; E:Redbud; F:Arbre de Judée, gainier
- **canadensis** L. · D:Kanadischer Judasbaum; E:Eastern Redbud, Redbud · ♄ d Z6 IV-V; Ont., USA: NE, NCE, NC, SC, SE, Fla.; Mex.
- **chinensis** Bunge · D:Chinesischer Judasbaum; E:Chinese Redbud · ♄ ♄ d Z7 V; C-China
- **griffithii** Boiss. · ♄ ♄ d Z7; Iran, Afgh., C-As
- **siliquastrum** L. · D:Gewöhnlicher Judasbaum; E:Judas Tree; F:Arbre de Judée · ♄ d Z7 IV-V ⓝ; Eur.: Fr, Ap, Ba; TR, Syr., Palaest., nat. in Ib, Krim

Cercocarpus Kunth -m- *Rosaceae* · 8 sp · D:Bergmahagoni; E:Mountain Mahogany; F:Acajou de montagne
- *betuloides* Nutt. ex Torr. et A. Gray = Cercocarpus montanus var. glaber
- *intricatus* S. Watson = Cercocarpus ledifolius var. intricatus
- **ledifolius** Nutt. ex Torr. et A. Gray
  - var. **intricatus** (S. Watson) M.E. Jones · D:Kleiner Bergmahagoni; E:Little Mountain Mahogany · Z8 ⓚ; USA: Utah, Ariz.
  - var. **ledifolius** · D:Porstblättriger Bergmahgoni; E:Mountain Mahogany · ♄ ♄ e Z8 ⓚ ⓝ; USA: NW, Calif., Rocky Mts, SW; Mex.: Baja Calif.
- **montanus** Raf.
  - var. **glaber** (S. Watson) F.L. Martin · D:Glatter Bergmahagoni · ♄ ♄ e Z7 ∧; USA: NW, Calif., SW; Baja Calif.
  - var. **montanus** · D:Bergmahagoni; E:Mountain Mahogany · ♄ e Z7 ∧; USA: NW, Rocky Mts., Calif., SW; Baja Calif.; N-Mex.
- *parvifolius* Nutt. ex Hook. et Arn. = Cercocarpus montanus var. montanus

Cereus Mill. -m- *Cactaceae* · c. 20 sp
- *acranthus* Vaupel = Haageocereus limensis
- **aethiops** Haw. · ♆ Z9 ⓚ ▽ ✻; Arg.
- **alacriportanus** Pfeiff. · ♆ Z9 ⓚ ▽ ✻; S-Bras., Parag., Urug.
- *anguinus* Gürke = Cleistocactus anguinus
- *areolatus* Muehlenpf. = Cleistocactus areolatus
- *aureus* Meyen non Salm-Dyck = Corryocactus aureus
- **azureus** Parm. ex Pfeiff. · ♆ Z9 ⓚ ▽ ✻; Bras.
- *baumannii* Lem. = Cleistocactus baumannii
- *beneckei* C. Ehrenb. = Stenocereus beneckei
- *brachypetalus* Vaupel = Corryocactus brachypetalus
- *brevistylus* K. Schum. ex Vaupel = Corryocactus brevistylus
- **caesius** Salm-Dyck ex Pfeiff. · ♆ Z9 ⓚ ▽ ✻; ? Bras.
- **chalybaeus** Otto · ♆ Z9 ⓚ ▽ ✻; Urug., N-Arg.
- *chende* (Rol.-Goss.) Backeb. = Heliabravoa chende
- *chichipe* Rol.-Goss. = Polaskia chichipe
- *chlorocarpus* (Humb., Bonpl. et Kunth) DC. = Browningia chlorocarpa
- *chosicensis* Werderm. et Backeb. = Haageocereus chosicensis
- *cinnabarinus* Eichlam = Heliocereus

cinnabarinus
– *coccineus* Salm-Dyck non DC. = Heliocereus coccineus
– *coerulescens* Salm-Dyck = Cereus aethiops
– *coryne* Salm-Dyck = Stetsonia coryne
– *damazioi* K. Schum. ex Weing. = Arthrocereus microsphaericus
– **dayamii** Speg. · ♆ Z9 Ⓚ ▽ ✻; Arg.
– *decumbens* Vaupel = Haageocereus decumbens
– *dumortieri* Scheidw. = Stenocereus dumortieri
– *dybowskii* Rol.-Goss. = Austrocephalocereus dybowskii
– *elegantissimus* (Britton et Rose) A. Berger = Heliocereus coccineus
– *emoryi* Engelm. = Bergerocactus emoryi
– *flagelliformis* (L.) Mill. = Aporocactus flagelliformis
– *flagriformis* Pfeiff. = Aporocactus flagelliformis
– *fluminensis* Miq. = Coleocephalocereus fluminensis
– **forbesii** Otto · ♆ Z9 Ⓚ ▽ ✻; E-Bol., Arg.
– *giganteus* Engelm. = Carnegiea gigantea
– *grandiflorus* (L.) Mill. = Selenicereus grandiflorus
– *greggii* Engelm. = Peniocereus greggii
– **hexagonus** (L.) Mill. · ♆ Z9 Ⓚ ▽ ✻; Venez., Surinam
– **huntingtonianus** Weing. · ♆ Z9 Ⓚ ▽ ✻; ? Arg.
– *ianthothele* Monv. = Pfeiffera ianthothele
– *jalapensis* Vaupel = Selenicereus coniflorus
– **jamacaru** DC. · ♆ Z9 Ⓚ ▽ ✻; Bras.
– *lepidotus* Salm-Dyck = Cereus hexagonus
– *leptophis* DC. = Aporocactus flagelliformis
– *limensis* Salm-Dyck = Haageocereus limensis
– *macdonaldiae* Hook. = Selenicereus macdonaldiae var. macdonaldiae
– *marginatus* DC. = Stenocereus marginatus
– *martianus* Zucc. = Aporocactus martianus
– *melanostele* (Vaupel) Berger = Espostoa melanostele
– *melanotrichus* K. Schum. = Corryocactus melanotrichus
– *microspermus* Werderm. et Backeb. = Browningia microsperma
– *microsphaericus* K. Schum. = Arthrocereus microsphaericus
– *neotetragonus* Backeb. = Cereus pernambucensis
– *nycticalus* Link = Selenicereus pteranthus
– **pernambucensis** Lem. · ♆ Z9 Ⓚ ▽ ✻; Bras.
– **peruvianus** (L.) Mill. · E:Peruvian Cactus · ♆ Z9 Ⓚ ▽ ✻; ? S-Am., nat. in SE-F
– *pterogonus* Lem. = Deamia testudo
– *queretaroensis* F.A.C. Weber = Stenocereus queretaroensis
– *roezlii* Haage = Borzicactus roezlii
– *rostratus* Lem. = Selenicereus hamatus
– *schottii* Engelm. = Lophocereus schottii
– *schrankii* Zucc. = Heliocereus schrankii
– *sericatus* Backeb. = Espostoa lanata
– *silvestrii* Speg. = Lobivia silvestrii
– *spachianus* Lem. = Trichocereus spachianus
– *speciosissimus* (Desf.) DC. = Heliocereus speciosus var. speciosus
– *speciosus* (Cav.) K. Schum. = Heliocereus speciosus var. speciosus
– **stenogonus** K. Schum. · ♆ Z9 Ⓚ ▽ ✻; E-Bol., Parag., N-Arg.
– *striatus* K. Brandegee = Peniocereus striatus
– *tetragonus* (Willd.) Haw. non Mill. = Cereus pernambucensis
– *thurberi* Engelm. = Stenocereus thurberi
– *triangularis* hort. non (L.) Haw. = Hylocereus undatus
– *validus* Haw. = Cereus forbesii
– *versicolor* Werderm. et Backeb. = Haageocereus versicolor
– *viperinus* F.A.C. Weber = Peniocereus viperinus
– *weberbaueri* Vaupel = Weberbauerocereus weberbaueri
– **xanthocarpus** K. Schum. · ♆ Z9 Ⓚ ▽ ✻; Parag.

Cerinthe L. -f- *Boraginaceae* · 10 sp · D:Wachsblume; E:Honeywort; F:Mélinet
– *alpina* Kit. ex Schult. = Cerinthe glabra
– **glabra** Mill. · D:Alpen-Wachsblume; E:Smooth Honeywort · ♃ △ Z5 V-VII; Eur.: Fr, Ap, C-Eur., EC-Eur., Ba, RO; TR; mts.
– **major** L. · D:Große Wachsblume; E:Honeywort · ☉ Z5 VI-VII; Eur.: Ib, Fr, Ap, Ba; TR, Syr., Palaest., N-Afr.
– **minor** L. · D:Kleine Wachsblume; E:Lesser Honeywort · ☉ ♃ Z5 V-VII; Eur.: C-Eur., EC-Eur., Fr, Ap, E-Eur., Ba; TR, Iraq, Cauc., Iran

Ceriops Arn. -f- *Rhizophoraceae* · 2-3 sp
– **candolleana** Arn. · ₺ ♄ Ⓦ Ⓝ; Trop.

Ceropegia L. -f- *Asclepiadaceae* · 160-200 sp · D:Leuchterblume; F:Céropégia
- **africana** R. Br. · ♃ Ψ ⌇ Z10 Ⓚ; S-Afr.: Kap, Natal
- **barkleyi** Hook. f. · ♃ Ψ ⌇ ⌇ Z10 Ⓚ; S-Afr.: Natal
- **bulbosa** Roxb. · ♃ Ψ ⌇ Z10 Ⓦ; Ind.
  - var. *esculenta* (Edgew.) Hook. f. = Ceropegia bulbosa
  - var. *lushii* (Graham) Hook. f. = Ceropegia bulbosa
- *caffrorum* Schltr. = Ceropegia linearis subsp. linearis
- **crassifolia** Schltr. · ♃ Ψ ⌇ Z10 Ⓚ; Namibia, S-Afr.
- **cumingiana** Decne. · ♃ Ψ ⌇ Z10 Ⓦ VI-VIII; Malay. Arch., Phil., N.Guinea, trop. Austr.
- *debilis* N.E. Br. = Ceropegia linearis subsp. debilis
- **dichotoma** Haw. · ♄ Ψ Z10 Ⓚ VII-X; Canar.
- **distincta** N.E. Br. · ♄ Ψ Z10 Ⓚ; Zanzibar
  - subsp. *haygarthii* (Schltr.) H. Huber = Ceropegia haygarthii
  - subsp. *lugardiae* (N.E. Br.) H. Huber = Ceropegia lugardiae
- **elegans** Wall.
  - var. **elegans** · ♄ Ψ ⌇ Z10 Ⓦ; Sri Lanka, nat. in Cambodia
  - var. **gardneri** (Thwaites ex Hook.) H. Huber · ♄ Ψ ⌇ Z10 Ⓦ; Sri Lanka
- **fusca** Bolle · ♄ Ψ Z10 Ⓚ VII-X; Canar.
- *gardneri* Thwaites ex Hook. = Ceropegia elegans var. gardneri
- *hastata* N.E. Br. = Ceropegia linearis subsp. woodii
- **haygarthii** Schltr. · ♄ Ψ ⌇ Z10 Ⓚ; S-Afr.: Kap, Natal, Transvaal
- **linearis** E. Mey.
  - subsp. **debilis** (N.E. Br.) H. Huber · ♃ Ψ ⌇ Z10
  - subsp. **linearis** · ♃ Ψ ⌇ ⌇ Z10 Ⓦ Ⓚ I-XII; Mozamb., S-Afr.: Natal
  - subsp. **tenuis** (N.E. Br.) Bruyns · ♃ Ψ ⌇ Z10; S-Afr. (Cape Prov.)
  - subsp. **woodii** (Schltr.) H. Huber · D:Hängende Leuchterblume; E:Hearts on a String, Rosary Vine · ♃ Ψ ⌇ Z10; Kap, Zimbabwe
- **lugardiae** N.E. Br. · ♄ Ψ ⌇ Z10 Ⓚ VI-VIII; E-Afr., trop. S-Afr.
- *lushii* Graham = Ceropegia bulbosa
- **radicans** Schltr. · ♃ Ψ ⟿ Z10 Ⓚ VI-VIII; Kap
- **robynsiana** Werderm. · ♃ Ψ ⌇ Z10 Ⓦ V-VIII; Zaire
- **sandersonii** Decne. ex Hook. f. · D:Kletternde Leuchterblume; E:Fountain Flower, Parachute Plant · ♃ Ψ ⌇ Z10 Ⓚ VII-XI; Mozamb., S-Afr.: Natal, Transvaal
- **stapeliiformis** Haw. · ♃ Ψ ⌇ Z10 Ⓚ VII-X; S-Afr.: Kap, Transvaal
- *thorncroftii* N.E. Br. = Ceropegia crassifolia
- *woodii* Schltr. = Ceropegia linearis subsp. woodii

Ceroxylon Bonpl. ex DC. -n- *Arecaceae (Palmae)* · 15-20 sp · D:Wachspalme; E:Wax Palm; F:Céroxylon, Palmier
- **alpinum** Bonpl. ex DC. · D:Berg-Wachspalme · ♄ e Z9 Ⓦ Ⓝ; Col.

Cestrum L. -n- *Solanaceae* · c. 175 sp · D:Hammerstrauch; E:Jessamine; F:Cestrum
- **aurantiacum** Lindl. · D:Orangefarbener Hammerstrauch; E:Orange Cestrum · ♄ e Z9 Ⓚ VII-XI; Guat.
- **diurnum** L. · ♄ e D Z9 Ⓦ VIII-X; W.Ind.
- **elegans** (Brongn. ex Neuman) Schltdl.
  - var. **elegans** · D:Roter Hammerstrauch; E:Red Cestrum · ♄ e Z9 Ⓚ IV-IX; Mex.
  - var. **longiflorum** Francey · ♄ e Z9 Ⓚ; Mex.
- **fasciculatum** (Endl.) Miers · D:Büscheliger Hammerstrauch · ♄ e Z9 Ⓚ IV-V; Mex.
  - **'Newellii'** (*C. elegans* × *C. fasciculatum*) · ♄ e Ⓚ V-IX; cult.
- × *newellii* hort. = Cestrum fasciculatum 'Newellii'
- **nocturnum** L. · D:Nachtjasmin; E:Lady of the Night, Night Jessamine · ♄ e Z9 Ⓚ; W.Ind.
- **parqui** L'Hér. · D:Weidenblättriger Hammerstrauch; E:Willow Leaf Jessamine · ♄ d Z9 Ⓚ VI-VII ☠; Chile, nat. in S-Eur.
- *purpureum* (Lindl.) Standl. = Cestrum elegans var. elegans

Ceterach Willd. = Asplenium
- *officinarum* DC. = Asplenium ceterach

Chaenactis DC. -f- *Asteraceae (Compositae)* · 40 sp
- **artemisiifolia** (Harv. et A. Gray) A. Gray · ☉ Z7 VII-VIII; S-Calif.

- **glabriuscula** DC.
  - var. **glabriuscula** · E:Yellow Pincushion · ⊙ Z7; Calif.
  - var. **tenuifolia** (Nutt.) H.M. Hall · ⊙ Z7 VII-VIII; S-Calif.
- *tenuifolia* Nutt. = Chaenactis glabriuscula var. tenuifolia

Chaenomeles Lindl. -f- *Rosaceae* · 4 sp · D:Scheinquitte, Zierquitte; E:Flowering Quince; F:Cognassier du Japon
- × **californica** J.G.C. Weber (*C. cathayensis* × *C. japonica*) · ♄ d; cult.
- **cathayensis** (Hemsl.) C.K. Schneid.
  - var. **cathayensis** · ♄ d III-IV; C-China
  - var. **wilsonii** Rehder · ♄ d III-IV; C-China
- **japonica** (Thunb.) Lindl. ex Spach
  - var. **alpina** Maxim. · ♄ d Z5 III-IV; Jap.
  - var. **japonica** (Thunb.) Lindl. ex Spach · D:Japanische Scheinquitte; E:Japanese Quince, Maule's Quince; F:Cognassier du Japon · ♄ d Z5 IV Ⓝ; Jap.
- *lagenaria* (Loisel.) Koidz. = Chaenomeles speciosa
- *sinensis* (Dum.-Cours.) C.K. Schneid. = Pseudocydonia sinensis
- **speciosa** (Sweet) Nakai · D:Chinesische Scheinquitte; E:Chinese Quince · ♄ d Z5 V-VI ⚕; China, nat. in Jap.
  - **in vielen Sorten**
- × **superba** (Frahm) Rehder (*C. japonica* × *C. speciosa*) · D:Zierquitte; E:Flowering Quince · ♄ d Z5 III-IV; cult.
  - **in vielen Sorten**
- × **vilmoriana** J.G.C. Weber (*C. cathayensis* × *C. speciosa*) · D:Vilmorins Scheinquitte; E:Vilmorin's Quince · ♄ d Z6; cult.

Chaenorhinum (DC.) Rchb. -n- *Scrophulariaceae* · 21 sp · D:Klaffmund, Orant, Zwerglöwenmaul; E:Dwarf Snapdragon, Toadflax; F:Linaire
- *crassifolium* (Cav.) Lange = Chaenorhinum origanifolium subsp. crassifolium
- **glareosum** (Boiss.) Willk. · ♃ Z8; S-Sp. (Sierra Nevada, Sierra Tejeda)
- **minus** (L.) Lange Z8
  - subsp. **litorale** (Willd.) Hayek · D:Strand-Klaffmund · ⊙ V-IX; Eur.: Adria, nat. in A (Kärnten, Steiermark)
  - subsp. **minus** · D:Gewöhnlicher Klaffmund, Kleiner Orant · ⊙ VI-X; Eur.*, TR, Lebanon, Cauc., C-As., NW-Afr.
- **origanifolium** (L.) Kostel.
  - subsp. **crassifolium** (L.) Lange · ♃ Z7; Eur.: Sp., Ba
  - subsp. **origanifolium** · ♃ Z7; Eur.: Ib, I, F; Maroc., Alger., Tun.
- **villosum** (L.) Lange · ♃ Z7; S-Sp., SW-F, NW-Afr.

Chaenorrhinum (DC.) Rchb. = Chaenorhinum

Chaenostoma Benth. = Sutera
- *grandiflorum* (Galpin) L.H. Bailey = Sutera grandiflora
- *hispidum* (Thunb.) Benth. = Sutera hispida
- *polyanthum* Benth. = Sutera polyantha

Chaerophyllum L. -n- *Apiaceae (Umbelliferae)* · c. 35 sp · D:Kälberkropf; E:Chervil; F:cerfeuil sauvage, Chérophylle
- **aromaticum** L. · D:Gewürz-Kälberkropf · ♃ Z6 VII-VIII; Eur.: Ap, C-Eur., EC-Eur., Ba, E-Eur.
- **aureum** L. · D:Gold-Kälberkropf · ♃ Z6 VI-VII; Eur.: Ib, Fr, Ap, C-Eur., E-Eur., Ba; TR, Cauc., N Iran
- **bulbosum** L. · D:Kerbelrübe, Knolliger Kälberkropf; E:Bulbous Chevril, Garden Chevril, Parsnip Chevril · ⊙ Z6 VI-VII Ⓝ; Eur.* exc. Ib, BrI; Cauc., C-As., nat. in N-Am.
- **elegans** Gaudin · D:Zierlicher Kälberkropf · ♃ Z6 VI-VIII; Eur.: I, CH, A; Alp.
- **hirsutum** L.
  - subsp. **hirsutum** · D:Berg-Kerbelrübe, Rauhaariger Kälberkropf; E:Hairy Chervil · ♃ Z6 V-VIII; Eur.* exc. BrI, Sc, nat. in DK
  - subsp. **villarsii** (W.D.J. Koch) Briq. · D:Villars Kälberkropf · ♃ Z6 V-VI; Eur.: I, F, C-Eur., Slove., Croatia, AL
- *sativum* Lam. = Anthriscus cerefolium subsp. cerefolium
- *temulentum* L. = Chaerophyllum temulum
- **temulum** L. · D:Hecken-Kälberkropf, Taumel-Kälberkropf; E:Rough Chervil · ⊙ ⊙ Z6 V-VII ☠; Eur.*, TR, Cauc., NW-Afr.
- *trichospermum* Schult. non Lam. = Anthriscus cerefolium subsp. trichospermus

Chamaebatia Benth. -f- *Rosaceae* · 2 sp · D:Fiederspiere; E:Mountain Misery

– **foliolosa** Benth. · E:Sierran Mountain Misery · ħ e Z8 ⌂ VII; Calif.

Chamaebatiaria (Porter) Maxim. -f- *Rosaceae* · 1 sp · D:Harzspiere, Scheinfiederspiere
– **millefolium** (Torr.) Maxim. · D:Harzspiere, Scheinfiederspiere; E:Fernbush · ħ d Z7 ∧ VII-VIII; USA: NW, Rocky Mts, Calif., SW

Chamaebuxus DC. = Polygala
– *alpestris* Spach = Polygala chamaebuxus var. chamaebuxus
– *vayredae* (Costa) Willk. = Polygala vayredae

Chamaecereus Britton et Rose = Lobivia
– *silvestrii* (Speg.) Britton et Rose = Lobivia silvestrii

Chamaecistus Regel = Loiseleuria
– *procumbens* (L.) Kuntze = Loiseleuria procumbens

Chamaecladon Miq. = Homalomena

Chamaecrista Moench -f- *Caesalpiniaceae (Leguminosae)* · 265 sp
– **cotinifolia** (G. Don) H.S. Irwin et Barneby · ħ ✂ ⌂; Bras.

Chamaecyparis Spach -f- *Cupressaceae* · 6 sp · D:Scheinzypresse; E:False Cypress; F:Faux-cyprès
– *funebris* (Endl.) Franco = Cupressus funebris
– **lawsoniana** (A. Murray) Parl. · D:Lawsons Scheinzypresse; E:Lawson's Cypress; F:Cyprès de Lawson · ħ ♄ e Z5 III-IV ☠ Ⓝ; USA: S-Oreg., N-Calif., nat. in Eur.
  – **in vielen Sorten**
– **nootkatensis** (D. Don) Spach · D:Nutka-Scheinzypresse; E:Alaska Cedar, Nootka Cypress; F:Cyprès de Nootka, Cyprès pleureur de l'Alaska · ħ ♄ e Z5 III-VI ☠ Ⓝ; Alaska, Can.: B.C.; USA: NW, Calif.
– *nutkaensis* Lindl. et Gordon = Chamaecyparis nootkatensis
– **obtusa** (Siebold et Zucc.) Endl. · D:Feuer-Scheinzypresse, Hinoki-Scheinzypresse; E:Hinoki Cypress; F:Cyprès nain · ħ e Z4 III-IV ☠ Ⓝ; Jap., Taiwan
  – **in vielen Sorten**
– **pisifera** (Siebold et Zucc.) Endl. · D:Erbsenfrüchtige Scheinzypresse; E:Sawara Cypress; F:Cyprès porte-pois · ħ ♄ e Z4 III-IV ☠ Ⓝ; Jap.
  – **in vielen Sorten**
– *sphaeroidea* Spach = Chamaecyparis thyoides
– **thyoides** (L.) Britton, Sterns et Poggenb. · D:Weiße Scheinzypresse; E:White Cedar, White Cypress; F:Cyprès blanc · ħ e Z5 IV ☠ Ⓝ; USA: NE, SE, Fla.

Chamaecytisus Link -m- *Fabaceae (Leguminosae)* · c. 30 sp · D:Geißklee, Zwergginster
– **albus** (Hacq.) Rothm. · D:Weißer Zwergginster; E:Portuguese Broom, White Broom · ♃ d △ Z6 VI-VIII ☠; Eur.: EC-Eur., Ba, E-Eur.
– **austriacus** (L.) Link · D:Österreichischer Zwergginster, Österreichischer Geißklee · ħ d △ Z6 VI-VIII ☠; Eur.: EC-Eur., Ba, E-Eur.; Cauc.
– **ciliatus** (Wahlenb.) Rothm. · ħ d Z6; Eur.: A, EC-Eur., RO, BG
– **eriocarpus** (Boiss.) Rothm. · ħ d; Ba
– **glaber** (L. f.) Rothm. · ħ d Z6 V-VI; Eur.: YU, BG, RO
– **hirsutus** (L.) Link · D:Rauhaariger Zwergginster · ħ d Z6 IV-VI ☠; Eur.: Fr, Ap, C-Eur., EC-Eur., Ba, E-Eur.; TR
– **proliferus** (L. f.) Link · E:Escabon · ħ Z9 ⌂ IV-V Ⓝ; Canar.
– **purpureus** (Scop.) Link · D:Purpur-Zwergginster; E:Purple Broom; F:Genêt pourpre · ħ △ Z5 IV-VII ☠; Eur.: I, A, Slove., Croatia, AL, nat. in D
– **ratisbonensis** (Schaeff.) Rothm. · D:Regensburger Zwergginster · ♄ ħ d Z5 V-VI ☠; Eur.: C-Eur., EC-Eur., Ba, E-Eur.
– **ruthenicus** (Fisch. ex E. Woll.) Klásk. · ħ d; PL, Russ.
– **supinus** (L.) Link · D:Kopf-Zwergginster; E:Clustered Broom · ħ d Z6 VI-VII ☠; Eur.* exc. BrI, Sc; TR
– × **versicolor** Kirchn. (*C. hirsutus* × *C. purpureus*) · ħ d Z6 V-VI; cult.

Chamaedaphne Moench -f- *Ericaceae* · 1 sp · D:Lederblatt, Torfgränke; E:Leatherleaf
– **calyculata** (L.) Moench · D:Torfgränke; E:Leatherleaf · ħ e △ Z7 IV-V ☠; Eur.: Sc, PL, Russ.; N-As., Jap., Alaska, Can., USA: NE, SE, NCE;

Chamaedorea Willd. -f- *Arecaceae (Palmae)* · c. 100 sp · D:Bergpalme; F:Palmier de montagne
– **arenbergiana** H. Wendl. · ♄ e Z9 ⓦ; C-Am.
– **concolor** Mart. · ♄ e Z9 ⓦ; Mex.
– *desmoncoides* H. Wendl. = Chamaedorea elatior
– **elatior** Mart. · e Z9 ⓦ; Mex., Guat.
– **elegans** Mart. · D:Mexikanische Bergpalme, Zierliche Bergpalme; E:Parlour Palm · ♄ e Z9 ⓦ; Mex., Guat.
– **ernesti-augustii** H. Wendl. · ♄ e Z9 ⓦ; Mex., Guat., Hond.
– **erumpens** H.E. Moore · D:Breitblättrige Bergpalme; E:Bamboo Palm · ♄ e Z9 ⓦ; Guat., Belize
– **geonomiformis** H. Wendl. · ♄ e Z9 ⓦ; Belize, Hond.
– **glaucifolia** H. Wendl. · ♄ e Z9 ⓦ; S-Mex.
– **graminifolia** H. Wendl. · ♄ e Z9 ⓦ; Mex., Guat.
– **karwinskyana** H. Wendl. · ♄ e Z9 ⓦ; Mex.
– **metallica** O.F. Cook ex H.E. Moore · D:Metallische Bergpalme; E:Miniature Fish-tail Palm · ♄ e Z9 ⓦ; Mex.
– *nana* hort. = Chamaedorea metallica
– **nana** N.E. Br. · ♄ e ⓦ; Costa Rica
– **oblongata** Mart. · ♄ e Z9 ⓦ; E-Mex., C-Am.
– *pumila* hort. = Chamaedorea metallica
– **sartorii** Liebm. · ♄ e Z9 ⓦ; Mex., C-Am.
– **seifrizii** Burret · D:Seifriz-Bergpalme; E:Reed Palm · ♄ e Z9 ⓦ; Mex. (Yucatan)
– **tenella** H. Wendl. · ♄ e Z9 ⓦ; Mex.
– *tenella* hort. = Chamaedorea metallica
– **tepejilote** Liebm. · ♄ e Z9 ⓦ Ⓝ; S-Mex., C-Am.
– *wendlandiana* (Oerst.) Hemsl. = Chamaedorea tepejilote

Chamaelirium Willd. -n- *Melanthiaceae* · 1 sp · D:Funkelstern; E:Blazing Star
– **luteum** (L.) A. Gray · E:Fairywand · ♃ Z4 ⚕; Can.: Ont.; USA: NE, NCE, SE, Fla.

Chamaemelum Mill. -n- *Asteraceae (Compositae)* · 4 sp · D:Römische Kamille; E:Chamomile; F:Camomille romaine
– *inodorum* (L.) Vis. = Tripleurospermum perforatum
– **nobile** (L.) All. · D:Römische Kamille; E:Camomile · ♃ Z4 VI-IX ⚕ Ⓝ; Eur.: BrI, Fr, Ib, Azor.; Maroc., Alger., nat. in C-Eur., Ap, EC-Eur., BG
– *tchihatchewii* Boiss. = Tripleurospermum oreades var. tchihatchewii

Chamaenerion Spach = Epilobium
– *angustifolium* (L.) Scop. = Epilobium angustifolium
– *dodonaei* (Vill.) Schur = Epilobium dodonaei
– *fleischeri* (Hochst.) Fritsch = Epilobium fleischeri
– *palustre* auct. non (L.) Scop. = Epilobium dodonaei

Chamaepericlymenum Hill = Cornus
– *canadense* (L.) Asch. et Graebn. = Cornus canadensis
– *suecicum* (L.) Asch. et Graebn. = Cornus suecica

Chamaepeuce Zucc. = Ptilostemon
– *afra* (Jacq.) DC. = Ptilostemon afer
– *casabonae* (L.) DC. = Ptilostemon casabonae

Chamaepitys Hill = Ajuga
– *suffrutescens* (L.) DC. = Ajuga chamaepitys

Chamaeranthemum Nees -n- *Acanthaceae* · 4 sp
– **beyrichii** Nees · ♃ ⓦ; S-Bras.
– **gaudichaudii** Nees · ♃ ⓦ; Bras.
– *igneum* (Linden) Regel = Xantheranthemum igneum

Chamaerops L. -f- *Arecaceae (Palmae)* · 1 sp · D:Zwergpalme; F:Palmier nain
– *excelsa* Mart. = Trachycarpus fortunei
– *fortunei* Hook. = Trachycarpus fortunei
– **humilis** L. · D:Europäische Zwergpalme; E:Mediteranean Fan Fern, Palmito · ♄ e Z9 ⓚ Ⓝ; Eur.: Ib, F, Ap; N-Afr.
– *hystrix* Pursh = Rhapidophyllum hystrix

Chamaespartium Adans. -n- *Fabaceae (Leguminosae)* · 2-4 sp · D:Flügelginster; E:Winged Broom; F:Genêt ailé
– **sagittale** (L.) P.E. Gibbs · D:Flügelginster
  – subsp. **delphinensis** (Verl.) Soják · ♄ ⇝ Z4 V-VI ☠; S-F
  – subsp. **sagittale** · D:Gewöhnlicher Flügelginster; E:Arrow Broom, Winged Broom; F:Genêt ailé, Génistelle · ♄ ⇝ Z6 V-VI ☠; Eur.* exc. BrI, Sc

– var. *minor* DC. = Chamaespartium sagittale subsp. delphinensis

Chamaesyce Gray -f- *Euphorbiaceae* · c. 250 sp · D:Wolfsmilch; E:Spurge
– **humifusa** (Willd. ex Schltr.) Prokh. · D:Niederliegende Wolfsmilch · ⊙ VI-IX ☠; Eur.: Russ.; Cauc., W-Sib., E-Sib., Amur, C-As, Mong., China: Sinkiang, Jap., nat. in Fr, Ap, C-Eur., EC-Eur.RO
– **maculata** (L.) Small · D:Gefleckte Wolfsmilch; E:Spotted Spurge · ⊙ VI-IX ☠; N-Am., nat. in Eur: : Ib, Fr, Ap, C-Eur., Ba, RO
– **nutans** (Lag.) Small · D:Nickende Wolfsmilch · ⊙ VII-IX ☠; N-Am., nat. in Eur: : Fr, Ap, C-Eur., Ba, RO
– **prostrata** (Aiton) Small · D:Hingestreckte Wolfsmilch · ⊙ VI-IX ☠; N-Am., nat. in Eur.: Ib, I, Sic., GR
– **serpens** (Kunth) Small · D:Schlängelnde Wolfsmilch · ⊙ ☠; Am., nat. in Sp., S-F

Chambeyronia Vieill. -f- *Arecaceae (Palmae)* · 2 sp
– **macrocarpa** (Brongn.) Vieill. ex Becc. · ♄ e Z10 (W); N. Caled.

Chamelaucium Desf. -n- *Myrtaceae* · c. 20 sp
– **uncinatum** Schauer · E:Geraldton Waxflower · ♄ e (K) III-IV; W-Austr.

Chamerion (Raf.) Raf. = Epilobium
– *angustifolium* (L.) Holub = Epilobium angustifolium
– *dodonaei* (Vill.) Holub = Epilobium dodonaei
– *fleischeri* (Hochst.) Holub = Epilobium fleischeri

Chamomilla Gray = Matricaria
– *recutita* (L.) Rauschert = Matricaria recutita

Chamorchis Rich. -f- *Orchidaceae* · 1 sp · D:Zwergständel, Zwergstendel; F:Chamorchis, Orchis
– **alpina** (L.) Rich. · D:Zwergständel, Zwergstendel · ♃ VII-VIII ▽ *; Eur.: Fr, Ap, C-Eur., EC-Eur., Slove., RO, N-Russ.; N, Alp., Carp.

Champaca Adans. = Michelia
– *michaelia* Noronha = Michelia champaca

Charieis Cass. = Felicia
– *heterophylla* Cass. = Felicia heterophylla

× **Charlesworthara** hort. -f- *Orchidaceae* (*Cochlioda* × *Miltonia* × *Oncidium*)

Chartolepis Cass. = Centaurea
– *glastifolia* (L.) Cass. = Centaurea glastifolia

Chasmanthe N.E. Br. -f- *Iridaceae* · 3 sp · D:Rachenlilie; F:Chasmanthe
– **aethiopica** (L.) N.E. Br. · E:African Cornflag · ♃ Z9 (K); S-Kap
– **caffra** (Baker) N.E. Br. · ♃ Z9 (K); S-Afr.: Kap, Natal

Chasmanthium Link -n- *Poaceae (Gramineae)* · 6 sp
– **latifolium** (Michx.) Yates · D:Plattährengras; E:Bamboo Grass, Sea Oats · ♃ ≫ Z4 VIII; USA: NE, NCE, NC, SC, SE, Fla.

Chasmatophyllum (Schwantes) Dinter et Schwantes -n- *Aizoaceae* · 6 sp
– **musculinum** (Haw.) Dinter et Schwantes · ♃ ¥ Z9 (K); S-Afr.: Kap, Orange Free State; Namibia

Cheilanthes Sw. -f- *Adiantaceae* · 150-180 sp · D:Lippenfarn, Pelzfarn, Schuppenfarn; E:Lip Fern; F:Cheilanthès
– **acrostica** (Balb.) Tod. · D:Schuppenfarn · ♃ (K) IV-VI; Eur.: Ib, Fr, Ap, Ba; TR, Levante, NW-Afr., Libya
– *fragrans* (L. f.) Sw. = Cheilanthes pteridioides
– **hirta** Sw. · E:Parsley Fern · ♃ Z10 (K); S-Afr.
– **marantae** (L.) Domin · D:Pelzfarn · ♃ Z7 (A) ∧ V-VII; Eur.: Ib, F, Ap, CH, A, EC-Eur., Ba, RO, Krim, Canar., Madeira; TR, Cauc., Him., Eth.
– **microphylla** Sw. · E:Southern Lip Fern · ♃ (K); Fla., Mex., C-Am., W.Ind., S-Am.
– **pteridioides** (Reichard) C. Chr. · ♃ Z8 (K); Eur.: Ib, Fr, Ap, Ba; TR, Levante, Cauc., Iran, C-As., NW-Afr., Libya

Cheiranthus L. = Erysimum
– × *allionii* (DC.) Kuntze = Erysimum × allionii
– *cheiri* L. = Erysimum cheiri
– *scoparius* Brouss. ex Willd. = Erysimum

scoparium

Cheiridopsis N.E. Br. -f- *Aizoaceae* · 23 sp
– *brevis* L. Bolus = Cheiridopsis cigarettifera
– **candidissima** (Haw.) N.E. Br. · ♃ ℣ Z9 ⓚ; Kap
– **cigarettifera** (A. Berger) N.E. Br. · ♃ ℣ Z9 ⓚ; Kap
– **gibbosa** Schick et Tischer · ♃ ℣ Z9 ⓚ; Kap
– **marlothii** N.E. Br. · ♃ ℣ Z9 ⓚ; Kap
– **pillansii** L. Bolus · ♃ ℣ Z9 ⓚ; Kap
– **purpurea** (Salm-Dyck) N.E. Br. · ♃ ℣ Z9 ⓚ; Kap

Chelidonium L. -n- *Papaveraceae* · 1 sp · D:Schöllkraut; E:Greater Celadine; F:Chélidoine, Herbe-aux-verrues
– *franchetianum* Prain = Dicranostigma franchetianum
– **majus** L. · D:Schöllkraut; E:Greater Celandine
  – var. **laciniatum** (Mill.) Syme · D:Gefranstes Schöllkraut · ♃ Z6 ☠
  – var. **majus** · D:Gewöhnliches Schöllkraut · ⊙ ♃ Z6 IV-X ⚕ ☠; Eur.*, TR, Cauc., W-Sib., C-As., Mong., Maroc., Alger., nat. in N-Am.

Chelone L. -f- *Scrophulariaceae* · 6 sp · D:Schildblume, Schlangenkopf; E:Shellflower; F:Chélone
– *barbata* Cav. = Penstemon barbatus subsp. barbatus
– *campanulata* Cav. = Penstemon campanulatus
– **glabra** L. · D:Schlangenkopf; E:Snakehead, Turtlehead; F:Galane en épis · ♃ Z3 VIII-X ⚕; Can.: E; USA; NE, NCE, SE
– **lyonii** Pursh · ♃ VII-IX; USA: Tenn., N.C., S.C., nat. in USA: NE
– **obliqua** L. · D:Miesmäulchen; F:Galane oblique · ♃ Z6 VII-IX; USA: NE, NCE, SE, Fla.
  – var. *alba* hort. = Chelone glabra

Chenopodium L. -n- *Chenopodiaceae* · c. 150 sp · D:Gänsefuß; E:Goosefoot; F:Chénopode
– **album** L. · D:Weißer Gänsefuß; E:Fat Hen
  – subsp. **album** · ⊙ Z5 VII-X Ⓝ; Eur.*, cosmop.
  – subsp. *amaranticolor* Coste et Reyn. = Chenopodium giganteum
– *amaranticolor* (Coste et Reyn.) Coste et Reyn. = Chenopodium giganteum
– **ambrosioides** L.
  – var. **ambrosioides** · D:Mexikanischer Tee, Wohlriechender Gänsefuß; E:Wormseed · ♃ VI-IX; trop. Am., nat. in C-Eur., S-Eur., Canar., N-Afr., Can.: E, USA*
  – var. **anthelminticum** (L.) A. Gray · ♃ Z5 ☠; USA: NE, NEC, SC, SE, Fla.; Bermudas, Puerto Rico, Dom.Rep., Costa Rica, C-Am.
– *anthelminticum* L. = Chenopodium ambrosioides var. anthelminticum
– **aristatum** L. · ⊙ ⋈ Z5 VI-IX; W-Sib., E-Sib., Amur, C-As., Mong., China, Korea, Jap.
– **berlandieri** Moq.
  – subsp. **berlandieri** · D:Berlandiers Gänsefuß · ⊙ Z5 VII-IX; USA, Mex., nat. in Eur.
  – subsp. **nutalliae** Moq. · D:Nuttalls Gänsefuß · ⊙ Z5 Ⓝ; Mex.
– **bonus-henricus** L. · D:Guter Heinrich, Wilder Mehl-Spinat; E:Good King Henry · ⊙ ♃ Z5 VI-VIII Ⓝ; Eur.*, nat. in N-Am.
– **botryoides** Sm. · D:Dickblättriger Gänsefuß, Dickblatt-Gänsefuß · ⊙ Z5 III-X; Eur.*, As., Afr., N-Am.; coasts, saline habitats
– **botrys** L. · D:Klebriger Gänsefuß; E:Jerusalem Oak · ⊙ ⋈ VII-VIII; Eur.: Ib, Fr, Ap, Ba, CH, EC-Eur., E-Eur.; TR, Cyprus, Syr., Cauc., Iran, W-Sib., C-As., Him., nat. in A, D, N-Am.
– **capitatum** (L.) Asch. · D:Kopfiger Erdbeerspinat; E:Strawberry Blite · ⊙ Z5 VI-VIII Ⓝ; cult. Eur.
– **ficifolium** Sm. · D:Feigenblättriger Gänsefuß · ⊙ Z5 VI-IX; Eur.* exc. Sc; TR, Iran, W-Sib., E-Sib. , C-As., Him., Jap., Egypt, nat. in Sc
– **foliosum** Asch. · D:Durchblätterter Gänsefuß, Echter Erdbeerspinat · ⊙ Z5 VI-VIII Ⓝ; Eur.: Ib, Fr, C-Eur., Ba; TR, Cyprus, Syr., Cauc., N-Iran, C-As., Him., nat. in EC-Eur., E-Eur., S-Afr., N-Am.
– **giganteum** D. Don · D:Spinatbaum; E:Tree Spinach · ⊙ Z5 VII-VIII Ⓝ; N-Ind.
– **glaucum** L. · D:Graugrüner Gänsefuß; E:Oak Leaved Goosefoot · ⊙ Z5 VII-X; Eur.*, Cauc., Iran, W-Sib., E-Sib. Amur, Sachal., Kamchat., C-As.
– **hircinum** Schrad. · D:Bocks-Gänsefuß · ⊙ Z5 VIII-X; S-Am., nat. in Eur., S-Afr.

– **hybridum** L. · D:Bastard-Gänsefuß, Stechapfelblättriger Gänsefuß, Unechter Gänsefuß; E:Sowbane · ⊙ Z5 VI-IX; Eur.* exc. BrI; TR, Cauc., W-Sib., E-Sib., Amur, C-As., Mong., Tibet, Him., Manch., China, Korea, nat. in N-Am.
– **murale** L. · D:Mauer-Gänsefuß; E:Australian Spinach · ⊙ Z5 VII-IX Ⓝ; Eur.*, TR, Levante, Cauc., Iran, C-As., Ind., N-Afr., nat. in N-Am., S-Am., Austr., NZ
– *nuttalliae* Saff. = Chenopodium berlandieri subsp. nutalliae
– **opulifolium** Schrad. ex W.D.J. Koch et Ziz · D:Schneeballblättriger Gänsefuß · ⊙ Z5 VII-IX; Eur.* exc. BrI, Sc; TR, Cauc., Iran, W-Sib. C-As., N-Afr., nat. in Sc
– **pallidicaule** Aellen · ♃ Ⓝ; Peru, Bol., Chile
– **polyspermum** L. · D:Vielsamiger Gänsefuß; E:Many-seed Goosefoot · ⊙ Z5 VII-IX; Eur.*, N-Afr., As.
– **pratericola** Rydb. · D:Schmalblättriger Gänsefuß · ⊙ Z5 VIII-X; N-Am., nat. in Eur., S-Am.
– **probstii** Aellen · D:Probst-Gänsefuß · VIII-IX; Austr.: Queensl., S-Austr., nat. in Eur.
– **pumilio** R. Br. · D:Australischer Gänsefuß · ⊙ Z5 VI-IX; Austr., Tasman., nat. in Eur.: Ib, B, D, F, N-Am., S-Afr., NZ
– **purpurascens** B. Juss. ex Jacq. · ⊙ Z5 VII-VIII; China
– **quinoa** Willd. · D:Quinoa, Reis-Melde; E:Quinoa · ⊙ Z5 VI-VIII Ⓝ; Col, Ecuad., Peru, Chile, Arg.
– **rubrum** L. · D:Roter Gänsefuß; E:Red Goosefoot · ⊙ Z5 VII-IX; Eur.*, Levante, Cauc., W-Sib., E-Sib. , C-As., Mong., China: Sinkiang, ? Manch., N-Am.
– **schraderianum** Schult. · D:Schraders Gänsefuß · ⊙ Z5 VII-IX; E-Afr., nat. in Eur.: EC-Eur., EC-Eur.; Cauc., Trop., Subtrop.
– **strictum** Roth · D:Gestreifter Gänsefuß · ⊙ Z5 VIII-X; Eur.: C-Eur., EC-Eur., E-Eur.; Cauc., Iran, W-Sib., Amur, C-As., Him., China, Canar., Eth.
– **suecicum** Murray · D:Grüner Gänsefuß · ⊙ Z5 VI-VIII; Eur.* exc. Ib; W-Sib., E-Sib. Amur, Sachal., Kamchat., C-As.
– **urbicum** L. · D:Straßen-Gänsefuß · ⊙ Z5 VII-VIII; Eur.* exc. BrI, Sc; TR, Cauc., Iran, W-Sib., E-Sib. Amur, C-As., Mong., China: Sinkiang, Manch., nat. in BrI
– *virgatum* (L.) Ambrosi = Chenopodium foliosum
– **vulvaria** L. · D:Stinkender Gänsefuß; E:Vulvaria · ⊙ Z5 VI-IX; Eur.*, TR, Levante, W-Sib., C-As., N-Afr., nat. in N-Am., Austr.

Cherleria L. = Minuartia
– *sedoides* L. = Minuartia sedoides

Chevaliera Gaudich. ex Beer = Aechmea
– *ornata* Gaudich. = Aechmea ornata
– *sphaerocephala* Gaudich. = Aechmea sphaerocephala

Chiapasia Britton et Rose -f- *Cactaceae* · 1 sp
– **nelsonii** (Britton et Rose) Britton et Rose · ♄ Ψ Z9 Ⓦ ▽ *; Mex., Hond.

Chiastophyllum (Ledeb.) A. Berger -n- *Crassulaceae* · 1 sp · D:Walddickblatt; F:Goutte d'or
– **oppositifolium** (Ledeb. ex Nordm.) A. Berger · D:Goldtröpfchen, Walddickblatt; F:Goutte d'or · ♃ Ψ △ Z7 VI; W-Cauc.

Childsia J.L. Childs = Hidalgoa
– *wercklei* J.L. Childs = Hidalgoa wercklei

Chilenia Backeb.[1939] = Neoporteria
– *subgibbosa* (Haw.) Backeb. = Neoporteria subgibbosa

Chileniopsis Backeb. = Neoporteria
– *villosa* (Monv.) Backeb. = Neoporteria villosa

Chiliotrichum Cass. -n- *Asteraceae (Compositae)* · 2 sp
– *amelloides* DC. = Chiliotrichum diffusum
– **diffusum** (G. Forst.) Kuntze · ♄ Z8 Ⓚ; Chile, Arg., Anden

Chiloschista Lindl. -f- *Orchidaceae* · c. 15 sp
– **lunifera** (Rchb. f.) J.J. Sm. · ♃ Ⓦ IV-V ▽ *; N-Ind., Sikkim, Myanmar, Thail.

Chimaphila Pursh -f- *Pyrolaceae* · 4-8 sp · D:Winterlieb; E:Prince's Pine; F:Chimaphile
– **umbellata** (L.) Barton · D:Doldiges Winterlieb; E:Prince's Pine · ♃ ♄ e Z4 VI-VIII ⚕ ▽; Eur.: Fr, C-Eur., Sc, EC-Eur., W-Ba, E-Eur.; W-Sib., Sachal., Amur,

Korea, Jap., Alaska, Can., USA* exc. SC, SW

Chimonanthus Lindl. -m- *Calycanthaceae* · 6 sp · D:Winterblüte; E:Wintersweet; F:Chimonanthe odorant
– *fragrans* Lindl. = Chimonanthus praecox
– **praecox** (L.) Link · D:Chinesische Winterblüte; E:Wintersweet; F:Chimonanthe odorant · ♄ d D Z7 ∧ I-III; China

Chimonobambusa Makino -f- *Poaceae (Gramineae)* · 10 sp
– **marmorea** (Mitford) Makino · D:Marmorierter Winterbambus; E:Marbled Bamboo · ♄ e Z6; Jap.

Chiococca P. Browne -f- *Rubiaceae* · 6-8 (-20) sp
– **alba** (L.) Hitchc. · D:Westindische Schneebeere; E:West Indian Snowberry · ♄ e D Z10 Ⓚ II; S-Fla., W.Ind.

Chiogenes Salisb. ex Torr. = Gaultheria
– *hispidula* (L.) Torr. et A. Gray = Gaultheria hispida
– *serpyllifolia* (Pursh) Salisb. = Gaultheria hispida

Chionanthus L. -m- *Oleaceae* · c. 100 sp · D:Schneeflockenstrauch; E:Fringe Tree; F:Arbre de neige
– **retusus** Lindl. et Paxton · D:Chinesischer Schneeflockenstrauch; E:Chinese Fringe Tree · ♄ d Z6 VI-VII; China, Korea, Taiwan
– **virginicus** L. · D:Virginischer Schneeflockenstrauch; E:American Fringe Tree; F:Arbre à franges, Arbre de neige · ♄ ♄ d Z5 VI ⚕; USA: NE, NCE, SC, SE, Fla.

Chionodoxa Boiss. -f- *Hyacinthaceae* · 6 sp · D:Schneeglanz, Schneestolz, Sternhyazinthe; E:Glory of the Snow; F:Gloire des neiges
– *cretica* Boiss. = Chionodoxa nana
– **forbesii** Baker · D:Gewöhnliche Sternhyazinthe, Große Sternhyazinthe; E:Glory of the Snow · ♃ Z4 IV; W-TR
– **Siehei Grp.**
– *gigantea* Whittall = Chionodoxa luciliae Gigantea Grp.
– **lochiae** Meikle · ♃ Z4 V; Cyprus
– *luciliae* auct. non Boiss = Chionodoxa forbesii
– **luciliae** Boiss. · D:Schneeglanz, Schneestolz · ♃ Z4 ▽; TR
– **Gigantea Grp.**
– **nana** (Schult. et Schult. f.) Boiss. et Heldr. · D:Kleine Sternhyazinthe; E:Glory of the Snow · ♃ Z4 IV; Crete
– **sardensis** Whittall · D:Dunkle Sternhyazinthe · ♃ Z4 IV; W-TR
– *siehei* Stapf = Chionodoxa forbesii Siehei Grp.
– *tmolusii* Whittall = Chionodoxa forbesii

× **Chionoscilla** J. Allen ex G. Nicholson -f- *Hyacinthaceae* (*Scilla* × *Chionodoxa*)
– **allenii** J. Allen ex G. Nicholson (*Scilla bifolia* × *Chionodoxa forbesii*) · ♃ Z4 III-IV; cult.

Chirita Buch.-Ham. ex D. Don -f- *Gesneriaceae* · 100-130 sp
– **barbata** Sprague · ♃ Z10 Ⓦ VII-VIII; Ind., Malay. Arch.
– **hamosa** (Wall.) R. Br. · ♃ Z10 Ⓦ VII-VIII; Ind., Myanmar
– *horsfieldii* R. Br. = Chirita lavandulacea
– **lavandulacea** Stapf · ♃ Z10 Ⓦ I-III; Malay.Arch.
– **micromusa** B.L. Burtt · ♃ Z10 Ⓦ VI-VIII; Thail.
– **pumila** D. Don · ♃ Z10 Ⓦ VII-IX; Him.
– **sinensis** Lindl. · ♃ Z10 Ⓦ; China (Hongkong)

Chironia L. -f- *Gentianaceae* · c. 15 sp · D:Chironie, Weihnachtsbeere; E:Christmas Berry; F:Chironia
– **linoides** L. · ♄ Z9 Ⓚ VII-X; S-Afr.

Chlidanthus Herb. -m- *Amaryllidaceae* · 1 sp · D:Prunkblüte; E:Fairy Lily; F:Pancrais jaune
– **fragrans** Herb. · D:Prunkblüte, Schönblüte; E:Fairy Lily, Perfumed Fairy Lily · ♃ D Z9 Ⓚ VII-VIII; Peru, Bol., NE-Arg.; And.

Chloammia Raf. = Vulpia

Chloranthus Sw. -m- *Chloranthaceae* · -20 sp
– **spicatus** (Thunb.) Makino · ♄ e Ⓦ Ⓝ; S-China, nat. in Jap.

Chloris Sw. -f- *Poaceae (Gramineae)* · c. 55

(-80) sp · D:Gilbgras; E:Finger Grass
- **argentina** (Hack.) Lillo et Parodi · ☉ ♃ Z9; Arg.
- **barbata** (L.) Sw. · D:Bärtiges Gilbgras; E:Swollen Windmill Grass · ☉ ♃ Z9 Ⓚ VIII-IX; Trop.
- *elegans* Humb., Bonpl. et Kunth = Chloris virgata
- **gayana** Kunth · D:Rhodasgras; E:Rhodes Grass · ☉ ♃ Z9 Ⓝ; trop. Afr., S-Afr., Sahara, S-As., Austr.
- **radiata** (L.) Sw. · ♃ Z9 Ⓚ VIII-IX; W.Ind.
- **truncata** R. Br. · ♃ Z9 Ⓚ VIII-IX; Austr.: Queensl., N.S.Wales,
- **virgata** Sw. · D:Feder-Fingergras; E:Feather Windmill Grass · ☉ ♃ Z10 VII-IX; Trop.

Chlorophora Gaudich. -f- *Moraceae* · 2 (-5) sp · D:Färberholz; E:Fustic; F:Iroko
- *excelsa* (Welw.) Benth. et Hook. f. = Milicia excelsa
- **tinctoria** (L.) Gaudich. ex Benth. et Hook. f. · D:Amerikanisches Färberholz; E:Fustic Tree · ♄ d Z10 Ⓦ Ⓝ; Mex., C-Am., W.Ind., S-Am.

Chlorophytum Ker-Gawl. -n- *Anthericaceae* · 215 sp · D:Grüner Heinrich, Grünlilie; E:Spider Ivy, Spider Plant; F:Phalangère
- **amaniense** Engl. · ♃ Z10 Ⓦ; Tanzania (Usambara)
- **bichetii** (Karrer) Backer · ♃ Z10 Ⓦ; Gabon
- **capense** (L.) Voss · ♃ Z9 Ⓦ Ⓚ; S-Afr.
- **comosum** (Thunb.) Jacques · D:Günlilie; E:Spider Plant · ♃ Z9 Ⓦ Ⓚ; S-Afr.: Kap, Natal
- *elatum* (Aitch.) R. Br. ex Spreng. = Chlorophytum capense
- *heyneanum* Wall. ex Hook. f. = Chlorophytum heynei
- **heynei** Baker · ♃ Z10 Ⓦ; Ind., Sri Lanka
- **hoffmannii** Engl. · ♃ Z10 Ⓦ; Tanzania
- **inornatum** Ker-Gawl. · ♃ Z10 Ⓦ; W-Afr.
- **macrophyllum** (A. Rich.) Asch. ex Baker · ♃ Z10 Ⓦ; Eth.
- **nepalense** (Lindl.) Baker · ♃ Z10 Ⓦ; Nepal, Sikkim
- **orchidastrum** Lindl. · ♃ Z10 Ⓦ; W-Afr.: Sierra Leone
- *sternbergianum* (Schult. et Schult. f.) Steud. = Chlorophytum comosum
- *undulatum* Wall. ex Hook. f. = Chlorophytum nepalense

Chloroxylon DC. -n- *Rutaceae* · 1 sp · D:Grünholz; E:Satin Wood; F:Bois jaune, Bois-satin
- **swietenia** DC. · D:Grünholz; E:Satin Wood · ♄ d Ⓦ Ⓝ; Ind.

Choisya Kunth -f- *Rutaceae* · 7 sp · D:Orangenblume; E:Orange Blossom; F:Oranger du Mexique
- *grandiflora* Regel = Choisya ternata
- **ternata** Humb., Bonpl. et Kunth · D:Mexikanische Orangenblume; E:Mexican Orange Blossom · ♄ e D Z8 Ⓚ V-VI; Mex.

Chondrilla L. -f- *Asteraceae (Compositae)* · 25 sp · D:Knorpellattich; E:Nakedweed; F:Chondrille
- **chondrilloides** (Ard.) H. Karst. · D:Alpen-Knorpellattich · ♃ VII-VIII; Eur.: Fr, Ap, C-Eur., Slove., ? RO; mts.
- **juncea** L. · D:Binsen-Knorpellattich; E:Nakedweed · ♃ VII-IX; Eur.* exc. BrI, Sc; TR, Syr., Iraq, Cauc., N-Iran, Afgh., NW-Afr.

× **Chondrobollea** hort. -f- *Orchidaceae* (*Bollea × Chondrorhyncha*)

Chondrodendron Ruiz et Pav. -n- *Menispermaceae* · 3 sp
- **microphyllum** (Eichler) Moldenke · ♄ ⌇ Ⓦ ☠; Bras.: Bahia
- **platyphyllum** (A. St.-Hil.) Miers · ♄ ⌇ Ⓦ ☠; SE-Bras.
- **tomentosum** Ruiz et Pav. · ♄ ⌇ Ⓦ ⚕ ☠; Panama, S-Am.

Chondrorhyncha Lindl. -f- *Orchidaceae* · 10-15 (-25) sp
- **chestertonii** Rchb. f. · ♃ Z10 Ⓦ VI-VIII ▽ ✻; Col.
- **fimbriata** (Linden et Rchb. f.) Rchb. f. · ♃ Z10 Ⓦ VII-VIII ▽ ✻; Col.

Chorisia Kunth -f- *Bombacaceae* · 5 sp · D:Florettseidenbaum, Wollbaum; E:Floss Silktree; F:Chorisia, Fromager
- **speciosa** A. St.-Hil. · D:Brasilianischer Florettseidenbaum; E:Floss Silktree · ♄ d Z10 Ⓦ; Bras., Arg.

Chorispora R. Br. ex DC. -f- *Brassicaceae (Cruciferae)* · 12 sp
– **tenella** (Pall.) DC. · D:Gliederschote; E:Crossflower · ⊙ Z7 V; Eur.: BG, RO, Russ.; TR, Syr., Iran, W-Sib., Mong.

Chorizema Labill. -n- *Fabaceae (Leguminosae)* · 18-25 sp · D:Flammenerbse, Kreisfahne; E:Flame Pea; F:Chorizema
– **cordata** Lindl. · D:Herzförmige Flammenerbse; E:Heart-leaved Flame Pea · ♄ e Z9 Ⓚ; W-Austr.
– *elegans* hort. = Chorizema ilicifolia
– **ilicifolia** Labill. · D:Heilige Flammenerbse; E:Holly Flame Pea · ♄ e Z9 Ⓚ ⊔ IV-V; W-Austr.
– *varia* Benth. = Chorizema ilicifolia

Chosenia Nakai = Salix
– *arbutifolia* (Pall.) Skvortsov = Salix arbutifolia
– *bracteosa* (Turcz.) Nakai = Salix arbutifolia

Christella H. Lev. -f- *Thelypteridaceae* · 50 sp
– **dentata** (Forssk.) Brownsey et Jermy · ♃ Z10 Ⓦ; Eur.: Azor., S-Sp., I, Crete; trop. Afr., trop. As.

Christia Moench -f- *Fabaceae (Leguminosae)* · 12 sp
– *lunata* Moench = Christia vespertilionis
– **vespertilionis** (L. f.) Backh. f. · ⊙ ♃ Ⓦ VII-IX; Cambodia, S-Vietn.

Chrozophora Neck. ex Juss. -f- *Euphorbiaceae* · 12 sp · D:Lackmuskraut; E:Tournesol; F:Croton, Tournesol
– **tinctoria** (L.) A. Juss. · D:Lackmuskraut; E:Tournesol · ⊙ Ⓚ Ⓝ; Eur.: Ib, Fr, Ap, Ba, Krim; TR, Levante, Socotra, Iran, Afgh., Ind., C-As., N-Afr.

Chrysalidocarpus H. Wendl. -m- *Arecaceae (Palmae)* · c. 20 sp · D:Goldfruchtpalme; E:Yellow Palm; F:Aréquier, Palmier doré
– **lutescens** H. Wendl. · D:Madagaskar-Goldfruchtpalme; E:Butterfly Palm, Madagascar Palm · ♄ e Z10 Ⓦ; Madag.

Chrysanthemoides Fabr. -f- *Asteraceae (Compositae)* · 2 sp
– **monilifera** (L.) Norl. · ♄ Z9 Ⓚ; S-Afr.

Chrysanthemum L. -n- *Asteraceae (Compositae)* · 37 sp · D:Chrysantheme, Winteraster; E:Florist's Chrysanthemum; F:Chrysanthème
– *achilleifolium* (M. Bieb.) Prodan = Tanacetum achilleifolium
– *alpinum* L. = Leucanthemopsis alpina
– *anethifolium* (Willd.) Steud. = Argyranthemum foeniculaceum
– *arcticum* L. = Arctanthemum arcticum
– *argenteum* (Willd.) Boom = Tanacetum argenteum
– *balsamita* L. = Tanacetum balsamita
– *biebersteinianum* Adams = Anthemis marschalliana
– *carinatum* Schousb. = Ismelia carinata
– *cinerariifolium* (Trevir.) Vis. = Tanacetum cinerariifolium
– *coccineum* Willd. = Tanacetum coccineum
– **coreanum** Lév. et Vaniot · ♃ Z7; Korea
– *coronarium* L. = Xanthophthalmum coronarium
– *corymbosum* L. = Tanacetum corymbosum subsp. corymbosum
– *densum* (Labill.) Steud. = Tanacetum densum
– *erubescens* hort. = Chrysanthemum zawadskii var. zawadskii
– *erubescens* Stapf = Chrysanthemum zawadskii var. latilobum
– *foeniculaceum* (Willd.) Desf. = Argyranthemum foeniculaceum
– *frutescens* L. = Argyranthemum frutescens
– *gayanum* Ball = Rhodanthemum gayanum
– × **grandiflorum** (Ramat.) Kitam. (*? × C. indicum*) · D:Garten-Chrysantheme; E:Chrysanthemum · ♃ Z7 ⚕; cult.
– **in vielen Sorten (siehe Kapitel III)**
– *haradjanii* Rech. f. = Tanacetum haradjanii
– × *hortorum* hort. = Chrysanthemum × grandiflorum
– × *hortorum* L.H. Bailey = Chrysanthemum × grandiflorum
– *indicum* hort. = Chrysanthemum × grandiflorum
– **indicum** L. · ♃ Z6 ⚕ Ⓝ; China
– × *koreanum* hort. = Chrysanthemum × grandiflorum
– *leucanthemum* L. = Leucanthemum vulgare
– *macrophyllum* Waldst. et Kit. = Tanacetum macrophyllum
– *majus* (Desf.) Asch. = Tanacetum balsamita
– *maritimum* (L.) Pers. = Tripleurospermum maritimum

– subsp. *inodorum* (K. Koch) Vis. = Tripleurospermum perforatum
– *mawii* Hook. f. = Rhodanthemum gayanum
– *maximum* hort. = Leucanthemum × superbum
– *maximum* Ramond = Leucanthemum maximum
– *millefoliatum* L. = Tanacetum millefolium
– *millefolium* (L.) Willd. = Tanacetum millefolium
– × *morifolium* Ramat. = Chrysanthemum × grandiflorum
– *multicaule* Desf. = Coleostephus multicaulis
– *naktongense* (Nakai) Tzvelev = Chrysanthemum zawadskii var. latilobum
– *nipponicum* (Franch. ex Maxim.) Matsum. = Nipponanthemum nipponicum
– *nivellei* hort. non Braun-Blanq. et Maire = Heteranthemis viscidihirta
– *pacificum* Nakai = Ajania pacifica
– *paludosum* Poir. = Hymenostemma paludosum
– *parthenium* (L.) Bernh. = Tanacetum parthenium
– *ptarmiciflorum* (Webb) Brenan = Tanacetum ptarmiciflorum
– *roseum* Adams = Tanacetum coccineum
– *rubellum* Sealy = Chrysanthemum zawadskii var. latilobum
– *segetum* L. = Xanthophthalmum segetum
– *serotinum* L. = Leucanthemella serotina
– *sinense* Sabine ex Sweet = Chrysanthemum × grandiflorum
– × *spectabile* (Lilja) A. Nilsson = Xanthophthalmum × spectabile
– × *superbum* Bergmans ex J.W. Ingram = Leucanthemum × superbum
– *tricolor* Andrews = Ismelia carinata
– *uliginosum* Pers. = Leucanthemella serotina
– *viscidehirtum* (Schott) Thell. = Heteranthemis viscidihirta
– *vulgare* (L.) Bernh. = Tanacetum vulgare
– *weyrichii* (Maxim.) Miyabe = Chrysanthemum weyrichii
– **weyrichii** (Maxim.) Tzvelev · F:Chrysanthème nain d'Extrême-Orient · ♃ △ Z4 VI-VII; Jap.
– **zawadskii** Herbich
  – var. **latilobum** Maxim. · D:Koreanische Garten-Chrysantheme · ♃ ⋈ Z7 ∧ IX-X ▽; Jap., Korea, Manch., N-China
  – var. **zawadskii** · D:Korea-Chrysantheme; E:Korean Chrysanthemum · ♃ ⇝ △ Z6 VI-VII ▽; Russ., Slova; Carp., Ural

Chrysobalanus L. -m- *Chrysobalanaceae* · 2 sp · D:Goldpflaume, Icacopflaume; E:Coco Plum; F:Icaquier
– **icaco** L. · D:Goldpflaume, Icacopflaume; E:Coco Plum · ♄ ♄ e Z10 (W) (N); Fla., Mex., C-Am., W.Ind., Ecuad., N-Bras.

Chrysocoma L. -f- *Asteraceae (Compositae)* · 18 sp · D:Goldhaar; E:Goldilock; F:Chrysocome
– **coma-aurea** L. · D:Schopf-Goldhaar; E:Yellow Edging Daisy · ♃ Z9 (K) VII-VIII; S-Afr.

Chrysogonum L. -n- *Asteraceae (Compositae)* · 1 sp · D:Goldkörbchen; E:Golden Knee; F:Chrysogonum
– **virginianum** L. · D:Goldkörbchen; E:Golden Star, Green-and-Gold · ♃ V-VII; USA: NE, SE, Fla.

Chrysolarix H.E. Moore = Pseudolarix
– *amabilis* (J. Nelson) H.E. Moore = Pseudolarix amabilis

Chrysolepis Hjelmq. -f- *Fagaceae* · 2 sp
– **chrysophylla** (Douglas ex Hook.) Hjelmq. · D:Goldschuppenkastanie; E:Golden Chinkapin · ♄ e Z7 (K) (N); USA: Wash., Oreg., Calif.

Chrysophyllum L. -n- *Sapotaceae* · c. 70 sp · D:Sternapfel; E:Star Apple; F:Caïmitier
– **cainito** L. · D:Sternapfel; E:Star Apple · ♄ ♄ e Z10 (W) (N); C-Am., W.Ind.
– **imperiale** (Linden ex K. Koch et Fintelm.) Benth. et Hook. f. · ♄ e Z10 (W); Bras.

Chrysopogon Trin. -m- *Poaceae (Gramineae)* · 26 sp · D:Goldbart; E:Love Grass; F:Barbon, Chrysopogon
– **gryllus** (L.) Trin. · D:Goldbart · ♃ VI (N); Eur.: Fr, Ap, C-Eur., EC-Eur., Ba, E-Eur.; TR, Syr., N-Iraq, Cauc., Iran, Nepal, Ind. (Assam.), nat. in Austr.
– *nutans* (L.) Benth. = Sorghastrum nutans

Chrysopsis (Nutt.) Elliott -f- *Asteraceae (Compositae)* · 10 sp · D:Goldaster; E:Golden Aster; F:Aster doré
– *villosa* (Pursh) Nutt. = Heterotheca villosa

Chrysosplenium L. -n- *Saxifragaceae* · c. 60 sp · D:Milzkraut; E:Golden Saxifrage; F:Cresson doré, Dorine

– **alternifolium** L. · D:Wechselblättriges Milzkraut; E:Golden Saxifrage · ♃ ⇝ ~ Z4 IV-VI; Eur.*, Cauc., W-Sib., E-Sib., Amur, Kamchat., Him., Mong., Jap., Can., USA (Iowa), Greenl.
– **oppositifolium** L.
  – var. **oppositifolium** · D:Gegenblättriges Milzkraut; E:Golden Saxifrage · ♃ ~ Z5 IV-VI; Eur.* exc. EC-Eur.
  – var. **rosulare** Schott · ♃ ⇝ ~ Z5 IV-VI

Chrysothamnus Nutt. -m- *Asteraceae (Compositae)* · 16 sp · D:Kaninchenstrauch; E:Rabbitbush; F:Chrysothamne
– **nauseosus** (Pursh) Britton et A. Br. · ♄; Can.: B.C., Sask.; USA.: NW, Calif., Rocky Mts., SW, SC; N-Mex.

Chrysothemis Decne. -f- *Gesneriaceae* · 7 sp
– **friedrichsthaliana** (Hanst.) H.E. Moore · ♃ Z10 (W) VII-VIII; C-Am., W-Col.
– **pulchella** (Donn ex Sims) Decne. · ♃ Z10 (W) VI-VIII; C-Am., S-Am.

Chrysurus Pers. = Lamarckia
– *cynosuroides* Pers. = Lamarckia aurea

Chusquea Kunth -f- *Poaceae (Gramineae)* · c. 120 sp
– **coronalis** Soderstr. et Calderon · ♄ e Z9 (W); Guat., Costa Rica

Chysis Lindl. -f- *Orchidaceae* · 6 sp
– **aurea** Lindl.
  – var. **aurea** · ♃ Z10 (W) ▽ *; Mex., trop. S-Am.
  – var. **bractescens** (Lindl.) P.H. Allen Z10 (W) ▽ *; Mex., Belize, Guat., Nicaragua
– *bractescens* Lindl. = Chysis aurea var. bractescens
– **limminghii** Linden et Rchb. · ♃ Z10 (W) ▽ *; Mex.

Cibotium Kaulf. -n- *Dicksoniaceae* · 11-15 sp · D:Vegetabilisches Lamm, Schatullenfarn; E:Tree Fern; F:Fougère arborescente
– *assamicum* Hook. = Cibotium barometz
– **barometz** (L.) Sm. · D:Chinesischer Schatullenfarn; E:Scythian Lamb · ♄ e Z9 (K) ▽ *; S-China, Taiwan, Malay. Arch.
– **glaucum** (Sm.) Hook. et Arn. · D:Hawaianischer Schatullenfarn; E:Hawaiian Tree Fern · ♃ Z9 (K); Hawaii
– **regale** Verschaff. et Lem. · ♄ e Z9 (K); Mex.
– **schiedei** Schltdl. et Cham. · D:Mexikanischer Baumfarn; E:Mexican Tree Fern · ♄ e Z9 (K); Mex., Guat.

Cicendia Adans. -f- *Gentianaceae* · 2 sp · D:Fadenenzian, Zindelkraut; E:Yellow Centaury
– **filiformis** (L.) Delarbre · D:Europäischer Fadenenzian, Zindelkraut · ⊙ VII-X; Eur.: Ib, Fr, BrI, D, Ap, Ba; TR, Levante, Azor., NW-Afr.

Cicer L. -n- *Fabaceae (Leguminosae)* · 40 sp · D:Kichererbse; E:Chick Pea; F:Cicer, Pois-chiche
– **arietinum** L. · D:Kichererbse; E:Chick Pea, Egyptian Pea · ⊙ Z8 (N); orig. ?; cult. S-Eur., N-Afr., As., nat. in F, I

Cicerbita Wallr. -f- *Asteraceae (Compositae)* · 18 sp · D:Milchlattich; E:Blue Sowthistle; F:Mulgédie
– **alpina** (L.) Wallr. · D:Alpen-Milchlattich; E:Mountain Sow Thistle · ♃ Z4 VII; Eur.*; N, mts.
– **bourgaei** (Boiss.) Beauverd · ♃ Z5 VI-VII; TR
– **macrophylla** (Willd.) Wallr. · D:Großblättriger Milchlattich; E:Blue Sow Thistle · ♃ Z4 VII; Eur.: E-Russ.; Cauc., nat. in BrI, Sc, EC-Eur., D, F, I
– **plumieri** (L.) Kirschl. · D:Französischer Milchlattich · ♃ Z5 VII-VIII; Eur.: Sp., F, CH, D, ? Montenegro, BG; mts., nat. in BrI

Cichorium L. -n- *Asteraceae (Compositae)* · 8 sp · D:Wegwarte; E:Chicory; F:Chicorée
– **calvum** Sch. Bip. · D:Glatzfrucht-Wegwarte; E:Sugar Loof · ⊙ VII-IX; Eth.
– **endivia** L. · D:Endivie
  – var. **crispum** Lam. · D:Frisée-Endivie, Krause Endivie · ⊙ (N); cult.
  – var. **endivia** · D:Schnitt-Endivie, Winter-Endivie; E:Endive · ⊙ ⊙ VII-IX (N); Eur.: Ib, Fr, Ap, Ba; TR, Iraq, Arab., Iran, Canar., Madeira, N-Afr.
  – var. **latifolium** Lam. · D:Breitblättrige Endivie, Escariol; E:Escarole · ⊙ (N); cult.
– **intybus** L. · D:Wegwarte
  – var. **foliosum** Hegi · D:Chicorée, Fleischkraut, Radicchio, Salat-Zichorie;

E:Chicory Radiccio; F:Chicorée · Z3
– var. **intybus** · D:Gewöhnliche Wegwarte, Zichorie; E:Chicory · ♃ Z3 VII-X ⚕; Eur.*, TR, Cyprus, Cauc., Iran, C-As., Pakist., Him., W-Sib., E-Sib., Amur, Sachal., Kamchat., China
– var. **sativum** DC. · D:Kaffee-Zichorie, Wurzel-Zichorie · ♃ Z3 Ⓝ; cult.
– var. *sylvestre* Vis. = Cichorium intybus var. intybus

Cicuta L. -f- *Apiaceae (Umbelliferae)* · 8 sp · D:Wasserschierling; E:Cowbane; F:Cicutaire, Ciguë aquatique
– **virosa** L. · D:Giftiger Wasserschierling; E:Cowbane, Water Hemlock · ♃ VII-VIII ☠; Eur.*, N-As., Jap.

Cimicifuga Wernisch. -f- *Ranunculaceae* · 18 sp · D:Silberkerze; E:Bugbane; F:Cierge d'argent
– *acerina* (Siebold et Zucc.) Tanaka = Cimicifuga japonica var. acerina
– **americana** Michx. · D:Amerikanische Silberkerze; E:American Bugbane · ♃ Z5 VIII-IX; USA: NE, SE
– *cordifolia* Pursh = Cimicifuga racemosa var. cordifolia
– **dahurica** (Turcz.) Torr. et A. Gray ex Maxim. · D:August-Silberkerze; E:Bugbane · ♃ Z5 VIII-IX ⚕; E-Sib., Amur, Mong., China, Jap.
– **europaea** Schipcz. · D:Stinkendes Wanzenkraut · ♃ VII-VIII; Eur.: A, EC-Eur., E-Eur.
– **japonica** (Thunb.) Spreng.
  – var. **acerina** (Siebold et Zucc.) Huth · ♃ Z5 VIII-IX; Jap.
  – var. **japonica** · D:Spätherbst-Silberkerze · ♃ Z5 IX; Jap.
– **racemosa** (L.) Nutt.
  – var. **cordifolia** (Pursh) Gray · D:Lanzen-Silberkerze · ♃ Z4 VIII-IX ☠; USA: Va., SE
  – var. **racemosa** · D:Juli-Silberkerze; E:Black Snakeroot; F:Herbe aux punaises · ♃ Z4 VII-VIII ⚕ ☠; Ont., USA: NE, NCE, SE
– **ramosa** Nakai · D:September-Silberkerze · ♃ Z5 IX; Kamchat.
– **simplex** DC. · D:Oktober-Silberkerze; E:Kamchatka Bugbane · ♃ Z5 IX-X; Jap., Sachal., Kamchat., Manch.
  – **in Sorten**

Ciminalis Adans. = Gentiana
– *acaulis* (L.) Moench = Gentiana acaulis
– *alpina* (Vill.) Holub = Gentiana alpina
– *occidentalis* (Jakow.) Holub = Gentiana angustifolia

Cinchona L. -f- *Rubiaceae* · c. 40 sp · D:Chinarindenbaum, Chininbaum, Fieberrindenbaum; E:Jesuit's Bark, Sacred Bark; F:Quinquina
– *calisaya* Wedd. = Cinchona officinalis
– *ledgeriana* Moens ex Trimen = Cinchona officinalis 'Ledgeriana'
– **officinalis** L. · D:Chinarindenbaum, Chininbaum, Fieberrindenbaum; E:Peruvian Bark, Quinine Tree · ♄ ♄ Z9 Ⓦ ⚕ Ⓝ; Col., Ecuad., Peru
  – **'Ledgeriana'** · Ⓦ ⚕
– **pitayensis** (Wedd.) Wedd. · ♄ Z9 Ⓦ Ⓝ; Col., Ecuad.
– **pubescens** Vahl · D:Roter Chinarindenbaum; E:Red Peruvian Bark, Redbark · ♄ Z9 Ⓦ ⚕ ☠; C-Am., trop. S-Am.
  – **'Succirubra'** · Ⓦ ⚕ ☠
– *succirubra* Pav. ex Klotzsch = Cinchona pubescens 'Succirubra'

Cineraria L. -f- *Asteraceae (Compositae)* · 30-50 sp · D:Cinerarie; E:Cineraria; F:Cinéraire
– *alpina* (L.) L. = Senecio alpinus
– *bicolor* Willd. = Senecio cineraria
– *candidissima* hort. = Senecio viravira
– *cruenta* hort. = Pericallis × hybrida
– × *hybrida* hort. = Pericallis × hybrida
– *maritima* L. = Senecio cineraria
  – var. *candidissima* hort. = Senecio viravira
– **saxifraga** DC. · ♄ Z9 Ⓚ III-IX; S-Afr.

Cinna L. -f- *Poaceae (Gramineae)* · 4 sp
– **latifolia** (Trevir.) Griseb. · ♃ ▽; Eur.: Sc, Russ.; Sib., Jap., Alaska, Can., USA* exc. SC

Cinnamodendron Endl. -n- *Canellaceae* · 5-7 sp · D:Winterrinde
– **corticosum** Miers · D:Falsche Winterrinde · ♄ Ⓦ Ⓝ; W.Ind.

Cinnamomum Schaeff. -n- *Lauraceae* · c. 250 (-350) sp · D:Kampferbaum, Zimtbaum, Zimtlorbeer; E:Camphor Tree, Cinnamon; F:Camphrier, Cannelier
– **aromaticum** Nees · D:China-Zimtbaum;

E:Cassia Bark, Chinese Cinnamon · ħ e Z9 Ⓦ ⚕ ⓝ; China: Kwangsi
– **burmanii** (Nees) Blume · ♄ ħ e Z9 Ⓦ ⓝ; Malay. Arch.
– **camphora** (L.) J. Presl · D:Kampferbaum; E:Camphor Tree · ħ e Z9 Ⓦ ⚕ ⓝ; S-China, S-Jap., Riukiu-Is., Taiwan, nat. in Fla., Ga., La.
– *cassia* Blume = Cinnamomum aromaticum
– **lourei** Nees · D:Saigon-Zimtbaum; E:Saigon Cinnamon · ħ e Z9 ⓝ; Jap., China, Indochina, Java
– **micranthum** (Hayata) Hayata · ħ e Z9 Ⓦ ⓝ; Taiwan
– **tamala** (Buch.-Ham.) Nees et Eberm. · ħ e Z9 Ⓦ ⓝ; Ind.
– *verum* J. Presl = Cinnamomum zeylanicum
– **zeylanicum** Blume · D:Ceylon-Zimtbaum; E:Ceylon Cinnamon · ħ Z10 Ⓦ ⚕ ⓝ; SW-Ind., Sri Lanka

Cionura Griseb. -f- *Asclepiadaceae* · 1 sp
– **erecta** (L.) Griseb. · ♃ § D Ⓚ VI-VII; Eur.: Ba; TR, Cyprus, Syr.; Iran, Afgh.

Circaea L. -f- *Onagraceae* · 7 sp · D:Hexenkraut; E:Enchanter's Nightshade; F:Circée
– **alpina** L. · D:Alpen-Hexenkraut; E:Enchanter's Nightshade · ♃ Z5 VI-VII; Eur.*, TR, Cauc., W-Sib., E-Sib., Amur, Sachal., Kamchat., C-As., China, Jap., Alaska, Can., USA* exc. SC, Fla.
– **cordata** Royle · ♃ Z5; N-Ind., China, Amur, Manch., Korea, Jap., Taiwan
– × **intermedia** Ehrh. (*C. alpina* × *C. lutetiana*) · D:Mittleres Hexenkraut · ♃ Z5 VI-VII; Eur.*, Cauc.
– **lutetiana** L. · D:Gewöhnliches Hexenkraut; E:Paris Nightshade · ♃ Z5 VI-VII; Eur.*, Cauc., W-Sib., E-Sib., C-As.

Cirrhaea Lindl. -f- *Orchidaceae* · 7 sp
– **dependens** (Lodd.) Rchb. f. · ♃ Z10 Ⓦ VI-VII ▽ ✻; Bras.
– **saccata** Lindl. · ♃ Z10 Ⓦ V-VI ▽ ✻; Bras.

Cirrhopetalum Lindl. = Bulbophyllum
– *campanulatum* Rolfe = Bulbophyllum auratum
– *collettii* Hemsl. = Bulbophyllum wendlandianum
– *fascinator* Rolfe = Bulbophyllum putidum
– *gracillimum* Rolfe = Bulbophyllum gracillimum
– *longissimum* (Ridl.) Ridl. = Bulbophyllum longissimum
– *makoyanum* (Rchb. f.) Ridl. = Bulbophyllum makoyanum
– *mastersianum* Rolfe = Bulbophyllum mastersianum
– *medusae* Lindl. = Bulbophyllum medusae
– *ornatissimum* Rchb. f. = Bulbophyllum ornatissimum
– *picturatum* Lodd. = Bulbophyllum picturatum
– *psittacoides* Ridl. = Bulbophyllum gracillimum
– *thouarsii* Lindl. = Bulbophyllum longiflorum
– *umbellatum* (G. Forst.) Frapp. ex Cordem. = Bulbophyllum longiflorum

Cirsium Mill. -n- *Asteraceae (Compositae)* · c. 250 sp · D:Kratzdistel; E:Thistle; F:Cirse
– **acaule** Scop. · D:Stängellose Kratzdistel; E:Ground Thistle · ♃ △ VII-VIII; Eur.*
– *acaulon* (L.) Scop. = Cirsium acaule
– *afrum* (Jacq.) Fisch. = Ptilostemon afer
– **altissimum** (L.) Spreng. · D:Hohe Kratzdistel; E:Big Thistle · ♃ VII-X; USA: NE, NCE, NC, SC, SE, Fla.
– **arvense** (L.) Scop. · D:Acker-Kratzdistel; E:Canada Thistle, Creeping Thistle · ♃ VII-VIII; Eur.*, TR, Cauc., Iran, Afgh., Pakist., Him., C-As., W-Sib., E-Sib., Amur, Sachal., Kamchat., Mong., China, Korea, N-Jap., nat. in N-Am., Chile
– **brachycephalum** Jur. · D:Kurzkopf-Kratzdistel · ☉ ♃ VI-IX; Eur.: A, EC-Eur., Serb., RO
– **canum** (L.) All. · D:Graue Kratzdistel · ♃ VII-VIII; Eur.: C-Eur., I, EC-Eur., Ba, E-Eur.; TR, Cauc., W-Iran, W-Sib.
– **carniolicum** Scop. · D:Krainer Kratzdistel · ♃ VII-VIII; Eur.: Sp., F, I, A, Slove.; Pyr., E-Alp.
– *casabonae* (L.) DC. = Ptilostemon casabonae
– **diacanthum** DC. · ☉; TR
– **dissectum** (L.) Hill · D:Englische Kratzdistel · ♃ Z7 VI-VII; Eur.: BrI, Fr, Ib, D, nat. in H, Norw.
– **eriophorum** (L.) Scop. · D:Wollköpfige Kratzdistel; E:Woolly Thistle · ☉ Z6 VII-VIII; Eur.* exc. Sc
– **erisithales** (Jacq.) Scop. · D:Klebrige Kratzdistel · ♃ VII-IX; Eur.: Fr, Ap, C-Eur., EC-Eur., Ba, E-Eur.; mts.

– *helenioides* (L.) Hill = Cirsium heterophyllum
– **heterophyllum** (L.) Hill · D:Verschiedenblättrige Kratzdistel; E:Melancholy Thistle · ♃ ✂ Z5 VII-VIII; Eur.* exc. ? Ib; Sib., nat. in N-Am.
– **japonicum** DC. · D:Japanische Kratzdistel; E:Tiger Thistle; F:Cirse du Japon · ♃ ✂ Z6 VI-VIII; Jap.
– *lanceolatum* (L.) Scop. = Cirsium vulgare
– **montanum** (Waldst. et Kit. ex Willd.) Spreng. · D:Berg-Kratzdistel · ♃ VII-VIII; Eur.: F, I, Slove., Croatia., YU; mts.
– **oleraceum** (L.) Scop. · D:Kohl-Kratzdistel; E:Cabbage Thistle, Siberian Thistle · ♃ ~ VI-VIII ⚕ Ⓝ; Eur.* exc. BrI; W-Sib.
– **palustre** (L.) Scop. · D:Sumpf-Kratzdistel; E:Marsh Thistle · ⊙ ⊙ ~ Z4 VII-IX; Eur.*, W-Sib.
– **pannonicum** (L. f.) Link · D:Pannonische Kratzdistel · ♃ VI-VIII; Eur.: A, Ap, Ba, EC-Eur., E-Eur.
– × **rigens** (Aiton) Wallr. (*C. acaule* × *C. oleraceum*) · D:Kurzstängelige Hybrid-Kratzdistel · ♃; Eur.
– **rivulare** (Jacq.) All. · D:Bach-Kratzdistel; E:Brook Thistle · ♃ Z5 V-VII; Eur.* exc. BrI, Sc
– *salisburgense* (Willd.) G. Don = Cirsium rivulare
– **spinosissimum** (L.) Scop. · D:Alpen-Kratzdistel; E:Spiny Thistle · ♃ Z5 VII-VIII; Eur.: F, I, C-Eur., Slove.; Alp., Apenn., Alpi Apuane
– **tuberosum** (L.) All. · D:Knollige Kratzdistel · ♃ VII-VIII; Eur.: BrI, Fr, Ib, C-Eur., Slove., nat. in CZ
– **vulgare** (Savi) Ten. · D:Gewöhnliche Kratzdistel, Lanzett-Kratzdistel; E:Bull Thistle, Thistle · ⊙ Z2 VI-IX Ⓝ; Eur.*, TR, Cauc., N-Iran, W-Sib., C-As., NW-Afr., nat. in N-Am., C-Am., Austr.
– **waldsteinii** Rouy · D:Armköpfige Kratzdistel · ♃ VII-VIII; Eur.: A, EC-Eur., Slove., RO, W-Russ.; E-Alp., Carp.

Cissus L. -f- *Vitaceae* · c. 350 sp · D:Klimme, Zimmerrebe; E:Grape Ivy, Treebine; F:Liane du voyageur, Vigne d'appartement
– **adenopoda** Sprague · ♃ ⌇ Ⓦ; W-Afr., C-Afr., Uganda
– *albonitens* Linden et André = Cissus sicyoides 'Albonitens'
– **amazonica** Linden · ♃ ⌇ Z10 Ⓦ; Amazon.
– **antarctica** Vent. · D:Känguru-Klimme, Känguruwein; E:Kangaroo Vine · ♄ e ⌇ Z10 Ⓚ; Austr.: Queensl., N.S.Wales
– *bainesii* Hook. f. = Cyphostemma bainesii
– *brevipedunculata* Maxim. = Ampelopsis brevipedunculata var. brevipedunculata
– *cactiformis* Gilg = Cissus quadrangularis
– *capensis* Willd. = Rhoicissus capensis
– *crameriana* Schinz = Cyphostemma currori
– *currorii* Hook. f. = Cyphostemma currori
– *dinteri* Schinz = Cissus nymphaeifolia
– **discolor** Blume · D:Begonien-Klimme; E:Rex Begonia Vine · ♄ e ⌇ Z10 Ⓦ; Java
– *fleckii* Schinz = Cyphostemma fleckii
– **gongylodes** (Burch. ex Baker) Planch. · ♄ e ⌇ Z9 Ⓦ; Bras., Peru, Parag.
– *incisa* (Nutt.) Des Moul. = Cissus trifoliata
– *juttae* Dinter et Gilg = Cyphostemma juttae
– *macropus* Welw. = Cyphostemma macropus
– **njegerre** Gilg · ♃ e ⌇ Ⓦ; Tanzania (Usambara)
– **nymphaeifolia** Planch. · ♃ ⇝ Z10 Ⓚ; Namibia
– *orientalis* Lam. = Ampelopsis orientalis
– *quadrangula* L. = Cissus quadrangularis
– **quadrangularis** L. · ♄ Ψ d ⌇ Z10 Ⓦ; trop. Afr., S-Afr., Madag., Arab.
– **rhombifolia** Vahl · D:Zimmerrebe; E:Grape Ivy · ♃ ⌇ Z10 Ⓦ Ⓚ; Mex., C-Am., W.Ind., trop. S-Am.
– **rotundifolia** (Forssk.) Vahl · E:Arabian Wax Cissus · ♄ e ⌇ Z10 Ⓦ; Tanzania, Mozamb.
– **sicyoides** L. · D:Prinzessinnenwein; E:Princess Vine · ♄ e ⌇ Z10 Ⓦ Ⓚ; S-Am.
  – **'Albonitens'** · Ⓦ Ⓚ
– **striata** Ruiz et Pav. · D:Kleine Zimmerrebe; E:Miniature Grape Ivy · ♄ e ⌇ Z10 Ⓦ Ⓚ; Chile, S-Bras.
– **trifoliata** (L.) L. · E:Ivy Treebine, Marine Ivy · ♄ Ψ s ⌇ Z8 Ⓚ; USA: Mo., Kans., SC, SE, Fla.
– **tuberosa** Moç. et Sessé ex DC. · Ψ Z10 Ⓦ; Mex.
– *voinieriana* Baltet = Tetrastigma voinierianum

Cistus L. -m- *Cistaceae* · 18-20 sp · D:Zistrose; E:Rock Rose, Sun Rose; F:Ciste
– × **aguilarii** Pau (*C. ladanifer* × *C. populifolius*) · ♄ e Z8 Ⓚ; SW-Eur., N-Afr.
– *albanicus* Heywood = Cistus sintensii
– **albidus** L. · D:Weißliche Zistrose;

E:White-leaved Rock Rose · ♄ e Z8 ⓚ; Eur.: Ib, Fr, Ap; Maroc., Alger.
– × **canescens** Sweet (*C. albidus* × *C. incanus*) · D:Filzige Zistrose · ♄ e Z8 ⓚ; cult.
– × **corbariensis** Pourr. (*C. populifolius* × *C. salviifolius*) · ♄ e Z8 ⓚ; S-Eur.
– *corsicus* Loisel. = Cistus creticus subsp. corsicus
– **creticus** L.
  – subsp. **corsicus** (Loisel.) Greuter et Burdet · ♄ e Z8 ⓚ; Corse, Sard., Maroc.
  – subsp. **creticus** · ♄ Z8 ⓚ Ⓝ; Eur.: Ap, GR, Krim; Cypus, Levante, TR, Cauc., Alger., Libya
– *crispus* hort. = Cistus × purpureus
– **crispus** L. · ♄ Z8 ⓚ; Eur.: Ib, Fr, Ap; NW-Afr.
– × **cyprius** Lam. (*C. ladanifer* × *C. laurifolius*) · ♄ e Z8 ⓚ ∧; SW-Eur.
– × *dansereaui* Q.J.P. Silva = Cistus × lusitanicus
– × **florentinus** Lam. (*C. monspeliensis* × *C. salviifolius*) · ♄ e Z8 ⓚ; S-Eur., N-Afr.
– × *hybridus* Pourr. = Cistus × corbariensis
– **incanus** L. · ♄ e Z8 ⓚ; Eur.: Ib, Ap, Ba, Krim; TR, Cyprus, Levante, N-Afr.
  – subsp. *corsicus* (Loisel.) Heywood = Cistus creticus subsp. corsicus
  – subsp. *creticus* (L.) Heywood = Cistus creticus subsp. creticus
– **ladanifer** L. · D:Lack-Zistrose; E:Common Gum Cistus, Ladanum · ♄ e Z8 ⓚ ∧ ⚕; Eur.: Ib, F; Maroc., Alger.
  – **Palhinhae Grp.** · ♄ e Z8 ⓚ; SW-P
– **laurifolius** L. · D:Lorbeerblättrige Zistrose · ♄ e Z7 ⓚ ∧ VI-VIII; Eur.: Ib, Fr, Ap; Maroc.
– × *loretii* hort. = Cistus × lusitanicus 'Decumbens'
– × *loretii* Rouy et Foucaud = Cistus × stenophyllus
– × **lusitanicus** Maund non Mill. (*C. ladanifer* × *C. psilosepalus*) · ♄ e Z8 ⓚ; SW-Eur.
  – **'Decumbens'** Z8
– **monspeliensis** L. · D:Montpelier-Zistrose; E:Montpelier Rock Rose · ♄ e Z8 ⓚ; Eur.: Ib, Fr, Ap, Ba; TR, Cyprus, NW-Afr.
– *palhinhae* J.W. Ingram = Cistus ladanifer Palhinhae Grp.
– **parviflorus** Lam. · D:Kleinblütige Zistrose · ♄ e Z8 ⓚ; Eur.: Sic., GR, Crete; TR, Libya
– *polymorphus* Willk. = Cistus incanus
– **populifolius** L. · ♄ e Z8 ⓚ ∧; P, Sp., S-F
– × **pulverulentus** Lam. (*C. albidus* × *C. crispus*) · ♄ e Z8 ⓚ; SW-Eur.
– × **purpureus** Lam. (*C. creticus subsp. creticus* × *C. ladanifer*) · D:Purpur-Zistrose; E:Purple Cistus · ♄ e Z8 ⓚ; cult.
– **salviifolius** L. · D:Salbeiblättrige Zistrose; E:Sage-leaved Rock Rose · ♄ e Z8 ⓚ V; Eur.: Ib, Ap, F, Ba, CH; TR, Levante, N-Afr., nat. in W-Sib., C-As.
– **sintensii** Litard. · ♄ ⓚ; AL, GR
– × **skanbergii** Lojac. (*C. monspeliensis* × *C. parviflorus*) · ♄ e Z8 ⓚ; GR
– × **stenophyllus** Link (*C. ladanifer* × *C. monspeliensis*) · ♄ e Z8 ⓚ; S-Eur., N-Afr.
– **symphytifolius** Lam. · ♄ e Z8 ⓚ; Canar.
– *villosus* L. = Cistus incanus

Citriobatus A. Cunn. ex Putt. -m- *Pittosporaceae* · 5 sp · D:Orangenbeere
– **multiflorus** A. Cunn. · ♄ ♧ ⓚ III-IV; Austr.: Queensl., N.S.Wales

× **Citrofortunella** J.W. Ingram et H.E. Moore -f- *Rutaceae* · D:Calamondin; F:Calamondinorange (*Citrus* × *Fortunella*)
– **floridana** J.W. Ingram et H.E. Moore (*Citrus aurantiifolia* × *Fortunella japonica*) · D:Limequat; E:Limequat · ♄ e Z9 ⓚ; cult.
– **microcarpa** (Bunge) Wijnands (*Citrus reticulata* × *Fortunella margarita*) · D:Calamondin, Panama-Orange; E:Calamondin, Panama Orange · ♄ e ♧ D Z9 ⓚ ♡; cult.
– *mitis* (Blanco) J.W. Ingram et H.E. Moore = × Citrofortunella microcarpa
– **swinglei** J.W. Ingram et H.E. Moore (*Citrus aurantiifolia* × *Fortunella margarita*) · D:Swingles Limequat; E:Limequat · ♄ e Z9 ⓚ; cult.

× **Citroncirus** J.W. Ingram et H.E. Moore -m- *Rutaceae* (*Citrus* × *Poncirus*)
– **webberi** J.W. Ingram et H.E. Moore (*Citrus sinensis* × *Poncirus trifoliata*) · D:Citrange; E:Citrange · ♄ ♄ s Z8 ⓚ; cult.

Citronella D. Don -f- *Icacinaceae* · 21 sp
– **megaphylla** (Miers) Howard · ♄ ♄ e Z9 ⓚ; Bras.

Citropsis (Engl.) Swingle et M. Kellerm. -f- *Rutaceae* · 8 sp · D:Kirschorange; E:African Cherry Orange

– **gilletiana** Swingle et Kellerm. · ♄ Z10 Ⓦ Ⓝ; trop. Afr.

Citrullus Schrad.ex Eckl. et Zeyh. -m- *Cucurbitaceae* · 3 sp · D:Arbuse, Koloquinte, Wassermelone; E:Water Melon; F:Pastèque
– **colocynthis** (L.) Schrad. · D:Bitter-Melone; E:Bitter Apple, Vine of Sodom · ♃ ≹ ⚘ Ⓦ ⚕ ☠ Ⓝ; Eur.: Sp., Sic., GR, Canar.; S-TR, Levante, Iran, Ind., C-As., N-Afr., nat. in I, H, RO
– **lanatus** (Thunb.) Matsum. et Nakai · D:Wassermelone
  – var. *caffer* (Schrad.) Mansf. = Citrullus lanatus var. vulgaris
  – var. **citrioides** (L.H. Bailey) Mansf. · D:Futter-Wassermelone; E:Citron Melon, Stock Melon · ⊙ Z9 Ⓦ Ⓝ; S-Afr.
  – var. **lanatus** · D:Wilde Wassermelone; E:Wild Melon · ⊙ Z9 VII-VIII; Namibia
  – var. **vulgaris** (Schrad.) Mansf. · D:Gewöhnliche Wassermelone; E:Water Melon · ⊙ Z9 Ⓝ; cult.
– *vulgaris* Schrad. = Citrullus lanatus var. lanatus

Citrus L. -f- *Rutaceae* · 16 sp · D:Apfelsine, Grapefruit, Limette, Mandarine, Orange, Zitrone; E:Grapefruit, Lemon, Lime, Orange; F:Citronnier, Limetier, Mandarinnier, Oranger, Pamplemoussier
– **aurantiifolia** (Christm. et Panz.) Swingle · D:Sauere Limette; E:Lime · ♄ ♄ e ⚘ Z9 Ⓚ ⚕ Ⓝ; Malay. Arch., nat. in Trop., Fla.
– **aurantium** L. · D:Bitterorange, Pomeranze; E:Bitter Orange · ♄ e ⚘ Z9 Ⓚ Ⓝ; S-Vietn., nat. in Fla., Ga.
  – subsp. *bergamia* (Risso et Poit.) Wight et Arn. = Citrus bergamia
  – subsp. *khatta* (Bonavia) Engl. = Citrus karna
  – subsp. *sinensis* (L.) Engl. = Citrus sinensis
  – var. *grandis* L. = Citrus maxima
  – var. *ichangensis* Guill. = Citrus ichangensis
  – var. *myrtifolium* (Raf.) Ker-Gawl. = Citrus myrtifolia
  – var. *sinensis* L. = Citrus sinensis
– *australis* Planch. = Microcitrus australis
– **bergamia** Risso et Poit. · D:Bergamot-Orange; E:Bergamot Orange · ♄ e ⚘ Z9 Ⓚ ⚕; orig. ?
– *decumana* (L.) L. = Citrus maxima
  – var. *racemosa* (Risso et Poit.) Roem. = Citrus × paradisi
– *deliciosa* Ten. = Citrus reticulata var. deliciosa
– *fortunella* Lour. = Fortunella margarita
  – *'Kumquat'* = Fortunella margarita
  – *'Margarita'* = Fortunella margarita
– *grandis* (L.) Osbeck = Citrus maxima
– *hindsii* Champ. ex Benth. = Fortunella hindsii
– **hystrix** DC. · D:Kafir-Limette; E:Kaffir Lime · ♄ e ⚘ Z9 Ⓦ Ⓝ; Indochina, Malay. Pen., Sumat., Phil.
– **ichangensis** (Guill.) Swingle · D:Ichang-Zitrone; E:Ichang Lemon · ♄ e ⚘ Z8 Ⓚ Ⓝ; Ind.: Assam; SW-China, C-China
– *japonica* Thunb. = Fortunella japonica
– **junos** Siebold ex Tanaka · D:Meyers Zitrone; E:Meyer's Citrus · ♄ e ⚘ Z9 Ⓚ Ⓝ; China
– **karna** Raf. · ♄ e ⚘ Z9 Ⓚ Ⓝ; Ind.
– **latifolia** Tanaka · D:Persische Limette; E:Persian Lime · ♄ e ⚘ Z9 Ⓚ Ⓝ; Tahiti
– *lima* Lunan = Citrus aurantiifolia
– **limetta** Risso · D:Süße Limette; E:Sweet Lime · ♄ e ⚘ Z9 Ⓚ Ⓝ; trop. As.
– **limon** (L.) Burm. f. · D:Zitrone; E:Lemon · ♄ e ⚘ Z9 Ⓚ ⚕ Ⓝ; ? N-Myamar, S-China, nat. in Fla., trop. Am.
  – **in vielen Sorten**
  – *'Meyeri'* = Citrus × meyeri
– × **limonia** Osbeck (*C. limon* × *C. reticulata*) · D:Lemandarin, Mandarinen-Limette; E:Mandarin Lime · ♄ e ⚘ D Z9 Ⓚ ⚕ Ⓝ; China
  – var. *limetta* (Risso) Asch. et Graebn. = Citrus limetta
– *limonum* Risso = Citrus limon
– *madurensis* Lour. = Fortunella japonica
– *margarita* Lour. = Fortunella margarita
– **maxima** (Burm.) Merr. · D:Adamsapfel, Pampelmuse; E:Pomelo, Shaddock · ♄ e ⚘ Z9 Ⓚ Ⓝ; ? Thail., ? Malay. Pen.
– **medica** L. · D:Zitronat-Zitrone; E:Citron
  – *'Buddah's Hand'* = Citrus medica var. sarcodactylis
  – subsp. *acida* (Roxb.) Engl. = Citrus aurantiifolia
  – var. *limon* L. = Citrus limon
    – *um* (Risso) Wight et Arn. = Citrus limon
  – var. **medica** · ♄ ♄ e Z9 Ⓚ ⚕ Ⓝ; Ind., nat. in Fla.
  – var. **sarcodactylis** (Hoola van Nooten) Swingle · D:Gefingerte Zitrone · Z9 Ⓚ;

cult. S-As., E-As.
- × **meyeri** Tanaka (*C. limon* × *C. sinensis*) · ♄ e Z9 ⌂; cult.
- **myrtifolia** Raf. · ♄ e ⚘ Z9 ⌂ Ⓝ; ? China
- × **nobilis** Lour. (*C. reticulata* × *C. sinensis*) · D:Königs-Mandarine; E:King-Orange · ♄ e ⚘ Z9 ⌂ Ⓝ; Vietn.
- *otaitense* Risso et Poit. = Citrus × limonia
- × **paradisi** Macfad. (*C. maxima* × *C. sinensis*) · D:Grapefruit, Paradisapfel; E:Grapefruit · ♄ e ⚘ Z9 ⌂ Ⓝ; cult. W.Ind.
- *racemosa* (Risso et Poit.) Marcow. ex Tanaka = Citrus × paradisi
- **reticulata** Blanco · D:Clementine, Mandarine, Tangerine; E:Mandarin, Tangerine
  - var. **deliciosa** (Ten.) Blanco · ♄ e Z9 ⌂ Ⓝ; orig. ?
    - **in vielen Sorten**
  - var. **reticulata** · ♄ ♄ e ⚘ ⌂ ⚕ Ⓝ; SE-As., Phil.
  - var. **unshiu** Blanco · D:Satsumas; E:Satsuma · ♄ ♄ Z9 ⌂ Ⓝ; cult. Jap.: Prov. Satsuma
- **sinensis** (L.) Osbeck · D:Apfelsine, Orange; E:Orange, Sweet Orange · ♄ e ⚘ Z9 ⌂ ⚕ Ⓝ; ? China, nat. in Fla.
  - **in vielen Sorten**
- *taitensis* Risso = Citrus × limonia
- × **tangelo** J.W. Ingram et H.E. Moore (*C. reticulata* × *C.* × *paradisi*) · D:Tangelo; E:Tangelo · ♄ e ⚘ Z9 ⌂ Ⓝ; ? China; cult. China, Jap., USA
- *tangerina* hort. ex Tanaka = Citrus × tangelo
- *trifoliata* L. = Poncirus trifoliata
- *vulgaris* Risso = Citrus aurantium

Cladanthus Cass. -m- *Asteraceae (Compositae)* · 1 sp · D:Astblume; E:Palm Springs Daisy; F:Anthémis d'Arabie
- **arabicus** (L.) Cass. · ⊙ Z7 VII-X; S-Sp., N-Afr.

Cladium P. Browne -n- *Cyperaceae* · 3 sp · D:Schneide; E:Great Fen Sedge; F:Marisque
- **mariscus** (L.) Pohl · D:Binsen-Schneide; E:Elk Sedge, Fen Sedge; F:Cladium marisque · ♃ ~ ✂ Z3 VI-VIII; Eur.*, Cauc., TR, Iran, C-As., Him., E-As., SE-As., N-Afr., Afr., Madag., N-Am., S-Am., Austr.

Cladothamnus Bong. -m- *Ericaceae* · 1 sp
- **pyroliflorus** Bong. · ♄ d Z5 V-VI; Alaska, Can.: B.C.; USA: NW

Cladrastis Raf. -f- *Fabaceae (Leguminosae)* · 6 sp · D:Gelbholz; E:Yellow Wood; F:Virgilier
- *amurensis* (Rupr. et Maxim.) K. Koch = Maackia amurensis var. amurensis
  - var. *floribunda* Maxim. ex Franch. et Sav. = Maackia amurensis var. buergeri
- *kentukea* (Dum.-Cours.) Rudd = Cladrastis lutea
- **lutea** (F. Michx.) K. Koch · D:Kentucky Gelbholz; E:Kentucky Yellow Wood; F:Virgilier à bois jaune · ♄ d Z5 V-VI Ⓝ; USA: Ky. NCE, SE, Okla.
- **platycarpa** (Maxim.) Makino · D:Japanisches Gelbholz; E:Japanese Yellow Wood · ♄ d Z4 V; Jap.
- **sinensis** Hemsl. · D:Chinesisches Gelbholz; E:Chinese Yellow Wood · ♄ d Z6 VII-VIII; W-China, C-China
- *tinctoria* Raf. = Cladrastis lutea

Clappertonia Meisn. -f- *Tiliaceae* · 2 sp
- **ficifolia** (Willd.) Decne. · D:Bolobolobaum; E:Bolo-bolo · ♄ ⌂; trop. Afr.

Clarkia Pursh -f- *Onagraceae* · 33 sp · D:Atlasblume, Clarkie, Godetie; E:Godetia; F:Clarkia
- **amoena**
  - **in vielen Sorten**
  - subsp. **amoena** · ⊙ VI-IX; Calif.
  - subsp. **whitneyi** (A. Gray) F.H. Lewis et M.R. Lewis · ⊙ VI-IX; NW-Calif.
- **amoena** (Lehm.) A. Nelson et MacBryde · D:Atlasblume; E:Godetia, Satin Flower
- **breweri** (A. Gray) Greene · D:Feenfächer; E:Fairy Fans · ⊙ VII-VIII; Calif.
- **concinna** (Fisch. et C.A. Mey.) Greene · D:Rotband-Godetie; E:Red Ribbons · ⊙ VII-VIII; Calif.
- *elegans* Douglas = Clarkia unguiculata
- **pulchella** Pursh · D:Großblütige Godetie; E:Large-flowered Clarkia · ⊙ VII-VIII; Can.: B.C.; USA: NW., Calif., Idaho, Mont., S.Dak.
- **rhomboidea** Douglas · D:Diamanten-Godetie; E:Diamond Fairyfan · ⊙ VII-VIII; B.C., USA: NW, Rocky Mts., Calif., SW
- **unguiculata** Lindl. · D:Mandelröschen · ⊙ VII-VIII; Calif.

Clausena Burm.f. -f- *Rutaceae* · 23 sp
– **dentata** (Willd.) Roem. · ♄ e Z10 Ⓝ; Ind.
– **lansium** (Lour.) Skeels · D:Wampi; E:Wampee · ♄ e Z10 (W) Ⓝ; S-China

Clavija Ruiz et Pav. -f- *Theophrastaceae* · 55 sp
– **longifolia** (Jacq.) Mez · ♄ e D Z10 (W); Venez.
– *ornata* D. Don = Clavija longifolia

Claytonia L. -f- *Portulacaceae* · c. 20 sp · D:Claytonie; E:Purslane; F:Claytone
– *perfoliata* Donn ex Willd. = Montia perfoliata
– *sibirica* L. = Montia sibirica
– **virginica** L. · D:Virginische Claytonie; E:Spring Beauty · ♃ △ Z6 III; Can.: E; USA: NE, NCE, SC, SE; Mex.

Cleisostoma Blume -f- *Orchidaceae* · c. 100 sp
– **filiformis** (Lindl.) Garay · ♄ Z9 (W) VI-X ▽ *; Him., Ind.: Khasia Hills; Myanmar
– **racemifera** (Lindl.) Garay · ♄ Z9 (W) V-VI ▽ *; Nepal, Ind., Myanmar, Thail.

Cleistocactus Lem. -m- *Cactaceae* · c. 30 sp · D:Silberkerzenkaktus; F:Cierge
– *acanthurus* (Vaupel) D.R. Hunt = Borzicactus acanthurus
– **anguinus** (Gürke) Britton et Rose · ♆ Z9 (K) ▽ *; Parag.
– **areolatus** (Muehlenpf.) Riccob. · ♆ Z9 (K) ▽ *; Bol.
– **baumannii** (Lem.) Lem. · ♆ Z9 (K) ▽ *; NE-Arg., Parag., Urug.
– **brookei** Cárdenas · ♆ Z9 (K) ▽ *; S-Bol.
– *chacoanus* F. Ritter = Cleistocactus baumannii
– *eriotrichus* (Werderm. et Backeb.) Backeb. = Borzicactus acanthurus
– *faustianus* Backeb. = Borzicactus acanthurus
– *fossulatus* Mottram = Oreocereus pseudofossulatus
– *icosagonus* (Humb., Bonpl. et Kunth) F.A.C. Weber = Borzicactus icosagonus
– **ritteri** Backeb. · ♄ ♆ Z9 (K) ▽ *; C-Bol.
– *roezlii* (Haage) Backeb. = Borzicactus roezlii
– *samaipatanus* (Cárdenas) D.R. Hunt = Borzicactus samaipatanus
– *sepium* (Kunth) Rol.-Goss. = Borzicactus sepium
– *wendlandiorum* Backeb. = Cleistocactus brookei
– *winteri* D.R. Hunt = Hildewintera aureispina

Cleistogenes Keng -f- *Poaceae (Gramineae)* · 20 sp · D:Steifhalm
– **serotina** Keng · D:Steifhalm · ♃ VIII-IX; Eur.* exc. BrI, Sc; TR, Cauc., N-China

Clematis L. -f- *Ranunculaceae* · 295 sp · D:Clematis, Waldrebe; E:Clematis; F:Clématite
– **aethusifolia** Turcz. · ♄ d ≹ Z5 ☠; N-China, Korea
– **afoliata** Buchanan · ♄ d D Z8 (K) V; NZ
– **akebioides** (Maxim.) Veitch · d Z5; Sib., W-China
– **alpina** (L.) Mill. · D:Alpen-Waldrebe; E:Alpine Clematis; F:Clématite des Alpes · d ≹ △ Z5 V-VII ☠ ▽; Eur.* exc. BrI, Ib
  – subsp. *sibirica* (L.) Kuntze = Clematis turkestanica
    – *'Alba'* = Clematis turkestanica
– **apiifolia** DC. · D:Sellerieblättrige Waldrebe · d ≹ Z7 IX-X; C-China, Japan, Korea
– **armandii** Franch. · D:Armands Waldrebe; E:Evergreen Clematis; F:Clématite d'Armand · ♄ e ≹ Z8 (K) V; C-China, S-China
– × **aromatica** Lenné et K. Koch (*C. flammula* × *C. integrifolia*) · ♄ Z5 VII ☠; cult.
– **australis** Kirk · ♄ e ≹ Z8 (K); NZ
– *balearica* Rich. = Clematis cirrhosa var. balearica
– **buchananiana** DC. · d ≹ Z6; Pakist., N-Ind., Myanmar, W-China
– *calycina* Sol. = Clematis cirrhosa var. cirrhosa
– **campaniflora** Brot. · D:Glockenblütige Waldrebe · ♄ d ≹ Z6 VI-VII ☠; P, S-Sp.
– **chrysocoma** Franch. · D:Goldschopfige Waldrebe · ♄ d Z7 ☠; SW-China
  – var. *sericea* (Franch.) C.K. Schneid. = Clematis spooneri
– **cirrhosa** L.
  – var. **balearica** (Rich.) Willk. et Lange · ♄ e ≹ Z8 (K) IX-III ☠; Corse, Minorca
  – var. **cirrhosa** · D:Macchien-Waldrebe; E:Fern Leaved Clematis · ♄ e Z8 (K) I-III ☠; Eur.: Ib.Ap, Ba; TR, Levante, NW-Afr., Libya
– *coccinea* Engelm. = Clematis texensis

- **colensoi** Hook. f. · ♄ e ≩ Z8 ⓚ V-VI; NZ
- **columbiana** (Nutt.) Torr. et A. Gray · D:Columbia-Waldrebe; E:Columbia Virgin's Bower · ♄ d ≩ Z4; N-Am.
- **connata** DC. · ♄ d ≩ Z6; Him., SW-China
- **crispa** L. · D:Krause Waldrebe; E:Leather Flower · ♄ d ≩ Z6 VI-VIII ☠; USA: Va., Ill., Mo., SC, SE, Fla.
- *cylindrica* Sims = Clematis crispa
- **denticulata** Vell. · ♄ ≩; s S-Am, Arg.
- *dioscoreifolia* (Lév.) et Vaniot = Clematis terniflora
  - var. *robusta* (Carrière) Rehder = Clematis terniflora
- × *durandii* Kuntze = Clematis 'Durandii'
- *fargesii* Franch. = Clematis potaninii subsp. fargesii
  - var. *souliei* hort. = Clematis potaninii subsp. potaninii
- **flammula** L. · D:Brennende Waldrebe; E:Fragrant Clematis, Virgin's Bower; F:Flammule · ♄ d ≩ Z6 VII-X; Eur.: Ib, Fr, Ap, Ba; TR, Syr., Palaest., Cauc., Iran, Afgh., NW-Afr., Libya, nat. in EC-Eur., Krim
  - var. *robusta* Carr = Clematis terniflora
- **florida** Thunb. · D:Reichblütige Waldrebe · ♄ s ≩ Z7 VI-VIII ☠; China, nat. in Jap.
- *forrestii* W.W. Sm. = Clematis napaulensis
- **forsteri** J.F. Gmel. · ♄ e ≩ Z8 ⓚ; NZ
- **fremontii** S. Watson · ♃ ≩ Z4 VII-VIII; USA: Kans., Mo., Nebr.
- **fusca** Turcz. · ♄ ≩ Z5 VII-VIII; E-Sib., Kamchat., Sachal., Jap.
  - var. *kamtschatica* hort. = Clematis fusca
- *glauca* Willd. = Clematis orientalis var. daurica
- *grata* hort. = Clematis × jouiniana
- **heracleifolia** DC. · D:Großblättrige Waldrebe; F:Clématite à feuilles de berce · ♄ d Z5 ☠; C-China, N-China
  - var. *ichangensis* Rehder et E.H. Wilson = Clematis heracleifolia
- *hexapetala* DC. = Clematis forsteri
- *hilarii* Spreng. = Clematis denticulata
- **hirsutissima** Pursh · D:Becher-Waldrebe; E:Old Man's Whiskers, Sugarbowl · ♃ Z6; B.C., USA: NW, Rocky Mts, SW
- *indivisa* Willd. = Clematis paniculata
- **integrifolia** L. · D:Ganzblättrige Waldrebe · ♄ Z5 V-VIII ☠; Eur.: I, Ba, EC-Eur., E-Eur.; Cauc., W-Sib., E-Sib., C-As., China: Sinkiang
- × **jackmanii** T. Moore (*C. lanuginosa* × *C. viticella*) · F:Clématite hybride de Jackmann · ♄ d ≩ Z6 VII-X ☠; cult.
- **japonica** Thunb. ex Murray · ≩ Z6; Japan: Honshu
- × **jouiniana** C.K. Schneid. (*C. heracleifolia var. davidiana* × *C. vitalba*) · D:Stauden-Clematis; F:Clématite herbacée · ♃ s Z6 VIII-X ☠; cult.
- **koreana** Kom. · ♄ d ⇝ Z6 VI; Manch., N-Korea
- **lanuginosa** Lindl. · D:Wollige Waldrebe · ♄ d ≩ Z6 VI-X; E-China
- **lasiandra** Maxim. · D:Zottige Waldrebe · ♄ d ≩ Z6 VIII-X; C-China.
- **ligusticifolia** Torr. et A. Gray · D:Zungenblättrige Waldrebe · d ≩ Z5 VIII-IX ☠; w N-Am.
- **macropetala** Ledeb. · D:Großblumige Waldrebe; E:Downy Clematis · ♄ d ≩ Z6 V-VI ☠; E-Sib., N-China
- **marata** J.B. Armstr. · ♄ e ≩ Z8 ⓚ; NZ
- **marmoraria** Sneddon · ♄ e Z8 ⓚ; NZ
- *maximowicziana* Franch. et Sav. = Clematis terniflora
- **microphylla** DC. · e ≩ Z9 ⓚ; Austr.: Queensl., N.S.Wales, Victoria, Tasman., S-Austr., W-Austr.
- **montana** Buch.-Ham. ex DC.
  - subsp. **montana** · D:Berg-Waldrebe; F:Clématite des montagnes · ♄ d ≩ Z6 V-VI ☠; Him., China: Yunnan
    - *'Alba'* = Clematis montana subsp. montana
    - *'Spooneri'* = Clematis spooneri
    - var. *sericea* Finet et Gagnep. = Clematis spooneri
- **napaulensis** DC. · ♄ e ≩ Z8 ⓚ; SW-China, N-Ind.
- **ochotensis** (Pall.) Poir. · ♄ Z5; E-Sib., Sachal., Kamchat., Korea, Jap.
- **ochroleuca** Sol. · ♃ ♄ Z6 V-VI; USA: NE, SE
- **orientalis** L.
  - var. **daurica** (Pers.) Kuntze · D:Blaugrüne Waldrebe · ♄ ≩ Z6 IX-X ☠; W-China, Sib.
  - var. **orientalis** · D:Orientalische Waldrebe; E:Orange Peel Clematis; F:Clématite · ♄ d ≩ Z6 VII-IX ☠; Eur.: GR, Russ.; TR, Cauc., Iran, Pakist., C-As., Mong., Tibet, China, nat. in Sp., I
- **paniculata** J.F. Gmel. · ♄ e ≩ Z6 V-VI; NZ
- *paniculata* Thunb. = Clematis terniflora
- **patens** C. Morren et Decne. · D:Offenblütige Waldrebe · ♄ d ≩ Z6 V-VII

☠; China, Jap.
– **pitcheri** Torr. et A. Gray · ♄ d ≹ Z4; SE-USA
– **potaninii** Maxim.
– subsp. **fargesii** (Franch.) Grey-Wilson · D:Farges Waldrebe · ♄ d ≹ Z6 VI-IX ☠; W-China
– subsp. **potaninii** · ♄ d ≹ Z7 ☠; S-China
– **quadribracteolata** Colenso · e ≹ Ⓚ; NZ
– **recta** L. · D:Aufrechte Waldrebe; F:Clématite droite · ♃ D Z5 VI-VII ☠; Eur.* exc. BrI, Sc; Cauc.
– **rehderiana** Craib · D:Rehders Waldrebe · ♄ d ≹ Z6 VII-X ☠; W-China
– **serratifolia** Rehder · D:Koreanische Waldrebe · ♄ d ≹ Z6 VIII-IX ☠; Jap., N-Korea, Manch., Amur
– *sibirica* (L.) Mill. = Clematis turkestanica
– *simsii* Britton et A. Br. = Clematis pitcheri
– *simsii* Sweet = Clematis crispa
– **songarica** Bunge · D:Songarische Waldrebe · ♄ d Z6 VIII-IX ☠; C-As., S-Sib., Mong., Korea
– **spooneri** Rehder et E.H. Wilson · ♄ d ≹ Z6 VII-IX; Yunnan
– **stans** Siebold et Zucc. · D:Japanische Waldrebe · ♄ ♄ d Z5 VIII-IX ☠; Jap.
– **tangutica** (Maxim.) Korsh. · D:Mongolische Waldrebe · ♄ d ≹ Z5 VI ☠; Mong., NW-China
– *ternata* Makino = Clematis japonica
– **terniflora** DC. · D:Rispenblütige Waldrebe · ♄ d ≹ Z6 IX-X ☠; China, Korea
– **texensis** Buckland · D:Texas-Waldrebe; E:Scarlet Clematis · ♄ d ≹ Z6 VII-IX ☠; Tex.
– *thunbergii* hort. = Clematis terniflora
– **tibetana** Kuntze
– subsp. **tibetana** · ♄ d ≹ Z6 ☠; China
– subsp. **vernayi** (Fisch.) Grey-Wilson · ♄ d ≹ Z6 ☠; Nepal, Tibet
– × **triternata** DC. (*C. flammula* × *C. viticella*) · ♄ d ≹ Z6 ☠; cult.
– **turkestanica** M. Johnson · ♄ d △ V-VII ▽; Eur.: Sc, N-Russ.; W-Sib., E--Sib., C-As.
– × **vedrariensis** Vilm. (*C. chrysocoma* × *C. montana var. wilsonii*) · ♄ e ≹ Z6; cult.
– **veitchiana** Craib · ♄ d ≹ Z6 IX-X; W-China
– *vernayi* Fisch. = Clematis tibetana subsp. vernayi
– **villosa** DC. · ♄ Ⓚ VIII-IX; S-Afr., trop. S-Afr.
– **viorna** L. · D:Braunblütige Waldrebe; E:Leather Flower · ♄ d ≹ Z6 VII ☠; USA: NE, NCE, SC, SE
– **virginiana** L. · D:Virginische Waldrebe; E:Devil's Darning Needles, Virgin's Bower · ♄ d ≹ Z5 VIII-IX ☠; Can.: E; USA: NE, NCE, NC, SE
– **vitalba** L. · D:Gewöhnliche Waldrebe; E:Old Man's Beard, Traveller's Joy; F:Clématite des haies · ♄ d ≹ Z5 VI-IX ⚕ ☠ Ⓝ; Eur.* exc. Sc; TR, Cyprus, Lebanon, Cauc., N-Iran, Afgh., Alger., nat. in Sc
– **viticella** L. · D:Italienische Waldrebe; F:Clématite bleue · ♄ d ≹ Z6 VI-IX ☠; Eur.: I, Ba; TR, Cyprus, Cauc., Iran, nat. in Fr, D, CZ
– **Cultivars**
– **in vielen Sorten (siehe Kapitel III)**
– **'Durandii' (D)** · ♄; cult.

Clematoclethra (Franch.) Maxim. -f- *Actinidiaceae* · 10 sp
– **integrifolia** Maxim. · ♄ d ≹ Z6; NW-China
– **lasioclada** Maxim. · ♄ d ≹ Z6; W-China

Clematopsis Bojer ex Hutch. = Clematis
– *villosa* (DC.) Hutch. = Clematis villosa

Cleome L. -f- *Capparaceae* · c. 150 sp · D:Spinnenpflanze; E:Spider Flower; F:Cléome
– *arborea* hort. = Cleome hassleriana
– *gigantea* hort. = Cleome hassleriana
– *grandis* hort. = Cleome hassleriana
– **gynandra** L. · D:Afrikansiche Spinnenpflanze; E:African Spider Flower · ⊙ Ⓚ Ⓝ; trop. Afr., trop. As., nat. in trop. Am..
– **hassleriana** Chodat · D:Spinnenpflanze; E:Spider Plant · ⊙ VII-X; SE-Bras., Arg.
– **in Sorten**
– **'Violet Queen'**
– *'Violettkönigin'* = Cleome hassleriana 'Violet Queen'
– *pentaphylla* (L.) DC. = Cleome gynandra
– *pungens* auct. = Cleome hassleriana
– *pungens* Willd. = Cleome spinosa
– *spinosa* hort. = Cleome hassleriana
– **spinosa** Jacq. · D:Dornige Spinnenpflanze · ⊙ VII-X ☠; S-Am.
– **violacea** L. · ⊙; Ib, NW-Afr.

Cleretum N.E. Br. -n- *Aizoaceae* · 3 sp
– **herrei** (Schwantes) Ihlenf. et Struck · ⊙ ψ Z9 Ⓚ; Kap

Clerodendrum L. -n- *Verbenaceae* · c. 400 sp · D:Losbaum, Losstrauch; F:Clérodendron
– **bungei** Steud. · D:Herrlicher Losstrauch; E:Glory Flower · ♄ d Z8 Ⓚ VIII-IX; China, Sikkim, Riukiu-Is.
– *fallax* Lindl. = Clerodendrum speciosissimum
– *foetidum* Bunge = Clerodendrum bungei
– *fragrans* (Vent.) R. Br. = Clerodendrum philippinum
– **paniculatum** L. · D:Rispenblütiger Losstrauch · ♄ e Z10 Ⓦ; SE-As.
– **philippinum** Schauer · D:Lauben-Losstrauch; E:Glory Bower · ♄ e D Z10 Ⓦ I-XII; China, Jap. Nat. Trop
– **speciosissimum** Van Geert · ♄ s Z10 Ⓦ VI-IX; Malay. Arch., N.Guinea, Polyn.
– × **speciosum** Dombr. (*C. splendens* × *C. thomsoniae*) · ♄ e Z10 Ⓦ; cult.
– **splendens** G. Don · ♄ e ≹ Z10 Ⓦ XII-IV; trop. Afr.
– **thomsoniae** Balf. · D:Kletternder Losstrauch; E:Bleeding Heart Vine · ♄ e ≹ Z10 Ⓦ III-VII; W-Afr., Cameroun
– **trichotomum** Thunb.
  – var. **fargesii** (Dode) Rehder · ♄ d & Z7 ∧ IX; China, Taiwan
  – var. **trichotomum** · D:Japanischer Losbaum; E:Glory Tree · ♄ ħ d Z7 ∧ ⚕; Jap.
– **ugandense** Prain · D:Uganda-Losstrauch · ♄ s ≹ Z10 Ⓦ IV-IX; E-Afr., Zimbabwe

Clethra L. -f- *Clethraceae* · 64-67 sp · D:Scheineller, Zimterle; E:Summer-Sweet, White Alder; F:Cléthra
– **acuminata** Michx. · D:Berg-Zimterle; E:Summersweet, White Alder · ♄ d Z6 VII-VIII; USA: NE, SE
– **alnifolia** L. · D:Erlenblättrige Zimterle; E:Sweet Pepper Bush, White Alder; F:Cléthra à feuilles d'aulne · ♄ d Z6 VII-IX; USA: NE, SE, Fla., SC
  – **in vielen Sorten**
– **arborea** Aiton · D:Maiglöckchen-Zimterle; E:Lily-of-the-Valley Tree · ♄ e Z9 Ⓚ VIII-IX; Madeira
– **barbinervis** Siebold et Zucc. · D:Japanische Zimterle; F:Cléthra · ♄ ħ d Z6 VII-IX; Jap., Korea
– **delavayi** Franch. · ♄ d Z5 VII-VIII; W-China
– **fargesii** Franch. · D:Farges Zimterle · ♄ d Z5 VII-VIII; C-China
– **tomentosa** Lam. · D:Filzige Zimterle; F:Cléthra · ♄ d Z7 VIII-IX; USA: SE, Fla.

Cleyera Thunb. -f- *Theaceae* · 17 sp
– *fortunei* Hook. f. = Cleyera japonica 'Fortunei'
  – *'Variegata'* = Cleyera japonica 'Fortunei'
– **japonica** Thunb. · D:Sakakistrauch; E:Sakaki · ♄ ħ e Z8 Ⓚ; Him., Jap.
  – **'Fortunei'** · Ⓚ
  – **'Tricolor'** · Ⓚ
  – *'Variegata'* = Cleyera japonica 'Fortunei'
  – var. *tricolor* Kobuski = Cleyera japonica 'Tricolor'
– *ochnacea* DC. = Cleyera japonica

Clianthus Sol. ex Lindl. -m- *Fabaceae (Leguminosae)* · 2 sp · D:Prunkblume, Ruhmesblume; E:Glory Pea; F:Bec-de-perroquet
– *dampieri* A. Cunn. ex Lindl. = Clianthus formosus
– **formosus** (G. Don) Ford et Vickery · D:Queensland-Ruhmesblume; E:Glory Pea, Sturt's Desert Pea · ♃ ♄ e Z9 Ⓚ VII-IX; Austr.
– **puniceus** (G. Don) Sol. ex Lindl. · D:Kakadu-Ruhmesblume; E:Lobster's Claw, Parrot's Bill · ♄ e Z8 Ⓚ III-V; NZ
– *speciosus* (G. Don) Asch. et Graebn. = Clianthus formosus

Clidemia D. Don -f- *Melastomataceae* · 117 sp
– **hirta** (L.) D. Don · D:Seifenstrauch; E:Soapbush · ♄ Ⓦ; Mex., W.Ind., trop. S-Am., nat. in OW Trop.

Clinopodium L. -n- *Lamiaceae (Labiatae)* · 10 sp · D:Wirbeldost; E:Calamint; F:Calament commun, Clinopode
– **vulgare** L.
  – subsp. **arundanum** (Boiss.) Nyman · ♃ Z7; S-Eur., TR, Syr., N-Iraq, Cauc., Iran, Afgh.
  – subsp. **vulgare** · D:Wirbeldost; E:Cushion Calamint, Wild Basil · ♃ Z7 VII-IX; Eur.*, Cauc., W-Sib., E-Sib.

Clinostigma H. Wendl. -f- *Arecaceae (Palmae)* · 13 sp
– *mooreanum* (F. Muell.) H. Wendl. et Drude = Lepidorrhachis mooreana

Clintonia Raf. -f- *Convallariaceae* · 5 sp

– **borealis** (Aiton) Raf. · D:Blaubart-Clintonie; E:Bluebeard · ♃ ♧ Z3 V; Can.: E; USA; NE, NCE, SE
– **umbellulata** (Michx.) Morong · D:Schirm-Clintonie; E:Speckled Clintonia · ♃ ♧ Z4 V; USA: NE, SE
– **uniflora** (Schult.) Kunth · D:Einblütige Clintonie; E:Bride's Bonnet, Queen's Cup · ♃ Z6 V; Alaska, Can.: W; USA: NW, Rocky Mts., Calif.

Clintonia Douglas ex Lindl. = Downingia
– *elegans* Douglas = Downingia elegans
– *pulchella* Lindl. = Downingia pulchella

Clitoria L. -f- *Fabaceae (Leguminosae)* · 60-70 sp · D:Schamblume; E:Butterfly Pea; F:Pois razier, Pois savane
– **laurifolia** Poir. · ♄ Z10 ⓦ Ⓝ; trop. Am.; cult. Sri Lanka, Malay. Arch.
– **ternatea** L. · D:Blaue Schamblume; E:Butterfly Pea · ♃ ≩ Z10 ⓦ VI-IX Ⓝ; ? S-Am., nat. in Trop.

Clivia Lindl. -f- *Amaryllidaceae* · 4 sp · D:Clivie, Riemenblatt; E:Kaffir Lily; F:Clivia
– × **cyrtanthiflora** (Van Houtte) Wittm. (*C. miniata* × *C. nobilis*) · D:Hybrid-Clivie · ♃ Z9 ⓚ ☠; cult.
– **gardenii** Hook. · ♃ Z9 ⓚ XII-III ☠; S-Afr.: Natal, Transvaal
– **miniata** (Lindl.) Bosse · D:Zimmer-Clivie; E:Kaffir Lily · ♃ Z9 ⓚ II-V ☠; S-Afr.: Natal
– **nobilis** Lindl. · D:Grüngetupfte Clivie; E:Greentip Kaffir Lily · ♃ Z9 ⓚ VIII-XI ☠; S-Afr.

Clowesia Lindl. -f- *Orchidaceae* · 5 sp
– **russelliana** (Hook.) Dodson · ♃ Z10 ⓦ VIII-IX ▽ ✱; Mex., C-Am., Venez.

Clusia L. -f- *Clusiaceae (Guttiferae)* · c. 145 sp · D:Balsamapfel; E:Balsam Apple; F:Pommier baumier
– **grandiflora** Splitg. · D:Großblütiger Balsamapfel · ♄ e Z9 ⓦ; Guyan.
– **major** (Jacq.) L. · D:Rosafarbener Balsamapfel; E:Autograph Tree, Balsam Apple, Scotch Attorney · ♄ ♄ e Z9 ⓦ Ⓝ; S-Fla., Mex., W.Ind., C-Am., S-Am.
– *rosea* Jacq. = Clusia major

Clypeola L. -f- *Brassicaceae (Cruciferae)* · 9 sp · D:Schildkraut; F:Clypéole
– **jonthlaspi** L. · ⊙; Eur.; Ib, Ap, Fr, CH, E-Eur., Ba; SW-As.

Clytostoma Miers ex Bureau -n- *Bignoniaceae* · 9 sp · D:Schönmund; E:Love Charm; F:Bignone d'Argentine
– **binatum** (Thunb.) Sandwith · ♄ e ≩ Z10 ⓦ; Venez., Guyana, Bras., Parag., Urug.
– **callistegioides** (Cham.) Bureau · D:Argentinischer Schönmund; E:Love Charm, Violet Trumpet Vine · ♄ e ≩ Z10 ⓦ III-IV; S-Bras., Arg.

Cneorum L. -n- *Cneoraceae* · 2 sp · D:Zeiland, Zwergölbaum; F:Camélée
– **tricoccon** L. · ♄ e Z9 ⓚ; Eur.: Sp., F, Sard., I

Cnicus L. -m- *Asteraceae (Compositae)* · 1 sp · D:Benediktenkraut, Bitterdistel; E:Blessed Thistle; F:Chardon bénit, Cnicaut
– **benedictus** L. · D:Benediktenkraut, Bitterdistel; E:Blessed Thistle · ⊙ Z8 VI-VII ⚕ Ⓝ; Eur.: Ib, Fr, Ap, Ba; TR, Levante, Cauc., Iran, C-As., Afgh., Alger., nat. in RO, S-Russ.
– *oleraceus* L. = Cirsium oleraceum
– *spinosissimus* L. = Cirsium spinosissimum

Cnidium Cusson ex Juss. -n- *Apiaceae (Umbelliferae)* · 4-5 sp · D:Brenndolde; F:Cnide
– **dubium** (Schkuhr) Thell. · D:Sumpf-Brenndolde · ♃ VIII-IX; Eur.: Sc, C-Eur., EC-Eur., E-Eur.; W-Sib., E-Sib., C-As.
– **silaifolium** (Jacq.) Simonk. · D:Silgenblättrige Brenndolde · ♃ VII-VIII; Eur.: Fr, Ap, Ba; TR, Syr., Lebanon

Cnidoscolus Pohl -m- *Euphorbiaceae* · 75 sp · D:Weißnessel; E:Spurge Nettle
– **urens** (L.) Arthur · D:Brennende Weißnessel; E:Spurge Nettle, White Nettle · ♄ Z10 ⓦ VII-IX ☠; S-Mex., C-Am., Lesser Antilles, S-Am.

Cobaea Cav. -f- *Cobaeaceae* · 10-20 sp · D:Glockenrebe; F:Cobée
– **scandens** Cav. · D:Glockenrebe; E:Cup and Saucer Vine, Mexican Ivy; F:Cobée · ⊙ ♄ e ≩ Z9 ⓚ VII-X; Mex.

Coccinia Wight et Arn. -f- *Cucurbitaceae* ·

30 sp · D:Scharlachranke; E:Scarlet-fruited Gourd
- **abyssinica** (Lam.) Cogn. Z9 ⓝ; Eth.
- **grandis** (L.) Voigt · D:Große Scharlachranke; E:Ivy Gourd · ♃ ≹ ∞ Z9 ⌂ VII-VIII ⓝ; trop. Afr., trop. As., Austr.: N.Terr., nat. in trop. Am.

Coccoloba P. Browne -f- *Polygonaceae* · c. 120 sp · D:Meertraubenbaum, Seetraube; E:Sea Grape; F:Raisin de mer, Raisinier
- *grandifolia* Jacq. = Coccoloba pubescens
- **pubescens** L. · D:Ledermantelbaum; E:Leather Coat Tree · ♄ e Z10 ⌂; Mex., W.Ind., Guyan.
- **uvifera** (L.) L. · D:Meertraubenbaum, Seetraube; E:Sea Grape · ♄ ♄ e Z10 ⌂ ⓝ; Fla., Bahamas, Bermuda, Mex., W.Ind., trop. S-Am.

Coccothrinax Sarg. -f- *Arecaceae (Palmae)* · 49 sp · D:Silberpalme; E:Silver Palm; F:Palmier argenté
- **argentea** (Lodd. ex Schult. et Schult. f.) Sarg. ex Becc. · D:Florida-Silberpalme; E:Silver Thatch Palm · ♄ e Z10 ⌂ ⓝ; Haiti

Cocculus DC. -m- *Menispermaceae* · 11 sp · D:Kokkelstrauch; E:Moonseed; F:Cocculus
- **carolinus** (L.) DC. · D:Carolina-Kokkelstrauch; E:Carolina Moonseed · ♄ d ≹ Z7 ∧; USA: NE, NCE, Kans., SC, SE, Fla.
- **laurifolius** (Roxb.) DC. · D:Himalaya-Kokkelstrauch; E:Coralbead · ♄ e Z8 ⌂; Him., China, Taiwan, Ryukyu-Is., Jap.
- **orbiculatus** (L.) DC. · D:Asiatischer Kokkelstrauch; E:Queen Coralbead · ♄ d ≹ Z7 ∧; Him., China, Jap., Phil.
- *trilobus* (Thunb.) DC. = Cocculus orbiculatus

Cochemiea (K. Brandegee) Walton = Mammillaria
- *halei* (K. Brandegee) Walton = Mammillaria halei
- *poselgeri* (Hildm.) Britton et Rose = Mammillaria poselgeri

Cochleanthes Raf. -f- *Orchidaceae* · 15 sp
- **amazonica** (Rchb. f. et Warsz.) R.E. Schult. et Garay · ♃ Z10 ⌂ XII-III ▽ ✻; Amazon., Venez.
- **discolor** (Lindl.) R.E. Schult. et Garay · ♃ Z10 ⌂ I-III ▽ ✻; Hond., Costa Rica, Panama, Cuba, Venez.
- **flabelliformis** (Sw.) R.E. Schult. et Garay · ♃ Z10 ⌂ XII-III ▽ ✻; W.Ind.
- **wailesiana** (Lindl.) R.E. Schult. et Garay · ♃ Z10 ⌂ V-VI ▽ ✻; Bras.

Cochlearia L. -f- *Brassicaceae (Cruciferae)* · 25 sp · D:Löffelkraut; E:Scurvygrass; F:Cranson
- **anglica** L. · D:Englisches Löffelkraut · ⊙ ♃ Z6 V-VII ▽; Eur.: Sc, BrI, D, Fr, Ib; coasts
- *armoracia* L. = Armoracia rusticana
- **bavarica** Vogt · D:Bayerisches Löffelkraut · ⊙ ♃ Z6 ▽; Eur.: D
- **danica** L. · D:Dänisches Löffelkraut · ⊙ Z6 V-VI ▽; Eur.: Sc, BrI, D, Balt., Fr, Ib; coasts
- **macrorhiza** (Schur) Pobed. · ⊙ ♃ Z6 III-VI ▽; C-Eur. , W-Eur.
- **officinalis** L. · D:Echtes Löffelkraut; E:Common Scurvy Grass, Spoonwort · ⊙ ♃ Z6 V-VI ⚕ ⓝ ▽; Eur.* exc. Ap, Ba; coasts; Canar., Sib., Kamchat., N-Jap., Greenl., nat. in Ap
- **pyrenaica** DC.
  - subsp. **excelsa** (J. Zahlbr.) O. Schwarz · D:Alpen-Löffelkraut · ⊙ ♃ Z6 VII-VIII ▽; Eur.: A
  - subsp. **pyrenaica** · D:Pyrenäen-Löffelkraut · ♃ Z6 V-VI ▽; Eur.: Sp., F, C-Eur., BrI, Norw.
- *saxatilis* L. = Kernera saxatilis

× **Cochlenia** hort. -f- *Orchidaceae* (*Cochleanthes* × *Stenia*)

Cochlioda Lindl. -f- *Orchidaceae* · 5 sp
- **densiflora** Lindl. · ♃ Z10 ⌂ VII-XI ▽ ✻; Peru, Bol.
- **rosea** (Lindl.) Benth. · ♃ Z10 ⌂ XII-III ▽ ✻; Ecuad., Peru
- *sanguinea* (Rchb. f.) Benth. = Symphyglossum sanguineum

Cocos L. -f- *Arecaceae (Palmae)* · 1 sp · D:Kokosnuss, Kokospalme; E:Coconut; F:Cocotier
- *australis* hort. = Butia capitata
  - var. *bonnetii* (Becc.) hort. = Butia bonnetii
- *australis* Mart. = Syagrus romanzoffiana
- *bonnetii* (Becc.) hort. = Butia bonnetii
- *eriospatha* Mart. ex Drude = Butia eriospatha

– **nucifera** L. · D:Kokosnuss, Kokospalme; E:Coconut, Coconut Palm · ♄ e Z10 Ⓦ ⚕ Ⓝ; orig. ? ; cult. Trop., nat. in pantrop.
– *plumosa* Hook. = Syagrus romanzoffiana
– *romanzoffiana* Cham. = Syagrus romanzoffiana
– *weddelliana* H. Wendl. = Lytocaryum weddellianum
– *yatay* Mart. = Butia yatay

Codda-Pana Adans. = Corypha

Codiaeum A. Juss. -n- *Euphorbiaceae* · c. 15 sp · D:Wunderstrauch; E:Croton; F:Croton
– **variegatum** (L.) Blume · D:Kroton, Wunderstrauch; E:Croton
  – var. **pictum** (Lodd.) Müll. Arg. · ħ e Z10 Ⓦ; Molucca.; cult Trop.
  – var. **variegatum** · ħ ♄ e Z10 Ⓦ ☠; Molucca

× **Codonantanthus** W.R. Saylor -m- *Gesneriaceae* (*Codonanthe* × *Nematanthus*)

Codonanthe (Mart.) Hanst. -f- *Gesneriaceae* · c. 15 sp
– **crassifolia** (Focke) C.V. Morton · ♃ ⌇ Z10 Ⓦ; Trinidad, Guyana, Bras., E-Peru
– **ventricosa** (Vell.) Hoehne · ♃ Z10 Ⓦ; S-Bras.

Codonopsis Wall. -f- *Campanulaceae* · c. 30 sp · D:Glockenwinde; E:Bonnet Bellflower; F:Codonopsis
– **bulleyana** Forrest ex Diels · ♃ △ Z4 VI; NW-Yunnan, SE-Tibet
– **clematidea** (Schrenk ex Fisch. et C.A. Mey.) C.B. Clarke · D:Tigerglocke · ♃ △ Z4 VII; C-As.
– **convolvulacea** Kurz · ♃ ⌇ △ Z5 VII; Him., Tibet
  – var. *forrestii* (Diels) Ballard = Codonopsis forrestii
– **forrestii** Diels · ♃ ⌇ △ Z7 VI-VII; Yunnan
– **lanceolata** (Siebold et Zucc.) Trautv. · ♃ ⌇ △ Z7 VI-VII; China, Amur, Manch., Korea, Jap.
– **meleagris** Diels · ♃ △ Z4 VIII; Yunnan
– **ovata** Benth. · ♃ △ Z4 VIII; W-Him.
– **rotundifolia** Royle · ♃ ⌇ △ Z7 VI-VII; Him., SE-Tib.
– **tangshen** Oliv. · ♃ ⌇ △ Z4 VI-VII ⚕; China: Hupeh
– **ussuriensis** (Rupr. et Maxim.) Hemsl. · ♃ ⌇ △ Z7 VI-VII; Amur, Manch., Korea, Jap.
– *vinciflora* Komar. = Codonopsis convolvulacea
– **viridiflora** Maxim. · ♃ △ Z7 VII-VIII; China: Sichuan, Kansu

Coelia Lindl. -f- *Orchidaceae* · 5 sp
– *baueriana* (Sm.) Lindl. = Coelia triptera
– **bella** (Lem.) Rchb. f. · ♃ Z10 Ⓦ X-XI ▽ ✱; Guat.
– *macrostachya* Lindl. = Bothriochilus macrostachyus
– **triptera** (Sm.) G. Don ex Steud. · ♃ Z10 Ⓦ II-IV ▽ ✱; Mex., W.Ind.

Coeloglossum Hartm. -n- *Orchidaceae* · 1 sp · D:Hohlzunge; E:Frog Orchid; F:Cœloglosse, Habénaire
– **viride** (L.) Hartm. · D:Hohlzunge; E:Frog Orchid · ♃ Z6 V-VI ▽ ✱; Eur.*, TR, N-As., N-Am.

Coelogyne Lindl. -f- *Orchidaceae* · c. 200 sp
– **asperata** Lindl. · ♃ Z10 Ⓦ IV-VII ▽ ✱; Malay. Arch., N.Guinea
– **barbata** Griff. · ♃ Z10 Ⓦ X-XII ▽ ✱; Bhutan, NE-Ind.
– **carinata** Rolfe · ♃ Z10 Ⓦ VI ▽ ✱; N.Guinea
– *cinnamomea* Teijsm. et Binn. = Coelogyne trinervis
– **corrugata** Wight · ♃ Z10 Ⓦ IX-X; Ind.
– **corymbosa** Lindl. · ♃ Z10 Ⓦ VII-IX ▽ ✱; Him., SW-China
– **cristata** Lindl. · D:Engelsorchidee
  – var. **cristata** · ♃ Z10 Ⓚ I-IV ▽ ✱; E-Him.
  – var. **hololeuca** Rchb. f. · ♃ Z10 Ⓚ I-IV ▽ ✱; Nepal
– **dayana** Rchb. f. · ♃ Z10 Ⓦ IV-VI ▽ ✱; Thail., Sumat., Kalimantan
– **fimbriata** Lindl. · ♃ Z10 Ⓚ VIII-X ▽ ✱; Ind. (Khasi Mts.), Indochina, China
– **flaccida** Lindl. · ♃ Z10 Ⓦ III-IV ▽ ✱; Nepal
– **flexuosa** Rolfe · ♃ Z10 Ⓦ IV-VI ▽ ✱; Java
– **fuliginosa** Lindl. · ♃ Z10 Ⓦ XI-XII ▽ ✱; Him., Myanmar
– **fuscescens** Lindl. · ♃ Z10 Ⓦ I-II ▽ ✱; NE-Ind.
– *gardneriana* Lindl. = Neogyna gardneriana
– *graminifolia* Parish et Rchb. f. =

Coelogyne viscosa
- **huettneriana** Rchb. f. · ♃ Z10 ⓦ IV-VI ▽ ✻; Myanmar, Thail.
- **lawrenceana** Rolfe · ♃ Z10 ⓦ III-IV ▽ ✻; Vietn.
- **massangeana** Rchb. f. · ♃ Z10 ⓦ V-VII ▽ ✻; Thail., Sumat., Java
- **miniata** (Blume) Lindl. · ♃ Z10 ⓦ VII-IX ▽ ✻; Sumat., Java, Bali
- *nervosa* A. Rich. = Coelogyne corrugata
- **nitida** (Wall. ex Don) Lindl. · ♃ Z10 ⓚ IV-VI ▽ ✻; Him., Myanmar, Yunnan, Thail., Laos
- *ochracea* Lindl. = Coelogyne nitida
- **ovalis** Lindl. · E:Jivanti · ♃ Z10 ⓦ VI-VIII ▽ ✻; Him., Yunnan, Myanmar, Thail.
- **pandurata** Lindl. · D:Schwarze Engelsorchidee; E:Black Orchid · ♃ Z10 ⓦ VI-VIII ▽ ✻; Malay. Pen., Kalimantan
- **parishii** Hook. f. · ♃ Z10 ⓦ V-VI ▽ ✻; Myanmar
- **rochussenii** de Vries · ♃ Z10 ⓦ ▽ ✻; Malay. Arch.
- **speciosa** (Blume) Lindl. · ♃ Z10 ⓦ I-XII ▽ ✻; Sumat., Java, Kalimantan
- **swaniana** Rolfe · ♃ Z10 ⓦ VII-VIII ▽ ✻; Malay. Pen., Sumat., Kalimantan
- **tomentosa** Lindl. · ♃ Z10 ⓦ IV-V ▽ ✻; Thail., Sumat, Kalimantan
- **trinervis** Lindl. · ♃ Z10 ⓦ I; Myanmar, Thail., Cambodia, Vietn., Malay. Pen., Java
- **veitchii** Rolfe · ♃ Z10 ⓦ VII-VIII ▽ ✻; N.Guinea
- **viscosa** Rchb. f. · ♃ Z10 ⓦ I-II ▽ ✻; N-Ind., SW-China, Myanmar, Malay. Pen.

Coffea L. -f- *Rubiaceae* · c. 90 sp · D:Kaffeestrauch; E:Coffee; F:Caféier
- **arabica** L.
  - var. **arabica** · D:Arabischer Kaffeestrauch; E:Arabian Coffee · ♄ e Z10 ⓦ ⚕ Ⓝ; Eth., Sudan
  - var. **mokka** Cramer · D:Mokka-Kaffeestrauch · ♄ e Z10 Ⓝ; ? E-Afr.
- *benghalensis* Roxb. = Psilanthus bengalensis
- **canephora** Pierre ex A. Froehner · D:Robusta-Kaffeestrauch; E:Robusta Coffee · ♄ ♄ e Z10 ⓦ Ⓝ; W-Afr., C-Afr., Sudan, Uganda, Angola
- **congensis** A. Froehner · D:Kongo-Kaffeestrauch; E:Congo Coffee · ♄ Z10 ⓦ Ⓝ; Congo
- *dewevrei* De Wild. et T. Durand = Coffea liberica var. dewevrei
- **eugenioides** S. Moore · ♄ ♄ Z10 ⓦ Ⓝ; Uganda, Tanzania, E-Congo
- **liberica** W. Bull ex Hiern
  - var. **dewevrei** (De Wild. et T. Durand) Lebrun · D:Excelsa-Kaffeestrauch; E:Excelsa Coffee · ♄ ♄ e Z10; W-Afr.
  - var. **liberica** · D:Liberia-Kaffestrauch; E:Liberian Coffee · ♄ ♄ e Z10 ⓦ ⚕ Ⓝ; trop. Afr.
- **racemosa** Lour. · D:Wilder Kaffeestrauch; E:Wild Coffee · ♄ ♄ d Z10 ⓦ Ⓝ; Tanzania, Mozamb., Zimbabwe
- *robusta* Lindl. = Coffea canephora
- **stenophylla** G. Don · D:Sierra Leone-Kaffeestrauch; E:Sierra Leone Coffee · ♄ ♄ Z10 ⓦ Ⓝ; W-Afr.: Guinea, Sierra Leone, Ivory Coast

Coincya Rouy -f- *Brassicaceae (Cruciferae)* · 6 sp · D:Lacksenf, Schnabelsenf
- **monensis** (L.) Greuter et Burdet · D:Schnabelsenf
  - subsp. **cheiranthos** (Vill.) Aedo et al. · D:Goldlack-Schnabelsenf · ♃ VI-X; Eur.: Fr, BrI, IB, Ap

Coix L. -f- *Poaceae (Gramineae)* · 6 sp · D:Hiobsträne, Jupitertränen, Tränengras; E:Job's Tears; F:Larme-de-Job, Larme-de-Jupiter
- **lacryma-jobi** L. · D:Hiobsträne, Jupitertränen, Tränengras; E:Job's Tears; F:Larme-de-Job · ⊙ ⊙ ♃ ☘ Z9 ⚕ Ⓝ; trop. As.

Cola Schott et Endl. -f- *Sterculiaceae* · c. 125 sp · D:Kolabaum, Kolanuss; E:Cola; F:Colatier
- **acuminata** (P. Beauv.) Schott et Endl. · D:Kolanuss; E:Goora Nut, Kola · ♄ e Z10 ⓦ ⚕ Ⓝ; W-Afr., C-Afr., Angola
- **anomala** K. Schum. · E:Bamenda Cola · ♄ Z10 ⓦ Ⓝ; Cameroun
- **nitida** (Vent.) Schott et Endl. · D:Bittere Kolanuss; E:Kola Nut · ♄ Z10 ⓦ ⚕ Ⓝ; Liberia, Ivory Coast
- **quinqueloba** (K. Schum.) Garcke · ♄ ✂ Z10 ⓦ; trop. Afr.
- *vera* K. Schum. = Cola nitida
- **verticillata** (Thonn.) Stapf ex A. Chev. · E:Owé Cola · ♄ Z10 ⓦ Ⓝ; W-Afr., C-Afr.

Colax Lindl. = Pabstia
- *jugosus* Lindl. = Pabstia jugosa

Colchicum L. -f- *Colchicaceae* · 65 sp · D:Zeitlose; E:Autumn Crocus, Naked Ladies; F:Colchique
- × **agrippinum** hort. ex Baker (*C. autumnale* × *C. variegatum*) · ♃ Z5 IX ☠; GR, nat. in BrI
- **alpinum** DC. · D:Alpen-Zeitlose · ♃ Z4 VII-VIII ☠; Eur.: F, Ap, CH
- **arenarium** Waldst. et Kit. · ♃ Z6 IX-X ☠; Eur.: H, Slova., Serb.
- **autumnale** L. · D:Herbst-Zeitlose; E:Naked Ladies; F:Colchique d'automne · ♃ Z5 X-XI ⚕ ☠ Ⓝ; Eur.* exc. Sc, nat. in Sc
  - *'Major'* = Colchicum byzantinum
  - *'Minor'* = Colchicum autumnale
- **bivonae** Guss. · ♃ Z6 IX-X ☠; Eur.: Sard., I, Sic., Ba
- **bornmuelleri** Freyn · ♃ Z5 VIII ☠; Iran, Syr.
- *bornmuelleri* hort. = Colchicum speciosum
- *bowlesianum* B.L. Burtt = Colchicum bivonae
- *bulbocodium* Ker-Gawl. = Bulbocodium vernum
- **byzantinum** Ker-Gawl. · ♃ Z6 ☠; TR: Taurus
  - var. *cilicium* Boiss. = Colchicum cilicicum
- **cilicicum** (Boiss.) Dammer · ♃ Z6; TR, Syr., Lebanon
- **cupanii** Guss. · ♃ Z8 Ⓐ ∧ ☠; Eur.: F, Sard, I, Sic., GR, ? AL, Crete
- *decaisnei* Boiss. = Colchicum troodii
- **haussknechtii** Boiss. · ♃ X ☠; Iran
- *laetum* Decne. = Colchicum troodii
- **laetum** Steven · ♃ Z7 IX-X ☠; Cauc.
- **longiflorum** A. Cast. · ♃ Z6 VIII-IX ☠; Eur.: Sp., F, Ap, W-Ba; NW-Afr.
- **luteum** Baker · ♃ Z7; C-As., Afgh., N-Ind., SW-China
- *neapolitanum* Ten. = Colchicum longiflorum
- **pannonicum** Griseb. et Schenk · ♃ IX ☠; S-E-Eur.
- *sibthorpii* Baker = Colchicum bivonae
- **speciosum** Steven · ♃ Z6 IX-X ☠; Cauc., TR
  - var. *bornmuelleri* (Freyn) Bergmans = Colchicum bornmuelleri
  - var. *bornmuelleri* hort. = Colchicum speciosum
- **troodii** Kotschy · ♃ Z8 Ⓐ ☠; Cyprus, TR, W-Syr., Lebanon, Israel
- **variegatum** L. · ♃ Z8 Ⓐ VIII ☠; Eur.: GR; TR
- *vernum* (L.) Ker-Gawl. = Bulbocodium vernum

Coleanthus Seidel -m- *Poaceae (Gramineae)* · 1 sp · D:Scheidenblütgras
- **subtilis** (Tratt.) Seidl · D:Scheidenblütgras · ⊙ V-X ▽; Eur.: F, D, A, EC-Eur., Slova.; W-Sib., Amur, nat. in USA: NW

Coleocephalocereus Backeb. -m- *Cactaceae* · 6 sp
- **fluminensis** (Miq.) Backeb. · ♄ ♆ Z9 Ⓦ ▽ *; Bras.

Coleonema Bartl. et H.L. Wendl. -n- *Rutaceae* · 8 sp
- **album** (Thunb.) Bartl. et H.L. Wendl. · E:White Breath of Heaven · ♄ e D Z9 Ⓚ III-V; Kap
- **calycinum** (Steud.) I. Williams · ♄ e D Z9 Ⓚ III-V; Kap
- **pulchrum** Hook. · ♄ e Z9 Ⓚ; S-Afr.

Coleostephus Cass. -m- *Asteraceae (Compositae)* · 2 sp
- **multicaulis** (Desf.) Durieu · ⊙ VII-VIII; Alger.

Coleotrype C.B. Clarke -f- *Commelinaceae* · 9 sp
- **natalensis** C.B. Clarke · ♃ Z9 Ⓦ; S-Afr.: Natal

Coleus Lour. = Plectranthus, Solenostemon
- *amboinicus* Lour. = Plectranthus amboinicus
- *barbatus* Benth. = Plectranthus barbatus
- *blumei* Benth. = Solenostemon scutellarioides
- *esculentus* (N.E. Br.) G. Taylor = Plectranthus esculentus
- *forskohlii* (Poir.) Briq. = Plectranthus barbatus
- *pumilus* Blanco = Solenostemon scutellarioides
- *rehneltianus* A. Berger = Solenostemon scutellarioides
- *rotundifolius* (Poir.) A. Chev. et Perrot = Solenostemon rotundifolius
- *shirensis* Gürke = Solenostemon shirensis
- *thyrsoideus* Hook. f. = Plectranthus thyrsoideus

Colletia Comm. ex Juss. -f- *Rhamnaceae* ·

17 sp · D:Colletie; F:Colletia
– *armata* Miers = Colletia hystrix
– *cruciata* Gillies et Hook. = Colletia paradoxa
– **hystrix** Clos · ♄ Z8 ⓚ; Chile
– **paradoxa** (Spreng.) Escal. · D:Ankerpflanze; E:Anchor Plant · ♄ Z8 ⓚ XI-XII; S-Bras., Urug., N-Arg.
– *spinosa* Lam. = Colletia hystrix

Collinia (Liebm.) Liebm. ex Oerst. = Chamaedorea
– *elegans* (Mart.) Liebm. ex Oerst. = Chamaedorea elegans

Collinsia Nutt. -f- *Scrophulariaceae* · c. 20 sp · D:Collinsie; F:Collinsia
– **bicolor** Benth. · E:Innocence · ⊙ Z9 VII-VIII; Calif.
– **grandiflora** Douglas ex Lindl. · E:Blue Lips · ⊙ Z9 VI-VIII; B.C., USA: NW, Calif.
– *heterophylla* Buist ex Graham = Collinsia bicolor
– **tinctoria** Hartw. ex Benth. · E:Tincture Plant · ⊙ Z9 VII-VIII; Calif.
– **verna** Nutt. · E:Blue Eyed Mary · ⊙ Z9 V-VI; USA: NE, NCE, Kans., Ark.

Collinsonia L. -f- *Lamiaceae (Labiatae)* · 5 sp · D:Pferdemelisse; E:Horse Balm
– **canadensis** L. · D:Kanadische Pferdemelisse; E:Horseweed, Stone Root · ♃ VII-IX ⚕; Ont., USA: NE, NCE, SE, Fla.

Collomia Nutt. -f- *Polemoniaceae* · 15 sp · D:Leimsaat; E:Collomia; F:Collomia
– *biflora* (Ruiz et Pav.) Brandegee = Collomia cavanillesii
– **cavanillesii** Hook. et Arn. · ⊙ VII-VIII; Bol., Chile, Arg.
– *coccinea* Lehm. = Collomia cavanillesii
– **grandiflora** Douglas ex Lindl. · D:Großblumige Leimsaat; E:Mountain Trumpet · ⊙ Z6 VI-VIII; B.C., USA: NW, Rocky Mts., Calif., nat. in W-Eur., C-Eur.
– **linearis** Nutt. · ⊙; Can., USA* exc. SE, Fla.

× **Colmanara** hort. -f- *Orchidaceae* (*Miltonia* × *Odontoglossum* × *Oncidium*)

Colocasia Schott -f- *Araceae* · 6-13 sp · D:Zehrwurz; E:Taro; F:Chou-chine, Taro
– **affinis** Schott · ♃ Z10 ⓦ; S-Him.
– *antiquorum* Schott = Colocasia esculenta 'Antiquorum'
  – var. *typica* Engl. = Colocasia esculenta 'Antiquorum'
– **esculenta** (L.) Schott · D:Taro, Zehrwurzel; E:Coco Yam, Dasheen, Taro · ♃ Z10 ⓦ; Him., Ind., Sri Lanka, nat. in Trop., Subtrop.
  – **'Antiquorum'** · D:Wasserbrotwurzel; E:Eddo · ♃ ⓦ Ⓝ; Ind., nat. in N-Afr.
  – var. *antiquorum* (Schott) F.T. Hubb. et Rehder = Colocasia esculenta 'Antiquorum'
  – var. *colocasia* (L.) Mansf. = Colocasia esculenta 'Antiquorum'
– **fallax** Schott · ♃ Z10 ⓦ; S-Him.
– **gigantea** (Blume) Hook. f. · ♃ Z10 ⓦ; Ind., Indochina, Malay. Arch.
– *indica* auct. non (Lour.) Kunth = Colocasia gigantea
– *jenningsii* Veitch = Colocasia affinis
– *marshallii* W. Bull = Colocasia affinis

Colocynthis Mill. = Citrullus
– *citrullus* (L.) Kuntze = Citrullus lanatus var. lanatus
– *vulgaris* Schrad. = Citrullus colocynthis

Columnea L. -f- *Gesneriaceae* · c. 160 sp · D:Kolumnee, Rachenrebe; F:Columnéa
– *affinis* C.V. Morton = Columnea aureonitens
– **allenii** C.V. Morton · ♄ e ⌇ Z9 ⓦ VII-X; Panama
– **arguta** C.V. Morton · ♄ e ⌇ Z9 ⓦ IX-X; Panama
– **aureonitens** Hook. · ♃ e Z9 ⓦ; trop. S-Am.
– × **banksii** Lynch (*C. oerstediana* × *C. schiedeana*) · ♄ e ⌇ Z9 ⓦ; cult.
– **billbergiana** Beurl. · ♄ e Z9 ⓦ; Panama
– **crassifolia** Brongn. · ♄ e Z9 ⓚ VI-VIII; Mex., Guat.
– **glabra** Oerst. · ♄ e Z9 ⓦ VIII-V; Costa Rica
– **gloriosa** Sprague · E:Goldfish Plant · ♄ e ⌇ Z9 ⓦ IX-V; Costa Rica
  – var. *superba* hort. = Columnea gloriosa
– **hirta** Klotzsch et Hanst.
  – var. **hirta** · ♄ e Z9 ⓦ III-IV; Costa Rica
  – var. **pilosissima** (Standl.) Standl. · ♄ e ⌇ Z9 ⓦ III-V; Hond.
– *illepida* H.E. Moore = Trichantha illepida
– **lepidocaula** Hanst. · ♄ e Z9 ⓦ; Costa Rica

– **linearis** Oerst. · ♄ e Z9 ⌂; Costa Rica
– **magnifica** Klotzsch et Hanst. ex Oerst. · ♄ e ≷ Z9 ⌂; Costa Rica, Panama
– **microphylla** Klotzsch et Hanst. · ♄ e ≷ Z9 ⌂ III-VIII; Costa Rica
– **nicaraguensis** Oerst. · ♄ e Z9 ⌂; C-Am.
– **oerstediana** Klotzsch ex Oerst. · ♄ e ≷ Z9 ⌂ II-III; Costa Rica
– *percrassa* C.V. Morton = Columnea billbergiana
– *pilosissima* Standl. = Columnea hirta var. pilosissima
– **sanguinea** (Pers.) Hanst. · ♄ e Z9 ⌂; W.Ind.
– **scandens** L.
 – var. **scandens** · ♄ e Z9 ⌂; Hispaniola, Puerto Rico, Lesser Antilles, Venez.
 – var. **tulae** (Urb.) Wiehler · ♃ e ♧ Z9 ⌂; Puerto Rico, Haiti, Nicar.
– **schiedeana** Schltdl. · ♄ e Z9 ⌂ III-V; E-Mex.
– *teuscheri* (C.V. Morton) H.E. Moore = Trichantha minor
– *tigrina* Raymond = Columnea zebrina
– *tulae* Urb. = Columnea scandens var. tulae
– × **vedrariensis** Vilm. ex Mottet (*C. magnifica* × *C. schiedeana*) · ♃ ♄ e ≷ ♧ Z9 ⌂ II-V; cult.
– **verecunda** C.V. Morton · ♄ e Z9 ⌂; Costa Rica
– **zebrina** Raymond · ♄ e Z9 ⌂; Panama
– **Cultivars**
 – **in Sorten**

Coluria R. Br. -f- *Rosaceae* · 5 sp
– **geoides** (Pall.) Ledeb. · ♃ IV-V; Altai
– *potentilloides* R. Br. = Coluria geoides

Colutea L. -f- *Fabaceae (Leguminosae)* · 26 sp · D:Blasenstrauch; E:Bladder Senna; F:Baguenaudier
– **arborescens** L. · D:Gewöhnlicher Blasenstrauch; E:Bladder Senna; F:Baguenaudier commun · ♄ d ♧ Z6 VI-VIII ☠ Ⓝ; Eur.* exc. BrI, Sc, nat. in BrI
– **buhsei** (Boiss.) Shap. · ♄ d Z7 VII ☠; Iran
– **cilicica** Boiss. et Balansa · ♄ d Z6 VI-VII ☠; Eur.: GR, Krim; TR, Cauc.
– *cruenta* Aitch. = Colutea orientalis
– **gracilis** Freyn et Sint. · ♄ d Z6 VII ☠; C-As.
– × **media** Willd. (*C. arborescens* × *C. orientalis*) · D:Bastard-Blasenstrauch; E:Hybrid Baldder Senna; F:Baguenaudier hybride · ♃ d ♧ Z6 VI-VIII ☠; cult.
– **orientalis** Mill. · D:Orientalischer Blasenstrauch; E:Oriental Bladder Senna · ♄ d Z6 VI-IX ☠; Krim, Cauc., nat. in S-Eur.
– **persica** Boiss. · ♄ d Z7 ☠; S-Iran
 – var. *bushei* Boiss. = Colutea buhsei

Coluteocarpus Boiss. -m- *Brassicaceae (Cruciferae)* · 1 sp
– **vesicaria** (L.) Holmboe · ♃ △ ♧ Z8 ∧ IV-V; TR, Cauc. (Armen), Lebanon

Comarum L. = Potentilla
– *palustre* L. = Potentilla palustris

Combretum Loefl. -n- *Combretaceae* · c. 250 sp · D:Langfaden; F:Chigommier
– **bracteosum** (Hochst.) Brandis · ♄ ♄ ≷ Z10 ⌂; S-Afr.
– **coccineum** Lam. · ♄ ≷ Z10 ⌂ IX-X; Madag.
– **comosum** G. Don · ♄ ≷ Z10 ⌂ VII-VIII; W-Afr.: Sierra Leone
– **grandiflorum** G. Don · ♄ ≷ Z10 ⌂ VII; W-Afr.: Sierra Leone
– *purpureum* Vahl = Combretum coccineum

Commelina L. -f- *Commelinaceae* · c. 170 sp · D:Commeline, Tagblume; E:Dayflower; F:Comméline, Ephémère
– **benghalensis** L. · D:Bengalische Tagblume; E:Benghal Dayflower · ♃ ≷ ~ Z9 ⌂; trop. Afr., trop. As.
– *coelestis* Willd. = Commelina tuberosa Coelestis Grp.
– **communis** L. · ⊙ Z7 VII-X; China, nat. in Eur.: I, CH, EC-Eur., Croatia, RO, Russ.; Cauc., W-Sib., E-Sib., Kamchat.,
– **diffusa** Burm. f. · D:Kletternde Tagblume; E:Climbing Dayflower · ♃ ≷ ≷ ⇝ Z7 ⌂ ⌂; USA: NE, NCE, Kans., SE, Fla., SC; S-Am, Trop.
– *nudiflora* Burm. f. non L. = Commelina diffusa
– **tuberosa** L. · D:Knollige Tagblume; E:Dayflower · ♃ Z8 ⌂ VI-IX; C-Am., S-Am.
 – **Coelestis Grp.** · D:Witwentränen; E:Widow's Tears
– **virginica** L. · ♃ ⌂ VI-VIII; USA: NE, NCE, Kans., SC, SE, Fla.

Commiphora Jacq. -f- *Burseraceae* · c. 190 sp · D:Myrrhe; E:Myrrh; F:Myrrhe
– **abyssinica** Engl. · D:Arabische Myrrhe;

E:Abyssinian Myrrh · ♄ ¥ ⓚ ⚕ Ⓝ; N-Eth., S-Arab.
- *molmol* (Engl.) Engl. = Commiphora myrrha
- **myrrha** (Nees) Engl. · D:Echte Myrrhe; E:Myrrh · ♄ ¥ ⓚ ⚕; Somalia
- **opobalsamum** (L.) Engl. · D:Balsam-Myrrhe; E:Balm of Gilead · ♄ ¥ ⓚ Ⓝ; Sudan, Eth., Somalia, Arab.

Comparettia Poepp. et Endl. -f- *Orchidaceae* · 8-10 sp
- **coccinea** Lindl. · ♃ Z10 ⓦ XI-XII ▽ *; Bras.
- **falcata** Poepp. et Endl. · ♃ Z10 ⓦ XI-I ▽ *; Mex., C-Am., W.Ind., trop. S-Am.
- **macroplectron** Rchb. f. · ♃ Z10 ⓦ IX-X ▽ *; Col.
- *rosea* Lindl. = Comparettia falcata

Comptonia L'Hér. ex Aiton -f- *Myricaceae* · 1 sp · D:Farnmyrte; E:Sweet Fern; F:Comptonie
- **peregrina** (L.) Coult.
  - var. **aspleniifolia** (L.) Fernald · ♄ d Z6 IV-V; USA: NE
  - var. **peregrina** · D:Farnmyrte; E:Sweet Fern · ♄ d Z6 ⚕; USA: NE

Conandron Siebold et Zucc. -n- *Gesneriaceae* · 1 sp
- **ramondioides** Siebold et Zucc. · ♃ Z9 ⓚ V-VI; Jap., Taiwan

Conicosia N.E. Br. -f- *Aizoaceae* · 3 (-10) sp
- **capensis** (Haw.) N.E. Br. · ♃ ¥ Z9 ⓚ; S-Afr.
- **communis** (Edwards) N.E. Br. · ♃ ¥ Z9 ⓚ; Kap

Coniogramme Fee -f- *Adiantaceae* · 20 sp · D:Goldfarn, Silberfarn; E:Bamboo Fern; F:Fougère-bambou
- **japonica** (Thunb.) Diels · D:Japanischer Silberfarn; E:Bamboo Fern · ♃ Z10 ⓚ; China, Korea, Jap., Riukiu-Is., Taiwan

Conioselinum Fisch. ex Hoffm. -n- *Apiaceae (Umbelliferae)* · 10 sp · D:Schirlingssilge; F:Coniosélinum
- **tataricum** Hoffm. · D:Schirlingssilge · ♃ VII-IX; Eur.: A, EC-Eur., Sc, E-Eur.; W-Sib., E-Sib., C-As.

Conium L. -n- *Apiaceae (Umbelliferae)* · 3 (-7) sp · D:Schierling; E:Hemlock; F:Ciguë
- **maculatum** L. · D:Gefleckter Schierling; E:Poison Hemlock · ⊙ Z5 VI-VIII ⚕ ☠ Ⓝ; Eur.*, TR, Cauc., Iran, W-Sib., C-As., China: Sinkiang; NW-Afr., Eth., S-Afr., nat. in Can., USA, Mex.

Conoclinium DC. -n- *Asteraceae (Compositae)* · 3 sp · D:Nebelblume; E:Mist Flower
- **coelestinum** (L.) DC. · D:Himmelblaue Nebelblume; E:Ageratum, Mist Flower · ♃ VII-X; USA: NE, NCE, Kans., SC, SE, Fla.

Conophyllum Schwantes = Mitrophyllum
- *dissitum* (N.E. Br.) Schwantes = Mitrophyllum dissitum
- *gracile* Schwantes = Mitrophyllum gracile
- *grande* (N.E. Br.) L. Bolus = Mitrophyllum grande
- *mitratum* (Marloth) Schwantes = Mitrophyllum mitratum

Conophytum N.E. Br. -n- *Aizoaceae* · c. 80 (-290) sp
- *altile* (N.E. Br.) N.E. Br. = Conophytum ficiforme
- *ampliatum* L. Bolus = Conophytum bilobum
- **angelicae** (Dinter et Schwantes) N.E. Br. · ♃ ¥ Z9 ⓚ; Namibia
- **assimile** (N.E. Br.) N.E. Br. · ♃ ¥ Z9 ⓚ; S-Afr.
- **bilobum** (Marloth)N.E. Br. · ♃ ¥ Z9 ⓚ; Kap
- *bolusiae* Schwantes = Conophytum fibuliforme
- **breve** N.E. Br. · ♃ ¥ Z9 ⓚ; Kap
- **calculus** (A. Berger) N.E. Br. · ♃ ¥ Z9 ⓦ; Kap
- **depressum** Lavis · ♃ ¥ Z9 ⓚ; Kap
- **ectypum** N.E. Br.
  - var. **ectypum** · ♃ ¥ Z9 ⓚ; W-Kap
  - var. **tischleri** (Schwantes) Tischer · ♃ ¥ Z9 ⓚ; Kap
- **elishae** (N.E. Br.) N.E. Br. · ♃ ¥ Z9 ⓚ; Kap
- **fibuliforme** (Haw.) N.E. Br. · ♃ ¥ Z9 ⓚ; Kap
- **ficiforme** (Haw.) N.E. Br. · ♃ ¥ Z9 ⓚ; Kap
- **friedrichiae** (Dinter) Schwantes · ♃ ¥ Z9 ⓚ; Namibia
- **fulleri** L. Bolus · ♃ ¥ Z9 ⓚ; Kap

– **gracilistylum** (L. Bolus) N.E. Br. · ♃ ♆ Z9 ⓚ; Kap
– **grandiflorum** L. Bolus · ♃ ♆ Z9 ⓚ; Kap
– *herrei* Schwantes = Conophytum minusculum
– **jacobsenianum** Tischer · ♃ ♆ Z9 ⓚ; Kap
– **johannis-winkleri** (Dinter et Schwantes) N.E. Br. · ♃ ♆ Z9 ⓚ; Namibia
– **longum** N.E. Br. · ♃ ♆ Z9 ⓚ; Kap
– **maughanii** N.E. Br. · ♃ ⓚ; Namibia
– **meyerae** Schwantes · ♃ ♆ Z9 ⓚ; Kap
– **meyeri** N.E. Br. · ♃ ♆ Z9 ⓚ; S-Afr. (Cape Prov.)
– **minusculum** (N.E. Br.) N.E. Br. · ♃ ♆ Z9 ⓚ; Kap
– **minutiflorum** (Schwantes) N.E. Br. · ♃ ♆ Z9 ⓚ; Kap
– **minutum** (Haw.) N.E. Br. · ♃ ♆ Z9 ⓚ; Kap
– **mundum** N.E. Br. · ♃ ♆ Z9 ⓚ; Kap
– *obconellum* (Haw.) Schwantes = Conophytum obcordellum
– **obcordellum** (Haw.) N.E. Br. · ♃ ♆ Z9 ⓚ; Kap
– *odoratum* (N.E. Br.) N.E. Br. = Conophytum ficiforme
– **pellucidum** Schwantes · ♃ ♆ Z9 ⓚ; Kap
– **petraeum** N.E. Br. · ♃ ♆ Z9 ⓚ; Kap
– **pictum** (N.E. Br.) N.E. Br. · ♃ ♆ Z9 ⓚ; Kap
– **pillansii** Lavis · ♃ ♆ Z9 ⓚ; Kap
– **pusillum** (N.E. Br.) N.E. Br. · ♃ ♆ Z9 ⓚ; S-Afr.
– **saxetanum** (N.E. Br.) N.E. Br. · ♃ ♆ Z9 ⓚ; Namibia
– **scitulum** (N.E. Br.) N.E. Br. · ♃ ♆ Z9 ⓚ; Kap
– **stephanii** Schwantes · ♃ ♆ Z9 ⓚ; Kap
– *subfenestranum* Schwantes = Conophytum pillansii
– *tischleri* Schwantes = Conophytum ectypum var. tischleri
– **turrigerum** (N.E. Br.) N.E. Br. · ♃ ♆ Z9 ⓚ; Kap
– **ursprungianum** Tischer · ♃ ♆ Z9 ⓚ; Kap
– **wettsteinii** (A. Berger) N.E. Br. · ♃ ♆ Z9 ⓚ; Kap

Conopodium W.D.J. Koch -n- *Apiaceae (Umbelliferae)* · 20 sp · D:Erdkastanie, Knollenkümmel; E:Pignut; F:Conopode
– **majus** (Gouan) Loret · D:Französische Erdkastanie · ♃ V-VI; Eur.: Norw., BrI, F, Ib, Ap

Conringia Heist. ex Fabr. -f- *Brassicaceae (Cruciferae)* · 6-8 sp · D:Ackerkohl; E:Hare's Ear Mustard; F:Conringia
– **austriaca** (Jacq.) Sweet · D:Österreichischer Ackerkohl · ⊙ V-VIII; Eur.: Ap, A, H, Ba, RO, Krim; TR, Cauc.
– **orientalis** (L.) Dumort. · D:Orientalischer Ackerkohl; E:Hare's Ear Cabbage · ⊙ V-VII Ⓝ; Eur.: C-Eur., EC-Eur., Ba, E-Eur., Ap; TR, Cauc., Iran, Iraq, Afgh., Pakist., N-Afr., nat. in Sc, Fr, Ib

Consolea Lem. = Opuntia
– *macracantha* (Griseb.) Britton = Opuntia macracantha
– *moniliformis* (L.) Britton = Opuntia moniliformis
– *rubescens* (Salm-Dyck) Lem. = Opuntia rubescens
– *spinosissima* (Martyn) Lem. = Opuntia spinosissima

Consolida Gray -f- *Ranunculaceae* · 43 sp · D:Rittersporn; E:Larkspur; F:Dauphinelle
– **ajacis** (L.) Schur · D:Garten-Rittersporn, Hyazinthenblütiger Sommer-Rittersporn; E:Rocket Larkspur · ⊙ ✂ VI-VIII; Eur.: Ib, Fr, Ap, Ba, Krim; TR, Syr., Cyprus, Cauc., C-As, nat. in C-Eur., Ind., N-Am.
– *ambigua* (L.) P.W. Ball et Heywood = Consolida ajacis
– **hispanica** (Costa) Greuter · ⊙ VI-VIII; Eur.: Ib, H, Ba, E-Eur.; TR, Levante, Cauc., Iran, NW-Afr., nat. in F, Ap, C-Eur., EC-Eur.
– **orientalis** (J. Gay) Schrödinger · D:Orientalischer Rittersporn; E:Oriental Larkspur · ⊙ VI-VIII; Eur.: Ib, H, Ba, EC-Eur.; TR, Syr., Cauc., Iran, C-As, Him., NW-Afr., nat. in Fr, Ap, C-Eur., CZ
– **regalis** Gray · D:Acker-Rittersporn; E:Field Larkspur
  – **in Sorten**
  – subsp. **regalis** · D:Gewöhnlicher Acker-Rittersporn; E:Common Field Larkspur · ⊙ V-VIII ⚕ ☠; Eur.* exc. BrI, Ib; TR, Cauc., Iran, W-Sib., nat. in Ib

Convallaria L. -f- *Convallariaceae* · 1 (-3) sp · D:Maiglöckchen; E:Lily of the Valley; F:Muguet
– *bifolia* L. = Maianthemum bifolium
– *japonica* L. f. = Ophiopogon japonicus
– **majalis** L. · D:Gewöhnliches Maiglöckchen; E:Lily-of-the-Valley;

F:Muguet · ♃ ⋈ D Z3 V ☤ ☠; Eur.*, N-TR, Cauc., E-Sib., Amur, Sachal., China, Korea, Jap., nat. in N-Am.
  – **in Sorten**
– *montana* Raf. = Convallaria majalis
– *polygonatum* Lour. = Polygonatum odoratum var. odoratum
– *racemosa* L. = Smilacina racemosa
– *stellata* L. = Smilacina stellata

Convolvulus L. -m- *Convolvulaceae* · c. 250 sp · D:Winde; E:Field Bindweed; F:Liseron
– **althaeoides** L. · ♃ ≹ △ Z8 ∧ VI-IX; Eur.: Ib, Fr, Ap, Ba, RO; TR, Levante, N-Afr.
– **arvensis** L. · D:Acker-Winde; E:Bindweed, Field Bindweed · ♃ ≹ Z5 VI-X ☤; Eur.*, TR, Levante, Cauc., Iran, W-Sib., E-Sib., nat. in cosmop.
– **boissieri** Steud.
  – subsp. **boissieri** · ♃ ⌓ △ Z8 Ⓐ ∧ VI-VIII; S-Sp.
  – subsp. **compactus** Stace · ♃ Z8 Ⓚ; Eur.: Ba; TR
– *brasiliensis* L. = Ipomoea pes-caprae
– *cairicus* L. = Ipomoea cairica
– **cantabrica** L. · D:Kantabrische Winde · ♃ △ Z8 ∧ VI-VII; Eur.: Ib, Fr, Ap, Ba, A, E-Eur.; TR, Syr., Palaest., Cauc., Iran, NW-Afr.
– **cneorum** L. · ♄ e Z8 Ⓚ V-IX; Eur.: Sp., I, Sic., Croatia, AL
– *dahuricus* Herb. = Calystegia dahurica
– *dissectus* Jacq. = Merremia dissecta
– **farinosus** L. · ♃ ≹ Ⓚ; S-Afr., nat. in P
– **floridus** L. f. · ♄ e Z9 Ⓚ; Canar.
– **humilis** Jacq. · ⊙ ♃ Z8; Eur.: P, Sp., I, Sic.; Levante, N-Afr.
– **lineatus** L. · ♄ △ Z7 Ⓐ ∧ VII-VIII; Eur.: Ib, Fr, Ap, Ba, E-Eur.; TR, Levante, Cauc., Iran, W-Sib., C-As., N-Afr.
– *macrocarpus* L. = Operculina macrocarpa
– *mauritanicus* Boiss. = Convolvulus sabatius
– **meonanthus** Hoffmanns. et Link · ⊙; Eur.: Ib, I, Sic.; ? Maroc., ? Alger.
– *muricatus* L. = Ipomoea muricata
– *nil* L. = Ipomoea nil
– *nitidus* Boiss. non Desr. = Convolvulus boissieri subsp. boissieri
– **oleifolius** Desr. · ♄ Ⓚ VII-VIII; Eur.: Malta, GR, Crete; TR, Levante, Egypt, Libya
– *pellitus* Ledeb. = Calystegia hederacea
– *pulcher* (Brummitt et Heywood) Oberd. = Calystegia pulchra
– **sabatius** Viv. · D:Kriechende Winde; E:Ground Morning Glory · ♃ ♄ Z8 Ⓚ V-X; Eur.: I; Maroc., Alger.
– **scammonia** L. · D:Kleinasiatische Winde; E:Scammony · ♃ ≹ Z7 VI ☤ ☠; Eur.: ? GR, Krim; TR, Syr., Palaest., N-Iraq
– **scoparius** L. f. · ♄ d Z9 Ⓚ Ⓝ; Canar.
– *sepium* L. = Calystegia sepium
– *sibiricus* L. = Merremia sibirica
– **siculus** L. · ♃ ≹; Eur.: Ib, F, Ap, Ba; TR, Cyprus, Levante, N-Afr., Macaron., Sokotra
– *soldanella* L. = Calystegia soldanella
– *speciosus* L. f. = Argyreia nervosa
– **tricolor** L. · D:Dreifarbige Winde; E:Dwarf Morning Glory; F:Belle de jour, Liseron d'été · ⊙ ♃ Z8 VI-IX; Eur.: Ib, Fr, Ap, Ba; NW-Afr., Libya
  – **in Sorten**
– *turpethum* L. = Operculina turpethum
– *undulatus* Cav. = Convolvulus humilis

Conyza Less. -f- *Asteraceae (Compositae)* · c. 50 sp · D:Berufkraut; E:Fleabane; F:Erigeron
– **albida** Willd. ex Spreng. · D:Weißes Berufkraut · ⊙ Z7; orig. ?, nat. in nat. in Sp., F
– **bonariensis** (L.) Cronquist · D:Südamerikanisches Berufkraut · ⊙ Z7 VII-X; S-Am., nat. in Eur.*: Ib, Fr, Ap, Ba
– **canadensis** (L.) Cronquist · D:Kanadisches Berufkraut; E:Canada Fleabane, Horse Weed, Mule Tail · ⊙ Z7 VII-X ☤; Can., USA*, C-Am., W.Ind., S-Am., nat. in cosmop.

Copaifera L. -f- *Caesalpiniaceae (Leguminosae)* · 5 (-30) sp · D:Kopaivabalsam, Kopaivabaum; E:Cobaiba; F:Copalier
– *copallifera* (Benn.) Milne-Redh. = Guibourtia copallifera
– **coriacea** Mart. · ♄ Z10 Ⓦ Ⓝ; S-Am.
– *demeusii* Harms = Guibourtia demeusii
– **gorskiana** Benth. · ♄ Z10 Ⓦ Ⓝ; E-Afr.
– **guyanensis** Desf. · ♄ Z10 Ⓦ Ⓝ; S-Am.
– *jacquinii* Desf. = Copaifera officinalis
– **langsdorffii** Desf. · D:Kopaivabaum; E:Copaifera · ♄ Z10 Ⓦ ☤ Ⓝ; Bras., Parag.
– **multijuga** Hayne · ♄ Z10 Ⓦ Ⓝ; Bras.
– **officinalis** (Jacq.) L. · D:Kopaivabalsam; E:Kopal · ♄ Z10 Ⓦ ☤ Ⓝ; W.Ind., S-Am.
– **reticulata** Ducke · ♄ Z10 Ⓦ ☤ Ⓝ; Bras.,

Bol.

Copernicia Mart. ex Endl. -f- *Arecaceae (Palmae)* · c. 25 sp · D:Karnaubapalme; E:Caranda Palm; F:Palmier à cire
– **prunifera** (Mill.) H.E. Moore · D:Karnaubapalme; E:Wax Palm · ♄ e Z10 Ⓦ ⚕ Ⓝ; Bras.

Copiapoa Britton et Rose -f- *Cactaceae* · c. 20 sp
– **cinerascens** (Salm-Dyck) Britton et Rose
– var. **cinerascens** · ψ Z9 Ⓚ ▽ ✱; Chile: Atacama
– var. **grandiflora** (F. Ritter) Hoffm.-Grob. · ψ Z9 Ⓚ ▽ ✱; N-Chile
– **cinerea** (Phil.) Britton et Rose
– var. **cinerea** · ψ Z9 Ⓚ ▽ ✱; Chile
– var. **columna-alba** (F. Ritter) Backeb. · ψ Z9 Ⓚ ▽ ✱; N-Chile
– var. **gigantea** (Backeb.) N.P. Taylor · ψ Z9 Ⓚ ▽ ✱; N-Chile
– **coquimbana** (Rümpler) Britton et Rose
– var. **coquimbana** · ψ Z9 Ⓚ ▽ ✱; Chile: Coquimbo
– var. **fiedleriana** (K. Schum.) Hoffm.-Grob. · ψ Z9 Ⓚ ▽ ✱; N-Chile
– **echinoides** (Lem. ex Salm-Dyck) Britton et Rose · ψ Z9 Ⓚ ▽ ✱; Chile: Antofagasta
– *fiedleriana* (K. Schum.) Backeb. = Copiapoa coquimbana var. fiedleriana
– *gigantea* Backeb. = Copiapoa cinerea var. gigantea
– *grandiflora* F. Ritter = Copiapoa cinerascens var. grandiflora
– *haseltoniana* Backeb. = Copiapoa cinerea var. gigantea
– **humilis** (Phil.) Hutchison
– var. **humilis** · ψ Z9 Ⓚ ▽ ✱; N-Chile
– var. **taltalensis** (Werderm.) Hoffm.-Grob. · ψ Z9 Ⓚ ▽ ✱; Chile
– **krainziana** F. Ritter · ψ Z9 Ⓚ ▽ ✱; N-Chile
– **pepiniana** (K. Schum.) Backeb. · ψ Z9 Ⓚ ▽ ✱; Chile
– *taltalensis* (Werderm.) Looser = Copiapoa humilis var. taltalensis
– **tenuissima** F. Ritter · ψ Z9 Ⓚ ▽ ✱; N-Chile
– *totoralensis* F. Ritter = Copiapoa coquimbana var. fiedleriana

Coprosma J.R. Forst. et G. Forst. -f- *Rubiaceae* · c. 90 sp
– **acerosa** A. Cunn. · E:Sand Coprosma · ♄ e Z8 Ⓚ; NZ
– **baueri** Endl. · ♄ e Z9 Ⓚ Ⓝ; NZ, Norfolk Is.
– × **kirkii** Cheeseman (*C. acerosa* × *C. repens*) · ♄ e ⟿ Z9 Ⓚ; NZ
– **lucida** J.R. Forst. et G. Forst. · ♄ e Z8 Ⓚ; NZ
– **petriei** Cheeseman · ♄ e ⟿ △ Z7 Ⓐ ∧; NZ
– **repens** A. Rich. · ♄ ♄ e Z8; NZ
– **in Sorten**

Coptis Salisb. -f- *Ranunculaceae* · 15 sp · D:Goldfaden; E:Gold Threat; F:Coptide
– **trifolia** (L.) Salisb. · D:Goldmund; E:Gold Thread · ♃ △ Z2 V-VI ⚕; Alaska, Can., USA: NE, NCE; Sib., Jap., Greenl.

Corallobotrys Hook.f. = Agapetes
– *acuminatus* (D. Don ex G. Don) Hook. f. = Agapetes acuminata

Corallodiscus Batalin -m- *Gesneriaceae* · 18 sp
– **kingianus** (Craib) B.L. Burtt · ♃ Z9 Ⓚ VI-VII; China: Sichuan
– **lanuginosus** (DC.) B.L. Burtt · ♃ Z9 Ⓚ VI-VII; E-Him., Tibet, SW-China

Corallorrhiza Gagnebin -f- *Orchidaceae* · 15 sp · D:Korallenwurz; E:Coralroot Orchid; F:Racine corail
– **trifida** Châtel. · D:Europäische Korallenwurz · ♃ V-VII ▽ ✱; Eur.*, TR, Cauc., W-Sib., E-Sib., Amur, Kamchat., C-As., Mong., China, N-Am.

Corbularia Salisb. = Narcissus
– *bulbocodium* (L.) Haw. = Narcissus bulbocodium subsp. bulbocodium var. bulbocodium

Corchorus L. -m- *Tiliaceae* · c. 40 (-100) sp · D:Jute; E:Jute; F:Jute
– **capsularis** L. · D:Rundkapsel-Jute; E:White Jute · ⊙ Z10 Ⓚ Ⓝ; orig. ?; cult. Ind., China, Jap., Taiwan
– **olitorius** L. · D:Langkapsel-Jute; E:Nalta Jute · ⊙ Z10 Ⓚ Ⓝ; Ind., nat. in trop. As.
– **trilocularis** L. · ⊙ Z10 Ⓝ; Afr., Arab., Ind.

Cordia L. -f- *Boraginaceae* · c. 300 sp · D:Kordie; F:Cordia, Sebestier
– **alliodora** (Ruiz et Pav.) Oken · D:Lauch-Kordie; E:Salmwood · ♄ s D Z10 Ⓦ Ⓝ;

Mex., C-Am., W.Ind., trop. S-Am.
– **decandra** Hook. et Arn. · ♄ e Z10 Ⓚ IV-V; Chile
– **glabra** Cham. · ♄ Z10 Ⓦ IX-X; Bras.
– **greggii** Torr. · ♄ Z10 Ⓚ VII-VIII; N-Mex.
– *retusa* Vahl = Carmona retusa
– **superba** Cham. · ♄ e Z10 Ⓦ IX; Bras.

Cordyline Comm. ex R. Br. -f- *Agavaceae* · 15 sp · D:Keulenlilie, Kolbenbaum, Kolbenlilie; E:Cabbage Tree; F:Cordyline
– **australis** (G. Forst.) Endl. · ♄ e Z10 Ⓚ; NZ
– **banksii** Hook. f. · ♄ e Z10 Ⓚ; NZ
– **baueri** Hook. f. · ♄ e Z10 Ⓚ; Norfolk Is.
– *congesta* Endl. = Cordyline stricta
– *fruticosa* (L.) A. Chev. = Cordyline terminalis
– **haageana** K. Koch · ♄ e Z10 Ⓦ; Austr.: Queensl.
– **indivisa** (G. Forst.) Steud. · ♄ ♄ e Z10 Ⓦ Ⓚ; NZ
– **pumilio** Hook. f. · ♄ e Z10 Ⓚ; NZ
– **rubra** Otto et A. Dietr. · ♄ e Z10 Ⓚ; orig. ?
– **stricta** (Sims) Endl. · ♄ e Z10 Ⓚ; Austr.: Queensl., N.S.Wales
– **terminalis** (L.) Kunth · ♄ e Z10 Ⓦ Ⓝ; Ind., Malay. Arch., N.Guinea, NE-Austr., NZ, Polyn., Hawaii

Corema D. Don -n- *Empetraceae* · 2 sp · E:Crowberry
– **album** (L.) D. Don · E:Portuguese Crowberry · ♄ e Z8 Ⓚ; Eur.: Sp., P, Azor.

Coreopsis L. -f- *Asteraceae (Compositae)* · c. 80 sp · D:Mädchenauge, Schöngesicht, Wanzenblume; E:Tickseed; F:Coréopsis, Œil de Jeune fille
– *atkinsoniana* Douglas ex Lindl. = Coreopsis tinctoria var. atkinsoniana
– **auriculata** L. · ♃ Z4 V-VIII; USA: Va., Ky., SE, Fla.
– *auriculata* Schkuhr = Coreopsis pubescens
– **basalis** (Otto et A. Dietr.) S.F. Blake · ⊙ VII-IX; Tex.
– **bigelovii** (A. Gray) Voss · D:Bigelows Mädchenauge; E:Bigelow's Tickseed · ⊙ VII-IX; Calif.
– **californica** (Nutt.) H. Sharsm. · D:Kalifornisches Mädchenauge; E:California Tickseed · ⊙ VII-IX; S-Calif., S-Ariz.
– **calliopsidea** (DC.) A. Gray · E:Leaf Stem Tickseed · ⊙ VII-VIII; S-Calif.
– *cardaminifolia* (DC.) Torr. et A. Gray = Coreopsis tinctoria var. atkinsoniana
– *coronata* Hook. non L. = Coreopsis nuecensis
– **delphiniifolia** Lam. · ♃ Z7 VIII-IX; USA: SE
– *diversifolia* Hook. = Coreopsis basalis
– **douglasii** (DC.) H.M. Hall · D:Douglas-Mädchenauge; E:Douglas Tickseed · ⊙ VII-VIII; C-Calif.
– *drummondii* (D. Don) Torr. et A. Gray = Coreopsis basalis
– *ferulifolia* Jacq. = Bidens ferulifolia
– **grandiflora** T. Hogg ex Sweet · D:Großblumiges Mädchenauge; F:Coréopsis à grandes fleurs · ⊙ ♃ ⋈ Z7 VI-VIII; USA: SE, Fla., Kans., Mo., SC; N-Mex.
  – **in Sorten**
– **lanceolata** L. · D:Lanzettblättriges Mädchenauge; E:Lance Leaf Tickseed; F:Coréopsis lancéolé · ♃ ⋈ Z3 VI-VIII; Can.: Ont.; USA: NE, NCE, SC, SE, Fla.; N-Mex.
– **major** Walter · ♃ Z7 VII-VIII; USA: NE, Ohio, SE
– **maritima** (Nutt.) Hook. f. · D:Nacktstängliges Mädchenauge; E:Sea Dahlia · ⊙ ♃ Z8 VI-IX; SW-Calif.
– **nuecensis** A. Heller · E:Crown Tickseed · ⊙ Z8 VII-IX; Tex.
– **palmata** Nutt. · E:Stiff Tickseed · ♃ Z4 IV-IX; Can.: E; USA: NCE, SE, SC
– **pubescens** Elliott · E:Tickseed · ♃ Z7 VI-IX; USA: NE, NCE, Okla., SE, Fla.
– **rosea** Nutt. · D:Rosa Mädchenauge; E:Pink Tickseed · ♃ △ Z4 VIII-IX; Can.: E; USA: NE
– *senifolia* Michx. = Coreopsis major
– **stillmanii** (A. Gray) S.F. Blake · D:Stillmans Mädchenauge; E:Stillman's Tickseed · ⊙ VII-IX; C-Calif.
– **tinctoria** Nutt.
  – var. **atkinsoniana** (Douglas ex Lindl.) H.M. Parker ex E.B. Sm. · D:Columbia-Mädchenauge; E:Columbia Coreopsis · ⊙ ⊙ VIII-IX; USA: NC, SW, SC, La.; Mex.
  – var. **tinctoria** · D:Färber-Mädchenauge; E:Annual Coreopsis, Tickseed · ⊙ VII-IX; Can., USA*
– **tripteris** L. · D:Hohes Mädchenauge; E:Tall Tickseed · ♃ Z4 VII-IX; Can.: Ont.; USA: NCE, NE, SC, SE, Kans.
– **verticillata** L. · D:Netzblattstern,

Quirlblättriges Mödchenauge; E:Moonbeam Coreopsis; F:Coréopsis à feuilles en aiguilles · ♃ Z6 VI-VIII; USA: NE, SE, Fla.
– **Cultivars**
– **in vielen Sorten**

Coriandrum L. -n- *Apiaceae (Umbelliferae)* · 2-3 sp · D:Koriander; E:Coriander; F:Coriandre
– **sativum** L. · D:Koriander; E:Coriander · ⊙ VI-VIII ⚕ Ⓝ; orig. ?, cult. cosmop., nat. in S-Eur.

Coriaria L. -f- *Coriariaceae* · 5 (- 20-30) sp · D:Gerberstrauch; F:Corroyère
– **japonica** A. Gray · D:Japanischer Gerberstrauch · ħ d Z6 V; Jap.
– **myrtifolia** L. · D:Europäischer Gerberstrauch; E:Tanner's Sumach · ħ d Z7 ∧ IV-V ☠ Ⓝ; Eur.: Ib, Fr, I, ? GR; Maroc., Alger., nat. in P
– **terminalis** Hemsl.
– var. **terminalis** Hemsl. · D:Rispenblütiger Gerberstrauch · ħ d Z8 ∧; Him., W-China
– fo. **fructurubro** Hemsl. Z8 ∧; orig. ?
– var. **xanthocarpa** Rehder et E.H. Wilson · ħ d ♧ Z8 ∧ VI; Sikkim

Coris L. -m- *Primulaceae* · 2 sp · D:Stachelträubchen; F:Coris
– **monspeliensis** L. · ħ △ Z7 VI-VII; Eur.: Ib, Fr, Ap, Ba; N-Afr.

Corispermum L. -n- *Chenopodiaceae* · 60-70 sp · D:Wanzensame; E:Bugseed; F:Corispermum
– **filifolium** C.A. Mey. · ⊙; Eur.: E-Russ.
– **intermedium** Schweigg. · D:Dünen-Wanzensame · ⊙ VIII-IX; Eur.: D, PL, Balt.; costs
– **leptopterum** (Asch.) Iljin · D:Großblättriger Wanzensame, Schmalflügeliger Wanzensame · ⊙ VII-IX; Eur.: D, A, H
– **marschallii** Steven · D:Grauer Wanzensame · ⊙ VII-IX; Eur.: D, EC-Eur., Ba, E-Eur., nat. in NL, I
– **nitidum** Kit. · D:Glanz-Wanzensame · ⊙ VIII-X; Eur.: EC-Eur., Ba, E-Eur.; TR, ? Cauc.

Cornus L. -f- *Cornaceae* · c. 45 sp · D:Hartriegel, Kornelkirsche; E:Cornel, Dogwood; F:Cornouiller
– **alba** L. · D:Tatarischer Hartriegel; E:Siberian Dogwood; F:Cornouiller blanc · ħ d Z3 V-VI; N-Russ., W-Sib., E-Sib., Amur, Sachal., Mong., NE-China, Manch., N-Korea, Jap., nat. in N-Eur.
– *'Atrosanguinea'* = Cornus alba 'Sibirica'
– **'Sibirica'** · E:Westonbirt Dogwood
– *'Westonbirt'* = Cornus alba 'Sibirica'
– *alba* Wangenh. non L. = Cornus sericea subsp. sericea
– **alternifolia** L. f. · D:Wechselblättriger Hartriegel; E:Pagoda Dogwood; F:Cornouiller à feuilles alternes · ħ ħ d Z6 V-VI; Can.: E; USA: NE, NCE, SE, Fla.
– **amomum** Mill. · D:Seidenhaariger Hartriegel; E:Silky Dogwood · ħ d Z5 V-VI; Can.: E; USA; NE, NCE, SE
– × **arnoldiana** Rehder (*C. obliqua* × *C. racemosa*) · ħ d Z4 VI-VII; cult.
– **asperifolia** Michx.
– var. **asperifolia** · D:Raublättriger Hartriegel; E:Tough Leaf Dogwood · ħ; USA: SE
– var. **dummondii** (C.A. Mey.) Coult. et W.H. Evans · D:Drummonds Hartriegel; E:Drummond Dogwood; F:Cornouiller de Drummond · ħ d Z5 VI-VII Ⓝ; Can.: Ont.; USA: NE, NCE, NC, SE, SC
– *australis* C.A. Mey. = Cornus sanguinea subsp. australis
– *baileyi* Coult. et W.H. Evans = Cornus sericea 'Baileyi'
– *brachypoda* C.A. Mey. = Cornus macrophylla
– *brachypoda* K. Koch = Cornus controversa
– **bretschneideri** L. Henry · ħ d Z5 VI; N-China
– **canadensis** L. · D:Kanadischer Hartriegel; E:Bunch Berry, Creeping Dogwood; F:Cornouiller du Canada · ♃ △ ♧ Z2 VI; Alaska, Can., USA: NE, NCE, Rocky Mts., SW, NW, Calif., Greenl., Kamchat., Sachal., Amur, Korea, Jap.
– *candidissima* Marshall = Cornus racemosa
– *candidissima* Mill. = Cornus florida
– **capitata** Wall. · D:Benthams Hartriegel; E:Bentham's Cornel; F:Cornouiller de Bentham · ħ ħ e Z8 Ⓚ VI-VII; Him.
– **controversa** Hemsl. ex Prain · D:Riesen-Hartriegel; E:Giant Dogwood; F:Cornouiller discuté, Cornouiller des pagodes · ħ ħ d Z7 VI-VII; China, Korea, Jap.
– *drummondii* C.A. Mey. = Cornus

asperifolia var. dummondii
– **florida** L. · D:Blumen-Hartriegel; E:Eastern Flowering Dogwood, White Dogwood; F:Cornouiller à fleurs · ♄ ♄ d Z6 V ®; Ont., USA: NE, NCE, Kans., SC, SE, Fla.; NE-Mex.
 – **in Sorten**
 – fo. **rubra** (Weston) Schelle Z5; cult.
– *foemina* A. Millar = Cornus stricta
– *foemina* Wangerin = Cornus racemosa
– **glabrata** Benth. · D:Westlicher Hartriegel; E:Brown Dogwood, Western Cornel · ♄ ♄ d Z6 VI; USA: Oreg., Calif.
– **hemsleyi** C.K. Schneid. et Wangerin · ♄ ♄ d Z6 VII; C-China
– **hessei** Koehne · D:Zwerg-Hartriegel · ♄ d △ Z5 VI-VIII; ? NE-As.
– *japonica* G. Don = Cornus kousa var. kousa
– **kousa** Hance
 – var. **chinensis** Osborn · D:Chinesischer Blumen-Hartriegel · ♄ ♄ d Z5 VI; China
  – **in Sorten**
 – var. **kousa** · D:Japanischer Blumen-Hartriegel; E:Japanese Dogwood; F:Cornouiller kousa · ♄ ♄ d Z5 VI; Jap., Korea
  – **in Sorten**
– **macrophylla** Wall. · D:Großblättriger Hartriegel; E:Chinese Dogwood · ♄ ♄ d Z6 VII-VIII; Him., China, Jap.
– **mas** L. · D:Kornelkirsche; E:Cornelian Cherry; F:Cornouiller mâle · ♄ d ⚘ Z5 III-IV ⚕ ®; Eur.: Fr, Ap, C-Eur., EC-Eur., Ba, E-Eur.; TR, Syr., Cauc., Iran, nat. in BrI
– **nuttallii** Audubon · D:Nuttalls Blumen-Hartriegel; E:Mountain Dogwood, Pacific Dogwood; F:Cornouiller de Nutall · ♄ ♄ d Z7 V ®; Can.: B.C.; USA: NW, Calif., Idaho
– **obliqua** Raf. · D:Schiefer Hartriegel; E:Silky Dogwood · ♄ d Z4 VI-VII; Can.: E; USA: NC, NCE, NE, Ark., Okla
– *occidentalis* (Torr. et A. Gray) Coville = Cornus sericea subsp. occidentalis
– **officinalis** Siebold et Zucc. · D:Japanische Kornelkirsche; E:Japanese Cornelian Cherry; F:Cornouiller officinal · ♄ d Z5 III-IV ⚕; China, Korea, Jap.
– *paniculata* L'Hér. = Cornus racemosa
– **paucinervis** Hance · ♄ d Z5 VII-VIII; C-China
– *pubescens* Nutt. = Cornus sericea subsp. occidentalis
– *purpusii* Koehne = Cornus obliqua
– **racemosa** Lam. · D:Rispen-Hartriegel; E:Panicled Dogwood · ♄ d Z5 VI-VII; Can.: E; USA: NE, SE
– **rugosa** Lam. · D:Rundblättriger Hartriegel; E:Roundleaf Dogwood · ♄ d Z4 V-VII; Can.: E; USA: NE, NCE
– **sanguinea** L.
 – **in Sorten**
 – subsp. **australis** (C.A. Mey.) Jáv. · ♄ d Z5; Eur.: C-Eur., EC-Eur., Ba + ; TR, Lebanon, Cauc., C-As.
 – subsp. **sanguinea** · D:Blutroter Hartriegel; E:Common Dogwood, Dogberry; F:Cornouiller sanguin · ♄ d Z4 V-VI ⚕ ®; Eur.*, TR, Cauc., C-As.
– **sericea** L.
 – **'Baileyi'** Z5
 – subsp. **occidentalis** (Torr. et A. Gray) Fosberg · D:Weichhaariger Hartriegel; E:Creek Dogwood · ♄ d ⚘ Z2 VI-VIII; Alaska, Can.: W; USA: NW, Rocky Mts., Calif.
 – subsp. **sericea** · D:Weißer Hartriegel; E:American Dogwood, Red Osier Dogwood · ♄ d Z2 VI-VII
– *sibirica* Lodd. = Cornus alba 'Sibirica'
– *stolonifera* F. Michx. = Cornus sericea subsp. sericea
 – var. *occidentalis* (Torr. et A. Gray) C.L. Hitchc. = Cornus sericea subsp. occidentalis
– **stricta** Lam. · D:Steifer Hartriegel; E:Stiff Dogwood · ♄ d Z8 V-VI; USA: SC, SE, Fla.
– **suecica** L. · D:Schwedischer Hartriegel; E:Dwarf Cornel · ♃ △ Z2 V-VII ▽; Eur.: BrI, Sc, NL, D, PL, Russ.; Amur, Sachal., Kamchat., Alaska, Can., Greenl.
– *tatarica* Mill. = Cornus alba
– × **unalaschkensis** Ledeb. (*C. canadensis* × *C. suecica*) · ♃ Z2; Alaska, Nfld., Greenl.
– **walteri** Wangerin · ♄ d Z6 VI; C-China, W-China, Korea

Corokia A. Cunn. -f- *Escalloniaceae* · 3-6 sp
– **buddleioides** A. Cunn. · ♄ e Z8 ⓚ; NZ
– **cotoneaster** Raoul · D:Zickzackstrauch; E:Wire Netting Bush · ♄ e Z8 ⓚ VI-VII; NZ
– **macrocarpa** Kirk · ♄ e Z8 ⓚ; NZ (Chatham Is.)
– × **virgata** (Turrill) Metcalfe (*C. buddleioides* × *C. cotoneaster*) · ♄ e Z8 ⓚ; cult.
 – **in Sorten**

Coronaria Guett. = Silene
– *coriacea* Schischk. ex Gorschk. = Silene coronaria
– *flos-cuculi* (L.) A. Braun = Silene flos-cuculi
– *flos-jovis* (L.) A. Braun = Silene flos-jovis
– *tomentosa* A. Braun = Silene coronaria

Coronilla L. -f- *Fabaceae (Leguminosae)* · 20 sp · D:Kronwicke; E:Scorpion Vetch; F:Coronille
– *cappadocica* Willd. = Coronilla orientalis
– **coronata** L. · D:Berg-Kronwicke; E:Scorpion Vetch · ♃ △ Z6 V-VII; Eur.: Fr, Ap, C-Eur., EC-Eur., Ba, E-Eur.; Cauc., Iran
– **cretica** L. · D:Kretische Kronwicke · ⊙ Z8; Eur.: I, Ba, Russ.; TR, Syr., Palaest., Cauc.
– *emerus* L. = Hippocrepis emerus
– *glauca* L. = Coronilla valentina subsp. glauca
– **minima** L. · D:Kleine Kronwicke · ♄ ⇝ △ D Z7 ∧ VI-VII; Eur.: P, Sp., F, I, CH; NW-Afr.
– *montana* Jacq. = Coronilla coronata
– **orientalis** Mill. · ♃ △ Z8 V-VII; TR
– **repanda** (Poir.) Guss. · ⊙; Eur.: Ib, Ap; Cyprus, Palaest., NW-Afr., Libya
– **rostrata** Boiss. et Spruner · ⊙; Eur: : AL, GR, Creta, Krim ; TR
– **scorpioides** (L.) W.D.J. Koch · D:Skorpions-Kronwicke; E:Scorpion Senna · ⊙ Z7 V-VI ☠; Eur.: Ib, Fr, Ap, Ba, RO, Krim; TR, Levante, Cauc., Iran, NW-Afr., Libya
– **vaginalis** Lam. · D:Scheiden-Kronwicke · ♄ △ Z6 V-VII; Eur.: Fr, Ap, C-Eur., EC-Eur., Ba, ? RO; mts.
– **valentina** L.
  – subsp. **glauca** (L.) Batt. · D:Blaugrüne Valencia-Kronwicke; E:Scorpion Vetch · ♄ e Z9 ⌂ IV-VII; Eur.: Ib, Fr, Ap, Ba; TR, NW-Afr., Libya, nat. in BrI
  – subsp. **valentina** · D:Valencia-Kronwicke · ♄ e Z9 ⌂; Eur.: Ib, F, Ap, Ba; TR, N-Afr.
– *varia* L. = Securigera varia

Coronopus Zinn -m- *Brassicaceae (Cruciferae)* · 10 sp · D:Krähenfuß; E:Swine Cress
– **didymus** (L.) Sm. · D:Zweiknotiger Krähenfuß · ⊙ VI-VIII; S-Am., nat. in Eur.* exc. Sc; N-Am., Austr.
– **squamatus** (Forssk.) Asch. · D:Gewöhnlicher Krähenfuß; E:Crowfoot · ⊙ V-VIII; Eur.*, TR, Levante, Cauc., Iran, N-Afr.

Corozo Jacq. ex Giseke = Elaeis
– *oleifera* (Humb., Bonpl. et Kunth) L.H. Bailey = Elaeis oleifera

Correa Andrews -f- *Rutaceae* · 11 sp · D:Australische Fuchsie, Correa; E:Tasmanian Fuchsia; F:Fuchsia d'Australie
– **alba** Andrews · D:Weiße Correa; E:Botany Bay Tea Tree · ♄ e Z8 ⌂ I-XII; Austr.: N.S. Wales, S-Austr., Tasman., Victoria
– **backhousiana** Hook. · D:Cremefarbene Correa; E:Australian Fuchsia · ♄ e Z8 ⌂ V-VI; Tasman.
– **bauerlenii** F. Muell. · E:Chef's Hat Correa · ♄ e Z8 ⌂; Austr.: N.S.Wales
– × **bicolor** Paxton (*C. alba* × *C. pulchella*) · ♄ e Z8 ⌂; cult.
– *cardinalis* F. Muell. ex Hook. = Correa reflexa var. cardinalis
– × **harrisii** Paxton (*C. pulchella* × *C. reflexa var. reflexa*) · ♄ e Z8 ⌂; cult.
– **pulchella** J. Mackay ex Sweet · D:Lachs-Correa; E:Correa · ♄ e Z8 ⌂; Austr.: S-Austr.
– **reflexa**
  – var. **cardinalis** (F. Muell. ex Hook.) Court Z8 ⌂; Austr.: Victoria
  – var. **reflexa** · D:Australische Fuchsie, Gemeine Correa; E:Common Correa · ♄ e Z8 ⌂ III-V; Austr.: N.S.Wales, Victoria, S-Austr., Tasman.
– *speciosa* Donn ex Andrews = Correa reflexa var. reflexa

Corrigiola L. -f- *Molluginaceae* · 11-13 sp · D:Hirschsprung; E:Strapwort; F:Corrigiola
– **litoralis** L. · D:Gewöhnlicher Hirschsprung · ⊙ VII-X; Eur.: Ib, Fr, Ap, Ba, E-Eur., D; TR, Palaest., N-Afr, Trop. Afr., S-Afr.; coasts

Corryocactus Britton et Rose -m- *Cactaceae* · 20 sp
– **aureus** (Meyen) Hutchison · ♄ ♆ Z9 ⌂ ▽ *; S-Peru, N-Chile
– **brachypetalus** (Vaupel) Britton et Rose · ♄ ♆ Z9 ⌂ ▽ *; S-Peru
– **brevistylus** (K. Schum. ex Vaupel) Britton et Rose · ♄ ♆ Z9 ⌂ ▽ *; S-Peru
– **melanotrichus** (K. Schum.) Britton et

Rose · ᛘ Z9 ⓚ ▽ ✻; Bol.
– *spiniflorus* (Phil.) Hutchison = Austrocactus spiniflorus
– **squarrosus** (Vaupel) Hutchison · ᛘ Z9 ⓚ ▽ ✻; Peru: Junin

Cortaderia Stapf -f- *Poaceae (Gramineae)* · 24 sp · D:Pampasgras; E:Pampas Grass; F:Herbe de la pampa
– *rosea* hort. = Cortaderia selloana 'Rosea'
– **selloana** (Schult. et Schult. f.) Asch. et Graebn. · D:Pampasgras; E:Pampas Grass; F:Herbe de la pampa · ♃ Z7 ∧ IX-X Ⓝ; S-Bras., Urug., Arg., nat. in Azor., NW-Sp. , F
  – **in Sorten**
  – **'Rosea'**

Cortusa L. -f- *Primulaceae* · 8 sp · D:Heilglöckchen; F:Cortuse
– **matthioli** L. · D:Alpen-Heilglöckchen · ♃ △ Z5 VII-VIII ▽; Eur.: Fr, C-Eur., EC-Eur., Ap, Ba, E-Eur.
  – fo. **pekinensis** V.A. Richt. Z5 ▽; Amur, N-China, Korea, Sachal.

Coryanthes Hook. -f- *Orchidaceae* · 12 (-17-33) sp · D:Maskenorchidee; E:Helmet Orchid; F:Orchidée-casque
– **macrantha** (Hook.) Hook. · ♃ Z10 ⓦ V ▽ ✻; Venez., Guyana, Trinidad
– **maculata** Hook. · ♃ Z10 ⓦ VI-VII ▽ ✻; Guyan.
– **speciosa** (Hook.) Hook. · ♃ Z10 ⓦ VI-VII ▽ ✻; C-Am., W.Ind., trop. S-Am.

Corydalis DC. -f- *Fumariaceae* · c. 300 sp · D:Lerchensporn; E:Corydalis; F:Corydale
– **angustifolia** (M. Bieb.) DC. · ♃ △ Z6 IV; TR, Cauc., Iran
– **bracteata** (Stephan) Pers. · ♃ △ Z7 V-VI; Altai, Sib.
– *bulbosa* (L.) auct. non DC. = Corydalis cava
– *bulbosa* (L.) DC. = Corydalis solida subsp. solida
– **capnoides** (L.) Pers. · D:Weißer Lerchensporn · ⊙ VI-VIII; Eur.: I, A, EC-Eur., E-Eur.; W-Sib., E-Sib., C-As., Tibet, Mong., nat. in FIN
– **cashmeriana** Royle · D:Blauer Himalaya-Lerchensporn · ♃ Z5 ⓐ V-VIII; Kashmir, Him., SE-Tibet
– **cava** (L.) Schweigg. et Körte · D:Hohler Lerchensporn; E:Bulbous Corydalis, Hollowroot; F:Corydale creux · ♃ Z6 III-V ⚕ ☠; Eur.* exc. BrI; TR, Cauc., N-Iran
– **cheilanthifolia** Hemsl. · ♃ △ Z6 V; W-China
– **flexuosa** Franch. · ♃ Z5 III-VI; China: Sichuan
– *glauca* (Curtis) Pursh = Capnoides sempervirens
– **intermedia** (L.) Mérat · D:Mittlerer Lerchensporn · ♃ III-IV; Eur.* exc. BrI
– *lutea* (L.) DC. = Pseudofumaria lutea
– **nobilis** (L.) Pers. · ♃ △ Z6 IV-VI; W-Sib. (Altai), C-As., nat. in Sc
– *ochroleuca* W.D.J. Koch = Pseudofumaria alba subsp. alba
– **ophiocarpa** Hook. f. et Thomson · ⊙ △ Z6 VI; Him., China, Jap., Taiwan
– **pumila** W.D.J. Koch · D:Zwerg-Lerchensporn · ♃ III-IV; Eur.: Ap, C-Eur., EC-Eur., Sc, Ba, RO
– **saxicola** G.S. Bunting · ♃ △ Z7 ∧ V-VI; China
– *sempervirens* (L.) Pers. = Capnoides sempervirens
– **solida** (L.) Clairv.
  – subsp. **solida** · D:Gefingerter Lerchensporn; E:Bird in a Bush, Fumewort · ♃ Z6 IV ⚕ ; Eur.* exc. BrI; TR, Lebanon, nat. in BrI
    – **Transsylvanica Grp.**
– *thalictrifolia* Franch. = Corydalis saxicola
– *transsylvanica* Schur = Corydalis solida subsp. solida Transsylvanica Grp.
– **wilsonii** N.E. Br. · ♃ △ Z7 ∧ V-IX; C-China

Corylopsis Siebold et Zucc. -f- *Hamamelidaceae* · c. 30 sp · D:Scheinhasel; E:Winter Hazel; F:Faux-noisetier
– **glabrescens** Franch. et Sav. · D:Kahle Scheinhasel · ♄ d Z6 VI; Jap.
– **pauciflora** Siebold et Zucc. · D:Armblütige Scheinhasel; E:Buttercup Winter Hazel; F:Corylopsis à petites fleurs · ♄ d Z7 III-IV; Jap., Taiwan
– **platypetala** Rehder et E.H. Wilson · ♄ d Z7 IV; China: Hupeh
– **sinensis** Hemsl. · D:Chinesische Scheinhasel; E:Chinese Winter Hazel · ♄ ♄ d Z7 III-IV; W-China, C-China
  – var. *calvescens* Morley = Corylopsis platypetala
    – fo. *veitchiana* = Corylopsis veitchiana
– **spicata** Siebold et Zucc. · D:Ährige

Scheinhasel, Winter-Scheinhasel; E:Spike Winter Hazel; F:Corylopsis en épis · ♄ d Z7 II-IV; Jap.
– **veitchiana** Bean · D:Veitchs Scheinhasel · ♄ d Z7 IV; China: Hupeh
– **willmottiae** Rehder et Wilson · D:Willmotts Scheinhasel; F:Corylopsis de Miss Willmontt · ♄ d Z7 IV; W-Sichuan

Corylus L. -f- *Betulaceae* · 18 sp · D:Hasel, Haselnuss; E:Hazel; F:Noisetier
– **americana** Marsh · ♄ d Z5; Can., e USA
– **avellana** L. · D:Gewöhnliche Hasel; E:Cob, Hazel; F:Coudrier, Noisetier commun · ♄ ♄ d Z5 II-IV ⚕ Ⓝ; Eur.*, Cauc., TR, N-Iran
  – **in Sorten**
– **chinensis** Franch. · D:Chinesische Hasel; E:Chinese Hazel · ♄ d Z6 II-III Ⓝ; W-China, C-China
– **colurna** L. · D:Baum-Hasel; E:Turkish Hazel; F:Noisetier de Byzance · ♄ d Z5 II-III Ⓝ; Eur.: Ba, RO; TR, Cauc., Iran
  – var. *chinensis* (Franch.) Burkill = Corylus chinensis
– × **colurnoides** C.K. Schneid. (*C. avellana* × *C. colurna*) · ♄ ♄ d Z5; cult.
– **cornuta** Marshall · D:Schnabelnuss; E:Beaked Hazel · ♄ d Z5 II-III; Can., USA: NE, NCE, NC, SE, NW, Calif., Rocky Mts.
– **heterophylla** Fisch. et Trautv. · D:Mongolische Haselnuss; E:Siberian Hazel · ♄ ♄ d Z5; Korea, Jap., E-Sib., Manch., Amur, E-Mong.
– **maxima** Mill. · D:Große Hasel, Lamberts Hasel; E:Filbert; F:Noisetier franc · ♄ d Z5 II-III Ⓝ; Eur.: Croatia, Maced., GR; TR, Cauc., nat. in BrI, A
  – **in Sorten**
– *rostrata* Aitch. = Corylus cornuta
  – var. *sieboldiana* (L.) Maxim. = Corylus sieboldiana var. sieboldiana
– **sieboldiana** Blume
  – var. **mandshurica** (Maxim. et Rupr.) C.K. Schneid. · ♄ d Z5; Korea, Jap., Manch., Amur
  – var. **sieboldiana** · D:Japanische Hasel; E:Japanese Hazel · ♄ d Z5 II-III; Jap.
– **tibetica** Batalin · ♄ d Z7; China
– *tubulosa* Willd. = Corylus maxima

Corynabutilon (K. Schum.) Kearney = Abutilon
– *vitifolium* (Cav.) Kearney = Abutilon vitifolium

Corynanthe Welw. -f- *Rubiaceae* · 8 sp
– *johimbe* K. Schum. = Pausinystalia johimbe
– **pachyceras** K. Schum. · ♄ Ⓦ; trop. Afr.

Corynephorus P. Beauv. -m- *Poaceae (Gramineae)* · 5 sp · D:Silbergras; E:Grey Hair Grass
– **canescens** (L.) P. Beauv. · D:Gewöhnliches Silbergras; E:Grey Hair Grass · ♃ VI-VIII; Eur.* exc. Ba; Maroc., nat. in USA

Corynocarpus J.R. Forst. et G. Forst. -m- *Corynocarpaceae* · 6 sp · D:Karakabaum; F:Corynocarpus
– **laevigatus** J.R. Forst. et G. Forst. · D:Neuseeländischer Karakabaum; E:New Zealand Laurel · ♄ e Ⓚ ☠; NZ

Corypha L. -f- *Arecaceae (Palmae)* · 6-8 sp · D:Schopfpalme, Talipotpalme; F:Palmier, Palmier talipot
– *australis* R. Br. = Livistona australis
– *elata* Roxb. = Corypha utan
– *gembanga* Blume = Corypha utan
– *nana* Humb., Bonpl. et Kunth = Cryosophila nana
– **umbraculifera** L. · D:Talipotpalme; E:Talipot Palm · ♄ e Z10 Ⓦ Ⓝ; S-Ind., Sri Lanka
– **utan** Lam. · D:Buri-Schopfpalme; E:Gebang · ♄ e Ⓦ Ⓝ; E-Ind., Myanmar, Andaman Is., Malay. Arch., Phil.

Coryphantha (Engelm.) Lem. -f- *Cactaceae* · 45 sp
– *alversonii* (J.M. Coult. ex Zeiss.) Orcutt = Escobaria vivipara
– *bella* (Britton et Rose) Fosberg = Escobaria emskoetteriana
– *ceratites* (Quehl) A. Berger = Neolloydia conoidea
– **clavata** (Scheidw.) Backeb. · ♆ Z9 Ⓚ ▽ *; Mex.: Hidalgo, Queretaro, Mexico
– *conoidea* (DC.) Orcutt ex A. Berger = Neolloydia conoidea
– **cornifera** (DC.) Lem. · ♆ Z9 Ⓚ ▽ *; Mex.: Hidalgo
– *dasyacantha* (Engelm.) Orcutt = Escobaria dasyacantha
– **elephantidens** (Lem.) Lem. · ♆ Z9 Ⓚ ▽ *; Mex.: Michoacan
– **erecta** (Lem. ex Pfeiff.) Lem. · ♆ Z9 Ⓚ ▽ *; Mex.: Hidalgo
– *grandiflora* (Pfeiff.) A. Berger =

Neolloydia conoidea
- **macromeris** (Engelm.) Lem. · E:Donana · ♆ Z9 Ⓚ ▽ *; USA: Tex., N.Mex.; N-Mex.
- *marstonii* Clover = Escobaria missouriensis
- *missouriensis* (Sweet) Britton et Rose = Escobaria missouriensis
- *muehlenpfordtii* Britton et Rose = Coryphantha scheeri
- *neoscheerii* Backeb. = Coryphantha scheeri
- **odorata** Boed. · ♆ Z9 Ⓚ ▽ *; Mex.: Tamaulipas, San Luis Potosí
- **poselgeriana** (A. Dietr.) Britton et Rose · ♆ Z9 Ⓚ ▽ *; Mex.: Coahuila
- **radians** (DC.) Britton et Rose · ♆ Z9 Ⓚ ▽ *; C-Mex.
- *robertii* A. Berger = Escobaria emskoetteriana
- *roseana* (Boed.) Moran = Escobaria roseana
- **scheeri** (Kuntze) L.D. Benson · ♆ Z9 Ⓚ ▽ *; USA: N.Mex.; Mex.: Hidalgo
- *strobiliformis* auct. = Escobaria tuberculosa
- *varicolor* Tiegel = Escobaria tuberculosa
- *vivipara* (Nutt.) Britton et Rose = Escobaria vivipara
- *wissmannii* (Hildm. ex K. Schum.) A. Berger = Escobaria missouriensis
- *zilziana* Boed. = Escobaria zilziana

Cosmidium Nutt. = Thelesperma
- *burridgeanum* Regel, Körn. et Rach = Thelesperma burridgeanum

Cosmos Cav. -m- *Asteraceae (Compositae)* · 26 sp · D:Kosmee, Schmuckkörbchen; E:Mexican Aster; F:Cosmos
- **atrosanguineus** (Hook.) Voss · D:Schwarzes Schmuckkörbchen; E:Black Cosmos, Chocolate Cosmos · ⊙ ♃ Z8 VII-X; Mex.
- **bipinnatus** Cav. · D:Fiederblättriges Schmuckkörbchen; E:Garden Cosmos, Mexican Aster; F:Cosmos · ⊙ ✂ X; Mex., C-Am., trop. S-Am.
  - **in Sorten**
- **diversifolius** Otto · ⊙ ⊙ ♃ Z9 VIII-X; Mex.
- **sulphureus** Cav. · D:Gelbes Schmuckkörbchen; E:Yellow Cosmos · ⊙ VIII-IX; Mex., C-Am., trop. S-Am.
  - **in Sorten**
  - **in vielen Sorten**

Costus L. -m- *Costaceae* · 42 (- 70-90) sp · D:Kostwurz; E:Spiral Flag, Spiral Ginger; F:Costus
- **afer** Ker-Gawl. · E:Spiral Ginger · ♃ Z10 Ⓦ; W-Afr.
- **cuspidatus** (Nees et Mart.) Maas · ♃ Z10 Ⓦ I-XII; Bras.
- *igneus* N.E. Br. = Costus cuspidatus
- **lucanusianus** Braun-Blanq. et K. Schum. · ♃ D Z10 Ⓦ; C-Afr.
- **malortieanus** H. Wendl. · ♃ Z10 Ⓦ; Costa Rica
- **speciosus** (J. König) Sm. · D:Prächtige Kostwurz; E:Crape Ginger, Malay Ginger · ♃ Z10 Ⓦ; Him., Ind., Sri Lanka, Malay. Arch., N.Guinea
- **spicatus** (Jacq.) Sw. · D:Ährige Kostwurz; E:Cimarron · ♃ Z10 Ⓦ; Haiti

Cotinus Mill. -m- *Anacardiaceae* · 3 sp · D:Perückenstrauch; E:Smoke Bush, Smokewood; F:Arbre à perruque
- *americanus* Nutt. = Cotinus obovatus
- **coggygria** Scop. · D:Europäischer Perückenstrauch; E:Smoke Tree, Sumach; F:Arbre à perruque, Fustet · ♄ d ⚘ Z6 VI-VII ☠ Ⓝ; Eur.: Fr, Ap, C-Eur., EC-Eur., Ba, E-Eur.; TR, Syr., Cauc., Iran, Him., China, nat. in Sp.
- **obovatus** Raf. · D:Amerikanischer Perückenstrauch; E:American Smoketree · ♄ ♄ d ⚘ Z5 VI-VII; USA: SE, Mo., Okla.

Cotoneaster
- **acuminatus** Lindl. · D:Spitzblättrige Zwergmispel · ♄ d Z6 V; Him., nat. in F, D
- **acutifolius** Turcz. · D:Peking-Zwergmispel · ♄ d Z5 V-VI; N-China
- **adpressus** Bois · D:Kriechende Zwergmispel, Spalier-Zwergmispel; E:Creeping Cotoneaster; F:Cotonéaster rampant · ♄ d ⇝ △ Z5 VI; W-China
  - var. *praecox* Bois et Berthault = Cotoneaster praecox
- **affinis** Lindl.
  - var. **affinis** · ♄ d Z7 ∧ V; Him., W-China
  - var. **bacillaris** (Wall. ex Lindl.) C.K. Schneid. · ♄ ♄ d Z7 V-VI; Him.
- **ambiguus** Rehder et E.H. Wilson · D:Zweifarbige Zwergmispel · ♄ d Z6 V-VI; W-China
- **amoenus** E.H. Wilson · ♄ e Z7 ∧ VI; SW-China
- **apiculatus** Rehder et E.H. Wilson · D:Preiselbeer-Zwergmispel; E:Cranberry Cotoneaster · ♄ d Z4 VI; W-China

– *applanatus* Duthie ex Veitch = Cotoneaster dielsianus var. dielsianus
– **bullatus** Bois · D:Runzelige Zwergmispel · ♄ d ✿ Z5 V-VI; W-China
– **buxifolius** Wall. ex Lindl. · ♄ e Z7 ∧; Ind. (Nilgiri)
– **cashmiriensis** G. Klotz · ♄ e Z7; Kashmir
– *cochleatus* hort. = Cotoneaster cashmiriensis
– **congestus** Baker · D:Gedrungene Zwergmispel · ♄ e △ Z6 VI; Him.
– **conspicuus** Marquand · D:Bogen-Zwergmispel · ♄ d Z6 V; SE-Tibet
– **dammeri** C.K. Schneid.
  – var. **dammeri** · D:Teppich-Zwergmispel; E:Bearberry Cotoneaster; F:Cotonéaster de Dammer · ♄ e Z5; China
  – var. **radicans** C.K. Schneid. · ♄ e ⇝ △ Z5 V; W-China
– **dielsianus** E. Pritz.
  – var. **dielsianus** · D:Diels Zwergmispel · ♄ d ✿ Z5 VI; W-China, C-China
  – var. **elegans** Rehder et E.H. Wilson · ♄ d Z5 V-VI; W-China: Sichuan
– *distichus* Lange = Cotoneaster nitens
  – var. *tongolensis* hort. non C.K. Schneid. = Cotoneaster splendens
– **divaricatus** Rehder et E.H. Wilson · D:Sparrige Zwergmispel; E:Spreading Cotoneaster · ♄ d ✿ Z5 VI; W-China, C-China, nat. in Eur.
– *floccosus* (Rehder et Wilson) Flinck et B. Hylmö = Cotoneaster salicifolius var. floccosus
– **foveolatus** Rehder et E.H. Wilson · ♄ d Z4 VI; C-China.
– **franchetii** Bois · D:Franchets Zwergmispel; E:Franchet's Cotoneaster · ♄ d ✿ Z7 VI; W-China
  – var. *sternianus* Turrill = Cotoneaster sternianus
– **frigidus** Wall. ex Lindl. · D:Baum-Zwergmispel · ♄ d ✿ Z7 VI; Him.
  – *'Gloire de Versailles'* = Cotoneaster sternianus
– **glabratus** Rehder et E.H. Wilson · ♄ e Z7; W-China: Sichuan
– **harrovianus** E.H. Wilson · ♄ e ✿ Z7 ∧ VI; W-China
– **hebephyllus** Diels · ♄ d Z6 V; SW-China
– **henryanus** (C.K. Schneid.) Rehder et E.H. Wilson · D:Henrys Zwergmispel · ♄ d ✿ Z7 VI; C-China.
– **horizontalis** Decne.
  – var. **horizontalis** · D:Fächer-Zwergmispel; E:Herring Bone Cotoneaster; F:Cotonéaster horizontal · ♄ d Z4 V-VI; W-China
  – var. **perpusillus** C.K. Schneid. · ♄ d Z6; W-China
  – var. **wilsonii** Havemeyer ex E.H. Wilson · ♄ d Z4; orig ? ; cult.China: Hubei
– *humifusus* Duthie ex J.H. Veitch = Cotoneaster dammeri var. dammeri
– **hupehensis** Rehder et E.H. Wilson · D:Hupeh-Zwergmispel · ♄ d ✿ Z5 V; W-China, C-China
– × *hybridus* hort. = Cotoneaster × watereri
– **ignavus** E.L. Wolf · ♄ d Z6 V; C-As.
– **insignis** Pojark. · ♄ ♄ s Z6 V; C-As., Iran, Afgh., Him.
– **integerrimus** Medik. · D:Gewöhnliche Zwergmispel · ♄ d ✿ Z6 IV-V ☠ ▽; Eur.*, Cauc.
– **integrifolius** (Roxb.) G. Klotz · ♄ e; Him., SW-China
– **lacteus** W.W. Sm. · ♄ e ✿ Z7 ∧ VI-VII; W-China
– **laxiflorus** Lindl. · ♄ d Z7; C-As.
– **lindleyi** Steud. · ♄ d Z6; Him.
– **linearifolius** (Klotz) G. Klotz · ♄ e; Nepal
– **lucidus** Schltdl. · D:Glänzende Zwergmispel · ♄ d Z5 V-VI; Altai
– *melanocarpus* Lodd. = Cotoneaster niger
– **microphyllus** Wall. ex Lindl. · D:Kleinblättrige Zwergmispel; F:Cotonéaster à petites feuilles · ♄ e △ ✿ Z7 V-VI; Him.
  – *'Cochleatus'* = Cotoneaster cashmiriensis
  – **'Vellaeus'**
  – var. *glacialis* Hook. f. = Cotoneaster congestus
  – var. *thymifolius* (Baker) Koehne = Cotoneaster integrifolius
  – var. *thymifolius* hort. = Cotoneaster linearifolius
  – var. *vellaeus* (Franch.) Rehder et Wilson = Cotoneaster microphyllus 'Vellaeus'
– **multiflorus** Bunge
  – var. **calocarpus** Rehder et E.H. Wilson · ♄ d ✿ Z5 V; W-China
  – var. **multiflorus** · D:Vielblütige Zwergmispel · ♄ d Z5; NW-China
– **nebrodensis** (Guss.) K. Koch · D:Filzige Zwergmispel · ♄ d ✿ Z5 IV-VI; Eur.: Ib, F, Ap, C-Eur., EC-Eur., Ba, RO, nat. in Sc
– **niger** (Thunb.) Fr. · D:Schwarze Zwergmispel · ♄ d Z5 V-VI; Eur.: Sc, EC-Eur., Ba, E-Eur.; TR, Cauc., W-Sib., E-Sib., Amur, C-As., Mong., China, Korea

- **nitens** Rehder et E.H. Wilson · ♄ d △ ♣ Z6 V-VI; Him., SW-China
- **nummularius** Fisch. et C.A. Mey. · ♄ Z5; Crete, Cyprus, TR, Syr., Lebanon, N-Iraq, Cauc., Iran
- **obscurus** Rehder et E.H. Wilson · ♄ d ♣ Z5 VI; W-China
- **pannosus** Franch. · ♄ d ♣ Z7 VI; SW-China
- **praecox** (Bois et Berthault) M. Vilm. · D:Nanshan-Zwergmispel · ♄ d △ ♣ Z5 VI; W-China
- *pyracantha* (L.) Spach = Pyracantha coccinea
- *pyrenaicus* Chanc. = Cotoneaster congestus
- **racemiflorus** (Desf.) K. Koch
  - var. *nummularius* (Fisch. et C.A. Mey.) Dippel = Cotoneaster nummularius
  - var. **racemiflorus** · ♄ d Z5; Syr., Cauc., N-Iran, C-As., Him.
  - var. **royleana** Dippel · ♄ d Z5; Him.
  - var. **soongoricus** (Regel et Herder) C.K. Schneid. Z5; W-China
- **rhytidophyllus** Rehder et E.H. Wilson · ♄ e ♣ Z7 ∧ VI; W-China
- **roseus** Edgew. · D:Rosarote Zwergmispel · ♄ d ♣ Z6 VI; Afgh., Pakist., Kashmir, NW-Ind.
- **rotundifolius** Wall. ex Lindl.
  - var. **lanata** (Jacques) C.K. Schneid. · ♄ e Z6; Him.
  - var. **rotundifolius** · D:Rundblättrige Zwergmispel · ♄ e ♣ Z7 ∧ VI; Him.
- **rugosus** E. Pritz. · D:Runzelblättrige Zwergmispel · ♄ e ♣ Z6 VI; C-China.
- **salicifolius** Franch.
  - var. **floccosus** Rehder et E.H. Wilson · ♄ e ♣ Z6 VI-VII; W-China
  - var. *rugosus* (E. Pritz.) Rehder et Wilson = Cotoneaster rugosus
  - var. **salicifolius** · D:Weidenblättrige Zwergmispel; E:Willowleaf Cotoneaster; F:Cotonéaster à feuilles de saule · ♄ e Z6; China
- **serotinus** Hutch. · ♄ e ♣ Z7 ∧ VII; W-China
- **simonsii** Baker · D:Himalaya-Zwergmispel; E:Himalayan Cotoneaster · ♄ e ♣ Z6 VI-VII; Ind.: Khasia Hills, nat. in NW-Eur.
- **splendens** Flinck et B. Hylmö · ♄ d Z5; W-China
- **sternianus** (Turrill) Boom · D:Wintergrüne Zwergmispel · ♄ e ♣ Z7 ∧ V-VI; Tibet
- *thymifolius* Baker = Cotoneaster integrifolius
- *tomentosus* (Aitch.) Lindl. = Cotoneaster nebrodensis
- **wardii** W.W. Sm. · D:Wards Zwergmispel · ♄ e ♣ Z7 ∧ VI; SE-Tibet
- × **watereri** Exell (*C. frigidus* × *C. rugosus* × *C. salicifolius*) · ♄ s Z6; cult.
  - **in Sorten**
- *wheeleri* Exell = Cotoneaster × watereri
- *wheeleri* hort. = Cotoneaster buxifolius
- **zabelii** C.K. Schneid. · D:Zabels Zwergmispel · ♄ d Z5 V; C-China.
- **Cultivars**
  - *'Sabrina'* = Cotoneaster splendens

Cottendorfia Schult.f. -f- *Bromeliaceae* · 1 (-25) sp
- **florida** Schult. f. · ♃ Z10 ⌂W; E-Bras.
- *penduliflora* C.H. Wright = Fosterella penduliflora

Cotula L. -f- *Asteraceae (Compositae)* · c. 80 sp · D:Laugenblume; E:Buttonweed; F:Cotule
- *atrata* Hook. f. = Leptinella atrata
- **barbata** DC. · ⊙ Z8 VII-VIII; S-Afr.
- **coronopifolia** L. · D:Krähenfuß-Laugenblume, Wasserknopf; E:Brass Buttons; F:Cotule à feuilles de sénebière · ♃ Z7 VII-VIII; Kap, Austr., NZ, S-Am., nat. in BrI, Fr, Sard., Ib, Sc
- *dioica* (Hook. f.) Hook. f. = Leptinella dioica
- *potentillina* (F. Muell.) Druce = Leptinella potentillina
- *squalida* (Hook. f.) Hook. f. = Leptinella squalida

Cotyledon L. -f- *Crassulaceae* · 9 sp
- *aizoon* (Fenzl) Schönl. = Rosularia aizoon
- *arborescens* Mill. = Crassula arborescens
- **barbeyi** Schweinf. ex W. Watson · ♄ ψ Z10 ⌂K; Yemen, Eth., Somalia
- *breviflora* (Boiss.) Maire = Pistorinia breviflora subsp. breviflora
- *cacalioides* L. f. = Tylecodon cacalioides
- **coruscans** Haw. · ♄ ψ Z10 ⌂K; S-Afr.: Kap, Transvaal
- *decussata* Sims = Cotyledon orbiculata var. orbiculata
- *fascicularis* Aitch. = Cotyledon papillaris
- *flanaganii* Schönl. et Baker = Cotyledon orbiculata var. flanaganii
- *gracilis* Berger = Cotyledon jacobseniana
- *gracilis* Haw. = Cotyledon papillaris

– *hispanica* L. = Pistorinia hispanica subsp. hispanica
– *horizontalis* Guss. = Umbilicus horizontalis
– *intermedia* (Boiss.) Stef. = Umbilicus intermedius
– **jacobseniana** Poelln. · ♄ ψ Z10 ⓚ V-VI; Kap
– *laciniata* L. = Kalanchoe laciniata
– *libanotica* Labill. = Rosularia sempervivum subsp. libanotica
– **macrantha** L. · ♄ ψ Z10 ⓚ XII-III; Kap
– *malacophylla* Pall. = Orostachys malacophyllus
– *oppositifolia* Ledeb. ex Nordm. = Chiastophyllum oppositifolium
– **orbiculata** L.
  – var. **flanaganii** (Schönl. et Baker) Toelken Z10 ⓚ; Cape Prov.
  – var. **orbiculata** · D:Schweinsohr; E:Pig's Ears · ♄ ψ Z10 ⓚ VII-VIII ☠; Namibia, S-Afr.: Kap, Natal, Transvaal, nat. in F, Sp.
– *pachyphytum* Baker = Pachyphytum bracteosum
– **papillaris** L. f. · ♄ ♄ ψ e Z10 ⓚ VII-VIII; Kap
– *pendulina* (DC.) Batt. = Umbilicus rupestris
– *pistorinia* Ortega = Pistorinia hispanica subsp. hispanica
– *reticulata* L. f. = Tylecodon reticulatus
– *rupestris* Salisb. = Umbilicus rupestris
– *salzmannii* (Boiss.) Schönl. = Pistorinia breviflora subsp. breviflora
– *sempervivum* M. Bieb. = Rosularia sempervivum subsp. sempervivum
– *simplicifolia* hort. = Chiastophyllum oppositifolium
– *spinosa* L. = Orostachys spinosus
– *teretifolia* Thunb. = Cotyledon papillaris
– *umbilicus-veneris* L. = Umbilicus erectus
– **undulata** Haw. · E:Silver Crown · ♄ ψ Z10 ⓚ III-VII; Kap

Couma Aubl. -f- *Apocynaceae* · 15 sp
– **macrocarpa** Barb. Rodr. · D:Sorvagummi; E:Sorva Gum · ♄ ⓦ Ⓝ; Amazon.

Coumarouna Aubl. = Dipteryx
– *odorata* Aubl. = Dipteryx odorata

Coussapoa Aubl. -f- *Cecropiaceae* · 46-50 sp
– **dealbata** André · ♄ e Z9 ⓦ; Bras.
– **microcarpa** (Schott) Ritzb. · ♄ e Z9 ⓦ; Bras.
– *schottii* Miq. = Coussapoa microcarpa

Coutarea Aubl. -f- *Rubiaceae* · 7 sp
– **latifolia** Moç. et Sessé · ♄ e Z10 ⓦ; Mex.

Crambe L. -f- *Brassicaceae (Cruciferae)* · 20 sp · D:Meerkohl; E:Sea Kale; F:Chou marin, Crambe
– **abyssinica** Hochst. ex R.E. Fr. · D:Abessinischer Meerkohl, Krambe; E:Abyssinian Kale · Ⓝ; ?TR, nat. in USA
– **cordifolia** Steven · D:Meerkohl · ♃ Z6 VI; Cauc.
– **maritima** L. · D:Küsten-Meerkohl, Strandkohl; E:Sea Kale · ♃ Z5 V-VI Ⓝ ▽; Eur.* exc. Ap ; Cauc.; coasts, nat. in EC-Eur.
– **tatarica** Sebeók · D:Tatarischer Meerkohl; E:Tatarian Breadplant · ♃ Z5 IV-VI; Eur.: I, A, EC-Eur., Ba, E-Eur.; TR, Cauc., W-Sib.

Craniolaria L. -f- *Pedaliaceae* · 3 sp · D:Vogelkopf; F:Martynia
– **annua** L. · D:Einjähriger Vogelkopf · ⊙ VII-VIII; trop. S-Am.

Craspedia G. Forst. -f- *Asteraceae (Compositae)* · 8 (- 11-15) sp · D:Junggesellenknopf, Trommelschlägel; E:Billy Buttons; F:Baguette de tambour
– **alpina** Backh. ex Hook. f. · ♃ Z8 ⓚ; Austr.: Tasman., Victoria
– **globosa** Benth. · D:Trommelschlägel; E:Drumsticks · ⊙ ♃ ✂ Z8 ⓚ VI-VIII; Austr.
– **incana** Allan · ♃ Z8 ⓚ; NZ
– *lanata* (Hook. f.) Allan = Craspedia alpina
– **minor** (Hook. f.) Allan · ♃ Z8 ⓚ; NZ
– **uniflora** G. Forst. · E:Bachelor's Button, Billy Buttons · ⊙ ♃ ✂ Z8 ⓚ VI-VII; Austr.: S-Austr., Tasman.; NZ

Crassocephalum Moench -n- *Asteraceae (Compositae)* · 24-30 sp
– **biafrae** (Oliv. et Hiern) S. Moore · ⓦ Ⓝ; W-Afr.

Crassula L. -f- *Crassulaceae* · c. 200 sp · D:Dickblatt; E:Pigmyweed; F:Crassula
– **alstonii** Marloth · ♃ ψ Z9 ⓚ X-XI; Kap
– **aquatica** (L.) Schönland · D:Wasser-Dickblatt · ⊙ ~ VII-IX; Eur.: Sc, BrI, C-Eur., EC-Eur., E-Eur.; Amur, Korea, Jap.,

Calif.
– **arborescens** (Mill.) Willd. · ħ ħ ψ e Z9 Ⓚ; S-Afr.: Kap, Natal
– *argentea* Thunb. = Crassula ovata
– *arta* hort. = Crassula plegmatoides
– *arta* Schönl. = Crassula deceptor
– **barbata** Thunb. · ♃ ψ Z9 Ⓚ I-V; Kap
– **barklyi** N.E. Br. · ♃ ψ Z9 Ⓚ; Kap, Namibia
– *bolusii* Hook. f. = Crassula exilis subsp. cooperi
– **capitella** Thunb.
  – subsp. **capitella** · ⊙ ♃ ħ ψ e Z9 Ⓚ; Kap
  – subsp. **thyrsiflora** (Thunb.) Toelken · ⊙ ♃ ħ ψ e Z9 Ⓚ; S-Afr.(Natal, Oranje Free State, Cape Prov.), SE-Namibia
– *cephalophora* Thunb. = Crassula nudicaulis
– **coccinea** L. · ħ ħ ħ ψ e Z9 Ⓚ VII-VIII; S-Afr.
– **columnaris** Thunb. · ⊙ ψ Z9 Ⓚ X-XI; Kap
– *conjuncta* N.E. Br. = Crassula perforata
– *cooperi* Regel = Crassula exilis subsp. cooperi
– **corallina** Thunb. · ♃ Z9 Ⓚ VII-VIII; Kap, Namibia
– **cordata** Thunb. · ħ e Z9 Ⓚ VI-VIII; SE-Kap
– *corymbulosa* Link et Otto = Crassula capitella subsp. capitella
– **cultrata** L. · ħ e Z9 Ⓚ; Kap
– *curta* N.E. Br. = Crassula setulosa var. curta
– *dasyphylla* Harv. = Crassula corallina
– **deceptor** Schönl. et Baker f. · ♃ ψ Z9 Ⓚ X-XI; Kap, Namibia
– *deceptrix* Schönl. = Crassula deceptor
– *decipiens* N.E. Br. = Crassula tecta
– *deltoidea* auct. non Thunb. = Crassula plegmatoides
– **deltoidea** Thunb. · ħ ψ e Z9 Ⓚ; S-Afr. (Cape Prov.), SE-Namibia
– **dichotoma** L. · ⊙ Z9 Ⓚ VII-VIII; Kap
– **exilis** Harv.
  – subsp. **cooperi** (Regel) Toelken · ♃ ψ Z9 Ⓚ III-V; Namibia, S-Afr. (Transvaal)
  – subsp. **exilis** · ⊙ ♃ ψ Z9 Ⓚ; Kap
  – subsp. **sedifolia** (N.E. Br.) Toelken · ♃ ψ ⌓ △ Z8 Ⓐ ∧ VII-VIII; Kap
– *falcata* (DC.) H. Wendl. = Crassula perfoliata var. falcata
– **helmsii** (Kirk) Cockayne · D:Nadelkraut-Dickblatt, Nadelkraut; F:Cockayne · ♃ Z9 Ⓚ VIII-IX; Austr., NZ, nat. in BrI
– **hemisphaerica** Thunb. · ♃ ψ Z9 Ⓚ; Namibia
– *impressa* N.E. Br. = Crassula schmidtii
– × **justi-corderoyi** H. Jacobsen et Poelln. (*C. expansa subsp. fragilis* × *C. perfoliata var. falcata*) · ♃ Z9 Ⓚ; cult.
– **lactea** Sol. ex Aiton · ħ ψ e Z9 Ⓚ XII-III; S-Afr.: E-Kap, Natal, Transvaal
– *lycopodioides* Lam. = Crassula muscosa
  – var. *pseudolycopodioides* (Dinter et Schinz) E. Walther = Crassula muscosa
– *marginalis* Dryand. = Crassula pellucida subsp. marginalis
– *marnieriana* (Huber) H. Jacobsen = Crassula rupestris subsp. marnieriana
– **mesembryanthemopsis** Dinter · ♃ ψ Z9 Ⓚ; Namibia
– **mesembryanthoides** (Haw.) D. Dietr. · ħ ψ ⚘ Z9 Ⓚ; SE-Kap
– *milfordiae* Byles = Crassula setulosa var. curta
– *monticola* N.E. Br. = Crassula rupestris subsp. rupestris
– **multicava** Lem. · ħ ψ e Z9 Ⓚ IV-VII; S-Afr.: Natal, Transvaal
– **muscosa** L. · E:Toy Cypress · ħ ψ e Z9 Ⓚ II-III; Namibia
– **nudicaulis** L. · ♃ ψ Z9 Ⓚ; S-Afr.: Kap, Orange Free State, Namibia
– *obliqua* Sol. = Crassula ovata
– *obvallata* L. = Crassula nudicaulis
– **orbicularis** L. · ♃ ψ Z9 Ⓚ II-III; S-Afr.: Kap, Natal
– **ovata** (Mill.) Druce · D:Jadestrauch; E:Baby Jade, Jade Plant · ħ ψ Z9 Ⓚ IV-VII; S-Afr.: Kap, Natal
– **pellucida** L.
  – subsp. **marginalis** (Dryand.) Toelken · ♃ ψ Z9 Ⓚ; S-Afr.
  – subsp. **pellucida** · ♃ ψ Z9 Ⓚ; Kap
– **perfoliata** L. · D:Propellerpflanze; E:Propeller Plant
  – var. **falcata** (DC.) Toelken · ħ ψ Z9 Ⓚ; S-Afr. (Cape Prov.)
  – var. **perfoliata** · ħ ψ Z9 Ⓚ; S-Afr.: Kap, Natal
– **perforata** Thunb. · ♃ ψ Z9 Ⓚ; Kap
– *perfossa* Lam. = Crassula perforata
– **plegmatoides** H. Friedrich · ♃ Z9 Ⓚ; Kap, Namibia
– *portulacea* Lam. = Crassula ovata
– *pseudolycopodioides* Dinter et Schinz = Crassula muscosa
– **pyramidalis** Thunb. · ⊙ ψ Z9 Ⓚ; Kap
– *quadrifida* Baker = Crassula multicava
– *recurva* (Hook. f.) Ostenf. = Crassula helmsii

– **recurva** N.E. Br. · ♃ ≈ Z9 ⌂; S-Afr.: Natal
– *rosularis* Haw. = Crassula orbicularis
– **rupestris** Thunb.
  – subsp. **marnieriana** (Huber et H. Jacobsen) Toelken · ♃ Ψ Z9 ⌂; S-Afr. (Cape Prov.)
  – subsp. **rupestris** · ♃ Ψ Z9 ⌂ IV-V; Kap
– **schmidtii** Regel · ♃ Ψ Z9 ⌂ IV-VIII; Namibia, S-Afr.
– *sedifolia* N.E. Br. = Crassula exilis subsp. sedifolia
– *sedoides* Mill. = Crassula orbicularis
– **setulosa** Harv.
  – var. **curta** (N.E. Br.) Schönl. · ♃ Ψ △ Z8 ⌂ ∧; S-Afr.: Kap, Natal; Lesotho
  – var. **setulosa** · ♃ Ψ Z9 ⌂; S-Afr.: Kap, Natal; Lesotho
– **socialis** Schönl. · ♃ Ψ Z9 ⌂; SE-Kap
– **spathulata** Thunb. · ♃ Ψ Z9 ⌂ IV-V; S-Afr.: SE-Kap, Natal
– **tecta** Thunb. · ♃ Ψ Z9 ⌂; W-Kap
– *teres* Marloth = Crassula barklyi
– **tetragona** L. · ħ Ψ Z9 ⌂; E-Kap
– *thyrsiflora* Thunb. = Crassula capitella subsp. thyrsiflora
– **tillaea** Lest.-Garl. · D:Moos-Dickblatt · ⊙ Ψ ~ Z9 V-IX; Eur.: Ib, Fr, Ap, Ba, BrI, C-Eur.; TR, NW-Afr., Libya
– *torquata* Baker = Crassula cultrata
– *trachysantha* (Eckl. et Zeyh.) Harv. = Crassula mesembryanthoides
– *turrita* Thunb. = Crassula capitella subsp. thyrsiflora
– *yunnanensis* Franch. = Sinocrassula yunnanensis

+ **Crataegomespilus** Simon-Louis et Bellair -f- *Rosaceae* · D:Bronvauxmispel; E:Bronvaux Medlar; F:Néflier de Bronvaux
– *bronveuxii* hort. = + Crataegomespilus dardarii
– **dardarii** Simon-Louis (*Crataegus monogyna* × *Mespilus germanica*) · ħ d Z6 V; cult.
– **potsdamensis** Bergann (*Crataegus* × *media 'Paul's Scarlet'* × *Mespilus germanica*) · ħ d Z6 V; cult.

Crataegus L. -f- *Rosaceae* · 264 sp · D:Weißdorn; E:Hawthorn; F:Aubépine, Epine
– **altaica** (Loudon) Lange · D:Altai-Weißdorn · Ħ d Z4 V; W-Sib.: Altai, C-As., Afgh.
– **aprica** Beadle · Ħ ħ d Z5; USA: Va., SE
– **arkansana** Sarg. · Ħ d Z5; USA: NE
– **arnoldiana** Sarg. · Ħ d Z5 V; USA: NE
– **azarolus** L.
  – var. **azarolus** · D:Azaroldorn, Welsche Mispel; E:Azarole, Mediterranean Medlar · Ħ d Z6 VII ⚕ Ⓝ; Eur.: Crete, nat. in Sp., F, I, Sic.
  – var. **sinaica** (Boiss.) Lange Z6; Sinai
– **calpodendron** (Ehrh.) Medik. · D:Filziger Weißdorn; E:Pear Thorn · ħ Ħ d Z5 VI; Can.: Ont.; USA: NE, NCE, SE, SC, Kans.
– × *carrierei* Vauvel ex Carrière = Crataegus × lavallei 'Carrierei'
– × **celsiana** (Dum.-Cours.) Bosc (*C. crus-galli* × *C. pentagyna*) · ħ Ħ d; cult.
– × *celsiana* Dippel = Crataegus × dippeliana
– **chlorosarca** Maxim. · Ħ d V; Jap., Sachal.
– **chrysocarpa** Ashe
  – var. **chrysocarpa** · D:Rundblättriger Weißdorn; E:Bicknell's Thorn · ħ Ħ d Z4 V; Can.: E, Sask.; USA: NE, NCE, NC, Rocky Mts., N.Mex.
  – var. **phoenicea** Palmer · Ħ d Z5; E-Can.; USA: NE, NEC
– *coccinea* auct. non L. = Crataegus intricata
– *coccinea* L. = Crataegus pedicellata
– **coccinioides** Ashe · ħ Ħ d ⚘ Z5 V; USA: Ill., Mo., Kans., Okla., Okla.
– **collina** Chapm. · Ħ d Z4 V; USA: Ne, NCE, Kans., Okla., SE
– **crus-galli** L. · D:Hahnensporn-Weißdorn; E:Cockspur Thorn; F:Aubépine ergot de coq · ħ Ħ d Z5 V-VI; Can.: E; USA: NE, NCE, SC, SE, Fla., nat. in CZ
– *curvisepala* Lindm. = Crataegus rhipidophylla var. rhipidophylla
– **dahurica** Koehne ex C.K. Schneid. · Ħ d Z5 IV-V; E-Sib.
– × **dippeliana** Lange (*C. punctata* × *C. tanacetifolia*) · ħ Ħ d Z5 VI; cult.
– **douglasii** Lindl. · D:Oregon-Weißdorn; E:Black Hawthorn · ħ Ħ d Z5 V; Alaska, Can., USA: NW, Calif., Rocky Mts., NC, NCE
– **dsungarica** Zabel ex Lange · Ħ d Z5 V; E-Sib., N-China
– × **durobrivensis** Sarg. (*C. pruinosa* × *C.* × *subsphaerica*) · Ħ d Z5 V; USA: N.Y.
– **ellwangeriana** Sarg. · Ħ d Z5; E-USA
– **flava** Aiton · D:Gelbfrüchtiger Weißdorn; E:Summer Haw, Yellow Haw · ħ Ħ d Z5 VI; USA: NE, SE, Fla.
– **fontanesiana** (Spach) Steud. · Ħ d Z6;

USA: Pa.
– × **grignonensis** Mouill. (*C. crus-galli* × *C. pubescens*) · ♄ d Z5 V-VI; cult.
– **holmesiana** Ashe · ♄ ♄ d Z5 V; Can.: E; USA: NE, NCE
– **intricata** Lange · D:Verworrener Weißdorn; E:Thicket Hawthorn · ♄ d Z5 V; USA: NE, NCE, SE, Okla., nat. in RO
– **laciniata** Ucria · D:Orientalischer Weißdorn; E:Oriental Thorn · ♄ ♄ d ♧ VI; Eur.: Ib, Ba, E-Eur.; Maroc., Alger., nat. in F
– **laevigata** (Poir.) DC. · D:Zweigriffliger Weißdorn; E:English Hawthorn, May; F:Aubépine à deux styles · ♄ ♄ d Z5 V ⚕ Ⓝ; Eur.*
– × **lavallei** Hérincq ex Lavallée (*C. crus-galli* × *C. pubescens fo. stipulacea*) · D:Lederblättriger Weißdorn; E:Lavell Hawthorn · ♄ ♄ d ♧ Z5 VI; cult.
– **'Carrierei'**
– *macrantha* Lodd. = Crataegus succulenta var. macracantha
– × **macrocarpa** Hegetschw. (*C. laevigata* × *C. rhipidophylla*) · D:Großfrüchtiger Weißdorn · ♄ d V-VI; Eur.: Fr, I, C-Eur., Sc, PL, RO
– **maximowiczii** C.K. Schneid. · ♄ ♄ d Z5; E-Sib., Amur, Sachal., Korea
– × **media** Bechst. (*C. laevigata* × *C. monogyna*) · D:Bastard-Weißdorn, Mittlerer Weißdorn · ♄ d V-VI; NW-Eur., C-Eur.
– **mollis** (Torr. et A. Gray) Scheele · D:Weichhaariger Weißdorn; E:Red Haw · ♄ d ♧ Z5 VI; Can.: Ont.; USA: NC, NCE, SE, Okla.
– **monogyna** Jacq.
– **'Bicolor'**
– **'Biflora'** · E:Glastonbury Thorn
– **'Semperflorens'**
– subsp. **monogyna** · D:Eingriffliger Weißdorn; E:English Hawthorn, May; F:Aubépine monogyne · ♄ ♄ d Z5 V-VI ⚕ Ⓝ; Eur.*, TR, Levante, N-Iraq, Cauc., N-Iran, NW-Afr.
– var. *bruantii* hort. = Crataegus monogyna 'Semperflorens'
– var. *guimperi* Voss = Crataegus monogyna 'Bicolor'
– var. *praecox* Bean = Crataegus monogyna 'Biflora'
– × **mordenensis** Boom (*C. laevigata* × *C. succulenta*) · ♄ ♄ d ♧ Z5 V; cult.
– **nigra** Waldst. et Kit. · D:Schwarzfrüchtiger Weißdorn; E:Hungarian Thorn · ♄ ♄ d Z5 V ⚕; Eur.: Slova., H, Croatia, Bosn., AL, ? RO
– × **nitida** (Engelm.) Sarg. (*C. crus-galli* × *C. viridis*) · ♄ d ♧ Z5 V; USA: NCE, Ark.
– **oliveriana** (Dum.-Cours.) Bosc · ♄ d Z6; W-As., SE-Eur.
– *orientalis* Pall. ex M. Bieb. = Crataegus laciniata
– *oxyacantha* auct. non L. = Crataegus laevigata
– **pedicellata** Sarg. · D:Scharlach-Weißdorn; E:Scarlet Hawthorn · ♄ ♄ d ♧ Z5 V; Can.: E; USA: NE, NCE
– **pentagyna** Waldst. et Kit. ex Willd. · D:Fünfgriffeliger Weißdorn · ♄ ♄ d Z5 V ⚕; Eur.: EC-Eur., Ba, E-Eur.; TR, Cauc., N-Iran
– × **persimilis** Sarg. (*C. crus-galli* × *C. succulenta var. macracantha*) · D:Pflaumenblättirger Weißdorn · ♄ d Z5; USA (N.Y.)
– **'MacLeod'** · ; cult.
– *'Prunifolia'* = Crataegus × persimilis 'MacLeod'
– var. *hortorum* auct. = Crataegus × persimilis 'MacLeod'
– **persistens** Sarg. (*C. crus-galli* × ?) · ♄ ♄ d Z5; cult.
– **phaenopyrum** (L. f.) Medik. · D:Washington-Weißdorn; E:Washington Thorn · ♄ ♄ d Z5 V-VI; USA: NE, NCE, SE, Fla.
– **pinnatifida** Bunge
– var. **major** N.E. Br. · ♄ d Z6 Ⓝ; N-China
– var. **pilosa** N.E. Br. · ♄ d Z6; C-As., Korea
– var. **pinnatifida** · D:Fiederblatt-Weißdorn; E:Chinese Haw · ♄ d ♧ Z6 V Ⓝ; Amur, Manch., Korea
– *populifolia* Walter = Crataegus phaenopyrum
– **pruinosa** (H.L. Wendl.) K. Koch · D:Bereifter Weißdorn; E:Frosted Hawthorn · ♄ ♄ d ♧ Z5 V; Can.: E; USA: NE, NCE, SE, Okla.
– *prunifolia* (Marshall) Baumg. = Aronia × prunifolia
– × *prunifolia* Pers. = Crataegus × persimilis 'MacLeod'
– **pubescens** (Humb., Bonpl. et Kunth) Steud. · ♄ d Z7; Mex.
– fo. **stipulacea** (Loudon) Stapf · ♄ ♄ d Z7 V-VI; Mex.
– **punctata** Jacq. · D:Punktierter Weißdorn;

E:Dotted Haw · ƀ ƀ d ⚘ Z5 VI; Can.: E; USA: NE, NCE, SE, Okla.
- **rhipidophylla** Gand.
  - var. **lindmannii** (Hrabětová) K.I. Chr. · D:Langkelch-Weißdorn, Lindmans Weißdorn · ƀ d V; Eur.: Fr, C-Eur., Sc, EC-Eur., E-Eur., RO
  - var. **rhipidophylla** · D:Großkelchiger Weißdorn, Krummkelch-Weißdorn · ƀ d V; Eur., TR, Cauc.
- **rivularis** Nutt. ex Torr. et A. Gray · D:Bach-Weißdorn; E:River Hawthorn · ƀ ƀ d Z5 VI; USA: Rocky Mts., SW
- *rotundifolia* Lam. = Amelanchier ovalis
- *rotundifolia* Moench = Crataegus chrysocarpa var. chrysocarpa
- **sanguinea** Pall. · D:Blut-Weißdorn · ƀ ƀ d Z4 V; Eur.: Russ.; W-Sib., E-Sib., C-As, Mong., nat. in A, ? F
- **schraderiana** Ledeb. · ƀ d; GR, Krim
- **submollis** Sarg. · D:Quebec-Weißdorn; E:Quebec Hawthorn · ƀ d Z5 VI; Can.: E; USA: NE
- × **subsphaerica** Gand. (*C. monogyna* × *C. rhipidophylla*) · D:Verschiedenzähniger Weißdorn · ƀ d; F, D +
- **succulenta** (Link) Schrad.
  - var. **macracantha** (Lodd.) Eggl. Z4 V-VI; SE-Can., USA. NE, NCE
  - var. **succulenta** · D:Saft-Weißdorn; E:Fleshy Hawthorn · ƀ d ⚘ Z5 V; Can.: E; USA: NE, NCE, NC, Rocky Mts., SE, SW
- **tanacetifolia** (Lam.) Pers. · D:Rainfarn-Weißdorn; E:Tansy Leaved Thorn · ƀ ƀ d Z6; TR
- *tanacetifolia* auct. non (Lam.) Pers. = Crataegus laciniata
- *tomentosa* Du Roi = Crataegus calpodendron
- *trilobata* (Labill.) Labill. = Malus trilobata
- **uniflora** Münchh. · D:Einblütiger Weißdorn · ƀ d Z5 V-VI; USA: NE, NCE, SC, SE, Fla.
- **viridis** L. · D:Grüner Weißdorn; E:Green Hawthorn · ƀ d Z5 V-VI; USA: NE, NCE, Kans., SC, SE, Fla.
- **wattiana** Hemsl. et Lace · ƀ d ⚘ Z5 V-VIII; C-As., Pakist.
- **wilsonii** Sarg. · ƀ ƀ d ⚘ Z6 V; C-China.

× **Crataemespilus** Camus -f- *Rosaceae* · D:Weißdornmispel; E:Haw Medlar
- **gillotii** Beck (*Crataegus monogyna* × *Mespilus germanica*) · D:Gelappte Weißdornmispel · ƀ d Z6 V-VI; cult.
- **grandiflora** (Sm.) E.G. Camus (*Crataegus laevigata* × *Mespilus germanica*) · D:Großblütige Weißdornmispel · ƀ d Z6 V-VI; cult.

Crateva L. -f- *Capparaceae* · 6-9 sp
- **adansonii** DC. · ƀ d Z10 (W); trop. Afr., Ind., Sri Lanka, Myanmar, Malay. Arch.
- *religiosa* auct. non G. Forst. = Crateva adansonii
- **religiosa** G. Forst. · D:Tempelbaum; E:Temple Plant · ƀ ƀ d Z10 (W) (N); trop. Afr., Madag., Ind., China, Malay. Pen., Austr.: Queensl.; Polyn.

× **Cremneria** Moran -f- *Crassulaceae*
- **mutabilis** (Deleuil ex E. Morren) Moran (*Cremnophila linguifolia* × *Echeveria carnicolor*) · ♆ Z9 (K); cult.

Cremnophila Rose -f- *Crassulaceae* · 2 sp
- **linguifolia** (Lem.) Moran · ♃ ♆ Z9 (K) III-V; Mex.
- **nutans** (Rose) Rose · ♃ ♆ Z9 (K) III; Mex.

Crepis L. -f- *Asteraceae (Compositae)* · c. 200 sp · D:Pippau; E:Hawk's Beard; F:Crépide, Crépis
- **alpestris** (Jacq.) Tausch · D:Alpen-Pippau · ♃ VI-VIII; Eur.: F, I, C-Eur., Slova., Ba, RO; mts.
- **aurea** (L.) Cass. · D:Gold-Pippau · ♃ △ Z6 VI-VII; Eur.: F, I, C-Eur., Ba; mts.
- *barbata* L. = Tolpis barbata
- **biennis** L. · D:Wiesen-Pippau; E:Rough Hawk's Beard · ⊙ Z6 V-VIII; Eur.*
- **bocconii** P.D. Sell · D:Berg-Pippau · ♃ VI-VIII; Eur.: F, J, C-Eur., Slove.; Alp.
- **capillaris** (L.) Wallr. · D:Kleinköpfiger Pippau; E:Smooth Hawk's Beard · ⊙ Z6 VI-X; Eur.*
- **conyzifolia** (Gouan) A. Kern. · D:Großköpfiger Pippau · ♃ Z6 VII-IX; Eur.: Ib, Fr, C-Eur., EC-Eur., Ba, RO, W-Russ.; mts.; TR, Cauc.
- **foetida** L.
  - subsp. **foetida** · D:Stinkender Pippau · ⊙ VI-VIII; Eur.* exc. Sc; TR, Syr., Cyprus, Cauc., Iran, C-As., Him.
  - subsp. **rhoeadifolia** (M. Bieb.) Čelak. · D:Mohn-Pippau · ⊙ VI-IX; Eur.: A, EC-Eur., Ba, E-Eur.; TR, Syr., Cauc., N-Iran
- **froelichiana** DC. · D:Froelichs Pippau · ♃ V; Eur.: N-I; Alp.

- **incana** Sibth. et Sm. · E:Pink Dandelion · ♃ △ Z8 VIII; S-GR
- **jacquinii** Tausch
  - subsp. **jacquinii** · D:Felsen-Pippau · ♃ △ Z5 VII-VIII; Eur.: I, C-Eur., EC-Eur., Ba, RO; E-Alp., Carp., Balkan
  - subsp. **kerneri** (Rech. f.) Merxm. · D:Kerners Pippau · ♃ Z5 VII-VIII; Eur.: SE-Alp., NW-Ba
- *kerneri* Rech. f. = Crepis jacquinii subsp. kerneri
- **mollis** (Jacq.) Asch. · D:Weichhaariger Pippau · ♃ VI-VIII; Eur.* exc. Sc, Ib
- *nemausensis* Gouan = Crepis sancta
- **nicaeensis** Balb. · D:Nizza-Pippau · ⊙ V-VI; Eur.: Ib, Fr, Ap, Ba; Cauc., nat. in BrI, Sc, D, EC-Eur., RO
- **paludosa** (L.) Moench · D:Sumpf-Pippau · ♃ Z6 VI-VIII; Eur.*, TR, Cauc., Sib.
- **pannonica** (Jacq.) K. Koch · D:Pannonischer Pippau · ⊙ Z6 VI-VIII; Eur.: A, EC-Eur., Ba, E-Eur.; TR, Cauc., NW-Iran
- **praemorsa** (L.) Walther · D:Abgebissener Pippau · ♃ V-VI; Eur.* exc. BrI, Ib; Cauc., Sib.
- **pulchra** L. · D:Schöner Pippau · ⊙ V-VII; Eur.: Ib, F, I, D, EC-Eur., Ba, RO, Krim; Maroc., Alger.
- **pygmaea** L. · D:Zwerg-Pippau · ♃ △ Z6 VII-VIII; Eur.: Sp., F, I, CH; mts.
- **pyrenaica** (L.) Greuter · D:Pyrenäen-Pippau, Schabenkraut-Pippau · ♃ Z6 VI-VIII; Eur.: Sp., F, I, C-Eur., Slove.; mts.
- **rhaetica** Hegetschw. · D:Rätischer Pippau · ♃ VII-VIII; Eur.: F, I, CH, A; Alp.
- **rubra** L. · F:Crépide rouge · ⊙ Z6 VI-VII; Eur.: S-I, Ba; W-TR, nat. in F
- **sancta** (L.) Babc. · D:Belgischer Pippau · ♃ IV-V; Eur.: Ba, RO, Russ., nat. in Ib, F, Ap, CH
- **setosa** Haller f. · D:Borsten-Pippau; E:Bristly Hawk's Beard · ⊙ VI-IX; Eur.: Fr, C-Eur., Ap, EC-Eur., BA, RO, Krim; TR, Cauc.
- **tectorum** L. · D:Dach-Pippau; E:Narrow-leaf Hawk's Beard · ⊙ V-X; Eur.* exc. BrI; Cauc., Sib.
- **terglouensis** (Hacq.) A. Kern. · D:Triglav-Pippau · ♃ △ Z5 VII-VIII; Eur.: C-Eur., I; E-Alp.
- **vesicaria** L.
  - subsp. **taraxacifolia** (Thuill.) Thell. · D:Löwenzahn-Pippau · ⊙ V-VI; Eur.: Ib, BrI, I, CH, D, A, Slove., Croatia, Madeira; NW-Afr.
- *virens* L. = Crepis capillaris
- **zacintha** (L.) Babc. · ⊙; Eur.: Ib, F, D, Ap, Ba, Krim; TR, Syr., nat. in CH, A

Crescentia L. -f- *Bignoniaceae* · 6 sp · D:Kalebassenbaum; E:Calabash Tree; F:Calebassier
- **cujete** L. · D:Kalebassenbaum; E:Calabash Tree · ₺ Z10 ⓦ Ⓝ; S-Fla., Mex., W.Ind.

Crinitaria Cass. = Aster
- *linosyris* (L.) Less. = Aster linosyris

Crinodendron Molina -n- *Elaeocarpaceae* · 4 sp · D:Laternenbaum; E:Lantern Tree; F:Crinodendron
- *dependens* (Ruiz et Pav.) Kuntze = Crinodendron patagua
- **hookerianum** Gay · D:Laternenbaum; E:Lantern Tree; F:Arbre aux lanternes · ₺ e Ⓚ V; Chile
- *lanceolatum* Miq. = Crinodendron hookerianum
- **patagua** Molina · D:Maiglöckchenbaum; E:Lily-of-the-Valley Tree · ♄ ₺ e Ⓚ XI-II; Chile

× *Crinodonna* Stapf = × Amarcrinum

Crinum L. -n- *Amaryllidaceae* · 115 sp · D:Hakenlilie; E:Cape Lily; F:Crinum
- **abyssinicum** Hochst. ex A. Rich. · ♃ Z9 Ⓚ; Eth.
- **amabile** Donn · ♃ ⓦ III-X; Sumat.
  - var. *augustum* (Roxb.) Herb. = Crinum augustum
- *aquaticum* Burch. = Crinum campanulatum
- **asiaticum** L. · D:Asiatische Hakenlilie, Giftlilie; E:Asiatic Poison Bulb · ♃ Z8 ⓦ III-X ☠; Ind., Sri Lanka, trop. SE-As., Polyn.
- **augustum** Roxb. · ♃ Z9 ⓦ IV-VIII; Mauritius, Seych.
- **bulbispermum** (Burm. f.) Milne-Redh. et Schweick. · D:Orangefarbene Hakenlilie · ♃ Z8 Ⓚ ∧ VII-VIII; S-Afr.
- *caffrum* Herb. = Crinum campanulatum
- **campanulatum** Herb. · D:Wasser-Hakenlilie · ♃ Z9 Ⓚ VII-VIII; S-Afr.
- *capense* auct. non Herb. = Crinum bulbispermum
- **erubescens** Aiton · ♃ Z9 ⓦ VII-VIII; trop. S-Am.
- *giganteum* Andrews = Crinum jagus

– × **herbertii** Sweet (*C. bulbispermum* × *C. zeylanicum*) · ♃ Z10; cult.
– **jagus** (J. Thomson) Dandy · ♃ Ⓦ VI-VIII; W-Afr., C-Afr., Sudan, Angola
– *latifolium* L. = Crinum zeylanicum
– *longifolium* Thunb. = Crinum bulbispermum
– **macowanii** Baker · E:Pyjama Lily · ♃ Z9 Ⓚ X-XI; S-Afr.
– **moorei** Hook. f. · D:Busch-Hakenlilie · ♃ Z8 Ⓚ VII-VIII; S-Afr.: Natal
– **natans** Baker · ♃ ≈ Ⓦ; W-Afr., Cameroun, Ind.
– **pedunculatum** R. Br. · D:Strand-Hakenlilie, Sumpf-Hakenlilie · ♃ Ⓚ VII-VIII; Austr.: Queensl., N.S.Wales
– × **powellii** hort. (*C. bulbispermum* × *C. moorei*) · D:Hakenlilie, Kaplilie; E:Crinum · ♃ Z8 Ⓚ ∧ VII-IX; cult.
– **pratense** Herb. · ♃ Z10 Ⓚ VII-VIII; Ind.
– **purpurascens** Herb. · ♃ ~ Z10 Ⓦ I-XII; W.Sudan, Sudan, Cameroun, Angola
– *scabrum* Herb. = Crinum zeylanicum
– *schmidtii* Regel = Crinum moorei
– *speciosum* L. f. = Cyrtanthus purpureus
– **virgineum** Mart. · ♃ Ⓦ VI-VIII; S-Bras.
– **zeylanicum** (L.) L. · E:Milk and Wine Lily, Poison Bulb · ♃ Z10 Ⓦ IV-V; trop. Afr., trop. As.

Crithmum L. -n- *Apiaceae (Umbelliferae)* · 1 sp · D:Meerfenchel; E:Shampire; F:Perce-pierre
– **maritimum** L. · D:Meer-Fenchel; E:Rock Samphire, Sea Fennel · ♃ Ψ Z7 VI-VIII ⚕ Ⓝ; Eur.: Ib, Fr, Ap, Ba, Krim; TR, Cauc., N-Afr., Canar., Madeira

Crocosmia Planch. -f- *Iridaceae* · 9 sp · D:Montbretie; E:Montbretia; F:Montbretia
– **aurea** (Pappe ex Hook.) Planch. · ♃ Z8 Ⓚ IV-V; E-Afr., S-Afr. (Kap, Natal)
– × **crocosmiiflora** (Burb. et Dean) N.E. Br. (*C. aurea* × *C. pottsii*) · D:Garten-Montbretie; E:Montbretia · ♃ ✂ Z7 ∧ VII-IX; cult.
  – **in vielen Sorten**
– **masoniorum** (L. Bolus) N.E. Br. · D:Montbretie; E:Montbretia · ♃ ✂ Z8 ∧ VII-VIII; S-Afr. (Transkei)
  – **in Sorten**
– **paniculata** (Klatt) Goldblatt · ♃ Z8 Ⓚ VIII-IX; S-Afr.
– **pottsii** (Baker) N.E. Br. · ♃ Z8 ∧ VIII; S-Afr.
– **Cultivars**
  – **in vielen Sorten**

Crocus L. -m- *Iridaceae* · c. 80 sp · D:Krokus; E:Crocus; F:Crocus
– *albiflorus* Kit. = Crocus vernus subsp. albiflorus
– **ancyrensis** (Herb.) Maw · ♃ Z6 II-III ▽; TR
– **angustifolius** Weston · E:Cloth-of-Gold Crocus · ♃ Z4 III ▽; Cauc., Krim
– *asturicus* Herb. = Crocus serotinus subsp. salzmannii
– *aureus* Sibth. et Sm. = Crocus flavus
– *balansae* J. Gay ex Baker = Crocus olivieri subsp. balansae
– *banaticus* Heuff. non J. Gay = Crocus vernus subsp. vernus
– **banaticus** J. Gay · ♃ Z4 IX-X ▽; Eur.: Serb., RO, W-Russ
– **biflorus** Mill.
  – subsp. **biflorus** · E:Scotch Crocus · ♃ Z4 II-III ▽; Eur.: Ap, Ba, Russ.; TR, Cauc., N-Iraq, N-Iran
  – subsp. *parkinsonii* Sabine = Crocus biflorus subsp. biflorus
– *byzantinus* Herb. = Crocus banaticus
– **cambessedesii** J. Gay · ♃ Z8 Ⓐ XI-III ▽; Balear.
– **cancellatus** Herb. · ♃ Z5 IX-XI ▽; S-TR, Lebanon, N-Israel
– **candidus** Clark · ♃ Z7 ▽; NW-TR
  – var. *subflavus* hort. = Crocus olivieri subsp. olivieri
– **chrysanthus** (Herb.) Herb. · D:Kleiner Krokus · ♃ Z4 II-IV ▽; Eur.: Ba, RO; TR, nat. in CZ
  – **in vielen Sorten**
– *cilicicus* Maw = Crocus cancellatus
– *clusii* J. Gay = Crocus serotinus subsp. clusii
– **corsicus** Vanucchi ex Maw · ♃ Z7 IV ▽; Corse
– **dalmaticus** Vis. · ♃ Z7 II-III ▽; Eur.: Croatia, Montenegro, N-AL. mts.
– **etruscus** Parl. · ♃ Z6 III ▽; I (Toscana)
– **flavus** Weston · D:Gold-Krokus; E:Yellow Crocus · ♃ Z4 II-III ▽; Eur.: Ba, RO, Krim; TR
– **fleischeri** J. Gay · ♃ Z6 III ▽; TR
– **goulimyi** Turrill · ♃ Z7 ▽; S-GR (Areopolis)
– **hadriaticus** Herb. · ♃ Z8 Ⓚ ▽; GR
  – var. *chrysobelonicus* Herb. = Crocus hadriaticus

– var. *saundersianus* Herb. = Crocus hadriaticus
– *heuffelianus* Herb. = Crocus vernus Heuffelianus Grp.
– **hyemalis** Boiss. et Blanche · ♃ Z8 XI-XII ▽; Israel, Lebanon, Syr.
– **imperati** Ten. · ♃ Z7 II-III ▽; W-I
– *iridiflorus* Heuff. ex Rchb. = Crocus banaticus
– **korolkowii** Maw ex Regel · E:Celandine Crocus · ♃ Z6 III ▽; C-As., Afgh., N-Pakist.
– *kotschyanus* Boiss. = Crocus cancellatus
– **kotschyanus** K. Koch · ♃ Z5 IX-X ▽; S-TR, Lebanon, Syr.
– **laevigatus** Bory et Chaub. · ♃ Z7 X-II ▽; Eur.: GR, Crete
– **longiflorus** Raf. · ♃ Z5 X-XI ▽; Eur.: S-I, Sic., Malta
– × **luteus** Lam. (*C. angustifolius* × *C. flavus*) · ♃ Z4 III; cult.
  – **'Stellaris'**
– **medius** Balb. · ♃ Z6 X-XI ▽; Eur.: SE-F, NW-I
– **minimus** DC. · ♃ Z8 III ▽; Corse, Sard.
– *napolitanus* Mord. Laun. et Louis = Crocus vernus subsp. vernus
– *neapolitanus* Asch. ex Bergmans = Crocus vernus subsp. vernus
– **niveus** Bowles · ♃ Z6 X-XI ▽; S-GR
– **nudiflorus** Sm. · ♃ Z5 IX ▽; Eur.: Sp., SW-F, nat. in BrI
– **ochroleucus** Boiss. et Gaill. · ♃ Z5 ▽; Syr.
– *odorus* Biv. = Crocus longiflorus
– **olivieri** J. Gay
  – subsp. **balansae** (J. Gay ex Baker) B. Mathew · ♃ Z7 ▽; W-TR
  – subsp. **olivieri** · ♃ Z7 III ▽; Eur.: Ba, RO; TR
– **pulchellus** Herb. · ♃ Z6 IX-XI ▽; GR, TR
– **reticulatus** Steven ex Adams · ♃ Z8 II-III ▽; Eur.: NE-I, H, Ba, EC-Eur.; TR, Cauc.
– *salzmannii* J. Gay = Crocus serotinus subsp. salzmannii
– **sativus** L. · D:Echter Safran; E:Autumn Crocus, Saffron Crocus · ♃ Z6 XI ⚕ ☠ Ⓝ ▽; cult.
  – var. *cashmirianus* Royle = Crocus sativus
– *scepusiensis* (Rehmann et E. Woll.) Borbás = Crocus vernus Scepusiensis Grp.
– **serotinus** Salisb.
  – subsp. **clusii** (J. Gay) B. Mathew · ♃ Z6 X ▽; P, W-Sp.
  – subsp. **salzmannii** (J. Gay) B. Mathew · ♃ Z6 IX-X ▽; Eur.: Sp.; N-Afr.
  – subsp. **serotinus** · ♃ Z6 ▽; P
– **sieberi** J. Gay
  – subsp. **atticus** (Boiss. et Orph.) B. Mathew Z7 ▽; GR
  – subsp. **sieberi** · D:Siebers Krokus · ♃ Z7 III ▽; Crete
  – subsp. **sublimis** (Herb.) B. Mathew Z7 ▽; S-Ba
– **speciosus** M. Bieb. · ♃ Z4 IX-X ▽; TR, Iran, Krim
– × *stellaris* Haw. = Crocus × luteus 'Stellaris'
– *susianus* Ker-Gawl. = Crocus angustifolius
– *suterianus* Herb. = Crocus olivieri subsp. olivieri
– **tommasinianus** Herb. · D:Dalmatiner Krokus · ♃ Z5 II-III ▽; Eur.: H, Croatia, Bosn., YU, BG, nat. in BrI, NL
– **vernus** (L.) Hill
  – **in vielen Sorten**
  – **Heuffelianus Grp.** · ♃ II-IV ▽
  – **Scepusiensis Grp.** · ▽
  – subsp. **albiflorus** (Kit.) Asch. et Graebn. · D:Weißer Krokus · ♃ Z4 II-IV ▽; Eur.: Sp., F, Ap, C-Eur., CZ, W-Ba; mts.
  – subsp. **vernus** · D:Frühlings-Krokus, Holländischer Krokus; E:Dutch Crocus · ♃ Z4 III-V ☠ ▽; Eur.* exc. BrI, Sc, nat. in BrI
– **versicolor** Ker-Gawl. · ♃ Z5 III-IV ▽; Eur.: SE-F, NW-I
– **vitellinus** Wahlenb. · ♃ Z8 I-II ▽; Lebanon, W-Syr.
– *zonatus* J. Gay = Crocus kotschyanus

Crossandra Salisb. -f- *Acanthaceae* · c. 50 sp
– **flava** Hook. · ♃ Z10 Ⓦ XII-VI; W-Afr.
– **infundibuliformis** (L.) Nees · E:Firecracker Flower · ♄ e Z10 Ⓦ V-VIII; Pakist., Ind., Sri Lanka, SE-As.
– **nilotica** Oliv. · ♄ e Z10 Ⓦ V-VIII; Kenya, Mozamb.
– **pungens** Lindau · ♃ e Z10 Ⓦ; E-Afr.
– **subacaulis** C.B. Clarke · ♃ Z10 Ⓦ VII-VIII; E-Afr.
– *undulifolia* Salisb. = Crossandra infundibuliformis

Crotalaria L. -f- *Fabaceae (Leguminosae)* · c. 600 sp · D:Klapperhülse; E:Rattlebox; F:Crotalaria
– **agatiflora** Schweinf. · D:Vogelblume · ♄ ♄ Z9 Ⓦ; E-Afr., NE-Afr.

– *anagyroides* Humb., Bonpl. et Kunth = Crotalaria micans
– **capensis** Jacq. · D:Kap-Goldregen · ♄ ♄ e Z9 Ⓚ; S-Afr., Mozamb.
– **intermedia** Kotschy · ♄ Z9 Ⓦ Ⓝ; trop. Afr., nat. in N-Am.
– **juncea** L. · E:Sunhemp · ⊙ Z9 Ⓚ VIII-IX Ⓝ; cult.
– **micans** Link · ⊙ Z9 Ⓚ Ⓝ; trop. S-Am.
– **mucronata** Desv. · ♃ Z9 Ⓦ Ⓝ; Trop., Subtrop., Old World
– **retusa** L. · E:Devil Bean, Rattlebox · ⊙ Z9 Ⓚ VIII-IX Ⓝ; trop. Afr., S-As., nat. in trop. Am.
– **zanzibarica** Benth. · E:Curara Pea · ♄ Z9 Ⓦ Ⓝ; E-Afr.

Croton L. -m- *Euphorbiaceae* · c. 750 sp · D:Kroton; E:Croton; F:Croton
– **cascarilla** Benn. · E:Wild Rosemary · ♄ Ⓦ Ⓝ; Bahamas
– **eluteria** Benn. · D:Kaskarillabaum; E:Cascarilla · ♄ Ⓦ Ⓝ; W.Ind.
– *pictum* Lodd. = Codiaeum variegatum var. pictum
– **tiglium** L. · D:Krotonölbaum; E:Purging Croton · ♄ e Ⓦ ⚕ ☠ Ⓝ; Ind., Sri Lanka, S-China, Phil., Molucca I.
– *variegatus* L. = Codiaeum variegatum var. variegatum

Crowea Sm. -f- *Rutaceae* · 3 sp
– **angustifolia** Turcz. · ♄ e Ⓚ III; W-Austr.
– **exalata** F. Muell. · ♄ e Ⓚ; Austr.
– **saligna** Andrews · D:Rote Wachsblume · ♄ e Ⓚ VII; Austr.: N.S.Wales

Crucianella L. -f- *Rubiaceae* · c. 30 sp · D:Kreuzblatt; E:Crosswort; F:Crucianelle
– **angustifolia** L. · ⊙ Z8; Eur.: Ib, F, Ap, Ba, E-Eur.; TR, SW-As., NW-Afr.
– *stylosa* Trin. = Phuopsis stylosa

Cruciata Mill. -f- *Rubiaceae* · 10-20 sp · D:Kreuzlabkraut; F:Croisette, Gaillet croisette
– **glabra** (L.) Ehrend. · D:Kahles Kreuzlabkraut · ♃ IV-VI; Eur.* exc. BrI, Sc; W-As., Him., N-Afr.
– **laevipes** Opiz · D:Gewöhnliches Kreuzlabkraut · ♃ IV-VI; Eur.*, TR, Cauc., Iran, W-Him., nat. in N-Am.
– **pedemontana** (Bellardi) Ehrend. · D:Piemonteser Kreuzlabkraut · ⊙ IV-V; Eur.* exc. BrI, Sc; TR, Lebanon, Cauc., Iran, Afgh., Pakist., Maroc.

Crupina (Pers.) DC. -f- *Asteraceae (Compositae)* · 3 sp · D:Schlupfsame; F:Crupina
– **vulgaris** Cass. · D:Gewöhnlicher Schlupfsame; E:Common Crupina · ⊙ Z8 V-VII; Eur.: Ib, Fr, Ap, Ba, CH, EC-Eur., E-Eur.; TR, Cauc., NW-Iran, Maroc.

Cryophytum N.E. Br. = Mesembryanthemum
– *crystallinum* (L.) N.E. Br. = Mesembryanthemum crystallinum

Cryosophila Blume -f- *Arecaceae (Palmae)* · 8 sp · D:Stechwurzelpalme; F:Palmier à racines épineuses
– **nana** (Humb., Bonpl. et Kunth) Blume · ♄ e Ⓦ; Mex.
– **warscewiczii** (H. Wendl.) Bartlett · ♄ ♄ e Ⓦ; Nicar., Costa Rica, Panama

Crypsis Aiton -f- *Poaceae (Gramineae)* · 8-10 sp · D:Dorngras; F:Crypsis piquant
– **aculeata** (L.) Aiton · D:Starres Dorngras · ⊙ ~ VII-IX; Eur.: Fr, Ap, A, EC-Eur., Ba, E-Eur.; Cyprus, Palaest., Iraq, Cauc., Iran, W-Sib., C-As., Mong., China, N-Afr.
– **alopecuroides** (Piller et Mitterp.) Schrad. · D:Fuchsschwanz-Sumpfgras · ⊙ ~ VI-IX; Eur.: P, F, Ap, A, EC-Eur., Ba, E-Eur.; TR, Cyprus, Syr., Iraq, Cauc., Iran, W-Sib., C-As., N-Afr.
– **schoenoides** (L.) Lam. · D:Knopfbinsen-Sumpfgras · ⊙ ~ VII-IX; Eur.: Ib, F, Ap, A, EC-Eur., Ba, E-Eur.; TR, Cauc., Iran, Afgh., Pakist., NW-Ind., W-Sib., C-As., Tibet, Mong., China: Sinkiang; N-Afr., trop. Afr., Madag., nat. in N-Am.

Cryptanthus Otto et A. Dietr. -m- *Bromeliaceae* · 21 sp · D:Erdstern, Versteckblume; E:Earth Star; F:Cryptanthus
– **acaulis** (Lindl.) Beer
  – var. **acaulis** · D:Grüner Erdstern; E:Green Earthstar, Starfish Plant · ♃ Z9 Ⓦ; Bras.
  – var. *bromelioides* (Otto et A. Dietr.) Mez = Cryptanthus bromelioides
– **bahianus** L.B. Sm. · ♃ Z9 Ⓦ; Bras.
– **beuckeri** E. Morren · ♃ Z9 Ⓦ; Bras.
– **bivittatus** (Hook.) Regel · D:Erdstern; E:Earth Star · ♃ Z9 Ⓦ; E-Bras.
– **bromelioides** Otto et A. Dietr. · ♃ Z9 Ⓦ; Bras.

– **fosterianus** L.B. Sm. · ♃ Z9 ⓦ; NW-Bras.
– **lacerdae** Antoine · ♃ Z9 ⓦ; ? E-Bras.
– **praetextus** E. Morren ex Baker · ♃ Z9 ⓦ; Bras.
– **sinuosus** L.B. Sm. · ♃ Z9 ⓦ; Bras.
– *undulatus* Otto et A. Dietr. = Cryptanthus acaulis var. acaulis
– **zonatus** (Vis.) Beer · D:Zebra-Erdstern; E:Zebra Plant · ♃ Z9 ⓦ; Bras.

Cryptocarya R. Br. -f- *Lauraceae* · c. 200 sp
– **moschata** Nees et Mart. · D:Amerikanische Muskatnuss · ♄ Z10 ⓦ Ⓝ; Bras.

Cryptochilus Wall. -m- *Orchidaceae* · 2-6 sp
– **luteus** Lindl. · ♃ Z10 ⓦ V-VI ▽ ✻; Ind.: Sikkim
– **sanguineus** Wall. · ♃ Z10 ⓦ V-VI ▽ ✻; Nepal, Sikkim

Cryptocoryne Fisch. ex Wydler -f- *Araceae* · c. 50 sp · D:Wassertrompete; E:Water Trumpet; F:Trompette d'eau
– **affinis** N.E. Br. ex Hook. f. · ♃ ≈ Z10 ⓦ; Malay. Pen.
– **albida** R. Parker · ♃ ≈ Z10 ⓦ; Myanmar
– **balansae** Gagnep. · ♃ ≈ Z10 ⓦ; N-Vietn., Thail.
– **beckettii** Thwaites ex Trimen · ♃ ≈ Z10 ⓦ; Sri Lanka
– *blassii* de Wit = Cryptocoryne cordata
– **ciliata** (Roxb.) Fisch. ex Schott · ♃ ≈ Z10 ⓦ; Pakist., Ind., Thail., Malay. Arch., N.Guinea
– **cordata** Griff. · E:Swamp Coleus · ♃ ≈ Z10 ⓦ; Thail.
– **grabowskii** Engl. · ♃ ≈ Z10 ⓦ; Thail., Malay. Pen.
– *grandis* Ridl. = Cryptocoryne grabowskii
– **griffithii** Schott · ♃ ≈ Z10 ⓦ; Malay. Pen., Sumat.
– *haerteliana* Jacobsen ex Milk. = Cryptocoryne affinis
– **lucens** de Wit · ♃ ~ ≈ Z10 ⓦ; ? Sri Lanka
– *lutea* Alston = Cryptocoryne walkeri
– *nevillii* hort. = Cryptocoryne parva
– **nevillii** Trimen ex Hook. f. · ♃ ~ Z10 ⓦ; Sri Lanka
– **parva** de Wit · ♃ ~ ≈ Z10 ⓦ; Sri Lanka
– **purpurea** Ridl. · ♃ ~ ≈ Z10 ⓦ; Malay. Pen.
– **retrospiralis** (Roxb.) Fisch. ex Wydler · ♃ ~ ≈ Z10 ⓦ; Ind., Mynamar
– *siamensis* Gagnep. = Cryptocoryne cordata
– *somphongsii* hort. = Cryptocoryne balansae
– **thwaitesii** Schott · ♃ ≈ Z10 ⓦ; Sri Lanka
– **tortilis** de Wit · ♃ ≈ Z10 ⓦ; Kalimantan
– **undulata** A. Wendt · ♃ ~ ≈ Z10 ⓦ; Sri Lanka
– **versteegii** Engl. · ♃ ~ Z10 ⓦ; N.Guinea
– **walkeri** Schott · ♃ ≈ Z10 ⓦ; Sri Lanka
– **wendtii** de Wit · ♃ ~ ≈ Z10 ⓦ; Sri Lanka
– *willisii* Engl. ex Baum = Cryptocoryne walkeri
– × **willisii** Reitz (*C. beckettii* × *C. parva* × *C. walkeri*) · ♃ ≈ Z10 ⓦ; Sri Lanka
– **zonata** de Wit · ♃ ~ ≈ Z10 ⓦ; N-Kalimantan

Cryptogramma R. Br. -f- *Adiantaceae* · 2 sp · D:Rollfarn; E:Parsley Fern; F:Alosure crépue
– **acrostichoides** R. Br. ex Hook. · D:Amerikanischer Rollfarn; E:American Rockbrake · ♃ Z4; Alaska, Can.; USA: NW, Rocky Mts., Calif., SW, Mich.; Mex. (Baja Calif.), Kamchat.
– **crispa** (L.) R. Br. ex Hook. · D:Krauser Rollfarn; E:European Parsley Fern · ♃ △ Z6 VIII-IX ▽; Eur.*, TR, Cauc., W-Sib.
  – var. *acrostichioides* (R. Br. ex Hook.) C.B. Clarke = Cryptogramma acrostichoides
– **stelleri** (S.G. Gmel.) Prantl · D:Zierlicher Rollfarn; E:Fragile Rockbrake · ♃ △ Z3; Alaska, Can., USA: NE, NCE, Rocky Mts., NW; Sib., Him., Jap.

Cryptomeria D. Don -f- *Taxodiaceae* · 1 sp · D:Sicheltanne; E:Japanese Cedar; F:Cèdre du Japon
– *fortunei* Hooibr. = Cryptomeria japonica var. sinensis
– **japonica**
  – **in Sorten**
  – var. **japonica** · D:Japanische Sicheltanne; E:Japanese Cedar; F:Cryptoméria du Japon · ♄ e Z6 Ⓝ; Jap.
  – var. **sinensis** Siebold ex Siebold et Zucc. · D:Chinesische Sicheltanne · Z6; S-China
– *kawaii* Hayata = Cryptomeria japonica var. sinensis

Cryptophoranthus Barb.Rodr. -m- *Orchidaceae* · 3-4 sp
– **atropurpureus** (Lindl.) Rolfe · ♃ Z10 Ⓦ X ▽ ✻; Jamaica, Cuba
– **maculatus** Rolfe · ♃ Z10 Ⓦ VI-VII ▽ ✻; Bras.

Cryptophragmium Nees = Gymnostachyum
– *ceylanicum* (Arn. et Nees) Kuntze = Gymnostachyum ceylanicum
– *sanguinolentum* (Vahl) Nees = Gymnostachyum sanguinolentum
– *venustum* (Wall.) Nees = Gymnostachyum venustum

Cryptostegia R. Br. -f- *Asclepiadaceae* · 2 sp
– **grandiflora** (Roxb.) R. Br. · E:Rubber Vine · ♃ e ≷ Ⓦ VII; trop. Afr., Mascarene Is., cult. Ind.

Cryptotaenia DC. -f- *Apiaceae (Umbelliferae)* · 4 sp
– **canadensis** (L.) DC. · E:Honewort · ♃; N-Am., Jap., nat. in A.

Ctenanthe Eichler -f- *Marantaceae* · c. 20 sp · D:Kammmaranthe; F:Ctenanthe
– **amabilis** (E. Morren) H.A. Kenn. et Nicolson · ♃ Z10 Ⓦ; Bras.
– **compressa** (A. Dietr.) Eichler
  – var. **compressa** · ♃ Z10 Ⓦ; SE-Bras.
  – var. **luschnathiana** (Regel et Körn.) K. Schum. · ♃ Z10 Ⓦ; Bras.
– **kummerana** (E. Morren) Eichler · ♃ Z10 Ⓦ; Bras.
– **lubbersiana** (E. Morren) Eichler ex Petersen · D:Bamburanta · ♃ Z10 Ⓦ; Bras.
– **oppenheimiana** (E. Morren) K. Schum. · E:Never Never Plant · ♃ Z10 Ⓦ; Bras.
– **setosa** (Roscoe) Eichler · ♃ Z10 Ⓦ; Bras.

Cucubalus L. -m- *Caryophyllaceae* · 1 sp · D:Taubenkropf; E:Berry Catchfly; F:Cucubale
– **baccifer** L. · D:Taubenkropf; E:Berry Catchfly · ♃ Z7 VII-IX; Eur.* exc. Sc; TR, Levante, Cauc., Iran, W-Sib., Amur, C-As., Him., China, Jap.

Cucumeropsis Naudin -f- *Cucurbitaceae* · 1 sp
– **mannii** Naudin Z10 Ⓦ Ⓝ; W-Afr., C-Afr.

Cucumis L. -m- *Cucurbitaceae* · 32 sp · D:Gurke, Melone; E:Cucumber, Melon; F:Concombre, Melon
– **anguria** L. · D:Anguria-Gurke; E:West Indian Gherkin · ⊙ ≷ ⇝ ⊗ Z10 Ⓚ Ⓝ; trop. Afr., nat. in trop. Am., Austr.: Queensl.
– *citrullus* L. = Citrullus lanatus var. lanatus
– *colocynthis* L. = Citrullus colocynthis
– **dipsaceus** Ehrenb. ex Spach · D:Igel-Gurke; E:Hedgehog Gourd · ⊙ ⇝ ⊗ Z10 Ⓚ; Arab.
– **melo** L. · D:Melone; E:Melon
  – **Cantalupensis Grp.** · D:Eigentliche Zucker-Malone, Kantalupe; E:Cantaloupe
  – **Chito Grp.** · D:Apfel-Melone, Orangen-Melone; E:Mango Melon, Melon Apple, Orange Melon
  – **Conomon Grp.** · D:Gemüse-Melone; E:Oriental Pickling Melon · Ⓚ ▭
  – **Dudaim Grp.** · D:Zier-Melone; E:Queen Anne's Pocket Melon, Stink Melon · Ⓚ ▭
  – **Flexuosus Grp.** · D:Armenische Melone; E:Serpent Melon, Snake Melon · Ⓚ ▭
  – **Inodorus Grp.** · D:Honig-Melone; E:Honeydew Melon, Winter Melon · Ⓚ ▭
  – **Reticulatus Grp.** · D:Netz-Melone; E:Musk Melon, Netted Melon
  – subsp. **agrestis** (Naudin) Greb. Z10
    – var. **momordica** (Roxb.) Cogn. · D:Schnapp-Melone; E:Phoot, Snap Melon · Z10
  – subsp. **melo** · D:Zucker-Melone; E:Musk Melon, Sweet Melon · ⊙ ⇝ Z10 Ⓚ ▭ VI-VIII Ⓝ; ? trop. Afr., ? W-As.; cult.
– **metuliferus** E. Mey. ex Schrad. · D:Horn-Gurke, Kiwano; E:Horny Cucumber · ⊙ ⇝ Z10 Ⓚ Ⓝ; trop. Afr., S-Afr., cult. NZ
– **myriocarpus** Naudin · ⊙ Z10; S-Afr.
– **sativus** L. · D:Gurke; E:Cucumber, Gherkin · ⊙ ≷ ⇝ Z10 VI-IX ⚕ Ⓝ; Ind.

Cucurbita L. -f- *Cucurbitaceae* · 27 (13) sp · D:Kürbis; E:Marrow, Pumpkin; F:Courge
– **argyrosperma** hort. ex L.H.Bail. · ⊙ ⇝ Z9 Ⓝ; Mex., Guat.; cult.
– *citrullus* L. = Citrullus lanatus var. lanatus
– **ficifolia** Bouché · D:Feigenblatt-Kürbis; E:Fig Leaved Gourd · ⊙ ♃ ⇝ ⊗ Z10 Ⓝ; N-Am.; cult.
– *hispida* Thunb. ex Murray = Benincasa hispida
– *lagenaria* L. = Lagenaria siceraria
– **maxima** Duchesne · D:Riesen-Kürbis,

Speise-Kürbis; E:Pumpkin · ⊙ ⇝ ♧ Z9 VI-IX ⚕ Ⓝ; S-Am.; cult.
– *mixta* Pang = Cucurbita argyrosperma
– **moschata** (Duchesne) Duchesne ex Poir. · D:Bisam-Kürbis, Moschus-Kürbis; E:Cushaw, Squash · ⊙ ⇝ Z10 VI-IX Ⓝ; C-Am; cult.
– **pepo** L. · D:Gemüse-Kürbis, Patisson, Zucchini; E:Courgette, Vegetable Marrow, Zucchini · ⊙ ⇝ ♧ Z10 VI-VIII ⚕ Ⓝ; ? C-Am., ?SE-USA; cult.
– *siceraria* Molina = Lagenaria siceraria

Cudrania Trecul -f- *Moraceae* · 5-8 sp · D:Seidenwurmdorn; E:Silkworm Thorn; F:Epine du ver à soie
– **tricuspidata** (Carrière) Bureau ex Lavallée · D:Seidenwurmdorn; E:Chinese Silkworm Thorn · ♄ d Z7 Ⓝ; Korea, C-China

Culcasia P. Beauv. -f- *Araceae* · 15-20 sp
– **mannii** (Hook. f.) Engl. · ♃ Ⓦ; Cameroun

Culcita C. Presl -f- *Dicksoniaceae* · 2 sp
– **macrocarpa** C. Presl · ♃ e Z9 Ⓚ Ⓝ ▽; Ib., Azor., Madeira, Canar.

Cumarinia Buxb. = Coryphantha
– *odorata* (Boed.) Buxb. = Coryphantha odorata

Cuminum L. -n- *Apiaceae (Umbelliferae)* · 4 sp · D:Kreuzkümmel; E:Cumin; F:Cumin
– **cyminum** L. · D:Kreuzkümmel; E:Cumin · ⊙ ⚕ Ⓝ; C-As., N-Afr., Eth., cult., nat. in Sp., F, Sic..

Cunninghamia R. Br. -f- *Taxodiaceae* · 2 sp · D:Spießtanne; E:China Fir; F:Sapin chinois
– *kawakamii* Hayata = Cunninghamia konishii
– **konishii** Hayata · D:Taiwan-Spießtanne · ♄ e Z9 Ⓚ; Taiwan
– **lanceolata** (Lamb.) Hook. · D:Chinesische Spießtanne; E:China Fir · ♄ e Z7 Ⓚ ∧ Ⓝ; C-China, SE-China
– *sinensis* R. Br. = Cunninghamia lanceolata

Cunonia L. -f- *Cunoniaceae* · 16 sp · D:Löffelbaum; E:Red Alder; F:Arbre à cuiller
– **capensis** L. · D:Kap-Löffelbaum; E:African Red Alder · ♄ ♄ e Ⓚ; S-Afr.

Cuphea P. Browne -f- *Lythraceae* · 260 sp · D:Köcherblümchen; F:Cuphéa, Fleur-cigarette
– **hyssopifolia** Humb., Bonpl. et Kunth · D:Falsches Heidekraut; E:False Heather · ♄ Z10 Ⓚ III-X; Mex., Guat.
– **ignea** A. DC. · D:Zigarettenblümchen; E:Mexican Cigar Plant · ♄ ♄ e Z9 Ⓚ V-IX; Mex.
– *lanceolata* Baill. = Cuphea procumbens
– **lanceolata** W.T. Aiton
  – var. **lanceolata** · ⊙ Z10; C-Mex.
  – var. **silenoides** (Nees) Regel · ⊙ Z10 VII-IX; C-Mex.
– **llavea** La Llave et Lex.
  – var. **llavea** · ♄ e Z10 Ⓚ; Mex.
  – var. **miniata** Brongn. et Koehne · ♄ e Z10 Ⓚ VII-IX; Mex.
– **micropetala** Humb., Bonpl. et Kunth · ♄ e Z10 Ⓚ XI-III; Mex.
– *miniata* Brongn. = Cuphea llavea var. miniata
– *platycentra* Lem. = Cuphea ignea
– **procumbens** Cav. · ⊙ Z10 VI-X; Mex.

× **Cupressocyparis** Dallim. -f- *Cupressaceae* · D:Bastardzypresse, Leylandzypresse; E:Leyland Cypress; F:Cyprès bâtard, Cyprès de Leyland
– **leylandii** Dallim. et A.B. Jacks. (*Chamaecyparis nootkatensis* × *Cupressus macrocarpa*) · D:Bastardzypresse, Leylandzypresse; E:Leyland Cypress · ♄ e Z7; cult.
  – **in Sorten**

Cupressus L. -f- *Cupressaceae* · 17 sp · D:Zypresse; E:Cypress; F:Cyprès
– **arizonica** Greene
  – var. **arizonica** · D:Arizona-Zypresse; E:Arizona Cypress · ♄ e Z7 Ⓝ; USA: SC, SW, Calif.; N-Mex., Baja Calif.
  – var. **glabra** (Sudw.) Little · D:Glatte Arizona-Zypresse; E:Smooth Arizona Cypress · ♄ Z7; Ariz.
– **bakeri** Jeps. · D:Modoc-Zypresse; E:Modoc Cypress · ♄ e Z7; N-Calif.
  – subsp. *matthewsi* C.B. Wolf = Cupressus bakeri
– **cashmeriana** Royle ex Carr · D:Kaschmir-Zypresse; E:Kashmir Cypress · ♄ e Ⓚ; ? Him.
– **duclouxiana** Hickel ex Camus · ♄ e Z8 Ⓚ; W-China
– **funebris** Endl. · D:Trauer-Zypresse;

E:Chinese Weeping Cypress, Mourning Cypress · ♄ e Z8 Ⓚ ☠ Ⓝ; China: Yunnan, Hupeh, Kiangsi, Anwhei, Tschekiang
– *glabra* Sudw. = Cupressus arizonica var. glabra
– *glandulosa* Hook. ex Gordon = Cupressus macnabiana
– **goveniana** Gordon ex Lindl. · E:Gowen Cypress · ♄ ♄ e Z8 Ⓚ; Calif.
  – var. *pygmaea* Lemmon = Cupressus goveniana
– *horizontalis* Mill. = Cupressus sempervirens fo. horizontalis
– *lambertiana* Gordon = Cupressus macrocarpa
– *lawsoniana* hort. = Chamaecyparis lawsoniana
– **lusitanica** Mill. · D:Mexikanische Zypresse; E:Cedar of Goa, Mexican Cypress · ♄ e Z9 Ⓚ Ⓝ; Mex., Guat.
– **macnabiana** A. Murray · E:Macnab Cypress · ♄ ♄ e Z8 Ⓚ; N-Calif.
– **macrocarpa** Hartw. ex Gordon · D:Monterey-Zypresse; E:Monterey Cypress · ♄ e Z8 Ⓚ Ⓝ; Calif. (Monterey County)
– *nootkatensis* D. Don = Chamaecyparis nootkatensis
– *obtusa* (Siebold et Zucc.) K. Koch = Chamaecyparis obtusa
– *pisifera* (Siebold et Zucc.) K. Koch = Chamaecyparis pisifera
– **sempervirens** L. · D:Echte Zypresse, Italienische Zypresse, Mittelmeer-Zypresse; E:Italian Cypress · ♄ e Z8 Ⓚ II-IV ⚕; Eur.: GR, Crete; TR, Cyprus, Palaest., N-Iran, NW-Afr., nat. in Eur.: Ib, F, CH, Ap, Ba, Krim
  – fo. **horizontalis** (Mill.) Voss · ♄ e Z7; Eur.: GR, Crete; TR, Levante, N-Iran, NW-Afr., nat. in Ib, Fr, Ap, CH, Ba, Krim
  – *'Pyramidalis'* = Cupressus sempervirens 'Stricta'
  – **'Stricta'** · Ⓚ
  – var. *fastigiata* (Mill. ex DC.) Hansen = Cupressus sempervirens 'Stricta'
  – var. *horizontalis* (Mill.) Gordon = Cupressus sempervirens fo. horizontalis
– *thurifera* Benth. = Cupressus lusitanica
– *thyoides* L. = Chamaecyparis thyoides
– **torulosa** D. Don ex Lamb. · D:Bhutan-Zypresse, Himalaya-Zypresse; E:Himalayan Cypress · ♄ e Z8 Ⓚ Ⓝ; W-Him., W-China
  – **'Cashmeriana'** · Ⓚ
  – var. *cashmeriana* (Carrière) Kent = Cupressus torulosa 'Cashmeriana'

Curculigo Gaertn. -f- *Hypoxidaceae* · c. 15 (-35) sp · D:Rüssellilie; E:Palm Grass
– **capitulata** (Lour.) Kuntze · ♃ Z10 Ⓦ; trop. As., Austr.; N.Terr., Queensl., N.S.Wales
– **latifolia** Dryand. · D:Palmgras; E:Palm Grass · ♃ Z10 Ⓦ; Myanmar, Malay. Arch.
– *recurvata* Dryand. = Curculigo capitulata

Curcuma L. -f- *Zingiberaceae* · 52 sp · D:Safranwurz; F:Curcuma, Turmeric
– **amada** Roxb. · D:Mangoingwer · ♃ Z10 Ⓦ ⚕ Ⓝ; Ind. (Bengal., Konkan)
– **angustifolia** Roxb. · D:Indische Safranwurz; E:Bombay Arrowroot, Indian Arrowroot · ♃ Z10 Ⓦ Ⓝ; Him., Ind.
– **aromatica** Salisb. · D:Würzige Safranwurz; E:Wild Turmeric · ♃ Z10 Ⓦ ⚕ Ⓝ; ? Ind.
– **caesia** Roxb. · ♃ Z10 Ⓦ Ⓝ; Ind.: Bengalen
– *domestica* Valeton = Curcuma longa
– **heyneana** Valeton et Zijp · E:Zedgary · ♃ Z10 Ⓦ Ⓝ; Java
– **longa** L. · D:Gelbwurzel, Kurkuma; E:Turmeric · ♃ Z10 Ⓦ ⚕ Ⓝ; ? Ind., ? SE-As.
– *mangga* Valeton et Zijp = Curcuma zedoaria
– *pallida* Lour. = Curcuma zedoaria
– *purpurascens* Blume = Curcuma longa
– **roscoeana** Wall. · ♃ Z10 Ⓦ VIII-X; Myanmar
– *xanthorrhiza* Roxb. = Curcuma zedoaria
– **zedoaria** (Christm.) Roscoe · D:Zitwer; E:Zedgary · ♃ Z10 Ⓦ ⚕ Ⓝ; cult., nat. in SE-As.

Currania Copel. = Gymnocarpium
– *dryopteris* (L.) Wherry = Gymnocarpium dryopteris
– *robertiana* (Hoffm.) Wherry = Gymnocarpium robertianum

Curtisia Aiton -f- *Cornaceae* · 1 sp
– **dentata** (Burm. f.) N.E. Br. · ♄ e Z9 Ⓚ Ⓝ; S-Afr.

Curtonus N.E. Br. = Crocosmia
– *paniculatus* (Klatt) N.E. Br. = Crocosmia paniculata

Cuscuta L. -f- *Convolvulaceae* · c. 150 sp · D:Kleeseide, Seide; E:Dodder; F:Cuscute
- **approximata** Bab. · ⊙ ⌇; Eur.: Ib, Fr, Me, Ap, Ba, E-Eur.; TR, Levante, , Iran, C-As., Him., China
- **campestris** Yunck. · D:Nordamerikanische Seide; E:Field Dodder · ⊙ ⌇ VII-X; USA*, nat. in Eur.* exc. Sc; Cauc., C-As.
- **epilinum** Weihe · D:Flachs-Seide; E:Flax Dodder · ⊙ ⌇ VI-VIII; Palaest., SW-As., nat. in Eur., N-Afr.
- **epithymum** (L.) L.
  - subsp. **epithymum** · D:Thymian-Seide; E:Clover Dodder · ⊙ ⌇ VII-VIII ⚕; Eur.*, TR, Syr., Palaest., Cauc., Iran, W-Sib., C-As., NW-Afr., Libya, nat. in N-Am.
  - subsp. **trifolii** (Bab. et Gibson) Berher · D:Kleeseide · ⊙ ⌇ VII-VIII; Eur.: BrI, Sc, Fr, Ap, C-Eur., H; Cauc., nat. in N-Am., Chile, Austr., NZ
- **europaea** L.
  - subsp. **europaea** · D:Europäische Seide; E:European Dodder · ⊙ ⌇ VI-VIII; Eur.*, TR, Syr., Palaest., Cauc., Iran, W-Sib., E-Sib., Amur, Sachal. C-As., Mong., Him., Alger., Libya
  - subsp. **nefrens** (Fr.) O. Schwarz · ⊙ ⌇; D, PL +
  - subsp. **viciae** (Engelm.) Ganesch. · ⌇; D, H, PL +
- **gronovii** Willd. ex Roem. et Schult. · D:Weiden-Seide; E:Swamp-Dodder · ⊙ ⌇ VIII-IX; N-Am., nat. in Fr, I, D, EC-Eur., Ba, W-Russ.
- **lupuliformis** Krock. · D:Pappel-Seide · ⊙ ⌇ VII-IX; Eur.: NL, C-Eur., EC-Eur., Ba, E-Eur.; Cauc., W-Sib., E-Sib. , C-As., Mong, China
- **odorata** Ruiz et Pav. · ♃ ⌇ Ⓦ; Peru
- **reflexa** Roxb. · ⊙ ⌇ X-XII; Him., Ind., Sri Lanka, Malay. Pen.
- **scandens** Brot. · D:Knöterich-Seide, Südliche Seide · ⊙ ⌇ VI-IX; Eur.: Ib, Fr, D, Ap, Ba, E-Eur.; TR
- **suaveolens** Ser. · D:Chilenische Seide · ⊙ ⌇ VIII-IX; S-Am., nat. in Eur.: Ib, Fr, Ap, C-Eur., EC-Eur., E-Eur.; USA, Afr., Austr.

Cusparia Humb. ex R. Br. -f- *Rutaceae*
- **febrifuga** Humb. ex DC. · E:Angostura · ♄ e Ⓦ ⚕; W.Ind., Venez., Col.

Cussonia Thunb. -f- *Araliaceae* · 25 sp · E:Cabbage Tree; F:Cussonia
- **paniculata** Eckl. et Zeyh. · D:Kohlpalme; E:Cabbage Tree · ♄ Ψ e Z10 Ⓚ; S-Afr.
- **spicata** Thunb. · D:Kipersolbaum; E:Common Cabbage Tree · ♄ Ψ e Z10 Ⓚ; S-Afr.: Kap, Natal, Transvaal; Komor.

Cyamopsis DC. -f- *Fabaceae (Leguminosae)* · 3 sp · D:Büschelbohne; E:Cluster Bean
- *psoraloides* DC. = Cyamopsis tetragonoloba
- **tetragonoloba** (L.) Taub. · D:Büschelbohne; E:Cluster Bean, Guar · ⊙ Z10 Ⓦ ⚕ Ⓝ; cult.

Cyananthus Wall. ex Benth. -m- *Campanulaceae* · c. 25 sp · D:Blauröhre; E:Trailing Bellflower; F:Cyananthus
- *barbatus* Franch. = Cyananthus delavayi
- **delavayi** Franch. · ♃ △ Z7 Ⓐ ∧ VII-VIII; Yunnan
- **formosus** Diels · ♃ △ Z7 Ⓐ ∧ VII-VIII; Yunnan
- **forrestii** Diels · D:Forrests Blauröhre · ♃ △ Ⓐ ∧ IX; Yunnan
- **lobatus** Wall. ex Benth. · D:Gelappte Blauröhre · ♃ △ Z7 ∧ VII-X; NW-Him.
- **microphyllus** Edgew. · D:Kleinblättrige Blauröhre · ♃ △ Z7 ∧ VII-VIII; N-Ind., Nepal
- **sheriffii** Cowan · D:Sheriffs Blauröhre · ♃ △ Z8 Ⓚ ∧ VII-VIII; Bhutan, S-Tibet

Cyanastrum Oliv. -n- *Cyanastraceae* · 7 sp
- **cordifolium** Oliv. · ♃ Z10 Ⓦ; Cameroun, Gabon

Cyanopsis Cass. -f- *Asteraceae (Compositae)* · 1 sp
- **muricata** Dostál · ⊙; S-Sp. (Prov. Malaga)

Cyanotis D. Don -f- *Commelinaceae* · 50 sp · E:Teddy Bear Vine
- **kewensis** (Hassk.) C.B. Clarke · D:Teddybärpflanze; E:Teddy Bear Plant · ♃ ⌇ ⇝ Z9 Ⓦ Ⓚ; Ind. (Malabar Coast)
- **somaliensis** C.B. Clarke · D:Katzenohren; E:Pussy Ears · ♃ ⌇ ⇝ Z9 Ⓦ Ⓚ; Somalia

Cyanus Mill. = Centaurea
- *arvensis* Moench = Centaurea cyanus
- *montanus* (L.) Baumg. = Centaurea montana
- *triumfettii* (All.) A. Löve et D. Löve = Centaurea triumfettii subsp. triumfettii

Cyathea Sm. -f- *Cyatheaceae* · c. 620 sp · D:Becherfarn; E:Tree Fern; F:Fougère arborescente
– **arborea** (L.) Sm. · ♄ e Z9 ⓚ ▽ ✻; W.Ind., Venez., N-Col.
– **australis** (R. Br.) Domin · D:Rauer Becherfarn; E:Rough Tree Fern · ♄ e Z9 ⓚ ▽ ✻; Austr.: Queensl., N.S.Wales, Victoria, Tasman.
– **capensis** (L. f.) Sm. · ♄ Z9 ⓦ ▽ ✻; S.Afr., S-Bras.
– **cooperi** (F. Muell.) Domin · D:Schuppen-Becherfarn · ♄ e Z9 ⓚ ▽ ✻; Austr.: Queensl., N.S.Wales
– **dealbata** G. Forst. · D:Ponga, Silber-Becherfarn; E:Silver King Fern · ♄ e Z9 ⓚ ▽ ✻; NZ, Norfolk Is.
– **insignis** D.C. Eaton · ♄ Z9 ⓚ ▽ ✻; Jamaica
– **medullaris** (G. Forst.) Sw. · D:Schwarzer Becherfarn; E:Sago Fern · ♄ e Z9 ⓚ ▽ ✻; Austr.: Victoria, Tasman.; NZ, Pacific Is.
– **spinulosa** Wall. · ♄ e Z9 ⓚ ▽ ✻; Ind., Myanmar
– *tricolor* Colenso = Cyathea dealbata

Cyathodes Labill. -f- *Epacridaceae* · c. 15 sp
– *acerosa* (Gaertn.) R. Br. = Cyathodes juniperina
– **colensoi** (Hook. f.) Hook. f. · ♄ e ⇝ ⓚ ⓐ II-IV; NZ
– *fraseri* (A. Cunn.) Allan = Leucopogon fraseri
– **juniperina** (J.R. Forst. et G. Forst.) Druce · ♄ e ⓚ; Austr., Tasman., NZ

Cybistax Mart. ex Meisn. -f- *Bignoniaceae* · 3 sp
– **donnell-smithii** (Rose) Seibert · ♄ ⓦ; Mex., Guat.

Cycas L. -f- *Cycadaceae* · 20 sp · D:Sagopalmfarn; E:Cycad; F:Cycas
– **cairnsiana** F. Muell. · ♄ e Z10 ⓚ ▽ ✻; Austr.
– **circinalis** L. · D:Eingerollter Sagopalmfarn; E:False Sago · ♄ e Z10 ⓦ ▽ ✻; S-Ind., Sri Lanka, Malay. Pen., Phil., Taiwan
– **media** R. Br. · E:Australian Nut Palm · ♄ e Z10 ⓦ ▽ ✻; Austr.: Queensl.
– **revoluta** Thunb. · D:Japanischer Sagopalmfarn; E:Sago Cycas · ♄ e Z10 ⓦ ☠ ▽ ✻; S-Jap., Ryukyu Is.
– **rumphii** Miq. · ♄ e Z10 ⓦ ▽ ✻; Malay. Pen., N.Guinea, Polyn.
– **siamensis** Miq. · ♄ e Z10 ⓦ ▽ ✻; Myanmar, Thail.

Cyclamen L. -n- *Primulaceae* · 19 sp · D:Alpenveilchen; E:Persian Violet, Sowbread; F:Cyclamen, Pain de pourceau
– *abchasicum* (Medw.) Kolak. = Cyclamen coum subsp. caucasicum
– **africanum** Boiss. et Reut. · ♃ Z9 ⓚ VIII-X ▽ ✻; Alger., Tun.
– *aleppicum* Fisch. ex Hoffmanns. = Cyclamen persicum
  – subsp. *puniceum* (Pomel) Glasau = Cyclamen persicum
– × *atkinsii* T. Moore = Cyclamen coum subsp. coum 'Atkinsii'
– **balearicum** Willk. · D:Balearen-Alpenveilchen; E:Majorca Cyclamen · ♃ Z8 ⓚ ▽ ✻; S-F, Balear.
– **cilicium** Boiss. et Heldr. · ♃ Z7 ⓐ ∧ IX-X ▽ ✻; S-TR
  – var. *intaminatum* Meikle = Cyclamen intaminatum
– *colchicum* Albov = Cyclamen purpurascens subsp. ponticum
– **coum** Mill.
  – subsp. **caucasicum** (K. Koch) Schwarz Z6 ▽ ✻; Cauc., NE-TR, N-Iran
  – subsp. **coum** · D:Vorfrühlings-Alpenveilchen; F:Cyclamen de Kos · ♃ △ Z6 II-IV ▽ ✻; Eur.: BG, Krim; TR, Cauc.
    – **'Atkinsii'** (*C. coum* × *C. persicum*)
  – subsp. *hiemale* (Hildebr.) Schwarz = Cyclamen coum subsp. coum
  – var. *ibericum* Boiss. = Cyclamen coum subsp. caucasicum
– **creticum** (Dörfl.) Hildebr. · ♃ Z8 ⓚ III-V ▽ ✻; Crete
– **cyprium** Kotschy · ♃ Z9 ⓚ IX-X ▽ ✻; Cyprus
– *europaeum* Albov = Cyclamen purpurascens subsp. ponticum
  – var. *caucasicum* (K. Koch) Schwarz = Cyclamen coum subsp. caucasicum
– *europaeum* L. = Cyclamen purpurascens subsp. purpurascens
– *fatrense* Halda et Soják = Cyclamen purpurascens subsp. purpurascens
– **graecum** Link · D:Griechisches Alpenveilchen; E:Greek Cyclamen · ♃ Z9 ⓚ IX-X ▽ ✻; Eur.: GR, Crete; TR, Cyprus

- **hederifolium** Aiton · D:Herbst-Alpenveilchen, Neapolitanisches Alpenveilchen; E:Ivy-leaved Cyclamen; F:Cyclamen de Naples · ♃ Z6 IX-XI ▽ ✻; Eur.: Fr, Ap, CH, Ba; TR, nat. in BrI
  - subsp. *creticum* (Dörfl.) Schwarz = Cyclamen creticum
- *hiemale* Hildebr. = Cyclamen coum subsp. coum
- *ibericum* T. Moore = Cyclamen coum subsp. caucasicum
- **intaminatum** (Meikle) Grey-Wilson · ♃ Z8 Ⓐ IX-X ▽ ✻; TR
- *latifolium* Sibth. et Sm. = Cyclamen persicum
- **libanoticum** Hildebr. · ♃ Z9 Ⓚ IX-XI ▽ ✻; TR: Amanus; Lebanon
  - subsp. *pseudibericum* Glasau = Cyclamen pseudibericum
- *linearifolium* DC. = Cyclamen hederifolium
- **mirabile** Hildebr. · ♃ Z7 ∧ IX-X ▽ ✻; TR (Prov. Avelin)
- *neapolitanum* Boiss. = Cyclamen cyprium
- *neapolitanum* Duby = Cyclamen africanum
- *neapolitanum* Ten. = Cyclamen hederifolium
- *orbiculatum* Mill. = Cyclamen coum subsp. coum
- **parviflorum** Pobed. · ♃ Z7 II-IV ▽ ✻; NE-TR
- **persicum** Mill. · D:Zimmer-Alpenveilchen; E:Florist's Cyclamen · ♃ Z9 Ⓚ ▢ VIII-IV ☠ ▽ ✻; Eur.: Crete; TR, Levante, Tun., Alger.
  - **in vielen Sorten**
- *ponticum* (Albov) Pobed. = Cyclamen purpurascens subsp. ponticum
- **pseudibericum** Hildebr. · ♃ Z7 Ⓐ ∧ II ▽ ✻; TR: Taurus, Amanus
- *pseudograecum* Hildebr. = Cyclamen graecum
- *puniceum* Pomel = Cyclamen persicum
- **purpurascens** Mill.
  - subsp. **ponticum** (Albov) Grey-Wilson · ♃ Z6 VII-IX ▽ ✻; Cauc.
  - subsp. **purpurascens** · D:Sommer-Alpenveilchen, Wildes Alpenveilchen; F:Cyclamen d'Europe · ♃ △ Z6 VII-IX ⚕ ☠ ▽ ✻; Eur.: Fr, C-Eur., EC-Eur., Ap, Slove., Croatia, Bosn., Serb., nat. in E-Eur.
    - *'Fatrense'* = Cyclamen purpurascens subsp. purpurascens
- **repandum** Sibth. et Sm.
  - subsp. **peloponnesiacum** Grey-Wilson Z7 ▽ ✻; GR (Peloponnese)
  - subsp. **repandum** · D:Efeublättriges Alpenveilchen; F:Cyclamen de Naples · ♃ Z7 Ⓐ ∧ III-V ▽ ✻; Eur.: Fr, Ap, Ba
  - subsp. **rhodense** (Meikle) Grey-Wilson Z7 ▽ ✻; GR (Rhodos)
  - var. *creticum* Dörfl. = Cyclamen creticum
- **rohlfsianum** Asch. · ♃ Z9 Ⓚ IX-X ▽ ✻; Libya (Cyrenaica)
- **trochopteranthum** Schwarz · ♃ Z7 ▽ ✻; SW-TR
- *vernale* Mill. = Cyclamen persicum
- *vernale* Schwarz = Cyclamen repandum subsp. repandum
- × **wellensiekii** Ietsw. (*C. cyprium* × *C. libanoticum*) · ♃ Ⓚ; cult.

Cyclanthera Schrad. -f- *Cucurbitaceae* · 15 sp
- **brachybotrys** (Poepp. et Endl.) Cogn. · ⊙ ⇝ Z10 Ⓝ; Ecuad., Peru
- **brachystachya** (Ser.) Cogn. · ⊙ ⌇ ⇝ ♧ Z10; S-Am.; And.
- *explodens* Naudin = Cyclanthera brachystachya
- **pedata** (L.) Schrad. · D:Korila; E:Stuffing Gourd · ⊙ ⌇ ♧ Z10 Ⓝ; cult.

Cyclanthus Poit. -m- *Cyclanthaceae* · 1 sp · D:Scheibenblume; F:Cyclanthus
- **bipartitus** Poit. · ♃ Z10 Ⓦ; C-Am., trop. S-Am.
- **cristatus** Klotzsch · ♃ Z10 Ⓦ; Col.

Cycloloma Moq. -f- *Chenopodiaceae* · 1 sp
- **atriplicifolia** (Spreng.) Coult. · ⊙; Can.: Man.; USA* exc. NE, NW, Calif., nat. in F, I, EC-Eur., AL

Cyclophorus Desv. = Pyrrosia
- *adnascens* (Sw.) Desv. = Pyrrosia lanceolata
- *hastatus* (Thunb.) C. Chr. = Pyrrosia hastata
- *lingua* (Thunb.) Desv. = Pyrrosia lingua

Cyclosorus Link -m- *Thelypteridaceae* · c. 600 sp
- **arcuatus** (Poir.) Alston
  - var. **arcuatus** · ♃ Z10 Ⓦ; trop. S-Am.
  - var. **lepidus** (T. Moore) C. Chr. · ♃ Z10 Ⓦ; trop. S-Am.
- *dentatus* (Forssk.) Ching = Christella dentata

Cycnoches Lindl. -n- *Orchidaceae* · 12 sp · D:Schwanenorchis; E:Swan Orchid; F:Cycnoches
– *aureum* Lindl. = Cycnoches egertonianum var. aureum
– *chlorochilon* Klotzsch = Cycnoches ventricosum var. chlorochilon
– **egertonianum** Bateman
– var. **aureum** (Lindl.) P.H. Allen Z10 ⓦ ▽ *; C-Am.
– var. **egertonianum** · ♃ Z10 ⓦ VIII-IX ▽ *; C-Am.
– **loddigesii** Lindl. · ♃ Z10 ⓦ VIII-X ▽ *; Col., Venez., Surinam, Bras.
– **maculatum** Lindl. · ♃ Z10 ⓦ VIII-IX ▽ *; Mex., Venez.
– **pentadactylon** Lindl. · ♃ Z10 ⓦ III-VI ▽ *; Bras.
– *pescatorei* Lindl. = Lueddemannia pescatorei
– **ventricosum** Bateman
– var. **chlorochilon** (Klotzsch) P.H. Allen · ♃ Z10 ⓦ V-VI ▽ *; Col., Venez., Guyan.
– var. **ventricosum** · ♃ Z10 ⓦ ▽ *; Mex., C-Am.

× **Cycnodes** hort. -f- *Orchidaceae* (*Cycnoches* × *Mormodes*)

Cydonia Mill. -f- *Rosaceae* · 1 sp · D:Quitte; E:Quince; F:Cognassier
– *japonica* (Thunb.) Pers. = Chaenomeles japonica var. japonica
– *japonica* Loisel. = Chaenomeles speciosa
– *maulei* T. Moore = Chaenomeles japonica var. japonica
– **oblonga** Mill. · D:Echte Quitte; E:Quince
– var. **maliformis** (Mill.) C.K. Schneid. · D:Apfel-Quitte · Z5
– var. **oblonga** · D:Birnen-Quitte; F:Cognassier commun · ♄ ♄ d ⚘ Z5 V-VI ⚕ Ⓝ; Cauc., N-Iran, nat. in Eur.* exc. BrI; TR, Syr., Arab., C-As., Afgh., Pakist., N-Afr.
– *sinensis* (Dum.-Cours.) Thouin = Pseudocydonia sinensis
– *vulgaris* Pers. = Cydonia oblonga var. oblonga

Cylindrophyllum Schwantes -n- *Aizoaceae* · 5 sp · D:Walzenblatt
– **calamiforme** (L.) Schwantes · ♃ ψ Z9 ⓚ; Kap

Cylindropuntia (Engelm.) F.M. Knuth = Opuntia
– *cylindrica* (Lam.) F.M. Knuth = Opuntia cylindrica
– *leptocaulis* (DC.) F.M. Knuth = Opuntia leptocaulis
– *tunicata* (Lehm.) F.M. Knuth = Opuntia tunicata

Cymbalaria Hill -f- *Scrophulariaceae* · 10 sp · D:Zimbelkraut; E:Toadflax; F:Cymbalaire
– **aequitriloba** (Viv.) A. Chev. · ♃ ⟿ △ Z7 ∧ VI-VIII; Eur.: Balear., Corse, Sard., I (Is. north to Giglio)
– **hepaticifolia** (Poir.) Wettst. · ♃ ⟿ △ Z8 ∧ V-IX; Corse
– **muralis** Gottfr. Gaertn., B. Mey. et Scherb. · D:Mauer-Zimbelkraut; E:Ivy-leaved Toadflax, Pennywort; F:Ruine de Rome · ♃ ⟿ △ Z3 VI-IX ⚕; Eur.: CH, I, Sic., Slove., Croatia, Bosn., Montenegro, nat. in BrI, Sc, Fr, C-Eur., EC-Eur., EC-Eur., Ib
– **pallida** (Ten.) Wettst. · ♃ ⟿ △ Z7 ∧ VI-IX; Eur.: C-I; mts., nat. in BrI
– **pilosa** (Jacq.) L.H. Bailey · ♃ ⟿ △ Z4 VI-IX; Eur.: Sard., I

Cymbidium Sw. -n- *Orchidaceae* · 44 sp · D:Kahnorchis; F:Cymbidium
– **aloifolium** (L.) Sw. · ♃ Z9 ⓚ VII-VIII ▽ *; Him., S-Ind., S-China, Myanmar, Sumat., Java
– **canaliculatum** R. Br. · ♃ Z9 ⓚ IV-V ▽ *; Austr.: North Terr., Queensl., N.S.Wales
– **devonianum** Lindl. et Paxton · ♃ Z9 ⓚ V-VI ▽ *; Sikkim
– **eburneum** Lindl. · ♃ Z9 ⓚ IV-V ▽ *; N-Ind., Myanmar
– **elegans** (Blume) Lindl. · ♃ Z9 ⓚ ▽ *; Him., W-China
– **ensifolium** (L.) Sw. · ♃ Z9 ⓦ V ▽ *; China, Ind.: Assam
– **floribundum** Lindl. · ♃ Z9 ⓚ ▽ *; China, SE-Tibet, Jap.
– *giganteum* Wall. ex Lindl. = Cymbidium iridioides
– *grandiflorum* Griff. = Cymbidium hookerianum
– **hookerianum** Rchb. f. · ♃ Z9 ⓚ I-II ▽ *; Nepal, Bhutan, Tibet
– **insigne** Rolfe · ♃ Z9 ⓚ III-V ▽ *; Vietn.: Annam
– **iridioides** D. Don · ♃ Z9 ⓚ IX-X ▽ *;

N-Ind., Him., W-China
- **longifolium** D. Don · ♃ Z9 Ⓚ XI ▽ *; Nepal
- **lowianum** Rchb. f. · ♃ Z9 Ⓚ II-V ▽ *; NE-Ind.: Khasia; Myanmar
- **madidum** Lindl. · ♃ Z9 Ⓚ ▽ *; Austr.: Queensl., N.S.Wales
- **mastersii** Griff. ex Lindl. · ♃ Z9 Ⓚ XI-XII ▽ *; Ind: Assam
- *pumilum* Rolfe = Cymbidium floribundum
- *syringodorum* Griff. = Cymbidium eburneum
- **tigrinum** Parish ex Hook. f. · ♃ Z9 Ⓚ VI-VII ▽ *; Myanmar
- **tracyanum** Rolfe · ♃ Z9 Ⓚ ▽ *; SW-China, N-Thail.
- **Cultivars**
  - **in vielen Sorten**

Cymbopetalum Benth. -n- *Annonaceae* · 12 (27) sp
- **penduliflorum** Baill. · D:Xochinacatztli · ♄ ♄ Ⓦ Ⓝ; Mex., Guat.

Cymbopogon Spreng. -m- *Poaceae (Gramineae)* · 56 sp · D:Zitronellagras, Zitronengras; E:Lemongrass; F:Citronnelle, Verveine de Ceylan
- **citratus** (DC. ex Nees) Stapf · D:Westindisches Zitronengras; E:West Indian Lemongrass · ♃ Z9 Ⓦ ⚕ Ⓝ; ? Ind., ? Malay. Arch.
- *confertiflorus* (Steud.) Stapf = Cymbopogon nardus var. confertiflorus
- **flexuosus** (Nees ex Steud.) Stapf · D:Ostindisches Zitronengras; E:East Indian Lemongrass · ♃ Z9 Ⓦ Ⓝ; Ind.
- **iwarancusa** (Roxb.) Schult. · ♃ Z9 Ⓦ Ⓝ; Afgh., Him.
- **martinii** (Roxb.) J.F. Watson · D:Palmarosagras; E:Rosha Grass · ♃ Z9 Ⓦ Ⓝ; Ind.
- **nardus** (L.) Rendle
  - var. **confertiflorus** (Steud.) Stapf ex Bor · D:Dichtblättriges Zitronellagras · ♃ Z9 Ⓦ; S-Ind., Sri Lanka
  - var. **nardus** · D:Zitronellagras; E:Citronella · ♃ Z9 Ⓦ ⚕ Ⓝ; Ind.
- **schoenanthus** (L.) Spreng. · D:Kamelgras; E:Geranium Grass · ♃ Z9 Ⓦ Ⓝ; N-Afr., NW-Ind.
- **winterianus** Jowitt · D:Javazitronelle; E:Java Citronella · ♃ Z9 Ⓦ ⚕; Sri Lanka

Cymophyllus Mack.ex Britton et A. Br. -m- *Cyperaceae* · 1 sp
- *fraseri* (Andrews) Mack. = Carex fraseri

Cynanchum L. -n- *Asclepiadaceae* · c. 100 sp · D:Hundswürger; F:Cynanque
- *aphyllum* (Thunb.) Schltr. = Sarcostemma viminale
- *aphyllum* hort. = Cynanchum gerrardii
- **gerrardii** (Harv.) Liede · ♃ ≀ Z10 Ⓦ; E-Afr., Arab.
- **macrolobum** Jum. et H. Perrier · ♄ Ψ Z10 Ⓦ; SW-Madag.
- **marnierianum** Rauh · ♄ Ψ Z10 Ⓦ; SW-Madag.
- *nigrum* (L.) Pers. non Cav. = Vincetoxicum nigrum
- *sarcostemmoides* K. Schum. = Cynanchum gerrardii
- *tetrapterum* hort. = Cynanchum gerrardii
- *vincetoxicum* (L.) Pers. = Vincetoxicum hirundinaria

Cynara L. -f- *Asteraceae (Compositae)* · 8 sp · D:Artischocke, Kardy; E:Globe Artichoke; F:Artichaut, Cardon
- **cardunculus** L. · D:Kardy, Wilde Artischocke; E:Cardoon · ♃ Z6 VIII-IX ⚕ Ⓝ; Eur.: Ib, Fr, Ap, Ba; N-Afr., nat. in Arg., Chile
  - **Scolymus Grp.** · D:Gemüse-Artischocke; E:Globe Artichoke · ♃ Z7 ⚕; cult.
- *horrida* Aiton = Cynara cardunculus
- *scolymus* L. = Cynara cardunculus Scolymus Grp.

Cynodon Rich. -m- *Poaceae (Gramineae)* · 8 sp · D:Bermudagras, Hundszahngras; E:Bermuda Grass; F:Chiendent, Pied-de-poule
- **dactylon** (L.) Pers. · D:Bermudagras, Gewöhnliches Hundszahngras; E:Bahama Grass, Bermuda Grass, Star Grass · ♃ ⇝ Z7 VII-IX ⚕ Ⓝ; Eur.* ecx. Sc; cosmop.
- **plectostachyus** (K. Schum.) Pilg. · ♃ Ⓦ Ⓝ; Eth., C-Afr., E-Afr., trop. S-Afr.
- **transvaalensis** Burtt Davy · ♃ Z8 Ⓚ Ⓝ; S-Afr.

Cynoglossum L. -n- *Boraginaceae* · c. 60 sp · D:Hundszunge; E:Hound's Tongue; F:Cynoglosse, Langue-de-chien
- **amabile** Stapf et J.R. Drumm. · D:Chinesisches Vergissmeinnicht; E:Chinese Forget-me-not · ⊙ Z7 VII-IX; Tibet, W-China

– *apenninum* L. = Solenanthus apenninus
– **cheirifolium** L. · ⊙ Z7 VII-VIII; Eur.: Ib, Fr, Ap; NW-Afr., Libya
– **coelestinum** Lindl. · ⊙ ♃ Z8 VII-IX; N-Ind.
– **creticum** Mill. · D:Geaderte Hundszunge · ⊙ Z7; Eur.*: Ib, Fr, Ap, Ba, Krim, ? RO; TR, Levante, Iraq, Cauc., Iran, C-As., NW-Afr.
– **germanicum** Jacq. · D:Deutsche Hundszunge · ⊙ V-VII; Eur.: Fr, BrI, EC-Eur., Ap, Ba, E-Eur., Ib, C-Eur.; NW-TR, Cauc.
– **grande** Douglas ex Lehm. · E:Hound's Tongue · ⊙ ♃ Z7 V-VI; Can.: W; USA: NW, Calif.
– **hungaricum** Simonk. · D:Ungarische Hundszunge · ⊙ V-VII; Eur.: A, EC-Eur., Ba, E-Eur.; TR
– **nervosum** Benth. ex Hook. f. · ⊙ ♃ Z5 VII; Him.
– **officinale** L. · D:Gewöhnliche Hundszunge; E:Common Hound's Tongue · ⊙ Z6 V-VI ⚕ ☠; Eur.*, Cauc., TR, W-Sib., E-Sib., C-As.

Cynosurus L. -m- *Poaceae (Gramineae)* · 7 sp · D:Kammgras; E:Dog's Tail; F:Crételle, Cynosure
– *aureus* L. = Lamarckia aurea
– **cristatus** L. · D:Wiesen-Kammgras; E:Crested Dog's Tail · ♃ VI-VII Ⓝ; Eur.*, TR, Cauc., N-Iran, nat. in N-Am., Austr., NZ
– **echinatus** L. · D:Stachliges Kammgras; E:Rough Dog's Tail · ⊙ Z7 V; Eur: : Ib, Fr, CH, Ap, Ba, RO, W-Russ., Krim; TR, Cyprus, Syr., Lebanon, Israel, Iraq, Cauc., Iran, C-As., NW-Afr., Macaron., nat. in D, A, H, Cz
– **elegans** Desf. · ⊙ Z7; IB, F, Ap, GR; NW-Afr., Canar.; N-China, Jap.
– **siculus** Jacq. · ♃ ⋈ Z7; Eur.: Sp., Ap; NW-Afr.

Cypella Herb. -f- *Iridaceae* · 15 sp · D:Becherschwertel; F:Cypella
– **coelestis** (Lehm.) Diels · D:Blaues Becherschwertel · ♃ Z9 ⓚ VIII-IX; Bras., Urug., Arg., ? Parag.
– **herbertii** (Lindl.) Herb. · D:Becherschwertel · ♃ Z9 ⓚ VII; S-Bras., Urug., Arg.

Cyperus L. -m- *Cyperaceae* · c. 300 sp · D:Zypergras; E:Galingale; F:Souchet
– **adenophorus** Schrad. · ♃ ~ ⓦ; Bras.
– **albostriatus** Schrad. · ♃ ~ Z9 ⓦ ⓚ; Trop., S-Afr.
– **alopecuroides** Rottb. · ♃ Z10 ⓦ ⓚ Ⓝ; trop. Afr., Ind., Sri Lanka, trop. As., Austr.
– *alternifolius* hort. non L. = Cyperus involucratus
– **alternifolius** L. · ♃ Z10 ⓦ ⓚ; Madag., Reunion, Mauritius, nat. in P, Azor.
– **brevifolius** (Rottb.) Hassk. · ♃ ~ ⓦ ⓚ; trop. Am., trop. As.
– **congestus** Vahl · ⊙ Z9 VII-VIII; S-Afr., Austr.
– *diffusus* hort. non Vahl = Cyperus albostriatus
– **diffusus** Vahl · ♃ ⓚ; S-Afr.
– **entrerianus** Boeck. · ♃ ⋈ ⓚ ∧; Urug.
– **eragrostis** Lam. · D:Frischgrünes Zypergras; E:Tall Flat Sedge · ♃ ⋈ Z8 ⓚ VI-IX; W-USA, trop. Am., nat. in Ib, F
– **esculentus** L. · D:Erdmandel; E:Chufa, Tiger Nut · ⊙ ♃ Z8 ⓚ ⚕ Ⓝ; Eur.: P, F, Ap, Ba; TR, Cauc., Ind., Afr., Alaska, Can.: W; USA*, Mex., Peru, nat. in Sp., A, Russ.
– **fertilis** Boeck. · ♃ Z10 ⓦ; W-Afr., C-Afr., Angola
– *flabelliformis* Rottb. = Cyperus involucratus
– **flavescens** L. · D:Gelbliches Zypergras · ⊙ ~ VII-X; Eur.* exc. BrI, Sc; Tr, Cauc., C-As, SW-As., Afr., N-Am., nat. in Austr.
– **fuscus** L. · D:Braunes Zypergras · ⊙ ~ VI-IX; Eur.*, TR, Cauc., Iran, W-Sib., E-Sib., C-As, Him., China, N-Afr., nat. in N-Am.
– **glaber** L. · ⊙; Eur.: Ap, A, Ba, E-Eur.; TR, Cauc., Iran, Pakist., C-As.
– **glomeratus** L. · D:Knäueliges Zypergras · ♃ VII-IX; Eur.: Fr, Ap, C-Eur., EC-Eur., Ba.; TR, Cauc., W-Sib., Amur, C-As, Him., N
– **gracilis** R. Br. · D:Zierliches Zypergras; E:Flat Sedge · ♃ ~ ⓦ ⓚ; Austr., N.Caled.
– **haspan** L. · ♃ ~ Z8 ⓦ; USA: NE, NCE, SC; Trop.
– **involucratus** Rottb. · E:Umbrella Grass · ♃ ~ Z9 ⓦ ⓚ; trop. Afr., S-Afr.
– *laxus* hort. = Cyperus albostriatus
– **longus** L.
  – subsp. **badius** (Desf.) Murb. · D:Kastanienbraunes Zypergras · ♃ ~ Z7 VII-IX; Eur. most

– subsp. **longus** · D:Hohes Zypergras, Langes Zypergras; E:Galingale, Sweet Galingale; F:Souchet odorant · ♃ ~ Z7 VII-X; Eur.* exc. Sc; TR, Cauc., Iran, C-As., Afgh., Him., Ind., Java, Afr., W-Austr.
– **michelianus** (L.) Link · D:Zwerg-Zypergras · ☉ ~ VII-IX; Eur.: P, Fr, Ap, C-Eur., EC-Eur., Ba, E-Eur.; TR, Cauc., W-Sib., Amur, C-As., Him., Ind., Indochina, China, Jap., N-Afr.
– *natalensis* auct. non Hochst. ex Krauss = Cyperus okawanii
– **okawanii** Boeck. · ♃ ✄ Ⓚ; S-Afr.
– **pannonicus** Jacq. · D:Salz-Zypergras · ♃ ~ VII-IX; Eur.: A, EC-Eur., Ba, E-Eur.; Cauc., W-Sib., C-As.
– **papyrus** L. · E:Egyptian Paper Plant, Papyrus · ♃ ~ Z9 Ⓦ Ⓝ; C-Afr., Sudan, nat. in Sic., Egypt
– *'Nanus'* = Cyperus prolifer
– *prolifer* (Rottb.) hort. = Cyperus prolifer
– **prolifer** Lam. · ♃ ~ Z9 Ⓚ; S-Afr.
– **rotundus** L. · D:Knolliges Zypergras; E:Nutgrass · ♃ Ⓚ VII-IX ⚕ Ⓝ; Eur.: Ib, Fr, Ap, Ba, CH, A; TR, SW-As, C-As., Ind., E-As., trop. Afr., S.Afr., N-Am., S-Am., Austr., nat. in USA
– **serotinus** Rottb. · D:Spätes Zypergras · ♃ ~ ; Eur.: Ib, Fr, Ap, Ba, A, H, E-Eur.; TR, Cauc., Amur, C-As, N-Ind., E-China
– *vegetus* Willd. = Cyperus eragrostis

Cyphomandra Mart. ex Sendtn. -f- *Solanaceae* · 32 sp · D:Baumtomate; E:Tree Tomato; F:Arbre-à-tomates
– **betacea** (Cav.) Sendtn. · D:Baumtomate; E:Tree Tomato · ♄ e Z9 Ⓚ Ⓝ; cult., nat. in Peru: Anden
– *crassifolia* (Ortega) MacBryde = Cyphomandra betacea

Cyphostemma (Planch.) Alston -n- *Vitaceae* · c. 150 sp
– **bainesii** (Hook. f.) Desc. · ♆ Z9 Ⓚ; Namibia
– *crameriana* (Schinz) Desc. = Cyphostemma currori
– **currori** (Hook. f.) Desc. · ♆ Z9 Ⓚ; Angola, Namibia, Kap
– **fleckii** (Schinz) Desc. Z9 Ⓚ; Namibia
– **juttae** (Dinter et Gilg) Desc. · ♆ Z9 Ⓚ; Namibia
– **macropus** (Welw.) Desc. · ♆ Z9 Ⓚ; Namibia

Cypripedium L. -n- *Orchidaceae* · 47 sp · D:Frauenschuh; E:Lady's Slipper; F:Sabot-de-Vénus
– **acaule** Aiton · D:Kurzstängeliger Frauenschuh; E:Pink Lady's Slipper · ♃ Z5 V-VI ▽ *; Can., USA: NE, NCE, SE
– **arietinum** R. Br. · D:Gehörnter Frauenschuh; E:Ram's Head Lady's Slipper · ♃ Z4 V-VI ▽ *; Can.: E; USA: NE, NCE
– **calceolus** L. · D:Gelber Frauenschuh, Marien-Frauenschuh; E:Lady's Slipper Orchid; F:Sabot de Vénus · ♃ Z5 V-VI ▽ *; Eur.*, W-Sib., E-Sib., Amur, Sachal., Mong., N-China
– var. *parviflorum* (Salisb.) Fernald = Cypripedium parviflorum var. parviflorum
– var. *planipetalum* (Fernald) Vict. et J. Rousseau = Cypripedium parviflorum var. pubescens
– var. *pubescens* (Willd.) Correll = Cypripedium parviflorum var. pubescens
– **californicum** A. Gray · ♃ Z7 V ▽ *; USA: Oreg., Calif.
– **candidum** Muhl. ex Willd. · ♃ ~ ∧ V-VI ▽ *; USA: NE, NCE, NC
– **cordigerum** D. Don · D:Herztragender Frauenschuh · ♃ ▭ ∧ V-VI ▽ *; Him., Kashmir, Nepal
– **fasciculatum** Kellogg ex S. Watson · ♃ Z8 ▭ V-VI ▽ *; Can.: B.C.; USA: NW, Calif., Rocky Mts.
– **fasciolatum** Franch. · ♃ Ⓚ ▭ VI ▽ *; W-China
– **formosanum** Hayata · ♃ ▽ *; Taiwan
– **guttatum** Sw. · D:Getüpfelter Frauenschuh; E:Spotted Lady's Slipper · ♃ Z4 IV-V ▽ *; Eur.: Russ.; Sib., Alaska, Can.: W
– var. *yatabeanum* (Makino) Pfitzer = Cypripedium yatabeanum
– **japonicum** Thunb. · E:Japanese Lady's Slipper · ♃ Z8 ▭ ∧ V-VI ▽ *; China, Jap.
– **macranthos** Sw. · D:Großblütiger Frauenschuh · ♃ Z6 V-VI ▽ *; Russ., W-Sib., E-Sib., Amur, Sachal., Kamchat., Mong., N-China, Manch., Korea, Jap.
– **montanum** Douglas ex Lindl. · E:Mountain Lady's Slipper · ♃ Z5 ▭ V-VI ▽ *; Alaska, Can.: W; USA: NW, Calif., Rocky Mts.
– **parviflorum** Salisb.
– var. **parviflorum** · D:Kleinblütiger

Frauenschuh · ♃ Z5 V-VI ▽ ✻; Can., USA: NW, Rocky Mts., NC, NCE, NE, SE
– var. **pubescens** (Willd.) O.W. Knight · D:Behaarter Frauenschuh; E:Lady's Slipper · ♃ Z5 V-VI ☤ ▽ ✻; Can.: E; USA: NE, NCE, SE
– *planipetalum* (Fernald) Morris et Eames = Cypripedium parviflorum var. pubescens
– *pubescens* Willd. = Cypripedium parviflorum var. pubescens
– **reginae** Walter · D:Königin-Frauenschuh; E:Showy Lady's Slipper · ♃ Z4 V-VI ▽ ✻; Can.: E; USA; NE, NCE, SE
– *spectabile* Salisb. = Cypripedium reginae
– **yatabeanum** Makino · ♃ Z4 ▽ ✻; Jap.

Cyrtandra J.R. Forst. et G. Forst. -f- *Gesneriaceae* · c. 350 sp
– **coccinea** Blume · ♄ Z10 (K); Malay. Arch.

Cyrtanthera Nees = Justicia
– *ghiesbreghtiana* (Lem.) Decne. = Justicia ghiesbreghtiana
– *magnifica* Nees = Justicia carnea
– *pohliana* Nees = Justicia carnea

Cyrtanthus Aiton -m- *Amaryllidaceae* · 47 sp · D:Feuerblüte; E:Fire Lily; F:Cyrtanthus
– **angustifolius** (L. f.) Aiton · ♃ (K) V-VI; Kap
– *lutescens* Herb. = Cyrtanthus ochroleucus
– var. *cooperi* Baker = Cyrtanthus mackenii var. cooperi
– **mackenii** Hook. f.
– var. **cooperi** (Baker) R.A. Dyer · (K); S-Afr.
– var. **mackenii** Hook. f. · D:Ifafa-Feuerblüte; E:Ifafa Lily · ♃ (K) V-VI; S-Afr.: Natal
– **macowanii** Baker · ♃ (K) VI; Kap
– **obliquus** (L. f.) Aiton · ♃ (K) V-VI; Kap
– **ochroleucus** (Herb.) Burch. · ♃ (K) II; Kap
– **purpureus** (Aiton) Herb. · D:Scarborough-Feuerlilie; E:Scarborough Lily · ♃ (K) VII-VIII; S-Afr.
– **sanguineus** (Lindl.) Hook. · ♃ (K) VIII; S-Afr.: Kap, Natal

Cyrtomium C. Presl = Polystichum
– *caryotideum* (Wall.) C. Presl = Polystichum falcatum var. caryotideum
– *falcatum* (L. f.) C. Presl = Polystichum falcatum var. falcatum
– *fortunei* J. Sm. = Polystichum falcatum var. fortunei
– *macrophyllum* (Makino) Tagawa = Polystichum macrophyllum

Cyrtopodium R. Br. -n- *Orchidaceae* · 30 sp · D:Krummfuß; F:Orchidée
– **andersonii** (Lamb. ex André) R. Br. · ♃ Z10 (W) IV-V ▽ ✻; Fla., Venez., Bras.
– **punctatum** (L.) Lindl. · E:Cow Horn Orchid · ♃ Z10 (W) IV-VI ▽ ✻; S-Fla., C-Am., W.Ind., S-Am.

Cyrtorchis Schltr. -f- *Orchidaceae* · 16 sp
– **arcuata** (Lindl.) Schltr. · ♄ Z9 (W) IV-V ▽ ✻; trop. Afr., S-Afr.

Cyrtosperma Griff. -n- *Araceae* · 11 sp
– **chamissonis** (Schott) Merr. · ♃ Z10 (W) (N); Ind. Malay. Arch., Pacific Is.
– **johnstonii** (W. Bull) N.E. Br. · ♃ Z10 (W); Salom.

Cyrtostachys Blume -f- *Arecaceae (Palmae)* · 8 sp
– *lakka* Becc. = Cyrtostachys renda
– **renda** Blume · E:Sealing Wax Palm · ♄ e Z10 (W); Malay. Pen., Sumat., Kalimantan

Cystopteris Bernh. -f- *Woodsiaceae* · 12-18 sp · D:Blasenfarn; E:Bladder Fern; F:Cystoptéride
– **alpina** (Roth) Desv. · D:Alpen-Blasenfarn; E:Alpine Bladder Fern · ♃ △ Z6 VII-IX; Eur.: Ib, Fr, Ap, D, ? EC-Eur., ? Sc, Ap, Ba, E-Eur.; TR, Maroc., Alger.
– **bulbifera** (L.) Bernh. · D:Brutknospen-Balsenfarn; E:Berry Bladder Fern; F:Cystoptéris bulbifère · ♃ △ Z5; Can.: E; USA: NE, NCE, SE, SW, Tex., Utah
– *crispa* (Gouan) H.P. Fuchs = Cystopteris alpina
– **dickieana** Sim · D:Runzelsporiger Blasenfarn; E:Bladder Fern · ♃ △ Z6 VIII-IX; Eur.* exc. EC-Eur., Ba; W-Sib., E-Sib.
– **fragilis** (L.) Bernh. · D:Zerbrechlicher Blasenfarn; E:Brittle Bladder Fern · ♃ △ Z2 VII-IX; Eur.*, Cauc., W-Sib., E-Sib., C-As., Amur
– subsp. *alpina* (Lam.) Hartm. = Cystopteris alpina
– subsp. *dickieana* (Sim) Hyl. = Cystopteris dickieana
– var. *dickieana* (Sim) T. Moore = Cystopteris dickieana

– **montana** (Lam.) Desv. · D:Berg-Blasenfarn; E:Mountain Bladder Fern · ♃ △ Z4 VII-VIII ▽; Eur.*, Cauc., W-Sib., E-Sib.
– *regia* (L.) Desv. = Cystopteris fragilis
– *regia* auct. non (L.) Desv. = Cystopteris alpina
– **sudetica** A. Braun et Milde · D:Sudeten-Blasenfarn · ♃ △ Z6 VII-IX ▽; Eur.: D, A, EC-Eur., Norw.; Cauc, W-Sib., E-Sib., Amur

Cytisanthus O. Lang = Genista
– *radiatus* (L.) O. Lang = Genista radiata

Cytisophyllum O. Lang -n- *Fabaceae (Leguminosae)* · 1 sp · D:Scheingeißklee; F:Faux-cytise
– **sessilifolium** (L.) O. Lang · D:Kahler Geißklee, Meergrüner Geißklee, Scheingeißklee · ♄ d V-VII ☠; Eur.: Sp., F, I

Cytisus Desf. -m- *Fabaceae (Leguminosae)* · 33 sp · D:Besenginster, Geißklee; E:Broom; F:Genêt à balai
– *albus* (Lam.) Link = Cytisus multiflorus
– *albus* Hacq. = Chamaecytisus albus
– *alpinus* Mill. = Laburnum alpinum
– **ardoini** E. Fourn. · D:Ardoines Geißklee · ♄ d ⟿ △ Z7 IV-V ☠; Eur.: F (Alp. Maritime)
– *austriacus* L. = Chamaecytisus austriacus
– *battandieri* Maire = Argyrocytisus battandieri
– × **beanii** G. Nicholson (*C. ardoini* × *C. purgans*) · ♄ ♄ △ Z6 V ☠; cult.
– *biflorus* L'Hér. = Chamaecytisus ratisbonensis
– *canariensis* (L.) Kuntze = Genista canariensis
– *candicans* Lam. = Genista canariensis
– **cantabricus** (Willk.) Rchb. f. · ♄ ⟿ V-VI; Eur.: N-Sp., SW-F
– *capitatus* Scop. = Chamaecytisus supinus
– × **dallimorei** Rolfe (*C. multiflorus* × *C. scoparius 'Andreanus'*) · ♄ d Z6 V; cult.
– **decumbens** (Durande) Spach · D:Niederliegender Geißklee; F:Cytise rampant · ♄ d △ Z5 V-VI ☠; Eur.: F, CH, I, Croatia, Bosn., Montenegro, AL
– *demissus* Boiss. = Chamaecytisus hirsutus
– *elongatus* Waldst. et Kit. = Chamaecytisus glaber
– **emeriflorus** Rchb. · D:Strauchwicken-Geißklee · ♄ d Z6 V-VI; Eur.: CH, I; S-Alp.
– **filipes** (Webb et Berthel.) Masf. · ♄ d Z9 (K) IV-V; Canar.
– *glaber* L. f. = Chamaecytisus glaber
– *hirsutus* L. = Chamaecytisus hirsutus
  – subsp. *ciliatus* (Wahlenb.) Asch. et Graebn. = Chamaecytisus ciliatus
– × **kewensis** Bean (*C. ardoini* × *C. multiflorus*) · D:Zwerg-Elfenbein-Ginster · ♄ d ⟿ △ Z6 V ☠; cult.
– *laburnum* L. = Laburnum anagyroides
– *leucanthus* (Waldst. et Kit.) Link = Chamaecytisus albus
– *maderensis* (Webb et Berthel.) Masf. = Genista maderensis
– *monspessulanus* L. = Genista monspessulana
– **multiflorus** (L'Hér. ex Aiton) Sweet · D:Vielblütiger Geißklee; E:White Spanish Broom · ♄ d Z7 ∧ V-VI ☠; Eur.: Ib
– **nigricans** L. · D:Schwarzwerdender Geißklee; E:Black Broom · ♄ d D Z5 VI-VII ☠; Eur.: Ap, C-Eur., EC-Eur., Ba, E-Eur.
– × **praecox** Bean (*C. multiflorus* × *C. purgans*) · D:Elfenbein-Ginster; E:Warminster Broom; F:Genêt précoce · ♄ d Z6 IV-V ☠; cult.
  – **in Sorten**
– **procumbens** (Waldst. et Kit. ex Willd.) Spreng. · D:Niederliegender Besen-Ginster · ♄ d ⟿ △ Z5 IV-VI; Eur.: A, EC-Eur., Ba, E-Eur.
– *proliferus* L. f. = Chamaecytisus proliferus
– **pseudoprocumbens** Markgr. · D:Ausgebreiteter Besen-Ginster · ♄ V-VI; Eur.: I, Slove., AL
– **purgans** (L.) Boiss. · D:Abführender Geißklee; E:Broom · ♄ d Z7 ∧ V-VII ☠; Eur.: P, Sp., F
– *purpureus* Scop. = Chamaecytisus purpureus
– × *racemosus* Marnock ex G. Nicholson = Genista × spachiana
– *ratisbonensis* Schaeff. = Chamaecytisus ratisbonensis
  – subsp. *biflorus* (L'Hér.) Gams = Chamaecytisus ratisbonensis
– *sagittalis* (L.) W.D.J. Koch = Chamaespartium sagittale subsp. sagittale
– **scoparius** (L.) Link
  – **in Sorten**
  – subsp. *cantabricus* (Willk.) Laínz = Cytisus cantabricus

– subsp. **maritimus** (Rouy) Heywood Z6 ☠; Eur.: BrI, D + ; coasts
– subsp. **scoparius** · D:Besenginster, Besenpfriem; E:Broom, Common Broom, Scotch Broom; F:Genêt à balais · ♄ d Z6 V-VI ⚕ ☠ Ⓝ; Eur.*
– var. *prostratus* (C. Bailey) A.B. Jacks. = Cytisus scoparius subsp. maritimus
– *sessilifolius* L. = Cytisophyllum sessilifolium
– **striatus** (Hill) Rothm. · D:Gestreifter Geißklee; E:Portuguese Broom · ♄ d Ⓚ; Eur.: P, Sp., nat. in F
– *supinus* L. = Chamaecytisus supinus
– × *versicolor* (Kirchn.) Dippel = Chamaecytisus × versicolor

Daboecia D. Don -f- *Ericaceae* · 2 sp · D:Glanzheide; E:St Daboec's Heath; F:Bruyère des Açores
– **azorica** Tutin et E.F. Warb. · D:Azoren-Glanzheide · ♄ e Z8 Ⓚ VI-VII; Azor.
– **cantabrica** (Huds.) K. Koch · D:Irische Glanzheide; E:Connemara Heath, St Dabeoc's Heath; F:Bruyère de saint Daboec · ♄ e Z7 Ⓚ ∧ VI-IX; Eur.: Ib, F, IRL
– **in vielen Sorten**
– subsp. *azorica* (Tutin et E.F. Warb.) D.C. McClint. = Daboecia azorica
– *polifolia* D. Don = Daboecia cantabrica
– × **scotica** D.C. McClint. (*D. azorica* × *D. cantabrica*) · D:Schottische Glanzheide · ♄ e Z7; cult.

Dacrycarpus (Endl.) de Laub. -m- *Podocarpaceae* · 9 sp · D:Warzeneibe; E:Dacryberry; F:If verruqueux
– **dacrydioides** (A. Rich.) de Laub. · D:Neuseeländische Warzeneibe; E:New Zealand Dacryberry · ♄ Z9 Ⓚ; NZ

Dacrydium Lamb. -n- *Podocarpaceae* · 21 sp · D:Maniu; E:Rimu; F:Pin Huon, Pin rouge
– **cupressinum** Sol. ex Lamb. · D:Maniu; E:Red Pine, Rimu · ♄ e Z9 Ⓚ Ⓝ; NZ

Dacryodes Vahl -m- *Burseraceae* · 40 sp
– **edulis** (G. Don) Lam. · ♄ Ⓦ Ⓝ; W-Afr., Cameroun, Angola

Dactylis L. -f- *Poaceae (Gramineae)* · -5 sp · D:Knäuelgras; E:Cock's Foot; F:Dactyle
– **glomerata** L. · D:Wiesen-Knäuelgras; E:Cocksfoot, Orchard Grass · ♃ Z5 V-VII Ⓝ; Eur.*, TR, Levante, Syr., Iraq, Cauc., Iran, W-Sib., E-Sib., Afgh, Pakist., Him., Mong., China, Korea, Jap., Taiwan, Maroc., Alger., nat. in N-Am., Arg., Chile, S-Afr.
– **polygama** Horv. · D:Wald-Knäuelgras · ♃ Z5 VI-VII; Eur.: BrI, Sc, C-Eur., EC-Eur., I, Ba, E-Eur.

Dactylorchis (Klinge) Verm. = Dactylorhiza
– *incarnata* (L.) Verm. = Dactylorhiza incarnata
– *maculata* (L.) Verm. = Dactylorhiza maculata subsp. maculata
– *majalis* (Rchb.) Verm. = Dactylorhiza majalis

Dactylorhiza Neck. ex Nevski -f- *Orchidaceae* · 30 sp · D:Knabenkraut; E:Marsh Orchid, Spotted Orchid; F:Dactylorhize
– × **aschersoniana** (Hausskn.) Borsos et Soó (*D. incarnata subsp. incarnata* × *D. majalis*) · D:Aschersons Bastard-Knabenkraut · ♃ ▽ ✻
– × **carnea** (Camus) Soó (*D. incarnata subsp. incarnata* × *D. maculata*) · D:Fleischrosa Bastard-Knabenkraut · ♃ ▽ ✻
– **cruenta** (O.F. Müll.) Soó · D:Blutrotes Knabenkraut · ♃ VI-VII ▽ ✻; N-Eur., E-Eur., Alp, TR, W-Sib., E-Sib.
– **curvifolia** (Nyl.) Czerep. · D:Ostsee-Knabenkraut · ♃ VI ▽ ✻; Eur.: D, PL, DK
– × **dinglensis** (Wilmott) Soó (*D. maculata* × *D. majalis*) · D:Dingles Bastard-Knabenkraut · ♃ ▽ ✻; D +
– **elata** (Poir.) Soó · ♃ Z7 Ⓐ ∧ V-VI ▽ ✻; Eur.: Ib, F, Sic.; Maroc., Alger.
– **fuchsii** (Druce) Soó · D:Fuchs' Knabenkraut; E:Common Spotted Orchid · ♃ Z6 VI-VII ▽ ✻; Eur. exc. Ib., Sib., ? N-Afr.
– **incarnata** (L.) Soó · D:Fleischfarbiges Knabenkraut; E:Early Marsh Orchid · ♃ Z7 V-VII ▽ ✻; Eur.*, N-TR, W-Sib., E-Sib.
– **lapponica** (Hartm.) Soó · D:Lappländisches Knabenkraut · ♃ VI-VIII ▽ ✻; Eur.: Sc
– **maculata** (L.) Soó
– subsp. *fuchsii* (Druce) Hyl. = Dactylorhiza fuchsii
– subsp. **maculata** · D:Geflecktes Knabenkraut; E:Heath Spotted Orchid; F:Orchis tacheté · ♃ Z6 V-VIII ▽ ✻;

Eur. exc. SE-Eur.
- **majalis** (Rchb.) P.F. Hunt et Summerh. · D:Breitblättriges Knabenkraut; E:Broad Leaved Marsh Orchid · ♃ Z6 V-VI ▽ *; Eur.*
- **praetermissa** (Druce) Soó · D:Übersehenes Knabenkraut; E:Southern Marsh Orchid · ♃ Z6 VI ▽ *; NW-Eur.
  - var. *junialis* (Verm.) Senghas = Dactylorhiza praetermissa
- **purpurella** (T. Stephenson et T.A. Stephenson) Soó · D:Purpurrotes Knabenkraut · ♃ Z6 VI ▽ *; NW-Eur.
- *russowii* (Klinge) Holub = Dactylorhiza curvifolia
- **ruthei** (M. Schulze et Ruthe) Soó · D:Ruthes Knabenkraut · ♃ ▽ *; Eur.: D, PL
- **sambucina** (L.) Soó · D:Holunder-Knabenkraut; E:Elderflower Orchid · ♃ Z7 IV-VI ▽ *; Eur.* exc. BrI; Cauc.
- **sphagnicola** (Höppner) Soó · D:Torf-Knabenkraut · ♃ VI ▽ *; Eur.: Fr, D, Sk
- *strictifolia* (Opiz) Rauschert = Dactylorhiza incarnata
- × **transiens** (Druce) Soó (*D. fuchsii* × *D. maculata*) · D:Geflecktes Bastard-Knabenkraut · ♃ ▽ *
- **traunsteineri** (Saut. ex Rchb.) Soó · D:Traunsteiners Knabenkraut · ♃ Z6 VII-VIII ▽ *; Eur.: BrI, Sc, C-Eur., EC-Eur., Slove., E-Eur., Ap; W-Sib.

Daedalacanthus T. Anderson = Eranthemum
- *nervosus* (Vahl) T. Anderson = Eranthemum pulchellum
- *wattii* (Bedd.) C.B. Clarke = Eranthemum wattii

Daemonorops Blume -f- *Arecaceae (Palmae)* · 114 sp · D:Drachenblutpalme; E:Dragon's Blood Palm; F:Palmier sang-de-dragon
- **draco** Blume · D:Drachenblutpalme; E:Dragon's Blood Palm · ₺ e Ⓦ ⚕ Ⓝ; Ind.
- **lewisiana** Mart. · ₺ e ⌇ Ⓦ; Malay. Pen. (Penang)

Dahlia Cav. -f- *Asteraceae (Compositae)* · 29 sp · D:Dahlie, Georgine; E:Dahlia; F:Dahlia
- *arborea* hort. = Dahlia excelsa
- **coccinea** Cav. · ♃ Ⓚ VIII-IX; Mex.
- **excelsa** Benth. · ₺ Ⓚ XI; Mex.
- × **hortensis** Guillaumin (*D. coccinea* × *D. pinnata*) · ♃ Ⓚ VIII-IX; ? Mex.
- **imperialis** Roezl ex J.G. Ortega · ₺ Ⓚ XI-II; Mex.
- *juarezii* hort. = Dahlia × hortensis
- *juarezii* M.E. Berg ex Mast. = Dahlia coccinea
- **merckii** Lehm. · E:Bedding Dahlia · ♃ Ⓚ VII-IX; Mex.
- **pinnata** Cav. · ♃ Ⓚ VIII-X; Mex.
- *pinnata* hort. = Dahlia × hortensis
- *rosea* Cav. = Dahlia pinnata
- *variabilis* (Willd.) Desf. = Dahlia pinnata
- *variabilis* hort. = Dahlia × hortensis
- **Cultivars**
  - **in vielen Sorten (siehe Kapitel III)**

Dalbergia L. f. -f- *Fabaceae (Leguminosae)* · c. 100 sp · D:Dalbergie, Rosenholz; E:Rosewood; F:Bois de rose, Palissandre
- **latifolia** Roxb. ex DC. · D:Schwarzes Rosenholz; E:Black Rosewood, Black Wood · ₺ d Z9 Ⓦ Ⓝ; Ind.
- **melanoxylon** Guill. et Perr. · D:Afrikanische Grenadilla, Senegal-Ebenholz; E:African Blackwood, Senegal Ebony · ₺ Z9 Ⓦ Ⓝ; trop. Afr., nat. in C-Am.
- **nigra** (Vell.) Allemão ex Benth. · D:Brasilianisches Rosenholz; E:Bahia Rosewood · ₺ Z9 Ⓦ Ⓝ ▽ *; Bras.
- **retusa** Hemsl. · D:Coccobolo, Rosenholz; E:Cocobolo · ₺ Z9 Ⓦ Ⓝ; C-Am., S-Am.
- **sissoo** Roxb. ex DC. · D:Ostindisches Rosenholz; E:Indian Rosewood, sisu · ₺ d Z9 Ⓦ Ⓝ; S-Him.

Dalechampia L. -f- *Euphorbiaceae* · c. 110 sp · D:Dalechampie; F:Dalechampia
- *roezliana* Müll. Arg. = Dalechampia spathulata
  - var. *rosea* Müll. Arg. = Dalechampia spathulata
- **spathulata** (Scheidw.) Baill. · ₺ e Z10 Ⓦ; Mex.
  - var. *rosea* (Müll. Arg.) Pax et K. Hoffm. = Dalechampia spathulata

Danae Medik. -f- *Ruscaceae* · 1 sp · D:Alexandrinischer Lorbeer, Traubendorn; E:Alexandrian Laurel; F:Laurier d'Alexandrie
- **racemosa** (L.) Moench · D:Alexandrinischer Lorbeer, Traubendorn; E:Alexandrian Laurel · ₺ e Z8 Ⓚ ∧; Cauc., Iran, N-Syr.

Daniella Corr. Méllo -f- *Bignoniaceae* · 9 sp
– **ogea** Rolfe · E:Gum Copal · ♄ Z10 Ⓦ Ⓝ; W-Afr., Benin, Nigeria, Liberia

Danthonia DC. -f- *Poaceae (Gramineae)* · 10-20 sp · D:Dreizahn, Kelchgras, Traubenhafer; E:Heath Grass; F:Danthonia
– **alpina** Vest · D:Kelch-Traubenhafer, Kelchgras · ♃ V-VI; Eur.* exc. BrI, Sc
– **decumbens** (L.) Lam. et DC. · D:Dreizahn · ♃ VI-VII; Eur.*, TR, Cauc.

Daphne L. -f- *Thymelaeaceae* · c. 50 sp · D:Heideröschen, Kellerhals, Königsblume, Seidelbast; E:Daphne; F:Bois-joli, Camélée, Daphné
– **acutiloba** Rehder · ♄ e Z6 VII ☠ ▽; W-China
– **alpina** L. · D:Alpen-Seidelbast · ♄ d △ D Z5 V-VI ☠ ▽; Eur.: F, I, CH, A, Slove., Croatia, Bosn., YU, ? Sp.; mts.
– **altaica** Pall. · D:Altai-Seidelbast · ♄ d △ D Z5 V-VI ☠ ▽; W-Sib. (Altai), C-As.
– **arbuscula** Čelak. · ♄ e △ Z6 VI ☠ ▽; Slova.
– **aurantiaca** Diels · ♄ e Z6 ☠ ▽; SW-China
– **bholua** Buch.-Ham. ex D. Don · ♄ e Z8 Ⓚ ☠ ▽; E-Him.: E-Nepal, Bhutan, Sikkim, NW-Assam
– **blagayana** Freyer · D:Königs-Seidelbast; E:Balkan Daphne · ♄ e △ D Z6 IV-V ☠ ▽; Eur.: Ba, RO
– × **burkwoodii** Turrill (*D. caucasica* × *D. cneorum*) · D:Burkwoods Seidelbast; E:Burkwood's Daphne · ♄ d D Z6 V-VI ☠; cult.
  – **in Sorten**
– **caucasica** Pall.
  – var. **axilliflora** Keissl. · ♄ d Z6 V-VI ☠ ▽; Cauc.
  – var. **caucasica** · D:Kaukasischer Seidelbast; E:Caucasian Daphne · ♄ d D Z6 V-VI ☠ ▽; Cauc., TR
– **cneorum** L.
  – var. **cneorum** · D:Heideröschen, Rosmarin-Seidelbast; E:Garland Flower, Rose Daphne; F:petite Thymélée, Thymélée des Alpes · ♄ ♄ e △ D Z5 V-VI ☠ ▽; Eur.* exc. BrI, Sc
  – var. **verlotii** (Gren. et Godr.) Meisn. · ♄ e Z5 IV-V ☠ ▽; SE-F, D (Bayern)
– **genkwa** Siebold et Zucc. · D:Chinesischer Seidelbast; E:Chinese Daphne · ♄ d Z5 IV-V ⚕ ☠ ▽; China, Korea
– *glandulosa* Spreng. = Daphne oleoides
– **glomerata** Lam. · ♄ e Z6 ☠ ▽; NE-TR, Cauc.
– **gnidium** L. · ♄ e Z8 Ⓚ VII-IX ☠ ▽; Eur.: Ib, Fr, Ap, Ba, Canar., Madeira; NW-Afr.
– × **hendersonii** Hodgkin ex C.D. Brickell et B. Mathew (*D. cneorum* × *D. petraea*) · ♄ ☠
– × **houtteana** Lindl. et Paxton (*D. laureola* × *D. mezereum*) · ♄ s D Z6 IV ☠; cult.
– × **hybrida** Colville ex Sweet (*D. oleoides* × *D. sericea*) · ♄ e Z6 ☠; cult.
– **laureola** L.
  – subsp. **laureola** · D:Lorbeer-Seidelbast; E:Spurge Laurel · ♄ e Z7 II-IV ☠ ▽; Eur.: Ib, Fr, BrI, Ap, C-Eur., EC-Eur., Ba, RO; N-TR, Maroc., Alger.
  – subsp. **philippi** (Gren.) Rouy · ♄ e ⇝ Z7 IV-V ☠ ▽; Sp., F; Pyr.
– × **mantensiana** Manten ex T.M.C. Taylor et Vrugtman (*D.* × *burkwoodii* × *D. retusa*) · ♄ e ☠; cult.
– **mezereum** L. · D:Gewöhnlicher Seidelbast, Kellerhals; E:February Daphne, Mezereon; F:Bois gentil, Bois joli · ♄ d D Z4 III-IV ⚕ ☠ ▽; Eur.*, Cauc., TR, N-Iran, W-Sib., E-Sib.
– × **napolitana** Lodd. (*D. cneorum* × *D. sericea*) · ♄ e D Z8 Ⓚ V-VI ☠; cult.
– **odora** Thunb. ex Murray · D:Duftender Seidelbast; E:Winter Daphne · ♄ e D Z7 I-III ☠ ▽; China
– **oleoides** Schreb. · ♄ e D Z7 V-VI ☠ ▽; Eur.: Ib, Ap, Ba; TR, Lebanon, Cauc., W-Iran, Alger., Libya
– **petraea** Leyb. · D:Felsen-Seidelbast · ♄ e D Z6 VI ☠ ▽; Eur.: I (Brescia)
– *philippi* Gren. = Daphne laureola subsp. philippi
– **pontica** L. · D:Pontischer Seidelbast; E:Twin-flower Daphne · ♄ e D Z6 V ☠ ▽; Eur.: BG; N-TR, Cauc.
– *retusa* Hemsl. = Daphne tangutica Retusa Grp.
– **sericea** Vahl · D:Berg-Seidelbast · ♄ e Z8 Ⓚ V-VI ☠ ▽; Eur.: I, Sic., GR, Crete; TR, Syr., Lebanon
– **striata** Tratt. · D:Gestreifter Seidelbast, Steinröschen · ♄ ♄ e ⇝ △ Z7 V-VII ☠ ▽; Eur.: F, I, C-Eur., Slove.; Alp.
– **tangutica** Maxim. · ♄ e D Z6 III-IV ☠ ▽; China: Kansu
  – **Retusa Grp.** · ♄ D V-VI ☠ ▽; W-Him.
– × **thauma** Farrer (*D. petraea* × *D. striata*) ·

♄ e Z7 ☠ ▽; N-I (Cima Tombea)

Daphniphyllum Blume -n- *Daphniphyllaceae* · 10 (-15) sp · D:Scheinlorbeer; F:Faux-laurier
- **humile** Maxim. · ♄ e Z7; Jap., Korea
- **macropodum** Miq. · D:Chinesischer Scheinlorbeer · ♄ ♄ e Z7; Jap., Korea

Darlingtonia Torr. -f- *Sarraceniaceae* · 1 sp · D:Darlingtonie, Kobraschlauchpflanze; E:Cobra Lily; F:Lis-cobra, Plante-cobra
- **californica** Torr. · D:Darlingtonie, Kobraschlauchpflanze; E:Cobra Lily · ♃ Z7 V-VIII; USA: S-Oreg, N-Calif.

Darmera Voss -f- *Saxifragaceae* · 1 sp · D:Schildblatt; E:Indian Rhubarb; F:Darmera
- **peltata** (Torr. ex Benth.) Voss · D:Schildblatt; E:Indian Rhubarb, Umbrella Plant; F:Saxifrage pelté · ♃ ~ Z6 IV-V; USA: Oreg., Calif.

Darwinia Rudge -f- *Myrtaceae* · 45 (23) sp
- **hookeriana** Benth. · ♄ e Z9 (K) IV; S-Austr.
- **macrostegia** (Turcz.) Benth. · E:Mondurup Bell · ♄ e Z9 (K) IV; S-Austr.

Dasylirion Zucc. -n- *Dracaenaceae* · 18 sp · D:Rauschopf; E:Bear Grass; F:Dasylirion
- **acrotrichum** Zucc. · ♄ e Z9 (K); C-Mex.
- **glaucophyllum** Hook. · ♄ e Z9 (K); E-Mex.
- *gracile* (Lem.) MacBryde = Beaucarnea gracilis
- *gracile* Planch. = Dasylirion acrotrichum
- **graminifolium** (Zucc.) Zucc. · ψ Z9 (K); SE-Mex.
- *laxiflorum* Baker = Dasylirion serratifolium
- *longifolium* Zucc. = Nolina longifolia
- **longissimum** Lem. · ♄ e Z9 (K); E-Mex.
- *quadrangulatum* S. Watson = Dasylirion longissimum
- **serratifolium** (Karw. ex Schult. f.) Zucc. · ψ Z9 (K); E-Mex.

Dasypyrum (Coss. et Durieu) T. Durand -n- *Poaceae (Gramineae)* · 2 sp
- **villosum** (L.) Borbás · ⊙; Eur.: Ib, Fr, Ap, Ba, RO, Krim; TR, Cauc.

Datisca L. -f- *Datiscaceae* · 2 sp · D:Scheinhanf, Streichkraut; E:Acalbir; F:Faux-chanvre
- **cannabina** L. · D:Scheinhanf, Streichkraut; E:False Hemp · ♃ Z7 ∧ VII-VIII; Eur.: Crete; TR, Cyprus, Lebanon, Cauc., Iran, C-As., Him.

Datura L. -f- *Solanaceae* · 8 sp · D:Stechapfel; E:Thorn Apple; F:Faux-metel, Pomme du diable
- *alba* Nees = Datura metel
- *arborea* L. = Brugmansia arborea
- *aurea* (Lagerh.) Saff. = Brugmansia aurea
- *bertolonii* Parl. ex Guss. = Datura stramonium var. inermis
- × *candida* (Pers.) Stapf = Brugmansia × candida
- **ceratocaula** Ortega · ⊙ ~ D Z10 VIII ☠; Mex.
- *cornigera* Hook. = Brugmansia arborea
- *fastuosa* L. = Datura metel
- **ferox** L. · D:Dorniger Stechapfel; E:Longspine Thorn Apple · ⊙ Z8 VII-VIII ☠; China, nat. in S-Eur., N-Afr.
- *inermis* Juss. ex Jacq. = Datura stramonium var. inermis
- **innoxia** Mill. · ⊙ Z9 VIII-X ☠ (N); USA: SE, Fla., ; Mex., W.Ind., C-Am., S-Am., nat. in Eur.: Ib, F, Ap
- **metel** L. · D:Flaumiger Stechapfel; E:Downy Thorn Apple, Horn of Plenty · ⊙ Z9 VI-VII ☠ (N); trop. Afr., trop. As, nat. in Trop., Subtrop.
  - *'La Fleur Lilac'* = Datura stramonium var. tatula
- *meteloides* DC. ex Dunal = Datura innoxia
- *mollis* Saff. = Brugmansia versicolor
- *praecox* Godr. = Datura stramonium var. tatula
- **quercifolia** Humb., Bonpl. et Kunth · D:Eichenblättriger Stechapfel; E:Oakleaf Datura · ⊙ Z8 VII ☠; USA: SW; N-Mex.
- *rosei* Saff. = Brugmansia sanguinea subsp. sanguinea
- *sanguinea* Ruiz et Pav. = Brugmansia sanguinea subsp. sanguinea
- **stramonium** L.
  - var. **godronii** Danert
  - var. **inermis** (Juss. ex Jacq.) Timm · D:Dornloser Stechapfel; E:Thornless Thorn Apple
  - var. **stramonium** · D:Weißer Stechapfel; E:Thorn Apple · ⊙ Z7 IX-X ⚕ ☠; ? N-AM, nat. in Eur.*
  - var. **tatula** (L.) Torr. · ⊙ Z7
- *suaveolens* Humb. et Bonpl. ex Willd. = Brugmansia suaveolens

– *tatula* L. = Datura stramonium var. tatula
– *versicolor* (Lagerh.) Saff. = Brugmansia versicolor

Daubentonia DC. = Sesbania
– *punicea* (Cav.) DC. = Sesbania tripetii
– *tripetii* Poit. = Sesbania tripetii

Daucus L. -m- *Apiaceae (Umbelliferae)* · 22 sp · D:Möhre; E:Carrot; F:Carotte
– **carota** L. · D:Möhre
  – subsp. **carota** · D:Wilde Möhre; E:Wild Carrot · ⊙ VI-IX
  – subsp. **sativus** (Hoffm.) Schübl. et G. Martens · D:Gelbe Rübe, Karotte, Mohrrübe, Speise-Möhre; E:Carrot · ⊙ VI-IX ⚕; cult.

Davallia Sm. -f- *Davalliaceae* · 34 sp · D:Hasenpfotenfarn, Krugfarn; E:Hare's Foot Fern; F:Davallia
– **bullata** Wall. · D:Hasenpfotenfarn; E:Hare's Foot Fern · ♃ Z10 (W); trop. As., Jap., China
  – var. *mariesii* (T. Moore) Baker = Davallia mariesii
– **canariensis** (L.) Sm. · D:Kanarischer Hasenpfotenfarn; E:Canary Island Hare's Foot Fern · ♃ ⇝ Z9 (K); Eur.: Ib, Canar., Madeira, Cap Verde
– **decurrens** Hook. · ♃ Z10; Phil.
– **denticulata** (Burm. f.) Mett. ex Kuhn · ♃ Z10 (W); W-Afr., Madag., Ind., Sri Lanka, Indochina, Malay. Arch., Polyn., N-Austr.
– **divaricata** Blume · ♃ ⇝ Z10 (W); N-Ind., China, Phil., Java, Sulawesi
– *elegans* Sw. = Davallia denticulata
– **fejeensis** Hook. · D:Kaninchenpfotenfarn; E:Rabbit's Foot Fern · ♃ ⇝ Z10 (W); Fiji
– *griffithiana* Hook. = Humata griffithiana
– *heterophylla* Sm. = Humata heterophylla
– *lonchitidea* Wall. = Microlepia platyphylla
– **mariesii** T. Moore · D:Ballfarn; E:Squirrel's Foot Fern · ♃ ⇝ Z9 (W); China, Korea, Jap., Taiwan
– *pedata* Sm. = Humata repens
– *polyantha* Hook. = Davallia divaricata
– **pyxidata** Cav. · D:Australischer Hasenpfotenfarn; E:Australian Hare's Foot Fern · ♃ ⇝ Z10 (W); Austr.: N.S.Wales
– **solida** (G. Forst.) Sw. · ♃ ⇝ Z10 (W); Malay. Arch., Austr.: Queensl.; Polyn.
– **trichomanoides** Blume · ♃ ⌇ ⇝ Z10 (W); Sri Lanka, Indochina, Malay. Arch., Jap.
– *tyermannii* Baker = Humata tyermannii

Davidia Baill. -f- *Nyssaceae* · 1 sp · D:Taubenbaum; E:Dove Tree; F:Arbre aux pochettes, Davidia
– **involucrata** Baill.
  – var. **involucrata** · D:Taschentuchbaum, Taubenbaum; E:Dove Tree, Ghost Tree, Handkerchief Tree · ♄ d Z7; W-China
  – var. *laeta* (Dode) Krüssm. = Davidia involucrata var. vilmoriana
  – var. **vilmoriana** (Dode) Wangerin · ♄ d Z7 V-VI; China: Sichuan, Hupeh
– *vilmoriana* Dode = Davidia involucrata var. vilmoriana

Daviesia Sm. -f- *Fabaceae (Leguminosae)* · c. 110 sp · D:Bittererbse; E:Bitter Peas
– **polyphylla** Benth. · ♄ e Z9 (K); W-Austr.

Deamia Britton et Rose -f- *Cactaceae* · 2 sp
– **testudo** (Karw.) Britton et Rose · ♆ ⌇ Z9 (K) ▽ ✻; C-Am., Col.

Debregeasia Gaudich. -f- *Urticaceae* · 4 sp
– **longifolia** (Burm. f.) Wedd. · ♄ e (W); S-Him., Ind., Sri Lanka, Myanmar, Java

Decabelone Decne. = Tavaresia
– *grandiflora* K. Schum. = Tavaresia barklyi

Decaisnea Hook.f. et Thomson -f- *Lardizabalaceae* · 2 sp · D:Blauschote, Gurkenstrauch; F:Decaisnea
– **fargesii** Franch. · ♄ d ♧ Z7 V-VI; W-China

Decaryia Choux -f- *Didiereaceae* · 1 sp
– **madagascariensis** Choux · ♄ ♆ Z10 (K) ▽ ✻; SW-Madag.

Decumaria L. -f- *Hydrangeaceae* · 2 sp · D:Sternhortensie; E:Climbing Hydrangea
– **barbara** L. · D:Amerikanische Sternhortensie; E:Climbing Hydrangea, Wood Vamp · ♄ d ⌇ Z7 ∧ V-VI; USA: Va., SE, Fla.
– **sinensis** Oliv. · D:Chinesische Sternhortensie · ♄ e Z8 (K); C-China

Degenia Hayek -f- *Brassicaceae (Cruciferae)* · 1 sp
– **velebitica** (Degen) Hayek · ♃ Z7; Croatia: Velebit

Deherainia Decne. -f- *Theophrastaceae* · 2 sp

– **smaragdina** Decne. · ♄ e (W); Mex.

Deinanthe Maxim. -f- *Hydrangeaceae* · 2 sp · D:Scheinhortensie; F:Deinanthe
– **bifida** Maxim. · D:Weiße Scheinhortensie · ♃ Z7 ∧ VII-VIII; Jap.
– **caerulea** Stapf · D:Blaue Scheinhortensie · ♃ Z7 ∧ VII-VIII; China: Hupeh

× **Dekensara** hort. -f- *Orchidaceae* (*Cattleya* × *Rhyncholaelia* × *Schomburgkia*)

Delairea Lem. -f- *Asteraceae (Compositae)* · 1 sp · D:Salonefeu; E:German Ivy; F:Delairea
– **odorata** Lem. · D:Salonefeu; E:German Ivy, Parlour Ivy · ♃ ≀ ⁓→ Z9 (K); Kap, nat. in S-Eur., W-Eur., NW-Afr.

Delonix Raf. -f- *Caesalpiniaceae (Leguminosae)* · 10 sp · D:Flamboyant; E:Flame Tree; F:Flamboyant
– **regia** (Bojer ex Hook.) Raf. · D:Flamboyant; E:Flamboyant, Flame Tree · ♄ d Z9 (W); Madag., nat. in Trop., Subtrop.

Delosperma N.E. Br. -n- *Aizoaceae* · 155 sp · D:Mittagsblume; F:Delosperma, Ficoide
– **aberdeenense** (L. Bolus) L. Bolus · ♄ Ψ Z9 (K); S-Afr.
– **brunnthaleri** (A. Berger) Schwantes ex Jacobsen · Ψ Z9; S-Afr. (Natal)
– **cooperi** (Hook. f.) L. Bolus · E:Hardy Ice Plant · ♃ ♄ Ψ e Z7 (A) ∧ VI-VIII; S-Afr.: Orange Free State
– *echinatum* (Aiton) Schwantes = Delosperma pruinosum
– **ecklonis** (Salm-Dyck) Schwantes · ♃ Ψ Z9 (K); Kap
– **lineare** L. Bolus · ♄ Ψ Z7 (A) ∧ VI-VIII; Lesotho
– **nubigenum** (Schltr.) L. Bolus · D:Lesotho-Mittagsblume · ♄ Ψ Z9 (K); S-Afr. Orange Free State
– **pruinosum** (Thunb.) J.W. Ingram · ♃ Ψ Z9 (K); Kap

Delphinium L. -n- *Ranunculaceae* · 250-320 sp · D:Rittersporn; E:Larkspur; F:Pied-d'alouette
– *ajacis* L. = Consolida ajacis
– *ajacis* L. emend. J. Willm. = Consolida orientalis
– *alpinum* Waldst. et Kit. = Delphinium elatum
– **bicolor** Nutt. · D:Niederer Rittersporn; E:Flat Head Larkspur · ♃ △ Z4 V-VIII; W-Can., USA: Rocky Mts., NC
– **brunonianum** Royle · ♃ △ D Z4 VI-VII; C-As., Afgh., Pakist., Tibet, Him.
– **bulleyanum** Forrest ex Diels · ♃ Z7; W-China
– **cardinale** Hook. · D:Roter Rittersporn; E:Scarlet Larkspur · ♃ Z7 ▭ ∧ VII-VIII; S-Calif.
– **cashmerianum** Royle · ♃ △ Z5 VI-X; Him.
– **cheilanthum** DC. · ♃ Z4 VI-VII; E-Sib.
– *consolida* L. = Consolida regalis subsp. regalis
– **elatum** L. · D:Hoher Rittersporn · ♃ Z3 VI-VIII ☠ ▽; Eur.: Fr, Ap, C-Eur., EC-Eur., Ba; mts.; W-Sib., E-Sib., Mong., nat. in Sc
– **fissum** Waldst. et Kit. · ♃ Z7 VI-VII; Eur.: Ib, Fr, Ap, Ba, E-Eur.; TR, Levante
– *formosum* Boiss. et A. Huet = Delphinium huetianum
– **grandiflorum** L. · F:Dauphinelle à grandes fleurs · ♃ △ Z3 VI-VIII; E-Sib., W-China
  – var. *chinense* Fisch. ex DC. = Delphinium grandiflorum
– **huetianum** Meikle · ♃ VIII-IX; N-TR
– **maackianum** Regel · F:Pied d'alouette · ♃ Z3 VI-VII; Sib.
– **muscosum** Exell et Hillc. · ♃ △ Z7 VI-VII; Bhutan
– **nudicaule** Torr. et A. Gray · D:Nacktstängliger Lerchensporn; E:Red Larkspur · ♃ △ Z7 ∧ VI-VII; N-Calif.
– *orientale* J. Gay = Consolida orientalis
– × **ruysii** hort. ex Möllers (*D. elatum* × *D. nudicaule*) · ♃ Z6; cult.
– **semibarbatum** Bien. ex Boiss. · D:Gelber Rittersporn; E:Zalil; F:Pied d'alouette · ♃ ✂ Z7 ∧ VI-VII; Iran, Afgh., N-Ind.
– **staphisagria** L. · ♃ Z8 (K) ⚕ ☠; Eur.: Ib, Fr, Ap, Ba; TR, Cyprus, Syr., NW-Afr.
– *sulphureum* hort. = Delphinium semibarbatum
– **tatsienense** Franch. · F:Dauphinelle du Setchouan · ♃ Z6 VII; Sichuan
– **tricorne** Michx. · ♃ Z4 V-VI; USA: NE, NCE, NC, SC, SE
– **triste** Fisch. · ♃ Z3 VI-VII; Sib.
– *zalil* Aitch. et Hemsl. = Delphinium semibarbatum
– **Cultivars**
  – **in vielen Sorten (siehe Kapitel III)**

Dendranthema (DC.) Des Moul. =

Chrysanthemum
- *arcticum* (L.) Tzvelev = Arctanthemum arcticum
- *coreanum* (Lév. et Vaniot) Vorosch. = Chrysanthemum coreanum
- *indicum* (L.) Des Moul. = Chrysanthemum indicum
- *indicum* hort. = Chrysanthemum × grandiflorum
- *pacificum* (Nakai) Kitam. = Ajania pacifica
- *weyrichii* (Maxim.) Tzvelev = Chrysanthemum weyrichii
- *zawadskii* (Herbich) Tzvelev = Chrysanthemum zawadskii var. zawadskii

Dendrobium Sw. -n- *Orchidaceae* · 900-1400 sp
- *acuminatum* hort. = Epigeneium lyonii
- **aduncum** Wall. ex Lindl. · ♃ Z10 (W) VI-IX ▽ *; Him., Indochina, China
- *aggregatum* Roxb. = Dendrobium lindleyi
- *amoenum* Wall. ex Lindl. = Dendrobium aphyllum
- *amplum* Lindl. = Epigeneium amplum
- **anosmum** Lindl. · ♃ Z10 (W) II-IV ▽ *; Thail., Laos, Vietn., Malay. Arch., Phil., N.Guinea
- **aphyllum** (Roxb.) C.E.C. Fisch. · ♃ Z10 (W) III-V ▽ *; NE-Ind., Him., SW-China, Indochina, Malay. Pen.
- **arachnites** Rchb. f. · ♃ D Z10 (W) V ▽ *; Myanmar, Thail.
- **atroviolaceum** Rolfe · ♃ Z10 (W) IV-V ▽ *; N.Guinea
- *aureum* Lindl. = Dendrobium heterocarpum
- **bellatulum** Rolfe · ♃ Z10 (K) IV-V ▽ *; Vietn.: Annam
- **bigibbum** Lindl. · ♃ Z10 (W) II-III ▽ *; N.Guinea, Austr.: Queensl.
- **brymerianum** Rchb. f. · ♃ Z10 (W) II-III ▽ *; Myanmar, Thail., Laos
- **bullenianum** Rchb. f. · ♃ Z10 (W) ▽ *; Phil.
- *calceolaria* Carey = Dendrobium moschatum
- **chrysanthum** Wall. · ♃ Z10 (W) VIII-IX ▽ *; Nepal, Him., Myanmar, Thail.
- **chrysotoxum** Lindl. · ♃ Z10 (W) III-IV ▽ *; Ind., China, Myanmar, Laos
- **ciliatum** Parish · ♃ Z10 (W) X-XI ▽ *; Indochina
- *coelogyne* Rchb. f. = Epigeneium coelogyne
- *crassinode* Benson et Rchb. f. = Dendrobium pendulum
- **crepidatum** Lindl. · ♃ Z10 (W) IV-V ▽ *; Ind.: Sikkim, Assam; Myanmar
- **crumenatum** Sw. · ♃ Z10 (W) I-XII ▽ *; Myanmar, Malay. Pen.
- *dalhousieanum* Wall. = Dendrobium pulchellum
- **dearei** Rchb. f. · ♃ Z10 (W) IV-VI ▽ *; Phil.
- **densiflorum** Wall. · ♃ Z10 (W) ▽ *; Him., Indochina
- **devonianum** Paxton · ♃ Z10 (W) V-VI ▽ *; Him., Indochina
- **discolor** Lindl. · ♃ Z10 (K) I-V ▽ *; N.Guinea, Austr.: Queensl.
- **draconis** Rchb. f. · ♃ Z10 (W) ▽ *; Myanmar, Thail.
- **falconeri** Hook. · ♃ Z10 (W) V-VI ▽ *; Ind.: Assam; S-Myanmar
- **falcorostrum** Fitzg. · ♃ Z10 (W) ▽ *; Austr.
- **farmeri** Paxton · ♃ Z10 (W) IV-V ▽ *; Him., Myanmar, Thail., Malay. Pen.
- **fimbriatum** Hook.
  - var. **fimbriatum** · ♃ Z10 (W) ▽ *; Him., Myanmar
  - var. **oculatum** Hook. · ♃ Z10 (W) III-V ▽ *; Sikkim
- **findleyanum** Parish et Rchb. f. · ♃ Z10 (W) II-III ▽ *; Myanmar, Thail.
- **formosum** Roxb. · ♃ Z10 (W) II-V ▽ *; Nepal, Him., Myanmar, Thail.
- **gibsonii** Lindl. · ♃ Z10 (K) VIII-X ▽ *; Him., Myanmar, Yunnan
- **gratiosissimum** Rchb. f. · ♃ Z10 (W) III-V ▽ *; Myanmar, Thail.
- **heterocarpum** Wall. ex Lindl. · ♃ Z10 (W) I-III ▽ *; Him., Ind., Sri Lanka, Myanmar, Phil., Java
- **histrionicum** Schltr. · ♃ Z10 (W) IV-V ▽ *; Myanmar, Thail.
- **hookerianum** Lindl. · ♃ Z10 (W) VIII-IX ▽ *; Him., Ind.: Assam
- **infundibulum** Lindl.
  - var. **infundibulum** · ♃ Z10 (W) ▽ *; Myanmar, Thail.
  - var. **jamesianum** (Rchb. f.) Veitch · ♃ Z10 (W) III-V ▽ *; Myanmar
- *infundibulum* Rchb. f. = Dendrobium formosum
- *jamesianum* Rchb. f. = Dendrobium infundibulum var. jamesianum
- **kingianum** Bidwill ex Lindl. · ♃ ≹ Z10 (K) IV-V ▽ *; Austr.: Queensl., N.S.Wales
- **lindleyi** Steud. · ♃ Z10 (W) III-V ▽ *;

Him., S-China, Indochina, Malay. Pen.
- **lituiflorum** Lindl. · ♃ Z10 ⓦ IV-V ▽ *; NE-Ind., Myanmar, Thail.
- **loddigesii** Rolfe · ♃ Z10 ⓦ II-IV ▽ *; China: Yunnan, Honan; Laos
- **luteolum** Bateman · ♃ Z10 ⓦ I-V ▽ *; Myanmar
- *lyonii* Ames = Epigeneium lyonii
- **minax** Rchb. f. · ♃ Z10 ⓦ V-VII ▽ *; Molucca I.: Ambon
- *monile* (Thunb.) Kraenzl. = Dendrobium moniliforme
- **moniliforme** (L.) Sw. · ♃ Z10 ⓚ IV-V ▽ *; China, S-Korea, Jap.
- **moschatum** (Willd.) Sw. · ♃ Z10 ⓦ V-VII ▽ *; Sikkim, Myanmar, Thail., Laos
- **nobile** Lindl. · ♃ Z10 ⓦ III-VI ⚕ ▽ *; Him., W-China, Taiwan
- **ochreatum** Lindl. · ♃ Z10 ⓦ III-IV ▽ *; Ind.: Khasia Hills
- **parishii** Rchb. f. · ♃ Z10 ⓦ V-VI ▽ *; S-China, Indochina
- *paxtonii* Lindl. = Dendrobium chrysanthum
- **pendulum** Roxb. · ♃ Z10 ⓦ VIII-XII ▽ *; Myanmar
- *phalaenopsis* Fitzg. = Dendrobium bigibbum
- *pierardii* Roxb. = Dendrobium aphyllum
- **primulinum** Lindl. · ♃ Z10 ⓦ IV-V ▽ *; Nepal, Him., S-China, Myanmar, Thail., Vietn., Malay. Pen.
- **pulchellum** Roxb. ex Lindl. · ♃ Z10 ⓦ IV-V ▽ *; Him., Indochina
- **ruppianum** A.D. Hawkes · ♃ Z10 ⓦ III-V ▽ *; N.Guinea, Queensl.
- **senile** Parish et Rchb. f. · ♃ Z10 ⓦ IV-VI ▽ *; Myanmar
- **speciosum** Sm. · E:King Orchid, Rock Orchid · ♃ Z10 ⓚ III-V ▽ *; Austr.: Queensl., N.S.Wales, Victoria
  - var. *fusiforme* F.M. Bailey = Dendrobium ruppianum
- **stratiotes** Rchb. f. · ♃ Z10 ⓦ VI-VII ▽ *; Sulawesi
- × **superbiens** Rchb. f. (*D. bigibbum* × *D. discolor*) · ♃ Z10 ⓦ X-XII ▽ *; N-Austr.
- *superbum* Rchb. f. = Dendrobium anosmum
- **taurinum** Lindl. · ♃ Z10 ⓦ IX-XII ▽ *; Phil.
- **tetragonum** A. Cunn. · ♃ Z10 ⓚ X-XII ▽ *; Austr.: Queensl., N.S.Wales
- **thyrsiflorum** Rchb. f. · ♃ Z10 ⓦ ▽; Myanmar, Thail.
- *topaziacum* Ames = Dendrobium bullenianum
- *undulatum* R. Br. = Dendrobium discolor
- *wardianum* Warner = Dendrobium pendulum
- **wilkianum** Rupp · ♃ Z10 ⓦ ▽ *; Austr.: Queensl.
- **williamsonii** Day et Rchb. f. · ♃ Z10 ⓚ III ▽ *; Ind.: Assam; Myanmar, Thail.
- **Cultivars**
  - **in vielen Sorten**

Dendrocalamus Nees -m- *Poaceae (Gramineae)* · c. 30 sp
- **asper** (Schult.) Backer ex K. Heyne · ╀ e Z10 ⓦ Ⓝ; orig. ?, nat. in Malay. Arch.
- **giganteus** Munro · E:Giant Bamboo · ╀ e Z10 ⓦ Ⓝ; N-Guinea, Myanmar, Thail., Ind., China: Sichuan
- **hamiltonii** Nees et Arn. · ╀ e Z10 ⓦ Ⓝ; Him.
- **strictus** (Roxb.) Nees · D:Kalkutta-Bambus; E:Calcutta Bamboo · ╀ e Z10 ⓦ Ⓝ; Ind., Myanmar, Thail., Malay. Pen.

Dendrochilum Blume -n- *Orchidaceae* · c. 120 sp
- **cobbianum** Rchb. f. · ♃ Z10 ⓦ IX-X ▽ *; Phil.: Luzon
- **cornutum** Blume · ♃ Z10 ⓦ VII-VIII ▽ *; Sumat., Java
- **filiforme** Lindl. · ♃ Z10 ⓦ VI-VII ▽ *; Phil.
- **glumaceum** Lindl. · E:Silver Chain · ♃ Z10 ⓦ I-II ▽ *; Phil.
- **latifolium** Lindl. · ♃ Z10 ⓦ II-IV ▽ *; Phil.

Dendrocnide Miq. -f- *Urticaceae* · 37 sp
- *moroides* (Wedd.) Chew = Laportea moroides

Dendromecon Benth. -f- *Papaveraceae* · 1 sp · D:Baummohn; E:Tree Poppy; F:Pavot en arbre
- *harfordii* Kellogg = Dendromecon rigida subsp. harfordii
- *rhamnoides* Greene = Dendromecon rigida subsp. rigida
- **rigida** Benth.
  - subsp. **harfordii** (Kellogg) Raven · D:Harfords Baummohn · ħ Z8 ⓚ; Calif. (Santa Cruz, Santa Rosa Is.)
  - subsp. **rigida** · D:Mexikanischer Baummohn; E:Bush Poppy, Tree Poppy · ħ e Z8 ⓚ III-VI; Calif.

Denmoza Britton et Rose -f- *Cactaceae* · 2 sp
– **erythrocephala** (K. Schum.) A. Berger · ♆ Z9 ⓚ ▽ ✻; Arg.
– **rhodacantha** (Salm-Dyck) Britton et Rose · ♆ Z9 ⓚ ▽ ✻; NW-Arg.

Dennstaedtia Bernh. -f- *Dennstaedtiaceae* · 45-70 sp · D:Schüsselfarn; F:Dennstaedtia
– **cicutaria** (Sw.) Kuhn · ♃ Z10 ⓦ; Mex., W-Ind., trop. S-Am.
– **davallioides** (R. Br.) T. Moore · ♃ Z10 ⓦ; Austr.: Queensl., N.S.Wales, Victoria
– **obtusifolia** (Willd.) T. Moore · ♃ Z10 ⓦ; C-Am., W.Ind., trop. S-Am.
– **punctilobula** (Michx.) T. Moore · D:Heuduftender Schüsselfarn; E:Hay Scented Fern, Wild Fern · ♃ Z6; Can.: E; USA; NE, NCE, SE

Dentaria L. = Cardamine
– *bulbifera* L. = Cardamine bulbifera
– *digitata* Lam. = Cardamine pentaphyllos
– *enneaphyllos* L. = Cardamine enneaphyllos
– *heptaphylla* Vill. = Cardamine heptaphylla
– *pentaphyllos* L. = Cardamine pentaphyllos
– *pinnata* (Lam.) R. Br. = Cardamine heptaphylla
– *polyphylla* Waldst. et Kit. = Cardamine kitaibelii

Dermatobotrys Bolus -m- *Scrophulariaceae* · 1 sp
– **saundersii** Bolus · ♄ d Z10 ⓚ I-III; S-Afr.: Natal

Derris Lour. -f- *Fabaceae (Leguminosae)* · c. 40 sp · D:Tubawurzel; E:Tuba Root; F:Derris
– **elliptica** (Sweet) Benth. · D:Tubawurzel; E:Derris Root, Tuba Root · ♄ e ⌇ Z9 ⓦ ⚕ ☠ Ⓝ; Myanmar, Thail., Malay. Arch.
– **malaccensis** Prain · D:Fischgift-Tubawurzel; E:Fish Poison · ♄ e ⌇ Z9 ⓦ ⚕; Malay. Pen.
– **malacoides** Prain · ♄ Z9 ⓦ Ⓝ; Malay. Arch.

Deschampsia P. Beauv. -f- *Poaceae (Gramineae)* · c. 40 sp · D:Schmiele; E:Hair Grass; F:Canche
– **cespitosa** (L.) P. Beauv.
– **in Sorten**
– subsp. **cespitosa** · D:Rasen-Schmiele; E:Tufted Hairgrass; F:Canche cespiteuse · ♃ ⏜ VI-IX Ⓝ; Eur.*, TR, Iran, W-Sib., E-Sib., C-As., Mong., Him., N-Am.
– **flexuosa** (L.) Trin. · D:Draht-Schmiele; E:Wavy Hair Grass; F:Canche flexueuse · ♃ VI-VII; Eur.*, TR, Cauc., N-Iran, W-Sib., E-Sib., Amur, Sachal., Kamchat., Jap., Taiwan, Maroc., Alger., Alaska, Can., USA: NE, NCE, SE, SC; Greenl., Arg., Chile, nat. in N.Guinea, Phil., Kalimantan, NZ
– subsp. *montana* (L.) A. Löve et D. Löve = Deschampsia flexuosa
– **littoralis** (Gaudin) Reut. · D:Bodensee-Schmiele, Ufer-Schmiele · ♃ VII-VIII; Eur.: C-Alp.
– **media** (Gouan) Roem. et Schult. · D:Binsen-Schmiele · ♃ VI-VII; Eur.: Ib, F, I, D, Ba; TR, Cauc.
– *rhenana* Gremli = Deschampsia littoralis
– **setacea** (Huds.) Hack. · D:Borst-Schmiele · ♃ VII-VIII; Eur.: Sc, BrI, Fr, D, PL, Ib
– **wibeliana** (Sond.) Parl. · D:Elbe-Schmiele, Wibels Schmiele · ♃ V-VI; Eur.: NW-D

Descurainia Webb et Berthel. -f- *Brassicaceae (Cruciferae)* · 40-50 sp · D:Besenrauke; E:Flixweed; F:Réséda à balai
– **sophia** (L.) Prantl · D:Gewöhnliche Besenrauke · ⊙ ⊙ V-IX; Eur.*, TR, Levante; Cauc., W-Sib., E-Sib., Amur, Kamchat., C-As., Tibet, Mong., China, Maroc., Alger., Egypt, nat. in N-Am.

Desfontainia Ruiz et Pav. -f- *Loganiaceae* · 1 sp
– **spinosa** Ruiz et Pav. · ♄ e Z8 ⓚ VII-VIII; Costa Rica, S-Am.; And.

Desmazeria Dumort. = Catapodium
– *rigida* (L.) Tutin = Catapodium rigidum

Desmodium Desv. -n- *Fabaceae (Leguminosae)* · 300 (-450) sp · D:Wandelklee; E:Beggarweed, Tick Trefoil; F:Sainfoin oscillant
– **canadense** (L.) DC. · D:Kanadischer Wandelklee; E:Canada Tick Trefoil · ♄ d Z2 VII; Can.: E, Sask.; USA: NE, NCE, Okla.
– **elegans** DC. · D:Ähriger Wandelklee · ♄ d Z6 VIII-X; Him., China
– *gyrans* (L. f.) DC. = Desmodium motorium
– **intortum** (Mill.) Urb. · D:Grüner

Wandelklee; E:Beggarlice · ♃ ⓦ Ⓝ; C-Am., Bras. (Austr.)
– **motorium** (Houtt.) Merr. · E:Telegraph Plant · ⊙ ♃ ħ Z10 ⓦ VIII-IX; Ind., Sri Lanka, Phil.
– *penduliflorum* Oudem. = Lespedeza thunbergii
– *tiliifolium* (D. Don) G. Don = Desmodium elegans
– **tortuosum** (Sw.) DC. · D:Florida-Wandelklee; E:Florida Beggarweed · ♃ ⓦ Ⓝ; Fla., W.Ind.
– **uncinatum** (Jacq.) DC. · D:Spanischer Wandelklee; E:Spanish Tick Clover · ♃ ⓦ Ⓝ; S-Am, nat. in Austr.

Desmoncus Mart. -m- *Arecaceae (Palmae)* · 20 (-65) sp · D:Hakenpalme; F:Palmier
– *horridus* Splitg. ex Mart. = Desmoncus orthacanthos
– **orthacanthos** Mart. · ħ e § ⓦ; Surinam

Deuterocohnia Mez -f- *Bromeliaceae* · 7 sp
– **longipetala** (Baker) Mez · ♃ Z9 ⓚ; Peru, Bras., Arg.

Deutzia Thunb. -f- *Hydrangeaceae* · c. 60 sp · D:Deutzie; E:Deutsia; F:Deutzia
– × **candelabrum** (Lemoine) Rehder (*D. gracilis* × *D. scabra*) · ħ d Z6 V-VI; cult.
– × **candida** (Lemoine) Rehder (*D. scabra* × *D.* × *lemoinei*) · ħ d Z6 VI; cult.
– × **carnea** (Lemoine) Rehder (*D. scabra* × *D.* × *rosea*) · ħ d Z6; cult.
– *chunii* Hu = Deutzia ningpoensis
– **coreana** Lév. · ħ d Z6; Korea
– **corymbosa** R. Br. · ħ d Z8 ⓚ VI; W-Him.
– **crenata** Siebold et Zucc. · ħ d Z6 V-VI; Jap.
– **discolor** Hemsl. · D:Zweifarbige Deutzie · ħ d Z6 VI; C-China.
– × **elegantissima** (Lemoine) Rehder (*D. purpurascens* × *D. scabra*) · ħ d Z6; cult.
– × **excellens** (Lemoine) Rehder (*D. vilmorinae* × *D.* × *rosea*) · ħ d Z5; cult.
– **gracilis** Siebold et Zucc. · D:Zierliche Deutzie; E:Japanese Snow Flower, Slender Deutsia; F:Petit deutzia · ħ d Z5 V-VI; Jap.
– × **hybrida** Lemoine (*D. discolor* × *D. mollis*) · ħ d Z6; cult.
  – **in Sorten**
– *hypoglauca* Rehder = Deutzia rubens
– × **kalmiiflora** Lemoine (*D. parviflora* × *D. purpurascens*) · ħ d Z6; cult.
– × **lemoinei** Lemoine ex Bois (*D. gracilis* × *D. parviflora*) · ħ d Z5; cult.
– **longifolia** Franch. · D:Langblättrige Deutzie · ħ d Z6 VI; Yunnan, Sichuan
– × **magnifica** (Lemoine) Rehder (*D. scabra* × *D. vilmorinae*) · ħ d Z5; cult.
– × **maliflora** Rehder (*D. purpurascens* × *D.* × *lemoinei*) · ħ d Z6; cult.
– **mollis** Duthie · ħ d Z6; C-China: W-Hubei
– **monbeigii** W.W. Sm. · ħ d Z6; SW-China
– × **myriantha** Lemoine (*D. parviflora* × *D. setchuenensis*) · ħ d Z5; cult.
– **ningpoensis** Rehder · ħ d Z5 VII; E-China
– **parviflora** Bunge · D:Kleinblütige Deutzie · ħ d Z6 VI; N-China, Manch., Korea
– **pulchra** Vidal · ħ d Z6 V-VI; Phil., Taiwan
– **purpurascens** (Franch. ex L. Henry) Rehder · D:Purpur-Deutzie · ħ d Z6 V-VI; W-China
– × **rosea** (Lemoine) Rehder (*D. gracilis* × *D. purpurascens*) · ħ d Z6; cult.
– **rubens** Rehder · ħ d Z6 VI; C-China: Sichuan, Hubei, Shaanxi
– **scabra** Thunb. · D:Raue Deutzie; E:Deutzia · ħ d Z6 VI-VII; Jap., Riukiu-Is.
– **schneideriana** Rehder
  – var. **laxiflora** Rehder · ħ d Z6; C-China
  – var. **schneideriana** · ħ d Z6 VI-VII; C-China.
– **setchuenensis** Franch.
  – var. **corymbiflora** (Lemoine) Rehder · ħ d Z6; W-China, C-China
  – var. **setchuenensis** · ħ d Z6 VI-VII; W-China
– *sieboldiana* Maxim. = Deutzia scabra
– **staminea** R. Br. ex Wall. · ħ d Z8 ⓚ VI-VII; Him.
– **vilmorinae** Lemoine · D:Vilmorins Deutzie · ħ d Z6 VI; C-China.
– × **wilsonii** Duthie (*D. discolor* × *D. parviflora*) · ħ d Z6; cult.

× **Diabroughtonia** hort. -f- *Orchidaceae* (*Broughtonia* × *Caularthron*)

Diacrium Benth. = Caularthron
– *bicornutum* (Hook.) Benth. = Caularthron bicornutum

× **Dialaelia** hort. -f- *Orchidaceae* (*Caularthron* × *Laelia*)

× **Dialaeliocattleya** hort. -f- *Orchidaceae* (*Cattleya* × *Caularthron* × *Laelia*)

× **Dialaeliopsis** hort. -f- *Orchidaceae* (*Caularthron* × *Laeliopsis*)

Dianella Lam. -f- *Phormiaceae* · 25-30 sp · D:Flachslilie; E:Flax Lily; F:Dianella
- **caerulea** Sims · D:Blaue Flachslilie; E:Blue Flax Lily · ♃ ♄ e Z9 Ⓚ; Austr.: N.S.Wales, Victoria; N. Guinea, Fiji, N.Caled.
- **ensifolia** (L.) DC. · D:Neuseeländische Flachslilie; E:New Zealand Lily Plant, Umbrella Dracaena · ♄ e ☘ Z9 Ⓚ; Madag., Mascarene Is., Ind., Myanmar, Sri Lanka, Malay. Arch., Jap., Ryukyu Is., Taiwan, Austr., Pacific Is.
- **intermedia** Endl. · ♃ e ☘ Z9 Ⓚ; NZ, Norfolk Is., Fiji
- **laevis** R. Br. · ♃ e ☘ Z9 Ⓚ; Austr.: Queensl., N.S.Wales, Victoria, Tasman.
- **revoluta** R. Br. · ♃ e Z9 Ⓚ; Austr.: N.S.Wales, Tasman.
- *strumosa* Lindl. = Dianella laevis
- **tasmanica** Hook. f. · ♃ e ☘ Z9 Ⓚ; Austr.: N.S.Wales, Victoria, Tasman.

Dianthus L. -m- *Caryophyllaceae* · c. 300 sp · D:Nelke; E:Carnation, Pink; F:Œillet
- × **allwoodii** hort. (*D. caryophyllus* × *D. plumarius*) · D:Allwoods Nelke; E:Allwood Pink · ♃ Z3; cult.
- *alpinus* All. = Dianthus pavonius
- **alpinus** L. · ♃ △ Z3 VII-VIII ▽; Eur.: A; NE-Alp.
- **amurensis** Jacq. · ♃ Z3 ▽; E-As., China
- **anatolicus** Boiss. · ♃ ⇝ △ Z6 VI-VII ▽; TR
- *arborescens* hort. = Dianthus suffruticosus
- *arboreus* auct. non L. = Dianthus fruticosus subsp. creticus
- **arenarius** L. · D:Sand-Nelke; F:Oeillet des sables · ♃ △ Z3 VI-IX ▽; Eur.: Sc, C-Eur., EC-Eur., N-Ba, E-Eur.
- **armeria** L. · D:Büschel-Nelke, Raue Nelke; E:Deptford Pink · ⊙ Z6 VI-VIII ▽; Eur.* , W-As.
- × **arvernensis** Rouy et Foucaud (*D. monspessulanus* × *D. seguieri*) · ♃ ⇝ △ Z4 VII-VIII; cult.
- *banaticus* Heuff. ex Griseb. et Schenk = Dianthus giganteus
- **barbatus** L. · D:Bart-Nelke; E:Sweet William; F:Oeillet des poètes · ⊙ ♃ ✂ Z4 VI-VIII ▽; Eur.* exc. BrI, Sc; mts., nat. in FIN
  - **in vielen Sorten**
- *bebius* Vis. ex Rchb. = Dianthus petraeus subsp. petraeus
- *boydii* hort. = Dianthus callizonus
- **brevicaulis** Fenzl · ♃ △ Z7 VII ▽; TR: Taurus
- *caesius* Sm. = Dianthus gratianopolitanus
- **callizonus** Schott et Kotschy · ♃ △ Z7 Ⓐ ∧ V ▽; RO; S-Carp.
- **campestris** M. Bieb. · ♃ △ Z3 VI ▽; Eur.: E-Eur.; W-Sib.
- **carthusianorum** L. · D:Karthäuser-Nelke; E:Charterhouse Pink; F:Oeillet des Chartreux · ♃ Z3 VI-IX ▽; Eur.* exc. BrI, Sc, nat. in Sc
- **caryophyllus** L. · D:Garten-Nelke, Land-Nelke; E:Carnation, Gilly Flower · ♃ ✂ Z7 VII-VIII ⚕ ▽; Eur.: Sard., I, Sic., GR, nat. in Sp., F
  - **in vielen Sorten**
- **chinensis** L. · D:Chinenser-Nelke, Kaiser-Nelke; E:Annual Pink; F:Oeillet de Chine · ⊙ ⊙ ♃ ✂ Z7 VII-IX ⚕ ▽; China, Korea
  - **'Heddewigii'**
- **collinus** Waldst. et Kit. · D:Hügel-Nelke · ♃ VI-VIII ▽; Eur.: A, RO, W-Russ.
- *creticus* Tausch = Dianthus fruticosus subsp. creticus
- *croaticus* Borbás = Dianthus giganteus
- **cruentus** Griseb. · D:Blut-Nelke; F:Oeillet sanguin · ♃ Z7 VI-VII ▽; Eur.: Ba; TR
- **deltoides** L. · D:Heide-Nelke; E:Maiden Pink; F:Oeillet à delta · ♃ Z3 VI-IX ▽; Eur.*, W-Sib.
  - **in vielen Sorten**
- **erinaceus** Boiss. · D:Igel-Nelke · ♃ △ Z7 VI-VII ▽; TR
- **freynii** Vandas · D:Freyn-Nelke · ♃ △ Z6 VIII ▽; Bosn., S-BG
- *friwaldskyanus* Boiss. = Dianthus gracilis subsp. friwaldskyanus
- **fruticosus** L.
  - subsp. **creticus** (Tausch) Runemark · D:Kretische Strauch-Nelke · ♄ Z9 Ⓚ VII-IX ▽; Eur.: Crete
  - subsp. **fruticosus** · D:Strauch-Nelke · ♄ e Z9 Ⓚ ▽; Eur.: GR, Aegeis
- **giganteus** d'Urv. · ♃ Z5 VII-VIII ▽; Eur.: Ba, RO; W-TR
- **glacialis** Haenke · D:Gletscher-Nelke; E:Glacier Pink · ♃ △ Z5 VII-VIII ▽; Eur.: I, CH, A, EC-Eur., Ro; E-Alp., Carp.
- **gracilis** Sibth. et Sm.
  - subsp. **friwaldskyanus** (Boiss.) Tutin Z7 ▽; N-Maced., AL
  - subsp. **gracilis** · D:Mazedonische Nelke ·

♃ Z7 ▽; Eur.: Maced., AL, BG
- **graniticus** Jord. · ♃ △ Z6 VI-VIII ▽; Eur.: C-F
- **gratianopolitanus** Vill. · D:Pfingst-Nelke; E:Cheddar Pink; F:Oeillet bleuâtre, Oeillet de la Pentecôte · ♃ △ Z3 V-VI ▽; Eur.: BrI, Fr, C-Eur., EC-Eur., W-Russ.
  - **in Sorten**
- **haematocalyx** Boiss. et Heldr. · ♃ ⇝ Z7 VI-VII ▽; Eur.: Maced., AL, GR
- *heddewigii* (Regel) hort. = Dianthus chinensis 'Heddewigii'
- *hyssopifolius* L. = Dianthus monspessulanus subsp. monspessulanus
- *inodorus* (L.) Gaertn. = Dianthus sylvestris subsp. sylvestris
- *kitaibelii* Janka = Dianthus petraeus subsp. petraeus
- **knappii** (Pant.) Asch. et Kanitz ex Borbás · D:Schwefel-Nelke · ♃ Z3 VI ▽; Eur.: Bosn., Montenegro
- *lumnitzeri* Wiesb. = Dianthus plumarius
- **microlepis** Boiss. · D:Bulgarische Zwerg-Nelke · ♃ △ Z5 VI ▽; BG
- **monspessulanus** L.
  - subsp. **monspessulanus** · D:Montpelier-Nelke · ♃ Z4 VII ▽; Eur.: C-F
  - subsp. **sternbergii** (Sieber ex A. Kern.) Hegi · ♃ △ Z4 VII-VIII ▽; Eur.: I, A, Slove.; SE-Alp.
- **myrtinervius** Griseb. · ♃ △ Z7 VI ▽; Maced.
- **nardiformis** Janka · ♃ △ Z6 VI ▽; Eur.: GB, RO
- *neglectus* Loisel. = Dianthus pavonius
- **nitidus** Waldst. et Kit. · ♃ Z6 VII-VIII ▽; W-Carp.
- *noeanus* Boiss. = Dianthus petraeus subsp. noeanus
- **pavonius** Tausch · D:Pfauen-Nelke; E:Alpine Pink · ♃ △ Z4 VI-VIII ▽; Eur.: F, I; Alp.
- **pelviformis** Heuff. · ♃ V-VII ▽; AL, BG
- **petraeus** Waldst. et Kit.
  - subsp. **noeanus** (Boiss.) Tutin · ♃ △ Z4 VI-VIII ▽; BG
  - subsp. **petraeus** · D:Geröll-Nelke · ♃ Z4 ▽; Eur.: Ba, RO
- **plumarius** L. · D:Feder-Nelke, Hainburger Nelke; E:Pink; F:Oeillet mignardise · ♃ Z3 IV-VI ▽; Eur.: A, Slove., Croatia, nat. in BrI, D, I
  - **in Sorten**
- **pontederae** A. Kern. · D:Pannonische Kartäuser-Nelke · ♃ V-VII ▽; Eur.: N-I, A, Slove., H, BG, RO
- **seguieri** Vill.
  - subsp. **glaber** Čelak. · D:Kahle Busch-Nelke · ♃ Z7 VI-VIII ▽; Eur.: F, D, CZ
  - subsp. **seguieri** · D:Busch-Nelke · ♃ Z7 VI-VIII ▽; Eur.: F, I, CH
  - subsp. *sylvaticus* (Hoppe) Hegi = Dianthus seguieri subsp. glaber
- **serotinus** Waldst. et Kit. · D:Spätblühende Nelke · ♃ ⇝ △ VII-X ▽; Eur.: CZ, Slova., H, Serb., RO
- *sinensis* Link = Dianthus chinensis
- **spiculifolius** Schur · D:Fransen-Nelke · ♃ △ Z6 VI-VIII ▽; Eur.: RO, W-Russ.; E-Carp.
- *sternbergii* Sieber = Dianthus monspessulanus subsp. monspessulanus
- **strictus** Banks et Sol. · ♃ △ Z4 VI-VII ▽; Eur.: Crete; TR, Syr.
- *strictus* Sibth. et Sm. = Dianthus petraeus subsp. petraeus
- **subacaulis** Vill. · D:Kurzstängelige Nelke · ♃ △ Z5 VI-VIII ▽; Eur.: Sp., F; Maroc.; mts.
- **suffruticosus** Willd. · ♄ Ⓚ VII-IX ▽; orig. ?
- **superbus** L. · D:Pracht-Nelke; E:Pink; F:Oeillet superbe · ♃ Z4 VI-VIII ⚕ ▽; Eur.* exc. BrI; W-Sib., E-Sib., Amur, Sachal., Mong., China, Jap., Taiwan
- *sylvaticus* Hoppe = Dianthus seguieri subsp. glaber
- **sylvestris** Wulfen
  - subsp. **sylvestris** · D:Stein-Nelke; F:Oeillet des bois · ♃ △ Z5 VI-VIII ▽; Eur.: Ib, Fr, Ap, Ba, C-Eur.; NW-Afr.
  - subsp. **tergestinus** (Rchb.) Hayek · ♃ △ Z5 VI-VII ▽; Eur.: Croatia, Bosn., Montenegro, AL, I (Monte Gargano)
- *tergestinus* (Rchb.) A. Kern. = Dianthus sylvestris subsp. tergestinus
- **trifasciculatus** Kit. · ♃ ▽; Ba, RO, W-Russl.
- *webbianus* Vis. = Dianthus erinaceus
- **Cultivars**
  - **in vielen Sorten (siehe Kapitel III)**

Diapensia L. -f- *Diapensiaceae* · 4 sp · D:Trauerblume; F:Diapensia
- **lapponica** L. · ♃ e Z2 IV-V; Sc, N-Russ., W-Sib, E-Can., Greenl.

Diaphananthe Schltr. -f- *Orchidaceae* · 20 (- 40-50) sp
- **bidens** (Sw. ex Pers.) Schltr. · ♃ Z9 Ⓦ VI-

VII ▽ ✻; W-Afr., C-Afr., Angola, Uganda
– **pellucida** (Lindl.) Schltr. · ♃ Z9 ⓦ XI-I ▽ ✻; W-Afr., C-Afr., Uganda

Diarrhena P. Beauv. -f- *Poaceae (Gramineae)* · 1-4 sp
– **americana** P. Beauv. · ♃ VII-VIII; USA: NE, NCE, NC, SC, SE

Diascia Link et Otto -f- *Scrophulariaceae* · 38 sp · D:Doppelhörnchen; F:Diascia
– **barberae** Hook. f. · E:Twinspur; F:Diascia · ⊙ Z8 VII-IX; S-Afr.
– *cordata* hort. = Diascia barberae
– **cordata** N.E. Br. · ♃ △ Z8 ⓐ; S-Afr.: Natal
– *elegans* hort. = Diascia vigilis
– **rigescens** E. Mey. ex Benth. · ♄ Z8 ⓐ ∧ VIII-IX; S-Afr.
– **vigilis** Hilliard et B.L. Burtt · ♃ Z8 ⓚ; S-Afr.: Orange Free State
– **Cultivars**
 – **in vielen Sorten**

Diastema Benth. -n- *Gesneriaceae* · 40 sp
– **quinquevulnerum** Planch. et Linden · ♃ Z10 ⓦ VII-VIII; Venez.

Dicentra Borkh. ex Bernh. -f- *Fumariaceae* · 19 sp · D:Herzblume, Tränendes Herz; E:Bleeding Heart; F:Cœur de Marie
– **canadensis** (Goldie) Walp. · D:Kanadische Herzblume; E:Squirrel Corn · ♃ △ Z5 V; Can.: E; USA: NE, NCE, Tenn., N.C.
– **chrysantha** (Hook. et Arn.) Walp. · D:Goldene Herzblume; E:Golden Eardrops · ♃ Z8 ∧ VIII-IX; USA: S-Oreg., Calif.
– **cucullaria** (L.) Bernh. · D:Kapuzen-Herzblume; E:Dutchman's Breeches · ♃ Z5 V; Can.: E; USA: NE, NCE, NC, SE, NW, Idaho
– **eximia** (Ker-Gawl.) Torr. · D:Zwerg-Herzblume; E:Turkey Corn · ♃ Z5 V-VI; USA: NE, SE
– **formosa** (Andrews) Walp.
 – subsp. **formosa** · D:Kleines Tränendes Herz; E:Wild Bleeding Heart · ♃ Z7 VI-X; Can.: B.C.; USA: NW, Calif.
 – subsp. **oregana** (Eastw.) Munz · ♃ Z5 IV-IX; USA: Oreg., Calif.
– *oregana* Eastw. = Dicentra formosa subsp. oregana
– **spectabilis** (L.) Lem. · D:Tränendes Herz; E:Bleeding Heart; F:Coeur de Marie · ♃ ⋈ Z6 V ☠; China, Manch., Korea

Dichaea Lindl. -f- *Orchidaceae* · c. 45 sp
– **muricata** (Sw.) Lindl. · ♃ ≷ Z10 ⓦ ▽ ✻; C-Am., W.Ind., trop. S-Am.

Dichanthium Willemet -n- *Poaceae (Gramineae)* · 20 sp · D:Blaustängel; E:Blue Stem
– **annulatum** (Forssk.) Stapf · D:Kleberg-Blaustängel; E:Diaz Blue Stem, Kleberg Grass, Ringed Beard Grass · ♃ Z10; Ind., China: S
– **aristatum** (Poir.) C.E. Hubb. · D:Angleton-Blaustängel; E:Angleton Blue Stem · ♃ Z10; Ind., E-As.
– *ischaemum* (L.) Roberty = Bothriochloa ischaemum

Dichelostemma Kunth -n- *Alliaceae* · 5-7 sp
– **congestum** (Sm.) Kunth · E:Northern Saitas · ♃ Z8 ⓚ VI-VII; USA: Wash., Oreg., Calif.
– **multiflorum** (Benth.) A. Heller · E:Wild Hyacinth · ♃ Z7 ⓚ VI-VII; USA: Oreg., Calif., Rocky Mts., SW

Dichondra J.R. Forst. et G. Forst. -f- *Convolvulaceae* · 5-10 sp
– **micrantha** Urb. · ♃ ⇝ Z10 ⓚ XII-VII; Korea, S-Jap., China, Taiwan, Trop., nat. in Azor., BrI, I, S-USA
– **repens** J.R. Forst. et G. Forst. · ♃ ⇝ ⓚ VI-IX; USA: NE, SE, Fla., SW; Trop.
– **sericea** Sw. · ♃ ⇝ ⓚ XII-VII; C-Am., S-Am.

Dichorisandra J.C. Mikan -f- *Commelinaceae* · 25 sp
– **musaica** Linden · ♃ Z9 ⓦ; Bras.
 – var. *undata* (K. Koch et Linden) W.T. Mill. = Geogenanthus poeppigii
– **reginae** (Linden et Rodigas) hort. ex W. Ludw. · E:Queen's Spiderwort · ♃ Z9 ⓦ; C-Peru
– **thyrsiflora** J.C. Mikan · E:Blue Ginger · ♃ Z9 ⓦ IX-X; SE-Bras.
– *undata* K. Koch et Linden = Geogenanthus poeppigii

Dichroa Lour. -f- *Hydrangeaceae* · 12 sp
– **febrifuga** Lour. · E:Feverfuge · ♄ e ⓦ IV-VI; Him., China, Phil., Java

Dichroanthus Webb et Berthel. = Erysimum
– *scoparius* Webb = Erysimum scoparium

Dichrostachys (A. DC.) Wight et Arn. -f- *Mimosaceae (Leguminosae)* · 12 sp
– **cinerea** (DC.) Wight et Arn. · ♄ ♄ d Z10 ⓦ; Afr., Ind.

Dicksonia L'Hér. -f- *Dicksoniaceae* · 25 sp · D:Beutelfarn, Taschenfarn; E:Tree Fern; F:Fougère arborescente
– **antarctica** Labill. · D:Australischer Taschenfarn; E:Soft Tree Fern · ♄ e Z8 ⓦ ▽ *; Austr.: Queensl., N.S.Wales, Victoria, S-Austr., Tasman.
– *culcita* L'Hér. = Culcita macrocarpa
– *davallioides* R. Br. = Dennstaedtia davallioides
– **fibrosa** Colenso · D:Filziger Taschenfarn; E:Golden Tree Fern · ♄ e Z9 ⓚ ▽ *; NZ
– *obtusifolia* Willd. = Dennstaedtia obtusifolia
– *regalis* (Verschaff. et Lem.) Baker = Cibotium regale
– *schiedei* (Schltdl. et Cham.) Baker = Cibotium schiedei
– **squarrosa** (G. Forst.) Sw. · D:Neuseeländischer Taschenfarn; E:New Zealand Tree Fern · ♄ e Z9 ⓚ ▽ *; NZ

Dicliptera Juss. -f- *Acanthaceae* · c. 150 sp
– **suberecta** (André) Bremek. · ♄ ♃ Z10 ⓦ; Urug.

Dicranopygium Harling -n- *Cyclanthaceae* · 48 sp
– **atrovirens** (H. Wendl.) Harling · ⓦ; ? Col.

Dicranostigma Hook.f. et Thomson -n- *Papaveraceae* · 3 sp · D:Östlicher Hornmohn; E:Eastern Horned Poppies; F:Pavot cornu d'Orient
– **franchetianum** (Prain) Fedde · D:Asiatischer Hornmohn; E:Annual Dicranostigma · ⊙ △ Z6 IV-V; Yunnan, Sichuan
– *franchetianum* hort. = Dicranostigma leptopodum
– **lactucoides** Hook. f. et Thomson · D:Himalaya-Hornmohn; E:Himalayan Horned Poppy · ♃ Z6; Him.
– **leptopodum** (Maxim.) Fedde · D:Feinstieliger Hornmohn · ⊙ △ Z6 IV-V; China: Kansu

Dictamnus L. -m- *Rutaceae* · 1 sp · D:Diptam; E:Dittany; F:Fraxinelle
– **albus**
– var. **albus** · D:Brennender Busch, Diptam; E:Burning Bush, Dittany; F:Herbe aux éclairs · ♃ Z7 V-VI ✝ ▽; Eur.: Ib, Ap, C-Eur., EC-Eur., Ba, E-Eur.
– **'Purpureus'**
– var. **caucasicus** (Fisch. et C.A. Mey.) Rouy · D:Kaukasischer Diptam · ♃ Z7 V-VI ▽; Eur.: S-Russ.; TR, Cauc., NW-Iran
– *caucasicus* Fisch. et C.A. Mey. = Dictamnus albus var. caucasicus
– *fraxinella* Pers. = Dictamnus albus var. albus 'Purpureus'
– *gymnostylis* Steven = Dictamnus albus var. albus

Dictyosperma H. Wendl. et Drude -n- *Arecaceae (Palmae)* · 1 sp · D:Hurrikanpalme; E:Princess Palm; F:Aréquier, Palmier
– **album** (Bory) H. Wendl. et Drude ex Scheff. · D:Hurrikanpalme; E:Common Princess Palm, Hurricane Palm · ♄ e Z10 ⓦ; Mauritius

Dicypellium Nees et Mart. -n- *Lauraceae* · 2 sp
– **caryophyllatum** (Mart.) Nees · D:Nelkenzimt · ♄ ⓦ Ⓝ; trop. Am.

Dicyrta Regel = Achimenes
– *candida* (Lindl.) Hanst. = Achimenes candida
– *warszewicziana* Regel = Achimenes warszewicziana

Didierea Baill. -f- *Didiereaceae* · 2 sp
– **madagascariensis** Baill. · ♄ ♄ ♆ d Z10 ⓚ ▽ *; SW-Madag.
– *mirabilis* Baill. = Didierea madagascariensis

Didiscus DC. = Trachymene
– *caeruleus* (Graham) DC. = Trachymene coerulea

Didymocarpus Wall. -m- *Gesneriaceae* · c. 180 sp
– *hamosus* Wall. = Chirita hamosa
– **obtusa** Wall. · ♃; Nepal

Didymochlaena Desv. -f- *Dryopteridaceae* · 1-2 sp
– **truncatula** (Sw.) J. Sm. · ♃ Z10 ⓦ; Trop.

Didymosperma H. Wendl. et Drude ex Hook.f. = Arenga
– *porphyrocarpa* (Blume) H. Wendl. et Drude = Arenga porphyrocarpa

Dieffenbachia Schott -f- *Araceae* · c. 25 sp · D:Dieffenbachie; E:Dumb Cane; F:Dieffenbachia
– × **bausei** Regel (*D. weirii* × *D. seguine*) · ♃ Z10 Ⓦ ☠; cult.
– **bowmannii** Carrière · ♃ Z10 Ⓦ; Col., Bras.
– **costata** Klotzsch ex Schott · ♃ Z10 Ⓦ; Peru
– *eburnea* W. Bull non Lindl. = Dieffenbachia seguine 'Lancifolia'
– *exotica* hort. = Dieffenbachia seguine 'Exotica'
– *hoffmannii* hort. = Dieffenbachia seguine 'Hoffmannii'
– **humilis** Poepp. · ♃ Z10 Ⓦ; Bras., Peru
– **imperialis** Linden et André · ♃ Z10 Ⓦ; Peru
– *latimaculata* hort. = Dieffenbachia bowmannii
– **latimaculata** Linden et André · ♃ Z10 Ⓦ; ? Col.
  – **'Illustris'** · Ⓦ
  – var. *illustris* E. Fourn. = Dieffenbachia latimaculata 'Illustris'
– **leopoldii** W. Bull · ♃ Z10 Ⓦ; Costa Rica
– *macrophylla* Poepp. = Dieffenbachia costata
– *maculata* (Lodd.) G. Don = Dieffenbachia seguine
– × **memoria-corsii** Fenzl (*D. wallisii* × *D. seguine*) · ♃ Z10 Ⓦ; cult.
– **parlatorei** Linden et André · ♃ Z10 Ⓦ; Col.
  – **'Marmorea'** · Ⓦ
  – var. *marmorea* Linden et André = Dieffenbachia parlatorei 'Marmorea'
– *picta* Schott = Dieffenbachia seguine
– *reginae* hort. = Dieffenbachia bowmannii
– **rex** hort. ex Geut. · ♃ Z10 Ⓦ; S-Am.
– *roehrsii* hort. = Dieffenbachia seguine 'Rudolph Roehrs'
– **seguine** (Jacq.) Schott · D:Dieffenbachie, Schweigrohrwurzel; E:Dumb Cane, Mother-in-Law Plant · ♃ Z10 Ⓦ ☠; W.Ind.
  – *'Eburnea'* = Dieffenbachia seguine 'Lancifolia'
  – **'Exotica'** · Ⓦ
  – **'Hoffmannii'** · Ⓦ
  – **'Lancifolia'** · Ⓦ
  – **'Rudolph Roehrs'** · Ⓦ
  – **'Shuttleworthiana'** · Ⓦ
– *shuttleworthiana* W. Bull = Dieffenbachia seguine 'Shuttleworthiana'
– × **splendens** W. Bull (*D. leopoldii* × *D. seguine*) · ♃ Z10 Ⓦ; cult.
– **weirii** Berk. · ♃ Z10 Ⓦ; cult.

Dierama K. Koch -n- *Iridaceae* · 44 sp · D:Trichterschwertel; E:African Hairbell, Wand Flower; F:Canne à pêche des anges
– **dracomontanum** Hilliard · ♃ Z9 Ⓚ; S-Afr., Lesotho
– **pendulum** (L. f.) Baker · E:Angel's Fishing Rods; F:Canne-à-pêche-des-anges · ♃ Z7 ▭ ∧ VII-VIII; E-Afr., S-Afr.
  – var. *pumilum* (N.E. Br.) Baker = Dierama dracomontanum
– **pulcherrimum** (Hook. f.) Baker · ♃ Z7 ▭ ∧ IX-X; S-Afr.
– *pumilum* N.E. Br. = Dierama dracomontanum
– **Cultivars**
  – **in vielen Sorten**

Diervilla Mill. -f- *Caprifoliaceae* · 3 sp · D:Buschgeißblatt; E:Bush Honeysuckle; F:Diervilla
– *canadensis* Willd. = Diervilla lonicera
– **lonicera** Mill. · D:Kanadisches Buschgeißblatt; E:Bush Honeysuckle · ħ d Z5 VI-VII; Can.: E; USA: NE, NCE, N.C.
– **rivularis** Gatt. · D:Bach-Buschgeißblatt · ħ d Z5 VII-VIII; USA: SE; S-Alleghenies
– **sessilifolia** Buckland · D:Stielloses Buschgeißblatt; E:Bush Honeysuckle · ħ d Z5 VI-VIII; USA: Va., SE
– × **splendens** (Carrière) Kirchn. (*D. lonicera* × *D. sessilifolia*) · ħ d Z5 VI-VIII; cult.

Dietes Salisb. ex Klatt -f- *Iridaceae* · 6 sp
– **bicolor** (Steud.) Klatt · ♃ Z9 Ⓚ VI-VII; Kap
– **iridioides** (L.) Sweet ex Klatt · ♃ Z9 Ⓚ VI-VIII; E-Afr., S-Afr.
– **robinsoniana** (F. Muell.) Klatt · ♃ Z9 Ⓚ VII-VIII; Lord Howe Is.
– *vegeta* hort. non (L.) N.E. Br. = Dietes iridioides

Digitalis L. -f- *Scrophulariaceae* · c. 20 sp · D:Fingerhut; E:Foxglove; F:Digitale
– *ambigua* Murray = Digitalis grandiflora

– **ferruginea** L.
  – subsp. **ferruginea** · D:Rostiger Fingerhut; E:Rusty Foxglove · ⊙ ♃ VII-VIII ☠; Eur.: H, Ba, RO; TR, Lebanon, Cauc.
  – subsp. **schischkinii** (Ivanina) Werner · ♃ ☠; Cauc., TR
  – var. *parviflora* Lindl. = Digitalis ferruginea subsp. schischkinii
– × **fucata** Ehrh. (*D. lutea* × *D. purpurea*) · ♃ VI-VII ☠; cult.
– *gloxinioides* Carrière = Digitalis purpurea Gloxinioides Grp.
– **grandiflora** Mill. · D:Großblütiger Fingerhut; E:Large Yellow Foxglove; F:Digitale à grandes fleurs · ⊙ ♃ VI-VII ☠ ▽; Eur.: Fr, Ap, C-Eur., EC-Eur., Ba, E-Eur.; W-Sib. (Altai)
– **laevigata** Waldst. et Kit. · ♃ ☠; Eur.: Ba
– *lamarckii* hort. = Digitalis lanata
– **lanata** Ehrh. · D:Wolliger Fingerhut; E:Woolly Foxglove · ⊙ ♃ VI-VIII ⚕ ☠; Eur.: H, Ba, nat. in A
– **lutea** L. · D:Gelber Fingerhut; E:Small Yellow Foxglove, Straw Foxglove; F:Digitale jaune · ♃ VI-VIII ⚕ ☠ ▽; Eur.: Ib, Fr, Ap, C-Eur., nat. in PL
– × **mertonensis** Buxton et C.D. Darl. (*D. grandiflora* × *D. purpurea*) · ♃ V-VI ☠; cult.
– **obscura** L. · ♄ ♃ Ⓚ ☠; Sp., Maroc.
– **parviflora** Jacq. · ♃ ☠; N-Sp.; mts.
– × *purpurascens* Roth = Digitalis × fucata
– **purpurea** L.
  – **in vielen Sorten**
  – **Gloxinioides Grp.** · F:Digitale pourpre 'Gloxiniaeflora'
  – subsp. **purpurea** · D:Roter Fingerhut; E:Foxglove; F:Digitale pourpre · ⊙ ♃ VI-VII ⚕ ☠; Eur.* exc. Ba, EC-Eur.; Maroc., Madeira
– **thapsi** L. · ♃ VI-IX ☠; Eur.: Ib

Digitaria Haller -f- *Poaceae (Gramineae)* · c. 220 (-300) sp · D:Fingerhirse; E:Finger Grass; F:Digitaire
– **cruciata** (Nees) A. Camus Z7 Ⓝ; Him.; Ind., China
– *decumbens* Stent = Digitaria eriantha
– **eriantha** Steud. · D:Pangolagras; E:Common Finger Grass · ♃ Z7 Ⓝ; S-Afr., nat. in C-Am., W.Ind.
– **exilis** (Kippist) Stapf · D:Fonio-Hirse; E:Hungry Rice · ⊙ Z8 Ⓦ Ⓝ; cult. W-Afr.
– **iburua** Stapf · ⊙ Z8 Ⓦ Ⓝ; Nigeria
– **ischaemum** (Schreb.) Muhl. · D:Faden-Fingerhirse, Faden-Hirse; E:Finger Grass, Smooth Crab Grass · ⊙ Z7 X; Eur.: Ib, Fr, Ap, Ba, E-Eur.; TR, Cauc., W-Sib., E-Sib., Amur, C-As., Him., Ind., Tibet, China, Jap., Can., USA*, nat. in BrI, Sc, C-Eur.
– **sanguinalis** (L.) Scop.
  – subsp. **esculenta** (Gaudin) Caldesi · ⊙ Z7 VII-IX Ⓝ; cult.
  – subsp. **pectiniformis** Henrard · D:Wimper-Fingerhirse · Z7
  – subsp. **sanguinalis** · D:Blut-Fingerhirse; E:Hairy Crab Grass · ⊙ Z7 VII-X; Eur.: Ib, Fr, Ap, Ba, E-Eur., H; TR, Cauc., C-As., Myanmar, China, Korea, Jap., Afr., N-Am., S-Am., Austr., NZ, nat. in Sc, C-Eur.

Dillenia L. -f- *Dilleniaceae* · c.60 sp · D:Rosenapfel; E:Elephant's Apple; F:Dillénie
– **indica** L. · D:Elefantenapfel, Indischer Rosenapfel; E:Chulta, Elephant's Apple · ♄ e Ⓦ Ⓝ; Ind., Sri Lanka, Indochina, Malay. Arch.

× **Dillonara** hort. -f- *Orchidaceae* (*Epidendrum* × *Laelia* × *Schomburgkia*)

Dillwynia Sm. -f- *Fabaceae (Leguminosae)* · 12-16 (-24) sp
– **floribunda** Sm. · ♄ e Z9 Ⓚ III-IV; Austr., Tasman.
– **juniperina** Lodd. · ♄ e Z9 Ⓚ; Austr.

Dimocarpus Lour. -m- *Sapindaceae* · 5 sp
– **longan** Lour. · D:Longanbaum; E:Longan Fruit · ♄ Z10 Ⓦ Ⓝ; Ind., Sri Lanka, S-China

Dimorphanthus Miq. = Aralia
– *elatus* Miq. = Aralia elata
– *mandshuricus* Maxim. = Aralia elata

Dimorphorchis Rolfe -f- *Orchidaceae* · 2 sp
– **lowii** (Lindl.) Rolfe · ♃ Z10 Ⓦ VII-X ▽ *; Kalimantan

Dimorphotheca Moench -f- *Asteraceae (Compositae)* · 7 (19) sp · D:Kapkörbchen; E:Sun Marigold; F:Souci de Cap
– *annua* Less. = Dimorphotheca pluvialis
– *aurantiaca* hort. non DC. = Dimorphotheca sinuata
– *barberiae* Harv. = Osteospermum barberiae

– *calendulacea* Harv. = Dimorphotheca sinuata
– *ecklonis* DC. = Osteospermum ecklonis
– **pluvialis** (L.) Moench · D:Regenzeigendes Kapkörbchen; E:Rain Daisy, Weather Prophet; F:Souci pluvial · ⊙ Z9 VII-VIII; S-Afr.
– **sinuata** DC. · D:Buschiges Kapkörbchen; E:Namaqualand Daisy · ⊙ Z9 VII-VIII; S-Afr.

Dinochloa Buse -f- *Poaceae (Gramineae)* · c. 25 sp
– **scandens** Kuntze · ♄ ≩ Ⓦ; Java

Dinteranthus Schwantes -m- *Aizoaceae* · 6 sp
– **vanzijlii** (L. Bolus) Schwantes · ♃ Ψ Z9 Ⓚ; Kap

Dionaea Ellis -f- *Droseraceae* · 1 sp · D:Venusfliegenfalle; E:Venus' Fly Trap; F:Attrappe-mouches, Dionée
– **muscipula** Ellis · D:Venusfliegenfalle; E:Venus' Fly Trap, Venus' Mouse Trap · ♃ Z8 Ⓚ ▭ V-VII ▽ *; USA: N.C., S.C.

Dionysia Fenzl -f- *Primulaceae* · 41 sp
– **aretioides** (Lehm.) Boiss. · ♃ ⌓ Ⓐ; Iran: Elburs

Dioon Lindl. -n- *Zamiaceae* · 10 sp · D:Doppelpalmfarn; E:Fern Palm; F:Dioon, Palmier mexicain
– **edule** Lindl. · D:Mexikanischer Doppelpalmfarn; E:Mexican Fern Palm · ♄ e Z10 Ⓦ ▽ *; Mex.
– **spinulosum** Dyer · ♄ e Z10 Ⓦ ▽ *; Mex.

Diopogon Jord. et Fourr. = Jovibarba
– *allionii* Jourd. et Fourr. = Jovibarba globifera subsp. allionii
– *heuffelii* (Schott) H. Huber = Jovibarba heuffelii
  – var. *reginae-amaliae* (Heldr. et Guicc. ex Halácsy) H. Jacobsen = Sempervivum reginae-amaliae
– *hirtus* (L.) H.P. Fuchs ex H. Huber = Jovibarba globifera subsp. hirta
  – subsp. *allionii* (Jourd. et Fourr.) H. Huber = Jovibarba globifera subsp. allionii
  – subsp. *arenarius* (W.D.J. Koch) H. Huber = Jovibarba globifera subsp. arenaria

Dioscorea L. -f- *Dioscoreaceae* · c. 600 (-850) sp · D:Yamswurzel; E:Yam; F:Igname
– **abyssinica** Hochst. · ♃ ≩ Z10 Ⓦ Ⓝ; Eth., E-Afr.
– **alata** L. · D:Wasser-Yamswurzel; E:Water Yam, White Yam · ♃ ≩ Z10 Ⓦ Ⓝ; orig. ?, nat. in trop. As.
– **balcanica** Kosanin · ♃ ≩ Z6; Eur.: Montenegro, N-AL
– **batatas** Decne. · D:Chinesische Yamswurzel; E:Chinese Yam; F:Igname · ♃ ≩ Z5 Ⓦ Ⓚ Ⓝ; China, Korea, Jap., nat. in E-USA
– *brasiliensis* Willd. = Dioscorea trifida
– **bulbifera** L. · D:Brotwurzel, Yamswurzel; E:Air Potato · ♃ ≩ Z10 Ⓦ Ⓝ; trop. Afr., Indochina, Malay. Pen., Phil.
– **caucasica** Lipsky · ♃ ≩; Cauc.
– **cayenensis** Lam. · D:Gelbe Yamswurzel; E:Yellow Yam · ♃ ≩ Z10 Ⓦ Ⓝ; W-Afr.
– **deltoidea** Wall. ex Kunth · ♃ ≩ Z10 Ⓝ ▽ *; Afgh., N-Ind., Nepal, Kashmir, China
– *discolor* hort. = Dioscorea vittata
– **discolor** Kunth · ♃ ≩ Z10 Ⓦ; trop. S-Am.
– *dodecaneura* Vell. = Dioscorea vittata
– **dumetorum** (Kunth) Pax · ♃ ≩ Z10 Ⓦ Ⓝ; trop. Afr.
– **elephantipes** (L'Hér.) Engl. · D:Elefantenfuß; E:Elephant's Foot, Hottentot Bread · ♄ d ≩ Z8 Ⓚ; S-Afr.: E-Kap. Natal, Transvaal
– **esculenta** (Lour.) Burkill · ♃ ≩ Z10 Ⓦ Ⓝ; orig. ?; cult. trop. Afr.
– **fargesii** Franch. · ♃ ≩; W-China
– **floribunda** M. Martens et Galeotti · ♃ ≩ Z10 Ⓦ Ⓝ; S-Mex., C-Am.
– **hispida** Dennst. · D:Bittere Yamswurzel; E:Asiatic Bitter Yam · ♃ ≩ Z10 Ⓦ Ⓝ; Indochina, Malay. Pen., Honan, Phil.
– **japonica** Thunb. · ♃ ≩ Ⓝ; Jap., cult. Jap., China
– *macroura* Harms = Dioscorea sansibarensis
– *montana* Durand et Schinz non Spreng. = Dioscorea sylvatica
– **nummularia** Lam. · ♃ ≩ Ⓝ; SE-As.
– **pentaphylla** L. · ♃ ≩ Ⓦ Ⓝ; Ind., Myanmar, Sri Lanka, Malay. Pen., nat. in China, Taiwan, Pacific Is.
– **prazeri** Prain et Burkill · ♃ ≩ Ⓦ Ⓝ; Ind.
– **rotundata** Poir. · D:Guinea-Yamswurzel; E:White Guinea Yam · ♃ ≩ Z10 Ⓦ Ⓝ; Ind., Myanmar, N-Thail., Laos, N-Vietn., S-China
– **sansibarensis** Pax · ♃ ≩ Z10 Ⓦ; trop. Afr., Madag.
– *sativa* hort. non L. = Dioscorea bulbifera

– **sylvatica** (Kunth) Eckl. · ♄ ≷ Z8 ⌂; trop. Afr., S-Afr.
– **trifida** L. f. · D:Kuschkusch-Yamswurzel; E:Cush Cush, Yampee · ♃ ≷ Z10 ⌂ Ⓝ; W.Ind., Guat., Col., Ecuad., Peru, Bras., Guyan.
– **villosa** L. · D:Wilde Yamswurzel; E:China Root, Wild Yam · ♃ ≷ ⚕; USA: NE, NCE, SC, SE
– **vittata** hort. · D:Zier-Yamswurzel; E:Ornamental Yam · ♃ ≷ ⌂; trop. Am.

Dioscoreophyllum Engl. -m- *Menispermaceae* · 3 (10) sp
– **cumminsii** (Stapf) Diels · E:Serendipity Berry · ♃ ≷ ⌂ Ⓝ; trop. Afr.

Diosma L. -f- *Rutaceae* · 28 sp · D:Götterduft; F:Parfum des dieux
– *alba* Thunb. = Coleonema album
– *fragrans* Sims = Adenandra fragrans
– **hirsuta** L. · ♄ e Z9 ⌂ I-XII; Kap
– *tenuifolia* C. Presl non Willd. = Coleonema calycinum

Diosphaera Buser = Trachelium
– *jacquinii* (Sieber) Buser = Trachelium jacquinii subsp. jacquinii
– *rumeliana* (Hampe) Bornm. = Trachelium jacquinii subsp. jacquinii

Diospyros L. -f- *Ebenaceae* · 475 sp · D:Dattelpflaume, Ebenholz, Lotuspflaume; E:Ebony; F:Kaki, Plaqueminier
– **celebica** Bakh. · ♄ ⌂ Ⓝ; Sulawesi
– **crassiflora** Hiern · D:Westafrikanisches Ebenholz; E:Benin Ebony · ♄ ⌂ Ⓝ; W-Afr.
– **digyna** Jacq. · D:Schwarzes Ebenholz; E:Black Sapote · ♄ ⌂ Ⓝ; Mex.; cult. Trop.
– *ebenaster* auct. non Retz. = Diospyros digyna
– **ebenum** J. König · D:Echtes Ebenholz; E:Ebony · ♄ d ⌂ Ⓝ; Ind., Sri Lanka
– **kaki** L. f. · D:Kakipflaume; E:Kaki, Persimmon · ♄ d ✿ Z8 ⌂ VI ⚕ Ⓝ; China, S-Korea, Jap.
– **lotus** L. · D:Lotuspflaume; E:Date Plum · ♄ ♄ d ✿ Z5 V-VI Ⓝ; TR, Korea, China, nat. in Eur.: Ba
– **melanoxylon** Roxb. · D:Coromandel-Ebenholz · ♄ ♄ ⌂ Ⓝ; Ind., Sri Lanka
– **virginiana** L. · D:Persimone; E:American Persimmon, Winter Plum · ♄ d ✿ Z7 V-VI Ⓝ; USA: NE, NCE, Kans., SC, SE, Fla.

Diotis Schreb. = Otanthus
– *candidissima* Desf. = Otanthus maritimus
– *maritima* (L.) Desf. ex Cass. = Otanthus maritimus

Diotostemon hort. = Pachyphytum
– *hookeri* Salm-Dyck = Pachyphytum hookeri

Dipelta Maxim. -f- *Caprifoliaceae* · 4 sp · D:Doppelschild; F:Dipelta
– **floribunda** Maxim. · D:Doppelschild · ♄ d Z6 V-VI; C-China
– **ventricosa** Hemsl. · D:Ohr-Doppelschild · ♄ d Z6 V-VI; W-China

Diphasiastrum Holub -n- *Lycopodiaceae* · D:Flachbärlapp; E:Alpine Clubmoss; F:Lycopode
– **alpinum** (L.) Holub · D:Alpen-Flachbärlapp · ♃ VIII-IX ▽; Eur.*, TR, Cauc., W-Sib., E-Sib., Amur, Kamchat., C-As., E-As., N-Am.
– **complanatum** (L.) Holub · D:Gewöhnlicher Flachbärlapp; E:Ground Pine · ♃ ⇝ VIII-IX ☠ ▽; Eur.* exc. BrI; TR, Cauc., W-Sib., E-Sib., Amur, Sachal., Kamchat., China, N-Jap., Ind, Sri Lanka, Malay. Arch., Phil., Alaska, Can., USA: NE, NCE, SE, Rocky Mts., Wash.
– **issleri** (Rouy) Holub · D:Isslers Flachbärlapp · ♃ VIII-IX ▽; Eur.: C-Eur , F, BrI
– **oellgaardii** A.M. Stoor et al. · D:Oellgards Flachbärlapp · ♃ ▽; Eur.: F, D +
– **tristachyum** (Pursh) Holub · D:Zypressen-Flachbärlapp · ♃ VIII-IX ▽; Eur.* exc. BrI, Ib; TR, N-Am.
– **zeilleri** (Rouy) Holub · D:Zeillers Flachbärlapp · ♃ VIII-IX ▽; Eur.

Diphasium C. Presl ex Rothm. = Diphasiastrum
– *complanatum* (L.) Rothm. = Diphasiastrum complanatum

Diphylleia Michx. -f- *Berberidaceae* · 3 sp · D:Schirmblatt; E:Umbrella Leaf; F:Diphylleia
– **cymosa** Michx. · D:Schirmblatt; E:Umbrella Leaf · ♃ Z7 V-VI; USA: Va., SE

Dipladenia A. DC. = Mandevilla
– *atropurpurea* DC. = Mandevilla

atroviolacea
– *boliviensis* Hook. f. = Mandevilla boliviensis
– *eximia* Hemsl. = Mandevilla eximia
– *sanderi* Hemsl. = Mandevilla sanderi
– *splendens* (Hook.) A. DC. = Mandevilla splendens

Diplarrhena Labill. -f- *Iridaceae* · 2 sp
– **latifolia** Benth. · ♃ Z8 Ⓚ VII-VIII; Tasman.
– **moraea** Labill. · E:Butterfly Flag · ♃ Z8 Ⓚ VII-VIII; Austr.: N.S.Wales, Victoria, Tasman.

Diplasanthum Desv. = Dichanthium

Diplazium Sw. -n- *Woodsiaceae* · c. 400 sp
– **acrostichoides** (Sw.) Butters · ♃; Can.: E; USA: NE, NCE, SE
– **australe** (R. Br.) Wakef. · E:Austral Lady Fern · ♃ Z8 Ⓚ; Austr., NZ
– **celtidifolium** Kunze · ♃ Z10 Ⓦ; Ind., Sri Lanka, S-China, Taiwan, Jap., Indochina, Malay. Pen., Polyn.
– **lanceanum** (Thunb.) C. Presl · ♃ Ⓦ; Ind., Sri Lanka, China, Jap., Taiwan
– *pycnocarpon* (Spreng.) Broun = Athyrium pycnocarpon
– **sylvaticum** (Bory) Sw. · ♃ Ⓚ; Trop.
– *thelypteroides* C. Presl = Diplazium australe

Diplocyclos (Endl.) Post et Kuntze -m- *Cucurbitaceae* · 4 sp · D:Scheinzaunrübe; F:Fausse-couleuvrée
– **palmatus** (L.) Jeffrey · E:Lollipop Climber · ♃ ≹ ♣ Z10 Ⓚ VII-IX; trop. Afr., trop. As., Austr.: N.Terr., Queensl., N.S.Wales

Diploknema Pierre -f- *Sapotaceae* · 10 sp
– **butyracea** (Roxb.) Lam. · D:Fulwafettbaum; E:Indian Buttertree · ♄ e Ⓦ Ⓝ; Tibet, Nepal, Bhutan, Ind., Andaman. I.

Diplotaxis DC. -f- *Brassicaceae (Cruciferae)* · 27 sp · D:Doppelsame; E:Wall Rocket; F:Diplotaxis
– **muralis** (L.) DC. · D:Mauer-Doppelsame; E:Wall Rocket · ⊙ Z7 VI-IX; Eur.* exc. BrI, Sc; Cauc.
– **tenuifolia** (L.) DC. · D:Schmalblättriger Doppelsame; E:Lincoln's Weed, Sand Rocket · ♃ Z7 V-X; Eur.* exc. BrI, Sc; TR, Syr.
– **viminea** (L.) DC. · D:Ruten-Doppelsame · ⊙ Z8 VI-IX; Eur.: Ib, Fr, Ap, Ba, Krim; TR, Levante, Maroc., Alger., Egypt, nat. in D, RO

Diplothemium Mart. = Polyandrococos
– *caudescens* Mart. = Polyandrococos caudescens

Dipogon Liebm. -m- *Fabaceae (Leguminosae)* · 1 sp
– **lignosus** (L.) Verdc. · D:Okiebohne; E:Australian Pea, Dolichos Pea · ♄ Z9 Ⓚ; S-Afr.

Dipsacus L. -m- *Dipsacaceae* · 15 sp · D:Karde; E:Teasel; F:Cardère
– **ferox** Loisel. · ⊙; Eur.: I, Sard., Corse
– *fullonum* auct. non L. = Dipsacus sativus
– **fullonum** L. · D:Wilde Karde; E:Common Teasel, Wild Teasel · ⊙ Z3 VII-VIII; Eur.* exc. Sc; TR, Levante, Cauc., Iran, NW-Afr., nat. in DK
– **laciniatus** L. · D:Schlitzblättrige Karde; E:Cut Leaved Teasel · ⊙ Z3 VII-VIII; Eur.: Fr, Ap, C-Eur., EC-Eur., Ba, E-Eur., ? Ib; TR, Iraq, Syr., Cauc., Iran, C-As.
– **pilosus** L. · D:Behaarte Karde · ⊙ VII-VIII; Eur.*, Cauc., Iran
– **sativus** (L.) Honck. · D:Weber-Karde; E:Card's Thistle, Fuller's Teasel · ⊙ Z5 VII-VIII Ⓝ; orig.?, cult., nat. in Eur.
– **strigosus** Willd. ex Roem. et Schult. · D:Schlanke Karde · ⊙ VII-VIII; Eur.: Russ.; TR, Cauc., N-Iran, C-As., nat. in BrI, Sc, EC-Eur.
– *sylvestris* Huds. = Dipsacus fullonum

Dipteracanthus Nees = Ruellia
– *devosianus* (Jacob-Makoy) Boom = Ruellia devosiana
– *makoyana* (Closon) Boom = Ruellia makoyana
– *portellae* (Hook. f.) Boom = Ruellia portellae

Dipterocarpus C.F. Gaertn. -m- *Dipterocarpaceae* · 69 sp · D:Zweiflügelfruchtbaum; F:Diptérocarpus, Keruing
– **alatus** Roxb. · ♄ d Ⓦ Ⓝ; Myanmar
– **turbinatus** C.F. Gaertn. · D:Ostindischer Zweiflügelfruchtbaum; E:Copaiba Balsam, Gurjun Balsam · ♄ e Ⓦ Ⓝ; Ind., Myanmar

Dipteronia Oliv. -f- *Aceraceae* · 2 sp
– **sinensis** Oliv. · ♄ d ♧ Z7 ∧ VI; C-China

Dipteryx Schreb. -f- *Fabaceae (Leguminosae)* · 10 sp · D:Tonkabohne; E:Tonka Bean; F:Coumarouna, Tonka
– **odorata** (Aubl.) Willd. · D:Tonkabohne; E:Tonka Bean · ♄ Ⓚ ☠ Ⓝ; Guyan., Surinam, N-Bras.

Dirca L. -f- *Thymelaeaceae* · 2 sp · D:Bleiholz, Lederholz; E:Leatherwood; F:Bois de plomb
– **palustris** L. · D:Sumpf-Lederholz; E:Leatherwood, Rope Bark · ♄ d Z5 III-V ☠; Can.: E; USA: NE, NCE, SE, Fla.

Disa Bergius -f- *Orchidaceae* · c. 100 sp
– **uniflora** Bergius · D:Stolz des Tafelberges; E:Pride-of-Table-Mountain · ♃ Z9 Ⓚ VII-VIII ▽ ✻; SW-Kap
– **Cultivars**
 – **in vielen Sorten**

Disanthus Maxim. -m- *Hamamelidaceae* · 1 sp
– **cercidifolius** Maxim. · D:Doppelblüte · ♄ d Z7 ∧ X; Jap.

Dischidia R. Br. -f- *Asclepiadaceae* · c. 80 sp · D:Urnenpflanze; F:Dischidia
– **albida** Griff. · ♃ ♆ e ≹ Ⓦ; Malay. Pen., Sumat., Kalimantan, Sulawesi
– **major** (Vahl) Merr. · ♃ ♆ e ≹ Ⓦ; Ind., SE-As., Austr.
– **merrillii** Becc. · ♃ ♆ e ≹ Ⓦ; Phil.
– **pectenoides** H. Pearson · ♃ ♆ e ≹ Ⓦ; Phil.
– *rafflesiana* Wall. = Dischidia major
– **sagittata** Decne. · ♃ ♆ e ≹ Ⓦ; Java

Disocactus Lindl. -m- *Cactaceae* · 3 sp
– **biformis** (Lindl.) Lindl. · ♆ Z9 Ⓦ ▽ ✻; Guat., Hond.
– **eichlamii** (Weing.) Britton et Rose · ♆ Z9 Ⓦ ▽ ✻; Guat.
– *flagelliformis* (L.) Barthlott = Aporocactus flagelliformis
– *martianus* (Zucc.) Barthlott = Aporocactus martianus
– *nelsonii* (Britton et Rose) Linding. = Chiapasia nelsonii
– *ramulosus* (Salm-Dyck) Kimnach = Pseudorhipsalis ramulosa
– *speciosus* (Cav.) Britton et Rose = Heliocereus speciosus var. speciosus

Disocereus Frič et Kreuz. = Disocactus

× **Disophyllum** hort. -n- *Cactaceae* (*Disocactus* × *Epiphyllum*)
– **Cultivars**
 – **in vielen Sorten**

Disphyma N.E. Br. -n- *Aizoaceae* · 3 sp · D:Purpurtaupflanze; E:Purple Dewplant
– **australe** (Sol.) J.M. Black · ♃ ♆ Z9 Ⓚ; NZ
– **crassifolium** (L.) L. Bolus · ♃ ♆ Z9 Ⓚ; S-Afr., nat. in Balear., P

Disporum Salisb. ex D. Don -n- *Convallariaceae* · 10-20 sp · D:Feenglöckchen; E:Fairy Bells; F:Clochette des fées
– **sessile** (Thunb.) D. Don · ♃ Z7; Jap., Korea, Sachalin
– **smithii** (Hook.) Piper · ♃ Z6; B.C., USA: NW, Calif.

Dissotis Benth. -f- *Melastomataceae* · c. 100 sp
– **eximia** Harv. · ♃ Z10 Ⓚ; S-Afr.
– *mahonii* Hook. f. = Dissotis plumosa
– **plumosa** (D. Don) Hook. f. · ♃ ≹ ⇝ Z10 Ⓦ VII-IX; W-Afr., C-Afr.
– *princeps* Triana = Dissotis eximia
– *rotundifolia* (Sm.) Triana = Dissotis plumosa

Distemonanthus Benth. -m- *Caesalpiniaceae (Leguminosae)* · 1 sp
– **benthamianus** Baill. · D:Afrikanisches Zitronenholz, Movingui; E:Nigerian Satinwood · ♄ Ⓦ Ⓝ; W-Afr., C-Afr.

Distictis Mart. ex Meisn. -f- *Bignoniaceae* · 9 sp · D:Klettertrompete; F:Bignone
– **buccinatoria** (DC.) A.H. Gentry · D:Mexikanische Klettertrompete; E:Mexican Blood Flower · ♄ e ≹ Z9 Ⓚ VII-VIII; Mex.
– **laxiflora** (DC.) Greenm. · ♄ ≹ Z9 Ⓚ; Mex., Nicar.

Distylium Siebold et Zucc. -n- *Hamamelidaceae* · 12 sp
– **racemosum** Siebold et Zucc. · D:Isubaum; E:Isu Tree · ♄ ♄ e Z8 Ⓚ III-IV; Jap., Riukiu-Is.

Dittrichia Greuter -f- *Asteraceae (Compositae)* · 2 sp · D:Alant; E:Fleabane;

F:Aunée
– **graveolens** (L.) Greuter · D:Drüsiger Alant; E:Camphor Inula, Stinkweed · ⊙ VII-IX; Eur.: Ib, Fr, Ap, Ba; TR, Iraq, Iran, Afgh., NW-Ind.

Dizygotheca N.E. Br. = Schefflera
– *elegantissima* (Veitch ex Mast.) R. Vig. et Guillaumin = Schefflera elegantissima
– *kerchoveana* (Veitch ex P.W. Richards) N. Taylor = Schefflera kerchoveana
– *veitchii* (Carrière) N. Taylor = Schefflera veitchii

Dobrowskya C. Presl = Monopsis
– *tenella* (Thunb.) Sond. = Monopsis unidentata

Dodecatheon L. -n- *Primulaceae* · c. 15 sp · D:Götterblume; E:Shooting Star; F:Fleur des dieux, Gyroselle
– **clevelandii** Greene · D:Cleveland Götterblume; E:Cleveland Shootingstar · ♃ △ Z6 V-VI; Calif.: Sierra Nevada
– *cusickii* Greene = Dodecatheon pulchellum subsp. cusickii
– **dentatum** Hook. · D:Gezähnte Götterblume · ♃ Z5; B.C., USA: Wash., N-Oreg., Idaho, Utah
– **frigidum** Cham. et Schltdl. · D:Alaska-Götterblume; E:Arctic Shootingstar · ♃ △ Z3 V-VI; Alaska, Can.: W; Sib.
– **hendersonii** A. Gray · D:Hendersons Götterblume; E:Mosquito Bills · ♃ △ Z6 V-VI; Calif.: Sierra Nevada
– **jeffreyi** Van Houtte · D:Hohe Götterblume; E:Tall Shooting Star · ♃ △ Z5 V-VI; Alaska, Can.: W; USA: NW, Calif., Rocky Mts.
– **meadia** L. · D:Meads Götterblume; E:American Cowslip, Shooting Star · ♃ △ Z3 V-VI; USA: NE, NCE, SE, SC
– *pauciflorum* (Durand) Greene = Dodecatheon meadia
– *pauciflorum* hort. = Dodecatheon pulchellum subsp. pulchellum
– **pulchellum** (Raf.) Merr.
  – subsp. **cusickii** (Greene) Calder Z5; Can. (B.C.); USA: NW, Mont., Idaho
  – subsp. **pulchellum** · D:Schöne Götterblume; F:Gyroselle élégant · ♃ △ Z5 V-VI; Alaska, Can.: W; USA: NW, Calif., Rocky Mts.; Mex.
– *radicatum* Greene = Dodecatheon pulchellum subsp. pulchellum
– *tetrandrum* Suksd. ex Greene = Dodecatheon jeffreyi

Dodonaea Mill. -f- *Sapindaceae* · 68 sp · D:Dodonaee; F:Dodonéa
– **triquetra** J.C. Wendl. · ♄ e Z9 Ⓚ ☠; Trop.
– **viscosa** (L.) Jacq. · D:Australischer Hopfen; E:Hop Bush, Hopwood · ♄ e Z9 Ⓚ ⚕ ☠ Ⓝ; USA: Fla., Ariz.; W.Ind., Trop.

Dolichos L. -m- *Fabaceae (Leguminosae)* · c. 70 sp · D:Helmbohne; F:Dolique
– *biflorus* auct. non L. = Macrotyloma uniflorum
– *biflorus* L. = Vigna unguiculata subsp. unguiculata
– **kilimandscharicus** Taub. · ♃; C.-Afr., E-Afr.
– *lablab* L. = Lablab purpureus
– *lobatus* Willd. = Pueraria lobata
– *soja* L. = Glycine max
– *uniflorus* Lam. = Macrotyloma uniflorum

Dolichothele (K. Schum.) Britton et Rose = Mammillaria
– *balsasoides* (R.T. Craig) Backeb. = Mammillaria beneckei
– *baumii* (Boed.) Werderm. et Buxb. = Mammillaria baumii
– *camptotricha* (Dams) Tiegel = Mammillaria camptotricha
– *longimamma* (DC.) Britton et Rose = Mammillaria longimamma
– *nelsonii* (Britton et Rose) Backeb. = Mammillaria nelsonii
– *surculosa* (Boed.) Backeb. ex Buxb. = Mammillaria surculosa
– *uberiformis* (Zucc.) Britton et Rose = Mammillaria longimamma

Dombeya Cav. -f- *Sterculiaceae* · 225 sp · D:Hortensienbaum; F:Hortensia en arbre
– **acutangula** Cav. · ♄ Z10 Ⓦ; Maskarene Is.
– **burgessiae** Gerrard ex Harv. · D:Ahornblättriger Hortensienbaum; E:Pink Dombeya · ♄ e Z10 Ⓦ; E-Afr., trop. S-Afr., S-Afr.
– *calantha* Schum. = Dombeya burgessiae
– × **cayeuxii** André (*D. burgessiae* × *D. wallichii*) · D:Rispiger Hortensienbaum; E:Pink Snowball · ♄ e Z10 Ⓦ; cult.
– *mastersii* Hook. f. = Dombeya burgessiae

– *natalensis* Sond. = Dombeya tiliacea
– **tiliacea** (Endl.) Planch. · ♄ e Z10 ⓦ; S-Afr.
– **wallichii** (Lindl.) Benth. et Hook. f. · D:Hortensienbaum, Wallichs Hortensienbaum; E:Pink Ball Tree · ♄ e Z10 ⓦ II-III; Madag.

× **Domindesmia** hort. -f- *Orchidaceae* (*Domingoa* × *Hexadesmia*)

× **Domliopsis** hort. -f- *Orchidaceae* (*Domingoa* × *Laeliopsis*)

Donia G. Don = Clianthus
– *punicea* G. Don = Clianthus puniceus
– *speciosa* G. Don = Clianthus formosus

Doodia R. Br. -f- *Blechnaceae* · 11 sp · D:Raspelfarn; E:Rasp-Fern; F:Doodia rude
– **aspera** R. Br. · ♃ Z9 ⓚ; Austr.: Queensl., N.S.Wales, Victoria
– **caudata** (Cav.) R. Br. · ♃ Z9 ⓚ; Austr.: Queensl., N.S.Wales, Victoria, Tasman.; NZ, Polyn.
– **media** R. Br. · ♃ Z9 ⓚ; Austr., NZ, N.Caled.

Dorema D. Don -n- *Apiaceae (Umbelliferae)* · 12 sp · D:Ammoniakpflanze; E:Gum Ammoniac; F:Doréma, Gomme-ammniaque
– **ammoniacum** D. Don · D:Ammoniakpflanze; E:Gum Ammoniac · ♃ VI ⚕; Iran, C-As., Afgh., Sib.

× **Doriella** hort. -f- *Orchidaceae* (*Doritis* × *Kingiella*)

× **Doritaenopsis** hort. -f- *Orchidaceae* (*Doritis* × *Phalaenopsis*)

Doritis Lindl. -f- *Orchidaceae* · 2 sp
– **pulcherrima** Lindl. · ♃ Z9 ⓦ VIII-XI ▽ ✱; S-China, Myanmar, Thail., Cambodia, Malay. Pen., N-Sumat.

Doronicum L. -n- *Asteraceae (Compositae)* · 35-40 sp · D:Gämswurz; E:Leopard's Bane; F:Doronic
– **austriacum** Jacq. · D:Österreichische Gämswurz · ♃ Z5 VII-VIII; Eur.* exc. Sc, BrI; W-TR; mts.
– **cataractarum** Widder · D:Sturzbach-Gämswurz · ♃ VII-IX; Eur.: A (Koralpe)
– *caucasicum* M. Bieb. = Doronicum orientale
– **clusii** (All.) Tausch
  – var. **clusii** · D:Clusius-Gämswurz, Zottige Gämswurz · ♃ Z6 VI-VII; Eur.* exc. BrI, Sc; Cordillera Cantábrica, Pyr., Alp., Carp.
  – var. **villosum** Tausch · D:Steirische Gämswurz · ♃ Z6 VII-IX; Eur.: CH, A, RO + ; Alp., Carp.
– **columnae** Ten. · D:Herzblättrige Gämswurz · ♃ Z5 V-VI; Eur.: C-Eur., E-Eur., I, Ba; mts.
– *cordatum* auct. non Lam. = Doronicum columnae
– *cordatum* Lam. = Doronicum pardalianches
– *cordifolium* Sternb. = Doronicum columnae
– × **excelsum** (N.E. Br.) Stace (*D. columnae* × *D. pardalianches* × *D. plantagineum*) · ♃ Z6; cult.
– **glaciale** (Wulfen) Nyman
  – subsp. **calcareum** (Vierh.) Hegi · D:Kalkliebende Gämswurz · ♃ Z6 VI-VIII; Eur.: A; NE-Alp.
  – subsp. **glaciale** · D:Gletscher-Gämswurz · ♃ Z6 VII-VIII; Eur.: I, D, A, Slove.; E-Alp.
– **grandiflorum** Lam. · D:Großblütige Gämswurz · ♃ Z5 VII-VIII; Eur.: Ib, Fr, Ap, C-Eur., Ba, ? RO
– **orientale** Hoffm. · D:Kaukasus-Gämswurz; F:Doronic du Caucase · ♃ ⩙ Z5 IV-V; Eur.: Ap, H, Ba, RO, W-Russ.; TR, Lebanon, Cauc.
  – **in Sorten**
– **pardalianches** L. · D:Kriechende Gämswurz; E:Great Leopard's Bane · ♃ Z6 V-VII; Eur.: Sp., Fr, I, CH, D; mts., nat. in BrI, A
– **plantagineum** L. · D:Wegerich-Gämswurz; F:Doronic plantain · ♃ ⩙ Z6 IV-V; Eur.: Ib, F, I, nat. in BrI, NL

Dorotheanthus Schwantes -m- *Aizoaceae* · 5 sp · D:Mittagsblume; E:Iceplant; F:Ficoide, Mésembryanthème
– **bellidiformis** (Burm. f.) N.E. Br. · D:Garten-Mittagsblume; E:Livingstone Daisy · ⊙ ♆ VII-IX; Kap
– *criniflorus* (L. f.) Schwantes = Dorotheanthus bellidiformis
– **gramineus** (Haw.) Schwantes · ⊙ ♆ VII-IX; Kap
– **oculatus** N.E. Br. · ⊙ ♆ VII-IX; Kap

Dorstenia L. -f- *Moraceae* · 105 sp · D:Dorstenie; F:Dorstenia
– *argentata* Hook. f. = Dorstenia turnerifolia var. argentea
– **arifolia** Lam. · ♃ ⓦ; Bras.
– **barkeri** Bureau · ♃ ⓦ; Nigeria, Cameroun
– **contrajerva** L. · E:Contra Hierba, Torn's Herb · ♃ ⓦ ⚕ Ⓝ; S-Mex., W.Ind., Bras., Afr.
– **convexa** De Wild. · ♃ ⓦ; Zaire
– *erecta* Vell. = Dorstenia hirta
– **hildebrandtii** Engl. · ♃ ⓦ; Kenya, Tanzania
– **hirta** Desv. · ♃ ⓦ; Bras.
– **psilurus** Welw. · ♃ ⓦ; trop. Afr.
– **turnerifolia** Fisch. et C.A. Mey. · ♃ ⓦ; Lat.-Am.
  – var. **argentea** · ♃ e ⓦ; S-Bras.
– **urceolata** Schott · ♃ ⓦ; Bras.
– **yambuyaensis** De Wild. · ♃ ⓦ; Zaire

Doryanthes Corrêa -f- *Doryanthaceae* · 2 sp · D:Speerblume; E:Spear Lily; F:Lis-javelot
– **excelsa** Corrêa · D:Hohe Speerblume; E:Australian Giant Lily, Spear Lily · ♃ Z10 ⓚ; Austr.: Queensl., N.S.Wales
– **palmeri** A.W. Hill · D:Palmers Speerblume · ♃ Z10 ⓚ; Austr.: Queensl., N.S.Wales

Dorycnium Mill. -n- *Fabaceae (Leguminosae)* · 10 sp · D:Backenklee; F:Dorycnium
– **germanicum** (Gremli) Rikli · D:Deutscher Backenklee · ħ VII; Eur.: I, CH, D, A, CZ, H, Slove.
– **graecum** (L.) Ser. · ħ ♃; E-Ba, Krim, Cauc., TR
– **hirsutum** (L.) Ser. · D:Behaarter Backenklee, Zottiger Backenklee; E:Hairy Canary Clover; F:Dorycnium hérissé · ħ ♃ Z8 ⓚ VI-IX; Eur.: Ib, F, Ap, Ba; TR, Levante, Maroc., Tun.
– **pentaphyllum** Scop.
  – subsp. *germanicum* (Gremli) Gams = Dorycnium germanicum
  – subsp. **herbaceum** (Vill.) Rouy · D:Krautiger Backenklee · ħ ♃ Z8 VI-VII; Ba, Ap, Krim, TR, Cauc.
  – subsp. **pentaphyllum** · D:Fünfblättriger Backenklee · ħ Z8 V-VI; SW-Eur., C-Eur., S-It
– **rectum** (L.) Ser. · ħ ♃ Z8; Eur.: Ib, Fr, Ap, Ba; TR

Doryopteris J. Sm. -f- *Adiantaceae* · 25 sp · D:Speerfarn; F:Fougère
– **ludens** (Wall.) J. Sm. · ♃ Z10 ⓦ; Indochina, Phil.
– *palmata* (Willd.) J. Sm. = Doryopteris pedata var. palmata
– **pedata** (L.) Fée
  – var. **palmata** (Willd.) Hicken · ♃ Z10 ⓦ; Mex., C-Am., trop. S- Am.
  – var. **pedata** · D:Gestielter Speerfarn; E:Hand Fern · ♃ Z10 ⓦ; W.Ind., trop. S-Am.
– **sagittifolia** (Raddi) J. Sm. · ♃ Z10 ⓦ; trop. S-Am.

Dossinia C. Morren -f- *Orchidaceae* · 1 sp
– **marmorata** (Blume) C. Morren · ♃ ⓦ VII-X ▽ ✻; Kalimantan (Sarawak)

Douglasia Lindl. = Androsace, Vitaliana
– *vitaliana* (L.) Hook. f. = Vitaliana primuliflora subsp. primuliflora

Dovyalis E. Mey. ex Arn. -f- *Flacourtiaceae* · 15 sp
– **caffra** (Hook. f. et Harv.) Hook. f. · D:Kei-Apfel; E:Kei Apple · ħ d Z9 ⓚ Ⓝ; S-Afr.
– **hebecarpa** (Gardner) Warb. · D:Ceylon-Stachelbeere; E:Ceylon Gooseberry · ħ d Z10 ⓚ; Ind., Sri Lanka

Downingia Torr. -f- *Campanulaceae* · 11 sp · D:Scheinlobelie; E:Californian Lobelia; F:Clintonia, Fausse-lobélie
– **elegans** (Douglas) Torr. · D:Scheinlobelie; E:Blue Calico Flower · ⊙ VII-VIII; USA: NW, Idaho, Nev., Calif.
– **pulchella** (Lindl.) Torr. · ⊙ VII-VIII; Calif.

Doxantha Miers = Macfadyena
– *capreolata* (L.) Miers = Bignonia capreolata
– *unguis-cati* (L.) Rehder = Macfadyena unguis-cati

Draba L. -f- *Brassicaceae (Cruciferae)* · c. 300 sp · D:Felsenblümchen; E:Whitlow Grass; F:Drave
– **aizoides** L. · D:Immergrünes Felsenblümchen; E:Yellow Whitlow Grass; F:Drave faux-aizoon · ♃ △ Z4 IV ▽; Eur.* exc. Sc; mts.
– *aizoon* Wahlenb. = Draba lasiocarpa
– **aspera** Bertol. · D:Raues Felsenblümchen ·

♃ Z4 VI-VII ▽; Eur.: Ba, Ap, F; mts.
- **brachystemon** DC. · ♃ ▽; Eur.: E-Pyr., Alp. (Monte Rosa)
- **bruniifolia** Steven
  - subsp. **bruniifolia** · ♃ △ Z7 IV-V ▽; TR, Iraq, Cauc., Iran
  - subsp. **olympica** (Sibth. ex DC.) Coode et Cullen Z7 ▽; TR
- *bryoides* DC. = Draba rigida var. bryoides
- *carinthiaca* Hoppe = Draba siliquosa
- **cuspidata** M. Bieb. · ♃ △ Z6 IV-V ▽; Krim
- **dedeana** Boiss. et Reut. · ♃ △ Z7 IV-V ▽; Eur.: Sp.; mts.
- **densiflora** Nutt. · ♃ ▽; Can. (B.C.); USA: NW, Calif.
- *dicranoides* Boiss. et A. Huet = Draba rigida var. rigida
- *diversifolia* Boiss. = Draba bruniifolia subsp. bruniifolia
- *doerfleri* Wettst. = Schivereckia doerfleri
- **dolomitica** Buttler · D:Dolomiten-Felsenblümchen · ♃ VI-VIII ▽; Eur.: I, A; Dolomiten, Brenner
- **dubia** Suter · D:Eis-Felsenblümchen · ♃ Z6 V-VII ▽; Eur.: Ib, Fr, Ap, C-Eur., EC-Eur., Ba; mts.
- **fladnizensis** Wulfen · D:Fladnitzer Felsenblümchen; E:Austrian Whitlow Grass · ♃ △ Z5 V-VI ▽; Eur.: Sc, C-Eur., EC-Eur., F, I, E-Eur.; N, mts.; Alaska, USA: NW, Calif., Rocky Mts.; C-As., Him.
- **haynaldii** Stur · ♃ Z7 ▽; RO; S-Carp.
- **hoppeana** Rchb. · D:Hoppes Felsenblümchen · ♃ Z7 VII-VIII ▽; Eur.: F, I, C-Eur.; Alp.
- **incana** L. · D:Graues Felsenblümchen; E:Hoary Whitlow Grass · ⊙ ♃ △ Z4 V-VI ▽; Eur.: BrI, Sc, Fr, C-Eur., Ib, E-Eur.; N, mts.
- **ladina** Braun-Blanq. · D:Bündner Felsenblümchen · ♃ VII-VIII ▽; Eur.: E-CH; mts.
- **lasiocarpa** Rochel · D:Karpaten-Felsenblümchen · ♃ △ Z5 III-V ▽; Eur.: A, Ba, RO; Carp., Balkan
- **loiseleurii** Boiss. · ♃ Z9 Ⓐ ▽; Corse
- **mollissima** Steven · ♃ Z7 ∧ III-IV ▽; Cauc.
- **muralis** L. · D:Mauer-Felsenblümchen · ⊙ V-VI ▽; Eur.*
- **nemorosa** L. · D:Hain-Felsenblümchen · ⊙ V-VI ▽; Eur.* exc. BrI; TR, Cauc., W-Sib., E-Sib., Amur, Sachal., Kamchat
- **norvegica** Gunnerus · D:Norwegisches Felsenblümchen · ♃ Z6 VI-VII ▽; Eur.: BrI, Sc, N-Russ., A; Sib., N-Am
- *olympica* Sibth. ex DC. = Draba bruniifolia subsp. olympica
- **pacheri** Stur · D:Tauern-Felsenblümchen · ♃ VI-VIII ▽; Eur.: E-A, Slova.
- **polytricha** Ledeb. · ♃ Z7 ▽; TR, Cauc.
- *repens* M. Bieb. = Draba sibirica
- **rigida** Willd.
  - var. **bryoides** (DC.) Boiss. Z7 ▽; TR, Cauc.
  - var. **rigida** · ♃ △ Z7 IV-V ▽; Cauc.
- **sauteri** Hoppe · D:Sauters Felsenblümchen · ♃ △ VI ▽; Eur.: D, A; NE-Alp.
- **sibirica** (Pall.) Thell. · F:Drave de Sibérie · ♃ ⇝ △ Z1 V-VI ▽; Eur.: Russ.; Cauc., W-Sib., E-Sib., C-As., Mong., China: Sinkiang, Greenl.
- **siliquosa** M. Bieb. · D:Kärntner Felsenblümchen · ♃ △ Z6 V-VII ▽; Eur.: Ib, Ap, C-Eur., EC-Eur., E-Eur., BG; TR, Cauc., Iran
  - subsp. *carinthiaca* (Hoppe) O. Bolòs et Vigo = Draba siliquosa
- **stellata** Jacq. · D:Sternhaar-Felsenblümchen · ♃ VI-VII ▽; Eur.: A; NE-Alp.
- *stylaris* W.D.J. Koch = Draba incana
- × **suendermannii** Sünd. (*D. dedeana* × *?*) · D:Sündermanns Felsenblümchen; F:Drave de Sündermann · ♃; cult.
- **tomentosa** Clairv. · D:Filziges Felsenblümchen · ♃ Z6 VI-VIII ▽; Eur.: Fr, C-Eur., EC-Eur., Ba; mts.
- *tomentosa* Hegi non Clairv. = Draba dubia
- *wahlenbergii* Hartm. = Draba fladnizensis

Dracaena Vand. ex L. -f- *Dracaenaceae* · c. 60 sp · D:Drachenbaum, Schlangenlilie; E:Dragon Tree; F:Dragonnier, Pléomèle
- **arborea** (Willd.) Link · ₺ e Z9 Ⓚ Ⓝ; W-Afr., C-Afr., Angola
- **aubryana** Brongn. ex E. Morren · ₺ e Z9 Ⓦ; W-Afr.
- *australis* G. Forst. = Cordyline australis
- *beuckelaerii* K. Koch = Cordyline banksii
- **cinnabari** Balf. f. · E:Socotra Dragon Tree · ₺ e Z9 Ⓦ Ⓝ; Socotra
- **concinna** Kunth · ₺ e Z9 Ⓦ; Mauritius
- **deremensis** Engl. · ₺ e Z9 Ⓦ; trop. Afr.
- **draco** (L.) L. · D:Echter Drachenbaum; E:Dragon Tree · ₺ e Z9 Ⓦ Ⓚ ▽; Canar., Cap Verd.
- **elliptica** Thunb. · ₺ e Z9 Ⓦ; Ind., Sumat., Java

– **fragrans** (L.) Ker-Gawl. · ħ e Z9 ⓦ ⓚ Ⓝ; trop. Afr.
– *godseffiana* Sand. ex Mast. = Dracaena surculosa
– **goldieana** Lindl. · ħ e Z9 ⓦ; Nigeria, C-Afr.
– **hookeriana** K. Koch · ħ e Z9 ⓦ; S-Afr.
– *indivisa* G. Forst. = Cordyline indivisa
– **marginata** Lam. · D:Gerandeter Drachenbaum; E:Dragon Tree · ħ e Z9 ⓦ; Reunion
– **phrynioides** Hook. · ħ e Z9 ⓦ; W-Afr., Cameroun
– **reflexa** Lam. · E:Song of India · ħ e Z9 ⓦ; Mauritius
– *rumphii* (Hook.) Regel = Dracaena hookeriana
– **sanderiana** hort. Sander ex Mast. · D:Panaschierter Drachenbaum; E:Ribbon Plant · ħ e Z9 ⓦ; Cameroun
– *stricta* (Sims) hort. = Cordyline stricta
– **surculosa** Lindl. · ħ e Z9 ⓦ ⓚ; W-Afr.
– *thalioides* Jacob-Makoy ex Regel = Dracaena aubryana
– **umbraculifera** Jacq. · ħ e Z9 ⓦ; ? Mauritius

Dracocephalum L. -n- *Lamiaceae (Labiatae)* · c. 45 sp · D:Drachenkopf; E:Dragon's Head; F:Tête-de-dragon
– **argunense** Fisch. ex Link · ♃ Z7; E-Sib., N-China, Manch., Korea, Jap.
– **austriacum** L. · D:Österreichischer Drachenkopf · ♃ Z4 V-VIII ▽; Eur.: F, I, CH, A, EC-Eur, E-Eur.; TR, Cauc.
– **bipinnatum** Rupr. · ♃ ħ Z7 VII-VIII; C-As., Afgh, Him, W-Tibet, China: Sinkiang
– **botryoides** Steven · ♃ △ Z5 IV; Cauc.
– **bullatum** Forrest · ♃ △ Z7 VI-VII; Yunnan
– **calophyllum** Hand.-Mazz. · ♃ △ Z7 Ⓐ ∧ IX-X; Yunnan, Sichuan
– *canescens* L. = Lallemantia canescens
– **forrestii** W.W. Sm. · ♃ △ Z7 ∧ VIII-X; Yunnan
– **grandiflorum** L. · ♃ △ Z3 VII-VIII; Sib.
– **hemsleyanum** (Oliv. ex Prain) Prain ex C. Marquand · ♃ △ Z7 VII-IX; SE-Tibet
– *ibericum* M. Bieb. = Lallemantia iberica
– **isabellae** Forrest ex W.W. Sm. · ♃ △ Z7 VII-VIII; C-China
– **moldavicum** L. · D:Türkischer Drachenkopf · ⊙ Z7 VII-VIII; W-Sib., E-Sib., Him., nat. in Eur.: PL, RO, Russ.; China
– **nutans** L. · ♃ Z3; E-Russ., W-Sib., E-Sib., Amur, C-As., Mong., Manch., China: Xinjiang, nat. in E-Eur.
– *peltatum* L. = Lallemantia peltata
– **peregrinum** L. · ♃ △ Z7 VII-VIII; Altai
– *prattii* (Lév.) Hand.-Mazz. = Nepeta prattii
– **renatii** Emb. · ♃ Z7; Maroc.
– *royleanum* Benth. = Lallemantia royleana
– *ruprechtii* Regel = Dracocephalum bipinnatum
– **ruyschiana** L. · D:Nordischer Drachenkopf; E:Dragonhead; F:Dracocéphale de Ruysch · ♃ Z3 VII-VIII ▽; Eur.: Fr, C-Eur., EC-Eur., E-Eur., Ap, Sc; Cauc., W-Sib., E-Sib., C-As., Mong., Manch.
– *sibiricum* (L.) L. = Nepeta sibirica

Dracontium L. -n- *Araceae* · 13 (-23) sp
– **gigas** (Seem.) Engl. · ♃ Z10 ⓦ; Nicar.

Dracontomelon Blume -n- *Anacardiaceae* · 8 sp
– **mangiferum** Blume · D:Drachenapfel; E:Argus Pheasant Tree · ħ ⓦ Ⓝ; Malay. Arch, Phil., Fiji

Dracophilus (Schwantes) Dinter et Schwantes -m- *Aizoaceae* · 3-4 sp
– **montis-draconis** (Dinter) Dinter et Schwantes · ♃ ψ Z9 ⓚ; Namibia

Dracophyllum Labill. -n- *Epacridaceae* · 48 sp · D:Drachenblatt; F:Dragonnier
– **secundum** (Poir.) R. Br. · ħ e Z8 ⓚ IV-V; Austr.: N.S.Wales

Dracopsis Cass. -f- *Asteraceae (Compositae)* · 1 sp
– **amplexicaulis** (Vahl) Cass. · ⊙ Z8 VII-VIII; USA: Kans., Mo., SE, SC

Dracula Luer -f- *Orchidaceae* · 50-100 sp · D:Draculaorchidee; F:Dracula
– **bella** (Rchb. f.) Luer · ♃ Z10 ⓚ XII-VI ▽ ✱; Col.
– **chimaera** (Rchb. f.) Luer · ♃ Z10 ⓚ XI-II ▽ ✱; Col.
– **erythrochaete** (Rchb. f.) Luer · ♃ Z10 ⓚ IX-XI ▽ ✱; C-Am., Col.
– **radiosa** (Rchb. f.) Luer · ♃ Z10 ⓚ V-VIII ▽ ✱; Col.

Dracunculus Mill. -m- *Araceae* · 3 sp · D:Drachenwurz; E:Dragon Arum;

F:Serpentaire
– **canariensis** Kunth · D:Kanarische Drachenwurz · ♃ Z9 Ⓚ; Canar.
– *crinitus* Schott = Dracunculus muscivorus
– **muscivorus** (L. f.) Parl. · D:Haarige Drachenwurz; E:Dragon's Mouth · ♃ Z9 Ⓚ III-IV; Corse, Sard., Balear.
– **vulgaris** Schott · D:Drachenwurz, Schlangenwurz; E:Dragon Arum · ♃ Z9 Ⓚ V ☠; Eur.: Ap, Ba; TR, nat. in Ib, F

Dregea E. Mey. -f- *Asclepiadaceae* · 3 sp
– **sinensis** Hemsl. · ♄ e ≹ Z9 Ⓚ VI-VII; China

Drimia Jacq. ex Willd. -f- *Hyacinthaceae* · 15 sp
– **haworthioides** Baker · ♃ Z9 XI-I; S.Afr.
– *maritima* (L.) Stearn = Urginea maritima

Drimiopsis Lindl. et Paxton -f- *Hyacinthaceae* · 7-15 sp
– **kirkii** Baker · ♃ Z10 Ⓦ III-IX; Tanzania: Sansibar
– **maculata** Lindl. et Paxton · ♃ Z9 Ⓦ IV-VII; S-Afr.

Drimys J.R. Forst. et G. Forst. -f- *Winteraceae* · 30-70 sp · D:Beißrinde, Winterrinde; E:Winter's Bark; F:Drimys
– *aromatica* F. Muell. = Drimys lanceolata
– **lanceolata** (Poir.) Baill. · D:Pfefferbaum; E:Mountain Pepper · ♄ e Z8 Ⓚ ⚕; Austr.: N.S.Wales, Victoria, Tasman.
– **winteri** J.R. Forst. et G. Forst. · D:Beißrinde, Winterrinde; E:Drimys, Winter's Bark · ♄ ♄ e Z8 Ⓚ; Chile, S-Arg.

Drosanthemum Schwantes -n- *Aizoaceae* · 95-100 sp · D:Sonnenblitzle; E:Pale Dewplant; F:Drosanthème
– **bellum** L. Bolus · ♄ Ψ Ⓚ; Kap
– **floribundum** (Haw.) Schwantes · ♄ Ψ Ⓚ VI-VII; Kap, Namibia
– **hispidum** (L.) Schwantes · ♄ Ψ Ⓚ VI-VIII; Namibia, Kap, nat. in Mallorca
– **speciosum** (Haw.) Schwantes · ♄ Ψ Ⓚ; Kap

Drosera L. -f- *Droseraceae* · c. 100 sp · D:Sonnentau; E:Sundew; F:Rossolis
– **adelae** F. Muell. · ♃ Z10 Ⓚ ▽; Austr.: Queensl.
– **affinis** Welw. · ♃ Ⓚ ▽; W-Afr.
– **aliciae** Raym.-Hamet · ♃ Z9 Ⓚ V-VIII ▽; S-Afr.
– **anglica** Huds. · D:Englischer Sonnentau, Langblättriger Sonnentau; E:English Sundew, Great Sundew; F:Rossolis d'Angleterre · ♃ Z5 VII-VIII
– **auriculata** Backh. f. · ♃ Z8 Ⓚ ▽; Austr.: N.S.Wales, Victoria, S-Austr., Victoria; NZ
– **binata** Labill. · D:Gabelblätttriger Sonnentau; E:Forked Sundew · ♃ Z9 Ⓚ V-VII ▽; Austr.: N.S.Wales, Victoria, S-Austr.; NZ
– **'Dichotoma'** · Ⓚ ▽
– **brevifolia** Pursh · ⊙ Z9 Ⓚ ▽; USA: NE, SE, Fla.; Mex., S-Am.
– **burkeana** Planch. · ♃ Z9 Ⓚ ▽; Madag., S-Afr.
– **burmannii** Vahl · ♃ Z9 Ⓚ ▽; Ind., China, Jap., N-Austr.
– **capensis** L. · D:Kap-Sonnentau; E:Cape Sundew · ♃ Z9 Ⓚ V-VIII ▽; S-Afr.
– **capillaris** Poir. · ♃ Z9 Ⓚ ▽; USA: NE, SE, SC, Fla.; Mex., W.Ind., trop. S-Am.
– **cistiflora** L. · ♃ Z9 Ⓚ ▽; SW-Kap
– **cuneifolia** L. f. · ♃ Z9 Ⓚ ▽; S-Afr.
– *dichotoma* Banks et Sol. ex Sm. = Drosera binata 'Dichotoma'
– **dichrosepala** Turcz. · ♃ Z9 Ⓚ ▽; SW-Austr.
– **filiformis** Raf. · D:Fadenblättriger Sonnentau; E:Thread-leaf Sundew · ♃ Z8 ▭ ▽; USA: NE, SE, Fla.
– **intermedia** Hayne · D:Mittlerer Sonnentau; E:Long Leaved Sundew, Love Nest Sundew · ♃ Z6 VII-VIII ▽; Eur.*, TR, Cauc., Can.: W; USA: Ne, NCE, SE, Fla.; Cuba
– *longifolia* auct. non L. = Drosera intermedia
– *longifolia* L. = Drosera anglica
– **montana** A. St.-Hil. · ♃ Ⓚ ▽; Bol., S-Bras.
– × **obovata** Mert. et W.D.J. Koch (*D. anglica* × *D. rotundifolia*) · D:Bastard-Sonnentau · ♃ VII-VIII; Eur. , N-As., Jap.
– **paleacea** DC. · ♃ Z9 Ⓚ ▽; W-Austr.
– **pauciflora** Banks ex DC. · ♃ Ⓚ ▽; SW-Kap
– **planchonii** Hook. f. ex Planch. · D:Kriechender Sonnentau; E:Climbing Sundew · ♄ Ⓚ ▽; Austr.: S-Austr., Tasman., Victoria
– **pygmaea** DC. · ♃ Z8 Ⓚ ▽; E-Austr., S-Austr., NZ
– **ramentacea** Burch. ex Harv. et Sond. · ♃

Ⓚ ⚕ ▽; SW-Kap
– **regia** Stephens · ♃ Z9 Ⓚ ▽; Kap
– **rotundifolia** L. · D:Rundblättriger Sonnentau; E:Round Leaved Sundew; F:Rossolis à feuilles rondes · ♃ Z6 VII-VIII ⚕ ▽; Eur.*, TR, Syr., Cauc., W-Sib., E-Sib., Amur, Sachal., Kamchat., Jap., Alaska, Can., USA: NE, NCE, NC, SE, Rocky Mts., NW, Calif.
– **spathulata** Labill. · D:Löffelblättriger Sonnentau; E:Spoonleaf Sundew · ♃ Z8 Ⓚ ▽; Jap., China, Taiwan, Malay. Arch., E-Austr., Tasman., NZ
– **villosa** A. St.-Hil. · ♃ Ⓚ ▽; SE-Austr., S-Austr., Tasman.

Drosophyllum Link -n- *Droseraceae* · 1 sp · D:Taublatt; F:Drosophylle
– **lusitanicum** (L.) Link · ♄ Z9 Ⓚ; SW-Sp., P, N-Maroc.

Dryandra R. Br. -f- *Proteaceae* · c. 60 sp · D:Dryandra; E:Dryandra; F:Dryandra
– **carduacea** Lindl. · ♄ e Z9 Ⓚ; W-Austr.
– **floribunda** R. Br. · ♄ e Z9 Ⓚ; W-Austr.
– **formosa** R. Br. · D:Prächtige Dryandra; E:Showy Dryandra · ♄ e ✂ Z9 Ⓚ; W-Austr.
– **nivea** R. Br. · ♄ e Z9 Ⓚ; W-Austr.
– **nobilis** Lindl. · ♄ e Z9 Ⓚ; W-Austr.
– **polycephala** Benth. · D:Vielköpfige Dryandra; E:Many-head Dryandra · ♄ e ✂ Z9 Ⓚ; W-Austr.
– **quercifolia** C.F.W. Meissn. · D:Eichenblättrige Dryandra; E:Oak Leaved Dryandra · ♄ e ✂ Z9 Ⓚ; W-Austr.
– **squarrosa** R. Br. · ♄ e ✂ Z9 Ⓚ; W-Austr.

Dryas L. -f- *Rosaceae* · 3 sp · D:Silberwurz; E:Mountain Avens; F:Dryade
– **drummondii** Richardson ex Hook.
  – var. **drummondii** · D:Gelbe Silberwurz; E:Yellow Mountain Avens · ♄ e Z1; Can.; USA: Mont.; Greenl.
  – var. **tomentosa** (Farr) Williams · D:Filzige Silberwurz · ♄ Z3; Can.: Alta., B.C.
– *integrifolia* Vahl = Dryas octopetala subsp. octopetala var. integrifolia
– *lanata* Stein ex Correvon = Dryas octopetala subsp. octopetala fo. argentea
– **octopetala** L.
  – subsp. *chamaedryfolia* (Crantz) Gams = Dryas octopetala subsp. octopetala
  – subsp. **octopetala** · D:Weiße Silberwurz; E:Mountain Avens; F:Dryade à huit pétales · ♄ e Z1 VI-VIII; Eur.*; N, mts.; W-Sib., E-Sib., Kamchat., Sachal., Amur, NW-China, Jap., Alaska, E-Can., USA: NW, Rocky Mts.; Greenl.
    – fo. **argentea** (Blytt) Hultén Z2; E-Alps
    – var. **integrifolia** (Vahl) Hook. f. · ♄ Z2; N-Eur., Alaska, Can., Greenl.
  – var. *vestita* Beck = Dryas octopetala subsp. octopetala fo. argentea
– × **suendermannii** Sünd. (*D. drummondii* × *D. octopetala*) · D:Sündermanns Silberwurz · ♄ e Z3; cult.
– *tenella* Pursh = Dryas octopetala subsp. octopetala var. integrifolia
– *tomentosa* Farr = Dryas drummondii var. tomentosa
– *vestita* (Beck) hort. = Dryas octopetala subsp. octopetala fo. argentea

Drymoglossum C. Presl = Pyrrosia
– *carnosum* Cunn. ex J. Sm. = Pyrrosia confluens
– *heterophyllum* C. Chr. = Pyrrosia heterophylla
– *niphoboloides* (Luerss.) Baker = Pyrrosia niphoboloides
– *piloselloides* (L.) C. Presl = Pyrrosia heterophylla

Drymonia Mart. -f- *Gesneriaceae* · c. 100 sp
– *punctata* Lindl. = Episcia punctata
– **serrulata** (Jacq.) Mart. · ♄ ⚘ ⇝ Z10 Ⓦ; Mex., C-Am., W.Ind., trop. S-Am.
– *spectabilis* (Humb., Bonpl. et Kunth) Mart. = Drymonia serrulata
– **turrialvae** Hanst. · ♄ Z10 Ⓦ; Costa Rica, Panama, Col., Ecuad.

Drynaria (Bory) J. Sm. -f- *Polypodiaceae* · 15 sp · D:Korbfarn; E:Basket Fern; F:Drynaria
– **quercifolia** (L.) J. Sm. · D:Eichenblättriger Korbfarn; E:Squirrel Head · ♃ Z10 Ⓦ; Malay. Arch., Austr., Polyn.
– **rigidula** (Sw.) Bedd. · D:Korbfarn; E:Basket Fern · ♃ Z10 Ⓦ; Ind., S-China, Malay. Pen., Austr.: Queensl.; Polyn.

Dryobalanops C.F. Gaertn. -f- *Dipterocarpaceae* · 7 sp
– **aromatica** C.F. Gaertn. · D:Borneokampfer; E:Baru Camphor · ♄ e Ⓦ ⚕ Ⓝ; Sumat., N-Kalimantan

Dryopteris Adans. -f- *Dryopteridaceae* · c. 225 sp · D:Dornfarn, Wurmfarn; E:Buckler Fern, Wood Fern; F:Fougère mâle
- *abbreviata* (DC.) Newman = Dryopteris oreades
- **affinis** (Lowe) Fraser-Jenk. · D:Spreuschuppiger Wurmfarn; E:Golden Shield Fern; F:Fougère à écailles dorées · ♃ Z6 VII-IX; Eur.*
  - **in vielen Sorten**
- *assimilis* S. Walker = Dryopteris expansa
- **atrata** (Wall.) Ching · F:Fougère trompe-d'éléphant · ♃ Z7 ∧; N-Ind., China, Taiwan, Jap.
- *austriaca* (Jacq.) Woyn. ex Schinz et Thell. = Dryopteris dilatata
- × **bootii** (Tuck.) Underw. (*D. cristata* × *D. intermedia*) · ♃ Z4; Can.: E; USA: NE, Tenn.
- *borreri* (Newman) Oberh. et Tavel = Dryopteris affinis
- **carthusiana** (Vill.) H.P. Fuchs · D:Dorniger Wurmfarn, Gewöhnlicher Dornfarn; E:Charterhouse Shield Fern; F:Dryoptéris de la Chartreuse · ♃ Z5 VII-VIII; Eur.*, TR, W-As.
- × **complexa** Fraser-Jenk. (*D. affinis* × *D. filix-mas*) · ♃ Z5; BrI +
- **cristata** (L.) A. Gray · D:Kamm-Wurmfarn, Kammfarn; E:Crested Wood Fern · ♃ ~ Z4 VII-IX ▽; Eur.*, W-Sib., Can., USA: NE, NCE, NC, SE, Mont.
- *decursive-pinnata* (H.C. Hall) Kuntze = Phegopteris decursive-pinnata
- × **deweverii** (Jansen) Jansen et Wacht. (*D. carthusiana* × *D. dilatata*) · D:Dewewers Dornfarn · ♃; Eur.: N-Sp., Fr, C-Eur., Sc, EC-Eur., E-Eur.; N-TR, Cauc.
- **dilatata** (Hoffm.) A. Gray · D:Breitblättriger Wurmfarn, Breitblättriger Dornfarn; E:Broad Buckler Fern; F:Fougère dilatée · ♃ Z5 VII-IX; Eur.*, TR, Cyprus, Cauc., N-As., N-Am., Greenl.
- **erythrosora** (Eaton) Kuntze · D:Rotschleier-Wurmfarn; E:Japanese Shield Fern; F:Fougère à indusies rouges · ♃ Z8 ∧; China, Korea, Jap., Taiwan, Phil.
- **expansa** (C. Presl) Fraser-Jenk. et Jermy · D:Feingliedriger Dornfarn · ♃ Z3 VII-VIII; Eur.*
- **filix-mas** (L.) Schott · D:Gewöhnlicher Wurmfarn; E:Male Fern; F:Fougère mâle · ♃ Z2 VII-IX ⚕ ☠; Eur.*, TR, Cauc., W-Sib., E-Sib., C-As., Him., Ind., China, Korea, Jap., Taiwan, NW-Afr., N-Am., Mex., Jamaica, S-Am. (Anden), E-Bras.
  - **in vielen Sorten**
- **fragrans** (L.) Schott · D:Duftender Wurmfarn; E:Fragrant Fern · ♃ △ Z3 ▽; Eur.: FIN; W-Sib., E-Sib., Amur, Sachal., Kamchat., Korea, N-Jap., Alaska, Can., USA: NE, NCE; Greenl.
- **goldiana** (Hook.) A. Gray · D:Riesen-Wurmfarn; E:Goldie's Wood Fern; F:Dryoptéris géant · ♃ Z3; Can.: E; USA: NE, NCE, SE
- *hexagonoptera* (Michx.) C. Chr. = Phegopteris hexagonoptera
- **hirtipes** (Blume) Kuntze · ♃ Z8 ⌂ ∧; Him., Ind., Sri Lanka, S-China, Indochina., Malay. Pen., Polyn.
- *lepida* (T. Moore) C. Chr. = Cyclosorus arcuatus var. arcuatus
- *limbosperma* (All.) Bech. = Oreopteris limbosperma
- *linnaeana* C. Chr. = Gymnocarpium dryopteris
- **marginalis** (L.) A. Gray · E:Marginal Shield Fern · ♃ △ Z4; Can.: E; USA: NE, NCE, Mo., Okla., SE
- *montana* (Vogler) Kuntze = Oreopteris limbosperma
- *noveboracensis* (L.) A. Gray = Parathelypteris noveboracensis
- **odontoloma** C. Chr. · ♃; Him.
- **oreades** Fomin · D:Geröll-Wurmfarn; E:Mountain Male Fern · ♃ Z6 VII-VIII; Eur.: BrI, Fr, D, Ib., Ap; Cauc.
- *oreopteris* (Ehrh.) Maxon = Oreopteris limbosperma
- *paleacea* auct. = Dryopteris affinis
- *palustris* (L.) A. Gray = Thelypteris palustris
- *parasitica* (L.) Kuntze = Christella dentata
- *phegopteris* (L.) C. Chr. = Phegopteris connectilis
- *pseudomas* (Woll.) Holub et Pouzar = Dryopteris affinis
- **remota** (A. Braun ex Döll) Druce · D:Entferntfiedriger Dornfarn · ♃ VII-VIII; Eur.* exc. BrI; TR
- *rigida* (Sw.) A. Gray = Dryopteris villarii
- *robertiana* (Hoffm.) C. Chr. = Gymnocarpium robertianum
- × **sarvelae** Fraser-Jenk. et Jermy (*D. carthusiana* × *D. expansa*) · D:Sarvelas Dornfarn · ♃; GB, FIN +
- **sieboldii** (Van Houtte) Kuntze · E:Christmas Fern · ♃ Z8 ⌂ ∧; Jap., Taiwan

– *spinulosa* D. Watt = Dryopteris carthusiana
  – var. *americana* (Fisch.) Fernald = Dryopteris dilatata
  – var. *dilatata* (Hoffm.) D. Watt = Dryopteris dilatata
– *standishii* (Moore) C. Chr. = Arachniodes standishii
– × *tavelii* auct. non Rothm. = Dryopteris × complexa
– × *tavelii* Rothm. = Dryopteris affinis
– *thelypteris* (L.) A. Gray = Thelypteris palustris
– **villarii** (Bellardi) Woyn. ex Schinz et Thell. · D:Starrer Wurmfarn · ♃ △ Z4 VII-VIII; Eur.: Fr, C-Eur., Ba, ? PL; mts.; Cauc., Iran, Afgh., NW-Afr.
– **wallichiana** (Spreng.) Hyl. · D:Gebirgs-Wurmfarn; E:Alpine Wood Fern · ♃ Z6; Pakist., Nepal, Myanmar, China

Drypis L. -f- *Caryophyllaceae* · 1 sp · D:Dornnelke, Kronentau
– **spinosa** L. · ♃ Z8; Ba, I

Duboisia R. Br. -f- *Solanaceae* · 3 sp
– **hopwoodii** F. Muell. · D:Pituri; E:Pituri · ħ Ⓚ Ⓝ; Austr.: W-Austr., S-Austr., N.S.Wales
– **leichhardtii** F. Muell. · ħ Ⓚ Ⓝ; Austr.
– **myoporoides** R. Br. · D:Korkholz; E:Corkwood · ħ ħ Ⓚ ⚕ ☠ Ⓝ; Austr.: Queensl., N.S.Wales; N.Caled.

Duchesnea Sm. -f- *Rosaceae* · 2 sp · D:Indische Erdbeere, Scheinerdbeere; E:Indian Strawberry; F:Faux-fraisier, Fraisier des Indes
– **indica** (Andrews) Focke · D:Indische Erdbeere, Scheinerdbeere; E:Indian Strawberry, Mock Strawberry; F:Faux-fraisier · ♃ ≀ ⇝ ✿ Z6 V-IX; Ind., China, Jap., nat. in USA, S-Eur.

Dudleya Britton et Rose -f- *Crassulaceae* · c. 40 sp · D:Dudleya; E:Live Forever; F:Dudleya
– **caespitosa** (Haw.) Britton et Rose · ♃ ψ Z8 Ⓚ III-IV; C-Calif.
– **candida** Britton · ♃ ψ Z8 Ⓚ; Mex.: Baja Calif.
– *cotyledon* (Jacq.) Britton et Rose = Dudleya caespitosa
– **cymosa** (Lem.) Britton et Rose · D:Canyon Dudleya; E:Canyon Live Forever · ♃ ψ Z8 Ⓚ VII-VIII; Calif.
– **densiflora** (Rose) Moran · ♃ ψ Z8 Ⓚ VI-VIII; Calif.
– **edulis** (Nutt.) Moran · ♃ ψ Z8 Ⓚ; S-Calif., N-Baja Calif.
– **farinosa** (Lindl.) Britton et Rose · D:Gepuderte Dudleya; E:Powdery Live Forever · ♃ ψ Z8 Ⓚ III-IV; Calif.
– **pulverulenta** (Nutt.) Britton et Rose · ♃ ψ Z8 Ⓚ IV-VI; Calif., Mex.
– *purpusii* (K. Schum.) Britton et Rose = Dudleya cymosa
– **rigida** Rose · ♃ ψ Z8 Ⓚ VII-VIII; Mex.: Baja Calif.
– **variegata** (S. Watson) Moran · ♃ ψ Z8 Ⓚ; S-Calif., Baja Calif.

Dulacia Vell. -f- *Olacaceae* · 14 sp
– **inopiflora** (Miers) Kuntze · E:Potency Wood · ħ Ⓦ ⚕; Col., Venez., Bras., Peru

Duranta L. -f- *Verbenaceae* · 17 sp · D:Durante, Himmelsblüte; E:Sky Flower; F:Duranta
– **erecta** L. · D:Einzelstämmige Himmelsblüte; E:Pigeon Berry, Skyflower · ħ e Z9 Ⓚ VIII; USA: Calif., Tex.; Mex., W.Ind., S-Am.
– **lorentzii** Griseb. · ħ e ✿ Z9 Ⓚ; Arg.
– *plumieri* Jacq. = Duranta erecta
– *repens* L. = Duranta erecta

Durio Adans. -m- *Bombacaceae* · 27 sp · D:Durianbaum, Zibetbaum; E:Durian; F:Durian, Durio, Durion
– **zibethinus** Murray · D:Durianbaum, Zibetbaum; E:Durian · ħ e Z10 Ⓦ Ⓝ; Malay. Arch.

Duvalia Haw. -f- *Asclepiadaceae* · 19 sp
– **pillansii** N.E. Br. · ♃ ψ Z10 Ⓚ; Kap
– **polita** N.E. Br. · ♃ ψ Z10 Ⓚ; Mozamb., Namibia, S-Afr.: Transvaal
– **radiata** (Sims) Haw. · ♃ ψ Z9 Ⓚ; S-Afr.: Kap, Orange Free State

Dyckia Schult.f. -f- *Bromeliaceae* · 106 sp
– **altissima** Lindl. · ♃ Z9 Ⓚ; Bras.
– **brevifolia** Baker · ♃ Z9 Ⓚ; Bras.
– **encholirioides** (Gaudich.) Mez
  – var. **encholirioides** · ♃ Z9 Ⓚ; S-Bras.; coast
  – var. **rubra** (Wittm.) Reitz · ♃ Z9 Ⓚ; S-Bras.
– **fosteriana** L.B. Sm. · ♃ Z9 Ⓚ; Bras.
– **rariflora** Schult. f. · ♃ Z9 Ⓚ; Bras.

- **remotiflora** Otto et A. Dietr. · ♃ Z9 Ⓚ; Urug.
- *rubra* Wittm. = Dyckia encholirioides var. rubra
- **velascana** Mez · ♃ Z9 Ⓚ; Arg.

Dyera Hook.f. -f- *Apocynaceae* · 2-3 sp
- **costulata** (Miq.) Hook. f. · ₧ Ⓦ Ⓝ; Malay. Arch.

Dyssodia Cav. -f- *Asteraceae (Compositae)* · 4 sp
- **papposa** (Vent.) Hitchc. · ⊙; USA: Rocky Mts., Ariz., NC, SC, SE; Mex.
- *tenuiloba* (DC.) B.L. Rob. = Thymophylla tenuiloba

Eberlanzia Schwantes -f- *Aizoaceae* · 12 sp
- **spinosa** (L.) Schwantes · ₧ ♆ Ⓚ; Kap, Namibia

Ebnerella Buxb. = Mammillaria
- *aureilanata* (Backeb.) Buxb. = Mammillaria aureilanata
- *bocasana* (Poselg.) Buxb. = Mammillaria bocasana
- *carretii* (Rebut ex K. Schum.) Buxb. = Mammillaria carretii
- *fraileana* (Britton et Rose) Buxb. = Mammillaria fraileana
- *glochidiata* (Mart.) Buxb. = Mammillaria wildii
- *plumosa* (F.A.C. Weber) Buxb. = Mammillaria plumosa
- *schiedeana* (C. Ehrenb.) Buxb. = Mammillaria schiedeana
- *seideliana* (Quehl) Buxb. = Mammillaria seideliana
- *surculosa* (Boed.) Buxb. = Mammillaria surculosa
- *wildii* (A. Dietr.) Buxb. = Mammillaria wildii
- *zephyrantoides* (Scheidw.) Buxb. = Mammillaria zephyranthoides

Ebracteola Dinter et Schwantes -f- *Aizoaceae* · 5 sp · D:Goldblättchen
- **montis-moltkei** (Dinter) Dinter et Schwantes · ♃ ♆ Z9 Ⓚ; Namibia

Ecballium A. Rich. -n- *Cucurbitaceae* · 1 sp · D:Spritzgurke; E:Squirting Cucmber; F:Concombre sauvage, Ecbalie
- **elaterium** (L.) A. Rich. · D:Eselsgurke, Spritzgurke; E:Squirting Cucumber · ⊙ ⟿ Z9 VI-VIII ✝ ☠; Eur.: Ib, Fr, Ap, Ba, E-Eur.; TR, Levante, Cauc., C-As., NW-Afr., Libya, nat. in BrI, EC-Eur.

Ecclinusa Mart. -f- *Sapotaceae* · 11 sp
- **balata** Ducke · D:Conquirama · ₧ Ⓦ Ⓝ; Amazon.

Eccremocarpus Ruiz et Pav. -m- *Bignoniaceae* · 5 sp · D:Schönranke; E:Glory Flower; F:Eccremocarpus
- **scaber** Ruiz et Pav. · D:Schönranke; E:Glory Flower; F:Bignone du Chili · ⊙ ♃ ♄ ₧ e ⌇ Z9 VI-X; Chile
  - **in vielen Sorten**

Echeveria DC. -f- *Crassulaceae* · c. 150 sp · D:Echeverie; E:Echeveria; F:Artichaut, Echévéria
- **affinis** E. Walther · ♃ ♆ Z8 Ⓚ IV-V; Mex.
- **agavoides** Lem. · ♃ ♆ Z8 Ⓚ; Mex.
- **amoena** De Smet · ♃ ♆ Z8 Ⓚ III-V; Mex.
- *argentea* Lam. = Dudleya pulverulenta
- *bracteosa* (Link, Klotzsch et Otto) Lindl. ex Paxton = Pachyphytum bracteosum
- *caespitosa* (Haw.) Britton et Rose = Dudleya caespitosa
- *candida* (Britton) A. Berger = Dudleya candida
- **carnicolor** (Baker) E. Morren · ♃ ♆ Z8 Ⓚ I-III; Mex.
- *clavifolia* hort. ex E. Walther = × Pachyveria clavata
- **coccinea** (Cav.) DC. · ♄ ♆ e Z8 Ⓚ VI-VIII; Mex.
- *cotyledon* (Jacq.) A. Nelson et J.F. Macbr. = Dudleya caespitosa
- **cuspidata** Rose · ♃ ♆ Z8 Ⓚ VI-VII; Mex.
- *cymosa* Lem. = Dudleya cymosa
- *densiflora* (Rose) A. Berger = Dudleya densiflora
- **derenbergii** J.A. Purpus · E:Painted Lady · ♃ ♆ Z8 Ⓚ IV-VI; Mex.
- *desmetiana* E. Morren = Echeveria peacockii
- *edulis* (Nutt.) A. Berger = Dudleya edulis
- **elegans** Rose · ₧ ♆ Z8 Ⓚ III-VII; Mex.
- *farinosa* Lindl. = Dudleya farinosa
- **fulgens** Lem. · ♄ ♆ e Z8 Ⓚ XI-IV; Mex.
- **gibbiflora** DC. · ♄ ♆ e Z8 Ⓚ; Mex.
  - var. *typica* A. Berger = Echeveria gibbiflora
- **gigantea** Rose et Purpus · ♄ ♆ e Z8 Ⓚ IX-X; Mex.
- *glauca* Baker = Echeveria secunda var.

glauca
– **harmsii** J.F. Macbr. · ♃ ♆ Z8 ⓚ V-VII; Mex.
– **laui** Moran et Meyrán · ♃ ♆ Z8 ⓚ X-III; Mex.
– **leucotricha** J.A. Purpus · ♄ ♆ e Z8 ⓚ III-V; Mex.
– *linguifolia* Lem. = Cremnophila linguifolia
– **longissima** E. Walther · ♃ ♆ Z8 ⓚ; Mex.
– **lutea** Rose · ♃ ♆ Z8 ⓚ; Mex.
– **microcalyx** Britton et Rose · ♃ ♆ Z8 ⓚ; Mex.
– **multicaulis** Rose · ♄ ♆ Z8 ⓚ IV-V; Mex.
– *mutabilis* Deleuil ex E. Morren = × Cremneria mutabilis
– **nodulosa** (Baker) Otto · ♄ ♆ Z8 ⓚ III-IV; Mex.
– *pachyphytum* (Baker) E. Morren = Pachyphytum bracteosum
– **paniculata** A. Gray · ♃ ♆ Z8 ⓚ; Mex.
– **peacockii** Croucher · ♃ ♆ Z8 ⓚ IV-VII; Mex.
– *perelegans* A. Berger = Echeveria elegans
– **pilosa** J.A. Purpus · ♄ ♆ e Z8 ⓚ VI; Mex.
– **pringlei** (S. Watson) Rose · ♃ ♆ Z8 ⓚ III-IV; Mex.
– *pubescens* Schltdl. = Echeveria coccinea
– **pulchella** A. Berger · ♃ ♆ Z8 ⓚ IV-V; Mex.
– **pulidonis** E. Walther · ♃ ♆ Z8 ⓚ II-IV; E-Mex.
– *pulverulenta* Nutt. = Dudleya pulverulenta
– **pulvinata** Rose · ♄ ♆ e Z8 ⓚ III-IV; Mex.
– *pumila* Schltdl. = Echeveria secunda var. pumila
– **pumila** Van Houtte
 – var. **glauca** Van Houtte · ♃ ♆ Z8 ⓚ IV-VI; Mex.
 – var. **pumila** · ♃ ♆ Z8; Mex.
– *purpusii* (K. Schum.) Wittm. = Dudleya cymosa
– *purpusii* Britton = Echeveria microcalyx
– **purpusorum** A. Berger · ♃ ♆ Z8 ⓚ V-VI; S-Mex.
– **quitensis** (Humb., Bonpl. et Kunth) Lindl. · ♄ ♆ e Z8 ⓚ VII-VIII; Col., Ecuad.
– *retusa* Lem. = Echeveria fulgens
– *rigida* (Rose) A. Berger = Dudleya rigida
– **secunda** Booth
 – var. **glauca** (Baker) Otto · ♃ ♆ Z8 ⓚ
 – var. **pumila** (Schltdl.) Otto · ♃ ♆ Z8 ⓚ
 – var. **secunda** · ♃ ♆ Z8 ⓚ III-IV; Mex.
– **setosa** Rose et Purpus · ♃ ♆ Z8 ⓚ IV-VII; Mex.

Echidnopsis Hook.f. -f- *Asclepiadaceae* · c. 20 sp · D:Schlangenstapelie; F:Echidnopsis
– **cereiformis** Hook. f. · ♃ ♆ Z9 ⓚ; S-Arab., Eth., Somalia

Echinacea Moench -f- *Asteraceae (Compositae)* · 9 sp · D:Igelkopf, Scheinsonnenhut; E:Cone Flower; F:Echinacéa
– **angustifolia** DC. · D:Schmalblättriger Scheinsonnenhut; E:Coneflower · ♃ Z3 VII-IX ⚕; Can.: Sask., Man.; USA: SC, NC, Rocky Mts.
– **purpurea** (L.) Moench · D:Roter Scheinsonnenhut; E:Purple Cone Flower; F:Echinacée pourpre · ♃ Z3 VII-IX ⚕; USA: NE, NCE, SE
 – **in Sorten**

Echinaria Desf. -f- *Poaceae (Gramineae)* · 2 sp
– **capitata** (L.) Desf. · ⊙; Eur.: Ib, Fr, Ap, Ba, Krim; NW-Afr., Cyprus, Syr., C-As.

Echinocactus Link et Otto -m- *Cactaceae* · 7 sp
– *andreae* Boed. = Gymnocalycium andreae
– *anisitsii* K. Schum. = Gymnocalycium anisitsii
– *baldianus* Speg. = Gymnocalycium baldianum
– *bicolor* Pfeiff. = Thelocactus bicolor var. bicolor
– *chilensis* K. Schum. = Neoporteria chilensis
– *chrysacanthus* Orcutt = Ferocactus chrysacanthus
– *conothelos* Regel et Klein = Thelocactus conothelos
– *coptonogonus* Lem. = Echinofossulocactus coptonogonus
– *crassihamatus* F.A.C. Weber = Sclerocactus uncinatus var. crassihamatus
– *cylindraceus* Engelm. = Ferocactus cylindraceus
– *denudatus* Link et Otto = Gymnocalycium denudatum
– *echidne* DC. = Ferocactus echidne
– *emoryi* Engelm. = Ferocactus emoryi
– *erectocentrus* J.M. Coult. = Echinomastus erectocentrus
– *flavovirens* Scheidw. = Ferocactus flavovirens
– *fordii* Orcutt = Ferocactus fordii
– *fossulatus* Scheidw. = Thelocactus

hexaedrophorus
- *gibbosus* (Haw.) DC. = Gymnocalycium gibbosum
- *gielsdorfianus* Werderm. = Turbinicarpus gielsdorfianus
- *glaucescens* DC. = Ferocactus glaucescens
- *glaucus* K. Schum. = Sclerocactus glaucus
- *grandis* Rose = Echinocactus platyacanthus var. grandis
- **grusonii** Hildm. · D:Goldkugelkaktus, Schwiegermuttersessel; E:Barrel Cactus, Mother-in-law's Seat · ♆ Z9 ⓚ ▽ *; Mex.
- *hamatacanthus* Muehlenpf. = Ferocactus hamatacanthus
- *haynei* Otto ex Salm-Dyck = Matucana haynei
- *heterochromus* F.A.C. Weber = Thelocactus heterochromus
- *hexaedrophorus* Lem. = Thelocactus hexaedrophorus
- *histrix* (DC.) G.E. Linds. = Ferocactus histrix
- **horizonthalonius** Lem. · ♆ Z9 ⓚ ▽ *; USA: SC, SW; N-Mex.
- *ingens* Zucc. = Echinocactus platyacanthus var. platyacanthus
- *intertextus* Engelm. = Echinomastus intertextus
- *johnsonii* Engelm. = Echinomastus johnsonii
- *latispinus* (Haw.) Hemsl. = Ferocactus latispinus
- *leucacanthus* Zucc. ex Pfeiff. = Thelocactus leucacanthus var. leucacanthus
- *lewinii* Ochot. = Lophophora williamsii var. lutea
- *macrodiscus* Mart. = Ferocactus macrodiscus
- *mandragora* A. Berger = Turbinicarpus mandragora
- *mihanovichii* Frič et Gürke = Gymnocalycium mihanovichii
- *monvillei* Lem. = Gymnocalycium monvillei
- *multicostatus* Hildm. ex K. Schum. = Echinofossulocactus multicostatus
- *multiflorus* Hook. = Gymnocalycium multiflorum
- *palmeri* Rose = Echinocactus platyacanthus var. platyacanthus
- *pectinatus* Scheidw. = Echinocereus pectinatus var. pectinatus
- *peninsulae* F.A.C. Weber = Ferocactus peninsulae
- *phyllacanthus* Mart. = Echinofossulocactus phyllacanthus
- *pilosus* (Salm-Dyck) Werderm. = Ferocactus pilosus
- *platensis* Speg. = Gymnocalycium platense
- **platyacanthus** Link et Otto
  - var. **grandis** (Rose) Krainz · ♆ Z9 ⓚ ▽ *
  - var. **platyacanthus** · ♆ Z9 ⓚ ▽ *; Mex.
- *polyancistrus* Engelm. et Bigelow = Sclerocactus polyancistrus
- **polycephalus** Engelm. et Bigelow
  - var. **polycephalus** · E:Cottontop Cactus · ♆ Z9 ⓚ ▽ *; USA: S-Nev., S-Utah, W-Ariz., Calif.; NW-Mex.
  - var. **xeranthemoides** J.M. Coult. · ♆ Z9 ⓚ ▽ *; S-Utah, N-Ariz.
- *pottsii* Salm-Dyck = Ferocactus pottsii
- *quehlianus* Haage = Gymnocalycium quehlianum
- *rhodacanthus* Salm-Dyck = Denmoza rhodacantha
- *rinconensis* Poselg. = Thelocactus rinconensis
- *ritteri* Boed. = Aztekium ritteri
- *robustus* Pfeiff. = Ferocactus robustus
- *roseanus* Boed. = Escobaria roseana
- *saglionis* Cels = Gymnocalycium saglionis
- *saueri* Boed. = Turbinicarpus saueri
- *scheerii* Salm-Dyck = Sclerocactus scheerii
- *schickendantzii* F.A.C. Weber = Gymnocalycium schickendantzii
- *schmiedickeanus* Boed. = Turbinicarpus schmiedickeanus
- *setispinus* Engelm. = Thelocactus setispinus
- *simpsonii* Engelm. = Pediocactus simpsonii
- *smithii* Muehlenpf. = Neolloydia smithii
- *stainesii* (Salm-Dyck) Britton et Rose = Ferocactus pilosus
- **texensis** Hopffer · ♆ Z9 ⓚ ▽ *; USA: Tex., N.Mex.; NE-Mex.
- *tulensis* Poselg. = Thelocactus tulensis
- *turbiniformis* Pfeiff. = Strombocactus disciformis
- *uncinatus* Galeotti = Sclerocactus uncinatus var. uncinatus
- *unguispinus* Engelm. = Echinomastus unguispinus
- *vaupelianus* Werderm. = Echinofossulocactus vaupelianus
- *viereckii* Werderm. = Turbinicarpus viereckii
- *viridescens* Torr. et A. Gray = Ferocactus viridescens
- *visnaga* Hook. = Echinocactus

platyacanthus var. platyacanthus
– *weberbaueri* Vaupel = Matucana myriacantha
– *wislizeni* Engelm. = Ferocactus wislizenii

Echinocereus Engelm. -m- *Cactaceae* · 45 sp · D:Igelsäulenkaktus; F:Cierge-hérisson
– *aggregatus* (Engelm.) Rydb. = Echinocereus triglochidiatus var. melanacanthus
– *armatus* (Poselg.) A. Berger = Echinocereus reichenbachii var. armatus
– *baileyi* Rose = Echinocereus reichenbachii var. baileyi
– **berlandieri** (Engelm.) Haage · ψ Z9 ⌂ ▽ ✻; S-Tex., NE-Mex.
– var. *poselgerianus* (Linke) Backeb. = Echinocereus berlandieri
– *blanckii* hort. = Echinocereus berlandieri
– var. *berlandieri* (Engelm.) Backeb. = Echinocereus berlandieri
– *caespitosus* (Engelm.) Engelm. = Echinocereus reichenbachii var. reichenbachii
– **chloranthus** (Engelm.) Haage · ψ Z8 ⌂ ▽ ✻; USA: Tex., N.Mex.; N-Mex.
– **cinerascens** (DC.) Lem. · ψ Z9 ⌂ ▽ ✻; Mex.
– *coccineus* Engelm. = Echinocereus triglochidiatus var. melanacanthus
– *cucumis* Werderm. = Echinocereus gentryi
– **dasyacanthus** Engelm. · E:Texas Rainbow Cactus · ψ Z9 ⌂ ▽ ✻; USA: E-Ariz., W-Tex.; N-Mex.
– *dubius* (Engelm.) Rümpler = Echinocereus enneacanthus
– **engelmannii** (Scheidw.) Engelm. · E:Saints Cactus · ψ Z8 ⌂ ▽ ✻; USA: Ariz., Utah, Calif.; NE-Mex.
– **enneacanthus** Engelm. · E:Strawberry Cactus · ψ Z9 ⌂ ▽ ✻; USA: N.Mex., Tex.; NE-Mex.
– **fendleri** (Engelm.) Rümpler · E:Hedgehog Cactus · ψ Z9 ⌂ ▽ ✻; USA: Colo., SW, Tex; Mex.: Chihuahua
– *fitchii* Britton et Rose = Echinocereus reichenbachii var. fitchii
– **gentryi** Clover · ψ Z9 ⌂; Mex.: Sonora
– *hexaedrus* (Engelm.) Rümpler = Echinocereus triglochidiatus var. melanacanthus
– **knippelianus** Liebner · ψ Z9 ⌂ ▽ ✻; Mex.: Coahuila, Nuevo Leon
– *leptacanthus* (DC.) K. Schum. = Echinocereus pentalophus var. pentalophus
– *leucanthus* N.P. Taylor = Wilcoxia albiflora
– *luteus* Britton et Rose = Echinocereus subinermis var. subinermis
– *melanocentrus* Lowry = Echinocereus reichenbachii var. fitchii
– *merkeri* Hildm. ex K. Schum. = Echinocereus enneacanthus
– *oklahomensis* Lahman = Echinocereus reichenbachii var. baileyi
– **papillosus** Rümpler · ψ Z9 ⌂ ▽ ✻; S-Tex.
– **pectinatus** (Scheidw.) Engelm.
– var. *dasyacanthus* (Engelm.) N.P. Taylor = Echinocereus dasyacanthus
– var. **pectinatus** · E:Hedgehog Cactus, Rainbow Cactus · ψ Z9 ⌂ ▽ ✻; USA: SC, SW; N-Mex.
– var. *reichenbachii* (Walp.) Krainz = Echinocereus reichenbachii var. reichenbachii
– var. *rigidissimus* (Engelm.) Rümpler = Echinocereus rigidissimus subsp. rigidissimus
– var. *rubispinus* G. Frank et A.B. Lau = Echinocereus rigidissimus subsp. rubispinus
– var. **wenigeri** L.D. Benson · ψ Z9 ⌂ ▽ ✻; USA: Tex.
– **pentalophus** (DC.) Lem.
– var. **pentalophus** · E:Lady Finger Cactus · ψ Z9 ⌂ ▽ ✻; S-Tex., E-Mex.
– var. *procumbens* (Engelm.) P. Fourn. = Echinocereus pentalophus var. pentalophus
– *perbellus* Britton et Rose = Echinocereus reichenbachii var. perbellus
– *poselgeri* Lem. = Wilcoxia poselgeri
– *purpureus* Lahman = Echinocereus reichenbachii var. reichenbachii
– **reichenbachii** (Walp.) Haage
– var. **armatus** (Poselg.) N.P. Taylor · ψ Z8 ⌂ ▽ ✻; Mex. (Nuevo León)
– var. **baileyi** (Rose) N.P. Taylor · ψ Z8 ⌂ ▽ ✻; USA: Okla., Tex.
– var. **fitchii** (Britton et Rose) L.D. Benson · ψ Z8 ⌂ ▽ ✻; S-Tex., Mex.: Nuevo León, Tamaulipas
– var. **perbellus** (Britton et Rose) L.D. Benson · ψ Z8 ⌂ ▽ ✻; W-Tex., E-N.Mex., SE-Colo.
– var. **reichenbachii** · E:Reichenbachii · ψ Z8 ⌂ ▽ ✻; SW-USA, NE-Mex.
– **rigidissimus** (Engelm.) Haage
– subsp. **rigidissimus** · ψ Z9 ⌂ ▽ ✻;

USA: SW; NW-Mex.
- subsp. **rubispinus** (G. Frank et A.B. Lau) N.P. Taylor · ♆ Z8 Ⓚ ▽ ✻; Mex. (Chihuahua, Mexico)
- *roemeri* (Muehlenpf.) Rydb. = Echinocereus triglochidiatus var. melanacanthus
- *roetteri* (Engelm.) Rümpler = Echinocereus dasyacanthus
- *sarissophorus* Britton et Rose = Echinocereus enneacanthus
- **scheeri** (Salm-Dyck) Scheer · ♆ Z9 Ⓚ ▽ ✻; N-Mex.
  - var. *gentryi* (Clover) N.P. Taylor = Echinocereus gentryi
- *schmollii* (Weing.) N.P. Taylor = Wilcoxia schmollii
- *spinosissimus* Walton = Echinocereus dasyacanthus
- **stramineus** (Engelm.) Rümpler · ♆ Z8 Ⓚ ▽ ✻; USA: Tex., N.Mex.; N-Mex.
- **subinermis** Salm-Dyck ex Scheer
  - var. *luteus* Britton et Rose = Echinocereus subinermis var. subinermis
  - var. **subinermis** · ♆ Z9 Ⓚ ▽ ✻; NW-Mex.
- **triglochidiatus** Engelm.
  - var. **melanacanthus** (Engelm.) L.D. Benson · E:Scarlet Hedgehog Cactus · ♆ Z8 Ⓚ ▽ ✻; USA: Utah, Colo., Ariz.; N-Mex.
  - var. **triglochidiatus** · E:King Cup Cactus · ♆ Z8 Ⓚ ▽ ✻; USA: SC, SW, Rocky Mts.; N-Mex.
- **viridiflorus** Engelm.
  - var. *chloranthus* (Engelm.) Backeb. = Echinocereus chloranthus
  - var. **viridiflorus** · E:Nylon Hedgehog Cactus · ♆ Z8 Ⓚ ▽ ✻; USA: S.Dak., Wyom., Kans., Colo., N.Mex., Okla., Tex.

Echinochloa P. Beauv. -f- *Poaceae (Gramineae)* · c. 35 sp · D:Hühnerhirse; E:Cockspur; F:Panic
- **colona** (L.) Link · D:Schama-Hirse; E:Jungle Rice, Shama Millet · ⊙ Ⓦ VII-IX Ⓝ; Trop., nat. in Ib, F, Ap, Crete, Cauc.
- **crus-galli** (L.) P. Beauv. · D:Gewöhnliche Hühnerhirse; E:Barnyard Grass, Cockspur · ⊙ Z6 VII-X Ⓝ; Eur.: Ib, Fr, Ap, Ba, E-Eur.; Cauc., W-Sib., E-Sib., Amur, C-As., Ind., China, Jap., Afr., N-Am., S-Am., Austr., nat. in Eur.: Sc, C-Eur., EC-Eur.; cosmop.
- **crus-pavonis** (Humb., Bonpl. et Kunth) Schult. · ⊙ Ⓝ; USA: SE, SC; W.Ind., trop. Am., nat. in N-I
- *erecta* (Pollacci) Pignatti = Echinochloa colona
- **frumentacea** (Roxb.) Link · D:Sawa-Hirse; E:Billion Dollar Grass · ⊙ Ⓝ; Ind., SE-As, nat. in China, Jap., USA
- **muricata** (P. Beauv.) Fernald · D:Stachelfrüchtige Hühnerhirse · ⊙ VII-X; USA: NE, NEC, NC, SC, SE, Fla., nat. in D, BrI
- **pyramidalis** (Lam.) Hitchc. et Chase · D:Antilopengras; E:Antelope Grass · ♃ Ⓦ Ⓝ; Afr.: Nil, Niger-Sudd
- **stagnina** (Retz.) P. Beauv. · ♃ Ⓦ Ⓝ; C-Afr., As.
- **utilis** Ohwi et Yabuno · D:Japanische Hühnerhirse; E:Japanese Millet · ⊙ Ⓝ; Jap., China

Echinocystis Torr. et A. Gray -f- *Cucurbitaceae* · 1 sp · D:Igelgurke; E:Mock Cucumber; F:Concombre-oursin
- *echinata* Britton, Stearn et Poggenb. = Echinocystis lobata
- **lobata** (Michx.) Torr. et A. Gray · D:Igelgurke; E:Prickly Cucumber, Wild Balsam Apple · ⊙ ≹ VI-VIII; Can.: Sask.; USA* exc. Calif., nat. in C-Eur., EC-Eur., W-Ba, E-Eur.

Echinodorus Rich. ex Engelm. -m- *Alismataceae* · 48 sp · D:Igelschlauch
- **amazonicus** Rataj · ♃ ~ ≈ Z9 Ⓦ; Amazon.
- *argentinensis* Rataj = Echinodorus grandiflorus
- *aureobrunneus* hort. = Echinodorus osiris
- **berteroi** (Spreng.) Fassett · ♃ ~ ≈ Z9 Ⓦ; USA: Tex., Fla.; Mex., W. Ind.
- **bleheri** Rataj · ♃ ~ ≈ Z9 Ⓦ; Amazon.
- *brevipedicellatus* auct. non (Kuntze) Buchenau = Echinodorus amazonicus
- **cordifolius** (L.) Griseb. · E:Creeping Burrhead · ♃ ~ ≈ Z9 Ⓦ; USA: NE, NCE, NC, Kans., SE, Fla.; Mex.
- **grandiflorus** (Cham. et Schltdl.) Micheli · ♃ ~ ≈ Z9 Ⓦ; S-Bras., Urug., Arg.
- *guianensis* hort. = Echinodorus horizontalis
- **horizontalis** Rataj · ♃ ~ ≈ Z9 Ⓦ; Amazon.
- **humilis** (Rich.) Buchenau · ♃ ~ ≈ Z9 Ⓦ; W-Afr., C-Afr., Sudan, Tanzania, Zambia

– *intermedius* auct. non (Mart.) Griseb. = Echinodorus quadricostatus var. xinguensis
– *latifolius* (Seub.) Rataj = Echinodorus quadricostatus var. xinguensis
– **macrophyllus** (Kunth) Micheli · ♃ ∽ ≈ Z9 ⓦ; S-Am.
– *magdalenensis* Fassett = Echinodorus quadricostatus var. quadricostatus
– *major* (Micheli) Rataj = Echinodorus martii
– **martii** Micheli · ♃ ∽ ≈ Z9 ⓦ; Bras.
– **nymphaeifolius** (Griseb.) Buchenau · ♃ ∽ ≈ Z9 ⓦ; Mex., Hond., Cuba
– **osiris** Rataj · ♃ ≈ Z9 ⓦ; Bras.
– *osiris-rubra* hort. = Echinodorus osiris
– *paniculatus* auct. non Micheli = Echinodorus pellucidus
– **paniculatus** Micheli · ♃ Z9 ⓦ; n S-Am.
– **parviflorus** Rataj · ♃ ∽ ≈ Z9 ⓦ; Amazon.
– **pellucidus** Rataj · ♃ ∽ ≈ Z9 ⓦ; S-Bras., Urug., Arg.
– *peruensis* hort. = Echinodorus parviflorus
– **quadricostatus** Fassett
  – var. **quadricostatus** · ♃ Z9 ⓦ; Bras.
  – var. **xinguensis** Rataj · ♃ ∽ ≈ Z9 ⓦ; Bras.
– *radicans* (Nutt.) Engelm. = Echinodorus cordifolius
– *ranunculoides* (L.) Engelm. = Baldellia ranunculoides
– **tenellus** (Mart.) Buchenau · ♃ ∽ ≈ ⓦ; USA, Mex., C-Am., W.Ind., trop. S-Am.

Echinofossulocactus Britton et Rose -m- *Cactaceae* · -10 sp
– *albatus* (A. Dietr.) Britton et Rose = Echinofossulocactus vaupelianus
– **coptonogonus** (Lem.) Lawr. · ψ Z9 ⓚ ▽ ✻; C-Mex.
– **crispatus** (DC.) Lawr. · ψ Z9 ⓚ ▽ ✻; Mex.
– **gladiatus** (Link et Otto) Lawr. · ψ Z9 ⓚ ▽ ✻; Mex.
– *lamellosus* (A. Dietr.) Britton et Rose = Echinofossulocactus crispatus
– *lloydii* (Britton et Rose) A. Berger = Echinofossulocactus multicostatus
– **multicostatus** (Hildm. ex K. Schum.) Britton et Rose · ψ Z9 ⓚ Ⓝ ▽ ✻; NE-Mex.
– **phyllacanthus** (Mart.) Lawr. · ψ Z9 ⓚ ▽ ✻; C-Mex.
– **vaupelianus** (Werderm.) H.C. Whitmore · ψ Z9 ⓚ ▽ ✻; Mex.: Hidalgo
– *violaciflorus* (Quehl) Britton et Rose = Echinofossulocactus crispatus

Echinomastus Britton et Rose -m- *Cactaceae* · 6 sp
– **durangensis** (Runge) Britton et Rose · ψ Z9 ⓚ; Mex.: Chihuahua, Zacatecas, Durango, San Luis Potosí
– **erectocentrus** (J.M. Coult.) Britton et Rose · ψ Z9 ⓚ; SW-Ariz., Mex.: Sonora
– **intertextus** (Engelm.) Britton et Rose · ψ Z9 ⓚ; USA: Tex., SW; Mex: Chihuahua, Coahuila, Sonora
– **johnsonii** (Engelm.) Baxter · ψ Z9 ⓚ; USA: Calif., Nev., Ariz.
– **mariposensis** Hester · ψ Z9 ⓚ ▽ ✻; S-Tex., Mex.: Coahuila
– **unguispinus** (Engelm.) Britton et Rose · ψ Z9 ⓚ ▽ ✻; Mex.: Chihuahua, Zacatecas

Echinopanax Decne. et Planch. = Oplopanax
– *horridus* (Sm.) Sm. ex J.G. Cooper = Oplopanax horridus

Echinopepon Naudin -m- *Cucurbitaceae* · 12 sp
– **wrightii** (A. Gray) S. Watson · ⊙; W-Tex., Ariz., N-Mex.

Echinops L. -m- *Asteraceae (Compositae)* · c. 120 sp · D:Kugeldistel; E:Globe Thistle; F:Boule azurée
– **bannaticus** Rochel ex Schrad. · D:Banater Kugeldistel, Ruthenische Kugeldistel; E:Blue Globe Thistle; F:Boule azurée · ♃ Z3 VII-IX; Eur.: Ba, Ro, Krim
– *commutatus* Jur. = Echinops exaltatus
– **exaltatus** Schrad. · D:Drüsenlose Kugeldistel · ♃ Z3 VI-VIII; Eur.: NE-I, Ba, EC-Eur., nat. in A, D, DK
– **gmelinii** Turcz. · ⊙ Z5; C-As., Mong., China
– **humilis** M. Bieb. · ♃ Z3 VIII-IX; W-As.
– **niveus** Wall. ex Royle · F:Boule bleue · ♃ Z7 VII-VIII; Him.
– *ritro* hort. non L. = Echinops bannaticus
– **ritro** L.
  – subsp. **ritro** · ♃ Z3 VII-IX; Eur.: Ib, Fr, Ap, Ba, EC-Eur., E-Eur.; TR, Cauc., W-Sib., C-As.
  – subsp. **ruthenicus** (M. Bieb.) Nyman · ♃ Z3 VII-IX; Eur.: A, I, Slove., Croatia, BG, Russ.
– *ruthenicus* M. Bieb. = Echinops ritro subsp. ruthenicus
– **sphaerocephalus** L. · D:Drüsige

Kugeldistel; E:Great Globe Thistle · ♃ Z3 VI-VIII; Eur.* exc. BrI, Sc; TR, Cauc., C-As., nat. in Sc

Echinopsis Zucc. -f- *Cactaceae* · c. 20 sp · D:Seeigelkaktus; F:Cactus-hérisson
- *albispinosa* K. Schum. = Echinopsis tubiflora
- **ancistrophora** Speg.
  - var. **ancistrophora** · ψ Z9 ⓚ ▽ ✻; W-Arg.
  - var. *hamatacantha* (Backeb.) Rausch = Echinopsis hamatacantha
  - var. *polyancistra* (Backeb.) Rausch = Echinopsis polyancistra
- **arachnacantha** (Buining et F. Ritter) H. Friedrich · ψ Z9 ⓚ ▽ ✻; Arg.: Salta
- **aurea** Britton et Rose · ψ Z9 ⓚ ▽ ✻; Arg.: Catamarca
- *backebergii* Werderm. = Lobivia backebergii
- *boyuibenensis* F. Ritter = Echinopsis obrepanda var. obrepanda
- *bruchii* (Britton et Rose) A. Cast. et Lelong = Trichocereus bruchii
- **calochlora** K. Schum. · ψ Z9 ⓚ ▽ ✻; Bras.: Goias
- *candicans* (Gillies ex Salm-Dyck) F.A.C. Weber ex D.R. Hunt = Trichocereus candicans
- *chamaecereus* H. Friedrich et G.D. Rowley = Lobivia silvestrii
- *chrysantha* Werderm. = Lobivia chrysantha
- *cinnabarina* (Hook.) Labour. = Lobivia cinnabarina
- **ferox** (Britton et Rose) Backeb. · ψ Z9 ⓚ ▽ ✻; Bol., N-Arg.
- *formosa* (Pfeiff.) Salm-Dyck = Trichocereus formosus
- **hamatacantha** Backeb. · ψ Z9 ⓚ ▽ ✻; Arg.: Salta
- *hertrichiana* (Backeb.) D.R. Hunt = Lobivia hertrichiana
- *huascha* (F.A.C. Weber) H. Friedrich et G.D. Rowley = Trichocereus huascha
- *kermesina* (Krainz) Krainz = Echinopsis mamillosa var. kermesina
- **kratochviliana** Backeb. · ψ Z9 ⓚ; Arg.: Salta
- *kuehnrichii* (Fric) H. Friedrich et Glaetzle = Lobivia kuehnrichii
- **leucantha** (Gillies ex Salm-Dyck) Walp. · ψ Z9 ⓚ ▽ ✻; Arg.
- *leucorhodantha* Backeb. = Echinopsis ancistrophora var. ancistrophora
- **longispina** (Britton et Rose) Backeb. · ψ Z9 ⓚ ▽ ✻; Arg.: Rio Negro
- *macrogona* (Salm-Dyck) H. Friedrich et G.D. Rowley = Trichocereus macrogonus
- **mamillosa** Gürke
  - var. **kermesina** (Krainz) H. Friedrich · ψ Z9 ⓚ ▽ ✻; Arg.: Jujuy
  - var. **mamillosa** · ψ Z9 ⓚ ▽ ✻; Bol.: Tarija
- *maximiliana* Heyder = Lobivia maximiliana
- *melanopotamica* J.A. Purpus = Echinopsis leucantha
- *mirabilis* Speg. = Setiechinopsis mirabilis
- *multiplex* (Pfeiff.) Zucc. = Echinopsis oxygona
- **obrepanda** (Salm-Dyck) K. Schum.
  - var. **fiebrigii** (Gürke) H. Friedrich · ψ Z9 ⓚ ▽ ✻; Bol. (Cochabamba)
  - var. **obrepanda** · ψ Z9 ⓚ ▽ ✻; Bol.: Cochabamba
- **oxygona** (Link et Otto) Pfeiff. et Otto · ψ Z9 ⓚ ▽ ✻; S-Bras., N-Arg.
- *pachanoi* (Britton et Rose) H. Friedrich et G.D. Rowley = Trichocereus pachanoi
- *pasacana* H. Friedrich et G.D. Rowley = Trichocereus pasacana
- *pecheretiana* (Backeb.) H. Friedrich et G.D. Rowley = Trichocereus huascha
- *pelecyrhachis* Backeb. = Echinopsis ancistrophora var. ancistrophora
- *pentlandii* (Hook.) Salm-Dyck = Lobivia pentlandii
- **polyancistra** Backeb. · ψ D Z9 ⓚ ▽ ✻; Arg.: Salta
- *purpureopilosa* (Weing.) H. Friedrich et G.D. Rowley = Trichocereus purpureopilosus
- **rhodotricha** K. Schum. · ψ Z9 ⓚ ▽ ✻; NE-Arg., Parag
- *rojasii* Cárdenas = Echinopsis obrepanda var. obrepanda
- *roseolilacina* Cárdenas = Echinopsis obrepanda var. obrepanda
- *schickendantzii* (F.A.C. Weber) H. Friedrich et G.D. Rowley = Trichocereus schickendantzii
- *shaferi* Britton et Rose = Echinopsis leucantha
- *spachiana* (Lem.) H. Friedrich et G.D. Rowley = Trichocereus spachianus
- *spiniflora* (K. Schum.) A. Berger = Acanthocalycium spiniflorum var. spiniflorum
- *strigosa* (Salm-Dyck) H. Friedrich et G.D.

Rowley = Trichocereus strigosus
– *tapecuana* F. Ritter = Echinopsis obrepanda var. obrepanda
– *tarijensis* (Vaupel) H. Friedrich et G.D. Rowley = Trichocereus tarijensis
– *terscheckii* (Parm. ex Pfeiff.) H. Friedrich et G.D. Rowley = Trichocereus terscheckii
– *thelegona* (K. Schum.) H. Friedrich et G.D. Rowley = Trichocereus thelegonus
– **tubiflora** (Pfeiff.) K. Schum. · ♆ Z9 Ⓚ ▽ ✱; Arg.: Tucuman, Catamarca, Salta
– *violacea* Werderm. = Acanthocalycium spiniflorum 'Violaceum'
– **Cultivars**
 – **in vielen Sorten**

Echinospartium (Spach) Rothm. = Echinospartum

Echinospartum (Spach) Fourr. -n-
– **horridum** (Vahl) Rothm. · D:Abschreckender Ginster · ♄ d Z8 Ⓚ ∧ VI-VIII ☠; Eur.: Sp., S-F

Echinospermum Sw. ex Lehm. = Lappula
– *lappula* (L.) Lem. = Lappula squarrosa

Echioides Ortega = Arnebia
– *longiflora* (K. Koch) Johnst. = Arnebia pulchra

Echiopsis Rchb. = Lobostemon

Echites P. Browne -f- *Apocynaceae* · 6 sp
– *nutans* G. Anderson = Prestonia quinquangularis
– *peltatus* Vell. = Peltastes peltatus
– *rubrovenosus* Linden = Prestonia quinquangularis

Echium L. -n- *Boraginaceae* · c. 40 sp · D:Natternkopf; E:Bugloss; F:Vipérine
– **angustifolium** Mill. · ♃ Ⓚ VI-VIII; Eur.: GR, Crete; TR, Levante, NW-Afr.
– *bourgaeanum* Webb ex Coincy = Echium wildpretii
– **callithyrsum** Webb et Berthel. · ♄ Ⓚ; Canar.: ? Teneriffa, Madeira
– **candicans** L. f. · D:Stolz von Madeira; E:Pride-of-Madeira · ♄ Ⓚ IV-VII ▽; Canar.
– **creticum** L. · ⊙ VII-VIII; Eur.: Ib, F, Corse, Sard.; NW-Afr.
– *fastuosum* Jacq. = Echium candicans
– **italicum** L. · D:Hoher Natternkopf; E:Italian Bugloss · ⊙ VI-IX; Eur.: Ib, Fr, Ap, Ba, A, EC-Eur., E-Eur.; TR, Syr., Cauc., C-As., Egypt, Libya
– **lusitanicum** L. · ♃; P, W-Sp.
– *lycopsis* L. = Echium plantagineum
– **pininana** Webb et Berthel. · ♃ Ⓚ VI-VIII; Canar.: La Palma
– **plantagineum** L. · D:Wegerichblättriger Natternkopf; E:Purple Bugloss; F:Vipérine faux-plantain · ⊙ ⊙ VI-VIII; Eur.: Ib, Fr, Ap, Ba, BrI, EC-Eur, E-Eur.; TR, Levante, N-Afr., nat. in Cauc.
– *rubrum* Jacq. non Forssk. = Echium russicum
– **russicum** J.F. Gmel. · ⊙ VI-VII; Eur.: A, EC-Eur., Ba, E-Eur.; TR, Cauc.
– *sericeum* Vahl = Echium angustifolium
– **vulgare** L. · D:Gewöhnlicher Natternkopf; E:Viper's Bugloss · ⊙ V-VIII ⚕ ☠; Eur.*, Cauc., TR, Cyprus, W-Sib., C-As.
– **webbii** Coincy · ♄ Ⓚ; Canar.
– **wildpretii** H. Pearson ex Hook. f. · D:Diamant-Natternkopf; E:Tower-of-Jewels · ♄ Ⓚ VI-VIII; Canar.: Gran Canaria, Teneriffa

Edgeworthia Meisn. -f- *Thymelaeaceae* · 3 sp
– **papyrifera** Siebold et Zucc. · ♄ d Z8 Ⓚ Ⓝ; China; cult. Jap.

Edmondia Cass. -f- *Asteraceae (Compositae)* · 3 sp
– **sesamoides** (L.) Hilliard · ♄ ⋊ Z9 Ⓚ; S-Afr.

Edraianthus (A. DC.) DC. -m- *Campanulaceae* · 24 sp · D:Becherglocke, Büschelglocke; E:Grassy Bells
– *croaticus* (A. Kern.) A. Kern. = Edraianthus graminifolius
– **dalmaticus** (A. DC.) A. DC. · D:Dalmatinische Büschelglocke · ♃ △ Z6 VI-VII; Eur.: Croatia, Bosn., ? Montenegro
– **dinaricus** (A. Kern.) Wettst. · ♃ △ Z7 VII-VIII; Eur.: Croatia
– **graminifolius** (L.) A. DC. · D:Grasartige Büschelglocke; F:Edraianthus à feuilles de graminée · ♃ △ Z7 VII-VIII; Eur.: I, Sic., Ba, RO
– *kitaibelii* (A. DC.) A. DC. = Edraianthus graminifolius
– **parnassicus** (Boiss. et Spruner) Halácsy · ♃ △ Z8 VI-VII; GR
– **pumilio** (Port.) A. DC. · D:Zwerg-

Büschelglocke; F:Campanille · ♃ △ Z6 VI-VII; Eur.: Croatia (Biokovo Planina)
– var. *major* Vis. = Edraianthus dinaricus
– **serpyllifolius** (Vis.) A. DC. · ♃ △ Z7 VI-VII; Eur.: Croatia, Bosn., Montenegro, AL
– **tenuifolius** (Waldst. et Kit.) A. DC. · ♃ △ Z7 VI-VII; Eur.: Slove., Croatia, Bosn., Montenegro, AL, GR

Edwardsia Salisb. = Sophora
– *grandiflora* Salisb. = Sophora tetraptera
– *macnabiana* Curtis = Sophora microphylla
– *microphylla* (Aiton) Salisb. = Sophora microphylla
– *tetraptera* (J. Mill.) Poir. = Sophora tetraptera

Egeria Planch. -f- *Hydrocharitaceae* · 2 sp · D:Wasserpest; E:Waterweed; F:Peste d'eau
– **densa** Planch. · D:Dichtblättrige Wasserpest; E:Dense Waterweed · ♃ ≈ Z7 V-VIII; Bras. (Minas Gerais), Urug., N-Arg., nat. in Eur.: BrI, F, C-Eur., I; N-Am., C-Am., Austr., NZ

Ehretia P. Browne -f- *Boraginaceae* · 50 sp
– **acuminata** R. Br. · E:Silky Ash · ♄ d Z7 VIII; China, Jap.
– **dicksonii** Hance · ♄ d Z7; China, Taiwan, Ryukyu-Is.
– *microphylla* Lam. = Carmona retusa
– *thyrsiflora* (Siebold et Zucc.) Nakai = Ehretia acuminata

Eichhornia Kunth -f- *Pontederiaceae* · 7 sp · D:Wasserhyazinthe; E:Water Hyacinth; F:Jacynthe d'eau
– **azurea** (Sw.) Kunth · ♃ ~ ≈ Z10 ⓦ VI-X; subtrop. Am., trop. Am.
– **crassipes** (Mart.) Solms · D:Wasserhyazinthe; E:Water Hyacinth; F:Jacinthe d'eau · ♃ ~ ≈ Z10 ⓦ VI-IX; Bras., nat. in Trop., Subtrop., P, Calif.
– **paniculata** (Spreng.) Solms · ♃ ~ Z10 ⓦ VII-VIII; trop. S-Am.
– *speciosa* Kunth = Eichhornia crassipes

Elaeagnus L. -f- *Elaeagnaceae* · c. 50 sp · D:Ölweide; E:Oleaster; F:Chalef
– **angustifolia** L.
 – var. **angustifolia** · D:Schmalblättrige Ölweide; E:Oleaster, Russian Olive; F:Olivier de Bohême · ♄ ♄ d Z4 V-VI; TR, Syr., Cauc., Iran, Afgh., Pakist., W-Sib., C-As., Mong., Tibet, Him., nat. in Eur.* exc. BrI, Sc
 – var. *orientalis* (L.) Kuntze = Elaeagnus angustifolia var. angustifolia
 – var. **spinosa** (L.) Kuntze · ♄ Z4
– *argentea* hort. = Elaeagnus 'Quicksilver'
– *argentea* Moench = Elaeagnus angustifolia var. angustifolia
– *argentea* Pursh = Elaeagnus commutata
– **commutata** Bernh. ex Rydb. · D:Silber-Ölweide; E:Silver Berry; F:Chalef argenté · ♄ d D Z3 V-VII; Alaska, Can.; USA: NCE, NC, Rocky Mts.
– *crispa* Thunb. = Elaeagnus umbellata var. umbellata
– × **ebbingei** Boom ex Door. (*E. macrophylla* × *E. pungens*) · D:Wintergrüne Ölweide · ♄ e Z7 X-XII; cult.
 – **in Sorten**
– *edulis* Carrière = Elaeagnus multiflora
– **glabra** Thunb. · ♄ e Z8 ⓚ X-XI; China, Jap.
– *longipes* A. Gray = Elaeagnus multiflora
– **macrophylla** Thunb. · D:Großblättrige Ölweide · ♄ e D Z8 ⓚ IX-XI; Jap., Korea, Riukiu-Is.
– **multiflora** Thunb. · D:Reichblütige Ölweide; E:Cherry Elaeagnus; F:Goumi · ♄ ♄ d Z5; China, Korea, Jap.
– *orientalis* L. = Elaeagnus angustifolia var. angustifolia
– *parvifolia* Royle = Elaeagnus umbellata var. parvifolia
– **pungens** Thunb. · D:Dornige Ölweide · ♄ e Z7; N-China, Jap.
 – *'Aureomaculata'* = Elaeagnus pungens 'Maculata'
 – *'Aureovariegata'* = Elaeagnus pungens 'Maculata'
 – **'Maculata'** · F:Chalef épineux 'Maculata'
 – var. *reflexa* (C. Morren et Decne.) C.K. Schneid. = Elaeagnus × reflexa
– × **reflexa** C. Morren et Decne. (*E. glabra* × *E. pungens*) · ♄ d D Z7 X-XI Ⓝ; cult.
– *spinosa* L. = Elaeagnus angustifolia var. spinosa
– **umbellata** Thunb.
 – var. **parvifolia** (Royle) C.K. Schneid. Z5; Him.
 – var. **umbellata** · D:Doldige Ölweide; E:Autumn Elaeagnus, Autumn Olive · ♄ d Z5; Him., China, Korea, Jap.
– **Cultivars**
 – *'Caspica'* = Elaeagnus 'Quicksilver'
 – **'Quicksilver'** · F:Chalef argenté

Elaeis Jacq. -f- *Arecaceae (Palmae)* · 2 sp · D:Ölpalme; E:Oil Palm; F:Palmier à huile
– **guineensis** Jacq. · D:Afrikanische Ölpalme; E:African Oil Palm, Macaw Fat · ♄ e Z10 ⓦ Ⓝ; W-Afr., C-Afr., Angola, E-Afr.
– *melanococca* Gaertn. = Elaeis guineensis
– *melanococca* hort. non Gaertn. = Elaeis oleifera
– **oleifera** (Humb., Bonpl. et Kunth) Cortés · D:Amerikanische Ölpalme; E:American Oil Palm · ♄ e Z10 ⓚ Ⓝ; C-Am., trop. S-Am.

Elaeocarpus L. -m- *Elaeocarpaceae* · 60 (-200-360) sp · D:Ganiterbaum, Ölfrucht; E:Quandong
– **cyaneus** W.T. Aiton ex Sims · E:Blueberry Ash · ♄ Z9 ⓚ Ⓝ; Austr.: N.S.Wales
– **floribundus** Blume · E:Egg Laurel · ♄ e Z9 ⓦ Ⓝ; Him., Myanmar
– *reticulatus* Sm. = Elaeocarpus cyaneus

Elaeodendron J. Jacq. -n- *Celastraceae* · 15 sp · E:False Olive
– *orientale* Jacq. = Cassine orientalis

Elaphoglossum Schott ex J. Sm. -n- *Lomariopsidaceae* · c. 400 sp · D:Zungenfarn; F:Fougère-langue
– **crinitum** (L.) H. Christ · ♃ Z10 ⓦ; Mex., Guat., Costa Rica
– **latifolium** (Sw.) J. Sm. · ♃ Z10 ⓦ; Mex., W-Ind., trop. S-Am.
– **villosum** (Sw.) J. Sm. · ♃ Z10 ⓦ; C-Am., W.Ind.

Elatine L. -f- *Elatinaceae* · 10-15 (-50) sp · D:Tännel; E:Waterwort; F:Elatine
– **alsinastrum** L. · D:Quirl-Tännel · ⊙ ♃ ～ VII-VIII; Eur.* exc. BrI; Cauc., W-Sib., C-As, Jap., NW-Afr.
– *gyrosperma* Düben ex Meinsh. = Elatine hydropiper
– **hexandra** (Lapierre) DC. · D:Sechsmänniger Tännel · ⊙ ～ VI-VIII; Eur.*
– **hydropiper** L. · D:Wasserpfeffer-Tännel · ⊙ ～ VI-IX; Eur.*, TR, Cauc., W-Sib.
– **macropoda** Guss. · D:Langstängeliger Tännel · ⊙ ～ Z8 ⓦ ⓚ; Eur.: Ib, Fr, Ap; TR, Levante, N-Afr.
– **triandra** Schkuhr · D:Dreimänniger Tännel · ⊙ VI-IX; Eur.* exc. Ib, BrI; ? C-As., NE-As.

Elatostema J.R. Forst. et G. Forst. -f- *Urticaceae* · c. 300 sp · D:Melonenbegonie
– *pulchrum* (N.E. Br.) Hallier f. = Pellionia pulchra
– *repens* (Lour.) Hallier f. = Pellionia repens

Elegia L. -f- *Restionaceae* · 35 sp
– **verticillaris** Kunth · ♃ ✂ ⓚ; S-Afr.

Eleocharis R. Br. -f- *Cyperaceae* · c. 150 sp · D:Sumpfbinse; E:Spike Rush; F:Eleocharis
– **acicularis** (L.) Roem. et Schult. · D:Nadel-Sumpfsimse; E:Needle Spike Rush; F:Scirpe épingle · ♃ ～ VI-X; Eur.*, Cauc., W-Sib., E-Sib., Amur, Kamchat., C-As., Mong., Manch., N-Afr., Austr., USA*, S-Am.
– **atropurpurea** (Retz.) C. Presl · D:Schwarzrote Sumpfbinse · ⊙ ～ VIII-IX; Eur.: I, CH; Trop., Subtrop.
– **austriaca** Hayek · D:Österreichische Sumpfsimse · ♃ ～ V-VIII; Eur.*, Cauc., W-Sib., E-Sib., Amur
– **carniolica** W.D.J. Koch · D:Krainer Sumpfbinse · ♃ ～ VII-IX ▽; Eur.: I, A, EC-Eur., Ba, E-Eur.; ? Afgh.
– **dulcis** (Burm. f.) Trin. ex Hensch. · D:Chinesische Wassernuss, Wasserkastanie; E:Chinese Waterchestnut, Water Chestnut · ♃ ～ Z9 ⓚ Ⓝ; trop. Afr., Madag., Ind., trop. E-As., Austr., Pacific Is.
– **mamillata** Lindb. · D:Zitzen-Sumpfsimse · ♃ ～ V-VIII; Eur.: Fr, C-Eur., EC-Eur., Sc, Ba, E-Eur.; W-Sib., E-Sib., Amur
– **multicaulis** (Sm.) Desv. · D:Vielstängelige Sumpfsimse · ♃ ～ VI-VII; Eur.* , NW-Afr.
– **ovata** (Roth) Roem. et Schult. · D:Eiförmige Sumpfsimse · ⊙ ～ VII-IX; Eur.: Fr, Ap, C-Eur., EC-Eur., Ba, E-Eur.; Cauc., E-Sib., Amur, Him., Manch.
– **palustris** (L.) Roem. et Schult. · D:Gewöhnliche Sumpfsimse; E:Common Spike Rush, Creeping Spike Rush
  – subsp. **palustris** · D:Kleinfrüchtige Gewöhnliche Sumpfbinse; F:Eleocharis des marais · ♃ ～ V-VIII; Eur.*, Cauc., Iran, Afgh., Him., W-Sib., E-Sib., C-As., Mong., China
  – subsp. **vulgaris** Walters · D:Großfrüchtige Gewöhnliche Sumpfsimse · ♃ ～ V-VIII; Eur., ? TR, Cauc., W-Sib., E-Sib., C-As, Mong., N-

Am.
– **parvula** (Roem. et Schult.) Link ex Bluff, Nees et Schauer · D:Kleine Sumpfsimse; E:Little Head Spike Rush · ♃ ~ ≈ Z8 Ⓚ VI-IX; Eur.*, C-As., Amur, Jap., Indochina, Java, N-Afr., Can., USA*, S-Am.
– *prolifera* Torr. = Eleocharis vivipara
– *pygmaea* Torr. = Eleocharis parvula
– **quinqueflora** (Hartmann) O. Schwarz · D:Armblütige Sumpfsimse · ♃ ~ V-VI; Eur.* exc. ? Ib; TR, N-As., Maroc., N-Am.
– **uniglumis** (Link) Schult. · D:Einspelzige Sumpfsimse · ♃ ~ V-VIII; Eur.*, Cauc., W-Sib., E-Sib., Kamchat., C-As., Him., Mong.
– **vivipara** Link · ♃ ~ ≈ Z9 Ⓚ; USA: Va., SE, Fla.

Eleogiton Link = Isolepis
– *fluitans* (L.) Link = Isolepis fluitans

Elettaria Maton -f- *Zingiberaceae* · 4 (7-9) sp · D:Kardamom; E:Cardamom; F:Cardamome
– **cardamomum** (L.) Maton · D:Malabar-Kardamom; E:Chester Cardamom · ♃ Z10 Ⓦ ⚕ Ⓝ; S-Ind., Sri Lanka, SE-As.
  – var. *major* (Sm.) Thwaites = Elettaria major
– **major** Sm. · D:Ceylon-Kardamom · ♃ Z10 Ⓦ Ⓝ; Sri Lanka

Eleusine Gaertn. -f- *Poaceae (Gramineae)* · 9 sp · D:Fingerhirse; E:Yard Grass; F:Eleusine, panic digité
– **coracana** (L.) Gaertn. · D:Fingerhirse, Korakan; E:Caracan Millet, Finger Millet · ⊙ Z9 Ⓝ; trop. Afr., trop. As.
– **indica** (L.) Gaertn. · D:Wilder Korakan; E:Indian Goose Grass · ⊙ ♃ ⋈ Z9 VII-VIII; trop. Afr., trop. As., nat. in S-Eur., N-Am.
– **tristachya** (Lam.) Lam. · ⊙ Z9; Trop. Old World

Eleutherococcus Maxim. -m- *Araliaceae* · c. 30 sp · D:Fingeraralie; F:Acanthopanax
– **divaricatus** (Siebold et Zucc.) S.Y. Hu · ♄ d Z6 IX; China: Hopei, Honan; Jap.
– **giraldii** (Harms) Nakai · ♄ d Z6 VIII; C-China, N-China
– **henryi** Oliv. · D:Henrys Fingeraralie · ♄ d Z6 VIII-IX; C-China
– **leucorrhizus** Oliv. · ♄ Z6 VII; China: Sichuan, Yunnan, Hupeh, Kansu
– **senticosus** (Rupr. et Maxim.) Maxim. · D:Borstige Fingeraralie, Stachelpanax; E:Siberian Ginseng · ♄ d Z5 VII ⚕; Amur, N-China, Manch., Korea, Jap., Sachal.
– **sessiliflorus** (Rupr. et Maxim.) S.Y. Hu · D:Amur-Fingeraralie · ♄ d Z5 VII-IX; Manch., N-China, Korea
– **setchuenensis** (Harms) Nakai · ♃ d Z6 VII; W-China
– **sieboldianus** (Makino) Koidz. · D:Siebolds Fingeraralie · ♄ d Z6 VI-VII; China
– **simonii** (C.K. Schneid.) Hesse · ♄ d Z6 VI; C-China.

Eleutheropetalum H. Wendl. = Chamaedorea
– *ernesti-augusti* (H. Wendl.) H. Wendl. ex Oerst. = Chamaedorea ernesti-augustii

Elisena Herb. = Hymenocallis
– *longipetala* Lindl. = Hymenocallis longipetala

Elisma Buchenau = Luronium
– *natans* (L.) Buchenau = Luronium natans

× **Elleanthera** hort. -f- *Orchidaceae* (*Renanthera* × *Renantherella*)

Elleanthus C. Presl -m- *Orchidaceae* · 50-60 sp
– **capitatus** (Poepp. et Endl.) Rchb. f. · ♃ Z10 Ⓦ X-XI ▽ ✻; Mex., C-Am., W.Ind., S-Am.
– **caravata** (Aubl.) Rchb. f. · ♃ Z10 Ⓦ IX-X ▽ ✻; Guyan.

Elmerrillia Dandy -f- · 4 sp
– **tsiampacca** (L.) Dandy · ♄; Sulawesi, Moluccas, New Guinea, Bismarck Arch.

Elodea Michx. -f- *Hydrocharitaceae* · 12 sp · D:Wasserpest; E:Waterweed; F:Elodée, Peste d'eau
– **callitrichoides** (Rich.) Casp. · D:Argentinische Wasserpest; E:Greater Water Thyme · ♃ ≈ Ⓦ Ⓚ VII-IX; Arg., nat. in F (Alsace), D
– **canadensis** Michx. · D:Kanadische Wasserpest; E:Canadian Pondweed; F:Elodée du Canada · ♃ ≈ Ⓚ V-VIII; Can., USA*, nat. in cosmop.
– *crispa* hort. = Lagarosiphon major
– *densa* (Planch.) Casp. = Egeria densa
– *ernstiae* H. St. John = Elodea

callitrichoides
- **nuttallii** (Planch.) H. St. John · D:Nuttalls Wasserpest, Schmalblättrige Wasserpest; E:Western Waterweed · ♃ ≈ ⓚ VI-VIII; Can.: E; USA: NE, NCE, NC, NW, Calif., nat. in W-Eur., D, Jap.
- *occidentalis* (Pursh) H. St. John = Elodea nuttallii

Elsholtzia Willd. -f- *Lamiaceae (Labiatae)* · 38 sp · D:Kammminze; E:Elsholtzia; F:Elsholtzia
- **ciliata** (Thunb.) Hyl. · D:Echte Kamm-Minze · ⊙ Z5 VII-XI Ⓝ; C-As., Jap., Korea, China, Taiwan, nat. in Eur.: Sc, C-Eur., EC-Eur., Ba, E-Eur.
- *cristata* Willd. = Elsholtzia ciliata
- **stauntonii** Benth. · D:Chinesische Kamm-Minze; E:Mint Bush; F:Elsholtzia · ♄ d D Z7 IX-X; N-China

Elymus L. -f- *Poaceae (Gramineae)* · c. 150 sp · D:Haargerste, Quecke; E:Couch; F:Blé d'azur, Chiendent des sables, Elyme
- *arenarius* L. = Leymus arenarius
- **arenosus** (Spenn.) Conert · D:Sand-Quecke · ♃ Z6; NW-Eur.; coasts
- **athericus** (Link) Kerguélen · D:Dünen-Quecke · ♃ V-VII; Eur.: BrI, Sc, Ib, Fr, C-Eur., Ap, Ba, RO; coasts; TR, NW-Iran, Afgh., nat. in N-Am.
- **canadensis** L. · D:Kanada-Quecke; E:Canada Wild Rye · ♃ Z3 VII-IX; Alaska, Can., USA*
- **caninus** (L.) L. · D:Hunds-Quecke; E:Bearded Couch · ♃ VI-VII; Eur.*, TR, Iraq, Cauc., Iran, Afgh., Pakist., NW-Ind., W-Sib., E-Sib., C-As., NW-Ind., W-China, nat. in N-Am., Jap., NZ
- **elongatus** (Host) Runemark · ♃ Z5; Eur.: Ib, Fr, Ap, Ba, E-Eur. +
- **farctus** (Viv.) Runemark ex Melderis
  - subsp. **boreoatlanticus** (Simonet et Guin.) Melderis · D:Binsen-Quecke · ♃ Z5 Ⓝ; W-Eur., D, nat. in N-Am.
  - subsp. **farctus** · D:Strand-Quecke; E:Sand Couch · ♃ Z5 VI-VIII Ⓝ; Eur.*, TR, N-Afr.; coasts, nat. in N-Am.
- *giganteus* Vahl = Leymus racemosus
- *glaucus* Buckley = Leymus secalinus
- **hispidus** (Opiz) Melderis
  - subsp. **hispidulus** (Schur) Melderis · ♃ Z5; SE-Eur.
  - subsp. **hispidus** · D:Graugrüne Quecke · ♃ Z5 VI-VII Ⓝ; Eur.* exc. BrI, Sc; TR, N-Iraq, Cauc., Iran, Pakist., C-As.
- × **laxus** (Fr.) Melderis et D.C. McClint. (*E. farctus* × *E. repens*) · D:Lockerblütige Bastard-Quecke · ♃; D +
- **obtusiflorus** (DC.) Conert · D:Pontische Quecke, Stumpfblütige Quecke · ♃ VIII-IX; Eur.: NL, D, Dk+, nat. in Eur.: F, I, D, A
- × **obtusiusculus** (Lange) Melderis et D.C. McClint. (*E. athericus* × *E. farctus*) · D:Bastard-Binsen-Quecke · ♃; Eur.: Slove., Serb., BG, RO; TR, nat. in F, I, A, D
- × **oliveri** (Druce) Melderis et D.C. McClint. (*E. athericus* × *E. repens*) · ♃; D +
- *pauciflorus* (Schwein.) Gould = Elymus trachycaulus
- *racemosus* Lam. = Leymus racemosus
- **repens** (L.) Gould · D:Gewöhnliche Quecke; E:Couch Grass · ♃ VI-VIII ⚕ Ⓝ; Eur.*, Can.: E; USA: Maine; Sib., N-Afr., nat. in USA, Mex.
- **trachycaulus** (Link) Gould ex Shinners; Alaska, Can.; USA*; N-Mex., E-Sib., E-As.
- **virginicus** L. · D:Virginische Quecke; E:Virginia Wild Rye · ♃ Z3; Can.; USA* exc. Calif.

Elytrigia Desv. = Elymus
- *intermedia* (Host) Nevski = Elymus hispidus subsp. hispidus
  - subsp. *barbulata* (Schur) A. Löve = Elymus trachycaulus
- *juncea* (L.) Nevski = Elymus farctus subsp. farctus
- *junceiformis* A. Löve et D. Löve = Elymus farctus subsp. boreoatlanticus
- *repens* (L.) Nevski = Elymus repens

Emblica Gaertn. = Phyllanthus
- *officinalis* Gaertn. = Phyllanthus emblica

Embothrium J.R. Forst. et G. Forst. -n- *Proteaceae* · 8 sp · D:Flammenbusch; E:Fire Bush; F:Arbre de feu
- **coccineum** J.R. Forst. et G. Forst. · D:Chilenischer Flammenbusch; E:Chilean Fire Bush · ♄ e Z8 ⓚ; Chile, W-Arg.

Emex Neck. ex Campd. -f- *Polygonaceae* · 2 sp
- **spinosa** (L.) Campd. · D:Teufelsdorn; E:Devil's Thorn · ⊙ Z3; Eur.: Ib, Ap, Ba;

TR

Emilia (Cass.) Cass. -f- *Asteraceae (Compositae)* · c. 100 sp · D:Emilie; F:Emilie
- **coccinea** (Sims) D. Don · E:Tassel Flower · ⊙ Z9; Afr.
- *flammea* Cass. = Emilia sonchifolia
- *flammea* hort. = Emilia coccinea
- *javanica* (Burm. f.) C.B. Rob. = Emilia sonchifolia
- *javanica* auct. = Emilia coccinea
- *sagittalis* (Vahl) DC. = Emilia sonchifolia
- **sonchifolia** (L.) DC. · ⊙ Z9; trop. Afr., Ind., S-China

Emmenopterys Oliv. -f- *Rubiaceae* · 2 sp
- **henryi** Oliv. · ₺ d Z8 Ⓚ VI-VII; China: Hupeh; Myanmar, Thail.

Empetrum L. -n- *Empetraceae* · 2 sp · D:Krähenbeere; E:Crowberry; F:Camarine
- **atropurpureum** Fernald et Wiegand · ♄ e ⇝ Z3 V; Can.: E; USA: NE
- **hermaphroditum** Hagerup · D:Zwittrige Krähenbeere · ♄ ⇝ Z2 IV-V; Eur.*, TR, Cauc., W-Sib., E-Sib., Kamchat., Can., Greenl.
- **nigrum** L. · D:Schwarze Krähenbeere; E:Black Crowberry; F:Camarine noire · ♄ e ⇝ Z2 IV-V; Can., USA: NW, Calif., NE, NEC; Eur.*; N, mts.; W-Sib., E-Sib., Kamchat., Amur, Korea, Sachal., Jap., Alaska, Greenl.
  - subsp. *hermaphroditum* (Hagerup) Böcher = Empetrum hermaphroditum

Encephalartos Lehm. -m- *Zamiaceae* · 46 sp · D:Brotpalmfarn; E:Cycad; F:Arbre à pain
- **altensteinii** Lehm. · ₺ e Z9 Ⓦ ☠ ▽ *; S-Afr.
- **caffer** (Thunb.) Miq. · D:Kafir-Brotpalmfarn; E:Kaffir Bread · ♃ e Z9 Ⓦ ☠ ▽ *; Kap
- **cycadifolius** (Jacq.) Lehm. · ♄ e Z9 Ⓦ ☠ ▽ *; S-Afr.
- **hildebrandtii** A. Braun et Bouché · ₺ e Z9 Ⓦ ☠ ▽ *; E-Afr.
- **horridus** (Jacq.) Lehm. · ♃ e Z9 Ⓚ ▽ *; Kap
- **lebomboensis** I. Verd. · D:Lebombo-Brotpalmfarn; E:Lebombo Cycad · ₺ e Z9 Ⓚ ☠ ▽ *; S-Afr.
- **lehmannii** Lehm. · D:Karoo-Brotpalmfarn; E:Karoo Cycad · ₺ e Z9 Ⓦ ☠ ▽ *; Kap
- **longifolius** (Jacq.) Lehm. · D:Suurberg Brotpalmfarn; E:Suurberg Cycad · ₺ e Z9 Ⓦ ☠ ▽ *; Kap
- **transvenosus** Stapf et Burtt Davy · D:Modiadji-Brotpalmfarn; E:Modiadji Cycad · ₺ e Z9 Ⓦ ☠ ▽ *; S-Afr.: Transvaal
- **villosus** Lehm. · ♃ Z9 Ⓦ ☠ ▽ *; S-Afr.: SE-Kap, Natal

Encephalocarpus A. Berger -m- *Cactaceae* · 1 sp
- **strobiliformis** (Werderm.) A. Berger · ♆ Z9 Ⓚ; Mex.: Nuevo León, Tamaulipas

Encyclia Hook. -f- *Orchidaceae* · 150-235 sp
- **adenocaula** (La Llave et Lex.) Schltr. · ♃ Z10 Ⓦ VII ▽ *; Mex.
- **alata** (Bateman) Schltr. · ♃ Z10 Ⓦ V-X ▽ *; C-Am.
- *atropurpurea* Schltr. = Encyclia cordigera
- **baculus** (Rchb. f.) Dressler et G.E. Pollard · ♃ Z10 Ⓦ VII-IX ▽ *; Mex., C-Am., trop. S-Am.
- **boothiana** (Lindl.) Dressler · E:Dollar Orchid · ♃ Z10 Ⓦ ▽ *; Cuba
- **brassavolae** (Rchb. f.) Dressler · ♃ Z10 Ⓦ VII-IX ▽ *; Mex., C-Am.
- **citrina** (La Llave et Lex.) Dressler · ♃ D Z10 Ⓦ IV-V ▽ *; Mex.
- **cochleata** (L.) Lemée · E:Clamshell Orchid · ♃ Z10 Ⓦ XI-II ▽ *; Fla., W.Ind., C-Am., Col., Venez., Guyan.
- **cordigera** (Humb., Bonpl. et Kunth) Dressler · ♃ Z10 Ⓦ IV-VI ▽ *; Mex., C-Am., Col., Venez.
- **fragrans** (Sw.) Lemée · ♃ Z10 Ⓦ II-V ▽ *; Mex., C-Am., W.Ind., trop. S-Am.
- **glumacea** (Lindl.) Pabst · ♃ Z10 Ⓦ IX ▽ *; Ecuad., E-Bras.
- **michuacana** (La Llave et Lex.) Schltr. · ♃ Z10 Ⓚ VII-VIII ▽ *; Mex., Guat.
- *nemoralis* (Lindl.) Schltr. = Encyclia adenocaula
- **odoratissima** (Lindl.) Schltr. · ♃ Z10 Ⓦ VI-VII ▽ *; Bras.
- **oncidioides** (Lindl.) Schltr. · ♃ Z10 Ⓦ V-VI ▽ *; Guyan., Bras.
- **prismatocarpa** (Rchb. f.) Dressler · ♃ Z10 Ⓦ VII-VIII ▽ *; Costa Rica
- **radiata** (Lindl.) Dressler · ♃ Z10 Ⓦ V-VII ▽ *; Mex., C-Am.
- **tampensis** (Lindl.) Schltr. · E:Tampa Butterfly Orchid · ♃ Z10 Ⓦ VI-VII ▽ *;

Fla.
– **vespa** (Vell.) Dressler · ♃ Z10 ⓦ IV-V ▽ ✻; C-Am., trop. S-Am.
– *virgata* (Lindl.) Schltr. = Encyclia michuacana
– **vitellina** (Lindl.) Dressler · ♃ Z10 ⓚ X-XII ▽ ✻; Mex., Guat.

Endymion Dumort. = Hyacinthoides
– *campanulatus* (Aiton) Willk. = Hyacinthoides hispanica
– *cernuus* (L.) Willk. = Hyacinthoides non-scripta
– *hispanicus* (Mill.) Chouard = Hyacinthoides hispanica
– *non-scriptus* (L.) Garcke = Hyacinthoides non-scripta
– *nutans* Dumort. = Hyacinthoides non-scripta
– *patulus* Dum.-Cours. = Hyacinthoides hispanica

Enkianthus Lour. -m- *Ericaceae* · 13 sp · D:Prachtglocke; F:Enkianthus
– **campanulatus** (Miq.) G. Nicholson · D:Glockige Prachtglocke; F:Enkianthus · ♄ d Z5 V; Jap.
  – **in Sorten**
– **cernuus** (Siebold et Zucc.) Makino
  – var. **cernuus** · D:Nickende Prachtglocke · ♄ d Z6 V; Jap.
  – var. **rubens** (Maxim.) Makino · D:Rote Nickende Prachtglocke · ♄ d Z6 V-VI; Jap.
– **chinensis** Franch. · ♄ d Z7 ∧ V; W-China, C-China
– **perulatus** (Miq.) C.K. Schneid. · D:Frühblühende Prachtglocke · ♄ d Z7 V; Jap.
– **serrulatus** (Willd.) C.K. Schneid. · ♄ ♄ d Z6; C-China, W-China
– **subsessilis** (Miq.) Makino · ♄ d Z6 V-VI; Jap.

Ensete Horan. -n- *Musaceae* · 7 sp · D:Zierbanane; F:Bananier d'Abyssinie
– *edule* Bruce et Horan. = Ensete ventricosum
– **ventricosum** (Welw.) Cheesman · D:Ensete, Zierbanane; E:Abyssinian Banana · ♃ Z10 ⓚ Ⓝ; E-Afr., C-Afr., trop. S-Afr., S-Afr.

Entada Adans. -f- *Mimosaceae (Leguminosae)* · c. 30 sp · D:Meerbohne, Riesenhülse; E:Sea Bean; F:Haricot de mer
– **phaseoloides** (L.) Merr. · E:Drinking Vine · ♄ ≹ ⓦ ⚕ Ⓝ; trop. Afr., trop. As., Pacific Is.

Entandrophragma C.E.C. Fisch. -n- *Meliaceae* · 11 sp
– **angolense** (Welw.) C. DC. · ♄ ⓦ Ⓝ; W-Afr., C-Afr., Sudan, Uganda, Angola
– **candollei** Harms · D:Kosipo · ♄ ⓦ Ⓝ; W-Afr., C-Afr.
– **cylindricum** (Sprague) Sprague · E:Sapele · ♄ ⓦ Ⓝ; W-Afr., C-Afr., Uganda
– **utile** (Dawe et Sprague) Sprague · ♄ ⓦ Ⓝ; W-Afr., C-Afr., Angola

Entelea R. Br. -f- *Tiliaceae* · 1 sp
– **arborescens** R. Br. · ♄ ♄ e ⓚ; NZ

Enterolobium Mart. -n- *Mimosaceae (Leguminosae)* · 5 sp
– **cyclocarpum** (Willd.) Griseb. · D:Affenseife; E:Elephant's Ear · ♄ Z9 ⓦ Ⓝ; Mex., C-Am., W.Ind., trop. S-Am.

Eomecon Hance -f- *Papaveraceae* · 1 sp · D:Schneemohn; E:Snow Poppy; F:Coquelicot du soleil levant
– **chionantha** Hance · D:Schneemohn · ♃ Z7 ∧ IV; E-China

Epacris Cav. -f- *Epacridaceae* · 35 sp · D:Australheide; E:Australian Heath; F:Bruyère australe
– *grandiflora* Willd. = Epacris longiflora
– **heteronema** Labill. · ♄ e Z9 ⓚ II-IV; Austr.: N.S.Wales, Victoria, Tasman.
– **impressa** Labill. · D:Tasmanische Australheide; E:Australian Heath · ♄ e Z9 ⓚ XII-IV; Austr.: N.S.Wales, Victoria, S-Austr., Tasman.
– **longiflora** Cav. · D:Reichblütige Australheide; E:Bush Fuchsia · ♄ e Z9 ⓚ III-V; Austr.: N.S.Wales
– **microphylla** R. Br. · D:Kleinblättrige Australheide; E:Coral Heath · ♄ e D Z9 ⓚ III-V; Austr.: Queensl., N.S.Wales, Tasman.; NZ
– *miniata* Lindl. = Epacris longiflora
– **obtusifolia** Sm. · D:Stumpfblättrige Australheide; E:Blunt-leaf Heath, Common Heath · ♄ e D Z9 ⓚ III-IV; Austr.: Queensl., N.S.Wales, Victoria, Tasman.
– **paludosa** R. Br. · D:Sumpf-Australheide; E:Alpine Heath, Swamp Heath · ♄ e Z9 ⓚ

III-V; Austr.: N.S.Wales, Victoria, Tasman.
– *pulchella* Siebold non Cav. = Epacris microphylla
– **purpurascens** R. Br. · ♄ e Z9 ⓚ III-V; Austr.: N.S.Wales

Ephedra L. -f- *Ephedraceae* · c. 40 sp · D:Meerträubel; E:Joint Fir; F:Ephèdre, Raisin de mer
– **altissima** Desf. · ♄ e ⌇ ⓚ; N-Afr.
– *campylopoda* C.A. Mey. = Ephedra foeminea
– **distachya** L.
  – subsp. **distachya** · D:Gewöhnliches Meerträubel; E:Joint Pine · ♄ e Z6 ⚕ ☠; Eur.* exc. BrI, Sc; Cauc., W-Sib., C-As.
  – subsp. **helvetica** (C.A. Mey.) Asch. et Graebn. · D:Schweizerisches Meerträubel · ♄ e ⟿ △ Z6 IV-V; Eur.: CH, S-F, I; SW-Alp., S-Alp.
  – subsp. **monostachya** (L.) Riedl Z4; Eur.: E-Eur.; TR +
– *equisetiformis* Webb et Berthel. = Ephedra major subsp. major
– **equisetina** Bunge · D:Mongolisches Meerträubel; E:Mongolian Ephedra · ♄ e △ Z7; C-As., Mong., N-China
– **foeminea** Forssk. · ♄ e ⌇ ⟿ △ ⓚ; Eur.: I, Ba; TR, Levante, Libya
– **fragilis** Desf. · ♄ e Z8 ⓚ; Eur.: Ib, I, Sic.; NW-Afr., Libya
  – subsp. *campylopoda* (C.A. Mey.) Asch. et Graebn. = Ephedra foeminea
– **gerardiana** Wall. ex Stapf
  – var. **gerardiana** · D:Kriechendes Meerträubel; E:Pakistani Ephedra · ♄ e Z6; Him., China
  – var. **sikkimensis** Stapf · ♄ e △ Z6; N-Ind.
– *helvetica* C.A. Mey. = Ephedra distachya subsp. helvetica
– **major** Host
  – subsp. **major** · D:Großes Meerträubel · ♄ e △ Z7; Eur.: Ib, Fr, Ap, Ba; TR, Cyprus, Pakistan, W-Him., NW-Afr.
  – subsp. **procera** (Fisch. ex C.A. Mey.) Bornm. · ♄ Z7; Eur.: S-Ba; TR, Cyprus, Cauc., Iran, Him.; mts.
– *nebrodensis* Tineo ex Guss. = Ephedra major subsp. major
– *procera* Fisch. et C.A. Mey. = Ephedra major subsp. procera
– *scoparia* Lange = Ephedra major subsp. major
– **shennungiana** H.C. Tang · ♄ e ⓚ; China: Fukien
– **sinica** Stapf · D:Chinesisches Meerträubel; E:Joint Fir · ♄ e ⓚ ⚕; N-China
– *vulgaris* Rich. = Ephedra distachya subsp. distachya

Ephippium Blume = Bulbophyllum

× **Epibroughtonia** hort. (*Broughtonia* × *Epidendrum*)

Epicampes C. Presl = Muhlenbergia

× **Epicattleya** hort. (*Cattleya* × *Epidendrum*)

Epidendrum L. -n- *Orchidaceae* · 500-800 sp
– *adenocaulum* La Llave et Lex. = Encyclia adenocaula
– *alatum* Bateman = Encyclia alata
– **anceps** Jacq. · ♃ Z10 ⓚ ▽ *; USA: Fla.; C-Am., W.Ind., trop. S-Am., coasts
– *atropurpureum* auct. non Willd. = Encyclia cordigera
– *baculus* Rchb. f. = Encyclia baculus
– *beyrodtianum* Schltr. = Encyclia baculus
– *bicornutum* Hook. = Caularthron bicornutum
– *boothianum* Lindl. = Encyclia boothiana
– *brassavolae* Rchb. f. = Encyclia brassavolae
– **ciliare** L. · ♃ Z10 ⓦ XI-I ▽ *; C-Am., W.Ind., trop. S-Am.
– **cnemidophorum** Lindl. · ♃ Z10 ⓚ IV-V ▽ *; Guat., Costa Rica
– *cochleatum* L. = Encyclia cochleata
– **coronatum** Ruiz et Pav. · ♃ Z10 ⓦ ▽ *; Mex., C-Am., trop. S-Am.
– **difforme** Jacq. · E:Umbrella Star Orchid · ♃ Z10 ⓦ ▽ *; Fla.; Mex., C-Am., W.Ind., S-Am.
– **diffusum** Sw. · ♃ Z10 ⓦ ▽ *; C-Am., W.Ind.
– *elegans* (Knowles et Westc.) Rchb. f. = Barkeria elegans
– *falcatum* Lindl. = Epidendrum parkinsonianum
– *floribundum* Humb., Bonpl. et Kunth = Epidendrum paniculatum
– *fragrans* Sw. = Encyclia fragrans
– *glumaceum* Lindl. = Encyclia glumacea
– *grandiflorum* Humb. et Bonpl. = Stanhopea jenishiana
– **ibaguense** Humb., Bonpl. et Kunth · ♃

Z10 ⌂ XII-V ▽ ✻; C-Am., W.Ind., trop. S-Am.
- **latifolium** (Lindl.) Garay et H.R. Sweet · ♃ Z10 ⌂ VIII-X ▽ ✻; W-Ind., Venez., Trinidad, Bras.
- *lindleyanum* (Rchb. f.) Bateman ex Lindl. = Barkeria spectabilis
- **medusae** (Rchb. f.) Siebert et Voss · ♃ Z10 ⌂ VII-VIII ▽ ✻; Ecuad.
- *nemorale* Lindl. = Encyclia adenocaula
- **nocturnum** L. · E:Night Scented Orchid · ♃ Z10 ⌂ VIII-X ▽ ✻; Fla., W.Ind., trop. S-Am.
  - var. *latifolium* Lindl. = Epidendrum latifolium
- *odoratissimum* Lindl. = Encyclia odoratissima
- *oncidioides* Lindl. = Encyclia oncidioides
- **paniculatum** Ruiz et Pav. · ♃ Z10 ⌂ X-XII ▽ ✻; C-Am., W.Ind., trop. S-Am.
- **parkinsonianum** Hook. · ♃ Z10 ⌂ VII-VIII ▽ ✻; Mex.
- *pentotis* Rchb. f. = Encyclia baculus
- **porpax** Rchb. f. · ♃ Z10 ⌂ ▽ ✻; Mex., C-Am., trop. S-Am.
- *prismatocarpum* Rchb. f. = Encyclia prismatocarpa
- **purum** Lindl. · ♃ Z10 ⌂ ▽ ✻; n S-Am.
- *radiatum* Lindl. = Encyclia radiata
- *radicans* Pav. ex Lindl. = Epidendrum ibaguense
- **schlechterianum** Ames · ♃ Z10 ⌂ ▽ ✻; Mex., C-Am., Venez., Trinidad, Guyan., Bras., Peru
- *skinneri* Bateman ex Lindl. = Barkeria skinneri
- *spectabile* (Bateman ex Lindl.) Rchb. f. = Barkeria spectabilis
- **stamfordianum** Bateman · ♃ Z10 ⌂ III-IV ▽ ✻; Mex., C-Am., Col., Venez.
- **stenopetalum** Hook. · ♃ Z10 ⌂ II-III ▽ ✻; Mex., C-Am., W.Ind., trop. S-Am.
- *tampense* Lindl. = Encyclia tampensis
- **varicosum** Bateman ex Lindl. · ♃ Z10 ⌂ VII-VIII ▽ ✻; C-Am.
- *variegatum* Hook. = Encyclia vespa
- *verrucosum* Lindl. = Encyclia adenocaula
- *vespa* Vell. = Encyclia vespa
- *virgatum* Lindl. = Encyclia michuacana
- *vitellinum* Lindl. = Encyclia vitellina
- **Cultivars**
  - **in vielen Sorten**

× **Epidiacrium** hort. -n- *Orchidaceae* (*Caularthron* × *Epidendrum*)

× **Epidrobium** hort. -n- *Orchidaceae* (*Dendrobium* × *Epidendrum*)

Epigaea L. -f- *Ericaceae* · 3 sp · D:Bodenlorbeer; F:Epigée
- **asiatica** Maxim. · D:Japanischer Bodenlorbeer · ♄ e ⟿ Z4 IV-V; Jap.
- **gaultherioides** (Boiss. et Balansa) Takht. · D:Türkischer Bodenlorbeer · ♄ e Z6 III-IV; NE-TR, Cauc.
- × **intertexta** Mulligan (*E. asiatica* × *E. repens*) · ♄ e Z3; cult.
- **repens** L. · D:Kriechender Bodenlorbeer; E:Mayflower, Trailing Arbutus · ♄ e ⟿ Z2 III-IV ⚕ ; Can.: E, Sask.; USA: NE, SE, Fla.

Epigeneium Gagnep. -n- *Orchidaceae* · 35 sp
- **amplum** (Lindl.) Summerh. · ♃ Z10 ⌂ V-VI ▽ ✻; Ind.: Sikkim
- **coelogyne** (Rchb. f.) Summerh. · ♃ Z10 ⌂ X-XI ▽ ✻; Myanmar, Thail.
- **lyonii** (Ames) Summerh. · ♃ Z10 ⌂ ▽ ✻; Phil.

× **Epigoa** hort. -f- *Orchidaceae* (*Domingoa* × *Epidendrum*)

× **Epilaelia** hort. -f- *Orchidaceae* (*Epidendrum* × *Laelia*)

× **Epilaeliocattleya** hort. -f- *Orchidaceae* (*Cattleya* × *Epidendrum* × *Laelia*)

× **Epilaeliopsis** hort. -f- *Orchidaceae* (*Epidendrum* × *Laeliopsis*)

Epilobium L. -n- *Onagraceae* · 165-200 sp · D:Kolibritrompete, Weidenröschen; E:Willowherb; F:Epilobe
- *adenocaulon* Hausskn. = Epilobium ciliatum
- **alpestre** (Jacq.) Krock. · D:Quirlblättriges Weidenröschen · ♃ VII-VIII; Eur.* exc. BrI, Sc; Cauc.; mts.
- *alpinum* auct. non L. = Epilobium anagallidifolium
- **alsinifolium** Vill. · D:Mierenblättriges Weidenröschen · ♃ Z3 VII-VIII; Eur.*; N, mts.
- **anagallidifolium** Lam. · D:Gauchheilblättriges Weidenröschen · ♃ Z6 VII-VIII; Eur.*, TR, Cauc., N-As., C-As., N-Am.

– **angustifolium** L. · D:Schmalblättriges Weidenröschen; E:Fire Weed, Rosebay Willowherb · ♃ Z3 VII-VIII ⚕ ®; Eur.*, TR, Syr., Iran, W-Sib., E-Sib., Amur, Sachal., Kamchat., Korea, Him., Mong., Jap. China, Maroc., Alaska, Can., USA* exc. SC
– **brachycarpum** C. Presl · D:Kurzfrüchtiges Weidenröschen · ; N-Am., nat. in D
– **canum** (Greene) Raven
  – subsp. **angustifolium** (Keck) Raven · D:Schmalblättriges Kalifornisches Weidenröschen · ♃ ♄ Z8 ⓚ; Calif.
  – subsp. **canum** · D:Kalifornisches Weidenröschen, Kolibritrompete; E:California Fuchsia, Hummingbird Flower · ♃ ♄ △ Z8 ⓚ ∧ X-XI; Calif.
  – subsp. **latifolium** (Hook.) Raven · ♃ ♄ ♄ △ Z8 ⓚ ∧ VII-X; USA: Oreg., Calif., Nev., Ariz., N.Mex.
– **ciliatum** Raf. · D:Drüsiges Weidenröschen · ♃ VI-IX; Alaska, Can., USA: NE, NCE, NC, Rocky Mts., NW, Calif., nat. in BrI, Sc, Fr, D, EC-Eur., E-Eur.
– **collinum** C.C. Gmel. · D:Hügel-Weidenröschen · ♃ VI-IX; Eur.* exc. BrI
– **dodonaei** Vill. · D:Rosmarin-Weidenröschen; E:Alpine Willowherb · ♃ Z6 VII; Eur.: Fr, Ap, C-Eur., EC-Eur., Ba, E-Eur.; TR, W-Iran
– **duriaei** J. Gay · D:Durieus Weidenröschen · ♃ VII; Eur.: Sp., F, CH
– **fleischeri** Hochst. · D:Fleischers Weidenröschen, Kies-Weidenröschen · ♃ △ Z5 VII-IX; Eur.: F, I, C-Eur.; Alp.
– **glabellum** G. Forst. · ♃ Z8 ⓐ VII-VIII; NZ
– **hirsutum** L. · D:Zottiges Weidenröschen · ♃ VI-IX; Eur.*, N-Afr., nat. in N-Am.
– *inornatum* Melville = Epilobium komarovianum
– **komarovianum** H. Lév. · ♃ ⁓→ △ Z8 ⓚ VI-VIII; NZ
– **lanceolatum** Sebast. et Mauri · D:Lanzettblättriges Weidenröschen · ♃ VI-VIII; Eur.* exc. Sc; TR, Cyprus, Cauc., N-Iran, Alger.
– **montanum** L. · D:Berg-Weidenröschen, Hartheu-Weidenröschen · ♃ VI-IX; Eur.*, TR, Levante, Cauc., N-Iran, W-Sib., E-Sib., ? Sachal.
– **nummulariifolium** R. Cunn. · ♃ ⁓→ △ VI-VIII; NZ
– **nutans** F.W. Schmidt · D:Nickendes Weidenröschen · ♃ VII-VIII; Eur.: Sp., Fr, C-Eur., EC-Eur., Ba, E-Eur.; mts.
– **obscurum** Schreb. · D:Dunkelgrünes Weidenröschen · ♃ VI-IX; Eur.*, TR, Cauc., Madeira, Maroc., Alger.
– **palustre** L. · D:Sumpf-Weidenröschen · ♃ VII-IX; Eur.*, TR, Cauc., N-Iran, W-Sib., E-Sib., Amur, Sachal., Kamchat., C-As., Him., Tibet, Mong., China, Jap., N-Am., Greenl.
– **parviflorum** Schreb. · D:Kleinblütiges Weidenröschen · ♃ VI-IX ⚕; Eur.*, TR, Levante, Cauc., Iran, Him., NW-Afr.
– **purpuratum** Hook. f. · ♃ ⁓→ △ Z8 VI-VIII; NZ
– **roseum** Schreb. · D:Rosenrotes Weidenröschen · ♃ VII-IX; Eur.*, TR, Lebanon, Cauc., Iran, C-As.
– *rosmarinifolium* Haenke = Epilobium dodonaei
– **tetragonum** L.
  – subsp. **lamyi** (F.W. Schultz) Nyman · D:Graugrünes Weidenröschen · ♃ VII-IX; Eur.*, TR, Madeira
  – subsp. **tetragonum** · D:Vierkantiges Weidenröschen · ♃ VII-VIII; Eur.*, TR, Levante, Cauc., Iran, W-Sib., C-As., NW-Afr.

Epimedium L. -n- *Berberidaceae* · 22-25 (44) sp · D:Elfenblume, Sockenblume; E:Bishop's Head, Bishop's Mitre; F:Fleur des elfes
– **alpinum** L. · D:Alpen-Sockenblume; E:Pink Epimedium; F:Fleur des elfes alpinum · ♃ Z5 III-V; Eur.: I, A, Slove., Croatia, Bosn., YU, AL, nat. in BrI, Fr, D, DK
  – var. *rubrum* (C. Morren) Hook. f. = Epimedium × rubrum
– × **cantabrigiense** Stearn (*E. alpinum* × *E. pubigerum*) · ♃ Z5; cult.
– *colchicum* Boiss. = Epimedium pinnatum subsp. colchicum
– **diphyllum** Lodd. · ♃ Z5 IV-V; Jap.
– **grandiflorum** C. Morren · D:Großblütige Sockenblume; E:Barrenwort; F:Fleur des elfes à grandes fleurs · ♃ Z5 IV-V; Jap., N-China
  – **in Sorten**
  – **'Flavescens'**
  – **'Normale'**
  – **'Violaceum'**
– *hexandrum* Hook. = Vancouveria hexandra
– *lilacinum* Donckel. = Epimedium × youngianum

– *macranthum* C. Morren et Decne. = Epimedium grandiflorum
  – var. *musschianum* (C. Morren et Decne.) Makino = Epimedium grandiflorum 'Normale'
  – var. *niveum* (Vilm.) Voss = Epimedium × youngianum 'Niveum'
  – var. *sulphureum* C. Morren = Epimedium × versicolor 'Sulphureum'
  – var. *versicolor* C. Morren = Epimedium × versicolor
  – var. *violaceum* (C. Morren) Franch. = Epimedium grandiflorum 'Violaceum'
– *musschianum* C. Morren et Decne. = Epimedium × youngianum
  – var. *violaceum* hort. = Epimedium × youngianum 'Roseum'
– *niveum* Vilm. = Epimedium × youngianum 'Niveum'
– *ochroleucum* Farrer = Epimedium × versicolor 'Sulphureum'
– × **perralchicum** Stearn (*E. perralderianum × E. pinnatum*) · ♃ Z7; cult.
– **perralderianum** Coss. · ♃ Z8 IV-V; Alger.
– **pinnatum** Fisch.
  – subsp. **colchicum** (Boiss.) Busch · ♃ Z6 IV-V; W-Cauc., NE-TR
  – subsp. **pinnatum** · D:Gefiederte Sockenblume · ♃ Z6; N-Iran, E-Cauc.
  – var. *elegans* hort. = Epimedium pinnatum subsp. colchicum
  – var. *perralderinaum* (Coss.) H.R. Wehrh. = Epimedium perralderianum
  – var. *sulphureum* (C. Morren) Bergmans = Epimedium × versicolor 'Sulphureum'
– **pubigerum** (DC.) C. Morren et Decne. · ♃ Z5 V; BG, TR, Cauc.
– *purpureum* Vilm. = Epimedium × rubrum
– *roseum* A. Vilm. = Epimedium × youngianum 'Roseum'
– × **rubrum** C. Morren (*E. alpinum × E. grandiflorum*) · ♃ Z5 IV-V; cult.
– *sulphureum* C. Morren = Epimedium × versicolor 'Sulphureum'
– *sulphureum* Nakai = Epimedium grandiflorum 'Flavescens'
– × **versicolor** C. Morren (*E. grandiflorum × E. pinnatum subsp. colchicum*) · ♃ Z5 IV-V; cult.
  – **'Sulphureum'**
– *violaceum* C. Morren = Epimedium grandiflorum 'Violaceum'
– × **warleyense** Stearn (*E. alpinum × E. pinnatum subsp. colchicum*) · ♃ Z5 V-VII; cult.
– × **youngianum** Fisch. et C.A. Mey. (*E. diphyllum × E. grandiflorum*) · ♃ Z5 IV-V; cult.
  – *'Lilacinum'* = Epimedium × youngianum 'Roseum'
  – **'Niveum'**
  – **'Roseum'**

Epipactis Zinn -f- *Orchidaceae* · 24 sp · D:Ständelwurz, Stendelwurz, Sumpfwurz; E:Helleborine; F:Epipactis
– **albensis** Novakova et Rydlo · D:Elbe-Ständelwurz · ♃ VIII-XI ▽ ✻; Eur.: CZ, A, D
– **atrorubens** (Bernh.) Besser · D:Braunrote Ständelwurz · ♃ Z6 VI-VIII ▽ ✻; Eur.*
– **confusa** D.P. Young · D:Zierliche Ständelwurz · ♃ VII-VIII ▽ ✻; Eur.: Sweden, DK
– **distans** Arv.-Touv. · D:Kurzblättrige Ständelwurz · ♃ ▽ ✻; D +
– **gigantea** Douglas · ♃ Z6 ▽ ✻; N-Am.
– **greuteri** H. Baumann et Künkele · D:Greuters Ständelwurz · ♃ ▽ ✻; Eur.: GR, D, A +
– **helleborine** (L.) Crantz · D:Breitblättrige Ständelwurz; E:Broad Leaved Helleborine · ♃ Z6 VI-IX ▽ ✻; Eur.*, TR, Cyprus, Syr., Cauc., N-Iraq, Iran, Afgh., Pakist., NW-Afr., Can., USA: NE, NCE, NW
– *latifolia* (L.) All. = Epipactis helleborine
– **leptochila** (Godfery) Godfery · D:Schmallippige Ständelwurz · ♃ VII ▽ ✻; Eur.: BrI, F, DK, PL, Slova.
– **leutei** Robatsch · D:Leutes Ständelwurz · ♃ VII-VIII ▽ ✻; Eur.: A, Slove. +
– **microphylla** (Ehrh.) Sw. · D:Kleinblättrige Ständelwurz · ♃ VI-VIII ▽ ✻; Eur.* exc. BrI, Sc; TR, Cyprus, Cauc., N-Iran
– **muelleri** Godfery · D:Müllers Ständelwurz · ♃ VII-VIII ▽ ✻; Eur.: Fr, C-Eur., EC-Eur.
– **nordeniorum** Robatsch · D:Norden-Ständelwurz · ♃ VIII-X ▽ ✻; Eur.: A +
– **palustris** (L.) Crantz · D:Sumpf-Ständelwurz; E:Marsh Helleborine; F:Epipactis des marais · ♃ Z6 VI-VII ▽ ✻; Eur.*, TR, N-Iraq, Cauc., N-Iran, W-Sib., E-Sib., C-As.
– **peitzii** H. Neumann et Wucherpf. · D:Peitz-Ständelwurz · ♃ ▽ ✻; D +
– **phyllanthes** G.E. Sm. · ♃ ▽ ✻; Eur.: F, BrI, Sc, D
– **pontica** Taubenheim · D:Pontus-

Ständelwurz · ♃ VII-IX ▽ ✻; TR, A +
– **purpurata** Sm. · D:Violette Ständelwurz · ♃ VIII-IX ▽ ✻; Eur.: BrI, DK, Fr, C-Eur., EC-Eur., Ba, Ro, W-Russ.
– **renzii** Robatsch · ♃ ▽ ✻; Eur.: DK

× **Epiphronitis** hort. -f- *Orchidaceae* (*Epidendrum* × *Sophronitis*)

Epiphyllanthus A. Berger = Schlumbergera
– *obovatus* (Engelm.) Britton et Rose = Schlumbergera opuntioides

Epiphyllopsis Backeb. et F.M. Knuth = Rhipsalidopsis
– *gaertneri* Regel = Rhipsalidopsis gaertneri

Epiphyllum Haw. -n- *Cactaceae* · 15 sp · D:Blattkaktus, Schusterkaktus; E:Orchid Cactus; F:Cactus des savetiers
– **anguligerum** (Lem.) G. Don · ♄ Ψ Z9 Ⓦ ▽ ✻; Mex.
– **chrysocardium** Alexander · ♄ Ψ ≀ Z9 Ⓦ ▽ ✻; Mex.: Chiapas
– **crenatum** (Lindl.) G. Don · ♄ Ψ Z9 Ⓦ ▽ ✻; Guat., Hond.
– *crispatum* Haw. = Rhipsalis crispata
– *grande* (Lem.) Britton et Rose = Epiphyllum oxypetalum
– **hookeri** (Link et Otto) Haw. · ♄ Ψ Z9 Ⓦ ▽ ✻; S-Mex., C-Am., Venez., Guyan.
– *nelsonii* Britton et Rose = Chiapasia nelsonii
– **oxypetalum** (DC.) Haw. · E:Duchman's Pipe Cactus · ♄ Ψ Z9 Ⓦ ▽ ✻; Mex., Guat., Venez., Bras.
– *phyllanthoides* (DC.) Sweet = Nopalxochia phyllanthoides
– **pittieri** (F.A.C. Weber) Britton et Rose · ♄ Ψ Z9 Ⓦ ▽ ✻; Costa Rica
– *russellianum* Hook. = Schlumbergera russelliana
  – var. *gaertneri* Regel = Rhipsalidopsis gaertneri
– **stenopetalum** (C.F. Först.) Britton et Rose · ♄ Ψ Z9 Ⓦ ▽ ✻; Mex.
– *strictum* (Lem.) Britton et Rose = Epiphyllum hookeri
– **thomasianum** (K. Schum.) Britton et Rose · ♄ Ψ Z9 Ⓦ ▽ ✻; Mex., C-Am.
– *truncatum* Haw. = Schlumbergera truncata
– **Cultivars**
  – **in vielen Sorten**

Epipogium Borkh. -n- *Orchidaceae* · 3 sp · D:Widerbart; E:Ghost Orchid; F:Epipogium
– **aphyllum** Sw. · D:Blattloser Widerbart; E:Ghost Orchid · ♃ VII-VIII ▽ ✻; Eur.* exc. Ib; TR, Cauc., NW-Iran, W-Sib., E-Sib., Amur, Sachal., Kamchat., Him., E-As.

Epipogon S.G. Gmel. = Epipogium

Epipremnum Schott -n- *Araceae* · c. 10 sp · D:Efeutute, Tongapflanze; E:Devil's Ivy; F:Pothos
– **aureum** (Linden et André) G.S. Bunting · D:Goldene Efeutute; E:Devil's Ivy, Golden Hunters Robe · ♄ e Z10 Ⓦ; Salomon. Is.
– *mirabile* Schott = Epipremnum pinnatum
– **pinnatum** (L.) Engl. · D:Gefleckte Efeutute; E:Tongavine, Variegated Philodendron · ♄ ≀ Z10 Ⓦ; Malay. Arch., N.Guinea, Pacific Is.
  – *'Aureum'* = Epipremnum aureum

Episcia Mart. -f- *Gesneriaceae* · 6-9 sp · D:Episcie, Schattenröhre; E:Basket Plant; F:Episcie
– *chontalensis* (Seem.) Hook. f. = Episcia lilacina
– **cupreata** (Hook.) Hanst. · ♃ Z10 Ⓦ VI-IX; Col.
– **dianthiflora** H.E. Moore et R.G. Wilson · D:Nelkenblütige Episcie; E:Lace Flower Vine, Lace Flower · ♃ Z10 Ⓦ VI-IX; Mex., Costa Rica
– *fulgida* (Lindl.) Hook. = Episcia reptans
– **lilacina** Hanst. · ♃ Z10 Ⓦ IX-XII; Nicar., Costa Rica, Panama
– **punctata** (Lindl.) Hanst. · ♄ Z10 Ⓦ; Mex., Guat.
– **reptans** Mart. · ♃ Z10 Ⓦ VI-IX; Col., Surinam, Bras.
– *tesselata* hort. ex Lem. = Nautilocalyx bullatus

Epithelantha F.A.C. Weber ex Britton et Rose -f- *Cactaceae* · 1 sp
– *densispina* Bravo = Epithelantha micromeris
– **micromeris** (Engelm.) F.A.C. Weber ex Britton et Rose · Ψ Z9 Ⓚ ▽ ✻; USA: Tex., Ariz.; NE-Mex.

× **Epitonia** hort. -f- *Orchidaceae* (*Broughtonia* × *Epidendrum*)

Equisetum L. -n- *Equisetaceae* · 15-25 sp ·

D:Schachtelhalm; E:Horsetail; F:Prêle
– **arvense** L. · D:Acker-Schachtelhalm, Zinnkraut; E:Common Horsetail · ♃ Z2 III-IV ⚕ ; Eur.*, TR, Cauc., N-Iran, W-Sib., E-Sib., Amur, Sachal., Kamchat., C-As., Him., China, Korea, Jap., Alaska, Can., USA*, Greenl.
– × **dycei** C.N. Page (*E. fluviatile* × *E. palustre*) · D:Dyces Schachtelhalm · ♃ ≈ ; D, BrI +
– **fluviatile** L. · D:Teich-Schachtelhalm; F:Prêle des bourbiers · ♃ ≈ Z2 V-VI; Eur. *, As. N-Am.
– **giganteum** L. · D:Großer Schachtelhalm; E:Giant Horsetail · ♃ ⌂; trop. S-Am.
– **hyemale** L.
  – var. **hyemale** · D:Winter-Schachtelhalm; E:Dutch Rush, Rough Horsetail, Scouring Rush · ♃ ≈ Z5 VI-VIII ⚕ ☠; Eur.*, Cauc., TR, W-Sib., E-Sib., Amur, Sachal., C-As., Him., Korea, Jap.
  – var. **robustum** (A. Braun) Eaton · F:Prêle d'hiver · ♃ ≈ Z5; Alaska, Can., USA*, Mex., Guat.
– *limosum* L. = Equisetum fluviatile
– × **litorale** Kühlew. ex Rupr. (*E. arvense* × *E. fluviatile*) · D:Ufer-Schachtelhalm · ♃ ≈ VI-VII; Eur.: N, C-Eur.; W-Sib., E-Sib., N-Am.
– *majus* Schinz et Thell. = Equisetum telmateia
– *maximum* auct. non Lam. = Equisetum telmateia
– × **meridionale** (Milde) Chiov. (*E. ramosissimum* × *E. variegatum*) · D:Südlicher Schachtelhalm · ♃; Eur.: CH, N-I, CZ, Slova.
– × **moorei** Newman (*E. hyemale* × *E. ramosissimum*) · D:Moores Schachtelhalm · ♃; BrI, C-Eur., Slove., CZ, Slova.
– **palustre** L. · D:Duwok, Sumpf-Schachtelhalm; E:Horsetail, Marsh Horsetail; F:Prêle des marais · ♃ ≈ VI-IX ☠; Eur.*, TR, Syr., Cauc., W-Sib., E-Sib., Amur, Sachal., Kamchat., Mong., Jap, China, Alaska, Can., USA: NE, NCE, NC, NW, Calif.
– **pratense** Ehrh. · D:Wiesen-Schachtelhalm · ♃ V-VI; Eur.* exc. Ib, ? Fr; TR, Syr. Leb., Cauc., W-Sib., E-Sib., Amur, Sachal., Kamchat., C-As., China: Sinkiang; Mong., Korea, Jap., N-Am.
– **ramosissimum** Desf. · D:Ästiger Schachtelhalm · ♃ V-VII; Eur.* exc. BrI, Sc; TR, Levante, Cauc., Iran, W-Sib., C-As, Him., Tibet, Mong., China, Jap., N-Afr., Afr., Am.
– *robustum* A. Braun = Equisetum hyemale var. robustum
– **schaffneri** Milde · ♃ ≈ ⌂; Mex., Peru, Chile
– **scirpoides** Michx. · D:Zwerg-Schachtelhalm; E:Sedge Horsetail · ♃ △ ≈ Z2; Eur.: Sc, Russ.; W-Sib., E-Sib., Amur, Kamchat., Alaska, Can., USA: NE, NCE, NC, NW
– **sylvaticum** L. · D:Wald-Schachtelhalm; E:Wood Horsetail · ♃ IV-V; Eur.*, W-Sib., E-Sib., Amur, Sachal., Kamchat., Manch., China, Korea, Jap., Alaska, Greenl., Can.; USA: NE, NCE, NW, Idaho
– **telmateia** Ehrh. · D:Riesen-Schachtelhalm; E:Giant Horsetail · ♃ ≈ Z6 IV-V; Eur.*, TR, Levante, Cauc., N-Iran, NW-Afr., Libya, Alaska, Can.: W; USA: NCE, NW, Calif.
– × **trachyodon** (A. Braun) W.D.J. Koch (*E. hyemale* × *E. variegatum*) · D:Rauzähniger Schachtelhalm · ♃ ≈ VII-VIII; Eur. , Cauc., W-Sib., E-Sib., Amur, Kamchat., C-As., Mong., China
– **variegatum** Schleich. ex F. Weber et D. Mohr · D:Bunter Schachtelhalm; E:Scouring Rush; F:Prêle panachée · ♃ △ ≈ Z2 IV-IX; Eur.*, TR, Cauc., Amur, Kamchat., Mong., Alaska, Can., USA: NW, Calif., Rocky Mts., NC; Greenl.

Eragrostis Wolf -f- *Poaceae (Gramineae)* · 250-300 sp · D:Liebesgras, Teffgras; E:Love Grass; F:Amourette, Eragrostis
– *abessinica* Link = Eragrostis tef
– **albensis** H. Scholz · D:Elbe-Liebesgras · ⊙; D +
– **cilianensis** (All.) Vignolo ex Janch. · D:Großes Liebesgras; E:Gray Love Grass · ⊙ Z9 VII-X; Eur.: Ib, Fr, Ap, Ba, RO, Krim; TR, Cauc., SW-As., C-As., nat. in C-Eur., CE-Eur.
– **curvula** (Schrad.) Nees · D:Schwachgekrümmtes Liebesgras; E:Weeping Love Grass · ♃ Z7 VI-IX; Eth., trop. Afr., S-Afr.
– *elegans* Nees = Eragrostis tenella
– *interrupta* Palib. = Eragrostis tenella
– **minor** Host · D:Kleines Liebesgras; E:LittleLove Grass · ⊙ VII-VIII; Eur.* exc. BrI, Sc; TR, Cauc., Iran, W-Sib., E-Sib., Amur, C-As. Him., China: Sinkiang, Korea, Jap., trop. Afr., nat. in Austr., Am.

– **multicaulis** Steud. · D:Japanisches Liebesgras · ⊙ ⌂W VII-X; Ind., China, Taiwan, Korea, Amur, Sachal., Jap., Malay. Pen.
– **pilosa** (L.) P. Beauv. · D:Behaartes Liebesgras; E:Soft Love Grass · ⊙ Z7 VII-VIII Ⓝ; Eur.* ; TR, W-Sib., E-Sib., Amur, C-As., China, Korea, Jap., Nigeria, Eth., E-Afr., nat. in USA, C-Am., W.Ind., S-Am.
– **superba** Peyr. · ⌂W Ⓝ; E-Afr.
– **tef** (Zuccagni) Trotter · D:Äthiopisches Liebesgras, Zwerg-Hirse; E:Love Grass, Teff · ⊙ Z9 VIII-X Ⓝ; Eth.
– **tenella** (L.) Palib. · D:Japanisches Liebesgras; E:Japanese Love Grass, Love Grass · ⊙ ⋈ Z9 VIII; Bras.
– **trichodes** (Nutt.) A.W. Wood · D:Sand-Liebesgras; E:Sand Love Gras · ♃ VIII-IX; USA: NCE, NC, Colo., SC, SE
– **unioloides** (Retz.) Nees ex Steud. · ⊙ ⋈ Z9 ⌂K VI-VIII; trop. As.

Eranthemum L. -n- *Acanthaceae* · 30 sp · D:Frühlingsblume; F:Eranthémum
– *alatum* Nees = Pseuderanthemum alatum
– *albiflorum* Hook. = Pseuderanthemum albiflorum
– *atropurpureum* W. Bull non Hook. f. = Pseuderanthemum atropurpureum
– *beyrichii* (Nees) Regel = Chamaeranthemum beyrichii
– *cooperi* Hook. = Pseuderanthemum sinuatum
– *gaudichaudii* (Nees) Van Houtte = Chamaeranthemum gaudichaudii
– *igneum* Linden = Xantheranthemum igneum
– *nervosum* (Vahl) R. Br. = Eranthemum pulchellum
– **pulchellum** Andrews · D:Blaue Frühlingsblume; E:Blue Sage · ♄ e Z10 ⌂W XII-II; Ind.
– *reticulatum* Hook. f. = Pseuderanthemum reticulatum
– *schomburgkii* hort. = Pseuderanthemum reticulatum
– *sinuatum* (Vahl) R. Br. = Pseuderanthemum sinuatum
– *tuberculatum* Hook. f. = Pseuderanthemum tuberculatum
– **wattii** (Bedd.) Stapf · D:Purpurne Frühlingsblume · ♄ e Z10 ⌂W XI-I; N-Ind.

Eranthis Salisb. -f- *Ranunculaceae* · 8 sp · D:Winterling; E:Winter Aconite; F:Eranthe, Helléborine
– **cilicica** Schott et Kotschy · ♃ Z4 III ☠; TR, Syr.
– **hyemalis** (L.) Salisb. · D:Kleiner Winterling; E:Winter Aconite · ♃ Z5 II-III ☠; Eur.: F, I, Slove., Croatia, Bosn., YU, BG, nat. in BrI, C-Eur., EC-Eur., RO
 – var. *cilicica* (Schott et Kotschy) Huth = Eranthis cilicica
– × **tubergenii** Bowles (*E. cilicica* × *E. hyemalis*) · D:Tubergens Winterling · ♃ Z5 II-III ☠; cult.

Ercilla A. Juss. -f- *Phytolaccaceae* · 2 sp
– **spicata** (Bertero) Moq. · ♄ e ⌇ Z8 ⌂K III-IV; Chile
– *volubilis* Juss. = Ercilla spicata

Erdisia Britton et Rose = Corryocactus
– *melanotricha* (Schum.) Backeb. = Corryocactus melanotrichus
– *meyenii* Britton et Rose = Corryocactus aureus
– *squarrosa* (Vaupel) Britton et Rose = Corryocactus squarrosus

Erechtites Raf. -f- *Asteraceae (Compositae)* · 5 (-15) sp · D:Scheingreiskraut; E:Burnweed
– **hieraciifolia** (L.) Raf. ex DC. · D:Amerikanisches Scheingreiskraut; E:American Burnweed · ⊙ VII-X; N-Am., S-Am., nat. in A, EC-Eur., Slove., Croatia, RO

Eremocitrus Swingle -m- *Rutaceae* · 1 sp · D:Wüstenlimette; E:Desert Lime; F:Limettier du désert
– **glauca** (Lindl.) Swingle · D:Australische Wüstenlimette; E:Australian Desert Lime · ♄ e Z9 ⌂K Ⓝ; NE-Austr.

Eremostachys Bunge -f- *Lamiaceae (Labiatae)* · 60 sp
– **laciniata** (L.) Bunge · ♃ Z8 ⌂K ∧ VI-VIII; TR, Syr., Iran, C-As.

Eremurus M. Bieb. -m- *Asphodelaceae* · c. 45 sp · D:Kleopatranadel, Lilienschweif, Steppenkerze; E:Desert Candle, Foxtal Lily; F:Aiguille de Cléopâtre
– **aitchinsonii** Baker · ♃ Z7 ∧ VI-VII; orig. ?
– **bucharicus** Regel · ♃ Z6 VI-VII; C-As., Afgh.

– *bungei* Baker = Eremurus stenophyllus subsp. stenophyllus
– *elwesianus* hort. = Eremurus aitchinsonii
– *elwesii* Micheli = Eremurus aitchinsonii
– **himalaicus** Baker · D:Himalaya-Steppenkerze · ♃ Z7 ∧ VI; Afgh., NW-Ind, C-As.
– × **himrob** hort. (*E. himalaicus* × *E. robustus*) · ♃ Z7 ∧
– × **isabellinus** (Vilm.) hort. (*E. olgae* × *E. stenophyllus*) · D:Isabellen-Steppenkerze · ♃ Z7 ∧; cult.
– **olgae** Regel · ♃ Z7 ∧ VI; Iran, Afgh., C-As.(Tadschik.)
– **robustus** (Regel) Regel · D:Turkestan-Steppenkerze; F:Aiguille de Cléopâtre, Lis des steppes · ♃ Z7 ∧ VI-VII; C-As.
  – var. *elwesii* (Micheli) Leichtlin = Eremurus aitchinsonii
– **spectabilis** M. Bieb. · ♃ Z7 ∧ VI-VII; TR, Iraq, Lebanon, Iran
– **stenophyllus** (Boiss. et Buhse) Baker
  – subsp. **stenophyllus** · D:Afghanistan-Steppenkerze · ♃ Z7 ∧ VI-VII; Iran, C-As., Afgh., W-Pakist., Him.
  – var. *bungei* (Baker) O. Fedtsch. = Eremurus stenophyllus subsp. stenophyllus
– *tauricus* hort. = Eremurus spectabilis
– × **tubergenii** Tubergen (*E. himalaicus* × *E. stenophyllus*) · ♃ Z7; cult.
– **Cultivars**
  – **in vielen Sorten**

Erepsia N.E. Br. -f- *Aizoaceae* · 27 sp · D:Seefeige; E:Lesser Sea-Fig; F:Figuier de mer
– *haworthii* (Donn) Schwantes = Lampranthus haworthii
– **inclaudens** (Haw.) Schwantes · ♄ ψ Z9 Ⓚ VII-IX; Kap

Eria Lindl. -f- *Orchidaceae* · 350-500 sp
– **barbarossa** Rchb. f. · ♃ ⌇ Z9 Ⓦ IX ▽ *; Malay. Pen.
– **bractescens** Lindl. · ♃ Z9 Ⓦ VI ▽ *; Malay. Pen., Java
– **javanica** (Sw.) Blume · ♃ Z9 Ⓦ IV-VI ▽ *; Him., Myanmar, Thail., Malay. Arch., Phil.
– *stellata* Lindl. = Eria javanica

Erianthus Michx. = Saccharum
– *ravennae* (L.) P. Beauv. = Saccharum ravennae

Eriastrum Wooton et Standl. -n- *Polemoniaceae* · 14 sp
– **densifolium** (Benth.) H. Mason · E:Giant Woolstar, Starflower · ♃ ♄ e Z8 Ⓚ; Calif., Baja Calif.; coast

Erica L. -f- *Ericaceae* · 735 sp · D:Erika, Glockenheide, Heide; E:Heath; F:Bruyère, Bruyère d'hiver
– *abietina* Bergius non L. = Erica mammosa
– **abietina** L. · ♄ e Ⓚ; S-Afr.
– **albens** L. · ♄ e Ⓚ III-IV; S-Afr.
– **arborea** L. · D:Baum-Heide; E:Briar, Tree Heath · ♄ ♄ e Z8 Ⓚ II-IV Ⓝ; Eur.: Ib, Fr, Ap, Ba, Canar., Madeira; TR, Cauc., Yemen, NW-Afr., Tibesti, mts. E-Afr.
  – **'Alpina'** · ♄ e Z7 Ⓐ ∧ V-VI; W-Sp.
  – var. *alpina* Dieck ex Bean = Erica arborea 'Alpina'
– **aristata** Andrews · ♄ e Ⓚ V-IX; S-Afr.
– **australis** L. · D:Spanische Heide; E:Southern Heath, Spanish Heath · ♄ e Z8 Ⓚ IV-VI; Eur.: Ib; Maroc.
– **baccans** L. · ♄ e Z10 Ⓚ IV-VII; S-Afr.
– **bauera** Andrews · ♄ e Z10 Ⓚ VII-IX; S-Afr.
– **bergiana** L. · ♄ e Z9 Ⓚ V-VII; S-Afr.
– *blanda* Andrews = Erica doliiformis
– *bowieana* Lodd. = Erica bauera
– **bucciniiformis** Salisb. · ♄ e Ⓚ IX-X; S-Afr.
– **caffra** L. · ♄ e Z10 Ⓚ III-V; S-Afr.
– *calycina* L. = Erica nigrita
– **canaliculata** Andrews · ♄ e Z8 Ⓚ II-V; S-Afr.
– **carnea** L. · D:Schnee-Heide; E:Winter Heath; F:Bruyère couleur chair, Bruyère des neiges · ♄ ♄ e Z5 II-IV ⚕; Eur.: F, I, C-Eur., EC-Eur., Ba, ? RO
  – **in vielen Sorten**
– × **cavendishiana** hort. (*E. abietina* × *E. discolor*) · ♄ e Ⓚ V-VII; cult.
– **cerinthoides** L. · D:Scharlach-Heide · ♄ e Z10 Ⓚ VII-VIII; S-Afr.
– **chamissonis** Klotzsch · ♄ e Z10 Ⓚ IV; S-Afr.
– **ciliaris** L. · D:Wimper-Heide; E:Dorset Heath · ♄ e Z8 ∧ VI-VII; Eur.: BrI, Fr, Ib; Maroc.
– **cinerea** L. · D:Graue Heide; E:Bell Heather; F:Bruyère cendrée · ♄ ♄ e Z6 VI-VIII; Eur.: BrI, Sc, Fr, Ib, C-Eur., Ap; Alger.
  – **in vielen Sorten**
– *coccinea* Bergius non L. = Erica abietina

– **colorans** Andrews · ♄ e Z9 Ⓚ IV-VI; S-Afr.
– **conspicua** Sol. · ♄ e Ⓚ V-VIII; S-Afr.
– **cruenta** Sol. · ♄ e Z9 Ⓚ VIII-X; S-Afr.
– **curviflora** L. · ♄ e Z9 Ⓚ III-VI; S-Afr.
– **cyathiformis** Salisb. · ♄ e Ⓚ III-IV; S-Afr.
– × **cylindrica** Andrews (?) · ♄ e Ⓚ V-VII; cult.
– × **darleyensis** Bean (*E. carnea* × *E. erigena*) · E:Margaret Porter Heath; F:Bruyère hybride de Darleyens · ♄ e Z7 I-V; cult.
  – **in Sorten**
– **doliiformis** Salisb. · ♄ e Ⓦ VI-VII; S-Afr.
– **erigena** R. Ross · D:Purpur-Heide; E:Irish Heath · ♃ e Z8 Ⓚ III-V; Eur.: IRL, F, Ib
  – **'Hibernica'** · Ⓚ
– **exsurgens** Andrews · ♄ e Ⓚ VI-IX; S-Afr.
– **flammea** Andrews · ♄ e Ⓚ X-XII; S-Afr.
– **floribunda** Lodd. · ♄ e Ⓚ III-V; S-Afr.
– *frondosa* Salisb. = Erica abietina
– **gracilis** J.C. Wendl. · ♄ e Z10 Ⓚ IX-XII; S-Afr.
– *herbacea* L. = Erica carnea
  – subsp. *occidentalis* (Benth.) Lainz = Erica erigena
– *hibernica* (Hook. et Arn.) Syme = Erica erigena 'Hibernica'
– × **hiemalis** hort. (?) · ♄ e Z8 Ⓚ II-III; S-Afr.
– *laevis* Andrews = Erica cyathiformis
– **lusitanica** Rudolphi · D:Lusitanische Heide; E:Portugal Heath · ♄ e Z8 Ⓚ II-IV; Eur.: Ib, F, nat. in BrI
– **mackaiana** Bab. · D:Mackays Heide; E:Mackay's Heath · ♄ e Z5 VII-IX; NW-Sp., W-IRL
– **mammosa** L. · D:Signal-Heide; E:Red Signal Heath · ♄ e Z9 Ⓚ IV-X; S-Afr.
– *mammosa* Thunb. non L. = Erica doliiformis
– *mauritanica* L. = Erica viridipurpurea
– *maweana* Backh. f. = Erica ciliaris
– *mediterranea* L. = Erica erigena
– **multiflora** L. · D:Vielblütige Heide · ♄ e Ⓚ XI-II; Eur.: Ib, Fr, Ap, Ba; NW-Afr., Libya
– **nigrita** L. · ♄ e Ⓚ III-IV; S-Afr.
– *pelviformis* Salisb. = Erica viridipurpurea
– *persoluta* L. = Erica subdivaricata
  – var. *laevis* (Andrews) Benth. = Erica cyathiformis
– **petiveri** L. · ♄ e Ⓚ XI-III; S-Afr.
– × *praegeri* Ostenf. = Erica × stuartii
– *purpurascens* auct. non L. = Erica erigena
– **recurvata** Andrews · ♄ e Ⓚ III-IV; S-Afr.
– *regerminans* Andrews = Erica viridipurpurea
– **scoparia** L. · D:Spanische Besen-Heide; E:Besom Heath · ♄ e Z9 Ⓚ V-VI; Eur.: Fr, Ib, Ap, Azoren, Madeira, Canar.; NW-Afr.
– **speciosa** Andrews · ♄ e Z10 Ⓚ X-I; S-Afr.
– *speciosa* Schneev. = Erica mammosa
– *stricta* Donn ex Willd. = Erica terminalis
– × **stuartii** Linton (*E. mackaiana* × *E. tetralix*) · ♄ e Z9 Ⓚ; cult.
– **subdivaricata** P.J. Bergius · ♄ e Ⓚ III-V; S-Afr.
– **taxifolia** F.A. Bauer · ♄ e Z9 Ⓚ IX-X; S-Afr.
– **terminalis** Salisb. · D:Steife Heide; E:Corsican Heath · ♄ e Z8 Ⓚ ∧ VII-IX; Eur.: Sp., Corse, Sard., I; Maroc., nat. in IRL
– **tetralix** L. · D:Glocken-Heide; E:Cross Leaved Heath; F:Bruyère à quatre angles, Caminet · ƀ ♄ e Z5 VI-IX; Eur.: BrI, Sc, Fr, Ib, Me, PL, Balt., nat. in CZ
  – **in vielen Sorten**
– **transparens** Bergius · ♄ e Ⓚ III-IV; S-Afr.
– **vagans** L. · D:Cornwall-Heide; E:Cornish Heath; F:Bruyère vagabonde · ♄ e Z6 VII-IX; Eur.: BrI, F, Sp., nat. in CH
  – **in vielen Sorten**
– × **veitchii** Bean (*E. arborea* × *E. lusitanica*) · ♄ e Z8 Ⓚ; cult.
– **ventricosa** Thunb. · ♄ e Z10 Ⓚ V-IX; S-Afr.
– **versicolor** J.C. Wendl. · ♄ e Z10 Ⓚ I-XII; S-Afr.
– **vestita** Thunb. · ♄ e Z10 Ⓚ II-V; S-Afr.
– **viridiflora** Andrews · ♄ e Ⓚ VI-VIII; S-Afr.
– **viridipurpurea** L. · ♃ ƀ ♄ e Ⓚ III-IV; S-Afr.
– × **watsonii** (Benth.) Bean (*E. ciliaris* × *E. tetralix*) · ♄ e Z7 ∧ VII; cult.
– × **williamsii** Druce (*E. tetralix* × *E. vagans*) · ♄ e Z5 VII-VIII; cult.
– × **willmorei** Knowles et Westc. (?) · ♄ e Ⓚ IV-V; cult.
– × *wilmoreana* hort. = Erica × willmorei

Ericoila A. Löve = Gentiana
– *clusii* (E. Perrier et Songeon) A. Löve et D. Löve = Gentiana clusii
– *kochiana* (E. Perrier et Songeon) A. Löve et D. Löve = Gentiana acaulis

Erigeron L. -m- *Asteraceae (Compositae)* · c. 200 sp · D:Berufkraut, Feinstrahl; E:Fleabane; F:Erigeron, Vergerette
– *acer* L. = Erigeron acris
– **acris** L. · D:Scharfes Berufkraut · ♃ ☉ VI-IX; Eur.*, TR, Cauc., Iran, Afgh., C-As., N-As., Maroc., N-Am.
– **alpinus** L. · D:Alpen-Berufkraut; E:Mountain Fleabane · ♃ △ Z5 VII-IX; Eur.* exc. Sc, BrI; Cauc., N-Iran, Lebanon, ? Afgh.; mts.
– var. *uniflorus* (L.) Hook. = Erigeron uniflorus
– **annuus** (L.) Pers.
– subsp. **annuus** · D:Einjähriger Feinstrahl; E:Annual Fleabane · ☉ Z3 VI-IX; Can., N-USA, nat. in Eur.* exc. BrI, Ba
– subsp. **strigosus** (Willd.) Wagenitz · D:Gewöhnlicher Feinstrahl, Striegelhaariger Feinstrahl · ☉ Z3 VI-X; Can., USA, Panama, nat. in Eur.
– *asper* Nutt. = Erigeron glabellus
– **atticus** Vill. · D:Drüsiges Berufkraut · ♃ Z6 VII-IX; Eur.: Fr, C-Eur., EC-Eur., Ba, RO; mts.
– **aurantiacus** Regel · D:Orangefarbenes Berufkraut; E:Orange Daisy · ♃ △ Z6 VII-VIII; C-As.
– *bellidifolius* Muhl. = Erigeron pulchellus
– *canadensis* L. = Conyza canadensis
– **candidus** Widder · D:Voralpen-Berufkraut · ♃ VII-VIII; Eur.: SE-A (Koralpe)
– **compositus** Pursh · ♃ △ Z5 VI-VII; Alaska, Can., USA: NC, Rocky Mts., NW, Calif., SW; Greenl.
– **coulteri** Porter · D:Rocky-Mountains-Berufkraut; E:Large Mountain Fleabane · ♃ △ Z5 VI-VII; USA: Rocky Mts., SW, Calif.
– **gaudinii** Brügger · D:Gaudins Berufkraut · ♃ VII-VIII; Eur.: F, I, CH, D, A; Alp., Schwarzwald
– **glabellus** Nutt. · E:Streamside Fleabane · ☉ ♃ Z2 VI; Alaska, Can.: W, Man.; USA: NCE, NC, Rocky Mts.
– **glabratus** Bluff et Fingerh. · D:Kahles Berufkraut · ♃ Z6 VII-IX; Eur.: Ib, Fr, Ap, C-Eur., EC-Eur., Ba, RO; TR; mts.
– **glaucus** Ker-Gawl. · D:Strand-Berufkraut; E:Beach Aster, Seaside Daisy · ♃ △ Z3 VII-IX; USA: Oreg., Calif.
– **karvinskianus** DC. · D:Karwinskis Berufkraut; E:Mexican Daisy, Santa Barbera Daisy · ♃ ⁓→ △ Z7 ∧ IX-XI; Mex., Guat., nat. in BrI, Ib, F, CH, I, S-Am
– **leiomerus** A. Gray · ♃ ⁓→ △ Z3 VII-VIII; USA: Rocky Mts., N.Mex.
– *macranthus* Nutt. = Erigeron speciosus var. macranthus
– *mesa-grande* hort. = Erigeron speciosus var. macranthus
– *mucronatus* DC. = Erigeron karvinskianus
– **neglectus** A. Kern. · D:Verkanntes Berufkraut · ♃ VII-VIII; Eur.: F, I, CH, D, A; Alp.
– **philadelphicus** L. · D:Philadelphia-Feinstrahl; E:Frost Root, Philadelphia Fleabane · ☉ ♃ ✂ Z2 VI-VII; Can., USA: NE, NCE, NC, SE, Fla., SC, Rocky Mts., Calif., NW
– *polymorphus* auct. non Scop. = Erigeron glabratus
– **pulchellus** Michx. · E:Robin's Plantain · ☉ ♃ Z4 VI-VII; Can.: E; USA: NE, NCE, SC, SE, Fla.
– **speciosus** (Lindl.) DC.
– var. **macranthus** (Nutt.) Cronquist · ♃ ✂ Z3 VI-VII; Can.: Alta.; USA: Rocky Mts., SW
– var. **speciosus** · D:Aspen-Berufkraut; E:Aspen Daisy, Aspen Fleabane · ♃ Z3; Can.: W; USA: NW, Rocky Mts., SW
– **uniflorus** L. · D:Einköpfiges Berufkraut; E:One Flower Fleabane · ♃ △ Z2 VII-VIII; Eur.* exc. BrI, N, mts.; TR, Cauc., Lebanon
– **Cultivars**
– **in vielen Sorten**

Erinacea Adans. -f- *Fabaceae (Leguminosae)* · 1 sp · D:Igelginster; E:Hedgehog Broom; F:Erinacée
– **anthyllis** Link · D:Igelginster; E:Blue Broom · ♄ e △ Z8 Ⓚ ∧ IV-V; Eur.: Sp., F; NW-Afr.

Erinus L. -m- *Scrophulariaceae* · 2 sp · D:Alpenbalsam; E:Fairy Foxglove; F:Erine
– **alpinus** L. · D:Alpenbalsam; E:Alpine Balsam, Liver Balsam · ♃ △ Z6 V-VII; Eur.: Ib, Fr, Ap, C-Eur.; mts., nat. in Br

Eriobotrya Lindl. -f- *Rosaceae* · 26 sp · D:Wollmispel; E:Loquat; F:Bibacier, Néflier du Japon
– **japonica** (Thunb.) Lindl. · D:Japanische Wollmispel; E:Japanese Medlar, Loquat, Nispero · ♄ e Z8 Ⓚ IX-X ⚕ Ⓝ; China, S-Jap.

Eriocactus Backeb. = Notocactus
– *leninghausii* (K. Schum.) Backeb. = Notocactus leninghausii
– *schumannianus* (Nicolai) Backeb. = Notocactus schumannianus

Eriocaulon L. -n- *Eriocaulaceae* · c. 400 sp · D:Wollstängel; E:Pipewort; F:Eriocaulon
– **kunthii** Körn. · ♃ ⩙ ⌂; Austr.

Eriocephalus L. -m- *Asteraceae (Compositae)* · 27 sp · D:Wollkopf; F:Faux-kapokier
– **africanus** L. · ♄ Z9 ⌂ I-II; S-Afr.

Eriocereus Riccob. -m- *Cactaceae* · c. 10 sp
– **bonplandii** (Parm. ex Pfeiff.) Riccob. · ♆ Z9 ⌂ ▽ *; S-Bras., Parag., N-Arg.
– **guelichii** (Speg.) A. Berger · ♆ Z9 ⌂ ▽ *; N-Arg.
– **jusbertii** (K. Schum.) Riccob. · ♆ Z9 ⌂ ▽ *; orig. ?
– **martinii** (Labour.) Riccob. · ♆ Z9 ⌂ ▽ *; Arg.
– *pomanensis* (F.A.C. Weber) Riccob. = Eriocereus bonplandii
– **tortuosus** (J. Forbes) Riccob. · ♆ Z9 ⌂ ▽ *; Arg.

Eriodendron DC. = Ceiba
– *anfractuosum* DC. = Ceiba pentandra

Eriodictyon Benth. -n- *Hydrophyllaceae* · 8 sp
– **californicum** (Hook. et Arn.) Torr. · E:Consumptive's Weed, Holy Herb · ♃ ⌂ ⚕ ; Calif.

Erioglossum Blume = Lepisanthes
– *rubiginosum* (Roxb.) Blume = Lepisanthes rubiginosa

Eriogonum Michx. -n- *Polygonaceae* · c. 240 sp · D:Wollampfer, Wollknöterich; E:Umbrella Plant, Wild Buckwheat; F:Renouée laineuse
– **compositum** Douglas ex Benth. · ♃ Z5; USA: Wash., Oreg., Idaho, N-Calif.
– **corymbosum** Benth. · D:Trockenblättriger Wollknöterich; E:Crisp Leaf Wild Buckwheat · ♄ △ Z3 VII-IX; Calif.
– **flavum** Nutt. · D:Goldener Wollknöterich; E:Alpine Golden Wild Buckwheat · ♃ ⇝ △ Z5 VII-IX; Calif.
– **jamesii** Benth. · D:Colorado-Wollknöterich; E:Antelope Sage, Buckwheat · ♄ △ Z4 VII-VIII; USA: Colo., N.Mex.
– **racemosum** Nutt. · D:Rotwurzeliger Wollknöterich; E:Redroot Eriogonum · ♃ △ Z5 VII-VIII; USA: Utah, Colo., N.Mex., Ariz., Tex.
– **umbellatum** Torr. · D:Flaumiger Wollknöterich; E:Sulphur Flower · ♄ e ⇝ △ Z7 VI-IX; USA: NW, Calif., Rocky Mts.

Eriolobus (DC.) M.Roem. = Malus
– *tschonoskii* Rehder = Malus tschonoskii

Eriophorum L. -n- *Cyperaceae* · 20 sp · D:Wollgras; E:Cotton Grass; F:Linaigrette
– **angustifolium** Honck. · D:Schmalblättriges Wollgras; E:Common Cotton Grass; F:Linaigrette à feuilles étroites · ♃ ~ Z4 IV-V; Eur.*, Cauc., E-TR, W-Sib., E-Sib., Amur, Sachal., Kamchat., C-As., Mong., Manch., Korea, Alaska, Can., USA: NE, NCE, NC, Rocky Mts, NW; Greenl.
– **gracile** W.D.J. Koch ex Roth · D:Schlankes Wollgras · ♃ ~ V-VI; Eur.* exc. Ib; W-Sib., E-Sib., N-Am.
– **latifolium** Hoppe · D:Breitblättriges Wollgras; E:Broad Leaved Cotton Grass; F:Linaigrtte à feuilles larges · ♃ ~ IV-V; Eur.*, Cauc., TR, W-Sib., E-Sib., Amur, Sachal., Mong., Manch., Korea
– *polystachion* L. = Eriophorum angustifolium
– **scheuchzeri** Hoppe · D:Scheuchzers Wollgras; E:White Cotton Grass · ♃ △ ~ Z6 VI; Eur.* exc. Brl; N, mts.; W-Sib., E-Sib., Sachal., Kamchat., C-As., Alaska, Can., Greenl.
– *spissum* Fernald = Eriophorum vaginatum
– **vaginatum** L. · D:Scheiden-Wollgras; E:Tussock Cotton Grass; F:Linaigrette gainée · ♃ ~ III-V; Eur.*, TR, Cauc., W-Sib., E-Sib., Amur, Sachal., Kamchat., Mong., Manch., Jap., Alaska, Can.

Eriophyllum Lag. -n- *Asteraceae (Compositae)* · 12-15 sp · D:Wollblatt; E:Wooly Sunflower; F:Eriophylle
– **lanatum** (Pursh) J. Forbes
  – var. **integrifolium** (Hook.) Smiley · ; USA: NW, Calif., Rocky Mts.
  – var. **lanatum** · D:Großköpfiges Wollblatt; E:Woolly Sunflower; F:Aster doré du désert, Eriophylle gazonnant · ♃ Z5 VII-VIII; Can.: B.C.; USA: Calif.

– var. *leucophyllum* (DC.) W.R. Carter = Eriophyllum lanatum var. integrifolium

Eriopsis Lindl. -f- *Orchidaceae* · 6 sp
– **biloba** Lindl. · ♃ Z10 Ⓦ VIII-IX ▽ ✻; C-Am., trop. S-Am.

Eriostemon Sm. -m- *Rutaceae* · 33 sp · D:Wollfadenraute; E:Waxflower; F:Eriostémon
– **myoporoides** DC. · ♄ e Z10 Ⓚ III-IV; Austr.: Queensl., N.S.Wales, Victoria

Eriosyce Phil. -f- *Cactaceae* · 2 sp
– **aurata** (Pfeiff.) Backeb. · ♆ Z9 Ⓚ ▽ ✻; Chile: Aconcagoa, Coquimba, Santiago; Arg.
– *ceratistes* (Otto) Britton et Rose = Eriosyce aurata
– *sandillon* (Gay) Phil. = Eriosyce aurata

Eritrichium Schrad. ex Gaudin -n- *Boraginaceae* · c. 30 sp · D:Himmelsherold; E:Alpine Forget-me-not; F:Roi des Alpes
– **canum** (Benth.) Kitam. · ♃ △ Z5 VI-VIII; W-Sib., E-Sib., Mong., NE-China
– **nanum** (L.) Schrad. ex Gaudin · D:Gletscher-Vergissmeinnicht, Himmelsherold; E:Alpine Forget-me-not, King of the Alps · ♃ △ VII; Eur.: F, I, Ch, A, Slove, ? W-Russ.; Alp., Carp.
– *rupestre* (Pall.) Bunge = Eritrichium canum
– *strictum* Decne. = Eritrichium canum

Erodium L'Hér. ex Aiton -n- *Geraniaceae* · c. 60 sp · D:Reiherschnabel; E:Heron's Bill, Stork's Bill; F:Bec-de-héron
– **absinthoides** Willd. · ♃ Z6; TR: Amanus
– **ballii** Jord. · D:Dünen-Reiherschnabel · ☉ IV-IX; Eur.: D +
– *chamaedryoides* (Cav.) L'Hér. ex Aiton = Erodium reichardii
– **cheilanthifolium** Boiss. · ♃ △ Z6 VI-VII; Eur.: Sp., F
– **chrysanthum** L'Hér. ex DC. · ♃ △ Z7 VI-VIII; GR
– **ciconium** (L.) L'Hér. · D:Langschnäbliger Reiherschnabel · ☉ ☉ IV-VIII; Eur.: Ib, Fr, Ap, Ba, RO, S-Russ.; TR, Levante, Iraq, Cauc., Iran, Afgh., C-As., N-Afr., nat. in N-Am.
– **cicutarium** (L.) L'Hér. ex Aiton · D:Gewöhnlicher Reiherschnabel; E:Heron's Bill, Stork's Bill · ☉ ☉ IV-X ⚕ Ⓝ; Eur.*, TR, Levante, Iran, Cauc., W-Sib., E-Sib., Amur, Kamchat., C-As., W-Him., China, nat. in N-Am., S-Am., E-Afr., Austr.
– **corsicum** Léman · ♃ △ ∧ VI-VII; Corse, Sard.
– **danicum** K. Larsen · D:Dänischer Reiherschnabel · ☉; Eur.: D, DK +; coasts
– **foetidum** (L. et Nath.) L'Hér. · ♃ Z6; Eur.: S-F; Pyr.
– **glandulosum** (Cav.) Willd. · ♃ Z6 VI-VII; Eur.: Sp., F
– **gruinum** (L.) L'Hér. ex Aiton · E:Long Beaked Stork's Bill · ☉ ☉ Z8 VI-VIII; Eur.: Sic., GR, Crete; TR, Levante, Iraq, Iran, Egypt, Libya, nat. in Fr
– **guttatum** (Desf.) Willd. · ♃ Z8 Ⓚ; Sp., N-Afr., Palest.
– × **hybridum** Sünd. (*E. daucoides* × *E. manescavii*) · ♃ Z7; cult.
– × **kolbianum** Sünd. ex Knuth (*E. glandulosum* × *E. rupestre*) · ♃ Z6; cult.
– **lebelii** Jord. · D:Drüsiger Reiherschnabel · ☉ IV-X; Eur.: Ib., F, Ap, D + ; coasts
– *macradenum* L'Hér. = Erodium glandulosum
– **malacoides** (L.) L'Hér. · D:Herzblatt-Reiherschnabel · ☉; Eur.: Ib, Fr, Ap, Ba, Krim; TR, Levante, Cauc., Iran, C-As., .N-Afr., nat. in N-Am., S-Am., S-Afr.
– **manescavii** Coss. · D:Pyrenäen-Reiherschnabel · ♃ △ Z6 VI-IX; Eur.: F; Pyr.
– **moschatum** (L.) L'Hér. ex Aiton · D:Moschus-Reiherschnabel; E:Common Heron's Bill, Musky Stork's Bill · ☉ Z6 V-VIII Ⓝ; Eur.: Ib, Fr, Ap, Ba, BrI; TR, Levante, N-Iraq, Iran, N-Afr., nat. in C-Eur., EC-Eur., N-Am., S-Am., E-Afr., S-Afr., Austr., NZ
– **pelargoniiflorum** Boiss. et Heldr. · ♃ Z6 VII-VIII; TR
– *petraeum* (Gouan) Willd. = Erodium foetidum
  – subsp. *crispum* (Lapeyr.) Rouy = Erodium cheilanthifolium
  – subsp. *glandulosum* (Cav.) Bonnier = Erodium glandulosum
– **reichardii** (Murray) DC. · D:Balearen-Reiherschnabel; E:Alpine Geranium · ♃ △ Z7 Ⓐ ∧ VII-VIII; Balear.
– **rupestre** (Pourr. ex Cav.) Guitt. · D:Felsen-Reiherschnabel; E:Stork's Bill · ♃ △ Z6 VI-VII; NE-Sp.
– *supracanum* L'Hér. = Erodium rupestre

– × **variabile** A.C. Leslie (*E. corsicum* × *E. reichardii*) · ♃ Z7; cult.
– × **wilkommianum** Sünd. et Kunth (*E. cheilanthifolium* × *E. glandulosum*) · ♃ Z6; cult.

Erophila DC. -f- *Brassicaceae (Cruciferae)* · 10 sp · D:Hungerblümchen
– **verna** (L.) DC.
  – subsp. **praecox** (Steven) Walp. · D:Frühes Hungerblümchen · III-V; Eur., TR, Levante, SW-As., N-Afr.
  – subsp. **spathulata** (Lang) Vollm. · D:Rundfrüchtiges Hungerblümchen · III-V; Eur., TR, Iran, C-As., Maroc.
  – subsp. **verna** · D:Frühlings-Hungerblümchen · ☉ III-V; Eur.*, TR, Levante, Cauc., Iran, Kashmir, C-As., N-Afr., nat. in N-Am.

Eruca Mill. -f- *Brassicaceae (Cruciferae)* · 5 sp · D:Rauke; E:Rocket Salad; F:Roquette
– **sativa** Mill. · D:Öl-Rauke, Rukola; E:Arugula, Italian Cress, Rocket Salad · ☉ Z7 V-VI; Eur.: Ib, Fr, Ap, Ba, CH, H, EC-Eur.; TR, Cauc., Afgh., Levante, NW-Afr., Libya
– **vesicaria** (L.) Cav. · D:Wilde Rauke; E:Rocket · ☉ Z7; Eur.: Ib, Fr, CH, Ap, H, Ba, E-Eur., nat. in D, A, Cz, PL, Norw.
  – subsp. *sativa* (Mill.) Thell. = Eruca sativa

Erucastrum (DC.) C. Presl -n- *Brassicaceae (Cruciferae)* · 20 sp · D:Hundsrauke; E:Hairy Rocket; F:Erucastre
– **gallicum** (Willd.) O.E. Schulz · D:Französische Hundsrauke; E:Hairy Rocket · ☉ ☉ V-X; Eur.: Sp., Fr, I, C-Eur., EC-Eur., nat. in BrI, Sc, EC-Eur.
– **nasturtiifolium** (Poir.) O.E. Schulz · D:Stumpfkantige Hundsrauke · ☉ ♃ V-VIII; Eur.: Ib, Fr, Ap, Ba, C-Eur., H, nat. in RO

Ervatamia (A. DC.) Stapf = Tabernaemontana
– *coronaria* (Jacq.) Stapf = Tabernaemontana divaricata

Ervum L. = Vicia
– *ervilia* L. = Vicia ervilia
– *hirsutum* L. = Vicia hirsuta
– *monanthon* L. = Vicia articulata
– *tetraspermum* L. = Vicia tetrasperma

Erycina Lindl. -f- *Orchidaceae* · 2 sp
– **echinata** (Humb., Bonpl. et Kunth) Lindl. · ♃ Z10 (W) ▽ *; Mex.

Eryngium L. -n- *Apiaceae (Umbelliferae)* · 230-250 sp · D:Edeldistel, Mannstreu; E:Sea Holly; F:Chardon, Panicaut
– **agavifolium** Griseb. · ♃ Z7 I-III; Arg.
– **alpinum** L. · D:Alpen-Mannstreu; F:Panicaut des Alpes · ♃ △ ✂ VII-VIII ▽; Eur.: F, I, CH, A, Slove., Croatia
– **amethystinum** L. · D:Amethyst-Mannstreu; E:Amethyst Eryngium · ♃ ✂ VII-VIII; Eur.: Ap, Ba
– *biebersteinianum* Nevski = Eryngium caeruleum
– **bourgatii** Gouan · D:Pyrenäendistel, Spanischer Mannstreu; F:Panicaut de Bourgat · ♃ △ Z5 VII-VIII; Eur.: Sp., F (Pyr.); Maroc.; mts.
– **bromeliifolium** F. Delaroche · ♃ (K) VIII-IX; Mex.
– **caeruleum** M. Bieb. · ♃ VII-VIII; TR, Cauc., Iran, C-As., Kashmir, Him., Tibet
– **campestre** L. · D:Feld-Mannstreu; E:Sea Holly · ♃ VII-VIII ⚕ ▽; Eur.* exc. Sc; TR, Cyprus, Cauc., Iran, Afgh., NW-Afr., Libya
– *coeruleum* auct. = Eryngium planum
– *decaisneanum* Urb. = Eryngium pandanifolium
– **giganteum** M. Bieb. · D:Elfenbein-Mannstreu; E:Giant Sea Holly, Miss Willmott's Ghost; F:Panicaut géant · ☉ ✂ Z6 VII-VIII; Cauc., Iran
– **maritimum** L. · D:See-Mannstreu, Stranddistel; E:Sea Holly · ☉ ♃ VI-X ⚕ ▽; Eur.*, TR, Levante, Cauc., NW-Afr.; coasts
– × **oliverianum** F. Delaroche (*E. giganteum* × *E. planum*) · ♃ ✂ Z5 VII-VIII; cult.
– **pandanifolium** Cham. et Schltdl. · ♃ Z8 (K) VII-VIII; S-Bras., Arg., nat. in C-P
– **planum** L. · D:Flachblättriger Mannstreu; F:Panicaut à feuilles mutiques · ♃ ✂ Z4 VII-VIII ⚕ ; Eur.: C-Eur., EC-Eur., YU; Cauc., W-Sib., C-As.
– **serbicum** Pančić · ♃ ✂ Z6 VII-VIII; Serb.
– **serra** Cham. et Schltdl. · ♃ Z8 ∧ VIII-IX; Bras., Arg.
– **tricuspidatum** L. · D:Dreispitz-Mannstreu · ♃ Z8 VIII-IX; Eur.: Sp., Sard., Sic.; N-Afr.
– × **tripartitum** Desf. (*?*) · ♃ Z5 VII-VIII; orig. ?

- **variifolium** Coss. · ♃ Z7 ∧ VIII; Maroc.; Atlas
- **yuccifolium** Michx. · D:Yuccablättriger Mannstreu; E:Buttonsnake Root, Rattlesnake Master · ♃ VII-IX; USA: NE, NCE, Kans., SC, SE, Fla.
- × **zabelii** H. Christ ex Bergmans (*E. alpinum* × *E. bourgatii*) · ♃ ⋈ Z5 VII-VIII; cult.

Erysimum L. -n- *Brassicaceae (Cruciferae)* · c. 100 sp · D:Goldlack, Schöterich; E:Wallflower; F:Vélar
- × **allionii** hort. (*E. perofskianum* × ?) · D:Goldlack-Schöterich; E:Siberian Wallflower · ⊙ Z7 IV-V; cult.
  - **in Sorten**
- *alpinum* hort. non Pers. = Erysimum hieraciifolium
- **andrzejowskianum** Besser · D:Andrzejowski-Schöterich · ⊙ V-VII; ? Krim, Cauc., W-Sib., E-Sib., C-As., Mong.
- **aureum** M. Bieb. · D:Gold-Schöterich · ⊙ Z6 V-VII; Eur.: Russ.; Cauc.
- *canescens* Roth = Erysimum diffusum
- **cheiranthoides** L. · D:Acker-Schöterich; E:Wormseed Mustard · ⊙ Z5 V-IX ⚕; Eur.* exc. Ib, Ap; W-Sib., E-Sib., Amur, Sachal., Kamchat., C-As., nat. in N-Am
- **cheiri** (L.) Crantz · D:Goldlack; E:Wallflower; F:Vélard · ♃ ♄ D Z7 ∧ V-VI ⚕ ☠; TR, W-Syr., nat. in Eur.* exc. Sc
  - **in vielen Sorten**
- **crepidifolium** Rchb. · D:Bleicher Schöterich · ⊙ ♃ IV-VII ☠; Eur.: D, CZ, H, RO
- *decumbens* (Schleich. ex Willd.) Dennst. = Erysimum ochroleucum
- **diffusum** Ehrh. · D:Grauer Schöterich · ⊙ ♃ V-VII ☠; Eur.: A, EC-Eur., Ba, E-Eur.; TR, Cauc., C-As.
- *dubium* (Suter) Thell. non DC. = Erysimum ochroleucum
- *helveticum* (Jacq.) DC. = Erysimum rhaeticum
- **hieraciifolium** L. · D:Ruten-Schöterich, Steifer Schöterich; E:Alpine Wallflower · ⊙ Z7 VI-IX; Eur.: Fr, C-Eur., EC-Eur., Sc, Ba, E-Eur.
- *humile* Pers. = Erysimum ochroleucum
- **hungaricum** Zapał. · D:Ungarischer Schöterich · ⊙; Eur.: A, EC-Eur., RO, ? W-Russ.; Carp.
- **kotschyanum** J. Gay · ♃ △ Z6 VI-VII; TR
- **linifolium** (Pers.) J. Gay · ♃ Z6; C-Sp., N-Port.
- **marschallianum** Andrz. ex DC. · D:Harter Schöterich · ⊙ Z6 VI-IX; Eur.: C-Eur., EC-Eur., E-Eur.; W-Sib., E-Sib., C-As., Him., Mong.
- × *marshallii* hort. = Erysimum × allionii
- **ochroleucum** DC. · D:Blassgelber Schöterich · ♃ D Z6 VI; Eur.: F, CH; SW-Alp.
- **odoratum** Ehrh. · D:Wohlriechender Schöterich · ⊙ VI-VII; Eur.: EC-Eur., Fr, Ap, Ba, E-Eur., A, D
- **perofskianum** Fisch. et C.A. Mey. · D:Afghanischer Schöterich · ⊙ Z8 III-V; Cauc., Afgh.
- **pulchellum** (Willd.) J. Gay · ♃ △ Z6 IV-VII; Eur.: Ba; TR, Cauc.
- *pumilum* auct. non Gaud. = Erysimum rhaeticum
- **repandum** L. · D:Sparriger Schöterich; E:Bushy Wallflower · ⊙ Z6 V-VII; Eur.: C-Eur., EC-Eur., Ba, E-Eur.; TR, Levante, Cauc., Iran, Kashmir, C-As.
- **rhaeticum** (Schleich. ex Hornem.) DC. · D:Schweizer Schöterich · ♃ △ VI; Eur.: F, I, CH, A; Alp.
- **scoparium** (Brouss. ex Willd.) Snogerup · ♃ Z8 (K); Canar. Is.
- **sylvestre** (Crantz) Scop. · D:Wald-Schöterich · ♃ Z6 IV-VII; Eur.: I, A, Slove.; E-Alp.
- **Cultivars**
  - **in vielen Sorten**

Erythea S. Watson = Brahea
- *armata* (S. Watson) S. Watson = Brahea armata
- *brandegeei* Purpus = Brahea brandegeei
- *edulis* (H. Wendl. ex S. Watson) S. Watson = Brahea edulis

Erythraea L. = Centaurium
- *centaurium* auct. non (L.) Pers. = Centaurium erythraea
- *chloodes* (Brot.) Gren. et Godr. = Centaurium confertum
- *diffusa* J. Woods = Centaurium scilloides
- *massonii* Sw. = Centaurium scilloides

Erythrina L. -f- *Fabaceae (Leguminosae)* · 112 sp · D:Korallenbaum, Korallenstrauch; E:Coral Tree; F:Arbre-à-corail, Erythrine
- **abyssinica** Lam. ex DC. · ♄ d Z10 (W); Eth., trop. Afr., Mozamb., Him
- **americana** Mill. · ♄ ♄ d Z9 (W); Ariz.,

Mex.
- **caffra** Thunb. · D:Kap-Korallenbaum; E:Cape Kaffirboom, Lucky Beantree · ♄ s Z10 ⓚ; S-Afr.
- **corallodendron** L. · D:Echter Korallenbaum; E:Coral Tree · ♄ d Z10 ⓚ ☠; ? W.Ind.
- *coralloides* A. DC. = Erythrina americana
- **crista-galli** L. · D:Korallenstrauch; E:Cockspur Coral Tree; F:Erythrine crête-de-coq · ♄ d Z8 ⓚ VII-IX ☠; Bras., Parag., Bol., Arg.
- **falcata** Benth. · ♄ ♄ d Z10 ⓦ; S-Peru, Bol., E-Bras., Parag., N-Arg.
- **flabelliformis** Kearney · ♄ ♄ Z9 ⓚ; SE-Ariz., SW- N.Mex., W-Mex.
- **fusca** Lour. · D:Scharlach-Korallenbaum; E:Purple Coral Tree · ♄ d Z8 ⓚ Ⓝ; S-Am., Guyana, Venez.
- *glauca* Willd. = Erythrina fusca
- **herbacea** L. · D:Mexikanischer Korallenstrauch; E:Deer's Peas · ♄ d Z10 ⓚ VIII-IX; USA: SE, Fla., SC; Mex.
- **humeana** Spreng. · D:Natal-Korallenbaum; E:Natal Coral Tree · ♄ d Z9 ⓦ VII-X; trop. Afr.
- *indica* Lam. = Erythrina variegata
- **latissima** E. Mey. · ♄ d Z10 ⓦ; S-Afr., Mozamb.
- **lysistemon** Hutch. · ♄ s Z9 ⓚ; S-Afr., Rhodes.
- *piscipula* L. = Piscidia piscipula
- **poeppigiana** (Walp.) O.F. Cook · ♄ d Z10 ⓦ Ⓝ; trop. Am.
- *princeps* A. Dietr. = Erythrina humeana
- **senegalensis** DC. · ♄ Z9 ⓦ Ⓝ; W-Afr., W-Sudan
- **subumbrans** (Hassk.) Merr. · E:December Tree · ♄ Z10 ⓦ Ⓝ; trop. As.
- **variegata** L. · D:Indischer Korallenbaum; E:Indian Coral Tree · ♄ d Z10 ⓦ ⚕ Ⓝ; Tanzania, Ind., Sri Lanka, Myanmar, China, Taiwan, Malay. Arch., Phil., Polyn.
- **vespertilio** Benth. · ♄ d Z10 ⓦ; Austr.: Queensl., N.S.Wales, W-Austr., N.Terr.

Erythrochaete Siebold et Zucc. = Ligularia
- *dentata* A. Gray = Ligularia dentata

Erythrochiton Nees et Mart. -m- *Rutaceae* · 5-7 sp · D:Rotkelch; F:Erythrochiton
- **brasiliensis** Nees et Mart. · ♄ e ⓦ; E-Bol., Peru, S-Bras.

Erythronium L. -n- *Liliaceae* · 24 sp · D:Hundszahn, Zahnlilie; E:Dog's Tooth Violet; F:Dent-de-chien, Erythrone
- **albidum** Nutt. · D:Weißer Hundszahn; E:White Trout Lily · ♃ Z4 IV-V; Can.: Ont.; USA: NCE, NE, SE, Okla.
- **americanum** Ker-Gawl. · D:Amerikanischer Hundszahn; E:Trout Lily, Yellow Adder's Tongue · ♃ Z3 IV-V ⚕; Can.: E; USA: NE, NCE, Okla.
- **californicum** Purdy · D:Kalifornischer Hundszahn; E:Fawn Lily · ♃ Z5 IV-V; USA: N-Calif.
- **citrinum** S. Watson · D:Gelber Hundszahn; E:Fawn Lily · ♃ Z4 IV-V; USA: S-Oreg.
- **dens-canis** L. · D:Europäischer Hundszahn; E:Dog's Tooth Violet; F:Erythrone dent-de-chien · ♃ Z5 III-V; Eur.* exc. BrI, Sc
- *giganteum* hort. = Erythronium oregonum
- *giganteum* Lindl. = Erythronium grandiflorum
- **grandiflorum** Pursh · D:Großblütiger Hundszahn; E:Avalanche Lily · ♃ Z5 IV-V; B.C., USA: NW
- *hartwegii* S. Watson = Erythronium multiscapoideum
- **hendersonii** S. Watson · D:Hendersons Hundszahn; E:Henderson's Fawnlily · ♃ Z5 IV-V; USA: S-Oreg.
- **multiscapoideum** (Kellogg) A. Nelson et P.B. Kenn. · ♃ Z5 IV-V; Calif.: Sierra Nevada
- **oregonum** Applegate · D:Riesen-Hundszahn; E:Giant Fawn Lily · ♃ Z5 IV-V; B.C., USA: NW
- *purdyi* hort. = Erythronium multiscapoideum
- **revolutum** Sm. · D:Rosa Hundszahn; E:Pink Fawn Lily · ♃ Z5 IV-V; B.C., USA: NW, N-Calif.
- **tuolumnense** Applegate · D:Stern-Hundszahn; E:Trout Lily · ♃ Z5 IV; Calif.

Erythrophleum Afzel. ex G. Don -n- *Caesalpiniaceae (Leguminosae)* · 9 sp · D:Gottesurteilsbaum; E:Ordeal Tree
- **suaveolens** (Guill. et Perrott) Brenan · ♄ ⓦ ☠ Ⓝ; W-Afr.: Sierra Leone

Erythrorhipsalis A. Berger -f- *Cactaceae* · 1 sp
- **pilocarpa** (Loefgr.) A. Berger · ♄ Ψ Z9 ⓦ; Bras.: Sao Paulo

Erythrotis Hook. f. = Cyanotis
– *beddomei* Hook. f. = Cyanotis kewensis

Erythroxylum P. Browne -n- *Erythroxylaceae* · 230-250 sp · D:Kokastrauch, Rotholz; E:Coca; F:Coca, Cocaïer
– **acuminatum** Ruiz et Pav. · D:Wilder Kokastrauch; E:Wild Coca · ♄ ⓦ; Peru
– **coca** Lam.
  – var. **coca** · D:Echter Kokastrauch; E:Coca · ♄ e ⓦ ⚕ ☠; S-Peru, Bol.
  – var. **ipadu** Plowman · D:Amazonas-Kokastrauch; E:Amazonian Coca · ♄ ⓦ ⚕ ☠; Amazon.
– **lucidum** Humb., Bonpl. et Kunth · ♄ ⓦ; Col.
– **monogynum** Roxb. · E:Bastard Sandal · ♄ ⓦ; Ind., China
– **novogranatense** (D. Morris) Hieron.
  – var. **novogranatense** · D:Kolumbianischer Kokastrauch; E:Columbian Coca · ♄ e ⓦ ⚕ ☠; Col., Venez.
  – var. **truxillense** (Rusby) Plowman · D:Truxillo-Kokastrauch; E:Truxillo Coca · ♄ e ⓦ ⚕ ☠; N-Peru
– *truxillense* Rusby = Erythroxylum novogranatense var. novogranatense

Escallonia Mutis ex L.f. -f- *Escalloniaceae* · 39 sp · D:Andenstrauch, Escallonie; F:Escallonia
– **alpina** DC. · ♄ e Z9 ⓚ; Chile
– *berteriana* DC. = Escallonia pulverulenta
– **bifida** Link et Otto · D:Weißer Andenstrauch; E:White Escallonia · ♄ ♄ e Z9 ⓚ VII-VIII; Bras., Parag., Urug., Arg.
– × **exoniensis** hort. (*E. rosea* × *E. rubra*) · ♄ ♄ e Z8 ⓚ; cult.
– *floribunda* Hook. f. = Escallonia bifida
– **floribunda** Humb., Bonpl. et Kunth · ♄ e Z9 ⓚ VII-VIII; Col., Venez.
– **grahamiana** Gillies · ♄ e Z9 ⓚ; Chile
– *grahamiana* Hook. et Arn. = Escallonia illinita
– **illinita** C. Presl · ♄ e Z8 ⓚ VII-VIII; Chile
– **laevis** (Vell.) Sleumer · D:Rosa Andenstrauch; E:Pink Escallonia · ♄ e Z9 ⓚ VII-VIII; Bras.
– × **langleyensis** Veitch (*E. rubra* × *E. virgata*) · ♄ e Z8 ⓚ ∧ VII-VIII; cult.
– *macrantha* Hook. et Arn. = Escallonia rubra var. macrantha
– *montevidensis* (Cham. et Schltdl.) DC. = Escallonia bifida
– *organensis* Gardner = Escallonia laevis
– *philippiana* (Engl.) Mast. = Escallonia virgata
– *pterocladon* Hook. = Escallonia rosea
– **pulverulenta** (Ruiz et Pav.) Pers. · ♄ e Z9 ⓚ VII-IX; Chile
– × **rigida** Phil. (*E. rubra* × *E. virgata*) · D:Bastard-Andenstrauch · ♄ e Z9 ⓚ; Chile
– **rosea** Griseb. · ♄ e Z9 ⓚ VII-VIII; Arg., Chile
– **rubra** (Ruiz et Pav.) Pers.
  – var. **macrantha** (Hook. et Arn.) Reiche · ♄ e Z8 ⓚ VII-VIII; Arg., Chile
  – var. **rubra** · D:Roter Andenstrauch · ♄ e Z9 ⓚ VII-VIII; Arg., Chile
– **virgata** (Ruiz et Pav.) Pers. · D:Rutenförmiger Andenstrauch · ♄ e Z8 ⓚ ∧ VII-VIII; Arg., Chile
  – var. *philippiana* Engl. = Escallonia virgata
– **Cultivars**
  – **in vielen Sorten**

Eschscholzia Cham. -f- *Papaveraceae* · 8-10 sp · D:Goldmohn, Kappenmohn; E:Californian Poppy; F:Eschscholzia
– **caespitosa** Benth. · D:Polster-Kappenmohn; E:Slender California Poppy, Tufted Poppy · ⊙ Z7 VII-IX; Calif.: Sierra Nevada
– **californica** Cham. · D:Kalifornischer Kappenmohn, Schlafmützchen; E:California Poppy; F:Pavot jaune de Californie · ⊙ ⊙ ♃ Z6 VI-X ⚕ ☠; USA: Oreg., Calif., nat. in C-Eur., W-Eur.
  – **in vielen Sorten**
– **lobbii** Greene · ⊙ Z7; Calif.
– *tenuifolia* Benth. = Eschscholzia caespitosa
– *tenuifolia* Hook. non Benth. = Eschscholzia lobbii

Escobaria Britton et Rose -f- *Cactaceae* · 16 sp
– **chihuahuensis** Britton et Rose · ψ Z9 ⓚ ▽ ✻; Mex.: Chihuahua
– **dasyacantha** (Engelm.) Britton et Rose · ψ Z9 ⓚ ▽ ✻; USA: N.Mex., Tex.; N-Mex.
– **emskoetteriana** (Quehl) Borg · ψ Z9 ⓚ ▽ ✻; S-Tex., NE-Mex.
– **missouriensis** (Sweet) D.R. Hunt · ψ Z8 ⓚ ▽ ✻; Can.: Man.; USA: NC, Rocky Mts., SC, SW, Calif.; N- Mex.
– **roseana** (Boed.) Buxb. · ψ Z9 ⓚ ▽ ✻; Mex.: Coahuila

– *strobiliformis* hort. non Poselg. = Escobaria tuberculosa
– **tuberculosa** (Engelm.) Britton et Rose · ψ Z9 Ⓚ ▽ ✻; USA: N.Mex., Tex.; N-Mex.
– **vivipara** (Nutt.) Buxb. · ψ Z9 Ⓚ ▽ ✻; Can.: W, Man.; USA: Rocky Mts., NC, Tex.; N-Mex.
– **zilziana** (Boed.) Backeb. · ψ Z9 Ⓚ ▽ ✻; Mex.: Coahuila

Esmeralda Rchb.f. -f- *Orchidaceae* · 3 sp
– **cathcartii** (Lindl.) Rchb. f. · ♃ Z10 Ⓦ V-VII ▽ ✻; E-Him.

× **Esmeranda** hort. -f- *Orchidaceae* (*Esmeralda* × *Vanda*)

Espostoa Britton et Rose -f- *Cactaceae* · 10 sp
– **blossfeldiorum** (Werderm.) Buxb. · ψ Z9 Ⓦ ▽ ✻; N-Peru
– **guentheri** (Kupper) Buxb. · ψ Z9 Ⓦ ▽ ✻; Bol.
– *huanucoensis* F. Ritter = Espostoa lanata
– **lanata** (Humb., Bonpl. et Kunth) Britton et Rose · E:Cotton Ball Cactus · ψ Z9 Ⓦ ▽ ✻; N-Peru
– *laticornua* Rauh et Backeb. = Espostoa lanata
– **melanostele** (Vaupel) Borg · ψ Z9 Ⓦ ▽ ✻; Peru
– *nana* F. Ritter = Espostoa melanostele
– **ritteri** Buining · ψ Z9 Ⓦ ▽ ✻; N-Peru
– *sericata* (Backeb.) Backeb. = Espostoa lanata

Espostoopsis Buxb. = Austrocephalocereus
– *dybowskii* (Rol.-Goss.) Buxb. = Austrocephalocereus dybowskii

Etlingera Giseke -f- *Zingiberaceae* · 57 sp · D:Fackelingwer; E:Torch Ginger; F:Sceptre de l'Empereur
– **elatior** (Jack) R.M. Sm. · D:Malayischer Fackelingwer; E:Philippine Waxflower, Torch Ginger · ♃ Z10 Ⓦ VII-VIII; Malay. Pen.

Euanthe Schltr. -f- *Orchidaceae* · 1 sp
– **sanderiana** (Rchb. f.) Schltr. · ♃ Z10 Ⓚ IX-X ▽ ✻; Phil.: Mindanao

Eucalyptus L'Hér. -f- *Myrtaceae* · 500+ sp · D:Blaugummibaum, Eukalyptus; E:Gum, Ironbark; F:Eucalyptus
– **alba** Reinw. ex Blume · ♄ e Z10 Ⓚ Ⓝ; Malay. Arch., N.Guinea, N-Austr.
– **amplifolia** Naudin · ♄ e Z10 Ⓚ; Austr.: Queensl., N.S.Wales
– **amygdalina** Labill. · E:Black Peppermint · ♄ e D Z9 Ⓚ; Tasman.
– **archeri** Maiden et Blakeley · ♄ ħ e Z9 Ⓚ; Tasman.
– **astringens** Maiden · ♄ e Z10 Ⓚ Ⓝ; W-Austr., cult. Maroc., S-Afr., Cyprus
– **botryoides** Sm. · E:Bangalay · ♄ e Z10 Ⓚ; Austr.: N.S.Wales, Victoria
– **caesia** Benth. · ♄ ħ e Z9 Ⓚ; W-Austr.
– **calophylla** R. Br. ex Lindl. · D:Marri-Eukalyptus; E:Marri · ♄ e ✂ Z10 Ⓚ Ⓝ; W-Austr.
– **camaldulensis** Dehnh. · D:Roter Eukalyptus; E:Red River Gum, River Red Gum · ♄ e Z9 Ⓚ ⚕ Ⓝ; Austr.
– **cinerea** F. Muell. ex Benth. · E:Argyle Apple, Ash Colored Eucalyptus · ♄ e ✂ Z10 Ⓚ; Austr.: N.S.Wales, Victoria
– **citriodora** Hook. · D:Zitronen-Eukalyptus; E:Lemon Eucalyptus, Lemon Scented Gum · ♄ e D Z10 Ⓚ ⚕ Ⓝ; Austr.: Queensl.
– **cladocalyx** F. Muell. · E:Sugar Gum · ♄ e Z9 Ⓚ Ⓝ; S-Austr.
– **cneorifolia** DC. · ♄ ħ e Z10 Ⓚ; S-Austr.
– **coccifera** Hook. f. · D:Trichterfrucht-Eukalyptus · ♄ ħ e Z8 Ⓚ; Tasman.
– **cordata** Labill. · D:Silberdollar-Eukalyptus; E:Silver Dollar Eucalyptus · ♄ ħ e Z8 Ⓚ; Tasman.
– **cornuta** Labill. · E:Yate · ♄ e Z9 Ⓚ; W-Austr.
– **crebra** F. Muell. · E:Iron bark · ♄ e Z10 Ⓚ Ⓝ; Austr.: Queensl., N.S.Wales
– **crucis** Maiden · ♄ e Z10 Ⓚ; W-Austr.
– **curtisii** Blakeley et C.T. White · ♄ e Z10 Ⓚ; Austr.: Queensl.
– **dalrympleana** Maiden · D:Breitblättriger Eukalyptus · ♄ e Z8 Ⓚ; Austr.: N.S.Wales, Victoria, Tasman.
– **delegatensis** R.T. Baker · E:Alpine Ash, Stringybark · ♄ e Z9 Ⓚ; Austr.: N.S.Wales, Victoria, Tasman.
– **diversicolor** F. Muell. · D:Karri-Eukalyptus; E:Karri · ♄ e Z10 Ⓚ Ⓝ; W-Austr.
– **dives** Schauer · E:Broad Leaved Peppermint Gum · ♄ e Z10 Ⓚ ⚕ Ⓝ; Austr.: N.S.Wales, nat. in Zaire
– **eugenoides** Sieber ex Spreng. · ♄ e Z10 Ⓚ; Austr.: Queensl., N.S.Wales, Victoria
– **eximia** Schauer · ♄ e Z10 Ⓚ; Austr.:

N.S.Wales
– **fastigiata** H. Deane et Maiden · E:Brown Barrel · ♄ e Z10 Ⓚ; Austr.: N.S.Wales, Victoria
– **ficifolia** F. Muell. · D:Purpur-Eukalyptus; E:Red Flowering Gum · ♄ e Z9 Ⓚ; W-Austr.
– **fraxinoides** H. Deane et Maiden · E:White Ash · ♄ e Z9 Ⓚ; Austr.: N.S.Wales, Victoria
– **fruticetorum** F. Muell. ex Miq. · E:Silver Malee Scrub · ♄ e Z8 Ⓚ ⚕; Austr.
– **globulus** Labill.
  – subsp. **bicostata** (Maiden, Blakeley et Simmonds) Kirkp. Z9 Ⓚ
  – subsp. **globulus** · D:Blaugummibaum, Fieberbaum; E:Blue Gum, Tasmanian Blue Gum; F:Eucalyptus bleu · ♄ e Z9 Ⓚ ⚕ Ⓝ; Austr.: Victoria, Tasman., nat. in Calif.
  – subsp. **maidenii** (F. Muell.) Kirkp. · ♄ e Z9 Ⓚ Ⓝ; Austr.: N.S.Wales, Victoria
– **gomphocephala** DC. · E:Tuart · ♄ e Z9 Ⓚ Ⓝ; W-Austr.
– **gunnii** Hook. f. · D:Mostgummi-Eukalyptus, Tasmanischer Eukalyptus; E:Cider Gum; F:Eucalyptus commun · ♄ e Z8 Ⓚ Ⓝ; Tasman.
– **johnstonii** Maiden · ♄ e Z8 Ⓚ; Tasman.
– **largiflorens** F. Muell. · E:Black Box · ♄ e Z10 Ⓚ; Austr.: Queensl., N.S.Wales, Victoria, S-Austr.
– **lehmannii** (L. Preiss ex Schauer) Benth. · E:Bushy Yate · ♄ e ✄ Z9 Ⓚ; W-Austr.
– **leucoxylon** F. Muell. · D:Weißer Gummi-Eukalyptus; E:White Ironbark, Yellow Gum · ♄ e Z9 Ⓚ Ⓝ; Austr.: N.S.Wales, Victoria, S-Austr.
– **macarthurii** H. Deane et Maiden · ♄ e Z8 Ⓚ; Austr.: N.S.Wales
– **maculata** Hook. · D:Gesprenkelter Eukalyptus; E:Spotted Gum · ♄ e Z10 Ⓚ Ⓝ; Austr.: Queensl., N.S.Wales, Victoria
  – var. *citriodora* (Hook.) F.M. Bailey = Eucalyptus citriodora
– *maidenii* (F. Muell.) Kirkp. = Eucalyptus globulus subsp. maidenii
– **mannifera** Mudie · ♄ e Z9 Ⓚ; Austr.: N.S.Wales
– **marginata** Donn ex Sm. · E:Jarrah, West Australian Mahogany · ♄ e ✄ Z10 Ⓚ Ⓝ; W-Austr.
– **microcorys** F. Muell. · E:Tallow Wood · ♄ e Z10 Ⓚ Ⓝ; Austr.: Queensl., N.S.Wales
– **nicholii** Maiden et Blakeley · ♄ e Z8 Ⓚ; Austr.: N.S.Wales
– *niphophila* Maiden et Blakeley = Eucalyptus pauciflora subsp. niphophila
– **nutans** F. Muell. · ħ ♄ e Z10 Ⓚ; W-Austr
– **obliqua** L'Hér. · E:Messmate · ♄ e Z9 Ⓚ Ⓝ; Austr.: Queensl., N.S.Wales, Victoria, S-Austr., Tasman.
– **occidentalis** Endl.
  – var. **adstringens** Endl. · D:Malettorinde · ♄ e Z10 Ⓚ Ⓝ
  – var. **occidentalis** Endl. · E:Swamp Yate · ♄ e Z10 Ⓚ; W-Austr.
– **orbifolia** F. Muell. · ħ ♄ e Z10 Ⓚ; Austr.: W-Austr., N.Terr., S-Austr.
– **ovata** Labill. · ♄ e Z8 Ⓚ; Austr.: N.S.Wales, S-Austr., Victoria, Tasman.
– **paniculata** Sm. · E:Grey Ironbark · ♄ e Z10 Ⓚ Ⓝ; Austr.: N.S.Wales
– **parvifolia** Cambage · ♄ e Z8 Ⓚ; Austr.: N.S.Wales
– **pauciflora** Siebold ex A. Spreng.
  – subsp. **niphophila** (Maiden et Blakeley) L.A.S. Johnson et Blaxell · ħ ♄ e Z7 Ⓚ; Austr.: N.S.Wales (Mt. Kosciusco)
  – subsp. **pauciflora** · E:Snow Gum, White Sally · ♄ e Z8 Ⓚ Ⓝ; Austr.: Queensl., N.S.Wales, Victoria, S-Austr., Tasman.
– **perriniana** F. Muell. ex Rodway · ♄ e Z8 Ⓚ; Austr.: N.S.Wales, Victoria, Tasman.
– *phellandra* R.T. Baker et H.G. Sm. = Eucalyptus radiata
– **pilularis** Sm. · E:Black Butt · ♄ e Z10 Ⓚ Ⓝ; Austr.: SE-Queensl., N.S.Wales
– **polyanthemos** Schauer · E:Red Box · ♄ e Z9 Ⓚ; Austr.: N.S.Wales, Victoria
– *polybractea* R.T. Baker = Eucalyptus fruticetorum
– **preissiana** Schauer · ħ e Z10 Ⓚ; W-Austr.
– **pulchella** Desf. · ♄ e Z10 Ⓚ; Tasman.
– **pulverulenta** Sims · E:Silver Leaf Mountain Gum · ħ ♄ e Z9 Ⓚ; Austr.: N.S.Wales
– **pyriformis** Turcz. · E:Pear Shaped Mallee · ħ e ✄ Z9 Ⓚ; W-Austr.
– **radiata** Sieber ex DC. · D:Pfefferminz-Eukalyptus; E:Narrow-leaved Peppermint · ♄ e Z9 Ⓚ Ⓝ; Austr.
– **regnans** F. Muell. · E:Giant Gum, Mountain Ash · ♄ e Z9 Ⓚ Ⓝ; Austr.: Victoria, Tasman.
– **resinifera** Sm. · E:Red Mahogany · ♄ e Z10 Ⓚ Ⓝ; Austr.: Queensl., N.S.Wales
– × **rhodantha** Blakeley et Steedman (*E. macrocarpa* × *E. pyriformis*) · E:Kino Gum · ħ e Z10 Ⓚ; W-Austr.

- **robusta** Sm. · E:Swamp Mahogany · ♄ e Z10 Ⓚ Ⓝ; Austr.: Queensl., N.S.Wales
- *rostrata* Schltdl. non Cav. = Eucalyptus camaldulensis
- *salicifolia* Cav. = Eucalyptus amygdalina
- **saligna** Sm. · E:Sydney Blue Gum · ♄ e Z10 Ⓚ Ⓝ; Austr.: SE-Queensl., N.S.Wales
- **sideroxylon** A. Cunn. ex Benth. · D:Mugga-Eukalyptus; E:Mugga, Pink Ironbark · ♄ e Z9 Ⓚ Ⓝ; Austr.: Queensl., N.S.Wales, Victoria
- **smithii** R.T. Baker · E:Gully Ash · ♄ e Z10 Ⓚ ⚕; Austr.: N.S.Wales, Victoria
- **staigeriana** F. Muell. ex F.M. Bailey · ♄ e Z10 Ⓚ Ⓝ; Austr., nat. in Bras., Guat., Zaire
- **stellulata** Sieber ex DC. · ♄ e Z10 Ⓚ; Austr.: N.S.Wales, Victoria
- **tereticornis** Sm. · E:Forest Red Gum, Grey Gum · ♄ e Z10 Ⓚ Ⓝ; Austr.: Queensl., N.S.Wales, Victoria
- **tetragona** (R. Br.) F. Muell. · ♄ e Z10 Ⓚ; W-Austr.
- **tetraptera** Turcz. · ♄ e Z10 Ⓚ; W-Austr.
- **torquata** Luehm. · ♄ e Z10 Ⓚ; W-Austr.
- *umbellata* (Gaertn.) Domin = Eucalyptus tereticornis
- **urnigera** Hook. f. · E:Urn Gum · ♄ e Z8 Ⓚ; Tasman.
- **viminalis** Labill. · D:Rutenförmiger Eukalyptus, Zucker-Gummi-Eukalyptus; E:Manna Gum, Ribbon Gum · ♄ e Z8 Ⓚ Ⓝ; Austr.: N.S. Wales, S-Austr., Tasman., Victoria
- **wandoo** Blakeley · E:Wandoo · ♄ e Z10 Ⓚ Ⓝ; Austr.
- **woodwardii** Maiden · ♄ e Z10 Ⓚ; W-Austr.

Eucharidium Fisch. et C.A. Mey. = Clarkia
- *breweri* A. Gray = Clarkia breweri
- *concinnum* Fisch. et C.A. Mey. = Clarkia concinna

Eucharis Planch. et Linden -f- *Amaryllidaceae* · 17 sp · D:Amazonaslilie, Herzkelch; E:Amazon Lily; F:Lis du Brésil
- **amazonica** Planch. · D:Amazonaslilie; E:Amazon Lily · ♃ ✂ Z10 Ⓦ XII-VII; Ecuad., Peru
- **candida** Planch. et Linden · ♃ Z10 Ⓦ III; Col.
- *grandiflora* hort. = Eucharis amazonica
- × **grandiflora** Planch. et Linden (*E. amazonica* × *?*) · ♃ Z10 Ⓦ
- **mastersii** Baker · ♃ Z10 Ⓦ II-III; Col.
- **sanderi** Baker · ♃ Z10 Ⓦ II-IV; Col.
- *subedentata* (Baker) Benth. et Hook. f. = Caliphruria subedentata

Euchlaena Schrad. = Zea
- *mexicana* Schrad. = Zea mexicana

× *Euchlaezea* Bor = Zea

Euclidium R. Br. -n- *Brassicaceae (Cruciferae)* · 2 sp
- **syriacum** (L.) R. Br. · D:Schnabelschötchen · ☉ VI; Eur.: A, EC-Eur., Ba, E-Eur.; TR, Levante, Cauc., Iran, W-Sib., C-As., Him.

Eucnide Zucc. -f- *Loasaceae* · 8 sp · D:Schönnessel; F:Eucnide, Mentzelia
- **bartonioides** Zucc. · ☉ Ⓚ VII-VIII; USA: N.Mex., Tex.; Mex.
- *urens* (Jacq.) Parry = Loasa urens

Eucodonia Hanst. -f- *Gesneriaceae* · 2 sp
- **verticillata** (M. Martens et Galeotti) Wiehler · ♃ Z10 Ⓦ; Mex.

Eucolum Salisb. = Gloxinia

Eucomis L'Hér. -f- *Hyacinthaceae* · 10-15 sp · D:Schopflilie; E:Pineapple Flower; F:Eucomis
- **autumnalis** (Mill.) Chitt. · ♃ Z8 Ⓚ III-IV; Malawi, Zambia, S-Afr.
- **bicolor** Baker · D:Gerandete Schopflilie; F:Eucomis du Cap · ♃ Z8 Ⓚ; S-Afr.: Natal
- **comosa** (Houtt.) H.R. Wehrh. · D:Ananansblume, Schopflilie; E:Pineapple Flower · ♃ Z8 Ⓚ VI-VII; S-Afr.
- *punctata* (Thunb.) L'Hér. = Eucomis comosa
- *undulata* Aiton = Eucomis autumnalis

Eucommia Oliv. -f- *Eucommiaceae* · 1 sp · E:Gutta Percha Tree
- **ulmoides** Oliv. · E:Gutta Percha Tree; F:Arbre à Gutta-Percha · ♄ d Z6 ⚕ Ⓝ; W-China, C-China

Eucryphia Cav. -f- *Eucryphiaceae* · 6 sp · D:Eucryphie, Scheinulme; E:Ulmo; F:Eucryphia
- **cordifolia** Cav. · D:Chilenische Scheinulme; E:Roble de Chile, Ulmo · ♄ ♄ e Z9 Ⓚ VIII; S-Chile

– **glutinosa** (Poepp. et Endl.) Baill. · D:Klebrige Scheinulme · ♄ e D Z8 ⓚ VII-VIII; S-Chile
– × **hillieri** Ivens (*E. lucida* × *E. moorei*) · ♄ e Z8 ⓚ; cult.
– × **intermedia** J. Bausch (*E. glutinosa* × *E. lucida*) · ♄ e Z8 ⓚ; cult.
– × **nymansensis** J. Bausch (*E. cordifolia* × *E. glutinosa*) · ♄ e Z7; cult.
– *pinnatifolia* Gay = Eucryphia glutinosa

Eugenia L. -f- *Myrtaceae* · c. 1000 sp · D:Kirschmyrte; E:Stopper; F:Eugenia
– *aromatica* (L.) Baill. = Syzygium aromaticum
– *australis* J.C. Wendl. ex Link = Syzygium paniculatum
– *brasiliensis* Lam. = Eugenia dombeyi
– *caryophyllata* Thunb. = Syzygium aromaticum
– *caryophyllus* (Spreng.) Bullock ex S.G. Harrison = Syzygium aromaticum
– *cumini* (L.) Druce = Syzygium cumini
– **dombeyi** (Spreng.) Skeels · D:Brasilianische Kirschmyrte; E:Brazil Cherry · ♄ e Z10 ⓚ Ⓝ; Bras.
– *jambolana* Lam. = Syzygium cumini
– *jambos* L. = Syzygium jambos
– **klotzschiana** O. Berg · ♄ e Z10 ⓦ; Bras.
– *luma* (Molina) O. Berg = Luma apiculata
– *malaccensis* L. = Syzygium malaccense
– *michelii* Lam. = Eugenia uniflora
– *myriophylla* Casar. = Myrciaria myriophylla
– *myrtifolia* Sims = Syzygium paniculatum
– *paniculata* (Banks ex Gaertn.) Britten = Syzygium paniculatum
  – var. *australis* (J.C. Wendl. ex Link) F.M. Bailey = Syzygium paniculatum
– *ugni* (Molina) Hook. et Arn. = Ugni molinae
– **uniflora** L. · D:Cayennekirsche, Surinam-Kirchmyrte; E:Surinam Cherry · ♄ ♄ e Z10 ⓚ Ⓝ; W.Ind., trop. S-Am.

Eulalia Kunth -f- *Poaceae (Gramineae)* · c. 30 sp
– *japonica* Trin. = Miscanthus sinensis

Eulophia R. Br. ex Lindl. -f- *Orchidaceae* · c. 200 sp
– **gigantea** (Welw.) N.E. Br. · ♃ Z9 ⓦ VI-VII ▽ ✻; Zaire, Angola
– **guineensis** Lindl. · ♃ Z9 ⓦ VIII-IX ▽ ✻; W-Afr., C-Afr., E-Afr., Angola
– **horsfallii** (Bateman) Summerh. · ♃ Z9 ⓦ X ▽ ✻; W-Afr., C-Afr., E-Afr., trop. S-Afr.
– **longifolia** Schltr. · ♃ Z9 ⓦ IX-X ▽ ✻; trop. Am.
– *maculata* (Lindl.) Rchb. f. = Oeceoclades maculata
– *porphyroglossa* A. Rich. = Eulophia horsfallii

Eulophidium Pfitzer = Oeceoclades
– *maculatum* (Lindl.) Pfitzer = Oeceoclades maculata

Eulophiella Rolfe -f- *Orchidaceae* · 3 sp
– **elisabethae** Linden et Rolfe · ♃ Z10 ⓦ IV-V ▽ ✻; Madag.
– *hamelinii* Rolfe = Eulophiella roempleriana
– *peetersiana* Kraenzl. = Eulophiella roempleriana
– **roempleriana** (Rchb. f.) Schltr. · ♃ Z10 ⓦ IV-VI ▽ ✻; Madag.

Eulychnia Phil. -f- *Cactaceae* · 6-8 sp
– **acida** Phil. · ♄ ♄ Ψ Z9 ⓚ ▽ ✻; Chile
– **breviflora** Phil. · ♄ ♄ Ψ Z9 ⓚ ▽ ✻; Chile
– **castanea** Phil. · ♄ Ψ Z9 ⓚ ▽ ✻; Chile
– *clavata* Phil. = Austrocactus spiniflorus
– **ritteri** Cullmann · ♄ Ψ Z9 ⓚ ▽ ✻; Peru
– **saint-pieana** F. Ritter · ♄ Ψ Z9 ⓚ ▽ ✻; N-Chile

Eunomia DC. = Aethionema
– *oppositifolia* (Pers.) DC. = Aethionema oppositifolium

Euodia J.R. Forst. et G. Forst. -f- *Rutaceae* · 6 sp
– *daniellii* (Benn.) Hemsl. = Tetradium daniellii
– **glauca** Miq. · ♄ d ⓚ VII; Jap., China, Taiwan
– *henryi* Dode = Tetradium daniellii
– *hupehensis* Dode = Tetradium daniellii Hupehense Grp.
– **officinalis** Dode · ♄ ♄ d Z6; C-China, W-China

Euonymus L. -m- *Celastraceae* · 177 sp · D:Pfaffenhütchen, Spindelstrauch; E:Spindle; F:Fusain
– **alatus** (Thunb.) Siebold
  – var. **alatus** · D:Flügel-Spindelstrauch; E:Winged Spindle; F:Fusain ailé · ♄ d Z4 V-VI ☠; China, Amur, Manch., Korea,

Jap., Sachal.
– var. **apterus** Regel · ħ d Z3 ☠
– **americanus** L.
– var. **americanus** · D:Amerikanischer Spindelstrauch; E:Strawberry Bush · ħ d ♧ Z6 VI; USA: NE, NCE, SE, Fla., SC
– var. **angustifolius** (Pursh) Wood · ħ d Z6; USA: Ga.
– **atropurpureus** Jacq. · D:Purpur-Spindelstrauch; E:Bitter Ash, Burning Bush, Wahoo · ħ ŧ d Z4 ⚕ ☠; Can.: Ont.; USA: NE, NCE, NC, Rocky Mts., SC, SE, Fla.
– **bungeanus** Maxim. · D:Bunges Spindelstrauch · ħ d Z4 V ☠; Manch., N-China.
– **europaeus** L.
– var. **europaeus** · D:Gewöhnliches Pfaffenhütchen; E:Common Spindle; F:Bonnet de prêtre, Fusain d'Europe · ħ d ♧ Z4 V-VI ⚕ ☠ Ⓝ; Eur.*, Cauc., TR
– var. **intermedius** Gaudin · ħ d Z3; SE-Eur.
– **fimbriatus** Wall. · ħ d Z8 ⓚ; Him.
– **fortunei** (Turcz.) Hand.-Mazz.
– **in vielen Sorten**
– var. **fortunei** · D:Kletternder Spindelstrauch; E:Dwarf Euonymus; F:Fusain du Japon · ħ e Z6 ☠; W-China, C-China
– var. **radicans** (Siebold ex Miq.) Rehder · ħ e ⌇ ⟿ Z6 ☠; Jap., Korea, Riukiu-Is.
– var. **vegetus** (Rehder) Rehder · ħ e Z6 ☠; China
– **hamiltonianus** Wall.
– subsp. **hamiltonianus** · D:Hamiltons Spindelstrauch; E:Hamilton's Spindle · ħ ŧ d Z4 ☠; Him.
– var. **hians** (Koehne) Blakeley Z4; China, Manch., Korea, Jap., Sachal.
– var. **lanceifolius** (Loes.) Blakeley Z4; C-China, S-China
– subsp. **maackii** (Rupr.) Kom. · D:Maacks Spindelstrauch; E:Maack's Spindle · d Z4 ☠; N-China, Korea
– subsp. *nikoensis* (Nakai) Blakeley = Euonymus hamiltonianus subsp. sieboldianus
– subsp. **sieboldianus** (Blume) Hara · D:Siebolds Spindelstrauch; E:Siebold's Spindle · ŧ ħ d Z4 V ☠; Korea, Jap.
– var. *yedoensis* (Koehne) Blakeley = Euonymus hamiltonianus subsp. sieboldianus
– **japonicus** Thunb. · D:Japanischer Spindelstrauch; E:Evergreen Euonymus, Japanese Euonymus · ħ ŧ e Z8 ⓚ ∧ ☠ Ⓝ; Jap., Korea, Riukiu-Is.
– **in vielen Sorten**
– **kiautschovicus** Loes. · ħ e ⟿ Z6; C-China, E-China
– *lanceifolius* Loes. = Euonymus hamiltonianus subsp. hamiltonianus var. lanceifolius
– **latifolius** (L.) Mill. · D:Breitblättriges Pfaffenhütchen; E:Broad Leaved Spindle · ħ d Z6 V-VI ☠ Ⓝ; Eur.: Fr, Ap, C-Eur., ? EC-Eur., Ba, E-Eur.; TR, Cyprus, Syr., Cauc., N-Iran, Maroc., Alger., nat. in RO, Krim
– *maackii* Rupr. = Euonymus hamiltonianus subsp. maackii
– **myrianthus** Hemsl. · ħ e Z9 ⓚ; W-China
– **nanus** M. Bieb.
– var. *koopmanii* (Lauche) Lauche ex Koehne = Euonymus nanus var. turcestanicus
– var. **nanus** · D:Zwerg-Spindelstrauch; E:Dwarf Spindle · ħ e Z4 ☠; Eur.: RO, W-Russ; Cauc., C-As., W-China
– var. **turcestanicus** (Dieck) Krysht. · ħ d Z4 V-VI ☠; C-As.; Altai, Tien-schan
– *nikoensis* Nakai = Euonymus hamiltonianus subsp. sieboldianus
– **obovatus** Nutt. · E:Running Strawberry Bush · ħ d ⟿ Z3; Ont., USA: NE, NCE, Tenn.
– **oxyphyllus** Miq. · D:Spitzblättriger Spindelstrauch · ħ d Z6 ☠; China, Korea, Jap.
– *patens* Rehder = Euonymus kiautschovicus
– **pauciflorus** Maxim. · ħ d Z5 V-VI; Amur, Manch.
– **phellomanus** Loes. ex Diels · D:Kork-Spindelstrauch · ħ d Z6 ☠; W-China, N-China
– **planipes** (Koehne) Koehne · D:Flachstieliger Spindelstrauch; E:Dingle Dangle Tree · ħ d ♧ Z5 V; Jap., Korea, Manch., Amur
– *radicans* Sieber ex Miq. = Euonymus fortunei var. fortunei
– var. *acuta* (Rehder) Rehder = Euonymus fortunei var. fortunei
– *sachalinensis* auct. non (Schmidt) Maxim. = Euonymus planipes
– **sanguineus** Loes. ex Diels · D:Blut-Spindelstrauch · ħ d ♧ Z6 V ☠; W-China, C-China
– *turcestanicus* Dieck = Euonymus nanus

var. turcestanicus
– **verrucosus** Scop. · D:Warzen-Pfaffenhütchen · ♄ d Z5 V-VI ☠; Eur.: Ap, C-Eur., EC-Eur., Ba, E-Eur.; TR, Cauc.
– *yedoensis* Koehne = Euonymus hamiltonianus subsp. sieboldianus

Eupatorium L. -n- *Asteraceae (Compositae)* · 45 sp · D:Kunigundenkraut, Wasserdost; E:Hemp Agrimony; F:Eupatoire
– *ageratoides* L. f. = Ageratina altissima
– **album** L. · ♃ Z4 VIII-IX; USA: NE, SE, Fla.
– **altissimum** L. · D:Hoher Wasserdost; E:Tall Thoroughwort · ♃ Z4 IX-X; USA: NE, NCE, NC, SC, SE
– *aromaticum* L. = Ageratina aromatica
– *atrorubens* (Lem.) G. Nicholson = Bartlettina sordida
– **cannabinum** L. · D:Gewöhnlicher Wasserdost, Wasserhanf; E:Hemp Agrimony; F:Eupatoire chanvrine · ♃ Z5 VII-IX ⚕; Eur.*, TR, Lebanon, Israel, Cauc., Iran, ? Him., C-As., Maroc., Alger.
– *coelestinum* L. = Conoclinium coelestinum
– *glechonophyllum* Less. = Ageratina glechonophylla
– *ianthinum* (Hook.) Hemsl. = Bartlettina sordida
– *incarnatum* Walter = Fleischmannia incarnata
– **indigoferum** Parodi · ♄ Ⓝ; S-Bras., Arg., Parag.
– *ligustrinum* DC. = Ageratina riparia
– **maculatum** L. · D:Gefleckter Wasserdost; E:Joe Pye Weed; F:Eupatoire maculée · ♃ Z5 VII-IX; Can., USA: NE, N.C., NCE, NC, Rocky Mts., SW
  – **in Sorten**
– *megalophyllum* (Lem.) Klatt = Bartlettina sordida
– *micranthum* Less. = Ageratina riparia
– **perfoliatum** L. · D:Durchwachsener Wasserdost; E:Boneset, Common Boneset, Thoroughwort · ♃ Z3 VII-X ⚕; Can.: E; USA: NE, NCE, SC, SE, Fla.
– **purpureum** L. · D:Purpur-Wasserdost; E:Joe Pye Weed · ♃ Z4 VII-IX ⚕; USA: NE, NCE, NC, Okla., SE, Fla.
– *riparium* Regel = Ageratina riparia
– *rugosum* Houtt. = Ageratina altissima
– *scandens* L. = Mikania scandens
– **sessilifolium** L. · ♃ Z5 VIII-IX; USA: NE, NCE, SE
– *sordidum* Less. = Bartlettina sordida
– *triplinerve* Vahl = Ayapana triplinervis
– *urticifolium* Reichard = Ageratina altissima
– *vernale* Vatke et Kurtz = Ageratina vernalis
– *weinmannianum* Regel et Körn. = Ageratina riparia

Euphorbia L. -f- *Euphorbiaceae* · c. 2000 sp · D:Wolfsmilch; E:Spurge; F:Euphorbe
– **abyssinica** J.F. Gmel. · D:Abessinische Wolfsmilch · ♄ ᛘ d Z10 Ⓚ ☠ ▽ ✻; Eth.
– *acuminata* Lam. = Euphorbia falcata var. acuminata
– **aggregata** A. Berger · D:Nadelkissen-Wolfsmilch; E:Pincushion Euphorbia · ♄ ᛘ Z8 Ⓚ ▽ ✻; S-Afr.: Kap, Orange Free State
– *alcicornis* hort. = Euphorbia ramipressa
– **ammak** Schweinf. · ♄ ᛘ d Z10 Ⓚ ▽ ✻; S-Arab.
– **amygdaloides** L. · D:Mandelblättrige Wolfsmilch; E:Wood Spurge; F:Euphorbe faux-amandier · ♃ Z7 IV-V ☠; Eur.* exc. Sc; TR, Cauc., N-Iran, Alger., Tun., nat. in N-Am.
  – var. *robbiae* (Turrill) Radcl.-Sm. = Euphorbia robbiae
– *anacantha* Aiton = Euphorbia tridentata
– **angularis** Klotzsch · ♄ Ⓚ ▽ ✻; E-Afr.
– **angulata** Jacq. · D:Kanten-Wolfsmilch · ♃ V-VI; Eur.: Ib, Fr, Ap, A, EC-Eur., E-Eur.
– **antiquorum** L. · E:Triangular Spurge · ♄ ᛘ d Z10 Ⓚ ▽ ✻; Ind., Sri Lanka
– **antisyphilitica** Zucc. · D:Candelillawachs; E:Candelilla · ♄ ᛘ Z8 Ⓚ Ⓝ ▽ ✻; SW-USA, Mex., C-Am.
– **aphylla** Brouss. ex Willd. · ♄ ᛘ Z9 Ⓚ ▽ ✻; Canar.
– **atropurpurea** Brouss. · ♄ ᛘ Z9 Ⓚ ▽ ✻; Canar.: Teneriffa
– **austriaca** A. Kern. · D:Österreichische Wolfsmilch · ♃ V-VII; Eur.: A, D (Passau)
– **avasmontana** Dinter · ♄ ᛘ Z9 Ⓚ ▽ ✻; Kap, Namibia
– **balsamifera** Aiton · ♄ ᛘ Z9 Ⓚ ▽ ✻; Canar., W-Afr., Somalia, S-Arab.
– **barnhartii** Croizat · ♄ ᛘ Z9 Ⓚ ▽ ✻; Ind.
– *beaumieriana* Hook. f. et Coss. = Euphorbia officinarum
– **beharensis** Leandri · ♄ ᛘ Z10 Ⓚ ▽ ✻; SW-Madag.
– **bergeri** N.E. Br. · ♃ ᛘ Z10 Ⓚ ▽ ✻; ? Kap
– *biglandulosa* Desf. non Willd. = Euphorbia rigida

– *bojeri* Hook. = Euphorbia milii var. milii
– *brittingeri* Opiz ex Samp. = Euphorbia verrucosa
– **bubalina** Boiss. · E:Buffalo Euphorbia · ♄ Ψ Z9 Ⓚ ▽ ✱; Kap
– **bupleurifolia** Jacq. · ♄ Ψ Z8 Ⓚ ▽ ✱; S-Afr.: Kap, Natal
– **caerulescens** Haw. · E:Noors · ♄ Ψ Z8 Ⓚ ✱; Kap
– **canariensis** L. · ♄ Ψ Z10 Ⓚ ▽ ✱; Canar.
– **candelabrum** Kotschy · D:Kandelaber-Wolfsmilch; E:Candelabra Tree · ♄ Ψ Z9 Ⓚ ▽ ✱; Mozamb., Zimbabwe, Swasiland, S-Afr.: Transvaal. Natal
  – var. *erythraeae* A. Berger = Euphorbia abyssinica
– **capitulata** Rchb. · D:Zierliche Rasen-Wolfsmilch · ♃ △ Z7 VI-VII; Eur.: Croatia, Bosn., Montenegro, Maced., AL, GR
– **caput-medusae** L. · D:Medusenhaupt-Wolfsmilch; E:Medusa's Head · ♃ ♄ Ψ Z8 Ⓚ ▽ ✱; Kap
  – var. *minor* Aiton = Euphorbia bergeri
– **carniolica** Jacq. · D:Krainer Wolfsmilch · ♃ Z6 VI; Eur.: I, CH, A, Slove., Croatia, Bosn., YU, RO, W-Russ.
– **characias** L.
  – subsp. **characias** · D:Palisaden-Wolfsmilch; E:Large Mediterranean Spurge · ♃ Z7; Eur.: Ib, Fr, Ap; Maroc., Libya
    – **in Sorten**
  – subsp. **wulfenii** (Hoppe ex W.D.J. Koch) A.R. Sm. · F:Euphorbe characias · ♃ Z7 V-VI; Eur.: F, I, Ba; TR
    – **in Sorten**
– **clava** Jacq. · ♄ Ψ Z8 Ⓚ ▽ ✱; Kap
– *commelinii* DC. = Euphorbia caput-medusae
– **cooperi** N.E. Br. · ♄ Ψ Z7 ▽ ✱; S-Afr.: Natal, Transvaal; Swasiland
– **corollata** L. · D:Amerikanische Wolfsmilch; E:American Spurge, Flowering Spurge · ♃ Z5 VIII; Ont., USA: NE, NCE, NC, SC, SE, Fla.
– **cylindrifolia** Marn.-Lap. · ♃ Ψ ⤳ Z10 Ⓚ ▽ ✱; SE-Madag.
– **cyparissias** L. · D:Zypressen-Wolfsmilch; E:Cypress Spurge · ♃ Z4 IV-V ☠; Eur.* exc. BrI, Sc, nat. in N-Am.
  – *'Betten'* = Euphorbia esula
– **decaryi** Guillaumin · ♃ Ψ Z10 Ⓚ ▽ ✱; SE-Madag.
– **dendroides** L. · E:Woody Spurge · ♄ d Z8 Ⓚ ▽ ✱; Eur.: Ib, Fr, Ap, Ba; TR, Palaest., N-Afr.
– **dulcis** L. · D:Süße Wolfsmilch · ♃ Z6 V; Eur.* exc. BrI, Sc, nat. in BrI
– **echinus** Hook. f. et Coss. · ♄ Ψ Z8 Ⓚ ▽ ✱; S-Maroc.
– *enopla* A. Berger non Boiss. = Euphorbia heptagona
– **ephedroides** E. Mey. · ♄ Ψ Z8 Ⓚ ▽ ✱; Kap
– *epithymoides* Jacq. non L. = Euphorbia polychroma
– *erythraea* (A. Berger) N.E. Br. = Euphorbia abyssinica
– **esculenta** Marloth · ♃ Ψ Z8 Ⓚ ▽ ✱; Kap
– **esula** L. · D:Esels-Wolfsmilch; E:Leafy Spurge, Wolf's Milk · ♃ Z5 V-VII ☠; Eur.*, nat. in Sib., Amur, Manch, Korea, Jap., N-Am.
– **exigua** L. · D:Kleine Wolfsmilch; E:Dwarf Spurge · ⊙ VI-X ☠; Eur.*, TR, Levante, Canar., NW-Afr., nat. in Cauc., N-Iran
– **falcata** L. · D:Sichel-Wolfsmilch · ⊙ VI-X ☠; Eur.* exc. BrI, Sc; TR, Levante, Cauc., SW-As., Pakist., N-Afr.
  – var. **acuminata** (Lam.) St.-Amans · D:Spitzblatt-Wolfsmilch · ⊙ VI-VIII; Eur.: Ib, Ap, Ba, A, RO; Cauc. +
– **fasciculata** Thunb. · ♃ Ψ Z8 Ⓚ ▽ ✱; Kap
– **ferox** Marloth · ♃ Ψ Z8 Ⓚ ▽ ✱; Kap
– **fimbriata** Scop. · ♃ Ψ Z8 Ⓚ ▽ ✱; Kap
– **franckiana** A. Berger · ♄ Ψ Z8 Ⓚ ▽ ✱; ? Kap
– *fructus-pini* Mill. = Euphorbia caput-medusae
– *fructuspina* Sweet = Euphorbia bergeri
– **fulgens** Karw. ex Klotzsch · D:Korallenröschen, Leuchtende Wolfsmilch; E:Scarlet Plume · ♄ ⋈ Z10 Ⓦ XII-I ☠; Mex.
– *gerardiana* Jacq. = Euphorbia seguieriana subsp. seguieriana
– *glareosa* Pall. ex M. Bieb. = Euphorbia nicaeensis subsp. glareosa
– **globosa** (Haw.) Sims · ♄ Ψ Z8 Ⓚ ▽ ✱; Kap
– **gorgonis** A. Berger · D:Gorgonenhaupt-Wolfsmilch; E:Gorgon's Head · ♃ Ψ Z8 Ⓚ ▽ ✱; Kap
– **grandicornis** Goebel · ♄ Ψ Z8 Ⓦ ▽ ✱; E-Afr.: Kenya, Tanzania; S-Afr.: Natal
– **grandidens** Haw. · ♄ Ψ d Z8 Ⓦ ▽ ✱; Kap
– **griffithii** Hook. f. · F:Euphorbe de l'Himalaya · ♃ Z5 V-VI; Bhutan, S-Tibet
– **helioscopia** L. · D:Sonnwend-Wolfsmilch;

E:Sun Spurge, Wolf's Milk · ⊙ Z6 VI-X ☠; Eur.*, TR, Levante, Cauc., Iran, C-As., Him., W-Ind. (Nilgiris), N-Afr., nat. in Jap., China
– **heptagona** L. · ♃ ♆ Z8 (K) ▽ *; Kap
– *hermentiana* Lem. = Euphorbia trigona
– **heterophylla** L. · D:Poinsettien-Wolfsmilch; E:Japanese Poinsettia, Mexican Fire Plant · ⊙ ⊙ ♃ ♄ Z7 VII-IX; USA: Ariz; trop. Am., nat. in USA: La., Tex.
– **hislopii** N.E. Br. · ♄ ♆ Z10 (K) *; Madag.
– **horrida** Boiss. · ♄ ♆ Z8 (K) ▽ *; Kap
– *humifusa* Willd. ex Schltr. = Chamaesyce humifusa
– *hystrix* Jacq. = Euphorbia loricata
  – var. *viridis* hort. = Euphorbia pentagona
– **inconstantia** R.A. Dyer · ♄ ♆ Z8 (K) ▽ *; Kap
– **ingens** E. Mey. · D:Kaktus-Wolfsmilch; E:Cactus Spurge · ♄ ♆ Z8 (K); S-Afr.: Natal, Transvaal; Swasiland, Mocamb., Zimbabwe
– *jacquiniiflora* Hook. = Euphorbia fulgens
– **jansenvillensis** Nel · ♃ ♆ Z8 (K) ▽ *; Kap
– *kalaharica* Marloth = Euphorbia avasmontana
– **lactea** Haw. · E:Candelabra Spurge · ♄ ♄ ♆ Z10 (W) ▽ *; Ind., Sri Lanka, Molucca I.
– *laro* Drake = Euphorbia tirucalli
– **lathyris** L. · D:Kreuzblättrige Wolfsmilch; E:Caper Spurge, Mole Plant; F:Euphorbe épurge · ⊙ Z6 VI-VIII ⚕ ☠; Eur.: F, Ap, Ba; NW-Afr., nat. in Eur.: BrI, C-Eur., EC-Eur., RO, Ib, TR, Cauc., N-Am., C-Am., S-Am., China
– **ledienii** A. Berger · ♄ ♆ Z8 (K) ▽ *; Kap
– *lemaireana* Boiss. = Euphorbia angularis
– **lignosa** Marloth · ♄ ♆ d Z10 (K) ▽ *; Namibia
– × **lomi** Rauh (*E. lophogona* × *E. milii*) · ♄ ♆ Z10 (W) (K); cult.
– **lophogona** Lam. · ♄ ♆ Z10 (W) (K) ▽ *; Madag.
– **loricata** Lam. · ♄ ♆ d Z7 ▽; S-Afr. (Cape Prov.)
– **lucida** Waldst. et Kit. · D:Glänzende Wolfsmilch · ♃ V-VII ☠ ▽; Eur.: C-Eur., EC-Eur., Ba.; W-Sib., nat. in ne N-Am.
– *maculata* L. = Chamaesyce maculata
– **mammillaris** L. · D:Mammilarien-Wolfsmilch; E:Corncob Cactus · ♄ ♆ Z8 (K) ▽ *; Kap
– **marginata** Pursh · D:Schnee auf dem Berge; E:Snow on the Mountain · ⊙ ⟿ Z4 VII-X ☠; USA: Minn., NC, SC, Colo., N.Mex.
– *marlothii* Pax = Euphorbia monteiroi
– **mauritanica** L. · D:Milchbusch; E:Jackal's Food, Yellow Milkbush · ♄ ♆ Z8 (K) ▽ *; Namibia, S-Afr.: Kap, Natal
– *medusae* Thunb. = Euphorbia caput-medusae
– **meloformis** Aiton · D:Melonen-Wolfsmilch; E:Melon Spurge · ♃ ♆ Z8 (K) ▽ *; Kap
– **milii** Des Moul.
  – var. *hislopii* (N.E. Br.) Ursch et Leandri = Euphorbia hislopii
  – var. **milii** · D:Christusdorn; E:Christ's Thorn, Crown of Thorns · ♄ ♆ ⌓ Z10 (W) (K) ☠ ▽ *; Madag.
– **monteiroi** Hook. f. · ♄ ♆ △ Z8 (K) ▽ *; Angola, Namibia, Botswana
– **myrsinites** L. · D:Walzen-Wolfsmilch; E:Blue Spurge; F:Euphorbe de Corse · ♃ △ Z6 IV-VI; Eur.: Ib, Ap, Ba, RO, Krim; TR, Iran, C-As., nat. in CZ
– *neriifolia* hort. = Euphorbia undulatifolia
– **neriifolia** L. · D:Oleander-Wolfsmilch; E:Oleander Spurge · ♄ ♄ ♆ e Z10 (W) ▽; Ind., Myanmar, Malay. Arch., N.Guinea, Pakistan
– **nicaeensis** All.
  – subsp. **glareosa** (Pall. ex M. Bieb.) Radcl.-Sm. · D:Pannonische Wolfsmilch · ♃ Z6 VI-VII; Eur.: EC-Eur., E-Eur., Krim; TR, Cauc
  – subsp. **nicaeensis** · D:Nizza-Wolfsmilch · ♃ Z6 V-VII; Eur.* exc. BrI, Sc; TR, Cauc., Maroc., Alger.
– *niciciana* Borbás ex Novák = Euphorbia seguieriana subsp. seguieriana
– **nivulia** Buch.-Ham. · E:Milkhedge · ♄ ♄ ♆ e Z10 (W) ▽ *; Ind., Myanmar
– *nutans* Lag. = Chamaesyce nutans
– **obesa** Hook. f. · D:Lebender Baseball; E:Baseball Cactus, Living Baseball · ♃ ♆ Z8 (K) ▽ *; Kap
– **officinarum** L. · E:Official Spurge · ♄ ♆ Z9 (K) ▭ ▽ *; Maroc.
– **oncoclada** Drake · ♄ ♆ Z10 (K) ▽ *; Madag.
– **ornithopus** Jacq. · ♄ ♆ d Z8 (K) ☠ ▽ *; Kap
– *oxystegia* Baker non Boiss. = Euphorbia bubalina
– **palustris** L. · D:Sumpf-Wolfsmilch; E:Marsh Spurge; F:Euphorbe des marais · ♃ Z5 V-VI ☠ ▽; Eur.* exc. BrI; TR,

Cauc., W-Sib.
– **paralias** L. · D:Strand-Wolfsmilch · ♃ Z8 Ⓚ; Eur.: Ib, Fr, Ap, Ba, RO, BrI; TR, Levante, Cauc., Macaron., N-Afr.
– *parvimamma* A. Berger = Euphorbia bergeri
– *patula* (Haw.) Sweet non Mill. = Euphorbia ornithopus
– **pendula** Boiss. · ♄ Ⓚ; Kap
– **pentagona** Royle · ♄ ♆ Z8 Ⓚ ▽ *; Kap
– **peploides** Gouan · ☉; S-Eur., TR
– **peplus** L. · D:Garten-Wolfsmilch; E:Petty Spurge · ☉ VII-X ☠; Eur.*, TR, Levante, Cauc., Iran, Canar., N-Afr., nat. in N-Am., Eth., Austr., NZ, Hawaii
– **platyphyllos** L. · D:Breitblättrige Wolfsmilch; E:Broad Spurge · ☉ VII-VIII ☠; Eur.: Ib, Fr, Ap., Ba, EC-Eur., E-Eur., C-Eur.; TR, Cauc.
– **polychroma** A. Kern. · D:Bunte Wolfsmilch, Vielfarbige Wolfsmilch; E:Cushion Spurge; F:Euphorbe dorée, Euphorbe polychrome · ♃ Z6 V-VI ☠; Eur.: C-Eur., EC-Eur., Ba, Ap, E-Eur.
– **polygona** Haw. · ♄ ♆ Z8 Ⓚ ▽ *; Kap
– *procumbens* Sweet = Euphorbia pugniformis
– *prostrata* Aiton = Chamaesyce prostrata
– **pseudocactus** A. Berger · ♄ ♆ Z8 Ⓚ ▽ *; S-Afr.: Natal
– × **pseudovirgata** (Schur) Soó (*E. esula* × *E. virgata*) · D:Schein-Ruten-Wolfsmilch · ♃ Z6; Eur.:
– **pteroneura** A. Berger · ♄ ♆ Z9 Ⓦ ▽ *; Mex.
– **pugniformis** Boiss. · ♃ ♆ Z7 ▽ *; Kap
– **pulcherrima** Willd. ex Klotzsch · D:Poinsettie, Weihnachtsstern; E:Christmas Star, Lobster Plant, Mexican Flameleaf, Poinsettia · ♄ e ✂ Z9 Ⓦ ⊍ XII ☠; S-Mex., C-Am.
– **pulvinata** Marloth · ♄ ♆ Z8 Ⓚ ▽ *; S-Afr.
– *quercifolia* hort. = Euphorbia undulatifolia
– **ramipressa** Croizat · ♄ ♄ ♆ Z8 Ⓚ ▽ *; Madag.
– **resinifera** O. Berg · D:Harz-Wolfsmilch; E:Resin Spurge · ♄ ♆ Z8 Ⓚ ⚕ ▽ *; Maroc.
– *rhipsaloides* Lem. non Welw. = Euphorbia tirucalli
– **rigida** M. Bieb. · D:Zweidrüsen-Wolfsmilch · ♃ △ Z8 ∧ IV-VIII; Eur.: P, Ap, Ba, Krim; TR, Syr., Cauc., N-Iran, Maroc.
– **robbiae** Turrill · E:Mrs Robb's Bonnet · ♃ Z7 V-VII; TR
– **royleana** Boiss. · ♄ ♆ Z9 Ⓚ ▽ *; Him.
– **salicifolia** Host · D:Weidenblättrige Wolfsmilch · ♃ V-VI ☠; Eur.: C-Eur., EC-Eur., Ba, RO, W-Russ.
– *san-salvador* hort. = Euphorbia resinifera
– **saxatilis** Jacq. · D:Felsen-Wolfsmilch · ♃ V-VI; Eur.: A, N-I, Slove., Croatia
– **schimperi** C. Presl · ♃ ♆ Z10 Ⓚ ▽ *; S-Arab.
– *schubei* Pax = Monadenium schubei
– *scolopendria* Donn = Euphorbia stellata
– **segetalis** L. · D:Saat-Wolfsmilch · ☉ VI-VII ☠; Eur.: Ib, Fr, Ap, ? Crete, Canar., nat. in C-Eur., EC-Eur., RO
– **seguieriana** Neck.
  – subsp. **niciciana** Borbás et Novák · F:Euphorbe de Gérard · ♃ Z5 V-IX ☠; Eur.: Ba; TR, Iran, Pakist.
  – subsp. **seguieriana** · D:Steppen-Wolfsmilch · ♃ Z5 VI-VIII ☠; Eur.* exc. BrI, Sc; TR, Cauc., W-Sib., C-As.
– *serpens* Kunth = Chamaesyce serpens
– **sikkimensis** Boiss. · ♃ Z6 VII-VIII; Bhutan, Sikkim
– *splendens* Bojer ex Hook. = Euphorbia milii var. milii
– **squarrosa** Haw. · ♃ ♆ Z9 Ⓚ ▽ *; Kap
– **stellaespina** Haw. · ♃ ♆ Z8 Ⓚ ▽ *; Kap
– **stellata** Willd. · ♃ ♆ Ⓚ ▽ *; Kap
– **stenoclada** Baill. · ♄ ♆ d Z10 Ⓚ ▽ *; Madag.
– **stricta** L. · D:Steife Wolfsmilch; E:Tintern Spurge, Upright Spurge · ☉ Z6 VI-IX ☠; Eur.* exc. Sc; TR, Cauc., Iran, C-As.
– **submammillaris** (A. Berger) A. Berger · ♃ ♆ Z8 Ⓚ ▽ *; Kap
– **susannae** Marloth · ♃ ♆ Z8 Ⓚ ▽ *; Kap
– **taurinensis** All. · D:Turiner Wolfsmilch · ☉ V-IX; Eur.: Ib, Fr, Ap, Ba, Krim; TR, Cauc., nat. in A, H
– **tetragona** Haw. · ♄ ♆ d Z8 Ⓚ ▽ *; Kap
– **tirucalli** L. · D:Latex-Wolfsmilch; E:Pencil Tree, Rubber Euphorbia · ♄ ♄ ♆ d Z8 Ⓚ Ⓝ ▽ *; E-Afr., S-Afr., Madag.
– **triangularis** Desf. · ♄ ♆ d Z8 Ⓚ ▽ *; S-Afr.: Kap, Natal
– **tridentata** Lam. · ♃ ♆ Z8 Ⓚ ▽ *; Kap
– **trigona** Mill. · E:Sudu · ♄ ♄ ♆ s Z9 Ⓚ ▽ *; Namibia
– *trigona* Roxb. non Mill. = Euphorbia barnhartii
– **tubiglans** Marloth ex R.A. Dyer · ♃ ♆ Z8 Ⓚ ▽ *; Kap

– *uncinata* DC. = Euphorbia stellata
– **undulatifolia** Janse · D:Wachsblättrige Wolfsmilch; E:Wavy-leaved Spurge · ♄ ♄ ᛘ e Z10 Ⓦ Ⓚ ▽ ✻; Ind.?
– **valida** N.E. Br. · ♃ ᛘ Z8 Ⓚ ▽ ✻; Kap
– *variegata* Sims = Euphorbia marginata
– *veneta* Hayek non Willd. = Euphorbia characias subsp. wulfenii
– **verrucosa** L. · D:Warzen-Wolfsmilch · ♃ V-VI ☠; Eur.: Ib, Fr, Ap, C-Eur., EC-Eur., Ba, RO
– **viguieri** Denis · ♄ ᛘ Z10 Ⓚ ▽ ✻; W-Madag.
– **villosa** Waldst. et Kit. ex Willd. · D:Zottige Wolfsmilch · ♃ Z5 V-VI ☠; Eur.* exc. BrI, Sc; Cauc., W-Sib., Alger.
– *viminalis* L. = Sarcostemma viminale
– **virgata** Waldst. et Kit. · D:Ruten-Wolfsmilch · ♃ Z5 V-VII ☠; Eur.: I, Ba, Krim; TR
– **virosa** Willd. · ♄ ᛘ Z9 Ⓚ ▽ ✻; Kap, Namibia
  – var. *coerulescens* (Haw.) A. Berger = Euphorbia caerulescens
– *waldsteinii* (Soják) A.R. Sm. = Euphorbia virgata
– *wulfenii* Hoppe ex W.D.J. Koch = Euphorbia characias subsp. wulfenii
– **xylophylloides** Brongn. ex Lem. · ♄ ♄ ᛘ d Z10 Ⓚ ▽ ✻; Madag.

Euphoria Comm. ex Juss. = Litchi
– *longan* (Lour.) Steud. = Dimocarpus longan
– *longana* Lam. = Dimocarpus longan

Euphrasia L. -f- *Scrophulariaceae* · c. 450 sp · D:Augentrost; E:Eyebright; F:casse-lunette, Euphraise
– **alpina** Lam. · ⊙; Eur.: Sp., F, I, CH; Pyr., Alp., Apenn.
– **borealis** (Towns.) Wettst. · ⊙; Eur.: BrI, Norw.
– **christii** Favrat · ⊙; Eur.: N-I, S-CH
– **cisalpina** Pugsley · ⊙; Eur.: NW-I, S-CH
– **dunensis** Wimm. · D:Dünen-Augentrost · ⊙; Eur.: DK
– **frigida** Pugsley · D:Nordischer Augentrost · ⊙; Eur.: Sc, Russ; Sib., Can.: E; Greenl.
– **hirtella** Jord. ex Reut. · D:Zottiger Augentrost · ⊙ VI-IX; Eur.: Ib, Fr, Ap, C-Eur., Ba, EC-Eur. +; mts.
– **inopinata** Ehrend. et Vitek · ⊙; Eur.: A (Salzburg, Tirol)
– **micrantha** Rchb. · D:Schlanker Augentrost · ⊙ VI-IX; Eur.* exc. Ba
– **minima** Jacq. ex DC. · D:Drüsiger Augentrost, Niedlicher Augentrost, Zwerg-Augentrost · ⊙ VII-IX; Eur.* exc. BrI, Sc
– **nemorosa** (Pers.) Wallr.
  – subsp. **coerulea** (Hoppe et Fürnr.) Wettst. · D:Blauer Augentrost, Blauer Hain-Augentrost · V-VIII; Eur.: EC-Eur., RO, W-Russ., ? D
  – subsp. *curta* Hoppe et Fürnr. = Euphrasia nemorosa subsp. coerulea
  – subsp. **nemorosa** · D:Bläulicher Augentrost, Hain-Augentrost · ⊙ VI-X; Eur.* exc. Ap, Ba
– **officinalis** L.
  – subsp. **kerneri** (Wettst.) Eb. Fisch. · D:Kerners Augentrost · Z6 V-X; C-Eur., SE-Eur. ; mts.
  – subsp. **officinalis** · D:Augentrost, Gewöhnlicher Augentrost; E:Eufragia, Eufrasia, Eyebright, Gozlukotu · ⊙ Z6 V-X ⚕ Ⓝ; Eur.*
  – subsp. **picta** (Wimm.) Oborný · D:Bunter Augentrost · Z6; Eur.: Vosges, Alp., Carp.
  – subsp. **rostkoviana** (Hayne) Towns. · D:Großblütiger Augentrost · Z6 V-X; Eur.*, TR, W-Sib.
– *rostkoviana* Hayne = Euphrasia officinalis subsp. rostkoviana
– **salisburgensis** Funck ex Hoppe · D:Salzburger Augentrost · ⊙ VII-X; Eur.*, TR
– **sinuata** Vitek et Ehrend. · D:Buchten-Augentrost · ⊙; Eur.: A
– **stricta** Wolff ex J.F. Lehm. · D:Kamm-Augentrost, Niedriger Augentrost, Steifer Augentrost, Tatarischer Augentrost, Zarter Augentrost · ⊙ VI-X; Eur.* exc. BrI
– **tricuspidata** L. · D:Dreispitziger Augentrost · ⊙ VII-IX; Eur.: I ; SE-Alp.

Euploca Nutt. = Heliotropium

Eupodium J. Sm. = Marattia

Eupogon Desv. = Andropogon

Euporteria Kreuz. et Buining = Neoporteria

Eupritchardia Kuntze = Pritchardia
– *gaudichaudii* (Mart.) Kuntze = Pritchardia gaudichaudii
– *pacifica* (Seem. et H. Wendl. ex H. Wendl.) Kuntze = Pritchardia pacifica

Euptelea Siebold et Zucc. -f- *Eupteleaceae* · 2 sp · D:Schönulme; F:Euptéléa
– *franchetii* Tiegh. = Euptelea pleiosperma
– **pleiosperma** Hook. f. et Thomson · D:Franchets Schönulme · ♄ d Z7; Him., SE-Tibet, C-China
– **polyandra** Siebold et Zucc. · D:Vielmännige Schönulme · ♄ d Z7; Jap.

× **Eurachnis** hort. -f- *Orchidaceae* (*Arachnis* × *Euanthe*)

Eurya Thunb. -f- *Theaceae* · c.70 sp · D:Sperrstrauch; F:Eurya
– **japonica** Thunb. · D:Japanischer Sperrstrauch · ♄ ♄ e Z9 ⌂; Ind., Sri Lanka, China, Korea, Taiwan, Jap., Malay. Arch., Fiji
  – *'Variegata'* = Cleyera japonica 'Fortunei'
– *latifolia* hort. = Cleyera japonica
– *ochnacea* (DC.) Szyszyll. = Cleyera japonica

Euryale Salisb. -f- *Nymphaeaceae* · 1 sp · D:Stachel-Seerose; E:Fox Nuts; F:Euryale, Nénuphar épineux
– **ferox** Salisb. · D:Stachel-Seerose; E:Foxnuts · ♃ ≈ Z8 ⌂ VI-VIII ⚕ ®; N-Ind., China, Jap., Taiwan

Euryangium Kauffman = Ferula
– *sumbul* Kauffm. = Ferula moschata

Euryops (Cass.) Cass. -m- *Asteraceae (Compositae)* · 97 sp · D:Goldmargerite, Kapmargerite; F:Marguerite dorée
– **abrotanifolius** DC. · D:Eberrauten-Kapmargerite · ♄ e Z9 ⌂; S-Afr.
– **acraeus** M.D. Hend. · ♄ e Z8 ⌂ V-VI; S-Afr.
– *athanasiae* DC. non Less. = Euryops abrotanifolius
– **athanasiae** Less. · ♄ e Z9 ⌂ III-IV; S-Afr.
– **chrysanthemoides** (DC.) B. Nord. · ♄ e Z9 ⌂ IV-IX; S-Afr.
– **evansii** Schltr. · D:Evans Kapmargerite · ♄ e Z9 ⌂ V-VI; S-Afr.
– **pectinatus** (L.) Cass. · ♄ e Z8 ⌂ V-VI; S-Afr.
– **tenuissimus** (L.) DC. · D:Zarte Kapmargerite; E:Resin Bush · ♄ e Z9 ⌂ V-IX; Kap
– **virgineus** (L. f.) DC. · ♄ e Z9 ⌂ III-IV; S-Afr.

Eusideroxylon Teijsm. et Binn. -f- *Lauraceae* · 2 sp · E:Ironwood
– *laurifolia* (Blanco) J. Schultze-Motel = Eusideroxylon zwageri
– **zwageri** (Teijsm.) Binn. · ♄ ⌂ ®; S-Sumat., Kalimantan, Phil.

Eustoma Salisb. -n- *Gentianaceae* · 3 sp · D:Prärieenzian; F:Gentiane de la Prairie
– **grandiflorum** (Raf.) Shinners · D:Bauchblume, Großblütiger Prärieenzian; E:Texas Bluebell, Tulip Gentian · ⊙ ✂ Z9 ⌂ VII-VIII; USA: NC, SC, Colo., N-Mex.
  – **in Sorten**

Eutaxia R. Br. -f- *Fabaceae (Leguminosae)* · 8 sp · D:Eutaxie, Straucherbse; E:Bush Pea; F:Eutaxia
– **myrtifolia** R. Br. · ♄ e Z9 ⌂ III-IV; W-Austr.

Euterpe Mart. -f- *Arecaceae (Palmae)* · 28 sp
– **edulis** Mart. · D:Assaipalme; E:Assai Palm · ♄ e Z10 ⌂; Bras., Arg.
– **oleracea** Mart. · ♄ e Z10 ⌂ ®; Venez., Guyan., Bras.

Euthamnus Schltr. = Aeschynanthus

Eutoca R. Br. = Phacelia
– *viscida* Benth. ex Lindl. = Phacelia viscida

Eutrema R. Br. -n- *Brassicaceae (Cruciferae)* · 15 sp
– **edwardsii** R. Br. · ♃; N-As.
– *wasabi* (Siebold) Maxim. = Wasabia japonica

Evolvulus L. -m- *Convolvulaceae* · 98 sp
– **arbusculus** Poir. · ♄ ⌇ ⌂ I-XII; Hispaniola (Dominican. Rep.)
– **glomeratus** Nees et Mart.
  – subsp. **glomeratus** · ♄ Z8 ⌂; Bras.
  – subsp. **grandiflorus** (Parodi) Ooststr. · ♄ ⌇ Z8 ⌂ I-XII; S-Bras., Parag., Arg.
– **purpureocoeruleus** Hook. · ♃ ⟿ ⌂ VI-VIII; Jamaica

Exacum L. -n- *Gentianaceae* · c. 60 sp · D:Bitterblatt; F:Violette allemande
– **affine** Balf. f. · D:Blaues Lieschen; E:German Violet, Tiddly Winks · ⊙ Z9 ⌂ VII-IX; Socotra

Excoecaria L. -f- *Euphorbiaceae* · 40 sp
– *bicolor* Hassk. = Excoecaria cochinchinensis
– **cochinchinensis** Lour. · ♄ e ⌂ ☠; S-Vietn.

Exochorda Lindl. -f- *Rosaceae* · 4 sp · D:Blumenspiere, Radspiere; E:Pearlbush; F:Exochorda
– *albertii* Regel = Exochorda korolkowii
– **giraldii** Hesse
  – var. **giraldii** · D:Dahurische Radspiere; E:Pearl Bush; F:Exochorde · ♄ d Z5; C-China
  – var. **wilsonii** (Rehder) Rehder · F:Exochorde · ♄ d Z5 IV-V; C-China
– *grandiflora* Lindl. = Exochorda racemosa
– **korolkowii** Lavallée · D:Turkestanische Radspiere · ♄ d Z6 V; C-As.
– × **macrantha** (Lemoine) C.K. Schneid. (*E. korolkowii* × *E. racemosa*) · E:Pearl Bush · ♄ d Z5 V; cult.
– **racemosa** (Lindl.) Rehder · D:Chinesische Radspiere; E:Common Pearl Bush; F:Exochorde à grandes fleurs · ♄ d Z5 V; E-China

Exogonium Choisy = Ipomoea
– *purga* (Wender.) Benth. = Ipomoea purga

Faba Mill. = Vicia
– *bona* Medik. = Vicia faba var. faba
– *vulgaris* Moench = Vicia faba var. faba

Fabiana Ruiz et Pav. -f- *Solanaceae* · 25 sp · D:Fabiane; F:Fabiana
– **imbricata** Ruiz et Pav. · D:Falsche Heide; E:Pichi · ♄ e Z8 ⓚ Ⓐ ⚕ ☠; S-Peru, Chile, Arg.

Facheiroa Britton et Rose -f- *Cactaceae* · 3 sp
– *blossfeldiorum* (Engelm.) W.T. Marshall = Espostoa blossfeldiorum
– **ulei** (Gürke) Werderm. · ♄ Z9; E-Bras.

Fadyenia Hook. -f- *Dryopteridaceae* · 1 sp
– **prolifera** Hook. · ♃ ⇝ Z10 ⌂; W.Ind.

Fagopyrum Mill. -n- *Polygonaceae* · 8 sp · D:Buchweizen; E:Buckwheat; F:Blé noir, Sarrasin
– *convolvulus* (L.) Delarbre = Fallopia convolvulus
– **esculentum** Moench · D:Echter Buchweizen; E:Buckwheat · ⊙ VII-X ⚕ Ⓝ; C-As., S-Sib., N-China, nat. in Eur.*
– *sagittatum* Gilib. = Fagopyrum esculentum
– **tataricum** (L.) Gottfr. Gaertn. · D:Falscher Buchweizen, Tatarischer Buchweizen; E:Tatary Buckwheat · ⊙ VII-IX Ⓝ; Russ., Cauc., W-Sib., E-Sib., Amur, Pakist., Him., Tibet, China
– *vulgare* Delarbre = Fagopyrum esculentum

Fagraea Thunb. -f- *Loganiaceae* · 35 sp
– **fragrans** Roxb. · ♄ e Z10 ⌂ Ⓝ; Malay. Arch.

Fagus L. -f- *Fagaceae* · 10 sp · D:Buche; E:Beech; F:Hêtre
– *americana* Sweet = Fagus grandifolia
– **crenata** Blume · D:Gekerbte Buche; E:Japanese Beech · ♄ d Z6 Ⓝ; Jap.
– **engleriana** Seemen · D:Englers Buche; E:Engler's Beech; F:Hêtre de Chine · ♄ d Z6; C-China
– *ferruginea* Aiton = Fagus grandifolia
– **grandifolia** Ehrh. · D:Amerikanische Buche; E:American Beech; F:Hêtre d'Amérique · ♄ d Z4 Ⓝ; Can.: E; USA: NE, NCE, SE, Fla., SC
– **japonica** Maxim. · D:Japanische Buche; E:Japanese Beech · ♄ d Z5; Jap.
– *macrophylla* (Hohen. ex DC.) Koidz. = Fagus orientalis
– × **moesiaca** (Maly) Czeczott (*F. orientalis* × *F. sylvatica*) · ♄ d Z5; Eur.: EC-Eur., Ba, RO; Cauc., N-Iran
– **orientalis** Lipsky · D:Orient-Buche; E:Oriental Beech; F:Hêtre d'Orient · ♄ d Z6; Eur.: Ba, Ro, Krim; TR, Cauc., N-Iran
– *sieboldii* Endl. ex A. DC. = Fagus crenata
– **sylvatica** L. · D:Rot-Buche; E:Beech, Common Beech, European Beech; F:Fayard, Hêtre commun · ♄ d Z5 IV-V ⚕ Ⓝ; Eur.*, TR
  – **in vielen Sorten**
  – fo. *suenteliensis* hort. ex Schelle = Fagus sylvatica 'Tortuosa'
  – **'Tortuosa'**
  – subsp. *orientalis* (Lipsky) Greuter et Burdet = Fagus orientalis
  – var. *tortuosa* Pépin = Fagus sylvatica 'Tortuosa'

Faidherbia A. Chev. -f- *Mimosaceae (Leguminosae)* · 1 sp · D:Anabaum; E:Winterthorn
– **albida** (Delile) A. Chev. · D:Anabaum;

E:Anatree, Winterthorn · ♄ Ⓦ Ⓝ; Senegal to Namibia

Falcaria Fabr. -f- *Apiaceae (Umbelliferae)* · 1 sp · D:Sichelmöhre; E:Longleaf; F:Falcaire
- **vulgaris** Bernh. · D:Sichelmöhre · ⊙ ♃ VII-IX; Eur.: Ib, Fr, EC-Eur., Ap, Ba, E-Eur., A, CH ; TR, SW-As., C-As., nat. in BrI, Sc, N-Am., S-Am.

Falkia L. f. -f- *Convolvulaceae* · 3 sp
- **repens** L. f. · ♃ ⟿ Ⓚ V-VIII; S-Afr.

Fallopia Adans. -f- *Polygonaceae* · 12 sp · D:Flügelknöterich; E:Knotweed; F:Renouée grimpante
- *aubertii* (L. Henry) Holub = Fallopia baldschuanica
- **baldschuanica** (Regel) Holub · D:Schling-Flügelknöterich, Silberregen; E:Mile-a-Minute Plant, Russian Vine · ♄ d ≹ Z5 VIII-X; C-As.: Tadschik., nat. in BrI, Sp., A, EC-Eur., RO
- × **bohemica** (Chrtek et Chrtková) J.P. Bailey (*F. japonica* × *F. sachalinensis*) · D:Bastard-Flügelknöterich · ♃; C-Eur.+
- **convolvulus** (L.) A. Löve · D:Acker-Flügelknöterich; E:Black Bindweed · ⊙ ♃ ≹ VIII-X; Eur.*, TR, Levante, Cauc., Iran, W-Sib., E-Sib., Amur, Sachal., Kamchat., C-As., Mong., N-Afr., nat. in N-Am., S-Afr.
- **dumetorum** (L.) Holub · D:Hecken-Flügelknöterich; E:Desert Knotgrass · ⊙ ≹ VII-IX; Eur.*, TR, Cauc., Iran, W-Sib., E-Sib., Amur, Sachal., C-As., Afgh., Him., Mong., Manch., N-China, Korea
- **japonica** (Houtt.) Ronse Decr. · D:Japanischer Flügelknöterich; E:Japanese Knotweed
  - var. **compacta** (Hook. f.) J.P. Bailey · D:Kleiner Japanischer Flügelknöterich · ♃ Z4 VIII-X ⚕
  - var. **japonica** · D:Gewöhnlicher Japanischer Flügelknöterich · ♃ Z4 VII-IX; Jap., nat. in Eur.*
- **multiflora** (Thunb.) K. Haraldson · D:Chinesischer Flügelknöterich; E:Chinese Fleeceflower · ♃ ≹ Z7 ∧ IX-X ⚕; China
- **sachalinensis** (F. Schmidt) Ronse Decr. · D:Sachalin-Flügelknöterich; E:Giant Knotweed; F:Renouée des Sakhalines · ♃ Z4 VII-X; Jap., Sachal., nat. in Eur.

Fallugia Endl. -f- *Rosaceae* · 1 sp · D:Apachenpflaume; E:Apache Plume; F:Plume des Apaches
- **paradoxa** (D. Don) Endl. · D:Apachenpflaume; E:Apache Plume · ♄ d ꕥ Z7 ∧ VI-VIII Ⓝ; USA: Tex., Colo., Nev., Utah, Calif.; N-Mex.

Farfugium Lindl. -n- *Asteraceae (Compositae)* · 2 sp
- *grande* Lindl. = Farfugium japonicum
- **japonicum** (L.) Kitam. · D:Leopardenpflanze; E:Leopard Plant · ♃ Ⓚ IX-X; Jap.

Fargesia Franch. -f- *Poaceae (Gramineae)* · 83 sp · D:Schirmbambus; E:Fountain Bamboo; F:Bambou
- **murieliae** (Gamble) T.P. Yi · D:Muriels Schirmbambus; E:Muriel Bamboo · ♄ e Z6; W-Him.
- **nitida** (Mitford) Keng f. · D:Fontänen-Schirmbambus; E:Fountain Bamboo · ♄ e Z6; W-China, C-China
- *spathacea* Franch. = Fargesia murieliae

Farsetia Turra -f- *Brassicaceae (Cruciferae)* · 20 sp
- **aegyptica** Turra · ♄ Z8; N-Sudan
- *clypeata* (L.) R. Br. = Fibigia clypeata

Fascicularia Mez -f- *Bromeliaceae* · 5 sp
- **bicolor** (Ruiz et Pav.) Mez · ♃ Z8 Ⓚ; Chile
- **kirchhoffiana** (Wittm.) Mez · ♃ Z8 Ⓚ; Chile
- **pitcairniifolia** (Verl.) Mez · ♃ Z8 Ⓚ; Chile

× **Fatshedera** Guillaumin -f- *Araliaceae* · D:Efeuaralie; F:Fatshédéra (*Fatsia* × *Hedera*)
- **lizei** (hort. ex Cochet) Guillaumin (*Fatsia japonica 'Moseri'* × *Hedera hibernica*) · D:Efeuaralie; E:Aralia Ivy · ♄ e Z8 Ⓚ; cult.

Fatsia Decne. et Planch. -f- *Araliaceae* · 3 sp · D:Fatsie, Zimmeraralie; E:Fatsi; F:Fatsia
- **japonica** (Thunb.) Decne. et Planch. · D:Zimmeraralie; E:Glossy-leaved Paper Plant, Japanese Fatsia · ♄ e Z8 Ⓦ ✀; Jap., Riukiu-Is., S-Korea

Faucaria Schwantes -f- *Aizoaceae* · 33 sp ·

D:Rachenblatt, Tigerschlund; E:Tiger Jaws; F:Gueule-de-tigre
– **bosscheana** (A. Berger) Schwantes · ♃ ♆ Z9 ⌂; Kap
– **felina** (Weston) Schwantes ex Jacobsen · ♃ ♆ Z9 ⌂; Kap
– **grandis** L. Bolus · ♃ ♆ Z9 ⌂; Kap
– **lupina** (Haw.) Schwantes · ♃ ♆ Z9 ⌂; Kap
– **tigrina** (Haw.) Schwantes · D:Tiger-Rachenblatt, Tigerrachen; E:Tiger Jaw · ♃ ♆ Z9 ⌂; Kap
– **tuberculosa** (Rolfe) Schwantes · ♃ ♆ Z9 ⌂; Kap

Fedia Gaertn. -f- *Valerianaceae* · 3 sp · D:Afrikanischer Baldrian; E:African Valerian; F:Corne d'abondance, Valériane africaine
– **cornucopiae** (L.) Gaertn. · D:Afrikanischer Baldrian; E:Horn of Plenty · ⊙ VII-VIII; Eur.: Ib, F, Ap, GR, Crete; N-Afr.

Feijoa O. Berg = Acca
– *sellowiana* (O. Berg) O. Berg = Acca sellowiana

Felicia Cass. -f- *Asteraceae (Compositae)* · 83 sp · D:Kapaster; E:Blue Daisy, Blue Margeruite; F:Aster du Cap
– **amelloides** (L.) Voss · D:Blaue Kapaster; E:Blue Marguerite; F:Marguerite du Cap · ♃ ♄ Z9 ⌂ I-XII; S-Afr.
– **amoena** (Sch. Bip.) Levyns · ⊙ ⊙ ♃ Z9 VIII-IX; S-Afr.
– **bergeriana** (Spreng.) O. Hoffm. · D:Eisvogel-Kapaster; E:Kingfisher Daisy · ⊙ Z9 VII-VIII; S-Afr.
– *fragilis* Cass. = Felicia tenella
– **fruticosa** (L.) G. Nicholson · D:Buschige Kapaster; E:Shrub Aster · ♄ e Z9 ⌂; S-Afr.: Kap, Transvaal
– **heterophylla** (Cass.) Grau · ⊙ Z9 ⌂ VI-VIII; W-Kap
– *pappei* (Harv.) Hutch. = Felicia amoena
– **tenella** (L.) Nees · ⊙ ⊙ ♃ Z9 ⌂ VII-VIII; S-Afr.
– **uliginosa** (J.M. Wood et M.S. Evans) Grau · ♃ Z9 ⌂; S-Afr.

Fendlera Engelm. et A. Gray -f- *Hydrangeaceae* · 2-3 sp
– **rupicola** A. Gray · ♄ d △ Z7 ⌂ ∧ V; USA: Colo., SW
– **wrightii** (A. Gray) Heller · ♄ d Z7 ∧; SW-USA, Tex., NW-Mex.

Fenestraria N.E. Br. -f- *Aizoaceae* · 1 sp · D:Fensterblatt
– *aurantiaca* N.E. Br. = Fenestraria rhopalophylla subsp. aurantiaca
– **rhopalophylla** (Schltr. et Diels) N.E. Br.
  – subsp. **aurantiaca** (N.E. Br.) Hartmann · E:Baby's Toes · ♃ ♆ Z10 ⌂; Kap
  – subsp. **rhopalophylla** · ♃ ♆ Z10 ⌂; Kap

Fenzlia Benth. = Linanthus
– *dianthiflora* Benth. = Linanthus dianthiflorus

Ferocactus Britton et Rose -m- *Cactaceae* · 23 sp
– *acanthodes* Britton et Rose = Ferocactus cylindraceus
– **chrysacanthus** (Orcutt) Britton et Rose · ♆ Z10 ⌂ ▽ ✱; N-Mex.: Isla Cedros
– *covillei* Britton et Rose = Ferocactus emoryi
– **cylindraceus** (Engelm.) Orcutt · E:Compass Barrel Cactus · ♆ Z10 ⌂ ▽ ✱; Mex.: Baja Calif., Sonora
– **echidne** (DC.) Britton et Rose · ♆ Z10 ⌂ ▽ ✱; N-Mex.
– **emoryi** (Engelm.) Orcutt · ♆ Z10 ⌂ ▽ ✱; SW-Ariz., NW-Mex.
– **flavovirens** (Scheidw.) Britton et Rose · ♆ Z10 ⌂ ▽ ✱; S-Mex.
– **fordii** (Orcutt) Britton et Rose · ♆ Z10 ⌂ ▽ ✱; NW-Mex.
– **glaucescens** (DC.) Britton et Rose · ♆ Z10 ⌂ ▽ ✱; E-Mex.
– **gracilis** H.E. Gates · ♆ Z10 ⌂ ▽ ✱; NW-Mex.
– **hamatacanthus** (Muehlenpf.) Britton et Rose · E:Turk's Head · ♆ Z10 ⌂ ▽ ✱; USA: N.Mex., Tex.; NE-Mex.
– **histrix** (DC.) G.E. Linds. · ♆ Z10 ⌂ ▽ ✱; C-Mex.
– *horridus* Britton et Rose = Ferocactus peninsulae
– **latispinus** (Haw.) Britton et Rose · E:Devil's Tongue · ♆ Z10 ⌂ ▽ ✱; Mex.
– **macrodiscus** (Mart.) Britton et Rose · ♆ Z10 ⌂ ▽ ✱; Mex.: Guanajuato, Oaxaca
– *melocactiformis* DC. = Ferocactus histrix
– *orcuttii* (Engelm.) Britton et Rose = Ferocactus viridescens
– **peninsulae** (F.A.C. Weber) Britton et Rose · ♆ Z10 ⌂ ▽ ✱; Mex.: Baja Calif.
– **pilosus** (Salm-Dyck) Werderm. · ♆ Z10 ⌂ ▽ ✱; N-Mex.
– **pottsii** (Salm-Dyck) Backeb. · ♆ Z10 ⌂ ▽

✻; Mex.: Sonora, Chihuahua, Sinaloa
- **robustus** (Pfeiff.) Britton et Rose · ♆ Z10 ⌂ ▽ ✻; Mex.: Puebla
- *setispinus* (Engelm.) L.D. Benson = Thelocactus setispinus
- *stainesii* (Salm-Dyck) Britton et Rose = Ferocactus pilosus
- *victoriensis* (Rose) Backeb. = Ferocactus echidne
- **viridescens** (Torr. et A. Gray) Britton et Rose · E:Small Barrel Cactus · ♆ Z10 ⌂ ▽ ✻; S-Calif., Baja Calif.
- **wislizenii** (Engelm.) Britton et Rose · ♆ Z10 ⌂ ▽ ✻; Mex.: Sonora, Chihuahua, Sinaloa, Durango

Feronia Correa = Limonia
- *elephantum* Corrêa = Limonia acidissima
- *limonia* (L.) Swingle = Limonia acidissima

Ferraria Burm. ex Mill. -f- *Iridaceae* · 10 sp
- **crispa** Burm. · ♃ Z9 ⌂ III-IV; Kap, nat. in Mallorca
- *undulata* L. = Ferraria crispa

Ferula L. -f- *Apiaceae (Umbelliferae)* · 172 sp · D:Riesenfenchel, Steckenkraut; E:Giant Fennel; F:Férule
- **assa-foetida** L. · ♃ Z8 ⌂ ∧ VII-VIII ⚕ ☠ Ⓝ; C-As., Iran, Afgh.
- **communis** L. · D:Riesenfenchel, Steckenkraut; E:Giant Fennel · ♃ Z8 ⌂ ∧ VII-VIII Ⓝ; Eur.: Ib, Fr, Ap, Ba, Canar.; TR, Cyprus, Lebanon, N-Afr.
- **foetida** (Bunge) Regel · D:Stinkasant · ♃ Z8 ⌂ Ⓝ; C-As.
- *galbaniflua* Boiss. et Buhse = Ferula gummosa
- **gummosa** Boiss. · ♃ Z8 ⚕ Ⓝ; Iran, C-As. (Copet Dag)
- *hispanica* Rouy = Ferula tingitana
- **moschata** (Reinsch) Koso-Pol. · E:Musk Root · ♃; C-As.
- **narthex** Boiss. · ♃ Z8 ⌂ ∧ VII-VIII ⚕ Ⓝ; NW-Him.
- **rubricaulis** Boiss. · ♃; W-As.
- *sumbul* (Kauffm.) Hook. f. = Ferula moschata
- **tingitana** L. · ♃ Z8 ⌂ ∧ VII-VIII; Eur.: Ib; N-Afr.

Ferulago W.D.J. Koch -f- *Apiaceae (Umbelliferae)* · c. 45 sp · D:Birkwurz; F:Férule bâtarde, Petite férule
- **galbanifera** (Mill.) W.D.J. Koch · D:Knotenblütige Birkwurz · ♃ Z6; Eur.: F, Ap, Ba, E-Eur.; Cauc.

Festuca L. -f- *Poaceae (Gramineae)* · 300-500 sp · D:Schwingel; E:Fescue; F:Fétuque
- *acerosa* K. Koch = Festuca punctoria
- **acuminata** Gaudin · D:Zugespitzter Schwingel · ♃ VII-VIII; Eur.: F, I, CH; Alp.
- **airoides** Lam. · D:Kleiner Schaf-Schwingel · ♃ VI-VII; Eur.* exc. BrI, Sc; mts.
- **alpestris** Roem. et Schult. · D:Südalpen-Buntschwingel · ♃ △ VII-VIII; Eur.: I, Slove.; SE-Alp.
- **alpina** Suter · D:Alpen-Schwingel · ♃ △ VI-VIII; Eur.: F, I, C-Eur., Ba; Pyr., Alp., Balkan
- **altissima** All. · D:Wald-Schwingel · ♃ VI-VII; Eur.*, Cauc., W-Sib., E-Sib., C-As.
- **amethystina** L. · D:Amethyst-Schwingel; E:Tufted Fescue · ♃ △ VI; Eur.: Fr, Ap, C-Eur., EC-Eur., Ba, E-Eur.; TR, Cauc.
- **arundinacea** Schreb. · D:Rohr-Schwingel; E:Meadow Fescue, Tall Fescue · ♃ VI-VII Ⓝ; Eur.*, TR
- **brevipila** Tracey · D:Raublättriger Schaf-Schwingel, Raublatt-Schwingel · ♃ V-VII; Eur.: Fr, C-Eur., EC-Eur., Sc, nat. in BrI, Russ.
- **calva** (Hack.) K. Richt. · D:Glatter Bunt-Schwingel, Kahler Buntschwingel · ♃ VII; Eur.: I, A, Slove.; E-Alp.
- *capillata* Lam. = Festuca filiformis
- **cinerea** Vill. · ♃ △ V-VI; Eur.: SE-F; NW-I
- *crinum-ursi* hort. non Ramond = Festuca gautieri
- *crinum-ursi* Ramond = Festuca eskia
- **drymeia** Mert. et W.D.J. Koch · D:Berg-Schwingel · ♃ VI; Eur.: Ap, A, EC-Eur., Ba, E-Eur.; TR, Cauc., Iran
- **duvalii** (St.-Yves) Stohr · D:Duvals-Schaf-Schwingel · ♃; Eur.: F, B, D, PL
- **eggleri** Tracey · D:Egglers Schwingel · ♃ V-VI; Eur.: A (Murtal)
- *elatior* L. = Festuca pratensis subsp. pratensis
  - subsp. *pratensis* (Huds.) A. Gray = Festuca pratensis subsp. pratensis
- **eskia** Ramond ex DC. · ♃ ⇝ VII-VIII; Eur.: Sp., F, ? RO; Pyr.
- *fallax* Thuill. = Festuca nigrescens
- **filiformis** Pourr. · D:Haar-Schaf-Schwingel; E:Hair Fescue · ♃ V-VII; Eur.*

exc. Sc; Cauc., nat. in Sc, N-Am., NZ
– **flavescens** Bellardi · D:Gelblicher Schwingel · ♃ VII-VIII; Eur.: F, I; SW-Alp.
– **frigida** (Hack.) K. Richt. · ♃ △ VI-VII; S-Sp.: Sierra Nevada
– **gautieri** (Hack.) K. Richt. · D:Bärenfellgras; E:Bear Skin Fescue; F:Fétuque de Gautier, Fétuque en balai · ♃ △ V-VI; SW-F, NE-Sp.
– **gigantea** (L.) Vill. · D:Riesen-Schwingel; E:Giant Fescue; F:Fétuque géante · ♃ VII-VIII; Eur.*, Cauc., W-Sib., E-Sib., C-As.
– **glacialis** (Miègev. ex Hack.) K. Richt. · ♃ △ VI-VII; Sp., F; Pyr.
– *glauca* Lam. = Festuca cinerea
– **in vielen Sorten**
– **glauca** Vill. · D:Blau-Schwingel; E:Blue Fescue, Grey Fescue; F:Fétuque bleue · ♃; SE-Eur., S-Eur.
– **guestfalica** Boenn. ex Rchb. · D:Westfälischer Schwingel · ♃ V-VII; Eur.: BrI, Fr, C-Eur., EC-Eur., ? RO
– **halleri** All. · D:Hallers Schwingel · ♃ △ VI-VIII; Eur.: F, I, CH, A, Bosn., Maced.; Alp., mts.
– **hervieri** (St.-Yves) Patzke · ♃; Eur.: Sp., F, B
– **heteromalla** Pourr. · D:Ausgebreiteter Schwingel · ♃ VI-VII; Eur.: Fr, Ap, C-Eur., EC-Eur., Sc, ? RO
– **heteropachys** (St.-Yves) Patzke ex Auquier · D:Derber Schaf-Schwingel · ♃ VI-VII; Eur.: F, B, D, CH
– **heterophylla** Lam. · D:Verschiedenblättriger Schwingel; E:Shade Fescue · ♃ VI-IX; Cauc.
– **intercedens** (Hack.) Lüdi ex Bech. · D:Dazwischenliegender Schwingel · ♃ VI-VII; Eur.: I, CH, A; Alp.
– **juncifolia** St.-Amans · D:Binsenblättriger Schwingel · ♃; Eur.: BrI, Fr, Sp.
– **laevigata** Gaudin · D:Glatter Schaf-Schwingel, Krumm-Schwingel · ♃ V-VII; Eur.: F, I, CH, D, A; Pyr., Alp., Apenn.
– **laxa** Host · D:Schlaffer Schwingel · ♃ VII-VIII; Eur.: A, Slove.; SE-Alp.
– **mairei** St.-Yves · D:Atlas-Schwingel · ♃; Maroc., Alger.
– **makutrensis** Zapał. · D:Makutrenser Schaf-Schwingel · ♃ VI; Eur.: PL, Russ., ? D
– **nigrescens** Lam. · D:Herbst-Rot-Schwingel, Schwarzwerdender Schwingel · ♃ ⇝ VI Ⓝ; Eur.*
– **nitida** Kit. · D:Glanz-Schwingel · ♃ VII-VIII; Eur.: I, A, Slove., RO; SE-Alp., Carp.
– **norica** (Hack.) K. Richt. · D:Norischer Schwingel · ♃ VII-VIII; Eur.: I, CH, D, A, Slove.; E-Alp.
– **ovina** L. · D:Echter Schaf-Schwingel; E:Blue Fescue, Sheep's Fescue; F:Fétuque ovine · ♃ V-VII Ⓝ; Eur.* exc. Ib; Cauc., W-Sib.
– **pallens** Host · D:Bleicher Schaf-Schwingel · ♃ V-VI; Eur.: Fr, C-Eur., EC-Eur., ? Bosn., RO, W-Russ.
– **paniculata** (L.) Schinz et Thell. · D:Gold-Schwingel · ♃ VI-VII; Eur.: Ib, Fr, Ap, C-Eur., Ba, RO; Maroc.
– **patzkei** Markgr.-Dann. · D:Patzkes Schaf-Schwingel · ♃; Eur.: E-F, D , Luxemburg
– **picta** Kit. · ♃; Eur.: A, EC-Eur., BG, RO, W-Russ.; E-Alp., Carp., BG
– **picturata** Pilz · D:Bunter Violett-Schwingel · ♃ VII-VIII; Eur.: N-I, A, Slova., PL, BG, RO; mts.
– **polesica** Zapał. · D:Dünen-Schaf-Schwingel · ♃ VI-VII; Eur.: Sc, D, PL, Russ., ? NL; coasts
– **pratensis** Huds.
  – subsp. **apennina** (De Not.) Hack. ex Hegi · D:Apenninen-Wiesen-Schwingel · ♃ VI-VII; Eur.: Alp., Apenn., Sic. mts., Slove., Croatia, Carp.
  – subsp. **pratensis** · D:Gewöhnlicher Wiesen-Schwingel; E:Meadow Fescue · ♃ VI-VII Ⓝ; Eur.*, TR, Cauc., W-Sib., E-Sib., C-As., nat. in Amur, Sachal.
– **psammophila** (Hack. ex Čelak.) Fritsch · D:Sand-Schaf-Schwingel · ♃ VI-VII; Eur.: D, PL, CZ, Balt.
– **pseudodalmatica** Krajina ex Domin · D:Falscher Dalmatiner Schwingel · ♃ V-VI; Eur.: A, EC-Eur.; Cauc., Iran, C-As.
– **pseudodura** Steud. · D:Harter Schwingel · ♃ VII-VIII; Eur.: I, CH, A; E-Alp.
– **pseudovina** Hack. ex Wiesb. · D:Falscher Schaf-Schwingel, Harter Felsen-Schwingel · ♃ VI-VII; Eur.: C-Eur., EC-Eur., BaE-Eur.; Cauc., W-Sib., E-Sib., C-As.
– **puccinellii** Parl. · D:Dunkelvioletter Schwingel, Violetter Schwingel · ♃ VII-VIII; Eur.: C-Eur., F, I; Alp., Jura
– **pulchella** Schrad. · D:Zierlicher Schwingel · ♃ VII-VIII; Eur.: F, I, C-Eur., Slove., ? RO; Alp., Jura, ? Carp.
– *pumila* Vill. = Festuca quadriflora
– **punctoria** Sm. · ♃ △ VI-VII; N-TR
– **quadriflora** Honck. · D:Niedriger

Schwingel · ♃ △ VII-VIII; Eur.: Sp., F, I, C-Eur., Slove.; Pyr., Alp., Jura
- **rubra** L.
  - subsp. **arenaria** (Osbeck) Aresch. · D:Dünen-Rot-Schwingel · ♃; Eur.: NW-Eur., Balt.; coasts
  - subsp. *commutata* Gaudin = Festuca nigrescens
  - subsp. **juncea** (Hack.) K. Richt. · ♃; Eur.: most exc. Russ.
  - subsp. **litoralis** (G. Mey.) Auquier · ♃; W-Eur., Balt.; coasts
  - subsp. **rubra** · D:Rot-Schwingel; E:Creeping Fescue, Red Fescue · ♃ ⇝ VI Ⓝ; Eur.*, TR, Cauc., Iran, W-Sib., E-Sib., C-As., N-Ind., Mong., China, Jap., Maroc., Alger., nat. in N-Am., S-Am., Austr., NZ
- **rupicaprina** (Hack.) A. Kern. · D:Gämsen-Schwingel · ♃ △ VI-VII; Eur.: C-Eur., Slove.; Alp.
- **rupicola** Heuff. · D:Furchen-Schaf-Schwingel · ♃ V-VII; Eur.: Fr, Ap, C-Eur., EC-Eur., Ba; Cauc., W-Sib., C-As.
- **scabriculmis** (Hack.) Richt. · D:Rauhalmiger Schwingel · ♃ VII-VIII; Eur.: F, I, CH; S-Alp.
- *scoparia* A. Kern. ex Hook. = Festuca gautieri
- **stenantha** (Hack.) Richt. · D:Schmalblütiger Schwingel · ♃ VII-VIII; Eur.: F, I, CH, A, Slove., Croatia, Bosn.; Alp., Croatia, Bosn.
- **stricta** Host · D:Steif-Schwingel · ♃ V-VII; Eur.: I, A, EC-Eur., RO
- *tenuifolia* Sibth. = Festuca filiformis
- **ticinensis** (Markgr.-Dann.) Markgr.-Dann. · D:Tessiner Schwingel · ♃ V-VII; Eur.: I, CH; S-Alp.
- **trichophylla** (Ducros ex Gaudin) K. Richt. · D:Haarblättriger Schwingel · ♃ VI-VII; Eur.: Ib, Fr, Ap, C-Eur., EC-Eur., RO
- **vaginata** Waldst. et Kit. ex Willd. · D:Sand-Schwingel · ♃ V-VI; Eur.: A, EC-Eur., Ba, E-Eur.
- **valesiaca** Schleich. ex Gaudin
  - subsp. **parviflora** (Hack.) R. Tracey · ; Eur.: C-Eur., EC-Eur., Ba, E-Eur.; Cauc., W-Sib., C-As.
  - subsp. **valesiaca** · D:Walliser Schaf-Schwingel; F:Fétuque du Valais · ♃ △ VI; Eur.: Fr, Ap, C-Eur., EC-Eur., Ba, E-Eur.; TR, Cauc., C-As., Mong.
- **varia** Haenke · D:Bunt-Schwingel · ♃ VII-VIII; Eur.: I, A, Slove.; E-Alp.
- **versicolor** Tausch · D:Verschiedenfarbiger Schwingel · ♃ VII-VIII; Eur.: A, EC-Eur.
- **vivipara** (L.) Sm. · D:Brutknospen-Schwingel · ♃ △ VI-VII; Eur.: BrI, Sc, N-Russ.; Sib., N-Am., Greenl.

× **Festulolium** Asch. et Graebn. -n- *Poaceae (Gramineae)* · D:Schingellolch (*Festuca* × *Lolium*)
- **loliaceum** (Huds.) P. Fourn. (*Festuca pratensis* × *Lolium perenne*) · D:Schwingellolch · ♃ Z5; Eur.*

Fibigia Medik. -f- *Brassicaceae (Cruciferae)* · 14 sp · D:Schildkresse
- **clypeata** (L.) Medik. · ♃ △ ✂ Z7 ∧ V-VI; Eur.: I, Ba, Krim; TR, Syr., Palaest., Iraq, Cauc. Iran, Egypt

Ficaria Schaeff. = Ranunculus
- *verna* Huds. = Ranunculus ficaria

Ficinia Schrad. -f- *Cyperaceae* · 60-75 sp
- *poiretii* Kunth = Isolepis cernua

Ficus L. -f- *Moraceae* · c. 750 sp · D:Feige, Gummibaum; E:Fig; F:Figuier
- **altissima** Blume · D:Hohe Feige; E:Council Tree, False Banyan · ⱷ e Z10 (W); Him., Ind., Sri Lanka, Myanmar, Malay. Arch., Phil.
- **aspera** G. Forst. · ⱷ e ♧ Z10 (W); Vanuatu
  - **'Canonii'** · (W)
  - **'Parcellii'** · (W)
- **auriculata** Lour. · D:Roxburgh-Feige; E:Roxburgh Fig · ħ ⱷ e ♧ Z10 (W); Him., S-China, Thail., Vietn.
- *australis* Willd. non hort. = Ficus rubiginosa 'Australis'
- *barbata* Miq. = Ficus villosa
- **barteri** Sprague · ħ ⱷ e Z10 (W); W-Afr., C-Afr.
- **benghalensis** L. · D:Banyan-Feige; E:Banyan Tree, Indian Banyan · ħ ⱷ e Z10 (W) ⚕; Him., Ind.
  - **'Krishnae'** Z10 (W)
- **benjamina** L. · D:Benjamin-Feige, Benjamin-Gummibaum; E:Benjamin Fig, Tropic Laurel, Weeping Fig · ⱷ e Z10 (W); Him., Ind., Myanmar, S-China, Malay. Arch., N-Austr.
- **binnendijkii** Miq. · ⱷ e Z10 (W); Java
- **callosa** Willd. · ⱷ e Z10 (W); Ind., Sri Lanka, Myanmar, Java
- *canonii* W. Bull ex Van Houtte = Ficus

aspera 'Canonii'
– *capensis* Thunb. = Ficus sur
– **carica** L. · D:Echte Feige; E:Fig · ħ̄ ħ d Z8 ⓚ ∧ V-X ⚕ Ⓝ; Eur.: Ib, Fr, Ap, Ba; TR, Levante, N-Iraq, Iran, C-As., NW-Afr., nat. in BrI, C-Eur., EC-Eur., Krim
– **celebensis** Corner · ħ̄ e Z10 ⓦ; Sulawesi
– *cerasiformis* Desf. = Ficus parietalis
– **cyathistipula** Warb. · ħ̄ e ⁂ Z10 ⓦ; trop. Afr.
– **deltoidea** Jack
  – var. **deltoidea** · E:Mistletoe Fig · ħ̄ e ⁂ Z10 ⓦ; Malay. Arch.
  – var. **diversifolia** (Blume) Corner · ħ̄ Z10 ⓦ; Malay. Arch.
– *diversifolia* Blume = Ficus deltoidea var. diversifolia
– **dryepondtiana** André · ħ̄ e Z10 ⓦ; C-Afr.
– *edulis* Bureau = Ficus habrophylla
– **elastica** Roxb. · D:Gummibaum; E:India Rubber Tree, Rubber Plant · ħ̄ e Z10 ⓦ Ⓝ; E-Him., Myanmar, Malay. Arch.
– *foveolata* Wall. ex Miq. = Ficus sarmentosa var. sarmentosa
  – var. *nipponica* (Franch. et Sav.) King = Ficus sarmentosa var. nipponica
– *glabella* Blume = Ficus virens var. glabella
– *glomerata* Roxb. = Ficus racemosa
– **habrophylla** Seem. · ħ̄ e ⁂ Z10 ⓦ; N.Caled.
– **hispida** L. f. · D:Fluss-Feige; E:River Fig, Rough Leaved Fig, Soft Fig · ħ ħ̄ e Z10 ⓦ; Ind., Sri Lanka, China, Malay. Arch., N-Austr.
– *indica* L. = Ficus benghalensis
– *irregularis* Miyabe = Ficus celebensis
– *krishnae* C. DC. = Ficus benghalensis 'Krishnae'
– *leprieurii* Miq. = Ficus natalensis subsp. leprieurii
– **lyrata** Warb. · D:Leier-Gummibaum; E:Fiddle-leaf Fig · ħ̄ e Z10 ⓦ; W-Afr.
– **macrophylla** Desf. ex Pers. · D:Großblättrige Feige; E:Australian Banyan, Moreton Bay Fig · ħ̄ e Z10 ⓦ; Austr.: Queensl., N.S.Wales, Lord Howe Is.
– **microcarpa** L. f.
  – var. **hillii** (F.M. Bailey) Corner · ħ̄ e Z10 ⓦ; S-As., N.Caled.
  – var. **microcarpa** · D:Vorhang-Feige; E:Chinese Banyan, Curtain Fig, Indian Laurel Fig · ħ̄ e Z10 ⓦ; Him., Ind., Myanmar, China, Malay. Arch., Austr., N.Caled.
– **montana** Burm. f. · D:Eichenblättrige Feige; E:Oak Leaved Fig · ħ e ⟿ Z10 ⓦ; ? Ind., ? SE-As.
– **natalensis** Hochst.
  – subsp. **leprieurii** (Miq.) C.C. Berg · ħ̄ e Z10 ⓦ; trop. Afr.
  – subsp. **natalensis** · D:Natal-Feige; E:Natal Fig · ħ ħ̄ Z10 ⓦ; trop. Afr., S-Afr.
– **neriifolia** Sm. · ħ̄ e Z9 ⓦ; Him.
– *nipponica* Franch. et Sav. = Ficus sarmentosa var. nipponica
– *nitida* Thunb. = Ficus benjamina
– **nymphaeifolia** Mill. · ħ̄ e Z10 ⓦ; Panama, trop. S-Am.
– **palmeri** S. Watson · D:Wüsten-Feige; E:Desert Fig · ħ̄ e Z10 ⓦ; Mex.: Baja Calif.
– *pandurata* hort. Sander non Hance = Ficus lyrata
– *parcellii* Veitch ex Cogn. et Marchal = Ficus aspera 'Parcellii'
– **parietalis** Blume · E:Sharp Fig · ħ ħ̄ e Z10 ⓦ; W-Afr.
– *porteana* Regel = Ficus callosa
– **pumila** L. · D:Kletter-Feige; E:Creeping Fig, Fig Vine · ħ e ⌇ ⟿ Z9 ⓦ ⓚ; China, Jap., Riukiu-Is., Taiwan, N-Vietn.
– *quercifolia* Roxb. = Ficus montana
– **racemosa** L. · E:Cluster Fig, Country Fig · ħ̄ e Z10 ⓦ; Ind., Sri Lanka, China, SE-As.
– *radicans* Desf. = Ficus sagittata
– **religiosa** L. · D:Bobaum, Indischer Pepulbaum; E:Peepul Tree, Sacred Fig · ħ̄ e Z10 ⓦ ⚕; Ind., Sri Lanka
– *repens* hort. non Rottl. = Ficus pumila
– *retusa* hort. non L. = Ficus microcarpa var. microcarpa
  – var. *nitida* (Thunb.) Miq. = Ficus benjamina
– *roxburghii* Miq. = Ficus auriculata
– **rubiginosa** Desf. ex Vent. · D:Rost-Feige; E:Port Jackson Fig, Rusty Fig · ħ̄ e Z10 ⓚ; Austr.: Queensl., N.S.Wales
  – **'Australis'** · ⓚ
– **rumphii** Blume · ħ̄ e Z9 ⓦ; Ind., Malay. Pen., Molucca Is.
– **sagittata** Vahl · E:Trailing Fig · ħ e Z10 ⓦ ⓚ; E-Him., SE-As., Phil., Pacific Is.
– **sarmentosa** Sm.
  – var. **nipponica** (Franch. et Sav.) Corner · ħ e ⌇ Z10 ⓦ ⓚ; Jap., Korea, China, Taiwan, E-Him.
  – var. **sarmentosa** · ħ e Z10 ⓚ; Him.,

China, Korea, Jap., Ryukyu Is., Taiwan
– *schlechteri* Warb. = Ficus microcarpa var. hillii
– *stipulata* Thunb. = Ficus pumila
– **stricta** Miq. · ₺ e Z10 ⓦ; SE-As., China: Yunnan
– **subulata** Blume · ₺ e Z10 ⓦ; NE-Ind., SE-As., S-China
– **sur** Forssk. · D:Kap-Feige; E:Bush Fig, Cape Fig · ₺ d Z10 ⓦ; trop. Afr., S-Afr., Yemen
– **sycomorus** L. · D:Esels-Feige, Sykomore; E:Mulberry Fig, Pharoah Fig · ₺ d Z10 ⓚ Ⓝ; Sudan, E-Afr., trop. S-Afr., S-Afr., Arab.
– *triangularis* Warb. = Ficus natalensis subsp. leprieurii
– *vesca* Miq. = Ficus racemosa
– **villosa** Miq. · E:Villous Fig · ₺ e ≹ Z10 ⓦ; NE-Ind., Andaman Is.
– **virens** Aiton
  – var. **glabella** (Blume) Corner · ₺ e Z10 ⓦ; Thail., Malay. Arch.
– **wildemaniana** Warb. ex De Wild. et T. Durand · ₺ Z10 ⓦ; W-Afr., C-Afr.

Filago L. -f- *Asteraceae (Compositae)* · c. 40 sp · D:Fadenkraut, Filzkraut; E:Cudweed; F:Cotonnière, Filago
– **arvensis** L. · D:Acker-Filzkraut · ⊙ VII-IX; Eur.* exc. BrI; TR, SW-As., Sib., C-As., Him., NW-Afr.
– **gallica** L. · D:Französisches Filzkraut · ⊙ VI-VIII; Eur.: Ib, Fr, Ap, Ba, C-Eur., BrI; TR, Cyprus, Syr., Macaron., NW-Afr., Libya
– **lutescens** Jord. · D:Gelbliches Filzkraut · ⊙ VII-IX; Eur.*, Macaron., ? N-Afr.
– **minima** (Sm.) Pers. · D:Kleines Filzkraut · ⊙ VII-IX; Eur.*
– **neglecta** (Soy.-Will.) DC. · D:Übersehenes Filzkraut · ⊙; Eur.: F, B, Corse
– **pyramidata** L. · D:Spatelblättriges Filzkraut · ⊙ VII-IX; Eur.: BrI, Ib, Fr, Ap, C-Eur., Ba, Krim; TR, Cauc., SW-As., C-As., NW-Afr.
– **vulgaris** Lam. · D:Deutsches Filzkraut · ⊙ VII-IX; Eur.*, TR, Cauc., N-Iran, NW-Afr.

Filicium Thwaites ex Benth. -n- *Sapindaceae* · 3 sp · D:Flügelblatt; F:Arbre-fougère
– **decipiens** (Wight et Arn.) Thwaites · ₺ e ⓦ; C-Afr., E-Afr., Ind., Sri Lanka, Fiji

Filipendula Mill. -f- *Rosaceae* · 10+ sp · D:Mädesüß; E:Dropwort, Meadowsweet; F:Filipendule
– *hexapetala* Gilib. = Filipendula vulgaris
– **kamtschatica** (Pall.) Maxim. · D:Kamtschatka-Mädesüß; F:Filipendule du Kamtchatka · ♃ Z3 VII-VIII; Jap., Manch., Kamchat.
– **palmata** (Pall.) Maxim. · F:Filipendule à feuilles palmées · ♃ Z2 VI-VIII; E-Sib., Amur, Sachal., Kamchat., Mong., China, Jap.
– **purpurea** Maxim. · D:Japanisches Mädesüß · ♃ Z6 VI-VIII; Jap.
– **rubra** (Hill) B.L. Rob. · E:Queen of the Prairie · ♃ Z2 VI-VII; USA: NE, NCE, SE
– **ulmaria** (L.) Maxim. · D:Echtes Mädesüß; E:Meadow Sweet, Queen of the Meadow; F:Reine des prés · ♃ ~ Z2 VI-IX ⚕ Ⓝ; Eur.*, TR, Cauc., W-Sib., E-Sib., C-As., Mong., nat. in N-Am.
– **vulgaris** Moench · D:Kleines Mädesüß; E:Dropwort; F:Filipendule vulgaire · ♃ Z3 VI-VII; Eur.*, TR, Cauc., W-Sib., E-Sib., nat. in N-Am.

Fimbristylis Vahl -f- *Cyperaceae* · 250-300 sp · D:Fransenbinse; F:Fimbristylis
– **annua** (All.) Roem. et Schult. · D:Fransenried · ⊙ VII-IX; Eur.: F, I, Slove; TR, Cauc., C-As., E-As., N-Am., Trop., nat. in CH, S-Eur., Austr., Afr.
– **globulosa** (Retz.) Kunth · ♃ ⓦ Ⓝ; Ind., Sri Lanka, Malay. Pen., Micron.

Firmiana Marsili -f- *Sterculiaceae* · 12 sp · D:Sonnenschirmbaum; E:Parasol Tree; F:Firmiana
– **simplex** (L.) W. Wight · D:Chinesischer Sonnenschirmbaum; E:Chinese Parasol Tree · ₺ d Z9 ⓚ; China, Taiwan, Ryukyu Is., Indochina

Fittonia Coem. -f- *Acanthaceae* · 2 sp · D:Fittonie, Silbernetzblatt; E:Nerve Plant; F:Fittonia
– **albivenis** (Lindl. ex Veitch) Brummitt · D:Silbernetzblatt; E:Mosaic Plant, Silver Net Leaf · ♃ Z10 ⓦ; Col., Ecuad., Peru, Bol., N-Bras.
– *argyroneura* Coëm. = Fittonia albivenis
– **gigantea** Linden ex André · ♃ Z10 ⓦ; Peru
– **verschaffeltii** (Lem.) Van Houtte
  – var. *argyroneura* (Coëm.) Nichols =

Fittonia albivenis
- var. **pearcei** Nichols Z10
- var. **verschaffeltii** · ♃ Z10 Ⓦ; Col., Ecuad., Peru, Bol.

Fitzroya Hook.f. ex Lindl. -f- *Cupressaceae* · 1 sp · D:Alerce, Patagonische Zypresse; E:Patagonian Cypress; F:Cyprès de Patagonie
- **cupressoides** (Molina) I.M. Johnst. · D:Alerce, Patagonische Zypresse; E:Patagonian Cypress · ₺ e Z8 Ⓚ Ⓝ ▽ *; S-Chile, N-Patag.

Flacourtia Comm. ex L'Hér. -f- *Flacourtiaceae* · c. 15 sp · D:Flacourtie, Madagaskarpflaume; E:Governor's Plum, Rukam; F:Prunier de Madagascar
- **indica** (Burm. f.) Merr. · D:Ramontchi; E:Madagascar Plum · ₺ ₺ d Z10 Ⓦ Ⓝ; trop. Afr., trop. As.
- **rukam** Zoll. et Moritzi · D:Madagaskarpflaume; E:Rukam · ₺ Z10 Ⓦ Ⓝ; Malay. Arch., Phil.

Fleischmannia Sch.Bip. -f- *Asteraceae (Compositae)* · 79 sp
- **incarnata** (Walter) R.M. King et H. Rob. · ♃ Z10 Ⓚ V-X; USA: W.Va., NCE, SE, Fla, SC, SW; Mex.

Flemingia Roxb. ex W.T. Aiton -f- *Fabaceae (Leguminosae)* · 30 sp
- **macrophylla** (Willd.) Blume ex Miq. · ₺ Ⓝ; SE-As.
- **vestita** Benth. ex Baker · Ⓝ; Him., N-Ind.

Flueckigera Kuntze = Ledenbergia
- *macrantha* (Standl.) P. Wilson = Ledenbergia macrantha

Fockea Endl. -f- *Asclepiadaceae* · 10 sp
- *capensis* Endl. = Fockea crispa
- **crispa** (Jacq.) K. Schum. · ₺ ♆ ≩ Ⓚ; Kap
- **multiflora** K. Schum. · ₺ ♆ Ⓚ; S-Angola, Tanzania

Foeniculum Mill. -n- *Apiaceae (Umbelliferae)* · 1 sp · D:Fenchel; E:Fennel; F:Fenouil
- *dulce* DC. non Mill. = Foeniculum vulgare subsp. vulgare var. dulce
- *dulce* Mill. non DC. = Foeniculum vulgare subsp. vulgare var. azoricum
- *officinale* All. = Foeniculum vulgare
- *piperitum* (Ucria) Sweet = Foeniculum vulgare subsp. piperitum
- **vulgare** Mill. · D:Fenchel; E:Fennel · ⊙ ♃ VII-IX ⚕ ; Eur.: Ib, Fr, Ap, Ba, BrI; TR, Cauc., Iran, N-Afr., nat. in C-Eur., EC-Eur., E-Eur., N-Am., S-Am., Jap., China, NZ
  - subsp. **piperitum** (Ucria) Cout. · D:Pfeffer-Fenchel · ♃ Z5
  - subsp. **vulgare** Mill. · D:Garten-Fenchel; E:Finnochio · ; Eur.*
    - var. **azoricum** (Mill.) Thell. · D:Gemüse-Fenchel, Knollen-Fenchel; E:Florence Fennel · ⊙ ♃ Z5; cult.
    - var. **dulce** (DC.) Batt. et Trab. · D:Gewürz-Fenchel; E:Sweet Fennel · ⊙ ♃ Z5 VII-VIII ⚕ Ⓝ; cult.
    - var. **vulgare** · D:Wilder Fenchel · ⊙ ♃ Z5 VII-VIII

Fokienia A. Henry et H.H. Thomas -f- *Cupressaceae* · 1 sp
- **hodginsii** Henry et H.H. Thomas · ₺ e Z8 Ⓚ; China: Fukien

Fontanesia Labill. -f- *Oleaceae* · 1 sp · D:Fontanesie; E:Fontanesia; F:Fontanesie
- *angustifolia* Dippel = Fontanesia phillyreoides var. phillyreoides
- *fortunei* Carrière = Fontanesia phillyreoides var. fortunei
- **phillyreoides** Labill.
  - var. **fortunei** (Carrière) Yalt. · D:Glattrandige Fontanesie · ₺ d Z5 V-VI; E-China
  - var. **phillyreoides** · D:Kleinasiatische Fontanesie · ₺ d Z6 V-VI; Eur.: Sic.; TR, Lebanon, Syr., nat. in I

Forestiera Poir. -f- *Oleaceae* · 15 sp · D:Forestiere; F:Forestiera, Olivier du désert
- **acuminata** (Michx.) Poir. · D:Sumpfliguster; E:Alligator Tree, Swamp Privet · ₺ ₺ d ~ Z6 IV-V; USA: NCE, Kans., SC, SE, Fla.
- **ligustrina** (Michx.) Poir. · ₺ d Z6 VIII; USA: NE, SE, Fla.
- **neomexicana** A. Gray · D:Wüstenolive; E:Desert Olive, New Mexico Privet · ₺ ₺ d Z6 IV-V; USA: SC, Colo., SW, Calif.

Forsythia Vahl -f- *Oleaceae* · 7 sp · D:Forsythie, Goldglöckchen; E:Forsythia; F:Forsythia

- **europaea** Degen et Bald. · D:Europäische Forsythie · ♄ d Z6 IV-V; Eur.: S-YU, AL
- *fortunei* Lindl. = Forsythia suspensa var. fortunei
- **giraldiana** Lingelsh. · ♄ d Z6 IV-V; NW-China
- × **intermedia** Zabel (*F. suspensa* × *F. viridissima*) · D:Garten-Forsythie; F:Forsythia de Paris · ♄ d ⋈ Z5 III-V; cult.
  - **in vielen Sorten**
- **japonica** Makino · ♄ d Z6 IV; Jap.
- **ovata** Nakai · D:Koreanische Forsythie; E:Korean Forsythia · ♄ d Z5 IV; Korea
- **suspensa** (Thunb.) Vahl
  - var. **fortunei** (Lindl.) Rehder · ♄ d Z5 IV; E-China
  - var. **sieboldii** Zabel · ♄ d Z5 IV; Jap.
  - var. **suspensa** · D:Hänge-Forsythie; E:Weeping Forsythia · ♄ d Z5 IV-V ⚕; China
- **viridissima** Lindl. · D:Grüne Forsythie; E:Green Forsythia · ♄ d Z6 IV-V; China
- **Cultivars**
  - *'Fortunei'* = Forsythia suspensa var. fortunei

Fortunella Swingle -f- *Rutaceae* · 5 sp · D:Kumquat, Zwergorange; E:Kumquat; F:Kumquat
- **hindsii** (Champ. ex Benth.) Swingle · D:Hongkong Kumquat; E:Hong Kong Kumquat · ♄ e Z9 Ⓚ Ⓝ; Hongkong, China
- **japonica** (Thunb.) Swingle · D:Runde Kumquat; E:Round Kumquat · ♄ e ⚘ Z9 Ⓚ Ⓝ; S-China
- **margarita** (Lour.) Swingle · D:Ovale Kumquat; E:Oval Kumquat · ♄ e Z8 Ⓚ Ⓝ; S-China

Fosterella L.B. Sm. -f- *Bromeliaceae* · 13 sp
- **penduliflora** (C.H. Wright) L.B. Sm. · ♃ Z9 Ⓦ; Bol, W-Arg.

Fothergilla L. -f- *Hamamelidaceae* · 2 sp · D:Federbuschstrauch; E:Witch Alder; F:Fothergilla
- *alnifolia* L. f. = Fothergilla gardenii
  - var. *major* Sims = Fothergilla major
- *carolina* (L.) Britten = Fothergilla gardenii
- **gardenii** Murray · D:Erlenblättriger Federbuschstrauch; E:Dwarf Witch Alder · ♄ d △ Z7 V; USA: Va., SE
- **major** (Sims) Lodd. · D:Großer Federbuschstrauch; E:Witch Alder · ♄ d Z7 V; USA: SE
  - **Monticola Grp.**
- *monticola* Ashe = Fothergilla major Monticola Grp.
- *parvifolia* Kearney = Fothergilla gardenii

Fouquieria Kunth -f- *Fouquieriaceae* · 11 sp · D:Kerzenstrauch, Ocotillostrauch; E:Ocotillo; F:Cierge, Cirio
- **columnaris** (Kellogg) Kellogg ex Curran · ♄ ψ d Z9 Ⓚ ▽ ✻; Mex.: Baja Calif., Sonora
- **splendens** Engelm. · D:Kalifornischer Federbuschstrauch; E:American Desert Candlewood, Ocotillo · ♄ ψ Z9 Ⓚ; S-Calif., Baja Calif.

Fragaria L. -f- *Rosaceae* · 12 sp · D:Erdbeere; E:Strawberry; F:Fraisier
- × **ananassa** (Duchesne) Guedès (*F. chiloensis* × *F. virginiana*) · D:Garten-Erdbeere, Kultur-Erdbeere; E:Garden Strawberry, Strawberry · ♃ V-VI Ⓝ; cult., nat. in Eur.
- **bucharica** Losinsk. · ♃ Ⓝ; C-As.
- **chiloensis** (L.) Mill. · D:Chile-Erdbeere; E:Beach Strawberry, Chiloe Strawberry · ♃ Z4 Ⓝ; Alaska, Can.: W; USA: NW, Calif.; S-Chile, nat. in Teneriffa
- *collina* Ehrh. = Fragaria viridis
- *elatior* Gay = Fragaria moschata
- *grandiflora* Ehrh. non (L.) Crantz = Fragaria × ananassa
- × **hagenbachiana** Lang et W.D.J. Koch (*F. vesca* × *F. viridis*) · D:Bastard-Erdbeere · ♃; D. +
- *hortensis* Duchesne = Fragaria vesca var. hortensis
- *indica* Andrews = Duchesnea indica
- **iturupensis** Staudt · ♃ Ⓝ; Jap. (S-Kurilen)
- × *magna* Thuill. = Fragaria × ananassa
- **moschata** (Duchesne) Weston · D:Zimt-Erdbeere; E:Hautbois Strawberry · ♃ Z6 V-VI Ⓝ; Eur.* exc. BrI, Sc; Cauc., nat. in BrI, Sc
- **neglecta** Lindem. (*F. moschata* × *F. viridis*) · D:Übersehene Erdbeere · ♃; D, Krim, Cauc., E-Sib.+
- **ovalis** (Rydb.) Lemmon · ♃ Ⓝ; USA: Rock Mts., SW
- **vesca** L.
  - var. **hortensis** (Duchesne) Staudt · D:Kultur-Wald-Erdbeere, Monats-Erdbeere · ♃ Z5; cult.
  - var. **monophylla** Duchesne · D:Einblättrige Wald-Erdbeere; E:Single

Leaf Strawberry · ♃ Z5; cult.
– var. **vesca** · D:Wald-Erdbeere; E:Alpine Strawberry, Wild Strawberry; F:Fraisier des bois · ♃ Z5 V-VI ⚕ Ⓝ; Eur.*, Cauc., W-Sib., E-Sib., C-As., N-Afr.
– **virginiana** Mill. · D:Virginische Erdbeere; E:Virginia Strawberry · ♃ Z3 Ⓝ; Alaska, Can., USA: * exc. Fla., nat. in E-Eur.
– **viridis** Weston · D:Knack-Erdbeere · ♃ Z6 V-VI Ⓝ; Eur.* exc. BrI; Cauc., W-Sib., E-Sib., C-As.

Frailea Britton et Rose -f- *Cactaceae* · 15 sp
– *alacriportana* Backeb. et Voll = Frailea gracillima
– *asterioides* Werderm. = Frailea castanea
– *aureispina* F. Ritter = Frailea pygmaea
– *bruchii* Speg. = Gymnocalycium bruchii
– *carminifilamentosa* Backeb. = Frailea pumila
– **castanea** Backeb. · ψ Z9 Ⓚ ▽ *; Bras.: Rio Grande do Sul; Urug., Arg.: Misiones
– **cataphracta** (Dams) Britton et Rose · ψ Z8 Ⓚ ▽ *; Bras.: Mato Grosso; Parag., E-Bol.
– *cataphractoides* Backeb. = Frailea cataphracta
– *chrysacantha* Hrabětová = Frailea pumila
– **colombiana** (Werderm.) Backeb. · ψ Z9 Ⓚ; S-Bras., Urug.
– **gracillima** (Lem.) Britton et Rose · ψ Z9 Ⓚ ▽ *; Bras.: Rio Grande do Sul; N-Urug.
– **grahliana** (Haage) Britton et Rose · ψ Z9 Ⓚ ▽ *; Parag., ? Arg. (Misiones)
– *itapuensis* nom. inval. = Frailea gracillima
– **knippeliana** (Quehl) Britton et Rose · ψ Z9 Ⓚ ▽ *; S-Parag.
– *matoana* Buining et Brederoo = Frailea cataphracta
– **pumila** (Lem.) Britton et Rose · ψ Z9 Ⓚ ▽ *; Bras.: Rio Grande do Sul; Urug., Parag.
– **pygmaea** (Speg.) Britton et Rose · ψ Z9 Ⓚ ▽ *; Bras.: Rio Grande do Sul; Urug.

Franciscea Pohl = Brunfelsia
– *calycina* Benth. = Brunfelsia pauciflora var. calycina
– *hopeana* Hook. = Brunfelsia uniflora
– *latifolia* Pohl = Brunfelsia latifolia

Francoa Cav. -f- *Saxifragaceae* · 1 sp · D:Brautkranz; E:Bridal Wreath; F:Francoa
– *appendiculata* Cav. = Francoa sonchifolia var. appendiculata
– *ramosa* D. Don = Francoa sonchifolia var. ramosa
– **sonchifolia** Cav.
– var. **appendiculata** (Cav.) Reiche · ♃ Z7; Chile
– var. **ramosa** (D. Don) Reiche · D:Jungfernkranz; E:Maiden's Wreath · ♃ Z7 V-VII; Chile
– var. **sonchifolia** · D:Brautkranz; E:Bridal Wreath · ♃ Z7; Chile

Frangula Mill. -f- *Rhamnaceae* · c. 20 sp · D:Faulbaum; E:Alder Buckthorn; F:Nerprun
– **alnus** Mill. · D:Gewöhnlicher Faulbaum; E:Alder Buckthorn, Common Buckthorn; F:Bourdaine · ♄ ♄ Z3 V-VI ⚕ ☠ Ⓝ; Eur.*, TR, Syr., Cauc., N-Iran, W-Sib., E-Sib., C-As., NW-Afr.
– **purshiana** (DC.) J.G. Cooper · D:Sagrada-Faulbaum; E:Cascara Buckthorn · ♄ ♄ Z5 VII ⚕ ☠; B.C., USA: NW, Calif., Rocky Mts.
– **rupestris** (Scop.) Schur · ♄ ⇝ △ Z6 VI-VII ☠; Eur.: I, Ba

Frankenia L. -f- *Frankeniaceae* · 40 sp · D:Frankenie, Seeheide; E:Sea Heath; F:Frankénie
– **hirsuta** L. · ♄ e △ Ⓚ ∧ VI-VIII; Eur.: Ib, Fr, Ap, Ba, E-Eur.; TR, Levante, Cauc., W-Sib., C-As., N-Afr., S-Afr.
– **laevis** L. · D:Glatte Seeheide; E:Sea Heath · ♃ △ Ⓚ ∧ VI-VIII; Eur.: BrI, Fr, Ib, Ap; NW-Afr., Libya
– **thymifolia** Desf. · ♄ e Ⓚ; Sp., N-Afr.

Franklinia W. Bartram ex Marshall -f- *Theaceae* · 1 sp · D:Franklinie; E:Franklin Tree; F:Franklinia
– **alatamaha** Marshall · D:Franklinie; E:Franklin Tree · ♄ d Z8 VIII-X; USA: Ga.

Fraxinus L. -f- *Oleaceae* · 65 sp · D:Esche; E:Ashe; F:Frêne
– **americana** L.
– var. **americana** · D:Weiß-Esche; E:American Ash · ♄ d Z5 IV-V Ⓝ; Can.: E; USA: NE, NCE, NC, SC, SE, Fla.
– var. **microcarpa** A. Gray · ♄ Z3; USA: Va., SE
– **angustifolia** Vahl
– subsp. **angustifolia** · D:Quirl-Esche, Schmalblättrige Esche; E:Narrow-leaved Ash; F:Frêne à feuilles étroites · ♃ ♄ d Z6

III-V; Eur.: Ib, Fr, A, BG, EC-Eur., E-Eur.; TR
- var. **australis** (Gay) C.K. Schneid. Z6; S-Eur., N-Afr.
- subsp. **oxycarpa** (M. Bieb. ex Willd.) Franco et Rocha Afonso · ♄ d Z6; Eur.: Ib, F, Ap, Ba; Krim; TR, Cauc.
- subsp. **syriaca** (Boiss.) Yalt. · D:Syrische Esche · ♄ ♄ d Z6 V; TR, Syr., Iraq, Iran, Afgh., W-Pakist.

– **anomala** Torr. ex S. Watson · D:Einblättrige Esche; E:Single Leaf Ash, Utah Ash · ♄ ♄ d Z5; USA: Rocky Mts, SW, Calif.
– **biltmoreana** Beadle · ♄ d Z6; SE-USA
– **bungeana** A. DC. · D:Bunges Blumen-Esche; E:Northern Ash · ♄ d Z7; N-China
– **chinensis** Roxb.
- var. **chinensis** · D:Chinesische Esche; E:Chinese Ash · ♄ d Z6; China
- var. **rhynchophylla** (Hance) Hemsl. · D:Schnabel-Esche · ♄ d Z6; Jap., Korea, N-China

– **cuspidata** Torr. · D:Stachelspitzige Blumenesche · ♄ ♄ d IV-V; USA: Ariz., N.Mex., Tex.; N-Mex.
– **excelsior** L. · D:Gewöhnliche Esche; E:Common Ash, European Ash; F:Frêne commun · ♄ d Z4 IV-V ⚕ ®; Eur.*, TR, Syr., Cauc., N-Iran
- **in Sorten**
- **'Diversifolia'** · E:One-leafed Ash
- fo. *globosa* hort. = Fraxinus excelsior 'Nana'
- fo. *monophylla* Desf. = Fraxinus excelsior 'Diversifolia'
- **'Nana'**

– *holotricha* Koehne = Fraxinus pallisiae
– *lanceolata* Borkh. = Fraxinus pennsylvanica var. pennsylvanica
– **lanuginosa** Koidz. · D:Wollflaumige Esche · ♄ d Z6 IV-V; Jap., ? S-Korea
– **latifolia** Benth. · D:Oregon-Esche; E:Oregon Ash · ♄ d Z6 ®; B.C., USA: NW, Calif.
– **longicuspis** Siebold et Zucc. · D:Langspitzige Esche; E:Japanese Ash · ♄ d Z6; China: Sichuan; Jap.
– **mandshurica** Rupr. · D:Mandschurische Esche · ♄ d Z5 ®; Amur, Sachal., Manch., N-China, Korea, Jap.
– *mariesii* Hook. f. = Fraxinus sieboldiana
– **nigra** Marshall · D:Schwarz-Esche; E:Black Ash · ♄ d Z4 ®; Can.: E; USA: NE, NCE
– *oregona* Nutt. = Fraxinus latifolia
– **ornus** L.
- var. **ornus** · D:Blumen-Esche, Manna-Esche; E:Flowering Ash, Manna Ash; F:Frêne à fleurs, Frêne à manne · ♄ d Z7 IV-VI ⚕ ®; Eur.: Ib, Ap, Ba, Me, EC-Eur., RO; TR, Syr., Cauc., nat. in Fr
- var. **rotundifolia** (Lam.) Ten. · ♄ Z6; S-Med.

– *oxycarpa* M. Bieb. ex Willd. = Fraxinus angustifolia subsp. angustifolia
– *oxyphylla* M. Bieb. = Fraxinus angustifolia subsp. angustifolia
– **pallisiae** Wilmott ex Pallis · ♄ d Z6; Eur.: Ba, RO, W-Russ.; TR
– *parvifolia* Lam. = Fraxinus ornus var. rotundifolia
– **paxiana** Lingelsh. · D:Chinesische Blumen-Esche · ♄ ♄ d Z7; Him., China
– **pennsylvanica** Marshall
- var. *lanceolata* (Borkh.) Sarg. = Fraxinus pennsylvanica var. subintegerrima
- var. **pennsylvanica** · D:Pennsylvanische Esche; E:Red Ash · ♄ d ~ Z4 IV-V ®; Can.: E; USA; NE, NCE, SE
- var. **subintegerrima** (Vahl) Fernald · ♄ Z4; Can., USA: NE, NEC, NC, SC, SE, Fla.

– **platypoda** Oliv. · D:Breitstielige Esche · ♄ d Z6; China: Sichuan, Yunnan, Hupeh, Kansu; Jap.
– **potamophila** Herder · D:Fluss-Esche · ♄ d Z6; C-As.
– *pubescens* Lam. = Fraxinus pennsylvanica var. pennsylvanica
– **quadrangulata** Michx. · D:Blau-Esche; E:Blue Ash · ♄ d Z5 ®; Can.: Ont.; USA: NE, NCE, Okla., SE
– *rhynchophylla* Hance = Fraxinus chinensis var. rhynchophylla
– *rotundifolia* Lam. = Fraxinus ornus var. rotundifolia
– *rotundifolia* Mill. = Fraxinus angustifolia subsp. angustifolia
– **sieboldiana** Blume · D:Siebolds Esche; E:Chinese Flowering Ash, Siebold Ash · ♄ ♄ d Z6; China: Kingsi; S-Korea, Jap.
– **tomentosa** Michx. · ♄ d Z6; USA: NE, NCE, SE, Fla
– **velutina** Torr.
- var. **coriacea** (S. Watson) Rehder · ♄ Z7; Calif., Nev., Utah, Ariz.
- var. **velutina** · D:Arizona-Esche · ♄ ♄ d Z7 V; USA: S-Calif., Ariz., N.Mex.; Mex.: Baja Calif., Sonora

– **xanthoxyloides** (G. Don) DC.
– var. **dimorpha** (Coss. et Durieu) Wenz. · ♄ d Z8; N-Afr.
– var. **dumosa** (Carrière) Lingelsh. · ♄ d Z8; cult.
– var. **xanthoxyloides** · D:Afghanische Esche; E:Afghan Ash · ♄ d Z6 Ⓝ; Maroc., Alger., Afgh., Kashmir, Nepal

Freesia Eckl. ex Klatt -f- *Iridaceae* · 11 sp · D:Freesie; E:Freesia; F:Freesia
– **alba** (G.L. Mey.) Gumbl. · ♃ Z9 Ⓚ; S-Afr.
– *armstrongii* W. Watson = Freesia corymbosa
– **corymbosa** (Burm. f.) N.E. Br. · ♃ Z9 Ⓚ II-V; S-Afr.
– **lactea** Eckl. ex Klatt · ♃ D Z9 Ⓚ II-V; S-Afr.
– *odorata* (Lodd.) Klatt = Freesia corymbosa
– **refracta** (Jacq.) Eckl. ex Klatt · ♃ Z9 Ⓚ II-V; S-Afr., nat. in Mallorca
– var. *alba* G.L. Mey. = Freesia alba
– var. *alba* hort. = Freesia sparmannii
– var. *odorata* (Lodd.) Voss = Freesia corymbosa
– **sparmannii** (Thunb.) N.E. Br. · ♃ D Z9 Ⓚ II-V; Kap
– **Cultivars**
– **in vielen Sorten**

Fremontia Torr. = Fremontodendron
– *californica* Torr. = Fremontodendron californicum
– *mexicana* (Davidson) J.F. Macbr. = Fremontodendron mexicanum

Fremontodendron Coville -n- *Sterculiaceae* · 3 sp · D:Flanellstrauch; E:Flannel Bush; F:Arbre-à-flanelle
– **californicum** (Torr.) Coville · D:Kalifornischer Flanellstrauch; E:California Beauty, Flannelbush, Fremontia · ♄ ♄ e Z9 Ⓚ; USA: Calif., Ariz.; Baja Calif.
– **mexicanum** Davidson · D:Mexikanischer Flanellstrauch; E:California Beauty, Fremontia, Mexican Flannelbush · ♄ ♄ e Z9 Ⓚ; S-Calif., Baja Calif.

Frenela Mirb. = Callitris
– *hugelii* Carrière = Callitris columellaris

Freycinetia Gaudich. -f- *Pandanaceae* · 175 sp · D:Kletterschraubenpalme
– **insignis** Blume · ♄ e ≹ Z10 Ⓦ IV-VI; Java
– **luzonensis** C. Presl · ♄ e ≹ Z10 Ⓦ; Phil.

Freylinia Colla -f- *Scrophulariaceae* · 4 sp
– *cestroides* Colla = Freylinia lanceolata
– **lanceolata** G. Don · ♄ e Z9 Ⓚ XI; S-Afr.
– **undulata** Benth. · ♄ e Z9 Ⓚ VI; S-Afr.

Fritillaria L. -f- *Liliaceae* · c. 100 sp · D:Kaiserkrone, Schachblume; E:Fritillary; F:Couronne impériale, Fritillaire
– **acmopetala** Boiss. · ♃ Z7 IV-V ▽; TR, Cyprus, Lebanon, ? Syr.
– **affinis** (Schult.) Sealy · E:Riceroot · ♃ Z5 ▭ V ▽; Can.: B.C.; USA: NW, Calif., Idaho
– **assyriaca** Baker · ♃ Z6 ▽; TR, N-Iraq, W-Iran
– **aurea** Schott · ♃ Z7 IV ▽; TR
– **bithynica** Baker · ♃ Z6 ▽; W-TR
– **camschatcensis** (L.) Ker-Gawl. · E:Black Sarana · ♃ Z4 VI ▽; Alaska, Can.: W; USA: NW; Kamchat., Sachal., Amur, Jap.
– *caussolensis* Goaty et Pons ex Ardoino = Fritillaria montana
– **crassifolia** Boiss. et Huet · ♃ Z7 ▽; TR, N-Iraq, Cauc., Iran
– **davisii** Turrill · ♃ Z7 ▽; S-GR
– **graeca** Boiss. et Spruner · ♃ Z7 IV-V ▽; Eur.: Ba
– **imperialis** L. · D:Kaiserkrone; E:Crown Imperial; F:Couronne impériale · ♃ Z4 IV-V ☠ ▽; TR, N-Iraq, Iran, Afgh., Pakist., Kashmir
– **involucrata** All. · ♃ Z7 ▽; SE-F, NW-I
– *lanceolata* Pursh = Fritillaria affinis
– **latifolia** Willd. · ♃ Z6 IV ▽; Cauc.
– *libanotica* (Boiss.) Baker = Fritillaria persica
– *macrophylla* D. Don = Notholirion macrophyllum
– **meleagris** L. · D:Gewöhnliche Schachblume, Kiebitzei; E:Snake's Head Fritillary; F:Oeuf de vanneau · ♃ Z4 IV-V ☠ ▽; Eur.* exc. Sc, Ib, nat. in Sc
– **michailovskyi** Fomin · ♃ Z7 ▽; NE-TR
– **montana** Hoppe · ♃ Z6 ▽; Eur.: S-F, I, Ba, E-Eur.
– *nigra* hort. = Fritillaria montana
– *nigra* Mill. non hort. = Fritillaria pyrenaica
– *ophioglossifolia* Freyn et Sint. = Fritillaria crassifolia
– **pallidiflora** Schrenk · F:Fritillaire à fleurs pâles · ♃ Z3 IV ▽; NW-China, E-Sib.
– **persica** L. · F:Fritillaire de Perse · ♃ Z5 ▭ IV ▽; Iran, Syr., Iraq

- **pinardii** Boiss. · ♃ Z7 ▽; TR, Syr., Lebanon, Cauc. (Armen.), Iran
- **pluriflora** Torr. · ♃ Z5 ▭ IV-V ▽; Calif.
- **pontica** Wahlenb. · ♃ Z6 IV-V ▽; Eur.: Ba; TR
- **pudica** (Pursh) Spreng. · E:Yellow Fritillary · ♃ Z3 IV ▽; Can.; W; USA: NW, Rocky Mts., Calif.
- **pyrenaica** L. · ♃ Z5 V ▽; Eur.: N-Sp., S-F; mts.
- **raddeana** Regel · ♃ Z4 ▽; NW-Iran, C-As.
- **recurva** Benth. · E:Scarlet Fritillary · ♃ Z7 ▭ IV-V ▽; USA: S-Oreg., Calif.
- **ruthenica** Wikstr. · ♃ Z4 IV-V ▽; Eur.: Russ.; Cauc., W-Sib., C-As.
- *schliemannii* Sint. = Fritillaria bithynica
- **sewerzowii** Regel · ♃ Z5 IV ▽; C-As., NW-China
- **sibthorpiana** (Sibth. et Sm.) Baker · ♃ Z8 ▽; SW-TR
- **verticillata** Willd. · ♃ Z5 ⚕ ▽; C-As., W-Sib.

Froelichia Moench -f- *Amaranthaceae* · c. 20 sp · D:Schneckenbaumwolle; E:Cottonweed
- **floridana** (Nutt.) Moq. · ⊙ Z6; USA: NCE, NC, SE, SC

Fuchsia L. -f- *Onagraceae* · 105 sp · D:Fuchsie; E:Fuchsia; F:Fuchsia
- **alpestris** Gardner · ♄ ≹ Z10 ⓚ; Bras.
- **ampliata** Benth. · ♄ Z10 ⓚ; S-Col., Ecuad., Peru
- **arborescens** Sims · ♄ ♄ e D Z10 ⓚ X-III; Mex., Guat., Costa Rica
- **austromontana** I.M. Johnst. · ♄ ⓚ; Peru
- **ayavacensis** Munz · ♄ Z10 ⓚ; Peru
- × **bacillaris** Lindl. (*F. microphylla* × *F. thymifolia*) · ♄ Z9 ⓚ VI-IX; Mex.
- **boliviana** Carrière
  - var. **boliviana** · ♄ e Z10 ⓚ VI-IX; Ecuad., Peru, Bol., Arg.
  - var. **luxurians** I.M. Johnst. · ♄ e Z10 ⓚ; C-Am., trop. S-Am.
- **coccinea** Sol. · ♄ Z9 ⓚ VI-IX; S-Bras.
- × **colensoi** Hook. f. (*F. excorticata* × ?) · ♄ d Z9 ⓚ VII-IX; NZ
- *conica* Lindl. = Fuchsia magellanica var. conica
- *cordifolia* Benth. = Fuchsia splendens
- **corymbiflora** Ruiz et Pav. · ♄ Z10 ⓚ VII-IX
- **denticulata** Ruiz et Pav. · ♄ Z10 ⓚ; Peru, Bol.
- *discolor* Lindl. = Fuchsia magellanica var. discolor
- **encliandra** Steud. · ♄ Z10 ⓚ; Mex.
- **excorticata** (J.R. Forst. et G. Forst.) L. f. · D:Baum-Fuchsie; E:Tree Fuchsia · ♄ d Z9 ⓚ; NZ
- × **exoniensis** Paxton (*F. cordifolia* × *F. magellanica var. conica*) · ♄ ⓚ; cult.
- **fulgens** Moç. et Sessé ex DC. · ♄ Z10 ⓚ VI-VIII; Mex.
- *globosa* Lindl. = Fuchsia magellanica var. conica
- *gracilis* Lindl. = Fuchsia magellanica var. gracilis
- **hemsleyana** Woodson et Seibert · ♄ Z10 ⓚ V-IX; Costa Rica, Panama
- **lycioides** Andrews · ♄ s Z10 ⓚ; Chile
- **macrantha** Hook. · ♄ ⇝ ⓚ IV-VI; Peru
- *macrostemma* Ruiz et Pav. = Fuchsia magellanica var. magellanica
- **magellanica** Lam.
  - var. **conica** (Lindl.) L.H. Bailey · ♄ Z7; cult.
  - var. **discolor** (Lindl.) L.H. Bailey · ♄ Z7; Falkland
  - var. *globosa* (Lindl.) L.H. Bailey = Fuchsia magellanica var. conica
  - var. **gracilis** (Lindl.) L.H. Bailey · ♄ Z7; Mex.
  - var. **magellanica** · D:Scharlach-Fuchsie; E:Hardy Fuchsia · ♄ Z7 V-IX; S-Chile
    - **in Sorten**
    - *'Alba'* = Fuchsia magellanica var. molinae
  - var. **molinae** Espinosa · ♄ Z7; Chile (Chiloe)
- **microphylla** Humb., Bonpl. et Kunth · ♄ Z10 ⓚ IX-X; Mex.
- **minutiflora** Hemsl. · ♄ Z10 ⓚ; Mex.
- **paniculata** Lindl. · ♄ ♄ Z10 ⓚ; Mex, C-Am.
- *parviflora* hort. = Fuchsia × bacillaris
- *pendula* Salisb. = Fuchsia coccinea
- **perscandens** Cockayne et Allan · ♄ d ≹ ⓚ; NZ
- **procumbens** R. Cunn. ex A. Cunn. · D:Kriechende Fuchsie; E:Creeping Fuchsia · ♄ d ≹ ⇝ Z9 ⓚ III-V; NZ
- **regia** (Vand. ex Vell.) Munz
  - subsp. **regia** · ♄ Z10 ⓚ; Bras.
  - subsp. **reitzii** P.E. Berry · ♄ Z10 ⓚ; Bras.
  - subsp. **serrae** P.E. Berry · ♄ Z10 ⓚ; Bras.

– var. *alpestris* (Gardner) Munz = Fuchsia alpestris
– **sanctae-rosae** Kuntze · ♄ Ⓚ; Peru, Bol.
– *serratifolia* Hook. = Fuchsia austromontana
– *serratifolia* Ruiz et Pav. = Fuchsia denticulata
– **simplicicaulis** Ruiz et Pav. · ⌇ Z10 Ⓚ; C-Peru
– **splendens** Zucc. · ♄ Z9 Ⓚ VIII-XI; Mex., Guat., Costa Rica
– *syringiflora* Carrière = Fuchsia arborescens
– **thymifolia** Humb., Bonpl. et Kunth · ♄ Z9 Ⓚ VI-IX; Mex.
– **triphylla** L. · ♄ e Z10 Ⓚ V-XI; Hispaniola
– **tuberosa** Krause · ♄ Ⓚ; Peru
– **venusta** Humb., Bonpl. et Kunth · ♄ Z10 Ⓚ; Col.
– **Cultivars**
  – **in vielen Sorten**

× **Fujiwarara** hort. -f- *Orchidaceae* (*Brassavola* × *Cattleya* × *Laeliopsis*)

Fumana (Dunal) Spach -f- *Cistaceae* · 9 (15) sp · D:Nadelröschen; F:Fumana
– **ericoides** (Cav.) Gand. · D:Aufrechtes Nadelröschen, Felsen-Nadelröschen · ♄ e Z8 Ⓚ V-VII; Eur.: Ib, Fr, CH, Ap, Ba; NW-Afr,
– **procumbens** (Dunal) Gren. et Godr. · D:Gewöhnliches Nadelröschen · ♄ e △ Z7 ∧ VIII-X; Eur.* exc. BrI, Sc; TR, Syr., Cauc., Iran

Fumaria L. -f- *Fumariaceae* · 50 sp · D:Erdrauch; E:Fumitory; F:Fumeterre
– *africana* Lam. = Rupicapnos africana
– *bulbosa* (L.) DC. = Corydalis solida subsp. solida
– *bulbosa* auct. non L. (DC.) = Corydalis cava
– **capreolata** L. · D:Rankender Erdrauch; E:White Ramping Fumitory · ⊙ V-IX; Eur.: Fr, Ib, Ap, BrI, CH, Ba; TR, Cauc., nat. in D, EC-Eur.
– *cava* (L.) Mill. = Corydalis cava
– **densiflora** DC. · D:Dichtblütiger Erdrauch · ⊙ V-VI; Eur.: Ib, Fr, BrI, Ap, Ba, RO; TR, Levante, C-As., N-Afr.
– *fungosa* Aiton = Adlumia fungosa
– **muralis** Sond. ex W.D.J. Koch · D:Mauer-Erdrauch · ⊙ VI-IX; Eur.: Sc, BrI, Fr, D, Ib
– **officinalis** L.
  – subsp. **officinalis** · D:Gewöhnlicher Erdrauch; E:Common Fumitory · ⊙ V-X ⚕ ☠; Eur.*, TR, Cyprus, Syr., Cauc., N-Afr.
  – subsp. **wirtgenii** (W.D.J. Koch) Nyman · D:Wirtgens Erdrauch · ⊙ V-X; Eur., Maroc.
– **parviflora** Lam. · D:Kleinblütiger Erdrauch · ⊙ VI-IX; Eur.: Ib, Fr, BrI, Ap, D, H, Ba, EC-Eur.; TR, levante, Cauc., Iran, C-As., N-Afr.
– **rostellata** Knaf · D:Geschnäbelter Erdrauch · ⊙ VI-IX; Eur.: C-Eur., EC-Eur., Ba, E-Eur.; TR
– **schleicheri** Soy.-Will. · D:Schleichers Erdrauch · ⊙ VI-IX; Eur.: Fr, Ap, C-Eur., EC-Eur., Ba, E-Eur.; TR
– *solida* (L.) Mill. = Corydalis solida subsp. solida
– **vaillantii** Loisel.
  – subsp. **schrammii** (Asch.) Nyman · D:Schramms Erdrauch · ⊙ VI-VIII; Eur.: Ib, Fr, C-Eur., H, Ba, W-Russ. +
  – subsp. **vaillantii** · D:Vaillants Erdrauch · ⊙ V-X; Eur.*, TR, Levante, Cauc., Iran, C-As., Him., NW-Afr., Libya

Funkia Spreng. = Hosta
– *ovata* Spreng. = Hosta ventricosa
– *subcordata* Spreng. = Hosta plantaginea var. plantaginea
– *tardiflora* W. Irving = Hosta 'Tardiflora'

Funtumia Stapf -f- *Apocynaceae* · 2 sp
– **elastica** (Preuss) Stapf · ♄ Ⓦ Ⓝ; C-Afr., Uganda

Furcraea Vent. -f- *Agavaceae* · 21 sp
– **bedinghausii** K. Koch · ψ Z9 Ⓚ; C-Mex.
– **cabuya** Trel. · ψ Z9 Ⓦ Ⓝ; Costa Rica to Ecuad.
– *cubensis* (Jacq.) Haw. = Furcraea hexapetala
– **elegans** Tod. · ψ Z9 Ⓚ; Mex.
– *flavoviridis* Hook. = Furcraea selloa var. selloa
– **foetida** (L.) Haw. · D:Mauritiushanf; E:Green Aloe, Mauritius Hemp · ψ Z9 Ⓚ Ⓝ; Mex. (Yucatan), C-Am., S-Am.
– *gigantea* Vent. = Furcraea foetida
– **hexapetala** (Jacq.) Urb. · D:Kubahanf; E:Bayonette · ψ Z9 Ⓚ; Cuba, Haiti
– *lindenii* Jacobi = Furcraea selloa var. marginata
– **macrophylla** (Hook.) Baker · D:Fiquefaser · ψ Z9 Ⓦ Ⓝ; Col.
– *pubescens* Tod. = Furcraea undulata

– *roezlii* André = Furcraea bedinghausii
– **selloa** K. Koch
  – var. **marginata** Trel. · ♆ Z9 ⓚ; cult.
  – var. **selloa** · ♆ Z9 ⓚ; Mex., Guat., Col.
– **undulata** Jacobi · ♆ Z9 ⓚ; ? Mex.

Gagea Salisb. -f- *Liliaceae* · c. 70 (c. 200) sp · D:Gelbstern; E:Star of Bethlehem; F:Gagéa
– *arvensis* (Pers.) Dumort. = Gagea villosa
– **bohemica** (Zauschn.) Schult. et Schult. f.
  – subsp. **bohemica** · D:Böhmischer Felsen-Gelbstern · ♃ III-IV; Eur.: BrI, C-Eur., EC-Eur., Ap, Ba; TR, Palaest., ? N-Afr.
  – subsp. **saxatilis** (Mert. et W.D.J. Koch) Asch. et Graebn. · D:Gewöhnlicher Felsen-Gelbstern · ♃ III-IV; Eur.: Fr, Ap, C-Eur., Ba
– *fistulosa* auct. = Gagea fragifera
– **fragifera** (Vill.) Ehr. Bayer et G. López · D:Röhriger Gelbstern · ♃ VI-VII; Eur.: Ib, Fr, C-Eur., Ap, Ba, E-Eur.; mts.
– **lutea** (L.) Ker-Gawl. · D:Wald-Gelbstern; E:Yellow Star-of-Bethlehem · ♃ Z6 IV; Eur.*, Cauc., Him., W-Sib., E-Sib., Amur, Sachal., Kamchat. N-China, Korea, Jap.
– **minima** (L.) Ker-Gawl. · D:Kleiner Gelbstern · ♃ Z6 III-IV; Eur.: Ap, C-Eur., EC-Eur., Sc, Ba, E-Eur.; Cauc., W-Sib.
– **pomeranica** Ruthe · D:Pommerscher Gelbstern · ♃; Eur.: D +
– **pratensis** (Pers.) Dumort. · D:Wiesen-Gelbstern · ♃ Z7 III-V; Eur.* exc. BrI; TR
– **pusilla** (F.W. Schmidt) Schult. et Schult. f. · D:Zwerg-Gelbstern · ♃ III-IV; Eur.: C-Eur., EC-Eur., Ba, E-Eur., ? I; TR, Cauc., C-As., China: Sinkiang
– **spathacea** (Hayne) Salisb. · D:Scheiden-Gelbstern · ♃ IV-V; Eur.: Fr, C-Eur., EC-Eur., Ba, Sc, E-Eur., ? Ap
– *sylvatica* (Pers.) Loudon = Gagea lutea
– **villosa** (M. Bieb.) Sweet · D:Acker-Gelbstern · ♃ Z7 III-IV; Eur.* exc. BrI; TR, Cauc., Iran, NW-Afr.

Gaillardia Foug. -f- *Asteraceae (Compositae)* · 28 sp · D:Kokardenblume; E:Blanketflower; F:Gaillarde
– **amblyodon** J. Gay · ⊙ Z8 VI-XI; Tex.
– **aristata** Pursh · D:Prärie-Kokardenblume; E:Great Blanket Flower · ♃ Z6 VI-IX; Can.: E; USA: NW, Rocky Mts., SW, nat. in Azor., S-Sp.
– *bicolor* Lam. = Gaillardia pulchella var. pulchella
– *bicolor* Pursh = Gaillardia lanceolata
– × **grandiflora** Van Houtte (*G. aristata* × *G. pulchella*) · D:Großblumige Kokardenblume · ♃ Z6
  – **in Sorten**
– **lanceolata** Michx. · ⊙ ⊙ ♃ Z7 VI-IX; USA: SE, Fla., SW
– *picta* Sweet = Gaillardia pulchella var. picta
– **pulchella** Foug.
  – var. **picta** (Sweet) A. Gray · ⊙ Z8; Tex., Mex.
  – var. **pulchella** · D:Kurzlebige Kokardenblume; E:Annual Gaillardia, Firewheel; F:Gaillardie · ⊙ Z8; USA: SE, Fla., SC, SW, Colo.

Galactites Moench -f- *Asteraceae (Compositae)* · 3 sp · D:Milchfleckdistel; F:Chardon-Marie
– **tomentosa** Moench · ⊙ ⊙; Eur.: Ib, Ap, Ba., Fr ; Canar., Maroc., Alger., Tun.

Galanthus L. -m- *Amaryllidaceae* · c. 15 sp · D:Schneeglöckchen; E:Snowdrop; F:Perce-neige
– **elwesii** Hook. f. · D:Großblütiges Schneeglöckchen; E:Giant Snowdrop · ♃ Z6 II ▽ ✱; Eur.: Ba, RO, W-Russ.; TR
– **ikariae** Baker · ♃ Z6 II-III ▽ ✱; TR, Cauc.
– *latifolius* Salisb. non Rupr. = Galanthus plicatus
– **nivalis** L. · D:Kleines Schneeglöckchen; E:Common Snowdrop, Snowdrop; F:Perce-neige · ♃ Z4 II-III ☠ ▽ ✱; Eur.* exc. BrI, Sc, nat. in BrI, Sc
– **plicatus** M. Bieb. · ♃ Z6 III ▽ ✱; Eur.: RO, Krim, W-Russ.
– **reginae-olgae** Orph. · D:Herbst-Schneeglöckchen · ♃ Z7 ▽ ✱; Sic., GR, SW-TR
– **Cultivars**
  – **in vielen Sorten**

Galax Sims -f- *Diapensiaceae* · 1 sp · D:Bronzeblatt; E:Wandflower, Wandplant; F:Galax
– *aphylla* hort. non L. = Galax urceolata
– **urceolata** (Poir.) Brummitt · D:Bronzeblatt; E:Beetleweed, Wand Plant · ♃ Z5 VI-VII; USA: NE, SE

Galaxia Thunb. -f- *Iridaceae* · c. 15 sp
– **ovata** Thunb. · ♃ Z9 ⓚ VII-VIII; SW-Kap

Gale Adans. = Myrica
– *palustris* (Lam.) Chev. = Myrica gale

Galeandra Lindl. -f- *Orchidaceae* · c. 20 sp
– **batemanii** Rolfe · ♃ Z10 (K) VII-VIII ▽ ✻; Mex., Guat.
– *baueri* auct. non Lindl. = Galeandra batemanii
– **devoniana** R.H. Schomb. ex Lindl. · ♃ Z10 (W) VI-VIII ▽ ✻; Guyan., Bras., Peru

Galega L. -f- *Fabaceae (Leguminosae)* · 6 sp · D:Geißraute; E:Goat's Rue; F:Rue de chèvre
– *bicolor* Hausskn. = Galega officinalis
– × **hartlandii** Hartland (*G. officinalis* × *G. orientalis*) · ♃ ⋉ Z4 VII-VIII; cult.
  – **in Sorten**
– **officinalis** L. · D:Echte Geißraute; E:Galega, Goat's Rue · ♃ ⋉ Z4 VI-VIII ⚕ ☠ Ⓝ; Eur.* exc. BrI, Sc; TR, Lebanon, Cauc., Iran, Pakist.
– **orientalis** Lam. · ♃ Z6; Cauc.
– *persica* Pers. = Galega officinalis
– *tricolor* Hook. = Galega officinalis

Galeobdolon Huds. = Lamium
– *luteum* Huds. = Lamium galeobdolon

Galeopsis L. -f- *Lamiaceae (Labiatae)* · 10 sp · D:Hohlzahn; E:Hemp Nettle; F:Galéopsis
– **angustifolia** Hoffm. · D:Schmalblättriger Hohlzahn · ⊙ VI-X; Eur.*
– **bifida** Boenn. · D:Zweispaltiger Hohlzahn · ⊙ VI-X; Eur.* exc. Ib; Cauc., W-Sib., E-Sib., Amur, Sachal., C-As., Mong., nat. in N-Am.
– *dubia* Leers = Galeopsis segetum
– **ladanum** L. · D:Breitblättriger Hohlzahn; E:Red Hemp Nettle · ⊙ VI-X; Eur.* exc. BrI; TR, Cauc., W-Sib., E-Sib.
– *ochroleuca* Lam. = Galeopsis segetum
– **pubescens** Besser · D:Weichhaariger Hohlzahn · ⊙ VII-IX; Eur.: Fr, Ap, C-Eur., EC-Eur., Ba, E-Eur.
– **segetum** Neck. · D:Gelber Hohlzahn; E:Downy Hemp Nettle · ⊙ VI-IX ⚕; Eur.: BrI, Fr, Ib, C-Eur., DK, Ap, Slove., nat. in Ba, RO
– **speciosa** Mill. · D:Bunter Hohlzahn; E:Large-flowered Hemp Nettle · ⊙ VI-X; Eur.* exc. Ib; W-Sib.
– **tetrahit** L. · D:Gewöhnlicher Hohlzahn; E:Common Hemp Nettle, Hemp Nettle · ⊙ VI-X ⚕; Eur.*

Galeottia A. Rich. = Mendoncella
– *fimbriata* Linden et Rchb. f. = Mendoncella fimbriata

Galinsoga Ruiz et Pav. -f- *Asteraceae (Compositae)* · c. 15 sp · D:Franzosenkraut, Knopfkraut; E:Gallant Soldier; F:Scabieuse des champs
– **ciliata** (Raf.) S.F. Blake · D:Behaartes Knopfkraut; E:Shaggy Soldier · ⊙ V-X; Mex., nat. in cosmop., Eur.*
– **parviflora** Cav. · D:Franzosenkraut, Kleinblütiges Knopfkraut; E:Gallant Soldier · ⊙ V-X; Mex., nat. in cosmop. exc. Sib.; Eur.*
– *quadriradiata* auct. non Ruiz et Pav. = Galinsoga ciliata

Galipea Aubl. -f- *Rutaceae* · 8-14 sp · D:Angosturabaum; E:Angostura; F:Galipéa
– **officinalis** Hancock · D:Angosturabaum; E:Angostura · ♄ e (W) ⚕; S-Am.

Galium L. -n- *Rubiaceae* · c. 400 sp · D:Klebkraut, Labkraut; E:Bedstraw; F:Gaillet
– **album** Mill.
  – subsp. **album** · D:Weißes Labkraut · ♃ VI-IX; Eur.*, TR, Lebanon, ? Syr., Cauc., W-Sib., Madeira
  – subsp. **pycnotrichum** (Heinr. Braun) Krendl · ♃ VI-IX; EC-Eur., SE-Eur., TR, Lebanon, Cauc., W-Sib.
– **anisophyllum** Vill. · D:Ungleichblättriges Labkraut · ♃ VII-IX; Eur.: Fr, Ap, C-Eur., EC-Eur., Ba, E-Eur.; mts.
– **aparine** L. · D:Kletten-Labkraut; E:Cleavers, Goosegrass · ⊙ IX-X ⚕; Eur.*, TR, Levante, Cauc., W-Sib., C-As., NW-Afr., Libya, nat. in cosmop.
– **aristatum** L. · D:Grannen-Labkraut; E:False Baby's Breath · ♃ Z6 VI-VIII; Eur.: F, I, D, A, CH; Pyr., Alp.
– **austriacum** Jacq. · D:Österreichisches Labkraut · ♃ VI-VIII; Eur.: A, EC-Eur., Ba, I; mts.
– **boreale** L. · D:Nordisches Labkraut; E:Northern Bedstraw · ♃ Z2 VII-VIII; Eur.: Ba, Fr, BrI, EC-Eur., Sc, Ap, E-Eur., A, D, Ch., TR, Cauc., Sib., E-As. As., N-Am.
– **carmineum** Beauverd · ♃; Eur.: F, I, CH; S-Alp.

- **centroniae** Cariot · D:Savoyer Labkraut · ♃ VI-VIII; Eur.: F, I, CH, A, Slove ; Alp.
- *cruciatum* (L.) Scop. = Cruciata laevipes
- **divaricatum** Lam. · D:Sparriges Labkraut · ☉; Eur.: Ib, Fr, Ap, EC-Eur., Ba, RO; TR, Syr., Cyprus, Lebanon, nat. in CH
- **glaucum** L. · D:Blaugrünes Labkraut · ♃ V-VII; Eur.: Ib, Fr, C-Eur., EC-Eur., Ba, E-Eur.
- **laevigatum** L. · D:Glattes Labkraut · ♃ VI-VIII; Eur.: F, I, CH, A, Ba , ? Ib; mts.
- **lucidum** All. · D:Glänzendes Labkraut · ♃ VI-VIII; Eur.: Ib, Fr, Ap, C-Eur., Ba, RO; Cauc., Syr.
- **megalospermum** All. · D:Schweizer Labkraut · ♃ VII-VIII; Eur.: F, I, CH, D, A; Alp.
- **meliodorum** (Beck) Fritsch · D:Honig-Labkraut · ♃ VI-VIII; Eur.: A; NE-Alp.
- **mollugo** L. · D:Wiesen-Labkraut; E:False Baby's Breath · ♃ ⁓→ Z3 V-IX ⚕ ; Eur.*
- **noricum** Ehrend. · D:Norisches Labkraut · ♃ VII-IX; Eur.: I, D, A, Slove.; E-Alp.
- **odoratum** (L.) Scop. · D:Waldmeister; E:Sweet Woodruff, Woodruff; F:Aspérule odorante · ♃ D Z5 V-VI ⚕ Ⓝ; Eur.*, TR, Cauc., N-Iran, W-Sib., E-Sib., Amur, Sachal., Jap., C-As.
- **palustre** L.
  - subsp. **elongatum** (C. Presl) Lange · D:Hohes Labkraut · ♃ VI-VIII; Eur.*
  - subsp. **palustre** · D:Sumpf-Labkraut · ♃ V-IX; Eur.*, TR, Cauc., Sib., C-As., nat. in N-Am.
- **parisiense** L. · D:Pariser Labkraut · ☉ VI-VIII; Eur.* exc. Sc; N-Afr.
- × **pomeranicum** Retz. (*G. album* × *G. verum*) · D:Weißgelbes Labkraut · ♃ VI-IX; Eur.*
- **pumilum** Murray · D:Heide-Labkraut, Triften-Labkraut · ♃ VII-IX; Eur.* exc. BrI, Ib
- **rivale** (Sibth. et Sm.) Griseb. · D:Bach-Labkraut · ♃ VII-VIII; Eur.: A, EC-Eur., Ba, E-Eur.; TR, Cauc., Iran, W-Sib., C-As.
- **rotundifolium** L. · D:Rundblättriges Labkraut · ♃ VI-IX; Eur.* exc. BrI, Sc; TR, Cauc., Iran, Afgh., nat. in Sc
- **rubioides** L. · D:Krapp-Labkraut · ♃ VI-VIII; Eur.: A, EC-Eur., Ba, E-Eur.; Cauc., W-Sib., nat. in CH
- **rubrum** L. · D:Rotes Labkraut · ♃ △ Z6 VII; Eur.: Ch, I; S-Alp., Apenn.
- **saxatile** L. · D:Harzer Labkraut · ♃ VI-VIII; Eur.*
- **schultesii** Vest · D:Schultes Labkraut · ♃ VI-IX; Eur.: C-Eur., EC-Eur., Ba, E-Eur.
- **spurium** L. · D:Acker-Labkraut, Grünblütiges Labkraut · ☉ V-X; Eur.*, TR, Iraq, Iran, Afgh., Pakist., C-As., N-As., N-Afr.
- **sterneri** Ehrend. · D:Sterners Labkraut · ♃ VI-VIII; Eur.: BrI, Sc, D
- **sudeticum** Tausch · D:Sudeten-Labkraut · ♃ VII-IX; Eur.: D, CZ, PL; mts.
- **suecicum** (Sterner) Ehrend. · D:Schwedisches Labkraut · ♃ VI-VIII; Eur.: Sweden, N-D
- **sylvaticum** L. · D:Wald-Labkraut · ♃ VII-VIII; Eur.: Fr, C-Eur., EC-Eur., Ap, Ba
- *triandrum* Hyl. = Asperula tinctoria
- **tricornutum** Dandy · D:Dreihörniges Labkraut · ☉ VII-X; Eur.* exc. BrI; TR, Iraq, Cauc., Iran, C-As., Kashmir, Tibet, nat. in BrI
- **trifidum** L. · D:Dreispaltiges Labkraut · ♃ VI-VII; Eur.: Sc, PL, Russ., F (E-Pyr.), A(E-Alp.); TR, W-Sib., E-Sib., Kamchat., Mong, Jap., N-Am.
- **triflorum** Michx. · D:Dreiblütiges Labkraut · ♃ VII-VIII; Eur.: Sc, Russ., CH; circumboreal, Greenl.
- **truniacum** (Ronniger) Ronniger · D:Traunsee-Labkraut · ♃ VI-VIII; Eur.: D, A; NE-Alp.
- **uliginosum** L. · D:Moor-Labkraut · ♃ VI-IX; Eur.*, TR, N-As., C-As.
- **valdepilosum** Heinr. Braun · D:Mährisches Labkraut · ♃ VI-VIII; Eur.: D, DK, EC-Eur., W-Russ.
- **verrucosum** Huds. · D:Anis-Labkraut · ☉ VI-VII; Eur.: Ib, Fr, Ap, Ba, nat. in C-Eur., EC-Eur.
- **verum** L. · D:Echtes Labkraut; E:Lady's Bedstraw, Yellow Bedstraw · ♃ Z3 VI-IX ⚕ ; Eur.*, TR, Syr., N-Iraq, Cauc., Iran, W-Sib., E-Sib., Amur, Sachal., Kamchat., C-As., Mong., Manch., Jap., NW-Afr., nat. in N-Am.
- **wirtgenii** F.W. Schultz · D:Wirtgens Labkraut · ♃ V-VI; C-Eur.

Galphimia Cav. -f- *Malpighiaceae* · 10 sp
- *glauca* (Poir.) Cav. = Thryallis glauca

Galtonia Decne. -f- *Hyacinthaceae* · 4 sp · D:Galtonie, Sommerhyazinthe; E:Summer Hyacinth; F:Galtonia, Jacinthe du Cap
- **candicans** (Baker) Decne. · D:Sommerhyazinthe; E:Summer Hyacinth ·

♃ Z7 VII-VIII; S-Afr.

Gamolepis Less. = Steirodiscus
– *tagetes* (L.) DC. = Steirodiscus tagetes

Garcia Rohr -f- *Euphorbiaceae* · 2 sp
– **nutans** Rohr · ♄ Ⓦ Ⓝ; Mex., C-Am., W.Ind., Col.

Garcinia L. -f- *Clusiaceae (Guttiferae)* · c. 200 sp · D:Mangostane; E:Mangosteen; F:Guttier, Mangoustanier
– **cochinchinensis** (Lour.) Choisy · ♄ e Ⓦ Ⓝ; Cambodia, S-Vietn.
– **dulcis** (Roxb.) Kurz · ♄ e Ⓦ Ⓝ; Java, Timor, Molucca Is., Phil.
– **hanburyi** Hook. f. · D:Gummigutti; E:Gamboge · ♄ e Ⓦ ☠ Ⓝ; Indochina
– **indica** (Thouars) Choisy · ♄ e Ⓦ Ⓝ; Ind.
– **madruno** (Humb., Bonpl. et Kunth) Hammel · D:Marienbalsam · ♄ e Ⓦ Ⓝ; Col., Ecuad., Peru
– **mangostana** L. · D:Mangostane; E:Mangosteen · ♄ e Ⓦ Ⓝ; Malay. Pen.
– **morella** Desr. · ♄ e Ⓦ Ⓝ; Ind., Sri Lanka, Myanmar, Thail., Malay. Pen.

Gardenia Ellis -f- *Rubiaceae* · c. 250 sp · D:Gardenie; E:Gardenia; F:Gardénia, Jasmin du Cap
– **amoena** Sims · ♄ e Ⓦ VI; China
– **augusta** (L.) Merr. · D:Kap-Gardenie; E:Cape Jasmine · ♄ e ⋈ D Ⓦ VII-X ⚕ Ⓝ; Jap., Riukiu-Is., Taiwan, China
  – **in Sorten**
– **cornuta** Hemsl. · D:Horn-Gardenie; E:Horned Gardenia · ♄ e Ⓦ; S-Afr.
– *florida* L. non G. Forst. = Gardenia augusta
– *globosa* Hochst. = Rothmannia globosa
– *jasminoides* Ellis = Gardenia augusta
– **lucida** Roxb. · ♄ ♄ e Ⓦ; Ind., Myanmar, Phil.
– *rothmannia* L. f. = Rothmannia capensis
– **spathulifolia** Stapf et Hutch. · ♄ ♄ e Ⓦ; S-Afr.
– *stanleyana* Hook. = Rothmannia longiflora
– **thunbergia** L. f. · D:Thunbergs Gardenie; E:White Gardenia · ♄ e Ⓚ I-III; Mozamb., S-Afr.

Garrya Douglas ex Lindl. -f- *Garryaceae* · 13 sp · D:Becherkätzchen; E:Silk Tassel, Tassel Tree; F:Garrya
– **elliptica** Douglas ex Lindl. · D:Spalier-Becherkätzchen; E:Silk Tassel Bush · ♄ ♄ e Z8 Ⓚ I-III Ⓝ; USA: Oreg., Calif.
– **fadyenii** Hook. · ♄ e Z9 Ⓚ I-III; Jamaica, Cuba
– **fremontii** Torr. · ♄ e Z7; Calif., Oreg., Wash.
– **wrightii** Torr. · ♄ e Z8 Ⓚ; USA: SW, W-Tex.

Gasoul Adans. = Mesembryanthemum
– *crystallinum* (L.) Rothm. = Mesembryanthemum crystallinum

Gasteria Duval -f- *Aloaceae* · 17 sp · D:Gasterie; F:Gastérie, Langue-de-chevreuil
– **acinacifolia** (Jacq.) Haw. · ♃ ψ Z9 Ⓚ; S-Afr.
– *angulata* Haw. = Gasteria disticha var. disticha
– **angustifolia** (Aiton) Haw. · ♃ ψ Z9 Ⓚ; S-Kap.
– *armstrongii* Schönl. = Gasteria nitida var. armstrongii
– **bicolor** Haw.
  – var. **bicolor** · ♃ ψ Z9 Ⓚ; Kap
  – var. **liliputana** (Poelln.) Van Jaarsv. · ♃ ψ Z9 Ⓚ; S-Afr.
– *caespitosa* Poelln. = Gasteria bicolor var. bicolor
– *candicans* Haw. = Gasteria acinacifolia
– **carinata** (Mill.) Duval
  – var. **carinata** · ♃ ψ Z9 Ⓚ; S-Kap.
  – var. **verrucosa** (Mill.) Van Jaarsv. · ♃ ψ Z9 Ⓚ; Kap
– **disticha** (L.) Haw.
  – var. *angustifolia* (Aiton) Baker = Gasteria angustifolia
  – var. **disticha** · ♃ ψ Z9 Ⓚ; Kap
– *excavata* (Willd.) Haw. = Gasteria carinata var. carinata
– *formosa* Haw. = Gasteria bicolor var. bicolor
– **humilis** Poelln. · ♃ ψ Z9 Ⓚ; Kap
– *liliputana* Poelln. = Gasteria bicolor var. liliputana
– *lingua* (Thunb.) Berger = Gasteria disticha var. disticha
– **maculata** (Thunb.) Haw. · ♃ ψ Z9 Ⓚ; S-Afr.
– *minima* hort. = Gasteria bicolor var. liliputana
– *neliana* Poelln. = Gasteria pillansii
– **nigricans** (Haw.) Haw. · ♃ ψ Z9 Ⓚ; S-Afr.
– **nitida** (Salm-Dyck) Haw.
  – var. **armstrongii** (Schönl.) Van Jaarsv. ·

♃ ψ Z9 ⌂; Kap
– var. **nitida** · ♃ ψ Z9 ⌂; S-Afr.
– **obliqua** (DC.) Duval · ♃ ψ Z9 ⌂; S-Afr.
– *picta* Haw. = Gasteria bicolor var. bicolor
– **pillansii** Kensit · ♃ ψ Z9 ⌂; S-Afr.
– *planifolia* (Baker) Baker = Gasteria bicolor var. bicolor
– **pseudonigricans** (Salm-Dyck) Haw. · ♃ ψ Z9 ⌂; S-Afr.
– *pulchra* Haw. = Gasteria obliqua
– **rawlinsonii** Oberm. · ♃ ψ Z9 ⌂; SE-Kap
– **schweickerdtiana** Poelln. · ♃ ψ Z9 ⌂; S-Afr.
– *subcarinata* (Salm-Dyck) Haw. = Gasteria carinata var. carinata
– *subnigricans* Salm-Dyck = Gasteria pseudonigricans
– *verrucosa* (Mill.) Duval = Gasteria carinata var. verrucosa

Gastridium P. Beauv. -n- *Poaceae (Gramineae)* · 3 sp · D:Nissegras; E:Nit Grass; F:Gastridium
– **ventricosum** (Gouan) Schinz et Thell. · D:Nissegras · ☉; Eur.: Ib, Fr, Ap, Ba, RO, BrI; TR, Syr., Iraq, Lebanon, Israel, W-Iran, NW-Afr., Libya, nat. in USA, S-Austr.

Gastrochilus D. Don -m- *Orchidaceae* · 15-20 (-50) sp
– **bellinus** (Rchb. f.) Kuntze · ♃ Z10 ⌂ II-III ▽ ✻; Myanmar, Thail.

Gaudinia P. Beauv. -f- *Poaceae (Gramineae)* · 4 sp · D:Ährenhafer; E:French Oat Grass; F:Gaudinie
– **fragilis** (L.) P. Beauv. · D:Zerbrechlicher Ährenhafer · ☉ ✄ VI-VIII; Eur.: Ib, Fr, Ap, CH, Ba, Krim; TR, Syr., Canar., NW-Afr., Libya, nat. in BrI

× *Gaulnettya* Marchant = Gaultheria
– *wisleyensis* Marchant = Gaultheria × wisleyensis

Gaultheria Kalm ex L. -f- *Ericaceae* · 134 sp · D:Rebhuhnbeere, Scheinbeere; E:Shallon; F:Gaultheria, Thé des bois
– **cuneata** (Rehder et E.H. Wilson) Bean · D:Chinesische Scheinbeere · ♄ e ♣ Z6 VI; W-China
– **forrestii** Diels · ♄ e Z6 V-VI; W-China: Yunnan
– **hispida** R. Br. · D:Tasmanische Scheinbeere; E:Snow Berry, Tasmanian Waxberry · ♄ e ♣ Z9 ⌂ V-VI; Austr.: Victoria, Tasman.
– **hookeri** C.B. Clarke · ♄ e ♣ Z6 III-IV; E-Him.
– **insana** (Molina) Middleton · ♄ e Z8 ⌂ ☠; Chile, Arg.
– **itoana** Hayata · ♄ e ♣ Z6; Taiwan
– **miqueliana** Takeda · D:Miquels Scheinbeere · ♄ e ♣ Z7 VI; Jap., Sachal., Aleuten
– **mucronata** (L. f.) Hook. et Arn. · E:Prickly Heath; F:Pernettya mucronée · ♄ e ♣ Z6 V-VI ☠; S-Chile
– **myrsinoides** Humb., Bonpl. et Kunth
  – var. **myrsinoides** · ♄ e Z9 ⌂; C-Am., S-Am.
  – var. **pentlandii** (DC.) Humb., Bonpl. et Kunth · ♄ e ♣ Z9 ⌂ V-VI; C-Am., S-Am.
– **nummularioides** D. Don · ♄ e Z9 ⌂; Him., Ind.: Khasia Hills; SW-China, Myanmar, Malay. Arch.
– **procumbens** L. · D:Niedere Rebhuhnbeere, Niederliegende Scheinbeere; E:Checkerberry; F:Gaulthérie du Canada · ♄ e ⇝ ♣ Z5 VII-VIII ⚕; Can.: E; USA; NE, NCE, SE
– *pyrolifolia* C.B. Clarke = Gaultheria pyroloides
– **pyroloides** Hook. f. et Thomson ex Miq. · ♄ e ♣ Z6 V-VI; E-Him.
– **rupestris** (L. f.) D. Don ex G. Don · ♄ e Z7 VI-VII; NZ
– **semi-infera** (C.B. Clarke) Airy Shaw · ♄ e ♣ Z9 ⌂ V; Him., W-China
– **shallon** Pursh · D:Hohe Rebhuhnbeere, Shallon-Scheinbeere; E:Salal; F:Palommier · ♄ e Z6 V-VI; Alaska, Can.: W; USA: NW, Calif.
– **tasmanica** (Hook. f.) Middleton · ♄ e ⇝ ♣ Z7 V; Tasman.
– **trichophylla** Royle · ♄ e ⇝ ♣ Z7 ∧ V; Him., W-China
– **veitchiana** Craib · ♄ e ♣ ⌂ V; China: Hupeh
– × **wisleyensis** (Marchant) hort. (*G. mucronata* × *G. shallon*) · ♄ e Z7 IV-VI; cult.
– **yunnanensis** (Franch.) Rehder · ♄ e Z6 V-VI; China: Yunnan

× **Gauntlettara** hort. -f- *Orchidaceae* (*Broughtonia* × *Cattleyopsis* × *Laeliopsis*)

Gaura L. -f- *Onagraceae* · 21 sp · D:Prachtkerze; F:Gaura
- **coccinea** (Nutt. ex Fraser) Pursh · D:Duftende Prachtkerze; E:Scarlet Beeblossom · ♃ Z4 VII-X; Can., USA: NCE, NC, SC, SW, Rocky Mts., Calif.
- **lindheimeri** Engelm. et A. Gray · ♃ ♄ d Z4 VII-X; USA: La., Tex.
  - **in Sorten**

Gaylussacia Kunth -f- *Ericaceae* · 48 sp · D:Buckelbeere; E:Huckleberry; F:Gaylussacia
- **baccata** (Wangenh.) K. Koch · D:Schwarze Buckelbeere; E:Black Huckleberry, Huckleberry · ♄ d V-VI; Can.: E, Sask.; USA: NE, NCE, SE
- **brachycera** (Michx.) A. Gray · D:Buchs-Buckelbeere; E:Box Huckleberry · ♄ e ∧ V-VI; USA: NE, Tenn.
- **dumosa** (Andrews) Torr. et A. Gray ex A. Gray · D:Zwerg-Buckelbeere; E:Dwarf Huckleberry · ♄ d ⤳ V-VI; Can.: E; USA: Ne, SE, Fla.
- **frondosa** (L.) Torr. et A. Gray ex Torr. · D:Blaue Buckelbeere; E:Blue Huckleberry, Dangleberry · ♄ d V-VI; USA: NE, SE, Fla.
- *resinosa* Torr. et A. Gray = Gaylussacia baccata

Gazania Gaertn. -f- *Asteraceae (Compositae)* · 16 sp · D:Gazanie; E:Treasureflower; F:Gazanie
- *bracteata* N.E. Br. = Gazania krebsiana subsp. serrulata
- **krebsiana** Less.
  - subsp. **krebsiana** · ♃ Z9 Ⓚ; S-Afr.
  - subsp. **serrulata** (DC.) Roessler · ♃ Z9 Ⓚ; S-Afr.
- **linearis** (Thunb.) Druce · ⊙ ⊙ ♃ Z9 Ⓚ VII-IX; S-Afr.
- *longiscapa* DC. = Gazania linearis
- *nivea* auct. non Less. = Gazania krebsiana subsp. krebsiana
- **pavonia** (Andrews) R. Br. · D:Kap-Gazanie; E:Cape Treasure Flower · ♃ Z9 Ⓚ VI-VIII; S-Afr.
- **pinnata** (Thunb.) Less. · ♃ Z9 Ⓚ VI-VIII; Kap
- *pygmaea* Sond. = Gazania krebsiana subsp. serrulata
- **rigens** (L.) Gaertn.
  - var. **rigens** · D:Geäugte Gazanie; E:Treasure Flower · ♄ Z9 Ⓚ VII-IX; S-Afr., nat. in P, Balear.
  - var. **uniflora** (L. f.) Roessler · ♄ e Z9 Ⓚ V-IX; S-Afr.
- *splendens* hort. = Gazania rigens var. rigens
- *uniflora* L. f. = Gazania rigens var. uniflora
- **Cultivars**
  - **in vielen Sorten**

Geissorhiza Ker-Gawl. -f- *Iridaceae* · 82 sp
- **aspera** Goldblatt · ♃ Z8 Ⓚ V; S-Afr.
- **excisa** (L. f.) Ker-Gawl. · ♃ Z8 Ⓚ IV-V; S-Afr.
- **grandis** Hook. f. · ♃ Z8 Ⓚ IV-V; S-Afr.
- *hirta* Ker-Gawl. = Geissorhiza inflexa var. erosa
- **humilis** (Thunb.) Ker-Gawl. · ♃ Z8 Ⓚ VI-VII; Kap
- **inflexa** (F. Delaroche) Ker-Gawl.
  - var. **erosa** (Salisb.) Goldblatt · ♃ Z8 Ⓚ IV-V; S-Afr.
  - var. **inflexa** · ♃ Z8 Ⓚ; SW-Kap
- *quinquangularis* Eckl. ex Klatt = Geissorhiza inflexa var. inflexa
- **radians** (Thunb.) Goldblatt · E:Wine Cup · ♃ Z8 Ⓚ V; S-Afr.
- *rochensis* (Ker-Gawl.) Ker-Gawl. = Geissorhiza radians
- *secunda* (Bergius) Ker-Gawl. = Geissorhiza aspera

Geitonoplesium A. Cunn. ex R. Br. -n- *Philesiaceae* · 1 sp
- **cymosum** (R. Br.) Hook. · ♄ e ⌇ Ⓚ; Phil., Kalimantan, N.Guinea, Salom., Austr.: Queensl., N.S.Wales, Victoria; Fiji

Gelsemium Juss. -n- *Loganiaceae* · 3 sp · D:Jasminwurzel; E:Yellow Jessamine; F:Jasmin de Virginie
- **rankinii** Small · ♄ e Z8 Ⓚ; USA: SE, Fla.
- **sempervirens** (L.) J. St.-Hil. · D:Gelbe Jasminwurzel; E:False Jasmine, False Jessamine · ♄ e ⌇ D Z9 Ⓚ IV-VI ⚕ ☠; USA: Va., SE, Fla.; Guat.

Gemmingia Heist. ex Fabr. = Belamcanda
- *chinensis* (L.) Kuntze = Belamcanda chinensis

Genipa L. -f- *Rubiaceae* · 7 sp · D:Genipap; E:Genipap; F:Génipayer
- **americana** L. · E:Genipap, Marmalade Box · ♄ e Z10 Ⓚ Ⓝ; Mex., C-Am., W.Ind., trop. S-Am.

Genista L. -f- *Fabaceae (Leguminosae)* · 87 sp · D:Ginster; E:Greenweed, Woadwaxen; F:Genêt
- **aetnensis** (Raf. ex Biv.) DC. · D:Ätna-Ginster; E:Mount Etna Broom · ♄ d Z8 Ⓚ VII ☠; Sard., Sic.
- **anglica** L. · D:Englischer Ginster; E:Needle Furze, Petty Whin · ♄ d Z7 V-VII ☠; Eur.: BrI, Sc, C-Eur., Fr, Ib, Ap; Maroc.
- **aspalathoides** Lam. · ♄ d Z8 Ⓚ VI ☠; Sic., Alger., Tun.
- **canariensis** L. · E:Florist's Genista, Genista · ♄ e Z9 Ⓚ ☠; Canar.
- *candicans* L. = Genista canariensis
- **cinerea** (Vill.) DC. · D:Grauer Ginster · ♄ d Z7 V-VI ☠; Eur.: Sp., F, I; Alger., Tun.
- *dalmatica* Bartl. et H.L. Wendl. = Genista sylvestris var. sylvestris
- *decumbens* (Durande) Willd. = Cytisus decumbens
- *delphinensis* Verl. = Chamaespartium sagittale subsp. delphinensis
- *depressa* M. Bieb. = Genista tinctoria var. tinctoria
- **ephedroides** DC. · ♄ d D Z9 Ⓚ V-VI ☠; Eur.: Sard.
- **germanica** L. · D:Deutscher Ginster; E:German Greenweed · ♄ d Z6-7 V-VII ☠; Eur.* exc. BrI, Ib
- **hispanica** L. · D:Spanischer Ginster; E:Spanish Gorse · ♄ d △ Z7 ∧ VI-VII ☠; S-F, Sp.
- *horrida* (Vahl) DC. = Echinospartum horridum
- *humifusa* Vill. non L. = Genista villarsii
- **januensis** Viv. · E:Genoa Broom · ♄ d Z8 Ⓚ V-VI ☠; Eur.: Ap, Ba, RO
- **linifolia** L. · D:Leinblättriger Ginster; E:Flax Broom · ♄ e Z9 Ⓚ ☠; Eur.: Sp., Canar.; N-Afr.
- **lydia** Boiss. · D:Lydischer Ginster; E:Lydia Broom; F:Genêt de Lydie · ♄ d Z7 ∧ V-VI ☠; Eur.: Ba; TR, Syr.
- **maderensis** (Webb et Berthel.) Lowe · ♄ e Z9 Ⓚ V-VI ☠; Madeira
- *monosperma* (L.) Lam. = Retama monosperma
- **monspessulana** (L.) O. Bolòs et Vigo · D:Montpelier-Ginster; E:Montpelier Broom · ♄ e D Z8 Ⓚ V-VI ☠; Eur.: Ib, Fr, Ap, Ba; Azor., Canar., TR, Syr., Cauc., NW-Afr.
- **nissana** Petrovic · ♄ d Z6 VI-VII ☠; Serb., AL, Maced.
- **pilosa** L. · D:Behaarter Ginster; E:Hairy Greenwood, Prostrate Broom; F:Genêt poilu · ♄ d ⇝ Z6 V-VII ☠; Eur.*
- *pulchella* Gren. et Godr. non Vis. = Genista villarsii
- *purgans* L. = Cytisus purgans
- **radiata** (L.) Scop. · D:Strahlen-Ginster; F:Genêt rayonnant · ♄ d Z6 V-VI ☠; Eur.: F, C-Eur., I, Ba, RO
- *sagittalis* L. = Chamaespartium sagittale subsp. sagittale
- *scoparius* (L.) Lam. = Cytisus scoparius subsp. scoparius
- **sericea** Wulfen · ♄ d Z7 ∧ V-VI ☠; Eur.: I, Ba; mts.
- × **spachiana** Webb (*G. canariensis* × *G. stenopetala*) · ♄ e Z9 Ⓚ III-V ☠; Canar. (Teneriffa)
- **stenopetala** Webb et Berthel. · ♄ e Z9 Ⓚ ☠; Canar. Is.
- **sylvestris** Scop.
  - var. **pungens** (Vis.) Rehder · ♄ d ⇝ Z8 Ⓚ Ⓐ V-VII ☠
  - var. **sylvestris** · D:Wald-Ginster; E:Dalmatian Broom · ♄ d Z8 ☠; Eur.: I, Slove., Croatia, Bosn., YU, AL
- **tinctoria** L.
  - var. **hirsuta** DC. · ♄ d Z5 ☠
  - var. **humilior** (Willd.) W.D.J. Koch · ♄ d Z3 ☠; N-I, CH (Tessin)
  - var. **tinctoria** · D:Eiblatt-Ginster, Färber-Ginster; E:Dyer's Broom, Dyer's Greenweed; F:Genêt des teinturiers · ♄ d Z5 VI-VIII ⚕ ☠; Eur.*, W-Sib.
- **villarsii** Clementi · ♄ ⇝ △ Z7 VI ☠; Eur.: F, Croatia, AL

Genistella Ortega = Chamaespartium
- *sagittalis* (L.) Gams = Chamaespartium sagittale subsp. sagittale

Gentiana L. -f- *Gentianaceae* · 361 sp · D:Enzian; E:Gentian; F:Gentiane
- **acaulis** L. · D:Keulen-Enzian, Kochs Enzian, Stängelloser Silikat-Enzian; E:Trumpet Gentian; F:Gentiane acaule, Gentiane à tige courte · ♃ △ Z3 VI-VII ⚕ ▽; Eur.* exc. BrI, Sc
  - var. *alpina* (Vill.) Griseb. = Gentiana alpina
- **affinis** Griseb. ex Hook. · ♃ Z5 ▽; Can.: W; USA: NW, Rocky Mts.
- **alpina** Vill. · D:Alpen-Enzian; E:Southern Gentian · ♃ △ Z6 VI ▽; Eur.: Sp., F, I, CH; Sierra Nevada, Pyr., Alp.

- **andrewsii** Griseb. · E:Closed Gentian · ♃ Z6 VIII ▽; Can.: E, Sask.; USA: NE, NCE, NC, SE, Colo.
- **angustifolia** Vill. · F:Gentiane à feuilles étroites · ♃ △ Z7 V-VI ▽; Eur.: F, CH, I; Pyr., SW-Alp., Jura
- **asclepiadea** L. · D:Schwalbenwurz-Enzian; E:Willow Gentian; F:Gentiane fausse asclépiade · ♃ Z6 VII-VIII ⚕ ▽; Eur.: Fr, Ap, C-Eur., EC-Eur., Ba
- **bavarica** L. · D:Bayerischer Enzian · ♃ Z5 VII-VIII ▽; Eur.: Fr, Ap, Ba, C-Eur.; Alp., Carp., Apenn.
- **brachyphylla** Vill. · D:Kurzblättriger Enzian · ♃ Z4 VII-VIII ▽; Eur.: Sp., F, I, C-Eur., W-Ba, RO; Sierra Nevada, Pyr., Alp.
- **burseri** Lapeyr. · ♃ Z7 ▽; Eur.: F, Sp., I; Pyren., SW-Alp.
- **clusii** E. Perrier et Songeon · D:Clusius-Enzian, Stängelloser Kalk-Enzian · ♃ △ Z6 VI ⚕ ▽; Eur.: F, I, C-Eur., EC-Eur., Slove., Croatia, RO; mts.
- **cruciata** L.
  - subsp. **cruciata** · D:Kreuz-Enzian; E:Cross Gentian; F:Gentiane croisette · ♃ Z5 VII-VIII ▽; Eur.* exc. BrI, Sc; TR, Cauc., Iran, W-Sib., C-As.
  - subsp. **phlogifolia** (Schott et Kotschy) Tutin · ♃ Z5 VI-VII ▽; E-Carp., S-Carp.
- **dahurica** Fisch. · F:Gentiane de Sibérie · ♃ Z4 VI-VII ▽; E-Sib., Mong., Tibet, N-China
- **decumbens** L. f. · ♃ Z4 VII-VIII ▽; Eur.: E-Russ.; C-As., NE-As.
- **dinarica** Beck · F:Gentiane des Alpes Dinariques · ♃ △ Z6 V-VI ▽; Eur.: I, Croatia, AL; mts.
- *excisa* W.D.J. Koch = Gentiana acaulis
- **farreri** Balf. f. · D:Wellensittich-Enzian · ♃ △ Z5 VIII-IX ▽; China: Tibet, Gansu
- **fetisowii** Regel et C. Winkl. · ♃ Z4 VIII ▽; W-Sib., C-As., Tibet, China: Sinkiang
- **freyniana** Bornm. ex Freyn · ♃ △ Z7 VIII ▽; TR
- **frigida** Haenke · D:Tauern-Enzian · ♃ Z5 VII-IX ▽; Eur.: A, EC-Eur., BG, RO, W-Russ.; Alp., Carp., SW-BG
- **froelichii** Jan ex Rchb. · D:Karawanken-Enzian · ♃ Z6 VII-IX ▽; Eur.: I, A, Slove.; SE-Alp.
- **gracilipes** Turrill · ♃ Z6 VII-VIII ▽; China: Kansu
- × **hexafarreri** hort. (*G. farreri* × *G. hexaphylla*) · ♃ Z6; cult.
- **hexaphylla** Maxim. · ♃ Z5 VII-VIII ▽; China: Kansu, E-Tibet
- *imbricata* Froel. = Gentiana terglouensis
- *kesselringii* Regel = Gentiana walujewii
- *kochiana* E. Perrier et Songeon = Gentiana acaulis
- **kurroo** Royle · ♃ △ Z7 IX-X ▽; Him.
- *lagodechiana* (Kusn.) Grossh. = Gentiana septemfida var. lagodechiana
- **lutea** L. · D:Gelber Enzian; E:Great Yellow Gentian, Yellow Gentian; F:Gentiane jaune · ♃ Z5 VI-VIII ⚕ Ⓝ ▽; Eur.: Ib, Fr, Ap, Ba, C-Eur., EC-Eur.; TR; mts., nat. in CZ
- × **macaulayi** hort. (*G. farreri* × *G. sino-ornata*) · ♃ Z4 ▽; cult.
- **macrophylla** Pall. · ♃ ⚕ ▽; China
- **makinoi** Kusn. · ♃ Z6 ▽; Jap.: Hondshu
- **nivalis** L. · D:Schnee-Enzian · ⊙ Z5 VII-VIII ▽; Eur.*, Cauc.
- **occidentalis** Greene · ♃ ▽; Eur.: F, Sp.; Pyr., Cordillera Cantábrica
- **orbicularis** Schur · D:Rundblättriger Enzian · ♃ VII-VIII ▽; Eur.: Alp., Carp.; TR
- **ornata** Wall. · ♃ △ Z6 VIII-IX ▽; Nepal
- **pannonica** Scop. · D:Ungarischer Enzian · ♃ Z5 VII-IX ⚕ ▽; Eur.: C-Eur., CZ, I, Slove.
- **parryi** Engelm. · ♃ △ Z4 VIII ▽; USA: Utah, Colo., N.Mex.
- *phlogifolia* Schott et Kotschy = Gentiana cruciata subsp. phlogifolia
- **pneumonanthe** L. · D:Lungen-Enzian; E:Marsh Gentian; F:Gentiane pneumonanthe · ♃ Z4 VII-IX ▽; Eur.*, Cauc., W-Sib., E-Sib.
- **prostrata** Haenke · D:Niederliegender Enzian · ⊙ VII-VIII ▽; Eur.: I, CH, A; E-Alp.; Cauc.
- **pumila** Jacq. · D:Niedriger Enzian · ♃ Z6 VI-X ▽; Eur.: F, I, A, Slove.; Alp.
- **punctata** L. · D:Tüpfel-Enzian; E:Spotted Gentian · ♃ Z5 VII-IX ⚕ ▽; Eur.: Fr, Ap, C-Eur., EC-Eur., Ba; mts.
- *purdomii* Marquand = Gentiana gracilipes
- **purpurea** L. · D:Purpur-Enzian; E:Purple Gentian · ♃ Z5 VII-IX ⚕ Ⓝ ▽; Eur.: F, C-Eur., I, Norw.
- **saxosa** G. Forst. · ♃ Z8 Ⓐ ▽; NZ
- *sceptrum* hort. non Griseb. = Gentiana septemfida var. septemfida
- **schleicheri** (Vacc.) Kunz · D:Schleichers Enzian · ♃ VII-VIII ▽; Eur.: Sp., F, I, CH
- **septemfida** Pall.

- var. **lagodechiana** Kusn. · F:Gentiane d'été · ♃ △ Z3 VIII-IX ▽; E-Cauc.
- var. **septemfida** · D:Sommer-Enzian; E:Summer Gentian · ♃ Z3 ▽; TR, Cauc., Iran
- **sino-ornata** Balf. f. · ♃ △ Z7 ∧ IX-X ▽; China: Sichuan, Xizang, Yunnuan
  - **in vielen Sorten**
- **straminea** Maxim. · ♃ △ Z5 VIII-IX ▽; NE-Tibet, NW-China
- **terglouensis** Hacq. · D:Julischer Enzian · ♃ VII-VIII ▽; Eur.: F, I, CH, A, Slove.; Alp.
- **tianshanica** Rupr. ex Kusn. · ♃ Z7 ▽; C-As., Him., Pakist., W-Ind., China
- **tibetica** King · D:Tibet-Enzian; F:Gentiane du Tibet · ♃ VII-VIII ▽; Him., Tibet
- **triflora** Pall. · ♃ Z5 VIII-IX ▽; E-Sib., Amur, Sachal., Korea, Jap.
- **utriculosa** L. · D:Schlauch-Enzian · ⊙ Z6 V-VIII ▽; Eur.: BrI, Sc, Fr, D, EC-Eur., Croatia, E-Eur.
- **veitchiorum** Hemsl. · ♃ △ Z6 IX-X ▽; E-Tibet, Sichuan
- **verna** L. · D:Frühlings-Enzian; E:Spring Gentian · ♃ △ Z5 III-V ▽; Eur.* exc. Sc; TR, Cauc., N-Iran, Maroc.
- **walujewii** Regel et Schmalh. · ♃ ▽; C-As.
  - var. *kesselringii* (Regel) Kusn. = Gentiana walujewii
- **wutaiensis** Marquand · ♃ Z7 ▽; China

Gentianella Moench -f- *Gentianaceae* · 125 sp · D:Fransenenzian; E:Felwort; F:Gentiane ciliée
- **amarella** (L.) Börner · D:Bitterer Fransenenzian · ⊙ VIII-X ▽; Eur.: BrI, Sc, Fr, Ap, EC-Eur., E-Eur.
- **anisodonta** (Borbás) A. Löve et D. Löve · D:Ungleichzähniger Fransenenzian · ⊙ VI-IX ▽; Eur.: I, CH, A, Slove., Croatia; Alp., Apenn., Croatia
- **aspera** (Hegetschw.) Skalický, Chrtek et J. Gill · D:Rauer Fransenenzian · ⊙ V-IX ▽; Eur.: CH, D, A, CZ, Slove.
- *austriaca* auct. non (A. Kern. et J. Kern.) Holub = Gentianella bohemica
- **bohemica** Skalicky · D:Österreichischer Fransenenzian · ⊙ VII-X ▽; Eur.: SE-D, NE-A, EC-Eur.
- **campestris** (L.) Börner
  - subsp. **baltica** (Murb.) A. Löve et D. Löve · D:Baltischer Fransenenzian · VIII-X ▽; Eur.: Sweden, NW-F, D, PL
  - subsp. **campestris** · D:Feld-Fransenenzian · ⊙ V-X ▽; Eur.* exc. Ba
- **ciliata** (L.) Borkh. · D:Gewöhnlicher Fransenenzian · ⊙ VIII-X ▽; Eur.* exc. BrI; TR, Cauc., Iran, ? Sib., Maroc.
- **engadinensis** (Wettst.) Holub · D:Engadiner Fransenenzian · ⊙ VII-VIII ▽; Eur.: I, CH; Alp.
- **germanica** (Willd.) Börner · D:Deutscher Fransenenzian · ⊙ IX ▽; Eur.: BrI, Fr, Ap, C-Eur., EC-Eur., RO
- **insubrica** (Kunz) Holub · D:Insubrischer Fransenenzian · ⊙ VI-IX ▽; Eur.: S-CH
- **lutescens** (Velen.) Holub · D:Karpaten-Fransen-Enzian · ⊙ V-IX ▽; Eur.: D, A, EC-Eur., RO
- **nana** (Wulfen) N.M. Pritch. · D:Zwerg-Fransenenzian · ⊙ VII-IX ▽; Eur.: I, A; E-Alp.
- **ramosa** (Hegetschw.) Holub · D:Büschel-Fransenenzian · ⊙ VII-IX ▽; Eur.: I, CH, ? F; Alp.
- **tenella** (Rottb.) Börner · D:Zarter Fransenenzian · ⊙ VIII ▽; Eur.* exc. BrI; W-Sib., E-Sib., Kamchat., C-As.
- **uliginosa** (Willd.) Börner · D:Sumpf-Fransenenzian · ⊙ VIII-X ▽; Eur.: BrI, Sc, NL, D, EC-Eur., E-Eur., ? F

Geogenanthus Ule -m- *Commelinaceae* · 4 sp
- **poeppigii** (Miq.) Faden · ♃ (W); Bras., Peru
- *undatus* (K. Koch et Linden) Mildbr. et Strauss = Geogenanthus poeppigii
- *wittianus* (Ule) Ule = Geogenanthus poeppigii

Geonoma Willd. -f- *Arecaceae (Palmae)* · 75-80 sp
- **acaulis** Mart. · ♄ e (W); C-Bras.
- **elegans** Mart. · ♄ e (W); C-Bras.
- *ghiesbreghtiana* Linden et H. Wendl. = Calyptrogyne ghiesbreghtiana
- **gracilis** H. Wendl. · ♄ e (W); Bras.
- **pohliana** Mart. · ♄ e (W); trop. Bras.
- **spixiana** Mart. · ♄ e (W); Bras.

Geranium L. -n- *Geraniaceae* · c. 300 sp · D:Storchschnabel; E:Crane's Bill; F:Bec-de-grue, Géranium
- **albanum** M. Bieb. · ♃ Z7; SE-Cauc., Iran
- *anemonifolium* L'Hér. = Geranium palmatum
- **argenteum** L. · ♃ △ Z6 VI-VIII; Eur.: F, I, Slove.; mts.
- **aristatum** Freyn · ♃ Z7 VI-VII; Eur.: Maced., AL, GR; mts.

- *armenum* Boiss. = Geranium psilostemon
- **balkanum** hort. ex N. Tayler · ♃; cult.
- **bohemicum** L. · D:Böhmischer Storchschnabel · ⊙ VI-VII; Eur.* exc. BrI, Ib; Cauc.
- × **cantabrigiense** Yeo (*G. dalmaticum* × *G. macrorrhizum*) · ♃ Z5; cult.
  - **in Sorten**
- *chinense* hort. = Geranium eriostemon
- **cinereum** Cav.
  - subsp. **cinereum** · F:Géranium cendré · ♃ △ Z5 VI-VII; Eur.: Ib, Fr; Pyr.
  - subsp. **subcaulescens** (L'Hér. ex DC.) R. Knuth · ♃ △ Z5 VI-VII; Eur.: I, Ba; TR, Syr.
- **clarkei** Traub · ♃ Z7; Kashmir
- **columbinum** L. · D:Tauben-Storchschnabel; E:Dove's Foot Cranesbill · ⊙ Z7 VI-IX; Eur.*, TR, Levante, Cauc., N-Iran, NW-Afr., Libya, nat. in N-Am.
- **dalmaticum** (Beck) Rech. f. · F:Géranium de Dalmatie · ♃ △ Z5 VI-VII; Eur.: W-Ba
- **dissectum** L. · D:Schlitzblättriger Storchschnabel; E:Cut Leaved Cranesbill · ⊙ Z7 V-IX; Eur.*, TR, Levante, Cauc., Iran, C-As., N-Afr., nat. in Am., Austr.
- **divaricatum** Ehrh. · D:Spreizender Storchschnabel · ⊙ VI-VIII; Eur.* exc. BrI, Sc; TR, Iraq, Cauc., Iran, Afgh., W-Sib., C-As., China: Sinkiang
- **endressii** J. Gay · D:Rosa Storchschnabel; E:French Cranesbill; F:Géranium des Pyrénées, Géranium en coussinet · ♃ Z5 V-VI; Sp., F; W-Pyr.
- **eriostemon** DC. · ♃ Z5 VI-VII; Jap., W-China, Nepal
- **farreri** Stapf · ♃ △ Z4 VI-VIII; China: Kansu, Sichuan
- *grandiflorum* Edgew. = Geranium himalayense
- **himalayense** Klotzsch · D:Himalaya-Storchschnabel; E:Dwarf Cranesbill, Hardy Geranium; F:Géranium de l'Himalaya · ♃ △ Z4 VII-IX; Afgh., Kashmir, NW-Ind., Nepal
  - **'Gravetye'**
  - var. *alpinum* Raven = Geranium himalayense 'Gravetye'
- **ibericum** Cav. · D:Herzblättriger Storchschnabel; E:Iberian Cranesbill · ♃ △ Z6 VII-VIII; TR, Cauc., nat. in Fr
  - var. *platypetalum* (Fisch. et C.A. Mey.) Boiss. = Geranium platypetalum
- *lancastriense* With. = Geranium sanguineum var. striatum
- **lucidum** L. · D:Glänzender Storchschnabel · ⊙ Z7 V-VIII; Eur.* exc. Sc; TR, Levante, C-As., NW-Afr., Libya
- **macrorrhizum** L. · D:Felsen-Storchschnabel; E:Bulgarian Geranium; F:Géranium des Balkans · ♃ △ Z4 V-VII; Eur.: Fr, I, A, Ba, RO, W-Russ., nat. in BrI, D, Krim
  - **in Sorten**
- **maculatum** L. · D:Amerikanischer Storchschnabel; E:Spotted Cranesbill · ♃ Z4 VI-VII ⚕; Can.: E; USA: NE, NCE, Kans., SE
- × **magnificum** Hyl. (*G. ibericum* × *G. platypetalum*) · D:Pracht-Storchschnabel · ♃ Z5 VI-VII; cult.
- *meeboldii* Briq. = Geranium himalayense
- **molle** L. · D:Weicher Storchschnabel; E:Soft Cranesbill · ⊙ ⊙ V-X; Eur.*, TR, Levante, Cauc., N-Iran, Him., N-Afr., nat. in N-Am., Austr.
- × **monacense** Harz (*G. phaeum* × *G. reflexum*) · ♃ Z5; cult.
- *napuligerum* hort. non Franch = Geranium farreri
- **nepalense** Sweet · D:Nepal-Storchschnabel; E:Nepalese Cranesbill · ♃ △ Z7 V-VII; Afgh., Pakistan, W-China, Sri Lanka
- **nodosum** L. · D:Knotiger Storchschnabel; F:Géranium noueux · ♃ Z6 V-IX; Eur.: Ib, Fr, CH, Ap, Slove., Croatia, YU, nat. in BrI, NL, D
- × **oxonianum** Yeo (*G. endressii* × *G. versicolor*) · ♃ Z5; cult.
  - **in Sorten**
- **palmatum** Cav. · ♃ Z9 Ⓚ VII-IX; Canar., Madeira
- **palustre** L. · D:Sumpf-Storchschnabel; F:Géranium des marais · ♃ ~ ≈ Z6 VI-VIII; Eur.* exc. BrI; Cauc.
- **phaeum** L.
  - **in Sorten**
  - var. **phaeum** · D:Brauner Storchschnabel; E:Dusky Cranesbill; F:Géranium brun · ♃ Z5 V-VII; Eur.* exc. BrI, Sc, nat. in BrI, Sc
- **platypetalum** Fisch. et C.A. Mey. · ♃ Z5 VI-VIII; TR, Cauc., Iran
- **pratense** L. · D:Wiesen-Storchschnabel; F:Géranium des prés · ♃ VI-VIII; Eur.*, TR, W-Sib., E-Sib., C-As., Mong., China
  - **in Sorten**
- **procurrens** Yeo · ♃ Z7; Him.
- **psilostemon** Ledeb. · D:Armenischer

Storchschnabel; E:Armenian Cranesbill · ♃ Z6 VI-VII; NE-TR, SW-Cauc.
- **purpureum** Vill. · D:Purpur-Storchschnabel · ⊙ V-IX; Eur.: Ib, Fr, BrI, Ap, Ba, Krim, ? RO; TR, Levante, Cauc., N-Iran, NW-Afr., Libya, nat. in NZ
- **pusillum** Burm. f. ex L. · D:Zwerg-Storchschnabel · ⊙ V-X; Eur.*, TR, Levante, C-As., Maroc., Alger., nat. in N-Am.
- **pylzowianum** Maxim. · ♃ Z5 VI-VIII; China: Yunnan, Sichuan, Schansi, Kansu
- **pyrenaicum** Burm. f. · D:Pyrenäen-Storchschnabel · ♃ Z7 V-X; Eur.: Ib, Fr, Ap, BrI, C-Eur., H, Ba, RO; TR, Levante, Cauc., N-Iran, NW-Afr., Libya, nat. in D, N-Am.
- **reflexum** L. · D:Zurückgebogener Storchschnabel · ♃ Z6 VI-VII; Eur.: I, Ba, nat. in D
- **renardii** Trautv. · D:Kaukasus-Storchschnabel; F:Géranium à feuilles de crêpe · ♃ VI; Cauc.
- **richardsonii** Fisch. et Trautv. · E:White Cranesbill · ♃ ~ V-VI; Alaska, Can.: W; USA: NC, SW, Rocky Mts., NW, Calif.
- × **riversleaianum** Yeo (*G. endressii* × *G. traversii*) · ♃ Z7; cult.
- **rivulare** Vill. · D:Blassblütiger Storchschnabel · ♃ Z6 VII-VIII; Eur.: F, CH, I; Alp.
- **robertianum** L. · D:Ruprechtskraut, Stink-Storchschnabel; E:Herb Robert · ⊙ Z6 V-X ⚕; Eur.*, TR, Levante, Cauc., Iran, W-Sib., C-As., China, Jap., NW-Afr., Libya, nat. in N-Am., NZ
- **rotundifolium** L. · D:Rundblättriger Storchschnabel · ⊙ VI-X; Eur.* exc. Sc; TR, N-Afr.
- **sanguineum** L.
  - **in Sorten**
  - var. *lancastriense* (With.) Nichols = Geranium sanguineum var. striatum
  - var. *prostratum* (Cav.) Pers. = Geranium sanguineum var. striatum
  - var. **sanguineum** · D:Blutroter Storchschnabel; E:Bloody Cranesbill; F:Géranium sanguin · ♃ Z5 VI-VIII; Eur.*, TR, Cauc.
  - var. **striatum** Weston · F:Géranium sanguin · ♃ ⇝ Z5; BrI
- **sessiliflorum** Cav. · ♃ △ Z7 VI-VII; S-Am., Austr., Tasman., NZ
- **sibiricum** L. · D:Sibirischer Storchschnabel · ♃ Z6 VII-VIII; RO, Russ., China, nat. in Eur.: C-Eur., EC-Eur.; N-Am.
- **stapfianum** Hand.-Mazz. · ♃ △ V-VI; Yunnan, Sichuan
- *subcaulescens* L'Hér. ex DC. = Geranium cinereum subsp. subcaulescens
- **sylvaticum** L.
  - var. **sylvaticum** · D:Wald-Storchschnabel; F:Géranium des bois · ♃ Z4 V-VII; Eur.*, TR, Cauc., W-Sib., E-Sib., C-As., nat. in N-Am.
    - fo. **albiflorum** A. Blytt
    - *'Album'* = Geranium sylvaticum var. sylvaticum fo. albiflorum
- **traversii** Hook. f. · ♃ Z8 Ⓐ VII-IX; NZ (Chatham Is.)
- **tuberosum** L. · E:Tuberous Wild Geranium · ♃ Z7 IV-V; Eur.: Fr, Ap, Ba, Krim; TR, Levante, Iraq, Cauc., Iran, Alger., Tun., Libya
- **wallichianum** D. Don · ♃ △ Z7 ∧ VIII-IX; Him.: Afgh., Kashmir, NW-Ind., Nepal, Bhutan
- **wlassovianum** Link · ♃ Z3 VI-X; E-Sib., Amur, Mong., Manch.
- **Cultivars**
  - **in vielen Sorten**

Gerbera L. -f- *Asteraceae (Compositae)* · 27 (-40) sp · D:Gerbera; E:Transvaal Daisy; F:Gerbéra
- **jamesonii** Bolus ex Hook. f. · D:Barberton-Gerbera; E:Barberton Daisy · ♃ ✂ Z8 Ⓚ IV-IX; S-Afr.
- **viridifolia** Sch. Bip. · ♃ Z8 Ⓚ IV-VIII; S-Afr.
- **Cultivars**
  - **in vielen Sorten**

Gesneria L. -f- *Gesneriaceae* · c. 50 sp · D:Gesnerie; E:Gesneria; F:Gesnéria
- *albiflora* (Decne.) Kuntze = Gesneria pedunculosa
- *cardinalis* Lehm. = Sinningia cardinalis
- **cubensis** (Decne.) Baill. · ♄ Z10 Ⓦ VI-VII; Cuba, Haiti
- **cuneifolia** (Moç. et Sessé ex DC.) Fritsch · ♃ Z10 Ⓦ; Puerto Rico
- **libanensis** Linden ex C. Morren · ♄ e Z10 Ⓦ VII-VIII; E-Cuba
- *macrantha* hort. non Spreng. = Sinningia cardinalis
- **pedunculosa** (DC.) Fritsch · ♃ Z10 Ⓦ VII-VIII; Puerto Rico
- **ventricosa** Sw. · ♄ e Z10 Ⓦ VI-VIII;

Lesser Antilles
– *zebrina* Paxton = Smithiantha zebrina

Geum L. -n- *Rosaceae* · 40-70 sp · D:Nelkenwurz; E:Avens; F:Benoîte
– *borisii* hort. non Kellerer ex Sünd. = Geum coccineum 'Werner Arends'
– × **borisii** Kellerer ex Sünd. (*G. bulgaricum* × *G. reptans*) · ♃ Z4; cult.
– **bulgaricum** Pančić · F:Benoîte bulgare · ♃ Z4; Bosn., Montenegro, Maced., AL, BG; mts.
– **chiloense** Balb. · ♃ VI-VIII; Chile (Chiloe)
  – **in Sorten**
– **coccineum** Sibth. et Sm. · D:Rote Nelkenwurz; E:Avens; F:Benoîte rouge · ♃ Z5 V-VII; Eur.: Ba; TR, Cauc.
  – *'Borisii'* = Geum coccineum 'Werner Arends'
  – **'Werner Arends'**
– × **heldreichii** hort. ex Bergmans (*G. coccineum* × *G. montanum*) · ♃ Z5; cult.
  – **in Sorten**
– **japonicum** Thunb. · D:Japanische Nelkenwurz; E:Japanese Avens · ♃ Z7; E-As., Kamchat., N-Am., nat. in BrI, Norw., Russ., D, Cz
– **macrophyllum** Willd. · ♃ Z4; E-As., N-Am., nat. in D
– **montanum** L. · D:Berg-Nelkenwurz; E:Alpine Avens · ♃ △ Z6 V-X; Eur.* exc. BrI, Sc; mts.
– **pyrenaicum** Mill. · D:Pyrenäen-Nelkenwurz; E:Pyrenean Avens · ♃ Z6; Eur.: F, Sp. ; Pyren.
– **reptans** L. · D:Kriechende Nelkenwurz; E:Creeping Avens; F:Benoîte rampante · ♃ △ Z6 VI-VII; Eur.: F, I, C-Eur., EC-Eur., Ba, RO; Alp., Carp., Balkan
– × **rhaeticum** Brügger (*G. montanum* × *G. reptans*) · ♃ △ Z6 V-VI; D, CH +
– **rivale** L. · D:Bach-Nelkenwurz; E:Indian Chocolate Root, Water Avens · ♃ Z3 IV-VI; Eur.*, TR, Cauc., W-Sib., E-Sib., C-As.
– *sibiricum* hort. = Geum chiloense
– **triflorum** Pursh · D:Prärie-Nelkenwurz; E:Old Man's Whiskers, Prairie Smoke · ♃ Z1 V-VIII; Can., USA: NE, NCE, NC, Rocky Mts., SW, Calif., NW
– **urbanum** L. · D:Echte Nelkenwurz; E:Clove Root, Herb Bennet, Wood Avens · ♃ Z6 V-X ⚕; Eur.*, TR, Syr., N-Iraq, Cauc., N-Iran, W-Sib., C-As., W-Him., NW-Afr.

Gevuina Molina -f- *Proteaceae* · 1 sp · D:Chilenuss; E:Chilean Nut; F:Noisetier du Chili
– **avellana** Molina · D:Chilenuss; E:Chilean Hazel, Chilean Nut · ħ e Z9 Ⓚ Ⓝ; Arg., Chile

Gibasis Raf. -n- *Commelinaceae* · 11 sp
– **geniculata** (Jacq.) Rohweder · ♃ ⇝ Z9 Ⓦ; Mex., C-Am., W.Ind., S-Am.

Gibbaeum Haw. -n- *Aizoaceae* · 15-20 sp
– **album** N.E. Br. · ♃ ψ Z9 Ⓚ; Kap
– **gibbosum** (Haw.) N.E. Br. · ♃ ψ Z9 Ⓚ; Kap
– **heathii** (N.E. Br.) L. Bolus · ♃ ψ Z9 Ⓚ; Kap
– *muirii* N.E. Br. = Gibbaeum gibbosum
– **pubescens** (Haw.) N.E. Br. · ♃ ψ Z9 Ⓚ; Kap
– **velutinum** (L. Bolus) Schwantes · ♃ ψ Z9 Ⓚ; Kap

Gigantochloa Kurz ex Munro -f- *Poaceae (Gramineae)* · 18 sp · D:Riesenbambus; F:Bambou géant
– **apus** (Schult. f.) Kurz ex Munro · ħ e Ⓦ Ⓝ; Myanmar
– **aspera** (Schult. f.) Kurz · ħ e Ⓦ Ⓝ; Malay. Arch.
– **atter** (Hassk.) Kurz ex Munro · ħ e Ⓦ Ⓝ; S-China
– **kurzii** Gamble · ħ e Ⓦ Ⓝ; Java
– **verticillata** (Willd.) Munro · ħ e Ⓦ Ⓝ; Malay. Arch.

Gilia Ruiz et Pav. -f- *Polemoniaceae* · c. 25 sp · D:Gilie; E:Gily Flower; F:Gilia
– **achilleifolia** Benth. · D:Kalifornische Gilie; E:California Gily Flower · ⊙ Z8 VIII; S-Calif., Baja Calif.
– *aggregata* (Pursh) Spreng. = Ipomopsis aggregata
– *androsacea* (Benth.) Steud. = Linanthus androsaceus subsp. androsaceus
– **capitata** Sims · D:Nadelkissen-Gilie; E:Blue Head Gily Flower · ⊙ Z8 VII-VIII; Can.: B.C.; USA: NW, Calif., Idaho; Mex.: Baja Calif.
– *coronopifolia* Pers. = Ipomopsis rubra
– *densiflora* (Benth.) Benth. = Eriastrum densifolium
– *dianthoides* Endl. = Linanthus dianthiflorus
– *grandiflora* (Benth.) Steud. = Linanthus grandiflorus

– *grandiflora* (Douglas ex Lindl.) A. Gray = Collomia grandiflora
– **laciniata** Ruiz et Pav. · ⊙ Z8 VII; Peru, Chile, Arg.
– *liniflora* Benth. = Linanthus liniflorus
– *lutea* Steud. = Linanthus androsaceus subsp. luteus
– *micrantha* Steud. ex Benth. = Linanthus androsaceus subsp. micranthus
– *rubra* (L.) A. Heller = Ipomopsis rubra
– **tricolor** Benth. · D:Dreifarbige Gilie; E:Bird's Eyes · ⊙ Z7 VII; W-Calif.

Gillenia Moench -f- *Rosaceae* · 2 sp · D:Dreiblattspiere, Gillenie; F:Glillenia
– **stipulata** (Muhl.) Baill. · D:Südliche Dreiblattspiere; E:American Ipecac · ♃ Z5 VII-VIII; USA: NE, NCE, NC, SE, SC
– **trifoliata** (L.) Moench · D:Nördliche Dreiblattspiere; E:Bowman's Root, Gillenia, Indian Physic; F:Spirée à trois feuilles · ♃ Z4 VI-VIII ⚕ ; Ont., USA: NE, NCE, SE

Ginkgo L. -f- *Ginkgoaceae* · 1 sp · D:Ginkgo, Mädchenhaarbaum; E:Ginkgo, Maidenhair Tree; F:Arbre aux quarante écus
– **biloba** L. · D:Ginkgo, Mädchenhaarbaum; E:Ginkgo, Maidenhair Tree; F:Arbre aux quarante écus · ♄ d ♧ Z5 V-VI ⚕ Ⓝ; SE-China
  – **in Sorten**

Gladiolus L. -m- *Iridaceae* · c. 195 sp · D:Gladiole, Siegwurz; E:Gladiolus; F:Glaïeul
– *bicolor* = Gladiolus callianthus
– *byzantinus* Mill. = Gladiolus communis subsp. byzantinus
– **callianthus** Marais · D:Stern-Gladiole; E:Acidanthera · ♃ D Z9 Ⓚ VII-VIII ▽; Eth., E-Afr., Malawi
  – **'Murielae'**
– **cardinalis** Curtis · ♃ Z9 Ⓚ VI-VII ▽; SW-Kap
– × **colvillei** Sweet (*G. cardinalis* × *G. tristis*) · D:Zwerg-Gladiole · ♃ Z8; cult.
– **communis** L.
  – subsp. **byzantinus** (Mill.) A.P. Ham. · D:Byzantinische Siegwurz; E:Byzantine Gladiolus · ♃ Z7 ∧ VI-VII ▽; Eur.: S-Sp., Sic.; NW-Afr.
  – subsp. **communis** · D:Gewöhnliche Siegwurz; E:Field Gladiolus · ♃ Z6 VII-X ▽; Eur.: Ib, Fr, Ap, Ba, ? Krim; Cauc., Iran, NW-Afr.
– **cunonius** (L.) Gaertn. · ♃ Z9 Ⓚ V-VI ▽; S-Afr.
– **dalenii** Van Geel · E:Maid-of-the-Mist · ♃ Z9 Ⓚ VII-IX ▽; Eth., E-Afr., S-Afr., Arab.
– **illyricus** W. Koch · D:Illyrische Siegwurz · ♃ Z7 V ▽; Eur.: Ib, Fr, BrI, Ap, Ba, RO; TR, Cyprus, Cauc.
– **imbricatus** L. · D:Dachziegelartige Siegwurz, Wiesen-Siegwurz · ♃ ~ VII ▽; Eur.: C-Eur., EC-Eur., Ba, Ap; TR, Cauc., W-Sib., nat. in Fr, FIN
– **italicus** Mill. · D:Saat-Siegwurz; E:Field Gladiolus · ♃ Z7 V ▽; Eur.: Ib, Fr, Ap, Ba, RO, Krim, CH; TR, Arab., SW-As., C-As.
– *laxus* Thunb. = Anomatheca laxa
– *natalensis* (Eckl.) Reinw. ex Hook. = Gladiolus dalenii
– **palustris** Gaudin · D:Sumpf-Siegwurz; F:Glaîeul des marais · ♃ ~ Z6 VI-VII ▽; Eur.: Fr, I, C-Eur., EC-Eur., Ba, E-Eur.
– **papilio** Hook. f. · ♃ Z8 Ⓚ VII-VIII ▽; S-Afr.
– *primulinus* Baker = Gladiolus dalenii
– *psittacinus* Hook. = Gladiolus dalenii
– *purpureoauratus* Hook. f. = Gladiolus papilio
– **saundersii** Hook. f. · ♃ Z8 Ⓚ VII-VIII ▽; S-Afr.
– *segetum* Ker-Gawl. = Gladiolus italicus
– *speciosus* Eckl. = Gladiolus cardinalis
– **tristis** L. · D:Eintönige Gladiole; E:Yellow Marsh Afrikander · ♃ Z8 Ⓚ V-VI ▽; Kap
– **Cultivars**
  – **in vielen Sorten (siehe Kapitel III)**

Glaucidium Siebold et Zucc. -n- *Glaucidiaceae* · 1 sp
– **palmatum** Siebold et Zucc. · ♃ Z7 ∧ IV-V; Jap.
– *paradoxum* Makino = Glaucidium palmatum

Glaucium Mill. -n- *Papaveraceae* · 25 sp · D:Hornmohn; E:Horned Poppy; F:Pavot cornu
– **corniculatum** (L.) Rudolph · D:Roter Hornmohn; E:Horned Poppy, Red Horned Poppy, Sea Poppy · ⊙ ⊙ Z7 VI-VIII; Eur.* exc. BrI, Sc; TR, Levante, N-Iraq, Cauc., Iran, C-As., N-Afr.
– **flavum** Crantz · D:Gelber Hornmohn; E:Yellow Horned Poppy · ⊙ ⊙ ♃ Z7 VI-

VII ☠; Eur.*, TR, Levante, Cauc., NW-Afr., Libya; coasts, nat. in CZ
– **grandiflorum** Boiss. et A. Huet · ♃ Z7 VI-VIII; TR, Iran
– **squamigerum** Kar. et Kir. · ☉ Z7 VII-VIII; C-As.(Altai), China: Sinkiang
– *vitellinum* hort. non Boiss. et Buhse = Dicranostigma franchetianum

Glaux L. -f- *Primulaceae* · 1 sp · D:Milchkraut; E:Sea Milkwort; F:Glaux
– **maritima** L. · D:Milchkraut · ♃ V-VIII; Eur.* exc. Ap, Ba; TR, Cauc., Iran, W-Sib., E-Sib., Amur, Sachal., C-As., Him., Mong., China, Jap., N-Am.

Glaziova Bureau -f- *Bignoniaceae* · 1 sp
– **bauhinioides** Bureau ex Baill. · ♄ ≷ Ⓦ; Bras.

Glaziova Mart. ex Drude = Lytocaryum
– *martiana* Glaz. ex Drude = Lytocaryum weddellianum

Glechoma L. -f- *Lamiaceae (Labiatae)* · 12 sp · D:Gundelrebe, Gundermann; E:Ground Ivy; F:Lierre terrestre
– **hederacea** L. · D:Gewöhnlicher Gundermann; E:Alehoof, Ground Ivy; F:Lierre terrestre · ♃ ≷ ⇝ IV-VI ⚕ ☠; Eur.*, Cauc., W-Sib., E-Sib., ? Amur, C-As., nat. in N-Am.
  – subsp. *hirsuta* (Waldst. et Kit.) F. Herm. = Glechoma hirsuta
– **hirsuta** Waldst. et Kit. · D:Rauhaariger Gundermann · ♃ ≷ ⇝ IV-VI ☠; Eur.: A, EC-Eur., Ba, E-Eur., Ap

Gleditsia L. -f- *Caesalpiniaceae (Leguminosae)* · 14 sp · D:Gleditschie, Lederhülsenbaum; E:Honey Locust; F:Févier d'Amérique, Gleditsia
– **amorphoides** (Griseb.) Taub. non hort. · ♄ d Z6; N-Am., S-Am.
– **caspica** Desf. · D:Kaspische Gleditschie · ♄ d Z6 VI-VII; N-Iran, Cauc.
– *horrida* hort. non Willd. = Gleditsia japonica
– *horrida* Willd. = Gleditsia sinensis
– **japonica** Miq. · D:Japanische Gleditschie · ♄ d Z6; Jap., Korea, China
– **macracantha** Desf. · ♄ d Z6; C-China
– **sinensis** Lam. · D:Chinesische Gleditschie; E:Chinese Honey Locust · ♄ d Z6; China, Mong., Korea
– **triacanthos** L. · D:Amerikanische Gleditschie, Falscher Christusdorn; E:Honey Locust; F:Epine-du-Christ, Févier d'Amérique · ♄ d Z6 VI-VII ☠ Ⓝ; USA: NE, NCE, NC, SC, SE, Fla., nat. in Eur.: Ib, F, I, C-Eur., EC-Eur., Ba, RO
  – fo. **inermis** (L.) Zabel · F:Févier d'Amérique 'Inermis' · ♄ d VI-VII; cult.

Gleichenia Sm. -f- *Gleicheniaceae* · 10 sp · D:Gabelfarn; F:Fougère
– *flabellata* R. Br. = Sticherus flabellatus
– **microphylla** R. Br. · ♃ Z10 Ⓚ; Malay. Pen., Austr., Tasman., NZ, N.Caled.

Gliricidia Kunth -f- *Fabaceae (Leguminosae)* · 6 sp
– **sepium** (Jacq.) Kunth ex Walp. · E:Madre de Cacao, Nicaraguan Cocao-shade · ♄ ♄ d Ⓦ Ⓝ; Mex., C-Am., Col.

Globba L. -f- *Zingiberaceae* · 70 (35-100) sp
– **atrosanguinea** Teijsm. et Binn. · ♃ Z9 Ⓦ; Kalimantan
– **bulbifera** Roxb. · ♃ Z9 Ⓦ VII-IX; E-Him., Malay. Pen.
– **marantina** L. · ♃ Z9 Ⓦ VII-IX; Molucca I.: Ambon; Pacific Is.
– *marantina* Wall. non L. = Globba bulbifera
– **winitii** C.H. Wright · ♃ Z9 Ⓦ VII-IX; Thail.

Globularia L. -f- *Globulariaceae* · 22 sp · D:Kugelblume; E:Globe Daisy; F:Globulaire
– **alypum** L. · ♄ e Ⓚ III-X ▽; Eur.: Ib, Fr, Ap, Ba; Madeira, TR, NW-Afr., Libya
– *aphyllanthes* auct. non Crantz = Globularia punctata
– *bellidifolia* Ten. = Globularia meridionalis
– *bisnagarica* L. = Globularia punctata
– **cordifolia** L. · D:Herzblättrige Kugelblume; F:Globulaire à feuilles en coeur · ♄ ♄ e ⇝ △ Z6 V-VI ▽; Eur.: Ib, Fr, C-Eur., EC-Eur., Ap, Ba; mts.
  – subsp. *bellidifolia* Wettst. = Globularia meridionalis
– *elongata* Hegetschw. = Globularia punctata
– **incanescens** Viv. · ♃ Z7 ▽; N-I; N-Apenn., Alpi Apuani
– **meridionalis** (Podp.) Schwarz · D:Südliche Kugelblume · ♄ e ⇝ △ Z5 V-VI ▽; Eur.: I, A, Ba; mts.
– *nana* Lam. = Globularia repens
– **nudicaulis** L. · D:Nacktstänglige

Kugelblume; F:Globulaire à tige nue · ♃ △ Z5 V-VII ▽; Eur.: Sp., Fr, I, C-Eur., Slove.; N-Sp., Pyr., Alp.
– **punctata** Lapeyr. · D:Gewöhnliche Kugelblume; F:Globulaire ponctuée · ♃ △ Z5 V-VI ☠ ▽; Eur.* exc. Sc, BrI
– **repens** Lam. · ♄ ⟿ △ V-VI ▽; Eur.: Sp., F, I; mts.
– **spinosa** L. · ♃ ▽; SE-Sp.
– **stygia** Orph. ex Boiss. · ♄ e ⟿ △ Z8 ∧ V-VI ▽; Eur.: GR (Peloponnes)
– **trichosantha** Fisch. et C.A. Mey. · ♃ ⟿ △ Z6 V-VI ▽; Eur.: BG, Krim; TR, Syr., N-Iraq, Cauc., N-Iran
– *willkommii* Nyman = Globularia punctata

Globulea Haw. = Crassula
– *canescens* Haw. = Crassula nudicaulis
– *cultrata* (L.) Haw. = Crassula cultrata
– *mesembryanthoides* Haw. = Crassula mesembryanthoides

Gloriosa L. -f- *Colchicaceae* · 1 sp · D:Ruhmeskrone; E:Climbing Lily, Glory Lily; F:Gloriosa, Superbe de Malabar
– *carsonii* Baker = Gloriosa superba 'Carsonii'
– *plantii* Loudon = Gloriosa superba
– *rothschildiana* O'Brien = Gloriosa superba 'Rothschildiana'
– *simplex* L. = Gloriosa superba 'Simplex'
– **superba** L. · D:Ruhmeskrone; E:Climbing Lily, Glory Lily · ♃ Z9 Ⓦ VI-VIII ⚕ ☠; trop. Afr., trop. As.
  – **'Carsonii'** · Ⓦ
  – **'Rothschildiana'** · Ⓦ
  – **'Simplex'** · Ⓦ
– *virescens* Lindl. = Gloriosa superba

Glottiphyllum Haw. -n- *Aizoaceae* · 16 sp
– **apiculatum** N.E. Br. · ♃ ᛘ Z9 Ⓚ; Kap
– **fragrans** (Salm-Dyck) Schwantes · ♃ ᛘ D Z9 Ⓚ; Kap
– **herrei** L. Bolus · ♃ ᛘ D Z9 Ⓚ; Kap
– **linguiforme** (L.) N.E. Br. · ♃ ᛘ Z9 Ⓚ; Kap
– **longum** (Haw.) N.E. Br. · ♃ ᛘ Z9 Ⓚ VI; Kap
– **nelii** Schwantes · ♃ ᛘ Z9 Ⓚ; Kap
– **praepingue** (Haw.) N.E. Br. · ♃ ᛘ Z9 Ⓚ; Kap
– **suave** N.E. Br. · ♃ ᛘ D Z9 Ⓚ; Kap

Gloxinia L'Hér. -f- *Gesneriaceae* · 15 sp · D:Gloxinie; E:Gloxinia; F:Gloxinia
– *fimbriata* Brongn. = Achimenes glabrata
– *lindeniana* (Regel) Fritsch = Kohleria lindeniana
– *maculata* L'Hér. = Gloxinia perennis
– **perennis** (L.) Fritsch · D:Pfefferminz-Gloxinie; E:Canterbury Bells · ♃ D Z10 Ⓦ IX-XI; Col., Peru, Bras.
– *speciosa* Lodd. = Sinningia speciosa
– **sylvatica** (Humb., Bonpl. et Kunth) Wiehler · ♃ Z10 Ⓦ VII-X; Peru, Bol.
– *verticillata* M. Martens et Galeotti = Eucodonia verticillata

Gluta L. -f- *Anacardiaceae* · 30 sp
– **usitata** (Wall.) Ding Hou · ♄ Ⓦ Ⓝ; Malay. Arch., Myanmar, Thail.

Glyceria R. Br. -f- *Poaceae (Gramineae)* · 40-50 sp · D:Schwaden; E:Sweet Grass; F:Glycérie
– *aquatica* (L.) J. Presl et C. Presl = Catabrosa aquatica
– *aquatica* (L.) Wahlenb. = Glyceria maxima
– **declinata** Bréb. · D:Blaugrüner Schwaden · ♃ ∼ VI-VIII; Eur.*, Macaron., nat. in USA
– **fluitans** (L.) R. Br. · D:Flutender Schwaden, Manna-Schwaden; E:Sweet Grass, Water Manna Grass · ♃ ∼ ≈ V-IX Ⓝ; Eur.*, TR, Cauc., W-Sib., E-Sib., Madeira, Azor., Maroc., nat. in N-Am., Chile, Austr., NZ
– **maxima** (Hartm.) Holmb. · D:Großer Schwaden, Wasser-Schwaden; E:Reed Sweet Grass; F:Glycérie panachée · ♃ ≈ Z5 VII-VIII Ⓝ; Eur.* exc. Ib; TR
– **nemoralis** (Uechtr.) Uechtr. et Körn. · D:Hain-Schwaden · ♃ ∼ VI-VII; Eur.: D, EC-Eur., Ba, E-Eur.; TR
– **notata** Chevall. · D:Falten-Schwaden, Gefalteter Schwaden · ♃ ∼ VI-VII; Eur.*, TR, Syr., Iraq, Palaest., Cauc., Iran, Afgh., Pakist., Him., W-Sib., NW-Afr.
– × **pedicellata** F. Towns. (*G. fluitans* × *G. spectabilis*) · D:Bastard-Schwaden · ♃ ∼ VI-VIII; Eur.: BrI, Fr, C-Eur., EC-Eur., Ba, Sc, Balt.
– *spectabilis* Mert. et W.D.J. Koch = Glyceria maxima
– **striata** (Lam.) Hitchc. · D:Gestreifter Schwaden · ♃ ∼ VII-VIII; N-Am., nat. in F, CH, A, Sweden, W-Russ.

Glycine Willd. -f- *Fabaceae (Leguminosae)* · 9 sp · D:Sojabohne; E:Soya Bean; F:Soja

– *apios* L. = Apios americana
– *frutescens* L. = Wisteria frutescens
– *hispida* (Moench) Maxim. = Glycine max
– **max** (L.) Merr. · D:Sojabohne; E:Soya Bean · ⊙ Z8 VII-VIII ⚕ Ⓝ; E-Sib., China, Manch., Korea, Jap., Taiwan
– *soja* Siebold et Zucc. = Glycine max
– *subterranea* L. = Vigna subterranea
– *ussuriensis* Regel et Maack = Glycine max
– *violacea* Schneev. = Hardenbergia violacea

Glycosmis Correa -f- *Rutaceae* · 43 sp
– **arborea** (Roxb.) DC. · ♄ e D Z10 Ⓦ; Him., Ind., Sri Lanka, Indochina, China, Malay. Arch., Phil., Austr.

Glycyrrhiza L. -f- *Fabaceae (Leguminosae)* · 18 sp · D:Lakritze, Süßholz; E:Sweetwood; F:Réglisse
– **echinata** L. · D:Römisches Süßholz; E:Roman Liquorice · ♃ Z7 VI-IX Ⓝ; Eur.: Ap, EC-Eur., Ba; TR, Syr., Palaest., Cauc., Iran, E-As
– **glabra** L. · D:Lakritze, Spanisches Süßholz; E:Liquorice · ♃ Z8 Ⓚ VI-IX ⚕ Ⓝ; Eur.: Ib, Fr, Ap, Ba, E-Eur.; TR, Levante, Cauc., Iran, W-Sib., C-As., China, Libya

Glyptostrobus Endl. -m- *Taxodiaceae* · 1 sp · E:Chinese Swamp Cypress
– *heterophyllus* Brongn. = Glyptostrobus pensilis
– *lineatus* (Poir.) Druce = Glyptostrobus pensilis
– **pensilis** (Staunton) K. Koch · E:Chinese Swamp Cypress · ♄ e Z8 Ⓚ Ⓝ; SE-China

Gmelina L. -f- *Verbenaceae* · c. 35 sp
– **arborea** Roxb. · ♄ d Z10 Ⓦ Ⓝ; Ind., Sri Lanka, Myanmar, Andaman Is.

Gnaphalium L. -n- *Asteraceae (Compositae)* · c. 150 sp · D:Ruhrkraut; E:Cudweed; F:Gnaphale
– *dioicum* L. = Antennaria dioica var. dioica
– **hoppeanum** W.D.J. Koch · D:Hoppes-Ruhrkraut · ♃ △ VII-VIII; Eur.: F, C-Eur., EC-Eur., Ba
– *leontopodioides* Rchb. = Leontopodium palibinianum
– *leontopodium* L. = Leontopodium alpinum subsp. alpinum
– *margaritaceum* L. = Anaphalis margaritacea var. margaritacea
– *nivale* Ten. = Leontopodium alpinum subsp. nivale
– **norvegicum** Gunnerus · D:Norwegisches Ruhrkraut; E:Cudweed · ⊙ ♃ △ Z2 VII-IX; Eur.*, W-Sib., Greenl., E-Can.
– *obtusifolium* L. = Pseudognaphalium obtusifolium
– *orientale* L. = Helichrysum orientale
– *polycephalum* Michx. = Pseudognaphalium obtusifolium
– *sieboldianum* Franch. et Sav. = Leontopodium japonicum
– *stracheyi* (Hook. f.) C.B. Clarke = Leontopodium stracheyi
– **supinum** L. · D:Zwerg-Ruhrkraut · ♃ △ Z2 VI-IX Ⓝ; Eur.*, TR, Cauc., N-Iran, C-As., Greenl., E-Can.
– **sylvaticum** L. · D:Wald-Ruhrkraut · ♃ Z4 VII-IX; Eur.*, TR, Cauc., N-Iran, C-As., Sib.
– **uliginosum** L. · D:Sumpf-Ruhrkraut; E:Low Cudweed · ⊙ VII-VIII ⚕; Eur.*, TR

Gnetum L. -n- *Gnetaceae* · 28 sp
– **gnemon** L.
  – var. **gnemon** · E:Spinach Joint Fir · ♄ Z10 Ⓦ; Malay. Arch., Phil., N.Guinea, Fiji
  – var. **ovalifolium** (Poir.) Blume · ♄ Z10 Ⓦ Ⓝ; Sulawesi , Fiji

Gnidia L. -f- *Thymelaeaceae* · 140-160 sp
– *carinata* Thunb. = Gnidia polystachya
– **denudata** Lindl. · ♄ e Z9 Ⓚ III-VI; S-Afr.
– **polystachya** Bergius · ♄ e Z9 Ⓚ IV-VI; S-Afr.

Godetia Spach = Clarkia
– *amoena* (Lehm.) G. Don = Clarkia amoena subsp. amoena
– *grandiflora* Lindl. = Clarkia amoena
– *whitneyi* (A. Gray) T. Moore = Clarkia amoena subsp. whitneyi

Goethea Nees -f- *Malvaceae* · 2 sp
– *cauliflora* Nees = Goethea strictiflora
– **strictiflora** Hook. · ♄ e Z10 Ⓦ VII-IX; Bras.

Goldfussia Nees = Strobilanthes
– *anisophylla* (Wall. ex Lodd.) Nees = Strobilanthes anisophyllus
– *isophylla* Nees = Strobilanthes isophyllus

Gomesa R. Br. -f- *Orchidaceae* · 12 sp
– **crispa** (L.) Klotzsch et Rchb. f. · ♃ Z10 Ⓦ V-VII ▽ ✱; Bras.

Gomozia Mutis ex L.f. = Nertera
– *granadensis* Mutis ex L. f. = Nertera granadensis

Gomphocarpus R. Br. -m- *Asclepiadaceae* · 5 sp
– *fruticosus* (L.) R. Br. = Asclepias fruticosa

Gompholobium Sm. -n- *Fabaceae (Leguminosae)* · 25-30 sp
– **huegelii** Benth. · ħ e Ⓚ; Austr.: N.S.Wales
– **latifolium** Sm. · ħ e Ⓚ; Austr.: Queensl., N.S.Wales, Victoria

Gomphrena L. -f- *Amaranthaceae* · c. 100 sp · D:Amarant; E:Amaranth; F:Amarantine
– **decumbens** Jacq. · ⊙ Z9; ? S-Bras., ? Arg., Westindien, Mex., C-Am., nat. in SE-USA
– **globosa** L. · D:Kugel-Amarant; E:Globe Amaranth; F:Amarantine · ⊙ ✂ Z9 VII-X; Ind.; cult, trop. Am.
– **haageana** Klotzsch · ⊙ Z9 VII-IX; Tex., Mex.

Gongora Ruiz et Pav. -f- *Orchidaceae* · 25 sp
– *atropurpurea* Hook. = Gongora quinquenervis
– *bufonia* Lindl. = Gongora quinquenervis
– **galeata** (Lindl.) Rchb. f. · ♃ Z10 Ⓦ VI-VIII ▽ ✱; Mex.
– *maculata* Lindl. = Gongora quinquenervis
– **quinquenervis** Ruiz et Pav. · ♃ Z10 Ⓦ IV-VI ▽ ✱; Mex., C-Am., trop. S-Am.
– **truncata** Lindl. · ♃ Z10 Ⓦ VI-VII ▽ ✱; Mex.

Goniolimon Boiss. -n- *Plumbaginaceae* · 20 sp
– **elatum** (Fisch. ex Spreng.) Boiss. · ♃ Z5 VII-IX; Eur.: SE-Russ.; C-As.
– **tataricum** (L.) Boiss. · D:Statice; E:Statice, Tatarian Statice; F:Statice de Tartarie · ♃ ✂ Z4 VII-IX; Eur.: Ba, RO; Cauc., nat. in H

Goniophlebium C. Presl -n- *Polypodiaceae* · 10-20 sp
– **subauriculatum** (Blume) C. Presl · E:Knight's Polypody · ♃ ⌇ Z10 Ⓦ; NE-Ind., SW-China, SE-As., Austr.: Queensl.

Gonospermum Less. -n- *Asteraceae (Compositae)* · 4 sp
– **canariense** Less. · ħ e Ⓚ; Canaren: La Palma

Gonystylus Teijsm. et Binn. -m- *Thymelaeaceae* · 20 sp
– **bancanus** (Miq.) Kurz · ħ Ⓦ Ⓝ ✱; Malay. Arch.

Goodenia Sm. -f- *Goodeniaceae* · 179 sp · D:Goodenie; F:Goodenia
– **grandiflora** Sims · ħ Z9 Ⓚ VII; Austr.
– **ovata** Sm. · ħ Z9 Ⓚ VII-VIII; Austr.

Goodia Salisb. -f- *Fabaceae (Leguminosae)* · 1 (-3) sp
– **lotifolia** Salisb. · E:Golden Tip · ħ e Ⓚ IV-VII; Austr.

Goodyera R. Br. -f- *Orchidaceae* · c. 55 sp · D:Netzblatt; E:Creeping Lady's Tresses, Jewel Orchid; F:Goodyera
– **colorata** Blume · ♃ Ⓦ ▽ ✱; Sumat., Java
– *discolor* Ker-Gawl. = Ludisia discolor var. discolor
– **hispida** Lindl. · ♃ Ⓦ ▽ ✱; Bhutan, Ind.: Sikkim, Khasia Hills
– **repens** (L.) R. Br. · D:Kriechendes Netzblatt; E:Creeping Lady's Tresses, Rattlesnake Plantain · ♃ Z4 VII-VIII ▽ ✱; Eur.*, N-TR, Cauc., N-As., C-As., Alaska, Can., USA* exc. SC, Calif.
– **reticulata** Blume · ♃ Ⓦ ▽ ✱; Sumat., Java

Gordonia Ellis -f- *Theaceae* · 70 sp
– *alatamaha* (Marshall) Sarg. = Franklinia alatamaha
– *anomala* Spreng. = Gordonia axillaris
– **axillaris** (Roxb. ex Ker-Gawl.) D. Dietr. · ħ e Z8 Ⓚ XI-IV; S-China
– **lasianthus** (L.) Ellis · E:Loblolly Bay · ħ ħ e Z8 Ⓚ VII-VIII Ⓝ; USA: SE, Fla.

Gossweilerodendron Harms -n- *Caesalpiniaceae (Leguminosae)* · 2 sp
– **balsamiferum** (Vermoesen) Harms · ħ Ⓦ Ⓝ; Zaire

Gossypium L. -n- *Malvaceae* · 39 sp · D:Baumwolle; E:Cotton; F:Cotonnier
– **arboreum** L. · D:Baumförmige

Baumwolle; E:Tree Cotton · ☉ ☉ ♃ Ⓦ Ⓚ Ⓝ; Pakist.; cult.
– **barbadense** L.
  – var. **barbadense** · D:Westindische Baumwolle; E:Sea Island Cotton · ☉; trop. S-Am.
  – var. *brasiliense* (Macfad.) Mauer = Gossypium barbadense var. braziliense
  – var. **braziliense** (Raf.) Fryxell · ♄ Ⓦ Ⓚ Ⓝ; e trop. S-Am.
– *brasiliense* Macfad. = Gossypium barbadense var. braziliense
– **herbaceum** L.
  – var. **acerifolium** (Guill. et Perr.) Chev. · ♃ e Ⓝ; Eth., S-Arab.
  – var. **herbaceum** · D:Gewöhnliche Baumwolle; E:Common Cotton, Levant Cotton · ☉ Ⓦ Ⓚ ⚕ Ⓝ; orig. ?; cult. Iran, C-As., Afgh., Pakist., Ind., S-Afr., nat. in Eur.: Sp., Ap, Ba, RO; TR
– **hirsutum** L.
  – var. **hirsutum** · D:Amerikanische Baumwolle; E:Upland Cotton · ☉; C-Am., nat. in S-Fla.
  – var. **marie-galante** (D. Watt) Hutch. · ♄ ♄ Ⓝ; W.Ind., Panama, N-Bras.
  – var. **punctatum** (Schumach. et Thonn.) J.B. Hutch. · ☉ Ⓦ Ⓚ Ⓝ; USA: SE, Fla., SC; Bahamas, C-Am., W.Ind.
– **klotzschianum** Andersson · Ⓝ; Galapagos
– *peruvianum* Cav. = Gossypium barbadense var. barbadense
– *punctatum* Schumach. et Thonn. = Gossypium hirsutum var. punctatum
– *religiosum* L. = Gossypium hirsutum var. punctatum
– *vitifolium* Lam. = Gossypium barbadense var. barbadense

Grammatophyllum Blume -n- *Orchidaceae* · 12 sp
– *fenzlianum* Rchb. f. = Grammatophyllum scriptum
– *rumphianum* Miq. = Grammatophyllum scriptum
– **scriptum** (L.) Blume · ♃ Z10 Ⓦ VI ▽ ✻; Molucca I.: Ambon
– **speciosum** Blume · ♃ Z10 Ⓦ ▽ ✻; Malay. Arch., Phil.

Graptopetalum Rose -n- *Crassulaceae* · 12 sp
– **amethystinum** (Rose) E. Walther · E:Jewel-leaf Plant · ♃ ♆ Z9 Ⓚ VII-VIII; Mex.
– **bellum** (Moran et Meyran) D.R. Hunt · E:Chihuahua Flower · ♃ ♆ Z9 Ⓚ ▽ V-VI; Mex.: Chihuahua
– **paraguayense** (N.E. Br.) E. Walther · E:Ghost Plant, Mother-of-Pearl Plant · ♃ ♆ Z9 Ⓚ; ? Mex.
– *weinbergii* (Rose) E. Walther = Graptopetalum paraguayense

Graptophyllum Nees -n- *Acanthaceae* · 10 sp
– **pictum** (L.) Griff. · E:Caricature Plant · ♄ e Z10 Ⓦ; ? N.Guinea

Gratiola L. -f- *Scrophulariaceae* · 25 sp · D:Gnadenkraut; E:Hedge Hyssop; F:Gratiole
– **neglecta** Torr. · D:Übersehenes Gnadenkraut · ☉ Z6 V-IX; Can., USA*, nat. in F
– **officinalis** L. · D:Gottes-Gnadenkraut; E:Hedge Hyssop; F:Herbe au pauvre homme · ♃ ~ Z6 VI-VIII ⚕ ☠ ▽; Eur.* exc. BrI, Sc; TR, Cauc., W-Sib., C-As.

Gravesia Naudin -f- *Melastomataceae* · 110 sp
– **guttata** (Hook.) Triana · ♃ Ⓦ; Madag.

Gravisia Mez = Aechmea
– *aquilega* (Salisb.) Mez = Aechmea aquilega
– *exsudans* (Lodd.) Mez = Aechmea aquilega

Greenovia Webb et Berthel. -f- *Crassulaceae* · 4 sp
– **aizoon** Bolle · ♃ ♆ Z8 Ⓚ V; Canar.
– **aurea** (C. Sm. ex Hornem.) Webb et Berthel. · ♃ ♆ Z8 Ⓚ III-IV; Canar.
– **dodrantalis** (Willd.) Webb et Berthel. · ♃ ♆ Z8 Ⓚ II-III; Canar.: Teneriffa
– *gracile* Bolle = Greenovia dodrantalis

Greigia Regel -f- *Bromeliaceae* · 26 sp
– **sphacelata** (Ruiz et Pav.) Regel · ♃ Ⓚ; Peru, Chile

Grevillea R. Br. ex Knight -f- *Proteaceae* · 261 sp · D:Grevillee, Silbereiche; E:Spider Flower; F:Grévillée
– *alpestris* Meisn. = Grevillea alpina
– **alpina** Lindl. · ♄ e Z9 Ⓚ IV-V; Austr.: N.S.Wales, Victoria
– **aspleniifolia** R. Br. ex Salisb. · ♄ ♄ e Z9

Ⓚ III-V; Austr.: N.S.Wales
– **banksii** R. Br. · D:Rotblühende Silbereiche; E:Red Silky Oak · ♄ ♄ e Z9 Ⓚ; Austr.: Queensl., N.S.Wales
– **crithmifolia** R. Br. · ♄ e Z9 Ⓚ VI-VIII; W-Austr.
– **glabrata** (Lindl.) Meisn. · ♄ e Z9 Ⓚ; W-Austr.
– **hilliana** F. Muell. · ♄ ♄ e Z9 Ⓚ; Austr.: Queensl., N.S.Wales
– **juniperina** R. Br. · ♄ e Z9 Ⓚ V; Austr.: N.S.Wales
  – fo. **sulphurea** (A.M. Cunn.) I.K. Ferguson
– *manglesii* hort. = Grevillea glabrata
– *preissii* Meisn. = Grevillea thelemanniana
– **punicea** R. Br. · ♄ e Z9 Ⓚ III-VI; Austr.: N.S.Wales
– **robusta** A. Cunn. ex R. Br. · D:Australische Silbereiche; E:Silky Oak · ♄ e Z9 Ⓚ ▢ Ⓝ; Austr.: Queensl., N.S.Wales, nat. in C-Am, S-Am.
– **rosmarinifolia** A. Cunn. · D:Rosmarin-Silbereiche; E:Rosemary Grevillea · ♄ e Z8 Ⓚ VII-VIII; Austr.: N.S.Wales, Victoria
– × **semperflorens** F.E. Briggs ex Mulligan (*G. thelemanniana* × *G. juniperina fo. sulphurea*) · ♄ e Z8 Ⓚ; cult.
– *speciosa* (Knight) McGill. = Grevillea punicea
– *sulphurea* A. Cunn. = Grevillea juniperina
– **thelemanniana** Hügel · D:Spinnen-Silbereiche; E:Hummingbird Bush, Spider Net Grevillea · ♄ e Z9 Ⓚ III-V; W-Austr.

Grewia L. -f- *Tiliaceae* · 150 sp · D:Grewie; F:Grewia
– **asiatica** L. · D:Falsa; E:Phalsa · ♄ e Z10 Ⓦ Ⓝ; Ind.
– **biloba** D. Don · ♄ d Z7; Korea, China
– **occidentalis** L. · D:Kreuzbeere; E:Crossberry, Lavender Starflower · ♄ ♄ e Z10 Ⓚ; S-Afr.

Greyia Hook. et Harv. -f- *Greyiaceae* · 3 sp · D:Honigbaum; E:Bottlebrush; F:Greya, Rince-bouteille du Natal
– **radlkoferi** Szyszyll. · ♄ s Z9 Ⓚ; S-Afr.
– **sutherlandii** Hook. et Harv. · D:Natal-Flaschenbaum, Natal-Honigbaum; E:Natal Bottlebrush · ♄ s Z9 Ⓚ VII-X; S-Afr.: Natal

Griffinia Ker-Gawl. -f- *Amaryllidaceae* · 7 sp
– **hyacinthina** (Ker-Gawl.) Ker-Gawl. · ♃ Z10 Ⓦ VII-VIII; Bras.

Grindelia Willd. -f- *Asteraceae (Compositae)* · c. 60 sp · D:Grindelie, Gummikraut, Teerkraut; E:Gumplant; F:Grindelia
– **hirsutula** Hook. et Arn. · D:Haariges Gummikraut; E:Hairy Gumweed, Marsh Gumweed · ♃; Calif.
– *humilis* Hook. et Arn. = Grindelia hirsutula
– **lanceolata** Nutt. · D:Schmalblättriges Gummikraut; E:Narrow-leaved Gumweed · ⊙ Z5 VII-VIII; USA: SE, SC, Mo., Kans.
– **robusta** Nutt. · D:Gummikraut; E:Gumweed · ⊙ ♃ Z7 VI-IX Ⓝ; Calif.
– **squarrosa** (Pursh) Dunal · D:Sperriges Gummikraut; E:Curly-cup Gumweed · ⊙ ♃ Z3 VI-IX; Can.: W, Man.; USA: NCE, NC, SE, SC, SW, Rocky Mts., SW

Griselinia J.R. Forst. et G. Forst. -f- *Cornaceae* · 6 sp · D:Griseline; E:Broadleaf; F:Griselinia
– **littoralis** (Raoul) Raoul · D:Dichte Griseline, Kapuka; E:Broadleaf · ♄ ♄ e Z8 Ⓚ; NZ
– **lucida** G. Forst. · D:Lockere Griseline, Puka · ♄ ♄ e Z8 Ⓚ; NZ

Grobya Lindl. -f- *Orchidaceae* · 3 sp
– **amherstiae** Lindl. · ♃ Z10 Ⓦ IX ▽ ✻; Bras.
– **galeata** Lindl. · ♃ Z10 Ⓦ VIII-IX ▽ ✻; Bras.

Groenlandia J. Gay -f- *Potamogetonaceae* · 1 sp · D:Fischkraut; E:Frog's Lettuce
– **densa** (L.) Fourr. · D:Dichtblättriges Laichkraut, Fischkraut · ♃ ≈ Z7 VI-IX; Eur.*, TR, Levante, Cauc., NW-Iran, W-Him., NW-Afr.

Grossularia Mill. = Ribes
– *alpestris* (Wall. ex Decne.) Berger = Ribes alpestre var. alpestre
  – var. *gigantea* (Jancz.) Berger = Ribes alpestris var. giganteum
– *hirtella* (Michx.) Spach = Ribes hirtellum
– *oxyacanthoides* (L.) Mill. = Ribes oxyacanthoides
– *reclinata* L. = Ribes uva-crispa var. reclinatum
– *uva-crispa* (L.) Mill. = Ribes uva-crispa var. uva-crispa

Grusonia F. Rchb. ex Britton et Rose = Opuntia
– *bradtiana* (J.M. Coult.) Britton et Rose = Opuntia bradtiana
– *cereiformis* F. Rchb. = Opuntia bradtiana

Guadua Kunth -f- *Poaceae (Gramineae)* · c. 30 sp
– **angustifolia** Humb., Bonpl. et Kunth · e ⌂W Ⓝ; Col., Ecuad., nat. in USA, S-Am., C-Am.

Guaiacum L. -n- *Zygophyllaceae* · 6 sp · D:Gujakbaum, Pockholz; E:Lignum Vitae; F:Bois de Gaïac, Gaïac
– **officinale** L. · ħ e Z10 ⌂W ⚕ ☠ Ⓝ ▽ ✻; W.Ind., Panama, Col., Venez.
– **sanctum** L. · D:Heiliges Pockholz; E:Holywood, Lignum Vitae · ħ e Z10 ⌂W ⚕ Ⓝ ▽ ✻; Fla., S-Mex., W.Ind.

Guarea L. -f- *Meliaceae* · 40 sp
– **cedrata** (A. Chev.) Pellegr. · ħ ⌂W Ⓝ; Ivory Coast
– **guidonia** (L.) Sleumer · ħ e ⌂W ☠ Ⓝ; Panama, W.Ind., trop. S-Am.

Guibourtia Benn. -f- *Caesalpiniaceae (Leguminosae)* · 16-17 sp
– **copallifera** Benn. · ħ ⌂W Ⓝ; W-Afr.
– **demeusii** (Harms) Leonard · ħ ⌂W Ⓝ; W-Afr.

Guilielma Mart. = Bactris
– *gasipaes* (Humb., Bonpl. et Kunth) L.H. Bailey = Bactris gasipaes
– *speciosa* Mart. = Bactris gasipaes
– *utilis* Oerst. = Bactris gasipaes

Guizotia Cass. -f- *Asteraceae (Compositae)* · 6 sp · D:Nigersaat, Ramtillkraut; E:Niger; F:Guizotia
– **abyssinica** (L. f.) Cass. · D:Nigersaat, Ramtillkraut; E:Niger Seed · ⊙ IX-X Ⓝ; Eth., nat. in Calif.

Gunnera L. -f- *Gunneraceae* · c. 40 sp · D:Mammutblatt; E:Giant Rhubarb; F:Rhubarbe géante
– *brasiliensis* Schindl. = Gunnera manicata
– *chilensis* Lam. = Gunnera tinctoria
– **hamiltonii** Kirk · ♃ ⇝ Z8 ⌂K ⌂A; NZ
– **magellanica** Lam. · ♃ Z8 ∧; S-Chile, Falkland
– **manicata** Linden ex André · D:Mammutblatt; E:Chile Rhubarb, Giant Rhubarb · ♃ Z8 ∧ VII-VIII; S-Bras.
– **microcarpa** Kirk · ♃ ⇝ ∼ Z8 ⌂K ⌂A; NZ
– *mixta* Kirk = Gunnera microcarpa
– **prorepens** Hook. f. · ♃ ⇝ ∼ Z8 ⌂K ⌂A; NZ
– *scabra* Ruiz et Pav. = Gunnera tinctoria
– **tinctoria** (Molina) Mirb. · F:Rhubarbe géante · ♃ Z8 ∧ VII-VIII; Chile

Gurania (Schltdl.) Cogn. -f- *Cucurbitaceae* · 75 sp · D:Gurania; F:Gurania
– **malacophylla** Barb. Rodr. · ħ ≹ Z10 ⌂W VIII-IX; Bras.

Guzmania Ruiz et Pav. -f- *Bromeliaceae* · 131 sp · D:Guzmanie; F:Guzmania
– **angustifolia** (Baker) Wittm. · ♃ Z10 ⌂K; Costa Rica, Panama, Col., Ecuad.
– **berteroniana** (Schult. f.) Mez · ♃ Z10 ⌂W; Puerto Rico
– *cardinalis* Mez = Guzmania lingulata var. lingulata
– **conifera** (André) Mez · ♃ Z10 ⌂W; Ecuad., Peru
– **dissitiflora** (André) L.B. Sm. · ♃ Z10 ⌂W; Costa Rica, Panama, Col.
– **donnelsmithii** Mez ex J.D. Sm. · ♃ Z10 ⌂W; Costa Rica
– **erythrolepis** Brongn. ex Planch. · ♃ Z10 ⌂W; Costa Rica, W.Ind.
– **lindenii** (André) Mez · ♃ Z10 ⌂W; Peru
– **lingulata** (L.) Mez
  – var. **lingulata** · ♃ Z10 ⌂W; C-Am., W.Ind., Col., Bras., Bol.
  – var. **minor** (Mez) L.B. Sm. Z10 ⌂W; Costa Rica, Panama, Col., Ecuad., Bras.
  – var. *splendens* (Bouché) Mez = Guzmania lingulata var. lingulata
– **melinonis** Regel · ♃ Z10 ⌂W; Guyan., Col. Ecuad. Peru, Bol.
– *minor* Mez = Guzmania lingulata var. minor
– **monostachia** (L.) Rusby ex Mez · E:West Indian Tufted Airplant · ♃ Z10 ⌂W; Fla., C-Am., W.Ind., Venez., Col., Ecuad., Peru, Bol.
– **mucronata** (Griseb.) Mez · ♃ Z10 ⌂W; Venez.
– **musaica** (Linden et André) Mez · ♃ Z10 ⌂W; Col., Panama
– **nicaraguensis** Mez et C.F. Baker ex Mez · ♃ Z10 ⌂W; C-Am.
– **sanguinea** (André) André ex Mez · ♃ Z10

ⓦ; Costa Rica, Ecuad., Trinidad
– *tricolor* Ruiz et Pav. = Guzmania monostachia
– **variegata** L.B. Sm. · ♃ Z10 ⓦ; Ecuad., N-Peru
– **vittata** (Mart.) Mez · ♃ Z10 ⓦ; Col., Bras.
– **wittmackii** André ex Mez · ♃ Z10 ⓦ; Col.
– **zahnii** (Hook. f.) Mez · ♃ Z10 ⓦ; Costa Rica, Panama

Gwillimia Rottler ex DC. = Magnolia
– *yulan* (Desf.) Kostel. = Magnolia denudata

Gymnadenia R. Br. -f- *Orchidaceae* · 10 sp · D:Händelwurz; E:Fragrant Orchid; F:Orchis moucheron
– **conopsea** (L.) R. Br. · D:Gewöhnliche Mücken-Händelwurz; E:Fragrant Orchid · ♃ Z6 V-VIII ▽ ✻; Eur.*, TR, Cauc., Iran, W-Sib., E-Sib., Amur, Sachal., Mong., China, Korea, Jap.
– **odoratissima** (L.) Rich. · D:Wohlriechende Händelwurz · ♃ D Z6 VI-VIII ▽ ✻; Eur.* exc. BrI, Sc

Gymnandra Pall. = Lagotis
– *stolonifera* K. Koch = Lagotis stolonifera

Gymnanthocereus Backeb. = Browningia
– *chlorocarpus* (Humb., Bonpl. et Kunth) Backeb. = Browningia chlorocarpa
– *microspermus* (Werderm. et Backeb.) Backeb. = Browningia microsperma

Gymnocactus Backeb. = Turbinicarpus
– *conothelos* (Regel et Klein) Backeb. = Thelocactus conothelos
– *gielsdorfianus* (Werderm.) Backeb. = Turbinicarpus gielsdorfianus
– *horripilus* (Lem. ex C.F. Först.) Backeb. = Turbinicarpus horripilus
– *mandragora* (Frič ex A. Berger) Backeb. = Turbinicarpus mandragora
– *saueri* (Boed.) Backeb. = Turbinicarpus saueri
– *valdezianus* (H. Möller) Backeb. = Turbinicarpus valdezianus
– *viereckii* (Werderm.) Backeb. = Turbinicarpus viereckii

Gymnocalycium Pfeiff. -n- *Cactaceae* · 50+ sp
– **andreae** (Boed.) Backeb. · ψ Z10 ⓚ ▽ ✻; Arg.: Cordoba
– **anisitsii** (K. Schum.) Britton et Rose · ψ Z10 ⓚ ▽ ✻; Parag.
– **baldianum** (Speg.) Speg. · ψ Z10 ⓚ ▽ ✻; Arg.: La Rioja, Catamarca, Salta, Tucuman
– *brachypetalum* Speg. = Gymnocalycium gibbosum
– **bruchii** (Speg.) Hosseus · ψ Z10 ⓚ ▽ ✻; Arg.: Cordoba
– **cardenasianum** F. Ritter · ψ Z10 ⓚ ▽ ✻; S-Bol.
– **denudatum** (Link et Otto) Pfeiff. · E:Spider Cactus · ψ Z10 ⓚ ▽ ✻; Bras.: Rio Grande do Sul, N-Urug.
– *fidaianum* (Backeb.) Hutchison = Weingartia fidaiana
– **fleischerianum** Backeb. · ψ Z10 ⓚ ▽ ✻; N-Parag.
– **gibbosum** (Haw.) Pfeiff. · ψ Z10 ⓚ ▽ ✻; S-Arg., Patag.
– *lafaldense* Vaupel = Gymnocalycium bruchii
– *loricatum* Speg. = Gymnocalycium spegazzinii
– **mazanense** Backeb. · ψ Z10 ⓚ ▽ ✻; Arg.: La Rioja
– **mihanovichii** (Frič et Gürke) Britton et Rose · ψ Z10 ⓚ ▽ ✻; N-Parag.
– **monvillei** (Lem.) Britton et Rose · ψ Z10 ⓚ ▽ ✻; Parag.
– **multiflorum** (Hook.) Britton et Rose · ψ Z10 ⓚ ▽ ✻; Arg.: Cordoba
– *neocumingii* (Backeb.) Hutchison = Weingartia neocumingii
– *neumannianum* (Backeb.) Hutchison = Weingartia neumanniana
– *occultum* Frič et Schütz = Gymnocalycium quehlianum
– *ochoterenae* Backeb. = Gymnocalycium quehlianum
– **oenanthemum** Backeb. · ψ Z10 ⓚ ▽ ✻; Arg.: Cordoba, Mendoza
– **platense** (Speg.) Britton et Rose · ψ Z10 ⓚ ▽ ✻; Arg.: Buenos Aires
– **quehlianum** (Haage) A. Berger · E:Chin Cactus · ψ Z10 ⓚ ▽ ✻; Arg.: Cordoba
– **saglionis** (Cels) Britton et Rose · ψ Z10 ⓚ ▽ ✻; Arg.: Catamarca, Salta, Tucuman
– *sanguiniflorum* (Werderm.) Werderm. = Gymnocalycium baldianum
– **schickendantzii** (F.A.C. Weber) Britton et Rose · ψ Z10 ⓚ ▽ ✻; Arg.: Catamarca, Cordoba, Tucuman
– **spegazzinii** Britton et Rose · ψ Z10 ⓚ ▽ ✻; Arg.: Salta
– *venturianum* (Fric) Backeb. = Gymnocalycium baldianum

Gymnocarpium Newman -n- *Woodsiaceae* · 6 sp · D:Eichenfarn, Ruprechtsfarn; E:Oak Fern; F:Fougère du chène
– **dryopteris** (L.) Newman · D:Eichenfarn; E:Oak Fern, Western Oak Fern · ♃ Z3 VII-VIII; Eur.*, TR, Cauc., Him., W-Sib., E-Sib., Amur, Sachal., Kamchat., C-As., Mong., Manch., Korea, Jap., Alaska, Can, USA: NE, NCE, NC, SW, Rocky Mts., NW; Greenl.
– *phegopteris* (L.) Newman = Phegopteris connectilis
– **robertianum** (Hoffm.) Newman · D:Ruprechtsfarn; E:Limestone Oak Fern · ♃ Z4 VII-VIII; Eur.*, Cauc., Him., W-Sib., E-Sib., Amur, N-China, Korea, Jap., Alger., Alaska, Can., USA: NE, NCE

Gymnocereus Rauh et Backeb. = Browningia
– *microspermus* (Werderm. et Backeb.) Backeb. = Browningia microsperma

Gymnocladus Lam. -m- *Caesalpiniaceae (Leguminosae)* · 5 sp · D:Geweihbaum, Schusserbaum; F:Chicot du Canada
– **dioicus** (L.) K. Koch · D:Amerikanischer Geweihbaum; E:Kentucky Coffeetree · ♄ d Z6 V-VI Ⓝ; Ont., USA: NE, NCE, NC, SC, SE

Gymnospermium Spach -n- *Berberidaceae* · 8 sp
– **albertii** (Regel) Takht. · ♃ Z4 Ⓐ IV-V; C-As.

Gymnostachyum Nees -n- *Acanthaceae* · 30 sp
– **ceylanicum** Arn. et Nees · ♃ Ⓦ I-III; Sri Lanka
– **sanguinolentum** (Vahl) T. Anderson · ♃ Ⓦ; Sri Lanka
– **venustum** (Wall.) T. Anderson · ♃ Ⓦ X-XI; Ind: S-Khasia

Gymnothrix Spreng. = Pennisetum
– *caudata* Schrad. = Pennisetum macrourum
– *latifolia* (Spreng.) Schult. = Pennisetum latifolium

Gynandriris Parl. -f- *Iridaceae* · 9 sp
– **sisyrinchium** (L.) Parl. · ♃ Z8 ▭ IV-V; Eur.: Ib, Ap, Ba; TR, SW-As, Pakist., Med.

Gynandropsis DC. = Cleome
– *gynandra* (L.) Briq. = Cleome gynandra

Gynerium P. Beauv. -n- *Poaceae (Gramineae)* · 1 sp
– *argenteum* Nees = Cortaderia selloana

Gynura Cass. -f- *Asteraceae (Compositae)* · c. 40 sp · D:Samtpflanze; E:Velvet Plant; F:Gynure
– **aurantiaca** (Blume) DC. · D:Purpur-Samtpflanze; E:Purple Velvet Plant · ♄ Ⓦ IX-X; Java, Sulawesi
– **procumbens** (Lour.) Merr. · D:Malayische Samtpflanze; E:Velvet Plant · ♃ ≹ ≹ Ⓦ; W-Afr., China, Thail., Malay. Pen.
– *sarmentosa* (Blume) DC. = Gynura procumbens
– **scandens** O. Hoffm. · ♄ ≹ ≹ Ⓦ IV-IX ☠; E-Afr.

Gypsophila L. -f- *Caryophyllaceae* · c. 150 sp · D:Gipskraut, Schleierkraut; E:Baby's Breath; F:Gypsophile
– **acutifolia** Steven ex Spreng. · ♃ VII-IX; Eur.: W-Russ.; Cauc., nat. in RO
– **aretioides** Boiss. · ♃ △ Z5 VI-VII; N-Iran, Cauc.
– **cerastioides** D. Don · ♃ △ Z5 V-VI; Him.: Kashmir, NW-Ind., Nepal, Sikkim, Bhutan
– **curvifolia** Fenzl · ♃ △ ∧ VI; TR
– **elegans** M. Bieb. · D:Sommer-Schleierkraut; E:Annual Baby's Breath · ⊙ VII; S-Russ., TR, Cauc., Iran
– **fastigiata** L. · D:Büschel-Gipskraut · ♃ VI-IX ▽; Eur.: C-Eur., EC-Eur., Sc, E-Eur., ? W-Ba
– **libanotica** Boiss. · ♃ △ ∧ VI; TR, Lebanon, Syr.
– × **monstrosa** Gerbeaux (*G. repens* × *G. stevenii*) · ♃ △ V-VI; cult.
– **muralis** L. · D:Mauer-Gipskraut; E:Cushion Baby's Breath · ⊙ VI-X; Eur.* exc. Brl; TR, Cauc., W-Sib., E-Sib., Amur, C-As., Manch., nat. in N-Am.
– *ortegioides* (Fisch. et C.A. Mey.) Boiss. = Phrynella ortegioides
– **pacifica** Kom. · ♃ ⋊ Z3 VI-VIII; Amur, Manch.
– **paniculata** L. · D:Rispiges Gipskraut, Schleierkraut; E:Baby's Breath; F:Brouillard · ♃ ⋊ Z4 VI-VIII; Eur.: C-Eur., EC-Eur., Ba, E-Eur.; Cauc., W-Sib., C-As., N-Mong., W-China, nat. in N-Am.
– **perfoliata** L. · D:Durchwachsenblättriges Gipskraut · ♃ VI-IX; Eur.: BG, RO, Russ.; TR, Levante, W-Sib., C-As., nat. in D
– **petraea** (Baumg.) Rchb. · ♃ △ Z7 VI-

VIII; Eur.: RO; Carp.
- **repens** L. · D:Kriechendes Gipskraut, Teppich-Schleierkraut; E:Alpine Gypsophila; F:Gypsophile rampante · ♃ ⟿ △ Z4 V-VI; Eur.: Ib, Fr, Ap, C-Eur., EC-Eur.; mts.
- *'Monstrosa'* = Gypsophila × monstrosa
- **scorzonerifolia** Ser. · D:Schwarzwurzel-Gipskraut · ♃ VI-IX; Eur.: E-Russ; Cauc., nat. in D, CZ
- **stevenii** Fisch. · ♃ △ VII; Cauc.
- × **suendermannii** Fritsch (*G. petraea* × *G. repens*) · ♃ △ V-VI; cult.
- **tenuifolia** M. Bieb. · ♃ ⌓ △ Z5 VI; Cauc., TR
- *transsylvanica* Spreng. = Gypsophila petraea

Haageocactus Backeb. = Haageocereus

Haageocereus Backeb. -m- *Cactaceae* · 5-10 sp
- *acranthus* (Vaupel) Backeb. = Haageocereus limensis
- **albispinus** (Akers) Backeb. · ♆ Z9 Ⓚ ▽ ✻; C-Peru
- *aureispinus* Rauh et Backeb. = Haageocereus multangularis
- *australis* Backeb. = Haageocereus decumbens
- **chosicensis** (Werderm. et Backeb.) Backeb. · ♆ Z9 Ⓚ ▽ ✻; C-Peru
- **decumbens** (Vaupel) Backeb. · ♆ ⟿ Z9 Ⓚ ▽ ✻; S-Peru, N-Chile
- *icosagonoides* Rauh et Backeb. = Haageocereus versicolor
- **limensis** (Salm-Dyck) F. Ritter · ♆ Z9 Ⓚ ▽ ✻; C-Peru
- **multangularis** (Willd.) F. Ritter · ♆ Z9 Ⓚ ▽ ✻; C-Peru
- *olowinskianus* Backeb. = Haageocereus limensis
- *paradoxus* Rauh et Backeb. = Borzicactus acanthurus
- **versicolor** (Werderm. et Backeb.) Backeb. · ♆ Z9 Ⓚ ▽ ✻; N-Peru
- *weberbaueri* (Vaupel) D.R. Hunt = Weberbauerocereus weberbaueri

Habenaria Willd. -f- *Orchidaceae* · c. 600 sp · D:Riemenlippe, Zügelständel; F:Habénaire
- *bonatea* L. f. = Bonatea speciosa
- **carnea** N.E. Br. · ♃ Z9 Ⓦ IX-X ▽ ✻; Malay. Pen.: Penang
- *pusilla* Rchb. f. = Habenaria rhodocheila
- *radiata* Thunb. = Pecteilis radiata
- **rhodocheila** Hance · ♃ Z9 Ⓦ IX-X ▽ ✻; S-China, Indochina, Malay. Pen.
- *robusta* N.E. Br. = Bonatea speciosa

Haberlea Friv. -f- *Gesneriaceae* · 2 sp · D:Haberlee; F:Haberléa
- **ferdinandi-coburgii** Urum. · ♃ △ IV-V ▽; Eur.: C-BG
- **rhodopensis** Friv. · ♃ △ IV-V ▽; Eur.: BG, NE-GR; mts.

Habranthus Herb. -m- *Amaryllidaceae* · 10 sp
- *andersonii* Herb. = Habranthus tubispathus
- **brachyandrus** (Baker) Sealy · ♃ Z9 Ⓚ VI-VIII; S-Bras., S-Chile
- **robustus** Herb. ex Sweet · ♃ Z9 Ⓚ VII-VIII; S-Bras., ? Arg
- **tubispathus** (L'Hér.) Herb. · E:Rio Grande Copper Lily · ♃ Z9 Ⓚ VII-VIII; E-Arg., S-Bras., S-Chile, Urug.
- *tubispathus* auct. non (L'Hér.) Herb. = Habranthus robustus

Habrothamnus Endl. = Cestrum
- *elegans* Brongn. ex Neuman = Cestrum elegans var. elegans
- *fasciculatus* Endl. = Cestrum fasciculatum
- *newellii* Veitch = Cestrum fasciculatum 'Newellii'
- *purpureus* Lindl. = Cestrum elegans var. elegans

Hacquetia Neck. ex DC. -f- *Apiaceae (Umbelliferae)* · 1 sp · D:Schaftdolde; F:Hacquetia
- **epipactis** (Scop.) DC. · D:Goldteller, Schaftdolde · ♃ Z7 IV-V; Eur.: A, I, Slove., Croatia, PL, Slova., CZ

Hadrodemas H.E. Moore = Callisia
- *warszewiczianum* (Kunth et Bouché) H.E. Moore = Callisia warszewicziana

Haemadiction Steud. = Prestonia
- *venosum* Lindl. = Prestonia quinquangularis

Haemanthus L. -m- *Amaryllidaceae* · 21 sp · D:Blutblume; E:Blood Lily; F:Hémanthe
- **albiflos** Jacq. · D:Elefantenohr, Weißblütige Blutblume · ♃ Z9 Ⓚ VII-X; S-Afr.

– var. *pubescens* auct. = Haemanthus pubescens
– *candidus* W. Bull = Haemanthus humilis subsp. hirsutus
– *cinnabarinus* Decne. = Scadoxus cinnabarinus
– *coccineus* Forssk. non L. = Scadoxus multiflorus subsp. multiflorus
– **coccineus** L. · D:Scharlachrote Blutblume; E:Cape Tulip · ♃ Z9 Ⓚ VIII-IX; Namibia, S-Afr.
– **humilis** Jacq.
– subsp. **hirsutus** (Baker) Snijman · ♃ Z9 Ⓚ VIII-IX; S-Afr.
– subsp. **humilis** · D:Niedere Blutblume · ♃ Z9 Ⓚ; S-Afr.
– *kalbreyeri* Baker = Scadoxus multiflorus subsp. multiflorus
– *katherinae* Baker = Scadoxus multiflorus subsp. katherinae
– *lindenii* N.E. Br. = Scadoxus cinnabarinus
– *magnificus* (Herb.) Herb. = Scadoxus puniceus
– *multiflorus* Martyn = Scadoxus multiflorus subsp. multiflorus
– *natalensis* Pappe ex Hook. = Scadoxus puniceus
– **pubescens** L. · ♃ Z9 Ⓚ VII-X; Namibia, S-Afr.
– *puniceus* L. = Scadoxus puniceus
– *tigrinus* Jacq. = Haemanthus coccineus

Haemaria Lindl. = Ludisia
– *discolor* (Ker-Gawl.) Lindl. = Ludisia discolor var. discolor
– *rubrivenia* Rchb. f. = Ludisia discolor var. rubrivenia

Haematoxylum L. -n- *Caesalpiniaceae (Leguminosae)* · 3 sp · D:Blutholzbaum, Campecheholz; E:Bloodwood Tree; F:Campêche, Haematoxylon
– **campechianum** L. · D:Mexikanischer Blutholzbaum; E:Bloodwood Tree, Logwood · ♄ e Z9 Ⓦ ⚕ Ⓝ; Mex., C-Am., trop. S-Am.

Haemodorum Sm. -n- *Haemodoraceae* · 20 sp
– **planifolium** R. Br. · ♃ Ⓚ VIII; Austr.: Queensl., N.S.Wales
– **teretifolium** R. Br. · ♃ Ⓚ VIII; Austr.: Queensl., N.S.Wales

Hagenia J.F. Gmel. -f- *Rosaceae* · 1 sp · D:Kosobaum
– **abyssinica** (Bruce) J.F. Gmel. · ♄ e Ⓚ ⚕ ☠ Ⓝ; Eth., E-Afr., top. S-Afr.

Hakea Schrad. -f- *Proteaceae* · c. 120 sp · D:Hakea, Nadelkissen; E:Pincushion Tree; F:Arbre-aux-oursins, Hakea
– *acicularis* (Sm. ex Vent.) Knight = Hakea sericea
– **bucculenta** C.A. Gardner · D:Stachliges Nadelkissen; E:Red Pokers · ♄ e Z9 Ⓚ; W-Austr.
– **ceratophylla** R. Br. · ♄ e Z9 Ⓚ; W-Austr.
– **crassifolia** Meisn. · ♄ e Z9 Ⓚ; W-Austr.
– **cyclocarpa** Lindl. · E:Curved Fruit Hakea · ♄ e Z9 Ⓚ; W-Austr.
– **dactyloides** (Gaertn.) Cav. · ♄ e Z9 Ⓚ; Austr.: Queensland, N.S.Wales, Victoria
– *eucalyptoides* Meisn. = Hakea laurina
– **ferruginea** R. Br. · ♄ e Z9 Ⓚ VII-VIII; W-Austr.
– **florida** R. Br. · ♄ e Z9 Ⓚ VII; W-Austr.
– **gibbosa** Cav. · ♄ e Z9 Ⓚ; Austr.: N.S.Wales
– **laurina** R. Br. · D:Ballförmiges Nadelkissen; E:Pincushion Hakea, Sea Urchin · ♄ ♄ e Z9 Ⓚ Ⓝ; W-Austr.
– **leucoptera** R. Br. · D:Ausläufer-Nadelkissen; E:Needlewood · ♄ ♄ e Z9 Ⓚ; Austr.: Queensl., N.S.Wales, Victoria, S-Austr., N. Terr.
– **multilineata** Meisn. · ♄ e Z9 Ⓚ; W-Austr.
– **nitida** R. Br. · ♄ e Z9 Ⓚ; W-Austr.
– **nodosa** R. Br. · ♄ e Z9 Ⓚ; Austr.: S-Austr., Victoria
– **obtusa** Meisn. · ♄ e Z9 Ⓚ; W-Austr.
– **oleifolia** R. Br. · ♄ ♄ e Z9 Ⓚ; W-Austr.
– **orthorrhyncha** F. Muell. · ♄ e Z9 Ⓚ; W-Austr.
– *pectinata* Colla = Hakea suaveolens
– **petiolaris** Meisn. · ♄ e Z9 Ⓚ; W-Austr.
– **pugioniformis** Cav. · ♄ e Z9 Ⓚ V-VI; Austr.: S-Austr., Tasman., Victoria
– **salicifolia** (Vent.) B.L. Burtt · ♄ e Z9 Ⓚ VII-VIII; Austr.: Queensl., N.S.Wales
– *saligna* (Knight) Salisb. = Hakea salicifolia
– **sericea** Schrad. · D:Nadelblättriges Nadelkissen; E:Silky Hakea · ♄ e Z9 Ⓚ V-VIII; Austr.: N.S.Wales, Victoria
– **suaveolens** R. Br. · D:Duftendes Nadelkissen; E:Sweet Hakea · ♄ e D Z9 Ⓚ VII-VIII; W-Austr.
– **varia** R. Br. · ♄ e Z9 Ⓚ; W-Austr.

Hakonechloa Makino ex Honda -f- *Poaceae*

(Gramineae) · 1 sp
– *aureola* = Hakonechloa macra 'Aureola'
– **macra** (Munro) Makino ex Honda · D:Japangras; E:Golden Japanese Forest Grass · ♃ Z7 ∧ VII-X; Jap.
  – **'Aureola'**

Halenia Borkh. -f- *Gentianaceae* · c. 70 sp
– **elliptica** D. Don · ⊙ Z5 VII-VIII; Him.
– **perrottetii** Griseb. · ⊙ Z5 VII-VIII; Ind.

Halesia Ellis ex L. -f- *Styracaceae* · 5 sp · D:Schneeglöckchenbaum; E:Silver Bell, Snowdrop Tree; F:Halésia
– **carolina** L. · D:Carolina-Schneeglöckchenbaum; E:Carolina Silverbell, Snowdrop Tree; F:Arbre aux clochettes d'argent · ♄ ♄ d Z6 IV-V; USA: NE, NCE, SE, Fla.
  – var. *monticola* Rehder = Halesia monticola
– **diptera** Ellis · D:Zweiflügeliger Schneeglöckchenbaum · ♄ ♄ d Z6 VI; USA: SE, SC, Fla.
– **monticola** (Rehder) Sarg. · D:Berg-Schneeglöckchenbaum; E:Mountain Silverbell, Snowdrop Tree · ♄ d Z5 IV Ⓝ; USA: SE, SC
– *tetraptera* Ellis = Halesia carolina

× **Halimiocistus** Janch. -m- *Cistaceae*
– **sahucii** (H.J. Coste et Soulié) Janch. (*Cistus salviifolius* × *Halimium umbellatum*) · ♄ e Z8 Ⓚ; S-F
– **wintonensis** Warb. et E.F. Warb. (*Cistus salviifolius* × *Halimium lasianthum*) · ♄ e Z8 Ⓚ; cult.

Halimium (Dunal) Spach -n- *Cistaceae* · -12 sp
– **lasianthum** (Lam.) Spach · ♄ e Z8 Ⓚ V-VI; Eur.: F, Ib
– **ocymoides** (Lam.) Willk. et Lange · ♄ e Z8 Ⓚ; Sp., P
– **umbellatum** (L.) Spach · ♄ e Z8 Ⓚ V-VI; Eur.: Ib, F, GR

Halimodendron Fisch. ex DC. -n- *Fabaceae (Leguminosae)* · 1 sp · D:Salzstrauch; E:Salt Tree; F:Caragana argenté
– **halodendron** (Pall.) Voss · D:Salzstrauch; E:Salt Tree · ♄ d Z5 VI-VII Ⓝ; Eur.: Russ.; N-TR, Cauc., Iran, W-Sib., C-As.

Haloragis J.R. Forst. et G. Forst. -f- *Haloragaceae* · 27 sp · D:Seebeere; E:Raspwort
– **erecta** (Banks ex Murray) Eichler · ♄ ♃ Ⓚ; NZ

Haloxylon Bunge -n- *Chenopodiaceae* · 10 sp · D:Salzbaum, Saxaul; E:Saxaul
– **ammodendron** (C.A. Mey.) Bunge · ♄ ♄ Z5; Atlas, Ural, Iran, C-As., Mong., China: Sinkiang

Hamamelis L. -f- *Hamamelidaceae* · 5 sp · D:Zaubernuss; E:Witch Hazel; F:Hamamélis
– × **intermedia** Rehder (*H. japonica* × *H. mollis*) · D:Hybrid-Zaubernuss; E:Witch Hazel · ♄ d Z6 I-III; cult.
  – **in vielen Sorten**
– **japonica** Siebold et Zucc.
  – var. **flavopurpurascens** (Makino) Rehder · ♄ d Z6 I-III; Jap.
  – var. **japonica** · D:Japanische Zaubernuss; E:Japanese Witch Hazel; F:Hamamélis du Japon · ♄ d Z6 I-IV; Jap.
– **mollis** Oliv. · D:Chinesische Zaubernuss; E:Chinese Witch Hazel; F:Hamamélis de Chine · ♄ d Z6 I-III; China: Hupeh
– *orbiculata* Sarg. = Hamamelis virginiana
– **vernalis** Sarg. · D:Frühlings-Zaubernuss; E:Spring Witch Hazel · ♄ d Z6 I-III; USA: SE, SC
– **virginiana** L. · D:Virginische Zaubernuss; E:American Witch Hazel; F:Hamamélis de Virginie · ♄ ♄ d Z5 IX-X ⚕ Ⓝ; Can.: E; USA: NE, NCE, SE, Fla.

Hamatocactus Britton et Rose = Thelocactus, Ferocactus, Sclerocactus
– *crassihamatus* (F.A.C. Weber) Buxb. = Sclerocactus uncinatus var. crassihamatus
– *hamatacanthus* (Muehlenpf.) Britton et Rose = Ferocactus hamatacanthus
– *setispinus* (Engelm.) Britton et Rose = Thelocactus setispinus
– *sinuatus* (A. Dietr.) Orcutt = Ferocactus hamatacanthus
– *uncinatus* (Galeotti) Buxb. = Sclerocactus uncinatus var. uncinatus

Hamelia Jacq. -f- *Rubiaceae* · 16 sp
– **patens** Jacq. · D:Feuerbusch; E:Firebush, Scarlet Bush · ♄ e Z10 Ⓦ VI-IX; Fla., Mex., Bahamas, W.Ind., trop. S-Am.

Hammarbya Kuntze -f- *Orchidaceae* · 1 sp ·

D:Weichwurz; E:Bog Orchid
– **paludosa** (L.) Kuntze · D:Weichwurz · ♃ VII-VIII ▽ *; Eur.* exc. Ap; W-Sib., E-Sib., Sachal., Jap., Alaska, NW-Can., C-USA

Hancornia Gomes -f- *Apocynaceae* · 1 sp
– **speciosa** Gomez · D:Mangabeiragummi; E:Mangabeira · ♄ Ⓦ Ⓝ; E-Bras.

Haplopappus Cass. -m- *Asteraceae (Compositae)* · c. 70 sp
– *coronopifolius* (Less.) DC. = Haplopappus glutinosus
– *croceus* A. Gray = Pyrrocoma crocea
– **glutinosus** Cass. · ♃ △ Z8 ∧ VII-X; Chile. Arg.; And.

Haplophyllum A. Juss. -n- *Rutaceae* · 66 sp
– **patavinum** (L.) G. Don · ♃ △ Ⓚ VI-VIII; Eur.: I, Ba, RO

Hardenbergia Benth. -f- *Fabaceae (Leguminosae)* · 3 sp · D:Hardenbergie, Purpurerbse; E:Coral Pea; F:Hardenbergia
– **comptoniana** (Andrews) Benth. · ♄ e ≩ Z9 Ⓚ I-IV; W-Austr.
– *monophylla* (Vent.) Benth. = Hardenbergia violacea
– **violacea** (Schneev.) Stearn · D:Purpurerbse; E:Coral Pea, Vine Lilac · ♄ e ≩ ⟿ Z9 Ⓚ III-IV; Austr.: Queensl., N.S.Wales, Victoria, Tasman.

Haronga Thouars = Harungana
– *madagascariensis* (Lam. ex Poir.) Choisy = Harungana madagascariensis

Harpagophytum DC. ex Meisn. -n- *Pedaliaceae* · 8 sp · D:Afrikanische Teufelskralle; E:Grapple Plant
– **procumbens** (Burch.) DC. · D:Afrikanische Teufelskralle; E:Devil's Claw, Grapple Plant · ♃ Ⓚ ⚕; S-Afr.

Harpephyllum Bernh. ex Krauss -n- *Anacardiaceae* · 1 sp · D:Kafirpflaume; E:Kaffir Plum; F:Prunier des Cafres
– **caffrum** Bernh. ex Krauss · D:Kafirpflaume; E:Kaffir Plum · ♄ e Z9 Ⓚ; S-Afr.: Kap, Natal

Harpullia Roxb. -f- *Sapindaceae* · 26 sp
– **pendula** Planch. et F. Muell. · E:Moreton Bay Tulipwood · ♄ e Z10 Ⓦ; Malay. Arch., Phil., Austr.: Queensl., N.S.Wales

Harrimanella Coville = Cassiope
– *hypnoides* (L.) Coville = Cassiope hypnoides

Harrisia Britton -f- *Cactaceae* · c. 20 sp
– *bonplandii* (Parm. ex Pfeiff.) Britton et Rose = Eriocereus bonplandii
– **gracilis** (Mill.) Britton · ♄ ♆ Z9 Ⓚ ▽ *; Fla., Jamaica
– *guelichii* (Speg.) Britton et Rose = Eriocereus guelichii
– *jusbertii* (K. Schum.) Borg = Eriocereus jusbertii
– *martinii* (Labour.) Britton et Rose = Eriocereus martinii
– *pomanensis* (F.A.C. Weber) Britton et Rose = Eriocereus bonplandii
– **tetracantha** (Labour.) D.R. Hunt · ♄ ♄ ♆ Z9 Ⓚ ▽ *; Bol.
– *tortuosa* (J. Forbes) Britton et Rose = Eriocereus tortuosus

× **Hartara** hort. -f- *Orchidaceae* (*Broughtonia* × *Laelia* × *Sophronitis*)

Hartia Dunn = Stewartia
– *sinensis* Dunn = Stewartia pteropetiolata

Hartmannia Spach = Oenothera
– *rosea* (L'Hér. ex Aiton) D. Don = Oenothera rosea
– *speciosa* (Nutt.) Small = Oenothera speciosa

Hartwegia Lindl. = Nageliella
– *purpurea* Lindl. = Nageliella purpurea

Harungana Lam. -f- *Clusiaceae (Guttiferae)* · 1 sp
– **madagascariensis** Lam. ex Poir. · ♄ Ⓦ ⚕ Ⓝ; trop. Afr., Madag., Mauritius

Hasseanthus Rose = Dudleya
– *variegatus* (S. Watson) Rose = Dudleya variegata

Hatiora Britton et Rose -f- *Cactaceae* · 2 sp
– *clavata* (F.A.C. Weber) Moran = Rhipsalis clavata
– *gaertneri* (Regel) Barthlott = Rhipsalidopsis gaertneri
– × *graeseri* (Werderm.) Barthlott = Rhipsalidopsis × graeseri

– *rosea* (Lagerh.) Barthlott = Rhipsalidopsis rosea
– **salicornioides** (Haw.) Britton et Rose · ♄ ψ Z9 ⓦ ▽ *; SE-Bras.

× **Hawaiiara** hort. -f- *Orchidaceae* (*Renanthera* × *Vanda* × *Vandopsis*)

Haworthia Duval -f- *Aloaceae* · 62 sp · D:Haworthie; F:Haworthia
– **angustifolia** Haw. · ♃ ψ Z9 ⓚ; S-Afr.
– **arachnoidea** (L.) Duval · ♃ ψ Z9 ⓚ; S-Afr.
– *aspera* (Haw.) Haw. = Astroloba aspera
– *asperiuscula* Haw. = Haworthia viscosa
– **attenuata** Haw. · ♃ ψ Z9 ⓚ; Kap
– **chloracantha** Haw. · ♃ ψ Z9 ⓚ; Kap
– **coarctata** Haw. · ♃ ψ Z9 ⓚ; S-Afr.
– **cooperi** Baker · ♃ ψ Z9 ⓚ; S-Afr.
– × **cuspidata** Haw. (*H. cymbiformis* × *H. retusa*) · ♃ ψ Z9 ⓚ; SE-Kap
– **cymbiformis** (Haw.) Duval · ♃ ψ Z9 ⓚ; S-Afr.
– *fasciata* hort. = Haworthia attenuata
– *foliolosa* (Haw.) Haw. = Astroloba spiralis subsp. foliolosa
– *fulva* G.G. Sm. = Haworthia coarctata
– **glabrata** (Salm-Dyck) Baker · ♃ ψ Z9 ⓚ; S-Afr.
– *guttata* Uitewaal = Haworthia reticulata
– **herbacea** (Mill.) Stearn · ♃ ψ Z9 ⓚ; Kap
– *laetevirens* Haw. = Haworthia turgida
– **limifolia** Marloth · ♃ ψ Z9 ⓚ; S-Afr.: Natal, Transvaal, Swasiland
– **longiana** Poelln. · ♃ ψ Z9 ⓚ; Kap
– *longibracteata* G.G. Sm. = Haworthia retusa
– *margaritifera* Haw. = Haworthia pumila
– **maughanii** Poelln. · ♃ ψ Z9 ⓚ; Kap
– *minima* Baker non (Aiton) Haw. = Haworthia translucens subsp. translucens
– **mirabilis** Haw. · ♃ ψ Z9 ⓚ; ? Kap
– **mucronata** Haw. · ♃ ψ Z9 ⓚ; Kap
– *nitidula* Poelln. = Haworthia mirabilis
– *obtusa* Haw. = Haworthia cymbiformis
  – var. *pilifera* (Baker) Uitewaal = Haworthia cooperi
– *papillosa* (Salm-Dyck) Haw. = Haworthia pumila
– *pellucens* Haw. = Haworthia translucens subsp. translucens
– *pentagona* Haw. = Astroloba spiralis subsp. foliolosa 'Pentagona'
– *pilifera* Baker = Haworthia cooperi
– **pumila** (L.) Duval · ♃ ψ Z9 ⓚ; S-Afr.: Kap
– **pygmaea** Poelln. · ♃ ψ Z9 ⓚ
– **radula** (Jacq.) Haw. · ♃ ψ Z9 ⓚ; Kap
– *recurva* Haw. = Haworthia venosa subsp. recurva
– **reinwardtii** (Salm-Dyck) Haw. · ♃ ψ Z9 ⓚ; Kap
– **reticulata** Haw. · ♃ ψ Z9 ⓚ; E-Kap
– **retusa** (L.) Duval · ♃ ψ Z9 ⓚ; Kap
– × **rigida** (Lam.) Haw. (*H. glabrata* × *H.* × *tortuosa*) · ♃ ψ Z9 ⓚ; S-Afr.
– *rugosa* (Salm-Dyck) Baker = Haworthia radula
– *spiralis* Duval = Astroloba spiralis subsp. foliolosa 'Pentagona'
– *subattenuata* (Salm-Dyck) Baker = Haworthia pumila
– *subrigida* Baker = Haworthia × tortuosa
– *tenera* Poelln. = Haworthia translucens subsp. tenera
– *tesselata* Haw. = Haworthia venosa subsp. tesselata
– × **tortuosa** (Haw.) Haw. (*H. nigra* × *H. viscosa*) · ♃ ψ Z9 ⓚ; orig. ?
– **translucens** (Haw.) Haw.
  – subsp. **tenera** (Poelln.) M. Bayer Z9 ⓚ; E-Kap
  – subsp. **translucens** · ♃ ψ Z9 ⓚ; Kap
– **truncata** Schönl. · ♃ ψ Z9 ⓚ; Kap
– **turgida** Haw. · ♃ ψ Z9 ⓚ; Kap
– *ubomboensis* Verd. = Haworthia limifolia
– **venosa** (Lam.) Haw.
  – subsp. **recurva** (Haw.) M. Bayer Z9 ⓚ; W-Kap
  – subsp. **tesselata** (Haw.) M. Bayer Z9 ⓚ; S-Afr.: Kap, Orange Free State; Namibia
  – subsp. **venosa** · ♃ ψ Z9 ⓚ; Kap, Namibia
– **viscosa** (L.) Haw. · ♃ ψ Z9 ⓚ; Kap

Hebe Comm. ex Juss. -f- *Scrophulariaceae* · c. 75 sp · D:Strauchehrenpreis, Strauchveronika; E:Hedge Veronica; F:Hebe, Véronique arbustive
– **albicans** (Petrie) Cockayne · ♄ e Z8 ⓚ; NZ
– × **andersonii** (Lindl. et Paxton) Cockayne (*H. salicifolia* × *H. speciosa*) · ♄ e Z9 ⓚ; cult.
– *anomala* (J.B. Armstr.) Cockayne = Hebe odora 'Anomala'
– **armstrongii** (J.B. Armstr.) Cockayne et Allan · ♄ e Z7 V-VI; NZ
– **balfouriana** (Hook. f.) Cockayne · ♄ e Z7 ⓐ ∧ VI-VII; NZ
– **benthamii** (Hook. f.) Cockayne et Allan ·

ħ e Z8 Ⓚ; NZ
- × *bidwillii* (Hook.) Allan = Parahebe × bidwillii
- **brachysiphon** Summerh. · ħ e Z8 Ⓐ ∧; NZ
- **buchananii** (Hook. f.) Cockayne et Allan · F:Véronique arbustive · ħ e Z8 Ⓚ VI-VII; NZ
- **buxifolia** (Benth.) Cockayne et Allan · D:Buchsblättriger Strauchehrenpreis; F:Véronique arbustive · ħ e Z8 Ⓚ ∧ VI-VII; NZ
- **canterburiensis** (J.B. Armstr.) L.B. Moore · ħ e Z9 Ⓚ; NZ
- **carnosula** (Hook. f.) Cockayne et Allan · ħ e Z6 VI-VIII; NZ
- *catarractae* G. Forst. = Parahebe catarractae
- **cockayniana** (Cheesman) Cockayne et Allan · ħ e Z8 Ⓚ; NZ
- **colensoi** (Hook. f.) Cockayne · ħ e Z8 Ⓚ; NZ
- **cupressoides** (Hook. f.) Andersen · D:Zypressen-Strauchehrenpreis · ħ e Z8 Ⓚ ∧ VI; NZ
- **diosmifolia** (R. Cunn. ex A. Cunn.) Cockayne et Allan · ħ e Z8 Ⓚ ▽ IV-V; NZ
- **elliptica** (G. Forst.) Pennell · ħ e Z8 Ⓚ VI-VII; NZ, S-Chile, Falkland
- **epacridea** (Hook. f.) Cockayne et Allan · ħ e ⇝ Z7 Ⓐ ∧ VII; NZ
- × **franciscana** (Eastw.) Souster (*H. elliptica* × *H. speciosa*) · ħ e Z8 Ⓚ; cult.
- *glaucocaerulea* (J.B. Armstr.) Cockayne = Hebe pimeleoides var. glaucocaerulea
- **glaucophylla** (Cockayne) Cockayne · ħ e Z7; NZ
- **haastii** (Hook. f.) Cockayne et Allan · ħ e ⇝ Z7 Ⓐ ∧; NZ
- **hectori** (Hook. f.) Cockayne et Allan · D:Hektors Strauchehrenpreis · ħ e Z8 Ⓚ ∧ VII-VIII; NZ
- **hulkeana** (F. Muell.) Cockayne et Allan · E:New Zealand Lilac · ħ e Z9 Ⓚ V-VI; NZ
- **leiophylla** (Cheesman) Cockayne et Allan · ħ e Z7; NZ
- *loganioides* (J.B. Armstr.) Wall. = Hebe 'Loganioides'
- *lyallii* (Hook. f.) Allan = Parahebe lyallii
- **lycopodioides** (Hook. f.) Cockayne et Allan · ħ e Z7 Ⓐ ∧ VI; NZ
- **ochracea** Ashwin · ħ e △ Z7 V-VI; NZ
- **odora** (Hook. f.) Cockayne · ħ e Z7; NZ
  - **'Anomala'** · ħ e Z7 Ⓐ ∧ VI-VII; NZ
- **parviflora** (Vahl) Cockayne et Allan
  - var. **parviflora** · E:Kokomura Taranga · Z7; NZ
  - var. **angustifolia** (Hook. f.) L.B. Moore · ħ e Z7; NZ
- **pauciflora** G. Simpson et J.S. Thomson · ħ e Z7; NZ
- **pauciramosa** (Cockayne et Allan) L.B. Moore · ħ e Ⓚ; NZ
- **pimeleoides** (Hook. f.) Cockayne et Allan
  - var. **glaucocaerulea** (J.B. Armstr.) Cockayne et Allan · ħ Z8 Ⓚ ∧ VII-VIII; NZ
  - var. **pimeleoides** · ħ e ⇝ Z7 VII-VIII; NZ
- **pinguifolia** (Hook. f.) Cockayne et Allan · D:Fettblättriger Strauchehrenpreis; F:Véronique arbustive · ħ e Z7 V-VII; NZ
- **poppelwellii** (Cockayne) Cockayne et Allan · ħ e Ⓚ; NZ
- **propinqua** (Cheesman) Cockayne et Allan · ħ e Z7; NZ
- **rakaiensis** (J.B. Armstr.) Cockayne · ħ e Z7; NZ
- **recurva** G. Simpson et J.S. Thomson · ħ e Ⓚ; NZ
- **salicifolia** (G. Forst.) Pennell · ħ e Z8 Ⓚ VI-VII; NZ
- **salicornioides** (Hook. f.) Cockayne et Allan · ħ e Ⓚ; NZ
- **speciosa** (A. Cunn.) Cockayne et Allan · ħ e Z8 Ⓚ IX-X; NZ
- **stricta** (Banks et Sol.) L.B. Moore
  - var. **stricta** · ħ Z9; NZ
  - var. **macroura** (Benth.) L.B. Moore · ħ e Z9 Ⓚ; NZ
- **subalpina** (Cockayne) Cockayne et Allan · ħ e Z7 Ⓐ ∧ VI; NZ
- **subsimilis** (Colenso) Ashwin · ħ e Ⓚ; NZ
- **traversii** (Hook. f.) Cockayne et Allan · D:Travers Strauchehrenpreis · ħ e Z8 Ⓚ ∧ VI-VIII; NZ
- **tumida** (Kirk) Cockayne et Allan · ħ e Z7; NZ
- **venustula** (Colenso) L.B. Moore · ħ e Z9 Ⓚ; NZ
- **vernicosa** (Hook. f.) Cockayne et Allan · ħ e Z7 Ⓐ ∧ VII-VIII; NZ
- **Cultivars**
  - **in vielen Sorten**
  - **'Loganioides'** · ħ e ⇝ Z7 Ⓐ ∧ VI-VII; NZ

Hebeclinium DC. -n- *Asteraceae (Compositae)* · 20 sp

– *atrorubens* Lem. = Bartlettina sordida
– *ianthinum* Hook. = Bartlettina sordida
– **macrophyllum** (L.) DC. · ♃ Z10 III-V; Lat.-Am.
– *megalophyllum* Lem. = Bartlettina sordida

Hebenstretia L. -f- *Scrophulariaceae* · 25 sp
– **comosa** Hochst. · ⊙ ♃ Z10 VII-IX; Malawi, Zimbabwe, S-Afr.: Natal, Transvaal
– **dentata** L. · ⊙ Z10 VII-IX; Kap

Hechtia Klotzsch -f- *Bromeliaceae* · c. 50 sp
– **argentea** Baker · ♃ Z9 Ⓚ; Mex.
– **desmetiana** (Baker) Mez · ♃ Z9 Ⓚ; Mex.
– **glomerata** Zucc. · ♃ Z9 Ⓚ; Mex.
– **marnier-lapostollei** L.B. Sm. · ♃ Z9 Ⓚ; Mex.
– *pitcairniifolia* Verl. = Fascicularia pitcairniifolia
– **rosea** E. Morren ex Baker · ♃ Z9 Ⓚ; Mex.
– **schotti** Baker · ♃ Z9 Ⓚ; Mex.
– **texensis** S. Watson · ♃ Z9 Ⓚ; Tex.

Hedeoma Pers. -f- *Lamiaceae (Labiatae)* · 38 sp
– **pulegioides** (L.) Pers. · E:American Pennyroyal · ⊙ VII-VIII ⚕ ☠; Can.: E; USA: NE, NCE, NC, SE, Fla.

Hedera L. -f- *Araliaceae* · 11 sp · D:Efeu; E:Ivy; F:Lierre
– **algeriensis** Hibberd · D:Algerischer Efeu; E:Algerian Ivy · ♄ e ⌇ Z8 Ⓚ ☠
– *canariensis* hort. = Hedera algeriensis
– **canariensis** Willd. · D:Kanarischer Efeu; E:Canary Island Ivy · ♄ e ⌇ Z8 Ⓚ VIII-X ☠; Eur.: P, Azor., Canar., Madeira; NW-Afr.
 – **in Sorten**
– **colchica** (K. Koch) K. Koch · D:Kolchischer Efeu; E:Colchis Ivy; F:Lierre de Perse, Lierre du Caucase · ♄ e ⌇ Z7 ∧ ☠; N-TR, Cauc., nat. in F, Krim
– **helix** L. · D:Gewöhnlicher Efeu; E:Common Ivy, English Ivy, Ivy; F:Lierre grimpant · e ⌇ ⇝ Z5 IX-XI ⚕ ☠; Eur.*, TR, Levante, nat. in USA
 – **in vielen Sorten**
 – *'Hibernica'* = Hedera hibernica
 – fo. **poetarum** (Nyman) McAllister et A. Rutherf. · ♄ e ⌇ ∧ IX-X ☠; Eur.: Gr; TR, Cauc., nat. in Sp., F, I, NW-Afr., Egypt
 – var. *hibernica* (hort. ex Kirchn.) Jaeger = Hedera hibernica
– **hibernica** (Kirchn.) Bean · D:Irischer Efeu; E:Atlantic Ivy, Irish Ivy; F:Lierre d'Irlande · ♄ e ⌇ Z7 IX-X ☠; SW-IRL
– *himalaica* Tobler = Hedera nepalensis
– *japonica* Paul = Hedera rhombea
– **nepalensis** K. Koch · D:Himalaya-Efeu; E:Himalayan Ivy · ♄ e ⌇ Z8 ∧ ☠; Him.
– **pastuchovii** Woron. · D:Persischer Efeu; E:Persian Ivy · ♄ e ⌇ Z7 ∧ ☠; Iran, E-Cauc.
– **rhombea** (Miq.) Bean · D:Japanischer Efeu; E:Japanese Ivy · ♄ e ⌇ Z7 ∧ ☠; Jap., Riukiu-Is.

Hedychium J. König -n- *Zingiberaceae* · c. 50 sp · D:Kranzblume, Schmetterlingsingwer; E:Garland Lily, Ginger Lily; F:Hédychium
– *angustifolium* Roxb. = Hedychium coccineum var. angustifolium
– *aurantiacum* Wall. ex Roscoe = Hedychium coccineum var. aurantiacum
– *carneum* Roscoe = Hedychium coccineum var. coccineum
– **chrysoleucum** Hook. f. · ♃ D Z9 Ⓦ VIII; Ind.
– **coccineum** Buch.-Ham.
 – var. **angustifolium** Roxb. · ♃ Z9 Ⓦ; Him.
 – var. **aurantiacum** Roxb. · ♃ Z9 Ⓦ; Him.
 – var. *carneum* (Roscoe) Baker = Hedychium coccineum var. aurantiacum
 – var. **coccineum** · D:Roter Schmetterlingsingwer; E:Scarlet Ginger Lily · ♃ Z9 Ⓦ; Him.
– **coronarium**
 – var. *chrysoleucum* (Hook. f.) Baker = Hedychium chrysoleucum
 – var. **coronarium** · D:Weißer Schmetterlingsingwer; E:Butterfly Lily, White Ginger Lily · ♃ D Z9 Ⓦ IV-V; Him., Ind., Sri Lanka, Malay. Arch.
 – var. **maximum** Roscoe · ♃ D Z9 Ⓦ IV-V; Ind.
– **flavum** Roxb. · ♃ Z9 Ⓦ IV-V; Him.
– **gardnerianum** Ker-Gawl. · D:Himalaya-Schmetterlingsingwer; E:Kahila Ginger Lily · ♃ D Z8 Ⓦ Ⓚ VIII-IX; Nepal, Sikkim, E-Him.
– **horsfieldii** R. Br. ex Wall. · ♃ ⚘ Z10 Ⓦ; Java
– *maximum* Roscoe = Hedychium coronarium var. maximum
– **speciosum** Wall. · ♃ D Z9 Ⓦ VIII; Him.

– **spicatum** Buch.-Ham. · D:Ähriger Schmetterlingsingwer; E:Ginger Lily · ♃ Z9 Ⓦ X; Him.

Hedyotis L. -f- *Rubiaceae* · c. 300 sp · D:Ohrkraut; E:Bluets; F:Bleuet d'Amérique
– *caerulea* (L.) Hook. f. = Houstonia caerulea
– *caerulea* Fosberg = Houstonia serpyllifolia
– *serpyllifolia* (Michx.) Torr. et A. Gray = Houstonia serpyllifolia

Hedysarum L. -n- *Fabaceae (Leguminosae)* · c. 100 sp · D:Hahnenkopf, Süßklee; F:Hédysarum
– *caucasicum* M. Bieb. = Hedysarum hedysaroides
– **coronarium** L. · D:Hahnenkopf, Italienischer Süßklee; E:French Honeysuckle · ⊙ ♃ Z8 Ⓚ V-VII Ⓝ; Eur.: Ib, Ap, nat. in Fr, Ba
– **hedysaroides** (L.) Schinz et Thell. · D:Alpen-Süßklee; E:Alpine Sainfoin · ♃ △ Z4 VII-VIII; Eur.: Fr, C-Eur., EC-Eur., Ba, E-Eur., Ap; TR, Cauc.; mts.; W-Sib., E-Sib., Amur, Sachal., Kamchat., C-As., China, Alaska
– **multijugum** Maxim. · D:Mongolischer Süßklee · ♄ d Z6 VI-IX; Mong.
– *obscurum* L. = Hedysarum hedysaroides
– *onobrychis* L. = Onobrychis viciifolia
– *striatum* Thunb. ex Murray = Kummerowia striata

Hedyscepe H. Wendl. et Drude -f- *Arecaceae (Palmae)* · 1 sp · E:Umbrella Palm
– **canterburyana** (C. Moore et F. Muell.) H. Wendl. et Drude · ♄ e Z9 Ⓦ Ⓚ; Lord Howe Is.

Heeria Schltdl. -f- *Melastomataceae* · 1 sp
– *elegans* Schltdl. = Heterocentron elegans
– *rosea* (A. Braun et Bouché) Triana = Heterocentron macrostachyum

Heimerliodendron Skottsb. = Pisonia
– *brunonianum* (Endl.) Skottsb. = Pisonia umbellifera

Helcia Lindl. -f- *Orchidaceae* · 1-4 sp
– **sanguinolenta** Lindl. · ♃ Ⓚ I-II ▽ *; Col., Ecuad.

Helenium L. -f- *Asteraceae (Compositae)* · c. 40 sp · D:Sonnenbraut; E:Helen's Flower, Sneezeweed; F:Hélénie
– **autumnale** L. · D:Gewöhnliche Sonnenbraut; E:Common Sneezeweed, Sneezeweed · ♃ ✂ Z3 VIII-IX; Can., USA*
– **bigelovii** A. Gray · D:Bigelows Sonnenbraut; E:Bigelow's Sneezeweed · ♃ Z7 VI-VII; USA: Oreg., Calif.
– **bolanderi** A. Gray · ♃ Z7 VI-VIII; NE-Calif.
– **flexuosum** Raf. · D:Purpur-Sonnenbraut; E:Purple Head Sneezeweed · ♃ Z4 VII-X; USA: SE, SC, Ky., Mo., Kans.
– *grandiflorum* Nutt. = Helenium autumnale
– **hoopesii** A. Gray · D:Hoopes Sonnenbraut; E:Orange Sneezeweed; F:Hélénium de Hoopes · ♃ Z3 V-VI; USA: Rocky Mts., Oreg., Calif., SW
– *nudiflorum* Nutt. = Helenium flexuosum
– **Cultivars**
  – **in vielen Sorten**

Heliabravoa Backeb. -f- *Cactaceae* · 1 sp
– **chende** (Rol.-Goss.) Backeb. · ♄ ψ Z9 Ⓚ ▽ *; S-Mex.

Heliamphora Benth. -f- *Sarraceniaceae* · 6 sp · D:Sonnenkrug, Sumpfkrug; E:Sun Pitcher; F:Héliamphora
– **heterodoxa** Steyerm. · ♃ Z9 Ⓦ; Venez.
– **minor** Gleason · ♃ Z9 Ⓦ; Venez.
– **nutans** Benth. · ♃ Z9 Ⓦ; Guyana (Mt. Roraima)

Helianthella Torr. et A. Gray -f- *Asteraceae (Compositae)* · 8 sp · D:Zwergsonnenblume; F:Hélianthelle, Petit soleil
– **quinquenervis** (Hook.) A. Gray · D:Nickende Zwergsonnenblume; E:Nodding Dwarf Sunflower · ♃ Z4 VI-IX; USA: NW, Rocky Mts., NC, SW

Helianthemum Mill. -n- *Cistaceae* · c. 110 sp · D:Sonnenröschen; E:Rock Rose, Sun Rose; F:Hélianthème
– *alpestre* (Jacq.) DC. = Helianthemum oelandicum subsp. alpestre
– **apenninum** (L.) Mill.
  – var. **apenninum** · D:Apenninen-Sonnenröschen; F:Hélianthème blanc · ♄ e △ Z6 V-VII ▽; Eur.: Ib, Fr, Ap, Ba, BrI, C-Eur.
  – var. **roseum** (Jacq.) C.K. Schneid. Z5 ▽;

NW-I
- **canum** (L.) Baumg. · D:Graues Sonnenröschen · ♄ △ Z6 V-VII ▽; Eur.*, TR, Cauc., Maroc., Alger.
- *chamaecistus* Mill. = Helianthemum nummularium subsp. nummularium
- *fumana* (L.) Mill. = Fumana procumbens
- *italicum* (L.) Pers. = Helianthemum oelandicum subsp. italicum
  - subsp. *alpestre* (Jacq.) Breistr. = Helianthemum oelandicum subsp. alpestre
  - subsp. *rupifragum* (A. Kern.) Berger = Helianthemum oelandicum subsp. rupifragum
- *lasianthum* (Lam.) Pers. = Halimium lasianthum
- **lunulatum** (All.) DC. · F:Hélianthème à lunules · ♄ e △ ∧ VI-VII; Eur.: I (Alpes Maritimes)
- **macedonicum** hort. · ♄; cult.
- **nummularium** (L.) Mill. non Grosser
  - subsp. **glabrum** (W.D.J. Koch) Wilczek · D:Kahles Sonnenröschen · ♄ e Z5 VI-IX; Eur.: Alp., Apenn., Carp., Balkan, Cauc.
  - subsp. **grandiflorum** (Scop.) Schinz et Thell. · D:Großblütiges Sonnenröschen · ♄ e Z5 VI-IX; Eur., mts.
  - subsp. **nummularium** · D:Gewöhnliches Sonnenröschen, Zweifarbiges Sonnenröschen; E:Rock Rose; F:Hélianthème nummulaire · ♄ e △ Z5 VI-X; Eur.*, Cauc., TR, Syr.
  - subsp. **obscurum** (Čelak.) Holub · D:Ovalblättriges Sonnenröschen · ♄ e Z5 V-IX; Eur. exc. BrI, TR
  - subsp. **tomentosum** (Scop.) Schinz et Thell. · D:Filziges Sonnenröschen · ♄; Eur.: Pyr., S-Alp., Apenn., Carp., Balkan; TR, Cauc., Atlas
- **oelandicum** (L.) DC.
  - subsp. **alpestre** (Jacq.) Breistr. · D:Alpen-Sonnenröschen · ♄ e Z5 VI-VIII; Eur.: Pyr., Alp., Apenn., Carp., Balkan; TR (Bithyn. Olymp)
  - subsp. **italicum** (L.) Font Quer et Rothm. · D:Italienisches Sonnenröschen · Z6; Eur.: Sp., F, I, Croatia, Montenegro
  - subsp. **oelandicum** · ♄ e △ Z6 V-VI; Eur.: Sc(Öland)
  - subsp. **rupifragum** (A. Kern.) Breistr. Z6; Eur.: EC-Eur., Ba, RO, E-Eur.
- *polifolium* Mill. = Helianthemum apenninum var. apenninum
- *procumbens* Dunal = Fumana procumbens
- *rhodanthum* Dunal = Helianthemum apenninum var. roseum
- *rupifragum* A. Kern. = Helianthemum oelandicum subsp. rupifragum
- **salicifolium** (L.) Mill. · D:Weidenblättriges Sonnenröschen · ☉ IV-V; Eur.: Ib, Fr, CH, Ap, Ba, RO, Krim; TR, Levante, Arab., Cauc., Iran, N-Afr.
- **scardicum** hort. · ♄; cult.
- *tomentosum* (Scop.) Gray = Helianthemum nummularium subsp. tomentosum
- *umbellatum* (L.) Mill. = Halimium umbellatum
- *vulgare* Gaertn. = Helianthemum nummularium subsp. nummularium
- **Cultivars**
  - **in vielen Sorten**

Helianthocereus Backeb. = Trichocereus
- *pasacana* (F.A.C. Weber) Backeb. = Trichocereus pasacana

Helianthus L. -m- *Asteraceae (Compositae)* · 49 (-70) sp · D:Sonnenblume; E:Sunflower; F:Soleil
- **angustifolius** L. · D:Sumpf-Sonnenblume; E:Native Sunflower, Swamp Sunflower · ☉ ♃ VIII-X; USA: NE, NCE, SE, SC
- **annuus** L. · D:Gewöhnliche Sonnenblume; E:Common Sunflower · ☉ VIII-X ⚕ Ⓝ; USA: NCE, NC, Rocky Mts., NW, Calif.; N-Mex., nat. in Eur.
  - **in vielen Sorten**
- **argophyllus** Torr. et A. Gray · ☉ VIII-X; Tex.
- **atrorubens** L. · D:Geäugte Sonnenblume; E:Dark-eye Sunflower, Purple Disk Sunflower; F:Soleil vivace · ♃ Z7 VII-X; USA: SE, Fla., Va
- *cucumerifolius* Torr. et A. Gray = Helianthus debilis subsp. cucumerifolius
- **debilis** Nutt.
  - subsp. **cucumerifolius** (Torr. et A. Gray) Heiser · D:Gurkenblättrige Sonnenblume; E:Cucumber-leaf Sunflower · ☉ VII-IX; USA: SE, Fla., Tex.
  - subsp. **debilis** · D:Texas-Sonnenblume · ☉; USA: SE, Fla., Tex.
- **decapetalus** L. · D:Stauden-Sonnenblume; E:Thin Leaved Sunflower · ♃ Z5 VII-X; Can.: E; USA: NE, NCE, NC, SE
  - **in Sorten**
  - var. *multiflorus* (L.) hort. = Helianthus × multiflorus
- *doronicoides* auct. = Helianthus tuberosus

- × **doronicoides** Lam. (*H. giganteus* × *H. mollis*) · ♃ Z4; USA: NEC, NE, SC
- **giganteus** L. · D:Riesen-Sonnenblume; E:Giant Sunflower · ♃ Z4 VIII-X; Can.; USA: NE, NCE, NC, Fla.
- × **laetiflorus** Pers. (*H. pauciflorus* × *H. tuberosus*) · D:Schönblumige Sonnenblume; E:Showy Sunflower · ♃ Z4 IX-X; Alaska, Can., USA* exc. Calif., nat. in F, D, DK, H, Russ.
- **microcephalus** Torr. et A. Gray · ♃ Z4 VIII-IX; USA: NE, NCE, SE, Fla.
- **mollis** Lam. · ♃ Z4 VII-IX; USA: NCE, SE, SC
- × **multiflorus** L. (*H. annuus* × *H. decapetalus*) · ♃ ⋈ Z5 VII-VIII; cult.
- *orgyalis* DC. = Helianthus salicifolius
- **pauciflorus** Nutt. · D:Armblütige Sonnenblume; E:Pauciflorus · ♃ Z4 VII-IX; Can.: Ont.; USA: NCE, NC, Rocky Mts., SC, SE, SW
- *rigidus* Rydb. = Helianthus pauciflorus
- **salicifolius** A. Dietr. · D:Weidenblättrige Sonnenblume; E:Sunflower; F:Soleil à feuilles de saule · ♃ Z4 IX-X; USA: NC, Mo., SC, Colo., Ark.
- *scaberrimus* Elliott non Benth. = Helianthus × laetiflorus
- *sparsifolius* Elliott = Helianthus atrorubens
- **strumosus** L.
  - var. **strumosus** · D:Kropfige Sonnenblume; E:Pale Leaved Sunflower · ♃ Z4; Can.: W; USA: NE, NCE, NC, SC, SE
  - var. **willdenowianus** Thell. · ♃ Z4; cult.
- **tuberosus** L. · D:Erdbirne, Indianerknolle, Topinambur; E:Jerusalem Artichoke · ♃ Z4 X Ⓝ; Can.: Man.; USA: NE, NCE, Rocky Mts., nat. in Eur.* exc. BrI, Sc

Helichrysum Mill. -n- *Asteraceae (Compositae)* · c. 500 sp · D:Strohblume; E:Everlasting Flower; F:Immortelle
- **apiculatum** (Labill.) DC. · ♄ e ⋈ Z9 Ⓚ; Austr.: N.S.Wales, Victoria, S-Austr.
- **arenarium** (L.) Moench · D:Sand-Strohblume; E:Yellow Everlasting Daisy · ♃ ⁓→ Z4 VII-IX ⚕ ▽; Eur.: Sc, Fr, C-Eur., EC-Eur., Ba, E-Eur.; TR, Cauc. N-Iran, W-Sib., C-As., Mong.
- **bellidioides** (G. Forst.) Willd. · ♃ e ⁓→ Z7; NZ
- **bracteatum** (Vent.) Andrews · D:Garten-Strohblume; E:Paper Daisy, Straw Daisy · ⊙ ⊙ ♃ ⋈ VII-IX; Austr., nat. in Sp.
  - **'Monstrosum'** · ⊙ ⊙ ♃ ⋈ VII-IX
  - var. *compositum* G. Nicholson = Helichrysum bracteatum 'Monstrosum'
- *cassinianum* Gaudich. = Schoenia cassiniana
- **chionophilum** Boiss. et Balansa · ♄ ♃ Z8 Ⓚ; TR, Iraq, Iran
- *chionophyllum* hort. = Helichrysum chionophilum
- *coralloides* (Hook. f.) Benth. et Hook. f. = Ozothamnus coralloides
- **cordatum** DC. · D:Herzblättrige Strohblume; E:Heart-leaved Everlasting · ♄ e ⋈ Z10 Ⓚ; W-Austr.
- **frigidum** (Labill.) Willd. · ♃ e ⌓ Z8 Ⓚ V-VII; Corse, Sard.
- **graveolens** (M. Bieb.) Sweet · ♄ Z7; Krim
- **harveyanum** Wild · ♃ ⋈ Ⓚ; S-Afr.
- **italicum** (Roth) D. Don
  - subsp. **italicum** · ♄ e Z8 Ⓚ ⚕ ; Eur.: Ib, F, Ap, Ba
  - subsp. **microphyllum** (Willd.) Nyman · ♄ Z8 Ⓚ; Sard., Corse + ; coasts
  - subsp. **serotinum** (Boiss.) P. Fourn. · D:Currystrauch; E:Curry Plant · ♄ e Z8 Ⓚ; SW-Eur.
- *lanatum* DC. = Helichrysum thianschanicum
- *leontopodium* Hook. f. = Leucogenes leontopodium
- *marginatum* hort. = Helichrysum milfordiae
- **milfordiae** Killick · ♃ e ⌓ △ Z7 Ⓐ ∧ VI-VIII; S-Afr., Lesotho
- **niveum** Boiss. et Heldr. · ♃ Z7 VII; TR
- **orientale** (L.) Gaertn. · ♃ ♄ e Z7 ∧ VIII-IX; Eur.: GR, Crete; TR, nat. in RO
- **petiolare** Hilliard et B.L. Burtt · D:Lakritz-Strohblume; E:Liquorice Plant · ♄ Z10 Ⓚ VIII-IX; S.-Afr.
- **plicatum** (Fisch. et C.A. Mey.) DC. · ♃ ⁓→ Z7 VII-VIII; Eur.: Maced., AL, GR
- **plumeum** Allan · ♄ e Z8 Ⓚ; NZ
- *ramosissimum* Hook. = Helichrysum apiculatum
- *rosmarinifolium* (Labill.) Steud. ex Benth. = Ozothamnus rosmarinifolius
- *scutellifolium* Benth. = Ozothamnus scutellifolius
- *selaginoides* (Sond. et F. Muell.) F. Muell. ex Benth. = Ozothamnus selaginoides
- *selago* (Hook. f.) Benth. et Hook. f. ex Kirk = Ozothamnus selago
- *serotinum* Boiss. = Helichrysum italicum subsp. serotinum

– *sesamoides* (L.) Thunb. = Edmondia sesamoides
– **sessile** DC. · ♄ Z9 ⓚ; S-Afr.
– **sibthorpii** Rouy · ♃ Z7 VI-VII ▽; GR (Athos)
– *siculum* (Spreng.) Boiss. = Helichrysum stoechas subsp. barrelieri
– **splendidum** (Thunb.) Less. · F:Immortelle · ♄ Z7; E-Afr., S-Afr.
– **stoechas** (L.) Moench
 – subsp. **barrelieri** (Ten.) Nyman Z8 ⓚ; Eur.: I, Si, Ba; Cyprus, TR, Lebanon, NW-Afr.
 – subsp. **stoechas** · E:Goldilocks · ♄ e ✂ Z8 ⓚ; Eur.: Ib, Fr, Ap, Ba
– **subulifolium** F. Muell. · ♃ ⓚ; W-Austr.
– *subulifolium* Harv. = Helichrysum harveyanum
– **thianschanicum** Regel · F:Immortelle du Tian-Shan · ♃ ⇝ Z6 VII-VIII; C-As.
– *virgineum* (Sibth. et Sm.) Griseb. non DC. = Helichrysum sibthorpii

Helicia Lour. -f- *Proteaceae* · c. 100 sp
– **praealta** F. Muell. · ♄ e ✂ ⓚ; Austr.

Helicodiceros Schott ex K. Koch = Dracunculus
– *muscivorus* (L. f.) Engl. = Dracunculus muscivorus

Heliconia L. -f- *Heliconiaceae* · c. 100 sp · D:Falsche Paradiesvogelblume, Heliconie, Hummerschere; E:Wild Plantain; F:Balisier
– **angusta** Vell. · ♃ Z10 ⓦ; Bras.
– *angustifolia* Hook. = Heliconia angusta
– **aurantiaca** Ghiesbr. · ♃ ✂ Z10 ⓦ XII-I; Guat.
– *bicolor* Benth. = Heliconia angusta
– **bihai** (L.) L. · D:Scharlachrote Hummerschere; E:Balisier, Firebird · ♃ Z10 ⓦ; W.Ind.
– **caribaea** Lam. · ♃ ✂ Z10 ⓦ; W.Ind.
– *choconiana* S. Watson = Heliconia aurantiaca
– **illustris** Ball ex Mast. · ♃ Z10 ⓦ; Ind., Java, Fiji
– **latispatha** Benth. · ♃ ✂ Z10 ⓦ; S-Mex., C-Am.
– **metallica** Planch. et Linden · ♃ Z10 ⓦ I-XII; Panama, trop. S-Am.
– **psittacorum** L. f. · D:Papageien-Hummerschere; E:Parrot's Plantain · ♃ ✂ Z10 ⓦ; W.Ind., Guyana, Bras., Parag.
– **rostrata** Ruiz et Pav. · D:Hängende Hummerschere; E:Beaked Heliconia · ♃ ✂ Z10 ⓦ; trop. S-Am.
– **stricta** Huber · D:Bananenblättrige Hummerschere · ♃ Z10 ⓦ; trop. S-Am.
– *variegata* Loes. = Heliconia zebrina
– **wagneriana** Petersen · D:Dreifarbige Hummerschere; E:Wild Plantain · ♃ ✂ Z10 ⓦ; Costa Rica, Panama
– **zebrina** Plowman, Kress et H.A. Kenn. · ♃ Z10 ⓦ; Peru

Helictotrichon Besser -n- *Poaceae (Gramineae)* · 50-60 sp · D:Wiesenhafer; E:Oat Grass; F:Avoine des prés
– **adsurgens** (Schur ex Simonk.) Conert · D:Aufsteigender Wiesenhafer · ♃ VI-VII; Eur.: A, H, N-I, Bosn., Maced., RO, S-Russ.
– **desertorum** (Less.) Nevski ex Krasch. · D:Steppenhafer · ♃ V-VII; Eur.: A, CZ, Russ.; W-Sib., E-Sib., C-As., Mong.
– **parlatorei** (J. Woods) Pilg. · D:Parlatores Wiesenhafer · ♃ VII-VIII; Eur.: F, I, D, A, Slove.; Alp.
– **petzense** H. Melzer · D:Petzen-Wiesenhafer · ♃ VII; Eur.: A, Slove.; SE-Alp. (Karawanken)
– **planiculme** (Schrad.) Pilg. · ♃ Z5 VIII-IX; Eur.: EC-Eur., Ba, E-Eur.; NE-TR
– **praeustum** (Rchb.) Tzvelev · D:Alpen-Wiesenhafer · ♃ VI-VIII; Eur.: I, A, EC-Eur., Ba, ? RO, W-Russ.
– **pratense** (L.) Besser · D:Echter Wiesenhafer, Gewöhnlicher Wiesenhafer · ♃ V-VII; Eur.* , Cauc.
– **pubescens** (Huds.) Pilg. · D:Flaumhafer, Flaumiger Wiesenhafer; E:Downy Oat · ♃ V-VII ⓝ; Eur.*, TR, Cauc., W-Sib., E-Sib., C-As.
– **sempervirens** (Vill.) Pilg. · D:Blaustrahl-Wiesenhafer; E:Oat Grass; F:Avoine toujours verte · ♃ Z5 V-VI; Eur.: F, I; SW-Alp.
– **versicolor** (Vill.) Pilg. · D:Bunter Wiesenhafer · ♃ VII-VIII; Eur.: Sp., Fr, Ap, C-Eur., EC-Eur., Ba, RO, W-Russ.; mts.

Heliocereus (A. Berger) Britton et Rose -m- *Cactaceae* · 4 sp
– **cinnabarinus** (Eichlam) Britton et Rose · ♆ Z9 ⓚ ▽ ✻; Guat.
– **coccineus** Britton et Rose · ♆ Z9 ⓚ ▽ ✻; C-Mex.
– *elegantissimus* Britton et Rose =

Heliocereus coccineus
– **schrankii** (Zucc.) Britton et Rose · ♆ Z9 ⌂ ▽ ✻; Mex.
– **speciosus** (Cav.) Britton et Rose
  – var. *elegantissimus* (Britton et Rose) Backeb. = Heliocereus coccineus
  – var. **speciosus** · E:Sun Cactus · ♆ Z9 ⌂ ▽ ✻; Mex., Guat.

Heliophila Burm.f. ex L. -f- *Brassicaceae (Cruciferae)* · 72 sp · D:Sonnenfreund; E:Cape Stock; F:Héliophila
– *africana* (L.) Marais = Heliophila integrifolia
– **integrifolia** L. · ⊙ Z9 VII-IX; Kap
– **longifolia** DC. · ⊙ Z9 VII-IX; S-Afr.
– *pilosa* Lam. = Heliophila integrifolia

Heliopsis Pers. -f- *Asteraceae (Compositae)* · 13 sp · D:Sonnenauge; E:Ox Eye; F:Héliopsis
– **helianthoides** (L.) Sweet
  – var. **helianthoides** · D:Sonnenauge; E:Ox Eye · ♃ Z4; Can.: Ont.; USA: NE, NCE, SE
  – var. **scabra** (Dunal) Fernald · ♃ ✂ Z4 VI-IX; Can.; USA: NE, NCE, NC, Rocky Mts., SW, SC, SE
    – **in vielen Sorten**
– *scabra* Dunal = Heliopsis helianthoides var. scabra

Heliosperma Rchb. = Silene
– *alpestre* (Jacq.) Rchb. = Silene alpestris
– *quadridentata* auct. non (Murray) Schinz et Thell. = Silene pusilla
– *quadrifidum* auct. non (L.) Rchb. = Silene pusilla

Heliotropium L. -n- *Boraginaceae* · c. 250 sp · D:Heliotrop, Sonnenwende; E:Heliotrope, Turnsole; F:Héliotrope
– **arborescens** L. · D:Strauchige Sonnenwende; E:Cherry Pie, Heliotrope; F:Héliotrope · ♄ e D ⌂ V-IX ☠; Peru
– *corymbosum* Ruiz et Pav. = Heliotropium arborescens
– **europaeum** L. · D:Europäische Sonnenwende; E:Caterpillar Weed · ⊙ VII-IX ⚕; Eur.* exc. BrI, Sc; TR, Cyprus, Palaest., Cauc., N-Iran, N-Afr.
– *peruvianum* L. = Heliotropium arborescens

Helipterum DC. ex Lindl. -n- *Asteraceae (Compositae)* · c. 50 sp · D:Sonnenflügel; E:Strawflower; F:Acroclinium
– **canescens** (L.) DC. · ♄ ✂ Z9 ⌂; Kap
– **corymbiflorum** Schltdl. · ⊙ Z9 VII-VIII; Austr.
– **eximium** (L.) DC. · ♄ ✂ Z9 ⌂; Kap
– *humboldtianum* (Gaudich.) DC. = Rhodanthe humboldtianum
– *manglesii* (Lindl.) F. Muell. = Rhodanthe manglesii
– *roseum* (Hook.) Benth. = Acroclinium roseum
– *sandfordii* Hook. = Rhodanthe humboldtianum

Helleborus L. -m- *Ranunculaceae* · 15 sp · D:Christrose, Nieswurz; E:Hellebore; F:Hellébore, Rose de Noël
– *abchasicus* A. Braun = Helleborus orientalis subsp. abchasicus
– *antiquorum* A. Braun = Helleborus orientalis subsp. orientalis
– **argutifolius** Viv. · D:Korsische Nieswurz; E:Corsican Hellebore; F:Hellébore livide de Corse · ♃ Z7 III-IV ☠; Corse, Sard.
– *atrorubens* hort. = Helleborus orientalis subsp. abchasicus Early Purple Grp.
– **atrorubens** Waldst. et Kit. · ♃ Z6 IV-V ☠; Eur.: Slove., Bosn., YU
– *bocconei* Ten. = Helleborus multifidus subsp. bocconei
– *caucasicus* A. Braun = Helleborus orientalis subsp. orientalis
– *colchicus* Regel = Helleborus orientalis subsp. abchasicus
– *corsicus* Willd. nom. nud. = Helleborus argutifolius
  – subsp. *lividus* (Aiton) Schiffn. = Helleborus lividus
– **cyclophyllus** (A. Braun) Boiss. · ♃ D Z7 IV-V ☠ ▽; Eur.: Ba
– **dumetorum** Waldst. et Kit. · D:Hecken-Nieswurz · ♃ III-V ☠ ▽; Eur.: A, H, PL, Slove., Croatia, RO
  – subsp. *atrorubens* (Waldst. et Kit.) Merxm. et Podlech = Helleborus atrorubens
– **foetidus** L. · D:Stinkende Nieswurz; E:Bear's Foot, Stinking Hellebore; F:Hellébore fétide, Pied-de-griffon · ♃ ♄ e Z6 III-IV ⚕ ☠ ▽; Eur.: Ib, Fr, Ap, C-Eur., BrI
– *guttatus* A. Braun et Sauer = Helleborus orientalis subsp. guttatus
– *kochii* Schiffn. = Helleborus orientalis subsp. orientalis

- **lividus** Aiton · D:Mallorquinische Nieswurz; E:Majorcan Hellebore · ♃ Z7 ∧ III-IV ☠ ▽; Balear.
  - subsp. *corsicus* (Briq.) Tutin = Helleborus argutifolius
- **multifidus** Vis.
  - subsp. **bocconei** (Ten.) B. Mathew · ♃ Z6 ☠ ▽; Eur.: I, Sic.
  - subsp. **hercegovinus** (Martins) B. Mathew · ♃ Z6 ☠ ▽; S-Ba
  - subsp. **istriacus** (Schiffn.) Merxm. · ♃ Z6 ☠ ▽; Eur.: ? Slove., Croatia, Bosn., Montenegro
  - subsp. **multifidus** Vis. · ♃ Z6 III-V ☠ ▽; Eur.: Croat., Bosn., AL, ? RO
  - subsp. *serbicus* (Adamović) Merxm. et Podlech = Helleborus torquatus
- **niger** L.
  - subsp. **macranthus** (Freyn) Schiffn. · ♃ Z3 XII-III ☠ ▽; Eur.: I, Slove., Croatia
  - subsp. **niger** · D:Christrose, Schwarze Nieswurz; E:Christmas Rose; F:Hellébore noire, Rose de Noël · ♃ ⋊ Z3 XII-III ⚕ ☠ ▽; Eur.: C-Eur., I, Slove., Croatia, nat. in F, CZ
- × **nigercors** J.T. Wall (*H. argutifolius* × *H. niger*) · ♃ ♄ e Z7 ☠; cult.
- **odorus** Waldst. et Kit. · D:Duftende Nieswurz; E:Fragrant Hellebore · ♃ D Z6 II-III ☠ ▽; Eur.: I, H, Slove., Bosn., YU, Maced., AL, RO
  - subsp. *laxus* (Host) Merxm. et Podlech = Helleborus multifidus subsp. istriacus
- *olympicus* Lindl. = Helleborus orientalis subsp. orientalis
- **orientalis** Lam.
  - **in Sorten**
  - subsp. **abchasicus** (A. Braun) B. Mathew · ♃ Z6 ☠ ▽; GR, TR, Cauc.
    - **Early Purple Grp.** · ▽
  - subsp. **guttatus** (A. Braun et Sauer) B. Mathew · ♃ Z6 ☠ ▽; GR, TR, Cauc.
  - subsp. **orientalis** · D:Orientalische Nieswurz; E:Lenten Rose; F:Hellébore d'Orient · ♃ Z6 II-IV ☠ ▽; Eur.: ? GR; TR, Cauc.
- **purpurascens** Waldst. et Kit. · ♃ Z6 III-IV ☠ ▽; Eur.: H, Slova., Bosn., Montenegro, RO, W-Russ., nat. in I
- × **sternii** Turrill (*H. argutifolius* × *H. lividus*) · ♃ Z7 ☠; cult.
- **torquatus** Archer-Hind · ♃ Z6 ☠ ▽; Eur.: Serb.
- **viridis** L.
  - subsp. **occidentalis** (Reut.) Schiffn. · ♃ Z6 II-III ☠ ▽; Eur.: Sp., Fr, D, CH, BrI
  - subsp. **viridis** · D:Grüne Nieswurz; E:Green Hellebore · ♃ Z6 III-IV ⚕ ☠ ▽; Eur.: Fr, C-Eur.
- **Cultivars**
  - **in vielen Sorten**

Helminthia Juss. = Picris
- *echioides* (L.) Juss. = Helminthotheca echioides

Helminthotheca Zinn -f- *Asteraceae (Compositae)* · 1 (-4) sp · D:Bitterkraut; E:Ox Tongue; F:Helminthie
- **echioides** (L.) Holub · D:Natterkopf-Bitterkraut, Wurmlattich; E:Bristly Oxtongue · ⊙ VII-IX; Eur.: Ib, Fr, Ap, Ba, Krim; TR, Iran, N-Afr., Canar., nat. in Eur.: BrI, C-Eur., EC-Eur., RO, N-Am., S-Am., , N-Am., ; Austr.

Helonias L. -f- *Melanthiaceae* · 1 sp · E:Swamp Pink
- **bullata** L. · E:Stud Flower, Swamp Pink · ♃ ~ Z7 V-VI; USA: NE, SE
- *dioica* Pursh = Chamaelirium luteum

Heloniopsis A. Gray -f- *Melanthiaceae* · 4 sp
- *breviscapa* Maxim. = Heloniopsis orientalis var. breviscapa
- *japonica* Maxim. = Heloniopsis orientalis var. orientalis
- **orientalis** (Thunb.) Tanaka
  - var. **breviscapa** (Maxim.) Ohwi · ♃ ∧ IV; Jap.
  - var. **orientalis** · ♃; Jap., Korea, Sachal.

Helwingia Willd. -f- *Cornaceae* · 3 sp · D:Helwingie; F:Helwingie
- **japonica** (Thunb.) F. Dietr. · D:Japanische Helwingie · ♄ d Z6-7 VI; Jap., Riukiu-Is.

Helxine Bubani = Soleirolia
- *soleirolii* Req. = Soleirolia soleirolii

Hemerocallis L. -f- *Hemerocallidaceae* · 15 sp · D:Taglilie; E:Day Lily; F:Hémérocalle, Lis d'un jour
- **altissima** Stout · D:Hohe Taglilie · ♃ Z6 VII-IX; China (Nanking)
- **aurantiaca** Baker · D:Orangefarbene Taglilie · ♃ Z6 VII-VIII; China
- **citrina** Baroni · D:Zitronen-Taglilie; F:Lis d'un jour · ♃ D Z4 VII-VIII; China: Schensi

– *crocea* Lam. = Hemerocallis fulva
– **dumortieri** C. Morren · D:Dumortiers Taglilie · ♃ Z4 V-VI; Jap., Korea, Manch., E-Sib.
– **esculenta** Koidz. · D:Essbare Taglilie · ♃ Z4 V-VI; Jap., Sachal.
– *flava* L. = Hemerocallis lilioasphodelus
– **forrestii** Diels · D:Forrests Taglilie · ♃ Z5 VI; Yunnan
– **fulva** (L.) L. · D:Bahnwärter-Taglilie, Braunrote Taglilie; E:Orange Daylily, Tawny Daylily · ♃ Z4 VII; ? Jap., nat. in Eur., e N-Am.
– *graminea* Andrews = Hemerocallis minor
 – var. *humilior* Maxim. = Hemerocallis dumortieri
– *graminifolia* Schltdl. = Hemerocallis minor
– **lilioasphodelus** L. · D:Gelbe Taglilie, Wiesen-Taglilie; E:Lemon Daylily; F:Hémérocalle jaune · ♃ D Z4 VI; I, Slove.; SE-Alp., nat. in Eur., W-Sib., E-Sib., Amur, China
– *lutea* L. = Hemerocallis lilioasphodelus
– **middendorffii** Trautv. et C.A. Mey. · D:Middendorffs Taglilie; F:Hémérocalle de Middendorff · ♃ Z5 V-IX; Amur, N-China, Manch., Korea, Jap., Sachal.
– **minor** Mill. · D:Kleine Taglilie, Stern-Taglilie; F:Hémérocalle naine · ♃ Z4 V-VI; E-Sib., Mong., N-China, Korea
– **multiflora** Stout · D:Vielblütige Taglilie · ♃ Z4 V-VI; China: Hunan
– **nana** W.W. Sm. et Forrest · D:Zwerg-Taglilie · ♃ D (K); W-Yunnan
– *serotina* Focke = Hemerocallis thunbergii
– *sieboldii* Paxton = Hosta sieboldii
– **thunbergii** Baker · D:Thunbergs Taglilie; F:Hémérocalle de Thunberg · ♃ D Z4 VII-VIII; Korea, N-China
– **Cultivars**
 – **in vielen Sorten**

Hemigraphis Nees -f- *Acanthaceae* · c. 90 sp
– **alternata** (Burm. f.) T. Anderson · D:Rotblättriger Efeu; E:Red Ivy · ♃ e ≹ Z10 (W); orig. ?, nat. in Malay. Arch., Phil.
– *colorata* (Blume) Hallier f. = Hemigraphis alternata
– **repanda** (L.) Hallier f. · ♃ e ≹ Z10 (W); ? Malay. Pen.

Hemionitis L. -f- *Adiantaceae* · 7 sp
– **arifolia** (Burm.) T. Moore · ♃ Z10 (W); Ind., Sri Lanka, Malay. Pen., Phil.
– *cordata* Hook. et Grev. = Hemionitis arifolia
– *japonica* Thunb. = Coniogramme japonica
– **palmata** L. · ♃ Z10 (W); W.Ind., trop. S-Am.

Hemipappus K. Koch = Tanacetum
– *canus* K. Koch = Tanacetum argenteum

Hemiptelea Planch. -f- *Ulmaceae* · 1 sp · D:Dornulme
– **davidii** (Hance) Planch. · D:Dornulme · ♄ d Z6; Manch., N-China.

Hepatica Mill. -f- *Ranunculaceae* · 10 sp · D:Leberblümchen; E:Liverleaf; F:Hépatique
– **acutiloba** DC. · ♃ Z4 III-IV; USA: NE, NCE, SE
– *angulosa* auct. non Lam. = Hepatica transsylvanica
– × *ballardii* hort. = Hepatica × media 'Ballardii'
– × **media** Gürke (*H. nobilis* × *H. transsylvanica*) · ♃ Z5; RO
 – **'Ballardii'**
– **nobilis** Schreb.
 – var. **japonica** Nakai · D:Japanisches Leberblümchen · Z5; Jap.
 – var. **nobilis** · D:Gewöhnliches Leberblümchen · ♃ Z5 III-IV ⚕ ☠ ▽; Eur.* exc. BrI; Amur, Manch., Korea
– **transsylvanica** Fuss · D:Siebenbürger Leberblümchen; F:Hépatique de Transsylvanie · ♃ Z5 II-IV; RO: Transsylvania
– *triloba* Chaix = Hepatica nobilis var. nobilis

× **Heppimenes** hort. -f- *Gesneriaceae*

Heptacodium Rehder -n- *Caprifoliaceae* · 1 sp
– **jasminoides** Airy Shaw · ♄ ♄ d D ∧ VIII-IX; China: Sinkiang

Heptapleurum Gaertn. = Schefflera
– *arboricola* Hayata = Schefflera arboricola

Heracleum L. -n- *Apiaceae (Umbelliferae)* · 65 sp · D:Bärenklau, Herkulesstaude; E:Hogweed; F:Berce, Berce géante
– **austriacum** L. · D:Österreichischer Bärenklau · ♃ VII-VIII; Eur.: I, C-Eur., Slove.; E-Alp.

– *giganteum* auct. = Heracleum stevenii
– *laciniatum* auct. = Heracleum stevenii
– **lanatum** Michx. · D:Wolliger Bärenklau; E:Cow Parsnip, Masterwort · ♃ VI-VII; W-Sib., E-Sib., Amur, Sachal., Kamchat., N-China, Korea, Jap., Alaska, Can., USA* exc. SW, Fla.
– **mantegazzianum** Sommier et Levier · D:Herkulesstaude, Riesen-Bärenklau; E:Giant Hogweed; F:Berce géante du Caucase · ⊙ ♃ VII ☠; Cauc., nat. in Eur.* exc. Ib., Ba
– *maximum* W. Bartram = Heracleum lanatum
– **pubescens** (Hoffm.) M. Bieb. · ⊙ ♃ VII; TR
– **sphondylium** L. · D:Wiesen-Bärenklau; E:Hogweed · ⊙ ♃ VI-X ⚕ Ⓝ; Eur.*, TR, Cauc., W-Sib., Maroc., Alger.
– **stevenii** Manden. · D:Stevens Bärenklau; E:Laciniate Hogweed; F:Berce de Steven · ⊙ ♃ VII; Cauc.
– *villosum* auct. = Heracleum stevenii

Herbertia Sweet -f- *Iridaceae* · 6 sp
– **pulchella** Sweet · ♃ Z9 Ⓚ VII-IX; S-Bras., S-Chile

Hereroa (Schwantes) Dinter et Schwantes -f- *Aizoaceae* · 34 sp
– **hesperantha** (Dinter) Dinter et Schwantes · ♃ Ψ Z9 Ⓚ; Namibia
– *karasbergensis* (L. Bolus) Friedr. = Hereroa hesperantha
– **nelii** Schwantes · ♃ Ψ Z9 Ⓚ; Kap
– **puttkameriana** (A. Berger et Dinter) Dinter et Schwantes · ♃ Ψ Z9 Ⓚ; Namibia

Hermannia L. -f- *Sterculiaceae* · 100+ sp · D:Hermannie, Honigglöckchen; E:Honeybells; F:Hermannia
– *candicans* Aiton = Hermannia incana
– **incana** Cav. · D:Kap-Honigglöckchen · ♃ e Ⓚ IV-VII; S-Afr.
– **verticillata** (L.) Schum. · D:Duftendes Honigglöckchen; E:Honeybells · ♄ D Ⓚ II-V; S-Afr.

Herminium L. -n- *Orchidaceae* · 30-40 sp · D:Honigorchis; E:Musk Orchid; F:Herminium
– **monorchis** (L.) R. Br. · D:Einknolle, Gewöhnliche Honigorchis · ♃ VI-VII ▽ ✱; Eur.* exc. Ib; W-Sib., E-Sib., Amur, C-As., Him., Tibet, Mong., China, Korea, Jap.

Hermodactylus Mill. -m- *Iridaceae* · 1 sp · D:Wolfsschwertel; E:Snake's Head Iris; F:Iris tête-de-serpent
– **tuberosus** (L.) Mill. · D:Wolfsschwertel; E:Snake's Head Iris, Widow Iris · ♃ Ⓚ ∧ II-V; Eur.: F, Ap, Ba; Lebanon, Palaest., nat. in BrI

Herniaria L. -f- *Illecebraceae* · 48 sp · D:Bruchkraut; E:Rapturewort; F:Herniaire
– *alpestris* Lam. = Herniaria alpina
– **alpina** Vill. · D:Alpen-Bruchkraut · ♃ VII-VIII; Eur.: F, I, CH, A, ? Sp.; Pyr., Alp.
– **glabra** L. · D:Kahles Bruchkraut; E:Glabrous Rupturewort · ⊙ ⊙ ♃ ⇝ Z5 VI-X ⚕; Eur.*, TR, Syr., Palaest., Cauc., N-Iran, W-Sib., NW-Afr., Libya
– **hirsuta** L. · D:Behaartes Bruchkraut; E:Hairy Rupturewort · ⊙ ⊙ ♃ ⇝ VII-IX ⚕; Eur.* exc. BrI, Sc; TR, N-Afr.
– **incana** Lam. · D:Graues Bruchkraut · ♃ VII-X; Eur.* exc. BrI, Sc; TR, Syr., Cauc., Iran, Afgh., Pakist., C-As., Alger.

Herpestis Gaertn. = Bacopa
– *amplexicaulis* (Pursh) Wettst. = Bacopa caroliniana
– *monnieria* Humb., Bonpl. et Kunth = Bacopa monnieri

Hertia Less. = Othonna
– *cheirifolia* (L.) Kuntze = Othonna cheirifolia

Hertrichocereus Backeb. = Stenocereus
– *beneckei* (C. Ehrenb.) Backeb. = Stenocereus beneckei

Hesperaloe Engelm. -f- *Agavaceae* · 5 sp
– **funifera** (Lem.) Trel. · Ψ Z7; N-Mex.
– **parviflora** (Torr.) Coult. · E:Red Flowered Yucca · Ψ Z7; SW-Tex.

Hesperantha Ker-Gawl. -f- *Iridaceae* · 62 sp · D:Abendblüte; F:Fleur du soir
– **angusta** (Jacq.) Ker-Gawl. · ♃ D Z9 Ⓚ IV-V; S-Afr.
– **falcata** (L. f.) Ker-Gawl. · ♃ D Z9 Ⓚ IV; S-Afr.
– **graminifolia** Sweet · ♃ D Z9 Ⓚ IX-X; S-Afr.
– **inflexa** (F. Delaroche) R.C. Foster · ♃ Z9 Ⓚ; S-Afr. (Cape Prov.)

– var. *stanfordiae* (L. Bolus) R.C. Foster = Hesperantha vaginata
– *stanfordiae* L. Bolus = Hesperantha vaginata
– **vaginata** (Sweet) Goldblatt · D:Kap-Abendblüte; E:Namaqualand Tulip · ♃ D Z9 Ⓚ IV-V; Kap

Hesperis L. -f- *Brassicaceae (Cruciferae)* · 30 (-60) sp · D:Nachtviole; E:Dame's Violet; F:Julienne
– **bicuspidata** (Willd.) Poir. · ♃ Z6 V-VI; TR, Lebanon, Syr.
– *candida* Kit. = Hesperis matronalis subsp. candida
– **matronalis** L.
  – subsp. **candida** (Kit.) Hegi et Em. Schmid · D:Weiße Nachtviole · ⊙ ♃ Z3 VI-VII; Eur.: Sp., F, I, A, Slova.; Pyr., Alp., Carp.
  – subsp. **matronalis** · D:Gewöhnliche Nachtviole; E:Dame's Violet, Sweet Rocket; F:Julienne des dames · ⊙ ♃ Z3 V-VI; Eur.* exc. BrI, Sc; TR, Cauc., Iran, W-Sib., C-As., nat. in BrI, Sc
    – *'Alba'* = Hesperis matronalis subsp. candida
– **sylvestris** Crantz · D:Wald-Nachtviole · ⊙ ♃ VI-VII; Eur.: A, EC-Eur., Ba, E-Eur.
– **tristis** L. · D:Trübe Nachtviole · ♃ V-VI; Eur.: A, EC-Eur., Ba, E-Eur.; Cauc.
– *violacea* Boiss. = Hesperis bicuspidata

Hesperomecon Greene -n- *Papaveraceae* · 1 sp · D:Abendmohn; F:Pavot du soir
– **linearis** (Benth.) Greene · ⊙ VII-VIII; S-Calif.

Hesperoyucca Baker -f- *Agavaceae* · 1 sp
– **whipplei** (Torr.) Baker · E:Our Lord's Candle · ♆ Z8 Ⓚ; Calif., Baja Calif.

Heteranthemis Schott -f- *Asteraceae (Compositae)* · 1 sp
– **viscidihirta** Schott · ⊙ ✂ VII-IX; Eur.: S-Sp., S-P; NW-Afr.

Heteranthera Ruiz et Pav. -f- *Pontederiaceae* · 12 sp · D:Heteranthere, Trugkölbchen; E:Mud Plantain; F:Hétéranthère
– **dubia** (Jacq.) MacMill. · D:Grasblättriges Trugkölbchen; E:Water Star Grass · ♃ ≈ Z8 Ⓦ Ⓚ; Can.: E; USA*; Mex., Cuba, trop. S-Am.
– *graminea* Vahl = Heteranthera dubia
– **limosa** (Sw.) Willd. · ♃ ~ Z8 Ⓦ; USA: Ky., NCE, NC, Colo., N.Mex., SE, Fla.; Mex., trop. S-Am.
– **peduncularis** Benth. · ♃ ~ Z8 Ⓦ; Mex., S-Am.
– **reniformis** Ruiz et Pav. · D:Nierenförmiges Trugkölbchen; E:Mud Plantain · ♃ ~ Z8 Ⓦ; USA: NE, NCE, NC, SE, SC, Fla.; trop. Am., nat. in N-I
– **zosterifolia** Mart. · D:Seegrasblättriges Trugkölbchen · ♃ ≈ Z10 Ⓦ; Bras.

Heterocentron Hook. et Arn. -n- *Melastomataceae* · 27 sp
– **elegans** (Schltdl.) Kuntze · D:Spanischer Schal; E:Spanish Shawl · ♃ e ⇝ Z10 Ⓚ VI-VII; Mex.
– **macrostachyum** Naudin · ♄ e Z10 Ⓦ IX-XII; Mex.
– **subtriplinervium** (Link et Otto) A. Braun et Bouché · E:Pearlflower · ♄ Z10 Ⓦ IX-XI; Mex.

Heteromeles M. Roem. -f- *Rosaceae* · 1 sp · D:Winterbeere; E:Christmas Berry; F:Hétéromelès
– **arbutifolia** (Aiton) M. Roem. · D:Winterbeere; E:Christmas Berry, Tollon · ♄ ♄ e Z9 Ⓚ; Calif., Baja Calif.

Heteropogon Pers. -n- *Poaceae (Gramineae)* · 6-8 sp · E:Spear Grass
– **contortus** (L.) P. Beauv. ex Roem. et Schult. · E:Black Spear Grass · ♃ VIII-IX; Eur.: Ib, F, Ap, CH, Croatia; Lebanon, Arab., Iraq, Iran, Afgh., Pakist., Ind., Myanmar, China, S-As., Afr., N-Am., S-Am., Austr.

Heterotheca Cass. -f- *Asteraceae (Compositae)* · c. 20 sp
– **inuloides** Cass. · ♃ Z8 Ⓚ VII-VIII; Mex.
– **villosa** (Pursh) Shinners · D:Goldauge; E:Hairy False Golden Aster · ♃ △ Z5 VII-X; Can.: W; USA: NW, Calif. Rocky Mts., SW, SC, NC, NCE

Heterotrichum DC. -n- *Melastomataceae* · 10-15 sp
– **macrodon** Planch. · ♄ e Ⓦ; Venez.

Heuchera L. -f- *Saxifragaceae* · 55 sp · D:Purpurglöckchen; E:Coral Bell; F:Désespoir du peintre, Heuchère

– **americana** L. · D:Hohes Purpurglöckchen; E:Rock Geranium · ♃ Z4 V-VIII ⚕ ; Can.: Ont.; USA: NE, NCE, SE, SC
– × **brizoides** hort. ex Lemoine (*H. americana* × *H. micrantha var. micrantha* × *H. sanguinea*) · ♃ Z4; cult.
  – **in vielen Sorten**
– **cylindrica** Douglas ex Hook. · F:Heuchera cylindrique · ♃ Z4 VI-VII; Can.: W; USA: NW, Rocky Mts., Calif.
– **micrantha** Douglas ex Lindl. · D:Kleinblütiges Purpurglöckchen; E:Alumroot; F:Heuchera à petites fleurs · ♃ Z5 VI; B.C., USA: NW, Calif.
– **pubescens** Pursh · ♃ Z5 V-VI; USA: NE, N.C.
– **sanguinea** Engelm. · D:Blut-Purpurglöckchen; E:Coralbells; F:Heuchera sanguin · ♃ Z3 V-VII; Ariz., N.Mex.; N-Mex.
– **Cultivars**
  – **in vielen Sorten**

× **Heucherella** H.R. Wehrh. -f- *Saxifragaceae* · D:Bastardschaumblüte; F:Heuchèrelle (*Tiarella* × *Heuchera*)
– **alba** (Lemoine) Stearn (*Tiarella wherryi* × *Heuchera* × *brizoides*) · D:Weiße Bastardschaumblüte · ♃ Z5 V-VI; cult.
  – **in Sorten**
– **tiarelloides** (Lemoine) H.R. Wehrh. ex Stearn (*Tiarella cordifolia* × *Heuchera* × *brizoides*) · D:Rosafarbene Bastardschaumblüte · ♃ Z5 V-VI; cult.

Hevea Aubl. -f- *Euphorbiaceae* · 9-12 (-17) sp · D:Parakautschukbaum; E:Para Rubber; F:Arbre à caoutchouc
– **benthamiana** Müll. Arg. · ₺ Z10 Ⓦ Ⓝ; Bras., Peru, Bol.
– **brasiliensis** (Willd. ex A. Juss.) Müll. Arg. · D:Amazonas-Parakautschukbaum; E:Para Rubber, Rubber Tree · ₺ e Z10 Ⓦ Ⓝ; Amazon.

Hexacentris Nees = Thunbergia
– *coccinea* Nees = Thunbergia coccinea
– *mysorensis* Wight = Thunbergia mysorensis

Hexadesmia Brongn. -f- *Orchidaceae* · 15 sp
– **crurigera** Rchb. f. · ♃ Z10 Ⓦ IV-V ▽ ✻; Guat., Costa Rica
– **fasciculata** Brongn. · ♃ Z10 Ⓦ I-V ▽ ✻; Mex.
– **micrantha** Lindl. · ♃ Z10 Ⓦ IV-V ▽ ✻; Guat., Costa Rica

Hexisea Lindl. -f- *Orchidaceae* · 5 sp
– **bidentata** Lindl. · ♃ Z10 Ⓦ VI ▽ ✻; Mex., C-Am., Col., Peru, Venez., Guyan.
– **imbricata** (Lindl.) Rchb. f. · ♃ Z10 Ⓦ V-VI ▽ ✻; Mex., C-Am., Col., Venez.

Heyderia K. Koch = Calocedrus
– *decurrens* (Torr.) K. Koch = Calocedrus decurrens

Hibbertia Andrews -f- *Dilleniaceae* · 123 sp · D:Hibbertie, Münzgold, Südseegold; E:Guinea Gold Vine; F:Hibbertia
– **dentata** R. Br. · ₺ e ≹ Ⓚ; Austr.: Queensl., N.S.Wales, Victoria
– **lasiopus** Benth. · ₺ e Z10 Ⓚ; Austr.
– **scandens** (Willd.) Dryand. ex Hoogland · D:Kletterndes Münzgold; E:Guinea Gold Vine, Snake Vine · ₺ e ≹ Z10 Ⓚ VI-IX; Austr.: Queensl., N.S.Wales
– *volubilis* (Vent.) Andrews = Hibbertia scandens

Hibiscus L. -m- *Malvaceae* · c. 220 sp · D:Roseneibisch, Sumpfeibisch; E:Giant Mallow, Rose Mallow; F:Ketmie, Rose de Chine
– *abelmoschus* L. = Abelmoschus moschatus
– **acetosella** Welw. ex Hiern · ⊙ ⊙ ♃ Z10 Ⓦ VII-VIII; W-Afr.
– *calycinus* Willd. = Hibiscus calyphyllus
– **calyphyllus** Cav. · ₺ ♃ Z10 Ⓦ; trop.Afr., S-Afr., Madag., Mascaren. Is.
– **cannabinus** L. · D:Dekanhanf, Gambohanf; E:Indian Hemp · ⊙ ⊙ ♃ Z10 Ⓦ VII-VIII Ⓝ; cult. trop. Afr., Ind.
– **diversifolius** Jacq. · D:Kap-Roseneibisch; E:Cape Hibiscus · ⊙ ₺ ₺ Z10 Ⓦ; trop. Afr.; Austr.: Queensl., N.S.Wales; Pacific Is.
– *eetveldeanus* De Wild. et T. Durand = Hibiscus acetosella
– *esculentus* L. = Abelmoschus esculentus
– **heterophyllus** Vent. · ₺ e Z10 Ⓦ; Austr.: Queensl., N.S.Wales
– *huegelii* Endl. = Alyogyne huegelii
– *manihot* L. = Abelmoschus manihot
– **militaris** Cav. · ♃ Z8 Ⓚ VII-VIII; USA: NE, NCE, NC, SC, SE, Fla.
– **moscheutos** L.
  – subsp. **moscheutos** · D:Sumpfeibisch;

E:Rose Mallow, Swamp Rose Mallow; F:Ketmie des marais · ♃ ~ Z7 VIII-X; USA: NE, NCE, SE, Fla.
– subsp. **palustris** (L.) R.T. Clausen · E:Marsh Mallow, Sea Hollyhook · ♃ Z7; USA: NE, NCE, N.C., nat. in I, F, P
– **mutabilis** L. · D:Filziger Roseneibisch; E:Confederate Rose, Cotton Rose · ♄ ♄ s Z8 Ⓚ; S-China, Taiwan
– *palustris* L. = Hibiscus moscheutos subsp. palustris
– **paramutabilis** L.H. Bailey · ♄ ♄ Z9 Ⓚ; E-China
– **pedunculatus** L. f. · ♄ ♃ Z10 Ⓚ; Mozamb., S-Afr.
– *populneus* L. = Thespesia populnea
– **rosa-sinensis** L.
– **in vielen Sorten**
– var. **calleri** L. Z9 Ⓦ Ⓚ
– var. **rosa-sinensis** · D:Chinesischer Roseneibisch; E:China Hibiscus, Rose of China · ♄ e Z9 Ⓦ III-X ⚕; ? trop. As.
– **sabdariffa** L.
– var. **altissima** Wester Z10 Ⓚ Ⓝ; W-Afr., nat. in Ind., Java, Phil.
– var. **sabdariffa** · D:Malventee, Rosella; E:Jamaica Sorrel, Roselle · ⊙ Z10 Ⓚ VII-VIII ⚕ Ⓝ; ? Angola, nat. in Trop.
– **schizopetalus** (Mast.) Hook. f.
– var. **schizopetalus** · D:Hängender Roseneibisch; E:Coral Hibiscus, Japanese Hibiscus · ♄ e Z10 Ⓦ V-XI; E-Afr.
– var. **variegata** (Mast.) Hook. f. · ♄ Z10 Ⓦ; cult.
– **syriacus** L. · D:Echter Roseneibisch; E:Hibiscus; F:Hibiscus de Syrie · ♄ d Z7 VIII-IX; S-As., E-As., nat. in S-Eur.
– **in vielen Sorten**
– **tiliaceus** L. · D:Linden-Roseneibisch; E:Mahaut · ♄ ♄ e Z10 Ⓚ Ⓝ; Ind., S-China, Taiwan, Malay. Pen., Jap., Austr., nat. in trop.Am., subtrop. Am., Fla.
– **trionum** L. · D:Stunden-Roseneibisch; E:Flower-of-an-hour · ⊙ Z10 VII-X; Eur.: Ap, EC-Eur., Ba, E-Eur.; TR, Levante, Iran, Egypt, Tun., Alger., nat. in Ib, Fr, C-Eur.

Hicoria Raf. = Carya
– *pecan* Britten = Carya illinoinensis

Hidalgoa La Llave -f- *Asteraceae (Compositae)* · 5 sp · D:Kletterdahlie, Klimmdahlie; E:Climbing Dahlia; F:Dahlia grimpant
– **wercklei** Hook. f. · ♃ ≹ Z10 Ⓚ VIII-IX; Costa Rica

Hieracium L. -n- *Asteraceae (Compositae)* · c. 100-250 sp · D:Habichtskraut; E:Hawkweed; F:Epervière
– *albidum* Vill. = Hieracium intybaceum
– **alpicola** Schleich. ex Steud. et Hochst. · D:Seidenhaariges Habichtskraut · ♃ VII-VIII; Eur.: Ap, C-Eur., EC-Eur., Ba, RO
– **alpinum** L. · D:Alpen-Habichtskraut · ♃ △ Z3 VII-VIII; Eur.* exc. Ib; W-Sib., Greenl.
– **amplexicaule** L. · D:Stängelumfassendes Habichtskraut · ♃ VI-VIII; Eur.: Ib, Fr, I, C-Eur., H; NW-Afr.
– **angustifolium** Hoppe · D:Gletscher-Habichtskraut · ♃ VII-VIII; Eur.: F, I, CH, D, A; Alp.
– **aurantiacum** L. · D:Orangerotes Habichtskraut; E:Devil's Paintbrush, Orange Hawkweed; F:Epervière dorée · ♃ ⇝ VI-VIII; Eur.* exc. BrI, Ib, nat. in BrI
– **bauhinii** Schult. · D:Ungarisches Habichtskraut · ♃ V-VII; Eur.: Fr, I, C-Eur., EC-Eur., E-Eur.; Cauc., Lebanon, W-Sib., C-As.
– **bifidum** Kit. ex Hornem. · D:Gabeliges Habichtskraut · ♃ VI-VIII; Eur.*
– **bombycinum** Boiss. et Reut. · ♃ △ V; Eur.: Sp.
– **bornmuelleri** Freyn · ♃ △ Z7 VI-VIII; TR
– **bupleuroides** C.C. Gmel. · D:Hasenohr-Habichtskraut · ♃ VII-VIII; Eur.: F, I, D, A, EC-Eur.
– **caesium** (Fr.) Fr. · D:Blaugraues Habichtskraut · ♃ VI-VIII; Eur.: Fr, C-Eur., Sc, EC-Eur., Slove., E-Eur.
– **caespitosum** Dumort. · D:Wiesen-Habichtskraut; E:Yellow Fox and Cubs, Yellow Hawkweed · ♃ V-VIII; Eur.: Fr, C-Eur., Sc, EC-Eur., Ba, E-Eur., nat. in BrI
– **cymosum** L. · D:Trugdoldiges Habichtskraut · ♃ V-VII; Eur.* exc. BrI, Ib; TR, W-Sib., E-Sib., ? Cauc.
– **dentatum** Hoppe · D:Gezähntes Habichtskraut · ♃ VII-VIII; Eur.: F, I, Me, EC-Eur., Slove., Croatia, Bosn., RO, W-Russ.; mts.
– **echioides** Lumn. · D:Natternkopf-Habichtskraut · ♃ VII-VIII; Eur.: C-Eur., EC-Eur., Ba, E-Eur.; TR, Lebanon, W-Sib., Iran, Afgh., C-As., Mong., China: Sinkiang
– × **floribundum** Wimm. et Grab. (*H. caespitosum* × *H. lactucella*) · D:Reichblütiges Habichtskraut; E:Yellow

Devil Hawkweed · ♃ V-IX; Eur.: Sc, NL, C-Eur., EC-Eur., E-Eur.
– **fuscocinereum** Norrl. · D:Pfeilblättriges Habichtskraut · ♃ V-VII; Eur.: BrI, Sc, F, D, EC-Eur., Russ.
– *glaciale* Reyn. ex Lachen. = Hieracium angustifolium
– **glaucinum** Jord. · D:Frühblühendes Habichtskraut · ♃ V-VII; Eur.*
– **glaucum** All. · D:Blaugrünes Habichtskraut · ♃ Z6 VII-IX; Eur.: F, I, C-Eur., H, Slove., Croatia, Bosn.; mts.
– **hoppeanum** Schult. · D:Hoppes Habichtskraut · ♃ V-VIII; Eur.: Ap, Me, EC-Eur., Ba, Ro, Krim; TR, Syr., Cauc., Iran
– **humile** Jacq. · D:Niedriges Habichtskraut · ♃ Z7 VI-VIII; Eur.: Sp., F, Ap, C-Eur., Slove., Croatia, Bosn., Montenegro
– **intybaceum** All. · D:Endivien-Habichtskraut · ♃ △ Z6 VII-VIII; Eur.: F, C-Eur., I, Slove.; Alp.
– **jurassicum** Griseb. · D:Jurassisches Habichtskraut · ♃ VII-VIII; Eur.*, TR, Cauc.
– **lachenalii** C.C. Gmel. · D:Gewöhnliches Habichtskraut · ♃ VI-VIII; Eur.*, W-As. +
– **lactucella** Wallr. · D:Öhrchen-Habichtskraut · ♃ V-VIII; Eur.* exc. BrI
– **laevigatum** Willd. · D:Glattes Habichtskraut · ♃ Z6 VI-VIII; Eur.*, TR, Cauc., N-As., C-As.
– *lanatum* (L.) Vill. = Hieracium tomentosum
– **lycopifolium** Froel. · D:Wolfstrappblättriges Habichtskraut · ♃ VIII-IX; Eur.: F, I, CH, D, A; Alp.
– **macranthum** (Ten.) Ten. · D:Großköpfiges Habichtskraut · ♃; D +
– **murorum** L. · D:Wald-Habichtskraut; E:Golden Lungwort · ♃ Z6 V-VIII; Eur.*, W-As.
– **pannosum** Boiss. · ♃ △ Z6 VI-VII; Eur.: Ba; TR, Cauc.; mts.
– **peleterianum** Mérat · D:Peletiers Habichtskraut · ♃ V-VI; Eur.: Sc, BrI, Fr, Ib, C-Eur., Ap, N-Russ; Maroc.
– **picroides** Vill. · D:Bitterkrautartiges Habichtskraut · ♃ VIII-IX; Eur.: F, I, CH, D, A; Alp.
– **pictum** Pers. · D:Geflecktes Habichtskraut · ♃ VI-VII; Eur.: F, I, CH; Alp., Apenn., Sard.
– **piliferum** Hoppe · D:Grauzottiges Habichtskraut · ♃ VII-VIII; Eur.: Sp., F, I, C-Eur., EC-Eur., Ju, RO; mts.
– **pilosella** L. · D:Kleines Habichtskraut, Mäuseohr; E:Mouse Ear Hawkweed; F:Epervière piloselle · ♃ ⁓→ V-X ⚕; Eur.*, Cauc., W-Sib.
– **piloselloides** Vill. · D:Mausohrblütiges Habichtskraut; E:King Devil Hawkweed · ♃ V-VIII; Eur.: Fr, Ap, C-Eur., EC-Eur., Ba, E-Eur.; TR, Lebanon, Syr., Cauc., N-Iran, C-As.
– **pilosum** Schleich. ex Froel. · D:Wollköpfiges Habichtskraut · ♃ VII-VIII; Eur.: Fr, I, C-Eur., Slova., Ba, RO; Alp., Jura, Apenn., Carp., Maced.
– **porrifolium** L. · D:Lauchblättriges Habichtskraut · ♃ VII-IX; Eur.: I, A, Slove., Croatia; S-Alp., Croatia
– **prenanthoides** Vill. · D:Hasenlattich-Habichtskraut · ♃ VII-IX; Eur.*, TR, Cauc.; mts.
– **racemosum** Waldst. et Kit. ex Kit. · D:Traubiges Habichtskraut · ♃ VII-X; Eur.: Fr, Ap, C-Eur., EC-Eur., Ba, RO; TR
– × **rubrum** Peter (*H. aurantiacum* × *H.* × *floribundum*) · D:Rotes Habichtskraut; F:Epervière rouge · ♃ ⁓→ VI-VII; Eur.: PL, CZ, RO
– **sabaudum** L. · D:Savoyer Habichtskraut · ♃ VIII-X; Eur.*; TR, Cauc.
– **saussureoides** Arv.-Touv. · D:Spätblühendes Habichtskraut · ♃ VI-VIII; Eur.: F, I; E-Pyr., W-Alp.
– **schmidtii** Tausch · D:Blasses Habichtskraut · ♃ V-VII; Eur.*, TR, Lebanon
– **scorzonerifolium** Vill. · D:Schwarzwurzelblättriges Habichtskraut · ♃ VII-VIII; Eur.: F, I, C-Eur., Slova., Slove., Croatia, Bosn., RO; Alp., Jura, Apenn.
– **sparsum** Friv. · D:Zerstreutköpfiges Habichtskraut · ♃ VII-IX; Eur.: Ba, RO; TR
– *staticifolium* All. = Tolpis staticifolia
– **tomentosum** (L.) L. · D:Wollfilziges Habichtskraut; E:Woolly Hawkweed · ♃ △ VI-VII; Eur.: Jura, Alp., Alpi Apuane
– **transsilvanicum** Heuff. · D:Siebenbürger Habichtskraut · ♃ VI-VIII; Eur.: A, EC-Eur., Ba, E-Eur.
– **umbellatum** L. · D:Doldiges Habichtskraut · ♃ Z6 VII-X; Eur.*, TR, Cauc., Iran, W-Sib., E-Sib., Amur, Sachal., Kamchat., C-As., Him., Mong., China, Jap., N-Am.
– **villosum** Jacq. · D:Zottiges Habichtskraut;

E:Shaggy Hawkweed; F:Epervière velue · ♃ △ Z6 VII; Eur.: F, I, C-Eur., EC-Eur., Ba, RO, W-Russ.; mts.
– **vogesiacum** (Kirschl.) Fr. · D:Vogesen-Habichtskraut · ♃; Eur.: Sp., F, I, CH, BrI
– **waldsteinii** Tausch · ♃ △ Z6 VI-VII; Eur.: Croatia, Bosn., YU, Maced., AL, GR

Hierochloe R. Br. -f- *Poaceae (Gramineae)* · 20-30 sp · D:Mariengras; E:Holy Grass; F:Hierochloa, Houque
– **australis** (Schrad.) Roem. et Schult. · D:Südliches Mariengras · ♃ IV-V; Eur.: I, C-Eur., EC-Eur., Ba, E-Eur., FIN
– **hirta** (Schrank) Borbás · D:Raues Mariengras · ♃ V-VI; Eur.: I, C-Eur., EC-Eur., Sc, Russ.; Cauc., W-Sib., E-Sib., Kamchat., China, N-Am.
– **odorata** (L.) P. Beauv. · D:Duftendes Mariengras; E:Holy Grass, Sweet Grass · ♃ ~ D V-VI Ⓝ; Eur.* exc. Ib, Ba; Cauc., N-As., Alaska, Can., USA: NE, NCE, NC, Rocky Mts, SW, NW
– **repens** (Host) Simonk. · D:Kriechendes Mariengras · ♃ V-VI; Eur.: A, EC-Eur., BG, E-Eur.; Cauc., W-Sib., C-As.

Higginsia Pers. = Hoffmannia
– *ghiesbreghtii* (Lem.) Hook. = Hoffmannia ghiesbreghtii
– *refulgens* Hook. = Hoffmannia refulgens
  – var. *roezlii* Regel = Hoffmannia roezlii

Hildewintera F. Ritter -f- *Cactaceae* · 1 sp
– **aureispina** (F. Ritter) F. Ritter · ♆ ⸾ Z9 Ⓚ; Bol.

Hillebrandia Oliv. -f- *Begoniaceae* · 1 sp
– **sandwicensis** Oliv. · ♃ Ⓦ V; Hawaii

Himantoglossum K. Koch -n- *Orchidaceae* · 4 sp · D:Riemenzunge; E:Lizard Orchid; F:Orchis bouc
– **adriaticum** H. Baumann · ♃ Z7 ▽ ✱; I
– **hircinum** (L.) Spreng. · D:Bocks-Riemenzunge; E:Lizard Orchid · ♃ Z7 V-VI ▽ ✱; Eur.* exc. Sc; Alger.

Hippagrostis Kuntze = Oplismenus

× **Hippeastrelia** hort. (*Hippeastrum* × *Sprekelia*)

Hippeastrum Herb. -n- *Amaryllidaceae* · 76 sp · D:Amaryllis der Gärtner, Ritterstern; F:Amaryllis, Amaryllis de Rouen
– × **acramannii** hort. (*H. aulicum* × *H. psittacinum*) · ♃ Ⓚ ☠; cult.
– **aulicum** (Ker-Gawl.) Herb.
  – var. **aulicum** · ♃ Ⓦ; Bras., Parag.
  – var. **robustum** (Otto et A. Dietr.) Voss · ♃ Ⓦ XI-III; C-Bras.
– **elegans** (Spreng.) H.E. Moore · ♃ Ⓦ I-VI; S-Am.
– *equestre* (Aiton) Herb. = Hippeastrum puniceum
– **leopoldii** Dombr. · ♃ Ⓦ; Bol.
– **pardinum** (Hook. f.) Lem. · ♃ Ⓦ I-IV; Bol.
– *pratense* (Poepp.) Baker = Rhodophiala pratensis
– *procerum* (Duch.) Lem. = Worsleya rayneri
– **psittacinum** (Ker-Gawl.) Herb. · ♃ Ⓦ IV-V; S-Bras.
– **puniceum** (Lam.) Kuntze · D:Barbados-Ritterstern; E:Barbados Lily · ♃ Ⓦ XII-IV; Mex., W.Ind., S-Am.
– **reginae** (L.) Herb. · D:Mexikanischer Ritterstern; E:Mexican Lily · ♃ Ⓦ I-IV; Mex., C-Am., W.Ind., trop. S-Am.
– **reticulatum** (L'Hér.) Herb. · ♃ D Ⓦ IX; S-Bras.
– *rutilum* (Ker-Gawl.) Herb. = Hippeastrum striatum
– *solandriflorum* (Lindl.) Herb. = Hippeastrum elegans
– **striatum** (Lam.) H.E. Moore · ♃ Ⓦ XI-III; Bras.
– **vittatum** (L'Hér.) Herb. · ♃ Ⓦ II-VI ☠; Peru: And.
– **Cultivars**
  – **in vielen Sorten**

Hippobroma G. Don = Laurentia
– *longiflora* (L.) G. Don = Laurentia longiflora

Hippochaete J. Milde = Equisetum
– *hyemalis* (L.) Börner = Equisetum hyemale var. hyemale
– *scirpoides* (Michx.) Farw. = Equisetum scirpoides
– *variegata* Schleich. ex F. Weber et Mohr = Equisetum variegatum

Hippocrepis L. -f- *Fabaceae (Leguminosae)* · 21 sp · D:Hufeisenklee; E:Horseshoe Vetch; F:Fer-à-cheval
– **comosa** L. · D:Gewöhnlicher Hufeisenklee;

E:Horseshoe Vetch · ♃ △ V-X Ⓝ; Eur.* exc. BrI, Sc
– **emerus** (L.) Lassen · D:Strauch-Kronwicke, Strauchiger Hufeisenklee; E:Scorpion Senna · ♄ e Z6 V-VII; Eur.* exc. BrI; TR, Cyprus, Syr., Cauc., Tun., Libya

Hippomane L. -f- *Euphorbiaceae* · 5 sp
– **mancinella** L. · D:Manzanilla; E:Manchineel · ♄ e Ⓦ ☠; S-Fla., W.Ind., S-Am.

Hippophae L. -f- *Elaeagnaceae* · 3 sp · D:Sanddorn; E:Sea Buckthorn; F:Argousier
– **rhamnoides** L.
– subsp. **carpatica** Rousi · ♄ d ♣ Z4 III-IV Ⓝ; D, A, H, RO +
– subsp. **fluviatilis** Soest · ♄ d ♣ Z4 II-IV Ⓝ; Sp., F, I
– subsp. *maritima* Soest = Hippophae rhamnoides subsp. rhamnoides
– subsp. **rhamnoides** · D:Gewöhnlicher Sanddorn; E:Sea Buckthorn; F:Argousier, Saule épineux · ♄ d Z4 III-V ⚕; Eur.*, TR, Cauc., Iran, W-Sib., E-Sib., C-As., Tibet, Him., Mong.
– **salicifolia** D. Don · D:Weidenblättriger Sanddorn; F:Argousier à feuilles de saule · ♄ d ♣ Z6 III-IV; Him.

Hippuris L. -f- *Hippuridaceae* · 1 sp · D:Tannenwedel; E:Mare's Tail; F:Pesse, Queue-de-cheval
– **vulgaris** L. · D:Tannenwedel; E:Mare's Tail; F:Queue de cheval · ♃ ~ ≈ V-VIII; Eur.*, TR, Cauc., Iran, W-Sib., E-Sib., Amur, Sachal., Kamchat., C-As., Mong., Tibet, N-China, Jap., Alaska, Can., USA: NE, NCE, NC, SW, Rocky Mts., NW, Calif.

Hirschfeldia Moench -f- *Brassicaceae (Cruciferae)* · 2 sp · D:Bastardsenf; E:Hoary Mustard; F:Hirschfeldia
– **incana** (L.) Lagr.-Foss. · D:Gewöhnlicher Bastardsenf; E:Hairy Brassica · ⊙ V-X; Eur.: Ib, Fr, Ap, Ba; TR, Levante, SW-As., NW-Afr., Libya, nat. in BrI, DK, C-Eur.

Hoffmannia Sw. -f- *Rubiaceae* · 45+ sp
– *bullata* L.O. Williams = Hoffmannia refulgens
– **discolor** (Lem.) Hemsl. · ♃ e Z10 Ⓦ; Mex.
– **ghiesbreghtii** (Lem.) Hemsl. · ♄ e Z10 Ⓦ; Mex., Guat.
– **refulgens** (Hook.) Hemsl. · ♄ Z10 Ⓦ; Mex.
– var. *roezlii* Regel = Hoffmannia roezlii
– **regalis** (Hook.) Hemsl. · ♄ e Z10 Ⓦ; Mex.
– **roezlii** (Regel) Regel · ♃ e Z10 Ⓦ; Mex.

Hohenbergia Schult.f. -f- *Bromeliaceae* · 40 sp
– **augusta** (Vell.) E. Morren · ♃ Z9 Ⓦ; Bras.
– *exsudans* (Lodd.) Mez = Aechmea aquilega
– **stellata** Schult. f. ex Schult. et Schult. f. · ♃ Z9 Ⓦ; Venez., Trinidad, Bras.
– *strobilacea* Schult. f. = Acanthostachys strobilacea

Hoheria A. Cunn. -f- *Malvaceae* · 5 sp · D:Hoherie, Neuseelandeibisch; E:Lacebark; F:Hohéria
– **glabrata** Sprague et Summerh. · D:Berg-Neuseelandeibisch; E:Lacebark, Mountain Ribbon · ♄ ♄ d Z8 Ⓚ VI-VII; NZ
– **populnea** A. Cunn. · D:Pappel-Neuseelandeibisch; E:New Zealand Lacebark · ♄ ♄ e Z8 Ⓚ IX; NZ

Holboellia Wall. -f- *Lardizabalaceae* · 10-13 sp
– **coriacea** Diels · ♄ e ≷ Z9 Ⓚ; C-China
– **latifolia** Wall. · ♄ e ≷ Z9 Ⓚ VII-VIII; Him.

Holcus L. -m- *Poaceae (Gramineae)* · 8 sp · D:Honiggras; E:Soft Grass; F:Houque
– **lanatus** L. · D:Wolliges Honiggras; E:Yorkshire Fog · ♃ Z5 VI-VIII Ⓝ; Eur.*, TR, Cauc.
– **mollis** L. · D:Weiches Honiggras; E:Creeping Soft Grass · ♃ Z5 VI-VII; Eur.*, TR
– *odoratus* L. = Hierochloe odorata

Holmskioldia Retz. -f- *Verbenaceae* · 10 sp
– **sanguinea** Retz. · D:Chinesenhut; E:Chinese Hat Plant, Cup and Saucer Plant · ♄ e Z10 Ⓦ; Him., Malay. Pen.

Holodiscus (K. Koch) Maxim. -m- *Rosaceae* · 8 sp · D:Schaumspiere; E:Oceanspray; F:Holodiscus
– **discolor** (Pursh) Maxim. · D:Wald-Schaumspiere; E:Cream Bush, Ocean Spray · ♄ d Z5; Can.: B.C.; USA: NW, Calif., Mont., Idaho

– var. *ariifolius* (Sm.) Asch. et Graebn. = Holodiscus discolor
– **dumosus** (Nutt. ex Hook.) A. Heller · D:Wüsten-Schaumspiere; E:Rock Spiraea · ♄ d VII-VIII; USA: Rocky Mts., SW; Mex.

Holoschoenus Link = Scirpoides
– *romanus* (L.) Fritsch = Scirpoides holoschoenus
– *vulgaris* Link = Scirpoides holoschoenus

Holosteum L. -n- *Caryophyllaceae* · 4-6 sp · D:Spurre; F:Holostée
– **umbellatum** L. · D:Doldige Spurre · ⊙ III-V; Eur.* exc. BrI; TR, Levante, Cauc., Iran, Afgh., C-As., Him., China

× **Holttumara** hort. -f- *Orchidaceae* (*Arachnis* × *Renanthera* × *Vanda*)

Homalanthus A. Juss. -m- *Euphorbiaceae* · 35 sp
– **populifolius** Graham · D:Blutendes Herz; E:Bleeding Heart Tree, Queensland Poplar · ♄ e Z10 (W); N.Guinea, Austr.: Queensl., N.S.Wales, Victoria

Homalocephala Britton et Rose = Echinocactus
– *texensis* (Hopffer) Britton et Rose = Echinocactus texensis

Homalocladium (F. Muell.) L.H. Bailey -n- *Polygonaceae* · 1 sp · D:Bandbusch; F:Homalocladium
– **platycladum** (F. Muell.) L.H. Bailey · D:Bandbusch; E:Centipede Plant, Ribbon Bush · ♄ e (K); Salom.

Homalomena Schott -f- *Araceae* · 140 sp
– **lindenii** (Rodigas) Ridl. · ♃ Z10 (W); N.Guinea
– **rubescens** (Roxb.) Kunth · ♃ Z10 (W); Ind.: Sikkim, Assam; Myanmar
– **wallisii** (Mast.) Regel · ♃ Z10 (W); Col., Venez.

Homeria Vent. -f- *Iridaceae* · 32 sp
– *breyniana* (L.) Lewis = Homeria collina
– **collina** (Thunb.) Vent. · ♃ Z9 (W) VII-VIII; S-Afr.

Homogyne Cass. -f- *Asteraceae (Compositae)* · 3 sp · D:Alpenlattich; E:Colt's Foot; F:Homogyne
– **alpina** (L.) Cass. · D:Alpen-Brandlattich, Gewöhnlicher Alpenlattich; E:Alpine Coltsfoot · ♃ △ Z2 V-VI; Eur.* exc. BrI, Sc; mts., nat. in BrI
– **discolor** (Jacq.) Cass. · D:Filziger Alpenlattich · ♃ △ Z2 VI-VII; Eur.: D, I, A, Slove., Bosn.; E-Alp., mts. Bosn.
– **sylvestris** (Scop.) Cass. · D:Wald-Alpenlattich · ♃ △ Z2 V-VI; Eur.: I, A, Sloven., Croatia, Montenegro; mts.

Honckenia Willd.
– *ficifolia* Willd. = Clappertonia ficifolia

Honckenya Ehrh. -f- *Caryophyllaceae* · 2-3 sp · D:Salzmiere; E:Sea Sandwort; F:Honckénéja
– **peploides** (L.) Ehrh. · D:Salzmiere; E:Sea Sandwort · ♃ VI-VII

Hoodia Sweet ex Decne. -f- *Asclepiadaceae* · 13-17 sp
– **bainii** Dyer
  – var. **bainii** · ψ Z9 (K); Kap, Namibia
  – var. **juttae** (Dinter) H. Huber · ψ Z9 (K); Namibia
– **gordonii** (Masson) Sweet · ψ Z9 (K); Kap, Namibia
– *juttae* Dinter = Hoodia bainii var. juttae

× **Hookerara** hort. -f- *Orchidaceae* (*Cattleya* × *Caularthron* × *Rhyncholaelia*)

Hopea Roxb. -f- *Dipterocarpaceae* · 102 sp
– **odorata** Roxb. · E:Chengal · ♄ e (W) (N); Myanmar, Andaman I., Vietn., Kalimantan, Phil.

Hoplophytum Beer = Aechmea
– *calyculatum* E. Morren = Aechmea calyculata

Hordelymus (Jess.) Jess. ex Harz -m- *Poaceae (Gramineae)* · 1 sp · D:Waldgerste; E:Wood Barley; F:Orge des bois
– **europaeus** (L.) Jess. ex Harz · D:Waldgerste · ♃ VI-VIII; Eur.*, TR, Cauc., NW-Afr.

Hordeum L. -n- *Poaceae (Gramineae)* · c. 20 sp · D:Gerste; E:Barley; F:Orge
– **bulbosum** L. · D:Knollen-Gerste; E:Bulbous Barley · ♃; Eur.: Ba, Ib, EC-Eur., RO, Krim, Ap, nat. in F

– *distichon* L. = Hordeum vulgare Distichon Grp.
– *geniculatum* All. = Hordeum hystrix
– *hexastichon* L. = Hordeum vulgare
– **hystrix** Roth · D:Salz-Gerste · ⊙ V-VII; Eur.: Ib, Ap, A, EC-Eur., Ba, E-Eur.; TR, Syr., Lebanon, Israel, Iraq, Cauc., Iran, Afgh., W-Sib., Egypt, nat. in N-Am., trop. Afr., Jap., Austr., NZ
– **jubatum** L. · D:Mähnen-Gerste; E:Foxtail Barley, Squirrel Tail; F:Orge à crinière · ⊙ ⊙ ♃ Z5 VI-VIII; Alaska, Can., USA*, Mex., nat. in C-Eur.
– **marinum** L. · D:Strand-Gerste · ⊙ V-VII; Eur.: Ib, BrI, Fr, Ap, D, Ba, RO; TR, Cyprus, SW-As., Egypt +
– **murinum** L. · D:Mäuse-Gerste; E:False Barley · ⊙ VI-X; Eur.* exc. Sc; TR, Iraq, Arab., Syr., Lebanon, Palaest., Cyprus, Cauc., Iran, Iraq, Afgh., Pakist., NW-Ind., C-As., China, N-Afr., nat. in cosmop.
– *polystichon* Haller f. = Hordeum vulgare
– *sativum* Jess. = Hordeum vulgare
– **secalinum** Schreb. · ♃; Eur.*, Palaest., Alger., nat. in N-Am., S-Am., S-Afr.
– **spontaneum** K. Koch · ⊙; N-Afr., Crete, TR, Syr., Cyprus, Iraq, Cauc., Iran, Afgh., Pakist., NW-Ind., C-As.
– **vulgare** L. · D:Mehrzeilige Gerste, Saat-Gerste; E:Barley · ⊙ V-VII ⚕ Ⓝ; cult.
  – **Distichon Grp.** · D:Zweizeilige Gerste; E:Pearl Barley · ⊙ VI-VII ⚕ Ⓝ; cult.

Hormathophylla Cullen et T.R. Dudley = Alyssum
– *spinosa* (L.) Kupffer = Alyssum spinosum

Hormidium (Lindl.) Heynh. -n- *Orchidaceae* · 7 sp
– **tripterum** Cogn. · ♃ ⌂ ▽ ✻; trop. Am.

Horminum L. -n- *Lamiaceae (Labiatae)* · 1 sp · D:Drachenmaul; E:Dragon's Mouth; F:Horminelle, Sauge hormin
– **pyrenaicum** L. · D:Drachenmaul; E:Dragon's Mouth, Pyrenean Dead-nettle; F:Horminelle des Pyrénées · ♃ △ Z7 VI-VIII ▽; Eur.: Sp., F, I, C-Eur., Slove.; Pyr., Alp.

Hornungia Rchb. -f- *Brassicaceae (Cruciferae)* · 2 sp · D:Felskresse
– **petraea** (L.) Rchb. · D:Kleine Felskresse · ⊙ III-V; Eur.*, TR, NW-Afr.

Horridocactus Backeb. = Neoporteria
– *curvispinus* (Bertero) Backeb. = Neoporteria curvispina
– *kesselringianus* Dölz = Neoporteria curvispina
– *nigricans* (A. Dietr.) Backeb. et Dölz = Neoporteria tuberisulcata
– *tuberisulcatus* (Jacobi) Y. Itô = Neoporteria tuberisulcata

Hosta Tratt. -f- *Hostaceae* · c. 40 sp · D:Funkie; E:Giboshi, Plantain Lily; F:Funkia
– *albomarginata* (Hook.) Ohwi = Hosta sieboldii
– *caerulea* (Tratt.) Andrews = Hosta ventricosa
– **capitata** Nakai · ♃; Jap., Korea
– *crispula* F. Maek. = Hosta 'Crispula'
– *decorata* L.H. Bailey = Hosta 'Decorata'
  – var. *marginata* Stearn = Hosta 'Decorata'
– *elata* Hyl. = Hosta 'Elata'
– *fortunei* (Baker) L.H. Bailey = Hosta 'Fortunei'
– *glauca* (Siebold) Stearn = Hosta sieboldiana
– **gracillima** F. Maek. · ♃ VIII-X; Jap.
– *helenioides* F. Maek. = Hosta 'Helenioides'
– **hypoleuca** Murata · ♃; Jap.
  – *'Urajiro'* = Hosta hypoleuca
– *japonica* (Thunb.) Asch. et Graebn. = Hosta 'Lancifolia'
– *lancifolia* (Thunb.) Engl. = Hosta 'Lancifolia'
  – var. *alba* Irving = Hosta sieboldiana 'Elegans Alba'
  – var. *albomarginata* (Hook.) Stearn = Hosta sieboldii
  – var. *longifolia* Honda = Hosta longissima var. longifolia
  – var. *tardiflora* (W. Irving) L.H. Bailey = Hosta 'Tardiflora'
– *latifolia* H.R. Wehrh. = Hosta 'Elata'
  – var. *albimarginata* H.R. Wehrh. = Hosta 'Crispula'
– **longipes** (Franch. et Sav.) Matsum.
  – var. *gracillima* (F. Maek.) Fujita = Hosta gracillima
  – var. **latifolia** F. Maek. · ♃; Jap., Korea
  – var. **longipes** · ♃ VIII-IX; Jap.
– **longissima** (Honda) Honda
  – var. **longifolia** (Honda) W.G. Schmid · ♃; Jap.
  – var. **longissima** · ♃ VII-VIII; Jap.
– **minor** Nakai · ♃; Korea, ? Jap.

– **nakaiana** F. Maek. · ♃ VII-VIII; Jap., Korea
– **plantaginea** (Lam.) Asch.
– var. *grandiflora* Hyl. = Hosta plantaginea var. japonica
– var. **japonica** F. Maek. · ♃; China + cult.
– var. **plantaginea** · D:Lilien-Funkie; E:August Lily · ♃ VIII-X; China
– **rectifolia** Nakai · ♃ VII-VIII; Amur, Sachal., Jap.
– **rupifraga** Nakai · ♃ VIII; Jap., Korea
– **sieboldiana** Engl. · D:Blaublatt-Funkie; F:Hosta bleu · ♃; Jap.
– *'Alba'* = Hosta sieboldiana 'Elegans Alba'
– **'Elegans'**
– **'Elegans Alba'**
– var. *elegans* Hyl. = Hosta sieboldiana 'Elegans'
– var. *fortunei* (Baker) Asch. et Graebn. = Hosta 'Fortunei'
– var. *fortunei* Voss = Hosta 'Tokudama'
– var. *glauca* Makino et Matsum. = Hosta sieboldiana
– var. *longipes* (Franch. et Sav.) Matsum. = Hosta longipes var. longipes
– **sieboldii** (Paxton) Ingram · D:Schmalblatt-Funkie; F:Hosta à feuilles étroites · ♃ VII-VIII; Jap.
– *'Albomarginata'* = Hosta sieboldii
– *subcordata* Spreng. = Hosta plantaginea var. plantaginea
– × **tardiana** hort. (*H. sieboldiana 'Elegans'* × *H. 'Tardiflora'*) · ♃; cult.
– **in vielen Sorten**
– *tardiflora* (W. Irving) Stearn = Hosta 'Tardiflora'
– *tokudama* F. Maek. = Hosta 'Tokudama'
– *undulata* (Otto et A. Dietr.) L.H. Bailey = Hosta 'Undulata'
– *'Mediovariegata'* = Hosta 'Undulata'
– *'Univittata'* = Hosta 'Undulata Univittata'
– var. *erromena* (Stearn) Maek. = Hosta 'Undulata Erromena'
– var. *undulata* = Hosta 'Undulata'
– var. *univittata* (Miq.) Hyl. = Hosta 'Undulata Univittata'
– **ventricosa** Stearn · D:Glocken-Funkie; F:Hosta campanulée · ♃ VIII; China, Jap., nat. in E-USA
– *'Minor'* = Hosta minor
– **venusta** F. Maek. · ♃ VII-VIII; Jap.
– **Cultivars**
– **in vielen Sorten**
– **'Crispula'** · D:Riesen-Weißrand-Funkie · ♃ VII; cult.
– **'Crowned Imperial'** · ♃; cult.
– **'Decorata'** · D:Zierliche Weißrand-Funkie · ♃ VIII; cult.
– **'Elata'** · D:Grüne Riesen-Funkie · ♃ VI-VII; Jap.
– **'Fortunei'** · D:Graublatt-Funkie · ♃ VII; orig. ?
– *'Fortunei Hyacinthina Variegata'* = Hosta 'Crowned Imperial'
– **'Helenioides'** · ♃ VIII; Jap.
– **'Lancifolia'** · D:Lanzenblatt-Funkie · ♃ VII-IX; Jap.
– *'Lancifolia Albomarginata'* = Hosta sieboldii
– *'Mukayama'* = Hosta nakaiana
– **'Tardiflora'** · D:Herbst-Funkie · ♃ IX-XI; cult.
– **'Tokudama'** · D:Blaue Löffel-Funkie · ♃ VI-VII; Jap.
– **'Undulata'** · D:Schneefeder-Funkie · ♃ VII-IX; cult.
– **'Undulata Erromena'** · ♃; cult.
– **'Undulata Univittata'** · ♃; cult.

Hottonia L. -f- *Primulaceae* · 2 sp · D:Wasserfeder; E:Water Violet; F:Hottonie, Plume d'eau
– **palustris** L. · D:Europäische Wasserfeder; E:Featherfoil, Water Violet; F:Hottonie des marais · ♃ ≈ Z6 V-VII ▽; Eur.* exc. Ib; N-TR

Houlletia Brongn. -f- *Orchidaceae* · 10 sp
– **brocklehurstiana** Lindl. · ♃ Z10 ⌂ XI ▽ *; Bras.
– **lansbergii** Linden et Rchb. f. · ♃ Z10 ⌂ IX ▽ *; Costa Rica
– **odoratissima** Linden ex Lindl. et Paxton · ♃ Z10 ⌂ VIII-IX ▽ *; Col., Peru, Bol., Venez., Bras.

Houstonia L. -f- *Rubiaceae* · 50 sp · D:Engelsauge, Porzellansternchen; E:Bluets; F:Bleuet d'Amérique
– **caerulea** L. · D:Porzellansternchen; E:Bluets, Innocence, Quaker Ladies · ♃ △ Z6 V-VI; Can.: E; USA; NE, NCE, SE
– **serpyllifolia** Michx. · D:Kriechendes Porzellansternchen; E:Creeping Bluets · ♃ △ Z6 V-VI; USA: NE, SE

Houttuynia Thunb. -f- *Saururaceae* · 1 sp · D:Houttuynie; E:Fishwort; F:Houttuynie
– **cordata** Thunb. · D:Houttuynie; E:Fishwort · ♃ ~ Z7 ∧ ⚕; Him., China,

Jap., Ryukyu-Is., Taiwan, Java

Hovea R. Br. ex W.T. Aiton -f- *Fabaceae (Leguminosae)* · 12 sp
- **chorizemifolia** DC. · ♄ e Z9 Ⓚ IV; W-Austr.
- **elliptica** DC. · ♄ e Z9 Ⓚ; W-Austr.
- **pungens** Benth. · ♄ e Z9 Ⓚ IV-V; W-Austr.

Hovenia Thunb. -f- *Rhamnaceae* · 2 sp · D:Rosinenbaum; E:Raisin Tree; F:Raisin du Japon
- **dulcis** Thunb. · D:Japanischer Rosinenbaum, Quaffbirne; E:Japanese Raisin Tree · ♄ d Z6 VI-VII Ⓝ; China, Korea, Jap.

Howea Becc. -f- *Arecaceae (Palmae)* · 2 sp · D:Howeapalme, Kentiapalme; E:Sentry Palm; F:Hovéa, Kentia
- **belmoreana** (C. Moore et F. Muell.) Becc. · D:Bogige Kentiapalme; E:Curly Palm, Sentry Palm · ♄ e Z10 Ⓦ Ⓚ; Lord Howe Is.
- **forsteriana** (C. Moore et F. Muell.) Becc. · D:Kentiapalme; E:Kentia, Paradise Palm · ♄ e Z10 Ⓦ Ⓚ; Lord Howe Is.

Hoya R. Br. -f- *Asclepiadaceae* · 70 (- 200-230) sp · D:Porzellanblume, Wachsblume; E:Porcelaine Flower, Wax Flower; F:Fleur de cire, Fleur de porcelaine
- **australis** R. Br. · D:Australische Porzellanblume; E:Samoan Waxplant · ♄ e ≹ Z10 Ⓚ IX-XI; Austr.: Queensl., N.S.Wales
- **bella** Hook. · D:Zwerg-Porzellanblume; E:Miniature Waxplant · ♄ e ≹ Z10 Ⓦ V-IX; Myanmar
- **carnosa** (L. f.) R. Br. · D:Porzellanblume; E:Waxplant · ♄ e ≹ Z10 Ⓚ V-IX; C-China, SE-As., Austr.: Queensl.
- **cinnamomifolia** Hook. · ♄ e ≹ Z10 Ⓦ VII; Java
- **imperialis** Lindl. · ♄ e ≹ Z10 Ⓦ VII-IX; Malay. Pen., Kalimantan, Molucca I.: Ambon
- **lacunosa** Blume · ♄ e ≹ Z10 Ⓦ III-VI; Malay. Pen., Sumat., Kalimantan, Java
- **linearis** Wall. · ♄ e ≹ Z10 Ⓦ; Him.
- **longifolia** Wall. · D:Langblättrige Porzellanblume; E:String Bean Plant · ♄ e ≹ Z10 Ⓦ VI; N-Ind.: Sikkim, Khasia Hills
- **multiflora** (Decne.) Blume · ♄ e ≹ Z10 Ⓦ VII-VIII; Malay.Arch., Phil.
- **purpureofusca** Hook. · ♄ e ≹ Z10 Ⓦ IX; Java

Huernia R. Br. -f- *Asclepiadaceae* · 64 sp · D:Aasblume; E:Dragon Flower; F:Huernia
- **aspera** N.E. Br. · ¥ Z10 Ⓚ; Tanzania: Sansibar
- **barbata** (Masson) Haw. · ♃ ¥ Z10 Ⓚ; S-Afr.: Kap, Orange Free State
- *bicampanulata* Verd. = Huernia kirkii
- **brevirostris** N.E. Br. · ¥ Z10 Ⓚ; Kap
- **campanulata** (Masson) R. Br. · ♃ ¥ Z10 Ⓚ; Kap
- **hystrix** (Hook. f.) N.E. Br. · ♃ ¥ Z10 Ⓚ; Zimbabwe, Mozamb., S-Afr.: Natal, Transvaal
- **keniensis** R.E. Fr. · ¥ Z10 Ⓚ; Kenya
- **kirkii** N.E. Br. · ¥ Z10 Ⓚ; Mozamb., S-Afr.: Transvaal
- *macrocarpa* (A. Rich.) Spreng. = Huernia penzigii
- **oculata** Hook. f. · ¥ Z10 Ⓚ; Namibia
- **penzigii** N.E. Br. · ♃ ¥ Z10 Ⓚ; Eth.
- *primulina* N.E. Br. = Huernia thuretii var. primulina
- **schneideriana** A. Berger · ¥ Z10 Ⓚ; Malawi, Mozamb.
- **thuretii** Cels
  - var. **primulina** (N.E. Br.) L.C. Leach · ¥ Z10 Ⓚ; Kap
  - var. **thuretii** · ¥ Z10 Ⓚ; S-Afr.: Kap; SW-Namibia
- **transvaalensis** Stent · ¥ Z10 Ⓚ; S-Afr.: Transvaal
- **zebrina** N.E. Br. · D:Gestreifte Aasblume; E:Little Owl, Owl Eyes · ¥ Z10 Ⓚ; Botswana, Namibia, S-Afr.: Natal, Transvaal

Huerniopsis N.E. Br. -f- *Asclepiadaceae* · 2 sp
- **atrosanguinea** (N.E. Br.) A.C. White et Sloane · ♃ ¥ Z10 Ⓚ; Botswana
- **decipiens** N.E. Br. · ♃ ¥ Z10 Ⓚ; Botswana, Namibia, Kap
- *gibbosa* Nel = Huerniopsis atrosanguinea
- *papillata* Nel = Huerniopsis atrosanguinea

Hugueninia Rchb. -f- *Brassicaceae (Cruciferae)* · 1 sp · D:Farnrauke; E:Tansy-leaved Rocket; F:Hugueninia
- **tanacetifolia** (L.) Rchb. · D:Farnrauke; E:Tansy-leaved Rocket · ♃ ¥ Z7 VII; Eur.: Ib, F, I, CH; mts. NE-Sp., Pyr., SW-Alp.

Humata Cav. -f- *Davalliaceae* · 50 sp
– **falcinella** (C. Presl) Copel. · ♃ Z10 ⓦ; Phil.
– **griffithiana** (Hook.) C. Chr. · ♃ Z10 ⓦ; China, Taiwan, N-Ind.
– **heterophylla** (Sm.) Desv. · ♃ ≷ Z10 ⓦ; Malay. Arch., Polyn.
– **repens** (L. f.) Diels · ♃ ⇝ Z10 ⓦ; trop. As., Austr.
– **tyermannii** T. Moore · D:Bärenfußfarn; E:Bear's Foot Fern · ♃ Z10 ⓦ ⓚ; China

Humea Sm. = Calomeria
– *elegans* Sm. = Calomeria amaranthoides

Humulus L. -m- *Cannabaceae* · 2 sp · D:Hopfen; E:Hop; F:Houblon
– **japonicus** Siebold et Zucc. · D:Japanischer Hopfen; E:Japanese Hop; F:Houblon japonais · ⊙ ≷ Z5 VII-VIII; China, Jap., Taiwan, nat. in USA: NE
– **lupulus** L. · D:Gewöhnlicher Hopfen; E:Common Hop, Hop · ♃ ≷ Z5 VII-VIII ⚕ Ⓝ; Eur.*, Cauc., W-Sib., C-As., TR, nat. in N-Am.
 – **in Sorten**
– *scandens* (Lour.) Merr. = Humulus japonicus

Hunnemannia Sweet -f- *Papaveraceae* · 1 sp · D:Mexikomohn, Tulpenmohn; E:Mexican Tulip Poppy; F:Pavot tulipe mexicain
– **fumariifolia** Sweet · D:Mexikomohn, Tulpenmohn; E:Golden Cup, Mexican Tulip Poppy · ⊙ ⊙ ♃ Z8 VI-X; Mex.

Hunteria Roxb. -f- *Apocynaceae* · 4-9 sp
– **eburnea** Pichon · ♄ ⓦ; W-Afr.

× **Huntleanthes** hort. -f- *Orchidaceae* (*Cochleanthes* × *Huntleya*)

Huntleya Bateman ex Lindl. -f- *Orchidaceae* · 10 sp
– *cerina* Lindl. = Pescatoria cerina
– **meleagris** Lindl. · ♃ Z10 ⓦ VI-VII ▽ *; Guyana, Bras., Peru

Huperzia Bernh. -f- *Lycopodiaceae* · c. 300 sp · D:Teufelsklaue; E:Fir Clubmoss; F:Lycopode
– **selago** (L.) Bernh. ex Schrank et Mart. · D:Europäische Teufelsklaue, Tannenbärlapp; E:Fir Clubmoss · ♃ VII-X ☠ ▽; Eur.*, Cauc., N-As., Alaska, Can., USA: NE, NCE.; Greenl., SE-Austr., Tasman., NZ

Hura L. -f- *Euphorbiaceae* · 2 sp · D:Sandbüchsenbaum; E:Sandbox Tree
– **crepitans** L. · D:Sandbüchsenbaum; E:Sandbox Tree · ♄ Z10 ⓦ ☠ Ⓝ; C-Am., W.Ind., S-Am.

Hutchinsia R. Br. = Pritzelago
– *alpina* (L.) R. Br. = Pritzelago alpina subsp. alpina
– *auerswaldii* Willk. = Pritzelago alpina subsp. auerswaldii
– *brevicaulis* (Hoppe) Hoppe ex W.D.J. Koch = Pritzelago alpina subsp. brevicaulis

Huynhia Greuter = Arnebia
– *pulchra* Willd. ex Roem. et Schult. = Arnebia pulchra

Hyacinthella Schur -f- *Hyacinthaceae* · 16 sp
– *azurea* (Fenzl) Chouard = Muscari azureum
– *dalmatica* (Baker) Chouard = Hyacinthella pallens
– **pallens** Schur · ♃ Z8; Ba

Hyacinthoides Heist. ex Fabr. -f- *Hyacinthaceae* · c. 4 sp · D:Hasenglöckchen; E:Bluebell; F:Jacinthe sauvage
– **hispanica** (Mill.) Rothm. · D:Spanisches Hasenglöckchen; E:Spanish Bluebell; F:Scille d'Espagne · ♃ ⋉ Z5 V ▽; Eur.: Ib, nat. in BrI, F, I, W-Ba
 – **in Sorten**
– **italica** (L.) Rothm. · ♃ Z5 V ▽; Eur.: P, F, I, ? Sp.
– **non-scripta** (L.) Chouard ex Rothm. · D:Atlantisches Hasenglöckchen; E:English Bluebell · ♃ Z5 IV-V ▽; Eur.: BrI, Fr, Ib, nat. in D, I, RO
– *racemosa* Medik. = Hyacinthoides hispanica

Hyacinthus L. -m- *Hyacinthaceae* · 3 sp · D:Hyazinthe; E:Hyacinth; F:Jacinthe
– *amethystinus* (L.) = Brimeura amethystina
– *azureus* (Fenzl) Baker = Muscari azureum
– *campanulatus* (Aiton) hort. = Hyacinthoides hispanica
– *candicans* Baker = Galtonia candicans

– *hispanicus* Lam. = Brimeura amethystina
– **orientalis** L. · D:Hyazinthe; E:Hyacinth; F:Jacinthe · ♃ D IV-V Ⓝ; TR, Syr., nat. in F, Ap, Ba
  – **in vielen Sorten**
– *romanus* L. = Bellevalia romana

Hydnocarpus Gaertn. -f- *Flacourtiaceae* · 40 sp
– **anthelmintica** Pierre ex Laness. · E:Chaulmogra Tree · ħ Z9 Ⓦ Ⓝ; Indochina
– **kurzii** (King) Warb. · ħ Z9 Ⓦ ⚕ ☠ Ⓝ; Myanmar, Ind.: Assam
– *laurifolia* (Dennst.) Sleumer = Hydnocarpus pentandra
– **pentandra** (Buch.-Ham.) Oken · ħ Z9 Ⓦ Ⓝ; SW-Ind.

Hydnophytum Jack -n- *Rubiaceae* · 52 sp
– **formicarum** Jack · ♄ e Ⓦ; Molucca I., Sumat.

Hydrangea L. -f- *Hydrangeaceae* · 23 sp · D:Hortensie; E:Hydrangea; F:Hortensia
– *acuminata* Siebold et Zucc. = Hydrangea serrata
– *altissima* Wall. = Hydrangea anomala subsp. anomala
– **anomala** D. Don
  – subsp. **anomala** · D:Kletter-Hortensie; E:Climbing Hydrangea · ♄ d ⌇ Z5; Him., China
  – subsp. **petiolaris** (Siebold et Zucc.) E.M. McClint. · F:Hortensia grimpant · ♄ d ⌇ Z5 VII; S-Korea, Jap., Sachal., Taiwan
– **arborescens** L.
  – subsp. **arborescens** · D:Wald-Hortensie; E:Sevenbark, Tree Hydrangea; F:Hortensia de Virginie · ♄ d Z5 ⚕; USA: NE, SE
  – subsp. **discolor** (Ser.) E.M. McClint. · ♄ d Z5 VI-VII; USA: NE, NCE, SE, Okla.
  – subsp. **radiata** (Walter) E.M. McClint. · ♄ d Z7 ∧ VI-VII; USA: N.C., S.C.
– **aspera** D. Don
  – subsp. **aspera** · D:Raue Hortensie; E:Rough Leaved Hydrangea; F:Hortensia · ♄ d Z6; Him., SW-China, Myanmar
  – subsp. **robusta** (Hook. et Thomson) Walter · ♄ Z7; E-As.
  – subsp. **sargentiana** (Rehder) E.M. McClint. · D:Samt-Hortensie, Sargents Hortensie; F:Hortensia · ♄ d Z6 VII-VIII; China: Hupeh
  – subsp. **strigosa** (Rehder) E.M. McClint. · F:Hortensia · ♄ d Z6 VIII; China
  – var. *macrophylla* Hemsl. = Hydrangea aspera subsp. strigosa
– *chinensis* Maxim. = Hydrangea scandens subsp. chinensis
  – var. *japonica* Maxim. = Hydrangea scandens subsp. chinensis fo. macropetala
– *cinerea* Small = Hydrangea arborescens subsp. discolor
– *cuspidata* (Thunb.) Miq. = Hydrangea involucrata
– **heteromalla** D. Don · D:Chinesische Hortensie · ♄ d Z5 VI-VII; Him., China
– *hortensia* Siebold = Hydrangea macrophylla
– **involucrata** Siebold · D:Hüllblatt-Hortensie · ♄ d Z7 VII-IX; Jap.
– **macrophylla** (Thunb. ex Murray) Ser. · D:Garten-Hortensie; E:Hortensia, Lace Cap Hydrangea; F:Hortensia à grandes feuilles · ♄ d Z6 VI-VII; Jap., Korea
  – **in vielen Sorten (siehe Kapitel III)**
  – subsp. *serrata* (Thunb.) Makino = Hydrangea serrata
  – var. *normalis* Wilson = Hydrangea macrophylla
– *maritima* Haw.-Booth = Hydrangea macrophylla
– **paniculata** Siebold · D:Rispen-Hortensie; E:Pee Gee Hydrangea; F:Hortensia paniculé · ♄ d Z5 VII-VIII; Jap., Sachal., SE-China
  – **in Sorten**
– *petiolaris* Siebold et Zucc. = Hydrangea anomala subsp. petiolaris
– **quercifolia** W. Bartram · D:Eichenblättrige Hortensie; E:Oak Leaved Hydrangea; F:Hortensia à feuilles de chêne · ♄ d Z7 ∧ VI; USA: SE, Fla.
– *radiata* Walter = Hydrangea arborescens subsp. radiata
– *sargentiana* Rehder = Hydrangea aspera subsp. sargentiana
– **scandens** (L. f.) Ser.
  – subsp. **chinensis** (Maxim.) E.M. McClint. · ♄ ħ d Z9 Ⓚ; W-China
    – fo. **macropetala** Hayata
  – subsp. **scandens** · D:Hänge-Hortensie; E:Climbing Hydrangea; F:Hortensia grimpant · ♄ d Z9 Ⓚ; Jap.
– *scandens* Maxim. non (L. f.) Ser. = Hydrangea anomala subsp. petiolaris
– **serrata** (Thunb.) Ser. · ♄ d Z6 VI-VIII; Jap.

– **in vielen Sorten (siehe Kapitel III)**
– *strigosa* Rehder = Hydrangea aspera subsp. strigosa
– *xanthoneura* Diels = Hydrangea heteromalla

Hydrastis L. -f- *Ranunculaceae* · 2 sp · D:Orangenwurzel; E:Golden Seal; F:Hydrastis
– **canadensis** L. · D:Kanadische Orangenwurzel; E:Golden Seal, Indian Turmeric, Yellow Puccoon · ♃ Z3 V ⚕ ☠ Ⓝ ▽ *; USA: NE, NCE, NC, SE

Hydrilla Rich. -f- *Hydrocharitaceae* · 1 sp · D:Wasserquirl; E:Esthwaite Waterweed
– **verticillata** (L. f.) Royle · D:Grundnessel, Wasserquirl; E:Water Thyme · ♃ ≈ Z7 Ⓦ Ⓚ VII-VIII; Eur.: BrI, IRL, D, Russ.; W-Sib., Amur, China, Jap., Taiwan, Ind., Sri Lanka, Indochina, Phil., Malay. Arch., E-Afr., Mascarene Is., Austr.

Hydrocera Blume -f- *Balsaminaceae* · 1 sp · D:Wasserhorn; F:Corne d'eau
– **triflora** (L.) Wight et Arn. · ⊙ ~ Ⓦ VII-IX; Ind., Sri Lanka, Indochina, Java

Hydrocharis L. -f- *Hydrocharitaceae* · 2 sp · D:Froschbiss; E:Frogbit; F:Morène, Mors-de-grenouille
– **morsus-ranae** L. · D:Europäischer Froschbiss; E:Frogbit; F:Morène · ♃ ~ Z4 VI-VIII; Eur.*, Cauc., W-Sib., NW-Afr.

Hydrocleys Rich. -f- *Limnocharitaceae* · 5 sp · D:Wassermohn; E:Water Poppy; F:Pavot d'eau
– **nymphoides** (Humb. et Bonpl. ex Willd.) Buchenau · D:Wassermohn; E:Water Poppy · ♃ ≈ Ⓦ VI-X; trop. S-Am.

Hydrocotyle L. -f- *Apiaceae (Umbelliferae)* · c. 130 sp · D:Wassernabel; E:Pennywort; F:Ecuelle d'eau, Hydrocotyle
– *asiatica* L. = Centella asiatica
– **dissecta** Hook. f. · ♃ ~ Z8 Ⓚ; NZ
– **moschata** G. Forst. · ♃ ~ Z8 Ⓚ; NZ, nat. in IRL
– **novae-zelandiae** DC. · ♃ ~ Z8 Ⓚ VII-VIII; NZ
– **vulgaris** L. · D:Gewöhnlicher Wassernabel; E:Marsh Pennywort, Pennywort · ♃ ~ Z6 VII-VIII; Eur.*, Cauc., Maroc., Alger.

Hydrolea L. -f- *Hydrophyllaceae* · 11 (-20) sp · D:Wasserbläuling
– **spinosa** L. · D:Amerikanischer Wasserbläuling; E:Espino · ♄ ~ Ⓦ VII-X; Guat., Ecuad., Peru, Venez.

Hydromystria G. Mey. = Limnobium
– *stolonifera* G. Mey. = Limnobium stoloniferum

Hydrophyllum L. -n- *Hydrophyllaceae* · 8 sp · D:Wasserblatt; E:Waterleaf; F:Hydrophylle
– **canadense** L. · D:Kanadisches Wasserblatt; E:Waterleaf · ♃ Z5 V-VI; Can.: Ont.; USA: NE, SE
– **macrophyllum** Nutt. · ♃ Z5 V-VI; USA: NE, NCE, SE
– **virginianum** L. · D:Virginisches Wasserblatt; E:Shawnee Salad, Virginia Waterleaf · ♃ Z4 V-VI; Can.: E; USA: NE, NCE, NC, SE

Hydrosme Schott = Amorphophallus
– *rivieri* Durieu = Amorphophallus konjac

Hygrophila R. Br. -f- *Acanthaceae* · c. 100 sp · D:Wasserfreund; F:Hygrophile
– **angustifolia** R. Br. · D:Schmalblättriger Wasserfreund; E:Water Wisteria · ♃ ~ ≈ Z10 Ⓦ; SE-As.
– **corymbosa** (Blume) Lindau · D:Riesen-Wasserfreund · ♃ ≈ Z10 Ⓦ; Phil.
– **lacustris** (Schltdl. et Cham.) Nees · ♃ ≈ Z10 Ⓦ; trop. Am.
– **polysperma** (Roxb.) T. Anderson · D:Indischer Wasserfreund; E:East Indian Swampweed · ⊙ ⊙ ♃ ~ ≈ Z10 Ⓦ; Ind.
– *salicifolia* Nees = Hygrophila angustifolia
– **triflora** (Roxb.) Fosberg et Sachet · ♃ ~ ≈ Ⓦ; trop. As.

Hylocereus (A. Berger) Britton et Rose -m- *Cactaceae* · 16 sp · D:Waldkaktus; F:Cactus des bois
– **costaricensis** (F.A.C. Weber) Britton et Rose · ♄ Ψ ≹ Z10 Ⓦ ▽ *; Costa Rica
– **guatemalensis** (Eichlam) Britton et Rose · ♄ Ψ ≹ Z10 Ⓦ ▽ *; Guat.
– **monacanthus** (Lem.) Britton et Rose · ♄ Ψ ≹ Z10 Ⓦ ▽ *; Col., Panama
– **ocamponis** (Salm-Dyck) Britton et Rose · ♄ Ψ ≹ Z10 Ⓦ ▽ *; Mex.
– **polyrhizus** (F.A.C. Weber) Britton et Rose

· ₺ ♆ ⸾ Z10 ⓦ ▽ ✱; Col., Panama
- **purpusii** (Weing.) Britton et Rose · ₺ ♆ ⸾ Z10 ⓦ ▽ ✱; Mex.
- **stenopterus** (F.A.C. Weber) Britton et Rose · ₺ ♆ ⸾ Z10 ⓦ ▽ ✱; Costa Rica
- *tricostatus* (Rol.-Goss.) Britton et Rose = Hylocereus undatus
- **trigonus** (Haw.) Saff. · ₺ ♆ ⸾ Z10 ⓦ ▽ ✱; W.Ind.
- **undatus** (Haw.) Britton et Rose · D:Distelbirne; E:Queen-of-the-Night, Strawberry Pear · ₺ ♆ ⸾ Z10 ⓦ Ⓝ ▽ ✱; Haiti, Jamaica, Martinique

Hylomecon Maxim. -f- *Papaveraceae* · 1 (-3) sp · D:Waldmohn; E:Forest Poppy; F:Pavot des bois
- **japonica** (Thunb.) Prantl et Kündig · D:Japanischer Waldmohn; E:Forest Poppy; F:Pavot jaune du Japon · ♃ Z7 V-VI; E-China, Korea, Jap.

Hylotelephium H. Ohba = Sedum
- *anacampseros* (L.) H. Ohba = Sedum anacampseros
- *cauticola* (Praeger) H. Ohba = Sedum cauticola
- *cyaneum* (Rudolph) H. Ohba = Sedum cyaneum
- *erythrostictum* (Miq.) H. Ohba = Sedum erythrostictum
- *ewersii* (Ledeb.) H. Ohba = Sedum ewersii
- *pluricaule* (Kudô) H. Ohba = Sedum pluricaule
- *spectabile* (Boreau) H. Ohba = Sedum spectabile
- *tatarinowii* (Maxim.) H. Ohba = Sedum tatarinowii
- *telephium* (L.) H. Ohba = Sedum telephium subsp. telephium

Hymenaea L. -f- *Caesalpiniaceae (Leguminosae)* · 15 sp · D:Heuschreckenbaum; E:Copal; F:Courbaril
- **courbaril** L. · D:Brasilianischer Heuschreckenbaum; E:Brazilian Copal, Locust Tree · ₺ ⓦ Ⓝ; W.Ind., Venez., Guyana, Surinam, Bras.
- **verrucosa** Gaertn. · D:Ostafrikanischer Heuschreckenbaum; E:East African Copal · ₺ e ⓦ Ⓝ; Mozamb., Zanzibar, Madag., Mauritius

Hymenandra (DC.) Spach -f- *Myrsinaceae* · 3 -8) sp
- **wallichii** DC. · ₺ ⓦ; Ind.: Bengalen, Assam

Hymenanthera R. Br. -f- *Violaceae* · 7-10 sp
- **crassifolia** Hook. f. · ₺ e Z9 ⓚ ⓐ IV-V; NZ

Hymenocallis Salisb. -f- *Amaryllidaceae* · 30-40 sp · D:Schönhäutchen; E:Spider Lily; F:Ismène, Lis-araignée
- **amancaes** (Ruiz et Pav.) G. Nicholson · ♃ Z9 ⓚ VI-VII; Peru
- *calathina* (Ker-Gawl.) G. Nicholson = Hymenocallis narcissiflora
- **caribaea** (L.) Herb. · D:Westindisches Schönhäutchen; E:Spider Lily · ♃ Z10 ⓦ VII-IX; W.Ind.
- **harrisiana** Herb. · ♃ Z10 ⓚ VI-VII; Mex.
- *lacera* Salisb. = Hymenocallis rotata
- **longipetala** (Lindl.) J.F. Macbr. · ♃ Z9 ⓚ; Peru
- × **macrostephana** Baker (*H. narcissiflora* × *H. speciosa*) · ♃ Z9 ⓦ III-V; cult.
- **narcissiflora** (Jacq.) J.F. Macbr. · D:Peruanisches Schönhäutchen; E:Peruvian Daffodil · ♃ Z9 ⓚ VI-VII; Peru, Bol.
- **rotata** (Ker-Gawl.) Herb. · ♃ Z10 ⓦ III-V; USA: Fla.
- **speciosa** (L. f. ex Salisb.) Salisb. · D:Prächtiges Schönhäutchen; E:Spider Lily · ♃ Z10 ⓦ IX-XI; W.Ind.
- **tubiflora** Salisb. · ♃ Z10 ⓦ III-X; trop. S-Am.
- *undulata* (Humb., Bonpl. et Kunth) Herb. = Hymenocallis tubiflora

Hymenocyclus Dinter et Schwantes = Malephora
- *englerianus* (Dinter et A. Berger) Dinter et Schwantes = Malephora engleriana

Hymenogyne Haw. -f- *Aizoaceae* · 2 sp
- **glabra** (Aiton) Haw. · ⊙ ♆ VII-VIII; Kap

Hymenolobus Nutt. -m- *Brassicaceae (Cruciferae)* · 5 sp · D:Salzkresse, Salztäschel, Zartschötchen
- **procumbens** (L.) Nutt.
  - subsp. **pauciflorus** (W.D.J. Koch) Schinz et Thell. · D:Armblütige Salzkresse · ⊙ VI-VII; Eur.: Sp., F, I, Sic., CH, A; mts.
  - subsp. **procumbens** · D:Niederliegende

Salzkresse, Salztäschel · ⊙ IV-V; Eur.: Ib, Fr, Ap, Ba, C-Eur., E-Eur.; TR, Levante, Cauc., Iran, W-Sib., C-As. Tibet, Mong., N-Afr., N-Am., nat. in Chile, Austr., NZ

Hymenophyllum Sm. -n- *Hymenophyllaceae* · 250-300 sp · D:Hautfarn; E:Filmy Fern; F:Fougère, Hyménophylle
- *ciliatum* (Sw.) Sw. = Hymenophyllum hirsutum
- **demissum** (G. Forst.) Sw. et Schrad. · ♃ Z8 Ⓚ; NZ
- **hirsutum** (L.) Sw. · ♃ Z10 Ⓦ; Trop.
- **polyanthon** (Sw.) Sw. · ♃ Z10 Ⓦ; Trop.
- **tunbrigense** (L.) Sm. · D:Englischer Hautfarn; E:Tunbridge Wells Filmy Fern · ♃ Z7 VIII ▽; Eur.: Azor., Canar., Madeira, Sp., BrI, B, F, D, I; TR

Hymenosporum R. Br. ex F. Muell. -n- *Pittosporaceae* · 1 sp · D:Hautsamenbaum; E:Sweetshade
- **flavum** (Hook.) F. Muell. · D:Hautsamenbaum; E:Native Frangipani, Sweetshade · ♄ ♄ e Z9 Ⓚ; Austr.

Hymenostemma Kunze ex Willk. -n- *Asteraceae (Compositae)* · 1 sp
- **paludosum** (Poir.) Pomel · ⊙ VI-IX; Eur.: P, Sp., Balear.; N-Afr.

Hymenoxys Cass. -f- *Asteraceae (Compositae)* · 28 sp
- **acaulis** (Pursh) K.F. Parker · ♃ △ Z3 V-VI; Can., USA: NE, NCE, NC, SC, SW, Rocky Mts., NW, Cailf.
- *californica* Hook. = Lasthenia coronaria
- **grandiflora** (Torr. et A. Gray ex A. Gray) K.F. Parker · E:Pigmy Sunflower · ♃ △ Z5 V-VI; USA: Rocky Mts.
- **linearifolia** Hook. · ⊙ Z5 VI-IX; USA: SC, N.Mex.; Mex.
- **scaposa** (DC.) K.F. Parker · ♃ Z4; USA: Kans., Okla., Tex., Colo., N.Mex.; N-Mex.

Hyophorbe Gaertn. -f- *Arecaceae (Palmae)* · 5 sp · D:Futterpalme; E:Bottle Palm, Pignut Palm; F:Palmier-bouteille
- **lagenicaulis** (L.H. Bailey) H.E. Moore · ♄ e Z10 Ⓦ; Mauritius
- **verschaffeltii** H. Wendl. · D:Spindel-Futterpalme; E:Spindle Palm · ♄ e Z10 Ⓦ; Maskarene Is. (Rodriguez)

Hyoscyamus L. -m- *Solanaceae* · 15 sp · D:Bilsenkraut; E:Henbane; F:Jusquiame
- **albus** L. · D:Weißes Bilsenkraut; E:White Henbane · ⊙ ⊙ ♃ Z7 ☠; Eur.: Ib, Fr, Ap, Ba, E-Eur.; TR, Iraq, N-Afr., Macaron.
- **muticus** L. · D:Ägyptisches Bilsenkraut; E:Egyptian Henbane · ⊙ ⊙ VII-IX ☠ Ⓝ; Alger., Sahara, Egypt, Sudan, Syr., Arab., Iran, Afgh., Pakist., N-Ind.
- **niger** L.
  - var. **niger** · D:Schwarzes Bilsenkraut; E:Black Henbane, Henbane · ⊙ ⊙ Z5 VI-X ⚕ ☠; Eur.*, TR, Cauc., Iran, W-Sib., E-Sib., C-As., Him., Ind., Mong., NW-Afr., nat. in E-As., N-Am., Austr.
  - var. **pallidus** Waldst. et Kit. · ⊙ ⊙ Z5 ☠

Hyoseris L. -f- *Asteraceae (Compositae)* · 3-5 sp
- *foetida* L. = Aposeris foetida
- **frutescens** Brullo et Pavone · ♃; Sic.

Hyparrhenia E. Fourn. -f- *Poaceae (Gramineae)* · c. 55 sp · D:Kahngras
- **rufa** (Nees) Stapf · ♃ Z9 Ⓝ; trop. Afr., nat. in Am.

Hypecoum L. -n- *Fumariaceae* · 20 sp · D:Lappenblume; F:Hypécoum
- *grandiflorum* Benth. = Hypecoum imberbe
- **imberbe** Sibth. et Sm. · ⊙ Z8 VII-IX; Eur.: Ib, Fr, Ap, Ba; Cauc., Cyprus
- **pendulum** L. · D:Gelbäuglein · ⊙ Z8 VI-VII; Eur.: Ib, F, D, Ba; TR, SW-As., NW-Afr.
- **procumbens** L. · ⊙ Z8 VII-IX; Eur.: Ib, Fr, Ap, Ba; TR, Cyprus, N-Iraq, N-Afr.

Hypericum L. -n- *Clusiaceae (Guttiferae)* · 400+ sp · D:Hartheu, Johanniskraut; E:St John's Wort; F:Herbe de la St-Jean, Millepertuis
- **aegypticum** L. · ♄ e Ⓚ VIII; Eur.: Sard., Sic., GR, Crete; Alger., Tun., Libya
- **androsaemum** L. · D:Mannsblut; E:Tutsan; F:Androsème, Toute-saine · ♄ d Z6 VI-IX Ⓝ; Eur.: BrI, Fr, Ib, Ap, CH, BG; N-TR, Cauc., Iran, nat. in A
- **annulatum** Moris · ♃ △ Z8 ∧ VI-VIII; Eur.: Sard., Ba
- **ascyron** L. · ♃ Z3 VII; W-Sib., E-Sib., Amur, Korea, China, Jap., Can.: E; USA: NE, NCE, NC
- *aureum* Bartram = Hypericum frondosum
- **balearicum** L. · ♄ e Z8 Ⓚ; Balear.

– **barbatum** Jacq. · D:Bart-Johanniskraut · ♃ Z6 V-VI; Eur.: I, A, Ba
– **bellum** H.L. Li · ♄ d Z6; W-China: Yunnan, Sichuan, Xizang; , N-Myanmar, N-Ind.
– **calycinum** L. · D:Großblütiges Johanniskraut; E:Aaron's Beard, Rose of Sharon; F:Millepertuis à grandes fleurs · ♄ e △ Z6 VI-IX; Eur.: BG; N-TR, nat. in BrI, Fr, CH, I, P, Russ., Cauc.
  – *'Rose von Sharon'* = Hypericum calycinum
– **canariense** L. · ♄ ♄ d Z9 ⌂K; Canar., Madeira
– **cerastoides** (Spach) N. Robson · ♃ ↝ △ Z7 ∧ VI-VIII; Eur.: GR, BG; TR
– **coris** L. · D:Quirlblättriges Johanniskraut; E:Yellow Coris; F:Millepertuis coris · ♄ e △ Z8 ⌂K ∧ VI-VIII; Eur.: S-F, CH, I
– *cuneatum* Poir. = Hypericum pallens
– *degenii* Bornm. = Hypericum annulatum
– **densiflorum** Pursh · D:Dichtblütiges Johanniskraut; E:Bushy St. John's Wort · ♄ e Z6 VII-X; USA: NE, NCE, SC, SE, Fla.
– × **desetangsii** Lamotte (*H. maculatum* × *H. perforatum*) · D:Bastard-Flecken-Johanniskraut · ♃ VI-VIII; Eur.: Sp., Fr, I, BrI, C-Eur.
– *elatum* Aiton = Hypericum × inodorum
– **elegans** Stephan ex Willd. · D:Zierliches Johanniskraut · ♃ Z5 VI-VII; Eur.: C-Eur., EC-Eur., Ba, E-Eur.; Cauc., W-Sib., E-Sib.
– **elodes** L. · D:Sumpf-Johanniskraut · ♃ Z7 VIII-IX ▽; Eur.: Ib, Fr, BrI, I, D
– **empetrifolium** Willd. · ♄ e Z9 ⌂K VII-VIII; Eur.: AL, GR, Crete; TR, Cyprus, Libya
– **ericoides** L. · ♄ ♄ e Z8 ⌂K; E-Sp., Maroc., Tun.
– **forrestii** (Chitt.) N. Robson · D:Forrests Johanniskraut · ♄ d Z6 VII-VIII; Him., W-China: Yunnan
– **fragile** Heldr. et Sart. ex Boiss. · ♃ △ Z8 ∧ VI-VIII; E-GR
– **frondosum** Michx. · D:Gold-Johanniskraut · ♄ d Z6 VII-VIII; USA: SE, SC, Ky., Ind.
– **galioides** Lam. · ♄ Z8 ⌂K; USA: SE, Fla.
– *grandiflorum* hort. = Hypericum olympicum
– **hircinum** L. · D:Stinkendes Johanniskraut; E:Stinking Tutsan · ♄ s Z7 V-VII; Eur.: Balear., Ap, Ba; TR, Levante, Arab., Maroc., nat. in Ib, Fr, BrI, CH
– **hirsutum** L. · D:Behaartes Johanniskraut · ♃ Z4 VII-VIII; Eur*., TR, Cauc., NW-Iran, Sib., Alger.
– **hookerianum** Wight et Arn. · D:Hookers Johanniskraut · ♄ s Z7 ∧ VII-IX; Ind.: Sikkim, Assam; W-China
– **humifusum** L. · D:Niederliegendes Johanniskraut; E:Creeping St John's Wort · ⊙ ♃ △ Z6 VI-X; Eur.*, Maroc., Alger.
– × **inodorum** Mill. (*H. androsaemum* × *H. hircinum*) · D:Duftloses Johanniskraut; E:Tall Tutsan · ♄ d Z6 VII-VIII; Cauc., Iran, Madeira
  – **in Sorten**
  – *'Sungold'* = Hypericum kouytchense
– **jakusimense** Koidz. · ⊙ ♃ Z8; Jap.
– **japonicum** Murray · ⊙ ♃; Nepal, S-Ind., China, Korea, Jap., Java, SE-Austr., NZ
– **kalmianum** L. · D:Kalms Johanniskraut · ♄ e Z5 VIII; Can.: E; USA: NE, NCE
– **kouytchense** H. Lév. · ♄ d Z6 VI-X; W-China: Guizhou
– **leschenaultii** Choisy · ♄ e Z9 ⌂K; Sumat., Java, Lombok, SW-Sulawesi
– **lobocarpum** Gatt. · ♄ e Z6; SE-USA
– **maculatum** Crantz
  – subsp. **maculatum** · D:Geflecktes Johanniskraut · ♃ Z6 VII-VIII; Eur.* , W-Sib.
  – subsp. **obtusiusculum** (Turlet) Hayek · D:Stumpfblättriges Geflecktes Johanniskraut · ♃ Z6 VII-VIII; Eur.: BrI, NL, D, A, F, CH +
– **majus** (A. Gray) Britton · D:Großes Kanadisches Johanniskraut · ⊙ ♃ Z3; N-Am., nat. in F, D
– **monogynum** L. · ♄ Z9 ⌂K; SE-China, Taiwan, Jap.
– **montanum** L. · D:Berg-Johanniskraut · ♃ Z5 VI-VIII; Eur.*; TR, Cauc., Maroc., Alger.
– × **moserianum** André (*H. calycinum* × *H. patulum*) · D:Bastard-Johanniskraut; F:Millepertuis · ♄ s Z7 VI-VIII; cult.
– **mutilum** L. · ⊙ ♃ Z3; N-Am., nat. in Eur.: F, I, D, PL coasts
– **nummularium** L. · ♃ Z6; Pyr., Alp.
– **olympicum** L. · D:Olymp-Johanniskraut; E:Polemonia · ♄ △ Z7 ∧ VI-VII; Eur.: Ba; TR
– **orientale** L. · ♃ Z7; TR, Cauc.
– **pallens** Banks et Sol. · ♄ Z8 ⌂A; S-TR, W-Syr.
– **patulum** Thunb. · ♄ Z7 ∧ VII-IX; Jap.
  – var. *henryi* Bean = Hypericum pseudohenryi
– **perforatum** L. · D:Tüpfel-Hartheu, Tüpfel-

Johanniskraut; E:St John's Wort · ♃ VII-VIII ⚕; Eur.*, TR, Cyprus, Syr., Cauc., Iraq, Iran, W-Sib., E-Sib., C-As., Mong., Him., NW-Afr.
- **polyphyllum** Boiss. et Balansa · D:Vielblättriges Johanniskraut · ♄ △ VI-VIII; TR
- **prolificum** L. · D:Sprossendes Johanniskraut · ♄ e Z6 VII-X; S-Ont., USA
- **pseudohenryi** N. Robson · ♄ d Z6; W-China: W-Hupeh, W-Sichuan, Yunnan
- **pulchrum** L. · D:Schönes Johanniskraut · ♃ Z5 VII-IX; Eur.* exc. EC-Eur.
- *pyramidatum* Aiton = Hypericum ascyron
- *quadrangulatum* auct. non L. = Hypericum maculatum subsp. maculatum
- **repens** L. · ♃ ⇝ △ VI; TR
- **reptans** Hook. f. et Thomson ex Dyer · ♄ ⇝ △ Z7 ∧ IX-X; Sikkim
- *rhodopeum* Friv. = Hypericum cerastoides
- **richeri** Vill. · D:Richers Johanniskraut · ♃ Z6 VII; Eur.: Ib, Fr, I, Ba, RO, W-Russ.; mts.
- **tetrapterum** Fr. · D:Geflügeltes Johanniskraut; E:St Peter's Wort; F:Millepertuis à quatre ailes · ♃ Z5 VII-VIII; Eur.*; TR, N-Iraq, Syr., Cauc., Iran
- *webbii* Steud. = Hypericum aegypticum
- **xylosteifolium** (Spach) N. Robson · ♄ d Z5 V-VII; NE-TR, Cauc.
- **Cultivars**
  - *'Sungold'* = Hypericum kouytchense

Hyphaene Gaertn. -f- *Arecaceae (Palmae)* · 10 sp · D:Dumpalme; E:Doum Plam; F:Palmier d'Egypte, Palmier doum
- **thebaica** (L.) Mart. · D:Dumpalme; E:Doum Palm · ♄ e Z10 ⓦ Ⓝ; W.Sudan, Sudan, Egypt, Arab., Somalia

Hypochaeris L. -f- *Asteraceae (Compositae)* · c. 60 sp · D:Ferkelkraut; E:Cat's Ears; F:Porcelle
- **glabra** L. · D:Kahles Ferkelkraut; E:Smooth Cat's Ear · ⊙ VI-X; Eur.*, TR, Lebanon, NW-Afr.
- **maculata** L. · D:Geflecktes Ferkelkraut · ♃ V-VII; Eur.*, Cauc., W-Sib., E-Sib.
- **radicata** L. · D:Gewöhnliches Ferkelkraut; E:Spotted Cat's Ear · ♃ VI-IX; Eur.*, TR, NW-Afr.
- **uniflora** Vill. · D:Einköpfiges Ferkelkraut · ♃ △ VII-VIII; Eur.: F, I, C-Eur., EC-Eur., E-Eur..; mts.

Hypocyrta Mart. = Nematanthus
- *glabra* Hook. = Nematanthus 'Glabra'
- *nummularia* Hanst. = Nematanthus gregarius
- *radicans* Klotzsch et Hanst. ex Hanst. = Nematanthus gregarius
- *strigillosa* Mart. = Nematanthus strigillosus

Hypoestes Sol. ex R. Br. -f- *Acanthaceae* · c. 40 sp · D:Hüllenklaue; E:Polka Dot Plant; F:Hypoestes
- **phyllostachya** Baker · E:Baby's Tears · ♄ e Z9 ⓦ; Madag.

Hypolepis Bernh. -f- *Dennstaedtiaceae* · c. 40 sp · D:Buchtenfarn; F:Hypolépis
- **millefolia** Hook. · ♃ Z10 ⓚ; NZ
- **repens** (L.) C. Presl · ♃ Z10 ⓦ; Fla., Mex., W-Ind., C-Am., S-Am.
- **tenuifolia** (G. Forst.) Bernh. ex C. Presl · ♃ Z10 ⓦ; Malay. Arch., Austr., NZ

Hypoxis L. -f- *Hypoxidaceae* · c. 150 sp · D:Härtling, Sterngras; E:Star Grass
- **hirsuta** (L.) Coville · D:Filziges Sterngras; E:Stargrass · ♃ Z7 IV-V; Can.: E; USA: NE, NCE, NC, SC, SE, Fla.

Hypsela C. Presl -f- *Campanulaceae* · 4 sp
- **reniformis** (Kunth) C. Presl · ♃ ⇝ Z8 ⓐ VII-VIII; Chile

Hyptis Jacq. -f- *Lamiaceae (Labiatae)* · c. 300 sp
- **spicigera** Lam. · ♄ ⓦ Ⓝ; trop. Afr., Madag.

Hyssopus L. -m- *Lamiaceae (Labiatae)* · 5-10 sp · D:Ysop; E:Hyssop; F:Ysope
- *aristatus* Godr. = Hyssopus officinalis subsp. aristatus
- **officinalis** L.
  - subsp. **aristatus** (Godr.) Briq. · D:Grannen-Ysop · ♄ △ Z7 VI-IX; Eur.: Sp., F, I, Ba; Maroc.
  - subsp. **officinalis** · D:Ysop; E:Hyssop; F:Hyssope · ♄ △ Z7 VII-X ⚕ Ⓝ; Eur.* exc. BrI, Sc; TR, Cauc., Iran, W-Sib., Maroc., Alger.

Hystrix Moench -f- *Poaceae (Gramineae)* · 6-10 sp · D:Flaschenbürstengras; E:Bottle-Brush Grass; F:Hystrix
- **patula** Moench · D:Flaschenbürstengras; E:Bottle-Brush Grass · ♃ ⋈ VI-VIII; Can.:

E; USA: NE, NCE, NC, SC, SE

Iberis L. -f- *Brassicaceae (Cruciferae)* · 30 sp · D:Schleifenblume; E:Candytuft; F:Thlaspi
- **amara** L. · D:Bittere Schleifenblume; E:Wild Candytuft · ⊙ Z7 V-VIII ⚕ ☠; Eur.: BrI, Sp., F, I, C-Eur.; TR, Cauc., Alger., nat. in EC-Eur., E-Eur., NZ
- *bourgaei* Boiss. = Iberis crenata
- *candolleana* Jord. = Iberis pruitii
- *corifolia* (Sims) Sweet = Iberis saxatilis var. corifolia
- *coronaria* hort. = Iberis amara
- **crenata** Lam. · ⊙ Z7 VI-VIII; Eur.: Sp.
- **gibraltarica** L. · ♃ Z8 Ⓚ IV-VI; Eur.: Sp. (Gibraltar); Maroc.
- **linifolia** Loefl. · D:Mittlere Schleifenblume · ⊙ ⊙ Z7 VI-VII; Eur.: Sp., F, I, CH, W-Ba, nat. in B
- **odorata** L. · ⊙ Z7 V-VIII; Eur.: GR, Crete; Levante, SW-As, NW-Afr., Libya
- *pectinata* Boiss. = Iberis crenata
- **pinnata** L. · D:Fieder-Schleifenblume · ⊙ ⊙ Z7 V-VIII; Eur.: Ib, Fr, Ap, Ba, Krim, CH; N-TR, nat. in C-Eur., RO
- **pruitii** Tineo · ♃ Z7 Ⓐ ∧ III-IV; Eur.: Sp., F, Ap, Ba; Tun.; mts.
- **saxatilis** L.
  - var. **corifolia** Sims · ♄ e △ Z6 V-VI; S-Eur.
  - var. **saxatilis** · D:Felsen-Bauernsenf, Felsen-Schleifenblume; F:Thlaspi des rochers · ♄ ♃ e Z6 IV-V; Eur.: Sp., F, I, CH, Ba, RO, Krim
- **semperflorens** L. · D:Immerblütige Schleifenblume; F:Thlaspi toujours vert · ♄ ♄ e Z8 Ⓚ IV-V; Eur.: Sic., I, nat. in RO
- **sempervirens** L. · D:Immergrüne Schleifenblume; E:Evergreen Candytuft · ♄ e ⁞ △ Z6 V; Eur.: Sp., F, I, Ba; TR, nat. in BrI, RO
  - **in Sorten**
- *spruneri* Jord. = Iberis pruitii
- *stylosa* Ten. = Thlaspi stylosum
- **umbellata** L. · D:Doldige Schleifenblume; E:Annual Candytuft · ⊙ ⊙ ✂ Z7 VI-VIII; Eur.: F, I, Ba, nat. in BR, C-Eur., EC-Eur., Ib, RO

Ibicella Van Eselt. -f- *Pedaliaceae* · 2 sp · D:Einhornpflanze; E:Devil's Claw, Unicorn Plant; F:Ongle du diable
- **lutea** (Lindl.) Van Eselt. · ⊙ ♧ VII-VIII; S-Bras., Parag., Urug., N-Arg.

Iboza N.E. Br. = Tetradenia
- *riparia* (Hochst.) N.E. Br. = Tetradenia riparia

Idesia Maxim. -f- *Flacourtiaceae* · 1 sp · D:Orangenkirsche; F:Idésia
- **polycarpa** Maxim.
  - var. **polycarpa** · D:Orangenkirsche; E:Igiri Tree · ♄ d Z7 ∧ V-VI; Jap., Korea, China, Taiwan
  - var. **vestita** Diels Z7; W-China: W-Sichuan

Idria Kellogg = Fouquieria
- *columnaris* Kellogg = Fouquieria columnaris

Ignatia L. f. = Strychnos
- *amara* L. = Strychnos ignatii

Ilex L. -f- *Aquifoliaceae* · c. 400 sp · D:Stechpalme, Winterbeere; E:Holly, Winterberry; F:Houx
- × **altaclerensis** (Loudon) Dallim. (*I. aquifolium* × *I. perado*) · D:Großblättrige Stechpalme; F:Houx de Highclere · ♄ e Z7; cult.
  - **in Sorten**
- **aquifolium** L. · D:Gewöhnliche Stechpalme, Hülse; E:Common Holly, English Holly; F:Houx commun · ♄ ♄ e ♧ Z6-7 V-VI ⚕ ☠ Ⓝ ▽; Eur.* exc. Russ.; TR, Syr., NW-Afr.
  - **in vielen Sorten**
- × **aquipernyi** Gable (*I. aquifolium* × *I. pernyi*) · ♄ e Z6; cult.
- × **attenuata** Ashe (*I. cassine* × *I. opaca*) · E:Topal Holly · ♄ e Z7; USA: SE, Fla.
- **bioritsensis** Hayata · ♄ ♄ e Z7; China, Taiwan
- **cassine** L. non Walter · ♄ ♄ e Z8 Ⓚ; USA: Va., SE, Fla.; Cuba
- **centrochinensis** S.Y. Hu · ♄ ♄ e Z7; China
- **ciliospinosa** Loes. · D:Grannenborstige Stechpalme; E:September Gem Holly · ♄ e Z7 ∧; C-China, W-China
- **colchica** Pojark. · ♄ e Z7; BG, TR, Cauc.
- **corallina** Franch. · ♄ ♄ e Z8 ∧; C-China, W-China
- **cornuta** Lindl. et Paxton · D:Chinesische Stechpalme; E:Chinese Holly, Horned Holly; F:Houx · ♄ e Z7 VI-VII; E-China
- **crenata** Thunb. · D:Japanische Stechpalme; E:Boxleaf Holly, Japanese Holly; F:Houx crénelé · ♄ e Z7 V-VI; Jap.

– **in vielen Sorten**
– **decidua** Walter · D:Sommergrüne Winterbeere; E:Possumhaw Holly · ♄ ♄ d ꕥ Z6 V; USA: NE, NCE, Kans., SC, SE, Fla.; NE-Mex.
– **dimorphophylla** Koidz. · ♄ e Z7; Ryukyu Is.
– **fargesii** Franch. · D:Farges Stechpalme · ♄ e Z6 V-VI; W-China
– **glabra** (L.) A. Gray · D:Kahle Winterbeere, Tintenbeere; E:Inkberry · ♄ e Z3 VI; Can.: E; USA: NE, SC, SE, Fla.
– **integra** Thunb. · E:Elegance Female Holly, Mochitree · ♄ ♄ e Z7 III-IV; China, S-Korea, Jap., Taiwan
– **kingiana** Cockerell · ♄ e Z7; E-Him., Yunnan
– × **koehneana** Loes. (*I. aquifolium* × *I. lawsoniana*) · ♄ e Z7; cult.
– **laevigata** (Pursh) A. Gray · D:Glatte Stechpalme · ♄ d ꕥ Z5 VI-VII; USA: NE, SE
– **latifolia** Thunb. · D:Tarajo-Stechpalme; E:Tarajo Holly · ♄ ♄ e Z7 VI-VII; Jap., E-China
– **leucoclada** (Maxim.) Makino · ♄ e Z7 ∧; Jap.
– × **makinoi** Hara (*I. leucoclada* × *I. rugosa*) · ♄ e Z7; Jap.
– × **meserveae** S.Y. Hu (*I. aquifolium* × *I. rugosa*) · ♄ e Z6; cult.
– **opaca** Aiton · D:Amerikanische Stechpalme; E:American Holly · ♄ ♄ e Z6 VI; USA: NE, NCE, SC, SE, Fla.
  – **in Sorten**
– **paraguariensis** A. St.-Hil. · D:Mateteestrauch; E:Mate, Paraguay Tea; F:Maté · ♄ e Z10 Ⓚ ⚕ Ⓝ; Bras., Parag., Urug., Arg.
– *paraguayensis* Hook. = Ilex paraguariensis
– *paraguensis* D. Don = Ilex paraguariensis
– **pedunculosa** Miq. · D:Langstielige Stechpalme · ♄ ♄ e Z6; C-China
  – fo. *continentalis* Loes. = Ilex pedunculosa
– **perado** Aiton · D:Azoren Stechpalme; E:Azorean Holly, Madeira Holly; F:Houx des Açores · ♄ e Z8 Ⓚ; Azor., Madeira, Canar.
– **pernyi** Franch.
  – var. **manipuriensis** Loes. Z7; China: Yunnan
  – var. **pernyi** · D:Rautenblättrige Stechpalme; E:Perny's Holly; F:Houx de Perny · ♄ ♄ e Z7; C-China, W-China
  – var. *veitchii* (Veitch) Bean ex Rehder = Ilex bioritsensis
– **rotunda** Thunb. · ♄ e Z7; Jap., China, Korea, Ryukyu Is., Taiwan
– **rugosa** F. Schmidt · ♄ e Z3; Jap., Sachal.
– **serrata** Thunb. · D:Japanische Winterbeere; E:Japanese Winterberry · ♄ d ꕥ Z7 VI; Jap.
– *sieboldii* Miq. = Ilex serrata
– **sugerokii** Maxim. · ♄ e Z7; Jap.
– **verticillata** (L.) A. Gray · D:Amerikanische Winterbeere; E:Virginia Winterberry; F:Houx · ♄ d ꕥ Z4 VI-VII ⚕; Can.: E; USA: NE, NCE, SE, Fla.
– **vomitoria** Aiton · E:Winterberry, Yaupon · ♄ e Z7 ∧; USA: Va, SE, SC, Fla.
– **yunnanensis** Franch. · D:Yunnan-Stechpalme; F:Houx du Yunnan · ♄ e Z7 ∧; SW-China

Iliamna Greene = Sphaeralcea
– *rivularis* (Hook.) Greene = Sphaeralcea rivularis

Illecebrum L. -n- *Illecebraceae* · 1 sp · D:Knorpelkraut; E:Coral Necklace; F:Illécèbre
– **verticillatum** L. · D:Knorpelkraut · ⊙ VII-IX; Eur.: Fr, BrI, Ap, C-Eur., EC-Eur., Sc, Ba, Azor.; Maroc., Alger., Tun.

Illicium L. -n- *Illiciaceae* · 42 sp · D:Sternanis; E:Anise Tree; F:Anis étoilé, Faux-anis
– **anisatum** L. · D:Japanischer Sternanis; E:Aniseed Tree, Star Anise · ♄ ♄ e Z8 Ⓚ ☠ Ⓝ; Jap., Korea
– **henryi** Diels · ♄ ♄ e Z8 Ⓚ; C-China, W-China
– *religiosum* Siebold et Zucc. = Illicium anisatum
– **verum** Hook. f. · D:Chinesischer Sternanis; E:Chinese Anise · ♄ e Z8 Ⓚ ⚕ Ⓝ; cult.

Impatiens L. -f- *Balsaminaceae* · 850 sp · D:Fleißiges Lieschen, Rühr mich nicht an, Balsamine, Springkraut; E:Balsam, Busy Lizzie; F:Balsamine, Impatiens
– **auricoma** Baill. · ♃ Z10 Ⓦ I-XII; Komor.
– **balfourii** Hook. f. · D:Balfours Springkraut · ♃ Ⓚ VII-X; W-Him., nat. in S-Eur., C-Eur.
– **balsamina** L. · D:Garten-Springkraut · ⊙ VII-IX; Ind., China, Malay. Pen., nat. in F, EC-Eur.
  – **in Sorten**

– *bicolor* Hook. f. = Impatiens niamniamensis
– *biflora* Walter = Impatiens capensis
– **capensis** Meerb. · D:Orangefarbenes Springkraut; E:Jewelweed, Orange Balsam · ⊙ Z2 VII-X; Alaska, Can., USA* exc. NW, Rocky Mts., nat. in BrI, F
– **glandulifera** Royle · D:Drüsiges Springkraut, Indisches Springkraut; E:Himalayan Balsam, Policeman's Helmet · ⊙ D VII-X; Him., nat. in Eur., N-Am.: NE
– **hawkeri** W. Bull · ♃ Z10 ⓦ ⓚ VIII-X; N.Guinea
– *holstii* Engl. = Impatiens walleriana
– *linearifolia* Warb. = Impatiens hawkeri
– **marianae** Rchb. f. ex Hook. f. · ♃ ⤳ Z10 ⓦ VI-VII; Ind: Assam
– **niamniamensis** Gilg · ♃ Z10 ⓦ I-XII; E-Afr.
– **noli-tangere** L. · D:Rühr mich nicht an, Großes Springkraut; E:Touch-me-not · ⊙ VII-VIII ⚕ ; Eur.*, TR, Cauc., W-Sib., E-Sib., Amur, Sachal., Kamchat., C-As., China, Korea, Jap., nat. in N-Am.
– *oliveri* C.H. Wright ex W. Watson = Impatiens sodenii
– **parviflora** DC. · D:Kleinblütiges Springkraut; E:Small Balsam · ⊙ VI-X; C-As., Him., Mong., W-Sib., nat. in Eur.* exc. Ib, Ba
– **platypetala** Lindl. · ♃ Z10 ⓦ VII-VIII; Java, Sulawesi
– **repens** Moon · ♃ ⤳ Z10 ⓦ VI-VIII; Ind., Sri Lanka
– *roylei* Walp. = Impatiens glandulifera
– **sodenii** Engl. et Warb. ex Engl. · ♃ ⓚ IV-VIII; Kenya, Tanzania
– *sultani* Hook. f. = Impatiens walleriana
– **walleriana** Hook. f. · D:Fleißiges Lieschen; E:Busy Lizzie; F:Impatiens · ♃ ⓚ ▽ I-XII; Tanzania, Mozamb.
  – **in vielen Sorten**
– **Cultivars**
  – **Neuguinea Grp.** · ; cult.

Imperata Cirillo -f- *Poaceae (Gramineae)* · 8-10 sp · E:Chigaya
– **cylindrica** (L.) Raeusch. · E:Cogongrass · ♃ Z8 ⓚ Ⓝ; Eur.: Ib, Fr, Ap, Ba; TR, Arab., C-As., NW-Ind., N-Afr., Macaron., nat. in N-Am., Chile
– *sacchariflora* Maxim. = Miscanthus sacchariflorus

Imperatoria L. -f- *Apiaceae (Umbelliferae)* · 3 sp
– *altissima* (Mill.) Leute = Peucedanum verticillare
– *ostruthium* L. = Peucedanum ostruthium

Incarvillea Juss. -f- *Bignoniaceae* · -14 sp · D:Freilandgloxinie; F:Incarvillée
– **arguta** (Royle) Royle · ♃ Z8 ⓚ ∧ VIII; W-Him.
– *brevipes* (Sprague) hort. = Incarvillea mairei var. mairei
– **compacta** Maxim. · ♃ △ Z6 V-VII; NW-China
  – var. *grandiflora* (Bureau et Franch.) H.R. Wehrh. = Incarvillea mairei var. grandiflora
– **delavayi** Bureau et Franch. · D:Stängellose Freilandgloxinie; E:Chinese Trumpet Flower; F:Incarvillée de Delavay · ♃ Z6 VI-VII; Yunnan
– **emodi** (Lindl.) Chatterjee · ♃ Z8 ⓚ ∧ VIII; Him.
– *grandiflora* Bureau et Franch. = Incarvillea mairei var. grandiflora
  – var. *brevipes* Sprague = Incarvillea mairei var. mairei
– **lutea** Bureau et Franch. · ♃ △ Z6 VI-VII; SW-China
– **mairei** (Lev.) Grierson
  – var. **grandiflora** (Bureau et Franch.) Grierson · F:Incarvillée à grandes fleurs · ♃ △ Z4 V-VI; Nepal, Bhutan, W-China, SE-Tibet
  – var. **mairei** · ♃ Z4; SW-China
– **olgae** Regel · ♃ Z7 VI-IX; C-As., Afgh.
– **sinensis** Lam.
  – subsp. **sinensis** · D:Chinesische Freilandgloxinie; E:Trumpet Flower · ⊙ ♃ Z4; Sib., Manch., China
  – subsp. **variabilis** (Batalin) Grierson · ⊙ ♃ Z4 VI-VIII; W-China
– *variabilis* Batalin = Incarvillea sinensis subsp. sinensis

Indigofera L. -f- *Fabaceae (Leguminosae)* · c. 700 sp · D:Indigostrauch; E:Indigo; F:Indigo
– **amblyantha** Craib · ♄ d Z5 VII-X; China
– **arrecta** Hochst. ex A. Rich. · ♄ ⓦ Ⓝ; W-Sudan, W-Afr., E-Afr., S-Afr., Arab.
– **australis** Willd. · D:Australischer Indigostrauch; E:Australian Indigo · ♄ e Z9 ⓚ; Austr.: Queensl., N.S.Wales, Victoria
– **cylindrica** DC. · ♄ ♄ Z9 ⓚ; S-Afr.
– **decora** Lindl. · ♄ d Z7 ∧ VII-VIII; Jap.,

M-China
– **dielsiana** Craib · ♄ d Z6; SW-China
– *gerardiana* Wall. ex Baker = Indigofera heterantha
– **heterantha** Wall. ex Brandis · D:Himalaya-Indigostrauch · ♄ d Z7 ∧ VI-IX; Him.
– **hirsuta** L. · D:Behaarter Indigostrauch; E:Hairy Indigo · ⊙ Ⓦ Ⓝ; Afr., S-As., N-Austr., nat. in Trop.
– *incarnata* Nakai = Indigofera decora
– **kirilowii** Maxim. ex Palib. · D:Kirilows Indigostrauch · ♄ d Z6 VI; Jap., Korea, Manch., N-China
– **potaninii** Craib · D:Potanins Indigostrauch · ♄ d Z7 VII-IX; NW-China
– **spicata** Forssk. · D:Kriechender Indigostrauch; E:Creeping Indigo · ♃ Ⓦ Ⓝ; trop. Afr.
– **suffruticosa** Mill. · D:Mexikanischer Indigostrauch; E:Anil Indigo · ♄ Ⓦ Ⓝ; trop. Am., nat. in Afr., S-As
– **tinctoria** L. · D:Indigostrauch; E:Common Indigo, Indigo, True Indigo · ♄ d Z10 Ⓦ VII Ⓝ; ? W-Afr.

Indocalamus Nakai -m- *Poaceae (Gramineae)* · c. 10 (-25) sp
– **tessellatus** (Munro) Keng f. · ♃ e Z6; Jap.

Inga Mill. -f- *Mimosaceae (Leguminosae)* · c. 350 sp · D:Ingabohne; E:Ice-Cream Bean
– **edulis** Mart. · D:Ingabohne; E:Ice Cream Bean · ♄ e Z10 Ⓚ Ⓝ; C-Am., trop. S-Am.
– **feuillei** DC. · ♄ Z10 Ⓚ Ⓝ; Peru
– **laurina** (Sw.) Willd. · ♄ Z10 Ⓦ Ⓝ; C-Am., W.Ind.

Inocarpus J.R. Forst. et G. Forst. -m- *Fabaceae (Leguminosae)* · 3 sp
– **fagifer** (Parkinson ex Du Roi) Fosberg · D:Tahitikastanie; E:Tahitian Chestnut · ♄ e Ⓦ Ⓝ; Malay. Arch., Polyn.

Intsia Thouars -f- *Caesalpiniaceae (Leguminosae)* · 3 sp
– **bijuga** (Colebr.) Kuntze · D:Borneo-Teakholz; E:Bajang · ♄ Ⓦ Ⓝ; E-Afr., S-As., Malay. Arch., N.Guinea, Austr.: Queensl.; Fiji, Pacific Is.

Inula L. -f- *Asteraceae (Compositae)* · c. 90 sp · D:Alant; E:Fleabane; F:Aulnée, Inule
– **acaulis** Schott et Kotschy · ♃ △ Z6 VII-VIII; TR, Cauc.
– *afghanica* hort. = Inula magnifica
– **britannica** L. · D:Wiesen-Alant; E:British Elecampane · ♃ Z7 VII-IX; Eur.* exc. BrI; TR, Cauc., Iran, W-Sib., E-Sib., Amur, Sachal., Kamchat.
– **conyzae** (Griess.) Meikle · D:Dürrwurz, Dürrwurz-Alant; E:Ploughman's Spikenard · ⊙ ♃ Z6 VI-X; Eur.*, TR, Cauc., Iran, Alger.
– **ensifolia** L. · D:Schwertblättriger Alant; E:Narrow-leaved Inula; F:Aunée à feuilles en épée · ♃ △ Z5 VII-VIII; Eur.* exc. BrI, Ib; N-TR, Cauc.
– **germanica** L. · D:Deutscher Alant; E:German Elecampane · ♃ VII-VIII ▽; Eur.: C-Eur., EC-Eur., Ba, E-Eur.; TR, Cauc., W-Sib., C-As.
– *glandulosa* Puschk. ex Willd. = Inula orientalis
– **helenium** L. · D:Echter Alant, Helenenkraut; E:Elecampane, Scabwort · ♃ Z5 VII-X ⚕; Eur.: Ap, Ba, E-Eur.; TR, Cauc., NW-Iran, W-Sib., C-As., nat. in Eur.: BrI, Sc, Fr, C-Eur., EC-Eur.; N-Am.
– **helvetica** Weber · D:Schweizer Alant; E:Swiss Elecampane · ♃ VII-IX; Eur.: Sp., F, I, CH, D
– **hirta** L. · D:Rauhaariger Alant; F:Inule hérissée · ♃ Z4 VI-IX; Eur.* exc. BrI, Sc; W-Sib.
– **hookeri** C.B. Clarke · ♃ Z6 VIII-IX; Sikkim
– *macrocephala* Kotschy et Boiss. = Inula royleana
– **magnifica** Lipsky · D:Großer Alant; E:Giant Inula; F:Grande aunée · ♃ Z6 VII-VIII; Cauc.
– **oculus-christi** L. · D:Christusaugen-Alant · ♃ △ Z6 VI-VIII; Eur.: A, Ba, EC-Eur.; TR, Cauc., Iran
– **orientalis** Lam. · F:Inule d'Orient · ♃ Z6 VI-VII; Cauc., TR
– **rhizocephala** Schrenk · ♃ △ Z7 ∧ VII-VIII; Afgh., Iran, Pakist., C-As.
– **royleana** DC. · ♃ Z6 VII-IX; Cauc., Him.
– *salicifolia* hort. = Inula salicina
– **salicina** L. · D:Weidenblättriger Alant · ♃ Z6 VI-X; Eur.* exc. BrI; TR, Lebanon, Cauc., N-Iran, Sib., C-As., China, Korea, Jap.
– **spiraeifolia** L. · D:Sparriger Alant · ♃ Z6 VII-VIII; Eur.: Fr, Ap, CH, Ba, ? RO

Iochroma Benth. -n- *Solanaceae* · 15 sp ·

D:Veilchenstrauch; F:Arbre à violettes
– **australe** Griseb. · ♄ d Z9 VI; SW-Bol., NW-Arg.
– **coccineum** Scheidw. · ♄ e Z9 Ⓚ VII-VIII; C-Am.
– **cyaneum** (Lindl.) M.L. Green · ♄ Z9 Ⓚ VII-VIII; Col.
– **fuchsioides** (Humb. et Bonpl.) Miers · ♄ e Z9 Ⓚ VII-VIII; Col.
– **grandiflorum** Benth. · ♄ e Z9 Ⓚ VII-VIII; Ecuad., Peru; And.
– *lanceolatum* (Miers) Miers = Iochroma cyaneum
– *tubulosum* Benth. = Iochroma cyaneum
– *warscewiczii* Regel = Iochroma grandiflorum

Ionopsidium Rchb. -n- *Brassicaceae (Cruciferae)* · 5 sp · D:Scheinveilchen; E:Violet Cress; F:Fausse-violette
– **acaule** (Desf.) Rchb. · E:Diamond Flower, Violet Cress · ⊙ Z9 VI-VII ▽; P

Ionopsis Kunth -f- *Orchidaceae* · 3-10 sp · D:Veilchenständel; F:Ionopsis
– *paniculata* Lindl. = Ionopsis utricularioides
– *tenera* Lindl. = Ionopsis utricularioides
– **utricularioides** (Sw.) Lindl. · E:Delicate Violet Orchid · ♃ Z10 Ⓦ XII-X ▽ *; Fla., Mex., W-Ind., C-Am., trop. S-Am.

Ipheion Raf. -n- *Alliaceae* · 10 (-25) sp · D:Frühlingsstern; E:Spring Starflower; F:Iphéion
– **uniflorum** (Graham) Raf. · D:Frühlingsstern, Sternblume; E:Spring Starflower · ♃ Z7 ∧ IV-V; S-Bras., Urug., Arg.
  – **in Sorten**

Ipomoea L. -f- *Convolvulaceae* · c. 500 (-650) sp · D:Kaiserwinde, Prunkwinde, Purpurwinde; E:Morning Glory; F:Ipomée
– *acuminata* (Vahl) Roem. et Schult. = Ipomoea indica
– **alba** L. · D:Mondblüte; E:Moon Flower · ♃ ≀ Z8 Ⓦ VII-VIII; Trop.
– **aquatica** Forssk. · D:Sumpfkohl, Wasserspinat; E:Water Convolvulus, Water Spinach · ⊙ ⊙ ♃ ⁓→ Ⓦ XI-VI Ⓝ; Afr., Arab., Ind., Sri Lanka, trop. As., Austr., nat. in Trop.
– **arborescens** (Humb. et Bonpl. ex Willd.) G. Don · E:Morning Glory Tree, Tree Convolvulus · ♄ e Ⓚ VI-VIII; Mex.
– **batatas** (L.) Lam. · D:Batate, Süßkartoffel; E:Sweet Potato · ♃ ≀ ⁓→ Z9 Ⓦ Ⓝ; cult.
– *biloba* Forssk. = Ipomoea pes-caprae
– *bona-nox* L. = Ipomoea alba
– **bonariensis** Hook. · ♃ ≀ Ⓦ VIII-X; Arg.
– *brasiliensis* (L.) Sweet = Ipomoea pes-caprae
– **cairica** (L.) Sweet · ♃ ≀ Z8 Ⓦ II-VII; Trop.
– **carnea** Jacq.
  – subsp. **carnea** · ♄ Z9 Ⓦ; Fla., trop. Am., nat. in Trop.
  – subsp. **fistulosa** (Mart. ex Choisy) D.F. Austin · E:Morning Glory Bush · ♄ Z9 Ⓦ I-VI; C-Am., trop. S-Am.
– **coccinea** L. · D:Sternwinde; E:Red Morning Glory, Star Ipomoea · ⊙ ≀ Z7 VII-X; Ariz., N.Mex.
– *crassicaulis* Benth. = Ipomoea carnea subsp. carnea
– *digitata* auct. non L. = Ipomoea mauritiana
– *dissecta* (Jacq.) Pursh = Merremia dissecta
– **eriocarpa** R. Br. · ♄ Ⓝ; Afgh., Ind., Sri Lanka, Trop. Old World
– *fistulosa* Mart. ex Choisy = Ipomoea carnea subsp. fistulosa
– **hederacea** Jacq. · ⊙ ≀ Z8 VII-IX; trop. Am.
– **hederifolia** L. · ⊙ ≀ Z8 VII-IX; USA: SC; S-Am., nat. in Trop.
– **horsfalliae** Hook. · ♄ ≀ Z9 Ⓚ X-I; W-Ind.
– × **imperialis** hort. (*I. nil* × *?*) · ♃ ≀ Z9; cult.
– **indica** (Burm.) Merr. · D:Indische Prunkwinde; E:Blue Dawn Flower, Ocean Blue Morning Glory · ♃ ≀ Z9 Ⓦ Ⓚ VII-IX; Trop.
– *learii* Paxton = Ipomoea indica
– **lobata** (Cerv.) Thell. · ♃ ≀ Z8 Ⓚ VII-IX; S-Mex.
– **macrorhiza** Michx. · ♄ e ≀ ⁓→ Ⓚ VIII-IX; USA: Calif., Fla., SW; Mex.
– **mauritiana** Jacq. · D:Haiti-Prunkwinde; E:Mauritanian Convolvulus · ♃ ≀ Z9 Ⓦ VII-IX; Trop.
– *michauxii* Sweet = Ipomoea macrorhiza
– × **multifida** (Raf.) Shinners (*I. coccinea* × *I. quamoclit*) · ⊙ ≀ Z9 VII-XI; cult.
– **muricata** (L.) Jacq. · ♃ ≀ Ⓦ VII-VIII; Trop.
– **nil** (L.) Roth · D:Blaue Prunkwinde; E:Blue Morning Glory · ♃ ≀ Z9 Ⓚ VII-IX; Trop.
– *palmata* Forssk. = Ipomoea cairica
– **pandurata** (L.) G. Mey. · E:Man-of-the-

earth, Wild Potato Vine · ♃ ≹ Z7 ∧ VII-IX; Can.: Ont.; USA: NE, NCE, Kans., SC, SE, Fla.
– *paniculata* (L.) R. Br. = Ipomoea mauritiana
– **pes-caprae** (L.) R. Br. · D:Ziegenfuß-Prunkwinde; E:Beach Morning Glory, Goat's Foot · ♃ ≹ ⇝ Z9 Ⓦ I-VII Ⓝ; Trop.; coasts
  – subsp. *brasiliensis* (L.) Ooststr. = Ipomoea pes-caprae
– **purga** (Wender.) Hayne · D:Herbst-Prunkwinde; E:Jalap · ♃ ≹ Ⓚ VII-X ⚕ ☠; Mex., Panama
– **purpurea** (L.) Roth · D:Purpur-Prunkwinde; E:Common Morning Glory · ⊙ ≹ Z7 VI-IX; trop. Am., ? Mex., nat. in Trop.
– **quamoclit** L. · D:Zypressen-Prunkwinde; E:Cardinal Climber, Cypress Vine, Quamoclit · ⊙ ≹ Z8 Ⓚ VII-VIII; trop. Am.
– *reptans* auct. non (L.) Poir = Ipomoea aquatica
– *rubrocaerulea* Hook. = Ipomoea tricolor
– **setosa** Ker-Gawl. · D:Brasilianische Prunkwinde; E:Brazilian Morning Glory · ♄ ≹ Ⓦ VIII-X; Bras.
– *sibirica* (L.) Pers. = Merremia sibirica
– **stans** Cav. · ♄ Ⓚ; Mex.
– **tricolor** Cav. · D:Himmelblaue Prunkwinde; E:Flying Saucers, Heavenly Blue Morning Glory; F:Ipomée · ⊙ ♃ ≹ Z8 Ⓚ VIII-X ☠; Mex., C-Am., nat. in Trop.
  – **in Sorten**
– *tuberosa* L. = Merremia tuberosa
– *turpethum* (L.) R. Br. = Operculina turpethum
– *violacea* auct. non L. = Ipomoea tricolor

Ipomopsis Michx. -f- *Polemoniaceae* · 24 sp
– **aggregata** (Pursh) Grant · E:Scarlet Gilia, Skyrocket · ⊙ ⊙ Z7 VII-X; Can.: B.C.; USA: NW, Calif., Rocky Mts., SC, SW; Mex.
– *elegans* Michx. = Ipomopsis rubra
– **rubra** (L.) Wherry · E:Standing Cypress · ♃ Z8 Ⓚ VII-X; USA: SE, SC, Fla.

Iresine P. Browne -f- *Amaranthaceae* · 80 sp · D:Iresine; F:Irésine
– **herbstii** Hook. f. · D:Blutblatt; E:Beefsteak Plant, Blood Leaf; F:Irésine · ⊙ ⁞ Z9 Ⓦ; Bras.
– **lindenii** Van Houtte · F:Irésine · ♃ ⁞ Z9 Ⓦ; Ecuad.

Iris L. -f- *Iridaceae* · c. 225 sp · D:Iris, Schwertlilie; E:Flag, Sword Lily; F:Iris
– *alata* Poir. = Iris planifolia
– *anglica* Steud. = Iris latifolia
– **aphylla** L. · D:Nacktstänglige Schwertlilie; F:Iris sans feuille · ♃ IV-V ▽; Eur.: F, I, D, EC-Eur., Ba, E-Eur..; Cauc.
– *arenaria* Waldst. et Kit. = Iris humilis
– **atrofusca** Baker · ♃ Ⓚ ▽; Israel
– **atropurpurea** Baker · ♃ Ⓚ ▭ V ▽; Israel
– **aucheri** (Baker) Sealy · ♃ △ Ⓚ ∧ II-III ▽; TR, Syr., Iraq
– *aurea* Lindl. = Iris crocea
– **bakeriana** Foster · ♃ △ ∧ II-III ▽; E-TR, N-Iraq, W-Iran
– *balkana* Janka = Iris reichenbachii
– **barnumae** Foster et Baker · ♃ △ ▭ ∧ V-VI ▽; E-TR, NE-Iraq, Iran
– **bismarckiana** Regel · ♃ △ ▭ ∧ V ▽; Lebanon
– **boissieri** Henriq. · ♃ ∧ VI ▽; N-P, NW-Sp.
– *bornmuelleri* Hausskn. = Iris danfordiae
– *bosniaca* Beck = Iris reichenbachii
– **bracteata** S. Watson · D:Siskiyou-Iris; E:Siskiyou Iris · ♃ V-VI ▽; USA: Oreg., Calif.
– **brevicaulis** Raf. · D:Louisiana-Iris; E:Louisiana Iris · ♃ VI ▽; USA: NCE, Kans., SC, SE
– **bucharica** Foster · D:Geweih-Iris · ♃ △ ∧ III-IV ▽; NE-Afgh., C-As.: Tadschik.
– **bulleyana** Dykes · ♃ ∧ V-VI ▽; W-China, N-Myanmar
– **caucasica** Regel · ♃ △ III-IV ▽; TR, Cauc., Iran
– *chamaeiris* Bertol. = Iris lutescens
– **chrysographes** Dykes · ♃ ∼ VI ▽; Yunnan, Sichuan
– **clarkei** Baker · ♃ VI ▽; E-Him.
– **cristata** Sol. · D:Kamm-Iris; E:Crested Iris · ♃ △ ∼ V-VI ▽; USA: NE, SE, SC
– **crocea** Jacquem. ex Baker · D:Kaschmir-Iris; E:Golden Flag · ♃ VI ▽; Kashmir
– *cuprea* Pursh = Iris fulva
– **danfordiae** (Baker) Boiss. · ♃ △ D III-IV ▽; TR
– **delavayi** Micheli · ♃ ∼ VII ▽; Yunnan
– *desertorum* Ker-Gawl. = Iris spuria subsp. halophila
– *dichotoma* Pall. = Pardanthopsis dichotoma
– **douglasiana** Herb. · D:Douglas-Iris; E:Douglas Iris, Mountain Iris · ♃ VI ▽; USA: Oreg., Calif.

– **ensata** Thunb. · D:Japanische Sumpf-Schwertlilie; E:Japanese Water Iris; F:Iris du Japon · ♃ VI Ⓝ ▽; C-As., China, Korea, Jap.
 – **in vielen Sorten**
– **filifolia** Boiss. · ♃ ∧ VI ▽; SW-Sp., Maroc.
– *flavissima* Pall. = Iris humilis
– *florentina* L. = Iris germanica 'Florentina'
– **foetidissima** L. · D:Übelriechende Schwertlilie; E:Gladwyn, Roast Beef Plant, Stinking Iris; F:Iris gigot, Iris puant · ♃ VI ▽; Eur.: Ib, Fr, Ap, Ba; N-Afr., nat. in CH
– *foliosa* Mack. et Bush = Iris brevicaulis
– **forrestii** Dykes · F:Iris de Forrest · ♃ V-VI ▽; Yunnan
– **fosteriana** Aitch. et Baker · ♃ △ ∧ III ▽; Iran, NW-Afgh.
– **fulva** Ker-Gawl. · D:Terrakotta-Schwertlilie; E:Louisiana Iris, Red Iris · ♃ ~ VI ▽; USA: Ill., Mo., SE
– × **fulvala** Dykes (*I. brevicaulis* × *I. fulva*) · ♃
– **gatesii** Foster · ♃ Ⓚ ▭ V ▽; SE-TR, N-Iraq
– **germanica** L. · D:Deutsche Schwertlilie; E:Common Iris, German Iris, Orris · ♃ ✂ V-VI Ⓝ ▽; Eur.: Ib, F, Ap, C-Eur., EC-Eur., Ba; TR, Palaest., NW-Afr., nat. in Eur.*
 – **'Florentina'** · ♃ V ⚕ Ⓝ
– *gigantea* Carr = Iris orientalis
– *gormanii* Piper = Iris tenax
– **gracilipes** A. Gray · ♃ △ VI ▽; Jap.
– **graeberiana** Sealy · ♃ △ IV ▽; C-As.
– **graminea** L. · D:Grasblättrige Schwertlilie, Pflaumenduft-Iris; F:Iris à feuilles de graminée · ♃ △ D V-VI ▽; Eur.* exc. BrI, Sc; Cauc.
– *gueldenstaedtiana* Lepech. = Iris spuria subsp. halophila
– *halophila* Pall. = Iris spuria subsp. halophila
– **hexagona** Walter · ♃ ∧ VI ▽; USA: Va., SE, Tex.
– *hispanica* Steud. = Iris xiphium
– **histrio** Rchb. f. · ♃ △ Ⓚ ∧ III ▽; TR, Syr.
– **histrioides** (G.F. Wilson) S. Arn. · ♃ △ Ⓚ III ▽; N-TR
– × **hollandica** hort. (*I. latifolia* × *I. tingitana* × *I. xiphium*) · D:Holländische Iris; E:Dutch Iris · ♃ Ⓚ; cult.
 – **in vielen Sorten**
– **hoogiana** Dykes · ♃ Ⓚ ∧ V ▽; C-As.
– **humilis** Georgi · D:Sand-Schwertlilie · ♃ △ D IV-VI ▽; Eur.: A, H, ? W-Ba, RO, Russ.; Cauc., Altai
– **innominata** L.F. Hend. · E:Rainbow Iris · ♃ △ ✂ ∧ VI ▽; USA: Oreg., N-Calif.
– **japonica** Thunb. · D:Gefranste Schwertlilie; E:Orchid Iris · ♃ Ⓚ ∧ III-IV ▽; Jap., C-China
– **juncea** Poir. · ♃ Ⓚ ∧ V-VI ▽; Eur.: SW-Sp., Sic.; N-Afr., nat. in I
– *kaempferi* Siebold = Iris ensata
– **kochii** A. Kern. ex Stapf · ♃ IV ▽; Eur.: N-I
– **korolkowii** Regel · ♃ ∧ V-VI ▽; C-As., Afgh.
– **lacustris** Nutt. · ♃ △ V ▽; Can.: Ont.; USA: Wisc.
– **laevigata** Fisch. · D:Asiatische Sumpf-Schwertlilie · ♃ ~ VII-VIII ▽; China, Manch., Korea, Jap.
 – **in vielen Sorten**
– **latifolia** Mill. · D:Englische Schwertlilie; E:English Iris; F:Iris à bulbe des Pyrénées · ♃ ∧ VI ▽; Eur.: Sp., F; Cordillera Cantábrica, Pyr.
– **longipetala** Herb. · ♃ V-VI ▽; Calif.
– **lortetii** Barbey ex Boiss. · ♃ Ⓚ ∧ V-VI ▽; Lebanon
– **lutescens** Lam. · D:Grünliche Schwertlilie · ♃ IV-V ▽; Eur.: NE-Ib, S-F, I, nat. in CH, Sic.
– **magnifica** Vved. · ♃ Ⓚ ∧ IV ▽; C-As.
– **mandschurica** Maxim. · ♃ V ▽; Korea, Manch.
– **mesopotamica** Dykes · ♃ V-VI ▽; S-TR, Syr., Israel
– **milesii** Foster · ♃ V-VII ▽; NW-Him.
– **missouriensis** Nutt. · D:Missouri-Schwertlilie; E:Missouri Flag, Rocky Mountain Iris · ♃ V-VI ▽; Can.: B.C.; USA: NC, Rocky Mts., NW, Calif., SW; Mex.
– **monnieri** DC. · ♃ VI-VII ▽; Crete
– *nana* Maxim. = Iris verna
– *nertschinskia* Lodd. = Iris sanguinea
– *nudicaulis* Lam. = Iris aphylla
– *ochroleuca* L. = Iris orientalis
– **orchioides** Carrière · ♃ △ ∧ IV ▽; C-As.
– **orientalis** Mill. · D:Orientalische Schwertlilie; E:Butterfly Iris · ♃ ✂ VI-VII ▽; NE-GR, W-TR
– *orientalis* Thunb. = Iris sanguinea
– **pallida** Lam. · D:Bleiche Schwertlilie; E:Dalmatian Iris · ♃ D V-VI ⚕ Ⓝ ▽; Eur.: I, Slove., Croat., Montenegro, Maced., nat.

in F, CH, A, RO, Ba
– **paradoxa** Steven · ♃ Ⓚ ∧ VI ▽; Cauc., N-Iran
– *pavonia* L. f. = Moraea neopavonia
– **persica** L. · ♃ △ Ⓚ ∧ II-III ▽; S-TR, N-Syr., NE-Iraq, Egypt
– **planifolia** (Mill.) Fiori et Paol. · ♃ Ⓚ XI-I ▽; Eur.: Ib, Sard., Sic., GR, Crete; N-Afr.
– **pseudacorus** L. · D:Sumpf-Schwertlilie; E:Flag Iris, Yellow Flag; F:Iris des marais · ♃ ~ V-VI ☠ ▽; Eur.*, TR, Syr., Cauc., Iran, W-Sib., Maroc.
– **pumila** L. · D:Zwerg-Schwertlilie; E:Dwarf Flag · ♃ △ IV-V ▽; Eur.: A, EC-Eur.; Cauc.
– *reginae* Horvat = Iris variegata
– **reichenbachii** Heuff. · ♃ △ Ⓚ IV ▽; Eur.: Ba, RO
– **reticulata** M. Bieb. · D:Kleine Netzblatt-Iris; E:Netted Iris, Winter Iris · ♃ △ III ▽; TR, Iraq, Cauc., Iran
  – **in vielen Sorten**
– × **robusta** E.S. Anderson (*I. versicolor* × *I. virginica*) · ♃; cult.
– **rosenbachiana** Regel · ♃ Ⓚ I-III ▽; C-As., Afgh.
– *rudskyi* Horvat = Iris variegata
– **ruthenica** Ker-Gawl. · ♃ △ V-VI ▽; Eur.: RO, ? E-Russ.; W-Sib., E-Sib., Amur, C-As., Mong., China, Korea
– × **sambucina** L. (*I. pallida* × *I. variegata*) · D:Holunder-Schwertlilie, Schmutzigbraune Schwertlilie · ♃ V-VI; Eur.: ? I, ? Sp.; TR, Cauc.
– **sanguinea** Hornem. ex Donn · D:Frühe Sibirische Schwertlilie; E:Siberian Iris · ♃ V-VI ▽; Jap., Korea, Manch., E-Sib.
– **sari** Schott · ♃ Ⓚ ▭ VII ▽; TR
– **setosa** Pall. ex Link · E:Beach Head Iris · ♃ VI ▽; Alaska, E-Sib., Sachal., Jap.
– **sibirica** L. · D:Sibirische Schwertlilie, Wiesen-Schwertlilie; E:Siberian Iris; F:Iris de Sibérie · ♃ ~ V-VI ▽; Eur.: Fr, Ap, C-Eur., EC-Eur., Ba, E-Eur.; TR, Cauc., W-Sib., E-Sib., nat. in Sweden
  – **in vielen Sorten**
– *sicula* Tod. = Iris pallida
– *sindjarensis* Boiss. et Hausskn. = Iris aucheri
– **sintenisii** Janka · ♃ △ V-VI ▽; Eur.: I, Ba, E-Eur.; TR
– *sisyrinchium* L. = Gynandriris sisyrinchium
– **songarica** Schrenk · ♃ V ▽; TR, Iran, C-As., Kashmir, China
– *spathacea* Thunb. = Moraea spathulata
– *spathulata* L. f. = Moraea spathulata
– **spuria** L.
  – subsp. **halophila** (Pall.) D.A. Webb et Chater · ♃ V-VI ▽; S-Russ., Cauc., W-Sib., C-As., Mong., Him.
  – subsp. *ochroleuca* (L.) Dykes = Iris orientalis
  – subsp. **spuria** · D:Steppen-Schwertlilie; E:Butterfly Iris; F:Iris des steppes · ♃ ~ V-VII ▽; Eur.: Ib, BrI, Fr, C-Eur., EC-Eur., GR, E-Eur., Sc; Cauc., N-Iran, nat. in I
  – **in vielen Sorten**
– × **squalens** L. · D:Gelbliche Schwertlilie · ♃ VI; SE-Eur., SW-As.
– **stolonifera** Maxim. · ♃ ⋊ ∧ V-VI ▽; C-As.
– *stylosa* Desf. = Iris unguicularis
– **suaveolens** Boiss. et Reut. · ♃ △ IV-V ▽; Eur.: Ba, RO; TR
– **susiana** L. · D:Dame in Trauer; E:Mourning Iris · ♃ Ⓚ ▭ ∧ V-VI ▽; ? Iran, ? Lebanon
– **tectorum** Maxim. · D:Dach-Schwertlilie; E:Roof Iris · ♃ △ ∧ VI ▽; China
– **tenax** Douglas ex Lindl. · D:Oregon-Iris; E:Oregon Iris · ♃ △ ∧ V ▽; USA: NW, Calif.; Baja Calif.
– **tingitana** Boiss. et Reut. · ♃ Ⓚ IV-V ▽; Maroc., Alger.
– *tricuspidata* L. f. = Moraea tricuspidata
– *tricuspis* Thunb. = Moraea tricuspidata
– *tuberosa* L. = Hermodactylus tuberosus
– **unguicularis** Poir. · D:Winter-Iris; E:Algerian Iris, Winter Iris · ♃ Ⓚ XI-III ▽; Eur.: GR, Crete; TR, Syr., NW-Afr.
– **variegata** L. · D:Bunte Schwertlilie · ♃ V-VI ▽; Eur.: C-Eur., EC-Eur., Ba, E-Eur., nat. in I
– **vartanii** Foster · ♃ Ⓚ XII-I ▽; Palaest.
– **verna** L. · D:Frühlings-Schwertlilie; E:Dwarf Iris, Vernal Iris · ♃ △ ∧ IV ▽; USA: NE, SE
– **versicolor** L. · D:Verschiedenfarbige Schwertlilie; E:Blue Flag, Iris; F:Iris variable · ♃ ~ VI-VIII ⚕ ▽; Can.: E, nat. in BrI, D
  – **in vielen Sorten**
– **warleyensis** Foster · ♃ Ⓚ ▭ IV ▽; C-As.
– *watsoniana* Purdy = Iris douglasiana
– **willmottiana** Foster · ♃ Ⓚ ▭ III-IV ▽; C-As.
– **wilsonii** C.H. Wright · ♃ V-VI ▽; W-China
– **winogradowii** Fomin · ♃ △ Ⓚ ∧ III-IV

▽; Cauc.
– *xiphioides* Ehrh. = Iris latifolia
– **xiphium** L. · D:Spanische Iris; E:Spanish Iris · ♃ ∧ VI ▽; Eur.: S-F, P, Sp.; N-Afr.
– **Cultivars**
– **in vielen Sorten (siehe Kapitel III)**

Isabelia Barb.Rodr. -f- *Orchidaceae* · 1 sp
– **pulchella** (Kraenzl.) Senghas et Teusch. · ♃ Z10 ⌂ X-XI ▽ *; S-Bras.

Isatis L. -f- *Brassicaceae (Cruciferae)* · c. 30 sp · D:Färberwaid, Waid; E:Woad; F:Pastel
– *canescens* DC. = Isatis tinctoria
– **tinctoria** L. · D:Färberwaid; E:Common Dyer's Weed, Dyer's Woad · ⊙ ♃ Z7 V-VI ⚕ Ⓝ; Eur.*, TR, Cauc., C-As., W-Sib., E-Sib., nat. in N-Afr., Ind., E-As., Chile

Ischaemum L. -n- *Poaceae (Gramineae)* · c. 65 sp
– **indicum** (Houtt.) Merr. · ♃ Ⓝ; SE-As.; cult. W-Afr., W.Ind., Fiji

Islaya Backeb. = Neoporteria
– *bicolor* Akers et Buining = Neoporteria islayensis
– *copiapoides* Rauh et Backeb. = Neoporteria islayensis
– *grandis* Rauh et Backeb. = Neoporteria islayensis
– *islayensis* (C.F. Först.) Backeb. = Neoporteria islayensis
– *minor* Backeb. = Neoporteria islayensis
– *molendensis* (Vaupel) Backeb. = Neoporteria islayensis
– *paucispinosa* (Monv.) F.A.C. Weber = Neoporteria islayensis

Ismelia Cass. -f- *Asteraceae (Compositae)* · 1 sp
– **carinata** (Schousb.) Sch. Bip. · D:Bunte Wucherblume; E:Painted Daisy · ⊙ ✂ VI-IX; NW-Afr.
– **in vielen Sorten**

Ismene Salisb. = Hymenocallis
– *amancaes* (Ruiz et Pav.) Herb. = Hymenocallis amancaes
– *calathina* (Ker-Gawl.) G. Nicholson = Hymenocallis narcissiflora

Isnardia L. = Ludwigia
– *alternifolia* (L.) DC. = Ludwigia alternifolia
– *palustris* L. = Ludwigia palustris

Isoberlinia Craib et Stapf ex Holland -f- *Caesalpiniaceae (Leguminosae)* · 5 sp
– **angolensis** (Welw. ex Benth.) Hoyle et Brenan · ♄ ✂ ⌂; trop. Afr.

Isochilus R. Br. -m- *Orchidaceae* · 2-4 (-10) sp
– **linearis** (Jacq.) R. Br. · ♃ Z10 ⌂ VI-VII ▽ *; Mex., W.Ind., C-Am., trop. S-Am.

Isoetes L. -f- *Isoetaceae* · c. 150 sp · D:Brachsenkraut; E:Quillwort; F:Isoètes
– **echinospora** Durieu · D:Igelsporiges Brachsenkraut · ♃ ≈ ⌂ ∧ VII-IX; Eur.*, Sachal., Kamchat., Jap., Alaska, Can., USA: NE, NCE; Greenl., nat. in W-Sib., E-Sib.
– **lacustris** L. · D:See-Brachsenkraut; E:Western Lake Quillwort · ♃ ≈ Z3 VII-IX ▽; Eur.* exc. Ba; W-Sib., Jap., Alaska, Can., USA: Rocky Mts., Calif.; Greenl.
– *leiospora* H. Klinggr. = Isoetes lacustris
– **malinverniana** Ces. et De Not. · ♃ ≈ ⌂ ⌂ ▽; NW-I
– *setacea* auct. non Lam. = Isoetes echinospora
– *tenella* Léman ex Desv. = Isoetes echinospora

Isolatocereus (Backeb.) Backeb. = Stenocereus
– *dumortieri* (Scheidw.) Backeb. = Stenocereus dumortieri

Isolepis R. Br. -f- *Cyperaceae* · 40 sp · D:Moorbinse, Schuppensimse, Tauchsimse; E:Club Rush; F:Scirpe
– *acicularis* (L.) Schltdl. = Eleocharis acicularis
– **cernua** (Vahl) Roem. et Schult. · D:Niedere Moorbinse; E:Low Bulrush · ♃ ~ Z8 ⌂; Eur.: Ib, Fr, BrI, Ap, Ba; N-Afr., E-Afr., S-Afr., Madag., Austr., NZ
– **fluitans** (L.) R. Br. · D:Flut-Moorbinse, Flutende Tauchsimse · ♃ ≈ Z6 VII-IX; Eur.: Ib, Fr, I, BrI, D, W-Ba; Ind., Sri Lanka, Indochina, Malay. Arch., Jap., N.Guinea, E-Afr., Angola, S-Afr., Austr., NZ
– *gracilis* (Poir.) Nees = Isolepis cernua
– **prolifera** (Rottb.) R. Br. · ♃ ~ Z8 ⌂; Kap., Austr., NZ

– **setacea** (L.) R. Br. · D:Borstige Moorbinse, Borstige Schuppensimse; E:Bristle Scirpus · ♃ ~ Z6 VII-X; Eur.*, W-Sib., E-Sib., C-As., Him., TR, Palaest., Azor., Madeira, Maroc., Yemen, Eth., E-Afr., S-Afr., nat. in Tasman., NZ, N-Am.

Isoplexis (Lindl.) Loudon -f- *Scrophulariaceae* · 3 sp
– **canariensis** (L.) Lindl. ex G. Don · ♄ e Z9 (K) V-VI; Canar.

Isopogon R. Br. ex Knight -m- *Proteaceae* · 35 sp · D:Paukenschlegel; E:Drum Sticks; F:Isopogon
– **baxteri** R. Br. · D:Baxters Paukenschlegel; E:Stirling Range · ♄ e Z9 (K) III; W-Austr.
– **cuneatus** R. Br. · ♄ e Z9 (K) III-V; W-Austr.
– **sphaerocephalus** Lindl. · ♄ e Z9 (K) IV-V; W-Austr.

Isopyrum L. -n- *Ranunculaceae* · 30 sp · D:Muschelblümchen; E:False Rue Anemone; F:Isopyre
– **thalictroides** L. · ♃ Z6 IV-V ☠; Eur.: Ib, Fr, Ap, Ba, EC-Eur., E-Eur., A

Isotoma (R. Br.) Lindl. = Laurentia
– *axillaris* Lindl. = Laurentia axillaris
– *fluviatilis* (R. Br.) F. Muell. = Laurentia fluviatilis
– *longiflora* (L.) C. Presl = Laurentia longiflora
– *senecioides* A. DC. = Laurentia axillaris

Itea L. -f- *Escalloniaceae* · 15 sp · D:Rosmarinweide; E:Sweetspire; F:Itéa
– **ilicifolia** Oliv. · D:Stechpalmenblättrige Rosmarinweide; E:Hollyleaf Sweetspire · ♄ e Z8 (K) VIII; W-China
– **virginica** L. · D:Amerikanische Rosmarinweide; E:Sweetspire, Virginian Willow; F:Itéa de Virginie · ♄ d Z6 VII-VIII; USA: NE, NCE, SC, SE, Fla.

Iva L. -f- *Asteraceae (Compositae)* · 15 sp · D:Schlagkraut; E:Marsh Elder; F:Iva
– **xanthiifolia** Nutt. · D:Spitzklettenblättriges Schlagkraut; E:Marsh Elder · ⊙ VIII-X; w N-Am., Amur, nat. in Fr, C-Eur., EC-Eur.

× **Iwanagara** hort. -f- *Orchidaceae* (*Cattleya* × *Caularthron* × *Laelia* × *Rhyncholaelia*)

Ixia L. -f- *Iridaceae* · 49 sp · D:Klebschwertel; E:Corn Lily; F:Fleur du soir, Ixia
– *bulbifera* L. = Sparaxis bulbifera
– **campanulata** Houtt. · ♃ ✂ Z9 (K) ▭ VI-VII; Kap
– *corymbosa* L. = Lapeirousia corymbosa
– *craterioides* Ker-Gawl. = Ixia campanulata
– *crocata* L. = Tritonia crocata
– *grandiflora* F. Delaroche = Sparaxis grandiflora
– **maculata** L. · D:Geäugtes Klebschwertel; E:African Corn Lily · ♃ ✂ Z9 (K) ▭ V-VI; Kap
– **paniculata** D. Delaroche · ♃ ✂ Z9 (K) ▭ V-VI; Kap, nat. in W-Eur.
– *speciosa* Andrews = Ixia campanulata
– **viridiflora** Lam. · D:Türkises Klebschwertel; E:Green Ixia · ♃ ✂ Z9 (K) ▭ V-VI; Kap
– **Cultivars**
  – **in vielen Sorten**

Ixiolirion Herb. -n- *Ixioliriaceae* · 4 sp · D:Ixlilie; F:Ixiolirion
– **kolpakowskianum** Regel · ♃ Z7 ∧ VI-VII; China: Sinkiang (Sairam Nor)
– *montanum* (Labill.) Herb. = Ixiolirion tataricum
– *pallasii* Fisch. et C.A. Mey. = Ixiolirion tataricum
– **tataricum** (Pall.) Herb. · ♃ △ V; W-Sib., C-As., Iran, Afgh., Iraq, Pakist.

Ixora L. -f- *Rubiaceae* · -400 sp
– **acuminata** Roxb. · ♄ e D Z10 (W); N-Ind.
– **borbonica** Cordem. · ♄ e Z10 (W); Reunion
– **chinensis** Lam. · E:Broken Pot, Red Balance · ♄ e Z10 (W) VII-VIII; Ind.
– **coccinea** L. · D:Dschungelbrand; E:Flame-of-the-Wood, Ixora, Jungle Flame · ♄ e Z10 (W) IV-VIII; Ind.
– *congesta* Roxb. = Ixora griffithii
– **fulgens** Roxb. · ♄ e Z10 (W) VII-VIII; Malay. Arch.
– **griffithii** Hook. · ♄ e Z10 (W) VII-VIII; Myanmar, Singapore

Jacaranda Juss. -f- *Bignoniaceae* · 34 (49) sp · D:Jacarandabaum, Palisander; E:Jacaranda; F:Faux-palissandre, Jacaranda
– **brasiliana** Pers. · ♄ ✂ Z9 (W); Bras.
– **copaia** (Aubert) D. Don · ♄ Z9 (W); Guyan.
– **mimosifolia** D. Don · ♄ d Z9 (W); Arg.
– *ovalifolia* R. Br. = Jacaranda mimosifolia

– *procera* Spreng. = Jacaranda copaia

Jacea Mill. = Centaurea
– *communis* Delarbre = Centaurea jacea subsp. jacea

Jacobinia Nees ex Moric. = Justicia
– *carnea* (Lindl.) G. Nicholson = Justicia carnea
– *ghiesbreghtiana* (Lem.) Hemsl. = Justicia ghiesbreghtiana
– *magnifica* (Nees) Lindau = Justicia carnea
– *pauciflora* (Nees) Lindau = Justicia rizzinii
– *pohliana* (Nees) Lindau = Justicia carnea
– *spicigera* (Schltdl.) L.H. Bailey = Justicia spicigera
– *suberecta* André = Dicliptera suberecta

Jacobsenia L. Bolus et Schwantes -f- *Aizoaceae* · 2 sp
– **kolbei** (L. Bolus) L. Bolus et Schwantes · ♃ ψ Z9 Ⓦ; Kap

Jacquemontia Choisy -f- *Convolvulaceae* · 120 sp
– **pentantha** (Jacq.) G. Don · ♄ ≹ Z10 Ⓚ VII-IX; USA: Fla.; Mex., C-Am., W.Ind., trop. S-Am.

Jambosa Adans. = Syzygium
– *caryophyllus* (Spreng.) Nied. = Syzygium aromaticum
– *jambos* (L.) Millsp. = Syzygium jambos
– *vulgaris* DC. = Syzygium jambos

Jamesia Torr. et A. Gray -f- *Hydrangeaceae* · 1 sp · D:Jamesie; E:Cliffbush; F:Jamesia
– **americana** Torr. et A. Gray · D:Jamesie · ♄ d △ D Z7 ∧ V; USA: Nev., Ariz., N.Mex.

Jancaea Boiss. -f- *Gesneriaceae* · 1 sp
– **heldreichii** (Boiss.) Boiss. · ♃ △ Z8 Ⓐ VI-VII ▽; GR (Olymp)

Jasione L. -f- *Campanulaceae* · c. 20 sp · D:Sandglöckchen; E:Sheep's Bit; F:Jasione
– **crispa** (Pourr.) Samp. · ⊙ ♃ Z7 VI-VIII; Eur.: IB, F; NW-Afr.
– *humilis* (Pers.) Loisel. = Jasione crispa
– **laevis** Lam. · D:Ausdauerndes Sandglöckchen; E:Shepherd's Bit; F:Jasione lisse · ♃ △ Z5 VII-VIII; Eur.: Sp., Fr, Ap, D, Ba, RO, nat. in FIN
– **montana** L. · D:Berg-Sandglöckchen; E:Sheep's Bit · ⊙ ♃ Z6 VI-VIII; Eur.*, NW-Afr.
– *perennis* Vill. ex Lam. = Jasione laevis

Jasminum L. -n- *Oleaceae* · c. 200 (-450) sp · D:Jasmin; E:Jasmine, Jessamine; F:Jasmin
– *affine* Royle ex Lindl. = Jasminum officinale 'Affine'
– **azoricum** L. · ♄ e ≹ D Z9 Ⓚ VII-X ▽; Madeira
– **beesianum** Forrest et Diels · F:Jasmin rose · ♄ d ≹ D Z8 Ⓚ V; W-China
– **floridum** Bunge · ♄ e Z9 Ⓚ VII-IX; China, Jap.
– **fruticans** L. · D:Strauch-Jasmin · ♄ e Z8 Ⓚ VII-IX; Eur.: Ib, Fr, I, Ba, RO, Krim; TR, Syr., Palaest., Cauc., N-Iran, C-As., NW-Afr., nat. in H, CH
– *gracillimum* Hook. f. = Jasminum multiflorum
– **grandiflorum** L. · D:Chinesischer Tee-Jasmin; E:Royal Jasmine · ♄ D Z9 Ⓦ VI-IX Ⓝ; SW-Arab.
– **humile** L. · D:Gelber Jasmin; E:Italian Yellow Jasmine · ♄ e Z7; C-As., Afgh., Him., Ind., SW-China, Myanmar
  – fo. **farreri** (Gilmour) P.S. Green · Ⓚ; N-Myanmar
  – **'Revolutum'** · Ⓚ
  – fo. **wallichanum** (Lindl.) P.S. Green · Ⓚ; Nepal
  – var. *glabrum* (DC.) Kobuski = Jasminum humile fo. wallichanum
  – var. *revolutum* (Sims) Stokes = Jasminum humile 'Revolutum'
– **mesnyi** Hance · D:Primel-Jasmin; E:Primrose Jasmine · ♄ e Z8 Ⓚ III-IV; W-China
– **multiflorum** (Burm. f.) Andrews · D:Sternblütiger Jasmin; E:Star Jasmine · ♄ e ≹ D Ⓦ I-III; Ind.
– **nitidum** Skan · D:Engelsflügel-Jasmin; E:Angelwing Jasmine · ♄ e ≹ D Ⓦ; N.Guinea (Admiralty Is.)
– **nobile**
  – subsp. **rex** (Dunn) Green · ♄ e Z8 Ⓦ; SW-Thail.
– **nudiflorum** Lindl. · D:Winter-Jasmin; E:Winter Jasmine; F:Jasmin d'hiver · ♄ d Z7 XII-III; W-China, nat. in F
– **odoratissimum** L. · D:Duftender Jasmin; E:Yellow Jasmine · ♄ e D Ⓚ VI-IX Ⓝ; Canar., Madeira
– **officinale** L. · D:Echter Jasmin, Weißer Jasmin; E:Common Jasmine, Jessamine,

White Jasmine; F:Jasmin officinal · ♄ d Z8 ⌂ ⚕; Him., Kashmir, SW-China, nat. in Eur.: Ib, F, Ap, RO, ? CH; Cauc., Iran
– **'Affine'** · ⌂
– **parkeri** Dunn · D:Zwerg-Jasmin; E:Dwarf Jasmine · ♄ e Z8 ⌂ ∧ VI; NW-Him.
– **polyanthum** Franch. · ♄ s ≹ D Z8 ⌂ VI-IX; W-China
– *primulinum* Hemsl. = Jasminum mesnyi
– **pubigerum** D. Don · ♄ ⌂; Him.
– var. *glabrum* DC. = Jasminum humile fo. wallichanum
– *revolutum* Sims = Jasminum humile 'Revolutum'
– *rex* Dunn = Jasminum nobile subsp. rex
– **sambac** (L.) Aiton · D:Arabischer Jasmin; E:Arabian Jasmine · ♄ e ≹ D Z9 ⌂ III-X Ⓝ; Ind., Sri Lanka
– *simplicifolium* hort. non G. Forst. = Jasminum volubile
– × **stephanense** Lemoine (*J. beesianum* × *J. officinale*) · ♄ d ≹ D Z7 ⌂ VI-VII; cult.
– **subhumile** W.W. Sm. · ♄ ♄ d Z8 ⌂; W-China; Him.
– **volubile** Jacq. · D:Wilder Jasmin; E:Wild Jasmine · ♄ e ≹ ⌂ II-IV; Austr.
– *wallichianum* Lindl. = Jasminum humile fo. wallichanum

Jateorhiza Miers -f- *Menispermaceae* · 2 sp
– *columba* (Roxb.) Miers = Jateorhiza palmata
– **palmata** (Lam.) Miers · E:Calumba Root · ♄ ≹ ⌂ ⚕ Ⓝ; E-Afr., Mozamb., Mauritius

Jatropha L. -f- *Euphorbiaceae* · 175 sp · D:Purgiernuss; E:Physicnut; F:Jatropha
– *berlandieri* Torr. = Jatropha cathartica
– **cathartica** Teran et Berland. · D:Purgiernuss · ♄ ♆ ⌂; Mex.
– **curcas** L. · D:Termitenbaum; E:Barbados Nut, Physic Nut · ♃ ♆ Z10 ⌂ ☠ Ⓝ; Mex., Bermuda, S-Am.
– **macrocarpa** Griseb. · ♄ ♆ Z10 ⌂; Arg.
– *manihot* L. = Manihot esculenta
– **multifida** L. · D:Korallen-Pugiernuss; E:St Vincent Physic Nut · ♄ ♆ Z10 ⌂ VII ☠ Ⓝ; Mex., W.Ind., Venez., Bras.
– **podagrica** Hook. · D:Guatemalarhabarber; E:Guatemalan Rhubarb · ♄ ♆ Z10 ⌂ V-VI ☠; Guat., Nicar., Costa Rica, Panama
– *urens* L. = Cnidoscolus urens

Jeffersonia Barton -f- *Berberidaceae* · 2 sp · D:Herzblattschale, Zwillingsblatt; E:Twin Leaf; F:Jeffersonia
– **diphylla** (L.) Pers. · D:Zwillingsblatt; E:Rheumatism Root · ♃ △ Z5 V-VI; Can.: Ont.; USA: NE, NCE, SE
– **dubia** (Maxim.) Benth. et Hook. f. · D:Herzblattschale; E:Twin-Leaf · ♃ △ Z5 IV-V; Manch.

Jensenobotrya A.G.J. Herre -f- *Aizoaceae* · 1 sp
– **lossowiana** Herre · ♃ ♆ Z9 ⌂; Namibia

Jessenia H. Karst. -f- *Arecaceae (Palmae)* · 1 sp
– **bataua** (Mart.) Burret · ♄ e ⌂ Ⓝ; n S-Am.

Joannesia Vell. -f- *Euphorbiaceae* · 2 sp
– **princeps** Vell. · ♄ ⌂ Ⓝ; Venez., N-Bras.

Jonopsidium Rchb. = Ionopsidium
– *acaule* (Desf.) Rchb. = Ionopsidium acaule

Jovellana Ruiz et Pav. -f- *Scrophulariaceae* · 6 sp
– **punctata** Ruiz et Pav. · ♄ e Z9 ⌂ VI-VII; S-Chile
– **sinclairii** (Hook.) Kraenzl. · ♄ e Z9 ⌂ VI-VII; NZ
– **violacea** (Cav.) G. Don · ♄ e Z9 ⌂ VII-VIII; Chile

Jovibarba (DC.) Opiz -f- *Crassulaceae* · 4 sp · D:Donarsbart, Fransenhauswurz; E:Houseleek; F:Barbe-de-Jupiter
– *allionii* (Jord. et Fourr.) D.A. Webb = Jovibarba globifera subsp. allionii
– *arenaria* (W.D.J. Koch) Opiz = Jovibarba globifera subsp. arenaria
– **globifera** (L.) J. Parn.
– subsp. **allionii** (Jord. et Fourr.) J. Parn. · D:Allionis Fransenhauswurz · ♃ ♆ △ Z7 VII ▽; Eur.: I; SW-Alp.
– subsp. **arenaria** (W.D.J. Koch) J. Parn. · D:Sand-Fransenhauswurz · ♃ ♆ △ Z7 VIII ▽; Eur.: A, I; E-Alp., nat. in D (Fichtelgebirge)
– subsp. **globifera** · D:Sprossende Fransenhauswurz · ♃ ♆ △ Z5 VII ▽; Eur.: D, A, EC-Eur.
– subsp. **hirta** (L.) J. Parn. · D:Kurzhaar-Fransenhauswurz · ♃ ♆ △ Z7 VII-VIII ▽; Eur.: I, A, H, W-Ba
– **heuffelii** (Schott) A. Löve et D. Löve · D:Balkan-Fransenhauswurz · ♃ ♆ △ Z6 VIII ▽; Eur.: Ba, RO; mts.

– **in vielen Sorten**
– *hirta* (L.) Opiz = Jovibarba globifera subsp. hirta
– *sobolifera* (Sims) Opiz = Jovibarba globifera subsp. globifera

Juanulloa Ruiz et Pav. -f- *Solanaceae* · 6-10 sp
– *aurantiaca* Otto et A. Dietr. = Juanulloa mexicana
– **mexicana** (Schltdl.) Miers · ♄ e Z8 Ⓦ VI-X; Peru

Jubaea Kunth -f- *Arecaceae (Palmae)* · 1 sp · D:Honigpalme, Mähnenpalme; E:Honey Palm, Wine Palm; F:Palmier à miel
– **chilensis** (Molina) Baill. · D:Honigpalme, Mähnenpalme; E:Chilean Wine Palm, Wine Palm · ♄ e Z8 Ⓚ; Chile
– *spectabilis* Humb., Bonpl. et Kunth = Jubaea chilensis

Juglans L. -f- *Juglandaceae* · 21 sp · D:Walnuss; E:Walnut; F:Noyer
– **ailantifolia** Carrière
  – var. **ailantifolia** · D:Japanische Walnuss; E:Japanese Walnut · ♄ d Z6; Jap.
  – var. **cordiformis** (Maxim.) Rehder · D:Herzfrüchtige Walnuss; E:Heartnut; F:Noyer du Japon · ♄ d Z6 Ⓝ; Jap.
– **californica** S. Watson · ♄ ♄ d Z8 Ⓚ; S-Calif.
  – var. *hindsii* Jeps. = Juglans hindsii
– **cinerea** L. · D:Butternuss; E:Butternut, White Walnut; F:Noyer cendré · ♄ d Z5 ⚕ Ⓝ; Can.: E; USA: NE, NCE, NC, SE
– *cordiformis* Maxim. = Juglans ailantifolia var. cordiformis
  – var. *ailantifolia* (Carrière) Rehder = Juglans ailantifolia var. ailantifolia
– *glabra* Mill. = Carya glabra
– **hindsii** (Jeps.) Jeps. ex R.E. Sm. · D:Kalifornische Walnuss; E:California Walnut · ♄ d Z8 Ⓚ Ⓝ; C-Calif.
– *honorei* Dode = Juglans neotropica
– × **intermedia** Carrière (*J. nigra* × *J. regia*) · ♄ d Z5; cult.
– **mandshurica** Maxim. · D:Mandschurische Walnuss; E:Manchurian Walnut; F:Noyer de Mandchurie · ♄ d Z5 Ⓝ; Amur, Manch.
– **microcarpa** Berland. · D:Felsen-Walnuss; E:Texas Walnut · ♄ ♄ d Z5 Ⓝ; USA: Kans., SC, N.Mex; NE-Mex.
– **neotropica** Diels · ♄ d Z10 Ⓚ Ⓝ; Venez., Col, Ecuad., Peru, Bol.; And.
– **nigra** L. · D:Schwarze Walnuss; E:Black Walnut; F:Noyer noir d'Amérique · ♄ d Z5 V Ⓝ; Can.: Ont.; USA: NE, NCE, NC, SC, SE, Fla.
– **regia** L.
  – subsp. **fallax** (Dode) Popov · ♄ d Z6 Ⓝ; C-As.
  – subsp. **kamaonica** (C. DC.) Mansf. · ♄ d Z6 Ⓝ; C-Him.
  – subsp. **regia** · D:Echte Walnuss; E:English Walnut, Persian Walnut; F:Noyer commun · ♄ d Z6 V ⚕ Ⓝ; Eur.: A, I, Sic., Ba, RO; Cauc., Iran, C-As., nat. in BrI, Fr, Ib, EC-Eur., E-Eur.
  – subsp. **turcomanica** Popov · ♄ d Z6 Ⓝ; C-As. (Kopet Dag)
– *rupestris* Engelm. = Juglans microcarpa
– *sieboldiana* Maxim. = Juglans ailantifolia var. ailantifolia
– **stenocarpa** Maxim. · D:Schmalfrüchtige Walnuss; F:Noyer · ♄ d; Manch.

Juncus L. -m- *Juncaceae* · c. 250 sp · D:Binse; E:Rush; F:Jonc
– **acutiflorus** Ehrh. ex Hoffm. · D:Spitzblütige Binse · ♃ ~ VII-IX; Eur.*, TR, Palaest., Iran, Maroc.
– **alpinus** Vill. · D:Alpen-Binse · ♃ ~ VII-VIII; Eur.*, TR, Cauc., W-Sib., E-Sib., Kamchat., NW-Afr., N-Am.
– **anceps** Laharpe · D:Zweischneidige Binse · ♃ ~ VII-VIII; Eur.: Ib, Fr, D, Sc, Ap, Ba; Alger., Tun.; coasts
– **arcticus** Willd. · D:Arktische Binse · ♃ VII-VIII; Eur.: Sc, N-Russ., Fr, Ap, C-Eur., ? Ib; N, Alp., Apenn.; Sib., Greenl.
– **articulatus** L. · D:Glanzfrüchtige Binse, Glieder-Binse; E:Joint Leaf Rush, Jointed Rush · ♃ ~ Z4 VII-X; Eur.*, TR, Cauc., Iran, C-As., E-Sib., N-Afr.
– **atratus** Krock. · D:Schwarze Binse · ♃ ~ VII-IX; Eur.: Ap, C-Eur., EC-Eur., Ba, E-Eur.; Cauc., W-Sib., E-Sib., C-As., China
– **balticus** Willd. · D:Baltische Binse; F:Jonc de la Baltique · ♃ ~ Z3 VII-VIII; Eur.: BrI, Sc, D, PL, E-Eur.; TR, Alaska, Can., USA * exc. Fla
– **biglumis** L. · D:Zweiblütige Binse · ♃ ~ VII-VIII; Eur.: BrI, Sc, N-Russ., A; W-Sib., E-Sib., Kamchat., N-Am.
– **bufonius** L. · D:Kröten-Binse; E:Toad Rush · ⊙ ~ V-IX; Eur.*, cosmop.
– **bulbosus** L. · D:Zwiebel-Binse · ♃ ~ Z5 VII-IX; Eur.*, Alger., Tun., Azor., Madeira
– **canadensis** J. Gay ex Laharpe ·

D:Kanadische Binse · ♃; Can: W; USA: NE, NCE, SE, nat. in B, NL
- **capitatus** Weigel · D:Kopf-Binse · ☉ VI-IX; Eur.*, TR, SW-As., Afr., N-Afr.
- **castaneus** Sm. · D:Kastanienbraune Binse; E:Chestnut Rush · ♃ △ ~ Z3 VII; Eur.: BrI, Sc, C-Eur., I, EC-Eur.; Sib., Kamchat., Alaska, Can., USA: Rocky Mts., Calif., SW
- **compressus** Jacq. · D:Zusammengedrückte Binse; E:Round-fruited Rush; F:Jonc comprimé · ♃ ~ Z5 VII-IX; Eur.*, Cauc., W-Sib., E-Sib., Mong.
- **conglomeratus** L. · D:Knäuel-Binse · ♃ ~ V-VII; Eur.*, TR, SW-As, NW-Afr., N-Am.
- *decipiens* (Buchenau) Nakai = Juncus effusus
- **dudleyi** Wiegand · D:Dudleys Binse · ♃ VI-VIII; N-Am., nat. in Scotland
- **effusus** L. · D:Flatter-Binse; E:Common Rush, Soft Rush; F:Jonc épars · ♃ ~ Z4 VI-VIII ⚕; Eur.*, TR
  - **'Spiralis'** · D:Korkenzieher-Binse; E:Corkscrew Rush, Spiral Rush
- **ensifolius** Wikstr. · D:Schwertblättrige Binse · ♃ ~ Z3 VI-VIII; w N-Am., nat. in FIN
- **filiformis** L. · D:Faden-Binse · ♃ ~ VI-VIII; Eur.*, TR, Cauc., W-Sib., E-Sib., N-Am.
- **gerardii** Loisel. · D:Salz-Binse · ♃ ~ VI-VII; Eur.*, TR, Levante, Iraq, Cauc., Iran, Afgh., W-Sib., C-As, N-Am.
- *glaucus* Sibth. = Juncus inflexus
- **hybridus** Brot. · ♃ ~ ; Eur.: Ib, Fr, Ap, Ba, ? RO; TR, SW-As.
- **inflexus** L. · D:Blaugrüne Binse; E:Hard Rush; F:Jonc courbé · ♃ ~ Z4 VI-VIII; Eur.*, TR, Cauc., Iran, C-As.
- **jacquinii** L. · D:Jacquins Binse · ♃ VII-IX; Eur.: F, I, CH, D, A, Slove.; Alp., N-Apenn.
- *lampocarpus* Ehrh. ex Hoffm. = Juncus articulatus
- **maritimus** Lam. · D:Strand-Binse; E:Sparto; F:Jonc maritime · ♃ ~ VII-VIII; Eur.*, TR, Cauc., Iran, C-As., NW-Ind., Macaron., Afr., N-Am., S-Am., Austr., NZ
- **minutulus** Krecz. et Gontsch. · D:Kleinste Binse · ☉ VI-IX; Eur.* exc. Ba; W-Sib., C-As.
- **pygmaeus** Rich. et Thuill. · D:Zwerg-Binse · ☉ ~ V-IX; Eur.: Ib, Fr, BrI, Ap, D, DK, Croatia; TR, NW-Afr.
- **ranarius** Perr. et Songeon · D:Frosch-Binse · ☉ V-VIII; Eur.: BrI, Sc, Fr, C-Eur., EC-Eur., E-Eur.; N-Am., Greenl.
- **sphaerocarpus** Nees · D:Kugelfrüchtige Binse · ☉ VI-VIII; Eur.: Ib, Fr, C-Eur., EC-Eur., Ba, E-Eur.; TR, Cauc., W-Sib., C-As.
- *spiralis* hort. = Juncus effusus 'Spiralis'
- **squarrosus** L. · D:Sparrige Binse · ♃ VI-VIII; Eur.* exc. Ba; Maroc., Greenl.
- **stygius** L. · D:Moor-Binse · ♃ ~ VII-VIII ▽; Eur.: Sc, D, CH, PL, Russ.; W-Sib., Amur, Kamchat.
- **subnodulosus** Schrank · D:Stumpfblütige Binse; E:Blunt-flowered Rush · ♃ ~ Z6 VII-VIII; Eur.*, TR, Iraq, Syr., NW-Afr.
- **tenageia** Ehrh. ex L. f. · D:Sand-Binse · ☉ ~ VI-VIII; Eur.* exc. BrI, Sc; Cauc., W-Sib.
- **tenuis** Willd. · D:Zarte Binse; E:Slender Rush · ♃ VI-IX; N-Am., nat. in Eur.*, TR, Cauc.
- **trifidus** L.
  - subsp. **monanthos** (Jacq.) Asch. et Graebn. · D:Einblütige Binse, Wenigblütige Dreiblatt-Binse · ♃ VII-VIII; Eur.: Alp., Apenn.; N-Am.
  - subsp. **trifidus** · D:Dreiblatt-Binse · ♃ VII-VIII; Eur.*, Cauc., Sib., N-Am., Greenl.
- **triglumis** L. · D:Dreiblütige Binse · ♃ ~ VII-VIII; Eur.*, Cauc., W-Sib., E-Sib., C-As.

Juniperus L. -f- *Cupressaceae* · 54 sp · D:Wacholder; E:Juniper; F:Genévrier
- **bermudiana** L. · ₶ e Z9 Ⓚ; Bermuda
- *canadensis* Lodd. ex Burgsd. = Juniperus communis subsp. depressa
- **chinensis** L. · D:Chinesischer Wacholder; E:Chinese Juniper; F:Genévrier de Chine · ħ ₶ e Z5 III-V; China, Mong., Jap.
  - **in vielen Sorten**
- **communis** L.
  - subsp. **alpina** (Suter) Čelak. · D:Zwerg-Wacholder; E:Mountain Juniper · ħ Z3 VII-VIII; Eur. mts., Cauc., TR, C-As., Him., N-Sib., Amur, Sachal., Kamchat., Mong., N-Korea, Jap., w N-Am., Greenl
  - subsp. **communis** · D:Gewöhnlicher Wacholder; E:Common Juniper, Juniper; F:Genévrier commun · ₶ ħ e Z3 IV-V ⚕; Eur.*, TR, Cauc., Him., W-Sib., E-Sib., Amur, Sachal., Kamchat., Manch., Korea, Jap., Maroc., Alger., Alaska, Can., USA*

exc. Fla.
  – subsp. **depressa** (Pursh) Franco · ♄̶ Z3; Can.: E; USA: NE, NEC
  – subsp. **hemisphaerica** (J. Presl et C. Presl) Nyman Z3; S-Eur.; mts.
  – subsp. *nana* Syme = Juniperus communis subsp. alpina
  – var. *erecta* Pursh = Juniperus communis subsp. communis
  – var. *montana* Aiton = Juniperus communis subsp. alpina
  – var. *nana* (Willd.) Baumg. = Juniperus communis subsp. communis
  – var. *saxatilis* auct. non (Pall.) Willd. = Juniperus communis subsp. communis
  – **in vielen Sorten**
– **conferta** Parl. · D:Strand-Wacholder; E:Shore Juniper; F:Genévrier des rivages · ♄ e ⇝ △ Z6; Jap., Sachal.
– **convallium** Rehder et E.H. Wilson · ♄̶ e Z7; China
– *depressa* (Pursh) Raf. = Juniperus communis subsp. communis
– **drupacea** Labill. · D:Syrischer Wacholder; E:Syrian Juniper · ♄̶ e Z8 ⓚ; GR, TR, Syr.
– **excelsa** M. Bieb. · D:Kleinasiatischer Baum-Wacholder; E:Greek Juniper · ♄̶ ♄ e Z8; Eur.: Ba, Krim; TR, W-Syr., Cyprus, Iran, Afgh.
– **foetidissima** Willd. · D:Stinkender Baum-Wacholder · ♄̶ ♄ e Z8; Ba, Krim; TR, W-Syr., Cyprus, Cauc.
– *hemisphaerica* J. Presl et C. Presl = Juniperus communis subsp. communis
– **horizontalis** Moench · D:Kriech-Wacholder; E:Creeping Juniper; F:Genévrier rampant · ♄ e ⇝ △ Z4; Alaska, Can., USA: NE, NCE, Mont., Wyo.
  – **in vielen Sorten**
– *litoralis* Maxim. = Juniperus conferta
– **lucayana** Britten · ♄̶ e ⓚ; W.Ind.
– *macrocarpa* Sibth. et Sm. = Juniperus oxycedrus subsp. . macrocarpa
– × *media* Melle = Juniperus × pfitzeriana
– *nana* Willd. = Juniperus communis subsp. alpina
– **occidentalis** Hook. · ♄̶ e Z5; USA: Wash., Oreg., Idaho, Nev., Calif.
– **oxycedrus**
  – subsp. **. macrocarpa** (Sibth. et Sm.) Ball · ♄̶ e Z8; Eur.: Ib, F, Ap, Ba; NW-Afr., Libya; coasts
– **oxycedrus** L. · D:Rotbeeriger Wacholder; E:Prickly Juniper · ♄̶ ♄ e Z7 ⚕ ; Eur.: Ib, Fr, Ap, Ba, Krim; TR, Levante, Cauc., N-Iran, N-Afr.
– × **pfitzeriana** (Späth) P.A. Schmidt (*J. chinensis* × *J. sabina*) · ♄ e; cult.
  – **in vielen Sorten**
– **phoenicea** L. · D:Phönizischer Wacholder; E:Phoenicean Juniper · ♄̶ ♄ e Z9 ⓚ Ⓝ; Eur.: Ib, Fr, Ap, Ba; W-TR, Cyprus, Palaest., NW-Afr., Libya
– **procera** Hochst. ex Endl. · D:Ostafrikanischer Wacholder; E:African Juniper · ♄̶ e Z9 ⓚ Ⓝ; Eth., Kenya, Tanzania, Mozamb., Zimbabwe
– **procumbens** (Endl.) Siebold · D:Japanischer Kriech-Wacholder · ♄ e Z6; S-Jap.
– *prostrata* Pers. = Juniperus horizontalis
– **recurva** Buch.-Ham. ex D. Don
  – var. **coxii** (Jacks.) Melville · D:Langnadliger Hänge-Wacholder; E:Coffin Juniper · ♄̶ e Z7; E-Myanmar
  – var. **recurva** · D:Hänge-Wacholder; E:Drooping Juniper · ♄ ♄̶ e Z8; Sikkim, Bhutan, SW-China
– **rigida** Siebold et Zucc. · D:Nadel-Wacholder; E:Temple Juniper; F:Genévrier à aiguilles · ♄ ♄̶ e Z6; Jap., Korea, N-China
– **sabina** L. · D:Sadebaum, Stink-Wacholder; E:Sabine, Spanish Savin; F:Genévrier sabine · ♄ e Z5 IV-V ⚕ ☠; Eur.* exc. BrI, Sc; Cauc., Sib., C-As., Alger.; mts.
– **sargentii** Henry · ♄ e Z4; NE-China, Jap.
– **scopulorum** Sarg. · D:Felsengebirgs-Wacholder; E:Colorado Juniper, Rocky Mountain Juniper; F:Genévrier des Montagnes Rocheuses · ♄̶ e Z6 Ⓝ; Can.: B.C., Alta.; USA: NW, Rocky Mts., NC, SW; N-Mex.
– **semiglobosa** Regel · ♄̶ ♄ e Z4; C-As.
– *sibirica* Burgsd. = Juniperus communis subsp. alpina
– **squamata** Buch.-Ham. ex D. Don
  – var. **fargesii** Rehder et E.H. Wilson · ♄̶ e Z7; SW-China
  – var. **squamata** · D:Schuppen-Wacholder; E:Blue Star Juniper; F:Genévrier bleu · ♄̶ ♄ e Z5; Him., W-China, C-China, Taiwan
  – **in vielen Sorten**
– **taxifolia** Hook. et Arn. · ♄̶ ♄ e Z9 ⓚ; S-Jap., Ryukyu Is.
– **thurifera** L. · D:Spanischer Wacholder; E:Spanish Juniper · ♄̶ e Z8 ⓚ; Eur.: Sp., F, Corse; Maroc., Alger.
– **tibetica** Kom. · ♄̶ ♄ e Z6; E-Tibet, W-China: Kansu

– **virginiana** L. · D:Virginischer Wacholder; E:Eastern Red Cedar, Red Juniper; F:Bois à encens, Genévrier de Virginie · ♄ ♄ e Z4 IV-V ☠ Ⓝ; Can.: E; USA: NE, NCE, SW, SC, SE, Fla
 – **in Sorten**
 – var. *prostrata* (Pers.) Torr. = Juniperus horizontalis

Juno Tratt. = Iris
– *aucheri* (Baker) Klatt = Iris aucheri

Jurinea Cass. -f- *Asteraceae (Compositae)* · c. 250 sp · D:Bisamdistel, Silberscharte; F:Jurinée
– **alata** (Desf.) Cass. · ♃ Z6 VI-VII; Cauc.
– **cyanoides** (L.) Rchb. · D:Sand-Bisamdistel, Sand-Silberscharte · ♃ Z6 VII-VIII; Eur.: D, CZ, Russ.; Cauc., W-Sib., C-As.
– *depressa* (Steven) C.A. Mey. = Jurinella moschus
– **mollis** (L.) Rchb. · D:Silberscharte, Spinnweben-Bisamdistel · ♃ V-VII; Eur.: Ap, A, EC-Eur., Ba, RO; TR

Jurinella Jaub. et Spach -f- *Asteraceae (Compositae)* · 2 sp
– **moschus** (Hablitz) Bobrov · ♃ △ D Z6 VII-VIII; Cauc., TR

Jussiaea L. = Ludwigia
– *grandiflora* Michx. non Ruiz et Pav. = Ludwigia clavellina var. grandiflora

Justicia L. -f- *Acanthaceae* · c. 420 sp · D:Justizie, Purpurschopf, Zimmerhopfen; E:Water Willow; F:Bélopérone, Plante-aux-crevettes
– **adhatoda** L. · ♄ e Ⓚ ⚕; Ind., Sri Lanka
– **brandegeana** Wassh. et L.B. Sm. · D:Garnelen-Justizie; E:Shrimp Plant · ♄ e Ⓦ I-XII; NE-Mex., nat. in Fla.
– *calycotricha* Link et Otto = Schaueria flavicoma
– **carnea** Lindl. · D:Brasilianische Justizie; E:Brazilian Plume Flower, King's Crown, Pink Acanthus · ♄ e Ⓦ ▽ VI-VIII; Bras.
– **carthaginensis** Jacq. · ♄ Ⓦ IV-VII; C-Am., W.Ind., trop. S-Am.
– **cydoniifolia** (Nees) Lindau · ♄ ≹ Ⓦ; Bras.
– **ghiesbreghtiana** Lem. · ♄ Ⓚ XI-II; Mex.
– **insularis** T. Anderson · ♄ e Ⓦ Ⓝ; W-Afr., C-Afr.
– *lanceolata* (Chapm.) Small = Justicia ovata var. lanceolata
– **ovata** (Walter) Lindau
 – var. **lanceolata** (Chapm.) R.W. Long · ♃ Ⓦ III; USA: Va., SE, Fla., Tex.
 – var. **ovata** · ♃; USA: Va., SE, Fla., Tex.
– *pauciflora* (Nees) Griseb. = Justicia rizzinii
– × **penrhosiensis** (Carrière) L.H. Bailey (*J. ghiesbreghtiana* × *J. pauciflora*) · ♄ Ⓚ; cult.
– *picta* L. = Graptophyllum pictum
– **plumbaginifolia** Jacq. · ♄ Ⓦ XI-XII; Bras.
– **rizzinii** Wassh. · ♄ Ⓚ ▽ XII-II; Bras.
– *sanguinolenta* Vahl = Gymnostachyum sanguinolentum
– **spicigera** Schltdl. · ♄ e Ⓦ; Mex., C-Am.
– *suberecta* André = Dicliptera suberecta
– *venusta* Wall. = Gymnostachyum venustum

Juttadinteria Schwantes -f- *Aizoaceae* · 5-12 sp
– **deserticola** (Marloth) Schwantes · ♃ ᛘ Z9 Ⓚ; Namibia

Kadsura Juss. -f- *Schisandraceae* · 22 sp · D:Kadsura, Kugelfaden; F:Kadsura
– **japonica** (L.) Dunal · ♄ e ≹ ♧ Z7 VII-XI; China, Jap., Taiwan

Kaempferia L. -f- *Zingiberaceae* · c. 50 sp · D:Gewürzlilie; F:Kaempferia
– **galanga** L. · D:Indische Gewürzlilie; E:Galanga · ♃ D Z9 Ⓦ VI-VIII ⚕ Ⓝ; Ind.
– **gilbertii** W. Bull · ♃ Z9 Ⓦ VII-VIII; Ind.
– *ornata* N.E. Br. = Boesenbergia ornata
– *pandurata* Roxb. = Boesenbergia rotunda
– **roscoeana** Wall. · ♃ Z9 Ⓦ VII-IX; Myanmar
– **rotunda** L. · D:Gefleckte Gewürzlilie; E:Resurrection Lily · ♃ D Z9 Ⓦ VI-VIII Ⓝ; ? SE-As.
– **vittata** N.E. Br. · ♃ Z9 Ⓦ; Sumat.

Kalanchoe Adans. -f- *Crassulaceae* · -200 sp · D:Kalanchoe; F:Kalanchoe
– *beauverdii* Raym.-Hamet = Bryophyllum scandens
– **beharensis** Drake · E:Felt Bush, Felt Plant · ♄ ᛘ Z8 Ⓚ; S-Madag.
– **bentii** C.H. Wright ex Hook. f. · ♄ ᛘ e Z8 Ⓚ IV-V; S-Arab.
– **blossfeldiana** Poelln. · D:Flammendes Käthchen · ♄ ᛘ e Z8 Ⓚ ▽ II-V; Madag.
 – **in Sorten**
– *carnea* N.E. Br. = Kalanchoe laciniata
– *coccinea* Britten = Kalanchoe crenata

– *coccinea* Welw. = Kalanchoe laciniata
– **crenata** (Andrews) Haw. · ♄ ♆ e Z8 ⌂ V-VI; E-Afr., Ind. Thail.
– *crenata* (Baker) Raym.-Hamet = Bryophyllum laxiflorum
– *daigremontiana* Raym.-Hamet et H. Perrier = Bryophyllum daigremontianum
– *dyeri* N.E. Br. = Kalanchoe quartiniana
– **flammea** Stapf · ♃ ♆ Z8 ⌂ XII; Somalia
– **globulifera** J.O.E. Perrier · ♃ ♆ Z8 ⌂; Madag.
– *grandiflora* A. Rich. = Kalanchoe marmorata
– **grandiflora** Wight et Arn. · ♄ ♆ Z8 ⌂ V; E-Afr., Ind.
– *integra* (Medik.) Kuntze = Kalanchoe crenata
  – var. *crenata* (Andrews) Cufod. = Kalanchoe crenata
– × **kewensis** hort. (*K. bentii* × *K. flammea*) · ♄ ♆ e Z8 ⌂; cult.
– **laciniata** (L.) DC. · E:Beach Bells · ♄ ♆ e Z8 ⌂ V-VI; Bras., E-Afr., S-Afr., Yemen, Ind., Malay. Arch.
– *laxiflora* Baker = Bryophyllum laxiflorum
– **longiflora** Schltr. ex J.M. Wood · E:Kalanchoe · ♃ ♆ Z8 ⌂; S-Afr.: Natal
– *macrantha* Baker = Kalanchoe marmorata
– *manginii* Raym.-Hamet et J.O.E. Perrier = Bryophyllum manginii
– **marmorata** Baker · E:Pen Wiper Plant · ♃ ♄ ♆ e Z8 ⌂ V-VI; Sudan, Eth., E-Afr., C-Afr., Ind.
– *miniata* Hilsenb. et Bojer = Bryophyllum miniatum
– **peltata** (Baker) Baill. · ♄ ♆ Z8 ⌂; Eth.
– **petitiana** A. Rich. · ♄ ♆ Z8 ⌂; Eth.
– *pinnata* (Lam.) Pers. = Bryophyllum pinnatum
– *porphyrocalyx* (Baker) Baill. = Bryophyllum porphyrocalyx
– *prolifera* (Bowie) Raym.-Hamet = Bryophyllum proliferum
– **quartiniana** A. Rich. · ♃ ♆ Z8 ⌂ I-III; Eth., Malawi
– **rotundifolia** (Haw.) Haw. · ♃ ♆ Z8 ⌂ XII-IV; Kap, Socotra
– *scandens* H. Perrier = Bryophyllum scandens
– *schizophylla* (Baker) Baill. = Bryophyllum schizophyllum
– *somaliensis* Baker = Kalanchoe marmorata
– **somaliensis** Hook. f. non Baker · ♃ ♆ Z8 ⌂ IV-V; E-Afr.
– *spathulata* DC. = Kalanchoe laciniata
– *teretifolia* Deflers non Haw. = Kalanchoe bentii
– **thyrsiflora** Harv. · ♃ ♆ Z8 ⌂ IV-V; S-Afr.: Kap, Transvaal
– **tomentosa** Baker · D:Katzenohr; E:Panda Plant, Pussy Ears · ♄ ♆ e Z8 ⌂; C-Madag.
– *tubiflora* (Harv.) Raym.-Hamet = Bryophyllum tubiflorum
– *uniflora* (Stapf) Raym.-Hamet = Bryophyllum uniflorum
– **velutina** Welw. ex Britten · ♃ ♆ Z8 ⌂; C-Afr., Angola, Tanzania

Kalimeris (Cass.) Cass. -f- *Asteraceae (Compositae)* · 10 sp · D:Schönaster; F:Caliméris
– **incisa** (Fisch.) DC. · D:Schönaster · ♃ Z4 VII-IX; N-Sib., N-China, Manch., Korea, Jap.
– *integrifolia* hort. = Kalimeris incisa
– **mongolica** (Franch.) Kit. · D:Mongolische Schönaster; E:Mongolia Aster · ♃ Z6 VII-IX; China (Mongolia)

Kalmia L. -f- *Ericaceae* · 7 sp · D:Berglorbeer, Lorbeerrose; E:Sheep Laurel; F:Kalmia
– **angustifolia** L. · D:Schmalblättrige Lorbeerrose; E:Lambkill, Sheep Laurel; F:Laurier des moutons · ♄ e Z5 VI-VII ☠; Can.: E; USA; NE, NCE, SE, nat. in D, NW-GB
– **hirsuta** Walter · ♄ e Z8 ⌂ VI-VII ☠; SE-USA
– **latifolia** L. · D:Breitblättrige Lorbeerrose; E:Calico Bush, Mountain Laurel; F:Laurier des montagnes · ♄ e Z5 V-VI ⚕ ☠; Can.: E; USA: NE, NCE, SE, Fla.
  – **in Sorten**
– **polifolia** Wangenh. · D:Poleiblättrige Lorbeerrose; E:Bog Laurel, Swamp Laurel · ♄ e Z2 V-VI ☠; Alaska, Can., USA: NE, NCE, Rocky Mts., NW, nat. in BrI

Kalopanax Miq. -m- *Araliaceae* · 1 sp · D:Baumaralie, Baumkraftwurz; E:Tree Aralia; F:Aralia en arbre, Kalopanax
– *pictus* (Thunb. ex A. Murray) Nakai = Kalopanax septemlobus var. septemlobus
– *ricinifolius* (Siebold et Zucc.) Miq. = Kalopanax septemlobus var. septemlobus
– **septemlobus** (Thunb. ex A. Murray) Koidz.
  – var. **maximowiczii** (Van Houtte) Hand.-Mazz. · ♄ d Z5 V; China, Jap.

– var. **septemlobus** · D:Baumaralie, Baumkraftwurz; E:Castor Aralia, Tree Aralia; F:Kalopanax du Japon · ħ ħ d Z5 VII-VIII; China, Amur, Manch., Korea, Jap., Sachal.

Keckiella Straw -f- *Scrophulariaceae* · 7 sp
– **cordifolia** (Benth.) Straw · D:Kalifornischer Bartfaden; E:American Wild Fuchsia · ≹ Z8 ⓚ VI-VIII; S-Calif.

Kedrostis Medik. -f- *Cucurbitaceae* · 23 sp
– **africana** (L.) Cogn. · ♃ ψ ≹ Z10 ⓦ; Namibia, S-Afr.
– *punctulata* (Sand.) Cogn. = Kedrostis africana

Kennedia Vent. -f- *Fabaceae (Leguminosae)* · 16 sp · D:Kennedie, Purpurbohne; E:Coral Pea; F:Kennedia
– **coccinea** Vent. · ħ e ≹ Z10 ⓚ IV-IX; W-Austr.
– *comptoniana* (Andrews) Link = Hardenbergia comptoniana
– **macrophylla** (Meisn.) Benth. · ħ e ≹ Z10 ⓚ; W-Austr.
– *monophylla* Vent. = Hardenbergia violacea
– **nigricans** Lindl. · D:Schwarze Purpurbohne; E:Black Bean · ħ ≹ Z10 ⓚ V-VI; W-Austr.
– **prostrata** R. Br. · D:Scharlach-Purpurbohne; E:Running Postman, Scarlet Coral Pea · ħ ⇝ Z10 ⓚ IV-VI; Austr., Tasman.
– **rubicunda** (Schneev.) Vent. · D:Dunkle Purpurbohne; E:Dusky Coral Pea · ħ e ≹ Z10 ⓚ IV-VI; Austr.: N.S.Wales, Victoria

Kensitia Fedde -f- *Aizoaceae* · 1 sp
– **pillansii** (Kensit) Fedde · ħ ψ Z9 ⓚ; Kap

Kentia Blume = Howea, Hedyscepe, Lepidorrhachis, Ptychosperma, Rhopalostylis
– *baueri* Seem. = Rhopalostylis baueri
– *belmoreana* C. Moore et F. Muell. = Howea belmoreana
– *canterburyana* C. Moore et F. Muell. = Hedyscepe canterburyana
– *forsteriana* C. Moore et F. Muell. = Howea forsteriana
– *macarthurii* H. Wendl. = Ptychosperma macarthurii
– *mooreana* F. Muell. = Lepidorrhachis mooreana
– *sapida* (Sol. ex G. Forst.) Mart. = Rhopalostylis sapida

Kentiopsis Brongn. -f- *Arecaceae (Palmae)* · 1 sp
– *macrocarpa* Brongn. = Chambeyronia macrocarpa
– **oliviformis** (Brongn. et Gris) Brongn. · ħ; N.Caled.

Kernera Medik. -f- *Brassicaceae (Cruciferae)* · 2 sp · D:Kugelschötchen; F:Kernéra
– **saxatilis** (L.) Sweet · ♃ △ Z3 VI-VII; Eur.* exc. BrI, Sc

Kerria DC. -f- *Rosaceae* · 1 sp · D:Kerrie, Ranunkelstrauch; E:Kerria; F:Corète
– **japonica** (L.) DC. · D:Japanisches Goldröschen, Kerrie, Ranunkelstrauch; E:Japanese Rose, Jew's Mallow, Kerria; F:Corête du Japon · ħ d Z5 V; W-China, C-China, nat. in CH, W-Russ.

Kerstingiella Harms = Macrotyloma
– *geocarpa* Harms = Macrotyloma geocarpum

Keteleeria Carriere -f- *Pinaceae* · 3 sp
– **davidiana** (Bertrand) Beissn. · ħ e Z7 ⓝ; W-China
– **fortunei** (A. Murray) Carrière · ħ e Z9 ⓚ; SE-China

Khaya A. Juss. -f- *Meliaceae* · 7 sp · D:Mahagonibaum; E:Mahogany; F:Acajou d'Afrique
– **anthotheca** (Welw.) C. DC. · D:Weißer Mahagonibaum; E:White Mahogany · ħ ⓦ ⓝ; W-Afr., C-Afr., Uganda, Angola
– **grandifoliola** C. DC. · D:Benin-Mahagonibaum; E:Benin Mahogani · ħ ⓦ ⓝ; W-Afr.
– **ivorensis** A. Chev. · D:Afrikanischer Mahagonibaum; E:African Mahogany · ħ ⓦ ⓝ; W-Afr.
– **nyasica** Stapf ex Baker f. · ħ ⓦ ⓝ; Cameroun, Zaire (Katanga), Zambia, Zimbabwe
– **senegalensis** (Desr.) A. Juss. · D:Savannen-Mahgonibaum; E:Dryzone Mahogany · ħ ⓦ ⓝ; trop. Afr.

Kickxia Dumort. -f- *Scrophulariaceae* · 47 sp · D:Tännelkraut; E:Fluellen;

F:Kickxia
– **elatine** (L.) Dumort. · D:Spießblättriges Tännelkraut · ⊙ ♃ Z9 VII-X; Eur.*, TR, Iran, Madeira, Eth., nat. in USA
– **spuria** (L.) Dumort. · D:Eiblättriges Tännelkraut · ⊙ ♃ Z9 VII-X; Eur.* exc. Sc; TR, Syr., Cyprus, N-Afr., nat. in DK

Kigelia DC. -f- *Bignoniaceae* · 1 sp · D:Götzenholz, Leberwurstbaum; E:Sausage Tree; F:Arbre-à-saucisses
– **africana** (Lam.) Benth. · D:Leberwurstbaum; E:Sausage Tree · ₺ Z10 ⌂; trop. Afr.
– *pinnata* (Jacq.) DC. = Kigelia africana

× **Kirchara** hort. -f- *Orchidaceae* (*Epidendrum* × *Laelia* × *Sophronitis* × *Cattleya*)

Kirengeshoma Yatabe -f- *Hydrangeaceae* · 1 sp · D:Wachsglocke; F:Fleur de cire
– *koreana* Nakai = Kirengeshoma palmata Koreana Grp.
– **palmata** Yatabe · D:Wachsglocke; F:Fleur de cire · ♃ Z5 VIII-IX; Jap.
  – **Koreana Grp.**

Kitaibela Willd. -f- *Malvaceae* · 1 sp · D:Kitaibelie
– **vitifolia** Willd. · D:Kitaibelie · ♃ Z6 VII-VIII; Eur.: Bosn., YU, nat. in H, RO

Kitchingia Baker = Bryophyllum
– *porphyrocalyx* Baker = Bryophyllum porphyrocalyx
– *schizophylla* Baker = Bryophyllum schizophyllum
– *uniflora* Stapf = Bryophyllum uniflorum

Kleinia Mill. -f- *Asteraceae (Compositae)* · c. 40 sp · D:Kleinie; F:Séneçon
– **amaniensis** (Engl.) A. Berger · ♃ Ψ Z10 ⌂; Tanzania
– **anteuphorbium** (L.) Haw. · E:Groundsel · ♄ Ψ Z9 ⌂; Kap, S-Maroc.
– *articulata* (L. f.) Haw. = Senecio articulatus
– **fulgens** Hook. f. · ♃ Ψ Z10 ⌂; S-Afr.: Natal
– **galpinii** Hook. f. · ♄ ♄ Ψ e Z9 ⌂ XII-I; S-Afr.: Transvaal
– *gomphophylla* Dinter ex Jacobsen = Senecio herreanus
– *gonoclada* DC. = Senecio radicans
– *haworthii* (Sweet) DC. = Senecio haworthii
– *herreana* (Dinter) Merxm. = Senecio herreanus
– **longiflora** DC. · ♄ Ψ Z10 ⌂; Eth., trop. Afr., S-Afr.
– **neriifolia** Haw. · ♄ Ψ Z9 ⌂; Canar.
– **petraea** (R.E. Fr.) C. Jeffrey · ♄ Ψ ⇝ Z10 ⌂; Kenya, Tanzania
– *radicans* (L. f.) Haw. = Senecio radicans
– *repens* (L.) Haw. = Senecio serpens
– **semperviva** (Forssk.) DC. · ♃ Ψ Z9 ⌂; Eth., Tanzania
– **stapeliiformis** (E. Phillips) Stapf · ♃ Ψ Z9 ⌂; S-Afr.
– *tomentosa* Haw. = Senecio haworthii

Klugia Schltdl. = Rhynchoglossum
– *notoniana* (Wall.) DC. = Rhynchoglossum notonianum

Knautia L. -f- *Dipsacaceae* · 60 sp · D:Knautie, Witwenblume; E:Field Scabious; F:Knautia, Scabieuse
– **arvensis** (L.) Coult. · D:Wiesen-Witwenblume; E:Blue Buttons, Field Scabious · ♃ Z6 VII-IX; Eur.*, Cauc., Iran, W-Sib., C-As., nat. in Sachal.
– **carinthiaca** Ehrend. · D:Kärntner Witwenblume · ♃ VI-VIII; Eur.: A (Kärnten)
– **dipsacifolia** Kreutzer · D:Wald-Witwenblume · ♃ VI-IX; Eur.: Fr, I, C-Eur., EC-Eur., E-Eur., Bosn., Serb.
– **drymeia** Heuff.
  – subsp. **drymeia** · D:Ungarische Witwenblume · ♃ V-IX; Eur.: I, C-Eur., EC-Eur., Ba, RO
  – subsp. **intermedia** (Pernh. et Wettst.) Ehrend. · D:Mittlere Witwenblume · ♃ V-VIII; Eur.: E-Alp., N-Apenn.
– **godetii** Reut. · D:Godets Witwenblume · ♃ VI-VIII; Eur.: F, CH; mts.
– **integrifolia** (L.) Bertol. · D:Einjährige Witwenblume · ⊙; Eur.: Ib, Fr, Ap, Ba; TR, Levante, nat. in CH
– **kitaibelii** (Schult.) Borbás · D:Gelbe Witwenblume · ♃ VII-VIII; Eur.: D, A, EC-Eur.
– **longifolia** (Waldst. et Kit.) W.D.J. Koch · D:Langblatt-Witwenblume · ♃ VII-VIII; Eur.: I, C-Eur., Ba, E-Eur.; Alp., Carp., Balkan
– **macedonica** Griseb. · F:Knautie de Macédoine · ♃ Z6 VII-VIII; Eur.: Ba, RO
– **magnifica** Boiss. et Orph. · ♃ VII-VIII;

GR
– × **norica** Ehrend. (*K. carinthiaca* × *K. drymeia*) · D:Norische Witwenblume · ♃ VI-VIII; Eur.: A (Kärnten, Steiermark)
– **purpurea** (Vill.) Borbás · D:Purpur-Witwenblume · ♃ VII-VIII; Eur.: Sp., F, I, CH
– *sylvatica* (L.) Duby = Knautia dipsacifolia
– **transalpina** (H. Christ) Briq. · ♃ VII-VIII; Eur.: I, CH; S-Alp.
– **velutina** Briq. · D:Samtige Witwenblume · ♃ VII-VIII; Eur.: I; S-Alp.

Kneiffia Spach = Oenothera
– *fruticosa* (L.) Spach = Oenothera fruticosa subsp. fruticosa
– *pumila* (L.) Spach = Oenothera perennis
– *tetragona* (Roth) Pennell = Oenothera fruticosa subsp. glauca

Kniphofia Moench -f- *Asphodelaceae* · 68 sp · D:Fackellilie, Tritome; E:Red Hot Poker, Torch Lily; F:Tritome
– *alooides* Moench = Kniphofia uvaria
– *burchellii* (Herb. ex Lindl.) Kunth = Kniphofia uvaria
– **foliosa** Hochst. · ♃ Z8 Ⓚ VIII-IX; Eth.
– **galpinii** Baker · D:Galpins Fackellilie; F:Faux aloès · ♃ Z8 ▭ ∧ IX-X; S-Afr.: Natal, Transvaal
– **gracilis** Harv. ex Baker · ♃ Z8 Ⓚ VI-VIII; S-Afr.: Natal
– **laxiflora** Kunth · ♃ Z8; S-Afr.
– *macowanii* Baker = Kniphofia triangularis
– *nelsonii* Mart. = Kniphofia uvaria
– **pumila** (Aiton) Kunth · D:Kleine Fackellilie · ♃ Z8 Ⓚ ∧ VIII; Sudan, Eth., Uganda, Zaire
– *quartiniana* A. Rich. = Kniphofia foliosa
– **rufa** Leichtlin ex Baker · ♃ Z8 Ⓚ ∧ VI-VIII; S-Afr.: Natal
– **triangularis** Kunth · D:Orangefarbene Fackellilie; E:Red Hot Poker · ♃ ⋈ Z8 Ⓚ ∧ VII-IX; S-Afr.
– **tuckii** Leichtlin ex Baker · ♃ Z8 ∧ VI-VII; S-Afr.
– **uvaria** (L.) Oken · D:Schopf-Fackellilie; E:Red Hot Poker, Torch Lily · ♃ ⋈ Z8 ▭ ∧ VIII-IX; S-Afr.
– **Cultivars**
  – **in vielen Sorten**

Kobresia Willd. -f- *Cyperaceae* · 35 sp · D:Nacktried, Schuppenried; E:False Sedge
– **myosuroides** (Vill.) Fiori · D:Europäisches Nacktried · ♃ VI-VIII; Eur.* exc. BrI; N, mts.; ? Cauc., W-Sib., E-Sib., Kamchat., Mong., C-As., China, Jap., Korea, Alaska, Can., Rocky Mts., Greenl.
– **simpliciuscula** (Wahlenb.) Mack. · D:Europäisches Schuppenried · ♃ VII-VIII; Eur.* exc. Ib; N, mts.; TR, Cauc., W-Sib., E-Sib., C-As; N-Am.

Kobus Kaempf. ex Salisb. = Magnolia
– *acuminata* (L.) Nieuwl. = Magnolia acuminata

Kochia Roth = Bassia
– *scoparia* (L.) Schrad. = Bassia scoparia subsp. scoparia

Koeleria Pers. -f- *Poaceae (Gramineae)* · 25-30 (-60) sp · D:Schillergras; E:Hair Grass; F:Keulérie
– **arenaria** (Dumort.) Conert · D:Sand-Schillergras · ♃ V-VI; Eur.* exc. Ap, Ba
– **cenisia** P. Rev. · D:Mont Cenis-Schillergras · ♃ VII-VIII; Eur.: F, I, CH; S-Alp.
– *cristata* Pers. = Koeleria macrantha
– **eriostachya** Pančić · D:Wolliges Schillergras · ♃ VII-VIII; Eur.: I, CH, A, Ba, RO; E-Alp., Carp., Balkan; TR, Cauc., W-Iran
– **glauca** (Schrad.) DC. · D:Blaugrünes Schillergras; E:Glaucous Hair Grass; F:Keulérie bleue · ♃ △ Z4 V-VII; Eur.* exc. Ap, Ba; W-Sib., E-Sib., C-As.
– *gracilis* Pers. = Koeleria macrantha
– **hirsuta** (DC.) Gaudin · D:Behaartes Schillergras · ♃ VII-VIII; Eur.: I, CH, A; Alp.
– **macrantha** (Ledeb.) Schult. · D:Zierliches Schillergras; E:Crested Hair Grass; F:Koelérie à crête · ♃ Z2 VI; Eur.* exc. Sc; TR, Cauc., Iran, C-As., Sib., Afgh., Pakist.
– **pyramidata** (Lam.) P. Beauv. · D:Großes Schillergras, Pyramiden-Schillergras · ♃ Z2 VI-VII; Eur.: Fr, Ap, C-Eur., EC-Eur., Ba, Dk, E-Eur.; TR
– **splendens** C. Presl · D:Glänzendes Schillergras · ♃ V-VII; Eur.: Ib, Fr, Ap, A, Ba, E-Eur.; Maroc., Alger.
– **vallesiana** (Honck.) Gaudin · D:Walliser Schillergras; F:Koelérie du Valais · ♃ V-VI; Eur.: Ib, F, I, CH, D, BrI; NW-Afr.

Koellikeria Regel -f- *Gesneriaceae* · 3 sp
– **erinoides** (DC.) Mansf. · ♃ Z10 Ⓦ VII-

VIII; C-Am., S-Am.

Koelreuteria Laxm. -f- *Sapindaceae* · 3 sp · D:Blasenbaum; E:Golden Rain Tree; F:Koelreuteria, Savonnier
– **paniculata** Laxm.
 – var. **apiculata** (Rehder et E.H. Wilson) Rehder · ħ̶ d Z7 VII-VIII; China: Sichuan
 – var. **paniculata** · D:Rispiger Blasenbaum; E:Golden Rain Tree; F:Savonnier · ħ̶ d ⚘ Z7 VII-VIII; China, Korea, Jap.

Kohleria Regel -f- *Gesneriaceae* · 17 sp · D:Gleichsaum, Kohlerie; F:Kohléria
– **amabilis** (Planch. et Linden) Fritsch · ♃ Z10 Ⓦ IV-X; Col.
– **bogotensis** (G. Nicholson) Fritsch · ♃ Z10 Ⓦ VII-IX; Col.
– **digitaliflora** (Linden et André) Fritsch · ♃ Z10 Ⓦ VIII-IX; Col.
– *elegans* (Decne.) Loes. = Moussonia elegans
– **eriantha** (Benth.) Hanst. · ♃ Z10 Ⓦ VIII-X; Col.
– **hirsuta** (Humb., Bonpl. et Kunth) Regel · ħ e Z10 Ⓦ VIII-X; Col., Venez., Trinidad, Guyan.
– **lindeniana** (Regel) H.E. Moore · ♃ Z10 Ⓦ IX-X; Ecuad.
– **ocellata** (Hook.) Fritsch · ♃ Z10 Ⓦ VII-IX; Col.
– **spicata** (Humb., Bonpl. et Kunth) Oerst. · ♃ Z10 Ⓦ VII-IX; Mex., C-Am., trop. S-Am.
– *wageneri* Regel = Kohleria spicata
– **warscewiczii** (Regel) Hanst. · ♃ Z10 Ⓦ VII-IX; Col.

Kohlrauschia Kunth = Petrorhagia
– *prolifera* (L.) Kunth = Petrorhagia prolifera
– *saxifraga* (L.) Dandy = Petrorhagia saxifraga

Kolkwitzia Graebn. -f- *Caprifoliaceae* · 1 sp · D:Kolkwitzie; E:Beauty Bush; F:Kolkwitzia
– **amabilis** Graebn. · D:Kolkwitzie; E:Beauty Bush, Cold Whisky Plant; F:Buisson de beauté · ħ d Z5 V-VI; China: Hupeh

Korolkowia Regel = Fritillaria
– *sewerzowii* (Regel) Regel = Fritillaria sewerzowii

Krainzia Backeb. = Mammillaria
– *guelzowiana* (Werderm.) Backeb. = Mammillaria guelzowiana
– *longiflora* (Britton et Rose) Backeb. = Mammillaria longiflora

Krameria L. ex Loefl. -f- *Krameriaceae* · 15 sp · D:Ratanhia; E:Rhatany; F:Kraméria, Rhatania
– **lappacea** (Dombey) Burdet et B.B. Simpson · D:Ratanhia; E:Rhatany · ħ Ⓦ ⚕; Peru, Bol., Chile
– *triandra* Ruiz et Pav. = Krameria lappacea

Krascheninnikovia Gueldenst. -f- *Chenopodiaceae* · 8 sp · D:Hornmelde; E:Winterfat
– **cerastoides** (L.) Gueldenst. · D:Hornmelde; E:Pamirian Winterfat · ħ d VII-IX; Eur.: Sp., A, H, W-Ba, E-Eur.; TR, Cauc., Iran, Pakist., W-Sib., E-Sib., C-As., Mong., China

Kummerowia Schindl. -f- *Fabaceae (Leguminosae)* · 2 sp · D:Buschklee; E:Bush Clover; F:Lespédéza
– **stipulacea** (Maxim.) Makino · D:Koreanischer Buschklee; E:Korean Bush Clover, Korean Lespedeza · ⊙ Ⓝ; N-China, Amur, Manch., Korea, Jap., nat. in E-USA
– **striata** (Thunb. ex Murray) Schindl. · D:Japanischer Buschklee; E:Japanese Bush Clover, Japanese Lespedeza · ⊙ Ⓝ; Ind., China, E-Sib., Manch., Korea, Jap., Taiwan, nat. in S-USA, E-USA

Kunzea Rchb. -f- *Myrtaceae* · 36 sp
– **ambigua** (Sm.) Druce · ħ e Z9 Ⓦ VIII-II; Austr.: N.S.Wales, Victoria, Tasman.
– **baxteri** (Klotzsch) Schauer · ħ e Z9 Ⓚ V; W-Austr.
– **parvifolia** Schauer · ħ e Z9 Ⓚ; Austr.: N.S.Wales, Victoria
– **pomifera** F. Muell. · ħ e Z9 Ⓚ; Austr.: S-Austr., Victoria
– **pulchella** (Lindl.) A.S. George · ħ e Z9 Ⓚ; W-Austr.

Labisia Lindl. -f- *Myrsinaceae* · 6-9 sp
– *malouiana* Linden et Rodigas = Ardisia malouiana

Lablab Adans. -f- *Fabaceae (Leguminosae)* · 1 sp · D:Faselbohne; E:Hyacinth Bean; F:Dolique lablab

– *niger* hort. = Lablab purpureus
– **purpureus** (L.) Sweet · D:Faselbohne, Lablab-Bohne; E:Bonavist, Hyacinth Bean, Lablab · ⊙ ≷ Z9 Ⓚ Ⓝ; ? trop. Afr.
– *vulgaris* Savi = Lablab purpureus

+ **Laburnocytisus** C.K. Schneid. -m- *Fabaceae (Leguminosae)* · D:Geißkleegoldregen; E:Adam's Laburnum
– **adamii** (Poit.) C.K. Schneid. (*Cytisus purpureus* × *Laburnum anagyroides*) · D:Geißkleegoldregen; E:Adam's Laburnum; F:Cytise d'Adam · ♄ d VI; cult.

Laburnum Fabr. -n- *Fabaceae (Leguminosae)* · 2 sp · D:Goldregen; E:Bean Tree, Golden Rain; F:Aubour, Cytise, Cytise aubour, Faux-ébénier
– **alpinum** (Mill.) Bercht. et J. Presl · D:Alpen-Goldregen; E:Scotch Laburnum; F:Cytise des Alpes · ♄ ♄ d Z5 V-VI ☠ Ⓝ; Eur.: Fr, Ap, C-Eur., EC-Eur., Ba, E-Eur.
– **anagyroides** Medik. · D:Gewöhnlicher Goldregen; E:Common Laburnum, Golden Chain; F:Aubour, Cytise faux ébénier · ♄ ♄ d Z5 V-VI ☠ Ⓝ; Eur.: Fr, Ap, C-Eur., EC-Eur., Ba, E-Eur., nat. in BrI
– *vulgare* Bercht. et J. Presl = Laburnum anagyroides
– × **watereri** (G. Kirchn.) Dippel (*L. alpinum* × *L. anagyroides*) · D:Hybrid-Goldregen; E:Goldenchain Tree; F:Cytise de Voss · ♄ ♄ d Z6 V-VI ☠; cult.

Lacaena Lindl. -f- *Orchidaceae* · 2 sp
– **bicolor** Lindl. · ♃ Ⓦ V-VI ▽ *; Mex., Guat.

Lachenalia J. Jacq. ex Murray -f- *Hyacinthaceae* · 101 sp · D:Kaphyazinthe, Lachenalie; E:Cape Cowslip; F:Jacinthe du Cap
– **aloides** (L. f.) Asch. et Graebn. · D:Kaphyazinthe; E:Cape Cowslip · ♃ ⋈ Z9 Ⓚ I-III; S-Afr.: Kap, Natal
  – **'Aurea'** · Ⓚ
  – **'Luteola'** · Ⓚ
  – **'Pearsonii'** · Ⓚ
  – **'Quadricolor'** · Ⓚ
  – **'Tricolor'** · Ⓚ
  – var. *aurea* (Lindl.) Engl. = Lachenalia aloides 'Aurea'
  – var. *luteola* Jacq. = Lachenalia aloides 'Luteola'
  – var. *quadricolor* (Jacq.) Engl. = Lachenalia aloides 'Quadricolor'
– **bulbifera** (Cirillo) Asch. et Graebn. · ♃ ⋈ Z9 Ⓚ I-III; S-Afr.
– **contaminata** Aiton · D:Gefleckte Kaphyazinthe; E:Wild Hyacinth · ♃ Z9 Ⓚ; S-Afr.
– **fragrans** Jacq. · ♃ D Z9 Ⓚ; S-Afr.
– *glaucina* Jacq. = Lachenalia orchioides var. glaucina
– **lilacina** Baker · ♃ Z9 Ⓚ II-III; S-Afr.
– **liliiflora** Jacq. · ♃ Z9 Ⓚ II-III; S-Afr.
– **mutabilis** Lodd. · ♃ Z9 Ⓚ II-III; S-Afr.: Natal
– **orchioides** (L.) Aiton
  – var. **glaucina** (Jacq.) W.F. Barker · ♃ Z9 Ⓚ III-IV; Kap
  – var. **orchioides** · ♃ Z9 Ⓚ II-IV; Kap
– **orthopetala** Jacq. · ♃ Z9 Ⓚ; S-Afr.
– **pallida** Aiton · ♃ Z9 Ⓚ V; S-Afr.
– *pearsonii* hort. = Lachenalia aloides 'Pearsonii'
– *pendula* Aiton = Lachenalia bulbifera
– **purpureocaerulea** Jacq. · ♃ Z9 Ⓚ III-IV; S-Afr.
– **pustulata** Jacq. · ♃ Z9 Ⓚ II-III; S-Afr.
– **reflexa** Thunb. · ♃ Z9 Ⓚ II-III; S-Afr.
– **rubida** Jacq. · ♃ Z9 Ⓚ IX; Kap
– *tricolor* Thunb. = Lachenalia aloides 'Tricolor'
– **unicolor** Jacq. · ♃ Z9 Ⓚ VIII; S-Afr.
– **unifolia** Jacq. · ♃ Z9 Ⓚ III; S-Afr.

Lactuca L. -f- *Asteraceae (Compositae)* · c. 100 sp · D:Lattich, Salat; E:Lettuce; F:Laitue
– *alpina* (L.) A. Gray = Cicerbita alpina
– *bourgaei* (Boiss.) Irish et N. Taylor = Cicerbita bourgaei
– **indica** L. · D:Chinesischer Salat; E:Indian Lettuce · ⊙ ⊙ Ⓦ Ⓝ; Ind., China, Jap., Phil., Malay. Arch.
– **perennis** L. · D:Blauer Lattich · ♃ Z6 V-VI; Eur.: Ib, Fr, Ap, C-Eur., EC-Eur., Ba, RO
– *plumieri* (L.) Gren. et Godr. = Cicerbita plumieri
– **quercina** L. · D:Eichen-Lattich; E:Wild Lettuce · ⊙ VII-IX; Eur.: Fr, Ap, C-Eur., EC-Eur., Ba, E-Eur.
– **saligna** L. · D:Weidenblättriger Lattich; E:Willow Leaf Lettuce, Willow Leaved Lettuce · ⊙ VII-VIII; Eur.* exc. Sc; NW-Afr., Egypt
– **sativa** L. · D:Garten-Lattich, Grüner Salat; E:Lettuce · ⊙ VI-VIII; ? Egypt, ? W-As.

– var. **angustana** hort. ex L.H. Bailey · D:Spargel-Salat; E:Asparagus Lettuce · ⊙ Z6 Ⓝ; cult.
– var. *asparagina* L.H. Bailey = Lactuca sativa var. angustana
– var. **capitata** L. · D:Kopf-Salat; E:Cabbage Lettuce, Head Lettuce · ⊙ Z6 ⚕ Ⓝ; cult.
– var. **crispa** L. · D:Blatt-Salat, Pflück-Salat; E:Leaf Lettuce · ⊙ Z6 Ⓝ; cult.
– var. **longifolia** Lam. · D:Binde-Salat, Römischer Salat; E:Cos Lettuce · ⊙ Z6 Ⓝ; cult.
– *scariola* L. = Lactuca serriola
– **serriola** L. · D:Kompass-Lattich; E:Prickly Lettuce, Scarole · ⊙ Z7 VII-IX ⚕; Eur.*, TR, Levante, Iraq, Arab., Cauc., Iran, W-Sib., C-As., Afgh., NW-Afr., Egypt., Sudan
– fo. **integrifolia** Bogenh.
– **tatarica** (L.) C.A. Mey. · D:Tataren-Lattich; E:Blue Lettuce · ♃ VII-VIII; Eur.: BG, E-Eur.; TR, Cauc., Iran, Afgh., C-As., China, nat. in Sc, NL, C-Eur., EC-Eur.
– **viminea** (L.) J. Presl et C. Presl · D:Ruten-Lattich · ⊙ VII-VIII; Eur.* exc. BrI, Sc: TR, Iraq, Cauc., NW-Afr.
– **virosa** L. · D:Gift-Lattich; E:Bitter Lettuce · ⊙ ⊙ Z6 VII-IX ⚕ ☠ Ⓝ; Eur.* exc. Sc; Alger.

Laelia Lindl. -f- *Orchidaceae* · 69 sp · D:Laelie; E:Laelia; F:Laelia
– *acuminata* Lindl. = Laelia rubescens
– **albida** Bateman · ♃ Z10 ⓦ XII-I ▽ *; Mex.
– **anceps** Lindl. · ♃ Z10 ⓦ XII-II ▽ *; Mex.
– **autumnalis** Lindl. · ♃ Z10 ⓦ XI-I ▽ *; Mex.
– *boothiana* Rchb. f. = Laelia lobata
– **cinnabarina** Lindl. · ♃ Z10 ⓦ II-V ▽ *; Bras.
– **crispa** (Lindl.) Rchb. f. · ♃ Z10 ⓦ VII-VIII ▽ *; Bras.: Rio de Janeiro, Minas Gerais
– **crispata** (Thunb.) Garay · ♃ Z10 ⓦ ▽ *; Bras.
– **crispilabia** A. Rich. ex Warner · ♃ Z10 ⓦ VII-VIII ▽ *; Bras.
– *digbyana* (Lindl.) Benth. = Rhyncholaelia digbyana
– **flava** Lindl. · ♃ Z10 ⓦ V-VI ▽ *; Bras.: Minas Gerais
– **furfuracea** Lindl. · ♃ Z10 ⓦ IX-XI ▽ *; Mex.
– *glauca* (Lindl.) Benth. = Rhyncholaelia glauca
– **grandis** Lindl. et Paxton · ♃ Z10 ⓦ ▽ *; Bras.
– var. *tenebrosa* Gower = Laelia tenebrosa
– **harpophylla** Rchb. f. · ♃ Z10 ⓦ II-III ▽ *; Bras.: Espirito Santo, Minas Gerais
– **jongheana** Rchb. f. · ♃ Z10 ⓦ II-IV ▽ *; Bras.: Minas Gerais
– **lobata** (Lindl.) Veitch · ♃ Z10 ⓦ IV-V ▽ *; Bras.: Rio de Janeiro, Sao Paulo
– **longipes** Rchb. f. · ♃ Z10 ⓦ VII ▽ *; Bras.: Minas Gerais
– **lundii** (Rchb. f. et Warm.) Cogn. · ♃ Z10 ⓦ ▽ *; Bras.
– *majalis* Lindl. = Laelia speciosa
– **milleri** Blumensch. · ♃ Z10 ⓦ V-VI ▽ *; Bras.: Minas Gerais
– **perrinii** (Lindl.) Lindl. · ♃ Z10 ⓦ IX-X ▽ *; Bras.
– **pumila** (Hook.) Rchb. f. · ♃ Z10 ⓦ IX-X ▽ *; Bras.
– **purpurata** Lindl. · ♃ Z10 ⓦ V-VI ▽ *; Bras.
– **rubescens** Lindl. · ♃ Z10 ⓦ XI-I ▽ *; Mex., C-Am.
– *rupestris* Lindl. = Laelia crispata
– **speciosa** (Humb., Bonpl. et Kunth) Schltr. · ♃ Z10 ⓦ IV-V ▽ *; Mex.
– *superbiens* Lindl. = Schomburgkia superbiens
– **tenebrosa** (Gower) Rolfe · ♃ Z10 ⓦ V-VI ▽ *; Bras.: Bahia, Espirito Santo

× **Laeliocattkeria** hort. -f- *Orchidaceae* (*Barkeria* × *Cattleya* × *Laelia*)

× **Laeliocattleya** hort. -f- *Orchidaceae* (*Cattleya* × *Laelia*)
– **Cultivars**
– **in vielen Sorten**

× **Laeliopleya** hort. -f- *Orchidaceae* (*Cattleya* × *Laeliopsis*)

Laeliopsis Lindl. et Paxton -f- *Orchidaceae* · 2 sp
– **domingensis** Lindl. · ♃ Z10 ⓦ IV-VI ▽ *; Bahamas, Hispaniola (Dominican. Rep.)

× **Laelonia** hort. -f- *Orchidaceae* (*Broughtonia* × *Laelia*)

Lafoensia Vand. -f- *Lythraceae* · 11 sp
– **punicifolia** DC. · ♄ ⓚ Ⓝ; Mex., C-Am.,

trop. S-Am.

Lagarosiphon Harv. -m- *Hydrocharitaceae* · 9 sp · D:Scheinwasserpest, Wassergirlande; E:Curly Water Thyme; F:Fausse-élodée
- **madagascariensis** Casp. · D:Madagassische Wassergirlande · ♃ ≈ Ⓦ; Madag.
- **major** (Ridl.) Moss · D:Große Wassergirlande, Scheinwasserpest; E:Oxygen Weed · ♃ ≈ Ⓦ Ⓚ VII-VIII; S-Afr., nat. in NZ, GB, N-I, NW-F
- **muscoides** Harv. · D:Moosähnliche Wassergirlande · ♃ Ⓦ Ⓚ; trop. Afr., S-Afr.
  - var. *major* Ridl. = Lagarosiphon major

Lagenandra Dalzell -f- *Araceae* · 12 sp
- **ovata** (L.) Thwaites · ♃ ~ Z10 Ⓦ ☠; S-Ind., Sri Lanka

Lagenaria Ser. -f- *Cucurbitaceae* · 6 sp · D:Flaschenkürbis, Kalebasse; E:Bottle Gourd; F:Bouteille, Gourde
- **siceraria** (Molina) Standl. · D:Flaschenkürbis, Kalebasse; E:Bottle Gourd, Calabash Gourd · ⊙ ≀ ♧ D Z10 Ⓦ VI-IX Ⓝ; trop. Afr., trop. As.
  - var. *hispida* (Thunb. ex Murray) Hara = Benincasa hispida

Lagenocarpus Nees -m- *Cyperaceae* · 34 sp
- **rigidus** Nees · ♃ ✂ Ⓦ; Bras.

Lagerstroemia L. -f- *Lythraceae* · 53 sp · D:Kräuselmyrte, Lagerströmie; E:Crape Myrtle; F:Lagerose, Lilas des Indes
- *elegans* Wall. ex Paxton = Lagerstroemia indica
- **floribunda** Jack · ♄; Ind., Malay. Pen., Thail., China
- *flos-reginae* Retz. = Lagerstroemia speciosa
- **indica** L. · D:Chinesische Kräuselmyrte; E:Crape Myrtle · ♄ ♄ d Z7 VIII-X; China, Korea
- **speciosa** (L.) Pers. · D:Indische Kräuselmyrte; E:Pride-of-India, Queen's Crape Myrtle · ♄ Z9 Ⓦ Ⓝ; trop. As.
- **Cultivars**
  - **in vielen Sorten**

Lagoecia L. -m- *Apiaceae (Umbelliferae)* · 1 sp · D:Hasenkümmel
- **cuminoides** L. · D:Hasenkümmel · ⊙; Eur.: Ib, Ap, Ba; Syr., Iran, Iraq, TR

Lagotis Gaertn. -f- *Scrophulariaceae* · 20 sp · D:Rachenblüte
- **stolonifera** (K. Koch) Maxim. · D:Ährige Rachenblüte · ♃ ⤳ △ Z6 VI-VII; Cauc.

Lagunaria (DC.) Rchb. -f- *Malvaceae* · 1 sp · D:Norfolkeibisch; E:Norfolk Island Hibiscus; F:Lagunaria
- **patersonii** (Andrews) G. Don · D:Norfolkeibisch; E:Cow Itch Tree, Norfolk Island Hibiscus · ♄ e Z9 Ⓚ; Austr.: Queensl., Norfolk, Lord Howe Is.

Lagurus L. -m- *Poaceae (Gramineae)* · 1 sp · D:Hasenschwanzgras, Samtgras; E:Hare's Tail; F:Lagurier, Queue-de-lièvre
- **ovatus** L. · D:Hasenschwanzgras, Südliches Samtgras; E:Hare's Tail; F:Queue de lièvre · ⊙ ⊙ Z9 VI-VIII; Eur.: Ib, Fr, Ap, Ba, Krim; TR, Levante, Cauc., Macaron., N-Afr., nat. in BrI, N-Am., S-Am., S-Afr., Austr.

Lallemantia Fisch. et C.A. Mey. -f- *Lamiaceae (Labiatae)* · 5 sp
- **canescens** (L.) Fisch. et C.A. Mey. · ⊙ ⊙ Z7 VII-IX; TR, Cauc., Iran
- **iberica** (M. Bieb.) Fisch. et C.A. Mey. · ⊙ ⊙ Z7 VII-VIII Ⓝ; TR, Syr., Palaest., Iraq, Iran
- **peltata** (L.) Fisch. et C.A. Mey. · ⊙ Z7 VII-VIII; TR, Cauc., Iran
- **royleana** (Benth.) Benth. · E:Rehana Barry · ⊙ Z7 VII-VIII Ⓝ; Iran, Afgh., Pakist., C-As., W-China

Lamarckia Moench -f- *Poaceae (Gramineae)* · 1 sp · D:Goldschwanzgras, Goldspitzengras, Lamarkie; E:Golden Dog's Tail; F:Lamarckia
- **aurea** (L.) Moench · D:Goldschwanzgras, Goldspitzengras, Lamarkie; E:Golden Top Grass · ⊙ Z7 VII-VIII; Eur.: Ib, Fr, Ap, Ba; TR, Iran, Afgh., Pakist., N-Afr., Macaron., Eth.

Lamiastrum Heist. ex Fabr. = Lamium
- *galeobdolon* (L.) Ehrend. et Polatschek = Lamium galeobdolon

Lamium L. -n- *Lamiaceae (Labiatae)* · 40-50 sp · D:Taubnessel; E:Dead Nettles; F:Lamier

- **album** L. · D:Weiße Taubnessel; E:White Dead Nettle · ♃ Z4 IV-X ⚕ ; Eur.*, TR, Cauc., Iran, W-Sib., E-Sib., Amur, C-As., Him., Mong., Korea, Jap., Canar., nat. in N-Am.
- **amplexicaule** L. · D:Stängelumfassende Taubnessel; E:Henbit Dead Nettle · ⊙ IV-VIII; Eur.*, TR, Levante, Iran, W-Sib., C-As., Him., N-Afr., Canar.
- **argentatum** (Smejkal) Henker ex G.H. Loos · D:Silberblatt-Goldnessel · ♃ V-VII; Eur.: A, D, +
- **confertum** Fr. · D:Mittlere Taubnessel · ⊙; Eur.: D, DK, PL, BrI
- **endtmannii** G.H. Loos · D:Endtmanns Taubnessel · ♃; Eur.: D +
- **flavidum** F. Herm. · D:Alpen-Goldnessel, Blassgelbe Goldnessel · ♃ VI-VII; Eur.: Alp., Apenn.
- **galeobdolon** (L.) L. · D:Echte Goldnessel, Gewöhnliche Goldnessel; E:Yellow Archangel; F:Lamier doré · ♃ ⁓→ Z6 V-VII; Eur.*, TR, Cauc.
  - **in Sorten**
  - *'Florentinum'* L. = Lamium argentatum
- **garganicum** L. · ♃; Eur.: Ba, Ap, Fr, EC-Eur.; TR, Cyprus, Levante, Cauc., Iraq, Iran, NW-Afr.
- *luteum* Krock. = Lamium galeobdolon
- **maculatum** L. · D:Gefleckte Taubnessel; E:Spotted Dead Nettle; F:Lamier maculé · ♃ Z4 IV-VIII; Eur.* exc. BrI, Sc; TR, Cauc., N-Iran, nat. in BrI, Sc
  - **in Sorten**
- **montanum** (Pers.) Hoffm. ex Kabath · D:Berg-Goldnessel · ♃ V-VII; Eur., TR, Cauc.
- **orvala** L. · D:Großblütige Taubnessel; E:Giant Dead Nettle; F:Lamier à grandes fleurs · ♃ Z6 IV-VI; Eur.: I, A, H, Slove., Croatia, Bosn., Montenegro, ? W-Russ.
- **purpureum** L.
  - var. **incisum** (Willd.) Pers. · D:Bastard-Taubnessel, Eingeschnittene Taubnessel · III-X; Eur.*
  - var. **molucellifolium** (Schumach.) Fr. · D:Entferntblättrige Taubnessel, Mittlere Taubnessel · V-IX; Eur.: BrI, Sc, D, N-Russ., nat. in P
  - var. **purpureum** · D:Rote Taubnessel; E:Purple Archangel, Red Dead Nettle · ⊙ III-X; Eur.*, TR, Syr., W-Sib., NW-Afr., nat. in N-Am.

Lampranthus N.E. Br. -m- *Aizoaceae* · 180-200 sp · D:Mittagsblume; E:Dewplant; F:Lampranthus

- **aurantiacus** (DC.) Schwantes · ♄ ♆ Z9 Ⓦ VII-IX; Kap
- **aureus** (L.) N.E. Br. · ♄ ♆ Z9 Ⓚ VII-IX; Kap
- **blandus** (Haw.) Schwantes · ♄ ♆ Z9 Ⓚ VII-IX; Kap
- **brownii** (Hook. f.) N.E. Br. · ♄ ♆ Z9 Ⓚ VII-IX; Kap
- **conspicuus** (Haw.) N.E. Br. · ♄ ♆ Z9 Ⓦ VII-IX; Kap
- **deltoides** (L.) Glen · ♄ ♆ Z9 Ⓚ VII-IX; Kap
- **falcatus** (L.) N.E. Br. · ♄ ♆ D Z9 Ⓚ VII-IX; Kap
- **glomeratus** (L.) N.E. Br. · ♄ ♆ Z9 Ⓚ VII-IX; Kap
- **haworthii** (Donn) N.E. Br. · ♄ ♆ Z9 Ⓚ VII-VIII; Kap
- **sociorum** (L. Bolus) N.E. Br. · ♄ ♆ Z9 Ⓚ VII-X; Kap
- **spectabilis** (Haw.) N.E. Br. · D:Kriechende Mittagsblume; E:Trailing Ice Plant · ♄ ♆ Z9 Ⓚ VII-IX; Kap
- **zeyheri** (Salm-Dyck) · ♄ ♆ Z9 Ⓚ VII-IX; Kap

Lamprococcus Beer = Aechmea
- *miniatus* Beer = Aechmea miniata

Landolphia P. Beauv. -f- *Apocynaceae* · 60 sp
- **heudelotii** A. DC. · ♄ ⌇ Ⓦ Ⓝ; W-Afr.
- **kirkii** Dyer · ♄ ⌇ Ⓦ Ⓝ; trop. E-Afr.
- **owariensis** P. Beauv. · ♄ ⌇ Ⓦ Ⓝ; trop. Afr.

Lannea A. Rich. -f- *Anacardiaceae* · 40 sp
- **coromandelica** (Houtt.) Merr. · D:Jhingangummi · ♄ Ⓦ Ⓝ; SE-As.

Lansium Corrêa -n- *Meliaceae* · 3 sp · D:Lansibaum; E:Langsat; F:Lansat
- **domesticum** Corrêa · D:Lansibaum; E:Langsat · ♄ Ⓚ Ⓝ; Malay. Pen., Phil., Sulawesi, N.Guinea, cult. Ind.

Lantana L. -f- *Verbenaceae* · 150 sp · D:Wandelröschen; E:Lantana; F:Lantana, Lantanier
- *aculeata* L. = Lantana camara
- **camara** L. · D:Wandelröschen; E:Lantana · ♄ e Z10 Ⓚ VI-IX ☠ Ⓝ; Mex., trop. Am., nat. in Fla., Tex., Hawaii, Trop.

– **in Sorten**
– *crocea* Jacq. = Lantana camara
– *delicatissima* hort. = Lantana montevidensis
– **montevidensis** (Spreng.) Briq. · D:Kriechendes Wandelröschen; E:Creeping Lantana · ♄ e Z10 Ⓚ VI-IX ☠; Bras., Urug., nat. in USA: Tex., SE, Fla.
– *mutabilis* Salisb. = Lantana camara
– *nivea* Vent. = Lantana camara
– *sellowiana* Link et Otto = Lantana montevidensis
– *urticifolia* Mill. = Lantana camara

Lapageria Ruiz et Pav. -f- *Philesiaceae* · 1 sp · D:Chileglöckchen, Copihue, Lapagerie; E:Chile Bells; F:Lapageria
– **rosea** Ruiz et Pav. · D:Chileglöckchen, Copihue, Lapagerie; E:Chile Bells, Chilean Bellflower · ♄ e ⌇ Z9 Ⓚ VIII-XII; Chile

Lapeirousia Pourr. -f- *Iridaceae* · 38 sp · D:Lapeirousie; F:Lapeirousia
– **corymbosa** (L.) Ker-Gawl. · ♃ Z9 Ⓚ V; SW-Kap
– *cruenta* (Lindl.) Baker = Anomatheca laxa
– *grandiflora* (Baker) Baker = Anomatheca grandiflora
– *juncea* (L. f.) Pourr. = Anomatheca verrucosa
– *laxa* (Thunb.) N.E. Br. = Anomatheca laxa

Laportea Gaudich. -f- *Urticaceae* · 21 sp · D:Brennpflanze, Strauchnessel; E:Bush Nettle; F:Laportea
– **canadensis** (L.) Wedd. · D:Kanadische Strauchnessel; E:Bush Nettle, Wood Nettle · ♃ Ⓝ; Can.: E; USA: NE, NCE, SE, Fla., Okla.
– **moroides** Wedd. · D:Australische Strauchnessel; E:Gympie Bush · ♄ ♄ ☘ Ⓦ; Austr.: Queensl.

Lappa Scop. = Arctium
– *major* Gaertn. = Arctium lappa
– *minor* Hill = Arctium minus
– *tomentosa* (Mill.) Lam. = Arctium tomentosum

Lappula Moench -f- *Boraginaceae* · 40-60 sp · D:Igelsame, Klettenkraut; E:Bur Forget-me-not; F:Echinosperme
– **deflexa** (Wahlenb.) Garcke · D:Wald-Igelsame · ⊙ VI-VII; Eur.: Sc, Fr, C-Eur., EC-Eur., E-Eur., Sp.; N, mts.; Sib., Mong., Manch., N-Am.
– **heteracantha** (Ledeb.) Borbás · ⊙ VI-VII; SC-Eur., S-Russ.; Cauc.
– **patula** (Lehm.) Menyh. · ⊙; Eur.: Sp., Sic., H, Ba, EC-Eur.; TR, Cauc., Iran, Afgh., W-Sib., C-As., China, : Sinkiang; NW-Afr.
– **squarrosa** (Retz.) Dumort. · D:Kletten-Igelsame, Klettenkraut; E:Burr, Stickweed · ⊙ VI-VII Ⓝ; Eur.* exc. BrI, Sc; TR, Cauc., Iran, C-As., W-Sib., E-Sib., nat. in Sc, N-Am.

Lapsana L. -f- *Asteraceae (Compositae)* · 9 sp · D:Rainkohl; E:Nipplewort; F:Lampsane, Poule grasse
– **communis** L. · D:Gewöhnlicher Rainkohl; E:Hawksbeard, Nipplewort · ⊙ ♃ VI-IX; Eur.*, TR, Lebanon, Syr., Cauc., N-Iraq, Iran, NW-Afr., nat. in N-Am.

Lardizabala Ruiz et Pav. -f- *Lardizabalaceae* · 2 sp
– **biternata** Ruiz et Pav. · ♄ e ☘ Z9 Ⓚ XII; Chile

Larix Mill. -f- *Pinaceae* · 11 sp · D:Lärche; E:Larch; F:Mélèze
– *amabilis* J. Nelson = Pseudolarix amabilis
– *americana* Michx. = Larix laricina
– *dahurica* (Loudon) Turcz. et Trautv. = Larix gmelinii var. gmelinii
– **decidua** Mill.
  – var. **decidua** · D:Europäische Lärche; E:European Larch, Larch; F:Mélèze commun · ♄ d Z4 III-IV ⚕ Ⓝ; Eur.: Fr, Ap, C-Eur., EC-Eur., Slove., Croatia, ? Bosn., E-Eur.; Alp., W-Carp., nat. in BrI, Sc
  – var. **polonica** (Racib. ex Wóycicki) Ostenf. et Syrach · ♄ d Z4; W-Polen, NW-Ukraine
– × **eurokurilensis** Rohmeder et Dimpflm. (*L. decidua* × *L. gmelinii*) · ♄ d; cult.
– × **eurolepis** Henry (*L. decidua* × *L. kaempferi*) · D:Hybrid-Lärche; E:Dunkeld Larch · ♄ d; cult.
– *europaea* DC. = Larix decidua var. decidua
– **gmelinii** (Rupr.) Kuzen.
  – var. **gmelinii** · D:Dahurische Lärche; E:Dahurian Larch · ♄ d Z3; E-Sib., Amur, Sachal., Kamchat., Manch., Korea
  – var. **japonica** (Regel) Pilg. · ♄ Z1; Sachal., Kurilen
  – var. **olgensis** Henry · ♄ d Z1; Amur

– var. **principis-rupprechtii** (Mayr) Pilg. · ₺ d; N-China, Manch., Korea
– **kaempferi** (Lamb.) Carrière · D:Japanische Lärche; E:Japanese Larch; F:Mélèze du Japon · ₺ d Z5 IV ⓝ; C-Jap.
– *kurilensis* Mayr = Larix gmelinii var. japonica
– **laricina** (Du Roi) K. Koch · D:Amerikanische Lärche, Tamarack; E:American Larch, Tamarack · ₺ d Z1 III ⓝ; Alaska, Can., USA: NE, NCE
– *leptolepis* (Siebold et Zucc.) Siebold ex Gordon = Larix kaempferi
– *lubarskii* Sukaczev = Larix gmelinii var. olgensis
– **lyallii** Parl. · D:Rocky-Mountains-Lärche; E:Alpine Larch, Subalpine Larch · ₺ d Z3; USA: N-Idaho, W-Mont.
– × **marschlinsii** Coaz (*L. decidua* × *L. sibirica*) · ₺ d; cult.
– **occidentalis** Nutt. · D:Westamerikanische Lärche; E:Western Larch · ₺ d Z6 ⓝ; B.C., USA: NW, Mont., Idaho
– × **pendula** (Sol.) Salisb. (*L. decidua* × *L. laricina*) · D:Hänge-Lärche; E:Weeping Larch · ₺ d Z4 III-IV; cult.
– **potaninii** Batalin · D:Chinesische Lärche; E:Chinese Larch · ₺ d Z6; W-China
– *russica* (Endl.) Sabine et Trautv. = Larix sibirica
– **sibirica** Ledeb. · D:Sibirische Lärche; E:Siberian Larch · ₺ d Z2 III-IV ⚕ ⓝ; Eur.: Russ.; W-Sib., E-Sib., C-As
– *sukaczewii* Dylis = Larix sibirica

Laser P. Gaertn. , B. Mey. et Scherb. -n- *Apiaceae (Umbelliferae)* · 1 sp · D:Rosskümmel; F:Cumin des chevaux, Laser
– **trilobum** (L.) Borkh. · D:Rosskümmel · ♃ V-VI ▽; Eur.: Fr, Ap, C-Eur., EC-Eur., Ba, E-Eur.; TR, Lebanon, Cauc., N-Iran

Laserpitium L. -n- *Apiaceae (Umbelliferae)* · 25-35 sp · D:Laserkraut; F:Laser
– **archangelica** Wulfen · D:Engelwurz-Laserkraut · ♃; Eur.: EC-Eur., Ba, RO; mts., nat. in A
– *gaudinii* Moretti = Laserpitium krapfii subsp. gaudinii
– **halleri** Crantz · D:Hallers Laserkraut · ♃ VI-VIII; Eur.: F, Corse, I, CH, A; Alp., Corse
– **krapfii** Crantz
 – subsp. **gaudinii** (Moretti) Thell. · D:Schweizer Laserkraut · ♃ VII-VIII; CH, N-I, A, Slove.
– **latifolium** L. · D:Breitblättriges Laserkraut · ♃ VII-VIII; Eur.* exc. BrI; Iran
– **peucedanoides** L. · D:Haarstrang-Laserkraut · ♃ VI-VIII; Eur.: I, A, Slove., Croatia; SE-Alp., Croatia
– **prutenicum** L. · D:Preußisches Laserkraut · ⊙ VII-VIII; Eur.* exc. BrI, Sc
– **siler** L. · D:Berg-Laserkraut · ♃ VI-VIII; Eur.: Ba, Fr, Ib, Ap, C-Eur.; mts.

Lasia Lour. -f- *Araceae* · 2 sp
– *aculeata* Lour. = Lasia spinosa
– **spinosa** (L.) Thwaites · E:Sampi · ♄ ~ ⓦ VI-IX; Him., Ind., Sri Lanka, Malay. Arch., China

Lasiagrostis Link = Stipa
– *calamagrostis* (L.) Link = Stipa calamagrostis

Lassonia Buc'hoz = Magnolia
– *heptapeta* Buc'hoz = Magnolia denudata
– *quinquepeta* Buc'hoz = Magnolia liliiflora

Lasthenia Cass. -f- *Asteraceae (Compositae)* · 16 sp · D:Lasthenie
– **californica** DC. ex Lindl. · ⊙ VII-VIII; USA: Oreg., Calif., Ariz.; Baja Calif.
– *chrysostoma* (Fisch. et C.A. Mey.) Greene = Lasthenia californica
– **coronaria** (Nutt.) Ornduff · ⊙ VII-VIII; S-Calif., Baja Calif.

Lastrea Bory = Thelypteris
– *thelypteris* (L.) Bory = Thelypteris palustris

Latania Comm. ex Juss. -f- *Arecaceae (Palmae)* · 3 sp · D:Latanie; E:Latan; F:Latanier
– *aurea* Duncan = Latania verschaffeltii
– *borbonica* hort. = Livistona chinensis
– *borbonica* Lam. = Latania lontaroides
– *commersonii* J.F. Gmel. = Latania lontaroides
– *glaucophylla* hort. = Latania loddigesii
– **loddigesii** Mart. · D:Blaue Latanie; E:Blue Latan · ₺ e Z10 ⓦ; Mauritius
– **lontaroides** (Gaertn.) H.E. Moore · D:Rote Latanie; E:Red Latan · ₺ e Z10 ⓦ; Maskarene Is.
– *rubra* Jacq. = Latania lontaroides
– **verschaffeltii** Lem. · D:Gelbe Latanie; E:Yellow Latan · ₺ e Z10 ⓦ; Maskarene

Is. (Rodriguez)

Lathraea L. -f- *Scrophulariaceae* · 7 sp · D:Schuppenwurz; E:Toothwort; F:Clandestine
- **clandestina** L. · ♃ IV-V; Eur.: Sp., F, B, I, nat. in BrI
- **squamaria** L. · D:Gewöhnliche Schuppenwurz; E:Toothwort · ♃ III-V; Eur.*, TR, Cauc., Pakist., Him.

Lathyrus L. -m- *Fabaceae (Leguminosae)* · c. 150 sp · D:Platterbse; E:Wild Pea; F:Pois de senteur, Pois vivace
- **annuus** L. · D:Einjährige Platterbse · ☉ ⌇; Eur.: Ib, Fr, Ap, Ba; TR, Levante, Iraq, Cauc., C-As., N-Iran, N-Afr.
- **aphaca** L. · D:Ranken-Platterbse; E:Yellow Vetchling · ☉ ⌇ VI-VII ☠ Ⓝ; Eur.* exc. BrI, Sc; TR, Levante; Cauc., Iran, C-As., Afgh., Him., N-Afr., Eth., nat. in Jap., China
- **bauhinii** Genty · D:Schwertblättrige Platterbse · ♃ V-VII ▽; Eur.: Sp., F, CH, D, Ba; Pyr., Alp., Jura, Balkan
- **cicera** L. · D:Kicher-Platterbse · ☉ ⌇ V-VIII ☠ Ⓝ; Eur.: Ib, Fr, Ap, Ba, E-Eur., CH; TR, Levante, Iraq, Cauc., Iran, C-As., N-Afr.
- **clymenum** L. · ☉ ⌇ VII-VIII Ⓝ; Eur.: Ib, Fr, Ap, Ba; TR, NW-Afr., Libya
- **gmelinii** Fritsch · D:Gold-Platterbse · ♃ Z4 V-VII; Ural, C-As. mts.
- **grandiflorus** Sibth. et Sm. · ♃ ⌇ Z7 ∧ VI-IX; Eur.: Ap, Ba
- **heterophyllus** L. · D:Verschiedenblättrige Platterbse · ♃ ⌇ Z6 VII-VIII; Eur.: Ib, Fr, Ap, C-Eur., EC-Eur., Sweden
- **hirsutus** L. · D:Rauhaarige Platterbse; E:Caley Pea, Hairy Vetchling · ☉ ⌇ Z7 VI-VIII; Eur.* exc. BrI, Sc; TR, Lebanon, Cauc., N-Iran, C-As., NW-Afr., Egypt
- **inconspicuus** L. · ☉; Eur.: Ib, Fr, Ap, Ba; TR, Levante, Cauc., Iran, C-As., Alger.
- *japonicus* Willd. = Lathyrus maritimus
  - subsp. *maritimus* (L.) P.W. Ball = Lathyrus maritimus
  - var. *glaber* (Ser.) Fernald = Lathyrus maritimus
- **laevigatus** (Waldst. et Kit.) Gren.
  - subsp. **laevigatus** · ♃ Z5 V-VIII; Eur.* exc. BrI, Sc
  - subsp. **occidentalis** (Fisch. et C.A. Mey.) Breistr. · D:Gelbe Platterbse · ♃ Z5 VI-VIII; C-Alp., SW-Alp., Pyr., N-Sp.
- **latifolius** L. · D:Breitblättrige Platterbse; E:Everlasting Pea, Perennial Sweet Pea; F:Pois vivace · ♃ ⌇ Z5 VII-VIII; Eur.* exc. BrI, Sc; NW-Afr., nat. in BrI
- **linifolius** (Reichard) Bässler · D:Berg-Platterbse · ♃ Z6 IV-VI; Eur.*
- *luteus* (L.) Peterm. = Lathyrus gmelinii
- **maritimus** (L.) Bigelow · D:Strand-Platterbse; E:Beach Pea · ♃ ⌇ ⇝ VI-VIII; Eur.: BrI, Sc, D, N-Russ.; ; coasts; Sib., Amur, Sachal., Kamchat., China, Jap., China, nat. in Eur.: BrI, Sc, C-Eur., EC-Eur., E-Eur.
- **niger** (L.) Bernh. · D:Schwarzwerdende Platterbse; E:Black Pea · ♃ Z6 VI; Eur.*, Cauc., TR, Syr., N-Iran, NW-Afr.
- **nissolia** L. · D:Gras-Platterbse · ☉ V-VII; Eur.* exc. Sc; Cauc., TR, N-Iraq, NW-Afr.
- **ochrus** (L.) DC. · D:Eselsohren, Scheidige Platterbse; E:Cyprus Vetch · ☉ ⌇ VI-VIII Ⓝ; Eur.: Ib, Fr, Ap, Ba; TR, Levante, NW-Afr., Libya
- **odoratus** L. · D:Duft-Wicke, Duftende Platterbse; E:Sweet Pea; F:Pois de senteur · ☉ ⌇ ⋉ D VI-IX ☠; S-I, Sic.
  - **in vielen Sorten**
- **palustris** L. · D:Sumpf-Platterbse · ♃ ⌇ Z5 VII-VIII ▽; Eur.*, TR, Cauc., W-Sib., E-Sib., C-As, China: Sinkiang
- **pannonicus** (Jacq.) Garcke · D:Pannonische Platterbse · ♃ V-VI ▽; Eur.* exc. BrI, Sc; Cauc., W-Sib.
- **pratensis** L. · D:Wiesen-Platterbse; E:Meadow Vetchling · ♃ ⌇ Z4 VI-VII; Eur.*, TR, Syr., Cauc., Iran, W-Sib., E-Sib., C-As., W-Him., C-China, Maroc., Eth.
- **sativus** L. · D:Saat-Platterbse; E:Chickling Pea, Grass Pea · ☉ ⌇ V-VIII ☠ Ⓝ; ? W-As., nat. in Eur., SW-As., N-Afr.
- **sphaericus** Retz. · D:Kugelsamige Platterbse · ☉ ⌇ V; Eur.: Ib, Fr, CH, Ap, Ba, Sc, RO, Krim; TR, Levante, Iraq, Cauc., Iran, C-As., Him., NW-Afr., Egypt
- **sylvestris** L. · D:Wald-Platterbse; E:Everlasting Pea · ♃ ⌇ Z6 VII-IX Ⓝ; Eur.*, Cauc.
- **tingitanus** L. · D:Afrikanische Platterbse; E:Tangier Pea · ♃ ⌇; Eur.: Sp., P, Sard., Azor.; Maroc., Alger.
- **tuberosus** L. · D:Knollen-Platterbse; E:Earthnut Pea, Tuberous Pea · ♃ ⌇ ⇝ Z6 VI-VII Ⓝ; Eur.* exc. BrI, Sc; TR, Cauc., Iran, W-Sib., C-As., nat. in BrI, Sc
- **venetus** (Mill.) Wohlf. · D:Venezianische

Platterbse · ♃ Z6 V-VI; Eur.: Ap, C-Eur., C-Eur., Ba, E-Eur.; TR
– **vernus** (L.) Bernh. · D:Frühlings-Platterbse, Zarte Platterbse; E:Spring Pea; F:Gesse du printemps, Pois printanier · ♃ Z4 IV-V; Eur.* exc. Brl; TR, Cauc., W-Sib., E-Sib.

Launaea Cass. -f- *Asteraceae (Compositae)* · 30-40 sp · D:Dornlattich
– **taraxacifolia** (Willd.) Amin ex J. jeffrey · (W) (N); trop. Afr.

Laurentia Adans. -f- *Campanulaceae* · 25 sp
– **axillaris** (Lindl.) E. Wimm. · E:Rock Isotome · ⊙ ♃ VII-IX; Austr.
– **canariensis** DC. · ♃ (K) IV-VI; Eur.: Ib, Fr, Ap, Ba; TR, Syr., NW-Afr., nat. in GR, Crete
– **fluviatilis** (R. Br.) E. Wimm. · ♃ ⇝ (A); NZ, Austr.: S-Austr., Tasman.
– *gasparrinii* (Tineo) Strobl = Laurentia canariensis
– **longiflora** L. · ♃ (W); USA: SE, Fla.; W.Ind., C-Am., trop. S-Am., nat. in trop. coasts
– *michelii* A. DC. = Laurentia canariensis
– **minuta** (L.) A. DC. · ♃ △ (A) IV-VI; Eur.: Balear., Ap., Crete; Levante
– *tenella* (Biv.) A. DC. = Laurentia minuta

Laurocerasus Duhamel = Prunus
– *lusitanica* (L.) Roem. = Prunus lusitanica
– *officinalis* M. Roem. = Prunus laurocerasus

Laurus L. -f- *Lauraceae* · 2 sp · D:Lorbeerbaum; E:Bay, Laurel; F:Laurier
– **azorica** (Seub.) Franco · D:Kanarischer Lorbeerbaum; E:Canary Laurel · ♄ e Z9 (K) IV-V; Azor., Madeira, Canar.
– *canariensis* Webb et Berthel. = Laurus azorica
– **nobilis** L. · D:Lorbeerbaum; E:Bay, Bay Tree, Sweet Bay · ♄ e Z8 (K) IV-V ⚕ (N); Eur.: Ib, Fr, Ap, Ba; Cauc., nat. in Krim

Lavandula L. -f- *Lamiaceae (Labiatae)* · 28 sp · D:Lavendel; E:Lavender; F:Lavande
– **angustifolia** Mill.
  – **in Sorten**
  – subsp. **angustifolia** · D:Echter Lavendel; E:English Lavender; F:Lavande vraie · ♄ e △ D Z7 VII-VIII ⚕ (N); Eur.: Ib, Fr, Ap, ? Ba, nat. in Krim
– **canariensis** Mill. · ♄ e Z9 (K); Canar.
– **dentata** L. · D:Französischr Lavendel, Zahn-Lavendel; E:French Lavender · ♄ e D Z9 (K) VI-VII; Eur.: Sp., Balear.; NW-Afr., nat. in P, I, Sic.
– × **intermedia** Lois. (*L. angustifolia* × *L. latifolia*) · D:Englischer Lavendel; E:Lavandin · ♄ e Z5; Sp., F, I
  – **in Sorten**
– **lanata** Boiss. · D:Wolliger Lavendel; E:Woolly Lavender · ♄ e D Z8 (K) VI-IX; Eur.: S-Sp.; mts.
– **latifolia** Medik. · D:Großer Lavendel, Speick-Lavendel; E:Spike Lavender, Spikenard · ♄ e △ D Z7 ∧ VI-VII ⚕ (N); Eur.: Ib, Fr, Ap, Croatia
– *officinalis* Chaix = Lavandula angustifolia subsp. angustifolia
– *pedunculata* Cav. = Lavandula stoechas subsp. pedunculata
– **pinnata** L. · ♄ e D Z9 (K) VIII-IX; Canar., Madeira
– *spica* L. = Lavandula angustifolia subsp. angustifolia
– **stoechas** L.
  – **in vielen Sorten**
  – subsp. **pedunculata** (Mill.) Rozeira · ♄ e D Z8 (K) VII-IX; Eur.: P, Sp.
  – subsp. **stoechas** · D:Schopf-Lavendel; E:Italian Lavender · ♄ e D Z8 (K) VII-X ⚕; Eur.: Ib, Fr, Ap, Ba; TR, NW-Afr.
– *vera* DC. = Lavandula angustifolia subsp. angustifolia

Lavatera L. -f- *Malvaceae* · 25 sp · D:Buschmalve, Strauchpappel; E:Tree Mallow; F:Lavatère
– **arborea** L. · D:Baum-Malve; E:Malva, Tree Mallow · ⊙ Z8 (K) VII-IX; Eur.: Ib, F, BrI, Ap, Ba, Azor., Canar.; TR, Alger., Tun
– **cachemeriana** Cambess. · ♃; Him.: Pakist., W-Ind.
– **olbia** L. · D:Strauch-Malve; E:Bush Mallow · ♄ (K) VII-X; Eur.: Ib, Fr, Ap; NW-Afr., Libya
– **punctata** All. · ⊙; Eur.: Ib, Ap, Fr, Ba; N-Iran, Cauc., Syr., C-As.
– **thuringiaca** L. · D:Thüringer Strauchpappel; E:Tree Lavatera; F:Lavatère arbustive · ♃ VII-IX; Eur.: C-Eur., EC-Eur., Ba, Ap, E-Eur.; TR, Cauc., Iran, W-Sib., E-Sib., C-As., Him., nat. in Sc
  – **in Sorten**
– **trimestris** L. · D:Becher-Malve, Garten-

Strauchpappel; E:Rose Mallow; F:Lavatère d'un trimestre · ⊙ VII-X; Eur.: Ib, Fr, Ap, ? W-Ba; TR, Syr., Palaest., NW-Afr., nat. in E-Eur.

Lawrencia Hook. -f- *Malvaceae* · 12 sp
– **helmsii** (F. Muell. et Tate) Lander · ♄ e ⋊ Ⓚ; Austr.

Lawsonia L. -f- *Lythraceae* · 1 sp · D:Hennastrauch; E:Henna; F:Henné
– **inermis** L. · D:Hennastrauch; E:Henna · ♄ s Z9 Ⓚ ⚕ Ⓝ; Arab., Iran, Afgh., Ind., Sri Lanka, nat. in trop. Am.

× **Laycockara** hort. -f- *Orchidaceae* (*Arachnis* × *Phalaenopsis* × *Vandopsis*)

Layia Hook. et Arn.ex DC. -f- *Asteraceae (Compositae)* · c. 15 sp
– *calliglossa* A. Gray = Layia chrysanthemoides
– **chrysanthemoides** (DC.) A. Gray · ⊙ VII-VIII; Calif.
– *elegans* Torr. et a. Gray = Layia platyglossa
– **glandulosa** (Hook.) Fisch. et C.A. Mey. · ⊙ VII-VIII; Can.: B.C.; USA: NW, Calif., Idaho, SW; Mex.
– **platyglossa** (Fisch. et C.A. Mey.) A. Gray · E:Tidy Tips · ⊙ VII-VIII; Calif.

Lecythis Loefl. -f- *Lecythidaceae* · 26 sp · D:Krukenbaum, Paradiesnuss, Topffruchtbaum; E:Monkey Nut; F:Marmite de singe
– **pisonis** Cambess. · ♄ d Z9 Ⓚ Ⓝ; Guyan., Bras.
– *urnigera* Mart. = Lecythis pisonis
– **zabucayo** Aubl. · D:Paradiesnuss; E:Monkey Nut, Paradise Nut · ♄ d Z9 Ⓦ Ⓝ; trop. Am., Guyan., Bras.

Ledebouria Roth -f- *Hyacinthaceae* · c. 30 sp
– *adlamii* Hook. f. = Ledebouria cooperi
– **cooperi** (Hook. f.) Jessop · ♃ Z9 Ⓚ; S-Afr.
– **socialis** (Baker) Jessop · E:Silver Squill · ♃ Z9 Ⓦ Ⓚ IV-V; S-Afr.

Ledenbergia Klotzsch ex Moq. -f- *Phytolaccaceae* · 2 sp
– **macrantha** Standl.; El Salv., Nicar.
– *roseoaenea* Lem. = Trichostigma peruvianum

Ledum L. -n- *Ericaceae* · 4 sp · D:Porst; E:Labrador Tea; F:Romarin sauvage, Thé du Labrador
– **groenlandicum** Oeder · D:Grönländischer Porst; E:Labrador Tea; F:Lédum du Labrador · ♄ e Z1 V-VI ⚕ ☠; Greenl., Alaska, Can., USA: NE, NCE, Rocky Mts., NW, nat. in BrI, D
– **palustre** L. · D:Sumpf-Porst; E:Wild Rosemary; F:Lédum des marais · ♄ e Z1 V-VII ⚕ ☠ ▽; Eur.: Sc, C-Eur., EC-Eur., E-Eur.; W-Sib., E-Sib., Amur, Sachal., Kamchat., Manch., nat. in BrI
  – subsp. *groenlandicum* (Oeder) Hultén = Ledum groenlandicum

Leea L. -f- *Leeaceae* · 34 sp
– **amabilis** hort. Veitch ex Mast. · ♄ e Z10 Ⓦ; W-Kalimantan
– **rubra** Blume · E:West Indian Holly · ♄ e Z10 Ⓦ; Java
– **sambucina** (L.) Willd. · ♄ ♄ e Z10 Ⓦ; Him., Ind., Sri Lanka, Indochina, China, Malay. Arch., Phil., Austr.

Leersia Sw. -f- *Poaceae (Gramineae)* · 17 sp · D:Reisquecke; E:Cut Grass; F:Faux-riz, Léersia, Riz sauvage
– **oryzoides** (L.) Sw. · D:Europäische Reisquecke; E:Rice Cut Grass; F:Léerzia faux-riz · ♃ ⁓→ ～ VIII-X; Eur.*, As, , Can., USA*, W-Ind., S-Am.

Legousia Durande -f- *Campanulaceae* · 15 sp · D:Frauenspiegel, Venusspiegel; E:Venus' Looking Glass; F:Miroir-de-Vénus
– **hybrida** (L.) Delarbre · D:Kleiner Frauenspiegel; E:Venus' Looking Glass · ⊙ VI-VII; Eur.* exc. Sc, EC-Eur.; TR, Cyprus, Palaest., Cauc., Iran, Maroc., Tun.
– **pentagonia** (L.) Druce · ⊙ VI-IX; Eur.: Ba; TR, Syr., Palaest., Cauc., Iraq, W-Iran, nat. in Sp., F
– **speculum-veneris** (L.) Chaix · D:Echter Frauenspiegel; E:Venus' Looking Glass · ⊙ VI-IX; Eur.* exc. BrI, Sc; TR, Levante, N-Iraq, Cauc., Egypt

Leiophyllum (Pers.) R. Hedw. -n- *Ericaceae* · 1 sp · D:Sandmyrte; E:Sand Myrtle; F:Myrtille des sables
– **buxifolium** (Bergius) Elliott

– var. **buxifolium** · D:Sandmyrte; E:Sand Myrtle · ♄ e ⇝ ⌂ Z6 V-VI; USA: NE
– var. **hugeri** (Small) C.K. Schneid. · ♄ e Z5; USA: NE, SE

Lemaireocereus Britton et Rose = Pachycereus, Heliabravoa, Machaerocereus, Polaskia, Stenocereus
– *beneckei* (C. Ehrenb.) Britton et Rose = Stenocereus beneckei
– *chende* (Rol.-Goss.) Britton et Rose = Heliabravoa chende
– *chichipe* (Rol.-Goss.) Britton et Rose = Polaskia chichipe
– *dumortieri* (Scheidw.) Britton et Rose = Stenocereus dumortieri
– *eruca* (Brandegee) Britton et Rose = Machaerocereus eruca
– *marginatus* (DC.) A. Berger = Stenocereus marginatus
– *pruinosus* (Otto) Britton et Rose = Stenocereus pruinosus
– *queretaroensis* (F.A.C. Weber) Saff. = Stenocereus queretaroensis
– *stellatus* (Pfeiff.) Britton et Rose = Stenocereus stellatus
– *thurberi* (Engelm.) Britton et Rose = Stenocereus thurberi
– *weberi* (J.M. Coult.) Britton et Rose = Pachycereus weberi

Lembotropis Griseb. = Cytisus
– *emeriflorus* (Rchb.) Skalická = Cytisus emeriflorus
– *nigricans* (L.) Griseb. = Cytisus nigricans

Lemmaphyllum C. Presl -n- *Polypodiaceae* · 6 sp · D:Schuppenblatt; F:Fougère
– **carnosum** (Wall.) C. Presl Z10

Lemna L. -f- *Lemnaceae* · 7 (-13) sp · D:Entengrütze, Wasserlinse; E:Duckweed; F:Lenticule, Lentille d'eau
– **aequinoctialis** Welw. · D:Schiefe Wasserlinse · ♃ ≈ Z10; Am., Afr., As
– **gibba** L. · D:Bucklige Wasserlinse; E:Fat Duckweed, Inflated Duckweed; F:Lentille d'eau bossue · ♃ ≈ Z4 IV-VI; Eur.*, Cauc., TR, Iran, C-As., Him., N-Afr., Eth., USA, Mex., C-Am., W.Ind., S-Am. (Anden)
– **minor** L. · D:Kleine Wasserlinse; E:Common Duckweed, Duckweed · ♃ ≈ Z4 V-VI; Eur.*, Cauc., Him., W-Sib., E-Sib., Amur, Sachal., Kamchat., C-As., Mong., China, Korea, Jap., Java, N-Afr., Eth., E-Afr., S-Afr., Can., USA*, Mex., S-Am. (Anden)
– **minuta** Humb., Bonpl. et Kunth · D:Winzige Wasserlinse · ♃ ≈ V-IX; N-Am.
– *polyrhiza* L. = Spirodela polyrhiza
– **trisulca** L. · D:Dreifurchige Wasserlinse; E:Ivy Duckweed, Star Duckweed; F:Lentille d'eau à trois lobes · ♃ ≈ VI; Eur.*, As., N-Afr., Alaska, Can.; USA* , Mex., Mauritius, S-Austr.
– **turionifera** Landolt · D:Rote Wasserlinse · ♃ ≈ VI-VII; TR, Sib., C-As., Ind., E-As., N-Am.

Lenophyllum Rose -n- *Crassulaceae* · 6 sp
– **guttatum** Rose · ♃ ♆ ⇝ Z9 Ⓚ; Mex.
– **pusillum** Rose · ♃ ♆ ⇝ Z9 Ⓚ; Mex.

Lens Mill. -f- *Fabaceae (Leguminosae)* · 4-6 sp · D:Linse; E:Lentil; F:Lentille
– **culinaris** Medik. · D:Linse; E:Lentil · ⊙ Z8 VI-VIII Ⓝ; orig. ?; cult. Eur., As., nat. in Eur.* exc. BrI, Sc
– **ervoides** (Brign.) Grande · ⊙ Z8; Eur.: Ib, Ap, Ba, Krim; TR, Levante, Cauc., Maroc., Alger.

Leonotis (Pers.) R. Br. -f- *Lamiaceae (Labiatae)* · 15 sp · D:Löwenohr; E:Lion's Ear; F:Oreille-de-lion
– **leonurus** (L.) R. Br. · D:Großblättriges Löwenohr; E:Lion's Ear · ♄ d Z9 Ⓚ IX-XI; S-Afr.

Leontice L. -f- *Berberidaceae* · 3-5 sp · D:Trapp; F:Léontice
– *chrysogonum* L. = Bongardia chrysogonum
– **leontopetalum** L. · ♃ Z6 IV; Eur.: Ba; TR, Levante, Iraq, Iran, Pakist., C-As., N-Afr.
– *thalictroides* L. = Caulophyllum thalictroides

Leontodon L. -n- *Asteraceae (Compositae)* · 40-50 sp · D:Löwenzahn; E:Hawkbit; F:Dent-de-lion
– **autumnalis** L. · D:Herbst-Löwenzahn · ♃ VII-IX; Eur.*, W-Sib., NW-Afr., Greenl.
– **crispus** Vill. · D:Krauser Löwenzahn · ♃ VI-VII; Eur.*: Ib, Fr, Ap, Ba, E-Eur.; TR, Cauc.
– **croceus** Haenke · D:Safran-Löwenzahn · ♃ VII-VIII; Eur.: I, A, Ba, RO, W-Russ.; E-Alp., Carp., BG

– **helveticus** Mérat · D:Schweizer Löwenzahn · ♃ VII-IX; Eur.: F, C-Eur., I, Slove., Bosn.; Alp., Vosges, Schwarzwald
– **hispidus** L. · D:Rauer Löwenzahn; E:Rough Hawkbit · ♃ Z6 VI-X; Eur.*, TR, Cauc., N-Iran, N-Afr., nat. in N-Am.
– **incanus** (L.) Schrank · D:Grauer Löwenzahn · ♃ V-VI; Eur.: F, I, C-Eur., EC-Eur., Slove., Croatia, Bosn., ? RO; mts.
– **montaniformis** Widder · D:Nordostalpen-Löwenzahn · ♃ VII-VIII; Eur.: A, ; NE-Alp.
– **montanus** Lam. · D:Berg-Löwenzahn · ♃ VII-VIII; Eur.* exc. BrI, Sc; mts.
– **saxatilis** Lam. · D:Hundslattich, Nickender Löwenzahn · ⊙ ♃ VII-VIII; Eur.* exc. Sc; NW-Afr., nat. in Sc
– *taraxacum* L. = Taraxacum $sect. Ruderale
– **tenuiflorus** (Gaudin) Rchb. · D:Schmalblättriger Löwenzahn · ♃ IV-V; Eur.: I, CH

Leontopodium (Pers.) R.Br. ex Cass. -n- *Asteraceae (Compositae)* · 35-58 sp · D:Edelweiß; E:Edelweiss; F:Edelweiss
– **alpinum** Cass.
  – subsp. **alpinum** · D:Alpen-Edelweiß; E:Edelweiss; F:Edelweiss des Alpes · ♃ △ Z5 VII-IX ▽; Eur.* exc. Sc, BrI; mts. Pyr., Alp., Carp., W-Ba
  – subsp. **nivale** (Ten.) Tutin · ♃ △ Z5 VI-VII ▽; I: Apenn.
  – var. *campestre* Beauverd = Leontopodium leontopodioides
  – var. *sibiricum* (Cass.) O. Fedtsch. = Leontopodium leontopodioides
  – var. *stracheyi* Hook. f. = Leontopodium stracheyi
– **calocephalum** Diels · ♃ △ Z5 VI-VII; SW-China, Tibet
– **hayachinense** (Takeda) Hara et Kitam. · ♃ Z6; Jap. Honshu; mts.
– **himalayanum** DC. · ♃ △ Z5 VI-VII; Him., China: Yunnan, Tibet
– **japonicum** Miq. · ♃ Z5 VI-VII; China, Jap.
– **leontopodioides** (Willd.) Beauverd · ♃ △ Z5 VI-VII; Kashmir, Him., SW-China
– *nivale* (Ten.) A. Huet ex Hand.-Mazz. = Leontopodium alpinum subsp. nivale
– *ochroleucum* Beauverd = Leontopodium leontopodioides
– **palibinianum** Beauverd · ♃ Z5 VI-VII; Sib., Mong.
– *sibiricum* DC. = Leontopodium palibinianum
– **souliei** Beauverd · F:Edelweiss · ♃ △ Z5 VI-VII; Yunnan, Sichuan
– **stracheyi** (Hook. f.) C.B. Clarke · ♃ Z5 VI-VII; SW-China

Leonurus L. -m- *Lamiaceae (Labiatae)* · 3-9 sp · D:Herzgespann; E:Motherwort; F:Agripaume, Léonure
– **cardiaca** L. · D:Echtes Herzgespann; E:Motherwort · ♃ Z3 VI-IX ⚕ ; Eur.* exc. BrI; TR, nat. in BrI, N-Am.
– **lanatus** (L.) Pers. · D:Wolliges Herzgespann; E:Woolly Motherwort · ♃ VII-VIII ⚕ ; E-Sib., Mong.
– **marrubiastrum** L. · D:Filziges Herzgespann, Katzenschwanz · ⊙ VII-VIII; Eur.: Ap, C-Eur., EC-Eur., Ba, E-Eur.; Cauc., W-Sib., C-As., nat. in F, N-Am.
– *villosus* d'Urv. = Leonurus cardiaca

Leopoldia Parl. = Muscari
– *comosa* (L.) Parl. = Muscari comosum

Leopoldinia Mart. -f- *Arecaceae (Palmae)* · 4 sp
– **piassaba** Wallace · E:Para Piassava · ♄ e Ⓦ Ⓝ; Venez., Bras.

Lepidium L. -n- *Brassicaceae (Cruciferae)* · c. 140 sp · D:Kresse; E:Peppergrass; F:Cresson alénois, Passerage
– **bonariense** L. · ⊙ ⊙; S-Am., nat. in B, NL, D, H, Sp.
– **campestre** (L.) R. Br. · D:Feld-Kresse; E:Field Cress · ⊙ V-VI; Eur.*, TR, Cauc., nat. in N-Am.
– **densiflorum** Schrad. · D:Dichtblütige Kresse; E:Prairie Peppergrass · ⊙ V-VII; N-Am., nat. in Sc, Fr, C-Eur., EC-Eur., Ap
– **graminifolium** L. · D:Grasblättrige Kresse · ♃ VI-VIII; Eur.* exc. BrI, Sc; TR, Levante., Maroc., Alger., nat. in BrI
– **heterophyllum** Benth. · D:Verschiedenblättrige Kresse · ♃ V-VI; Eur.: Sc, BrI, Fr, Ib, EC-Eur., nat. in D
– **latifolium** L. · D:Breitblättrige Kresse; E:Perennial Peppergrass · ♃ V-VII; Eur.*, TR, Levante, Cauc., Iran, W-Sib., C-As., Him., Tibet, Maroc., Egypt
– **meyenii** Walp. · ♃ Ⓝ; Peru, Bol.
– *neglectum* Thell. = Lepidium densiflorum
– **perfoliatum** L. · D:Durchwachsene Kresse · ⊙ V-VI; Eur.: A, EC-Eur., Ba, E-Eur.; TR, Levante, Cauc., Iran, W-Sib., C-As.,

Him., nat. in DK, Fr, Ib
– **ruderale** L. · D:Schutt-Kresse; E:Peppergrass · ⊙ V-X; Eur.*, TR, Palaest., Iraq, Cauc., W-Sib., E-Sib., C-As.
– **sativum** L. · D:Garten-Kresse; E:Garden Cress, Pepperwort · ⊙ ⊙ V-VII Ⓝ; Egypt, Sudan, Eth., Arabia, TR, Palaest., Syr., Iran, Iraq, Pakist., W-Him., nat. in cosmop.
– **virginicum** L. · D:Virginische Kresse; E:Virginia Pepperweed · ⊙ V-VIII ⚕; N-Am., nat. in Eur.* exc. Br

Lepidocoryphantha Backeb. = Coryphantha
– *macromeris* (Engelm.) Backeb. = Coryphantha macromeris

Lepidorrhachis (H. Wendl. et Drude) O.F. Cook -f- *Arecaceae (Palmae)* · 1 sp
– **mooreana** (F. Muell.) O.F. Cook · ♄ e Ⓦ Ⓚ; Lord Howe Is.

Lepidozamia Regel -f- *Zamiaceae* · 2 sp
– **peroffskyana** Regel · ♄ e Z10 Ⓦ ☠ ▽ ✻; Austr.: Queensl., N.S.Wales

Lepironia Rich. -f- *Cyperaceae* · 1-5 sp
– **articulata** (Retz.) Domin · ♃ Ⓦ Ⓝ; Madag., Sri Lanka, Malay. Arch., Austr., Fiji

Lepisanthes Blume -f- *Sapindaceae* · 24 sp
– **rubiginosa** (Roxb.) Leenh. · E:Woodland Rambutan · ♄ ♄ Z9 Ⓦ Ⓝ; Him., Ind., China, Myanmar, Malay. Arch., N-Austr.

Lepismium Pfeiff. -n- *Cactaceae* · 16 sp
– *cavernosum* Lindb. = Lepismium cruciforme
– *chrysocarpum* (Loefgr.) Backeb. = Rhipsalis puniceodiscus var. chrysocarpa
– *commune* Pfeiff. = Lepismium cruciforme
– **cruciforme** (Vell.) Miq. · ♄ Ψ ⌇ ⌇ Z9 Ⓦ ▽ ✻; Bras., Parag., Arg.
– *dissimile* G. Lindb. = Rhipsalis dissimilis
– *floccosum* (Salm-Dyck) Backeb. = Rhipsalis floccosa
– *gibberulum* (F.A.C. Weber) Backeb. = Rhipsalis floccosa
– *grandiflorum* (Haw.) Backeb. = Rhipsalis hadrosoma
– **houlletianum** (Lem.) Barthlott · ♄ Ψ ⌇ ⌇ Z9 Ⓦ ▽ ✻; E-Bras.
– *ianthothele* (Monv.) Barthlott = Pfeiffera ianthothele
– *marnierianum* Backeb. = Rhipsalis dissimilis
– *megalanthum* (Loefgr.) Backeb. = Rhipsalis neves-armondii
– *paradoxum* Salm-Dyck ex Pfeiff. = Rhipsalis paradoxa
– *pulvinigerum* (G. Lindb.) Backeb. = Rhipsalis pulvinigera
– *puniceodiscus* (G. Lindb.) Backeb. = Rhipsalis puniceodiscus var. puniceodiscus
– var. *chrysocarpum* (Loefgr.) Borg = Rhipsalis puniceodiscus var. chrysocarpa
– *trigonum* (Pfeiff.) Backeb. = Rhipsalis trigona

Leptandra Nutt. = Veronicastrum
– *virginica* (L.) Nutt. = Veronicastrum virginicum

Leptarrhena R. Br. -f- *Saxifragaceae* · 1 sp
– **pyrolifolia** (D. Don) R. Br. · E:Pearleaf · ♃ △ Z5 VI-VII; Kamchat., Aleuten, Alaska, W-Can., USA: Wash.

Leptinella Cass. -f- *Asteraceae (Compositae)* · 33 sp · D:Fiederpolster; F:Cotule
– **atrata** (Hook. f.) D.G. Lloyd et C.J. Webb · ♃ ⤳ △ Z8 Ⓚ VII-VIII; NZ
– **dioica** Hook. f. · F:Cotule dioîque · ♃ ⤳ △ Z5 VII-VIII; NZ
– **potentillina** F. Muell. · ♃ ⤳ Z8; NZ
– **squalida** Hook. f. · D:Fiederpolster; E:New Zealand Brass Buttons · ♃ ⤳ △ Z8 ∧ VI-VII; NZ

Leptocallisia (Benth.) Pichon = Callisia
– *monandra* (Sw.) W. Ludw. et Rohweder = Callisia monandra
– *multiflora* (M. Martens et Galeotti) Pichon = Callisia multiflora
– *umbellulata* (Lam.) Pichon = Callisia monandra

Leptocladodia Buxb. = Mammillaria
– *densispina* (J.M. Coult.) Buxb. = Mammillaria densispina
– *elongata* (DC.) Buxb. = Mammillaria elongata
– *leona* (Poselg.) Buxb. = Mammillaria pottsii
– *microhelia* (Werderm.) Buxb. = Mammillaria microhelia var. microhelia
– *f. microheliopsis* (Werderm.) Krainz = Mammillaria microhelia var. microheliopsis

– *sphacelata* (Mart.) Buxb. = Mammillaria sphacelata

Leptodermis Wall. -f- *Rubiaceae* · 30 sp
– **lanceolata** Wall. · ♄ d Z9 Ⓚ VI-X; NW-Him.
– **oblonga** Bunge · ♄ d Z7 ∧ VII-X; N-China

× **Leptolaelia** hort. -f- *Orchidaceae* (*Laelia × Leptotes*)

Leptopteris C. Presl -f- *Osmundaceae* · 6 sp
– **hymenophylloides** (A. Rich.) C. Presl · ♃ Z10 Ⓚ; NZ
– **superba** (Colenso) C. Presl · D:Prinz of Wales Farn; E:Prince-of-Wales Feathers · ♃ Z10 Ⓚ; NZ

Leptopyrum Rchb. -n- *Ranunculaceae* · 1 sp
– **fumarioides** (L.) Rchb. · ⊙; W-Sib., E-Sib., Amur, Mong, Tibet, China

Leptosiphon Benth. = Linanthus
– *grandiflorus* Benth. = Linanthus grandiflorus
– *luteus* Benth. = Linanthus androsaceus subsp. luteus

Leptospermum J.R. Forst. et G. Forst. -n- *Myrtaceae* · 79 sp · D:Südseemyrte, Teebaum; E:Tea Tree; F:Leptospermum
– *ambiguum* Sm. = Kunzea ambigua
– **arachnoideum** Sm. · ♄ e Z9 Ⓚ VII-VIII; Austr.: N.S.Wales
– *attenuatum* Sm. = Leptospermum trinervium
– *citratum* Chall. = Leptospermum petersonii
– *cunninghamii* hort. = Leptospermum lanigerum 'Silver Sheen'
– *cunninghamii* S. Schauer = Leptospermum myrtifolium
– *flavescens* Sm. = Leptospermum polygalifolium
– **grandiflorum** Lodd. · ♄ e Z9 Ⓚ VIII; Tasman.
– *humifusum* A. Cunn. ex S. Schauer = Leptospermum rupestre
– **laevigatum** (Sol. ex Gaertn.) F. Muell. · D:Australischer Teebaum; E:Australian Tea Tree · ♄ e Z9 Ⓚ Ⓝ; Austr.: Queensl., N.S.Wales, Victoria, Tasman.
– **lanigerum** (Aiton) Sm. · ♄ e Z8 Ⓚ VII-VIII; Austr.: N.S.Wales, Victoria, S-Austr., Tasman.
– *'Cunninghamii'* = Leptospermum lanigerum 'Silver Sheen'
– **'Silver Sheen'**
– **myrtifolium** Sieber ex DC. · ♄ e Z8 Ⓚ; Austr.: N.S.Wales, Victoria, Tasman.
– *perforatum* J.R. Forst. et G. Forst. = Metrosideros perforata
– **petersonii** F.M. Bailey · ♄ ♄ e Z9 Ⓚ; Austr.: Queensl., N.S.Wales
– **polygalifolium** Salisb. · ♄ e Z9 Ⓚ VII-VIII; Austr.: Queensl., N.S.Wales, Victoria, Tasman.
– *pubescens* Lam. = Leptospermum lanigerum
– *rodwayanum* Summerh. et H.F. Comber = Leptospermum grandiflorum
– *roseum* hort. = Leptospermum polygalifolium
– **rotundifolium** (Maiden et Betche) Domin · ♄ e Z9 Ⓚ; Austr.: N.S.Wales
– **rupestre** Hook. f. · ♄ Z9 Ⓚ; Tasman.
– *scandens* J.R. Forst. et G. Forst. = Metrosideros fulgens
– **scoparium** J.R. Forst. et G. Forst. · D:Neuseelandmyrte; E:Broom Tea Tree, Manuka · ♄ ♄ e ⋇ Z8 Ⓚ V-VI; Austr.: Victoria; NZ
– **sericeum** Labill. · ♄ e Z9 Ⓚ; Austr.: W-Austr., Tasman.
– **squarrosum** Gaertn. · ♄ e Z9 Ⓚ; Austr.: N.S.Wales, ? Queensl.
– **trinervium** (Sm.) J. Thomps. · ♄ e Z9 Ⓚ V; Austr.: Queensl., N.S.Wales

Leptotes Lindl. -f- *Orchidaceae* · 3-4 sp
– **bicolor** Lindl. · ♃ Z10 Ⓦ I-III ▽ *; E-Bras.
– **unicolor** Barb. Rodr. · ♃ Z10 Ⓦ II ▽ *; S-Bras.

Lepyrodiclis Fenzl -f- *Caryophyllaceae* · 3 sp · D:Blasenmiere
– **holosteoides** (C.A. Mey.) J. Fisch. et C.A. Mey. · D:Spurrenähnliche Blasenmiere · ⊙ V-VI; TR, Cauc., Iran, C-As., Him., W-China

Leschenaultia R. Br. -f- *Goodeniaceae* · 24 sp · D:Leschenaultie; E:Leschenaultia; F:Leschenaultia
– **biloba** Lindl. · D:Blaue Leschenaultie; E:Blue Leschenaultia · ♄ e Z9 Ⓚ VII-VIII; W-Austr.
– **formosa** R. Br. · D:Rote Leschenaultie; E:Red Leschenaultia · ♄ Z9 Ⓚ VII-VIII;

W-Austr.

Lespedeza Michx. -f- *Fabaceae (Leguminosae)* · 40 sp · D:Buschklee; E:Bush Clover; F:Lespédéza
- **bicolor** Turcz. · D:Zweifarbiger Buschklee; E:Bicolored Lespedeza · ♄ Z6 VIII-IX Ⓝ; Jap., Korea, Manch., N-China, Amur
  - var. *alba* Bean = Lespedeza japonica
- **cuneata** (Dum.-Cours.) G. Don · D:Chinesischer Buschklee; E:Chinese Bush Clover · ♄ d VIII-IX Ⓝ; Afgh, Ind., China, Korea, Jap., Taiwan, Phil., Austr., nat. in S-USA, E-USA
- *formosa* Koehne = Lespedeza thunbergii
- **japonica** L.H. Bailey · ♄ d IX; Jap., Korea, Manch.
- *macrocarpa* Bunge = Campylotropis macrocarpa
- **maximowiczii** C.K. Schneid. · ♄ d Z5 VII-VIII; Jap., Korea
- *sericea* (Thunb.) Miq. non Benth. = Lespedeza cuneata
- *sieboldii* Miq. = Lespedeza thunbergii
- *stipulacea* Maxim. = Kummerowia stipulacea
- *striata* (Thunb. ex Murray) Hook. et Arn. = Kummerowia striata
- **thunbergii** (DC.) Nakai · D:Thunbergs Buschklee; F:Lespedeza de Thunberg · ♄ d Z7 ∧ IX-X; Jap., N-China

Leucadendron R. Br. -n- *Proteaceae* · 79 sp · D:Silberbaum; E:Silver Tree; F:Arbre d'argent
- **aemulum** R. Br. · ♄ e ⋈ Z9 Ⓚ; S-Afr.
- **argenteum** (L.) R. Br. · D:Silberbaum; E:Silver Tree · ♄ e Z9 Ⓚ; Kap
- **coniferum** (L.) Meisn. · ♄ e ⋈ Z9 Ⓚ; Kap
- **corymbosum** Bergius · ♄ e Z9 Ⓚ; Kap
- **grandiflorum** (Salisb.) R. Br. · ♄ e ⋈ Z9 Ⓚ; Kap
- **levisianum** (L.) Bergius · ♄ e Z9 Ⓚ; Kap
- **muirii** Phillips · ♄ e ⋈ Z9 Ⓚ; Kap
- **nervosum** Phillips et Hutch. · ♄ e ⋈ Z9 Ⓚ; Kap
- **platyspermum** R. Br. · ♄ e ⋈ Z9 Ⓚ; Kap
- **plumosum** R. Br. · ♄ e Z9 Ⓚ; S-Afr.
- **pubescens** R. Br. · ♄ e ⋈ Z9 Ⓚ; Kap
- **sabulosum** T.M. Salter · ♄ e ⋈ Z9 Ⓚ; Kap
- **salignum** Bergius · ♄ e ⋈ Z9 Ⓚ; Kap
- **tortum** R. Br. · ♄ e Z9 Ⓚ; S-Afr.

Leucaena Benth. -f- *Mimosaceae (Leguminosae)* · 22 sp · D:Weißfaden; F:Tamarinier sauvage
- *glauca* auct. = Leucaena leucocephala
- **leucocephala** (Lam.) de Wit · D:Pferdetamarinde, Weißfaden; E:White Leadtree, Wild Tamarind · ♄ ♄ e Z9 Ⓦ Ⓝ; Fla., W.Ind., S-Am., nat. in Tex., Calif., Hawaii

Leucanthemella Tzvelev -f- *Asteraceae (Compositae)* · 2 sp · D:Herbstmargerite; E:Autumn Oxeye; F:Marguerite d'automne
- **serotina** (L.) Tzvelev · D:Herbstmargerite; E:Hungarian Daisy, Moon Daisy; F:Chrysanthème tardif · ♃ Z7 X; Eur.: EC-Eur., Ba, E-Eur., nat. in CH

Leucanthemopsis (Giroux) Heywood -f- *Asteraceae (Compositae)* · 6 sp · D:Alpenmargerite; E:Alpine Chrysanthemum; F:Marguerite des Alpes
- **alpina** (L.) Heywood · D:Alpenmargerite, Zwergmargerite; E:Alpine Moon Daisy · ♃ △ Z6 VII-VIII; Eur.: Sp., F, Ap, C-Eur., EC-Eur., Bosn., E-Eur.; mts.

Leucanthemum Mill. -n- *Asteraceae (Compositae)* · c. 25 sp · D:Margerite; E:Oxeye Daisy; F:Marguerite
- **adustum** (W.D.J. Koch) Gremli · D:Berg-Margerite · ♃ VII-VIII; Eur.: Sc, Fr, S-I, C-Eur., EC-Eur., Slove., RO
- *corymbosum* (L.) Gren. et Godr. = Tanacetum corymbosum subsp. corymbosum
- **gaudinii** Dalla Torre · D:Hügel-Margerite · ♃ VI-VIII; Eur.: A, CH +
- *gayanum* hort. = Rhodanthemum gayanum
- **halleri** (Suter) Ducommun · D:Hallers Margerite, Schwarzrand-Margerite · ♃ VII-VIII; Eur.: Alp.
- **heterophyllum** (Willd.) DC. · D:Verschiedenblättrige Margerite · ♃ VII-VIII; Eur.: S-Alp., C-Apenn.
- **ircutianum** DC. · D:Fettwiesen-Margerite · ⊙ ♃ V-X; Eur.: most; N-As, nat. in N-Am.
- **lithopolitanicum** (E. Mey.) Polatschek · ♃ VII-IX; Sloven.
- **maximum** (Ramond) DC. · D:Pyrenäen-Margerite; E:Daisy Chrysanthemum · ♃ ⋈ Z6 VI-VII; Eur.: Pyr.
- *maximum* hort. = Leucanthemum × superbum
- *paludosum* (Poir.) Bonnet et Barratte = Hymenostemma paludosum
- *parthenium* (L.) Gren. et Godr. =

Tanacetum parthenium
– × **superbum** (J.W. Ingram) Bergmans ex Kent (*L. maximum* × *L. lacustre*) · D:Garten-Margerite; E:Shasta Daisy; F:Marguerite d'été · ♃ Z5; cult.
– **in vielen Sorten**
– **vulgare** (Lam.) DC. · D:Magerwiesen-Margerite; E:Moon Daisy, Ox-Eye Daisy; F:Grande marguerite · ♃ Z3 V-X ⚕ Ⓝ; Eur.*, TR, Cauc., W-Sib., E-Sib., Amur, Sachal., Kamchat., nat. in N-Am
– **in Sorten**

Leuchtenbergia Hook. -f- *Cactaceae* · 1 sp
– **principis** Hook. · ♆ Ⓚ ▽ ✱; N-Mex.

Leucocoryne Lindl. -f- *Alliaceae* · 12 sp
– **ixioides** (Hook.) Lindl. · E:Glory of the Sun · ♃ ⋈ Z9 Ⓚ III-IV; Chile

Leucogenes Beauverd -m- *Asteraceae (Compositae)* · 2 sp · D:Neuseelandedelweiß; E:New Zealand Edelweiss; F:Leucogenes
– **leontopodium** (Hook. f.) Beauverd · ♃ e Z8 Ⓐ; NZ

Leucojum L. -n- *Amaryllidaceae* · 10 sp · D:Knotenblume; E:Snowflake; F:Nivéole
– **aestivum** L. · D:Sommer-Knotenblume; E:Loddon Lily, Summer Snowflake; F:Nivéole d'été · ♃ Z4 V-VI ☠ ▽; Eur.* exc. Sc; TR, Cauc., Iran, nat. in DK
– **autumnale** L. · D:Herbst-Knotenblume; E:Autumn Snowflake, Snowflake · ♃ Z8 Ⓐ IX-X ☠ ▽; Eur.: Ib, Sard., Sic.? Crete
– **vernum** L. · D:Frühlings-Knotenblume, Märzenbecher; E:Spring Snowflake; F:Nivéole de printemps · ♃ Z5 II-IV ☠ ▽; Eur.: I, C-Eur., EC-Eur., Slove., Croatia, Serb.

Leucophyllum Bonpl. -n- *Scrophulariaceae* · 12 sp
– **frutescens** (Berland.) I.M. Johnst. · ♄ e Z9 Ⓚ IV-VII; Tex.
– *texanum* Benth. = Leucophyllum frutescens

Leucophyta R. Br. -f- *Asteraceae (Compositae)* · 1 sp · D:Silberblatt; E:Cushion Bush
– **brownii** Cass. · D:Silberblatt; E:Cushion Plant, Silver Wire Netting Plant · ♄ ⁞ Ⓚ; Austr.

Leucopogon R. Br. -m- *Epacridaceae* · c. 150 sp
– **fraseri** A. Cunn. · ♄ e Z9 Ⓚ VII-VIII; Austr.: N.S.Wales, Tasman.; NZ
– **virgatus** (Labill.) R. Br. · ♄ e Z9 Ⓚ VII-VIII; Austr.: S-Austr., Tasman.

Leucospermum R. Br. -n- *Proteaceae* · 46 sp · D:Gärtnerprotee; E:Pincushion
– **cordifolium** (Salisb. ex Knight) Fourc. · D:Nadelkissen; E:Nodding Pincushion, Pincushion · ♄ e ⋈ Z9 Ⓚ; Kap
– **grandiflorum** (Salisb.) R. Br. · ♄ e Z9 Ⓚ V-VII; Kap
– *nutans* R. Br. = Leucospermum cordifolium

Leucothoe D. Don -f- *Ericaceae* · 44 sp · D:Traubenheide; F:Andromède, Leucothoë
– **axillaris** (Lam.) D. Don · D:Achsenblütige Traubenheide; E:Dog Hobble · ♄ e Z6 V-VI; USA: Va., SE, Fla.
– **catesbaei** (Walter) A. Gray · ♄ e Z6 IV-V; USA: SE
– *catesbaei* hort. = Leucothoe fontanesiana
– *editorum* Fernald et Schub. = Leucothoe fontanesiana
– **fontanesiana** (Steud.) Sleumer · D:Gebogene Traubenheide; E:Drooping Laurel, Fetter Bush, Switch Ivy; F:Leucothoë · ♄ Z6 IV-VI; USA: NE, SE
– **grayana** Maxim. · ♄ e Z6 V-VI; Jap.
– **keiskei** Miq. · ♄ e Z5 VII; Jap.
– **racemosa** (L.) A. Gray · D:Sommergrüne Traubenheide; E:Fetter Bush, Swamp Sweetbells · ♄ d Z6 V-VI; USA: NE, SE, Fla.
– **recurva** (Buckland) A. Gray · ♄ d Z7 ∧ IV-VI; USA: Va., SE
– *walteri* (Willd.) Melvin = Leucothoe fontanesiana

Leuzea DC. -f- *Asteraceae (Compositae)* · 3 sp · D:Zapfenkopf; F:Leuzée
– **conifera** (L.) DC. · ♃ Z8 Ⓚ; Eur.: Ib, Ap, F; Marok., Alger., Tun.
– *rhapontica* (L.) Holub = Stemmacantha rhapontica

Levisticum Hill -n- *Apiaceae (Umbelliferae)* · 1 sp · D:Liebstöckel, Maggikraut; E:Lovage; F:Ache de montagne, Céleri vivace
– **officinale** W.D.J. Koch · D:Liebstöckel, Maggikraut; E:Lovage · ♃ Z4 VII-VIII ⚕

Ⓝ; Iran, nat. in Eur.* exc. BrI, USA

Lewisia Pursh -f- *Portulacaceae* · 19-22 sp · D:Bitterwurzel, Lewisie; E:Bitterroot; F:Lewisia
- **brachycalyx** Engelm. ex A. Gray · ♃ △ Z7 Ⓐ ∧ V; USA: Calif., Rocky Mts, SW
- **columbiana** (Howell) B.L. Rob. · D:Columbia-Bitterwurz; E:Columbia Lewisia · ♃ △ Z7 Ⓐ ∧ VI-VIII; Can.: W; USA: NW, Calif., Rocky Mts.
- **cotyledon** (S. Watson) B.L. Rob.
  - var. **cotyledon** · D:Gewöhnliche Bitterwurz; E:Cliff Maids, Imperial Lewisia · ♃ Z7 Ⓐ ∧; USA: Oreg.
  - var. **heckneri** (C.V. Morton) Munz · ♃ △ Z7 Ⓐ ∧ VI; Calif.
  - var. **howellii** (S. Watson) Jeps. · ♃ △ Z7 Ⓐ ∧ VI-VIII; USA: Oreg.
- *heckneri* (C.V. Morton) Howell = Lewisia cotyledon var. heckneri
- **leana** (Porter) B.L. Rob. · ♃ △ Z7 Ⓐ ∧ VI-VIII; USA: Oreg., Calif.
- **nevadensis** (A. Gray) B.L. Rob. · D:Nevada-Bitterwurz; E:Nevada Bitter Root · ♃ △ Z6 Ⓐ VI-VII; USA: NW, Calif., Rocky Mts.
- **oppositifolia** (S. Watson) B.L. Rob. · ♃ △ Z7 Ⓐ ∧ VI-VIII; USA: Oreg., Calif.
- **pygmaea** (A. Gray) B.L. Rob. · ♃ Z3; Alaska, Can.: W; USA: NW, Calif., Rocky Mts.
  - var. *nevadensis* (A. Gray) Fosberg = Lewisia nevadensis
- **rediviva** Pursh · D:Auferstehende Bitterwurz; E:Bitter Root · ♃ △ Z7 Ⓐ ∧ VI-VIII; Can.: W; USA: NC, SW, Rocky Mts., NW, Calif.
- **tweedyi** (A. Gray) B.L. Rob. · D:Große Bitterwurz · ♃ △ Z7 Ⓐ ∧ VI-VII; USA: NW, Rocky Mts.
- **Cultivars**
  - **in vielen Sorten**

Leycesteria Wall. -f- *Caprifoliaceae* · 6 sp · D:Leycesterie; F:Herbe-aux-faisans, Leycesteria
- **crocothyrsos** Airy Shaw · ♄ d Z9 Ⓚ IV; Ind: Assam
- **formosa** Wall. · D:Schöne Leycesterie; E:Himalayan Honeysuckle, Pheasant Berry; F:Arbre à faisan · ♄ d Z7 Ⓚ ∧ VIII-IX; Him., SW-China

Leymus Hochst. -m- *Poaceae (Gramineae)* · 40 sp · D:Strandroggen; E:Lyme Grass; F:Elyme
- **arenarius** (L.) Hochst. · D:Gewöhnlicher Strandroggen; E:Lyme Grass; F:Seigle de mer · ♃ Z6 VI-VIII Ⓝ; Eur.: Sp., Fr, BrI, ,D, Sc, Russ..; N-As., Alaska, Can., USA: NE, SW, NW; Greenl., nat. in N-Am., Chile
- **racemosus** (Lam.) Tzvelev · ♃ VII-VIII; Eur.: E-Sp., BG; N-TR, Cauc., C-As.
- **secalinus** (Georgi) Tzvelev · D:Wilder Roggen; E:Wild Rye · ♃ Z5 VII-VIII; Alaska, Can., USA* exc. SC

× **Liaopsis** hort. -f- *Orchidaceae* (*Laelia* × *Laeliopsis*)

Liatris Gaertn. ex Schreb. -f- *Asteraceae (Compositae)* · 33 (-43) sp · D:Prachtscharte; E:Button Snake Root, Gay Feather; F:Liatride
- *callilepis* hort. = Liatris spicata
- **elegans** (Walter) Michx. · ♃ Z7 VIII-IX; USA: Va., SE, Fla.
- **graminifolia** (Walter) Willd. · ♃ VIII-X; USA: NE, SE, Fla.
- **punctata** Hook. · D:Herbst-Prachtscharte; E:Snakeroot · ♃ Z3 VIII-X; Can.: W, Man.; USA NC, SC, SW, Rocky Mts, Ark.
- **pycnostachya** Michx. · D:Prärie-Prachtscharte; E:Prairie Blazing Star · ♃ Z3 VII-IX; USA: NCE, NC, Ky., SC, SE
- **scariosa** (L.) Willd. · D:Kansas-Prachtscharte; E:Blazing Star · ♃ Z3 VIII-IX; USA: NE, SE
- **spicata** (L.) Willd. · D:Prachtscharte; E:Button Snakeroot, Gayfeather; F:Plume du Kansas · ♃ Z3 VII-IX ⚕; Can.: Ont.; USA: NE, NCE, SE, Fla.
  - **in Sorten**

Libanotis Haller ex Zinn = Seseli
- *transcaucasica* Schischk. = Seseli libanotis

Libertia Spreng. -f- *Iridaceae* · 10-20 sp · D:Andeniris, Schwertelglocke; E:Chilean Iris; F:Libertia
- **caerulescens** Kunth · ♃ Z8 Ⓚ V; Chile
- **formosa** Graham · D:Andeniris; E:Snowy Mermaid · ♃ Z8 Ⓚ V-VI; Chile
- **grandiflora** (R. Br.) Sw. · D:Neuseelandiris; E:New Zealand Satin Flower · ♃ Z8 Ⓚ VII-VIII; NZ
- **ixioides** (G. Forst.) Spreng. · ♃ Z8 Ⓚ IV-V; NZ

– **pulchella** (R. Br.) Spreng. · ♃ Z8 ⓚ III-IV; Austr.: N.S.Wales, Victoria

Libidibia Schltr. = Caesalpinia
– *coriaria* (Jacq.) Schltr. = Caesalpinia coriaria

Libocedrus Endl. -m- *Cupressaceae* · 5 sp · D:Flusszeder; F:Libocèdre
– **bidwillii** Hook. f. · D:Pahautea Flusszeder; E:Pahautea · ₺ Z8; NZ
– *decurrens* Torr. = Calocedrus decurrens
– **plumosa** (D. Don) Sarg. · D:Schuppen-Flusszeder; E:Kawaka · ₺ Z8; NZ

Libonia K. Koch = Justicia
– *floribunda* K. Koch = Justicia rizzinii
– × *penrhosiensis* Carrière = Justicia × penrhosiensis

Licania Aubl. -f- *Chrysobalanaceae* · 193 sp
– **arborea** Seem. · ₺ ⓦ Ⓝ; Mex., C-Am., Col., Ecuad., Peru
– *crassifolia* Benth. = Licania incana
– **incana** Aubl. · ♄ ₺ ⓦ; Col., Venez., Bras.
– **rigida** Benth. · ₺ ⓦ Ⓝ; Bras., French Guiana, Peru

Licaria Aubl. -f- *Lauraceae* · 40-45 sp
– *puchury-major* (Mart.) Kosterm. = Ocotea puchury-major

Licuala Thunb. -f- *Arecaceae (Palmae)* · 108 sp · D:Palaspalme, Strahlenpalme; E:Palas; F:Palmier-éventail
– *elegans* Blume = Licuala pumila
– **grandis** H. Wendl. · ₺ e Z10 ⓦ; Vanuatu
– **peltata** Roxb. · ₺ e Z10 ⓦ; Ind., Myanmar
– **pumila** Blume ex Schult. et Schult. f. · ₺ e Z10 ⓦ; Sumat., Java
– **spinosa** Thunb. · ₺ e Z10 ⓦ; Malay. Arch., Andam., Nicobar.

Ligularia Cass. -f- *Asteraceae (Compositae)* · c. 125 sp · D:Goldkolben, Ligularie; E:Leopard Plant; F:Ligulaire
– *clivorum* (Maxim.) Maxim. = Ligularia dentata
– **dentata** (A. Gray) Hara · D:Japanischer Goldkolben · ♃ ✂ Z4 VII-IX; China, Jap., nat. in BrI
– × **hessei** (Hesse) Bergmans (*L. dentata* × *L. wilsoniana*) · D:Riesen-Goldkolben · ♃ ✂ Z5 VII; cult.
– **hodgsonii** Hook. · ♃ Z5 VII-IX; Jap., Sachal.
– **japonica** Less. ex DC. · ♃ Z5 VIII-IX; China, Korea, Jap., Taiwan
– *kaempferi* Siebold et Zucc. = Farfugium japonicum
– **macrophylla** (Ledeb.) DC. · ♃ Z4 VII-VIII; Cauc., Altai
– × **palmatiloba** hort. Hesse (*L. dentata* × *L. japonica*) · D:Palmblatt-Goldkolben · ♃ ✂ Z5 VI-VII; cult.
– **przewalskii** (Maxim.) Diels · ♃ Z4 VIII-IX; China: Kansu
– **sibirica** (L.) Cass.
  – var. **sibirica** · D:Sibirischer Goldkolben · ♃ Z3 VII-VIII ▽; Eur.: F, A, H, EC-Eur., BG, E-Eur.; Cauc., W-Sib., E-Sib., Amur, Mong., Him., Jap., China
  – var. **speciosa** (Schrad. ex Link) DC. · ♃ ~ Z3 VII-VIII ▽; China, E-Sib., Manch, Korea, Jap. Sachal.
– *speciosa* (Schrad. ex Link) Fisch. et C.A. Mey. = Ligularia sibirica var. speciosa
– **stenocephala** (Maxim.) Matsum. et Koidz. · ♃ Z5 VI-VIII; Jap., N-China, Taiwan
  – **'$in Sorten'**
– *tangutica* (Maxim.) Bergmans = Sinacalia tangutica
– *tussilaginea* (Burm. f.) Makino = Farfugium japonicum
– **veitchiana** (Hemsl.) Greenm. · ♃ ~ Z5 IX-X; W-China
– **wilsoniana** (Hemsl.) Greenm. · ♃ ~ Z5 IX-X; C-China

Ligusticum L. -n- *Apiaceae (Umbelliferae)* · 25 (-50) sp · D:Mutterwurz; E:Lovage; F:Ligustique
– **lucidum** Mill. · D:Glänzende Mutterwurz · ♃ Z6 VII-VIII; Eur.: Sp., Balear., F, I, CH, Ba; mts.
– **mutellina** (L.) Crantz · D:Alpen-Mutterwurz; E:Alpine Lovage · ♃ △ Z6 VI-VIII; Eur.: Fr, C-Eur., EC-Eur., E-Eur., Ap, Ba; mts.
– **mutellinoides** Vill. · D:Zwerg-Mutterwurz; E:Small Alpine Lovage · ♃ Z3 VII-VIII; Eur.: F, I, C-Eur., EC-Eur., Croatia, N-Russ.; Alp., Sudeten, Carp., N-Russ.
– *paludapifolium* (Lam.) Asch. = Levisticum officinale
– *pyrenaeum* Gouan = Ligusticum lucidum
– **scoticum** L. · D:Schottische Mutterwurz; E:Scots Lovage · ♃ Z4 ⚕; Eur.: BrI, Sc, Balt.; , Greenl., E-USA; coasts

Ligustrina Rupr. = Syringa
- *amurensis* Rupr. = Syringa reticulata var. amurensis
  - var. *japonica* (Maxim.) Franch. et Sav. = Syringa reticulata var. reticulata
- *pekinensis* (Rupr.) hort. = Syringa pekinensis

Ligustrum L. -n- *Oleaceae* · c. 50 sp · D:Liguster, Rainweide; E:Privet; F:Troène
- *acuminatum* Koehne = Ligustrum tschonoskii var. tschonoskii
- **amurense** Carrière · D:Amur-Liguster; E:Amur Privet · ♄ s Z5 VI-VII; N-China, nat. in USA: SE
- *chenaultii* Hickel = Ligustrum compactum
- *ciliatum* Rehder = Ligustrum tschonoskii var. tschonoskii
- *ciliatum* Siebold ex Blume = Ligustrum ibota
- **compactum** Hook. f. et Thomson ex Brandis · ♄ ♄ s Z8 Ⓚ ∧ VI-VII; Him., SW-China
- **delavayanum** Har. · D:Delavays Liguster · ♄ e Z7 ∧; Myanmar, Yunnan
- **henryi** Hemsl. · ♄ e Z7; C-China, SW-China
- × **ibolium** Coe ex Rehder (*L. obtusifolium* × *L. ovalifolium*) · ♄ s Z4 VI-VII; cult.
- **ibota** Siebold et Zucc. · D:Bewimperter Liguster · ♄ d Z5 VI; Jap.
- **indicum** (Lour.) Merr. · ♄ e Z8 Ⓚ; Him., Indochina
- *ionandrum* Diels = Ligustrum delavayanum
- **japonicum** Thunb. · D:Japanischer Liguster; E:Japanese Privet · ♄ e Z8 Ⓚ ∧ VI-VIII; Jap., Korea
- **lucidum** W.T. Aiton · D:Glänzender Liguster; E:Chinese Privet, White Wax Tree · ♄ ♄ e Z7 VIII-IX ⚕ Ⓝ; China, Korea
- **massalongianum** Vis. · ♄ e Z8 Ⓚ; Him.
- *medium* Franch. et Sav. = Ligustrum ovalifolium
- *medium* hort. = Ligustrum tschonoskii var. tschonoskii
- *nepalense* Wall. = Ligustrum indicum
- **obtusifolium** Siebold et Zucc.
  - var. **obtusifolium** · D:Stumpfblättriger Liguster · ♄ d Z6; Jap.
  - var. **regelianum** (Koehne) Rehder · ♄ d ♧ Z6 VI; Jap.
- **ovalifolium** Hassk. · D:Wintergrüner Liguster; E:California Privet; F:Troène de Californie · ♄ e D Z7 V-VII; Jap., nat. in S-USA
- *prattii* Koehne = Ligustrum delavayanum
- *purpusii* Hoefker = Ligustrum quihoui
- **quihoui** Carrière · D:Quihois Liguster · ♄ d Z7 ∧ IX; China
- *regelianum* Koehne = Ligustrum obtusifolium var. regelianum
- **robustum** Blume · ♄ ♄ e; China, Myanmar, Malay. Arch.
- **sinense** Lour.
  - var. **sinense** Lour. · D:Chinesischer Liguster · ♄ d Z7; C-China
  - var. **stauntonii** (A. DC.) Rehder · ♄ d Z7; C-China
- *stauntonii* A. DC. = Ligustrum sinense var. stauntonii
- **strongylophyllum** Hemsl. · ♄ e Z9 Ⓚ VII; C-China
- **tschonoskii** Decne.
  - var. **macrocarpum** (Koehne) Rehder · ♄ d Z6; Jap.
  - var. **tschonoskii** · ♄ d ♧ Z6 VI; Jap.
- × **vicaryi** Rehder (*L. ovalifolium* × *L. vulgare*) · ♄ d Z5; cult.
- **vulgare** L. · D:Gewöhnlicher Liguster; E:Common Privet; F:Troène commun · ♄ d ♧ D Z5 VI-VII ⚕ ☠ Ⓝ; Eur.*, TR, Cauc., N-Iran, Maroc.
- *yunnanense* L. Henry = Ligustrum compactum

Lilaeopsis Greene -f- *Apiaceae (Umbelliferae)* · c. 15 sp
- **attenuata** (Hook. et Arn.) Fernald · ♃ ⇝ ∼ Ⓚ; USA: Va., SE, Fla., nat. in Ib

Lilium L. -n- *Liliaceae* · c. 100 sp · D:Lilie; E:Lily; F:Lis
- **amabile** Palib. · ♃ Z5 VII ▽; Korea
- *aurantiacum* Weston = Lilium bulbiferum var. croceum
- **auratum** Lindl. · D:Goldband-Lilie; E:Golden Rayed Lily · ♃ D Z6 ▭ VII-VIII ▽; Jap.
- **bolanderi** S. Watson · D:Fingerhut-Lilie; E:Thimble Lily · ♃ Z7 ▭ ∧ VII-VIII ▽; USA: S-Oreg., N-Calif.
- **brownii** F.E. Br. · D:Browns Lilie; E:Brown's Lily · ♃ Z7 ▭ ∧ VI-VII ▽; Myanmar, SE-China
- **bulbiferum** L.
  - var. **bulbiferum** · D:Feuer-Lilie; E:Fire Lily, Orange Lily; F:Lis à bulbilles · ♃ Z7 VI-VII ▽; Eur.* exc. BrI, Sc, nat. in

Sc
– var. **croceum** (Chaix) Pers. · ♃ Z7 VI-VII ▽; Eur.: F, Cors., Ap.
– **callosum** Siebold et Zucc. · ♃ Z6 VII-VIII ▽; China: Hupeh, Manch.; Jap., Taiwan
– **canadense** L. · D:Kanadische Wiesen-Lilie; E:Canada Lily, Meadow Lily · ♃ Z5 VII ▽; Can.: E; USA; NE, NCE, SE
– **candidum** L. · D:Madonnen-Lilie, Weiße Lilie; E:Madonna Lily, White Lily · ♃ ⋈ D Z6 VI-VII ⚕ ▽; Eur.: Maced., GR; Cauc., nat. in F, Ap
– *carniolicum* Bernh. ex W.D.J. Koch = Lilium pyrenaicum subsp. carniolicum
– *carolinianum* Michx. = Lilium michauxii
– *cathayanum* Wilson = Cardiocrinum cathayanum
– **cernuum** Kom. · ♃ D Z3 VI-VII ▽; Manch., Amur, Korea
– **chalcedonicum** L. · D:Rote Türkenbund-Lilie; E:Red Martagon of Constantinople, Scarlet Martagon Lily · ♃ Z5 VII-VIII ▽; GR
– **columbianum** Hanson ex Baker · D:Columbia-Lilie; E:Columbia Lily · ♃ Z7 ▭ VII-VIII ▽; Can.: B.C.; USA: NW, Idaho, Nev., Calif.
– **concolor** Salisb. · D:Morgenstern-Lilie; E:Morning Star Lily · ♃ Z4 VI-VII ▽; China: Hunan, Hupeh, Yunnan
– *cordatum* Thunb. = Cardiocrinum cordatum
– *croceum* Chaix = Lilium bulbiferum var. croceum
– *dahuricum* Elwes = Lilium dauricum
– **dauricum** Ker-Gawl. · ♃ Z5 VI ▽; Altai, Mong., Amur, Manch., N-Korea, Jap., Sachal.
– **davidii** Elwes
– var. **davidii** · D:Szetschuan-Lilie; E:Père David's Lily · ♃ Z5 ▽; W-China
– var. **willmottiae** (E.H. Wilson) Raffill · ♃ Z5 VII-VIII ▽; China: Sichuan, Schansi, Hupeh
– *davuricum* E.H. Wilson = Lilium dauricum
– **duchartrei** Franch. · ♃ D Z7 ∧ VI-VII ▽; China: Yunnan, Kansu, Sichuan
– *elegans* Thunb. = Lilium maculatum
– *excelsum* Endl. et Hartinger = Lilium × testaceum
– *farreri* Turrill = Lilium duchartrei
– **formosanum** Wallace · D:Formosa-Lilie; E:Formosa Lily · ♃ ⋈ D Z8 Ⓚ ▭ VII-VIII ▽; Taiwan
– *giganteum* Wall. = Cardiocrinum giganteum
– **grayi** S. Watson · ♃ Z7 VI-VII ▽; USA: Va., N.C., Tenn.
– **hansonii** Leichtlin ex D.D.T. Moore · D:Gold-Türkenbund-Lilie · ♃ Z5 VI ▽; Jap., Korea, Amur
– **harrisianum** Beane et Vollmer · ♃ VII ▽; N-Calif.
– *heldreichii* Freyn = Lilium chalcedonicum
– **henryi** Baker · ♃ Z5 VIII-IX ▽; China: Hubei, Jiangxi, Gouzhou
– × **hollandicum** Bergmans (*L. bulbiferum* × *L. maculatum*) · ♃ Z5; cult.
– **humboldtii** Roezl et Leichtlin ex Duch. · D:Humboldt-Lilie; E:Humboldt Lily · ♃ Z8 ▭ VII-VIII ▽; C-Calif.
– *hyacinthinum* McDougal = Notholirion campanulatum
– **japonicum** Thunb. ex Houtt. · D:Bambus-Lilie; E:Bamboo Lily, Japanese Lily · ♃ D Z5 VII-VIII ▽; Jap.
– **kesselringianum** Miscz. · ♃ D Z7 VII-VIII ▽; NE-TR, Cauc.
– *krameri* Hook. f. = Lilium japonicum
– **lancifolium** Thunb. · D:Tiger-Lilie; E:Devil Lily, Tiger Lily · ♃ Z4 VIII-IX Ⓝ ▽; Jap., Korea, Manch., E-China
– **lankongense** Franch. · ♃ D Z5 VIII ▽; NW-Yunnan
– **ledebourii** (Baker) Boiss. · ♃ D Z5 V-VI ▽; Cauc. (Aserb.)
– **leichtlinii** Hook. f.
– var. **leichtlinii** · ♃ Z5 ▽; Jap., Korea, Manch.
– var. **maximowiczii** (Regel) Baker · ♃ Z5 ▽; Jap., Korea
– **leucanthum** (Baker) Baker
– var. **centifolium** (Stapf) Stearn · ♃ Z7 ▭ VII-VIII ▽; China: Kansu
– var. **chloraster** E.H. Wilson · ♃ Z7 ▭ ∧ VII-VIII ▽; China: Hupeh
– var. **leucanthum** · ♃ Z7 ▽; W-China
– **longiflorum** Thunb. · D:Oster-Lilie; E:Easter Lily · ♃ ⋈ D Z6 VIII-IX ▽; Jap., Ryukyu-Is., Taiwan
– var. *formosanum* Baker = Lilium formosanum
– **mackliniae** Sealy · ♃ Z8 ▭ VI-VII ▽; NE-Ind. (Manipur)
– *macrophyllum* (D. Don) Voss = Notholirion macrophyllum
– **maculatum** Thunb. · ♃ Z4 ▽; Jap.
– *makinoi* Koidz. = Lilium japonicum
– × **marhan** Baker (*L. hansonii* × *L. martagon var. album*) · ♃ Z5; cult.

– **martagon** L.
  – var. **albiflorum** Vuk. · D:Tiroler Türkenbund-Lilie; F:Lis martagon · Z4 ▽; Ba
  – var. **album** Weston · D:Weiße Türkenbund-Lilie; F:Lis martagon · Z4 ▽
  – var. **cattaniae** Vis. · D:Dalmatinische Türkenbund-Lilie; F:Lis martagon · Z4 ▽; Croat.
  – var. *dalmaticum* Elwes = Lilium martagon var. cattaniae
  – var. **martagon** · D:Türkenbund-Lilie; E:Martagon, Martagon Lily, Turk's Cap; F:Lis martagon · ♃ Z4 VI-VII ▽; Eur.* exc. BrI, Sc; Cauc., W-Sib., E-Sib., N-Mong., nat. in BrI, Sc
– *maximowiczii* Regel = Lilium leichtlinii var. maximowiczii
– **medeoloides** A. Gray · ♃ Z5 VII ▽; China, Korea, Jap., Sachal., Kamchat.
– **michauxii** Poir. · D:Carolina-Lilie; E:Carolina Lily · ♃ D Z7 ▭ ∧ VIII ▽; USA: NE, SE, Fla.
– **monadelphum** M. Bieb.
  – var. **armenum** (Miscz.) P.H. Davis et Hend. Z5 ▽; NE-TR, Armen.
  – var. **monadelphum** · D:Verwachsene Kaukasus-Lilie · ♃ Z5 VII ▽; NE-TR, N-Cauc.
– *myriophyllum* Franch. = Lilium sulphureum
– **nepalense** D. Don · ♃ D Z8 ⓚ VII-VIII ▽; Nepal, Bhutan; Him.
– **occidentale** Purdy · D:Heureka-Lilie; E:Eureka Lily, Western Lily · ♃ Z8 ▭ VII ▽; USA: S-Oreg., N-Calif.
– **papilliferum** Franch. · ♃ Z7 ▭ ∧ ▽; NW-Yunnan
– **pardalinum** Kellogg · D:Panter-Lilie; E:Leopard Lily, Panther Lily · ♃ Z8 VII ▽; S-Oreg.
– **parryi** S. Watson · ♃ D Z8 ▭ VII ▽; Calif., Ariz.
– **parvum** Kellogg · D:Sierra-Lilie; E:Sierran Lily · ♃ Z8 VII ▽; Calif.; mts.
– *pensylvanicum* Ker-Gawl. = Lilium dauricum
– **philadelphicum** L. · D:Schalen-Lilie; E:Wild Lily, Wood Lily · ♃ Z7 ∧ VI-VIII ▽; Can., USA: NE, N.C., NCE, NC, Rocky Mts., SW
– **philippinense** Baker · ♃ D Z9 ⓚ VIII ▽; Phil.: Luzon
  – var. *formosanum* Baker = Lilium formosanum
– **pomponium** L. · D:Stinkende Lilie; E:Red Lily · ♃ △ Z7 VI-VII ▽; Eur.: F, I, ? Sp.; Alp. Maritimes
– *pseudotigrinum* Carrière = Lilium leichtlinii var. maximowiczii
– **pumilum** DC. · D:Lackrote Lilie; E:Coral Lily · ♃ Z5 VII ▽; E-Sib., Mong., N-China, Manch., N-Korea
– **pyrenaicum** Gouan
  – subsp. **carniolicum** (W. Koch) Mathews · D:Krainer Lilie · ♃ Z7 VI ▽; Eur.: I, A, Ba, RO; SE-Alp., Balkan, RO
  – subsp. **pyrenaicum** · D:Pyrenäen-Lilie; E:Pyrenean Lily · ♃ D Z7 V-VI ▽; Eur.: N-Sp., S-F, nat. in BrI
– **regale** E.H. Wilson · D:Königs-Lilie; E:Regal Lily · ♃ ⋉ D Z5 VII ▽; China: Sichuan
– **rubellum** Baker · ♃ D Z7 V-VI ▽; Jap.
– **rubescens** S. Watson · D:Siskiyou-Lilie; E:Chaparral Lily, Redwood Lily · ♃ D Z7 ▭ ∧ VI-VII ▽; USA: S-Oreg., N-Calif.
– **sargentiae** E.H. Wilson · ♃ D Z6 VII ▽; Sichuan
– **speciosum** Thunb. · D:Prächtige Lilie · ♃ ⋉ D Z8 IX ▽; China: Anhwei, Kiangsi; Jap., Taiwan
– **sulphureum** Baker · ♃ ⁞ D Z7 ▭ ∧ IX ▽; N-Myanmar, Yunnan
– **superbum** L. · D:Prächtige Türkenbund-Lilie; E:American Turkscap Lily, Turk's Cap · ♃ Z6 VII-VIII ▽; USA: NE, NCE, SE
– *szovitsianum* Fisch. et Avé-Lall. = Lilium monadelphum var. monadelphum
– **taliense** Franch. · ♃ D Z5 VII ▽; NE-Yunnan
– *tenuifolium* Schrank = Lilium pumilum
– × **testaceum** Lindl. (*L. candidum* × *L. chalcedonicum*) · D:Isabellen-Lilie; E:Nankeen Lily · ♃ Z6 VII-VIII; cult.
– *thomsonianum* (Royle) Lindl. = Notholirion thomsonianum
– *thunbergianum* Schult. et Schult. f. = Lilium maculatum
– *tigrinum* Ker-Gawl. = Lilium lancifolium
– × *umbellatum* hort. = Lilium × hollandicum
– **wallichianum** Schult. et Schult. f. · ♃ Z8 ⓚ X-XI ▽; Him., S-Ind.
– **wardii** Stern · ♃ D Z7 VIII-IX ▽; SE-Tibet
– **washingtonianum** Kellogg · D:Washington-Lilie; E:Cascade Lily,

Washington Lily · ♃ Z7 ▭ ∧ VI-VII ∇; USA: NW, Calif.
– *willmottiae* E.H. Wilson = Lilium davidii var. willmottiae
– **Cultivars**
  – **in vielen Sorten (siehe Kapitel III)**

× **Limara** hort. -f- *Orchidaceae* (*Arachnis* × *Renanthera* × *Vandopsis*)

Limnanthes R. Br. -f- *Limnanthaceae* · 7 sp · D:Sumpfblume; E:Meadow Foam; F:Limnanthes
– **douglasii** R. Br. · D:Sumpfblume; E:Meadow Foam, Poached Egg Plant · ⊙ Z8 VI-VIII; USA: Oreg., Calif.

Limnobium Rich. -n- *Hydrocharitaceae* · 2 sp · D:Amerikanischer Froschlöffel; F:Grenouillette d'Amérique
– **spongia** (Bosc) Steud. · ♃ ≈ Z5; USA: NE, NCE, SC, SE, Fla.
– **stoloniferum** (G. Mey.) Griseb. · ♃ ≈ Ⓦ; Mex., C-Am., W.Ind., trop. S-Am.

Limnocharis Bonpl. -f- *Limnocharitaceae* · 2 sp · D:Sumpflieb
– **flava** (L.) Buchenau · D:Sumpflieb; E:Sawah Lettuce · ♃ ~ ≈ Z10 Ⓦ VII-VIII; Mex., C-Am., W.Ind., trop. S-Am.
– *humboldtii* Rich. = Hydrocleys nymphoides

Limnophila R. Br. -f- *Scrophulariaceae* · 37 sp · D:Sumpffreund; F:Limnophile
– *gratioloides* R. Br. = Limnophila indica
– **heterophylla** (Roxb.) Benth. · ♃ ≈ Z9 Ⓦ; Pakist., Ind., Sri Lanka, Malay. Arch., S-China, Taiwan, Jap.
– **indica** (L.) Druce · ♃ ≈ Z9 Ⓦ; Afr., subtrop. As, trop. As., Austr.
– **sessiliflora** Blume · ♃ ≈ Z9 Ⓚ; Pakist., Ind., Sri Lanka, China, Korea, Jap., Malay. Arch., Micron.

Limodorum Boehm. -n- *Orchidaceae* · 1 sp · D:Dingel; F:Limodore
– **abortivum** (L.) Sw. · D:Dingel · ♃ V-VII ∇ ✱; Eur.: Ib, Fr, Ap, C-Eur., EC-Eur., Ba, Krim; TR, Cyprus, Syr., Cauc., Iran

Limonia L. -f- *Rutaceae* · 1 sp · D:Elefantenapfel; E:Elephant Apple, Wood Apple; F:Pomme d'éléphant
– **acidissima** L. · E:Elephant's Apple, Wood Apple · ♄ d Z10 Ⓦ ⚕ Ⓝ; Ind., Sri Lanka
– *arborea* Roxb. = Glycosmis arborea
– *pentaphylla* Retz. = Glycosmis arborea
– *trifolia* Burm. f. = Triphasia trifolia

Limoniastrum Fabr. -n- *Plumbaginaceae* · 10 sp · D:Strauchstrandflieder; F:Limoniastrum
– **monopetalum** (L.) Boiss. · ♄ e Z8 Ⓚ VII-IX; Eur.: Ib, F, Ap, Crete; N-Afr., Sinai

Limonium Mill. -n- *Plumbaginaceae* · c. 150 sp · D:Meerlavendel, Strandflieder, Widerstoß; E:Sea Lavender; F:Lavande de mer, Statice
– **arborescens** (Brouss.) Kuntze · ♄ e Z9 Ⓚ VII-VIII ∇; Canar.: Las Palmas, Teneriffa
– **bellidifolium** (Gouan) Dumort. · ♃ △ Z8 Ⓚ ∧ VIII-X ∇; Eur.: Ib, Fr, Ap, Ba, E-Eur.; TR, C-As., Alger.
– **binervosum** (G.E. Sm.) C.E. Salmon · ♃ ∧ VIII-IX ∇; Eur.: BrI, F, Ib
– **bonduellei** (T. Lestib.) Kuntze · ⊙ ♃ ✂ VIII-X ∇; NW-Afr., Libya, nat. in I
– **bourgeaui** (Webb) Kuntze · ♄ e Z7 VII-VIII ∇; Canar.
– *caspium* (Willd.) Gams = Limonium bellidifolium
– *elatum* (Fisch. ex Spreng.) Kuntze = Goniolimon elatum
– **ferulaceum** (L.) Chaz. · ♃ Z7 ∧ VII-VIII ∇; Eur.: Ib, Fr, Sic., Croatia
– *globulariifolium* (Desf.) Kuntze = Limonium ramosissimum
– **gmelinii** (Willd.) Kuntze · D:Steppenschleier · ♃ Z4 VII-VIII ∇; Eur.: EC-Eur., Ba, E-Eur.; W-Sib., E-Sib., C-As., Mong., Him.
– **gougetianum** (Girard) Kuntze · ♃ △ Z9 Ⓚ ∧ VII-VIII ∇; Alger., Balear.
– **humile** Mill. · ♃ ∇; Eur.: BrI, Sc, F, D
– **latifolium** (Sm.) Kuntze · D:Breitblättriger Steppenschleier; F:Statice vivace · ♃ Z5 V-VII ∇; Eur.: RO, BG, SE-Russ.
– **macrophyllum** (Brouss.) Kuntze · ♄ e Z9 Ⓚ VII-VIII ∇; Canar.: Teneriffa
– **minutum** (L.) Fourr. · ♃ ⇝ △ Z8 Ⓐ ∧ VII-VIII ∇; SE-F
– **perezii** (Stapf) F.T. Hubb. · ♄ e Z9 Ⓚ VIII-X ∇; Canar.
– **puberulum** (Webb) Kuntze · ♄ Z9 Ⓚ V-VII ∇; Canar.
– **ramosissimum** (Poir.) Maire · ♃ Z8 ∧ VI-IX ∇; Eur.: Ib, Fr, Ap, GR; Alger.
– *sinense* (Girard) Kuntze = Limonium tetragonum

- **sinuatum** (L.) Mill. · ⊙ ⊙ ♃ ⩙ Z9 VII-IX ▽; Eur.: Ib, Fr, Ap, Ba; TR, Levante, Cauc. (Batumi), N-Afr.
- *suworowii* (Regel) Kuntze = Psylliostachys suworowii
- *tataricum* (L.) Mill. = Goniolimon tataricum
- **tetragonum** (Thunb.) Bullock · ⊙ ⊙ ♃ ⩙ Z6 ▽; China
  - **in Sorten**
- *transwallianum* (Pugsley) Pugsley = Limonium binervosum
- **vulgare** Mill. · D:Gewöhnlicher Strandflieder; E:Marsh Rosemary, Sea Lavender · ♃ Z6 VIII-IX ▽; Eur.* exc. EC-Eur.; coasts

Limosella L. -f- *Scrophulariaceae* · 11-15 sp · D:Schlammling; E:Mudwort; F:Limoselle
- **aquatica** L. · D:Gewöhnlicher Schlammling · ⊙ ♃ ≈ VI-X; Eur.*, TR, Cauc., Iran, W-Sib., E-Sib., Amur, Kamchat., C-As., Him., Mong., Tibet, Manch., Jap., Afr., N-Am., S-Am., Austr.

Linanthus Benth. -m- *Polemoniaceae* · 35 sp
- **androsaceus** (Benth.) Greene
  - subsp. **androsaceus** · E:False Babystars · ⊙ Z7; USA: Calif.
  - subsp. **luteus** (Benth.) H. Mason · ⊙ Z7 VII-VIII; S-Calif.
  - subsp. **micranthus** (Steud. ex Benth.) H. Mason · ⊙ Z7 VII-VIII; S-Calif.
- **dianthiflorus** (Benth.) Greene · ⊙ Z7 IV-VI; S-Calif., Baja Calif.
- **grandiflorus** (Benth.) Greene · E:Desert Trumpets, Mountain Phlox · ⊙ Z7 V-IX; Calif.
- **liniflorus** (Benth.) Greene · ⊙ Z7 VII-VIII; Calif.

Linaria Mill. -f- *Scrophulariaceae* · c. 100 sp · D:Leinkraut; E:Toadflax; F:Linaire
- *aequitriloba* (Viv.) A. Spreng. = Cymbalaria aequitriloba
- **aeruginea** (Gouan) Cav. · ⊙ ♃ V-VII; Ib.
- **alpina** (L.) Mill. · D:Alpen-Leinkraut, Stein-Leinkraut; E:Alpine Toadflax; F:Linaire des Alpes · ⊙ ♃ ⇝ △ Z4 VI-VIII; Eur.: Ib, Fr, Ap, C-Eur., Slova., Ba, RO; mts.
- **amethystea** (Lam.) Hoffmanns. et Link · ⊙ V-VIII; P, Sp., N-Afr.
- **angustissima** (Loisel.) Borbás · D:Italienisches Leinkraut · ♃ Z6 VI-VIII; Eur.* exc. Sc, BrI; mts.
- **arvensis** (L.) Desf. · D:Acker-Leinkraut · ⊙ VII-IX; Eur.: Ib, Fr, Ap, C-Eur., EC-Eur., Ba, ? RO; Maroc., Alger.
- **bipartita** (Vent.) Willd. · D:Zweiteiliges Leimkraut; E:Cloven Lip Toadflax · ⊙ VI-VII; Eur.: Ib; NW-Afr.
- **chalepensis** (L.) Mill. · D:Aleppisches Leinkraut · ⊙; Eur.: Balear., Fr, Ap, Ba; TR, SW-As., Egypt
- *cymbalaria* (L.) Mill. = Cymbalaria muralis
- *dalmatica* (L.) Mill. = Linaria genistifolia subsp. dalmatica
- **genistifolia** (L.) Mill.
  - subsp. **dalmatica** (L.) Maire et Petitm. · D:Dalmatiner Leinkraut; E:Dalmatian Toadflax · ♃ Z5 VII-VIII; Eur.: I, Ba, nat. in C-Eur
  - subsp. **genistifolia** · D:Ginster-Leinkraut · ♃ Z5 VI-X; Eur.: I, A, EC-Eur., Ba, E-Eur.; TR, Cauc., W-Sib., C-As., nat. in D
- *hepaticifolia* (Poir.) Steud. = Cymbalaria hepaticifolia
- *incarnata* (Vent.) Spreng. = Linaria bipartita
- **maroccana** Hook. f. · D:Marokko-Leinkraut; E:Baby Snapdragon · ⊙ VI-VII; Maroc.
- *origanifolia* (L.) Cav. = Chaenorhinum origanifolium subsp. origanifolium
- *pallida* (Ten.) Guss. = Cymbalaria pallida
- *pilosa* (Jacq.) DC. = Cymbalaria pilosa
- **purpurea** (L.) Mill. · D:Purpur-Leinkraut; E:Purple Toadflax; F:Linaire pourpre · ♃ Z7 ∧ VII-X; I, Sic., nat. in BrI
  - **in Sorten**
- **repens** (L.) Mill. · D:Gestreiftes Leinkraut; E:Striped Toadflax · ♃ Z6 VII-VIII; Eur.: Sp., Fr, I, D, nat. in BrI, Sc, Balt., EC-Eur.
- *reticulata* (Sm.) Desf. = Linaria aeruginea
- **simplex** (Willd.) DC. · D:Einfaches Leinkraut · ⊙ VI-VIII; Eur.: Ib, Fr, Ap, Ba, Krim; TR, Cyprus, Syr., Cauc., Iran, NW-Afr., Canar., nat. in CH
- **spartea** (L.) Willd. · ⊙ Z7; Eur.: Ib, Fr
- **supina** (L.) Chaz. · ⊙ ⊙ ♃; Eur.: Ib, F, I, BrI, Sweden; Maroc.
- **triornithophora** (L.) Willd. · ♃ △ Z7 ∧ VI-IX; Eur.: Ib
- **triphylla** (L.) Mill. · ⊙ Z8; Eur.: Ib, Ap, Ba, Fr
- **tristis** (L.) Mill. · D:Trübes Leinkraut; E:Dull-coloured Linaria · ⊙ ⊙ ♃ △ Z9 VI-

IX; Eur.: S-P, S-Sp.; Maroc., Alger.
- *villosa* (L.) DC. = Chaenorhinum villosum
- **vulgaris** Mill. · D:Frauenflachs, Gewöhnliches Leinkraut; E:Butter-and-eggs, Common Toadflax, Yellow Toadflax · ♃ Z4 IX-X ⚕ ; Eur.*, TR, Cauc., W-Sib., E-Sib., nat. in N-Am., Chile

Lindelofia Lehm. -f- *Boraginaceae* · 12 sp
- **anchusoides** (Lindl.) Lehm. · ♃ △ Z7 VI-VII; Afgh., W-Him.
- *anchusoides* hort. = Lindelofia longiflora
- **longiflora** (Benth.) Baill. · ♃ Z7 ∧ V-VI; W-Him.

Lindenbergia Lehm. -f- *Scrophulariaceae* · 15 sp
- **grandiflora** (Buch.-Ham.) Benth. · ♄ Z9 (K) XI-II; S-Him.

Lindera Thunb. -f- *Lauraceae* · 80-100 sp · D:Fieberstrauch; F:Lindera
- **benzoin** (L.) Blume · D:Wohlriechender Fieberstrauch; E:Benjamin Bush, Spicebush · ♄ d Z6 III-V ⚕ ; Ont.; USA: NE, NCE, Kans., SC, SE, Fla.
- **obtusiloba** Blume · ♄ ♄ d Z6 IV; China, Korea, Jap.
- **praecox** (Siebold et Zucc.) Blume · D:Frühzeitiger Fieberstrauch · ♄ d Z7 ∧ IV; Jap.
- **sericea** (Siebold et Zucc.) Blume · ♄ d III-IV; Jap.

Lindernia All. -f- *Scrophulariaceae* · 50-80 sp · D:Büchsenkraut; F:Mazus
- **dubia** (L.) Pennell · D:Großes Büchsenkraut · ⊙ VIII-IX; Can., USA*, Lat.-Am., nat. in Ib, F, I
- **procumbens** (Krock.) Borbás · D:Liegendes Büchsenkraut · ⊙ VIII-IX ▽; Eur.* exc. BrI, Sc; TR, W-Sib., Amur, China, Jap., Iran, Ind., Malay. Arch., Polyn., nat. in USA

Lindheimera A. Gray et Engelm. -f- *Asteraceae (Compositae)* · 1 sp · D:Lindheimerie, Texasstern; E:Star Daisy; F:Etoile du Texas, Lindheimera
- **texana** A. Gray et Engelm. · D:Lindheimerie, Texasstern; E:Star Daisy, Texas Star · ⊙ VII-IX; Tex., Mex.

Lindleyella Schltr. = Rudolfiella
- *aurantiaca* (Lindl.) Schltr. = Rudolfiella aurantiaca

Lindmania Mez -f- *Bromeliaceae* · 37 sp
- *penduliflora* (C.H. Wright) Stapf = Fosterella penduliflora

Linnaea L. -f- *Caprifoliaceae* · 1 sp · D:Moosglöckchen; E:Twin-flower; F:Linnée
- *americana* Forbes = Linnaea borealis var. americana
- **borealis** L.
  - var. **americana** (Forbes) Rehder · D:Amerikanisches Moosglöckchen · ♄ ♄ ⟿ Z1; Alaska, Can., USA*, Greenl.
  - var. **borealis** · D:Moosglöckchen; E:Twinflower · ♄ ♄ e ⟿ Z1 VI-VIII ▽; Eur.* exc. Ib; N, mts.; Cauc., W-Sib., E-Sib., Amur, Sachal., Kamchat., Mong., Alaska, Greenl.
- *engleriana* Graebn. = Abelia engleriana
- *schumannii* Graebn. = Abelia schumannii
- *zanderi* Graebn. = Abelia zanderi

Linosyris Cass. -f- *Asteraceae (Compositae)* · 10 sp
- *vulgaris* Cass. ex DC. = Aster linosyris

Linum L. -n- *Linaceae* · 180-200 sp · D:Flachs, Lein; E:Flax; F:Lin
- **alpinum** Jacq. · D:Alpen-Lein; E:Alpine Flax · ♃ △ Z6 VI-VIII; Eur.: Sp., F, I, C-Eur., Ba; mts.
  - subsp. *julicum* (Hayek) Hegi = Linum alpinum
- *angustifolium* Huds. = Linum bienne
- **arboreum** L. · D:Strauch-Lein; E:Tree Flax · ♄ e △ Z8 (K) V-VI ▽; Eur.: GR, Crete; SW-TR, Rhodos
- **austriacum** L. · D:Österreichischer Lein · ♃ Z3 V-VII ▽; Eur.* exc. BrI, Sc; TR, Iraq, Cauc., Iran, Afgh., W-Sib., Maroc., Alger.
- **bienne** Mill. · D:Wild-Lein; E:Pale Flax · ⊙ ♃ Z7 VI-VII ▽; Eur.: Ib, Fr, Ap, Ba, Krim, BrI; TR, Levante, N-Iraq, Iran, NW-Afr., Libya
- **campanulatum** L. · ♄ Z7 (A) ∧ VI-VII ▽; Eur.: Sp., F, I
- **capitatum** Kit. ex Schult. · ♃ △ Z7 ∧ VI-VII ▽; Eur.: I, Ba
- **catharticum** L. · D:Purgier-Lein; E:White Flax · ⊙ VI-VIII ⚕ ▽; Eur.*, TR, Cauc., Iran, Maroc.
- *crepitans* (Boenn.) Dumort. = Linum

usitatissimum Crepitans-Grp.
- **elegans** Spruner ex Boiss. · ♃ △ Z6 V-VI ▽; Eur.: Ba
- **flavum** L. · D:Gelber Lein; E:Golden Flax, Yellow Flax; F:Lin jaune · ♃ ♄ d △ Z5 VI-VIII ▽; Eur.: C-Eur., EC-Eur., Ba, Ap, E-Eur.; TR, Cauc.
- **grandiflorum** Desf. · E:Red Flax, Scarlet Flax · ⊙ VI-IX ▽; Alger.
- **hirsutum** L. · D:Zotten-Lein · ♃ Z6 VI-VIII ▽; Eur.: A, EC-Eur., Ba, E-Eur.; TR
- **hypericifolium** C. Presl · ♃ △ V-VI ▽; Cauc.
- *iberidifolium* Aucher ex Planch. = Linum elegans
- **leonii** F.W. Schultz · D:Lothringer Lein · ♃ V-VII ▽; Eur.: F, W-D
- **maritimum** L. · D:Strand-Lein · ♃ Z8 VI-X ▽; Sard.
- **narbonense** L. · D:Südfranzösischer Lein; F:Lin de Narbonne · ♃ Z7 ∧ VI-VII ▽; Eur.: Ib, Fr, Ap, Slove., Croatia, nat. in CH
- **ockendonii** Greuter et Burdet · D:Berg-Lein · ♃ ▽; Eur.: F, D +
- **perenne** L. · D:Ausdauernder Lein; E:Blue Flax, Perennial Flax; F:Lin vivace · ♃ Z7 VI-VIII ▽; Eur.* exc. Sc; TR, W-Sib., E-Sib., Amur, nat. in N-Am.
  - **in Sorten**
  - subsp. *alpinum* (Jacq.) Ockendon = Linum alpinum
- *salsoloides* Lam. = Linum suffruticosum subsp. salsoloides
- **suffruticosum** L.
  - subsp. **salsoloides** (Lam.) Rouy · ♃ △ Z7 ∧ V-VII ▽; Eur.: Sp.
  - subsp. **suffruticosum** · ♃ Z8 ▽; Eur.: Sp., F, I; NW-Afr.
- **tenuifolium** L. · D:Schmalblättriger Lein · ♃ d Z6 VI-VII ▽; Eur.* exc. BrI, Sc; Cauc., N-Iran
- **usitatissimum** L. · D:Saat-Lein; E:Common Flax, Flax, Linseed · ⊙ VI-VII ⚕ Ⓝ ▽; orig. ?; cult., nat. in Ib, F
  - **Crepitans-Grp.** · D:Kleng-Lein, Spring-Lein · Z4; cult.
  - **Mediterraneum-Grp.** · D:Öl-Lein · Z4; cult.
  - subsp. *angustifolium* (Huds.) Thell. = Linum bienne
  - **Usitassimum-Grp.** · D:Faser-Lein, Flachs, Schließ-Lein · Z4; cult.
- **viscosum** L. · D:Klebriger Lein; F:Lin visqueux · ♃ Z7 ∧ V-VII ▽; Eur.: Sp., F, I, C-Eur., Slove., Croatia

Liparis Rich. -f- *Orchidaceae* · 250-350 sp · D:Glanzständel; E:Fen Orchid; F:Liparis
- *elata* Lindl. = Liparis nervosa
- **loeselii** (L.) Rich. · D:Glanzkraut, Glanzständel; E:Fen Orchid · ♃ VI-VII ▽ ✻; Eur.* exc. Ib; W-Sib., C-As., N-Am.
- *longipes* Lindl. = Liparis viridiflora
- **nervosa** (Thunb.) Lindl. · ♃ Z10 ⌂ VII-VIII ▽ ✻; trop. Am., trop. Afr., Ind., China, Jap., Phil.
- **reflexa** Lindl. · ♃ Z10 ⌂ IX-X ▽ ✻; Austr.
- **viridiflora** (Blume) Lindl. · ♃ Z10 ⌂ XII-I ▽ ✻; Him.: Sikkim; S-Ind., Sri Lanka, Java

Lippia L. -f- *Verbenaceae* · c. 200 sp
- *canescens* Humb., Bonpl. et Kunth = Phyla nodiflora var. canescens
- *chamaedrifolia* (Cham.) Steud. = Aloysia chamaedrifolia
- *citriodora* (Lam.) Humb., Bonpl. et Kunth = Aloysia triphylla
- **dulcis** Trevis. · D:Aztekisches Süßkraut; E:Mexican Lippia, Yerba Dulce · ♃ ♄ Z10; Mex., C-Am.
- **micromeria** Schauer · D:Spanischer Thymian; E:Spanish Thyme · ♄ Z10; W.Ind., Venez.
- *nodiflora* (L.) Michx. = Phyla nodiflora var. nodiflora
- *repens* hort. = Phyla nodiflora var. rosea
- *repens* Spreng. = Phyla nodiflora var. nodiflora
- *triphylla* (L'Hér.) Kuntze = Aloysia triphylla

Liquidambar L. -f- *Hamamelidaceae* · 5 sp · D:Amberbaum; E:Sweet Gum; F:Copalme
- **orientalis** Mill. · D:Orientalischer Amberbaum; E:Oriental Sweet Gum, Storax · ♄ d Z8 ∧ V ⚕ Ⓝ; S-TR, Syr.
- **styraciflua** L. · D:Amerikanischer Amberbaum; E:Red Gum, Sweet Gum; F:Copalme d'Amérique · ♄ d Z5 V ⚕ Ⓝ; USA: NE, NCE, SE, Fla., SC; Mex., Guat.
  - **in vielen Sorten**

Liriodendron L. -n- *Magnoliaceae* · 2 sp · D:Tulpenbaum; E:Tulip Tree; F:Tulipier
- *fastigiatum* Dippel = Liriodendron tulipifera 'Fastigiatum'
- *figo* Lour. = Michelia figo
- *heterophyllum* K. Koch = Liriodendron tulipifera

– *liliiferum* L. = Magnolia liliifera var. liliifera
– *liliiflorum* Steud. = Magnolia obovata
– *obtusilobum* K. Koch = Liriodendron tulipifera
– *procerum* Salisb. = Liriodendron tulipifera
– *truncatifolium* Stokes = Liriodendron tulipifera
– **tulipifera** L. · D:Amerikanischer Tulpenbaum; E:Canary Whitewood, Tulip Polar, Tulip Tree; F:Tulipier de Virginie · ♄ d Z6 V-VII ⓝ; Ont., USA: NE, NCE, SE, Fla.
  – **'Fastigiatum'**

Liriope Lour. -f- *Convallariaceae* · 5 sp · D:Liriope; E:Lily Turf; F:Liriope
– **graminifolia** (L.) Baker · ♃ Z8 ⌂; Jap., China
– **muscari** (Decne.) L.H. Bailey · F:Liriope · ♃ Z8 ⌂; China, Jap., Taiwan
  – **in Sorten**
– **spicata** (Thunb.) Lour. · ♃ ⌂; China, Jap., Ryukyu-Is.

Liriopsis Spach = Magnolia
– *fuscata* (Andrews) Spach = Michelia figo

Liriosma Poepp. et Endl. = Dulacia
– *ovata* Miers = Dulacia inopiflora

Lisianthius P. Browne -m- *Gentianaceae* · 27 sp
– *russellianus* Hook. = Eustoma grandiflorum

Lisianthus P. Browne = Lisianthius

Lissochilus R. Br. = Eulophia
– *giganteus* Welw. = Eulophia gigantea
– *horsfallii* Bateman = Eulophia horsfallii

Listera R. Br. -f- *Orchidaceae* · c. 25 sp · D:Zweiblatt; E:Twayblade; F:Listère
– **cordata** (L.) R. Br. · D:Kleines Zweiblatt; E:Lesser Twayblade · ♃ Z6 V-VIII ▽ *; Eur.*, TR, Cauc., W-Sib., E-Sib., Amur, Sachal., Kamchat., Jap., Alaska, Can., USA*, Greenl.
– **ovata** (L.) R. Br. · D:Großes Zweiblatt; E:Common Twayblade · ♃ Z6 V-VII ▽ *; Eur.*, TR, Cyprus, Syr., Cauc., Iran, Afgh., Pakist., W-Sib., C-As.

Listrostachys Rchb. -f- *Orchidaceae* · 2 sp
– *bidens* Sw. ex Pers. = Diaphananthe bidens
– *mystacidioides* Kraenzl. = Diaphananthe bidens
– *pellucida* (Lindl.) Rchb. f. = Diaphananthe pellucida
– **pertusa** Rchb. f. · ♃ Z10; W-Afr., Zaire

Litchi Sonn. -f- *Sapindaceae* · 1 sp · D:Litschi; E:Litchi; F:Cerisier de Chine, Litchi
– **chinensis** Sonn. · D:Litschi; E:Litchee, Lychee · ♄ e Z9 ⌂ V ⓝ; S-China

Lithocarpus Blume -m- *Fagaceae* · 325 sp · D:Steinfruchteiche, Südeiche; E:Tanbark Oak
– **henryi** (Seemen) Rehder et E.H. Wilson · ♄ e Z7; C-China

Lithodora Griseb. -f- *Boraginaceae* · 7 sp · D:Steinsame; F:Grémil
– **diffusa** (Lag.) I.M. Johnst. · F:Grémil étalé · ♄ e △ Z7 ⌂ ∧ V-VII; Eur.: Sp.
  – **in Sorten**
– **fruticosa** (L.) Griseb. · ♄ e Z8 ⌂ V-VI; Eur.: Sp., F; Maroc., Alger.
– **oleifolia** (Lapeyr.) Griseb. · ♄ e Z7 ⌂ VI; Eur.: Sp. (E-Pyr.)
– **rosmarinifolia** (Ten.) I.M. Johnst. · ♄ e Z8 ⌂ I-II; S-I, Sic., Alger.
– **zahnii** (Heldr. ex Halácsy) I.M. Johnst. · ♄ e Z8 ⌂; S-GR

Lithops N.E. Br. -f- *Aizoaceae* · 37 sp · D:Lebender Stein; E:Flowering Stones, Living Stones; F:Caillou vivant, Plante-caillou
– *alpina* Dinter = Lithops pseudotruncatella subsp. pseudotruncatella
– **aucampiae** L. Bolus · ♃ ψ Z9 ⌂; S-Afr. (NW-Kap, Transvaal)
– *aurantiaca* L. Bolus = Lithops turbiniformis
– **bella** (Dinter) N.E. Br.
  – var. **bella** · ♃ ψ Z9 ⌂; Namibia
  – var. **eberlanzii** (Dinter et Schwantes) de Boer et Boom · ♃ ψ Z9 ⌂; Namibia
– *brevis* L. Bolus = Lithops dinteri var. brevis
– **bromfieldii** L. Bolus
  – var. **bromfieldii** · ♃ ψ Z9 ⌂; Kap
  – var. **glaudinae** (de Boer) D.T. Cole · ♃ ψ Z9 ⌂; Kap
– **comptonii** L. Bolus · ♃ ψ Z9 ⌂; Kap
– **deboerii** Schwantes · ♃ ψ Z9 ⌂; S-Afr.

- *dendritica* Nel = Lithops pseudotruncatella subsp. dendritica
- **dinteri** Schwantes
  - var. **brevis** (L. Bolus) B. Fearn · ♃ ♆ Z9 ⓚ; Kap
  - var. **dinteri** · ♃ ♆ Z9 ⓚ; Namibia
- *diutina* L. Bolus = Lithops marmorata var. marmorata
- **divergens** L. Bolus · ♃ ♆ Z9 ⓚ; Kap, Namibia
- **dorotheae** Nel · ♃ ♆ Z9 ⓚ; Kap
- *eberlanzii* (Dinter et Schwantes) N.E. Br. = Lithops bella var. eberlanzii
- *elevata* L. Bolus = Lithops herrei var. herrei
- *elisae* de Boer = Lithops marmorata var. elisae
- **erniana** Tischer et H. Jacobsen · ♃ ♆ Z9 ⓚ; Namibia
- *framesii* L. Bolus = Lithops marmorata var. marmorata
- **francisci** (Dinter et Schwantes) N.E. Br. · ♃ ♆ Z9 ⓚ; Namibia
- **fulleri** N.E. Br. · ♃ ♆ Z9 ⓚ; Kap
- **fulviceps** (N.E. Br.) N.E. Br. · ♃ ♆ Z9 ⓚ; Namibia
- *glaudinae* de Boer = Lithops bromfieldii var. glaudinae
- **gracilidelineata** Dinter · ♃ ♆ Z9 ⓚ; Namibia
- **herrei** L. Bolus
  - var. **geyeri** (Nel) de Boer et Boom · ♃ ♆ Z9 ⓚ; Kap
  - var. **herrei** · ♃ ♆ Z9 ⓚ; Kap, Namibia
- **julii** (Dinter et Schwantes) N.E. Br. · ♃ ♆ Z9 ⓚ; Namibia
  - var. *pallida* Tischer = Lithops julii
- **karasmontana** (Dinter et Schwantes) N.E. Br.
  - subsp. **karasmontana** · ♃ ♆ Z9 ⓚ ⓐ; Namibia
  - var. *mickbergensis* (Dinter) de Boer et Boom = Lithops karasmontana subsp. karasmontana
  - var. *opalina* Schwantes = Lithops karasmontana subsp. karasmontana
  - var. *summitatum* (Dinter) de Boer et Boom = Lithops karasmontana subsp. karasmontana
- *lactea* Schick et Tischer = Lithops julii
- **lesliei** (N.E. Br.) N.E. Br. · ♃ ♆ Z9 ⓚ; S-Afr.: Transvaal
- **localis** (N.E. Br.) Schwantes · ♃ ♆ Z9 ⓚ; Kap
  - var. *peersii* (L. Bolus) de Boer et Boom = Lithops localis
  - var. *terricolor* (N.E. Br.) de Boer et Boom = Lithops localis
- **marmorata** (N.E. Br.) N.E. Br.
  - var. **elisae** (de Boer) D.T. Cole · ♃ ♆ Z9 ⓚ; Kap
  - var. **marmorata** · ♃ ♆ Z9 ⓚ; Kap
- **meyeri** L. Bolus · ♃ ♆ Z9 ⓚ; Kap
- *mickbergensis* Dinter = Lithops karasmontana subsp. karasmontana
- *nelii* Schwantes = Lithops ruschiorum
- **olivacea** L. Bolus · ♃ ♆ Z9 ⓚ; Kap
- *opalina* Dinter = Lithops karasmontana subsp. karasmontana
- **optica** (Marloth) N.E. Br. · ♃ ♆ Z9 ⓚ; Namibia
- **pseudotruncatella** (A. Berger) N.E. Br.
  - subsp. **dendritica** (Nel) D.T. Cole · ♃ ♆ Z9 ⓚ; Namibia
  - subsp. **groendraaiensis** (H. Jacobsen) D.T. Cole · ♃ ♆ Z9 ⓚ; Namibia
  - subsp. **pseudotruncatella** · ♃ ♆ Z9 ⓚ; Namibia
  - var. *alpina* (Dinter) H. Jacobsen = Lithops pseudotruncatella subsp. pseudotruncatella
- **ruschiorum** (Dinter et Schwantes) N.E. Br. · ♃ ♆ Z9 ⓚ; Namibia
  - var. *nelii* (Schwantes) de Boer et Boom = Lithops ruschiorum
- **schwantesii** Dinter
  - subsp. **schwantesii** · ♃ ♆ Z9 ⓚ; Namibia
  - var. *triebneri* (L. Bolus) de Boer et Boom = Lithops schwantesii subsp. schwantesii
- × **steineckeana** Tischer (*L. pseudotruncatella* × ?) · ♃ ♆ Z9 ⓚ; Namibia
- *summitatum* Dinter = Lithops karasmontana subsp. karasmontana
- *terricolor* N.E. Br. = Lithops localis
- *translucens* L. Bolus = Lithops herrei var. herrei
- *triebneri* L. Bolus = Lithops schwantesii subsp. schwantesii
- **turbiniformis** (Haw.) N.E. Br. · ♃ ♆ Z9 ⓚ; Kap
- *umdausensis* L. Bolus = Lithops marmorata var. marmorata
- **vallis-mariae** (Dinter et Schwantes) N.E. Br. · ♃ ♆ Z9 ⓚ; Namibia
  - var. *groendraaiensis* (H. Jacobsen) de Boer = Lithops pseudotruncatella subsp. groendraaiensis

Lithospermum L. -n- *Boraginaceae* · 50-

60 sp · D:Steinsame; E:Gromwell; F:Grémil
- *angustifolium* Michx. = Lithospermum incisum
- **arvense** L. · D:Acker-Steinsame; E:Corn Gromwell · ⊙ IV-VII; Eur.*, TR, Levante, Iran, W-Sib., E-Sib., C-As., Him., N-Afr., nat. in E-As., N-Am., S-Am., S-Afr., Austr.
- **canescens** (Michx.) Lehm. · D:Grauer Steinsame; E:Indian Plant, Puccoon · ♃ △ Z3 IV-V; Can.: E, Sask.; USA: NE, NCE, NC, SE, SC
- *diffusum* Lag. = Lithodora diffusa
- *doerfleri* hort. = Moltkia doerfleri
- *fruticosum* L. = Lithodora fruticosa
- **gastonii** Benth. · ♃ Z6 Ⓐ VI-VII; F; W-Pyr.
- *graminifolium* Viv. = Moltkia suffruticosa
- **incisum** Lehm. · D:Eingeschnittener Steinsame; E:Gromwell, Puccoon · ♃ Z3 V-VI; Can., USA: NCE, NC, SC, SW, Rocky Mts.; N-Mex.
- × *intermedium* Froebel = Moltkia × intermedia
- **officinale** L. · D:Echter Steinsame; E:Gromwell · ♃ Z6 V-VII ⚕ Ⓝ; Eur.*, Cauc., TR, Palaest., Iran, W-Sib., E-Sib., C-As., Mong., China, nat. in N-Am.
- *oleifolium* Lapeyr. = Lithodora oleifolia
- *petraeum* (Tratt.) DC. = Moltkia petraea
- *prostratum* Loisel. non Buckland = Lithodora diffusa
- **purpurocaeruleum** L. · D:Blauroter Steinsame, Purpurblauer Steinsame; F:Grémil · ♃ Z6 IV-VI; Eur.* exc. Sc; TR, Syr., Cauc., N-Iran
- *rosmarinifolium* Ten. = Lithodora rosmarinifolia

Lithraea Miers ex Hook.et Arn. -f- *Anacardiaceae* · 3 sp
- **molleoides** (Vell.) Engl. · ♄ e Z9 Ⓚ; S-Bras., Arg, Bol.

Litsea Lam. -f- *Lauraceae* · c. 400 sp
- **calophylla** (Miq.) Mansf. · ♄ d Ⓦ Ⓝ; Malay. Pen., Java, Kalimantan
- *glauca* Siebold = Neolitsea sericea
- **japonica** (Thunb.) Juss. · ♄ e Ⓚ IX-I; Jap., Ryukyu-Is., S-Korea
- *sebifera* Blume non Pers. = Litsea calophylla

Littonia Hook. -f- *Colchicaceae* · 5-8 sp
- **modesta** Hook. f. · D:Kletterlilie; E:Climbing Lily · ♃ ≹ Z9 Ⓦ VI-VII; S-Afr.

Littorella Bergius -f- *Plantaginaceae* · 3 sp · D:Strandling; F:Littorelle
- **uniflora** (L.) Asch. · D:Europäischer Strandling; E:Shore Weed · ♃ ~ ≈ V-IX; Eur.* exc. Ba

Livistona R. Br. -f- *Arecaceae (Palmae)* · 28 sp · D:Livingstonpalme, Livistonie; E:Fan Palm; F:Livistonia
- **australis** (R. Br.) Mart. · D:Australische Livingstonpalme; E:Australian Fan Palm, Cabbage Palm · ♄ e Z10 Ⓦ; Austr.: Queensl., N.S.Wales, Victoria
- **chinensis** (Jacq.) R. Br. ex Mart. · D:Chinesische Livingstonpalme; E:Chinese Fan Palm · ♄ e Z10 Ⓦ; Japan (Shikoku, Kyushu, Ryukyu Is.), Taiwan
- **decipiens** Becc. · ♄ e Z10 Ⓚ; Austr.: Queensl.
- *hoogendorpii* Teijsm. et Binn. ex Miq. = Livistona saribus
- **rotundifolia** (Lam.) Mart. · ♄ e Z10 Ⓦ; N-Kalimantan, Sulawesi, Molucca Is., Phil.
- **saribus** (Lour.) Merr. ex A. Chev. · ♄ e Z10 Ⓦ; Malay. Arch., Phil.

Llavea Lag. -f- *Adiantaceae* · 1 sp
- **cordifolia** Lag. · ♃ Z9 Ⓚ; Mex.

Lloydia Salisb. ex Rchb. -f- *Liliaceae* · 12 sp · D:Faltenlilie; E:Snowdon Lily; F:Loïdie
- **serotina** (L.) Rchb. · D:Späte Faltenlilie; E:Snowdon Lily · ♃ Z5 VII-VIII ▽; Eur.* exc. Ib, Sc; Cauc., W-Sib., E-Sib., Amur, Sachal., Kamchat.

Loasa Adans. -f- *Loasaceae* · 105 sp · D:Loase; F:Loasa
- **acanthifolia** Desr. · ⊙ ⊙ ♃ Z10 VII-IX; Chile
- *ambrosiifolia* Juss. = Loasa urens
- *aurantiaca* hort. = Caiophora lateritia
- *contorta* Lam. = Caiophora contorta
- *hispida* L. f. = Loasa urens
- *lateritia* (Hook.) Gillies ex Arn. = Caiophora lateritia
- *papaverifolia* Humb., Bonpl. et Kunth = Loasa triphylla var. papaverifolia
- **tricolor** Ker-Gawl. · ⊙ Z10 VII-VIII; Chile
- **triphylla** Juss.
  - var. **papaverifolia** (Humb., Bonpl. et

Kunth) Urb. et Gilg · ⊙ Z10; S-Am.
– var. **triphylla** · ⊙ Z10; n. S-Am.
– var. **volcanica** (André) Urb. et Gilg · ⊙ Z10 VII-IX; Col., Ecuad.
– **urens** Jacq. · E:Desert Stingbush · ⊙ Z10 VII-VIII; Peru
– *volcanica* André = Loasa triphylla var. volcanica
– *wallisii* André = Loasa triphylla var. volcanica

Lobelia L. -f- *Campanulaceae* · 365 sp · D:Lobelie; E:Lobelia; F:Lobélie
– *amoena* auct. non Michx. = Lobelia elongata
– *angulata* G. Forst. = Pratia angulata
– **cardinalis** L. · D:Kardinals-Lobelia; E:Cardinal Flower, Scarlet Lobelia; F:Lobélie écarlate · ♃ ~ Z3 VII-IX; Can.: E, Sask.; USA: NE, NCE, SC, SE, Fla., Rocky Mts., Calif.; Mex., C-Am.
– **dortmanna** L. · D:Wasser-Lobelie; E:Water Lobelia; F:Lobélie de Dortmann · ♃ ≈ Z4 VII-VIII ☠ ▽; Eur.: Fr, BrI, Sc, D, PL, Russ.; N-Afr., TR, Can.: E, B.C.; USA: NE, NCE, NW
– **elongata** Small · ♃ ~ Ⓚ ∧ VIII-X; USA: NE, SE
– **erinus** L. · D:Blaue Lobelie, Männertreu; E:Edging Lobelia, Trailing Lobelia; F:Lobélie · ⊙ ⊙ ♃ V-X; Kap
– **in vielen Sorten**
– **fenestralis** Cav. · ⊙ ⊙ Z9 VII-VIII; USA: Tex., SW; Mex.
– *fulgens* Hemsl. = Lobelia splendens
– **fulgens** Willd. · ⊙ ♃ Z8; Tex., Mex.
– × **gerardii** Chabanne et Goujon ex Sauv. (*L. cardinalis* × *L. siphilitica*) · F:Lobélie · ♃ Z7 ∧ VIII-IX; cult.
– **'Vedrariensis'**
– **inflata** L. · D:Indianer-Tabak; E:Indian Tobacco · ⊙ VII-VIII ⚕ ☠; Can.: E, Sask.; USA: NE, NCE, NC, SE
– **laxiflora** Humb., Bonpl. et Kunth · D:Fackel-Lobelie · ♃ ♄ Z9 Ⓚ VII-X; C-Am., Col.
– *longiflora* L. = Laurentia longiflora
– *ramosa* Benth. = Lobelia tenuior
– **sessilifolia** Lamb. · ♃ ~ Z5 VI-VII; Jap., Korea, Sachal., E-Sib., Manch., Taiwan
– **siphilitica** L. · D:Blaue Kardinals-Lobelie; E:Great Lobelia; F:Lobélie géante · ♃ ~ Z5 VII-IX ⚕; Can.: E; USA: NE, NCE, NC, SE, SC
– × **speciosa** hort. (*L. cardinalis* × *L. siphilitica* × *L. splendens*) · ♃ ✂ Z7 VIII-IX; cult.
– **in vielen Sorten**
– **splendens** Willd. · ♃ ~ Ⓚ VII-X; USA: Mo., SC, NC, Rocky Mts., Calif.; Mex.
– **tenuior** R. Br. · ♃ Z9 Ⓚ V-IX; W-Austr.
– **tupa** L. · D:Teufels-Tabak; E:Devil's Tobacco · ♃ Z8 Ⓚ IX-X ☠; Chile
– **urens** L. · D:Land-Lobelie; E:Heath Lobelia · ♃; Eur.: Azor., BrI, Ib, Fr; Maroc., Madeira
– **valida** L. Bolus · ♄ Ⓚ; Kap
– × *vedrariensis* hort. = Lobelia × gerardii 'Vedrariensis'

Lobivia Britton et Rose -f- *Cactaceae* · c. 40 sp
– *aculeata* Buining = Lobivia pentlandii
– *allegraiana* Britton et Rose = Lobivia hertrichiana
– *andalgalensis* F.A.C. Weber = Trichocereus huascha
– *arachnacantha* Buining et F. Ritter = Echinopsis arachnacantha
– *aurea* (Britton et Rose) Backeb. = Echinopsis aurea
– **backebergii** (Werderm.) Backeb. · ♆ Z9 Ⓚ ▽ ✱; E-Bol., S-Peru
– *binghamiana* Backeb. = Lobivia hertrichiana
– *boliviensis* Britton et Rose = Lobivia pentlandii
– *bruchii* Britton et Rose = Trichocereus bruchii
– *cabradai* Frič = Echinopsis hamatacantha
– *caespitosa* J.A. Purpus = Lobivia maximiliana
– *charazanensis* Cárdenas = Lobivia maximiliana
– *chorrillosensis* Rausch = Echinopsis hamatacantha
– **chrysantha** (Werderm.) Backeb. · ♆ Z9 Ⓚ ▽ ✱; Arg.: Salta, Jujuy
– **cinnabarina** (Hook.) Britton et Rose · ♆ Z9 Ⓚ ▽ ✱; Bol.
– *claeysiana* Backeb. = Echinopsis ferox
– *corbula* Britton et Rose = Lobivia maximiliana
– *cylindrica* Backeb. = Echinopsis aurea
– *draxleriana* Rausch = Lobivia cinnabarina
– *drijveriana* Backeb. = Lobivia kuehnrichii
– *echinata* Rausch = Lobivia hertrichiana
– *euanthema* Backeb. = Rebutia aureiflora
– **famatinensis** (Speg.) Britton et Rose · ♆ Z9 Ⓚ ▽ ✱; Arg.: La Rioja, San Juan

– *ferox* Britton et Rose = Echinopsis ferox
– **haematantha**
  – subsp. *kuehnrichii* (Fric) Rausch ex G.D. Rowley = Lobivia kuehnrichii
– *hastifera* Werderm. = Echinopsis ferox
– **hertrichiana** Backeb. · ♆ Z9 ⓚ ▽ ✻; SE-Peru
– *higginsiana* Backeb. = Lobivia pentlandii
– *hualfinensis* Rausch = Echinopsis hamatacantha
– *huascha* (F.A.C. Weber) W.T. Marshall = Trichocereus huascha
– *huilcanota* Rauh et Backeb. = Lobivia hertrichiana
– *hyalacantha* Speg. = Acanthocalycium hyalacanthum
– *incaica* Backeb. = Lobivia hertrichiana
– *kieslingii* Rausch = Trichocereus formosus
– *klimpeliana* (Weidlich et Werderm.) Backeb. = Acanthocalycium klimpelianum
– *klusacekii* Frič = Lobivia kuehnrichii
– **kuehnrichii** Frič · ♆ Z9 ⓚ ▽ ✻; Arg.: Jujuy
– *larabei* Johnson = Lobivia hertrichiana
– *larae* Cárdenas = Lobivia pentlandii
– *laui* Donald = Lobivia hertrichiana
– *lauramarca* Rauh et Backeb. = Lobivia pentlandii
– *leucorhodon* Backeb. = Lobivia pentlandii
– *leucoviolacea* Backeb. = Lobivia pentlandii
– *longispina* Britton et Rose = Echinopsis longispina
– **maximiliana** (Heyder) Backeb. · ♆ Z9 ⓚ ▽ ✻; S-Peru, N-Bol.
– *minuta* F. Ritter = Lobivia hertrichiana
– **pentlandii** (Hook.) Britton et Rose · ♆ Z9 ⓚ ▽ ✻; S-Peru, N-Bol.
  – var. *maximiliana* (Heyder) Backeb. = Lobivia maximiliana
– *planiceps* Backeb. = Lobivia hertrichiana
– *polaskiana* Backeb. = Lobivia chrysantha
– *prestoana* Cárdenas = Lobivia cinnabarina
– *purpureominiata* F. Ritter = Trichocereus huascha
– *schneideriana* Backeb. = Lobivia pentlandii
– *shaferi* Britton et Rose = Echinopsis aurea
– **silvestrii** (Speg.) G.D. Rowley · ♆ Z9 ⓚ ▽ ✻; Arg.: Tucuman
– *varians* Backeb. = Lobivia pentlandii
– *vilcabambae* F. Ritter = Lobivia hertrichiana
– *walterspielii* Boed. = Lobivia cinnabarina
– *weghaiana* Backeb. = Lobivia pentlandii

Lobostemon Lehm. -m- *Boraginaceae* · 28 sp · D:Schuppenfaden; F:Fausse-vipérine
– **argenteus** (Lehm.) H. Buek · ♄ ⓚ VI; S-Afr.
– **fruticosus** (L.) H. Buek · E:Eighty Day Healing Bush · ♄ ⓚ V; S-Afr.
– **glaucophyllus** (Pers.) H. Buek · ♄ ⓚ V; S-Afr.

Lobularia Desv. -f- *Brassicaceae (Cruciferae)* · 5 sp · D:Duftsteinrich, Silberkraut; E:Sweet Alsion; F:Alysson
– **maritima** (L.) Desv.
  – **in vielen Sorten**
  – var. **benthamii** (Voss) L.H. Bailey et E.Z. Bailey · F:Alysse odorant benthamii · ⊙ Z7; cult.
  – var. **maritima** · D:Strand-Silberkraut; E:Sweet Alison, Sweet Alyssum · ♃ Z7 VI-X; Eur.: Ib, Fr, Ap, Ba; TR, N-Afr., Arab., nat. in BrI, Sc, A, EC-Eur., RO, Krim

Lochnera Endl. = Catharanthus
– *rosea* (L.) Rchb. = Catharanthus roseus

Lockhartia Hook. -f- *Orchidaceae* · 20-30 sp
– **lunifera** (Lindl.) Rchb. f. · ♃ Z10 ⓦ VII-VIII ▽ ✻; Bras.
– **oerstedii** Rchb. f. · ♃ Z10 ⓦ VI-VIII ▽ ✻; Guat.
– *robusta* Schltr. = Lockhartia oerstedii
– **verrucosa** Rchb. f. · ♃ Z10 ⓦ V ▽ ✻; Guat.

Lodoicea Comm. ex DC. -f- *Arecaceae (Palmae)* · 1 sp · D:Seychellennuss; E:Double Coconut, Seychelles Nut; F:Cocotier de Seychelles
– **maldivica** (J.F. Gmel.) Pers. · D:Seychellennuss; E:Cocodemer, Double Coconut, Seychelles Nut · ♄ e Z10 ⓦ; Seych.

Logania R. Br. -f- *Loganiaceae* · 25 sp
– **albidiflora** (Andrews) Druce · ♄ Z9 ⓚ IV-V; Austr.: Queensl., N.S.Wales, Victoria

Loiseleuria Desv. -f- *Ericaceae* · 1 sp · D:Alpenazalee, Alpenheide, Gämsheide; E:Alpine Azalea, Trailing Azalea; F:Loiseleuria
– **procumbens** (L.) Desv. · D:Alpenazalee,

Alpenheide, Gämsheide; E:Alpine Azalea, Mountain Azalea; F:Azalée des Alpes · ♄ e ⇝ △ Z1 VI-VII; Eur.* exc. EC-Eur.; E-Sib., Kamchat., Sachal., Jap., Alaska, Greenl., Can., USA: Maine, N.H., Wash.

Lolium L. -n- *Poaceae (Gramineae)* · 8-12 sp · D:Lolch, Raigras, Raygras, Weidelgras; E:Rye Grass; F:Raygras
- × **boucheanum** Kunth (*L. multiflorum* × *L. perenne*) · ♃ Ⓝ; cult.
- × *hybridum* Hausskn. = Lolium × boucheanum
- *italicum* A. Braun = Lolium multiflorum
- **multiflorum** Lam. · D:Italienisches Weidelgras, Vielblütiger Lolch; E:Common Ryegrass, Italian Ryegrass · ⊙ ⊙ ♃ VI-VIII Ⓝ; Eur.: Ib, Fr, Ap, Ba, RO; TR, Palaest., Macaron., N-Afr., nat. in Eur. *, Iraq, Cauc., Iran, Ind., N-Am., S-Am., S-Afr., Tasman., NZ
- **perenne** L. · D:Deutsches Weidelgras, Englisches Weidelgras, Lolch · ♃ VI-X Ⓝ; Eur*, Cauc, TR, Cyprus, Syr., Lebanon, Palest., Iraq, Iran, N-Afr., Canar., Madeira, nat. in cosmop.
  - var. *multiflorum* (Lam.) Parn. = Lolium multiflorum
- **remotum** Schrank · D:Lein-Lolch · ⊙ VI-VIII; Eur.: E-Eur, EC-Eur.; Afgh., Ind, Amur, nat. in N-Afr., Canar., Azor., W-Austr.
- **rigidum** Gaudin · D:Steifer Lolch; E:Stiff Darnel, Wimmera Ryegrass · ⊙ VI-IX; Eur.: Ib, Fr, CH, Ap, Ba, Krim; TR, Syr., Lebanon, Israel, Iraq, Cauc., Iran, Afgh., Kashmir, Ind, N-Afr., Madeira, Canar., nat. in S-Afr., N-Am., S-Am., Austr.
- **temulentum** L. · D:Taumel-Lolch; E:Bearded Ryegrass, Darnel · ⊙ VI-VIII ☠; Eur.*, Levante, Iraq, Arab., Cauc., Iran, Afgh., Pakist., Sri Lanka, W-Sib., C-As, Ind., Amur, Sachal., N-Afr., nat. in E-As., Jap., Eth., trop. Afr., S-Afr., N-Am., S-Am., Austr., NZ

Lomaria Willd. = Blechnum
- *ciliata* T. Moore = Blechnum moorei
- *gibba* Labill. = Blechnum gibbum

Lomariopsis Fee -f- *Lomariopsidaceae* · 45 sp · D:Saumfarn; F:Fougère grimpante
- **sorbifolia** (L.) J. Sm. emend. Underw. · ♃ ⌇ Ⓚ; trop. Afr., trop. As.

Lomatia R. Br. -f- *Proteaceae* · 12 sp
- **ferruginea** (Cav.) R. Br. · ♄ e Z8 Ⓚ VII; Chile
- **hirsuta** (Lam.) Diels ex J.F. Macbr. · ♄ ♄ e Z8 Ⓚ; Bras., Peru
- *longifolia* R. Br. = Lomatia myricoides
- **myricoides** (C.F. Gaertn.) Domin · ♄ e Z8 Ⓚ VII; Austr.: N.S.Wales, Victoria
- *obliqua* (Ruiz et Pav.) R. Br. = Lomatia hirsuta

Lomatogonium A. Braun -n- *Gentianaceae* · 18 sp · D:Saumnarbe, Tauernblümchen
- **carinthiacum** (Wulfen) Rchb. · D:Kärntner Tauernblümchen · ⊙ VIII-IX ▽; Eur.: I, C-Eur., RO; Alp., S-Carp.; Cauc., W-Sib., E-Sib., Kamchat., C-As., Him., China: Sinkiang

Lonas Adans. -f- *Asteraceae (Compositae)* · 1 sp · D:Gelber Leberbalsam; E:Yellow Ageratum; F:Agérate jaune
- **annua** (L.) Vines et Druce · D:Gelber Leberbalsam; E:African Daisy, Yellow Ageratum · ⊙ VIII-X; Eur.: S-I, Sic.; N-Afr., nat. in F
- *inodora* (L.) Gaertn. = Lonas annua

Lonchitis L. -f- *Dennstaedtiaceae* · 2 sp · D:Lanzenfarn; F:Fougère, Ptéris
- **hirsuta** L. · ♃ Z10 Ⓦ; Mex., C-Am., trop. S-Am.
- **pubescens** Willd. · ♃ Z10 Ⓦ; trop. Afr.

Lonchocarpus Kunth -m- *Fabaceae (Leguminosae)* · 130-150 sp · D:Timboholz; E:Bitter Wood, Turtle Bone
- **nicou** (Aubl.) DC. · ♄ ⌇ Z10 Ⓦ ☠ Ⓝ; ? Peru, ? W-Amazon.
- **urucu** Kill. et A.C. Sm. · ♄ ⌇ Z10 Ⓦ ☠ Ⓝ; Amazon.
- *utilis* A.C. Sm. = Lonchocarpus nicou

Lonicera L. -f- *Caprifoliaceae* · 180 sp · D:Geißblatt, Heckenkirsche; E:Honeysuckle; F:Chèvrefeuille
- **acuminata** Wall. · e ⌇ Z5; Him.: Nepal, Sikkim
- **albertii** Regel · D:Dornige Heckenkirsche; F:Clématite d'Albert · ♄ d ⌇ D Z6 V ☠; C-As., Tibet
- **alpigena** L. · D:Alpen-Heckenkirsche; E:Alpine Honeysuckle · ♄ d ⚘ Z6 V ☠; Eur.* exc. Sc, BrI; mts.
- **alseuosmoides** Graebn. · ♄ e ⌇ Z6 VI-VII

☠; W-China
– **altmannii** Regel et Schmalh. · ♄ d ⌇ Z5 IV-V ☠; C-As.
– × **americana** (Mill.) K. Koch (*L. caprifolium* × *L. etrusca*) · D:Italienisches Geißblatt · ♄ d ⌇ D Z7 VI-VIII ☠; S-F +
– × **amoena** Zabel (*L. korolkowii* × *L. tatarica*) · ♄ d Z5 VI ☠; cult.
– **angustifolia** Wall. ex DC. · D:Schmalblättrige Heckenkirsche · ♄ d Z5 V-VI ☠; Kashmir, Him., SE-Tibet
– **arizonica** Rehder · D:Arizona Heckenkirsche · ♄ d Z6 ☠; Ariz., N.Mex.
– × **bella** Zabel (*L. morrowii* × *L. tatarica*) · ♄ d Z4 ☠; cult.
– *brachypoda* DC. = Lonicera japonica var. repens
– × **brownii** (Regel) Carrière (*L. hirsuta* × *L. sempervirens*) · E:Scarlet Trumpet Honeysuckle · ♄ d ⌇ Z6 V-VIII ☠; cult.
– **caerulea** L. · D:Blaue Heckenkirsche; E:Blue Honeysuckle; F:Camérisier bleu · ♄ d Z3 IV-V ☠; Eur.* exc. BrI; ? TR
– **canadensis** Bartram ex Marshall · D:Kanadische Heckenkirsche; E:American Fly Honeysuckle, Fly Honeysuckle · ♄ d Z3 V ☠; Can.: E, Sask.; USA: NE, NCE, NC
– **caprifolium** L. · D:Jelängerjelieber, Wohlriechendes Geißblatt; E:Italian Honeysuckle; F:Clématite des jardins · ♄ d ⌇ D Z5 V-VI ⚕ ☠; Eur.: A, Ap, Ba, EC-Eur., RO; TR, Cauc., nat. in BrI, Sc, C-Eur., Fr, Ib
– **caucasica** Pall. · ♄ d Z6 V-VII ☠; Cauc.
– **chaetocarpa** (Batalin ex Rehder) Rehder · ♄ d ⁂ Z5 V ☠; W-China
– *chinensis* P. Watson = Lonicera japonica var. japonica
– **chrysantha** Turcz.
  – var. **chrysantha** · D:Gelbblütige Heckenkirsche · ♄ d Z4 V-VI ☠; Jap., Korea, Sachal., E-Sib.
  – var. **latifolia** Korsh. Z3 ☠; Korea +
– *ciliata* (Pursh) Poir. = Lonicera canadensis
– **ciliosa** (Pursh) Poir. · D:Bewimperte Heckenkirsche; E:Orange Honeysuckle · ♄ d ⌇ Z4 VI ☠; B.C., USA: NW, Rocky Mts., Calif.
– **deflexicalyx** Batalin · D:Krummkelchige Heckenkirsche · ♄ d Z6 V-VI ☠; Tibet, W-China
– **demissa** Rehder · ♄ d Z6 V-VI ☠; Jap.
– **dioica** L. · D:Blaugrüne Heckenkirsche; E:Glaucous Honeysuckle · ♄ d ⁓ Z5 VI-VII ☠; Can.: E; USA: NE, NCE, SE
  – var. *glaucescens* (Rydb.) Butters = Lonicera glaucescens
– **etrusca** Santi · D:Toskanisches Geißblatt · ♄ e ⌇ Z7 Ⓚ ∧ V-VIII ☠; Eur.: Ib, Fr, Ap, Ba, CH; TR, Levante, N-Afr., nat. in Krim
– **ferdinandi** Franch. · D:Ferdinands Heckenkirsche · ♄ d ⁂ Z6 VI ☠; Mong., N-China
– **flava** Sims · D:Gelbe Heckenkirsche; E:Yellow Honeysuckle · ♄ d ⌇ D Z5 VI ☠; USA: SE, SC
– *flexuosa* Thunb. = Lonicera japonica var. repens
– **fragrantissima** Lindl. et Paxton · D:Wohlriechende Heckenkirsche; E:Fragrant Honeysuckle; F:Clématite d'hiver · ♄ d Z7 ∧ II-III; E-China
– *gibbiflora* Maxim. non Dippel = Lonicera chrysantha var. chrysantha
– **giraldii** Rehder · F:Clématite de Girald · ♄ e ⌇ Z6 VI-VII; NW-China
– *glauca* Hill = Lonicera dioica
– **glaucescens** (Rydb.) Rydb. · ♄ d ⌇ Z3 V-VI ☠; Can., USA: NE, N.C., NCE, NC, Okla.
– **gracilipes** Miq. · D:Feinstielige Heckenkirsche · ♄ d ⁂ Z6 IV-V ☠; Jap.
– × **heckrottii** Rehder (*L.* × *americana* × *L. sempervirens*) · E:Coral Honeysuckle, Gold Flame Honeysuckle · ♄ d D Z6 VI-IX ☠; cult.
– **henryi** Hemsl. · D:Henrys Geißblatt; F:Clématite de Henry · ♄ e ⌇ ↝ Z6 VI-VII ☠; W-China
– **hildebrandiana** Collett et Hemsl. · D:Riesen-Geißblatt; E:Giant Honeysuckle · ♄ e ⌇ D Z9 Ⓦ Ⓚ VI-VIII ☠; China, Myanmar, Thail.
– **hirsuta** Eaton · D:Rauhaariges Geißblatt; E:Hairy Honeysuckle · ♄ d ⌇ Z3 VI-VII ☠; Can.: E, Sask.; USA: NE, NCE, NC
– **hispida** (Stephan ex Fisch.) Pall. ex Roem. et Schult. · D:Steifhaarige Heckenkirsche · ♄ d Z5 V ☠; C-As., Pakist., Him., SW-China
  – var. *chaetocarpa* Batalin ex Rehder = Lonicera chaetocarpa
– **iberica** M. Bieb. · D:Persische Heckenkirsche · ♄ d Z6 VI ☠; Cauc., Iran
– **implexa** Aiton · D:Macchien-Geißblatt; E:Minorca Honeysuckle · ♄ e ⌇ D Z9 Ⓚ VI-VIII ☠; Eur.: Ib, Fr, Ap, Ba; TR, NW-Afr.
– **involucrata** (Richardson) Banks ex

Spreng. · D:Behüllte Heckenkirsche; E:Black Twinberry · ♄ d ☘ Z4 V-VI ☠; Alaska, Can.; USA: NW, Calif., Rocky Mts., SW, NCE; Mex.
- fo. **serotina** Koehne · ♄ d VII-VIII ☠; Colo.
- var. *ledebourii* (Eschsch.) Zabel = Lonicera ledebourii

– × *italica* Schmidt = Lonicera × americana

– **japonica** Thunb.
- **in Sorten**
- var. *chinensis* (P. Watson) Baker = Lonicera japonica var. repens
- var. **japonica** · D:Japanisches Geißblatt; E:Japanese Honeysuckle; F:Clématite du Japon · e ≷ ⇝ Z6 VI-IX ⚕ ☠; China, Manch., Korea, Jap., nat. in BrI, F, C-Eur., I, Sp.
- var. **repens** (Siebold) Rehder · F:Clématite du Japon rampant · ♄ e ≷ ⇝ D Z4 V-VII ☠; China, Jap.

– **kesselringii** Regel · ♄ d Z6 V-VII ☠; ? Kamchat.

– **korolkowii** Stapf · D:Korolkows Heckenkirsche · ♄ d Z5 VI ☠; C-As., Afgh, Pakist.

– **ledebourii** Eschsch. · D:Ledebours Heckenkirsche · ♄ ☘ Z5 VI ☠; Calif.

– *ligustrina* Wall. = Lonicera nitida
- var. *pileata* (Oliv.) Franch. = Lonicera pileata
- var. *yunnanensis* Franch. = Lonicera nitida 'Fertilis'

– **maackii** (Rupr.) Maxim. · D:Maacks Heckenkirsche; E:Bush Honeysuckle; F:Clématite de Maack · ♄ d Z3 ☠; Amur, N-China, Manch., Korea, Jap.
- fo. **podocarpa** Franch. ex Rehder · ☠; China

– **maximowiczii** (Rupr.) Maxim. · D:Maximowiczs Heckenkirsche · ♄ d Z5 V-VI ☠; Korea, Manch.

– **microphylla** Willd. ex Roem. et Schult. · D:Kleinblättrige Heckenkirsche · ♄ d Z6 V ☠; C-As.

– × **minutiflora** Zabel (*L. morrowii* × *L.* × *xylosteoides*) · ♄ d Z6 V-VI ☠; cult.

– **morrowii** A. Gray · D:Morrows Heckenkirsche; E:Morrow's Honeysuckle; F:Clématite de Morrow · ♄ d ☘ Z4 V-VI ☠; Jap.

– × **muendeniensis** Rehder (*L.* × *bella* × *L. ruprechtiana*) · ♄ d Z5 V ☠; cult.

– × **myrtilloides** J.A. Purpus (*L. angustifolia* × *L. myrtillus*) · ♄ d D Z6 V-VI ☠; cult.

– **myrtillus** Hook. f. et Thomson
- var. **depressa** (Royle) Rehder · ♄ d Z6 ☠; Him.: Nepal, Sikkim
- var. **myrtillus** · D:Heidelbeerblättrige Heckenkirsche; F:Clématite myrtille · ♄ d D Z6 V-VI ☠; Afgh., Pakist., Him., SW-China

– **nigra** L. · D:Schwarze Heckenkirsche; F:Camérisier noir · ♄ d Z5 V-VI ☠ Ⓝ; Eur.* exc. BrI, Sc; mts.

– **nitida** E.H. Wilson · D:Glänzende Heckenkirsche, Immergrüne Strauch-Heckenkirsche; E:Box Honeysuckle; F:Clématite brillant · ♄ e Z7 V ☠; W-China
- **in Sorten** · ☠
- **'Fertilis'** · ☠

– **nummularifolia** Jaub. et Spach · ♄ d Z6 ☠; S-GR, Crete, C-As.

– **oblongifolia** (Goldie) Hook. · E:Swamp Fly Honeysuckle · ♄ d Z3 V ☠; Can.: E; USA: NCE, NE

– **obovata** Royle ex Hook. f. et Thomson · ♄ d Z5 V ☠; Afgh., Kashmir, Him., SE-Tibet

– **orientalis** Lam. · D:Orientalische Heckenkirsche · ♄ d Z5 ☠; TR
- var. *caucasica* (Pall.) Rehder = Lonicera caucasica
- var. *longifolia* Dippel = Lonicera kesselringii

– *parviflora* Edgew. = Lonicera obovata

– *parviflora* Lam. = Lonicera dioica

– **periclymenum** L. · D:Wald-Geißblatt; E:Woodbine; F:Clématite des bois · ♄ d ≷ D Z5 VI ☠; Eur.* exc. EC-Eur.; Maroc.
- **in Sorten** · ☠

– **pileata** Oliv. · D:Immergrüne Kriech-Heckenkirsche; E:Privet Honeysuckle; F:Clématite à cupule · ♄ e D Z6 V ☠; C-China, W-China
- fo. *yunnanensis* (Franch.) Rehder = Lonicera nitida 'Fertilis'

– **prolifera** (Kirchn.) Rehder · D:Sprossendes Geißblatt; E:Grape Honeysuckle · ♄ d Z5 VI-VII ☠; Can.: E; USA: NE, NCE, NC, SE

– **prostrata** Rehder · ♄ d ⇝ Z5 VI ☠; W-China

– × **pseudochrysantha** A. Braun ex Rehder (*L. chrysantha* × *L. xylosteum*) · ♄ d Z3 V-VI ☠; cult.

– *pubescens* Stokes = Lonicera xylosteum

– *pubescens* Sweet = Lonicera hirsuta

– × **purpusii** Rehder (*L. fragrantissima* × *L.*

standishii) · ♄ s D Z5 II-IV ☠; cult.
– **pyrenaica** L. · D:Pyrenäen-Heckenkirsche · ♄ d Z6 V ☠; Eur.: Sp., F; Maroc.; mts.
– **quinquelocularis** Hardw. · D:Durchsichtige Heckenkirsche · ♄ d ♣ Z6 VI ☠; Afgh., Pakist., Him., SW-China
– **rupicola** Hook. f. et Thomson · D:Felsen-Heckenkirsche · ♄ d Z7 ∧ V-VI ☠; Him.
– **ruprechtiana** Regel · D:Ruprechts Heckenkirsche · ♄ d ♣ Z4 V ☠; Manch., China
– **sempervirens** L. · D:Trompeten-Geißblatt; E:Everblooming Honeysuckle, Trumpet Honeysuckle · ♄ e ≹ Z7 ∧ V-VIII ☠; USA: NE, NCE, NC, SC, SE, Fla.
– **similis** Hemsl. · ☠
  – var. **delavayi** (Franch.) Rehder · ♄ e ≹ Z9 Ⓚ VIII ☠; W-China
  – var. **similis** · ♄ e Z9 Ⓚ ☠; SW-China
– **spinosa** Jacquem. ex Walp. · ♄ d Z5 ☠; Afgh., Him., Tibet
  – var. *albertii* (Regel) Rehder = Lonicera albertii
– **splendida** Boiss. · ♄ e ≹ Z9 Ⓚ VI-VIII ☠; S-Sp.
– **standishii** Jacques
  – var. **lancifolia** Rehder · ♄ e Z6 III-IV ☠; China: Sichuan
  – var. **standishii** · D:Stinkende Heckenkirsche; E:Winter Honeysuckle · ♄ e D Z6 II-IV ☠; China
– **syringantha** Maxim.
  – var. **syringantha** · D:Fliederblütige Heckenkirsche; F:Clématite à fleurs de lilas · ♄ d Z5 ☠; China, Tibet
  – var. **wolfii** Rehder · ♄ d D Z4 V-VI ☠; NW-China
– **tangutica** Maxim. · D:Tangutische Heckenkirsche · ♄ d ♣ Z6 V-VI ☠; W-China
– **tatarica** L. · D:Tataren-Heckenkirsche; E:Tartarian Honeysuckle; F:Clématite de Tartarie · ♄ d Z3 V-VI ☠ Ⓝ; Eur.: Russ.; W-Sib., C-As., nat. in Ib, Fr, C-Eur.EC-Eur.
– × **tellmanniana** Magyar ex Späth (*L. sempervirens* × *L. tragophylla*) · ♄ d ≹ Z7 ∧ VI ☠; cult.
– **thibetica** Bureau et Franch. · D:Tibetische Heckenkirsche · ♄ d Z4 VI-VII ☠; W-China
– **tomentella** Hook. f. et Thomson · D:Flaum-Heckenkirsche · ♄ d Z5 VI ☠; Ind.: Sikkim
– **tragophylla** Hemsl. · D:Bocksblatt-Heckenkirsche; E:Yellow Honeysuckle · ♄ d ≹ Z6 VI ☠; W-China
– **trichosantha** Bureau et Franch. · ♄ d Z6 VII ☠; W-China, Tibet
– **webbiana** Wall. ex DC. · D:Webbs Heckenkirsche · ♄ d Z8 ∧ IV-V ☠; Afgh., Him.
– × **xylosteoides** Tausch (*L. tatarica* × *L. xylosteum*) · ♄ d Z6 V ☠; cult.
– **xylosteum** L. · D:Rote Heckenkirsche; E:Fly Honeysuckle; F:Camérisier à balais, Clématite des haies · ♄ d Z3 V-VI ☠ Ⓝ; Eur.*, N-TR, W-Sib.
– **yunnanensis** Franch. · ♄ e ≹ Z8 Ⓚ ☠; SW-China
– *yunnanensis* hort. = Lonicera nitida

Lopezia Cav. -f- *Onagraceae* · 21 sp
– *minima* Lag. et Schrank = Lopezia racemosa
– *minuta* Lag. = Lopezia racemosa
– **racemosa** Cav. · ⊙ ⊙ ♃ Z10 IV-XI; Mex., C-Am.

Lophira Banks ex C.F. Gaertn. -f- *Ochnaceae* · 2 sp
– **lanceolata** Tiegh. ex Keay · E:African Oak · ♄ Ⓦ Ⓝ; W-Afr.

Lophocereus (A. Berger) Britton et Rose -m- *Cactaceae* · 2 sp
– **schottii** (Engelm.) Britton et Rose · E:Cinita, Senita Cereus · ♄ ♆ Z9 Ⓚ ▽ ✻; Ariz., NW-Mex.

Lophomyrtus Burret -f- *Myrtaceae* · 2 sp · D:Schopfmyrte; F:Myrte
– **bullata** (Sol. ex A. Cunn.) Burret · D:Blasige Schopfmyrte; E:Rama Rama · ♄ e Z9 Ⓚ; NZ
– **obcordata** (Raoul) Burret · ♄ e Z9 Ⓚ; NZ
– × **ralphii** (Hook. f.) Burret (*L. bullata* × *L. obcordata*) · ♄ ♄ e Z9 Ⓚ; NZ

Lophophora J.M. Coult. -f- *Cactaceae* · 2 sp · D:Mescalkaktus, Pejote, Pellote, Peyotl; E:Mescal, Peyote; F:Peyote, Peyoti
– *fricii* Haberm. = Lophophora williamsii var. williamsii
– **williamsii** (Lem. ex Salm-Dyck) J.M. Coult.
  – var. **lutea** (Rouhier) Soulanger · ♆ Z9 Ⓚ ▽ ✻; Mex.
  – var. **williamsii** · D:Peyotl, Schnapskopf; E:Dumpling Cactus, Mescal · ♆ Z9 Ⓚ ⚕

☠ ▽ ✻; USA: Tex., N.Mex.; Mex.

Lophospermum D. Don -n- *Scrophulariaceae* · 8 sp
- *atrosanguineum* Zucc. = Rhodochiton atrosanguineus
- **erubescens** D. Don · D:Klettergloxinie; E:Creeping Gloxinia · ♄ ≀ Z9 Ⓚ VII-IX; Mex.
- **purpusii** (Brandegee) Rothm. · ♃ Z9 Ⓚ VII-VIII; SW-Mex.
- **scandens** D. Don · ♄ ≀ Z9 Ⓚ VII-IX; Mex.

Lophostemon Schott -m- *Myrtaceae* · 4-8 sp
- **confertus** (R. Br.) P.G. Wilson et J.T. Waterh. · ♄ e Z10 Ⓚ; Austr.: Queensl., N.S.Wales

Loranthus Jacq. -m- *Loranthaceae* · 1 sp
- **europaeus** Jacq. · D:Eichenmistel, Riemenblume; E:Mistletoe · ♄ d IV-VI; Eur.: C-Eur., EC-Eur., Ba, E-Eur., Ap: TR, Syr.

Loropetalum R. Br. ex Rchb. -n- *Hamamelidaceae* · 2 sp · D:Riemenblüte; F:Loropetalum
- **chinense** (R. Br.) Oliv. · ♄ ♄ e Z8 Ⓚ XII-IV; Ind. (Assam, Khasi mts.) S-China, Jap.

Lotononis (DC.) Eckl. et Zeyh. -f- *Fabaceae (Leguminosae)* · 120-150 sp
- **bainesii** Baker · ♃ Ⓝ; S-Afr. (N-Transvaal), Zimbabwe, nat. in Austr.: Queensl.

Lotus L. -m- *Fabaceae (Leguminosae)* · c. 100 sp · D:Hornklee; E:Brid's Foot Trefoil; F:Lotier
- **alpinus** (DC.) Ramond · D:Alpen-Hornklee · ♃ Z4 VI-VIII; Eur.: Sp., F, I, C-Eur., Ba; Pyr., Apenn., Balkan; TR, Levante
- **berthelotii** Lowe ex Masf. · F:Lotier de Berthelot · ♃ ≀ ⇝ Ⓚ III-IV; Canar.: Teneriffa
- **borbasii** Ujhelyi · D:Slowakischer Hornklee · ♃ V-VII; Eur.: A, EC-Eur., Ba
- **corniculatus** L. · D:Gewöhnlicher Hornklee; E:Bird's Foot Trefoil; F:Lotier corniculé · ♃ ⇝ △ Z5 VI-IX ≀ Ⓝ; Eur.*, TR, Cauc., Iran, C-As., Ind., NW-Afr.
- **edulis** L. · ⊙ Ⓝ; Eur.: Ib, Fr, Ap, Ba; TR, Levante, N-Afr.
- **jacobaeus** L. · ♃ Z9 Ⓚ IV-V; Cap Verde
- **maculatus** Breitf. · ♄ Ⓚ III-IV; Canar.
- **ornithopodioides** L. · D:Vogelfußartiger Hornklee · ⊙; Eur.: Ib, Fr, Ap, Ba, S-Russ.; TR, Levante, Cauc., N-Afr.
- *pedunculatus* Cav. = Lotus uliginosus
- *peliorhynchus* Hook. f. = Lotus berthelotii
- *siliquosus* L. = Tetragonolobus maritimus
- **tenuis** Waldst. et Kit. ex Willd. · D:Salz-Hornklee, Schmalblättriger Hornklee; E:Narrow-leaf Trefoil · ♃ Z4 VI-VIII; Eur.*, TR, Levante, Cauc., C-As., N-Afr.
- *tetragonolobus* L. = Tetragonolobus purpureus
- **uliginosus** Schkuhr · D:Sumpf-Hornklee; E:Greater Bird's Foot Trefoil · ♃ ⏜ Z6 VI-VII Ⓝ; Eur.*, Cauc.

Lourea Desv. = Christia
- *vespertilionis* (L. f.) Desv. = Christia vespertilionis

Lourya Baill. = Peliosanthes
- *campanulata* Baill. = Peliosanthes teta

× **Lowara** hort. -f- *Orchidaceae* (*Brassavola* × *Laelia* × *Sophronitis*)

Loxanthocereus Backeb. = Borzicactus, Hildewintera
- *acanthurus* (Vaupel) Backeb. = Borzicactus acanthurus
- *aureispinus* (F. Ritter) Buxb. = Hildewintera aureispina

Luculia Sweet -f- *Rubiaceae* · 5 sp
- **grandifolia** Ghose · ♄ e Z9 Ⓚ; Bhutan
- **gratissima** (Wall.) Sw. · ♄ ♄ s D Z10 Ⓦ XII-II; Him.
- **pinceana** Hook. · ♄ s Z9 Ⓦ VII-VIII; Ind.: Khasia Hills

Lucuma Molina = Pouteria
- *caimito* (Ruiz et Pav.) Roem. et Schult. = Pouteria caimito
- *campechiana* Humb., Bonpl. et Kunth = Pouteria campechiana
- *obovata* Humb., Bonpl. et Kunth = Pouteria lucuma

Ludisia A. Rich. -f- *Orchidaceae* · 1 sp · D:Blutständel; F:Ludisia
- **discolor** (Ker-Gawl.) A. Rich.
  - var. **dawsoniana** (H. Low ex Rchb. f.) Schltr. · ♃ Z9 Ⓦ IX-XII ▽ ✻; Malay.

Pen.
– var. **discolor** · ♃ Z9 ⓦ IX-XII ▽ *; S-China, Vietn., Malay. Pen.
– var. **rubrivenia** (Rchb. f.) Schltr. · ♃ Z9 ⓦ IX-XII ▽ *; Malay. Pen.

Ludovia Brongn. -f- *Cyclanthaceae* · 3 sp
– **lancifolia** Brongn. · ♄ e ⥉ ⓦ; trop. S-Am.

Ludwigia L. -f- *Onagraceae* · 82 sp · D:Heusenkraut; F:Jussie, Ludwigia, Œnothère aquatique
– **alternifolia** L. · E:Seedbox · ♃ ~ ≈ Z7 ⓦ ⓚ; Can.: Ont.; USA: NE, NCE, NC, SC, SE, Fla.; Mex., n S-Am., nat. in A (Kärnten)
– **arcuata** Walter · ♃ ~ ≈ ⓦ; USA: S.C., Ga., Fla.
– **clavellina** L.D. Gómez et Molinet
– var. **clavellina** · ♃ ≈ ⓦ; USA: SE, Fla., nat. in USA: NE
– var. **grandiflora** L.D. Gómez · ♃ ≈ ⓦ VII-VIII; USA: SE, Fla.
– **helminthorrhiza** (Mart.) Hara · ♃ ≈ Z9 ⓦ; S-Mex. C-Am., S-Am.
– *macrocarpa* Michx. = Ludwigia alternifolia
– *mullertii* hort. = Ludwigia natans
– **natans** (L.) Elliott · D:Schwimm-Heusenkraut · ♃ ~ ≈ Z9 ⓦ VII-VIII; USA: NE, NCE, NC, SE, SC, NW, Calif.; Mex., W.Ind.
– **palustris** (L.) Elliott · D:Sumpf-Heusenkraut; E:Marsh Primrose Willow, Water Purslane · ♃ ~ ≈ Z3 VII-VIII; Eur.* exc. Sc; TR, Syr., Palaest., Cauc., Iran, NW-Afr., S-Afr., Can., USA: NE, NCE, SE, SC, SW, Rocky Mts., NW, Calif.; Mex., W.Ind., nat. in NZ
– **peruviana** (L.) Hara · D:Peruanisches Heusenkraut; E:Peruvian Primerose Bush · ♄ ♄ ≈ Z9 ⓦ VII-VIII; USA: Fla.; C-Am., S-Am.
– **pulvinaris** Gilg · ♃ ~ ≈ ⓦ; C-Afr., S-Afr.
– *repens* Sw. = Ludwigia palustris
– **suffruticosa** (L.) L.D. Gomez · ♄ ≈ ⓦ VII-VIII; Trop.

Lueddemannia Rchb.f. -f- *Orchidaceae* · 1-5 sp
– **pescatorei** (Lindl.) Rchb. f. · ♃ Z10 ⓦ VII ▽ *; Col.

Luetkea Bong. -f- *Rosaceae* · 1 sp
– **pectinata** (Pursh) Kuntze · ♄ e VII-IX; Alaska, W-Can., Calif. Rocky M.

Luffa Mill. -f- *Cucurbitaceae* · 7 sp · D:Schwammgurke; E:Loofah, Rag Gourd; F:Eponge végétale
– **acutangula** (L.) Roxb. · D:Gerippte Schwammgurke; E:Angled Loofah, Dishcloth Gourd, Strainer Vine · ⊙ ⥉ ♣ Z9 ⓦ Ⓝ; trop. As.
– *aegyptiaca* Mill. = Luffa cylindrica
– **cylindrica** (L.) M. Roem. · D:Schwammgurke; E:Loofah, Vegetable Sponge · ⊙ ⥉ ♣ Z9 ⓦ ⚕ Ⓝ; Afr., trop. As.
– **operculata** (L.) Cogn. · ⊙ ⥉ ♣ Z9 ⓦ Ⓝ; Mex., C-Am., trop. S-Am.

× **Luisanda** hort. -f- *Orchidaceae* (*Luisia* × *Vanda*)

Luisia Gaudich. -f- *Orchidaceae* · 40 sp
– **amesiana** Rolfe · ♃ Z9 ⓦ VI-VII ▽ *; Myanmar
– **teretifolia** Gaudich. · ♃ Z8 ⓦ VI-IX ▽ *; SE-As., Malay. Arch., N.Caled.

Luma A. Gray -f- *Myrtaceae* · 4 sp
– **apiculata** (DC.) Burret · E:Orange Bark Myrtle, Temu · ♄ e Z9 ⓚ Ⓝ; Arg., Chile
– **chequen** (Molina) A. Gray · ♄ ♄ e Z9 ⓚ; Chile

Lunaria L. -f- *Brassicaceae (Cruciferae)* · 3 sp · D:Silberblatt; E:Honesty; F:Lunaire, Monaie du Pape
– **annua** L. · D:Einjähriges Silberblatt; E:Annual Honesty; F:Monnaie du pape · ⊙ ⊙ ♣ ✂ Z8 IV-VI; Eur.: I, Ba, Ro, nat. in BrI, Sc, Fr, C-Eur., EC-Eur.
– *biennis* Moench = Lunaria annua
– **rediviva** L. · D:Ausdauerndes Silberblatt, Mondviole; E:Perennial Honesty · ♃ ♣ D Z6 V-VII ☠ ▽; Eur.* exc. BrI

Lupinus L. -m- *Fabaceae (Leguminosae)* · 200 sp · D:Lupine, Wolfsbohne; E:Lupin; F:Lupin
– **albus** L. · D:Weiße Lupine; E:White Lupin · ⊙ VI-VIII ☠ Ⓝ; Eur.: Ba; TR, nat. in Fr, C-Eur., Ap, Ib, EC-Eur., Alg.
– **angustifolius** L. · D:Schmalblättrige Lupine; E:Blue Lupine · ⊙ VI-IX ☠ Ⓝ; Eur.: Ib, Fr, Ap, Ba; TR, Levante, N-Afr., nat. in C-Eur., EC-Eur., E-Eur.
– **arboreus** Sims · D:Baum-Lupine; E:Tree

Lupin · ♄ e Z8 Ⓚ VII-VIII; Calif., nat. in Wash., Br
– *cruckshanksii* Hook. = Lupinus mutabilis var. cruckshanksii
– **densiflorus** Benth.
  – var. **aureus** (Kellogg) Munz · ☉ VI-IX; Calif.
  – var. **densiflorus** · D:Quirl-Lupine; E:White Whorl Lupin · ☉; Calif.
  – var. *menziesii* (J. Agardh) C.P. Sm. = Lupinus densiflorus var. aureus
– **hartwegii** Lindl. · ☉ VII-X; Mex.
– *hirsutus* L. = Lupinus micranthus
– **luteus** L. · D:Gelbe Lupine; E:Yellow Lupin · ☉ Z6 VI-IX ☠ Ⓝ; Eur.: Ib; NW-Afr., nat. in Fr, Ap, C-Eur., EC-Eur., Ba, EC-Eur.
– *menziesii* J. Agardh = Lupinus densiflorus var. aureus
– **micranthus** Guss. · ☉ Z8 VI-IX Ⓝ; Eur.: Ib, Fr, Ap, Ba; TR, Levante, NW-Afr., Libya
– **mutabilis** Sweet
  – var. **cruckshanksii** (Hook.) Sweet · ☉ Z9 VII-X Ⓝ; Peru; And.
  – var. **mutabilis** · D:Anden-Lupine; E:Andean Lupine · ☉ Z9 VII-X Ⓝ; cult. S-Am.
– **nanus** Douglas · D:Zwerg-Lupine; E:Ocean Blue Lupin · ☉ VI-VII; Calif.
– **nootkatensis** Donn ex Sims · ♃ Z4; nw N-Am., NE-As.
– **perennis** L. · D:Ausdauernde Lupine; E:Blue Bean, Sundial Lupin · ♃ Z4 V-VIII Ⓝ; Ont., USA: NE, NCE, SE, Fla., nat. in C-Eur.
– **pilosus** Murray · ☉ VI-VII Ⓝ; Eur.: GR; TR, Syr., Palaest., Egypt
– **polyphyllus** Lindl. · D:Vielblättrige Lupine; E:Garden Lupin · ♃ Z3 VI-VIII ☠ Ⓝ; Can.; W; USA: NW, Rocky Mts., Calif., nat. in ne N-Am., Eur.
– **pubescens** Benth. · ☉; Mex., Guat.
– **subcarnosus** Hook. · ☉; SW-USA
– *termis* Forssk. = Lupinus albus
– *varius* L. 1753 = Lupinus angustifolius
  – subsp. *orientalis* Franco et P. Silva = Lupinus pilosus
– *varius* L. 1763 = Lupinus pilosus
– **Cultivars**
  – **in vielen Sorten**

Luronium Raf. -n- *Alismataceae* · 1 sp · D:Froschkraut, Schwimmlöffel; E:Floating Water Plantain; F:Grenouillette
– **natans** (L.) Raf. · D:Froschkraut, Schwimmlöffel; E:Floating Water Plantain; F:Fluteau · ♃ ≈ Z7 V-VI ▽; Eur.*

Luzula DC. -f- *Juncaceae* · 115 sp · D:Hainsimse, Marbel; E:Wood-Rush; F:Luzule
– *albida* (Hoffm.) DC. = Luzula luzuloides
– **alpina** Hoppe · D:Alpen-Hainsimse · ♃ VI-VII; Eur.: D, A +
– **alpinopilosa** (Chaix) Breistr. · D:Braune Hainsimse · ♃ VI-VIII; Eur.* exc. BrI, Sc, mts.
– **campestris** (L.) DC. · D:Feld-Hainsimse, Hasenbrot; E:Field Wood Rush · ♃ Z6 III-IV; Eur.*, TR, Cauc.
– **congesta** (Thuill.) Lej. · D:Kopfige Hainsimse · ♃; Eur.: Sc, BrI, Fr, D +
– **desvauxii** Kunth · D:Pyrenäen-Hainsimse · ♃ VI-VII; Eur.: Sp., F, D: mts.
– **divulgata** Kirschner · D:Schlanke Hainsimse · ♃ IV-V; Eur.: A, D +
– **forsteri** (Sm.) DC. · D:Forsters Hainsimse · ♃ IV-V; Eur.* exc. Sc; TR, Cauc., Syr., Iran, Alger.
– **glabrata** (Hoppe) Desv. · D:Kahle Hainsimse · ♃ VI-VII; Eur.: I, D, A; E-Alp.
– **lutea** (All.) DC. · D:Gelbe Hainsimse · ♃ Z6 VI-VIII; Eur.: Sp., F, I, D, A; Pyr., Alp., Apenn.
– **luzulina** (Vill.) Dalla Torre et Sarnth. · D:Gelbliche Hainsimse · ♃ Z6 VI-VII; Eur.* exc. BrI, Sc; mts.
– **luzuloides** (Lam.) Dandy et Wilmott · D:Weißliche Hainsimse; E:Oak Forest Wood Rush; F:Luzule blanchâtre · ♃ Z6 VI; Eur.: Fr, Ap, C-Eur., EC-Eur., Ba, E-Eur., ? Sp., nat. in BrI, Sc
– *maxima* (Reichard) DC. = Luzula sylvatica
– **multiflora** (Ehrh.) Lej. · D:Vielblütige Hainsimse; E:Many-flowered Wood Rush · ♃ Z6 IV-V; Eur., As, N-Am., Austr.
– *nemorosa* (Pollich) E. Mey. = Luzula luzuloides
– **nivea** (L.) DC. · D:Schneeweiße Hainsimse; E:Snowy Wood Rush; F:Luzule blanc de neige · ♃ Z6 VI-VIII; Eur.: Sp., F, C-Eur., I, Slove.
– **pallidula** Kirschner · D:Bleiche Hainsimse · ♃ IV-V; Eur.: CZ, D, BrI+
– **pilosa** (L.) Willd. · D:Behaarte Hainsimse; E:Hairy Wood Rush; F:Luzule poilue · ♃ Z6 IV-V; Eur.*, Cauc., W-Sib., E-Sib.
– **spicata** (L.) DC. · D:Ähren-Hainsimse · ♃ VI-VIII; Eur.* exc. Ib; TR, Cauc., W-Sib.,

E-Sib., Amur, C-As, Him., N-Am.
- **sudetica** (Willd.) Schult. · D:Sudeten-Hainsimse · ♃ VI-VIII; Eur.* exc. BrI; TR
- **sylvatica** (Huds.) Gaudin · D:Wald-Hainsimse; E:Great Wood Rush; F:Luzule des bois · ♃ Z6 V-VI; Eur.*, TR, Cauc.
  - **in Sorten**

Lycaste Lindl. -f- *Orchidaceae* · 35 (-49) sp
- **aromatica** (Graham ex Hook.) Lindl. · ♃ D Z10 ⓦ IV-V ▽ *; Mex., Guat., Hond., Belize
- **brevispatha** (Klotzsch) Lindl. · ♃ Z10 ⓦ XII ▽ *; Nicar., Costa Rica, Panama
- *candida* Lindl. ex Rchb. f. = Lycaste brevispatha
- **ciliata** (Ruiz et Pav.) Rchb. f. · ♃ Z10 ⓦ III-V ▽ *; Col., Ecuad., Peru
- *costata* (Lindl.) Lindl. = Lycaste ciliata
- **cruenta** (Lindl.) Lindl. · ♃ Z10 ⓦ III-V ▽ *; Mex., C-Am.
- **deppei** (Lodd.) Lindl. · ♃ Z10 ⓦ X-IV ▽ *; Mex., Guat.
- *fimbriata* (Poepp. et Endl.) Cogn. = Lycaste ciliata
- *gigantea* Lindl. = Lycaste longipetala
- **longipetala** (Ruiz et Pav.) Garay · ♃ Z10 ⓦ VI-VIII ▽ *; Col., Ecuad., Peru, Venez.
- **macrophylla** (Poepp. et Endl.) Lindl. · ♃ Z10 ⓦ XI-I ▽ *; C-Am., trop. S-Am.
- **skinneri** (Bateman ex Lindl.) Lindl. · ♃ Z10 ⓚ XI-III ▽ *; Mex., Guat., Hond.
- **tricolor** (Klotzsch) Rchb. f. · ♃ Z10 ⓦ ▽ *; Guat., Costa Rica, Panama
- *virginalis* (Scheidw.) Lindl. = Lycaste skinneri
- **Cultivars**
  - **in vielen Sorten**

× **Lycasteria** hort. -m- *Orchidaceae* (*Bifrenaria* × *Lycaste*)

Lychnis L. = Silene
- *alba* Mill. = Silene latifolia subsp. alba
- *alpina* L. = Silene suecica
- × *arkwrightii* hort. = Silene × arkwrightii
- *atropurpurea* (Griseb.) Nyman = Silene atropurpurea
- *chalcedonica* L. = Silene chalcedonica
- *coronaria* (L.) Desr. = Silene coronaria
- *coronata* Thunb. = Silene banksia 'Grandiflora'
- *dioica* L. = Silene dioica
- *diurna* Sibth. = Silene dioica
- *flos-cuculi* L. = Silene flos-cuculi
- *flos-jovis* (L.) Desr. = Silene flos-jovis
- *fulgens* Fisch. ex Sims = Silene fulgens
- *grandiflora* Jacq. = Silene banksia 'Grandiflora'
- × *haageana* Lemoine = Silene banksia 'Haageana'
- *lagascae* Hook. f. = Petrocoptis glaucifolia
- *miqueliana* Rohrb. ex Franch. et Sav. = Silene miqueliana
- *pyrenaica* Bergeret = Petrocoptis pyrenaica
- *sartorii* Boiss. = Silene atropurpurea
- *vespertina* Sibth. = Silene latifolia subsp. alba
- *viscaria* L. = Silene viscaria
  - subsp. *atropurpurea* (Griseb.) Chater = Silene atropurpurea
- *wilfordii* Regel ex Maxim. = Silene wilfordii

Lycianthes (Dunal) Hassl. -f- *Solanaceae* · 180-200 sp
- **rantonnetii** (Carrière) Bitter · ♄ ♧ Z10 ⓚ VII-X; Arg., Parag.

Lycium L. -n- *Solanaceae* · 100 sp · D:Bocksdorn, Teufelszwirn; E:Teaplant; F:Lyciet
- **barbarum** L. · D:Gewöhnlicher Bocksdorn; E:Box Thorn, Matrimony Vine; F:Lyciet commun · ♄ d Z5-6 VI-IX ⚕ ☠; C-China, nat. in Eur.*, TR, Cauc., C-As., N-Afr.
- **chinense** Mill.
  - var. **chinense** · D:Chinesischer Bocksdorn; E:Chinese Wolfberry, Duke of Argyle's Tea Tree; F:Lyciet de Chine · ♄ d Z5-6 VI-IX ⚕ ☠; China
  - var. **ovatum** (Veill.) C.K. Schneid. · ♃ d ♧ Z6 VI-X ☠; N-China, nat. in Eur.
- **europaeum** L. · D:Europäischer Bocksdorn; E:European Wolfberry · ♄ d ⇝ Z9 ⓚ ☠; Eur.: Ib, Fr, Ap, Ba; TR, N-Afr.
- *halimifolium* Mill. = Lycium barbarum
- **pallidum** Miers · D:Blasser Bocksdorn; E:Desert Thorn, Pale Desert Thorn, Wolf Berry · ♄ d ♧ Z7 ∧ V-VIII ☠; USA: Calif., Utah, Colo., Ariz., N.Mex., Tex..; Mex.
- *rhombifolium* Dippel = Lycium chinense var. ovatum
- **ruthenicum** Murray · ♄ d Z7 VII-VIII ☠; S-Russ., TR, Cauc., Iraq, Iran, Pakist., C-As., Tibet, Mong.

– **turcomanicum** Turcz. · ♄ d Z5 VI-VIII ☠; TR, Syr., Cauc., C-As., Pakist.
– *vulgare* Dunal = Lycium barbarum

Lycopersicon Mill. -n- *Solanaceae* · 7 sp · D:Tomate; E:Tomato; F:Tomate
– **cheesmanii** Riley Z9 Ⓝ; Galapagos
– **esculentum** Mill.
 – var. **cerasiforme** Dunal · D:Cocktail-Tomate, Kirsch-Tomate; E:Cherry Tomato · ☉ ♃ ♧ Z9 Ⓚ Ⓝ; Peru
 – var. **esculentum** · D:Tomate; E:Tomato · ☉ ♃ ♄ Z9 VII-X; Ecuad., Peru
 – var. **pimpinellifolium** (Jusl.) Mill. · D:Johannisbeer-Tomate; E:Currant Tomato · ☉ ♃ ♧ Z9 Ⓚ Ⓝ; Ecuad., Galapagos, Peru
 – var. **pyriforme** (Dunal) Alef. · D:Birnenförmige Tomate; E:Pear-shaped Tomato · ☉ ♃ Z9; cult.
– *lycopersicum* L. = Lycopersicon esculentum var. esculentum
– *pimpinellifolium* (Jusl.) Mill. = Lycopersicon esculentum var. pimpinellifolium

Lycopodiella Holub -f- *Lycopodiaceae* · 40 sp · D:Sumpfbärlapp; E:Marsh Clubmoss
– **inundata** (L.) Holub · D:Gewöhnlicher Sumpfbärlapp · ♃ VIII-X ▽; Eur.*, Cauc., N-Am.

Lycopodium L. -n- *Lycopodiaceae* · 40 sp · D:Bärlapp; E:Clubmoss; F:Lycopode
– **annotinum** L. · D:Sprossender Bärlapp; E:Stiff Clubmoss, Stiff Ground Pine · ♃ ⇝ Z2 VIII-IX ☠ ▽; Eur.*, Cauc., W-Sib., E-Sib., Amur, Sachal., Kamchat., Alaska, Can., USA: NE, NCE, NC, Rocky Mts., NW
– **clavatum** L. · D:Keulen-Bärlapp; E:Club Moss, Running Pine · ♃ ⇝ Z2 VII-VIII ⚕ ☠ ▽; Eur.*, TR, Cauc., W-Sib., E-Sib., Amur, Sachal., Kamchat., China, Korea, Jap. Taiwan, Ind., Malaysia, Polyn., Afr., Alaska, Can., USA: NE, NCE, SE, Rocky Mts., NW; Mex. W-Ind., C-Am., S-Am., Greenl., Afr.
– *complanatum* L. = Diphasiastrum complanatum
– **dubium** Zoega · D:Stechender Berg-Bärlapp · ♃ VI-IX ▽; Eur.: CH +
– *hippuris* Desv. = Lycopodium squarrosum
– *selago* L. = Huperzia selago
– **squarrosum** G. Forst. · ♃ Z10 Ⓦ ▽; Ind., Sri Lanka, Java

Lycopsis L. = Anchusa, Arnebia
– *echioides* L. = Arnebia pulchra

Lycopus L. -m- *Lamiaceae (Labiatae)* · c. 10 sp · D:Wolfstrapp; E:Gypsywort; F:Lycope
– **europaeus** L. · D:Ufer-Wolfstrapp; E:Gipsywort; F:Chanvre d'eau, Lycope d'Europe · ♃ ~ Z5 VII-IX ⚕; Eur.*, TR, Syr., Iran, C-As., NW-Afr.
– **exaltatus** Ehrh. · D:Hoher Wolfstrapp · ♃ VII-IX; Eur.: Ap, C-Eur., EC-Eur., Ba, EC-Eur.; Cauc., W-Sib., E-Sib., C-As.
– **virginicus** L. · D:Virginischer Wolfstrapp; E:Bugleweed, Gipsyweed · ♃ ~ Z5 VII-IX ⚕; USA: NE, NCE, NC, SC, SE

Lycoris Herb. -f- *Amaryllidaceae* · 11 sp · D:Spinnenlilie; E:Spider Lily
– *africana* (Lam.) Roem. = Lycoris aurea
– **aurea** (L'Hér.) Herb. · E:Golden Lily, Golden Spider Lily · ♃ Z7 V-VIII; China, Jap., Ryukyu-Is., Taiwan
– **incarnata** Comes ex Spreng. · ♃ Z7 ▭ ∧ VII-VIII; C-China.
– **radiata** (L'Hér.) Herb. · D:Rosarote Spinnenlilie; E:Red Spider Lily · ♃ Z8 Ⓦ Ⓚ VIII-IX; Jap., Ryukyu-Is.
– **sanguinea** Maxim. · D:Schwarzrote Spinnenlilie; E:Spider Lily · ♃ Z8 Ⓚ VII-VIII; China, Jap.
– **sprengeri** Comes ex Baker · ♃ Z7 ▭ ∧ VII-VIII; C-China
– **squamigera** Maxim. · D:Weiße Spinnenlilie; E:Magic Lily, Resurrection Lily · ♃ Z7 ▭ ∧ VII-VIII; Jap.

Lygeum L. -n- *Poaceae (Gramineae)* · 1 sp
– **spartum** Loefl. ex L. · ♃ Ⓚ Ⓝ; Eur.: Ib, Ap, Crete; NW-Afr.

Lygodium Sw. -n- *Schizaeaceae* · 40 sp · D:Kletterfarn, Schlingfarn; F:Fougère grimpante
– **flexuosum** (L.) Sw. · D:Großer Kletterfarn; E:Big Lygodium · ♃ ≀ Z10 Ⓦ; Ind., Sri Lanka, S-China, Phil., Austr.: Queensl.
– **japonicum** (Thunb.) Sw. · D:Japanischer Kletterfarn; E:Japanese Climbing Fern · ♃ ≀ Z10 Ⓦ; China, Korea, Jap., Ryukyu-Is., Taiwan
– **palmatum** (Bernh.) Sw. · D:Handförmiger

Kletterfarn · ♃ ≹ Z7 ⓚ ∧; USA: NE, Ohio, SE
– *pinnatifidum* Hook. = Lygodium flexuosum
– **scandens** (L.) Sw. · D:Schlangen-Kletterfarn; E:Snake Fern · ♃ ≹ Z10 ⓦ; trop. Afr., trop. As., Austr., Polyn.
– **volubile** Sw. · ♃ Z10 ⓦ; C-Am., W.Ind., trop. S-Am.

Lygos Adans. = Retama
– *monosperma* (L.) Heywood = Retama monosperma

Lyonia Nutt. -f- *Ericaceae* · 35 sp · D:Lyonie; E:Lyonia; F:Lyonia
– *calyculata* (L.) Rchb. = Chamaedaphne calyculata
– **ferruginea** (Walter) Nutt. · ♄ ♄ e Z9 ⓚ II-III; USA: SE, Fla.
– **ligustrina** (L.) DC. · D:Rispige Lyonie; E:Maleberry · ♄ d ⁓ Z5 V-VI ☠; USA: NE, NCE, SC, SE, Fla.
– **lucida** (Lam.) K. Koch · D:Glänzende Lyonie; E:Fetter Bush · ♄ e Z7 IV-V; USA: Va., SE, Fla.
– **mariana** (L.) D. Don · D:Marien-Lyonie; E:Stagger Bush · ♄ d ⁓ Z6 V-VI; USA: NE, SE, Fla., Tex.
– **ovalifolia** (Wall.) Drude · ♄ d Z6 V-VI; Pakist., Him., Myanmar, China, Jap., Taiwan
– *racemosa* (L.) D. Don = Leucothoe racemosa

Lysichiton Schott -m- *Araceae* · 2 sp · D:Scheinkalla; E:Skunk Cabbage; F:Lysichiton
– **americanus** Hultén et H. St. John · D:Gelbe Scheinkalla; E:Yellow Skunk Cabbage; F:Arum bananier · ♃ ⁓ Z6 IV-V; Kamchat., Alaska, Can., USA: NW, Calif., Rocky Mts.
– **camtschatcensis** (L.) Schott · D:Weiße Scheinkalla; E:Skunk Cabbage; F:Faux-arum blanc · ♃ ⁓ Z6 V-VI; Jap., Kuril., Sachal., Kamchat., Amur
– *japonicus* Schott = Lysichiton americanus

Lysimachia L. -f- *Primulaceae* · c. 150 sp · D:Felberich, Gilbweiderich; E:Loosestrife; F:Lysimaque
– **barystachys** Bunge · ♃ Z5 VII-VIII; Jap., Korea, Manch., N-China
– **ciliata** L. · D:Bewimperter Felberich; E:Fringed Loosestrife; F:Lysimaque ciliée · ♃ ⁓ Z4 VII-VIII; Can., USA* exc. Calif., SC
– **clethroides** Duby · D:Entenschnabel-Felberich; E:Gooseneck Loosestrife; F:Lysimaque à feuilles de cléthra · ♃ Z4 VI-VII; China, Jap., Indochina
– **congestiflora** Hemsl. · ♃ ≹ ⇝ ⓚ V-IX; China
– **ephemerum** L. · F:Lysimaque éphémère · ♃ Z7 ∧ VI-IX; Eur.: Ib, F
– **fortunei** Maxim. · ♃ ⋈ Z7 VII-VIII; China, Korea, Jap., Taiwan
– **japonica** Thunb. · ♃ Z6; Jap., China, Taiwan, Malay. Arch.
– *monnieri* L. = Bacopa monnieri
– **nemorum** L. · D:Hain-Gilbweiderich; E:Wood Pimpernel, Yellow Pimpernel; F:Lysimaque des bois · ♃ ⇝ Z6 V-VII; Eur.*
– **nummularia** L. · D:Pfennig-Gilbweiderich, Pfennigkraut; E:Creeping Jenny; F:Lysimaque nummulaire · ♃ ⇝ Z4 V-VII ⚕; Eur.*, TR, Cauc., nat. in N-Am.
– **punctata** L. · D:Punktierter Gilbweiderich; E:Dotted Loosestrife; F:Lysimaque ponctuée · ♃ ⁓ Z5 VI-VIII; Eur.: A, Ap, Ba, EC-Eur., E-Eur.; TR, Cauc., nat. in BrI, Sc, Fr, N-Am.
– **thyrsiflora** L. · D:Straußblütiger Gilbweiderich; E:Tufted Loosestrife; F:Lysimaque à fleurs en thyrse · ♃ ⁓ Z6 V-VII; Eur.* exc. Ib, Ap; W-Sib., E-Sib., Amur, Sachal., Kamchat., C-As., Mong., China, Alaska, Can., USA: NE, NCE, NC, Rocky Mts., NW, Calif.
– **vulgaris** L.
  – var. **davurica** (Ledeb.) R. Knuth · ♃ Z5; Jap., E-As.
  – var. **vulgaris** · D:Gewöhnlicher Gilbweiderich; E:Loosestrife, Yellow Loosestrife; F:Lysimaque commune · ♃ ⁓ Z5 VI-VIII ⚕; Eur.*, TR, Iraq, Cauc., Iran, W-Sib., E-Sib., C-As., Him., China, Jap., NW-Afr., Can.: E; USA: NE, NCE

Lythrum L. -n- *Lythraceae* · 38 sp · D:Weiderich; E:Loosestrife; F:Salicaire
– **alatum** Pursh · D:Geflügelter Weiderich; E:Winged Loosetrife · ♃ ⁓ Z3 VI-VIII; Can.; USA: NE, NCE, NC, SE, SC, Rocky Mts.
– **hyssopifolia** L. · D:Ysopblättriger Weiderich · ⊙ VII-IX; Eur.* exc. Sc; TR,

Levante, Cauc., W-Sib., C-As., N-Afr, nat. in Sc, S-Afr., C-Am., Austr., NZ
- **salicaria** L. · D:Blut-Weiderich; E:Purple Loosestrife, Spiked Loosestrife; F:Salicaire · ♃ Z3 VII-VIII ⚕ ; Eur.*, TR, Syr., Palaest., Cauc., Iran, W-Sib., E-Sib., Amur, Sachal., Mong., Tibet, Him., Korea, China, Korea, Jap., NW-Afr., Austr., Tasman., nat. in N-Am.
  - **in Sorten**
- **virgatum** L. · D:Ruten-Weiderich; E:Loosestrife · ♃ ~ VI-VIII; Eur.: C-Eur., EC-Eur., Ba, Ap, E-Eur., nat. in Fr

Lytocaryum Toledo -n- *Arecaceae (Palmae)* · 3 sp
- **weddellianum** (H. Wendl.) Toledo · D:Zimmer-Kokospalme; E:Weddel Palm · ♄ e ⓦ; trop. Bras.

Maackia Rupr. -f- *Fabaceae (Leguminosae)* · 8 sp · D:Maackie; F:Maackia
- **amurensis** Rupr. et Maxim.
  - var. **amurensis** · D:Asiatisches Gelbholz; E:Amur Maackia; F:Maackia de l'Amour · ♄ d Z5 VII-VIII; Amur, China, Manch., Korea, Jap., Taiwan
  - var. **buergeri** (Maxim.) C.K. Schneid. · ♄ d Z5 VII-VIII; Jap.
- **chinensis** Takeda · ♄ d Z5 VII-VIII; C-China: Hupeh

Macadamia F. Muell. -f- *Proteaceae* · c. 10 sp · D:Macadamianuss, Queenslandnuss; E:Queensland Nut; F:Noyer du Queensland
- **integrifolia** Maiden et Betche · D:Macadamianuss, Queenslandnuss; E:Macadamia Nut, Queensland Nut · ♄ e Z10 ⓦ Ⓝ; Austr.: Queensl.
- **ternifolia** F. Muell. · E:Gympie Nut · ♄ e Z10 ⓚ Ⓝ; Austr.: Queensl., N.S.Wales
- **tetraphylla** L.A.S. Johnson · D:Rauschalige Macadamianuss; E:Queensland Nut, Rough Shell Macadamia · ♄ e Z10 ⓚ Ⓝ; Austr.: Queensl., N.S.Wales

Macfadyena A. DC. -f- *Bignoniaceae* · 4 sp
- **unguis-cati** (L.) A.H. Gentry · D:Krallentrompete; E:Cat's Claw · ♄ e ≹ Z8 ⓚ; Mex.: Yucatan; Guat., Arg.

Machaerocereus Britton et Rose -m- *Cactaceae* · 2 sp
- **eruca** (Brandegee) Britton et Rose · ♄ ♆ ⟿ Z9 ⓚ ▽ ✻; Mex.: Baja Calif.

Machairophyllum Schwantes -n- *Aizoaceae* · 10 sp · D:Säbelblatt
- **acuminatum** L. Bolus · ♆ Z9 ⓚ; Kap

Mackaya Harv. -f- *Acanthaceae* · 1 sp
- **bella** Harv. · ♄ e Z9 ⓦ VI-VIII; S-Afr.

Macleania Hook. -f- *Ericaceae* · c. 40 sp
- **angulata** Hook. · ♄ e Z10 ⓚ VII-VIII; Peru
- **cordifolia** Benth. · ♄ e Z10 ⓚ III-IV; Ecuad., Peru
- **insignis** M. Martens et Galeotti · ♄ e Z10 ⓚ VII-VIII; Mex., Guat., Hond.
- *longiflora* Lindl. = Macleania insignis
- **ovata** Klotzsch · ♄ e Z10 ⓚ; Costa Rica, Panama
- *pulchra* Hook. f. = Macleania insignis
- *punctata* Hook. = Macleania cordifolia

Macleaya R. Br. -f- *Papaveraceae* · 2 sp · D:Federmohn; E:Plume Poppy; F:Pavot plumeux
- **cordata** (Willd.) R. Br.
  - var. **cordata** · D:Weißer Federmohn; E:Plume Poppy; F:Boconie à feuilles en coeur · ♃ Z6 VII-VIII ☠; Jap., China, Taiwan
  - var. **thunbergii** (Miq.) Miq. · ♃ Z6 ☠; China, Jap., Taiwan
  - var. *yedoensis* (André) Fedde = Macleaya cordata var. cordata
- × **kewensis** Turrill (*M. cordata* × *M. microcarpa*) · ♃ Z5; cult.
- **microcarpa** (Maxim.) Fedde · D:Ockerfarbiger Federmohn; E:Plume Poppy; F:Boconie à petits fruits · ♃ Z5 VII-VIII; China: Kansu, Schansi

× **Macludrania** André -f- *Moraceae* (*Cudrania* × *Maclura*)
- **hybrida** André (*Cudrania tricuspidata* × *Maclura pomifera*) · ♄ d Z7; cult.

Maclura Nutt. -f- *Moraceae* · 12 sp · D:Osagedorn; E:Osage Orange; F:Oranger des Osages
- **pomifera** (Raf.) C.K. Schneid. · D:Osagedorn; E:Osage Orange; F:Oranger des Osages · ♄ d ♧ Z7 Ⓝ; USA: Ark., SC, nat. in e N-Am.
- *tinctoria* (L.) D. Don ex Steud. =

Chlorophora tinctoria

Macodes (Blume) Lindl. -f- *Orchidaceae* · 10 sp · D:Goldblatt; F:Macodes
– *marmorata* Blume = Dossinia marmorata
– **petola** (Blume) Lindl. · ♃ Z10 (W) ▽ *; Malay. Arch., Phil.

Macrodiervilla Nakai = Weigela
– *middendorffiana* (Trautv. et C.A. Mey.) Nakai = Weigela middendorffiana

Macropidia J.L. Drumm. ex Harv. -f- *Haemodoraceae* · 1 sp
– **fumosa** J.R. Drumm. ex Harv. · ♃ (K) V-VI; W-Austr.

Macroplectrum Pfitzer = Angraecum
– *sesquipedale* (Thouars) Pfitzer = Angraecum sesquipedale

Macroptilium (Benth.) Urb. -n- *Fabaceae (Leguminosae)* · 8 sp
– **atropurpureum** (DC.) Urb. · ♃ (N); USA: Tex., N.Mex.; Mex., C-Am., Col., Ecuad., Peru, Arg.

Macrotyloma (Wight et Arn.) Verdc. -f- *Fabaceae (Leguminosae)* · 24 sp
– **geocarpum** (Harms) Maréchal et Baudet · D:Erdbohne, Kandelbohne; E:Ground Bean · Z10 (W) (N); W-Afr.
– **uniflorum** (Lam.) Verdc. · D:Pferde-Bohne; E:Horse Gram · ⊙ Z10 (W) (N); Him., Ind., Sri Lanka, Myanmar +

Macrozamia Miq. -f- *Zamiaceae* · 12-15 sp
– **communis** L.A.S. Johnson · D:Burrawang; E:Burrawang · ♄ d Z9 (W) ☠ ▽ *; Austr.: N.S.Wales
– *denisonii* C. Moore et F. Muell. = Lepidozamia peroffskyana
– **miquelii** (F. Muell.) A. DC. · ♃ ♄ e Z9 (W) ☠ ▽ *; Austr.: Queensl., N.S.Wales
– **moorei** F. Muell. · ♄ e Z9 (W) ☠ ▽ *; Austr.: Queensl., N.S.Wales
– **pauli-guilielmi** W. Hill et F. Muell. · ♃ ♄ e Z9 (W) ☠ ▽ *; Austr.: Queensl.
– *peroffskyana* (Regel) Miq. = Lepidozamia peroffskyana
– **riedlei** (Fisch. ex Gaudich.) Gardner · ♄ e Z9 (K) ☠ ▽ *; Austr.: W-Austr.
– **spiralis** (Salisb.) Miq. · e Z9 (W) ☠ ▽ *; Austr.: N.S.Wales
– *tridentata* (Willd.) Regel = Macrozamia spiralis

Maddenia Hook.f. et Thomson -f- *Rosaceae* · 4 sp
– **hypoleuca** Koehne · ♄ ♄ d Z5; C-China, W-China

Madhuca Ham. ex J.F. Gmel. -f- *Sapotaceae* · 100 sp · D:Butterbaum; E:Buttertree; F:Arbre à beurre, Illipe
– *butyracea* (Roxb.) MacBryde = Diploknema butyracea
– **longifolia** (J. König) J.F. Macbr. · D:Mowra-Butterbaum; E:Mowra Buttertree · ♄ d (W) (N); Ind., Sri Lanka, Myanmar

Madia Molina -f- *Asteraceae (Compositae)* · 18 sp · D:Madie; E:Tarweed; F:Madi
– *capitata* Nutt. = Madia sativa var. congesta
– **elegans** D. Don ex Lindl. · D:Gewöhnliche Madie; E:Common Tarweed · ⊙ VII-VIII; USA: NW, Calif.; Baja Calif.
– **sativa** Molina · D:Öl-Madie; E:Chilean Oil Plant, Chilean Tarweed, Tarplant · ⊙ VII-VIII (N); USA: NW, Calif.; Chile
  – var. **congesta** Torr. et Gray · ⊙; Can. (B.C.); USA: NW, Calif.

Magnolia L. -f- *Magnoliaceae* · 128 sp · D:Magnolie; E:Magnolia; F:Magnolia, Magnolier
– **acuminata** (L.) L. · D:Gurken-Magnolie
  – var. **acuminata** · D:Blaue Gurken-Magnolie; E:Cucumber Tree; F:Arbre aux concombres, Magnolia à feuilles acuminées · ♄ d Z5 V-VI (N); Ont., USA: NE, NCE, SE, Okla.
    – fo. *aurea* (Ashe) Hardin = Magnolia acuminata var. acuminata
  – var. *alabamensis* Ashe = Magnolia acuminata var. subcordata
  – var. *cordata* (Michx.) Sarg. = Magnolia acuminata var. subcordata
  – var. *decandollei* (Savi) DC. = Magnolia acuminata var. acuminata
  – var. *ludoviciana* Sarg. = Magnolia acuminata var. acuminata
  – var. **subcordata** (Spach) Dandy · D:Gelbe Gurken-Magnolie; E:Yellow Cucumber Tree · ♄ d Z6 V-VI; USA: N.C, Ga., Alab. +
– *alexandrina* Steud. = Magnolia denudata
– *andamanica* (King) D.C.S. Raju et M.P. Nayar = Magnolia liliifera var. liliifera
– *annonifolia* Salisb. = Michelia figo

- *atropurpurea* Steud. = Magnolia liliiflora
- *aulacosperma* Rehder et E.H. Wilson = Magnolia biondii
- *auricularis* Salisb. = Magnolia fraseri
- *auriculata* Desr. = Magnolia fraseri
- *australis* (Sarg.) Ashe = Magnolia virginiana
- *axilliflora* T.B. Chao et al. = Magnolia biondii
- **biondii** Pamp. · ♄ d Z8 ⓚ; C-China
- *borealis* (Sarg.) Kudô = Magnolia kobus
- × **brooklynensis** Kalmb. (*M. acuminata* × *M. liliiflora*) · ♄ d Z5; cult.
- *burchelliana* Steud. = Magnolia virginiana
- **campbellii**
  - var. **campbellii** · D:Campbells Himalaya-Magnolie; E:Campbell Magnolia, Pink Tulip Tree · ♄ d Z9 ⓚ; Him.: Nepal; Myanmar, SW-China
- *candollei* (Blume) H. Keng = Magnolia liliifera var. liliifera
- *candollei* Link = Magnolia acuminata var. acuminata
- *champaca* (L.) Baill. ex Pierre = Michelia champaca
- *citriodora* Steud. = Magnolia denudata
- *conspicua* Salisb. = Magnolia denudata
  - var. *emarginata* Desr. = Magnolia sargentiana
  - var. *fargesii* Finet et Gagnep. = Magnolia biondii
  - var. *purpurascens* Maxim. = Magnolia sprengeri
  - var. *purpurascens* Rehder et E.H. Wilson = Magnolia denudata
  - var. *rosea* Veits = Magnolia denudata
  - var. *soulangeana* (Soul.-Bod.) Loudon = Magnolia × soulangeana
- *cordata* Michx. = Magnolia acuminata var. subcordata
- *craibiana* Dandy = Magnolia liliifera var. liliifera
- *cyathiformis* Rinz ex K. Koch = Magnolia denudata
- **cylindrica** E.H. Wilson · ♄ d Z6 IV-V; China: Anhwei
- **dawsoniana** Rehder et E.H. Wilson · D:Dawsons Magnolie · ♄ ♄ d Z9 ⓚ; W-China, Sinkiang
- *decandollei* Savi = Magnolia acuminata var. acuminata
- **denudata** Desr. · D:Yulan-Magnolie; E:Lily Tree, Yulan; F:Magnolia dénudé · ♄ ♄ d Z6 III-IV; C-China
  - var. *emarginata* (Finet et Gagnep.) Pamp. = Magnolia sargentiana
  - var. *fargesii* (Finet et Gagnep.) Pamp. = Magnolia biondii
  - var. *purpurascens* (Maxim.) Rehder et E.H. Wilson = Magnolia sprengeri
- *discolor* Vent. = Magnolia liliifera
- *elliptica* Link = Magnolia grandiflora
- *emarginata* Urb. et Ekman = Magnolia sargentiana
- *exoniensis* Millais = Magnolia grandiflora 'Exmouth'
- *famasiha* P. Parm. = Magnolia salicifolia
- *fargesii* (Finet et Gagnep.) W.C. Cheng = Magnolia biondii
- *fasciata* Vent. = Michelia figo
- *ferruginea* W. Watson = Magnolia grandiflora
- *figo* (Lour.) DC. = Michelia figo
- *foetida* (L.) Sarg. = Magnolia grandiflora
- *forbesii* King = Magnolia liliifera var. liliifera
- *fragrans* Salisb. = Magnolia virginiana
- **fraseri** Walter · D:Berg-Magnolie; E:Ear Leaved Magnolia · ♄ d Z6 V-VI; USA: Va., Ky., SE
- *frondosa* Salisb. = Magnolia tripetala
- *funiushanensis* T.B. Chao et al. = Magnolia biondii
- *fuscata* Andrews = Michelia figo
- *galissoniensis* Millais = Magnolia grandiflora 'Galissonière'
- *glauca* Thunb. = Magnolia obovata
- *glauca* (L.) L. = Magnolia virginiana
- **globosa** Hook. f. et Thomson · D:Tsarong-Magnolie · ♄ ♄ d; Nepal, Bhutan, NE-Assam, SE-Tibet, N-Burma, SW-China
  - var. *sinensis* Rehder et E.H. Wilson = Magnolia sieboldii subsp. sinensis
- *gloriosa* Millais = Magnolia grandiflora
- *gordoniana* Steud. = Magnolia virginiana
- *gracilis* Salisb. = Magnolia liliiflora 'Gracilis'
- **grandiflora** L. · D:Immergrüne Magnolie; E:Bull Bay, Evergreen Magnolia, Southern Magnolia; F:Magnolia à grandes fleurs · ♄ e D Z6 VI-VIII ⓝ; USA: SE, Tex., Fla.
  - **in Sorten**
  - **'Exmouth'**
  - **'Galissonière'** · F:Magnolia à grandes fleurs var. grandiflora 'Galiss
  - var. *lanceolata* Aiton = Magnolia grandiflora 'Exmouth'
- *halleana* auct. = Magnolia stellata
- *hartwegii* G. Nicholson = Magnolia grandiflora

- *hartwicus* G. Nicholson = Magnolia grandiflora
- *heptapeta* (Buc'hoz) Dandy = Magnolia denudata
  - fo. *purpurascens* (Maxim.) Ohba = Magnolia sprengeri
- *highdownensis* Dandy = Magnolia wilsonii
- *honanensis* B.Y. Ding et T.B. Chao = Magnolia biondii
- *honogi* P. Parm. = Magnolia obovata
- *hypoleuca* Siebold et Zucc. = Magnolia obovata
  - *'Purpurea'* = Magnolia liliiflora
- × **kewensis** Pearce (*M. kobus* × *M. salicifolia*) · ♄ d Z6; cult.
- **kobus** DC. · D:Kobushi-Magnolie; E:Kobus Magnolia; F:Magnolia de Kobé · ♄ d Z5 IV-V; Jap.
  - **'Borealis'** · ♄ d IV-V; Jap., Korea
  - var. *borealis* Sarg. = Magnolia kobus 'Borealis'
  - var. *loebneri* (Kache) Spongberg = Magnolia × loebneri
  - var. *stellata* (Siebold et Zucc.) Blackburn = Magnolia stellata
- *kunstleri* King = Magnolia liliifera var. liliifera
- *lacunosa* Raf. = Magnolia grandiflora
- *lanceolata* Link = Magnolia grandiflora 'Exmouth'
- *latifolia* Aiton ex Dippel = Magnolia virginiana
- **liliifera** (L.) Baill.
  - var. **liliifera**; Sikkim, Assam, Tahiland, Cambodia, Vietnam, Hainan, Sumatra, New Guinea
  - var. *taliensis* (W.W. Sm.) Pamp. = Magnolia wilsonii
- **liliiflora** Desr. · D:Purpur-Magnolie; E:Purple Magnolia; F:Magnolia pourpre · ♄ d Z6 V ⚕ ; C-China
  - **'Gracilis'**
  - *'Purpurea'* = Magnolia liliiflora
- × **loebneri** Kache (*M. kobus* × *M. stellata*) · ♄ d Z6 IV; cult.
  - **in Sorten**
- *longifolia* Sweet = Magnolia grandiflora
- **macrophylla** Michx. · D:Großblättrige Magnolie; E:Bigleaf Cucumber Tree · ♄ d D Z7 ∧ VI-VIII; USA: Ohio, W.Va., Ky., SE, Fla.
- *major* Millais = Magnolia virginiana
- *maxima* Lodd. ex G. Don = Magnolia grandiflora
- *meleagrioides* DC. = Michelia figo
- *membranacea* P. Parm. = Michelia champaca var. champaca
- *michauxiana* DC. = Magnolia macrophylla
- *microphylla* Ser. = Magnolia grandiflora
- *mutalbilis* (Blume) H.J. Chowdhery et P. Daniel = Magnolia liliifera var. liliifera
- *nicholsiana* Rehder et E.H. Wilson = Magnolia wilsonii
- *obovata* Aiton ex Link = Magnolia grandiflora
  - var. *denudata* (Desr.) DC. = Magnolia denudata
  - var. *purpurea* (Curtis) Sweet = Magnolia liliiflora
- **obovata** Thunb. · D:Honoki-Magnolie · ♄ d Z6 V-VI; Jap., Kurilen
- *odoratissima* Reinw. ex Blume = Magnolia liliifera var. liliifera
- **officinalis** Rehder et E.H. Wilson
  - var. **officinalis** · ♄ d Z8 ⌂ ⚕ ; W-China, C-China
  - var. *pubescens* C.Y. Deng = Magnolia officinalis var. officinalis
- *oyama* Kort = Magnolia sieboldii subsp. sieboldii
- *pachyphylla* Dandy = Magnolia liliifera var. liliifera
- *parviflora* Blume = Michelia figo
- *parviflora* Siebold et Zucc. = Magnolia sieboldii subsp. sieboldii
- *parvifolia* DC. = Michelia figo
- *pensylvanica* DC. = Magnolia acuminata var. acuminata
- *pilosissima* P. Parm. = Magnolia macrophylla
- *praecocossima* Koidz. = Magnolia kobus
- *pravertina* Millais = Magnolia grandiflora
- *precia* Corrêa ex Vent. = Magnolia denudata
- × **proctoriana** Rehder (*M. salicifolia* × *M. stellata*) · ♄ d Z5; cult.
- *pseudokobus* S. Abe et Akasawa = Magnolia kobus
- *pumila* Andrews = Magnolia liliifera var. liliifera
- *purpurascens* (Maxim.) Makino = Magnolia sprengeri
- *purpurea* Curtis = Magnolia liliiflora
  - var. *denudata* (Desr.) Loudon = Magnolia denudata
- *quinquepeta* (Buc'hoz) Dandy = Magnolia liliiflora
- *rabaniana* (Hook. f. et Thomson) D.C.S. Raju et M.P. Nayar = Magnolia liliifera var. liliifera

– *rotundifolia* Millais = Magnolia grandiflora
– *rumphii* (Blume) Spreng. = Magnolia liliifera var. liliifera
– *rustica* DC. = Magnolia acuminata var. acuminata
– **salicifolia** (Siebold et Zucc.) Maxim. · D:Weidenblättrige Magnolie; E:Anise Magnolia, Willow Leaf Magnolia; F:Magnolia à feuilles de saule · ♄ ♄ d D Z6 IV-V; Jap.
– **sargentiana** Rehder et E.H. Wilson · ♄ d Z8 Ⓚ IV-V; W-China: Yunnan, Sichuan, Sikiang
  – **'Robusta'** · ♄ d Ⓚ III-IV; China: W-Sichuan
  – var. *robusta* Rehder et E.H. Wilson = Magnolia sargentiana 'Robusta'
– *siamensis* (Dandy) H. Keng = Magnolia liliifera var. liliifera
– **sieboldii** K. Koch
  – subsp. **sieboldii** · D:Siebolds Magnolie; E:Siebold Magnolia; F:Magnolia de Siebold · ♄ ♄ d D Z6 VI-VII; Jap., Korea
  – subsp. **sinensis** (Rehder et E.H. Wilson) Spongberg · ♄ d D Z7 ∧ VI; Sichuan
– *simii* Siebold ex Miq. = Magnolia stellata
– *sinensis* (Rehder et E.H. Wilson) Stapf = Magnolia sieboldii subsp. sinensis
– *sinostellata* P.L. Chiu et Z.H. Chen = Magnolia stellata
– *slavinii* Harkn. = Magnolia salicifolia
– × **soulangeana** Soul.-Bod. (*M. denudata* × *M. liliiflora*) · D:Tulpen-Magnolie; E:Lenne's Magnolia, Saucer Magnolia; F:Magnolia de Soulange · ♄ d Z6 IV-V; cult.
  – **in Sorten**
– *spectabilis* G. Nicholson = Magnolia denudata
– *splendens* Reinw. ex Blume = Magnolia liliifera var. liliifera
– **sprengeri** Pamp. · ♄ d Z9 Ⓚ; C-China
– **stellata** (Siebold et Zucc.) Maxim. · D:Stern-Magnolie; E:Star Magnolia; F:Magnolia étoilé · ♄ ♄ d D Z6 III-IV; Jap.
– *stricta* G. Nicholson = Magnolia grandiflora
– *superba* G. Nicholson = Magnolia denudata
– *taliensis* W.W. Sm. = Magnolia wilsonii
– *tardiflora* Ser. = Magnolia grandiflora
– *thamnodes* Dandy = Magnolia liliifera var. liliifera
– × **thompsoniana** (Loudon) de Vos (*M. tripetala* × *M. virginiana*) · ♄ Z5 VI-VII; cult.
– *thurberi* G. Nicholson = Magnolia kobus
– *tomentosa* Ser. = Magnolia grandiflora
– *tomentosa* Thunb. = Edgeworthia papyrifera
– **tripetala** (L.) L. · D:Schirm-Magnolie; E:Elkwood, Umbrella Magnolia; F:Magnolia parasol · ♄ d D Z6 VI-VII; USA: NE, NCE, SE, Okla.
– *triumphans* G. Nicholson = Magnolia denudata
– *tsarongensis* W.W. Sm. et Forrest = Magnolia globosa
– *umbellata* Steud. = Magnolia tripetala
– *umbrella* Desr. = Magnolia tripetala
– × **veitchii** Bean (*M. campbellii var. campbellii* × *M. denudata*) · D:Veitchs Magnolie; E:Veitch Magnolia · ♄ d Z7; cult.
  – *'Peter Veitch'* = Magnolia × veitchii
– *verecunda* Koidz. = Magnolia sieboldii subsp. sieboldii
– *versicolor* Salisb. = Michelia figo
– **virginiana** L. · D:Sumpf-Magnolie; E:Laurel Magnolia, Sweet Bay · ♄ ♄ d D Z6 VI ⚕ Ⓝ; USA: NE, SE, Fla., SC
  – var. *acuminata* L. = Magnolia acuminata
  – var. *australis* Sarg. = Magnolia virginiana
  – var. *foetida* L. = Magnolia grandiflora
  – var. *tripetala* L. = Magnolia tripetala
– × *watsonii* Hook. f. = Magnolia × wiesneri
– × **wiesneri** Carrière (*M. hypoleuca* × *M. sieboldii subsp. sieboldii*) · D:Wiesners Magnolie; E:Wiesner's Magnolia · ♄ d D Z7 VI-VIII; cult.
– **wilsonii** (Finet et Gagnep.) Rehder · D:Wilsons Magnolie; E:Wilson Magnolia; F:Magnolia de Wilson · ♄ ♄ d Z7 VI; China: Sichuan, Yunnan, Kansu
– *xerophila* P. Parm. = Mimusops elengi
– *yulan* Desf. = Magnolia denudata
– **Cultivars**
  – **in vielen Sorten**

Magydaris W.D.J. Koch ex DC. -f- *Apiaceae (Umbelliferae)* · 2 sp
– **pastinacea** (Lam.) Paol. · ♃ ⋊ Ⓚ; Eur.: S-I, Sard., Sic.

Mahernia L. = Hermannia
– *verticillata* L. = Hermannia verticillata

× **Mahoberberis** C.K. Schneid. -f- *Berberidaceae* · D:Berberitzenmahonie (*Berberis* × *Mahonia*)

– **aquicandidula** Krüssm. (*Berberis candidula* × *Mahonia aquifolium*) · ♄ e; cult.
– **aquisargentii** Krüssm. (*Berberis sargentiana* × *Mahonia aquifolium*) · ♄ d; cult.
– **neubertii** (Baumann ex Lem.) C.K. Schneid. (*Berberis vulgaris* × *Mahonia aquifolium*) · ♄ s Z6; cult.

Mahonia Nutt. -f- *Berberidaceae* · c. 100 sp · D:Mahonie; E:Holly Grape, Oregon Grape; F:Mahonia
– **acanthifolia** Wall. ex G. Don · ♄ e Z8 ⓚ IX-II; Him., SW-China
– **aquifolium** (Pursh) Nutt. · D:Gewöhnliche Mahonie; E:Oregon Grape; F:Mahonia faux-houx · ♄ e Z5 IV-V ⚕ ☠; B.C., USA: NW, nat. in F
  – **in Sorten**
– **bealei** (Fortune) Carrière · D:Beales Mahonie; E:Leatherleaf Mahonia; F:Mahonia de Beal · ♄ e D Z7 ∧ II-V; China: Hupeh
– **eutriphylla** Fedde · ♄ e Z9 ⓚ; Mex.
– *fascicularis* DC. = Mahonia pinnata
– **fortunei** (Lindl.) Fedde · D:Kleine Mahonie; E:Fortune Mahonia · ♄ e Z7 V; China: Hupeh, Sichuan
– **fremontii** (Torr.) Fedde · D:Fremonts Mahonie; E:Holly Grape, Oregon Grape · ♄ e D Z8 ⓚ VI; USA: Calif., Nev., Utah, Colo., SW
– × **heterophylla** (Zabel) C.K. Schneid. (*M. aquifolium* × *M. fortunei*) · ♄ e Z7; orig. ?
– **japonica** (Thunb. ex Murray) DC. · D:Japanische Mahonie; E:Japanese Mahonia; F:Mahonia du Japon · ♄ e D Z7 ∧ II-V; cult.
  – *'Bealei'* = Mahonia bealei
– **lomariifolia** Takeda · ♄ e D Z7 XI-III; Myanmar, W-China
– × **media** C.D. Brickell (*M. japonica* × *M. lomariifolia*) · ♄ e Z7 IX-III; cult.
  – **in Sorten**
– **napaulensis** DC. · ♄ e Z8 ⓚ III-IV; Nepal
– **nervosa** (Pursh) Nutt. · D:Nervige Mahonie; E:Longleaf Hollygrape; F:Mahonia · ♄ e Z7 ∧ IV-V; Can.: B.C.; USA: NW, Calif.
– **pinnata** (Lag.) Fedde · D:Fiederblättrige Mahonie; E:Cluster Hollygrape · ♄ e Z8 ⓚ ∧ V; USA: Oreg., Calif.; Mex.: Baja Calif.
– **piperiana** Abrams · ♄ e ⓚ III-IV; N-Calif., Oreg.
– **pumila** (Greene) Fedde · ♄ e Z7; USA: Oreg., Calif.
– **repens** (Lindl.) G. Don · D:Kriechende Mahonie; E:Creeping Mahonia; F:Mahonia rampant · ♄ e Z6 V; Can.: W; USA: NW, Calif., Rocky Mts., SW, NC
– × **wagneri** (Jouin) Rehder (*M. aquifolium* × *M. pinnata*) · ♄ e Z7; cult.

Maianthemum Weber -n- *Convallariaceae* · 3 sp · D:Schattenblume; E:May Lily; F:Maïanthème
– **bifolium** (L.) F.W. Schmidt · D:Zweiblättriges Schattenblümchen; E:May Lily; F:Maïanthème à deux feuilles · ♃ Z3 V ☠; Eur.*, W-Sib., E-Sib., Amur, Sachal., Kamchat., Mong., N-Jap.
– *racemosum* (L.) Link = Smilacina racemosa
– *stellatum* (L.) Link = Smilacina stellata

Maihuenia (F.A.C. Weber) K. Schum. -f- *Cactaceae* · 2 sp
– **patagonica** (Phil.) Britton et Rose · ♄ ♆ Z5 ▽ ✱; Arg.: Patag.
– **poeppigii** (Pfeiff.) K. Schum. · ♄ ♆ Z5 ▽ ✱; S-Chile

Majorana Mill. = Origanum
– *hortensis* Moench = Origanum majorana
– *onites* (L.) Benth. = Origanum onites

Malachium Fr. ex Rchb. = Stellaria
– *aquaticum* (L.) Fr. = Stellaria aquatica

Malachra L. -f- *Malvaceae* · 6-8 sp
– **capitata** L. · ♃ Z10 ⓦ Ⓝ; C-Am., S-Am., W-Afr., nat. in Trop.

Malacocarpus Fisch. et C.A. Mey. -m- *Zygophyllaceae* · 1 sp
– *erinaceus* (Haw.) Lem. ex C.F. Först. = Notocactus erinaceus
– *maasii* (Heese) Britton et Rose = Parodia maassii
– *vorwerkianus* (Werderm.) Backeb. = Notocactus erinaceus

Malaxis Sol. ex Sw. -f- *Orchidaceae* · c. 300 sp · D:Einblatt, Einblattorchis, Weichorchis; F:Malaxis
– **discolor** (Lindl.) Kuntze · ♃ Z10 ⓦ VII ▽ ✱; Sri Lanka
– **metallica** (Rchb. f.) Kuntze · ♃ Z10 ⓦ V ▽ ✱; Kalimantan

– **monophyllos** (L.) Sw. · D:Einblättrige Weichorchis, Kleinblütiges Einblatt · ♃ VI-VII ▽ ✻; Eur.: Ap, C-Eur., EC-Eur., Ba, E-Eur., Sc; W-Sib., E-Sib., Amur, Sachal., Kamchat., Mong., China, Jap., N-Am.

Malcolmia R. Br. -f- *Brassicaceae (Cruciferae)* · c. 30 sp · D:Meerviole; E:Virgina Stock; F:Julienne de Mahon
– **africana** (L.) R. Br. · D:Afrikanische Meerviole · ⊙ VI-VII; Eur.: Sp., Sic., GR, Crete, Krim, W-Russ; TR, Levante, Cauc., Iran, W-Sib., C-As., China: Sinkiang, NW-Afr., Libya, nat. in F, EC-Eur.
– *bicolor* Boiss. et Heldr. = Malcolmia graeca subsp. bicolor
– **graeca** Boiss. et Spruner
  – subsp. **bicolor** (Boiss. et Heldr.) Stork · ⊙ Z9 VI-IX; GR, S-AL
  – subsp. **graeca** · ⊙ Z9; Eur.: GR
– **maritima** (L.) R. Br. · D:Graue Meerviole; E:Virginia Stock · ⊙ Z8 VI-IX; Eur.: S-AL, GR, nat. in Ib, Fr, Ap, Ba

Malephora N.E. Br. -f- *Aizoaceae* · 8-9 sp
– **engleriana** (Dinter et A. Berger) Schwantes · ♄ ♆ Z9 Ⓚ; Namibia

Mallotus Lour. -m- *Euphorbiaceae* · c. 140 sp
– **philippensis** (Lam.) Müll. Arg. · ♄ ♄ e Ⓚ ⚕ Ⓝ; Ind., Sri Lanka, Myanmar, China, Malay. Arch., Austr.

Malope L. -f- *Malvaceae* · 4 sp · D:Trichtermalve; E:Annual Mallow; F:Malope
– **trifida** Cav. · ⊙ VII-X; S-P, SW-Sp., Maroc.

Malpighia L. -f- *Malpighiaceae* · c. 40 sp · D:Barbadoskirsche; E:Barbados Cherry; F:Cerisier des Antilles
– **coccigera** L. · ♄ e Z10 Ⓦ VI-VIII; W.Ind.
– **glabra** L. · D:Barbadoskirsche; E:Barbados Cherry · ♄ e Z10 Ⓦ III-IX Ⓝ; USA: Tex.; W-Ind., n S-Am.
– **mexicana** Juss. · ♄ e Z10 Ⓦ Ⓝ; Mex.
– *punicifolia* L. = Malpighia glabra
– **urens** L. · D:Brennende Barbadoskirsche; E:Cow Itch Cherry · ♄ e Z10 Ⓦ Ⓝ; W.Ind.

Malus Mill. -f- *Rosaceae* · 55 sp · D:Apfel; E:Apple; F:Pommier
– × **adstringens** Zabel (*M. baccata* × *M. pumila*) · ♄ d Z6; cult.
– **angustifolia** (Aiton) Michx. · D:Schmalblättriger Apfel; E:Southern Crabapple, Southern Crab · ♄ ♄ d D Z6 IV-V; USA: NE, NCE, SE, Fla.
– × **arnoldiana** (Rehder) Sarg. (*M. baccata* × *M. floribunda*) · ♄ d Z6 V; cult.
– × **atrosanguinea** (Späth) C.K. Schneid. (*M. halliana* × *M. sieboldii*) · D:Karmensinroter Holz-Apfel · ♄ ♄ d Z6 V; cult.
– **baccata** (L.) Borkh.
  – var. **baccata** · D:Beeren-Apfel; E:Siberian Crab, Siberian Crabapple; F:Pommier à petits fruits · ♄ d ♧ Z3 IV-V; N-China, Manch., Korea, Sachal.
  – var. **mandshurica** (Maxim.) C.K. Schneid. · ♄ ♄ d ♧ D Z3 IV-V; Amur, China, Korea, Jap., Sachal.
– *communis* Poir. = Malus sylvestris
– **coronaria** (L.) Mill. · D:Kronen-Apfel; E:Crabapple, Sweet Crab Apple · ♄ d D Z5 V; Can.: Ont.; USA: NE, NCE, NC, SE
– *crataegifolia* (Savi) Koehne = Malus florentina
– *dasyphylla* Borkh. = Malus pumila var. pumila
– **domestica** Borkh. · D:Kultur-Apfel; E:Apple; F:Pommier commun · ♄ ♄ d Z5 IV-V ⚕ Ⓝ; cult.
  – **in vielen Sorten**
– **florentina** (Zuccagni) C.K. Schneid. · D:Italienischer Apfel; E:Hawthorn Leaved Crab Apple · ♄ d Z6 V-VI; Eur.: I, Ba
– **floribunda** Siebold ex Van Houtte · D:Vielblütiger Apfel; E:Japanese Crab · ♄ ♄ d ♧ Z5 V; cult. Jap.
– **fusca** (Raf.) C.K. Schneid. · D:Alaska-Apfel · ♄ ♄ d Z6 V; Alaska, Can.: W; USA: NW, Calif.
– **halliana** Koehne · D:Halls Apfel; E:Hall's Crabapple · ♄ d Z6 V-VI; cult. China, Jap.
– × **hartwigii** Koehne (*M. baccata* × *M. halliana*) · ♄ ♄ d Z4; cult.
– **hupehensis** (Pamp.) Rehder · D:Tee-Apfel; E:Tea Crabapple; F:Pommier du Hou-Pei · ♄ ♄ d D Z6 IV-V; China, N-Ind.
– **ioensis** (A.W. Wood) Britton · D:Prärie-Apfel; E:Prairie Crab, Wild Crabapple · ♄ d D Z3 V-VI; USA: NCE, NC, SC, Ark.
– **kansuensis** (Batalin) C.K. Schneid. · D:Kansu-Apfel · ♄ ♄ d Z6 V; NW-China
  – fo. **calva** Rehder · ♄ ♄ d; NW-China
– × **magdeburgensis** Hartwig (*M. pumila* × *M. spectabilis*) · ♄ ♄ d Z6 V; cult.

– × **micromalus** Makino (*M. baccata* × *M. spectabilis*) · D:Kleiner Apfel; E:Kaido Crab Apple · ♄ ħ d Z6 V; cult. Jap.
– × **moerlandsii** Door. (*M. sieboldii* × *M.* × *zumi*) · ħ ♄ d Z6 V; cult.
 – **in Sorten**
– *niedzwetzkyana* Dieck = Malus pumila var. pumila 'Niedzwetzkyana'
– **prattii** (Hemsl.) C.K. Schneid. · F:Pommier de Pratt · ♄ ħ d Z6 V; W-China, C-China
– **prunifolia** (Willd.) Borkh.
 – var. **prunifolia** · D:Kirsch-Apfel; E:Chinese Apple; F:Pommier à feuilles de prunus · ħ d Z4 IV Ⓝ; cult. ? NE-As.
 – var. **rinkii** (Koidz.) Rehder · ħ d Z4 IV Ⓝ; cult. E-As.
– **pumila** (L.) Mill.
 – var. **paradisiaca** (L.) C.K. Schneid. · D:Paradies-Apfel; E:Paradise Apple · ♄ ħ d Z3 V Ⓝ; Eur.: Ba; W-As.
 – var. **pumila** · D:Filz-Apfel · ♄ d Z3; cult.
  – **'Niedzwetzkyana'** Z5
– **pumila** (L.) Mill.
– × **purpurea** (Barbier) Rehder (*M. pumila var. pumila 'Niedzwetzkyana'* × *M.* × *zumi*) · ♄ ħ d Z6 IV-V; cult.
– *ringo* Siebold ex Dippel = Malus prunifolia var. rinkii
– × **robusta** (Carrière) Rehder (*M. baccata* × *M. prunifolia*) · D:Sibirischer Holz-Apfel; E:Crabapples, Siberian Crab · ħ ♄ d Z6 IV-V; cult.
– **sargentii** Rehder · D:Strauch-Apfel; E:Sargent Crabapple · ♄ ☘ Z5 V; N-Jap.
– × **scheideckeri** Späth ex Zabel (*M. floribunda* × *M. prunifolia*) · ħ d Z6 V; cult.
– *sempervirens* Desf. = Malus angustifolia
– *sieboldii* (Regel) Rehder = Malus toringo
– **sieboldii** (Rehder) Fiala · ħ d Z5 V; Jap.
– **sieversii** (Ledeb.) M. Roem. · ħ d V Ⓝ; C-As.
– **spectabilis** (Aiton) Borkh. · D:Pracht-Apfel; E:Asiatic Apple, Chinese Crab · ♄ ħ d Z5 IV-V; cult. China
– **sylvestris** (L.) Mill. · D:Holz-Apfel, Wild-Apfel; E:Apple, Wild Crab; F:Pommier sauvage · ħ ♄ d Z5 V Ⓝ; Eur.*, TR, Cauc., N-Iran
 – subsp. *mitis* (Wallr.) Mansf. = Malus pumila var. pumila
 – var. *domestica* (Borkh.) Mansf. = Malus domestica
 – var. *paradisiaca* (L.) L.H. Bailey = Malus pumila var. paradisiaca
– *theifera* Rehder = Malus hupehensis
– **toringo** (Siebold) Siebold ex de Vriese · D:Toringo-Apfel; E:Toringo Crab · ♄ ħ d Z5; Korea, Jap.
 – var. *sargentii* (Rehder) C.K. Schneid. = Malus sargentii
– **toringoides** (Rehder) Hughes · D:Chinesischer Apfel; E:Cutleaf Crabapple · ♄ ħ d ☘ Z6 V; NW-China
– **transitoria** (Batalin) C.K. Schneid. · ♄ ħ d ☘ Z5 V; NW-China
 – var. *toringoides* Rehder = Malus toringoides
– **trilobata** (Labill. ex Poir.) C.K. Schneid. · D:Dreilappiger Apfel · ♄ ħ d Z5; Eur.: N-GR; Lebanon, Syr., Israel, nat. in BG
– **tschonoskii** (Rehder) C.K. Schneid. · D:Wolliger Apfel; E:Pillar Apple; F:Pommier de Sukawa, Pommier-colonne · ħ d Z6 V; Jap.
– **yunnanensis** (Franch.) C.K. Schneid.
 – var. **veitchii** Rehder · ħ d Z6 V; C-China
 – var. **yunnanensis** · D:Yunnan-Apfel; E:Yunnan Crabapple · ħ d Z5 V; W-China
– × **zumi** (Matsum.) Rehder (*M. baccata var. mandshurica* × *M. sieboldii*) · ħ d Z5; Jap.
– **Cultivars**
 – *'Kaido'* = Malus × micromalus

Malva L. -f- *Malvaceae* · 30-40 sp · D:Malve; E:Mallow; F:Mauve
– **alcea** L. · D:Rosen-Malve, Sigmarskraut; E:Cut Leaved Mallow; F:Mauve alcée · ♃ Z4 VI-X ⚕; Eur.*
– *capensis* L. = Anisodontea capensis
– *crispa* L. = Malva verticillata
– *involucrata* Torr. et A. Gray = Callirhoe involucrata
– *mauritiana* L. = Malva sylvestris
– *meluca* Graebn. ex Medw. = Malva verticillata
– **moschata** L. · D:Moschus-Malve; E:Musk Mallow; F:Mauve musquée · ♃ Z3 VII-IX; Eur.* exc. Sc; W-TR, nat. in Sc, ne N-Am.
– *munroana* Douglas ex Lindl. = Sphaeralcea munroana
– **neglecta** Wallr. · D:Käsepappel, Weg-Malve; E:Common Mallow · ⊙ ⊙ VI-IX ⚕; Eur.*, TR, Levante, Cauc., Iran, C-As., Mong., Tibet, Him., W-China, N-China, Maroc., Alger., nat. in N-Am., Chile, Austr.
– **nicaeensis** All. · D:Nizzäische Käsepappel

· ⊙ ⊙ Z7; Eur.: Ib, Fr, Ap, Ba, Krim; TR, Levante, Iran, N-Afr.
– *papaver* Cav. = Callirhoe papaver
– *pedata* Torr. et A. Gray = Callirhoe leiocarpa
– **pusilla** Sm. · D:Kleinblütige Malve · ⊙ VI-IX; Eur.* exc. BrI, Ib; Cauc., NW-Iran, nat. in BrI
– **sylvestris** L. · D:Wilde Malve; E:Blue Mallow, High Mallow · ⊙ ⊙ ♃ Z5 VII-X ⚕ Ⓝ; Eur.*, TR, Levante, Cauc., C-As, Him., N-Afr., nat. in N-Am., Austr., NZ, S-Am.
 – **in Sorten**
 – subsp. *mauritiana* (L.) Boiss. ex Cout. = Malva sylvestris
– *umbellata* Cav. = Phymosia umbellata
– **verticillata** L. · D:Quirl-Malve; E:Curled Mallow · ⊙ Z6 VII-IX Ⓝ; Pakist., Him., Ind , China, nat. in Eur.* exc. Sc, Ib

Malvastrum A. Gray -n- *Malvaceae* · 14 sp · D:Scheinmalve; E:Malvastrum; F:Fausse-mauve
– **americanum** (L.) Torr. · D:Dornige Schein-Malve; E:Spiked Malvastrum · ♄; USA: SC, SE; Mex., C-Am., Indian Sub-C., Malay. Arch., Austr.
– *capense* (L.) Garcke = Anisodontea capensis
– *munroanum* (Douglas ex Lindl.) A. Gray = Sphaeralcea munroana

Malvaviscus Fabr. -m- *Malvaceae* · 3 sp · D:Beerenmalve; E:Sleepy Mallow; F:Malvaviscus
– **arboreus** Cav. · E:Wax Mallow · ♄ e Z9 Ⓦ XII-II; Mex., C-Am., trop. S-Am.
– *mollis* (Aiton) DC. = Malvaviscus arboreus

Mamillopsis E. Morren ex Britton et Rose = Mammillaria
– *senilis* (Salm-Dyck) Britton et Rose = Mammillaria senilis

Mammea L. -f- *Clusiaceae (Guttiferae)* · c. 50 sp · D:Mammiapfel; E:Mammee Apple; F:Abricot pays
– **americana** L. · E:Mammee Apple · ♄ e Z10 Ⓦ Ⓝ; C-Am., W.Ind., trop. S-Am.

Mammillaria Haw. -f- *Cactaceae* · c. 150 sp · D:Warzenkaktus; F:Mammilaire
– *alamensis* R.T. Craig = Mammillaria sheldonii
– **albicans** (Britton et Rose) A. Berger · ¥ Z10 Ⓚ ▽ ✻; Mex.: Baja Calif.
– **albicoma** Boed. · ¥ Z10 Ⓚ ▽ ✻; C-Mex.
– **albilanata** Backeb. · ¥ Z10 Ⓚ ▽ ✻; Mex.: Guerrero
– *applanata* Engelm. = Mammillaria heyderi
– *atroflorens* Backeb. = Mammillaria mystax
– *aureiceps* Lem. = Mammillaria rhodantha
– **aureilanata** Backeb. · ¥ Z10 Ⓚ ▽ ✻; Mex.
– *aureoviridis* Heinrich = Mammillaria aurihamata
– **aurihamata** Boed. · ¥ Z10 Ⓚ ▽ ✻; C-Mex.
– **bachmannii** Boed. ex A. Berger · ¥ Z10 Ⓚ ▽ ✻; Mex.
– *balsasoides* R.T. Craig = Mammillaria beneckei
– **baumii** Boed. · ¥ Z10 Ⓚ ▽ ✻; NE-Mex.
– **beneckei** C. Ehrenb. · ¥ Z10 Ⓚ ▽ ✻; W-Mex.
– **blossfeldiana** Boed. · ¥ Z10 Ⓚ ▽ ✻; Mex.: Baja Calif.
– **bocasana** Poselg. · E:Powder Puff Cactus · ¥ Z10 Ⓚ ▽ ✻; Mex.: San Luis Potosí
– **bocensis** R.T. Craig · ¥ Z10 Ⓚ ▽ ✻; Mex.
– **bombycina** Quehl · D:Seidiger Warzenkaktus · ¥ Z10 Ⓚ ▽ ✻; C-Mex.
– **brandegeei** (J.M. Coult.) K. Brandegee · ¥ Z10 Ⓚ ▽ ✻; Mex.: Baja Calif.
– **brauneana** Boed. · ¥ Z10 Ⓚ ▽ ✻; Mex.: Tamaulipas
– **bravoae** R.T. Craig · ¥ Z10 Ⓚ ▽ ✻; Mex.
– *bucareliensis* R.T. Craig = Mammillaria magnimamma
– *caerulea* R.T. Craig = Mammillaria chionocephala
– **calacantha** Tiegel · ¥ Z10 Ⓚ ▽ ✻; Mex.: Guanajuato, Queretaro
– **camptotricha** Dams · ¥ Z10 Ⓚ ▽ ✻; C-Mex.
– **candida** Scheidw. · ¥ Z10 Ⓚ ▽ ✻; Mex.
– *caput-medusae* Otto = Mammillaria sempervivi var. caput-medusae
– **carnea** Zucc. · ¥ Z10 Ⓚ ▽ ✻; S-Mex.
– **carretii** Rebut ex K. Schum. · ¥ Z10 Ⓚ ▽ ✻; Mex.: Coahuila
– *celsiana* auct. non Lem. = Mammillaria muehlenpfordtii
– *centricirrha* Lem. = Mammillaria magnimamma
– *cephalophora* Quehl non Salm-Dyck = Mammillaria aureilanata
– **chionocephala** J.A. Purpus · ¥ Z10 Ⓚ ▽ ✻; NE-Mex.

– *collina* J.A. Purpus = Mammillaria haageana var. haageana
– **columbiana** Salm-Dyck · Ψ Z10 Ⓚ ▽ ✻; Mex.
– **compressa** DC. · Ψ Z10 Ⓚ ▽ ✻; Mex.
– *confusa* (Britton et Rose) Orcutt = Mammillaria karwinskiana
– *conoidea* DC. = Neolloydia conoidea
– *conzattii* (Britton et Rose) Orcutt = Mammillaria karwinskiana
– *crinita* DC. = Mammillaria wildii
  – subsp. *wildii* = Mammillaria wildii
– *crispiseta* R.T. Craig = Mammillaria mystax
– *dasyacantha* Engelm. = Escobaria dasyacantha
– *dealbata* A. Dietr. = Mammillaria haageana var. haageana
– **densispina** (J.M. Coult.) Orcutt · Ψ Z10 Ⓚ ▽ ✻; C-Mex.
– **dioica** K. Brandegee · Ψ Z10 Ⓚ ▽ ✻; S-Calif., Baja Calif.
– *disciformis* DC. = Strombocactus disciformis
– **discolor** Haw. · Ψ Z10 Ⓚ ▽ ✻; Mex.: Puebla
– *droegeana* Hildm. ex Repp. = Mammillaria microhelia var. microhelia
– *dumetorum* J.A. Purpus = Mammillaria schiedeana
– *durispina* Boed. = Mammillaria kewensis
– **eichlamii** Quehl · Ψ Z10 Ⓚ ▽ ✻; Guat., Hond.
– *elegans* hort. = Mammillaria haageana var. haageana
  – var. *haageana* (Pfeiff.) Krainz = Mammillaria haageana var. haageana
– **elongata** DC. · Ψ Z10 Ⓚ ▽ ✻; C-Mex.
– *emskoetteriana* Quehl = Escobaria emskoetteriana
– *erectohamata* Boed. = Mammillaria aurihamata
– **eriacantha** Pfeiff. · Ψ Z10 Ⓚ ▽ ✻; Mex.: Veracruz
– **erythrosperma** Boed. · Ψ Z10 Ⓚ ▽ ✻; Mex.: San Luis Potosí
– *esperanzaensis* Boed. = Mammillaria discolor
– *essausieri* hort. = Mammillaria densispina
– *estanzuelensis* H. Möller = Mammillaria candida
– *euthele* Backeb. = Mammillaria melanocentra
– *felicis* Schreier = Mammillaria voburnensis
– *fischeri* Pfeiff. = Mammillaria karwinskiana
– *fissurata* Engelm. = Ariocarpus fissuratus var. fissuratus
– *flavescens* (DC.) Haw. = Mammillaria nivosa
– *flavovirens* Salm-Dyck = Mammillaria magnimamma
– **formosa** Galeotti ex Scheidw. · Ψ Z10 Ⓚ ▽ ✻; C-Mex.
– **fraileana** (Britton et Rose) Boed. · Ψ Z10 Ⓚ ▽ ✻; Mex.: Baja Calif.
– *fuauxiana* Backeb. = Mammillaria albilanata
– *fuscata* Link et Otto = Mammillaria rhodantha
– **geminispina** Haw. · Ψ Z10 Ⓚ ▽ ✻; C-Mex.
– *gladiata* Mart. = Mammillaria magnimamma
– *glauca* A. Dietr. ex Linke = Mammillaria magnimamma
– *glochidiata* Mart. = Mammillaria wildii
– **gracilis** Pfeiff. · Ψ Z10 Ⓚ ▽ ✻; C-Mex.
– *graessneriana* Boed. = Mammillaria columbiana
– **guelzowiana** Werderm. · Ψ Z10 Ⓚ ▽ ✻; N-Mex.: Durango
– *gummifera* Engelm. = Mammillaria heyderi
– **haageana** Pfeiff.
  – var. **haageana** · Ψ Z10 Ⓚ ▽ ✻; Mex.
  – var. **schmollii** (R.T. Craig) D.R. Hunt · Ψ Z10 Ⓚ ▽ ✻; C-Mex.
– **hahniana** Werderm. · Ψ Z10 Ⓚ ▽ ✻; Mex.: Guanajuato
– **halei** K. Brandegee · Ψ Z10 Ⓚ ▽ ✻; Mex.: Baja Calif.
– *hemisphaerica* Engelm. = Mammillaria heyderi
– **herrerae** Werderm. · Ψ Z10 Ⓚ ▽ ✻; Mex.: Queretaro, San Luis Potosí
– **heyderi** Muehlenpf. · Ψ Z10 Ⓚ ▽ ✻; USA: SW, SC; N-Mex.
  – var. *applanata* hort. = Mammillaria heyderi
  – var. *bullingtonia* Castetter = Mammillaria heyderi
– *hidalgensis* J.A. Purpus = Mammillaria polythele
– *hoffmanniana* (Tiegel) Bravo = Mammillaria polythele
– *horripila* Lem. = Turbinicarpus horripilus
– *infernillensis* R.T. Craig = Mammillaria parkinsonii
– *ingens* Backeb. = Mammillaria polythele
– **karwinskiana** Mart. · Ψ Z10 Ⓚ ▽ ✻; S-

Mex: Puebla, Oaxaca
- *kelleriana* Salm-Dyck = Mammillaria kewensis
- **kewensis** Salm-Dyck · ♆ Z10 ⓚ ▽ *; Mex.: Guanajuato, Hidalgo, Queretaro
- **klissingiana** Boed. · ♆ Z10 ⓚ ▽ *; Mex.
- *kunthii* Ehrenb. = Mammillaria haageana var. haageana
- *lanata* (Britton et Rose) Orcutt = Mammillaria supertexta
- **lasiacantha** Engelm. · ♆ Z10 ⓚ ▽ *; USA: Tex., N.Mex.; Mex.
- **lenta** K. Brandegee · ♆ Z10 ⓚ ▽ *; Mex.: Coahuila
- *leona* Poselg. = Mammillaria pottsii
- **leucantha** Boed. · ♆ Z10 ⓚ ▽ *; C-Mex.
- *leucotricha* Scheidw. = Mammillaria mystax
- **lloydii** (Britton et Rose) Orcutt · ♆ Z10 ⓚ ▽ *; Mex.: Zacatecas
- **longiflora** (Britton et Rose) A. Berger · ♆ Z10 ⓚ ▽ *; Mex.: Durango
- **longimamma** DC. · ♆ Z10 ⓚ ▽ *; C-Mex.
- *macracantha* DC. = Mammillaria magnimamma
- **magnimamma** Haw. · ♆ Z10 ⓚ ▽ *; Mex.: Hidalgo, San Luis Potosí
- **mammillaris** (L.) G. Karst. · ♆ ≹ Z10 ⓚ ▽ *; N-Venez., Curaçao
- **marksiana** Krainz · ♆ Z10 ⓚ ▽ *; Mex.: Sinaloa
- **mazatlanensis** K. Schum. ex Gürke
  - var. **mazatlanensis** · ♆ Z10 ⓚ ▽ *; Mex.: Sonora, Sinaloa, Nayarit
  - var. **occidentalis** (Britton et Rose) Neutel. · ♆ Z10 ⓚ ▽ *; Mex.: Colima
- *meissneri* C. Ehrenb. = Mammillaria haageana var. haageana
- **melaleuca** Karw. ex Salm-Dyck · ♆ Z10 ⓚ ▽ *; Mex.
- **melanocentra** Poselg. · ♆ Z10 ⓚ ▽ *; Mex.: Nuevo León
- *melispina* Werderm. = Mammillaria roseoalba
- **mendeliana** (Bravo) Werderm. · ♆ Z10 ⓚ ▽ *; Mex.: Guanajuato
- **microhelia** Werderm.
  - var. **microhelia** · ♆ Z10 ⓚ ▽ *; Mex.: Queretaro
  - var. **microheliopsis** (Werderm.) Backeb. · ♆ △ Z10 ⓚ ▽ *; Mex.: Queretaro
- *microheliopsis* Werderm. = Mammillaria microhelia var. microheliopsis
- *micromeris* Engelm. = Epithelantha micromeris
- *missouriensis* Sweet = Escobaria missouriensis
- *mitlensis* Bravo = Mammillaria rekoi
- **moellendorffiana** Shurly · ♆ Z10 ⓚ ▽ *; Mex.: Hidalgo
- **muehlenpfordtii** C.F. Först. · ♆ Z10 ⓚ ▽ *; C-Mex.
- *multiceps* Salm-Dyck = Mammillaria prolifera
- **mundtii** K. Schum. · ♆ Z10 ⓚ ▽ *; C-Mex. (Toluca); mts.
- **mystax** Mart. · ♆ Z10 ⓚ ▽ *; C-Mex., S-Mex.
- *nejapensis* R.T. Craig et E.Y. Dawson = Mammillaria karwinskiana
- **nelsonii** (Britton et Rose) Boed. · ♆ Z10 ⓚ ▽ *; Mex.: Guerrero, Michoacan
- *neopotosina* R.T. Craig = Mammillaria muehlenpfordtii
- *neoschwarzeana* Backeb. = Mammillaria bocensis
- **neumanniana** Lem. · ♆ Z10 ⓚ ▽ *; Mex.
- **nivosa** Link · ♆ Z10 ⓚ ▽ *; W.Ind.
- **nunezii** (Britton et Rose) Orcutt · ♆ Z10 ⓚ ▽ *; Mex.: Guerreroa
  - var. *solisii* (Britton et Rose) Backeb. = Mammillaria nunezii
- *occidentalis* (Britton et Rose) Boed. = Mammillaria mazatlanensis var. occidentalis
- *ochoterenae* (Bravo) Werderm. = Mammillaria discolor
- **orcuttii** Boed. · ♆ Z10 ⓚ ▽ *; Mex.
- *ortizrubiana* (Bravo) Werderm. = Mammillaria candida
- *papyracantha* Engelm. = Sclerocactus papyracanthus
- **parkinsonii** Remski · ♆ Z10 ⓚ ▽ *; C-Mex.
- **pectinifera** F.A.C. Weber · ♆ Z10 ⓚ Ⓝ ▽ *; C-Mex.
- **pennispinosa** Krainz · ♆ Z10 ⓚ ▽ *; Mex.: Coahuila
- **perbella** Hildm. ex K. Schum. · ♆ Z10 ⓚ ▽ *; Mex.: Hidalgo, Queretaro, Mexico
- **petterssonii** Hildm. · ♆ Z10 ⓚ ▽ *; Mex.: Jalisco
- *pilensis* Shurly ex Eggli = Mammillaria petterssonii
- **plumosa** F.A.C. Weber · D:Gefiederter Warzenkaktus; E:Feather Cactus · ♆ Z10 ⓚ ▽ *; Mex.: Coahuila
- **polyedra** Mart. · ♆ Z10 ⓚ ▽ *; Mex.
- **polythele** Mart. · ♆ Z10 ⓚ ▽ *; Mex.:

Hidalgo
- **poselgeri** Hildm. · ψ Z10 ⌂ ▽ ✻; Mex.: Baja Calif.
- **pottsii** Scheer ex Salm-Dyck · ψ Z10 ⌂ ▽ ✻; SW-Tex., N-Mex.
- **prolifera** (Mill.) Haw. · ψ Z10 ⌂ ▽ ✻; USA: Texas; NE-Mex., Cuba, Hispaniola
- *pseudocrucigera* R.T. Craig = Mammillaria sempervivi var. sempervivi
- **pseudoperbella** Quehl · ψ Z10 ⌂ ▽ ✻; orig. ?
- *pseudoschiedeana* Schmoll = Mammillaria schiedeana
- **pugionacantha** C.F. Först. · ψ Z10 ⌂ ▽ ✻; Mex.
- *pyrrhocephala* Scheidw. = Mammillaria karwinskiana
- **rekoi** (Britton et Rose) Vaupel · ψ Z10 ⌂ ▽ ✻; Mex.: Oaxaca
- *rekoiana* R.T. Craig = Mammillaria rekoi
- **rettigiana** Boed. · ψ Z10 ⌂ ▽ ✻; Mex.
- **rhodantha** Link et Otto · ψ Z10 ⌂ ▽ ✻; N-Mex.: mts.
- *ritteriana* Boed. = Mammillaria chionocephala
- **roseoalba** Boed. · ψ Z10 ⌂ ▽ ✻; Mex.: Tamaulipas
- *rubida* Backeb. = Mammillaria bocensis
- **ruestii** Quehl · ψ Z10 ⌂ ▽ ✻; Guat., Hond.
- *runyonii* (Britton et Rose) Boed. = Mammillaria melanocentra
- *saetigera* Boed. et Tiegel = Mammillaria brauneana
- *saffordii* (Britton et Rose) Bravo = Mammillaria carretii
- **sartorii** J.A. Purpus · ψ Z10 ⌂ ▽ ✻; Mex.: Veracruz
- *scheerii* Muehlenpf. 1847 non 1845 = Coryphantha scheeri
- *scheidweileriana* Otto ex A. Dietr. = Mammillaria erythrosperma
- **schiedeana** C. Ehrenb. · ψ Z10 ⌂ ▽ ✻; Mex.: Hidalgo
- *schmollii* (Bravo) Werderm. = Mammillaria discolor
- **schumannii** Hildm. · ψ Z10 ⌂ ▽ ✻; Mex.: Baja Calif.
- **seideliana** Quehl · ψ Z10 ⌂ ▽ ✻; Mex.: Zacatecas, Queretaro
- *seitziana* Mart. = Mammillaria compressa
- **sempervivi** DC.
  - var. **caput-medusae** (Otto) Backeb. · ψ Z10 ⌂ ▽ ✻; Mex.
  - var. **sempervivi** · ψ Z10 ⌂ ▽ ✻; C-Mex.
- **senilis** Salm-Dyck · ψ Z10 ⌂ ▽ ✻; NW-Mex.; mts.
- **sheldonii** (Britton et Rose) Boed. · ψ Z10 ⌂ ▽ ✻; N-Mex.: Sonora
- *simplex* Haw. = Mammillaria mammillaris
- *soehlemannii* W. Haage et Backeb. = Mammillaria columbiana
- *solisii* (Britton et Rose) Boed. = Mammillaria nunezii
- **sphacelata** Mart. · ψ Z10 ⌂ ▽ ✻; S-Mex.: Puebla, Oaxaca
- **sphaerica** A. Dietr. · ψ Z10 ⌂ ▽ ✻; SE-Tex., NE-Mex.
- **spinosissima** Lem. · ψ Z10 ⌂ ▽ ✻; C-Mex.
- *subdurispina* Backeb. = Mammillaria kewensis
- **supertexta** Mart. · ψ Z10 ⌂ ▽ ✻; Mex.: Caxaca
- **surculosa** Boed. · ψ Z10 ⌂ ▽ ✻; NE-Mex.
- *tenampensis* (Britton et Rose) A. Berger = Mammillaria sartorii
- *tetracantha* Pfeiff. = Mammillaria polythele
- **tetrancistra** Engelm. · ψ Z10 ⌂ ▽ ✻; USA: Calif., Nev., Utah, Ariz.; N-Mex.
- **tiegeliana** Backeb. · ψ Z10 ⌂ ▽ ✻; Mex.
- *tolimensis* R.T. Craig = Mammillaria compressa
- *tuberculosa* Engelm. = Escobaria tuberculosa
- *uberiformis* Zucc. = Mammillaria longimamma
- *vagaspina* R.T. Craig = Mammillaria magnimamma
- **viereckii** Boed. · ψ Z10 ⌂ ▽ ✻; Mex.: Tamaulipas
- *vivipara* (Nutt.) Haw. = Escobaria vivipara
- **voburnensis** Scheer · ψ Z10 ⌂ ▽ ✻; S-Mex., Guat.
  - var. *eichlamii* (Quehl) Repp. = Mammillaria eichlamii
- *vonwyssiana* Krainz = Mammillaria parkinsonii
- **wildii** A. Dietr. · ψ Z10 ⌂ ▽ ✻; Mex.: Hidalgo
- *woburnensis* Scheer = Mammillaria voburnensis
- **woodsii** R.T. Craig · ψ ⌓ Z10 ⌂ ▽ ✻; C-Mex.
- *wuthenauiana* Backeb. = Mammillaria nunezii
- *yucatanensis* (Britton et Rose) Orcutt = Mammillaria columbiana

– **zahniana** Boed. et F. Ritter · ♆ Z10 Ⓚ ▽ ✻; Mex.
– **zeilmanniana** Boed. · D:Muttertags-Warzenkaktus · ♆ Z10 Ⓚ ▽ ✻; Mex.: Guanajuato
– **zephyranthoides** Scheidw. · ♆ Z10 Ⓚ ▽ ✻; C-Mex.
– **zeyeriana** Haage ex K. Schum. · ♆ Z10 Ⓚ ▽ ✻; Mex.: Coahuila, Durango
– *zuccariniana* Mart. = Mammillaria magnimamma

Mammilloydia Buxb. = Mammillaria
– *candida* (Scheidw.) Buxb. = Mammillaria candida

Mandevilla Lindl. -f- *Apocynaceae* · 114 sp · D:Falscher Jasmin; E:Jasmine; F:Faux-jasmin, Jasmin du Chili
– × **amabilis** hort. Buckland (*M. splendens* × ?) · ♄ ⌇ Z10 Ⓚ ☠; cult.
– **atroviolacea** (Stadelm.) Woodson · ♄ ⌇ Z10 Ⓦ VII-VIII ☠; Bras.
– **boliviensis** (Hook. f.) Woodson · ♄ ⌇ Z10 Ⓦ IV-X ☠; Bol.
– **eximia** (Hemsl.) Woodson · ♄ ⌇ Z10 Ⓦ VI-VIII ☠; Bras.
– **laxa** (Ruiz et Pav.) Woodson · D:Chilejasmin; E:Chilean Jasmine · ♄ ⌇ Z9 Ⓦ Ⓚ VI-VIII ☠; Bol., Arg.
– **sanderi** (Hemsl.) Woodson · D:Brasiljasmin; E:Brazilian Jasmine · ♄ ⌇ Z10 Ⓦ VI-VIII ☠; Bras.
– **splendens** (Hook.) Woodson · ♄ ⌇ Z10 Ⓦ VII-VIII ☠; Bras.
– *suaveolens* Lindl. = Mandevilla laxa

Mandirola Decne. = Eucodonia
– *lanata* Planch. et Linden ex Lem. = Eucodonia verticillata

Mandragora L. -f- *Solanaceae* · 6 sp · D:Alraunwurzel; E:Mandrake; F:Mandragore
– *acaulis* Gaertn. = Mandragora officinarum
– **autumnalis** Bertol. · D:Herbst-Alraune; E:Autumn Mandrake · ♃ Ⓚ V ☠; Eur.: Ib, Ap, GR, Crete; TR, NW-Afr.
– **officinarum** L. · D:Alraune; E:Devil's Apple, European Mandrake · ♃ Ⓚ ⚕ ☠ ▽; Eur.: N-I, W-Ba
– *vernalis* Bertol. = Mandragora officinarum

Manettia L. -f- *Rubiaceae* · c. 80 sp
– *bicolor* Paxton = Manettia luteorubra
– **glabra** Cham. et Schltdl. · ♄ e ⌇ Z10 Ⓚ II-VI; Peru, Bol., Arg.
– *inflata* Sprague = Manettia luteorubra
– **luteorubra** Benth. · ♃ ♄ e ⌇ Z10 Ⓚ IV-IX; Bras., Parag., Urug.

Manfreda Salisb. = Agave
– *brachystachys* (Cav.) Rose = Agave scabra
– *maculosa* (Hook.) Rose = Agave maculosa
– *variegata* (Jacobi) Rose = Agave variegata
– *virginica* (L.) Salisb. = Agave virginica

Mangifera L. -f- *Anacardiaceae* · 40-60 sp · D:Mango; E:Mango; F:Manguier
– **caesia** Jack ex Wall. · ♄ e Z10 Ⓦ Ⓝ; Malay. Arch., Phil.
– **foetida** Lour. · D:Graue Mango; E:Gray Mango, Limus · ♄ e Z10 Ⓦ Ⓝ; Malay. Arch.
– **indica** J. König ex L. · D:Mango; E:Mango · ♄ e Z10 Ⓦ Ⓝ; NE-Ind., N-Myanmar; cult. Trop.
– × **odorata** Griff. (*M. foetida* × *M. indica*) · D:Saipan-Mango; E:Kuwini, Saipan Mango · ♄ e Ⓦ Ⓝ; orig. ?
– *pinnata* L. f. = Spondias pinnata

Manglesia Lindl. = Grevillea
– *glabrata* Lindl. = Grevillea glabrata

Manglietia Blume *Magnoliaceae*
– *celebica* Miq. = Magnolia liliifera var. liliifera
– *sebassa* King = Magnolia liliifera var. liliifera
– *thamnodes* (Dandy) Gagnep. = Magnolia liliifera var. liliifera

Manihot Mill. -f- *Euphorbiaceae* · 98 sp · D:Cassavastrauch, Maniok; E:Cassava, Manioc; F:Maniok
– **carthagenensis** (Jacq.) Müll. Arg. · ♄ d Z10 Ⓦ Ⓝ; Mex., C-Am., Col., Venez.
– **dichotoma** Ule · ♄ Z10 Ⓦ Ⓝ; Bras.: Bahia
– **dulcis** (J.F. Gmel.) Pax
  – var. **dulcis** · D:Süßer Maniok; E:Sweet Cassava · ♄ Z10 Ⓦ Ⓝ; S-Am.
  – var. **multifida** (Graham) Pax · ♄ Z10 Ⓦ Ⓝ; Bras.: Parana
– **esculenta** Crantz · D:Maniok; E:Bitter Cassava, Manioc, Tapioca · ♄ e Z10 Ⓦ ⚕ Ⓝ; trop. Bras.
– **glaziovii** Müll. Arg. · D:Cera-Kautschukbaum, Cera-Maniok; E:Ceara Rubber · ♄ Z10 Ⓦ Ⓝ; NE-Bras.

– *utilissima* Pohl = Manihot esculenta

Manilkara Adans. -f- *Sapotaceae* · 65 sp · D:Breiapfelbaum, Chiclebaum; F:Sapotier
– **achras** (Mill.) Fosberg · ♄ e Z10 ⌂W Ⓝ; C-Am., Mex.
– *balata* Dubard = Manilkara bidentata
– **bidentata** (A. DC.) A. Chev. · E:Balata, Beef Wood · ♄ e Z10 ⌂W Ⓝ; Panama, W.Ind., trop. S-Am.
– **elata** (Allemão ex Miq.) Monach. · D:Massaranduba · ♄ e Z10 ⌂W Ⓝ; Amazon.
– **zapota** (L.) Royen · D:Breiapfelbaum; E:Marmalade Plum, Sapodilla · ♄ e Z10 ⌂W Ⓝ; S-Mex., C-Am., nat. in Fla.

Manulea L. -f- *Scrophulariaceae* · 74 sp
– *hispida* Thunb. = Sutera hispida
– **rubra** L. · ☉ ♃ Z10 VI-VIII; S-Afr.

Maoutia Wedd. -f- *Urticaceae* · 15 sp
– **puya** Wedd. · ♃ ⌂W Ⓝ; Him., Ind.: Khasia Hills; Myanmar

Mapania Aubl. -f- *Cyperaceae* · 73 sp
– **humilis** Naves et Fern.-Vill. · ♃ ≈ ⌂W; Ind.

Maranta L. -f- *Marantaceae* · 32 sp · D:Pfeilwurz; E:Maranta; F:Dictame barbade, Maranta
– *amabilis* Linden = Ctenanthe amabilis
– *argyraea* hort. = Calathea argyraea
– **arundinacea** L. · D:Pfeilwurz; E:Arrowroot · ♃ Z10 ⌂W ⚕ Ⓝ; trop. S-Am.
– *bachemiana* hort. = Calathea bachemiana
– **bicolor** Ker-Gawl. · ♃ Z10 ⌂W; Guyan., Bras.
– **depressa** E. Morren · ♃ ⇝ Z10 ⌂W; Bras.
– *fasciata* Linden = Calathea rotundifolia var. fasciata
– *galanga* L. = Alpinia galanga
– *kegeliana* hort. = Calathea bachemiana
– *kummerana* E. Morren = Ctenanthe kummerana
– *leopardina* W. Bull = Calathea leopardina
– **leuconeura** E. Morren · D:Bunte Pfeilwurz, Gebetspflanze; E:Prayer Plant · ♃ Z10 ⌂W VII-VIII; Bras.
– *lietzei* hort. = Calathea lietzei
– *makoyana* hort. = Calathea makoyana
– *malaccensis* Burm. f. = Alpinia malaccensis
– *mediopicta* E. Morren = Calathea mediopicta
– **noctiflora** Regel et Körn. · ♃ Z10 ⌂W; ? Bras.
– *oppenheimiana* hort. = Ctenanthe oppenheimiana
– *ornata* Linden = Calathea majestica
– *roseopicta* Linden = Calathea roseopicta
– *warscewiczii* Matthieu ex Planch. = Calathea warscewiczii
– *wiotii* E. Morren = Calathea wiotii
– *zebrina* Sims = Calathea zebrina

Marattia Sw. -f- *Marattiaceae* · 60 sp
– **alata** Sw. · ♃ e Z10 ⌂W; W.Ind., trop. S-Am.
– **cicutifolia** Kaulf. · ♃ e Z10 ⌂K; S-Bras.
– **fraxinea** J. Sm. · ♃ e Z10 ⌂K; trop. Afr, trop. As., Austr., NZ
– *kaulfussii* J. Sm. = Marattia alata
– *laevis* J. Sm. = Marattia alata
– *salicina* J. Sm. = Marattia fraxinea

Marcgravia L. -f- *Marcgraviaceae* · 45 sp
– **umbellata** L. · ♄ ≀ ⌂W; W.Ind., trop. S-Am.

Marginatocereus (Backeb.) Backeb. = Stenocereus
– *marginatus* (DC.) Backeb. = Stenocereus marginatus

Margyricarpus Ruiz et Pav. -m- *Rosaceae* · 1 sp · D:Perlbeere; E:Pearl Fruit
– **pinnatus** (Lam.) Kuntze · D:Perlbeere; E:Pearl Berry, Pearl Fruit · ♄ e ♣ Z9 ⌂K IV-VI; S-Am.; And.
– *setosus* Ruiz et Pav. = Margyricarpus pinnatus

Marica Ker-Gawl. = Neomarica
– *brachypus* Baker = Neomarica brachypus
– *caerulea* Ker-Gawl. = Neomarica caerulea
– *gracilis* Herb. ex Hook. = Neomarica gracilis
– *northiana* (Schneev.) Ker-Gawl. = Neomarica northiana

Marlea Roxb. = Alangium
– *begoniifolia* Roxb. = Alangium chinense
– *platanifolia* Siebold et Zucc. = Alangium platanifolium var. platanifolium

Marniera Backeb. = Epiphyllum
– *chrysocardium* (Alexander) Backeb. = Epiphyllum chrysocardium

Marrubium L. -n- *Lamiaceae (Labiatae)* · 40 sp · D:Andorn; E:Horehound; F:Marrube
– *candidissimum* auct. non L. = Marrubium incanum
– **incanum** Desr. · D:Weißfilziger Andorn · ♃ Z7 ∧ VI-VII; Eur.: Sard., I, Sic, Ba
– **kotschyi** Boiss. et Hohen. · ♃ ⇝ △ Z8 Ⓚ ∧ VI-VII; TR
– **libanoticum** Boiss. · ♃ ⇝ △ Z8 ∧ VI-VII; Lebanon
– **peregrinum** L. · D:Ungarischer Andorn · ♃ VII-VIII; Eur.: A, EC-Eur., Ba, E-Eur.; TR, Cauc., nat. in F, I, D
– *sericeum* Boiss. = Marrubium supinum
– **supinum** L. · D:Spanischer Andorn; E:Spanish Horehound · ♃ ⇝ △ Z7 ∧ V-VII; Eur.: Sp.; mts.
– **velutinum** Sibth. et Sm. · ♃ △ Z8 ∧ VI-VII; GR
– **vulgare** L. · D:Gewöhnlicher Andorn; E:Common Horehound, White Horehound · ♃ Z3 VI-VIII ⚕; Eur.*, TR, Levante, Cauc. Iran, C-As., N-Afr., nat. in N-Am.

Marsdenia R. Br. -f- *Asclepiadaceae* · c. 100 sp · D:Andenwein; E:Condorvine; F:Vigne des Andes
– **cundurango** Rchb. f. · D:Gewöhnlicher Andenwein; E:Common Condorvine, Cundurango · ♄ e ⌇ Ⓦ ⚕; Col., Ecuad., Peru (And.)
– *erecta* (L.) R. Br. = Cionura erecta
– *reichenbachii* Triana = Marsdenia cundurango
– **tinctoria** R. Br. · D:Färber-Andenwein; E:Climbing Indigo · ♄ e ⌇ Ⓦ Ⓝ; Him., China, Malay. Arch.

Marshallia Schreb. -f- *Asteraceae (Compositae)* · 7 sp
– **caespitosa** Nutt. ex DC. · ♃ △ Z7 Ⓐ ∧ V-VI; USA: Mo., SC, SE

Marshallocereus Backeb. = Stenocereus
– *thurberi* (Engelm.) Backeb. = Stenocereus thurberi

Marsilea L. -f- *Marsileaceae* · 65 sp · D:Kleefarn; E:Pepperwort, Water Clover; F:Marsilée
– **drummondii** A. Braun · D:Essbarer Kleefarn; E:Common Nardoo · ♃ ∼ Z9 Ⓚ; Austr.: North Terr., Queensl., N.S.Wales, Victoria, S-Austr., Tasman., W-Austr.
– **hirsuta** R. Br. · ♃ ∼ Z9 Ⓚ; Austr.: Queensl., N.S.Wales
– **quadrifolia** L. · D:Vierblättriger Kleefarn; E:Pepperwort; F:Marsilia à quatre feuilles · ♃ ∼ Z5 IX-X ▽; Eur.* exc. BrI, Sc; Cauc., C-As., S-As., China, Jap., Can.: W; USA: NE, NCE

Martynia L. -f- *Pedaliaceae* · 1 sp · D:Gämshorn; E:Devil's Claw, Unicorn Plant; F:Martynia
– **annua** L. · D:Gämshorn; E:Unicorn Plant · ⊙ VII-VIII; Mex., C-Am., W.Ind.
– *craniolaria* Gloxin = Craniolaria annua
– *fragrans* Lindl. = Proboscidea fragrans
– *louisianica* Mill. = Proboscidea louisianica
– *proboscidea* Gloxin = Proboscidea louisianica
– *violacea* Engelm. = Proboscidea fragrans

Mascarena L.H. Bailey = Hyophorbe
– *lagenicaulis* L.H. Bailey = Hyophorbe lagenicaulis
– *verschaffeltii* (H. Wendl.) L.H. Bailey = Hyophorbe verschaffeltii

Masdevallia Ruiz et Pav. -f- *Orchidaceae* · c. 380 sp
– **amabilis** Rchb. f. et Warsz. · ♃ Z10 Ⓚ XII-II ▽ *; Peru
– *bella* Rchb. f. = Dracula bella
– **caloptera** Rchb. f. · ♃ Z10 Ⓦ ▽ *; S-Ecuad., N-Peru
– *candida* Klotzsch et H. Karst. = Masdevallia tovarensis
– **caudata** Lindl. · ♃ Z10 Ⓚ XI-III ▽ *; Col., Ecuad., Peru, Venez.
– *chimaera* Rchb. f. = Dracula chimaera
– **coccinea** Linden ex Lindl. · ♃ Z10 Ⓚ III-VI ▽ *; Col., Peru
– **coriacea** Lindl. · ♃ Z10 Ⓚ V-VII ▽ *; Col.
– *erythrochaete* Rchb. f. = Dracula erythrochaete
– *harryana* Rchb. f. = Masdevallia coccinea
– **horrida** Teusch. et Garay · ♃ Z10 Ⓚ ▽ *; Costa Rica
– **infracta** Lindl. · ♃ Z10 Ⓚ V-VII ▽ *; Peru, S-Bras.
– **liliputana** Cogn. · ♃ Z10 Ⓚ ▽ *; Bras.: Sao Paulo
– *lindenii* André = Masdevallia coccinea
– **macrura** Rchb. f. · ♃ Z10 Ⓚ II-III ▽ *; Col.

- **militaris** Rchb. f. et Warsz. · ♃ Z10 ⓚ V-VI ▽ *; Col.
- *muscosa* Rchb. f. = Porroglossum echidnum
- *radiosa* Rchb. f. = Dracula radiosa
- **rolfeana** Kraenzl. · ♃ Z10 ⓚ IV-VII ▽ *; Costa Rica
- **rosea** Lindl. · ♃ Z10 ⓚ V-VII ▽ *; Col., Ecuad.
- **schlimii** Linden ex Lindl. · ♃ Z10 ⓚ IV-V ▽ *; Col., Venez.
- **tovarensis** Rchb. f. · ♃ Z10 ⓚ XI-II ▽ *; Venez.
- **veitchiana** Rchb. f. · ♃ Z10 ⓚ V-VI ▽ *; Peru
- **velifera** Rchb. f. · ♃ Z10 ⓚ XI-I ▽ *; Col.
- **Cultivars**
  - **in vielen Sorten**

Matricaria L. -f- *Asteraceae (Compositae)* · 3 sp · D:Kamille; E:Mayweed; F:Camomille, Matricaire
- *capensis* hort. non L. = Tanacetum parthenium
- *caucasica* (Willd.) Poir. = Tripleurospermum caucasicum
- *chamomilla* L. = Matricaria recutita
- *inodorum* L. = Tripleurospermum perforatum
- *maritima* L. = Tripleurospermum maritimum
  - subsp. *inodora* (K. Koch) Soó = Tripleurospermum perforatum
- *oreades* Boiss. = Tripleurospermum oreades var. oreades
- *parthenioides* (Desf.) hort. = Tanacetum parthenium
- *parthenium* L. = Tanacetum parthenium
- *perforata* Mérat = Tripleurospermum perforatum
- **recutita** L. · D:Echte Kamille; E:Chamomile, German Chamomile · ⊙ D V-VIII ⚕ Ⓝ; Eur.*, TR, Palaest, Iraq, Cauc., Iran, Afgh., NW-Ind., W-Sib., Canar., nat. in N-Am., S-Am., Austr., NZ
- *tchihatchewii* (Boiss.) Voss = Tripleurospermum oreades var. tchihatchewii

Matteuccia Tod. -f- *Woodsiaceae* · 4 sp · D:Straußenfarn, Trichterfarn; E:Ostrich Fern; F:Fougère plume-d'autruche
- *orientalis* (Hook.) Trevis. = Onoclea orientalis
- **pensylvanica** (Willd.) Raymond · F:Fougère plume d'autruche · ♃; Alaska, Can., USA: NE, NCE, NC
- **struthiopteris** (L.) Tod. · D:Europäischer Straußenfarn; E:Ostrich Fern; F:Fougère d'Allemagne · ♃ ⇝ Z2 VII-VIII ▽; Eur.* exc. BrI, Sc; TR, Sib., Sachal., Kamchat., China, Manch., Korea, Jap., Alaska, Can., USA: NE, NCE, nat. in BrI
  - var. *pensylvanica* (Willd.) C.V. Morton = Matteuccia pensylvanica

Matthiola R. Br. -f- *Brassicaceae (Cruciferae)* · 55 sp · D:Levkoje; E:Gillyflower, Stock; F:Giroflée, Violier
- *bicornis* (Sibth. et Sm.) DC. = Matthiola longipetala subsp. bicornis
- **fruticulosa** (L.) Maire
  - subsp. **fruticulosa** · ♃ e △ Z7 ∧ V-VI; Eur.: Ib, Fr, Ap, Ba; TR, Cyprus, Lebanon, N-Afr.
  - subsp. **valesiaca** (Boiss.) P.W. Ball · D:Trübe Levkoje · ♃ e Z6 V-VII; Eur.: F, I, CH; S-Alp.
- **incana** (L.) R. Br. · D:Garten-Levkoje; E:Brompton Stock, Stock, Ten Week Stock · ⊙ ⊙ ♃ ♄ ✂ D Z6 IV-X; Eur.: Ib, Fr, Ap, Ba, BrI; TR, Cyprus
  - **in vielen Sorten**
- **longipetala** (Vent.) DC.
  - subsp. **bicornis** (Sibth. et Sm.) P.W. Ball · ⊙ D Z6 V-VI; Eur.: GR; TR, Levante, Egypt, Libya
  - subsp. **longipetala** · D:Nacht-Levkoje; E:Night Scented Stock · ⊙ Z6; TR, Levante
- *tristis* R. Br. = Matthiola fruticulosa subsp. fruticulosa
- *varia* (Sibth. et Sm.) DC. = Matthiola fruticulosa subsp. fruticulosa

Matucana Britton et Rose -f- *Cactaceae* · - 9 sp
- **aurantiaca** (Vaupel) Buxb. · ♆ Z9 ⓚ ▽ *; N-Peru
- *blancii* Backeb. = Matucana haynei
- *breviflora* Rauh et Backeb. = Matucana haynei
- *calocephala* Skarupke = Matucana weberbaueri
- *comacephala* F. Ritter = Matucana weberbaueri
- *crinifera* F. Ritter = Matucana haynei
- *currundayensis* F. Ritter = Matucana aurantiaca

– *elongata* Rauh et Backeb. = Matucana haynei
– **haynei** (Otto ex Salm-Dyck) Britton et Rose · ¥ Z9 Ⓚ ▽ ✻; N-Peru
– *hystrix* Rauh et Backeb. = Matucana haynei
  – var. *atrispina* Rauh et Backeb. = Matucana haynei
– *icosagona* (Humb., Bonpl. et Kunth) Buxb. = Borzicactus icosagonus
– *multicolor* Rauh et Backeb. = Matucana haynei
– **myriacantha** (Vaupel) Backeb. · ¥ Z9 Ⓚ ▽ ✻; Peru
– *purpureoalba* F. Ritter = Matucana weberbaueri
– **ritteri** Buining · ¥ Z9 Ⓚ ▽ ✻; Peru
– *roseoalba* F. Ritter = Matucana myriacantha
– *variabilis* Rauh et Backeb. = Matucana haynei
– **weberbaueri** (Vaupel) Backeb. · ¥ Z9 Ⓚ ▽ ✻; NE-Peru
– *winteri* F. Ritter = Matucana weberbaueri
– *yanganucensis* Rauh et Backeb. = Matucana haynei

Maurandella (A. Gray) Rothm. -f- · 1 sp
– **antirrhiniflora** (Willd.) Rothm. · D:Purpurnes Windendes Löwenmaul; E:Violet Twining Snapdragon · ♃ Z9 Ⓚ Ⓐ VI-IX; USA: Tex. Calif.; Mex.

Maurandya Ortega -f- *Scrophulariaceae* · 2 sp · D:Windendes Löwenmaul; E:Twining Snapdragon
– *antirrhiniflora* Humb. et Bonpl. ex Willd. = Maurandella antirrhiniflora
– **barclaiana** Lindl. · D:Windendes Löwenmaul; E:Snapdragon Vine · ♄ ≀ Z9 Ⓚ VII-IX; Mex.
– *erubescens* (D. Don) A. Gray = Lophospermum erubescens
– *lophospermum* L.H. Bailey = Lophospermum scandens
– *purpurea* hort. = Lophospermum purpusii
– *purpusii* Brandegee = Lophospermum purpusii
– **scandens** (Cav.) Pers. · ⊙ ⊙ ♃ ♄ ≀ Z9 Ⓚ VI-X; Mex.

Mauritia L. f. -f- *Arecaceae (Palmae)* · 3 sp
– **flexuosa** L. f. · ♄ e Ⓦ Ⓝ; S-Am.

Maxillaria Ruiz et Pav. -f- *Orchidaceae* · c. 420 sp
– **coccineum** (Jacq.) Hodge · ♃ Z10 Ⓦ VI-VII ▽ ✻; W.Ind.
– **densa** Lindl. Z10 Ⓦ I-IV ▽ ✻; Mex., Guat.
– **elatior** Rchb. f. · ♃ Z10 Ⓦ ▽ ✻; Mex., Guat., Hond., Costa Rica
– **fucata** Rchb. f. · ♃ Z10 Ⓦ V-VI ▽ ✻; Ecuad.
– **grandiflora** (Humb., Bonpl. et Kunth) Lindl. · ♃ Z10 Ⓦ V-VI ▽ ✻; trop. S-Am.
– *heuchmannii* Hook. = Maxillaria variabilis
– *jugosa* Lindl. = Pabstia jugosa
– **lepidota** Lindl. · ♃ Z10 Ⓦ V-VII ▽ ✻; Col., Ecuad., Peru, Venez.
– *longipetala* Ruiz et Pav. = Lycaste longipetala
– **luteoalba** Lindl. · ♃ Z10 Ⓦ II-IV ▽ ✻; Costa Rica, Panama, Col., Ecuad.
– **marginata** (Lindl.) Fenzl · ♃ Z10 Ⓦ VII-X ▽ ✻; Bras.
– **nigrescens** Lindl. · ♃ Z10 Ⓦ VI-VII ▽ ✻; Col., Venez.
– **ochroleuca** Lodd. · ♃ Z10 Ⓦ ▽ ✻; Bras.
– **picta** Hook. · ♃ Z10 Ⓚ I-IV ▽ ✻; E-Bras.
– **porphyrostele** Rchb. f. · ♃ Z10 Ⓦ II-IV ▽ ✻; Bras.
– **sanderiana** Rchb. f. · ♃ Z10 Ⓦ VIII-X ▽ ✻; Ecuad., Peru
– **sanguinea** Rolfe · ♃ Z10 Ⓦ ▽ ✻; Costa Rica, Panama
– **setigera** Lindl. · ♃ Z10 Ⓦ VI-VIII ▽ ✻; Col.
– **sophronitis** (Rchb. f.) Garay · ♃ Z10 Ⓦ V-IX ▽ ✻; Venez.
– **striata** Rolfe · ♃ Z10 Ⓦ VII-IX ▽ ✻; Ecuad., Peru
– **tenuifolia** Lindl. · ♃ Z10 Ⓦ VII-IX ▽ ✻; Mex., C-Am.
– **variabilis** Bateman ex Lindl. · ♃ Z10 Ⓦ I-XII ▽ ✻; C-Am.
– **venusta** Linden et Rchb. f. · ♃ Z10 Ⓦ IX-XI ▽ ✻; Col., Venez.
– *warreana* Lodd. ex Lindl. = Warrea warreana

Mayaca Aubl. -f- *Mayacaceae* · 4 sp
– **fluviatilis** Aubl. · ♃ ~ Ⓦ VI-VIII; Guyan.
– **sellowiana** Kunth · ♃ ~ Ⓦ VI-VIII; Bras.
– *vandellii* Schott et Endl. = Mayaca fluviatilis

Maytenus Molina -f- *Celastraceae* · 255 sp
– **boaria** Molina · E:Mayten Tree · ♄ e Z8 Ⓚ

V; Chile

Mazus Lour. -m- *Scrophulariaceae* · 15 (-30-50) sp · D:Lippenmäulchen; F:Mazus
– **japonicus** (Thunb.) Kuntze · ⊙ VI-VIII; Ind., China, Korea, Jap., Ryukyu-Is., nat. in N-Am.
– **miquelii** Makino · ♃ ⇝ △ V-VI; Jap.
– **pumilio** R. Br. · ♃ △ ∧ V-VI; Austr., Tasman., NZ
– **radicans** (Hook. f.) Cheeseman · ♃ ⇝ △ Z7 ∧ V-VI; NZ
– **reptans** N.E. Br. · ♃; cult.
– *rugosus* Lour. = Mazus japonicus
– *stolonifer* (Maxim.) Makino = Mazus miquelii

Mecodium C. Presl ex Copel. = Hymenophyllum
– *demissum* (G. Forst.) Copel. = Hymenophyllum demissum
– *polyanthon* (Sw.) Copel. = Hymenophyllum polyanthon

Meconopsis R. Vig. -f- *Papaveraceae* · c. 50 sp · D:Keulenmohn, Scheinmohn; E:Asiatic Poppy; F:Méconopsis, Pavot bleu
– **aculeata** Royle · ⊙ △ Z7 VII-VIII; W-Him.
– *baileyii* Prain = Meconopsis betonicifolia
– × **beamishii** Prain (*M. grandis* × *M. integrifolia*) · ♃; cult.
– **betonicifolia** Franch. · D:Tibet-Scheinmohn; E:Blue Poppy, Himalayan Poppy; F:Pavot bleu · ♃ △ Z7 VI-VIII; China: Tibet, Yunnan; N-Myamar
– **cambrica** (L.) Vig. · D:Wald-Scheinmohn; E:Welsh Poppy; F:Pavot jaune des Pyrénées · ♃ Z6 VI-X; Eur.: BrI, F, Sp., nat. in DK, Norw.
  – var. *aurantiaca* hort. ex H.R. Wehrh. = Meconopsis cambrica
– **chelidoniifolia** Bureau et Franch. · ♃ Z7 VII-VIII; W-Sichuan
– **dhwojii** G. Taylor ex Hay · ⊙ Z7 VI-VIII; Nepal
– **grandis** Prain · D:Großer Scheinmohn · ♃ Z5 VI-VII; Nepal, Sikkim, Tibet
– **horridula** Hook. f. et Thomson · D:Stachliger Scheinmohn; E:Prickly Blue Poppy · ⊙ ♃ Z6 VII-VIII; W-Nepal, Him., SW-China
– **integrifolia** (Maxim.) Franch. · D:Gelbhaariger Scheinmohn; E:Lampshade Poppy · ⊙ △ Z7 VII-VIII; China: Yunnan, Sichuan, Tibet, Kansu
– **napaulensis** DC. · D:Nepal Scheinmohn; E:Satin Poppy · ⊙ Z7 VI; W-Nepal, Him., SW-China
– **paniculata** (D. Don) Prain · ⊙ Z7 VI-VII; Him., SE-Tibet
– *prattii* (Prain) Prain = Meconopsis horridula
– **punicea** Maxim. · D:Roter Scheinmohn; E:Red Poppywort · ⊙ ♃ Z7 VII-VIII; China: Tibet, Sichuan, Kansu
– **quintuplinervia** Regel · D:Teppich-Scheinmohn; E:Harebell Poppy · ♃ △ Z7 VII-VIII; Tibet, W-China
– **regia** G. Taylor · ⊙ Z7 VII-VIII ✻; Nepal
– × **sarsonsii** Sarsons (*M. betonicifolia* × *M. integrifolia*) · ♃; cult.
– × **sheldonii** G. Taylor (*M. betonicifolia* × *M. grandis*) · ♃ Z6; cult.
  – **in Sorten**
– **simplicifolia** (D. Don) Walp. · ⊙ Z7 VII-VIII; Nepal, Tibet
– **sinuata** Prain · ⊙ Z7 VII-VIII; Nepal, Bhutan
– **superba** King ex Prain · ⊙ Z7 VII-VIII; Bhutan, Tibet
– **villosa** (Hook. f.) G. Taylor · ♃ △ Z7 ∧ VI; E-Nepal, Bhutan
– **violacea** Kingdon-Ward · ⊙ VII-VIII; Tibet, N-Myanmar
– *wallichii* Wall. = Meconopsis napaulensis

Medeola L. -f- *Convallariaceae* · 1 sp · D:Schlangenwurzel; E:Cucumer Root; F:Fausse-asperge
– *asparagoides* L. = Asparagus asparagoides
– **virginica** (L.) Merr. · D:Indianer-Schlangenwurzel; E:Indian Cucumber Root · ♃ Z3 VII-VIII; Can: E, USA: NE

Medicago L. -f- *Fabaceae (Leguminosae)* · 56 sp · D:Luzerne, Schneckenklee; E:Bur Clover, Medick; F:Luzerne
– **arabica** (L.) Huds. · D:Arabischer Schneckenklee; E:Spotted Bur Clover · ⊙ IV-VI; Eur.* exc. Sc; N-Afr., S-Afr., SW-As, nat. in CH, Sweden
– **arborea** L. · D:Baum-Schneckenklee; E:Moon Trefoil · ♄ e Z8 ⓚ; Eur.: Ib, Ap, Ba; TR, nat. in F
– **caerulea** Less. ex Ledeb. · ♃ VI-IX; Eur.: Krim, E-Russ.; TR, Cauc., Iran, C-As., Egypt
– **carstiensis** Jacq. · D:Karst-Schneckenklee · ♃ V-VI; Eur.: I, A, Ba

- **falcata** L. · D:Sichel-Luzerne, Sichelklee; E:Sickle Medick, Yellow Medick · ♃ Z6 VI; Eur.*, TR, Syr., Cauc., W-Sib., E-Sib., C-As., Maroc.
- **lupulina** L. · D:Hopfen-Schneckenklee, Hopfenklee; E:Black Medick, Shamrock · ⊙ ⊙ ♃ Z5 IV-X Ⓝ; Eur.*, TR, Levante, Cauc., Iran, W-Sib., E-Sib., Amur, C-As., Him., Mong., China, N-Afr., nat. in N-Am., Jap.
- **minima** (L.) L. · D:Zwerg-Schneckenklee; E:Little Bur Clover · ⊙ V-VI; Eur.*, TR, Levante, Cauc., Iran, Him., N-Afr., Eth.
- **orbicularis** (L.) Bartal. · D:Kreisfrüchtiger Schneckenklee, Scheibenklee; E:Button Bur Clover · ⊙; Eur.: Ba, Ib, Ap, Fr; TR, Syr., Iraq, Iran, C-As.
- **polymorpha** L. · D:Rauer Schneckenklee; E:California Bur Clover · ⊙ V-VII; Eur.: Ib, Fr, Ap, Ba, C-Eur., RO, Krim; TR, Levante, N-Afr., nat. in EC-Eur., Old World
- **prostrata** Jacq. · D:Niederliegender Schneckenklee · ♃ IV-VIII; Eur.: I, Ba, A
- **rigidula** (L.) All. · D:Steifer Schneckenklee; E:Tifton Bur Clover · ⊙; Eur.: Ib, Fr, Ap, Ba, RO, S-Russ., Krim; TR, Levante, Iraq, Cauc., Iran, Afgh., C-As., N-Afr., nat. in EC-Eur.
- **sativa** L. · D:Luzerne; E:Alfalfa, Lucerne · ♃ VI-IX ⚕ Ⓝ; Eur.*, TR, Cauc., Iran, W-Sib., Amur, C-As., Ind., China, N-Afr., nat. in N-Am.
  - subsp. *caerulea* (Less. ex Ledeb.) Schmalh. = Medicago caerulea
  - subsp. *falcata* (L.) Arcang. = Medicago falcata
  - subsp. *varia* (Martyn) Arcang. = Medicago × varia
- **scutellata** Mill. · ⊙; Eur.: Ib, Fr, Ap, Ba, S-Russ., Krim; TR, Levante, NW-Afr., nat. in A
- **truncatula** Gaertn. · ⊙; Eur.: Ib, Fr, Ap, Ba; TR, Levante, Cauc., ? N-Iran, N-Afr.
- × **varia** Martyn (*M. falcata* × *M. sativa*) · D:Bastard-Luzerne, Sand-Luzerne; E:Bastard Medick, Sand Lucerne · ♃ VI-VIII; cult.

Medinilla Gaudich. -f- *Melastomataceae* · 350-400 sp · D:Medinille; F:Médinilla
- **curtisii** Hook. f. · ♄ e Z10 ⓦ; Sumat.
- *farinosa* hort. = Medinilla venosa
- **javanensis** Blume · ♄ e Z10 ⓦ XII-III; Java
- **magnifica** Lindl. · ♄ e Z10 ⓦ II-VIII; Phil.
- **sedifolia** Jum. et Perr. · ♄ e ⌇ Z10 ⓦ; Madag.
- **sieboldiana** Planch. · ♄ e Z10 ⓦ II-III; Molucca I.
- **teysmannii** Miq. · ♄ e Z10 ⓦ III-V; Sulawesi, N.Guinea
- **venosa** (Blume) Blume · ♄ e Z10 ⓦ I-XII; Malay. Pen.

Meehania Britton -f- *Lamiaceae (Labiatae)* · 1 sp · D:Asiatische Taubnessel; E:Japanese Dead Nettle; F:Meehania
- **urticifolia** (Miq.) Makino · D:Asiatische Taubnessel; E:Japanese Dead Nettle · ♃ ⁓→ Z5 V-VI; Jap., Korea, Manch.

Megaclinium Lindl. = Bulbophyllum
- *falcatum* Lindl. = Bulbophyllum falcatum
- *leucorhachis* Rolfe = Bulbophyllum leucorhachis

Megapterium Spach = Oenothera
- *missouriense* (Sims) Spach = Oenothera macrocarpa

Meiracyllium Rchb.f. -n- *Orchidaceae* · 2 sp
- **wendlandii** Rchb. f. · ♃ Z9 ⓦ ▽ *; Mex., Guat.
- *wettstenii* Porsch = Isabelia pulchella

Melaleuca L. -f- *Myrtaceae* · 150-220 sp · D:Myrtenheide; E:Honey Myrtle, Paperbark; F:Mélaleuca
- **acuminata** F. Muell. · ♄ e Z9 ⓚ; Austr.: N.S.Wales, Victoria, S-Austr., W-Austr.
- **armillaris** (Sol. ex Gaertn.) Sm. · D:Armring-Myrtenheide; E:Bracelet Honey Myrtle, Drooping Melaleuca · ♄ e Z9 ⓚ VI; Austr.: N.S.Wales, Victoria
- **citrina** Turcz. · ♄ e Z9 ⓚ; W-Austr.
- **coccinea** A.S. George · ♄ e Z9 ⓚ; W-Austr.
- **decussata** R. Br. ex W.T. Aiton · ♄ e Z9 ⓚ VI; Austr.: S-Austr., Victoria
- *diffusa* G. Forst. = Metrosideros diffusa
- **diosmifolia** R. Br. · ♄ e Z9 ⓚ; W-Austr.
- **ericifolia** Sm. · D:Sumpf-Myrtenheide; E:Heath Melaleuca, Swamp Paperbark · ♄ e Z9 ⓚ; Austr.: Queensl., N.S.Wales, Victoria, Tasman.
- *fimbriata* hort. = Melaleuca gibbosa
- *florida* G. Forst. = Metrosideros fulgens
- **fulgens** R. Br. · ♄ e Z9 ⓚ VI; W-Austr.

– **gibbosa** Labill. · ♄ e Z9 (K); Austr.: Victoria, S-Austr., Tasman.
– **huegelii** Endl. · ♄ e Z9 (K); W-Austr.
– **hypericifolia** (Salisb.) Sm. · D:Johanniskrautblättrige Myrtenheide; E:Dotted Melaleuca · ♄ e Z9 (K) VI-VIII; Austr.: Queensl., N.S.Wales
– **incana** R. Br. · ♄ e Z9 (K); W-Austr.
– **lanceolata** Otto · ♄ ♄ e Z9 (K); W-Austr.
– **lateritia** A. Dietr. · D:Ziegelrote Myrtenheide; E:Robin Red Breast · ♄ e Z9 (K) VI-VIII; W-Austr.
– **leucadendra** (L.) L. · D:Kajeputbaum; E:Broadleaf Paperbark, Cajeput · ♄ e Z9 (K) ⚕ Ⓝ; Myanmar, Malay. Arch., Austr.
– **linariifolia** Sm. · D:Leinkrautblättrige Myrtenheide; E:Paperbark Tea Tree · ♄ ♄ e Z9 (K) ⚕; Austr.: Queensl., N.S.Wales
– *lucida* G. Forst. non L. f. = Metrosideros umbellata
– **micromera** Schauer · ♄ e Z9 (K); W-Austr.
– **nematophylla** F. Muell. · ♄ e Z9 (K); W-Austr.
– **nesophila** F. Muell. · D:Bunte Myrtenheide; E:Pink Melaleuca · ♄ ♄ e Z9 (K); W-Austr.
– **pulchella** R. Br. · ♄ e Z9 (K); W-Austr.
– **radula** Lindl. · ♄ e Z9 (K) IX-X; W-Austr.
– **spathulata** Schauer · ♄ e Z9 (K); W-Austr.
– **squamea** Labill. · ♄ e Z9 (K); Austr.: N.S.Wales, Victoria, Tasman., S-Austr.
– **squarrosa** Sm. · ♄ e Z9 (K); Austr.: N.S.Wales, Victoria, Tasman., S-Austr.
– **styphelioides** Sm. · ♄ e Z9 (K) V-VII; Austr.: N.S.Wales
– **thymifolia** Sm. · ♄ e Z9 (K); Austr.: N.S.Wales, Victoria
– **viridiflora** Sol. ex Gaertn. · D:Grünblütige Myrtenheide; E:Broad Leaved Tea Tree · ♄ e Z9 (K) ⚕ Ⓝ; Austr.: W-Austr., N.Terr., Queensl.; N. Caled.
– **wilsonii** F. Muell. · ♄ e Z9 (K); Austr.: Victoria

Melampodium L. -n- *Asteraceae (Compositae)* · 37 sp
– **paludosum** Humb., Bonpl. et Kunth · D:Sterntaler · ♃ (K) VI-IX; S-Am.

Melampyrum L. -n- *Scrophulariaceae* · 35 sp · D:Wachtelweizen; E:Cow Wheat; F:Mélampyre
– **arvense** L. · D:Acker-Wachtelweizen · ⊙ VI-IX; Eur.*, Cauc., W-Sib.
– **barbatum** Waldst. et Kit. ex Willd.
 – subsp. **barbatum** · D:Bart-Wachtelweizen · ⊙ V-VII; Eur.: A, EC-Eur., Ba, RO
 – subsp. **carstiense** Ronniger · D:Karst-Wachtelweizen · ⊙ VI-VII; Eur.: I, A, Ba
– **cristatum** L. · D:Kamm-Wachtelweizen · ⊙ VI-IX; Eur.*, Cauc., W-Sib., E-Sib., C-As.
– **nemorosum** L. · D:Hain-Wachtelweizen · ⊙ V-IX; Eur.: Ap, C-Eur., EC-Eur., Sc, Ba, E-Eur.
– **polonicum** (Beauverd) Soó · D:Polnischer Wachtelweizen · ⊙ VI-IX; Eur.: D, PL, E-Eur.
– **pratense** L. · D:Wiesen-Wachtelweizen; E:Common Cow Wheat, Cow Wheat · ⊙ VI-VIII; Eur.*, W-Sib., E-Sib.
– **subalpinum** (Jur.) A. Kern. · D:Schmalblättriger Wachtelweizen · ⊙ VI-IX; Eur.: A, ? CZ
– **sylvaticum** L. · D:Wald-Wachtelweizen · ⊙ VI-IX; Eur.*, Cauc., W-Sib.

Melandryum Rchb. = Silene
– *noctiflorum* (L.) Fr. = Silene noctiflora

Melanorrhoea Wall. = Gluta
– *usitata* Wall. = Gluta usitata

Melanoselinum Hoffm. -n- *Apiaceae (Umbelliferae)* · 4 sp
– **decipiens** (Schrad. et H.L. Wendl.) Hoffm. · ⊙ ♄ Z9 (K) IV-VI ▽; Azor., Madeira, Canar., Cap Verde

Melanthium L. -n- *Melanthiaceae* · 5 sp
– **hybridum** Walter · ♃ Z6 VII-VIII; USA: NE, SE
– *latifolium* Desr. = Melanthium hybridum
– **virginicum** L. · E:Bunchflower · ♃ Z5 VII-VIII; USA: NE, NCE, SC, SE, Fla.

Melastoma L. -n- *Melastomataceae* · c. 70 sp · D:Schwarzmund; E:Indian Rhododendron; F:Mélastome
– **candidum** D. Don · ♄ e Z10 (W); Ryukyu-Ins., Taiwan, Phil., SE-Austr.
– *decemfidum* Roxb. = Melastoma sanguineum
– **malabathricum** L. · D:Indischer Schwarzmund; E:Indian Rhododendron · ♄ e Z10 (W) VII; Thail., Laos, Vietn., Malay. Pen., N-Austr., Polyn.
– **sanguineum** Sims · ♄ e Z10 (W) IX-X; S-China, Malay. Arch.

Melia L. -f- *Meliaceae* · 3 sp · D:Paternosterbaum, Zederachbaum; E:China Berry, Pagoda Tree; F:Lilas des Indes
– *azadirachta* L. = Azadirachta indica
– **azedarach** L. · D:Indischer Zederachbaum; E:Bead Tree, China Berry, Pride-of-India · ₺ d Z10 Ⓚ VI ⚕ ☠ Ⓝ; Him., Ind., China, nat. in F, Ba, TR, Trop. Am., SE-USA
– *japonica* G. Don = Melia azedarach

Melianthus L. -m- *Melianthaceae* · 6 sp · D:Honigblume, Honigstrauch; E:Honey Bush; F:Buisson-à-miel, Mélianthe
– **comosus** Vahl · ♄ e Z9 Ⓚ VII-VIII; S-Afr.
– **major** L. · D:Honigstrauch; E:Honey Bush · ♄ e Z9 Ⓚ V-VII; S-Afr., nat. in Canar., Ind., Bol.
– **minor** L. · ♄ e Z9 Ⓚ V-VII; S-Afr.

Melica L. -f- *Poaceae (Gramineae)* · 70-80 sp · D:Perlgras; E:Melick; F:Mélique
– **altissima** L. · D:Hohes Perlgras; E:Siberian Melick · ♃ Z5 VI; Eur.: A, EC-Eur., Ba, E-Eur.; TR, Iran, nat. in Cauc., W-Sib., E-Sib., C-As.,
– **bauhinii** All. · ♃; Eur.: Balear., F, Corse, I, ? W-Ba
– **ciliata** L. · D:Wimper-Perlgras; E:Eyelash Pearl Grass; F:Mélique ciliée · ♃ VI; Eur.* exc. BrI; TR, N-Iraq, Cauc., Iran, C-As.
– **mutica** Walter · D:Zweiblütiges Perlgras; E:Two Flower Melic Grass · ♃ V-VI; USA: NE, NCE, SC, SE, Fla.
– *nebrodensis* Parl. = Melica ciliata
– **nutans** L. · D:Nickendes Perlgras; E:Mountain Melick · ♃ Z6 V-VI; Eur.*, Cauc., Him., W-Sib., E-Sib., Amur, Sachal., C-As., N-China, Korea, Jap.
– **picta** K. Koch · D:Buntes Perlgras · ♃ V-VI; Eur.: C-Eur., EC-Eur., Ba, E-Eur., FIN; TR, Cauc.
– × **thuringiaca** Rauschert (*M. ciliata* × *M. transsilvanica*) · D:Thüringer Wimper-Perlgras · ♃; D +
– **transsilvanica** Schur · D:Siebenbürger Perlgras; F:Mélique de Transsylvanie · ♃ Z6 VI; Eur.: Fr, C-Eur., EC-Eur., Ba, E-Eur., Ap; Cauc., W-Sib., E-Sib., C-As.
– **uniflora** Retz. · D:Einblütiges Perlgras; E:Wood Melick; F:Mélique uniflore · ♃ Z7 V-VI; Eur.*, TR, Cauc., N-Iran, NW-Afr.

Melicoccus P. Browne -m- *Sapindaceae* · 2 sp · D:Honigbeere; E:Honey Berry; F:Kénépier
– **bijugatus** Jacq. · D:Honigbeere; E:Honey Berry, Spanish Lime · ₺ Z10 Ⓚ Ⓝ; trop. Am.

Melicope J.R. Forst. et G. Forst. -f- *Rutaceae* · 150 sp
– **ternata** J.R. Forst. et G. Forst. · ₺ e Z10 Ⓚ VI; NZ

Melicytus J.R. Forst. et G. Forst. -m- *Violaceae* · 5 (-9) sp
– **ramiflorus** J.R. Forst. et G. Forst. · E:Whitey Wood · ♄ e ♧ Z9 Ⓚ; NZ

Melilotus Mill. -m- *Fabaceae (Leguminosae)* · 20 sp · D:Steinklee; E:Melilot, Sweet Clover; F:Mélilot
– **albus** Medik. · D:Weißer Steinklee; E:White Sweet Clover · ⊙ VI-IX Ⓝ; Eur.* exc. BrI, nat. in BrI
– **altissimus** Thuill. · D:Hoher Steinklee; E:Tall Melilot · ⊙ VII-IX Ⓝ; Eur.* exc. BrI; W-Sib. (Altai), nat. in BrI
– **dentatus** (Waldst. et Kit.) Pers. · D:Gezähnter Steinklee, Salz-Steinklee · ⊙ VII-IX; Eur.: C-Eur., EC-Eur., W-Ba, Sc, E-Eur.; Cauc., W-Sib., E-Sib., C-As.
– **indicus** (L.) All. · D:Kleinblütiger Steinklee; E:Indian Sweet Clover · ⊙ VI-VII; Eur.: Ib, Fr, Ap, Ba; TR, Levante, Cauc., Ind, C-As., Canar., N-Afr., nat. in Eur.: BrI, C-Eur., EC-Eur.; N-Am., Trop.
– **officinalis** (L.) Lam. · D:Echter Steinklee, Gelber Steinklee; E:Sweet Clover, Yellow Melilot · ⊙ VI-IX ⚕ Ⓝ; Eur.* exc. BrI, Sc; TR, Cauc., Iran, W-Sib., E-Sib., C-As., Tibet, Him., nat. in N-Am.
– **sulcatus** Desf. · D:Gefurchter Honigklee; E:Grooved Melilot · ⊙ VI-VIII; Eur.: Ib, Fr, Ap, Ba; TR, Levante, N-Afr.

Meliosma Blume -f- *Sabiaceae* · c. 50 sp
– *cuneifolia* Franch. = Meliosma dilleniifolia subsp. cuneifolia
– **dilleniifolia**
  – subsp. **cuneifolia** (Franch.) Beusekom · ₺ ♄ d Z7; W-China
  – subsp. **tenuis** (Maxim.) Beusekom · ♄ d Z9 Ⓚ VII-VIII; Jap.
– *oldhamii* Maxim. = Meliosma pinnata
– **pinnata** (Roxb.) Walp. · ₺ d Z9 Ⓚ; Korea, China
– *tenuis* Maxim. = Meliosma dilleniifolia subsp. tenuis

Melissa L. -f- *Lamiaceae (Labiatae)* · 3 sp · D:Melisse; E:Balm; F:Citronnelle, Mélisse
- **officinalis** L. · D:Zitronen-Melisse; E:Bee Balm, Lemon Balm · ♃ D Z4 VI-VIII ⚕ Ⓝ; Eur.: Ib, Fr, Ap, Ba, RO; TR, Levante, Cauc., N-Iraq, N-Iran, Maroc., Tun., nat. in BrI, Sc, C-Eur., EC-Eur.

Melittis L. -f- *Lamiaceae (Labiatae)* · 1 sp · D:Immenblatt; E:Bastard Balm; F:Mélitte
- **melissophyllum** L. · D:Bienensaug, Immenblatt; E:Bastard Balm; F:Mélitte à feuilles de mélisse · ♃ Z6 V-VI ⚕ ▽; Eur.* exc. Sc

Melocactus Link et Otto -m- *Cactaceae* · 31 sp · D:Melonenkaktus; E:Turk's Cap Cactus; F:Cactus-melon
- *amoenus* Hoffmanns. = Melocactus caesius
- **azureus** Buining et Brederoo · ψ Z10 Ⓦ ▽ ✻; E-Bras.: Bahia
- **caesius** H.L. Wendl. · ψ Z10 Ⓦ ▽ ✻; Trinidad
- *communis* (Aiton) Link et Otto = Melocactus intortus
- **curvispinus** Pfeiff. · ψ Z10 Ⓦ ▽ ✻; Mex., Guat.
- *delessertianus* Lem. ex Labour. = Melocactus curvispinus
- *depressus* Hook. = Melocactus violaceus
- **glaucescens** Buining et Brederoo · ψ Z10 Ⓦ ▽ ✻; E-Bras.: Bahia
- *guitartii* Léon = Melocactus curvispinus
- **intortus** (Mill.) Urb. · ψ Z10 Ⓦ ▽ ✻; W.Ind.
- *jansenianus* Backeb. = Melocactus peruvianus
- *loboguerreroi* Cárdenas = Melocactus curvispinus
- *maxonii* (Rose) Gürke = Melocactus curvispinus
- *melocactoides* (Hoffmanns.) DC. = Melocactus violaceus
- *oaxacensis* (Britton et Rose) Backeb. = Melocactus curvispinus
- **oreas** Miq. · ψ Z10 Ⓦ ▽ ✻; E-Bras.
- **peruvianus** Vaupel · ψ Z10 Ⓦ ▽ ✻; S-Ecuad., Peru
- **violaceus** Pfeiff. · ψ Z10 Ⓦ ▽ ✻; E-Bras.

Melocanna Trin. -f- *Poaceae (Gramineae)* · 2 sp
- **baccifera** (Roxb.) Kurz · ♄ Ⓦ Ⓝ; Ind., Myanmar

Melothria L. -f- *Cucurbitaceae* · 10 sp · D:Haarblume; E:Moccasin Grass
- *indica* (L.) Lour. = Zehneria indica
- *japonica* (Thunb.) Maxim. ex Cogn. = Zehneria indica
- *maderaspatana* (L.) Cogn. = Mukia maderaspatana
- **pendula** L. · D:Haarblume; E:Guadeloupe Cucumber, Moccasin Grass · ♃ ⅋ Z10 Ⓚ; USA: NE, NCE, SC, SE, Fla.; Mex.
- *punctata* (Thunb.) Cogn. = Zehneria scabra
- *scabra* (L. f.) Naudin = Zehneria scabra

Mendoncella A.D. Hawkes -f- *Orchidaceae* · 4 sp
- **fimbriata** (Linden et Rchb. f.) Garay · ♃ Z10 Ⓦ ▽ ✻; Col.

Menispermum L. -n- *Menispermaceae* · 2 sp · D:Mondsame; E:Moonseed
- **canadense** L. · D:Amerikanischer Mondsame; E:Moonseed, Yellow Sarsaparilla · ♄ d ≹ Z5 VI-VII; Can.: E; USA: NE, NCE, NC, SE, Fla., SC
- **dauricum** DC. · D:Dahurischer Mondsame · ♄ d ≹ Z5 VI-VII; Jap., Korea, Manch., N-China, E-Sib.

Mentha L. -f- *Lamiaceae (Labiatae)* · 25 sp · D:Minze; E:Mints; F:Menthe
- **aquatica** L. · D:Wasser-Minze; E:Horsemint, Water Mint; F:Menthe aquatique · ♃ ～ D Z6 VII-X ⚕ Ⓝ; Eur.*, TR, Levante, Cauc., Iran, NW-Afr., Libya
- **arvensis** L.
  - subsp. *haplocalyx* (Briq.) Briq. = Mentha arvensis var. piperascens
  - var. **arvensis** · D:Acker-Minze; E:Corn Mint, Wild Mint · ♃ D Z4 VI-X ⚕; Eur.*, TR, Cauc., W-Sib., E-Sib., Amur, Sachal., Kamchat., C-As., Him., China, Alaska, Can., USA*, nat. in Java, Phil., NZ
  - var. **piperascens** Malinv. · D:Japanische Minze · ♃ D Z4 VI-VIII ⚕ Ⓝ; W-Sib., E-Sib., Amur, N-China, Korea, Jap.
- × **carinthiaca** Host (*M. arvensis* × *M. suaveolens*) · D:Kärntner Minze · ♃; Eur.: D, A, Slove., Croatia, F, I (Alsace) +
- × *citrata* Ehrh. = Mentha × piperita nothovar. citrata
- × **dalmatica** Tausch (*M. arvensis* × *M. longifolia*) · D:Dalmatiner Minze · ♃; Eur.: D, CZ, H, I, Slove., Croatia +
- × **dumetorum** Schult. (*M. aquatica* × *M.

longifolia) · D:Gebüsch-Minze · ♃ VII-IX; D, F, I +
- × *gentilis* L. = Mentha × gracilis
- × **gracilis** Sole (*M. arvensis* × *M. spicata subsp. spicata*) · D:Edel-Minze; E:Ginger Mint · ♃ D Z6 Ⓝ; cult. Eur.
- **longifolia** (L.) Huds. · D:Ross-Minze; E:Biblical Mint, Horse Mint · ♃ D Z6 VII-IX ⚕ Ⓝ; Eur.* exc. Sc; TR, Levante, Cauc., Iraq, Iran, NW-Afr.
- × *maximilianea* F.W. Schultz = Mentha × suavis
- × *niliaca* Juss. ex Jacq. = Mentha × rotundifolia
- × **piperita** L.
  - **nothovar. citrata** (Ehrh.) Briq. · D:Bergamot-Minze; E:Lemon Mint · Z3; cult.
    - **in Sorten**
  - **nothovar. piperita** (*M. aquatica* × *M. spicata subsp. spicata*) · D:Pfeffer-Minze, Pfefferminze; E:Peppermint; F:Menthe poivrée · ♃ Z3 VI-VII ⚕; ? BrI; cult., nat. in Eur.*
    - **in Sorten**
- **pulegium** L. · D:Polei-Minze; E:Pennyroyal · ♃ D Z7 VII-IX ⚕ ☠ Ⓝ; Eur.*, TR, Levante, Iran, N-Afr.
- **requienii** Benth. · D:Korsische Minze; E:Corsican Mint · ♃ ⇝ D Z7 ⌂ ∧ VI-IX; Eur.: Corse, Sard., Montecristo, nat. in BrI, P
- × **rotundifolia** (L.) Huds. (*M. longifolia* × *M. suaveolens*) · D:Apfel-Minze · ♃ VI-IX; Eur.: BrI, NL, D, Canar.; TR, NW-Afr., Macaron., nat. in W-Sib., C-As., N-Am., C-Am.
- × **smithiana** R.A. Graham (*M. aquatica* × *M. arvensis* × *M. spicata subsp. spicata*) · D:Rote Minze · ♃ Z6 ⚕; Eur.: Sc, C-Eur., I +, nat. in BrI, Fr, Ap, EC-Eur., RO
- **spicata** L.
  - **in Sorten**
  - subsp. **spicata** · D:Ährige Minze, Grüne Minze; E:Spearmint · ♃ D Z3 VII-IX ⚕ Ⓝ; orig. ?
- **suaveolens** Ehrh. · D:Rundblättrige Minze; E:Apple Mint, Pineapple Mint · ♃ Z6 VII-IX Ⓝ; Eur.: Ib, Fr, Ap, Ba, BrI; TR, NW-Afr., nat. in Sc, C-Eur., EC-Eur., E-Eur.
- × **suavis** Guss. (*M. aquatica* × *M. suaveolens*) · ♃; C-Eur., BrI, I +
- *sylvestris* L. = Mentha longifolia
- **verticillata** L. · D:Quirl-Minze · ♃ VII-VIII; Eur.*
- × **villosa** Huds. (*M. spicata subsp. spicata* × *M. suaveolens*) · D:Hain-Minze · ♃ Z5; cult., nat. in W-Eur.
- × **villosonervata** Opiz (*M. longifolia* × *M. spicata subsp. spicata*) · D:Bastard-Grünminze · ♃; D +, nat. in BrI
- *viridis* (L.) L. = Mentha spicata subsp. spicata
- **Cultivars**
  - *'Nile Valle Mint'* = Mentha × rotundifolia

Mentzelia L. -f- *Loasaceae* · 60 sp
- *aurea* (Lindl.) Baill. non Nutt. = Mentzelia lindleyi
- *bartonioides* (Zucc.) Benth. et Hook. f. = Eucnide bartonioides
- **decapetala** (Pursh) Urb. et Gilg · E:Gumbo Lily · ⊙ ♃ ▭ VIII-X; Can.: W; USA: Roocky Mts., NC, SC, Iowa
- **lindleyi** Torr. et A. Gray · E:Blazing Star · ⊙ VII-VIII; Calif.
- *ornata* Nutt. = Mentzelia decapetala

Menyanthes L. -f- *Menyanthaceae* · 1 sp · D:Bitterklee, Fieberklee; E:Bogbean, Marsh Trefoil; F:Trèfle d'eau
- *exaltata* Sims = Villarsia exaltata
- *ovata* L. f. = Villarsia ovata
- **trifoliata** L. · D:Bitterklee, Fieberklee; E:Bogbean, Water Trefoil; F:Trèfle d'eau · ♃ ⁓ ≈ Z3 V-VI ⚕ ▽; Eur.*, TR, Cauc., W-Sib., E-Sib., Amur, Sachal., Kamchat., C-As., Mong., Manch., Jap., Maroc., Alaska, Can., USA: NE, NCE; Greenl.

Menziesia Sm. -f- *Ericaceae* · 7 sp · D:Menziesie; E:Menziesia; F:Menziesia
- **ciliicalyx** (Miq.) Maxim.
  - var. **ciliicalyx** · D:Bewimperte Menziesie · ♄ d Z6 V-VI; Jap.
  - var. **purpurea** (Maxim.) Makino · D:Bewimperte Menziesie · ♄ d Z6 V-VI; Jap.
- **ferruginea** Sm. · D:Rostige Menziesie; E:False Azalea, Fool's Huckleberry · ♄ d Z6 VI; Alaska, B.C., USA: NW
- **pilosa** (Michx.) Juss. · D:Borstige Menziesie · ♄ d Z6 V-VI; USA: NE, SE
- **purpurea** Maxim. · ♄ d Z6 V-VI; Jap.

Mercurialis L. -f- *Euphorbiaceae* · 8 sp · D:Bingelkraut; E:Mercury; F:Mercuriale
- **annua** L. · D:Einjähriges Bingelkraut; E:French Mercury · ⊙ IV-X ⚕ ☠; Eur.*,

TR, Levante, Cauc., Canar., Azor., N-Afr.
– **ovata** Sternb. ex Hoppe · D:Eiblättriges Bingelkraut · ♃ IV-V ☠; Eur.: I, C-Eur., EC-Eur., Ba, E-Eur.; TR, Levante, Cauc.
– × **paxii** Graebn. (*M. ovata* × *M. perennis*) · ♃ IV-V ☠; D, I +
– **perennis** L. · D:Ausdauerndes Bingelkraut; E:Dog's Mercury; F:Mercuriale pérenne · ♃ IV-V ☠; Eur.*, Cauc.

Merremia Dennst. ex Endl. -f- *Convolvulaceae* · 70-80 sp
– **dissecta** (Jacq.) Hallier f. · E:Alamo Vine · ♃ ≹ Z9 ⌂K VII-X; USA: SE, Fla., Tex.; S-Am.
– *macrocarpa* (L.) Roberty = Operculina macrocarpa
– **sibirica** (L.) Hallier f. · ☉ ≹ Z9 VII-IX; E-Sib., Amur, Mong., Manch., N-China
– **tuberosa** (L.) Rendle · E:Wooden Rose, Yellow Morning Glory · ♃ Z9 ⌂W Ⓝ; W.Ind., Bras., trop. Afr., Ind.
– *turpethum* (L.) Rendle = Operculina turpethum

Mertensia Roth -f- *Boraginaceae* · 45-50 sp · D:Blauglöckchen; E:Bluebell, Oysterplant; F:Mertensia
– **ciliata** (James) G. Don · D:Berg-Blauglöckchen; E:Chiming Bells, Mountain Bluebell · ♃ Z4 V-VII; Can.: W; USA: NW, Calif., Rocky Mts., SW
– **echioides** Benth. · ♃ △ Z6 V-VI; Tibet, W-Him.
– **elongata** Benth. · ♃ △ Z6 V-VI; Kashmir
– **lanceolata** (Pursh) DC. · D:Prärie-Blauglöckchen; E:Prairie Bluebells · ♃ △ Z4 IV-V; Can.: W; USA: Rocky Mts., NC
– **maritima** (L.) Gray · D:Austernpflanze, Mertensie; E:Oyster Plant · ♃ Z3; Eur.: BrI, Sc, N-Russ.; E-Sib., Amur, Sachal., Kamchat., Korea, Jap.
– **paniculata** (Aiton) G. Don · D:Rispiges Blauglöckchen; E:Tall Bluebells; F:Mertensia paniculé · ♃ Z4 V-VI; Alaska, Can.; USA: Wash., Idaho, Mont., NC, NCE
– **primuloides** C.B. Clarke · ♃ ⇝ △ Z5 V-VI; Him.
– **pterocarpa** Tatew. et Ohwi · ♃ △ Z3 V-VIII; Jap
– *pulmonarioides* Roth = Mertensia virginica
– **sibirica** (L.) G. Don · ♃ Z3 V-VI; E-Sib.
– **tibetica** C.B. Clarke · ♃ ⇝ ⌂K V-VI; Tibet
– **virginica** (L.) Pers. · D:Virginisches Blauglöckchen; E:Virginia Bluebells, Virginia Cowslip; F:Mertensia de Virginie · ♃ △ Z3 IV-V; Ont., USA: NE, NCE, Kans., SE

Meryta J.R. Forst. et G. Forst. -f- *Araliaceae* · 30 sp
– **denhamii** Seem. · ♄ e Z10 ⌂W; N.Caled.

Mesembryanthemum L. -n- *Aizoaceae* · 25 (-50) sp · D:Eiskraut; F:Ficoide
– *acinaciforme* L. = Carpobrotus acinaciformis
– *cordifolium* L. f. = Aptenia cordifolia
– *criniflorum* L. f. = Dorotheanthus bellidiformis
– **crystallinum** L. · D:Eiskraut; E:Ice Plant · ☉ Ψ Z9 ⌂K VIII-IX ☠ Ⓝ; Eur.: Ib, F, Ap, Ba; Palaest., Sinai, NW-Afr., Libya, S-Afr., Namibia, nat. in Calif., Austr.
– *echinatum* Aiton non Lam. = Delosperma pruinosum
– *edule* L. = Carpobrotus edulis
– *muirii* L. = Carpobrotus muirii
– *oculatum* N.E. Br. = Sphalmanthus oculatus
– *pomeridianum* L. = Carpanthea pomeridiana
– *pruinosum* Thunb. = Delosperma pruinosum
– *velutinum* Dinter non L. Bolus = Astridia dinteri

Mesosphaerum P. Browne = Hyptis
– *spicigerum* (Lam.) Kuntze = Hyptis spicigera

Mesospinidium Rchb.f. -n- *Orchidaceae* · 7 sp
– *roseum* (Lindl.) Rchb. f. = Cochlioda rosea
– *sanguineum* Rchb. f. = Symphyglossum sanguineum

Mespilus L. -f- *Rosaceae* · 1 sp · D:Mispel; E:Medlar; F:Néflier
– *arbutifolia* L. = Aronia arbutifolia var. arbutifolia
  – var. *melanocarpa* Michx. = Aronia melanocarpa var. melanocarpa
– **germanica** L. · D:Echte Mispel; E:Medlar; F:Néflier commun · ♄ ♄ d Z5 V-VI ⚕ Ⓝ; Eur.: Ap, Ba, Krim; TR, Cauc., N-Iran, C-As., nat. in BrI, Fr, Ap, C-Eur., EC-Eur.
– *prunifolia* Marshall = Aronia × prunifolia
– *prunifolia* Poir. = Crataegus × persimilis

Mesua L. -f- *Clusiaceae (Guttiferae)* · 40-48 sp
– **ferrea** L. · D:Gaugauholz; E:Gau-gau, Ironwood · ħ e Z10 ⓦ ⓝ; Ind., Andaman I., Thail., Malay. Arch.

Metaplexis R. Br. -f- *Asclepiadaceae* · 6 sp
– **japonica** Makino · ♃; Jap., Korea, Manch., China

Metasequoia Miki ex Hu et W.C. Cheng -f- *Taxodiaceae* · 1 sp · D:Urweltmammutbaum; E:Redwood; F:Métaséquoia
– **glyptostroboides** Hu et W.C. Cheng · D:Urweltmammutbaum; E:Dawn Redwood; F:Métaséquoia · ħ d Z6 V ⓝ; China: Sichuan, Hupeh

Metrosideros Banks ex Gaertn. -f- *Myrtaceae* · 50 sp · D:Eisenholz; E:Rata, Rata Vine; F:Bois-de-fer
– **angustifolia** (L.) Sm. · ħ ħ e Z9 ⓚ; S-Afr.
– *citrina* Curtis = Callistemon citrinus
– **diffusa** (G. Forst.) Sm. · D:Kurzes Lianen-Eisenholz; E:Small Rata Vine · ħ e § ⇝ Z9 ⓚ IV-V; NZ
– **excelsa** Sol. ex Gaertn. · D:Pohutukawa-Eisenholz; E:New Zealand Christmas Tree, Pohutukawa · ħ ħ e Z9 ⓚ II-III; NZ
– *florida* (G. Forst.) Sm. = Metrosideros fulgens
– *florida* Hook. = Metrosideros robusta
– **fulgens** Sol. ex Gaertn. · D:Lianen-Eisenholz; E:Rata Vine · ħ e § Z9 ⓚ VIII; NZ
– *hypericifolia* A. Cunn. non Salisb. = Metrosideros diffusa
– **kermadecensis** W.R.B. Oliv. · ħ e Z9 ⓚ VI-VIII; NZ
– *lanceolata* Sm. = Callistemon citrinus
– **perforata** (J.R. Forst. et G. Forst.) A. Rich. · ħ e § Z9 ⓚ IV-V; NZ
– **robusta** A. Cunn. · D:Nordinsel-Eisenholz; E:North Island Rata, Rata · ħ e Z9 ⓚ III-IV; NZ
– *saligna* Sm. = Callistemon salignus
– *scandens* (J.R. Forst. et G. Forst.) Druce = Metrosideros fulgens
– *scandens* Sol. ex Gaertn. = Metrosideros perforata
– *semperflorens* Lodd. = Callistemon citrinus
– *speciosa* Sims = Callistemon speciosus
– *tomentosa* A. Rich. = Metrosideros excelsa
– **umbellata** Cav. · D:Südinsel-Eisenholz; E:Southern Rata · ħ ħ e Z9 ⓚ II-III; NZ
– *villosa* Kirk = Metrosideros kermadecensis

Metroxylon Rottb. -n- *Arecaceae (Palmae)* · 5 (-8) sp · D:Sagopalme; E:Sago Palm; F:Sagoutier
– *rumphii* (Willd.) Mart. = Metroxylon sagu
– **sagu** Rottb. · D:Sagopalme; E:Sago, Sago Palm · ħ e Z10 ⓦ ⓝ; Malay.Arch., N.Guinea

Meum Mill. -n- *Apiaceae (Umbelliferae)* · 3 sp · D:Bärwurz; E:Spignel; F:Baudremoine, Méum
– **athamanticum** Jacq. · D:Gewöhnliche Bärwurz; E:Baldmoney, Bearwort, Spignel; F:Fenouil des Alpes · ♃ △ D Z7 V-VIII ⚕; Eur.* exc. Sc, EC-Eur.; mts.
– *mutellina* (L.) Gaertn. = Ligusticum mutellina

Meyenia Nees -f- *Acanthaceae* · 1 sp
– **erecta** Benth. · ħ ⓦ I-XII; W-Afr.

Mibora Adans. -f- *Poaceae (Gramineae)* · 2 sp · D:Sand-Zwerggras; E:Sand Grass; F:Mibora
– **minima** (L.) Desv. · D:Sand-Zwerggras; E:Sand Bent, Sand Grass · ☉ Z7 III-V; Eur.: BrI, Fr, D, Ib, Ba; Alger., nat. in NL, USA, Austr.

Michauxia L'Hér. -f- *Campanulaceae* · 7 sp · D:Michauxie, Türkenglocke; F:Michauxia
– **campanuloides** L'Hér. · ☉ Z7 ∧ VII-IX; TR
– **laevigata** Vent. · ☉ △ Z7 ∧ VII-VIII; N-Iran
– **tchihatchewii** Fisch. et Heldr. · ☉ Z7 ∧ VII-VIII; S-TR

Michelia L. -f- *Magnoliaceae* · 47 sp
– *acris* Ruiz et Pav. ex López = Drimys winteri
– *amoena* Q.F. Zheng et M.M. Lin = Michelia figo
– *arfakiana* A. Agostini = Elmerrillia tsiampacca
– *aurantiaca* Wall. = Michelia champaca var. champaca
– *blumei* Steud. = Michelia champaca var. champaca
– *brevipes* Y.K. Li et X.M. Wang = Michelia figo
– *celebica* Koord. = Elmerrillia tsiampacca

– **champaca** L.
  – var. *blumei* Moritzi = Michelia champaca var. champaca
  – var. **champaca** · D:Champaka; E:Champac · ♄ e Z9 Ⓚ Ⓝ; Ind., Java
– *champava* Lour. ex Gomes = Michelia champaca var. champaca
– *chartacea* B.L. Chen et S.C. Yang = Michelia champaca var. champaca
– *euonymoides* Burm. f. = Michelia champaca var. champaca
– *fascicata* (Andrews) Vent. = Michelia figo
– **figo** (Lour.) Spreng. · E:Banana Shrub · ♄ e D Z9 Ⓚ IV-VI; SE-China
– *forbesii* Baker f. = Elmerrillia tsiampacca
– *fuscata* (Andrews) Blume = Michelia figo
– *fuscata* (Andrews) Wall. = Michelia figo
– *gracilis* Kostel. = Magnolia kobus
– *parviflora* Deless. = Michelia figo
– *parvifolia* (DC.) B.D. Jacks. = Michelia figo
– *rheedei* Wight = Michelia champaca var. champaca
– *rufinervis* DC. = Michelia champaca var. champaca
– *sericea* Pers. = Michelia champaca var. champaca
– *skinneriana* Dunn = Michelia figo
– *suaveolens* Pers. = Michelia champaca var. champaca
– *tsiampacca* L. = Elmerrillia tsiampacca
  – var. *blumei* Moritzi = Michelia champaca var. champaca
– *yulan* (Desf.) Kostel. = Magnolia denudata

Miconia Ruiz et Pav. -f- *Melastomataceae* · c. 1000 sp
– **calvescens** DC. · ♄ e Ⓦ; Mex.
– **hookeriana** Triana · ♄ e Ⓦ; Ecuad., Peru

Micranthemum Michx. -n- *Scrophulariaceae* · 4 sp
– *orbiculatum* Michx. = Micranthemum umbrosum
– **umbrosum** (J.F. Gmel.) S.F. Blake · ♃ ~ ≈ Z9 Ⓦ; USA: Tex., SE, Fla. Va.; Mex., C-Am., W-Ind., S-Am.

Micranthocereus Backeb. -m- *Cactaceae* · 9 sp
– *lehmannianus* (Werderm.) F. Ritter = Austrocephalocereus lehmannianus
– **polyanthus** (Werderm.) Backeb. · ♄ Ψ Z9 Ⓚ ▽ *; E-Bras.: Bahia
– *purpureus* (Gürke) F. Ritter = Austrocephalocereus purpureus

Microbiota Kom. -f- *Cupressaceae* · 1 sp · D:Zwerglebensbaum; F:Thuya nain
– **decussata** Kom. · D:Zwerglebensbaum · ♄ e ⇝ △ Z3; E-Sib. (Prov. Primorskaja)

Microcachrys Hook.f. -f- *Podocarpaceae* · 1 sp
– **tetragona** Hook. f. · ♄ e Z8 Ⓚ; W-Tasman.

Microcitrus Swingle -f- *Rutaceae* · 4 sp · D:Fingerlimette; E:Finger Lime
– **australasica** (F. Muell.) Swingle · D:Australische Fingerlimette; E:Australian Finger Lime, Native Finger Lime · ♄ e Z10 Ⓚ; Austr.: Queensl., N.S.Wales
– **australis** (Planch.) Swingle · D:Australische Limette; E:Australian Round Lime · ♄ e Z10 Ⓚ; NE-Austr.

Microcoelum Burret et Potztal = Lytocaryum
– *martianum* (Glaz. ex Drude) Burret et Potztal = Lytocaryum weddellianum
– *weddellianum* (H. Wendl.) H.E. Moore = Lytocaryum weddellianum

Microcycas (Miq.) A. DC. -f- *Zamiaceae* · 1 sp · D:Zwergpalmfarn; E:Palma Corcho; F:Petit cycas
– **calocoma** (Miq.) A. DC. · D:Zwergpalmfarn; E:Palma Corcho · ♄ e Z10 Ⓦ ▽ *; W-Cuba

Microglossa DC. -f- *Asteraceae (Compositae)* · 10 sp · D:Rutenaster; F:Aster blanchâtre
– **afzelii** O. Hoffm. · ♄ ≹; trop. S-Afr.
– *albescens* (DC.) C.B. Clarke = Aster albescens

Microgramma C. Presl -f- *Polypodiaceae* · 15 sp
– **vacciniifolia** (Langsd. et Fisch.) Copel. · ♃ ≹ Z10 Ⓦ; trop. Am.

Microlepia C. Presl -f- *Dennstaedtiaceae* · 45 sp
– **hirta** C. Presl · ♃ Z10 Ⓦ; Ind., SE-As., Polyn.
– **platyphylla** (D. Don) J. Sm. · ♃ Z10 Ⓦ; Ind., Sri Lanka
– **speluncae** (L.) T. Moore · E:Limp Leaf Fern · ♃ Z10 Ⓦ; trop. Afr., S-Afr.

Micromeles Decne. = Sorbus
– *alnifolia* (Siebold et Zucc.) K. Koch = Sorbus alnifolia var. alnifolia

Micromeria Benth. -f- *Lamiaceae (Labiatae)* · 70-90 sp · D:Felsenlippe; F:Micromérie
– **croatica** (Pers.) Schott · D:Kroatische Felsenlippe · ♄ △ Z7 VI-VII; Eur.: Croatia, Bosn., YU
– *pygmaea* (Siebold ex Vis.) Rchb. = Satureja montana subsp. illyrica
– *rupestris* (Wulfen ex Jacq.) Benth. = Micromeria thymifolia
– **thymifolia** (Scop.) Fritsch · D:Thymianblättrige Felsenlippe; E:Mountain Mint · ♃ ♄ △ Z6 VII-X; Eur.: N-I, H, Croatia, Bosn., YU, AL

Micropterum Schwantes = Cleretum
– *herrei* Schwantes = Cleretum herrei

Micropus L. -m- *Asteraceae (Compositae)* · 1 sp · D:Falzblume
– **erectus** L. · D:Falzblume · ⊙ VI-VII; Eur.: Ib, F, Ap, CH, A, EC-Eur., Ba, E-Eur.; TR, Cauc., Iran, NW-Afr.

Micropyrum (Gaudin) Link -n- *Poaceae (Gramineae)* · 3 sp · D:Dünnschwingel; F:Fétuque du gravier
– **tenellum** (L.) Link · D:Kies-Dünnschwingel, Kies-Dünnschwanz, Trauben-Schwingel · ⊙ V-VII; Eur.: Ib, Fr, Ap, C-Eur., Ba; TR, Maroc., Alger, Madeira

Microsorum Link -n- *Polypodiaceae* · 40-60 sp
– **musifolium** (Blume) Ching · ♃ Z10 (W); Malay. Arch., N.Guinea
– **pteropus** (Blume) Copel. · D:Javafarn; E:Java Fern · ♃ ≈ Z10 (W); Ind., Sri Lanka, Java
– **punctatum** (L.) Copel. · ♃ Z10 (W); Austr., Pacific Is.
– **scandens** (G. Forst.) Tindale · ♃ Z10 (W); Austr., NZ

Microstrobos J. Garden et L.A.S. Johnson -m- *Podocarpaceae* · 2 sp · E:Dwarf Pine
– **fitzgeraldii** (F. Muell.) J. Garden et L.a.S. Johnson · E:Blue Mountain Pine · ♄ e Z8 (K); Austr.: N.S.Wales

Microstylis (Nutt.) Eaton = Malaxis
– *discolor* Lindl. = Malaxis discolor
– *metallica* Rchb. f. = Malaxis metallica

Mikania Willd. -f- *Asteraceae (Compositae)* · c. 400 sp
– *apiifolia* DC. = Mikania ternata
– **scandens** (L.) Willd. · E:Climbing Hempvine, Louse Plaster · ♃ ≀ ⇝ Z4 VII-VIII Ⓝ; Can.: Ont.; USA: NE, NCE, SE, Fla., SC; trop. Am.
– **ternata** (Vell.) B.L. Rob. · ♃ ≀ ≀ Z10 (W); W-Bras.

Mila Britton et Rose -f- *Cactaceae* · 1 sp
– **caespitosa** Britton et Rose · Ψ Z9 (K) ▽ *; Peru
– *cereoides* Rauh et Backeb. = Mila caespitosa
– *fortalezensis* Rauh et Backeb. = Mila caespitosa
– *nealeana* Backeb. = Mila caespitosa

Milicia Sim -f- *Moraceae* · 2 sp
– **excelsa** (Welw.) C.C. Berg · D:Afrikanisches Teakholz; E:African Teak, Iroko · ♄ Z10 (W) Ⓝ; trop. Afr.

Milium L. -n- *Poaceae (Gramineae)* · 4-7 sp · D:Flattergras; E:Millet; F:Millet
– **effusum** L. · D:Wald-Flattergras, Waldhirse; E:Bowles' Golden Grass, Wood Millet · ♃ ⇝ Z6 V-VII; Eur.*, NW-TR, Cyprus, Cauc., N-Iran, Afgh., Ind. (Him.) W-Sib., E-Sib., Amur, Sachal., Kamchat., C-As., Afgh., Pakist., China, Manch., Korea, Jap., Taiwan, Can.: E; USA: NE, NCE, NC, nat. in NZ
– **vernale** M. Bieb. · D:Raues Flattergras · ⊙ Z5; Eur.: Ib, Fr, Ap, Ba, RO, W-Russ., Krim; TR, Cyprus, Syr., Iraq, Cauc., Iran, C-As., N-Afr.

Milla Cav. -f- *Alliaceae* · 6 sp · D:Mexikostern; F:Etoile du Mexique, Milla
– **biflora** Cav. · ♃ ✂ (K) VII-VIII; Mex., Guat.
– *uniflora* Graham = Ipheion uniflorum

Miltonia Lindl. -f- *Orchidaceae* · -20 sp · D:Miltonie; E:Pansy Orchid; F:Miltonia
– **anceps** Lindl. · ♃ Z10 (W) IV-V ▽ *; Bras.
– **candida** Lindl. · ♃ Z10 (W) VIII-XI ▽ *; Bras.
– **clowesii** Lindl. · ♃ Z10 (W) IX-X ▽ *;

Bras.
– **cuneata** Lindl. · ♃ Z10 Ⓦ II-III ▽ *; Bras.
– *endresii* G. Nicholson = Miltoniopsis warscewiczii
– **flavescens** Lindl. · ♃ Z10 Ⓦ VI-X ▽ *; Bras.
– *phalaenopsis* (Lindl. et Rchb. f.) G. Nicholson = Miltoniopsis phalaenopsis
– **regnellii** Rchb. f. · ♃ Z10 Ⓦ VII-IX ▽ *; E-Bras.
– *roezlii* (Rchb. f.) G. Nicholson = Miltoniopsis roezlii
– **schroederiana** (Rchb. f.) Veitch · ♃ Z10 Ⓦ I-II ▽ *; C-Am.
– **spectabilis** Lindl. · ♃ Z10 Ⓦ VIII ▽ *; Bras.
– *vexillaria* (Rchb. f.) G. Nicholson = Miltoniopsis vexillaria
– **warscewiczii** Rchb. f. · ♃ Z10 Ⓦ III-IV ▽ *; Costa Rica, Col., Peru
– **Cultivars**
  – **in vielen Sorten**

× **Miltonidium** hort. -n- *Orchidaceae* (*Miltonia* × *Oncidium*)

× **Miltonioda** hort. -f- *Orchidaceae* (*Cochlioda* × *Miltonia*)

Miltoniopsis God.-Leb. -f- *Orchidaceae* · 5 sp · D:Stiefmütterchenorchidee; E:Pansy Orchid; F:Miltoniopsis
– **phalaenopsis** (Linden et Rchb. f.) Garay et Dunst. · ♃ Z10 Ⓚ VIII-XI ▽ *; Col.
– **roezlii** (Rchb. f.) God.-Leb. · ♃ Z10 Ⓦ X-XI ▽ *; Col.
– **vexillaria** (Rchb. f.) God.-Leb. · ♃ Z10 Ⓚ V-VI ▽ *; Col., Ecuad.
– **warscewiczii** (Rchb. f.) Garay et Dunst. · ♃ Z10 Ⓦ II ▽ *; Costa Rica, Panama

× **Miltonpasia** hort. -f- *Orchidaceae* (*Aspasia* × *Miltonia*)

× **Miltonpilia** hort. -f- *Orchidaceae* (*Miltonia* × *Trichopilia*)

Mimosa L. -f- *Mimosaceae (Leguminosae)* · 480 sp · D:Mimose, Sinnpflanze; E:Sensitive Plant; F:Mimosa, Sensitive
– **diplotricha** C. Wright · D:Große Sinnpflanze; E:Giant Sensitive Plant · ħ Z9 Ⓦ Ⓝ; C-Am., S-Am.
– *glauca* L. 1763 = Leucaena leucocephala
– *invisa* Mart. = Mimosa diplotricha
– *lebbeck* L. = Albizia lebbeck
– *leucocephala* Lam. = Leucaena leucocephala
– **polycarpa** Kunth
  – var. **polycarpa** · ♄ ħ Z9 Ⓦ; S-Am.
  – var. **spegazzinii** (Pirotta) Burkart · ħ Z9 Ⓦ; Arg.
– **pudica** L. · D:Sinnpflanze; E:Humble Plant, Sensitive Plant, Shame Plant, Touch-me-not · ♄ Z9 Ⓦ VII-VIII Ⓝ; Bras., nat. in Trop.
– **sensitiva** L. · D:Kletternde Sinnpflanze; E:Sensitive Plant · ♄ e ≹ Z9 Ⓦ; trop. Am.
– *spegazzinii* Pirotta = Mimosa polycarpa var. spegazzinii
– *ulicifolia* Salisb. = Acacia ulicifolia

Mimulus L. -m- *Scrophulariaceae* · 150 sp · D:Affenblume, Gauklerblume; E:Monkeyflower, Musk; F:Mimulus
– **aurantiacus** Curtis · D:Buschige Gauklerblume; E:Bush Monkey Flower, Shrubby Musk · ħ Z8 Ⓚ V-VIII; Calif.
– × **burnetii** hort. (*M. cupreus* × *M. luteus*) · ♃ Z7; cult.
– **cardinalis** Douglas ex Benth. · D:Scharlachrote Gauklerblume; E:Scarlet Monkey Flower, Scarlet Musk · ħ Z7 VI-IX; USA: Rocky Mts., SW, Oreg., Calif.; Mex.: Baja Calif.
– **cupreus** hort. ex Dombr. · D:Kupferrote Gauklerblume · ♃ ⇝ △ ∧ VII-IX; Chile
– *glutinosus* J.C. Wendl. = Mimulus aurantiacus
– **guttatus** Fisch. ex DC. · D:Gewöhnliche Gauklerblume; E:Common Monkey Flower, Monkey Flower, Musk · ♃ ⇝ ∼ Z6 VI-X; Alaska, Can.: W; USA: NCE, NC, SW, Rocky Mts., NW, Calif.; Mex., nat. in Eur., USA: NE
– × **hybridus** hort. ex Sieber et Voss (*M. guttatus* × *M. luteus*) · ⊙ ♃ Z6; cult.
  – **in vielen Sorten**
– *langsdorffii* Donn ex Greene = Mimulus guttatus
– **lewisii** Pursh · D:Klebrige Gauklerblume; E:Great Purple Monkey Flower · ♃ ∼ Z7 ∧ VI-VIII; Can.: B.C.; USA: NW, Calif., Rocky Mts.
– **luteus** L. · D:Gelbe Gauklerblume; E:Monkey Musk, Yellow Monkey Flower; F:Mimule jaune · ♃ ∼ Z7 V-VIII; Chile, nat. in Scotland
– *luteus* auct. non L. = Mimulus guttatus

– **moschatus** Douglas ex Lindl. · D:Moschus-Gauklerblume; E:Musk, Musk Plant, Muskflower · ♃ ⇝ ~ Z7 ∧ VI-VIII; Can., USA: NW, Calif., Rocky Mts., NE, NCE, NC, nat. in Eur.
– **primuloides** Benth. · D:Primel-Gauklerblume; E:Yellow Creeping Monkey Flower · ♃ ⇝ △ Z7 ∧ VI-IX; USA: Wash., Oreg., Calif.
– **repens** R. Br. · ♃ ⇝ Ⓚ; Austr., Tasman., NZ
– **ringens** L. · D:Affenblume; E:Monkey Flower, Square Stemmed Monkey Flower; F:Mimule · ♃ Z3 VI-VIII; Can.: E; USA: NE, NCE, NC, SE, SC, Colo.
– × *tigrinus* hort. = Mimulus × hybridus

Mimusops L. -f- *Sapotaceae* · 40-50 sp · D:Affengesicht, Kugelbaum; E:Spanish Cherry; F:Cerise espagnole
– *balata* Crueg. ex Griseb. = Manilkara bidentata
– **elengi** L. · E:Brazilian Milktree, Spanish Cherry, Tanjong Tree · ♄ e D Z10 Ⓦ Ⓝ; Ind., Sri Lanka, Myanmar, Malay. Arch., N.Guinea, Salom.

Mina Cerv. = Ipomoea
– *lobata* Cerv. = Ipomoea lobata

Minuartia L. -f- *Caryophyllaceae* · c. 100 sp · D:Miere; E:Sandwort; F:Alsine
– **austriaca** (Jacq.) Hayek · D:Österreichische Miere · ♃ VI-VIII; Eur.: I, D, A, Slove.; E-Alp.
– **biflora** (L.) Schinz et Thell. · D:Zweiblütige Miere · ♃ VII-VIII; Eur.: Sc, N-Russ., C-Eur., I
– **capillacea** (All.) Graebn. · D:Feinblättrige Miere · ♃ VII-VIII; Eur.: F, CH, I, Ba; mts.
– **cherleroides** (Hoppe) Bech. · D:Polster-Miere · ♃ Z5 VII-VIII; Eur.: I, C-Eur., Slove.; Alp.
– **glaucina** Dvoráková · D:Hügel-Miere · ♃ V-VIII; Eur.: A +
– **graminifolia** (Ard.) Jáv. · F:Minuartie à feuilles de graminée · ♃ ⌓ △ VII-VIII; Eur.: Ap, Ba, RO; mts.
– **hybrida** (Vill.) Schischk. · D:Schmalblättrige Miere, Zarte Miere · ⊙ V-VII; Eur.* exc. Sc; TR, Levante, Iraq, N-Afr., nat. in DK
– **juniperina** (L.) Maire et Petitm. · ♃ ⇝ △ VI; Eur.: GR; TR, Syr., N-Iraq
– **langii** (G. Reuss) Holub · D:Karpaten-Miere · ♃ VI-VII; Eur.: A +
– **laricifolia** (L.) Schinz et Thell. · D:Nadelblättrige Miere; F:Minuartie à feuilles de mélèze · ♃ △ Z5 VII-VIII; Eur.: Ib, Fr, Ap, C-Eur., EC-Eur., RO; mts.
– **mutabilis** (Lapeyr.) Schinz et Thell. · D:Geschnäbelte Miere · ♃ VII-VIII; Eur.: Sp., F, Corse, I, CH
– *parnassica* = Minuartia stellata
– **recurva** (All.) Schinz et Thell. · D:Krummblättrige Miere · ♃ ⌓ △ Z5 VII-VIII; Eur.* exc. Sc, EC-Eur.; TR
– **rubra** (Scop.) McNeill · D:Büschel-Miere · ⊙ VII-VIII; Eur.: Sp., F, I, C-Eur., EC-Eur., Slove., RO
– **rupestris** (Scop.) Schinz et Thell. · D:Felsen-Miere · ♃ VII-VIII; Eur.: F, I, C-Eur., Slove.; Alp.
– **sedoides** (L.) Hiern · D:Zwerg-Miere · ♃ Z5 VII-VIII; Eur.: Ib, Fr, BrI, C-Eur., EC-Eur., Ba, RO; Pyr., Alp., Carp., Balkan, Scotland
– **setacea** (Thuill.) Hayek · D:Borsten-Miere · ♃ V-VIII; Eur.: Fr, C-Eur., EC-Eur., Ba, E-Eur.
– **stellata** (E.D. Clarke) Maire et Petitm. · ♃ △ VII-VIII; Eur.: AL, GR; mts.
– **stricta** (Sw.) Hiern · D:Steife Miere · ♃ VI-VIII; Eur.: BrI, Sc, N-Russ., CH; W-Sib., E-Sib., Amur, N-Am., Greenl.
– **verna** (L.) Hiern
  – subsp. **verna** · D:Frühlings-Miere; E:Spring Sandwort, Vernal Sandwort · ♃ ⌓ △ Z2 V-VIII; Eur.* exc. Sc; Cauc., W-Sib., E-Sib., Amur, Kamchat., C-As., Mong., China, Jap., Maroc., Alger., Greenl.
  – subsp. **gerardii** (Sw.) Hiern · D:Alpen-Frühlings-Miere · ♃ Z2 VI-VIII; Eur.: Pyr., Corse, Alp., Apenn., Carp., Ba mts.
– **viscosa** (Schreb.) Schinz et Thell. · D:Klebrige Miere · ⊙ V-VII; Eur.* exc. BrI, Ib; Cauc.

Mirabilis L. -f- *Nyctaginaceae* · 54 sp · D:Wunderblume; E:Umbrellawort; F:Belle-de-nuit
– **jalapa** L. · D:Wunderblume; E:Four O' Clock Plant, Marvel of Peru; F:Belle de nuit · ⊙ ♃ Z8 Ⓚ VI-X; Peru, nat. in N-Am.
– **longiflora** L. · ♃ D Z8 Ⓚ VII-VIII; Ariz., Tex., Mex.
– **nyctaginea** Michx. · ⊙ ♃ Z8; USA: NCE, NC, Rocky Mts., SC, SE; Mex., nat. in EC-

Eur.
– **viscosa** Cav. · ⊙ Z8; Mex., Col., Ecuad., Peru

Mirbelia Sm. -f- *Fabaceae (Leguminosae)* · 20 sp
– **dilatata** R. Br. · ♄ Ⓚ; W-Austr.

Miscanthus Andersson -m- *Poaceae (Gramineae)* · 15-20 sp · E:Silver Grass; F:Roseau de Chine
– **floridulus** (Labill.) Warb. ex K. Schum. et Lauterb. · D:Pazifikschilf; E:Pacific Island Silver Grass, Silver Grass · ♃ Z6 VII-VIII; Jap., Taiwan, Polyn.
– *japonicus* Andersson = Miscanthus floridulus
– **oligostachyus** Stapf · ♃ VIII-X; Jap.
– **purpurascens** Andersson · ♃ IX-X; Amur, China
– **sacchariflorus** (Maxim.) Hack. · D:Amurschilf; E:Amur Silver Grass · ♃ Z7 VIII Ⓝ; Jap., Korea, Manch., N-China, Amur
– **sinensis** (Thunb.) Andersson · D:Chinaschilf; E:Chinese Silver Grass, Tiger Grass; F:Eulalie · ♃ Z6 IX-X; China, Korea, Jap., Thail., nat. in E-USA
  – **in vielen Sorten**
– **tinctorius** (Steud.) Hack. · ♃ Z6 VIII-IX; Jap.
– **transmorrisonensis** Hayata · ♃ Z6 IX-X; Taiwan

Misopates Raf. -n- *Scrophulariaceae* · 6-8 sp · D:Ackerlöwenmaul, Katzenmaul; E:Weasel's Snout; F:Muflier des champs
– **orontium** (L.) Raf. · D:Gewöhnliches Ackerlöwenmaul, Katzenmaul; E:Weasel's Snout · ⊙ Z6 VII-X; Eur.: Ib, Fr, BrI, Ap, C-Eur., H, Ba, E-Eur.; TR, SW-As, N-Afr., Macaron., Eth., nat. in Sc

Mitchella L. -f- *Rubiaceae* · 2 sp · D:Rebhuhnbeere; E:Partridge Berry; F:Mitchella
– **repens** L. · D:Rebhuhnbeere; E:Partridgeberry, Squaw Vine, Twinberry · ♃ ⤳ △ Z3 IV-VII ⚕; Can.: E; USA: NE, NCE, SE, Fla., SC; Mex.
– **undulata** Siebold et Zucc. · ♃ e Z6; Jap., S-Korea

Mitella L. -f- *Saxifragaceae* · 20 sp · D:Bischofskappe; E:Bishop's Cap; F:Bonnet d'évêque
– **breweri** A. Gray · ♃ Z5; Can: : B.C., Alb.; USA: NW, Calif., Idaho
– **caulescens** Nutt. · D:Bischofskappe; E:Leafy Stemmed Mitrewort · ♃ Z5 V; Can.: B.C.; USA: NW, Rocky Mts., Calif.
– **diphylla** L. · E:Mitrewort · ♃ Z3 IV-V; Can.: E; USA: NE, NCE, SE
– **ovalis** Greene · F:Bonnet d'évêque · ♃ Z7; B.C., USA: NW, Calif.
– **pentandra** Hook. · E:Five Point Mitrewort · ♃ Z3 IV-V; Alaska, Can.: E; USA: NW, Rocky Mts., Calif., NW

Mitraria Cav. -f- *Gesneriaceae* · 1 sp · D:Mützenstrauch; F:Mitraria
– **coccinea** Cav. · D:Mützenstrauch; E:Mitre Flower · ♄ e ⧙ Z10 Ⓚ V-IX; S-Chile

Mitrophyllum Schwantes -n- *Aizoaceae* · 6 sp
– **dissitum** (N.E. Br.) Schwantes · ♃ Ψ Z9 Ⓚ; Kap
– **gracile** (Schwantes) de Boer · ♃ Ψ Z9 Ⓚ; Kap
– **grande** N.E. Br. · ♃ Ψ Z9 Ⓚ; Kap
– **mitratum** (Marloth) Schwantes · ♃ Ψ Z9 Ⓚ; Kap

× **Mizutara** hort. -f- *Orchidaceae* (*Cattleya × Caularthron × Schomburgkia*)

Moehringia L. -f- *Caryophyllaceae* · 20 sp · D:Moosmiere, Nabelmiere; E:Sandwort; F:Moehringia
– **bavarica** (L.) Gren. · D:Steirische Nabelmiere · ♃ VI-VIII; Eur.: I, A, Slove., AL; mts.
– **ciliata** (Scop.) Dalla Torre · D:Bewimperte Nabelmiere · ♃ VI-VIII; Eur.: F, I, C-Eur., Ba; Alp., Balkan
– **diversifolia** Dolliner ex W.D.J. Koch · D:Verschiedenblättrige Nabelmiere · ⊙ V-VII; Eur.: SE-A
– **muscosa** L. · D:Moos-Nabelmiere; F:Moehringie mousse · ♃ △ Z5 V-VIII; Eur.* exc. Sc, BrI: mts.
– **trinervia** (L.) Clairv. · D:Dreinervige Nabelmiere · ♃ V-VII; Eur.*, TR, Cauc., Iran, W-Sib., E-Sib., C-As., China: Sinkiang; NW-Afr.

Moenchia Ehrh. -f- *Caryophyllaceae* · 3 sp · D:Weißmiere; E:Chickweed; F:Moenchia
– **erecta** (L.) Gottfr. Gaertn., B. Mey. et

Scherb. · D:Aufrechte Weißmiere · ⊙ IV-V; Eur.: Ib, Fr, BrI, Ap, D, Ba; TR, Levante, NW-Afr., nat. in PL
– **mantica** (L.) Bartl. · D:Fünfzählige Weißmiere · ⊙ V-VI; Eur.: I, C-Eur., EC-Eur., Ba, RO; TR

× **Moirara** hort. -f- *Orchidaceae* (*Phalaenopsis* × *Renanthera* × *Vanda*)

Molinia Schrank -f- *Poaceae (Gramineae)* · 2-4 sp · D:Pfeifengras; E:Moor Grass; F:Herbe-aux-pipes, Molinie
– *altissima* Link = Molinia arundinacea
– **arundinacea** Schrank · D:Rohr-Pfeifengras · ♃ ⁓ Z5 VII-IX; Eur.* exc. Ib, BrI, ? Sc; Cauc.
  – **in Sorten**
– **caerulea** (L.) Moench · D:Benthalm, Blaues Pfeifengras; E:Purple Moor Grass; F:Canche bleue, Molinie bleue · ♃ ⁓ Z5 VII-IX Ⓝ; Eur.*, TR, Lebanon, Syr., Israel, Cauc., W-Sib., C-As., Alger., Eth., N-Afr., Kenya (Mt. Kenya), nat. in USA
  – **in Sorten**
  – subsp. *altissima* (Link) Domin = Molinia arundinacea
  – subsp. *arundinacea* (Schrank) H.K.G. Paul = Molinia arundinacea
  – subsp. *litoralis* (Host) Braun-Blanq. = Molinia arundinacea

Mollugo L. -f- *Molluginaceae* · c. 35 sp · D:Weichkraut; F:Mollugine, Mollugo
– **verticillata** L. · E:Carpetweed · ⊙; trop. Am., nat. in S-Eur.

Molopospermum W.D.J. Koch -n- *Apiaceae (Umbelliferae)* · 1 sp · D:Striemendolde; F:Moloposperme, Séséli
– **peloponnesiacum** (L.) W.D.J. Koch · D:Striemensame; E:Striped Hemlock · ♃ VI; Eur.: Sp., F, I, D, CH; Pyr., SE-Alp.

Moltkia Lehm. -f- *Boraginaceae* · 3-6 sp · D:Moltkie; F:Moltkia
– **coerulea** (Willd.) Lehm. · ♃ △ Ⓐ ∧ VI-VII; TR
– **doerfleri** Wettst. · ♃ △ VI-VII; NE-AL
– *graminifolia* (Viv.) Nyman = Moltkia suffruticosa
– × **intermedia** (Froebel) Ingram (*M. petraea* × *M. suffruticosa*) · ♄ △ Z6 V-VIII; cult.
– **petraea** (Tratt.) Griseb. · D:Felsen-Moltkie; F:Moltkia des rochers · ♄ s △ Z7 VI-VII; Eur.: Croatia, Bosn., Montenegro, AL, GR; mts.
– **suffruticosa** (L.) Brand · D:Italienische Moltkie · ♄ △ Z7 Ⓐ ∧ VI-VII; I: Alp.

Moluccella L. -f- *Lamiaceae (Labiatae)* · 4 sp · D:Muschelblume, Trichtermelisse; E:Shell Flower; F:Clochette d'Irlande, Molucelle
– **laevis** L. · D:Muschelblume; E:Bells-of-Ireland; F:Clochette d'Irlande · ⊙ ✂ Z7 VII-VIII; TR, Cyprus, Syr., Iraq, Cauc.

Momordica L. -f- *Cucurbitaceae* · 45 sp · D:Balsamapfel, Balsamgurke; E:Bitter Cucumber; F:Balsamine, Margose
– **balsamina** L. · D:Balsamapfel; E:Balsam Apple · ⊙ ⌇ ♧ Z9 Ⓚ VI-VIII Ⓝ; Afr., W-As., NW-Ind., Malay. Arch., Austr., nat. in trop. Am., Austr.
– **charantia** L. · D:Amerikanische Bittergurke, Balsambirne; E:Balsam Pear, Bitter Melon · ⊙ ⌇ ♧ Z9 Ⓚ VI-VIII ⚕ Ⓝ; Trop., nat. in SE-USA
– **cochinchinensis** (Lour.) Spreng. · D:Indische Bittergurke; E:Spiny Bitter Cucumber · ♃ ⌇ Z9 Ⓚ VI-VIII; Ind., Vietn., Phil., Taiwan
– *cylindrica* L. = Luffa cylindrica
– *elaterium* L. = Ecballium elaterium
– **involucrata** E. Mey. ex Sond. · ♃ ⌇ ♧ Z9 Ⓚ VI-VIII; S-Afr.: Natal
– *lanata* Thunb. = Citrullus lanatus var. lanatus
– *luffa* L. = Luffa cylindrica
– *muricata* Willd. = Momordica charantia

Monadenium Pax -n- *Euphorbiaceae* · 50+ sp
– **lugardiae** N.E. Br. · ♄ Ψ Z10 Ⓚ; Namibia, Zimbabwe, S-Afr.: Transvaal
– **schubei** (Pax) N.E. Br. · ♄ Ψ Z10 Ⓚ; S-Afr.: Transvaal; Zimbabwe

Monanthes Haw. -f- *Crassulaceae* · 12 sp · D:Felswurz; F:Monanthes
– *agriostaphis* (Webb et Berthel.) H. Christ = Monanthes laxiflora
– **anagensis** Praeger · ♃ Ψ Z8 Ⓚ V-VI; Canar.: Teneriffa
– **atlantica** Baill. · ♃ Ψ Z8 Ⓚ V-VI; Atlas
– **brachycaulos** (Webb et Berthel.) Lowe · ♃ Ψ Z8 Ⓚ; Canar., Azor.
– **laxiflora** (DC.) Bolle · ♄ Ψ Z8 Ⓚ III-IV;

Canar.
– **muralis** (Webb) H. Christ · ♃ ♄ ♄ ¥ Z8 ⓚ V-VI; Canar.
– *muralis* Hook. f. non (Webb) H. Christ = Monanthes atlantica
– **pallens** (Webb) H. Christ · ♃ ¥ Z8 ⓚ V-VI; Canar.
– **polyphylla** Haw. · ♃ ¥ Z8 ⓚ VI; Canar.
– *subcrassicaulis* (Kuntze) Praeger = Monanthes muralis

Monarda L. -f- *Lamiaceae (Labiatae)* · 12-16 sp · D:Indianernessel; E:Beebalm, Wild Bergamot; F:Monarde, Thé d'Oswego
– *bradburiana* Beck = Monarda russeliana
– **didyma** L. · D:Scharlach-Indianernessel; E:Bergamot, Oswego Tea · ♃ Z4 VII-IX ⚕; USA: NE, NCE, SE
– **fistulosa** L. · D:Späte Indianernessel; E:Bee Balm · ♃ D Z4 VII-IX ⚕; Can., USA* exc. NW, Calif.; Mex.
– *fistulosa* Sims non L. = Monarda russeliana
– **punctata** L. · D:Punktierte Indianernessel; E:Bergamot, Spotted Bee Balm · ♃ Z6 VII-IX ⚕; USA: NE, NCE, SC, SE, Fla.; Mex.
– **russeliana** Nutt. ex Sims · D:Russels Indianernessel; E:Russel's Monarda · ♃ VII-VIII; USA: Ky., NCE, SE, SC
– **Cultivars**
  – **in vielen Sorten**

Monardella Benth. -f- *Lamiaceae (Labiatae)* · 19-23 sp
– **macrantha** A. Gray · ♃ △ Z9 ⓚ VIII-IX; S-Calif.

Moneses Salisb. ex Gray -f- *Pyrolaceae* · 1 sp · D:Moosauge; E:Wintergreen; F:Pyrole
– **uniflora** (L.) A. Gray · D:Einblütiges Wintergrün, Moosauge; E:Woodnymph · ♃ Z2 V-VII; Eur.*, TR, Cauc., W-Sib., E-Sib., Amur, Sachal., Kamchat., C-As., Mong., Him., Alaska, Can., USA: NE, NCE, NC, SW, Rocky Mts, NW, Calif., Greenl.

Moniera P. Browne = Bacopa
– *amplexicaulis* (Pursh) Michx. = Bacopa caroliniana
– *cuneifolia* Michx. = Bacopa monnieri

Monilaria Schwantes -f- *Aizoaceae* · 5 sp
– **globosa** (L. Bolus) L. Bolus · ♃ ¥ Z9 ⓚ; Kap

Monochaetum (DC.) Naudin -n- *Melastomataceae* · 45 sp
– **alpestre** Naudin · ♄ ⓚ II-IV; Mex.
– **bonplandii** (Kunth) Naudin · ♄ ⓚ II; Col., Peru, Venez.
– *hirtum* (H. Karst.) Triana = Monochaetum humboldtianum
– **humboldtianum** (Kunth et Bouché) Walp. · ♄ ⓚ; Venez.
– *sericeum* hort. = Monochaetum bonplandii

Monodora Dunal -f- *Annonaceae* · -20 sp
– **myristica** (Gaertn.) Dunal · D:Kalebassenmuskat; E:Calabash Nutmeg, Jamaica Nutmeg · ♄ e Z10 ⓦ Ⓝ; W-Afr., C-Afr., Angola, Uganda

Monolena Triana -f- *Melastomataceae* · 15 sp
– **primuliflora** Hook. f. · ♃ Z10 ⓦ; Col.

Monopsis Salisb. -f- *Campanulaceae* · 18 sp · D:Sonderkraut; F:Monopsis
– **unidentata** (W.T. Aiton) E. Wimm. · ⊙ ⌇ ⁓→ VI-IX; S-Afr.

Monotropa L. -f- *Ericaceae* · 2 sp · D:Fichtenspargel; E:Bird's Nest; F:Monotropa, Sucepin
– **hypophegea** Wallr. · D:Buchenspargel · ♃ VI-VII; Eur.: D, A, CH, BrI +
– **hypopitys** L. · D:Fichtenspargel · ♃ VI-VII; Eur.*, TR, Cyprus, Cauc., W-Sib., E-Sib., Amur, Sachal., C-As., Afgh., Him., Manch, S-Korea, Jap., Can., USA, Mex.

Monstera Adans. -f- *Araceae* · 22 sp · D:Fensterblatt; E:Swiss-Cheese Plant, Windowleaf; F:Cerima, Philodendron
– **acuminata** K. Koch · E:Shingle Plant · ♄ e ⌇ Z10 ⓦ; C-Am.
– **adansonii** Schott · ♄ e ⌇ Z10 ⓦ; C-Am., trop. S-Am.
– **deliciosa** Liebm. · D:Fensterblatt; E:Swiss Cheese Plant · ♄ e ⌇ Z10 ⓦ ⓚ ✂ Ⓝ; Mex.
– *lativaginata* hort. = Rhaphidophora celatocaulis
– **obliqua** (Miq.) Walp. · ♄ e ⌇ Z10 ⓦ; trop. S-Am.
– *pertusa* (L.) de Vriese = Monstera adansonii

Montanoa Cerv. -f- *Asteraceae (Compositae)* · 23 sp

– **bipinnatifida** (Kunth) K. Koch · ♄ e Z10 ⌂ II-III; Mex.
– **mollissima** Brongn. et Groenland · ♄ e Z10 ⌂ IX-X; Mex.

Montbretia DC. = Crocosmia
– *crocosmiiflora* Burb. et Dean = Crocosmia × crocosmiiflora
– *pottsii* (Baker) Baker = Crocosmia pottsii

Montia L. -f- *Portulacaceae* · 10-15 sp · D:Quellkraut, Tellerkraut; E:Blink, Winter Purslane; F:Montia
– **fontana** L. · D:Bach-Quellkraut; F:Montia des fontaines · ⊙ ≈ VI-VIII; Eur.*, TR, Sib., Amur, Kamchat., Jap., NW-Afr., Eth., trop. Afr., N-Am., Austr., NZ
– **perfoliata** (Donn ex Willd.) J.T. Howell · D:Tellerkraut, Winter-Portulak, Winterpostelein; E:Miner's Lettuce, Winter Purslane · ⊙ IV-VI ⚕ Ⓝ; Can.: B.C.; USA: NW, Rocky Mts., Calif., SW; Mex.: Baja Calif., nat. in W-Eur., C-Eur., Cuba
– **sibirica** (L.) J.T. Howell · D:Sibirisches Tellerkraut; E:Siberian Purslane, Spring Beauty; F:Montia de Sibérie · ⊙ △ Z3 IV-V; Alaska, B.C., USA: NW, Rocky Mts., Calif., nat. in NL, GB

Monvillea Britton et Rose -f- *Cactaceae* · 15 sp
– **anisitsii** (K. Schum.) A. Berger · ♄ Ψ Z9 ⌂ ▽ ✱; Parag.
– **cavendishii** (Monv.) Britton et Rose · ♄ Ψ Z9 ⌂ ▽ ✱; S-Bras., N-Arg.
– **diffusa** Britton et Rose · ♄ Ψ Z9 ⌂ ▽ ✱; S-Ecuad., N-Peru
– **haageana** Backeb. · ♄ Ψ ≹ Z9 ⌂ ▽ ✱; Parag.
– **lindenzweigiana** (Gürke) Backeb. · ♄ Ψ Z9 ⌂ ▽ ✱; Parag.
– **maritima** Britton et Rose · ♄ Ψ Z9 ⌂ ▽ ✱; S-Ecuad., N-Peru
– **phatnosperma** (K. Schum.) Britton et Rose · ♄ Ψ Z9 ⌂ ▽ ✱; Parag.
– **spegazzinii** (F.A.C. Weber) Britton et Rose · ♄ Ψ ≹ ⤳ Z9 ⌂ ▽ ✱; Arg.

Moraea Mill. -f- *Iridaceae* · 120 sp
– **aristata** (D. Delaroche) Asch. et Graebn. · ♃ Z9 ⌂ VI-VII; Kap
– *bicolor* Steud. = Dietes bicolor
– *collina* Thunb. = Homeria collina
– *glaucopis* (DC.) Drapiez = Moraea aristata
– *herbertii* Lindl. = Cypella herbertii
– *iridioides* L. = Dietes iridioides
– **neopavonia** R.C. Foster · ♃ Z9 ⌂ VI-VII; Kap
– *pavonia* (L. f.) Ker-Gawl. = Moraea neopavonia
– **polyanthos** L. f. · ♃ Z9 ⌂ VI-VII; Kap
– *robinsoniana* (F. Muell.) Benth. et F. Muell. = Dietes robinsoniana
– *spathacea* (Thunb.) Ker-Gawl. = Moraea spathulata
– **spathulata** (L. f.) Klatt · ♃ Z8 ⌂ III-IV; S-Afr.: Kap, Natal, Orange Free State
– **tricuspidata** (L. f.) Lewis · ♃ Z9 ⌂ V-VI; Kap
– *tricuspis* (Thunb.) Ker-Gawl. = Moraea tricuspidata

Morawetzia Backeb. = Oreocereus
– *doelziana* Backeb. = Oreocereus doelzianus

Moricandia DC. -f- *Brassicaceae (Cruciferae)* · 8 sp · D:Moricandie; F:Moricandia
– **arvensis** (L.) DC. · ⊙ ♃ Z8 VII-VIII; Eur.: Ib, Ap, GR; NW-Afr.
– *sonchifolia* (Bunge) Ledeb. = Orychophragmus violaceus

Morina L. -f- *Morinaceae* · 4 sp · D:Kardendistel, Steppendistel; F:Morina
– **bulleyana** Forrest et Diels · ♃ Z7 ∧ VI-VII; W-China
– **kokanica** Regel · ♃ Z7 ∧ VI-VII; C-As.
– **longifolia** Wall. · D:Nepal-Kardendistel; E:Whorl Flower · ♃ Z7 ∧ VI-VIII; Nepal
– **persica** L. · D:Persische Kardenistel · ♃ Z7 ∧ VII-VIII; Eur.: Ba; TR, Lebanon, Syr., Iran, C-As.

Morinda L. -f- *Rubiaceae* · 80 sp · D:Indische Maulbeere, Nonibaum; F:Mûrier des Indes
– **citrifolia** L. · D:Indische Maulbeere, Nonibaum; E:Indian Mulberry, Painkiller · ♄ e Z10 ⌂ ⚕ Ⓝ; Him., Ind., Sri Lanka, China, Taiwan, Malay. Arch., Austr., Pacific Is.

Moringa Adans. -f- *Moringaceae* · 12-14 sp · D:Bennussbaum, Meerrettichbaum; E:Horseradish Tree; F:Moringa
– *arabica* (Lam.) Pers. = Moringa peregrina
– **oleifera** Lam. · D:Meerrettichbaum; E:Ben Oil, Horseradish Tree · ♄ d Z10 ⌂ ⚕ Ⓝ; Him., Ind., nat. in Trop.

– **peregrina** (Forssk.) Fiori · ♄ ♆ d Z10 ⓚ Ⓝ; Israel, Egypt, Somalia
– *pterygosperma* Gaertn. = Moringa oleifera

Morisia J. Gay -f- *Brassicaceae (Cruciferae)* · 1 sp
– **monanthos** (Viv.) Asch. · ♃ △ Z7 Ⓐ ∧ V-VII; Corse, Sard.

Mormodes Lindl. -f- *Orchidaceae* · 20-60 sp · D:Gespensterorchidee; F:Mormodes
– **aromatica** Lindl. · ♃ Z9 ⓦ X ▽ *; Mex.
– **buccinator** Lindl. · ♃ Z9 ⓦ X-XI ▽ *; Mex., Guat., Panama, Col., Venez., Guyana
– **colossus** Rchb. f. · ♃ Z9 ⓦ III ▽ *; Costa Rica, Panama
– *macrantha* Lindl. et Paxton = Mormodes colossus
– **maculata** (Klotzsch) L.O. Williams · ♃ Z9 ⓦ IX-X ▽ *; Mex.
– *pardina* Bateman = Mormodes maculata
– **variabilis** Rchb. f. · ♃ Z9 ⓦ ▽ *; Ecuad.

Mormolyca Fenzl -f- *Orchidaceae* · 6 sp
– **ringens** (Lindl.) Schltr. · ♃ Z10 ⓦ V-X ▽ *; Mex., C-Am.

Morus L. -f- *Moraceae* · 12 sp · D:Maulbeere; E:Mulberry; F:Mûrier
– **alba** L.
  – var. **alba** · D:Weißer Maulbeerbaum; E:Silkworm Mulberry, White Mulberry; F:Mûrier blanc · ♄ ♄ d Z5 V ⚕ Ⓝ; China, nat. in Sp., A, Ba, EC-Eur., TR, E-USA
  – var. **tatarica** (Pall.) Ser. · ♄ ♄ d Z5
– **australis** Poir. · ♄ ♄ d Z6; China, Korea, Jap., Taiwan
– *bombycis* Koidz. = Morus alba var. alba
– **cathayana** Hemsl. · ♄ ♄ d Z6; C-China, E-China
– *kagayamae* Koidz. = Morus alba var. alba
– **mongolica** (Bureau) C.K. Schneid. · ♄ ♄ d Z5; China, Manch., Korea
– **nigra** L. · D:Schwarzer Maulbeerbaum; E:Black Mulberry, Common Mulberry, Mulberry; F:Mûrier noir · ♄ ♄ d Z6 V Ⓝ; C-As., nat. in Sp., I, Ba, RO, TR, Iran, se. USA
– **rubra** L. · D:Roter Maulbeerbaum; E:Red Mulberry · ♄ d Z6 V Ⓝ; Can.: Ont.; USA: NE, NCE, NC, SC, SE, Fla., Bermudas

Moschosma Rchb. = Tetradenia
– *riparia* Hochst. = Tetradenia riparia

Moussonia Regel -f- *Gesneriaceae* · 11 sp
– **elegans** Decne. · ♃ ⓦ VII-IX; S-Mex., C-Am.

Mucuna Adans. -f- *Fabaceae (Leguminosae)* · 100 sp · D:Brennhülse, Juckbohne; E:Velvet Bean; F:Poil à gratter
– **capitata** (Roxb.) Wight et Arn. · ⊙ Z10 ⓦ Ⓝ; Ind., Him., Java
– **pruriens** (L.) DC.
  – subsp. *deeringiana* (Bort) Hanelt = Mucuna pruriens var. utilis
  – var. **pruriens** · D:Samtige Juckbohne; E:Velvetbean · ⊙ Z10 ⓦ ⚕ ☠ Ⓝ; ? trop. As.
  – var. **utilis** (Wall. ex Wight) Baker ex Burck · ⊙ Z10 ⓦ ☠ Ⓝ; cult.

Muehlenbeckia Meisn. -f- *Polygonaceae* · 22 sp · D:Drahtstrauch, Mühlenbeckie; E:Wireplant; F:Muehlenbeckia
– **adpressa** (Labill.) Meisn. · D:Tasmansicher Drahtstrauch; E:Australian Ivy, Climbing Lignum · ♄ e ≷ ⇝ Z9 ⓚ; Austr.: N.S.Wales, Victoria, S-Austr., Tasman., W-Austr.
– **axillaris** (Hook. f.) Walp. · D:Schwarzfrüchtiger Drahtstrauch; E:Creeping Wire Vine; F:Muehlenbeckia · ♄ e △ Z7 ∧; NZ
– **complexa** (A. Cunn.) Meisn. · D:Weißfrüchtiger Drahtstrauch; E:Maidenhair Vine, Mattress Vine, Wire Plant · ♄ e ≷ ⇝ Z8 ⓚ; NZ
– *platyclada* (F. Muell.) Meisn. = Homalocladium platycladum

Muhlenbergia Schreb. -f- *Poaceae (Gramineae)* · c. 160 sp
– **mexicana** (L.) Trin. · ♃ VII-IX; Can.; USA: NE, N.C., NCE, NC, Rocky Mts., SW, Calif.
– **schreberi** J.F. Gmel. · D:Tropfensame; E:Nimblewill · ♃ IX-X; USA: NE, NCE, NC, SE, Fla., SC; E-Mex., nat. in S-Russ.

Mukdenia Koidz. -f- *Saxifragaceae* · 2 sp
– **rossii** (Oliv.) Koidz. · D:Ahornblatt · ♃ Z7; N-China, Manch., Korea

Mukia Arn. -f- *Cucurbitaceae* · 4 sp
– **maderaspatana** (L.) M. Roem. · ⊙ ≷ ⅋ Z9 ⓚ; trop. Afr., trop. As., Austr.

Mundulea (DC.) Benth. -f- *Fabaceae*

(Leguminosae) · 15 sp
– **sericea** (Willd.) A. Chev. · D:Silberbusch; E:Silver Bush, Supti · ♄ Z10 ⓦ ☠ Ⓝ; trop. Afr., Madag., S-Afr., Ind., Malay. Arch.

Muntingia L. -f- *Tiliaceae* · 1 sp · D:Jamaikakirsche; E:Jamaica Cherry; F:Cerise de la Jamaïque
– **calabura** L. · D:Jamaikakirsche; E:Jamaica Cherry · ♄ ♄ e Z10 ⓦ Ⓝ; Mex., C-Am., trop. S-Am., nat. in Thail., Phil.

Murbeckiella Rothm. -f- *Brassicaceae (Cruciferae)* · 5 sp
– **pinnatifida** (Lam.) Rothm. · D:Fiederrauke · ♃ VII-VIII; Eur.: Sp., F, I, CH; Pyr., W-Alp.

Murraya L. -f- *Rutaceae* · 4 (-11) sp · D:Orangenraute; E:Orange Jessamine; F:Murraya
– *exotica* L. = Murraya paniculata
– **koenigii** (L.) Spreng. · D:Curry-Orangenraute; E:Curry Leaf · ♄ ♄ e Z10 ⓦ ⚕ Ⓝ; Ind., Sri Lanka, Myanmar, Thail., Laos, Cambodia
– **paniculata** (L.) Jack · D:Orangenraute; E:Barktree, Orange Jessamine, Satinwood · ♄ ♄ e D Z10 ⓦ Ⓝ; N-Ind., Sri Lanka, Sumat., Java, Phil., Austr., Pacific Is.

Musa L. -f- *Musaceae* · c. 40 sp · D:Banane; E:Banana, Plantain; F:Bananier
– **acuminata** Colla · D:Banane; E:Banana, Plantain · ♃ Z10 ⓦ Ⓝ; Ind. (Assam), Myanmar, Thail., Vietn., Malay. Arch., Phil., N.Guinea, Austr.
  – **'Dwarf Cavendish'** · ⓦ
  – **'Sumatrana'** · ⓦ
– *arnoldiana* De Wild. = Ensete ventricosum
– **balbisiana** Colla · ♃ Z10 ⓦ Ⓝ; Ind., Myanmar, S-China, Phil., N.Guinea, New Britain
– **basjoo** Siebold et Zucc. · D:Japanische Faser-Banane; E:Japanese Banana · ♃ Z9 ⓦ Ⓝ; Ryukyu-Is.
– *cavendishii* Lamb. ex Paxton = Musa acuminata 'Dwarf Cavendish'
– *coccinea* Andrews = Musa uranoscopos
– *ensete* J.F. Gmel. = Ensete ventricosum
– *fehi* Bertero ex Vieill. = Musa troglodytarum
– *japonica* Thiébaut et Ketel. = Musa basjoo
– *malaccensis* Ridl. = Musa acuminata
– **mannii** Hook. · ♃ Z9 ⓦ; Ind: Assam
– × **paradisiaca** L. (*M. acuminata* × *M. balbisiana*) · D:Ess-Banane; E:Edible Banana, Plantain · ♃ Z9 ⓦ Ⓝ; cult. Trop.
– *rosacea* Jacq. = Musa × paradisiaca
– **sanguinea** Hook. f. · ♃ Z9 ⓦ; Ind: Assam
– × *sapientum* L. = Musa × paradisiaca
  – var. *paradisiaca* (L.) Kuntze = Musa × paradisiaca
– *seminifera* Lour. p.p. = Musa balbisiana
– **sumatrana** Becc. ex André · D:Blut-Banane; E:Blood Banana · ♃ Z10 ⓦ; Sumat.
– **textilis** Née · D:Faser-Banane, Manilahanf; E:Abaca, Manila Hemp · ♃ Z9 ⓚ Ⓝ; Phil., N-Kalimantan
– **troglodytarum** L. · ♃ Z10 ⓦ Ⓝ; N.Caled., Fiji, Tahiti
– **uranoscopos** Lour. · D:Scharlachrote Banane; E:Scarlet Banana · ♃ Z10 ⓦ; S-China
– **velutina** H. Wendl. et Drude · ♃ Z9 ⓦ; NE-Ind.
– *ventricosa* Welw. = Ensete ventricosum
– *zebrina* Van Houtte ex Planch. = Musa acuminata 'Sumatrana'

Musanga C. Sm. ex R. Br. -f- *Cecropiaceae* · 2 sp · D:Schirmbaum; E:Umbrella Tree
– **smithii** R. Br. · D:Bosenge, Schirmbaum; E:Corkwood, Umbrella Tree · ♄ e ⓦ Ⓝ; trop. Afr.

Muscadinia (Planch.) Small = Vitis
– *rotundifolia* (Michx.) Small = Vitis rotundifolia

Muscari Mill. -n- *Hyacinthaceae* · 30 sp · D:Träubel, Traubenhyazinthe; E:Grape Hyacinth; F:Muscari
– **armeniacum** Leichtlin ex Baker · D:Armenische Traubenhyazinthe · ♃ Z4 III-IV ▽; Eur.: Ba; TR, ? NW-Iran
  – **in Sorten**
– *atlanticum* Boiss. et Reut. = Muscari neglectum
– **aucheri** (Boiss.) Baker · ♃ Z6 III-IV ▽; N-TR
– **azureum** Fenzl · ♃ Z8 III-IV ▽; TR
– **botryoides** (L.) Mill.
  – var. **botryoides** · D:Kleine Traubenhyazinthe; E:Grape Hyacinth; F:Muscari raisin · ♃ Z3 IV-V ▽; Eur.: Fr, Ap, C-Eur., EC-Eur., Ba, E-Eur.
  – var. **heldreichii** (Boiss.) D.C. Stuart · ♃

△ Z3 III-IV ▽; GR
– **comosum** (L.) Mill. · D:Schopfige Traubenhyazinthe; E:Tassel Hyacinth · ♃ Z7 V-VI ⚕ ▽; Eur.* exc. BrI, Sc; TR, Syr., Arab., Iran, N-Afr., nat. in BrI, DK
– *heldreichii* Boiss. = Muscari botryoides var. heldreichii
– **latifolium** Kirk · ♃ Z4 V-VI ▽; TR
– **macrocarpum** Sweet · ♃ Z7 IV-V ▽; Eur.: GR, Crete; W-TR
– **neglectum** Guss. ex Ten. · D:Weinbergs-Traubenhyazinthe; E:Common Grape Hyacinth · ♃ D Z4 IV ▽; Eur.* exc. BrI, Sc; TR, Cyprus, Syr., Cauc., Iran, C-As., N-Afr., nat. in BrI, USA
– *pinardii* Boiss. = Muscari comosum
– *polyanthum* Boiss. = Muscari armeniacum
– *racemosum* (L.) Mill. = Muscari neglectum
– **tenuiflorum** Tausch · D:Schmalblütige Traubenhyazinthe · ♃ Z5 V-VI ▽; Eur.: C-Eur., EC-Eur., Ba, E-Eur.; TR, Syr., Iraq, Cauc., Iran
– *tubergenianum* Turrill = Muscari aucheri

Mussaenda L. -f- *Rubiaceae* · c. 100 sp
– **erythrophylla** Schumach. et Thonn. · D:Signalstrauch; E:Red Flag Bush · ♄ ≹ Z10 ⌂ VI-VIII; W-Afr.

Musschia Dumort. -f- *Campanulaceae* · 2 sp
– **aurea** (L. f.) Dumort. · ♃ ⌂ VII-IX ▽; Madeira
– **wollastonii** Lowe · ♄ ⌂ VI-IX ▽; Madeira

Mutisia L. f. -f- *Asteraceae (Compositae)* · 59 sp
– **clematis** L. f. · ♄ e ≹ Z9 ⌂ VII-X; Col., Ecuad., Peru
– **coccinea** A. St.-Hil. · ♄ ≹ Z9 ⌂; S-Bras., Parag., Urug., NE-Arg.
– **decurrens** Cav. · ♄ e ≹ Z8 ⌂ VII-VIII; Chile
– **ilicifolia** Cav. · ♄ e ≹ Z9 ⌂; Chile
– *inflexa* Cav. = Mutisia subulata
– **linearifolia** Cav. · ♄ ⇝ Z9 ⌂; Chile
– **sinuata** Cav. · ♄ ≹ ⇝ Z9 ⌂; Chile
– **speciosa** Aiton · ♄ ≹ Z9 ⌂ VII-X; Bras.
– **subulata** Ruiz et Pav. · ♄ ≹ Z9 ⌂; Chile

Myagrum L. -n- *Brassicaceae (Cruciferae)* · 1 sp · D:Hohldotter; E:Muskweed; F:Caméline, Myagrum
– **perfoliatum** L. · D:Hohldotter; E:Mite Cress, Muskweed · ⊙ V-VII; Eur.: Fr, Ib, C-Eur., EC-Eur., Ap, Ba, E-Eur.; Syr., Cauc., Iran, N-Iraq, nat. in Sc
– *sativum* L. = Camelina sativa var. sativa

Mycelis Cass. -m- *Asteraceae (Compositae)* · 1 sp · D:Mauerlattich; E:Wall Lettuce
– **muralis** (L.) Dumort. · D:Mauerlattich; E:Wall Lettuce · ♃ VII-VIII; Eur.*, TR, Cauc.

Myoporum Banks et Sol.ex G.Forst. -n- *Myoporaceae* · 32 sp
– **acuminatum** R. Br. · ♃ ♄ e Z9 ⌂ IV; Austr.
– **laetum** G. Forst. · ♄ e Z9 ⌂ IV-VII; NZ
– **parvifolium** R. Br. · ♄ e Z9 ⌂ VII-VIII; Austr., Tasman.
– *serratum* R. Br. = Myoporum tetrandrum
– **tetrandrum** (Labill.) Domin · ♄ ♄ e Z9 ⌂ V; Austr.

Myosotis L. -f- *Boraginaceae* · c. 50 (-100) sp · D:Vergissmeinnicht; E:Forget-me-not; F:Myosotis, Ne-m'oubliez-pas
– **alpestris** F.W. Schmidt · D:Alpen-Vergissmeinnicht; E:Alpine Forget-me-not · ♃ Z4 VII-VIII; Eur.* exc. Sc; Cauc.
– *alpestris* hort. = Myosotis sylvatica
– **arvensis** (L.) Hill · D:Acker-Vergissmeinnicht; E:Common Forget-me-not · ⊙ ⊙ Z6 IV-VIII; Eur.*, TR, Cauc., W-Sib., E-Sib., C-As., NW-Afr., nat. in N-Am.
– **australis** R. Br. · ♃ Z8 ⌂ VI-VIII; Austr., Tasman., NZ
– **azorica** H.C. Watson · D:Azoren-Vergissmeinnicht; E:Azores Forget-me-not · ♃ Z9 ⌂ IV-X; Azor.
– *caespititia* (DC.) A. Kern. = Myosotis rehsteineri
– **cespitosa** Schultz · ⊙ Z6; Eur.*, Sib., Maroc., Alger., Tun., e. N-Am.
 – subsp. *rehsteineri* (Wartm.) Nyman = Myosotis rehsteineri
– **decumbens** Host · D:Niederliegendes Vergissmeinnicht · ♃ VI-VIII; Eur.*, Maroc., Alger.
– **discolor** Pers. · D:Buntes Vergissmeinnicht · ⊙ ⊙ IV-VI; Eur.* exc. Ib; TR, Cyprus, NW-Afr.
– **explanata** Cheeseman · ♃ Z8 ⌂ III-V; NZ
– **laxa** Lehm. · D:Rasen-Vergissmeinnicht · ⊙ Z6 V-VII; Eur.*, TR, Palaest., As., NW-Afr., N-Am.
– **nemorosa** Besser · D:Hain-

Vergissmeinnicht · ⊙ ♃ VI-VII; Eur.*
– *oblongata* Link = Myosotis sylvatica
– **palustris** (L.) Nath. · D:Sumpf-Vergissmeinnicht; E:Forget-me-not; F:Myosotis des marais · ♃ V-VIII; Eur.* exc. Ib; TR, Cauc., W-Sib., E-Sib., Mong., nat. in N-Am.
  – **in Sorten**
  – subsp. *caespititia* (DC.) E. Baumann = Myosotis rehsteineri
– **ramosissima** Rochel ex Schult. · D:Hügel-Vergissmeinnicht · ⊙ IV-VI; Eur.*, TR, Levante, Cauc., NW-Iran, NW-Afr.
– **rehsteineri** Wartm. · D:Bodensee-Vergißmeinnicht · ♃ ~ Z6 IV-V ▽; Eur.: S-D, N-I, CH, A
– **scorpioides** L.
  – subsp. **praecox** (Hülph.) Dickoré · D:Großblütiges Vergissmeinnicht, Großblütiges Sumpf-Vergissmeinnicht · ♃ Z5 VI-VII; D; coast
  – subsp. **scorpioides** · D:Gewöhnliches Sumpf-Vergissmeinnicht, Lockerblütiges Vergissmeinnicht; E:Water Forget-me-not; F:Myosotis des marais · ♃ Z5 V-IX; Eur.* +
– **sparsiflora** J.C. Mikan ex Pohl · D:Zerstreutblütiges Vergissmeinnicht · ⊙ IV-VI; Eur.: C-Eur., EC-Eur., Ba, E-Eur.; TR, Cauc., Iran, C-As.
– **stenophylla** Knaf · D:Schmalblatt-Vergissmeinnicht · ♃ V-VIII; Eur.: A, EC-Eur., E-Eur.; Cauc., W-Sib., E-Sib., Amur, Kamchat., C-As.
– **stricta** Link ex Roem. et Schult. · D:Sand-Vergissmeinnicht · ⊙ Z6 III-VI; Eur.*, TR, Levante, Cauc., N-Iran, Him., W-Sib., E-Sib., C-As., N-Afr., nat. in N-Am.
– **sylvatica** Ehrh. ex Hoffm. · D:Wald-Vergissmeinnicht; E:Wood Forget-me-not; F:Myosotis des bois, Ne m'oubliez-pas · ⊙ ♃ Z5 V-VII; Eur.* exc. Ib; TR, Cauc., Iran

Myosoton Moench = Stellaria
– *aquaticum* (L.) Moench = Stellaria aquatica

Myosurus L. -m- *Ranunculaceae* · 6-15 sp · D:Mäuseschwänzchen; E:Mousetail; F:Myosure, Queue-de-souris
– **minimus** L. · D:Kleines Mäuseschwänzchen; E:Mousetail, Tiny Mousetail · ⊙ IV-VI; Eur.*, Cyprus, Syr., Cauc., W-Sib., C-As., Maroc., Alger., Libya, Alaska, Can., USA*, Austr.

Myrciaria O. Berg -f- *Myrtaceae* · 40 sp
– **cauliflora** (DC.) O. Berg · D:Jaboticababaum; E:Jaboticaba · ♄ ♄ e Z10 Ⓚ Ⓝ; S-Bras.
– **myriophylla** (Casar.) O. Berg · ♄ Z10 Ⓦ; Bras.

Myrica L. -f- *Myricaceae* · c. 55 sp · D:Gagelstrauch; E:Bog Myrtle; F:Arbre-à-cire, Cirier
– *aspleniifolia* L. = Comptonia peregrina var. aspleniifolia
– **californica** Cham. et Schltdl. · ♄ ♄ e Z7; USA: NW, Calif.
– *carolinensis* hort. = Myrica pensylvanica
– *caroliniensis* Mill. = Myrica cerifera
– **cerifera** L. · D:Wachsmyrte; E:Wax Myrtle, Waxberry; F:Cirier · ♄ ♄ e ~ Z8 Ⓚ IV-V ⚕; USA: NE, SE, Fla., Tex.
– **gale** L. · D:Moor-Gagelstrauch; E:Bog Myrtle, Sweet Gale; F:Galé odorant, Piment royal · ♄ d ~ D Z3 IV ☠; Eur.* exc. Ba, Ap
– *nagi* DC. non Thunb. = Myrica rubra
– **pensylvanica** Loisel. · D:Amerikanischer Gagelstrauch; E:Bayberry, Northern Bayberry · ♄ d Z3 IV-V; Can.: E; USA: NE, Ohio, N.C., nat. in NL, S-GB
– **rubra** Siebold et Zucc. · D:Japanischer Gagelstrauch; E:Red Myrica · ♄ ♄ e Z10 Ⓚ Ⓝ; Jap., Taiwan, China
– **tomentosa** (Aubl.) DC. · ♄ ♄ Ⓦ; Panama, trop. S-Am.

Myricaria Desv. -f- *Tamaricaceae* · c. 10 (-40) sp · D:Rispelstrauch; E:Myrtle; F:Faux-tamaris, Miricaire
– **germanica** (L.) Desv. · D:Deutsche Tamariske, Rispelstrauch; E:False Tamarisk; F:Myricaire d'Allemagne · ♄ d Z6 VI-VIII; Eur.* exc. BrI; TR, Cauc., Iran, Afgh., Pakist.

Myriocarpa Benth. -f- *Urticaceae* · 18 sp · D:Tausendfrucht; F:Myriocarpe
– **densiflora** Benth. · ♄ e Ⓦ; S-Am.
– **stipitata** Benth. · ♄ Z10 Ⓦ; Bras.

Myriophyllum L. -n- *Haloragaceae* · c. 60 sp · D:Tausendblatt; E:Water Milfoil; F:Myriophylle
– **alterniflorum** DC. · D:Wechselblütiges Tausendblatt · ♃ ≈ Z6 VI-VIII; Eur.* exc. Ba; NW-Afr., Alaska, Can., USA: NE; Greenl.

– **aquaticum** (Vell.) Verdc. · D:Brasilianisches Tausendblatt; E:Diamond Milfoil, Parrots Feather; F:Millefeuille d'eau, Myriophylle du Brésil · ♃ ≈ Z10 Ⓚ; S-Am., nat. in Ib, F
– *brasiliense* Cambess. = Myriophyllum aquaticum
– **elatinoides** Gaudich. · ♃ ≈ Z10 Ⓚ; Mex., S-Am., Falkland, Chatham Is., Austr., Tasman., NZ
– **heterophyllum** Michx. · D:Verschiedenblättriges Tausendblatt; E:Broadleaf Water Milfoil · ♃ ≈ Z6 VI-IX; Can.: E; USA: NE, NCE, NC, SC, SE, Fla., nat. in BrI, A
– **hippuroides** Nutt. ex Torr. et A. Gray · D:Tannenwedel-Tausendblatt; E:Western Water Milfoil · ♃ ≈ Z7; Can.: W; USA: NW, Calif.; Mex.
– **pinnatum** (Walter) Britton, Sterns et Poggenb. · D:Rotstängeliges Tausendblatt · ♃ ≈ Z6; USA: NE, NCE, SC, SE, Fla.; W.Ind.
– *proserpinacoides* Gillies ex Hook. et Arn. = Myriophyllum aquaticum
– *scabratum* Cham. et Schltdl. = Myriophyllum hippuroides
– *scabratum* Michx. = Myriophyllum pinnatum
– **spicatum** L. · D:Ähriges Tausendblatt; E:Millefolium, Spiked Water Milfoil; F:Myriophylle en épis · ♃ ≈ Z6 VII-VIII; Eur.*, cosmop. exc. S-Am., Austr.
– **verticillatum** L. · D:Quirliges Tausendblatt; E:Water Milfoil, Whorled Water Milfoil; F:Myriophylle verticillé · ♃ ≈ Z3 VI-VIII; Eur.*, Cauc., Syr., W-Sib., E-Sib., Kamchat., C-As., Mong., China, Jap., Maroc., Alger., N-Am., S-Am.

Myristica Gronov. -f- *Myristicaceae* · 72 sp · D:Muskatnuss; E:Nutmeg; F:Muscadier
– **argentea** Warb. · D:Silberne Muskatnuss; E:Silver Nutmeg · ♄ e Z10 Ⓦ Ⓝ; N.Guinea
– **fragrans** Houtt. · D:Duftende Muskatnuss; E:Nutmeg · ♄ e Z10 Ⓦ ⚕ Ⓝ; Molucca I.
– **malabarica** Lam. · ♄ e Z10 Ⓦ Ⓝ; Ind.
– *officinalis* L. f. = Myristica fragrans

Myrmecodia Jack -f- *Rubiaceae* · 26 sp · D:Ameisenknolle; F:Plante aux fourmis
– **antoinii** Becc. · ♄ e Ⓦ; Austr.: Torres-Street
– **echinata** Miq. · ♄ e Ⓦ; Malay. Pen.
– *inermis* DC. = Myrmecodia echinata
– **platytyrea** Becc. · ♄ e Ⓦ; N.Guinea
– *tuberosa* Jack = Myrmecodia echinata

Myroxylon L. f. -n- *Fabaceae (Leguminosae)* · 3 sp · D:Balsambaum; E:Balsam; F:Balsamier
– **balsamum** (L.) Harms
  – var. **balsamum** · D:Tolu-Balsambaum; E:Tolu Tree, Tolubalsam · ♄ e Z8 Ⓦ ⚕ Ⓝ; Guat., Col., Ecuad., Venez., Bras.
  – var. **pereirae** (Royle) Harms · ♄ e Z8 Ⓦ ⚕ Ⓝ; S-Mex., C-Am.
– *pereirae* (Royle) Klotzsch = Myroxylon balsamum var. pereirae
– *toluiferum* A. Rich. = Myroxylon balsamum var. balsamum

Myrrhis Mill. -f- *Apiaceae (Umbelliferae)* · 1 sp · D:Süßdolde; E:Sweet Cicely; F:Cerfeuil vivace
– **odorata** (L.) Scop. · D:Süßdolde; E:Garden Myrrh, Sweet Cicely · ♃ Z5 VI ⚕ Ⓝ; Eur.: Ib, Fr, Ap, Ba, C-Eur.; Cauc.

Myrrhoides Heist. ex Fabr. -f- *Apiaceae (Umbelliferae)* · 1 sp · D:Knotendolde
– **nodosa** (L.) Cannon · D:Europäische Knotendolde · ⊙; Eur.: Ib, Fr, Ap, Ba, H, RO, Krim; TR, Syr., Iraq, Cauc., Iran, C-As

Myrsine L. -f- *Myrsinaceae* · 5 sp · D:Myrsine; F:Myrsine
– **africana** L.
  – var. **africana** · E:African Boxwood, Cape Myrtle · ♄ e Z9 Ⓚ; Azor., E-Afr.(mts.), S-Afr., Him., China
  – var. **microphylla** Drège · ♄ e Z9 Ⓚ III-V; Azor., S-Afr., Afgh., Him.
  – var. **retusa** Aiton · ♄ e Z9 Ⓚ III-V; Azor.

Myrsiphyllum Willd. = Asparagus
– *asparagoides* (L.) Willd. = Asparagus asparagoides

Myrtillocactus Console -m- *Cactaceae* · 4 sp · D:Heidelbeerkaktus; F:Cactus à myrtilles
– **cochal** (Orcutt) Britton et Rose · ♄ ψ Z9 Ⓦ ▽ ✻; Mex.: Baja Calif.
– **geometrizans** (Mart.) Console · ♄ ψ Z9 Ⓦ ▽ ✻; Mex., Baja Calif.
– **schenckii** (J.A. Purpus) Britton et Rose · ♄ ψ Z9 Ⓦ ▽ ✻; Mex.

Myrtus L. -f- *Myrtaceae* · 2 sp · D:Myrte; F:Vrai myrte
- *apiculata* DC. = Luma apiculata
- *bullata* Sol. ex A. Cunn. = Lophomyrtus bullata
- *chequen* (Molina) Spreng. = Luma chequen
- **communis** L. · D:Braut-Myrte, Gewöhnliche Myrte; E:Common Myrtle, Myrtle · ♄ e D Z8 Ⓚ VI-X ⚕; Eur.: Ib, Fr, Ap, Ba; TR, Levante, Iran, C-As., Pakistan, NW-Afr., Libya
- *cumini* L. = Syzygium cumini
- *luma* Molina = Luma apiculata
- *obcordata* (Raoul) Hook. = Lophomyrtus obcordata
- *tomentosa* Aiton = Rhodomyrtus tomentosa
- *ugni* Molina = Ugni molinae

Nabalus Cass. -m- *Asteraceae (Compositae)* · 15 sp
- **albus** (L.) Hook. · E:Rattlesnake Root, White Lettuce · ♃ Z5 VII-IX; Can.: E, Sask.; USA: NE, NCE, NC, SE
- **serpentarius** (Pursh) Hook. · E:Cankerweed, Gall-of-the-Earth, Lion's Foot · ♃ Z5 VIII-IX; USA: NE, Ohio, SE, Fla.

Naegelia Regel = Smithiantha
- *amabilis* Regel = Smithiantha multiflora
- *cinnabarina* Linden = Smithiantha cinnabarina
- *multiflora* (M. Martens et Galeotti) Hook. = Smithiantha multiflora
- *zebrina* (Paxton) Regel = Smithiantha zebrina

Nageia Gaertn. -f- *Podocarpaceae* · 6 sp
- **nagi** (Thunb.) Kuntze · ♄ e Z8 Ⓚ Ⓝ; S-Jap., Ryukyu-Is., Taiwan

Nageliella L.O. Williams -f- *Orchidaceae* · 2 sp
- **purpurea** (Lindl.) L.O. Williams · ♃ Z10 Ⓦ VI-VIII ▽ ✻; Mex., Guat.

Najas L. -f- *Najadaceae* · c. 35 sp · D:Nixkraut; E:Naiad, Water Nymph; F:Naïade
- **flexilis** (Willd.) Rostk. et W.L.E. Schmidt · D:Biegsames Nixkraut · ⊙ ≈ Z5 VI-VIII ▽; Eur.: BrI, Sc, C-Eur., EC-Eur., E-Eur.; W-Sib., N-Am
- **graminea** Delile · ⊙ ⊙ ♃ ≈ Z8 Ⓦ Ⓚ; C-Afr., NE-Afr., S-As., Austr., N.Caled., nat. in I, BG, RO
- **guadalupensis** (Spreng.) Morong · ♃ ≈ Z9 Ⓦ; C-Am, S-Am.
- **indica** (Willd.) Cham. · ♃ ≈ Z10 Ⓦ; trop. As.
- **malesiana** W.J. de Wilde · ♃ ≈ Z10 Ⓦ; SE-As.
- **marina** L. · D:Großes Nixkraut, Meer-Nixkraut; E:Marine Najad, Spiny Najad · ⊙ ≈ VI-VIII; Eur.*, Cauc., W-Sib., E-Sib., Amur, C-As., S-As., E-As., N-Afr., N-Am., S-Am., Austr.
- *microdon* A. Braun = Najas guadalupensis
- **minor** All. · D:Kleines Nixkraut · ⊙ ≈ Z6 VI-VIII; Eur.* exc. Sc, BrI; TR, Cauc., Iran, W-Sib., Amur, C-As., E-As., S-As., N-Afr., Afr.

× **Nakamotoara** hort. -f- *Orchidaceae* (*Ascocentrum* × *Neofinetia* × *Vanda*)

Nananthus N.E. Br. -m- *Aizoaceae* · 7 sp
- *orpenii* N.E. Br. = Aloinopsis orpenii
- **vittatus** (N.E. Br.) Schwantes · ♃ ΨZ9 Ⓚ; S-Afr.

Nandina Thunb. -f- *Berberidaceae* · 1 sp · D:Himmelsbambus, Nandine; E:Heavenly Bamboo; F:Bambou sacré
- **domestica** Thunb. ex Murray · D:Himmelsbambus, Nandine; E:Heavenly Bamboo, Sacred Bamboo; F:Bambou sacré · ♄ e Z8 Ⓚ VI-VII ☠; Jap., C-China

Nannorrhops H. Wendl. -f- *Arecaceae (Palmae)* · 1 sp
- **ritchiana** (Griff.) Aitch. · D:Mazaripalme; E:Marari Palm · ♄ e ~ Ⓚ; Iran, Afgh., Pakistan

Nanodes Lindl. = Epidendrum
- *medusae* Rchb. f. = Epidendrum medusae
- *porpax* (Rchb. f.) Brieger = Epidendrum porpax

Napaea L. -f- *Malvaceae* · 1 sp
- **dioica** L. · D:Zweihäusige Malve; E:Glade Mallow · ♃ Z4; USA: NCE

Narcissus L. -m- *Amaryllidaceae* · 85 sp · D:Narzisse, Osterglocke; E:Daffodil; F:Narcisse
- **assoanus** Dufr. · D:Binsen-Narzisse; E:Rush-Leaved Jonquil · ♃ △ Z7 ∧ III-IV ☠ ▽; Eur.: S-F, Sp., ? Corse, nat. in TR

– **asturiensis** (Jord.) Pugsley · D:Zwerg-Narzisse; E:Dwarf Daffodil · ♃ △ Z7 ∧ III-IV ▽; N-P, N-Sp.
– × *biflorus* Curtis = Narcissus × medioluteus
– **bulbocodium** L.
  – subsp. **bulbocodium**
    – var. **bulbocodium** · D:Reifrock-Narzisse; E:Bulbocodium, Hoop Petticoat Daffodil · ♃ Z7 ∧ IV-V ▽; SW-F, Ib., Maroc., Alger.
    – var. **citrinus** Baker · D:Zitronengelbe Reifrock-Narzisse · ♃ Z7; Sp.
– *compressus* Haw. = Narcissus × intermedius
– **cyclamineus** DC. · D:Alpenveilchen-Narzisse; E:Donkey's Ears · ♃ △ Z7 ∧ III-IV ▽; NW-P, NW-Sp.
– **elegans** (Haw.) Spach · ♃ D Z8 Ⓚ ∧ IX-X ▽; Eur.: Balear., I, Sic.; NW-Afr.
– *exsertus* Haw. = Narcissus poeticus var. poeticus
– × *gracilis* Salisb. = Narcissus × tenuior
– × *grenieri* A.G. Richt. = Narcissus × medioluteus
– **hispanicus** Gouan · ♃ Z4 IV-V ▽; Eur.: Sp., P, S-F
– × **incomparabilis** Mill. (*N. poeticus* × *N. pseudonarcissus*) · D:Unvergleichliche Narzisse; E:Nonesuch Daffodil · ♃ Z4 III-IV; F, nat. in S-Eur., W-Eur.
– × **intermedius** Loisel. (*N. jonquilla* × *N. tazetta*) · ♃ Z8 ∧; SW-F, NE-Sp., nat. in Ba, I
– × **johnstonii** (Baker) Pugsley (*N. pseudonarcissus* × *N. triandrus subsp. pallidulus*) · ♃ IV; P
– **jonquilla** L. · D:Jonquille; E:Wild Jonquil · ♃ △ D Z7 ∧ IV Ⓝ ▽; Eur.: Ib, nat. in F, I, Croatia, Montenegro
– *juncifolius* auct. = Narcissus assoanus
– × **medioluteus** Mill. (*N. poeticus* × *N. tazetta*) · D:Zweiblütige Narzisse; E:Primrose Peerless · ♃ D Z7 IV-V; F, nat. in S-Eur.
– *minimus* hort. = Narcissus asturiensis
– **minor** L.
  – var. **conspicuus** Haw. · ♃ △ Z4 III-IV ▽; P, Sp.
  – var. **minor** · ♃ Z4 ▽; Eur.: N-Sp., F; Pyr.
– × **odorus** L. (*N. jonquilla* × *N. pseudonarcissus*) · D:Duft-Narzisse; E:Campernelle Jonquil · ♃ D Z6 IV-V; cult.
– **papyraceus** Ker-Gawl. · D:Weihnachts-Narzisse; E:Paper-White Narcissus · ♃ D Z8 Ⓚ I-III ▽; Eur.: Ib, Fr, Ap, Ba
– × *poetaz* hort. ex L.H. Bailey = Narcissus × medioluteus
– **poeticus** L.
  – subsp. *radiiflorus* (Salisb.) Baker = Narcissus radiiflorus var. radiiflorus
  – var. **poeticus** · D:Dichter-Narzisse, Weiße Narzisse; E:Pheasant Eye Narcissus, Poet's Narcissus · ♃ ⋈ Z4 IV-V ☠ Ⓝ ▽; Eur.: Ib, Fr, Ap, C-Eur., Ba, E-Eur., nat. in BrI
  – var. **verbanensis** Herb. · D:Langensee-Narzisse · ♃ Z4 IV-V ▽; CH, N-I
– **pseudonarcissus** L.
  – subsp. *major* (Curtis) Baker = Narcissus hispanicus
  – subsp. **pseudonarcissus**
    – var. **porrigens** (Jord.) Pugsley · ♃; F
    – var. **pseudonarcissus** · D:Gelbe Narzisse, Osterglocke; E:Lent Lily, Tenby Daffodil, Wild Daffodil · ♃ ⋈ Z4 III-IV ☠ ▽; Eur.: BrI, Fr, Ib, CH, D, nat. in A, I, Ba, RO
  – var. *johnstonii* Baker = Narcissus × johnstonii
– **radiiflorus** L.
  – var. **radiiflorus** · D:Westalpen-Narzisse · ♃ ⋈ Z4 IV-V ☠ ▽; SC-Eur., W-Ba
– **radiiflorus** Salisb.
  – var. **stellaris** (Haw.) A. Fern. · D:Stern-Narzisse · Z4 ☠ ▽
– *requienii* M. Roem. = Narcissus assoanus
– **rupicola** Dufour
  – subsp. **rupicola** · ♃ Z8 Ⓚ ▽; C-Sp., N-P
  – subsp. **watieri** (Maire) Maire et Weiller · ♃ Z8 Ⓚ VI ▽; Maroc.
– **scaberulus** Henriq. · ♃ Z8 Ⓚ ▽; N-P (Mondego-Tal)
– *stellaris* Haw. = Narcissus radiiflorus var. stellaris
– **tazetta** L.
  – subsp. *papyraceus* (Ker-Gawl.) G. Nicholson = Narcissus papyraceus
  – subsp. **tazetta** · D:Tazette; E:Bunch-Flowered Narcissus · ♃ ⋈ D Z7 III-V ▽; Eur.: Ib, Fr, Ap, Ba
– × *tazettopoeticus* Gren. et Godr. = Narcissus × medioluteus
– × **tenuior** Curtis (*N. jonquilla* × *N. poeticus*) · ♃ Z7; cult.
– **triandrus** L.
  – subsp. **pallidulus** (Graells) D.A. Webb · D:Bleiche Engelstränen-Narzisse · ♃; Ib.

– subsp. **triandrus**
  – var. **triandrus** · D:Engelstränen-Narzisse; E:Angel's Tears · ♃ Z4 IV-V ▽; Eur.: Ib, F
  – var. *albus* (Haw.) Baker = Narcissus triandrus subsp. triandrus var. triandrus
– *watieri* Maire = Narcissus rupicola subsp. watieri
– **Cultivars**
  – **in vielen Sorten (siehe Kapitel III)**
  – *'Paperwhite'* = Narcissus papyraceus
  – *'Totus Albus Grandiflorus'* = Narcissus papyraceus

Nardostachys DC. -f- *Valerianaceae* · 1 sp · D:Nardenähre, Speichenähre; F:Nardostachyde de l'Inde
– **grandiflora** DC. · D:Nardenähre, Speichenähre; E:Nard, Spikenard · ♃ △ ⚕ Ⓝ ▽ ✻; Him., SW-China
– *jatamansi* (D. Don) DC. = Nardostachys grandiflora

Nardus L. -f- *Poaceae (Gramineae)* · 1 sp · D:Borstgras; E:Mat Grass; F:Nard
– **stricta** L. · D:Borstgras; E:Mat Grass, Moor Mat Grass · ♃ △ V-VIII; Eur.*, TR, Cauc., Maroc., nat. in E-Sib., N-Am., Greenl., Tasman., NZ

Narthecium Huds. -n- *Melanthiaceae* · 7 sp · D:Ährenlilie, Beinbrech; E:Bog Asphodel; F:Narthécie
– **ossifragum** (L.) Huds. · D:Beinbrech, Mohr-Ährenlilie; E:Bog Asphodel · ♃ ~ Z6 VII-VIII ☠ ▽; Eur.: BrI, Sc, D, Fr, Ib

Nasturtium R. Br. -n- *Brassicaceae (Cruciferae)* · 6 sp · D:Brunnenkresse; E:Watercress; F:Cresson de fontaine
– **microphyllum** (Boenn.) Rchb. · D:Kleinblättrige Brunnenkresse · ⊙ ♃ ≈ Z6 V-X Ⓝ; Eur.* exc. Ib, E-Eur.; Maroc.
– **officinale**
  – var. *microphyllum* (Boenn. ex Rchb.) Hyl. ex A. Löve et D. Löve = Nasturtium microphyllum
– × **sterile** (Airy Shaw) Oefelein (*N. microphyllum* × *N. officinale*) · D:Bastard-Brunnenkresse · ♃ Z6; cult.

Naumburgia Moench = Lysimachia
– *thyrsiflora* (L.) Rchb. = Lysimachia thyrsiflora

Nauplius (Cass.) Cass. -m- *Asteraceae (Compositae)* · 8 sp
– **sericeus** (L. f.) Cass. · ♄ Z9 ⓚ; Canar. Is.

Nautilocalyx Linden ex Hanst. -m- *Gesneriaceae* · 38 (-60) sp
– **bullatus** (Lem.) Sprague · ♃ Z10 ⓦ; Amazon., Peru
– **forgetii** (Sprague) Sprague · ♃ Z10 ⓦ; Peru
– **lynchii** (Hook. f.) Sprague · ♃ Z9 ⓦ; ? Peru, ? Ecuad.
– **pallidus** (Sprague) Sprague · ♃ Z10 ⓦ; Peru
– **picturatus** L.E. Skog · ♃ Z10 ⓦ; Peru
– **pictus** (Hook.) Sprague · ♃ Z10 ⓦ; Amazon., Guyan.

Navarretia Ruiz et Pav. -f- *Polemoniaceae* · 30 sp
– **squarrosa** (Eschsch.) Hook. et Arn. · ⊙ Z7; B.C., USA: NW, Calif.

Neanthe O.F. Cook = Chamaedorea
– *bella* O.F. Cook = Chamaedorea elegans

Nectaroscordum Lindl. -n- *Alliaceae* · 3 (-6) sp · D:Honiglauch; E:Honey Garlic; F:Ail
– *bulgaricum* Janka = Nectaroscordum siculum subsp. bulgaricum
– **siculum** (Ucria) Lindl.
  – subsp. **bulgaricum** (Janka) Stearn · D:Bulgarischer Honiglauch · ♃ Z6; Eur.: Ba, EC-Eur., E-RO, NW-TR, Krim
  – subsp. **siculum** · D:Sizilianscher Honiglauch; E:Sicilian Honey Garlic · ♃ ✂ Z6 V; Eur.: F, Ap

Negundo Boehm. ex Ludw. = Acer
– *aceroides* Moench = Acer negundo subsp. negundo
– *californicum* Torr. et A. Gray = Acer negundo subsp. californicum
– *cissifolium* Siebold et Zucc. = Acer cissifolium
– *fraxinifolium* (Raf.) de Vos = Acer negundo subsp. negundo

Neillia D. Don -f- *Rosaceae* · 11 sp · D:Traubenspiere; E:Neillia; F:Neillia
– **affinis** Hemsl. · D:Rote Traubenspiere · ♄ d Z6 V-VI; W-China
– *longiracemosa* Hemsl. = Neillia thibetica
– **sinensis** Oliv. · D:Blasse Traubenspiere · ♄

d Z6 V-VI; C-China, W-China
– **thibetica** Franch. · D:Tibetische Traubenspiere · ♄ d Z7 V-VI; Him., W-China
– **thyrsiflora** D. Don · D:Himalaya-Traubenspiere · ♄ d Z7 VIII; Him.

Nelumbium Juss. = Nelumbo
– *luteum* Willd. = Nelumbo lutea
– *nelumbo* (L.) Druce = Nelumbo nucifera
– *speciosum* Willd. = Nelumbo nucifera

Nelumbo Adans. -f- *Nelumbonaceae* · 2 sp · D:Lotosblume; E:Lotus; F:Lotus, Lotus des Indes
– **lutea** (Willd.) Pers. · D:Amerikanische Lotusblume; E:American Lotus, Water Chinquapin · ♃ ≈ Z7 ⓦ ⓚ VII-VIII; Can.: Ont.; USA: NE, NCE, SE, Fla., SC; Mex., C-Am, W.Ind., Col.
– **nucifera** Gaertn. · D:Indische Lotusblume; E:Lotus, Sacred Indian Lotus · ♃ ≈ Z8 ⓚ IV-VIII ⚕ Ⓝ; Eur.: E-Russ.; Cauc., Amur, Him., China, Malay. Arch., Austr., nat. in I, RO, Jap.
– *pentapetala* (Walter) Fernald = Nelumbo lutea
– *speciosa* auct. = Nelumbo nucifera

Nematanthus Schrad. -m- *Gesneriaceae* · 26 sp
– **crassifolius** (Schott) Wiehler · ♄ e Z10 ⓦ XII-II; Bras.
– **gregarius** D.L. Denham · D:Goldfischpflanze; E:Clog Plant, Goldfish Plant · ħ ♄ e ⇝ Z10 ⓦ VII-VIII; Mex., Guat., Costa Rica, Panama
– **hirtellus** (Schott) Wiehler · ♃ ħ ♄ e Z10 ⓦ; Bras.
– *longipes* DC. = Nematanthus crassifolius
– *perianthomegus* (Vell.) H.E. Moore = Nematanthus hirtellus
– *radicans* (Klotzsch et Hanst.) H.E. Moore = Nematanthus gregarius
– *radicans* C. Presl = Nematanthus strigillosus
– **strigillosus** (Mart.) H.E. Moore · ħ e Z10 ⓦ III-V; Bras.
– **Cultivars**
  – **'Glabra'** · D:Kussmäulchen; E:Pouch Flower · ħ e ⓦ VII-IX; Bras.

Nemesia Vent. -f- *Scrophulariaceae* · 65 sp · D:Nemesie; F:Némésia
– **floribunda** Lehm. · ⊙ Z9 VII-VIII; S-Afr.
– **lilacina** N.E. Br. · ⊙ Z9 VII-VIII; SW-Kap
– **strumosa** Benth. · ⊙ Z9 VI-IX; S-Afr.
– **versicolor** E. Mey. ex Benth. · ⊙ Z9 VII-VIII; S-Afr.

Nemopanthus Raf. -m- *Aquifoliaceae* · 2 sp · D:Berghülse; E:Mountain Holly; F:Faux-houx, Némopanthe
– **mucronatus** (L.) Trel. · D:Berghülse; E:Catberry · ♄ d ~ Z5 V-VI; Can.: E; USA: NE, NCE

Nemophila Nutt. -f- *Hydrophyllaceae* · 11 sp · D:Hainblume; E:Nemophila; F:Némophile
– *aurita* Lindl. = Pholistoma auritum
– *insignis* Douglas et Benth. = Nemophila menziesii var. menziesii
– **maculata** Benth. ex Lindl. · D:Gefleckte Hainblume; E:Five Spot, Five Spot Nemophila · ⊙ VI-VII; Calif.: Sierra Nevada
– **menziesii** Hook. et Arn.
  – var. **atomaria** (Fisch. et C.A. Mey.) Chandler · ⊙; Calif., Oreg.
  – var. **discoidalis** (Lam.) Voss · ⊙; cult.
  – var. **menziesii** · D:Blaue Hainblume; E:Baby Blue Eyes, California Bluebell · ⊙ VI-VIII; Oreg., Calif.

Neoalsomitra Hutch. -f- *Cucurbitaceae* · 12 sp
– **sarcophylla** (Wall.) Hutch. · ħ ≹ Z10 ⓦ; Myanmar, Thail., Timor

Neobesseya Britton et Rose = Escobaria
– *missouriensis* (Sweet) Britton et Rose = Escobaria missouriensis
– *wissmannii* (Hildm.) Britton et Rose = Escobaria missouriensis
– *zilziana* (Boed.) Boed. = Escobaria zilziana

Neobuxbaumia Backeb. -f- *Cactaceae* · 8 sp
– **euphorbioides** (Haw.) Buxb. · ♄ Ψ Z9 ⓚ ▽ ✱; Mex.
– **polylopha** (DC.) Backeb. · ♄ Ψ Z9 ⓚ ▽ ✱; C-Mex.

Neocardenasia Backeb. = Neoraimondia
– *herzogiana* Backeb. = Neoraimondia herzogiana

Neochilenia Backeb. ex Dolz = Neoporteria
– *aerocarpa* (F. Ritter) Backeb. = Neoporteria odieri

– *chilensis* (Hildm. ex K. Schum.) Backeb. = Neoporteria chilensis
– *napina* (Phil.) Backeb. = Neoporteria napina
– *odieri* (Lem.) Backeb. = Neoporteria odieri
– *taltalensis* (Hutchison) Backeb. = Neoporteria taltalensis

Neodypsis Baill. -f- *Arecaceae (Palmae)* · 14 sp
– **decaryi** Jum. · D:Dreieckspalme; E:Triangle Palm · ♄ e Ⓦ ▽ ✻; Madag.

Neofinetia Hu -f- *Orchidaceae* · 1 sp
– **falcata** (Thunb.) Hu · ♃ Z9 Ⓚ VI-VII ▽ ✻; Jap., Korea, Ryukyu-Is.

Neoglaziovia Mez -f- *Bromeliaceae* · 2 sp
– **concolor** C.H. Wright · ♃ Z10 Ⓦ Ⓝ; Bras.: Bahia
– **variegata** (Arruda) Mez · ♃ Z10 Ⓦ Ⓝ; Bras.

Neogomesia Castañeda = Ariocarpus
– *agavoides* A. Cast. = Ariocarpus agavoides

Neogyna Rchb.f. -f- *Orchidaceae* · 1 sp
– **gardneriana** (Lindl.) Rchb. f. · ♃ Ⓦ XII ▽ ✻; Nepal, Yunnan

Neohenricia L. Bolus -f- *Aizoaceae* · 1 sp
– **sibbettii** (L. Bolus) L. Bolus · ♃ ψ Z9 Ⓚ; S-Afr.: Orange Free State

Neolauchea Kraenzl. = Isabelia
– *pulchella* Kraenzl. = Isabelia pulchella

Neolitsea (Benth.) Merr. -f- *Lauraceae* · c. 85 sp
– *glauca* hort. = Neolitsea sericea
– **sericea** (Blume) Koidz. · ♄ e Z9 Ⓚ VII-VIII; China, Korea, Jap., Taiwan

Neolloydia Britton et Rose -f- *Cactaceae* · 14 sp
– *ceratites* (Quehl) Britton et Rose = Neolloydia conoidea
– **conoidea** (DC.) Britton et Rose · ψ Z9 Ⓚ ▽ ✻; Tex., E-Mex.
– *gielsdorfiana* (Werderm.) F.M. Knuth = Turbinicarpus gielsdorfianus
– *grandiflora* (Pfeiff.) F.M. Knuth = Neolloydia conoidea
– *horripila* (Lem.) Britton et Rose = Turbinicarpus horripilus
– *lophophoroides* (Werderm.) E.F. Anderson = Turbinicarpus lophophoroides
– *mandragora* (A. Berger) E.F. Anderson = Turbinicarpus mandragora
– *odorata* (Boed.) Backeb. = Coryphantha odorata
– *pseudomacrochele* (Backeb.) E.F. Anderson = Turbinicarpus pseudomacrochele
– *pseudopectinata* (Backeb.) E.F. Anderson = Turbinicarpus pseudopectinatus
– *saueri* (Boed.) F.M. Knuth = Turbinicarpus saueri
– *schmiedickeana* (Boed.) Anderson = Turbinicarpus schmiedickeanus
– **smithii** (Muehlenpf.) Kladiwa et Fittkau · ψ Z9 Ⓚ ▽ ✻; Mex.: Coahuila, Nuevo Leon, San Luis Potosí
– *valdeziana* (H. Möller) E.F. Anderson = Turbinicarpus valdezianus
– *viereckii* (Werderm.) F.M. Knuth = Turbinicarpus viereckii

Neomarica Sprague -f- *Iridaceae* · 12-15 sp
– **brachypus** (Baker) Sprague · ♃ Z10 Ⓦ IV-VI; W.Ind.
– **caerulea** (Ker-Gawl.) Sprague · ♃ Z10 Ⓦ IV-VII; Bras.
– **gracilis** (Herb. ex Hook.) Sprague · ♃ Z10 Ⓦ IV-VII; Bras.
– **northiana** (Schneev.) Sprague · ♃ Z10 Ⓦ IV-VII; Bras.

Neomortonia Wiehler -f- *Gesneriaceae* · 1 sp
– *nummularia* (Hanst.) Wiehler = Nematanthus gregarius
– **rosea** Wiehler · ♃ Z10 Ⓦ; Costa Rica, Panama, Col.

Neonotonia Lackey -f- *Fabaceae (Leguminosae)* · 2 sp
– **wightii** (Arn.) J.A. Lackey · ♃ Ⓝ; Afr., nat. in Austr.

Neopanax Allan = Pseudopanax
– *arboreus* (Murray) Allan = Pseudopanax arboreus

Neoporteria Britton et Rose -f- *Cactaceae* · 25 sp
– *andicola* hort. = Neoporteria curvispina
– **aricensis** (F. Ritter) Donald et G.D. Rowley · ψ Z9 Ⓚ ▽ ✻; Chile: Arica
– *armata* (F. Ritter) Krainz = Neoporteria

tuberisulcata
– *atrispinosa* (Backeb.) Backeb. = Neoporteria villosa
– **bulbocalyx** (Werderm.) Donald et G.D. Rowley · Ψ Z9 ⌂K ▽ ✱; Arg.: La Rioja, Catamarca
– *castanea* F. Ritter = Neoporteria subgibbosa
– **chilensis** (Hildm. ex K. Schum.) Britton et Rose · Ψ Z9 ⌂K ▽ ✱; Chile
– **curvispina** (Bertero) Donald et G.D. Rowley · Ψ Z9 ⌂K ▽ ✱; Chile (Santiago)
  – var. *lissocarpa* (F. Ritter) Donald et G.D. Rowley = Neoporteria curvispina
– *horrida* (Gay) D.R. Hunt = Neoporteria tuberisulcata
– **islayensis** (C.F. Först.) Donald et G.D. Rowley · Ψ Z9 ⌂K ▽ ✱; S-Peru, N-Chile
– *laniceps* F. Ritter = Neoporteria villosa
– *mammillarioides* (Hook.) Backeb. = Neoporteria curvispina
– *mitis* nom. inval. = Neoporteria napina
– **napina** (Phil.) Backeb. · Ψ Z9 ⌂K ▽ ✱; Chile: Huasco
– **nidus** (Söhrens) Britton et Rose · Ψ Z9 ⌂K ▽ ✱; Chile
– *nigricans* (Werderm. et Backeb.) Backeb. = Neoporteria tuberisulcata
– **odieri** (Lem.) Backeb. · Ψ Z9 ⌂K ▽ ✱; Chile
– *polyraphis* (Pfeiff.) Backeb. = Neoporteria villosa
– *rupicola* (F. Ritter) Donald et G.D. Rowley = Neoporteria taltalensis
– *scoparia* (F. Ritter) Donald et G.D. Rowley = Neoporteria taltalensis
– **subgibbosa** (Haw.) Britton et Rose · Ψ Z9 ⌂K ▽ ✱; Chile
– **taltalensis** Hutchison · Ψ Z9 ⌂K ▽ ✱; Chile
– **tuberisulcata** (Jacobi) Donald ex G.D. Rowley · Ψ Z9 ⌂K ▽ ✱; Chile (Santiago)
– **villosa** (Monv.) A. Berger · Ψ Z9 ⌂K ▽ ✱; Chile: Huasco
– *woutersiana* (Backeb.) Donald et G.D. Rowley = Neoporteria taltalensis

Neoraimondia Britton et Rose -f- *Cactaceae* · 2 sp
– **arequipensis** (Meyen) Backeb. · ♄ Ψ Z9 ⌂K ▽ ✱; N-Peru
– **herzogiana** (Backeb.) Buxb. · ♄ Ψ Z9 ⌂K ▽ ✱; Bol.
– *macrostibas* (K. Schum.) Backeb. = Neoraimondia arequipensis
– *roseiflora* (Werderm. et Backeb.) Backeb. = Neoraimondia arequipensis

Neoregelia L.B. Sm. -f- *Bromeliaceae* · 78 sp
– **ampullacea** (E. Morren) L.B. Sm. · ♃ Z10 ⌂W; Bras.
– **binotii** (Antoine) L.B. Sm. · ♃ Z10 ⌂W; S-Bras.
– **carolinae** (Beer) L.B. Sm. · E:Blushing Bromeliad · ♃ Z10 ⌂W; Bras.
– **chlorosticta** (Baker) L.B. Sm. · ♃ Z10 ⌂W; Bras.
– **concentrica** (Vell.) L.B. Sm. · ♃ Z10 ⌂W; Bras.
– **farinosa** (Ule) L.B. Sm. · ♃ Z10 ⌂W; Bras.
– **fosteriana** L.B. Sm. · ♃ Z10 ⌂W; Bras.
– *morreniana* (Antoine) L.B. Sm. = Neoregelia pineliana
– **pineliana** (Lem.) L.B. Sm. · ♃ Z10 ⌂W; Bras.
– **princeps** (Baker) L.B. Sm. · ♃ Z10 ⌂W; Bras.
– **sarmentosa** (Regel) L.B. Sm. · ♃ Z10 ⌂W; Bras.
– **spectabilis** (T. Moore) L.B. Sm. · E:Fingernail Plant, Painted Fingernail · ♃ Z10 ⌂W; Bras.
– **tristis** (Beer) L.B. Sm. · ♃ Z10 ⌂W; Bras.
– **zonata** L.B. Sm. · ♃ Z10 ⌂W; Bras.

× **Neostylis** hort. -f- *Orchidaceae* (*Neofinetia* × *Rhynchostylis*)

Neottia Guett. -f- *Orchidaceae* · 9-11 sp · D:Nestwurz; E:Bird's Nest Orchid; F:Néottie
– **nidus-avis** (L.) Rich. · D:Vogel-Nestwurz; E:Bird's Nest Orchid · ♃ V-VI ▽ ✱; Eur.*, TR, Cauc., Iran, W-Sib.

Nepenthes L. -f- *Nepenthaceae* · 72 sp · D:Kannenstrauch; E:Pitcher Plant; F:Nepenthes, Tasse-de-singe
– **albomarginata** Lobb · ♄ e Z10 ⌂W ▽ ✱; Malay. Arch.
– **ampullaria** Jack · ♄ e ≹ Z10 ⌂W ▽ ✱; Malay. Arch., N.Guinea
– **bicalcarata** Hook. f. · ♄ e ≹ Z10 ⌂W ▽ ✱; Kalimantan
– **burkei** Mast. · ♄ e Z10 ⌂W ▽ ✱; Phil.
– × **coccinea** Mast. (*N. mirabilis* × *N.* × *dormanniana*) · ♄ e Z10 ⌂W; cult.
– *curtisii* Mast. = Nepenthes maxima
– **distillatoria** L. · ♄ e ≹ Z10 ⌂W ▽ ✱; Sri

Lanka
- **gracilis** Korth. · ♄ e § Z10 ⓦ ▽ *; Malay. Pen., Sumat., Kalimantan
- × **hookeriana** Lindl. (*N. ampullaria* × *N. rafflesiana*) · ♄ e § Z10 ⓦ ▽ *; Kalimantan
- **khasiana** Hook. f. · ♄ e § Z10 ⓦ ▽ *; Ind.: Khasia Hills
- **madagascariensis** Poir. · ♄ e Z10 ⓦ ▽ *; Madag.
- **maxima** Reinw. · ♄ e § Z10 ⓦ ▽ *; N.Guinea, Kalimantan, Sulawesi
- **mirabilis** (Lour.) Druce · E:Monkey Cup · ♄ e § Z10 ⓦ ▽ *; S-China, Indochina, Malay. Arch., N.Guinea, Austr.: Queensl.
- **northiana** Hook. f. · ♄ e § Z10 ⓦ ▽ *; Kalimantan
- **rafflesiana** Jack · ♄ e § Z10 ⓦ ▽ *; Malay. Pen., Sumat., Kalimantan
- **rajah** Hook. f. · ♄ e Z10 ⓦ ▽ *; Kalimantan
- **sanguinea** Lindl. · ♄ e § Z10 ⓦ ▽ *; Malay. Pen.
- **veitchii** Hook. f. · ♄ e ⇝ Z10 ⓦ ▽ *; Kalimantan
- **ventricosa** Blanco · ♄ e Z10 ⓦ ▽ *; Phil.

Nepeta L. -f- *Lamiaceae (Labiatae)* · c. 250 sp · D:Katzenminze; E:Cat Mint; F:Menthe-des-chats
- **cataria** L. · D:Gewöhnliche Katzenminze; E:Catmint, Catnip · ♃ D Z3 VII-IX ⚕ ; Eur.* exc. Sc, C-Eur.; TR, Syr., Cauc., W-Sib., Amur, C-As., Him., nat. in N-Am., Jap., S-Afr.
- × **faassenii** Bergmans ex Stearn (*N. nepetella* × *N. racemosa*) · D:Blaue Katzenminze, Blauminze; E:Catmint; F:Chataire, Herbe aux chats · ♃ Z3 V-IX; cult.
- **govaniana** Benth. · ♃ Z5; W-Him.
- **grandiflora** M. Bieb. · D:Großblütige Katzenminze · ♃ Z3 VII-VIII; Cauc., nat. in E-Eur., EC-Eur.; Queb., N.Y.
- *hederacea* (L.) Trevis. = Glechoma hederacea
- *macrantha* Fisch. ex Benth. = Nepeta sibirica
- *mussinii* hort. = Nepeta × faassenii
- *mussinii* Spreng. ex Henckel = Nepeta racemosa
- **nepetella** L. · ♃ Z6; Eur.: Sp., F, I
- **nervosa** Royle ex Benth. · F:Menthe aux chats · ♃ △ Z5 VII-IX; Kashmir
- **nuda** L.
  - subsp. **albiflora** (Boiss.) Gams · ♃ Z6; GR, Maced., TR, N-Iraq, Lebanon, Cauc., Iran
  - subsp. **nuda** · D:Kahle Katzen-Minze, Pannonische Katzen-Minze · ♃ Z6 VII-VIII; Eur.* exc. BrI, Sc; Cauc., W-Sib., E-Sib., C-As.; Mong., China: Sichuan
- **prattii** Lév. · ♃ Z6; W-China
- **racemosa** Lam. · ♃ Z4 VI-VIII; TR, Cauc., Iran
- **sibirica** L. · ♃ Z3 VII-VIII; S-Sib., Mong., China: Kansu

Nephelium L. -n- *Sapindaceae* · 22 (-38) sp · D:Rambutan; E:Rambutan; F:Longanier, Néphélium, Ramboutan
- **lappaceum** L. · D:Rambutan; E:Rambutan · ♄ e Z10 ⓦ Ⓝ; Ind., S-Vietn., Malay. Arch., Phil.
- *litchi* Cambess. = Litchi chinensis
- **mutabile** Blume · D:Pulasan; E:Pulasan · ♄ Z10 ⓦ Ⓝ; Malay. Arch., Phil.

Nephrolepis Schott -f- *Nephrolepidaceae* · 30 sp · D:Schwertfarn; E:Ladder Fern, Swort Fern; F:Néphrolépis
- **acuminata** (Houtt.) Kuhn · ♃ Z10 ⓦ; Malay. Arch.
- *acuta* (Schkuhr) C. Presl = Nephrolepis biserrata
- **biserrata** (Sw.) Schott · D:Großer Schwertfarn; E:Giant Sword Fern · ♃ Z10 ⓦ; Trop.
- *cordata* hort. = Nephrolepis cordifolia
- **cordifolia** (L.) C. Presl · D:Schlanker Schwertfarn; E:Erect Sword Fern, Narrow Sword Fern, Southern Sword Fern · ♃ Z10 ⓦ; Trop., Jap., NZ
- *davallioides* (Sw.) Kuntze = Nephrolepis acuminata
- **exaltata** (L.) Schott · D:Aufrechter Schwertfarn; E:Boston Fern, Boston Sword Fern · ♃ Z10 ⓦ; Trop.
- **pectinata** (Willd.) Schott · ♃ Z10 ⓦ; S-Mex., W-Ind., C-Am., trop. S-Am.
- *tuberosa* Hook. = Nephrolepis cordifolia

Nephthytis Schott -f- *Araceae* · 7 sp
- **afzelii** Schott · ♃ Z10 ⓦ; W-Afr.: Sierra Leone, Liberia
- *picturata* N.E. Br. = Rhektophyllum mirabile

Neptunia Lour. -f- *Mimosaceae (Leguminosae)* · 12 sp

– **oleracea** Lour. · ♃ ~ Z9 (W) Ⓝ; Trop.
– **plena** (L.) Benth. · ♄ ≈ Z10 (W) VI-VIII; Lat.Am., trop. As.

Nerine Herb. -f- *Amaryllidaceae* · 22 sp · D:Nerine; E:Nerine; F:Nérine
– *aurea* (L'Hér.) Bury = Lycoris aurea
– **bowdenii** W. Watson · ♃ Z8 (K) IX; S-Afr.
– **in Sorten**
– *corusca* Herb. = Nerine sarniensis var. corusca
– *curvifolia* (Jacq.) Herb. = Nerine sarniensis var. curvifolia
– **flexuosa** (Jacq.) Herb. · ♃ Z9 (K) IX; S-Afr.
– **humilis** (Jacq.) Herb. · ♃ Z9 (K) VIII-IX; Kap
– **pudica** Hook. f. · ♃ Z9 (K) IX-X; S-Afr.
– **sarniensis** (L.) Herb.
– var. **corusca** (Herb.) Baker · ♃ Z9 (K) IX-X; S-Afr. (Table Mountain)
– var. **curvifolia** (Jacq.) Traub · ♃ Z9 (K) IX-X; S-Afr. (Cape Prov.)
– var. **sarniensis** · D:Guernseylilie, Rote Nerine; E:Guernsey Lily · ♃ Z9 (K); Kap
– var. **venusta** (Ker-Gawl.) Baker · ♃ Z9 (K) IX-X; S-Afr. (Cape Prov.)
– **undulata** (L.) Herb. · ♃ Z9 (K) IX-X; Kap
– *venusta* (Ker-Gawl.) Herb. = Nerine sarniensis var. venusta

Nerium L. -n- *Apocynaceae* · 1 sp · D:Oleander; E:Oleander, Rose Bay; F:Laurier rose
– *divaricatum* L. = Tabernaemontana divaricata
– *indicum* Mill. = Nerium oleander
– **oleander** L. · D:Oleander; E:Oleander, Rosebay; F:Laurier rose · ♄ e Z9 (K) VI-IX ⚕ ☠; Eur.: Ib, Fr, Ap, Ba; TR, Levante, Iran, NW-Afr., Libya, nat. in Krim, Cauc.
– **in vielen Sorten**

Nertera Banks et Sol.ex Gaertn. -f- *Rubiaceae* · 15 sp · D:Korallenmoos; E:Beadplant; F:Plante-perle
– **granadensis** (Mutis ex L. f.) Druce · D:Korallenmoos; E:Bead Plant, Coral Moss · ♃ ⇝ ♣ Z9 (K) V-VI; C-Am., S-Am., Austr.: N.S.Wales, Victoria, Tasman.; NZ

Neslia Desv. -f- *Brassicaceae (Cruciferae)* · 2 sp · D:Finkensame; F:Neslie
– **paniculata** (L.) Desv. · D:Finkensame; E:Ball Mustard · ⊙ V-VII; Eur, N-Afr., Cauc., Tien-Shan, nat. in Can.

Neviusia A. Gray -f- *Rosaceae* · 2 sp · D:Schneelocke; E:Snow Wreath
– **alabamensis** A. Gray · D:Schneelocke; E:Snow Wreath · ♄ d Z6 VI-VII; USA: Ala.

Nicandra Adans. -f- *Solanaceae* · 1 sp · D:Giftbeere; E:Apple of Peru; F:Faux-coqueret
– **physalodes** (L.) Gottfr. Gaertn. · D:Giftbeere; E:Apple-of-Peru · ⊙ Z8 VII-IX ☠ Ⓝ; Peru, nat. in C-Eur., SE-Eur.

Nicodemia Ten. = Buddleja
– *diversifolia* Ten. = Buddleja indica

Nicolaia Horan. = Etlingera
– *elatior* (Jack) Horan. = Etlingera elatior

Nicotiana L. -f- *Solanaceae* · 67 sp · D:Tabak; E:Tobacco; F:Tabac
– *affinis* T. Moore = Nicotiana alata 'Grandiflora'
– **alata** Link et Otto · D:Flügel-Tabak; E:Flowering Tobacco, Tobacco Plant · ⊙ ⊙ ♃ D Z7 VII-IX; SE-Bras., Urug., Parag., Arg., nat. in E-Eur.
– **in vielen Sorten**
– **'Grandiflora'**
– **glauca** Graham · D:Blaugrüner Tabak; E:Tree Tobacco · ⊙ ⊙ ♃ ♄ ♄ e D Z8 (K) VII-X ☠; Arg., Parag., Bol., nat. in S-Eur., USA: SE, Fla.
– **langsdorffii** Weinm. · ⊙ Z9 VII-VIII; Bras., Chile
– **latissima** Mill. · D:Maryland-Tabak · ⊙; cult. USA
– **longiflora** Cav. · ⊙ ♃ D Z8 VIII; Arg., Chile
– **rustica** L. · D:Bauern-Tabak; E:Indian Tobacco, Wild Tobacco · ⊙ ⊙ ♃ Z8 VI-IX ☠ Ⓝ; ? N-Am., nat. in Eur., USA: E
– × **sanderae** hort. Sander ex W. Watson (*N. alata* × *N. forgetiana*) · F:Tabac d'ornement · ⊙ Z7 VII-IX; cult.
– **in Sorten**
– **suaveolens** Lehm. · ⊙ ⊙ D Z8 VII-VIII; SE-Austr.
– **sylvestris** Speg. et Comes · D:Berg-Tabak; E:Flowering Tobacco; F:Tabac sylvestre · ⊙ ♃ D Z8 VII-IX; Arg.
– **tabacum** L. · D:Virginischer Tabak;

E:Common Tobacco, Tobacco · ⊙ ⊙ ♃ Z8 VI-IX ⚕ ☠ Ⓝ; ? S-Am., cult.
- **tomentosa** Ruiz et Pav. · ⊙ ♄ Z9 VII-VIII; Bras., Peru
- **wigandioides** K. Koch et Fintelm. · ♄ Z9 Ⓚ VII-VIII; Col.

Nidularium Lem. -n- *Bromeliaceae* · 25-35 sp · D:Nestbromelie, Trichterbromelie; E:Bird's-Nest Bromeliad; F:Nidularium
- *acanthocrater* E. Morren = Neoregelia concentrica
- *amazonicum* (Baker) Lindm. = Wittrockia amazonica
- *ampullaceum* E. Morren = Neoregelia ampullacea
- **billbergioides** (Schult. f.) L.B. Sm. · ♃ Z10 Ⓦ; E-Bras.
- *binotii* (Antoine) E. Morren = Neoregelia binotii
- **burchellii** (Baker) Mez · ♃ Z10 Ⓦ; Bras.
- *chlorostictum* (Baker) E. Morren = Neoregelia chlorosticta
- *citrinum* (Burch.) Mez = Nidularium billbergioides
- *farinosum* Ule = Neoregelia farinosa
- **fulgens** Lem. · E:Blushing Bromeliad · ♃ Z10 Ⓦ; E-Bras.
- **innocentii** Lem.
  - var. **innocentii** · ♃ Z10 Ⓦ; E-Bras.
  - var. **lineatum** (Mez) L.B. Sm. Z10 Ⓦ; cult.
  - var. **paxianum** (Mez) L.B. Sm. Z10 Ⓦ; E-Bras.
  - var. **striatum** Wittm. Z10 Ⓦ; cult.
  - var. **wittmackianum** (Harms) L.B. Sm. Z10 Ⓦ; E-Bras.
- *lindenii* Regel = Canistrum lindenii var. lindenii
- *lineatum* Mez = Nidularium innocentii var. lineatum
- *meyendorffii* Regel = Neoregelia carolinae
- *morrenianum* (Antoine) hort. = Neoregelia pineliana
- *paxianum* Mez = Nidularium innocentii var. paxianum
- *princeps* (Baker) E. Morren = Neoregelia princeps
- **procerum** Lindm. · ♃ Z10 Ⓦ; E-Bras.
- **purpureum** Beer · ♃ Z10 Ⓦ; E-Bras.
- **regelioides** Ule · ♃ Z10 Ⓦ; Bras.
- **rutilans** E. Morren · ♃ Z10 Ⓦ; Bras.
- *sarmentosum* Regel = Neoregelia sarmentosa
- **scheremetiewii** Regel · ♃ Z10 Ⓦ; E-Bras.
- **seidelii** L.B. Sm. et Reitz · ♃ Z10 Ⓦ; Bras.
- *striatum* (Wittm.) hort. ex Mez = Nidularium innocentii var. striatum
- *triste* (Beer) Regel = Neoregelia tristis
- **utriculosum** Ule · ♃ Z10 Ⓦ; E-Bras.
- *wittmackianum* Harms = Nidularium innocentii var. wittmackianum

Nierembergia Ruiz et Pav. -f- *Solanaceae* · 23 sp · D:Nierembergie, Weißbecher, Becherblüte; E:Cupflower; F:Nierembergia
- *caerulea* Sealy = Nierembergia hippomanica var. hippomanica
- *calycina* hort. non Hook. = Nierembergia gracilis
- *frutescens* Durieu = Nierembergia scoparia
- **gracilis** Hook. · ♃ Z7 VII-VIII; Arg.
- **hippomanica** Miers
  - var. **hippomanica** · E:Cup Flower · ♃ Z8 Ⓚ; Arg.
  - var. **violacea** Millán · F:Nirembergia · ♃ Z8 Ⓚ VI-IX; Arg.
- **repens** Ruiz et Pav. · D:Weißbecher, Weiße Becherblüte; E:White Cup · ♃ ⇝ Z7 VII-IX; Urug., Arg., Chile
- *rivularis* Miers = Nierembergia repens
- **scoparia** Sendtn. · ♄ Z8 Ⓚ VII-IX; Arg., Urug.

Nigella L. -f- *Ranunculaceae* · 14-20 sp · D:Braut in Haaren, Gretel im Busch, Jungfer im Grünen, Schwarzkümmel; E:Fennel Flower, Love-in-a-Mist; F:Nigelle
- **arvensis** L. · D:Acker-Schwarzkümmel; E:Wild Fennel · ⊙ VII-IX; Eur.: Fr, Ap, C-Eur., EC-Eur., Ba, E-Eur.; TR, Iraq, Levante, Cauc., C-As., N-Afr.
- **bucharica** Schipcz. · ⊙; C-As.
- **ciliaris** DC. · ⊙; Syr.
- **damascena** L. · D:Braut in Haaren, Gretel im Busch, Jungfer im Grünen; E:Love-in-a-Mist; F:Nigelle de Damas · ⊙ ⅋ VI-IX ⚕; Eur.: Ib, Fr, Ap, Ba, Krim; TR, Cyprus, Cauc., Iran, NW-Afr., Libya, nat. in C-Eur.
  - **in Sorten**
- **hispanica** L. · ⊙ VII-VIII; Eur.: Ib, F
- **nigellastrum** (L.) Willk. · ⊙; Eur.: Fr, Sp., GR, Crete, Krim; Cauc., N-Iraq, Cyprus
- **orientalis** L. · ⊙; BG, Cauc, Krim, TR, Iran, C-As.
- **sativa** L. · D:Echter Schwarzkümmel; E:Black Cumin, Roman Coriander · ⊙ VI-VIII ⚕ Ⓝ; ? SW-As., nat. in Eur.: Fr, Ap, Ba, EC-Eur.; Cauc., Iran, C-As. N-Afr.,

Eth.

Nigritella Rich. -f- *Orchidaceae* · 2 sp · D:Kohlröschen; E:Vanilla Orchid; F:Nigritelle
- **archiducis-joannis** Teppner et E. Klein · D:Erzherzog-Johann-Kohlröschen · ♃ VII-VIII ▽ *; Eur.: A (Steiermark)
- **nigra** (L.) Rchb. f.
  - subsp. **corneliana** Beauverd · ♃ ▽ *; Eur.: SW-Alp.
  - subsp. **nigra** · D:Schwarzes Kohlröschen; E:Black Vanilla Orchid · ♃ △ V-VI ▽ *; Eur.: Ib, F, I, C-Eur., Sc, Ba, RO
- *nigra* auct. = Nigritella rhellicani
- **rhellicani** Teppner et E. Klein · ♃ VI-VIII ▽ *; C-Eur., S-Eur.
- **rubra** (Wettst.) K. Richt. · D:Rotes Kohlröschen · ♃ VI-VIII ▽ *; Alp., mts. RO
- **stiriaca** (Rech.) Teppner et E. Klein · D:Steirisches Kohlröschen · ♃ VI-VIII ▽ *; Eur.: A
- **widderi** Teppner et E. Klein · D:Steineralpen-Kohlröschen, Widders Kohlröschen · ♃ VII ▽ *; Eur.: A, D, I; Alp., Apenn.

Niphidium J. Sm. -n- *Polypodiaceae* · 10 sp
- **crassifolium** (L.) Lellinger · ♃ Z10 (W); C-Am., trop. S-Am.

Niphobolus Kaulf. = Pyrrosia
- *adnascens* (Sw.) Kaulf. = Pyrrosia lanceolata
- *lingua* (Thunb.) J. Sm. = Pyrrosia lingua
- *tricuspis* J. Sm. = Pyrrosia hastata

Nipponanthemum (Kitam.) Kitam. -n- *Asteraceae (Compositae)* · 1 sp
- **nipponicum** (Franch. ex Maxim.) Kitam. · D:Nippon-Chrysantheme; E:Nippon Daisy · ♄ Z8 (K); Jap.; coasts

Nitraria L. -f- *Zygophyllaceae* · 6 sp
- **schoberi** L. · ♄ Z6; S-Russ., Cauc., W-Sib., C-As, Iran, Mong., China: Sinkiang

Nivenia Vent. -f- *Iridaceae* · 5-9 sp
- **corymbosa** (Ker-Gawl.) Baker · ♄ Z9 (K) II-IV; Kap

Noccaea Moench = Thlaspi, Pritzelago
- *alpina* (L.) Rchb. = Pritzelago alpina subsp. alpina
- *auerswaldii* (Willk.) Willk. = Pritzelago alpina subsp. auerswaldii
- *montana* (L.) F.K. Mey. = Thlaspi montanum

Nolana L. f. -f- *Nolanaceae* · 18 sp · D:Glockenwinde; F:Nolana
- *acuminata* Miers = Nolana paradoxa subsp. atriplicifolia
- *atriplicifolia* D. Don = Nolana paradoxa subsp. atriplicifolia
- **coelestis** (Lindl.) Miers · ♄ Z8 (K) VI-X; Chile
- *grandiflora* Lehm. ex G. Don = Nolana paradoxa subsp. atriplicifolia
- **humifusa** (Gouan) I.M. Johnst. · ⊙ ⌇ ⇝ VII-VIII; Peru
- *lanceolata* (Miers) Miers ex Dunal = Nolana paradoxa subsp. atriplicifolia
- **napiformis** Phil. · ⊙ ⌇ ⇝ VII-VIII; Peru, Chile
- **paradoxa** Lindl.
  - subsp. **atriplicifolia** (D. Don) Mesa · ⊙ VI-IX; Chile
  - subsp. **paradoxa** · ⊙ ⇝ VII-VIII; Chile
- *prostrata* L. f. = Nolana humifusa
- × **tenella** Lindl. (*N. humifusa* × *N. paradoxa*) · ⊙; cult.

Nolina Michx. -f- *Dracaenaceae* · 24-30 sp
- *gracilis* (Lem.) Cif. et Giacom. = Beaucarnea gracilis
- **longifolia** (Schult. et Schult. f.) Hemsl. · D:Mexikanischer Grasbaum; E:Mexican Grasstree · ♄ ♆ e Z10 (K); S-Mex.
- *recurvata* (Lem.) Hemsl. = Beaucarnea recurvata
- *stricta* (Lem.) Cif. et Giacom. = Beaucarnea stricta
- *tuberculata* (Roezl) hort. = Beaucarnea recurvata

Noltea Rchb. -f- *Rhamnaceae* · 1 sp
- **africana** (L.) Rchb. · E:Soap Bush · ♄ e Z9 (W) V; S-Afr.

Nomocharis Franch. -f- *Liliaceae* · 7 sp · D:Prachtlilie; F:Nomocharis
- **aperta** (Franch.) E.H. Wilson · ♃ Z7 VI-VII; China: Tibet, Yunnan; N-Myanmar
- **farreri** (W.E. Evans) R.L. Harrow · ♃ Z7 VI-VII; NE-Myanmar
- *mairei* Lév. = Nomocharis pardanthina
- **pardanthina** Franch. · ♃ Z7 VI-VII; NW-Yunnan, Sichuan

– var. *farreri* W.E. Evans = Nomocharis farreri

Nonea Medik. -f- *Boraginaceae* · 35 sp · D:Mönchskraut; F:Nonnée
– **lutea** (Desr.) DC. · D:Gelbes Mönchskraut · ⊙ IV-VI; Russ., Cauc, N-Iran, nat. in H, W-Ba, RO
– **pulla** (L.) DC. · D:Braunes Mönchskraut · ♃ V-VIII; Eur.: C-Eur., EC-Eur., Ba, E-Eur.; Cauc., W-Sib., E-Sib., C-As., nat. in F, FIN
– **rosea** (M. Bieb.) Link · D:Rosenrotes Mönchskraut · ♃ VI-IX; TR, N-Iraq, Cauc., N-Iran

Nopalea Salm-Dyck = Opuntia
– *cochenillifera* (L.) Salm-Dyck = Opuntia cochenillifera

Nopalxochia Britton et Rose -f- *Cactaceae* · 4 sp
– **phyllanthoides** (DC.) Britton et Rose · ♄ Z10 Ⓦ ▽ *; Mex.

Normanbokea Kladiwa et Buxb. = Turbinicarpus
– *pseudopectinata* (Backeb.) Kladiwa et Buxb. = Turbinicarpus pseudopectinatus
– *valdeziana* (H. Möller) Kladiwa et Buxb. = Turbinicarpus valdezianus

Nothofagus Blume -f- *Fagaceae* · 34 sp · D:Scheinbuche, Südbuche; E:Southern Beech; F:Hêtre austral
– × **alpina** (Poepp. et Endl.) Krasser (*N. procera* × *N. pumilio*) · ♄ d Z7 Ⓝ; Arg., Chile
– **antarctica** (G. Forst.) Oerst. · D:Scheinbuche, Südbuche; E:Antarctic Beech; F:Hêtre austral, Hêtre de Magellan · ♄ d Z7 V; Chile
– **cunninghamii** (Hook. f.) Oerst. · D:Tasmanische Scheinbuche; E:Myrtle Beech · ♄ e Z9 Ⓚ; Austr.: Tasman., Victoria
– **dombeyi** (Mirb.) Oerst. · E:Coigue · ♄ e Z8 Ⓚ Ⓝ; Chile
– **menziesii** (Hook. f.) Oerst. · D:Silberne Scheinbuche; E:Silver Beech · ♄ e Z9 Ⓚ; NZ
– **obliqua** (Blume) Oerst. · D:Pellin-Scheinbuche; E:Roble Beech; F:Roble · ♄ d Z8 Ⓚ Ⓝ; Chile, S-Arg.
– **procera** (Poepp. et Endl.) Oerst. · D:Rauli-Scheinbuche; E:Rauli Beech · ♄ d Z7; Chile, Arg.

Notholaena R. Br. = Cheilanthes
– *marantae* (L.) Desv. = Cheilanthes marantae

Notholirion Wall. ex Boiss. -n- *Liliaceae* · 4 sp
– **campanulatum** Cotton et Stearn · ♃ Z7 ∧ V-VI; E-Him., W-China
– **macrophyllum** (D. Don) Boiss. · ♃ Z7 ∧ III-V; Nepal, Bhutan, Sikkim, W-China
– **thomsonianum** (Royle) Stapf · ♃ Z7 ∧ V-VI; Afgh., W-Him.

Nothopanax Miq. = Polyscias, Pseudopanax
– *arboreus* (Murray) Seem. = Pseudopanax arboreus
– *davidii* (Franch.) Harms = Pseudopanax davidii
– *fruticosus* (L.) Miq. = Polyscias fruticosa
– *guilfoylei* (W. Bull) Merr. = Polyscias guilfoylei

Nothoscordum Kunth -n- *Alliaceae* · 20 sp · D:Bastardlauch; E:False Garlic, Honeybells; F:Ail
– **bivalve** (L.) Britten · ♃ Z5; USA: NE, NEC, NC, SE, Fla.
– *fragrans* (Vent.) Kunth = Nothoscordum gracile
– **gracile** (Aiton) Stearn · ♃ D Z7 V-VI; Mex.
– *inodorum* (Aiton) G. Nicholson = Nothoscordum gracile
– *striatum* (Jacq.) Kunth = Nothoscordum bivalve

Notocactus (K. Schum.) Frič -m- *Cactaceae* · c. 25 sp
– *acutus* F. Ritter = Notocactus ottonis
– *agnetae* Vliet = Notocactus concinnus
– *ampliocostatus* (F. Ritter) S. Theun. = Notocactus schumannianus
– *apricus* (Arechav.) A. Berger = Notocactus concinnus
– *arechavaletae* (Speg.) Herter = Notocactus ottonis
– *bommeljei* Vliet = Notocactus concinnus
– **buenekeri** (Buining) Buxb. · ♆ Z9 Ⓚ ▽ *; Bras.: Santa Catarina, Rio Grande do Sul
– **buiningii** Buxb. · ♆ Z9 Ⓚ ▽ *; Bras.: Rio Grande do Sul; N-Urug.

– **caespitosus** (Speg.) Backeb. · ♆ Z9 Ⓚ ▽ ✻; Bras.: Rio Grande do Sul; Urug.
– *campestrensis* F. Ritter = Notocactus ottonis
– **concinnus** (Monv.) A. Berger · ♆ Z9 Ⓚ ▽ ✻; Bras.: Rio Grande do Sul; Urug.
– **erinaceus** (Haw.) Krainz · ♆ Z9 Ⓚ ▽ ✻; Bras.: Rio Grande do Sul; Urug., NE-Arg.
– *floricomus* (Arechav.) A. Berger = Notocactus mammulosus
– *glaucinus* F. Ritter = Notocactus ottonis
– *globularis* F. Ritter = Notocactus ottonis
– **graessneri** (K. Schum.) A. Berger · ♆ Z9 Ⓚ ▽ ✻; Bras.: Rio Grande do Sul
– *grossei* (K. Schum.) Frič = Notocactus schumannianus
– **haselbergii** (Haage) A. Berger · E:Scarlet Ball Cactus · ♆ Z9 Ⓚ ▽ ✻; Bras.: Rio Grande do Sul
– **herteri** Werderm. · ♆ Z9 Ⓚ ▽ ✻; Bras.: Rio Grande do Sul; Urug.
– *ibicuiensis* (Osten) Herter = Notocactus ottonis
– *incomptus* N. Gerloff = Notocactus ottonis
– *laetevirens* F. Ritter = Notocactus ottonis
– **leninghausii** (K. Schum.) A. Berger · ♆ Z9 Ⓚ ▽ ✻; Bras.: Rio Grande do Sul
– *leucocarpus* (Arechav.) Schäfer = Notocactus erinaceus
– **mammulosus** (Lem.) Backeb. · ♆ Z9 Ⓚ ▽ ✻; Bras.: Rio Grande do Sul; Urug., NE-Arg.
– *megapotamicus* (Osten) Herter = Notocactus ottonis
– **mueller-melchersii** Frič ex Backeb. · ♆ Z9 Ⓚ; Urug.
– *mueller-moelleri* Fleischer et Schütz = Notocactus mammulosus
– *muricatus* (Pfeiff.) A. Berger = Notocactus concinnus
– **ottonis** (Lehm.) A. Berger · ♆ Z9 Ⓚ ▽ ✻; NE-Arg., S-Parag.
– *oxycostatus* Buining et Brederoo = Notocactus ottonis
– *roseoluteus* Vliet = Notocactus mammulosus
– **rutilans** Däniker et Krainz · ♆ Z9 Ⓚ ▽ ✻; N-Urug.
– **schumannianus** (Nicolai) A. Berger · ♆ Z9 Ⓚ ▽ ✻; NE-Arg., S-Parag.
– **scopa** (Spreng.) A. Berger · ♆ Z9 Ⓚ ▽ ✻; Bras.: Rio Grande do Sul; Urug.
– *securituberculatus* F. Ritter = Notocactus ottonis
– *sessiliflorus* (Pfeiff.) Krainz = Notocactus erinaceus
– *submammulosus* (Lem.) Backeb. = Notocactus mammulosus
– *tabularis* (Cels ex K. Schum.) A. Berger = Notocactus concinnus
– *vanvlietii* Rausch = Notocactus concinnus

Notospartium Hook.f. -n- *Fabaceae (Leguminosae)* · 3 sp · D:Südginster; E:Southern Broom; F:Genêt austral
– **carmichaeliae** Hook. f. · ♄ Z8 Ⓚ VII; NZ

Nuphar Sm. -f- *Nymphaeaceae* · 16 sp · D:Mummel, Teichrose; E:Yellow Pond Lily; F:Jaunet d'eau, Nénuphar jaune
– **advena** (Aiton) W.T. Aiton · D:Amerikanische Teichrose; E:American Spatter Dock, Cow Lily, Yellow Water Lily; F:Nénuphar d'Amérique · ♃ ≈ Z3 V-VIII; USA: NE, NCE, NC, SC, SE, Fla.; Mex., W.Ind.
– *intermedia* Ledeb. = Nuphar × spenneriana
– **japonica** DC. · F:Nénuphar du Japon · ♃ ≈ Z6 VII-VIII; Jap.
– **lutea** (L.) Sibth. et Sm. · D:Gelbe Teichrose, Mummel; E:Brandy Bottle, Yellow Pond Lily, Yellow Water Lily; F:Nénuphar commun · ♃ ≈ Z4 VI-VIII ☠ ▽; Eur.*, TR, Cauc., W-Sib., E-Sib., C-As.
– **pumila** (Timm) DC. · D:Kleine Teichrose; F:Nénuphar nain · ♃ ≈ Z4 VII-VIII ▽; Eur.* exc. Ap; W-Sib., E-Sib., Amur, Sachal., Kamchat., Mong., China, Jap.
– × **spenneriana** Gaudin (*N. lutea* × *N. pumila*) · D:Bastard-Teichrose · ♃; C-Eur., Sc, Russ.; W-Sib.

Nuttallia Torr. et A. Gray = Oemleria
– *cerasiformis* Torr. et A. Gray ex Hook. et Arn. = Oemleria cerasiformis

Nyctanthes L. -f- *Verbenaceae* · 2 sp · D:Trauerbaum; E:Tree of Sadness
– **arbor-tristis** L. · E:Tree-of-Sadness · ♄ d D Z10 Ⓦ VII Ⓝ; C-Ind.

Nycteranthus Rothm. = Phyllobolus
– *noctiflorus* (L.) Neck. = Aridaria noctiflora

Nycterinia D. Don = Zaluzianskya
– *capensis* Benth. = Zaluzianskya capensis
– *selaginoides* (Thunb.) Benth. = Zaluzianskya villosa

Nyctocereus (A. Berger) Britton et Rose -m- *Cactaceae* · 3 sp
– **serpentinus** (Lag. et Rodr.) Britton et Rose · ♆ Z9 Ⓚ ▽ ✻; Mex.

Nymphaea L. -f- *Nymphaeaceae* · c. 50 sp · D:Seerose; E:Water Lily; F:Nénuphar
– **alba** L. · D:Weiße Seerose; E:White Water Lily; F:Nymphéa blanc · ♃ ≈ Z5 VI-VIII ⚕ ☠ ▽; Eur.*, TR, Cauc.
– **amazonum** Mart. et Zucc. · ♃ ≈ D Z10 Ⓦ V-VIII; Mex., C-Am., trop. S-Am.
– **caerulea** Savigny · D:Blaue Ägyptische Seerose, Blauer Ägyptischer Lotus; E:Blue Egyptian Lotus · ♃ ≈ Z10 Ⓦ Ⓚ V-VIII; Palaest., Egypt, trop. Afr.
– **candida** C. Presl · D:Glänzende Seerose; F:Nymphéa luisant · ♃ ≈ Z4 VI-VIII ▽; Eur.: Sc, Fr, C-Eur., EC-Eur., E-Eur.; Cauc., W-Sib., E-Sib., C-As.
– **capensis** Thunb. · D:Blaue Seerose; E:Blue Water Lily, Cape Blue Water Lily · ♃ ≈ Z10 Ⓦ V-VIII; E-Afr., S-Afr., Madag.
– **citrina** Peter · ♃ ≈ D Z10 Ⓦ V-VIII; E-Afr. (Malongwe)
– **colorata** Peter · ♃ ≈ Z10 Ⓦ V-VIII; Tanzania
– × **daubenyana** Daubeny (*N. caerulea* × *N. micrantha*) · ♃ ≈ Z10 Ⓦ III-X; cult.
– **elegans** Hook. · ♃ ≈ D Z9 Ⓦ V-VIII; Tex., N.Mex., Mex., Guat.
– *flava* Leitn. = Nymphaea mexicana
– **flavovirens** Lehm. · ♃ ≈ Z10 Ⓦ VI-VIII; Mex.
– **gigantea** Hook. · D:Große Seerose; E:White Pond Lily · ♃ ≈ D Z10 Ⓦ VII-IX; N.Guinea, Austr.
– *gracilis* hort. non Zucc. = Nymphaea flavovirens
– × **helvola** hort. (*N. mexicana* × *N. tetragona*) · ♃ Z6; cult.
– **lotus** L.
  – var. **dentata** (Schumach. et Thonn.) G. Nicholson · ♃ ≈ D Z10 Ⓦ VI-IX; trop. Afr.
  – var. **lotus** · D:Weiße Ägyptische Seerose, Weißer Ägyptischer Lotus; E:Egyptian Lotus, White Egyptian Lotus · ♃ ≈ D Z10 Ⓦ VI-IX ⚕ ; Egypt, trop. Afr., Ind., Malay. Arch., Phil.,
  – var. **thermalis** (DC.) Tuzson · ♃ ≈ D Z10 Ⓦ VI-IX; NW-RO
– **mexicana** Zucc. · ♃ ≈ D Z9 Ⓦ VI-VIII; Tex., Fla., Mex.
– **micrantha** Guill. et Perrott · ♃ ≈ D Z10 Ⓦ III-X; W-Afr.
– **odorata** Aiton
  – var. **odorata** · D:Wohlriechende Seerose; E:Fragrant Water Lily; F:Nymphéa odorant · ♃ ≈ D Z3 VI-VIII ⚕ ; Can.: E; USA: NE, NCE, SE, Fla., SC ; Mex., C-Am., W.Ind., nat. in W-Eur.
    – *'Alba'* = Nymphaea odorata var. odorata
  – var. **rosea** Pursh · ♃ ≈ D Z3; USA
– **rubra** Roxb. et Salisb. · ♃ ≈ Z10 Ⓦ VI-VIII; Ind., nat. in H
– **stellata** Willd. · D:Stern-Seerose; E:Blue Lotus · ♃ ≈ Z10 Ⓦ VI-VIII; Ind., SE-As., Malay. Pen., Afr.
– **tetragona** Georgi · D:Zwerg-Seerose; E:Pygmy Water Lily · ♃ ≈ D Z2 VI-VIII; Eur.: FIN, N-Russ; N-As, China, Jap. Him., Alaska, Can., USA: NE, NCE, Rocky Mts., Wash.
  – *'Alba'* = Nymphaea tetragona
  – *'Helvola'* = Nymphaea × helvola
– *thermalis* DC. = Nymphaea lotus var. thermalis
– **tuberosa** Paine · F:Nymphéa tubéreux · ♃ ≈ Z3 VI-VIII; Can.: E; USA: NE, NCE, NC, Ark.
– **Cultivars**
  – **in vielen Sorten (siehe Kapitel III)**
  – *'Pygmaea Alba'* = Nymphaea tetragona
  – *'Pygmaea Helvola'* = Nymphaea × helvola

Nymphoides Seg. -f- *Menyanthaceae* · 20 sp · D:Seekanne; E:Floating Heart, Fringed Water Lily; F:Petit nénuphar
– **aquatica** (Walter) Kuntze · D:Wasserbanane; E:Banana Plant, Fairy Water Lily · ♃ ≈ Z7 Ⓦ Ⓚ; USA: NE, SE, Fla., SC
– **humboldtiana** (Humb., Bonpl. et Kunth) Kuntze · ♃ ≈ Z10 Ⓦ VII-IX; trop. Am.
– **indica** (L.) Kuntze · D:Indische Seekanne; E:Water Snowflake · ♃ ≈ Z10 Ⓦ VII-IX; SW-China, Jap., SE-As., Austr., Fiji
– **peltata** (S.G. Gmel.) Kuntze · D:Gewöhnliche Seekanne; E:Water Fringe, Yellow Floating Heart; F:Faux nénuphar, Limnanthème · ♃ ≈ Z6 V-IX ▽; Eur.* exc. Sc; Cauc., Iran, W-Sib., E-Sib., Amur, C-As., Him., Mong., China, Jap., nat. in Sc

Nypa Steck -f- *Arecaceae (Palmae)* · 1 sp · D:Nipapalme; E:Mangrove Palm; F:Nipa
– **fruticans** Wurmb · ♄ e ~ Z10 Ⓦ Ⓝ; Sri Lanka, Myanmar, Malay. Arch., Phil., trop.

Austr.

Nyssa Gronov. ex L. -f- *Nyssaceae* · 5-8 sp · D:Tupelobaum; E:Tupelo; F:Tupélo
– **aquatica** L. · D:Wasser-Tupelobaum; E:Cotton Gum, Water Tupelo · ħ d ~ Z8 Ⓚ V Ⓝ; USA: Va., Ky., SE, Fla., SC
– **sylvatica** Marshall · D:Wald-Tupelobaum; E:Black Gum, Black Tupelo, Sour Gum; F:Tupélo · ħ d ~ Z3 VI Ⓝ; Ont., USA: NE, NCE, SC, SE, Fla.; Mex.

Oakesiella Small = Uvularia
– *sessilifolia* (L.) Small = Uvularia sessilifolia

Obregonia Frič -f- *Cactaceae* · 1 sp
– **denegrii** Frič · ᴪ Z9 Ⓚ ▽ *; Mex.: Tamaulipas

Ochagavia Phil. -f- *Bromeliaceae* · 3 sp
– **carnea** (Beer) L.B. Sm. et Looser · ♃ Z10 Ⓚ; Chile

Ochna L. -f- *Ochnaceae* · 86 sp · D:Nagelbeere; E:Bird's Eye Bush; F:Ochna
– **kirkii** Oliv. · ħ e Z10 Ⓦ; Kenya, Tanzania, N-Mozamb.
– **serrulata** (Hochst.) Walp. · E:Bird's Eye Bush, Mickey Mouse Plant · ħ e ♣ Z9 Ⓦ Ⓚ II-IV; trop. Afr.

Ochroma Sw. -n- *Bombacaceae* · 1 sp · D:Balsabaum; E:Balsa, Down-Tree; F:Balsa, Patte-de-lièvre
– *lagopus* Sw. = Ochroma pyramidale
– **pyramidale** (Cav. ex Lam.) Urb. · E:Balsa Tree · ħ e Z10 Ⓦ Ⓝ; Mex., C-Am., W.Ind., trop. S-Am.

Ocimum L. -n- *Lamiaceae (Labiatae)* · 35 (-150) sp · D:Basilikum; E:Basil; F:Basilic
– **americanum** L. · D:Zitronen-Basilikum; E:American Basil · ⊙ Z10 Ⓚ VII Ⓝ; trop. Afr., trop. As.
– **basilicum** L. · D:Basilienkraut, Basilikum; E:Basil · ⊙ D Z10 VI-VIII ⚕ Ⓝ; orig.?; cult. Trop., Subtrop.
  – **in Sorten**
– *canum* Sims = Ocimum americanum
– *crispum* Thunb. = Perilla frutescens var. nankinensis
– *frutescens* L. = Perilla frutescens var. frutescens
– *sanctum* L. = Ocimum tenuiflorum
– **tenuiflorum** L. · D:Kleines Basilikum · ħ Z10 Ⓚ ⚕ Ⓝ; W-As., Arab., Ind., Sri Lanka, Malay. Arch., Austr., Pacific Is.

Ocotea Aubl. -f- *Lauraceae* · 350 sp
– **bullata** E. Mey. · E:Black Stinkwood · ħ e Ⓚ Ⓝ; S-Afr.
– **puchury-major** Mart. · ħ e Ⓦ Ⓝ; Bras.
– **rodiaei** (R.H. Schomb.) Mez · ħ e Ⓦ Ⓝ; Guyan.
– **usambarensis** Engl. · ħ Ⓦ Ⓝ; Kenya, Tanzania

Octomeria R. Br. -f- *Orchidaceae* · c. 135 sp
– **crassifolia** Lindl. · ♃ Z10 Ⓦ ▽ *; Bras.
– **gracilis** Lindl. · ♃ Z10 Ⓦ ▽ *; Bras.
– **graminifolia** (L.) R. Br. · ♃ Z10 Ⓦ IV ▽ *; W.Ind., trop. S-Am.
– **grandiflora** Lindl. · ♃ Z10 Ⓦ X ▽ *; Trinidad, Surinam, Bras., Parag., Bol.
– **juncifolia** Barb. Rodr. · ♃ Z10 Ⓦ X ▽ *; Bras.

× **Odontioda** hort. -f- *Orchidaceae* (*Cochlioda* × *Odontoglossum*)

Odontites Ludw. -f- *Scrophulariaceae* · c. 30 sp · D:Zahntrost; E:Bartsia; F:Odontitès
– **litoralis** (M. Bieb.) Link · D:Salz-Zahntrost · ⊙ V-VI; Eur.: Sc, N-D, PL, Balt.
– **lutea** (L.) Clairv. · D:Gelber Zahntrost · ⊙ VII-X; Eur.* exc. BrI, Sc; TR, Cauc., C-As., NW-Afr.
– *rubra* Gilib. = Odontites verna
– **verna** (Bellardi) Dumort. · D:Acker-Zahntrost, Frühlings-Zahntrost · ⊙ Z6 V-IX; Eur.*
– **viscosa** (L.) Clairv. · D:Klebriger Zahntrost · ⊙; Eur.: Ib, F, I, CH, NW-Afr.
– **vulgaris** Moench · D:Herbst-Zahntrost, Roter Zahntrost · ⊙ VII-IX; Eur.*, TR, Iran, N-As.

× **Odontobrassia** hort. -f- *Orchidaceae* (*Brassia* × *Odontoglossum*)

× **Odontocidium** hort. -n- *Orchidaceae* (*Odontoglossum* × *Oncidium*)
– **Cultivars**
  – **in vielen Sorten**

Odontoglossum Kunth -n- *Orchidaceae* · c. 140 sp
– **aureum** (Lindl.) Garay · ♃ Z10 Ⓚ V-VI ▽ *; Peru

– **bictoniense** (Bateman) Lindl. · ♃ Z10 Ⓚ IX-X ▽ ✻; Mex., C-Am.
– **blandum** Rchb. f. · ♃ Z10 Ⓚ ▽ ✻; Col.
– *brevifolium* Lindl. = Otoglossum brevifolium
– **cariniferum** Rchb. f. · ♃ Z10 Ⓚ III-IV ▽ ✻; Costa Rica
– **cervantesii** La Llave et Lex. · ♃ Z10 Ⓚ XI-III ▽ ✻; Mex., Guat.
– **cirrhosum** Lindl. · ♃ Z10 Ⓚ IV-V ▽ ✻; Ecuad., Peru
– **constrictum** Lindl. · ♃ Z10 Ⓚ X-XII ▽ ✻; Ecuad., Col., Venez.
– **convallarioides** (Schltr.) Ames et Correll · ♃ Z10 Ⓚ IX-XI ▽ ✻; Costa Rica
– **cordatum** Lindl. · ♃ Z10 Ⓚ VII-VIII ▽ ✻; Mex., Guat., Hond., El Salv., Costa Rica, Venez.
– **crispum** Lindl. · E:Lace Orchid · ♃ Z10 Ⓚ II-IV ▽ ✻; Col.
– **cristatum** Lindl. · ♃ Z10 Ⓚ IV-V ▽ ✻; Col., Ecuad.
– **cruentum** Rchb. f. · ♃ Z10 Ⓚ ▽ ✻; Col., Ecuad.
– **edwardii** Rchb. f. · ♃ Z10 Ⓚ II-III ▽ ✻; Ecuad.
– *grande* Lindl. = Rossioglossum grande
– **hallii** Lindl. · ♃ Z10 Ⓚ III-IV ▽ ✻; Col., Ecuad., Peru
– **harryanum** Rchb. f. · ♃ Z10 Ⓚ VII-VIII ▽ ✻; Col., Ecuad., Peru
– *hastilabium* Lindl. = Oncidium hastilabium
– **hunnewellianum** Rolfe · ♃ Z10 Ⓚ X-IV ▽ ✻; Col.
– **krameri** Rchb. f. · ♃ Z10 Ⓚ VI-VIII ▽ ✻; Mex., Guat., Costa Rica
– **lindleyanum** Rchb. f. · ♃ Z10 Ⓚ V-VII ▽ ✻; Col.
– **londesboroughianum** Rchb. f. · ♃ Z10 Ⓚ XI-XII ▽ ✻; Mex.
– **loxense** F. Lehm. et Kraenzl. · ♃ Z10 Ⓚ ▽ ✻; Ecuad.
– **luteopurpureum** Lindl. · ♃ Z10 Ⓚ III-VI ▽ ✻; Col.
– **maculatum** La Llave et Lex. · ♃ Z10 Ⓚ III-IV ▽ ✻; Mex., Guat.
– **majale** Rchb. f. · ♃ Z10 Ⓚ ▽ ✻; Guat.
– **nevadense** Rchb. f. · ♃ Z10 Ⓚ ▽ ✻; Col.
– **nobile** Rchb. f. · ♃ Z10 Ⓚ III-V ▽ ✻; Col.
– **odoratum** Lindl. · ♃ Z10 Ⓚ III-V ▽ ✻; Col., Venez.
– **oerstedii** Rchb. f. · ♃ Z10 Ⓚ II-V ▽ ✻; Mex.
– *pescatorei* Lindl. = Odontoglossum nobile
– *phalaenopsis* Linden et Rchb. f. = Miltoniopsis phalaenopsis
– *platycheilum* Weathers = Odontoglossum majale
– **pulchellum** Lindl. · E:Lily-of-the-Valley Orchid · ♃ D Z10 Ⓚ II-IV ▽ ✻; Guat.
– **reichenheimii** Linden et Rchb. f. · ♃ Z10 Ⓚ ▽ ✻; Mex.
– *roezlii* Rchb. f. = Miltoniopsis roezlii
– *roseum* Lindl. = Cochlioda rosea
– **rossii** Lindl. · ♃ Z10 Ⓚ II-IV ▽ ✻; Mex., Guat., Nicar.
– **sanderianum** Rchb. f. · ♃ Z10 Ⓚ ▽ ✻; Col., Venez.
– **stellatum** Lindl. · ♃ Z10 Ⓚ ▽ ✻; Mex.
– **triumphans** Rchb. f. · ♃ Z10 Ⓚ III-V ▽ ✻; Col.
– **uro-skinneri** Lindl. · ♃ Z10 Ⓚ VII-IX ▽ ✻; Guat., Hond.
– *vexillarium* Rchb. f. = Miltoniopsis vexillaria
– *warscewiczii* Rchb. f. = Miltoniopsis warscewiczii
– *williamsianum* Rchb. f. = Rossioglossum williamsianum
– **Cultivars**
  – **in vielen Sorten**

Odontonema Nees -n- *Acanthaceae* · 26 sp
– **schomburgkianum** (Nees) Kuntze · ♄ e Z10 Ⓦ XII-I; Col.

× **Odontonia** hort. -f- *Orchidaceae* (*Miltonia* × *Odontoglossum*)
– **Cultivars**
  – **in vielen Sorten**

Odontospermum Neck. ex Sch. Bip. = Asteriscus
– *maritimum* (L.) Sch. Bip. = Asteriscus maritimus
– *sericeum* (L. f.) Sch. Bip. = Nauplius sericeus

Oeceoclades Lindl. -f- *Orchidaceae* · 31 sp
– **maculata** (Lindl.) Lindl. · ♃ Z10 Ⓦ VIII-X ▽ ✻; Fla., W.Ind., trop. S-Am., trop. Afr.

Oehmea Buxb. = Mammillaria
– *nelsonii* (Britton et Rose) Buxb. = Mammillaria nelsonii

Oemleria Rchb. -f- *Rosaceae* · 1 sp · D:Oregonpflaume; E:Oregon Plum,

Osoberry; F:Prunier de l'Orégon
– **cerasiformis** (Torr. et A. Gray ex Hook. et Arn.) J.W. Landon · D:Oregonpflaume; E:Indian Plum, Osoberry · ♄ d Z6 V; B.C., USA: NW, Calif.

Oenanthe L. -f- *Apiaceae (Umbelliferae)* · 30-40 sp · D:Wasserfenchel; E:Water Dropwort; F:Œnanthe
– **aquatica** (L.) Poir. · D:Großer Wasserfenchel, Pferdesaat; E:Fine Leaved Water Dropwort; F:Oenanthe aquatique · ⊙ ~ VI-VIII ⚕ ☠ Ⓝ; Eur.*, Cauc., W-Sib., E-Sib., C-As., nat. in N-Am.
– **conioides** Lange · D:Schierlings-Wasserfenchel · ⊙ ~ VI-VII ▽; Eur.: D (untere Elbe), B
– **fistulosa** L. · D:Röhriger Wasserfenchel · ♃ ~ VI-VIII; Eur.*; NW-Afr., Lebanon, Palaest., Cauc. (Azerbeidschan), N-Iran,
– **fluviatilis** (Bab.) Coleman · D:Flutender Wasserfenchel · ⊙ ⊙ ~ VI-VII; Eur.: BrI, Fr, D, DK
– **javanica** (Blume) DC. · E:Javan Water Dropwort · ⊙ ~ Z10 Ⓚ Ⓝ; Ind., Indochina, China, Korea, Jap., Malay. Arch., Phil., Austr.
– **lachenalii** C.C. Gmel. · D:Wiesen-Wasserfenchel · ♃ ~ VII-IX; Eur.* exc. EC-Eur.; Cauc., Alger.
– **peucedanifolia** Pollich · D:Haarstrang-Wasserfenchel · ♃ ~ VI-VII; Eur.: Ib, Fr, C-Eur., Ba, RO, EC-Eur.; Maroc., Alger.
– *phellandrium* Lam. = Oenanthe aquatica
– **pimpinelloides** L. · D:Bibernell-Wasserfenchel; E:Corky Fruit Water Dropwort · ♃ ~ Z8; Eur.: BrI, Ib, Fr, Ap, Ba, Krim; TR, Syr., Cauc.
– **silaifolia** M. Bieb. · D:Silaublättriger Wasserfenchel; E:Narrow Leaf Water Dropwort · ♃ ~ V-VII; Eur.* exc. Sc, Ib; TR, Cauc., N-Iran, NW-Afr.

Oenothera L. -f- *Onagraceae* · 124 sp · D:Nachtkerze; E:Evening Primrose; F:Onagre, Œnothère
– **acaulis** Cav. · ⊙ ♃ △ D Z5 VI-X; Chile
– × **arendsii** Silva Tar. et C.K. Schneid. (*O. rosea* × *O. speciosa*) · ♃ △ ∧ VI-IX; cult.
– *berlandieri* (Spach) Walp. = Oenothera speciosa 'Rosea'
– **biennis** L. · D:Gewöhnliche Nachtkerze; E:Common Evening Primrose, Evening Primrose · ⊙ Z4 VI-IX ⚕ Ⓝ; Can., USA*, Mex., nat. in Eur., TR, NZ
– × **braunii** Döll (*O. biennis* × *O. oakesiana*) · D:Brauns Nachtkerze; E:Braun's Evening Primrose · ⊙; C, CH +
– **caespitosa** Nutt. · D:Stängellose Nachtkerze; E:Large White Evening Primrose · ⊙ ♃ △ Z4 VI-VIII; USA: NW, Rocky Mts., Calif., NC
– **drummondii** Hook. · D:Küsten-Nachtkerze; E:Beach Evening Primrose · ⊙ ⊙ Z6 VII-VIII; Tex., NE-Mex.
– *erythrosepala* Borbás = Oenothera glazioviana
– × **fallax** Renner (*O. biennis* × *O. grandiflora*) · D:Täuschende Nachtkerze · ⊙; D, GB +
– **fruticosa** L.
  – subsp. **fruticosa** · D:Rotstängelige Nachtkerze; E:Sundrops; F:Onagre tétragone · ♃ ♄ d Z4 VI-VIII; USA: NE, NCE, Okla., SE, Fla.
  – subsp. **glauca** (Michx.) Straley · ♃ Z4 VI-VIII; USA: S-Appalachen
– *glauca* Michx. = Oenothera fruticosa subsp. glauca
– **glazioviana** Micheli · D:Rotkelchige Nachtkerze; E:Large-leaved Evening Primrose · ⊙ Z3 VI-IX; orig. ?, nat. in W-Eur, C-Eur., N-Am.
– **grandiflora** L'Hér. · ⊙; cult.
– *lamarckiana* de Vries non Ser. = Oenothera glazioviana
– *linearis* Michx. = Oenothera fruticosa subsp. fruticosa
– **macrocarpa** Nutt. · D:Missouri-Nachtkerze; E:Missouri Evening Primrose, Prairie Evening Primrose; F:Onagre du Missouri · ♃ ⇝ △ Z5 VI-IX; USA: SC, Mo., Kans., Nebr.
– *missouriensis* Sims = Oenothera macrocarpa
– **oakesiana** (A. Gray) J.W. Robbins ex S. Watson et J.M. Coult. · D:Sand-Nachtkerze · ⊙; N-Am., nat. in D +
– *odorata* hort. non Jacq. = Oenothera stricta
– **odorata** Jacq. · D:Duftende Nachtkerze; F:Onagre odorant · ♃; S-Am, Calif.
– **parviflora** L. · D:Kleinblütige Nachtkerze · ⊙ VI-VIII; N-Am., nat. in Fr, I, D, EC-Eur., Norw.
– **perennis** L. · D:Stauden-Nachtkerze; E:Sundrops · ⊙ ♃ Z5 V-VIII; Can.: E; USA; NE, NCE, SE
– *pumila* L. = Oenothera perennis
– **rosea** L'Hér. ex Aiton · D:Rosafarbene Nachtkerze; E:Pink Evening Primrose · ⊙

♃ Z6 Ⓐ VI-VII; USA: Tex.; S-Am., nat. in S-Eur.
– **speciosa** Nutt. · D:Weiße Nachtkerze; E:White Evening Primrose · ⊙ ♃ Z5 VI-IX; USA: Mo., Kans., Tex.; Mex.
  – **'Rosea'**
  – var. *childsii* (L.H. Bailey) Munz = Oenothera speciosa 'Rosea'
– **stricta** Ledeb. ex Link · ♃; Calif., nat. in Ib, Fr, Ap, C-Eur., Krim
– *taraxacifolia* Sweet = Oenothera acaulis
– *tetragona* Roth = Oenothera fruticosa subsp. glauca
  – var. *fraseri* (Pursh) Munz = Oenothera fruticosa subsp. glauca
– **villosa** Thunb. · D:Graublättrige Nachtkerze · ⊙; N-Am., nat. in D
– **Cultivars**
  – **in vielen Sorten**

Oftia Adans. -f- *Scrophulariaceae* · 3 sp
– **africana** (L.) Bocq. · ♄ e Ⓚ IV-IX; S-Afr.

Oldenburgia Less. -f- *Asteraceae (Compositae)* · 4 sp
– **arbuscula** DC. · ♄ e Z9 Ⓚ; S-Afr.

Olea L. -f- *Oleaceae* · 20-30 sp · D:Ölbaum, Olive; E:Olive; F:Olivier
– *africana* Mill. = Olea europaea subsp. africana
– *aquifolium* Siebold et Zucc. = Osmanthus heterophyllus
– *chrysophylla* Lam. = Olea europaea subsp. africana
– **europaea** L.
  – **in Sorten**
  – subsp. **africana** (Mill.) P.S. Green · D:Afrikanischer Ölbaum; E:Wild Olive · ♄ e Z8 Ⓚ; trop. Afr., S-Afr., SW-China
  – subsp. **europaea** · D:Ölbaum, Olivenbaum; E:Olive · ♄ ♄ Z8 Ⓚ V ⚕ Ⓝ; cult.
  – subsp. **sylvestris** (Mill.) Rouy · D:Oleaster, Wilder Ölbaum · ♄ e Z8 Ⓚ VII-VIII; Eur.: Ib, Fr, Ap, Ba, Krim; TR, Palaest., NW-Afr., Libya, nat. in CH
  – var. *oleaster* (Hoffmanns. et Link) DC. = Olea europaea subsp. sylvestris
– *fragrans* Thunb. = Osmanthus fragrans
– *oleaster* Hoffmanns. et Link = Olea europaea subsp. sylvestris
– *sativa* Hoffmanns. et Link = Olea europaea subsp. europaea
– *yunnanensis* Franch. = Osmanthus yunnanensis

Oleandra Cav. -f- *Oleandraceae* · 40 sp
– **articulata** (Sw.) C. Presl · ♃ ⁓→ Z10 Ⓦ; trop. SE-As.

Olearia Moench -f- *Asteraceae (Compositae)* · c. 130 sp · D:Baumaster, Gänseblümchenstrauch; E:Daisy Bush; F:Oléaria
– **albida** Hook. f. · ♄ ♄ e Z8 Ⓚ; NZ
– **angustifolia** Hook. f. · ♄ e Z8 Ⓚ VII-VIII; NZ
– **arborescens** (J.R. Forst. et G. Forst.) Cockayne et Laing · ♄ e Z8 Ⓚ; NZ
– **argophylla** (Labill.) F. Muell. · D:Silberblättriger Gänseblümchenstrauch; E:Muskwood · ♄ e Z8 Ⓚ VII-VIII; Austr.: Queensl., N.S.Wales, Victoria, S-Austr., Tasman., W-Austr.
– **avicenniifolia** (Raoul) Hook. f. · ♄ ♄ e Z8 Ⓚ; NZ
– **erubescens** (DC.) Dippel · ♄ e Z8 Ⓚ V-VI; Austr.: N.S.Wales, S-Austr., Tasman., Victoria
– *forsteri* Hook. f. = Olearia paniculata
– *gunniana* (DC.) Hook. f. = Olearia phlogopappa
– × **haastii** Hook. f. (*O. avicenniifolia* × *O. moschata*) · D:Gänseblümchenstrauch, Maßliebchenstrauch; E:Daisy Bush · ♄ e Z8 Ⓚ VII-VIII; cult.
– **insignis** Hook. f. · ♄ e Z8 Ⓚ VI-VII; NZ
– **macrodonta** Baker · D:Neuseeländischer Gänseblümchenstrauch; E:New Zealand Holly · ♄ e Z8 Ⓚ VII-VIII; NZ
– **moschata** Hook. f. · ♄ e D Z8 Ⓚ VII-VIII; NZ
– **nummulariifolia** (Hook. f.) Hook. f. · ♄ e Z8 Ⓚ; NZ
– **odorata** Petrie · ♄ e Z8 Ⓚ VII-VIII; NZ
– **paniculata** (J.R. Forst. et G. Forst.) Druce · ♄ e Z8 Ⓚ; NZ
– **phlogopappa** (Labill.) DC. · D:Tasmanischer Gänseblümchenstrauch; E:Tasmanian Daisy Bush · ♄ e Z8 Ⓚ VI; Tasman.
– **ramulosa** (Labill.) Benth. · ♄ e Z8 Ⓚ I-III; Austr., Tasman.
– **semidentata** Decne. ex Hook. f. · ♄ e Z8 Ⓚ; NZ, Chatham Is.
– *semidentata* hort. = Olearia 'Henry Travers'
– **solandri** (Hook. f.) Hook. f. · ♄ e Z8 Ⓚ VIII-X; NZ
– **speciosa** Hutch. · ♄ e Z8 Ⓚ IV-V; Austr.

– *stellulata* (Labill.) DC. = Olearia phlogopappa
– **traversii** F. Muell. ex J. Buch · ♄ ♄ e Z8 Ⓚ; NZ
– **virgata** (Hook. f.) Hook. f. · ♄ e Z8 Ⓚ; NZ
– **Cultivars**
  – **'Henry Travers'** · ♄ e Ⓚ VII-VIII; NZ (Chatham Is.)

Olfersia Raddi -f- *Dryopteridaceae* · 1 sp
– **cervina** (L.) Kuntze · ♃ ⌇ Z10 Ⓦ; Mex., C-Am., W.Ind., trop. S-Am.
– *corcovadensis* Raddi = Olfersia cervina

Oliveranthus Rose = Echeveria
– *elegans* Rose = Echeveria harmsii

Olmedia Ruiz et Pav. = Pseudolmedia
– *laevis* Ruiz et Pav. = Pseudolmedia laevis

Olsynium Raf. -n- *Iridaceae* · 12 sp
– **douglasii** (A. Dietr.) E.P. Bicknell · D:Purpuraugengras; E:Grass Widow, Spring Bell · ♃ Z9 Ⓚ V-VI; B.C., USA: NW, N-Calif.
– **filifolium** (Gaudich.) Goldblatt · ♃ Z9 Ⓚ; Falkland

Omalotheca Cass. = Gnaphalium
– *hoppeana* (W.D.J. Koch) Sch. Bip. et F.W. Schultz = Gnaphalium hoppeanum
– *norvegica* (Gunnerus) Sch. Bip. et F.W. Schultz = Gnaphalium norvegicum
– *supina* (L.) DC. = Gnaphalium supinum
– *sylvatica* (L.) Sch. Bip. et F.W. Schultz = Gnaphalium sylvaticum

Omphalodes Mill. -f- *Boraginaceae* · 28 sp · D:Gedenkemein, Nabelnüsschen; E:Navelseed, Navelwort; F:Nombril de Vénus, Petite bourrache
– **cappadocica** (Willd.) DC. · D:Kaukasus-Gedenkemein; E:Navelwort; F:Nombril de Vénus · ♃ △ Z7 ∧ IV-V; TR, W-Cauc.
– **linifolia** (L.) Moench · D:Venus-Nabelnüsschen; E:Venus' Navelwort · ⊙ VI-IX; Eur.: Ib, F; W-Cauc., nat. in E-Eur.
– **luciliae** Boiss. · ♃ △ Z7 V-VI; GR, TR
– *lusitanica* (L.) Pourr. ex Lange = Omphalodes nitida
– **nitida** Hoffmanns. et Link · ♃ △ Z7 ∧ V-VI; N-P, NW-Sp.
– **scorpioides** (Haenke) Schrank · D:Wald-Nabelnüsschen · ⊙ ⊙ IV-V; Eur.: C-Eur., EC-Eur., E-Eur.; Cauc.
– **verna** Moench · D:Frühlings-Nabelnüsschen, Gedenkemein; E:Blue Eyed Mary; F:Petite bourrache · ♃ Z6 IV-V; Eur.: I, A, Slove., Croatia, Montenegro, GR, RO, nat. in BrI, Fr, EC-Eur., E-Eur.

Onagra Mill. = Oenothera
– *biennis* (L.) Scop. = Oenothera biennis

× **Oncidenia** hort. -f- *Orchidaceae* (*Macradenia* × *Oncidium*)

× **Oncideza** hort. -f- *Orchidaceae* (*Gomozia* × *Oncidium*)

× **Oncidioda** hort. -f- *Orchidaceae* (*Cochlioda* × *Oncidium*)

Oncidium Sw. -n- *Orchidaceae* · 450-680 sp
– **altissimum** (Jacq.) Sw. · ♃ Z10 Ⓦ IV-VII ▽ ✻; Lesser Antilles (Martinique, St. Vincent)
– **ampliatum** Lindl. · ♃ Z10 Ⓦ IV-V ▽ ✻; C-Am., Col., Ecuad., Peru, Venez., Trinidad
– **ansiferum** Rchb. f. · ♃ Z10 Ⓦ Ⓚ XI-I ▽ ✻; Guat., Costa Rica, Panama
– *aureum* Lindl. = Odontoglossum aureum
– **bicallosum** Lindl. · ♃ Z10 Ⓦ VIII-X ▽ ✻; Mex., Guat., El Salv.
– **brachyandrum** Lindl. · ♃ Z10 Ⓦ V-VII ▽ ✻; Mex., Guat.
– **bracteatum** Rchb. f. et Warsz. · ♃ Z10 Ⓚ ▽ ✻; Costa Rica, Panama
– *bryolophotum* Rchb. f. = Oncidium heteranthum
– **carthagenense** (Jacq.) Sw. · ♃ Z10 Ⓦ V-VI ▽ ✻; USA: Fla.; Mex., C-Am., W.Ind., Col., Venez.
– **cavendishianum** Bateman · ♃ Z10 Ⓦ IV-V ▽ ✻; Mex., Guat., Hond.
– **cebolleta** (Jacq.) Sw. · ♃ Z10 Ⓦ XI-V ▽ ✻; Mex., W-Ind., trop. S-Am.
– **cheirophorum** Rchb. f. · E:Colombia Buttercup · ♃ Z10 Ⓚ X-XII ▽ ✻; Col., Panama
– **concolor** Hook. · ♃ Z10 Ⓦ IV-V ▽ ✻; Bras.: Rio de Janeiro, Minas Gerais
– **cornigerum** Lindl. · ♃ Z10 Ⓦ VIII-IX ▽ ✻; Bras.
– **crispum** Lodd. · ♃ Z10 Ⓦ IX-XII ▽ ✻; Bras.
– **dasystyle** Rchb. f. · ♃ Z10 Ⓦ V-VII ▽ ✻; Bras.
– **divaricatum** Lindl. · ♃ Z10 Ⓦ IX-X ▽ ✻;

Bras.
- **excavatum** Lindl. · ♃ Z10 Ⓦ IX-X ▽ ✱; Ecuad., Peru
- **flexuosum** Sims · E:Dancing Doll Orchid · ♃ Z10 Ⓦ IX-XII ▽ ✱; Bras., Parag., Arg.
- **forbesii** Hook. · ♃ Z10 Ⓦ IX-XI ▽ ✱; Bras.
- **gardneri** Lindl. · ♃ Z10 Ⓦ VI-VII ▽ ✱; Bras.
- *graminifolium* Lindl. = Oncidium brachyandrum
- *guttatum* (L.) Rchb. f. = Oncidium luridum
- **harrisonianum** Lindl. · ♃ Z10 Ⓦ V ▽ ✱; Bras.
- **hastilabium** (Lindl.) Garay et Dunst. · ♃ Z10 Ⓚ IV-VII ▽ ✱; Col.
- **heteranthum** Poepp. et Endl. · ♃ Z10 Ⓦ IV-VII ▽ ✱; Costa Rica, Panama, Col. Venez., Ecuad., Peru, Bol.
- **hians** Lindl. · ♃ Z10 Ⓦ IX-X ▽ ✱; Bras.
- **incurvum** Barker ex Lindl. · ♃ Z10 Ⓦ IX-XI ▽ ✱; Mex.
- **jonesianum** Rchb. f. · ♃ Z10 Ⓦ VIII-X ▽ ✱; Bras., Parag.
- **kramerianum** Rchb. f. · ♃ Z10 Ⓦ I-XII ▽ ✱; Costa Rica, Panama, Ecuad., Peru
- **lanceanum** Lindl. · ♃ Z10 Ⓦ VI-VIII ▽ ✱; Venez., Trinidad, Guyana, Bras.
- **leucochilum** Bateman ex Lindl. · ♃ Z10 Ⓦ I-V ▽ ✱; Mex., Guat., Hond.
- **liebmannii** Rchb. f. ex Kraenzl. · ♃ Z10 Ⓦ ▽ ✱; Mex.
- **longipes** Lindl. · ♃ Z10 Ⓦ III-V ▽ ✱; Bras. (Serra dos Orgaos)
- **luridum** Lindl. · ♃ Z10 Ⓦ V-VIII ▽ ✱; USA: Fla.; Mex., C-Am., W.Ind., n S-Am
- **macranthum** Lindl. · ♃ Z10 Ⓚ V-VII ▽ ✱; Col., Ecuad., Peru
- **maculatum** (Lindl.) Lindl. · ♃ Z10 Ⓦ V-VII ▽ ✱; Mex., Guat., Hond.
- **marshallianum** Rchb. f. · ♃ Z10 Ⓦ V-VI ▽ ✱; Bras.
- **microchilum** Bateman ex Lindl. · ♃ Z10 Ⓦ VI-VII ▽ ✱; Guat.
- **nanum** Lindl. · ♃ Z10 Ⓦ IV-V ▽ ✱; Venez., Guyana, Bras., Peru
- **nubigenum** Lindl. · ♃ Z10 Ⓦ XII-I ▽ ✱; Col., Ecuad., Peru
- **oblongatum** Lindl. · ♃ Z10 Ⓚ VII-VIII ▽ ✱; Mex., Guat.
- **onustum** Lindl. · ♃ Z10 Ⓦ IV-V ▽ ✱; Panama
- **ornithorhynchum** Humb., Bonpl. et Kunth · ♃ Z10 Ⓚ X-XI ▽ ✱; Mex., Guat., El Salv., Costa Rica
- **papilio** Lindl. · E:Butterfly Orchid · ♃ Z10 Ⓦ I-XII ▽ ✱; Col., Ecuad., Peru, Venez., Trinidad
- **phalaenopsis** Linden et Rchb. f. · ♃ Z10 Ⓚ XII-IV ▽ ✱; Ecuad.
- **phymatochilum** Lindl. · ♃ Z10 Ⓦ IV-VI ▽ ✱; Mex., Guat., Bras.
- **praetextum** Rchb. f. · ♃ Z10 Ⓦ VII ▽ ✱; ? Bras.
- **pubes** Lindl. · ♃ Z10 Ⓦ VI-VIII ▽ ✱; Bras.: Rio de Janeiro, Minas Gerais, Parana
- **pulvinatum** Lindl. · ♃ Z10 Ⓦ VII-VIII ▽ ✱; Bras.
- **pumilum** Lindl. · ♃ Z10 Ⓚ IV-V ▽ ✱; S-Bras.
- *pusillum* (L.) Rchb. f. = Psygmorchis pusilla
- **reflexum** Lindl. · ♃ Z10 Ⓦ IX-X ▽ ✱; Mex., Guat.
- *rogersii* hort. ex Bateman = Oncidium varicosum var. rogersii
- **sanderae** Rolfe · ♃ Z10 Ⓚ VII-VIII ▽ ✱; Peru
- **sarcodes** Lindl. · ♃ Z10 Ⓦ IV-V ▽ ✱; Bras.
- **schillerianum** Rchb. f. · ♃ Z10 Ⓦ VIII-X ▽ ✱; Bras.
- **serratum** Lindl. · ♃ Z10 Ⓦ VII-VIII ▽ ✱; Peru
- **sphacelatum** Lindl. · ♃ Z10 Ⓦ IV-VI ▽ ✱; Mex., C-Am.
- **sphegiferum** Lindl. · ♃ Z10 Ⓦ VII-VIII ▽ ✱; Bras.
- **splendidum** A. Rich. ex Duch. · ♃ Z10 Ⓦ X-XII ▽ ✱; Mex.
- *sprucei* Lindl. = Oncidium cebolleta
- **stenotis** Rchb. f. · ♃ Z10 Ⓦ XII-II ▽ ✱; C-Am., Col., Ecuad.
- **stramineum** Bateman ex Lindl. · ♃ Z10 Ⓦ IV-VI ▽ ✱; Mex.
- **superbiens** Rchb. f. · ♃ Z9 Ⓚ IV-V ▽ ✱; Col., Venez.
- **tigrinum** La Llave et Lex.
  - var. **tigrinum** · ♃ Z10 Ⓦ X-XII ▽ ✱; Mex.
  - var. **unguiculatum** (Lindl.) Lindl. Z10 Ⓦ X-XII ▽ ✱; Mex.
- *unguiculatum* Klotzsch = Oncidium concolor
- *unguiculatum* Lindl. = Oncidium tigrinum var. unguiculatum
- **varicosum** Lindl.
  - var. **rogersii** (hort. ex Bateman) Rchb. f. · ↝ Z10 Ⓦ X-I ▽ ✱; Bras.
  - var. **varicosum** · E:Dancing Lady · ♃

Z10 ⌂ ▽ ✱; Bras.
– **volvox** Rchb. f. · ♃ Z10 ⌂ IX-X ▽ ✱; Venez.
– **wentworthianum** Bateman ex Lindl. · ♃ Z10 ⌂ VI-VIII ▽ ✱; Mex., Guat.
– **Cultivars**
  – **in vielen Sorten**

× **Oncidpilia** hort. -f- *Orchidaceae* (*Oncidium* × *Trichopilia*)

Ongokea Pierre -f- *Olacaceae* · 1 sp
– **gore** (Hua) Pierre · ♄ ⌂ Ⓝ; W-Afr., C-Afr., Angola

× **Onoara** hort. -f- *Orchidaceae* (*Ascocentrum* × *Renanthera* × *Vanda* × *Vandopsis*)

Onobrychis Mill. -f- *Fabaceae (Leguminosae)* · 130 sp · D:Esparsette; E:Sainforn; F:Esparcette, Sainfoin
– **arenaria** (Kit.) DC. · D:Sand-Esparsette · ♃ Z6 VI-VII; Eur.: Fr, Ap, C-Eur., EC-Eur., Ba, E-Eur.; TR
– **crista-galli** (L.) Lam. · ⊙ Z7; S-Eur., N-Afr., TR, Cyprus, Syr., Iran
– **montana** DC. · D:Berg-Esparsette · ♃ Z5 VII-VIII; Eur.: Fr, Ap, C-Eur., EC-Eur., Ba, RO; TR, Levante
– **viciifolia** Scop. · D:Futter-Esparsette; E:Sainfoin · ♃ Z6 V-VII Ⓝ; ? C-Eur., nat. in Eur.*

Onoclea L. -f- *Woodsiaceae* · 2 sp · D:Perlfarn; E:Sensitive Fern; F:Onocléa sensitive
– **orientalis** (Hook.) Hook. · F:Fougère plume d'autruche · ♃ Z4; Him., China, Korea, Jap.
– **sensibilis** L. · D:Perlfarn; E:Sensitive Fern; F:Fougère sensitive · ♃ ∼ Z7; Can.: E; USA: NE, NCE, SE, Fla., SC ; E-Sib., Sachal., Jap., Korea, Manch., nat. in BrI
– *struthiopteris* (L.) Hoffm. = Matteuccia struthiopteris

Ononis L. -f- *Fabaceae (Leguminosae)* · 75 sp · D:Hauhechel; E:Restharrow; F:Arrête-bœuf, Bugrane
– **arvensis** L. · D:Bocks-Hauhechel · ♃ Z6 VI-VII; Eur.: Ap, C-Eur., EC-Eur., Sc, Ba, E-Eur.; Cauc., W-Sib.
– *cenisia* L. = Ononis cristata
– **cristata** Mill. · ♃ ⇝ △ Z7 ∧ VI-IX; Eur.: Sp., F, I; Maroc., Alger.
– **fruticosa** L. · D:Strauchige Hauhechel; E:Shrubby Restharrow · ♄ △ Z7 ∧ VI-VIII; SE-F, Sp., Alger.
– **natrix** L. · D:Gelbe Hauhechel; E:Goat Root, Large Yellow Restharrow · ♃ △ Z7 V-VIII; Eur.: Ib, Fr, Ap, Ba, C-Eur.; TR, Syr., Palaest., N-Afr.
– **pusilla** L. · D:Zwerg-Hauhechel · ♃ VI; Eur.* exc. BrI, Sc; TR, Levante, Cauc., W-Iran, NW-Afr.
– **repens** L. · D:Kriechende Hauhechel; E:Restharrow · ♃ ♄ d ⇝ Z6 VI-VII; Eur.*, TR, Maroc.
– **rotundifolia** L. · D:Rundblättrige Hauhechel; E:Round Leafed Restharrow · ♃ ♄ △ Z7 ∧ V-IX; Eur.: Sp., F, I, CH, A
– **spinosa** L. · D:Dornige Hauhechel; E:Restharrow, Spiny Restharrow · ♃ ♄ d ⇝ Z6 VI-IX ⚕ ; Eur.*, TR, Levante, N-Iraq, Iran, C-As., Pakist., NW-Afr., Libya

Onopordum L. -n- *Asteraceae (Compositae)* · 40-60 sp · D:Eselsdistel; E:CottonThistle; F:Chardon-des-ânes, Pet-d'âne
– **acanthium** L. · D:Gewöhnliche Eselsdistel; E:Giant Thistle, Scotch Thistle; F:Chardon aux ânes · ⊙ Z6 VII-IX ⚕ ; Eur.*, TR, Levante, Arab., N-Iran, C-As., N-Afr., nat. in N-Am.
– **acaulon** L. · D:Stängellose Eselsdistel; E:Horse Thistle · ⊙ Z8 ∧ VII-VIII; Eur.: Sp., F; mts.; NW-Afr.
– **bracteatum** Boiss. et Heldr. · ⊙ Z6 VII-VIII; Eur.: GR, Crete, BG; TR, Cyprus
– **illyricum** L. · D:Illyrische Eselsdistel; E:Illyrian Thistle · ⊙ Z7 VII-VIII; Eur.: Ib, Fr, Ap, Ba; TR, Cyprus
– **tauricum** Willd. · ⊙ VII-VIII; Eur.: Ba, RO, Krim; TR, Cyprus, nat. in I, F
– *virens* DC. = Onopordum tauricum
– *viscosum* Hornem. ex Spreng. = Onopordum tauricum

Onoseris Willd. -f- *Asteraceae (Compositae)* · 32 sp
– **onoseroides** (Humb., Bonpl. et Kunth) B.L. Rob. · ♄ Z10 ⌂ I-V; S-Mex., Guat., Hond., Panama, Col., N-Venez.

Onosma L. -f- *Boraginaceae* · c. 150 sp · D:Goldtropfen, Lotwurz; F:Onosma
– **alborosea** Fisch. et C.A. Mey. · ♃ △ Z7 ∧ V-VI ▽; TR
– **arenaria** Waldst. et Kit. · D:Sand-Lotwurz

· ♃ Z6 V-VI ▽; Eur.: C-Eur., EC-Eur., Ba
– **bourgaei** Boiss. · ♃ △ Z7 ∧ V-VI ▽; Cauc. (Armen.)
– **echioides** L. · E:Yellowdrop · ♃ △ Z7 ∧ V-VI ▽; Eur.: I, Sic., Croatia, Bosn.Serb., AL
– **helvetica** (A. DC.) Boiss. · D:Schweizer Lotwurz · ⊙ Z6 V-VI ▽; Eur.: A, ?H
– **pseudoarenaria** Schur · D:Zweifelhafte Lotwurz · ♃ V-VII ▽; Eur.: F, I, CH, W-Ba, RO
– **sericea** Willd. · ♃ △ Z7 ∧ V-VI ▽; TR, Iran
– **sieheana** Hayek · ♃ △ Z8 ∧ V-VI ▽; C-TR
– **stellulata** Waldst. et Kit. · ♃ △ Z6 V-VI ▽; Eur.: W-Ba
– **taurica** Pall. ex Willd. · D:Goldtropfen, Türkische Lotwurz · ♃ Z6 V-VI ▽; Eur.: Ba, E-Eur.; TR, Syr., Cauc.
– **visianii** Clementi · D:Dalmatiner Lotwurz · ⊙ V-VI ▽; Eur.: A, EC-Eur., Ba, RO, Krim; Cauc., ? C-As.

Onychium Kaulf. -n- *Adiantaceae* · 6-8 sp · D:Klauenfarn; E:Claw Fern; F:Fougère
– **japonicum** (Thunb.) Kunze · D:Japanischer Klauenfarn; E:Carrot Fern · ♃ Z10 ⓚ; Ind., China, Taiwan, S-Korea, Jap., Malay. Pen., nat. in Azor.

Oophytum N.E. Br. -n- *Aizoaceae* · 2 sp
– **oviforme** (N.E. Br.) N.E. Br. · ♃ ψ Z9 ⓚ; Kap

Operculina Silva Manso -f- *Convolvulaceae* · 18 sp
– *dissecta* (Jacq.) House = Merremia dissecta
– **macrocarpa** (L.) Urb. · ♃ ⓦ Ⓝ; W.Ind., Bras.
– *tuberosa* (L.) Meisn. = Merremia tuberosa
– **turpethum** (L.) Silva Manso · E:Indian Jalap · ♄ ⓦ ⚕ ☠; E-Afr., trop. As., Austr., Polyn.

Ophioglossum L. -n- *Ophioglossaceae* · 25-30 (-50) sp · D:Natternfarn, Natternzunge; E:Adder's-Tongue; F:Langue de serpent, Ophioglosse
– **pendulum** L. · D:Hängende Natternzunge; E:Ribbon Fern · ♃ ≹ Z10 ⓦ; Madag., Seych., Ind., Sri Lanka, Indochina, Malay. Pen., Phil., Taiwan, Jap., Austr., Polyn.
– **vulgatum** L. · D:Gewöhnliche Natternzunge; E:Adder's Tongue · ♃ VI-VII; Eur.*, Cauc., W-Sib., Kamchat., N-Afr.

Ophiopogon Ker-Gawl. -m- *Convallariaceae* · 20-50 sp · D:Schlangenbart; E:Lilyturf; F:Barbe de serpent, Herbe aux turquoises
– **jaburan** (Kunth) Lodd. · D:Weißer Schlangenbart; E:White Lily Turf · ♃ Z7 VII-VIII; Jap., Ryukyu-Is.,
– **japonicus** (L. f.) Ker-Gawl. · D:Japanischer Schlangenbart; E:Mondo Grass · ♃ Z8 ⓚ ∧ VII-VIII ⚕; Jap., Korea, S-China, Phil.
– *muscari* Decne. = Liriope muscari
– **planiscapus** Nakai · D:Schwarzer Schlangenbart; E:Black Mondo · ♃ ꕤ Z8 ⓚ Ⓐ V-VI; Jap.
  – **in Sorten**
– *spicatus* (Thunb.) Lodd. = Liriope spicata

Ophrys L. -f- *Orchidaceae* · 25 sp · D:Ragwurz; E:Orchid; F:Ophrys, Orchidée
– **apifera** Huds. · D:Bienen-Ragwurz; E:Bee Orchid · ♃ Z7 V-VII ▽ ✻; Eur.* exc. Sc; TR, Lebanon., Palaest., Cauc., N-Iran, NW-Afr.
– *arachnites* (Scop.) Reichard = Ophrys holoserica
– **araneola** Rchb. · D:Kleine Spinnen-Ragwurz · ♃ Z7 IV-VI ▽ ✻; Eur.: Sp., F, I, CH, D, Ba
– *aranifera* Huds. = Ophrys sphegodes
– *fuciflora* (Crantz) Moench = Ophrys holoserica
– **fusca** Link · ♃ Z7 IV-V ▽ ✻; Eur.: Ib, Fr, Ap, Ba, RO; TR, Cyprus, N-Afr.
– **holoserica** (Burm. f.) Greuter · D:Hummel-Ragwurz; E:Late Spider Orchid · ♃ Z6 V-VI ▽ ✻; Eur.* exc. Sc; TR, Syr.
– **insectifera** L. · D:Fliegen-Ragwurz; E:Fly Orchid · ♃ Z6 V-VI ▽ ✻; Eur.*
– *muscifera* Huds. = Ophrys insectifera
– **speculum** Link · ♃ Z8 ⓚ V ▽ ✻; Eur.: Ib, F, Ap, Ba; TR, Lebanon, Palaest., Libya
– *sphecodes* auct. = Ophrys sphegodes
– **sphegodes** Mill. · D:Gewöhnliche Spinnen-Ragwurz; E:Early Spider Orchid · ♃ Z7 IV-VI ▽ ✻; Eur.* exc. Sc; TR, Palaest., Cauc., Maroc., Alger.
– *tommasinii* Vis. = Ophrys araneola

Ophthalmophyllum Dinter et Schwantes = Conophytum
– *friedrichiae* (Dinter) Dinter et Schwantes =

Conophytum friedrichiae
– *herrei* Schwantes = Conophytum minusculum
– *longum* (N.E. Br.) Tischer = Conophytum longum
– *maughanii* (N.E. Br.) Schwantes = Conophytum maughanii
– *schuldtii* Schwantes = Conophytum maughanii
– *triebneri* Schwantes = Conophytum friedrichiae

Opithandra B.L. Burtt -f- *Gesneriaceae* · 8+ sp
– **primuloides** (Miq.) B.L. Burtt · ♃ Z10 Ⓚ V-VI; Jap.

Oplismenus P. Beauv. -m- *Poaceae (Gramineae)* · 8-10 sp · D:Stachelspelze; E:Basket Gras; F:Herbe-à-panier, Oplismène
– *crus-galli* (L.) Humb., Bonpl. et Kunth = Echinochloa crus-galli
– *crus-pavonis* Humb., Bonpl. et Kunth = Echinochloa crus-pavonis
– **hirtellus** (L.) P. Beauv. · D:Ampel-Stachelspelze; E:Basket Grass · ♃ ≹ ⇝ Z10 Ⓚ; Mex., C-Am., W.Ind., S-Am., Afr., Polyn.
– **imbecillis** (R. Br.) Reissek et Seem. · ♃ ≹ ⇝ Z10 Ⓦ; trop. Am., Afr., E-Austr., NZ, Polyn.
– *imbecillis* Roem. et Schult. = Oplismenus hirtellus
– **undulatifolius** (Ard.) Roem. et Schult. · D:Grannenhirse, Stachelspelze · ♃ Z10 Ⓦ Ⓚ VII-IX; Eur.: I, Ba; TR, Cauc., N-Iran, N-Ind., China, Korea, Jap., Java, nat. in Sp., CH

Oplopanax (Torr. et A. Gray) Miq. -m- *Araliaceae* · 3 sp · D:Igelkraftwurz; E:Devil's Club; F:Oplopanax
– **horridus** (Sm.) Miq. · D:Igelkraftwurz; E:Devil's Club, Devil's Walking Stick · ♄ d ∼ Z6 VII-VIII; Alaska, Can.: W; USA: NW, Rocky Mts., Calif., Mich.; Jap.

Opopanax W.D.J. Koch -m- *Apiaceae (Umbelliferae)* · 3 sp · D:Heilwurz; E:Hercules All Heal; F:Opopanax
– **chironium** (L.) W.D.J. Koch · D:Heilwurz; E:Hercules All Heal · ♃ Ⓚ VI-VII Ⓝ; Eur.: Ib, Fr, Ap, Ba, RO

× **Opsisanda** hort. -f- *Orchidaceae* (*Vanda* × *Vandopsis*)

× **Opsisanthe** hort. -f- *Orchidaceae* (*Euanthe* × *Vandopsis*)

Opuntia Mill. -f- *Cactaceae* · 200+ sp · D:Feigenkaktus, Opuntie; E:Prickly Pear, Tuna; F:Figuier de Barbarie, Nopal, Oponce, Raquette
– **acanthocarpa** Engelm. et Bigelow · ♄ Ψ Z9 Ⓚ ▽ ✻; USA: Calif., Nev., Ariz.; Mex.
– **alexandri** Britton et Rose · ♄ Ψ Z9 Ⓚ ▽ ✻; Arg.
– **andicola** Pfeiff. · ♄ Ψ Z9 Ⓚ ▽ ✻; Arg.
– **aoracantha** Lem. · Ψ Z9 Ⓚ ▽ ✻; W-Arg.
– **aurantiaca** Lindl. · ♄ Ψ ⇝ Z9 Ⓚ ▽ ✻; Urug., Arg., nat. in E-Austr.
– **azurea** Rose · ♄ Ψ Z9 Ⓚ ▽ ✻; Mex.
– **basilaris** Engelm. et Bigelow · ♄ Ψ Z9 Ⓚ ▽ ✻; USA: Rocky Mts, Calif., SW; Mex.: Sonora
– **beckeriana** K. Schum. · ♄ Ψ Z9 Ⓚ ▽ ✻; orig. ?
– **bergeriana** F.A.C. Weber ex A. Berger · ♄ ♄ Ψ Z9 Ⓚ ▽ ✻; orig. ?
– **bigelovii** Engelm. · ♄ Ψ Z9 Ⓚ ▽ ✻; USA: Calif., Rocky Mts, SW; Baja Calif.
– **bradtiana** (J.M. Coult.) K. Brandegee · ♄ Ψ Z9 Ⓚ ▽ ✻; Mex.: Coahuila
– **brasiliensis** (Willd.) Haw. · ♄ Ψ Z9 Ⓚ ▽ ✻; S-Am.
– **bruchii** Speg. · ♄ Ψ Z9 Ⓚ ▽ ✻; Arg.
– **brunnescens** Britton et Rose · ♄ Ψ Z9 Ⓚ ▽ ✻; N-Arg.
– *camanchica* Engelm. = Opuntia phaeacantha var. camanchica
– **cholla** F.A.C. Weber · ♄ Ψ Z9 Ⓚ ▽ ✻; Mex.: Baja Calif.
– **clavarioides** Pfeiff. · ♄ Ψ Z9 Ⓚ ▽ ✻; Arg.
– **cochenillifera** (L.) Mill. · D:Cochenille-Feigenkaktus; E:Cochineal Cactus · ♄ Ψ Z9 Ⓚ Ⓝ ▽ ✻; orig. ?
– **compressa** (Salisb.) J.F. Macbr. · F:Figuier de Barbarie · ♄ Ψ ⇝ Z8 Ⓚ VI ▽ ✻; Can.: Ont.; USA: NE, NCE, NC, Rocky Mts., SE, SC, nat. in Sp., F, Sard., I, Ba, Cyprus
– **corrugata** Salm-Dyck · ♄ Ψ ⇝ Z9 Ⓚ ▽ ✻; NW-Arg.
– **cylindrica** (Lam.) DC. · E:Cane Cactus · ♄ Ψ Z9 Ⓚ ▽ ✻; Peru, S-Ecuad.
– *decumana* (Willd.) Haw. = Opuntia maxima
– **decumbens** Salm-Dyck · ♄ Ψ Z9 Ⓚ ▽ ✻; Mex., Guat.

- **diademata** Lem. · ħ ψ Z9 ⌂ ▽ ✻; W-Arg.
- *dillenii* (Ker-Gawl.) Haw. = Opuntia stricta
- **durangensis** Britton et Rose · ħ ψ Z9 ⌂ ▽ ✻; Mex.
- **elata** Link et Otto · ħ ŧ ψ Z9 ⌂ ▽ ✻; Bras., Parag.
- **engelmannii** Salm-Dyck · ħ ψ Z9 ⌂; USA: SE, SC, SW
- **erinacea** Engelm. et Bigelow
  - var. **erinacea** · ħ ψ ↝ Z9 ⌂ ▽ ✻; USA: Colo.
  - var. **utahensis** (Engelm.) L.D. Benson · ħ ψ ↝ Z9 ⌂ ▽ ✻; USA: NC, Rocky Mts., Calif., SW
- *exaltata* A. Berger = Opuntia subulata
- *extensa* Salm-Dyck = Opuntia aurantiaca
- **ficus-indica** (L.) Mill. · D:Feigenkaktus; E:Barbary Fig, Indian Fig · ħ ψ Z9 ⌂ ⚕ ⓝ ▽ ✻; Mex.
- **floccosa** Salm-Dyck · ħ ψ Z9 ⌂ ▽ ✻; C-Peru, Bol.
- **fragilis** (Nutt.) Haw. · ħ ψ ↝ Z8 ⌂ ▽ ✻; Can.: W, Man.; USA: NCE, NC, SC, SW, Rocky Mts., NW, Calif.
- **fulgida** Engelm. · ħ ψ Z9 ⌂ ▽ ✻; Ariz., Mex.
- **glomerata** Haw. · ħ ψ Z9 ⌂ ▽ ✻; N-Arg.
- *guerrana* Griffiths = Opuntia robusta
- *halophila* Speg. = Opuntia alexandri
- *herrfeldtii* Kupper = Opuntia rufida
- **hickenii** Britton et Rose · ħ ψ Z9 ⌂ ▽ ✻; S-Arg.
- *hossei* (Krainz et Gräser) G.D. Rowley = Opuntia paediophila
- *humifusa* (Raf.) Raf. = Opuntia compressa
- *hypogaea* Werderm. = Opuntia glomerata
- **hyptiacantha** F.A.C. Weber · ħ ψ Z9 ⌂ ▽ ✻; Mex.
- *hystricina* Engelm. et Bigelow = Opuntia erinacea var. erinacea
- **imbricata** (Haw.) DC. · ħ ψ Z9 ⌂ ▽ ✻; USA: Colo., N.Mex.; Mex.
- *inermis* DC. = Opuntia stricta
- **invicta** Brandegee · ħ ψ Z9 ⌂ ▽ ✻; Mex.: Baja Calif.
- **kleiniae** DC. · ħ ψ Z9 ⌂ ▽ ✻; USA: Tex., SW; Mex.
- **kuehnrichiana** Werderm. et Backeb. · ψ Z9 ⌂ ▽ ✻; C-Peru
- *labouretiana* Console = Opuntia maxima
- **lagopus** K. Schum. · ħ ψ Z9 ⌂ ▽ ✻; Peru, Bol.
- **leptocaulis** DC. · E:Prickly Pear · ħ ψ Z9 ⌂ ▽ ✻; USA: Tex., SW; N-Mex.
- **leucotricha** DC. · ħ ψ Z9 ⌂ ▽ ✻; C-Mex.
- **longispina** Haw.
  - var. *corrugata* (Salm-Dyck) Backeb. = Opuntia corrugata
  - var. **longispina** · ψ Z9 ⌂ ▽ ✻; Chile
- **macracantha** Griseb. · ħ ψ Z9 ⌂ ▽ ✻; Cuba
- *macrocalyx* Griffiths = Opuntia microdasys var. microdasys
- **macrocentra** Engelm. · ħ ψ Z9 ⌂ ▽ ✻; USA: Tex., SW; N-Mex.
- *mammillata* Schott ex Engelm. = Opuntia fulgida
- **marenae** Parsons · ħ ψ Z9 ⌂ ▽ ✻; N-Mex.: Sonora
- **marnieriana** Backeb. · ħ ψ Z9 ⌂ ▽ ✻; Mex.
- **maxima** Mill. · ħ ψ Z9 ⌂ ▽ ✻; orig. ?, nat. in S-Eur., N-Afr.
- *megacantha* Salm-Dyck = Opuntia ficus-indica
- **microdasys** (Lehm.) Pfeiff.
  - var. **microdasys** · ħ ψ Z8 ⌂ ▽ ✻; Mex.
  - var. *rufida* (Engelm.) K. Schum. = Opuntia rufida
- *microdisca* F.A.C. Weber = Opuntia corrugata
- **mieckleyi** K. Schum. · ħ ψ Z9 ⌂ ▽ ✻; Parag.
- **miquelii** Monv. · ħ ψ Z9 ⌂ ▽ ✻; Chile
- *missouriensis* DC. = Opuntia polyacantha
- **monacantha** Haw. · D:Gewöhnliche Opuntie; E:Drooping Prickly Pear · ħ ψ Z9 ⌂ VI; Bras., Arg.
- **moniliformis** (L.) Haw. · ŧ ψ Z9 ⌂ ▽ ✻; Haiti
- *occidentalis* Engelm. et Bigelow = Opuntia ficus-indica
- **pachypus** K. Schum. · ħ ψ Z9 ⌂ ▽ ✻; Peru
- **paediophila** A. Cast. · ψ Z9 ⌂ ▽ ✻; W-Arg.
- **pailana** Weing. · ħ ψ Z9 ⌂ ▽ ✻; Mex.
- **pentlandii** Salm-Dyck · ħ ψ Z9 ⌂ ▽ ✻; Bol.
- **pestifer** Britton et Rose · ħ ψ Z9 ⌂ ▽ ✻; Ecuad., Peru
- **phaeacantha** Engelm.
  - var. **camanchica** (Engelm.) Borg · F:Figuier de Barbarie à fruits violets · ħ ψ ↝ Z9 ⌂ ▽ ✻; USA: Colo., SW, Tex.
  - var. **phaeacantha** · F:Figuier de Barbarie à fruits violets · ħ ψ Z9 ⌂ ▽ ✻; USA: Tex., SW; N-Mex.
- **platyacantha** Salm-Dyck · ħ ψ Z9 ⌂ ▽

✻; Arg.
– **polyacantha** Haw. · F:Figuier de Barbarie · ♄ ᛘ ⟿ Z3 ▽ ✻; Can.: Alta.; USA: NC, Rocky Mts., NW, SC, SW
– **pycnantha** Engelm. · ♄ ᛘ Z9 Ⓚ ▽ ✻; Mex.: Baja Calif.
– *rafinesquei* Engelm. = Opuntia compressa
– *rauppiana* K. Schum. = Opuntia sphaerica
– **rhodantha**
  – var. *rhodantha* = Opuntia erinacea var. utahensis
– **robusta** H.L. Wendl. et Pfeiff. · ♄ ᛘ Z9 Ⓚ ▽ ✻; C-Mex.
– **rubescens** Salm-Dyck · ♄ ᛘ Z9 Ⓚ ▽ ✻; W.Ind.
– **rufida** Engelm. · ♄ ᛘ Z9 Ⓚ ▽ ✻; Tex., N-Mex.
– *rutila* Nutt. ex Torr. et A. Gray = Opuntia polyacantha
– **salmiana** Pfeiff.
  – var. **salmiana** · ♄ ᛘ Z9 Ⓚ ▽ ✻; Bol, E-Arg., Bras., Parag.
  – var. *spegazzinii* (F.A.C. Weber) G.D. Rowley = Opuntia spegazzinii
– **scheeri** F.A.C. Weber · ♄ ᛘ Z9 Ⓚ ▽ ✻; Mex.: Queretaro
– **spegazzinii** F.A.C. Weber · ♄ ᛘ Z9 Ⓚ ▽ ✻; N-Arg.
– **sphaerica** C.F. Först. · ♄ ᛘ Z9 Ⓚ ▽ ✻; Arg.
– **spinosissima** (Martyn) Mill. · E:Semaphore Prickly Pear · ♄ ᛘ Z9 Ⓚ ▽ ✻; Jamaica
– **stricta** Haw. · ♄ ᛘ Z9 Ⓚ ▽ ✻; USA: SE; Bermudas, W.Ind., N-Venez., nat. in USA: SC
– **strobiliformis** A. Berger · ♄ ᛘ Z9 Ⓚ ▽ ✻; W-Arg.
– **subulata** (Muehlenpf.) Engelm. · ♄ ᛘ Z9 Ⓚ ▽ ✻; S-Peru
– **tomentosa** Salm-Dyck · ♄ ᛘ Z9 Ⓚ ▽ ✻; Mex.
– **tunicata** (Lehm.) Link et Otto · E:Thistle Cholla · ♄ ᛘ Z9 Ⓚ ▽ ✻; Tex., Mex., nat. in Ecuad., Chile
– **verschaffeltii** Cels · ♄ ᛘ Z9 Ⓚ ▽ ✻; Bol., N-Arg.
– **vestita** Salm-Dyck · ♄ ᛘ Z9 Ⓚ ▽ ✻; Bol.
– *violacea* Engelm. = Opuntia macrocentra
  – var. *macrocentra* (Engelm.) L.D. Benson = Opuntia macrocentra
– *vulgaris* auct. non Mill. = Opuntia compressa
– *vulgaris* Mill. = Opuntia monacantha
– *xanthostemma* K. Schum. = Opuntia erinacea var. erinacea

Orbea Haw. -f- *Asclepiadaceae* · 20 sp
– **cooperi** (N.E. Br.) L.C. Leach · ♃ ᛘ Z9 Ⓚ; SE-Kap
– **maculata** (N.E. Br.) L.C. Leach · ♃ ᛘ Z9 Ⓚ; Botswana (N-Kalahari)
– **tapscottii** (Verd.) L.C. Leach · ♃ ᛘ Z9 Ⓚ; Botswana, S-Afr.: Kap, Transvaal
– **variegata** (L.) Haw. · E:Carrion Flower, Toad Plant · ♃ ᛘ Z9 Ⓚ; SE-Kap
– **verrucosa** (Masson) L.C. Leach · ♃ ᛘ Z9 Ⓚ; S-Afr.

Orbeopsis L.C. Leach -f- *Asclepiadaceae* · 12 sp
– **lutea** (N.E. Br.) L.C. Leach
  – subsp. **lutea** · ♃ ᛘ Z9 Ⓚ; S-Afr., Namibia, Angola
  – subsp. **vaga** (N.E. Br.) L.C. Leach · ♃ ᛘ Z9 Ⓚ; Angola, Namibia, Kap
– **melanantha** (Schltr.) L.C. Leach · ♃ ᛘ Z9 Ⓚ; Zimbabwe, S-Afr.: Transvaal

Orbignya Mart. ex Endl. -f- *Arecaceae (Palmae)* · 20 sp · D:Babassupalme; E:Babassu Palm; F:Palmier cohune
– **cohune** (Mart.) Dahlgren ex Standl. · ♄ e Z10 Ⓦ Ⓝ; Mex., C-Am.
– **martiana** Barb. Rodr. · D:Babussupalme; E:Babussu Palm · ♄ e Z10 Ⓦ Ⓝ; Amazon.
– **phalerata** Mart. · ♄ e ⤫ Z10 Ⓦ; Bol.
– **spectabilis** (Mart.) Burret · ♄ e Z10 Ⓦ Ⓝ; Bras.

Orchidantha N.E. Br. -f- *Lowiaceae* · 7 sp
– **maxillarioides** (Ridl.) K. Schum. · ♃ Z10 Ⓦ; Malay. Pen. (Pulan Tawor)

Orchis L. -f- *Orchidaceae* · 35 sp · D:Knabenkraut; E:Orchid; F:Orchidée, Orchis
– **coriophora** L. · D:Wanzen-Knabenkraut; E:Bug Orchid · ♃ Z5 VI-VIII ▽ ✻; Eur.* exc. BrI, Sc; TR, N-Iraq, Cauc., Iran, C-As., NW-Afr.
– *elata* Poir. = Dactylorhiza elata
– *fuchsii* Druce = Dactylorhiza fuchsii
– *fuciflora* Crantz = Ophrys holoserica
– *holoserica* Burm. f. = Ophrys holoserica
– *incarnata* L. = Dactylorhiza incarnata
– *latifolia* L. = Dactylorhiza majalis
– **laxiflora** Lam. · D:Lockerblütiges Knabenkraut · ♃ Z8 Ⓐ V ▽ ✻; Eur.: Ib, F, Ap, Ba ; TR, Cyprus

– *maculata* L. = Dactylorhiza maculata subsp. maculata
– *majalis* Rchb. = Dactylorhiza majalis
– **mascula** (L.) L. · D:Stattliches Knabenkraut; E:Early Purple Orchid · ♃ Z5 V-VI ⚕ ▽ *; Eur.*, TR, Lebanon, Cauc., N-Iran, NW-Afr.
– **militaris** L. · D:Helm-Knabenkraut; E:Military Orchid, Soldier Orchid · ♃ Z5 V-VI Ⓝ ▽ *; Eur.*, Cauc., Iran, W-Sib., E-Sib., Mong.
– **morio** L. · D:Kleines Knabenkraut, Salep-Knabenkraut; E:Green Winged Orchid · ♃ Z5 IV-VI ⚕ Ⓝ ▽ *; Eur.*, TR, Cyprus, Syr., N-Iraq, Cauc., N-Iran, Maroc.
– **pallens** L. · D:Blasses Knabenkraut · ♃ Z5 IV-V ▽ *; Eur.: Ib, Fr, C-Eur., Ap, EC-Eur., Ba, E-Eur., RO, Krim; TR, Cauc.
– **palustris** Jacq.
  – var. **elegans** (Heuff.) Beck · D:Zierliches Sumpf-Knabenkraut · Z5 VI-VII ▽ *; EC-Eur., E-Eur.
  – var. **palustris** · D:Sumpf-Knabenkraut · ♃ Z5 VI-VII ▽ *; N-Eur., C-Eur., E-Eur., TR, Iraq, Cauc., Iran, C-As.
– **provincialis** Balb. · D:Provenzialisches Knabenkraut; E:Provence Orchid · ♃ Z8 Ⓚ IV-V ▽ *; Eur.: Ib, Fr, CH, Ap, Ba, Krim; TR, Cauc.
– **purpurea** Huds. · D:Purpur-Knabenkraut; E:Lady Orchid · ♃ Z5 V-VI ▽ *; Eur.*, TR, Cauc.
– *sambucina* L. = Dactylorhiza sambucina
– **simia** Lam. · D:Affen-Knabenkraut; E:Monkey Orchid · ♃ Z7 V-VI ▽ *; Eur.: Ib, Fr, BrI, C-Eur., Ap, H, Ba, RO, Krim; TR, Iraq, Cauc., Iran, C-As., NW-Afr.
– **spitzelii** W.D.J. Koch · D:Spitzels Knabenkraut · ♃ Z5 V-VII ▽ *; Eur.: Sp., F, I, A, Ba, Sweden; TR, Cauc.
– *strictifolia* Opiz = Dactylorhiza incarnata
– **tridentata** Scop. · D:Dreizähniges Knabenkraut; E:Toothed Orchid · ♃ Z6 V-VI ▽ *; Eur.: Ib, Fr, C-Eur., Ap, EC-Eur., Ba, RO, Krim; TR, Iraq, Cauc., Iran, Maroc.
– **ustulata** L. · D:Brand-Knabenkraut; E:Burnt Tip Orchid · ♃ Z5 V-VII ▽ *; Eur.*, Cauc., W-Sib.

Oreocereus (A. Berger) Riccob. -m- *Cactaceae* · 6-7 sp
– **celsianus** (Cels ex Salm-Dyck) Riccob.
  – var. **celsianus** · ψ Z9 Ⓚ ▽ *; NW-Arg., Bol.
  – var. *hendriksenianus* (Backeb.) Krainz = Oreocereus hendriksenianus
  – var. *trollii* (Kupper) Krainz = Oreocereus trollii
– **doelzianus** (Backeb.) Borg · ψ Z9 Ⓚ ▽ *; C-Mex.
– *fossulatus* (Labour.) Backeb. = Oreocereus pseudofossulatus
– *hempelianus* (Gürke) D.R. Hunt = Arequipa hempeliana
– **hendriksenianus** Backeb. · ψ Z9 Ⓚ ▽ *; S-Peru, N-Chile
– *leucotrichus* (Phil.) Wagenkn. = Arequipa leucotricha
– *maximus* Backeb. = Oreocereus celsianus var. celsianus
– *neocelsianus* Backeb. = Oreocereus celsianus var. celsianus
– **pseudofossulatus** D.R. Hunt · ♄ ψ Z9 Ⓚ ▽ *; Bol.
– *rettigii* (Quehl) Buxb. = Arequipa hempeliana
– **trollii** (Kupper) Backeb. · ψ Z9 Ⓚ ▽ *; S-Bol., N-Arg.

Oreochloa Link -f- *Poaceae (Gramineae)* · 4 sp · D:Kopfgras; F:Oréochloa
– **disticha** (Wulfen) Link · D:Zweizeiliges Kopfgras · ♃ VII-VIII; Eur.: Fr, Ap, C-Eur., EC-Eur., RO, W-Russ.; Alp., Carp.

Oreodoxa Willd. = Roystonea
– *oleracea* (Jacq.) Mart. = Roystonea oleracea
– *regia* Humb., Bonpl. et Kunth = Roystonea regia

Oreopanax Decne. et Planch. -m- *Araliaceae* · 80-100 sp · D:Bergaralie; F:Oréopanax
– **andreanus** Marchal · ♄ e Z9 Ⓚ; Ecuad.
– **capitatus** (Jacq.) Decne. et Planch. · E:Caballero de Palo · ♄ ♄ e Z9 Ⓚ; C-Am., S-Am.
– **nymphaeifolius** (Hibberd) G. Nicholson et Mottet · ♄ ♄ e Z9 Ⓚ I-III; Guat.
– *reticulatus* hort. = Meryta denhamii

Oreopteris Holub -f- *Thelypteridaceae* · 3 sp · D:Bergfarn; E:Lemon-scented Fern; F:Fougère des montagnes
– **limbosperma** (All.) Holub · D:Bergfarn, Gewöhnlicher Bergfarn; E:Lemon Scented Fern, Mountain Buckler Fern · ♃ VII-VIII; Eur.*, TR, Palaest., Cauc., E-Sib., Jap.,

Maroc., Alger., w N-Am.

× *Origanomajorana* Domin = Origanum

Origanum L. -n- *Lamiaceae (Labiatae)* · 36 sp · D:Dost, Majoran; E:Majoram, Oregano; F:Marjolaine, Origan
– **amanum** Post · ♃ △ Z8 Ⓐ ∧ VII-VIII; TR: Amanus
– **dictamnus** L. · D:Diptam-Dost, Kretischer Diptam; E:Cretan Dittany · ħ Z7 Ⓐ ▭ VII-VIII ⚕ ▽; Crete
– *heracleoticum* L. = Origanum vulgare subsp. hirtum
– × **hybridum** Mill. (*O. dictamnus* × *O. sipyleum*) · ♃ △ Z8 Ⓐ VII; W-As.
– **laevigatum** Boiss. · F:Marjolaine vivace · ♃ △ Z8 ∧ VIII-IX; Cyprus, TR: Amanus
– **majorana** L. · D:Majoran; E:Marjoram, Sweet Marjoram · ⊙ ⊙ ♃ Z7 VI-VII ⚕ Ⓝ; N-Afr., Cyprus, Arab., SW-As., Ind., nat. in Sp., Corse, I, CH, Ba
– × **majoricum** Cambess. (*O. majorana* × *O. vulgare*) Z7; Eur.: Ib
– **onites** L. · D:Französischer Majoran; E:Pot Marjoram · ħ Z8 Ⓚ ⚕ Ⓝ; Eur.: Sic., Ba, ? Sp.
– *pulchellum* Boiss. = Origanum × hybridum
– **rotundifolium** Boiss. · ♃ Z8 Ⓐ ∧ VII-VIII; Cauc. (Armen.)
– **scabrum** Boiss. et Heldr.
  – subsp. **pulchrum** (Boiss. et Heldr.) P.H. Davis · ♃ △ Z8 Ⓐ ∧ VII-VIII; S-GR
  – subsp. **scabrum** · ♃ △ Z8 Ⓐ ∧ VII-VIII; S-GR
– **vulgare** L.
  – **in Sorten**
  – subsp. **hirtum** (Link) Ietsw. · ħ Z8 ⚕; Eur.: Ap, Ba; TR
  – subsp. **viride** (Boiss.) Hayek · ħ Z8 Ⓚ Ⓝ; Pakist., Ind., E-China
  – subsp. **vulgare** · D:Gewöhnlicher Dost, Oregano, Wilder Majoran; E:Oregano, Wild Marjoram; F:Marjolaine, Origan · ♃ Z5 VII-IX ⚕ Ⓝ; Eur.*, TR, Cyprus, Iraq, Iran, W-Sib., E-Sib., C-As., Afgh., Pakist., Him., Mong. NW-Afr., nat. in N-Am., China

Orixa Thunb. -f- *Rutaceae* · 1 sp
– **japonica** Thunb. · ħ d Z6 V; China, S-Korea, Jap.

Orlaya Hoffm. -f- *Apiaceae (Umbelliferae)* · 3 sp · D:Breitsame; F:Orlaya
– **daucoides** (L.) Greuter · ⊙; Eur.: Ib, F, Ap, Ba, Krim; TR, Syr., Iraq, Cauc., N-Iran, Maroc., Alger.
– **grandiflora** (L.) Hoffm. · D:Strahlen-Breitsame · ⊙ VI-VIII; Eur.* exc. BrI, Sc; TR, Palaest., Cauc., C-As., Alger.

Ormenis Cass. = Chamaemelum
– *nobilis* (L.) J. Gay ex Coss. et Germ. = Chamaemelum nobile

Ornithidium R. Br. = Maxillaria
– *coccineum* (Jacq.) R. Br. = Maxillaria coccineum
– *densum* (Lindl.) Rchb. f. = Maxillaria densa
– *sophronitis* Rchb. f. = Maxillaria sophronitis

Ornithocephalus Hook. -m- *Orchidaceae* · 28 sp
– **grandiflorus** Hook. · ♃ Z10 Ⓦ VII-VIII ▽ ✻; Bras.
– **iridifolius** Rchb. f. · ♃ Z10 Ⓦ ▽ ✻; Mex.

Ornithogalum L. -n- *Hyacinthaceae* · 80 (-200) sp · D:Stern von Bethlehem, Milchstern, Vogelmilch; E:Star of Bethlehem; F:Etoile de Bethléem, Ornithogale
– **angustifolium** Boreau · ♃; Eur.: D
– **arabicum** L. · ♃ ⋈ Z9 Ⓚ; Eur.: Ib, Ap, Ba; NW-Afr., nat. in F
– **boucheanum** (Kunth) Asch. · D:Bouchés Milchstern · ♃ IV-V; Eur.: I, C-Eur., EC-Eur., Ba, E-Eur. +
– *caudatum* Aiton = Ornithogalum longibracteatum
– **conicum** Jacq. · E:Chincherinchee · ♃ Z9 Ⓚ VI-VII; Kap
– *corymbosum* Ruiz et Pav. = Ornithogalum arabicum
– *flavescens* Lam. = Ornithogalum pyrenaicum
– **gussonei** Guss. · ♃; Eur.: Ib, Fr, Ap, Ba; Cauc,
– **kochii** Parl. · D:Kochs Milchstern · ♃ IV-V; Eur.: Ib, Ap, C-Eur., EC-Eur., Ba, E-Eur., ? F; TR, Cauc
– *lacteum* Jacq. = Ornithogalum conicum
– *lacteum* Vill. = Ornithogalum narbonense
– *latifolium* L. = Ornithogalum pyrenaicum
– **longibracteatum** Jacq. · E:Sea Onion · ♃ Z9 Ⓚ; S-Afr.
– **narbonense** L. · D:Pyrenäen-Milchstern;

E:Bath Asparagus, Star of Bethlehem · ♃ Z7 V-VII; Eur.: Ib, Fr, Ap, Ba, ? RO; TR, N-Iraq, Cauc., NW-Iran, NW-Afr.
– **nutans** L. · D:Nickender Milchstern · ♃ Z6 IV-V; Eur.: GR, BG; TR, nat. in BrI, Sc, Fr, C-Eur., EC-Eur., Ib, Ap
– **pyramidale** L. · D:Pyramiden-Milchstern · ♃ Z6 VI-VII; Eur.: I, D, A, EC-Eur., Slove., Croatia, Bosn.Serb., RO, nat. in NL
 – subsp. *narbonense* (L.) Asch. et Graebn. = Ornithogalum narbonense
– *pyrenaicum* Desf. non L. = Ornithogalum narbonense
– **pyrenaicum** L. · D:Kugelfrüchtiger Milchstern · ♃ Z6 VI-VII; Eur.* exc. BrI, Sc; TR, Cauc., Maroc.
– **saundersii** Baker · D:Saunders Milchstern; E:Giant Chincherinchee · ♃ ✂ Z9 Ⓚ I-V; S-Afr.
– *tenuifolium* Guss. = Ornithogalum kochii
– **thyrsoides** Jacq. · E:Chincherinchee · ♃ ✂ Z9 Ⓚ VI-VIII; Kap
– **umbellatum** L. · D:Stern von Bethlehem, Dolden-Milchstern; E:Star of Bethlehem; F:Dame de onze heures · ♃ Z5 IV-V ☠; Eur.* exc. Sc; TR, Levante, nat. in Sc

Ornithopus L. -m- *Fabaceae (Leguminosae)* · 6 sp · D:Vogelfuß; E:Bird's Foot; F:Pied-d'oiseau
– **perpusillus** L. · D:Kleiner Vogelfuß, Mäusewicke · ⊙ V-VI; Eur.* exc. Ib, Ba; Alger.
– **sativus** Brot. · D:Großer Vogelfuß, Serradella; E:Cultivated Bird's Foot · ⊙ VI-VII Ⓝ; Eur.: Ib, F; Maroc., Alger., nat. in C-Eur., EC-Eur., E-Eur.

Orobanche L. -f- *Orobanchaceae* · c. 150 sp · D:Sommerwurz; E:Broomrape; F:Orobanche
– **alba** Stephan ex Willd. · D:Thymian-Sommerwurz; E:Thyme Broomrape · ♃ Z6 VI-IX; Eur.*, TR, Syr., Iran, Him., Maroc., Alger.
– **alsatica** Kirschl.
 – subsp. **alsatica** · D:Elsässer Sommerwurz; E:Alsatian Broomrape · ♃ Z6 VI-VII; Eur.: Fr, I, C-Eur., EC-Eur., Slove., Bosn., E-Eur.; Maroc.
 – subsp. **libanotidis** (Rupr.) Pusch · D:Bartlings Sommerwurz · ♃ Z6 VI-VII; Eur.: D, A, CZ, Slove.
– **amethystea** Thuill. · D:Amethyst-Sommerwurz; E:Amethyst Broomrape · ♃ Z6 VI; Eur.: Ib, Fr, Ap, Ba, BrI, C-Eur.; NW-Afr.
– **artemisiae-campestris** Vaucher ex Gaudin · D:Beifuß-Sommerwurz; E:Oxtongue Broomrape · ♃ Z6 VI-VII; Eur.*, Maroc.
– *caerulea* Vill. = Orobanche purpurea
– **caesia** Rchb. · D:Blaugraue Sommerwurz, Weißwollige Sommerwurz; E:Blue-gray Broomrape · ♃ Z6 VI-VII; Eur.: A, EC-Eur., E-Eur.; TR, Cauc., Iran, Afgh., Sib., W-Him.
– **caryophyllacea** Sm. · D:Labkraut-Sommerwurz, Nelken-Sommerwurz; E:Bedstraw Broomrape · ♃ Z6 VI-VII; Eur.* exc. Sc; TR, SW-As., Pakist., Maroc., Alger.
– **coerulescens** Stephan · D:Bläuliche Sommerwurz; E:Bluish Broomrape · ♃ Z6 VI-VII; Eur.: C-Eur., EC-Eur., E-Eur.
– **crenata** Forssk. · D:Prächtige Sommerwurz; E:Carnation-scented Broomrape · ⊙ Z6 VI-VII; Eur.: Ib, Fr, Ap, Ba, Krim; TR, Levante, N-Iran, N-Afr.
– **elatior** Sutton · D:Große Sommerwurz; E:Tall Broomrape · ♃ Z6 VI-VII; Eur.*, TR, SW-As., C-As., E-As.
– *epithymum* DC. = Orobanche alba
– **flava** Mart. ex F.W. Schultz · D:Hellgelbe Sommerwurz; E:Butterbur Broomrape · ♃ Z6 VI-VII; Eur.: Fr, Ap, C-Eur., EC-Eur., E-Eur.; Maroc.; mts.
– **gracilis** Sm. · D:Blutrote Sommerwurz; E:Slender Broomrape · ♃ Z6 V-VII; Eur.* exc. BrI, Sc; TR, Cauc., Maroc., Alger.
– **hederae** Vaucher ex Duby · D:Efeu-Sommerwurz; E:Ivy Broomrape · ♃ Z6 V-VIII; Eur.* exc. Sc, EC-Eur.; Krim; TR, Cauc., N-Iran, Maroc., Alger.
– **laserpitii-sileris** Reut. ex Jord. · D:Laserkraut-Sommerwurz; E:Laserpitium Broomrape · ♃ Z6 VII; Eur.: F, CH, A, Ba; Alp., Balkan
– **lucorum** F.W. Schultz · D:Berberitzen-Sommerwurz; E:Barberry Broomrape · ♃ Z6 VI-VIII; Eur.: C-Eur., I, ? RO; E-Alp.
– **lutea** Baumg. · D:Gelbe Sommerwurz; E:Yellow Broomrape · ♃ Z6 V-VI; Eur.* exc. Sc; TR, Cauc., Iran, C-As., China: Sinkiang
– **minor** Sm. · D:Kleewürger, Kleine Sommerwurz; E:Lesser Broomrape · ♃ Z6 VI-VII; Eur.* exc. Sc; TR, Levante, N-Afr., nat. in Sc
– **picridis** F.W. Schultz · D:Bitterkraut-Sommerwurz; E:Picris Broomrape · ♃ Z6

VI-VII; Eur.: Ib, Fr, BrI, C-Eur., DK, EC-Eur., Ba; TR, Palaest., Iraq, Cauc., W-As., Maroc., Alger.
– **purpurea** Jacq. · D:Violette Sommerwurz; E:Purple Broomrape · ♃ Z6 VI-VII; Eur.*, TR, Syr., Cauc., N-Iran, Afgh, Ind., Maroc., Alger., Canar.
– **ramosa** L. · D:Ästige Sommerwurz; E:Hemp Broomrape · ⊙ ♃ Z6 VII-VIII; Eur.* exc. BrI, Sc; TR, Levante, Cauc., Iran, Ind., N-Afr., Eth., nat. in BrI, N-Am.
– **rapum-genistae** Thuill. · D:Ginster-Sommerwurz; E:Greater Broomrape · ♃ Z6 V-VI; Eur.: Ib, Fr, Ap, BrI, C-Eur.; Maroc., Alger.
– **reticulata** Wallr. · D:Distel-Sommerwurz; E:Thistle Broomrape · ♃ Z6 VI-VII; Eur.*, Maroc., Alger.
– **salviae** F.W. Schultz · D:Salbei-Sommerwurz; E:Sage Broomrape · ♃ Z6 VII-VIII; Eur.: Fr, C-Eur., Ap, Slove., Croatia, RO
– *speciosa* DC. = Orobanche crenata
– **teucrii** Holandre · D:Gamander-Sommerwurz; E:Germander Broomrape · ♃ Z6 VI-VII; Eur.* exc. BrI, Sc; Alger.
– **variegata** Wallr. · D:Bunte Sommerwurz; E:Variegated Broomrape · ⊙ Z6; Eur.: Fr, Ap, Sp.; NW-Afr.

Orobus L. = Lathyrus
– *luteus* L. = Lathyrus gmelinii
– *niger* L. = Lathyrus niger
– *vernus* L. = Lathyrus vernus

Orontium L. -n- *Araceae* · 1 sp · D:Goldkeule; E:Golden Club; F:Orontium
– **aquaticum** L. · D:Goldkeule; E:Golden Club; F:Cryptocoryne américaine · ♃ ≈ Z7 V-VI; USA: NE, SE, Fla.

Orostachys Fisch. ex A. Berger -m- *Crassulaceae* · 10 sp · D:Sternwurz; F:Umbilic
– **aggregata** (Makino) Hara · ⊙ ♆ Z7; Jap.: Hokkaido; coast
– **furusei** Ohwi · ⊙ ♆ Z7; Jap.
– **iwarenge** (Makino) Hara · ⊙ ♆ Z6; ? China
– **malacophyllus** (Pall.) Fisch. ex Sweet · ♃ ♆ △ Z6 VI-VII; E-Sib., Amur, Sachal., Mong., China, Jap.
– **spinosus** (L.) Sweet · ♃ ♆ △ Z4 VI-VII; Russ. (S-Ural), W-Sib., E-Sib., Amur, China: Sinkiang, C-As., Mong., Tibet

Oroxylum Vent. -n- *Bignoniaceae* · 1 sp · D:Damoklesbaum; E:Midnight Horror, Tree of Damokles
– **indicum** (L.) Kurz · D:Damoklesbaum; E:Midnight Horror, Tree of Damocles · ♄ e ✂ Z10 Ⓦ Ⓝ; Ind., Sri Lanka, China, Indochina, Malay. Arch.

Oroya Britton et Rose -f- *Cactaceae* · 2 sp
– *gibbosa* F. Ritter = Oroya peruviana
– **peruviana** (K. Schum.) Britton et Rose · ♆ Z9 Ⓚ ▽ *; C-Peru

Orphium E. Mey. -n- *Gentianaceae* · 1 sp
– **frutescens** (L.) E. Mey. · ♄ Z9 Ⓚ VII-VIII; Kap

Orthilia Raf. -f- *Pyrolaceae* · 1 sp · D:Birngrün; E:Wintergreen; F:Pyrole
– **secunda** (L.) House · D:Birngrün, Nickendes Wintergrün · ♃ e Z5 VI-VII; Eur.*, TR, Cauc., N-Iran, W-Sib., E-Sib., Amur, Sachal., Kamchat.

Orthophytum Beer -n- *Bromeliaceae* · 17 sp
– **foliosum** L.B. Sm. · ♃ Z9 Ⓦ; Bras.
– **navioides** (L.B. Sm.) L.B. Sm. · ♃ Z9 Ⓦ; E-Bras.
– **rubrum** L.B. Sm. · ♃ Z9 Ⓦ; E-Bras.
– **saxicola** (Ule) L.B. Sm. · ♃ Z9 Ⓦ; E-Bras.

Orthosiphon Benth. -m- *Lamiaceae (Labiatae)* · 40 sp
– **aristatus** (Blume) Miq. · ♃ Z10 Ⓦ VII-VIII ⚕; trop. Am., Ind., Malay. Pen., Phil., Austr.: Queensl.

Orthostemon O. Berg = Acca
– *sellowianus* O. Berg = Acca sellowiana

Orthrosanthus Sweet -m- *Iridaceae* · 9 sp · D:Morgenblüte; E:Mornig Flag
– **chimboracensis** (Humb., Bonpl. et Kunth) Baker · D:Mexikanische Morgenblüte · ♃ Z9 Ⓚ VI; Mex., C-Am., Col., Ecuad., Peru; And.
– **multiflorus** Sweet · D:Australische Morgenblüte; E:Morning Flag · ♃ Z9 Ⓚ VI-VII; Austr.: Victoria, S-Austr., W-Austr.

Orychophragmus Bunge -m- *Brassicaceae (Cruciferae)* · 2 sp
– **violaceus** (L.) O.E. Schulz · ⊙ ⊙ Z7 VII-VIII; China

Oryza L. -f- *Poaceae (Gramineae)* · c. 19 sp · D:Reis; E:Rice; F:Riz
– *clandestina* (Weber ex F.H. Wigg.) A. Braun = Leersia oryzoides
– **glaberrima** Steud. · D:Afrikanischer Reis; E:African Rice · ⊙ ~ Z10 ⓦ Ⓝ; W-Afr., W-Sudan
– **longistaminata** A. Chev. et Roehr. · D:Roter Reis; E:Red Rice · ⊙ ~ Z10 ⓦ Ⓝ; trop. Afr., S-Afr.
– *oryzoides* (L.) Brand = Leersia oryzoides
– **perennis** Moench emend. Sampath · D:Stauden-Reis · ⊙ ♃ ~ Z10 ⓦ Ⓝ; Trop.
– **rufipogon** Griff. · D:Salz-Reis; E:Red Rice · ♃ ~ Z10 ⓦ Ⓝ; SE-As, Austr., Am.
– **sativa** L. · D:Reis; E:Rice · ⊙ ~ Z10 ⓦ ⚕ Ⓝ; SE-As., trop. Afr., N-Austr.

Oryzopsis Michx. -f- *Poaceae (Gramineae)* · 1 sp · D:Grannenhirse; E:Rice Grass, Smilo Grass; F:Oryzopsis, Riz barbu
– *miliacea* (L.) Asch. et Schweinf. = Piptatherum miliaceum

Osbeckia L. -f- *Melastomataceae* · 50 sp
– **stellata** Wall. · ♄ Z9 ⓦ VII-VIII; Ind., China

Oscularia Schwantes = Lampranthus
– *caulescens* Mill. = Lampranthus deltoides
– *deltoides* (L.) Schwantes = Lampranthus deltoides
– *muricata* Haw. = Lampranthus deltoides
– *pedunculata* N.E. Br. = Lampranthus deltoides

Osmanthus Lour. -m- *Oleaceae* · 30-40 sp · D:Duftblüte; E:Devil Wood, Sweet Olive; F:Osmanthus
– **americanus** (L.) Gray · D:Amerikanische Duftblüte; E:Devilwood · ♄ ♄ e Z9 ⓚ IV; SE-USA
– *aquifolium* (Siebold et Zucc.) Benth. et Hook. f. = Osmanthus heterophyllus
– **armatus** Diels · ♄ e D Z7 VII; W-China
– × **burkwoodii** (Burkwood et Skipw.) P.S. Green (*O. decorus* × *O. delavayi*) · D:Burkwoods Duftblüte · ♄ e D Z7 IV-V; cult.
– **decorus** (Boiss. et Balansa) Kasapligil · D:Stattliche Duftblüte; F:Osmanthe · ♄ e Z6 V; NE-TR, Cauc.
– **delavayi** Franch. · D:Delavays Duftblüte; E:Delavay Osmanthus · ♄ e Z8 ⓚ IV; W-China
– *forrestii* Rehder = Osmanthus yunnanensis
– × **fortunei** Carrière (*O. fragrans* × *O. heterophyllus*) · ♄ e D Z7; cult.
– **fragrans** (Thunb.) Lour. · D:Süße Duftblüte; E:Fragrant Olive, Sweet Olive, Sweet Osmanthus · ♄ ♄ e D Z9 ⓚ VI-VIII Ⓝ; Jap., SW-China, E-Him.
– **heterophyllus** (G. Don) P.S. Green · D:Stachelblättrige Duftblüte; E:Hollyleaf Osmanthus; F:Osmanthe à feuilles de houx · ♄ ♄ e D Z7 IX-X; Jap., Taiwan
– *ilicifolius* (Hassk.) hort. ex Carriére = Osmanthus heterophyllus
– **serrulatus** Rehder · ♄ e D Z8 ⓚ III-IV; Him., W-China
– **suavis** King ex C.B. Clarke · ♄ ♄ e Z8 ⓚ; Him., Yunnan
– **yunnanensis** (Franch.) P.S. Green · ♄ e D Z7; W-China

Osmarea Burkwood et Skipwith = Osmanthus
– *burkwoodii* Burkwood et Skipw. = Osmanthus × burkwoodii

Osmaronia Greene = Oemleria
– *cerasiformis* (Torr. et A. Gray) Greene = Oemleria cerasiformis

× **Osmentara** hort. -f- *Orchidaceae* (*Broughtonia* × *Cattleya* × *Laeliopsis*)

Osmunda L. -f- *Osmundaceae* · 12 sp · D:Königsfarn, Rispenfarn; E:Royal Fern; F:Fougère royale, Osmonde
– **cinnamomea** L. · D:Zimtfarn; E:Cinnamon Fern; F:Fougère cannelle, Osmonde cinnamon · ♃ Z3; Can.: E; USA: NE, NCE, SC, SE, Fla.; Mex., C-Am., W-Ind., trop. S-Am., E-As.
– **claytoniana** L. · D:Dunkler Münzrollenfarn, Kronenfarn, Teufelsfarn; E:Interrupted Fern; F:Osmonde de Clayton · ♃ Z3; Can.: E; USA: NE, NCE, SE; Amur, Korea, Manch., SW-China, Taiwan
– *imbricata* Kunze = Osmunda cinnamomea
– *interrupta* Michx. = Osmunda claytoniana
– **regalis** L. · D:Gewöhnlicher Rispenfarn, Königsfarn; E:Royal Fern; F:Osmonde royale · ♃ ~ Z2 VI-VII ⚕ ▽; Eur.* exc. E-Eur.; Can.: E; USA: NE, NCE, SC, Fla.
  – **'Gracilis'**
  – var. *gracilis* (Link) Hook. = Osmunda regalis 'Gracilis'

Osteomeles Lindl. -f- *Rosaceae* · 3 sp · D:Steinapfel; F:Pomme de pierre
– *anthyllidifolia* Franch. non Lindl. = Osteomeles schweriniae var. schweriniae
– **schweriniae** C.K. Schneid.
  – var. **microphylla** Rehder et E.H. Wilson · ♄ e Z8 ⓚ III-IV; W-China
  – var. **schweriniae** · D:Yunnan-Steinapfel; E:Hawaii Hawthorn · ♄ e Z8 ⓚ; Yunnan
– **subrotunda** K. Koch · ♄ e Z8 ⓚ III-IV; SE-China

Osteospermum L. -n- *Asteraceae (Compositae)* · 67 sp · D:Paternosterstrauch; F:Marguerite du Cap
– **barberiae** (Harv.) Norl. · ♃ ♄ e Z9 ⓚ; S-Afr.
– **ecklonis** (DC.) Norl. · E:African Daisy, Vanstaden's River Daisy · ☉ ♄ ♄ e Z9 ⓚ VII-IX; S-Afr.
– *jucundum* hort. = Osteospermum barberiae
– **Cultivars**
  – **in vielen Sorten**

Ostrowskia Regel -f- *Campanulaceae* · 1 sp · D:Riesenglocke; E:Giant Bellflower; F:Campanule géante
– **magnifica** Regel · D:Riesenglocke; E:Giant Bellflower · ♃ △ Z7 ⓐ VII-VIII; C-As.

Ostrya Scop. -f- *Betulaceae* · 9 sp · D:Hopfenbuche; E:Hop Hornbeam; F:Ostryer
– **carpinifolia** Scop. · D:Gewöhnliche Hopfenbuche; E:European Hop Hornbeam; F:Charme houblon, Ostryer commun · ♄ d Z6 IV-V Ⓝ; Eur.: Fr, Ap, CH, A, H, Ba; TR, Syr., Cauc.
– **japonica** Sarg. · D:Japanische Hopfenbuche; E:Japanese Hop Hornbeam · ♄ d Z6; China, Korea, Jap.
– **knowltonii** Coville · ♄ d Z5; Ariz., N.Mex., Utah, Tex.
– **virginiana** (Mill.) K. Koch · D:Virginische Hopfenbuche; E:American Hop Hornbeam · ♄ d Z5; Can.: E; USA: NE, NCE, SC, SE, Fla.; Mex. Guat.

Ostryopsis Decne. -f- *Betulaceae* · 2 sp · D:Scheinhopfenbuche; F:Faux-ostryer
– **davidiana** (Baill.) Decne. · D:Hohe Scheinhopfenbuche · ♄ d Z4; China: Kansu, Schensi, Hopei

Otacanthus Lindl. -m- *Scrophulariaceae* · 4 sp
– **caeruleus** Lindl. · ♃ Z10 ⓦ IV-VIII; Bras.

Otanthus Hoffmanns. et Link -m- *Asteraceae (Compositae)* · 1 sp · D:Filzblume, Ohrblume; E:Cotton Weed; F:Diotis
– **maritimus** (L.) Hoffmanns. et Link · D:Filzblume, Ohrblume; E:Cotton Weed · ♃ ⁓→ Z8 ⓚ VIII-IX; Eur.: Ib, Fr, Ap, Ba, BrI, Canar.; TR, Maroc.; coasts

Otatea (McClure et E.W. Sm.) Calderon et Soderstr. -f- *Poaceae (Gramineae)* · 2 sp · D:Trauerbambus; E:Weeping Bamboo; F:Bambou
– **acuminata** (Munro) Calderón et Soderstr. · D:Mexikanischer Trauerbambus; E:Mexican Weeping Bamboo · ♄ e Z10 ⓚ; Mex.
  – subsp. *aztecorum* (McClure et E.W. Sm.) R. Guzmán et al. = Otatea acuminata

Othonna L. -f- *Asteraceae (Compositae)* · 120-150 sp
– **capensis** L.H. Bailey · ♃ Ψ ⁓→ Z9 ⓚ; Kap
– **carnosa** Less. · ♃ Ψ Z9 ⓚ VII-VIII; Kap
– **cheirifolia** L. · ♄ Ψ e △ Z8 ⓚ ⓐ V-VII; Alger., Tun.
– *crassifolia* Harv. = Othonna capensis
– **euphorbioides** Hutch. · ♄ Ψ Z9 ⓚ; Kap
– **retrorsa** DC. · ♃ Ψ Z9 ⓚ I-X; Kap

Othonnopsis Jaub. et Spach = Othonna
– *cheirifolia* (L.) Benth. et Hook. = Othonna cheirifolia

Otoglossum (Schltr.) Garay et Dunst. -n- *Orchidaceae* · 7 sp
– **brevifolium** (Lindl.) Garay et Dunst. · ♃ Z10 ⓚ I-XII ▽ *; Col., Ecuad., Peru

Ottelia Pers. -f- *Hydrocharitaceae* · 21 sp
– **alismoides** (L.) Pers. · ♃ ≈ Z9 ⓦ; Egypt, Ind., Sri Lanka, China, Jap., Salom., N-Austr.
– *japonica* Miq. = Ottelia alismoides
– **ulvifolia** Walp. · ♃ ≈ Z9 ⓦ; W-Afr., Zambia, Zimbabwe

Ourisia Comm. ex Juss. -f- *Scrophulariaceae* · 27 sp
– **coccinea** (Cav.) Pers. · ♃ Z7 V-IX; Chile, Arg.

– *elegans* Phil. = Ourisia coccinea
– **macrophylla** Hook. f. · E:Mountain Foxglove · ♃ Z7 VII; NZ

Oxalis L. -f- *Oxalidaceae* · 700-800 sp · D:Sauerklee; E:Shamrock, Sorrel; F:Faux-trèfle, Oxalide, Surelle
– **acetosella** L. · D:Wald-Sauerklee; E:Common Wood Sorrel, Wood Sorrel; F:Oxalide petite oseille, Pain de coucou · ♃ Z3 IV-V ⚕ ☠; Eur.*, TR, Cauc., W-Sib., E-Sib., Amur, Sachal., Kamchat., Mong., Him., China, Jap., Alaska, Can., USA: NE, NCE, SE
– **adenophylla** Gillies · D:Anden Sauerklee; E:Sauer Klee · ♃ △ Z7 ∧ IV; Chile, W-Arg.
– **articulata** Savigny
  – subsp. **articulata** · D:Raupen-Sauerklee; E:Pink Oxalis · ♃ Z8 Ⓚ; Parag.
  – subsp. **rubra** (A. St.-Hil.) Lourteig · ♃ Z8 Ⓚ IX-XI; Bras., Arg., Parag.
– *bowieana* Lodd. = Oxalis bowiei
– **bowiei** Lindl. · ♃ Z8 Ⓚ; Kap
– **brasiliensis** Lodd. ex Westc. et Knowles · ♃ Z9 Ⓚ V; Bras.
– *carnosa* Molina = Oxalis megalorrhiza
– *cernua* Thunb. = Oxalis pes-caprae
– **corniculata** L. · D:Hornfrüchtiger Sauerklee; E:Yellow Sorrel · ⊙ Z5 VI-X; Eur.* exc. BrI, Sc; TR, Levante, Cauc., Iran, C-As., Him., China, Jap., Amur, Sachal., N-Afr., nat. in cosmop. exc. Sib.
– **corymbosa** DC. · D:Brasilianischer Sauerklee; E:Sheep Sorrel · ♃ Z9 Ⓚ; Bras., Arg.
– **decaphylla** Kunth · D:Zehnblättriger Sauerklee · ♃; S-Am., nat. in D
– *deppei* Lodd. ex Sweet = Oxalis tetraphylla
– **depressa** Eckl. et Zeyh. · ♃ Z7; S-Afr. (Cape Prov.)
– **dillenii** Jacq. · D:Dillenius Sauerklee · ♃ VII-X; Can., USA *, Mex., nat. in Eur.
– **enneaphylla** Cav. · D:Schuppen-Sauerklee; E:Scurvy Grass · ♃ △ D Z6 IV; Patag., Falkland
– *esculenta* Otto ex A. Dietr. = Oxalis tetraphylla
– *europaea* Jord. = Oxalis stricta
– *floribunda* Lehm. = Oxalis articulata subsp. articulata
– *fontana* Bunge = Oxalis stricta
– **hedysaroides** Humb., Bonpl. et Kunth · D:Venezuela-Sauerklee; E:Fire Fern · ♄ e Z9 Ⓦ I-XII; Col., Venez.
– **herrerae** Knuth · ♃ Z9 Ⓚ; Peru, Chile
– **hirta** L. · D:Kap-Sauerklee; E:Sorrel · ♃ Z9 Ⓚ X-III; Kap
– *inops* Eckl. et Zeyh. = Oxalis depressa
– **lasiandra** Zucc. · ♃ Z9 Ⓚ VIII-X; Mex.
– **latifolia** Humb., Bonpl. et Kunth · ♃ Z9 Ⓚ; Mex., C-Am., W.Ind., trop. S-Am.
– **magellanica** G. Forst. · ♃ Z6 IV-V; Austr., NZ, s S-Am.
– *martiana* Zucc. = Oxalis corymbosa
– **megalorrhiza** Jacq. · ♄ Z10 Ⓚ I-XII; Galapagos, Peru, Bol., Chile
– **ortgiesii** Regel · ♄ Z8 Ⓦ; Peru: And.
– **pes-caprae** L. · D:Nickender Sauerklee; E:Bermuda Buttercup · ♃ Z9 Ⓚ; S-Afr., nat. in BrI, Ib, Fr, Ap, Ba, TR, Cauc., Levante, N-Afr., Ind., C-Am.
– **purpurata** Jacq. · ♃ Z9 Ⓚ; S-Afr. (Cape Prov.)
  – var. *bowiei* (Lindl.) Sond. = Oxalis bowiei
– **purpurea** L. · D:Herbst-Sauerklee; E:Sorrel · ♃ Z8 Ⓚ X-XII; Kap, nat. in SW-Eur.
– **regnellii** Miq. · ♃ Z8 Ⓚ; Peru. Bol., Parag., Bras., Arg.
– **rosea** Jacq. · ⊙ Ⓚ VI-VIII; Chile
– *rubra* A. St.-Hil. = Oxalis articulata subsp. rubra
– **rusciformis** J.C. Mikan · ♄ Z10 Ⓦ; Bras.
– *speciosa* Jacq. = Oxalis purpurea
– **stricta** L. · D:Aufrechter Sauerklee; E:Yellow Sheep Sorrel · ♃ IX-X; Can.: E; USA: NE, NCE, NC, Rocky Mts., SW, SC, SE, Fla., NW, nat. in Eur., E-As.
– *succulenta* Barnéoud = Oxalis herrerae
– **tetraphylla** Cav. · D:Glücksklee; E:Good Luck Leaf, Lucky Clover · ♃ Z8 Ⓚ VII-VIII ☠; Mex., nat. in F, A, W-Ba
– **triangularis** A. St.-Hil. · ♃ Z8 Ⓚ; Bras.
– **tuberosa** Molina · D:Peruanischer Sauerklee; E:Oca · ♃ Z7 Ⓝ; cult. Col., Ecuad., Peru, Bol., Chile; And.
– **valdiviensis** Barnéoud · ⊙ Z9 VII-VIII; Chile
– *variabilis* Jacq. = Oxalis purpurea
– **versicolor** L. · ♃ Z9 Ⓚ II-III; Kap
– **vespertilionis** Zucc. · ♃ Z9 Ⓚ; Mex.

Oxandra A. Rich. -f- *Annonaceae* · 30 sp
– **lanceolata** (Sw.) Baill. · E:Lancewood · ♄ Z9 Ⓦ Ⓝ; S-Afr.

Oxyanthus DC. -m- *Rubiaceae* · 40 sp
– **formosus** Hook. f. · ♄ e D Z10 Ⓦ; trop.

Afr.
– *palustris* Pers. = Vaccinium oxycoccos

Oxycoccus Hill = Vaccinium
– *macrocarpus* (Aiton) Pursh = Vaccinium macrocarpon

Oxydendrum DC. -n- *Ericaceae* · 1 sp · D:Sauerbaum; E:Sorrel Tree, Sourwood; F:Oxydendron
– **arboreum** (L.) DC. · D:Sauerbaum; E:Sourwood · ♄ d Z6 VII-VIII Ⓝ; USA: NE, NCE, SE, Fla.

Oxylobium Andrews -n- *Fabaceae (Leguminosae)* · 15 sp · D:Spitzhülse
– **linariifolium** (G. Don) Domin · ♄ e Z9 ⓚ VII-VIII; W-Austr.

Oxypetalum R. Br. -n- *Asclepiadaceae* · 80-100 sp
– *caeruleum* (D. Don) Decne. = Tweedia caerulea

Oxyria Hill -f- *Polygonaceae* · 2 sp · D:Säuerling; E:Mountain Sorrel; F:Oxyria
– **digyna** (L.) Hill · D:Säuerling; E:Mountain Sorrel · ♃ △ Z2 VI-IX; Eur.*, TR, Syr., Cauc., N-Iran, W-Sib., E-Sib., Amur, Kamchat., C-As.

Oxytenanthera Munro -f- *Poaceae (Gramineae)* · 1-2 sp
– **abyssinica** (A. Rich.) Munro · ♄ ⓦ Ⓝ; trop. Afr., Eth.

Oxytropis DC. -f- *Fabaceae (Leguminosae)* · 300-360 sp · D:Fahnenwicke, Spitzkiel; E:Crazy Weed, Point Vetch; F:Astragale, Oxytropis
– **campestris** (L.) DC. · D:Alpen-Spitzkiel; E:Yellow Oxytropis · ♃ △ Z3 VII-VIII; Eur.*, Cauc., W-Sib., E-Sib., Sachal., Alaska, Can., USA: NE, NCE, NC, Rocky Mts.
– × **carinthiaca** Fisch.-Oost. (*O. campestris × O. jacquinii*) · D:Kärntner Spitzkiel · ♃; A (Kärnten) +
– **foetida** (Vill.) DC. · D:Drüsiger Spitzkiel, Klebriger Spitzkiel · ♃ Z6 VII-VIII; Eur.: F, I, CH; W-Alp.
– **halleri** Bunge ex W.D.J. Koch · D:Hallers Spitzkiel; E:Purple Oxytropis, Rocky Mountain Locoweed · ♃ △ Z6 IV-VIII; Eur.* exc. Sc; Pyr., Alp, Carp., AL, Scotland
– **helvetica** Scheele · D:Schweizer Spitzkiel · ♃ VII-VIII; Eur.: F, I, CH
– **jacquinii** Bunge · D:Berg-Spitzkiel · ♃ △ Z5 VII-VIII; Eur.: F, I, CH, D, A; Alp., Jura
– **lapponica** (Wahlenb.) J. Gay · D:Lappländer Spitzkiel · ♃ Z3 VII-VIII; Eur.: Fr, Ap, C-Eur., Sc, Ba; N, Pyr., Alp., AL; Cauc., W-Sib. (Altai), C-As., Tibet
– *montana* auct. = Oxytropis pyrenaica
  – subsp. *jacquinii* (Bunge) Hayek = Oxytropis jacquinii
– **neglecta** Gay et Ten. · D:Pyrenäen-Spitzkiel · ♃ VII-VIII; Eur.: Sp., F, I, C-Eur., RO; mts.
– **pilosa** (L.) DC. · D:Zottiger Spitzkiel · ♃ Z6 VI-VII ▽; Eur.: Fr, Ap, C-Eur., EC-Eur., Ba, E-Eur.; TR, Cauc., W-Sib., E-Sib., Mong.
– **pyrenaica** Godr. et Gren. · ♃; Eur.: S, SC, Pyren., mts
– *sericea* (Lam.) Simonk. non Nutt. = Oxytropis halleri
– **triflora** Hoppe · D:Dreiblütiger Spitzkiel · ♃ VI-VIII; Eur.: A; E-Alp.

Ozothamnus R. Br. -m- *Asteraceae (Compositae)* · c. 50 sp
– **coralloides** Hook. f. · ♄ e Z8 ⓚ; NZ
– **hookeri** Sond. · ♄ Z9 ⓚ; Austr.: N.S.Wales, Victoria, Tasman.; mts.
– **rosmarinifolius** (Labill.) DC. · ♄ ⋈ Z8 ⓚ VI; Austr.: N.S.Wales, Victoria, Tasman.
– **scutellifolius** Hook. f. · ♄ Z9 ⓚ; Tasman.
– **selaginoides** Sond. et F. Muell. · ♄ ♃ e Z9 ⓚ; Tasman.
– **selago** Hook. f. · ♄ Z8 ⓚ; NZ
– **thyrsoides** DC. · ♄ Z9 ⓚ; Austr.: N.S.Wales, Victoria, Tasman.

Pabstia Garay -f- *Orchidaceae* · 5 sp
– **jugosa** (Lindl.) Garay · ♃ Z10 ⓦ V-VII ▽ *; Bras.

Pachira Aubl. -f- *Bombacaceae* · 24 sp · D:Rasierpinselbaum; E:Shaving-Brush Tree; F:Châtaignier de la Guyane
– **aquatica** Aubl. · D:Sumpf-Rasierpinselbaum; E:Guiana Chestnut, Provision Tree · ♄ e Z10 ⓦ VI; S-Mex., C-Am., trop. S-Am.
– *fastuosa* (Moç. et Sessé ex DC.) Decne. = Pseudobombax ellipticum
– **insignis** (Sw.) Savigny · D:Brasilianischer

Rasierpinselbaum; E:Wild Chestnut · ⱨ e Z10 Ⓦ VII-VIII Ⓝ; SW-Col., NW-Peru, Bras., Guyana
– *macrocarpa* Cham. et Schltdl. = Pachira aquatica

Pachycereus (A. Berger) Britton et Rose -m- *Cactaceae* · 9-12 sp
– *marginatus* (DC.) Britton et Rose = Stenocereus marginatus
– **pecten-aboriginum** (Engelm.) Britton et Rose · ⱨ Ψ Z9 Ⓚ ▽ ✱; W-Mex.
– **pringlei** (S. Watson) Britton et Rose · ⱨ Ψ Z9 Ⓚ ▽ ✱; N-Mex., Baja Calif.
– *queretaroensis* (F.A.C. Weber) Britton et Rose = Stenocereus queretaroensis
– *schottii* (Engelm.) D.R. Hunt = Lophocereus schottii
– **weberi** (J.M. Coult.) Backeb. · ⱨ Ψ Z9 Ⓚ ▽ ✱; S-Mex.

Pachycormus Coville ex Standl. -f- *Anacardiaceae* · 1 sp
– **discolor** (Benth.) Coville · ⱨ Z10 Ⓦ; Mex.: Baja Calif.

Pachycymbium L.C. Leach -n- *Asclepiadaceae* · 32 sp
– *lugardii* (N.E. Br.) Gilbert = Caralluma lugardii

Pachylophus Spach = Oenothera
– *caespitosus* (Nutt.) Spach = Oenothera caespitosa

Pachyphragma (DC.) Rchb. -f- *Brassicaceae (Cruciferae)* · 1 sp · D:Scheinschaumkraut
– **macrophylla** (Hoffm.) Busch · D:Großblättriges Scheinschaumkraut · ♃ Z7 V-VI; Cauc., C-As.

Pachyphytum Link, Klotzsch et Otto -n- *Crassulaceae* · 12 sp · D:Dickstamm; F:Pachyphytum
– *amethystinum* Rose = Graptopetalum amethystinum
– **bracteosum** Link, Klotzsch et Otto · ♃ Ψ Z9 Ⓚ IV-VI; Mex.
– **brevifolium** Rose · ♃ Ψ Z9 Ⓚ; Mex.
– **compactum** Rose · ♃ Ψ Z9 Ⓚ VI; Mex.
– **hookeri** (Salm-Dyck) A. Berger · ♃ ♄ Ψ e Z9 Ⓚ IV-V; Mex.
– **longifolium** Rose · ♄ Ψ e Z9 Ⓚ VII-VIII; Mex.
– **oviferum** J.A. Purpus · D:Mondstein; E:Moonstones, Sugared Almond Plum · ♃ Ψ Z9 Ⓚ V-VI; Mex.
– *uniflorum* Rose = Pachyphytum hookeri

Pachypodium Lindl. -n- *Apocynaceae* · 13 sp · D:Madagaskarpalme; F:Pachypodium, Palmier de Madagascar
– **baronii** Costantin et Bois
  – var. **baronii** · ♄ Ψ d Z9 Ⓚ ▽; C-Madag.
  – var. **windsori** (Poiss.) Pichon Z9 Ⓚ ▽ ✱; N-Madag.
– **brevicaule** Baker · ♄ Ψ d Z9 Ⓦ ▽ ✱; Madag.
– **densiflorum** Baker · ♄ Ψ d Z9 Ⓚ ▽ ✱; S-Madag.
– **geayi** Costantin et Bois · ⱨ Ψ d Z9 Ⓚ ▽ ✱; SW-Madag.
– **horombense** Poiss. · ♄ Ψ Z9 Ⓦ ▽ ✱; Madag.
– **lamerei** Drake · D:Dickfuß; E:Madagascar Palm · ⱨ Ψ d Z9 Ⓦ ☠ ▽ ✱; S-Madag.
– **namaquanum** (Wyley ex Harv.) Welw. · ♄ Ψ d Z9 Ⓦ ▽ ✱; Kap, Namibia
– **rosulatum** Baker · ♄ Ψ d Z9 Ⓦ ▽ ✱; Madag.
– **saundersii** N.E. Br. · ♄ Ψ d Z9 Ⓦ ▽ ✱; Mozamb., Zimbabwe, S-Afr.
– **succulentum** (Thunb.) A. DC. · ⱨ Ψ d Z9 Ⓦ VI-VIII ▽ ✱; Kap

Pachyrhizus Rich. ex DC. -m- *Fabaceae (Leguminosae)* · 5 sp · D:Yamsbohne; E:Yam Bean; F:Pois-patate
– **ahipa** (Wedd.) Parodi · ♃ ≀ Z10 Ⓦ Ⓝ; orig. ?, cult. Bol, Arg.
– *angulatus* Rich. ex DC. = Pachyrhizus erosus
– **erosus** (L.) Urb. · D:Yamsbohne; E:Yam Beam · ♃ ≀ ⇝ Z10 Ⓦ Ⓝ; Mex., C-Am., nat. in S-Fla., Trop. OW
– **tuberosus** (Lam.) A. Spreng. · D:Knollenbohne; E:Potato Bean · ♃ ≀ Z10 Ⓦ VII Ⓝ; Amazon. , Ecuad., Peru, Bol.

Pachysandra Michx. -f- *Buxaceae* · 4 sp · D:Dickmännchen, Ysander; F:Euphorbe du Japon
– **axillaris** Franch. · ♄ e Z6 IV; China
– **procumbens** Michx. · D:Amerikanischer Ysander; E:Allegheny Spurge, Mountain Spurge · ♃ ⇝ Z6 III-IV; USA: Ky., SE, Fla.
– **terminalis** Siebold et Zucc. · D:Japanischer Ysander; E:Japanese Spurge · ♄ ⇝ Z5 IV

☠; China, Jap.

Pachystachys Nees -f- *Acanthaceae* · 12 sp · D:Dickähre; F:Pachystachys
- **coccinea** (Aubl.) Nees · D:Rote Dickähre; E:Cardinal's Guard · ♄ e Z10 ⓦ; W.Ind., trop. S-Am.
- **lutea** Nees · D:Gelbe Dickähre, Gelber Zimmerhopfen; E:Golden Candle, Lollipop Plant · ♃ Z10 ⓦ ☐ III-X; Peru

Pachystegia Cheeseman = Olearia
- *insignis* (Hook. f.) Cheeseman = Olearia insignis

× **Pachyveria** Haage et E. Schmidt -f- *Crassulaceae* · D:Bastardecheverie (*Echeveria* × *Pachyphytum*)
- **clavata** E. Walther (*Echeveria affinis* × *Pachyphytum bracteosum*) · ¥ ⓚ; cult.
- **scheideckeri** (De Smet) E. Walther (*Echeveria secunda* × *Pachyphytum bracteosum*) · ♃ ¥ ⓚ; cult.

Packera A. Löve et D. Löve -f- *Asteraceae (Compositae)* · c. 65 sp
- **aurea** (L.) A. Löve et D. Löve · E:Golden Groundsel, Golden Ragwort, Squaw Weed · ♃ Z3 V-VII ⚕ ; Can.: E; USA: NE, NCE, SE, Fla.

Paederia L. -f- *Rubiaceae* · 30 sp
- **scandens** (Lour.) Merr. · E:Skunkvine · d ⌇ Z6 VII-VIII; Jap., China, Korea

Paederota L. -f- *Scrophulariaceae* · 2 sp · D:Mänderle; F:Véronique
- **bonarota** (L.) L. · D:Blaues Mänderle · ♃ △ Z7 ∧ VII-VIII; Eur.: I, A, Slove; E-Alp.
- × **churchilli** Huter (*P. bonarota* × *P. lutea*) · ♃ Z6; N-I +
- **lutea** Scop. · D:Gelbes Mänderle; E:Yellow Veronica · ♃ △ Z6 VI-VIII; Eur.: I, A, Slove.; E-Alp.

Paeonia L. -f- *Paeoniaceae* · 33 sp · D:Päonie, Pfingstrose; E:Peony; F:Pivoine
- *albiflora* Pall. = Paeonia lactiflora
- **anomala** L.
  - var. **anomala** · F:Pivoine de Chine · ♃ Z5; Russ., W-Sib., E-Sib., C-As., Mong., China: Sinkiang
  - var. **intermedia** (C.A. Mey. ex Ledeb.) B. Fedtsch. et O. Fedtsch. · ♃ Z5 VI-VII; Eur.: Russ; C-As.
- *arietina* G. Anderson = Paeonia mascula subsp. arietina
- *banatica* Rochel = Paeonia officinalis subsp. banatica
- **broteroi** Boiss. et Reut. · ♃ Z7 V; P, Sp.
- **cambessedesii** (Willk.) Willk. · D:Balearen-Pfingstrose · ♃ Z8 ⓚ V-VI ▽; Balear.
- **caucasica** (Schipcz.) Schipcz. · ♃; Cauc.
- *chinensis* hort. = Paeonia lactiflora
- **clusii** Stern et Stearn · ♃ Z7; Crete
- *corallina* Retz. = Paeonia mascula subsp. mascula
- **coriacea** Boiss. · ♃ Z7 V-VI; S-Sp., Maroc.
- *cretica* Tausch = Paeonia clusii
- *daurica* Andrews = Paeonia mascula subsp. triternata
- *decora* G. Anderson = Paeonia peregrina subsp. peregrina
- **delavayi** Franch. · D:Delavays Strauch-Pfingstrose; E:Tree Paeony · ♄ d Z5 VI; China: Yunnan, Sinkiang
  - var. *angustiloba* Rehder et E.H. Wilson = Paeonia potaninii var. potaninii
  - var. *lutea* (Franch.) Finet et Gagnep. = Paeonia lutea
- *edulis* Salisb. = Paeonia lactiflora
- *fragrans* (Sabine) Redouté = Paeonia lactiflora
- *humilis* Retz. = Paeonia officinalis subsp. humilis
- *intermedia* C.A. Mey. ex Ledeb. = Paeonia anomala var. intermedia
- *kavachensis* Azn. = Paeonia mascula subsp. mascula
- *laciniata* Siev. = Paeonia anomala var. anomala
- **lactiflora** Pall. · D:Chinesische Pfingstrose; E:Common Garden Peony, White Paeony · ♃ Z6 VI-VII ⚕ ; E-Sib., China, Tibet, Manch., Korea
  - **in vielen Sorten**
- *lobata* Desf. = Paeonia peregrina subsp. peregrina
- **lutea** Franch. · D:Gelbe Pfingstrose; E:Yellow Paeony · ♄ d Z7 ∧ V-VI; China, Tibet
- **mascula** (L.) Mill.
  - subsp. **arietina** (G. Anderson) Cullen et Heywood · ♃ Z7 V-VI; Eur.: N-I, N-Ba; TR
  - subsp. **mascula** · D:Korallen-Pfingstrose; E:Coral Paeony · ♃ Z7 V; Eur.: Ib, Fr, Ap, Ba, RO, Krim; TR, Levante, N-Iraq,

Cauc., N-Iran, Maroc., Alger., nat. in BrI, A
- subsp. **triternata** (Boiss.) Stearn et P.H. Davis · ♃ Z6 V-VI; Eur.: ? Slove., Krim; TR
- *microcarpa* Salm-Dyck = Paeonia officinalis subsp. villosa
- **mlokosewitschii** Lomakin · D:Gelbe Kaukasus-Pfingstrose · ♃ Z6 IV-V; C-Cauc.
- **obovata** Maxim.
  - var. **obovata** · ♃ Z7; Amur, China, Manch., Korea, Jap., Sachal.
  - var. **willmottiae** (Stapf) Stern · ♃ Z7 VI; China
- **officinalis** L.
  - subsp. **banatica** (Rochel) Soó · ♃ Z7; Eur.: H, RO, Maced.
  - subsp. **humilis** (Retz.) Cullen et Heywood · D:Kleine Bauern-Pfingstrose · ♃ Z7 V-VI; Eur.: Sp., P, F
  - subsp. **officinalis** · D:Bauern-Pfingstrose, Gewöhnliche Pfingstrose; E:Common Paeony, Cottage Paeony; F:Pivoine officinale · ♃ Z7 V-VI ⚕ ☠ Ⓝ; Eur.: Ib, Fr, CH, H, Ba, RO; TR, Cauc., nat. in D
  - subsp. **villosa** (Huth) Cullen et Heywood · D:Filzige Bauern-Pfingstrose · ♃ Z7; S-F, I
- *paradoxa* Sabine = Paeonia officinalis subsp. humilis
- **peregrina** Mill.
  - subsp. **peregrina** · D:Klebrige Pfingstrose; E:Scarlet Paeony; F:Pivoine voyageuse · ♃ Z7 V-VI; Eur.: Ba, E-Eur., I; TR
  - var. *humilis* (Retz.) Huth = Paeonia officinalis subsp. officinalis
- **potaninii** Kom.
  - var. **potaninii** · ♄ d Z7; W-China
  - var. **trollioides** (Stapf ex Stearn) Stearn · ♄ d Z7 VII-VIII; Tibet
- **rockii** (S.G. Haw et Lauener) T. Hong et J.J. Li
  - subsp. *linyanshanii* T. Hong et Osti = Paeonia rockii
  - subsp. **rockii** · D:Gefleckte Strauch-Pfingstrose · ♄ Z7; China
- *sinensis* (Sims) hort. = Paeonia lactiflora
- × **smouthii** Van Houtte (*P. lactiflora* × *P. tenuifolia*) · ♃ d; cult.
- *steveniana* Kem.-Nath. = Paeonia wittmanniana var. nudicarpa
- × **suffruticosa** Andrews (*P. ostii* × *P. rockii* × *P. spontanea*) · D:Strauch-Pfingstrose; E:Tree Paeony; F:Pivoine en arbre · ♄ d V-VI; cult. in NW-China, Tibet, Bhutan
  - subsp. *rockii* S.G. Haw et Lauener = Paeonia × yananensis
- **tenuifolia** L. · D:Netzblatt-Pfingstrose; F:Pivoine à feuilles menues · ♃ Z8 ∧ V-VI; Eur.: Ba, RO, S-Russ.
- *triternata* Boiss. = Paeonia mascula subsp. triternata
- *trollioides* Stapf ex Stearn = Paeonia potaninii var. trollioides
- **veitchii** Lynch
  - var. **veitchii** · D:Veitchs Pfingstrose; E:Veitch's Paeony · ♃ Z7; China
  - var. **woodwardii** (Stapf et Cox) Stern · ♃ △ Z7 VI-VII; China: Kansu
- *willmottiae* Stapf = Paeonia obovata var. obovata
- **wittmanniana** Hartwiss ex Lindl.
  - var. **nudicarpa** Schipcz. · ♃ Z7 V; W-Cauc.
  - var. **wittmanniana** · D:Kaukasus-Pfingstrose · ♃ Z7 V; NW-Cauc.
- *woodwardii* Stapf et Cox = Paeonia veitchii var. woodwardii
- × **yananensis** T. Hong et M.R. Li (*P. spontanea* × *P. rockii*) · ♄ d; cult. in China
- **Cultivars**
  - **in vielen Sorten (siehe Kapitel III)**
  - *'Rock's Variety'* = Paeonia rockii subsp. rockii

Paepalanthus Kunth -m- *Eriocaulaceae* · 485 sp
- **elongatus** (Bong.) Körn. · ♃ ⋊ Z9 Ⓚ; Bras.

Palafoxia Lag. -f- *Asteraceae (Compositae)* · 12 sp
- **hookeriana** Torr. et A. Gray · ⊙ VII-X; USA: NC, SC
- **texana** DC. · ⊙ VII-X; Tex.

Palaquium Blanco -n- *Sapotaceae* · 110 sp · D:Guttaperchabaum; E:Gutta Percha; F:Arbre à gutta, Gommier
- **gutta** (Hook. f.) Baill. · D:Guttaperchabaum; E:Gutta Percha · ♄ e Z10 Ⓦ Ⓝ; Malay. Pen., Sumat., Kalimantan

Palaua Cav. -f- *Malvaceae* · 15 sp
- **dissecta** Benth. · ⊙ Ⓚ VI-VIII; Peru, Chile

Palisota Rchb. ex Endl. -f- *Commelinaceae* · 18 sp
– **albertii** Gentil · ♃ ♣ Z10 ⓦ; trop. Afr.
– **barteri** Hook. f. · ♃ ♣ Z10 ⓦ; trop. Afr.
– **bracteosa** C.B. Clarke · ♃ ♣ Z9 ⓦ; trop. Afr.
– *elizabethae* Gentil = Palisota pynaertii 'Elizabethae'
– **pynaertii** De Wild. · ♃ Z10 ⓦ; trop. Afr.
 – **'Elizabethae'** · ⓦ

Paliurus Mill. -m- *Rhamnaceae* · 8 sp · D:Christdorn, Stechdorn; E:Christ's Thorn; F:Epine du Christ
– **orientalis** Hemsl. · ♄ d Z9 ⓚ; W-China
– **ramosissimum** (Lour.) Poir. · ♄ d Z7; China, Korea, Jap., Taiwan
– **spina-christi** Mill. · D:Gewöhnlicher Christdorn; E:Crown of Thorns, Jerusalem Thorn · ♄ d Z8 ⓚ ∧ VII; Eur.: Ib, Fr, Ap, Ba; TR, Syr., N-Iraq, Cauc., Iran, C-As., Alger.

Panax L. -m- *Araliaceae* · c. 6 sp · D:Ginseng, Kraftwurz; E:Ginseng; F:Ginseng
– *fruticosus* L. = Polyscias fruticosa
– **ginseng** C.A. Mey. · D:Koreanischer Ginseng; E:Ginseng · ♃ Z7 ∧ VI-VIII ⚕ ⓝ ▽ *; China, Amur, N-Korea
– **japonicus** C.A. Mey. · D:Japanischer Ginseng; E:Japanese Ginseng · ♃ ∧ VI-VIII ⓝ; Jap., China, Vietn., Thail.
– **pseudoschinseng** Wall. · ♃ ∧ VI-VIII ⚕ ⓝ; N-Ind., Nepal, Myanmar, SW-China, N-Vietn.
– **quinquefolius** L. · D:Kanadischer Ginseng; E:American Ginseng · ♃ Z7 ∧ VII-VIII ⚕ ⓝ ▽ *; Can.: E; USA: NE, NCE, Okla., SE, Fla.
– *schinseng* T. Nees = Panax ginseng
– **trifolius** L. · ♃ Z3 V-VI; Can.: E; USA: NE, NCE, NC, SE

Pancratium L. -n- *Amaryllidaceae* · 16 sp · D:Pankrazlilie; E:Sea Daffodil; F:Lis-pancrais, Pancrais
– *calathinum* Ker-Gawl. = Hymenocallis narcissiflora
– *caribaeum* L. = Hymenocallis caribaea
– **illyricum** L. · ♃ D Z8 ⓚ ∧ V-VII; Eur.: Corse, Sard., I (Capraia)
– **maritimum** L. · D:Dünen-Pankrazlilie; E:Sea Daffodil · ♃ D Z8 ⓚ VII-IX ☠; Eur.: Ib, Fr, Ap, Ba; TR, Cauc., N-Afr.
– *narcissiflorum* Jacq. = Hymenocallis narcissiflora
– *speciosum* (L. f. ex Salisb.) Salisb. = Hymenocallis speciosa
– *undulatum* Humb., Bonpl. et Kunth = Hymenocallis tubiflora

Pandanus Parkinson -m- *Pandanaceae* · 600-700 sp · D:Schraubenbaum; E:Screw Pine; F:Arbre au parasol, Pandanus
– **baptistii** Warb. · ♄ e Z10 ⓦ; N.Guinea: New Britannia
– **brosimos** Merr. et Perry · e Z10 ⓦ ⓝ; N.Guinea
– **candelabrum** P. Beauv. · ♄ e Z10 ⓦ; W-Afr.
– **caricosus** Kurz · ♄ e Z10 ⓦ; Java
– **dubius** Spreng. · ♄ e Z10 ⓦ; Molucca I., N.Guinea, Pacific Is,
– **furcatus** Roxb. · ♄ e Z10 ⓦ; Ind., Myanmar
– *horridus* Blume = Pandanus furcatus
– **houlletii** Carrière · ♄ e Z10 ⓦ; Malay. Pen.: Singapore
– **labyrinthicus** Kurz · ♄ e Z10 ⓦ; Sumat.
– **latifolius** Hassk. · ♄ e Z10 ⓦ ⓝ; cult. Java, Molucca Is.
– *nitidus* Kurz = Pandanus stenophyllus
– *odoratissimus* L. f. = Pandanus tectorius
– *odorifer* (Forssk.) Kuntze = Pandanus tectorius
– **odorus** Ridl. · ♄ e Z10 ⓦ ⓝ; Malay. Arch.
– *pacificus* Veitch ex Mast. = Pandanus dubius
– **pygmaeus** Thouars · ♄ e Z10 ⓦ; Madag.
– **reflexus** K. Koch · ♄ e Z10 ⓦ; E-Afr. (islands)
– **sanderi** Mast. · ♄ e Z10 ⓦ; Malay.Arch.
– *spurius* Miq. = Pandanus utilis
– **stenophyllus** Kurz · ♄ e Z10 ⓦ; W-Java
– **tectorius** Parkinson ex Du Roi · ♄ e Z10 ⓦ ⚕ ⓝ; Ind., Sri Lanka, Myanmar, Austr., Polyn., Mascarene Is.; coasts
– **utilis** Bory · ♄ e Z10 ⓦ ⓝ; Madag.
– **vandermeeschii** Balf. f. · ♄ e Z10 ⓦ; Mauritius
– **variegatus** Miq. · ♄ e Z10 ⓦ; Polyn.
– **veitchii** hort. Veitch ex Mast. et T. Moore · ♄ e Z10 ⓦ; Polyn.

Pandorea (Endl.) Spach -f- *Bignoniaceae* · 6 sp · D:Pandorea; E:Bower Plant; F:Bignone faux-jasmin
– **jasminoides** (Lindl.) K. Schum. · D:Rosa Pandorea; E:Bower Plant, Bower Vine · ♄ e

⚘ D Z9 ⓚ VII-IX; Austr.
- **pandorana** (Andrews) Steenis · D:Holzige Pandorea; E:Spear Wood, Wonga Wonga Vine · ♄ e ⚘ Z9 ⓚ; Austr.
- *ricasoliana* (Tanfani) Baill. = Podranea ricasoliana

Pangium Reinw. -n- *Flacourtiaceae* · 1 sp
- **edule** Reinw. · E:Pangium · ♄ Z10 ⓦ ☠ Ⓝ; Malay.Arch.

Panicum L. -n- *Poaceae (Gramineae)* · 500+ sp · D:Hirse, Rispenhirse; E:Crab Grass, Panic Grass; F:Panic
- **antidotale** Retz. · ♃ Ⓝ; Ind., Arab., nat. in Austr.
- **capillare** L. · D:Haarästige Rispenhirse; E:Old Witch Grass, Witch Grass · ⊙ ⋇ Z5 VII-IX; Can., USA *, Bermuda, nat. in CH, H
- **clandestinum** L. · D:Hirschzungen-Rispenhirse · ♃ VII-VIII; Can.: E; USA: NE, NCE, Kans. SC, SE, Fla.
- *colonum* L. = Echinochloa colona
- **coloratum** L. · D:Buntes Guineagras, Marikarigras · ♃ ⓚ Ⓝ; S-Afr.
- *crus-galli* L. = Echinochloa crus-galli
- *crus-pavonis* (Humb., Bonpl. et Kunth) Nees = Echinochloa crus-pavonis
- **dichotomiflorum** Michx. · D:Gabelästige Rispenhirse · ⊙ VII-IX; Arg., nat. in F, I, A, D
- *glaucum* L. = Pennisetum glaucum
- **hillmanii** Chase · D:Hilmans Hirse · ⊙ VII-VIII; USA, nat. in A
- *hirtellum* L. = Oplismenus hirtellus
- **laevifolium** Hack. · D:Südafrikanische Hirse · ⊙ VII-IX; S-Afr., nat. in C-Eur.
- *lineare* Krock. = Digitaria ischaemum
- **maximum** Jacq. · D:Gunineagras; E:Guinea Grass · ⊙ ⊙ ♃ Ⓝ; Eur.: Sic.; trop. Afr., S-Afr., Madag., Mascarene Is., nat. in Fla., trop. Am.
- **miliaceum** L. · D:Echte Hirse, Gewöhnliche Rispenhirse; E:Common Millet, Millet · ⊙ Z5 VI-VIII Ⓝ; SE-As.; cult.
- *miliare* auct. non Lam. = Panicum sumatrense
- *palmifolium* J. König = Setaria palmifolia
- *plicatum* Willd. non Lam. = Setaria palmifolia
- *sanguinale* L. = Digitaria sanguinalis subsp. sanguinalis
- *sulcatum* Bertol. non Aubl. = Setaria poiretiana
- **sumatrense** Roth ex Roem. et Schult. · D:Kutki-Hirse; E:Little Millet · ⊙ Ⓝ; cult., Ind., Sri Lanka
- **virgatum** L. · D:Ruten-Hirse; E:Switch Grass · ♃ ⋇ Z5 VII-IX; Can.: E, Sask.; USA* exc. NW, Calif.; Mex., C-Am., W-Ind., Bermuda
  - **in Sorten**

Papaver L. -n- *Papaveraceae* · c. 80 sp · D:Mohn; E:Poppy; F:Pavot
- **alboroseum** Hultén · ♃ △ IV-VI; Alaska, Kamchat.
- **alpinum** L.
  - subsp. **alpinum** · D:Bursers Alpen-Mohn; E:Alpine Poppy; F:Pavot de Burser, Pavot des Alpes · ♃ △ Z5 VI-VII ▽; Eur.: A
  - subsp. **ernesti-mayeri** Markgr. Z5 ▽; Slove., I (Venetia); mts.
  - subsp. **kerneri** (Hayek) Fedde · D:Illyrischer Alpen-Mohn · ♃ △ Z5 VI-VII; Eur.: I, A, Slove., Bosn., Montenegro; mts.
  - subsp. **rhaeticum** (Leresche) Markgr. · D:Gelber Alpen-Mohn · ♃ △ Z5 VII; Eur.: F, I, A, Slove., Bosn., Montenegro; mts.
  - subsp. **sendtneri** (Hayek) Schinz et Keller · D:Weißer Alpen-Mohn · ♃ △ Z5 VII; Eur.: CH, D, A; Alp.
- **apulum** Ten. · D:Apulischer Mohn · ⊙ Z8 V-VI; Eur.: Ap, Ba
- **argemone** L. · D:Sand-Mohn; E:Pale Poppy · ⊙ Z8 V-VII; Eur.*; N-Afr., SW-As
- **atlanticum** (Ball) Coss. · F:Pavot de l'Atlantique · ♃ Z6 VI-VIII; Maroc., nat. in GB
- **aurantiacum** Loisel. · ♃ VII-VIII; Eur.: F, I, C-Eur., Ba, ? Sp.
- *burseri* Crantz = Papaver alpinum subsp. alpinum
- **croceum** Ledeb. · D:Altaischer Mohn · ♃ Z2 VII-VIII; W-Sib., E-Sib., C-As., Mong., Him., NE-China
- **dubium** L.
  - subsp. **confine** (Jord.) Hörandl · D:Verkannter Saat-Mohn · ⊙ Z7 IV-V ☠; D, F+
  - subsp. **dubium** · D:Saat-Mohn; E:Long-head Poppy · ⊙ Z7 V-VII ☠; Eur.*, SW-As.
  - subsp. **lecoqii** (Lamotte) Syme ·

D:Gelbmilchender Saat-Mohn, Lecoques Mohn · ⊙ Z7 V-VII ☠; Eur., TR, NW-Afr.
– **glaucum** Boiss. et Hausskn. · E:Tulip Poppy · ⊙ Z8 VI-VIII; TR, Syr., N-Iraq, W-Iran
– **hybridum** L. · D:Bastard-Mohn, Krummborstiger Mohn, Ziegelroter Mohn · ⊙ V-VII; Eur.: Ib, Ap, F, Ba; W-As., nat. in BrI
– *kerneri* Hayek = Papaver alpinum subsp. kerneri
– **lateritium** K. Koch · ♃ △ Z7 VI-IX; Cauc. (Armen.), nat. in GB
– **miyabeanum** Tatew. · ♃ △ Z2 V; Kuril. Is.
– **monanthum** Trautv. · ♃ △ Z7 VI-VIII; Cauc.
– **nudicaule** L. · D:Island-Mohn; E:Iceland Poppy, Icelandic Poppy; F:Pavot d'Islande · ♃ △ Z2 VI-IX; N-As., Mong.
  – **in vielen Sorten**
  – subsp. *xanthopetalum* Fedde = Papaver miyabeanum
– **occidentale** (Markgr.) H.E. Hess et Landolt · D:Westlicher Alpen-Mohn · ♃ VII; Eur.: F, CH
– **orientale** L. · D:Türkischer Mohn; E:Oriental Poppy; F:Pavot d'Orient · ♃ ✂ Z3 V-VI; TR, Cauc., N-Iran
  – **in vielen Sorten**
– **pavoninum** Fisch. et C.A. Mey. · D:Pfauen-Mohn; E:Peacock Poppy · ⊙ Z8 VI-VII; Iran, C-As., China: Sinkiang
– **pilosum** Sibth. et Sm. · F:Pavot poilu · ♃ △ Z6 VI-VII; NW-TR
– *pyrenaicum* A. Kern. = Papaver alpinum
  – subsp. *rhaeticum* (Leresche) Fedde = Papaver alpinum subsp. rhaeticum
  – subsp. *sendtneri* (Hayek) Fedde = Papaver alpinum subsp. sendtneri
– **radicatum** Rottb. · D:Arktischer Mohn; E:Arctic Poppy · ♃ △ Z3 V-VI; Eur.: Sc, N-Russ.; E-Sib., Alaska, Can.: W, USA: Rocky Mts.; Greenl.
– *rhaeticum* Leresche = Papaver alpinum subsp. rhaeticum
– **rhoeas** L. · D:Klatsch-Mohn; E:Corn Poppy, Field Poppy, Flanders Poppy · ⊙ Z5 V-VII ⚕ ☠; Eur.*, TR, Cauc., Iran, Canar., N-Afr.
– **rupifragum** Boiss. et Reut. · D:Spanischer Mohn; E:Spanish Poppy · ♃ Z7 VI-VIII; S-Sp.
– *sendtneri* A. Kern. ex Hayek = Papaver alpinum subsp. sendtneri
– *setigerum* DC. = Papaver somniferum subsp. setigerum
– **somniferum** L.
  – **in Sorten**
  – subsp. **setigerum** (DC.) Corb. · ⊙ Z7 ☠; Eur.: Ib, F, Ap, GR; Cyprus, NW_Afr., Libya
  – subsp. **somniferum** · D:Schlaf-Mohn; E:Opium Poppy · ⊙ Z7 VI-VIII ⚕ ☠ Ⓝ; cult., nat. in Eur., As.
  – var. *glaucum* (Boiss. et Hausskn.) Kuntze = Papaver glaucum
– *strigosum* (Boenn.) Schur = Papaver rhoeas

Paphinia Lindl. -f- *Orchidaceae* · 12 sp
– **cristata** (Lindl.) Lindl. · ♃ Z10 Ⓦ VIII-IX ▽ *; Col., Venez., Trinidad, Guyan.
– **grandiflora** Rodr. · ♃ Z10 Ⓦ IX-XI ▽ *; Bras.
– *grandis* Rchb. f. = Paphinia grandiflora

Paphiopedilum Pfitzer -n- *Orchidaceae* · 64 sp · D:Venusschuh; E:Slipper Orchid, Venus' Slipper; F:Sabot de Vénus
– **acmodontum** Schoser ex M.W. Wood · ♃ Z10 Ⓦ III-IV ▽ *; Phil.
– **appletonianum** (Gower) Rolfe · ♃ Z10 Ⓦ III-V ▽ *; Cambodia, Laos, Thail.
– **argus** (Rchb. f.) Stein · ♃ Z10 Ⓦ IV-V ▽ *; Phil.: Luzon
– **armeniacum** S.C. Chen et H.L. Liu · ♃ Z10 Ⓦ ▽ *; Yunnan
– **barbatum** (Lindl.) Pfitzer · ♃ Z10 Ⓦ IV-V ▽ *; Malay. Pen.
– **bellatulum** (Rchb. f.) Pfitzer · ♃ Z10 Ⓦ III-IV ▽ *; W-Myanmar, Thail.
– **bullenianum** (Rchb. f.) Pfitzer · ♃ Z10 Ⓦ VI-VIII ▽ *; Malay. Pen., Sumat., Kalimantan
– **callosum** (Rchb. f.) Pfitzer · ♃ Z10 Ⓦ II-III ▽ *; Cambodia, Laos, Thail.
– **charlesworthii** (Rolfe) Pfitzer · ♃ Z10 Ⓦ IX-X ▽ *; E-Myanmar
– **ciliolare** (Rchb. f.) Stein · ♃ Z10 Ⓦ IV-VI ▽ *; Phil.
– **concolor** (Bateman) Pfitzer · ♃ Z10 Ⓦ XII-III ▽ *; China: Yunnan; Indochina
– **dayanum** (Lindl.) Stein · ♃ Z10 Ⓦ V-VI ▽ *; Kalimantan (Sabah)
– **delenatii** Guill. · ♃ Z10 Ⓦ ▽ *; Vietn.
– **druryi** (Bedd.) Stein · ♃ Z10 Ⓦ V-VI ▽ *; S-Ind.
– **exul** (O'Brien) Pfitzer · ♃ Z10 Ⓦ V-VI ▽ *; Thail.

- **fairrieanum** (Lindl.) Pfitzer · ♃ Z10 ⓦ IX-X ▽ *; Bhutan, Sikkim, NE-Ind.
- **glanduliferum** (Blume) Pfitzer · ♃ Z10 ⓦ ▽ *; N.Guinea
- **glaucophyllum** J.J. Sm. · ♃ Z10 ⓦ I-XII ▽ *; Java
- **godefroyae** (Hemsl.) Pfitzer · ♃ Z10 ⓦ IV-VI ▽ *; Thail.
- **gratrixianum** (Mast.) Guill. · ♃ Z10 ⓚ ▽ *; Laos
- **haynaldianum** (Rchb. f.) Stein · ♃ Z10 ⓦ I-III ▽ *; Phil. (Luzon, Negros)
- **hirsutissimum** (Lindl.) Pfitzer · ♃ Z10 ⓚ III-V ▽ *; NE-Ind.
- **insigne** (Wall. ex Lindl.) Pfitzer · ♃ Z10 ⓚ XI-III ▽ *; NE-Ind.
- **javanicum** (Reinw. ex Lindl.) Pfitzer · ♃ Z10 ⓦ ▽ *; Java, Bali, Flores
- **lawrenceanum** (Rchb. f.) Stein · ♃ Z10 ⓦ IV-V ▽ *; Kalimantan (Sarawak)
- **lowii** (Lindl.) Pfitzer · ♃ Z10 ⓦ III-VII ▽ *; Malay. Pen., Sumat., Kalimantan, Java, Sulawesi
- **mastersianum** (Rchb. f.) Pfitzer · ♃ Z10 ⓦ IV-VII ▽ *; Molucca I.
- **niveum** (Rchb. f.) Stein · ♃ Z10 ⓦ IV-VII ▽ *; S-Thail., Malay. Pen.
- **papuanum** (Ridl.) Ridl. · ♃ Z10 ⓦ ▽ *; N.Guinea; mts.
- **parishii** (Rchb. f.) Stein · ♃ Z10 ⓦ IV-VII ▽ *; SW-China, Myanmar, Thail.
- **philippinense** (Rchb. f.) Pfitzer · ♃ Z10 ⓦ V-VI ▽ *; Phil.
- *praestans* (Rchb. f.) Pfitzer = Paphiopedilum glanduliferum
- **primulinum** M.W. Wood et P. Taylor · ♃ Z10 ⓦ ▽ *; N-Sumat.
- **purpuratum** (Lindl.) Stein · ♃ Z10 ⓦ VI-IX ▽ *; China (Hongkong)
- **rothschildianum** (Rchb. f.) Stein · ♃ Z10 ⓦ VII-IX ▽ *; Kalimantan
- **sanderianum** (Rchb. f.) Stein · ♃ Z10 ⓦ VII-IX ▽ *; Kalimantan (Sarawak)
- **spicerianum** (Rchb. f. ex Mast. et T. Moore) Pfitzer · ♃ Z10 ⓦ XI-I ▽ *; NE-Ind., NW-Myanmar
- **stonei** (Hook.) Stein · ♃ Z10 ⓦ V-VII ▽ *; Kalimantan (Sarawak)
- **sukhakulii** Schoser et Senghas · ♃ Z10 ⓦ IX-V ▽ *; NE-Thail.
- **superbiens** (Rchb. f.) Pfitzer · ♃ Z10 ⓦ V-VII ▽ *; Sumat.
- **tonsum** (Rchb. f.) Pfitzer · ♃ Z10 ⓦ III-VII ▽ *; Sumat.
- **venustum** (Wall.) Pfitzer · ♃ Z10 ⓦ IX-I ▽ *; E-Nepal, Bhutan, NE-Ind.
- **victoria-regina** (Sand.) M.W. Wood · ♃ Z10 ⓦ I-IX ▽ *; Sumat.
- **villosum** (Lindl.) Pfitzer · ♃ Z10 ⓦ XII-IV ▽ *; NE-Ind., Myanmar, Thail.
- **violascens** Schltr. · ♃ Z10 ⓦ IX-X ▽ *; N.Guinea
- **wardii** Summerh. · ♃ Z10 ⓦ ▽ *; N-Myanmar, Thail.
- *wolterianum* (Kraenzl.) Pfitzer = Paphiopedilum appletonianum
- **Cultivars**
  - **in vielen Sorten**

Papilionanthe Schltr. -n- *Orchidaceae* · 11 sp
- **vandarum** (Rchb. f.) Garay · ♃ Z9 ⓦ II-VI ▽ *; Him.

Paradisea Mazzuc. -f- *Asphodelaceae* · 2 sp · D:Paradieslilie; E:Paradise Lily; F:Lis de St-Bruno
- **liliastrum** (L.) Bertol. · D:Paradieslilie; E:St Bruno's Lily; F:Lis de Saint-Bruno · ♃ D Z7 VI; Eur.: Sp., F, CH, I, A, Slove.; Pyr., Alp., Jura, Apenn.
- **lusitanica** (Cout.) Samp. · ♃ Z7; N-P, W-Sp.

Parageum Nakai et H. Hara = Geum
- *montanum* (L.) Hara = Geum montanum
- *reptans* (L.) M. Král = Geum reptans

Parahebe W.R.B. Oliv. -f- *Scrophulariaceae* · 30 sp
- × **bidwillii** (Hook.) W.R.B. Oliv. (*P. decora* × *P. lyallii*) · ♄ e ⟿ Z8 ⓚ ∧ VI-VII; NZ
- **canescens** W.R.B. Oliv. · ♄ Z8 ⓚ; NZ
- **catarractae** (G. Forst.) W.R.B. Oliv. · ♄ e Z8 ⓚ; NZ
- **decora** Ashwin · ♄ Z8 ⓚ; NZ
- **lyallii** (Hook. f.) W.R.B. Oliv. · ♄ e Z8 ⓚ ∧ V-VI; NZ
- **perfoliata** (R. Br.) B.G. Briggs · ♄ Z9 ⓚ; Austr.

Paraphalaenopsis A.D. Hawkes -f- *Orchidaceae* · 4 sp
- **denevei** (Sm.) A.D. Hawkes Z10 ⓦ; Kalimantan

Parapholis C.E. Hubb. -f- *Poaceae (Gramineae)* · 6 sp · D:Dünnschwanz; E:Hard Grass

– **strigosa** (Dumort.) C.E. Hubb. · D:Gekrümmter Dünnschwanz · ⊙ VI-VII; Eur.: Sc, BrI, Fr, D, Ib, Ap, Ba; coasts

Parathelypteris (H. Ito) Ching -f- *Thelypteridaceae* · 15 sp
– **noveboracensis** (L.) Ching · E:New York Fern · ♃ ⁓ Z6; Can.: E; USA: NE, NCE, SE

× **Pardancanda** hort. -f- *Iridaceae* (*Belamcanda* × *Pardanthopsis*)
– **norrisii** hort. · ♃ Ⓚ; cult.

Pardanthopsis (Hance) L.W. Lenz -f- *Iridaceae* · 1 sp
– **dichotoma** (Pall.) L.W. Lenz · ⊙ ♃ Z7 VIII-IX; Sib., Mong., Manch.

Pardanthus Ker-Gawl. = Belamcanda
– *chinensis* (L.) Ker-Gawl. = Belamcanda chinensis

Parentucellia Viv. -f- *Scrophulariaceae* · 2-4 sp · D:Parentucellie; F:Parentucelle
– **viscosa** (L.) Caruel · D:Gelbe Bartsie; E:Yellow Bartsia · ⊙ V-VIII; Eur.: Ib, Fr, Br, Ap, Ba; TR, Cyprus, Cauc., Iran, Azor., Canar., NW-Afr., Egypt, nat. in DK, N-Am., Austr.

Parietaria L. -f- *Urticaceae* · 10-20 sp · D:Glaskraut; E:Pellitoeries of the Wall; F:Pariétaire
– *diffusa* Mert. et W.D.J. Koch = Parietaria judaica
– **judaica** L. · D:Mauer-Glaskraut; E:Pellitories of the Wall · ♃ VI-X ⚕; Eur.* exc. EC-Eur., Sc; TR, Cauc., Iran, C-As., China: Sinkiang; N-Afr.
– **officinalis** L. · D:Aufrechtes Glaskraut · ♃ VI-X ⚕ Ⓝ; Eur.: Fr, Ap, C-Eur., EC-Eur., Ba, E-Eur.; Canar., Madeira, Azor.; TR, Cauc., W-Iran, N-Afr., nat. in Sc
– **pensylvanica** H.L. Mühl. ex Willd. · D:Pennsylvanisches Glaskraut; E:Pensylvania Pellitory · ⊙ V-XI; N-Am., nat. in D

Parinari Aubl. -f- *Chrysobalanaceae* · 44 sp
– **campestris** Aubl. · ₺ e Z10 Ⓦ Ⓝ; W.Ind., Guyan., Bras.
– **corymbosa** Miq. · ₺ e Z10 Ⓦ Ⓝ; Java
– **excelsa** G. Don · D:Guineapflaume; E:Guinea Plum · ₺ e Z10 Ⓦ Ⓝ; W-Afr.: Guinea
– **laurina** A. Gray · ₺ e Z10 Ⓦ Ⓝ; Fiji
– **macrophylla** Sabine · D:Ingwerpflaume; E:Gingerbread Plum · ₺ e Z10 Ⓦ Ⓝ; Seneg., W-Afr.: Sierra Leone, Ghana, Nigeria
– **scabra** Hassk. · ₺ e Z10 Ⓦ Ⓝ; Java

Paris L. -f- *Trilliaceae* · 5-6 (-20) sp · D:Einbeere; E:Herb Paris; F:Parisette
– **quadrifolia** L. · D:Vierblättrige Einbeere; E:Herb Paris · ♃ Z6 V-VI ⚕ ☠; Eur.*, Cauc., W-Sib., E-Sib., Mong.

Parkia R. Br. -f- *Mimosaceae (Leguminosae)* · 30-40 sp
– **biglobosa** (Jacq.) Benth. · D:Sudan-Kaffee; E:African Locust Bean · ₺ Z10 Ⓦ Ⓝ; W-Afr., W-Sudan, nat. in W.Ind.
– **speciosa** Hassk. · ₺ Z10 Ⓦ Ⓝ; Malay. Arch.

Parkinsonia L. -f- *Caesalpiniaceae (Leguminosae)* · 12-19 sp · D:Parkinsonie; F:Epine de Jérusalem
– **aculeata** L. · D:Jerusalemdorn; E:Jerusalem Thorn · ₺ ₺ e Z9 Ⓦ Ⓝ; USA: Tex., SW; Mex., W.Ind., S-Am., nat. in Calif., Fla., W.Ind.

Parmentiera DC. -f- *Bignoniaceae* · 9 sp · D:Kerzenbaum; E:Candle Tree; F:Parmentiera
– **aculeata** (Humb., Bonpl. et Kunth) Seem. · ₺ e Z10 Ⓦ Ⓝ; Mex., Guat., Hond., El Salv., Costa Rica
– **cerifera** Seem. · ₺ e Z10 Ⓦ Ⓝ; C-Am., nat. in W.Ind., Trop.

Parnassia L. -f- *Parnassiaceae* · 15 sp · D:Herzblatt; E:Grass of Parnassus; F:Parnassie
– **palustris** L. · D:Sumpf-Herzblatt; E:Grass of Parnassus; F:Parnassie des marais · ♃ ⁓ Z4 VII-IX ⚕ ▽; Eur.*, TR, Iraq, Cauc., N-Iran, Pakist., W-Sib., E-Sib., Amur, Sachal., Kamchat., C-As., Mong., Tibet, China, Korea, Jap., Maroc., Alger., Tun., Alaska,

Parochetus Buch.-Ham. ex D. Don -m- *Fabaceae (Leguminosae)* · 1 sp · D:Blauklee; E:Blue Oxalis; F:Fleur des dieux
– **communis** Buch.-Ham. · ♃ ⇝ △ Z9 Ⓚ

IX-II; E-Afr., trop. As.

Parodia Speg. -f- *Cactaceae* · -50 sp
- *aglaisma* F.H. Brandt = Parodia maassii
- **alacriportana** Backeb. et Voll · ♆ Z9 ⓚ ▽ *; Bras.: Rio Grande do Sul
- *andreae* F.H. Brandt = Parodia maassii
- *aureicentra* Backeb. = Parodia microsperma
- *aureispina* Backeb. = Parodia mutabilis
- **ayopayana** Cárdenas · ♆ Z9 ⓚ ▽ *; Bol.: Cochabamba
- *brevihamata* W. Haage = Parodia alacriportana
- *buenekeri* Buining = Notocactus buenekeri
- *buiningii* (Buxb.) N.P. Taylor = Notocactus buiningii
- *caespitosa* (Speg.) N.P. Taylor = Notocactus caespitosus
- *camargensis* F. Ritter = Parodia maassii
- *catamarcensis* Backeb. = Parodia microsperma
- **chrysacanthion** (K. Schum.) Backeb. · ♆ Z9 ⓚ ▽ *; Arg.: Jujuy
- *concinna* (Monv.) N.P. Taylor = Notocactus concinnus
- *erinacea* (Haw.) N.P. Taylor = Notocactus erinaceus
- **erythrantha** (Speg.) Backeb. · ♆ Z9 ⓚ ▽ *; Arg.: Salta
- *escayachensis* (Vaupel) Backeb. = Parodia maassii
- **faustiana** Backeb. · ♆ Z9 ⓚ ▽ *; Arg.: Salta
- *fulvispina* F. Ritter = Parodia maassii
- *graessneri* (K. Schum.) F.H. Brandt = Notocactus graessneri
- *haselbergii* (Haage) F.H. Brandt = Notocactus haselbergii
- *herteri* (Werderm.) N.P. Taylor = Notocactus herteri
- *idiosa* F.H. Brandt = Parodia maassii
- *jujuyana* Frič et Subik = Parodia stuemeri
- *leninghausii* (K. Schum.) F.H. Brandt = Notocactus leninghausii
- *liliputana* (Werderm.) N.P. Taylor = Blossfeldia liliputana
- **maassii** (Heese) A. Berger · ♆ Z9 ⓚ ▽ *; S-Bol., Arg.: Jujuy
- *malyana* Rausch = Parodia microsperma
- *mammulosa* (Lem.) N.P. Taylor = Notocactus mammulosus
- **microsperma** (F.A.C. Weber) Speg. · ♆ Z9 ⓚ ▽ *; Arg.: Salta
- *minuscula* Rausch = Parodia microsperma
- *mueller-melchersii* (Frič ex Backeb.) N.P. Taylor = Notocactus mueller-melchersii
- *muhrii* F.H. Brandt = Parodia microsperma
- **mutabilis** Backeb. · ♆ Z9 ⓚ ▽ *; Arg.: Salta
- **nivosa** Frič ex Backeb. · ♆ Z9 ⓚ ▽ *; Arg.: Salta
- *obtusa* F. Ritter = Parodia maassii
- *ottonis* (Lehm.) N.P. Taylor = Notocactus ottonis
- *prestoensis* F.H. Brandt = Parodia maassii
- *pseudostuemeri* Backeb. = Parodia stuemeri
- *quechua* F.H. Brandt = Parodia maassii
- *ritteri* Buining = Parodia maassii
- *roseoalba* F. Ritter = Parodia maassii
- *rubellihamata* Backeb. = Parodia microsperma
- *rubristaminea* F. Ritter = Parodia microsperma
- *rutilans* (Däniker et Krainz) N.P. Taylor = Notocactus rutilans
- *schumanniana* (Nicolai) F.H. Brandt = Notocactus schumannianus
- **schwebsiana** (Werderm.) Backeb. · ♆ Z9 ⓚ ▽ *; Bol.: Cochabamba
- *scopa* (Spreng.) N.P. Taylor = Notocactus scopa
- *setifera* Backeb. = Parodia microsperma
- *setosa* Backeb. = Parodia stuemeri
- **stuemeri** (Werderm.) Backeb. · ♆ Z9 ⓚ ▽ *; Arg.: Jujuy
- *talaensis* F.H. Brandt = Parodia microsperma
- *tarabucina* Cárdenas = Parodia maassii
- *uhligiana* Backeb. = Parodia microsperma
- *varicolor* F. Ritter = Parodia microsperma
- *weberiana* F.H. Brandt = Parodia microsperma

Paronychia Mill. -f- *Illecebraceae* · c. 100 sp · D:Mauermiere, Nagelkraut; E:Whitlow-Wort; F:Paronyque
- **argentea** Lam. · D:Silbernes Nagelkraut; E:Silver Nailroot · ♃ ⇝ △ Z7 ∧ IV-VI; Eur.: Ib, Fr, Ap, Ba; TR, Levante, SW-As., N-Afr.
- **capitata** (L.) Lam. · ♃ ⇝ △ Z5 IV-VI; Eur.: Ib, Fr, Ap, GR; Palaest., N-Afr.
- **kapela** (Hacq.) A. Kern.
  - subsp. **kapela** · D:Nagelkraut; F:Paronyque · ♃ ⇝ △ Z7 ∧ V-VI; Eur.: Ib, Fr, Ap, Ba, RO; NW-Afr., Libya
  - subsp. **serpyllifolia** (Chaix) Graebn. · F:Paronyque à feuilles de serpolet · ♃

⇝ △ Z7 ∧ V-VI; Eur.: Sp., F, I; Pyr., SW-Alp.; Maroc., Alger.
- *serpyllifolia* (Chaix) DC. = Paronychia kapela subsp. serpyllifolia

Parrotia C.A. Mey. -f- *Hamamelidaceae* · 1 sp · D:Parrotie; E:Irontree, Ironwood; F:Parrotia
- *jacquemontiana* Decne. = Parrotiopsis jacquemontiana
- **persica** (DC.) C.A. Mey. · D:Parrotie; E:Ironwood, Parrotia; F:Parrotie de Perse · ♄ ♄ d Z5 III-IV; N-Iran

Parrotiopsis (Nied.) C.K. Schneid. -f- *Hamamelidaceae* · 1 sp · D:Scheinparrotie; F:Fausse-parrotia
- **jacquemontiana** (Decne.) Rehder · D:Scheinparrotie; F:Parrotia de Jacquemont · ♄ ♄ d Z7 V; Him.

Parrya R. Br. -f- *Brassicaceae (Cruciferae)* · 25 sp
- *menziesii* Greene = Phoenicaulis cheiranthoides

Parthenium L. -n- *Asteraceae (Compositae)* · 16 sp · D:Guayule, Prärieampfer; F:Guayule
- **argentatum** A. Gray · D:Guayule · ♄ Z8 ⓚ Ⓝ; Tex., N-Mex.
- **integrifolium** L. · D:Prärieampfer; E:American Feverfew, Prairie Dock, Wild Quinine · ♃ Z3 VII-IX; USA: NE, NCE, SE, SC

Parthenocissus Planch. -f- *Vitaceae* · 10 sp · D:Jungfernrebe, Wilder Wein; E:Virginia Creeper; F:Vigne vierge
- **henryana** (Hemsl.) Graebn. ex Diels et Gilg · D:Chinesische Jungfernrebe; E:Virginia Creeper · ♄ d ≷ Z7; C-China
- **himalayana** (Royle) Planch. · d ≷ Z9 ⓚ; Him.
- **inserta** (A. Kern.) Fritsch · D:Fünfblättrige Jungfernrebe; E:Virginia Creeper; F:Vigne vierge commune · ♄ d ≷ Z3 VII-IX; Can.: E; USA: NE, NCE, NC, Rocky Mts., SW
- **quinquefolia** (L.) Planch.
  - var. **engelmannii** (Koehne et Graebn.) Rehder · F:Vigne vierge vraie 'Engelmannii' · ♄ d ≷ Z5 VII-VIII; E-USA
  - var. **hirsuta** (Pursh) Planch. · ♄ d ≷ Z5 VII-VIII; E-USA, Mex.
  - var. **quinquefolia** · D:Gewöhnliche Jungfernrebe, Wilder Wein; E:Woodbine; F:Vigne vierge vraie · ♄ d ≷ Z5 VII-VIII; Can.: E; USA: NE, NCE, SC, SE, Fla.
  - var. **saint-paulii** (Koehne et Graebn.) Rehder · ♄ d ≷ Z5 VII-VIII; USA: NCE, SC
  - var. *vitacea* (Knerr) L.H. Bailey = Parthenocissus inserta
- *thomsonii* (M.A. Lawson) Planch. = Cayratia thomsonii
- **tricuspidata** (Siebold et Zucc.) Planch. · D:Dreilappige Jungfernrebe; E:Boston Ivy, Japanese Creeper, Japanese Ivy; F:Vigne vierge de Veitch · ♄ d ≷ Z6 VII-VIII; Jap., Korea, China
  - **in Sorten**
  - *'Thompsonii'* = Cayratia thomsonii
  - **'Veitchii'** · F:Vigne vierge de Veitch 'Veitchii'
- *veitchii* (Carrière) Graebn. = Parthenocissus tricuspidata 'Veitchii'
- *vitacea* (Knerr) Hitchc. = Parthenocissus inserta

Paspalum L. -n- *Poaceae (Gramineae)* · c. 330 sp · D:Pfannengras; E:Finger Grass; F:Digitaire, Paspalum
- **ceresia** (Kuntze) Chase · ♃ Z8 ⓦ VII-VIII; trop. S-Am.
- *commersonii* Lam. = Paspalum scrobiculatum
- **conjugatum** Berg. · ♃ Z8 ⓦ Ⓝ; trop. Am., Afr.
- **dilatatum** Poir. · D:Dallisgras; E:Dallis Grass · ♃ Z8 Ⓝ; C-Am., S-Am., nat. in S-Eur., USA
- **distichum** L. · D:Knotengras; E:Jointed Crown Grass · ♃ Z8 Ⓝ; USA: Va., SE, SC, Fla., SW, Rocky Mts., NW, Calif.; Mex. C-Am., W.Ind., S-Am., coasts trop. Old World, N-Afr., nat. in S-Eur.
- *exile* Kippist = Digitaria exilis
- **notatum** Flüggé · D:Bahiagras; E:Bahia Grass · ♃ Z8 ⓚ Ⓝ; Mex., W.Ind., S-Am.
- *paspaloides* (Michx.) Scribn. = Paspalum distichum
- **scrobiculatum** L. · D:Kodo-Hirse; E:Indian Crown Grass, Kodo Millet · ♃ Z8 ⓦ Ⓝ; trop. Afr., trop. As., S-China, Jap., Austr.

Passerina L. -f- *Thymelaeaceae* · 18 sp · D:Spatzenzunge, Sperlingskopf; F:Langue-de-moineau, Passerine

– **ericoides** L. · ħ e Z9 Ⓚ VII-VIII; S-Afr.
– **filiformis** L. · ♄ e Z9 Ⓚ VII-VIII; S-Afr.

Passiflora L. -f- *Passifloraceae* · c. 430 sp · D:Eierfrucht, Grenadille, Passionsblume, Passionsfrucht; E:Grandilla, Passion Flower; F:Fruit de la Passion, Passiflore
– **alata** Dryand. · ħ ≹ Z10 Ⓦ IV-VIII Ⓝ; Bras., Peru
– × *alatocaerulea* hort. = Passiflora × belotii
– *alba* Link et Otto = Passiflora subpeltata
– × **albonigra** hort. (*P. alata* × *P. raddiana*) · ħ ≹; cult.
– × **allardii** Lynch (*P. caerulea 'Constance Eliott'* × *P. quadrangularis*) · D:Cambridge-Passionsblume · ♄ ≹ Z9 Ⓚ; cult.
– **amethystina** J.C. Mikan · ħ ≹ Z10 Ⓦ IX-IV; E-Bras., Parag., Bol.
– **antioquiensis** H. Karst. · D:Rote Bananen-Passionsblume; E:Red Banana Passion Flower · ħ ≹ Z9 Ⓚ; Col.
– *antioquiensis* hort. = Passiflora × exoniensis
– × *atropurpurea* hort. = Passiflora × violacea 'Atropurpurea'
– × **belotii** Pépin (*P. alata* × *P. caerulea*) · ħ ≹ Z9 Ⓚ; cult.
– **biflora** Lam. · D:Zweiblütige Passionsblume; E:Two-flowered Passion Flower · ≹ Z10 Ⓦ; Mex, C-Am., Bahamas, Venez., Col., Ecuad.
– *brasiliana* Desf. = Passiflora alata
– *bryonioides* hort. = Passiflora morifolia
– **caerulea** L. · D:Blaue Passionsblume; E:Blue Passion Flower; F:Passiflore · ħ ≹ Z7 Ⓚ VI-IX ☠; S-Bras., Parag., Arg., nat. in Trop.
– × *caeruleoracemosa* hort. = Passiflora × violacea
– **capsularis** L. · ħ ≹ D Z10 Ⓦ VI-VII; C-Am., W.Ind., trop. S-Am.
– **cinnabarina** Lindl. · ħ ≹ Z10 Ⓚ III-VIII; Austr.
– **coccinea** Aubl. · D:Rote Granadilla; E:Red Granadilla · ♄ ≹ Z10 Ⓦ; S-Venez., Guyana, Bras., Peru, Bol.
– × **colvillii** Sweet (*P. caerulea* × *P. incarnata*) · ♃ Z7; cult.
– **coriacea** Juss. · D:Fledermaus-Passionsblume; E:Bat-leafed Passion Flower · ħ ≹ Z10 Ⓦ; Mex., C-Am., trop. S-Am.
– × **decaisneana** Planch. (*P. alata* × *P. quadrangularis*) · ♄ ≹ Z10 Ⓦ V-VI; cult.
– **edulis** Sims · D:Eierfrucht, Maracuja, Purpurgrenadille; E:Granadilla, Passion Fruit · ♃ ♄ ħ e ≹ Z10 Ⓦ VI-VIII Ⓝ; Bras., nat. in n S-Am., W.Ind.
  – fo. **flavicarpa** Sims · e ≹ Z10
– × **exoniensis** L.H. Bailey (*P. antioquiensis* × *P. mollissima*) · ≹ Z10 Ⓚ; cult.
– **foetida** L. · D:Stinkende Grenadille; E:Stinking Granadilla, Wild Water Lemon · ♃ ≹ Z10 Ⓚ VII-IX Ⓝ; Puerto Rico, Jamaica, Lesser Antilles, S-Am., nat. in trop. Afr., trop. As.
– **gracilis** Jacq. ex Link · D:Einjährige Passionsblume; E:Annual Passion Flower · ⊙ ≹ ♧ Z10 Ⓦ VII-VIII; Venez., nat. in trop. Am., subtrop. Am.
– **herbertiana** Ker-Gawl. · ≹ Z10 Ⓚ; Austr.
– **holosericea** L. · ħ ≹ D Z10 Ⓦ; C-Am.
– **incarnata** L. · D:Winterharte Passionsblume; E:May Apple, May Pop, Wild Passion Flower · ♃ ≹ Z8 Ⓚ ∧ V-VII ⚕ ☠; USA: NE, NCE, SC, SE, Fla.; Bermudas
– *kermesina* Link et Otto = Passiflora raddiana
– **laurifolia** L. · D:Gelbe Grenadille; E:Jamaica Honeysuckle, Water Lemon · ħ ≹ Z10 Ⓦ VI-VII Ⓝ; Venez., Bras., E-Peru, Arg.
– **ligularis** Juss. · D:Süße Grenadille; E:Sweet Granadilla · ħ e ≹ Z10 Ⓚ IX-X Ⓝ; Guat., Ecuad., Peru, Venez.
– **lutea** L. · D:Gelbe Passionsblume; E:Yellow Passion Flower · ħ ≹ Z8 Ⓚ VI-VIII; USA: NE, NCE, NC, SC, SE, Fla.
– *maculifolia* Mast. = Passiflora organensis
– **maliformis** L. · D:Apfel-Grenadille; E:Sweet Calabash, Sweet Cup · ħ ≹ Z10 Ⓦ VII-XI Ⓝ; W.Ind., Col., Ecuad., Venez.
– *maliformis* Vell. = Passiflora alata
– **manicata** (Juss.) Pers. · ħ Z9 Ⓚ; Venez., Col., Ecuad., Peru, Bol.
– *mauritiana* Thouars = Passiflora alata
– **membranacea** Benth. · ħ ≹ Z10 Ⓚ Ⓝ; Guat.
– *minima* L. = Passiflora suberosa
– *mollissima* (Humb., Bonpl. et Kunth) L.H. Bailey = Passiflora tripartita var. mollissima
– **morifolia** Mast. · ħ ≹ Z10 Ⓦ; Col. , Bras., Parag.
– **organensis** Gardner · ħ ≹ Z10 Ⓦ VII-VIII; Bras.
– **pinnatistipula** Cav. · ħ Z10 Ⓚ Ⓝ; Col., Ecuad.

- *princeps* Lodd. = Passiflora racemosa
- **psilantha** (Sodiro) Killip · ♄ ≩ Z9 Ⓚ Ⓝ; Ecuad.
- **quadrangularis** L. · D:Königs-Grenadille, Riesen-Grenadille; E:Granadilla, Grenadine · ♄ ≩ Z10 Ⓦ V-VII ⚕ Ⓝ; C-Am., W.Ind.
- **racemosa** Brot. · D:Rote Passionsblume; E:Red Passion Flower · ♄ ≩ Z10 Ⓦ V-IX; Bras.
- **raddiana** DC. · ♄ ≩ Z10 Ⓦ V-IX; Bras.
- **sanguinolenta** Mast. · ♄ ≩ Z9 Ⓚ; Ecuad.; mts.
- *sarcosepala* Barb.-Boiss. = Passiflora alata
- *sicyoides* hort. = Passiflora morifolia
- **suberosa** L. · ♄ ≩ Z10 Ⓦ VI-VIII; trop. S-Am.
- **subpeltata** Ortega · D:Weiße Passionsblume; E:White Passion Flower · ♃ ≩ Z10 Ⓦ; Mex., C-Am., Col., Venez.
- **trifasciata** Lem. · ♄ ≩ D Z10 Ⓦ VII-VIII; Peru
- **tripartita** (Juss.) Poir.
  - var. **mollissima** (Humb., Bonpl. et Kunth) Holm-Niels. · D:Bananen-Passionsblume, Curuba; E:Banana Passion Flower · ♄ ≩ Z9 Ⓚ Ⓝ; Venez., Col., Peru, Bol.
  - var. **tripartita** · ♄ ≩ Z9; S-Am.
- *van-volxemii* Triana et Planch. = Passiflora antioquiensis
- × **violacea** Loisel. (*P. caerulea* × *P. racemosa*) · ♄ ≩ Z10 Ⓦ VIII-IX; cult.
  - **'Atropurpurea'** · ♄ ≩ Ⓦ; cult.
- *violacea* Vell. = Passiflora amethystina
- *warmingii* Mast. = Passiflora morifolia
- **Cultivars**
  - **in vielen Sorten**
  - *'Imperatrice Eugenie'* = Passiflora × belotii
  - *'Kaiserin Eugenie'* = Passiflora × belotii

Pastinaca L. -f- *Apiaceae (Umbelliferae)* · 14 sp · D:Pastinak; E:Parsnip; F:Panais
- **sativa** L. · D:Echter Pastinak, Hammelsmöhre; E:Parsnip · ☉ VII-VIII ⚕ Ⓝ; Eur.* exc. Sc; TR, Syr., Lebanon, Cauc., Iran, W-Sib., E-Sib, nat. in N-Am., S-Am., Austr., NZ

Patrinia Juss. -f- *Valerianaceae* · 15 sp · D:Goldbaldrian; F:Valériane dorée
- **gibbosa** Maxim. · ♃ V-VI; Jap.
- **intermedia** (Hornem.) Roem. et Schult. · ♃; China
- *palmata* Maxim. = Patrinia triloba var. palmata
- **scabiosifolia** Fisch. · ♃ V-VI; China, E-Sib., Manch., Korea, Jap., Sachal., Taiwan,
- **triloba** Miq.
  - var. **palmata** (Maxim.) Hara · ♃; Jap.
  - var. **triloba** · D:Gold-Baldrian; F:Valériane jaune · ♃ V-VI; Jap.
- **villosa** (Thunb.) Juss. · ♃; Jap., Korea, Manch., China

Paullinia L. -f- *Sapindaceae* · 194 sp
- **cupana** Humb., Bonpl. et Kunth · D:Guarana; E:Guarana Shrub · ♄ e ≩ Z10 Ⓦ ⚕ Ⓝ; trop. S-Am.
- **thalictrifolia** Juss. · ♄ e ≩ Z10 Ⓦ; Bras.

Paulownia Siebold et Zucc. -f- *Scrophulariaceae* · 17 (6) sp · D:Blauglockenbaum, Paulownie; E:Foxglove Tree; F:Paulownia
- **elongata** Hu · ♄ d Ⓚ; China: Hupeh, Honan, Schantung, Hopei
- **fortunei** (Seem.) Hemsl. · ♄ d Z7; China, Taiwan, Jap.
- *imperialis* Siebold et Zucc. = Paulownia tomentosa
- **kawakamii** Ito · ♄ d Z7; S-China, Taiwan
- **tomentosa** (Thunb. ex Murray) Steud. · D:Chinesischer Blauglockenbaum; E:Foxglove Tree; F:Paulownia impérial · ♄ d Z7 IV-V Ⓝ; China, nat. in E-USA, CH, I

Paurotis O.F. Cook = Acoelorrhaphe
- *wrightii* (Griseb. et H. Wendl.) Britten = Acoelorrhaphe wrightii

Pausinystalia Pierre ex Beille -f- *Rubiaceae* · 13 sp · D:Yohimbe; E:Yohimbe; F:Yohimbeh
- **johimbe** (K. Schum.) Pierre ex Beille · D:Yohimbe; E:Yohimbe · ♄ Z10 Ⓦ ⚕ ☠ Ⓝ; W-Afr.

Pavetta L. -f- *Rubiaceae* · 400 sp
- *caffra* L. f. = Pavetta capensis
- **capensis** (Houtt.) Bremek. · ♄ Z10 Ⓦ VI-VIII; S-Afr.
- **indica** L. · E:Jarum Jarum · ♄ e D Z10 Ⓦ; Ind.

Pavonia Cav. -f- *Malvaceae* · 150 sp
- × **gledhillii** Cheek (*P. multiflora* × *P. mayokana*) · ♄ e Z10 Ⓦ; cult.
- **multiflora** Juss. · ♄ Z10 Ⓦ IX-V; Bras.

– **spinifex** (L.) Cav. · ♄ d Z10 ⓦ; SE-USA, Bermuda, W.Ind., Mex., trop. S-Am.

Paxistima Raf. -f- *Celastraceae* · 2 sp · D:Dicknarbe; F:Paxistima
– **canbyi** A. Gray · ♄ e △ Z5 IV-V; USA: Va., W.Va., Ohio, Ky.
– **myrsinites** (Pursh) Raf. · E:Oregon Boxwood · ♄ e △ Z6 IV; Can: B.C.; USA: NW, Calif.; Mex.

Payena A. DC. -f- *Sapotaceae* · 15 sp
– **leerii** (Teijsm. et Binn.) Kurz · ♄ Z10 ⓦ Ⓝ; Myanmar, Malay. Pen.

Pecteilis Raf. -f- *Orchidaceae* · 4 sp
– **radiata** (Thunb.) Raf. · ♃ Z10 ⓚ VIII ▽ *; Jap., Korea

Pectinaria Haw. -f- *Asclepiadaceae* · 3 sp
– **articulata** (Haw.) Haw. · ♃ ♆ Z9 ⓚ; Kap
– **asperiflora** N.E. Br. · ♃ ♆ Z9 ⓚ; Kap
– **saxatilis** N.E. Br. · ♃ ♆ Z9 ⓚ; Kap

Pedicularis L. -f- *Scrophulariaceae* · 350+ sp · D:Läusekraut; E:Lousewort, Wood Betony; F:Pédiculaire
– **ascendens** Schleich. ex Gaudin · D:Aufsteigendes Läusekraut · ♃ VII-VIII ▽; Eur.: F, I, CH; W-Alp.
– **aspleniifolia** Flörke ex Willd. · D:Farnblättriges Läusekraut · ♃ VII-VIII ▽; Eur.: I, Ch, A; E-Alp.
– **elongata** A. Kern.
  – subsp. **elongata** · D:Langähriges Läusekraut · ♃ VII-VIII ▽; Eur.: I, A, Slove.; SE-Alp.
  – subsp. **julica** Hartl · ♃ VII-VIII ▽; Eur.: I, A, Slove.; SE-Alp.
– **foliosa** L. · D:Durchblättertes Läusekraut · ♃ VI-VIII ▽; Eur.: Sp., F, I, CE-Eur.; mts.
– **gyroflexa** Vill. · D:Bogenblütiges Läusekraut · ♃ VI-VII ▽; Eur.: F, I, CH; Pyr., Alp.
– **hacquetii** Graf · D:Karst-Läusekraut · ♃ VII-VIII ▽; Eur.: I, A, EC-Eur., Slove., RO, W-Russ.; SE-Alp., Apenn., Carp.
– **kerneri** Dalla Torre · D:Kerners Läusekraut · ♃ VII-VIII ▽; Eur.: Sp., F, I, Ch, A; Pyr., Alp.
– **oederi** Vahl · D:Buntes Läusekraut · ♃ VI-VIII ▽; Eur.* exc. BrI, Ib; W-Sib., E-Sib., Amur, Kamchat., C-As., China: Sinkiang; Kashmir, Him., Tibet, Mong., N-Am.
– **palustris** L. · D:Sumpf-Läusekraut · ⊙ V-VIII ▽; Eur.* exc. Ib; TR
– **portenschlagii** Saut. ex Rchb. · D:Zweiblütiges Läusekraut · ♃ VI-VIII ▽; Eur.: A; NE-Alp.
– **recutita** L. · D:Gestutztes Läusekraut · ♃ VII-VIII ▽; Eur.: F, I, C-Eur., Slove.; Alp.
– **rosea** Wulfen · D:Rosarotes Läusekraut · ♃ VII-VIII ▽; Eur.: F, I, A, Slove., Croatia; Pyr., Alp., Croatia
– **rostratocapitata** Crantz · D:Kopfiges Läusekraut · ♃ VI-VIII ▽; Eur.: I, C-Eur., Slove., Croatia; E-Alp., Croatia
– **rostratospicata** Crantz · D:Ähren-Läusekraut · ♃ VII-VIII ▽; Eur.: F, I, C-Eur., Slove.; Pyr., Alp.
– **sceptrum-carolinum** L. · D:Karlszepter, Moorkönig · ♃ VI-VIII ▽; Eur.: Sc, D, EC-Eur., E-Eur.; W-Sib., E-Sib., Mong., Manch., Jap.
– **sylvatica** L. · D:Wald-Läusekraut · ⊙ V-VII ▽; Eur.* exc. Ib
– **tuberosa** L. · D:Knolliges Läusekraut · ♃ VI-VIII ▽; Eur.: Sp., F, I, CH, A; Pyr., Alp., Alpi Apuane, Apenn.
– **verticillata** L. · D:Quirlblättriges Läusekraut · ♃ VI-VIII ▽; Eur.* exc. BrI, Sc; N-Russ., mts.; W-Sib., E-Sib., Amur, Kamchat., Mong., Korea, Jap., Alaska, NW-Am.

Pedilanthus Neck. ex Poit. -m- *Euphorbiaceae* · 14 sp · D:Schuhblüte; E:Slipper Spurge; F:Pédilanthe
– *carinatus* Spreng. = Pedilanthus tithymaloides
– **pavonis** Boiss. · D:Grüne Schuhblüte; E:Slipper Spurge · ♄ ♆ Z9 ⓚ ☠ Ⓝ; Mex.
– **tithymaloides** (L.) Poit. · D:Rote Schuhblüte; E:Devil's Backbone, Jew Bush, Redbird Flower · ♄ ♆ Z10 ⓦ ☠; S-Mex., C-Am., Col.

Pediocactus Britton et Rose -m- *Cactaceae* · 6 sp
– *papyracanthus* (Engelm.) L.D. Benson = Sclerocactus papyracanthus
– **peeblesianus** (Croizat) L.D. Benson · ♆ Z5 Ⓐ ▽ *; USA: Ariz.
– **simpsonii** (Engelm.) Britton et Rose · E:Plains Cactus · ♆ Z5 ▽ *; USA: NW, Rocky Mts., SW

Peganum L. -n- *Zygophyllaceae* · 6 sp · D:Steppenraute; E:Harmal, Harmel; F:Harmel, Péganion

– **harmala** L. · D:Steppenraute; E:Harmel, Wild Rue · ♃ Z8 ⓚ VII-VIII ⚕ ☠ Ⓝ; Eur.: Ib, Ap, Ba, EC-Eur.; TR, Cauc., Iran, C-As., Mong., Tibet, N-Afr.

Pelargonium L'Hér. ex Aiton -n- *Geraniaceae* · 250-280 sp · D:Geranie der Gärtner, Pelargonie; E:Geranium; F:Géranium des balcons
– *acerifolium* hort. = Pelargonium vitifolium
– **acetosum** (L.) L'Hér. · ƀ e Z9 ⓚ; S-Afr.
– *angulosum* (Mill.) L'Hér. ex Aiton = Pelargonium cucullatum
– × *asperum* Willd. = Pelargonium × graveolens
– *betulifolium* Salisb. = Pelargonium betulinum
– **betulinum** (L.) L'Hér. ex Aiton · ħ Z9 ⓚ VII-VIII; Kap
– **capitatum** (L.) L'Hér. ex Aiton · D:Rosenduft-Pelargonie; E:Rose Scented Geranium · ƀ e D Z9 ⓚ VII-VIII ⚕ Ⓝ; S-Afr.
– **carnosum** (L.) L'Hér. ex Aiton · ħ Z9 ⓚ V; Kap, Namibia
– × **citrosmum** Voigt ex Sprague (*P. crispum* × ?) · ħ D Z9 ⓚ VII-VIII; cult.
– *clypeatum* (Eckl. et Zeyh.) Steud. = Pelargonium peltatum
– *cordatum* L'Hér. ex Aiton = Pelargonium cordifolium
– **cordifolium** (Cav.) Curtis · ħ Z9 ⓚ V; Kap
– **crassicaule** L'Hér. ex Aiton · ħ Z9 ⓚ VII; SW-Afr.
– **crispum** (L.) L'Hér. ex Aiton · D:Zitronenduft-Pelargonie; E:Lemon Scented Geranium · ħ e Z9 ⓚ; S-Afr.
– *crispum* hort. = Pelargonium × citrosmum
– **crithmifolium** Sm. · ħ Z9 ⓚ; Kap, Namibia
– **cucullatum** (L.) L'Hér. ex Aiton · ħ e Z9 ⓚ VIII-IX; Kap
– **echinatum** Curtis · ħ Z9 ⓚ; S-Afr.
– **endlicherianum** Fenzl · ♃ △ Z7 ⓐ ∧ VII; S-TR, N-Syr., Cauc. (Armen.)
– **exstipulatum** (Cav.) L'Hér. ex Aiton · ƀ ħ D Z9 ⓚ VI-IX; S-Afr.
– *ferulaceum* (Burm. f.) Willd. = Pelargonium polycephalum
– × **fragrans** (Poir.) Willd. (*P. exstipulatum* × *P. odoratissimum*) · D:Duft-Pelargonie; E:Scented Geranium · ħ e D Z9 ⓚ VII-VIII Ⓝ; S-Afr.
– **fulgidum** (L.) L'Hér. ex Aiton · ħ Z9 ⓚ VIII-IX; Kap
– **gibbosum** (L.) L'Hér. ex Aiton · ħ Z9 ⓚ VI; Kap
– **grandiflorum** (Andrews) Willd. · ħ e Z9 ⓚ IV-VI; Kap, Namibia
– × **graveolens** auct. non L'Hér. ex Aiton (?) · D:Rosen-Pelargonie; E:Rose Geranium · ħ D Z9 ⓚ VI-VIII ⚕ Ⓝ; cult.
  – **in Sorten**
– **inquinans** (L.) L'Hér. ex Aiton · ħ e Z9 ⓚ V-X; S-Afr.
– × **kewense** R.A. Dyer (*P. zonale* × ?) · ♃ ƀ Z9 ⓚ; cult.
– **odoratissimum** (L.) L'Hér. ex Aiton · D:Apfelduft-Pelargonie; E:Apple Scented Geranium · ƀ e D Z9 ⓚ VII-VIII Ⓝ; S-Afr.
– **peltatum** (L.) L'Hér. ex Aiton · D:Efeublättrige Pelargonie; E:Ivy-leaved Geranium; F:Géranium lierre · ħ e ≀ ⇝ Z9 ⓚ IV-X; S-Afr.
– **polycephalum** E. Mey. · ħ Z9 ⓚ; S-Afr.
– **quercifolium** (L. f.) L'Hér. ex Aiton · D:Eichblatt-Pelargonie; E:Oak Leaved Geranium · ħ e D Z9 ⓚ VII-VIII; Kap
– **radens** H.E. Moore · D:Balsamduft-Pelargonie; E:Balsam Scented Geranium · ħ e D Z9 ⓚ VI-VIII ⚕ Ⓝ; Kap
– *radula* (Cav.) L'Hér. = Pelargonium radens
– **reniforme** (Andrews) Curtis · ƀ Z9 III-VIII ⚕; S-Afr.
– **sidoides** DC. · ƀ Z9 III-VIII ⚕; S-Afr.
– **tetragonum** (L. f.) L'Hér. ex Aiton · ħ e Z9 ⓚ VI; S-Afr.
– **tomentosum** Jacq. · D:Pfefferminz-Pelargonie; E:Peppermint Scented Geranium · ♃ ƀ e D Z9 ⓚ ⚕; Kap
– **triste** (L.) L'Hér. ex Aiton · ♃ Ψ Z9 ⓚ VII-VIII; Kap
– **vitifolium** (L.) L'Hér. ex Aiton · ♃ ƀ Z9 ⓚ; S-Afr.
– **zonale** (L.) L'Hér. ex Aiton · D:Zonal-Pelargonie; F:Pélargonium Zonale · ƀ ħ e Z9 ⓚ V-X; Kap
– **Cultivars**
  – **in vielen Sorten (siehe Kapitel III)**

Pelecyphora C. Ehrenb. -f- *Cactaceae* · 2 sp · D:Asselkaktus, Beilkaktus; F:Cactus mille-pattes
– **aselliformis** C. Ehrenb. · Ψ Z9 ⓚ ▽ ✱; Mex.: San Luis Potosí
– *pseudopectinata* Backeb. = Turbinicarpus pseudopectinatus
– *strobiliformis* (Werderm.) Frič et Schelle =

Encephalocarpus strobiliformis
– *valdeziana* H. Möller = Turbinicarpus valdezianus

Peliosanthes Andrews -f- *Convallariaceae* · 1 sp
– **teta** Andrews · ♃ Z9 ⓦ; S-Vietn.

Pellaea Link -f- *Adiantaceae* · 35 sp · D:Klippenfarn; E:Cliff Brake; F:Pelléa
– **atropurpurea** (L.) Link · D:Purpur-Klippenfarn; E:Purple Cliff Brake · ♃ Z7 ⓚ; Can.: Ont.; USA: NE, NCE, NC, SE, Fla.
– *cordata* (Cav.) J. Sm. = Pellaea sagittata var. cordata
– **falcata** (R. Br.) Fée · D:Sichelförmiger Klippenfarn; E:Sickle Fern · ♃ Z10 ⓚ; Ind., SE-As., E-Austr., Tasman., NZ
– *flexuosa* Kaulf. ex Schltdl. et Cham. = Pellaea ovata
– *gracilis* Hook. = Cryptogramma stelleri
– *hastata* (L.) Link = Pellaea viridis
– **ovata** (Desv.) Weath. · ♃ Z10 ⓚ; USA: Tex., N.Mex.; Mex., C-Am., Haiti, S-Am.
– **rotundifolia** (G. Forst.) Hook. · ♃ Z10 ⓚ; NZ, Norfolk Is.
– **sagittata** (Cav.) Link
  – var. **cordata** (Cav.) A.F. Tryon · ♃ Z10 ⓚ; Tex., Mex.
  – var. **sagittata** · ♃ Z10 ⓚ; C-Am., S-Am.
– *stelleri* (S.G. Gmel.) Baker = Cryptogramma stelleri
– **viridis** (Forssk.) Prantl · D:Grüner Klippenfarn; E:Green Cliff Brake · ♃ Z10 ⓚ; S-Afr., Madag., Mascarene Is., nat. in Azor., Sri Lanka

Pellionia Gaudich. -f- *Urticaceae* · 50 sp · D:Melonenbegonie, Pellionie; F:Pellionia
– *daveauana* (Carrière) N.E. Br. = Pellionia repens
– **pulchra** N.E. Br. · D:Regenbogen-Melonenbegonie; E:Rainbow Vine · ♃ ⁓→ Z10 ⓦ; S-Vietn.
– **repens** (Lour.) Merr. · D:Melonenbegonie; E:Anteater Scales, Hill Dragon, Trailing Watermelon Begonia · ♃ ⁓→ Z10 ⓦ; Myanmar, Malay. Pen., S-Vietn.
  – *'Argentea'* = Pellionia repens 'Viridis'
  – **'Repens'** · D:Purpur-Melonenbegonie
  – **'Viridis'** · D:Silber-Melonenbegonie · ⓦ
  – var. *maculata* A. Chev. = Pellionia repens 'Repens'
  – var. *viridis* (N.E. Br.) A. Chev. = Pellionia repens 'Viridis'

Peltandra Raf. -f- *Araceae* · 3 sp · D:Pfeilaron; E:Arrow Arum; F:Peltandre
– **sagittifolia** (Michx.) Morong · D:Weißer Pfeilaron; E:White Arrow Arum · ♃ ≈ Z7; USA: NE, SE, Fla.
– *undulata* Raf. = Peltandra virginica
– **virginica** (L.) Schott et Endl. · D:Grüner Pfeilaron; E:Arrow Arum, Green Arrow Arum · ♃ ≈ Z5; Can.: E; USA: NE, SE, Fla.

Peltaria Jacq. -f- *Brassicaceae (Cruciferae)* · 7 sp · D:Scheibenschötchen; F:Peltaire
– **alliacea** Jacq. · D:Scheibenschötchen · ♃ Z6 V-VII; Eur.: A, H, ? Slove., Croatia, Bosn., Montenegro, RO

Peltastes Woodson -m- *Apocynaceae* · 7 sp
– **peltatus** (Vell.) Woodson · ħ e ≷ ⓦ; Bras.

Peltiphyllum Engl. = Darmera
– *peltatum* (Torr. ex Benth.) Engl. = Darmera peltata

Peltoboykinia (Engl.) Hara -f- *Saxifragaceae* · 2 sp
– **tellimoides** (Maxim.) Hara · ♃ Z7 VI-VII; C-Jap.

Peltogyne Vogel -f- *Caesalpiniaceae (Leguminosae)* · 23 sp
– **paniculata** Benth. · ħ Z10 ⓦ Ⓝ; Guyan., Bras.

Peltophorum (Vogel) Benth. -n- *Caesalpiniaceae (Leguminosae)* · 8 (-15) sp
– **africanum** Sond. · D:Gelber Flammenbaum; E:Yellow Flamboyant · ħ e Z9 ⓚ; S-Afr.

Peniocereus (A. Berger) Britton et Rose -m- *Cactaceae* · 20 sp · D:Spulenkaktus; F:Cierge
– **greggii** (Engelm.) Britton et Rose · E:Night Blooming Cereus, Sweetpotato Cactus · ♆ Z9 ⓚ ▽ *; N-Mex.
– *serpentinus* (Lag. et Rodr.) N.P. Taylor = Nyctocereus serpentinus
– **striatus** (K. Brandegee) Buxb. · ♆ Z9 ⓚ ▽ *; S-Ariz., NW-Mex.
– **viperinus** (F.A.C. Weber) Kreuz. · ♆ Z9 ⓚ ▽ *; S-Mex.

Pennisetum Rich. -n- *Poaceae (Gramineae)* · 130 sp · D:Federborstengras, Lampenputzergras; E:Fountain Grass; F:Herbe-aux-écouvillons
- **alopecuroides** (L.) Spreng. · D:Japanisches Federborstengras; E:Chinese Fountain Grass; F:Pennisétum · ♃ Z7 VIII-IX; Korea, Jap., Phil.
  - **in Sorten**
- *americanum* (L.) Leeke = Pennisetum glaucum
- **clandestinum** Hochst. ex Chiov. · D:Kikuyugras; E:Kikuyu Grass · ♃ Ⓝ; E-Afr., nat. in Col.
- *compressum* R. Br. = Pennisetum alopecuroides
- *cupreum* Hitchc. ex L.H. Bailey = Pennisetum setaceum
- *flaccidum* Griseb. = Pennisetum incomptum
- **glaucum** (L.) R. Br. · D:Negerhirse, Perlhirse; E:Pearl Millet · ⊙ Z9 Ⓝ; Trop.
- **incomptum** Nees · D:Sibirisches Lampenputzergras · ♃ VII-IX; Him.
- *japonicum* Trin. = Pennisetum alopecuroides
- **latifolium** Spreng. · ♃ Z9 Ⓚ VIII-X; Peru, Bras., Urug., Arg.
- *longistylum* Vilm. non Hochst. = Pennisetum villosum
- **macrostachyum** (Brongn.) Trin. · ♃; Ind.
- *macrostachyum* Fresen. = Pennisetum setaceum
- **macrourum** Trin. · D:Afrikanisches Federborstengras; E:African Feathergrass · ♃ ⋊ Z7 ∧ VIII-IX; S-Afr.
- **orientale** Rich. · ♃ Z7 VIII-X; Egypt, TR, Lebanon, Syr., Palaest., Arab., Cauc.
- *purpurascens* (Thunb.) Kuntze = Pennisetum alopecuroides
- **purpureum** Schumach. · D:Elefantengras; E:Elephant Grass · ♃ Ⓦ Ⓝ; trop. Afr., nat. in Trop.
- *rueppellianum* Hochst. = Pennisetum setaceum
- *rueppellii* Steud. = Pennisetum setaceum
- **setaceum** (Forssk.) Chiov. · D:Afrikanisches Lampenputzergras, Einjähriges Lampenputzergras; E:Fountain Grass · ⊙ ⊙ ♃ Z9 Ⓚ VIII-X; Eur.: Sic., N-Afr., SW-As., Arab.
- *spicatum* (L.) Roem. et Schult. = Pennisetum glaucum
- *typhoides* (Burm. f.) Stapf et C.E. Hubb. = Pennisetum glaucum
- *typhoideum* Rich. ex Pers. = Pennisetum glaucum
- **villosum** R. Br. ex Fresen. · D:Weißes Lampenputzergras; E:Feathertop · ⊙ ⊙ ♃ Z8 VIII-IX; NE-Afr., Arab., nat. in Balear.

Penstemon Schmidel -m- *Scrophulariaceae* · 250 sp · D:Bartfaden; E:Penstemon; F:Galane, Penstemon
- **acuminatus** Douglas ex Lindl. · D:Spitzblättriger Bartfaden; E:Sharp Leaved Penstemon · ♃ Z5 VII-VIII; USA: Oreg., Idaho, Nev.
- **alpinus** Torr. · ♃ △ Z4 VII-VIII; USA: Rocky Mts., SW
- *arizonicus* A. Heller = Penstemon whippleanus
- **attenuatus** Douglas ex Lindl. · E:Taper Leaved Penstemon · ♃ Z4 V; USA: Wash., Oreg., Idaho
- **auriberbis** Pennell · ♃ Z4; USA: Colo.
- **azureus** Benth. · D:Blauer Bartfaden; E:Sky Blue Penstemon · ♃ ♄ Z8 Ⓐ ∧ VII-VIII; Calif.
- **barbatus** (Cav.) Roth
  - subsp. **barbatus** · D:Roter Bartfaden; E:Beard Tongue; F:Penstemon · ♃ Z3; USA: Utah, Colo., SW; N-Mex.
  - subsp. **torreyi** (Benth.) Keck · ♃ Z3 VII-IX; USA: Colo., SW
- **barrettiae** A. Gray · ♄ Z7 Ⓐ ∧ V; USA: Oreg.
- **bridgesii** A. Gray · D:Scharlachroter Bartfaden; E:Scarlet Penstemon · ♄ Z7 ∧ VII-IX; USA: SW, Colo., Calif.
- **caespitosus** Nutt. ex A. Gray · ♃ ⁓→ △ Z3 VI-VII; USA: Colo., Utah
- **campanulatus** (Cav.) Willd. · F:Penstemon campanulé · ♃ ♄ d Z8 ∧ VII-IX; Mex., Guat.
- **cardwellii** Howell · ♃ Z8 ∧; USA: Wash., Oreg.
- **cobaea** Nutt. · D:Cobaea-Bartfaden; E:Cobaea Penstemon · ♃ Z4 VII-IX; USA: NC, SC, Ark.
- **confertus** Douglas · D:Gelber Bartfaden; E:Yellow Penstemon · ♃ △ Z3 VI-VII; USA: Oreg., Calif., Rocky Mts.
- *cordifolius* Benth. = Keckiella cordifolia
- **cyananthus** Hook. · ♃ Z4 Ⓐ VI-IX; USA: Idaho, Wyo., Utah
- **davidsonii** Greene · D:Davidsons Bartfaden; E:Davidson's Penstemon · ♃ ⁓→ △ Z6 VI-VIII; USA: Wash., Oreg., Calif.

- *diffusus* Douglas ex Lindl. = Penstemon serrulatus
- **digitalis** Nutt. · D:Fingerhut-Bartfaden; E:Foxglove Penstemon · ♃ Z3 VII-VIII; Can.: E; USA: NE, NCE, NC, SC, SE
- **eriantherus** Pursh · D:Kamm-Bartfaden; E:Crested Tongue · ♄ Z3 VI; Alaska, Can.: W; USA: Wash., Rocky Mts, NC
- **gentianoides** (Humb., Bonpl. et Kunth) Poir. · D:Enzian-Bartfaden; E:Beard Tongue · ♃ Z9 Ⓚ; S-Mex., Guat.
- *gentianoides* Lindl. = Penstemon hartwegii
- **glaber** Pursh · D:Glatter Bartfaden; E:Smooth Penstemon · ♃ Z3 V-VI; USA: NC, Rocky Mts.
  - var. *alpinus* (Torr.) A. Gray = Penstemon alpinus
  - var. *cyananthus* (Hook.) A. Gray = Penstemon cyananthus
- *glaucus* Graham = Penstemon gracilis
- **gracilis** Nutt. · D:Zierlicher Bartfaden; E:Slender Penstemon · ♃ △ Z3 VI-VII; Can.; USA: NCE, NC, Rocky Mts, SW
- **hallii** A. Gray · ♃ △ Z3 VII-VIII; USA: Colo.
- **hartwegii** Benth. · ♃ ♄ d Z8 Ⓚ ∧ VI-VIII; Mex.
- **heterophyllus** Lindl. · D:Verschiedenblättriger Bartfaden; E:Foothill Penstemon · ♃ ♄ d Z8 Ⓚ VI-VIII; Calif.
- **hirsutus** (L.) Willd. · D:Haariger Bartfaden; E:Hairy Penstemon; F:Penstemon hirsute · ♃ Z3 VI-VIII; Can.: E; USA: NE, NCE, Tenn.
- **humilis** Nutt. ex A. Gray · ♃ Z4 VI; USA: Calif., Rocky Mts.
- **laetus** A. Gray
  - var. **roezlii** (Regel) Jeps. · ♄ △ Z5 VI-VIII; USA: Oreg., Calif., Nev.
- **laevigatus** (L.) Aiton · ♃ Z4 VI-VIII; USA: NE, SE, Fla.
  - var. *digitalis* (Nutt.) A. Gray = Penstemon digitalis
- **linarioides** A. Gray · D:Heideblättriger Bartfaden; E:Toadflax Penstemon · ♃ △ Z4 VI-VII; USA: Colo.
- **lyallii** (A. Gray) A. Gray · ♄ Z4 V-VI; USA: Mont., Idaho
- **menziesii** Hook. · ♄ ⟿ △ Z7 ∧ VI-VII; Can.: W; USA: Wash.
  - var. *davidsonii* (Greene) Piper = Penstemon davidsonii
  - var. *newberryi* (A. Gray) A. Gray = Penstemon newberryi
- *micranthus* Nutt. = Penstemon procerus
- *micranthus* Torr. = Penstemon strictus
- **newberryi** A. Gray · D:Immergrüner Bartfaden; E:Mountain Pride · ♄ e △ Z8 ∧ VI-VII; Calif.
  - var. *rupicola* Piper = Penstemon rupicola
- **ovatus** Douglas · D:Breitblättriger Bartfaden; E:Broad Leaved Penstemon · ♃ Z3 VII; B.C., USA: NW
- **pinifolius** Greene · F:Penstemon à feuilles de pin · ♃ △ Z8 ∧ VII-VIII; USA: Ariz., N.Mex.; Mex.
- **procerus** Douglas ex Graham · D:Matten-Bartfaden; E:Short Flowered Penstemon · ♃ Z3 VI; Alaska, Can.: W; USA: NW, Calif., Rocky Mts., NC
- *pubescens* Sol. = Penstemon hirsutus
- **richardsonii** Douglas · D:Schönblättriger Bartfaden; E:Cut Leaved Penstemon · ♃ Z7 ∧ VII; B.C., USA: NW
- *roezlii* Regel = Penstemon laetus var. roezlii
- **rupicola** (Piper) Howell · D:Felsen-Bartfaden; E:Rock Penstemon · ♄ ⟿ △ Z7 ∧ VI-VII; USA: Wash., Oreg.
- **scouleri** Lindl. · D:Scoulers Bartfaden; E:Scouler's Penstemon · ♄ △ Z5 VI-VII; Can.: B.C.; USA: Wash., Idaho
- **secundiflorus** Benth. · ♃ Z3 VI-VIII; USA: Colo., Wyo.
- **serrulatus** Menzel ex Sm. · D:Eingeschnittener Bartfaden; E:Blue Penstemon, Cascade Penstemon · ♄ Z5 VI-VII; B.C., USA: NW, Calif.
- **strictus** Benth. · D:Rocky-Mountains-Bartfaden; E:Rocky Mountain Penstemon · ♃ Z3; USA: Rocky Mts., SW
- **teucrioides** Greene · ♄ Z4 VI; USA: Colo.
- *torreyi* Benth. = Penstemon barbatus subsp. torreyi
- **venustus** Douglas · D:Anmutiger Bartfaden; E:Blue Mountain Penstemon · ♄ Z5 VI-IX; USA: NW, Idaho
- **whippleanus** A. Gray · D:Purpur-Bartfaden; E:Purple Penstemon · ♃ △ Z4 VII-VIII; Ariz.
- **wrightii** Hook. · ♄ Z8 ∧ VI-VIII; USA: Tex., SW
- **Cultivars**
  - **in vielen Sorten**

Pentace Hassk. -f- *Tiliaceae* · 25 sp
- **burmanica** Kurz · ♄ e Z10 Ⓦ Ⓝ; Myanmar

Pentacme A. DC. = Shorea
– *contorta* (S. Vidal) Merr. et Rolfe = Shorea contorta

Pentactina Nakai -f- *Rosaceae* · 1 sp
– **rupicola** Nakai · ♄ d Z5 VI; Korea

Pentaglottis Tausch -f- *Boraginaceae* · 1 sp · D:Spanische Ochsenzunge; E:Green Alkanet; F:Buglosse d'Espagne
– *cespitosa* (Lam.) Tausch = Anchusa cespitosa
– **sempervirens** (L.) Tausch ex L.H. Bailey · D:Spanische Ochsenzunge; E:Alkanet, Green Alkanet · ♃ Z7 V-VI; SW-F, P, Sp., nat. in I, Br

Pentapterygium Klotzsch = Agapetes
– *rugosum* Hook. = Agapetes rugosa
– *serpens* (Wight) Klotzsch = Agapetes serpens

Pentas Benth. -f- *Rubiaceae* · 34 sp
– *carnea* Benth. = Pentas lanceolata
– **lanceolata** (Forssk.) Deflers · D:Stern von Ägypten; E:Egyptian Star Cluster, Star Cluster · ♄ Z10 Ⓦ IX-I; trop. Afr., Arab.

Penthorum L. -n- *Penthoraceae* · 1-3 sp
– **sedoides** L. · ♃ Ⓚ; E-Can., USA: NE, NEC, SC, SE, Fla.

Peperomia Ruiz et Pav. -f- *Piperaceae* · c. 1000 sp · D:Peperomie, Zwergpfeffer; E:Radiator Plant; F:Pépéromia
– *angulata* Humb., Bonpl. et Kunth = Peperomia quadrangularis
– **argyreia** (Miq.) E. Morren · D:Silberblatt-Peperomie; E:Water Melon Pepper · ♃ Z10 Ⓦ; trop. S-Am.
– **arifolia** Miq. · ♃ Z10 Ⓦ; orig. ?
  – var. *argyrea* (Miq.) Hook. f. = Peperomia argyreia
– *bicolor* Sodiro = Peperomia velutina
– **blanda** (Jacq.) Humb., Bonpl. et Kunth · ♄ Z10 Ⓦ; Fla., C-Am., W.Ind., trop. S-Am.
– **caperata** Yunck. · D:Gerunzelte Peperomie, Smaragd-Peperomie; E:Emerald Ripple Pepper, Little Fantasy Pepper · ♃ Z10 Ⓦ; ? Bras.
– **clusiifolia** (Jacq.) Hook. · ♃ Z10 Ⓦ; W.Ind.
– **columbiana** Miq. · ♃ Z10 Ⓦ; Col.
– **dolabriformis** Humb., Bonpl. et Kunth · ♃ Z10 Ⓦ; Peru
– *eburnea* hort. = Peperomia maculosa
– **eburnea** Sodiro · ♃ Ψ Z10 Ⓦ; Ecuad.
– **fraseri** C. DC. · D:Reseden-Peperomie; E:Flowering Pepper, Mignonette Peperomia · ♃ D Z10 Ⓦ VI-VIII; Ecuad.
– **galioides** Humb., Bonpl. et Kunth · ♃ Z10 Ⓦ; C-Am., W.Ind., S-Am.
– **gardneriana** Miq. · ♃ Z10 Ⓦ; Bras.
– **glabella** (Sw.) A. Dietr. · D:Zypressen-Peperomie; E:Cypress Peperomia, Wax Privet · ♃ Z10 Ⓦ; C-Am., W.Ind., S-Am.
– **griseoargentea** Yunck. · D:Efeublättrige Peperomie; E:Ivy Leaf Peperomia · ♃ Z10 Ⓦ; orig. ?
– *hederifolia* hort. = Peperomia griseoargentea
– **incana** (Haw.) Hook. · ♃ Z10 Ⓦ; SE-Bras.
– **maculosa** (L.) Hook. · ♃ Z10 Ⓦ; trop. S-Am.
– **marmorata** Hook. · ♃ Z10 Ⓦ; S-Bras.
– **metallica** Linden et Rodigas · ♃ Z10 Ⓦ; Peru
– **nivalis** Miq. · ♃ Z10 Ⓚ; Peru
– *nummularifolia* Humb., Bonpl. et Kunth = Peperomia rotundifolia var. rotundifolia
– **obtusifolia** (L.) A. Dietr. · D:Fleischige Peperomie; E:Baby Rubber Plant · ♃ Z10 Ⓦ; Mex., C-Am., trop. S-Am.
  – var. *clusiifolia* (Jacq.) C. DC. = Peperomia clusiifolia
– **orba** G.S. Bunting · ♃ Z10 Ⓦ; orig. ?
– **ornata** Yunck. · ♃ Z10 Ⓦ; Venez., N-Bras.
– **pereskiifolia** (Jacq.) Humb., Bonpl. et Kunth · ♃ Z10 Ⓦ; C-Am., trop. S-Am.
– **polybotrya** Humb., Bonpl. et Kunth · ♃ Z10 Ⓦ; Col., Peru
– *prostrata* B.S. Williams = Peperomia rotundifolia var. pilosior
– *pulchella* A. Dietr. = Peperomia verticillata
– **puteolata** Trel. · ♃ Z10 Ⓦ; Col.
– **quadrangularis** (J.V. Thomps.) A. Dietr. · ♃ ⇝ Z10 Ⓦ; Panama, W.Ind., trop. S-Am.
– *resediflora* Lindl. et André = Peperomia fraseri
– **rotundifolia** (L.) Humb., Bonpl. et Kunth
  – var. **pilosior** (Miq.) DC. Z10 Ⓦ; SE-Bras.
  – var. **rotundifolia** · ♃ ⇝ Z10 Ⓦ; C-Am., S-Am.
– **rubella** (Haw.) Hook. · ♃ Z10 Ⓦ; Jamaica
– *sandersii* DC. = Peperomia argyreia
– **scandens** Ruiz et Pav. · ♃ § ⇝ Z10 Ⓦ; trop. S-Am.

– *serpens* hort. = Peperomia scandens
– *tithymaloides* Vahl = Peperomia obtusifolia
– **trichocarpa** Miq. · ♃ Z10 ⓦ; Bras.
– **urocarpa** Fisch. et C.A. Mey. · ♃ Z10 ⓦ; trop. S-Am.
– **velutina** Linden et André · ♃ Z10 ⓦ; Ecuad.
– *verschaffeltii* Lem. = Peperomia marmorata
– **verticillata** (L.) A. Dietr. · ♃ Z10 ⓦ; Jamaica, Cuba
– **Cultivars**
  – *'Astrid'* = Peperomia orba

Peplis L. -f- *Lythraceae* · 3 sp · D:Sumpfquendel; F:Péplis
– **portula** L. · D:Gewöhnlicher Sumpfquendel · ⊙ VII-IX; Eur.*, TR, ? Cauc., W-Sib., NW-Afr., N-Am.

Peraphyllum Nutt. -n- *Rosaceae* · 1 sp · D:Sandbirne; F:Poire des sables
– **ramosissimum** Nutt. · D:Sandbirne · ♄ d △ Z5 IV-V; USA: Oreg., Calif., Rocky Mts.

Pereskia Mill. -f- *Cactaceae* · 16 sp · D:Pereskie; F:Cactus à feuilles
– **aculeata** Mill. · D:Barbadosstachelbeere; E:Barbados Gooseberry · ♄ ≹ D Z9 ⓚ Ⓝ ▽ *; USA: Fla.; W.Ind., trop. S-Am.
– *amapola* F.A.C. Weber = Pereskia nemorosa
– **bleo** (Kunth) DC. · ♄ Z9 ⓚ ▽ *; Col., Panama
– **grandifolia** Haw. · ♄ ♄ Z9 ⓚ VIII-IX ▽ *; Bras.
– **nemorosa** Rojas Acosta · ♄ ♄ Z9 ⓚ V-X ▽ *; Parag., Urug., Arg.
– *pereskia* (L.) H. Karst. = Pereskia aculeata
– **sacharosa** Griseb. · ♄ ♄ Z9 ⓚ VIII-X ▽ *; Bol., Parag., Arg.

Pereskiopsis Britton et Rose -f- *Cactaceae* · 9 sp
– **diguetii** (F.A.C. Weber) Britton et Rose · ♄ ♆ Z9 ⓚ ▽ *; Mex.
– **rotundifolia** (DC.) Britton et Rose · ♄ ♆ Z9 ⓚ ▽ *; Mex.
– **spathulata** (Otto) Britton et Rose · ♄ ♆ Z9 ⓚ ▽ *; Mex.
– *velutina* Rose = Pereskiopsis diguetii

Perezia Lag. -f- *Asteraceae (Compositae)* · 32 sp
– **multiflora** (Humb. et Bonpl.) Less.
  – subsp. **multiflora** · ⊙ Z9 VII-VIII; Bras.
  – subsp. **sonchifolia** (Baker) Vuill. · ⊙ Z9 VII-VIII; Urug.
– *sonchifolia* Baker = Perezia multiflora subsp. sonchifolia
– **viscosa** Less. · ⊙ Z9 VI-VII; Chile

Pericallis D. Don -f- *Asteraceae (Compositae)* · 15 sp · D:Aschenblume, Cinerarie; E:Cineraria, Florist's Cineraria; F:Cinéraire
– **cruenta** (Masson ex L'Hér.) B. Nord. · D:Cinerarie; E:Cineraria · ♃ Z9 ⓚ III-IV; Canar.
– × **hybrida** B. Nord. (*P. cruenta* × *P. lanata*) · D:Gärtner-Cinerarie; E:Florist's Cineraria · ♃ Z9 ⓚ ☠; cult.
  – **in vielen Sorten**
– **lanata** (L'Hér.) B. Nord. · ♃ Z9 ⓚ; Canar. Is. (Tenerifa)

Perilepta Bremek. = Strobilanthes
– *dyeriana* (Mast.) Bremek. = Strobilanthes dyerianus

Perilla L. -f- *Lamiaceae (Labiatae)* · 6 sp · E:Perilla
– **frutescens** (L.) Britton
  – var. *crispa* (Thunb.) Decne. ex L.H. Bailey = Perilla frutescens var. nankinensis
  – var. **frutescens** · E:Beefsteak Plant · ⊙ D Z8 IX-X ⚕ Ⓝ; Him., Myanmar, China, Jap.
  – var. **nankinensis** (Lour.) Britton · ⊙ Z8; China
– *ocymoides* L. = Perilla frutescens var. frutescens

Periploca L. -f- *Asclepiadaceae* · 11 sp · D:Baumschlinge; E:Silk Vine; F:Bourreau des arbres
– **graeca** L. · D:Orientalische Baumschlinge; E:Silk Vine; F:Bourreau des arbres · d ≹ Z6 VII-VIII ☠; Eur.: I, Ba, RO; TR, Syr., Palaest., Cauc., N-Iraq, N-Iran, nat. in Sp., F
– **sepium** Bunge · D:Chinesische Baumschlinge; E:Chinese Silk Vine · ♄ d ≹ Z6 VI-VII ☠; N-China

Peristeria Hook. -f- *Orchidaceae* · 7-15 sp · D:Taubenorchis; E:Dove Orchid; F:Peristeria
– *barkeri* Bateman = Acineta barkeri
– **cerina** Lindl. · ♃ Z10 ⓦ VI-VII ▽ *; C-

Am.
– **elata** Hook. · D:Taubenorchis; E:Holy Ghost Flower · ♃ Z10 ⓦ VII-VIII ▽ *; Costa Rica, Panama, Col., Venez.
– *maculata* hort. = Peristeria pendula
– **pendula** Hook. · ♃ Z10 ⓦ I-III ▽ *; Venez., Guyana, Surinam, Peru

Peristrophe Nees -f- *Acanthaceae* · 15 sp · D:Gürtelklaue; F:Péristrophe
– *angustifolia* Nees = Peristrophe hyssopifolia
– **hyssopifolia** (Burm. f.) Bremek. · ♄ e Z10 ⓦ; Java
– *salicifolia* (Blume) Hassk. = Peristrophe hyssopifolia
– **speciosa** (Roxb. ex Wall.) Nees · ♄ e Z10 ⓦ XII-III; Ind.: Bengalen

Pernettya Gaudich. = Gaultheria
– *furens* (Hook. et Arn.) Klotzsch = Gaultheria insana
– *mucronata* (L. f.) Gaudich. ex Spreng. = Gaultheria mucronata
– *prostrata* (Cav.) Sleumer = Gaultheria myrsinoides var. myrsinoides
  – var. *pentlandii* (DC.) Sleumer = Gaultheria myrsinoides var. pentlandii
– *tasmanica* Hook. f. = Gaultheria tasmanica

Perovskia Kar. -f- *Lamiaceae (Labiatae)* · 7 sp · D:Perowskie; E:Perovskia; F:Pérovskia
– **abrotanoides** Kar. · D:Fiederschnittige Perowskie; F:Pérovskia · ♄ d △ Z6 VIII-IX; Afgh., Him., C-As.
– **atriplicifolia** Benth. · D:Silber-Perowskie; E:Russian Sage; F:Pérovskia à feuilles d'arroche · ♄ d △ Z7 VIII-IX; Afgh., Him., Tibet
– **scrophulariifolia** Bunge · D:Runzelige Perowskie · ♄ d △ Z6 VIII-IX; C-As.

Persea Mill. -f- *Lauraceae* · 150-200 sp · D:Avocado, Isabellenholz; E:Avocado; F:Avocatier
– **americana** Mill. · D:Avocado; E:Avocado · ♄ e Z10 ⓦ ⓚ ⚕ Ⓝ; Mex., C-Am., trop. S-Am., nat. in Fla.
– *gratissima* C.F. Gaertn. = Persea americana
– **indica** (L.) Spreng. · ♄ e Z9 ⓚ; Canar., Azor.
– *leiogyna* S.F. Blake = Persea americana
– **lingue** Nees · ♄ e Z10 Ⓝ; S-Am., Chile, nat. in C-Afr.
– **schiedeana** Nees · D:Wilde Avocado; E:Wild Avocado · ♄ e Z10 ⓦ Ⓝ; Mex., C-Am.

Persica Mill. = Prunus
– *vulgaris* Mill. = Prunus persica var. persica

Persicaria (L.) Mill. -f- *Polygonaceae* · c. 100 sp · D:Knöterich; E:Smartweed; F:Persicaire, Renouée
– *affinis* (D. Don) Ronse Decr. = Bistorta affinis
– *alata* (Ham. ex D. Don) H. Gross = Persicaria nepalensis
– *alpina* (L.) H. Gross = Aconogonon alpinum
– **amphibia** (L.) Delarbre · D:Wasser-Knöterich; E:Water Smartweed; F:Renouée amphibie · ♃ ≈ Z5 VI-IX; Eur.*, TR, Syr., Cauc., Iran, Him., W-Sib., E-Sib., Amur, Sachal., Kamchat., C-As., Mong., China, Jap., Maroc., Alger., Alaska, Can., S-Afr.
– *amplexicaulis* (D. Don) Ronse Decr. = Bistorta amplexicaulis
– *bistorta* (L.) Samp. = Bistorta officinalis subsp. officinalis
– *campanulata* (Hook. f.) Ronse Decr. = Aconogonon campanulatum
  – var. *lichiangense* (W.W. Sm.) Ronse Decr. = Aconogonon lichiangense
– **capitata** (Buch.-Ham. ex D. Don) H. Gross · ♃ ⇝ Z8 ⓚ V-VIII; Pakist., Him., SW-China
– *dubia* (Stein) Fourr. = Persicaria mitis
– **filiformis** (Thunb.) Nakai · ♃ Z5 VII-VIII; Jap.
– **hydropiper** (L.) Delarbre · D:Wasserpfeffer-Knöterich; E:Red Knees · ⊙ ~ VII-IX ☠; Eur.*, TR, Syr., Cauc., Iran, Him., W-Sib., E-Sib., Amur, C-As., China, Korea, Jap., Sri Lanka, Indochina, Malay. Arch., Maroc., Alger., nat. in Alaska, Can., USA*
– **lapathifolia** (L.) Delarbre
  – subsp. **lapathifolia** · D:Ampfer-Knöterich; E:Pale Persicaria · ⊙ VII-X; Eur.*, TR, Levante, Cauc., W-Sib., E-Sib., Amur, Sachal., Him., NW-Afr., Egypt, N-Am., nat. in Jap.
  – subsp. **brittingeri** (Opiz) Soják · D:Donau-Knöterich, Fluss-Knöterich, Ufer-Knöterich · VII-X; Eur.: CH, D (obere Donau, Rhein)
– *maculata* (Raf.) Fourr. = Persicaria

maculosa
- **maculosa** Gray · D:Floh-Knöterich; E:Lady's Thumb · ⊙ VII-X; Eur.*, TR, Cauc., W-Sib., E-Sib., Amur, C-As., Him., China, Jap.
- **minor** (Huds.) Opiz · D:Kleiner Knöterich · ⊙ VII-X; Eur.*, TR, Cauc., W-Sib., E-Sib., Amur, C-As., Him., E-As., Java
- **mitis** (Schrank) Assenov · D:Milder Knöterich · ⊙ VII-X; Eur.* exc. Sc; TR
- **nepalensis** (Ham. ex D. Don) H. Gross · ♃; Him.
- **odorata** (Lour.) Soják · ⊙ D Ⓝ; Indochina
- **orientalis** (L.) Spach · D:Östlicher Knöterich; E:Kiss-me-over-the-Garden-Gate, Smartweed, Willow Grass · ⊙ VII-X; Iran, Ind., China, SE-As., nat. in I, D, Ba, EC-Eur.
- **pensylvanica** (L.) M. Gómez · D:Pennsylvanischer Knöterich; E:Pennsylvania Smartweed · ⊙; Alaska, Can.: E; USA* exc. NW, nat. in BrI
- *polystachya* (Wall. ex Meisn.) H. Gross = Aconogonon polystachyum
- *sericea* (Pall.) H. Gross = Aconogonon sericeum
- **tinctoria** (Aiton) Spach · D:Färber-Knöterich · ♃ Ⓝ; China
- *vacciniifolia* (Wall. ex Meisn.) Ronse Decr. = Bistorta vacciniifolia
- **virginiana** (L.) Gaertn. · ♃ Z5; USA: NE, NEC, NC, SC, SE, Fla.
- *vivipara* (L.) Ronse Decr. = Bistorta vivipara
- *wallichii* Greuter et Burdet = Aconogonon polystachyum
- *weyrichii* (F. Schmidt ex Maxim.) Ronse Decr. = Aconogonon polystachyum

Pertya Sch.Bip. -f- *Asteraceae (Compositae)* · 15 sp
- **sinensis** Oliv. · ♄ Z5; C-China

Peruvocereus Akers = Haageocereus
- *albispinus* Akers = Haageocereus albispinus

Pescatoria Rchb.f. -f- *Orchidaceae* · 16 sp
- **cerina** (Lindl.) Rchb. f. · ♃ Z10 ⌂ VI-VII ▽ *; Costa Rica, Panama
- **dayana** Rchb. f. · ♃ Z10 ⌂ VI-IX ▽ *; Col.
- **lamellosa** Rchb. f. · ♃ Z10 ⌂ VII-VIII ▽ *; Col.

× **Pescoranthes** hort. -f- *Orchidaceae* (*Cochleanthes* × *Pescatoria*)

Petasites Mill. -m- *Asteraceae (Compositae)* · 15-19 sp · D:Pestwurz; E:Butterbur; F:Pétasites
- **albus** (L.) Gaertn. · D:Weiße Pestwurz; E:White Butterbur; F:Pétasite blanc · ♃ △ ~ Z5 IV; Eur.* exc. BrI, Ib; TR, Cauc., nat. in BrI
- **fragrans** (Vill.) C. Presl · D:Vanillen-Pestwurz; E:Sweet Coltsfoot, Winter Heliotrope; F:Héliotrope d'hiver · ♃ △ ~ D Z7 ∧ XII-III; Eur.: Sard., I, Sic.; Alger., Tun., Libya, nat. in Ib, Fr, BrI, CH, DK
- **hybridus** (L.) Gottfr. Gaertn., B. Mey. et Scherb. · D:Gewöhnliche Pestwurz; E:Butterbur, Umbrella Plant · ♃ ~ Z4 IV ⚕; Eur.* exc. Sc; TR, Cauc., N-Iran, nat. in Sc, N-Am.
- **japonicus** (Siebold et Zucc.) Maxim. · D:Japanische Pestwurz; E:Butterbur · ♃ ~ D Z5 III-IV; China, Korea, Jap., Sachal., Ryukyu-Is.
- *niveus* (Vill.) Baumg. = Petasites paradoxus
- *officinalis* Moench = Petasites hybridus
- **paradoxus** (Retz.) Baumg. · D:Alpen-Pestwurz · ♃ △ ~ Z5 IV-V; Eur.: Sp., F, I, C-Eur., Bosn., Serbia, RO; mts.
- **spurius** (Retz.) Rchb. · D:Filzige Pestwurz · ♃ Z5 IV; Eur.: Sc, D, PL, E-Eur.; W-Sib., ? C-As.
- *tomentosus* DC. = Petasites spurius

Petrea L. -f- *Verbenaceae* · 30 sp · D:Purpurkranz; E:Purple Wreath; F:Petrea
- **volubilis** L. · D:Purpurkranz; E:Purple Wreath · ♄ e ≩ Z10 ⌂ III-IV; C-Am., W.Ind.

Petrocallis R. Br. -f- *Brassicaceae (Cruciferae)* · 1 sp · D:Steinschmückel; F:Drave des Pyrénées, Pétrocallis
- **pyrenaica** (L.) R. Br. · D:Steinschmückel; E:Rock Beauty · ♃ ⌓ △ Z4 VI ▽; Eur.: Sp., F, I, C-Eur., Slova., Slove., Croatia, ? RO; Pyr., Alp., Carp.

Petrocoptis A. Braun ex Endl. -f- *Caryophyllaceae* · 5-7 sp · D:Pyrenäennelke; F:Lychnis des Pyrénées, Pétrocoptis
- **glaucifolia** (Lag.) Boiss. · ♃ △ Z7 VI-VIII; N-Sp.; mts.

– *lagascae* (Willk.) Willk. = Petrocoptis glaucifolia
– **pyrenaica** (Bergeret) A. Braun · ♃ △ Z7 VI-VII; Sp., F; Pyr., mts. N-Sp.

Petrocosmea Oliv. -f- *Gesneriaceae* · 27 sp
– **kerrii** Craib · ♃ Z10 (K); Thail.
– **nervosa** Craib · ♃ Z9 (K); Yunnan
– **parryorum** C.E.C. Fisch. · ♃ Z10 (K); N-Ind.: Assam

Petrophytum (Nutt.) Rydb. -n- *Rosaceae* · 3 sp · D:Rasenspiere; E:Rock Spiraea; F:Spirée
– **caespitosum** (Nutt. ex Torr. et A. Gray) Rydb. · ♄ e ⇝ △ Z3 VII-VIII; USA: NC, Rocky Mts., Calif., SW
– **cinerascens** (Piper) Rydb. · ♄ e ⇝ △ Z5 IX; USA: NW, Rocky Mts.

Petrorhagia (Ser.) Link -f- *Caryophyllaceae* · 28 sp · D:Felsennelke; F:Tunique
– **prolifera** (L.) P.W. Ball et Heywood · D:Nelkenköpfchen, Sprossende Felsennelke; E:Proliferous Pink · ⊙ Z6 VI-X; Eur.*, TR, Cauc., NW-Afr.
– **saxifraga** (L.) Link · D:Steinbrech-Felsennelke; E:Coat Flower, Tunic Flower; F:Oeillet des rochers, Tunique · ♃ △ Z6 VI-IX; Eur.* exc. BrI, Sc; TR, Cauc., N-Iran, Altai, nat. in BrI, Sc

Petroselinum Hill -n- *Apiaceae (Umbelliferae)* · 2-3 sp · D:Petersilie; E:Parsley; F:Persil
– **crispum** (Mill.) Nyman ex A.W. Hill · D:Petersilie; E:Parsley · ⊙ VI-VII ⚕; ? SE-Eur., ? NW-Afr.; cult., nat. in Eur.*
  – var. **crispum** · D:Blatt-Petersilie, Krause Petersilie; E:Double Curled Parsley
  – var. **neapolitanum** Danert · D:Italienische Petersilie; E:Italian Parsley
  – var. *radicosum* (Alef.) Danert = Petroselinum crispum var. tuberosum
  – var. **tuberosum** (Bernh.) Mart Crov. · D:Knollen-Petersilie, Petersilienwurzel; E:Hamburg Parsley, Turnip-rooted Parsley

Petteria C. Presl -f- *Fabaceae (Leguminosae)* · 1 sp · D:Petterie; F:Petteria
– **ramentacea** (Sieber) C. Presl · D:Petterie; E:Dalmatian Laburnum · ♄ d Z6 VI; Eur.: Croatia, Bosn., YU, AL

Petunia Juss. -f- *Solanaceae* · 35 sp · D:Petunie; E:Petunia; F:Pétunia
– × **atkinsiana** D. Don (*P. axillaris* × *P. integrifolia*) · D:Garten-Petunie; E:Petunia · ♃ Z7 VI-IX; cult.
– **axillaris** (Lam.) Britton, Sterns et Poggenb. · D:Weiße Petunie; E:Large White Petunia · ⊙ ⊙ ♃ ♄ D Z7 VI-IX; S-Bras., Urug., Arg.
– **integrifolia** (Hook.) Schinz et Thell. · D:Violette Petunie; E:Violet-flowered Petunia · ⊙ ⊙ ♃ ♄ Z7 VI-IX; Bras., Urug., Arg.
– *nyctaginiflora* Juss. = Petunia axillaris
– *violacea* Lindl. = Petunia integrifolia
– **Cultivars**
  – **in vielen Sorten**

Peucedanum L. -n- *Apiaceae (Umbelliferae)* · 100-120 (-170) sp · D:Haarstrang, Hirschwurz; E:Hog's Fennel; F:Impératoire, Peucédan
– **alsaticum** L. · D:Elsässer Haarstrang · ♃ VII-IX; Eur.: Fr, C-Eur., EC-Eur., Ba, E-Eur.
– *altissimum* (Mill.) Thell. = Peucedanum verticillare
– **austriacum** (Jacq.) W.D.J. Koch
  – var. **austriacum** · D:Österreichischer Haarstrang · ♃ Z6 VII-VIII; Eur.: Fr, Ap, C-Eur., Ba, E-Eur.
  – var. **rablense** (Wulfen) W.D.J. Koch · D:Raibler Haarstrang · ♃ Z6 VII-VIII; Eur.: I, CH, A, Slove.; SE-Alp.
– **carvifolia** Vill. · D:Kümmel-Haarstrang · ♃ VI-VIII; Eur.* exc. BrI, Sc; ? TR, Cauc.
– **cervaria** (L.) Lapeyr. · D:Hirschwurz · ♃ Z6 VII-IX; Eur.* exc. BrI, Sc; Cauc., W-Sib., Alger.
– **officinale** L. · D:Echter Haarstrang · ♃ VII-IX ⚕; Eur.* exc. Sc
– **oreoselinum** (L.) Moench · D:Berg-Haarstrang · ♃ VII-VIII; Eur.* exc. BrI; ? Cauc.
– **ostruthium** (L.) W.D.J. Koch · D:Meisterwurz; E:Hogfennel, Masterwort · ♃ Z5 VII-VIII Ⓝ; Eur.: Fr, C-Eur., EC-Eur., Ib, Ap, Ba, ?RO, ? Krim, nat. in BrI, N-Am.
– **palustre** (L.) Moench · D:Sumpf-Haarstrang; E:Milk Parsley · ♃ VII-VIII; Eur.* exc. Ib; W-Sib.
– **venetum** (Spreng.) Koch · D:Venezianischer Haarstrang · ♃ VII-VIII; Eur.: Sp., F, I, CH, Slove., Croatia; E-Pyr.,

S-Alp., Apenn., Croatia
– **verticillare** (L.) W.D.J. Koch ex DC. · D:Riesen-Haarstrang · ⊙ ♃ Z7 VII-VIII ☠; Eur.: CH, I, A, H, Slove., Croatia

Peumus Molina -f- *Monimiaceae* · 1 sp · D:Boldo; E:Boldo; F:Boldo
– **boldus** Molina · D:Boldo; E:Boldo · ♄ e Z9 ⓚ ⚕ ☠; Chile

Pfeiffera Salm-Dyck -f- *Cactaceae* · 2 sp
– **ianthothele** (Monv.) F.A.C. Weber · ♄ ψ Z9 ⓚ; Bol., Arg.

Phacelia Juss. -f- *Hydrophyllaceae* · 150 sp · D:Büschelschön; E:Bluebell, Scorpion Weed; F:Phacélie
– **campanularia** A. Gray · D:Glockenblumen-Büschelschön; E:California Bluebell, Desert Bluebells · ⊙ Z9 VII-IX; Can.: W; USA: Calif., Colo.
– **congesta** Hook. · D:Rainfarn-Büschelschön; E:Blue Curls · ⊙ VII-X Ⓝ; USA: Calif., Ariz., N.Mex., Tex.; Baja Calif.
– **divaricata** (Benth.) A. Gray · ⊙ VII-VIII; Calif.
– **grandiflora** (Benth.) A. Gray · ⊙; S-Calif.
– **linearis** (Pursh) Holz. · D:Schmalblättriges Büschelschön; E:Scorpion Weed · ⊙ ⊙ ♃ VII-IX; W-Can., USA: NW, Rocky Mts., Calif.
– *menziesii* Torr. = Phacelia linearis
– **minor** (Harv.) Thell. ex F. Zimm. · D:Kleines Büschelschön; E:California Bluebell, Whitlavia · ⊙ VII-VIII; S-Calif.
– **parryi** Torr. · ⊙ VI-IX; Calif., Mex.
– *tanacetifolia* A. DC. = Phacelia congesta
– **tanacetifolia** Benth. · ⊙; USA: Calif., Ariz.; Mex., nat. in Eur.* exc. Ap., BrI
– **viscida** (Benth. ex Lindl.) Torr. · D:Klebriges Büschelschön · ⊙ VI-VIII; Calif.
– *whitlavia* A. Gray = Phacelia minor

Phaedranassa Herb. -f- *Amaryllidaceae* · 7-9 sp · D:Andenkönigin; E:Queen Lily; F:Reine des Andes
– **carniolii** Baker · ♃ Z8 ⓚ; Costa Rica
– **lehmannii** Regel · ♃ Z8 ⓦ; Col.
– **schizantha** Baker · ♃ Z8 ⓚ; Ecuad., Peru

Phaedranthus Miers = Distictis
– *buccinatorius* (DC.) Miers = Distictis buccinatoria

Phaenocoma D. Don -f- *Asteraceae (Compositae)* · 1 sp
– **prolifera** (L.) D. Don · ♄ ⋈ Z9 ⓚ; Kap

× **Phaiocalanthe** hort. -f- *Orchidaceae* (*Calanthe* × *Phaius*)

× **Phaiocymbidium** hort. -n- *Orchidaceae* (*Cymbidium* × *Phaius*)

Phaius Lour. -m- *Orchidaceae* · 40-50 sp
– *blumei* Lindl. = Phaius tankervilleae
– **flavus** (Blume) Lindl. · ♃ ⋈ Z10 ⓦ IV-V ▽ ✻; Ind., Malay. Arch.
– *grandifolius* Lour. = Phaius tankervilleae
– **humblotii** Rchb. f. · ♃ ⋈ Z10 ⓦ VI-VII ▽ ✻; Madag.
– *maculatus* Lindl. = Phaius flavus
– **tankervilleae** (Banks) Blume · ♃ ⋈ Z10 ⓦ II-VI ▽ ✻; Him., N-Ind., Sri Lanka, Myanmar, China, Malay. Arch., Austr.
– *wallichii* Hook. f. = Phaius tankervilleae

Phalaenopsis Blume -f- *Orchidaceae* · 44 sp · D:Malayenblume, Schmetterlingsorchidee; E:Moth Orchid; F:Orchidée-papillon
– **amabilis** (L.) Blume · ♃ Z10 ⓦ X-II ▽ ✻; Malay. Arch., N.Guinea, Austr.: Queensl.
– **amboinensis** J.J. Sm. · ♃ Z10 ⓦ XII-I ▽ ✻; Molucca I.: Ambon
– **aphrodite** Rchb. f. · ♃ Z10 ⓦ XII-IV ▽ ✻; Phil., Taiwan
– *boxallii* Rchb. f. = Phalaenopsis mannii
– *buyssoniana* Rchb. f. = Doritis pulcherrima
– **cornu-cervi** (Breda) Blume et Rchb. f. · ♃ Z10 ⓦ V-IX ▽ ✻; Myanmar, Thail., Nicobar. Is., Malay. Pen., Sumat., Kalimantan
– *denevei* J.J. Sm. = Paraphalaenopsis denevei
– **equestris** (Schauer) Rchb. f. · ♃ Z10 ⓦ VIII-IX ▽ ✻; Phil., Taiwan
– *esmeralda* Rchb. f. = Doritis pulcherrima
– *grandiflora* Lindl. = Phalaenopsis amabilis
– **lueddemanniana** Rchb. f. · ♃ Z10 ⓦ V-VI ▽ ✻; Phil.
– **mannii** Rchb. f. · ♃ Z10 ⓦ V-VIII ▽ ✻; Ind.: Sikkim, Assam; Vietn.
– **mariae** Burb. ex Warner et B.S. Williams · ♃ Z10 ⓦ VI-VIII ▽ ✻; Kalimantan, Phil.
– **parishii** Rchb. f. · ♃ Z10 ⓦ V-VI ▽ ✻; Myanmar
– *pulcherrima* (Lindl.) J.J. Sm. = Doritis

pulcherrima
– *rimestadiana* (Linden) Rolfe = Phalaenopsis amabilis
– *rosea* Lindl. = Phalaenopsis equestris
– **schilleriana** Rchb. f. · ♃ Z10 ⓦ I-III ▽ *; Phil.
– **stuartiana** Rchb. f. · ♃ Z10 ⓦ I-III ▽ *; Phil.
– **sumatrana** Korth. et Rchb. f. · ♃ Z10 ⓦ V-VI ▽ *; Thail., Malay. Pen., Sumat., Java, Kalimantan
– **violacea** Witte · ♃ Z10 ⓦ V-VII ▽ *; Malay. Pen., Sumat., Kalimantan
– **Cultivars**
  – **in vielen Sorten**

× **Phalaerianda** hort. -f- *Orchidaceae* (*Aerides* × *Phalaenopsis* × *Vanda*)

× **Phalandopsis** hort. -f- *Orchidaceae* (*Phalaenopsis* × *Vandopsis*)

× **Phalanetia** hort. -f- *Orchidaceae* (*Neofinetia* × *Phalaenopsis*)

Phalaris L. -f- *Poaceae (Gramineae)* · c. 20 sp · D:Glanzgras; E:Canary Grass; F:Alpiste, Baldingère
– **arundinacea** L. · D:Rohr-Glanzgras; E:Gardener's Garters, Reed Canary Grass, Ribbon Grass; F:Baldingère, Phalaris-roseau · ♃ ~ ⋉ Z4 VI-VII Ⓝ; Eur.*, TR, Syr., Lebanon, Cauc., Iran, Him., N-Ind., Sri Lanka, W-Sib., E-Sib., Amur, Sachal., Kamchat., C-As., N-China, Korea, Jap., Taiwan, Java, Alger., Kenya (Mt. Kenya), Alaska, Can., USA*, Mex., nat. in S-Am., S-Afr., Austr., NZ
– **brachystachys** Link · D:Gedrungenblütiges Glanzgras · ☉; Eur.: Ib, Fr, Ap, Ba; Cauc.
– **canariensis** L. · D:Kanariengras; E:Birdseed Grass, Canary Grass · ☉ ⋉ Z6 VI-VIII Ⓝ; Eur.: Ib, Fr, Ap, Ba, E-Eur., Canar. Is., Azor.; Tun., TR, nat. in Eur.* exc. BrI, Sc; Cauc.
– **coerulescens** Desf. · D:Ausdauerndes Glanzgras; E:Sunol Grass · ♃; Eur.: Ib, Fr, Ap, Ba; TR
– **minor** Retz. · D:Kleines Glanzgras; E:Little Seed Canary Grass · ☉ Z6; Eur.: Ib, Fr, Ap, Ba; TR, Cauc., Iran, C-As., Him., Ind., N-Afr., Kap, nat. in Krim
– **paradoxa** L. · D:Sonderbares Glanzgras; E:Hood Canary Grass · ☉; Eur.: Ib, Fr, Ap, Ba; TR, Cauc., SW-As., N-Afr.

Phalaroides Wolf = Phalaris
– *arundinacea* (L.) Rauschert = Phalaris arundinacea

Phanerophlebia C. Presl = Polystichum
– *caryotidea* (Wall.) Copel. = Polystichum falcatum var. caryotideum
– *falcata* (L. f.) Copel. = Polystichum falcatum var. falcatum
– *fortunei* (J. Sm.) Copel. = Polystichum falcatum var. fortunei

Pharbitis Choisy = Ipomoea
– *acuminata* (Vahl) Choisy = Ipomoea indica
– *hederacea* (Jacq.) Choisy = Ipomoea hederacea
– *hispida* (Zucc.) Choisy = Ipomoea purpurea
– *learii* (Paxton) Lindl. = Ipomoea indica
– *nil* (L.) Choisy = Ipomoea nil
– *purpurea* (Roth) Bojer = Ipomoea purpurea
– *rubrocaerulea* (Hook.) Planch. = Ipomoea tricolor

Pharus P. Browne -m- *Poaceae (Gramineae)* · 5-8 sp
– **latifolius** L. · ♃ Z9 ⓦ; W.Ind.

Phaseolus L. -m- *Fabaceae (Leguminosae)* · 36 sp · D:Bohne; E:Bean; F:Haricot
– *aconitifolius* Jacq. = Vigna aconitifolia
– **acutifolius** A. Gray
  – var. **acutifolius** · D:Tepary-Bohne; E:Wild Bean · ☉ ⌇ Z10 ⓦ Ⓝ; USA: Ariz., N.Mex., Tex.; Mex.
  – var. **latifolius** G.F. Freeman · ☉ ⌇ Z10 ⓦ Ⓝ; N-Mex., Ariz., nat. in Afr.
– *angularis* (Willd.) W. Wight = Vigna angularis
– *caracalla* L. = Vigna caracalla
– **coccineus** L. · D:Feuer-Bohne; E:Runner Bean, Scarlet Runner · ☉ ⌇ Z10 VI-IX; ? Mex., ? C-Am.
– **lathyroides** L. · ☉ ⌇ Ⓝ; trop. Am., Austr.: Queensl.; cult. E-Afr.
– *limensis* Macfad. = Phaseolus lunatus
– **lunatus** L. · D:Butter-Bohne, Lima-Bohne; E:Butter Bean, Lima Bean · ☉ ⌇ Z10 ☠ Ⓝ; S-Am.
– *max* L. = Glycine max
– *multiflorus* Lam. = Phaseolus coccineus
– *mungo* L. = Vigna mungo
– *radiatus* L. = Vigna radiata var. radiata

– *retusus* Benth. = Phaseolus ritensis
– **ritensis** M.E. Jones · ♃ Ⓝ; USA: Ariz., N.Mex., Tex.
– **vulgaris** L.
  – var. **nanus** (L.) Asch. · D:Busch-Bohne; E:Dwarf Bean · ☉ Z10 Ⓝ; cult.
  – var. **vulgaris** · D:Garten-Bohne, Stangen-Bohne; E:Bean, Flageolet, French Bean, Green Bean, Haricot, Kidney Bean · ☉ ≹ Z10 VI-IX ⚕ ; cult.

Phegopteris Fée -f- *Thelypteridaceae* · 3 sp · D:Buchenfarn; E:Beach Fern; F:Fougère du hêtre
– **connectilis** (Michx.) D. Watt · D:Gewöhnlicher Buchenfarn; E:Long Beech Fern; F:Fougère des hêtres · ♃ Z5 VII-VIII; Eur.*, TR, Cauc., W-Sib., E-Sib., Amur, Sachal., Kamchat., Manch., Korea, Jap., Alaska, Can., USA: NE, NCE, SE; Greenl.
– **decursive-pinnata** (H.C. Hall) Fée · D:Tausendfüßler-Farn · ♃ Z6; Ind., Indochina, China, Taiwan, Jap.
– *dryopteris* (L.) Fée = Gymnocarpium dryopteris
– **hexagonoptera** (Michx.) Fée · D:Breiter Buchenfarn; E:Broad Beech Fern; F:Fougère des hêtres américaine · ♃ Z5; Can.: E; USA: NE, NCE, Kans., SC, SE, Fla.
– *polypodioides* Fée = Phegopteris connectilis
– *robertiana* Hoffm. = Gymnocarpium robertianum
– *vulgaris* Mett. = Phegopteris connectilis

Phellandrium L. = Oenanthe
– *aquaticum* L. = Oenanthe aquatica

Phellodendron Rupr. -n- *Rutaceae* · 10 sp · D:Korkbaum; E:Corktree; F:Arbre à liège
– **amurense** Rupr. · D:Amur-Korkbaum; E:Amur Cork Tree; F:Phellodendron de l'Amour · ♄ d Z5 VI ⚕ Ⓝ; Amur, N-China, Manch., Korea, Jap.
  – var. *lavallei* (Dode) Sprague = Phellodendron lavallei
– **chinense** C.K. Schneid. · D:Chinesischer Korkbaum; E:Chinese Cork Tree · ♄ d Z5 VI; C-China
– **japonicum** Maxim. · D:Japanischer Korkbaum; E:Japanese Cork Tree; F:Phellodendron du Japon · ♄ d Z5 VI; Jap.
– **lavallei** Dode · D:Rostiger Korkbaum; E:Lavalle Cork Tree · ♄ d Z6 VI; Jap.
– **sachalinense** (F. Schmidt) Sarg. · D:Sachalin-Korkbaum; E:Sakhalin Cork Tree · ♄ d Z4 VI; Jap., Korea, Sachal., W-China

Phellosperma Britton et Rose = Mammillaria
– *guelzowiana* (Werderm.) Buxb. = Mammillaria guelzowiana
– *longiflora* (Britton et Rose) Buxb. = Mammillaria longiflora
– *pennispinosa* (Krainz) Buxb. = Mammillaria pennispinosa
– *tetrancistra* (Engelm.) Britton et Rose = Mammillaria tetrancistra

Phelypaea L. = Orobanche
– *caerulea* (Vill.) C.A. Mey. = Orobanche purpurea
– *ramosa* (L.) C.A. Mey. = Orobanche ramosa

Philadelphus L. -m- *Hydrangeaceae* · 65 sp · D:Pfeifenstrauch, Sommerjasmin; E:Mock Orange; F:Seringat
– **argyrocalyx** Wooton · ♄ d D Z7 VI-VIII; USA: N.Mex.
– *billiardii* Koehne = Philadelphus insignis
– **brachybotrys** (Koehne) Koehne · ♄ Z7 VI-VII; ? China
– **californicus** Benth. · ♄ d D Z7 VI-VII; Calif.
– **caucasicus** Koehne · D:Kaukasischer Pfeifenstrauch; E:Caucasian Mock Orange · ♄ d Z6 V-VI; Cauc.
– **coronarius** L. · D:Falscher Jasmin, Gewöhnlicher Pfeifenstrauch; E:Sweet Mock Orange; F:Seringat des jardins · ♄ d D Z5 V-VI; Eur.: A (Steiermark), I, nat. in F, RO
  – **'Salicifolius'**
– **delavayi** L. Henry · ♄ d Z6 VI; Yunnan
– × **falconeri** Sarg. (*?*) · D:Stern-Pfeifenstrauch · ♄ d Z5; orig. ?
– **floridus** Beadle · ♄ d Z7 VI; USA: Ga.
– *gloriosus* Beadle = Philadelphus inodorus var. grandiflorus
– *gordonianus* Lindl. = Philadelphus lewisii var. gordonianus
– *grandiflorus* Willd. = Philadelphus inodorus var. grandiflorus
– **hirsutus** Nutt. · D:Grauhaariger Pfeifenstrauch · ♄ d Z7 VI; USA: Ky., SE
– **incanus** Koehne · D:Später Pfeifenstrauch · ♄ d D Z5 VII; China: Hupeh, Schansi

– **inodorus** L.
  – var. **grandiflorus** (Willd.) A. Gray · ♄ d Z7 VI; USA: Va., SE, Fla.
  – var. **inodorus** · D:Duftloser Pfeifenstrauch; E:Scentless Mock Orange · ♄ d Z7; USA: Va., SE, Fla.
  – var. **laxus** (Schrad. ex DC.) S.Y. Hu · ♄ d Z7 VI; USA: Ga.
  – var. **strigosus** Beadle · ♄ d Z7 VI; USA: S.C.
– **insignis** Carrière · ♄ d D Z7 VI-VII; USA: Oreg., Calif.
– **intectus** Beadle · ♄ d Z7 VI; USA: SE
– **kansuensis** (Rehder) S.Y. Hu · ♄ d D Z7 VII; NW-China
– *laxus* Schrad. ex DC. = Philadelphus inodorus var. laxus
– × **lemoinei** Lemoine (*P. coronarius* × *P. microphyllus*) · ♄ d Z5; cult.
– **lewisii** Pursh
  – var. **gordonianus** (Lindl.) Koehne · ♄ d Z5 VI-VII; Can.: B.C.; USA: NW, Idaho, Calif.
  – var. **lewisii** · D:Oregon-Pfeifenstrauch; E:Wild Mock Orange · ♄ d Z5; Can.: W; USA: NW, Calif., Rocky Mts.
– *magdalenae* Koehne = Philadelphus subcanus var. magdalenae
– **microphyllus** A. Gray · D:Kleinblättriger Pfeifenstrauch · ♄ d D Z6 VI; USA: Colo., SW
– **pekinensis** Rupr. · D:Peking-Pfeifenstrauch · ♄ d D Z5 VI; N-China, Korea
  – var. *brachybotrys* Koehne = Philadelphus brachybotrys
  – var. *kansuensis* Rehder = Philadelphus kansuensis
– × **polyanthus** Rehder (*P. insignis* × *P.* × *lemoinei*) · ♄ d Z6; cult.
– **pubescens** Loisel.
  – var. *intectus* (Beadle) A.H. Moore = Philadelphus intectus
  – var. **pubescens** · D:Weichhaariger Pfeifenstrauch · ♄ d Z5; USA: NE, NCE, SE
  – var. **verrucosus** (Schrad. ex DC.) S.Y. Hu · ♄ d Z5 VI; USA: NCE, SE
– **purpurascens** (Koehne) Rehder · ♄ d D Z6 VI; W-China
– × **purpureomaculatus** Lemoine (*P. coulteri* × *P.* × *lemoinei*) · ♄ d Z6; cult.
– *salicifolius* hort. = Philadelphus coronarius 'Salicifolius'
– **salicifolius** K. Koch · ♄ d D Z5 VI; orig. ?
– *satsumanus* K. Koch = Philadelphus satsumi
– **satsumanus** Siebold ex Miq. · ♄ d Z6 VI; Jap.
– **satsumi** (Siebold) S.Y. Hu · ♄ d D Z6 VI; Jap.
– **schrenkii** Rupr. · ♄ d D Z5 V-VI; Manch., Korea
– **sericanthus** Koehne · ♄ d Z6 VI; W-China, C-China
– *strigosus* (Beadle) Rydb. = Philadelphus inodorus var. inodorus
– **subcanus** Koehne
  – var. **magdalenae** (Koehne) S.Y. Hu · ♄ d D Z6 VI; W-China
  – var. **subcanus** · ♄ d Z6; W-China
– **tenuifolius** Rupr. et Maxim. · D:Mandschurischer Pfeifenstrauch · ♄ d Z5 VI; Manch., Korea, E-Sib.
– **tomentosus** Wall. ex Royle · D:Filziger Pfeifenstrauch · ♄ d D Z6 VI; Him.
– *verrucosus* Schrad. ex DC. = Philadelphus pubescens var. pubescens
– × **virginalis** Rehder (?) · ♄ d Z5; cult.
– **Cultivars**
  – **in vielen Sorten**

Philesia Comm. ex Juss. -f- *Philesiaceae* · 1 sp · D:Kussblume; F:Philésia
– **magellanica** J.F. Gmel. · ♄ e Z9 (K); Chile, S-Arg.

Philippicereus Backeb. = Eulychnia
– *castaneus* (Phil.) Backeb. = Eulychnia castanea

Phillyrea L. -f- *Oleaceae* · 4 sp · D:Steinliguster, Steinlinde; E:Mock Privet; F:Filaria
– **angustifolia** L. · D:Schmalblättrige Steinlinde · ♄ e Z8 (K) V-VI; Eur.: Ib, Fr, Ap, Ba; NW-Afr., nat. in Krim
– *decora* Boiss. et Balansa = Osmanthus decorus
– **latifolia** L. · D:Breitblättrige Steinlinde · ♄ ♄ e Z8 (K) V; Eur.: Ib, Fr, Ap, Ba; TR, Levante, NW-Afr., Libya
– *media* L. = Phillyrea latifolia
– *vilmoriniana* Boiss. et Balansa = Osmanthus decorus

Philodendron Schott -n- *Araceae* · 350+ sp · D:Philodendron; E:Philodendron; F:Philodendron
– **adamantinum** Mart. · ♄ e Z10 (W); Parag.

– *andreanum* Devansaye = Philodendron melanochrysum
– **angustisectum** Engl. · e ⌇ Z10 ⓦ; W-Col.
– *asperatum* K. Koch = Philodendron ornatum
– **augustinum** K. Koch · e Z10 ⓦ; S-Am.
– **bipennifolium** Schott · D:Geigenblatt-Philodendron; E:Fiddleleaf Philodendron · e ⌇ Z10 ⓦ; S-Bras.
– **bipinnatifidum** Schott ex Endl. · D:Baum-Philodendron · ♄ e Z10 ⓦ; SE-Bras.
– **cannifolium** Mart. · ♃ e ⇝ Z10 ⓦ; SE-Bras.
– **cordatum** (Vell.) Kunth · D:Herzblättriger Philodendron; E:Heart Philodendron · e ⌇ Z10 ⓦ; SE-Bras.
– *cordatum* hort. = Philodendron scandens subsp. scandens
– × **corsinianum** Senoner (*P. verrucosum* × *?*) · e ⌇ Z10 ⓦ; cult.
– **crassinervium** Lindl. · e ⌇ Z10 ⓦ; Guyan.
– *daguense* Linden = Philodendron verrucosum
– **devansayeanum** Linden · ♃ e ⌇ ⇝ Z10 ⓦ; Ecuad., Peru; And.
– **domesticum** G.S. Bunting · D:Spatenblatt-Philodendron; E:Spade Leaf Philodendron · ♄ e ⌇ Z10 ⓦ; ? Bras.
– *duisbergii* Epple ex Bunting = Philodendron fendleri
– *eichleri* Engl. = Philodendron undulatum
– *elegans* K. Krause = Philodendron angustisectum
– **elongatum** Engl. · e ⌇ Z10 ⓦ; Bras.
– **erubescens** K. Koch et Augustin · D:Rotblättriger Philodendron; E:Blushing Philodendron, Redleaf Philodendron · e ⌇ Z10 ⓦ; Col.
– **eximium** Schott · e ⌇ Z10 ⓦ; Bras.
– **fendleri** K. Krause · ♄ e ⌇ Z10 ⓦ; Col., Venez., Trinidad
– **giganteum** Schott · e ⌇ Z10 ⓦ; W.Ind.
– **glaziovii** Hook. f. · e ⌇ Z10 ⓦ; Bras.
– **gloriosum** André · ♃ e ⇝ Z10 ⓦ; Col.
– **grandifolium** (Jacq.) Schott · e ⌇ Z10 ⓦ; Guyan.
– *hastatum* hort. = Philodendron domesticum
– *hastatum* K. Koch et Sello = Philodendron elongatum
– **houlletianum** Engl. · e ⌇ Z10 ⓦ; Guyan.
– **ilsemannii** hort. Saunders · e ⌇ Z10 ⓦ; orig. ?
– **imbe** Schott ex Endl. · e ⌇ Z10 ⓦ; S-Bras.
– *imperiale* Schott = Philodendron ornatum
– **lacerum** (Jacq.) Schott · e ⌇ Z10 ⓦ; Cuba, Haiti, Jamaica
– *laciniatum* (Vell.) Engl. = Philodendron pedatum
– *laciniosum* Schott = Philodendron pedatum
– **latifolium** K. Koch · e Z10 ⓦ; Venez.
– **latilobum** Schott · e ⌇ Z10 ⓦ; Peru
– **longilaminatum** Schott · e ⌇ Z10 ⓦ; S-Bras.
– *martianum* Engl. = Philodendron cannifolium
– **melanochrysum** Linden et André · D:Schwarzgoldener Philodendron; E:Black Gold Philodendron · e ⌇ Z10 ⓦ Ⓝ; Col.
– **melinonii** Brongn. ex Regel · ♃ e Z10 ⓦ; trop. S-Am.
– *micans* K. Koch = Philodendron scandens subsp. scandens
– **ornatum** Schott · e ⌇ Z10 ⓦ; trop. S-Am.
– *oxycardium* Schott = Philodendron scandens subsp. oxycardium
– *panduriforme* hort. = Philodendron bipennifolium
– **pedatum** (Hook.) Kunth · e ⌇ Z10 ⓦ; Venez., Guyan., N-Bras
– *pertusum* Kunth et Bouché = Monstera deliciosa
– **pinnatifidum** (Jacq.) Schott · ♃ e Z10 ⓦ; Venez., Trinidad
– **radiatum** Schott · e ⌇ Z10 ⓦ; SE-Mex., Guat.
– **rugosum** Bogner et G.S. Bunting · e ⌇ Z10 ⓦ; Ecuad.
– **sagittifolium** Liebm. · e ⌇ Z10 ⓦ; S-Mex.
– **sanguineum** Regel · e ⌇ Z10 ⓦ; Mex.
– **scandens** K. Koch et Sello
  – subsp. **oxycardium** (Schott) G.S. Bunting · ⌇ Z10 ⓦ; E-Mex.
  – subsp. **scandens** · D:Kletternder Philodendron; E:Heart-leaf Philodendron · e Z10 ⓦ; orig. ?
    – fo. **micans** (K. Koch) G.S. Bunting · ⌇ Z10 ⓦ; Panama
– *selloum* K. Koch = Philodendron bipinnatifidum
– *sellowianum* Kunth = Philodendron latifolium
– **simsii** (Hook.) Kunth · ♃ e Z10 ⓦ; Venez.
– *sodiroi* hort. ex Bellair et St.-Léger = Philodendron ornatum
– **squamiferum** Poepp. · e ⌇ Z10 ⓦ; Guyan., Bras.
– **tripartitum** (Jacq.) Schott · e ⌇ Z10 ⓦ; C-Am., trop. S-Am.
– *triumphans* hort. = Philodendron

verrucosum
– **tuxtlanum** G.S. Bunting · e ≷ Z10 ⓦ; Mex.
– **undulatum** Engl. · ♄ e Z10 ⓦ; Bras.
– **verrucosum** Mathieu ex Schott · e ≷ Z10 ⓦ; Costa Rica, Panama, Col., Ecuad.
– **wendlandii** Schott · ♃ e Z10 ⓦ; C-Am.

Philydrum Banks ex Gaertn. -n- *Philydraceae* · 1 sp
– **lanuginosum** Banks ex Gaertn. · ♃ ≈ Z10 ⓦ; Ind., Myanmar, China, Taiwan, Jap., Thail., Malay. Pen., Austr.

Phlebodium (R. Br.) J. Sm. -n- *Polypodiaceae* · -10 sp
– **aureum** (L.) J. Sm. · D:Hasenfußfarn; E:Golden Polypody, Hare's Foot Fern · ♃ ～ Z10 ⓦ; trop. S-Am., nat. in Sri Lanka

Phlegmariurus (Herter) Holub = Lycopodium
– *squarrosus* (G. Forst.) A. Löve et D. Löve = Lycopodium squarrosum

Phleum L. -n- *Poaceae (Gramineae)* · 15 sp · D:Lieschgras; E:Cat's Tail, Timothy; F:Fléole
– **alpinum** L. · D:Alpen-Lieschgras; E:Alpine Cat's Tail, Alpine Timothy · ♃ VII-VIII; Eur.*, TR, Cauc., W-Sib., E-Sib., Kamchat., C-As., Afgh., E-As., nat. in N-Am., Mex., s S-Am.
– **arenarium** L. · D:Sand-Lieschgras · ⊙ V-VI; Eur.: Sc, BrI, Fr, D, Ib, Ap, ? Krim; Syr., NW-Afr., Libya; coasts
– **bertolonii** DC. · D:Knolliges Lieschgras; E:Small Timothy · ♃ VI-VII; Eur.*, TR, N-Iran, W-Sib., E-Sib., C-As., NW-Afr., nat. in USA
– **hirsutum** Honck. · D:Matten-Lieschgras, Raues Lieschgras · ♃ VII-VIII; Eur.: Fr, Ap, C-Eur., EC-Eur., Ba, RO, W-Russ.; mts.
– **paniculatum** Huds. · D:Rispiges Lieschgras · ⊙ V-VII; Eur.: Ib, Fr, C-Eur., Ap, H, Ba, RO, ? Krim; TR, Cauc., Iran, Afgh., C-As.
– **phleoides** (L.) Karst. · D:Steppen-Lieschgras; E:Boehmer's Cat's Tail · ♃ VI-VII; Eur.*, TR, Iraq, Cauc., Iran, W-Sib., E-Sib., C-As., Mong., China: Sinkiang; NW-Afr.
– **pratense** L. · D:Wiesen-Lieschgras; E:Cat's Tail, Timothy · ♃ VI-VII Ⓝ; Eur.*, TR, Cauc., C-As., E-Sib., Amur, Sachal., N-Afr., nat. in N-Am., Austr.
– **rhaeticum** (Humphries) Rauschert · D:Graubündener Lieschgras · ♃ VII-VIII; Eur.* exc. BrI, Sc; mts.
– **subulatum** (Savi) Asch. et Graebn. · D:Pfriemliches Lieschgras · ⊙; Eur.: Ib, Fr, Ap, Ba, PL, RO, Krim; TR, Syr., Iraq, Arab., Pakist., Egypt

Phlomis L. -f- *Lamiaceae (Labiatae)* · c. 100 sp · D:Brandkraut; E:Sage; F:Phlomis
– **bracteosa** Royle · ♄ Z8 ⓚ; Him.
– **cashmeriana** Royle ex Benth. · ♃ Z7 VI-VII; Afgh., Kashmir, W-Him.
– **chrysophylla** Boiss. · ♄ Z9 ⓚ; Lebanon
– **fruticosa** L. · D:Strauchiges Brandkraut; E:Jerusalem Sage · ♄ ♄ e Z8 ⓦ VI-VII; Eur.: Ap, Ba; TR, Cyprus, nat. in BrI, Fr, Krim
– **herba-venti** L. · ♃ Z7 VII-VIII; Eur.: Ib, Fr, Ap, Ba, E-Eur.; Iran
– **italica** L. · ♄ e Z8 ⓚ; Balear.
– *laciniata* L. = Eremostachys laciniata
– **russeliana** (Sims) Benth. · F:Sauge de Jérusalem · ♃ ♄ Z7 VI-VII; TR
– *samia* Boiss. = Phlomis russeliana
– **samia** L. · ♃ Z7; Eur.: GR, Maced.; TR
– **tuberosa** L. · D:Knollen-Brandkraut; F:Sauge de Jérusalem · ♃ Z6 VI-VII; Eur.: C-Eur., EC-Eur., Ba, E-Eur.; TR, Cauc., N-Iran, W-Sib., E-Sib., Amur, Mong.
– *viscosa* hort. = Phlomis russeliana
– **viscosa** Poir. · ♄ Z8 ⓚ; TR, Syr., Armen.

Phlox L. -f- *Polemoniaceae* · 67 sp · D:Flammenblume, Phlox; E:Phlox; F:Phlox
– **adsurgens** Torr. · D:Immergrüner Phlox; E:Woodland Phlox · ♃ ⇝ △ Z6 V-VI; USA: Oreg., Calif.
– *amoena* hort. = Phlox × procumbens
– **amoena** Sims · ♃ Z8; USA: Ky., SE, Fla.
– × **arendsii** hort. (*P. divaricata* × *P. paniculata*) · ♃ Z3; cult.
– **bifida** Beck · D:Sand-Phlox; E:Sand Phlox · ♃ ⇝ △ Z6 IV-V; USA: NCE, Ky., Okla.
– **borealis** Wherry · ♃ ⇝ △ Z2 IV-V; Alaska
– *brittonii* Small = Phlox subulata subsp. brittonii
– *canadensis* Sweet = Phlox divaricata subsp. divaricata
– **carolina** L. · D:Carolina-Phlox, Dickblatt-

Phlox; E:Thick Leaf Phlox · ♃ Z5 VI-VII; USA: NE, Ind., SE
– *decussata* Lyon ex Pursh = Phlox paniculata
– **divaricata** L.
  – **in Sorten**
  – subsp. **divaricata** · D:Blauer Phlox, Wald-Phlox; E:Blue Phlox, Louisiana Phlox, Wild Sweet William · ♃ △ Z4 V-VI; Can.: E; USA: NE, NCE, SE
  – subsp. **laphamii** (A.W. Wood) Wherry · ♃ △ Z4 V-VI; USA: NE, NCE, NC, SC, SE, Fla.
  – var. *canadensis* hort. ex Wherry = Phlox divaricata subsp. divaricata
– **douglasii** Hook. · D:Polster-Phlox; E:Alpine Phlox, Douglas Phlox; F:Phlox de Douglas · ♃ ⇝ △ Z5 V-VI; USA: Wash., Mont., Calif.
  – **in Sorten**
– **drummondii** Hook. · D:Einjähriger Phlox; E:Annual Phlox · ⊙ Z6 VIII-IX; Can.: E; USA: NE, NCE, SC, SE, Fla.
  – **in Sorten**
– **glaberrima** L. · ♃ ⏜ Z4 VI-VIII; USA: NE, NCE, SE, Fla., SC
– **maculata** L. · D:Wiesen-Phlox; E:Sweet William Phlox; F:Phlox maculé · ♃ Z5 VI-VII; Can.: E; USA: NE, NCE, Tenn.
  – **in Sorten**
– **nivalis** Lodd. ex Sweet · D:Kiefern-Phlox, Schnee-Phlox; E:Trailing Phlox · ♃ ⇝ △ Z6 III-V; USA: Va., SE, Fla, SC
– **ovata** L. · ♃ Z5 VII-VIII; USA: NE, NCE, SE
– **paniculata** L. · D:Stauden-Phlox; E:Garden Phlox, Phlox, Summer Phlox · ♃ Z4 VII-VIII; USA: NE, NCE, SE
  – **in vielen Sorten**
– **pilosa** L. · D:Prärie-Phlox; E:Downy Phlox · ♃ Z5 IV-V; Ont., USA: NE, NCE, Kans., SC, SE, Fla.
– × **procumbens** Lehm. (*P. stolonifera* × *P. subulata*) · ♃ △ Z4 IV-V; USA: Ky., SE, Fla.
– *reptans* Michx. = Phlox stolonifera
– *setacea* L. = Phlox subulata subsp. subulata
– *stellaria* A. Gray = Phlox bifida
– **stolonifera** Sims · D:Kriechender Phlox; E:Creeping Phlox; F:Phlox à stolons · ♃ ⇝ △ Z4 IV-V; USA: NE, Ohio, SE
– **subulata** L.
  – **in vielen Sorten**
  – subsp. **brittonii** (Small) Wherry · ♃ ⇝ △ Z3 V-VI; USA: Va., N.C.
  – subsp. **subulata** · D:Moos-Phlox, Polster-Phlox; E:Moss Phlox, Moss Pink; F:Phlox mousse · ♃ ⇝ △ Z3 IV-V; USA: NE, N.C., Tenn.
  – var. *nivalis* (Lodd. ex Sweet) Brand = Phlox nivalis
– *suffruticosa* Vent. = Phlox carolina

Phoebe Nees -f- *Lauraceae* · 94 sp
– **formosana** (Hayata) Hayata · ♄ e Z10 Ⓚ; China, Taiwan

Phoenicaulis Nutt. -m- *Brassicaceae (Cruciferae)* · 1 sp · D:Purpurstängel; E:Daggerpod
– **cheiranthoides** Nutt. · D:Purpurstängel; E:Daggerpod · ♃ △ Z5 IV-VI; USA: NW, Idaho, Nev., N-Calif.

Phoenicophorium H. Wendl. -n- *Arecaceae (Palmae)* · 1 sp
– **borsigianum** (K. Koch) Stuntz · ♄ e Z9 Ⓦ; Seych.

Phoenix L. -f- *Arecaceae (Palmae)* · 17 sp · D:Dattelpalme, Phönixpalme; E:Date Palm; F:Dattier, Palmier dattier
– **acaulis** Buch.-Ham. · ♄ e Z9 Ⓚ; Myanmar, Ind.: Assam
– **canariensis** hort. ex Chabaud · D:Kanarische Dattelpalme; E:Canary Island Date Palm · ♄ e Z9 Ⓚ; Canar.
– **dactylifera** L. · D:Dattelpalme; E:Date, Date Palm · ♄ e Z9 Ⓚ Ⓝ; cult.
– *humilis* Royle = Phoenix loureirii
– *leonensis* Lodd. = Phoenix reclinata
– **loureirii** Kunth · ♄ e Z9 Ⓚ; S-China, Ind.: Assam
– **pusilla** Gaertn. · ♄ e Z9 Ⓚ; S-Ind., Sri Lanka
– **reclinata** Jacq. · D:Senegal-Dattelpalme; E:Senegal Date Palm · ♄ e Z9 Ⓚ; trop. Afr., S-Afr., Madag.
– **roebelenii** O'Brien · D:Zwerg-Dattelpalme; E:Miniature Date Palm, Pigmy Date Palm · ♄ e Z10 Ⓦ; Laos
– **rupicola** T. Anderson · D:Klippen-Dattelpalme; E:Cliff Date Palm, Cliff Date · ♄ e Z9 Ⓚ; Him.
– *spinosa* Schumach. = Phoenix reclinata
– **sylvestris** (L.) Roxb. · D:Silber-Dattelpalme; E:Silver Date Palm · ♄ e Z9 Ⓚ Ⓝ; Ind.
– **theophrasti** Greuter · ♄ e Ⓚ ▽; Crete

Pholidota Lindl. ex Hook. -f- *Orchidaceae* · 29 sp
- **articulata** Lindl. · ♃ Z9 ⓦ V-IX ▽ *; Him., Indochina, Malay. Arch.
- *imbricata* (Roxb.) Lindl. = Pholidota pallida
- **pallida** Lindl. · ♃ Z9 ⓦ IV-VII ▽ *; Him., Ind., Sri Lanka, Indochina, Malay. Arch.
- **ventricosa** Rchb. f. · ♃ Z9 ⓦ III-V ▽ *; Malay. Arch.

Pholistoma Lilja -f- *Hydrophyllaceae* · 3 sp · D:Schuppenmund; E:Fiesta Flower; F:Némophile
- **auritum** (Lindl.) Lilja · D:Blauer Schuppenmund; E:Blue Fiesta Flower · ⊙ VI-VII; Calif.

Pholiurus Trin. -m- *Poaceae (Gramineae)* · 1 sp · D:Schuppenschwanz
- **pannonicus** (Host) Trin. · D:Schuppenschwanz, Ungarischer Schuppenschwanz · ⊙ VI-VII; Eur.: EC-Eur., Ba, E-Eur., ? Sp.; Cauc., W-Sib., C-As.

Phormium J.R. Forst. et G. Forst. -n- *Phormiaceae* · 2 sp · D:Neuseelandflachs; E:New Zealand Flax; F:Lin de Nouvelle-Zélande
- *aloides* L. f. = Lachenalia aloides
- *colensoi* Hook. f. = Phormium cookianum
- **cookianum** Le Jol. · D:Kleiner Neuseelandflachs; E:Mountain Flax · ♃ e Z8 ⓚ; NZ
- **tenax** J.R. Forst. et G. Forst. · D:Neuseelandflachs; E:New Zealand Flax · ♃ e Z8 ⓚ Ⓝ; NZ
  - **in Sorten**

Photinia Lindl. -f- *Rosaceae* · 65 sp · D:Glanzmispel; E:Christmas Berry; F:Photinia
- *arbutifolia* (Aiton) Lindl. = Heteromeles arbutifolia
- **beauverdiana** C.K. Schneid.
  - var. **beauverdiana** · ₺ ♄ d Z6 V; W-China, C-China
  - var. **notabilis** (C.K. Schneid.) Rehder et E.H. Wilson · ♄ d Z6; China
- **davidiana** (Decne.) Cardot
  - var. **davidiana** · D:Lorbeer-Glanzmispel; F:Stranvaesia · ♄ ₺ e Z7; W-China
  - var. **salicifolia** (Hutch.) Cardot · ♄ e ꕥ Z7 ∧ VI; W-China
  - var. **undulata** (Decne.) Cardot · ♄ e ꕥ Z7 ∧ VI; W-China, C-China
- × **fraseri** Dress (*P. glabra* × *P. serrulata*) · D:Frasers Glanzmispel; E:Fraser's Photinia · ♄ e Z8 ⓚ; cult.
- **glabra** (Thunb.) Maxim. · D:Japanische Glanzmispel; E:Chinese Photinia, Christmasberry · ♄ e Z7 ∧ V-VI; Jap.
- **nussia** (D. Don) Kalkman · ♄ e Z9 ⓚ; Him., NE-Ind.
- **parvifolia** (Pritz.) C.K. Schneid. · ♄ d Z6 V-VI; China: Hubei
- **serrulata** Lindl. · D:Kahle Glanzmispel; E:Japanese Photinia · ♄ e Z8 ⓚ ∧ V-VI Ⓝ; China
- **villosa** (Thunb.) DC.
  - var. **laevis** (Thunb.) Dippel · ♄ d Z6 V-VI; Japan, Korea, ? China
  - var. **villosa** · D:Warzen-Glanzmispel; E:Photinia · ♄ d Z6 VI; China, Korea, Jap.

Phragmipedium Rolfe -n- *Orchidaceae* · c. 15 sp
- **boissierianum** (Rchb. f.) Rolfe · ♃ Z10 ⓦ VIII-X ▽ *; Peru, Bol.
- **caricinum** (Lindl.) Rolfe · ♃ Z10 ⓦ IV-VII ▽ *; Peru, Bol.
- **caudatum** (Lindl.) Rolfe · ♃ Z10 ⓦ II-V ▽ *; Panama, trop. S-Am.
- **lindleyanum** (Lindl.) Rolfe · ♃ Z10 ⓦ XI ▽ *; Venez., Guyan.
- **longifolium** (Rchb. f. et Warsz.) Rolfe
  - var. **longifolium** · ♃ Z10 ⓦ ▽ *; Costa Rica, Panama, Col., Ecuad.
  - var. **roezlii** (Rchb. f.) Veitch · ♃ Z10 ⓦ I-XII ▽ *; Col.
- **schlimii** (Rchb. f.) Rolfe · ♃ Z10 ⓚ I-XII ▽ *; Col.
- **Cultivars**
  - **in vielen Sorten**

Phragmites Adans. -m- *Poaceae (Gramineae)* · 4 sp · D:Rohr, Schilf; E:Reed; F:Roseau
- **australis** (Cav.) Trin. ex Steud. · D:Gewöhnliches Schilf, Schilfrohr; E:Common Reed, Reed, Reed Grass; F:Roseau · ♃ ≈ Z5 VII-IX ⚕ Ⓝ; Eur.*, cosmop.
- *communis* Trin. = Phragmites australis

Phryma L. -f- *Phrymaceae* · 1-2 sp
- **leptostachya** L.

– var. **asiatica** Hara · ♃; Him., E-Sib., China, Korea, Jap.
– var. **leptostachya** · ♃; Can.: E; USA: NE, NEC, NC, SC, SE, Fla.

Phrynella Pax et K. Hoffm. -f- *Caryophyllaceae* · 1 sp
– **ortegioides** (Fisch. et C.A. Mey.) Pax et K. Hoffm. · ♃ △ VIII-IX; TR

Phrynium Willd. -n- · 15 sp
– *confertum* (Benth.) K. Schum. = Ataenidia conferta
– *cylindricum* Roscoe et K. Koch = Calathea cylindrica
– *lubbersianum* (E. Morren) hort. Jacob-Makoy = Ctenanthe lubbersiana
– *setosum* Roscoe = Ctenanthe setosa
– **villosulum** Miq. · ♃ Z10; Malay. Pen.

Phuopsis (Griseb.) Hook.f. -f- *Rubiaceae* · 1 sp · D:Baldriangesicht; E:Caucasian Crosswort; F:Crucianelle
– **stylosa** (Trin.) B.D. Jacks. · D:Baldriangesicht; E:Caucasian Crosswort; F:Crucianelle rose, Lilas de terre · ♃ △ Z7 VI-VIII; Cauc., Iran

Phygelius E. Mey. ex Benth. -m- *Scrophulariaceae* · 2 sp · D:Kapfuchsie; E:Cape Figwort; F:Fuchsia du Cap
– **aequalis** Harv. ex Hiern · ♄ e Z8 (K) ∧ VII-IX; S-Afr.
– **capensis** E. Mey. ex Benth. · D:Kapfuchsie; E:Cape Figwort, Cape Fuchsia · ♄ e Z8 (K) ∧ VII-X; S-Afr.
– × **rectus** Coombs (*P. aequalis* × *P. capensis*) · ♄ e Z8 (K); cult.
– **in Sorten**

Phyla Lour. -f- *Verbenaceae* · 11-15 sp · D:Teppichverbene; E:Frogfruit
– *canescens* (Humb., Bonpl. et Kunth) Greene = Phyla nodiflora var. canescens
– **nodiflora** (L.) Greene
– var. **canescens** (Humb., Bonpl. et Kunth) Moldenke · ♃ ⇝ Z10 (K) VII-VIII
– var. **nodiflora** · D:Teppichverbene; E:Turtle Grass · ♃ Z10 (K); Eur.: Ib, Ap, Ba, Canar.; TR, Cauc., Iran, C-As., Him., N-Afr., trop. Am.
– var. **rosea** (D. Don) Moldenke · ♃ ⇝ Z10 (K) VII-VIII

Phylica L. -f- *Rhamnaceae* · 150 sp · D:Kapmyrte; E:Cape Myrtle; F:Myrte du Cap
– *acerosa* Willd. = Phylica ericoides
– **ericoides** L. · ♄ e Z9 (K) XI-III; Kap
– *myrtifolia* Poir. = Phylica paniculata
– **paniculata** Willd. · ♄ e Z9 (K); S-Afr.: Kap, Natal, Transvaal; Zimbabwe
– **plumosa** L. · ♄ e Z10 (K); Kap

Phyllagathis Blume -f- *Melastomataceae* · 47 sp
– **rotundifolia** (Jack) Blume · ♄ e Z10 (W); Sumat.

Phyllanthus L. -m- *Euphorbiaceae* · 600+ sp · D:Blattblüte; E:Foliage Flower; F:Cerisier de Tahiti
– **acidus** (L.) Skeels · D:Stachelbeerbaum; E:Indian Gooseberry · ♄ e Z10 (W) (N); Madag., Ind., Malay. Arch., nat. in Fla., W.Ind.
– **amarus** Schumach. et Thonn. · D:Bittere Blattblüte; E:Carry-me Seed · ♄ e Z10 (W); W-Afr., nat. in Trop.
– **angustifolius** (Sw.) Sw. · ♄ e Z10 (W); Jamaica, nat. in S-Fla.
– **arbuscula** (Sw.) J.F. Gmel. · ♄ e Z10 (W); Jamaica
– *distichus* (L.) Müll. Arg. = Phyllanthus acidus
– **emblica** L. · D:Amblabaum; E:Emblic, Emblic Myrobalan · ♄ e Z10 (W) (K) ⚕ (N); Ind., China, Malay. Arch., Mascarene Is.
– **grandifolius** L. · ♄ e Z10 (W); S-Am.
– **mimosoides** Sw. · ♄ e Z10 (W); W.Ind.
– *niruri* L. = Phyllanthus amarus
– *nivosus* W.G. Sm. = Breynia disticha
– **pulcher** (Baill.) Müll. Arg. · D:Schöne Blattblüte; E:Dragon-of-the-World · ♄ e Z10 (W); Thail., Malay. Pen., Sumat., Java
– *speciosus* Jacq. = Phyllanthus arbuscula

× **Phylliopsis** Cullen et Lancaster -f- *Ericaceae* (*Kalmiopsis* × *Phyllodoce*)
– **hillieri** Cullen et Lancaster (*Kalmiopsis leachiana* × *Phyllodoce breweri*) · ♄ e; cult.

Phyllitis Hill = Asplenium
– *scolopendrium* (L.) Newman = Asplenium scolopendrium

Phyllobolus N.E. Br. -m- *Aizoaceae* · 25 sp
– *resurgens* (Kensit) Schwantes = Sphalmanthus resurgens

Phyllocactus Link = Epiphyllum, Chiapasia, Disocactus, Nopalxochia
– *anguliger* Lem. = Epiphyllum anguligerum
– *biformis* (Lindl.) Labour. = Disocactus biformis
– *chiapensis* J.A. Purpus = Chiapasia nelsonii
– *crenatus* (Lindl.) Lem. = Epiphyllum crenatum
– *darrahii* K. Schum. = Epiphyllum anguligerum
– *eichlamii* Weing. = Disocactus eichlamii
– *grandis* Lem. = Epiphyllum oxypetalum
– *hookeri* (Link et Otto) Salm-Dyck = Epiphyllum hookeri
– *oxypetalus* (DC.) Link = Epiphyllum oxypetalum
– *phyllanthoides* (DC.) Link = Nopalxochia phyllanthoides
– *pittieri* F.A.C. Weber = Epiphyllum pittieri
– *stenopetalus* C.F. Först. = Epiphyllum stenopetalum
– *thomasianus* K. Schum. = Epiphyllum thomasianum

Phyllocladus Rich. ex Mirb. -m- *Phyllocladaceae* · 4 sp · D:Blatteibe; E:Celery Pine
– **alpinus** Hook. f. · D:Gebirgs-Blatteibe; E:Alpine Celery Pine · ♄ ♄ Z8 Ⓚ; NZ
– **asplenifolius** (Labill.) Hook. f. · D:Tasmanische Blatteibe; E:Celery Top Pine · ♄ e Z9 Ⓚ; Tasman.
– **trichomanoides** D. Don · D:Frauenhaar-Blatteibe; E:Celery Pine, Tanekaha · ♄ e Z9 Ⓚ; NZ, Tasman.

Phyllodoce Salisb. -f- *Ericaceae* · 6-8 sp · D:Blauheide, Moosheide; E:Blue Heath; F:Phyllodoce
– **aleutica** (Spreng.) A. Heller · D:Arktische Moosheide; E:Mountain Heath · ♄ e ⟿ Z2 IV-V; Alaska, Kamchat., Sachal., Jap.
– **breweri** (A. Gray) A. Heller · D:Purpur-Moosheide; E:Purple Heather, Red Mountain Heath; F:Phyllodoce de Brewer · ♄ e Z3 V-VI; USA: Calif.
– **caerulea** (L.) Bab. · D:Bläuliche Moosheide; E:Blue Mountain Heath · ♄ e Z2 VI-VII; Eur.: BrI, Sc, F, N-Russ.; E-Sib., Amur, Sachal., Mong., Korea, Jap., Alaska, Can., USA: NE; Greenl.
– **empetriformis** (Sm.) D. Don · D:Krähenbeerblättrige Moosheide; E:Pink Mountain Heath · ♄ e Z3 V-VII; B.C., USA: NW, Rocky Mts., Calif.
– × **intermedia** (Hook.) Rydb. (*P. empetriformis* × *P. glanduliflora*) · ♄ e Z3; cult.
– **nipponica** Makino · ♄ e Z3 V-VII; Jap.

Phyllorachis Trimen -f- *Poaceae (Gramineae)* · 1 sp
– **sagittata** Trimen · ♃ Z10 Ⓦ X-II; Angola, Zambia, Malawi, Tanzania

Phyllostachys Siebold et Zucc. -f- *Poaceae (Gramineae)* · 55 (-80) sp
– **aurea** Carrière ex Rivière et C. Rivière · D:Goldrohrbambus; E:Fishpole Bamboo, Golden Bamboo · ♄ e Z8 ∧ Ⓝ; S-China
– **aureosulcata** McClure · E:Yellow Groove Bamboo · ♄ e Z6; NE-China
– **bambusoides** Siebold et Zucc. · E:Giant Timber Bamboo, Japanese Timber Bamboo · ♄ e Z8 Ⓚ Ⓝ; C-China, S-China
  – var. *aurea* (Carrière ex Rivière et C. Rivière) Makino = Phyllostachys aurea
– **bissetii** McClure · ♄ e Z5; orig. ?
– **decora** McClure · ♄ e; orig. ?
– **edulis** (Carrière) Houz. · ♄ e Z7 Ⓝ; ?, nat. in SE-China, Taiwan
  – fo. *pubescens* = Phyllostachys edulis
– *fastuosa* (Lat.-Marl. ex Mitford) Nichols = Semiarundinaria fastuosa
– **flexuosa** Rivière et C. Rivière · E:Zigzag Bamboo · ♄ e Z7 ∧; China
– *heterocycla* (Carrière) Matsum. = Phyllostachys edulis
– *marmorea* (Mitford) Asch. et Graebn. = Chimonobambusa marmorea
– *mitis* hort. = Phyllostachys sulphurea
– **nidularia** Munro · ♄ e Z8 Ⓚ Ⓝ; China
– **nigra** (Lodd. ex Lindl.) Munro · D:Schwarzrohrbambus; E:Black Bamboo · ♄ e Z8 ∧ ⚕; China
  – fo. **henonis** (Mitford) Muroi · ♄ e Z8 ∧; China
– **propinqua** McClure · ♄ e Z8; China
– *pubescens* Mazel ex Lahaie = Phyllostachys edulis
– *quilioi* (Carr) Rivière et C. Rivière = Phyllostachys bambusoides
– *reticulata* (Rupr.) K. Koch = Phyllostachys bambusoides
– **sulphurea** (Carrière) Rivière et C. Riviere · ♄ e Z7; China
  – fo. **viridis** (R.A. Young) Ohrnb. · ♄ e Z8; China
– **viridiglaucescens** (Carrière) Rivière et C. Rivière · ♄ e Z6 Ⓝ; C-China, S-China

– *viridis* (R.A. Young) McClure = Phyllostachys sulphurea fo. viridis

× **Phyllothamnus** C.K. Schneid. -m- *Ericaceae* · D:Bastardblauheide (*Phyllodoce* × *Rhodothamnus*)
– **erectus** (Lindl. et Paxton) C.K. Schneid. (*Phyllodoce empetriformis* × *Rhodothamnus chamaecistus*) · ħ e Z6 VII-VIII; cult.

Phymatodes C. Presl = Microsorum
– *punctatum* (L.) C. Presl = Microsorum punctatum
– *scandens* (G. Forst.) C. Presl = Microsorum scandens

Phymosia Desv. -f- *Malvaceae* · 8 sp
– *acerifolia* (Nutt. ex Torr. et A. Gray) Rydb. = Sphaeralcea rivularis
– **umbellata** (Cav.) Kearney · ħ Z10 ⓚ X; S-Mex.

Phyodina Raf. = Callisia
– *navicularis* (Ortgies) Rohweder = Callisia navicularis

Physalis L. -f- *Solanaceae* · 80 sp · D:Blasenkirsche, Erdkirsche, Judenkirsche, Lampionblume; E:Japanese Lanterns; F:Amour en cage, Lanterne chinoise
– **alkekengi** L.
  – var. **alkekengi** · D:Wilde Blasenkirsche; E:Strawberry Tomato, Winter Cherry · ♃ ⚘ ✂ Z6 V-VIII ⚕ ☠; Eur.* exc. BrI, Sc; TR, Cauc., Iran, C-As., China, Jap., nat. in BrI, N-Am.
  – var. **franchetii** (Mast.) Makino · D:Lampionpflanze, Laternen-Judenkirsche; E:Chinese Lantern Plant; F:Amour en cage · ♃ ⚘ ✂ Z6 VI-VII ☠; Jap., Korea, N-China
– *bunyardii* hort. = Physalis alkekengi var. alkekengi
– *edulis* Sims = Physalis peruviana
– *franchetii* Mast. = Physalis alkekengi var. franchetii
  – var. *bunyardii* (hort.) Makino = Physalis alkekengi var. alkekengi
– **ixocarpa** Brot. ex Hornem. · D:Mexikanische Hülsentomate, Tomatillo; E:Jamberry, Mexican Husk Tomato, Tomatillo · ⊙ ⚘ Z8 Ⓝ; USA: Tex., N.Mex.; Mex., ? W.Ind., nat. in N-Am.
– **peruviana** L. · D:Andenkirsche, Kap-Stachelbeere, Peruanische Judenkirsche; E:Cape Gooseberry · ⊙ ♃ ⚘ Z8 Ⓝ; ? Peru, nat. in Eur.
– **philadelphica** Lam. · D:Mexikanische Blasenkirsche; E:Tomatillo · ⊙ Z7 Ⓝ; USA: N.Mex., S-Tex.; Mex., Guat., nat. in e N-Am.
– **pruinosa** L. · ⊙ ⚘ Z5 Ⓝ; USA: NE, NCE, Kans., SE, Fla.
– **pubescens** L. · D:Flaumige Blasenkirsche; E:Groundcherry · ⊙ Z7 Ⓝ; Can., USA* exc. NW; Mex., trop. Am., nat. in S-Russ.

Physocarpus (Cambess.) Maxim. -m- *Rosaceae* · 10 sp · D:Blasenspiere; E:Ninebark; F:Physocarpe
– **amurensis** (Maxim.) Maxim. · D:Amur-Blasenspiere; F:Physocarpe de l'Amour · ħ d Z5 VI-VII; Korea, Manch.
– **capitatus** (Pursh) Kuntze · D:Pazifische Blasenspiere; E:Pacific Ninebark · ħ d Z6 VI; USA: Oreg., Calif., Utah
– *intermedius* (Rydb.) C.K. Schneid. = Physocarpus opulifolius var. intermedius
– **malvaceus** (Greene) Kuntze · D:Oregon-Blasenspiere; E:Mallow Leaf Ninebark · ħ d Z6 VI; B.C., USA: Oreg., Rocky Mts.
– **monogynus** (Torr.) Coult. · D:Colorado-Blasenspiere; F:Physocarpe monogyne · ħ d △ Z6 V-VI; USA: NC, Rocky Mts., SW, SC
– **opulifolius** (L.) Maxim.
  – var. **intermedius** (Rydb.) B.L. Rob. Z5; Can.: Ont.; USA: NE, NCE, NC, SC, Ark., Colo.
  – var. **opulifolius** · D:Schneeball-Blasenspiere; E:Atlantic Ninebark · ħ d Z4 V-VII; Can.: E; USA: NE, NCE, NC, Colo., SE
  – var. **tomentellus** (Ser.) Boom · ħ d Z2

Physochlaina G. Don -f- *Solanaceae* · 6 sp
– **orientalis** (M. Bieb.) G. Don · ♃ Z8 ∧; NE-TR, Cauc., NW-Iran

Physoplexis (Endl.) Schur -f- *Campanulaceae* · 1 sp · D:Schopfteufelskralle; F:Griffe du diable
– **comosa** (L.) Schur · D:Schopfteufelskralle; E:Devil's Claw · ♃ △ VII-VIII ▽; Eur.: I, A, Slove., ? Croatia; S-Alp.

Physosiphon Lindl. -m- *Orchidaceae* · 6 sp
– *loddigesii* Lindl. = Physosiphon tubatus
– **tubatus** (Lodd.) Rchb. f. · ♃ Z9 ⓚ III-V

▽ ✻; Mex., Guat.

Physostegia Benth. -f- *Lamiaceae (Labiatae)* · 12 sp · D:Gelenkblume; E:False Dragon Head, Obedient Plant; F:Cataleptique
- **virginiana** (L.) Benth. · D:Gelenkblume; E:Obedient Plant · ♃ ⋈ Z4 VII-IX; Can.: E; USA: NE, NCE, N.C., Tenn.
  - **in vielen Sorten**

Physostigma Balf. -n- *Fabaceae (Leguminosae)* · 4 sp · D:Gottesurteilsbohne; E:Calabar Bean
- **venenosum** Balf. · D:Calabarbohne, Gottesurteilsbohne; E:Calabar, Calabar Bean · ♃ ≩ Z10 Ⓦ ⚕ ☠ Ⓝ; W-Afr.

Phytelephas Ruiz et Pav. -f- *Arecaceae (Palmae)* · 4 sp · D:Elfenbeinpalme, Steinnusspalme; F:Palmier ivoire
- **macrocarpa** Ruiz et Pav. · D:Elfenbeinpalme, Steinnusspalme; E:Ivory Nut Palm · ♄ e Z10 Ⓦ Ⓝ; Panama, Col., Ecuad., Peru

Phyteuma L. -n- *Campanulaceae* · 40 sp · D:Teufelskralle; E:Rampion; F:Griffe du diable
- **betonicifolium** Vill. · D:Ziestblättrige Teufelskralle · ♃ △ VI-IX; Eur.: F, I, C-Eur.; Alp., N-I
- *canescens* Waldst. et Kit. = Asyneuma canescens
- **charmelii** Vill. · D:Apenninen-Teufelskralle; E:Pyrenean Rampion · ♃ △ VI-VIII; Eur.: Sp., F, I; mts.
- *comosum* L. = Physoplexis comosa
- **globulariifolium** Sternb. et Hoppe · D:Kugelblumenblättrige Teufelskralle · ♃ VII-VIII; Eur.: Sp., F, I, CH, A; Pyr., Alp.
- *halleri* All. = Phyteuma ovatum
- **hedraianthifolium** Rich. Schulz · D:Rätische Rapunzel · ♃ VII-VIII; Eur.: CH, I; E-Alp.
- **hemisphaericum** L. · D:Halbkugelige Teufelskralle · ♃ VII-VIII; Eur.: Sp., F, I, C-Eur.; mts.
- **humile** Schleich. ex Murith · D:Niedrige Rapunzel · ♃ VII-VIII; Eur.: I, CH, ? F; W-Alp.
- **michelii** All. · F:Raiponce à feuilles de bétoine · ♃; F, I; S-Alp.
  - subsp. *betonicifolium* (Vill.) Arcang. = Phyteuma betonicifolium
- **nanum** A. Kern. · D:Zungenblättrige Teufelskralle · ♃ VII-IX; Eur.: A, Ba, RO; mts.
- **nigrum** F.W. Schmidt · D:Schwarze Teufelskralle; E:Black Rampion · ♃ V-VII; Eur.: F, B, D, A, CZ
- **orbiculare** L.
  - subsp. **orbiculare** · D:Kugel-Teufelskralle · ♃ △ VI-IX; Eur.* exc. Sc
  - subsp. **tenerum** (R. Schulz) Korneck · D:Zarte Teufelskralle · ♃; SW-Eur.
- **ovatum** Honck. · D:Eirunde Teufelskralle · ♃ △ V-VII; Eur.: F, I, C-Eur., Slove.
- **scheuchzeri** All. · D:Scheuchzers Teufelskralle; E:Horned Rampion; F:Raiponce de scheuchzer · ♃ △ V-VIII; Eur.: F, I, CH, Slove., Croatia; S-Alp., Apenn.
- **scorzonerifolium** Vill. · D:Schwarzwurzelblättrige Rapunzel · ♃ VI-VII; Eur.: F, I, CH; Alp., Apenn.
- **sieberi** Spreng. · D:Siebers Teufelskralle · ♃ △ V-VII; Eur.: I, A, Slove.; SE-Alp.
- **spicatum** L. · D:Ährige Teufelskralle; E:Spiked Rampion; F:Raiponce en épis · ♃ V-VII; Eur.*
- **zahlbruckneri** Vest · D:Steirische Teufelskralle · ♃ VII-VIII; Eur.: A, Slove., Croatia; E-Alp., Croatia

Phytolacca L. -f- *Phytolaccaceae* · 35 sp · D:Kermesbeere; E:Pokeweed; F:Bel ombrage, Phytolaque, Raisin d'Amérique
- **acinosa** Roxb. · D:Indische Kermesbeere; E:Indian Poke · ♃ ♧ Z7 VI-X ⚕ Ⓝ; China, Jap., nat. in Ind., Eur.
- **americana** L. · D:Amerikanische Kermesbeere; E:American Pokeweed; F:Phytolaque américain · ♃ ♧ Z4 VI-VIII ⚕ ☠ Ⓝ; Can.: E; USA: NE, SE, SC; Mex., nat. in S-Eur., N-Afr.
- **chilensis** Miers · ♃ Ⓝ; Chile
- *clavigera* W.W. Sm. = Phytolacca polyandra
- *decandra* L. = Phytolacca americana
- **dioica** L. · D:Bella Sombra, Zweihäusige Kermesbeere; E:Elephant Tree, Ombu · ♄ e Z9 Ⓚ Ⓝ; Bras., Urug., Parag., Arg., Peru, nat. in S-Eur.
- **esculenta** Van Houtte · D:Asiatische Kermesbeere, Essbare Kermesbeere; E:Pokeweed · ♃ ♧ Z6 VII-X Ⓝ; China, Korea, Jap.
- **polyandra** Batalin · D:Chinesische Kermesbeere · ♃ ♧ Z6 VII-VIII; Yunnan

Piaranthus R. Br. -m- *Asclepiadaceae* · 16 sp
- **comptus** N.E. Br. · ♃ ψ Z9 ⓚ; Kap
- **foetidus** N.E. Br. · ♃ ψ Z9 ⓚ; Kap
- **globosus** A.C. White et B. Sloane · ♃ ψ Z9 ⓚ; orig. ?
- **parvulus** N.E. Br. · ♃ ψ Z9 ⓚ; Kap
- **pillansii** N.E. Br. · ♃ ψ Z9 ⓚ; Kap

Picea A. Dietr. -f- *Pinaceae* · 34 sp · D:Fichte; E:Spruce; F:Epicéa
- **abies** (L.) H. Karst.
  - subsp. *obovata* (Ledeb.) Hultén = Picea obovata
  - var. **abies** · D:Europäische Fichte, Gewöhnliche Fichte, Rotfichte; E:Christmas Tree, Common Spruce, Norway Spruce; F:Epicéa commun, Sapin de Norvège · ♄ e Z2 IV-VI ♀ ⓝ; Eur.* exc. BrI, Ib, nat. in BrI, N-Sp. (Pyr.)
    - fo. **chlorocarpa** (Purk.) Th. Fr.
    - fo. **erythrocarpa** (Purk.) Rehder
- *ajanensis* Fisch. ex Carrière = Picea jezoensis subsp. jezoensis
- *alba* Link = Picea glauca var. glauca
- *albertiana* S. Br. = Picea glauca var. albertiana
- **alcoquiana** (Veitch ex Lindl.) Carrière · D:Zweifarbige Fichte; E:Alcock Spruce; F:Epicéa d'Alcock · ♄ e Z5 ⓝ; C-Jap.
- **asperata** Mast.
  - var. **asperata** · D:Raue Fichte; E:Chinese Spruce, Dragon Spruce; F:Epicéa de Chine · ♄ e Z5 ⓝ; China: Hupeh, Yunnan, Sichuan
  - var. **heterolepis** (Rehder et E.H. Wilson) Rehder · ♄ e Z6; W-China
  - var. *notabilis* Rehder et E.H. Wilson = Picea asperata var. heterolepis
- **aurantiaca** Mast. · ♄ e Z5; W-China
- *balfouriana* Rehder et E.H. Wilson = Picea likiangensis var. rubescens
- **brachytyla** (Franch.) Pritz.
  - var. **brachytyla** · D:Silber-Fichte; E:Sargent Spruce; F:Epicéa de Sargent · ♄ e Z6 ⓝ; NE-Ind., W-China
  - var. **complanata** (Mast.) Rehder · ♄ e Z6; China: W-Yunnan, W-Sichuan
- **breweriana** S. Watson · D:Siskiyou-Fichte; E:Brewer's Weeping Spruce; F:Epicéa de Brewer · ♄ e Z6; USA: S-Oreg., N-Calif.
- *canadensis* (Mill.) Britton, Stearns et Poggenb. = Picea glauca var. glauca
- **engelmannii** Parry ex Engelm. · D:Engelmanns Fichte; E:Engelmann's Spruce; F:Epicéa d'Engelmann · ♄ e Z4 ⓝ; Can.; W; USA: NW, Rocky Mts., SW, Calif.
- *excelsa* (Lam.) Link = Picea abies var. abies
- × **fennica** (Regel) Kom. (*P. abies* × *P. obovata*) · ♄ e Z3; Eur.: Sc, N-Russ.
- *gemmata* Rehder et E.H. Wilson = Picea retroflexa
- **glauca** (Moench) Voss
  - var. **albertiana** (S. Br.) Sarg. · ♄ e Z4; NW-Can.: Rocky Mts., Alberta; USA: Mont.
  - var. **glauca** · D:Kanadische Fichte, Schimmel-Fichte; E:Alberta Spruce, White Spruce; F:Epicéa blanc · ♄ e Z4 ⓝ; Alaska, Can., USA: NE, NCE, Mont., Wyo., S.Dak.
- **glehnii** (F. Schmidt) Mast. · D:Sachalin-Fichte; E:Sakhalin Spruce · ♄ e Z4; Jap., Sachal.
- *hondoensis* Mayr = Picea jezoensis subsp. hondoensis
- × **hurstii** de Hurst (*P. engelmannii* × *P. pungens*) · ♄ e; cult.
- **jezoensis** (Siebold et Zucc.) Carrière
  - subsp. **hondoensis** (Mayr) P.A. Schmidt · D:Hondo-Fichte; E:Hondo Spruce · ♄ e Z5; C-Jap.
  - subsp. **jezoensis** · D:Ajan-Fichte, Yedo-Fichte; E:Yezo Spruce; F:Epicéa du Japon · ♄ e Z5 ⓝ; Jap., Manch., Sachal.
  - var. *microsperma* (Lindl.) W.C. Cheng et L.K. Fu = Picea jezoensis subsp. jezoensis
- **koyamae** Shiras. · D:Korea-Fichte; E:Koyama Spruce · ♄ e Z6; Jap., Korea
- **likiangensis** (Franch.) Pritz.
  - var. *balfouriana* (Rehder et E.H. Wilson) Hillier = Picea likiangensis var. rubescens
  - var. **likiangensis** · D:Likiang-Fichte; E:Purple Spruce · ♄ e Z6; Bhutan, W-China
  - var. *purpurea* (Mast.) Dallim. et Jacks. = Picea purpurea
  - var. **rubescens** Rehder et E.H. Wilson · ♄ e Z6; China: Sichuan
- **mariana** (Mill.) Britton, Sterns et Poggenb. · D:Schwarz-Fichte; E:Black Spruce; F:Sapinette noire · ♄ e Z3 ⓝ; Alaska, Can., USA: NE, NCE
- × **mariorika** Boom (*P. mariana* × *P.

omorika) · ♄ e; cult.
– **maximowiczii** Regel ex Mast. · D:Maximowiczs Fichte; E:Maximowicz's Spruce · ♄ e Z5; Jap.
– **morrisonicola** Hayata · ♄ e Z8 ⓚ; Taiwan
– *nigra* (L.) Link = Picea mariana
– **obovata** Ledeb. · D:Altai-Fichte, Sibirische Fichte; E:Siberian Spruce · ♄ Z1 Ⓝ; Eur.: Sc, Russ.; W-Sib., E-Sib., Amur, Mong., Manch., Korea
– **omorika** (Pancic) Purk. · D:Omorika-Fichte, Serbische Fichte; E:Serbian Spruce; F:Sapin de Serbie · ♄ e Z5 V Ⓝ; Eur.: Bosn., YU, nat. in BrI, Sc
– **orientalis** (L.) Link · D:Kaukasus-Fichte; E:Oriental Spruce; F:Sapin du Caucase · ♄ e Z5 Ⓝ; Cauc., TR
– *polita* (Siebold et Zucc.) Carrière = Picea torano
– **pungens** Engelm. · D:Blau-Fichte, Stech-Fichte; E:Blue Spruce, Colorado Spruce; F:Epicéa du Colorado · ♄ e Z4 IV-VI; USA: Rocky Mts., SW
– **purpurea** Mast. · D:Purpur-Fichte; E:Purple-coned Spruce · ♄ e Z6; W-China
– **retroflexa** Mast. · ♄ e Z6; W-Sichuan
– **rubens** Sarg. · D:Rot-Fichte; E:American Red Spruce, Red Spruce · ♄ e Z3 Ⓝ; Can.: E; USA: NE, Tenn., N.C.
– *rubra* (Du Roi) Link = Picea rubens
– *sargentiana* Rehder et E.H. Wilson = Picea brachytyla var. brachytyla
– **schrenkiana** Fisch. et C.A. Mey. · D:Schrenks Fichte; E:Schrenk Spruce; F:Epicéa de Schrenk · ♄ e Z6 Ⓝ; C-As.
– **sitchensis** (Bong.) Carrière · D:Sitka-Fichte; E:Sitka Spruce; F:Epicéa de Sitka · ♄ e Z5 V Ⓝ; Alaska, Can.: B.C., USA: NW, Calif.
– **smithiana** (Wall.) Boiss. · D:Himalaya-Fichte; E:Himalayan Spruce, Morinda Spruce; F:Epicéa de l'Himalaya · ♄ e Z7 Ⓝ; Him.: Afgh., Kashmir, NW-Ind., Nepal
– **torano** (Siebold ex K. Koch) Koehne · D:Tigerschwanz-Fichte; E:Japanese Spruce, Tiger Tail Spruce; F:Epicéa queue de tigre · ♄ e Z6; Jap.
– *vulgaris* Link = Picea abies var. abies
– **wilsonii** Mast. · D:Wilsons Fichte; E:Wilson's Spruce; F:Epicéa de Wilson · ♄ e Z6; W-China, C-China

Picramnia Sw. -f- *Simaroubaceae* · 45 sp
– **antidesma** Sw. · E:Cascara · ♄ Z10 ⓦ; Mex., Hond., W.Ind.

Picrasma Blume -f- *Simaroubaceae* · 8 sp · D:Bitterholz; E:Quassia; F:Arbre amer
– *ailanthoides* (Bunge) Planch. = Picrasma quassioides
– **excelsa** (Sw.) Planch. · D:Jamaika-Bitterholz; E:Bitter Ash, Bitterwood, Quassia · ♄ d Z10 ⓚ ⚕ Ⓝ; W.Ind.
– **quassioides** (D. Don) Benn. · D:Bitterholz; E:Nigaki · ♄ d Z6 V-VI; Ind., N-China, Korea, Jap., Taiwan

Picris L. -f- *Asteraceae (Compositae)* · c. 40 sp · D:Bitterkraut; E:Oxtongue
– *echioides* L. = Helminthotheca echioides
– **hieracioides** L.
  – subsp. **hieracioides** · D:Gewöhnliches Bitterkraut; E:Hawkweed Oxtongue · ⊙ ♃ Z6 VIII-X; Eur.*, TR, W-Sib., E-Sib., Amur, Sachal., Kamchat., C-As., Him., China, Korea, Jap., nat. in N-Am., S-Am., Austr.
  – subsp. **villarsii** (Jord.) Nyman · D:Stängelumfassendes Bitterkraut · ⊙ ♃ Z6 X-VII; W-Eur., C-Eur.

Picrorhiza Royle ex Benth. -f- *Scrophulariaceae* · 1 sp
– **kurroa** Royle ex Benth. · ♃ VIII ⚕ ▽ *; W-Him.

Pieris D. Don -f- *Ericaceae* · 7 sp · D:Lavendelheide; E:Pieris; F:Andromède, Piéris
– **floribunda** (Pursh ex Sims) Benth. et Hook. f. · D:Vielblütige Lavendelheide; E:Fetterbush, Mountain Pieris · ♄ e Z5 IV-V; USA: Va., W.Va., SE
– **formosa** (Wall.) D. Don
  – var. **formosa** · D:Formosa-Lavendelheide; E:Formosa Pieris · ♄ e ⓚ IV-V; E-Him., N-Myanmar, China: Yunnan
  – var. **forrestii** (R.L. Harrow) Airy Shaw · D:Chinesische Lavendelheide; E:Chinese Pieris · ⓚ; SW-China, Myanmar
– *forrestii* R.L. Harrow = Pieris formosa var. forrestii
– **japonica** (Thunb. ex Murray) D. Don ex G. Don · D:Japanische Lavendelheide; E:Japanese Pieris, Lily-of-the-Valley Bush; F:Piéride du Japon · ♄ e Z6 III-V ☠; Jap.
  – **in Sorten**
– *lucida* (Lam.) Rehder = Lyonia lucida
– *mariana* (L.) Benth. et Hook. f. = Lyonia mariana

– **nana** (Maxim.) Makino · ♄ e △ III-V; Jap., Sachal., Kamchat.
– **taiwanensis** Hayata · ♄ e ∧ III-IV; Taiwan
– **Cultivars**
  – **in vielen Sorten**

Pilea Lindl. -f- *Urticaceae* · 200+ (600?) sp · D:Kanonenblume, Kanonierblume; E:Artillery Plant; F:Piléa, Plante au feu d'artifice
– *callitrichoides* (Humb., Bonpl. et Kunth) Kunth = Pilea microphylla
– **cardierei** Gagnep. et Guillaumin · D:Vietnamesische Kanonierblume · ♃ e Z10 Ⓦ Ⓚ; N-Vietn.
– **crassifolia** (Willd.) Blume · ♃ e Z10 Ⓦ III-V; Jamaica
– *globosa* Wedd. = Pilea serpyllacea
– **grandifolia** (L.) Blume · ♄ e Z10 Ⓦ; Jamaica
– *grandis* Wedd. = Pilea grandifolia
– **involucrata** (Sims) Urb. · D:Eingehüllte Kanonierblume; E:Friendship Plant, Pan American Plant · ♃ e Z10 Ⓦ; W.Ind., C-Am., S-Am.
– **microphylla** (L.) Liebm. · D:Artilleriepflanze, Kleinblättrige Kanonierblume; E:Artillery Plant, Gunpowder Plant · ♃ e Z10 Ⓦ Ⓚ; Mex., C-Am., trop. S-Am., nat. in GR, TR
– *muscosa* Lindl. = Pilea microphylla
– **nummularifolia** (Sw.) Wedd. · D:Münzenblättrige Kanonierblume · ♃ e ⇝ Z10 Ⓦ; Panama, W.Ind., trop. S-Am.
– **peperomioides** Diels · ♃ e Z10 Ⓦ Ⓚ; W-Yunnan
– *pubescens* hort. non Liebm. = Pilea involucrata
– **repens** (Sw.) Wedd. · D:Dunkelblättrige Kanonierblume; E:Black-leaf Panamica · ♃ e Z10 Ⓦ; W.Ind.
– **serpyllacea** (Humb., Bonpl. et Kunth) Liebm. · ♄ e Z10 Ⓚ; Peru
– *spruceana* Wedd. = Pilea involucrata

Pileostegia Hook.f. et Thomson -f- *Hydrangeaceae* · 4 sp
– **viburnoides** Hook. f. et Thomson · ♄ e ⚘ Z8 Ⓚ ∧ IX; N-Ind.: Khasia Hills; S-China, Taiwan

Pilocarpus Vahl -m- *Rutaceae* · 22 sp · D:Jaborandistrauch; E:Jaborandi; F:Jaborandi, Pilocarpe
– **jaborandi** Holmes · D:Gewöhnlicher Jaborandistrauch; E:Jaborandi · ♄ e Z10 Ⓦ ⚕ ☠; trop. S-Am.
– **microphyllus** Stapf · D:Brasilianischer Jaborandistrauch; E:Maranhao Jaborandi · ♄ e Z10 Ⓦ ⚕ ☠; NE-Bras.
– **pennatifolius** Lem. · ♄ e Z10 Ⓦ ⚕ ☠; Parag., S-Bras.
– **racemosus** Vahl · D:Westindischer Jaborandistrauch; E:Guadalupe Jaborandi · ♄ ♄ e Z10 Ⓦ ⚕ ☠; W.Ind.
– **spicatus** A. St.-Hil. · ♄ e Z10 Ⓦ ☠; Bras.

Pilocereus K. Schum. = Pilosocereus
– *celsianus* Salm-Dyck = Oreocereus celsianus var. celsianus
– *erythrocephalus* K. Schum. = Denmoza rhodacantha
– *fossulatus* Labour. = Oreocereus pseudofossulatus
– *glaucescens* Labour. = Pilosocereus glaucescens
– *lanatus* (Humb., Bonpl. et Kunth) F.A.C. Weber = Espostoa lanata
– *leucostele* Gürke = Stephanocereus leucostele
– *macrostibas* K. Schum. = Neoraimondia arequipensis
– *palmeri* (Rose) F.M. Knuth = Pilosocereus leucocephalus
– *pentaedrophorus* Labour. = Pilosocereus pentaedrophorus
– *schottii* (Engelm.) Lem. = Lophocereus schottii
– *senilis* (Haw.) Lem. = Cephalocereus senilis

Pilogyne Eckl. ex Schrad. = Zehneria
– *suavis* Schrad. = Zehneria scabra

Pilosella Hill = Hieracium
– *aurantiaca* (L.) F.W. Schultz et Sch. Bip. = Hieracium aurantiacum
– *caespitosa* (L.) F.W. Schultz et Sch. Bip. = Hieracium caespitosum
– *floribunda* (Wimm. et Grab.) Arv.-Touv. = Hieracium × floribundum
– *officinarum* F.W. Schultz et Sch. Bip. = Hieracium pilosella
– *piloselloides* (Vill.) Soják = Hieracium piloselloides

Pilosocereus Byles et Rowley -m- *Cactaceae* · 35 sp · D:Haarsäulenkaktus; F:Cierge pileux
– **glaucescens** (Labour.) Byles et G.D.

Rowley · ҍ ♆ Z9 ⓚ ▽ *; E-Bras.
- **leucocephalus** (Poselg.) Byles et G.D. Rowley · ҍ ♆ Z9 ⓚ ▽ *; E-Mex.
- *maxonii* (Rose) Byles et G.D. Rowley = Pilosocereus leucocephalus
- *palmeri* (Rose) Byles et G.D. Rowley = Pilosocereus leucocephalus
- **pentaedrophorus** (Labour.) Byles et G.D. Rowley · ҍ ♆ Z9 ⓚ ▽ *; E-Bras.: Bahia
- **werdermannianus** (Buining et Brederoo) F. Ritter · ҍ ♆ Z9 ⓚ ▽ *; E-Bras.: Minas Gerais

Pilularia L. -f- *Marsileaceae* · 6 sp · D:Pillenfarn; E:Pillwort; F:Pilulaire
- **globulifera** L. · D:Gewöhnlicher Pillenfarn · ♃ ≈ Z7 VII-IX; Eur.*
- **minuta** Durieu ex A. Braun · ♃ ≈ Z8 ⓦ; Eur.: P, Balear., F, Corse, Sard., Sic.

Pimelea Banks et Sol. -f- *Thymelaeaceae* · 108 sp · D:Glanzstrauch; E:Rice Flower; F:Pimelea
- *decussata* R. Br. = Pimelea ferruginea
- **ferruginea** Labill. · ҍ e Z9 ⓚ IV-V; W-Austr.
- **linifolia** Sm. · D:Leinblättriger Glanzstrauch; E:Slender Riceflower · ҍ e Z9 ⓚ V; Austr., Tasman.
- **prostrata** (J.R. Forst. et G. Forst.) Willd. · ҍ e Z9 ⓚ; NZ

Pimenta Lindl. -f- *Myrtaceae* · 5-15 sp · D:Nelkenpfeffer, Pimentbaum; E:Allspice; F:Poivre de la Jamaïque, Quatre-épices
- *acris* (Sw.) Kostel. = Pimenta racemosa
- **dioica** (L.) Merr. · D:Nelkenpfeffer, Pimentbaum; E:Allspice, Jamaica Pepper · ҍ e Z10 ⓦ ⚕ Ⓝ; Mex., C-Am., W.Ind.
- *officinalis* Lindl. = Pimenta dioica
- **racemosa** (Mill.) J.W. Moore · D:Bayarumbaum; E:Bayrum Tree · ҍ e Z10 ⓚ ⚕ Ⓝ; W.Ind., Venez., Guyan.

Pimpinella L. -f- *Apiaceae (Umbelliferae)* · c. 150 sp · D:Anis, Bibernelle, Pimpinelle; E:Burnet Saxifrage; F:Anis vert, Boucage, Pimpinelle
- **alpina** Host · D:Alpen-Bibernelle; E:Alpine Anise · ♃ VII-X; Eur.: A, CH, N-I, Slov, ? Croat, Bosn., ? Serb., ? Maz., RO
- **anisum** L. · D:Anis; E:Anise, Aniseed, Common Anise · ⊙ VII-VIII ⚕ Ⓝ; ? W-As., nat. in Eur.
- **major** (L.) Huds. · D:Große Bibernelle; E:Greater Burnet Saxifrage · ♃ Z5 VI-X ⚕ Ⓝ; Eur.*, Cauc.
- **nigra** Mill. · D:Schwarze Bibernelle · ♃ VII-IX; Eur.: C-Eur., EC-Eur., S-Sc, Russ, Ba, N-I +
- **peregrina** L. · D:Fremde Bibernelle · ⊙ Z6 V-VII; Eur.: Ib, Fr, Ap, Ba, RO, Krim; TR, Syr., Cauc., C-As., Egypt
- **saxifraga** L. · D:Kleine Bibernelle; E:Burnet Saxifrage, Lesser Burnet Saxifrage · ♃ Z4 VII-X ⚕ Ⓝ; Eur.*, TR, Cauc., W-Iran, Him., W-Sib., E-Sib., C-As., nat. in N-Am., NZ

Pinanga Blume -f- *Arecaceae (Palmae)* · 120 sp · D:Pinangpalme; E:Bunga, Pinang; F:Palmier
- **coronata** (Blume ex Mart.) Blume · ҍ e Z10 ⓦ; Sumat., Java
- **decora** Linden et Rodigas · ҍ e Z10 ⓦ; Kalimantan
- **kuhlii** Blume · ҍ e Z10 ⓦ; Sumat., Java

Pinellia Ten. -f- *Araceae* · 6 sp · D:Pinellie; E:Pinellia; F:Pinellia
- **ternata** (Thunb.) Breitenb. · D:Dreizählige Pinellie; E:Pinellia · ♃ Z6 IV-VI ⚕; China, Korea, Jap.

Pinguicula L. -f- *Lentibulariaceae* · 46 sp · D:Fettkraut; E:Butterwort; F:Grassette
- **alpina** L. · D:Alpen-Fettkraut; E:Alpine Butterwort · ♃ △ ~ Z3 V-VI ▽; Eur.*, E-Sib., Him., W-China; mts.
- *bakeriana* Sander = Pinguicula moranensis
- *caudata* Schltdl. = Pinguicula moranensis
- **cyclosecta** Casper · ♃ ~ Z10 ⓚ; Mex.
- **grandiflora** Lam. · D:Großblütiges Fettkraut; E:Butterwort, Greater Butterwort · ♃ △ ~ Z7 VI; Eur.: Sp.(Cordillera Cantábrica), F, CH, IRL, nat. in BrI
- **gypsicola** Brandegee · ♃ ~ Z10 ⓚ ▭ VI-VIII; Mex.
- **leptoceras** Rchb. · D:Dünnsporniges Fettkraut · ♃ ~ ⓚ VI-VIII; Eur.: F, I, CH, A; Alp., Apenn., Alpi Apuani
- **lusitanica** L. · ♃ ~ Z7; Eur.: BrI, F, Ib; Maroc., Alger.
- **moranensis** Humb., Bonpl. et Kunth · ♃ ~ Z10 ⓦ ⓚ ▭ VI-IX; Mex.
- **villosa** L. · D:Haariges Fettkraut; E:Hairy Butterwort · ♃ ~ ; Eur.: Sc, N-Russ.
- **vulgaris** L. · D:Gewöhnliches Fettkraut; E:Bog Violet, Butterwort, Common Butterwort · ♃ ~ Z3 V-VI ⚕ ▽; Eur.*,

W-Sib., Manch., Maroc., Greenl., Can., USA: NE, NCE, NC, NW

Pinus L. -f- *Pinaceae* · 108 sp · D:Kiefer; E:Pine; F:Pin
- *abies* L. = Picea abies var. abies
- **albicaulis** Engelm. · D:Weißstämmige Kiefer; E:Whitebark Pine · ♄ e Z6; Can.: B.C., Alta.; USA: NW, Calif., Rocky Mts.
- **aristata** Engelm. · D:Grannen-Kiefer; E:Bristlecone Pine; F:Pin aristé · ♄ ♄ e Z6 Ⓝ; USA: Colo., SW
- **armandii** Franch. · D:Armands Kiefer; E:Armand Pine, Chinese White Pine; F:Pin d'Armand · ♄ e Z6 Ⓝ; W-China, C-China, Korea, Taiwan
- *australis* F. Michx. = Pinus palustris
- *austriaca* Höss = Pinus nigra subsp. nigra
- **ayacahuite** C. Ehrenb. · D:Mexikanische Weymouths-Kiefer; E:Mexican White Pine · ♄ e ✂ Z8 Ⓚ Ⓝ; Mex., Guat.
- **balfouriana** A. Murray · D:Fuchsschwanz-Kiefer; E:Foxtail Pine · ♄ e Z7; Calif.; mts.
- **banksiana** Lamb. · D:Banks Kiefer; E:Jack Pine, Northern Scrub Pine; F:Pin de Banks · ♄ ♄ e Z3 V Ⓝ; Can., USA: NE, NCE
- **brutia** Ten. · D:Türkische Kiefer; E:Calabrian Pine, Turkish Pine · ♄ e Z8 Ⓚ; GR, Krim, TR, Cyprus, Lebanon
- **bungeana** Zucc. ex Endl. · D:Bunges Kiefer; E:Lacebark Pine · ♄ e Z6; NW-China
- **canariensis** C. Sm. · D:Kanarische Kiefer; E:Canary Island Pine · ♄ e Z9 Ⓚ Ⓝ; Canar.
- **caribaea** Morelet · D:Karibische Kiefer; E:Nicaraguan Pine · ♄ e Z10 Ⓦ Ⓝ; SE-USA, C-Am., Bahamas
- **cembra** L. · D:Arve, Zirbel-Kiefer; E:Arolla Pine, Swiss Stone Pine; F:Arolle, Pin cembro · ♄ e Z4 VI-VII Ⓝ; Eur.: C-Eur., EC-Eur., I, E-Eur., nat. in Sc
  - var. *sibirica* (Du Tour) G. Don = Pinus sibirica
- **cembroides** Zucc. · D:Mexikanische Nuss-Kiefer; E:Mexican Nut Pine, Mexican Stone Pine, Pinyon Pine · ♄ e Z8 Ⓚ Ⓝ; SW-USA, Baja Calif., Mex.
  - var. *monophylla* (Torr. et Frem.) Voss = Pinus monophylla
- *clusiana* Clemente = Pinus nigra subsp. salzmannii
- **contorta** Douglas ex Loudon
  - var. **contorta** · D:Dreh-Kiefer; E:Lodgepole Pine, Shore Pine; F:Pin tordu · ♄ e Z5 IV-VI Ⓝ; Alaska, Can.: BC; USA: NW, Calif., Nev.
  - var. **latifolia** Engelm. ex S. Watson · ♄ e Z5; Alaska, Can.: W; USA: NW, Rocky Mts., S.Dak.
  - var. **murrayana** (Balf.) Engelm. · ♄ e Z5; USA: Wash., Oreg, Calif., Nev., Mex.: Baja Calif.
- **coulteri** D. Don · D:Coulters Kiefer; E:Big Cone Pine, Coulter Pine; F:Pin à gros cônes · ♄ e Z7 ∧; Calif., Baja Calif.
- **densiflora** Siebold et Zucc. · D:Japanische Rot-Kiefer; E:Japanese Red Pine; F:Pin rouge du Japon · ♄ e Z6 Ⓝ; Jap., Korea
- *divaricata* (Aiton) Dum.-Cours. = Pinus banksiana
- *excelsa* Wall. ex D. Don = Pinus wallichiana
- **flexilis** James · D:Biegsame Kiefer; E:Limber Pine; F:Pin des Rocheuses · ♄ e Z6 Ⓝ; Can.: B.C., Alta.; USA: NW, Rocky Mts., SW, NC
- **gerardiana** Wall. ex D. Don · D:Gerards Kiefer; E:Chilghoza Pine, Chilgoza Pine · ♄ e Z7 Ⓝ; Afgh., Pakist., Kashmir
- *griffithii* McClell. = Pinus wallichiana
- × **hakkodensis** Makino (*P. parviflora* × *P. pumila*) · ♄ e Z4; Jap.
- **halepensis** Mill. · D:See-Kiefer; E:Aleppo Pine · ♄ e Z8 Ⓚ ⚕ Ⓝ; Eur.: Ib, Fr, Ap, Ba, Krim; TR, Syr., Palaest., NW-Afr., Libya
  - var. *brutia* (Ten.) A. Henry = Pinus brutia
- **heldreichii**
  - var. *leucodermis* (Antoine) Markgr. et Fitschen = Pinus heldreichii
- **heldreichii** H. Christ · D:Panzer-Kiefer, Schlangenhaut-Kiefer; E:Bosnian Pine, Palebark Pine; F:Pin blanc de Bosnie · ♄ e Z6 Ⓝ; Eur.: Ba, S-I; mts.
- *inops* Bong. = Pinus contorta var. contorta
- **jeffreyi** Grev. et Balf. ex A. Murray · D:Jeffreys Kiefer; E:Jeffrey's Pine; F:Pin de Jeffrey · ♄ e Z6 Ⓝ; USA: S-Oreg., Calif.; Mex.: Baja Calif.
- **koraiensis** Siebold et Zucc. · D:Korea-Kiefer; E:Korean Pine; F:Pin de Corée · ♄ e Z5 Ⓝ; Amur, Manch., Korea, Jap.
- **lambertiana** Douglas · D:Zucker-Kiefer; E:Sugar Pine · ♄ e Z7 Ⓝ; USA: Oreg., Nev., Calif.; Baja Calif.
- *laricio* Poir. = Pinus nigra subsp. laricio
- **longaeva** D.K. Bailey · D:Langlebige Kiefer; E:Ancient Pine · ♄ e Z6; USA: Calif., Utah, Nev.
- *longifolia* Roxb. ex Lamb. = Pinus roxburghii

– *maritima* Lam. = Pinus pinaster
– **merkusii** Jungh. et de Vriese · D:Merkus Kiefer; E:Merkus Pine · ⱦ e Z10 ⓦ Ⓝ; Myanmar, Sumatra, Phil.
– **monophylla** Torr. et Frem. · D:Einnadlige Weymouths-Kiefer; E:One Leaf Pinon, Single Leaf Pinyon · ħ e Z7 Ⓝ; USA: Rocky Mts, Calif., Ariz.; Mex.: Baja Calif.
– *montana* Mill. = Pinus mugo subsp. mugo
  – subsp. *mughus* (Scop.) Asch. et Graebn. = Pinus mugo subsp. mugo
  – subsp. *pumilio* (Haenke) Asch. et Graebn. = Pinus mugo subsp. pumilio
  – var. *rostrata* (Antoine) Asch. et Graebn. = Pinus uncinata
  – var. *rotundata* (Link) Asch. et Graebn. = Pinus × rotundata
– **montezumae** Lamb. · D:Montezuma-Kiefer; E:Montezuma Pine, Rough Barked Mexican Pine · ⱦ e Z9 ⓚ; B.C., USA: NW, Calif; Mex.
– **monticola** Douglas ex D. Don · D:Westliche Weymouths-Kiefer; E:Californian Mountain Pine, Silver Pine, Western White Pine · ⱦ e Z6 Ⓝ; Can.; W; USA: NW, Rocky Mts., Calif.
– *mughus* Scop. = Pinus mugo subsp. mugo
– **mugo**
  – subsp. *rotundata* (Link) Janch. et H. Neumayer = Pinus × rotundata
  – subsp. *uncinata* (Ramond ex DC.) Domin = Pinus uncinata
– **mugo** Turra
  – subsp. **mugo** · D:Berg-Kiefer, Krummholz-Kiefer; E:Mountain Pine; F:Pin mugho · ħ e Z4 V-VII; Eur.: Fr, Ap, C-Eur., EC-Eur., Ba, E-Eur.
  – subsp. **pumilio** (Haenke) Franco · D:Legföhre, Zwerg-Kiefer; E:Dwarf Mountain Pine; F:Pin mugho nain · ħ ⱦ e Z4 ⚕; Eur.: Ib, F, Ap, C-Eur., EC-Eur., Ba, RO; mts.
  – var. *mughus* (Scop.) Zenari = Pinus mugo subsp. mugo
  – var. *pumilio* (Haenke) Zenari = Pinus mugo subsp. pumilio
  – var. *rostrata* (Antoine) Hoopes = Pinus uncinata
– **nigra** Arnold
  – subsp. **laricio** (Poir.) Maire · D:Korsische Kiefer; E:Corsican Pine; F:Pin laricio · ⱦ e Z5; Eur.: Corse, I (Calabria), Sic.
  – subsp. **nigra** · D:Schwarz-Kiefer; E:Austrian Pine, Black Pine, Corsican Pine; F:Pin noir · ⱦ e Z5 V-VI ⚕ Ⓝ; Eur.: A, I, Ba, nat. in BrI, Sc, EC-Eur.
  – subsp. **pallasiana** (Lamb.) Holmboe · D:Taurische Kiefer; E:Crimean Pine · ⱦ e Z5; Eur.: Ba, Krim; TR, Cyprus, Cauc.
  – subsp. **salzmannii** (Dunal) Franco · D:Pyrenäen-Kiefer; E:Pyrenees Pine · ⱦ e Z5; SW-F, Sp., NW-Maroc.
  – var. *austriaca* (Höss) Badoux = Pinus nigra subsp. nigra
  – var. *calabrica* (Loudon) C.K. Schneid. = Pinus nigra subsp. laricio
  – var. *caramanica* (Loudon) Rehder = Pinus nigra subsp. pallasiana
  – var. *cebennensis* (Godr.) Rehder = Pinus nigra subsp. salzmannii
  – var. *corsicana* (Loudon) Hyl. = Pinus nigra subsp. laricio
  – var. *maritima* (Aiton) Melville = Pinus nigra subsp. laricio
  – var. *poiretiana* (Loudon) C.K. Schneid. = Pinus nigra subsp. nigra
– *nigricans* Host = Pinus nigra subsp. nigra
– *omorika* Pančić = Picea omorika
– *pallasiana* Lamb. = Pinus nigra subsp. pallasiana
– **palustris** Mill. · D:Sumpf-Kiefer; E:Longleaf Pine, Southern Pine · ⱦ e Z8 ⓚ ⚕ Ⓝ; USA: Va., SE, Tex.
– **parviflora** Siebold et Zucc. · D:Mädchen-Kiefer; E:Japanese White Pine · ⱦ e Z6; Jap.
– *pentaphylla* Mayr = Pinus parviflora
– **peuce** Griseb. · D:Rumelische Kiefer, Rumelische Strobe; E:Macedonian Pine; F:Pin de Macédoine, Pin des Balkans · ⱦ e Z5 Ⓝ; Eur.: Ba; mts.
– *picea* L. = Abies alba
– **pinaster** Aiton · D:Strand-Kiefer; E:Cluster Pine, Maritime Pine, Pinaster · ⱦ e Z8 ⓚ ⚕ Ⓝ; Eur.: Ib, Fr, Ap; NW-Afr, nat. in BrI, Ba
– **pinea** L. · D:Pinie, Schirm-Kiefer; E:Stone Pine, Umbrella Pine · ⱦ e Z8 ⓚ Ⓝ; Eur.: Ib, Fr, Ap, Ba; TR, Levante
– **ponderosa** Douglas ex C. Lawson
  – var. **ponderosa** · D:Gelb-Kiefer; E:Ponderosa Pine, Western Yellow Pine; F:Pin jaune du Nouveau Monde · ⱦ e Z5 Ⓝ; Can.: B.C.; USA: NW, Calif., Nev.
  – var. **scopulorum** Engelm. · ⱦ e Z5; Can.: B.C.; USA: Rocky Mts., NC, SC; Mex.
– **pumila** (Pall.) Regel · D:Ostasiatische Zwerg-Kiefer, Zwerg-Zirbel-Kiefer; E:Dwarf Siberian Pine, Japanese Stone Pine · ħ e △ Z4 Ⓝ; Jap., Kamchat., NE-

Sib.
– *pumilio* Haenke = Pinus mugo subsp. pumilio
– **pungens** Lamb. · D:Stech-Kiefer; E:Hickory Pine, Prickly Pine, Table Mountain Pine · ħ̄ e Z6; USA: NE, SE
– **radiata** D. Don · D:Monterey-Kiefer; E:Monterey Pine · ħ̄ e Z8 ⓚ Ⓝ; Calif., Baja Calif., nat. in NZ, Austr.
– **resinosa** Aiton · D:Amerikanische Rot-Kiefer; E:American Red Pine, Red Pine · ħ̄ e Z5 Ⓝ; Can.: E; USA: NE, NCE, NCE
– **rigida** Mill. · D:Pech-Kiefer; E:Northern Pitch Pine · ħ̄ e Z6 Ⓝ; Can.: E; USA: NE, Ohio, SE
– × **rotundata** Link (*P. mugo* × *P. uncinata*) · D:Moor-Kiefer, Moor-Spirke · ħ ħ̄ e Z4; Eur.: D, A, PL, Slova.
– **roxburghii** Sarg. · D:Emodi-Kiefer; E:Chir Pine, Indian Longleaf Pine · ħ̄ e Z9 ⓚ Ⓝ; Him.: Afgh., Kashmir, NW-Ind., Nepal, Bhutan
– **sabiniana** Douglas ex D. Don · D:Weiß-Kiefer; E:Digger Pine · ħ̄ e ⋈ Z7 ∧ Ⓝ; Calif.
– *salzmannii* Dunal = Pinus nigra subsp. salzmannii
– × **schwerinii** Fitschen (*P. strobus* × *P. wallichiana*) · ħ̄ e Z5; cult.
– **sibirica** Du Tour · D:Sibirische Zirbel-Kiefer; E:Siberian Pine · ħ̄ e Z1 Ⓝ; E-Russ., Sib.
– **strobus** L. · D:Strobe, Weymouths-Kiefer; E:Eastern White Pine, Weymouth Pine, White Pine; F:Pin Weymouth · ħ̄ e Z5 IV-V Ⓝ; Can.: E; USA; NE, NCE, SE
– **sylvestris** L.
  – var. **mongolica** Litv. Z2
  – var. **sylvestris** · D:Föhre, Wald-Kiefer; E:Scots Pine; F:Pin sylvestre · ħ̄ e Z1 V-VI ⚕ Ⓝ; Eur.*, TR, Cauc., W-Sib., E-Sib., Amur, Mong., Manch., nat. in N-Am.
– **tabuliformis** Carrière · D:Chinesische Rot-Kiefer; E:Chinese Pine · ħ̄ e Z5 Ⓝ; W-China, N-China, Korea
– **taeda** L. · E:Loblolly Pine · ħ̄ e Z7 Ⓝ; USA: NE, SE, Fla., SC
– *thunbergiana* Franco = Pinus thunbergii
– **thunbergii** Parl. · D:Japanische Schwarz-Kiefer, Thunbergs Kiefer; E:Black Pine, Japanese Black Pine · ħ̄ e Z6 Ⓝ; Jap.
– **uncinata**
  – subsp. *rotundata* (Link) Janch. et Neumayer = Pinus × rotundata
– **uncinata** Ramond ex DC. · D:Berg-Spirke, Haken-Kiefer; E:Mountain Pine · ħ̄ e Z4 VI-VII; Eur.: Sp., F, I, C-Eur.; mts. C-Sp., Pyr., Alp.
– **wallichiana** A.B. Jacks. · D:Tränen-Kiefer; E:Bhutan Pine, Himalayan Pine; F:Pin pleureur de l'Himalaya · ħ̄ e Z7 Ⓝ; Afgh., Him.

Piper L. -n- *Piperaceae* · c. 2000 sp · D:Pfeffer; E:Pepper; F:Poivrier
– **aduncum** L. · D:Gebogener Pfeffer; E:Big Pepper · ħ ħ̄ e Z10 ⓦ; Mex., C-Am., W.Ind., trop. S-Am.
– **angustifolium** Ruiz et Pav. · ħ Z10 ⓦ ⚕ Ⓝ; Mex., C-Am., Westind., S-Am.
– **betle** L. · D:Betel-Pfeffer, Kau-Pfeffer; E:Betel, Betel Pepper · ħ e ⌇ Z10 ⓦ ⚕ Ⓝ; Ind., Malay. Arch.
– *bicolor* Yunck. = Piper magnificum
– *celtidifolium* Desf. = Piper unguiculatum
– **clusii** C. DC. · Z10 ⓦ Ⓝ; W-Afr.
– **crocatum** Ruiz et Pav. · ħ e ⌇ Z10 ⓦ; Peru
– **cubeba** L. f. · D:Kubeben-Pfeffer; E:Tailed Pepper · ħ e ⌇ Z10 ⓦ ⚕ ☠ Ⓝ; w Malay. Arch.
– **guineense** Schumach. et Thonn. · D:Aschanti-Pfeffer; E:Ashanti Pepper · ħ e ⌇ Z10 ⓦ Ⓝ; trop. Afr.
– **longum** L. · D:Langer Pfeffer; E:Indian Long Pepper, Long Pepper · ħ e ⌇ Z10 ⓦ ⚕ Ⓝ; E-Him.
– **magnificum** Trel. · ħ e Z10 ⓦ; Peru
– **methysticum** G. Forst. · D:Kava Kava; E:Kava Kava, Kava Pepper · ħ e Z10 ⓦ ⚕ ☠ Ⓝ; Fiji, Pacific Is.
– **nigrum** L. · D:Echter Pfeffer, Schwarzer Pfeffer, Weißer Pfeffer; E:Brown's Pepper, Pepper Plant · ħ e ⌇ Z10 ⓦ ⚕ Ⓝ; ? Ind. (Malabar Coast)
– **ornatum** N.E. Br. · ħ e ⌇ Z10 ⓦ; Sulawesi
– **porphyrophyllum** (Lindl.) N.E. Br. · D:Malayischer Pfeffer; E:Malay Pepper · ħ e ⌇ Z10 ⓦ; Malay. Pen., Kalimantan
– **retrofractum** Vahl · D:Java-Pfeffer; E:Java Longpepper · ħ e Z10 ⓦ Ⓝ; Malay.Arch.
– **saigonense** C. DC. · ⌇ Z10 ⓦ Ⓝ; Vietn.
– **sylvaticum** Roxb. · ħ e ⌇ ⇝ Z10 ⓦ; E-Him.
– **unguiculatum** Ruiz et Pav. · ħ e Z10 ⓦ; Peru

Piptanthocereus (A. Berger) Riccob. = Cereus
– *azureus* (Pfeiff.) Riccob. = Cereus chalybaeus
– *chalybaeus* (Otto) Riccob. = Cereus chalybaeus
– *jamacaru* (DC.) Riccob. = Cereus jamacaru
– *peruvianus* (L.) Riccob. = Cereus peruvianus
– *validus* (Haw.) Riccob. = Cereus forbesii

Piptanthus Sweet -m- *Fabaceae (Leguminosae)* · 2 sp
– *laburnifolius* (D. Don) Stapf = Piptanthus nepalensis
– **nepalensis** (Hook.) Sweet · D:Nepal-Goldregen; E:Evergreen Laburnum, Nepal Laburnum · ♄ e Z8 ⓚ V; Nepal, Sikkim, Bhutan

Piptatherum P. Beauv. -n- · c. 50 sp · D:Grannenreis
– **miliaceum** (L.) Coss. · D:Gemeiner Grannenreis, Südliche Grannenhirse; E:Rice Millet, Smilo Grass · ♃ Z8 V-X Ⓝ; Eur.: Ib, Fr, Ap, Ba; TR, Syr., N-Iraq, Sinai
– **virescens** (L.) Boiss. · D:Grünlicher Grannenreis, Welligblättriger Grannenreis · ♃ Z8 V-VII; Eur.: F, I, A, EC-Eur., Ba, E-Eur.; TR, Cauc., N-Iran

Piqueria Cav. -f- *Asteraceae (Compositae)* · 7 sp
– **trinervia** (Jacq.) Cav. · ♃ ✂ Z10 ⓚ VII-II; Mex., Haiti

Piscidia L. -f- *Fabaceae (Leguminosae)* · 8 sp · E:Dogwood
– **piscipula** (L.) Sarg. · E:Fish Fuddle, Jamaica Dogwood · ♄ d Z10 ⓦ ⚕ ☠ Ⓝ; S-Fla., W.Ind., S-Mex.

Pisonia L. -f- *Nyctaginaceae* · 35 sp
– *alba* Span. = Pisonia grandis
– *brunoniana* Endl. = Pisonia umbellifera
– **grandis** R. Br. · E:Brown Cabbage Tree, Lettuce Tree · ♄ Z10 ⓦ Ⓝ; E-Afr., Sri Lanka, Malay. Arch., N.Guinea, E-Austr., Polyn.
– **umbellifera** (J.R. Forst. et G. Forst.) Seem. · E:Bird Catcher Tree, Para Para · ♄ ♄ e Z10 ⓦ; Austr.: Queensl., N.S.Wales, Lord Howe Is., Norfolk; NZ, Mauritius

Pistacia L. -f- *Anacardiaceae* · 9 sp · D:Pistazie; E:Pistachio; F:Pistachier
– **chinensis** Bunge · D:Chinesische Pistazie; E:Chinese Pistachio · ♄ d Z8 ⓚ; China, Taiwan., Phil.
– **lentiscus** L. · D:Mastixbaum; E:Lentisk, Mastic · ♄ ♄ e D Z9 ⓚ ⚕; Eur.: Ib, Fr, Ap, Ba; TR, Levante, Canar., N-Afr.
– **terebinthus** L. · D:Terpentin-Pistazie; E:Terebinth, Turpentine · ♄ ♄ d D Z8 ⓚ ⚕ Ⓝ; Eur.: Ib, Fr, Ap, Ba; TR, Levante, NW-Afr., Libya
– **vera** L. · D:Echte Pistazie; E:Pistachio · ♄ ♄ e D Z9 ⓦ Ⓝ; Iran, C-As.

Pistia L. -f- *Araceae* · 1 sp · D:Wassersalat; E:Shell Flower, Water Lettuce; F:Laitue d'eau
– **stratiotes** L. · D:Wassersalat; E:Water Lettuce · ♃ ≈ Z10 ⓦ VII-X; Subtrop., Trop.

Pistorinia DC. -f- *Crassulaceae* · 2 sp
– **breviflora** Boiss.
  – subsp. **breviflora** · ⊙ Ψ ⓚ; S-Sp.
  – subsp. **salzmannii** (Boiss.) H. Jacobsen · ⊙ Ψ ⓚ VII-VIII; Maroc., Alger.
– **hispanica** (L.) DC.
  – subsp. **hispanica** · ⊙ Ψ ⓚ; Eur.: Ib
  – var. **maculata** (Maire) H. Jacobsen · ⊙ Ψ ⓚ VII-VIII; Maroc.
– *salzmannii* Boiss. = Pistorinia breviflora subsp. salzmannii

Pisum L. -n- *Fabaceae (Leguminosae)* · 2 sp · D:Erbse; E:Pea; F:Pois
– *arvense* L. = Pisum sativum subsp. sativum Arvense-Grp.
– **sativum** L.
  – subsp. **abyssinicum** (A. Braun) Berger · ⊙ ≹ VI-IX Ⓝ; Yemen, Eth.
  – subsp. **asiaticum** Govorov · ⊙ ≹ VI-IX Ⓝ; N-Afr., SW-As., C-As., Ind., Tibet
  – subsp. **elatius** (Steven) Schmalh. · ⊙ ≹ VI-IX Ⓝ; Eur.: Ib, Ap, Ba, H, S-Russ.; TR, Levante, Iraq, Cauc., Iran, Ind., Tibet, N-Afr.
  – subsp. **sativum** · D:Erbse; E:Garden Pea, Pea · ⊙ ≹ V-VII Ⓝ; Eur.: Ib, Ap, Ba, Ro, Krim, W-Russ.; TR, Levante, N-Afr.
    – **Arvense-Grp.** · D:Futter-Erbsen, Peluschken; E:Field Pea · ; cult.
    – **Macrocarpon-Grp.** · D:Zucker-Erbsen; E:Sugar Pea · ; cult.
    – **Medullare-Grp.** · D:Mark-Erbsen · ; cult.

- **Sativum-Grp.** · D:Pal-Erbsen, Schal-Erbsen · ; cult.
  - *convar. axiphium* Alef. = Pisum sativum subsp. sativum Macrocarpon-Grp.
  - *convar. medullare* Alef. = Pisum sativum subsp. sativum Medullare-Grp.
  - *convar. sativum* = Pisum sativum subsp. sativum Sativum-Grp.
  - *convar. speciosum* (Dierb.) Alef. = Pisum sativum subsp. sativum Arvense-Grp.
- subsp. **syriacum** Berger · ⊙ ≹ VI-IX Ⓝ; Cyprus, Lebanon, Syr., Israel, Jord., N-Iraq, NW-Iran
- subsp. **transcaucasicum** Govorov · ⊙ ≹ VI-IX Ⓝ; Eur.: SE-Russ., Cauc.

Pitcairnia L'Hér. -f- *Bromeliaceae* · 260-320 sp
- *albucifolia* Schrad. = Pitcairnia spicata
- **altenstenii** (Link, Klotzsch et Otto) Lem. · ♃ Z9 ⓦ IV-V; Guat.
- **andreana** Linden · ♃ Z9 ⓦ VI-VII; Col.
- **angustifolia** Sol. · ♃ Z9 ⓦ IX; Puerto Rico
- **aphelandriflora** Lem. · ♃ Z9 ⓦ VI-VII; Panama, Ecuad.
- **atrorubens** (Beer) Baker · ♃ Z9 ⓦ VII-VIII; Mex., Costa Rica, Panama
- *cernua* Kunth et Bouché = Pitcairnia heterophylla var. heterophylla
- **corallina** Linden et André · ♃ Z9 ⓦ III-V; Col., Peru
- **echinata** Hook. · ♃ Z9 ⓦ VI-VII; Col.
- *exscapa* Hook. = Pitcairnia heterophylla var. heterophylla
- **flammea** Lindl.
  - var. **flammea** · ♃ Z9 ⓦ; Bras.
  - var. **roezlii** (E. Morren) L.B. Sm. · ♃ Z9 ⓦ X-XI; S-Am.; And.
- *funckiana* A. Dietr. = Pitcairnia maidifolia
- **heterophylla** (Lindl.) Beer
  - var. *exscapa* (Hook.) Mez = Pitcairnia heterophylla var. heterophylla
  - var. **heterophylla** · ♃ Z9 ⓦ II-III; S-Mex., C-Am., trop. S-Am.
- **integrifolia** Ker-Gawl. · ♃ Z9 ⓦ VIII; Venez.
- **maidifolia** (C. Morren) Decne. ex Planch. · ♃ Z9 ⓦ IV-V; Hond., Costa Rica, Col., Venez., Guyan., Surinam
- **paniculata** (Ruiz et Pav.) Ruiz et Pav. · ♃ Z9 ⓦ XI-I; Peru, Bol.
- **punicea** Scheidw. · ♃ Z9 ⓦ IV-V; Mex., Guat.
- **recurvata** (Scheidw.) K. Koch · ♃ Z9 ⓦ III-V; Col.
- *roezlii* E. Morren = Pitcairnia flammea var. flammea
- **spicata** (Lam.) Mez · ♃ Z9 ⓦ III-VIII; W.Ind.
- **tabuliformis** Linden · ♃ Z9 ⓦ; S-Mex.
- **undulata** Scheidw. · ♃ Z9 ⓦ VII-VIII; Bras.
- *venusta* (Phil.) Baker = Puya venusta
- *violacea* Brongn. = Puya coerulea var. violacea
- **xanthocalyx** Mart. · ♃ Z9 ⓦ VI-VIII; Mex.

Pithecellobium Mart. -n- *Mimosaceae (Leguminosae)* · 37 sp · D:Affenohrring; F:Ebène du Mexique, Ebène du Texas
- **bigeminum** (L.) Mart. · ₺ Z10 ⓦ Ⓝ; E-Him., Sri Lanka, Malay. Arch., Phil.
- **dulce** (Roxb.) Benth. · D:Camambilarinde, Mexikanischer Affenohrring; E:Manila Tamarind · ₺ e Z10 ⓦ Ⓝ; Mex., C-Am., trop. S-Am.
- **jiringa** (Jack) Prain ex King · D:Malayischer Affenohrring; E:Jering Tamarind · ₺ Z10 ⓦ Ⓝ; S-Myanmar, Malay. Arch.
- *saman* (Jacq.) Benth. = Albizia saman

Pithecoctenium Mart. ex Meisn. -n- *Bignoniaceae* · 3 (-12) sp · D:Affenkamm; F:Liane à râpe, Peigne de singe
- **crucigerum** (L.) A.H. Gentry · ₺ e ≹ ⋊ Z10 ⓦ; Mex., Cuba, Jamaica, trop. S-Am.
- *echinatum* (Jacq.) K. Schum. = Pithecoctenium crucigerum
- *laxiflorum* DC. = Distictis laxiflora

Pittosporum Banks ex Sol. -n- *Pittosporaceae* · 150-200 sp · D:Klebsame; E:Pittosporum; F:Pittosporum
- **bicolor** Hook. f. · ₺ ₺ e Z9 ⓚ; Austr.: N.S.Wales, Victoria, Tasman.
- **colensoi** Hook. f. · ₺ e Z9 ⓚ IV; NZ
- **coriaceum** Aiton · ₺ e D Z9 ⓚ V-VI ▽; Madeira, Canar.: Teneriffa
- **crassifolium** Banks et Sol. ex A. Cunn. · D:Karo-Klebsame; E:Karo, Stiff Leaf Cheesewood · ₺ ₺ e Z9 ⓚ VI-VIII; NZ
- **dallii** Cheeseman · ₺ e D Z9 ⓚ VI-VII; NZ
- **eugenioides** A. Cunn. · D:Zitronen-Klebsame; E:Lemonwood, Tarata · ₺ ₺ e D

Z9 Ⓚ VII-VIII; NZ
– **floribundum** Wight et Arn. · E:Golden Fragrance · ħ̶ e D Z9 Ⓚ; S-Him.
– **glabratum** Lindl. · ħ e D Z9 Ⓚ V; S-China
– **heterophyllum** Franch. · ħ e Z9 Ⓚ V-VI; W-China
– *nigricans* hort. = Pittosporum tenuifolium
– **phillyraeoides** DC. · D:Weiden-Klebsame; E:Desert Willow, Willow Pittosporum · ħ̶ e Z9 Ⓚ; Austr.
– **ralphii** Kirk · ħ e Z9 Ⓚ; NZ
– **resiniferum** Hemsl. · ħ̶ e Z9 Ⓚ Ⓝ; Phil.
– **revolutum** W.T. Aiton · ħ e D Z9 Ⓚ II-IV; Austr.: Queensl., N.S.Wales, Victoria
– **rhombifolium** A. Cunn. ex Hook. · D:Queensland-Klebsame; E:Queensland Pittosporum · ħ̶ e Z9 Ⓚ XI; Austr.: Queensl., N.S.Wales
– **tenuifolium** Sol. ex Gaertn. · D:Schmalblättriger Klebsame; E:Kohuhu, Tawiwhi · ħ ħ̶ e D Z9 Ⓚ IV-V; NZ
  – **in Sorten**
  – subsp. *colensoi* (Hook. f.) Kirk = Pittosporum colensoi
– **tobira** (Thunb. ex Murray) W.T. Aiton · D:Chinesischer Klebsame, Pechsame; E:Australian Laurel, Mock Orange, Tobira · ħ e D Z9 Ⓚ III-V; China, S-Korea, Jap.
– **undulatum** Vent. · D:Orangen-Klebsame; E:Australian Cheesewood, Victoria Box · ħ ħ̶ e D Z9 Ⓚ V-VII Ⓝ; Austr.: Queensl., N.S.Wales, Victoria
– **viridiflorum** Sims · D:Kap-Klebsame; E:Cape Pittosporum · ħ ħ̶ e D Z9 Ⓚ V; S-Afr.

Pityrogramma Link -f- *Adiantaceae* · 16 sp · D:Goldfarn, Silberfarn; E:Gold Farn, Silver Fern; F:Fougère argentée, Fougère dorée
– **argentea** (Willd.) Domin · ♃ Z10 Ⓦ; trop. Afr., S-Afr.
– **calomelanos** (L.) Link · D:Silberfarn; E:Silver Fern · ♃ Z10 Ⓦ; W.Ind., S-Am., nat. in Trop.
– **chrysophylla** (Sw.) Link · ♃ Z10 Ⓦ; Puerto Rico, Lesser Antilles, nat. in Azor.
– **dealbata** (C. Presl) Tryon · ♃ Z10 Ⓦ; Mex., C-Am.
– *ebenea* (L.) Proctor = Pityrogramma tartarea
– **pulchella** (T. Moore) Domin · ♃ Z10 Ⓦ; Venez.
– *schaffneri* (Fée) Weath. = Pityrogramma dealbata
– **schizophylla** (Baker ex Jenman) Maxon · ♃ Z10 Ⓦ; Jamaica
– **sulphurea** (Sw.) Maxon · D:Goldfarn; E:Jamaica Gold Fern · ♃ Z10 Ⓦ; W.Ind., nat. in Sri Lanka
– **tartarea** (Cav.) Maxon · ♃ Z10 Ⓦ; Mex., C-Am., W.Ind., trop. S-Am.

Plagianthus J.R. Forst. et G. Forst. -m- *Malvaceae* · 2 sp · D:Streifenrinde; E:Ribbon Wood; F:Plagianthe
– **divaricatus** J.R. Forst. et G. Forst. · ħ e Z8 Ⓚ VI; NZ

Plagiorhegma Maxim. = Jeffersonia
– *dubium* Maxim. = Jeffersonia dubia

Plagiospermum Oliv. = Prinsepia
– *sinense* Oliv. = Prinsepia sinensis

Planchonella Pierre = Pouteria

Plantago L. -f- *Plantaginaceae* · 193 sp · D:Wegerich; E:Plantain; F:Plantain
– *afra* L. = Psyllium afrum
– **alpina** L. · D:Alpen-Wegerich · ♃ Z3 V-VII; Eur.: Sp., F, I, C-Eur.; mts., nat. in W-Russ.
– **altissima** L. · D:Hoher Wegerich · ♃ V-VII; Eur.: A, I, EC-Eur., Ba, E-Eur.; Tun., Alger., nat. in F, CH, D
– *arenaria* Waldst. et Kit. = Psyllium arenarium
– **argentea** Chaix · D:Silberhaariger Wegerich · ♃ Z6 VII-VIII; Eur.: Ib, Fr, Ap, Ba, H, RO; N-TR; mts.
– **atrata** Hoppe · D:Berg-Wegerich · ♃ V-VIII; Eur.: Ib, Fr, C-Eur., EC-Eur., Ba, RO, W-Russ.; TR, SW-As.; mts.
– **bellardii** All. · D:Haariger Wegerich · ⊙; Eur.: Ib, Fr, Ap, Ba; TR, Levante, Iraq, Iran, NW-Afr., Egypt
– **coronopus** L. · D:Krähenfuß-Wegerich; E:Cut Leaved Plantain · ⊙ ♃ Z6 VI-IX; Eur.*, TR + Afgh., N-Afr., Levante
– *cynops* L. = Psyllium sempervirens
– **holosteum** Scop. · D:Kiel-Wegerich · ♃ V-VII; Eur.: Sp., F, I, Ba +; TR, Levante
– *indica* L. = Psyllium arenarium
– **lagopus** L. · D:Zottiger Wegerich · ⊙ ♃; Eur.: Ib, Fr, Ap, Ba; TR, Levante, Cauc., Iran, N-Afr.
– **lanceolata** L. · D:Spitz-Wegerich; E:English Plantain, Ribwort · ♃ Z6 V-IX

⚕; Eur.*, TR, Levante, Iran, Him., C-As., W-Sib., N-Afr., nat. in N-Am.
– **major** L.
  – subsp. **intermedia** (Gilib.) Lange · D:Kleiner Wegerich, Vielsamiger Breit-Wegerich · ♃ Z5 VI-X; Eur., TR, Levante, Maroc., Alger., Egypt
  – subsp. **major** · D:Breit-Wegerich, Großer Wegerich; E:Common Plantain, Plantain · ♃ Z5 X ⚕; Eur.*, TR, N-Afr., nat. in cosmop.
  – subsp. **winteri** (Wirtg. ex Geisenh.) W. Ludw. · D:Salz-Wegerich, Salzwiesen-Breit-Wegerich · ♃ Z5 VI-VIII; C-Eur., NE-Eur.; saline habitats
– **maritima** L.
  – subsp. **maritima** · D:Strand-Wegerich · ♃ VII-X; Eur.*, Cyprus, Palaest., Cauc. (Armen.), Iran, C-As, N-Am., S-Am; coasts, saline habitats
  – subsp. **serpentina** (All.) Arcang. · D:Schlangen-Wegerich · ♃ V-VIII; S-Eur.
– **media** L. · D:Mittlerer Wegerich; E:Hoary Plantain · ♃ Z6 V-VI; Eur.*, TR, Cauc., N-Iraq, Iran, C-As., W-Sib., E-Sib., Amur, China, nat. in Can., NZ
– **nivalis** Boiss. · ♃ △ Z7 Ⓐ ∧ VII-VIII; Sp.: Sierra Nevada
– **ovata** Forssk. · D:Indischer Flohsame; E:Blond Psyllium · ♃ ⚕ Ⓝ; Sp., C-As., Ind., nat. in China
– *psyllium* L. 1753 = Psyllium arenarium
– *psyllium* L. 1759 = Psyllium sempervirens
– *psyllium* L. 1762 = Psyllium afrum
– *sempervirens* Crantz = Psyllium sempervirens
– *serpentina* All. = Plantago maritima subsp. serpentina
– **subulata** L.
  – subsp. **insularis** (Gren. et Godr.) Nyman · ♃ ⌓ △ Z6 V; Corse, Sard., Sic.
  – subsp. **subulata** · ♃ Z6; Eur.: Ib, Fr, Ap, Ba, A, RO; Maroc., Alger.
– *suffruticosa* Lam. = Psyllium sempervirens
– **tenuiflora** Waldst. et Kit. · D:Dünnähren-Wegerich · ⊙ IV-VI; Eur.: A, EC-Eur., E-Eur., Sweden (Öland)
– *uniflora* L. = Littorella uniflora

Platanthera Rich. -f- *Orchidaceae* · 85 (-200) sp · D:Waldhyazinthe; E:Butterfly Orchid; F:Platanthère
– **bifolia** (L.) Rich. · D:Weiße Waldhyazinthe; E:Lesser Butterfly Orchid · ♃ Z6 V-VI ▽ ✻; Eur.*, TR, Cauc., N-Iran, W-Sib., E-Sib., Him.
– **chlorantha** (Custer) Rchb. · D:Grünliche Waldhyazinthe; E:Butterfly Orchid · ♃ Z7 V-VI ▽ ✻; Eur.*, TR, Cauc., N-Iran, N-As., N-China, NW-Afr.

Platanus L. -f- *Platanaceae* · c. 8 sp · D:Platane; E:Plane; F:Platane
– × *acerifolia* (Aiton) Willd. = Platanus × hispanica
– × **hispanica** Münchh. (*P. occidentalis* × *P. orientalis*) · D:Bastard-Platane, Gewöhnliche Platane; E:London Plane, Plane; F:Platane à feuilles d'érable · ₶ d Z6 V; orig. ?
– × *hybrida* Brot. = Platanus × hispanica
– **occidentalis** L. · D:Nordamerikanische Platane; E:American Plane, Button Tree, Sycamore; F:Platane d'Occident · ₶ d Z6 V Ⓝ; Ont., USA: NE, NCE, NC, SC, SE, Fla.
– **orientalis** L. · D:Morgenländische Platane; E:Chenar, Oriental Plane; F:Platane d'Orient · ₶ d Z6 V Ⓝ; Eur.: S-I, Sic., Ba; TR, Syr.

Platonia Mart. -f- *Clusiaceae (Guttiferae)* · 1-2 sp
– **esculenta** (Arruda) Rickett et Stafleu · ₶ Z10 Ⓦ Ⓝ; trop. Bras.

Platycarya Siebold et Zucc. -f- *Juglandaceae* · 3 sp · D:Zapfennuss; F:Platycaryer
– **strobilacea** Siebold et Zucc. · D:Zapfennuss · ₶ ₺ d Z6; China, Korea, Jap., Taiwan

Platycerium Desv. -n- *Polypodiaceae* · 18 sp · D:Geweihfarn; E:Elkhorn Fern, Staghorn Fern; F:Corne d'élan
– *alcicorne* (Sw.) Desv. = Platycerium stemaria
– *alcicorne* (Willemet) Tardieu = Platycerium vassei
– *alcicorne* hort. = Platycerium bifurcatum var. bifurcatum
– **andinum** Baker · ♃ Z10 Ⓦ; Peru, Bol.
– **angolense** Welw. ex Baker · ♃ Z10 Ⓦ; trop. Afr.
– *biforme* (Sw.) Blume = Platycerium coronarium
– **bifurcatum** (Cav.) C. Chr.
  – var. **bifurcatum** · D:Gewöhnlicher Geweihfarn; E:Elkhorn Fern, Staghorn

Fern · ♃ Z10 ⓦ; N.Guinea, Austr.: Queensl.
– var. *hillii* (T. Moore) Domin = Platycerium hillii
– var. **lanciferum** Domin Z10 ⓦ; Austr.: Queensl.
– var. *normale* Domin = Platycerium bifurcatum var. bifurcatum
– var. **subrhomboideum** Domin Z10 ⓦ; Austr.: Queensl.
– **coronarium** (J. König ex O.F. Müll.) Desv. · ♃ Z10 ⓦ; Indochina, Malay. Pen., Phil.
– *elephantotis* Schweinf. = Platycerium angolense
– **ellisii** Baker · ♃ Z10 ⓦ; C-Madag.
– **grande** (J. Sm. ex Fée) C. Presl · D:Großer Geweihfarn; E:Staghorn Fern · ♃ Z10 ⓦ; Phil.: Luzon (Mt. Christobal)
– *grande* auct. = Platycerium superbum
– **hillii** T. Moore · ♃ Z10 ⓦ; Austr.: Queensl.
– **madagascariense** Baker · ♃ Z10 ⓦ; Madag.
– **stemaria** (P. Beauv.) Desv. · D:Triangel-Geweihfarn; E:Triangular Staghorn Fern · ♃ Z10 ⓦ; trop. Afr.
– *sumbawense* H. Christ = Platycerium willinckii
– **superbum** De Jonch. et Hennipman · D:Prächtiger Geweihfarn; E:Staghorn Fern · ♃ Z10 ⓦ; Java, Kalimantan, Austr.: Queensl., N.S.Wales
– **vassei** Poiss. · ♃ Z10 ⓦ ⓚ; Mozamb., Madag., Komor., Seych., Mauritius
– **veitchii** (Underw.) C. Chr. · ♃ Z10 ⓦ; Austr.: Queensl.
– **wallichii** Hook. · ♃ Z10 ⓦ; Malay. Pen.
– **wandae** Racib. · ♃ Z10 ⓦ; N.Guinea
– *wilhelminae-reginae* Alderw. = Platycerium wandae
– **willinckii** T. Moore · ♃ Z10 ⓦ; Java, Sulawesi, Timor, ? Austr.

Platycladus Spach -m- *Cupressaceae* · 1 sp · D:Morgenländischer Lebensbaum; E:Oriental Thuja; F:Thuya d'Orient
– **orientalis** (L.) Franco · D:Morgenländischer Lebensbaum; E:Arborvitae, Oriental Thuja; F:Thuya d'Orient, Thuya de Chine · ₺ ♄ e Z6 IV-V ⚕ ☠ Ⓝ; China, Korea
– **in Sorten**
– *stricta* Spach = Platycladus orientalis

Platycodon A. DC. -m- *Campanulaceae* · 1 sp · D:Ballonblume; E:Balloon Flower, Chinese Bellflower; F:Fleur ballon
– **grandiflorus** (Jacq.) A. DC. · D:Großblütige Ballonblume; E:Balloon Flower; F:Platycodon à grandes fleurs · ♃ Z4 VII-VIII ⚕ ; Jap., N-Korea, Manch., Amur
– **in vielen Sorten**

Platystemon Benth. -m- *Papaveraceae* · 1 sp · D:Breitfaden; E:Cream Cup
– **californicus** Benth. · D:Kalifornischer Breitfaden; E:California Creamcups, Creamcups · ⊙ Z8 VII-VIII; Calif.

Platystigma Benth. = Hesperomecon
– *lineare* Benth. = Hesperomecon linearis

Plectranthus L'Hér. -m- *Lamiaceae (Labiatae)* · c. 350 sp · D:Harfenstrauch, Mottenkönig; F:Germaine
– **amboinicus** (Lour.) Spreng. · D:Jamaika-Thymian; E:Indian Mint · ♃ e Z10 ⓦ ⚕ Ⓝ; Ind., Indochina, Malay. Arch.
– *australis* R. Br. = Plectranthus parviflorus
– **barbatus** Andrews · ♃ Z10 ⓦ ⚕ Ⓝ; Ind., E-Afr.
– *behrii* Compton = Plectranthus fruticosus
– *coleoides* hort. non Benth. = Plectranthus forsteri
– **edulis** (Vatke) Agnew · D:Gala-Kartoffel · Z10 Ⓝ; Eth.
– **esculentus** N.E. Br. · D:Dozo-Kartoffel; E:Kaffir Potato · ♃ Z10 ⓚ Ⓝ; W-Afr., C-Afr., S-Afr.
– **forsteri** Benth. · E:Swedish Ivy · ♃ e Z10 ⓚ; SE-Ind.
– **fruticosus** L'Hér. · D:Mottenkönig · ♄ e Z10 ⓚ II-V; S-Afr.
– **oertendahlii** Th. Fr. · E:Candle Plant · ♃ e ≹ ⇝ Z10 ⓦ IX-X; S-Afr.
– **parviflorus** Willd. · E:Little Spurflower · ♃ e Z10 ⓦ ⓚ; Austr.: North Terr., Queensl., N.S.Wales, Victoria, S-Austr.
– **prostratus** Gürke · ♃ e ≹ ⇝ Z10 ⓦ ⓚ; Tanzania: Kilimandscharo
– **purpuratus** Harv. · ♃ ≹ ⇝ Z10 ⓦ ⓚ; S-Afr.: Natal
– *rotundifolius* (Poir.) Spreng. = Solenostemon rotundifolius
– **thyrsoideus** (Baker) B. Mathew · ♄ e Z10 ⓚ XII-II; trop. Afr.

Pleioblastus Nakai -m- *Poaceae*

(*Gramineae*) · c. 45 sp
- **auricomus** (Mitford) D.C. McClint. · ♃ e Z7 ∧; Jap.
  - fo. **chrysophyllus** Makino Z7; cult. Jap.
- **chino** (Franch. et Sav.) Makino · ♃ e Z6; Jap.
  - var. *viridis* fo. *humilis* (Mitford) S. Suzuki = Pleioblastus humilis
    - fo. *pumilus* (Mitford) S. Suzuki = Pleioblastus pumilus
- *distichus* (Mitford) Nakai = Pleioblastus pygmaeus var. distichus
- *fortunei* (Van Houtte) Nakai = Pleioblastus variegatus 'Fortunei'
  - *'Variegatus'* = Pleioblastus variegatus 'Fortunei'
  - *'Viridis'* = Pleioblastus humilis
- **gramineus** (Bean) Nakai · ♃ e Z7 ∧; Jap.
- **hindsii** (Munro) Nakai · ♃ e ∧; China (Hongkong)
- **humilis** (Mitford) Nakai · ♃ e Z7 ∧; Jap.
  - *'Gauntlettii'* = Pleioblastus humilis
  - var. *pumilus* (Mitford) D.C. McClint. = Pleioblastus pumilus
- **pumilus** (Mitford) Nakai · ♃ ♄ ∧; Jap.
- **pygmaeus** (Miq.) Nakai
  - var. **distichus** (Mitford) Nakai · ♄ e Z7; Jap.
  - var. **pygmaeus** · F:Bambou Pleioblastus nain · ♃ e ⇝ Z7; Jap.
- **simonii** (Carrière) Nakai · E:Simon Bamboo · ♃ e Z6 Ⓝ; Jap.
- **variegatus** (Siebold ex Miq.) Makino · E:Whitestripe Bamboo · ♄ e Z7; Jap.
  - **'Fortunei'**
- **viridistriatus** (Siebold ex André) Makino · ♄ e Z7; Jap.
- *auricomus* = Pleioblastus auricomus

Pleione D. Don -f- *Orchidaceae* · 16 sp · D:Tibetorchidee; E:Indian Crocus; F:Orchidée du Tibet, Pléione
- **bulbocodioides** (Franch.) Rolfe · ♃ △ Z8 ⌂ ∧ V ▽ *; China, Taiwan, Tibet
- **formosana** Hayata · ♃ Z8 Ⓚ IV-VI ▽ *; Yunnan
- **hookeriana** (Lindl.) B.S. Williams · ♃ Z8 Ⓚ V-VI ▽ *; Nepal, Ind.: Sikkim, Assam; Laos, Thailand
- **humilis** (Sm.) D. Don · ♃ Z8 Ⓚ VIII-V ▽ *; Nepal, Sikkim, Myanmar
- × **lagenaria** Lindl. (*P. maculata* × *P. praecox*) · ♃ Z8 Ⓚ VI-VII ▽ *; Bhutan, Ind.: Sikkim, Assam; Myamar, Thail.
- **maculata** (Lindl.) Lindl. · ♃ Z8 Ⓚ VII-VIII ▽ *; Bhutan, Ind.: Sikkim, Assam; Myamar, Thail.
- *pogonioides* (Rolfe) Rolfe = Pleione bulbocodioides
- **praecox** (Sm.) D. Don · ♃ Z8 Ⓚ VI-XII ▽ *; N-Ind.: Sikkim, Assam; Nepal, Myanmar, China
- *reichenbachiana* (T. Moore et Veitch) B.S. Williams = Pleione praecox
- *wallichiana* (Lindl.) Lindl. = Pleione praecox
- *yunnanensis* (Rolfe) Rolfe = Pleione bulbocodioides
- **Cultivars**
  - **in vielen Sorten**

Pleiospilos N.E. Br. -m- *Aizoaceae* · 4 sp · E:Living Granite, Living Rock
- **bolusii** (Hook. f.) N.E. Br. · E:Living Rock, Mimicry Plant · ♃ ♆ Z9 Ⓚ X-XI; Kap
- **nelii** Schwantes · ♃ ♆ Z9 Ⓚ X-XI; Kap
- *prismaticus* (Marloth) Schwantes = Tanquana prismatica
- **simulans** (Marloth) N.E. Br. · ♃ ♆ D Z9 Ⓚ X-XI; Kap

Pleomele Salisb. = Dracaena
- *deremensis* (Engl.) N.E. Br. = Dracaena deremensis
- *reflexa* (Lam.) N.E. Br. = Dracaena reflexa

Pleopeltis Humb. et Bonpl.ex Willd. -f- *Polypodiaceae* · 10 sp
- *crassifolia* (L.) T. Moore = Niphidium crassifolium
- **macrocarpa** (Bory ex Willd.) Kaulf. · ♃ Z10; trop. Lat.-Am.
- *musifolia* (Blume) T. Moore = Microsorum musifolium
- *phyllitidis* (L.) Alston = Campyloneurum phyllitidis

Pleuropteropyrum Gross = Aconogonon
- *polymorphum* Ledeb. = Aconogonon alpinum
- *undulatum* (Murray) A. Löve et D. Löve = Aconogonon alpinum

Pleurospermum Hoffm. -n- *Apiaceae (Umbelliferae)* · 3 sp · D:Rippensame; F:Pleurosperme
- **austriacum** (L.) Hoffm. · D:Österreichischer Rippensame · ♃ Z7 VI-VII; Eur.* exc. BrI

Pleurothallis R. Br. -f- *Orchidaceae* · 1120 sp
- **gelida** Lindl. · ♃ Z10 (w) ▽ *; Fla., Mex., C-Am., W-Ind., S-Am.
- *ghiesbreghtiana* A. Rich. et Galeotti = Pleurothallis racemiflora
- **grandis** Rolfe · ♃ Z10 (w) VIII-IX ▽ *; Costa Rica
- **grobyi** Bateman ex Lindl. · ♃ Z10 (w) VII ▽ *; Mex., W.Ind., C-Am., S-Am.
- **immersa** Linden et Rchb. f. · ♃ Z10 (w) I-II ▽ *; Mex., C-Am., Col., Venez.
- *macrophylla* Humb., Bonpl. et Kunth = Pleurothallis revoluta
- **pectinata** Lindl. · ♃ Z10 (w) V-VII ▽ *; Bras.
- *quadrifida* (La Llave et Lex.) Lindl. = Pleurothallis racemiflora
- **racemiflora** Lindl. ex Hook. · ♃ Z10 (w) ▽ *; Mex., C-Am., Jamaica, Col., Venez.
- **repens** Ames · ♃ Z10 (w) ▽ *; Guat.
- **revoluta** (Ruiz et Pav.) Garay · ♃ Z10 (w) I-III ▽ *; S-Am.
- **saurocephala** Lodd. · ♃ Z10 (w) ▽ *; Bras.
- **tribuloides** (Sw.) Lindl. · ♃ Z10 (w) ▽ *; Mex., C-Am., Cuba, Jamaica

Plukenetia L. -f- *Euphorbiaceae* · 16 sp
- *conophora* Müll. Arg. = Tetracarpidium conophorum
- **volubilis** L. · ♄ ≷ Z10 (w) (N); W.Ind., trop. S-Am.

Plumbagella Spach -f- *Plumbaginaceae* · 1 sp · D:Zwergbleiwurz; F:Petit plombago
- **micrantha** (Ledeb.) Spach · ⊙; C-As.

Plumbago L. -f- *Plumbaginaceae* · 12-15 (-24) sp · D:Bleiwurz; E:Leadwort; F:Dentelaire, Plombago
- **auriculata** Lam. · D:Kap-Bleiwurz; E:Cape Leadwort · ♄ e Z9 (k) VI-IX; S-Afr.
- *capensis* Thunb. = Plumbago auriculata
- *coccinea* Salisb. = Plumbago indica
- **europaea** L. · ♃ Z8 (k) IX; Eur.: Ib, Fr, Ap, Ba, RO; TR, Syr., Palaest., Cauc. Iran, C-As., NW-Afr., nat. in CZ
- **indica** L. · ♄ e ≷ Z10 (w) VI-XI; Ind., SE-As.
- *larpentiae* Lindl. = Ceratostigma plumbaginoides
- *rosea* L. = Plumbago indica
- **scandens** L. · ♄ e ≷ Z10 (k); Ariz., Flor., W.Ind., Mex., C-Am., S-Am.
- **zeylanica** L. · ♄ ≷ Z10 (w) I-III ⚕; Ind., SE-As.

Plumeria L. -f- *Apocynaceae* · 8 (-17) sp · D:Frangipani; E:Frangipani, Temple Tree; F:Frangipanier
- *acutifolia* Poir. = Plumeria rubra fo. acutifolia
- **alba** L. · D:Westindische Frangipani; E:West Indian Jasmine · ♄ d D Z10 (w) VI-IX; Lesser Antilles, Puerto Rico
- *lutea* Ruiz et Pav. = Plumeria rubra fo. lutea
- **rubra** L. · D:Rote Frangipani; E:Frangipani, Temple Tree · ♄ d D Z10 (w) VI-IX; C-Am.
  - fo. **acutifolia** (Poir.) Woodson · D:Weiße Frangipani · (w); cult.
  - fo. **lutea** (Ruiz et Pav.) Woodson · D:Gelbe Frangipani · (w); cult.
  - fo. **tricolor** (Ruiz et Pav.) Woodson · D:Bunte Frangipani · (w); cult.
- *tricolor* Ruiz et Pav. = Plumeria rubra

Pneumonanthe Gled. = Gentiana
- *vulgaris* F.W. Schmidt = Gentiana pneumonanthe

Poa L. -f- *Poaceae (Gramineae)* · c. 500 sp · D:Rispengras; E:Meadow Grass; F:Pâturin
- *abyssinica* Jacq. = Eragrostis tef
- **alpina** L. · D:Alpen-Rispengras; E:Alpine Blue Grass, Alpine Meadow Grass · ♃ △ VI-VII; Eur.*, TR, Cauc., NW-Iran, W-Sib., E-Sib., C-As., Afgh., Pakist., Ind., Tibet, China, Korea, Alger., Maroc., Alaska, Can., USA: NCE, NC, Rocky Mts., NW; Greenl.
  - var. *vivipara* L. = Poa alpina
- *amabilis* hort. non L. = Eragrostis unioloides
- **angustifolia** L. · D:Schmalblättriges Rispengras · ♃ V-VI; Eur.*, Cauc., W-Sib., E-Sib., Amur, Sachal., Kamchat., SW-As., N-Ind., NW-Afr.
- **annua** L. · D:Einjähriges Rispengras; E:Annual Blue Grass · ⊙ ♃ I-XII; Eur.*, TR, Levante, Iraq, Arab., Cauc., Iran, W-Sib., E-Sib., C-As., Afgh., Pakist, N-Ind., Tibet, Mong., China, Korea, Jap., N-Afr., nat. in Greenl., N-Am., C-Am., S-Am., Phil., Austr., NZ
- *aquatica* (L.) Wahlenb. = Glyceria maxima
- **badensis** Haenke ex Willd. · D:Badener Rispengras · ♃ ⟿ △ V-VII; Eur.: F, C-

Eur., EC-Eur., Ba, RO, ? N-I; Cauc.
- **bulbosa** L. · D:Knolliges Rispengras; E:Bulbous Blue Grass · ♃ V ⓝ; Eur.*, TR, Levante, Cauc., Iran, Afgh., Pakist., W-Sib., C-As., NW-Afr., Libya, S-Afr., nat. in N-Am.
  - var. *vivipara* (Koeler) Willd. = Poa bulbosa
- *caesia* Sm. = Poa glauca
- **cenisia** All. · D:Mont Cenis-Rispengras · ♃ VI-VIII; Eur.: Ib, Fr, C-Eur., Ap, Ba, RO; TR
- **chaixii** Vill. · D:Wald-Rispengras · ♃ Z5 VI-VII; Eur.* exc. BrI, Sc; NE-TR, ? Cauc., nat. in BrI, Sc
- **compressa** L. · D:Flaches Rispengras; E:Flat Stem Blue Grass · ♃ ⇝ VI-VII; Eur.*, TR, Lebanon, Cauc., W-Sib., C-As., Him., Amur, Sachal., Korea, Jap., Alaska, Can., USA*, nat. in N-Am.
- **concinna** Gaudin · D:Niedliches Rispengras · ♃ IV-V; Eur.: F, Ap, CH
- **glauca** Vahl · D:Blaugrünes Rispengras; E:Blue Grass; F:Pâturin glauque · ♃ △ Z5 VI-VII; Eur.* exc. Ib; Cauc., N-Iran, Afgh., Pakist., Him., W-Sib., E-Sib., Amur, Sachal., Kamchat., Mong., China, Korea, Jap., Maroc., Alger., nat. in N-Am., Arg., Chile, S-Afr.
- **humilis** Ehrh. ex Hoffm. · D:Bläuliches Rispengras, Salzwiesen-Rispengras · ♃ VI-VII; Eur.: Sc, BrI, Fr, C-Eur., EC-Eur., nat. in N-Am., Kamchat.
- **hybrida** Gaudin · D:Gebirgs-Rispengras, Großes Rispengras · ♃ VI-VII; Eur.: C-Eur., Ba, RO, W-Russ.; Alp., Jura, Carp., Balkan; Cauc.
- **infirma** Kunth · D:Frühlings-Rispengras · ⊙ IV-VI; Eur.: Ib, Fr, BrI, Ap, Ba; TR, Syr., Cauc., Iran, Ind., NW-Afr., Libya, nat. in S-Am.
- **jurassica** Chrtek et Jirásek · ♃; CH
- **laxa** Haenke · D:Schlaffes Rispengras · ♃ VII-VIII; Eur.: Fr, Ap, C-Eur., EC-Eur., Ba, RO; mts.
- **minor** Gaudin · D:Kleines Rispengras · ♃ VII-VIII; Eur.: Sp., F, I, C-Eur., Slove., Bosn., Montenegro, RO; mts.
- **molineri** Balb. · D:Trocken-Rispengras · ♃ VII; Eur.: Ib, F, I, C-Eur., Slova., Ba, RO; mts.
- **nemoralis** L. · D:Hain-Rispengras; E:Forest Blue Grass, Wood Meadow Grass; F:Pâturin des bois · ♃ Z5 VI-VII ⓝ; Eur.*, TR, Cauc., N-Iran, W-Sib., E-Sib., Amur, Sachal., Kamchat., C-As., China, NW-Afr., Greenl., nat. in N-Am.
- **palustris** L. · D:Sumpf-Rispengras; E:Marsh Meadow Grass · ♃ VI-VII ⓝ; Eur.* exc. Ib; Cauc., C-As., Iran, Pakist., Him., W-Sib., E-Sib., Amur, Sachal., Kamchat., Mong., Manch., Korea, Jap., Taiwan, Alaska, Can., USA* exc. SC; Greenl., Arg.
- *pilosa* L. = Eragrostis pilosa
- **pratensis** L. · D:Wiesen-Rispengras; E:Kentucky Blue Grass, Meadow Grass · ♃ Z3 V-VII ⓝ; Eur.*, TR, Iraq, Levante, Arab., Cauc., Iran, Afgh., Pakist., Him., W-Sib., E-Sib., Amur, Sachal., Kamchat., C-As., Mong., China, Korea, Jap., Maroc., Alger., nat. in Greenl., N-Am., S-Am., S-Afr., Austr., NZ
- **pumila** Host · D:Niedriges Rispengras · ♃ VI-VIII; Eur.: N-I, Ba, RO; E-Alp, Balkan
- **remota** Forselles · D:Lockerblütiges Rispengras · ♃ VI-VII; Eur.: C-Eur., EC-Eur., Sc, E-Eur.; Cauc., W-Sib., C-As.
- **stiriaca** Fritsch et Hayek ex Dörfl. · D:Steirisches Rispengras · ♃ VI-VIII; Eur.: A, EC-Eur., Slove., Montenegro, RO
- *sudetica* Haenke = Poa chaixii
- **supina** Schrad. · D:Läger-Rispengras · ♃ IV-VI; Eur.* exc. BrI, Ba; mts; Cauc.
- **trivialis** L.
  - subsp. **sylvicola** (Guss.) H. Lindb. · D:Waldbewohnendes Rispengras · ♃ VI-VII; Eur.: Ib, Fr, Ap, Ba, BrI, C-Eur.; TR, Cauc., C-As., Maroc., Alger., nat. in N-Am., S-Am., Austr.
  - subsp. **trivialis** · D:Gewöhnliches Rispengras; E:Rough Meadow Grass · ♃ VI-VII ⓝ; Eur.*, TR, Levante, Iraq, Cauc., Iran, Afgh., Pakist., Him., W-Sib., E-Sib., C-As., nat. in China, Korea, Jap., N-Am., S-Am., S-Afr., Tasman., NZ
- **violacea** Bellardi · D:Violettes Rispengras · ♃ VII-VIII; Eur.* exc. Sc, BrI; TR; mts.

Podachaenium Benth. ex Oerst. -n- *Asteraceae (Compositae)* · 2 sp
- **eminens** (Lag.) Sch. Bip. · E:Tacote · ♄ D Z10 ⓚ I-III; C-Am.

Podalyria Willd. -f- *Fabaceae (Leguminosae)* · 22 sp · D:Wickenstrauch; E:Sweetpea Bush
- **argentea** Salisb. · ♄ e Z9 ⓚ VII-VIII; S-Afr.
- **calyptrata** (Retz.) Willd. · D:Großblütiger

Wickenstrauch; E:Water Blossom Pea · ħ e Z9 Ⓚ III-V; S-Afr.
– **sericea** (Andrews) R. Br. · D:Silberner Wickenstrauch; E:Silver Sweetpea Bush · ħ e Z9 Ⓚ I-III; S-Afr.

Podanthum Boiss. = Asyneuma
– *canescens* (Waldst. et Kit.) Boiss. = Asyneuma canescens

Podocarpus L'Hér. ex Pers. -m- *Podocarpaceae* · 106 sp · D:Steineibe; E:Podocarp; F:Podocarpus
– *alpinus* R. Br. ex Hook. f. = Phyllocladus alpinus
– *andinus* Poepp. ex Endl. = Prumnopitys andina
– *chilinus* Rich. = Podocarpus salignus
– *chinensis* Wall. ex Parl. = Podocarpus macrophyllus
– *dacrydioides* A. Rich. = Dacrycarpus dacrydioides
– **elongatus** (Aiton) L'Hér. ex Pers. · D:Westafrikanische Steineibe; E:African Yellow Wood, Fern Pine · ħ e Z10 Ⓚ; W-Afr.
– *falcatus* (Thunb.) R. Br. = Afrocarpus falcatus
– *ferrugineus* D. Don = Prumnopitys ferruginea
– **glaucus** Foxw. · ħ e Ⓦ; Phil.
– *gracilior* Pilg. = Afrocarpus gracilior
– **latifolius** (Thunb.) R. Br. ex Mirb. · ħ e Z10 Ⓚ; S-Afr.
– **lawrencei** Hook. f. · D:Alpen-Steineibe; E:Mountain Plum Pine · ħ e Z7; Austr.: Victoria, Tasman.
– *lawrencei* auct. non Hook. f. = Phyllocladus alpinus
– **macrophyllus** (Thunb.) D. Don · D:Buddhisten-Steineibe, Großblättrige Steineibe; E:Big Leaf Yew Pine, Yew Pine · ħ e Z7; S-China, S-Jap., Ryukyu-Is.
– *nageia* R. Br. ex Mirb. = Nageia nagi
– *nagi* (Thunb.) Zoll. et Moritzi ex Makino = Nageia nagi
– **neriifolius** D. Don · ħ e Z10 Ⓚ ✻; Him., Kalimantan
– **nivalis** Hook. · D:Neuseeländische Alpen-Steineibe; E:Alpine Totara · ħ e Z7 Ⓐ ∧; NZ
– **nubigenus** Lindl. · ħ e Z7; Chile, Patag.
– **salignus** D. Don · ħ e Z8 Ⓚ; Chile
– **totara** G. Benn. ex D. Don · D:Totara; E:Totara · ħ e Z9 Ⓚ; NZ

Podolepis Labill. -f- *Asteraceae (Compositae)* · 18 sp
– *aristata* Benth. = Podolepis canescens
– **canescens** A. Cunn. · ⊙ Z9 Ⓚ VII-IX; Austr.
– **gracilis** (Lehm.) Graham · ⊙ Z9 Ⓚ VII-IX; Austr.

Podophyllum L. -n- *Berberidaceae* · 7 sp · D:Maiapfel; E:May Apple; F:Pomme de mai
– *diphyllum* L. = Jeffersonia diphylla
– *emodi* Wall. ex Hook. f. et Thomson = Podophyllum hexandrum
– **hexandrum** Royle · D:Himalaya-Maiapfel; E:Himalayan Mayapple; F:Pomme de mai · ♃ Z6 V ☠ ▽ ✻; Him.
– **peltatum** L. · D:Entenfuß, Gewöhnlicher Maiapfel; E:Common May Apple, May Apple, Wild Lemon; F:Podophylle pelté · ♃ Z4 V ⚕ ☠; Can.: E; USA: NE, NCE, SC, SE, Fla.
– **pleianthum** Hance · D:Chinesische Maiapfel; E:Chinese Mayapple · ♃ Z7 ∧ V ☠; China, Taiwan

Podranea Sprague -f- *Bignoniaceae* · 2 sp · D:Trompetenwein; E:Trumpet Vine; F:Liane-orchidée
– **brycei** (N.E. Br.) Sprague · ħ e ≩ Z9 Ⓚ; Zimbabwe
– **ricasoliana** (Tanfani) Sprague · D:Rosa Trompetenwein; E:Pink Trumpet Vine · ħ e ≩ Z9 Ⓚ VII-X; S-Afr.

Poellnitzia Uitewaal -f- *Aloaceae* · 1 sp
– **rubriflora** (L. Bolus) Uitewaal · ♃ Ψ Z9 Ⓚ; S-Kap

Pogonatherum P. Beauv. -n- *Poaceae (Gramineae)* · 3 sp
– **paniceum** (P. Beauv.) Hack. · ♃ Z10 Ⓦ ⊔; S-China, Malay. Pen., NE-Austr.

Pogostemon Desf. -m- *Lamiaceae (Labiatae)* · 96 sp · D:Patschuli; E:Patchouly; F:Patchouli
– **cablin** (Blanco) Benth. · D:Patschuli; E:Patchouly · ħ D Z10 Ⓦ VII-IX ⚕ Ⓝ; Phil.

Poinciana L. = Caesalpinia
– *coriaria* Jacq. = Caesalpinia coriaria
– *gilliesii* Wall. ex Hook. = Caesalpinia gilliesii

– *pulcherrima* L. = Caesalpinia pulcherrima
– *regia* Bojer ex Hook. = Delonix regia

Poinsettia Graham = Euphorbia
– *pulcherrima* (Willd. ex Klotzsch) Graham = Euphorbia pulcherrima

Polanisia Raf. -f- *Capparaceae* · 6 sp
– **trachysperma** Torr. et A. Gray · ⊙; W-Can.; USA: NEC, SC, Ark.

Polaskia Backeb. -f- *Cactaceae* · 2 sp
– **chichipe** (Rol.-Goss.) Backeb. · ♄ Ψ Z8 Ⓚ ▽ ✻; Mex.

Polemonium L. -n- *Polemoniaceae* · 25 sp · D:Himmelsleiter, Jakobsleiter, Sperrkraut; E:Jacob's Ladder; F:Bâton de Jacob, Valériane grecque
– **caeruleum** L.
  – subsp. **caeruleum** · D:Blaue Himmelsleiter, Jakobsleiter; E:Jacob's Ladder; F:Valériane grecque · ♃ Z2 VI-VII ▽; Eur.* exc. Ib; TR, W-Sib., E-Sib.
  – subsp. **himalayanum** (Baker) Hara · ♃ Z2 VI-VIII; Him.
  – var. *grandiflorum* Manning = Polemonium caeruleum subsp. himalayanum
– **carneum** A. Gray · ♃ Z6 Ⓐ V-VI; USA: Oreg., Calif.
– *confertum* A. Gray = Polemonium viscosum
– **foliosissimum** A. Gray · D:Hohe Himmelsleiter; E:Towering Jacob's Ladder · ♃ Z7 ∧ VII-VIII; USA: Rocky Mts., SW
– **pauciflorum** S. Watson · ⊙ ♃ Z7 ∧ VI-VII; USA: Tex., SW; Mex.
– **pulcherrimum** Hook. · ♃ Z4; N-Am.: Aleuten, Alaska, Can: : Yucon, B.C.; USA: NW, Calif., Colo.
– **reptans** L. · D:Horstbildende Himmelsleiter; E:Greek Valerian · ♃ Z4 IV-V ⚕; USA: NE, NCE, SE, SC
– × **richardsonii** hort. (*P. caeruleum* × *P. reptans*) · ♃ Z6 IV-VII; cult.
– **viscosum** Nutt. · D:Klebrige Himmelsleiter; E:Sticky Jacob's Ladder · ♃ △ Z7 ∧ VII-VIII; Can.: B.C.; USA: Rocky Mts., SW
– **Cultivars**
  – **in vielen Sorten**

Polianthes L. -f- *Agavaceae* · 13 (2) sp · D:Nachthyazinthe; E:Tuberose; F:Tubéreuse
– **geminiflora** (La Llave et Lex.) Rose · D:Nickende Nachthyazinthe; E:Twin Flower · ♃ e Z9 Ⓚ VII-VIII; Mex.
– **tuberosa** L. · D:Nachthyazinthe, Tuberose; E:Tuberose · ♃ d ✂ D Z9 Ⓚ VII-X Ⓝ; ? N-Mex.

Poliothyrsis Oliv. -f- *Flacourtiaceae* · 1 sp
– **sinensis** Oliv. · ♄ d Z7 VII; C-China

Polyandrococos Barb.Rodr. -f- *Arecaceae (Palmae)* · 1 sp
– **caudescens** (Mart.) Barb. Rodr. · ♄ e Z10 Ⓦ; Bras.

Polybotrya Humb. et Bonpl.ex Willd. -f- *Dryopteridaceae* · -35 sp
– *cervina* (L.) Kaulf. = Olfersia cervina
– **osmundacea** Humb. et Bonpl. ex Willd. · ♃ ≷ Z10 Ⓦ; Mex., W.Ind., trop. S-Am.
– **serratifolia** Klotzsch · ♃ ≷ Z10 Ⓦ; Mex., C-Am., trop. S-Am.

Polycarpon L. -n- *Caryophyllaceae* · 16 sp · D:Nagelkraut; F:Polycarpon
– **tetraphyllum** (L.) L. · D:Vierblättriges Nagelkraut · ♃ ⊙ VII-IX; Eur.: Ib, BrI, Ap, C-Eur., Ba; TR, Levante, Arab., Cauc., N-Iran, N-Afr., nat. in CZ, S-Am., Austr., E-As.

Polycnemum L. -n- *Chenopodiaceae* · 7-8 sp · D:Knorpelkraut; F:Polycnème
– **arvense** L. · D:Acker-Knorpelkraut · ⊙ VII-X; Eur.* exc. BrI, Sc; TR, Cauc., W-Sib., E-Sib. , C-As.
– **heuffelii** Láng · D:Heuffels Knorpelkraut · ⊙ VII-IX; Eur.: A, EC-Eur., Ba, E-Eur.
– **majus** A. Braun · D:Großes Knorpelkraut · ⊙ VII-IX; Eur.* exc. BrI, Sc; TR, Cauc., C-As.
– **verrucosum** Láng · D:Warziges Knorpelkraut · ⊙ VII-X; Eur.: C-Eur., EC-Eur., W-Ba, E-Eur.; TR

Polycycnis Rchb.f. -f- *Orchidaceae* · 7-15 sp · D:Schlankschwänchen; F:Orchidée
– **barbata** (Lindl.) Rchb. f. · ♃ Z10 Ⓦ V-VII ▽ ✻; Costa Rica, Panama, Col., Venez., Bras.

Polygala L. -f- *Polygalaceae* · c. 500 sp · D:Kreuzblümchen; E:Milkwort; F:Polygala
– **alpestris** Rchb. · D:Alpen-Kreuzblümchen

· ♃ Z6 VI-VII; Eur.: Ib, Fr, Ap, C-Eur., Ba
– **alpina** (Poir.) Steud. · D:Alpen-Kreuzblume, Westalpen-Kreuzblümchen · ♃ VII-VIII; Eur.: Sp., F, I, CH; Pyr., W-Alp.
– **amara** L. · D:Bitteres Kreuzblümchen; E:Milkwort · ♃ ~ Z6 V-VI ⚕; Eur.: C-Eur., EC-Eur., Ba, E-Eur.
– **amarella** Crantz · D:Sumpf-Kreuzblümchen · ♃ Z6 IV-VI; Eur.* exc. Ib
– **butyracea** Heckel · ħ Z10 (W) (N); W-Afr.
– **calcarea** F.W. Schultz · D:Kalk-Kreuzblümchen; E:Chalk Milkwort · ♃ Z7 (A) IV-VI; Eur.: BrI, Fr, Ib, C-Eur.
– **chamaebuxus** L.
  – var. **chamaebuxus** · D:Buchsblättriges Kreuzblümchen, Zwergbuchs; E:Shrubby Milkwort · ħ e △ Z5 IV-IX; Eur.: Fr, C-Eur., EC-Eur., Ap, Slove., Croatia, RO
    – *'Purpurea'* = Polygala chamaebuxus var. grandiflora
  – var. **grandiflora** Gaudin · ħ e Z6 IV-V; CH: Tessin, Graubünden
– **comosa** Schkuhr · D:Schopfiges Kreuzblümchen · ♃ V-VII; Eur.* exc. BrI; Cauc.
– × **dalmaisiana** L.H. Bailey (*P. myrtifolia var. grandiflora* × *P. oppositifolia var. cordata*) · E:Sweet Pea Shrub · ħ (K) III-VIII; cult.
– **major** L. · D:Großes Kreuzblümchen · ♃ VI-VII; Eur.: Ap, A, EC-Eur., Ba, E-Eur.; TR, Cauc., N-Iran
– **myrtifolia** L.
  – var. **grandiflora** (Lodd.) Hook. · ħ e Z9 (K) III-VII; Kap
  – var. **myrtifolia** · ħ e Z9 (K); S-Afr.
– **nicaeensis** Risso ex W.D.J. Koch · D:Nizza-Kreuzblume, Pannonisches Kreuzblümchen · ♃ V-VII; Eur.: Fr, Ap, C-Eur., H, Ba, E-Eur.; Alger., Tun.
– **oppositifolia** L.
  – var. **cordata** Harv. · ħ Z9 (K) III-VII; S-Afr. (Cape Prov.)
  – var. **latifolia** Ker-Gawl. · ħ Z9 (K) III-VII; S-Afr. (Cape Prov.)
  – var. **oppositifolia** · ħ e Z9 (K); Kap
– **senega** L. · E:Senga Root, Snakeroot · ♃ Z2 V-VII ⚕; Can., USA: NE, NCE, NC, SE
– **serpyllifolia** Host · D:Thymianblättriges Kreuzblümchen · ♃ V-IX; Eur.* exc. EC-Eur.; Greenl.
– *speciosa* Sims = Polygala virgata var. speciosa
– **vayredae** Costa · ħ e △ Z7 (A) ∧ IV-VIII; Eur.: Sp.; E-Pyr.
– **virgata** Thunb.
  – var. **speciosa** (Sims) Harv. · ħ e Z9 (K) III-VII; Kap
  – var. **virgata** · E:Purple Broom · ħ ħ e Z8 (K); S-Afr.
– **vulgaris** L.
  – subsp. **oxyptera** (Rchb.) Schübl. et G. Martens · D:Spitzflügeliges Kreuzblümchen · ♃ Z6 V-VIII; A (Kärnten), D +
  – subsp. **vulgaris** · D:Gewöhnliches Kreuzblümchen; E:Gand Flower, Milkwort · ♃ Z6 V-VIII ⚕; Eur.*, TR, Sib.

Polygaloides Haller = Polygala
– *chamaebuxus* (L.) Schwarz = Polygala chamaebuxus var. chamaebuxus

Polygonatum Mill. -n- *Convallariaceae* · 55 sp · D:Salomonssiegel, Weißwurz; E:Solomon's Seal; F:Sceau de Salomon
– **biflorum** (Walter) Elliott · D:Zweiblütige Weißwurz; E:Giant Solomon's Seal · ♃ Z3 V; Can.: E; USA: NE, NCE, Okla
– *canaliculatum* (Muhl.) Pursh = Polygonatum biflorum
– *commutatum* (Schult. f.) A. Dietr. = Polygonatum biflorum
– **falcatum** A. Gray · ♃ Z6 V; Jap., Korea
– *giganteum* A. Dietr. = Polygonatum biflorum
– **hirtum** (Poir.) Pursh · D:Auen-Weißwurz · ♃ Z5 V-VI ☠; Eur.: I, A, EC-Eur., Ba, Russ; NW-TR, Cauc.
– **hookeri** Baker · ♃ △ Z6 V; Sikkim, China: Yunnan, Tibet
– **humile** Maxim. · ♃ Z5; Jap., Sachal., Korea, Manch., Sib.
– × **hybridum** Brügger (*P. multiflorum* × *P. odoratum*) · D:Garten-Salomonsiegel; E:Garden Salomon's Seal · ♃ Z6; N-Eur., W-Eur.
– *japonicum* C. Morren et Decne. = Polygonatum odoratum var. thunbergii
– *latifolium* (Jacq.) Desf. = Polygonatum hirtum
– *macranthum* (Maxim.) Koidz. = Polygonatum stenanthum
– *macrophyllum* Sweet = Polygonatum verticillatum
– **multiflorum** (L.) All. · D:Vielblütige

Weißwurz; E:Solomon's Seal; F:Sceau de Salomon · ♃ Z4 V-VI ⚕ ☠; Eur.*, TR, Cauc., Him., Jap.
- **odoratum** (Mill.) Druce
  - var. **odoratum** · D:Echtes Salomonssiegel, Wohlriechende Weißwurz; E:Lesser Solomon's Seal · ♃ D Z4 V-VI ⚕ ☠; Eur.*, Cauc., W-Sib., E-Sib., Amur, Mong., China, Korea, Maroc.
  - var. **thunbergii** (C. Morren et Decne.) Hara · ♃ Z4 IV-V; Jap.
- *officinale* All. = Polygonatum odoratum var. odoratum
- **roseum** (Ledeb.) Kunth · ♃ Z3 V-VI; W-Sib., C-As., China: Sinkiang
- **stenanthum** Nakai · ♃ Z7 V-VII; Jap., Korea
- *thunbergii* C. Morren et Decne. = Polygonatum odoratum var. thunbergii
- **verticillatum** (L.) All. · D:Quirlblättrige Weißwurz; E:Whorled Salomon's Seal · ♃ Z5 V-VI ☠; Eur.*, TR, Cauc., N-Iran, Him.

Polygonum L. -n- *Polygonaceae* · c. 50 sp · D:Vogelknöterich; E:Knotgrass; F:Renouée
- *affine* D. Don = Bistorta affinis
- *alata* Ham. ex D. Don = Persicaria nepalensis
- *alpinum* All. = Aconogonon alpinum
- *amphibium* L. = Persicaria amphibia
- *amplexicaule* D. Don = Bistorta amplexicaulis
- **arenarium** Waldst. et Kit. · D:Sand-Vogelknöterich · ⊙ VII-IX; Eur.: Fr, Ap, EC-Eur., Ba, E-Eur.; TR, Levante, Cauc., ? Maroc.
- **arenastrum** Boreau
  - subsp. **arenastrum** · D:Gewöhnlicher Vogelknöterich · ⊙ VII-X; Eur.: most; TR, Levante, ? NW-Afr.
  - subsp. **calcatum** (Lindm.) Wissk. · D:Niedriger Vogelknöterich · ⊙ VII-IX; Eur.: most; TR
- *aubertii* L. = Fallopia baldschuanica
- **aviculare** L.
  - subsp. **aviculare** · D:Acker-Vogelknöterich, Aufrechter Vogelknöterich, Breitblättriger Acker-Vogelknöterich, Verschiedenblättriger Vogelknöterich; E:Knotweed · ⊙ V-XI ⚕; Eur.*, Cauc., W-Sib., E-Sib. C-As.
  - subsp. **rectum** Chrtek · D:Schmalblättriger Acker-Vogelknöterich
  - subsp. **rurivagum** (Jord. ex Boreau) Berher · D:Unbeständiger Acker-Vogelknöterich, Unbeständiger Vogelknöterich · V-IX; Eur.* exc. E-Eur.; NW-Afr.
- *baldschuanicum* Regel = Fallopia baldschuanica
- **bellardii** All. · D:Ungarischer Vogelknöterich · ⊙ VI-X; Eur.* exc. BrI, Sc; TR, Levante, SW-As., W-Sib., N-Afr.
- *bistorta* L. = Bistorta officinalis subsp. officinalis
- *campanulatum* Hook. f. = Aconogonon campanulatum
- *capitatum* Buch.-Ham. = Persicaria capitata
- *carneum* K. Koch = Bistorta officinalis subsp. carnea
- *coccineum* Mühlenb. = Persicaria amphibia
- *compactum* Hook. f. = Fallopia japonica var. compacta
- *complexum* A. Cunn. = Muehlenbeckia complexa
- *convolvulus* L. = Fallopia convolvulus
- *cuspidatum* Siebold et Zucc. = Fallopia japonica var. japonica
- *dshawachischwilii* Kharkev. = Aconogonon alpinum
- *dumetorum* L. = Fallopia dumetorum
- **equisetiforme** Sibth. et Sm. · ♄ Ⓚ IX-X; Eur.: Ib, Sic, Ba; TR, Levante, N-Afr.
- *fagopyrum* L. = Fagopyrum esculentum
- *filiforme* Thunb. = Persicaria filiformis
- **graminifolia** Wierzb. ex Heuff. · ⊙; Eur.: EC-Eur., Serb., RO
- *hydropiper* L. = Persicaria hydropiper
- *japonicum* auct. = Fallopia japonica var. japonica
  - var. *compactum* (Hook. f.) J.P. Bailey = Fallopia japonica var. compacta
- *lichiangense* W.W. Sm. = Aconogonon lichiangense
- *macrophyllum* D. Don = Bistorta macrophyllum
- *multiflorum* Thunb. = Fallopia multiflora
- *odoratum* Lour. = Persicaria odorata
- *orientale* L. = Persicaria orientalis
- **oxyspermum** Mey. et Bunge ex Ledeb. · D:Hellbrauner Strand-Vogelknöterich · ⊙ VII-IX; Eur.* , E-Can. Nova Scotia)
- *paleaceum* Wall. = Bistorta officinalis subsp. carnea
- **patulum** M. Bieb. · ⊙; Eur.: H, RO, Russ.; Cauc., Iran, C-As., China: Sinkiang

– *persicaria* L. = Persicaria maculosa
– *polymorphum* Ledeb. = Aconogonon alpinum
– *polystachyum* Wall. ex Meisn. = Aconogonon polystachyum
– *reynoutria* Makino = Fallopia japonica var. japonica
– *sachalinense* F. Schmidt = Fallopia sachalinensis
– **scoparium** Req. ex Loisel. · ♃ ♄ Z7; Corse, Sard.
– *sericeum* Pall. = Aconogonon sericeum
– *sieboldii* Reinw. ex De Vries = Fallopia japonica var. japonica
  – *'Compacta'* = Fallopia japonica var. compacta
– *sphaerostachyum* Meisn. = Bistorta macrophyllum
– *tataricum* L. = Fagopyrum tataricum
– *tenuicaule* Bisset et S. Moore = Bistorta tenuicaule
– *tinctorium* Aiton = Persicaria tinctoria
– *vacciniifolium* Wall. ex Meisn. = Bistorta vacciniifolia
– *virginianum* L. = Persicaria virginiana
  – var. *filiforme* (Thunb.) Merr. = Persicaria filiformis
– *viviparum* L. = Bistorta vivipara
– *weyrichii* F. Schmidt ex Maxim. = Aconogonon weyrichii
– *zuccarinii* Small = Fallopia japonica var. japonica

Polymnia L. -f- *Asteraceae (Compositae)* · 2 sp
– **sonchifolia** Poepp. et Endl. · ♃ Z9 Ⓚ Ⓝ; Col. (And. Bogota)

Polypodium L. -n- *Polypodiaceae* · -150 sp · D:Tüpfelfarn; E:Polypody; F:Polypode
– **angustifolium** Sw. · ♃ Z10 Ⓦ; USA: Fla.; Mex., W.Ind, trop. S-Am.
– *aureum* L. = Phlebodium aureum
– *australe* Fée = Polypodium cambricum
– *bifrons* Hook. = Solanopteris bifrons
– **cambricum** L. · D:Südlicher Tüpfelfarn; E:Whelsh Polypody · ♃ Z6 V-VI; Eur.: Ib, Fr, BrI, CH, Ap, Ba, Krim; TR, Levante, NW-Afr.
– *coronans* Wall. ex Mett. = Aglaomorpha coronans
– *crassifolium* L. = Niphidium crassifolium
– **decurrens** Raddi · ♃ Z10 Ⓦ; W.Ind., Peru, Bras.
– *filix-femina* L. = Athyrium filix-femina
– *heracleum* Kuntze = Aglaomorpha heraclea
– **interjectum** Shivas · D:Gesägter Tüpfelfarn; E:Western Polypody · ♃ Z5 IX-X; Eur.*, TR, Iran
– *irioides* Poir. = Microsorum punctatum
– *juglandifolium* D. Don = Arthromeris wallichiana
– *leiorhizum* Wall. ex Mett. = Polypodium lucidum
– **longifolium** Mett. · ♃ Z10 Ⓦ; Malay. Pen., Phil.
– **lucidum** Roxb. · ♃ Z10 Ⓦ; Ind.
– **lycopodioides** L. · ♃ Z10 Ⓦ; trop. Am.
– × **mantoniae** Rothm. et U. Schneid. (*P. interjectum* × *P. vulgare*) · D:Mantons Tüpfelfarn; E:Manton's Polypody · ♃; Eur.: BrI, C-Eur., I, Slova., H +
– *meyenianum* (Schott) Hook. = Aglaomorpha meyeniana
– *musifolium* Blume = Microsorum musifolium
– *phegopteris* L. = Phegopteris connectilis
– *phyllitidis* L. = Campyloneurum phyllitidis
– **polypodioides** (L.) D. Watt · D:Auferstehungsfarn; E:Resurrection Fern · ♃ ⇝ Z7 Ⓚ; USA: NE, NCE, SC, SE, Fla.; Mex., C-Am., S-Am., S-Afr.
– *pteropus* Blume = Microsorum pteropus
– *punctatum* L. = Microsorum punctatum
– *reinwardtii* Kuntze = Goniophlebium subauriculatum
– *rigidum* Hoffm. non Aubl. = Dryopteris villarii
– *scandens* G. Forst. = Microsorum scandens
– *subauriculatum* Blume = Goniophlebium subauriculatum
– *vacciniifolium* Langsd. et Fisch. = Microgramma vacciniifolia
– **vulgare** L. · D:Engelsüß, Gewöhnlicher Tüpfelfarn; E:Common Polypody; F:Polypode vulgaire · ♃ ⇝ Z3 VIII-IX ⚕; Eur.*, TR, Cyprus, Cauc., W-Sib., C-As., E-As., Maroc., N-Am.
  – subsp. *prionodes* (Asch.) Rothm. = Polypodium interjectum
– *wallichianum* Spreng. = Arthromeris wallichiana

Polypogon Desf. -m- *Poaceae (Gramineae)* · 18 sp · D:Bürstengras; E:Beard Grass; F:Polypogon
– **monspeliensis** (L.) Desf. · D:Bürstengras; E:Annual Beard Grass, Annual Rabbit's Foot Grass · ⊙ ⋉ Z8 IV-VII; Eur.: Ib, F, Ap, Ba, RO, S-Russ., BrI; TR, Iraq, Cauc.,

Iran, C-As., Afgh., Pakist., Him., Ind., Sri Lanka, Tibet, Mong., China, Korea, Jap., Taiwan , Canar., nat. in Cz, W-Russ., N-Am., S-Afr., Austr., NZ
- **viridis** (Gouan) Breistr. · ♃ Z7; Eur.: Ib, Fr, CH, Ap, Ba, Krim; TR, Iran, Afgh., Pakist., Canar., Madeira, nat. in N-Am., S-Am., Afr., Austr.

Polyscias J.R. Forst. et G. Forst. -f- *Araliaceae* · 100-150 sp · D:Fiederaralie; E:Fern-leaf Aralia; F:Polyscias
- *balfouriana* (Sander ex André) L.H. Bailey = Polyscias scutellaria 'Balfourii'
- **cumingiana** (C. Presl) Fern.-Vill. · ♄ e Z10 (W); Malay. Arch.
- **filicifolia** (C. Moore ex E. Fourn.) L.H. Bailey · D:Farnblättrige Fiederaralie; E:Fern-leaf Aralia · ♄ Z10 (W); Malay. Arch., Pacific Is.
- **fruticosa** (L.) Harms · D:Rötliche Fiederaralie; E:Ming Aralie, Tea Tree · ♄ e Z10 (W) (N); Malay. Arch., Polyn.
- **guilfoylei** (W. Bull) L.H. Bailey · D:Polynesische Fiederaralie; E:Wild Coffee · ♄ e Z10 (W) (N); Malay. Arch., Pacific Is.
- *pinnata* J.R. Forst. et G. Forst. = Polyscias scutellaria
- *rumphiana* Harms = Polyscias cumingiana
- **scutellaria** (Burm. f.) Fosberg · D:Glänzende Fiederaralie; E:Dinner Plate Aralia · ♄ ♄ e Z10 (W); N.Caled.
  - **'Balfourii'** · D:Balfours Fiederaralie; E:Balfour Aralis · (W); cult.

Polystachya Hook. -f- *Orchidaceae* · 150-200 sp
- **affinis** Lindl. · ♃ Z10 (W) VII-VIII ▽ *; W-Afr., C-Afr., Angola, Uganda

Polystichum Roth -n- *Dryopteridaceae* · 175+ sp · D:Schildfarn; E:Holly Fern, Shield Fern; F:Polystic
- **acrostichoides** (Michx.) Schott · D:Dolch-Farn, Weihnachts-Farn; E:Christmas Fern, Dagger Fern; F:Fougère de Noël · ♃ ✂ Z4 ▽; Can.: E; USA: NE, NCE, Mo., SC, SE, Fla; Mex.
- **aculeatum** (L.) Roth · D:Dorniger Schildfarn; E:Hard Shield Fern, Prickly Shield Fern; F:Aspidie lobée, Polystic à aiguillons · ♃ Z5 VIII-IX ▽; Eur.*, TR, Syr., Cauc., N-Iran, N-As., China, Jap., Maroc., Alger.
- *adiantiforme* (G. Forst.) J. Sm. = Rumohra adiantiformis
- **andersonii** Hopkins · D:Andersons Schildfarn; E:Anderson's Shield Fern · ♃ Z4 ▽; Alaska, Can.: B.C.; USA: NW, Idaho, Mont.
- *angulare* (Kit. ex Willd.) C. Presl = Polystichum setiferum
- **auriculatum** (L.) C. Presl · ♃ Z9 (K) ▽; Ind., Sri Lanka
- **braunii** (Spenn.) Fée · D:Brauns Schildfarn, Zarter Schildfarn; E:Braun's Holly Fern, Shield Fern; F:Aspidie de Braun · ♃ Z5 VII-VIII ▽; Eur.* exc. BrI; Cauc., Amur, Alaska, Can.: E; USA: NE, NCE; Hawai
- **falcatum** (L. f.) Diels
  - var. **caryotideum** (Wall.) Baker · D:Kleiner Mondsichelfarn; E:Dwarf Net Vein Holly Fern · ♃ Z9 (K) ▽; Ind., China, Jap., Hawaii
  - var. **falcatum** · D:Mondsichelfarn; E:Japanese Holly Fern · ♃ Z9 (K) ▽; Ind., China, Korea, Jap., Ryukyu-Is., Taiwan, Malay. Arch., Polyn., S-Afr., nat. in GB, Azor.
  - var. **fortunei** (J. Sm.) Baker · D:Ilexblättriger Mondsichelfarn · ♃ Z8 (K) (A) ▽; China, Korea, Jap.
- *laserpitiifolium* (Mett.) Diels = Arachniodes standishii
- **lepidocaulon** (Hook.) J. Sm. · ♃ Z8 (K) ▽; China, Korea, Jap., Taiwan
- *lobatum* (Huds.) Bastard = Polystichum aculeatum
- **lonchitis** (L.) Roth · D:Lanzen-Schildfarn; E:Northern Holly Fern · ♃ Z4 VII-IX ▽; Eur.*, TR, Cauc., W-Sib., E-Sib., Sachal., Kamchat., Jap., C-As., Alaska, Can., USA: NE, NCE, NC, SW, Rocky Mts., NW, Calif.; Greenl.; mts.
- **macrophyllum** (Makino) Tagawa · ♃ (K) ∧ ▽; Him., China, Jap., Taiwan
- **mohrioides** (Bory) C. Presl · ♃ Z5 ▽; Can.: B.C.; USA: NW, Calif.
- **munitum** (Kaulf.) C. Presl · D:Schwertfarn; E:Sword Fern · ♃ ✂ Z4 ▽; Can.: B.C., Yukon; USA: NW, Calif., Idaho, Mont., S.Dak.; Mex.: Guadelupe Isl., nat. in Eur.
- *nipponicum* Rosenst. = Arachniodes nipponica
- *oreopteris* (Ehrh.) Bernh. = Oreopteris limbosperma
- **polyblepharum** (Roem.) C. Presl ·

D:Japanischer Schildfarn; E:Japanese Lace Fern; F:Aspidie du Japon · ♃ Z5 ▽; Jap., S-Korea
– **rigens** Tagawa · F:Aspidie · ♃ Z7 ▽; Jap.
– *rigidum* Hoffm. non Aubl. = Dryopteris villarii
– **setiferum** (Forssk.) T. Moore ex Woyn. · D:Borstiger Schildfarn, Weicher Schildfarn; E:Alaska Fern, Hedge Fern, Soft Shield Fern; F:Polysticà cils raides · ♃ Z7 VIII-IX ▽; Eur.* exc. Sc; TR, Cauc., Iran, Him., Maroc., Afr.
  – **in Sorten**
– × **setigerum** (C. Presl) C. Presl (*P. braunii* × *P. munitum*) · ♃ Z3; Alaska, B.C., Aleutian Is.
– *standishii* (T. Moore) C. Chr. = Arachniodes standishii
– *thelypteris* (L.) Roth = Thelypteris palustris
– **tripteron** (Kunze) C. Presl · ♃ Z6 ▽; E-Sib., China, Jap.
– **tsus-simense** (Hook.) J. Sm. · ♃ Z7 ∧ ▽; China, Korea, Jap., Taiwan

Pomaderris Labill. -f- *Rhamnaceae* · 55 sp
– **apetala** Labill. · ♄ ♄ e Z9 ⓚ VI; Austr.: Victoria, Tasman.; NZ

Pometia J.R. Forst. et G. Forst. -f- *Sapindaceae* · 2 sp
– **pinnata** J.R. Forst. et G. Forst. · ♄ ⓦ Ⓝ; Malay. Arch., N.Guinea, Pazific Is.

Poncirus Raf. -f- *Rutaceae* · 1 sp · D:Bitterorange; E:Bitter Orange; F:Oranger amer, Poncir
– **trifoliata** (L.) Raf. · D:Bitterorange; E:Bitter Orange, Trifoliate Orange; F:Orange amère, Poncir · ♄ ♄ d ⚘ Z7 ∧ IV-V; Him., C-China, nat. in Jap.

Pontederia L. -f- *Pontederiaceae* · 5 sp · D:Hechtkraut; E:Pickerel Weed; F:Herbe-à-brochet
– **cordata** L. · D:Herzförmiges Hechtkraut; E:Pickerel Weed, Pickerelweed; F:Pontédérie · ♃ ≈ Z7 VI-X; Can.: E; USA: NE, NCE, SE, Fla.
  – var. *lancifolia* (Mühlenb.) Torr. = Pontederia lanceolata
– *crassipes* Mart. = Eichhornia crassipes
– **lanceolata** Nutt. · F:Pontédérie · ♃ ≈ ⓚ VI-X; USA: NE, NCE, SC, SE, Fla.; W.Ind., S-Am.

Populus L. -f- *Salicaceae* · 35 sp · D:Espe, Pappel; E:Aspen, Poplar; F:Peuplier
– **alba** L. · D:Silber-Pappel; E:White Poplar; F:Peuplier blanc · ♄ d Z4 III-IV ⚕ Ⓝ; Eur.* exc. BrI, Sc; TR, Palaest., Cauc., W-Sib., C-As., Him., N-Afr., nat. in BrI, DK, N-Am.
  – *'Bolleana'* = Populus alba 'Pyramidalis'
  – **'Pyramidalis'** · F:Peuplier blanc 'Pyramidalis' · ♄ d; C-As.
  – var. *pyramidalis* Bunge = Populus alba 'Pyramidalis'
– **angustifolia** James ex Torr. · D:Schmalblättrige Pappel; E:Narrowleaf Cottonwood, Willow Leaved Poplar · ♄ d Z3; Can.: W, Man.; USA: Rocky Mts., Calif., SW, SC, NC; N-Mex.
– **balsamifera** L.
  – var. **balsamifera** · D:Balsam-Pappel; E:Balsam Poplar, Tacamahaca; F:Peuplier baumier · ♄ d D Z3 IV ⚕ Ⓝ; Alaska, Can., USA: NE, NCE, NC, Rocky Mts., NW
  – var. *fernaldiana* Rouleau = Populus balsamifera var. subcordata
  – var. **subcordata** Hyl. · ♄ d D Z2; Can.: E; USA: NE, NCE
– × **berolinensis** (K. Koch) Dippel (*P. laurifolia* × *P. nigra 'Italica'*) · D:Berliner Pappel; E:Berlin Poplar; F:Peuplier de Berlin · ♄ d Z4 Ⓝ; cult.
– × **canadensis** Moench (*P. deltoides* × *P. nigra*) · D:Bastard-Schwarz-Pappel, Kanada-Pappel; E:Canadian Poplar; F:Peuplier grisard, Peuplier hybride euraméricain · ♄ d Z4 IV Ⓝ; cult.
– × *candicans* Aiton = Populus × jackii 'Gileadensis'
– × **canescens** (Aiton) Sm. (*P. alba* × *P. tremula*) · D:Grau-Pappel; E:Grey Poplar; F:Peuplier grisard · ♄ d Z5 III-IV Ⓝ; Eur.* exc. Sc, Ib; TR, Cauc., nat. in Sc, Ib, USA
– **cathayana** Rehder · ♄ d Z4; NW-China, Manch., Korea
– **deltoides** Bartram ex Marshall · D:Karolina-Pappel, Virginische Pappel; E:Eastern Cottonwood, Necklace Poplar · ♄ d Z6 IV Ⓝ; Can.: E; USA: NE, NCE, NC, SC, SE, Fla., nat. in Eur.
  – subsp. *monilifera* (Aiton) Eckenw. = Populus sargentii
  – var. *occidentalis* Rydb. = Populus sargentii
– × *euroamericana* (Dode) Guinier = Populus × canadensis

– *fastigiata* Desf. = Populus nigra 'Italica'
– × **generosa** Henry (*P. deltoides* × *P. trichocarpa*) · ₺ d Z6 Ⓝ; cult.
– *gileadensis* Rouleau = Populus × jackii 'Gileadensis'
– **grandidentata** Michx. · D:Großzähnige Pappel; E:Big Tooth Aspen · ₺ d Z4 Ⓝ; Can.: E; USA: NE, NCE, NC, Tenn., N.C.
– *italica* (Münchh.) Moench = Populus nigra 'Italica'
– × **jackii** Sarg. (*P. balsamifera* × *P. deltoides*) · ₺ d Z2; Can.: Ont.; USA: NE, NEC
 – **'Gileadensis'** · D:Ontario-Pappel; E:Balm of Gilead · ₺ d IV ⚕ Ⓝ; orig. ?, nat. in Eur.
– **koreana** Rehder · D:Koreanische Balsam-Pappel · ₺ d Z6; Korea
– **lasiocarpa** Oliv. · D:Großblatt-Pappel; E:Chinese Necklace Poplar; F:Peuplier à fruits velus · ₺ d Z5 Ⓝ; W-China, C-China
– **laurifolia** Ledeb. · D:Lorbeerblättrige Pappel; E:Laurel Poplar · ₺ d Z5 Ⓝ; W-Sib., E-Sib., C-As., China: Sikiang; Mong., NW-Ind., Jap.
– **maximowiczii** Henry · D:Maximowiczs Pappel; E:Japanese Poplar · ₺ d Z4 Ⓝ; Amur, Manch., Korea, Jap., Sachal., Kamchat.
– **nigra** L.
 – **'Italica'** · D:Italienische Pappel, Pyramiden-Pappel; E:Italian Poplar, Lombardy Poplar; F:Peuplier d'Italie, Peuplier noir 'Italica' · ₺ d Z5
 – var. **betulifolia** (Pursh) Torr. · ₺ d Z5; Eur.: BrI, F
 – var. *italica* Münchh. = Populus nigra 'Italica'
 – var. **nigra** · D:Schwarz-Pappel; E:Black Poplar; F:Peuplier noir · ₺ d Z5 IV ⚕ Ⓝ; Eur.* exc. Sc; TR, Cauc., W-Sib., E-Sib., C-As., NW-Afr., nat. in DK
 – var. *pyramidalis* (Rozanova) Spach = Populus nigra 'Italica'
– *pyramidalis* Rozanova = Populus nigra 'Italica'
– **sargentii** Dode · D:Sargents Pappel; E:Great Plains Cottonwood, Sargent Cottonwood · ₺ d Z2 ⚕ Ⓝ; Can.: W, Man.; USA: Rocky Mts., SW, SC, NC
– **simonii** Carrière · D:Simons Pappel; E:Cottonwood; F:Peuplier de Simon · ₺ d Z4 IV Ⓝ; N-China
– **suaveolens** Fisch. · D:Sibirische Balsam-Pappel; E:Poplar · ₺ d Z3 Ⓝ; E-Sib., Amur, Kamchat., N-China, Korea, N-Jap.
– *suaveolens* Maxim. = Populus maximowiczii
– **szechuanica** C.K. Schneid. · D:Chinesische Balsam-Pappel; E:Chinese Poplar · ₺ d Z6 Ⓝ; Sichuan
– *tacamahaca* Mill. = Populus balsamifera var. balsamifera
– **tremula** L. · D:Espe, Zitter-Pappel; E:Aspen; F:Peuplier tremble · ₺ ₺ d Z1 III-IV Ⓝ; Eur.*, TR, Lebanon, Cauc., W-Sib., E-Sib., Amur, Sachal., Kamchat., C-As., Mong., Korea, N-China, Alger.
– **tremuloides** Michx. · D:Amerikanische Espe; E:American Aspen, Aspen, Quaking Aspen; F:Peuplier faux-tremble · ₺ d Z1 ⚕ Ⓝ; Alaska, Can., USA: NE, NCE, NC, Rocky Mts., SW, Calif., NW; N-Mex., Baja Calif.
– **trichocarpa** Torr. et A. Gray ex Hook. · D:Haarfrüchtige Pappel; E:Black Cottonwood, Western Balsam Poplar; F:Peuplier baumier · ₺ d Z5 IV Ⓝ; Alaska, Can.: W; USA: NW, Rocky Mts., Calif; Mex.: Baja Calif.
– **tristis** Fisch. · D:Dunkelblättrige Pappel · ₺ d Z1 Ⓝ; C-As.
– **wilsonii** C.K. Schneid. · D:Wilsons Großblatt-Pappel; E:Wilson's Poplar · ₺ d Z6 Ⓝ; China: Hupeh, Sichuan
– **yunnanensis** Dode · ₺ d Z5; SW-China: Yunnan

Porana Burm.f. -f- *Convolvulaceae* · 20 sp
– **paniculata** Roxb. · D:Schnee im Dschungel; E:Bridal Bouquet, Snow Creeper · ₺ ≀ Z10 ⓦ VIII; Ind., Malay. Pen.
– **racemosa** Roxb. · ⊙ Z10 ⓦ VII-XI; Ind., Myanmar

Porlieria Ruiz et Pav. -f- *Zygophyllaceae* · 6 sp
– **hygrometrica** Ruiz et Pav. · D:Seifenbusch; E:Soap Bush · ₺ Z10 ⓚ IV; Peru

Porphyrocoma Scheidw. ex Hook. = Justicia
– *lanceolata* Scheidw. = Justicia ovata var. lanceolata

Porroglossum Schltr. -n- *Orchidaceae* · 25-30 sp
– **echidnum** (Rchb. f.) Garay · ♃ Z9 ⓚ V-VIII ▽ *; Col., Ecuad.

Portea K. Koch -f- *Bromeliaceae* · 7 sp
– **kermesina** Brongn. ex K. Koch · ♃ Z10 ⓦ; Bras.
– **petropolitana** (Wawra) Mez · ♃ Z10 ⓦ; Bras.

Portulaca L. -f- *Portulacaceae* · 40 sp · D:Portulak; E:Purslane, Rose Moss; F:Pourpier
– **grandiflora** Hook. · D:Portulakröschen; E:Common Portulaca, Moss Rose, Sum Plant; F:Pourpier à grandes fleurs · ⊙ ♆ VI-VIII; Bras., Urug., Arg., nat. in C-Eur., SE-Eur.
  – **in Sorten**
– **oleracea** L.
  – subsp. **oleracea** · D:Portulak; E:Purslane · ⊙ ♆ VI-IX; Eur.*, TR, Levante, Cauc., Iran, C-As., Mong., Subtrop., Trop., nat. in Eur.* exc. Sk
  – subsp. **sativa** (Haw.) Čelak. · D:Bürzelkraut, Gemüse-Portulak; E:Kitchengarden Puslane · ⊙ ♆ ⚕ ; cult.
– **umbraticola** Humb., Bonpl. et Kunth · ⊙ ♆ VI-VIII; Col.

Portulacaria Jacq. -f- *Portulacaceae* · 1-2 sp · D:Speckbaum, Strauchportulak; E:Elephant Bush; F:Pourpier en arbre
– **afra** Jacq. · D:Speckbaum, Strauchportulak; E:Elephant Bush, Elephant's Food · ♄ ♆ e Z9 ⓚ; S-Afr.

Posidonia K. Koenig -f- *Posidoniaceae* · c. 5 sp
– **oceanica** (L.) Delile · ♃ ≈ Ⓝ; Eur.: Ib, F, Ap, Ba; N-Afr., Levante; coasts

Potamogeton L. -m- *Potamogetonaceae* · c. 90 sp · D:Laichkraut; E:Pondweed; F:Potamot
– **acutifolius** Link · D:Spitzblättriges Laichkraut; E:Sharp Leaved Pondweed · ♃ ≈ VI-VIII; Eur.* exc. Ib
– **alpinus** Balb. · D:Alpen-Laichkraut · ♃ ≈ VI-VIII; Eur.*, Cauc., W-Sib., E-Sib., C-As.
– × **angustifolius** J. Presl (*P. gramineus* × *P. lucens*) · D:Schmalblättriges Laichkraut · ♃ ≈ VI-VII; D+
– **berchtoldii** Fieber · D:Berchtolds Laichkraut; F:Potamot de Berchtold · ♃ ≈ VI-IX; Eur.* exc. Ib; TR, N-As., N-Am., ? NW-Afr.
– *caespitosus* Nolte = Potamogeton rutilus
– **coloratus** Hornem. · D:Gefärbtes Laichkraut · ♃ ≈ VI-VIII; Eur.*
– **compressus** L. · D:Flachstängeliges Laichkraut · ♃ ≈ VII-VIII; Eur.* exc. Ap; Sib., Amur, Kamchat.
– **crispus** L. · D:Krauses Laichkraut; E:Curled Pondweed, Water Caltrop; F:Potamot crépu · ♃ ≈ V-VIII; Eur.*, TR, Cauc., W-Sib., E-Sib., Amur, C-As., Him., Manch., Korea, Jap., Taiwan, Egypt, Afr., Austr., nat. in N-Am., NZ
– *densus* L. = Groenlandia densa
– **filiformis** Pers. · D:Faden-Laichkraut · ♃ ≈ VI-VII; Eur.*, TR, Cauc., NW-Iran, Afgh., Pakist., E-Sib., Amur, Kamchat.
– × **fluitans** Roth (*P. lucens* × *P. natans*) · D:Flutendes Laichkraut · ♃ ≈ ; D, BrI+
– **friesii** Rupr. · D:Stachelspitziges Laichkraut · ♃ ≈ VI-VIII; Eur.* exc. Ib; W-Sib., E-Sib., Kamchat., Manch., N-Am., nat. in Arg.
– **gramineus** L. · D:Grasartiges Laichkraut; E:Grass-leaf Pondweed · ♃ ≈ VI-VII; Eur.*, TR, Cauc., NW-Iran, Pakist., Sib., N-Am.
– **helveticus** (G. Fisch.) W. Koch · D:Schweizer Laichkraut · ♃ ≈ VIII-XI; Eur.: D, CH, H, A
– **lucens** L. · D:Glänzendes Laichkraut; E:Shining Pondweed; F:Potamot luisant · ♃ ≈ VI-VIII; Eur.*, W-Afr.
– **natans** L. · D:Schwimmendes Laichkraut; E:Broad-leaved Pondweed, Floating Pondweed; F:Potamot nageant · ♃ ≈ VI-VIII; Eur.*, TR, Syr., Cauc., W-Sib., E-Sib., Amur, Sachal., Kamchat., C-As., Afgh., Pakist., Manch., Korea, Jap., N-Afr., cosmop.
– × **nitens** Weber (*P. gramineus* × *P. perfoliatus*) · D:Schimmerndes Laichkraut · ♃ ≈ VI-VIII; D, BrI, F+
– **nodosus** Poir. · D:Knoten-Laichkraut; E:American Pondweed, Loddon Pondweed · ♃ ≈ VI-VIII; Eur.* exc. Sc; TR, Cauc., W-Sib., C-As., SE-As., N-Am., C-Am., Afr.
– **obtusifolius** Mert. et W.D.J. Koch · D:Stumpfblättriges Laichkraut · ♃ ≈ VI-VIII; Eur.* exc. Ib; Cauc., Iran, W-Sib., E-Sib., C-As., Mong., N-Am.
– **pectinatus** L. · D:Kamm-Laichkraut; E:Fennel Pondweed, Sago Pondweed; F:Potamot pectiné · ♃ ≈ VI-VIII; Eur.*, E-USA, S-Am., Afr.
– **perfoliatus** L. · D:Durchwachsenes

Laichkraut; E:Perfoliate Pondweed · ♃ ≈ VI-VIII; Eur.*, TR, Cauc., W-Sib., E-Sib., Amur, Sachal., Kamchat., C-As.,
- **polygonifolius** Pourr. · D:Knöterich-Laichkraut · ♃ ≈ VI-VIII; Eur.* exc. E-Eur.
- **praelongus** Wulfen · D:Langblättriges Laichkraut · ♃ ≈ VI-VII; Eur.* exc. Ib; TR, Cauc., W-Sib., E-Sib., Amur, Kamchat., N-Am.
- **pusillus** Biv. · D:Zwerg-Laichkraut; E:Small Pondweed · ♃ ≈ VI-IX; Eur.*; cosmop. exc. Austr.
- **rutilus** Wolfg. · D:Rötliches Laichkraut · ♃ ≈ VII-VIII; Eur.: BrI, Sc, F, D, EC-Eur.
- × **salicifolius** Wolfg. (*P. lucens* × *P. perfoliatus*) · D:Weidenblättriges Laichkraut · ♃ ≈ ; BrI, D+
- × **sparganiifolius** Laest. ex Fr. (*P. gramineus* × *P. natans*) · D:Rippennerviges Laichkraut · ♃ ≈ ; BrI, D+
- × **spathulatus** Schrad. ex W.D.J. Koch et Ziz (*P. alpinus* × *P. polygonifolius*) · D:Spateliges Laichkraut · ♃ ≈ ; D
- **trichoides** Cham. et Schltdl. · D:Haarblättriges Laichkraut · ♃ ≈ VI-VII; Eur.*, TR, Cauc., W-Sib., E-Sib., C-As., Afr.

Potentilla L. -f- *Rosaceae* · c. 500 sp · D:Fingerkraut; E:Cinquefoil, Five Finger; F:Potentille
- **alba** L. · D:Weißes Fingerkraut; E:White Cinquefoil; F:Potentille blanche · ♃ ⟿ Z5 IV-VI; Eur.: F, Ap, C-Eur., EC-Eur., Ba, E-Eur.
- **alchemilloides** Lapeyr. · ♃ ⟿ △ Z6 V-VI; Sp., F; Pyr.
- **alpicola** De la Soie · D:Alpen-Fingerkraut · ♃ V-VII; Eur.: I, CH
- *ambigua* Cambess. = Potentilla cuneata
- **anglica** Laichard. · D:Niederliegendes Fingerkraut · ♃ Z5 VII-IX; Eur.*
- **anserina** L. · D:Gänse-Fingerkraut; E:Goose Grass, Silverweed, Wild Tansy · ♃ ⟿ Z5 V-VIII ⚕ ; Eur.*, Cauc., W-Sib., E-Sib., Amur, Sachal., Kamchat., C-As., Him., Alaska, Can., USA* exc. SE, Fla., SC, Austr., NZ
- *arenaria* Gottfr. Gaertn., B. Mey. et Scherb. = Potentilla incana
- **argentea** L. · D:Silber-Fingerkraut; E:Hoary Cinquefoil, Silver Leaf Cinquefoil · ♃ △ Z4 VI-VII; Eur.*, TR, Cauc., N-Iran, W-Sib., E-Sib., C-As., nat. in N-Am.
- *argyrophylla* Wall. ex Lehm. = Potentilla atrosanguinea var. argyrophylla
- **atrosanguinea** Lodd. ex D. Don
  - var. **argyrophylla** (Wall. ex Lehm.) Grierson et D.G. Long · D:Silber-Fingerkraut · ♃ △ Z5 VI-VII; W-Him.
  - var. **atrosanguinea** · D:Blutrotes Fingerkraut; F:Potentille sanguine · ♃ Z5 VI-IX; Nepal
- **aurea** L.
  - subsp. **aurea** · D:Gold-Fingerkraut; F:Potentille dorée · ♃ △ Z5 VI-IX; Eur.* exc. BrI, Sc; mts.
  - subsp. **chrysocraspeda** (Lehm.) Nyman · ♃ ⟿ △ Z5 VI-VII; Eur.: Ba, Carp.; NW-TR
- **brauneana** Hoppe ex Nestl. · D:Zwerg-Fingerkraut · ♃ Z6 VII-VIII; Eur.: Sp., F, I, C-Eur., Slove.; Pyr., Alp., Jura
- **caulescens** L. · D:Stängel-Fingerkraut · ♃ △ Z5 VII-VIII; Eur.: Ib, F, Ap, C-Eur., Ba; mts.; Maroc., Alger.
- *chrysocraspeda* Lehm. = Potentilla aurea subsp. chrysocraspeda
- *cinerea* Chaix = Potentilla incana
- **clusiana** Jacq. · D:Ostalpen-Fingerkraut · ♃ △ Z6 VI-VIII; Eur.: I, C-Eur., W-Ba; mts.
- **collina** Wibel · D:Gewöhnliches Hügel-Fingerkraut · ♃ IV-VIII; Eur.* exc. BrI, Ib
- **crantzii** (Crantz) Beck ex Fritsch · D:Zottiges Fingerkraut; E:Alpine Cinquefoil · ♃ △ Z5 V-VII; Eur.*, TR, Cauc., N-Iran, W-Sib., Can.: E; Greenl.
- **cuneata** (Wall.) Lehm. · ♃ ⟿ △ Z5 VII-VIII; Him.
- *davurica* Nestl. = Potentilla fruticosa var. davurica
- **erecta** (L.) Raeusch. · D:Aufrechtes Fingerkraut, Blutwurz, Tormentill; E:Bloodroot, Shepherd's Knot · ♃ Z5 V-VIII ⚕ ; Eur.*, TR, Cauc., W-Sib.
- *fragiformis* Willd. = Potentilla megalantha
  - subsp. *megalantha* (Takeda) Hultén = Potentilla megalantha
- **frigida** Vill. · D:Gletscher-Fingerkraut · ♃ VII-VIII; Eur.: Sp., F, I, C-Eur.; Pyr., Alp.
- **fruticosa** L.
  - **in vielen Sorten**
  - var. **arbuscula** (D. Don) Maxim. · ♄ d Z2; Him.
  - var. **davurica** (Nestl.) Ser. · ♄ d Z2 V-VIII; Sib., N-China
  - var. **fruticosa** · D:Gewöhnlicher Fingerstrauch, Strauch-Fingerkraut;

E:Golden Hardhack, Shrubby Cinquefoil; F:Potentille arbustive · ♄ d Z2 VI-VIII; Eur.: Sp., F, I, Ba, BrI, Sweden, Russ.; Cauc., Him., N-As., Jap., Alaska, Can., USA: NE, NCE, NC, Rocky Mts., SW, NW, Calif.; Greenl.

– var. **mandshurica** (Maxim.) E.L. Wolf · F:Potentille arbustive de Mandchourie · ♄ d Z2; Jap., Manch., N-China

– var. **rigida** (Wall. ex Lehm.) E.L. Wolf · ♄ d Z2; Him., N-China

– var. **unifoliolata** Ludlow · ♄ d Z2; Him. (Bhutan)

– *glabrata* Willd. ex Schltdl. = Potentilla fruticosa var. davurica

– **grammopetala** Moretti · D:Schmalkronblättriges Fingerkraut · ♃ VII; Eur.: I, CH; Alp.

– **grandiflora** L. · D:Großblütiges Fingerkraut · ♃ Z6 VII-VIII; Eur.: Ib, Fr, Ap, C-Eur.; Pyr., Alp.

– **heptaphylla** L. · D:Rötliches Fingerkraut · ♃ Z6 IV-VI; Eur.* exc. BrI, Ib; TR

– **incana** Gottfr. Gaertn., B. Mey. et Scherb. · D:Aschgraues Fingerkraut, Sand-Fingerkraut; E:Grey Cinquefoil · ♃ ⤳ △ IV-V; D +

– **inclinata** Vill. · D:Graues Fingerkraut · ♃ V-VIII; Eur.* exc. BrI, Sc; TR, Cauc., Iran, N-As., C-As.

– *insignis* Royle = Potentilla atrosanguinea var. atrosanguinea

– **intermedia** L. · D:Mittleres Fingerkraut · ⊙ ♃ VI-IX; Eur.: Russ., nat. in BrI, Sc, Fr, Ap, C-Eur., EC-Eur.

– **leucopolitana** P.J. Müll. · D:Elsäßer Fingerkraut, Weißenburger Hügel-Fingerkraut · ♃ IV-VIII; Eur.: F, C-Eur., DK, EC-Eur., E-Eur.

– **megalantha** Takeda · F:Potentille à grandes fleurs · ♃ △ Z5 VI-VIII; Jap.

– **micrantha** Ramond ex DC. · D:Kleinblütiges Fingerkraut · ♃ Z6 III-V; Eur.* exc. BrI, Ib; TR, Syr., Cauc., Iran, NW-Afr.

– × **mixta** Nolte ex W.D.J. Koch (*P. anglica* × *P. reptans*) · D:Bastard-Fingerkraut · ♃ VI-IX; BrI +

– **multifida** L. · D:Schlitzblättriges Fingerkraut · ♃ Z3 VII-VIII; Eur.: Sc, Russ., F, I, CH; N, Ural, Alp., Pyr.; Cauc., Iran, Afgh., Him., Tibet, Mong., W-Sib., E-Sib., Amur, China, N-Am.

– **neglecta** Baumg. · D:Übersehenes Fingerkraut · ♃ VI-VII; Eur.: most +

– **nepalensis** Hook. · E:Nepal Cinquefoil · ♃ Z5 VII-IX; W-Him.

– **neumanniana** Rchb. · D:Frühlings-Fingerkraut; E:Spring Cinquefoil; F:Potentille printanière · ♃ ⤳ Z5 IV-V; Eur.*

– **nevadensis** Boiss. · ♃ △ Z7 V-VI; S-Sp.: Sierra Nevada

– **nitida** L. · D:Dolomiten-Fingerkraut; F:Potentille brillante, Potentille des Dolomites · ♃ △ Z5 VI-VIII; Eur.: F, I, A, Slove.; Alp., Apenn.

– **nivea** L. · D:Schnee-Fingerkraut · ♃ Z2 VII-VIII; Eur.: Sc, Russ., F, I, C-Eur.; N, Alp., Apenn.; Cauc., W-Sib., E-Sib.,

– **norvegica** L. · D:Norwegisches Fingerkraut; E:Rough Cinquefoil · ⊙ ⊙ Z3 VI-X; Eur.: Ap, C-Eur., EC-Eur., Sc; W-Sib., E-Sib., Amur, Kamchat., Mong., Jap., N-Am., nat. in BrI, Fr, Ba

– **palustris** (L.) Scop. · D:Sumpf-Fingerkraut, Sumpfblutauge; E:Marsh Cinquefoil; F:Potentille des marais · ♃ ~ Z3 VI-VII; Eur.*, Cauc., W-Sib., E-Sib., Amur, Sachal., Kamchat., Mong., China, Alaska, Can., USA: NE, NCE, NC, Rocky Mts., Calif.; Greenl.

– **patula** Waldst. et Kit. · D:Ausgebreitetes Fingerkraut · ♃ IV-V; Eur.: C-Eur., EC-Eur., Ba, RO, E-Eur.; W-Sib.

– **praecox** F.W. Schultz · D:Frühes Hügel-Fingerkraut · ♃ IV-V; Eur.: D, CH

– **pusilla** Host · D:Flaum-Fingerkraut · ♃ III-V; Eur.: Fr, Ap, C-Eur., EC-Eur., RO

– **pyrenaica** Ramond ex DC. · ♃ △ VII-VIII; Eur.: Sp., F; Pyr, NE-Sp.

– **recta** L. · D:Hohes Fingerkraut; E:Sulphur Cinquefoil · ♃ Z4 VI-VII; Eur.* exc. BrI, Sc; TR, Syr., Cauc. Iran, W-Sib., C-As., NW-Afr., nat. in N-Am., S-Am.

– **reptans** L. · D:Kriechendes Fingerkraut; E:Creeping Cinquefoil · ♃ Z5 VI-VIII ⚕; Eur.*, TR, Syr., Cauc., Iran, W-Sib., C-As., Afgh., Kashmir, N-Afr.

– **rhenana** Zimmeter · D:Rheinisches Fingerkraut · ♃ IV-VIII; Eur.: D

– **rupestris** L. · D:Felsen-Fingerkraut; E:Prairie Tea, Rock Cinquefoil, Siberian Tea · ♃ Z5 V-VII; Eur.*, TR, Maroc.

– **salesoviana** Stephan · D:Asiatischer Fingerstrauch · ♄ △ Z4 VI-VIII; W-Sib., C-As., Mong., Tibet, Him.

– **silesiaca** Uechtr. · ♃ IV-VIII; Eur.: PL

– **sordida** Aspegren · ♃; Eur.: F, D, EC-Eur., BG

– **speciosa** Willd. · ♃ △ Z6 VI-VII; Eur.: Ba; TR, Syr., N-Iraq
– **sterilis** (L.) Garcke · D:Erdbeer-Fingerkraut · ♃ III-V; Eur.* exc. EC-Eur.
– **supina** L. · D:Niedriges Fingerkraut · ⊙ ♃ VI-X; Eur.: Fr, Ap, C-Eur., EC-Eur., Ba, E-Eur.; N-Afr.
– *sylvestris* Neck. = Potentilla erecta
– *tabernaemontani* Asch. = Potentilla neumanniana
– *ternata* Lehm. = Potentilla aurea subsp. chrysocraspeda
– **thuringiaca** Bernh. ex Link · D:Thüringer Fingerkraut · ♃ V-VII; Eur.: Fr, I, C-Eur., EC-Eur., RO; TR, Cauc., nat. in Sc
– **thyrsiflora** Zimmeter · D:Reichblütiges Hügel-Fingerkraut · ♃ VI-VIII; Eur.: I, D, EC-Eur., E-Eur.
– × **tonguei** hort. ex Baxt. (*P. anglica* × *P. nepalensis*) · ♃ ⟿ △ Z5 VII-VIII; cult.
– *tormentilla* Stokes = Potentilla erecta
– × *tormentilla-formosa* Maund = Potentilla × tonguei
– **tridentata** Aiton · ♄ VI-VII; Can., USA: NE, NCE, SE; Greenl.
– *verna* auct. non L. = Potentilla neumanniana
– **villosa** Pall. ex Pursh · D:Filziges Fingerkraut; E:Northern Cinquefoil · ♃ △ V-IX; E-Sib., Alaska, Can.: W; USA: NW, Rocky Mts.
– **wiemannii** Günther et Schummel · D:Wiemann-Fingerkraut · ♃; Eur.: F, I, C-Eur., EC-Eur., Sc, Ba, Russ.

Poterium L. = Sanguisorba, Sarcopoterium
– *muricatum* Spach = Sanguisorba minor subsp. polygama
– *officinale* (L.) A. Gray = Sanguisorba officinalis
– *polygamum* Waldst. et Kit. = Sanguisorba minor subsp. polygama
– *sanguisorba* L. = Sanguisorba minor subsp. minor
– *spinosum* L. = Sarcopoterium spinosum

Pothos L. -m- *Araceae* · 50 sp
– *argyraeus* (hort. ex Engl.) Engl. = Scindapsus pictus 'Argyraeus'
– *aureus* Linden et André = Epipremnum aureum
– **beccarianus** Engl. · ♄ e ⚘ Z10 (W); Kalimantan
– *celatocaulis* N.E. Br. = Rhaphidophora celatocaulis
– *decipiens* Schott = Pothos scandens
– **loureirii** Hook. et Arn. · ♄ e ⚘ Z10 (W); S-China
– *microphyllus* Schott = Pothos loureirii
– **scandens** L. · e ⚘ Z10 (W); Ind., Malay. Pen.
– *terminalis* Haenke = Pothos loureirii

× **Potinara** hort. -f- *Orchidaceae* (*Brassavola* × *Cattleya* × *Laelia* × *Sophronitis*)

Pouteria Aubl. -f- *Sapotaceae* · 50 sp · D:Eierfrucht; E:Egg Fruit; F:Abiu, Canistelle lucume, Sapotillier
– **caimito** (Ruiz et Pav.) Radlk. · D:Caimito-Eierfrucht; E:Egg Fruit · ♄ e Z10 (W) Ⓝ; Ecuad., Peru, Bras.: Amazon.; Guyan.
– **campechiana** (Humb., Bonpl. et Kunth) Baehni · D:Canistel-Eierfrucht; E:Canistel · ♄ e Z10 (W) Ⓝ; Mex., C-Am., Cuba, trop. S-Am., nat. in Fla.
– **lucuma** (Ruiz et Pav.) Kuntze · ♄ e Z10 (K) Ⓝ; Peru, Chile
– **sapota** (Jacq.) H.E. Moore et Stearn · D:Marmeladen-Eierfrucht; E:Maramalde Tree, Sapote · ♄ e Z10 (W) Ⓝ; Mex., C-Am.

Praecereus Buxb. = Monvillea
– *maritimus* (Britton et Rose) Buxb. = Monvillea maritima

Pratia Gaudich. -f- *Campanulaceae* · c. 20 sp · D:Teppichlobelie; E:Lawn Lobelia; F:Pratia
– **angulata** (G. Forst.) Hook. f. · ♃ ⟿ △ ☘ Z7 (A) ∧ VI-VIII; NZ
– *begoniifolia* (Wall. ex Roxb.) Lindl. = Pratia nummularia
– **macrodon** Hook. f. · ♃ ⟿ Z8 (K) VII-VIII; NZ
– **nummularia** (Lam.) A. Braun et Asch. · ♃ ⟿ Z9 (K) VII-VIII; Him., Ind., S-China, C-China, Myanmar, Thail., Vietn., Taiwan, Phil.
– **pedunculata** (R. Br.) F. Muell. ex Benth. · ♃ ⟿ Z7 ∧; Austr.
– **repens** Gaudich. · ♃ ⟿ Z8 (K) VII-X; Falkland

Premna L. -f- *Verbenaceae* · c. 50 sp
– **japonica** Miq. · ♄ ♄; Jap., Ryukyu-Is., Taiwan

Prenanthes L. -f- *Asteraceae (Compositae)* ·

15-30 sp · D:Hasenlattich; F:Prénanthe
– *alba* L. = Nabalus albus
– **purpurea** L. · D:Gewöhnlicher Hasenlattich; E:Purple Lettuce · ♃ Z5 VII-VIII; Eur.* exc. BrI, Sc; TR, Cauc., nat. in DK
– *serpentaria* Pursh = Nabalus serpentarius

Prenia N.E. Br. -f- *Aizoaceae* · 5 sp
– **relaxata** (Willd.) N.E. Br. · ♄ ♆ ⇝ Z9 Ⓚ; Kap

Prepodesma N.E. Br. = Aloinopsis
– *orpenii* (N.E. Br.) N.E. Br. = Aloinopsis orpenii

Prestonia R. Br. -f- *Apocynaceae* · 65 sp
– **quinquangularis** (Jacq.) Spreng. · ♄ e ≹ Z10 Ⓦ; W.Ind., Venez., Guyan.

Primula L. -f- *Primulaceae* · 400 sp · D:Aurikel, Primel, Schlüsselblume; E:Cowslip, Primrose; F:Primevère
– *abchasica* Sosn. = Primula vulgaris subsp. sibthorpii
– *acaulis* (L.) Hill = Primula vulgaris subsp. vulgaris
  – var. *iberica* Hoffm. = Primula vulgaris subsp. sibthorpii
  – var. *rubra* (Sibth. et Sm.) Lüdi = Primula vulgaris subsp. sibthorpii
– **algida** Adams · ♃ △ Z5 V ▽; Cauc., N-Iran, W-Sib., C-As., Mong.
– **allionii** Loisel. · ♃ Z7 Ⓐ III-IV ▽; Eur.: F, I; Alp. Maritimes
  – **in vielen Sorten**
– **alpicola** Stapf · D:Mondschein-Primel; E:Moonlight Primrose · ♃ ⇝ Z6 V-VI ▽; SE-Tibet (Tsangpo)
– **amoena** M. Bieb. · ♃ △ Z5 IV ▽; NE-TR, Cauc.
– *angustidens* (Franch.) Pax = Primula wilsonii
– **anisodora** Balf. f. et Forrest · ♃ Z6 VI-VII ▽; Yunnan, Sichuan
– **aurantiaca** W.W. Sm. et Forrest · F:Primevère à fleurs oranges · ♃ ∼ Z6 VII ▽; Yunnan
– **auricula** L. · D:Alpen-Aurikel; E:Auricula, Dusty Miller, Garden Auricula; F:Auricule · ♃ △ Z3 IV-VI ▽; Eur.: F, C-Eur., EC-Eur., Ap, Ba, E-Eur.; Alp., Apenn., Carp.
– **auriculata** H.J. Lam · ♃ △ Z5 IV-V ▽; TR, Cauc.
– **beesiana** Forrest · D:Etagen-Primel; F:Primevère à étages · ♃ ∼ VI-VII ▽; Yunnan, Sichuan
– × **berninae** A. Kern. (*P. hirsuta* × *P. latifolia*) · ♃ ▽; Ch + cult.
– × *bileckii* Sünd. = Primula × forsteri 'Bileckii'
– × **bullesiana** Janson. (*P. beesiana* × *P. bulleyana*) · ♃; cult.
– **bulleyana** Forrest · D:Bulleys Etagen-Primel; F:Primevère de Bulley · ⊙ ♃ Z6 VI-VII ▽; NW-Yunnan, S-Sichuan
– **burmanica** Balf. f. et Kingdon-Ward · ♃ ∼ Z6 VI-VII ▽; N-Myanmar, Yunnan
– *cachemeriana* Munro = Primula denticulata 'Cashmeriana'
– *calycina* Duby = Primula glaucescens subsp. calycina
– *canescens* Opiz = Primula veris subsp. veris
– **capitata** Hook.
  – subsp. **capitata** · ♃ Z5 ▽; Bhutan, S-Tibet
  – subsp. **crispata** (Balf. f. et Forrest) W.W. Sm. et Forrest Z5 ▽; Bhutan, S-Tibet
  – subsp. **mooreana** (Balf. f. et Forrest) W.W. Sm. et Forrest · ♃ Z5 VII-VIII ▽; E-Him.
  – subsp. **sphaerocephala** (Balf. f. et Forrest) W.W. Sm. et Forrest · ♃ Z5 VII-VIII ▽; W-China
– **carniolica** Jacq. · ♃ △ Z6 IV-V ▽; Eur.: Slove.
– *carpatica* (Griseb. et Schenk) W.W. Sm. et Forrest = Primula elatior subsp. elatior
– **chionantha** Balf. f. et Forrest · ♃ ∼ Z6 V-VI ▽; NW-Yunnan
– **chungensis** Balf. f. et Kingdon-Ward · F:Primevère du Yunnan · ♃ ∼ Z6 V-VI ▽; Bhutan, Ind.: Assam; China: Yunnan, Sichuan
– **clarkei** G. Watt · ♃ △ ∼ Z7 IV ▽; Kashmir
– **clusiana** Tausch · D:Clusius-Schlüsselblume; F:Primevère de Clusius · ♃ △ Z6 IV-V ▽; Eur.: D, A; NE-Alp.
– **cockburniana** Hemsl. · ⊙ ∼ Z5 V-VI ▽; SW-Sichuan
– *columnae* Ten. = Primula veris subsp. columnae
– *commutata* Schott = Primula villosa var. commutata
– *cordifolia* Rupr. = Primula elatior subsp. cordifolia
– **cortusoides** L. · ♃ △ Z3 IV-V ▽; W-Sib.
– **daonensis** Leyb. · D:Inntaler

Schlüsselblume, Rätische Schlüsselblume, Val Daone-Primel · ♃ △ Z5 IV-VI ▽; Eur.: I, CH, A; E-Alp.
- **darialica** Rupr. · ♃ ▽; Cauc.
- **denticulata** Sm. · D:Kugel-Primel; E:Drumstick Primula; F:Primevère sphérique · ♃ △ Z5 III-IV ▽; Afgh., Him., W-China
  - **'Cashmeriana'** · ▽
  - var. *cachemeriana* (Munro) Hook. = Primula denticulata 'Cashmeriana'
- **elatior** (L.) Hill
  - subsp. *carpathica* (Fuss) Nyman = Primula elatior subsp. elatior
  - subsp. **cordifolia** (Rupr.) W.W. Sm. et Forrest Z5 ▽; Cauc.
  - subsp. **elatior** · D:Hohe Schlüsselblume; E:Oxlip, Paigles; F:Primevère élevée · ♃ Z5 III-V ⚕ ▽; Eur.*
  - subsp. **intricata** (Gren. et Godr.) Widmer · D:Pyrenäische Schlüsselblume · ♃ Z5 IV-V ▽; S-Eur., SC-Eur.
  - subsp. **leucophylla** (Pax) Hesl.-Harr. ex W.W. Sm. et Fletcher · ♃ Z5 ▽; Eur.: E-Carp.
  - subsp. **pallasii** (Lehm.) W.W. Sm. et Forrest · ♃ Z5 ▽; Cauc., Iran, Ural, Altai
  - subsp. **pseudoelatior** (Kusn.) W.W. Sm. et Forrest Z5 ▽; NE-TR, Cauc.
  - var. *amoena* (M. Bieb.) Duby = Primula amoena
  - var. *carpathica* Griseb. et Schenk = Primula elatior subsp. elatior
- **ellisiae** Pollard et Cockerell · ♃ ▽; USA: SW
- × **facchinii** Schott (*P. minima* × *P. spectabilis*) · ♃ Z6 ▽; A, N-I
- **farinosa** L. · D:Mehl-Primel; E:Bird's Eye Primrose; F:Primevère farineuse · ♃ △ ~ ✂ Z4 V ▽; Eur.*, W-Sib., E-Sib., Amur, Kamchat., N-Mong.
- **flaccida** N.P. Balakr. · ♃ △ Z5 IV-V ▽; SW-Sichuan, Yunnan
- **floribunda** Wall. · ♃ Z7 II-III ▽; Him.: Afgh., Kashmir, NW-Ind., Nepal
- **florindae** Kingdon-Ward · D:Tibet-Primel; E:Himalayan Cowslip; F:Primevère estivale du Tibet · ♃ ~ Z6 VII-IX ▽; SE-Tibet (Tsangpo)
- **forbesii** Franch. · ⊙ Ⓚ ▽ I-V ▽; N-Myanmar, Yunnan
- × **forsteri** Stein (*P. hirsuta* × *P. minima*) · ♃ Z5 ▽; A
  - **'Bileckii'**
- **frondosa** Janka · ♃ △ ~ Z5 V ▽; BG
- **gemmifera** Batalin · ♃ △ IV-V ▽; China: Sichuan, E-Tibet, Kansu
- **geraniifolia** Hook. f. · ♃ Z5 ▽; E-Him., Yunnan
- *giraldiana* Balf. f. non Pax = Primula muscarioides
- **glaucescens** Moretti
  - subsp. **calycina** (Duby) Pax · ♃ △ Z6 III-IV ▽; I: Alp.
  - subsp. **glaucescens** · ♃ Z6 ▽; Eur.: I; S-Alp.
- **glutinosa** Wulfen · D:Klebrige Primel · ♃ △ Z4 V-VI ▽; Eur.: I, CH, A, Bosn.; mts.
- *glycocosma* Petitm. = Primula wilsonii
- **grandis** Trautv. · ♃ ~ V-VI ▽; Cauc.
- **halleri** J.F. Gmel. · D:Hallers Primel; F:Primevère de Haller · ♃ △ Z5 V-VI ▽; Eur.: Fr, C-Eur., EC-Eur., Ap, Ba, E-Eur.; Alp., Carp., Balkan
- × **heerii** Brügger (*P. hirsuta* × *P. integrifolia*) · ♃ Z5 ▽; Alp. (CH, Vorarlberg), Pyr.
- *helodoxa* Balf. f. = Primula prolifera
- *heterochroma* Stapf = Primula vulgaris subsp. heterochroma
- **heucherifolia** Franch. · ♃ Z6 ▽; Tibet, China
- **hirsuta** Vill. · D:Behaarte Schlüsselblume · ♃ △ Z5 IV ▽; Eur.: Sp., F, I, CH, A; Pyr., Alp.
- × **hortensis** Wettst. (*P. auricula* × ?) · D:Garten-Schlüsselblume · ♃; cult.
- *inflata* Duby = Primula veris subsp. veris
- **integrifolia** Scop. · D:Ganzblättrige Primel · ♃ △ Z5 IV-VI ▽; Eur.: F, I, CH, A; E-Pyr., Alp.
- × **intermedia** Porta (*P. clusiana* × *P. minima*) · ♃ Z5 ▽; A
- *intricata* Gren. et Godr. = Primula elatior subsp. intricata
- **involucrata** Wall. · ♃ △ ~ IV ▽; W-Him., Bhutan, Sikkim, SE-Tibet, Sichuan
- **ioessa** W.W. Sm. · ♃ Z6 ▽; SE-Tibet
- **japonica** A. Gray · D:Japanische Etagen-Primel; F:Primevère du Japon · ♃ Z5 V-VI ▽; Jap., Taiwan
- **juliae** Kusn. · D:Teppich-Primel; E:Purple Primrose; F:Primevère tapissante du Caucase · ♃ △ Z5 IV ▽; Cauc. (Georgia)
- × **kewensis** W. Watson (*P. floribunda* × *P. verticillata*) · ♃ Z9 Ⓚ ▽ II-IV; cult.
- **kitaibeliana** Schott · ♃ △ Z7 IV-V ▽; Eur.: Croatia, Bosn.
- **latifolia** Lapeyr. · D:Breitblättrige Primel · ♃ D Z5 VI ▽; Eur.: Sp., F, I, CH; E-Pyr.,

Alp.
- **laurentiana** Fernald · ♃ ⏜ Z3 IV-V ▽; Can.: E ; USA: Maine
- *leucophylla* Pax = Primula elatior subsp. leucophylla
- *lichiangensis* (Forrest) Forrest = Primula polyneura
- *littoniana* Forrest = Primula vialii
- × **loiseleurii** Sünd. (*P. allionii* × *P. auricula*) · ♃; cult.
- *longiflora* Jacq. = Primula halleri
- **luteola** Rupr. · D:Gelbe Kaukasus-Primel · ♃ △ ⏜ Z5 IV-V ▽; E-Cauc.
- *macrocalyx* Bunge = Primula veris subsp. macrocalyx
- **macrophylla** D. Don · ♃ Z5 ▽; Afgh., Him., SE-Tibet
- **malacoides** Franch. · D:Braut-Primel, Flieder-Primel; E:Baby Primrose, Fairy Primrose · ⊙ ♃ Z8 (K) ▽ I-III ▽; Yunnan
- **marginata** Curtis · D:Meeralpen-Primel; F:Primevère marginée · ♃ △ Z7 III-IV ▽; Eur.: F, I; SW-Alp.
- **megaseifolia** Boiss. · ♃ Z7 III-IV ▽; TR (Pontus), Cauc.
- **melanops** W.W. Sm. · ♃ Z4 ▽; China
- **minima** L. · D:Zwerg-Schlüsselblume · ♃ △ Z5 VI-VII ▽; Eur.: C-Eur., Ap, Ba, EC-Eur., E-Eur.; mts.
- **mollis** Nutt. ex Hook. · ♃ △ Z7 VI-VII ▽; Him., Bhutan, N-Ind.: Assam; Myanmar, China: Yunnan
- × **muretiana** Moritzi (*P. integrifolia* × *P. latifolia*) · ♃ Z5 ▽; CH
- **muscarioides** Hemsl. · ♃ △ ⏜ Z5 VI ▽; China: Sichuan, SE-Tibet, Yunnan
- *nutans* Delavay ex Franch. = Primula flaccida
- **obconica** Hance · D:Becher-Primel; E:German Primrose · ⊙ ♃ Z8 (K) ▽ I-XII ☠ ▽; China: Sichuan, Yunnan, Hupeh, Kwantung, Kweitschou
- *oenensis* D. Thomas ex Gremli = Primula daonensis
- *officinalis* (L.) Hill = Primula veris subsp. veris
- **palinuri** Petagna · ♃ D Z8 (K) (A) III-IV ▽; SW-I (Cap Palinuri)
- *pallasii* Lehm. = Primula elatior subsp. pallasii
  - subsp. *intricata* Gren. et Godr. = Primula elatior subsp. intricata
- *pannonica* A. Kern. = Primula veris subsp. veris
- **parryi** A. Gray · ♃ Z6 ▽; W-USA
- **pedemontana** D. Thomas ex Gaudin · ♃ Z6 IV ▽; Eur.: Sp., F, I; Cordillera Catábrica, SW-Alp.
- **poissonii** Franch. · ♃ ⏜ Z6 VI-VII ▽; W-Sichuan, W-Yunnan
- **polyneura** Franch. · F:Primevère à nervures nombreuses · ♃ Z5 V-VI ▽; China: Sichuan, Yunnan, SE-Tibet, Kansu
- **praenitens** Ker-Gawl. · D:Chinesische Primel; E:Chinese Primrose · ♃ ⏜→ (K) ▽ XII-IV ▽; orig. ?
- *prionotes* Balf. f. et G. Watt = Primula waltonii
- **prolifera** Wall. · E:Glory of the Marsh · ♃ ⏜ VI-VII ▽; NE-Myanmar, W-Yunnan
- *pseudoelatior* Kusn. = Primula elatior subsp. pseudoelatior
- × **pubescens** Jacq. (*P. auricula* × *P. hirsuta*) · D:Bastard-Aurikel, Garten-Aurikel · ♃ △ Z5 V-VI; cult.
  - **in vielen Sorten**
- **pulverulenta** Duthie · D:Szetschuan-Primel; F:Primevère poudreuse · ♃ Z6 V-VI ▽; W-Sichuan
- **reidii** Duthie · ♃ Z6 ▽; Him.
- **rosea** Royle · D:Rosen-Primel; F:Primevère rose · ♃ △ ⏜ Z6 III-IV ▽; NW-Him.: Afgh., Kashmir
- *rubra* J.F. Gmel. = Primula hirsuta
- **saxatilis** Kom. · ♃ Z4 IV-V ▽; Manch., N-Korea
  - var. *pubescens* Pax et K. Hoffm. = Primula polyneura
- **scotica** Hook. · ♃ △ ⏜ Z4 IV-V ▽; Eur.: BrI (Scotland)
- **secundiflora** Franch. · ♃ ≈ Z6 V-VI ▽; NW-Yunnan, SW-Sichuan
- *sibthorpii* Hoffmanns. = Primula vulgaris subsp. sibthorpii
- **sieboldii** E. Morren · D:Siebolds Primel; E:Japanese Primrose; F:Primevère de Siebold · ♃ Z5 V-VI ▽; N-Mong., Amur, Manch., Korea, Jap.
- **sikkimensis** Hook.
  - var. **pudibunda** (Balf. f. et Cooper) W.W. Sm. et Fletcher · ♃ △ Z6 VI-VII ▽; Nepal, Bhutan, Sikkim, Sichuan, Tibet
  - var. **sikkimensis** · ♃ ⏜ Z6 VI-VII ▽; Him.: Nepal, Bhutan; China: Yunnan, Tibet, Sichuan
- *sinensis* Sabine ex Lindl. = Primula praenitens
- **sinolisteri** Balf. f. · ♃ (K) III-V ▽; Yunnan
- **sinoplantaginea** Balf. f. et Forrest · ♃ △

VI-VII ▽; China: Yunnan, Sichuan, Tibet
– **sinopurpurea** Balf. f. · ♃ △ Z5 VI ▽; China
– **spectabilis** Tratt. · F:Primevère spectaculaire · ♃ △ Z6 IV-V ▽; I: Alp.
– *tsarongensis* Balf. f. et Forrest = Primula muscarioides
– **tyrolensis** Schott · ♃ △ Z5 IV ▽; Eur.: I (Dolomites)
– *uralensis* Fisch. = Primula veris subsp. macrocalyx
– × **variabilis** Goupil (*P. veris* × *P. vulgaris*) · F:Primevère élevée des jardins · ♃; cult.
– *veitchii* Duthie = Primula polyneura
– × **venusta** Host (*P. auricula* × *P. carniolica*) · ♃ Z6 ▽; Slov.
– **veris** L.
 – subsp. *canescens* (Opiz) Hayek ex Lüdi = Primula veris subsp. veris
 – subsp. **columnae** (Ten.) Lüdi · ♃ ⋈ Z5 IV-V ▽; S-Eur., NE-TR; mts.
 – subsp. **macrocalyx** (Bunge) Lüdi · ♃ ⋈ Z5 V ▽; Eur.: SE-Russ., Krim; Cauc., N-Iran, W-Sib., E-Sib.
 – subsp. **veris** · D:Echte Schlüsselblume, Wiesen-Schlüsselblume; E:Cowslip; F:Primevère officinale · ♃ Z5 IV-V ⚕ ☠ ▽; Eur.: N-Sp., S-F, C-Eur.
– **verticillata** Forssk. · ♃ Ⓚ ⌂ II-IV ▽; Yemen
– **vialii** Delavay ex Franch. · D:Orchideen-Primel; F:Primevère du Père Vial, Primevère-orchidée · ♃ Z7 ∧ VI-VII ▽; NW-Yunnan, SW-Sichuan
– **villosa** Wulfen
 – var. **commutata** (Schott) Lüdi · ♃ ▽; A (Steiermark)
 – var. **villosa** · D:Zottige Primel · ♃ △ Z5 IV-VI ▽; Eur.: F, I, A, Slove.; Alp.
– *viscosa* All. = Primula latifolia
– *viscosa* Vill. = Primula hirsuta
– *vittata* Bureau et Franch. = Primula secundiflora
– × **vochinensis** Gusmus (*P. minima* × *P. wulfeniana*) · ♃ Z6 ▽; I: E-Dolomites
– **vulgaris** Huds.
 – subsp. **heterochroma** (Stapf) W.W. Sm. et Forrest · ♃ Z6 IV ▽; N-Iran
 – subsp. **sibthorpii** (Hoffmanns.) W.W. Sm. et Forrest · D:Karnevals-Primel · ♃ Z6 IV ▽; Eur.: Ba, Krim; TR, Cauc., nat. in C-Eur.
 – subsp. **vulgaris** Huds. · D:Kissen-Primel, Stängellose Schlüsselblume; E:Primrose; F:Primevère acaule · ♃ Z6 II-V ⚕ ▽; Eur.*, Cauc.
 – var. *rubra* (Sibth. et Sm.) Lüdi = Primula vulgaris subsp. sibthorpii
– **waltonii** G. Watt ex Balf. f. · ♃ Z6 VI-VII ▽; Bhutan, SE-Tibet
– *wardii* Balf. f. = Primula yargongensis
– **warshenewskiana** B. Fedtsch. · ♃ ∧ IV-V ▽; C-As., Him.
– **wilsonii** Dunn · ♃ ⏦ VI-VII ▽; W-Sichuan, W-Yunnan
– **wulfeniana** Schott · D:Wulfens Primel · ♃ △ Z5 IV-V ▽; Eur.: I, A, Slove., RO; SE-Alp., S-Carp.
– **yargongensis** Petitm. · ♃ △ ⏦ IV-V ▽; China: Sichuan, Yunnan, SE-Tibet
– **Cultivars**
 – **in vielen Sorten (siehe Kapitel III)**

Prinsepia Royle -f- *Rosaceae* · 4 sp · D:Dornkirsche
– **sinensis** (Oliv.) Oliv. ex Bean · D:Mandschurische Dornkirsche · ♄ d Z5 IV; N-China
– **uniflora** Batalin · D:Chinesische Dornkirsche · ♄ d Z6 IV; N-China

Prionium E. Mey. -n- *Juncaceae* · 1 sp · D:Palmenschilf; F:Jonc palmier
– **serratum** (L. f.) Drège · ♄ e ⏦ Z10 Ⓦ; S-Afr.

Pritchardia Seem. et H. Wendl. -f- *Arecaceae (Palmae)* · 37 sp · D:Loulupalme; E:Loulu Palm; F:Palmier, Pritchardia
– *filifera* Linden ex André = Washingtonia filifera
– **gaudichaudii** (Mart.) H. Wendl. · ♄ e Z10 Ⓦ Ⓝ; Hawaii
– **pacifica** Seem. et H. Wendl. ex H. Wendl. · ♄ e Z10 Ⓦ Ⓝ; Fiji, Samoa

Pritzelago Kuntze -f- *Brassicaceae (Cruciferae)* · 1 sp · D:Gämskresse; E:Chamois Cress; F:Cresson des chamois
– **alpina** (L.) Kuntze
 – subsp. **alpina** · D:Alpen-Gämskresse, Gämskresse; E:Chamois Cress, Chamois Grass · ♃ Z5 V-VIII; Eur.: Sp., F, I, C-Eur., Ba; mts.
 – subsp. **auerswaldii** (Willk.) Greuter et Burdet · ♃ △ Z5 V-VI; Eur.: N-Sp. (Cordillera Cantábrica)
 – subsp. **brevicaulis** (Hoppe) Greuter et Burdet · D:Kurzstängelige Gämskresse ·

♃ △ Z5 VII-VIII; Eur.: F, I, A, CH, Ba; mts.

Proboscidea Schmidel -f- *Pedaliaceae* · 9 sp · D:Gämshorn; E:Devil's Claw, Unicorn Plant; F:Cornaret, Martynia à trompe
- **fragrans** (Lindl.) Decne. · D:Duftendes Gämshorn; E:Sweet Unicornplant · ⊙ ♣ D Z10 VIII; Mex.
- *jussieui* Medik. = Proboscidea louisianica
- **louisianica** (Mill.) Thell. · D:Louisiana-Gämshorn; E:Ram's Horn · ⊙ ♣ Z10 VII-VIII Ⓝ; USA: NE, NCE, SE, SC, N.Mex.; N-Mex.
- *lutea* (Lindl.) Stapf = Ibicella lutea

Promenaea Lindl. -f- *Orchidaceae* · 14 sp
- *citrina* D. Don = Promenaea xanthina
- **lentiginosa** Lindl. · ♃ Z10 ⓦ VII-VIII ▽ ✻; Bras.
- **rollisonii** Lindl. · ♃ Z10 ⓦ VII-VIII ▽ ✻; Bras.
- **stapelioides** (Link et Otto) Lindl. · ♃ Z10 ⓦ VII-IX ▽ ✻; Bras.
- **xanthina** (Lindl.) Lindl. · ♃ Z10 ⓦ VII-VIII ▽ ✻; Bras.

Proserpinaca L. -f- *Haloragaceae* · -5 sp
- **palustris** L. · ♃ ~ ⓦ; Can.: E; USA: NE, NCE, SC, SE, Fla.; W.Ind.

Prosopis L. -f- *Mimosaceae (Leguminosae)* · 44 sp · D:Mesquitebaum, Schraubenbohne, Süßhülsenbaum; E:Mesquite; F:Prosopis
- **alba** Griseb. · D:Argentinische Schraubenbohne; E:Argentine Mesquite · ♄ s Z10 ⓚ Ⓝ; Bol., Arg.
- **chilensis** (Molina) Stuntz · D:Chilenische Schraubenbohne; E:Chilean Mesquite · ♄ s Z10 ⓚ Ⓝ; W.Ind., Peru, Bol., Chile, Arg.
- **cineraria** (L.) Druce · ♄ d Z10 ⓚ Ⓝ; Iran, Afgh., W-Ind., N-Afr.
- **juliflora** (Sw.) DC. · D:Mesquitebaum; E:Mesquite · ♄ ♄ e Z10 ⓚ Ⓝ; USA: Kans., SC, SW, Calif.; Mex., W.Ind., Col., Venez.
- *spicigera* L. = Prosopis cineraria
- **tamarugo** F. Phil. · ♄ d Z10 ⓚ; Chile

Prostanthera Labill. -f- *Lamiaceae (Labiatae)* · c. 50 sp · D:Australminze; E:Australian Mint Bush; F:Menthe d'Australie, Prostanthère
- **cuneata** Benth. · ♄ e Z9 ⓚ; Austr.: N.S.Wales, Victoria, Tasman.
- **nivea** A. Cunn. ex Benth. · ♄ e D Z9 ⓚ V; Austr.: Queensl., N.S.Wales, Victoria, Tasman.
- **ovalifolia** R. Br. · ♄ e D Z9 ⓚ I-III; Austr.: Queensl., N.S.Wales
- **rotundifolia** R. Br. · D:Australischer Minzestrauch; E:Mint Bush · ♄ e D Z9 ⓚ II-III ⚕; Austr.: N.S.Wales, Victoria, S-Austr., Tasman.
- **sieberi** Benth. · ♄ e D Z9 ⓚ III-IV; Austr.: N.S.Wales
- **violacea** R. Br. · ♄ e D Z9 ⓚ IV; Austr.: N.S.Wales

Protea L. -f- *Proteaceae* · 115 sp · D:Protee, Schimmerbaum, Silberbaum; E:Protea; F:Protée
- **barbigera** Meisn. · D:Wollige Protee; E:Woolly Protea · ♄ e ✂ Z9 ⓚ; S-Afr.
- **cynaroides** (L.) L. · D:Königs-Protee; E:Giant Protea, King Protea · ♄ e Z9 ⓚ; Kap
- **eximia** (Knight) Fourc. · ♄ e Z9 ⓚ; S-Afr.
- **grandiceps** Tratt. · D:Pfirsich-Protee; E:Peach Protea · ♄ e ✂ Z9 ⓚ; Kap
- *latifolia* R. Br. = Protea eximia
- *mellifera* (L.) L. non Thunb. = Protea repens
- **nana** (Bergius) Thunb. · ♄ e Z9 ⓚ; Kap
- **neriifolia** R. Br. · D:Oleander-Protee; E:Oleander Leaf Protea · ♄ e ✂ Z9 ⓚ; S-Afr.
- **repens** (L.) L. non Thunb. · D:Honig-Silberbaum, Zucker-Protee; E:Sugar Protea · ♄ e Z9 ⓚ; Kap
- **speciosa** L. · ♄ ♄ e Z9 ⓚ; Kap

Prumnopitys de Laub. -f- *Podocarpaceae* · 9 sp
- **andina** (Poepp. ex Endl.) de Laub. · E:Chilean Yew, Plum Fruited Yew · ♄ e Z8 ⓚ; S-Chile, Arg. (And.)
- **ferruginea** (D. Don) de Laub. · E:Miro · ♄ e Z9 ⓚ; NZ

Prunella L. -f- *Lamiaceae (Labiatae)* · 7-9 sp · D:Braunelle; E:Selfheal; F:Brunelle
- **grandiflora** (L.) Scholler
  - subsp. **grandiflora** · D:Großblütige Braunelle; F:Prunelle à grandes fleurs · ♃ Z5 VI-VIII; Eur.* exc. BrI; ? TR, Cauc.
  - subsp. **pyrenaica** (Gren. et Godr.) A. Bolòs et O. Bolòs · ♃ Z5 VI-VIII; Eur.: P, Sp., F
- *hastifolia* Brot. = Prunella grandiflora subsp. pyrenaica

– **laciniata** (L.) L. · D:Weiße Braunelle · ♃ Z6 VI-VIII; Eur.* exc. BrI, Sc; TR, Levante, Cauc., Iran, NW-Afr.
– × **pinnatifida** Pers. (*P. laciniata* × *P. vulgaris*) · ♃ VI-VIII; cult.
– **vulgaris** L. · D:Gewöhnliche Braunelle; E:Self Heal; F:Prunelle commune · ♃ Z3 VI-IX ⚕ ; Eur.*, TR, Cyprus, Syr., Cauc., Iran, W-Sib., E-Sib., Amur, Sachal., Kamchat., C-As., Him., Ind. (Nilgiris), NW-Afr., Alaska, Can., USA*
– × **webbiana** hort. ex N. Taylor (*P. grandiflora subsp. grandiflora* × *P. grandiflora subsp. pyrenaica*) · F:Prunelle · ♃ VI-IX; cult.

Prunus L. -f- *Rosaceae* · c. 430 sp · D:Aprikose, Kirsche, Lorbeerkirsche, Mandel, Pfirsich, Pflaume, Schlehe, Traubenkirsche, Weichsel, Zwetsche; E:Almond, Apricot, Cherry, Peach, Plum
– *acida* Dumort. = Prunus cerasus subsp. acida
– **americana** Marshall · D:Amerikanische Pflaume; E:American Plum, American Red Plum, Goose Plum · ♄ ♄ d Z4 III-IV Ⓝ; Can.: E; USA: NE, NCE, NC, Rocky Mts., SW, SC, SE, Fla.; Mex.
– × **amygdalopersica** (Weston) Rehder (*P. dulcis* × *P. persica*) · D:Mandel-Pfirsich; F:Prunus · ♄ ♄ d Z6 III-IV; cult.
– *amygdalus* Batsch = Prunus dulcis var. dulcis
– **angustifolia** Marshall · D:Chickasa-Pflaume; E:Chickasaw Plum · ♄ ♄ d Z6 IV Ⓝ; USA: NE, NCE, NC, SC, SE, Fla.
– **argentea** (Lam.) Rehder · ♄ d Z7; TR
– **armeniaca** L. · D:Aprikose, Marille; E:Apricot · ♄ d Z7 III-IV ⚕ Ⓝ; N-China, nat. in Eur.
  – **in vielen Sorten**
  – var. *mandshurica* Maxim. = Prunus mandshurica
– *austera* (L.) Ehrh. = Prunus cerasus subsp. cerasus var. austera
– **avium** (L.) L. · D:Süß-Kirsche, Vogel-Kirsche; E:Gean, Mazzard, Wild Cherry; F:Cerisier des oiseaux, Merisier · ♄ d Z5 IV-V ⚕ Ⓝ; Eur.*, TR, Cauc., Iran, nat. in N-Am.
  – **in vielen Sorten**
– **besseyi** L.H. Bailey · ♄ d Z3 V; Ca.: Man.; USA: Rocky Mts., NCE
– × **blireana** André (*P. mume 'Rosea Plena'* × *P. cerasifera var. pissardii*) · F:Prunier double · ♄ ♄ d Z5; cult.
– **brigantina** Vill. · D:Briançon-Aprikose; E:Briançon Apricot · ♄ ♄ d Z7 V Ⓝ; SE-F
– **campanulata** Maxim. · D:Glocken-Kirsche; E:Bell Flowered Cherry, Formosan Cherry, Taiwan Cherry · ♄ d Z7 III-IV; Ryukyu-Is., Taiwan
– **canescens** Bois · D:Graublättrige Kirsche; E:Greyleaf Cherry · ♄ d Z6 IV-V; W-China, C-China
– *capuli* Spreng. = Prunus salicifolia
– **caroliniana** (Mill.) Aiton · ♄ e Z7; USA: SE, Tex., Fla.
– **cerasifera** Ehrh.
  – *'Atropurpurea'* = Prunus cerasifera 'Pissardii'
  – **'Pissardii'**
  – subsp. **cerasifera** · D:Kirschpflaume; E:Cherry Plum, Myrobalan Plum; F:Myrobolan, Prunier-cerise · ♄ ♄ d Z4 III-IV Ⓝ; Eur.: Ba, Krim; TR, Cauc., Iran, C-As., nat. in Eur.* exc. Ib
  – subsp. **divaricata** (Ledeb.) C.K. Schneid. · ♄ ♄ d Z4; Eur.: Ba; TR, Cauc., C-As. Iran
  – var. *pissardii* (Carrière) L.H. Bailey = Prunus cerasifera 'Pissardii'
– **cerasus** L. · D:Sauer-Kirsche, Weichsel; E:Sour Cherry · Z3
  – subsp. **acida** (Dumort.) Asch. et Graebn. · D:Schattenmorelle, Strauch-Weichsel; E:Bush Sour Cherry · ♄ d Z3 IV-V; C-Eur.
  – subsp. **cerasus** · D:Amarelle, Baum-Weichsel; E:Tree Sour Cherry; F:Cerisier aigre · ♄ d Z5 IV-V ⚕ Ⓝ; cult. Eur., As., N-Am., nat. in Eur., N-Am.
    – var. **austera** L. · D:Morelle, Süß-Weichsel; E:Morello Cherry · ♄ d Z5; cult.
    – var. *frutescens* Neilr. = Prunus cerasus subsp. acida
    – var. **marasca** (Host) Vis. · D:Maraschino-Kirsche; E:Maraschino Cherry · Z5; cult.
  – **in vielen Sorten**
– × **cistena** (Hansen) Koehne (*P. pumila* × *P. cerasifera var. pissardii*) · D:Rote Sand-Kirsche; E:Dwarf Red Leaf Plum · ♄ d Z4 V; cult.
– *claudiana* (Pers.) Poit. et Turpin = Prunus domestica subsp. italica
– **cocomilia** Ten. · ♄ ♄ d Z6 IV; S-Ba, S-I, Sic..; mts.
– *communis* (L.) Arcang. = Prunus dulcis var.

dulcis
– **concinna** Koehne · ♄ ⸸ d Z6 IV; China: Hupeh
– *conradinae* Koehne = Prunus hirtipes
– **cornuta** (Royle) Steud. · D:Himalaya-Traubenkirsche; E:Himalayan Bird Cherry · ⸸ d Z5 V; Him.
– **cyclamina** Koehne · ♄ ⸸ d Z6 V; C-China.
– × **dasycarpa** Ehrh. (*P. armeniaca* × *P. cerasifera*) · ⸸ d Z7 ∧ III; cult.
– **davidiana** (Carrière) Franch. · D:Davids Pfirsich; E:Chinese Peach, Père David's Peach · ♄ ⸸ d Z4 III; N-China
– **dielsiana** C.K. Schneid. · ♄ ⸸ d Z6 IV; C-China
– *divaricata* Ledeb. = Prunus cerasifera subsp. divaricata
– **domestica** L.
  – subsp. **domestica** · D:Pflaume, Zwetsche; E:Plum · ⸸ d Z5 IV ⚕ Ⓝ; TR, Cauc.; cult. Eur., W-As., N-Afr.
    – **in vielen Sorten**
  – subsp. **insititia** (L.) C.K. Schneid. · D:Hafer-Pflaume; E:Bullace Plum · ⸸ d Z5 IV-V; cult. Eur., W-As., Ind., N-Afr., N-Am.
  – subsp. **italica** (Borkh.) Gams · D:Reineclaude, Reneklode · ♄ ⸸ d Z5; cult. C-Eur., S-Eur., As.
    – **in Sorten**
  – subsp. *oeconomica* (Borkh.) C.K. Schneid. = Prunus domestica subsp. domestica
  – subsp. **syriaca** (Borkh.) Janch. · D:Mirabelle · ⸸ d Z5; cult. C-Eur., S-Eur., N-Afr.
  – var. *cerea* L. = Prunus domestica subsp. syriaca
– **dulcis** (Mill.) D.A. Webb
  – **in vielen Sorten**
  – var. **amara** (DC.) Buchheim · D:Bitter-Mandel; E:Bitter Almond · ⸸ d Z7 III-IV ⚕; cult.
  – var. **dulcis** · D:Mandel, Mandelbaum; E:Almond; F:Amandier · ♄ ⸸ d Z7 III-IV ⚕ Ⓝ; TR, Cauc., Iran, C-As., Afgh.
  – var. **fragilis** (Borkh.) Buchheim · D:Knack-Mandel · ⸸ d Z7; cult.
– × **eminens** Beck (*P. cerasus* × *P. glandulosa*) · D:Mittlere Weichsel · ♄ d Z4 IV-V; cult.
– **fenzliana** Fritsch · D:Kaukasische Mandel · ♄ d Z7 ∧ III; Cauc.
– × **fontanesiana** (Spach) C.K. Schneid. (*P. avium* × *P. mahaleb*) · ⸸ d; cult.
– **fremontii** S. Watson · ⸸ ♄ d Z7; S-Calif.
– × **fruticans** Weihe (*P. spinosa* × *P. domestica subsp. insititia*) · D:Hafer-Schlehe · ♄ d IV Ⓝ; cult. D, A, CZ
– **fruticosa** Pall. · D:Steppen-Kirsche, Zwerg-Kirsche; E:Ground Cherry; F:Prunier nain · ♄ d Z6 IV-V; Eur.: Ap, C-Eur., EC-Eur., Ba, E-Eur.; Cauc., W-Sib., C-As.
– **glandulosa** Thunb. ex Murray · D:Drüsen-Kirsche; E:Chinese Bush Berry, Dwarf Flowering Almond; F:Amandier à fleurs du Japon · ♄ d Z5 V; China
– × **gondouinii** (Poit. et Turpin) Rehder (*P. avium* × *P. cerasus*) · ⸸ d Z4; cult.
– **grayana** Maxim. · ⸸ d Z5 VI; Jap.
– × **hillieri** hort. (*P. incisa* × *P. sargentii*) · D:Hilliers Kirsche; E:Hillier's Cherry · ♄ d Z6 IV-V; cult.
– **hirtipes** Hemsl. · ♄ d Z7 ∧ III; C-China.
– **hortulana** L.H. Bailey · D:Gärtner-Pflaume; E:Hortulan Plum · ⸸ d Z6 IV-V Ⓝ; USA: NCE, Okla., SE
– **ilicifolia** (Nutt.) Walp. · ⸸ ♄ e Z9 Ⓚ; Calif., Baja Calif.
– **incana** (Pall.) Batsch · D:Graue Kirsch-Mandel; E:Willow Cherry · ♄ d Z6 IV; TR
– **incisa** Thunb. ex Murray · D:März-Kirsche; E:Fuji Cherry · ⸸ d Z6 III-IV; Jap.
– *insititia* L. = Prunus domestica subsp. insititia
– *italica* Borkh. = Prunus domestica subsp. italica
– **jamasakura** Sieber ex Koidz. · ⸸ d Z5; Korea, ? Jap.
– **japonica** Thunb. ex Murray · D:Japanische Kirsch-Mandel; E:Chinese Plum Tree, Oriental Bush Cherry · ♄ d Z4 V ⚕; China, Korea
– × **juddii** E.F. Anderson (*P. sargentii* × *P.* × *yedoensis*) · ⸸ d Z6; cult.
– *kurilensis* Miyabe = Prunus nipponica var. kurilensis
– **laurocerasus** L. · D:Kirschlorbeer, Lorbeerkirsche; E:Cherry Laurel, Laurel; F:Laurier-amande, Laurier-cerise · ♄ e Z7 IV-V ⚕ ☠ Ⓝ; Eur.: Ba; TR, Cauc., Iran, nat. in P, Fr, Cors., BrI
  – **in Sorten**
– **lusitanica** L. · D:Portugiesische Lorbeerkirsche; E:Portugal Laurel, Portuguese Laurel; F:Laurier du Portugal · ♄ ⸸ e Z8 Ⓚ ∧ VI ☠; Ib, SW-F, Canar., Azor.
– **maackii** Rupr. · D:Amur-Traubenkirsche;

E:Amur Cherry, Manchurian Cherry; F:Cerisier de Mandchourie · ₺ d Z4 IV; Korea, Manch.
- **mahaleb** L. · D:Felsen-Kirsche, Stein-Weichsel; E:Mahaleb Cherry, St Lucie Cherry; F:Cerisier de Sainte Lucie · ♄ ₺ d Z5 IV-V Ⓝ; Eur.* exc. BrI, Sc; TR, Iraq, Syr., Lebanon, Cauc., N-Iran, Afgh., C-As., Maroc., nat. in N-Am.
- **mandshurica** (Maxim.) Koehne · ₺ d Z6 V; China, Korea, Mong., Amur
- *marasca* (Host) Rchb. = Prunus cerasus subsp. cerasus var. marasca
- **maritima** Marshall · D:Strand-Pflaume; E:Beach Plum · ♄ d Z3 IV; USA: NE
- **mume** Siebold et Zucc. · D:Japanische Aprikose; E:Japanese Apricot; F:Abricotier du Japon · ₺ d Z6 III-IV ⚕ ; China
- **munsoniana** W. Wight et Hedrick · D:Gänse-Pflaume; E:Wild Goose Plum · ₺ d Z6 IV-V Ⓝ; USA: NCE, Kans., SC, SE
- *myrobalanus* (L.) Loisel. = Prunus cerasifera subsp. cerasifera
- *myrobolana* Poit. et Turpin = Prunus cerasifera subsp. cerasifera
- *nana* (L.) Stokes = Prunus tenella
- *nana* Du Roi = Prunus virginiana
- **nigra** Aiton · D:Bitter-Kirsche; E:Canada Plum, Canadian Plum · ₺ ♄ d Z4 V-IV Ⓝ; Can.: E; USA: NE, NCE, SE
- **nipponica** Matsum.
  - var. **kurilensis** (Miyabe) E.H. Wilson · D:Kurilen-Kirsche; F:Petit cerisier des Kouriles · ♄ d Z5 IV; Sachal., Jap.: Hokkaido
  - var. **nipponica** · D:Nippon-Kirsche; E:Japanese Alpine Cherry; F:Cerisier alpin du Japon · ♄ ₺ d Z6 V; Jap.
- **padus** L.
  - subsp. **borealis** Cajander · D:Berg-Traubenkirsche · ♄ d Z3; Sc, C-Eur. mts.
  - subsp. **padus** · D:Gewöhnliche Traubenkirsche; E:European Bird Cherry; F:Merisier à grappes · ♄ ₺ d Z3 IV-V Ⓝ; Eur.* ; TR, Cauc., W-Sib., E-Sib., Amur, Sachal., Kamchat., C-As., Korea, Jap., Maroc.
- **pensylvanica** L. f. · D:Feuer-Kirsche; E:Bird Cherry, Red Cherry · ♄ ₺ d Z4 IV-V; Can., USA: NE, N.C., NCE, NC, Rocky Mts.
- **persica** (L.) Batsch
  - var. *nectarina* (W.T. Aiton) Maxim. = Prunus persica var. nucipersica
  - var. **nucipersica** (L.) C.K. Schneid. · D:Nektarine; E:Nectarine · ♄ ₺ Z6 Ⓝ; cult.
    - **in vielen Sorten**
  - var. **persica** · D:Pfirsich; E:Peach; F:Pêcher commun · ♄ ₺ d Z6 IV ⚕ Ⓝ; N-China, C-China
    - **in vielen Sorten**
- **pilosiuscula** (C.K. Schneid.) Koehne · ♄ ₺ d Z5 IV; W-China, C-China
- *pissardii* Carrière = Prunus cerasifera 'Pissardii'
- **prostrata** Labill. · D:Niedrige Kirsch-Mandel; E:Mountain Cherry, Rock Cherry · ♄ d △ Z6 IV; Eur.: Ib, Corse, Sard., Ba; TR, Syr., Lebanon, NW-Afr.
- **pseudocerasus** Lindl. · D:Falsche Weichsel; E:False Cherry · ₺ d Z6 III Ⓝ; China: Hupeh
- **pumila** L.
  - var. **besseyi** (Bailey) Gleason · ♄ d Z2; Can.: Man.; USA: Rocky Mts., NEC, SC
  - var. **depressa** (Pursh) Bean · ♄ d Z2; E-Can.; USA: NE
  - var. **pumila** · D:Sand-Kirsche; E:Sand Cherry · ♄ d △ Z5 V; Can.: E; USA: NE, NCE
- **rufa** Hook. f. · ₺ d Z8 Ⓚ; Him.
- *sachalinensis* Miyoshi = Prunus sargentii
- **salicifolia** Zucc. · ₺ s Z8 Ⓚ; Mex., C-Am., Col., Peru + ; mts.
- **salicina** Lindl. · D:Chinesische Pflaume; E:Japanese Plum · ₺ d Z6 IV Ⓝ; N-China, SE-China
- **sargentii** Rehder · D:Berg-Kirsche, Sachalin-Kirsche; E:Sargent's Cherry; F:Cerisier de Sargent · ₺ d Z6 V; Jap., Korea, Sachal.
  - fo. **pubescens** Tatew. Z4 IV-V
- × **schmittii** Rehder (*P. avium* × *P. canescens*) · ₺ d Z5; cult.
- **sericea** (Batalin) Koehne · ₺ d Z6; China: Sichuan
- **serotina** Ehrh. · D:Späte Traubenkirsche; E:American Bird Cherry, Black Cherry, Rum Cherry; F:Cerisier tardif · ₺ d Z4 V-VI ⚕ ☠ Ⓝ; Can.: E; USA: NE, NCE, NC, SW, SC, SE, Fla.; Mex., Guat., nat. in Eur.
- **serrula** Franch. · D:Mahagoni-Kirsche, Tibetische Kirsche; E:Birch Bark Cherry; F:Cerisier du Tibet · ♄ ₺ d Z6 IV-V; W-China
  - *'Tibetica'* = Prunus serrula
- **serrulata** Lindl. · D:Grannen-Kirsche, Japanische Blüten-Kirsche; E:Oriental Cherry; F:Cerisier des collines · ♄ ₺ d Z6

IV-V ®; China, Korea, Jap.
- *'Takasago'* = Prunus × sieboldii
- var. *sachalinensis* (F. Schmidt) E.H. Wilson = Prunus sargentii
- var. *spontanea* (Maxim.) E.H. Wilson = Prunus jamasakura
- **sibirica** L. · D:Sibirische Aprikose; E:Siberian Apricot · ♄ ♄ d Z5 IV; E-Sib., Manch., N-China, Korea, Amur, Mong.
- × **sieboldii** (Verl.) Wittm. (*P. apetala* × *P. speciosa*) · ♄ d Z6 IV; orig. ?, nat. in Jap.
- **simonii** Carrière · D:Simons Pflaume; E:Apricot Plum · ♄ d Z6 IV-V ®; N-China
- × **skinneri** Rehder (*P. japonica* × *P. tenella*) · ♄ d Z6; cult.
- **speciosa** (Koidz.) Ingram · D:Oshima-Kirsche; E:Oshima Cherry · ♄ d Z6 IV; Jap.
- **spinosa** L. · D:Gewöhnliche Schlehe, Schwarzdorn; E:Blackthorn, Sloe; F:Epine noire, Prunellier · ♄ d Z5 IV-V ⚕ ®; Eur.*, TR, Cauc., Iran, W-Sib., Alger., nat. in N-Am.
- **subhirtella** Miq. · D:Frühjahrs-Kirsche, Higan-Kirsche; E:Autumn Cherry, Winter Flowering Cherry; F:Cerisier d'hiver · ♄ d Z6 IV-V; Jap.
- *syriaca* Borkh. = Prunus domestica subsp. syriaca
- **tenella** Batsch · D:Zwerg-Mandel; E:Dwarf Russian Almond, Russian Almond; F:Amandier nain · ♄ d Z5 III-V; Eur.: C-Eur., EC-Eur., Ba, E-Eur.; Cauc., W-Sib., C-As., nat. in F
- **tomentosa** Thunb. ex Murray · D:Japanische Mandel-Kirsche; E:Downy Cherry, Nanking Cherry · ♄ d Z4 IV-V ®; Tibet, W-China, N-China, Korea
- **triloba** Lindl.
  - var. **simplex** (Bunge) Rehder · ♄ d Z5; China
  - var. **triloba** · D:Mandelbäumchen; E:Flowering Almond; F:Amandier de Chine · ♄ d Z5 III-IV; China
- **ussuriensis** Kovalev et Kostina · ♄; Amur, Manch.
- **virens** (Wooton et Standl.) Shreve ex Sarg. · ♄ ♄ e; S-USA.; Mex.
- **virginiana** L. · D:Virginische Trauben-Kirsche; E:Virginian Bird Cherry, Western Choke Cherry · ♄ ♄ d Z4 V ®; Can., USA: NE, N.C., NCE, NC, SC, Rocky Mts., Calif., SW
- × **yedoensis** Matsum. (*P. speciosa* × *P. subhirtella*) · D:Tokio-Kirsche, Yoshino-Kirsche; E:Tokyo Cherry; F:Cerisier Yoshino · ♄ d Z6 IV; Jap.
- **Cultivars**
  - *'Crimson Dwarf'* = Prunus × cistena

Psammophora Dinter et Schwantes -f- *Aizoaceae* · 2-3 sp
- **modesta** (Dinter et A. Berger) Dinter et Schwantes · ♃ ♆ Z10 ⓚ; Namibia

Pseudananas Hassl. ex Harms -m- *Bromeliaceae* · 1 sp · D:Scheinananas; F:Faux-ananas
- **sagenarius** (Arruda) Camargo · ♃ Z10 ⓦ; Bras., Parag.

Pseuderanthemum Radlk. -n- *Acanthaceae* · 60 sp
- **alatum** (Nees) Radlk. · ♄ e Z10 ⓦ VII-VIII; Mex.
- **albiflorum** (Hook.) Radlk. · ♄ e Z10 ⓦ VI-VIII; Bras.
- **atropurpureum** (W. Bull) L.H. Bailey · ♄ e Z10 ⓦ; Polyn.
- **reticulatum** (Hook. f.) Radlk. · ♄ e Z10 ⓦ; Polyn.
- *seticalyx* (C.B. Clarke) Stapf = Ruspolia seticalyx
- **sinuatum** (Vahl) Radlk. · ♄ e Z10 ⓦ VI-VIII; N.Caled.
- **tuberculatum** (Hook. f.) Radlk. · ♄ Z10 ⓦ ⓚ VIII-IX; Polyn.

Pseudobombax Dugand -n- *Bombacaceae* · 20 sp
- **ellipticum** (Humb., Bonpl. et Kunth) Dugand · ♄ ♆ e Z10 ⓦ; Mex., Guat.

Pseudocinchona A. Chev. = Corynanthe
- *africana* A. Chev. ex Perrot = Corynanthe pachyceras

Pseudocydonia (C.K. Schneid.) C.K. Schneid. -f- *Rosaceae* · 1 sp
- **sinensis** (Dum.-Cours.) C.K. Schneid. · D:Holz-Quitte; E:Chinese Quince · ♄ s Z6 V ®; China

Pseudoespostoa Backeb. = Espostoa
- *melanostele* (Vaupel) Backeb. = Espostoa melanostele

Pseudofumaria Medik. -f- *Fumariaceae* · 2 sp · D:Lerchensporn, Scheinlerchensporn; F:Faux-fumeterre

- **alba** (Mill.) Lidén
  - subsp. **acaulis** (Wulfen) Lidén · ♃ Z5 VI-X; Eur.: Ba, nat. in Fr, D
  - subsp. **alba** · D:Blassgelber Lerchensporn · ♃ △ Z5 VI-IX; Eur.: I, Slove., Croatia, Bosn., YU, Maced., AL, ? GR, nat. in Fr, D
- **lutea** (L.) Borkh. · D:Gelber Lerchensporn; E:Yellow Fumitory; F:Corydale jaune · ♃ △ Z6 V-X; Eur.: N-I, CH, nat. in BrI, Sc, Fr, C-Eur., EC-Eur., E-Eur.

Pseudognaphalium Kirp. -n- *Asteraceae (Compositae)* · 10 sp · D:Scheinruhrkraut; F:Faux-gnaphale
- **luteoalbum** (L.) Hilliard et B.L. Burtt · D:Gelbliches Ruhrkraut, Scheinruhrkraut · ⊙ VII-X; Eur.*, TR, Cauc., Iran, C-As., S-As., N.Guinea, Afr., Austr., NZ, Pacific Is., nat. in N-Am., S-Am.
- **obtusifolium** (L.) Hilliard et B.L. Burtt · D:Stumpfblättriges Scheinruhrkraut; E:Everlasting · ⊙ VII-IX; Can.: E; USA: NE, NCE, SE, SC, Fla.

Pseudolarix Gordon -f- *Pinaceae* · 1 sp · D:Goldlärche; E:Golden Larch; F:Faux-mélèze
- **amabilis** (J. Nelson) Rehder · D:Goldlärche; E:Golden Larch; F:Mélèze de la Chine · ♄ d Z6; E-China
- *kaempferi* (Lamb.) Gordon = Pseudolarix amabilis

Pseudolmedia Trecul -f- *Moraceae* · 9 sp
- **laevis** (Ruiz et Pav.) J.F. Macbr. · ♄ e Z9 Ⓚ; Parag., Peru

Pseudolobivia (Backeb.) Backeb. = Echinopsis
- *ancistrophora* (Speg.) Backeb. = Echinopsis ancistrophora var. ancistrophora
- *aurea* (Britton et Rose) Backeb. = Echinopsis aurea
- *ferox* (Britton et Rose) Backeb. = Echinopsis ferox
- *fiebrigii* (Gürke) Backeb. = Echinopsis obrepanda var. fiebrigii
- *kermesina* Krainz = Echinopsis mamillosa var. kermesina
- *kratochviliana* (Backeb.) Backeb. = Echinopsis kratochviliana
- *leucorhodantha* (Backeb.) Backeb. = Echinopsis ancistrophora var. ancistrophora
- *longispina* (Britton et Rose) Backeb. = Echinopsis longispina
- *obrepanda* (Salm-Dyck) Backeb. = Echinopsis obrepanda var. obrepanda
  - var. *fiebrigii* (Gürke) Backeb. = Echinopsis obrepanda var. fiebrigii

Pseudolysimachion (W.D.J. Koch) Opiz -n- *Scrophulariaceae* · 19 sp · D:Blauweiderich; F:Fausse-lysimaque
- *incanum* (L.) Holub = Pseudolysimachion spicatum subsp. incanum
- **longifolium** (L.) Opiz
  - **in Sorten**
  - subsp. **longifolium** · D:Langblättriger Blauweiderich; E:Garden Speedwell; F:Véronique à longues feuilles · ♃ ⁓ Z4 VI-IX; Eur.* exc. BrI, Ib; TR, Cauc., W-Sib., E-Sib., Amur, Sachal., C-As.
- **orchideum** (Crantz) Wraber · D:Knabenkrautartiger Ehrenpreis · ♃ VII-X; SE-Eur., N-I
- **spicatum** (L.) Opiz
  - subsp. **incanum** (L.) Opiz · ♃ △ Z3 VI-VII ▽; Eur.: EC-Eur., E-Eur.; W-Sib., E-Sib., C-As.
  - subsp. **spicatum** · D:Ähriger Blauweiderich; E:Spiked Speedwell; F:Véronique en épis · ♃ Z3 VI-VIII; Eur.* +
    - **in Sorten**
- **spurium** (L.) Rauschert · D:Rispiger Blauweiderich · ♃ Z3 VI; Eur.: EC-Eur., Ba, E-Eur.; Cauc., W-Sib., C-As.
- **subsessile** (Miq.) Holub · ♃ Z6 VII-VIII; Jap.

Pseudomammillaria Buxb. = Mammillaria
- *camptotricha* (Dams) Buxb. = Mammillaria camptotricha

Pseudopanax K. Koch -m- *Araliaceae* · 10-12 sp · D:Scheinginseng; F:Faux-gingseng
- **arboreus** (Murray) K. Koch · D:Fünffingriger Scheinginseng; E:Five Fingers · ♄ e Z10 Ⓚ VII-VIII; NZ
- **crassifolius** (Sol. ex A. Cunn.) K. Koch · D:Dickblättriger Scheinginseng; E:Lancewood · ♄ e Z9 Ⓚ; NZ
- **davidii** (Franch.) Philipson · ♄ e Z8 Ⓚ VII-VIII; W-China, C-China
- **discolor** (Kirk) Harms · ♄ e Z10 Ⓚ; NZ
- **ferox** (Kirk) Kirk · ♄ ♄ e Z9 Ⓚ; NZ
- **lessonii** (DC.) K. Koch · ♄ ♄ e Z9 Ⓚ; NZ

Pseudopilocereus Buxb. = Pilosocereus
– *glaucescens* (Labour.) Buxb. = Pilosocereus glaucescens
– *pentaedrophorus* (Labour.) Buxb. = Pilosocereus pentaedrophorus
– *werdermannianus* Buining et Brederoo = Pilosocereus werdermannianus

Pseudorchis Seg. -f- *Orchidaceae* · 3 sp · D:Weißzüngel; F:Faux-orchis
– **albida** (L.) E. Mey. · D:Gewöhnliches Weißzüngel, Weißzunge · ♃ V-VIII ▽ ✻; Eur.*

Pseudorhipsalis Britton et Rose -f- *Cactaceae* · 5 sp
– **himantoclada** (Rol.-Goss.) Britton et Rose · ♄ ♆ Z9 ⓦ ▽ ✻; Costa Rica
– **ramulosa** (Salm-Dyck) Barthlott · ♄ ♆ Z9 ⓦ ▽ ✻; W-Ind., trop. Am.

Pseudosasa Makino ex Nakai -f- *Poaceae (Gramineae)* · 4 sp
– **amabilis** (McClure) Keng f. · ♄ e ⓚ Ⓝ; cult. Vietn., S-China
– **japonica** (Siebold et Zucc. ex Steud.) Makino ex Nakai · D:Maketebambus; E:Arrow Bamboo · ♄ e Z7; Jap., S-Korea

Pseudostellaria Pax -f- *Caryophyllaceae* · 16 sp · D:Knollenmiere; F:Fausse-stellaire
– **europaea** Schaeftl. · D:Knollenmiere · ♃ IV-V; Eur.: N-I, A, Slove.

Pseudotsuga Carrière -f- *Pinaceae* · 4 sp · D:Douglasfichte, Douglasie; E:Douglas Fir; F:Sapin de Douglas
– *douglasii* (Sabine ex D. Don) Carrière = Pseudotsuga menziesii var. menziesii
– *glauca* (Beissn.) Mayr = Pseudotsuga menziesii var. glauca
– **menziesii** (Mirb.) Franco
  – *'Caesia'* = Pseudotsuga menziesii var. glauca
  – *'Glauca'* = Pseudotsuga menziesii var. glauca
  – var. **glauca** (Beissn.) Franco · D:Blaue Douglasie; E:Blue Douglas Fir · Z7; Can.: B.C., Alta.; USA: NW, Rocky Mts., SW, Tex.; Mex.
  – var. **menziesii** · D:Gewöhnliche Douglasie; E:Douglas Fir · ♄ e Z5 IV-V; Can.: B.C.; USA: NW, Calif., Nev.
– *taxifolia* (Lamb.) Britten et Sudw. = Pseudotsuga menziesii var. menziesii

Psidium L. -n- *Myrtaceae* · 100 sp · D:Guajave; E:Guava; F:Goyavier
– *araca* Raddi = Psidium guineense
– *cattleianum* Salisb. = Psidium littorale var. longipes
– **friedrichsthalianum** (O. Berg) Nied. · ♄ e Z10 ⓦ Ⓝ; Guat., Costa Rica
– **guajava** L. · D:Guave; E:Guava · ♄ ♄ e Z10 ⓦ IV-V ⚕ Ⓝ; Mex., C-Am., trop. S-Am., nat. in Trop., Subtrop.
– **guineense** Sw. · ♄ ♄ e Z10 ⓦ Ⓝ; C-Am., W.Ind., trop. S-Am.
– **littorale** Raddi
  – var. **littorale** · D:Erdbeer-Guave; E:Strawberry Guava · ♄ e Z10 ⓦ Ⓝ; Bras., nat. in Fla., Calif., S-Am., Ind., China , Afr.
  – var. **longipes** (O. Berg) Fosberg · D:Purpurne Erdbeer-Guave; E:Purple Strawberry Guava · ♄ e Z10 ⓦ; S-Fla., Bahamas
– *longipes* (O. Berg) McVaugh = Psidium littorale var. longipes
– *pomiferum* L. = Psidium guajava
– *pyriferum* L. = Psidium guajava
– **sartorianum** (O. Berg) Nied. · ♄ ♄ e Z10 ⓦ Ⓝ; Mex.

Psilanthus Hook.f. -m- *Rubiaceae* · 18 sp
– **bengalensis** (Roem. et Schult.) J.-F. Leroy · ♄ Z10 ⓦ; Bengalen, Myanmar, Thail., Sumat. Java

Psilocaulon N.E. Br. -n- *Aizoaceae* · 12-15 (-70) sp
– **mentiens** (A. Berger) N.E. Br. · ♄ ♆ Z9 ⓚ; Kap

Psilostemon DC. = Trachystemon
– *orientalis* (L.) DC. = Trachystemon orientalis

Psilotum Sw. -n- *Psilotaceae* · 2 sp · D:Gabelblatt; E:Fork Fern, Whisk Fern
– **nudum** (L.) P. Beauv. · D:Bronze-Gabelblatt; E:Skeleton Fork Fern, Whisk Fern · ♃ e Z10 ⓦ; Trop., USA: SE, Fla.; S-Sp., Austr.

Psilurus Trin. -m- *Poaceae (Gramineae)* · 1 sp
– **incurvus** (Gouan) Schinz et Thell. · D:Borstenschwanzgras · ⊙; Eur.: Ib, Fr, Ap, Ba, Ro, Krim; TR, Syr., Iraq, Cauc., Afgh., C-As., Pakist.

Psophocarpus DC. -m- *Fabaceae (Leguminosae)* · 10 sp
– **palustris** Desv. · D:Sumpf-Flügelbohne · ♃ Z9 ⓦ Ⓝ; Sudan, W-Sudan
– **tetragonolobus** (L.) DC. · D:Flügelbohne, Goa-Bohne; E:Winged Bean · ♃ ≷ Z9 Ⓚ Ⓝ; S-As.

Psoralea L. -f- *Fabaceae (Leguminosae)* · 34 sp · D:Drüsenklee, Harzklee; E:Scurf Pea; F:Psoralée, Psoralier
– *bituminosa* L. = Bituminaria bituminosa
– **pinnata** L. · D:Blauer Harzklee; E:Blue Pea · ♄ Z9 Ⓚ VI-VIII; S-Afr.

Psychotria L. -f- *Rubiaceae* · 800-1500 sp · D:Brechwurzel; E:Wild Coffee; F:Céphélis, Ipéca
– **acuminata** Benth. · D:Kolumbianische Brechwurzel; E:Wild Coffee · ♃ Z10 ⓦ ⚕ ☠; C-Am., N-Col.
– **ipecacuanha** (Brot.) Stokes · D:Brasilianische Brechwurzel; E:Ipecac, Wild Coffee · ♃ Z10 ⓦ ⚕ ☠; Bras., Bol.

Psygmorchis Dodson et Dressler -f- *Orchidaceae* · 5 sp
– **pusilla** (L.) Dodson et Dressler · ♃ Z10 ⓦ VII-VIII ▽ *; C-Am., S-Am.

Psylliostachys (Jaub. et Spach) Nevski -f- *Plumbaginaceae* · 10 sp · E:Statice
– **suworowii** (Regel) Roshkova · ⊙ ✂ VII-IX; C-As., Afgh.

Psyllium Mill. -n- *Plantaginaceae* · 16 sp · D:Flohsame; F:Herbe-aux-puces
– **afrum** (L.) Mirb. · D:Scharzer Flohsame; E:African Plantain · ⊙ V-VII ⚕ ; Eur.: Ib, Fr, Ap, Ba; TR, Syr., Palaest., Iran, Pakist., N-Afr.
– **arenarium** (Waldst. et Kit.) Mirb. · D:Sand-Flohsame; E:Sand Plantain · ⊙ VI-IX ⚕ ; Eur.* exc. BrI, Sc; TR, Cyprus, Palaest., W-Sib., C-As., Egypt, Libya, Maroc., nat. in N-Am.
– **sempervirens** (Crantz) Soják · D:Halbstrauchiger Flohsame; E:Evergreen Plantain · ♄ ♄ e △ VI-VII; Eur.: Ib, F, I, TR, nat. in CH, A

Ptelea L. -f- *Rutaceae* · 11 sp · D:Kleeulme, Lederstrauch; E:Hop Tree, Shrubby Trefoil; F:Orme de Samarie
– **baldwinii** Torr. et A. Gray · ♄ d ❀ D Z6 VI; Calif.
– **polyadenia** Greene · ♄ d Z6; USA: Ariz., N.Mex., Okla., Tex.
– **trifoliata** L.
  – var. **mollis** Torr. et A. Gray Z5; S-USA, Tex.
  – var. **trifoliata** · D:Dreiblättriger Lederstrauch; E:Hop Tree, Stinking Ash · ♄ ♄ d ❀ D Z5 VI ⚕ ; Can.: E; USA: NE, NCE, NC, SW, SC, SE, Fla.; Mex.

Pteretis Hayata = Matteuccia
– *pensylvanica* (Willd.) Fernald = Matteuccia pensylvanica
– *struthiopteris* (L.) Nieuwl. = Matteuccia struthiopteris

Pteridium Gled. ex Scop. -n- *Dennstaedtiaceae* · 4-8 sp · D:Adlerfarn; E:Bracken, Brake; F:Fougère aigle
– **aquilinum** (L.) Kuhn · D:Adlerfarn; E:Bracken · ♃ Z4 VII-IX ☠; Eur.*, cosmop.

Pteris L. -f- *Pteridaceae* · 250-280 sp · D:Saumfarn; E:Ribbon Fern; F:Ptéris
– *arguta* Aiton = Pteris incompleta
– **argyraea** T. Moore · ♃ Z10 Ⓚ; Ind., Sri Lanka
– **biaurita** L. · ♃ Z10 Ⓚ; Subtrop., Trop.
– *crenata* Sw. = Pteris ensiformis
– **cretica** L. · D:Kretischer Saumfarn; E:Cretan Brake · ♃ Z10 Ⓚ VI-VIII; Eur.: Fr, Ap, CH, S-GR; TR, Cauc., Iran, Alger., trop. As, E-Afr., N-Am., Hawaii, nat. in BrI, Sp., H
– **dentata** Forssk. · ♃ Z10 Ⓚ; trop. Afr., S-Afr.
– **ensiformis** Burm. f. · D:Schwertblättriger Saumfarn; E:Slender Brake, Sword Brake · ♃ Z10 Ⓚ; trop. As., Austr., Polyn.
– *flabellata* Thunb. = Pteris dentata
– **incompleta** Cav. · ♃ Z10 Ⓚ; Eur.: Ib.; Maroc., nat. in P
– *laciniata* Willd. = Lonchitis hirsuta
– **multifida** Poir. · D:Spinnen-Saumfarn; E:Spider Fern · ♃ Z10 Ⓚ; Jap., China, Indochina, nat. in Sri Lanka
– *palustris* Poir. = Pteris incompleta
– **quadriaurita** Retz. · ♃ Z10 Ⓚ; S-Ind., Sri Lanka
  – **'Tricolor'** · Ⓚ
  – var. *argyrea* (T. Moore) hort. = Pteris argyraea
  – var. *biaurita* (L.) hort. = Pteris biaurita

– var. *tricolor* (Linden) hort. = Pteris quadriaurita 'Tricolor'
– **semipinnata** L. · ♃ Z10 ⓚ; trop. As., China, Taiwan, Jap.
– *serrulata* Forssk. = Pteris incompleta
– *serrulata* L. f. = Pteris multifida
– **tremula** R. Br. · D:Australischer Saumfarn; E:Australian Brake, Trembling Brake · ♃ Z10 ⓚ; Austr., NZ
– *tricolor* Linden = Pteris quadriaurita 'Tricolor'
– **umbrosa** R. Br. · ♃ Z10 ⓚ; Austr.
– **vittata** L. · D:Leitern-Saumfarn; E:Ladder Brake · ♃ Z10 ⓚ; Trop., Subtrop. Old World, Sp.

Pterocactus K. Schum. -m- *Cactaceae* · 9 sp · D:Flügelkaktus; F:Cactus ailé
– **kuntzei** K. Schum. · ♄ ♆ ⇝ Z8 ⓚ ▽ ✱; W-Arg., Patag.
– *tuberosus* (Pfeiff.) Britton et Rose = Pterocactus kuntzei

Pterocarpus Jacq. -m- *Fabaceae (Leguminosae)* · 21 sp · D:Flügelfrucht; E:Rosewood; F:Bois de santal, Ptérocarpe
– **angolensis** DC. · D:Ostafrikanischer Padouk, Ostafrikanische Flügelfrucht; E:Bloodwood, Muninga · ♄ d Z10 ⓦ Ⓝ; C-Afr., E-Afr., S-Afr.
– **erinaceus** Poir. · D:Afrikanische Flügelfrucht, Gambia-Kino; E:African Kino, African Rosewood · ♄ Z10 ⓦ Ⓝ; W-Sudan, W-Afr., C-Afr.
– **indicus** Willd. · D:Burma-Flügelfrucht; E:Burmese Rosewood, Padouk · ♄ e Z10 ⓦ Ⓝ; trop. As.
– **marsupium** Roxb. · D:Indische Flügelfrucht; E:Bastard Teak, Indian Kino · ♄ d Z10 ⓦ ⚕ Ⓝ; Ind., Sri Lanka
– **santalinus** L. f. · D:Rote Flügelfrucht; E:Sandalwood Paduak · ♄ Z10 ⓦ ⚕ Ⓝ ▽ ✱; S-Ind.
– **soyauxii** Taub. · D:Afrikanisches Padouk; E:African Padouk · ♄ Z10 ⓦ Ⓝ; W-Afr.

Pterocarya Kunth -f- *Juglandaceae* · 8-10 sp · D:Flügelnuss; E:Wingnut; F:Ptérocaryer
– *caucasica* C.A. Mey. = Pterocarya fraxinifolia
– **fraxinifolia** (Lam.) Spach · D:Kaukasische Flügelnuss; E:Caucasian Wingnut; F:Ptérocaryer du Caucase · ♄ d Z5 VI; Cauc., N-Iran
– × **rehderiana** C.K. Schneid. (*P. fraxinifolia* × *P. stenoptera*) · ♄ d Z6; cult.
– **rhoifolia** Siebold et Zucc. · D:Japanische Flügelnuss; E:Japanese Wingnut · ♄ d Z6 VI; Jap.
– **stenoptera** C. DC. · D:Chinesische Flügelnuss; E:Chinese Wingnut · ♄ d Z7 VI; China

Pteroceltis Maxim. -f- *Ulmaceae* · 1 sp · D:Flügelzürgel; F:Micocoulier ailé
– **tatarinowii** Maxim. · ♄ d Z5; N-China, C-China

Pterocephalus Adans. -m- *Dipsacaceae* · 25 sp · D:Flügelkopf; F:Scabieuse du Parnasse
– *parnassi* Spreng. = Pterocephalus perennis
– **perennis** Coult. · ♃ ⇝ △ Z7 ∧ VII-VIII; GR
– subsp. *parnassi* (Spreng.) Vierh. = Pterocephalus perennis

Pteroceras Hasselt ex Hassk. -n- *Orchidaceae* · 28 sp
– **pallidum** (Blume) Holttum · ♃ Z10 ⓦ I-XII ▽ ✱; Phil.

Pteronia L. -f- *Asteraceae (Compositae)* · 80 sp
– **fasciculata** L. f. · ♄ ⋈ Z9 ⓚ; Kap

Pterostylis R. Br. -f- *Orchidaceae* · 60-120 sp · D:Grünkappe; E:Greenhood; F:Orchidée
– **banksii** Hook. · ♃ Z9 ⓚ VI-II ▽ ✱; NZ
– **curta** R. Br. · ♃ Z9 ⓚ VI-XI ▽ ✱; Austr.

Pterostyrax Siebold et Zucc. -f- *Styracaceae* · 3 sp · D:Flügelstorax; E:Epaulette Tree; F:Styrax ailé
– **corymbosa** Siebold et Zucc. · D:Doldiger Flügelstorax; E:Epaulette Tree · ♄ ♄ d Z7 VI; China, Jap.
– **hispida** Siebold et Zucc. · D:Borstiger Flügelstorax; E:Fragrant Epaulette Tree · ♄ ♄ d Z6 VI; Jap.

Pterygota Schott et Endl. -f- *Sterculiaceae* · 15 sp
– **alata** (Roxb.) R. Br. · ♄ d ⋈ Z10 ⓦ; trop. As.

Ptilostemon Cass. -m- *Asteraceae (Compositae)* · 14 sp · D:Elfenbeindistel; E:Ivory Thistle; F:Chardon ivoire

– **afer** (Jacq.) Greuter · D:Elfenbeindistel; E:Ivory Thistle · ⊙ ♃ Z5 VII-VIII; Eur.: Ba, RO; mts.; TR
– **casabonae** (L.) Greuter · ⊙ ⊙ ♃ Z5 VII-VIII; Eur.: F, Corse, Sard., I, nat. in P
– *diacanthus* hort. = Ptilostemon afer

Ptilotrichum C.A. Mey. = Alyssum
– *spinosum* (L.) Boiss. = Alyssum spinosum

Ptilotus R. Br. -m- *Amaranthaceae* · c. 100 sp · D:Haarschöpfchen
– **manglesii** (Lindl.) F. Muell. · ♃ Z9 ⓚ IV-VIII; W-Austr.

Ptychopetalum Benth. -n- *Olacaceae* · 4 sp · D:Potenzholz; E:Potency Wood
– **olacoides** Benth. · ♄ e Z10 ⓦ ⚕; Bras., Guyan.
– **uncinatum** Anselmino · ♄ Z10 ⓦ; Amazon.

Ptychosperma Labill. -n- *Arecaceae (Palmae)* · 28 sp · D:Faltensamenpalme; F:Ptychosperme
– *alexandrae* F. Muell. = Archontophoenix alexandrae
– *cunninghamianum* H. Wendl. = Archontophoenix cunninghamiana
– **elegans** (R. Br.) Blume · D:Alexanderpalme; E:Alexander Palm, Solitaire Palm · ♄ e Z9 ⓚ; Austr.: Queensl.
– **macarthurii** (H. Wendl.) G. Nicholson · ♄ e Z10 ⓚ; N.Guinea

Ptychotis W.D.J. Koch -f- *Apiaceae (Umbelliferae)* · 1-2 sp
– *ajowan* DC. = Trachyspermum ammi
– *coptica* (L.) DC. = Trachyspermum ammi
– **saxifraga** (L.) Loret et Barrandon · D:Bibernell-Faltenohr · ⊙; Eur.: Ib, Fr, Ap

Puccinellia Parl. -f- *Poaceae (Gramineae)* · 25 sp · D:Salzschwaden; E:Alkali Grass, Saltmarsh Grass
– **capillaris** (Lilj.) Jansen · D:Haar-Salzschwaden · ♃ VI-VII; Eur.: BrI, Sc, NL, D, Balt., Russ.; coasts
– **distans** (Jacq.) Parl. · D:Gewöhnlicher Salzschwaden; E:European Alkali Grass · ♃ VIII-X; Eur.*, W-Sib.
– **fasciculata** (Torr.) E.P. Bicknell · D:Büscheliger Salzschwaden · ⊙ ♃; Eur.: Ib, Fr, N-I, Slova., Croatia; coasts
– **limosa** (Schur) E. Holmb. · D:Sumpf-Salzschwaden · ♃ VI; SE-Eur., C-Eur.
– **maritima** (Huds.) Parl. · D:Andel, Strand-Salzschwaden · ♃ VI-IX; Eur.: Sc, N-Russ., Balt., BrI, Fr, D, Ib, ? Ap; coasts, nat. in N-Am., NZ
– **nuttalliana** (Schult.) Hitchc. · D:Nuttalls Salzschwaden; E:Nuttal's Alkali Grass · ♃ Ⓝ; w. N-Am.
– **rupestris** (With.) Fernald et Weath. · D:Dichtblütiger Salzschwaden · ⊙ ⊙ V-VI; Eur.: BrI, Norw., Fr, Sp.; coasts

Pueraria DC. -f- *Fabaceae (Leguminosae)* · 17 sp · D:Kudzubohne; E:Kudzu; F:Kudzu, Puéraria
– **lobata** (Willd.) Ohwi · D:Kudzubohne; E:Japanese Arrowroot, Kudzu · ♄ d ≹ D Z7 ∧ ⚕ Ⓝ; China, Korea, Jap., nat. in USA: SE
– **phaseoloides** (Roxb.) Benth. · D:Puero, Tropischer Kudzu; E:Tropical Kudzu · ♃ ⓦ Ⓝ; N-Ind., Myanmar, China, Malay. Arch., nat. in Trop.

Pulicaria Gaertn. -f- *Asteraceae (Compositae)* · 50-80 sp · D:Flohkraut; E:Fleabane; F:Pulicaire
– **dysenterica** (L.) Bernh. · D:Großes Flohkraut, Ruhr-Flohkraut · ♃ Z5 VII-IX ⚕; Eur.*, N-Afr.
– **vulgaris** Gaertn. · D:Kleines Flohkraut · ⊙ Z5 VII-VIII; Eur.*, TR, Cauc., Iran, NW-Ind., W-Sib., C-As., Mong., Amur, China: Sinkiang; N-Afr.

Pulmonaria L. -f- *Boraginaceae* · c. 15 sp · D:Lungenkraut; E:Lungwort; F:Pulmonaire
– **angustifolia** L. · D:Schmalblättriges Lungenkraut; E:Blue Lungwort; F:Pulmonaire à feuilles étroites · ♃ Z5 III-V ▽; Eur.* exc. BrI, Ib;
  – **in Sorten**
  – **'Azurea'**
– **australis** (Murr) W. Sauer · D:Südalpen-Lungenkraut · ♃ IV-VI; Eur.: S-Alp.
– *azurea* Besser = Pulmonaria angustifolia 'Azurea'
– **carnica** W. Sauer · D:Kärntner-Lungenkraut · ♃ IV-V; Eur.: A, Slove.
– **collina** W. Sauer · D:Hügel-Lungenkraut · ♃ III-V; Eur.: D, CH +
– **helvetica** Bolliger · D:Schweizerisches Lungenkraut · ♃ III-V; Eur.: CH +
– **kerneri** Wettst. · D:Kerners Lungenkraut · ♃ V-VII; Eur.: A; NE-Alp.

– **longifolia** (Bastard) Boreau · ♃ Z6; Eur.: Fr, Ib, England
  – **in Sorten**
– **mollis** Wulfen ex Hornem. · D:Weiches Lungenkraut · ♃ IV-V ▽; Eur.: Fr, C-Eur., EC-Eur., Ba, E-Eur.
– **montana** Lej. · D:Berg-Lungenkraut · ♃ Z6 III-V; Eur.: Fr, CH, D
  – subsp. *mollis* (Wulfen ex Hornem.) Gams = Pulmonaria mollis
– **obscura** Dumort. · D:Ungeflecktes Lungenkraut · ♃ III-V; Eur.: Fr, C-Eur., EC-Eur., Sc, Ba, E-Eur., nat. in BrI
– **officinalis** L. · D:Echtes Lungenkraut, Kleingeflecktes Lungenkraut; E:Lungwort, Soldiers-and-Sailors, Spotted Dog; F:Pulmonaire officinale · ♃ Z6 III-V ⚕; Eur.* exc. BrI, Ib
– *picta* Rouy = Pulmonaria saccharata
– **rubra** Schott · D:Ziegelrotes Lungenkraut; F:Pulmonaire rouge · ♃ Z6 IV-V; Eur.: Ba, RO, Russ.; mts.
– **saccharata** Mill. · D:Großgeflecktes Lungenkraut; E:Bethlehem Sage, Jerusalem Sage; F:Pulmonaire saupoudrée · ♃ Z5 IV-V; Eur.: SE-F, I, nat. in B
  – **in vielen Sorten**
– **stiriaca** A. Kern. · D:Steirisches Lungenkraut · ♃ Z5 IV-V; Eur.: A, Slove.; E-Alp.
– *virginica* L. = Mertensia virginica

Pulsatilla Mill. -f- *Ranunculaceae* · 38-43 sp · D:Küchenschelle, Kuhschelle; E:Pasqueflower; F:Pulsatille
– *alba* Rchb. = Pulsatilla alpina subsp. alba
– **albana** (Steven) Bercht. et J. Presl · ♃ △ Z5 IV ▽; TR, Cauc., Iran
– **alpina** (L.) Delarbre
  – subsp. **alba** Domin · D:Brocken-Küchenschelle, Brockenanemone, Kleine Alpen-Küchenschelle; E:White Pasque Flower · ♃ Z5 V-VIII ▽; Eur.: Sp., F, C-Eur., EC-Eur., Ba, RO, W-Russ.; mts
  – subsp. **alpina** · D:Große Alpen-Küchenschelle · ♃ △ Z5 V-VIII ▽; Eur.: Ib, Fr, Ap, Ba, C-Eur.; mts.; Cauc.
  – subsp. **apiifolia** (Scop.) Nyman · D:Schwefel-Anemone, Schwefelgelbe Alpen-Küchenschelle · ♃ Z5 ▽; Eur.: Sp., F, I, A, Ba ; C-Alp., S-Alp.
  – subsp. *sulphurea* auct. = Pulsatilla alpina subsp. apiifolia
– *grandis* Wender. = Pulsatilla vulgaris subsp. grandis
– **halleri** (All.) Willd.
  – subsp. **grandis** (Wender.) Meikle · ♃ Z5 ▽; C-Eur., Ukraine
  – subsp. **halleri** · D:Hallers Küchenschelle; F:Pulsatille de Haller · ♃ △ Z5 V-VII ▽; Eur.: Fr, Ap, C-Eur., Alp.
  – subsp. **rhodopaea** K. Krause · ♃ Z5 ▽; Maced., BG
  – subsp. **slavica** (G. Reuss) Zamelis · ♃ △ Z5 III-IV ▽; W-Cauc.
  – subsp. **styriaca** (Pritz.) Zamelis · D:Steirische Küchenschelle · ♃ Z5 III-IV ▽; A (Steiermark)
  – subsp. **taurica** (Juz.) K. Krause · ♃ Z5 ▽; Krim
– **montana** (Hoppe) Rchb. · D:Berg-Küchenschelle · ♃ △ Z6 III-V ▽; Eur.: Fr, I, CH, Ba, RO
– **patens** (L.) Mill. · D:Finger-Küchenschelle; E:Eastern Pasque Flower · ♃ △ Z4 IV ▽; Eur.: D, Sc, EC-Eur., E-Eur.; W-Sib.
– **pratensis** (L.) Mill.
  – subsp. **nigricans** (Störck) Zamelis · ♃ Z5 ☠ ▽; Eur.: C-Eur., EC-Eur., Ba, E-Eur.
  – subsp. **pratensis** · D:Wiesen-Küchenschelle · ♃ △ Z5 IV-V ☠ ▽; Eur.: C-Eur., EC-Eur., Ba, Sc, E-Eur.
– *slavica* G. Reuss = Pulsatilla halleri subsp. slavica
– **vernalis** (L.) Mill. · D:Frühlings-Küchenschelle, Kuhschelle · ♃ △ Z4 IV ▽; Eur.* exc. BrI, EC-Eur.
– **vulgaris** Mill.
  – subsp. **grandis** (Wender.) Zamelis · D:Große Küchenschelle · ♃ Z5 IV-V ☠ ▽; C-Eur., Ba, Ukraine
  – subsp. **vulgaris** · D:Gewöhnliche Küchenschelle; E:Pasque Flower · ♃ △ Z5 IV ⚕ ☠ ▽; Eur.* exc. BrI, Ap

Pultenaea Sm. -f- *Fabaceae (Leguminosae)* · -120 sp
– **flexilis** Sm. · ♄ e Z9 ⓚ V; Austr.: N.S.Wales
– **gunnii** Benth. · ♄ e Z9 ⓚ V; Austr.: Victoria, Tasman.
– **rosea** F. Muell. · ♄ e Z9 ⓚ IV; Austr.: Victoria

Punica L. -f- *Punicaceae* · 2 sp · D:Granatapfel; E:Pomegranate; F:Grenadier
– **granatum** L. · D:Granatapfel; E:Pomegranate · ♄ ♄ d Z8 ⓚ VI-VIII ⚕

Ⓝ; TR, SW-As., C-As., nat. in Eur.: Ib, F, Ap, CH, BA, RO

Pupalia Juss. -f- *Amaranthaceae* · 4 sp
– **atropurpurea** Moq. · ♃ Z10 Ⓦ; trop. Afr., trop. As., nat. in S-Sp.

Purshia DC. ex Poir. -f- *Rosaceae* · 7 sp · D:Antilopenstrauch; E:Antelope Bush
– **tridentata** (Pursh) DC. · D:Antilopenstrauch; E:Antelope Brush, Bitterbrush · ♄ d Z7 V; USA: Oreg., Calif., Rocky Mts., SW

Puschkinia Adams -f- *Hyacinthaceae* · 1 sp · D:Kegelblume, Puschkinie; E:Puschkinia; F:Puschkinia, Scille
– *libanotica* Zucc. = Puschkinia scilloides var. libanotica
– **scilloides** Adams
 – var. **libanotica** (Zucc.) Boiss. · D:Libanon-Puschkinie · ♃ Z5 II-III; Lebanon
 – var. **scilloides** · D:Kegelblume, Puschkinie; E:Striped Squill · ♃ Z5 II-III; Cauc., TR

Putoria Pers. -f- *Rubiaceae* · 3 sp · D:Putorie; F:Putoria
– **calabrica** (L. f.) DC. · ♄ e Z8 Ⓚ; Eur.: Ba, Ib, S-I, Sic.; TR, Cyprus, Levante, N-Afr., Canar.

Puya Molina -f- *Bromeliaceae* · 168 sp
– **alpestris** (Poepp.) Gay · ♄ Z8 Ⓚ; C-Chile
– **chilensis** Molina · ♄ Z9 Ⓚ; C-Chile
– *coarctata* Ruiz et Pav. = Puya chilensis
– **coerulea** Lindl.
 – var. **coerulea** · ♃ Z8 Ⓚ; Chile
 – var. **violacea** (Brongn.) L.B. Sm. et Loos · ♃ Z8 Ⓚ; Chile
– **gigas** André · ♄ Z9 Ⓚ; Col.
– **raimondii** Harms · ♄ e Z8 Ⓚ; Peru, Bol., N-Chile
– **spathacea** (Griseb.) Mez · ♃ Z8 Ⓚ; C-Arg.
– **venusta** Phil. · ♃ Z8 Ⓚ; Chile
– *violacea* (Brongn.) Mez = Puya coerulea var. coerulea

Pycnanthus Warb. -f- *Myristicaceae* · 7 sp
– **angolensis** (Welw.) Warb. · ♄ Z10 Ⓦ Ⓝ; Angola

Pycnostachys Hook. -f- *Lamiaceae* *(Labiatae)* · 37 sp
– **dawei** N.E. Br. · ♃ Z9 Ⓚ XII-II; Uganda
– **urticifolia** Hook. · ♃ ⚘ Z9 Ⓚ VIII; trop. Afr., S-Afr.

Pyracantha M. Roem. -f- *Rosaceae* · 9 sp · D:Feuerdorn; E:Firethorn; F:Buisson ardent
– **angustifolia** (Franch.) C.K. Schneid. · D:Schmalblättriger Feuerdorn; E:Narrow-leaved Firethorn · ♄ e ⚘ Z7 VI-VII; SW-China
– **atalantioides** (Hance) Stapf · D:China-Feuerdorn · ♄ e Z7 V-VI; China
– **coccinea** M. Roem. · D:Mittelmeer-Feuerdorn; E:Burning Bush, Firethorn; F:Buisson ardant · ♄ e ⚘ Z6 V; Eur.: Ib, Fr, Ap, AL, Krim; TR, Cauc., N-Iran
– **crenatoserrata** (Hance) Rehder · ♄ ⚘ Z7 ∧ V-VII; W-China, C-China
– **crenulata** (D. Don) M. Roem. · D:Nepal-Feuerdorn; E:Nepal Firethorn, Nepalese White Thorn · ♄ ♄ e Z7; Him., NW-China
 – var. *rogersiana* A.B. Jacks. = Pyracantha rogersiana
– *fortuneana* (Maxim.) H.L. Li = Pyracantha crenatoserrata
– **rogersiana** (A.B. Jacks.) Bean · D:Gelbfrüchtiger Feuerdorn · ♄ e ⚘ Z8 Ⓚ VI; SW-China
– *yunnanensis* Chitt. = Pyracantha crenatoserrata
– **Cultivars**
 – **in vielen Sorten**

× **Pyracomeles** Rehder ex Guillaumin -f- *Rosaceae* · D:Bastardfeuerdorn (*Osteomeles* × *Pyracantha*)
– **vilmorinii** Rehder ex Guillaumin (*Osteomeles subrotunda* × *Pyracantha crenatoserrata*) · ♄ s Z8 Ⓚ V; cult.

Pyrethrum Zinn = Tanacetum, Rhodanthemum
– *balsamita* (L.) Willd. = Tanacetum balsamita
– *carneum* M. Bieb. = Tanacetum coccineum
– *cinerariifolium* Trevir. = Tanacetum cinerariifolium
– *corymbosum* (L.) Scop. = Tanacetum corymbosum subsp. corymbosum
– *densum* Labill. = Tanacetum densum
– *gayanum* Coss. et Durieu = Rhodanthemum gayanum
– *macrophyllum* (Waldst. et Kit.) Willd. =

Tanacetum macrophyllum
– *parthenium* (L.) Sm. = Tanacetum parthenium
– *roseum* M. Bieb. = Tanacetum coccineum

Pyrola L. -f- *Pyrolaceae* · 35 sp · D:Wintergrün; E:Shinleaf, Wintergreen; F:Pyrole
– **chlorantha** Sw. · D:Grünliches Wintergrün; E:Green Flowered Wintergreen · ♃ Z5 VI-VII; Eur.*, TR, Cauc., W-Sib., E-Sib., Kamchat., N-Am.
– **media** Sw. · D:Mittleres Wintergrün · ♃ Z5 VI-VIII; Eur.* exc. Ib; Cauc., W-Sib., E-Sib.
– **minor** L. · D:Kleines Wintergrün; E:Common Wintergreen · ♃ Z5 VI-VIII; Eur.*, TR, Cauc., W-Sib., E-Sib., Amur, Sachal., Kamchat., C-As., Alaska, Can., USA: NE, NCE, NC, Rocky Mts., NW, Calif.; Greenl.
– **rotundifolia** L. · D:Rundblättriges Wintergrün; E:Round Leaved Wintergreen · ♃ Z4 VI-VIII; Eur.*, Cauc., TR, N-Iran, W-Sib., E-Sib., C-As., Alaska, Can., USA* exc. SE, Fla., SC; Greenl.
– *uniflora* L. = Moneses uniflora
– *urceolata* Poir. = Galax urceolata

Pyrolirion Herb. -n- *Amaryllidaceae* · 4 sp · D:Flammenlilie; E:Flame Lily
– **aureum** (Ruiz et Pav.) Herb. · ♃ Z9 Ⓚ XII-I; Peru

Pyrostegia C. Presl -f- *Bignoniaceae* · 4 sp · D:Feuerranke; F:Liane de feu
– **venusta** (Ker-Gawl.) Miers · D:Feuer auf dem Dach, Feuerranke; E:Orange Trumpet Vine · ♄ e ≹ Z10 Ⓦ X-I; Bras., Parag.

Pyrrheima Hassk. = Siderasis
– *loddigesii* Hassk. = Siderasis fuscata

Pyrrhocactus Backeb. et F.M. Knuth = Neoporteria
– *aricensis* F. Ritter = Neoporteria aricensis
– *bulbocalyx* (Werderm.) Backeb. = Neoporteria bulbocalyx
– *curvispinus* (Bertero) Backeb. et F.M. Knuth = Neoporteria curvispina
– *nigricans* (Linke) F. Ritter = Neoporteria tuberisulcata
– *tuberisulcatus* (Jacobi) Krainz = Neoporteria tuberisulcata

Pyrrocoma Hook. -f- *Asteraceae (Compositae)* · 10 sp
– **crocea** (A. Gray) Greene · ♃ △ Z7 ∧ VII-X; USA: Rocky Mts., SW

Pyrrosia Mirb. -f- *Polypodiaceae* · 100 sp · D:Schneefarn; E:Felt Fern; F:Fougère
– **confluens** (R. Br.) Ching · D:Himalaya-Schneefarn; E:Robber Fern · ♃ Z10 Ⓦ; Him.
– **hastata** (Thunb.) Ching · ♃ Z10 Ⓦ; Jap., Korea, Manch.
– **heterophylla** (L.) M.G. Price · D:Ungleichblättriger Schneefarn; E:Dragon Scales · ♃ Z10 Ⓦ; Ind., SE-As., N.Guinea
– **lanceolata** (L.) Farw. · ♃ ≹ Z10 Ⓦ; trop. Afr., trop. As.
– **lingua** (Thunb.) Farw. · D:Japanischer Schneefarn; E:Japanese Felt Fern · ♃ Z10 Ⓦ; China, Indochina, Taiwan, Jap.
– **niphoboloides** (Luerss.) M.G. Price · ♃ Z10 Ⓦ; Madag.

Pyrularia Michx. -f- *Santalaceae* · 3-5 sp
– **pubera** Michx. · D:Büffelnuss; E:Buffalo Nut · ♄ d Z4 ☠ Ⓝ; USA: NE, SE

Pyrus L. -f- *Rosaceae* · 25-30 (76) sp · D:Birne; E:Pear; F:Poirier
– *americana* (Marshall) DC. = Sorbus americana
– *amygdaliformis* Vill. = Pyrus spinosa
  – var. *cuneifolia* (Guss.) Bean = Pyrus spinosa
– *angustifolia* Aiton = Malus angustifolia
– *arbutifolia* (L.) L. f. = Aronia arbutifolia var. arbutifolia
– *aria* (L.) Ehrh. = Sorbus aria
– *aucuparia* (L.) Gaertn. = Sorbus aucuparia subsp. aucuparia
– **austriaca** A. Kern. · D:Österreichischer Birnbaum · ♄ d Z6 V; Eur.: CH, A, Slova., H, ? RO
– *baccata* L. = Malus baccata var. baccata
  – var. *mandshurica* Maxim. = Malus baccata var. mandshurica
– **betulifolia** Bunge · E:Birchleaf Pear · ♄ d Z5 V; N-China
– **bourgaeana** Decne. · ♄ d; W-Sp., P, Maroc.
– **bretschneideri** Rehder · ♄ d Z5 IV-V; N-China
– **calleryana** Decne.
  – var. **calleryana** · ♄ d Z6; C-China, S-China

– var. **dimorphophylla** (Makino) Koidz. · ♄ d Z6 V; Jap.
– var. **fauriei** (C.K. Schneid.) Rehder · ♄ d Z6 V; Korea
– × **canescens** Spach (*P. nivalis* × *P. salicifolia*) · ♄ d Z6; cult.
– *chamaemespilus* (L.) Pall. = Sorbus chamaemespilus
– **communis** L. · D:Garten-Birnbaum, Kultur-Birne; E:Common Pear, Pear; F:Poirier commun · ♄ d Z5 IV-V Ⓝ; cult.
– **in vielen Sorten**
– subsp. *salviifolia* (DC.) Gams = Pyrus salviifolia
– var. *achras* Wallr. = Pyrus pyraster
– var. *pyraster* (Burgsd.) Wallr. et DC. = Pyrus pyraster
– *coronaria* L. = Malus coronaria
– var. *ioensis* A.W. Wood = Malus ioensis
– *decora* (Sarg.) Hyl. = Sorbus decora
– *domestica* (L.) Sm. = Sorbus domestica
– *domestica* Medik. = Pyrus communis
– **elaeagrifolia** Pall.
– var. **elaeagrifolia** · D:Ölweiden-Birne · ♄ d Z5; TR
– var. **kotschyana** (Decne.) Boiss. · ♄ d Z5 IV-V; TR
– *floribunda* Lindl. = Aronia × prunifolia
– *heterophylla* Regel et Schmalh. = Pyrus regelii
– *hupehensis* Pamp. = Malus hupehensis
– *ioensis* (A.W. Wood) L.H. Bailey = Malus ioensis
– *japonica* Thunb. = Chaenomeles japonica var. japonica
– *kansuensis* Batalin = Malus kansuensis
– *malus* L. = Malus sylvestris
– var. *paradisiaca* L. = Malus pumila var. paradisiaca
– var. *sylvestris* L. = Malus sylvestris
– *maulei* (T. Moore) Mast. = Chaenomeles japonica var. japonica
– *melanocarpa* (Michx.) Willd. = Aronia melanocarpa var. melanocarpa
– *niedzwetzkyana* (Dieck) Hemsl. = Malus pumila var. pumila 'Niedzwetzkyana'
– **nivalis** Jacq. · D:Schnee-Birne; E:Snow Pear · ♄ d Z6 V Ⓝ; Eur.: Fr, Ap, C-Eur., EC-Eur., Ba, RO
– **pashia** Buch.-Ham. ex D. Don · ♄ d Z5; Afgh., Him., W-China, Myanmar
– **phaeocarpa** Rehder · ♄ d Z5 V; N-China
– *prattii* Hemsl. = Malus prattii
– *prunifolia* Willd. = Malus prunifolia var. prunifolia
– *pumila* L. = Malus sylvestris
– **pyraster** Burgsd. · D:Wild-Birne, Wilder Birnbaum; E:Wild Pear; F:Poirier sauvage · ♄ d Z6 IV-V; Eur.* exc. BrI, Sc; TR, Cauc., Iran
– **pyrifolia** (Burm. f.) Nakai
– var. **culta** (Makino) Nakai · D:Nashi-Birne; E:Nashi Pear · ♄ d Z6 IV Ⓝ; cult.
– var. **pyrifolia** · D:China-Birne; E:Sand Pear · ♄ d Z6; W-China, C-China
– **regelii** Rehder · F:Poirier de Regel · ♄ d Z6 V-VI; C-As.
– **salicifolia** Pall. · D:Weiden-Birne; E:Willow Leafed Pear; F:Poirier à feuilles de saule · ♄ d Z4 IV-V; TR, Cauc., Iran
– **salviifolia** DC. (*P. communis* × *P. nivalis*) · D:Salbeiblatt-Birnbaum · ♄ ♄ d Z5 V; Eur.: Fr, C-Eur., EC-Eur., Ba, E-Eur.
– *sargentii* (Rehder) Bean = Malus toringo
– *serotina* Rehder = Pyrus pyrifolia var. pyrifolia
– *sieboldii* Regel = Malus toringo
– *sinensis* L.H. Bailey = Pyrus pyrifolia var. culta
– *spectabilis* Aiton = Malus spectabilis
– **spinosa** Forssk. · D:Pfirsichblättrige Birne; E:Almond Leaved Pear · ♄ ♄ d Z6 V ☠; Eur.: Ib, Fr, Ap, Ba; TR
– *suecica* (L.) Garcke = Sorbus intermedia
– *sylvestris* Gray = Malus sylvestris
– *toringoides* (Rehder) Osborn = Malus toringoides
– *torminalis* (L.) Ehrh. = Sorbus torminalis
– *transitoria* Batalin = Malus transitoria
– *trilobata* (Labill.) DC. = Malus trilobata
– *tschonoskii* Maxim. = Malus tschonoskii
– **ussuriensis** Maxim.
– var. **hondoensis** (Kikuchi et Nakai) Rehder · ♄ d Z6 IV; C-Jap.
– var. **ovoidea** (Rehder) Rehder · ♄ d Z6 IV; Korea, N-China
– var. **ussuriensis** · D:Ussuri-Birne; E:Ussurian Pear · ♄ d Z6; Amur, Manch., Korea

Quamoclit Mill. = Ipomoea
– *coccinea* (L.) Moench = Ipomoea coccinea
– *hederifolia* (L.) G. Don = Ipomoea hederifolia
– *lobata* (Cerv.) House = Ipomoea lobata
– × *multifida* Raf. = Ipomoea × multifida
– *pinnata* Bojer = Ipomoea quamoclit
– × *sloteri* House = Ipomoea × multifida
– *vulgaris* Choisy = Ipomoea quamoclit

Quaqua N.E. Br. -f- *Asclepiadaceae* · 13 sp
– **mammillaris** (L.) Bruyns · ♃ ♆ Z9 Ⓚ; Kap

Quassia L. -f- *Simaroubaceae* · 35-40 sp · D:Bitterholz, Quassiabaum; E:Bitterwood; F:Quassier, Quassier amer
– **amara** L. · D:Bitterholz; E:Bitterwood, Jamaica Bark · ♄ ♄ e Z10 Ⓦ ⚕ Ⓝ; Mex., W.Ind., Guyan., N-Bras.

Quercus L. -f- *Fagaceae* · 531 sp · D:Eiche; E:Oak; F:Chêne
– **acuta** Thunb. · ♄ ♄ e Z8 Ⓚ; Jap., N-Korea, China
– **acutissima** Carruth. · D:Seidenraupen-Eiche; E:Sawtooth Oak; F:Chêne à dents de scie · ♄ d Z7 Ⓝ; Him., China, Korea, Jap.
– *aegilops* L. = Quercus ithaburensis subsp. macrolepis
– **alba** L. · D:Weiß-Eiche; E:White Oak; F:Chêne blanc · ♄ d Z5 Ⓝ; Can.: E; USA: NE, NCE, SC, SE, Fla.
– **aliena** Blume
  – var. **acutiserrata** Maxim. · ♄ d Z5; Jap., Korea, C-China
  – var. **aliena** · ♄ d Z5 Ⓝ; Jap., Korea, China
– **alnifolia** Poech · D:Erlenblättrige Eiche; E:Golden Oak · ♄ ♄ e Z8 Ⓐ ∧; Cyprus
– *aquatica* Walter = Quercus nigra
– **arkansana** Sarg. · D:Arkansas-Eiche; E:Arkansas Oak · ♄ d Z7; USA: Ark.
– *banisteri* Michx. = Quercus ilicifolia
– **bicolor** Willd. · D:Zweifarbige Eiche; E:Swamp White Oak; F:Chêne à gros glands · ♄ d Z4 Ⓝ; Can.: E; USA: NE, NCE, NC, SC, SE
– *borealis* Michx. = Quercus rubra
  – var. *maxima* (Marshall) Sarg. = Quercus rubra
– *bungeana* F.B. Forbes = Quercus variabilis
– × **bushii** Sarg. (*Q. marilandica* × *Q. velutina*) · ♄ d Z5; USA: Okla. +
– × *calvescens* Vuk. = Quercus × streimii
– **canariensis** Willd. · ♄ d Z7; Eur.: Ib; Maroc., Alger., Tun.
– **castaneifolia** C.A. Mey. · D:Kastanienblättrige Eiche; F:Chêne à feuilles de châtaignier · ♄ d Z7 Ⓝ; Cauc., Iran
– **cerris** L. · D:Zerr-Eiche; E:Turkey Oak; F:Chêne chevelu · ♄ d Z6 IV Ⓝ; C-Eur., S-Eur., Liban., nat. in C-Span.
  – var. *austriaca* (Willd.) Loudon = Quercus cerris
– *chinensis* Blume = Quercus variabilis
– **coccifera** L. · E:Kermes Oak; F:Chêne à cochenilles · ♄ ♄ e Z6 Ⓝ; Eur.: Ib, Fr, Ap, Ba; TR, Levante, NW-Afr., Libya
– **coccinea** Münchh. · D:Scharlach-Eiche; E:Scarlet Oak; F:Chêne écarlate · ♄ d Z5 Ⓝ; Can.: E; USA: NE, NCE, SE, Okla.
– *conferta* Kit. = Quercus frainetto
– *daimio* hort. ex K. Koch = Quercus dentata
– **dalechampii** Ten. · D:Gelbliche Eiche · ♄ d Z7 IV-V; Eur.: I, A, EC-Eur., Ba, RO, ? Sic.
– **dentata** Thunb. · D:Kaiser-Eiche; E:Daimio Oak, Japanese Emperor Oak; F:Chêne Daimyo · ♄ d Z5 Ⓝ; Jap., Korea, N-China, W-China
– × **exacta** Trel. (*Q. imbricaria* × *Q. palustris*) · ♄; USA
– **fabrei** Hance · ♄ d Z5; China, Korea
– **faginea** Lam. · D:Portugiesische Eiche; E:Portuguese Oak · ♄ ♄ s Z7; Sp., P
– **falcata** Michx. · D:Sichelblättrige Eiche; E:Southern Red Oak · ♄ d Z6; USA: NE, SE, Fla., SC
– *farnetto* Ten. = Quercus frainetto
– *fastigiata* Lam. = Quercus robur subsp. robur
– × **fernaldii** Trel. (*Q. ilicifolia* × *Q. rubra*) Z5; USA (Mass.) +
– *ferruginea* F. Michx. = Quercus marilandica
– **frainetto** Ten. · D:Ungarische Eiche; E:Hungarian Oak; F:Chêne de Hongrie · ♄ d Z6; Eur.: I, EC-Eur., Ba, RO; TR, Levante
– **garryana** Douglas ex Hook.
  – var. **garrayana** · D:Oregon-Eiche; E:Oregon White Oak · ♄ d Z8 Ⓚ; B.C., USA: Wash., Oreg., Calif.
– *glandulifera* Blume = Quercus serrata
– **glauca** Thunb. · ♄ e Z8 Ⓚ; Jap., China, Laos
– **hartwissiana** Steven · ♄ d Z5; Eur.: BG; TR, Cauc.
– × **heterophylla** F. Michx. (*Q. phellos* × *Q. rubra*) · D:Verschiedenblättrige Eiche · ♄ d Z6; E-USA
– × **hispanica** Lam. (*Q. suber* × *Q. cerris*) · E:Spanish Oak; F:Chêne de Lucombe · ♄ s Z7; Eur.: Ib, S-F, I, Ba
  – **'Pseudoturneri'** · ♄ s; cult
  – **'Turneri'** · D:Wintergrüne Eiche; E:Turner's Oak; F:Chêne de Turner · ♄ s;

cult.
– **ilex** L. · D:Stein-Eiche; E:Evergreen Oak, Holm Oak; F:Chêne vert, Yeuse · ♄ e Z8 Ⓚ IV-V Ⓝ; Eur.: Ib, Fr, Ap, Ba; TR, NW-Afr., nat. in Krim, CH, Br
 – var. *rotundifolia* (Lam.) Trab. = Quercus rotundifolia
– **ilicifolia** Wangenh. · D:Busch-Eiche; E:Bear Oak, Scrub Oak · ħ ♄ d Z6; USA: NE, N.C.
– **imbricaria** Michx. · D:Schindel-Eiche; E:Shingle Oak; F:Chêne à feuilles de laurier · ♄ d Z5; USA: NE, NCE, NC, SE
– **infectoria** Olivier · D:Aleppo-Eiche; E:Aleppo Oak · ♄ s Z8 Ⓚ ⚕ ; Eur.: GR; TR, Cyprus, Palaest., Cauc., N-Iraq, Iran
– **ithaburensis** Decne.
 – subsp. **ithaburensis** · ♄ s Z8 Ⓚ; TR, Syr., Palaest.
 – subsp. **macrolepis** (Kotschy) Hedge et Yalt. · D:Valonea-Eiche; E:Dyer's Oak, Vallonia Oak · ♄ s Z7 Ⓝ; Eur.: SE-I, Ba, GR; TR
– *lanuginosa* Lam. = Quercus pubescens subsp. pubescens
– **laurifolia** Michx. · D:Lorbeerblättrige Eiche; E:Laurel Oak · ♄ d Z7 ∧; USA: NE, SE, SC, Fla.
– × **leana** Nutt. (*Q. imeretina* × *Q. velutina*) · ♄ d Z6; USA
– × **libanerris** Boom · ♄ d Z6; cult.
– **libani** Olivier · D:Libanon-Eiche; E:Lebanon Oak; F:Chêne du Liban · ħ ♄ d Z6; TR, Syr.
– **lobata** Née · D:Kalifornische Eiche; E:California White Oak · ♄ d Z7; Calif.
– **lusitanica** Lam. · ħ d Z8 Ⓚ; SW-Sp., S-P, Maroc.
– *lusitanica* Webb = Quercus faginea
– **lyrata** Walter · D:Leierblättrige Eiche; E:Overcup Oak, Water White Oak · ♄ d Z5 Ⓝ; USA: NE, NCE, SC, SE, Fla.
– **macranthera** Fisch. et C.A. Mey. ex Hohen. · D:Persische Eiche; E:Caucasian Oak; F:Chêne du Caucase · ♄ d Z6; SE-Cauc., N-Iran
– **macrocarpa** Michx.
 – var. **macrocarpa** · D:Großfrüchtige Eiche; E:Burr Oak, Mossy Cup Oak · ♄ d Z4 Ⓝ; Can.: E, Sask.; USA: NE, SE, SC, NCE, NC
 – var. *oliviformis* (F. Michx.) A. Gray = Quercus macrocarpa
– *macrolepis* Kotschy = Quercus ithaburensis subsp. macrolepis
– **marilandica** Münchh. · D:Schwarz-Eiche; E:Blackjack Oak, Scrub Oak; F:Chêne du Maryland · ♄ d Z7; USA: NE, NCE, NC, SC, SE, Fla.
– **michauxii** Nutt. · D:Korb-Eiche; E:Swamp Chestnut Oak · ♄ d Z7; N-Am.
– **mongolica** Fisch. ex Turcz.
 – subsp. **crispula** (Blume) Menitsky · ♄ d Z5; Jap., Sachal.
 – subsp. **mongolica** · D:Mongolische Eiche; E:Mongolian Oak · ♄ d Z5 Ⓝ; E-Sib., N-China, Korea, N-Jap.
– **montana** Willd. · D:Kastanien-Eiche; E:Basket Oak, Chestnut Oak · ♄ d Z6 Ⓝ; Ont., USA: NE, NCE, SE
– **muehlenbergii** Engelm. · D:Gelb-Eiche; E:Yellow Chestnut Oak · ♄ d Z6; USA: NE, NEC, NC, SC, N.Mex.
– *myrsinifolia* Blume = Quercus glauca
– *nana* (Marsh) Sarg. non Willd. = Quercus ilicifolia
– **nigra** L. · D:Wasser-Eiche; E:Water Oak · ♄ d Z6; USA: NE, NCE, SC, SE, Fla.
– *nigra* Wangenh. non L. = Quercus ilicifolia
– *obovata* E. Fourn. = Quercus dentata
– *obtusiloba* Michx. = Quercus stellata
– **palustris** Münchh. · D:Sumpf-Eiche; E:Pin Oak; F:Chêne des marais · ♄ d ~ Z5 V Ⓝ; Can.: E; USA: NE, NCE, Kans., SE
– *pedunculata* Ehrh. = Quercus robur subsp. robur
– **petraea** (Matt.) Liebl.
 – subsp. **iberica** (Steven ex M. Bieb.) Krassiln. · D:Reichfrüchtige Eiche · ♄ d Z5; Eur.: A, EC-Eur., Ba, RO; TR, Cauc., N-Iran
 – subsp. **petraea** · D:Trauben-Eiche; E:Durmast Oak, Sessile Oak; F:Chêne rouvre, Chêne sessile · ♄ d Z5 V ⚕ Ⓝ; Eur.*, TR, Syr., Cauc., N-Iran
– **phellos** L. · D:Weiden-Eiche; E:Willow Oak; F:Chêne à feuilles de saule · ħ ♄ d ~ Z6; USA: NE, NCE, SE, Fla., SC
– **phillyreoides** A. Gray · ħ ħ e Z7; C-China, E-China, Jap.
– *platanoides* Sudw. = Quercus bicolor
– **pontica** K. Koch · D:Pontische Eiche; E:Armenian Oak, Pontine Oak; F:Chêne d'Arménie · ħ d Z6; Cauc.
– **prinoides** Willd. · E:Chinquapin Oak, Dwarf Chinquapin Oak · ħ d Z5; USA: NE, NCE, SE, SC
– *prinus* L. = Quercus montana
– *pseudosuber* Santi = Quercus × hispanica
– × *pseudoturneri* C.K. Schneid. = Quercus

× hispanica 'Pseudoturneri'
– **pubescens** Willd.
– subsp. *lanuginosa* (Lam.) Schwarz = Quercus pubescens subsp. pubescens
– subsp. **pubescens** · D:Adriatische Flaum-Eiche, Flaum-Eiche; E:Downy Oak; F:Chêne pubescent · ₺ d Z6 IV-V ⚕ Ⓝ; Eur.* exc. BrI, Sc; TR, Cauc.
– *pumila* Walter = Quercus ilicifolia
– **pyrenaica** Willd. · D:Pyrenäen-Eiche; E:Pyrenean Oak · ₺ ₺ d Z6 Ⓝ; Eur.: Ib, F, I; Maroc.
– **robur** L.
– subsp. **pedunculiflora** (C. Koch) Menitsky Z6; Ba, TR, Cauc.
– subsp. **robur** · D:Stiel-Eiche; E:English Oak, Oak, Pedunculate Oak; F:Chêne commun, Chêne pédonculé · ₺ d Z5 V ⚕ Ⓝ; Eur.*, TR, Cauc.
– × **rosacea** Bechst. (*Q. petraea* × *Q. robur subsp. robur*) · D:Gewöhnliche Bastard-Eiche · ₺ d
– **rotundifolia** Lam. · ₺ e Z7; Ib.F, NW-Afr.
– **rubra** L. · D:Rot-Eiche; E:American Red Oak; F:Chêne rouge d'Amérique · ₺ d Z5 V Ⓝ; Can.: E; USA: NE, NCE, NC, Okla., SE
– × **saulii** C.K. Schneid. (*Q. alba* × *Q. montana*) · ₺ d
– × **schochiana** Dieck (*Q. palustris* × *Q. phellos*) · ₺ d Z6; E-USA
– *serrata* Carruth. = Quercus variabilis
– *serrata* Siebold et Zucc. = Quercus acutissima
– **serrata** Thunb. · D:Gesägte Eiche; E:Konara Oak · ₺ d; Jap., Korea, China
– *sessiliflora* Salisb. = Quercus petraea subsp. petraea
– *sessilis* Ehrh. = Quercus petraea subsp. petraea
– **shumardii** Buckley · ₺ d Z5; Can.: Ont.; USA: NE, NCE, Kans., SC, SE, Fla.
– **stellata** Wangenh. · D:Pfahl-Eiche; E:Post Oak · ₺ d Z5 Ⓝ; USA: NE, NCE, Kans., SC, SE, Fla.
– × **streimii** Heuff. (*Q. petraea* × *Q. pubescens subsp. pubescens*) · D:Flaumblättrige Bastard-Eiche · ₺ d
– **suber** L. · D:Kork-Eiche; E:Cork Oak; F:Chêne-liège · ₺ e Z8 Ⓚ Ⓝ; Eur.: Ib, Fr, Ap; NW-Afr.
– **texana** Buckley · ₺ d Z7; Tex., Okla.
– *tinctoria* Bartram ex Michx. = Quercus velutina
– *toza* Bastard = Quercus pyrenaica
– **trojana** Webb · D:Mazedonische Eiche; E:Macedonian Oak · ₺ ₺ s Z7; Eur.: SE-I, Ba; W-TR
– × *turneri* Willd. = Quercus × hispanica 'Turneri'
– *uliginosa* Wangenh. = Quercus nigra
– **variabilis** Blume · D:Orientalische Kork-Eiche; E:Oriental Corkoak · ₺ d Z4 Ⓝ; Jap., Korea, N-China, Taiwan
– **velutina** Lam. · D:Färber-Eiche; E:Black Oak; F:Chêne des teinturiers, Quercitron · ₺ d Z5; Can.: E; USA: NE, NCE, NC, SC, SE, Fla.

Quesnelia Gaudich. -f- *Bromeliaceae* · 15 sp
– **arvensis** (Vell.) Mez · ♃ Z9 Ⓦ; Bras.
– **humilis** Mez · ♃ Z9 Ⓦ; Bras.
– **liboniana** (De Jonghe) Mez · ♃ Z9 Ⓦ; Bras.
– **marmorata** (Lem.) Read · ♃ Z9 Ⓦ; Bras.
– **quesneliana** (Brongn.) L.B. Sm. · ♃ Z9 Ⓦ; Bras.
– *roseomarginata* Carrière = Quesnelia quesneliana

Quillaja Molina -f- *Rosaceae* · 3 sp · D:Seifenspiere; E:Soap Bark Tree; F:Quillay
– **saponaria** Molina · D:Seifenspiere; E:Soap Bark Tree, Soap Bark · ₺ e Z10 Ⓚ ⚕ Ⓝ; Peru, Bol., Chile

Quisqualis L. -f- *Combretaceae* · 17 sp · D:Fadenröhre, Sonderling; F:Quisqualier
– **indica** L. · D:Indischer Sonderling; E:Rangoon Creeper · ₺ d ⌇ Z10 Ⓦ VII-VIII; W-Afr., C-Afr., E-Afr., S-Afr., Ind., SE-As.

Rabiea N.E. Br. -f- *Aizoaceae* · 4-7 sp
– **albinota** (Haw.) N.E. Br. · ♃ ψ Z9 Ⓚ; Kap

Racosperma Mart. = Acacia
– *mearnsii* (De Wild.) Pedley = Acacia mearnsii
– *melanoxylon* (R. Br.) Pedley = Acacia melanoxylon
– *pulchellum* (R. Br.) Pedley = Acacia pulchella

Radermachera Zoll. et Moritzi -f- *Bignoniaceae* · 15 sp
– **sinica** (Hance) Hemsl. · ₺ e Z10 Ⓦ; SE-China

Radiola Hill -f- *Linaceae* · 1 sp ·

D:Zwergflachs; F:Radiole faux-lin
- **linoides** Roth · D:Zwergflachs · ⊙ VII-VIII; Eur.*, Lebanon, N-As., NW-Afr., Madeira, trop. Afr.mts..

Raimannia Rose = Oenothera
- *drummondii* (Hook.) Rose ex Sprague et Riley = Oenothera drummondii

Ramonda Rich. -f- *Gesneriaceae* · 3 sp · D:Felsenteller, Ramondie; E:Pyrenean Violet; F:Ramonde
- *heldreichii* (Boiss.) Benth. et Hook. = Jancaea heldreichii
- **myconi** (L.) Rchb. · D:Felsenteller, Ramondie · ♃ △ Z6 V-VI; Eur.: NE-Sp., F (Pyr.)
- **nathaliae** Pančić et Petrovic · ♃ △ Z6 V; Eur.: Serb., Maced., GR
- *pyrenaica* Pers. = Ramonda myconi
- × **regis-ferdinandi** Kellerer (*R. myconi* × *R. serbica*) · ♃ △ Z6 V; cult.
- **serbica** Pančić · D:Serbischer Felsenteller · ♃ △ Z6 V-VI ▽; Eur.: Serb., Maced., AL, NW-GR, BG
  - var. *nathaliae* (Pančić et Petrovic) hort. = Ramonda nathaliae

Randia L. -f- *Rubiaceae* · 200+ sp
- **formosa** (Jacq.) Schum. · ♄ ♄ Z10; trop. Lat.-Am.
- *maculata* DC. = Rothmannia longiflora

Ranunculus L. -m- *Ranunculaceae* · 400-600 sp · D:Hahnenfuß, Ranunkel, Scharbockskraut; E:Buttercup, Crowfoot; F:Renoncule
- *acer* auct. = Ranunculus acris
- **aconitifolius** L. · D:Eisenhutblättriger Hahnenfuß; E:Batchelor's Buttons; F:Renoncule à feuilles d'aconit · ♃ Z5 V-VII; Eur.: Ib, Fr, Ap, Ba, C-Eur., EC-Eur.
  - subsp. *platanifolius* (L.) Berher = Ranunculus platanifolius
- **acris** L. · D:Scharfer Hahnenfuß; E:Buttercup, Meadow Buttercup; F:Bouton d'or, Renoncule âcre, Renoncule éleve · ♃ V-IX ⚕ ☠; Eur.*, Cauc., W-Sib., ? C-As., nat. in N-Am.
- *africanus* hort. = Ranunculus asiaticus
- **alpestris** L. · D:Alpen-Hahnenfuß; E:Alpine Buttercup · ♃ △ Z5 VI-VII; Eur.: Ib, Fr, Ap, C-Eur., EC-Eur., Ba, RO; mts.
- **amplexicaulis** L. · D:Weißer Hahnenfuß; E:White Buttercup · ♃ △ Z6 V-VI; Eur.: Sp., F; mts.
- **aquatilis** L. · D:Gewöhnlicher Wasser-Hahnenfuß; E:Water Buttercup, Water Crowfoot; F:Renoncule aquatique · ♃ ≈ Z5 IV-VIII; Eur.*, Cauc., NW-Afr., nat. in NZ
- **arvensis** L. · D:Acker-Hahnenfuß; E:Corn Buttercup · ⊙ V-VII ☠; Eur.*, TR, Levante, Cauc., Iran, C-As., Him., NW-Afr., Libya
- **asiaticus** L. · D:Ranunkel; E:Turban Ranunculus · ♃ ✂ Z9 ⓚ V-VI; TR, Cyprus, Syr., Iran, Iraq, N-Afr.
- **auricomus** L. · D:Gold-Hahnenfuß · ♃ IV-V ☠; Eur.*, Cauc., W-Sib.
- **brevifolius** M. Bieb. · ♃ Z7 V-VII; Eur.: C-I, Ba; TR
- **breynianus** Crantz · D:Gebirgs-Hahnenfuß · ♃ Z6 V-VII; Eur.: Fr, Ap, C-Eur., EC-Eur., Ba, E-Eur.; TR; mts.
- **bulbosus** L. · D:Knolliger Hahnenfuß; E:Bulbous Buttercup, Buttercup; F:Renoncule bulbeuse · ♃ Z6 V-VIII ☠; Eur.*, TR, Cyprus, Syr., Iraq, Cauc., Iran, Egypt, Alger., Maroc., nat. in N-Am.
- **calandrinioides** Oliv. · ♃ Z7; Maroc.
- **carinthiacus** Hoppe · D:Kärntner Hahnenfuß · ♃ IV-VII; Eur.: Sp., F, I, C-Eur., Ba; mts.
- **cassubicus** L. · D:Kaschubischer Hahnenfuß · ♃ IV-VII; Eur.: C-Eur., Ap, EC-Eur., Ba, Sc, E-Eur.; W-Sib. (Altai)
- **circinatus** Sibth. · D:Spreizender Wasser-Hahnenfuß · ♃ ≈ V-IX; Eur.* exc. Ib; C-As., Sib.., Alger.
- **crenatus** Waldst. et Kit. · D:Kerb-Hahnenfuß · ♃ Z5 VI-VII; Eur.: I, Ba, RO, W-Russ.; E-Alp., Apenn., Carp., Balkan
- *delphiniifolius* Torr. = Ranunculus flabellaris
- *divaricatus* Coste non Schrank = Ranunculus circinatus
- **ficaria** L. · D:Gewöhnliches Scharbockskraut; E:Lesser Celandine, Pilewort; F:Ficaire · ♃ Z5 III-V ⚕ ☠; Eur.*, Cauc., W-Sib., C-As.
- **flabellaris** Raf. · D:Gelber Wasser-Hahnenfuß; E:Yellow Water Crowfoot · ♃ ≈ Z4 VI-VII; Can.; USA: NE, NCE, NC, SC, SE, Rocky Mts., NW, Calif.
- **flammula** L. · D:Brennender Hahnenfuß; E:Lesser Spearwort; F:Petite douve, Renoncule flamette · ♃ ~ Z5 V-X ☠; Eur.*, W-Sib. (Altai)
- **fluitans** Lam. · D:Flutender Wasser-

Hahnenfuß · ♃ ≈ VI-VIII; Eur.* exc. Ib
– *geraniifolius* Schinz et Thell. non Pourr. = Ranunculus montanus
– **glacialis** L. · D:Gletscher-Hahnenfuß · ♃ Z4 VII-VIII; Eur.: Sc, Fr, Ib, Ap, EC-Eur., C-Eur.; Alp., Pyren., Sierra Nevada, Arkt. Eur., Island, Greenl.
– **gramineus** L. · D:Grasblättriger Hahnenfuß; F:Renoncule à feuilles de graminée · ♃ △ Z7 IV-VI; Eur.: Ib, Fr, Ap, CH; NW-Afr.
– **hederaceus** L. · D:Efeu-Wasser-Hahnenfuß · ♃ ≈ VI-IX; Eur.: BrI, Sc, Balt., Ib, Fr, D; Can.: E
– *hortensis* Pers. = Ranunculus asiaticus
– **hybridus** Biria · D:Bastard-Hahnenfuß, Nierenblättriger Hahnenfuß · ♃ VI-VIII; Eur.: I, D, A, Slove., Montenegro; ? RO; E-Alp.
– **illyricus** L. · D:Illyrischer Hahnenfuß · ♃ Z6 V-VI; Eur.: Ap, C-Eur., EC-Eur., Ba, Sc (Öland); TR, Cauc.
– **kuepferi** Greuter et Burdet · D:Küpfers Hahnenfuß · ♃ VI-VII; Eur.: F, Corse, I, CH, A; Alp., Corse
– **lanuginosus** L. · D:Wolliger Hahnenfuß · ♃ Z5 V-VI; Eur.: C-Eur., Ap, EC-Eur., Ba, Sc, E-Eur.
– **lateriflorus** DC. · D:Seitenblütiger Hahnenfuß · ☉; Eur.: Ib, Fr, Ap, EC-Eur., Ba, E-Eur.; TR, Levante, Cauc., C-As., W-Sib., Maroc., Alger.
– **lingua** L. · D:Zungen-Hahnenfuß; E:Greater Spearwort; F:Grande douve · ♃ ~ Z4 VI-VIII ☠ ▽; Eur.*, TR, Cauc., W-Sib., E-Sib., C-As.
– **millefoliatus** Vahl · ♃ △ Z7 ∧ V-VI; Eur.: Fr, Ap, EC-Eur., Ba, RO; TR, Syr., NW-Afr., Libya
– **monspeliacus** L. · ♃ Z8 ∧ IV-V; Eur.: Ib, Fr, Ap, nat. in Sweden
– **montanus** Willd. · D:Berg-Hahnenfuß · ♃ △ Z6 IV-IX; Eur.: F, I, C-Eur., Slove., Croatia, Bosn., YU, Maced.; mts.
– **nemorosus** DC. · D:Wald-Hahnenfuß · ♃ Z5 V-VII; Eur.* exc. BrI
– **ololeucos** J. Lloyd · D:Reinweißer Wasser-Hahnenfuß · ♃ ≈ III-VI; Eur.: Ib, Fr, D
– **omiophyllus** Ten. · D:Lenormands Wasser-Hahnenfuß · ♃ ≈ ; Eur.: BrI, Fr, Ap, Ib
– **parnassifolius** L. · D:Herzblatt-Hahnenfuß · ♃ Z5 VII; Eur.: Sp., F, I, C-Eur.; N-Sp., Pyr., Alp.
– **peltatus** Schrank
 – subsp. **baudotii** (Godr.) C.D.K. Cook · D:Brackwasser-Wasser-Hahnenfuß, Salz-Wasser-Hahnenfuß · ♃ ≈ V-IX; Eur.: coasts, F (Alsace), A (Burgenland); TR, Maroc.
 – subsp. **peltatus** · D:Schild-Wasser-Hahnenfuß · ♃ ≈ V-IX; Eur.*, TR, Levante, N-Afr.
– **penicillatus** (Dumort.) Bab. · D:Pinsel-Wasser-Hahnenfuß · ♃ ≈ V-IX; Eur.*, Maroc.
– **platanifolius** L. · D:Platanenblättriger Hahnenfuß · ♃ Z5 V-VI; Eur.* exc. BrI
– **polyanthemoides** Boreau · D:Falscher Vielblütiger Hahnenfuß, Schmalblättriger Hain-Hahnenfuß · ♃ VI-VIII; Eur.: F, I, C-Eur., Sc, EC-Eur., Ba
– **polyanthemophyllus** W. Koch et Hess · D:Schlitzblatt-Hahnenfuß · ♃ V-VII; Eur.: F, I, CH, D
– **polyanthemos** L. · D:Vielblütiger Hahnenfuß · ♃ V-VII; Eur.* exc. BrI, Ib; W-Sib., E-Sib., C-As.
– **psilostachys** Griseb. · ♃ △ Z7 ∧ V; Eur.: H, Ba
– **pygmaeus** Wahlenb. · D:Zwerg-Hahnenfuß · ♃ Z6 VII-VIII; Eur.: Sc, N-Russ., C-Eur., EC-Eur., I; N, E-Alp., W-Carp.; W-Sib., E-Sib., Kamchat.
– **pyrenaeus** L. · D:Pyrenäen-Hahnenfuß; E:Pyrenean Buttercup · ♃ △ Z6 V-VII; Eur.: Sp., F; mts.
 – subsp. *plantagineus* (All.) Rouy et Foucaud = Ranunculus kuepferi
– *pyrenaicus* hort. = Ranunculus pyrenaeus
– **repens** L. · D:Kriechender Hahnenfuß; E:Creeping Buttercup · ♃ ⇝ Z3 V-VIII ☠; Eur.*, TR, Cauc., Iran, W-Sib., E-Sib., Amur, Sachal., Kamchat., Manch., Korea, Jap., Maroc., Alger.
– **reptans** L. · D:Ufer-Hahnenfuß · ♃ VI-VIII; Eur.* exc. BrI, Ib, ? EC-Eur.; W-Sib., E-Sib., Amur, Kamchat., Mong., N-Am.
– **rionii** Lagger · D:Rions Wasser-Hahnenfuß · ☉ ≈ VI-VIII; Eur.: Fr, C-Eur., EC-Eur., Ba, E-Eur.; TR, Levante, Cauc., Iran, W-Sib., C-As., Him., W-China, w N-Am., S-Afr.
– **sardous** Crantz · ☉ ~ ☠; Eur.*; ? TR
– **sceleratus** L. · D:Giftiger Hahnenfuß; E:Blister Buttercup · ♃ ~ VI-X ☠ Ⓝ; Eur.*, TR, Levante, Cauc., Iran, W-Sib., E-Sib., Amur, Sachal., Kamchat., C-As., Him., Mong., China, N-Am., S-Am., Egypt., Austr.

– **seguieri** Vill. · D:Séguiers Hahnenfuß · ♃ Z5 V-VII; Eur.: Sp., F, I, C-Eur., Slove., Montenegro; Cordillera Cantábrica, Alp., Apenn., Montenegro
– **serpens** Schrank · D:Wurzelnder Hahnenfuß · ⊙ V-VII; Eur.* exc. BrI
– **strigulosus** Schur · ♃; Eur.: EC-Eur., Ba, E-Eur.
– **thora** L. · D:Schildblättriger Hahnenfuß · ♃ △ Z5 V-VII ☠; Eur.* exc. BrI, Sc; mts.
– **traunfellneri** Hoppe · D:Traunfellners Hahnenfuß · ♃ Z6 V-VIII; Eur.: A, Slove.; SE-Alp.
– **trichophyllus** Chaix · D:Haarblättriger Wasser-Hahnenfuß · ♃ ≈ V-IX; Eur.*, TR, Levante, N-As., N-Afr., SW-Austr., Tasman., NZ
– **tripartitus** DC. · D:Dreiteiliger Wasser-Hahnenfuß · ♃ ≈ III-V; Eur.: Ib, Fr, BrI, D, GR; Maroc.
– **villarsii** DC. · D:Greniers Hahnenfuß, Villars Hahnenfuß · ♃ Z6 V-VIII; Eur.: F, I, C-Eur.; Alp.

Ranzania T. Ito -f- *Berberidaceae* · 1 sp
– **japonica** (T. Itô) T. Itô · ♃ Z7 V-VI; Jap.

Raoulia Hook.f. ex Raoul -f- *Asteraceae (Compositae)* · c. 20 sp · D:Schafsteppich; F:Mouton végétal
– *albosericea* Colenso = Raoulia hookeri
– **australis** Hook. f. · D:Schafsteppich · ♃ Z7; NZ
– *australis* auct. = Raoulia hookeri
– **glabra** Hook. f. · ♃ ⇝ △ Z7 Ⓐ ∧; NZ
– **hookeri** Allan · ♃ ⇝ △ Z7 ∧ VII-IX; NZ
– **subsericea** Hook. f. · ♃ ⇝ △ Z7 Ⓐ ∧; NZ
– **tenuicaulis** Hook. f. · ♃ ⇝ △ Z7 Ⓐ ∧; NZ

Raphanus L. -m- *Brassicaceae (Cruciferae)* · 8 sp · D:Hederich, Radieschen, Rettich; E:Radish; F:Radis, Ravenelle
– **caudatus** L. · ⊙ Z8 Ⓝ; Ind., E-As.
– *landra* Moretti ex DC. = Raphanus raphanistrum subsp. landra
– *niger* Mill. = Raphanus sativus var. niger
– **raphanistrum**
 – subsp. **landra** (Moretti ex DC.) Bonnier · D:Kurzfrüchtiger Hederich · ⊙; Eur.: Ib, F, Ap, Ba; NW-Afr.
 – subsp. **raphanistrum** · D:Acker-Hederich, Hederich; E:Sea Radish, Wild Radish · ⊙ VI-X; Eur.*, TR, Levante, Cauc., C-As., N-Afr., nat. in Sib., E-As., N-Am.
– **sativus** L. · D:Rettich; E:Radish · ⊙ V-IX; orig. ?
 – var. **gayanus** (Fisch. et C.A. Mey.) Webb · D:Verwilderter Rettich · ⊙ Z6 V Ⓝ; cult.
 – var. **longipinnatus** L.H. Bailey · D:China-Rettich; E:Summer Radish · ⊙ Z6 V Ⓝ; cult.
 – var. **mougri** Helm · D:Schlangen-Rettich · ⊙ Z6 V Ⓝ
 – var. **niger** (Mill.) J. Kern. · D:Garten-Rettich, Radi; E:Oriental Radish · ⊙ Z6 V Ⓝ; cult.
 – var. **oleiformis** Pers. · D:Öl-Rettich; E:Oil Radish · ⊙ Z6 V Ⓝ; cult.
 – var. *radicula* Pers. = Raphanus sativus var. sativus
 – var. **sativus** · D:Radieschen; E:Small Radish · ⊙ Z6 Ⓝ; cult.

Raphia P. Beauv. -f- *Arecaceae (Palmae)* · 28 sp · D:Bastpalme, Raffiapalme, Weinpalme; E:Raffia; F:Raphia
– **farinifera** (Gaertn.) Hyl. · D:Bastpalme; E:Raffia Palm · ♄ e Z10 Ⓦ Ⓝ; E-Afr., Madag.
– **hookeri** G. Mann et H. Wendl. · D:Raffiapalme; E:Wine Palm · ♄ e Z10 Ⓦ Ⓝ; W-Afr.
– *pedunculata* P. Beauv. = Raphia farinifera
– *ruffia* (Jacq.) Mart. = Raphia farinifera
– **vinifera** P. Beauv. · D:Weinpalme; E:Bamboo Palm · ♄ e Z10 Ⓦ Ⓝ; W-Afr.

Rapistrum Crantz -n- *Brassicaceae (Cruciferae)* · 2-3 sp · D:Rapsdotter; F:Rapistre
– **perenne** (L.) All. · D:Ausdauernder Rapsdotter · ♃ VI-VIII; Eur.: Ap, C-Eur., EC-Eur., Ba, E-Eur., nat. in BrI, Fr
– **rugosum** (L.) All. · D:Runzliger Rapsdotter; E:Common Giant Mustard · ⊙ VI-X; Eur.: Ib, Fr, Ap, Ba, Krim; TR, Cauc., Iran, C-As., N-Afr., nat. in BrI, C-Eur., EC-Eur., E-Eur.

Ratibida Raf. -f- *Asteraceae (Compositae)* · 6 sp · D:Präriesonnenhut; E:Mexican Hat, Prairie Cone Flower
– **pinnata** (Vent.) Barnhart · D:Nickender Präriesonnenhut; E:Grey-head Coneflower · ♃ Z3; Can.: Ont., USA: NE, NCE, NC,

Okla., SE

Rauvolfia L. -f- *Apocynaceae* · 60+ sp · D:Teufelspfeffer; E:Devil Pepper; F:Rauvolfia, Serpentaire de l'Inde
– *canescens* L. = Rauvolfia tetraphylla
– **serpentina** (L.) Benth. · D:Java-Teufelspfeffer; E:Java Devil Pepper · ♄ e Z10 ⓦ ⚕ ☠ Ⓝ ▽ *; Ind., Sri Lanka, Thail., Sumat., Java
– **tetraphylla** L. · D:Vierblättriger Teufelspfeffer; E:Four Leaf Devilpepper · ♄ e Z10 ⓦ; trop. Am., subtrop. Am.
– **vomitoria** Afzel. · D:Brech-Teufelspfeffer; E:Swizzlestick · ♄ e Z10 ⓦ ☠; W-Afr., C-Afr., E-Afr., Sudan, Egypt

Ravenala Adans. -f- *Strelitziaceae* · 1 sp · D:Baum der Reisenden; E:Traveller's Tree; F:Arbre du voyageur
– **madagascariensis** J.F. Gmel. · D:Baum der Reisenden; E:Traveller's Tree · ♄ e Z10 ⓦ; Madag.

Reaumuria L. -f- *Tamaricaceae* · 12 sp
– **hypericoides** Willd. · ♄ d △ Ⓐ ∧ V-VI; Syr., Iran

Rebutia K. Schum. -f- *Cactaceae* · 30+ sp
– **albiflora** F. Ritter et Buining · ψ Z9 Ⓚ; Bol. (Tarija)
– **albipilosa** F. Ritter · ψ Z9 Ⓚ; Bol. (Tarija)
– *arenacea* Cárdenas = Sulcorebutia arenacea
– *auranitida* (Wessner) Buining et Donald = Rebutia einsteinii
– **aureiflora** Backeb. · ψ Z9 Ⓚ ▽ *; NW-Arg.
– *brachyantha* (Wessner) Buining et Donald = Rebutia steinmannii
– *brunneoradicata* F. Ritter = Rebutia steinmannii
– *buiningiana* Rausch = Rebutia pseudodeminuta
– *cajasensis* F. Ritter = Rebutia fiebrigii
– *calliantha* Bewer. = Rebutia wessneriana var. wessneriana
– *carminea* Buining = Rebutia minuscula
– *chrysacantha* Backeb. = Rebutia senilis
– *cincinnata* Rausch = Rebutia steinmannii var. steinmannii
– *colorea* F. Ritter = Rebutia pygmaea var. pygmaea
– *costata* Werderm. = Rebutia steinmannii
– *cylindrica* (Donald et A.B. Lau) Donald = Sulcorebutia cylindrica
– **deminuta** (F.A.C. Weber) A. Berger · ψ Z9 Ⓚ ▽ *; NW-Arg.
  – *f. pseudominuscula* (Speg.) Buining et Donald = Rebutia pseudodeminuta
– **diersiana** Rausch · ψ Z9 Ⓚ ▽ *; Bol. (Cuquisaca)
– *digitiformis* Backeb. = Rebutia pygmaea var. pygmaea
– **einsteinii** Frič · ψ Z9 Ⓚ ▽ *; NW-Arg. (Volcan Chani)
  – var. *conoidea* (Wessner) Buining et Donald = Rebutia einsteinii
  – var. *rubroviridis* (Frič ex Backeb.) Buining et Donald = Rebutia einsteinii
– **fabrisii** Rausch · ψ Z9 Ⓚ; N-Arg.
– *famatinensis* (Speg.) Speg. = Lobivia famatinensis
– *fidaiana* (Backeb.) D.R. Hunt = Weingartia fidaiana
– **fiebrigii** (Gürke) Britton et Rose · ψ Z9 Ⓚ ▽ *; Bol., NW-Arg.
– *fusca* F. Ritter = Rebutia spegazziniana
– *glomeriseta* Cárdenas = Sulcorebutia glomeriseta
– *graciliflora* Backeb. = Rebutia xanthocarpa
– *hyalacantha* (Backeb.) Backeb. = Rebutia wessneriana var. wessneriana
– **krainziana** Kesselr. · ψ Z9 Ⓚ ▽ *; ? Bol.
  – var. *hyalacantha* (Backeb.) Buchheim = Rebutia wessneriana var. wessneriana
– **kupperiana** Boed. · ψ Z9 Ⓚ ▽ *; Bol.: Tarija
  – var. *spiniflora* F. Ritter = Rebutia kupperiana
– **marsoneri** Werderm. · ψ Z9 Ⓚ ▽ *; Arg.: Jujuy
– **minuscula** K. Schum. · ψ Z9 Ⓚ ▽ *; Arg.: Salta, Tucuman
– *neocumingii* (Backeb.) D.R. Hunt = Weingartia neocumingii
– *neumanniana* (Backeb.) D.R. Hunt = Weingartia neumanniana
– *nidulans* Frič et Kreuz. = Rebutia aureiflora
– *potosina* F. Ritter = Rebutia steinmannii var. steinmannii
– **pseudodeminuta** Backeb. · ψ Z9 Ⓚ ▽ *; Bol., NW-Arg.
– **pygmaea** (R.E. Fr.) Britton et Rose
  – var. *longispina* Backeb. = Rebutia pygmaea var. pygmaea
  – var. **pygmaea** · ψ Z9 Ⓚ ▽ *; NW-Arg.
– *rauschii* (G. Frank) D.R. Hunt = Sulcorebutia rauschii
– *schmiedcheniana* (U. Köhler) W.T.

Marshall = Rebutia einsteinii
- **senilis** Backeb. · Ψ Z9 Ⓚ ▽ ✻; Arg. (Salta)
- **spegazziniana** Backeb. · Ψ Z9 Ⓚ ▽ ✻; NW-Arg.
  - var. *atroviridis* Backeb. = Rebutia spegazziniana
- *steinbachii* Werderm. = Sulcorebutia steinbachii
- **steinmannii** (Solms) Britton et Rose
  - var. *rauschii* (G. Frank) F. Ritter = Sulcorebutia rauschii
  - var. **steinmannii** · Ψ Z9 Ⓚ ▽ ✻; Bol.: Chuquisaca
- *tarijensis* Rausch = Rebutia spegazziniana
- **wessneriana** Bewer.
  - var. *calliantha* (Bewer.) Donald = Rebutia wessneriana var. wessneriana
  - var. **wessneriana** · Ψ Z9 Ⓚ ▽ ✻; N-Bol.
- **xanthocarpa** Backeb. · Ψ Z9 Ⓚ ▽ ✻; Arg.: Salta
  - var. *citricarpa* (Backeb.) Buining et Donald = Rebutia xanthocarpa
  - var. *coerulescens* Backeb. = Rebutia xanthocarpa
  - var. *luteirosea* Backeb. = Rebutia xanthocarpa

× **Recchara** hort. -f- *Orchidaceae* (*Brassavola* × *Cattleya* × *Laelia* × *Schomburgkia*)

Rechsteineria Regel = Sinningia
- *canescens* (Mart.) Kuntze = Sinningia canescens
- *cardinalis* (Lehm.) Kuntze = Sinningia cardinalis
- *macropoda* (Sprague) C.H. Curtis = Sinningia macropoda
- *verticillata* (Vell.) L.B. Sm. = Sinningia verticillata
- *warscewiczii* (Bouché et Hanst.) Kuntze = Sinningia warscewiczii

Rectanthera O. Deg. = Callisia
- *fragrans* (Lindl.) O. Deg. = Callisia fragrans

Regelia Schauer -f- *Myrtaceae* · 5 sp
- **ciliata** Schauer · ♄ e Z9 Ⓚ VII-VIII; W-Austr.

Regnellidium Lindm. -n- *Marsileaceae* · 1 sp
- **diphyllum** Lindm. · ♃ ⁓ Z10 Ⓦ Ⓚ; S-Bras., N-Arg.

Rehmannia Libosch.ex Fisch. et C.A. Mey. -f- *Scrophulariaceae* · 9 sp · D:Chinafingerhut, Rehmannie; E:Chinese Foxglove; F:Digitale de Chine, Rehmannia
- **angulata** (D. Don) Hemsl. · ♃ Z9 Ⓚ V-VII; China
- **elata** N.E. Br. · D:Hoher Chinafingerhut · ♃ Z9 Ⓚ V-VI; China
- **glutinosa** (Gaertn.) Libosch. · D:Klebriger Chinafingerhut; E:Chinese Foxglove · ♃ Z9 Ⓚ V-VI ⚕ ; China
- **henryi** N.E. Br. · ♃ Z9 Ⓚ VI-VIII; China
- *sinensis* (Buc'hoz) Libosch. ex Fisch. et C.A. Mey. = Rehmannia glutinosa

Reicheocactus Backeb. = Neoporteria
- *floribundus* F.A.C. Weber = Neoporteria aricensis

Reineckea Kunth -f- *Convallariaceae* · 1 sp · D:Metzgerpalme, Reineckie; E:Reineckea; F:Reineckéa
- **carnea** (Andrews) Kunth · D:Metzgerpalme, Reineckie · ♃ ⁓→ Z7; China, Jap.

Reinhardtia Liebm. -f- *Arecaceae (Palmae)* · 6 sp · D:Fensterpalme; E:Window Palm; F:Palmier
- **gracilis** (H. Wendl.) Drude ex Dammer · D:Fensterpalme; E:Window Palm · ♄ e Z10 Ⓦ; Mex., Guat., Hond.

Reinwardtia Dumort. -f- *Linaceae* · 1 sp
- **indica** Dumort. · D:Gelber Flachs; E:Yellow Flax · ♄ e Z9 Ⓚ XI-III; N-Ind., mts.
- *tetragyna* Planch. = Reinwardtia indica
- *trigyna* (Roxb.) Planch. = Reinwardtia indica

Relhania L'Hér. -f- *Asteraceae (Compositae)* · 13 sp
- **quinquenervis** Thunb. · ♄ e D Z9 Ⓚ VI-VIII; Kap

Remijia DC. -f- *Rubiaceae* · 25 sp
- **ferruginea** DC. · ♄ Z10 Ⓦ; S-Bras.

Remusatia Schott -f- *Araceae* · 4 sp
- **vivipara** (Roxb.) Schott · ♃ Z10 Ⓦ; Ind. mts.; Java

× **Renades** hort. -f- *Orchidaceae* (*Aerides* × *Renanthera*)

× **Renancentrum** hort. -n- *Orchidaceae* (*Ascocentrum* × *Renanthera*)

× **Renanetia** hort. -f- *Orchidaceae* (*Neofinetia* × *Renanthera*)

× **Renanopsis** hort. -f- *Orchidaceae* (*Renanthera* × *Vandopsis*)

× **Renanstylis** hort. -f- *Orchidaceae* (*Renanthera* × *Rhynchostylis*)

× **Renantanda** hort. -f- *Orchidaceae* (*Renanthera* × *Vanda*)

Renanthera Lour. -f- *Orchidaceae* · 10 - 15 sp
- **coccinea** Lour. · ♄ Z10 ⓦ III-X ▽ *; S-Vietn.
- **imschootiana** Rolfe · ♄ Z10 ⓦ V-VII ▽ *; Ind. (Assam), Indochina
- *lowii* (Lindl.) Rchb. f. = Dimorphorchis lowii
- **pulchella** Rolfe · ♄ Z10 ⓦ VII ▽ *; Ind: Assam
- **storiei** Rchb. f. · ♄ Z10 ⓦ VI-VII ▽ *; Phil.

× **Renanthoglossum** hort. -n- *Orchidaceae* (*Ascoglossum* × *Renanthera*)

× **Renanthopsis** hort. -f- *Orchidaceae* (*Phalaenopsis* × *Renanthera*)

Reseda L. -f- *Resedaceae* · -60 sp · D:Resede, Wau; E:Mignonette; F:Réséda
- **alba** L. · D:Weiße Resede; E:White Mignonette · ⊙ ♃ Z7 VI-IX; Eur.: Ib, Fr, Ap, Ba; W-TR, Levante, Arab., N-Afr., nat. in BrI, D, CZ, RO
- **glauca** L. · ♃; Eur.: F, Sp.; Pyr., Cordillera Cantábrica
- **lutea** L. · D:Gelbe Resede, Gelber Wau; E:Cutleaf Mignonette · ♃ V-IX ⚕; Eur.* exc. BrI, Sc; TR, Levante, Cauc., Iran, W-Sib., C-As., N-Afr., nat. in BrI, Sc, N-Am.
- **luteola** L. · D:Färber-Resede, Färber-Wau; E:Wild Mignonette, Woad · ⊙ Z6 VI-VIII ⚕ Ⓝ; Eur.: Ib, Fr, Ap, EC-Eur., Ba, RO, Krim, DK; TR, Levante, Cauc., Iran, C-As, Afgh., N-Afr., nat. in C-Eur., BrI
- **odorata** L. · D:Garten-Resede; E:Common Mignonette · ⊙ ⊙ ♃ D VII-IX ⚕ Ⓝ; ? Libya, nat. in Eur.: Sp., Balear., F, I, A, CZ, RO, Russ.
  - **in Sorten**
- **phyteuma** L. · D:Rapunzel-Resede · ♃ VI-IX; Eur.: Ib, Ap, Fr, EC-Eur., Ba, E-Eur., CH; TR, N-Afr., nat. in D, A

Restrepia Kunth -f- *Orchidaceae* · 30 sp
- **antennifera** Humb., Bonpl. et Kunth · ♃ Z10 ⓚ II-III ▽ *; Ecuad., Col., Venez.
- **elegans** H. Karst. · ♃ Z10 ⓚ I-III ▽ *; Venez.
- **guttulata** Lindl. · ♃ Z10 ⓚ I-II ▽ *; Ecuad., Col., Venez.
- *maculata* Lindl. = Restrepia guttulata

Retama Raf. -f- *Fabaceae (Leguminosae)* · 4 sp · D:Retamastrauch; E:Retam; F:Rétama
- **monosperma** (L.) Boiss. · D:Weißer Retamastrauch; E:White Broom · ♄ d Z9 ⓚ II-III Ⓝ; Eur.: Ib; Maroc., Alger., Egypt

Retinispora Siebold et Zucc. = Chamaecyparis
- *obtusa* Siebold et Zucc. = Chamaecyparis obtusa
- *pisifera* Siebold et Zucc. = Chamaecyparis pisifera

Reutealis Airy Shaw -f- *Euphorbiaceae* · 1 sp
- **trisperma** (Blanco) Airy Shaw · D:Banucalagnuss; E:Javillo, Soft Lumbang · ♄ Z10 ⓦ ☠ Ⓝ; Phil.

Reynoutria Houtt. = Fallopia
- *aubertii* (L. Henry) Moldenke = Fallopia baldschuanica
- *baldschuanica* (Regel) Moldenke = Fallopia baldschuanica
- *japonica* Houtt. = Fallopia japonica var. japonica
- *sachalinensis* (F. Schmidt) Nakai = Fallopia sachalinensis

Rhabdothamnus A. Cunn. -m- *Gesneriaceae* · 1 sp
- **solandri** A. Cunn. · ♄ e Z8 ⓚ IX-X; NZ

Rhagadiolus Scop. -m- *Asteraceae (Compositae)* · 2 sp · D:Sichelsalat, Sternlattich; F:Rhagadiole
- **stellatus** (L.) Gaertn. · D:Sternfrüchtiger

Sichelsalat, Sternlattich · ⊙; Eur.: Ib, Fr, Ap, Ba, Krim; TR, Iraq, Iran, N-Afr., Canar., Madeira

Rhamnella Miq. -f- *Rhamnaceae* · 10 sp
– **franguloides** (Maxim.) Weberb. · ♄ d Z6 V-VI; Jap., S-Korea, E-China

Rhamnus L. -f- *Rhamnaceae* · 125 sp · D:Kreuzdorn; E:Buckthorn; F:Alaterne, Nerprun
– **alaternus** L. · D:Immergrüner Kreuzdorn; E:Italian Buckthorn · ♄ e Z8 ⓚ III-IV ☠; Eur.: Ib, Fr, Ap, Ba, Krim; TR, Levante, NW-Afr., Libya
– **alnifolia** L'Hér. · D:Erlenblättriger Kreuzdorn · ♄ d ⁓→ △ Z3 V-VI ☠; Can.; USA: NE, NCE, Rocky Mts., NW, Calif.
– **alpina** L. · D:Alpen-Kreuzdorn · ♄ d Z5 V-VI ☠; Eur.: Sp., F, Ap; Alp.; Maroc., Alger.
– **alpinus** L.
  – subsp. *fallax* (Boiss.) Maire et Petitm. = Rhamnus fallax
– *carniolica* A. Kern. = Rhamnus alpina
– **cathartica** L. · D:Echter Kreuzdorn, Purgier-Kreuzdorn; E:Common Buckthorn, European Buckthorn; F:Nerprun purgatif · ♄ d Z4 V-VI ⚕ ☠ Ⓝ; Eur.*, TR, Cauc., Iran, W-Sib., C-As., Maroc., Alger., nat. in e N-Am.
– **costata** Maxim. · ♄ d Z6 V ☠; Jap.; mts.
– **crenata** Siebold et Zucc. · ♄ d Z4 VI ☠; Jap., Korea, N-China
– **davurica** Pall. · D:Dahurischer Kreuzdorn · ♄ d Z4 V ☠; E-Sib., Amur, Mong., Manch., Korea
– *erythroxyloides* Hoffmanns. = Rhamnus pallasii
– **fallax** Boiss. · D:Krainer Kreuzdorn · ♄ Z5 V-VI ☠; Eur.: I, A, Ba; TR, Syr.
– *frangula* L. = Frangula alnus
– **globosa** Bunge · ♄ d ☠ Ⓝ; W-China, N-China
– **imeretina** Booth · D:Kaukasischer Kreuzdorn · ♄ d Z6 VI ☠; TR, Cauc.
– *infectorius* L. = Rhamnus saxatilis
– **japonica** Maxim. · D:Japanischer Kreuzdorn · ♄ d Z5 V ☠; Jap.
– **koraiensis** C.K. Schneid. · ♄ ☠; Korea
– **pallasii** Fisch. et C.A. Mey. · ♄ Z6 ☠; NE-TR, Cauc., NW-Iran, C-As.
– **pumila** Turra · D:Zwerg-Kreuzdorn; F:Nerprun nain · ♄ d ⁓→ △ Z6 VI-VII ☠; Eur.: Ib, Fr, Ap, Ba, C-Eur.; mts.
– *purshianus* DC. = Frangula purshiana
– **rhodopea** Velen. · ♄ ⓚ ☠; Eur.: BG, GR, Eur.TR
– *rupestris* Scop. = Frangula rupestris
– **saxatilis** Jacq. · D:Felsen-Kreuzdorn; E:Stony Buckthorn; F:Nerprun des rochers · ♄ d ⁓→ △ Z6 IV-V ☠; Eur.: Ib, Fr, C-Eur., Ap, EC-Eur., Ba, RO
– **utilis** Decne. · D:Chinesischer Kreuzdorn; E:Chinese Buckthorn · ♄ d Z6 IV-V ☠ Ⓝ; W-China

Rhaphidophora Hassk. -f- *Araceae* · 70 (-140) sp
– *aurea* (Linden et André) Birdsey = Epipremnum aureum
– **celatocaulis** (N.E. Br.) Knoll · ♄ e ⚘ Z10 ⓦ; Kalimantan
– **decursiva** (Wall.) Schott · ♄ e ⚘ Z10 ⓦ; Him., Ind., Indochina

Rhaphiolepis Lindl. -f- *Rosaceae* · 9-15 sp · D:Traubenapfel; E:Hawthorn; F:Raphiolépis
– × **delacourii** André (*R. indica* × *R. umbellata*) · ♄ e Z8 ⓚ III-V; cult.
– **indica** (L.) Lindl. · D:Chinesischer Traubenapfel; E:India Hawthorn · ♄ e Z8 ⓚ II-VIII; S-China
– *japonica* Siebold et Zucc. = Rhaphiolepis umbellata var. umbellata
– *ovata* Briot = Rhaphiolepis umbellata 'Ovata'
– **umbellata** (Thunb.) Makino
  – **'Ovata'** · ⓚ
  – var. **umbellata** · D:Japanischer Traubenapfel · ♄ e D Z8 ⓚ V-VI; Jap., Korea, Ryukyu-Is.,

Rhaphithamnus Miers -m- *Verbenaceae* · 2 sp
– **spinosus** (Juss.) Moldenke · ♄ e Z9 ⓚ III-IV; Arg., Chile

Rhapidophyllum H. Wendl. et Drude -n- *Arecaceae (Palmae)* · 1 sp · D:Nadelpalme; E:Needle Palm; F:Palmier-aiguille
– **hystrix** (Pursh) H. Wendl. et Drude · D:Nadelpalme; E:Needle Palm · ♄ e Z8 ⓚ; USA: SE, Fla.

Rhapis L.f. ex Aiton -f- *Arecaceae (Palmae)* · 12 sp · D:Rutenpalme, Steckenpalme; E:Lady Palm; F:Palmier des dames
– **excelsa** (Thunb.) Henry · D:Hohe

Steckenpalme; E:Bamboo Palm, Ground Rattan Cane, Lady Palm · ♄ e Z9 ⓚ; ? S-China
– *flabelliformis* L'Hér. ex Aiton = Rhapis excelsa
– **humilis** Blume · D:Niedere Steckenpalme; E:Rattan Palm, Reed Rhapis, Slender Lady Palm · ♄ e Z9 ⓚ; S-China

Rhaponticum Ludw. = Stemmacantha
– *scariosum* Lam. = Stemmacantha rhapontica

Rhazya Decne. -f- *Apocynaceae* · 2 sp
– **orientalis** (Decne.) DC. · ♃ Z7 VII-IX ▽; GR, NW-TR

Rheedia L. = Garcinia
– *acuminata* (Ruiz et Pav.) Planch. et Triana = Garcinia madruno
– *madruno* (Humb., Bonpl. et Kunth) Planch. et Triana = Garcinia madruno

Rhektophyllum N.E. Br. -n- *Araceae* · 1 sp
– **mirabile** N.E. Br. · ♄ ≩ Z10 ⓦ; W-Afr., C-Afr., Uganda, Angola

Rheum L. -n- *Polygonaceae* · c. 60 sp · D:Rhabarber; E:Rhubarb; F:Rhubarbe
– **acuminatum** Hook. f. et Thomson · ♃ Z6 V-VI; Sikkim
– **alexandrae** Batalin · ♃ Z5 VI-VII; Tibet, W-China
– **australe** D. Don · D:Himalaya-Rhabarber; E:Himalaya Rhubarb · ♃ Z6 VI-VII; C-As., Him.
– × *cultorum* Thorsrud et Reisaeter = Rheum rhabarbarum
– *emodi* Wall. = Rheum australe
– *hybridum* hort. = Rheum rhabarbarum
– **kialense** Franch. · ♃ △ V-VI; China
– **nobile** Hook. f. et Thomson · ♃ Z7 VI-VII; Ind.: Sikkim
– **officinale** Baill. · D:Gebräuchlicher Rhabarber, Südchinesischer Rhabarber; E:Chinese Rhubarb · ♃ Z7 V-VII ⚕; Myanmar, SE-Tibet, SW-China
– **palmatum** L.
  – var. **palmatum** · D:Handlappiger Rhabarber; E:Chinese Rhubarb · ♃ Z6 V-VI ⚕; E-Tibet, W-China
  – var. **tanguticum** Regel · D:Kron-Rhabarber, Tangutischer Rhabarber; E:Turkey Rhubarb; F:Rhubarbe de Chine · Z6 ⚕; NW-China
– **rhabarbarum** L. · D:Krauser Rhabarber, Österreichischer Rhabarber; E:Garden Rhubarb, Rhubarb · ♃ Z3 V-VI Ⓝ ▽; BG (Rhodope)
  – **in Sorten**
– **rhaponticum** L. · D:Bulgarischer Rhabarber, Rhapontik · ♃ V-VI Ⓝ
– **ribes** L. · D:Syrischer Rhabarber; E:Syrian Rhubarb · ♃ Z6 V-VI; Iran, Lebanon
– *undulatum* L. = Rheum rhabarbarum

Rhexia L. -f- *Melastomataceae* · 10-13 sp · D:Bruchheil; E:Deer Grass, Meadow Beauty
– **virginica** L. · D:Virginischer Bruchheil; E:Handsome Harry, Meadow Beauty · ♃ ~ Z7 ∧ VII-VIII; Can.: E; USA: NE, NCR, Okla., SE, Fla.

Rhigozum Burch. -n- *Bignoniaceae* · 7-9 sp
– **obovatum** Burch. · ♄ ♄ d Z9 ⓚ; S-Afr., Madag., Zimbabwe, Namibia

Rhinanthus L. -m- *Scrophulariaceae* · 45 sp · D:Klappertopf; E:Yellow Rattle; F:Cocriste, Rhinanthe
– **alectorolophus** (Scop.) Pollich
  – subsp. **alectorolophus** · D:Zottiger Klappertopf · ⊙ ⋈ Z6 V-IX; Eur.: Fr, I, C-Eur., EC-Eur., Slove., E-Eur.
  – subsp. **aschersonianus** (M. Schulze) Hartl · D:Drüsiger Klappertopf · ⊙ Z6 V-VIII; Eur.: D (Jena)
  – subsp. **facchinii** (Chabert) Soó · D:Südtiroler Klappertopf · ⊙ Z6; Alp.
  – subsp. **freynii** (Sterneck) Hartl · D:Freyns Klappertopf · ⊙ Z6; Eur.: N-I, Slove.
– **alpinus** Baumg. · D:Alpen-Klappertopf · ⊙ Z6 VI-VIII; Eur.: A, EC-Eur., BG, RO, W-Russ.; mts.
– **angustifolius** C.C. Gmel.
  – subsp. **angustifolius** · D:Großer Klappertopf · ⊙ Z6; Eur.* exc. Ib
  – subsp. **halophilus** (U. Schneid.) Hartl · D:Salz-Klappertopf, Salzwiesen-Klappertopf · Z6 V-IX; Eur.: D (Mecklenburg)
– **antiquus** (Sterneck) Schinz et Thell. · D:Altertümlicher Klappertopf, Bergamasker Klappertopf · ⊙ Z6 VIII; Eur.: I, CH; S-Alp.
– **borbasii** (Dörfl.) Soó · D:Puszta-Klappertopf · ⊙ Z6 V-IX; Eur.: A, EC-Eur., Ba, E-Eur.
– **carinthiacus** Widder · D:Kärntner

Klappertopf · ⊙ Z6 V-VIII; Eur.: A (Kärnten)
– **glacialis** Personnat · D:Grannen-Klappertopf · ⊙ Z6 VI-IX; Eur.: Alp.
– **minor** L. · D:Kleiner Klappertopf; E:Hay Rattle, Yellow Rattle · ⊙ Z6 V-IX; Eur.*, Cauc., W-Sib.
– *serotinus* (Schönh.) Schinz et Thell. = Rhinanthus angustifolius subsp. angustifolius

Rhinephyllum N.E. Br. -n- *Aizoaceae* · 12 sp · D:Feilenblatt; F:Rhinephyllum
– **broomii** L. Bolus · ♃ ψ Z9 Ⓚ; Kap

Rhipsalidopsis Britton et Rose -f- *Cactaceae* · 3 sp
– **gaertneri** (Regel) Moran · D:Osterkaktus; E:Easter Cactus · ♄ ψ Z9 Ⓦ ▽ ✻; E-Bras.: Minas Gerais
– × **graeseri** (Werderm.) Moran (*R. gaertneri* × *R. rosea*) · ♄ ψ Z9 Ⓦ; cult.
– **rosea** (Lagerh.) Britton et Rose · ♄ ψ Z9 Ⓦ ▽ ✻; Bras.: Parana

Rhipsalis Gaertn. -f- *Cactaceae* · 50 sp · D:Binsenkaktus, Korallenkaktus, Rutenkaktus; F:cactus-gui, Cactus-jonc
– **baccifera** (J.S. Mill.) Stearn · ♄ ψ ⌇ Z9 Ⓦ ▽ ✻; Trop.
– *capilliformis* F.A.C. Weber = Rhipsalis teres fo. capilliformis
– *cassutha* Gaertn. = Rhipsalis baccifera
– *cassytha* auct. = Rhipsalis baccifera
– **cereuscula** Haw. · ♄ ψ Z9 Ⓦ ▽ ✻; Bras., Parag., Urug., Arg.
– *chrysocarpa* Loefgr. = Rhipsalis puniceodiscus var. chrysocarpa
– **clavata** F.A.C. Weber · ♄ ψ Z9 Ⓦ ▽ ✻; Bras.
– *conferta* Salm-Dyck = Rhipsalis teres
– *coralloides* Rauh = Rhipsalis baccifera
– *coriacea* Pol. = Pseudorhipsalis ramulosa
– *cribrata* (Lem.) Rümpler = Rhipsalis teres
– **crispata** (Haw.) Pfeiff. · ♄ ψ Z9 Ⓦ ▽ ✻; E-Bras.
– *crispimarginata* Loefgr. = Rhipsalis crispata
– *cruciformis* (Vell.) A. Cast. = Lepismium cruciforme
– **dissimilis** (G. Lindb.) K. Schum. · ♄ ψ Z9 Ⓦ ▽ ✻; E-Bras.
– *fasciculata* Haw. = Rhipsalis baccifera
– **floccosa** Salm-Dyck · ♄ ψ ⌇ Z9 Ⓦ ▽ ✻; Bras., Bol.
– *funalis* (Spreng.) Salm-Dyck = Rhipsalis grandiflora
– *gaertneri* (Regel) Moran = Rhipsalidopsis gaertneri
– *gibberula* F.A.C. Weber = Rhipsalis floccosa
– × *graeseri* (Werderm.) Moran = Rhipsalidopsis × graeseri
– **grandiflora** Haw. · ♄ ψ Z9 Ⓦ ▽ ✻; Bras.: Rio de Janeiro
– **hadrosoma** G. Lindb. · ♄ ψ Z9 Ⓦ ▽ ✻; Bras.
– *himantoclada* Rol.-Goss. = Pseudorhipsalis himantoclada
– *houlletiana* Lem. = Lepismium houlletianum
– *ianthothele* (Monv.) K. Brandegee = Pfeiffera ianthothele
– *lindbergiana* K. Schum. = Rhipsalis baccifera
– *megalantha* Loefgr. = Rhipsalis neves-armondii
– *mesembryanthemoides* Steud. = Rhipsalis mesembryanthoides
– **mesembryanthoides** Haw. · ♄ ψ Z9 Ⓦ ▽ ✻; Bras.
– **neves-armondii** K. Schum. · ♄ ψ Z9 Ⓦ ▽ ✻; Bras. (Paraná, Rio de Janeiro)
– **pachyptera** Pfeiff. · ♄ ψ Z9 Ⓦ ▽ ✻; SE-Bras.
– **paradoxa** (Salm-Dyck ex Pfeiff.) Salm-Dyck · ♄ ψ Z9 Ⓦ ▽ ✻; Bras.
– *penduliflora* N.E. Br. = Rhipsalis teres
– *pilocarpa* Loefgr. = Erythrorhipsalis pilocarpa
– *pittieri* Britton et Rose = Rhipsalis floccosa
– *prismatica* Rümpler = Rhipsalis teres
– **pulvinigera** G. Lindb. · ♄ ψ Z9 Ⓦ ▽ ✻; Bras., NE-Parag.
– **puniceodiscus** G. Lindb.
  – var. **chrysocarpa** (Loefgr.) Borg · ♄ ψ ⌇ Z9 Ⓦ ▽ ✻; Bras.
  – var. **puniceodiscus** · ♄ ψ Z9 Ⓦ ▽ ✻; Bras.
– *purpusii* Weing. = Pseudorhipsalis ramulosa
– **rhombea** (Salm-Dyck) Pfeiff. · ♄ ψ ⌇ Z9 Ⓦ ▽ ✻; Bras.
– *rosea* (Lagerh.) Britton et Rose = Rhipsalidopsis rosea
– *saglionis* (Lem.) Otto = Rhipsalis cereuscula
– *salicornioides* Haw. = Hatiora salicornioides
– *shaferi* A. Berger = Rhipsalis baccifera

– *squamulosa* (Salm-Dyck) K. Schum. = Lepismium cruciforme
– **teres** (Vell.) Steud. · ♄ ψ ≹ Z9 Ⓦ ▽ ✱; Bras.
  – fo. **capilliformis** (F.A.C. Weber) Barthlott et N.P. Taylor · ♄ ψ ≹ Z9 Ⓦ ▽ ✱; E-Bras.
– **trigona** Pfeiff. · ♄ ψ Z9 Ⓦ ▽ ✱; Bras.
– *virgata* F.A.C. Weber = Rhipsalis teres

Rhizophora L. -f- *Rhizophoraceae* · 8-9 sp · D:Manglebaum, Mangrovebaum; F:Palétuvier
– **conjugata** L. · ħ e 〰 Z10 Ⓦ Ⓝ; trop. As., trop. Afr.; mangrove
– **mangle** L. · D:Manglebaum, Mangrovebaum; E:Red Mangrove · ħ e 〰 Z10 Ⓦ Ⓝ; S-Fla., trop. Am., W-Afr., C-Afr., Angola, Polyn.; mangrove
– **mucronata** Lam. · ħ e 〰 Z10 Ⓦ Ⓝ; E-Afr., Ind., Sri Lanka, SE-As., Austr.: N.Terr., Queensl.; Jap.; mangrove

Rhodanthe Lindl. -n- *Asteraceae (Compositae)* · c. 45 sp · D:Immortelle; E:Paper Daisy; F:Immortelle, Rhodanthe
– **humboldtianum** (Gaudich.) Paul G. Wilson · ⊙ VII-VIII; W-Austr.
– **manglesii** Lindl. · D:Rosen-Immortelle; E:Paper Daisy · ⊙ ⋈ VII-VIII; W-Austr.

Rhodanthemum (Vogt) K. Bremer et Humphries -n- *Asteraceae (Compositae)* · 12 sp
– **gayanum** (Coss. et Durieu) Wilcox, K. Bremer et Humphries · ♄ Z8 Ⓚ VII-VIII; Maroc., Alger.

Rhodiola L. -f- *Crassulaceae* · c. 50 sp · D:Rosenwurz; E:Roseroot; F:Rhodiole
– **crassipes** (Hook. f. et Thomson) Boriss. · ♃ ψ VI; Him., W-China, Tibet
– **heterodonta** (Hook. f. et Thomson) Boriss. · ♃ ψ △ Z5; Afgh., W-Him., Tibet
– **hobsonii** (Prain ex Raym.-Hamet) S.H. Fu · ♃ ψ △ Z5 VII-VIII; Tibet
– **kirilowii** (Regel) Regel ex Maxim. · ♃ ψ △ Z5 VI; Him., Mong., NW-China
– *primuloides* (Franch.) S.H. Fu = Sedum pachyclados
– **rhodantha** (A. Gray) H. Jacobsen · ♃ ψ △ Z4 VI-VII; USA: Rocky Mts., SW
– **rosea** L. · D:Rosenwurz; E:Roseroot · ♃ ψ △ Z1 VI-VII; Eur.*, W-Sib., E-Sib., Amur, Sachal., Kamchat., Mong., Him., China (Schansi), Can. (Labrador), Greenl.
– **semenowii** (Regel et Herder) Boriss. · ♃ ψ △ Z6 VI-IX; C-As.
– **yunnanensis** (Franch.) S.H. Fu · ♃ ψ △ Z6 VI-IX; China: Sichuan, Yunnan, Hupeh, Schansi

Rhodocactus (A. Berger) F.M. Knuth = Pereskia
– *bleo* (Kunth) F.M. Knuth = Pereskia bleo
– *grandifolius* (Haw.) F.M. Knuth = Pereskia grandifolia
– *sacharosus* (Griseb.) Backeb. = Pereskia sacharosa

Rhodochiton Zucc.ex Otto et A. Dietr. -m- *Scrophulariaceae* · 3 sp
– **atrosanguineus** (Zucc.) Rothm. · E:Purple Bell Vine · ♄ ≹ Z9 Ⓚ; Mex.
– *volubilis* Zucc. = Rhodochiton atrosanguineus

Rhododendron L. -n- *Ericaceae* · c. 800 sp · D:Alpenrose, Azalee, Rhododendron; E:Azalea, Rhododendron; F:Azalée, Rhododendron
– **aberconwayi** Cowan · ♄ e Z7 V-VI; W-China, Yunnan
– *achroanthum* Balf. f. et W.W. Sm. = Rhododendron rupicola var. rupicola
– **adenogynum** Diels · ♄ e Z7 ∧ IV; Yunnan
– *adoxum* Balf. f. et Forrest = Rhododendron vernicosum
– *aechmophyllum* Balf. f. et Forrest = Rhododendron yunnanense
– **aganniphum** Forrest et W.W. Sm. · F:Rhododendron aganniphum · ♄; W-China, SE-Tibet
  – var. **aganniphum** · ♄ Z7 ∧ V; China: Xizang, Yunnan, Sichuan
    – **Glaucopeplum Grp.** · ; cult.
    – **Schizopeplum Grp.** · ; cult.
  – var. **flavorufum** (Balf. f. et Forrest) D.F. Chamb. · ♃ Z7 IV-V; SE-Tibet, China: SE-Xizang
– *aiolopeplum* Balf. f. et Forrest = Rhododendron phaeochrysum var. levistratum
– **alabamense** Rehder · D:Alabama-Azalee; E:Alabama Azalea · ♄ d ⇝ Z7 V; USA: Ala.
– **albrechtii** Maxim. · D:Albrechts Azalee; E:Albrecht's Azalea; F:Rhododendron d'Albrecht · ♄ d Z6 IV-V; Jap.

- *algarvense* Page = Rhododendron ponticum
- *amaurophyllum* Balf. f. et Forrest = Rhododendron saluenense
- **ambiguum** Hemsl. · ♄ e Z6 IV-V; Sichuan
- *amoenum* (Lindl.) Planch. = Rhododendron × obtusum 'Amoenum'
- *annamense* Rehder = Rhododendron simsii
- *apiculatum* Rehder et E.H. Wilson = Rhododendron concinnum
- *araliiforme* Balf. f. et Forrest = Rhododendron vernicosum
- **arborescens** (Pursh) Torr. · D:Baumartige Azalee; E:Smooth Azalea, Sweet Azalea; F:Rhododendron arborescent · ♄ ♄ d D Z6 VI; USA: NE, SE
- **arboreum** Sm. · D:Baum-Alpenrose; E:Tree Rhododendron · ♄ ♄ e Z8 ⓚ III-IV ☠; Pakist., Him., SE-Tibet, Sri Lanka
- *argenteum* Hook. f. = Rhododendron grande
- **argyrophyllum** Franch. · ♄ e Z6 IV-V; Tibet, W-Sichuan
- *artosquamatum* Balf. f. et Forrest = Rhododendron oreotrephes
- *ashleyi* Coker = Rhododendron maximum
- *astrocalyx* Balf. f. et Forrest = Rhododendron wardii
- **atlanticum** (Ashe) Rehder et E.H. Wilson · D:Atlantische Azalee; E:Dwarf Azalea · ♄ d D Z6 V; USA: NE, SE, Tex.
- *atroviride* Dunn = Rhododendron concinnum
- *aucklandii* Hook. f. = Rhododendron griffithianum
- **augustinii** Hemsl. · D:Augustines Rhododendron; E:Blue Rhododendron · ♄ e Z6 IV-V; Yunnan, Sichuan, Hupeh
- **aureum** Georgi · ♄ Z2 IV ☠; W-Sib., E-Sib., Amur, Sachal., Kamchat., Mong., China, Korea, Jap.
- **auriculatum** Hemsl. · ♄ e Z8 ⓚ VII-VIII; China: Hupeh
- *baeticum* Boiss. et Reut. = Rhododendron ponticum
- *balsaminiflorum* Carrière = Rhododendron indicum
- **barbatum** Wall. · ♄ ♄ e Z8 ⓚ IV; Nepal, Sikkim
- *benthamianum* Hemsl. = Rhododendron concinnum Benthamianum Grp.
- *bicolor* P.C. Tam = Rhododendron simsii
- *blepharocalyx* Franch. = Rhododendron intricatum
- *bodinieri* Franch. = Rhododendron yunnanense
- **brachyanthum** Franch.
  - subsp. **brachyanthum** · ♄ e Z6 VI; Yunnan
  - subsp. **hypolepidotum** (Franch.) Cullen · ♄ e Z6; Myanmar, Yunnan
- **brachycarpum** D. Don ex G. Don
  - subsp. **brachycarpum** · ♄ e Z5 VI; Jap., Korea
  - subsp. **fauriei** (Franch.) D.F. Chamb. Z6; Korea
- *brachysiphon* Balf. f. = Rhododendron maddenii
- *brevitubum* Balf. f. et R.E. Cooper = Rhododendron maddenii
- *bullatum* Franch. = Rhododendron edgeworthii
- **burmanicum** Hutch. · ♄ e Z9 ⓚ V; SW-Myanmar
- *caeruleoglaucum* Balf. f. et Forrest = Rhododendron campylogynum
- **calendulaceum** (Michx.) Torr. · D:Gelbe Alpenrose; E:Cumberland Azalea, Flame Azalea, Yellow Azalea; F:Rhododendron jaune · ♄ d Z6 V-VI; USA: NE, Ohio, SE
- **callimorphum** Balf. f. et W.W. Sm. · ♄ e Z7 ∧ VI; NE-Myanmar, Yunnan
- *calophyllum* Nutt. = Rhododendron maddenii
- **calophytum** Franch. · ♄ e Z7 ∧ IV; Tibet, W-Sichuan
- **calostrotum** Balf. f. et Kingdon-Ward
  - subsp. **calostrotum** · ♄ e △ Z7 ∧ IV; Ind., NE-Myanmar
  - subsp. **keleticum** (Balf. f. et Forrest) Cullen · ♄ e △ Z7 ∧ IV; SE-Tibet
    - **Radicans Grp.** · ; NE-Myanmar, W-China
- **campanulatum** D. Don · D:Glockenblütiger Rhododendron · ♄ e Z7 IV-V; Kashmir, Him., SE-Tibet
- **campylocarpum** Hook. f. · ♄ e Z7 ∧ IV-V ☠; Him.: E-Nepal, Sikkim
- **campylogynum** Franch. · ♄ e Z7 V-VI; Myanmar, SE-Tibet, W-Yunnan
- **camtschaticum** Pall. · D:Kamtschatka-Azalee; E:Kamchatka Rhododendron; F:Rhododendron du Kamtchatka · ♄ d Z5 V; Kamchat., Sachal., Jap., Alaska
- **canadense** (L.) Torr. · D:Kanadische Azalee; E:Rhodora; F:Rhododendron du Canada · ♄ d Z5 IV-V; Can.: E; USA: NE
- *cantabile* Hutch. = Rhododendron russatum
- *capitatum* Franch. non Maxim. = Rhododendron fastigiatum

- **capitatum** Maxim. · ♄ e Z8 Ⓚ V; China: Kansu
- *cardoeoides* Balf. f. et Forrest = Rhododendron oreotrephes
- *catapastum* Balf. f. et Forrest = Rhododendron rubiginosum
- **catawbiense** Michx. · D:Catawba-Rhododendron; E:Catawba Rhododendron, Catawba Rosebay, Mountain Rose Bay · ♄ ♄ e Z5 V-VI ☠; USA: Va., W.Va., SE
- **caucasicum** Pall. · D:Kaukasus-Rhododendron; F:Rhododendron du Caucase · ♄ e Z5 V; Cauc.
- **cephalanthum** Franch. · ♄ e △ Z8 Ⓚ ∧ V; Yunnan, Sichuan
- *cerasiflorum* Kingdon-Ward = Rhododendron campylogynum
- *chamaetortum* Balf. f. et Kingdon-Ward = Rhododendron cephalanthum
- *charianthum* Hutch. = Rhododendron davidsonianum
- **charitopes** Balf. f. et Farrer
  - subsp. **charitopes** · ♄ e Ⓚ; N-Myanmar
  - subsp. **tsangpoense** (Kingdon-Ward) Cullen · ♄ e; Tibet, Myanmar, Ind. (Assam)
- *charitostreptum* Balf. f. et Kingdon-Ward = Rhododendron brachyanthum subsp. hypolepidotum
- *chartophyllum* Franch. = Rhododendron yunnanense
- *cheilanthum* Balf. f. et Forrest = Rhododendron cuneatum
- *chengshienianum* W.P. Fang = Rhododendron ambiguum
- *chrysanthum* Pall. = Rhododendron aureum
- *chryseum* Balf. f. et Kingdon-Ward = Rhododendron rupicola var. chryseum
- **ciliatum** Hook. f. · ♄ e Z8 Ⓚ IV; Nepal, Bhutan, China
- **ciliicalyx** Franch. · ♄ e D Z7 III-IV; Yunnan
- *cinereum* Balf. f. et Forrest = Rhododendron cuneatum
- **cinnabarinum** Hook. f. · ♄ e Z7 ∧ V-VI; Sikkim
- **clementinae** Forrest · ♄ e Z6 V; NW-Yunnan, SW-Sichuan
- *colobodes* Balf. f. = Rhododendron saluenense
- *compactum* Hutch. = Rhododendron polycladum
- **concinnum** Hemsl. · D:Reizender Rhododendron · ♄ d Z7 ∧ IV-V; Sichuan
  - **Benthamianum Grp.**
  - **Pseudoyanthinum Grp.** · ♄ e IV-V; SW-China
  - var. *pseudoyanthinum* (Balf. f.) Davidian = Rhododendron concinnum Pseudoyanthinum Grp.
- *coombense* Hemsl. = Rhododendron concinnum
- *coreanum* Rehder = Rhododendron yedoense var. poukhanense
- *coryi* Shinners = Rhododendron viscosum
- *cosmetum* Balf. f. et Forrest = Rhododendron saluenense
- *cremnastes* Balf. f. et Farrer = Rhododendron lepidotum
- *crispiflorum* Hook. f. = Rhododendron indicum
- *croceum* Balf. f. et W.W. Sm. = Rhododendron wardii
- **cuneatum** W.W. Sm. · ♄ e △ Z5 IV; Yunnan, Sichuan
- *cuprescens* Nitz. = Rhododendron phaeochrysum var. phaeochrysum
- *cuthbertii* Small = Rhododendron minus
- *cyclium* Balf. f. et Forrest = Rhododendron callimorphum
- **dalhousiae** Hook. f.
  - var. **dalhousiae** · ♄ e D Z9 Ⓚ V-VI; Ind., Nepal, Bhutan, China, Myanmar
  - var. **rhabdotum** (Balf. f. et R.E. Cooper) Cullen · ♄ e Z9 VI; Bhutan
- *damascenum* Balf. f. et Forrest = Rhododendron campylogynum
- *danielsiana* Paxton = Rhododendron indicum
- **dauricum** L.
  - var. **dauricum** · D:Dahurische Azalee; E:Chinese Alprose; F:Rhododendron nain de Sibérie · ♄ d Z5 II-III; E-Sib., Amur, Mong., Manch.
  - var. **sempervirens** Sims · ♄ d Z5; W-Sib., Mong.
- **davidsonianum** Rehder et E.H. Wilson · ♄ e Z7 ∧ IV-V; Yunnan, Sichuan
- **decorum** Franch.
  - subsp. **decorum** · ♄ e D Z7 ∧ IV-VI; Yunnan, Sichuan
  - subsp. **diaprepes** (Balf. f. et W.w. Sm.) T.L. Ming · ♄ e Z7 V; NE-Myanmar, Yunnan
- *decumbens* D. Don ex G. Don = Rhododendron indicum
- **degronianum** Carrière
  - subsp. **degronianum** · D:Japanischer Rhododendron; E:Metternich's Rhododendron; F:Rhododendron de

Metternich · ħ e Z5 IV ☠; Jap.
– subsp. *pentamerum* (Maxim.) Hutch. = Rhododendron degronianum subsp. degronianum
– subsp. *yakushimanum* (Nakai) Hara = Rhododendron yakushimanum
– *depile* Balf. f. et Forrest = Rhododendron oreotrephes
– *desquamatum* Balf. f. et Forrest = Rhododendron rubiginosum Desquamatum Grp.
– *diaprepes* Balf. f. et W.W. Sm. = Rhododendron decorum subsp. diaprepes
– **dichroanthum**
– subsp. **dichroanthum** · ħ e Z7 ∧ V-VI; Yunnan
– *dichropeplum* Balf. f. et Forrest = Rhododendron phaeochrysum var. levistratum
– *dilatatum* Miq. = Rhododendron reticulatum
– *discolor* Franch. = Rhododendron fortunei subsp. discolor
– **dryophyllum** Balf. f. et Forrest · ħ ŧ e ⌂Ⓚ; China: Sichuan, Yunnan, Tibet; N-Nyenmar, Bhutan
– *dryophyllum* hort. = Rhododendron phaeochrysum var. levistratum
– **edgeworthii** Hook. f. · ħ e D Z9 ⌂Ⓚ IV-V; Ind., Bhutan, China, Myanmar
– **falconeri** Hook. f. · ŧ e Z9 ⌂Ⓚ IV-V; Him.: Nepal, Bhutan
– *fargesii* Franch. = Rhododendron oreodoxa var. fargesii
– **fastigiatum** Franch. · D:Aufstrebender Rhododendron; E:Azalea · ħ e △ Z6 IV-V; Yunnan
– *fauriei* Franch. = Rhododendron brachycarpum subsp. fauriei
– **ferrugineum** L. · D:Rostblättrige Alpenrose; E:Alp Rose, Rusty Leaved Alprose; F:Rhododendron ferrugineux, Rose des Alpes · ħ e Z5 V-VI ⚕ ☠; Eur.: Sp., F, I, C-Eur., Slove., Croat.; Pyr., Alp., Jura
– *fictolacteum* Balf. f. = Rhododendron rex subsp. fictolacteum
– **flammeum** (Michx.) Sarg. · ħ d; USA: S.C., Ga.
– *flavorufum* Balf. f. et Forrest = Rhododendron aganniphum var. flavorufum
– *flavum* G. Don = Rhododendron luteum
– **floribundum** Franch. · ħ e Z8 ∧ IV; China: E-Yunnan, S-Sichuan
– **forrestii** Balf. f. ex Diels
– **in vielen Sorten**
– subsp. **forrestii** · D:Forrests Rhododendron; E:Forrest's Rhododendron · ħ e ↝ △ Z8 ∧ IV; NW-Yunnan, SE-Tibet
– **Repens Grp.** · ħ e Z6; cult.
– var. *repens* (Balf. f. et Forrest) Cowan et Davidian = Rhododendron forrestii subsp. forrestii Repens Grp.
– **fortunei** Lindl.
– subsp. **discolor** (Franch.) D.F. Chamb. · D:Verschiedenfarbiger Rhododendron · ħ ŧ e Z7 ∧ VI-VII; China: Hupeh, Sichuan
– **Houlstonii Group** · ħ e V-VI; China: Sichuan, Hupeh
– subsp. **fortunei** · D:Fortunes Rhododendron; E:Fortune's Rhododendron · ħ e D Z7 ∧ V-VII; China: Tschekiang
– *franchetianum* Lév. = Rhododendron decorum subsp. decorum
– **fraseri** W. Watson · ħ d IV; cult.
– **fulgens** Hook. f. · ħ e Z7 ∧ III; Him: Nepal, Bhutan
– **fulvum** Balf. f. et W.W. Sm. · ħ e Z7 ∧ III-V; Sichuan, W-Yunnan
– *giraudiasii* Lév. = Rhododendron decorum subsp. decorum
– *glaucoaureum* Balf. f. et Forrest = Rhododendron campylogynum
– *glaucopeplum* Balf. f. et Forrest = Rhododendron aganniphum var. aganniphum Glaucopeplum Grp.
– **glaucophyllum** Rehder · ħ e △ Z8 ⌂Ⓚ ∧ V; Ind., Nepal, Bhutan, China
– *glaucum* Hook. f. non Sweet = Rhododendron glaucophyllum
– *gloeblastum* Balf. f. et Forrest = Rhododendron wardii
– *gnaphalocarpum* Hayata = Rhododendron mariesii
– *goreri* Davidian = Rhododendron nuttallii
– **grande** Wight · ħ ŧ e Z8 ⌂Ⓚ II-III; Bhutan, Sikkim
– **griersonianum** Balf. f. et Forrest · ħ e Z8 ⌂Ⓚ V-VI; W-Yunnan
– **griffithianum** Wight · ħ e D Z8 ⌂Ⓚ V; Him.: Sikkim, Bhutan
– *gymnocarpum* Tagg = Rhododendron microgynum Gymnocarpum Grp.
– *haemaleum* Balf. f. et Forrest = Rhododendron sanguineum subsp. sanguineum var. haemaleum
– *haematocheilum* Craib = Rhododendron

oreodoxa var. oreodoxa
– **haematodes** Franch. · D:Blutroter Rhododendron · ♄ e Z7 V; Yunnan
– *hallaisanense* Lév. = Rhododendron yedoense var. poukhanense
– **hanceanum** Hemsl. · ♄ e Z8 Ⓚ; SW-China: Sichuan
– *harrovianum* Hemsl. = Rhododendron polylepis
– *hedythamnum* Balf. f. et Forrest = Rhododendron callimorphum
– *heftii* Davidian = Rhododendron wallichii
– **heliolepis** Franch. · ♄ e Z8 ∧ V-VI; Myanmar, Yunnan
– *helvolum* Balf. f. et Forrest = Rhododendron phaeochrysum var. levistratum
– **hemitrichotum** Balf. f. et Forrest · ♄ e △ Z8 Ⓚ ∧ IV; N-Yunnan, SW-Sichuan
– *hexamerum* Hand.-Mazz. = Rhododendron vernicosum
– **hippophaeoides** Balf. f. et W.W. Sm. · D:Grauer Rhododendron · ♄ e △ Z6 IV; Yunnan
– **hirsutum** L. · D:Bewimperte Alpenrose; E:Hairy Alpen Rose; F:Rhododendron pubescent, Rhododendron cilié · ♄ e △ Z5 VI; Eur.: F, I, C-Eur., Slove., Croatia, Bosn.; Alp., mts.
– *hispidum* (Pursh) Torr. = Rhododendron viscosum
– **hodgsonii** Hook. f. · ♄ e Z9 Ⓚ IV; Him.: Nepal, Bhutan
– *hormophorum* Balf. f. et Forrest = Rhododendron yunnanense
– *houlstonii* Hemsl. et E.H. Wilson = Rhododendron fortunei subsp. discolor Houlstonii Group
– **hunnewellianum** Rehder et E.H. Wilson · ♄ e Z9 Ⓚ III-IV; W-Sichuan
– *hutchinsonianum* W.P. Fang = Rhododendron concinnum
– *hypolepidotum* (Franch.) Balf. f. et Forrest = Rhododendron brachyanthum subsp. hypolepidotum
– *hypotrichotum* Balf. f. et Forrest = Rhododendron oreotrephes
– *igneum* Cowan = Rhododendron keysii
– *imberbe* Hutch. = Rhododendron barbatum
– **impeditum** Balf. f. et W.W. Sm. · D:Veilchenblauer Rhododendron; F:Rhododendron en coussinet · ♄ e Z6 IV; Yunnan, Sichuan
  – **in Sorten**
– **indicum** (L.) Sweet · E:Japanese Azalea · ♄ e Z8 Ⓚ ∧ VI; Jap.
  – var. *japonicum* Makino = Rhododendron kiusianum
– **insigne** Hemsl. et E.H. Wilson · D:Ausgezeichneter Rhododendron · ♄ e Z6 V-VI; SW-Sichuan
– × **intermedium** Tausch (*R. maximum* × *R. ponticum*) · ♄ e; cult.
– *intortum* Balf. f. et Forrest = Rhododendron phaeochrysum var. levistratum
– **intricatum** Franch. · ♄ e Z7 ∧ IV; W-Sichuan
– *iochanense* Lév. = Rhododendron racemosum
– **irroratum** Franch.
  – subsp. **irroratum** · ♄ ♄ e Z8 Ⓚ III-IV; Yunnan
  – subsp. *ningyuenense* (Hand.-Mazz.) T.L. Ming = Rhododendron irroratum subsp. irroratum
– *japonicum* (A. Gray) J.V. Suringar = Rhododendron molle subsp. japonicum
  – var. *pentamerum* (Maxim.) Hutch. = Rhododendron degronianum subsp. degronianum
– *jenkinsii* Nutt. = Rhododendron maddenii
– **kaempferi** Planch. · D:Kaempfers Azalee; E:Kaempfer's Azalea · ♄ d Z6 IV-V; Jap.
  – var. *japonicum* Rehder = Rhododendron kiusianum
– **keiskei** Miq. · D:Keisukes Rhododendron; E:Keisuke's Rhododendron · ♄ e Z6 IV-V ☠; Jap.
– *keleticum* Balf. f. et Forrest = Rhododendron calostrotum subsp. keleticum
– **keysii** Nutt. · ♄ e Z7 ∧ V; C-Jap.
– **kiusianum** Makino · D:Kyushu-Azalee · ♄ e Z6 IV-V; Jap.
– *kotschyi* Simonk. = Rhododendron myrtifolium
– *kwangfuense* Chung et Fang = Rhododendron fortunei subsp. discolor
– **kyawii** Lace et W.W. Sm. · ♄ ♄ e Z9 Ⓦ Ⓚ V; NE-Myanmar
– **lacteum**
  – var. *macrophyllum* Franch. = Rhododendron rex subsp. fictolacteum
– *laetevirens* Hutch. = Rhododendron concinnum
– × **laetevirens** Rehder (*R. carolinianum* × *R. ferrugineum*) · ♄ e Ⓚ V-VI; cult.
– *lancifolium* Hook. f. = Rhododendron barbatum

– *lancifolium* Moench = Rhododendron ponticum
– **lapponicum** (L.) Wahlenb. · D:Alaska-Rhododendron; E:Lapland Rhododendron · ♄ e △ Z2 IV; Eur.: Sc, N-Russ.; E-Sib., Jap., Alaska, Can., USA: NE, NCE; Greenl.
– *laticostum* Ingram = Rhododendron keiskei
– *leclerei* Lév. = Rhododendron rubiginosum
– *ledebourii* Pojark. = Rhododendron dauricum
– *ledifolium* (Hook.) G. Don = Rhododendron mucronatum
– *ledoides* Balf. f. et W.W. Sm. = Rhododendron trichostomum Ledoides Grp.
– **lepidostylum** Balf. f. et Forrest · ♄ e Z6 IV-V; W-Yunnan
– **lepidotum** G. Don · ♄ e Z6 V-VI; Him., Myanmar, Sichuan, Yunnan, Tibet
– *leprosum* Balf. f. = Rhododendron rubiginosum
– **leucaspis** Tagg · ♄ e Z7 ∧ II-III; Tibet
– *leucolasium* Diels = Rhododendron hunnewellianum
– *linearifolium* Siebold et Zucc. = Rhododendron stenopetalum 'Linearifolium'
– *litangense* Hutch. = Rhododendron impeditum
– *lithophilum* Balf. f. et Kingdon-Ward = Rhododendron trichocladum
– × **loderi** hort. (*R. griffithianum* × *R. fortunei*) · ♄; cult.
– *longifolium* Nutt. = Rhododendron grande
– *lophogynum* Balf. f. et Forrest = Rhododendron trichocladum
– *lucidum* Franch. = Rhododendron vernicosum
– **lutescens** Franch. · ♄ e Z7 ∧ III-IV; Sichuan
– *luteum* (L.) C.K. Schneid. = Rhododendron calendulaceum
 – **in vielen Sorten**
– **luteum** Sweet · D:Pontische Azalee; E:Common Yellow Azalea; F:Rhododendron jaune · ♄ d D Z5 V ☠; Eur.: ? A, Slove., PL, Russ.; TR, Cauc., nat. in BrI
– *macrogemmum* Nakai = Rhododendron kaempferi
– *macrosepalum* Maxim. = Rhododendron stenopetalum
 – var. *linearifolium* (Siebold et Zucc.) Makino = Rhododendron stenopetalum 'Linearifolium'
– **maddenii** Hook. f. · D:Vietnamesischer Rhododendron; E:Maddenii · ♄ e D Z9 ⓚ VI; Ind., Bhutan, China, Myanmar, Vietn.
– **makinoi** Tagg · ♄ e Z8 ∧; Jap.
– *mandarinorum* Diels = Rhododendron fortunei subsp. discolor
– **mariesii** Hemsl. et E.H. Wilson · ♄ e Z8 ∧ V; C-China, SE-China
– **maximum** L. · D:Riesen-Rhododendron; E:Great Laurel, Rosebay · ♄ ♄ d Z5 VI-VII Ⓝ; Can.: E; USA: NE, SE
– **mekongense** Franch. · ♄ d; Him., Myanmar, W-China
 – var. *longipilosum* Cullen = Rhododendron trichocladum
– **metternichii** Siebold et Zucc.
 – var. *angustifolium* (Makino) Bean = Rhododendron makinoi
 – var. *pentamerum* Maxim. = Rhododendron degronianum subsp. degronianum
 – var. *yakushimanum* (Nakai) Ohwi = Rhododendron yakushimanum
– **micranthum** Turcz. · D:Kleinblütiger Rhododendron · ♄ e Z5 VI; N-China, N-Korea
– **microgynum** Balf. f. et Forrest · ♄ Z8 ⓚ; W-China, SE-Tibet
 – **Gymnocarpum Grp.** · ♄ ⓚ V; SE-Tibet
– **minus** Michx. · D:Kleiner Rhododendron; E:Carolina Rhododendron; F:Petit rhododendron, Rhododendron de Caroline · ♄ e Z6 VI-VII; USA: SE
– *missionarium* Lév. = Rhododendron ciliicalyx
– *modestum* Hook. f. = Rhododendron ciliatum
– **molle** (Blume) G. Don
 – **in vielen Sorten**
 – subsp. **japonicum** (A. Gray) K. Kron · D:Japanische Azalee; E:Renge Tutuzi · ♄ d Z5 V ☠; Jap.
 – subsp. **molle** · D:Chinesische Azalee; E:Chinese Azalea · ♄ d Z5 V-VI ☠; C-China, E-China
– × **mortieri** Sweet (*R. calendulaceum* × *R. periclymenoides*) · ♄; cult.
– *motsouense* Lév. = Rhododendron racemosum
– **moupinense** Franch. · ♄ e Z8 ⓚ I-II; E-Tibet, Sichuan
– **mucronatum** (Blume) G. Don · D:Porstblättriger Rhododendron; F:Rhododendron · ♄ d D Z6 V; Jap.

- **mucronulatum** Turcz.
  - var. *ciliatum* Nakai = Rhododendron mucronulatum var. mucronulatum
  - var. **mucronulatum** · D:Stachelspitzige Azalee · ♄ e Z5 II-III; China, Amur, E-Sib., Mong., Korea, Jap.
- **myrtifolium** Schott et Kotschy · F:Rhododendron à feuilles de myrte · ♄ e △ Z5 V; Eur.: BG, RO, W-Russ.
- *nanum* Lév. = Rhododendron fastigiatum
- *neglectum* Ashe = Rhododendron atlanticum
- **neriiflorum** Franch. · ♄ e Z7 ∧ IV-V; Yunnan
- *nikoense* Nakai = Rhododendron pentaphyllum
- *ningyuenense* Hand.-Mazz. = Rhododendron irroratum subsp. irroratum
- **nipponicum** Matsum. · ♄ d Z7 V; Jap.
- *nitidum* (Pursh) Torr. = Rhododendron viscosum
- *nudiflorum* (L.) Torr. = Rhododendron periclymenoides
- **nuttallii** Booth · ♄ e D Z10 ⓚ IV-V; Ind., China
- *nwaiense* Hutch. et Kingdon-Ward = Rhododendron cephalanthum
- *oblongum* Griff. = Rhododendron griffithianum
- × **obtusum** (Lindl.) Planch. (*R. kaempferi × R. kiusianum var. kiusianum*) · D:Stumpfblättrige Azalee · ♄ d Z6 IV-V; Jap.
  - **in vielen Sorten**
  - **'Amoenum'**
  - var. *japonicum* Kitam. = Rhododendron kiusianum
  - var. *kaempferi* (Planch.) E.H. Wilson = Rhododendron kaempferi
- **occidentale** (Torr. et A. Gray) A. Gray · D:Westliche Azalee; E:Western Azalea · ♄ d Z6 VI; USA: Oreg., Calif.
- *oporinum* Balf. f. et Kingdon-Ward = Rhododendron heliolepis
- **orbiculare** Decne. · D:Rundblättriger Rhododendron; F:Rhododendron à feuilles rondes · ♄ e Z6 IV; W-Sichuan
- **oreodoxa** Franch.
  - var. **fargesii** (Franch.) D.F. Chamb. · ♄ e Z6 IV; China: Hupeh, Sichuan
  - var. **oreodoxa** · D:Bergruhm-Rhododendron · ♄ e Z6 III-IV; W-Sichuan
- **oreotrephes** W.W. Sm. · ♄ e Z6 V; Yunnan, SE-Tibet
- *oreotrephoides* Balf. f. = Rhododendron oreotrephes
- *oresterum* Balf. f. et Forrest = Rhododendron wardii
- **orthocladum** Balf. f. et Forrest · ♄ e △ Z6 IV; N-Yunnan, Sichuan
- *osmerum* Balf. f. et Forrest = Rhododendron russatum
- *oulotrichum* Balf. f. et Forrest = Rhododendron trichocladum
- *palustre* Turcz. = Rhododendron lapponicum
- *pamprotum* Balf. f. et Forrest = Rhododendron saluenense
- *parviflorum* F. Schmidt = Rhododendron lapponicum
- **pemakoense** Kingdon-Ward · ♄ e △ Z6 III-IV; Ind., Tibet (Pemako-Mts.)
- **pentaphyllum** Maxim. · D:Nikko-Azalee; E:Fiveleaf Azalea · ♄ d Z7 IV-V; Jap.
- *peramabile* Hutch. = Rhododendron intricatum
- **peregrinum** Tagg · ♄ ♄ e Z7 IV-V; SW-Sichuan
- **periclymenoides** (Michx.) Shinners · D:Nacktblütige Azalee; E:Pink Azalea, Pinxterbloom · ♄ d Z3 V; USA: NE, Ohio, SE
- *perulatum* Balf. f. et Forrest = Rhododendron microgynum
- *phaeochlorum* Balf. f. et Forrest = Rhododendron oreotrephes
- **phaeochrysum** Balf. f. et W.W. Sm.
  - var. **levistratum** (Balf. f. et Forrest) D.F. Chamb. Z8 ⓚ; W-China
  - var. **phaeochrysum** · ♄ Z8 ⓚ; W-China
- *plebeium* Balf. f. et W.W. Sm. = Rhododendron heliolepis
- **polycladum** Franch. · ♄ Z8 ⓚ; W-China
  - **Scintillans Grp.** · ♄ △ Z8 ⓚ IV-V; Yunnan (Likiang)
- **polylepis** Franch. · ♄ e Z8 ⓚ IV; W-Sichuan
- **ponticum** L. · D:Pontische Alpenrose, Pontischer Rhododendron; E:Ponticum, Purple Rhododendron · ♄ e Z6 V-VI; Eur.: Ib, BG; TR, Cauc., nat. in Fr, BrI
- *poukhanense* Lév. = Rhododendron yedoense var. poukhanense
- × **praecox** Carrière (*R. ciliatum × R. dauricum var. dauricum*) · D:Vorfrühlings-Rhododendron; F:Rhododendron précoce · ♄ d Z6 III-IV; cult.
- *prasinocalyx* Balf. f. et Forrest = Rhododendron wardii

– **prinophyllum** (Small) Millais · E:Early Azalea · ♄ d D V; Can.: E; USA: NE, NCE, Okla., SE
– *pritzelianum* Diels = Rhododendron micranthum
– *procerum* Salisb. = Rhododendron maximum
– *prophanthum* Balf. f. et Forrest = Rhododendron kyawii
– *propinquum* Tagg = Rhododendron rupicola var. rupicola
– **przewalskii** Maxim. · ♄ e Z6 VI; China: NW-China, Tibet, Sichuan
– *pseudociliicalyx* Hutch. = Rhododendron ciliicalyx
– *pseudoyanthinum* Balf. f. ex Hutch. = Rhododendron concinnum Pseudoyanthinum Grp.
– *pubigerum* Balf. f. et Forrest = Rhododendron oreotrephes
– *purpureum* (Pursh) G. Don = Rhododendron maximum
– **quinquefolium** Bisset et S. Moore · D:Fünfblättrige Azalee; E:Cork Azalea · ♄ d Z6 IV-V; Jap.
– **racemosum** Franch. · D:Traubiger Rhododendron · ♄ e △ Z5 IV; Yunnan
– *radicans* Balf. f. et Forrest = Rhododendron calostrotum subsp. keleticum Radicans Grp.
– *rasile* Balf. f. et W.W. Sm. = Rhododendron decorum subsp. diaprepes
– **recurvioides** Tagg et Kingdon-Ward · ♄ e Z9 (K) V; N-Myanmar
– *reginaldii* Balf. f. = Rhododendron oreodoxa var. oreodoxa
– *repens* Balf. f. et Forrest = Rhododendron forrestii subsp. forrestii Repens Grp.
– **reticulatum** D. Don ex G. Don · D:Netzaderige Azalee · ♄ d Z6 IV-V; Jap.
– **rex** Lév.
  – subsp. **fictolacteum** (Balf. f.) D.F. Chamb. · ♄ ♄ Z8 (K) IV-V; Yunnan, Sichuan
  – subsp. **rex** · ♄ e Z7; W-China, NE-Myanmar
– *rhabdotum* Balf. f. et R.E. Cooper = Rhododendron dalhousiae var. rhabdotum
– *rhantum* Balf. f. et W.W. Sm. = Rhododendron vernicosum
– *rhodora* S.G. Gmel. = Rhododendron canadense
– *rhombicum* Miq. = Rhododendron reticulatum
– *rosthornii* Diels = Rhododendron micranthum
– **rubiginosum** Franch. · ♄ e Z7 ∧ IV-V; Yunnan
  – **Desquamatum Grp.** · ; cult.
– *rubriflorum* Kingdon-Ward = Rhododendron campylogynum
– **rupicola** W.W. Sm.
  – var. **chryseum** (Balf. f. et Kingdon-Ward) Philipson et M.N. Philipson · D:Goldener Rhododendron · ♄ e Z7 V; SW-China: SW-Sichuan, NW-Yunnan; N-Myanmar
  – var. **rupicola** · ♄ e △ Z7 IV-V; Yunnan
– **russatum** Balf. f. et Forrest · D:Rötlicher Rhododendron · ♄ e △ Z6 IV-V; NW-Yunnan
– *sakawanum* Makino = Rhododendron reticulatum
– **saluenense** Franch. · ♄ e Z7 ∧ IV-V; NW-Yunnan
– **sanguineum** Franch.
  – subsp. *mesaeum* (Balf. f.) Cowan = Rhododendron sanguineum subsp. sanguineum var. haemaleum
  – subsp. **sanguineum** · ♄ e Z8 (K) ∧ V; W-China
    – var. **haemaleum** (Balf. f. et Forrest) Cowan Z8 (K); Yunnan, SE-Tibet
– **sargentianum** Rehder et E.H. Wilson · ♄ e Z8 (K) ∧ V; Sichuan
– **schlippenbachii** Maxim. · D:Schlippenbachs Azalee; E:Schlippenbach's Azalea; F:Rhododendron de Schlippenbach · ♄ d Z5 IV-V; Jap., Korea, NE-Manch.
– *sciaphilum* Balf. f. et Kingdon-Ward = Rhododendron edgeworthii
– *scintillans* Balf. f. et W.W. Sm. = Rhododendron polycladum Scintillans Grp.
– *sclerocladum* Balf. f. et Forrest = Rhododendron cuneatum
– **searsiae** Rehder et E.H. Wilson · ♄ e Z7 ∧ IV-V; W-Sichuan
– *semanteum* Balf. f. = Rhododendron impeditum
– *sericocalyx* Balf. f. et Forrest = Rhododendron saluenense
– *sheltonii* Hemsl. et E.H. Wilson = Rhododendron vernicosum
– *shojoense* Hayata = Rhododendron mariesii
– *sichotense* Pojark. = Rhododendron dauricum
– *siderophylloides* Hutch. = Rhododendron oreotrephes
– *sieboldii* Miq. = Rhododendron kaempferi

- *sigillatum* Balf. f. et Forrest = Rhododendron phaeochrysum var. levistratum
- **simsii** Planch. · D:Indica-Azalee; E:Indian Azalea · ♄ e Z7 V ☠; China, Taiwan
- *sinense* (Lodd.) Sweet = Rhododendron molle subsp. molle
- **sinogrande** Balf. f. et W.W. Sm. · ♄ ♄ e Z8 ⌂ IV; NE-Myanmar, Yunnan, SE-Tibet
- *sinolepidotum* Balf. f. = Rhododendron lepidotum
- *sinonuttallii* Balf. f. et Forrest = Rhododendron nuttallii
- **smirnowii** Trautv. · D:Smirnows Rhododendron; E:Smirnow's Rhododendron; F:Rhododendron de Smirnow · ♄ e Z5 V-VI; NE-TR, Cauc.
- *sonomense* Greene = Rhododendron occidentale
- *speciosum* (Willd.) Sweet = Rhododendron calendulaceum
- **sperabile** Balf. f. et Farrer · ♄ e Z8 ⌂ V; NE-Myanmar
- *spooneri* Hemsl. et E.H. Wilson = Rhododendron decorum subsp. decorum
- *squarrosum* Balf. f. = Rhododendron rubiginosum
- **stenopetalum** (Hogg) Mabb. · ♄ ∧ IV-V; Jap.
  - **'Linearifolium'**
- *stenophyllum* Makino = Rhododendron makinoi
- *stenoplastum* Balf. f. et Forrest = Rhododendron rubiginosum
- *strictum* Lév. = Rhododendron yunnanense
- **strigillosum** Franch. · ♄ e Z8 ⌂ II-III; Sichuan
- *subcoombense* Balf. f. = Rhododendron concinnum
- **sutchuenense** Franch. · D:Sichuan-Rhododendron; F:Rhododendron du Sichuan · ♄ e Z6 III-IV; China: Hupeh, Sichuan
- **taliense** Franch. · ♄ e Z6 V; W-Yunnan
- **tapetiforme** Balf. f. et Kingdon-Ward · ♄ e △ Z5 IV-V; Myanmar, China: Xizang, Yunnan
- *taquettii* Lév. = Rhododendron mucronulatum var. mucronulatum
- *theiophyllum* Balf. f. et Forrest = Rhododendron phaeochrysum var. levistratum
- **thomsonii** Hook. f. · ♄ e Z7 ∧ IV; Sikkim, Bhutan, Tibet
- **traillianum** Forrest et W.W. Sm. · ♄ e Z7 IV-V; NW-Yunnan, SW-Sichuan
- *trichocalyx* Ingram = Rhododendron keiskei
- **trichocladum** Franch. · ♄ d Z6; W-China: Yunnan; NE-Myanmar, E-Nepal
- *trichopodum* Balf. f. et Forrest = Rhododendron oreotrephes
- **trichostomum** Franch.
  - **Ledoides Grp.** · ♄ d ⌂; SW-China: Yunnan, Sichuan
- **triflorum** Hook. f. · ♄ e Z7 ∧ IV-V; Ind., Nepal, Bhutan, Tibet, NE-Myanmar
- *tsangpoense* Kingdon-Ward = Rhododendron charitopes subsp. tsangpoense
  - var. *curvistylum* Kingdon-Ward ex Cowan et Davidian = Rhododendron charitopes subsp. tsangpoense
- **tschonoskii** Maxim. · ♄ d Z6 V; Jap., S-Korea
- *umbelliferum* Lév. = Rhododendron mariesii
- **ungernii** Trautv. · D:Ungerns Rhododendron; E:Ungern's Rhododendron · ♄ e Z5 VI ☠; NE-TR, Cauc.
- **vaseyi** A. Gray · D:Vaseys Azalee; E:Pink Shell Azalea; F:Rhododendron de Vasey · ♄ d Z5 IV-V; USA: N.C.
- **vernicosum** Franch. · ♄ ♄ e Z7 ∧ V; W-Sichuan, W-Yunnan
- *viburnifolium* W.P. Fang = Rhododendron simsii
- *vicinum* Balf. f. et Forrest = Rhododendron phaeochrysum var. levistratum
- **viscosum** (L.) Torr. · D:Sumpf-Rhododendron; E:Swamp Azalea · ♄ d D Z5 IV; USA: NE, Ohio, SE
- **wallichii** Hook. f. · ♄ e Z7 ∧ IV; Sikkim
- **wardii** W.W. Sm. · D:Wards Rhododendron; E:Ward's Rhododendron; F:Rhododendron wardii · ♄ e Z7 ∧ V; SE-Tibet, Sichuan, W-Yunnan
- **wightii** Hook. f. · D:Wights Rhododendron; E:Wight's Rhododendron · ♄ e Z7 IV-V; Him.: Nepal, Sikkim, Buthan; N-Ind., SE-Tibet, W-China: Sinkiang
- **williamsianum** Rehder et E.H. Wilson · D:Williams Rhododendron; E:William's Rhododendron · ♄ e Z6 IV; Sichuan
  - **in vielen Sorten**
- *xanthinum* Balf. f. et W.W. Sm. = Rhododendron trichocladum
- **yakushimanum** Nakai · D:Yakushima-

Rhododendron; E:Yak; F:Rhododendron de Yakushima · ♄ e Z6 VI; Jap.
- **in vielen Sorten**
- subsp. *makinoi* D.F. Chamb. = Rhododendron makinoi
- **yedoense** Maxim. et Regel
  - var. **yedoense** · ♄ d Z6; Korea
  - var. **poukhanense** (Lév.) Nakai · ♄ d Z6 V; C-Korea, Jap.
- **yunnanense** Franch. · D:Yunnan-Rhododendron; F:Rhododendron du Yunnan · ♄ e Z7 ∧ V; NE-Myanmar, China: Sichuan, Yunnan, Tibet
- **Cultivars**
  - **in vielen Sorten (siehe Kapitel III)**
  - *'Ledifolium'* = Rhododendron mucronatum

Rhodohypoxis Nel -f- *Hypoxidaceae* · 6 sp
- **baurii** (Baker) Nel · ♃ △ Z8 Ⓐ ∧ VII-VIII; S-Afr.; mts.
- **Cultivars**
  - **in vielen Sorten**

Rhodomyrtus (DC.) Rchb. -f- *Myrtaceae* · 11 sp · D:Rosenmyrte; E:Rose Myrtle; F:Myrte
- **tomentosa** (Aiton) Hassk. · D:Rosenmyrte; E:Ceylon Hill Cherry, Rose Myrtle · ♄ e ⚘ Z10 Ⓦ VI; trop. As.

Rhodophiala C. Presl -f- *Amaryllidaceae* · 31 sp
- **pratensis** (Poepp.) Traub · ♃ Z9 Ⓦ III-V; Chile

Rhodospatha Poepp. -f- *Araceae* · 12 sp
- **heliconiifolia** Schott · ♄ ⚲ Z10 Ⓦ; trop. S-Am.

Rhodothamnus Rchb. -m- *Ericaceae* · 2 sp · D:Zwergalpenrose; F:Rhodothamnus
- *camtschaticus* (Pall.) Lindl. = Rhododendron camtschaticum
- **chamaecistus** (L.) Rchb. · D:Zwergalpenrose · ♄ ♄ e △ Z5 VI; Eur.: I, D, A, Slove.; E-Alp.
- **sessiliflorus** P.H. Davis · ♄ e; NE-TR

Rhodotypos Siebold et Zucc. -m- *Rosaceae* · 1 sp · D:Jabukistrauch, Kaimastrauch, Scheinkerrie; F:Faux-kerria
- *kerrioides* Siebold et Zucc. = Rhodotypos scandens
- **scandens** (Thunb.) Makino · D:Jabukistrauch, Kaimastrauch, Scheinkerrie; F:Rhodotype à quatre pétales · ♄ d Z6 V-VI; China, Korea, Jap.

Rhoeo Hance = Tradescantia
- *discolor* (L'Hér.) Hance = Tradescantia spathacea
- *spathacea* (Sw.) Stearn = Tradescantia spathacea

Rhoicissus Planch. -f- *Vitaceae* · 12 sp
- **capensis** (Burm. f.) Planch. · D:Kapwein, Königswein; E:Evergreen Grape, Monkey Rope · ♄ e ⚲ Z9 Ⓚ; S-Afr.: Natal
- **digitata** (L. f.) Gilg et M. Brandt · ♄ e ⚲ Z9 Ⓚ; trop. Afr., S-Afr.
- *rhomboidea* hort. = Cissus rhombifolia

Rhombophyllum (Schwantes) Schwantes -n- *Aizoaceae* · 3 sp
- **nelii** Schwantes · E:Elk's Horns · ♃ ♆ Z9 Ⓚ; Kap
- **rhomboideum** (Salm-Dyck) Schwantes · ♃ ♆ Z9 Ⓚ; Kap

Rhopalostylis H. Wendl. et Drude -f- *Arecaceae (Palmae)* · 3 sp · D:Nikaupalme; E:Nikau Palm; F:Aréquier
- **baueri** (Seem.) H. Wendl. et Drude · D:Norfolkpalme · ♄ e Z9 Ⓚ; Norfolk Is.
- **sapida** (Sol. ex G. Forst.) H. Wendl. et Drude · D:Nikaupalme; E:Feather Duster Palm · ♄ e Z9 Ⓚ; NZ

Rhus L. -f- *Anacardiaceae* · c. 200 sp · D:Essigbaum, Sumach; E:Sumac, Sumach; F:Sumac
- **aromatica** Aiton · D:Duftender Sumach, Gewürz-Sumach; E:Fragrant Sumach, Lemon Sumach, Skunkbush · ♄ d D Z4 III-IV ⚕; Can.: E; USA: NE, NCE, NC, SC, SE, Fla.
- *canadensis* Marshall non Mill. = Rhus aromatica
- **chinensis** Mill. · D:Gallen-Sumach; E:Chinese Nut Gall Tree · ♄ ♄ d Z7 VIII-IX; China, Taiwan, Manch., Korea, Jap., Malay. Arch.
- **copallina** L. · D:Korall-Sumach; E:Dwarf Sumach, Shining Sumach, Winged Sumach · ♄ ♄ d Z5 VII-VIII; USA: NE, NCE, SE, SC, Fla.
- **coriaria** L. · D:Gerber-Sumach; E:Tanner's Sumach · ♄ d Z9 Ⓚ ☠ Ⓝ; Eur.: Ib, Fr, Ap, Ba, Krim, Azor., Canar., Madeira; TR,

Cyprus, Syr., Sinai, Cauc., Iran, C-As., Alger.
– *cotinoides* Nutt. = Cotinus obovatus
– *cotinus* L. = Cotinus coggygria
– **glabra** L. · D:Scharlach-Sumach; E:Scarlet Sumach, Smooth Sumach, Upland Sumach; F:Vinaigrier · ♄ ♄ d Z6 VII-VIII ⚕ Ⓝ; Can., USA*, Mex.
  – var. *borealis* Britten = Rhus × pulvinata
– *hirta* (L.) Sudw. = Rhus typhina
– × *hybrida* Rehder = Rhus × pulvinata
– *javanica* Thunb. non L. = Rhus chinensis
– *osbeckii* Decne. = Rhus chinensis
– **potaninii** Maxim. · ♄ d Z5 V-VI; C-China, W-China
– × **pulvinata** Greene (*R. glabra* × *R. typhina*) · ♄ d VII-VIII; Can.: E; USA: NE, NCE, N.C.
– **radicans** L. · D:Kletternder Gift-Sumach; E:Poison Ivy · ♄ d ≷ ⇝ Z4 VI-VII ☠; Can.; USA* exc. NW, Calif. ; Mex., Guat., W.Ind.
  – var. *rydbergii* (Small) Rehder = Rhus toxicodendron var. eximia
– *semialata* Murray = Rhus chinensis
– **succedanea** L. · D:Scharlach-Sumach; E:Wax Tree · ♄ ♄ d Z8 Ⓚ Ⓝ; Ind., Malay. Pen., China, Jap., Taiwan
– **sylvestris** Siebold et Zucc. · D:Wald-Sumach; E:Wood Sumach · ♄ d Z6 VI; China, Korea, Jap., Taiwan
– **toxicodendron** L. · D:Behaarter Gift-Sumach; E:Poison Ivy, Poison Oak · ♄ d Z6 V-VI ⚕ ☠; USA: NE, NCE, SC, SE, Fla.
  – var. **eximia** (Greene) McNair · ♄ d Z7 VI-VII; USA: Rocky Mts., SC
– **trichocarpa** Miq. · ♄ d Z5 VII; Jap., China, Korea
– **trilobata** Nutt. ex Torr. et A. Gray · D:Stink-Sumach; E:Skunkbush, Squawberry · ♄ d Z6 III-IV Ⓝ; Can.: Alta., Sask.; USA: NCE, NC, NW, Calif., Rocky Mts., SC; Mex.
– **typhina** L. · D:Essigbaum, Kolben-Sumach; E:Stag's Horn Sumach; F:Sumac amarante, Sumac de Virginie · ♄ ♄ d Z6 VI-VII ☠ Ⓝ; Can.: E, USA: NE, NCE, Tenn., N.C., nat. in Eur.: F, I, CH, CZ, Ba, RO
– **verniciflua** Stokes · D:Lack-Sumach; E:Varnish Tree · ♄ d Z6 IV ☠ Ⓝ; Jap., C-China
– **vernix** L. · D:Kahler Gift-Sumach; E:Poison Elder, Poison Sumach · ♄ ♄ d Z6 VI-VII ☠; Can.: E; USA: NE, NCE, SC, SE, Fla.

Rhynchelytrum Nees -n- *Poaceae (Gramineae)* · 14 sp · D:Natalgras; E:Ruby Grass; F:Herbe du Natal
– **repens** (Willd.) C.E. Hubb. · D:Natal-Gras; E:Natal Grass, Ruby Grass · ⊙ ♃ ⋈ Z8 VII-VIII Ⓝ; trop. Afr., S-Afr., nat. in USA: Fla.., Tex., Ariz.

× **Rhynchocentrum** hort. -n- *Orchidaceae* (*Ascocentrum* × *Rhynchostylis*)

Rhynchoglossum Blume -n- *Gesneriaceae* · 11-13 sp
– **notonianum** (Wall.) B.L. Burtt · ♃ Z10 Ⓦ III-IX; E-Ind., Sri Lanka

Rhyncholaelia Schltr. -f- *Orchidaceae* · 2 sp
– **digbyana** (Lindl.) Schltr. · ♃ Z10 Ⓦ VI-VIII ▽ *; Mex., Belize
– **glauca** (Lindl.) Schltr. · ♃ Z10 Ⓦ II-III ▽ *; Mex., Guat., Hond.

× **Rhynchonopsis** hort. -f- *Orchidaceae* (*Rhynchostylis* × *Phalaenopsis*)

Rhynchosia Lour. -f- *Fabaceae (Leguminosae)* · c. 300 sp
– **phaseoloides** DC. · ♄ ♧ Z10 Ⓦ ☠; Mex., trop. Am.

Rhynchospermum Reinw. -n- *Asteraceae (Compositae)* · 1 sp
– *jasminoides* Lindl. = Trachelospermum jasminoides

Rhynchospora Vahl -f- *Cyperaceae* · c. 200 sp · D:Schnabelried; E:Beak Sedge; F:Rhynchospore
– **alba** (L.) Vahl · D:Weißes Schnabelried · ♃ ~ VII-VIII; Eur.*, TR, Cauc., W-Sib., E-Sib., Kamchat., E-As., N-Am.
– **fusca** (L.) W.T. Aiton · D:Braunes Schnabelried · ♃ ~ VI-VII; Eur.* exc. Ib

Rhynchostylis Blume -f- *Orchidaceae* · 15 sp · D:Fuchsschwanzorchidee; E:Foxtail Orchid; F:Rhynchostylis
– **coelestis** (Rchb. f.) Rchb. f. ex Veitch · ♄ Z10 Ⓦ VII-VIII ▽ *; Thail.
– **gigantea** (Lindl.) Ridl. · ♄ Z10 Ⓦ XI ▽ *; China, Indochina, Malay. Pen., Kalimantan, Phil.

– **retusa** (L.) Blume · ♄ Z10 ⓦ VI-VII ▽ ✻; Him., Ind., Sri Lanka, Indochina, Malay. Arch., Phil.
– **violacea** (Lindl.) Rchb. · ♄ Z10 ⓦ II ▽ ✻; Phil.

× **Rhynchovanda** hort. -f- *Orchidaceae* (*Rhynchostylis* × *Vanda*)

× **Rhyndoropsis** hort. -f- *Orchidaceae* (*Doritis* × *Phalaenopsis* × *Rhynchostylis*)

Rhytidophyllum Mart. -n- *Gesneriaceae* · 21 sp
– **tomentosum** (L.) G. Don · ♄ Z10 ⓦ VII-IX; Jamaica

Ribes L. -n- *Grossulariaceae* · 150 sp · D:Johannisbeere, Stachelbeere; E:Currant, Gooseberry; F:Cassis, Groseillier
– **alpestre** Wall. ex Decne.
  – var. **alpestre** · ♄ d Z6; Him., W-China
– **alpestris**
  – var. **giganteum** Jancz. · ♄ d Z6 IV-V Ⓝ; W-China
– **alpinum** L. · D:Alpen-Johannisbeere; E:Alpine Currant, Mountain Currant; F:Groseillier des Alpes · ♄ d Z3 IV-V; Eur.*, Cauc.
– **americanum** Mill. · D:Kanadische Johannisbeere; E:American Blackcurrant, Black Currant; F:Groseillier d'Amérique · ♄ d Z5 IV-V; Can.; USA: NE, NCE, NC, Rocky Mts., SW
– *aureum* Lindl. = Ribes odoratum
– **aureum** Pursh · D:Gold-Johannisbeere; E:Buffalo Currant, Golden Currant · ♄ d Z3 IV-V Ⓝ; Can.: W; USA: NW, Calif., Rocky Mts., NC, SW
– *biebersteinii* Berland. = Ribes petraeum var. biebersteinii
– **bracteosum** Douglas ex Hook. · ♄ d Z7; Alaska, Can.: W; USA. NW, N-Calif.
– **cereum** Douglas · D:Wüsten-Johannisbeere; E:Squaw Currant, Wax Currant · ♄ d △ Z5 IV-V; B.C., USA: NW, Rocky Mts., NC, Calif., SW
– × **culverwellii** Macfarl. (*R. nigrum* × *R. uva-crispa*) · D:Jostabeere; E:Jostaberry · ♄ d Z6 Ⓝ; cult.
  – **in Sorten**
– **cynosbati** L. · D:Hunds-Stachelbeere; E:Dogberry, Dogbramble · ♄ d Z3; Can.: E; USA: NE, NCE, SE, Okl.
– **diacanthum** Pall. · ♄ d Z3; E-Sib., Mong., Manch., N-Korea
– **divaricatum** Douglas · D:Oregon-Stachelbeere; E:Coastal Black Gooseberry, Common Gooseberry · ♄ d Z6 IV-V; B.C., USA: NW, Calif.
– **fasciculatum** Siebold et Zucc. · D:Dolden-Johannisbeere; E:Gooseberry · ♄ d Z5 IV-V; Jap., Korea, N-China
– *floridum* Mill. = Ribes americanum
– *fragrans* Lodd. non Pall. = Ribes odoratum
– × **fuscescens** (Jancz.) Jancz. (*R. bracteosum* × *R. nigrum*) · ♄ d Z6; cult.
– **gayanum** (Spach) Steud. · ♄ d Z8 ⓚ V; Chile
– **glaciale** Wall. · ♄ d Z5 IV-V; Afgh., Him., China: Yunnan, Hubei, Xizang, Tibet
– **glandulosum** Grauer ex Weber · D:Stinktier-Johannisbeere; E:Skunk Currant, Wild Currant · ♄ d ⟿ △ Z4 IV; Alaska, Can., USA: NE, N.C., NCE
– × **gordonianum** Beaton (*R. odoratum* × *R. sanguineum*) · D:Gordons Johannisbeere; E:Gordon's Currant · ♄ d Z6 IV-V; cult.
– *grossularia* L. = Ribes uva-crispa var. reclinatum
– **hirtellum** Michx. · D:Amerikanische Stachelbeere; E:Hairy Stem Gooseberry, Wedgeleaf Gooseberry · ♄ d Z4 IV-V Ⓝ; Can.: E; USA: NE, NCE, NC
– × **holosericum** Otto et A. Dietr. (*R. petraeum* × *R. rubrum var. rubrum*) · ♄ d Z4; cult.
– **irriguum** Douglas · ♄ d Z4 V-VI; Can.: B.C.; USA: Oreg., N-Idaho, W-Mont.
– **lacustre** (Pers.) Poir. · D:Sumpf-Stachelbeere; E:Bristly Black Gooseberry, Swamp Gooseberry · ♄ d ~ Z4 V; Alaska, Can., USA: NE, Tenn., NCE, Rocky Mts., NW, Calif.
– **laurifolium** Jancz. · ♄ d Z9 ⓚ II-III; N-China
– **leptanthum** A. Gray · D:Colorado-Stachelbeere; E:Trumpet Gooseberry · ♄ d Z6 IV-V; USA: Utah, Colo., N.Mex.
– **lobbii** A. Gray · D:Klebrige Stachelbeere; E:Gummy Gooseberry, Sticky Gooseberry · ♄ d Z7 ∧ IV-V; Can.: B.C.; USA: NW, Calif.
– **maximowiczii** Batalin
  – var. **floribundum** Jesson · ♄ d Z6; W-China
  – var. **maximowiczii** · ♄ d Z6 V; Jap., Korea, Manch.
– **multiflorum** Kit. ex Roem. et Schult. · D:Troddel-Johannisbeere · ♄ d Z6 IV-V;

Eur.: Sard., I, Croatia, YU, GR, BG
– × **nidigrolaria** Rud. Bauer et A. Bauer (*R. divaricatum* × *R. nigrum* × *R. uva-crispa var. sativum*) · D:Bastard-Johannisbeere, Jochelbeere · ♄ d Ⓝ; cult.
– **nigrum** L. · D:Schwarze Johannisbeere; E:Blackcurrant; F:Cassis, Cassissier · ♄ d D Z5 IV-V ⚕ Ⓝ; Eur.* exc. Ib; Cauc., W-Sib., E-Sib., C-As., Mong.
 – **in vielen Sorten**
– **niveum** Lindl. · D:Schnee-Stachelbeere; E:Snake River Gooseberry · ♄ d Z6 IV-V; USA: NW, Idaho, Nev.
– **odoratum** H.L. Wendl. · D:Wohlriechende Johannisbeere; E:Buffalo Currant, Golden Currant; F:Groseillier doré · ♄ d Z5 IV-V Ⓝ; USA: NCE, NC, SC, Ark.
– **oxyacanthoides** L. · D:Manitoba-Stachelbeere; E:Northern Gooseberry · ♄ d ~ Z4 IV-V; Can., USA: NCE, N.Dak., Mont.
– **petraeum** Wulfen
 – var. **biebersteinii** (Berland.) C.K. Schneid. · ♄ d Z6; Cauc.
 – var. **petraeum** · D:Felsen-Johannisbeere; E:Stone Gooseberry; F:Groseillier des rochers · ♄ d Z6 IV-VI Ⓝ; Eur.* exc. BrI, Sc; mts.; Cauc., W-As, Sib., Amur, NW-Afr.
– **pinetorum** Greene · D:Arizona-Stachelbeere · ♄ d Z6; Ariz., N.Mex.
– *pubescens* (W.D.J. Koch) Opiz = Ribes uva-crispa var. uva-crispa
– *reclinatum* L. = Ribes uva-crispa var. reclinatum
– **roezlii** Regel
 – var. **cruentum** (Greene) Rehder · ♄ d Z7; USA: S-Oreg., Calif.
 – var. **roezlii** · ♄ d Z7 V; Calif.
– **rubrum** L.
 – var. **domesticum** Wallr. · D:Rote Johannisbeere, Weiße Johannisbeere; E:Red Currant, White Currant · Z4 ⚕; cult.
  – **in vielen Sorten**
 – var. **rubrum** · D:Johannisbeere; E:Currant; F:Groseillier rouge · ♄ d Z4 IV-V Ⓝ; Eur.: BrI, Fr, D, I, nat. in Eur.
– **sanguineum** Pursh · D:Blut-Johannisbeere; E:Flowering Currant; F:Groseillier sanguin · ♄ d Z5 IV-V; B.C., USA: NW, N-Calif.
 – **in Sorten**
– *sativum* (Rchb.) Syme = Ribes rubrum var. domesticum
– **spicatum** Robson · D:Ährige Johannisbeere; E:Downy Currant · ♄ d Z4 IV-V Ⓝ; Eur.: BrI, Sc, C-Eur., EC-Eur., E-Eur.; Sib. Manch.
– *sylvestre* (Lam.) Hayek = Ribes rubrum var. rubrum
– **uva-crispa** L. · D:Stachelbeere; E:Gooseberry
 – subsp. *pubescens* (W.D.J. Koch) Schwarz = Ribes uva-crispa var. uva-crispa
 – var. **reclinatum** (L.) Berland. · ♄ d Z5 IV-V Ⓝ; cult.
 – var. **sativum** DC. · D:Kultur-Stachelbeere · ♄ d Z5 IV-V Ⓝ; cult.
  – **in vielen Sorten**
 – var. **uva-crispa** · D:Gewöhnliche Stachelbeere; F:Groseillier à maquereau · ♄ d Z5 IV-V Ⓝ; Eur.* exc. Sc; Cauc., Sib., Manch., Him., NW-Afr., nat. in Sc
– *vulgare* Lam. = Ribes rubrum var. rubrum

Ricinodendron Müll. Arg. -n- *Euphorbiaceae* · 1 sp
– **heudelotii** (Baill.) Pierre ex Pax · D:Afrikanisches Mahagoni; E:African Nut-Tree · ♄ d Z10 Ⓦ Ⓝ; trop. Afr.

Ricinus L. -m- *Euphorbiaceae* · 1 sp · D:Palma Christi, Rizinus, Wunderbaum; E:Castor Oil Plant; F:Ricin
– **communis** L. · D:Palma Christi, Rizinus, Wunderbaum; E:Castor Oil Plant; F:Ricin · ⊙ ♄ ♄ ♄ e Z9 Ⓦ Ⓚ VIII-X ⚕ ☠ Ⓝ; ? trop. Afr., nat. in Trop., Subtrop.

× **Ridleyara** hort. -f- *Orchidaceae* (*Arachis* × *Trichoglottis* × *Vanda*)

Ridolfia Moris -f- *Apiaceae (Umbelliferae)* · 1 sp · D:Falscher Fenchel, Ridolfie; E:False Fennel; F:Ridolfia
– **segetum** Moris · D:Falscher Fenchel, Ridolfie; E:False Fennel · ⊙; Eur.: Ib, Fr, Ap, Croat.; TR, Syr., Canar., N-Afr.

Rindera Pall. -f- *Boraginaceae* · c. 25 sp
– **caespitosa** (DC.) Gürke · ♃ △ Ⓚ ∧ V-VIII; TR
– **umbellata** (Waldst. et Kit.) Bunge · ♃ △ ∧ V-VII; Eur.: Serb., BG, RO, W-Russ.

Ritterocereus Backeb. = Stenocereus
– *pruinosus* (Otto) Backeb. = Stenocereus pruinosus
– *queretaroensis* (F.A.C. Weber) Backeb. = Stenocereus queretaroensis

Rivina L. -f- *Phytolaccaceae* · 1 sp · D:Blutbeere, Rivinie; E:Blood Berry; F:Rivinia
– **humilis** L. · D:Blutbeere, Rivinie; E:Blood Berry, Rouge Plant · ♃ ♄ Z9 ⓦ; USA: SE, Fla., Tex.; Mex., W.Ind., trop. S-Am.

Robinia L. -f- *Fabaceae (Leguminosae)* · 10 sp · D:Robinie, Scheinakazie; E:False Acacia; F:Faux-acacia, Robinier
– × **ambigua** Poir. (*R. viscosa*) · D:Rosafarbene Robinie; E:Pink Locust · ♄ d Z6; cult.
– **fertilis** Ashe · ♄ d Z5; USA
– **hispida** L. · D:Borstige Robinie; E:Bristly Locust, Rose Acacia; F:Acacia rose · ♄ d Z6 VI-IX; USA: Va., Ky., SE
– × **holdtii** Beissn. (*R. luxurians* ×) · ♄ d Z6; cult.
– **kelseyi** Kelsey ex Hutch. · D:Kelseys Robinie · ♄ d Z6 V-VI; USA: N.C.
– **luxurians** (Dieck) C.K. Schneid. · D:Üppige Robinie · ♄ ♄ d Z6 VI Ⓝ; USA: Rocky Mts., SW, SC; Mex.
– **neomexicana** A. Gray · D:Neu-Mexiko-Robinie; E:New Mexican Locust; F:Robinier · ♄ d Z6 VI-VII; USA: N.Mex.
  – var. *luxurians* Dieck = Robinia luxurians
– *neomexicana* auct. non A. Gray = Robinia luxurians
– **pseudoacacia**
  – **'Microphylla'**
– **pseudoacacia** L. · D:Gewöhnliche Scheinakazie, Robinie; E:Acacia, Black Locust, Robinia; F:Faux acacia · ♄ d Z6 V-VI ☠ Ⓝ; USA: NE, NCE, SE, Okla., nat. in Eur.
  – var. *angustifolia* Koehne = Robinia pseudoacacia 'Microphylla'
– × **slavinii** Rehder (*R. kelseyi* ×) · ♄ d Z6; cult.
– **viscosa** Vent. · D:Klebrige Robinie; E:Clammy Locust · ♄ ♄ d Z6 VI-VIII; USA: NE, SE

Rochea DC. = Crassula
– *coccinea* (L.) DC. = Crassula coccinea
– *falcata* DC. = Crassula perfoliata var. falcata
– *perfoliata* (L.) DC. = Crassula perfoliata var. perfoliata
– *versicolor* (Burch. ex Ker-Gawl.) Link = Crassula coccinea

Rodgersia A. Gray -f- *Saxifragaceae* · 6 sp · D:Bronzeblatt, Rodgersie, Schaublatt; F:Rodgersia
– **aesculifolia** Batalin · F:Rodgersia à feuilles de marronnier · ♃ Z5 VI-VII; C-China
– **henrici** (Franch.) Franch. · ♃ Z6; China, N-Myanmar, SE-Tibet
– **pinnata** Franch. · ♃ Z6 VII; Yunnan
– **podophylla** A. Gray · ♃ Z5 VII-VIII; Jap., Korea
– **purdomii** hort. · ♃ VI-VII; China
– **sambucifolia** Hemsl. · F:Rodgersia à feuilles de sureau · ♃ Z6 VII-VIII; Yunnan
– *tabularis* (Hemsl.) Kom. = Astilboides tabularis

× **Rodrassia** hort. -f- *Orchidaceae* (*Brassia* × *Rodriguezia*)

× **Rodrettia** hort. -f- *Orchidaceae* (*Comparettia* × *Rodriguezia*)

× **Rodricidium** hort. -n- *Orchidaceae* (*Oncidium* × *Rodriguezia*)

× **Rodridenta** hort. -f- *Orchidaceae* (*Macradenia* × *Rodriguezia*)

Rodriguezia Ruiz et Pav. -f- *Orchidaceae* · 40 sp
– **decora** (Lem.) Rchb. f. · ♃ Z10 ⓦ IX-X ▽ ✻; Bras.
– **secunda** Humb., Bonpl. et Kunth · ♃ Z10 ⓦ V-VI ▽ ✻; Panama, trop. S-Am.
– **venusta** Rchb. f. · ♃ Z10 ⓦ X ▽ ✻; Bras.

× **Rodritonia** hort. -f- *Orchidaceae* (*Miltonia* × *Rodriguezia*)

Roegneria K. Koch = Elymus
– *canina* (L.) Nevski = Elymus caninus
– *pauciflora* (Schwein.) Hyl. = Elymus trachycaulus

Roemeria Medik. -f- *Papaveraceae* · 6-8 sp
– **hybrida** (L.) DC. · ⊙ VII-VIII ☠; Eur.: Ib, Fr, Ap, Ba; TR, Levante, Iran, N-Afr.
– **refracta** DC. · ⊙ VII-VIII; TR, Cauc., Iran, C-As., China: Sinkiang

Rohdea Roth -f- *Convallariaceae* · 1 sp
– **japonica** (Thunb. ex Murray) Roth · E:Lily-of-China · ♃ Z8 ⓚ; SW-China

× **Rolfeara** hort. -f- *Orchidaceae* (*Cattleya* × *Rhyncholaelia* × *Sophronitis*)

Romanzoffia Cham. -f- *Hydrophyllaceae* · 4 sp · D:Romanzoffie; E:Romanzoffia; F:Romanzoffia
- **sitchensis** Bong. · D:Sitka-Romanzoffie; E:Sitka Mistmaiden · ♃ Z8 Ⓐ ∧ V-VI; Alaska, Can.: W; USA: NW, Calif.
- **unalaschcensis** Cham. · D:Aleuten-Romanzoffie; E:Mistmaiden · ♃ Ⓐ ∧ V-VI; E-Aleuten

Romneya Harv. -f- *Papaveraceae* · 1 sp · D:Kalifornischer Baummohn; F:Pavot de Californie
- **coulteri** Harv.
  - **'White Cloud'** · Ⓚ
  - var. **coulteri** · D:Kalifornischer Baummohn; E:California Tree Poppy · ♃ Z8 Ⓚ VII-IX; SW-Calif., NW-Mex.
  - var. **trichocalyx** (Eastw.) Jeps. · ♃ Z8 Ⓚ; Calif.
- × *hybrida* hort. = Romneya coulteri 'White Cloud'
- *trichocalyx* Eastw. = Romneya coulteri var. trichocalyx

Romulea Maratti -f- *Iridaceae* · c. 90 sp · D:Sandkrokus, Scheinkrokus; E:Sand Crocus; F:Faux-crocus, Romulée
- **bulbocodium** (L.) Sebast. et Mauri · ♃ Z8 Ⓚ III-IV; Eur.: Ib, Fr, Ap, Ba; Levante, N-Afr.
- **linaresii** Parl. · ♃ Z8 Ⓚ; Sic., GR, W-TR
- **tempskyana** Freyn · ♃ Z8 Ⓚ; TR, Cyprus, Palaest.

Rondeletia L. -f- *Rubiaceae* · c. 150 sp
- **amoena** (Planch.) Hemsl. · ♄ e Z10 Ⓚ III-V; C-Am.
- **cordata** Benth. · ♄ e Z10 Ⓚ VI-VII; Guat.
- **odorata** Jacq. · ♄ e D Z10 Ⓦ XI-III; Panama, Cuba
- *speciosa* Lodd. = Rondeletia odorata

Ronnbergia E. Morren et Andre -f- *Bromeliaceae* · 8 sp
- **columbiana** E. Morren · ♃ Z10 Ⓦ; Col.
- **morreniana** Linden et André · ♃ Z10 Ⓦ; Col.

Roridula Burm.f. ex L. -f- *Roridulaceae* · 2 sp · D:Taupflanze; F:Roridule
- **dentata** L. · ♄ e Z9 Ⓚ; Kap
- **gorgonias** Planch. · ♄ e Z9 Ⓚ; Kap

Rorippa Scop. -f- *Brassicaceae (Cruciferae)* · 70-80 sp · D:Sumpfkresse; E:Water Cress; F:Faux-cresson, Roripe
- **amphibia** (L.) Besser · D:Wasser-Sumpfkresse; E:Great Yellowcress · ♃ Z6 V-VIII; Eur.*, Cauc., W-Sib., E-Sib., C-As.
- **anceps** (Wahlenb.) Rchb. · D:Niederliegende Sumpfkresse · ♃ V-IX; Eur.*, TR, Cauc., E-Sib.
- × **armoracioides** (Tausch) Fuss (*R. austriaca* × *R. sylvestris*) · ♃; Eur.* exc. BrI, Sc +
- × **astylis** (Rchb.) Rchb. (*R. palustris* × *R. sylvestris*) · ♃; A +
- **austriaca** (Crantz) Besser · D:Österreichische Sumpfkresse · ♃ VI-VIII; Eur.: C-Eur., EC-Eur., Ba, E-Eur.; TR, Cauc., C-As., nat. in BrI, Sc, F, I
- **islandica** (Oeder) Borbás · D:Ufer-Sumpfkresse · ⊙; Eur.* exc. EC-Eur.; cosmop.
- **lippizensis** (Wulfen) Rchb. · D:Karst-Sumpfkresse · ♃; Eur.: Ba, I
- *microphylla* (Boenn.) Hyl. = Nasturtium microphyllum
- **palustris** (L.) Besser · D:Gewöhnliche Sumpfkresse · ♃ VI-IX; Eur.*, TR, Cauc., W-Sib., E-Sib., Amur, Sachal., Kamchat., C-As., Him., Mong., E-As., N-Am., S-Am., Egypt, Austr.
- **pyrenaica** (L.) Rchb. · D:Pyrenäen-Sumpfkresse · ♃ V-VIII; Eur.: Fr, Ap, C-Eur., EC-Eur., Ba, E-Eur.
- **sylvestris** (L.) Besser · D:Wilde Sumpfkresse · ♃ V-IX; Eur.*, TR, Cauc., N-As., N-Afr.

Rosa L. -f- *Rosaceae* · 100-150 sp · D:Hagebutte, Rose; E:Rose; F:Eglantier, Rosier
- *abietina* Gren. ex H. Christ = Rosa acicularis var. acicularis
- **acicularis** Lindl.
  - var. **acicularis** · D:Nadel-Rose; E:Needle Rose, Prickly Rose · ♄ d D VI; Can., USA: NE, NCE, NC, Rocky Mts.
  - var. **bourgeauana** (Crép.) Crép. Z2; Alaska, Can., USA: NE, NEC, NC, Rocky Mts.
- **agrestis** Savi · D:Feld-Rose; E:Field Briar · ♄ d Z6 VI; Eur.*, NW-TR, NW-Afr.
- × **alba** L. (*R. arvensis* × *R. gallica* × ?) · D:Weiße Rose; E:White Rose, White Rose of York · ♄ ♧ D Z5 VI Ⓝ; cult.
- *alpina* L. = Rosa pendulina var. pendulina

- *anemoniflora* Fortune ex Lindl. = Rosa × beanii
- **arkansana** Porter · D:Prärie-Rose; E:Prairie Rose · ♄ d Z4 VI-VII; Can., USA: NE, NCE, NC, SC, N.Mex.
- **arvensis** Huds. · D:Kriechende Rose; E:Field Rose, Musk Rose; F:Rosier des champs · ♄ d ⌇ ⇝ D Z5 VI-VII; Eur.* exc. Sc; TR
- *balearica* Desf. = Rosa sempervirens
- **banksiae** W.T. Aiton · E:Banksian Rose · ♄ e ⌇ D Z8 ⓚ IV-VII; W-China, C-China
- × **beanii** Heath (*R. banksiae* × ? × *R. moschata*) · ♄ d Z7; cult. E-China
- **beggeriana** Schrenk · ♄ d Z7 VI; Afgh., N-Iran, C-As., China: Sinkiang
- **bella** Rehder et E.H. Wilson · ♄ d D Z6 VI; N-China
- *bengalensis* Pers. = Rosa chinensis
- *berberifolia* Pall. = Rosa persica
- × *bifera* (Poir.) Pers. = Rosa × damascena 'Semperflorens'
- **blanda** Aiton · D:Labrador-Rose; E:Smooth Rose · ♄ d Z4 V-VI; Can.: E; USA: NE, NCE, NC.
- *boissieri* Crép. = Rosa britzensis
- × **borboniana** Desp. (*R. chinensis* × *R.* × *damascena*) · D:Bourbon-Rose; E:Bourbon Rose · ♄ d ∧ VI-IX; cult.
- **bracteata** J.C. Wendl. · E:Macartney Rose · ♄ e Z7 VII-VIII; S-China, Taiwan, nat. in USA: SE
- **britzensis** Koehne · ♄ d Z6 V-VI; TR, Iraq, Cauc., Iran
- × **bruantii** Rehder (*R.* × *odorata* × *R. rugosa*) · ♄ d; cult.
- **brunonii** Lindl. · D:Himalaya-Moschus-Rose; E:Himalayan Musk Rose · d ⌇ D Z8 ⓚ VI-VII; Afgh., Pakist., Kashmir, Nepal, Sichuan
- **caesia** Sm. · D:Lederblättrige Rose · ♄ d Z5 VI; Eur.*, TR
- *calendarum* Borkh. = Rosa × damascena
- **californica** Cham. et Schltdl. · D:Kalifornische Rose; E:California Rose · ♄ d D Z5 V-VIII; Oreg., Calif., Baja Calif.
- **canina** L. · D:Hunds-Rose; E:Common Briar, Dog Rose; F:Eglantier commun, Rosier des chiens · ♄ d ⚘ Z4 VI-VIII ⚕ Ⓝ; Eur.*, TR, Syr., Cauc., Iran, C-As., Canar., Madeira, NW-Afr.
  - subsp. *dumetorum* (Thuill.) R. Keller = Rosa corymbifera
- *carelica* Fr. = Rosa acicularis var. acicularis
- **carolina** L. · D:Carolina-Rose; E:Carolina Rose; F:Rosier · ♄ d Z5 VII-VIII; Can.: E; USA: NE, NCE, NC, SC, SE, Fla.
- *carolinensis* Marshall = Rosa virginiana
- **caryophyllacea** Besser · ♄ d VI; Eur.: I, A, EC-Eur., Ba, E-Eur.; ? Cauc.
- **caudata** Baker · ♄ d Z6 VI; W-China
- × **centifolia** L. (*R. canina* × × *R. gallica* × *R. moschata*) · D:Hundertblättrige Rose; E:Cabbage Rose, Provence Rose; F:Rosier cent-feuilles · ♄ d D Z5 VI-VII ⚕ ; ? Cauc.
- × **chavinii** Rapin (*R. canina* × *R. montana*) · D:Chavins Rose; E:Chavin's Rose · ♄ d VI-VII; Eur.: CH, F, I; Alp.
- **chinensis** Jacq. · D:China-Rose; E:China Rose · ♄ d Z6 VI-X; China
  - **'Minima'** · ⓚ
  - var. *minima* (Sims) Voss = Rosa chinensis 'Minima'
- *cinnamomea* L. 1753 = Rosa pendulina var. pendulina
  - var. *plena* L. 1759 = Rosa majalis
- *cinnamomea* L. 1759 = Rosa majalis
- *coriifolia* Fr. = Rosa caesia
- **corymbifera** Borkh. · D:Déséglise-Rose, Hecken-Rose; E:Rose · ♄ d ⚘ Z6 VI; Eur.*, TR, Cauc., C-As., Afgh., N-Afr.
- **corymbulosa** Rolfe · ♄ d Z6; W-China: Hubei, Shensi
- × **damascena** Mill. (*R. gallica* × *R. moschata*) · D:Portland-Rose; E:Damask Rose · ♄ d D Z4 VI-IX ⚕ Ⓝ; cult.
  - *'Bifera'* = Rosa × damascena 'Semperflorens'
  - **'Semperflorens'** · ♄ d Ⓝ; cult.
- **davidii** Crép. · ♄ d ⚘ Z7 ∧ VI-VII; W-China
- **dumalis** Bechst. · D:Graugrüne Rose · ♄ d Z4 VI-VII; Eur. exc. BrI, TR
- *dumetorum* Thuill. = Rosa corymbifera
- × **dupontii** Déségl. (*R. gallica* × *R. moschata*) · ♄ d Z6 VI; cult.
- **ecae** Aitch. · ♄ d Z7 ∧ V-VI; Afgh., NW-Pakist., C-As., N-China
- *eglanteria* L. = Rosa rubiginosa
- **elliptica** Tausch · D:Keilblättrige Rose · ♄ d VI-VII; Eur.* exc. Sc
- *fendleri* Crép. = Rosa woodsii var. fendleri
- *ferruginea* auct. non Vill. = Rosa glauca
- **filipes** Rehder et E.H. Wilson · d ⌇ Z5; China
- **foetida** Herrm. · D:Gelbe Rose; E:Austrian Briar · ♄ d D Z5 VI; Iran, Afgh., NW-Him.
- **foliolosa** Nutt. ex Torr. et A. Gray · D:Weiße Prärie-Rose; E:White Prairie

Rose · ♄ d Z6 VII-VIII; USA: Ark., SC
– × **francofurtana** Münchh. (*R. gallica* × *R. majalis* × *?*) · D:Frankfurter Rose · ♄ d Z6; cult.
– *fraxinifolia* C.C. Gmel. non Borkh. = Rosa blanda
– **gallica** L. · D:Essig-Rose; E:French Rose; F:Rosier de France, Rosier de Provins · ♄ d D Z5 VI ⚕ Ⓝ; Eur.* exc. BrI, Sc, Ib; TR, N-Iraq, Cauc., nat. in Ib, USA
 – var. *damascena* (Mill.) Voss = Rosa × damascena
– **glauca** Pourr. · D:Bereifte Rose, Rotblättrige Rose; E:Rubrifolia; F:Rosier glauque · ♄ d Z3 VI-VII; Eur.* exc. BrI, Sc, nat. in Sc
– *glaucophylla* Ehrh. = Rosa hemisphaerica
– *glutinosa* Sm. = Rosa pulverulenta
– **gymnocarpa** Nutt. ex Torr. et A. Gray · E:Wood Rose · ♄ d △ Z7 ∧ VI-VII; B.C., USA: NW, Calif., Rocky Mts.
– × **hardii** Paxton (*R. clinophylla* × *R. persica*) · ♄ d Z8 Ⓚ; cult.
– × **harisonii** Rivers (*R. foetida* × *R. pimpinellifolia*) · D:Harisons Rose; E:Harison's Yellow Rose · ♄ d Z4 V; cult.
– **helenae** Rehder et E.H. Wilson · ♄ d ♧ D Z7 ∧ VI-VII; C-China
– **hemisphaerica** Herrm. · D:Schwefelgelbe Rose; E:Sulphur Rose · ♄ d Z6 VI-VII; cult.
 – **'Flore Pleno'**
– **hemsleyana** Täckh. · ♄ d Z6 VI; C-China
– × **highdownensis** Hillier (*R. moyesii* × *R. sweginzowii*) · ♄ d Z6; cult.
– **hirtula** (Regel) Nakai · ♄ d Z6; Jap.
– *holodonta* Stapf = Rosa moyesii 'Rosea'
– *hugonis* Hemsl. = Rosa xanthina fo. hugonis
– *humilis* Marshall = Rosa carolina
– *indica* Lour. non L. = Rosa chinensis
 – var. *fragrans* Andrews = Rosa × odorata
 – var. *odorata* Thory = Rosa × odorata
– **inodora** Fr. · D:Geruchlose Rose · ♄ d VI-VII; Eur.: Sc, BrI, D, A +
– **jundzillii** Besser · D:Raublättrige Rose · ♄ d Z5 VI; Eur.: Fr, Ap, C-Eur., EC-Eur., Ba, E-Eur.; Cauc.
– × **kamtschatica** Vent. (*R. davurica* × *R. rugosa* × *?*) · D:Kamtschatka-Rose · ♄ Z4; E-Sib., Kamcaht.
– **laevigata** Michx. · D:Cherokee-Rose; E:Cherokee Rose · ♄ e D Z7 V-VI ⚕; China: Hupeh, Fukien: Taiwan, nat. in USA: SE
– *lawrenceana* Sweet = Rosa chinensis 'Minima'
– **laxa** Retz. · ♄ d Z6 VII; Sib., NW-China
– *lucida* Ehrh. = Rosa virginiana
– *lutea* Mill. = Rosa foetida
– × **macrantha** hort. non Desp. (*R. canina* × *R. gallica* × *?*) · ♄ d Z6; cult.
– **macrophylla** Lindl. · E:Big Hip Rose · ♄ d ♧ Z7 VI; Afgh., Pakist., Him., SW-China
– **majalis** Herrm. · D:Mai-Rose, Zimt-Rose; E:Cinnamon Rose, May Rose; F:Rosier cannelle, Rosier de mai · ♄ d D Z4 V-VI; Eur.: Ap, Fr, C-Eur., EC-Eur., Sc, E-Eur.; ? Cauc., W-Sib., E-Sib.
– × **mariae-graebneriae** Asch. et Graebn. (*R. palustris* × *R. virginiana*) · ♄ d Z5; cult.
– **micrantha** Borrer ex Sm. · D:Kleinblütige Rose · ♄ Z5 V-VI; Eur.* exc. Sc; TR, Lebanon, Cauc., NW-Afr.
– *microphylla* Lindl. = Rosa roxburghii fo. normalis
– × **micrugosa** Henkel (*R. roxburghii* × *R. rugosa*) · ♄ d Z5; cult.
– **mollis** Sm. · D:Weichblättrige Rose, Weiche Rose · ♄ d Z5 VI-VII; Eur.* exc. Ap; TR, W-As.
– **montana** Chaix · D:Berg-Rose · ♄ d VI-VII; S-Eur., SC-Eur., N-Afr. mts.
– **moschata** Herrm. · D:Moschus-Rose; E:Musk Rose · ♄ e ⌇ D Z7 IV-VII Ⓝ; Eth., Him., nat. in S-Eur., s USA
– **moyesii** Hemsl. et E.H. Wilson · D:Mandarin-Rose · ♄ d ♧ Z6 VI; Sichuan
 – **'Rosea'** · ♄ d; W-China
– **multibracteata** Hemsl. et E.H. Wilson · D:Kragen-Rose · ♄ d ♧ Z7 VII; Sichuan
– **multiflora** Thunb. ex Murray · D:Vielblütige Rose; E:Multiflora Rose; F:Rosier multiflore · ♄ d ⌇ ♧ Z5 VI-VII; Jap., Korea
– **nitida** Willd. · D:Glanzblättrige Rose; E:Shining Rose · ♄ d ♧ Z4 VI-VII; Can.: E; USA: NE
– **nutkana** C. Presl · E:Nootka Rose · ♄ d ♧ Z4 VI-VII; Alaska, Can.: W; USA: NW, Calif, Rocky Mts.
– *obtusifolia* auct. non Desv. = Rosa tomentella
– × **odorata** (Andrews) Sweet (*R. chinensis* × *R. gigantea*) · D:Tee-Rose; E:Tea Rose · ♄ e ⇝ Z7 Ⓚ VI-IX; China
– *omeiensis* Rolfe = Rosa sericea subsp. omeiensis
 – fo. *pteracantha* (Franch.) Rehder et E.H. Wilson = Rosa sericea subsp. omeiensis

fo. pteracantha
– **orientalis** Dupont · ♄; Ba, W-As.
– **oxyodon** Boiss. · ♄ ♧ Z6 V-VI; E-Cauc.
– **palustris** Marshall · D:Sumpf-Rose; E:Swamp Rose · ♄ d Z4 VII-VIII; Can.: E; USA: NE, NCE, SE, Fla.
– × **paulii** Rehder (*R. arvensis* × *R. rugosa*) · ♄ d § Z4; cult.
– **pendulina** L.
  – var. *oxyodon* (Boiss.) Rehder = Rosa oxyodon
  – var. **pendulina** · D:Alpen-Rose, Hängefrucht-Rose; E:Alpine Rose; F:Rosier des Alpes · ♄ d ♧ Z6 VI-VII ⚕ ; Eur.* exc. BrI, Sc
  – var. **pyrenaica** (Gouan) R. Keller · ♄ d Z5; Pyr..
– *pensylvanica* Michx. = Rosa palustris
– **persica** Michx. ex Juss. · ♄ d Z8 Ⓚ VI-VIII; Iran, C-As., Afgh., W-Sib.
– *pimpinellifolia* L. = Rosa spinosissima
– **pisocarpa** A. Gray · D:Erbsenfrüchtige Rose; E:Cluster Rose, Pea Rose · ♄ d ♧ D Z6 VI-VIII; B.C., USA: NW, Idaho, Calif.
– × **polliniana** Spreng. (*R. arvensis* × *R. gallica*) · ♄ d Z7; C-Eur., I+
– *polyantha* Siebold et Zucc. = Rosa multiflora
– *pomifera* Herrm. = Rosa villosa
– **prattii** Hemsl. · ♄ d Z6 VI-VII; W-China
– **primula** Boulenger · ♄ d Z5 V; C-As., N-China
– **pseudoscabriuscula** (R. Keller) Henker et G.M. Schulze · D:Kratz-Rose · ♄ d VI-VII; Eur.*, TR, Cauc.
– × **pteragonis** W. Krause ex Kordes (*R. hugonis* × *R. omeiensis*) · ♄ d; cult.
– **pulverulenta** M. Bieb. · ♄ d Z6; SE-Eur., I, W-As., TR, Lebanon, Cauc., Iran, Afgh.
– *regeliana* Linden et André = Rosa rugosa
– *repens* Scop. = Rosa arvensis
– **rhaetica** Gremli · D:Rätische Rose · ♄ d VI-VII; Eur.: A, CH, I; Alp.
– × **richardii** Rehder (*R. gallica* × *R. phoenicia*) · ♄ d Z7 VI; Eth.
– **roxburghii** Tratt. · D:Igel-Rose; E:Chestnut Rose, Chinquapin Rose · ♄ d ♧ Z6 VI; China, Jap.
  – fo. **normalis** Rehder et E.H. Wilson · ♄ d Z6 V-VI; W-China, Jap.
– **rubiginosa** L. · D:Wein-Rose; E:Eglantine, Sweet Briar; F:Rosier rouillé · ♄ d ♧ Z5 VI ⚕ Ⓝ; Eur.*, TR, Cauc., NW-Ind., nat. in N-Am.
– *rubrifolia* Vill. = Rosa glauca
– **rubus** Lév. et Vaniot · ♄ d § Z8 Ⓚ; W-China, C-China
– **rugosa** Thunb. · D:Kartoffel-Rose; E:Japanese Rose; F:Rosier du Japon · ♄ d ♧ D Z5 V-IX ⚕ Ⓝ; E-Sib., Sachal., Kamchat., N-China, Korea, Jap., nat. in Eur.: BrI, Sc, Fr, C-Eur., EC-Eur., E-Eur.
  – **in vielen Sorten**
– × **rugotida** Darthuis (*R. nitida* × *R. rugosa*) · F:Eglantier odorant · ♄ V-IX; cult.
– *sancta* Rich. non Andrews = Rosa × richardii
– **saturata** Baker · ♄; C-China
– *scabriuscula* auct. non Sm. = Rosa pseudoscabriuscula
– × **scharnkeana** Graebn. (*R. californica* × *R. nitida*) · ♄; cult.
– **sempervirens** L. · D:Immergrüne Rose; E:Evergreen Rose · e § Z8 Ⓚ VI-VII; Eur.: Ib, F, Ap, Ba; TR, Syr., NW-Afr.
– *sepium* Thuill. non Lam. = Rosa agrestis
– **serafinii** Viv. · ♄ d △ ♧ Z7 VI; Eur.: Ap, Ba, ? RO; NW-Afr.
– **sericea** Lindl.
  – subsp. **omeiensis** (Rolfe) A.V. Roberts · ♄ Z6; China
    – fo. **pteracantha** Franch. · F:Rosier barbelé · ♄ d ♧ Z6 V-VI; W-Sichuan
  – subsp. **sericea** · D:Seiden-Rose; E:Mount Omei Rose · ♄ d Z6 V; W-Him.
– **setigera** Michx. · D:Prärie-Rose; E:Prairie Rose · ♄ d § Z5 VII-VIII; Ont., USA: NE, NCE, NC, SC, SE, Fla.
– **setipoda** Hemsl. et E.H. Wilson · D:Borsten-Rose · ♄ d ♧ Z6 VII; C-China
– **sherardii** Davies · D:Samt-Rose · ♄ d Z5 VI-VII; Eur.* exc. Ap
– **sicula** Tratt. · ♄ d △ ♧ D Z8 ∧ VI; Eur.: Ib, Fr, Ap, Ba; W-TR, Syr., NW-Afr.
– *simplicifolia* Salisb. = Rosa persica
– *soongarica* Bunge = Rosa laxa
– **soulieana** Crep. · ♄ d § D Z7 ∧ VI-VII; W-China
– **spinosissima** L. · D:Bibernell-Rose; E:Burnet Rose, Scotch Briar, Scotch Rose; F:Rosier à feuilles de pimprenelle, Rosier d'Ecosse · ♄ Z3 V-VI; Eur.* exc. Ib; TR, Cauc., W-Sib., C-As., China, Korea, nat. in N-Am.
– **stellata** Wooton · ♄ d △ ♧ Z7 VI-VII; USA: N.Mex., Tex.
– **stylosa** Desv. · D:Griffel-Rose, Verwachsengrifflige Rose · ♄ d Z6 VI; Eur.: Ib, Fr, I, C-Eur., BrI+; Alger.

– **subcanina** (H. Christ) Dalla Torre et Sarnth. · D:Falsche Hunds-Rose · ♄ d; Eur.* exc. Ib, W-As.
– **subcollina** (H. Christ) R. Keller · D:Falsche Hecken-Rose · ♄ d; Eur.*, W-As.
– *sulphurea* Aiton = Rosa hemisphaerica 'Flore Pleno'
– **sweginzowii** Koehne · D:Sweginzows Rose · ♄ d ♣ Z6 VI; NW-China
– *thea* Savi = Rosa × odorata
– **tomentella** Léman · D:Stumpfblättrige Rose · ♄ V-VI; Eur.: BrI, C-Eur., S-Eur.; Alger.
– **tomentosa** Sm. · D:Filz-Rose; E:Downy Rose · ♄ d ♣ Z5 VI-VII; Eur.*, TR, Cauc., Lebanon, nat. in Prince Edward Isl.
– **turcica** Rouy · ♄; Eur.: Ba, RO, S-Russ.; Cauc., TR
– **tuschetica** Boiss. · ♄ d D V-VI; Cauc.
– **villosa** L. · D:Apfel-Rose; E:Apple Rose, Soft Leaved Rose · ♄ d ♣ Z5 VI-VII Ⓝ; Eur.: Ap, Fr, C-Eur., EC-Eur, Ba, E-Eur.; TR, Cauc., Iran, C-As., nat. in Sc
– **virginiana** Herrm. · D:Virginische Rose; E:Virginia Rose · ♄ d ♣ Z4 VI-VII; Can.: E; USA; NE, NCE, SE
– *vosagiaca* Déségl. = Rosa dumalis
– × **waitziana** Tratt. (*R. canina* × *R. gallica*) · ♄ d; Eur.
– **watsoniana** Crép. · ♄ d ⚘ Z5 VI; cult. in Jap.
– **webbiana** Royle · ♄ d Z6; C-As., Afgh., Pakist., Him., China: Xizang
– **wichuraiana** Crép. · D:Wichuras Rose; E:Memorial Rose · ♄ d ⚘ ⟿ Z6 VI-VIII; Jap., Korea, E-China, Taiwan
– **willmottiae** Hemsl. · D:Willmotts Rose · ♄ d D Z7 VI-VII; W-China
– **woodsii** Lindl.
  – var. **fendleri** (Crép.) Rehder · E:Fendler Rose · ♄ d Z4 VI-VII; Can.; USA: NCE, NC, Rocky Mts., SW, NW, Calif.; Mex.
  – var. **woodsii** · D:Woods Rose; E:Western Wild Rose · ♄ d Z5; Alaska, Can., USA: NCE, NE, NC, SC, Rocky Mts., NW, Calif.; N-Mex.
– **xanthina** Lindl. · D:Goldgelbe Rose · ♄ d Z6 V-VI; N-China, Korea
  – fo. **hugonis** (Hemsl.) A.V. Roberts · D:Vater Hugos Rose; E:Father Hugo's Rose; F:Rosier jaune de Chine · ♄ d Z6 V-VI; C-China.
– **Cultivars**
  – **in vielen Sorten (siehe Kapitel III)**
  – *'Alba'* = Rosa × alba
  – *'Austrian Yellow'* = Rosa foetida
  – *'Holy Rose'* = Rosa × richardii
  – *'Macrantha'* = Rosa × macrantha

Roscoea Sm. -f- *Zingiberaceae* · 17 sp · D:Ingwerorchidee, Scheinorchis; F:Fausse-orchidée
– **alpina** Royle · ♃ △ Z7 ∧ VI-VIII; Ind., Nepal, Bhutan, Sikkim, Tibet
– **cautleoides** Gagnep. · ♃ △ Z7 ∧ VI-VIII; NW-Yunnan, Sichuan
– **humeana** Balf. f. et W.W. Sm. · ♃ △ Z7 ∧ V-VI; Sichuan, W-Yunnan
– **purpurea** Sm. · ♃ △ Z7 ∧ VIII-IX; Him.
– *yunnanensis* Loes. = Roscoea cautleoides

Roseocactus A. Berger = Ariocarpus
– *fissuratus* (Engelm.) A. Berger = Ariocarpus fissuratus var. fissuratus
– *kotschoubeyanus* (Lem.) A. Berger = Ariocarpus kotschoubeyanus
– *lloydii* (Rose) A. Berger = Ariocarpus fissuratus var. lloydii

Rosmarinus L. -m- *Lamiaceae (Labiatae)* · 2 sp · D:Rosmarin; E:Rosemary; F:Romarin
– *corsicus* = Rosmarinus officinalis 'Corsican Blue'
– *lavandulaceus* Noë = Rosmarinus officinalis
– **officinalis** L. · D:Rosmarin; E:Rosemary; F:Romarin · ♄ e D Z6 Ⓐ V-VI ⚕ Ⓝ; Eur.: Ib, Fr, Ap, Ba; TR, Alger., Tun., nat. in CH, Krim
  – **in Sorten**
  – **'Corsican Blue'**; hort.

Rossioglossum (Schltr.) Garay et G.C. Kenn. -n- *Orchidaceae* · 6 sp
– **grande** (Lindl.) Garay et G.C. Kenn. · D:Tigerorchidee; E:Clown Orchid, Tiger Orchid · ♃ Z10 Ⓚ IX-III ▽ ✻; Mex., Guat.
– **insleayi** (Barker ex Lindl.) Garay et G.C. Kenn. · ♃ Z10 Ⓚ X-XII ▽ ✻; Mex.
– **schlieperianum** (Rchb. f.) Garay et G.C. Kenn. · ♃ Z10 Ⓚ IX-III ▽ ✻; Costa Rica, Panama
– **williamsianum** (Rchb. f.) Garay et G.C. Kenn. · ♃ Z10 Ⓚ VII-IX ▽ ✻; Guat., Hond., Costa Rica

Rostraria Trin. -f- *Poaceae (Gramineae)* · c.

10 sp · D:Büschelgras; E:Mediterranean Hair Grass
- **cristata** (L.) Tzvelev · D:Echtes Büschelgras; E:Mediterranean Hair Grass · ⊙ Z6 IV-VI; Eur.: Ib, Fr, Ap, Ba, Krim; TR, Levante, Iraq, Arab., Cauc., Iran, Afgh., Pakist., Ind., N-Afr., nat. in USA, W.Ind., S-Afr., Jap., Austr.

Rosularia (DC.) Stapf -f- *Crassulaceae* · 25 sp · D:Dickröschen; F:Rosulaire
- **aizoon** (Fenzl) A. Berger · ♃ ♆ △ Z7 ∧ VII; TR
- **chrysantha** (Boiss. et Heldr.) Takht. · ♃ ♆ △ Z7 VI-VIII; TR
- *libanotica* (L.) Samuelson = Rosularia serrata
- *libanotica* (Labill.) Muirhead = Rosularia sempervivum subsp. libanotica
- *pallida* (Schott et Kotschy) Stapf = Rosularia aizoon
- *pestalozzae* (Boiss.) Samuelson et Fröd. = Rosularia sempervivum subsp. amanensis
- **platyphylla** (Schrank) A. Berger · ♃ ♆ Z7; China
- **rechingeri** C.-A. Jansson · ♃ ♆ Z7; TR, Iraq
- **sedoides** (Decne.) H. Ohba · D:Himalaya-Dickröschen · ♃ ♆ Z7 ∧ III-IV; Kashmir
- **sempervivum** (M. Bieb.) A. Berger
  - subsp. **amanensis** Eggli · ♃ ♆ Z7; E-Med.
  - subsp. **glaucophylla** Eggli · ♃ ♆ Z7; S-TR; Taurus
  - subsp. **libanotica** (Labill.) Eggli · ♃ ♆ Z7; TR, Lebanon, Syr., Palaest.
  - subsp. **sempervivum** · ♃ ♆ △ Z7 ∧ VI; TR, Cauc., Iran
- **serrata** (L.) A. Berger · ♃ ♆ Z8 Ⓚ; Crete, Aegaeis, SW-TR
- *spathulata* hort. = Rosularia sempervivum subsp. glaucophylla
- *turkestanica* hort. non (Regel et Winkler) A. Berger = Rosularia rechingeri

Rothmannia Thunb. -f- *Rubiaceae* · 30-40 sp
- **capensis** Thunb. · E:Scented Cups · ♄ e Z10 Ⓚ VII; S-Afr.
- **globosa** (Hochst.) Keay · ♄ ♄ e D Z10 Ⓚ VI; S-Afr.: Natal
- **longiflora** Salisb. · ♄ e Z10 Ⓦ VI-VII; W-Afr.: Sierra Leone

Roupala Aubl. -f- *Proteaceae* · 50-90+ sp
- **brasiliensis** Klotzsch · ♄ e Z10 Ⓦ; Bras.
- *corcovadensis* hort. ex Meisn. = Roupala macrophylla
- **macrophylla** Pohl · ♄ e Z10 Ⓚ; Bras.
- *pohlii* Meisn. = Roupala brasiliensis

Roystonea O.F. Cook -f- *Arecaceae (Palmae)* · 10-12 sp · D:Königspalme; E:Royal Palm; F:Palmier royal
- **oleracea** (Jacq.) O.F. Cook · D:Barbados-Königspalme; E:South American Royal Palm · ♄ e Z10 Ⓦ; Barbados, Trinidad, Venez., E-Col.
- **regia** (Humb., Bonpl. et Kunth) O.F. Cook · D:Kubanische Königspalme; E:Cuban Royal Palm · ♄ e Z10 Ⓦ; Cuba

Rubia L. -f- *Rubiaceae* · c. 60 sp · D:Krapp, Röte; E:Madder; F:Garance
- **cordifolia** L. · D:Ostasiatischer Krapp; E:Indian Madder · ♃ Z7 ⚕ Ⓝ; NW-Him., Mong., China: Sinkiang; Ind., Sri Lanka, Indochina, Malay. Pen., Java, Jap., trop. Afr.
- **peregrina** L. · D:Kletten-Krapp; E:Wild Madder · ♃ Z8 Ⓦ Ⓝ; Eur.: Ib, Fr, Ap, Ba, BrI; TR, Palaest., Canar., Madeira, NW-Afr.
- **tinctorum** L. · D:Echte Färberröte, Färber-Krapp; E:Madder · ♃ Z7 VI-VIII ⚕ Ⓝ; Eur.: Ap, Ba; TR, Iran, C-As., NW-Him., nat. in Ib, Fr, C-Eur., EC-Eur.

Rubus L. -m- *Rosaceae* · 250+ sp · D:Brombeere, Himbeere; E:Bramble, Raspberry; F:Framboisier, Mûrier sauvage, Ronce
- **sect. Rubus** · D:Echte Brombeere · ♄ d Z5 V-VII ⚕ Ⓝ; Eur.
  - **in vielen Sorten**
- **adenophorus** Rolfe · ♄ d Z6 VII; C-China: W-Hupeh.
- **allegheniensis** Porter · D:Allegheni-Brombeere; E:Allegheny Blackberry · ♄ d ♣ Z3 Ⓝ; Can.: E; USA: NE, NCE, Tenn., N.C.
- **almus** L.H. Bailey · ♄ d ⚕ ♣ Z8 Ⓚ Ⓝ; Tex.
- **amabilis** Focke · ♄ d Z6 VI-VII; W-China: W-Sichuan
- **arcticus** L. · D:Arktische Himbeere; E:Arctic Bramble · ♃ △ Z1 VI-IX; Eur.: Sc, E-Eur.; W-Sib., E-Sib., Amur, Sachal., Kamchat., Alaska, Can.: W; USA: Rocky Mts.

– *armeniacus* Focke = Rubus procerus
– **australis** G. Forst. · ♄ e ≩ Z9 ⓚ; NZ
– *bambusarum* Focke = Rubus henryi var. bambusarum
– **bellobatus** L.H. Bailey · ♄ d ⚘ Z6 Ⓝ; Can.: E; USA: NE
– **biflorus** Buch.-Ham.
  – var. **biflorus** · D:Gold-Himbeere · ♄ d ≩ D Z8 ∧ V; Him.
  – var. **quinqueflorus** Focke · ♄ d ≩ Z8 ∧; W-China
– **bifrons** Vest ex Tratt. · ♄ d ⚘ Z6 Ⓝ; Eur.: BrI, Fr, Ap, C-Eur., EC-Eur.
– **caesius** L. · D:Acker-Brombeere, Kratzbeere; E:European Dewberry; F:Ronce bleuâtre · ♄ d Z4 VI-VIII Ⓝ; Eur.*, TR, Cauc., W-Sib., Altai
– *calycinoides* Hayata = Rubus pentalobus
– **chamaemorus** L. · D:Moltebeere; E:Cloudberry · ♃ d △ Z2 V-VI Ⓝ ▽; Eur.: Sc, BrI, EC-Eur., E-Eur.; W-Sib., E-Sib., Amur, Sachal., Kamchat., Korea, Alaska, Can., USA: NE; Greenl.
– **chroosepalus** Focke · ♄ s Z6 VIII; C-China: Hupeh
– **cockburnianus** Hemsl. · D:Tangutische Himbeere · ♄ d Z6 VI; N-China, C-China
– **corchorifolius** L. f. · ♄ d Z6 IV; C-China, Jap., S-Korea
– **coreanus** Miq. · D:Korea-Himbeere; E:Korean Blackberry · ♄ d Z6 V-VI ⚕; China, Korea, Jap.
– **corylifolius** (Sm.) Aresch. · D:Haselblatt-Brombeere · ♄; Eur.
– **crataegifolius** Bunge · ♄ d V-VI; Jap., Korea, N-China, Mong.
– **cuneifolius** Pursh · D:Keilblättrige Brombeere; E:Sand Blackberry · ♄ d ⚘ Z6 Ⓝ; USA: NE, SE, Fla.
– **deliciosus** Torr. · D:Colorado-Himbeere; E:Rocky Mountain Raspberry · ♄ d Z5 V; USA: Colo.
– **flagellaris** Willd. · D:Amerikanische Acker-Brombeere; E:American Dewberry, Dewberry · ♄ e ⇝ ⚘ Z3 V-VI Ⓝ; Can.: E; USA; NE, NCE, SE
– **flagelliflorus** Focke · ♄ e ≩ Z7; C-China, W-China
– **flosculosus** Focke · ♄ d Z6 VI; China
– *fockeanus* hort. non Kurz = Rubus pentalobus
– **frondosus** (Torr.) Bigelow · E:Blackberry, Yankee Blackberry · ♄ d ⚘ Z5 Ⓝ; Can.: Ont.; USA: NE, NCE
– *fruticosus agg.* = Rubus $sect. Rubus
– *giraldianus* Focke = Rubus cockburnianus
– **glaucus** Benth. · D:Anden-Himbeere; E:Andes Berry · ♄ d ⚘ Z8 ⓚ Ⓝ; Costa Rica, Panama, Col., Ecuad.
– **henryi** Hemsl. et Kuntze
  – var. **bambusarum** (Focke) Rehder · ♄ d ≩ Z7 VI; C-China
  – var. **henryi** · D:Kletter-Himbeere; F:Ronce de Henry · ♄ d ≩ Z7; W-China, C-China
– **idaeus** L. · D:Himbeere; E:Raspberry; F:Framboisier · ♄ d Z3 V-VIII ⚕ Ⓝ; Eur.*, TR, Cauc., W-Sib., E-Sib., Amur, Sachal., Kamchat., C-As., Mong., Manch., Korea, Jap., Alaska, Can., USA* exc. SC
  – **in vielen Sorten**
  – subsp. *strigosus* (Michx.) Focke = Rubus strigosus
– **illecebrosus** Focke · D:Japanische Himbeere; E:Strawberry Raspberry · ♄ d ⚘ Z5 VII-X Ⓝ; Jap.
– *incisus* Thunb. = Rubus microphyllus
– *inermis* Pourr. = Rubus ulmifolius
– **laciniatus** Willd. · D:Geschlitztblättrige Brombeere; E:Cut Leaved Bramble · ♄ d ≩ ⚘ Z6 V-VII Ⓝ; orig. ?, nat. in Eur., N-Am.
– **lasiostylus** Focke · D:Haar-Himbeere · ♄ d ⚘ Z6 VI; C-China
– **leucodermis** Douglas ex Torr. et A. Gray · D:Oregon-Himbeere; E:Whitebark Raspberry · ♄ d Z6 V-VI; B.C., USA: NW, Rocky Mts., Calif.
– **linkianus** Ser. · ♃; orig. ?
– **loganobaccus** L.H. Bailey · D:Loganbeere; E:Loganberry · ♄ d ≩ ⚘ Ⓝ; cult. USA
– **macropetalus** Douglas ex Hook. · E:Blackberry · ♄ d ≩ ⚘ Z7 Ⓝ; B.C., USA: NW, N-Calif.
– *macrostemon* Focke = Rubus procerus
– **microphyllus** L. f. · ♄ d Z9 ⓚ VI-VII; China, Jap.
– *moluccanus* hort. non L. = Rubus reflexus
– × **nobilis** Regel (*R. idaeus* × *R. odoratus*) · ♄ d VI-VII; cult.
– *nutkanus* Moç. et Ser. = Rubus parviflorus
– **occidentalis** L. · D:Schwarze Himbeere; E:Black Cap, Black Raspberry · ♄ d ⚘ Z3 V-VI Ⓝ; Can.: E; USA: NE, NCE, NC, Rocky Mts., SE
– **odoratus** L. · D:Zimt-Himbeere; E:Flowering Raspberry; F:Framboisier du Canada, Ronce odorante · ♄ d Z4 V-VIII; Can.: E; USA; NE, NCE, SE
– **parviflorus** Nutt. · D:Nutka-Himbeere; E:Thimbleberry · ♄ d Z4 VI-VIII; Alaska,

Can.; USA: NW, Calif., Rocky Mts., SW, NCE
- **pentalobus** Hayata · D:Kriech-Himbeere; F:Ronce · ♄ e ⇝ △ Z7 ∧ V-VII; Taiwan
- **phoenicolasius** Maxim. · D:Japanische Weinbeere, Rotborstige Himbeere; E:Wineberry · ♄ d Z6 VI-VII Ⓝ; China, Korea, Jap.
- *polytrichus* Franch. = Rubus tricolor
- **procerus** P.J. Müll. · D:Himalaya-Brombeere; E:Himalaya Blackberry · ♄ d ♣ Z6 Ⓝ; Eur.
- × **pseudoidaeus** (Weihe) Lej. (*R. caesius* × *R. idaeus*) · ♄ d; Eur.+
- **reflexus** Ker-Gawl. · ♄ e ≹ Z9 Ⓦ; China
- **roribaccus** (L.H. Bailey) Rydb. · ♄ d ≹ ♣ Z6; Can.: E; USA: NE
- **rosa** L.H. Bailey · ♄ d ♣ Z7 Ⓝ; Can.: E; USA: NE, NCE
- **rosifolius** Sm. · ♄ e Z9 Ⓚ; Him., Malay. Arch., Jap.
- **saxatilis** L. · D:Felsen-Himbeere, Steinbeere · ♃ d Z4 V-VII; Eur.*, Cauc., W-Sib., E-Sib., Amur, Jap, China, Him., Greenl.
- **spectabilis** Pursh · D:Pracht-Himbeere; E:Salmonberry · ♄ d Z5; Alaska, Can.: W; USA: NW, Calif., Idaho, nat. in BrI, Fr, D
- **squarrosus** Fritsch · ♄ e ≹ Z9 Ⓚ; NZ
- **strigosus** Michx. · D:Amerikanische Himbeere; E:Wild Red Raspberry · ♄ d ♣ Z3 Ⓝ; Can.; USA: NE, NC, NCE, Rocky Mts.
- **thibetanus** Franch. · D:Tibet-Himbeere · ♄ d Z6 VI; W-China
  - *'Silver Fern'* = Rubus thibetanus
- **tricolor** Focke · D:Dreifarbige Himbeere; F:Ronce · ♄ d Z6 VII-VIII; W-China
- **trifidus** Thunb. · ♄ e Z6 IV-V; Japan: Honshu
- **trivialis** Michx. · E:Dewberry, Southern Dewberry · ♄ d ≹ ♣ Z6 Ⓝ; USA: NE, NCE, SC, SE, Fla.
- **ulmifolius** Schott · D:Sand-Brombeere; E:Elm-leaf Blackberry · ♄ ♣ Z7 VI-VII Ⓝ; Eur.*, NW-Afr., Macaron.
- **ursinus** Cham. et Schltdl. · D:Kalifornische Brombeere; E:California Dewberry, Pacific Dewberry · ♄ ♄ e ♣ Z7 Ⓝ; USA: Oreg., Calif.; Baja Calif.
  - var. *loganobaccus* (L.H. Bailey) L.H. Bailey = Rubus loganobaccus
- **velox** L.H. Bailey · ♄ d ♣ Z8 ∧ Ⓝ; cult.
- *vitifolius* Cham. et Schltdl. = Rubus ursinus

Rudbeckia L. -f- *Asteraceae (Compositae)* · 15 sp · D:Sonnenhut; E:Coneflower; F:Rudbeckia
- *amplexicaulis* Vahl = Dracopsis amplexicaulis
- *angustifolia* (L.) L. = Helianthus angustifolius
- *bicolor* Nutt. = Rudbeckia hirta var. pulcherrima
- *deamii* S.F. Blake = Rudbeckia fulgida var. deamii
- **fulgida** Aiton
  - var. **deamii** (S.F. Blake) Perdue · ♃ Z4 VIII-IX; USA: Ind.
  - var. **fulgida** · D:Gewöhnlicher Sonnenhut; E:Coneflower · ♃ Z4 VIII-X; USA: NE, NCE, SE, Fla.
  - var. **palustris** (Eggert ex Boynton et Beadle) Perdue Z4; USA: Tenn., Mo., Ky., Ind.
  - var. **speciosa** (Wender.) Perdue · ♃ ✂ Z4 VIII-X; USA: NE, NCE, SE
  - var. **sullivantii** (Boynton et Beadle) Cronquist · ♃ VIII-X; USA: NCE, SE
- **hirta** L.
  - var. **hirta** · D:Rauer Sonnenhut; E:Black-Eyed Susan · ☉ ⊙ Z4 VII-IX; USA: NE, NCE, SE, nat. in C-Eur.
  - var. **pulcherrima** Farw. · ☉ Z4 VIII-IX; USA: NCE, SE, SC, nat. in S-Can., USA , Mex.
- **laciniata** L.
  - var. **humilis** L.H. Gray · ♃ Z3 VII-IX; USA: Va., Ky., SE
  - var. **laciniata** · D:Schlitzblättriger Sonnenhut; E:Cutleaf Coneflower · ♃ Z3 VII-VIII; Can.: E; USA* exc. Calif., nat. in C-Eur.
- *laevigata* Pursh = Rudbeckia laciniata var. humilis
- **maxima** Nutt. · ♃ Z7 VII-IX; USA: Tex., Okla., Ark., La.
- *newmanii* Boynton et Beadle = Rudbeckia fulgida var. speciosa
- **nitida** Nutt. · D:Glänzender Sonnenhut; E:Shiny Coneflower · ♃ Z3 VII-IX; USA: SE, Fla., Tex.
- **occidentalis** Nutt. · ♃ Z7; W-USA
- *palustris* Eggert ex Boynton et Beadle = Rudbeckia fulgida var. palustris
- *purpurea* L. = Echinacea purpurea
- *serotina* Nutt. = Rudbeckia hirta var. pulcherrima
- *speciosa* Wender. = Rudbeckia fulgida var. speciosa

– var. *sullivantii* (Boynton ex Beadle) B.L. Rob. = Rudbeckia fulgida var. sullivantii
– **subtomentosa** Pursh · ♃ Z5 VII-IX; USA: NCE, SC, SE
– *sullivantii* Boynton et Beadle = Rudbeckia fulgida var. sullivantii
– **triloba** L. · ⊙ ⊙ Z5 VII-IX; USA: NE, NCE, SE, Okla.

Rudolfiella Hoehne -f- *Orchidaceae* · 7 sp
– **aurantiaca** (Lindl.) Hoehne · ♃ Z10 ⓦ IX-X ▽ *; Venez., Guyana, Trinidad

Ruellia L. -f- *Acanthaceae* · c. 150 sp · D:Rudel, Ruellie; F:Ruellia
– *amoena* Nees = Ruellia graecizans
– **devosiana** Jacob-Makoy · ♄ e Z10 ⓦ IX-XII; Bras.
– **graecizans** Backer · ♄ e Z10 ⓦ V-X; S-Am.
– **humilis** Nutt. · ♃ Z5 VIII-IX; USA: NE, NCE, NC, SC, SE, Fla.
– *longifolia* (Pohl) Griseb. ex Lindau = Ruellia graecizans
– **macrantha** Mart. ex Nees · E:Christmas Pride · ♄ Z10 ⓦ XII-V; Bras.
– *maculata* Wall. = Strobilanthes maculatus
– **makoyana** Closon · E:Trailing Velvet Plant · ♄ e Z10 ⓦ IX-XII; Bras.
– **portellae** Hook. f. · ♄ e ⓦ; Bras.
– *repanda* L. = Hemigraphis repanda
– **strepens** L. · ♃ Z5 ⓐ VIII-IX; USA: NE, NCE, NC, SC, SE

Rumex L. -m- *Polygonaceae* · c. 200 sp · D:Ampfer, Sauerampfer; E:Dock; F:Oseille, Oseille sauvage
– **acetosa** L. · D:Großer Sauerampfer; E:Garden Sorrel, Sorrel, Sour Dock · ♃ Z3 V-VII ⚕; Eur.*, Cauc., W-Sib., E-Sib., Amur, Sachal., C-As., Mong., Him., China, Jap., Maroc., N-Am., Greenl.
  – var. *hortensis* Dierb. = Rumex rugosus
– **acetosella** L.
  – subsp. **acetosella**
    – var. **acetosella** · D:Kleiner Sauerampfer; E:Sheep Sorrel · ♃ ⇝ V-VII ⚕; Eur.*, Cauc., W-Sib., E-Sib., Amur, Sachal., Kamchat., nat. in N-Am.
    – var. **tenuifolius** (Wallr.) · D:Schmalblättriger Kleiner Sauerampfer · ♃ V-VII; Eur.: most; TR, Cauc., W-Sib., E-Sib., Greenl.
  – subsp. **pyrenaicus** (Pourr. ex Lapeyr.) Akeroyd · D:Hüllfrüchtiger Ampfer, Verwachsenblättriger Kleiner Sauerampfer · ♃ V-VII; W-Eur., Maroc., Alger.
– **alpinus** L. · D:Alpen-Ampfer, Mönchsrhabarber; E:Monk's Rhubarb, Mountain Rhubarb · ♃ Z5 VI-VIII ⚕; Eur.* exc. BrI, Sc; TR, Cauc., W-Iran; mts., nat. in Engl.
– **aquaticus** L. · D:Wasser-Ampfer · ♃ ≈ VII-VIII; Eur.* exc. Ib; Cauc., W-Sib., E-Sib., Amur, Kamchat., C-As., Mong., China, Jap.
– **arifolius** All. · D:Berg-Sauerampfer, Gebirgs-Sauerampfer · ♃ VI-VIII; Eur.* exc. BrI; N, mts.; Cauc., W-Sib., Sachal., Kamchat.
– **confertus** Willd. · D:Gedrungener Ampfer · ♃ VII-VIII; Eur.: I, EC-Eur., E-Eur.; Cauc., W-Sib., E-Sib., Amur, C-As., nat. in BrI, FIN
– **conglomeratus** Murray · D:Knäuelblütiger Ampfer · ♃ VII-VIII; Eur.*, TR, Levante, Cauc., C-As., NW-Afr., Libya
– **crispus** L. · D:Krauser Ampfer; E:Curly Dock · ♃ VI-VIII ⚕ ☠; Eur.*, TR, Cauc., Amur, Kamchat., C-As., Mong., China, nat. in cosmop.
– **cristatus** DC. · D:Griechischer Ampfer · ♃ VII-VIII; Eur.: Ap, H, Ba, RO; TR, Cyprus, nat. in Ib, Br
– **flexuosus** Sol. ex Hook. f. · ♃ Z7 ∧ VI-VII; NZ
– × **heterophyllus** Schultz (*R. aquaticus* × *R. hydrolapathum*) · D:Verschiedenblättriger Ampfer · ♃; Eur.: D, A, PL, CZ +
– **hydrolapathum** Huds. · D:Fluss-Ampfer; E:Great Water Dock; F:Patience aquatique · ♃ Z6 VII-VIII; Eur.*, TR, Cauc.
– **hymenosepalus** Torr. · D:Canaigrewurzel, Gerb-Ampfer; E:Canaigre, Red Dock, Sand Dock · ♃ Z6 VII-VIII Ⓝ; USA: NC, SC, SW, Rocky Mts., Calif.
– **kerneri** Borbás · D:Kerner-Ampfer · ♃ VII-VIII; Eur.: H, RO, BG, GR
– **longifolius** DC. · D:Gemüse-Ampfer · ♃ VII-VIII; Eur.: Sc, BrI, Fr, D, Ib, EC-Eur.; Cauc., W-Sib., E-Sib., N-Am.
– **maritimus** L. · D:Ufer-Ampfer · ⊙ ⊙ ≈ VII-IX; Eur.* exc. Ib; W-Sib., E-Sib., Amur, Sachal., C-As., Ind., Mong., Manch., Jap., Alger., Am.
– **nivalis** Hegetschw. · D:Schnee-Sauerampfer · ♃ VII-IX; Eur.: C-Eur., Slove., Montenegro, AL

– **obtusifolius** L. · D:Stumpfblättriger Ampfer; E:Bitter Dock · ♃ VII-VIII ⚕ ; Eur.*, TR, Lebanon, Syr., Palaest., Cauc., N-Iran, Canar., Alger., nat. in N-Am., S-Am., S-Afr., Austr.
– **palustris** Sm. · D:Sumpf-Ampfer · ☉ ~ VII-IX; Eur.* exc. Ib; TR, Levante, Maroc., Alger.
– **patientia** L. · D:Englischer Spinat, Garten-Ampfer; E:Patience, Patience Dock, Spinach Dock · ♃ VII-VIII ⚕ Ⓝ; Eur.: Ap, EC-Eur., Ba., E-Eur.; TR, Syr., Cauc., Iran, W-Sib., Amur, Sachal., nat. in BrI, C-Eur., USA
– *pseudalpinus* Höfft = Rumex alpinus
– **pseudonatronatus** Borbás · D:Finnischer Ampfer · ♃ VII-VIII; Eur.: A, H, E-Eur., Sc; W-Sib., E-Sib., C-As.
– **pulcher** L. · D:Schöner Ampfer; E:Fiddle Dock · ♃ V-VII; Eur.* exc. Sc; TR, Arab., Levante, Cauc., Iran, N-Afr.
– **rugosus** Campd. · D:Garten-Sauerampfer; E:Garden Sorrel · ♃ V-VIII Ⓝ; cult.
– **salicifolius** Weinm.
  – var. **salicifolius** · D:Weidenblatt-Ampfer · ♃; N-Am.
  – var. **triangulivalvis** (Danser) J.C. Hickman · ♃ VI-IX; N-Am., nat. in BrI, Sc, D, EC-Eur.
– **sanguineus** L. · D:Blut-Ampfer, Hain-Ampfer · ♃ Z6 VI-VIII; Eur.*, Cauc., N-Iran, NW-Afr.
– **scutatus** L. · D:Römischer Ampfer, Schild-Sauerampfer; E:French Sorrel · ♃ Z6 V-VIII ⚕ Ⓝ; Eur.* exc. BrI, Sc; TR, Cauc., Iran, nat. in BrI, Sc
– **stenophyllus** Ledeb. · D:Schmalblättriger Ampfer · ♃ VII-VIII; Eur.: C-Eur., EC-Eur., Ba, E-Eur.; Cauc., W-Sib., E-Sib., C-As.
– **thyrsiflorus** Fingerh. · D:Rispen-Sauerampfer · ♃ VII-VIII; Eur.* exc. BrI; W-Sib., E-Sib., Amur, C-As.
– **vesicarius** L. · D:Indischer Sauerampfer; E:Bladder Dock · ☉ Ⓝ; Eur.: GR; W-As., Ind., Malay. Pen., N-Afr.

Rumohra Raddi -f- *Dryopteridaceae* · 6-7 sp
– **adiantiformis** (G. Forst.) Ching · D:Lederfarn; E:Leatherleaf Fern · ♃ Z9 Ⓚ; C-Am., S-Am., S-Afr., Austr., NZ, Polyn.

Rupicapnos Pomel -f- *Fumariaceae* · 7 sp
– **africana** (Lam.) Pomel · ☉ ♃ Z8 Ⓐ V-VI; Eur.: SW-Sp.; Maroc., Alger.

Ruppia L. -f- *Ruppiaceae* · 7+ sp · D:Salde; E:Tasselweed; F:Ruppia
– **cirrhosa** (Petagna) Grande · D:Schraubige Salde · ♃ ≈ VI-X; Eur.*, cosmop. coasts
– **maritima** L. · D:Strand-Salde · ♃ ≈ VI-X; Eur.*, cosmop.

Ruschia Schwantes -f- *Aizoaceae* · 360 sp · D:Straucheiskraut; E:Shrubby Dewplant; F:Ficoïde arbustive
– **odontocalyx** (Schltr. et Diels) Schwantes · ♄ ψ Z10 Ⓚ; Kap, Namibia
– **perfoliata** (Mill.) Schwantes · ♄ ψ Z10 Ⓚ; Kap
– *rupicola* (Engl.) Schwantes = Ruschia odontocalyx
– **semidentata** (Salm-Dyck) Schwantes · ♄ ψ e Z10 Ⓚ; Kap
– **tumidula** (Haw.) Schwantes · ♄ ψ Z10 Ⓚ; Kap, Namibia
– **umbellata** (L.) Schwantes · ♄ ψ Z10 Ⓚ; Kap
– **uncinata** (L.) Schwantes · ♄ ψ Z10 Ⓚ; Kap, Namibia
– **vulvaria** (Dinter) Schwantes · ♄ ψ Z10 Ⓚ; Namibia

Ruscus L. -m- *Ruscaceae* · 6 sp · D:Mäusedorn; E:Butcher's Broom; F:Epine de rat, Fragon, Petit houx
– **aculeatus** L. · D:Stachliger Mäusedorn; E:Butcher's Broom · ♄ e Z8 Ⓚ III-IV ⚕ ☠; Eur.: Ib, Fr, Ap, Ba, Krim, H, CH, BrI, Azor.; TR, Cyprus, Syr., NW-Afr.
– *androgynus* L. = Semele androgyna
– **hypoglossum** L. · D:Hadernblatt; E:Spineless Butcher's Broom · ♄ e Z8 Ⓚ IV-V; Eur.: NW-I, A, EC-Eur., BA, RO, Krim; TR
– **hypophyllum** L. · ♄ e Z8 Ⓚ V-VI; Eur.: S-Sp., F (Iles d'Hyeres?), Sic; NW-Afr.
– **ponticus** Woronow · ♄ e Ⓚ; Krim., Cauc., TR
– *racemosus* L. = Danae racemosa

Ruspolia Lindau -f- *Acanthaceae* · 4 sp
– **seticalyx** (C.B. Clarke) Milne-Redh. · ♄ e Z10 Ⓦ; E-Afr.

Russelia Jacq. -f- *Scrophulariaceae* · 52 sp · D:Russelie; F:Plante-corail, Russélia
– **equisetiformis** Schltdl. et Cham. · E:Coral Plant, Firecracker, Fountain Plant · ♄ e ≀ Z9 Ⓚ V-X; Mex., Col., Peru
– *juncea* Zucc. = Russelia equisetiformis

– **sarmentosa** Jacq. · ♄ e Z9 Ⓚ V-X; Mex., Cuba

Ruta L. -f- *Rutaceae* · 7 sp · D:Raute; E:Rue; F:Rue
– **graveolens** L. · D:Wein-Raute; E:Rue · ♃ ♄ ♄ e D Z5 VI-VII ⚕ ☠ Ⓝ; Eur.: Ib, Fr, Ap, Ba, Krim, nat. in C-Eur., EC-Eur., RO
– *patavina* L. = Haplophyllum patavinum

Ruttya Harv. -f- *Acanthaceae* · 3 sp
– **fruticosa** Lindau · ♄ e Z10 Ⓦ; trop. e Afr.

Ryania Vahl -f- *Flacourtiaceae* · 8 sp
– **pyrifera** (Rich.) Uittien · ♄ e Z10 Ⓦ Ⓝ; W.Ind.

Rydbergia Greene = Hymenoxys
– *grandiflora* (Torr. et A. Gray ex A. Gray) Greene = Hymenoxys grandiflora

Sabadilla Brandt et Ratzeb. = Schoenocaulon
– *officinalis* (Cham. et Schltdl.) Brandt = Schoenocaulon officinale

Sabal Adans. -f- *Arecaceae (Palmae)* · 15 sp · D:Palmettopalme, Sabalpalme; E:Palmetto; F:Palmette, Sabal
– *adansonii* Guers. = Sabal minor
– **blackburniana** Glazebr. ex Schult. et Schult. f. · D:Westindische Palmettopalme; E:Hispaniolan Palmetto · ♄ e Z10 Ⓦ; orig. ?
– *domingensis* Becc. = Sabal blackburniana
– **mauritiiformis** (H. Karst.) Griseb. et H. Wendl. · D:Trinidad-Palmettopalme; E:Trinidad Palm · ♄ e Z10 Ⓦ; Mex., C-Am., Col, Venez., Trinidad
– **minor** (Jacq.) Pers. · D:Zwerg-Palmettopalme; E:Dwarf Palmetto · ♄ e Z9 Ⓚ; USA: SE, Fla., Tex.
– **palmetto** (Walter) Lodd. ex Schult. et Schult. f. · D:Gewöhnliche Palmettopalme; E:Cabbage Palmetto, Palmetto · ♄ e Z8 Ⓦ; USA: SE, Fla.; Bahamas
– *umbraculifera* (Jacq.) Mart. = Sabal blackburniana

Sabatia Adans. -f- *Gentianaceae* · 17 sp
– **angularis** (L.) Pursh · E:Rose Pink · ⊙ Z6 VII-IX; Can.: Ont.; USA: NE, NCE, SE, Fla., Okla.
– **campestris** Nutt. · E:Texas Star · ⊙ Z6 VII-IX; USA: NCE, SC, Ark.
– **chloroides** Pursh · ⊙ Z6 VII-IX; USA: NE, N.C.

Saccharum L. -n- *Poaceae (Gramineae)* · 35-40 sp · D:Ravennagras, Zuckerrohr; E:Plume Grass; F:Canne à sucre
– **arundinaceum** Retz. · ♃ Z9 Ⓦ Ⓝ; NE-Ind., Sri Lanka, SE-As.
– **barberi** Jeswiet · D:Indisches Zuckerrohr; E:Indian Cane · ♃ Z9 Ⓦ Ⓝ; cult. N-Ind.
– **officinarum** L. · D:Zuckerrohr; E:Sugar Cane · ♃ Z9 Ⓦ Ⓝ; cult., trop. SE-As., Polyn.
  – subsp. *barberi* (Jeswiet) Burk = Saccharum barberi
  – subsp. *sinense* (Roxb.) Burk = Saccharum sinense
– *paniceum* P. Beauv. = Pogonatherum paniceum
– **ravennae** (L.) Murray · D:Italienisches Zuckerrohr; E:Ravenna Grass · ♃ Z8 Ⓚ ∧ IX-X; Eur.: Ib, Fr, Ap, Ba; TR, SW-As., Afgh., C-As., N-Ind., Alger., Somalia, nat. in RO, SE-USA
– **robustum** Brandis et Jeswiet ex Grassl · ♃ Z9 Ⓦ Ⓝ; N.Guinea
– *saccharoideum* P. Beauv. = Pogonatherum paniceum
– **sinense** Roxb. · ♃ Z9 Ⓦ Ⓝ; cult., nat. in N-Ind., S-China, Jap.
– **spontaneum** L. · ♃ Z9 Ⓦ; Egypt, SW-As., C-As., Ind., S-China, Malay. Arch., Phil., N-Guinea, E-Austr.

Saccolabium Blume = Rhynchostylis, Ascocentron, Gastrochila
– *ampullaceum* Lindl. = Ascocentrum ampullaceum
– *bellinum* Rchb. f. = Gastrochilus bellinus
– *coeleste* Rchb. f. = Rhynchostylis coelestis
– *giganteum* Lindl. = Rhynchostylis gigantea
– *violaceum* (Lindl.) Rchb. f. = Rhynchostylis violacea

Sageretia Brongn. -f- *Rhamnaceae* · 35 sp
– **thea** (Osbeck) M.C. Johnst. · ♄ d D Z9 Ⓦ Ⓚ; Ind., C-China, E-China, Jap., Ryukyu-Is., Taiwan
– *theezans* (L.) Brongn. = Sageretia thea

Sagina L. -f- *Caryophyllaceae* · c. 20 sp · D:Knebel, Mastkraut; E:Pearlwort; F:Sagine
– **apetala** Ard.
  – subsp. **apetala** · D:Kronblattloses Mastkraut, Wimper-Mastkraut · ⊙ IV-

VII; Eur.*, TR, Levante, Cauc., Canar., NW-Afr., Libya, N-Am.
– subsp. **erecta** F. Herm. · D:Kronloses Mastkraut · ☉ V-IX; Eur.: Ib, F, I , C-Eur.
– **boydii** F.B. White · ♃ Z5; ? Scotland +
– **glabra** (Willd.) Fenzl · D:Kahles Mastkraut · ♃ VII-VIII; Eur.: F, I, CH; Alp., Apenn., ? Pyr.
– **maritima** G. Don · D:Strand-Mastkraut · ☉ V-VIII; Eur.*, TR, Levante, NW-Afr., Libya
– *micropetala* Rauschert = Sagina apetala subsp. erecta
– **nivalis** (Lindblad) Fr. · ♃; Eur.: BrI, Sc, N-Russ.; Sib.
– **nodosa** (L.) Fenzl · D:Knotiges Mastkraut · ♃ VI-VIII; Eur.* exc. Ba, Ap; W-Sib., E-Sib., N-Am., Greenl.
– **normaniana** Lagerh. · D:Normans Mastkraut · ♃ VI-VIII; Eur.: BrI, Sc, A; mts.
– **procumbens** L. · D:Niederliegendes Mastkraut · ♃ Z4 V-IX; Eur.*, TR, Cauc., W-Sib., Him., Tibet, NW-Afr., N-Am.
– **saginoides** (L.) H. Karst. · D:Alpen-Mastkraut · ♃ VI-VIII; Eur.*, TR, Cauc., W-Sib., E-Sib., Kamchat., C-As., Him., China: Sinkiang; NW-Afr., N-Am., Mex.; mts.

Sagittaria L. -f- *Alismataceae* · 20 sp · D:Pfeilkraut; E:Arrowhead; F:Flèche d'eau, Sagittaire
– *alpina* Willd. = Sagittaria sagittifolia subsp. sagittifolia
– **chilensis** Cham. et Schltdl. · ♃ ~ ≈ (K); Chile
– *chinensis* Pursh = Sagittaria latifolia
– **engelmanniana** J.G. Sm. · ♃ ~ Z6; USA: NE, SE
– *falcata* Pursh = Sagittaria lancifolia
– *filiformis* J.G. Sm. = Sagittaria subulata
– *gracilis* Pursh = Sagittaria latifolia
– **graminea** Michx. · D:Grasblättriges Pfeilkraut; E:Grass Leaf Arrowhead; F:Sagittaire à feuilles de graminée · ♃ ~ ≈ Z6 (N); Ind., China, Korea, Jap., nat. in Panama, Java, Austr.
– var. *platyphylla* Engelm. = Sagittaria platyphylla
– var. *teres* (S. Watson) Bogin = Sagittaria teres
– *hastata* Pursh = Sagittaria latifolia
– **lancifolia** L. · D:Lanzettblättriges Pfeilkraut; E:Lance Laef Arrowhead · ♃ ~ Z9 (W) VII-IX; USA: NE, SE, Fla., SC; Mex., C-Am., W.Ind., n S-Am
– **latifolia** Willd. · D:Veränderliches Pfeilkraut; E:Arrowhead, Duck Potato, Wapato; F:Sagittaire à larges feuilles · ♃ ~ Z7 ∧ VIII-IX; Can., USA*; Mex., C-Am., nw S-Am., nat. in Eur.
– *leucopetala* Miq. = Sagittaria sagittifolia subsp. leucopetala
– **longiloba** Engelm. ex Torr. · ♃ ≈ Z8 (K); USA: Calif., Rocky Mts., SW, SC, NC; Mex., Nicar.
– *longirostra* (Michx.) J.G. Sm. = Sagittaria latifolia
– *lorata* (Chapm.) Small = Sagittaria subulata
– **macrophylla** Zucc. · ♃ ~ ≈ Z9 (K); Mex.
– **montevidensis** Cham. et Schltdl. · D:Montevideo-Pfeilkraut; E:Giant Arrowhead · ♃ ~ Z10 (W) VI-VIII; Bras., Urug., Arg.
– subsp. *chilensis* (Cham. et Schltdl.) Bogin = Sagittaria chilensis
– *natans* Pall. = Sagittaria sagittifolia subsp. sagittifolia
– *obtusa* Mühlenb. ex Willd. = Sagittaria latifolia
– **platyphylla** (Engelm.) J.G. Sm. · D:Breitblättriges Pfeilkraut · ♃ ~ ≈ Z7; USA: Mo., Kans., SC, SE; C-Am.
– **sagittifolia** L.
– subsp. **leucopetala** (Miq.) Hartog ex Steenis · ♃ ~ Z8 (K) VI-VII (N); trop. As., Arab., S-China
– subsp. **sagittifolia** · D:Gewöhnliches Pfeilkraut; E:Arrowhead, Common Arrowhead; F:Sagittaire nageante, Sagittaire à feuilles en flèche · ♃ ⚕ ~ ≈ Z7 VI-VIII; Eur.*; Sib.
– *simplex* Pursh = Sagittaria latifolia
– *sinensis* Sims = Sagittaria graminea
– **subulata** (L.) Buchenau · D:Flutendes Pfeilkraut · ♃ ≈ Z7; USA: NE, SE, Fla.; Col., Venez, S-Bras., nat. in H, RO
– **teres** S. Watson · D:Zartes Pfeilkraut; E:Slender Arrowhead · ♃ ≈ Z7; USA: NE

Saintpaulia H. Wendl. -f- *Gesneriaceae* · 20 sp · D:Usambaraveilchen; E:African Violet; F:Violette d'Usambara
– **confusa** B.L. Burtt · ♃ Z10 (W); Tanzania
– **goetzeana** Engl. · ♃ Z10 (W) (K); Tanzania

(Uluguru)
– **grotei** Engl. · ♃ Z10 ⌂; Tanzania
– **ionantha** H. Wendl. · ♃ Z10 ⌂ I-XII; Tanzania
– *kewensis* C.B. Clarke = Saintpaulia ionantha
– *kewensis* hort. = Saintpaulia confusa
– **magungensis** E.P. Roberts · ♃ Z10 ⌂; Tanzania
– **tongwensis** B.L. Burtt · ♃ Z10 ⌂; NE-Tanzania
– **Cultivars**
  – **in vielen Sorten**

Salacca Reinw. -f- *Arecaceae (Palmae)* · 10-20 sp · D:Salakpalme; E:Salak Palm; F:Salacca
– **zalucca** (Gaertn.) Voss · D:Salakpalme; E:Salak Palm · ₺ e Z10 ⌂ Ⓝ; Malay. Arch.

Salicornia L. -f- *Chenopodiaceae* · 14-28 sp · D:Glasschmalz, Queller; E:Glasswort; F:Salicorne
– **europaea** L.
  – subsp. **brachystachys** (G. Mey.) Dahmen et Wissk. · D:Ästiger Queller, Gewöhnlicher Kurzähren-Queller · ☉ ~ VIII; Eur.: BrI, Fr, D, Sc, +; coasts
  – subsp. **europaea** · D:Europäischer Queller; E:Salicorn · ☉ ~ VIII-X; Eur.*; coasts; TR, Levante, Iran, C-As., W-Sib., E-Sib., Amur, Sachal., China, Jap., N-Afr.
– **procumbens** Sm. · D:Aufrechter Queller, Sandwatt-Queller · ☉ ~ VIII-X; Eur.: D + ; coasts
– **stricta** Dumort. · D:Schlickwatt-Queller · ☉ ~ ; Eur.: BrI, Fr, D, Sc + ; coasts

Salix L. -f- *Salicaceae* · 300-400 sp · D:Weide; E:Sallow, Willow; F:Saule
– **acutifolia** Willd. · D:Spitzblättrige Weide; E:Caspian Willow, Sharp Leaf Willow · ₺ d Z5 III Ⓝ; Eur.: FIN, Russ.; Cauc., W-Sib., E-Sib
– *adenophylla* Hook. = Salix cordata
– **aegyptiaca** L. · D:Persische Weide; E:Musk Willow · ₺ ₺ d Z6 III-V Ⓝ; Eur.: NE-GR; TR, Israel, C-As.
– **alba** L.
  – *'Vitellina'* = Salix alba var. vitellina
  – subsp. *vitellina* (L.) Arcang. = Salix alba var. vitellina
  – var. **alba** · D:Silber-Weide; E:White Willow; F:Saule blanc · ₺ d Z4 IV-V ⚕; Eur.* exc. Sc; TR, Cauc., Iran, W-Sib., C-As., W-Him., NW-Afr., nat. in Sc
  – var. *argentea* Wimm. = Salix alba var. sericea
  – var. **sericea** Gaudin · ₺ d Z4; cult.
  – var. *tristis* (Ser.) Gaudin = Salix × chrysocoma
  – var. **vitellina** (L.) Stokes · D:Dotter-Weide; E:Golden Willow · ₺ d Z4; cult.
    – *-pendula* Rehder = Salix × chrysocoma
– × **alopecuroides** Tausch (*S. fragilis* × *S. triandra*) · D:Fuchsschwanz-Weide · ₺ d; NL, D, S-Sweden
– **alpina** Scop. · D:Alpen-Weide, Myrten-Weide · ₺ d Z5 VI-VII; Eur.: I, C-Eur., EC-Eur., Slove., RO, W-Russ.; E-Alp., Carp.
– × **ambigua** Ehrh. (*S. aurita* × *S. repens*) · D:Bastard-Ohr-Weide · ₺ d Z7; Eur. + cult.
– *amygdalina* L. = Salix triandra subsp. triandra
– **amygdaloides** Andersson · D:Pfirsich-Weide; E:Peach Leaf Willow · ₺ ₺ d Z5 IV-V; Can., USA* exc. Fla., Calif.; N-Mex.
– **apennina** Skvortsov · D:Apenninen-Weide · ₺ d IV-VII; Eur.: I, Sic.; Apenn., Sic.
– **apoda** Trautv. · ₺ d △ Z6 IV; Cauc., N-Iran
– **appendiculata** Vill. · D:Großblättrige Weide; F:Saule à grandes feuilles · ₺ ₺ d Z5 V; mts. C-Eur., EC-Eur., Ba, Fr, I
– **arbuscula** L. · ₺ d Z4; Eur.: I, Ba, Sc, N-Russ.; Cauc., W-Sib., E-Sib., C-As.
  – *'Erecta'* = Salix waldsteiniana
– **arbutifolia** Pall. · ₺ d Z5 V; Cauc, Sib.
– *arenaria* L. = Salix repens subsp. dunensis
– **aurita** L. · D:Ohr-Weide; E:Eared Willow; F:Saule à oreillettes · ₺ d ~ Z5 IV-V Ⓝ; Eur.*, Cauc.
– **babylonica** L. · D:Trauer-Weide; E:Babylon Weeping Willow; F:Saule pleureur · ₺ d Z5 IV-V Ⓝ; C-China, ? Cauc., ? Iran
– × **balfourii** E.F. Linton (*S. caprea* × *S. lanata*) · ₺ d Z4; cult. Engl.
– *bicolor* Willd. = Salix schraderiana
– × *blanda* Andersson = Salix × pendulina 'Blanda'
– **bockii** Seemen · D:Chinesische Myrten-Weide · ₺ d Z7 ∧ VIII-IX; W-China
– × **boydii** Linton (*S. lapponum* × *S. reticulata*) · D:Zwerg-Weide; E:Dwarf Willow; F:Saule nain de Boyd · ₺ d Z5 V; Scotland

– **breviserrata** Flod. · D:Matten-Weide · ħ d Z5 VI-VII; Eur.: Sp., F, I, C-Eur.; N-Sp., Alp., I
– **caesia** Vill. · D:Blaugrüne Weide; E:Blue Willow · ħ d △ ~ Z5 V-VI; Eur.: I, F, CH, A; W-Sib., E-Sib., C-As., Mong.
– **calodendron** Wimm. · ħ ħ d Z6; Eur.: BrI, Sc, D
– **candida** Flügge ex Willd. · D:Salbei-Weide; E:Hoary Willow, Sage Willow, Silvery Willow; F:Saule drapé · ħ d ~ Z5 IV; Alaska, Can., USA: NE, NCE, Rocky Mts.
– **caprea** L. · D:Sal-Weide; E:Goat Willow, Pussy Willow, Sallow; F:Saule Marsault · ħ ħ d Z3 III-IV Ⓝ; Eur.*, TR, Cauc., N-Iran, W-Sib., E-Sib., Amur, Sachal., Kamchat., China, Korea, Jap.
  – **'Kilmarnock'**
  – *'Pendula' (f)* = Salix caprea 'Weeping Sally'
  – *'Pendula' (m)* = Salix caprea 'Kilmarnock'
  – **'Weeping Sally'**
– **caspica** Pall. · ħ ħ d Z6; SE-Russ., C-As., ? W-As.
– × **chrysocoma** Dode (*S. alba var. vitellina* × *S. babylonica*) · D:Goldene Trauer-Weide; E:Golden Weeping Willow · ħ Z4 IV
– **cinerea** L.
  – subsp. **cinerea** · D:Grau-Weide; E:Grey Willow; F:Saule cendré · ħ d Z4 III-IV Ⓝ; Eur.*, TR, Cauc., W-Sib., C-As.
  – subsp. **oleifolia** (Sm.) Macreight · ħ d Z4; Eur.: Ib, BrI, Fr, Corse, Sard.
– **cordata** Michx. · D:Pelzige Weide; E:Furry Willow · ħ Z2 V; Can.: E; USA: NE, NCE
– *cordata* Mühlenb. = Salix eriocephala
– × **cottetii** A. Kern. (*S. myrsinifolia* × *S. retusa*) · ħ d △ ~ Z5; Eur.: CH, A(E-Tirol)
– **daphnoides** Vill.
  – subsp. *acutifolia* (Willd.) Dahl = Salix acutifolia
  – var. **daphnoides** · D:Reif-Weide; E:Violet Willow; F:Saule faux-daphné · ħ ħ d Z4 III-IV Ⓝ; Eur.* exc. BrI
  – var. **pomeranica** (Willd.) W.D.J. Koch · ħ d Z4 III-IV; Eur.: D, PL, Balt. + ; coast
– × **dasyclados** Wimm. (*S. caprea* × *S. cinerea* × *S. viminalis* × *?*) · D:Bandstock-Weide · ħ d Z6 III-IV Ⓝ; cult.
– × **dichroa** Doell. (*S. aurita* × *S. purpurea*) · ħ d; cult.
– **discolor** Muhl. · D:Verschiedenfarbige Weide; E:Pussy Willow · ħ ħ d Z2 IV; Can., USA: NE, NCE, NC, Rocky Mts.
– **elaeagnos** Scop. · D:Lavendel-Weide; E:Bitter Willow; F:Saule drapé · ħ d Z5 IV-V; Eur.* exc. BrI, Sc; N-TR, NW-Afr.
– *elegantissima* K. Koch = Salix × pendulina 'Elegantissima'
– × **erdingeri** A. Kern. (*S. caprea* × *S. daphnoides*) · ħ d Z5 VI; Eur.: C-Eur.
– **eriocephala** Michx. · D:Herzblättrige Weide; E:Heart-leaf Willow · ħ ħ d Z6 IV-V Ⓝ; Can., USA*, nat. in C-Eur.
– × *erythroflexuosa* Ragonese = Salix × sepulcralis 'Erythroflexuosa'
– **exigua** Nutt. · D:Kojoten-Weide; E:Coyote Willow · ħ ħ d Z2 IV-V; Alaska, Can.: E, Sask.; USA: SE, SC, NC
– **fargesii** Burkill · D:Farges Weide; E:Farges' Willow · ħ d Z6 IV-V; W-China: W-Hubei, E-Sichuan
– **foetida** Schleich. ex DC. · D:Stink-Weide · ħ d Z6 VI-VII; Eur.: I, CH, D, A, ? F; Alp., ? Pyr.
– *formosa* Willd. = Salix arbutifolia
– **fragilis** L. · D:Bruch-Weide, Knack-Weide; E:Crack Willow; F:Saule cassant · ħ ħ d Z4 III-V ⚕ Ⓝ; Eur.* exc. BrI, Sc; TR, Cauc., Iran, W-Sib., nat. in BrI, Sc
– × **friesiana** Andersson (*S. repens* × *S. viminalis*) · ħ d Z5; Eur. + cult.
– **glabra** Scop. · D:Kahle Weide · ħ d Z4 V; Eur.: I, C-Eur., Slove., Croatia, Bosn.; E-Alp., mts.
– **glauca** L. · D:Arktische Grau-Weide; E:Arctic Grey Willow · ħ ħ d Z3 VI-VII; Eur.: SC, Russ., N-As.
– **glaucosericea** Flod. · D:Seiden-Weide · ħ d Z3 VI-VII; Eur.: F, I, CH, A; Alp.
– *gracilis* Andersson = Salix petiolaris
– **gracilistyla** Miq. · D:Ostasiatische Weide; E:Japanese Pussy Willow · ħ d Z6 III-IV; China, Manch., Korea, Jap.
  – var. *melanostachys* (Makino) C.K. Schneid. = Salix melanostachys
– × **grahamii** Borrer ex Baker (*S. aurita* × *S. herbacea* × *S. repens*) · ħ d Z4; Scotland, IRL
– **hastata** L. · D:Spieß-Weide; E:Halberd Willow; F:Saule de l'Engadine, Saule hasté · ħ d Z5 V-VI; Eur.* exc. BrI; TR, Cauc., W-Sib., E-Sib., Amur, Sachal., Kamchat., C-As., Mong., Him.
  – **'Wehrhahnii'**
– **hegetschweileri** Heer · D:Hochtal-Weide ·

ђ d Z6 V-VII; Eur.: F, I, CH, A; Alp.
– × *helix* L. = Salix × rubra
– **helvetica** Vill. · D:Schweizer Weide; E:Swiss Sallow; F:Saule de Suisse · ђ d △ Z4 VI-VII; Eur.: I, F, CH, A, Slova., PL; Alp., W-Carp.
– **herbacea** L. · D:Kraut-Weide; E:Dwarf Willow; F:Saule herbacé · ђ ђ d △ Z4 VI; Eur.*; N, mts.; Alaska, Can., USA: NE; Greenl.
– × **holosericea** Willd. (*S. cinerea* × *S. viminalis*) · D:Seidenblatt-Weide · ђ d; Eur. + cult.
– **hookeriana** Barratt · ђ ђ d Z6; Vancouver I., Wash., Oreg., Calif.
– **humilis** Marshall · D:Prärie-Weide; E:Prairie Willow · ђ d Z4 V-VI; Can.: E; USA: NE, NCE, NC, SC, SE, Fla.
– *incana* Michx. = Salix candida
– *incana* Schrank = Salix elaeagnos
– **integra** Thunb. · ђ d Z6 IV; Jap., Korea
– *interior* Rowlee = Salix exigua
– **irrorata** Andersson · D:Amerikanische Reif-Weide; E:Blue Stem Willow · ђ d Z5 IV; USA: Rocky Mts, SW, SC
– **laggeri** Wimm. · D:Weißfilzige Weide · ђ d Z6 VI; Eur.: F, I, CH, A; Alp.
– **lanata** L. · D:Woll-Weide; E:Woolly Willow; F:Saule laineux · ђ d △ Z4 V; Eur.: BrI, Sc, N-Russ.; W-Sib., E-Sib., Alaska
– **lapponum** L. · D:Lappland-Weide; E:Downy Willow, Lapland Willow · ђ d Z4 V-VI; Eur.* exc. BrI; W-Sib., E-Sib.
– **lasiandra** Benth. · D:Zottige Weide; E:Pacific Red Willow, Pacific Willow · ђ d Z5 V; Alaska, Can.: W; USA: NW, Calif., SW
– *longifolia* Mühlenb. = Salix exigua
– **lucida** Muhl. · D:Glanz-Weide; E:Shining Willow Bush · ђ ђ d Z3 V; Can.: E, Sask; USA: NE, NCE, NC
– **magnifica** Hemsl. · D:Pracht-Weide; E:Magnolia Leafed Willow · ђ d Z7 V; W-China
– **matsudana** Koidz. · D:Korkenzieher-Weide; E:Peking Willow · ђ d Z5 IV-V Ⓝ; Korea, Manch., N-China
– *medemii* Boiss. = Salix aegyptiaca
– **melanostachys** Makino · ђ d Z6; Jap.
– × **meyeriana** Rostk. ex Willd. (*S. fragilis* × *S. pentandra*) · ђ ђ d Z5; Eur.
– **mielichhoferi** Saut. · D:Tauern-Weide · ђ d Z6 V-VII; Eur.: I, A; E-Alp.
– × **mollissima** Hoffm. ex Elwert (*S. triandra* × *S. viminalis*) · ђ ђ d Z6 IV Ⓝ; C-Eur. + cult.
– **moupinensis** Franch. · ђ ђ d Z6; W-China: Sichuan
– × **multinervis** Döll (*S. aurita* × *S. cinerea*) · D:Vielnervige Weide · ђ d Z6; Eur. + cult.
– **myrsinifolia** Salisb. · D:Schwarzwerdende Weide; E:Dark Leaved Willow; F:Saule à feuilles de myrte · ђ d ~ Z4 IV-V; Eur.* exc. Ib; W-Sib., E-Sib.
– **myrsinites** L. · D:Heidelbeerblättrige Weide; E:Whortle Willow · ђ d △ Z5 V; Eur.: BrI, Sc, N-Russ; W-Sib., E-Sib., Amur, Kamchat., Mong.
– **myrtilloides** L. · D:Heidelbeer-Weide · ђ d ⇝ △ ~ Z4 IV-VI; Eur.: Sc, C-Eur., EC-Eur., E-Eur.; W-Sib., E-Sib., Amur, Jap.
– **nigra** Marshall · D:Schwarze Weide; E:Black Willow · ђ ђ d Z4 IV-V ⚕; Can.: E; USA: NE, NCE, NC, SC, SE, Fla.; NE-Mex.
– *nigricans* Sm. = Salix myrsinifolia
– × **pendulina** Wender. (*S. babylonica* × *S. fragilis*) · D:Wisconsin Trauer-Weide; E:Wisconsin Weeping Willow · ђ Z4; cult.
  – **'Blanda'** · ђ d IV-V; cult.
  – **'Elegantissima'** · ђ d IV-V; cult.
– **pentandra** L. · D:Lorbeer-Weide; E:Bay Willow, Laurel Willow; F:Saule à cinq étamines, Saule laurier · ђ ђ d ~ Z4 V-VI ⚕; Eur.*, TR, Cauc., W-Sib., E-Sib., Amur, Kamchat., Mong., W-China
– **petiolaris** Sm. · D:Stiel-Weide; E:Meadow Willow · ђ ђ d Z2 IV Ⓝ; Can., USA: NE, NCE, NC, Rocky Mts.
– **phylicifolia** L. · D:Teeblättrige Weide; E:Tea Leaf Willow · ђ d Z5 V Ⓝ; Eur.: BrI, Sc, Russ, ? BG; Cauc., W-Sib., E-Sib.
  – subsp. *bicolor* (Ehrh. ex Willd.) O. Bolòs et Vigo = Salix phylicifolia
– **piperi** Bebb · ђ d; NW-USA
– × *pontederiana* Willd. = Salix × sordida
– **purpurea** L.
  – subsp. **lambertiana** (Sm.) A. Neumann ex Rech. f. · ђ d Z5 III-IV; Eur.+
  – subsp. **purpurea** · D:Purpur-Weide; E:Purple Osier, Purple Willow; F:Osier rouge, Saule pourpre · ђ ђ d Z5 III-IV ⚕ Ⓝ; Eur.* exc. Sc; TR, Palaest., Cauc., N-Iran, W-Sib., C-As., China, Jap., NW-Afr., nat. in Sc
– **pyrifolia** Andersson · D:Balsam-Weide; E:Balsam Willow · ђ ђ d Z4 IV; Can.;

USA: NE, NCE
- **rehderiana** C.K. Schneid. ex Sarg. · D:Rehders Weide; E:Rehder's Willow · ♄ ♄ d Z6 IV ®; China: Sichuan, Kansu
- × **reichardtii** A. Kern. (*S. caprea* × *S. cinerea*) · D:Reichhardts Weide; E:Reichhardt's Willow · d; D, A+
- **repens** L.
  - subsp. **dunensis** Rouy · D:Sand-Kriech-Weide; E:Sand Willow; F:Saule rampant argenté · ♄ ♄ d Z5 IV-V; Eur.: BrI, Sc, Fr, D, Balt.
  - subsp. **repens** · D:Kriech-Weide; E:Creeping Willow; F:Saule rampant · ♄ d Z5 IV-VI ®; Eur.*, W-As., C-As., Sib.
  - subsp. *rosmarinifolia* (L.) Hartm. = Salix rosmarinifolia
  - var. *argentea* (Sm.) Ser. = Salix repens subsp. dunensis
  - var. *nitida* Wender. = Salix repens subsp. dunensis
- **reticulata** L. · D:Netz-Weide; E:Net Leaved Willow; F:Saule à feuilles réticulées · ♄ ♄ d △ Z4 VII; Eur.*; N, mts.; W-Sib., E-Sib., Amur, Kamchat., Mong., Alaska, Can.
- **retusa** L. · D:Stumpfblättrige Weide · ♄ ♄ d ⇝ △ Z4 VII-VIII; Eur.* exc. BrI, Sc; mts.
  - subsp. *serpillifolia* (Scop.) Asch. et Graebn. = Salix serpyllifolia
- *rigida* Mühlenb. = Salix eriocephala
- **rosmarinifolia** L. · D:Rosmarinblättrige Weide; F:Saule rampant à feuilles de romarin · ☉ ♃ ♄ ♄ Z5 IV-V; Eur.* exc. BrI, Ib; W-Sib., E-Sib., C-As.
- × **rubens** Schrank (*S. alba* × *S. fragilis*) · D:Fahl-Weide, Hohe Weide; E:Hybrid Crack Willow · ♄ d Z4 III-V; Eur.: C-Eur. +
- × **rubra** Huds. (*S. purpurea* × *S. viminalis*) · D:Blend-Weide; E:Green-leaf Willow · ♄ ♄ d Z5; Eur.
- *sachalinensis* F. Schmidt = Salix udensis
- **schraderiana** Willd. · D:Zweifarbige Weide · ♄ d Z5 VI-VII; Eur.: IB, F, D, EC-Eur., RO, W-Russ.; mts.
- × **sepulcralis** Simonk. (*S. babylonica* × *S.* × *chrysocoma*) · D:Trauer-Weide; E:Weeping Willow · ♄ d Z5; cult. Eur.
  - **'Erythroflexuosa'**
  - var. *chrysocoma* (Dode) Meikle = Salix × chrysocoma
- × **sericans** Tausch ex A. Kern. (*S. caprea* × *S. viminalis*) · ♄ ♄ d Z5 III-IV; cult.
- **sericea** Marshall · D:Seidige Weide; E:Silky Willow · ♄ d; Can.: E; USA: NE, NCE, NC, SE
- **serpyllifolia** Scop. · D:Quendelblättrige Weide; E:Thyme-leaved Willow · ♄ ♄ d ⇝ △ Z2 VII; Eur.: F, I, C-Eur., Slove., Bosn.; Alp.
- **silesiaca** Willd. · D:Schlesische Weide; E:Silesian Willow · ♄ d Z6; Carp., Ba
- × **simulatrix** F.B. White (*S. arbuscula* × *S. herbacea*) · ♄ d ⇝ Z5; BrI: Scotland
- × **smithiana** Willd. (*S. cinerea* × *S. viminalis*) · D:Kübler-Weide · ♄ d Z5 IV-V; Eur.: CH, D, A +
- × **sordida** A. Kern. (*S. cinerea* × *S. purpurea*) · ♄ d Z5; Eur. + cult.
- *speciosa* Nutt. = Salix lasiandra
- **starkeana** Willd. · D:Bleiche Weide · ♄ d Z5 IV-V; Sc, S-D, PL, E-Eur.
- × **stipularis** Sm. (*S. cinerea* × *S. viminalis* × *?*) · ♄ d Z6; cult.
- **subopposita** Miq. · D:Japanische Weide · ♄ d Z6 IV-V; Jap., Korea
- **triandra** L.
  - subsp. **discolor** (Koch) Arcang. · ♄ ♄ d Z5; S-Eur., E-Eur, Alp.
  - subsp. **triandra** · D:Mandel-Weide; E:Almond Leaved Willow; F:Saule à trois étamines, Saule amandier · ♄ ♄ d Z4 IV-V ®; Eur.*, TR, Iraq, Cauc., Iran, W-Sib., E-Sib., Amur, C-As., Afgh., Mong., China, Manch., Jap.
- **udensis** Trautv. et Meyen · D:Amur-Weide; E:Sakhalin Willow · ♄ d Z5; E-Sib., Amur, Sachal., Kamchat., Jap.
- **uva-ursi** Pursh · D:Bärentrauben-Weide; E:Bearberry Willow · ♄ d ⇝ △ Z1; Alaska, Can., USA: NE; Greenl.
- **viminalis** L. · D:Hanf-Weide, Korb-Weide; E:Common Osier, Osier; F:Osier des vanniers, Osier vert · ♄ ♄ d Z4 III-IV ®; Eur.: Fr, C-Eur., EC-Eur., Ba, E-Eur.; Cauc., Iran, Him., W-Sib., E-Sib., Mong., China (Sinkiang), Jap., nat. in BrI, Sc, Ib, Ap
- **waldsteiniana** Willd. · D:Bäumchen-Weide · ♄ d VI-VII; Eur.: I, A, D, CH, Ba; Alp., Balkan
- *wehrhahnii* Bonstedt = Salix hastata 'Wehrhahnii'
- × **wimmeriana** Gren. et Godr. (*S. caprea* × *S. purpurea*) · ♄ ♄ d; C-Eur. +

Salmalia Schott et Endl. = Bombax
- *malabarica* (DC.) Schott et Endl. =

Bombax ceiba

Salpichroa Miers -f- *Solanaceae* · 17 sp
– **origanifolia** (Lam.) Baill. · D:Maiglöckchenwein; E:Lily-of-the-Valley Vine · ♄ d ⚘ ♣ D Z8 Ⓚ; S-Bras., Urug., Arg., nat. in S-Eur., NW-Afr.

Salpiglossis Ruiz et Pav. -f- *Solanaceae* · 2 sp · D:Trompetenzunge; F:Salpiglossis
– **sinuata** Ruiz et Pav. · D:Trompetenzunge; E:Painted Tongue, Salpiglossis · ⊙ Z8 VI-VIII; Chile

Salsola L. -f- *Chenopodiaceae* · 150 sp · D:Salzkraut, Sodakraut; F:Soude
– **kali** L. · D:Kali-Salzkraut; E:Russian Thistle · ⊙ VII-IX ☠; Eur.*, TR, Levante, As., N-Afr.
– **soda** L. · D:Soda-Salzkraut, Sodakraut · ⊙; Eur.: Ib, Fr, Ap, Ba, H, E-Eur.; TR, Levante, Cauc., W-Sib., C-As., NW-Afr.
– **vermiculata** L. · ♄ e Ⓚ; Eur.: Ib, Sard., Sic.; Maroc., Alger.

Salvia L. -f- *Lamiaceae (Labiatae)* · c. 900 sp · D:Salbei; E:Sage; F:Sauge
– **aethiopis** L. · D:Mohren-Salbei, Ungarischer Salbei; E:African Sage · ⊙ ♃ Z7 VI-VII Ⓝ; Eur.* exc. BrI, Sc; TR, Cauc., Iran, nat. in N-Am.
– **africana-lutea** L. · ♄ Z9 Ⓚ; S-Afr. (Kap)
– **amplexicaulis** Lam. · ♃; Eur.: Ba; NW-TR
– **argentea** L. · D:Silberblatt-Salbei; E:Silver Sage; F:Sauge argentée · ⊙ ♃ Z5 VII-VIII; Eur.: Ib, Ap, Ba; TR, NW-Afr.
– *aurea* L. = Salvia africana-lutea
– **austriaca** Jacq. · D:Österreichischer Salbei; E:Austrian Sage · ♃ Z6 V-IX; Eur.: A, EC-Eur., Ba, E-Eur.
– **azurea** Michx. ex Lam.
  – subsp. *pitcheri* (Torr. ex Benth.) Epling = Salvia azurea var. grandiflora
  – var. **azurea** · D:Blauer Salbei; E:Blue Sage · ♃ Z4; USA: NCE, NC, SC, SE
  – var. **grandiflora** Benth. · F:sauge azurée · ♃ Z4 VIII-X; USA: NE, NCE, NC, SC, Ark.
– **barrelieri** Etl. · ⊙ ♃ ∧ V-VIII; Eur.: Sp.; NW-Afr.
– *bicolor* Desf. = Salvia barrelieri
– **blancoana** Webb et Heldr. · ♄ Z8 Ⓚ; S-Sp., Maroc.
– **broussonetii** Benth. · ♄ Z9 Ⓚ; Canar.
– **canariensis** L. · ♄ e Z9 Ⓚ; Canar.
– **candelabrum** Boiss. · ♃ Z7 VII-VIII; S-Sp.
– *candidissima* Guss. = Salvia argentea
– *candidissima* M. Bieb. = Salvia verbascifolia
– **candidissima** Vahl · ♃ Z6; Eur.: AL, GR; TR, N-Iraq
– **carduacea** Benth. · D:Distel-Salbei; E:Thistle Sage · ⊙ Z8 Ⓚ VII-IX; Calif.
– **coccinea** Buc'hoz ex Etl. · D:Blut-Salbei; E:Blood Sage; F:Sauge écarlate · ⊙ ♃ ♄ Ⓚ VI-X; USA: SE, SC, Fla.; Mex., W.Ind., trop. Am.
– **columbariae** Benth. · ♃ Z7; SW-USA
– **concolor** Lamb. ex Benth. · ♄ Ⓚ IX-XII; Mex., C-Am.
– *cyanea* Benth. = Salvia concolor
– **discolor** Kunth · D:Peruanischer Salbei · ♃ Z9 Ⓚ; Peru
– **divinorum** Epling et Játiva · D:Azteken-Salbei; E:Herb of the Virgin · ♃ ⚕ Ⓝ; ? Mex.: Oaxaca
– **elegans** Vahl · D:Honigmelonen-Salbei · ♄ D Z8 Ⓚ VII-VIII; Mex., Guat.
– **farinacea** Benth. · D:Mehliger Salbei; E:Blue Sage, Mealy Sage; F:Sauge farineuse · ⊙ ♃ ♄ d Z9 Ⓚ V-X; USA: N.Mex., Tex.
– **flava** G. Forst. · ♃ VII; China
– **fruticosa** Mill. · ♄ Z9 Ⓚ V ⚕; Eur.: I, Sic.Ba; TR, Levante, Libya
– **fulgens** Cav. · D:Kardinals-Salbei; E:Cardinal Sage, Mexican Red Sage · ♄ Z9 Ⓚ VIII-X; Mex.
– **glutinosa** L. · D:Klebriger Salbei; E:Jupiter's Distaff, Sticky Sage; F:Sauge glutineuse · ♃ Z5 VII-X; Eur.* exc. Sc; TR, Cauc., N-Iran
– *grahamii* Benth. = Salvia microphylla var. microphylla
– *grandiflora* Etl. = Salvia tomentosa
– *grandiflora* Sessé et Moq. = Salvia fulgens
– **greggii** A. Gray · D:Herbst-Salbei; E:Autumn Sage · ♄ ♄ Z8 Ⓚ IX-X; Tex., Mex.
– *haematodes* L. = Salvia pratensis subsp. haematodes
– **heerii** Regel · ♄ Z10 Ⓚ I-XII; Peru
– **hians** Royle · ♃ Z6 VII-VIII; Kashmir
– *horminum* L. = Salvia viridis
– **involucrata** Cav. · ♄ ♄ Z9 Ⓚ VII-IX; Mex., C-Am.
– **judaica** Boiss. · ♃ Z9 Ⓚ; Palaest.
– **jurisicii** Kosanin · D:Serbischer Salbei · ♃ △ Z6 VI-IX; Maced.

– *lanata* Moench = Salvia aethiopis
– **lavandulifolia** Vahl · D:Spanischer Salbei; E:Spanish Sage; F:Sauge à feuilles de lavande · ♃ ♄ e D Z7 VI-VIII ⚕ ; Eur.: Sp., S-F
– *lemmonii* A. Gray = Salvia microphylla var. wislizenii
– **leucantha** Cav. · D:Strauchiger Salbei; E:Mexican Bush Sage · ♄ d ✂ Z10 Ⓚ VII-VIII; Mex.
– *libanotica* Boiss. et Gaill. = Salvia fruticosa
– **microphylla** Humb., Bonpl. et Kunth
  – var. **microphylla** · ♄ Z9 Ⓚ VII-IX; Mex.
  – var. **neurepia** (Fernald) Epling · ♄ Z9 Ⓚ; Mex.
  – var. **wislizenii** Kunth · ♄ Z9 Ⓚ; Mex.
– **multicaulis** Vahl · ♄ Z8 Ⓚ; TR, Palaest., Syr., Sinai, N-Iraq, Iran
– **nemorosa** L.
  – subsp. **nemorosa** · D:Steppen-Salbei; E:Wild Sage, Woodland Sage · ♃ Z5 VI-VII; Eur.: C-Eur., EC-Eur., Ba, Ap, E-Eur.; TR, Cauc., Iran, Afgh., nat. in BrI, Sc
  – subsp. **tesquicola** L. · ♃ Z5; BG., Russ.
– *neurepia* Fernald = Salvia microphylla var. neurepia
– **nutans** L. · ♃ Z5 VI-VIII; Eur.: H, Maced., BG, E-Eur.
– **officinalis** L. · D:Echter Salbei; E:Common Sage; F:Sauge officinale · ♄ e D Z7 ∧ V-VII ⚕ Ⓝ; Eur.: Slove., Croatia, Bosn., YU, Maced., AL, ? GR, nat. in Sp, F, Ap, CH, RO
  – **in Sorten**
– **patens** Cav. · D:Mexikanischer Salbei; E:Blue Sage · ♃ Z8 Ⓚ ∧ VI-IX; Mex.
– *peleponnesiaca* Boiss. et Heldr. = Salvia verticillata
– *pitcheri* Torr. ex Benth. = Salvia azurea var. azurea
– **pratensis** L. · D:Wiesen-Salbei; E:Meadow Clary; F:Sauge des prés · ♃ V-VIII; Eur.* exc. Sc; Cauc., nat. in Sc
  – *Haematodes Grp.* = Salvia pratensis subsp. haematodes
  – subsp. **haematodes** (L.) Briq. · F:Sauge des prés · ♃ Z3 VI-VIII; Eur.: I
– **przewalskii** Maxim. · ♃ Z7 VI; China
– **recognita** Fisch. et C.A. Mey. · ♃ Z6 VII-VIII; TR
– **ringens** Sibth. et Sm. · ♃ Z7 ∧ VI-VII; Eur.: Ba, RO; Cauc.
– **rutilans** Carrière · D:Ananas-Salbai; E:Pinapple-scented Sage · ♄ Z10 Ⓚ; cult.
– **scabiosifolia** Lam. · ♃ △ Z6 VII-VIII; NE-BG, Krim
– **sclarea** L. · D:Muskateller-Salbei; E:Clary; F:Toute-bonne · ⊙ D Z5 VI-VII ⚕ Ⓝ; Eur.: Ib, Fr, Ap, Ba, E-Eur.; TR, Syr., Palaest., Cauc., Iran, C-As., NW-Afr., nat. in A, CH
– **splendens** Buc'hoz ex Etl. · D:Pracht-Salbei; E:Scarlet Sage; F:Sauge écarlate · ♃ ♄ Z10 Ⓚ V-IX; Bras.
  – **in Sorten**
– × **superba** (Silva Tar. et C.K. Schneid.) Stapf (*S.* × *sylvestris* × *S. amplexicaulis*) · D:Stauden-Salbei; E:Perennial Sage · ♃ Z5 VI-VIII; cult.
– × **sylvestris** L. (*S. nemorosa* × *S. pratensis*) · D:Hybrid-Salbei · ♃; cult.
  – **in vielen Sorten**
– **tomentosa** Mill. · ♃ ∧ VI-VII; Eur.: Ba, Krim; TR, Syr.
– **uliginosa** Benth. · ♃ Z7 ∧ VII-IX; S-Bras., Urug., Arg.
– **verbascifolia** M. Bieb. · ⊙ ♃ Z6 VII-VIII; TR, Cauc.
– **verbenaca** L. · D:Eisenkraut-Salbei; E:Vervain, Wild Clary · ♃ Z6; Eur.: Ib, Fr, BrI, Ap, Ba, Krim; TR, Levante, Cauc., N-Afr.
– **verticillata** L. · D:Quirlblütiger Salbei · ♃ Z6 VI-IX; Eur.* exc. BrI, Sc; TR, N-Iraq, Cauc., N-Iran, nat. in BrI, Sc, N-Am.
– **viridis** L. · D:Schopf-Salbei; E:Annual Clary, Bluebeard; F:Sauge verte · ⊙ ♃ Z8 Ⓚ VI-VIII ⚕ ; Eur.: Ib.Ap, Ba, Krim; TR, Levante, Cauc., N-Iraq, Iran, NW-Afr., nat. in A

Salvinia Seg. -f- *Salviniaceae* · 10 sp · D:Schwimmfarn; E:Floating Fern; F:Fougère flottante, Salvinie
– **auriculata** Aubl. · D:Westindischer Schwimmfarn; E:Butterfly Fern · ♃ ≈ Z10 Ⓦ; USA: Fla.; Mex., Bermuda, W.Ind., S-Am.
– **minima** Baker · ♃ ≈ Z10 Ⓦ; Mex., C-Am., S-Am.
– **natans** (L.) All. · D:Gewöhnlicher Schwimmfarn; E:Floating Fern; F:Salvinia nageante · ⊙ ≈ Ⓚ VIII-X ▽; Eur.: Ib, D, Ap, EC-Eur., Ba, E-Eur.; TR, Cauc., W-Sib., C-As., Him., Indochina., Amur, China, Korea, Jap., Alger.
– *rotundifolia* Willd. = Salvinia auriculata

Samanea (DC.) Merr. = Albizia
– *saman* (Jacq.) Merr. = Albizia saman

Sambucus L. -f- *Caprifoliaceae* · c. 25 sp · D:Attich, Holunder; E:Elder; F:Sureau
– **caerulea** Raf. · D:Blauer Holunder; E:Blue Elder, Blue Elderberry · ♄ d ⊛ D Z5 VI-VII Ⓝ; Can.: B.C., USA: NW, Rocky Mts., Calif., SW, Tex.; N-Mex., Baja Calif.
– **callicarpa** Greene · D:Pazifischer Hollunder; E:Pacific Coast Red Elderberry · ♄ ♄ d ⊛ Z6 VI-VII; Alaska, Can.; USA: NW, Calif., SW, Rocky Mts.
– **canadensis** L. · D:Kanadischer Holunder; E:American Elder; F:Sureau du Canada · ♄ d ⊛ D Z5 VI-VII Ⓝ; Can.: E; USA: NE, NCE, SC, SE, Fla.; Mex., W.Ind.
– **ebulus** L. · D:Attich, Zwerg-Holunder; E:Danewort, Dwarf Elder · ♃ D Z5 VI-VIII ⚕ ☠; Eur.* exc. BrI, Sc; TR, Syr. Lebanon, N-Iraq, W-Iran, nat. in BrI, Sc
– *glauca* Nutt. ex Torr. et A. Gray = Sambucus caerulea
– **kamtschatica** E.L. Wolf · ♄ d Z2; Kamchat., E-Sib.
– **melanocarpa** A. Gray · D:Schwarzfrüchtiger Holunder; E:Black Elderberry · ♄ d ⊛ Z6 VII-VIII; Can.: B.C.; USA: NW, Idaho, Calif., SW
– **nigra** L. · D:Schwarzer Holunder; E:Common Elder, Elderberry; F:Sureau commun, Sureau noir · ♄ ♄ d ⊛ D Z5 VI-VII ⚕ Ⓝ; Eur.*, TR, N-Iraq, W-Iran
  – **in Sorten**
– **pubens** Michx. · D:Stinkender Hollunder; E:Red Berried Elder, Red Elder · ♄ d ⊛ Z5 VI-VII; Alaska, Can., USA* exc. SW
– **racemosa** L.
  – subsp. **racemosa** · D:Roter Holunder, Trauben-Holunder; E:Red Berried Elder, Red Elderberry; F:Sureau à grappes, Sureau rouge · ♄ d ⊛ Z4 IV-V ☠ Ⓝ; Eur.* exc. BrI, Sc, nat. in BrI, Sc
  – var. *callicarpa* (Greene) Jeps. = Sambucus callicarpa
– **sieboldiana** Blume ex Miq. · D:Japanischer Trauben-Holunder · ♄ ♄ d Z6 IV-V; Jap., Korea, ? China

Samolus L. -m- *Primulaceae* · 15 sp · D:Bunge; E:Brookweed; F:Samole
– *floribundus* Humb., Bonpl. et Kunth = Samolus parviflorus
– **parviflorus** Raf. · ♃ 〰 ≈ Z6 Ⓚ; Alaska, Can.: E, B.C.; USA: NE, NCE, SE, Fla., Calif.; Mex., trop. Am.
– **valerandi** L. · D:Salz-Bunge · ♃ Z6 VI-X; Eur.*, TR, Cauc., Iran, C-As., Him., China, N-Afr., cosmop.

Sampacca Kuntze = Michelia
– *euonymoides* Kuntze = Michelia champaca var. champaca
– *parviflora* (Deless.) Kuntze = Michelia figo
– *suaveolens* (Pers.) Kuntze = Michelia champaca var. champaca
– *velutina* Kuntze = Michelia champaca var. champaca

Samuela Trel. -f- *Agavaceae* · 2 sp
– **carnerosana** Trel. · ♄ e Z9 Ⓦ Ⓝ; SW-Tex., Mex.
– **faxoniana** Trel. · ♄ e Z9 Ⓚ; SW-Tex., N-Mex.

Sanchezia Ruiz et Pav. -f- *Acanthaceae* · 20 sp · D:Sanchezie; F:Sanchezia
– **nobilis** Hook. f. · ♄ e Z10 Ⓦ; Ecuad.
– **parvibracteata** Sprague et Hutch. · ♄ e Z10 Ⓦ; trop. Am.

× **Sanderara** hort. -f- *Orchidaceae* (*Brassaia* × *Cochlioda* × *Odontoglossum*)

Sandersonia Hook. -f- *Colchicaceae* · 1 sp · D:Laternenlilie; E:Chinese Lantern Lily; F:Cloche de Noël, Lanterne chinoise
– **aurantiaca** Hook. · D:Laternenlilie; E:Chinese Lantern Lily, Chinese Lanterns · ♃ Z9 Ⓦ VII; S-Afr.

Sandoricum Cav. -n- *Meliaceae* · 5 sp
– **koetjape** (Burm. f.) Merr. · ♄ e ⊛ Z10 Ⓦ Ⓝ; Indochina, Malay. Pen.

Sanguinaria L. -f- *Papaveraceae* · 1 sp · D:Blutwurzel; E:Bloodroot, Red Pucoon; F:Sanguinaire
– **canadensis** L. · D:Blutwurzel; E:Bloodroot; F:Sanguisorbe du Canada · ♃ Z3 IV-V ⚕ ☠; Can.: E; USA: NE, NCE, SC, SE, Fla.

Sanguisorba L. -f- *Rosaceae* · c. 20 sp · D:Wiesenknopf; E:Burnet; F:Sanguisorbe
– **canadensis** L. · ♃ Z4 VII-X; Can.: E; USA; NE, NCE, SE
– **dodecandra** Moretti · ♃ Z7; N-I (Prov. Sondrio)
– *maior* Gilib. = Sanguisorba officinalis

- **minor** Scop.
  - subsp. **minor** · D:Kleiner Wiesenknopf; E:Salad Burnet, Small Burnet; F:Pimprenelle sanguisorbe · ♃ Z5 V-VIII ⚕ Ⓝ; Eur.*, TR, Cauc., N-Iran, W-Him., W-Sib. (Altai), C-As., NW-Afr., Libya
  - subsp. *muricata* Briq. = Sanguisorba minor subsp. polygama
  - subsp. **polygama** (Waldst. et Kit.) Holub · D:Höckerfrüchtiger Wiesenknopf · ♃ Z5 VI-VII Ⓝ; Eur.*, TR, Cauc., C-As., W-As., N-Afr.
- *muricata* Gremli = Sanguisorba minor subsp. polygama
- **obtusa** Maxim. · F:Sanguisorbe du Japon · ♃ ✂ Z5 VII-IX; Jap.
- **officinalis** L. · D:Großer Wiesenknopf; E:Great Burnet · ♃ Z4 VI-VIII ⚕ Ⓝ; Eur.*, W-Sib., E-Sib., C-As.
- *polygama* (Waldst. et Kit.) Beck = Sanguisorba minor subsp. minor
- *spinosa* (L.) Bertol. = Sarcopoterium spinosum
- **tenuifolia** Fisch. ex Link · F:Sanguisorbe à feuilles fines · ♃ Z4 VIII; E-Sib., Kamchat., Sachal., Manch., Korea, Jap.

Sanicula L. -f- *Apiaceae (Umbelliferae)* · 37 sp · D:Sanikel; E:Sanicle; F:Sanicle
- **europaea** L. · D:Wald-Sanikel; E:Butterwort, Sanicle · ♃ Z6 V-VII ⚕; Eur.*, TR, Cauc., N-Iran, W-Sib., Ind., Malay. Arch., N-Afr., Afr. (mts.), S-Afr.

Sansevieria Thunb. -f- *Dracaenaceae* · 61 sp · D:Bogenhanf; E:Bowstring Hemp, Snake Plant; F:Langue de Belle-mère, Sansévière
- **arborescens** Gérôme et Labroy · ♃ ♆ Z10 ⌂W; E-Afr.
- **cylindrica** Bojer · ♃ ♆ Z10 ⌂W Ⓝ; Angola
- *dooneri* N.E. Br. = Sansevieria parva
- **ehrenbergii** Baker · ♃ ♆ Z10 ⌂W; E-Afr.
- **gracilis** N.E. Br. · ♃ ♆ Z10 ⌂W; E-Afr.
- **grandis** Hook. f. · ♃ ♆ Z10 ⌂W; ? S-Afr.
- *guineensis* (L.) Willd. = Sansevieria hyacinthoides
- *guineensis* Baker = Sansevieria metallica
- *guineensis* Gérôme et Labroy = Sansevieria trifasciata
- *hahnii* hort. = Sansevieria trifasciata 'Hahnii'
- **hyacinthoides** (L.) Druce · ♃ ♆ Z10 ⌂W Ⓝ; S-Afr.
- **kirkii** Baker · ♃ ♆ Z10 ⌂K; E-Afr.
- *laurentii* De Wild. = Sansevieria trifasciata 'Laurentii'
- **liberica** Gérôme et Labroy · ♃ ♆ Z10 ⌂W; Liberia
- **longiflora** Sims · ♃ ♆ Z10 ⌂W Ⓝ; W-Afr., C-Afr., Angola
- **metallica** Gérôme et Labroy · ♃ ♆ Z10 ⌂W; trop. Afr.
- **parva** N.E. Br. · ♃ ♆ Z10 ⌂W; E-Afr.
- **roxburghiana** Schult. et Schult. f. · ♃ ♆ Z10 ⌂W Ⓝ; E-Ind., Myanmar
- *spicata* Haw. = Sansevieria hyacinthoides
- *thyrsiflora* Thunb. = Sansevieria hyacinthoides
- **trifasciata** Prain · D:Schwiegermutterzunge; E:Mother-in-law's Tongue · ♃ ♆ Z10 ⌂W ☠ Ⓝ; W-Afr.
  - **'Hahnii'** · ⌂W
  - **'Laurentii'**
- **zeylanica** (L.) Willd. · D:Teufelszunge; E:Devil's Tongue · ♃ ♆ Z10 ⌂W; Sri Lanka

Santalum L. -n- *Santalaceae* · 10-25 sp · D:Sandelholz; E:Sandalwood; F:Santal blanc
- **album** L. · D:Weißes Sandelholz; E:Sandalwood, White Sandalwood · ♄ e D Z10 ⌂W ⚕ ☠ Ⓝ; ? Malay Arch.; cult. trop. As.

Santolina L. -f- *Asteraceae (Compositae)* · 18 sp · D:Heiligenkraut; E:Lavender Cotton; F:Santoline
- **chamaecyparissus** L. · D:Graues Heiligenkraut; E:Lavander Cotton; F:Santoline petit cyprès · ♄ △ D Z7 ∧ VII-VIII ⚕; Eur.: Ib, Fr, Ap, Ba; Maroc., Alger., Tun.
  - subsp. *tomentosa* (Pers.) Arcang. = Santolina pinnata subsp. neapolitana
- **elegans** Boiss. ex DC. · ♄ e △ Z7 ∧ ▽; S-Sp.: Sierra Nevada
- *ericoides* hort. = Santolina pinnata subsp. pinnata
- *ericoides* Poir. = Santolina chamaecyparissus
- *incana* Lam. = Santolina chamaecyparissus
- × **lindavica** Sünd. (*S. chamaecyparissus* × *S. pinnata subsp. neapolitana*) · ♄ Z7; cult.
- *neapolitana* Jord. et Fourr. = Santolina pinnata subsp. neapolitana
- **pinnata** Viv.
  - subsp. **neapolitana** (Jord. et Fourr.) Guinea · ♄ e △ D Z7 ⌂K ∧ VII-VIII; S-I
  - subsp. **pinnata** · D:Gefiedertes Heiligenkraut · ♄ e Z7 VI-VII; I

- **rosmarinifolia** L. · D:Grünes Heiligenkraut; E:Green Santolina · ♄ e D Z8 ⓚ ∧ VII-VIII; Eur.: Ib, S-F; Maroc.
- *tomentosa* Pers. = Santolina pinnata subsp. neapolitana
- *virens* Mill. = Santolina rosmarinifolia
- *viridis* Willd. = Santolina rosmarinifolia

Sanvitalia Lam. -f- *Asteraceae (Compositae)* · 7 sp · D:Husarenknopf; E:Creeping Zinnia; F:Bouton de hussard
- **procumbens** Lam. · D:Husarenknopf; E:Creeping Zinnia · ⊙ VII-X; Mex., Guat.

Sapindus L. -m- *Sapindaceae* · 13 sp · D:Seifenbaum; E:Soapberry; F:Arbre à savon, Savon indien
- **mukorossi** Gaertn. · ♄ e Z9 ⓦ ☠ Ⓝ; Him., Myanmar, China, Jap.
- **rarak** DC. · ♄ e Z10 ⓦ ☠ Ⓝ; Indochina, Malay. Arch.
- **saponaria** L. · ♄ e Z10 ⓦ ☠ Ⓝ; USA: SE, Fla.; Mex., W.Ind., S-Am.
- **trifoliatus** L. · ♄ e Z10 ⓦ Ⓝ; Ind., Sri Lanka

Sapium P. Browne -n- *Euphorbiaceae* · 100 sp · D:Talgbaum; E:Tallow Tree; F:Arbre à suif
- **sebiferum** (L.) Roxb. · D:Chinesischer Talgbaum; E:Chinese Tallow Tree · ♄ e Z9 ⓦ ☠ Ⓝ; C-China, S-China, Hainan, Taiwan, N-Vietn., nat. in SE-USA

Saponaria L. -f- *Caryophyllaceae* · 20-40 sp · D:Seifenkraut; E:Soapwort; F:Saponaire
- **bellidifolia** Sm. · ♃ ⌓ △ Z7 V-VI; Eur.: Ib, Fr, Ap, Ba, RO
- × **boissieri** hort. (*S. caespitosa* × *S. ocymoides*) · ♃; cult.
- **caespitosa** DC. · ♃ ⌓ △ Z7 V-VI; Eur.: Sp., F; Pyr.
- **calabrica** Guss. · D:Kalabrisches Seifenkraut; E:Calabrian Soapwort · ⊙ VI-IX; Eur.: I, Ba
- **cypria** Boiss. · ♃ ⓐ ∧ VIII-IX; Cyprus
- *graeca* Boiss. = Saponaria calabrica
- **haussknechtii** Simmler · ♃ △ VIII-IX; GR
- × **lempergii** hort. (*S. cypria* × *S. haussknechtii*) · ♃ △ VIII-IX; cult.
- **lutea** L. · D:Gelbes Seifenkraut; E:Yellow Soapwort · ♃ △ Z6 VII-VIII; Eur.: F, I, CH; Alp.
- **ocymoides** L. · D:Kleines Seifenkraut, Rotes Seifenkraut; E:Rock Soapwort, Tumbling Ted; F:Saponaire faux-basilic · ♃ ⇝ △ Z4 VII-X; Eur.: Ib, Fr, Ap, Ba, C-Eur., nat. in CZ
- **officinalis** L. · D:Echtes Seifenkraut; E:Soapwort; F:Saponaire officinale · ♃ Z4 VI-IX ⚕ Ⓝ; Eur.* exc. Sc, BrI; TR, Cauc., W-Sib., nat. in Sc, BrI, Jap., N-Am.
- × **olivana** Wocke (*S. caespitosa* × *S. pumilio*) · F:Saponaire rose hybride · ♃ △ VI-VII; cult.
- *ortegioides* (Fisch. et C.A. Mey.) Boiss. et Balansa = Phrynella ortegioides
- *pulvinaris* Boiss. = Saponaria pumilio
- *pumila* Janch. ex Hayek = Saponaria pumilio
- **pumilio** (L.) Fenzl ex A. Braun · D:Zwerg-Seifenkraut; E:Dwarf Soapwort · ♃ ⌓ △ VIII; Eur.: I, A, RO; E-Alp., S-Carp.
- **sicula** Raf. · ♃ Z7; Eur.: Sic., Sard.; Alger.
  - subsp. *intermedia* (Simmler) Chater = Saponaria haussknechtii
- *vaccaria* L. = Vaccaria hispanica
- × **wiemannii** Fritsch (*S. caespitosa* × *S. lutea*) · ♃ △ V-VI; cult.

× **Sappanara** hort. -f- *Orchidaceae* (*Arachnis* × *Phalaenopsis* × *Renanthera*)

Sarcanthus Lindl. = Cleisostoma
- *filiformis* Lindl. = Cleisostoma filiformis
- *racemifer* (Lindl.) Rchb. f. = Cleisostoma racemifera

Sarcocapnos DC. -f- *Fumariaceae* · 4 sp
- **enneaphylla** (L.) DC. · ♃ △ Z8 ⓐ VI; Eur.: Sp., F (Pyr.); Maroc

Sarcocaulon (DC.) Sweet -n- *Geraniaceae* · 14 sp · D:Buschmannskerze, Dickstängel; F:Sarcaucolon
- *burmannii* (DC.) Sweet = Sarcocaulon crassicaule
- **crassicaule** Rehm · ♄ Ψ Z9 ⓚ; Namibia
- **flavescens** Rehm · ♄ Ψ Z9 ⓚ; Namibia, NW-Kap
- **inerme** Rehm · ♄ Ψ Z9 ⓚ; Namibia
- **multifidum** E. Mey. ex R. Knuth · ♄ Ψ Z9 ⓚ; Namibia, NW-Kap
- **patersonii** (DC.) G. Don · ♄ Ψ Z9 ⓚ; Namibia, NW-Kap
- *rigidum* Schinz = Sarcocaulon patersonii
- **vanderietiae** L. Bolus · ♄ Ψ Z9 ⓚ; E-Kap

Sarcochilus R. Br. -m- *Orchidaceae* · 12-17 sp

– **falcatus** R. Br. · ♃ Z10 ⓦ IV-V ▽ ✻; Austr.: Queensl., N.S.Wales
– **hartmannii** F. Muell. · ♃ Z10 ⓦ III-IV ▽ ✻; W-Austr.
– *luniferus* (Rchb. f.) Hook. f. = Chiloschista lunifera
– *pallidus* (Blume) Rchb. f. = Pteroceras pallidum
– *unguiculatus* Lindl. = Pteroceras pallidum

Sarcococca Lindl. -f- *Buxaceae* · 11 sp · D:Fleischbeere, Schleimbeere; E:Sweet Box; F:Buis de Noël, Sarcococca
– **confusa** Sealy · ♄ e D Z6 XII-III; orig. ?
– **hookeriana** Baill.
  – var. **hookeriana** · D:Himalaya-Schleimbeere; E:Sweet Box · ♄ e D Z7 IX-XI; Afgh., W-Him.
  – var. **humilis** Rehder et E.H. Wilson · D:Niedere Himalaya-Schleimbeere; F:Sarcococca · ♄ D Z7 I-III; N-China
– *humilis* (Rehder et E.H. Wilson) Stapf ex Sealy = Sarcococca hookeriana var. humilis
– *pruniformis* Lindl. p.p. = Sarcococca saligna
  – var. *hookeriana* (Baill.) Hook. = Sarcococca hookeriana var. hookeriana
– **ruscifolia** Stapf · D:Mäusedornblättrige Fleischbeere; E:Fragrant Sweet Box · ♄ e D Z7 XII-III; W-China, C-China
– **saligna** (D. Don) Müll. Arg. · ♄ e Z9 ⓚ XII-III ☠; Him.

Sarcopoterium Spach -n- *Rosaceae* · 1 sp
– **spinosum** (L.) Spach · ♄ d Z8 ⓚ V-VIII; Eur.: Ap, Ba; TR, Lebanon, Syria, Palaest.

× **Sarcorhiza** hort. -f- *Orchidaceae* (*Rhinerrhiza* × *Sarcochilus*)

Sarcostemma R. Br. -n- *Asclepiadaceae* · 10 sp
– *aphylla* (Thunb.) R. Br. = Sarcostemma viminale
– **viminale** (L.) R. Br. · E:Causticbush, Sacred Soma · ♄ ♆ ⌇ Z10 ⓦ; trop. Afr., S-Afr.

× **Sarcothera** hort. -f- *Orchidaceae* (*Renanthera* × *Sarcochilus*)

Sarmienta Ruiz et Pav. -f- *Gesneriaceae* · 1 sp
– **scandens** (Brandis) Pers. · ♄ ⌇ ⇝ Z9 ⓚ II-III; Chile

Sarothamnus Wimm. = Cytisus
– *scoparius* (L.) Wimm. ex W.D.J. Koch = Cytisus scoparius subsp. scoparius

Sarracenia L. -f- *Sarraceniaceae* · 8 sp · D:Krugpflanze, Sarrazenie, Schlauchpflanze; E:Pitcher Plant; F:Sarracénnie
– **alata** (A.W. Wood) A.W. Wood · ♃ ~ D Z8 ⓚ ▭ ▽ ✻; USA: SE, Tex.
– *drummondii* H.B. Croom = Sarracenia leucophylla
– **flava** L. · D:Gelbe Schlauchpflanze; E:Yellow Pitcher Plant · ♃ ~ Z8 ⓚ ▭ ▽ ✻; USA: NE, SE, Fla.
– **leucophylla** Raf. · D:Weiße Schlauchpflanze; E:White Trumpet · ♃ ~ Z8 ⓚ ▭ ▽ ✻; USA: SE, Fla.
– **minor** Walter · D:Hütchen-Schlauchpflanze; E:Hooded Pitcher Plant · ♃ ~ Z8 ⓚ ▭ ▽ ✻; USA: SE, Fla.
– **oreophila** (Kearney) Wherry · ♃ ~ Z8 ⓚ ▭ ▽ ✻; USA: SE
– **psittacina** Michx. · D:Papageien-Schlauchpflanze; E:Parrot Pitcher Plant · ♃ ~ Z8 ⓚ ▭ ▽ ✻; USA: SE, Fla.
– **purpurea** L. · D:Braunrote Schlauchpflanze; E:Huntsman's Cup · ♃ ~ Z7 ▭ ∧ VII ▽ ✻; Can.: E, Sask.; USA: NE, SE, Fla.
– **rubra** Walter · D:Rote Schlauchpflanze; E:Sweet Pitcher Plant · ♃ ~ Z8 ⓚ ▭ ▽ ✻; USA: SE, Fla.
– *sledgei* Macfarl. = Sarracenia alata
– *variolaris* Michx. = Sarracenia minor

Sasa Makino et Shibata -f- *Poaceae (Gramineae)* · 40 sp · D:Zwergbambus; F:Bambou nain
– *albomarginata* (Franch. et Sav.) Makino et Shibata = Sasa veitchii
– **borealis** (Hack.) Makino et Shibata · ♄ e Z7; Jap., Korea
– *disticha* (Mitford) E.G. Camus = Pleioblastus pygmaeus var. distichus
– *humilis* (Mitford) E.G. Camus = Pleioblastus humilis
– *japonica* (Siebold et Zucc. ex Steud.) Makino = Pseudosasa japonica
– **kagamiana** Makino et Uchida
  – subsp. **kagamiana** · ♄ e; Jap.
  – subsp. **yoshinoi** (Koidz.) S. Suzuki · ♄ e; Jap.

– **kurilensis** (Rupr.) Makino et Shibata · ♄ e Z7; Jap., Korea
– **palmata** (Burb.) E.G. Camus · D:Breitblättriger Zwergbambus; E:Palmate Bamboo · ♄ e Z7 ∧; Jap., Sachal.
– *pumila* (Mitford) E.G. Camus = Pleioblastus pumilus
– *pygmaea* (Miq.) Rehder = Pleioblastus pygmaeus var. pygmaeus
– *ramosa* (Makino) Makino et Shibata = Sasaella ramosa
– *tessellata* (Munro) Makino et Shibata = Indocalamus tessellatus
– **tsuboiana** Makino · ♄ e Z6; Jap.
– **vagans** Koidz. · ♄ e; Jap.
– *variegata* (Siebold ex Miq.) E.G. Camus = Pleioblastus variegatus
– **veitchii** (Carrière) Rehder · ♄ e Z8 ∧; Jap.

Sasaella Makino -f- *Poaceae (Gramineae)* · 12 sp
– **ramosa** (Makino) Makino · ♄ e Z7; Jap.

Sasamorpha Nakai -f- *Poaceae (Gramineae)* · 6 sp
– *borealis* (Hack.) Nakai = Sasa borealis

Sassafras Nees -n- *Lauraceae* · 3 sp · D:Fenchelholzbaum, Sassafras; E:Sassafras; F:Sassafras
– **albidum** (Nutt.) Nees
  – var. **albidum** · D:Sassafras, Seidiger Fenchelholzbaum; E:Sassafras, Silky Sassafras; F:Sassafras · ♄ d Z6 IV-V ⚕ ☠ Ⓝ; USA: NE, NCE, Ark.
  – var. **molle** (Raf.) Fernald · ♄ d Z6 IV-V ☠ Ⓝ; USA: NE, NCE, Kans., SC, SE, Fla.

Satureja L. -f- *Lamiaceae (Labiatae)* · 30 sp · D:Bohnenkraut, Pfefferkraut; E:Savory; F:Sarriette
– *acinos* (L.) Scheele = Acinos alpinus
– *alpina* (L.) Scheele = Acinos alpinus
– **alternipilosa** (K. Koch) K. Koch · ♃; Cauc.
– *calamintha* (L.) Scheele = Calamintha nepeta subsp. nepeta
– *croatica* (Pers.) Briq. = Micromeria croatica
– *grandiflora* (L.) Scheele = Calamintha grandiflora
– **hortensis** L. · D:Sommer-Bohnenkraut; E:Savory, Summer Savory · ⊙ D Z8 VII-X ⚕ Ⓝ; Eur.: Ib, Fr, Ba; TR
– *illyrica* Host = Satureja montana subsp. illyrica
– **montana**
  – subsp. **illyrica** (Host) Nyman · F:Sarriette vivace · ♄ s △ Z6 IX Ⓝ; Eur.: I, Slove., Croatia, AL
  – subsp. **montana** · D:Winter-Bohnenkraut; E:Winter Savory; F:Sarriette vivace · ♄ s △ Z6 VIII-X ⚕ Ⓝ; Eur.: Ib, Fr, Ap, Ba, RO, Krim; TR, Syr.
  – var. *communis* Vis. = Satureja montana subsp. montana
– *pygmaea* Siebold ex Vis. = Satureja montana subsp. illyrica
– *repanda* hort. = Satureja spicigera
– **rumelica** Velen. · ♃ △ Z6 VIII-IX; Eur.: S-BG
– *rupestris* Wulfen = Micromeria thymifolia
– **spicigera** (K. Koch) Boiss. · ♃ Z7 IX ⚕ Ⓝ; TR, Cauc., Iran
– *subspicata* Bartl. ex Vis. = Satureja montana subsp. illyrica
– *thymifolia* Scop. = Micromeria thymifolia
– *vulgaris* (L.) Fritsch = Clinopodium vulgare subsp. vulgare

Saurauia Willd. -f- *Actinidiaceae* · 300 sp
– **gigantea** DC. · ♄ e Z10 ⓦ; Nepal, Java
– **tomentosa** (Humb., Bonpl. et Kunth) Spreng. · ♄ e Z10 ⓦ; S-Am.

Sauromatum Schott -n- *Araceae* · 2 sp · D:Eidechsenwurz; E:Vodoo Lily; F:Sauromatum
– *guttatum* (Wall.) Schott = Sauromatum venosum
– **venosum** (Aiton) Kunth · D:Eidechsenwurz; E:Voodoo Lily · ♃ Z8 ⓚ ☠; Sudan, trop. Afr., Him., S-Ind.

Sauropus Blume -m- *Euphorbiaceae* · 25 sp
– **androgynus** (L.) Merr. · E:Star Gooseberry · ♄ e Z10 ⓦ Ⓝ; Ind., Sri Lanka, China, SE-As.

Saururus L. -m- *Saururaceae* · 2 sp · D:Molchschwanz; E:Lizard's Tail; F:Queue-de-lézard
– **cernuus** L. · D:Amerikanischer Molchschwanz; E:American Swamp Lily, Lizard's Tail; F:Queue de lézard · ♃ ~ Z7 ∧ VI-VII; Can.: E; USA: NE, NCE, Kans., SC, SE, Fla., nat. in N-I
– *cernuus* Thunb. = Saururus chinensis

– **chinensis** (Lour.) Baill. · D:Chinesischer Molchschwanz; E:Swamp Lily; F:Queue de renard · ♃ ≈ Z7 ∧ VI-VII; N-China, Korea, Jap., Phil.
– *loureirii* Decne. = Saururus chinensis
– *lucidus* Donn = Saururus cernuus

Saussurea DC. -f- *Asteraceae (Compositae)* · c. 300 sp · D:Alpenscharte; E:Alpine Saw Wort; F:Saussurée
– **alpina** (L.) DC. · D:Gewöhnliche Alpenscharte · ♃ Z2 VII-VIII; Eur.*; N, mts.; W-Sib., E-Sib., C-As., ? Him.
– **costus** (Falc.) Lipsch. · ♃ VII-VIII ⚕ Ⓝ ▽ ✻; Kashmir
– **depressa** Gren. · D:Niedere Alpenscharte · ♃ VII-IX; Eur.: CH, F, I; Alp.
– **discolor** (Willd.) DC. · D:Zweifarbige Alpenscharte · ♃ Z4 VII-VIII; Eur.: F, I, C-Eur., Slova., Ba, RO, W-Russ.; Alp., Apenn., Carp.
– *lappa* (Decne.) C.B. Clarke = Saussurea costus
– **pygmaea** (Jacq.) Spreng. · D:Zwerg-Alpenscharte · ♃ Z3 VII-VIII; Eur.: D, I, A, Slove., EC-Eur.; E-Alp., W-Carp.

Saxegothaea Lindl. -f- *Podocarpaceae* · 1 sp · D:Patagonische Eibe; E:Prince Albert's Yew; F:If de Patagonie, If du Prince Albert
– **conspicua** Lindl. · D:Patagonische Eibe; E:Prince Albert's Yew · ħ ħ e Z8 ⓦ; Chile, W-Patag.

Saxifraga L. -f- *Saxifragaceae* · 370-440 sp · D:Steinbrech; E:Saxifrage; F:Saxifrage
– **adscendens** L. · D:Aufsteigender Steinbrech · ☉ VII-VIII ▽; Eur.* exc. BrI; TR, Cauc., N-Am.
– *affinis* D. Don = Saxifraga rosacea subsp. rosacea
– **aizoides** L. · D:Fetthennen-Steinbrech; E:Evergreen Saxifrage, Yellow Mountain Saxifrage · ♃ ⇝ △ ≈ Z5 VI-IX ▽; Eur.*; N, mts.; W-Sib., Alaska, Can., USA: NE, NCE; Greenl.
– *aizoon* Jacq. = Saxifraga paniculata subsp. paniculata
– *altissima* A. Kern. = Saxifraga hostii subsp. hostii
– × **andrewsii** Harv. (*S. hirsuta* × *S. paniculata*) · F:Saxifrage d'Andrew · ♃ Z3; orig. ?
– **androsacea** L. · D:Mannsschild-Steinbrech · ♃ VI-VIII ▽; Eur.* exc. BrI, Sc; mts.; W-Sib., E-Sib.
– × **anglica** Horný, Soják et Webr (*S. aspera* × *S. lilacina* × *S. media*) · ♃ Z6; cult.
– **aphylla** Sternb. · D:Blattloser Steinbrech · ♃ VII-IX ▽; Eur.: I, CH, D, A; Alp.
– × **apiculata** Engl. (*S. marginata* × *S. sancta*) · F:Saxifrage Kabschia · ♃ Z6; cult.
– **aquatica** Lapeyr. · ♃ △ Z6 V-VI ▽; Eur.: Sp., F; Pyr.
– × **arco-valleyi** Sünd. (*S. lilacina* × *S. marginata*) · ♃ Z6; cult.
– × **arendsii** Engl. (*S. exarata* × *S. granulata* × *S. hypnoides* × *S. rosacea*) · ♃ Z6; cult.
– **aretioides** Lapeyr. · ♃ ⌓ △ Z6 IV ▽; Eur.: Sp., F; Cordillera Cantábrica, Pyr.
– **aspera** L. · D:Rauer Steinbrech; E:Rough Saxifrage, Stiff-haired Saxifrage · ♃ ⇝ ⌓ Z6 VII-VIII ▽; Eur.: Sp., F, I, CH, A; E-Pyr., Alp., Apenn., Alpi Apuane
  – subsp. *bryoides* (L.) Engl. et Irmsch. = Saxifraga bryoides
– × **bertolonii** Sünd. (*S. sempervivum* × *S. stribrnyi*) · ♃ Z6; cult.
– × **biasolettii** Sünd. (*S. federici-augusti* × *S. sempervivum*) · ♃ Z6; cult.
– **biflora** All. · D:Zweiblütiger Steinbrech · ♃ Z6 VII-VIII ▽; Eur.: A, F, D, CH, I; GR; Alp.
– × **borisii** Kellerer ex Sünd. (*S. ferdinandi-coburgii* × *S. marginata*) · ♃ Z6; cult.
– *boryi* Boiss. et Heldr. = Saxifraga marginata
– × **boydii** Dewar (*S. aspera* × *S. burseriana*) · ♃ Z6; cult.
– **bronchialis** L. · D:Matten-Steinbrech; E:Matted Saxifrage · ♃ ⌓ △ VI-VII ▽; Ural, N-As., Alaska, Can.: W; USA: NW, Rocky Mts., SW
– *brunoniana* Wall. = Saxifraga brunonis
– **brunonis** Wall. ex Ser. · ♃ ⇝ △ Z7 ▭ ∧ VI-VII ▽; Him.
– **bryoides** L. · D:Moos-Steinbrech; E:Mossy Saxifrage · ♃ ⇝ △ Z6 VII-VIII ▽; Eur.* exc. BrI, Sc; mts.
– **bulbifera** L. · D:Zwiebel-Steinbrech · ♃ V ▽; Eur.: Ap, C-Eur., EC-Eur., Ba, E-Eur.
– × **burnatii** Sünd. (*S. cochlearis* × *S. paniculata*) · ♃ Z5; cult.
– **burseriana** L. · D:Bursers Steinbrech; F:Saxifrage de Burser · ♃ ⌓ △ Z6 IV-VI ▽; Eur.: I, D, A, Slove.; E-Alp.
– **caesia** L. · D:Blaugrüner Steinbrech; E:Blue Saxifrage · ♃ ⌓ △ Z5 VI-VII ▽; Eur.: Sp., Fr, I, C-Eur., EC-Eur., Slove., Bosn., Montenegro; Pyr., Alp., Apenn.,

Carp., Crna Gora
- **callosa** Sm.
  - subsp. **callosa** · D:Kalk-Steinbrech; E:Limestone Saxifrage · ♃ ⌓ △ Z7 VI ▽; Eur.: Sp., F, Sard., I, Sic.
  - subsp. **catalaunica** (Boiss. et Reut.) D.A. Webb · F:Saxifrage calleux · ♃ ⌓ △ Z7 VI ▽; SE-F, NE-Sp.
- **canaliculata** Boiss. et Reut. ex Engl. · ♃ △ Z7 VI ▽; N-Sp.
- *cartilaginea* Willd. = Saxifraga paniculata subsp. paniculata
- *catalaunica* Boiss. et Reut. = Saxifraga callosa subsp. callosa
- **caucasica** Sommier et Levier · ♃ Z5 ▽; Cauc.
- **cebennensis** Rouy et E.G. Camus · ♃ ⌓ △ Z7 V ▽; Eur.: F (Cevennes)
- *ceratophylla* Dryand. = Saxifraga trifurcata
- **cernua** L. · D:Nickender Steinbrech · ♃ VII ▽; Eur.: Sc, BrI, Ap, C-Eur., EC-Eur.; N, Alp., Carp.; W-Sib., E-Sib., Kamchat., C-As.
- **cespitosa** L. · D:Polster-Steinbrech; E:Tufted Saxifrage · ♃ ⌓ △ V ▽; Eur.: BrI, Sc, N-Russ.; W-Sib., E-Sib., Alaska, Can., USA: NW, Rocky Mts, SW; Greenl.
- × **churchillii** Huter (*S. hostii* × *S. paniculata*) · ♃; cult.
- × **clarkei** Sünd. (*S. media* × *S. vandellii*) · ♃; cult.
- **cochlearis** Rchb. · F:Saxifrage à feuilles spatulées · ♃ ⌓ △ Z6 V-VI ▽; Eur.: F, I; Alpes Maritimes, Liguria
- **conifera** Coss. et Durieu · ♃ ⌓ Z6 ▽; N-Sp., Alger.
- **cortusifolia** Siebold et Zucc. · D:Oktober-Steinbrech · ♃ Z7 ▽; Jap.
  - var. *fortunei* (Hook. f.) Maxim. = Saxifraga fortunei
- **corymbosa** Boiss. · ♃ ⌓ △ Z6 IV ▽; Eur.: N-GR, BG; TR
- **cotyledon** L. · D:Strauß-Steinbrech; E:Great Alpine Rockfoil, Pyramidal Saxifrage; F:Saxifrage cotylédon · ♃ △ Z6 V-VI ▽; Eur.: ? Sp., I, C-Eur., Sc; Pyr., S-Alp., Sc
- **crustata** Vest · D:Krusten-Steinbrech; F:Saxifrage incrusté · ♃ ⌓ △ Z6 VI ▽; Eur.: I, A, Slove., Bosn., YU; E-Alp., mts.
- **cuneata** Willd. · ♃ ⌓ △ Z6 VI ▽; Eur.: Sp., F; W-Pyr., N-Sp.
- **cuneifolia** L. · D:Keilblättriger Steinbrech; E:Shield-leafed Saxifrage; F:Saxifrage à feuilles en coin · ♃ △ Z6 V-VIII ▽; Eur.: Sp., F, I, CH, A, Slove., Croatia, RO; mts.
- **cuscutiformis** Lodd. · ♃ ⤳ Z5 Ⓐ ▽; China
- **cymbalaria** L. · D:Zymbelkraut-Steinbrech · ⊙ ⊙ △ Z6 V-VIII ▽; Eur.: RO; TR, Syr., Cauc., Iran
- *decipiens* Ehrh. = Saxifraga rosacea subsp. rosacea
- **diapensioides** Bellardi · D:Diapensienartiger Steinbrech · ♃ ⌓ △ Z6 IV-VI ▽; Eur.: F, I, CH; SW-Alp.
- **diversifolia** Wall. · ♃ △ Z7 ∧ VI-VIII ▽; Him.
- × **edithae** Sünd. (*S. marginata* × *S. stribrnyi*) · ♃ Z6; cult.
- × **elizabethae** Sünd. (*S. burseriana* × *S. sancta*) · ♃ Z6; cult.
- **erioblasta** Boiss. et Reut. · ♃ ⌓ △ ∧ VI ▽; Eur.: S-Sp.
- × **eudoxiana** Kellerer et Sünd. (*S. ferdinandi-coburgii* × *S. sancta*) · ♃ Z3; cult.
- **exarata** Vill. · D:Gefurchter Steinbrech; E:Furrowed Saxifrage · ♃ Z6 V-VIII ▽; Eur.: Ib, Fr, Ap, C-Eur., EC-Eur., Ba, RO; TR, Cauc., N-Iran
  - subsp. *moschata* (Wulfen) Cav. = Saxifraga moschata
- × **farreri** nom. inval. (*S. callosa* × *S. cochlearis*) · ♃; cult.
- **federici-augusti** Biasol.
  - subsp. **federici-augusti** · ♃ Z7 ▽; Eur.: Montenegro, AL, GR
  - subsp. **grisebachii** (Degen et Dörfl.) D.A. Webb · ♃ ⌓ △ Z7 IV ▽; Eur.: Montenegro, Maced., N-GR
- **ferdinandi-coburgii** Kellerer et Sünd. · ♃ Z6 ▽; Eur.: N-GR, BG; mts.
- × **fleischeri** Sünd. (*S. federici-augusti* × *S. luteoviridis*) · ♃; cult.
- **fortunei** Hook. f. · F:Saxifrage d'automne, Saxifrage de Fortune · ♃ Z7 IX-X; China, Amur, Manch., Korea, Jap., Sachal.
- **geranioides** L. · ♃ △ Z7 VI ▽; Eur.: Sp., F; E-Pyr., NE-Sp.
- × **geuderi** Heinrich et Sünd. (*S. ferdinandi-coburgii* × *S.* × *boydii*) · ♃; cult.
- *geum* auct. = Saxifraga hirsuta
- × **geum** L. (*S. hirsuta* × *S. umbrosa*) · ♃ Z3 VI-VII; Eur.: Sp., F; Pyr., nat. in Eur.: B, C-Eur., I, BrI
- **globulifera** Desf. · ♃ ⌓ △ Z7 Ⓐ VI ▽; Eur.: S-Sp.; NW-Afr.
  - var. *erioblasta* (Boiss. et Reut.) Engl. et Irmsch. = Saxifraga erioblasta

– × **gloriana** hort. ex Horný, Soják et Webr (*S. lilacina* × *S. scardica*) · ♃; cult.
– *granatensis* Boiss. et Reut. = Saxifraga globulifera
– **granulata** L. · D:Knöllchen-Steinbrech; E:Fair Maids Of France, Meadow Saxifrage · ♃ V-VI ▽; Eur.*, Maroc.
– × **grata** Engl. et Irmsch. (*S. aspera* × *S. ferdinandi-coburgii*) · ♃; cult.
– *grisebachii* Degen et Dörfl. = Saxifraga federici-augusti subsp. grisebachii
– × **hardingii** Horný, Soják et Webr (*S. aspera* × *S. burseriana* × *S. media*) · ♃; cult.
– × **heinrichii** Sünd. (*S. aspera* × *S. stribrnyi*) · ♃; cult.
– **hieraciifolia** Waldst. et Kit. ex Willd. · D:Habichtskraut-Steinbrech · ♃ VII-VIII ▽; Eur.: Sc, F, A, EC-Eur., E-Eur.; W-Sib., E-Sib., Mong.
– **hirculus** L. · D:Moor-Steinbrech · ♃ VII-IX ▽; Eur.* exc. Ba, Ib, ? Ap; TR, Cauc., W-Sib., Amur, Kamchat., C-As., As., Afgh., Pakist., Him., N-Am.
– **hirsuta** L. · D:Nieren-Steinbrech, Schatten-Steinbrech; E:Kidney Saxifrage; F:Saxifrage benoîte · ♃ Z6 VII ▽; Eur.: Sp., F, IRL, nat. in GB
– × **hoerhammeri** Sünd. ex Engl. et Irmsch. (*S. federici-augusti subsp. grisebachii* × *S. marginata*) · ♃; cult.
– × **hofmannii** Sünd. (*S. burseriana* × *S. sempervivum*) · ♃; cult.
– × **hornibrookii** Horný, Soják et Webr (*S. lilacina* × *S. stribrnyi*) · ♃ Z6; cult.
– **hostii** Tausch
  – subsp. **hostii** · D:Host-Steinbrech · ♃ ⌓ Z6 V-VII ▽; Eur.: I, A, Slove., Croatia, ? H; E-Alp.
  – subsp. **rhaetica** (A. Kern.) Braun-Blanq. · ♃ ⌓ △ Z6 V-VI ▽; I: Alp.
  – var. *altissima* (A. Kern.) Engl. = Saxifraga hostii subsp. hostii
– **hypnoides** L. · D:Astmoos-Steinbrech; E:Dovedale Moss, Mossy Rockfoil · ♃ △ Z6 V-VI ▽; Eur.: Iceland, Norw., BrI, N-F
– **iranica** Bornm. · ♃ Z6 ▽; Cauc., Iran
– **irrigua** M. Bieb. · ♃ ⌓ △ Z6 V-VI ▽; Krim
– × **irvingii** hort. ex A.S. Thompson (*S. burseriana* × *S. lilacina*) · ♃ Z6; cult.
– **juniperifolia** Adams · F:Saxifrage à feuilles de genévrier · ♃ ⌓ △ Z6 IV-V ▽; BG, Cauc.
  – subsp. *sancta* (Griseb.) D.A. Webb = Saxifraga sancta
– *juniperina* M. Bieb. = Saxifraga juniperifolia
– × **kellereri** Sünd. (*S. burseriana* × *S. stribrnyi*) · ♃ Z6; cult.
– × **kochii** Hornung (*S. biflora* × *S. oppositifolia*) · D:Großblütiger Steinbrech, Kochs Steinbrech · ♃ Z6 VII-VIII ▽; D +
– *kolenatiana* Regel = Saxifraga paniculata subsp. paniculata
– **kotschyi** Boiss. · ♃ ♄ △ IV ▽; TR
– **laevis** M. Bieb. · ♃ ⌓ △ IV-V ▽; Cauc.
– *latina* (Terracino) Hayek = Saxifraga oppositifolia var. latina
– **lilacina** Duthie · ♃ ⌓ △ Z5 IV ▽; W-Him.
– *lingulata* Bellardi = Saxifraga callosa subsp. callosa
– **longifolia** Lapeyr. · D:Pyrenäen-Steinbrech; E:Pyrenean Saxifrage · ♃ △ Z6 VI ▽; Eur.: Sp., F; Pyr., E-Sp.
– × **luteopurpurea** Lapeyr. (*S. aspera* × *S. media*) · ♃ ▽; C-Pyr.
– *luteoviridis* Schott et Kotschy = Saxifraga corymbosa
– *macedonica* Degen = Saxifraga juniperifolia
– **manschuriensis** Kom. · ♃ Z7 ∧ VI ▽; Korea, Manch.
– **marginata** Sternb. · ♃ ▽; Eur.: I, Ba, RO; mts.
  – var. **coriophylla** (Griseb.) Engl. · ♃ ⌓ △ Z7 V ▽; Eur.: Ba
  – var. *eumarginata* Engl. et Irmsch. = Saxifraga marginata
  – var. **rocheliana** (Sternb.) Engl. et Irmsch. · ♃ ⌓ △ Z7 V ▽; Eur.: Ba, RO
– × **mariae-theresiae** Sünd. (*S. burseriana* × *S. federici-augusti subsp. grisebachii*) · ♃; cult.
– × **megaseiflora** hort. ex A.S. Thompson (*S. aspera* × *S. burseriana* × *S. lilacina* × *S. stribrnyi*) · ♃ Z6; cult.
– **moschata** Wulfen · D:Moschus-Steinbrech; E:Musky Saxifrage · ♃ ⌓ △ VI ▽; Eur.: Ib, Fr, Ap, C-Eur., E-Eur., Ba; mts.; TR, Cauc., W-Sib. (Altai)
– **murithiana** Tissière · ♃ Z2 ▽; Eur.: Sp. (Sierra Nevada, Pyr.), W-Alp., Apenn.
– *muscoides* All. = Saxifraga moschata
– **mutata** L. · D:Kies-Steinbrech · ⊙ ♃ △ Z6 VI-VII ▽; Eur.: F, I, CH, A, Slova., RO; Alp., Carp.
– **oppositifolia** L.
  – subsp. **blepharophylla** (A. Kern. et

Hayek) Engl. et Irmsch. · D:Wimper-Steinbrech · ♃ Z2 IV-VII ▽; E-Alp.
- subsp. **oppositifolia** · D:Gegenblättriger Steinbrech; E:Purple Saxifrage · ♃ ⁓→ △ Z2 V-VI ▽; Eur.*, W-Sib., E-Sib., Kamchat., C-As., Mong., Him., China, Alaska, Can., USA: NE, NC, NW, Rocky Mts.; Greenl.
- subsp. **rudolphiana** (Hornsch.) Engl. et Irmsch. · D:Rudolphs Steinbrech · ♃ Z2 IV-VII ▽; Eur.: I, A, RO; E-Alp., E-Carp.
- var. **latina** Terracino · ♃ Z2 ▽; I (Apenn.)

– *oranensis* Munby = Saxifraga globulifera
– **paniculata** Mill.
- subsp. **cartilaginea** (Willd.) D.A. Webb · ♃ ⌓ △ Z2 V-VI ▽; TR, Cauc., Iran
- subsp. *kolenatiana* auct. = Saxifraga paniculata subsp. cartilaginea
- subsp. **paniculata** · D:Rispen-Steinbrech, Trauben-Steinbrech; E:Livelong Saxifrage; F:Saxifrage paniculé · ♃ Z2 VI-VII ▽; Eur.* exc. BrI, Sc; TR, Cauc., N-Iran, Can., USA: NE, NCE; Greenl.

– **paradoxa** Sternb. · D:Glimmer-Steinbrech · ♃ VI-VIII; Eur.: A (Kärnten, Steiermark), Slove.
– × **paulinae** Sünd. (*S. burseriana* × *S. ferdinandi-coburgii*) · ♃ Z6; cult.
– **pedemontana** All.
- subsp. **cervicornis** (Viv.) Engl. · ♃ △ Z6 VI ▽; Corse, Sard.
- subsp. **pedemontana** · ♃ △ Z6 VI ▽; Eur.: F, Ap, Ba, E-Eur.; mts.

– *peltata* Torr. ex Benth. = Darmera peltata
– **pensylvanica** L. · D:Pennsylvanischer Steinbrech; E:Branch Lettuce, Swamp Saxifrage · ♃ V-VI ▽; USA: NE, NCE
– × **petraschii** Sünd. ex W. Irving (*S. burseriana* × *S. tombeanensis*) · ♃ Z6; cult.
– **porophylla** Bertol. · ♃ ⌓ △ Z6 IV-V ▽; Eur.: I
- var. *montenegrina* (Halácsy et Bald.) Engl. et Irmsch. = Saxifraga federici-augusti subsp. grisebachii
- var. *sibthorpiana* (Griseb.) Engl. et Irmsch. = Saxifraga sempervivum

– × **pragensis** Horný, Soják et Webr (*S. ferdinandi-coburgii* × *S. marginata* × *S. stribrnyi*) · ♃; cult.
– × **prossenii** (Sünd.) Ingw. (*S. sancta* × *S. stribrnyi*) · ♃ Z6; cult.
– *pseudosancta* Janka = Saxifraga juniperifolia
– **pubescens** Pourr. · ♃ Z6 ▽; Eur.: F, Sp.; Pyren.
– *purpurea* All. = Saxifraga retusa
– **retusa** Gouan
- subsp. **augustana** (Vacc.) E. Fourn. · ♃ Z6 ▽; Eur.: F, I; SW-Alp.
- subsp. **retusa** · D:Gestutzter Steinbrech · ♃ Z6 V-VI ▽; Eur.: F, I, C-Eur., EC-Eur., RO, BG; Pyr., Alp., Carp., BG

– **rosacea** Moench
- subsp. **rosacea** · D:Rasen-Steinbrech · ♃ Z6 V-VII ▽; Eur.: Fr, BrI, Sc, C-Eur., EC-Eur.
- subsp. **sponhemica** (C.C. Gmel.) D.A. Webb · D:Rheinischer Steinbrech · ♃ Z6 ▽; Eur.: Fr, D, EC-Eur.

– × **rosinae** Sünd. ex Horný, Soják et Webr (*S. diapensioides* × *S. marginata*) · ♃; cult.
– **rotundifolia** L.
- subsp. **rotundifolia** var. **heucherifolia** (Griseb. et Schenk) Engl. · ♃ Z6 VI-VII ▽; Eur.: S-Ba, RO; mts.
- subsp. **rotundifolia** var. **rotundifolia** · D:Rundblättriger Steinbrech; E:Round Leafed Saxifrage; F:Saxifrage à feuilles rondes · ♃ Z6 VI-IX ▽; Eur.: Ib, Fr, Ap, Ba, C-Eur., Slova., RO; TR, Cauc., nat. in BrI

– × **salmonica** Jenkins (*S. burseriana* × *S. marginata*) · ♃ Z6; cult.
– **sancta** Griseb. · ♃ ⌓ △ Z7 IV-V ▽; GR, TR
– *sarmentosa* L. f. = Saxifraga stolonifera
– *sartorii* Heldr. ex Boiss. = Saxifraga scardica
– **scardica** Griseb. · ♃ ⌓ △ Z7 V ▽; Eur.: Maced., AL, GR; mts.
– **sedoides** L.
- subsp. **hohenwartii** (Vest et Sternb.) O. Schwarz · D:Hohenwart-Steinbrech · ♃ VI-IX ▽; Eur.: I, A, Slove.; E-Alp.
- subsp. **sedoides** · D:Mauerpfeffer-Steinbrech · ♃ VI-IX ▽; Eur.: I, A, Ba; E-Alp., Apenn., N-Ba

– **seguieri** Spreng. · D:Séguiers Steinbrech · ♃ VII-VIII ▽; Eur.: F, I, CH, A; Alp.
– × **semmleri** Sünd. ex Horný, Soják et Webr (*S. ferdinandi-coburgii* × *S. pseudolaevis* × *S. sancta*) · ♃; cult.
– **sempervivum** K. Koch · ♃ ⌓ △ Z7 IV-V ▽; Eur.: Ba; NW-TR
– **spruneri** Boiss. · ♃ ⌓ Z8 Ⓐ ▭ V ▽; Eur.: ? AL, GR, BG; mts.
– **squarrosa** Sieber · D:Sparriger Steinbrech · ♃ Z6 VII-VIII ▽; Eur.: I, A, Slove.; SE-

Alp.
- **stellaris** L. · D:Stern-Steinbrech; E:Starry Saxifrage · ♃ Z6 V-VIII ▽; Eur.* exc. EC-Eur.; W-Sib., Greenl.
- **stolonifera** Meerb. · D:Judenbart; E:Mother-of-Thousands, Strawberry Geranium · ♃ Z8 ⌂ ▽ V-VIII ▽; China, Jap.
  - *'Cuscutiformis'* = Saxifraga cuscutiformis
- × **stormonthii** Sünd. ex Horný, Soják et Webr (*S. desoulavyi* × *S. sancta*) · ♃; cult.
- **stribrnyi** (Velen.) Podp. · ♃ ⌓ △ Z6 V ▽; BG, N-GR
- × **stuartii** Sünd. (*S. aspera* × *S. media* × *S. stribrnyi*) · ♃; cult.
- **tenella** Wulfen · D:Zarter Steinbrech · ♃ ⇝ △ Z6 VI-VII ▽; Eur.: I, A, Slove.; SE-Alp.
- **tombeanensis** Boiss. ex Engl. · ♃ ⌓ △ Z6 ▭ V ▽; I: Alp.
- **tridactylites** L. · D:Dreifinger-Steinbrech · ⊙ Z5 IV-VI ▽; Eur.*, TR, Iraq, Syr., Cauc., Iran, C-As., N-Afr.
- **trifurcata** Schrad. · ♃ △ Z6 V-VI ▽; N-Sp.
- **umbrosa** L. · D:Porzellanblümchen, Schattenliebender Steinbrech; E:London Pride; F:Désespoir du peintre, Saxifrage des ombrages · ♃ Z7 VI-VII ▽; Eur.: Sp., F; Pyr., nat. in BrI, DK
- × **urbium** D.A. Webb (*S. hirsuta* × *S. umbrosa*) · F:Saxifrage panaché · ♃ Z7 V-VI; cult.
- × **urumoffii** Sünd. ex Horný, Soják et Webr (*S. ferdinandi-coburgii* × *S. luteoviridis*) · ♃; cult.
- **valdensis** DC. · ♃ ⌓ △ Z6 VI ▽; Eur.: F, I; SW-Alp.
- **vandellii** Sternb. · ♃ ⌓ △ Z6 ▭ V ▽; I: Alp.
- **veitchiana** Balf. · ♃ ⇝ △ V-VI ▽; China: Hupeh
- × **wendelacina** Horný et Webr (*S. lilacina* × *S. wendelboi*) · ♃; cult.
- **wendelboi** Schönb.-Tem. · ♃ ▽; Iran
- × **zimmeteri** A. Kern. (*S. cuneifolia* × *S. paniculata*) · ♃; A + cult.
- **Cultivars**
  - **in vielen Sorten (siehe Kapitel III)**
  - *'Hirsuta'* = Saxifraga × geum

Scabiosa L. -f- *Dipsacaceae* · c. 80 sp · D:Grindkraut, Skabiose; E:Pincushion Flower, Scabious; F:Scabieuse
- *alpina* L. = Cephalaria alpina
- *arvensis* L. = Knautia arvensis
- **atropurpurea** L. · D:Samt-Skabiose; E:Mournful Widow, Sweet Scabious · ⊙ ⊙ ✂ D VIII-X; Eur.: Ib, Fr, Ap, Ba; TR, NW-Afr., Libya, nat. in BrI
  - **in Sorten**
- **canescens** Waldst. et Kit. · D:Graue Skabiose · ♃ VII-XI; Eur.: Fr, C-Eur., EC-Eur., Croatia, Bosn., Sc, ? RO
- **caucasica** M. Bieb. · F:Scabieuse du Caucase · ♃ ✂ Z4 VII-IX; Cauc.
  - **in vielen Sorten**
- **cinerea** Lapeyr.
  - subsp. **cinerea** · ♃; Eur.: Sp. (Pyr.), Ba (mts.)
  - subsp. **hladnikiana** (Host) Jasiewicz · D:Hladnicks Grindkraut, Krainer Skabiose · ♃; Eur.: Alp., Slove., Croatia, Bosn.
- **columbaria** L. · D:Tauben-Skabiose; E:Small Scabious, Yellow Scabious · ♃ Z6 VII; Eur.*, TR, Syr., ? Arab., Cauc., N-Iran, C-As., Maroc., Alger., Eth., C-Afr., S-Afr.
- **graminifolia** L. · D:Grasblättrige Skabiose; F:Scabieuse à feuilles de graminée · ♃ △ Z7 VI-VIII; Eur.: Sp., F, I, CH, Ba; Maroc.
- **japonica** Miq.
  - var. **alpina** Takeda · F:Scabieuse du Japon · ⊙ △ Z7 VII-IX; Jap.
  - var. **japonica** · D:Japanische Skabiose; E:Pincushion Flower · ⊙ Z7 VII-IX; Jap.
- *longifolia* Waldst. et Kit. = Knautia longifolia
- **lucida** Vill. · D:Glänzende Skabiose; E:Shining Scabious; F:Scabieuse brillante · ♃ △ Z5 VII-IX; Eur.: Fr, Ap, C-Eur., EC-Eur., Ba.; mts.
- **ochroleuca** L. · D:Gelbe Skabiose; F:Scabieuse jaune · ⊙ ♃ Z6 VII-IX; Eur.: Ap, C-Eur., EC-Eur., Ba, E-Eur.; TR, Cauc., W-Sib., E-Sib., C-As., nat. in F
- **portae** A. Kern. ex Huter · ♃; Eur.: I, Ba
- **prolifera** L. · ⊙ VI-VII; Syr.
- **reuteriana** Boiss. · ⊙ VII-VIII; TR
- *rumelica* hort. = Knautia macedonica
- **silenifolia** Waldst. et Kit. · ♃ △ Z6 VII-IX; Eur.: I, Slove., Croatia, Bosn., Montenegro, AL; Apenn., mts.
- **stellata** L. · ⊙ VI-VIII; Eur.: Ib, F, Sard., I; NW-Afr., Libya
- *succisa* L. = Succisa pratensis
- **triandra** L. · D:Südliche Skabiose · ♃ VI-VIII; Eur.: Ib, Fr, Ap, Ba, C-Eur., EC-Eur.
- **vestina** Facchini ex W.D.J. Koch · ♃ △ Z7

VI-VIII; Eur.: I; S-Alp., N-Apenn.

Scadoxus Raf. -m- *Amaryllidaceae* · 9 sp · D:Blutblume; E:Blood Flower; F:Ail rouge, Hémanthe
– **cinnabarinus** (Decne.) Friis et Nordal · ♃ Z10 ⓦ IV-V; W-Afr., C-Afr., Angola, Uganda
– **multiflorus** (Martyn) Raf.
  – subsp. **katherinae** (Baker) Friis et Nordal · D:Reichblühende Frühe Blutblume · ♃ Z10 ⓚ IV-V; S-Afr.
  – subsp. **multiflorus** · D:Frühe Blutblume; E:Blood Flower, Ox Tongue Lily · ♃ Z10 ⓚ IV-V; trop. Afr., S-Afr., Yemen
– **puniceus** (L.) Friis et Nordal · D:Gefleckte Frühe Blutblume; E:Royal Paintbrush · ♃ Z10 ⓚ III-IV; E-Afr., S-Afr.

Scaevola L. -f- *Goodeniaceae* · 96 sp · D:Spaltglocke; F:Scaevola
– **calendulacea** (Andrews) Druce · ♃ ♄ ⓚ; Austr.
– **humilis** R. Br. · ♄ Z10 ⓚ; Austr.
– **saligna** G. Forst. · ♃ ♄ Z10 ⓚ; N.Caled.
– *suaveolens* R. Br. = Scaevola calendulacea

Scandix L. -n- *Apiaceae (Umbelliferae)* · 15-20 sp · D:Nadelkerbel, Venuskamm; F:Scandix
– **pecten-veneris** L. · D:Gewöhnlicher Venuskamm, Nadelkerbel; E:Shepherd's Needle · ⊙ V-VII; Eur.*, TR, Cauc., Iran, Pakist., C-As., Him., N-Afr., Canar., Madeira, nat. in N-Am., S-Afr., Chile, NZ

Scaphosepalum Pfitzer -n- *Orchidaceae* · 30 sp
– **ochthodes** (Rchb. f.) Pfitzer · ♃ Z10 ⓦ I-XII ▽ *; Col.

Scaphyglottis Poepp. et Endl. -f- *Orchidaceae* · 35-85 sp
– **behrii** Rchb. f. · ♃ Z10 ⓦ III-V ▽ *; Guat.

Sceletium N.E. Br. -n- *Aizoaceae* · 20 sp
– **namaquense** L. Bolus · ♆ Z9 ⓚ IX-X; Kap

Schaueria Nees -f- *Acanthaceae* · 8 sp
– *calycotricha* (Link et Otto) Nees = Schaueria flavicoma
– **flavicoma** (Lindl.) N.E. Br. · ♄ e Z10 ⓦ VII-VIII; Bras.

Scheelea H. Karst. -f- *Arecaceae (Palmae)* · 28 sp
– **martiana** Burret · ♄ e Z10 ⓦ Ⓝ; Bras.

Schefflera J.R. Forst. et G. Forst. -f- *Araliaceae* · 700+ sp · D:Lackblatt, Schefflera, Strahlenaralie; E:Ivy Tree, Umbrella Tree; F:Schefflera
– **actinophylla** (Endl.) Harms · D:Queensland-Strahlenaralie; E:Queensland Umbrella Tree, Umbrella Tree · ♄ e Z10 ⓦ; N.Guinea, Austr.: North Terr., Queensl.
– **arboricola** (Hayata) Hayata · D:Kleine Strahlenaralie; E:Parasol Plant · ♄ e Z10 ⓦ; Taiwan
– *cunninghamii* Miq. = Schefflera digitata
– **digitata** J.R. Forst. et G. Forst. · ♄ e Z10 ⓚ; NZ
– **elegantissima** (Veitch ex Mast.) Lowry et Frodin · D:Neukaledonische Strahlenaralie; E:False Aralia · ♄ e Z10 ⓦ; N. Caled.
– **heptaphylla** (L.) Frodin · ♄ ♄ Z9 ⓦ; Jap., Ryukyu-Is., S-China, Taiwan, Vietn.
– **kerchoveana** (Veitch ex P.W. Richards) Frodin et Lowry · ♄ e Z10 ⓦ; Vanuatu
– *octophylla* (Lour.) Harms = Schefflera heptaphylla
– **pueckleri** (K. Koch) Frodin · ♄ ♄ e Z10 ⓚ; Ind., SW-China, Myanmar, N-Thail., Laos, N-Vietn.
– **veitchii** (Carrière) Frodin et Lowry · ♄ e Z10 ⓦ; N.Caled.
– **venulosa** (Wight et Arn.) Harms · ♄ e Z10 ⓦ; Ind.

Scheuchzeria L. -f- *Scheuchzeriaceae* · 1 sp · D:Blasenbinse, Blumenbinse; E:Rannoch Rush; F:Scheuchzérie
– **palustris** L. · D:Blasenbinse, Blumenbinse · ♃ ~ V-VI ▽; Eur.* exc. Ib; Cauc., W-Sib., E-Sib., Amur, Sachal., Kamchat., N-China, Jap., N-Am.

Schinopsis Engl. -f- *Anacardiaceae* · 7 sp
– **balansae** Engl. · ♄ Z10 ⓦ Ⓝ; Arg., Parag.
– *lorentzii* (Griseb.) Engl. = Schinopsis quebracho-colorado
– **quebracho-colorado** (Schltdl.) F.A. Barkley et T. Mey. · ♄ Z10 ⓦ Ⓝ; Bras., Parag., Urug., Arg.

Schinus L. -m- *Anacardiaceae* · 27 sp · D:Pfefferbaum; E:Peppertree; F:Faux-poivrier

– *dependens* DC. = Schinus longifolius
– *dependens* Ortega = Schinus polygamus
– **longifolius** (Lindl.) Speg. · D:Peruanischer Pfefferbaum; E:Peru Peppertree · ₺ Z9 ⓚ; S-Bras., Parag., Urug., Arg.
– **molle** L.
  – var. **areira** L. · ₺ e Z9 ⓚ; S-Bras., Parag., Bol.
  – var. **molle** · D:Gewöhnlicher Pfefferbaum; E:Pepper Tree · ♄ ₺ e Z9 ⓚ V ⓝ; Mex., C-Am., trop. S-Am., nat. in Sp., N-Afr.
– **polygamus** (Cav.) Cabrera · ♄ ₺ e Z10 ⓚ V; w S-Am.
– **terebinthifolius** Raddi · D:Brasilianischer Pfefferbaum; E:Brazilian Peppertree · ₺ e Z9 ⓚ IV ☠ ⓝ; Bras., nat. in Ib

Schisandra Michx. -f- *Schisandraceae* · 25 sp · D:Beerentraube, Spaltkörbchen; F:Schisandra
– **chinensis** (Turcz.) Baill. · D:Chinesisches Spaltkölbchen; E:Chinese Magnolia Vine · ₺ d ≹ ☘ D Z6 V-VI ⚕; Amur. China, Korea, Jap., Sachal.
– **grandiflora** Hook. f. et Thomson · D:Großblütiges Spaltkörbchen
  – var. **grandiflora** · D:Großblütiges Spaltkörbchen · ₺ d ≹ Z7; Him.
  – var. **rubriflora** (Rehder et E.H. Wilson) C.K. Schneid. · D:Rotblühendes Spaltkölbchen · ₺ d ≹ Z7 IV-V; W-China: Sichuan, Sikang; Ind.: Assam
– **repanda** (Siebold et Zucc.) A.C. Sm. · ₺ d ≹; Jap. mts., S-Korea
– *rubriflora* Rehder et E.H. Wilson = Schisandra grandiflora var. rubriflora
– **sphenanthera** Rehder et E.H. Wilson · d ≹ Z7 IV-V ⚕; C-China, W-China

Schismatoglottis Zoll. et Moritzi -f- *Araceae* · c. 100 sp · E:Drop Tongue
– **asperata** Engl. · ♃ Z10 ⓦ; Kalimantan
– **concinna** Schott · ♃ Z10 ⓦ; Sumat., Java, Kalimantan
– *lavallei* Linden = Schismatoglottis concinna
– **neoguineensis** (Linden) N.E. Br. · ♃ Z10 ⓦ; N.Guinea
– **picta** Schott · ♃ Z10 ⓦ; Sumat., Java, Kalimantan, Sulawesi
– **pulchra** N.E. Br. · ♃ Z9 ⓦ; Kalimantan

Schivereckia Andrz. ex DC. -f- *Brassicaceae (Cruciferae)* · 2 sp · D:Zwerggänsekresse; F:Cresson des oies, Drave
– *bornmuelleri* Prantl = Schivereckia doerfleri
– **doerfleri** (Wettst.) Bornm. · ♃ △ IV-V; Eur.: Maced., AL, BG; TR
– **podolica** (Besser) Andrz. · ♃ △ IV; Eur.: RO, Russ

Schizachyrium Nees -n- *Poaceae (Gramineae)* · 60+ sp · D:Präriegras; E:Blue Stem
– **scoparium** (Michx.) Nash · D:Kleines Präriegras; E:Blue Stem, Prairie Grass · ♃ Z5; Can., USA* exc. Calif, NW

Schizanthus Ruiz et Pav. -m- *Solanaceae* · 12 sp · D:Orchidee des armen Mannes, Schlitzblume, Spaltblume; E:Butterfly Flower; F:Schizanthe
– **pinnatus** Ruiz et Pav. · ⊙ Z10 VII-IX; Chile
– **retusus** Hook. · ⊙ Z10 VII-IX; Chile
– × **wisetonensis** H. Low (*S. grahamii* × *S. pinnatus*) · ⊙ Z10; cult.

Schizobasopsis J.F. Macbr. = Bowiea
– *volubilis* (Harv. et Hook. f.) J.F. Macbr. = Bowiea volubilis

Schizocapsa Hance = Tacca
– *plantaginea* Hance = Tacca plantaginea

Schizocasia Schott = Alocasia
– *portei* (Schott) Engl. = Alocasia plumbea

Schizocodon Siebold et Zucc. = Shortia
– *soldanelloides* Siebold et Zucc. = Shortia soldanelloides

Schizopetalon Sims -n- *Brassicaceae (Cruciferae)* · -10 sp
– **walkeri** Sims · ⊙ Z8 VI-VIII; Chile

Schizophragma Siebold et Zucc. -n- *Hydrangeaceae* · 2-4 (-8) sp · D:Spalthortensie; F:Hortensia grimpant
– **hydrangeoides** Siebold et Zucc. · D:Spalthortensie; E:Climbing Hydrangea; F:Schizophragma · ₺ d ≹ Z6 VII; Jap.
– **integrifolium** (Franch.) Oliv.
  – var. *molle* Rehder = Schizophragma molle
– **molle** (Rehder) Chun · ₺ d ≹ Z7; W-China

Schizostylis Backh. et Harv. -f- *Iridaceae* · 1 sp · D:Kaffernlilie, Spaltgriffel; E:Kaffir Lily; F:Lis des Cafres
– **coccinea** Backh. f. et Harv. · D:Kaffernlilie, Spaltgriffel; E:Kaffir Lily · ♃ Z6 X-XII; S-Afr.
– **in Sorten**

Schleichera Willd. -f- *Sapindaceae* · 1 sp · D:Macassaölbaum; E:Gum Lac, Lac Tree; F:Bois de Macassar
– **oleosa** Merr. · ₺ d Z10 Ⓦ Ⓝ; Ind., Malay. Arch.

Schlumbergera Lem. -f- *Cactaceae* · 6 sp · D:Gliederkaktus, Weihnachtskaktus; F:Cactus de Noël
– × **buckleyi** (Buckley) Tjaden (*S. russelliana* × *S. truncata*) · ₺ ¥ Z9 Ⓦ; cult.
– *gaertneri* (Regel) Britton et Rose = Rhipsalidopsis gaertneri
– **opuntioides** (Loefgr. et Dusén) D.R. Hunt · ₺ ¥ ⁑ Z9 Ⓦ XII-III ▽ ✻; Bras.: Rio de Janeiro
– **orssichiana** Barthlott et McMillan · ₺ ¥ Z9 Ⓦ VIII-III ▽ ✻; SE-Bras. (Serra do Mar)
– **russelliana** (Hook.) Britton et Rose · ₺ ¥ ⁑ Z9 Ⓦ ▽ ✻; SE-Bras. (Serra dos Orgaes)
– **truncata** (Haw.) Moran · ₺ ¥ Z9 Ⓦ XII-I ▽ ✻; Bras.: Rio de Janeiro

Schoenia Steetz -f- *Asteraceae (Compositae)* · 5 sp
– **cassiniana** (Gaudich.) Steetz · ⊙ ⋈ VII-VIII; Austr.

Schoenocaulon A. Gray -n- *Melanthiaceae* · 10 sp
– **officinale** (Cham. et Schltdl.) A. Gray · D:Sabadillgermer; E:Sabadilla · ♃ Z9 Ⓚ ⚕ ☠; Mex., Guat., W.Ind., Venez.

Schoenoplectus (Rchb.) Palla -m- *Cyperaceae* · 60-80 sp · D:Seebinse, Teichsimse; E:Club Rush; F:Jonc des tonneliers
– *americanus* auct. non Pers. = Schoenoplectus pungens
– × **carinatus** (Sm.) Palla (*S. lacustris* × *S. triqueter*) · D:Gekielte Teichsimse · ♃ ~ VII-VIII; W-Eur., C-Eur., I
– **kalmussii** (Asch., Abrom. et Graebn.) Palla · D:Ostsee-Teichsimse · ♃ ~ VII-VIII; Eur.: D, PL, ? NL
– × **kuekenthalianus** (Junge) D.H. Kent (*S. tabernaemontani* × *S. triqueter*) · D:Gekielte Salz-Teichsimse · ♃ ~ ; D +
– **lacustris** (L.) Palla · D:Gewöhnliche Teichsimse, Seebinse; E:Bulrush · ♃ ~ ≈ Z4 V-VII Ⓝ; Eur.*, cosmop.
– subsp. *glaucus* (Sm.) Hartm. = Schoenoplectus tabernaemontani
– subsp. *tabernaemontani* (C.C. Gmel.) Syme = Schoenoplectus tabernaemontani
– **litoralis** (Schrad.) Palla · D:Strand-Teichsimse · ♃ ~ VI-VII; Eur.: Ib, Ap, Ba, RO, ? A; TR, Cauc., C-As., Ind., SE-As., S-Afr.,
– **mucronatus** (L.) Palla · D:Stachelspitzige Teichsimse; E:Bog Bulrush; F:Scirpe mucroné · ♃ ~ VIII-X; Eur.* exc. BrI, Sc; TR, Cauc., Iran, Him., Amur, C-As., S-As., SE-As., Jap., China, Egypt, Cameroun, Austr., Polyn.
– **pungens** (Vahl) Palla · D:Amerikanische Teichsimse · ♃ ~ VII-VIII; Eur.: Ib, Fr, Ap, C-Eur., EC-Eur.; Alaska, Can., USA*, C-Am., S-Am., Tasm., NZ, nat. in BrI
– **supinus** (L.) Palla · D:Niedrige Teichsimse · ⊙ ~ VII-IX; Eur.* exc. BrI, Sc; TR, Cauc., W-Sib., E-Sib., C-As, Him., Ind., Sri Lanka, Malay. Arch., Afr., N-Am., Austr.
– **tabernaemontani** (C.C. Gmel.) Palla · D:Salz-Teichsimse; E:Zebra Rush; F:Jonc des tonneliers, Scirpe des lacs · ♃ ~ ≈ Z4 VI-VII; Eur.*, Cauc., W-Sib., E-Sib., N-Am.
– **triqueter** (L.) Palla · D:Dreikantige Teichsimse; F:Scirpe triquètre · ♃ ~ VI-VII; Eur.* exc. Sc; TR, Cauc., C-As., Amur, Egypt., N-Am.

Schoenorchis Blume -f- *Orchidaceae* · 24 sp · D:Binsenorchidee; F:Orchidée-jonc
– **juncifolia** Blume · ♃ ⁑ Z10 Ⓦ V-VI ▽ ✻; Sumat., Java

Schoenus L. -m- *Cyperaceae* · c. 100 sp · D:Kopfried; E:Bog Rush; F:Choin
– **ferrugineus** L. · D:Rostrotes Kopfried · ♃ ~ V-VI; Eur.* exc. BrI, Ib
– × **intermedius** Čelak. (*S. ferrugineus* × *S. nigricans*) · D:Bastard-Kopfried · ♃ ~ ; Eur.: CH, D, A, CZ
– **nigricans** L. · D:Schwarzes Kopfried · ♃ ~ VI-VII; Eur.*, Cauc., Iran, Afgh., C-As., N-Afr., Somalia, S-Afr., N-Am.

× **Schombavola** hort. -f- *Orchidaceae*

(*Rhyncholaelia* × *Schomburgkia*)

× **Schombocattleya** hort. -f- *Orchidaceae* (*Schomburgkia* × *Cattleya*)

× **Schombodiacrium** hort. -n- *Orchidaceae* (*Caularthron* × *Schomburgkia*)

× **Schomboepidendrum** hort. -n- *Orchidaceae* (*Schomburgkia* × *Epidendrum*)

× **Schombolaelia** hort. -f- *Orchidaceae* (*Laelia* × *Schomburgkia*)

× **Schombonia** hort. -f- *Orchidaceae* (*Broughtonia* × *Schomburgkia*)

Schomburgkia Lindl. -f- *Orchidaceae* · 12-24 sp
- *crispa* Lindl. = Schomburgkia gloriosa
- **gloriosa** Rchb. f. · ♃ Z10 Ⓦ X-XII ▽ ✻; Col., Ecuad., Peru, Bol., Venez., Bras.
- **superbiens** (Lindl.) Rolfe · ♃ Z10 Ⓦ IV-V ▽ ✻; Mex., Hond.
- **tibicinis** Bateman · ♃ Z10 Ⓦ V-VI ▽ ✻; C-Am.
- **undulata** Lindl. · ♃ Z10 Ⓦ V-VII ▽ ✻; Venez.

Schotia Jacq. -f- *Caesalpiniaceae (Leguminosae)* · 5 sp · D:Bauernbohne; E:Boerboon; F:Fuchsia en arbre
- **afra** (L.) Bodin · ♄ ♄ Z9 Ⓚ IX-X; S-Afr.
- **brachypetala** Sond. · D:Borstige Bauernbohne; E:Tree Fuchsia · ♄ Z9 Ⓚ VIII; S-Afr.
- **latifolia** Jacq. · ♄ ♄ Z9 Ⓚ; e S-Afr.
- *speciosa* Jacq. = Schotia afra

Schrebera Roxb. -f- *Oleaceae* · 8-10 sp
- **arborea** A. Chev. · ♄ e ✂ Z10 Ⓦ; W-Afr.: Guinea

Schubertia Mart. -f- *Asclepiadaceae* · 6 sp
- **grandiflora** Mart. et Zucc. · ♄ ≷ D Z10 Ⓦ VII-VIII; Bras.

Schwantesia Dinter -f- *Aizoaceae* · 3-5 sp
- *dissita* (N.E. Br.) L. Bolus = Mitrophyllum dissitum
- **triebneri** L. Bolus · ♃ ¥ Z9 Ⓚ; Kap

Sciadocalyx Regel = Kohleria
- *digitaliflora* Linden et André = Kohleria digitaliflora

Sciadopitys Siebold et Zucc. -f- *Sciadopityaceae* · 1 sp · D:Schirmtanne; E:Umbrella Pine; F:Pin parasol japonais
- **verticillata** (Thunb.) Siebold et Zucc. · D:Japanische Schirmtanne; E:Umbrella Pine; F:Pin parasol · ♄ e Z6; Jap.

Scilla L. -f- *Hyacinthaceae* · c. 50 sp · D:Blaustern, Scilla; E:Squill; F:Scille
- *adlamii* Baker = Ledebouria cooperi
- *amethystina* Vis. = Scilla litardierei
- **amoena** L. · D:Schöner Blaustern; E:Star Hyacinth · ♃ Z7 IV-V ▽; orig. ?, nat. in F, Ba, RO
- **autumnalis** L. · D:Herbst-Blaustern; E:Autumn Squill · ♃ Z7 ∧ IX-X ▽; Eur.* exc. C-Eur., Sc; TR, N-Iraq, Syr., Cauc., N-Iran, NW-Afr.
- **bifolia** L. · D:Zweiblättriger Blaustern; E:Alpine Squill · ♃ Z6 III ☠ ▽; Eur.* exc. BrI, Sc; TR, Syr., Cauc.
- **bithynica** Boiss. · ♃ IV ▽; E-BG, NW-TR
- *campanulata* Aiton = Hyacinthoides hispanica
- *chinensis* Benth. = Scilla scilloides
- **drunensis** (Speta) Speta · D:Traun-Blaustern · ♃ III-IV ▽; Eur.: A +
- **furseorum** Meikle · ♃ IV ▽; NE-Afgh.
- *hispanica* Mill. = Hyacinthoides hispanica
- **hohenackeri** Fisch. et C.A. Mey. · ♃ Z6 III ▽; Cauc. (Azerb.), S-Iran
- **hyacinthoides** L. · ♃ ∧ IV-V ▽; Eur.: Ib, Fr, Ap, Ba; TR, Syr., N-Iraq, nat. in Alger.
- *italica* L. = Hyacinthoides italica
- **litardierei** Breistr. · ♃ Z6 V-VI ▽; Eur.: Croatia, Bosn., Montenegro, Serb.
- *maritima* L. = Urginea maritima
- **mischtschenkoana** Grossh. · ♃ Z6 III-IV ▽; Cauc.
- *nana* (Schult. et Schult. f.) Speta = Chionodoxa nana
- *non-scripta* (L.) Hoffmanns. et Link = Hyacinthoides non-scripta
- *nutans* Sm. = Hyacinthoides non-scripta
- *paucifolia* Baker = Ledebouria socialis
- **peruviana** L. · D:Peruanischer Blaustern; E:Peruvian Scilla · ♃ Z8 Ⓚ V-VI ▽; Eur.: Ib, Ap; NW-Afr.
- *pratensis* Waldst. et Kit. = Scilla litardierei
- **puschkinioides** Regel · ♃ Z6 III-IV ▽; C-As.
- **scilloides** (Lindl.) Druce · ♃ Z5 VIII-IX ▽; China, Amur, Manch, Korea, Jap.,

Taiwan
– **siberica** Haw. · D:Sibirischer Blaustern; E:Siberian Squill; F:Scille de Sibérie · ♃ Z5 III-IV ▽; Eur.: Russ.; TR, N-Iraq, Cauc., ? Iran, nat. in NL, A, EC-Eur., Ba, RO
– *sicula* Tineo = Scilla peruviana
– *socialis* Baker = Ledebouria socialis
– **spetana** Kereszty · D:Speta-Blaustern · ♃ III-IV ▽; Eur.: A, H
– *tubergeniana* Stearn = Scilla mischtschenkoana
– **vindobonensis** Speta · D:Wiener Blaustern · ♃ III-IV ▽; Eur.: A, D, CZ, Slova., Croatia, AL
– *violacea* Hutch. = Ledebouria socialis

Scindapsus Schott -m- *Araceae* · 40 sp
– *aureus* (Linden et André) Engl. = Epipremnum aureum
– **pictus** Hassk. · e ⌇ Z10 ⓦ ☠; Malay. Pen.
  – **'Argyraeus'** · ⓦ

Scirpodendron Zipp. ex Kurz -n- *Cyperaceae* · 1 sp
– **ghaeri** (Gaertn.) Merr. · ♃ Z10 ⓦ Ⓝ; Sri Lanka, Indochina, Malay. Pen., Austr. (Queensl.), Samoa

Scirpoides Seg. -m- *Cyperaceae* · 1 sp · D:Glanzbinse, Kopfsimse, Kugelbinse; E:Round-headed Club Rush; F:Faux-scirpe
– **holoschoenus** (L.) Soják · D:Glanzbinse, Kopfsimse, Kugelbinse; E:Round-headed Clubrush · ♃ ~ Z7 VI-VIII; Eur.* exc. Sc; Arab., Palaest., Cauc, Iran, Afgh., W-Sib., C-As., NW-Ind., N-Afr., Canar.

Scirpus L. -m- *Cyperaceae* · c. 100 (-200) sp · D:Simse; E:Wood Club Rush; F:Jonc des tonneliers, Scirpe
– *acicularis* L. = Eleocharis acicularis
– *cernuus* Vahl = Isolepis cernua
– *cespitosus* L. = Trichophorum cespitosum subsp. cespitosum
– **cyperinus** (L.) Kunth · D:Zypergras-Simse; E:Wool Grass · ♃ ~ Z7 VI-VII; N-Am., Mex.
– **georgianus** R.M. Harper · D:Dunkelgrüne Simse, Schwarzgrüne Simse · ♃ ~ V-VII; N-Am.
– *globulosus* Retz. = Fimbristylis globulosa
– *gracilis* (Poir.) Nees = Isolepis cernua
– *holoschoenus* L. = Scirpoides holoschoenus
– *lacustris* L. = Schoenoplectus lacustris
  – subsp. *tabernaemontani* (C.C. Gmel.) Syme = Schoenoplectus tabernaemontani
– *maritimus* L. = Bolboschoenus maritimus
– *mucronatus* L. = Schoenoplectus mucronatus
– *palustris* L. = Eleocharis palustris subsp. palustris
– *parvulus* Roem. et Schult. = Eleocharis parvula
– *prolifer* Rottb. = Isolepis prolifera
– *pusillus* Vahl = Eleocharis parvula
– **radicans** Schkuhr · D:Wurzelnde Simse · ♃ ~ VI-VII; Eur.: Fr, C-Eur., EC-Eur., Slove., Serb., BG, E-Eur., Sc; W-Sib., E-Sib., Amur, Sachal., Korea, Jap.
– **sylvaticus** L. · D:Wald-Simse; E:Wood Club Rush; F:Scirpe des bois · ♃ ~ Z6 V-VII; Eur.*, Cauc., TR, W-Sib., E-Sib., Amur, Sachal., C-As., Mong., China, Jap.
– *tabernaemontani* C.C. Gmel. = Schoenoplectus tabernaemontani
– **tenellus** Willd. · ♃ ⇝ ~ ⓦ; Bras.
– *triqueter* L. = Schoenoplectus triqueter

Scleranthus L. -m- *Illecebraceae* · 15 sp · D:Knäuel; E:Knawel; F:Gnavelle, Scléranthe
– **annuus** L. · D:Einjähriger Knäuel; E:Annual Knowel · ⊙ IV-X; Eur.*, TR, Cauc., Maroc., Alger., nat. in N-Am.
– **perennis** L. · D:Ausdauernder Knäuel · ♃ V-IX; Eur.*, TR, Cauc., Maroc.
– **polycarpos** L. · D:Triften-Knäuel · ⊙ IV-VII; Eur.: most; TR, Cauc., Maroc., Alger.
– **uniflorus** P.A. Will. · ♃ ⓚ; NZ
– **verticillatus** Tausch · D:Quirl-Knäuel · ⊙ IV-V; Eur.: Ib, Fr, Ap, C-Eur., Ba; TR

Sclerocactus Britton et Rose -m- *Cactaceae* · 19 sp
– *erectocentrus* (J.M. Coult.) N.P. Taylor = Echinomastus erectocentrus
– **glaucus** (K. Schum.) L.D. Benson · ♆ Z9 ⓚ ▽ *; USA: Utah, Colo.
– *intertextus* (Engelm.) N.P. Taylor = Echinomastus intertextus
  – var. *dasyacanthus* (Engelm.) N.P. Taylor = Echinomastus intertextus
– *johnsonii* (Engelm.) N.P. Taylor = Echinomastus johnsonii
– *mariposensis* (Hester) N.P. Taylor = Echinomastus mariposensis
– **papyracanthus** (Engelm.) N.P. Taylor · ♆ Z9 ⓚ ▽ *; USA: Ariz., N.Mex.

- **polyancistrus** (Engelm. et Bigelow) Britton et Rose · ♆ Z9 ⓚ ▽ *; USA: SW-Nev., S-Calif.
- **scheerii** (Salm-Dyck) N.P. Taylor · ♆ Z9 ⓚ ▽ *; S-Tex., Mex.: Nuevo León, Tamaulipas
- **uncinatus** (Galeotti) N.P. Taylor
  - var. **crassihamatus** (F.A.C. Weber) N.P. Taylor · ♆ Z9 ⓚ ▽ *; USA: N.Mex., Tex.
  - var. **uncinatus** · E:Cat Claw Cactus · ♆ Z9 ⓚ ▽ *; Tex., N-Mex.
- *unguispinus* (Engelm.) N.P. Taylor = Echinomastus unguispinus
  - var. *durangensis* (Runge) N.P. Taylor = Echinomastus durangensis

Sclerochloa P. Beauv. -f- *Poaceae (Gramineae)* · 1 sp · D:Hartgras; F:Sclérochloa
- **dura** (L.) P. Beauv. · D:Hartgras · ⊙ IV-VII; Eur.* exc. BrI, Sc; TR, Levante, Iraq, Cauc., Iran, Afgh., Pakist., Him., C-As., NW-Afr.

Scolochloa Link -f- *Poaceae (Gramineae)* · 1 sp · D:Schwingelschilf; F:Herbe des marais
- **festucacea** (Willd.) Link · D:Schwingelschilf · ♃ VI-VII; Eur.: Sc, D, PL, Russ.; Cauc., W-Sib., E-Sib., Mong.

Scolopendrium Adans. = Asplenium
- *officinale* DC. = Asplenium scolopendrium
- *officinarum* Sw. = Asplenium scolopendrium
- *vulgare* Sm. = Asplenium scolopendrium

Scolymus L. -m- *Asteraceae (Compositae)* · 3 sp · D:Golddistel; E:Golden Thistle; F:Scolyme
- **hispanicus** L. · D:Goldwurzel, Spanische Golddistel; E:Golden Thistle, Spanish Oyster Plant · ⊙ ♃ Z7 VIII ⓝ; Eur.: Ib, Fr, Ap, Ba, E-Eur.; TR, Canar., N-Afr.

Scopolia Jacq. -f- *Solanaceae* · 5 sp · D:Tollkraut; F:Scopolia
- **anomala** (Link et Otto) Airy Shaw · ♃; Nepal, Sikkim
- **carniolica** Jacq. · D:Krainer Tollkraut; E:Russian Belladonna, Scopolia · ♃ Z5 III-IV ⚕ ☠; Eur.: Ap, A, EC-Eur., Slove., Croatia, EC-Eur., nat. in DK, D
- *lurida* Dunal = Scopolia anomala
- **stramonifolia** Link et Otto · ♃; Kashmir, Him., SW-China

Scorpiurus L. -m- *Fabaceae (Leguminosae)* · 4 sp · D:Skorpionswicke; E:Caterpillar Plant; F:Chenille, Scorpiure
- **muricatus** L. · D:Skorpionswicke · ⊙; Eur.: Ib, Fr, Ap, Ba, Krim; TR, Levante, Iraq, Iran, N-Afr., E-Afr.

Scorzonera L. -f- *Asteraceae (Compositae)* · 150+ sp · D:Schwarzwurzel, Stielsamen; E:Viper's Grass; F:Scorsonère
- **aristata** Ramond ex DC. · D:Grannen-Schwarzwurzel · ♃ Z6 VI-VIII; Eur.: Sp., F, I, A, Slove.; Pyr., S-Alp., Apenn.
- **austriaca** Willd. · D:Österreichische Schwarzwurzel · ♃ IV-V ▽; Eur.: Fr, Ap, C-Eur., Ap, Ba, E-Eur.; ? Sib., E-China
- **cana** (C.A. Mey.) O. Hoffm. · D:Ausdauerndes Stielsamenkraut · ♃ V-VIII; Eur.: A, Ap, EC-Eur., Ba, E-Eur.; TR, Syr., Iraq, Cauc., Iran
- **hispanica** L. · D:Garten-Schwarzwurzel; E:Black Salsify, Viper's Grass · ♃ Z6 VI-VIII ⓝ ▽; Eur.* exc. BrI, Sc; Cauc., W-Sib.
- **humilis** L. · D:Niedrige Schwarzwurzel · ♃ V-VI ▽; Eur.*
- **laciniata** L. · D:Schlitzblättrige Schwarzwurzel, Stielsamen · ⊙ Z6 V-VII; Eur.* exc. BrI, Sc; TR, Iran, C-As., NW-Afr.
- **parviflora** Jacq. · D:Kleinblütige Schwarzwurzel · ⊙ V-VII; Eur.: Ib., Fr, C-Eur., EC-Eur., Ba, E-Eur.; TR, Iran, Sib.
- **purpurea** L.
  - subsp. **purpurea** · D:Purpur-Schwarzwurzel; E:Purple Viper's Grass · ♃ Z6 V-VIII ▽; Eur.: F, I, C-Eur., EC-Eur., Ba, E-Eur.; W-Sib., C-As.
  - subsp. **rosea** (Waldst. et Kit.) Nyman · D:Rosenrote Schwarzwurzel · ♃ Z6 VI-VIII ▽; Eur.: A, Slove., Ba, I, RO; mts.
- *rosea* Waldst. et Kit. = Scorzonera purpurea subsp. rosea
- **tau-saghyz** Lipsch. et Bose · ⓝ; Kara-tau-Plateau

Scrophularia L. -f- *Scrophulariaceae* · c. 200 sp · D:Braunwurz; E:Figwort; F:Scrofulaire
- *aquatica* L. = Scrophularia auriculata
- **auriculata** L. · D:Wasser-Braunwurz; E:Water Betony, Water Figwort · ♃ Z5 VI-

VIII; Eur.: Ib, Fr, BrI, Ap, C-Eur, Azor.; NW-Afr.
- **canina** L.
  - subsp. **canina** · D:Hunds-Braunwurz; E:Alpine Figwort · ♃ △ Z7 VI-VIII; Eur.: Ib, Fr, Ap, C-Eur., Ba, Krim; Cauc., N-Afr.
  - subsp. **hoppei** (W.D.J. Koch) P. Fourn. · D:Jurassische Braunwurz · Z7; Eur.: Jura, S-Alp., Apenn.
- *hoppei* W.D.J. Koch = Scrophularia canina subsp. canina
- *juratensis* Schleich. = Scrophularia canina subsp. canina
- **nodosa** L. · D:Knotige Braunwurz; E:Figwort · ♃ VI-VIII ⚕ ; Eur.*, TR, Cauc., W-Sib., E-Sib., E-Him., nat. in N-Am.
- **scopolii** Hoppe · D:Drüsige Braunwurz · ♃ VI-IX; Eur.: Ap, A, EC-Eur., Ba, E-Eur.; TR, Iraq, Syr., Cauc., Iran, Him.
- **umbrosa** Dumort. · D:Geflügelte Braunwurz · ♃ VI-IX; Eur.* exc. Ib; TR, N-As.
- **vernalis** L. · D:Frühlings-Braunwurz · ⊙ ♃ V-VII; Eur.* exc. BrI, Sc, ? Ib; Cauc.

Scutellaria L. -f- *Lamiaceae (Labiatae)* · 300+ sp · D:Helmkraut; E:Helmet Flower, Skullcap; F:Scutellaire
- **alpina** L.
  - var. **alpina** · D:Alpen-Helmkraut; E:Alpine Skullcap · ♃ △ Z5 VI-VIII; Eur.: Ib, Fr, Ap, Ba, C-Eur., E-Eur.; mts.; W-Sib.
  - var. *lupulina* (L.) Boiss. = Scutellaria alpina var. supina
  - var. **supina** (L.) I. Richardson · ♃ ♄ △ Z5 V-VII; Eur.: E-Eur.; W-Sib.
- **altissima** L. · D:Hohes Helmkraut · ♃ Z5 VI-VII; Eur.: Ap, EC-Eur., Ba, E-Eur.; TR, Cauc., nat. in Fr, BrI
- **aurata** Lem. · ♃ Z9 ⓚ; Bras., Peru
- **baicalensis** Georgi · D:Chinesisches Helmkraut; E:Chinese Skullcap; F:Scutellaire du lac Baïkal · ♃ △ Z5 VII-VIII ⚕ ; E-Sib., Mong., N-China
- *canescens* Nutt. = Scutellaria incana
- **costaricana** H. Wendl. · ♃ ♄ Z9 ⓦ V-VII; Costa Rica
- **galericulata** L. · D:Sumpf-Helmkraut; F:Scutellaire casquée · ♃ ～ Z5 VI-IX; Eur.*, TR, Palaest., N-As., N-Am.
- **hastifolia** L. · D:Spießblättriges Helmkraut · ♃ ～ Z5 VI-VIII; Eur.* exc. BrI, Ib; TR, Cauc., W-Sib., nat. in BrI
- **incana** Spreng. · D:Blaues Herbst-Helmkraut; E:Skullcap; F:Scutellaire blanchâtre · ♃ Z5 VIII-IX; USA: NE, NCE, NC, SE
- **indica** L. · ♃ Z7; Jap., Korea, China
- *macrantha* Fisch. = Scutellaria baicalensis
- **minor** Huds. · D:Kleines Helmkraut · ♃ ～ VII-IX; Eur.: Ib, Fr, BrI, I, D, Sweden, nat. in A
- *mociniana* hort. non Benth. = Scutellaria costaricana
- **orientalis** L.
  - subsp. **orientalis** · F:Scutellaire jaune · ♃ Z7; Eur.: Ib, Ba, RO, Krim; Cauc.
  - subsp. **pinnatifida** Boiss. · ♃ △ Z7 VII-IX; Eur.: Ba; TR
- **scordiifolia** Fisch. ex Schrank · ♃ △ Z5 VI-VIII; Sib.
- **ventenatii** Hook. · ♃ Z9 ⓦ VII-VIII; Col.
- **violacea** Hayne · ♃ Z9 ⓦ VI-IX; S-Ind., Sri Lanka

Scuticaria Lindl. -f- *Orchidaceae* · 4-7 sp · D:Peitschenorchidee; F:Scuticaire
- **hadwenii** (Lindl.) Hook. · ♃ ≹ Z10 ⓦ V-VI ▽ ✱; Guyana, Bras.
- **steelii** (Hook.) Lindl. · ♃ ≹ Z10 ⓦ V-X ▽ ✱; Venez., Guyana, Bras.
- **strictifolia** Hoehne · ♃ Z10 ⓦ ▽ ✱; Bras.

Scyphanthus Sweet -m- *Loasaceae* · 2 sp · D:Becherblume
- **elegans** Sweet · ♃ ≹ Z9 ⓚ VII-VIII; Chile

Scyphularia Fee -f- *Davalliaceae* · 8 sp · D:Raupenfarn; E:Caterpillar Fern; F:Fougère-chenille
- **pentaphylla** (Blume) Fée · ♃ ⇝ Z10 ⓦ; Java, N.Guinea, Polyn.

Seaforthia R. Br. = Ptychosperma
- *elegans* R. Br. = Ptychosperma elegans

Secale L. -n- *Poaceae (Gramineae)* · 8 sp · D:Roggen; E:Rye; F:Seigle
- **cereale** L. · D:Roggen; E:Rye · ⊙ ⊙ V-VI Ⓝ; cult.
- **montanum** Guss. · ♃; Eur.: Ib, Ap, Ba, RO +; TR, Cauc., Syr., N-Iraq, Iran, W-Pakist., N-Afr.

× *Secalotricum* Kostov = × Triticosecale

Sechium P. Browne -n- *Cucurbitaceae* · 8 sp

· D:Chayote, Stachelgurke; E:Chaco, Chayote; F:Chayotte
- **edule** (Jacq.) Sw. · D:Chayote, Stachelgurke; E:Chayote, Christophine · ♃ ⌇ ⅋ Z10 Ⓦ Ⓝ; cult.

Securigera DC. -f- *Fabaceae (Leguminosae)* · 12 sp · D:Beilwicke, Kronwicke; E:Crown Vetch; F:Sécurigéra
- **securidaca** (L.) Degen et Dörfl. · D:Beilwicke · ⊙; Eur.: Ap, Fr, Ba, Krim; Cauc., Syr., Iran
- **varia** (L.) Lassen · D:Bunte Kronwicke; E:Trailing Crown Vetch · ♃ VI-VIII ⚕ ☠; Eur.* exc. BrI, Sc; TR, Cauc., Iran, W-Sib., C-As., nat. in BrI, Sc

Securinega Comm. ex Juss. -f- *Euphorbiaceae* · 20 sp · D:Beilholz
- **suffruticosa** (Pall.) Rehder · D:Beilholz · ♄ d Z6 VII-VIII Ⓝ; Mong., N-China

× **Sedatia** Moran -f- *Crassulaceae* (*Sedum* × *Villadia*)
- **amecamecanum** (Praeger) Moran (*Sedum dendroideum* × *Villadia batesii*) · ♄ ♆ e Ⓚ V; Mex.

Sedirea Garay et H.R. Sweet -f- *Orchidaceae* · 1 sp
- **japonica** (Linden et Rchb. f.) Garay et Sweet · ♃ Z10 Ⓦ VI-VII ▽ *; Korea, Jap., Ryukyu-Is.

Sedum L. -n- *Crassulaceae* · 300+ sp · D:Fetthenne, Mauerpfeffer; E:Stonecrop; F:Orpin, Poivre de muraille
- **acre** L. · D:Scharfer Mauerpfeffer; E:Stonecrop, Wall Pepper; F:Orpin âcre, Poivre des murailles · ♃ ♆ ⇝ △ Z5 VI-VII ⚕ ☠; Eur.*, TR, Cauc., Sib., N-Afr., nat. in N-Am.
- **adenotrichum** Wall. · ♃ ♆ △ V-VI; Him.
- **adolphi** Raym.-Hamet · E:Golden Sedum · ♃ ♆ e Z8 Ⓚ III-IV; Mex.
- **aizoon** L. · D:Deckblatt-Fetthenne · ♃ ♆ Z7 VII-VIII; W-Sib., E-Sib., Amur, Sachal., Kamchat., Mong., Jap.
  - subsp. *kamtschaticum* (Fisch. et C.A. Mey.) Fröd. = Sedum kamtschaticum var. kamtschaticum
  - subsp. *middendorffianum* (Maxim.) R.T. Clausen = Sedum kamtschaticum var. middendorffianum
  - subsp. *selskianum* (Regel et Maack) Fröd. = Sedum selskianum
- **alamosanum** S. Watson · ♃ ♆ Z8 Ⓚ II-IV; NW-Mex.
- *albertii* Praeger = Sedum gracile
- *alboroseum* Baker = Sedum erythrostictum
- **album** L.
  - subsp. *teretifolium* (Lam.) Syme = Sedum album var. album
  - var. **album** · D:Weiße Fetthenne; E:White Stonecrop · ♃ ♆ ⇝ △ Z6 VI-IX; Eur.*, Cauc., TR, Lebanon, Iran, NW-Afr., Libya
  - var. **micranthum** (Bastard) Syme · D:Kleinblütige Weiße Fetthenne · ♃ ♆ ⇝ △ Z6 VI-IX; Eur.: Sp., F, I, CH; Maroc.
- **allantoides** Rose · ♄ ♆ e Z8 Ⓚ VI-VII; Mex.
- **alpestre** Vill. · D:Alpen-Fetthenne · ♄ ♆ ⇝ △ Z6 VI-VIII; Eur.* exc. BrI, Sc; TR
- *altissimum* Poir. = Sedum sediforme
- *amecamecanum* Praeger = × Sedatia amecamecanum
- **amplexicaule** DC. · ♃ ♆ △ Z7; Eur.: Ib, Fr, Ap, Ba; TR, Lebanon, NW-Afr.
- **anacampseros** L. · D:Rundblättrige Fetthenne; F:Orpin courbé · ♃ ♆ ⇝ △ Z6 VII-VIII; Eur.: Sp., F, I, CH; Pyr., SW-Alp., Apenn., nat. in Norw.
- **anglicum** Huds. · D:Englische Fetthenne; E:English Stonecrop · ♃ ♆ ⇝ △ Z6 VI-VII; Eur.: Ib, F, BrI, Sc
- **annuum** L. · D:Einjährige Fetthenne · ⊙ ♆ Z6 VI-VIII; Eur.*, TR, Cauc., Iran, Greenl.
- *athoum* DC. = Sedum album var. album
- **atratum** L. · D:Schwärzliche Fetthenne · ⊙ ♆ Z7 VI-VIII; Eur.* exc. BrI, Sc
- *azureum* Desf. = Sedum caeruleum
- **bellum** Rose · ♄ ♆ Z8 Ⓚ III-V; Mex.
- **bithynicum** Boiss. · ♃ Z7; Ba, TR
- *boloniense* Loisel. = Sedum sexangulare
- **caeruleum** L. · ⊙ ♆ Z8 VII-IX; Corse, Sard., Sic., Alger.
- **cauticola** Praeger · F:Orpin · ♃ ♆ ⇝ VI-VII; Jap.
- **cepaea** L. · D:Rispen-Fetthenne · ⊙ ♆ Z7 VI-VII; Eur.: Ap, Fr, Ba, E-Eur.; TR; Syr., Alger., Tun., Libya, nat. in NL, D
- **compactum** Rose · ♃ ♆ ⇝ Z9 Ⓚ VI-VII; Mex.
- **compressum** Rose · ♃ ♆ Z9 Ⓚ I-V; Mex.
- *corsicum* Duby = Sedum dasyphyllum var. dasyphyllum
- **craigii** R.T. Clausen · ♄ ♆ e Z8 Ⓚ; Mex.
- *crassipes* Hook. f. et Thomson = Rhodiola

crassipes
- **cupressoides** Hemsl. · ♃ ¥ Z9 Ⓚ VII-VIII; Mex.
- **cyaneum** Rudolph · ♃ △ VII-VIII; E-Sib., Amur, Sachal., Kamchat.
- **dasyphyllum** L.
  - var. **dasyphyllum** · D:Dickblättrige Fetthenne; E:Thick Leaved Stonecrop; F:Orpin à feuilles glanduleuses · ♃ ¥ ⇝ △ Z7 VI-VIII; Eur.: Fr, Ib, Ap, Ba, C-Eur., RO; TR, NW-Afr., nat. in BrI, DK
  - var. **suendermannii** Praeger · ♃ ⇝ △ Z8 Ⓐ ∧ VI-VIII; Eur.: Sp.
- **dendroideum** Moç. et Sessé ex DC. · D:Strauchige Fetthenne; E:Woody Stonecrop · ♄ ¥ ⇝ Z8 Ⓚ V-VI; Mex., Guat.
  - subsp. *praealtum* (A. DC.) R.T. Clausen = Sedum praealtum
- **diffusum** S. Watson · ♃ ¥ ⇝ Z8 Ⓚ; Mex.
- **divergens** S. Watson · D:Kriechende Fetthenne; E:Spreading Stonecrop · ♃ ¥ ⇝ Z6; B.C., USA: NW
- *diversifolium* Rose = Sedum greggii
- **ebracteatum** Moç. et Sessé ex DC. · ♃ ¥ Z8 Ⓚ X; Mex.
- *elegans* Lej. = Sedum forsterianum subsp. forsterianum
- *ellacombianum* Praeger = Sedum kamtschaticum var. ellacombianum
- **erythrostictum** Miq. · ♃ ¥ VI; cult. E-As.
- **ewersii** Ledeb. · F:Orpin de l'Himalaya · ♃ ¥ △ VII-VIII; W-Sib., C-As., Afgh., Mong., Him., China: Sinkiang
- *fabaria* W.D.J. Koch = Sedum telephium subsp. fabaria
- *farinosum* hort. non Lowe = Sedum griseum
- **floriferum** Praeger · ♃ ¥ ⇝ △ Z7 VII; NE-China
- **forsterianum** Sm.
  - subsp. **elegans** (Lej.) E.F. Warb. · ♃ △ Z7 VI-VIII; W-Eur.; Maroc.
  - subsp. **forsterianum** · D:Zierliche Fetthenne; F:Orpin de Forster · ♃ ¥ Z7 VI-VIII; Eur.: Ib, Fr, BrI, D; Maroc.
- *glaucophyllum* R.T. Clausen = Sedum nevii
- *glaucum* Waldst. et Kit. = Sedum hispanicum
- **gracile** C.A. Mey. · D:Schneepolster-Fetthenne; F:Orpin blanc · ♃ ¥ △ Z7 VI-VII; Cauc., N-Iran
- **greggii** Hemsl. · ♃ ¥ Z8 Ⓚ II-V; Mex.
- **griseum** Praeger · ♄ ¥ e Z8 Ⓚ I-II; Mex.
- **hemsleyanum** Rose · ♃ ¥ Z8 Ⓚ; Mex.
- *henryi* Diels = Rhodiola yunnanensis
- *heterodontum* Hook. f. et Thomson = Rhodiola heterodonta
- **hirsutum** All. · D:Filzige Fetthenne; E:Hairy Stonecrop · ♃; Eur.: Ib, F, I, Maroc.
- **hispanicum** L. · D:Spanische Fetthenne · ⊙ ⊙ ¥ △ Z8 VI-VII; Eur.: Ap, C-Eur., E-Eur., H, Ba; TR, Lebanon, Palaest., Cauc., N-Iran, nat. in Sweden
  - var. *minus* Praeger = Sedum bithynicum
- *hobsonii* Prain ex Raym.-Hamet = Rhodiola hobsonii
- **hultenii** Fröd. · ♄ ¥ Z9 Ⓚ; Mex.
- **humifusum** Rose · ♃ ¥ ⇝ Z9 Ⓚ IV-VI; Mex.
- **hybridum** L. · D:Sibirische Fetthenne · ♃ ¥ ⇝ Z7 V-VIII; Russ. (Ural), W-Sib., E-Sib., C-As., Mong
- *ibericum* M. Bieb. = Sedum stoloniferum
- *indicum* (Decne.) Raym.-Hamet = Sinocrassula indica
  - var. *yunnanense* (Franch.) Raym.-Hamet = Sinocrassula yunnanensis
- **kamtschaticum** Fisch. et C.A. Mey.
  - var. **ellacombianum** (Praeger) R.T. Clausen · ♃ ¥ Z7 VII-VIII; Jap.
  - var. **kamtschaticum** · F:Orpin du Kamtchatka · ♃ ¥ Z7 VII-VIII; Amur, N-China, Jap. Sachal., Kamchat.
  - var. **middendorffianum** (Maxim.) R.T. Clausen · ♃ ¥ Z7 VII-VIII; E-Sib., Manch.
- *kirilowii* Regel = Rhodiola kirilowii
- *krajinae* Domin = Sedum acre
- *laxiflorum* DC. = Monanthes laxiflora
- *libanoticum* L. = Rosularia sempervivum subsp. sempervivum
- **liebmannianum** Hemsl. · ♃ ¥ Z8 Ⓚ VI-VIII; Mex.
- **lineare** Thunb. · ♃ ¥ ⇝ △ Z7 Ⓐ ∧ V-VI; Jap., Ryukyu-Is.
- **lydium** Boiss. · ♃ ¥ ⇝ △ Z7 VI-VII; W-TR
- *maximowiczii* Regel = Sedum aizoon
- *maximum* (L.) Hoffm. = Sedum telephium subsp. maximum
- **mexicanum** Britton · ♃ ¥ Z8 Ⓚ IV-VI; Mex., nat. in NW-Sp.
- *micranthum* Bastard = Sedum album var. micranthum
- *middendorffianum* Maxim. = Sedum kamtschaticum var. middendorffianum
- *mite* Gilib. = Sedum sexangulare

– **monregalense** Balb. · ♃ ψ △ Z8 ∧ VII-VIII; Eur.: Corse, Sard., I; mts.
– **montanum** Perr. et Songeon · D:Berg-Mauerpfeffer · ♃ ψ VII-IX; Eur.: Ba, Ib, Ap, H, A, CH; Pyr., Apenn., Alp.
– **moranense** Humb., Bonpl. et Kunth · ♃ ψ e Z9 Ⓚ VII; Mex.
– **morganianum** E. Walther · D:Schlangen-Fetthenne; E:Beaver Tail, Donkey's Tail · ♃ ψ ⌇ ⇝ Z9 Ⓚ; cult. Mex.
– **multiceps** Coss. et Durieu · ♃ ψ Z8 Ⓚ VII; Alger.
– **nevii** A. Gray · F:Orpin de l'Alabama · ♃ ψ ⇝ △ Z7 VI; USA: Va, W-Va., SE
– *nicaeense* All. = Sedum sediforme
– **nussbaumerianum** Britton · ♄ ψ e Z9 Ⓚ; Mex.
– *nutans* Rose = Cremnophila nutans
– **oaxacanum** Rose · ♃ ψ ⇝ Z9 Ⓚ; Mex.
– **obcordatum** R.T. Clausen · ♄ ψ Z9 Ⓚ; Mex.
– **ochroleucum** Chaix · D:Blassgelbe Fetthenne · ♃ ψ △ VI-VII; Eur.: Sp., F, CH, Ba, RO; TR, nat. in Maine
– **oreganum** Nutt. · D:Oregon-Fetthenne; E:Oregon Sedum, Oregon Stonecrop · ♃ ψ ⌓ △ Z6 VII-VIII; Alaska, Can.: W; USA: NW, Calif.
– **oxypetalum** Humb., Bonpl. et Kunth · ♃ ψ e Z8 Ⓚ VI-VII; Mex.
– **pachyclados** Aitch. ex Hemsl. · ♃ ψ; Afgh.
– **pachyphyllum** Rose · D:Schnapsnase · ♄ ψ e Z8 Ⓚ IV; Mex.
– **pallidum** Bréb.
  – var. **bithynicum** (Boiss.) Chamb. · ♃ Z8; TR
– **pallidum** M. Bieb. · ♃ ∧; Eur.: Ba, Krim; TR, Levante +
– **palmeri** S. Watson · ♃ ψ e Ⓚ I-VI; Mex.
– **pilosum** M. Bieb. · ⊙ ψ △ Z7 ∧ V-VI; TR, Cauc., Iran
– **pluricaule** Kudô · ♃ ψ △ VII-VIII; Sachal.
– **populifolium** Pall. · F:Orpin à feuilles de peuplier · ♃ ♄ ψ e △ Z2 VI-VII; Sib.
– **praealtum** A. DC. · ♄ ψ e Z7; Mex.
– *praegerianum* W.W. Sm. = Rhodiola hobsonii
– **pruinatum** Link ex Brot. · ♃ ψ ⇝ △ Z8 ∧ VII; Eur.: P
– **pulchellum** Michx. · E:Widow's Cross · ⊙ ♃ ψ △ Z7 VII-VIII; USA: NE, NCE, NC, SE, SC
– *purpureum* (L.) Link = Sedum telephium subsp. telephium
– **reflexum** L. · D:Felsen-Fetthenne, Tripmadam; E:Rock Stonecrop; F:Orpin à inflorescence réfléchie · ♃ ψ ⌓ △ Z7 VI-VIII Ⓝ; Eur.* exc. BrI, nat. in BrI
– **retusum** Hemsl. · ♄ ψ Z8 Ⓚ VI-IX; Mex.
– *rhodiola* DC. = Rhodiola rosea
– **rhodocarpum** Rose · ♃ ψ Z7; Calif.: Sierra Nevada
– *roseum* (L.) Scop. = Rhodiola rosea
– *roseum* Steven = Rhodiola rosea
– **rubens** L. · D:Rötliche Fetthenne · ⊙ ψ Z8 V-VI; Eur.: Ib, Fr, Ap, C-Eur., Ba, RO, Krim, Canar.; TR, Levante, N-Iran, NW-Afr., Libya
– **rubrotinctum** R.T. Clausen · D:Ampel-Fetthenne; E:Christmas Cheer, Pork-and-Beans · ♄ ψ e Z9 Ⓚ; Mex.
– *rupestre* L. = Sedum reflexum
  – subsp. *reflexum* (L.) Hegi et Em. Schmid = Sedum reflexum
– *rupestre* Royle = Sedum ewersii
– **sarmentosum** Bunge · D:Ausläufer-Fetthenne · ♃ ψ △ Z7 ∧ VII; Jap., Korea, Manch., N-China
– *sartorianum* Boiss. = Sedum urvillei
  – subsp. *stribrnyi* (Velen.) D.A. Webb = Sedum urvillei
– **sediforme** (Jacq.) Pau · ♃ ψ △ Z8 Ⓐ V-VII; Eur.: Ib, Fr, Ap, Ba; TR, Cyprus, Lebanon
– **selskianum** Regel et Maack · ♃ ψ Z6 ▭ VII-VIII; Amur., Manch.
– *semenowii* (Regel et Herder) Mast. = Rhodiola semenowii
– **sempervivoides** Fisch. ex M. Bieb. · ⊙ ψ △ Z7 ∧ VI-VIII; TR, Cauc., Iran
– *sempervivum* Ledeb. = Sedum sempervivoides
– **sexangulare** L. · D:Milder Mauerpfeffer; F:Orpin de Boulogne · ♃ ψ ⇝ Z7 VI-VII; Eur.* exc. Ib, BrI
– **sieboldii** Sweet · ♃ ψ △ Ⓚ Ⓐ ∧ IX-X; Jap.
– **spathulifolium** Hook. · D:Colorado-Fetthenne; E:Broad Leaved Stonecrop; F:Orpin spatulé · ♃ ψ ⇝ Z7 VI; B.C., USA: NW, Calif.
– **spectabile** Boreau · D:Schöne Fetthenne; E:Ice Plant; F:Orpin remarquable · ♃ ψ VIII-IX; Korea, Manch.
  – **in Sorten**
– **spurium** M. Bieb. · D:Kaukasus-Fetthenne; E:Two Row Stonecrop; F:Orpin bâtard · ♃ ψ ⇝ △ Z7 VII-VIII; Cauc., TR, N-Iran, nat. in Eur.* exc. Ba
  – **in Sorten**

– **stahlii** Solms · ♃ Ψ ⇝ Z9 Ⓚ VIII-IX; Mex.
– **stellatum** L. · ⊙ Ψ Z8; Eur.: Ib, Ap, Fr, Ba; Alger.
– **stenopetalum** Pursh · E:Wormleaf Stonecrop · ♃ Ψ △ Z7 ∧ VI-VII; B.C., USA: NW, Rocky Mts., Calif.
– **stevenianum** Rouy et E.G. Camus · ♃ Ψ ⇝ △ Z7 VII-VIII; Cauc.
– **stoloniferum** S.G. Gmel. · ♃ Ψ ⇝ △ Z7 VI-VII; TR, Cauc. N-Iran
– *stribrnyi* Velen. = Sedum urvillei
– **tatarinowii** Maxim. · ♃ Ψ △ VII-IX; Mong., N-China
– **telephium** L.
  – subsp. **fabaria** (W.D.J. Koch) Kirschl. · D:Berg-Fetthenne · ♃ Ψ VII-VIII; W-Eur., C-Eur.
  – subsp. **maximum** (L.) Krock. · D:Große Fetthenne · ♃ Ψ VII-VIII; Eur., TR, Cauc., Sib.
  – subsp. **telephium** · D:Purpur-Fetthenne · ♃ Ψ VII-IX ⚕; Eur.*, TR, nat. in N-Am.
– *tenuifolium* (Sibth. et Sm.) Strobl = Sedum amplexicaule
– **ternatum** Michx. · ♃ Ψ △ Z6 VI; USA: NE, NCE, SE
– **thartii** L.P. Hebert · D:Harts Felsen-Mauerpfeffer, Östlicher Felsen-Mauerpfeffer · ħ Ψ VI-VIII; Eur.: A, ? D +
– **treleasei** Rose · ħ Ψ e Z8 Ⓚ IV; Mex.
– *ukrainae* hort. = Sedum acre
– **urvillei** DC. · D:Ungarischer Mauerpfeffer · ♃ Ψ △ Z7 ∧ V-VII; Eur.: A, EC-Eur., Ba, RO, Krim; TR, Levante
– **villosum** L. · D:Behaarte Fetthenne, Sumpf-Fetthenne · ⊙ Ψ ∼ Z5 VI-VII; Eur.*, Greenl.
– *vulgare* (Haw.) Link = Sedum telephium subsp. fabaria
– *weinbergii* (Rose) A. Berger = Graptopetalum paraguayense
– *yunnanense* Franch. = Rhodiola yunnanensis

Seemannia Regel = Gloxinia
– *latifolia* Fritsch = Gloxinia sylvatica
– *sylvatica* (Humb., Bonpl. et Kunth) Hanst. = Gloxinia sylvatica

Selaginella P. Beauv. -f- *Selaginellaceae* · c. 700 sp · D:Moosfarn, Mooskraut; E:Lesser Clubmoss; F:Sélaginelle
– *africana* A. Braun = Selaginella vogelii
– *albonitens* Spring = Selaginella tenella
– *amoena* W. Bull = Selaginella pulcherrima
– **apoda** (L.) Spring · D:Wiesen-Moosfarn; E:Meadow Spike Moss · ♃ ⇝ Z3; Can.: E; USA: NE, NCE, SC, SE, Fla., nat. in D (Berlin)
– *apus* Spring = Selaginella apoda
  – var. *minor* hort. ex A. Braun = Selaginella apoda
– *azorica* Baker = Selaginella kraussiana
– **biformis** A. Braun ex Kuhn · ♃ ⇝ Z9 Ⓦ; Ind., E-As., Malay. Arch., Phil.
– **braunii** Baker · ♃ Z8 Ⓚ; W-China
– *caesia* (hort.) hort. ex Kunze = Selaginella uncinata
  – var. *arborea* (hort. ex Courtin) hort. = Selaginella willdenowii
– *canaliculata* hort. = Selaginella delicatula
– *caulescens* Wall. ex Hook. et Grev. = Selaginella involvens
  – var. *japonica* (T. Moore ex McNab) Baker = Selaginella involvens
– **concinna** (Sw.) Spring · ♃ Z9 Ⓦ; Mascarene Is.
– *cuspidata* (Link) Link = Selaginella pallescens
  – var. *emiliana* Van Houtte ex Nichols = Selaginella pallescens
– **delicatissima** A. Braun · ♃ Ⓚ; Col.
– **delicatula** (Desv.) Alston · ♃ Z9 Ⓚ; E-Him, S-China
– **denticulata** (L.) Link · D:Gezähnter Moosfarn; E:Spike Moss · ♃ ⇝ △ Z9 Ⓐ; Eur.: Ib, Fr, Ap, Ba; TR, Cyprus, Syr., NW-Afr., Libya
– *denticulata* hort. = Selaginella kraussiana
– **douglasii** (Hook. et Grev.) Spring · D:Rocky-Mountains-Moosfarn; E:Douglas Selaginella · ♃ ⇝ △ Z6; B.C., USA: NW, Rocky Mts., Calif.
– *emmeliana* Van Geert = Selaginella pallescens
– **erythropus** (Mart.) Spring · ♃ Z10 Ⓦ; W.Ind., S-Am.
  – var. *major* Spring = Selaginella umbrosa
– **flabellata** (L.) Spring · ♃ Z10 Ⓦ; W.Ind.
– **galeottii** Spring · ♃ Z10 Ⓦ; Mex.
– **grandis** T. Moore · ♃ Z10 Ⓦ; Kalimantan
– **griffithii** Spring · ♃ Z10 Ⓦ; trop. As.
– **haematodes** (Kunze) Spring · ♃ Z10 Ⓦ; Panama, Col., Ecuad., Venez., Bol.
– **helvetica** (L.) Spring · D:Schweizer Moosfarn; F:Sélaginelle de Suisse · ♃ ⇝ △ Z5 VI-VII; Eur.: Fr, Ap, C-Eur., EC-Eur., Ba, E-Eur.; TR, Cauc., Amur, Korea, N-China

- **inaequalifolia** (Hook. et Grev.) Spring · ♃ Ⓚ; Ind., Java +
  - var. *perelegans* (T. Moore) Baker = Selaginella plana
- **involvens** (Sw.) Spring · ♃ Z9 Ⓦ; Ind., Sri Lanka, China, Jap., Malay. Pen., Java
- *japonica* T. Moore ex McNab = Selaginella involvens
- **kraussiana** (Kunze) A. Braun · D:Feingliedriger Moosfarn; E:Krauss' Spike Moss · ♃ ⟿ Z9 Ⓦ Ⓚ; trop. Afr., S-Afr., nat. in S-Eur., W-Eur., Azor.
- **lepidophylla** (Hook. et Grev.) Spring · D:Auferstehender Moosfarn; E:Resurrection Plant, Rose-of-Jericho · ♃ Z9 Ⓦ; USA: Tex., SW; Mex., C-Am.
- **martensii** Spring · ♃ Z9 Ⓦ Ⓚ; Mex.
- **pallescens** (C. Presl) Spring · D:Bleicher Moosfarn; E:Arborvitae Fern · ♃ Z10 Ⓦ; Mex., C-Am., Col., Venez.
- **pilifera** A. Braun · ♃ Z9 Ⓦ; Tex., Mex.
- **plana** (Desv.) Hieron. · ♃ Z9 Ⓦ; E-Him.
- *plumosa* (L.) C. Presl = Selaginella biformis
- **pulcherrima** Liebm. et E. Fourn. · ♃ Z9 Ⓦ; Mex.
- **rotundifolia** Spring · ♃ Z10 Ⓦ Ⓚ; W.Ind.
- *rubella* T. Moore = Selaginella concinna
- **rupestris** (L.) Spring · D:Felsen-Moosfarn; E:Ledge Spike Moss · ♃ ⟿ △ Z5; Can.: E; USA: NE, NCE, SE
- **selaginoides** (L.) P. Beauv. · D:Dorniger Moosfarn; E:Lesser Club Moss, Northern Spike Moss · ♃ ⟿ △ VII-VIII; Eur.*, Cauc., W-Sib., E-Sib., Kamchat., Jap., Greenl., Alaska, Can., USA: NE, NCE, Rocky Mts.
- **serpens** (Desv. ex Poir.) Spring · ♃ ⟿ Z10 Ⓦ; W.Ind.
- **sibirica** (Milde) Hieron. · ♃ ⟿ △ Z4; E-Sib., Alaska, Sachal., N-Korea, Jap.
- *spinulosa* A. Braun ex Döll = Selaginella selaginoides
- **stenophylla** A. Braun · ♃ Z9 Ⓚ; Mex.
- **tenella** (P. Beauv.) Spring · ♃ ⟿ Z10 Ⓦ; W.Ind.
- **umbrosa** Lem. ex Hieron. · ♃ Z10 Ⓦ; Mex.: Yucatan; C-Am., Col., Bras.
- **uncinata** (Desv.) Spring · ♃ ⟿ Z10 Ⓦ; S-China
- **underwoodii** Hieron. · ♃ △ Z4; USA: Rocky Mts., SW, SC; Mex.
- **victoriae** T. Moore · ♃ Z10 Ⓦ; Kalimantan, Fiji
- **viticulosa** Klotzsch · ♃ Z10 Ⓦ; Costa Rica, Panama, Col., Venez.
- **vogelii** Spring · ♃ Z10 Ⓦ; W-Afr.
- **wallichii** (Hook. et Grev.) Spring · D:Wüchsiger Moosfarn; E:Vigorous Fern · ♃ Z10 Ⓦ; Ind.
- **willdenowii** (Desv. ex Poir.) Baker · D:Pfauen-Moosfarn; E:Peacock Fern · ♃ ≹ Z10 Ⓦ; Him., S-China, Malay. Arch.

Selenicereus (A. Berger) Britton et Rose -m- *Cactaceae* · c. 20 sp · D:Königin der Nacht, Schlangenkaktus; F:Cierge de la Lune

- **boeckmannii** (Otto) Britton et Rose · ♄ Ψ ≹ Z9 Ⓚ ▽ ✻; E-Mex., Cuba, Haiti
- **brevispinus** Britton et Rose · ♄ Ψ ≹ Z9 Ⓚ ▽ ✻; Cuba
- *chrysocardium* (Alexander) Kimnach = Epiphyllum chrysocardium
- **coniflorus** (Weing.) Britton et Rose · ♄ Ψ ≹ Z9 Ⓚ ▽ ✻; Mex. (Vera Cruz)
- **grandiflorus** (L.) Britton et Rose · D:Königin der Nacht; E:Night Blooming Cereus, Queen-of-the-Night · ♄ Ψ ≹ Z9 Ⓚ ⚕ ☠ ▽ ✻; E-Mex., ? Hond., Cuba, Hispaniola, Jamaica
- *grusonianus* (Weing.) A. Berger = Selenicereus macdonaldiae var. grusonianus
- *hallensis* (Weing.) Weing. = Selenicereus grandiflorus
- **hamatus** (Scheidw.) Britton et Rose · ♄ Ψ ≹ Z9 Ⓚ VII ▽ ✻; Mex.
- **hondurensis** (K. Schum.) Britton et Rose · ♄ Ψ ≹ Z9 Ⓚ ▽ ✻; Guat., Hond.
- **inermis** (Otto) Britton et Rose · ♄ Ψ ≹ Z9 Ⓚ ▽ ✻; Col., Venez.
- *kunthianus* (Otto ex Salm-Dyck) Britton et Rose = Selenicereus grandiflorus
- **macdonaldiae** (Hook.) Britton et Rose
  - var. **grusonianus** (Weing.) Backeb. · ♄ Ψ ≹ D Z9 Ⓚ VII ▽ ✻; orig. ?
  - var. **macdonaldiae** · ♄ Ψ ≹ Z9 Ⓚ ▽ ✻; ? Hond.
- **nelsonii** (Weing.) Britton et Rose · ♄ Ψ ≹ Z9 Ⓚ ▽ ✻; S-Mex.
- *pringlei* Rose = Selenicereus coniflorus
- **pteranthus** (Link et Otto) Britton et Rose · ♄ Ψ ≹ Z9 Ⓚ VII-VIII ▽ ✻; E-Mex.
- **spinulosus** (DC.) Britton et Rose · ♄ Ψ ≹ Z9 Ⓚ ▽ ✻; SE-Tex., E-Mex.
- *testudo* (Karw.) Buxb. = Deamia testudo
- **urbanianus** (Gürke et Weing.) Britton et Rose · ♄ Ψ ≹ Z9 Ⓚ ▽ ✻; Cuba, Haiti
- **vagans** (K. Brandegee) Britton et Rose · ♄ Ψ ≹ Z9 Ⓚ ▽ ✻; W-Mex.

– **vaupelii** (Weing.) A. Berger · ♄ ♆ ≷ Z9 ⓚ ▽ *; Haiti

Selinum L. -n- *Apiaceae (Umbelliferae)* · 6-8 sp · D:Silge; E:Milk Parsley; F:Sélin
– **carvifolium** (L.) L. · D:Kümmel-Silge · ♃ VII-VIII; Eur.*, W-Sib., nat. in N-Am.
– *virosum* (L.) E.H.L. Krause = Cicuta virosa

Selliera Cav. -f- *Goodeniaceae* · 1 sp
– **radicans** Cav. · ♃ ⇝ ~ ⓚ VII-IX; Chile, Austr., Tasman., NZ

Semecarpus L. f. -f- *Anacardiaceae* · c. 60 sp · D:Tintenbaum
– **anacardium** L. f. · D:Ostinidischer Tintenbaum; E:Marking Nut · ♄ e Z10 ⓦ ☠ Ⓝ; Ind., mts.

Semele Kunth -f- *Ruscaceae* · 1 sp · D:Klettermäusedorn; E:Climbing Butcher's Broom; F:Epine des rats grimpante
– **androgyna** (L.) Kunth · D:Klettermäusedorn; E:Climbing Butcher's Broom · ♄ e ≷ Z9 ⓚ; Canar.

Semiaquilegia Makino -f- *Ranunculaceae* · 7 sp · D:Scheinakelei; F:Fausse-ancolie
– **ecalcarata** (Maxim.) Sprague et Hutch. · D:Spornlose Scheinakelei · ♃ △ Z6 VI-VII; W-China

Semiarundinaria Nakai -f- *Poaceae (Gramineae)* · 7 sp · D:Narihirabambus; E:Narihira Bamboo; F:Bambou
– **fastuosa** (Lat.-Marl. ex Mitford) Makino ex Nakai · D:Narihirabambus; E:Narihira Bamboo; F:Bambou Semiarundinaria · ♄ e Z7 ∧; Jap.
  – var. *yashadake* Makino = Semiarundinaria yashadake
– **yashadake** (Makino) Makino · ♄ e Z8; Jap.

Sempervivella Stapf = Rosularia
– *alba* (Edgew.) Stapf = Rosularia sedoides
– *sedoides* (Decne.) Stapf = Rosularia sedoides

Sempervivum L. -n- *Crassulaceae* · 42 sp · D:Dachwurz, Hauswurz; E:House Leek; F:Joubarbe
– *aizoon* (Bolle) H. Christ = Greenovia aizoon
– *album* Edgew. = Rosularia sedoides
– *allionii* (Jord. et Fourr.) Nyman = Jovibarba globifera subsp. allionii
– *alpestre* hort. = Sempervivum montanum subsp. montanum
– **altum** Turrill · ♃ ♆ △ Z6 VI ▽; Cauc.
– *andreanum* Wale = Sempervivum tectorum subsp. alpinum
– *annuum* Cout. = Aichryson laxum
– *anomalum* hort. = Sempervivum montanum subsp. montanum
– **arachnoideum** L.
  – subsp. **arachnoideum** · D:Spinnweben-Hauswurz; E:Cobweb House Leek; F:Joubarbe aranéeuse · ♃ ♆ Z5 VII-IX ▽; Eur.: Sp., F, Corse, I, C-Eur.; mts.
    – *'Webbianum'* = Sempervivum arachnoideum subsp. tomentosum
  – subsp. *doellianum* (C.B. Lehm.) Schinz et Keller = Sempervivum arachnoideum subsp. arachnoideum
  – subsp. **tomentosum** (C.B. Lehm. et Schnittsp.) Schinz et Thell. · F:Joubarbe aranéeuse ssp. tomentosum · ♃ ♆ △ Z5 VII-VIII ▽; Eur.: D, F, I, CH; mts.
– *arboreum* L. = Aeonium arboreum
– *arenarium* W.D.J. Koch = Jovibarba globifera subsp. arenaria
– **armenum** Boiss. et A. Huet · ♃ ♆ △ Z7 VII ▽; N-TR
– *assimile* Schott = Sempervivum marmoreum
– **atlanticum** Ball · ♃ ♆ Z7 ⓐ VI ▽; Maroc.; Atlas
– *aureum* C. Sm. ex Hornem. = Greenovia aurea
– **balcanicum** Stoj. · ♃ ♆ △ VI-VII ▽; Eur.: BG
– **ballsii** Wale · ♃ ♆ Z7 ▽; GR, Cauc.
– *balsamiferum* (Webb et Berthel.) Webb et Berthel. = Aeonium balsamiferum
– × **barbulatum** Schott (*S. arachnoideum* × *S. montanum*) · D:Bärtige Hauswurz · ♃ ♆ ▽; Alp., N-Sp.
– *borisii* Degen et Urum. = Sempervivum ciliosum 'Borisii'
– *caespitosum* C. Sm. ex Otto = Aeonium simsii
– **calcareum** Jord. · F:Joubarbe du calcaire · ♃ ♆ △ Z5 VI-VIII ▽; Eur.: F, I; SW-Alp.
– *canariense* L. = Aeonium canariense
– **cantabricum** J.A. Huber · ♃ ♆ Z7 ⓐ ▽; N-Sp.
– **caucasicum** Rupr. ex Boiss. · ♃ ♆ Z6 ▽; Cauc.
– *ciliatum* Willd. = Aeonium ciliatum
– **ciliosum** Craib · F:Joubarbe ciliée · ♃ ♆ △

Z6 VI-VII ▽; Eur.: Maced., BG, GR
– **'Borisii'** · ♃ ♆
– *cuneatum* Webb et Berthel. = Aeonium cuneatum
– *decorum* H. Christ = Aeonium decorum
– × **degenianum** Domokos (*S. ruthenicum* × ?) · ♃ ♆ ▽; RO
– *dichotomum* DC. = Aichryson laxum
– *dodrantale* Willd. = Greenovia dodrantalis
– *doellianum* C.B. Lehm. = Sempervivum arachnoideum subsp. arachnoideum
– **dolomiticum** Facchini · ♃ ♆ △ Z5 VI-VII ▽; Eur.: I; SE-Alp.
– × *domesticum* (Praeger) A. Berger = Aichryson × domesticum
– **erythraeum** Velen. · ♃ ♆ △ Z6 VII-VIII ▽; BG
– × **fauconnettii** Reut. (*S. arachnoideum* × *S. tectorum*) · ♃ ♆ ▽; Eur.
– × *fimbriatum* hort. = Sempervivum × roseum 'Fimbriatum'
– × **funckii** A. Braun ex W.D.J. Koch (*S. arachnoideum* × *S. montanum* × *S. tectorum*) · D:Funcks Hauswurz · ♃ ♆; cult.
– *globiferum* auct. non L. nec Curt. = Sempervivum transcaucasicum
– *glutinosum* Aiton = Aeonium glutinosum
– *goochiae* Webb et Berthel. = Aeonium goochiae
– *gracile* Bolle = Greenovia dodrantalis
– **grandiflorum** Haw. · D:Gaudins Hauswurz; F:Joubarbe à grandes fleurs · ♃ ♆ Z6 VI-VIII ▽; CH, I ; W-Alp. (Susa - Simplon)
– *haworthii* hort. ex Webb et Berthel. = Aeonium haworthii
– *heuffelii* Schott = Jovibarba heuffelii
– *hierrense* Murray = Aeonium hierrense
– *hirtum* L. = Jovibarba globifera subsp. hirta
– *holochrysum* Webb et Berthel. = Aeonium holochrysum
– *juratense* Jord. = Sempervivum tectorum subsp. tectorum
– **kindingeri** Adamović · ♃ ♆ Z7 Ⓐ VII ▽; Maced.
– **kosaninii** Praeger · ♃ ♆ △ Z6 VII ▽; Eur.: Maced.
– *laggeri* Schott = Sempervivum arachnoideum subsp. tomentosum
– **leucanthum** Pančić · ♃ ♆ △ Z6 VII ▽; Eur.: BG; mts.
– *lindleyi* Webb et Berthel. = Aeonium lindleyi
– **macedonicum** Praeger · ♃ ♆ △ Z7 VI ▽; Eur.: Maced.
– *manriqueorum* H. Christ = Aeonium arboreum
– **marmoreum** Griseb. · ♄ ♆ △ Z5 VII ▽; Eur.: H, Slova., Ba, RO, W-Russ.
– *monanthes* Aiton = Monanthes polyphylla
 – var. *subcrassicaule* Kuntze = Monanthes muralis
– **montanum** L.
 – subsp. **burnatii** Wettst. ex Hayek · ♃ ♆ △ Z5 VI-VIII ▽; Eur.: SW-Alp.
 – subsp. **montanum** · D:Berg-Hauswurz; F:Joubarbe des montagnes · ♃ ♆ △ Z5 VII-VIII ▽; Eur.: Sp., F, Ap, C-Eur., EC-Eur., RO, W-Russ.; mts., nat. in Norw.
 – subsp. **stiriacum** Wettst. ex Hayek · ♃ ♆ △ Z5 VI-VIII ▽; Eur.: E-A
– *murale* Bureau = Sempervivum tectorum subsp. tectorum
– **nevadense** Wale · ♃ ♆ Z7 ▽; Sp.: Sierra Nevada
– **octopodes** Turrill · ♃ ♆ Z6 ▽; SW-Maced.
– *patens* Griseb. et Schenk = Jovibarba heuffelii
– *percarneum* Murray = Aeonium percarneum
– **pittonii** Schott , Nyman et Kotschy · D:Serpentin-Hauswurz · ♃ ♆ Z6 VII-VIII ▽; A (Steiermark)
– **pumilum** M. Bieb. · ♃ ♆ △ Z6 VII ▽; Cauc.
– **reginae-amaliae** Heldr. et Guicc. ex Halácsy · ♃ ♆ △ VI-VII ▽; Eur.: S-AL, GR; mts.
– × **roseum** Huter et Sand. (*S. arachnoideum* × *S. ciliosum*) · ♃ ♆
 – **'Fimbriatum'** · ♃ ♆
– *ruthenicum* (W.D.J. Koch) Schnittsp. et C.B. Lehm. = Sempervivum wulfenii
– *schlehanii* Schott = Sempervivum marmoreum
– *sedifolium* (Webb) H. Christ = Aeonium sedifolium
– *sedoides* Decne. = Rosularia sedoides
– *simsii* Sweet = Aeonium simsii
– *soboliferum* Sims = Jovibarba globifera subsp. globifera
– *spathulatum* Hornem. = Aeonium spathulatum
– *strepsicladum* (Webb et Berthel.) Bornm. = Aeonium spathulatum
– *tabuliforme* Haw. = Aeonium tabuliforme
– **tectorum** L.
 – subsp. **alpinum** (Griseb. et Schenk) Wettst. · ♃ ♆ △ Z4 VI-VIII ▽; Eur.: Pyr., Alp., Jura

– subsp. *calcareum* (Jord.) Cariot ex St.-Lag. = Sempervivum calcareum
– subsp. **tectorum** · D:Dach-Hauswurz, Dachwurz, Gewöhnliche Hauswurz; E:Common House Leek, Houseleek; F:Joubarbe des toits · ♃ ᛘ △ Z4 VII-IX ⚕ ▽; Eur.: Ib, F, C-Eur.; mts.
– var. *atlanticum* (Ball) Hook. = Sempervivum atlanticum
– *tortuosum* (Aiton) Praeger = Aichryson tortuosum
– **transcaucasicum** Muirhead · ♃ ᛘ △ Z6 VI ▽; TR, Cauc.
– *undulatum* Webb et Berthel. = Aeonium undulatum
– *urbicum* C. Sm. ex Hornem. = Aeonium urbicum
– **vicentei** Pau · ♃ ᛘ ▽; Sp.
– subsp. *cantabricum* (J.A. Huber) Fern. Casas = Sempervivum cantabricum
– **wulfenii** Hoppe ex Mert. et W.D.J. Koch · D:Wulfens Hauswurz · ♃ ᛘ △ Z5 VII-VIII ▽; Eur.: I, CH, A, Slove.; E-Alp.
– *youngianum* Webb et Berthel. = Aeonium undulatum
– **zelebori** Schott · ♃ ᛘ △ Z6 VI-VII ▽; BG, RO
– **Cultivars**
– **in vielen Sorten**
– *'Aureum'* = Greenovia aurea

Senecio L. -m- *Asteraceae (Compositae)* · 1000-1250 sp · D:Greiskraut, Kreuzkraut; E:Ragwort; F:Cinéraire, Séneçon
– **abrotanifolius** L.
– subsp. **abrotanifolius** · D:Eberrauten-Greiskraut · ♃ △ Z6 VII-IX; Eur.: I, C-Eur., EC-Eur., Ba, RO, W-Russ.; Alp., Carp., Balkan
– subsp. **carpathicus** (Herbich) Nyman · ♃ △ Z6 VI-VII; Eur.: Carp., Balkan
– subsp. *tiroliensis* (A. Kern. ex Dalla Torre) Gams = Senecio abrotanifolius subsp. abrotanifolius
– **acaulis** (L. f.) Sch. Bip. · ♃ ᛘ Z9 ⓚ III-IV; Kap
– *adenocalyx* Dinter = Senecio radicans
– **adonidifolius** Loisel. · F:Séneçon à feuilles d'adonis · ♃ ᛘ △ Z7 VI; Eur.: Sp., F
– **aloides** DC. · ♄ Z9 ⓚ; Namibia
– **alpinus** (L.) Scop. · D:Alpen-Greiskraut · ♃ ⁓ VII; Eur.: F, I, C-Eur., Slove.; Alp., Apenn.
– *amaniensis* (Engl.) H. Jacobsen = Kleinia amaniensis
– *anteuphorbium* (L.) Sch. Bip. = Kleinia anteuphorbium
– **aquaticus** Hill · D:Wasser-Greiskraut; F:Séneçon aquatique · ⊙ VII-VIII; Eur.*
– **archeri** (Compton) H. Jacobsen · ♄ ᛘ Z9 ⓚ; Kap
– **articulatus** (L. f.) Sch. Bip. · D:Hohles Greiskraut; E:Candle Plant, Sausage Crassula · ♄ ᛘ Z9 ⓚ; Kap
– *aurantiacus* (Hoppe ex Willd.) Less. = Tephroseris integrifolia subsp. aurantiaca
– *aureus* L. = Packera aurea
– **barbertonicus** Klatt · ♄ ᛘ Z9 ⓚ; Zimbabwe, Mozamb., S-Afr.
– *bicolor* (Willd.) Tod. = Senecio cineraria
– **cacaliaster** Lam. · D:Pestwurz-Greiskraut · ♃ VII-VIII; Eur.: F, I, A, Ba, Ro, ? Sp.
– *capitatus* (Wahlenb.) Steud. = Tephroseris integrifolia subsp. capitata
– *carniolicus* Willd. = Senecio incanus subsp. carniolicus
– *chrysanthemoides* DC. = Euryops chrysanthemoides
– **cineraria** DC. · D:Silber-Greiskraut; E:Dusty Miller, Silver Groundsel; F:Séneçon bicolore · ♄ Z8 ⓚ; Eur.: Ib, Fr, Ap, Ba; TR, nat. in BrI, Krim
– var. *candidissima* hort. = Senecio viravira
– **citriformis** G.D. Rowley · ♃ ᛘ ⇝ Z9 ⓚ; Kap
– *cordatus* W.D.J. Koch = Senecio alpinus
– *cruentus* (Masson ex L'Hér.) DC. = Pericallis cruenta
– *cruentus* hort. = Pericallis × hybrida
– *cylindricus* (A. Berger) Jacobsen = Senecio talinoides subsp. cylindricus
– **doria** L. · D:Hohes Greiskraut; F:Séneçon doria · ♃ Z6 VII-VIII; Eur.: Ib, Fr, Ap, Ba, A, EC-Eur., E-Eur.; TR, W-Sib., Maroc., nat. in BrI
– **doronicum** (L.) L. · D:Gämswurz-Greiskraut · ♃ △ Z5 VII; Eur.: Ib, Fr, C-Eur., Ba, RO; mts.
– **elegans** L. · E:Red Purple Ragwort · ⊙ ⊙ Z9 VII-X; S-Afr.
– **erraticus** Bertol. · D:Spreizendes Greiskraut · ⊙ ♃ VII-X; Eur.: ? Ib, Fr, BrI, I, C-Eur., EC-Eur., Ba; TR, Syr., N-Afr.
– **erucifolius** L. · D:Raukenblättriges Greiskraut · ♃ VII-IX; Eur.*, TR, Cauc., C-As.
– **ficoides** (L.) Sch. Bip. · ♄ ♄ ᛘ e ⇝ Z9 ⓚ; Kap
– *fuchsii* C.C. Gmel. = Senecio ovatus
– *fulgens* (Hook. f.) G. Nicholson = Kleinia

fulgens
- *galpinii* (Hook. f.) H. Jacobsen = Kleinia galpinii
- **germanicus** Wallr. · D:Deutsches Greiskraut · ♃ VII-IX; Eur.: C-Eur., E-Eur., N-I
- *ghiesbreghtii* Regel = Senecio grandifolius
- *gracilis* hort. = Senecio citriformis
- **grandifolius** Less. · ♄ ♄ ♄ e Z9 ⓚ I-III; Mex.
- *greyi* Hook. f. = Brachyglottis greyi
- **halleri** Dandy · D:Hallers Greiskraut · ♃ △ Z6 VII-VIII; Eur.: F, Ch, I; Alp.
- **haworthii** (Sweet) Sch. Bip. · ♄ ψ Z9 ⓚ; Kap
- *hectoris* Buchanan = Brachyglottis hectoris
- **hercynicus** Herborg · D:Hain-Greiskraut · ♃; Eur.: Fr, N-I, C-Eur., EC-Eur., Ba
- **heritieri** DC. · ♃ Z8 ⓚ II-III; Canar.: Teneriffa
- **herreanus** Dinter · ♃ ψ ⇝ Z9 ⓚ; Namibia
- *hookerianus* (Hook. f.) Jacobsen = Kleinia fulgens
- × *hybridus* (Willd.) Regel = Pericallis × hybrida
- **inaequidens** DC. · D:Schmalblättriges Greiskraut · ♃ VII-XI; S-Afr., nat. in BrI, F, I, D
- **incanus** L.
  - subsp. **carniolicus** (Willd.) Braun-Blanq. · D:Krainer Greiskraut · ♃ Z5 VII-IX ▽; Eur.: CH, A, D, Slove.; Alp., Carp.
  - subsp. **incanus** · D:Weißgraues Greiskraut · ♃ Z5 VII-IX; Eur.: F, I, CH, EC-Eur., Slove., W-Russ.; W-Alp., Apenn.
- *integrifolius* (L.) Clairv. = Tephroseris integrifolia subsp. integrifolia
  - subsp. *aurantiacus* (Hoppe ex Willd.) Briq. et Cavill. = Tephroseris integrifolia subsp. aurantiaca
  - subsp. *capitatus* (Wahlenb.) Cufod. = Tephroseris integrifolia subsp. capitata
- **jacobaea** L. · D:Jakobs-Greiskraut; E:Jacobea, Staggerwort · ⊙ ♃ Z5 VII-X ⚕ ☠; Eur.*, TR, Cauc., W-Sib., E-Sib., C-As., Maroc.
- *jacobsenii* G.D. Rowley = Kleinia petraea
- **kirkii** Hook. f. ex Kirk · ♃ Z9 ⓚ VII-VIII; N-NZ
- *kleinia* (L.) Less. = Kleinia neriifolia
- **kleiniiformis** Suess. · ♄ ψ Z9 ⓚ; S-Afr.
- **klinghardtianus** Dinter · ♃ ψ Z9 ⓚ; Kap, Namibia
- *laxifolius* Buchanan = Brachyglottis laxifolia
- *ledebourii* Sch. Bip. = Ligularia macrophylla
- *leucostachys* Baker = Senecio viravira
- *longiflorus* (DC.) Sch. Bip. = Kleinia longiflora
- **macroglossus** DC. · D:Kap-Greiskraut, Kapefeu; E:Natal Ivy, Wax Vine · ♃ ψ ≷ Z10 ⓚ XII-II; S-Afr.
- **mandraliscae** (Tineo) H. Jacobsen · ♄ ψ Z9 ⓚ; ? Kap
- *maritimus* Koidz. = Senecio cineraria
- **medley-woodii** Hutch. · ♄ ψ Z9 ⓚ; S-Afr.: Natal
- *mikanioides* Otto ex Walp. = Delairea odorata
- *monroi* Hook. f. = Brachyglottis monroi
- **nemorensis** L. · E:Wood Ragwort · ♃ Z6 VII-IX; Eur.* exc. BrI, Sc; TR, Cauc., Sib.
  - subsp. *fuchsii* (C.C. Gmel.) Čelak. = Senecio ovatus
- **ovatus** (Gottfr. Gaertn., B. Mey. et Scherb.) Willd. · D:Fuchs' Greiskraut; E:Woundwort; F:Séneçon de Fuchs · ♃ VII-IX; Eur.* exc. BrI; Cauc., Sib.
- *palmatifidus* (Siebold et Zucc.) Juel = Ligularia japonica
- **paludosus** L. · D:Sumpf-Greiskraut · ♃ ~ Z6 VII-VIII; Eur.*, TR, W-Sib.
- **pendulus** (Forssk.) Sch. Bip. · ♃ ψ ⇝ Z9 ⓚ; Yemen, Eth., Somalia
- **petasitis** (Sims) DC. · E:Velvet Groundsel · ♃ Z9 ⓚ I-III; S-Mex.
- *przewalskii* Maxim. = Ligularia przewalskii
- *pteroneurus* (DC.) Sch. Bip. = Kleinia anteuphorbium
- **pulcher** Hook. et Arn. · ♃ Z8 ⓚ VII-X; Arg., Urug.
- **radicans** (L. f.) Sch. Bip. · ♃ ψ ⇝ Z9 ⓚ; Kap, Namibia
- *reinoldii* Endl. = Brachyglottis rotundifolia
- *repens* (L.) Muschl. = Senecio serpens
- *sagittatus* (Vahl) Hoffm. = Emilia sonchifolia
- **sarracenicus** L. · D:Fluss-Greiskraut · ♃ VIII-IX; Eur.: Fr, C-Eur., EC-Eur., Ba, E-Eur.; ? TR, Sib., nat. in DK, BrI
- **scandens** Buch.-Ham. · E:Climbing Groundsel · ♄ ≷ Z9 ⓚ; Ind., China, Jap., Taiwan, Phil.
- **scaposus** DC.
  - var. **caulescens** Harv. · ♄ ψ Z9 ⓚ; Kap
  - var. **scaposus** · ♃ ψ Z8 ⓚ; S-Afr.
- *sempervivus* (Forssk.) Sch. Bip. = Kleinia

semperviva
– **serpens** G.D. Rowley · ⊙ ⊙ ♃ Z9 Ⓚ VII-VIII; Kap
– *sibiricus* (L.) C.B. Clarke = Ligularia sibirica var. sibirica
– *spiculosus* (Sheph.) G.D. Rowley = Senecio talinoides subsp. cylindricus
– **squalidus** L. · D:Felsen-Greiskraut · ⊙ V-VIII; Eur.: C-Eur., EC-Eur., Slove., Ba, RO, nat. in BrI, DK, F
– *stapeliiformis* E. Phillips = Kleinia stapeliiformis
– *stenocephalus* Maxim. = Ligularia stenocephala
– **subalpinus** W.D.J. Koch · D:Berg-Greiskraut · ♃ Z6 VII-IX; Eur.: D, A, EC-Eur., RO, Russ., ? GR; E-Alp., Bayerischer Wald, Carp., Balkan,
– *succulentus* Sch. Bip. = Senecio serpens
– **sylvaticus** L. · D:Wald-Greiskraut · ⊙ Z6 VI-VIII; Eur.*, W-As., E-As., nat. in N-Am.
– **talinoides** (DC.) Sch. Bip.
  – subsp. **cylindricus** (A. Berger) G.D. Rowley · ⊙ ♃ ♄ ♄ ¥ e ⟿ Z9 Ⓚ; Namibia
– *tanguticus* Maxim. = Sinacalia tangutica
– *tiroliensis* A. Berger = Senecio abrotanifolius subsp. abrotanifolius
– **tropaeolifolius** MacOwan · ♄ ¥ Z9 Ⓚ; S-Afr.
– **umbrosus** Waldst. et Kit. · D:Schatten-Greiskraut · ♃ VII-IX; Eur.: A, CZ, Ba, S-Russ.; TR
– *uniflorus* (All.) All. = Senecio halleri
– *veitchianus* Hemsl. = Ligularia veitchiana
– **vernalis** Waldst. et Kit. · D:Frühlings-Greiskraut · ⊙ V-XI; Eur.: A, EC-Eur., Ba, E-Eur.; TR, SW-As., C-As., nat. in Fr, D, CH, Sc
– **viravira** Hieron. · D:Pelziges Geiskraut · ♃ ♄ ♄ e Z8 Ⓚ; Arg.
– **viscosus** L. · D:Klebriges Greiskraut; E:Sticky Groundsel · ⊙ VI-X; Eur.* exc. Sc; TR, Cauc., nat. in Sc
– **vulgaris** L. · D:Gewöhnliches Greiskraut; E:Common Groundsel, Groundsel · ⊙ Z6 II-XI ⚕; Eur.*, TR, Levante, Cauc., Iran, W-Sib., E-Sib., Amur, Sachal., Kamchat., China, Jap., Taiwan, Eth., Kap., Austr., NZ, nat. in N-Am., S-Am.
– *wilsonianus* Hemsl. = Ligularia wilsoniana

Senegalia Raf. = Acacia
– *senegal* (L.) Britten = Acacia senegal

Senna Mill. -f- *Caesalpiniaceae (Leguminosae)* · c. 260 sp · D:Senna; E:Senna; F:Séné
– **alata** (L.) Roxb. · ♄ e Z8 Ⓦ; trop. Am, nat. in Afr., SE-As., Austr.
– **alexandrina** Mill. · D:Alexandrinische Senna; E:Alexandrian Senna, Senna · ♄ ♄ Z10 Ⓦ ⚕; trop. Afr., Alger., Egypt, Palaest., Ind.
– **artemisioides** (DC.) Randell · D:Dichte Senna; E:Silver Cassia · ♄ e Z10 Ⓚ; Austr.: Queensl., N.S.Wales, Victoria, S-Austr.
– **auriculata** (L.) Roxb. · D:Avarom-Senna; E:Matara Tea · ♄ e Z10 Ⓦ Ⓝ; Ind., nat. in E-Afr., S-Afr.
– **corymbosa** (Lam.) Irwin et Barneby
  – var. **corymbosa** · ♄ d Z8 Ⓚ; Arg., Urug., S-Bras.
  – var. **plurijuga** Benth. · ♄ d Z8 Ⓚ VII-X; S-Bras., Urug., Arg.
– **didymobotrya** (Fresen.) Irwin et Barneby · D:Geflügelte Senna; E:Candle Bush, Golden Wonder · ♄ s Z10 Ⓚ; trop. Afr., nat. in Trop.
– × **floribunda** (Cav.) Irwin et Barneby (*S. multiglandulosa* × *S. septemtrionalis*) · ♄ d Z10 Ⓚ; Austr.: Queensl., N.S.Wales, S-Austr., nat. in Mex., Trop.
– **hebecarpa** (Fernald) Irwin et Barneby · D:Wilde Senna; E:Wild Senna · ♃ Z7 ∧ VII-IX; USA: NE, NCE, Tenn., N.C.
– **italica** Mill. · ♄ d Z10 Ⓚ Ⓝ; trop. Afr., Alger., Libya, Egypt, Palaest., NW-Ind.
– **marilandica** (L.) Link · ♃ Z7 ∧ ⚕; USA: NE, NCE, NC, SE, SC, Fla.
– **multiglandulosa** (Jacq.) Irwin et Barneby · ♄ Z8 Ⓚ; Mex., C-Am., trop. S-Am.
– **occidentalis** (L.) Link · D:Kaffee-Senna; E:Coffee Senna · ⊙ Z9 Ⓚ IX-X Ⓝ; Mex., W.Ind., S-Am., nat. in USA, trop. Afr., trop. As.
– **septemtrionalis** (Viv.) Irwin et Barneby · D:Glatte Senna; E:Smooth Senna · ♄ Z9 Ⓚ VII-VIII; Mex., trop. Am.
– **siamea** (Lam.) Irwin et Barneby · D:Siamesische Senna; E:Siamese Senna · ♄ Z10 Ⓦ Ⓝ; Ind., Sri Lanka, Thail., Malay. Arch., nat. in trop. Am.
– **spectabilis** (DC.) Irwin et Barneby · ♄ d Z10 Ⓦ; C-Am., trop. S-Am.
– **tora** (L.) Roxb. · D:Chinesische Senna; E:Sickle Senna · ⊙ Ⓚ VII-IX Ⓝ; USA: NE, NCE, NC, SC, SE, Fla; trop. Am.

Sequoia Endl. -f- *Taxodiaceae* · 1 sp · D:Küstenmammutbaum, Küstensequoie; E:Coastal Redwood; F:Séquoia
– *gigantea* (Lindl.) Decne. = Sequoiadendron giganteum
– *glyptostroboides* (Hu et W.C. Cheng) Weide = Metasequoia glyptostroboides
– **sempervirens** (D. Don) Endl. · D:Küstenmammutbaum, Küstensequoie; E:California Redwood, Coast Redwood, Redwood · ♄ e Z8 Ⓚ ∧ Ⓝ; USA: S-Oreg., Calif.
– *wellingtonia* Seem. = Sequoiadendron giganteum

Sequoiadendron Buchholz -n- *Taxodiaceae* · 1 sp · D:Mammutbaum, Wellingtonie; E:Wellingtonia; F:Wellingtonia
– **giganteum** (Lindl.) Buchholz · D:Mammutbaum, Wellingtonie; E:Giant Sequoia, Wellingtonia; F:Séquoia géant · ♄ e Z6 Ⓝ; USA: Calif.

Serapias L. -f- *Orchidaceae* · 13 sp · D:Zungenständel; E:Tongue Orchid; F:Sérapias
– **cordigera** L. · ♃ Z8 Ⓚ ▭ V ▽ ✻; Eur.: Ib, Fr, Ap, Ba; NW-TR, N-Afr.
– **lingua** L. · ♃ Z7 V ▽ ✻; Eur.: Ib, Fr, Ap, Ba; N-Afr.
– **vomeracea** (Burm. f.) Briq. · D:Pflugschar-Zungenständel, Stendelwurz · ♃ Z7 V-VI ▽ ✻; Eur.: Ib, Fr, CH, Ap, Ba; TR, Cyprus, Cauc., Syr., Palaest.

Serenoa Hook.f. -f- *Arecaceae (Palmae)* · 1 sp · D:Strauchpalmettopalme; E:Shrub Palmetto
– **repens** (W. Bartram) Small · D:Sägezahnpalme, Strauchpalmettopalme; E:Saw Palmetto, Shrub Palmetto · ♄ e ⇝ Z8 Ⓚ ⚕; USA: SE, Fla.

Sericographis Nees = Justicia
– *pauciflora* Nees = Justicia rizzinii

Serissa Comm. ex Juss. -f- *Rubiaceae* · 1 sp
– **foetida** (L. f.) Lam. · ♄ Z10 Ⓦ ⚕; Jap., China, SE-As.
– *japonica* Thunb. = Serissa foetida

Serjania Mill. -f- *Sapindaceae* · 215 sp
– **curassavica** Radlk. · ♄ ≹ Z10 Ⓦ Ⓝ; Ind.
– **cuspidata** Cambess. · ♄ e ≹ Z10 Ⓦ; Bras.

Serratula L. -f- *Asteraceae (Compositae)* · c. 70 sp · D:Scharte; E:Saw Wort; F:Serratule
– *depressa* Steven = Jurinella moschus
– **lycopifolia** (Vill.) A. Kern. · D:Ungarn-Scharte · ♃ VI-VII; Eur.: F, A, EC-Eur., Slove., Croatia, Bosn., E-Eur.
– **nudicaulis** (L.) DC. · D:Nacktstänglige Scharte · ♃ Z6 VI-VII; Eur.: Sp., F, I, CH; Maroc.; mts.
– **radiata** (Waldst. et Kit.) M. Bieb. · ♃; Eur.: EC-Eur., Ba, E-Eur.; Cauc.
– **seoanei** Willk. · F:Serratule des teinturiers · ♃ △ Z7 ∧ IX-X; Eur.: Ib, S-F
– *shawii* hort. = Serratula seoanei
– **tinctoria** L.
  – subsp. **macrocephala** (Bertol.) Wilczek et Schinz · D:Großköpfige Scharte, Großköpfige Färber-Scharte · ♃ Z6 VII-IX; Eur.: N-Sp., F, I, CH, A, Slove.; mts.
  – subsp. *seoanei* (Willk.) Lainz = Serratula seoanei
  – subsp. **tinctoria** · D:Färber-Scharte; E:Alpine Saw Wort, Saw Wort · ♃ Z6 VII-VIII; Eur.*, Alger., ? TR
– **wolffii** Andrae · ♃ VIII; Eur.: RO, Russ.

Sesamoides Ortega -f- *Resedaceae* · 4 sp
– **canescens** (L.) Kuntze · ♃ Ⓚ; Eur.: Ib, F, Ap; NW-Afr.
– **clusii** (Spreng.) Greuter et Burdet · ♃ Ⓚ; Eur.: Sp., F, Ap

Sesamum L. -n- *Pedaliaceae* · 15 sp · D:Sesam; E:Sesame; F:Sésame
– **alatum** Thonn. · ⊙ Z10 Ⓦ Ⓝ; W-Sudan, Eth., E-Afr., trop. S-Afr.
– **indicum** L. · D:Sesam; E:Sesame · ⊙ Z10 Ⓦ ⚕ Ⓝ; ? Eth., ? Ind.

Sesbania Scop. -f- *Fabaceae (Leguminosae)* · c. 50 sp
– **aculeata** (Pers.) Poir. · D:Stachlige Sesbanie; E:Prickly Sesban · ♃ Z10 Ⓦ Ⓝ; Ind., Sri Lanka, China, trop. Afr.
– *aegyptica* (Poir.) Pers. = Sesbania sesban
– **cannabina** (Retz.) Pers. · ♄ Z10 Ⓦ Ⓝ; trop. Afr., trop. As., Austr.
– *cochinchinensis* (Lour.) DC. = Sesbania cannabina
– **grandiflora** (L.) Pers. · D:Großblütige Sesbanie; E:Wisteria Tree · ♄ e Z9 Ⓦ VII-VIII Ⓝ; Ind., Sri Lanka, Mauritius, SE-As., N-Austr.
– *punicea* (Cav.) Benth. = Sesbania tripetii
– **sesban** (L.) Merr. · D:Ägyptische Sesbanie;

E:Egyptian Sesban · ♄ ♄ d Z10 ⓦ VII-VIII Ⓝ; trop. Afr., S-Afr.
- **speciosa** Taub. ex Engl. · Ⓝ; ? Ind., cult. Ind.
- **tripetii** (Poit.) hort. ex F.T. Hubb. · D:Scharlachrote Sesbanie; E:Scarlet Wisteria Tree · ♄ d Z9 ⓚ V-X; Bras., N-Arg.

Seseli L. -n- *Apiaceae (Umbelliferae)* · 100-120 sp · D:Bergfenchel, Sesel; E:Moon Carrot; F:Séséli
- **annuum** l. · D:Steppen-Bergfenchel · ⊙ VII-IX; Eur.* exc. BrI, Sc
- **caespitosum** Sibth. et Sm. · ♃ △ VII-VIII; NW-TR
- **elatum** L.
  - subsp. **austriacum** (Beck) P.W. Ball · D:Österreichischer Bergfenchel · ♃ VIII-IX; Eur.: A, ? N-I, Slove.
  - subsp. **osseum** (Crantz) P.W. Ball · D:Meergrüner Bergfenchel · ⊙ ♃ VII-VIII; Eur.: Ib, Fr, A, EC-Eur., Ba, RO
- **hippomarathrum** Jacq. · D:Pferde-Bergfenchel · ♃ VII-IX; Eur.: C-Eur., EC-Eur., Serb., E-Eur.; W-Sib.
- **libanotis** (L.) K. Koch · D:Heilwurz · ⊙ Z4 VII-VIII; Eur.*, W-Sib., E-Sib., Mong.
- **montanum** L. · D:Echter Bergfenchel · ♃ Z5 VII-IX; Eur.: Sp., F, I, CH, Ba; Cauc., Maroc.
- **pallasii** Besser · D:Bunter Bergfenchel · ⊙ ♃ Z6 VII-VIII; Eur.: I, A, EC-Eur., Ba, E-Eur.; Cauc.

Sesleria Scop. -f- *Poaceae (Gramineae)* · 33 sp · D:Blaugras, Kopfgras; E:Moor Grass; F:Sesléria
- **albicans** Kit. ex Schult. · D:Kalk-Blaugras; E:Blue Moor Grass; F:Seslérie blanchâtre · ♃ △ Z4 III-V; Eur.: Sp., Fr, BrI, I, C-Eur., EC-Eur., Slove., ? W-Russ.
  - var. *pseudouliginosa* (Braun-Blanq.) Oberd. = Sesleria albicans
- **argentea** (Savi) Savi · ♃ △ VI-VII; Eur.: Sp., F, I
- **autumnalis** (Scop.) F.W. Schultz · D:Herbst-Blaugras; E:Autumn Moor Grass · ♃ Z6 IX-X; Eur.: I, Slove., Croatia, Bosn., Montenegro, AL
- **caerulea** (L.) Ard. · D:Moor-Blaugras · ♃ △ Z4 V; Eur.: Sc, EC-Eur., N-I, A, Ba, E-Eur.
  - subsp. *varia* (Jacq.) Hayek = Sesleria albicans
- **heufleriana** Schur · D:Grünes Kopfgras; E:Balkan Blue Grass, Green Moor Grass · ♃ Z5 IV-V; Eur.: Slova., H, RO, W-Russ.
- **nitida** Ten. · ♃ IV-V; Eur.: I, Sic.; mts.
- **ovata** (Hoppe) A. Kern. · D:Eiförmiges Blaugras, Zwerg-Blaugras · ♃ VII-VIII; Eur.: F, I, D, A, Slove.; Alp.
- **rigida** Heuff. ex Rchb. · ♃; Eur.: Ba, RO; mts.
- **sadleriana** Janka · D:Pannonisches Blaugras · ♃ III-V; Eur.: A, H, PL, Slove.
- *varia* (Jacq.) Wettst. = Sesleria albicans

Sesuvium L. -n- *Aizoaceae* · 12 sp
- **portulacastrum** (L.) L. · E:Shoreline Sea Purslane · ♃ ♆ ⟿ Z9 ⓚ VII-VIII Ⓝ; Subtrop., Trop.; coasts

Setaria P. Beauv. -f- *Poaceae (Gramineae)* · 100-150 sp · D:Borstenhirse, Kolbenhirse; E:Bristle Grass; F:Millet à grappes, Sétaire
- **faberi** F. Herm. · D:Fabers Borstenhirse · ⊙ VII-IX; China, nat. in Eur.: CH, D, CZ; N-Am.
- *glauca* (L.) P. Beauv. = Pennisetum glaucum
- *glauca* auct. = Setaria pumila
- **italica** (L.) P. Beauv.
  - subsp. **italica** · D:Kolbenhirse; E:Foxtail Bristle Grass, Italian Millet · ⊙ Z6 VI-X Ⓝ; cult.
  - subsp. **moharia** (Alef.) Körn. · ⊙ Z6 Ⓝ; cult.
- *lutescens* (Stuntz) F.T. Hubb. = Setaria pumila
- **macrostachya** Humb., Bonpl. et Kunth · ♃ VII-VIII; USA: Colo., SW, Tex.; Mex.
- **palmifolia** (J. König) Stapf · D:Palmblättrige Borstenhirse; E:Palm Grass · ♃ Z9 ⓦ; trop. As.
- **poiretiana** (Schult.) Kunth · ♃ Z10 ⓦ; Mex., C-Am., W.Ind., trop. S-Am.
- **pumila** (Poir.) Schult. · D:Fuchsrote Borstenhirse; E:Yellow Foxtail · ⊙ ✂ ⓚ VII-X Ⓝ; Eur.* exc. BrI, Sc; TR, Levante, Cauc., Iran, Afgh., Pakist., Ind., Indochina, China, Jap., Canar., Maroc., Libya, Egypt, nat. in N-Am., S-Am., S-Afr., Austr.
- **sphacelata** (Schum.) Stapf et C.E. Hubb. · ♃ Ⓝ; S-Afr. trop. S-Afr., nat. in Afr., Austr.
- *sulcata* Raddi = Setaria poiretiana
- **verticillata** (L.) P. Beauv.
  - var. **ambigua** (Guss.) Parl. · D:Kurzborstige Borstenhirse,

Unbeständige Borstenhirse · ⊙ Z6 VI-IX; Eur.: , S-Russ.; TR, Syr., Israel, Iraq, Arab., Cauc., Iran, N-Afr.
– var. **verticillata** · D:Quirlige Borstenhirse; E:Bristly Foxtail · ⊙ Z6 VI-IX; Eur.: Ib, Ap, Fr, Ba, E-Eur.; TR, Cauc., C-As., Him., E-As., N-Am., Subtrop., nat. in C-Eur., E-Eur.
– **viridis** (L.) P. Beauv. · D:Grüne Borstenhirse; E:Green Bristle Grass · ⊙ IX-X; Eur.*, TR, Iraq, Cyprus, Lebanon, Arab., Cauc., Iran, C-As., Afgh., Ind., W-Sib., E-Sib., Amur, China, Jap., Indochina, N-Afr., nat. in N-Am., S-Am., Phil., Austr.

Setcreasea K. Schum. et Syd. = Tradescantia
– *purpurea* Boom = Tradescantia pallida

Seticereus Backeb. = Borzicactus
– *icosagonus* (Kunth) Backeb. = Borzicactus icosagonus
– *roezelii* (Haage) Backeb. = Borzicactus roezlii

Setiechinopsis (Backeb.) de Haas -f- *Cactaceae* · 1 sp
– **mirabilis** (Speg.) Backeb. · ♆ Z9 ⓚ; Arg.

Severinia Ten. -f- *Rutaceae* · 6 sp
– **buxifolia** (Poir.) Ten. · ♄ ♄ e Z10 ⓚ; S-China, Vietn.

Shepherdia Nutt. -f- *Elaeagnaceae* · 3 sp · D:Büffelbeere; E:Buffalo Berry; F:Baie de Bison
– **argentea** (Pursh) Nutt. · D:Silber-Büffelbeere; E:Silver Buffalo Berry · ♄ ♄ d Z5 III-IV Ⓝ; Can.: W, Man.; USA: NW, Calif., Rocky Mts., SW, NC, NCE
– **canadensis** (L.) Nutt. · D:Kanadische Büffelbeere; E:Buffalo Berry, Soapberry · ♄ d Z5 IV-V; Alaska, Can.; USA: NE, NCE, NC, SW, Rocky Mts.

Sherardia L. -f- *Rubiaceae* · 1 sp · D:Ackerröte; E:Field Madder; F:Shérardia
– **arvensis** L. · D:Ackerröte; E:Field Madder · ⊙ VI-X; Eur.*, TR, N-Iraq, Levante, Cauc., NW-Afr., Libya

Shibataea Makino ex Nakai -f- *Poaceae (Gramineae)* · 8 sp
– **kumasasa** (Zoll. ex Steud.) Makino ex Nakai · ♄ e Z7; Jap.

× **Shipmanara** hort. -f- *Orchidaceae (Broughtonia × Caularthron × Schomburgkia)*

Shorea Roxb. ex C.F. Gaertn. -f- *Dipterocarpaceae* · 357 sp
– **contorta** S. Vidal · ♄ Z10 ⓦ Ⓝ; Phil.
– **robusta** C.F. Gaertn. · D:Salharzbaum; E:Sal Tree · ♄ Z10 ⓦ Ⓝ; Ind.
– **wiesneri** Schiffn. · ♄ Z10 ⓦ Ⓝ; Ind., Sumat., Java, Phil.

Shortia Torr. et A. Gray -f- *Diapensiaceae* · 6 sp · D:Winterblatt; F:Shortia
– **galacifolia** Torr. et A. Gray · D:Winterblatt; E:Oconee Bells · ♃ Z5 V-VI ▽ *; USA: N.C.
– **soldanelloides** (Siebold et Zucc.) Makino · D:Gefranstes Winterblatt; E:Fringe Bell, Fringed Galax · ♃ Z7 Ⓐ III-IV; Jap.
– **uniflora** (Maxim.) Maxim. · ♃ Z6 IV-V; Jap.

Sibbaldia L. -f- *Rosaceae* · 8 sp · D:Gelbling; F:Sibbaldia
– **procumbens** L. · D:Alpen-Gelbling; E:Creeping Glow Wort · ♃ ⟿ △ Z1 VI; Eur.*, W-Sib., E-Sib., Amur, Sachal., Kamchat., C-As., Jap., Alaska, Can., USA: NE, SW, Rocky Mts., NW, Calif.; Greenl.

Sibbaldiopsis Rydb. = Potentilla
– *tridentata* (Aiton) Rydb. = Potentilla tridentata

Sibiraea Maxim. -f- *Rosaceae* · 2 sp · D:Blauspiere; F:Sibérienne
– **altaiensis** (Laxm.) C.K. Schneid.
– var. **altaiensis** · ♄ d Z5 V-VI; W-Sib. (Altai)
– var. **croatica** (Degen) G. Back. · ♄ d Z5; Croatia: Velebit
– *laevigata* (L.) Maxim. = Sibiraea altaiensis var. altaiensis
– **tomentosa** Diels · ♄ d Z6; SW-China

Sibthorpia L. -f- *Scrophulariaceae* · 5 sp · D:Sibthorpie; E:Moneywort; F:Sibthorpia
– **europaea** L. · D:Cornwall-Sibthorpie; E:Cornish Moneywort · ♃ ⟿ Z8 Ⓐ V-VIII; Eur.: BrI, Fr, Ib, GR, Crete, Azor.; Afr. mts.

Sicana Naudin -f- *Cucurbitaceae* · 2 sp · D:Moschusgurke; E:Musc Cucumber;

F:Mélocoton
- **odorifera** (Vell.) Naudin · D:Moschusgurke, Zombiegurke; E:Cassabanana, Musk Cucumber · ♃ ≹ Z10 ⓦ VI-VII Ⓝ; cult.

Sicyos L. -m- *Cucurbitaceae* · 25-50 sp · D:Haargurke; E:Bur Cucumber; F:Concombre chevelu
- **angulatus** L. · D:Haargurke; E:Bur Cucumber · ⊙ ≹ VI-VII; Can.: E; USA: NE, NCE, SC, SE, Fla.

Sida L. -f- *Malvaceae* · 150-200 sp · D:Virginiamalve; E:Virginia Mallow; F:Mauve de Virginie
- *abutilon* L. = Abutilon theophrasti
- **hermaphrodita** (L.) Rusby · ♃ Z6; USA
- **rhombifolia** L. · D:Kubajute; E:Cuban Jute · ⊙ ♃ ♄ e Z10 ⓦ Ⓝ; Subtrop., Trop.

Sidalcea A. Gray -f- *Malvaceae* · 20 sp · D:Doppelmalve, Präriemalve, Schmuckmalve; E:False Mallow, Prairie Mallow; F:Mauve de la Prairie
- **candida** A. Gray · D:Weiße Schmuckmalve; E:White Prairie Mallow · ♃ Z7 ∧ VII-VIII; USA: Rocky Mts., N.Mex.
- **malviflora** (DC.) A. Gray · D:Kalifornische Schmuckmalve; E:Checker Mallow · ♃ Z7 ∧ VI-VIII; Calif.
- **neomexicana** A. Gray · D:Rocky-Mountains-Schmuckmalve; E:Rocky Mountain Checker Mallow · ♃ Z7 ∧ VII-IX; USA: NW, Rocky Mts., Calif., SW; Mex.
- **oregana** (Nutt. ex Torr. et A. Gray) A. Gray · ♃ Z7 ∧ VII-IX; USA: NW, Calif., Nev.
- **Cultivars**
  - **in vielen Sorten**

Siderasis Raf. -f- *Commelinaceae* · 2 sp
- **fuscata** (Lodd.) H.E. Moore · ♃ Z9 ⓦ; Bras.

Sideritis L. -f- *Lamiaceae (Labiatae)* · c. 100 sp · D:Gliedkraut; F:Crapaudine
- **glacialis** Boiss. · ♃ △ VI-VII; S-Sp., N-Afr.
- **hyssopifolia** L. · D:Ysopblättriges Gliedkraut · ♃ △ Z7 VII; Eur.: Ib, F, I, CH, nat. in D
- **macrostachys** Poir. · ♄ e Z9 ⓚ; Canar.
- **montana** L. · D:Berg-Gliedkraut · ⊙ VII-VIII; Eur.: Ib, Fr, Ap, Ba, A, EC-Eur., E-Eur.; TR, Cauc., Iran, C-As., N-Afr., nat. in D
- **romana** L. · D:Römisches Gliedkraut · ⊙; Eur.: Ib, Fr, Ap, Ba; TR, NW-Afr., Libya
- **scardica** Griseb. · ♃ △ VI-VII; Eur.: Maced., AL, GR, BG
- **syriaca** L. · ♃ Z8 ⓚ; Eur.: Ba, Ap, Krim; TR

Sieversia Willd. = Geum
- *montana* (L.) Spreng. = Geum montanum
- *reptans* (L.) Spreng. = Geum reptans
- *triflora* (Pursh) R. Br. = Geum triflorum

Sigesbeckia L. -f- *Asteraceae (Compositae)* · 3 sp · D:Siegesbeckie; E:St Paul's Wort; F:Sigesbeckia
- *orientalis* L. = Sigesbeckia serrata
- **serrata** DC. · D:Herzblättrige Siegesbeckie · ⊙ VIII-IX; S-Chile, nat. in BrI, D

Sigmatostalix Rchb.f. -f- *Orchidaceae* · 20-35 sp
- **radicans** Rchb. f. · ♃ Z10 ⓦ VII-IX ▽ *; Bras.

Silaum Mill. -n- *Apiaceae (Umbelliferae)* · 1 sp · D:Wiesensilge; E:Pepper Saxifrage; F:Cumin des prés, Silaüs
- **silaus** (L.) Schinz et Thell. · D:Wiesensilge · ♃ VI-IX; Eur.* , W-Sib.

Silene L. -f- *Caryophyllaceae* · c. 700 sp · D:Leimkraut, Lichtnelke, Pechnelke, Strahlensame; E:Campion, Catchfly; F:Attrape-mouche, Compagnon, Silène
- **acaulis** (L.) Jacq.
  - subsp. **acaulis** · D:Stängelloses Leimkraut; E:Cushion Pink, Moss Campion; F:Silène acaule · ♃ Z2 VI-IX; Eur.*, W-Sib., E-Sib., Kamchat., Alaska, Can., USA: NE, NCE, NC, Rocky Mts., SW, NW, Calif.; Greenl.
  - subsp. **exscapa** (All.) Braun-Blanq. · D:Kiesel-Polsternelke, Stielloses Leimkraut; F:Silène acaule · ♃ ⌓ △ Z2 VI-VIII; Eur.: Pyr., W-Alp.
- *alba* (Mill.) E.H.L. Krause = Silene latifolia subsp. alba
- **alpestris** Jacq. · D:Alpen-Leimkraut, Großer Strahlensame; F:Silène des Alpes · ♃ △ Z5 VI-VIII; Eur.: I, A, Slove., Croat.;

mts.
- **altaica** Pers. · ♃ VI-VII; Russ. (S-Ural), W-Sib., E-Sib., C-As., China
- × **arkwrightii** hort. (*S. banksia* × *S. chalcedonica*) · ♃ Z6; cult.
- **armeria** L. · D:Morgenröschen, Nelken-Leimkraut; E:Sweet William Catchfly · ⊙ VI-VIII; Eur.: Fr, Ap, CH, PL, E-Eur., Ba; TR, nat. in Ib
- **asterias** Griseb. · ♃ △ VI; Eur.: ? Bosn., YU, Maced., AL, BG, N-GR
- **atropurpurea** (Griseb.) Greuter et Burdet · ♃ △ VI-VII; Serb., Maced., AL, BG, N-GR, RO
- **banksia** (Meerb.) Mabb. · ♃ Z6 VI-VIII; China
  - **in Sorten (siehe Kapitel III)**
  - **'Grandiflora' (C)**
  - **'Haageana' (H)** (*S. banksia* × *S. fulgens*) · ♃; cult.
- **bupleuroides** L. · D:Langblütiges Leimkraut · ♃; Eur.: EC-Eur., Ba, E-Eur.; TR, Cauc., N-Iran, C-As.
- **chalcedonica** (L.) E. Krause · D:Brennende Liebe; E:Maltese Cross · ♃ Z4 VI-VII; Eur.: Russ
  - **in Sorten**
- **chlorantha** (Willd.) Ehrh. · D:Grünliches Leimkraut · ♃ VI-VIII; Eur.: D, PL, Ba, E-Eur.; Cauc., W-Sib., E-Sib., C-As.
- **coeli-rosa** (L.) Godr. · D:Himmelsröschen; E:Rose-of-Heaven · ⊙ VI-VIII; Eur.: Ib, Ap; NW-Afr., nat. in H
- **compacta** Fisch. · ⊙; Eur.: Ba, EC-Eur.; TR, N-Iraq, Cauc., N-Iran
- **conica** L. · D:Kegelfrüchtiges Leimkraut · ⊙ VI-VII; Eur.* exc. Sc; TR, Iraq, Arab., Cauc., N-Iran, C-As., Sib., NW-Afr., nat. in Sc
- **conoidea** L. · D:Großkegelfrüchtiges Leimkraut · ⊙ VI-VII; Eur.: Sp., F, I; TR, Levante, Cauc., Iran, C-As., Him., China: Sinkiang; N-Afr., N-Am.
- **coronaria** (L.) Clairv. · D:Kronen-Lichtnelke, Vexiernelke; E:Crown Pink; F:Coquelourde · ⊙ ♃ Z4 VI-VIII; Eur.* exc. BrI, Sc; TR, Cauc., N-Iran, C-As., Him.
- **cretica** L. · D:Kreta-Leimkraut · ⊙ VI-VII; Eur.: Ba; TR, Cyprus, Palaest., nat. in Ib
- *cucubalus* Wibel = Silene vulgaris subsp. vulgaris
- **dichotoma** Ehrh. · D:Gabel-Leimkraut; E:Forked Catchfly · ⊙ VI-VIII; Eur.: I, H, Ba, E-Eur.; Cauc., W-Sib., nat. in Sc, Fr, C-Eur., N-Am.
- **dioica** (L.) Clairv. · D:Rote Lichtnelke; E:Red Campion · ⊙ ♃ ~ Z6 IV-VII; Eur.*, Cauc., W-Sib., C-As., Maroc.
- **elisabethae** Jan · ♃ △ Z7 ∧ VI; Eur.: I; S-Alp.
- *exscapa* All. = Silene acaulis subsp. exscapa
- **flos-cuculi** (L.) Clairv. · D:Kuckucks-Lichtnelke; E:Ragged Robin · ♃ Z6 V-VIII; Eur.*, Cauc., W-Sib., E-Sib., nat. in ne N-Am.
- **flos-jovis** (L.) Clairv. · D:Jupiter-Lichtnelke; E:Flower-of-Jove; F:Lychnis fleur-de-Jupiter · ♃ Z5 VI-VII; Eur.: I, CH, D; Alp., nat. in A, EC-Eur.
- **fulgens** (Fisch. ex Sims) E. Krause · ♃ ∧ VI-VIII; Jap., N-Korea, Manch., Amur
- **gallica** L. · D:Französisches Leimkraut; E:French Catchfly · ⊙ ⊙ VI-VIII; Eur.* exc. Sc; TR, Levante, Cauc., Iran, N-Afr., nat. in cosmop.
- × *haageana* (Lemoine) hort. = Silene banksia 'Haageana'
- **hookeri** Nutt. ex Torr. et A. Gray · D:Hookers Leimkraut; E:Hooker's Silene · ♃ △ Z7 V-VI; USA: SW-Oreg., NW-Calif.
- *inflata* Sm. = Silene vulgaris subsp. vulgaris
- **insubrica** Gaudin · D:Insubrisches Leimkraut · ♃ VI-VII; Eur.: CH, I; Alp.
- **italica** (L.) Pers. · D:Italienisches Leimkraut · ♃ V; Eur.* exc. BrI, Sc; TR, Levante, Cauc., N-Iran, C-As., N-Afr., nat. in BrI
- **keiskei** (Miq.) Ohwi · ♃ Z6; Jap.; mts.
- **latifolia** Poir.
  - subsp. **alba** (Mill.) Greuter et Burdet · ⊙ ♃ Z6 VI-IX; Eur.*, TR, Syr., Maroc., Alger., nat. in N-Am.
  - subsp. **latifolia** · D:Weiße Lichtnelke; E:White Campion · ⊙ ♃ Z6; S-Eur., TR, NW-Afr.
- **linicola** C.C. Gmel. · D:Flachs-Leimkraut · ⊙ VI-IX; Eur.: F, nat. in I, W-Ba
- *maritima* With. = Silene uniflora
- **miqueliana** (Rohrb. ex Franch. et Sav.) H. Ohashi et H. Nakai · ♃ Z6 VII-X; Jap.
- **multiflora** (Waldst. et Kit.) Pers. · D:Vielblütiges Leimkraut · ♃ VI-VII; Eur.: A, EC-Eur., E-Eur.; W-Sib., C-As.
- **nemoralis** (Waldst. et Kit.) Nyman · D:Hain-Leimkraut · ⊙ V-VII; Eur.: F, D, A, H, CZ, Slova., Slove.
- **noctiflora** L. · D:Acker-Lichtnelke;

E:Night-flowering Catchfly · ⊙ VI-IX; Eur.* exc. Ib, Sc; TR, SW-As., N-Am., nat. in Ib
– **nutans** L. · D:Nickendes Leimkraut · ♃ Z6 V-VIII; Eur.*, Cauc., N-As., N-Afr.
– **otites** (L.) Wibel · D:Ohrlöffel-Leimkraut · ♃ V-VIII; Eur.*, Cauc., N-Iran, Sib.
– **pendula** L. · D:Nickendes Leimkraut; E:Nodding Catchfly · ⊙ VI-VIII; Eur.: I; ? TR, Cauc., nat. in Sp.
– **polypetala** (Walter) Fernald et Schub. · E:Eastern Fringed Catchfly · ♃ V-VI; USA: Ga., Fla
– *pratensis* (Rafn) Godr. et Gren. = Silene latifolia subsp. alba
– **pudibunda** Hoffmanns. ex Rchb. · D:Rosafarbenes Kleines Leimkraut · ♃ VII-IX; Eur.: A
– **pusilla** Waldst. et Kit. · D:Kleiner Strahlensame, Vierzähniges Leimkraut · ♃ △ VI-VIII; Eur.* exc. BrI, Sc; mts.
– *quadridentata* hort. = Silene alpestris
– *quadrifida* auct. non (L.) Rchb. = Silene pusilla
– **rupestris** L. · D:Felsen-Leimkraut · ♃ VII-VIII; Eur.* exc. BrI; mts.
– **saxifraga** L. · D:Karst-Leimkraut, Steinbrech-Leimkraut · ♃ △ V-VI; Eur.: Ib, Fr, Ap, Ba, C-Eur., RO
– **schafta** S.G. Gmel. ex Hohen. · ♃ △ VIII-IX; Cauc.
– **suecica** (Lodd.) Greuter et Burdet · D:Alpen-Pechnelke; E:Alpine Campion · ♃ △ VII-VIII; Eur.* exc. Ba, EC-Eur.; Can.: W; Greenl.
– **tatarica** (L.) Pers. · D:Tataren-Leimkraut · ♃ VII-IX; Eur.: D, PL, Sc, E-Eur.; Cauc.
– **uniflora** Roth · D:Klippen-Leimkraut; E:Catchfly, Sea Campion; F:Silène enflé · ♃ Z3 VI-VIII; Eur., N-Afr.; coasts
– **vallesia** L. · D:Waliser Leimkraut · ♃ △ Z6 VI-VIII; Eur.: F, I, CH, Croatia, Bosn., Montenegro, Al
– **veselskyi** (Janka) H. Neumayer · D:Wolliges Leimkraut · ♃ V-VII; Eur.: I, A, Slove.; SE-Alp.
– **virginica** L. · E:Fire Pink · ♃ △ Z7 ∧ VII-VIII; Can.: Ont.; USA: NE, NCE, Okla., SE
– **viridiflora** L. · D:Grünblütiges Leimkraut · ♃ VII; Eur.: Ib, Fr, Ap, Ba, EC-Eur., E-Eur.; TR
– **viscaria** (L.) K. Jess. · D:Gewöhnliche Pechnelke; E:Sticky Catchfly · ♃ Z4 V-VII; Eur.* exc. Ib; Cauc., W-Sib., nat. in N-Am.
– **viscosa** (L.) Čelak. · D:Klebrige Lichtnelke, Klebriges Leimkraut · ♃ V-VII; Eur.: Sc, C-Eur., EC-Eur., Bosn.; Cauc., Iran, W-Sib., E-Sib., C-As., Mong.
– **vulgaris** (Moench) Garcke
  – subsp. *maritima* (With.) A. Löve et D. Löve = Silene uniflora
  – subsp. **vulgaris** · D:Gewöhnliches Leimkraut, Taubenkropf-Leimkraut; E:Bladder Campion · ♃ V-IX; Eur.*, Cauc., TR, Levante, Iran, W-Sib., E-Sib., Amur, Sachal., Kamchat., C-As., Him., N-Afr., nat. in N-Am.
– **waldsteinii** Griseb. · ♃ ⟿ △ V-VI; Eur.: Ba; mts
– × **walkeri** hort. (*S. coronaria* × *S. flos-jovis*) · ♃ Z6; cult.
– **wilfordii** (Regel ex Maxim.) H. Ohashi et H. Nakai · ♃ Z6; E-Russ., Amur, Manch. Korea, Jap.
– **zawadzkii** Herbich · ♃ △ Z5 VI-VIII; Eur.: RO, W-Russ.; E-Carp.

Silphium L. -n- *Asteraceae (Compositae)* · 23 sp · D:Becherpflanze, Kompasspflanze; E:Prairie Dock, Rosin-Weed; F:Plante-compas
– **integrifolium** Michx. · E:Rosin Weed · ♃ Z5 VIII-IX; USA: NCE, Kans., SE
– **laciniatum** L. · D:Kompasspflanze; E:Compass Plant, Pilot Weed, Polar Plant · ♃ Z4 VII-VIII; USA: NCE, NC, SC, SE
– **perfoliatum** L. · D:Becherpflanze; E:Cup Plant, Indian Cup Plant, Indian Gum · ♃ Z4 VII-IX; Ont., USA: NE, NCE, NC, Okla., SE
– **terebinthinaceum** Jacq. · E:Prairie Dock · ♃ Z4 VII-IX; Can.: Ont.; USA: NE, NCE, SE
– **trifoliatum** L. · ♃ Z5 VII-IX; USA: NE, NCE, SE

Silybum Adans. -n- *Asteraceae (Compositae)* · 2 sp · D:Mariendistel; E:Milk Thistle; F:Chardon-Marie, Lait de Notre-Dame
– **eburneum** Coss. et Durieu · ⊙ Z7 VI-IX; Eur.: Sp.; NW-Afr.
– **marianum** (L.) Gaertn. · D:Gewöhnliche Mariendistel; E:Milk Thistle, Our Lady's Thistle · ⊙ ⊙ Z7 VII-IX ⚕; Eur.: Ib, Fr, Ap, Ba; TR, Iraq, Cauc., Iran, Afgh., N-Afr., Canar., Madeira, nat. in Eur.: BrI, CH, EC-Eur., E-Eur.; N-Am., S-Am.,

Austr.

Simmondsia Nutt. -f- *Simmondsiaceae* · 1 sp · D:Jojobastrauch; E:Goat Nut, Jojoba; F:Jojoba
- **chinensis** (Link) C.K. Schneid. · D:Jojobastrauch; E:Bucknut, Goat Nut · ♄ Z10 Ⓚ ⚕ Ⓝ; USA: Calif., SW; N-Mex.

Sinacalia H. Rob. et Brettell -f- *Asteraceae (Compositae)* · 2 sp · D:Chinagreiskraut; E:Chinese Ragwort; F:Séneçon de Sibérie
- **tangutica** (Maxim.) B. Nord. · D:Chinagreiskraut, Tungusisches Greiskraut · ♃ ⏦ Z5 X; N-China

Sinapis L. -f- *Brassicaceae (Cruciferae)* · 10 sp · D:Senf; E:Mustard; F:Moutarde
- **alba** L. · D:Weißer Senf; E:Mustard, White Mustard · ⊙ Z6 VI-VII ⚕ ; Eur.*, TR, Cyprus, Syr., Iraq, Cauc., Iran, W-Sib., E-Sib., C-As., N-Afr.
- **arvensis** L. · D:Acker-Senf; E:Charlock, Field Mustard · ⊙ VI-X; Eur.*, TR, Syr., Iraq, Cauc., Iran, W-Sib., E-Sib., C-As., N-Afr.

Sinarundinaria Nakai -f- *Poaceae (Gramineae)* · 1? sp
- *murieliae* (Gamble) Nakai = Fargesia murieliae
- *nitida* (Mitford) Nakai = Fargesia nitida

Sinningia Nees -f- *Gesneriaceae* · 75+ sp · D:Gartengloxinie; E:Florist's Gloxinia; F:Gloxinia sauvage, Sinningia
- **barbata** (Nees et Mart.) G. Nicholson · ♃ Z10 Ⓦ I-XII; Bras.
- **canescens** (Mart.) Wiehler · ♃ Z10 Ⓦ IV-VIII; Bras.: Parana
- **cardinalis** (Lehm.) H.E. Moore · E:Cardinal Flower, Helmet Flower · ♃ Z10 Ⓦ III-VIII; Bras.
- **concinna** (Hook. f.) G. Nicholson · ♃ Z10 Ⓦ I-XII; Bras.
- **eumorpha** H.E. Moore · ♃ Z10 Ⓦ VI-VII; S-Bras.
- **gesneriifolia** (Hanst.) Clayberg · ♃ Z10 Ⓦ VII-VIII; Bras.
- **hirsuta** (Lindl.) G. Nicholson · ♃ Z10 Ⓦ VI-VII; Bras.
- **macropoda** (Sprague) H.E. Moore · ♃ Z10 Ⓦ III-IV; S-Bras.
- **pusilla** (Mart.) Baill. · ♃ Z10 Ⓦ IV-VIII; Bras.
- *regina* Sprague = Sinningia speciosa
- **richii** Clayberg · ♃ Z10 Ⓦ IX-X; Bras.
- **speciosa** (Lodd.) Hiern · D:Falsche Gloxinie, Gartengloxinie; E:Florist's Gloxinia · ♃ Z10 Ⓦ VI-VIII; Bras.
- **tubiflora** (Hook.) Fritsch · ♃ Z10 Ⓦ; Arg.: Buenos Aires
- **verticillata** (Vell.) H.E. Moore · ♃ Z10 Ⓦ; Bras.
- **warscewiczii** (Bouché et Hanst.) H.E. Moore · ♃ Z10 Ⓦ; Mex.
- **Cultivars**
  - **in vielen Sorten**

Sinocrassula A. Berger -f- *Crassulaceae* · 5 sp · D:Chinadickblatt; F:Crassula de Chine, Sinocrassula
- **indica** (Decne.) A. Berger · ♃ ψ Z9 Ⓚ IX-X; Ind.
- **yunnanensis** (Franch.) A. Berger · ♃ ψ Z9 Ⓚ IX-X; Yunnan

Sinofranchetia (Diels) Hemsl. -f- *Lardizabalaceae* · 1 sp
- **chinensis** (Franch.) Hemsl. · ♄ d ≹ ⚘ Z7 V; W-China, C-China

Sinomenium Diels -n- *Menispermaceae* · 1 sp
- **acutum** (Thunb.) Rehder et E.H. Wilson · ♄ d ≹ Z7; Jap., C-China

Sinowilsonia Hemsl. -f- *Hamamelidaceae* · 1 sp
- **henryi** Hemsl. · ♄ d Z6 V; W-China, C-China

Siphocampylus Pohl -m- *Campanulaceae* · 215 sp
- **manettiiflorus** Hook. · ♄ e Z10 Ⓦ IV-X; Cuba

Sison L. -n- *Apiaceae (Umbelliferae)* · 2 sp · D:Gewürzdolde; E:Stone Parsley; F:Sison
- **amomum** L. · D:Gewürzdolde; E:Stone Parsley · ⊙ VII-VIII; Eur.: BrI, D, Ib, Ap, Ba, RO; TR, Cauc.

Sisymbrium L. -n- *Brassicaceae (Cruciferae)* · 80-90 sp · D:Rauke, Raukensenf, Wegrauke; E:Rocket; F:Sisymbre, Tortelle, Vélar
- *alliaria* (L.) Scop. = Alliaria petiolata
- **altissimum** L. · D:Hohe Rauke, Ungarische Rauke; E:Tall Rocket · ⊙ V-

VII; Eur.: EC-Eur., Ba, E-Eur.; TR, Lebanon, Syr., Cauc., Iran, W-Sib., C-As., H, nat. in Eur.: BrI, Sc, Fr, C-Eur., Ib, Ap; N-Am.
– **austriacum** Jacq. · D:Österreichische Rauke · ⊙ ♃ V-VI; Eur.: Ib, Fr, I, C-Eur., EC-Eur., nat. in W-Russ.
– **irio** L. · D:Glanz-Rauke; E:London Rocket · ⊙ V-VIII; Eur.: Ib, Fr, Ap, Ba C-Eur., RO; TR, Levante, Cauc., Iran, C-As., N-Afr., nat. in BrI, EC-Eur.
– **loeselii** L. · D:Loesels Rauke · ⊙ VI-VIII; Eur.: Ap, C-Eur., EC-Eur., Ba, E-Eur.; TR, Iraq, Cauc., Iran, Afgh., W-Sib., C-As., Him., Mong., Amur, nat. in BrI, Sc, Fr, Ib
– **officinale** (L.) Scop. · D:Wegrauke; E:Hedge Mustard, Tumble Mustard · ⊙ ⊙ V-X ⚕ ☠; Eur.*, TR, Levante, Iraq, Cauc., Iran, W-Sib., E-Sib., Amur, NW-Afr., Libya, nat. in N-Am., Austr.
– **orientale** L. · D:Orientalische Rauke · ⊙ VI-VII; Eur.: Ib, Fr, Ap, Ba, H, RO; TR, Levante, Cauc., Iran, nat. in Eur.: BrI, Sc, C-Eur.; Austr.
– **strictissimum** L. · D:Steife Rauke · ♃ VI-VII; Eur.: Fr, Ap, C-Eur., EC-Eur., Ba, E-Eur., nat. in BrI, ? Ib
– **supinum** L. · D:Niedrige Rauke · ⊙ VII-VIII ▽; Eur.: Sp., Fr, CH, Sweden, Russ.
– **volgense** M. Bieb. ex E. Fourn. · D:Wolga-Rauke · ♃ V-VIII; Eur.: SE-Russ., nat. in BrI, D, EC-Eur.

Sisyrinchium L. -n- *Iridaceae* · -100 sp · D:Grasschwertel; E:Blue-eyed Grass; F:Bermudienne
– *anceps* Cav. = Sisyrinchium angustifolium
– **angustifolium** Mill. · D:Grasschwertel; E:Blue Eyed Grass; F:Herbe veuve, Tonique printanier · ♃ △ Z3 V-VI; Alaska, Can., USA* exc. SE, Fla.
– *bellum* hort. = Sisyrinchium idahoense
– **bellum** S. Watson · ♃ Z8 Ⓚ; Calif.
– **bermudiana** L. · D:Schmalblättriges Grasschwertel; E:Strict Blue Eyed Grass · ♃ △ Z8 Ⓚ ∧ V-VII; Can.; USA: NE, NCE, NC, Rocky Mts.
– *boreale* (E.P. Bicknell) J. Henry = Sisyrinchium californicum
– *brachypus* (E.P. Bicknell) J. Henry = Sisyrinchium californicum 'Brachypus'
– **californicum** W.T. Aiton · D:Kalifornisches Grasschwertel; E:Golden Eyed Grass; F:Sisyrinchum de Californie · ♃ Z8 Ⓚ ∧ VI-VIII; USA: Oreg., Calif.
  – **'Brachypus'**
– **convolutum** Nocca · ♃ Z9 Ⓦ; C-Am.
– *douglasii* A. Dietr. = Olsynium douglasii
– *filifolium* Gaudich. = Olsynium filifolium
– *gramineum* Lam. = Sisyrinchium angustifolium
– **graminifolium** Lindl. · ♃ Z8 Ⓚ IV-V; Chile
– *grandiflorum* Douglas non Cav. = Olsynium douglasii
– **idahoense** C. Bicknell · D:Idaho-Grasschwertel; E:Idaho Blue Eyed Grass · ♃ Z3 Ⓐ V-VI; Can.: B.C.; w N-Am.
  – var. *macounii* (E.P. Bicknell) D.M. Hend. = Sisyrinchium idahoense
– *iridifolium* Humb., Bonpl. et Kunth = Sisyrinchium micranthum
– *macounii* E.P. Bicknell = Sisyrinchium idahoense
– *majale* Link et Klotzsch = Sisyrinchium graminifolium
– **micranthum** Cav. · ♃ Z8 Ⓚ VI; C-Am., S-Am.
– *montanum* Greene = Sisyrinchium bermudiana
– **mucronatum** Michx. · ♃ △ Z7 Ⓚ V-VI; USA: NE, NCE, N.C.
– **striatum** Sm. · D:Gestreiftes Grasschwertel; F:Sisyrinchum · ♃ Z8 Ⓚ VI-VII; Arg., Chile

Sium L. -n- *Apiaceae (Umbelliferae)* · 14 sp · D:Merk; E:Water Parsnip; F:Berle, Chervis
– **latifolium** L. · D:Großer Merk; E:Water Parsnip · ♃ ≈ Z6 VII-VIII ☠; Eur.*, Cauc., N-Iraq, W-Sib., C-As., nat. in Austr.
– **sisarum** L. · D:Süßwurzel, Zucker-Merk; E:Skirret · ♃ Z6 VII-VIII Ⓝ; Eur.: H, BG, E-Eur.; TR, Syr., Cauc., N-Iraq, Iran, C-As., W-Sib., E-Sib., nat. in C-Eur., I

Skiatophytum L. Bolus -n- *Aizoaceae* · 1 sp
– **tripolium** (L.) L. Bolus · ⊙ ⊙ ¥ Z9 Ⓚ; Kap

Skimmia Thunb. -f- *Rutaceae* · 4 sp · D:Skimmie; E:Skimmia; F:Skimmia
– × *foremanii* H. Knight = Skimmia japonica 'Veitchii'
– *fragrans* Carrière = Skimmia japonica subsp. japonica
– **japonica** Thunb.
  – **in Sorten**
  – *'Foremannii'* = Skimmia japonica

'Veitchii'
– **'Veitchii'** · ₶ e
– subsp. **japonica** · D:Japanische Skimmie; E:Japanese Skimmia; F:Skimmia du Japon · ₶ e ♧ D Z7 V; Jap., Ryukyu-Is., Taiwan
– subsp. **reevesiana** (Fortune) N.P. Taylor et Airy Shaw · D:Reeves Skimmie; E:Reeves's Skimmia · ₶ e ♧ Z7 V-VI; China, Taiwan, Phil.: Luzon
– **laureola** (DC.) Siebold et Zucc. · ₶ ₶ e Z7 V-VI; Nepal, Him. Myanmar, China
– *oblata* T. Moore = Skimmia japonica subsp. japonica
– *reevesiana* Fortune = Skimmia japonica subsp. reevesiana

Smilacina Desf. -f- *Convallariaceae* · 25 sp · D:Duftsiegel; E:False Salomon's Seal; F:Petit smilax
– *amplexicaulis* Nutt. = Smilacina racemosa
– **racemosa** (L.) Desf. · D:Duftsiegel; E:False Spikenard, Solomon's Plume · ♃ Z4 V-VI; Alaska, Can., USA* exc. Fla.
– *sessilifolia* (Baker) S. Watson = Smilacina stellata
– **stellata** (L.) Desf. · D:Sternförmiges Duftsiegel; E:Starflower · ♃ Z3 V; Alaska, Can., USA* exc. Fla.
– *tubifera* Batalin = Smilacina stellata

Smilax L. -f- *Smilacaceae* · 200-300 sp · D:Stechwinde; F:Liseron épineux, Salsepareille, Smilax
– **argyraea** Linden et Rodigas · ₶ e ⸗ Z9 (W); Peru, Bol.
– **aspera** L. · D:Raue Stechwinde; E:Rough Bindweed · ₶ e ⸗ ⇝ Z8 (K) VIII-IX; Eur.: Ib, Fr, Ap, Ba, Canar.; TR, Eth., Him., Sri Lanka, N-Afr.
– **china** L. · E:Chinaroot · ₶ d Z6 (A) V ⚕; China, Korea, Jap.
– **excelsa** L. · D:Hohe Stechwinde · d ⸗ Z6; Eur.: BG, GR, Russ.Azor.; Cauc., TR, Iran
– **glauca** Walter · E:Saw Brier · ₶ s Z4 (A); USA: NE, NCE, SC, SE, Fla.
– **hispida** Muhl. · D:Steifborstige Stechwinde · d ⸗ Z5 VI; USA
– *mauritanica* Poir. = Smilax aspera
– **medica** Schltdl. · D:Veracruz-Stechwinde · ⚕ Ⓝ; S-Mex.
– **regelii** Kill. et C.V. Morton · D:Honduras-Stechwinde; E:Honduras Sarsaparilla · ₶ ⸗ Z9 (W) ⚕ Ⓝ; C-Am.
– **rotundifolia** L. · D:Rundblättrige Stechwinde; E:Green Briar, Horse Briar · ₶ e ⸗ ⇝ Z4 VI; Can.: E; USA: NE, NCE, SC, SE, Fla.
– *saluberrima* Gilg = Smilax regelii
– *utilis* Hemsl. = Smilax regelii

Smithiantha Kuntze -f- *Gesneriaceae* · 4 sp · D:Tempelglocke; E:Temple Bells; F:Cloche du temple
– *amabilis* (Regel) Kuntze = Smithiantha multiflora
– **cinnabarina** (Linden) Kuntze · ♃ Z10 (W) IV-VI; S-Mex.
– **multiflora** (M. Martens et Galeotti) Fritsch · ♃ Z10 (W) VII-VIII; S-Mex.
– **zebrina** (Paxton) Kuntze · ♃ Z10 (W) VIII-X; S-Mex.

Smyrnium L. -n- *Apiaceae (Umbelliferae)* · 7 sp · D:Gelbdolde; E:Alexanders; F:Maceron
– **olusatrum** L. · D:Schwarze Gelbdolde, Schwarzer Liebstöckel; E:Alexanders · ⊙ Z9 (K) V-VI Ⓝ; Eur.: Ib, Fr, Ap, Ba; TR, Alger., Canar., nat. in BrI
– **perfoliatum** L. · D:Stängelumfassende Gelbdolde · ⊙ Z7 VI-VII; Eur.: Ib, Fr, Ap, EC-Eur., Ba, RO, Krim; TR, Syr., ? Cauc., nat. in BrI, DK, C-Eur.

Sobralia Ruiz et Pav. -f- *Orchidaceae* · c. 40 (95) sp
– **leucoxantha** Rchb. f. · ♃ Z10 (W) VI-VIII ▽ *; Costa Rica, Panama
– **macrantha** Lindl. · ♃ Z10 (W) V-VI ▽ *; Mex., C-Am.
– **sessilis** Lindl. · ♃ △ Z10 (W) VI-VIII ▽ *; Guyan., Bras., Peru
– **xantholeuca** Rchb. f. · ♃ Z10 (W) VI-VIII ▽ *; C-Am.

Soehrensia Backeb. = Trichocereus
– *bruchii* (Britton et Rose) Backeb. = Trichocereus bruchii
– *formosa* (Pfeiff.) Backeb. = Trichocereus formosus
– *grandis* (Britton et Rose) Backeb. = Trichocereus bruchii
– *korethroides* (Werderm.) Backeb. = Trichocereus bruchii

Soja Moench = Glycine
– *hispida* Moench = Glycine max
– *max* (L.) Piper = Glycine max

Solandra Sw. -f- *Solanaceae* · 10 sp · D:Goldkelch; E:Chalice Vine; F:Solandra
- **grandiflora** Sw. · ♄ e ≹ D Z10 ⓦ VII-VIII; Jamaica, Mex.
- **guttata** D. Don ex Lindl. · ♄ e ≹ D Z10 ⓦ VII-VIII; Mex.
- *hartwegii* N.E. Br. = Solandra maxima
- **longiflora** Tussac · ♄ e ≹ D Z10 ⓦ IX-X; Jamaica
- **maxima** (Sessé et Moç.) P.S. Green · D:Üppiger Goldkelch; E:Chalice Vine · ♄ e ≹ D Z10 ⓦ VII-VIII; Mex.

Solanopteris Copel. -f- *Polypodiaceae* · 4 sp
- **bifrons** (Hook.) Copel. · ♃ ≹ Z10 ⓦ; Col., Ecuad., Peru

Solanum L. -n- *Solanaceae* · 1400-1700 sp · D:Aubergine, Eierfrucht, Kartoffel, Nachtschatten; E:Eggplant, Nightshade, Potato; F:Aubergine, Morelle, Pomme de terre
- **aculeatissimum** Jacq. · E:Dutch Eggplant · ♄ ⁂ Z10 ⓚ VII-VIII; Trop.
- **aethiopicum** L. · ♄ Z10 ⓦ Ⓝ; W-Afr., C-Afr., trop. As.
- **ajanhuiri** Juz. et Bukasov · ♃ Z10 Ⓝ; cult. N-Bol.
- *angustifolium* Lam. = Solanum rostratum
- **atropurpureum** Schrank · ♄ Z10 ⓚ VII-VIII; Col., Bras., Parag., Urug., NE-Arg.
- *auriculatum* Aiton = Solanum mauritianum
- **aviculare** G. Forst. · D:Queensland-Känguruapfel; E:Kangaroo Apple · ♄ e Z9 ⓚ VIII-IX; Austr.: Queensl., N.S.Wales, Victoria, S-Austr., Tasman.; NZ
- **berthaultii** Hawkes · ♃ Z9 ⓚ Ⓝ; Bol.
- **bonariense** L. · ♄ e; S-Bras., Urug., NE-Arg.
- **capsicastrum** Link ex Schauer · D:Falsche Jerusalemkirsche; E:False Jerusalem Cherry · ♄ ⁂ Z10 ⓚ VI-VII; S-Bras., Urug.
- **citrullifolium** A. Braun · D:Melonenblättriger Nachtschatten; E:Melon-leaf Nightshade · ☉ Z4 VI-IX; USA: N.Mex., Tex.; Mex.
- *cornutum* hort. = Solanum rostratum
- **crispum** Ruiz et Pav. · D:Chile-Kartoffel; E:Chilean Potato Tree · ♄ ≹ D Z8 ⓚ VI-IX; Chile
- **dasyphyllum** K. Schum. et Thonn. · D:Rauer Nachtschatten; E:Nightshade · ♃ Z10 ⓚ Ⓝ; trop. Afr., S-Afr.
- *diflorum* Vell. = Solanum capsicastrum
- **dulcamara** L. · D:Bittersüßer Nachtschatten; E:Bittersweet Nightshade, Deadly Nightshade; F:Douce-amère, Morelle · ♄ d ≹ ～ Z6 VI-IX ⚕ ☠ Ⓝ; Eur.*, TR, Cauc., N-Iran, W-Sib., E-Sib., C-As., Afgh., Pakist., Him., NW-Afr., nat. in N-Am.
- *duplosinuatum* Klotzsch = Solanum dasyphyllum
- **erianthum** D. Don · E:Big Eggplant, China Flower Leaf · ♄ ♄ Z10 ⓚ VII-VIII; Ind., SE-As., N-Austr., trop. Am., cult. Trop., Subtrop., nat. in Subtrop. , Trop.
- **giganteum** Jacq. · E:African Holly · ♄ d Z9 ⓚ VII-VIII; Ind., Sri Lanka, S-Afr.
- **gilo** Raddi · ♄ Ⓝ; W-Afr., nat. in Bras.
- *goniocalyx* Juz. et Bukasov = Solanum tuberosum
- *heterodoxum* Britton = Solanum citrullifolium
- **hispidum** Pers. · ♄ Z10 ⓚ VII-IX; Mex., C-Am., Peru
- **incanum** L. · E:Bitter Apple · ♄ ⓚ Ⓝ; W-Sudan, W-Afr., E-Afr., Ind.
- **integrifolium** Poir. · E:Chinese Scarlet Eggplant · ☉ ⁂ Z10 ⓚ VII-VIII; E-Afr.
- **jasminoides** Paxton · D:Jasmin-Nachtschatten; E:Potato Vine · ♄ s ≹ Z9 ⓚ II-XI; Bras.
- **laciniatum** Aiton · D:Großer Känguruapfel; E:Kangaroo Apple · ♄ Z9 ⓚ VIII-IX; Austr.: N.S.Wales, Victoria, Tasman.; NZ
- *lycopersicum* L. = Lycopersicon esculentum var. esculentum
- **macrocarpon** L. · ♃ Z10 ⓚ Ⓝ; Madag., Mauritius, E-Afr.
- **mammosum** L. · D:Euter-Nachtschatten; E:Love Apple, Nipplefruit · ♃ Z10 ⓚ; Col., Ecuad.
- **marginatum** L. f. · D:Weißrandiger Nachtschatten; E:Purple African Nightshade · ♄ Z10 ⓚ VII-VIII; Eth.
- **mauritianum** Scop. · ♄ ♄ Z10 ⓚ VII-VIII; C-Am., S-Am., nat. in Subtrop., Trop.
- **melanocerasum** All. · ☉ Z10; orig. ?, nat. in B, BrI, D, Sweden
- **melongena** L. · D:Aubergine, Eierfrucht; E:Aubergine, Eggplant · ☉ ♃ ⁂ Z10 ⓚ VI-VII ⚕ Ⓝ; trop. Afr., Egypt, Arab., NW-Ind.
- **muricatum** L'Hér. ex Aiton · D:Melonenbirne, Pepino; E:Melon Pear, Pepino · ♃ ♄ ⁂ Z9 ⓚ Ⓝ; cult.
- **nigrum** L. · D:Schwarzer Nachtschatten;

E:Black Nightshade, Common Nightshade · ⊙ VI-X ⚕ ☠; Eur.*; cosmop.
- **pensile** Sendtn. · ♄ § Z10 ⓦ V-X; Amazon., Guyan.
- **phureja** Juz. et Bukasov · ♃ Z9 ⓚ Ⓝ; cult., nat. in Col. Ecuad., Peru, N-Bol., Venez.
- **physalifolium** Rusby
  - var. **nitidibaccatum** (Bitter) Edmonds · D:Argentinischer Nachtschatten, Glanzfrüchtiger Nachtschatten · VI-X ☠; Arg., nat. in D, A
  - var. **physalifolium** · ⊙ ☠; Arg.
- **pseudocapsicum** L. · D:Jerusalemkirsche, Korallenstrauch; E:Jerusalem Cherry, Madeira Winter cherry · ♄ e ♣ Z9 ⓚ ☐ ☠; Madeira
- **pyracanthum** Jacq. · ♄ d Z10 ⓚ VII-IX; trop. Afr., Madag.
- **quitoense** Lam. · D:Quito-Nachtschatten; E:Quito Orange · ♄ Z10 ⓚ Ⓝ; Col., Ecuad., Peru, Venez.
- *racemiflorum* Vilm. non Dunal = Lycopersicon esculentum var. pimpinellifolium
- *racemigerum* (Lange) Zodda = Lycopersicon esculentum var. pimpinellifolium
- *rantonnetii* Carrière = Lycianthes rantonnetii
- **robustum** H. Wendl. · ♃ Z10 ⓚ VIII-IX; Bras.
- **rostratum** Dunal · D:Stachel-Nachtschatten; E:Buffalo Bur, Horned Nightshade · ⊙ VI-IX; Can., USA* exc. NE; Mex., nat. in e. N-Am.
- **sarachoides** Sendtn. · D:Saracha-Nachtschatten; E:Hairy Nightshade · ⊙ VI-IX; Bras., nat. in BrI, F, D
- **seaforthianum** Andrews · D:Brasilianischer Nachtschatten; E:Brazilian Nightshade, Potato Creeper · ♄ e § Z10 ⓦ ⓚ II-XI; C-Am., W.Ind.
- **sessiliflorum** Dunal · ♃ ⓚ Ⓝ; Amazon., Venez., Col., Ecuad., Peru
- **sisymbriifolium** Lam. · D:Klebriger Nachtschatten; E:Sticky Nightshade, Viscid Nightshade · ⊙ ⓚ VII-VIII ☠; S-Am., nat. in USA: SC, SW, Calif.
- **sodomeum** L. · ♄ Z9 ⓚ ☠; S-Afr., nat. in Eur.: Ib, Ap, Ba +; coasts
- **stenotomum** Juz. et Bukasov · ♃ ⓚ Ⓝ; cult., nat. in S-Peru, Bol.
- **sublobatum** Willd. ex Roem. et Schult. · D:Zierlicher Nachtschatten · ♃ VI-IX; se S-Am., nat. in Sp., F, CH
- **torvum** Sw. · D:Teufels-Nachtschatten; E:Devil's Fig, Pea Eggplant · ♄ Ⓝ; Trop.
- **triflorum** Nutt. · D:Dreiblütiger Nachtschatten · ⊙; Can.: W; USA: NW, Rocky Mts., SW, NC, nat. in BrI, B
- **tuberosum** L. · D:Kartoffel; E:Potato · ♃ ⓚ VII-X ⚕ Ⓝ; cult., nat. in S-Am.
- **valdiviense** Dunal · ♄ d D Z10 ⓚ VII-VIII; Chile
- *verbascifolium* L. = Solanum erianthum
- **viarum** Dunal · Ⓝ; S-Am.
- **villosum** Mill.
  - subsp. **alatum** (Moench) Edmonds · D:Rotfrüchtiger Nachtschatten · VI-X ☠; Eur.: CH, D, A, EC-Eur.; TR
  - subsp. **villosum** · D:Gelber Nachtschatten · ⊙ VI-X ☠; Eur.* exc. Sc; TR, Cauc., SW-As., Pakist., C-As., nat. in Sc
- *warscewiczii* Weick ex Lambertye = Solanum hispidum
- **wendlandii** Hook. f. · D:Costa-Rica-Nachtschatten; E:Costa Rican Nightshade · ♄ d § Z10 ⓦ VI-VIII; Costa Rica

Soldanella L. -f- *Primulaceae* · 11 sp · D:Alpenglöckchen, Troddelblume; E:Snowbell; F:Soldanelle
- **alpicola** F.K. Mey. · D:Zwerg-Troddelblume; E:Dwarf Snowbell · ♃ Z5 ▽; Eur.: C-Eur., I, Slove., Croatia, Maced., BG, RO
- **alpina** L. · D:Alpen-Troddelblume; E:Alpine Snowbell; F:Soldanelle des Alpes · ♃ △ Z5 IV-V ▽; Eur.: Sp., F, C-Eur., I, Slove., Croatia, Bosn., YU, AL
- **austriaca** Vierh. · D:Österreichisches Alpenglöckchen · ♃ Z5 V-VII ▽; Eur.: A; Alp.
- **carpatica** Vierh. · ♃ △ Z5 IV-V ▽; W-Carp.
- **dimoniei** Vierh. · ♃ △ Z6 IV-V ▽; Eur.: Maced., AL, BG
- **hungarica** Simonk. · D:Ungarische Soldanelle · ♃ △ Z6 V ▽; Eur.: I, A, EC-Eur., Ba, E-Eur.
- **minima** Hoppe · D:Kleinste Troddelblume · ♃ △ Z6 V ▽; Eur.: I, D, A, Slove.; E-Alp., Apenn.
- **montana** Willd. · D:Berg-Troddelblume; E:Mountain Tassel; F:Soldanelle des montagnes · ♃ △ Z6 V ▽; Eur.: C-Eur., EC-Eur., I, BG, E-Eur., nat. in FIN
- **pindicola** Hausskn. · ♃ △ Z6 IV-V ▽; NW-GR

– *pusilla* Baumg. = Soldanella alpicola
– **villosa** Darracq · ♃ △ Z6 IV-V ▽; Eur.: Sp., F; W-Pyr.

Soleirolia Gaudich. -f- *Urticaceae* · 1 sp · D:Bubiköpfchen, Helxine; E:Baby's Tears, Mind your own Business; F:Helxine
– **soleirolii** (Req.) Dandy · D:Bubiköpfchen, Helxine; E:Angel's Tears, Baby's Tears, Irish Moss, Mind your own Business · ♃ ⇝ Z9 Ⓦ Ⓚ; Eur.: Balear., Corse, Sard., I (islands), nat. in P, BrI, Fr

Solenanthus Ledeb. -m- *Boraginaceae* · c. 15 sp · D:Riesenboretsch; F:Bourrache géante
– **apenninus** (L.) Fisch. et C.A. Mey. · ⊙ Z7 V-VII; Eur.: I, Sic., ? AL, ? GR

Solenomelus Miers -m- *Iridaceae* · 2 sp
– **pedunculatus** (Hook.) Hochr. · ♃ Z9 Ⓚ VI; Chile
– **sisyrinchium** (Griseb.) Diels · ♃ Z9 Ⓚ VI; Chile

Solenopsis C. Presl = Laurentia
– *laurentia* (L.) C. Presl = Laurentia canariensis
– *minuta* (L.) C. Presl = Laurentia minuta

Solenostemon Thonn. -m- *Lamiaceae (Labiatae)* · 1 sp · D:Buntnessel; E:Coleus, Flame Nettle, Painted Nettle; F:Coléus
– *blumei* (Benth.) Launert = Solenostemon scutellarioides
– **rotundifolius** (Poir.) J.K. Morton · D:Hauskartoffel; E:Hausa Potato · ♃ Z10 Ⓚ Ⓝ; cult.
– **scutellarioides** (L.) Codd · D:Buntnessel; E:Coleus · ⊙ ♃ ⚘ Z10 Ⓚ XI-I; Phil.: Luzon; N-Kalimantan
  – **in vielen Sorten**
– **shirensis** (Gürke) Codd · ♃ Z10 Ⓚ XII-I; E-Afr.

Solidago L. -f- *Asteraceae (Compositae)* · c. 100 sp · D:Goldrute; E:Goldenrod; F:Verge-d'or
– *alpestris* Waldst. et Kit. ex Willd. = Solidago virgaurea subsp. minuta
– *altissima* L. = Solidago canadensis var. scabra
– **arguta** Aiton · ♃ VII-IX; Can.: Ont.; USA: NE, NCE, SE
– *brachystachys* hort. = Solidago cutleri
– **caesia** L. · D:Goldbandrute; E:Wreath Goldenrod; F:Verge d'or bleuâtre · ♃ Z4 VIII-IX; Can.: E; USA: NE, NCE, SC, SE, Fla.
– **canadensis** L.
  – var. **canadensis** · D:Kanadische Goldrute; E:Canada Goldenrod · ♃ Z3 VIII-X; Can.: E, Sask.; USA: NE, NCE, NC, Rocky Mts., SW, nat. in Eur.* exc. Ap, Ba
  – var. **scabra** (Muhl.) Torr. et A. Gray · ♃ Z3; Can.: E, USA: NE, NEC, NC, SC, SE, Fla.
– **cutleri** Fernald · ♃ △ Z4 VII-IX; USA: NE
– **drummondii** Torr. et A. Gray · ♃ Z6 VIII-IX; USA: Ill., Mo., Ark., La.
– **flexicaulis** L. · D:Breitblättrige Goldrute; E:Broad Leaved Goldenrod · ♃ Z4 VII-IX; Can.: E; USA: NE, NCE, NC, SE
– **gigantea** Aiton · D:Riesen-Goldrute, Späte Goldrute · ♃ Z6 VIII-IX; Can., USA* exc. Calif., nat. in Eur.*
– **graminifolia** (L.) Salisb. · D:Grasblättrige Goldrute; E:Fragrant Goldenrod · ♃ ⏜ Z3 VII-IX; Can., USA: NE, NC, N.C., NCE, SC, SW, nat. in C-Eur.
– *latifolia* A. Gray = Solidago flexicaulis
– *minutissima* (Makino) Kitam. = Solidago virgaurea 'Minutissima'
– **missouriensis** Nutt. · D:Missouri-Goldrute; E:Missouri Goldenrod · ♃ Z7 VII-IX; Can.: B.C.; USA: NW, Rocky Mts., Calif., Ariz., nat. in N.J.
– **multiradiata** Aiton · D:Rocky-Mountain-Goldrute; E:Northern Groundsel, Rocky Mountain Goldenrod · ♃ △ Z2 VII-VIII; Alaska, Can., USA: NW, Calif., Rocky Mts., SW
– **nemoralis** Aiton · D:Graue Goldrute; E:Gray Goldenrod · ♃ Z3 VIII-IX; Can., USA: NE, NCE, NC, SC, SE
– **odora** Aiton · D:Anis-Goldrute; E:Sweet Goldenrod · ♃ D Z3 VII; USA: NE, NCE, SC, SE, Fla.
– **riddellii** Frank · ♃ ⏜ Z4 VIII-IX; Can.: Ont.; USA: NE, NCE,
– **rigida** L. · D:Steife Goldrute; E:Stiff Goldenrod · ♃ Z4 VIII-IX; Can.; USA: NE, NCE, NC, SC, SE, SW, Rocky Mts.
– **rugosa** Mill. · D:Raue Goldrute; E:Rough Goldenrod · ♃ Z3 VIII-IX; Can.: E; USA: NE, NCE, SC, SE, Fla.
– **sempervirens** L. · ♃ Z4; NE-Am., nat. in Azor.
– **shortii** Torr. et A. Gray · ♃ Z6 VII-VIII;

USA: Ky.
– **virgaurea** L.
  – **'Minutissima'** · ♃ △ IX-X; Jap. (Kiuschu)
  – subsp. *alpestris* (Willd.) Hayek = Solidago virgaurea subsp. minuta
  – subsp. **minuta** (L.) Arcang. · ♃ △ Z5 VII-IX; Eur.: N, mts.
  – subsp. **virgaurea** · D:Gewöhnliche Goldrute; E:European Goldenrod · ♃ Z5 VII-IX ⚕; Eur.*, TR, Cauc., W-Sib., E-Sib., Amur, Sachal., Kamchat., C-As, Him., China, Korea, Jap., NW-Afr.
  – var. *alpina* Bigelow = Solidago cutleri
  – var. *minutissima* Makino = Solidago virgaurea 'Minutissima'
– **Cultivars**
  – **in vielen Sorten**

× **Solidaster** H.R. Wehrh. -m- *Asteraceae (Compositae)* · D:Goldrutenaster (*Aster* × *Solidago*)
– **luteus** M.L. Green ex Dress (*Aster ptarmicoides* × *Solidago sp*) · D:Goldrutenaster · ♃ ✂ Z6 VII-IX; cult.

Solisia Britton et Rose = Mammillaria
– *pectinata* (Stein) Britton et Rose = Mammillaria pectinifera

Sollya Lindl. -f- *Pittosporaceae* · 3 sp
– *fusiformis* (Labill.) Briq. = Sollya heterophylla
– **heterophylla** Lindl. · E:Bluebell Creeper · ♄ e ⌇ Z9 Ⓚ VII; W-Austr.

Sonchus L. -m- *Asteraceae (Compositae)* · 62 sp · D:Gänsedistel, Saudistel; E:Milk Thistle, Sow Thistle; F:Laiteron
– *alpinus* L. = Cicerbita alpina
– **arboreus** DC. · ♄ Z9 Ⓚ IV-V; Canar.
– **arvensis** L. · D:Acker-Gänsedistel; E:Sow Thistle · ♃ VII-VIII; Eur.*, TR, Cauc., W-Sib., E-Sib., Amur, Sachal., C-As., Mong., China, Korea, nat. in N-Am., Afr., Austr.
– **asper** (L.) Hill · D:Raue Gänsedistel; E:Prickly Sow Thistle · ⊙ VI-X; Eur.*, TR, Cauc., Iran, W-Sib., E-Sib., Amur, Sachal., C-As., Him., China, Korea, Jap., nat. in N-Am.
– *macrophyllus* Willd. = Cicerbita macrophylla
– **oleraceus** L. · D:Kohl-Gänsedistel; E:Milk Thistle, Sow Thistle · ⊙ VI-X; Eur.*, TR, Cauc., N-As., Arab., N-Afr., Canar., nat. in cosmop.
– **palustris** L. · D:Sumpf-Gänsedistel; E:Marsh Sow Thistle · ♃ ~ VII-IX; Eur.* exc. Ib; TR, Cauc.
– *plumieri* L. = Cicerbita plumieri

Sonerila Roxb. -f- *Melastomataceae* · c. 170 sp
– **margaritacea** Lindl. · ♄ Z10 Ⓦ X-XI; Java

Sonneratia L. f. -f- *Sonneratiaceae* · 6 sp · D:Sonneratie; F:Sonnératia
– **caseolaris** (L.) Engl. · ♄ ~ Ⓦ Ⓝ; Malay. Pen., Kalimantan; mangrove

Sophora L. -f- *Fabaceae (Leguminosae)* · 52 sp · D:Pagodenbaum, Schnurbaum; F:Sophora
– **davidii** (Franch.) Skeels · D:Wickenblättriger Schnurbaum · ♄ d Z6 VI; W-China
– **flavescens** Aiton · ♃ d Z6 ⚕; China, Sib., Korea, Jap.
– **japonica** L. · D:Japanischer Schnurbaum; E:Japanese Pagoda Tree; F:Sophora du Japon · ♄ d Z6 VIII ⚕ ☠; China, Korea
– **microphylla** Aiton · ♄ ♄ e Z8 Ⓚ II-III; NZ
– **mollis** (Graham ex Royle) Baker · ♄ d Z8 Ⓚ; Him.
– **prostrata** Buchanan · ♄ e Z8 Ⓚ; NZ
– **secundiflora** (Ortega) Lag. ex DC. · D:Texas-Schnurbaum; E:Mescal Bean · ♄ e Z8 Ⓚ; Tex., N.Mex.; N-Mex.
– **tetraptera** J. Mill. · D:Neuseeländischer Schnurbaum; E:Kowhai · ♄ ♄ e Z8 Ⓚ IV; NZ, Lord Howe Is.
  – var. *microphylla* (Aiton) Hook. f. = Sophora microphylla
– *viciifolia* Hance = Sophora davidii

× **Sophrocattleya** hort. -f- *Orchidaceae* (*Cattleya* × *Sophronitis*)

× **Sophrolaelia** hort. -f- *Orchidaceae* (*Laelia* × *Sophronitis*)

× **Sophrolaeliocattleya** hort. -f- *Orchidaceae* (*Cattleya* × *Laelia* × *Sophronitis*)

Sophronitella Schltr. -f- *Orchidaceae* · 1 sp
– **violacea** (Lindl.) Schltr. · ♃ Z10 Ⓦ XI-II ▽ ✱; Bras.

Sophronitis Lindl. -f- *Orchidaceae* · 7-9 sp
– **cernua** (Lindl.) Lindl. · ♃ Z10 ⓦ XI-I ▽ ✻; Bras.
– **coccinea** Rchb. f. · ♃ Z10 ⓦ XI-II ▽ ✻; Bras.
– *grandiflora* Lindl. = Sophronitis coccinea
– *violacea* Lindl. = Sophronitella violacea

Sorbaria (Ser. ex DC.) A. Braun -f- *Rosaceae* · 9 sp · D:Fiederspiere; E:False Spiraea; F:Sorbaria
– *aitchisonii* (Hemsl.) Hemsl. ex Rehder = Sorbaria tomentosa var. angustifolia
– **arborea** C.K. Schneid. · D:Chinesische Fiederspiere · ħ d Z6 VII; C-China
– **assurgens** Vilm. et Bois · D:Afghanische Fiederspiere · ħ d Z6 VII-VIII; Afgh., Pakist., Kashmir
– **grandiflora** (Sweet) Maxim. · ħ d △ Z5 VII; E-Sib.
– **kirilowii** (Regel) Maxim. · ħ d Z6 VII; C-China.
– *lindleyana* (Wall. ex Loudon) Maxim. = Sorbaria tomentosa var. tomentosa
– **sorbifolia** (L.) A. Braun
  – var. **sorbifolia** · D:Sibirische Fiederspiere; E:False Spiraea · ħ d Z3 VI-VII; W-Sib., E-Sib., Amur, Sachal., Kamchat., Mong., Manch., Korea, Jap., nat. in USA: NE
  – var. **stellipila** Maxim. · ħ d Z2; Jap., Korea
– **tomentosa** (Lindl.) Rehder
  – var. **angustifolia** (Wenz.) Rahn · D:Kaschmir-Fiederspiere; E:Kashmir False Spiraea · ħ d Z6 VII-VIII; Afgh., Pakist., Kashmir
  – var. **tomentosa** · D:Himalaya-Fiederspiere; E:Himalaya False Spiraea · ħ d Z8 ∧ VI-VIII; C-As., Afgh., Pakist., Him.

× **Sorbaronia** C.K. Schneid. -f- *Rosaceae* (*Aronia* × *Sorbus*)
– **alpina** (Willd.) C.K. Schneid. (*Aronia arbutifolia* × *Sorbus aria*) · ħ ħ d Z5 V; cult.
– **dippelii** (Zabel) C.K. Schneid. (*Aronia melanocarpa* × *Sorbus aria*) · ħ ħ d Z5; cult.
– **fallax** (C.K. Schneid.) C.K. Schneid. (*Aronia melanocarpa* × *Sorbus aucuparia*) · ħ ħ d Z5; cult.
– **hybrida** (Moench) C.K. Schneid. (*Aronia arbutifolia* × *Sorbus aucuparia*) · ħ ħ d Z5; cult.
– **sorbifolia** (Poir.) C.K. Schneid. (*Aronia melanocarpa* × *Sorbus americana*) · ħ ħ d Z5; cult.

× **Sorbocotoneaster** Pojark. -f- *Rosaceae* (*Cotoneaster* × *Sorbus*)
– **pozdnjakovii** Pojark. (*Cotoneaster melanocarpus* × *Sorbus aria*) · ħ d Z3; cult.

× **Sorbopyrus** C.K. Schneid. -f- *Rosaceae* · D:Hagebuttenbirne (*Sorbus* × *Pyrus*)
– **auricularis** (Knoop) C.K. Schneid. (*Pyrus communis* × *Sorbus aria*) · D:Hagebuttenbirne; E:Bollwyller Pear · ħ d Z5 IV-V; cult.

Sorbus L. -f- *Rosaceae* · 193 sp · D:Eberesche, Elsbeere, Mehlbeere, Speierling, Vogelbeere; E:Mountain Ash, Whitebeam; F:Alisier, Alouchier, Cormier, Sorbier
– **alnifolia** (Siebold et Zucc.) K. Koch
  – var. **alnifolia** · D:Erlenblättrige Mehlbeere; E:Korean Mountain Ash; F:Alisier à feuilles d'aulne · ħ d ꕥ Z6 V-VI; China, Amur, Manch., Korea, Jap.
  – var. **submollis** Rehder · ħ d Z6; Jap., Korea, Mandsch., China, Amur
– × **ambigua** Michalet (*S. aria* × *S. chamaemespilus*) · D:Bastard-Zwerg-Mehlbeere · d; Eur.: F, I, CH, D, A, Ba, RO
– **americana** Marshall · D:Amerikanische Eberesche; E:American Mountain Ash; F:Sorbier d'Amérique · ħ ħ d ⁓ ꕥ Z2 V-VI; Can.: E; USA; NE, NCE, SE
– *arbutifolia* (L.) Heynh. = Aronia arbutifolia var. arbutifolia
– **aria** (L.) Crantz · D:Gewöhnliche Mehlbeere; E:Whitebeam; F:Alisier blanc, Alouchier · ħ ħ d Z5 V Ⓝ; Eur.* exc. Sc; NW-Afr.
– × **arnoldiana** Rehder (*S. aucuparia* × *S. discolor*) · D:Arnolds Eberesche · ħ d Z6; cult.
– **arranensis** Hedl. · ħ d Z6; W-Scotland: Arran
– **aucuparia** L.
  – subsp. **aucuparia** · D:Gewöhnliche Eberesche, Gewöhnliche Vogelbeere; E:Mountain Ash, Rowan; F:Sorbier des oiseleurs · ħ ħ d ꕥ Z3 V-VI ⚕ Ⓝ; Eur.*, TR, Cauc., W-Sib.
  – subsp. **moravica** (Zengerl) A. Löve ·

D:Süße Eberesche; F:Sorbier des oiseleurs · ₺ d ⚘ Z3 V Ⓝ; Eur.: CZ; cult.
– var. *edulis* Dieck = Sorbus aucuparia subsp. moravica
– **austriaca** (Beck) Hedl. · D:Österreichische Mehlbeere · ₺ ħ d Z6 V-VI; Eur.: A, EC-Eur., Ba, RO, W-Russ.; E-Alp., Carp., Balkan
– × **carpatica** Borbás (*S. aria* × *S. austriaca*) · D:Karpaten-Mehlbeere · d; Eur.: A, Slova., Ba, RO
– **cashmiriana** Hedl. · D:Himalaya-Eberesche; E:Kashmir Rowan; F:Sorbier du Cachemire · ħ d ⚘ Z6 V; Afgh., Kashmir
– **chamaemespilus** (L.) Crantz · D:Zwerg-Mehlbeere; E:False Medlar; F:Alisier nain · ħ d Z5 VI-VII; Eur.* exc. BrI, Sc
– **commixta** Hedl. · D:Japanische Eberesche; E:Chinese Scarlet Rowan; F:Sorbier du Japon · ₺ d Z6 VI; Jap., Sachal.
– *cuspidata* (Spach) Hedl. = Sorbus vestita
– **danubialis** (Jáv.) Kárpáti · D:Donau-Mehlbeere · ħ d V; Eur.: C-Eur., EC-Eur., RO, W-Russ., ? Ba
– **decora** (Sarg.) C.K. Schneid. · D:Labrador-Eberesche · ħ ₺ d ⚘ Z3 V; Can.: E; USA: NE, NCE; Greenl.
– **discolor** (Maxim.) Maxim. · D:Verschiedenfarbige Eberesche; E:Snowberry Mountain Ash · ₺ d ⚘ Z6 V; N-China
– **domestica** L. · D:Speierling; E:Service Tree; F:Cormier · ₺ d Z6 V-VI ⚕ Ⓝ; Eur.* exc. BrI, Sc; TR, Cauc., Maroc., Alger.
  – fo. **pomifera** (Hayne) Rehder Z6; cult.
  – fo. **pyriformis** (Hayne) Rehder Z6; cult.
– **dubia** Hedl. · d; orig. ?
– **epidendron** Hand.-Mazz. · ħ ₺ d Z6 V; W-China
– *erubescens* A. Kern. ex Dippel = Sorbus × ambigua
– **esserteauana** Koehne · D:Esserteaus Eberesche · ħ ₺ d ⚘ Z6 V; W-China
– × *fennica* (Kalm) Fr. = Sorbus × hybrida
– **folgneri** (C.K. Schneid.) Rehder · D:Chinesische Mehlbeere; E:Folgner's Whitebeam · ħ ₺ d ⚘ Z6 V; C-China
– **gracilis** (Siebold et Zucc.) K. Koch · ħ d Z6 V; Jap.
– **graeca** (Spach) Lodd. ex Schauer · D:Griechische Mehlbeere · ₺ ħ d Z6 V; Eur.: Ap, C-Eur., EC-Eur., Ba, RO, Krim; TR, Cauc.
– × **hostii** (J. Jacq. ex Host) Hedl. (*S. austriaca* × *S. chamaemespilus*) · ħ d ⚘ Z6 V; Eur.: A, Slova; Alp., N-Carp.
– **hupehensis** C.K. Schneid.
  – var. **hupehensis** · D:Hupeh-Eberesche; E:Hupeh Mountain Ash; F:Sorbier du Hou-Pei · ₺ d ⚘ Z6 V; W-China, C-China
  – var. **obtusata** C.K. Schneid. · ₺ d Z6; China: Hupeh
– × **hybrida** L. (*S. aucuparia* × *S. intermedia*) · D:Bastard-Mehlbeere; E:Hybrid Mountain Ash; F:Alisier de Finlande · ₺ d ⚘ Z5 V-VI; Eur.: Sc
– **intermedia** (Ehrh.) Pers. · D:Schwedische Mehlbeere; E:Swedish Whitebeam; F:Alisier de Suède · ħ ₺ d Z5 V Ⓝ; Eur.: Sc, D, PL, Balt.
– **japonica** (Decne.) Hedl. · ₺ d Z6 V; Jap., Korea
– **javorkae** (Soó) Kárpáti · d; EC-Eur.
– **koehneana** C.K. Schneid. · D:Weißfrüchtige Eberesche · ħ d ⚘ Z5 V; C-China
– **latifolia** (Lam.) Pers. · D:Breitblättrige Mehlbeere; E:Service Tree of Fontainebleau; F:Alisier de Fontainebleau · ₺ d ⚘ Z5 V-VI; Eur.: P, Sp., F, D, nat. in Sweden
– **megalocarpa** Rehder · ħ d ⚘ Z6 V; N-China
– × **meinichii** (Lindeb.) Hedl. (*S. aria* × *S. aucuparia*) · ₺ d Z5; S-Norw.
– *melanocarpa* (Michx.) Heynh. = Aronia melanocarpa var. melanocarpa
– **minima** (Lév.) Hedl. · ħ d Z6 V-VI; Engl., Wales
– **mougeotii** Soy.-Will. · D:Vogesen-Mehlbeere; E:Pyrenean Whitebeam; F:Alisier de Mougeot · ħ ₺ d Z5 V; Eur.: Sp., F, CH, I; Pyr., Alp., Jura, Vosges
– *nepalensis* hort. = Sorbus vestita
– × **pannonica** Kárpáti (*S. aria* × *S. graeca*) · D:Pannonische Mehlbeere · ħ ₺ d; Eur.: D, A, EC-Eur., ? RO
– **pluripinnata** (C.K. Schneid.) Koehne · ħ ₺ d Z6 V; W-China
– **pohuashanensis** (Hance) Hedl. · D:Pohuasha-Eberesche · ₺ d Z5 V; N-China
– *pohuashanensis* hort. = Sorbus 'Kewensis'
– **prattii** Koehne
  – var. **prattii** · D:Pratts Eberesche; F:Alisier de Pratt · ₺ d ⚘ Z6 V; W-China
  – var. **subarachnoidea** (Koehne) Rehder Z6; China: W-Sichuan

- **pseudothuringiaca** Düll · D:Hersbrucker Mehlbeere · ₺ d; Eur.: D
- **reducta** Diels · E:Creeping Mountain Ash, Pygmy Rowan · ♄ d △ Z6; Myanmar, W-China
- **rufoferruginea** (C.K. Schneid.) C.K. Schneid. · ₺ ♄ d Z6 VI; Jap.
- **rupicola** (Syme) Hedl. · ₺ d Z6; BrI, S-Sc, Estland
- **sambucifolia** (Cham. et Schltdl.) Roem. · ₺ d ♣ VI; Jap., Sachal., Kamchat.
- **sargentiana** Koehne · F:Saule de Sargent · ₺ d ♣ Z6 V; W-China
- **scalaris** Koehne · D:Leiter-Eberesche; F:Saule scalariforme · ♄ ₺ d ♣ Z5 V-VI; W-China
- × **schinzii** Düll (*S. chamaemespilus* × *S. mougeotii*) · D:Schinzs Mehlbeere · ♄ d; Eur.: CH, D, A
- **simonkaiana** Kárpáti · ₺ d; H
- *suecica* (L.) Garcke = Sorbus intermedia
- × **thuringiaca** (Ilse) Fritsch (*S. aria* × *S. aucuparia*) · D:Thüringer Mehlbeere; E:Bastard Service Tree, Checker Tree · ₺ d Z5 V; Eur.: F, CH, D, A, CZ
- **tianschanica** Rupr. · ₺ d ♣ Z6 VI; C-As., China: Sinkiang
- *toringo* Siebold = Malus toringo
- **torminalis** (L.) Crantz · D:Elsbeere; E:Wild Service Tree; F:Alisier torminal · ₺ d ♣ Z6 V Ⓝ; Eur.*, TR, Cyprus, Lebanon, Syr., Cauc., N-Iran, Maroc., Alger.
- *trilobata* (Poir.) Heynh. = Malus trilobata
- **umbellata** (Desf.) Fritsch · ♄ ₺ d Z6; Eur.: Ba, RO, Krim; Cyprus, TR, Syr., Lebanon, Palaest., Cauc., Iran
  - var. *cretica* C.K. Schneid. = Sorbus graeca
- × **vagensis** Wilmott (*S. aria* × *S. torminalis*) · ₺ d; GB
- **vestita** (G. Don) Lodd. · ₺ d V; Him., N-Myanmar
- **vilmorinii** C.K. Schneid. · D:Rosafrüchtige Eberesche, Vilmorins Eberesche; E:Vilmorin Mountain Ash; F:Saule de Vilmorin · ♄ ₺ d ♣ Z6 VI; W-China
- **zahlbruckneri** C.K. Schneid. · ₺ d ♣ Z6 V; China
- **Cultivars**
  - **'Kewensis'** · d; N-China

Sorghastrum Nash -n- *Poaceae (Gramineae)* · 17 sp · D:Indianergras; E:Indian Grass; F:Faux-sorgho
- *avenaceum* (Michx.) Nash = Sorghastrum nutans
- **nutans** (L.) Nash · D:Gelbes Indianergras; E:Yellow Indian Grass · ♃ Z5; Can.: E; USA: NE, NCE, NC, Rocky Mts., SW, SC, SE, Fla.; Mex.

Sorghum Moench -n- *Poaceae (Gramineae)* · 24 sp · D:Mohrenhirse, Sorghumhirse; E:Millet; F:Gros millet, Sorgho
- **almum** Parodi · D:Columbusgras; E:Columbus Grass · ♃ Ⓝ; Arg., nat. in Austr.
- **bicolor** (L.) Moench
  - var. **arduinii** (Körn.) Snowden · ⊙ Z8 Ⓝ; cult.
  - var. **bicolor** · D:Gewöhnliche Mohrenhirse; E:Great Millet, Kafir Corn, Sorghum · ⊙ Z8 VII-IX; ? Afr., ? S-As.
- **caffrorum** (Retz.) P. Beauv. · ⊙ Ⓝ; cult.
- **caudatum** (Hack.) Stapf · Ⓝ; Afr.
- **cernuum** (Ard.) Host · D:Nickende Mohrenhirse · ⊙ Ⓝ; cult.
- **dochna** (Forssk.) Snowden · D:Zuckerhirse · ⊙ Ⓝ; cult.
- **durra** (Forssk.) Stapf · ⊙ Ⓝ; cult.
- **guineense** Stapf emend. Snowden · Ⓝ; W-Afr., Sudan
- **halepense** (L.) Pers. · D:Aleppohirse, Wilde Mohrenhirse; E:Aleppo Grass, Johnson Grass, Means Grass · ♃ Z7 VI-VII Ⓝ; TR, Cauc., Levante, W-As., Ind., C-As., Malay. Arch., N-Afr., Austr., N-Am., Mex., W.Ind., S-Am., nat. in Eur.: Sp., F, CH, Ap, EC-Eur., Ba, RO; cosmop.
- **nervosum** Besser ex Schult. · ⊙ Ⓝ; orig. ?; cult E-As.
- **nigricans** (Ruiz et Pav.) Snowden · ⊙ Ⓝ; cult.
- *vulgare* Pers. = Sorghum bicolor var. bicolor
  - var. *angolense* Rendle = Sorghum nigricans
  - var. *caffrorum* (Retz.) F.T. Hubb. et Rehder = Sorghum caffrorum
  - var. *durra* (Forssk.) F.T. Hubb. et Rehder = Sorghum durra
  - var. *saccharatum* (Moench) Boerl. = Sorghum dochna

Sparaxis Ker-Gawl. -f- *Iridaceae* · 12 sp · D:Fransenschwertel; E:Harlequinflower; F:Fleur arlequin, Sparaxis
- **bulbifera** (L.) Ker-Gawl. · ♃ ⋈ Z9 ⓚ V; SW-Kap
- **grandiflora** (F. Delaroche) Ker-Gawl. ·

D:Großblütiges Fransenschwertel; E:Harlequin Flower · ♃ ✂ Z9 ⓚ IV-V; SW-Kap
- **tricolor** (Schneev.) Ker-Gawl. · D:Dreifarbiges Fransenschwertel; E:Harlequin Flower · ♃ ✂ Z9 ⓚ VI-VII; SW-Kap

Sparganium L. -n- *Sparganiaceae* · 21 sp · D:Igelkolben; E:Burr Reed; F:Rubanier, Sparganier
- **angustifolium** Michx. · D:Schmalblättriger Igelkolben · ♃ ≈ VI-VIII; Eur.*, Sib., Kamchat., N-Am.
- **emersum** Rehmann · D:Einfacher Igelkolben; E:Simple Stem Bur Reed; F:Rubanier simple · ♃ ≈ Z5 VI-VII; Eur.*, TR, As., Malay. Arch., N-Am.
- **erectum** L. · D:Ästiger Igelkolben; E:Bur Reed; F:Ruban d'eau · ♃ ~ Z6 VI-VIII; Eur.*, TR, Cauc., W-Iran, Sib., N-Afr.
- *minimum* Wallr. = Sparganium natans
- **natans** L. · D:Zwerg-Igelkolben · ♃ ≈ Z2 VII-VIII; Eur.*, TR, N-As., N-Am.
- *ramosum* Huds. = Sparganium erectum
- *simplex* Huds. = Sparganium emersum

Sparrmannia L. f. -f- *Tiliaceae* · 3 sp · D:Zimmerlinde; E:African Hemp; F:Tilleul d'appartement
- **africana** L. f. · ♄ e Z10 ⓚ I-III; S-Afr.
- *palmata* E. Mey. ex Harv. = Sparrmannia ricinicarpa
- **ricinicarpa** (Eckl. et Zeyh.) Kuntze · ♄ e Z10 ⓚ VI-VIII; S-Afr.

Spartina Schreb. -f- *Poaceae (Gramineae)* · 17 sp · D:Schlickgras; E:Cord Grass, Marsh Grass; F:Spartina
- **anglica** C.E. Hubb. · D:Englisches Schlickgras · ♃ ~ VII-VIII; Eur.: BrI, nat. in Fr, D, DK
- *aureomarginata* hort. = Spartina pectinata 'Variegata'
- **maritima** (Curtis) Fernald · D:Niederes Schlickgras · ♃ ~ ; Eur.: Fr, BrI, Ib, Slove.; N-Afr., S-Afr., N-Am.; coasts
- *michauxiana* Hitchc. = Spartina pectinata
- **pectinata**
  - **'Variegata'**
- **pectinata** Link · D:Kamm-Schlickgras; E:Prairie Cord Grass · ♃ ~ Z5 IX-X; Can., USA* exc. Calif.
- × **townsendii** H. Groves et J. Groves (*S. anglica* × *S. maritima*) · D:Townsends Schlickgras; E:Townsend's Cord Grass · ♃ ~ VII-X; Eur.: BrI, Fr; coasts

Spartium L. -n- *Fabaceae (Leguminosae)* · 1 sp · D:Binsenginster, Pfriemenginster; E:Spanish Broom; F:Genêt d'Espagne, Sparte
- **junceum** L. · D:Binsenginster, Pfriemenginster; E:Spanish Broom · ♄ d Z8 ⓚ ∧ V-IX ☠; Eur.: Ib, Fr, Ap, Ba; TR, Syr., Palaest., Cauc., NW-Afr., Libya, nat. in Krim

Spartocytisus Webb et Berthel. = Cytisus
- *filipes* Webb et Berthel. = Cytisus filipes

Spathicarpa Hook. -f- *Araceae* · 6 sp
- **sagittifolia** Schott · ♃ Z10 ⓦ I-XII; S-Bras., Parag., Arg.

Spathiphyllum Schott -n- *Araceae* · 36 sp · D:Blattfahne, Scheidenblatt; E:Peace Lily; F:Spathyphyllum
- **blandum** Schott · ♃ Z10 ⓦ; W.Ind., Surinam
- **cannifolium** (Dryand.) Schott · D:Canna-Blattfahne; E:Spatheflower · ♃ Z10 ⓦ; Col., Venez., Guyan.
- **cochlearispathum** (Liebm.) Engl. · ♃ Z10 ⓦ; S-Mex., Guat.
- **commutatum** Schott · ♃ Z10 ⓦ; Malay. Arch., Phil.
- **floribundum** (Linden et André) N.E. Br. · D:Reichblühende Blattfahne; E:Snow Flower · ♃ Z10 ⓦ ☠; Col.
- **ortgiesii** Regel · ♃ Z10 ⓦ; Mex.
- **patinii** (Hogg) N.E. Br. · ♃ Z10 ⓦ; Col.
- **phryniifolium** Schott · ♃ Z10 ⓦ; Costa Rica, Panama
- **wallisii** Regel · D:Zwerg-Blattfahne; E:Peace Lily · ♃ Z10 ⓦ; Col., Venez.

Spathodea P. Beauv. -f- *Bignoniaceae* · 1 sp · D:Afrikanischer Tulpenbaum; E:African Tulip; F:Tulipier africain
- **campanulata** P. Beauv. · D:Afrikanischer Tulpenbaum; E:African Tulip · ♄ e Z10 ⓦ; trop. Afr.
- *nilotica* Seem. = Spathodea campanulata

Spathoglottis Blume -f- *Orchidaceae* · 30-40 sp
- **aurea** Lindl. · ♃ Z10 ⓦ V ▽ ✻; Malay. Pen.
- **fortunei** Lindl. · ♃ Z10 ⓦ I ▽ ✻; China

(Hongkong)
– **kimballiana** Hook. f. · ♃ Z10 ⓦ IV-V ▽ ✻; Kalimantan
– **plicata** Blume · E:Philippine Ground Orchid · ♃ Z10 ⓦ IV-V ▽ ✻; Ind., SE-As., Malay. Arch., Phil., N.Guinea
– **vieillardii** Rchb. f. · ♃ Z10 ⓦ IX ▽ ✻; Malay. Arch.

Specularia A. DC. = Legousia
– *pentagonia* (L.) A. DC. = Legousia pentagonia
– *speculum-veneris* (L.) A. DC. = Legousia speculum-veneris

Speirantha Baker -f- *Convallariaceae* · 1 sp
– **convallarioides** Baker · ♃ Z8 ∧ V-VI; E-China

Spenceria Trimen -f- *Rosaceae* · 2 sp
– **ramalana** Trimen · ♃ Z6 VII-VIII; W-China

Spergula L. -f- *Caryophyllaceae* · 6 sp · D:Spark, Spergel; E:Spurrey; F:Spergule
– **arvensis** L.
  – subsp. **arvensis** · D:Acker-Spark, Acker-Spergel; E:Corn Spurrey · ⊙ ⊙ VI-X; Eur.* ; cosmop. exc. trop. Afr.
  – subsp. **sativa** Čelak. · ⊙ VI-X Ⓝ; cult.
– **morisonii** Boreau · D:Frühlings-Spergel, Frühlings-Spark · ⊙ IV-VI; Eur.: Ib, Fr, C-Eur., Sc, EC-Eur., E-Eur.; Alger.
– **pentandra** L. · D:Fünfmänniger Spergel, Fünfmänniger Spark · ⊙ IV-V; Eur.: Ib, Fr, Ap, Ba, C-Eur., EC-Eur., RO; TR, SW-As., N-Afr.

Spergularia (Pers.) J.Presl et C. Presl -f- *Caryophyllaceae* · 25-40 sp · D:Schuppenmiere; E:Sand Spurrey, Sea Spurrey; F:Spergulaire
– **echinosperma** (Čelak.) Asch. et Graebn. · D:Igelsamige Schuppenmiere · ♃ VI-X; Eur.: D, A, CZ, PL, Slove.
– **media** (L.) C. Presl · D:Flügel-Schuppenmiere, Flügelsamige Schuppenmiere · ♃ VII-IX; Eur.*, TR, Levante, N-Afr.
– **rubra** (L.) J. Presl et C. Presl · D:Rote Schuppenmiere · ⊙ ⊙ ♃ V-IX; Eur.*, Cauc., W-Sib., E-Sib., Amur, Sachal., Kamchat., C-As.
– **salina** J. Presl et C. Presl · D:Salz-Schuppenmiere · ⊙ V-IX; Eur.*, Levante, Cauc., W-Sib., E-Sib. Amur, Sachal., C-As., Mong, China: Sinkiang; E-As., N-Afr., N-Am., S-Am., NZ
– **segetalis** (L.) G. Don · D:Saat-Schuppenmiere, Saatmiere · ⊙ VI-VII; Eur.: Ib, F, C-Eur., PL; Maroc.

Sphaeralcea A. St. -Hil. -f- *Malvaceae* · c. 60 sp · D:Kugelmalve; E:False Mallow, Globe Mallow; F:Sphéralcée
– *acerifolia* Nutt. ex Torr. et A. Gray = Sphaeralcea rivularis
– **bonariensis** (Cav.) Griseb. · ♄ Z9 ⓚ VII-IX; S-Am.
– *cisplatina* A. St.-Hil. = Sphaeralcea bonariensis
– **fendleri** A. Gray · D:Fendlers Kugelmalve; E:Fendler Globe Mallow · ♄; USA: Colo., SW, Tex.
– **munroana** (Douglas ex Lindl.) Spach · D:Monroes Kugelmalve; E:Orange Globe Mallow · ♃ ⓚ VI-IX; B.C., USA: NW, N-Calif.
– **rivularis** (Hook.) Torr. ex A. Gray · D:Bach-Kugelmalve; E:Mountain Hollyhock · ♃ ⓚ VI-IX; Can.: B.C.; USA: Rocky Mts., N.Mex.
– *umbellata* (Cav.) A. St.-Hil. = Phymosia umbellata

Sphaerocionium C. Presl -n- *Hymenophyllaceae* · c. 80 sp
– *hirsutum* (L.) Copel. = Hymenophyllum hirsutum

Sphaerogyne Naudin = Tococa
– *cinnamomea* Linden = Tococa neocinnamomea

Sphaeropteris Bernh. = Cyathea
– *cooperi* (F. Muell.) Tryon = Cyathea cooperi
– *insignis* (D.C. Eaton) Tryon = Cyathea insignis
– *medullaris* (G. Forst.) Bernh. = Cyathea medullaris

Sphalmanthus N.E. Br. -m- *Aizoaceae* · 100 sp
– **dinteri** (L. Bolus) L. Bolus · ♄ ♆ Z9 ⓚ; Namibia
– **oculatus** (N.E. Br.) N.E. Br. · ♃ ♆ Z9 ⓚ VII-VIII; Kap
– **resurgens** (Kensit) L. Bolus · ♃ ♆ Z9 ⓚ; Kap

– **salmoneus** (Haw.) N.E. Br. · ♃ ♆ Z9 ⓚ; S-Afr.

Sphenostylis E. Mey. -f- *Fabaceae (Leguminosae)* · 7 sp · D:Knollenbohne; E:Yam Pea
– **stenocarpa** (Hochst.) Harms · D:Knollenbohne; E:African Yam Bean · ♃ ≩ ⓝ; Afr.

Spigelia L. -f- *Loganiaceae* · c. 50 sp · D:Amerikanische Nelkenwurz, Spigelie; E:Pink Root, Worm Grass; F:Spigélia
– **anthelmia** L. · D:Westindische Nelkenwurz; E:Pink Rouge of Demarara, West Indian Spigelia · ⊙ Z10 ⓦ ☠; USA: Fla., Mex., C-Am., trop. S-Am.
– **marilandica** (L.) L. · D:Indianer-Nelkenwurz; E:Indian Pink, Maryland Pink, Worm Grass · ♃ Z8 ⓚ VII-IX ⚕ ☠; USA: NE, NCE, SC, SE, Fla.
– **splendens** H. Wendl. ex Hook. · ♃ Z10 ⓚ VII-VIII; Guat., Costa Rica

Spilanthes Jacq. -f- *Asteraceae (Compositae)* · 6 sp
– *oleracea* L. = Acmella oleracea

Spinacia L. -f- *Chenopodiaceae* · 3 sp · D:Spinat; E:Spinach; F:Epinard
– **oleracea** L. · D:Spinat; E:Spinach · ⊙ Z5 VI ⓝ; cult.
– **turkestanica** Iljin · ⊙ ⓝ; C-As., Iran

Spiraea L. -f- *Rosaceae* · 80-100 sp · D:Spierstrauch; E:Bridewort; F:Spirée
– *aitchisonii* Hemsl. = Sorbaria tomentosa var. angustifolia
– **alba** Du Roi · D:Weißer Spierstrauch; E:Meadow Sweet · ħ d Z5 VI-VIII; Can.: E, Sask.; USA: NE, N.C., NCE, N.Dak.
– *albiflora* (Miq.) Zabel = Spiraea japonica 'Albiflora'
– **alpina** Pall. · ħ d V-VI; W-Sib., E-Sib., Mong.
– **amoena** Spae · D:Aufrechter Spierstrauch · ħ d Z7 V-VI; NW-Him.
– **arcuata** Hook. f. · ħ d Z7 ∧ V; Him.
– × **arguta** Zabel (*S. thunbergii* × *S. 'Snowwhite'*) · D:Braut-Spierstrauch; E:Garland Wreath · ħ d Z5 IV-V; cult.
– *aruncus* L. = Aruncus dioicus var. dioicus
– **bella** Sims · D:Schöner Spierstrauch · ħ d Z7 VI; Him.
– **betulifolia** Pall.
  – var. **aemiliana** (C.K. Schneid.) Koidz. · ħ d Z4; Jap.
  – var. **betulifolia** · D:Birkenblättriger Spierstrauch; E:White Spiraea · ħ d △ Z4 VI; Jap., Sachal., E-Sib.
  – var. **corymbosa** (Raf.) Maxim. · ħ d Z5; E-USA
  – var. **lucida** (Douglas ex Greene) C.L. Hitchc. · ħ d Z5; B.C., USA: Wash., Oreg., Wyom., Mont.
– × **billardii** Hérincq (*S. douglasii* × *S. salicifolia*) · D:Billards Spierstrauch.; E:Billard's Spiraea · ħ d Z5 VI-VII; cult.
– × **blanda** Zabel (*S. cantoniensis* × *S. chinensis*) · ħ d Z6 V-VI; cult.
– × **brachybotrys** Lange (*S. douglasii* × *S. canescens*) · ħ d Z4 VI-VII; cult.
– *bullata* Maxim. = Spiraea japonica 'Bullata'
– *bumalda* Burv. = Spiraea japonica 'Bumalda'
– *caespitosa* Nutt. ex Torr. et A. Gray = Petrophytum caespitosum
– **calcicola** W.W. Sm. · ħ d Z5 VI; Yunnan
– *callosa* Thunb. = Spiraea japonica var. japonica
– **cana** Waldst. et Kit. · D:Graufilziger Spierstrauch · ħ d Z6 V; Eur.: NE-I, Croatia, Bosn., YU
– **canescens** D. Don · D:Grauer Spierstrauch · ħ d Z7 VI; Him.
– **cantoniensis** Lour. · D:Kanton-Spierstrauch; E:Reeves' Meadowsweet · ħ d Z7 V-VI; China, nat. in Ibiza
– **chamaedryfolia** L.
  – var. **chamaedryfolia** · D:Gamander-Spierstrauch · ħ d Z5 V-VI; Eur.: Ap, C-Eur., EC-Eur., Ba, E-Eur.; W-Sib, E-Sib., C-As., Mong., nat. in F
  – var. **ulmifolia** (Scop.) Maxim. · ħ d Z5; SE-Eur., N-As, Jap.
– **chinensis** Maxim. · ħ d Z6; NE-China
– *cinerascens* Piper = Petrophytum cinerascens
– × **cinerea** Zabel (*S. cana* × *S. hypericifolia*) · D:Aschgrauer Spierstrauch · ħ d Z5 V; cult.
– × **concinna** Zabel (*S. albiflora* × *S. amoena*) · ħ d; cult.
– **corymbosa** Raf. · ħ d Z5 VI-VII; USA: NE, SE
– *crataegifolia* Link = Spiraea corymbosa
– **crenata** L. · D:Kerb-Spierstrauch · ħ d Z6 V; Eur.: EC-Eur., Ba, E-Eur.; Cauc., W-Sib., C-As., nat. in Ib, Fr, C-Eur.
– **decumbens** W.D.J. Koch

– subsp. **decumbens** · D:Niederliegender Spierstrauch; F:Spirée prostrée · ♄ d △ Z6 V-VI; Eur.: A (Kärnten), N-I, Slove.; SE-Alp.
– subsp. **pumilionum** Zabel · ♄ d △ Z5 VII-VIII
– subsp. **tomentosa** (Poech) Dostál · ♄ d △ Z5 V; NE-I
– **densiflora** Nutt. ex Rydb. · ♄ d Z5; Can.: B.C.; USA: NW, Calif.
– *digitata* Willd. = Filipendula palmata
– *discolor* Pursh = Holodiscus discolor
– **douglasii** Hook.
– var. **douglasii** · D:Douglas-Spierstrauch, Oregon-Spierstrauch; E:Douglas Spiraea; F:Spirée de Douglas · ♄ d Z4 VI-VIII; USA: Oreg., Calif.
– var. **menziesii** (Hook.) C. Presl · D:Menzies Spierstrauch · ♄ d Z4 VI-VIII; USA: NW, Idaho
– var. *roseata* (Rydb.) Hitchc. = Spiraea douglasii var. douglasii
– *dumosa* Nutt. ex Hook. = Holodiscus dumosus
– *expansa* K. Koch = Spiraea amoena
– *expansa* Wall. = Spiraea bella
– *fastigiata* C.K. Schneid. = Spiraea amoena
– *filipendula* L. = Filipendula vulgaris
– *flexuosa* Fisch. = Spiraea chamaedryfolia var. chamaedryfolia
– × **fontenaysii** Lebas (*S. latifolia* × *S. canescens*) · ♄ d Z5 VI-VII; cult.
– × **foxii** (Voss) Zabel (*S. corymbosa* × *S. japonica*) · ♄ d Z5 VII; cult.
– **gemmata** Zabel · ♄ d Z5 V; NW-China
– *glabrata* Lange = Spiraea japonica var. glabra
– × **grieseleriana** Zabel (*S. cana* × *S. chamaedryfolia*) · ♄ d Z6; cult.
– *hacquetii* Fenzl et K. Koch = Spiraea decumbens subsp. tomentosa
– **henryi** Hemsl. · D:Henrys Spierstrauch; E:Henry's Spiraea · ♄ d Z6 VI; W-China, C-China
– **hypericifolia** L.
– subsp. **hypericifolia** · D:Hartheu-Spierstrauch · ♄ d Z5 V-VII; Eur.: Ib, Fr, Ba, E-Eur.; TR, Cauc., W-Sib., E-Sib., C-As., Mong., Him., nat. in Ap, EC-Eur.
– subsp. **obovata** (Waldst. et Kit. ex Willd.) Dostál · ♄ d Z5; SW-Eur., S-F, ? SE-Eur.
– × **inflexa** Zabel (*S. cana* × *S. crenata*) · ♄ d; cult.
– **japonica** L. f.
– **in Sorten**
– **'Albiflora'** · ♄ d VII-VIII; orig.?; cult Jap.
– **'Bullata'** · ♄ d △ VII; orig.?; cult Jap.
– **'Bumalda'** · ♄ d; cult
– var. **fortunei** (Planch.) Rehder Z5; E-China, C-China
– var. **glabra** (Regel) Koidz. · ♄ d Z5 VII-X; Him., China, Korea, Jap.
– var. **japonica** · D:Japanischer Spierstrauch; E:Japanese Meadowsweet; F:Spirée du Japon · ♄ d Z4 VII-VIII; China, Jap.
– *kamtschatica* Pall. = Filipendula kamtschatica
– *lancifolia* Hoffmanns. = Spiraea decumbens subsp. tomentosa
– **latifolia** (Aiton) Borkh. · D:Breitblättriger Spierstrauch · ♄ d Z3 VI-VIII; Can.: E; USA: NE, NCE, N.C.
– *lobata* Gronov. ex Jacq. = Filipendula rubra
– **longigemmis** Maxim. · ♄ d Z5 VII; NW-China
– × **macrothyrsa** Dippel (*S. douglasii* × *S. latifolia*) · ♄ d Z4; cult.
– × **margaritae** Zabel (*S. japonica* × *S. syringiflora*) · ♄ d Z5 VI-VIII; cult.
– **media** Schmidt · D:Karpaten-Spierstrauch · ♄ d Z4 IV-V; Eur.: C-Eur., EC-Eur., Ba, E-Eur.; W-Sib., E-Sib., Amur, Kamchat., Amur, C-As., Mong., Manch., N-Korea, Jap.
– *menziesii* Hook. = Spiraea douglasii var. menziesii
– × **multiflora** Zabel (*S. crenata* × *S. hypericifolia*) · ♄ d Z4 V; cult.
– **myrtilloides** Rehder · ♄ d; W-China
– **nipponica** Maxim.
– **'Snowmound'**
– var. **nipponica** · ♄ d Z5 VI; Jap.
– var. **tosaensis** (Yatabe) Makino · ♄ d Z4; Jap. (Shikoku)
– var. *tosaensis* hort. = Spiraea nipponica 'Snowmound'
– × **notha** Zabel (*S. betulifolia* × *S. latifolia*) · ♄ d; cult.
– *opulifolia* L. = Physocarpus opulifolius var. opulifolius
– × **oxyodon** Zabel (*S. chamaedryfolia* × *S. media*) · ♄ d; cult.
– × **pachystachys** Zabel (*S. betulifolia* × *S. japonica*) · ♄ d; cult.
– *palmata* Miq. = Filipendula kamtschatica
– *palmata* Murray = Filipendula rubra

–*palmata* Pall. = Filipendula palmata
–*palmata* Thunb. = Filipendula purpurea
– × **pikoviensis** Besser (*S. crenata* × *S. media*) · ♄ d Z6 V; S-Russ.
– × *pruinosa* hort. = Spiraea × brachybotrys
– **prunifolia** Siebold et Zucc. · D:Pflaumen-Spierstrauch; E:Bridal Wreath; F:Spirée · ♄ d Z6 V; Korea, C-China, Taiwan
 – fo. **simpliciflora** Nakai · ♄ d Z6 IV-V; C-China, Taiwan, Korea
– **pubescens** Turcz. · ♄ d Z6 V; N-China
– × *pumilionum* hort. = Spiraea decumbens subsp. pumilionum
– *reevesiana* Lindl. = Spiraea cantoniensis
– × **revirescens** Zabel (*S. amoena* × *S. japonica*) · ♄ d Z5 VI-VII; cult.
– **salicifolia** L. · D:Weidenblättriger Spierstrauch; E:Bridewort; F:Spirée à feuilles de saule · ♄ d Z4 VI-VII; Eur.: C-Eur., EC-Eur., Ba, E-Eur.; W-Sib., E-Sib., Amur, Sachal., Kamchat., Mong., N-Korea, Jap., nat. in BrI, Sc, Fr, Ap
– × **sanssouciana** K. Koch (*S. douglasii* × *S. japonica*) · ♄ d Z6 VI-VIII; cult.
– **sargentiana** Rehder · D:Sargents Spierstrauch; E:Sargent's Spiraea · ♄ d Z6 VI; W-China
– × **schinabeckii** Zabel (*S. chamaedryfolia* × *S. trilobata*) · ♄ d Z6; cult.
– × **semperflorens** Zabel (*S. japonica* × *S. salicifolia*) · ♄ d Z4 VII-IX; cult.
 – **'Syringaeflora'** · ♄ d; Him., China, Jap.
– *sorbifolia* L. = Sorbaria sorbifolia var. sorbifolia
– *stipulata* Muhl. = Gillenia stipulata
– *syringiflora* Lemoine = Spiraea × semperflorens 'Syringaeflora'
– **thunbergii** Siebold ex Blume · ♄ d Z5 IV-V; China
– **tomentosa** L. · D:Filziger Spierstrauch; E:Hardhack, Steeplebush · ♄ d ~ Z3 VII-IX; Can.: E; USA; NE, NCE, SE
– **trichocarpa** Nakai · D:Koreanischer Spierstrauch · ♄ d Z5 V-VI; Korea
– *trifoliata* L. = Gillenia trifoliata
– **trilobata** L. · D:Dreilappiger Spierstrauch · ♄ d Z5 V-VI; W-Sib., C-As., N-China, Korea
– *ulmaria* L. = Filipendula ulmaria
– *ulmifolia* Scop. = Spiraea chamaedryfolia var. ulmifolia
– × **vanhouttei** (Briot) Zabel (*S. cantoniensis* × *S. trilobata*) · D:Belgischer Spierstrauch · ♄ d Z5 V-VI; cult.
– **veitchii** Hemsl. · D:Veitchs Spierstrauch; E:Veitch's Spiraea · ♄ d Z6 VII; W-China, C-China

Spiraeanthus (Fisch. et C.A. Mey.) Maxim. -m- *Rosaceae* · 1 sp
– **schrenkianus** (Fisch. et C.A. Mey.) Maxim. · ♄ Z10; C-As.

Spiranthes Rich. -f- *Orchidaceae* · c. 30 sp · D:Drehwurz, Wendelähre; E:Lady's Tresses; F:Spiranthe
– **aestivalis** (Poir.) Rich. · D:Sommer-Drehwurz, Sommer-Wendelähre; E:Summer Lady's Tresses · ♃ ~ VII ▽ ✻; Eur.: Ib, Fr, Ap, Ba, C-Eur., EC-Eur.; Alger.
– *autumnalis* Rich. = Spiranthes spiralis
– **sinensis** (Pers.) Ames · ♃ Z9 ⌂ ▽ ✻; Sib., Sachal., China, Manch., Korea, Jap., Taiwan, Ind., Malay. Arch., Austr., NZ
– **spiralis** (L.) Chevall. · D:Herbst-Drehwurz, Herbst-Wendelähre; E:Autumn Lady's Tresses · ♃ ~ D Z6 X ▽ ✻; Eur.*, TR, Cyprus, Syr., Cauc., N-Iran, Alger.

Spirodela Schleid. -f- *Lemnaceae* · 4 sp · D:Teichlinse; E:Greater Duckweed; F:Spirodèle
– **polyrhiza** (L.) Schleid. · D:Vielwurzelige Teichlinse; E:Duckweed, Great Duckweed · ♃ ≈ Z5 V-VI; Eur.*, cosmop.

Spironema Lindl. = Callisia
– *fragrans* Lindl. = Callisia fragrans
– *warscewiczianum* (Kunth et Bouché) G. Brückn. = Callisia warszewicziana

Spodiopogon Trin. -m- *Poaceae (Gramineae)* · 9 sp · D:Graubartgras; F:Spodiopogon
– **sibiricus** Trin. · ♃ Z7 VIII-IX; E-Sib., Amur, Mong., China, Manch., Korea, Jap.

Spondias L. -f- *Anacardiaceae* · 10 sp · D:Balsampflaume, Mombinpflaume; E:Hog Plum; F:Monbin, Pomme d'or, Prune d'Espagne
– *cytherea* Sonn. = Spondias dulcis
– **dulcis** Parkinson · D:Goldene Balsampflaume; E:Ambarella, Polynesian Plum · ♄ s Z10 ⌂ Ⓝ; Madag., Fiji, Samoa
– **mombin** L. · D:Gelbe Mombinpflaume; E:Hog Plum · ♄ Z10 ⌂ Ⓝ; Mex., trop. Am., nat. in W-Afr.
– **pinnata** (J. König ex L. f.) Kurz · D:Gelbe

Balsampflaume; E:Yellow Plum · ♄ Z10 (W) (N); Ind., SE-As., Phil.
– **purpurea** L. · D:Rote Mombinpflaume; E:Red Mombin, Spanish Plum · ♄ s Z10 (W) (N); ? C-Am., ? W.Ind., cult. trop. Am.

Sporobolus R. Br. -m- *Poaceae (Gramineae)* · 160 sp · D:Fallsamengras, Vilfagras; E:Dropseed; F:Sporobole
– **cryptandrus** (Torr.) A. Gray · D:Verstecktblütiges Fallsamengras; E:Sand Dropseed · ♃ Z5; N-Am., N-Mex.
– **indicus** (L.) R. Br. · ♃ Z9; Trop., Subtrop., China, nat. in S-Eur.

Sprekelia Heist. -f- *Amaryllidaceae* · 1 sp · D:Jakobslilie; E:Jacobean Lily; F:Lis de St-Jacques
– **formosissima** (L.) Herb. · D:Jakobslilie; E:Jacobean Lily · ♃ Z9 (K) IV-V ☠; Mex., Guat.

Stachyphrynium K. Schum. -n- *Marantaceae* · 8-14 sp
– **jagorianum** (K. Koch) K. Schum. · ♃ Z10 (W); Malay. Pen.

Stachys L. -f- *Lamiaceae (Labiatae)* · c. 300 sp · D:Ziest; E:Betony, Hedge Nettle, Woundwort; F:Bétoine, Crosne, Epiaire
– **affinis** Bunge · D:Knollen-Ziest; E:Chinese Artichoke · ♃ Z5 VII-VIII (N); N-China, C-China
– **alopecuros** (L.) Benth. · D:Fuchsschwanz-Ziest · ♃ Z5; Eur.: Fr, Ib, Ap, C-Eur., Ba
– **alpina** L. · D:Alpen-Ziest · ♃ Z5 VII-IX; Eur.* exc. Sc; TR, Cauc., N-Iran
– × **ambigua** Sm. (*S. palustris* × *S. sylvatica*) · D:Bastard-Ziest · ♃; D +
– **annua** (L.) L. · D:Einjähriger Ziest · ☉ Z5 VI-X; Eur.* exc. BrI, Sc; Cauc., W-Sib.
– **arvensis** (L.) L. · D:Acker-Ziest · ☉ VII-X; Eur.* exc. EC-Eur.; TR, Lebanon, Palaest., NW-Afr., Afr., S-Afr., Am.
– **byzantina** K. Koch · D:Woll-Ziest; E:Lamb's Ears, Lamb's Lugs, Lamb's Tails; F:Epiaire laineuse · ♃ ⁞ Z5 VII-IX; TR, Krim, Cauc., N-Iran, nat. in Ont.
– **citrina** Boiss. et Heldr. · ♃ △ Z5 VI-VIII; TR
– **coccinea** Jacq. · ♃ Z8 (K) VII-VIII; USA: SW, Tex.
– **corsica** Pers. · ☉ ⊙ ♃ ⟿ Z8 (A) VIII-IX; Corse, Sard.
– *densiflora* Benth. = Stachys monnieri
– **discolor** Benth. · ♃ △ Z5 VII-VIII; Cauc., Iran
– **germanica** L. · D:Deutscher Ziest · ♃ Z5 VI-VIII; Eur.* exc. Sc; TR, Cauc., Maroc.
– *grandiflora* Willd. = Stachys macrantha
– **labiosa** Bertol. · D:Großlippiger Ziest · ♃ VI-X; Eur.: Alp., Apenn., W-Ba
– *lanata* Jacq. non Crantz = Stachys byzantina
– **lavandulifolia** Vahl · F:Epiaire à feuilles de lavande · ♃ △ Z5 VII-VIII; TR
– **macrantha** (K. Koch) Stearn · ♃ Z5 VII-VIII; TR, Cauc., Iran
– **monnieri** (Gouan) P.W. Ball · D:Zottiger Ziest · ♃ △ VII-VIII; Eur.: Sp., F, I, C-Eur., W-Ba, ? RO; Pyr., Alp.
– *nivea* Labill. = Stachys discolor
– **officinalis** (L.) Trevis. · D:Echter Ziest, Heil-Ziest; E:Betony, Bishop's Wort, Wood Betony · ♃ Z5 VII-VIII; Eur.*, TR, Cauc., N-Iran, C-As., NW-Afr.
– *olympica* Briq. ex Poir. = Stachys byzantina
– **palustris** L. · D:Sumpf-Ziest; E:Hedge Nerttle, Marsh Betony; F:Epiaire des marais · ♃ VI-IX ⚕; Eur.* , N-As., N-Am.
– **recta** L.
  – subsp. **recta** · D:Aufrechter Ziest · ♃ VI-X; Eur.* exc. BrI, Sc; TR, Cauc.
  – subsp. **subcrenata** Vis. · D:Karst-Ziest · ♃ VI-IX; SE-Eur., TR
– *sieboldii* Miq. = Stachys affinis
– *spicata* hort. = Stachys macrantha
– **sylvatica** L. · D:Wald-Ziest · ♃ VI-IX; Eur.*, N-Am.
– *tuberifera* Naudin = Stachys affinis

Stachytarpheta Vahl -f- *Verbenaceae* · 65 sp · D:Schneckenkraut; E:False Vervain, Snakeweed
– **mutabilis** (Jacq.) Vahl · D:Rosa Schneckenkraut; E:Pink Snakeweed · ♄ Z10 (W) II-XI; N-Am , n S-Am.

Stachyurus Siebold et Zucc. -m- *Stachyuraceae* · 6-10 (-16) sp · D:Perlschweif, Schweifähre; F:Stachyurus
– **chinensis** Franch. · D:Chinesischer Perlschweif · ♄ d Z7 IV; C-China
– **praecox** Siebold et Zucc. · D:Japanischer Perlschweif · ♄ d Z7 III-IV; Jap., Ryukyu-Is.

Staehelina L. -f- *Asteraceae (Compositae)* · 8 sp · D:Strauchscharte; F:Stéhéline

– **uniflosculosa** Sibth. et Sm. · ħ ⌂K; AL, GR, Maced.

Stangeria T. Moore -f- *Stangeriaceae* · 1 sp
– **eriopus** (Kunze) Nash · ♃ Z9 ⌂W ▽ ✻; S-Afr.: Natal (Pondoland)

Stanhopea Frost ex Hook. -f- *Orchidaceae* · 55 sp
– *bucephalus* Lindl. = Stanhopea jenishiana
– *eburnea* Lindl. = Stanhopea grandiflora
– **ecornuta** Lem. · ♃ Z10 ⌂K VII-IX ▽ ✻; Guat., Hond., Nicar., Costa Rica
– **grandiflora** (Lodd.) Lindl. · ħ Z10 ⌂K VIII-IX ▽ ✻; Venez., Trinidad, Guyana, Bras.
– **graveolens** Lindl. · ♃ Z10 ⌂K VII-VIII ▽ ✻; Mex., Guat., Hond.
– **hernandezii** (Kunth) Schltr. · ♃ Z10 ⌂K VII-XI ▽ ✻; Mex., Guat.
– **insignis** Frost ex Hook. · ♃ Z10 ⌂K VIII-X ▽ ✻; Bras., ? Peru
– **jenishiana** Kramer ex Rchb. f. · ♃ Z10 ⌂K ▽ ✻; Col., Ecuad.
– **oculata** (Lodd.) Lindl. · ♃ Z10 ⌂K VII-X ▽ ✻; Mex., Guat., Hond., Belize
– **saccata** Bateman · ♃ Z10 ⌂K VII-VIII ▽ ✻; Guat.
– **tigrina** Bateman · ♃ Z10 ⌂K VIII-XI ▽ ✻; Mex., C-Am., trop. S-Am.
– **wardii** Lindl. · ♃ Z10 ⌂K VII-IX ▽ ✻; C-Am., trop. S-Am.

Stapelia L. -f- *Asclepiadaceae* · 44 sp · D:Aasblume; E:Carrion Flower, Starfish Flower; F:Etoile, Stapélia
– **asterias** Masson · ♃ ᴪ Z9 ⌂K; Kap
– *barbata* Masson = Huernia barbata
– *campanulata* Masson = Huernia campanulata
– **concinna** Masson · ♃ ᴪ Z9 ⌂K; Kap
– *cooperi* N.E. Br. = Orbea cooperi
– **desmetiana** N.E. Br. · ♃ ᴪ Z9 ⌂K; SE-Kap
– *dinteri* A. Berger = Tridentea jucunda var. dinteri
– *europaea* Webb = Caralluma europaea var. confusa
– **flavopurpurea** Marloth
 – var. **flavopurpurea** · ♃ ᴪ Z9 ⌂K; W-Kap
 – var. **fleckii** (A. Berger et Schltr.) A.C. White et B. Sloane · ♃ ᴪ Z9 ⌂K; Namibia
– *fleckii* A. Berger et Schltr. = Stapelia flavopurpurea var. fleckii
– **gigantea** N.E. Br. · D:Riesenblütige Aasblume; E:Giant Stapelia, Giant Toad Flower · ♃ ᴪ Z9 ⌂K; Zimbabwe, Zambia, S-Afr.: Transvaal, Natal
– **grandiflora** Masson · ♃ ᴪ Z9 ⌂K; S-Afr.: SE-Kap, Transvaal
– **hirsuta** L. · ♃ ᴪ Z9 ⌂K; SE-Kap
– *hystrix* Hook. f. = Huernia hystrix
– *macrocarpa* A. Rich. = Huernia penzigii
– *mammillaris* L. = Quaqua mammillaris
– *melanantha* Schltr. = Orbeopsis melanantha
– **mutabilis** Jacq. · ♃ ᴪ Z9 ⌂K; orig. ?
– **pillansii** N.E. Br. · ♃ ᴪ Z9 ⌂K; Kap
– *radiata* Sims = Duvalia radiata
– *replicata* Jacq. = Duvalia radiata
– *revoluta* (Masson) Haw. = Tromotriche revoluta
– **senilis** N.E. Br. · ♃ ᴪ Z9 ⌂K; Kap
– *tapscottii* Verd. = Orbea tapscottii
– *variegata* L. = Orbea variegata
– *verrucosa* Masson = Orbea verrucosa

Staphylea L. -f- *Staphyleaceae* · 11 sp · D:Pimpernuss; E:Bladdernut; F:Faux-pistachier, Staphilier
– **bolanderi** A. Gray · D:Kalifornische Pimpernuss; E:Sierran Bladdernut · ħ ħ d Z7 ∧ IV-V; Calif.
– **bumalda** DC. · D:Japanische Pimpernuss · ħ d Z5 VI; China, Manch., Korea, Jap.
– **colchica** Steven · D:Kolchische Pimpernuss · ħ d Z6 V; Cauc.
– × **elegans** Zabel (*S. colchica* × *S. pinnata*) · ħ d Z6 V; cult.
– **emodi** Wall. · ħ ħ d Z9 ⌂K; Him.
– **holocarpa** Hemsl. · D:Chinesische Pimpernuss; E:Chinese Bladdernut · ħ d Z6 IV-V; C-China
– **pinnata** L. · D:Gewöhnliche Pimpernuss; E:Bladdernut, European Bladdernut · ħ d Z5 V-VI; Eur.: F, I, C-Eur., EC-Eur., Ba, E-Eur.; TR, Cauc., nat. in BrI
– **trifolia** L. · D:Amerikanische Pimpernuss; E:American Bladdernut, Bladdernut · ħ d Z5 V; Can.: E; USA: NE, NCE, SE, Okla.

Statice L. = Limonium, Armeria
– *bellidifolium* (Gouan) DC. = Limonium bellidifolium
– *globulariifolia* (Desf.) Kuntze = Limonium ramosissimum
– *limonium* L. = Limonium vulgare
– *perezii* Stapf = Limonium perezii
– *plantaginea* All. = Armeria arenaria
– *sinuata* L. = Limonium sinuatum

Stauntonia DC. -f- *Lardizabalaceae* · 24 sp
– **hexaphylla** (Thunb.) Decne. · E:Stauntonia · ♄ e ≷ Z9 ⓚ IV; Jap., Ryukyu-Is., S-Korea
– *latifolia* (Wall.) Wall. = Holboellia latifolia

Stauropsis Rchb.f. = Trichoglottis, Phalaenopsis, Vandopsis
– *gigantea* (Lindl.) Benth. ex Pfitzer = Vandopsis gigantea
– *lissochiloides* (Gaudich.) Pfitzer = Vandopsis lissochiloides
– *violacea* (Witte) Rchb. f. = Phalaenopsis violacea

Steirodiscus Less. -m- *Asteraceae (Compositae)* · 5 sp
– **tagetes** (L.) Schltr. · ⊙ Z9 VI-VII; S-Afr.

Steironema Raf. = Lysimachia
– *ciliatum* (L.) Baudo = Lysimachia ciliata

Stelechocarpus Hook.f. et Thomson -m- *Annonaceae* · 5 sp
– **burahol** (Blume) Hook. f. et Thomson · ♄ ⓦ Ⓝ; Malay. Arch., cult Java

Stellaria L. -f- *Caryophyllaceae* · 150-200 sp · D:Sternmiere; E:Chickweed, Stitchwort; F:Langue-d'oiseau, Stellaire
– **alsine** Grimm · D:Quell-Sternmiere · ♃ ~ V-VII; Eur.*, Cauc., Sib., China, Korea, Jap., Taiwan, N-Afr., N-Am.
– **aquatica** (L.) Scop. · D:Wasserdarm; E:Chickweed · ♃ ≷ ⇝ ~ VI-IX; Eur.*, TR, Cauc., W-As., Ind., N-As., Korea, Jap., Taiwan, N-Afr.
– **crassifolia** Ehrh. · D:Dickblättrige Sternmiere · ♃ ~ VII-VIII; Eur.: Sc, D, PL, Russ.; Cauc., W-Sib., E-Sib. Kamchat., C-As., Jap., N-Am.
– **graminea** L. · D:Gras-Sternmiere; E:Common Stitchwort · ♃ V-VII; Eur.*, TR, Cauc., W-Sib., E-Sib. , C-As., Mong. , Tibet, China: Sinkiang
– **holostea** L. · D:Große Sternmiere; E:Stitchwort · ♃ Z5 IV-VI; Eur.*, TR, Cauc., N-Iran, W-Sib., NW-Afr.
– **longifolia** H.L. Mühl. ex Willd. · D:Langblättrige Sternmiere · ♃ VI-VIII; Eur.: Ap, C-Eur., EC-Eur., Sc, E-Eur.; Cauc., W-Sib., E-Sib. Amur, Sachal., Kamch., C-As., Jap., N-Am.
– **media** (L.) Vill. · D:Vogel-Sternmiere, Vogelmiere; E:Common Chickweed · ⊙ Z5 I-XI ⚕; Eur.*, TR, Levante, N-Afr., N-As., Greenl., nat. in Can., USA*, cosmop.
– **neglecta** Weihe · D:Auwald-Sternmiere, Großblütige Vogelmiere · ♃ IV-VII; Eur.*, TR, Lebanon, Palaest., Cauc., C-As., China, Jap.., NW-Afr.
– **nemorum** L.
  – subsp. **montana** (Pierrat) Berher · D:Berg-Hainsternmiere, Berg-Sternmiere · ♃ VI-VIII; Eur.
  – subsp. **nemorum** · D:Hain-Sternmiere · ♃ V-IX; Eur.*, TR, Cauc.
– **pallida** (Dumort.) Crép. · D:Bleiche Sternmiere, Bleiche Vogelmiere · ⊙ III-V; Eur.*, TR, Levante, Cauc., C-As., N-Afr.
– **palustris** Ehrh. ex Hoffm. · D:Sumpf-Sternmiere · ♃ ~ V-VII; Eur.* exc. Ib; TR, Cauc., W-Sib., E-Sib. C-As., Him., Mong., China: Sinkiang; Jap.

Stellera L. -f- *Thymelaeaceae* · 8 sp
– **alberti** Regel · ♄ VI; C-As.; mts.

Stemmacantha Cass. -f- · 20 sp · D:Bergscharte
– **rhapontica** (L.) Dittrich · D:Bergscharte · ♃ Z6 VII-VIII; Eur.: F, I, CH, A; Alp.

Stenandrium Nees -n- *Acanthaceae* · 25 sp
– *igneum* (Linden) André = Xantheranthemum igneum
– **lindenii** Nees · ♃ ⇝ Z10 ⓦ; Ecuad., Peru, Bol.

Stenia Lindl. = Chondrorhyncha
– *fimbriata* Linden et Rchb. f. = Chondrorhyncha fimbriata

Stenocactus (K. Schum.) A.W. Hill = Echinofossulocactus
– *albatus* A. Dietr. = Echinofossulocactus vaupelianus
– *coptonogonus* (Lem.) A.W. Hill = Echinofossulocactus coptonogonus
– *crispatus* (DC.) A.W. Hill = Echinofossulocactus crispatus
– *gladiatus* (Link et Otto) A. Berger = Echinofossulocactus gladiatus
– *lamellosus* (A. Dietr.) Britton et Rose = Echinofossulocactus crispatus
– *lloydii* (Britton et Rose) A. Berger = Echinofossulocactus multicostatus
– *multicostatus* (Hildm. ex K. Schum.) A. Berger = Echinofossulocactus multicostatus

– *phyllacanthus* (Mart.) A.W. Hill = Echinofossulocactus phyllacanthus
– *vaupelianus* (Werderm.) Backeb. = Echinofossulocactus vaupelianus
– *violaciflorus* (Quehl) A. Berger = Echinofossulocactus crispatus

Stenocarpus R. Br. -m- *Proteaceae* · c. 25 sp · D:Feuerradbaum; E:Wheeltree; F:Sténocarpe
– **salignus** R. Br. · ♄ e Z10 ⓚ; Austr.: Queensl., N.S.Wales
– **sinuatus** (A. Cunn.) Endl. · D:Feuerradbaum; E:Firewheel Tree · ♄ e Z10 ⓚ VII-VIII; N.Guinea, Austr.: Queensl., N.S.Wales

Stenocereus (A. Berger) Riccob. -m- *Cactaceae* · 25 sp
– **beneckei** (C. Ehrenb.) Buxb. · ♄ ψ Z9 ⓚ ▽ ✱; W-Mex.
– **dumortieri** (Scheidw.) Buxb. · ♄ ψ Z9 ⓚ ▽ ✱; Mex.
– *eruca* (Brandegee) A.C. Gibson et K.E. Horak = Machaerocereus eruca
– **marginatus** (DC.) Buxb. · D:Orgelpfeifenkaktus; E:Organ Pipe Cactus · ♄ ψ Z9 ⓚ; Mex.
– **pruinosus** (Otto) Buxb. · ♄ ♄ ψ Z9 ⓚ ▽ ✱; S-Mex.
– **queretaroensis** (F.A.C. Weber) Buxb. · ♄ ψ Z9 ⓚ ▽ ✱; C-Mex.
– **stellatus** (Pfeiff.) Riccob. · ♄ ψ Z9 ⓚ ▽ ✱; S-Mex.
– **thurberi** (Engelm.) Buxb. · E:Organ Pipe Cactus · ♄ ψ Z9 ⓚ ▽ ✱; USA: S-Calif., SW; Baja Calif.; N-Mex.
– *weberi* (J.M. Coult.) Buxb. = Pachycereus weberi

Stenochlaena J. Sm. -f- *Blechnaceae* · 6 sp
– **palustris** (Burm. f.) Bedd. · ♃ ⌇ Z10 ⓦ; trop. As., Austr., Polyn.
– *sorbifolia* (L.) J. Sm. = Lomariopsis sorbifolia
– **tenuifolia** (Desv.) T. Moore · ♃ ⌇ Z9 ⓦ; trop. Afr., Madag.

Stenoglottis Lindl. -f- *Orchidaceae* · 4 sp
– **fimbriata** Lindl. · ♃ Z9 ⓚ IX-X ▽ ✱; S-Afr.
– **longifolia** Hook. f. · ♃ Z9 ⓚ IX-XI ▽ ✱; S-Afr.: Natal (Zululand)

Stenolobium D. Don = Tecoma
– *stans* (L.) Seem. = Tecoma stans

Stenorrhynchos Rich. ex Spreng. -m- *Orchidaceae* · c. 50 (13/80) sp
– **orchioides** (Sw.) Rich. · ♃ Z10 ⓦ V ▽ ✱; trop. Am.
– **speciosus** (J.F. Gmel.) Rich. · ♃ Z10 ⓦ II-IV ▽ ✱; W.Ind., C-Am., trop. S-Am.

Stenospermation Schott -n- *Araceae* · 20-30 sp
– **popayanense** Schott · ♄ e Z10 ⓦ; Col., Ecuad.

Stenotaphrum Trin. -n- *Poaceae (Gramineae)* · 7 sp · D:Hohlspelze; E:Buffalo Grass; F:Herbe de St-Augustin
– **secundatum** (Walter) Kuntze · D:St.-Augustin-Gras; E:Buffalo Grass, Shore Grass, St Augustine Grass · ♃ ⇝ Z9 ⓦ ⓚ ▽ Ⓝ; trop. Am. , W-Afr., Pacific Is.; coasts

Stephanandra Siebold et Zucc. -f- *Rosaceae* · 4 sp · D:Kranzspiere; F:Stephanandra
– **incisa** (Thunb.) Zabel · D:Kleine Kranzspiere · ♄ d Z5 VI; Jap., Korea
– **tanakae** (Franch. et Sav.) Franch. et Sav. · D:Große Kranzspiere · ♄ d Z6 VI-VII; Jap.

Stephanocereus A. Berger -m- *Cactaceae* · 2 sp
– **leucostele** (Gürke) A. Berger · ♄ ψ Z9 ⓚ ▽ ✱; Bras.

Stephanophysum Pohl = Ruellia
– *longifolium* Pohl = Ruellia graecizans

Stephanotis Thouars -f- *Asclepiadaceae* · 5 sp · D:Kranzschlinge; E:Waxflower; F:Jasmin de Madagascar
– **floribunda** (R. Br.) Brongn. · D:Madagaskar-Kranzschlinge; E:Madagascar Jasmine, Wax Flower · ♄ e ⌇ D Z10 ⓦ VI-IX; Madag.

Sterculia L. -f- *Sterculiaceae* · 150-200 sp · D:Sterkulie, Stinkbaum; F:Pois puant, Sterculier
– *acerifolia* A. Cunn. = Brachychiton acerifolius
– *alata* Roxb. = Pterygota alata
– **apetala** (Jacq.) H. Karst. · D:Panama-Stinkbaum; E:Panama Tree · ♄ d Z10 ⓚ Ⓝ; Mex., C-Am., W.Ind., S-Am.

– *diversifolia* G. Don = Brachychiton populneus
– **foetida** L. · D:Stinkbaum; E:Java Olive · ♄ e ✂ Z10 (W); trop. Afr., trop. As.
– *platanifolia* L. f. = Firmiana simplex
– *quinqueloba* K. Schum. = Cola quinqueloba
– *rupestris* (Michx. ex Lindl.) Benth. = Brachychiton rupestris
– **tragacantha** Lindl. · ♄ Z10 (W) Ⓝ; trop. Afr.
– **urens** Roxb. · ♄ d Z10 (W) Ⓝ; Ind., Pakist.

Stereospermum Cham. -n- *Bignoniaceae* · 15 sp
– **kunthianum** Cham. · E:Pink Jacaranda · ♄ Z10 IV-VII; Trop. Afr.
– *sinicum* Hance = Radermachera sinica

Sternbergia Waldst. et Kit. -f- *Amaryllidaceae* · 7 sp · D:Goldkrokus, Sternbergie; E:Autumn Daffodil, Winter Daffodil; F:Amaryllis doré
– **lutea** (L.) Ker-Gawl. ex Spreng. · D:Gelbe Sternbergie, Goldkrokus; E:Autumn Yellow Crocus, Winter Daffodil · ♃ △ Z7 ∧ IX-X ☠ ▽ ✱; Eur.: Ib, Ap, Ba; TR, Iraq, Cauc., Iran, C-As, nat. in F

Stetsonia Britton et Rose -f- *Cactaceae* · 1 sp
– **coryne** (Salm-Dyck) Britton et Rose · E:Toothpick Cactus · ♄ ᴪ Z9 (K) ▽ ✱; NW-Arg., S-Bol.

Steudnera K. Koch -f- *Araceae* · 8 sp
– **colocasiaefolia** K. Koch · ♃ Z10 (W); Myanmar
– **discolor** W. Bull · ♃ Z10 (W); Myanmar

Stevensonia Duncan ex Balf.f. = Phoenicophorium
– *borsigiana* (K. Koch) L.H. Bailey = Phoenicophorium borsigianum
– *grandifolia* Duncan ex Balf. f. = Phoenicophorium borsigianum

Stevia Cav. -f- *Asteraceae (Compositae)* · 235 sp · D:Stevie; F:Stévie
– **rebaudiana** (Bertoni) Hemsl. · D:Stevie; E:Sweet Leaf Of Paraguay · ⊙ Z9 (K) Ⓝ; NE-Parag.
– **serrata** Cav. · ♃ Z9 (K); USA: Tex., SW; C-Am., trop. S.-Am.

Stewartia L. -f- *Theaceae* · 9 sp · D:Scheinkamelie; E:False Camellia; F:Faux-camélia, Stuartia
– *koreana* Nakai ex Rehder = Stewartia pseudocamellia var. koreana
– **monadelpha** Siebold et Zucc. · D:Hohe Scheinkamelie; E:Tall Stewartia · ♄ d Z7 VII-VIII; Jap.
– **ovata** (Cav.) Weath.
  – var. **grandiflora** (Bean) Kobuski · ♄ ♄ d Z5 VI-VII; USA: Ga.
  – var. **ovata** · D:Amerikanische Scheinkamelie; E:Mountain Camellia · ♄ d Z5 VII; USA: Va., Ky., SE
– *pentagyna* L'Hér. = Stewartia ovata var. ovata
– **pseudocamellia** Maxim.
  – var. **koreana** (Nakai ex Rehder) Sealy · E:Korean Stewartia · ♄ ♄ d Z6 VII-VIII; Korea
  – var. **pseudocamellia** · D:Japanische Scheinkamelie; E:Japanese Stewartia · ♄ d Z6; Jap.
– **pteropetiolata** W.C. Cheng · D:Chinesische Scheinkamelie; E:Chinese Stewartia · ♄ ♄ d D Z7 VII; C-China
– **serrata** Maxim. · ♄ d Z7 VI; Jap.
– *sinensis* Dunn = Stewartia pteropetiolata

Sticherus C. Presl -m- *Gleicheniaceae* · 100 sp · D:Fächerfarn; E:Fan Fern; F:Fougère, Gleichenia
– **flabellatus** (R. Br.) H. St. John · ♃ Z10 (K); Austr., Tasman., NZ, N.Caled.

Stictocardia Hallier f. -f- *Convolvulaceae* · 9-12 sp
– **beraviensis** (Vatke) Hallier f. · E:Mile-a-Minute Climber · ♄ ≀ ≀ Z9 (W); W-Afr., E-Afr., Zambia, Madag.

Stillingia Garden ex L. -f- *Euphorbiaceae* · c. 30 sp
– **sylvatica** L. · E:Queen's Root, Yaw Root · ♃ Z8 (K) V-VI ⚕ ☠ Ⓝ; USA: Va., SE, Fla., Tex.

Stipa L. -f- *Poaceae (Gramineae)* · c. 300 sp · D:Espartogras, Federgras, Pfriemengras, Raugras; E:Feather Grass, Needle Grass, Spear Grass; F:Esparsette, Stipa
– **avenacea** L. · ♃ V-VI ▽; USA: NE, NCE, SC, SE, Fla.
– **barbata** Desf. · D:Reiher-Federgras; F:Stipa barbu · ♃ Z8 ∧ VII-VIII ▽; Sp.,

S-I, Sic.
- **borysthenica** Klokov ex Prokudin · D:Sand-Federgras · ♃ V-VI ▽; Eur.: C-Eur., EC-Eur., Ba, E-Eur.; Cauc., W-Sib., E-Sib., C-As.
- **bromoides** (L.) Dörfl. · D:Kurzgranniges Pfriemengras · ♃ ▽; Eur.: Ib, Fr, Ap, H, Ba, RO, Krim; TR, Iraq, Syr., Lebanon, Palaest., Cauc., Iran, C-As., Maroc., Alger.
- **calamagrostis** (L.) Wahlenb. · D:Alpen-Raugras, Silber-Ährengras; F:Calamagrostide argentée · ♃ Z7 ∧ VI-IX; Eur.: Sp., F, I, C-Eur., Ba, RO
- **capillata** L. · D:Haar-Federgras, Haar-Pfriemengras; F:Stipa chevelu · ♃ VII ▽; Eur.* exc. BrI, Sc; TR, Cauc., N-Iran, W-Sib., E-Sib., C-As., Mong.
- **dasyphylla** (Cernjaev ex Lindem.) Trautv. · D:Weichhaariges Federgras · ♃ V-VI ▽; Eur.: D, EC-Eur., E-Eur.; W-Sib.
- *effusa* (Maxim.) Nakai = Stipa pekinensis
- **elegantissima** Labill. · ♃ Z8 Ⓚ VI-VII ▽; Austr.
- **eriocaulis** Borbás · D:Zierliches Federgras · ♃ V-VI ▽; Eur.: Ib, F, Ap, C-Eur., EC-Eur., Ba, E-Eur.; Alger.
- **gigantea** Link · E:Giant Feather Grass · ♃ Z8 ∧ VI-VII ▽; Eur.: Ib
- *grafiana* Steven = Stipa pulcherrima subsp. pulcherrima
- **grandis** Smirn. · ♃ VI-VII ▽; Mong.
- *joannis* Čelak. = Stipa pennata
- **pekinensis** Hance · ♃ VII-VIII ▽; E-Sib., N-China, Jap., Sachal.
- **pennata** L. · D:Echtes Federgras, Mädchenhaargras; E:Feather Grass; F:Stipa penné · ♃ ♄ V-VI ▽; Eur.: Fr, C-Eur., EC-Eur., Ba, Sc, E-Eur.; TR, N-Iraq, Cauc., ? Iran, W-Sib., E-Sib., C-As.
  - subsp. *eriocaulis* (Borbás) Martinowský et Slaliký = Stipa eriocaulis
- **pulcherrima** K. Koch
  - subsp. **bavarica** Martinovský et H. Scholz · D:Bayerisches Federgras · ♃ V-VII ▽; Eur.: D (Neuburg a.D.)
  - subsp. **pulcherrima** · D:Gelbscheidiges Federgras, Großes Federgras; E:Golden Feather Grass; F:Plumet · ♃ ∧ V-VII ▽; Eur.: Ib, Fr, C-Eur., EC-Eur., Ba, E-Eur., Ap; TR, Cauc., N-Iran, W-Sib., C-As., Maroc., Alger.
- **splendens** Trin. · D:Glänzendes Raugras · ♃ Z7 ▽; W-Sib., E-Sib., C-As., Iran, Him., Tibet., Mong., China, Jap., S-As, nat. in Eur.
- *stenophylla* (Czern. et Lindem.) Trautv. = Stipa tirsa
- **styriaca** Martinovský · D:Steirisches Federgras · ♃ V-VI ▽; Eur.: A (Steiermark, Kärnten); mts.
- **tenacissima** L. · D:Espartogras; E:Esparto Grass · ♃ Z8 ∧ VII-VIII ▽; China: Hupeh, Sichuan
- **tirsa** Steven · D:Rossschweif-Federgras · ♃ V-VI ▽; Eur.* exc. BrI, Sc; NE-TR, Cauc., C-As., W-Sib.
- **ucrainica** P.A. Smirn. · ♃ ▽; Eur.: E-Eur.
- **viridula** Trin. · ♃ ▽; Can.; USA* exc. Calif., Fla.

Stirlingia Endl. -f- *Proteaceae* · 3-6 sp
- **latifolia** Steud. · ♄ e ⋈ Z10 Ⓚ; Austr.

Stizolobium P. Browne = Mucuna
- *deeringianum* Bort = Mucuna pruriens var. utilis
- *pruriens* (L.) Medik. = Mucuna pruriens var. pruriens

Stoebe L. -f- *Asteraceae (Compositae)* · 34 sp
- **cinerea** Thunb. · ♄ ⋈ Z9 Ⓚ; Kap

Stokesia L'Hér. -f- *Asteraceae (Compositae)* · 1 sp · D:Kornblumenaster, Stokesie; E:Stike's Aster; F:Aster-centaurée, Stokésia
- **laevis** (Hill) Greene · D:Kornblumenaster, Stokesie; E:Stoke's Aster, Stokesia · ♃ ∧ VIII-IX; USA: SE, Fla.
  - **in Sorten**

Stomatium Schwantes -n- *Aizoaceae* · 30-40 sp
- **suaveolens** (Schwantes) Schwantes · ♃ ᛘ D Z10 Ⓚ; Kap

Stranvaesia Lindl. = Photinia
- *davidiana* Decne. = Photinia davidiana var. davidiana
  - var. *salicifolia* (Hutch.) Rehder = Photinia davidiana var. salicifolia
  - var. *undulata* (Decne.) Rehder = Photinia davidiana var. undulata
- *undulata* Decne. = Photinia davidiana var. undulata

Stratiotes L. -m- *Hydrocharitaceae* · 1 sp · D:Krebsschere, Wasseraloe; E:Water Soldier; F:Aloès d'eau, Macle
- **aloides** L. · D:Krebsschere, Wasseraloe;

E:Water Aloe, Water Soldier; F:Aloès d'eau · ♃ ≈ Z5 V-VIII ▽; Eur.*, Cauc., W-Sib.

Strelitzia Aiton -f- *Strelitziaceae* · 5 sp · D:Paradiesvogelblume, Strelitzie; E:Bird of Paradise; F:Oiseau de paradis
- **alba** (L. f.) Skeels · ♄ e Z9 ⓦ I-III; Kap
- *augusta* C. Wright = Strelitzia alba
- **caudata** R.A. Dyer · ♄ e Z9 ⓦ; S-Afr.: Transvaal
- *juncea* Link = Strelitzia reginae var. juncea
- **nicolai** Regel et Körn. · D:Natal-Strelitzie; E:Giant Bird-of-Paradise, Wild Banana · ♄ e Z9 ⓦ I-VI; S-Afr.: Natal
- **parvifolia** Dryand. · ♃ Z9 ⓚ; SW-Kap
- *parvifolia* W.T. Aiton = Strelitzia reginae var. reginae
  - var. *juncea* Ker-Gawl. = Strelitzia reginae var. juncea
- **reginae** Banks
  - var. **juncea** (Link) Ker-Gawl. · ♄ e Z9 ⓚ II-VIII; Kap
  - var. **reginae** · D:Königs-Strelitzie, Paradiesvogelblume; E:Bird-of-Paradise, Crane Flower · ♃ ⋊ Z9 ⓚ II-VIII; Kap

Streptocalyx Beer -m- *Bromeliaceae* · 14 sp · D:Drehkelch; F:Aechméa, Streptocalyx
- **longifolius** (Rudge) Baker · ♃ Z10 ⓦ; Col., Peru, Bol., Bras.
- **poeppigii** Beer · ♃ Z10 ⓦ; Bras., Peru, Bol.
- *vallerandii* (Carrière) E. Morren = Streptocalyx poeppigii

Streptocarpus Lindl. -m- *Gesneriaceae* · c. 125 sp · D:Drehfrucht; E:Cape Primerose; F:Primevère du Cap
- **caulescens** Vatke · ♃ Z10 ⓦ VI-VIII; trop. Afr.
- **cyaneus** S. Moore · ♃ Z10 ⓦ VI-VIII; S-Afr.: Transvaal, Swasiland
- **dunnii** Mast. ex Hook. f. · ♃ Z10 ⓦ VII-VIII; S-Afr.: Transvaal
- **galpinii** Hook. f. · ♃ Z10 ⓦ IX-X; S-Afr.: Transvaal
- **grandis** N.E. Br. ex C.B. Clarke · ♃ Z10 ⓦ VII-VIII; S-Afr.: Natal (Zululand)
- **haygarthii** N.E. Br. · ♃ Z10 ⓦ; S-Afr.: Natal
- **holstii** Engl. · ♃ Z10 ⓦ VI-VIII; E-Afr.
- × **hybridus** Voss (*S. rexii* × *?*) · ♃ Z10 ⓦ; cult.
- **kirkii** Hook. f. · ♄ Z10 ⓦ VII-X; E-Afr.
- **parviflorus** E. Mey. · ♃ Z10 ⓦ VI-VIII; S-Afr.
- **polyanthus** Hook. · ♃ Z10 ⓦ; S-Afr.: Natal
- **rexii** (Bowie ex Hook.) Lindl. · ♃ Z10 ⓦ V-VIII; Kap
- **saundersii** Hook. · ♃ Z10 ⓦ IX; S-Afr.: Natal
- **saxorum** Engl. · E:False African Violet · ♃ Z10 ⓦ VI-X; Tanzania
- **wendlandii** Sprenger ex Dammann · ♃ Z10 ⓦ VIII-XI; S-Afr.: Natal
- **Cultivars**
  - **in vielen Sorten**

Streptopus Michx. -m- *Convallariaceae* · 7 sp · D:Knotenfuß; E:Twisted Stalk; F:Streptope
- **amplexifolius** (L.) DC. · D:Knotenfuß; E:Liverberry, Twisted Stalk · ♃ ♧ Z5 VI-VIII; Eur.* exc. BrI, Sc; Amur, Sachal., Kamchat., Jap., W-China, Alaska, Can., USA* exc. SC; Greenl.
- **roseus** Michx. · D:Rosa Knotenfuß; E:Rose Mandarin, Rosy Twisted Stalk · ♃ Z3 VI-VII; Can.: E; USA; NE, NCE, SE

Streptosolen Miers -m- *Solanaceae* · 1 sp · D:Drehkrone; E:Firebush; F:Streptosolen
- **jamesonii** (Benth.) Miers · D:Drehkrone; E:Fire Bush, Marmalade Bush · ♄ e Z9 ⓚ IV-VI; Col., Ecuad.

Strobilanthes Blume -m- *Acanthaceae* · 250 sp · D:Zapfenblume; F:Strobilanthe
- **anisophyllus** (Wall. ex Lodd.) T. Anderson · ♄ e Z10 ⓦ; Ind. (Assam)
- **cusia** (Nees) Imlay · ♄ Z10 ⓦ ⓝ; Ind.: Assam, Bengalen; N-Myanmar, S-China
- **dyerianus** Mast. · E:Persian Shield · ♄ Z10 ⓦ; Myanmar
- **isophyllus** (Nees) T. Anderson · ♄ e Z10 ⓦ; ? Ind. (Assam)
- **maculatus** (Wall.) Nees · ♄ Z10 ⓦ; Ind: Assam

Stromanthe Sond. -f- *Marantaceae* · 15 sp · D:Blumenmaranthe; F:Stromanthe
- *amabilis* E. Morren = Ctenanthe amabilis
- **porteana** Griseb. · ♃ Z10 ⓦ; Bras.
- **sanguinea** (Hook.) Sond. · ♃ Z10 ⓦ; Bras.

Strombocactus Britton et Rose -m- *Cactaceae* · 1 sp · D:Kreiselkaktus

– *denegrii* (Fric) G.D. Rowley = Obregonia denegrii
– **disciformis** (DC.) Britton et Rose · ♆ Z9 Ⓚ ▽ ✱; Mex.: Hidalgo
– *lophophoroides* (Werderm.) F.M. Knuth = Turbinicarpus lophophoroides
– *pseudomacrochele* Backeb. = Turbinicarpus pseudomacrochele
– *schmiedickeanus* (Boed.) A. Berger = Turbinicarpus schmiedickeanus

Strongylodon Vogel -m- *Fabaceae (Leguminosae)* · 12 sp
– **macrobotrys** A. Gray · D:Jadewein; E:Jade Vine · ♄ e ≹ Z10 Ⓦ; Phil.

Strophanthus DC. -m- *Apocynaceae* · 38 sp
– **caudatus** (L.) Kurz · ♄ e ≹ Z10 Ⓦ ☠; Thail., Malay. Arch., Phil.
– *dichotomus* DC. = Strophanthus caudatus
– **gratus** (Wall. et Hook. ex Benth.) Baill. · ♄ e ≹ ✿ Z10 Ⓦ ⚕ ☠; W-Afr., C-Afr.
– **hispidus** DC. · ♄ ≹ Z10 Ⓦ ⚕ ☠ Ⓝ; trop. Afr.
– **kombe** Oliv. · ♄ e ≹ Z10 Ⓦ ⚕ ☠; C-Afr., N-Angola, SE-Afr.
– **sarmentosus** DC. · ♄ e ≹ Z10 Ⓦ ☠; W-Afr.

Struthiopteris Scop. = Blechnum
– *filicastrum* All. = Matteuccia struthiopteris
– *germanica* Willd. = Matteuccia struthiopteris
– *orientalis* Hook. = Onoclea orientalis
– *pensylvanica* Willd. = Matteuccia pensylvanica

Strychnos L. -f- *Loganiaceae* · c. 190 sp · D:Brechnuss; E:Strychnine Tree; F:Strychnos, Vomiquier
– **ignatii** Bergius · D:Ignatius-Brechnuss; E:Ignatius Bean, Poison Nut · ♄ ≹ Z10 Ⓦ ☠; Malay. Arch., SE-Phil.
– **nux-vomica** L. · D:Gewöhnliche Brechnuss; E:Nux Vomica, Strychnine · ♄ e Z10 Ⓦ ⚕ ☠ Ⓝ; Ind., Sri Lanka, Malay. Arch., N-Austr.
– **spinosa** Lam. · ♄ Z10 Ⓦ ☠ Ⓝ; trop. Afr., S-Afr., Madag., Seych.
– **toxifera** R.H. Schomb. ex Benth. · D:Gift-Brechnuss; E:Strychnine · ♄ ≹ Z10 Ⓦ ☠; Col., Ecuad., Peru, Venez., Guyan., Amazon.,

Stuartia L. = Stewartia
– *pentagyna* L'Hér. = Stewartia ovata var. ovata

Stultitia E. Phillips = Orbea
– *cooperi* (N.E. Br.) Phillips = Orbea cooperi
– *tapscottii* (Verd.) Phillips = Orbea tapscottii

Stylidium Sw. ex Willd. -n- *Stylidiaceae* · 126 sp · D:Säulenblume
– **adnatum** R. Br. · ♃ Z9 Ⓚ VI-VII; Austr.
– **graminifolium** Sw. ex Willd. · E:Trigger Plant · ♃ Z9 Ⓚ V-VI; Austr.
– *majus* (Sw.) Druce = Stylidium graminifolium

Stylophorum Nutt. -n- *Papaveraceae* · 3 sp · D:Schöllkrautmohn; E:Celandine Poppy; F:Célandine
– **diphyllum** (Michx.) Nutt. · D:Schöllkrautmohn; E:Celandine Poppy, Wood Poppy; F:Célandine · ♃ Z7 VI-VII; USA: NE, NCE, Tenn.
– *japonicum* (Thunb.) Miq. = Hylomecon japonica

Stylophyllum Britton et Rose = Dudleya
– *densiflorum* Rose = Dudleya densiflora
– *edule* (Nutt.) Britton et Rose = Dudleya edulis

Stylosanthes Sw. -f- *Fabaceae (Leguminosae)* · 25 sp
– **guianensis** (Aubl.) Sw. · ⊙ Ⓦ Ⓝ; trop. Am., nat. in Austr.
– **humilis** Humb., Bonpl. et Kunth · Ⓚ Ⓝ; S-Afr., nat. in N-Austr.

Styrax L. -n- *Styracaceae* · c. 120 sp · D:Storaxbaum; E:Snowbell, Storax; F:Aliboufier, Styrax
– **americanum** Lam. · ♄ d Z8 Ⓚ; USA: Va., Mo., SE, Fla.
– **benzoides** Craib · ♄ e Z10 Ⓦ ⚕; Indochina
– **benzoin** Dryand. · D:Benzoinbaum; E:Benzoin · ♄ e Z10 Ⓦ ⚕ Ⓝ; Malay. Pen., Sumat., W-Java
– **hemsleyanum** Diels · ♄ d Z7; W-China, C-China
– **japonicum** Siebold et Zucc. · D:Japanischer Storaxbaum; E:Japanese Snowbell · ♄ ♄ d Z6 VI-VII; China, Korea, Jap., Taiwan, Phil.
– **obassia** Siebold et Zucc. · D:Obassia-

Storaxbaum; E:Fragrant Snowbell · ♄ ♄ d Z6 V-VI; China, Manch., Korea, Jap.
- **officinalis** L. · D:Gewöhnlicher Storaxbaum; E:Snowdrop Bush, Storax · ♄ d Z9 (K) V (N); Eur.: I, Ba; TR, Cyprus, Syr., Calif., nat. in F
- **shiraiana** Makino · ♄ ♄ Z6; Jap.; mts.
- **tonkinensis** (Pierre) Craib ex Hartwich · ♄ d Z9 (K) ⚕ (N); E-Thail., Laos, Vietnam
- **wilsonii** Rehder · ♄ d Z7 V-VI; W-China

Suaeda Forssk. ex Scop. -f- *Chenopodiaceae* · 100 sp · D:Salzmelde, Sode; E:Sea Blite; F:Soude, Suéda
- **maritima** (L.) Dumort.
  - subsp. **maritima** · D:Strand-Sode; E:Annual Sea Blite · ☉ VII-IX; Eur.*, TR, Levante, NW-Afr., Egypt
  - subsp. **pannonica** (Beck) Soó ex P.W. Ball · D:Pannonische Salzmelde · VIII-IX; Eur.: A, H, Ba, RO
- **vera** Forssk. ex J.F. Gmel. · D:Horn-Salzmelde; E:Shrubby Sea Blite · ♄ e (K) (A) ∧ VII; Eur.: Ib, Fr, Ap, Ba, BrI; Cyprus, Syr., N-Afr.

Submatucana Backeb. = Matucana
- *aurantiaca* (Vaupel) Backeb. = Matucana aurantiaca
- *myriacantha* (Vaupel) Backeb. = Matucana myriacantha
- *ritteri* (Buining) Backeb. = Matucana ritteri

Subularia L. -f- *Brassicaceae (Cruciferae)* · 1 sp · D:Pfriemenkresse; E:Awlwort; F:Subulaire
- **aquatica** L. · D:Pfriemenkresse · ☉ ☉ ≈ Z5 VI-VII; Eur.: Sc, BrI, Fr, Ib, D, Ba, EC-Eur.

Succisa Haller -f- *Dipsacaceae* · 1 sp · D:Teufelsabbiss; E:Devil's Bit Scabious; F:Mors du diable
- **pratensis** Moench · D:Gewöhnlicher Teufelsabbiss; E:Devil's Bit Scabious · ♃ Z5 VII-IX ⚕; Eur.*, TR, Cauc., W-Sib., NW-Afr., Madeira, nat. in N-Am.

Succisella Beck -f- *Dipsacaceae* · 4 sp · D:Moorabbiss; F:Succiselle
- **inflexa** Kluk · D:Moorabbiss · ♃ VI-IX; Eur.: A, EC-Eur., Ba, E-Eur., nat. in F, D

Succowia Medik. -f- *Brassicaceae (Cruciferae)* · 1 sp · D:Suckowie; F:Succowia
- **balearica** (L.) Medik. · D:Suckowie · ☉; Eur.: Ib, Ap; Maroc., Alger., Tun.

Sulcorebutia Backeb. -f- *Cactaceae* · c. 40 sp
- **arenacea** (Cárdenas) F. Ritter · ♆ Z9 (K); Bol.: Cochabamba
- **cylindrica** Donald et A.B. Lau · ♆ Z9 (K); Bol.: Cochabamba
- **glomeriseta** (Cárdenas) F. Ritter · ♆ Z9 (K); Bol.: Cochabamba
- **rauschii** G. Frank · ♆ Z9 (K); Bol.: Chuquisaca
- **steinbachii** (Werderm.) Backeb. · ♆ Z9 (K); Bol.: Cochabamba

Sutera Roth -f- *Scrophulariaceae* · 49 sp
- **grandiflora** (Galpin) Hiern · ♄ Z9 (K) VII-IX; S-Afr.
- **hispida** (Thunb.) Druce · ♄ Z9 (K) VI-IX; S-Afr.
- **polyantha** (Benth.) Kuntze · ♄ Z9 (K) VI-IX; S-Afr.

Sutherlandia R. Br. ex W.T. Aiton -f- *Fabaceae (Leguminosae)* · 5 sp · D:Ballonerbse, Sutherlandie; E:Balloon Pea; F:Sutherlandia
- **frutescens** (L.) R. Br. · D:Korallenrote Ballonerbse, Krebsstrauch; E:Cancer Bush, Duck Plant · ♄ e Z9 (K) VII-IX (N); Kap

Swainsona Salisb. -f- *Fabaceae (Leguminosae)* · c. 50 sp · D:Augenwicke, Swainsonie; E:Darling Pea; F:Swainsonia
- **galegifolia** (Andrews) R. Br. · ♄ Z9 (K) VII-IX; Austr.: Queensl., N.S.Wales

Swertia L. -f- *Gentianaceae* · c. 50 sp · D:Sumpfstern, Tarant; E:Felwort; F:Swertia
- **chirata** L. Buch · ☉ Z7 IX-X ⚕; Him.
- **kingii** Hook. f. · ♃ Z7; Him.
- **perennis** L. · D:Blauer Sumpfstern, Blauer Tarant; E:Felwort, Marsh Felwort · ♃ ~ Z5 VI-IX ▽; Eur.* exc. BrI, Sc
- **petiolata** D. Don · ♃ Z7; Afghan., Him., SE-Tibet

Swida Opiz = Cornus
- *alba* (L.) Opiz = Cornus alba
- *sanguinea* (L.) Opiz = Cornus sanguinea subsp. sanguinea

Swietenia Jacq. -f- *Meliaceae* · 3 sp · D:Mahagonibaum; E:Mahogany; F:Mahogany d'Amérique
– *chloroxylon* Roxb. = Chloroxylon swietenia
– **macrophylla** King · D:Mexikanischer Mahagonibaum; E:Mahogany · ₺ e Z10 ⓦ ⓝ ✻; Mex., C-Am., Col., Peru, Venez., Bras.
– **mahagoni** (L.) Jacq. · D:Echter Mahagonibaum, Westindischer Mahagonibaum; E:West Indian Mahogany · ₺ e Z10 ⓦ ⓝ ▽ ✻; S-Fla., W.Ind., Mex., Hond., Col., Ecuad., Peru

Syagrus Mart. -m- *Arecaceae (Palmae)* · 32 sp
– **coronata** (Mart.) Becc. · D:Uricuripalme; E:Licuri Palm · ₺ e Z10 ⓦ ⓝ; trop. S-Am.
– **romanzoffiana** (Cham.) Glassman · D:Romanzoffianische Kokospalme; E:Queen Palm · ₺ e Z10 ⓦ; Bras.
– *weddelliana* (H. Wendl.) Becc. = Lytocaryum weddellianum

× **Sycoparrotia** Endress et Anlinker -f- *Hamamelidaceae* (*Parrotia* × *Sycopsis*)
– **semidecidua** Endress et Anliker (*Parrotia persica* × *Sycopsis sinensis*) · ♄ s Z7; cult.

Sycopsis Oliv. -f- *Hamamelidaceae* · 3-9 sp
– **sinensis** Oliv. · ₺ e Z8 ⓚ II-III; W-China, C-China

Sympagis (Nees) Bremek. = Strobilanthes
– *maculata* (Wall.) Bremek. = Strobilanthes maculatus

Symphoricarpos Duhamel -m- *Caprifoliaceae* · 17 sp · D:Knallerbsenstrauch, Korallenbeere, Schneebeere, Wolfsbeere; E:Snowberry; F:Symphorine
– **albus** (L.) S.F. Blake
  – var. **albus** · D:Gewöhnliche Schneebeere, Knallerbsenstrauch; E:Snowberry, Waxberry · ♄ d ⚘ Z3 VII-VIII ☠; Alaska, Can., USA: NE, NCE, NC, SE, NW, Calif., Rocky Mts.
  – var. **laevigatus** (Fernald) Blake · F:Symphorine blanche · ♄ d ⚘ Z3 VII-VIII ☠; Alaska, Can.: W; USA: NW, Calif., Rocky Mts.
– × **chenaultii** Rehder (*S. microphyllus* × *S. orbiculatus*) · D:Bastard-Korallenbeere; E:Chenault Coralberry · ♄ d ⚘ Z4 VI-VII ☠; cult.
– × **doorenbosii** Krüssm. (*S. albus var. laevigatus* × *S.* × *chenaultii*) · ♄ d Z4 ☠; cult.
  – **in Sorten**
– **hesperius** G.N. Jones · ♄ d ⚘ Z6 VI-VII ☠; B.C., USA: NW
– **microphyllus** Humb., Bonpl. et Kunth · ♄ d Z8 ⓚ VIII-IX ☠; Mex.
– **occidentalis** Hook. · D:Westamerikanische Schneebeere, Wolfsbeere; E:Wolfberry · ♄ d Z4 VI-VII ☠; Can.; USA: NCE, NC, Rocky Mts., SW, NW
– **orbiculatus** Moench · D:Korallenbeere; E:Coralberry, Indian Currant; F:Symphorine à baies-de-corail · ♄ d ⚘ Z5 VII-VIII ☠; USA: NE, NCE, NC, Colo., SC, SE, Fla.; Mex.
– *racemosus* Michx. = Symphoricarpos albus var. albus
– *rivularis* Suksd. = Symphoricarpos albus var. laevigatus
– **sinensis** Rehder · ♄ d Z6 ☠; C-China, SW-China
– *vulgaris* Michx. = Symphoricarpos orbiculatus

Symphyandra A. DC. -f- *Campanulaceae* · 12 sp · D:Steinglocke; E:Ring Bellflower; F:Campanule des pierres
– **armena** (Steven) A. DC. · ♃ Z7; E-TR, Cauc., N-Iran
– **hofmannii** Pant. · ⊙ △ Z7 VII-IX; Eur.: Bosn.
– **pendula** (M. Bieb.) A. DC. · ♃ △ Z6 VI-VII; Cauc.
– **wanneri** (Rochel) Heuff. · ♃ △ Z7 V-VI; Eur.: Serb., BG, RO: mts.

Symphyglossum Schltr. -n- *Orchidaceae* · 6 sp
– **sanguineum** (Rchb. f.) Schltr. · ♃ Z10 ⓚ X-XI ▽ ✻; Ecuad.

Symphytum L. -n- *Boraginaceae* · 35 sp · D:Beinwell; E:Comfrey; F:Consoude
– **asperum** Lepech. · D:Komfrey, Rauer Beinwell; E:Rough Comfrey · ♃ Z5 VI-VIII ⓝ; Cauc., nat. in BrI, Sc, Fr, C-Eur., Russ.
– **bulbosum** K.F. Schimp. · D:Knotiger-Beinwell · ♃ Z5 IV-V; Eur.: Fr, CH, Ap, Ba; TR, nat. in D
– **caucasicum** M. Bieb. · D:Kaukasus-

Beinwell, Kaukasus-Wallwurz; E:Blue Comfrey; F:Consoude du Caucase · ♃ Z5 VI-VIII; Cauc.
– **grandiflorum** A. DC. · D:Kleiner Kaukasus-Beinwell; E:Dwarf Comfrey; F:Consoude à grandes fleurs · ♃ Z5 V-VII; Cauc.
– *ibericum* Steven = Symphytum grandiflorum
– **officinale** L.
  – subsp. **bohemicum** (F.W. Schmidt) Čelak. · D:Weißgelber Beinwell · ♃ Z5; D +
  – subsp. **officinale** · D:Arznei-Beinwell, Gewöhnlicher Beinwell; E:Comfrey, Common Comfrey; F:Consoude officinale · ♃ Z5 V-VII ⚕ Ⓝ; Eur.* exc. Sc; Cauc., W-Sib., C-As., nat. in Sc
  – subsp. **uliginosum** (A. Kern.) Nyman · D:Sumpf-Beinwell · ♃ Z5 V-VII; D, EC-Eur. +
– **orientale** L. · D:Weißer Beinwell; E:White Comfrey · ♃ Z5 VI-VII; Eur.: W-Russ.; TR, nat. in BrI, F, I
– *peregrinum* Ledeb. = Symphytum × uplandicum
– *tauricum* auct. non Willd. = Symphytum orientale
– **tuberosum** L. · D:Knolliger Beinwell; E:Tuberous Comfrey · ♃ Z5 IV-VI; Eur.* exc. Sc; TR
– × **uplandicum** Nyman (*S. asperum* × *S. officinale*) · D:Futter-Beinwell; E:Russian Comfrey; F:Consoude panachée · ♃ Z5 VI-VIII ⚕ Ⓝ; Cauc., nat. in BrI, Sc, Fr, C-Eur.

Symplocarpus Salisb. ex Nutt. -m- *Araceae* · 1 sp · D:Stinkkohl; E:Skunk Cabbage; F:Chou puant, Symplocarpe
– **foetidus** (L.) Nutt. · D:Stinkkohl; E:Polecat Weed, Skunk Cabbage · ♃ ~ Z7 III-IV ⚕; Can.: E; USA: NE, NCE, SE; Amur, Jap.

Symplocos Jacq. -f- *Symplocaceae* · c. 250 sp · D:Rechenblume, Saphirbeere; F:Symplocos
– **paniculata** (Thunb.) Miq. · D:Saphirbeere; E:Asiatic Sweetleaf, Sapphine Berry · ħ d ♣ Z5 V-VI; Him., China, Jap.

Synadenium Boiss. -n- *Euphorbiaceae* · 13-19 sp · D:Milchbusch; F:Euphorbe arborescente
– **grantii** Hook. f. · D:Afrikanischer Milchbusch; E:African Milkbush · ħ Ψ Z9 (W); Uganda, Tanzania, Mozamb.

Syndesmon (Hoffmanns. ex Endl.) Britton = Anemonella
– *thalictroides* (L.) Hoffmanns. = Anemonella thalictroides

Synechanthus H. Wendl. -m- *Arecaceae (Palmae)* · 2 sp
– **fibrosus** (H. Wendl.) H. Wendl. · ħ e Z10 (W); C-Am.

Syngonanthus Ruhland -m- *Eriocaulaceae* · 200 sp
– **elegans** (Bong.) Ruhland · ♃ ⋊ Z9 (K); Bras.
– **niveus** (Kunth) Ruhland · ♃ ⋊ Z9 (K); Bras.

Syngonium Schott -n- *Araceae* · 33 sp · D:Fußblatt, Purpurtüte; F:Syngonium
– **auritum** (L.) Schott · D:Westindische Purpurtüte; E:Five Fingers · ħ e ≷ Z10 (W); Hond.
– **podophyllum** Schott · D:Veränderliche Purpurtüte; E:Arrowhead · ħ e ≷ Z10 (W); Mex., Guat., El Salv., Costa Rica
– **standleyanum** G.S. Bunting · ħ e ≷ Z10 (W); Hond., Costa Rica
– *triphyllum* hort. = Syngonium standleyanum
– **wendlandii** Schott · ħ e ≷ Z9 (W); Costa Rica

Synnema Benth. = Hygrophila
– *triflorum* (Roxb.) Kuntze = Hygrophila triflora

Synsepalum (A. DC.) Daniell -n- *Sapotaceae* · -20 sp
– **dulcificum** (Schum. et Thonn.) Baill. · D:Wunderbeere; E:Miracle Fruit · ħ ħ d Z10 (W) Ⓝ; trop. W-Afr.

Synthyris Benth. -f- *Scrophulariaceae* · 9 sp · D:Frühlingsschelle; F:Synthyris
– *reniformis* hort. non Benth. = Synthyris stellata
– **stellata** Pennell · D:Frühlingsschelle; E:Snow Queen · ♃ Z7 IV; USA: Wash., Oreg.

Syringa L. -f- *Oleaceae* · 23 sp · D:Flieder; E:Lilac; F:Lilas

- **afghanica** C.K. Schneid. · D:Afghanischer Flieder; E:Afghan Lilac, Cutleaf Lilac; F:Lilas · ♄ d V; Afgh., Him., Tibet
- *amurensis* Rupr. = Syringa reticulata var. amurensis
  - var. *japonica* (Maxim.) Franch. et Sav. = Syringa reticulata var. reticulata
- *bretschneideri* Lemoine = Syringa villosa
- × **chinensis** Willd. (*S. × persica × S. vulgaris*) · D:Chinesischer Flieder; E:Chinese Lilac; F:Lilas de Rouen · ♄ d D Z5 V; cult.
- *dielsiana* C.K. Schneid. = Syringa microphylla
- × **diversifolia** Rehder (*S. oblata var. giraldii × S. pinnatifolia*) · ♄ d Z5; cult.
- **emodi** Wall. ex G. Don · D:Himalaya-Flieder; E:Himalayan Lilac · ♄ d D Z5 V-VI; Him.: Afgh., Kashmir, NW-Ind., Nepal
- *formosissima* Nakai = Syringa wolfii
- × **henryi** C.K. Schneid. (*S. josikaea × S. villosa*) · ♄ d Z4 V-VI; cult.
- × **hyacinthiflora** (Lemoine) Rehder (*S. oblata × S. vulgaris*) · ♄ d Z4; cult.
- *japonica* (Maxim.) Decne. = Syringa reticulata var. reticulata
- **josikaea** J. Jacq. ex Rchb. · D:Ungarischer Flieder; E:Hungarian Lilac; F:Lilas de Hongrie · ♄ d Z5 V-VI; Eur.: RO, W-Russ.; mts., nat. in D
- **julianae** C.K. Schneid. · D:Julianes Flieder · ♄ d D Z5 V-VI; W-China
- **komarowii** C.K. Schneid. · D:Komarows Flieder · ♄ d Z6 VI; N-China
- × **laciniata** Mill. (*S. protolaciniata × S. vulgaris*) · ♄ d Z5 V; China: NW-China, Kansu
- **meyeri** C.K. Schneid. · D:Meyers Flieder; E:Korean Lilac; F:Lilas de Meyer · ♄ d Z5 V-VI; N-China
  - **'Palibin'**
- **microphylla** Diels · D:Kleinblättriger Flieder; E:Daphne Lilac · ♄ d △ Z6 VI; N-China
- **oblata** Lindl.
  - var. **giraldii** (Lehm.) Rehder · ♄ d D Z5 IV-V; N-China
  - var. **oblata** · D:Rundblättriger Flieder · ♄ d D Z5 IV-V; N-China
- *palibiniana* hort. = Syringa meyeri 'Palibin'
- *palibiniana* Nakai = Syringa patula
- **patula** (Palib.) Nakai · D:Ausladender Flieder; E:Korean Lilac · ♄ d D Z5 V-VI; Korea, N-China
- **pekinensis** Rupr. · D:Peking-Flieder · ♄ d D Z5 VI; N-China
- × **persica** L. (*S. vulgaris × S. × laciniata*) · D:Persischer Flieder; E:Persian Lilac; F:Lilas de Perse · ♄ d D Z6 V; cult.
  - *'Laciniata'* = Syringa × laciniata
- **pinnatifolia** Hemsl. · D:Fiederblättriger Flieder · ♄ d Z5 V; SW-China
- **potaninii** C.K. Schneid. · ♄ d D Z6 VI; W-China
- × **prestoniae** McKelvey (*S. reflexa × S. villosa*) · ♄ d Z5; cult.
- **protolaciniata** P.S. Green et M.C. Chang · ♄ d Z7; W-China
- **pubescens** Turcz. · D:Wolliger Flieder · ♄ d D Z6 IV-V; N-China
- **reflexa** C.K. Schneid. · D:Bogen-Flieder · ♄ d Z4 VI; C-China
- **reticulata** (Blume) Hara
  - var. **amurensis** (Rupr.) Pringle · D:Amur-Flieder; E:Amur Lilac · ♄ ♄ d Z4 VI-VII; Manch.
  - var. *mandschurica* (Maxim.) Hara = Syringa reticulata var. amurensis
  - var. **reticulata** · D:Japanischer Flieder; E:Japanese Tree Lilac · ♄ ♄ d Z4 VI-VII; Jap.
- × *rothomagensis* hort. = Syringa × chinensis
- × **swegiflexa** Hesse (*S. reflexa × S. sweginzowii*) · E:Pink Pearl Lilac · ♄ d Z5 VI; cult.
- **sweginzowii** Koehne et Lingelsh. · D:Sweginzows Flieder; F:Lilas de Sweginzow · ♄ d Z5 VI; NW-China
- **tigerstedtii** H. Sm. · D:Tigerstedts Flieder; F:Lilas de Tigerstedt · ♄ d D Z5 VI; W-China
- **tomentella** Bureau et Franch. · D:Filziger Flieder · ♄ d D Z6 VI; W-China
- *velutina* hort. = Syringa meyeri 'Palibin'
- *velutina* Kom. = Syringa patula
- **villosa** Vahl · D:Zottiger Flieder · ♄ d Z4 V-VI; N-China
- **vulgaris** L. · D:Gewöhnlicher Flieder; E:Common Lilac, French Lilac; F:Lilas commun · ♄ ♄ d D Z4 IV-V ⚕ Ⓝ; Eur.: Ba, RO, nat. in BrI, Fr, C-Eur., EC-Eur., Ap, Krim, TR, Iran, Cauc.
  - **in vielen Sorten**
- *wilsonii* C.K. Schneid. = Syringa tomentella
- **wolfii** C.K. Schneid. · D:Wolfs Flieder · ♄ d D Z5 VI; Korea, Manch.
- **yunnanensis** Franch. · D:Yunnan-Flieder; E:Yunnan Lilac · ♄ d D Z6 VI; Yunnan

Syzygium Gaertn. -n- *Myrtaceae* · 500-1000 sp · D:Jambos, Jambuse, Kirschmyrte, Rosenapfel; E:Jambos; F:Giroflier, Jambosier, Jamerosier
– **aqueum** (Burm. f.) Alston · D:Wasser-Jambuse · ♄ e Z10 Ⓦ Ⓝ; Bangladesh, Myanmar, Sri Lanka, Sumat., Molucca I.
– **aromaticum** (L.) Merr. et L.M. Perry · D:Gewürznelkenbaum; E:Clove, Clove Tree · ♄ e Z10 Ⓦ ⚕ Ⓝ; Molucca I.
– **cumini** (L.) Skeels · D:Wachs-Jambuse; E:Jambolan · ♄ e Z10 Ⓦ ⚕ Ⓝ; Ind., Sri Lanka, S-China, Malay. Arch., E-Austr.
– *jambolana* (Lam.) DC. = Syzygium cumini
– **jambos** (L.) Alston · D:Rosen-Jambuse, Rosenapfel; E:Malabar Plum, Rose Apple · ♄ e Z10 Ⓦ Ⓝ; SE-As.
– **malaccense** (L.) Merr. et Perry · D:Malayen-Jambuse, Malayenapfel; E:Malay Apple · ♄ e Z10 Ⓦ Ⓝ; orig. ?, nat. in Malay. Arch.
– **oleosum** (F. Muell.) B. Hyland · ♄ e Z10 Ⓦ; Austr.: Queensl., N.S.Wales
– **paniculatum** Banks ex Gaertn. · D:Australische Kirschmyrte; E:Brush Cherry · ♄ ♄ e Z10 Ⓚ III-V; Austr.: Queensl., N.S.Wales
– **samarangense** (Blume) Merr. et Perry · ♄ e Z10 Ⓦ Ⓝ; Ind., Malay. Arch., Phil.

Tabebuia Gomes ex DC. -f- *Bignoniaceae* · 100 sp
– *donell-smithii* Rose = Cybistax donnell-smithii
– **serratifolia** (Vahl) Nichols · ♄ ♄ d Z10 Ⓦ; W.Ind., Trinidad, trop. S-Am.

Tabernaemontana L. -f- *Apocynaceae* · 99 sp
– *amsonia* L. = Amsonia tabernaemontana
– *coronaria* (Jacq.) Willd. = Tabernaemontana divaricata
– **divaricata** (L.) R. Br. ex Roem. et Schult. · E:Adam's Apple, Crape Jasmine · ♄ ♄ e D Z10 Ⓦ VII Ⓝ; orig. ?; cult. Trop.

Tacca J.R. Forst. et G. Forst. -f- *Taccaceae* · 10 sp · D:Tacca, Teufelsblüte; E:Bat Flower; F:Tacca
– *aspera* Roxb. = Tacca integrifolia
– **chantrieri** André · D:Thailändische Teufelsblüte; E:Bat Flower, Cat's Whiskers, Devil Flower · ♃ Z10 Ⓦ; NE-Ind., SE-As.
– *cristata* Jack = Tacca integrifolia
– **integrifolia** Ker-Gawl. · D:Borneo-Teufelsblüte; E:Bat Plant · ♃ Z10 Ⓦ; NE-Ind., Thail., Malay. Pen., Sumat., Java, Kalimantan
– **leontopetaloides** (L.) Kuntze · D:Ostinidische Teufelsblüte; E:Indian Arrowroot · ♃ Z10 Ⓦ Ⓝ; Malay. Pen., trop., Austr., Pacific Is.
– *pinnatifida* J.R. Forst. et G. Forst. = Tacca leontopetaloides
– **plantaginea** (Hance) Drenth · ♃ Z10 Ⓦ; S-China, N-Vietn., Laos, Thail.

Tacitus Moran = Graptopetalum
– *bellus* Moran et Meyran = Graptopetalum bellum

Taeniatherum Nevski -n- *Poaceae (Gramineae)* · 1 sp
– **caput-medusae** (L.) Nevski · ⊙; Eur.: Fr, Ib, Ap, EC-Eur., Ba; TR, Syr., Cyprus, Cauc, Iran, Iraq, Afgh., Pakist., C-As.

Tagetes L. -f- *Asteraceae (Compositae)* · c. 50 sp · D:Sammetblume, Studentenblume, Tagetes; E:Marigold; F:Oeillet d'Inde, Rose d'Inde, Tagète
– **erecta** L. · D:Hohe Studentenblume; E:African Marigold · ⊙ Z9 VII-IX; Mex.
  – **in vielen Sorten**
– *glandulifera* Schrank = Tagetes minuta
– **lucida** Cav. · D:Glänzende Studentenblume; E:Sweet Marigold · ⊙ ♃ Z9 VIII-IX ⚕; Mex., Guat.
– **minuta** L. · D:Mexikanische Studentenblume; E:Dwarf Marigold, Wild Marigold · ⊙ Z9 X Ⓝ; C-Am., S-Am., nat. in Trop., S-Eur.
– *papposa* Vent. = Dyssodia papposa
– **patula** L. · D:Studentenblume; E:French Marigold · ⊙ Z9 VII-X ⚕; Mex., Guat.
  – **in vielen Sorten**
– *signata* Bartl. = Tagetes tenuifolia
– **tenuifolia** Cav. · D:Gestreifte Mexikanische Studentenblume; E:Signet Marigold; F:Tagète tachée · ⊙ Z9 VII-X ⚕; Mex.

Taiwania Hayata -f- *Taxodiaceae* · 1 sp
– **cryptomerioides** Hayata · ♄ e Z9 Ⓚ Ⓝ; Yunnan, Taiwan

Talauma Juss. = Magnolia
– *andamensis* King = Magnolia liliifera var. liliifera

– *athliantha* Dandy = Magnolia liliifera var. liliifera
– *borneensis* Merr. = Magnolia liliifera var. liliifera
– *candollei* Blume = Magnolia liliifera var. liliifera
– *dubia* Eichler = Magnolia obovata
– *forbesii* King = Magnolia liliifera var. liliifera
– *gitingensis* Elmer = Magnolia liliifera var. liliifera
– *gracilior* Dandy = Magnolia liliifera var. liliifera
– *inflata* P. Parm. = Magnolia liliifera var. liliifera
– *javanica* P. Parm. = Magnolia liliifera var. liliifera
– *kunstleri* King = Magnolia liliifera var. liliifera
– *liliifera* (L.) Kuntze = Magnolia liliifera
– *longifolia* (Blume) Ridl. = Magnolia liliifera var. liliifera
– *macrophylla* Blume ex Miq. = Magnolia liliifera var. liliifera
– *miqueliana* Dandy = Magnolia liliifera var. liliifera
– *mutablilis* Blume = Magnolia liliifera var. liliifera
– *nhatrangensis* Dandy = Magnolia liliifera var. liliifera
– *obovata* (Siebold et Zucc.) Benth. et Hook. f. = Magnolia kobus
– *oreadum* Diels = Magnolia liliifera var. liliifera
– *papuana* Schltr. = Elmerrillia tsiampacca
– *peninsularis* Dandy = Magnolia liliifera var. liliifera
– *pumila* (Andrews) Blume = Magnolia liliifera var. liliifera
– *rabiana* Hook. f. et Thomson = Magnolia liliifera var. liliifera
– *reticulata* Merr. = Magnolia liliifera var. liliifera
– *rubra* Miq. = Magnolia liliifera var. liliifera
– *rumphii* Blume = Magnolia liliifera var. liliifera
– *sebassa* (King) Miq. ex Dandy = Magnolia liliifera var. liliifera
– *siamensis* Dandy = Magnolia liliifera var. liliifera
– *sieboldii* Miq. = Magnolia liliiflora
– *soembensis* Dandy = Magnolia liliifera var. liliifera
– *stellata* (Siebold et Zucc.) Miq. = Magnolia stellata
– *sumatrana* A. Agostini = Magnolia liliifera var. liliifera
– *thamnodes* (Dandy) Tiep = Magnolia liliifera var. liliifera
– *undulatifolia* A. Agostini = Magnolia liliifera var. liliifera
– **villosa**
  – fo. *celebica* Miq. = Michelia champaca

Talbotia Balf. -f- *Velloziaceae* · 1 sp
– **elegans** (Oliv. ex Hook. f.) Balf. · ♄ Z9 Ⓚ VI-VIII; S-Afr.: Natal

Talinum Adans. -n- *Portulacaceae* · c. 40 sp · E:Fameflower
– **calycinum** Engelm. · ♃ Ψ Ⓚ; USA: NCE, NC, SC, Ark.
– **okanoganense** English · ♃ Ψ △ Z10 Ⓚ VI-VII; Can.: B.C., USA: Wash.
– **paniculatum** (Jacq.) Gaertn. · E:Fameflower, Jewels-of-Opar · ♄ Ψ e Z10 Ⓚ VI-VIII; Mex., Lesser Antilles
– **teretifolium** Pursh · ♃ Ψ Z10 Ⓚ; USA: NE, SE
– **triangulare** (Jacq.) Willd. · D:Blatt-Ginseng, Ceylonspinat; E:Ceylon Spinach · ♃ Ψ Z10 Ⓦ Ⓝ; C-Am , W.Ind., S-Am., nat. in trop. Afr.

Tamarindus L. -f- *Caesalpiniaceae (Leguminosae)* · 1 sp · D:Tamarinde; E:Tamarind; F:Tamarinier
– **indica** L. · D:Tamarinde; E:Indian Date, Tamarind · ħ e Z10 Ⓦ VI-VII ⚕ Ⓝ; trop. Afr., nat. in trop. Am.

Tamarix L. -f- *Tamaricaceae* · 54 sp · D:Tamariske; E:Salt Cedar, Tamarisk; F:Tamaris
– *aestivalis* hort. = Tamarix ramosissima
– **africana** Poir. · ħ ♄ d Z6 VIII-IX; Eur.: Ib, Ap, F; Canar. Is., NW-Afr., nat. in BrI
– **articulata** Vahl · ħ d Ⓚ Ⓝ; Sahara, Arab., Iran
– **chinensis** Lour. · D:Chinesische Tamariske; E:Chinese Tamarisk · ♄ ħ d Z7 VI-VIII Ⓝ; C-As., China, nat. in Oreg. , Calif.
– **gallica** L. · D:Französische Tamariske; E:French Tamarisk, Tamarisk · ♄ d Z6 VI-VIII ⚕ Ⓝ; Eur.: Ib, Fr, Ap, Canar., Madeira; N-Afr., nat. in E-USA, Calif.
– *germanica* L. = Myricaria germanica
– *hispanica* Boiss. = Tamarix africana
– *japonica* Dippel = Tamarix chinensis

– *odessana* Steven ex Bunge = Tamarix ramosissima
– **parviflora** DC. · D:Kleinblütige Tamariske; E:Small Flower Tamarisk; F:Tamaris à floraison printanière · ♄ ♄ d Z6 V; Eur.: Ba; TR, N-Afr., nat. in Sp., Corse, I
– *pentandra* Pall. = Tamarix ramosissima
– *plumosa* Carrière = Tamarix chinensis
– **ramosissima** Ledeb. · D:Kaspische Tamariske; E:Salt Cedar; F:Tamaris à floraison estivale · ♄ ♄ d Z5 VI-VIII; SE-Russ., Afgh., Iraq, Iran, Pakist., Mong., China, Korea
– **tetrandra** Pall. ex M. Bieb. · D:Viermännige Tamariske; E:Erica Tamarisk; F:Tamaris à quatre étamines · ♄ ♄ d Z6 IV-V; Eur.: Ba, Krim; N-TR, Syr., Cyprus, Cauc.
– **pentandra**
– *'Rubra'* = Tamarix ramosissima

Tamus L. -m- *Dioscoreaceae* · 4-5 sp · D:Schmerwurz; E:Black Bryony; F:Herbe aux femmes battues, Tamier
– **communis** L. · D:Gewöhnliche Schmerwurz; E:Black Bryony, Bryony · ♃ ⌇ Ⓚ ∧ V ⚕ ☠; Eur.: Ib, Fr, Ap, Ba, Krim, RO, H, BrI, C-Eur.; TR, Cyprus, Syr., Iraq, Cauc., N-Iran, NW-Afr., Canar.

Tanacetum L. -n- *Asteraceae (Compositae)* · c. 70 (-150) sp · D:Balsamkraut, Insektenblume, Margerite, Mutterkraut, Pyrethrum, Rainfarn, Wucherblume; E:Tansy; F:Menthe coq, Pyrèthre, Tanaisie
– **achilleifolium** (M. Bieb.) Sch. Bip. · ♃ D Z7 VI-VII; Eur.: SE-Russ., ? RO, ? BG
– *alpinum* (L.) Sch. Bip. = Leucanthemopsis alpina
– **argenteum** Willd. · ♃ △ Z7 ∧ VII; TR
– **balsamita** L. · D:Balsamkraut, Frauenminze, Marienblatt; E:Alecost, Costmary · ♃ D Z6 VII-VIII ⚕ Ⓝ; TR, Cauc., N-Iran, C-As., nat. in Sp., F, I, EC-Eur., Russ.
– **cinerariifolium** (Trevir.) Sch. Bip. · D:Dalmatiner Insektenblume, Pyrethrum; E:Dalmatian Pyrethrum, Pyrethrum; F:Pyrèthre · ♃ Z7 V-VII ⚕ Ⓝ; Eur.: Croatia, Bosn., Montenegro, AL, nat. in Sp., I, A, H, Russ.
– *clusii* (Fisch. ex Rchb.) A. Kern. = Tanacetum corymbosum subsp. subcorymbosum
– **coccineum** (Willd.) Grierson · D:Bunte Margerite, Bunte Wucherblume; E:Painted Daisy, Pyrethrum; F:Tanaisie rose · ♃ ✂ Z5 V-VI Ⓝ; Cauc., Iran
– **in vielen Sorten**
– **corymbosum** (L.) Sch. Bip.
– subsp. **subcorymbosum** · ♃; Eur.: E-Alp., S-Alp., Carp., Balkan
– subsp. **corymbosum** (Schur) Pawl. · D:Straußblütige Wucherblume; F:Chrysanthème en corymbe · ♃ VI-VII; Eur.* exc. BrI, Sc; TR, Cauc., nat. in Sc
– **densum** (Labill.) Sch. Bip. · E:Prince-of-Wales Feathers · ♄ △ Z7 VII-VIII; TR, Lebanon
– **haradjanii** (Rech. f.) Grierson · D:Silbergefieder; F:Tanaisie · ♃ △ Z8 ∧ VII-VIII; TR
– **macrophyllum** (Waldst. et Kit.) Sch. Bip. · D:Großblättrige Wucherblume · ♃ Z6 VI-VIII; Eur.: Ba, RO; TR, Cauc., nat. in D, DK, EC-Eur., W-Russ.
– **millefolium** (L.) Tzvelev · ♃ VI-VII; Eur.: BG, E-Eur.; TR, Cauc.
– **parthenifolium** (Willd.) Sch. Bip. · D:Grauhaarige Wucherblume · ♃ Z8 Ⓚ VII-VIII; Eur.: TR, Cauc., N-Iran, Krim
– **parthenium** (L.) Sch. Bip. · D:Mutterkraut; E:Feverfew; F:Grande camomille · ⊙ ♃ ✂ Z6 VI-IX ⚕; Eur.: Ba; TR, nat. in Eur.*; cosmop.
– **in vielen Sorten**
– **ptarmiciflorum** (Webb et Berthel.) Sch. Bip. · D:Silber-Wucherblume; E:Silver Lace · ♄ Z9 Ⓚ ▽; Canar.
– *serotinum* (L.) Sch. Bip. = Leucanthemella serotina
– **vulgare** L. · D:Rainfarn; E:Tansy; F:Barbotine, Tanaisie vulgaire · ♃ Z4 VII-IX ⚕ ☠ Ⓝ; Eur.*, TR, Cauc., W-Sib., E-Sib., Amur, Sachal., Kamchat., C-As., Mong., Manch., nat. in N-Am., S-Am., Austr., NZ

Tanakaea Franch. et Sav. -f- *Saxifragaceae* · 1 sp · D:Japanische Schaumblüte; E:Japanese Foam Flower; F:Tanakéa
– **radicans** Franch. et Sav. · D:Japanische Schaumblüte; E:Japanese Foam Flower · ♃ ⤳ Z8 ∧ VI-VII; Jap.

Tanquana H.E.K. Hartmann et Liede -f- *Aizoaceae* · 3 sp
– **prismatica** (Schwantes) H.E.K. Hartmann et Liede · ♃ ♆ Z9 Ⓚ IX-XI; Kap

Tapeinochilos Miq. -m- *Costaceae* · 15 sp
– **ananassae** (Hassk.) K. Schum. · ♃ Z10 ⓦ VII-VIII; Molucca I.: Ceram

Taraxacum Weber ex F.H. Wigg. -n- *Asteraceae (Compositae)* · c. 60 sp · D:Kuhblume, Löwenzahn, Pfaffenröhrlein, Pusteblume; E:Blowballs, Dandelion; F:Dent de lion, Pissenlit
– **sect. Alpestria** Soest · D:Gebirgs-Löwenzahn · ♃ V-VII; Eur.: Sudeten, Carp., Balkan
– **sect. Alpina** G.E. Haglund · D:Alpen-Löwenzahn · ♃ VI-IX; Eur.: Ib, Fr, C-Eur., EC-Eur., Ba, RO; mts.
– **sect. Celtica** Dahlst. · D:Stattlicher Löwenzahn · ♃ V-VII; Eur.: Sc, BrI, Sp.
– **sect. Cucullata** Soest · D:Kapuzen-Löwenzahn · ♃ VI-VIII; Eur.: F, Ch, A
– **sect. Erythrosperma** (H. Lindb.) Dahlst. · D:Schwielen-Löwenzahn · ♃ IV-VI; Eur.*, TR, Syr., Cauc., C-As., NW-Afr., nat. in N-Am., S-Am.
– **sect. Fontana** Soest · D:Quell-Löwenzahn · ♃ VI-VIII; Eur.: Ch, A
– **sect. Obliqua** Dahlst. · D:Dünen-Löwenzahn · ♃; Eur.: Sc, BrI, NL, D
– **sect. Palustria** Dahlst. · D:Sumpf-Kuhblume, Sumpf-Löwenzahn · ♃ IV-VI; Eur.: BrI, Fr
– **sect. Ruderale** Kirschner · D:Gewöhnlicher Löwenzahn, Gewöhnliche Kuhblume; E:Dandelion · ♃ IV-VII ⚕ ⓝ; Eur.*, W-Sib., E-Sib., nat. in cosmop.
– *alpestre agg.* = Taraxacum $sect. Alpestria
– *alpinum agg.* = Taraxacum $sect. Alpina
– **aquilonare** Hand.-Mazz. · D:Nördliches Pfaffenröhrlein · ♃ VII-VIII; Eur.: F, N-I, A, H +
– **bessarabicum** (Hornem.) Hand.-Mazz. · D:Kleinköpfiger Löwenzahn · ♃ VIII-X; Eur.: F, A, EC-Eur., BG, E-Eur.; TR, Syr., Iran, Afgh., Libya
– **ceratophorum** (Ledeb.) DC. · D:Gehörntes Pfaffenröhrlein · ♃ VI-VIII; Eur.: F, CH, A, Sc, N-Russ.
– **concucullatum** A.J. Richards · ♃ VI-VIII; Eur.: F, Ch, A
– *cucullatum agg.* = Taraxacum $sect. Cucullata
– **dissectum** (Ledeb.) Ledeb. · D:Schlitzblättriges Pfaffenröhrlein · ♃ VII-VIII; Eur.: Sp., F, CH, I; Cauc., Iran, C-As, Sib., Tibet, Him., China
– *fontanum agg.* = Taraxacum $sect. Fontana
– **handelii** Murr · D:Arktischer Löwenzahn · ♃ VII-VIII; Eur.: CH, A
– **hybernum** Steven · ♃ ⓝ; Eur.: I, Ba, Krim; TR, Syr. N-As
– **kok-saghyz** Rodin · ♃ ⓝ; C-As.(Kasach.)
– *laevigatum agg.* = Taraxacum $sect. Erythrosperma
– **mazzettii** Soest · ♃ VI-VIII; Eur.: A +
– **megalorhizum** (Forssk.) Hand.-Mazz. · ♃ ⓝ; Eur.: Ib, Fr, Ap, Ba, W-Russ. +
– **melzerianum** Soest · ♃ VI-VIII; Eur.: A +
– **nordstedtii** Dahlst. · ♃ V-VII; Eur.: BrI, Sc, Fr, Ib, D, EC-Eur.
– *obliquum agg.* = Taraxacum $sect. Obliqua
– *officinale agg.* = Taraxacum $sect. Ruderale
– **pacheri** Sch. Bip. · D:Pachers Pfaffenröhrlein · ♃ VII-VIII; Eur.: I, CH, A; E-Alp.
– *palustre agg.* = Taraxacum $sect. Palustria
– **reichenbachii** Huter ex Dahlst. · ♃ VII-VIII; Eur.: A
– **schroeterianum** Hand.-Mazz. · D:Schröters Pfaffenröhrlein · ♃ VII-VIII; Eur.: Sp., F, I, CH
– **serotinum** (Waldst. et Kit.) Poir. · ♃ VIII-X; Eur.: Sp., F, A, EC-Eur., Ba, E-Eur.; TR, Syr., Lebanon, Cauc., Iran, W-Sib.
– *spectabile agg.* = Taraxacum $sect. Celtica
– **tiroliense** Dahlst. · ♃ VI-VIII; Eur.: CH, A, D +

Tarchonanthus L. -m- *Asteraceae (Compositae)* · 2 sp · D:Totenstrauch; E:Hottentot Tobacco; F:Tarchonanthus
– **camphoratus** L. · D:Totenstrauch; E:Hottentot Tobacco · ♄ ♄ e D Z10 ⓚ; Eth., trop. Afr., S-Afr.

Tasmannia DC. = Drimys
– *lanceolata* (Poir.) A.C. Sm. = Drimys lanceolata

Tavaresia Welw. ex N.E. Br. -f- *Asclepiadaceae* · 3 sp
– **barklyi** (Dyer) N.E. Br. · ♃ ψ Z10 ⓚ VII-VIII; Botswana, Namibia, S-Afr.: Kap, Transvaal
– *grandiflora* (K. Schum.) N.E. Br. = Tavaresia barklyi

Taxodium Rich. -n- *Taxodiaceae* · 2 sp · D:Sumpfzypresse; E:Swamp Cypress; F:Cyprès chauve
– **ascendens** Brongn. · D:Sand-

Sumpfzypresse; E:Pond Cypress · Z6
– **'Nutans'** · ħ d ~ V Ⓝ; USA: Va., SE, Fla.
– **distichum** (L.) Rich. · D:Zweizeilige Sumpfzypresse; E:Bald Cypress, Swamp Cypress; F:Cyprès chauve · ħ d ~ Z6 V Ⓝ; USA: NE, NCE, SC, SE, Fla.
– **'Pendens'** · D:Trauer-Sumpfzypresse; E:Weeping Swamp Cypress
– var. *imbricatum* H.B. Croom = Taxodium ascendens
– var. *nutans* (Aiton) Sweet = Taxodium ascendens 'Nutans'
– var. *nutans* Carrière = Taxodium distichum 'Pendens'

Taxus L. -f- *Taxaceae* · 10 sp · D:Eibe; E:Yew; F:If
– **baccata** L. · D:Europäische Eibe, Gewöhnliche Eibe; E:Common Yew, English Yew; F:If commun · ♄ ħ e Z6 III-IV ⚕ ☠ ▽; Eur.*, Cauc., N-Afr.
– **in Sorten**
– **brevifolia** Nutt. · D:Pazifische Eibe; E:Pacific Yew, Western Yew · ħ e Z6 ⚕ ☠ Ⓝ; Alaska, Can: B.C., Alta; USA: NW, Calif., Idaho, Mont.
– **canadensis** Marshall · D:Kanadische Eibe; E:Canadian Yew · ♄ e Z4 ☠; Can.: E; USA: NE, NCE
– **chinensis** (Pilg.) Rehder
– var. **chinensis** · ♄ ħ e Z6 ☠; China
– var. **mairei** (Lemée ex Lév.) W.C. Cheng et L.K. Fu Z6 ☠; S-China, Phil., Malay. Arch
– **cuspidata** Siebold et Zucc. · D:Japanische Eibe; E:Japanese Yew; F:If du Japon · ♄ ħ e Z5 ☠; Jap., Korea, Manch.
– × **media** Rehder (*T. baccata* × *T. cuspidata*) · D:Hybrid-Eibe; E:Wellesley Yew · ♄ e Z5 ☠; cult.
– **sumatrana** (Miq.) de Laub. · ħ e Ⓚ ☠; China

Tecoma Juss. -f- *Bignoniaceae* · 12 sp · D:Trompetenstrauch; E:Trumpet Bush; F:Bignone
– *capensis* (Thunb.) Lindl. = Tecomaria capensis
– **castaneifolia** (D. Don) Melch. · ħ s Z10 Ⓚ I-XII; Ecuad.
– *grandiflora* (Thunb.) Loisel. = Campsis grandiflora
– *jasminoides* Lindl. = Pandorea jasminoides
– **leucoxylon** (L.) Mart. · D:Grünes Ebenholz · ħ Z10 Ⓦ Ⓝ; W.Ind., S-Am.
– *radicans* (L.) Juss. = Campsis radicans
– **stans** (L.) Juss. ex Humb., Bonpl. et Kunth · D:Gelber Trompetenstrauch; E:Yellow Bells, Yellow Trumpet Flower · ♄ ħ e Z10 Ⓚ VI-VIII; USA: SC, SE, Fla.; Mex., S-Am.

Tecomaria (Endl.) Spach -f- *Bignoniaceae* · 1 sp · D:Kapgeißblatt; E:Cape Honeysuckle; F:Chèvrefeuille du Cap
– **capensis** (Thunb.) Spach · D:Kapgeißblatt; E:Cape Honeysuckle · ♄ e Z9 Ⓚ VIII-X; S-Afr.

Tecophilaea Bertero ex Colla -f- *Tecophilaeaceae* · 2 sp · D:Chilekrokus; E:Chilean Crocus; F:Crocus du Chili
– **cyanocrocus** Leyb. · D:Chilekrokus; E:Chilean Crocus · ♃ Z9 Ⓚ ▭ III; Chile

Tectaria Cav. -f- *Dryopteridaceae* · -200 sp
– **cicutaria** (L.) Copel. · ♃ Z10 Ⓦ; Trop.
– **decurrens** (C. Presl) Copel. · ♃ Z10 Ⓦ; Polyn.
– **incisa** Cav. · ♃ Z10 Ⓦ; Mex., W.Ind., C-Am., trop. S-Am.
– *martinicensis* (Spreng.) Copel. = Tectaria incisa
– **trifoliata** (L.) Cav. · ♃ Z10 Ⓦ; Mex., C-Am., W.Ind., trop. S-Am.

Tectona L. f. -f- *Verbenaceae* · 4 sp · D:Teakholz; E:Teak; F:Teck
– **grandis** L. f. · D:Teakholz; E:Teak · ħ d Z10 Ⓦ Ⓝ; Ind., Myanmar, Thail., Laos

Teesdalia R. Br. -f- *Brassicaceae (Cruciferae)* · 2 sp · D:Bauernsenf, Rahle; E:Shepherd's Cress; F:Tesdalia
– **nudicaulis** (L.) R. Br. · D:Kahler Bauernsenf · ⊙ IV-V; Eur.*, Maroc.

Telekia Baumg. -f- *Asteraceae (Compositae)* · 1 sp · D:Telekie; E:Oxeye; F:Œil-de-bœuf
– **speciosa** (Schreb.) Baumg. · D:Große Telekie; E:Large Yellow Oxeye · ♃ Z6 VI-VIII; Eur.: EC-Eur., Ba, E-Eur.; TR, Cauc., nat. in BrI, Fr, C-Eur.
– **speciosissima** (L.) Less. · D:Kleine Telekie · ♃ △ Z6 VI-VII; Eur.: N-I (Alpi Orobie)

Telephium L. -n- *Molluginaceae* · 5 sp · D:Telephie, Zierspark; F:Grand orpin
– **imperati** L. · D:Telephie, Zierspark · ♃ Z8

VI-VII; Eur.: Ba, Fr, Ap, Ib, CH

Telesonix Raf. = Boykinia
– *jamesii* (Torr.) Raf. = Boykinia jamesii

Telfairia Hook. -f- *Cucurbitaceae* · 3 sp · D:Oysternuss, Talerkürbis; F:Kouémé
– **occidentalis** Hook. f. · D:Oysternuss; E:Oyster Nuts · ♄ e ≹ Z9 ⓦ Ⓝ; W-Afr.
– **pedata** (Sm. ex Sims) Hook. · D:Talerkürbis; E:Zanzibar Oil · ♄ ≹ Z9 ⓦ Ⓝ; E-Afr., Madag., Mascarene Is.

Teline Medik. = Genista
– *monspessulana* (L.) K. Koch = Genista monspessulana

Tellima R. Br. -f- *Saxifragaceae* · 1 sp · D:Falsche Alraunenwurzel; E:Fringecup; F:Tellima
– **grandiflora** (Pursh) Douglas ex Lindl. · D:Falsche Alraunenwurzel; E:Fringecups · ♃ Z6 V-VI; Alaska, Can.: W; USA: NW, Calif.
– **Odorata Grp.**
– *odorata* Howell = Tellima grandiflora Odorata Grp.

Telopea R. Br. -f- *Proteaceae* · 5 sp · D:Waratahprotee; E:Waratah; F:Télopéa
– **truncata** (Labill.) R. Br. · ♄ ♄ e Z9 ⓚ; Tasman.

Teloxys Moq. = Chenopodium
– *aristata* (L.) Moq. = Chenopodium aristatum

Templetonia R. Br. ex W.T. Aiton -f- *Fabaceae (Leguminosae)* · 11 sp · D:Wüstenginster; F:Genêt du désert, Templetonia
– **retusa** (Vent.) R. Br. · D:Flammender Wüstenginster; E:Bullock Bush, Coral Bush · ♄ e Z10 ⓚ III-VI; Austr.: S-Austr., W-Austr.

Tephroseris (Rchb.) Rchb. -f- *Asteraceae (Compositae)* · c. 50 sp · D:Greiskraut; E:Fleawort; F:Cinéraire
– **crispa** (Jacq.) Rchb. · D:Krauses Greiskraut · ♃ V-VI; Eur.: I, D, A, EC-Eur., E-Eur.; mts.
– **helenitis** (L.) B. Nord. · D:Spatelblättriges Greiskraut · ♃ V-VI; Eur.: Sp., Fr, CH, D, A
– **integrifolia** (L.) Holub
– subsp. **aurantiaca** Hoppe ex Willd. · D:Orangerotes Greiskraut · ♃ △ Z6 VI-VIII; Eur.* exc. Ib; ? N-As.
– subsp. **capitata** (Wahlenb.) B. Nord. · D:Kopf-Greiskraut · ♃ △ Z6 VI-VII; Eur.: F, I, CH, A, RO; Alp., Carp.; Cauc., Sib., Kamchat., China, Alaska
– subsp. **integrifolia** · D:Steppen-Greiskraut; E:Field Fleawort · ♃ Z6 V-VI; Eur.* exc. Ib; N-Russ.; N-As., Jap., Taiwan
– subsp. **serpentini** (Gáyer) B. Nord. · ♃ Z6 V-VI; Eur.: A (Burgenland)
– **longifolia** (Jacq.) Griseb. et Schenk · D:Obir-Aschenkraut, Obir-Greiskraut, Voralpen-Kreuzkraut · ♃ V-VII; Eur.: D, A, Slove., Croatia; E-Alp., Croatia mts.
– **palustris** (L.) Fourr. · D:Moor-Greiskraut · ⊙ Z4 VI-VII; Eur.: BrI, Sc, Fr, D, EC-Eur., Russ; Sib.
– **pseudocrispa** (Fiori) Holub · ♃ VI-VIII; Eur.: D, A, PL, CZ, Slove., RO
– **tenuifolia** (Gaudin) Holub · D:Läger-Greiskraut, Schweizer Greiskraut · ♃ V-VII; Eur.: I, A, CH; Alp., Apenn.

Tephrosia Pers. -f- *Fabaceae (Leguminosae)* · 400 sp · D:Aschenwicke, Giftbaum; E:Hoary Pea; F:Téphrosie
– **candida** (Roxb.) A. DC. · ♄ ⓦ Ⓝ; Ind., Him., Myanmar, Malay. Arch.
– **purpurea** (L.) Pers. · D:Surinam-Giftbaum; E:Wild Indigo · ♃ Z10 ⓦ ☠ Ⓝ; Him., Sri Lanka, Thail, Java
– **sinapou** (Buc'hoz) A. Chev. · ⓦ ☠ Ⓝ; Mex., C-Am., trop. S-Am.
– **virginiana** (L.) Pers. · D:Virginischer Giftbaum; E:Catgut, Goat's Rue · ♃ Z4 VI-VII ☠; Can.: Ont.; USA: NE, NCE, NC, SC, SE, Fla.
– **vogelii** Hook. f. · D:Fisch-Giftbaum; E:Fish Poison Bean · ♃ ⓦ ☠ Ⓝ; W-Afr.; Guinea, Sierra Leone; trop. S-Afr.: Mozamb.

Terebinthus Mill. = Pistacia
– *lentiscus* (L.) Moench = Pistacia lentiscus

Terminalia L. -f- *Combretaceae* · -200 sp · D:Almend, Almond, Myrobalane; E:Myrobalan; F:Amandier des Indes, Badanier
– **bellirica** (Gaertn.) Roxb. · D:Belerische Myrobalane; E:Belleric Myrobalan · ♄ d

Z10 ⌂ ⚕ Ⓝ; Ind., Sri Lanka, Myanmar, Thail., Malay. Pen.
– **catappa** L. · D:Indische Myrobalane, Indischer Mandelbaum; E:Indian Almond, Olive Bark Tree · ♄ d Z10 ⌂ Ⓝ; E-Afr., Madag., Pakist., Ind., Java, N.Guinea, nat. in S-Fla.
– **chebula** (Gaertn.) Retz. · D:Chebulische Myrobalane; E:Indian Myrobalan, Ink Nut · ♄ d Z10 ⌂ ⚕ Ⓝ; Ind., Sri Lanka, Myanmar
– **superba** Engl. et Diels · D:Weiße Myrobalane; E:White Afara · ♄ Z10 ⌂ Ⓝ; W-Afr.

Ternstroemia Mutis ex L.f. -f- *Theaceae* · 85 sp · D:Ternströmie
– **gymnanthera** (Wight et Arn.) Sprague · ♄ ♄ e Z9 ⓚ; Ind., China, S-Korea, Jap., Taiwan, Kalimantan

Testudinaria Salisb. = Dioscorea
– *sylvatica* Kunth = Dioscorea sylvatica

Tetracarpidium Pax -n- *Euphorbiaceae* · 1 sp
– **conophorum** (Müll. Arg.) Hutch. et Dalziel · ♄ Z10 ⌂ Ⓝ; W-Afr., C-Afr.

Tetracentron Oliv. -n- *Tetracentraceae* · 1 sp · D:Vierspornbaum; E:Spur Leaf; F:Tétracentron
– **sinense** Oliv. · D:Vierspornbaum; E:Spur Leaf · ♄ d Z7 ∧ VI ✻; Nepal, NE-Ind., Myanmar, SW-China

Tetraclinis Mast. -f- *Cupressaceae* · 1 sp · D:Gliederzypresse, Sandarakbaum; E:Arar Tree; F:Thuya articulé, Thuya d'Algérie
– **articulata** (Vahl) Mast. · D:Gliederzypresse, Sandarakbaum; E:Arar Tree · ♄ e Z10 ⓚ ⚕ Ⓝ; Eur.: Sp. (Cartagena), Malta; NW-Afr., Libya

Tetradenia Benth. -f- *Lamiaceae (Labiatae)* · 5-9 sp
– **riparia** (Hochst.) Codd · ♃ Z10 ⓚ XII-II; S-Afr.

Tetradium Lour. -n- *Rutaceae* · 9 sp · D:Stinkesche; F:Frêne puant
– **daniellii** (Benn.) Hartley · D:Samthaarige Stinkesche · ♄ d ♣ Z7 VII; Korea, N-China
 – **Hupehense Grp.** · ♄ d ♣ VII-VIII; China: Hupeh

Tetragonia L. -f- *Aizoaceae* · 85 sp · D:Neuseelandspinat; E:New Zaeland Spinach; F:Epinard de Nouvelle-Zélande, Tétragone
– **echinata** Aiton · ⊙ ψ; S-Afr.
– **tetragonioides** (Pall.) Kuntze · D:Neuseeländer Spinat; E:New Zealand Spinach · ⊙ ψ ⤳ VII-IX Ⓝ; Austr., NZ, nat. in Ib, I

Tetragonolobus Scop. -m- *Fabaceae (Leguminosae)* · 5 sp · D:Schotenklee, Spargelerbse; E:Dragon's Teeth; F:Lotier, Tétragonolobe
– *edulis* Link = Tetragonolobus purpureus
– **maritimus** (L.) Roth · D:Gelbe Spargelerbse; E:Dragon's Teeth · ♃ V-IX; Eur.* exc. BrI, Sc; Cauc., TR, NW-Afr.
– **purpureus** Moench · D:Echte Spargelerbse, Kaffee-Erbse; E:Asparagus Pea · ⊙ VII-VIII Ⓝ; Eur.: Ib, F, Ap, Ba, E-Eur.; W-TR, Levante, Cauc., NW-Afr., Libya, nat. in Cz
– *siliquosus* Roth = Tetragonolobus maritimus

× **Tetraliopsis** hort. -f- *Orchidaceae* (*Laeliopsis* × *Tetramicra*)

Tetramicra Lindl. -f- *Orchidaceae* · 11 sp
– *bicolor* (Lindl.) Benth. = Leptotes bicolor

Tetranema Benth. -n- *Scrophulariaceae* · 2 sp
– **roseum** (M. Martens et Galeotti) Standl. et Steyerm. · ♃ Z9 ⌂ II-X; Mex., C-Am.

Tetraneuris Greene = Hymenoxys
– *acaulis* (Pursh) Greene = Hymenoxys acaulis
– *grandiflora* (Torr. et A. Gray ex A. Gray) K.F. Parker = Hymenoxys grandiflora
– *linearifolia* (Hook.) Greene = Hymenoxys linearifolia
– *scaposa* (DC.) Greene = Hymenoxys scaposa

Tetrapanax (K. Koch) K. Koch -m- *Araliaceae* · 1 sp · D:Reispapierbaum; E:Rice-Paper Plant; F:Tétrapanax
– **papyrifer** (Hook.) K. Koch · ♄ e Z8 ⌂ Ⓝ; S-China, Taiwan

Tetrastigma (Miq.) Planch. -n- *Vitaceae* · 90 sp · E:Javan Grape
– **voinierianum** (Baltet) Pierre ex Gagnep. · ♄ e ≹ Z10 ⌂; N-Vietn. (Tongking)

× **Tetratonia** hort. -f- *Orchidaceae* (*Tetramicra* × *Broughtonia*)

Teucrium L. -n- *Lamiaceae (Labiatae)* · 100-300 sp · D:Gamander; E:Germander; F:Germandrée
– **arduini** L. · ♄; Ba
– **aroanium** Orph. ex Boiss. · ♄ ♄ e Z8 ⌂; GR
– *aureum* Schreb. = Teucrium polium subsp. aureum
– **botrys** L. · D:Trauben-Gamander · ⊙ VII-IX; Eur.* exc. Sc
– *chamaedrys* hort. = Teucrium × lucidrys
– **chamaedrys** L. · D:Edel-Gamander; E:Wall Germander · ♄ e △ Z6 VII-VIII ⚕ Ⓝ; Eur.* exc. BrI, Sc; TR, Cauc.
– *chamaepitys* L. = Ajuga chamaepitys
– **cinereum** Boiss. · ♃ ⌂; Sp., Maroc.
– **compactum** Clemente ex Lag. · ♄ ⌂; Sp., Tun., Alger.
– **flavum** L. · ♄ e Z8 ⌂; Eur.: Ba, Ib, Ap, Fr; NW-Afr., TR
– **fruticans** L. · D:Baum-Gamander; E:Bush Germander · ♄ e Z8 ⌂ VII-VIII; Eur.: Ib, Fr, Ap, Croatia
– **hircanicum** L. · D:Kaukasus-Gamander; E:Caucasian Germander · ♃ Z6; NE-TR, N-Iran, Cauc.
– × **lucidrys** Boom (*T. chamaedrys* × *T. lucidum*) · D:Bastard-Gamander · ♄ ♄ e VII-VIII; cult.
– **lucidum** L. · ♃ e Z6; F, I; SW-Alp.
– **marum** L. · D:Amberkraut, Katzen-Gamander; E:Cat Thyme · ♄ e D Z9 ⌂ ⚕; Eur.: Balear., F, Corse, Sard., I, Croatia
– **massiliense** L. · D:Duftender Gamander; E:Sweet Scented Germander; F:Germandrée de Marseille · ♄ e ⁞ Z6 VI-VIII; Eur.: Sp., F, Corse, Sard., Crete
– **montanum** L. · D:Berg-Gamander; E:Alpine Pennyroyal, Mountain Germander · ♄ e ⇝ △ Z6 VII-VIII ⚕; Eur.* exc. BrI, Sc
– **musimonum** Humbert ex Maire · ♃ ⇝ △ ∧ VI-IX; Maroc.; Atlas
– **orientale** L. · ♃ Z7 ∧ VII-VIII; TR, Lebanon, Cauc., Iran
– **polium** L.
  – subsp. **aureum** (Schreb.) Arcang. · D:Goldrand-Gamander · ♄ e ⇝ △ Z7 ∧ VII-VIII; Eur.: Sp., F, Sic.; NW-Afr.
  – subsp. **polium** · D:Goldener Gamander; E:Golden Germander · ♄ e Z7; Eur.: Sp., S-F; NW-Afr.
– **pyrenaicum** L. · D:Pyrenäen-Gamander; E:Pyrenean Germander; F:Germandrée des Pyrénées · ♃ ⇝ Z6 VII-VIII; SW-F, N-Sp.
– **rotundifolium** Schreb. · ♃; Sp.; mts.
– **scordium** L. · D:Lauch-Gamander · ♃ ∼ VII-VIII ⚕; Eur.*, W-Sib., C-As.
– **scorodonia** L. · D:Salbei-Gamander; E:Wood Germander, Wood Sage; F:Germandrée scorodoine · ♃ ♄ Z6 VII-IX ⚕; Eur.* exc. EC-Eur., Sc, nat. in Sc
– **subspinosum** Pourr. ex Willd. · ♄ e Z9 ⌂; Balear.

Thalia L. -f- *Marantaceae* · 7-12 sp
– **dealbata** Fraser · ♃ ≈ Z9 ⌂ VII-VIII; USA: Mo, SE, SC., Fla.
– **geniculata** L. · ♃ ≈ Z9 ⌂ VII-VIII; USA: SE, Fla.; W.Ind., S-Am., nat. in trop. Afr.

Thalictrum L. -n- *Ranunculaceae* · c. 330 sp · D:Wiesenraute; E:Meadow Rue; F:Pigamon
– **alpinum** L. · D:Alpen-Wiesenraute; E:Alpine Meadow Rue · ♃ △ Z5 VI-VIII; Eur.* exc. Ib, EC-Eur.; N, mts.; Cauc., W-Sib., E-Sib., Sachal., Kamchat., C-As., Him., Mong., China, Alaska, Can., USA: NC, SW, Rocky Mts., Calif.; Greenl.
– *anemonoides* Michx. = Anemonella thalictroides
– **aquilegifolium** L. · D:Akeleiblättrige Wiesenraute; E:Columbine Meadow Rue; F:Pigamon à feuilles d'ancolie · ♃ Z6 V-VII; Eur.* exc. BrI; NW-TR
– **coreanum** Lev. · ♃ △ V; E-China, N-China
– **delavayi** Franch. · ♃ Z7 VII-VIII; W-China
– **dipterocarpum** Franch. · D:Chinesische Wiesenraute; E:Chinese Meadow Rue · ♃ VII-VIII; W-China
– *dipterocarpum* hort. = Thalictrum delavayi
– **flavum** L.
  – subsp. **flavum** · D:Gelbe Wiesenraute; E:Yellow Meadow Rue · ♃ Z6 VI-VII; Eur.*, Cauc., W-Sib., E-Sib., Amur, C-As.
  – subsp. **glaucum** (Desf.) Batt. · F:Pigamon

jaune · ♃ Z6 VII-VIII; Eur.: Ib; Maroc., Alger.
– **foetidum** L. · D:Stinkende Wiesenraute; E:Meadow Rue · ♃ Z6 VI-VIII; Eur.* exc. BrI, Sc; TR, Cauc., Iran, W-Sib., E-Sib., Amur, C-As., ? Afgh., Mong., Tibet
– *glaucum* Desf. = Thalictrum flavum subsp. glaucum
– **isopyroides** C.A. Mey. · ♃; TR, Syr., N-Iraq, Cauc. (Armen.), Iran, Afgh., Altai
– **kiusianum** Nakai · ♃ △ VI-VIII; Jap.
– **lucidum** L. · D:Glänzende Wiesenraute · ♃ Z7 VI-VIII; Eur.: C-Eur., EC-Eur., I, Ba, E-Eur.; TR, nat. in FIN, Krim
– **minus** L. · D:Kleine Wiesenraute; E:Lesser Meadow Rue · ♃ ⋊ Z6 V-VI; Eur.*, TR, Cauc., Iran, W-Sib., E-Sib., Amur, Sachal., Kamchat., C-As., Pakist., Mong., China, Korea
– **morisonii** C.C. Gmel. · D:Hohe Wiesenraute · ♃ VII-VIII; Eur.: Sp., F, Corse, I, CH
– **orientale** Boiss. · ♃ Z7 V-VI; S-GR, S-TR, N-Syr.
– **polygamum** Muhl. · ♃; E-Can., USA: NE, NEC, SE
– **rochebrunianum** Franch. et Sav. · ♃ Z7; Jap.
– **simplex** L.
 – subsp. **gallicum** (Rouy et Foucaud) Tutin · ♃ Z7; F
 – subsp. **simplex** · D:Einfache Wiesenraute · ♃ Z7 VI-VII; Eur.* exc. BrI, Ib; TR, Cauc., Iran, W-Sib., E-Sib., Amur, Kamchat.
– *speciosissimum* L. = Thalictrum flavum subsp. glaucum
– **tuberosum** L. · ♃ △ Z8 ∧ VI-VII; Eur.: Sp., F

Thamnocalamus Munro -m- *Poaceae (Gramineae)* · 6 sp
– *spathaceus* (Franch.) Soderstr. = Fargesia murieliae
– **tessellatus** (Nees) Soderstr. et Ellis · ♄ e Z7; S-Afr.

Thapsia L. -f- *Apiaceae (Umbelliferae)* · 3 sp · D:Purgierdolde; F:Thapsia
– **garganica** L. · ♃ Ⓚ VII-VIII ☠; Eur.: Ib, Ap, Ba; TR , NW-Afr., Libya

Thaumatococcus Benth. -m- *Marantaceae* · 1 sp
– **danielii** Benth. · ♃ Ⓦ Ⓝ; W-Afr., C-Afr.

Thea L. = Camellia
– *bohea* L. = Camellia sinensis var. sinensis
– *sinensis* L. = Camellia sinensis var. sinensis
– *viridis* L. = Camellia sinensis var. sinensis

Thelesperma Less. -n- *Asteraceae (Compositae)* · 12-15 sp · D:Warzensame; E:Greenthreads; F:Thélésperme
– **burridgeanum** (Regel, Körn. et Rach) S.F. Blake · ⊙ VII-IX; Tex.
– **trifidum** (Poir.) Britten · ⊙ ⊙ VI-IX; USA: NC, SC, Colo., N.Mex., Mo.

Theligonum L. -n- *Theligonaceae* · 3 sp · D:Hundskohl; F:Crambe des chiens, Théligone
– **cynocrambe** L. · ⊙ Ⓚ; Eur.: Ib, Ap, Fr, Ba, Krim

Thelocactus (K. Schum.) Britton et Rose -m- *Cactaceae* · 11 sp
– **bicolor** (Galeotti ex Pfeiff.) Britton et Rose
 – var. **bicolor** · E:Texas Pride · ♆ Z9 Ⓚ ▽ ✻; Tex., N-Mex.
 – var. *bolaensis* (Runge) F.M. Knuth = Thelocactus bicolor var. bicolor
– *buekii* (Klein) Britton et Rose = Thelocactus tulensis
– **conothelos** (Regel et Klein) F.M. Knuth · ♆ Z9 Ⓚ ▽ ✻; NE-Mex.
– *ehrenbergii* (Pfeiff.) F.M. Knuth = Thelocactus leucacanthus var. leucacanthus
– *fossulatus* (Scheidw.) Britton et Rose = Thelocactus hexaedrophorus
– *gielsdorfianus* (Werderm.) Bravo = Turbinicarpus gielsdorfianus
– **heterochromus** (F.A.C. Weber) Oosten · ♆ Z9 Ⓚ ▽ ✻; Mex.: Chihuahua, Durango
– **hexaedrophorus** (Lem.) Britton et Rose · ♆ Z9 Ⓚ ▽ ✻; N-Mex.
– *horripilus* (Lem.) Kladiwa et Fittkau = Turbinicarpus horripilus
– **leucacanthus** (Zucc. ex Pfeiff.) Britton et Rose
 – var. **leucacanthus** · ♆ Z9 Ⓚ ▽ ✻; E-Mex.
 – var. *schmollii* Werderm. = Thelocactus leucacanthus var. leucacanthus
– *lloydii* Britton et Rose = Thelocactus hexaedrophorus
– *lophophoroides* Werderm. = Turbinicarpus lophophoroides
– *lophothele* (Salm-Dyck) Britton et Rose = Thelocactus rinconensis

– var. *nidulans* (Quehl) Kladiwa = Thelocactus rinconensis
– *matudae* Sánchez-Mej. et A.B. Lau = Thelocactus tulensis
– *nidulans* (Quehl) Britton et Rose = Thelocactus rinconensis
– *phymatothelos* (Poselg.) Britton et Rose = Thelocactus rinconensis
– **pottsii** (Salm-Dyck) Britton et Rose · ψ Z9 ⌂K
– *pottsii* hort. = Thelocactus heterochromus
– *pseudopectinatus* (Backeb.) E.F. Anderson et Boke = Turbinicarpus pseudopectinatus
– **rinconensis** (Poselg.) Britton et Rose · ψ Z9 ⌂K ▽ *; NE-Mex.
– *saueri* (Boed.) A. Berger = Turbinicarpus saueri
– *saussieri* (F.A.C. Weber) A. Berger = Thelocactus conothelos
– **setispinus** (Engelm.) E.F. Anderson · E:Strawberry Cactus · ψ Z9 ⌂K ▽ *; S-Tex., Mex.: Tamaulipas
– **tulensis** (Poselg.) Britton et Rose · ψ Z9 ⌂K ▽ *; NE-Mex.
– *valdezianus* (H. Möller) Bravo = Turbinicarpus valdezianus
– *viereckii* (Werderm.) Bravo = Turbinicarpus viereckii

Thelycrania (Dumort.) Fourr. = Cornus
– *alba* (L.) Pojark. = Cornus alba
– *sanguinea* Fourr. = Cornus sanguinea subsp. sanguinea

Thelypteris Schmidel -f- *Thelypteridaceae* · c. 280 sp · D:Sumpffarn; E:Marsh Fern; F:Fougère des marais
– *decursivepinnata* (H.C. Hall) Ching = Phegopteris decursive-pinnata
– *dentata* (Forssk.) H. St. John = Christella dentata
– *hexagonoptera* (Michx.) Weath. = Phegopteris hexagonoptera
– **limbosperma** (All.) H.P. Fuchs · D:Bergfarn · ♃; Eur.*, TR, NE-As, Jap., Kamchat., Alaska, Can.: W
– *noveboracensis* (L.) Nieuwl. = Parathelypteris noveboracensis
– *oreopteris* (Ehrh.) Sloss. = Oreopteris limbosperma
– **palustris** Schott · D:Gewöhnlicher Sumpffarn; E:Eastern Marsh Fern, Marsh Fern; F:Agrostic, Thélypteris des marais · ♃ ～ Z4 VII-IX; Eur.*, TR, Palaest., Cauc., W-Sib., E-Sib., Amur, Sachal., Kamchat., C-As., Maroc., Alger., N-Am., W-Afr., S-Afr., NZ
– *phegopteris* (L.) Sloss. = Phegopteris connectilis
– *thelypteroides* (F. Michx.) Holub = Thelypteris palustris

Themeda Forssk. -f- *Poaceae (Gramineae)* · 18 sp · D:Rotschopfgras; F:Herbe aux kangourous
– **triandra** Forssk.
  – subsp. **japonica** (Willd.) Tanaka · ♃ Z10; Jap., Korea, Manch., China, Ind.

Theobroma L. -n- *Sterculiaceae* · 20 sp · D:Kakaobaum; E:Cacao; F:Cacaoyer, Théobrome
– **bicolor** Humb., Bonpl. et Kunth · ħ Z10 ⌂W Ⓝ; Mex., C-Am., Col., Bras.
– **cacao** L.
  – subsp. **cacao** · D:Echter Kakaobaum; E:Cacao, Chocolate Nut Tree · ħ ħ e Z10 ⌂W ⚕ Ⓝ; C-Am., trop. S-Am.
  – subsp. **sphaerocarpum** (Chev.) Cuatrec. · ħ e Z10 ⌂W Ⓝ; trop. S-Am.

Theophrasta L. -f- *Theophrastaceae* · 2 sp
– *imperialis* Linden ex K. Koch et Fintelm. = Chrysophyllum imperiale
– **jussieui** Lindl. · ħ e Z10 ⌂W; Hispaniola
– *longifolia* Jacq. = Clavija longifolia

Thermopsis R. Br. -f- *Fabaceae (Leguminosae)* · 13 sp · D:Fuchsbohne; E:False Lupin; F:Faux-lupin
– **barbata** Benth. · ♃ Z7 VI; Him.
– *caroliniana* Curtis = Thermopsis villosa
– **fabacea** (Pall.) DC. · D:Fuchsbohne · ♃ Z5 VI-VII; Sib.
– **lanceolata** R. Br. · ♃ Z3 VI-VIII; SE-Russ., C-As.
– *lupinoides* (L.) Link = Thermopsis lanceolata
– **mollis** (Michx.) M.A. Curtis ex Gray · ♃ Z6; USA: Va., SE
– *montana* Nutt. = Thermopsis rhombifolia
– **rhombifolia** (Pursh) Richardson · D:Rocky-Mountains-Fuchsbohne; E:Buffalo Pea · ♃ Z4 V; USA: NW, Calif., Rocky Mts.
– **villosa** (Walter) Fernald et Schub. · D:Carolina-Fuchsbohne; E:Carolina Lupin · ♃ Z7 VI-VII; USA: SE

Thesium L. -n- *Santalaceae* · 325 sp ·

D:Bergflachs, Leinblatt; F:Thésion, Thésium
– **alpinum** L. · D:Alpen-Leinblatt · ♃ VI-VII; Eur.* exc. BrI; Cauc.
– **arvense** Horv. · D:Ästiges Leinblatt · ♃ VI-VIII; Eur.: Ap, C-Eur., EC-Eur., Ba, E-Eur.; TR, Cauc., Iran, W-Sib., C-As.
– **bavarum** Schrank · D:Bayerisches Leinblatt · ♃ VI-IX; Eur.: Fr, Ap, C-Eur., EC-Eur., Ba, RO
– **dollineri** Murb. · D:Niedriges Leinblatt · ♃ IV-IX; Eur.: A, EC-Eur., Ba, E-Eur.
– **ebracteatum** Hayne · D:Schopf-Leinblatt, Vorblattloses Leinblatt · ♃ V-VI ▽; Eur.: C-Eur., DK, EC-Eur., E-Eur.; W-Sib.
– **humifusum** DC. · D:Niederliegendes Leinblatt · ♃; Eur.: Sp., Fr, BrI, ? Corse
– **linophyllon** L. · D:Mittleres Leinblatt · ♃ VI-VII; Eur.: Fr, Ap, C-Eur., EC-Eur., Ba, E-Eur.
– **pyrenaicum** Pourr. · D:Wiesen-Leinblatt · ♃ VI-VII; Eur.: Ib, Fr, Ap, C-Eur., EC-Eur., Ba
– **rostratum** Mert. et W.D.J. Koch · D:Schnabelfrüchtiges Leinblatt · ♃ V-VII; Eur.: I, C-Eur., EC-Eur., Slove.

Thespesia Sol. ex Correa -f- *Malvaceae* · 17 sp · D:Tropeneibisch; E:Portia Tree; F:Thespésia
– **populnea** (L.) Sol. ex Corrêa · D:Küsten-Tropeneibisch; E:Portia Tree · ♄ e Z10 Ⓦ Ⓝ; Afr., trop. As., nat. in W.Ind., Fla.

Thevetia L. -f- *Apocynaceae* · 8 sp · D:Schellenbaum, Thevetie; E:Luckynut; F:Bois-lait, Thévétia
– **peruviana** (Pers.) K. Schum. · D:Gelber Schellenbaum; E:Yellow Oleander · ♄ ♄ e Z10 Ⓦ VI-VIII ☠; USA: Fla.; Mex., C-Am., W.Ind., S-Am.

Thibaudia Ruiz et Pav. -f- *Ericaceae* · 60 sp
– **floribunda** Humb., Bonpl. et Kunth · ♄ e Z9 Ⓚ; Col.

Thladiantha Bunge -f- *Cucurbitaceae* · 23 sp · D:Quetschblume, Quetschgurke; F:Thladianthe
– **dubia** Bunge · D:Quetschblume, Quetschgurke; E:Red Hailstone · ♃ ♧ Z7 Ⓐ V-VII; Amur, N-China

Thlaspi L. -n- *Brassicaceae (Cruciferae)* · 60 sp · D:Hellerkraut, Täschelkraut; E:Penny Cress; F:Tabaret, Thlaspi
– **alliaceum** L. · D:Lauch-Hellerkraut · ⊙ IV-VI; Eur.* exc. BrI, Sc; TR, nat. in BrI
– **alpestre** L.
  – subsp. **alpestre** · D:Alpen-Hellerkraut, Alpen-Täschelkraut · ♃ △ Z6 V-VI; Eur.: F, I, D, A; Alp.
  – subsp. **sylvium** (Gaudin) P. Fourn. · D:Penninisches Hellerkraut · ♃ Z6 VI-VIII; Eur.: F, I, CH; Alp.
– *alpinum* Crantz = Thlaspi alpestre subsp. alpestre
– **arvense** L. · D:Acker-Hellerkraut; E:Pennycress · ⊙ IV-V; Eur.*, Cauc., TR, Syr., Palaest., Iran, W-Sib., E-Sib., Amur, Sachal., Kamchat., C-As., Him., Mong., China, Alger., Canar., Eth., nat. in N-Am.
– **brachypetalum** Jord. · D:Voralpen-Hellerkraut · ⊙ V-VII; Eur.: Sp., F, I, D; Pyr., SW-Alp., Apenn., nat. in Sweden
– **caerulescens** J. Presl et C. Presl · D:Gebirgs-Hellerkraut · ⊙ ⊙ IV-VI; Eur.* exc. Sc, E-Eur., nat. in Sc
– **calaminare** (Lej.) Lej. et Courtois · D:Galmei-Hellerkraut · ♃ V-VI; Eur.: B, D
– **cepaeifolium** (Wulfen) W.D.J. Koch
  – subsp. **cepaeifolium** · ♃ Z6; Eur.: I, Slove.; SE-Alp.
  – subsp. **rotundifolium** (L.) Greuter et Burdet · D:Rundblättriges Hellerkraut; E:Round Leaved Pennycress · ♃ △ Z6 VI; Eur.: F, I, C-Eur., Slove.; mts.
– **goesingense** Halácsy · D:Gösing-Hellerkraut · ♃ Z6 V-VI; Eur.: A, H, Ba
– **kerneri** Huter · D:Kerners Hellerkraut · ♃ Z6; Eur.: Slove., A (Kärnten), N-I
– **montanum** L. · D:Berg-Hellerkraut · ♃ △ Z5 IV-V; Eur.: F, C-Eur., CZ, Slove., Croatia, Bosn., Montenegro, Maced.
– **perfoliatum** L. · D:Stängelumfassendes Hellerkraut; E:Perfoliate Pennycress · ⊙ III-VI; Eur.*, TR, Levante, Cauc., Iran, W-Sib., C-As., NW-Afr., Libya
– **praecox** Wulfen · D:Frühes Hellerkraut · ♃ Z6 III-VI; Eur.: F, Ap, A, Ba; TR, Cauc.
– *rotundifolium* (L.) Gaudin = Thlaspi cepaeifolium subsp. rotundifolium
– **salisii** Brügger · D:Tiroler Hellerkraut · ⊙; Eur.: I, CH, A; Alp.
– **stylosum** (Ten.) Mutel · ♃ ⟿ △ Z6 IV-V; Eur.: I; Apenn.
– **virens** Jord. · D:Grünes Täschelkraut · ⊙ IV-VI; Eur.: F, I, CH, BrI; SW-Alp., BrI

Thomasia J. Gay -f- *Sterculiaceae* · 32 sp

– **purpurea** J. Gay · ♄ e Z9 Ⓚ VI-VII; W-Austr.
– **quercifolia** J. Gay · ♄ e Z9 Ⓚ VI; W-Austr.
– **solanacea** J. Gay · ♄ e Z9 Ⓚ V-VII; W-Austr.

Thrinax Sw. -f- *Arecaceae (Palmae)* · 7 sp · D:Schilfpalme; E:Key Palm, Thatch Plam; F:Pamier nain royal, Thrinax
– *floridana* Sarg. = Thrinax radiata
– *microcarpa* Sarg. = Thrinax morrisii
– **morrisii** H. Wendl. · D:Westindische Schilfpalme; E:Key Thatch Palm · ♄ e Z10 Ⓦ; Fla., W.Ind.
– **parviflora** Sw. · ♄ e Z10 Ⓦ; S-Fla., W.Ind., Belize, Mex.: Yucatan
– **radiata** Lodd. ex Schult. et Schult. f. · D:Florida-Schilfpalme; E:Florida Thatch Palm · ♄ e Z10 Ⓦ; Fla., W-Ind., Mex., C-Am.

Thrixanthocereus Backeb. = Espostoa
– *blossfeldiorum* (Werderm.) Backeb. = Espostoa blossfeldiorum

Thryallis Mart. -f- *Malpighiaceae* · 3 sp
– **glauca** (Poir.) Kuntze · ♄ e Ⓦ; C-Am.

Thuja L. -f- *Cupressaceae* · 5 sp · D:Lebensbaum, Thuja; E:Red Cedar; F:Arbre-de-vie, Biota, Thuya
– *articulata* Vahl = Tetraclinis articulata
– *gigantea* Nutt. = Thuja plicata
– **koraiensis** Nakai · D:Koreanischer Lebensbaum; E:Korean Thuja · ♄ ♄ e Z5 ☠; Korea
– **occidentalis** L. · D:Abendländischer Lebensbaum; E:Arborvitae, Red Cedar; F:Arbre de paradis, Thuya occidental · ♄ ♄ e Z5 III-V ⚕ ☠ Ⓝ; Can.: E; USA: NE, NCE, Tenn., N.C.
  – **in vielen Sorten**
– *orientalis* L. = Platycladus orientalis
– **plicata** Donn ex D. Don · D:Riesen-Lebensbaum; E:Western Red Cedar; F:Thuya géant de Californie · ♄ ♄ e Z5 IV ☠ Ⓝ; Alaska, Can.: B.C., Alta.; USA: NW, Calif., Idaho, Mont.
  – **in vielen Sorten**
– **standishii** (Gordon) Carrière · D:Japanischer Lebensbaum; E:Japanese Thuja · ♄ e Z6 ☠; Jap.
– **sutchuenensis** Franch. · ♄ ♄ e Z6 ☠; China: NE-Sichuan

Thujopsis Siebold et Zucc.ex Endl. -f- *Cupressaceae* · 1 sp · D:Hibalebensbaum; E:Hiba; F:Thuya jiba
– **dolabrata** (L. f.) Siebold et Zucc.
  – var. **dolabrata** · D:Hibalebensbaum; E:Hiba · ♄ e Z6 Ⓝ; Jap.
  – var. **hondai** Makino · ♄ e Z5; N-Jap.

Thunbergia Retz. -f- *Acanthaceae* · 90-100 sp · D:Schwarzäugige Susanne, Thunbergie; E:Thunbergia; F:Suzanne aux yeux noirs, Thunbergie
– **affinis** S. Moore · ♄ ≹ Z10 Ⓦ IX-X; E-Afr.
– **alata** Bojer ex Sims · D:Schwarzäugige Susanne; E:Black-Eyed Susan; F:Suzanne aux yeux noirs · ⊙ ⊙ ♃ ≹ Z10 V-X; trop. Afr.
– **battiscombei** Turrill · ♃ ≹ Z10 Ⓦ VI-VIII; trop. Afr.
– **coccinea** (Nees) Wall. · ♄ d ≹ Z10 Ⓚ I-IV; Ind., Myanmar
– *erecta* (Benth.) T. Anderson = Meyenia erecta
– **fragrans** Roxb. · ♃ ≹ D Z10 Ⓚ VI-VIII; Ind.
– *gibsonii* S. Moore = Thunbergia gregorii
– **grandiflora** (Roxb. ex Rottler) Roxb. · D:Bengalische Thunbergie; E:Bengal Trumpet, Blue Trumpet Vine · ♄ e ≹ Z10 Ⓦ VIII-X; Ind.: Bengalen
– **gregorii** S. Moore · D:Orangefarbene Thunbergie; E:Orange Clock Vine · ♃ ≹ Z10 Ⓚ VI-VIII; E-Afr., S-Afr.
– **laurifolia** Lindl. · D:Malayische Thunbergie; E:Babbler's Vine · ♄ e ≹ Z10 Ⓦ IV-X; Malay. Pen.
– **mysorensis** (Wight) T. Anderson ex Bedd. · ♄ e ≹ Z10 Ⓦ III-VIII; Ind.: Nilgiri
– **natalensis** Hook. · ♄ Z10 Ⓦ VI-VIII; S-Afr.: Natal
– **vogeliana** Benth. · ♄ Z10 Ⓦ VII-VIII; C-Afr.: Fernando Póo

Thunia Rchb.f. -f- *Orchidaceae* · 6 sp
– *alba* (Lindl.) Rchb. f. = Thunia bracteata
– **bensoniae** Hook. f. · ♃ Z10 Ⓦ Ⓚ VI-VII ▽ *; Myanmar
– **bracteata** (Roxb.) Schltr. · ♃ Z10 Ⓦ Ⓚ VI-VIII ▽ *; Indochina
– **marshalliana** Rchb. f. · ♃ Z10 Ⓦ Ⓚ VI-VII ▽ *; Myanmar, Thail., S-China

Thymelaea Mill. -f- *Thymelaeaceae* · 30 sp · D:Purgierstrauch, Spatzenzunge;

F:Passerine thymélée, Thymélée
– **passerina** (L.) Coss. et Germ. · D:Spatzenzunge · ⊙ Z7 VII-VIII; Eur.* exc. BrI, Sc; TR, SW-As., C-As.

Thymophylla Lag. -f- *Asteraceae (Compositae)* · 17 sp
– **tenuiloba** (DC.) Small · D:Gelbes Gänseblümchen; E:Dahlberg Daisy, Golden Fleece · ⊙ ✂ Z9 VII-IX; USA: SC; Mex.

Thymus L. -m- *Lamiaceae (Labiatae)* · c. 350 sp · D:Quendel, Thymian; E:Thyme; F:Serpolet, Thym
– *austriacus* Bernh. ex Rchb. = Thymus glabrescens subsp. glabrescens
– **caespititius** Brot. · D:Azoren-Thymian · ♄ Z8 ⌂; P, NW-Sp., Azor.
– **ciliatus** Desf. et Benth. non Lam. · ♄ Z9 ⌂; NW-Afr.
– × **citriodorus** (Pers.) Schreb. ex Schweigg. et Körte (*T. pulegioides* × *T. vulgaris*) · D:Zitronen-Thymian; E:Lemon Thyme; F:Thym à odeur de citron · ♃ △ D Z7 ∧ VI-VII ⚕; cult.
– **comosus** Heuff. ex Griseb. · ♄ Z5; RO
– **doerfleri** Ronniger · ♃ ⌓ △ Z5 V-VI; NE-AL
– **glabrescens** Willd.
  – subsp. **glabrescens** · D:Kahlblatt-Thymian, Österreichischer Thymian · ♃ Z6; Eur.: I, A, H, CZ, N-Ba, Russ.; C-As.
  – subsp. **urumovii** (Velen.) Jalas · ♃ △ Z6 V-VI; Eur.: GR, BG, Krim; TR
– **hirsutus** M. Bieb.
  – var. *doerfleri* (Ronniger) Ronniger = Thymus doerfleri
– *lanuginosus* hort. = Thymus pseudolanuginosus
– **longicaulis** Ronniger · D:Langstängeliger Thymian · ♄ ♄ e IV-VIII; Eur.: F, Ap, Ba, RO, ? A, ? CH, ? H; TR, nat. in D
– **membranaceus** Boiss. · ♄ Z7; SE-Sp.
– *micans* Sol. ex Lowe = Thymus caespititius
– *montanus* Waldst. et Kit. = Thymus pulegioides subsp. montanus
– *odoratissimus* M.Bieb. = Thymus pallasianus
– **oenipontanus** Heinr. Braun ex Borbás · D:Tiroler Thymian · ♃ V-VIII; Eur.: F, I, CH, A; S-Alp., E-Alp.
– **pallasianus** Heinr. Braun · ♄ Z7 VI-VIII; S-Russ.
– **pannonicus** Opiz · D:Steppen-Thymian · ♄ e Z5 VI-VIII; Eur.: A, EC-Eur., Ba, E-Eur., nat. in D
– *polytrichus* A. Kern. ex Borbás = Thymus praecox subsp. polytrichus
– **praecox** Opiz
  – subsp. **polytrichus** (A. Kern. ex Borbás) Ronniger · D:Alpen-Thymian · ♃ e Z5 VII-IX; Eur.: mts. S-Eur., C-Eur.
  – subsp. **praecox** · D:Frühblühender Thymian, Niedergestreckter Thymian; E:Alba Thyme, Hairy Thyme; F:Thym précoce · ♄ e Z5 V-VII; Eur.*, TR, Cauc., N-Iran
    – var. *pseudolanuginosus* Ronniger et Jalas = Thymus pseudolanuginosus
– **pseudolanuginosus** Ronniger · D:Filziger Niedergestreckter Thymian; E:Woolly Creeping Thyme · ♃ e ⇝ △ Z7 ∧ V-VI; W-Eur.
– **pulegioides** L.
  – subsp. **carniolicus** (Borbás) P.A. Schmidt · D:Krainer Thymian, Piemonteser Thymian · ♃ e Z5 VI-VII; Eur.: Sp., F, I, CH, D, A, Slove.
  – subsp. **montanus** (Benth.) Ronniger · ♃ e Z5; Eur.: Ba
  – subsp. **pulegioides** · D:Arznei-Thymian, Feld-Thymian; E:Lemon Thyme · ♃ ♄ e Z5 V-X ⚕ Ⓝ; Eur.*
– **rotundifolius** Schur
– **satureioides** Coss. et Balansa · ♄ ⌂ Ⓝ; Maroc.
– **serpyllum** L. · D:Sand-Thymian; E:Wild Thyme; F:Thym serpolet · ♃ ♄ e ⇝ △ Z5 VI-IX ⚕; Eur.: BrI, Sc, Fr, C-Eur., EC-Eur., E-Eur., nat. in e N-Am.
  – **in Sorten**
– **sibthorpii** Benth. · ♃; Eur.: Ba ; TR +
– **thracicus** Velen. · D:Langzahn-Thymian · ♄ Z8 ⌂; Eur.: Ba, I; TR
– **villosus** L. · ♄ ♄ △ Z7 ⌂ ∧ VII-IX ▽; S-P, SW-Sp.
– **vulgaris** L. · D:Echter Thymian, Quendel; E:Common Thyme; F:Thym commun · ♄ e D Z6-7 VI-IX ⚕ Ⓝ; Eur.: Sp., Balear., Fr, I; Maroc., nat. in CH
– **zygis** L. · ♄ Z8 ⌂ ∧ ⚕; P, Sp., Maroc.

Thyrsacanthus Nees = Odontonema
– *rutilans* Planch. = Odontonema schomburgkianum
– *schomburgkianus* Nees = Odontonema schomburgkianum

Thysanolaena Nees -f- *Poaceae*

(Gramineae) · 1 sp · D:Tigergras; E:Tiger Grass; F:Herbe du tigre
– **maxima** (Roxb.) Kuntze · ♃ Z9 ⓦ Ⓝ; Ind., SE-As.

Thysanotus R. Br. -m- *Anthericaceae* · 49 sp · D:Fransenlilie; E:Fringe Flower, Fringe Lily; F:Thysanothe
– **multiflorus** R. Br. · D:Vielblütige Fransenlilie; E:Fringe Lily · ♃ Z10 ⓚ VIII; W-Austr.

Tiarella L. -f- *Saxifragaceae* · 3-7 sp · D:Bischofskappe, Schaumblüte; E:False Mitrewort, Foam Flower; F:Bonnet-d'Evêque, Tiarelle
– *collina* hort. = Tiarella wherryi
– **cordifolia** L. · D:Herzblättrige Schaumblüte, Wald-Schaumblüte; E:Foamflower; F:Tiarella à feuilles cordées · ♃ ⁓→ Z3 V-VI; Can.: E: USA: NE, NCE, N.C., Tenn.
 – var. *collina* Wherry = Tiarella wherryi
– **polyphylla** D. Don · ♃ Z7; China, Taiwan, Japan, Him.
– **trifoliata** L. · D:Dreiblättrige Schaumblüte; E:Three Leaf Foamflower · ♃ Z5 V; B.C., USA: NW
– **unifoliata** Hook. · ♃ Z3 V; Alaska, Can.: W; USA: NW, Calif.
– **wherryi** Lakela · ♃ D Z6 V-VI; USA: NE, SE

Tibouchina Aubl. -f- *Melastomataceae* · 243 sp · D:Tibouchine; E:Glory Bush; F:Fleur des princesses, Tibouchina
– *alba* hort. non Cogn. = Melastoma candidum
– **grandifolia** Cogn. · ♄ e Z10 ⓦ; Bras.
– **heteromalla** Cogn. · ♄ e Z10 ⓦ; Bras.
– **holosericea** (Sw.) Baill. · ♄ e Z10 ⓚ VII; Bras.
– *semidecandra* hort. non (Schrank et Mart. ex DC.) Cogn. = Tibouchina urvilleana
– **urvilleana** (DC.) Cogn. · D:Glänzende Tibouche; E:Glory Bush, Purple Glory Tree · ♄ e Z10 ⓚ V-VIII; Bras.

Tieghemella Pierre -f- *Sapotaceae* · 2 sp · D:Macoré; E:Cherry Mahogany; F:Macoré, Makoré
– **heckelii** Pierre · D:Afrikanischer Birnbaum, Makoré; E:Cherry Mahogany · ♄ ⓦ Ⓝ; trop. W-Afr.

Tigridia Juss. -f- *Iridaceae* · -35 sp · D:Pfauenblume, Tigerblume; E:Peacock Flower, Tiger Flower; F:Lis de tigre
– **pavonia** (L. f.) DC. · D:Pfauenblume, Tigerblume; E:Mexican Shell Flower, Tiger Flower · ♃ Z9 ⓚ VII-IX; Mex.

Tilia L. -f- *Tiliaceae* · 45 sp · D:Linde; E:Lime, Linden; F:Tilleul
– *alba* Aiton = Tilia tomentosa
– *alba* K. Koch = Tilia tomentosa 'Petiolaris'
– **americana** L. · D:Amerikanische Linde; E:American Basswood, American Lime; F:Tilleul d'Amérique · ♄ d Z5 VII Ⓝ; Can.: E; USA: NE, NCE, SC, SE
– *argentea* DC. = Tilia tomentosa
– *carlsruhensis* Simonk. = Tilia × flaccida
– **cordata** Mill. · D:Winter-Linde; E:Little Leaf Linden; F:Tilleul à petites feuilles, Tilleul des bois · ♄ d D Z4 VI-VII ⚕ Ⓝ; Eur.*, Cauc., N-Iran, W-Sib.
– **dasystyla** Steven · D:Kaukasische Linde; E:Caucasian Lime · ♄ d Z6 VI; Cauc., N-Iran
– × **euchlora** K. Koch (*T. cordata* × *T. dasystyla*) · D:Krim-Linde; E:Crimean Lime; F:Tilleul de Crimée · ♄ d D Z5 VII; Krim
– × *europaea* auct. non L. = Tilia × vulgaris
– × **flaccida** Host (*T. americana* × *T. platyphyllos*) · ♄ d Z6 VI-VII; cult.
– × **flavescens** A. Braun (*T. americana* × *T. cordata*) · ♄ d Z3 VII; cult.
– *glabra* Vent. = Tilia americana
– *grandifolia* Ehrh. ex W.D.J. Koch = Tilia platyphyllos
– **henryana** Szyszyll. · ♄ d Z6; C-China
– **heterophylla** Vent. · D:Verschiedenblättrige Linde; E:White Basswood · ♄ d Z6 VII Ⓝ; USA: NE, SE, Fla.
– × *intermedia* DC. = Tilia × vulgaris
– **japonica** (Miq.) Simonk. · ♄ d Z5 VII; Jap.; mts.
– **mandshurica** Rupr. et Maxim. · D:Mandschurische Linde; E:Manchurian Linden · ♄ d Z5 VII Ⓝ; Amur, NE-China, Manch, Korea
– **maximowicziana** Shiras. · ♄ d Z5 VII; Jap.
– **miqueliana** Maxim. · D:Miquels Linde; E:Lime, Linden · ♄ d Z6 VI; E-China
– × **moltkei** Späth (*T. americana* × *T. tomentosa 'Petiolaris'*) · ♄ d VII; cult.
– **mongolica** Maxim. · D:Mongolische Linde; E:Mongolian Linden · ♄ d Z5 VII;

Mong., N-China
– *monticola* Sarg. = Tilia heterophylla
– *nigra* Borkh. = Tilia americana
– **oliveri** Szyszyll. · D:Olivers Linde; E:Oliver's Lime · ♄ d Z6 VI; C-China
– *parvifolia* Ehrh. = Tilia cordata
– *petiolaris* DC. = Tilia tomentosa 'Petiolaris'
– **platyphyllos** Scop. · D:Sommer-Linde; E:Large Leaved Lime; F:Tilleul à grandes feuilles, Tilleul de Hollande · ♄ d D Z4 VI ⚕ Ⓝ; Eur.* exc. BrI; Cauc., nat. in BrI
– *rubra* Steven non DC. = Tilia dasystyla
– *spaethii* C.K. Schneid. = Tilia × flavescens
– **tomentosa** Moench · D:Silber-Linde; E:Silver Lime; F:Tilleul argenté, Tilleul de Hongrie · ♄ d D Z5 VII Ⓝ; Eur.: Ba, EC-Eur.; TR, Syr.
  – **'Petiolaris'**
– **tuan** Szyszyll. · ♄ d D Z6 VII; C-China
– *ulmifolia* Scop. = Tilia cordata
– × **vulgaris** Hayne (*T. cordata* × *T. platyphyllos*) · D:Holländische Linde; E:Common Lime, European Linden; F:Tilleul commun · ♄ d D Z4 VI-VII; Eur.* exc. BrI, nat. in BrI

Tillandsia L. -f- *Bromeliaceae* · c. 380 sp · D:Greisenbart, Luftnelke, Tillandsie; E:Air Plant; F:Mousse espagnole, Tillandsia
– **aeranthos** (Loisel.) L.B. Sm. · ♃ Z9 Ⓦ; Bras., Parag., Urug., Arg.
– **albertiana** Verv. · ♃ Z9 Ⓦ; Arg.
– *aloifolia* Hook. = Tillandsia flexuosa
– **anceps** Lodd. · ♃ Z10 Ⓦ; trop. S-Am.
– **andicola** Gillies · ♃ Z9 Ⓦ; Arg.
– **araujei** Mez · ♃ Z10 Ⓦ; E-Bras.
– **argentea** Griseb. · ♃ Z10 Ⓦ; Mex., Guat., Cuba, Jamaica
– **atroviridipetala** Matuda · ♃ Z9 Ⓦ; Mex.
– *augustae-regiae* Mez = Tillandsia biflora
– **baileyi** Rose ex Small · ♃ Z9 Ⓦ; USA: SC; N-Mex.
– **balbisiana** Schult. f. · E:Northern Needleleaf · ♃ Z9 Ⓦ; USA: Fla.; Mex., C-Am., W.Ind., Venez.
– **bandensis** Baker · ♃ Z10 Ⓦ; Bol., Arg., Parag., Urug.
– **bergeri** Mez · ♃ Z9 Ⓦ; Arg.
– **biflora** Ruiz et Pav. · ♃ Z10 Ⓦ; Costa Rica, Venez., Col., Ecuad., Peru, Bol.
– **bourgaei** Baker · ♃ Z10 Ⓦ; S-Mex., C-Am.
– **brachycaulos** Schltdl. · ♃ Z9 Ⓦ; S-Mex., C-Am.
– **bryoides** Griseb. · ♃ Z9 Ⓦ; Peru, Bol., Arg.
– **bulbosa** Hook. · ♃ Z10 Ⓦ; S-Mex., C-Am., W.Ind., Col., Bras.
– **butzii** Mez · ♃ Z10 Ⓦ; Mex., C-Am.
– **cacticola** L.B. Sm. · ♃ Z9 Ⓦ; N-Peru
– **caerulea** Humb., Bonpl. et Kunth · ♃ Z10 Ⓦ; Ecuad., Peru
– *caldasina* Baker = Tillandsia geminiflora
– *candelifera* Rohweder = Tillandsia imperialis
– **capillaris** Ruiz et Pav. · ♃ Z9 Ⓦ; Mex., C-Am., Col., Ecuad., Peru, Bol., Chile, Arg.
– **capitata** Griseb. · ♃ Ⓦ; Mex., Guat., Hond., Cuba
– **caput-medusae** E. Morren · ♃ Z10 Ⓦ; Mex., Guat., Hond., El Salv., Costa Rica
– *caricifolia* E. Morren ex Mez = Tillandsia festucoides
– **caulescens** Brongn. · ♃ Z9 Ⓦ; Peru, Bol.
– **circinnatoides** Matuda · ♃ Z10 Ⓦ; Mex., Costa Rica
– *coarctata* Gillies ex Baker = Tillandsia bryoides
– *coccinea* Platzm. ex E. Morren = Tillandsia geminiflora
– *coerulea* Linden = Tillandsia cyanea
– **complanata** Benth. · ♃ Z10 Ⓚ; C-Am., W.Ind., trop. S-Am.
– **concolor** L.B. Sm. · ♃ Z10 Ⓦ; Mex.
– *confusa* Hassl. = Tillandsia duratii var. confusa
– *cordobensis* Hieron. = Tillandsia capillaris
– **crocata** (E. Morren) Baker · ♃ Z9 Ⓦ; Bras., Arg.
– *cubensis* Gand. = Tillandsia balbisiana
– **cyanea** Linden ex K. Koch · ♃ Z9 Ⓦ; Ecuad.
– *decomposita* Baker = Tillandsia duratii var. saxatilis
– *dependens* Hieron. ex Mez = Tillandsia capillaris
– **diaguitensis** A. Cast. · ♃ Z9 Ⓦ; Parag., N-Arg.
– *dianthoidea* Rossi = Tillandsia aeranthos
– **didisticha** (E. Morren) Baker · ♃ Z9 Ⓦ; Bol., Parag., Bras., Arg.
– **disticha** Humb., Bonpl. et Kunth · ♃ Z9 Ⓦ; Col., Ecuad., Peru
– **dura** Baker · ♃ Z10 Ⓦ; Bras.
– **duratii** Vis.
  – var. **confusa** (Hassl.) L.B. Sm. Z9 Ⓦ; Parag.
  – var. **duratii** Z9 Ⓦ; Bol., Arg., Urug.
  – var. **saxatilis** (Hassl.) L.B. Sm. Z9 Ⓦ; Arg.

– **ehlersiana** Rauh · ♃ Z10 ⓦ; S-Mex.
– *erubescens* H. Wendl. non Schltdl. = Tillandsia ionantha
– *espinosae* L.B. Sm. = Vriesea espinosae
– **fasciculata** Sw. · E:Giant Airplant · ♃ Z10 ⓦ; Mex., C-Am., Col., Ecuad., Peru
– **festucoides** Brongn. ex Mez · ♃ Z10 ⓦ; S-Mex., C-Am.
– **filifolia** Cham. et Schltdl. · ♃ Z10 ⓦ; S-Mex., Guat., Hond., Costa Rica
– **flabellata** Baker · ♃ Z10 ⓦ; Mex., Guat., El Salv.
– **flexuosa** Sw. · E:Twisted Airplant · ♃ Z9 ⓦ; Fla., W.Ind., Panama, Col., Venez., Guyan.
– **floribunda** Humb., Bonpl. et Kunth · ♃ Z9 ⓦ; Ecuad., Peru
– **funckiana** Baker · ♃ Z10 ⓦ; Venez.
– **funebris** A. Cast. · ♃ Z9 ⓦ; Bol., Parag., Arg.
– **gardneri** Lindl. · ♃ Z10 ⓦ; Col., Venez., Trinidad, Bras.
– **geminiflora** Brongn. · ♃ Z9 ⓦ; Bras., Parag., Urug., Arg.
– *glaucophylla* (Hook.) Baker = Tillandsia fasciculata
– **grandis** Schltdl. · ♃ Z10 ⓦ; C-Am., S-Am.
– *grisebachiana* Baker = Tillandsia biflora
– *havanensis* Jacq. ex Beer = Tillandsia fasciculata
– *hieronymi* Mez = Tillandsia capillaris
– **hildae** Rauh · ♃ Z9 ⓦ; N-Peru
– **imperialis** E. Morren · ♃ Z9 ⓚ; Mex.
– *incana* Gillies ex Baker = Tillandsia capillaris
– **ionantha** Planch. · ♃ Z9 ⓦ; Mex., Guat., Nicar.
– **juncea** (Ruiz et Pav.) Poir. · ♃ Z9 ⓦ; USA: Fla.; Mex., C-Am. , W.Ind., trop. S-Am.
– *juncifolia* Regel = Tillandsia juncea
– **kalmbacheri** Matuda · ♃ Z10 ⓦ; Mex.
– *langlassei* Poiss. et Menet = Tillandsia caput-medusae
– *lanuginosa* Gillies ex Baker = Tillandsia capillaris
– *lindeniana* Regel = Tillandsia lindenii
– **lindenii** Regel · E:Blue Flowered Torch · ♃ Z10 ⓦ; S-Ecuad., N-Peru
  – var. *regeliana* E. Morren = Tillandsia lindenii
  – var. *vera* Dombr. = Tillandsia cyanea
– **linearis** Vell. · ♃ Z10 ⓦ; Bras.
– **loliacea** Mart. · ♃ Z9 ⓦ; Peru. Bol., Parag., Bras., Arg.
– **lorentziana** Griseb. · ♃ Z9 ⓦ; Bol., Parag., Bras., Arg.
– **makoyana** Baker · ♃ Z9 ⓚ; Mex., Guat., Hond., Costa Rica
– *mandonii* E. Morren = Tillandsia crocata
– **meridionalis** Baker · ♃ Z9 ⓦ; Bras., Parag., Arg.
– *morreniana* Regel = Tillandsia cyanea
– **multicaulis** Steud. · ♃ Z10 ⓦ; C-Mex., Costa Rica, Panama
– **myosura** Griseb. · ♃ Z9 ⓦ; Bol., Arg.
– **narthecioides** C. Presl · ♃ D Z10 ⓦ; Ecuad.
– **paleacea** C. Presl · ♃ Z9 ⓦ; Col., Peru, Bol., Chile
– *pauciflora* Sessé et Moç. = Tillandsia recurvata
– **pedicellata** (Mez) A. Cast. · ♃ Z9 ⓦ; Bol., Arg.
– *permutata* A. Cast. = Tillandsia capillaris
– *pilosa* L.B. Sm. = Tillandsia bandensis
– **plumosa** Baker · ♃ Z10 ⓦ; Mex., C-Am.
– **pohliana** Mez · ♃ Z9 ⓦ; Peru, Bras., Parag., Arg.
– **polystachya** (L.) L. · ♃ Z10 ⓦ; Mex., C-Am., trop. S-Am.
– *polytrichioides* E. Morren = Tillandsia tricholepis
– *propinqua* Gay = Tillandsia capillaris
– **pruinosa** Sw. · E:Fuzzy Wuzzy Airplant · ♃ Z10 ⓦ; Mex., C-Am., W.Ind., Bras. Ecuad.
– **pueblensis** L.B. Sm. · ♃ Z10 ⓦ; Mex.
– **punctulata** Schltdl. et Cham. · ♃ Z10 ⓦ; C-Am., Surinam
– *pungens* Mez = Tillandsia fasciculata
– *pusilla* Gillies ex Baker = Tillandsia capillaris
– *quadrangularis* Mart. et Galeotti = Tillandsia juncea
– *quadriflora* Baker = Tillandsia bandensis
– **rauhii** L.B. Sm. · ♃ Z9 ⓦ; N-Peru
– **rectangula** Baker · ♃ Z9 ⓦ; Arg.
– **recurvata** (L.) L. · ♃ Z8 ⓦ; USA: SC, SW; S-Am.
– *regnellii* Mez = Tillandsia gardneri
– **remota** Wittm. · ♃ Z10 ⓦ; Guat., El Salv.
– *rubentifolia* Poiss. et Menet = Tillandsia ionantha
– **schatzlii** Rauh · ♃ Z10 ⓚ; Mex.
– **schiedeana** Steud. · ♃ Z10 ⓦ; Mex., W.Ind., Venez., Col.
– *scopus* Hook. f. = Tillandsia ionantha
– **seleriana** Mez · ♃ Z10 ⓦ; Mex., Guat.

– **setacea** Sw. · E:Southern Needleleaf · ♃ Z9 ⌂; USA: SE, Fla., SC; Mex., C-Am., Venez., Bras.
– *stolpii* Phil. = Tillandsia capillaris
– **streptophylla** Scheidw. · ♃ Z10 ⌂; Mex., Guat., Hond., Jamaica
– **stricta** Sol. · ♃ Z9 ⌂; Venez., Trinidad, Guyan., Bras., Parag., Arg.
– **subulifera** Mez · ♃ Z10 ⌂; Panama, Trinidad, Ecuad.
– **tectorum** E. Morren · ♃ Z9 ⌂; Peru
– *tenuifolia* Jacq. non L. = Tillandsia flexuosa
– **tenuifolia** L. · ♃ Z9 ⌂; W.Ind., trop. S-Am.
– *tephrophylla* Harms = Tillandsia capitata
– *tetrantha* Griseb. = Tillandsia biflora
– **tricholepis** Baker · ♃ Z9 ⌂; Bol., Parag., Bras., Arg.
– **tricolor** E. Morren · ♃ Z9 ⌂; Mex., Guat., Nicar., Costa Rica
– **umbellata** André · ♃ Z10 ⌂; S-Ecuad.
– *urbaniana* Wittm. = Tillandsia balbisiana
– **usneoides** (L.) L. · D:Greisenbart; E:Spanish Moss · ♃ ≹ Z8 ⌂; USA: Va., SE, Fla., SC; Mex. C-Am., W.Ind., S-Am.
– **utriculata** L. · E:Spreading Airplant · ♃ Z8 ⌂; USA: Fla., Ga.; Mex., C-Am., W.Ind., Venez.
– **valenzuelana** A. Rich. · ♃ Z9 ⌂; Fla., S-Mex., C-Am., Venez., Col. , Bol.
– *variegata* Schltdl. = Tillandsia butzii
– **vernicosa** Baker · ♃ Z9 ⌂; Bol., Parag., Arg.
– **violacea** Baker · ♃ Z9 ⌂; Mex.
– *virescens* Ruiz et Pav. = Tillandsia capillaris
– **viridiflora** (Beer) Baker · ♃ Z10 ⌂; C-Am.
– **wagneriana** L.B. Sm. · ♃ Z10 ⌂; Peru: Amazon.
– *williamsii* Rusby = Tillandsia capillaris
– **xerographica** Rohweder · ♃ Z10 ⌂ ▽ *; Mex., Guat., El Salv.
– **xiphioides** Ker-Gawl. · ♃ Z9 ⌂; Bol., Parag., Arg.

Tinantia Scheidw. -f- *Commelinaceae* · 10-12 sp · E:False Dayflower, Widow's Tears
– **erecta** (Jacq.) Schltdl. · ⊙ Z9 VI-VIII; C-Am., S-Am.
– *fugax* Scheidw. = Tinantia erecta

Tipuana (Benth.) Benth. -f- *Fabaceae (Leguminosae)* · 1 sp · D:Tipubaum; E:Tipu Tree; F:Bois de rose, Tipu
– **tipu** Benth. · D:Tipubaum; E:Tiputree · ₺ s Z10 ⌂; Bras., Arg., Bol.

Tischleria Schwantes = Carruanthus
– *peersii* L. Bolus = Carruanthus peersii

Titanopsis Schwantes -f- *Aizoaceae* · 6 sp · D:Kalkblatt; F:Plante-caillou, Titanopsis
– **calcarea** (Marloth) Schwantes · ♃ ♆ Z9 ⌂; Kap
– **schwantesii** (Dinter ex Schwantes) Schwantes · ♃ ♆ Z9 ⌂; Namibia

Titanotrichum Soler. -n- *Gesneriaceae* · 1 sp
– **oldhamii** (Hemsl.) Soler. · ♃ Z9 ⌂ V-VIII; S-China, Taiwan

Tithonia Desf. ex Juss. -f- *Asteraceae (Compositae)* · 11 sp · D:Tithonie; E:Mexican Sunflower; F:Soleil mexicain
– **diversifolia** (Hemsl.) A. Gray · D:Riesen-Tithonie · ⊙ ♃ Z9 VIII-X; S-Mex., Guat.
– **rotundifolia** (Mill.) S.F. Blake · D:Mexikanische Sonnenblume, Mexikanische Tithonie; E:Mexican Sunflower · ⊙ Z9 VIII-X; Mex.
– *speciosa* (Hook.) Griseb. = Tithonia rotundifolia
– *tagetiflora* Desf. = Tithonia rotundifolia

Tithymalus Hill = Euphorbia
– *characias* (L.) Hill = Euphorbia characias subsp. characias

Tococa Aubl. -f- *Melastomataceae* · 54 sp
– **neocinnamomea** Buchheim et Potztal · ₺ e Z10 ⌂; Costa Rica

Todea Willd. ex Bernh. -f- *Osmundaceae* · 2-6 sp · D:Elefantenfarn; E:Crepe Fern; F:Fougère arborescente, Todéa
– **barbata** (L.) T. Moore · ₺ e Z10 ⌂; Austr.: Queensl., N.S.Wales, Victoria, S-Austr., Tasman.; NZ, S-Afr.
– *hymenophylloides* A. Rich. = Leptopteris hymenophylloides
– *superba* Colenso = Leptopteris superba

Tofieldia Huds. -f- *Melanthiaceae* · 18 sp · D:Simsenlilie; E:False Asphodel; F:Tofieldia
– *alpina* Hoppe et Sternb. = Tofieldia pusilla
– *alpina* Sm. = Tofieldia calyculata

– *borealis* (Wahlenb.) Wahlenb. = Tofieldia pusilla
– **calyculata** (L.) Wahlenb. · D:Gewöhnliche Simsenlilie; E:Alpine Asphodel, German Asphodel · ♃ △ ⏦ Z6 VI-VIII; Eur.* exc. BrI
– *palustris* auct. non Huds. = Tofieldia calyculata
– *palustris* Huds. = Tofieldia pusilla
– **pusilla** (Michx.) Pers. · D:Kleine Simsenlilie; E:Scotch False Asphodel, Scottish Asphodel · ♃ △ ⏦ Z6 VII-VIII; Eur.: BrI, Sc, Fr, C-Eur., Croat., EC-Eur., E-Eur.; Sib, Alaska, Can., USA: NCE, NC

Tolmiea Torr. et A. Gray -f- *Saxifragaceae* · 1 sp · D:Lebendblatt, Tolmie; E:Pick-a-back Plant; F:Tolmiée
– **menziesii** (Pursh) Torr. et A. Gray · D:Henne mit Küken, Lebendblatt; E:Mother-of-Thousands, Piggy Back Plant; F:La poule et les poussins · ♃ Z7; Alaska, Can.: W; USA: NW, Calif.
  – fo. **gemmifera** Engl.

Tolpis Adans. -f- *Asteraceae (Compositae)* · 20 sp · D:Bartpippau, Christusauge, Grasnelkenhabichtskraut; F:Oeil du Christ, Trépane
– **barbata** (L.) Gaertn. · D:Bartpippau · ⊙ VI-IX; Eur.: Ib, Fr, Ap, Ba, ? RO; TR, Syr., N-Afr.
– **staticifolia** (All.) Sch. Bip. · D:Grasnelkenhabichtskraut · ♃ Z6 VI-IX; Eur.: F, I, C-Eur., CZ, Slove., AL; Alp., Jura, AL

Toluifera L. = Myroxylon
– *balsamum* L. = Myroxylon balsamum var. balsamum
– *pereirae* (Royle) Baill. = Myroxylon balsamum var. pereirae

Tommasinia Bertol. = Peucedanum
– *altissima* (Mill.) Thell. = Peucedanum verticillare

Toona (Endl.) M. Roem. -f- *Meliaceae* · 6 sp · D:Surenbaum; E:Toon; F:Cèdre bâtard, Cèdrella
– **ciliata** M. Roem. · D:Australischer Surenbaum; E:Cedrela, Toon · ₺ s D Ⓚ Ⓝ; Him., Myanmar, Thail.
– **sinensis** (A. Juss.) M. Roem. · D:Chinesischer Surenbaum; E:Red Toon · ₺ d Z6 Ⓝ; China, Korea, Jap.

Tordylium L. -n- *Apiaceae (Umbelliferae)* · 18 sp · D:Zirmet; E:Hartwort; F:Tordyle
– **apulum** L. · D:Apulischer Zirmet · ⊙; Eur.: Ib, Fr, Ba; TR, NW-Afr.
– **maximum** L. · D:Großer Zirmet · ⊙ ⊙ VI-VIII; Eur.* exc. Sc; TR, Cauc., N-Iran

Torenia L. -f- *Scrophulariaceae* · 40 sp · D:Torenie; F:Torénia
– **asiatica** L. · ♃ Z9 Ⓦ VI-IX; S-Ind.
– **atropurpurea** Ridl. · ♃ Z9 Ⓦ VII-IX; Malay. Pen.
– *baillonii* God.-Leb. = Torenia flava
– **flava** Buch.-Ham. · ⊙ Z9 Ⓚ VI-VIII; S-Vietn.
– **fournieri** Linden · E:Bluewings, Wishbone Flower · ⊙ Z9 Ⓚ VII-IX; S-Vietn.

Torilis Adans. -f- *Apiaceae (Umbelliferae)* · 15 sp · D:Borstendolde, Klettenkerbel; E:Hedge Parsley; F:Petit toryle, Torilis
– **arvensis** (Huds.) Link · D:Acker-Klettenkerbel · ⊙ VII-VIII; Eur.* exc. Sc; TR, Syr., Lebanon, Cauc., Iran, Afgh., C-As., E-As., N-Afr., Macaron., trop. Afr., nat. in N-Am., Austr.
– **japonica** (Houtt.) DC. · D:Gewöhnlicher Klettenkerbel; E:Hedge Parsley · ⊙ ⊙ VI-VIII; Eur.*, Cauc., Him., Amur, China, Korea, Jap., Taiwan, Vietn.
– **leptophylla** (L.) Rchb. f. · D:Feinblättriger Klettenkerbel · ⊙ VI-VII; Eur.*: Ib, Fr, Ap, Ba, Krim; TR, Iraq, Palaest., Cauc., Iran, C-As., Him., Canar., nat. in C-Eur., EC-Eur., Russ.
– **nodosa** (L.) Gaertn. · D:Knotiger Klettenkerbel · ⊙ IV-V; Eur.: BrI, Ib, Fr, Ap, Ba, RO, Krim; TR, Cauc., Iran, C-As., N-Afr., Canar., Madeira, nat. in C-Eur., EC-Eur., USA

Torreya Arn. -f- *Taxaceae* · 5 sp · D:Nusseibe, Stinkeibe; E:Nutmeg Yew; F:If puant, Muscadier de Californie
– **californica** Torr. · D:Kalifornische Nusseibe; E:California Nutmeg Yew · ♄ ₺ e Z8 Ⓚ ∧; Calif.
– **grandis** Fortune · D:Chinesische Nusseibe; E:Chinese Nutmeg Yew · ₺ e Z8 Ⓚ Ⓝ; E-China
– **nucifera** (L.) Siebold et Zucc. · D:Japanische Nusseibe; E:Japanese Torreya · ₺ e Z7; Jap.

– **taxifolia** Arn. · D:Florida-Nusseibe; E:Florida Nutmeg, Stinking Cedar Leaved Torreya · ħ e Z9 Ⓚ; USA: Ga., Fla

Toumeya Britton et Rose = Sclerocactus, Turbiniarpus
– *lophophoroides* (Werderm.) Bravo et W.T. Marshall = Turbinicarpus lophophoroides
– *papyracantha* (Engelm.) Britton et Rose = Sclerocactus papyracanthus
– *pseudomacrochele* (Backeb.) Bravo et W.T. Marshall = Turbinicarpus pseudomacrochele
– *schmiedickeana* (Boed.) Bravo et W.T. Marshall = Turbinicarpus schmiedickeanus

Townsendia Hook. -f- *Asteraceae (Compositae)* · 25 sp · D:Townsendie; E:Townsend Daisy; F:Townsedia
– **exscapa** (Richardson) Porter · D:Niedere Townsendie; E:Stemless Townsend Daisy · ♃ △ Z7 ∧ V-VI; Can.: W; USA: Rocky Mts., SW; Mex.
– **florifera** (Hook.) A. Gray · ⊙ ⊙ △ Z7 ∧ V-VI; USA: NW, Nev., Utah
– **grandiflora** Nutt. · D:Großblütige Townsendie; E:Large-flowered Townsend Daisy · ⊙ △ Z7 ∧ V; USA: NC, SW, Rocky Mts.
– **hookeri** Beaman · D:Hookers Townsendie; E:Hooker's Townsend Daisy · ♃ △ Z7 ∧ V-VI; Can.: W; USA: Rocky Mts.
– **parryi** D.C. Eaton · D:Parrys Townsendie; E:Parry's Townsend Daisy · ⊙ ♃ △ Z7 ∧ V; Can.: Alta.; USA: Rocky Mts.
– **rothrockii** A. Gray ex Rothr. · ♃ △ Z7 Ⓚ ∧ V-VI; USA: W-Colo.
– *sericea* Hook. = Townsendia exscapa
– *wilcoxiana* A.W. Wood = Townsendia exscapa

Toxicodendron Mill. = Rhus
– *quercifolium* (Michx.) Greene = Rhus toxicodendron
– *radicans* (L.) Kuntze = Rhus radicans
– *succedaneum* (L.) Kuntze = Rhus succedanea
– *verniciflua* (Stokes) Kuntze = Rhus verniciflua
– *vernix* (L.) Kuntze = Rhus vernix

Tozzia L. -f- *Scrophulariaceae* · 1 sp · D:Alpenrachen; F:Tozzia
– **alpina** L. · D:Alpenrachen · ⊙ VI-VIII; Eur.* exc. BrI, Sc; mts.

Trachelium L. -n- *Campanulaceae* · 7 sp · D:Halskraut; E:Throatwort; F:Trachélium
– **asperuloides** Boiss. et Orph. · ♃ △ Z8 Ⓚ ∧ VII; S-GR
– **caeruleum** L. · D:Blaues Halskraut; E:Blue Throatwort · ♃ Z9 Ⓚ VII-IX ☠; Eur.: Ib, I, Sic.; Maroc., Alger., nat. in F
– **jacquinii** (Sieber) Boiss.
  – subsp. **jacquinii** · ♃ Z8 Ⓚ; Eur.: GR
  – subsp. **rumelianum** (Hampe) Tutin · ♃ △ Z8 Ⓚ VII-VIII; Eur.: BG, GR
– *rumelianum* Hampe = Trachelium jacquinii subsp. rumelianum

Trachelospermum Lem. -n- *Apocynaceae* · 20 sp · D:Sternjasmin; F:Jasmin étoilé
– **asiaticum** (Siebold et Zucc.) Nakai · D:Japanischer Sternjasmin; E:Asian Jasmine · ħ e ≷ Z8 Ⓚ; Jap., Korea
– **jasminoides** (Lindl.) Lem. · D:Chinesischer Sternjasmin; E:Star Jasmine · ħ e ≷ D Z8 Ⓚ; China, Korea, Jap.

Trachomitum Woodson = Apocynum
– *venetum* (L.) Woodson = Apocynum venetum

Trachycarpus H. Wendl. -f- *Arecaceae (Palmae)* · 6 sp · D:Hanfpalme; E:Chinese Windmill Palm, Fan Palm; F:Palmier-chanvre
– *excelsus* hort. = Trachycarpus fortunei
– **fortunei** (Hook.) H. Wendl. · D:Chinesische Hanfpalme; E:Chusan Palm · ħ e Z8 Ⓚ Ⓝ; Myanmar, China, S-Jap.

Trachylobium Hayne = Hymenaea
– *verrucosum* (Gaertn.) Oliv. = Hymenaea verrucosa

Trachymene Rudge -f- *Apiaceae (Umbelliferae)* · 45 sp · D:Blaudolde, Raudolde; E:Lace Flower; F:Trachymène
– **coerulea** Graham · D:Blaudolde, Blaue Raudolde; E:Blue Lace Flower; F:Trachymène bleu · ⊙ Z9 Ⓚ VII-IX; W-Austr.

Trachyspermum Link -n- *Apiaceae (Umbelliferae)* · 15 sp
– **ammi** (L.) Sprague · D:Indischer Kümmel; E:Kummel · ♃ Ⓚ ⚕ Ⓝ; cult.
– *copticum* (L.) Link = Trachyspermum ammi

– **roxburghianum** (DC.) Craib · ♃ ⓦ ⓝ; orig. ?; cult. Ind.

Trachystemon D. Don -m- *Boraginaceae* · 2 sp · D:Rauling; E:Abraham, Isaac and Jacob; F:Bourrache du Caucase
– **orientalis** (L.) G. Don · D:Rauhling; E:Abraham, Isaac and Jacob · ♃ Z6 IV-V; Eur.: BG; TR, Cauc.

Tradescantia L. -f- *Commelinaceae* · 70 sp · D:Dreimasterblume, Tradeskantie; E:Spiderwort; F:Ephémère
– *albiflora* Kunth = Tradescantia fluminensis
– × **andersoniana** W. Ludw. et Rohweder (*T. ohiensis* × *T. subaspera* × *T. virginiana*) · D:Garten-Dreimasterblume; E:White Spiderwort; F:Ephémère de Virginie · ♃; cult.
 – **in vielen Sorten**
– **bracteata** Small · ♃; USA: NEC, NC, Okla., Mont.
– *canaliculata* Raf. = Tradescantia ohiensis
– **cerinthoides** Kunth · ♃ Z8 ⓦ; Arg.
– **crassula** Link et Otto · ♃ Z9 ⓚ; Urug.
– *diuretica* Mart. = Tripogandra diuretica
– **fluminensis** Vell. · D:Rio-Dreimasterblume; E:Wandering Sailor · ♃ ⇝ Z9 ⓦ ⓚ; SE-Bras., Arg., nat. in Ib, Corse
– *fuscata* Lodd. = Siderasis fuscata
– *geniculata* Jacq. = Gibasis geniculata
– *myrtifolia* hort. = Tradescantia fluminensis
– *navicularis* Ortgies = Callisia navicularis
– **occidentalis** (Britton) Smyth · ♃; USA: NEC, NC, SW, SC, Rocky Mts.
– **ohiensis** Raf. · ♃ Z7 IV-VI; USA: NE, NCE, NC, SC, SE, Fla.
– **pallida** (Rose) D.R. Hunt · D:Mexikanische Dreimasterblume; E:Purple Heart · ♃ Z8 ⓦ; Mex.
– *pexata* H.E. Moore = Tradescantia sillamontana
– *pilosa* Lehm. = Tradescantia subaspera
– *reflexa* Raf. = Tradescantia ohiensis
– *reginae* Linden et Rodigas = Dichorisandra reginae
– **sillamontana** Matuda · D:Haarige Dreimasterblume; E:White Velvet · ♃ Z9 ⓚ; NE-Mex.
– **spathacea** Sw. · D:Purpurblättrige Dreimasterblume; E:Boat Lily, Moses-in-the-Boat · ♃ Z9 ⓦ; S-Mex., Guat., Belize
– **subaspera** Ker-Gawl. · ♃ Z7 VI-VII; USA: NE, NCE, SE, Fla.
– **virginiana** L. · D:Virginische Dreimasterblume; E:Spiderwort, Virginia Spiderwort · ♃ Z7 IV-V; USA: NE, NCE, SE
– *virginica* L. = Tradescantia virginiana
– *warscewicziana* Kunth et Bouché = Callisia warszewicziana
– **zanonia** (L.) Sw. · ♃ Z9 ⓚ; Mex., C-Am., W.Ind., trop. S-Am.
– **zebrina** Bosse
 – var. **flocculosa** (G. Brückn.) D.R. Hunt · ♃ ⇝ Z9 ⓦ; ? Mex.
 – var. **zebrina** · D:Silber-Dreimasterblume; E:Wandering Jew · ♃ ≹ ⇝ Z9 ⓦ; Mex.
  – **'Purpusii'** · ♃ ⇝ ⓦ; Mex.

Tragopogon L. -m- *Asteraceae (Compositae)* · 100-110 sp · D:Bocksbart; E:Goat's Beard; F:Salsifis
– *australis* Jord. = Tragopogon porrifolius subsp. australis
– **crocifolius** L. · D:Safranblättriger Bocksbart · ⊙ Z5 V-VII; Eur.: Ib, Fr, Ap, Ba; Maroc., Alger., nat. in Sweden
– **dubius** Scop. · D:Großer Bocksbart; E:Yellow Salsify · ⊙ Z5 V-VII; Eur.: Ib, Fr, C-Eur., EC-Eur., Ba, E-Eur.; TR, Cauc.
– *orientalis* L. = Tragopogon pratensis subsp. orientalis
– **porrifolius** L.
 – subsp. **australis** (Jord.) Nyman · ⊙ Z5 VI-VII; Eur.: Ib, Fr, Ap, Ba, RO; Canar., Alger., nat. in BrI, Sc, C-Eur., EC-Eur.
 – subsp. **porrifolius** · D:Haferwurzel, Weißwurzel; E:Salsify, Vegetable Oyster · ⊙ Z5 VI-VII ⓝ; Eur.: Ib, Fr, Ap, Ba, RO; TR, N-Afr., nat. in Eur.: C-Eur., BrI, EC-Eur., Sc; N-Am.
 – subsp. *sativus* (Gaterau) Braun-Blanq. = Tragopogon porrifolius subsp. porrifolius
– **pratensis** L.
 – subsp. **minor** (Mill.) Wahlenb. · D:Kleinblütiger Bocksbart, Kleiner Wiesen-Bocksbart · ⊙ Z3 V-VII; Eur.: CH, D, PL, W-Eur.
 – subsp. **orientalis** (L.) Čelak. · D:Östlicher Wiesen-Bocksbart, Orientalischer Bocksbart · ⊙ Z3 V-VII; C-Eur., E-Eur.
 – subsp. **pratensis** · D:Gewöhnlicher Wiesen-Bocksbart; E:Goat's Beard, Jack-Go-To-Bed-At-Noon · ⊙ ♃ Z3 V-VII ⚕ ☠; Eur.*, TR, Cauc., C-As., nat. in N-Am.
– *sinuatus* Avé-Lall. = Tragopogon porrifolius subsp. australis

Tragus Haller -m- *Poaceae (Gramineae)* · 6 sp · D:Klettengras; E:Bur Grass; F:Bardanette
– **racemosus** (L.) All. · D:Traubiges Klettengras; E:Spike Burr Grass · ⊙ VI-VII; Eur* exc. BrI, Sc; TR , Cauc., C-As., Trop. Subtrop. Old World, nat. in Am.

Trapa L. -f- *Trapaceae* · 15 sp · D:Wassernuss; E:Water Chestnut; F:Châtaigne d'eau
– **natans** L.
– var. **bispinosa** (Roxb.) Makino · D:Singhara Wassernuss; E:Singhara Nut · ⊙ ≈ Z7 Ⓝ ▽; China, Korea, Jap.
– var. **natans** · D:Gewöhnliche Wassernuss; E:Jesuits Nut, Water Chestnut; F:Châtaigne d'eau · ⊙ ≈ Z5 VII-VIII ▽; Eur.* exc. BrI, Sc; TR, C-As., N-Afr., C-Afr.

Traunsteinera Rchb. -n- *Orchidaceae* · 1 sp · D:Kugelknabenkraut, Kugelorchis; F:Orchis globuleux
– **globosa** (L.) Rchb. · D:Kugelknabenkraut, Kugelorchis · ♃ VI-VII ▽ ✻; Eur.* exc. BrI, Sc; TR, Cauc.

Trautvetteria Fisch. et C.A. Mey. -f- *Ranunculaceae* · 2 sp
– **caroliniensis** (Walter) Vail · ♃ Z5; USA: NE, NCE, SE

Treculia Decne. ex Trecul -f- *Moraceae* · 3 sp · D:Afrikanischer Brotfruchtbaum, Okwabaum; E:Breadfruit; F:Tréculia
– **africana** Decne. · D:Afrikanischer Brotfruchtbaum, Okwabaum; E:African Breadfruit · ♄ e Ⓦ Ⓝ; trop. W-Afr.

Trema Lour. -f- *Ulmaceae* · 14 sp
– **orientalis** (L.) Blume · E:Indian Charcoal Tree · ♄ e Z9 Ⓚ; Ind., S-China, Taiwan, Jap., Malay. Arch., Austr.

Tretorhiza Adans. = Gentiana
– *cruciata* (L.) Opiz = Gentiana cruciata subsp. cruciata

Trevesia Vis. -f- *Araliaceae* · 12 sp
– **burckii** Boerl. · ♄ e Z10 Ⓦ; Sumat., Kalimantan
– **palmata** (Roxb. ex Lindl.) Vis. · D:Schneeflockenbaum; E:Snowflake Tree · ♄ e Z10 Ⓦ; Ind.
– *sanderi* hort. = Trevesia burckii

Trevirana Willd. = Achimenes
– *grandiflora* Schiede = Achimenes grandiflora

× **Trevorara** hort. -f- *Orchidaceae* (*Arachnis* × *Phalaenopsis* × *Vanda*)

Tribulus L. -m- *Zygophyllaceae* · 25 sp · D:Burzeldorn; F:Tribule
– **terrestris** L. · D:Burzeldorn; E:Cat's Head · ⊙ ⊙ V-X; Eur.: Ba, Ib, Ap, Fr, EC-Eur., E-Eur.; TR, Cauc., W-Sib., E-Sib., C-As., Ind., Mong., Tibet, China: Sinkiang, ; Jap., N-Afr., Canar., nat. in Am., Afr., Trop.

Trichantha Hook. -f- *Gesneriaceae* · c. 70 sp
– **illepida** (H.E. Moore) C.V. Morton · ♄ Z10 Ⓦ; Panama
– **minor** Hook. · ♃ ≹ Z10 Ⓦ XII-I; Ecuad.
– *teuscheri* C.V. Morton = Trichantha minor

Trichinium R. Br. = Ptilotus
– *manglesii* (Lindl.) F. Muell. = Ptilotus manglesii

Trichocaulon N.E. Br. -n- *Asclepiadaceae* · 15-20 sp
– *cactiforme* (Hook.) N.E. Br. = Trichocaulon clavatum
– **clavatum** (Willd.) H. Huber · ♃ ♆ Z9 Ⓚ; Botswana, Namibia
– *meloforme* Marloth = Trichocaulon clavatum
– **pedicellatum** Schinz · ♃ ♆ Z9 Ⓚ; Namibia
– **simile** N.E. Br. · ♃ ♆ Z9 Ⓚ; Kap

Trichocentrum Poepp. et Endl. -n- *Orchidaceae* · 15-30 sp
– **alboviolaceum** Rchb. f. · ♃ Z10 Ⓦ VII-IX ▽ ✻; Bras.
– **orthoplectron** Rchb. f. · ♃ Z10 Ⓦ X ▽ ✻; Bras.

Trichocereus (A. Berger) Riccob. -m- *Cactaceae* · c. 50 sp
– **bruchii** (Britton et Rose) F. Ritter · ♆ Z9 Ⓚ ▽ ✻; Arg.: Tucuman
– **candicans** (Gillies ex Salm-Dyck) Britton et Rose · ♆ Z9 Ⓚ; W-Arg.
– *courantii* K. Schum. = Trichocereus candicans
– **formosus** (Pfeiff.) F. Ritter · ♆ Z9 Ⓚ;

Arg.: Mendoza
– **huascha** (F.A.C. Weber) Britton et Rose · ♆ Z9 ⓚ ▽ *; Arg.: Catamarca, La Rioja
– **macrogonus** (Salm-Dyck) Riccob. · ♆ Z9 ⓚ ▽ *; orig. ?
– **pachanoi** Britton et Rose · ♆ D Z9 ⓚ ▽ *; Ecuad.
– **pasacana** (F.A.C. Weber) Britton et Rose · ♆ Z9 ⓚ ▽ *; N-Arg.
– **purpureopilosus** Weing. · ♆ Z9 ⓚ ▽ *; Bol.
– *santiaguensis* (Speg.) Backeb. = Trichocereus spachianus
– **schickendantzii** (F.A.C. Weber) Britton et Rose · ♆ Z9 ⓚ ▽ *; Arg.: Tucuman
– **spachianus** (Lem.) Riccob. · E:Golden Column, White Torch Cactus · ♆ Z9 ⓚ ▽ *; Arg.
– **strigosus** (Salm-Dyck) Britton et Rose · ♆ Z9 ⓚ ▽ *; W-Arg.
– **tarijensis** (Vaupel) Werderm. · ♆ Z9 ⓚ ▽ *; S-Bol., Arg.: Jujuy
– **terscheckii** (Parm. ex Pfeiff.) Britton et Rose · ♆ Z9 ⓚ ▽ *; N-Arg.
– **thelegonus** (K. Schum.) Britton et Rose · ♆ Z9 ⓚ ▽ *; Arg.: Tucuman

× **Trichocidium** hort. -n- *Orchidaceae* (*Oncidium* × *Trichocentrum*)

Trichocladus Pers. -m- *Hamamelidaceae* · 4 sp
– **crinitus** (Thunb.) Pers. · ♄ e Z9 ⓚ VII-IX; S-Afr.

Trichodiadema Schwantes -n- *Aizoaceae* · 36 sp
– **densum** (Haw.) Schwantes · ♄ ♆ Z9 ⓚ I-III; Kap

Tricholaena Schrad.ex Schult. et Schult.f. -f- *Poaceae (Gramineae)* · 4 sp
– *repens* (Willd.) Hitchc. = Rhynchelytrum repens
– *rosea* Nees = Rhynchelytrum repens
– **teneriffae** (L. f.) Link · ♃ Z9 ⓚ; Eur.: S-I, Sic.; SW-As., N-Afr., Macaron.

Trichomanes L. -n- *Hymenophyllaceae* · 80 sp · D:Dünnfarn, Haarfarn; E:Killearney-Fern; F:Trichomanès
– *radicans* Sw. = Trichomanes speciosum
– **reniforme** G. Forst. · ♃ ⇝ Z10 ⓚ; NZ
– **scandens** L. · ♃ ⇝ Z10 ⓚ; Mex., W.Ind.
– **speciosum** Willd. · D:Prächtiger Dünnfarn; E:Killarney Fern · ♃ Z9 ⓚ; Eur.: Sp., F, I, BrI, Azor.; Trop., nat. in P

Trichophorum Pers. -n- *Cyperaceae* · 9 sp · D:Haarbinse, Haarsimse, Rasenbinse; E:Deergrass; F:Scirpe gazonnant
– **alpinum** (L.) Pers. · D:Alpen-Haarsimse, Alpen-Rasenbinse · ♃ ~ IV-V; Eur.* exc. Br; W-Sib., E-Sib., Amur, N-Am.
– **cespitosum** (L.) Hartm.
  – subsp. **cespitosum** · D:Gewöhnliche Rasenbinse, Rasen-Haarsimse; E:Deer Grass, Tufted Bulrush · ♃ ~ V-VIII; Eur.*, TR, W-Sib., E-Sib., Sachal., Kamchat., Jap., N.Guinea, NW-Afr., N-Am., Jamaica, Greenl.
  – subsp. **germanicum** (Palla) Hegi · D:Deutsche Rasenbinse · ♃ ~ ; Eur.: BrI, Sc, Fr, D, PL
– **pumilum** (Vahl) Schinz et Thell. · D:Zwerg-Haarried, Zwerg-Rasenbinse · ♃ ~ VII; Eur.: F, I, CH, EC-Eur., Norw., E-Russ.; mts. ; TR, W-Sib., E-Sib., Iran, C-As., Mong., China, : Sinkiang; N-Am.

Trichopilia Lindl. -f- *Orchidaceae* · 30 sp · D:Haarhütchen; F:Trichopilia
– *coccinea* Lindl. = Trichopilia marginata
– *crispa* Lindl. = Trichopilia marginata
– **fragrans** (Lindl.) Rchb. f. · ♃ D Z10 ⓚ XII-I ▽ *; W.Ind., Venez., Col., Ecuad., Peru, Bol.
– **galeottiana** A. Rich. · ♃ Z10 ⓦ VI-VII ▽ *; Mex.
– **laxa** (Lindl.) Rchb. f. · ♃ Z10 ⓦ IX-XI ▽ *; Col., Peru, Venez.
– **marginata** Henfr. · ♃ Z10 ⓦ IV-V ▽ *; C-Am., Col.
– *sanguinolenta* (Lindl.) Rchb. f. = Helcia sanguinolenta
– **suavis** Lindl. et Paxton · ♃ Z10 ⓦ III-IV ▽ *; Costa Rica, Panama, Col.
– **tortilis** Lindl. · ♃ Z10 ⓦ XII-II ▽ *; Mex., Guat., Hond., El Salv.
– *turialvae* Bateman = Trichopilia galeottiana

Trichosanthes L. -f- *Cucurbitaceae* · 15 sp · D:Haarblume, Schlangenhaargurke; E:Snake Gourd; F:Serpent végétal
– *anguina* L. = Trichosanthes cucumerina var. anguina
– *bracteata* (Lam.) Voigt = Trichosanthes tricuspidata
– **cucumerina** L.

– var. **anguina** (L.) Haines · D:Weiße Schlangenhaargurke · ⊙ ⌇ ♣ Z10 Ⓚ VI-VIII Ⓝ; Ind.
– var. **cucumerina** · D:Schlangenhaargurke; E:Long Tomato, Viper Gourd · ⊙ ⌇ ♣ Z10 Ⓚ Ⓝ; Ind., Sri Lanka, Malay. Arch., N-Austr.
– *cucumeroides* Maxim. ex Franch. et Sav. = Trichosanthes ovigera
– *japonica* (Miq.) Regel = Trichosanthes kirilowii var. japonica
– **kirilowii** Maxim.
– var. **japonica** (Miq.) Kitam. · ♃ ⌇ Z9 Ⓚ VII-VIII; Jap., Korea, Ryukyu-Is.,
– var. **kirilowii** · D:Chinesische Schlangenhaargurke; E:Chinese Cucumber · ♃ ⌇ ♣ Z9 Ⓚ VII-VIII ⚕; Mong.
– **ovigera** Blume · D:Schlangengurke; E:Snake Gourd · ♃ ⌇ ♣ Z10 Ⓚ VI-VIII; China, Jap., Taiwan
– **tricuspidata** Lour. · ♃ ⌇ ♣ Z10 Ⓚ VII-VIII Ⓝ; SW-As., Ind.

Trichostigma A. Rich. -n- *Phytolaccaceae* · 3 sp
– **peruvianum** (Moq.) H. Walter · ♄ e Z10 Ⓦ IV-X; Ecuad., Peru

× **Trichovanda** hort. -f- *Orchidaceae* (*Trichoglottis* × *Vanda*)

Tricuspidaria Ruiz et Pav. = Crinodendron
– *dependens* Ruiz et Pav. = Crinodendron patagua
– *lanceolata* Miq. = Crinodendron hookerianum

Tricyrtis Wall. -f- *Convallariaceae* · 20 sp · D:Höckerblume, Krötenlilie; E:Toad Lily; F:Lis des crapauds
– **affinis** Makino · D:Gebirgs-Krötenlilie · ♃ Z6; Jap.
– *bakeri* Koidz. = Tricyrtis latifolia
– **formosana** Baker · D:Formosa-Krötenlilie; E:Formosa Toad Lily · ♃ Z7 VIII-IX; Taiwan
– **Stolonifera-Grp.** · D:Ausläufertreibende Krötenlilie · ; cult.
– **hirta** (Thunb.) Hook. · D:Borstige Krötenlilie; E:Japanese Toad Lily · ♃ Z5 VIII-X; Jap.
– **latifolia** Maxim. · D:Breitblättrige Krötenlilie · ♃ Z5 VI-VII; China, Jap.
– **macropoda** Miq. · D:Kleinblütige Krötenlilie · ♃ Z5 VII-VIII; China, Jap.
– *maculata* (D. Don) Macbride = Tricyrtis pilosa
– **pilosa** Wall. · D:Weichhaarige Krötenlilie · ♃ Z5; W-China, E-Him., E-Nepal
– **puberula** Nakai et Kitag. · D:Flaumhaarige Krötenlilie · ♃ Z5; Jap., China
– *stolonifera* Matsum. = Tricyrtis formosana Stolonifera-Grp.

Tridax L. -f- *Asteraceae (Compositae)* · 26-30 sp · D:Dreibiss, Mexikolattich; F:Laitue du Mexique, Tridax
– **coronopifolia** (Humb., Bonpl. et Kunth) Hemsl. · ⊙ Z9 VII-VIII; Mex.
– **trilobata** (Cav.) Hemsl. · ⊙ Z9 VIII-X; Mex.

Tridentea Haw. -f- *Asclepiadaceae* · 17 sp
– **jucunda** (N.E. Br.) L.C. Leach
– var. **dinteri** (A. Berger) L.C. Leach · ♃ Ψ Z9 Ⓚ; Namibia
– var. **jucunda** · ♃ Ψ Z9 Ⓚ; S-Afr.

Trientalis L. -f- *Primulaceae* · 4 sp · D:Siebenstern; E:Chickweed; F:Trientale
– **europaea** L. · D:Europäischer Siebenstern; E:Chickweed Wintergreen; F:Trientalis d'Europe · ♃ Z4 V-VII; Eur.* exc. Ib, Ba; W-Sib., E-Sib., Amur, Sachal., Kamchat., Mong., Manch., Jap., Alaska, Can.: W

Trifolium L. -n- *Fabaceae (Leguminosae)* · 238 sp · D:Klee; E:Clover; F:Trèfle
– **alexandrinum** L. · D:Alexandriner-Klee; E:Berseem Glover, Egyptian Glover · ⊙ VI-IX Ⓝ; orig. ?; cult. SE-Eur., W-As., N-Afr.
– **alpestre** L. · D:Hügel-Klee; E:Purple Globe Clover · ♃ VI-VIII; Eur.: Fr, Ap, C-Eur., EC-Eur., Ba, E-Eur., DK, ? Ib; TR, Cauc.
– **alpinum** L. · D:Alpen-Klee; E:Alpine Clover · ♃ △ Z3 VI-VIII; Eur.: Sp., F, I, CH, A; mts.
– **angustifolium** L. · D:Fuchsschwanz-Klee, Schmalblättriger Klee · ⊙; Eur.: Ib, Fr, Ap, Ba, EC-Eur., RO, Krim; TR, Levante, Iraq, Cauc., N-Iran, N-Afr.
– **arvense** L. · D:Hasen-Klee; E:Field Clover, Rabbit Foot Clover · ⊙ ⊙ VI-VIII ⚕; Eur.*, TR, Levante, N-Iraq, Cauc., Iran, W-Sib., C-As., NW-Afr., Libya
– **aureum** Pollich · D:Gold-Klee; E:Large Hop Clover · ⊙ Z3 VI-VII; Eur.* exc. BrI;

TR, Levante, Cauc., N-Iran, nat. in BrI
- **badium** Schreb. · D:Braun-Klee · ♃ Z4 VII-VIII; Eur.: Fr, Ap, C-Eur., EC-Eur., Ba, RO; mts.
- **campestre** Schreb. · D:Feld-Klee; E:Hop Clover · ⊙ VI-IX; Eur.*, TR, Levante, Iraq, Cauc., Iran, C-As., N-Afr.
- **cherleri** L. · D:Cherlers Klee · ⊙; Eur.: Ib, Fr, Ap, Ba; TR, Levante, Iraq, Iran, N-Afr.
- **diffusum** Ehrh. · ⊙; Eur.: Ib, Fr, Ap, Ba, EC-Eur., E-Eur.; TR, Cauc.
- **dubium** Sibth. · D:Kleiner Klee; E:Small Hop Clover · ⊙ V-IX; Eur.*, TR, Cyprus, Cauc., Maroc., Tun.
- **fragiferum** L. · D:Erdbeer-Klee; E:Strawberry Clove · ♃ ⟿ VI-IX Ⓝ; Eur.*, Cauc., W-Sib., C-As., Him.; cult. USA, Austr.
- **glomeratum** L. · D:Knäuel-Klee; E:Cluster Clover · ⊙; Eur.: Ib, Fr, Ap, Ba, BrI; TR, Levant., Cauc., N-Iran, NW-Afr.
- **hirtum** All. · ⊙; Eur.: Ib, Fr, Ap, Ba, Krim, ? RO; Levant., Iraq, Cauc., Maroc., Alger.
- **hybridum** L. · D:Schweden-Klee; E:Hybrid Clover · ⊙ ♃ V-IX Ⓝ; Eur.* exc. BrI, Sc; Cauc.; TR, Maroc., nat. in Sc, BrI, Can., USA, C-As.
- **incarnatum** L. · D:Inkarnat-Klee; E:Crimson Clover, Italian Clover · ⊙ ⊙ VI-VII Ⓝ; Eur.*, TR
- **lappaceum** L. · D:Kletten-Klee; E:Lappa Clover · ⊙; Eur.: Ib, Fr, Ap, Ba, Krim; TR, Levante, Iraq, Cauc., N-Iran, C-As., Canar., NW-Afr., Libya, nat. in EC-Eur.
- **lupinaster** L. · ♃ △ VI-VII; Eur.: EC-Eur., E-Eur.; W-Sib., E-Sib., Amur, Sachal., C-As., Mong., Manch., NE-China
- **medium** L. · D:Mittlerer Klee, Zickzack-Klee; E:Zigzag Clover · ♃ VI-VIII; Eur.*, TR, Cauc., NW-Iran, W-Sib., E-Sib.
- **michelianum** Savi · D:Michels Klee; E:Big Flower Clover · ⊙; Eur.: Ib, Fr, Ap, Ba, Ro; TR, Alger., Maroc.
- **micranthum** Viv. · D:Kleinster Klee · ⊙ V-VII; Eur.: Sc, BrI, Fr, Ib, D, H, Ba; TR, Levante, Cauc., N-Iran, Canar., NW-Afr., Libya
- **montanum** L. · D:Berg-Klee · ♃ V-VII; Eur.: Ba, Fr, EC-Eur., Sc, Ib, Ap, E-Eur., C-Eur.; TR, Cauc.
- **nigrescens** Viv. · D:Schwärzlicher Klee; E:Ball Clover · ⊙; Eur.: Ib, Fr, Ap, Ba; TR, Levante., N-Afr.
- **noricum** Wulfen · D:Norischer Klee · ♃ VII-VIII; Eur.: I, A, Ba; E-Alp., Apenn., Balkan
- **ochroleucon** Huds. · D:Blassgelber Klee · ♃ VI-VII; Eur.* exc. Sc; TR, Iran, Maroc., Alger.
- **ornithopodioides** L. · D:Vogelfuß-Klee · ⊙ VI-VII; Eur.: Ib, Fr, Ap, BrI, D, H, RO, Croatia; Maroc., Alger.
- **pallescens** Schreb. · D:Bleicher Klee · ♃ Z5 VII-VIII; Eur.: Sp., F, I, C-Eur., Ba, RO; mts.
- **pannonicum** Jacq. · D:Ungarischer Klee · ♃ Z5 VI-VII Ⓝ; Eur.: Fr, Ap, EC-Eur., Ba
- **patens** Schreb. · D:Spreiz-Klee · ⊙ VI-VII; Eur.: Ib, Fr, Ap, C-Eur., EC-Eur., Ba, RO; TR, Levant., Egypt
- **pratense**
  - subsp. **pratense** · D:Rot-Klee, Wiesen-Klee; E:Red Clover · ♃ Z6 VI-VII ⚕ Ⓝ; Eur.*, TR, Iran, Cauc., W-Sib., E-Sib., C-As, Him., NW-Afr., Alaska, Can., USA*, Greenl.
- **repens** L. · D:Weiß-Klee; E:Ladino Clover, White Clover · ♃ ⟿ Z4 V-X Ⓝ; Eur.*, TR, Levante, Iran, W-Sib., E-Sib., Amur, Sachal., Kamchat., C-As., Mong., Him., China, NW-Afr., Egypt, nat. in N-Am., S-Afr., Jap.
- **resupinatum** L.
  - subsp. **majus** Boiss. · D:Duftender Persischer Klee · ⊙ VI-IX Ⓝ; cult. Ba, W-As.
  - subsp. **resupinatum** · D:Persischer Klee; E:Persian Clover, Reversed Clover · ⊙ IV-VI Ⓝ; Eur.: Ib, Fr, Ap, Ba, E-Eur.; TR, Levante, N-Iraq, Iran, N-Afr., nat. in BrI, C-Eur., EC-Eur.
- **retusum** L. · D:Kleinblütiger Klee · ⊙ V-VI; Eur.: Ib, Fr, C-Eur., EC-Eur., Ba, E-Eur.; TR, Cauc., Alger., Maroc.
- **rubens** L. · D:Purpur-Klee; E:Red Trefoil · ♃ VI-VII; Eur.* exc. BrI, Sc
- **saxatile** All. · D:Felsen-Klee · ⊙ VII-VIII ▽; Eur.: F, I, CH, A, Alp.
- **scabrum** L. · D:Rauer Klee · ⊙ V-VII; Eur.: Ib, Fr, BrI, Ap, C-Eur., Ba, RO, Krim; TR, Levant., Iraq, Cauc., Iran, N-Afr.
- **spadiceum** L. · D:Moor-Klee · ♃ VII-VIII; Eur.* exc. BrI; TR, Cauc., Iran, W-Sib.
- **squamosum** L. · ⊙; Eur.: Ib, Fr, Ap, Ba, BrI; TR, Lebanon, N-Iran, NW-Afr.
- **stellatum** L. · D:Stern-Klee · ⊙; Eur.: Ib, Fr, Ap, Ba; TR, Levante, Iraq, Cauc., W-Iran, N-Afr.

– **striatum** L. · D:Gestreifter Klee; E:Knotted Clover, Striate Clover · ⊙ ⊙ VI-VII; Eur.*, TR, Cyprus, Iraq, Cauc., Iran, NW-Afr.
– **strictum** L. · D:Steifer Klee · ⊙; Eur.: Ib, Fr, Ap, EC-Eur., Ba, RO; TR, Cauc., NW-Afr., Libya, nat. in D
– **subterraneum** L. · D:Erd-Klee; E:Burrowing Clover, Subterranean Clover · ⊙ Ⓝ; Eur.* exc. BrI, Sc; TR, Levante, Cauc., N-Iran, NW-Afr., Libya
– **thalii** Vill. · D:Rasiger Klee · ♃ Z5 VII-VIII; Eur.: Sp., F, I, C-Eur.; mts. N-Sp., Pyr., Alp., Apenn.

Triglochin L. -n- *Juncaginaceae* · 17 sp · D:Dreizack; E:Arrowgrass; F:Troscart
– **maritimum** L. · D:Strand-Dreizack; E:Sea Arrowgrass · ♃ ~ Z5 VI-VIII ☠; Eur.*, cosmop.; saline habitats
– **palustre** L. · D:Sumpf-Dreizack; E:Marsh Arrowgrass · ♃ ~ Z5 VI-VIII ☠; Eur.*, cosmop.

Trigonella L. -f- *Fabaceae (Leguminosae)* · 50-80 sp · D:Bockshornklee; E:Fenugreek, Greek Clover; F:Trigonelle
– *besseriana* Ser. = Trigonella procumbens
– **caerulea** (L.) Ser. · D:Schabziger-Klee; E:Sweet Trifoil · ⊙ VI-VII Ⓝ; orig. ?; cult.
  – subsp. *procumbens* (Besser) Thell. = Trigonella procumbens
– **corniculata** (L.) L. · D:Traubiger Bockshorn-Klee · ⊙; Eur.: Ib, Fr, Ap, Ba; TR
– **foenum-graecum** L. · D:Griechischer Bockshorn-Klee; E:Fenugreek, Halva · ⊙ VI-VII ⚕ Ⓝ; TR, Syr., N-Iraq, Arab., Iran, Eth., nat. in Eur.* exc. BrI, Sc
– *melilotus-caerulea* (L.) Asch. et Graebn. = Trigonella caerulea
– **monspeliaca** L. · D:Französischer Bockshorn-Klee · ⊙ III-V; Eur.* exc. BrI, Sc; TR, Levante, Iraq, Cauc., Iran, C-As., N-Afr.
– **procumbens** (Besser) Rchb. · ⊙ VI-VII; Eur.: C-Eur., EC-Eur., Ba, E-Eur.; TR, Cauc.

Trigonidium Lindl. -n- *Orchidaceae* · 11-14 sp
– *ringens* Lindl. = Mormolyca ringens
– **seemannii** Rchb. f. · ♃ Z10 ⌂ ▽ *; Panama

Trillium L. -n- *Trilliaceae* · 42 sp · D:Dreiblatt, Dreizipfellilie; E:Trinity Flower, Wake Robin, Wood Lily; F:Trillium
– **catesbaei** Elliott · D:Rosa Dreizipfellilie; E:Rose Trillium · ♃ Z8 ∧ IV; USA: SE
– **cernuum** L. · ♃ Z6; Can.: E; Sask.; USA: NE, NCE, SE
– **chloropetalum** (Torr.) Howell · D:Grünblütige Dreizipfellilie; E:Giant Trillium, Giant Wakerobin · ♃ Z6 V; USA: Wash., Oreg., Calif.
– **erectum** L. · D:Braunrote Dreizipfellilie; E:Purple Trillium, Stinking Benjamin · ♃ Z4 IV-V ⚕ ☠; Can.: E; USA; NE, NCE, SE
– *erythrocarpum* Michx. = Trillium undulatum
– *giganteum* (Hook. et Arn.) A. Heller = Trillium chloropetalum
– **grandiflorum** (Michx.) Salisb. · D:Große Dreizipfellilie; E:Large-flowered Trillium · ♃ Z5 V-VI; Can.: E; USA; NE, NCE, SE
– **luteum** (Muhl.) Harb. · D:Gelbe Dreizipfellilie; E:Yellow Trillium · ♃ Z7; USA: Ky., Tenn., S.C., Ga.
– **nivale** Ridd. · D:Kleine Dreizipfellilie; E:Dwarf Trillium · ♃ Z5 IV-V; USA: NE, NCE
– **sessile** L. · D:Weiße Dreizipfellilie; E:Toadshade, White Trillium · ♃ Z4 V; USA: NE, NCE, SE
  – var. *californicum* Torr. = Trillium chloropetalum
– *stylosum* Nutt. = Trillium catesbaei
– **undulatum** Willd. · D:Gewellte Dreizipfellilie; E:Painted Trillium · ♃ Z4 IV-V; Can.: E; USA: NE, NCE

Trinia Hoffm. -f- *Apiaceae (Umbelliferae)* · c. 10 sp · D:Faserschirm; E:Honewort; F:Trinia
– **glauca** (L.) Dumort. · D:Blaugrüner Faserschirm · ♃ IV-V; Eur. : Ib, Fr, BrI, Ap, C-Eur., EC-Eur., Ba, E-Eur.; TR, N-Iran
– **ramosissima** (Fisch. ex Trevir.) W.D.J. Koch · D:Großer Faserschirm · ⊙ ♃ V-VI; Eur.: A, Ba, E-Eur.

Triodanis Raf. -f- *Campanulaceae* · 7 sp
– **perfoliata** (L.) Nieuwl. · ⊙; Can.: B.C.; USA*, C-Am., Hispaniola, Jamaica, S-Am.

Triolena Naudin -f- *Melastomataceae* ·

22 sp
- **hirsuta** (Benth.) Triana · ♃ Z10 ⓦ; trop. Am.
- **pustulata** Triana · ♃ Z10 ⓦ; Ecuad.
- **scorpioides** Naudin · ♃ Z10 ⓦ; Mex.

Triosteum L. -n- *Caprifoliaceae* · 6 sp · D:Fieberwurz; E:Feverwort, Horse Gentian; F:Trioste
- **aurantiacum** E.P. Bicknell · ♃ Z4; Can.: W; USA: NE, NCE, SE, Kans.
- **perfoliatum** L. · D:Durchwachsene Fieberwurz; E:Feverwort, Tinker's Weed, Wild Coffee · ♃ Z6 V-VII; USA: NE, NCE, NC, SE
- **pinnatifidum** Maxim. · ♃ Z4 V-VI; NW-China
- **rosthornii** Diels et Graebn. · ♃ Z4 VI-VII; China

Tripetaleia Siebold et Zucc. -f- *Ericaceae* · 2 sp
- **bracteata** Maxim. · ♄ d Z6 VII-VIII; Jap.; mts.
- **paniculata** Siebold et Zucc. · ♄ d Z6; Jap.

Triphasia Lour. -f- *Rutaceae* · 3 sp
- **trifolia** (Burm. f.) P. Wilson · E:Lime Berry · ♄ e D Z10 ⓚ Ⓝ; trop. As.

Tripleurospermum Sch.Bip. -n- *Asteraceae (Compositae)* · 38 sp · D:Kamille; E:Scentless False Chamomile; F:Matricaire
- **caucasicum** (Willd.) Hayek · F:Matricaire du Caucase · ♃ ⇝ △ V-VII; AL, BG, TR, Cauc.
- *inodorum* (L.) Sch. Bip. = Tripleurospermum perforatum
- **maritimum** (L.) W.D.J. Koch · D:Küsten-Kamille; E:False Mayweed, Sea Mayweed · ⊙ ♃; Eur.: Ib, Fr, BrI, C-Eur., Sc, PL, EC-Eur.; coasts
- **oreades** (Boiss.) Rech. f.
  - var. **oreades** · ♃ ⇝ △ IV-VII; TR, Syr.
  - var. **tchihatchewii** (Boiss.) E. Hossain · ♃ ⇝ △ V-VII; TR
- **perforatum** (Mérat) Laínz · D:Geruchlose Kamille; E:Scentless Chamomile, Scentless Mayweed · ⊙ ♃ VI-X; Eur.*, TR, Cauc., W-Sib., E-Sib., Amur, Sachal., Kamchat., Manch., nat. in N-Am.
- *tchihatchewii* (Boiss.) Bornm. = Tripleurospermum oreades var. tchihatchewii
- **tenuifolium** (Kit.) Freyn · D:Feinblättrige Kamille · ⊙ ♃ VII-X; Eur.: A, H, Ba, RO; TR

Triplochiton K. Schum. -m- *Sterculiaceae* · 3 sp
- **scleroxylon** K. Schum. · ♄ d Z10 ⓦ Ⓝ; W-Afr., C-Afr.

Triplochlamys Ulbr. -f- *Malvaceae* · 5 sp
- *multiflora* (Juss.) Ulbr. = Pavonia multiflora

Tripogandra Raf. -f- *Commelinaceae* · 22 sp
- **diuretica** (Mart.) Handlos · ♃ Z9 ⓦ; trop. S-Am.
- *warscewicziana* (Kunth et Bouché) Woodson = Callisia warszewicziana

Tripsacum L. -n- *Poaceae (Gramineae)* · 13 sp · D:Gamagras, Guatemalagras
- **andersonii** J.R. Gray · ♃ ⓦ Ⓝ; ? Venez., ? Col.
- **dactyloides** (L.) L. · D:Gamagras · ♃ Ⓝ; USA: NE, NCE, NC, SC, SE, Fla.; Mex., W.Ind., trop. S-Am.
- **laxum** Nash · D:Guatemalagras; E:Guatemalan Grass · ♃ Ⓝ; Mex.: Veracruz, Oaxaca, nat. in W.Ind., trop. Am.

Tripterygium Hook.f. -n- *Celastraceae* · 2 sp · D:Dreiflügelfrucht
- **regelii** Sprague et Takeda · D:Japanische Dreiflügelfrucht · ♄ d ≹ Z6; Manch., Korea, Jap.
- **wilfordii** Hook. f. · ♄ d ≹ Z9 ⓚ X-XI ☠ Ⓝ; S-China, Taiwan

Trisetaria Forssk. -f- *Poaceae (Gramineae)* · 15 sp · D:Grannenhafer; F:Avoine barbue
- **cavanillesii** (Trin.) Maire · D:Cavanilles Grannenhafer · ⊙ IV-V; Eur.: Sp., CH, I; TR, Iraq, Cauc., Iran, Afgh., Pakist., C-As., N-Afr., nat. in E-Russ.
- **panicea** (Lam.) Paunero · ⊙; Eur.: Ib, Fr, Ap; N-Afr., Macaron.

Trisetum Pers. -n- *Poaceae (Gramineae)* · c. 70 sp · D:Goldhafer; E:Yellow Oat Gras; F:Avoine jaunâtre, Trisète
- **alpestre** (Host) P. Beauv. · D:Alpen-Goldhafer · ♃ VI-VII; Eur.: C-Eur., EC-Eur., Slove., ? Bosn., Montenegro, RO, W-Russ.; Alp., Carp.

– **argenteum** (Willd.) Roem. et Schult. · D:Silber-Goldhafer · ♃ VI-VII; Eur.: I, ? CH, A, Slove.; E-Alp.
– **distichophyllum** (Vill.) P. Beauv. · D:Zweizeiliger Goldhafer · ♃ ⁓→ △ VII-VIII; Eur.: Sp., F, I, C-Eur., Ba; Cauc.; mts.
– **flavescens** (L.) P. Beauv. · D:Wiesen-Goldhafer; E:Yellow Oat Grass · ♃ V-VI Ⓝ; Eur.*, TR, Cauc., N-Iran, C-As., N-Ind., NW-Afr., nat. in N-Am., NZ
– **spicatum** (L.) K. Richt. · D:Ähriger Goldhafer · ♃ VII-VIII; Eur.: Sc, N-Russ., Sp., F, I, C-Eur.; N. Pyr., Alp.; Cauc., W-Sib., E-Sib., Amur, Sachal. Kamchat., C-As., Mong., Tibet, China, Korea, Jap., N-Am., S-Am.

Tristania R. Br. -n- *Myrtaceae* · 1 sp
– *conferta* R. Br. = Lophostemon confertus
– **neriifolia** (Sims) R. Br. · D:Wasser-Gummibaum; E:Water Gum · ♄ ♄ Z9 Ⓚ; Austr.: N.S. Wales

Triteleia Douglas ex Lindl. -f- *Alliaceae* · 18 sp · D:Triteleie; F:Triteleia
– **bridgesii** (S. Watson) Greene · D:Bridges Triteleie; E:Bridge's Brodiaea · ♃ Z7 Ⓚ ∧ VI; USA: Oreg., Calif.
– **ixioides** (W.T. Aiton) Greene · D:Gelbe Triteleie · ♃ Z7 Ⓚ ∧ VI; USA: Oreg., Calif.
– **laxa** Benth. · D:Blaue Triteleie; E:Grass Nut, Triplet Lily · ♃ Z7 Ⓚ ∧ VI; USA: Oreg., Calif.
– **peduncularis** Lindl. · D:Langstielige Triteleie; E:Long Rayed Triteleia · ♃ Z7 Ⓚ ∧ VI-VII; N-Calif.
– × **tubergenii** L.W. Lenz (*T. laxa* × *T. peduncularis*) · ♃ Ⓚ ∧ VII; cult.
– *uniflora* Lindl. = Ipheion uniflorum

Trithrinax Mart. -f- *Arecaceae (Palmae)* · 5 sp
– **brasiliensis** Mart. · ♄ e Z10 Ⓦ; Bras.

× **Triticosecale** Wittm. ex A. Camus -n- *Poaceae (Gramineae)* · D:Triticale; E:Triticale, Wheat-rye Hybrid; F:Triticale (*Secale* × *Triticum*)

Triticum L. -n- *Poaceae (Gramineae)* · 4 (-20) sp · D:Weizen; E:Wheat; F:Blé
– **aestivum** L. · D:Saat-Weizen; E:Wheat · ⊙ VI-VII ⚕ Ⓝ; cult.
– **baeoticum** Boiss. · ⊙; Eur.: Ba, ? Krim +
– *caninum* L. = Elymus caninus
– **carthlicum** Nevski · ⊙ Ⓝ; cult.
– *cereale* Schrank = Triticum aestivum
– **compactum** Host · D:Buckel-Weizen, Zwerg-Weizen; E:Club Wheat · ⊙ VII; cult. S-Eur., SC-Eur.
– *cristatum* (L.) Schreb. = Agropyron cristatum subsp. cristatum
– **dicoccoides** (Körn. ex Asch. et Graebn.) Aarons. · D:Wilder Emmer; E:Wild Emmer · ⊙; TR, Cauc., Syr., Palaest., Iran
– **dicoccon** Schrank · D:Emmer, Zweikorn-Weizen; E:Emmer · ⊙ VI-VII Ⓝ; cult.
– *dicoccum* Schübl. = Triticum dicoccon
– **durum** Desf. · D:Hart-Weizen; E:Durum Wheat · ⊙ VI-VII Ⓝ; cult.
– **georgicum** Dekapr. · ⊙ VI-VII Ⓝ; cult.
– *hybernum* L. = Triticum aestivum
– *junceum* L. = Elymus farctus subsp. farctus
– **macha** Dekapr. et Menabde · ⊙ Ⓝ; cult.
– **monococcum** L. · D:Einkorn-Weizen; E:Einkorn Wheat · ⊙ VI-VII Ⓝ; cult.
– *ovatum* (L.) Gren. et Godr. = Aegilops geniculata
– *pauciflorum* Schwein. = Elymus trachycaulus
– **polonicum** L. · D:Polnischer Weizen; E:Polish Wheat · ⊙ VI-VII Ⓝ; cult.
– *repens* L. = Elymus repens
– *sativum* Lam. = Triticum aestivum
– **spelta** L. · D:Dinkel, Spelz; E:Spelt · ⊙ VI Ⓝ; cult.
– **sphaerococcum** Percival · ⊙ Ⓝ; cult.
– **timopheevii** (Zhuk.) Zhuk. · ⊙; Cauc.
– *trachycaulum* Schwein. = Elymus trachycaulus
– *triunciale* (L.) Raspail = Aegilops triuncialis
– **turanicum** Jakubz. · ⊙ Ⓝ; cult.
– **turgidum** L. · D:Englischer Weizen; E:Branched Wheat · ⊙ VI-VII Ⓝ; cult.
– *vagans* (Jord. et Fourr.) Greuter = Aegilops geniculata
– *ventricosum* (Tausch) Ces. = Aegilops ventricosa
– *vulgare* Vill. = Triticum aestivum

× *Tritisecale* Lebedev = × Triticosecale

Tritonia Ker-Gawl. -f- *Iridaceae* · 28 sp · D:Tritonie; E:Tritonia; F:Tritonia
– *aurea* (Pappe ex Hook.) Planch. = Crocosmia aurea
– **crocata** (L.) Ker-Gawl. · D:Safranfarbige Tritonie; E:Flame Freesia, Tritonia · ♃ Z9

Ⓚ V-VI; Kap
– *pottsii* Baker = Crocosmia pottsii

Triumfetta L. -f- *Tiliaceae* · c. 70 sp
– **rhomboidea** Jacq. · ♄ Ⓦ Ⓝ; W-Sudan, W-Afr., Trop.

Trochiscanthes W.D.J. Koch -f- *Apiaceae (Umbelliferae)* · 1 sp · D:Radblüte; F:Trochiscanthe
– **nodiflorus** (All.) W.D.J. Koch · D:Radblüte · ♃ VI-VIII; Eur.: F, N-I, CH; mts.

Trochocarpa R. Br. -f- *Epacridaceae* · 12 sp · D:Radfrucht; F:Trochocarpe
– **laurina** (Rudge) R. Br. · ♄ ♄ e Z9 Ⓚ VI; Austr.: Queensl., N.S.Wales

Trochodendron Siebold et Zucc. -m- *Trochodendraceae* · 1 sp · D:Radbaum; F:Trochodendron
– **aralioides** Siebold et Zucc. · D:Radbaum · ♄ e Z7 V-VI; Jap., Ryukyu-Is., Taiwan

Trollius L. -m- *Ranunculaceae* · 31 sp · D:Trollblume; E:Globeflower; F:Boule d'or, Trolle
– *americanus* Muhl. = Trollius laxus
– **asiaticus** L. · ♃ Z4 V-VI; Eur.: NE-Russ.; W-Sib., C-As.
– **chinensis** Bunge · D:Chinesische Trollblume; E:Chinese Globeflower; F:Trolle de Chine · ♃ Z5 VI-VIII; NE-China
– **europaeus** L. · D:Europäische Trollblume; E:European Globeflower, Globe Flower; F:Trolle d'Europe · ♃ Z5 V-VI ☠ ▽; Eur.*, W-Sib.
– **laxus** Salisb. · D:Amerikanische Trollblume; E:American Globeflower · ♄ △ ～ Z4 IV-V; USA: NE, Ohio
– *ledebourii* hort. non Rchb. = Trollius chinensis
– **ledebourii** Rchb. · ♃ Z6; E-Sib., N-Mong., N-Korea
– *patulus* Salisb. = Trollius ranunculinus
– **pumilus** D. Don · F:Trolle de l'Himalaya · ♃ △ Z5 VI-VII; Him.
  – var. *yunnanensis* Franch. = Trollius yunnanensis
– **ranunculinus** (Sm.) Stearn · ♃ Z6 V-VI; TR, Cauc., Iran
– **stenopetalus** (Regel) T.V. Egorova et Sipliv. · ♃ Z7; NE-Myanmar, SW-China
– **yunnanensis** (Franch.) Ulbr. · D:Yunnan-Trollblume; E:Yunnan Globeflower · ♃ Z5 VI-VII; Yunnan
– **Cultivars**
  – **in vielen Sorten**

Tromotriche Haw. -f- *Asclepiadaceae* · 3 sp
– **revoluta** (Masson) Haw. · ♃ ♆ Z9 Ⓚ; Kap

Tropaeolum L. -n- *Tropaeolaceae* · 87 sp · D:Kapuzinerkresse; E:Nasturtium; F:Capucine
– *aduncum* Sm. = Tropaeolum peregrinum
– **azureum** Miers · ♃ ≷ Z9 Ⓚ IX-X; Chile
– **brachyceras** Hook. et Arn. · ♃ ≷ Z9 Ⓚ VI; Chile
– *canariense* hort. ex Lindl. et T. Moore = Tropaeolum peregrinum
– **leptophyllum** G. Don · ♃ ≷ Z8 Ⓚ VII-VIII Ⓝ; Bol., Chile
– *lobbianum* Veitch = Tropaeolum peltophorum
– **majus** L. · D:Große Kapuzinerkresse; E:Indian Cress, Nasturtium · ⊙ ♃ VII-X ⚕ Ⓝ; Col., Ecuad., Peru
  – **in vielen Sorten**
– **minus** L. · ⊙ ♃ VII-X; Peru
– **peltophorum** Benth. · ⊙ ⊙ ♃ ♄ Z9 Ⓚ I-XII; Col., Ecuad.
– **pentaphyllum** Lam. · ♃ ≷ Z8 Ⓚ VII-XI; C-Bras., Urug., Parag., Arg., E-Bol.
– **peregrinum** L. · D:Kanaren-Kapuzinerkresse; E:Canary Creeper · ⊙ ≷ Z9 VII-X; Peru, ? Ecuad.
– **polyphyllum** Cav. · ♃ Z8 Ⓚ VI-X; Arg., Chile
– **speciosum** Poepp. et Endl. · D:Flammende Kapuzinerkresse; E:Flame Flower, Scotch Creeper · ♃ ≷ Z8 Ⓚ VIII-X; Chile
– **tricolor** Sw. · ♃ ≷ Z8 Ⓚ III-V; Bol., Chile
– **tuberosum** Ruiz et Pav. · D:Knollenkresse, Peruanische Kapuzinerkresse; E:Tropaeolum · ♃ ≷ Z8 Ⓚ VIII-IX Ⓝ; Peru, Bol.
– *yarrattii* Youel = Tropaeolum tricolor

Tsuga Carriere -f- *Pinaceae* · 9 sp · D:Hemlocktanne, Schierlingstanne; E:Hemlock, Hemlock Spruce; F:Pruche
– **canadensis** (L.) Carrière · D:Kanadische Hemlocktanne; E:Eastern Hemlock; F:Sapin ciguë, Sapin du Canada · ♄ e Z5 IV-V ⚕; Can.: E; USA; NE, NCE, SE
– **caroliniana** Engelm. · D:Carolina-Hemlocktanne; E:Carolina Hemlock · ♄ e

Z6; USA: Va., SE
- **chinensis** (Franch.) Pritz. · ♄ e Z6; W-China
- **diversifolia** (Maxim.) Mast. · D:Japanische Hemlocktanne; E:Northern Japanese Hemlock; F:Tsuga du Japon · ♄ e Z6; Jap.
- **heterophylla** (Raf.) Sarg. · D:Westliche Hemlocktanne; E:Western Hemlock · ♄ e Z6 Ⓝ; Alaska, Can.: B.C., Alta.; USA: NW, Calif., Idaho, Mont.
- **mertensiana** (Bong.) Carrière · D:Berg-Hemlocktanne; E:Mountain Hemlock; F:Tsuga des montagnes · ♄ e Z6; Alaska, Can.: B.C.; USA: NW, Calif., Rocky Mts. (Idaho, Mont., Nev.)
- *pattoniana* (Jeffrey) Engelm. = Tsuga mertensiana
- **sieboldii** Carrière · D:Araragi-Hemlocktanne; E:Southern Japanese Hemlock · ♄ e Z6; Jap.
  - var. *nana* (Endl.) Carrière = Tsuga diversifolia

Tuberaria (Dunal) Spach -f- *Cistaceae* · 12 sp · D:Sandröschen; E:Spotted Rock Rose; F:Tubéraire
- **guttata** (L.) Fourr. · D:Geflecktes Sandröschen · ⊙ Z8 VI-IX; Eur.: Ib, Fr, BrI, D, Ap, Ba; TR, Levante, NW-Afr., Libya

Tulbaghia L. -f- *Alliaceae* · 22 sp · D:Kaplilie, Tulbaghie; E:Society Garlic, Wild Garlic; F:Tulbaghia
- **capensis** L. · ♃ Z8 Ⓚ VI-VII; Kap
- **violacea** Harv. · D:Knoblauchs-Kaplilie; E:Society Garlic · ♃ Z8 Ⓚ VII-VIII; S-Afr.

Tulipa L. -f- *Liliaceae* · c. 100 sp · D:Tulpe; E:Tulip; F:Tulipe
- **acuminata** Hornem. · ♃ Z5 ▽; cult.
- **agenensis** DC. · ♃ Z6 IV-V ▽; NW-Iran, nat. in S-F u. I
- **albertii** Regel · ♃ Z6 ▽; C-As.
- **armena** Boiss. · ♃ Z7 IV-V ▽; TR, Cauc. (Armen.)
- *australis* Link = Tulipa sylvestris subsp. australis
- *batalinii* Regel = Tulipa linifolia 'Batalinii'
- **biflora** Pall. · ♃ △ Z5 V-VI ▽; Eur.: W-Ba, E-Russ., Krim; TR, Palaest., Arab., Cauc., Iran, W-Sib., C-As., Egypt
- *celsiana* DC. = Tulipa sylvestris subsp. australis
- *chrysantha* hort. = Tulipa clusiana var. chrysantha
- **clusiana** DC.
  - var. **chrysantha** (A.D. Hall) Sealy · IV ▽; N-Iran, Afgh, C-As., NW-Ind.
  - var. **clusiana** · D:Damen-Tulpe; E:Lady Tulip · ♃ ▽; Iran, NW-Pakist., N-Ind., nat. in S-Eur., TR
  - var. **stellata** (Hook.) Regel · IV ▽; Afgh., NW-Ind.
- **dasystemon** (Regel) Regel · ♃ Z5 IV ▽; C-As., China: Sinkiang
- *dasystemon* hort. = Tulipa tarda
- **didieri** Jord. · D:Didiers Tulpe; E:Didier's Tulip · ♃ Z7 IV ▽; Eur.: CH
- *eichleri* Regel = Tulipa undulatifolia
- **fosteriana** W. Irving · ♃ Z5 IV ▽; C-As.
- **gesneriana** L. · D:Gesners Tulpe; E:Gesner's Tulip · ♃ ✂ Z5 IV-V ⚕ ☠ ▽; SW-As., C-As., nat. in Sp., F, I, CH, ? GR
- **greigii** Regel · ♃ Z5 IV-V ▽; C-As.
- **grengiolensis** Thommen · D:Grengjer Tulpe · ♃ Z7 IV ▽; Eur.: CH
- **hoogiana** B. Fedtsch. · ♃ Z7 ▭ ∧ IV-V ▽; C-As.
- **humilis** Herb. · ♃ Z7 V ▽; Cauc., Iran, N-Iraq
  - **'Pulchella'** · ▽; TR
  - **'Violacea'** · ▽
- **ingens** Hoog · ♃ Z6 IV ▽; C-As.
- **kaufmanniana** Regel · D:Kaufmanns Tulpe; E:Waterlily Tulip · ♃ △ Z5 III ▽; C-As.
- **kolpakowskiana** Regel · ♃ Z6 IV ▽; C-As., Afgh.
- **lanata** Regel · ♃ Z7 IV ▽; C-As., Afgh., NE-Iran
- **linifolia** Regel · ♃ △ Z5 V ▽; C-As., N-Iran
  - **'Batalinii'** · ▽
- **marjolettii** Perr. et Song · ♃ Z6 ▽; ? SW-As, ? C-As, nat. in Fr, Ap, Ba
- **montana** Lindl. · ♃ Z6 V ▽; C-As., N-Iran
- *oculus-solis* St.-Amans = Tulipa agenensis
- **orphanidea** Boiss. ex Heldr. · ♃ Z5 IV ▽; BG, GR, W-TR
  - **'Whittallii'** · ▽
- *persica* hort. = Tulipa sylvestris subsp. australis
- *polychroma* Stapf = Tulipa biflora
- **praecox** Ten. · ♃ Z5 III-IV ▽; orig. ?, nat. in S-Eur., W-TR
- **praestans** Hoog · ♃ Z5 IV ▽; C-As.
- *pulchella* (Regel) Baker = Tulipa humilis

'Pulchella'
– var. *humilis* hort. = Tulipa humilis
– **saxatilis** Sieber ex Spreng. · D:Kretische Tulpe; E:Candia Tulip · ♃ Z6 IV ▽; Crete, W-TR
– **schrenkii** Regel · ♃ Z7 ▽; SE-Russ.
– **sprengeri** Baker · ♃ Z5 V-VI ▽; TR
– *stellata* Hook. = Tulipa clusiana var. stellata
– *suaveolens* Roth = Tulipa armena
– **sylvestris** L.
– subsp. **australis** (Link) Pamp. · D:Südalpine Tulpe · ♃ Z5 V ▽; Eur.: Ib, F, I, Ba; NW-Afr.
– subsp. **sylvestris** · D:Wilde Tulpe; E:Wild Tulip · ♃ D Z5 IV-V ▽; Eur.: Ib, Fr, Ap, C-Eur., Ba, E-Eur., CH; TR, Cauc., nat. in BrI, Sc, EC-Eur., N-Afr., Sib., Middle East
– **tarda** Stapf · ♃ △ Z5 IV ▽; C-As.
– **tubergeniana** T.M. Hoog · ♃ Z5 IV ▽; C-As.
– **turkestanica** Regel · ♃ △ Z5 III-IV ▽; C-As.
– **undulatifolia** Boiss. · ♃ Z5 IV-V ▽; Eur.: S-Ba; W-TR, Iran, C-As.
– **urumiensis** Stapf · ♃ △ Z5 IV ▽; NW-Iran
– *violacea* Boiss. et Buhse = Tulipa humilis 'Violacea'
– var. *pallida* Bornm. = Tulipa humilis
– **vvedenskyi** Botschantz. · ♃ Z6 ▽; C-As.
– *whitallii* Hall = Tulipa orphanidea 'Whittallii'
– *wilsoniana* T.M. Hoog = Tulipa montana
– **Cultivars**
– **in vielen Sorten (siehe Kapitel III)**

Tulipastrum Spach = Magnolia
– *acuminatum* (L.) Small = Magnolia acuminata
– *americanum* Spach = Magnolia acuminata var. acuminata
– var. *subcordatum* Spach = Magnolia acuminata var. subcordata
– var. *vulgare* Spach = Magnolia acuminata var. acuminata
– *cordatum* (Michx.) Small = Magnolia acuminata var. subcordata

Tulipifera Mill. = Liriodendron
– *liriodendrum* Mill. = Liriodendron tulipifera

Tunica Mert. et W.D.J. Koch = Petrorhagia
– *prolifera* (L.) Scop. = Petrorhagia prolifera
– *saxifraga* (L.) Scop. = Petrorhagia saxifraga

Tupidanthus Hook.f. et Thomson = Schefflera
– *calyptratus* Hook. f. et Thomson = Schefflera pueckleri

Turbinicarpus (Backeb.) Buxb. et Backeb. -m- *Cactaceae* · 14 sp
– **gielsdorfianus** (Werderm.) V. John et Ríha · ᛘ Z9 Ⓚ ▽ ✻; Mex.: Tamaulipas
– **horripilus** (Lem. ex C.F. Först.) V. John et Ríha · ᛘ Z9 Ⓚ ▽ ✻; Mex.: Hidalgo
– **lophophoroides** (Werderm.) Buxb. et Backeb. · ᛘ Z9 Ⓚ ▽ ✻; Mex.: San Suis Potosí
– **mandragora** (A. Berger) A. Zimm. · ᛘ Z9 Ⓚ ▽ ✻; Mex.: Coahuila, Nuevo Leon
– **pseudomacrochele** (Backeb.) Buxb. et Backeb. · ᛘ Z9 Ⓚ ▽ ✻; Mex.: Queretaro
– **pseudopectinatus** (Backeb.) Glass et Foster · ᛘ Z9 Ⓚ ▽ ✻; Mex.: Tamaulipas, Nuevo Leon
– **saueri** (Boed.) V. John et Ríha · ᛘ Z9 Ⓚ ▽ ✻; Mex.: Tamaulipas
– **schmiedickeanus** (Boed.) Buxb. ex Backeb. · ᛘ Z9 Ⓚ ▽ ✻; Mex.: Nuevo León, San Luis Potosi, Tamaulipas
– **valdezianus** (H. Möller) Glass et Foster · ᛘ Z9 Ⓚ ▽ ✻; Mex.: Coahuila, Nuevo Leon
– **viereckii** (Werderm.) V. John et Ríha · ᛘ Z9 Ⓚ ▽ ✻; Mex.: Nuevo León, Tamaulipas

Turgenia Hoffm. -f- *Apiaceae (Umbelliferae)* · 2 sp · D:Haftdolde, Turgenie; F:Turgénia
– **latifolia** (L.) Hoffm. · D:Breitblättrige Haftdolde, Turgenie · ⊙ VI-VIII; Eur.* exc.Sc, BrI; TR, Cauc., C-As., Pakist., Kashmir, NW-Afr., nat. in N-Am.

Turnera L. -f- *Turneraceae* · 50-60 sp · D:Damiana; F:Turnéra
– *aphrodisiaca* Kingdon-Ward = Turnera diffusa var. aphrodisiaca
– **diffusa** Willd. ex Schult.
– var. **aphrodisiaca** (Kingdon-Ward) Urb. · ♄ Z10 Ⓦ ⚕; Bras.
– var. **diffusa** · D:Schmalblättrige Damiana; E:Mexican Holly · ♄ Z10 Ⓦ; Bras.
– **ulmifolia** L. · D:Großblättrige Damiana;

E:Sage Rose, West Indian Holly · ♄ Z9 ⌂; Mex., C-Am., W.Ind., S-Am.

Turritis L. = Arabis
– *glabra* L. = Arabis glabra

Tussilago L. -f- *Asteraceae (Compositae)* · 1 sp · D:Huflattich; E:Coltsfoot; F:Pas d'âne, Tussilage
– **farfara** L. · D:Huflattich; E:Coltsfoot · ♃ Z5 III-IV ⚕; Eur.*, TR, Levante, Cauc., Iran, W-Sib., E-Sib., C-As., Him., China, Maroc., Alger., nat. in N-Am.
– *japonica* L. = Farfugium japonicum

Tweedia Hook. et Arn. -f- *Asclepiadaceae* · 1 sp
– **caerulea** D. Don · ♄ e ≀ Z10 ⌂ VI-IX; S-Bras., Urug.

Tylecodon Toelken -m- *Crassulaceae* · 28-31 sp
– **cacalioides** (L. f.) Toelken · ♄ ♆ Z9 ⌂; Kap
– **reticulatus** (L. f.) Toelken · ♄ ♆ Z9 ⌂; Kap, Namibia

Typha L. -f- *Typhaceae* · 10-12 sp · D:Rohrkolben; E:Bulrush, Reedmace; F:Massette
– **angustifolia** L. · D:Schmalblättriger Rohrkolben; E:Lesser Bulrush; F:Massette à feuilles étroites · ♃ ~ Z3 VII-VIII; Eur.*, TR, Cauc., Iran, C-As., Mong., Can., USA* exc. SW, Austr.
– *gracilis* Jord. non Raf. = Typha minima
– **latifolia** L. · D:Breitblättriger Rohrkolben; E:Bulrush, Cat Tail; F:Massette à feuilles larges · ♃ ~ Z3 VII-VIII ⚕ Ⓝ; Eur.*, Cauc., Iran, W-Sib., E-Sib., C-As., Mong., N-China, N-Am.
  – subsp. *shuttleworthii* (W.D.J. Koch et Sond.) Stoj. et Stef. = Typha shuttleworthii
– **laxmannii** Lepech. · D:Laxmanns Rohrkolben; E:Laxmann's Bulrush; F:Massette de Laxmann · ♃ ~ Z4 VII-VIII; Eur.: E-Eur., Ba; TR, Cauc., W-Sib., E-Sib., Amur, C-As., Mong., N-China, nat. in F, I, D, EC-Eur.
– **lugdunensis** P. Chabert · ♃ ~ ; Eur.: F, CH, D
– **minima** Funck ex Hoppe · D:Zwerg-Rohrkolben; E:Lesser Bulrush; F:Massette petite · ♃ ~ Z6 V-IX Ⓝ; Eur.: F, I, C-Eur., EC-Eur., Serb., RO; TR, Cauc., Iran, Afgh., Pakist., C-As., Mong., Jap.
– **shuttleworthii** W.D.J. Koch et Sond. · D:Shuttleworths Rohrkolben; E:Shuttleworth's Bulrush; F:Massette de Shuttleworth · ♃ ~ Z5 VI-VIII; Eur.: F, N-I, C-Eur., EC-Eur., Ba, RO; TR

Typhoides Moench = Phalaris
– *arundinacea* (L.) Moench = Phalaris arundinacea

Typhonium Schott -n- *Araceae* · 30 sp
– **giganteum** Engl.
  – var. **giganteum** · ♃ Z10 ⌂; China
  – var. **giraldii** (Engl.) Baroni · ♃ Z10 ⌂; China (Peking)

Typhonodorum Schott -n- *Araceae* · 1 sp
– **lindleyanum** Schott · ♃ e Z10 ⌂; trop. Afr., Madag., Mauritius

Uebelmannia Buining -f- *Cactaceae* · 5 sp
– **pectinifera** Buining · ♆ Z9 ⌂ ▽ *; Bras.: Minas Gerais

Ugni Turcz. -f- *Myrtaceae* · 5-15 sp
– **molinae** Turcz. · D:Chilenische Guave; E:Strawberry Myrtle · ♄ e Z9 ⌂ Ⓝ; Bol., Chile

Ulex L. -m- *Fabaceae (Leguminosae)* · 20 sp · D:Stechginster; E:Furze, Gorse; F:Ajonc
– **europaeus** L. · D:Gewöhnlicher Stechginster; E:Furze, Gorse, Whin · ♄ e Z7 ∧ V-VII ☠ Ⓝ; Eur.: BrI, Fr, Ib, ,Ap, C-Eur., nat. in Sc, EC-Eur., USA
– **gallii** Planch. · ♄ Z8 ⌂ ☠; Sp., F
– *jussiaei* (D.A. Webb) D.A. Webb = Ulex parviflorus
– **minor** Roth · ♄ Z7 ☠; Ib, F
– **parviflorus** Pourr. · ♄ d Z8 ⌂ ☠; Ib, F, Maroc., Alger.

Ullucus Caldas -m- *Basellaceae* · 1 sp · D:Ulluco; E:Ulluco; F:Baselle, Ulluque
– **tuberosus** Lozano · D:Ulluco; E:Ulluco · ♃ ≀ ⟿ Z9 ⌂ Ⓝ; Col., Peru, Bol.

Ulmaria Hill = Filipendula
– *filipendula* (L.) Hill = Filipendula vulgaris

Ulmus L. -f- *Ulmaceae* · c. 45 sp · D:Rüster, Ulme; E:Elm; F:Orme
– **alata** Michx. · ♄ d Z4; USA: NCE, Va.,

SE, Fla., Kans.
- *alba* Raf. = Ulmus americana
- **americana** L. · D:Amerikanische Ulme; E:American Elm, Water Elm, White Elm · ħ d Z4 ⚕ ; Can.: E, Sask.; USA* exc. SW, Calif., NW
- **bergmanniana** C.K. Schneid. · ħ d Z6; C-China
- *campestris* L. p.p. = Ulmus glabra
- *carpinifolia* Ruppius ex Suckow = Ulmus minor
- *effusa* Willd. = Ulmus laevis
- *foliacea* Hayek = Ulmus minor
- *fulva* Michx. = Ulmus rubra
- **glabra** Huds. · D:Berg-Ulme, Weißrüster; E:Elm, Scotch Elm, Wych Elm; F:Orme blanc, Orme de montagne · ħ d Z5 III-IV Ⓝ; Eur.*, TR, Syr., Cauc., N-Iran
- *glabra* Mill. = Ulmus minor
- × **hollandica** Mill. (*U. glabra* × *U. minor*) · D:Bastard-Ulme; E:Dutch Elm; F:Orme de Hollande · ħ d Z5 III-IV; S-F, CH, I
  - **in Sorten**
- **japonica** (Rehder) Sarg. · ħ d Z5; Jap., NE-As
- **laciniata** (Trautv.) Mayr · ħ d Z5 III-IV Ⓝ; Jap., Korea, N-China, Kamchat., E-Sib.
- **laevis** Pall. · D:Flatter-Ulme; E:Russian Elm; F:Orme diffus, Orme lisse · ħ d Z5 III-IV; Eur.* exc. BrI, Ib; Cauc.
- **minor** Mill. · D:Feld-Ulme; E:European Field Elm; F:Orme champêtre, Ormeau · ħ ħ d Z5 III-IV ⚕ Ⓝ; Eur.*, TR, Cyprus, Syr., Libya,
- *montana* With. = Ulmus glabra
- **parvifolia** Jacq. · D:Japanische Ulme; E:Chinese Elm · ħ d Z6 VIII-IX Ⓝ; Jap., Korea, China, Taiwan
- **procera** Salisb. · D:Haar-Ulme; E:English Elm · ħ d Z6 II-IV ⚕ ; Eur.: BrI, Ib, Fr, H, Ba
- **pumila** L.
  - var. **arborea** Litv. · ħ d Z3 III; E-As
  - var. **pumila** L. · D:Sibirische Ulme; E:Siberian Elm · ħ d Z4; E-Sib., Amur, C-As., Mong., N-China
- **rubra** Muhl. · D:Rot-Ulme; E:Red Elm, Slippery Elm · ħ d Z4 III-IV ⚕ Ⓝ; Can.: E; USA: NE, NCE, NC, SC, SE, Fla.
- *scabra* Mill. = Ulmus glabra
- **thomasii** Sarg. · D:Felsen-Ulme; E:Cork Elm, Rock Elm · ħ d Z2 IV Ⓝ; Can.: E; USA: NE, NCE, NC, Ark., Tenn.
- *turkestanica* Regel = Ulmus pumila var. arborea

Umbellularia (Nees) Nutt. -f- *Lauraceae* · 1 sp · D:Berglorbeer; E:California Laurel, California Bay; F:Laurier
- **californica** (Hook. et Arn.) Nutt. · D:Berglorbeer; E:California Laurel, California Bay, Headache Tree, Pepperwood · ħ e Z8 Ⓚ I-VI ⚕ Ⓝ; USA: Oreg., Calif.

Umbilicus DC. -m- *Crassulaceae* · 18 sp · D:Nabelkraut, Venusnabel; E:Navelwort; F:Gobelets, Nombril de Vénus
- *aizoon* Fenzl = Rosularia aizoon
- *chrysanthus* Boiss. et Heldr. = Rosularia chrysantha
- **erectus** DC. · ♃ ♆ Z8 Ⓚ; Eur.: S-I, Ba; TR, Lebanon, Syr.
- **horizontalis** (Guss.) DC. · ♃ ♆ Z8 Ⓚ; Eur.: Ib, Ap, Ba; TR, Cyprus, Syr., W-Iran, N-Afr.
- **intermedius** Boiss. · ♃ ♆ Z8 Ⓚ; TR, Syr., Palaest., W-Iran, Egypt
- *libanoticus* (Labill.) DC. = Rosularia sempervivum subsp. sempervivum
- *malacophyllus* (Pall.) DC. = Orostachys malacophyllus
- *pendulinus* DC. = Umbilicus rupestris
- *pestalozzae* Boiss. = Rosularia sempervivum subsp. sempervivum
- **rupestris** (Salisb.) Dandy · D:Venusnabel; E:Navelwort, Pennywort · ♃ ♆ Z8 Ⓚ; Eur.: Ib, Fr, Ap, Ba, BrI; TR, Cyprus, Syr., Madeira, NW-Afr., Libya
- *sempervivum* (M. Bieb.) DC. = Rosularia sempervivum subsp. sempervivum

Uncaria Schreb. -f- *Rubiaceae* · 1 sp
- **gambir** (Hunter) Roxb. · D:Gambir; E:Gambier, Pale Catechu · ħ ≹ Z10 Ⓦ Ⓝ; Malay. Arch.

Ungnadia Endl. -f- *Sapindaceae* · 1 sp
- **speciosa** Endl. · D:Mexikanische Kastanie; E:Mexican Buckeye, Spanish Buckeye · ħ ħ d Z9 Ⓚ VI ☠; USA: Tex., N.Mex; N-Mex.

Uniola L. -f- *Poaceae (Gramineae)* · 4 sp · E:Spangle Grass, Spike Grass
- *latifolia* Michx. = Chasmanthium latifolium
- **paniculata** L. · E:North American Sea Oats · ♃ Z7 Ⓝ; USA: Va., SE, SC, Fla.; Mex., C-Am., W.Ind., S-Am.

Uragoga Baill. = Psychotria
– *granadensis* Baill. = Psychotria acuminata
– *ipecacuanha* (Brot.) Baill. = Psychotria ipecacuanha

Urbinia Rose = Echeveria
– *agavoides* (Lem.) Rose = Echeveria agavoides
– *purpusii* Rose = Echeveria purpusorum

Urena L. -f- *Malvaceae* · 6 sp
– **lobata** L. · D:Kongojute; E:Caesarweed · ⊙ ♄ Z10 ⓦ VII-VIII Ⓝ; Trop.

Urera Gaudich. -f- *Urticaceae* · 35 sp
– **baccifera** (L.) Gaudich. ex Wedd. · E:Cow Itch · ♄ ♧ Z10 ⓦ; C-Am., W.Ind., trop. S-Am.

Urginea Steinh. -f- *Hyacinthaceae* · c. 40 (100) sp · D:Meerzwiebel; E:Sea Onion; F:Scille maritime
– *anthericoides* (Poir.) Steinh. = Urginea maritima
– **maritima** (L.) Baker · D:Meerzwiebel; E:Sea Squill · ♃ Z9 ⓚ VII-VIII ⚕ ☠ Ⓝ; Eur.: Ib, Fr, Ap, Ba; Canar., TR, S-Iran, N-Afr.
– *scilla* Steinh. = Urginea maritima

Urospermum Scop. -n- *Asteraceae (Compositae)* · 2 sp · D:Schwefelsame; F:Urosperme
– **dalechampii** (L.) Scop. ex F.W. Schmidt · ♃ Z6 VII-IX; Eur.: Ib, F, Ap, Croat.
– **picroides** (L.) Desf. · D:Bitterkrautartiger Schwefelsame · ⊙ Z6; Eur.: Ib, Fr, Ap, Ba; TR, Syr., Cauc., Iran, N-Afr.

Urostachys (E. Pritz.) Herter = Huperzia
– *selago* (L.) Herter = Huperzia selago

Ursinia Gaertn. -f- *Asteraceae (Compositae)* · c. 40 sp · D:Bärenkamille; F:Camomille des ours
– **anethoides** (DC.) N.E. Br. · ⊙ Z9 ⓚ VI-VIII; S-Afr.
– **anthemoides** (L.) Poir.
  – subsp. **anthemoides** · ⊙ Z9 VII-IX; S-Afr.
  – subsp. **versicolor** (DC.) Prassler · ⊙ Z9 VI-VIII; S-Afr.
– *pulchra* N.E. Br. = Ursinia anthemoides subsp. anthemoides
– **speciosa** DC. · ⊙ Z9 VII-IX; S-Afr.
– *versicolor* (DC.) N.E. Br. = Ursinia anthemoides subsp. versicolor

Urtica L. -f- *Urticaceae* · 80-100 sp · D:Brennnessel; E:Nettle; F:Ortie
– **cannabina** L. · ♃ Ⓝ; Eur.: S-Russ.; C-As., N-As.
– **dioica** L.
  – subsp. **dioica** L. · D:Große Brennnessel; E:Nettle, Stinging Nettle · ♃ VII-X ⚕ Ⓝ; Eur.*, TR, Levante, Cauc., N-Iran, W-Sib., E-Sib., NW-Afr., Libya, Alaska, Can., USA: NE, NCE, NC, SC, SE, Fla., nat. in Polyn., N-Am., S-Am.
  – subsp. **galeopsifolia** (Wierzb. ex Opiz) Chrtek · D:Hohlzahn-Brennnessel · ♃; Eur.: BrI, EC-Eur., Ba, E-Eur., ? C-Eur., ? Sweden
– **kioviensis** Rogow. · D:Sumpf-Brennnessel · ♃ VII-VIII; Eur.: Russ. (Dnjeper region)
– **pilulifera** L. · D:Pillen-Brennnessel; E:Roman Nettle · ⊙ VI-X; Eur.: Ib, Fr, Ap, Ba, W-Russ., Krim; TR, SW-As., W-Sib., E-Sib., Amur, C-As., Mong., Him., E-As., N-Afr.
– **urens** L. · D:Kleine Brennnessel; E:Dog Nettle · ⊙ VI-IX ⚕ Ⓝ; Eur.*, TR, Cauc., W-Sib., E-Sib., Amur, N-Afr., Alaska, Can., USA: NE, NCE, SC; Greenl., nat. in N-Am.

Utricularia L. -f- *Lentibulariaceae* · 214 sp · D:Wasserschlauch; E:Bladderwort; F:Utriculaire
– **alpina** L. · ♃ Z10 ⓦ V-VI; W.Ind., S-Am.
– **australis** R. Br. · D:Südlicher Wasserschlauch · ♃ ≈ Z7 VI-VIII; Eur.*, TR, N-As., Ind., SE-As., C-Afr., S-Afr., Austr.
– **bremii** Heer ex Koell. · D:Bremis Wasserschlauch · ♃ ≈ VII-IX ▽; Eur.: F, B, BrI, DK, C-Eur., EC-Eur., N-I, RO
– **caerulea** L. · ♃ ⇝ ∼ Z9 ⓦ; Ind.
– *coerulea* auct. = Utricularia caerulea
– **dichotoma** Labill. · ♃ Z10 ⓦ; Tasman.
– **endresii** Rchb. f. · ♃ Z10 ⓦ; Costa Rica
– *exoleta* R. Br. = Utricularia gibba subsp. exoleta
– **gibba** L.
  – subsp. **exoleta** (R. Br.) P. Taylor · ♃ ≈ Z4 XII-III; Eur.: Ib; Palaest., N-Afr.
  – subsp. **gibba** · D:Zwerg-Wasserschlauch; E:Humped Bladderwort · ⊙ ♃ ≈ Z4; Eur.: Ib; N-Afr., Palaest., S-As., Austr.
– **globulariifolia** Mart. · ♃ Z10 ⓦ; Bras.

– *ianthina* Hook. f. = Utricularia reniformis
– **intermedia** Hayne · D:Mittlerer Wasserschlauch · ♃ ≈ Z2 VII-VIII; Eur.* exc. Ib; W-Sib., E-Sib., Kamchat., Manch., Korea, Jap. N-Am., Greenl.
– *janthiana* hort. = Utricularia reniformis
– **lateriflora** R. Br. · ♃ Z10 ⓦ; Austr., Tasman.
– **longifolia** Gardner · ♃ Z10 ⓦ VI-VIII; Bras.
– **minor** L. · D:Kleiner Wasserschlauch; E:Lesser Bladderwort; F:Petite utriculaire · ♃ ≈ Z2 VI-IX; Eur.*, Cauc., W-Sib., E-Sib., Amur, Sachal., Kamchat., C-As., W-Him., Manch., Jap., Alaska, Can., Greenl., USA: NE, NCE, NC, Rocky Mts., NW, Calif.
– *montana* Poir. = Utricularia alpina
– *neglecta* Lehm. = Utricularia australis
– **nelumbifolia** Gardner · ♃ ≈ Z10 ⓦ; Bras.
– **ochroleuca** R.W. Hartm. · D:Blassgelber Wasserschlauch · ♃ ≈ VII-VIII ▽; Eur.: BrI, Sc, F, D, A, EC-Eur., W-Russ.; Afgh, Can.: E.; USA: NW, Colo., Ill.; Greenl.
– *peltata* Spruce = Utricularia pubescens
– **prehensilis** E. Mey. · ⊙ ~ Z10 ⓦ VI-VIII; trop. Afr.
– **pubescens** Sm. · ♃ Z10 ⓦ; C-Am., S-Am., trop. Afr., Ind.
– **reniformis** A. St.-Hil. · ♃ Z10 ⓦ VII-IX; Bras.
– **stygia** G. Thor · D:Dunkelgelber Wasserschlauch · ♃ ≈ ; Eur.: D, A, CH, F +
– *uliginoides* Wight = Utricularia caerulea
– **volubilis** R. Br. · ♃ ≈ Z10 ⓦ; W-Austr.
– **vulgaris** L. · D:Gewöhnlicher Wasserschlauch; E:Common Bladderwort, Greater Bladderwort; F:Utriculaire commune · ♃ ≈ Z5 VI-VIII ⚕; Eur.*, TR, Syr.

Uvularia L. -f- *Convallariaceae* · 5 sp · D:Goldglocke, Goldsiegel, Trauerglocke; E:Bellwort, Merry-Bells, Wild Oats; F:Uvulaire
– **grandiflora** Sm. · D:Hänge-Goldglocke; E:Bellwort; F:Uvulaire à grandes fleurs · ♃ Z3 IV-VI; Can.: E; USA: NE, NCE, NC, SE
– **perfoliata** L. · D:Kleine Goldglocke; E:Straw Bell · ♃ Z4 V; Can.: E; USA: NE, NCE, NC, SE, Fla.
– **sessilifolia** L. · D:Aufrechte Goldglocke; E:Sessile Bellwort · ♃ Z4 V-VI; Can.: E; USA: NE, NCE, NC, SE

Vaccaria Wolf -f- *Caryophyllaceae* · 1 sp · D:Kuhkraut; E:Cowherb; F:Herbe-aux-vaches, Vaccaire
– **hispanica** (Mill.) Rauschert · D:Kuhkraut; E:Cow Cockle, Cowherb · ⊙ ✂ VI-VIII; Eur.* exc. Sc; TR, Levante, Cauc., Iran, W-Sib., Amur, C-As., Mong., Him., China, N-Afr., nat. in N-Am., Austr.
– *pyramidata* Medik. = Vaccaria hispanica

Vaccinium L. -n- *Ericaceae* · c. 450 sp · D:Blaubeere, Heidelbeere, Moorbeere, Moosbeere, Preiselbeere, Rauschbeere; E:Bilberry, Blueberry, Cranberry; F:Airelle, Canneberge, Myrtillier
– **angustifolium** Aiton · E:Blueberry, Lowbush Blueberry · ♄ d ♣ Z2 IV-V Ⓝ; Can.: E, Sask.; USA: NE, NCE
– **arctostaphylos** L. · ♄ d Z6 V-VI; Cauc, ? TR
– **ashei** Reade · ♄ e Z8 ⓚ Ⓝ; USA: SE
– **atrococcum** (A. Gray) A. Heller · ♄ d ♣ Z4 V Ⓝ; Can.: Ont.; USA: NE, NCE, SE, Fla.
– **australe** Small · ♄ d Z6 Ⓝ; USA: NE, SE, Fla.
– **bracteatum** Thunb. · ♄ ♄ e ♣ D Z7 VII-VIII; China, S-Korea, Jap., Ryukyu-Is.,
– **caespitosum** Michx. · D:Zwerg-Heidelbeere; E:Dwarf Blueberry · ♄ d ♣ Z2 V-VIII; Alaska, Can., USA: NE, NCE, Rocky Mts., NW, Calif.
– *canadense* Rich. = Vaccinium myrtilloides
– **corymbosum** L. · D:Amerikanische Heidelbeere; E:Blueberry, High Bush Blueberry; F:Myrtille en corymbe · ♄ d ~ Z5 V Ⓝ; Can.: E; USA: NE, NCE, SE, Fla.
  – **in Sorten**
– **erythrinum** Hook. · ♄ Z10; Java
– **hirsutum** Buckland · D:Behaarte Heidelbeere; E:Hairy Huckleberry · ♄ d ♣ Z6 V-VI; USA: SE
– × **intermedium** Ruthe (*V. myrtillus* × *V. vitis-idaea*) · D:Bastard-Heidelbeere · ♄ e Z6; Eur.: D, PL, BrI
– **lucidum** (Blume) Miq. · ♄ ♄ e Z9 ⓚ V-VI; Sumat., Java, Sulawesi
– **macrocarpon** Aiton · D:Großfrüchtige Moosbeere; E:Cranberry; F:Airelle à gros fruits · ♄ e ⇝ ♣ Z2 VI-VIII Ⓝ; Can.: E; USA; NE, NCE, SE
– *maderense* Link = Vaccinium padifolium

– **microcarpum** (Turcz. ex Rupr.) Schmalh. · D:Kleinfrüchtige Moosbeere · ♄ e Z1; Eur.* exc. Fr, Ib +
– **myrtilloides** Michx. · D:Kanadische Heidelbeere; E:Canada Blueberry · ♄ d ♧ Z2 VII-VIII; Can., USA: NE, NCE, Mont.
– **myrtillus** L. · D:Blaubeere, Heidelbeere; E:Bilberry, Blueberry, Whinberry, Whortleberry · ♄ ♄ d ♧ Z1 IV-VI ⚕ Ⓝ; Eur.*, TR, Cauc., W-Sib., E-Sib., Mong., nat. in N-Am.
– **nummularium** Hook. f. et Thomson ex C.B. Clarke · ♄ e Z7 IV-V; Bhutan, Sikkim
– **oxycoccos** L. · D:Gewöhnliche Moosbeere; E:Wild Cranberry · ♄ e ⇝ ~ ♧ Z1 VI-VII; Eur.* exc. Ib.; N-As., Alaska, Can., USA: NE, NCE, NW, Rocky Mts.; Greenl.
– **padifolium** Sm. · ♄ e ♧ Z9 Ⓚ VI; Madeira
– *rollisonii* Hook. = Vaccinium lucidum
– **stamineum** L. · E:Deerberry, Squaw Huckleberry · ♄ d Z5 IV-VI; Can.: Ont.; USA: NE, NCE, Kans., SE, Fla.
– **uliginosum** L
  – subsp. **uliginosum** · D:Moorbeere, Rauschbeere, Trunkelbeere; E:Bog Bilberry, Bog Whortleberry · ♄ ♄ d ♧ Z1 V-VI ⚕ ☠; Eur.*, TR, Cauc., W-Sib., E-Sib., Amur, Sachal., Kamchat., Mong., Manch., Korea, Jap., Alaska, Can., USA: NE, Rocky Mts., NW, Calif.; Greenl.
  – subsp. **pubescens** (Wormsk.) Young · D:Gaultheriaähnliche Moorbeere, Gaultheriaähnliche Moosbeere · ♄ ♄ d Z2 V-VII ☠
– **varingiifolium** (Blume) Miq. · ♄ e Z10 Ⓚ X; Sumat., Java, Bali
– **vitis-idaea** L. · D:Kronsbeere, Preiselbeere; E:Cowberry, Foxberry; F:Airelle rouge · ♄ ♄ e ♧ Z1 V-VI ⚕ Ⓝ; Eur.* exc. Ib; Cauc., E-TR, W-Sib., E-Sib., Amur, Sachal., Kamchat., Mong., Manch., Korea, Jap., Alaska, Can., USA: NE, NCE, NW, Calif.; Greenl.
  – **in Sorten**

Valantia L. -f- *Rubiaceae* · 3-4 sp · D:Vaillantie; F:Vaillantie
– **hispida** L. · ⊙; Eur.: Ib, Ap, Ba, F; TR, Canar., Iraq, Iran

Valeriana L. -f- *Valerianaceae* · 150-200 sp · D:Baldrian; E:Valerian; F:Valériane
– **alliariifolia** Adams · ♃ VI-VII; E-GR, TR, Cauc.
– **arizonica** A. Gray · ♃ △ Ⓐ ∧ VII-VIII; USA: Colo., Utah, Ariz.; N-Mex.
– **celtica** L. · D:Keltischer Baldrian; E:Celtic Valerian · ♃ △ D VII-VIII ⚕ Ⓝ; Eur.: F, CH, I, A; Alp.
– **dioica** L. · D:Kleiner Baldrian; E:Marsh Valerian · ♃ ~ V-VI; Eur.*, W-TR, Him., Alaska, Can., USA: NW
– **elongata** Jacq. · D:Ostalpen-Baldrian · ♃ VI-VIII; Eur.: I, A, Slove.; E-Alp.
– **globulariifolia** Ramond ex DC. · ♃ △ V-VI; Eur.: Sp., F; Cordillera Cantábrica, Pyr.
– **montana** L. · D:Berg-Baldrian; E:Mountain Valerian · ♃ △ IV-VI; Eur.* exc. BrI, Sc
– **officinalis** L. · D:Echter Baldrian; E:Common Valerian; F:Valériane officinale · ♃ V-IX ⚕; Eur.*, TR, Cauc., W-Sib., E-Sib., Amur, Sachal., C-As., Mong, China
– **phu** L. · ♃ VII-VIII; ? TR
– **pratensis** Dierb. · D:Wiesen-Baldrian · ♃ V-VI; Eur.: D (Oberrhein)
– **procurrens** Wallr. · D:Ausläufer-Baldrian, Kriechender Baldrian · ♃ VI-VIII; W-Eur., WC-Eur.
– **pyrenaica** L. · D:Pyrenäen-Baldrian; E:Pyrenean Valerian · ♃ ~ VI-VIII; Eur.: Sp., E; Cordillera Cantábrica, Pyr.
– **saliunca** All. · D:Weidenblättriger Baldrian · ♃ VII-VIII; Eur.: F, I, CH, A; Alp., Apenn.
– **sambucifolia** J.C. Mikan ex Pohl · D:Holunderblättriger Baldrian · ♃ V-VI; N-Eur., C-Eur.
– **saxatilis** L. · D:Felsen-Baldrian · ♃ △ VI-VIII; Eur.: I, C-Eur., Ba; Alp., Apenn., Balkan
– **simplicifolia** (Rchb.) Kabath · D:Ganzblättriger Baldrian · ♃; Eur.: A, Slova., CZ, PL, Russ, RO, nat. in C-Eur.
– × **suendermannii** Melch. (*V. montana* × *V. supina*) · ♃ △ D V-VI; cult.
– **supina** Ard. · D:Zwerg-Baldrian; F:Valériane naine · ♃ △ VII-VIII; Eur.: I, C-Eur., Slove.; Alp.
– **tripteris** L. · D:Dreischnittiger Baldrian · ♃ △ IV-VI; Eur.* exc. BrI, Sc
– **versifolia** Brügger · D:Verschiedenblättriger Baldrian · ♃ V-VI; Eur.: Alp.
– **wallrothii** Kreyer · D:Hügel-Baldrian · ♃ V-VI; C-Eur.

Valerianella Mill. -f- *Valerianaceae* · c.

50 sp · D:Ackersalat, Feldsalat, Rapünzchen, Rapunzel; E:Cornsalad; F:Mâche, Salade de blé, Valérianelle
– **carinata** Loisel. · D:Gekielter Feldsalat · ⊙ IV-V; Eur.* exc. Sc; TR, Syr., Iraq, Cauc., Iran, N-Afr.
– **coronata** (L.) DC. · D:Krönchen-Feldsalat · ⊙ V-VI; Eur.: Ib, Fr, Ap, EC-Eur., Ba, E-Eur.; TR, SW-As., N-Afr.
– **dentata** (L.) Pollich · D:Gezähnter Feldsalat · ⊙ VI-VIII; Eur.*, TR, Iraq, Cauc., Iran, C-As., N-Afr., Macaron.
– **eriocarpa** Desv. · D:Wollfrüchtiger Feldsalat; E:Italian Cornsalad · ⊙ IV-V; Eur.: Ib, Fr, BrI, Ap, Ba, Krim, ? RO; Tr, N-Afr., Canar.
– **locusta** (L.) Laterr. · D:Gewöhnlicher Feldsalat, Rapünzchen, Rapunzel; E:Cornsalad, Lamb's Lettuce · ⊙ IV-V Ⓝ; Eur.*, TR, Cauc., Macaron., N-Afr.
– **rimosa** Bastard · D:Gefurchter Feldsalat · ⊙ IV-V; Eur.*, TR, Cauc.

Vallisneria L. -f- *Hydrocharitaceae* · 2 (-10) sp · D:Sumpfschraube, Vallisnerie, Wasserschraube; E:Eel Grass, Vallis; F:Vallisnérie
– **americana** Michx. · D:Amerikanische Wasserschraube; E:American Eel Grass · ♃ ≈ Z9 ⓦ; SE-As., Phil., N.Guinea, E-Austr., Tasman.
– *gigantea* Graebn. = Vallisneria americana
– **spiralis** L. · D:Gewöhnliche Wasserschraube; E:Eel Grass, Tape Grass · ♃ ≈ Z8 ⓦ VI-IX; Eur.: Ib, Fr, Ap, Ba, E-Eur., CH; Cauc., C-As., W-As., Alger., trop. Afr., S-Am., Austr.

Vallota Salisb. ex Herb. = Cyrtanthus
– *purpurea* (Aiton) Herb. = Cyrtanthus purpureus
– *speciosa* (L. f.) T. Durand et Schinz = Cyrtanthus purpureus

× **Vancampe** hort. -f- *Orchidaceae* (*Acampe* × *Vanda*)

Vancouveria C. Morren et Decne. -f- *Berberidaceae* · 3 sp · D:Vancouverie; F:Vancouvéria
– **chrysantha** Greene · ♃ Z7 ⓐ ∧ V; USA: Oreg.
– **hexandra** (Hook.) C. Morren et Decne. · D:Rüsselsternchen; E:American Barrenwort, Inside Out Flower · ♃ Z7 ∧ VI; USA: NW, Calif.
– **planipetala** Calloni · E:Redwood Ivy · ♃ Z7 ⓐ ∧ V; USA: Oreg., Calif.

Vanda Jones ex R. Br. -f- *Orchidaceae* · 35-45 sp
– **alpina** Lindl. · ♃ Z9 ⓦ V-VI ▽ ✻; Him., N-Ind.: Khasia Hills
– **amesiana** Rchb. f. · ♃ Z9 ⓦ XII-I ▽ ✻; Myanmar, China, Cambodia, ? Thail.
– *batemanii* Lindl. = Vandopsis lissochiloides
– **bensonii** Bateman · ♃ Z9 ⓦ VIII-X ▽ ✻; Myanmar, Thail.
– *cathcartii* Lindl. = Esmeralda cathcartii
– **coerulea** Griff. ex Lindl. · ♃ Z9 ⓦ IX-XI ▽ ✻; Ind.: Assam; Myanmar, Thail.
– **coerulescens** Griff. · ♃ Z9 ⓦ III-V ▽ ✻; Myanmar, Thail.
– **concolor** Blume · ♃ Z9 ⓦ I-IV ▽ ✻; Sumat., Java
– **cristata** (Wall.) Lindl. · ♃ Z9 ⓦ XII-II ▽ ✻; Him: NW-Ind.
– **denisoniana** Benson et Rchb. f. · ♃ Z9 ⓦ IV-V ▽ ✻; Myanmar (Arakan)
– *densiflora* Lindl. = Rhynchostylis gigantea
– *gigantea* Lindl. = Vandopsis gigantea
– **hookeriana** Rchb. f. · E:Bone Plant · ♃ Z9 ⓦ VIII-IX ▽ ✻; Malay. Pen., Sumat., Kalimantan
– **insignis** Blume · ♃ Z9 ⓦ X ▽ ✻; Molucca I., Timor
– **kimballiana** Rchb. f. · ♃ Z9 ⓦ IX-XI ▽ ✻; S-China, Myanmar, Thail.
– **lamellata** Lindl. · ♃ Z9 ⓦ XI-XII ▽ ✻; Phil., N-Kalimantan
– *lowii* Lindl. = Dimorphorchis lowii
– *multiflora* Lindl. = Acampe rigida
– *parishii* Rchb. f. = Vandopsis parishii
– **pumila** Hook. f. · ♃ Z9 ⓦ VI-VII ▽ ✻; Bhutan, Sikkim, Thail.
– *sanderiana* Rchb. f. = Euanthe sanderiana
– *storiei* Storie ex Rchb. f. = Renanthera storiei
– **teres** Lindl. · ♃ Z9 ⓦ VI-VIII ▽ ✻; Myanmar, Thail., Laos
– **tesselata** (Roxb.) G. Don · ♃ Z9 ⓦ XI ▽ ✻; Ind., Sri Lanka, Myanmar
– **tricolor** Lindl. · ♃ Z9 ⓦ XI-V ▽ ✻; Laos, Java
– *violacea* Lindl. = Rhynchostylis violacea
– **Cultivars**
  – **in vielen Sorten**

× **Vandachnis** hort. -f- *Orchidaceae*

(*Arachnis* × *Vandopsis*)

× **Vandaenopsis** hort. -f- *Orchidaceae* (*Phalaenopsis* × *Vanda*)

× **Vandofinetia** hort. -f- *Orchidaceae* (*Neofinetia* × *Vanda*)

× **Vandopsides** hort. -f- *Orchidaceae* (*Aerides* × *Vandopsis*)

Vandopsis Pfitzer -f- *Orchidaceae* · 5-10 sp
- **gigantea** (Lindl.) Pfitzer · ♃ Z10 ⓦ II-IV ▽ ✻; Myanmar, Thail.
- **lissochiloides** (Gaudich.) Pfitzer · ♃ Z10 ⓦ VII-X ▽ ✻; Phil., Thail.
- *lowii* (Lindl.) Schltr. = Dimorphorchis lowii
- **parishii** (Rchb. f.) Schltr. · ♃ Z10 ⓦ VII-VIII ▽ ✻; Ind., Myanmar

× **Vandoritis** hort. -f- *Orchidaceae* (*Doritis* × *Vanda*)

Vangueria Comm. ex Juss. -f- *Rubiaceae* · 15-30 sp
- **madagascariensis** J.F. Gmel. · ♄ ♄ Z9 ⓦ Ⓝ; Afr., Madag., Mascarene Is.

Vanheerdea L. Bolus ex H.E.K. Hartmann -f- *Aizoaceae* · 2-4 (-7) sp
- **angusta** (L. Bolus) L. Bolus · ♆ Z9 ⓚ; Kap

Vanilla Mill. -f- *Orchidaceae* · c. 100 sp · D:Vanille; E:Vanilla; F:Vanillier
- **aphylla** Blume · ♃ ≹ Z10 ⓦ VII-VIII ▽ ✻; Myanmar, Malay. Pen., Java
- *fragrans* (Salisb.) Ames = Vanilla planifolia
- **planifolia** Andrews · D:Echte Vanille; E:Bourbon Vanilla · ♃ ≹ Z10 ⓦ VII-VIII ⚕ Ⓝ ▽ ✻; C-Am., W.Ind., S-Am.
- **pompona** Schiede · ♃ ≹ Z10 ⓦ VI-VII Ⓝ ▽ ✻; SE-Mex., C-Am., trop. S-Am.
- **tahitiensis** J.W. Moore · D:Tahiti-Vanille; E:Tahitian Vanilla · ♃ Z10 ⓦ Ⓝ ▽ ✻; Tahiti, nat. in Hawai

Vanzijlia L. Bolus -f- *Aizoaceae* · 1 sp
- **annulata** (A. Berger) L. Bolus · ♄ ♆ Z9 ⓚ; Kap

× **Vascostylis** hort. -f- *Orchidaceae* (*Ascocentrum* × *Rhynchostylis* × *Vanda*)

Vaseya Thurb. = Muhlenbergia

Vataireopsis Ducke = Vatairea, Andira
- *araroba* (Aguiar) Ducke = Andira araroba

Vateria L. -f- *Dipterocarpaceae* · 2 sp
- **copallifera** (Retz.) Alston · ♄ Z10 ⓦ Ⓝ; Sri Lanka
- **indica** L. · ♄ e Z10 ⓦ Ⓝ; Ind.

Vatricania Backeb. = Espostoa
- *guentheri* (Kupper) Backeb. = Espostoa guentheri

Vauanthes Haw. = Crassula
- *dichotoma* (L.) Kuntze = Crassula dichotoma

Veitchia H. Wendl. -f- *Arecaceae (Palmae)* · 18 sp · D:Manilapalme; E:Christmas Palm; F:Palmier de manille
- **merrillii** (Becc.) H.E. Moore · D:Manilapalme; E:Christmas Palm, Manila Palm · ♄ e Z10 ⓚ; Phil.

Vella DC. -f- *Brassicaceae (Cruciferae)* · 4 sp
- **pseudocytisus** L. · ♄ e Z8 ⓚ V-VI; Eur.: Sp.; Maroc., Alger.
- **spinosa** Boiss. · ♄ s Z7 VI; S-Sp.

Vellozia Vand. -f- *Velloziaceae* · 124 sp
- **aloifolia** Mart. · ♄ ⋈ Z10 ⓦ; Bras.
- *elegans* (Balf.) Oliv. = Talbotia elegans

Veltheimia Gled. -f- *Hyacinthaceae* · 2 sp · D:Veltheimie; E:Veltheimia; F:Veltheimia
- **bracteata** Baker · ♃ Z9 ⓚ I-III; S-Afr.
- **capensis** (L.) DC.
  - var. **capensis** · ♃ Z9 ⓚ; SW-Kap
  - var. **deasii** P.E. Barnes · ♃ Z9 ⓚ I-III; S-Afr.
- *capensis* hort. = Veltheimia bracteata
- *edulis* (Vahl) Vahl = Veltheimia capensis var. capensis
- *glauca* (Aiton) Jacq. = Veltheimia capensis var. capensis
- *roodeae* Phillips = Veltheimia capensis var. capensis
- *viridifolia* Jacq. = Veltheimia bracteata

Venana Lam. = Brexia

Venidium Less. = Arctotis, Arctotheca
- *decurrens* Less. = Arctotheca calendula

– *fastuosum* (Jacq.) Stapf = Arctotis fastuosa

Ventenata Koeler -f- *Poaceae (Gramineae)* · 5 sp · D:Grannenhafer, Schmielenhafer; F:Fausse-avoine
– **dubia** (Leers) Coss. · D:Zweifelhafter Schmielenhafer · ⊙ Z8 VI; Eur.* exc. BrI, Sc; TR, Cauc., Alger.

Ventenatia Tratt. = Pedilanthus

Veratrum L. -n- *Melanthiaceae* · 15-20 sp · D:Germer; F:Vérâtre
– **album** L. · D:Weißer Germer; E:White Veratrum · ♃ Z5 VI-VIII ⚕ ☠; Eur.* exc. BrI; TR, Cauc., W-Sib., E-Sib., Amur, C-As., Jap.
– **californicum** Durand · D:Kalifornischer Germer; E:California Veratrum · ♃ Z5 VII-VIII ☠; USA: NW, Calif., Rocky Mts., SW; Mex.: Baja Calif.
– **nigrum** L. · D:Schwarzer Germer; E:Black Veratrum; F:Vérâtre noir · ♃ D Z6 VII-VIII ☠; Eur.: Fr, Ap, C-Eur., EC-Eur., Ba, E-Eur.; W-Sib., E-Sib., Amur, C-As.
– **viride** Aiton · D:Grüner Germer; E:Green Veratrum · ♃ Z3 VII ⚕ ☠ Ⓝ; Can.: E; USA; NE, NCE, SE

Verbascum L. -n- *Scrophulariaceae* · c. 360 sp · D:Königskerze, Wollkraut; E:Mullein; F:Molène
– **acaule** (Bory et Chaub.) Kuntze · ♃ Ⓐ ∧ VI-VII; S-GR
– **alpinum** Turra · D:Wollige Königskerze · ♃ V-VII; Eur.: I, A, Ba, E-Eur.
– **arcturus** L. · D:Kretische Königskerze; E:Cretan Mullein · ⊙ ♃ Ⓚ ▭ V-VII; Crete
– **austriacum** Schott ex Roem. et Schult. · D:Österreichische Königskerze · ♃; EC-Eur., Ba, RO
– **blattaria** L. · D:Schaben-Königskerze; E:Moth Mullein, White Moth Mullein · ⊙ VI-VIII; Eur.: Ib, Fr, Ap, Ba, C-Eur., EC-Eur.; TR, Cauc., Iran, Afgh., C-As., W-Sib., NW-Afr., nat. in N-Am.
– **bombyciferum** Boiss. · D:Seidenhaar-Königskerze; F:Molène soyeuse · ⊙ Z6 VII-VIII; W-TR
– **bugulifolium** Lam. · ♃ Ⓐ ∧ V-VII; N-GR
– **chaixii** Vill. · D:Chaix-Königskerze; E:Nettle-leaved Mullein; F:Molène de Chaix · ♃ Z5 VII-VIII; Eur.* exc. BrI, Sc
  – **in Sorten**
– **creticum** (L. f.) Cav. · ⊙ Ⓚ ▭ VI-VII; Eur.: Ib, Ap, ? F; Alger., Tun.
– **densiflorum** Bertol. · D:Großblütige Königskerze; E:Large-flowered Mullein · ⊙ Z5 VII-VIII ⚕; Eur.* exc. BrI; Maroc.
– **dumulosum** P.H. Davis et Hub.-Mor. · ♄ e △ Z8 Ⓐ V-VI; TR
– **lagurus** Fisch. et C.A. Mey. · ⊙ VII-VIII; Eur.: BG; NW-TR
– *lagurus* hort. = Verbascum bombyciferum
– **leianthum** Benth. · ⊙ Z8 Ⓚ VII-VIII; TR
– **longifolium** Ten.
  – var. **longifolium** · F:Molène de Pannonie · ⊙ ♃ Z7 VI-VIII; Eur.: I, Ba
  – var. **pannosum** (Vis. et Pancic) Murb. Z7
– **lychnitis** L. · D:Mehlige Königskerze; E:White Mullein · ⊙ Z6 VI-VIII; Eur.*, W-Sib., Maroc.
– **nigrum** L. · D:Schwarze Königskerze; E:Dark Mullein; F:Bouillon noir, Molène noire · ⊙ ♃ Z5 VI-IX; Eur.*, ? Cauc., W-Sib., E-Sib.
– **olympicum** Boiss. · D:Kandelaber-Königskerze; E:Olympic Mullein; F:Molène d'Olympe · ⊙ Z6 VI-VIII; NW-TR (Ulu Dagh)
– *pannosum* Vis. et Pančić = Verbascum longifolium var. pannosum
– **pestalozzae** Boiss. · ♄ e Z8 Ⓚ V-VI; W-TR
– **phlomoides** L. · D:Windblumen-Königskerze; E:Orange Mullein · ⊙ VII-IX ⚕; Eur.* exc. BrI, Sc; TR, Cauc., nat. in BrI
– **phoeniceum** L. · D:Purpur-Königskerze; E:Purple Mullein; F:Molène rouge-pourpre · ⊙ ♃ Z6 V-VI; Eur.: Ap, C-Eur., EC-Eur., Ba, E-Eur.; TR, Cauc., Iran, W-Sib., C-As., nat. in NL
– **pulverulentum** Vill. · D:Flockige Königskerze · ⊙ Z6 VII-VIII; Eur.: Ib, Fr, BrI, Ap, C-Eur., H, Ba, RO
– **sinuatum** L. · D:Gebuchtete Königskerze · ⊙ Z8 Ⓚ; Eur.: Ib, Fr, Ap, Ba, W-Russ., Krim; TR, Cauc., Iran, C-As., N-Afr., Canar., Madeira
– **speciosum** Schrad. · D:Pracht-Königskerze · ⊙ Z6 VI-VII; Eur.: A, EC-Eur., Ba, E-Eur.; Cauc.
– **spinosum** L. · ♄ Z8 Ⓚ; Crete
– *thapsiforme* Schrad. = Verbascum densiflorum
– **thapsus** L.
  – subsp. **crassifolium** (Lam.) Murb. ·

D:Dickblättrige Königskerze · ⊙ Z3 VI-IX; Eur.: mts.
- subsp. **thapsus** · D:Kleinblütige Königskerze; E:Aaron's Rod, White Mullein · ⊙ Z3 VII-IX ⚕ ; Eur.*, TR, Cauc., N-Iran, W-Sib., C-As., Him., W-China, nat. in Jap., Hawaii, N-Am.

– **wiedemannianum** Fisch. et C.A. Mey. · ⊙ Z7 VI-VIII; TR

Verbena L. -f- *Verbenaceae* · 200-250 sp · D:Eisenkraut, Verbene; E:Vervain; F:Verveine
– *aubletia* Jacq. = Verbena canadensis
– **bipinnatifida** Nutt. · ♃ Z3; USA: NC, NCE, SE, SW, Colo.
– **bonariensis** L. · ⊙ ♃ Z8 VII-X; S-Bras., Arg., nat. in Calif., S-USA, W.Ind., Austr.
– **canadensis** (L.) Britten · D:Rosen-Verbene; E:Rose Verbena · ⊙ ♃ Z4 VII-X; USA: NE, NCE, Kans., Colo., SC, SE, Fla.; Mex.
– *chamaedryfolia* Juss. = Verbena peruviana
– **elegans** Humb., Bonpl. et Kunth
  – var. **asperata** L.M. Perry · ⊙ ♃ VII-X; Tex., Mex.
  – var. **elegans** · ⊙ ♃; USA: Tex.; Mex.
– **hastata** L. · D:Lanzen-Verbene; E:American Vervain, Wild Hyssop · ♃ Z3 VII-IX; Can., USA*
– **incisa** Hook. · ⊙ ♃ Z10 VII-X; S-Bras., Parag., N-Arg.
– **officinalis** L. · D:Echtes Eisenkraut; E:Simpler's Joy, Turkey Grass, Verbena · ♃ Z4 VII-VIII ⚕ ; Eur.*, TR, Cauc., Iran, C-As., Him., N-Afr., Sudan, Eth., nat. in cosmop. exc. Sib.
– *patagonica* auct. = Verbena bonariensis
– **peruviana** (L.) Britten · ♃ ♄ s Z9 Ⓚ VII-IX; Peru, Bol., Bras., Arg.
– **phlogiflora** Cham. · ⊙ ♃ ♄ Z10 VII-IX; Bras., Parag., Urug., Arg.
– *platensis* Spreng. = Verbena teucrioides
– **rigida** Spreng. · D:Steife Verbene; E:Veined Verbena; F:Verveine rugueuse · ⊙ ♃ Z8 VI-X; S-Bras., Arg., nat. in USA: SE
– **tenera** Spreng. · D:Zarte Verbene; E:Blue Verbena · ⊙ ♃ ♄ ♄ e ⇝ Z9 VI-IX; S-Bras., Arg.
– **tenuisecta** Briq. · D:Moos-Verbene; E:Moss Verbena · ♃ ≹ Z9 Ⓚ VII-IX; s S-Am.
– **teucrioides** Gillies et Hook. · ⊙ ♃ ♄ Z9 VII-IX; Peru, Chile, Bras., Parag., Urug., Arg.
– **urticifolia** L. · ♃ Z5; E-Can., USA: NE, NEC, NC, SC, SE, Fla.
– *venosa* Gillies et Hook. = Verbena rigida
– **Cultivars**
  – **in vielen Sorten**

Verbesina L. -f- *Asteraceae (Compositae)* · c. 250 sp · D:Kronbart, Verbesine; E:Crown Beard; F:Verbésine
– **alternifolia** (L.) Britten · D:Gelber Kronbart; E:Wingstem, Yellow Ironweed · ♃ Z5 VIII-IX; Ont., USA: NE, NCE, Okla., SE, Fla.
– **encelioides** (Cav.) Benth. et Hook. f. ex A. Gray · D:Goldener Kronbart; E:Golden Crownbeard · ⊙ Z10 X; USA: NC, SC, Rocky Mts, SW; Mex.
– **helianthoides** Michx. · ♃ Z5 VI-VII; USA: NCE, NC, SE, SC
– **purpusii** Brandegee · ♃ Z9 Ⓚ VIII-IX; Mex.

Vernicia Lour. = Aleurites
– *cordata* (Thunb.) Airy Shaw = Aleurites cordata
– *fordii* (Hemsl.) Airy Shaw = Aleurites fordii
– *montana* Lour. = Aleurites montana

Vernonia Schreb. -f- *Asteraceae (Compositae)* · -1000 sp · D:Scheinaster, Vernonie; E:Ironweed; F:Vernonie
– *altissima* Nutt. = Vernonia gigantea
– **amygdalina** Delile · ♄ Ⓦ Ⓝ; trop. Afr.
– **anthelmintica** (L.) Willd. · D:Wurm-Scheinaster; E:Kinka Oil · ♃ Ⓚ Ⓝ; Ind.
– **arkansana** DC. · D:Arkansas-Scheinaster · ♃ ~ Z5 VIII-X; USA: Mo., Kans., Okla., Ark.
– *crinita* Raf. = Vernonia arkansana
– **gigantea** (Walter) Trel. · D:Hohe Scheinaster · ♃ ~ Z4 VIII-IX; USA: NE, NCE, SE
– **noveboracensis** (L.) Michx. · D:New-York-Scheinaster; E:Ironweed, New York Ironweed · ♃ Z5 VIII-IX; USA: NE, NCE, SE

Veronica L. -f- *Scrophulariaceae* · c. 180 sp · D:Ehrenpreis; E:Bird's Eye, Speedwell; F:Véronique
– **acinifolia** L. · D:Drüsiger Ehrenpreis, Kölme-Ehrenpreis, Steinquendel-Ehrenpreis · ⊙ IV-VI; Eur.: Ib, Fr, Ap, C-

Eur., EC-Eur., Ba, RO, Krim; Cauc., Iran, Him..
- **agrestis** L. · D:Acker-Ehrenpreis; E:Field Speedwell · ⊙ IV-X; Eur.*, TR, Palaest., NW-Afr., Macaron., nat. in USA
- **allionii** Vill. · ♃ ⇝ △ Z4 VII-VIII; Eur.: F, I; SW-Alp.
- **alpina** L. · D:Alpen-Ehrenpreis · ♃ VII-VIII; Eur.*; N, mts.; W-Sib., E-Sib., Manch., Korea
- *amethystina* Willd. = Pseudolysimachion spurium
- **anagallis-aquatica** L. · D:Gauchheil-Ehrenpreis, Ufer-Ehrenpreis; E:Water-Speedwell; F:Mouron d'eau, Véronique mouron · ♃ ~ V-X; Eur.*, TR, Cauc., Iran, W-Sib., E-Sib., C-As., Him., Mong., China, Jap., N-Afr., Eth., Macaron., N-Am., S-Am., NZ
- **anagalloides** Guss. · D:Schlamm-Ehrenpreis · ⊙ ~ VI-X; Eur.* exc. BrI, Sc; TR, Cauc., Iran, Afgh., W-Sib., Amur, C-As., Him., N-Afr.
- **aphylla** L. · D:Blattloser Ehrenpreis, Nacktstieliger Ehrenpreis · ♃ Z5 VI-VIII; Eur.* exc. BrI, Sc; mts.
- **argute-serrata** Regel et Schmalh. · D:Spitzzähniger Ehrenpreis · ⊙ IV-VI; Cauc., Kashmir, Him., China: Sinkiang
- **armena** Boiss. et A. Huet · ♃ ⌓ △ Z4 VI-VII; TR, Cauc.
- **arvensis** L. · D:Feld-Ehrenpreis; E:Wall Speedwell · ⊙ Z5 IX-X; Eur.*, TR, Cauc., C-As., Him., NW-Afr., nat. in N-Am., S-Am., Jap., Hawaii, Kap, Austr., NZ
- **austriaca** L.
  - subsp. **austriaca** · D:Österreichischer Ehrenpreis; E:Large Speedwell · ♃ Z6 V-VII; Eur.* exc. BrI, Sc; Cauc.
  - subsp. **jacquinii** (Baumg.) Eb. Fisch. · D:Jacquins Ehrenpreis; E:Jacquin's Speedwell · ♃ Z6 V-VII; Eur.: PL, Russ., H, Slove., Croatia, Serb.; TR, Cauc., Iran
  - subsp. *teucrium* (L.) D.A. Webb = Veronica teucrium
- **beccabunga** L. · D:Bachbungen-Ehrenpreis; E:Brooklime, Water Pimpernel; F:Salade de chouette, Véronique beccabonga · ♃ ~ Z5 V-VIII ⚕; Eur.*, TR, Cauc., Iran, W-Sib., C-As., Him., NW-Afr., Eth.
- **bellidioides** L. · D:Gänseblümchen-Ehrenpreis · ♃ Z6 VII-VIII; Eur.* exc. BrI, Sc; mts.
- **bombycina** Boiss. et Kotschy · ♃ ⇝ △ Z8 Ⓐ VI-VIII; S-TR, Lebanon, Syr.
- *bonarota* L. = Paederota bonarota
- **caespitosa** Boiss. · ♃ ⌓ △ Ⓐ ∧ V-VI; TR, Lebanon, Syr.
- **catenata** Pennell · D:Wasser-Ehrenpreis · ♃ ~ VI-X; Eur.*, Cauc., W-Sib., E-Sib., C-As., Alger., N-Am.
- **chamaedrys** L.
  - subsp. **chamaedrys** · D:Gamander-Ehrenpreis; E:Bird's Eye, Speedwell · ♃ ⇝ Z3 V-VIII; Eur.*, TR, Cauc., W-Sib., E-Sib., C-As., nat. in N-Am.
  - subsp. **vindobonensis** M.A. Fisch. · D:Drüsiger Gamander-Ehrenpreis · ♃ Z3 IV-V; Eur.: C-Eur., EC-Eur., Ba, RO, E-Eur.; Cauc.
- **cinerea** Boiss. et Balansa · ♃ ⇝ △ Z5 VI-VII; TR
- **dillenii** Crantz · D:Dillenius Ehrenpreis · ⊙ IV-V; Eur.* exc. BrI, Sc; TR, Cauc., Iran, W-Sib., C-As.,
- *exaltata* Maund = Pseudolysimachion longifolium subsp. longifolium
- **filiformis** Sm. · D:Faden-Ehrenpreis; E:Round Leaved Speedwell; F:Véronique filiforme · ♃ ⇝ Z3 III-VI; Cauc., N-TR, N-Iran, nat. in BrI, Sc, Fr, C-Eur., EC-Eur., Krim
- **fruticans** Jacq. · D:Felsen-Ehrenpreis; E:Rock Speedwell; F:Véronique buissonnante · ♃ ♄ △ Z5 VI-VII; Eur.*; N, mts.; Greenl.
- **fruticulosa** L. · D:Halbstrauch-Ehrenpreis · ♃ ♄ △ Z3 VI-VII; Eur.: Sp., F, I, C-Eur., Slove., Croatia; mts.
- **gentianoides** Vahl · F:Véronique fausse-gentiane · ♃ Z4 V-VI; TR, Cauc., NW-Iran
- *hectori* Hook. f. = Hebe hectori
- **hederifolia** L.
  - subsp. **hederifolia** · D:Efeu-Ehrenpreis; E:Ivy-leaved Speedwell · ⊙ III-V; Eur.*, TR, Syr., Palaest., Cauc., N-Iran, Him., C-As., NW-Afr., nat. in USA, Jap.
  - subsp. **lucorum** (Klett et Richt.) Hartl · D:Hain-Efeu-Ehrenpreis · III-V; Eur.: BrI, Sc, C-Eur., EC-Eur., Ba
  - subsp. **triloba** (Opiz) Čelak. · D:Dreilappiger Efeu-Ehrenpreis · III-V; Eur., Cauc., Iran, C-As., Him., China, Jap., N-Afr.
- *hendersonii* hort. = Pseudolysimachion subsessile
- *incana* (L.) = Pseudolysimachion spicatum subsp. incanum
- **kellereri** Degen et Urum. · ♃ Z7; Maced.

- *latifolia* L. = Veronica teucrium
- *longifolia* L. = Pseudolysimachion longifolium subsp. longifolium
  - var. *subsessilis* Miq. = Pseudolysimachion subsessile
- *lutea* (Scop.) Wettst. = Paederota lutea
- **montana** L. · D:Berg-Ehrenpreis · ♃ V-VI; Eur.*, Cauc., TR, NW-Afr.
- **officinalis** L. · D:Echter Ehrenpreis; E:Common Speedwell · ♃ Z3 VI-IX ⚕; Eur.*, TR, Cauc., NW-Iran, Azor.
- **opaca** Fr. · D:Glanzloser Ehrenpreis · ☉ III-X; Eur.* exc. BrI, Ib
- **orientalis** Mill. · ♃ ⌓ △ Z7 VI-VIII; Eur.: Krim, ? RO; TR, Syr., Lebanon, N-Iraq, Cauc., N-Iran
- *paniculata* L. = Pseudolysimachion spurium
- **pectinata** L. · ♃ ⇝ △ Z7 ∧ V-VI; Eur.: BG; TR
- **peduncularis** M. Bieb. · ♃ ⇝ △ Z7 ∧ V-VI; Eur.: Krim, E-Russ.; TR, Cauc.
- **peregrina** L. · D:Fremder-Ehrenpreis; E:American Speedwell · ☉ V-VI; E-Sib., Amur, Jap., China, nat. in Eur.* exc. Ba, Sc
- *perfoliata* R. Br. = Parahebe perfoliata
- **persica** Poir. · D:Persischer Ehrenpreis; E:Persian Speedwell · ☉ ☉ I-XII; TR, Cauc., nat. in Eur.*, N-Afr., C-As., Jap., Am., NZ
- **petraea** Steven · ♃ △ Z6 V-VI; Cauc.
- **poliifolia** Benth. · ♃ ⌓ △ VI-VIII; TR, Iraq, Syr., Cauc. (Armen.)
- **polita** Fr. · D:Glänzender Ehrenpreis · ☉ III-X; Eur.*, TR, Cauc., Iran, C-As., Him., Mong., Tibet, Jap., N-Afr., nat. in cosmop.
- **praecox** All. · D:Früher Ehrenpreis · ☉ III-V; Eur.* exc. BrI; TR, Cauc., NW-Afr., nat. in BrI
- **prostrata** L. · D:Liegender Ehrenpreis; E:Rockery Speedwell; F:Véronique prostrée · ♃ ⇝ △ Z5 IV-VI; Eur.* exc. BrI, Sc; Cauc., W-Sib.
- **repens** Clarion ex DC. · E:Corsican Speedwell · ♃ ⇝ △ Z7 ∧ V-VI; Eur.: Sp., Corse; mts.
- *rupestris* hort. = Veronica prostrata
- **saturejoides** Vis. · ♃ ⌓ △ Z7 Ⓚ ∧ V-VI; Eur.: Croatia, Bosn., Montenegro, Maced., AL, BG
- *saxatilis* Scop. = Veronica fruticans
- **scardica** Griseb. · D:Balkan-Ehrenpreis · ♃ VI-X; Eur.: A, EC-Eur., Ba, E-Eur.; TR
- **schmidtiana** Regel · ♃ △ Z5 VI-VIII; Jap., Sachal.
- **scutellata** L. · D:Schild-Ehrenpreis · ♃ ~ Z6 VI-IX; Eur.*, Cauc., W-Sib., E-Sib., Sachal., Kamchat., C-As., Jap.
- **serpyllifolia** L. · D:Thymian-Ehrenpreis; E:Thyme-leaf Speedwell · ♃ Z3 V-IX; Eur.*, TR, Cauc., Iran, W-Sib., Amur, C-As., Him., China, Jap., N-Afr., Macaron., N-Am.
- *spicata* L. = Pseudolysimachion spicatum subsp. spicatum
  - subsp. *incana* (L.) Walters = Pseudolysimachion spicatum subsp. incanum
- *spuria* L. = Pseudolysimachion spurium
- *stelleri* Pall. ex Link = Veronica wormskjoldii
- **surculosa** Boiss. et Balansa · ♃ ⇝ △ Z6 V-VII; TR
- **teucrium** L. · D:Großer Ehrenpreis; E:Heavenly Blue Speedwell · ♃ Z6 V-VII; Eur.* exc. BrI, Sc; Cauc., W-Sib.
- **triphyllos** L. · D:Dreiteiliger Ehrenpreis · ☉ III-V; Eur.*, TR
- **turrilliana** Stoj. et Stef. · ♃ △ Z6 V-VI; Eur.: BG, TR (Strandsha-mts.)
- **urticifolia** Jacq. · D:Nesselblättriger Ehrenpreis · ♃ VI-VIII; Eur.* exc. BrI, Sc
- **verna** L. · D:Frühlings-Ehrenpreis; E:Spring Speedwell · ☉ IV-V; Eur.*, TR, Cauc., W-Sib., C-As.
- *virginica* L. = Veronicastrum virginicum
- **wormskjoldii** Roem. et Schult. · D:Amerikanischer Ehrenpreis; E:American Speedwell · ♃ Z4; Alaska, USA: NE, NCE, NC, SW, Rocky Mts., NW, Calif.; Greenl.

Veronicastrum Heist. ex Fabr. -n- *Scrophulariaceae* · 2 sp · D:Arzneiehrenpreis; E:Blackroot; F:Véronique de Virginie
- **virginicum** (L.) Farw. · D:Arzneiehrenpreis; E:Black Root, Culver's Root, Physic Root; F:Véronique de Virginie · ♃ Z3 VII-IX; Can.: E; USA: NE, NCE, SC, SE, Fla.

Verschaffeltia H. Wendl. -f- *Arecaceae (Palmae)* · 1 sp
- **splendida** H. Wendl. · ♄ e Z10 Ⓦ; Seych.

Verticordia DC. -f- *Myrtaceae* · 97 sp
- **grandis** J.L. Drumm. ex Meisn. · ♄ e Z10 Ⓚ; W-Austr.
- **nitens** Schauer · ♄ e ⋈ Z10 Ⓚ; W-Austr.

Vestia Willd. -f- *Solanaceae* · 1 sp
– **foetida** (Ruiz et Pav.) Hoffmanns. · ♄ e D Z9 Ⓚ IV-VI; Chile
– *lycioides* Willd. = Vestia foetida

Vetiveria Bory -f- *Poaceae (Gramineae)* · 10 sp · D:Vetivergras; E:Vetiver; F:Vétiver
– **zizanioides** (L.) Nash · D:Vetivergras; E:Cus Cus, Vetiver · ♃ Z9 Ⓦ ⚕ Ⓝ; Ind., Sri Lanka, Myanmar

Viburnum L. -n- *Caprifoliaceae* · 150+ sp · D:Schneeball; E:Arrow Wood, Wayfaring Tree; F:Boule de neige, Viorne
– **acerifolium** L. · D:Ahornblättriger Schneeball; E:Dockmackie · ♄ d Z5 V-VI ☠; Can.: E; USA; NE, NCE, SE
– *affine* Bush = Viburnum rafinesquianum var. affine
– *alnifolium* Marshall = Viburnum lantanoides
– *americanum* auct. non Mill. = Viburnum trilobum
– **atrocyaneum** C.B. Clarke · ♄ e Z9 Ⓚ; Him.
– **betulifolium** Batalin · D:Birkenblättriger Schneeball · ♄ d ♧ Z5 VI-VII ☠; W-China, C-China
– **bitchiuense** Makino · ♄ d D Z6 V; Jap., Korea
– × **bodnantense** Aberc. (*V. farreri* × *V. grandiflorum*) · D:Bodnant-Schneeball; E:Winter Viburnum · ♄ d D Z7 XI-III ☠; cult.
– **buddleifolium** C.H. Wright · D:Buddlejablättriger Schneeball · ♄ d Z6 V-VI ☠; C-China
– **burejaeticum** Regel et Herder · D:Mongolischer Schneeball · ♄ d Z5 V ☠; Manch., N-China.
– × **burkwoodii** Burkwood et Skipw. (*V. carlesii* × *V. utile*) · D:Burkwoods Schneeball; E:Dawn Viburnum; F:Viorne de Burkwood · ♄ d D Z6 III-IV ☠; cult.
– × **carlcephalum** Burkwood ex Pike (*V. carlesii* × *V. macrocephalum*) · E:Fragrant Snowball; F:Viorne · ♄ d D IV-V ☠; cult.
– **carlesii** Hemsl. · D:Koreanischer Schneeball; E:Sweet Viburnum; F:Viorne de Carles · ♄ d D Z5 IV-V ☠; Korea
– **cassinoides** L. · D:Birnblättriger Schneeball; E:Withe Rod · ♄ d Z5 VI-VII ☠; Can.: E; USA: NCE, NE, SE
– **cinnamomifolium** Rehder · ♄ e Z8 Ⓚ VI; W-China
– **corylifolium** Hook. f. et Thomson · ♄ d Z6 VI; E-Him., W-China, C-China
– **cotinifolium** D. Don · ♄ d Z6 V-VI Ⓝ; Him.
– **cylindricum** Buch.-Ham. ex D. Don · ♄ e Z6 VI-IX; Him., W-China
– **dasyanthum** Rehder · ♄ d Z6 VI; C-China
– **davidii** Franch. · D:Davids Schneeball; E:Evergreen Viburnum; F:Viorne de David · ♄ e Z7 ∧ VI ☠; W-China
– **dentatum**
  – var. **dentatum** L. · D:Gezähnter Schneeball; E:Arrowwood, Southern Arrow Wood · ♄ d Z4 VI-VII ☠; USA: NE, NCE, SC, SE, Fla.
  – var. **pubescens** Aiton Z2 ☠; E-USA
– **dilatatum** Thunb. · D:Breitdoldiger Schneeball; E:Linden Viburnum · ♄ d ♧ Z6 V-VI ☠; Jap.
– **erubescens** Wall.
  – var. **erubescens** · ♄ ♄ d D Z6 VI; Nepal, W-China
  – var. **gracilipes** Rehder · ♄ d Z6; C-China
– **farreri** Stearn · D:Duftender Schneeball; E:Fragrant Viburnum; F:Viorne odorante · ♄ d D Z6 XI-IV ☠; N-China
– **foetidum** Wall. · ♄ e Z9 Ⓚ; Him., Myanmar, W-China
– *fragrans* Bunge non Loisel. = Viburnum farreri
– × **globosum** Coombs (*V. davidii* × *V. lobophyllum*) · ♄ e Z7; cult.
– **grandiflorum** Wall. ex DC. · ♄ d Z7 I-III; Him.
– **harryanum** Rehder · ♄ e Z9 Ⓚ; W-China
– **henryi** Hemsl. · D:Henrys Schneeball; E:Henry's Viburnum · ♄ e Z8 ∧ VIII ☠; C-China
– *hessei* Koehne = Viburnum wrightii var. hessei
– × **hillieri** Stearn (*V. erubescens* × *V. henryi*) · ♄ e Z6; cult.
– **hupehense** Rehder · D:Hupeh-Schneeball · ♄ d Z6 V-VI ☠; C-China
– **ichangense** (Hemsl.) Rehder · ♄ d Z6 VI; W-China, C-China
– × **jackii** Rehder (*V. lentago* × *V. prunifolium*) · ♄ d Z5 V; cult.
– **japonicum** (Thunb.) Spreng. · D:Immergrüner Japanischer Schneeball; E:Japanese Viburnum · ♄ e D Z7 VI; Jap., Ryukyu-Is., Taiwan
– × **juddii** Rehder (*V. bitchiuense* × *V. carlesii*) · D:Judds Schneeball · ♄ d D Z6 IV-V ☠; cult.

– **lantana** L. · D:Wolliger Schneeball; E:Wayfaring Tree; F:Mansienne, Viorne lantane · ♄ d Z4 IV-VI ☠ Ⓝ; Eur.* exc. Sc; TR, Iran, Maroc., Alger., nat. in Sc
– **lantanoides** Michx. · ♄ Z3 V-VI; Can.: E; USA: NE, SE
– **lentago** L. · D:Kanadischer Schneeball; E:Sheepberry · ♄ ♄ d Z5 V-VI ☠; Can.: E, Sask.; USA: NE, NCE, NC, SE, Rocky Mts.
– **lobophyllum** Graebn. · D:Gelapptblättriger Schneeball · ♄ d ⚘ Z6 VI-VII ☠; W-China, C-China
– **macrocephalum** Fortune · D:Chinesischer Schneeball; E:Chinese Snowball · ♄ d Z7 V; China
– *macrophyllum* Blume = Viburnum japonicum
– *maculatum* Pant. = Viburnum lantana
– **molle** Michx. · ♄ d Z6 VI; USA: NE, NCE, Ark.
– **mongolicum** (Pall.) Rehder · ♄ d Z5 V; E-Sib., N-China
– **nudum** L. · D:Gelber Schneeball; E:Smooth Withe Rod · ♄ d ~ Z6 VI-VII; USA: NE, SE, Fla., SC
– **odoratissimum** Ker-Gawl. · D:Starkduftender Schneeball; E:Sweet Viburnum · ♄ e D Z9 Ⓚ V; Him.
– **opulus** L. · D:Gewöhnlicher Schneeball; E:European Cranberrybush, Guelder Rose; F:Viorne obier · ♄ d Z4 V-VI ⚕ ☠ Ⓝ; Eur.*, TR, Cauc., W-Sib., E-Sib., C-As.
  – var. *americanum* Aiton = Viburnum trilobum
– **orientale** Pall. · D:Orientalischer Schneeball · ♄ d Z6 VI; TR, W-Cauc.
– *oxycoccus* Pursh = Viburnum trilobum
– **phlebotrichum** Siebold et Zucc. · ♄ d Z6 V-VI; Jap.
– **plicatum** Thunb. · D:Japanischer Schneeball; E:Lace Cup Viburnum; F:Viorne de Chine · ♄ d Z5 ☠; China, Jap., Taiwan
  – fo. **tomentosum** (Thunb.) Rehder · F:Viorne de Chine · ♄ d; Jap., China
– × **pragense** Vik. (*V.* × *rhytidocarpum* × *V. utile*) · D:Prager Schneeball · ♄ e Z6 V; cult.
– **propinquum** Hemsl. · ♄ e Z7; C-China, W-China, Taiwan, Phil.
– **prunifolium** L. · D:Kirschblättriger Schneeball; E:Black Haw · ♄ ♄ d Z4 V-VI ⚕ ☠ Ⓝ; USA: NE, NCE, Kans., SC, SE, Fla.
– **rafinesquianum** Schult.
  – var. **affine** (Bush) House · ♄ d Z2 V-VI; Can.: Ont.; USA: NE, NCE, Ark.
  – var. **rafinesquianum** · D:Rafinesques Schneeball · ♄ d Z2; USA: NE, NCE
– × **rhytidocarpum** Lemoine (*V. buddleifolium* × *V. rhytidophyllum*) · ♄ s Z6 V-VI; cult.
– × **rhytidophylloides** J.V. Suringar (*V. lantana* × *V.* × *rhytidocarpum*) · ♄ Z5 V-VI; cult.
– **rhytidophyllum** Hemsl. · D:Runzelblättriger Schneeball; E:Leatherleaf Viburnum; F:Viorne à feuilles ridées · ♄ e Z6 V-VI ☠; W-China, C-China
– **rufidulum** Raf. · D:Rostiger Schneeball; E:Southern Black Haw · ♄ ♄ d Z5 V-VI; USA: NE, NCE, Kans., SC, SE, Fla.
– *sandankwa* Hassk. = Viburnum suspensum
– **sargentii** Koehne · D:Sargents Schneeball; E:Cramp Bark · ♄ d ⚘ Z4 V-VI; China, Manch., Korea, Jap., Sachal.
– **setigerum** Hance · D:Borstiger Schneeball; E:Tea Viburnum · ♄ d Z5 V-VI; W-China, C-China
– **sieboldii** Miq. · D:Stinkender Schneeball · ♄ d ⚘ Z4 V-VI; Jap.
– **suspensum** Lindl. · E:Sandankwa Viburnum · ♄ e D Z9 Ⓚ III-V; Jap., Ryukyu-Is., Taiwan
– **tinus** L. · D:Immergrüner Schneeball, Lorbeer-Schneeball; E:Laurustinus · ♄ e D Z7 V-VIII ☠; Eur.: Ib, Fr, Ap, Ba; TR, Syr., Palaest., NW-Afr., Libya, nat. in BrI
– *tomentosum* Thunb. non Lam. = Viburnum plicatum fo. tomentosum
  – var. *sterile* Dippel = Viburnum plicatum fo. tomentosum
– **trilobum** Marshall · D:Amerikanischer Schneeball; E:American Cranberrybush · ♄ d ~ ⚘ Z4 V-VI ☠ Ⓝ; Can., USA: NE, NCE, NC, Rocky Mts., Wash.
– **utile** Hemsl. · D:Nützlicher Schneeball · ♄ d Z7 V ☠; C-China
– **wrightii** Miq.
  – var. **hessei** (Koehne) Rehder · ♄ ♄ ⚘ Z5 V-VI; Jap.
  – var. **wrightii** · ♄ d ⚘ Z5 V-VI; Jap., Korea, Sachal.

Vicia L. -f- *Fabaceae (Leguminosae)* · 140 sp · D:Bohne, Wicke; E:Bean, Vetch; F:Fève, Vesce
– **angustifolia** L. · D:Schmalblättrige Wicke

· ⊙; Eur.*, TR, Levante, N-Afr., nat. in N-Am.
- **articulata** Hornem. · D:Einblütige Wicke; E:One-flower Vetch · ⊙ VI-VIII Ⓝ; Eur.: Ib, Ap, Ba; TR, Egypt, nat. in Fr, C-Eur., EC-Eur., RO
- **benghalensis** L. · D:Purpur-Wicke; E:Reddish Tufted Vetch · ⊙ Ⓝ; Eur.: Ib, Fr, Ap, GR; NW-Afr.
- **bithynica** (L.) L. · D:Bithynische Wicke · ⊙; Eur.: Ib, Fr, BrI, Ap, Ba, Krim; TR, Levante, Cauc., NW-Afr.
- **cassubica** L. · D:Kassuben-Wicke · ♃ VI-VII; Eur.* exc. BrI, Sc; TR, Lebanon, Cauc., N-Iran
- **cordata** Wulfen · D:Herzblättrige Wicke · ⊙ V-VII; S-Eur., TR, Levante, Egypt, Libya, Alger., Maroc.
- **cracca** L. · D:Vogel-Wicke; E:Tufted Vetch · ♃ Z5 VI-VII; Eur.*, TR, Cauc., W-Sib., E-Sib., Amur, C-As., nat. in N-Am.
- **dalmatica** A. Kern. · D:Dalmatiner Vogel-Wicke · ♃; Eur.: I, H, Ba, RO, Krim; TR, Levante, ? Iraq, Cauc., Iran
- *dasycarpa* Ten. = Vicia villosa subsp. varia
- **dumetorum** L. · D:Hecken-Wicke · ♃ VI-VIII; Eur.* exc. Ib, BrI
- **ervilia** (L.) Willd. · D:Linsen-Wicke, Stein-Linse; E:Bitter Vetch · ⊙ V-VI Ⓝ; Eur.: Ib, Fr, Ap, Ba; TR, Cyprus, Syr., Cauc., Iran, Maroc., Alger., nat. in C-Eur., EC-Eur.
- **faba** L.
  - var. **equina** Pers. · D:Pferde-Bohne; E:Field Bean, Horse Bean · ⊙ Ⓝ; cilt.
  - var. **faba** · D:Puff-Bohne, Sau-Bohne; E:Broad Bean · ⊙ V-VII Ⓝ; cult.
  - var. **minuta** (hort. ex Alef.) Mansf. · D:Acker-Bohne; E:Tickbean · ⊙ Ⓝ; cult.
- **grandiflora** Scop. · D:Großblütige Wicke · ⊙ V-VI; Eur.: Ap, A, EC-Eur., Ba, E-Eur.; TR, Cauc., Iran, Afgh., nat. in D
- **hirsuta** (L.) Gray · D:Rauhaarige Wicke, Zitter-Wicke; E:Hairy Tare · ⊙ VI-VII Ⓝ; Eur.*, TR, Cyprus, Syr., Iran, Cauc., W-Sib., E-Sib., Amur, C-As., Him., China, Jap., NW-Afr., Egypt, Eth., nat. in N-Am.
- **hybrida** L. · D:Bastard-Wicke · ⊙ V; Eur.: Ib, Fr, Ap, Ba, RO, Krim; TR, Levante, Iraq, Cauc., Iran, C-As.
- **incana** Gouan · D:Graue Wicke · ♃ VI-VII; Eur.: Ib, Fr, Ap, Ba, EC-Eur., C-Eur.; TR
- **johannis** Tamamsch. · D:Maus-Wicke · ⊙ V-VI; Eur.: Ib, Fr, Ap, Ba, H, RO, Krim; TR, Levante, Cauc., C-As., N-Afr., nat. in C-Eur., EC-Eur.
- **lathyroides** L. · D:Platterbsen-Wicke; E:Spring Vetch · ⊙ IV-VI; Eur.*, Levante, Cauc., ? N-Iran, Maroc., Alger.
- **lutea** L. · D:Gelbe Wicke; E:Yellow Vetch · ⊙ VI-VII; Eur.: Ib, Fr, EC-Eur., Ap, Ba, E-Eur.; TR, Cauc., N-Afr., N-Iran, nat. in D
- **melanops** Sm. · D:Grünblütige Wicke · ⊙; Eur.: F, Ap, Ba; TR, nat. in EC-Eur.
- *monanthos* (L.) Desf. = Vicia articulata
- *narbonensis* L. = Vicia johannis
- **onobrychioides** L. · D:Esparsetten-Wicke · ♃ Z7 V-VII; Eur.: Fr, Ap, CH, Ba; NW-Afr.
- **oreophila** Chrtková · ♃; Eur.: EC-Eur. +
- **oroboides** Wulfen · D:Walderbsen-Wicke · ♃ Z5 V-VII; Eur.: I, A, H, Slove., Croatia, Bosn.
- **orobus** DC. · D:Heide-Wicke · ♃ Z6 VII-VIII; Eur.: Sc, BrI, Fr, C-Eur., Ib
- **pannonica** Crantz · D:Ungarische Wicke; E:Hungarian Vetch · ⊙ V-VI Ⓝ; Eur.* exc. BrI, Sc; TR, Cyprus, Cauc., Iran
- **parviflora** Cav. · D:Zierliche Wicke · ⊙ VI-VII; Eur.: Ib, Fr, BrI, CH, Ap, Ba, RO, Krim; TR, Levante, N-Afr.
- **peregrina** L. · D:Fremde Wicke; E:Broad-pod Vetch · ⊙ IV-VI; Eur.: Ib, Fr, Ap, Ba, E-Eur.; TR, Levante, Cauc., Iran, C-As., Him., Maroc., Libya, Egypt, nat. in Ch, H
- **pisiformis** L. · D:Erbsen-Wicke; E:Pale-flower Vetch · ♃ VI-VIII; Eur.* exc. Ib, BrI; Cauc.
- **pliniana** (Trab.) Muratova · ⊙ Ⓝ; Maroc., Alger.
- **pyrenaica** Pourr. · ♃ △ Z7 ∧ V-VI; Eur.: Sp., F; mts.
- **sativa** L. · D:Futter-Wicke, Saat-Wicke; E:Common Vetch · ⊙ V-VII; orig. ?, cult.
  - subsp. *angustifolia* (L.) Asch. et Graebn. = Vicia angustifolia
  - subsp. *nigra* (L.) Ehrh. = Vicia angustifolia
- **sepium** L. · D:Zaun-Wicke; E:Bush Vetch · ♃ Z6 V-VIII; Eur.*, Cauc., W-Sib., E-Sib., C-As., Mong., Kashmir, nat. in Can.: E, USA: NE
- **serratifolia** Jacq. · D:Gezähnte Wicke · ⊙ V-VI; S-Eur. , TR, Levante, Cauc., N-Afr.
- **sylvatica** L. · D:Wald-Wicke · ♃ VI-VIII; Eur.*
- **tenuifolia** Roth · D:Feinblättrige Vogel-Wicke · ♃ Z6 VI-VIII; Eur.* exc. BrI; TR,

Levante, Iraq, Cauc., Iran, W-Sib., E-Sib., C-As., nat. in BrI
– **tetrasperma** (L.) Schreb. · D:Viersamige Wicke; E:Lentil Vetch, Smooth Tare · ⊙ VI-VII; Eur.*, TR, Palaest., Cauc., W-Sib., E-Sib., C-As., N-Afr.
– **unijuga** A. Braun · D:Zweiblättrige Wicke; E:Two-leaf Vetch · ♃ Z7 V-VI; Sib.
– **villosa** Roth
– subsp. **varia** (Host) Corb. · D:Bunte Wicke; E:Woolypod Vetch · VI-VIII; S-Eur.; TR, Levante, N-Afr.
– subsp. **villosa** · D:Kahle Wicke, Zottel-Wicke; E:Fodder Vetch · ⊙ VI-VII Ⓝ; Eur.* exc. BrI, Sc; TR, Levante, Iraq, Cauc., Iran, C-As., N-Afr., nat. in BrI, Sc, N-Am.

Victoria Lindl. -f- *Nymphaeaceae* · 2 sp · D:Riesenseerose, Victoria; E:Giant Water Lily; F:Victoria
– **amazonica** (Poepp.) Sowerby · D:Amazonas-Riesenseerose; E:Giant Waterlily · ♃ ≈ Z10 Ⓦ VII-X; Amazon., Guyan.
– **cruziana** Orb. · D:Santa-Cruz-Riesenseelilie; E:Santa Cruz Water Lily · ♃ ≈ Z10 Ⓦ VII-X; Bras: Parana; Parag., N-Arg.
– *regia* Lindl. = Victoria amazonica
– *trickeri* Tricker = Victoria cruziana

Vigna Savi -f- *Fabaceae (Leguminosae)* · 150 sp · D:Kuhbohne, Spargelbohne; E:Mug Bean; F:Dolique, Fleur-escargot
– **aconitifolia** (Jacq.) Maréchal · D:Mattenbohne; E:Mat Bean, Moth Bean · ⊙ ⇝ Z10 Ⓝ; Arab., Ind.
– **angularis** (Willd.) Ohwi et Ohashi · D:Adzukibohne; E:Adzuki Bean · ⊙ Z10 Ⓝ; ? E-As.
– **caracalla** (L.) Verdc. · D:Schneckenbohne; E:Snail Flower, Snail Vine · ♃ ≷ D Z10 Ⓦ VII-IX Ⓝ; W.Ind., S-Am.
– *catjang* (Burm. f.) Walp. = Vigna unguiculata subsp. cylindrica
– *cylindrica* (L.) Skeels = Vigna unguiculata subsp. cylindrica
– **hosei** (Craib) Backer · Ⓦ Ⓝ; Kalimantan (Sarawak), nat. in SE-As., Austr.: Queensl.
– **mungo** (L.) Hepper · D:Urdbohne; E:Black Gram · ⊙ ⇝ Ⓝ; Ind. (Maharashtra); cult. Ind.
– **radiata** (L.) R. Wilczek
– var. **radiata** · D:Jerusalembohne, Mungbohne; E:Mungbean · ⊙ Ⓝ; Jap.
– var. **sublobata** (Roxb.) Verdc. · ⊙; E-Afr., Madag., Ind., Sri Lanka, SE-As., Malay. Arch., Austr.: Queensl.
– *sesquipedalis* (L.) Fruwirth = Vigna unguiculata subsp. sesquipedalis
– *sinensis* (L.) Savi ex Hassk. = Vigna unguiculata subsp. unguiculata
– **subterranea** (L.) Verdc. · D:Bambaraerdnuss; E:Groundbean · ⊙ Ⓚ Ⓝ; Cameroun, N-Nigeria
– **trilobata** (L.) Verdc. · ⊙ ♃ Ⓝ; Afgh., Him., Ind., Sri Lanka, Myanmar, Malay. Arch., Eth.
– **umbellata** (Thunb.) Ohwi et Ohashi · D:Reisbohne; E:Rice Bean · ⊙ Ⓝ; Ind., China, SE-As.
– **unguiculata** (L.) Walp.
– subsp. **cylindrica** (L.) Van Eselt. · D:Katjangbohne; E:Catjang Bean · ⊙ ≷ ⇝ Z10 Ⓝ; ? trop. Afr., ? Ind.
– subsp. **sesquipedalis** (L.) Verdc. · D:Spargelbohne; E:Yardlong Bean · ⊙ ≷ ⇝ Z10 Ⓝ; cult.
– subsp. **unguiculata** · D:Augenbohne; E:Asparagus Bean, Cow Pea · ⊙ ≷ ⇝ Z10; trop. Afr.
– **vexillata** (L.) Rich. · ♃ Ⓦ Ⓝ; trop. As., Afr., Austr.

Villadia Rose -f- *Crassulaceae* · 25-30 sp
– **guatemalensis** Rose · ♃ ♆ Z8 Ⓚ; Guat.
– **imbricata** Rose · ♃ ♆ Z8 Ⓚ; Mex.

Villarsia Vent. -f- *Menyanthaceae* · 16 sp · D:Villarsie; F:Villarsia
– **exaltata** (Sims) F. Muell. · ♃ ~ Z10 Ⓚ VII; Austr., Tasman.
– **ovata** (L. f.) Vent. · ♃ ~ Z10 Ⓚ VI; Kap
– **parnassiifolia** R. Br. · ♃ ~ Z10 Ⓚ VIII; Austr., Tasman.
– *reniformis* R. Br. = Villarsia exaltata

Vinca L. -f- *Apocynaceae* · 6 sp · D:Immergrün; E:Periwinkle; F:Pervenche
– *acutiflora* Bertol. = Vinca difformis
– **difformis** Pourr. · ♄ e Z9 Ⓚ ☠; Eur.: Ib, Fr, I, Azor.; N-Afr.
– **herbacea** Waldst. et Kit. · D:Krautiges Immergrün; E:Periwinkle · ♃ ⇝ Z5 V-VI ☠; Eur.: A, EC-Eur., Ba, E-Eur.; TR, Syr., Palaest., N-Iraq, Cauc., Iran
– **major** L. · D:Großes Immergrün; E:Greater Periwinkle; F:Grande pervenche · ♄ e Z7 Ⓚ ∧ IV-V ≹ ☠; Eur.: Sp., F, I, Sic.,

Croatia; TR, Cyprus, Syr., Cauc., nat. in BrI, C-Eur., EC-Eur.
- **minor** L. · D:Kleines Immergrün; E:Smaller Periwinkle; F:Petite pervenche · ♃ ♄ e ⤳ Z6 IV-V ⚕ ☠; Eur.* exc. BrI, Sc; W-TR, Levante, Cauc. Iran, nat. in BrI, Sc
  - **in Sorten**
- *rosea* L. = Catharanthus roseus

Vincetoxicum Wolf -n- *Asclepiadaceae* · 15 sp · D:Schwalbenwurz; E:Swallowwort; F:Dompte-venin
- **hirundinaria** Medik. · D:Weiße Schwalbenwurz; E:White Swallowwort · ♃ V-VII ⚕ ☠; Eur.* exc. BrI; TR, Cauc., Maroc., Alger.
- **nigrum** (L.) Moench · D:Schwarze Schwalbenwurz; E:Black Swallowroot · ♃ ≹ Z7 ☠; Eur.: Ib, F, I, nat. in NL
- *officinale* Moench = Vincetoxicum hirundinaria
- **rossicum** (Kleopow) Barbar. · ♃ ≹ ☠; Eur.: Russ.

Viola L. -f- *Violaceae* · 400-500 sp · D:Stiefmütterchen, Veilchen; E:Pansy, Violet; F:Pensée, Violette
- **adunca** Sm. · D:Sporn-Veilchen; E:Hook Spur Violet, Western Blue Violet · ♃; Alaska, USA* exc. SE, Fla, SC; Greenl.
  - var. *minor* (Hook.) Fernald = Viola labradorica
- **alba** Besser · D:Weißes Veilchen; E:Parma Violet · ♃ Z6 III-V; Eur.* exc. BrI; TR, Cauc., ? Iran, NW-Afr.
- **alpina** Jacq. · D:Alpen-Stiefmütterchen · ♃ △ Z7 VI-VII; Eur.: A, Slova., RO; NE-Alp., Carp.
- **altaica** Ker-Gawl. · ♃ V-VII; Altai, Sib.
- **ambigua** Waldst. et Kit. · D:Pontisches Veilchen, Steppen-Veilchen · ♃ IV-V; Eur.: A, EC-Eur., Ba, E-Eur., D; TR, Cauc.
- **arborescens** L. · ♄ Z9 ⓚ; Eur.: Ib, F, Sard.; NW-Afr.
- **arvensis** Murray · D:Acker-Stiefmütterchen; E:European Field Pansy · ⊙ V-X; Eur.*, TR, Cauc., W-Sib., E-Sib., nat. in N-Am.
- × **bavarica** Schrank (*V. reichenbachiana* × *V. riviniana*) · D:Bastard-Wald-Veilchen · ♃; Eur. +
- **bertolonii** Pio · ♃ △ Z7 ∧ V-VI; Eur.: F, I, Sic.
- **biflora** L. · D:Zweiblütiges Veilchen; E:Yellow Wood Violet · ♃ △ ⏜ V-VII; Eur.* exc. BrI; N, mts; Cauc., Him., W-Sib., E-Sib., Amur, Sachal., Kamchat., C-As., Mong., China, Jap., Alaska, Can.: W; USA: Rocky Mts., NW
- *bosniaca* Forman = Viola elegantula
- **calaminaria** (Ging.) Lej. · D:Galmei-Stiefmütterchen · ♃ VI-VIII ▽; Eur.: NL, B, D
- **calcarata** L.
  - subsp. **calcarata** · D:Langsporniges Stiefmütterchen; E:Spurred Violet · ♃ △ Z5 VI-VII ▽; Eur.: F, I, C-Eur., Ba
  - subsp. **zoysii** (Wulfen) Merxm. · D:Karawanken-Stiefmütterchen · ♃ Z5 V-VI ▽; Eur.: Slove., Bosn., Montenegro, AL, Maced.
- **canadensis** L.
  - var. **rugulosa** (Greene) C.L. Hitchc. · ♃; Can., USA* exc. NE, SC, Calif., Fla
- **canina** L.
  - subsp. **canina** · D:Gewöhnliches Hunds-Veilchen; E:Dog Violet · ♃ Z6 V-VI; Eur.*, TR, Cauc., C-As., W-Sib., Canar., Greenl.
  - subsp. **montana** (L.) Hartm. · D:Berg-Veilchen · ♃ Z6 V-VI; Eur.: CH, D, Sc, A +; Sib.
  - subsp. **schultzii** (Billot) Kirschl. · D:Schultzes Hunds-Veilchen · ♃ Z6 V-VI; Eur.: C-Eur, N-I, S-RO
- **cenisia** L. · D:Mont Cenis-Stiefmütterchen · ♃ Z6 VII; Eur.: F, I, CH; Alp.
- **collina** Besser · D:Hügel-Veilchen · ♃ IV-V; Eur.* exc. BrI; Cauc., W-Sib., E-Sib., Amur, Sachal., C-As., Manch.
- **cornuta** L. · D:Gehörntes Veilchen, Horn-Veilchen, Pyrenäen-Stiefmütterchen; E:Horned Pansy; F:Violette cornue · ♃ △ Z7 VI-VIII; Eur.: Sp., F; Pyr., Cordillera Cantábrica, nat. in BrI, C-Eur., I, RO
  - **in vielen Sorten**
- **cucullata** Aiton · D:Amerikanisches Veilchen; E:Marsh Blue Violet · ♃ ⤳ V-VI; Can.: E; USA: NE, NCE, NC, Tenn., Ark.
- *cyanea* Beck = Viola suavis
- **dissecta** Ledeb.
  - var. **chaerophylloides** (Regel) Makino · ♃ D IV; Jap.
    - **'Eizanensis'**
  - var. **dissecta** · E:Dissected Viola · ♃; W-Sib., E-Sib., Amur, C-As., Mong., China: Sinkiang, Manch.; Korea, Jap.
- *eizanensis* (Makino) Makino = Viola

dissecta var. chaerophylloides 'Eizanensis'
- **elatior** Fr. · D:Hohes Veilchen · ♃ Z5 V-VII; Eur.* exc. BrI, Ib; Cauc., W-Sib., C-As.
- **elegantula** Schott · ♃ △ Z6 VII-VIII; Eur.: Croatia, Bosn., Montenegro, AL; mts.
- **epipsila** Ledeb. · D:Torf-Veilchen · ♃ ~ Z5 V-VI; Eur.: Sc, D, EC-Eur., E-Eur.; W-Sib.
- **eugeniae** Parl. · ♃; I; Apenn.
- × **florariensis** Correvon (*V. cornuta* × *V. tricolor subsp. tricolor*) · ♃ △ VI-VIII; cult.
- **gracilis** Sibth. et Sm. · ♃ V-VIII; Eur.: Ba; mts.
- **guestphalica** Nauenb. · D:Westfälisches Galmei-Stiefmütterchen · ♃ V-X ▽; Eur.: D
- **hederacea** Labill. · D:Australisches Veilchen; E:Australian Violet · ♃ ⧙ ⇝ Ⓦ Ⓚ IV-XI; Austr.: Queensl., N.S.Wales, Victoria, S-Austr., Tasman.
- **hirta** L. · D:Rauhaariges Veilchen; E:Hairy Violet · ♃ IV-V; Eur.*, Cauc., W-Sib., E-Sib., C-As.
- **hymettia** Boiss. et Heldr. · ⊙; Eur.: P, Fr, Ap, Ba
- **jooi** Janka · ♃ △ D Z5 IV-V; C-RO
- **kitaibeliana** Schult. · D:Kleines Stiefmütterchen · ⊙ IV-VII; Eur.* exc. Sc; TR, Cyprus, Syr., Cauc.
- **labradorica** Schrank · E:Labrador Violet · ♃ Z2 IV-V; Alaska, Can.; USA: NE, NCE, NC, Rocky Mts., Calif., NW; Greenl.
- **lactea** Sm. · D:Milch-Veilchen · ♃ Z7; Eur.: BrI, F, Ib
- **lanceolata** L. · ♃; Can.: E; USA: NE, NCE, SE, Fla., SC
- **lutea** Huds. · D:Gelbes Stiefmütterchen; E:Mountain Pansy · ♃ Z5 VI-VIII; Eur.: Ib, Fr, BrI, C-Eur., EC-Eur.; mts.
- **mirabilis** L. · D:Wunder-Veilchen; E:Wonder Violet · ♃ Z5 IV-V; Eur.* exc. BrI, Sc; Cauc., W-Sib., E-Sib., Amur, C-As., Mong., Manch., Jap.
- *obliqua* Hill = Viola cucullata
- **odorata** L. · D:März-Veilchen, Wohlriechendes Veilchen; E:Sweet Violet, Violet · ♃ ⋈ D Z6 III-IV ⚕ Ⓝ; Eur.*, TR, Cyprus, Syr., N-Iraq, Cauc., N-Iran, NW-Afr., Canar.
  - **in Sorten**
- **palmata** L. · ♃ Z4 IV-V; Ont., USA: NE, NCE, SE, Fla.
- **palustris** L. · D:Sumpf-Veilchen; E:Marsh Violet · ♃ ~ V-VI; Eur.*, As., N-Am.
- *papilionacea* Pursh = Viola sororia
- **pedata** L. · ♃ Z6; USA: NE, NEC, SC, SE, Fla.
- **persicifolia** Schreb. · D:Gräben-Veilchen · ♃ ~ Z5 VI-VII; Eur.*, W-Sib., E-Sib.
- **pinnata** L. · D:Fiederblättriges Veilchen; E:Pinnate Violet · ♃ △ D Z5 VI; Eur.: F, I, CH, A, Slove.; Alp.
- *pontica* W. Becker = Viola suavis
- **pumila** Chaix · D:Niedriges Veilchen · ♃ Z5 V-VI; Eur.* exc. BrI, Ib; W-Sib., E-Sib., C-As., China: Sinkiang
- **pyrenaica** Ramond ex DC. · D:Pyrenäen-Veilchen · ♃ IV-V; Eur.: Sp., Fr, I, C-Eur., Ba; Pyr., Alp., Jura, Apenn., Balkan; Cauc., Maroc.
- **reichenbachiana** Jord. ex Boreau · D:Wald-Veilchen; E:Early Dog Violet, Woodland Violet · ♃ Z6 III-VI; Eur.*, TR, Cauc., Kashmir, Maroc.
- *rhodopaea* hort. = Viola stojanowii
- *rhodopeia* W. Becker = Viola stojanowii
- **riviniana** Rchb. · D:Hain-Veilchen; E:Wood Violet · ♃ Z5 IV-VI; Eur.*, Alger., Madeira
- *rugulosa* Greene = Viola canadensis var. rugulosa
- **rupestris** F.W. Schmidt · D:Sand-Veilchen; E:Teesdale Violet · ♃ ⇝ △ V; Eur.*, Cauc., NE-TR, W-Sib., E-Sib., Amur, Sachal., C-As.
- × **scabra** DC. (*V. hirta* × *V. odorata*) · ♃
- *sepincola* Jord. = Viola suavis
- *silvatica* Fr. ex Hartm. = Viola reichenbachiana
- **sororia** Willd. · D:Pfingst-Veilchen; E:Confederate Violet, Woolly Blue Violet · ♃ Z4 IV-V; Can.: E; USA: NE, NCE, NC, Okla., SE
- **stojanowii** W. Becker · ♃ △ Z6 V-VII; NE-GR, S-BG
- **suavis** M. Bieb. · D:Blaues Veilchen, Kornblumen-Veilchen; E:Downy Blue Violet · ♃ ⋈ Z5 III; Eur.* exc. BrI, Sc; Cauc., C-As.
- *sylvestris* Lam. = Viola reichenbachiana
- **thomasiana** Perr. et Songeon · D:Schweizer Veilchen · ♃ IV-VI; Eur.: F, I, CH, A; Alp.
- **tricolor** L. · D:Wildes Stiefmütterchen; E:Heartsease, Wild Pansy · ⊙ ♃ Z4 IV-VIII ⚕; Eur.*, W-Sib.
- **uliginosa** Besser · D:Moor-Veilchen · ♃ ~ D Z4 III-V; Eur.: Sc, D, PL, E-Eur.,

Slove.
– *variegata* Vuk. = Viola tricolor
– × **wittrockiana** Gams ex Kappert (*V. altaica* × *V. lutea* × *V. tricolor subsp. tricolor*) · D:Garten-Stiefmütterchen; E:Garden Pansy, Pansy · ⊙ IV-X; cult.
  – **in vielen Sorten**
– *zoysii* Wulfen = Viola calcarata subsp. zoysii
– **Cultivars**
  – **in vielen Sorten (siehe Kapitel III)**

Virgilia Poir. -f- *Fabaceae (Leguminosae)* · 2 sp
– *capensis* (L.) Poir. = Virgilia oroboides
– *lutea* F. Michx. = Cladrastis lutea
– **oroboides** (Bergius) Salter · ħ ŧ Z9 Ⓚ VII; S-Afr.

Virola Aubl. -f- *Myristicaceae* · 45 sp
– **surinamensis** Warb. · D:Baboen; E:Ukahuba Nut · ŧ Ⓦ Ⓝ; ne S-Am., Guyana, Venez.

Viscaria (DC.) Röhl. = Silene
– *alpina* (L.) G. Don = Silene suecica
– *atropurpurea* Griseb. = Silene atropurpurea
– *oculata* Lindl. = Silene coeli-rosa
– *sartorii* Boiss. = Silene atropurpurea
– *viscosa* Asch. = Silene viscaria
– *vulgaris* Bernh. = Silene viscaria

Viscum L. -n- *Viscaceae* · 65-70 sp · D:Mistel; E:Mistletoe; F:Gui
– **album** L.
  – subsp. **abietis** (Wiesb.) Janch. · D:Tannen-Mistel · ħ e Z5 III-V ☠ Ⓝ; Eur.: Sp., Corse, Fr, C-Eur., EC-Eur., Ba, E-Eur.; TR, Cauc.
  – subsp. **album** · D:Laubholz-Mistel; E:Mistletoe · ħ e ♧ Z5 II-IV ⚕ ☠; Eur.*, TR, Cauc., N-Iran, Him., Amur, China, Korea, Jap., Myanmar, Vietn., Alger.
  – subsp. **austriacum** (Wiesb.) Vollm. · D:Kiefern-Mistel · ħ e Z5 III-V ☠; Eur.: Sp., F, Ap, C-Eur., EC-Eur., Ba, EC-Eur.; TR, Maroc.

Visnea L. f. -f- *Theaceae* · 1 sp · D:Mocanbaum; F:Visnéa
– **mocanera** L. f. · ħ ŧ e D Z8 Ⓚ III; Canar., Madeira

Vitaliana Sesl. -f- *Primulaceae* · 1 sp · D:Goldprimel; F:Androsace, Grégoria
– **primuliflora** Bertol.
  – subsp. **cinerea** Sünd. · ♃ △ Z5 IV-V; Eur.: Sp., F, I; mts.
  – subsp. **praetutiana** (Buser ex Sünd.) I.K. Ferguson · ♃ △ Z5 IV-V; Eur.: I; mts.
  – subsp. **primuliflora** · D:Goldprimel · ♃ Z5 VI-VII; Eur.: I; mts.

Vitellaria C.F. Gaertn. -f- *Sapotaceae* · 1 sp · D:Schibutterbaum; E:Shea Butter Tree; F:Vitellaire
– **paradoxa** C.F. Gaertn. · D:Schibutterbaum; E:Shea Butter Tree · ŧ Z10 Ⓦ Ⓝ; trop. Afr.

Vitex L. -f- *Verbenaceae* · c. 250 sp · D:Keuschbaum, Mönchspfeffer; E:Chastetree; F:Gattilier, Poivre sauvage
– **agnus-castus** L. · D:Mönchspfeffer; E:Chaste Tree · ħ ŧ d Z7 Ⓐ ∧ IX-X ⚕; Eur.: Ib, Fr, Ap, Ba, Krim; TR, Cauc., Iran, C-As., NW-Afr.
– *cienkowskii* Kotschy ex Peyr. = Vitex doniana
– *cuneata* Schumach. et Thonn. = Vitex doniana
– **doniana** Sweet · ŧ d Z10 Ⓦ Ⓝ; trop. Afr.
– *incisa* Lam. = Vitex negundo var. heterophylla
– **negundo** L.
  – var. *cannabinifolia* hort. = Vitex negundo var. heterophylla
  – var. **heterophylla** (Franch.) Rehder · ħ d Z8 Ⓚ VII-VIII; Mong., N-China, C-China
  – var. *incisa* (Lam.) C.B. Clarke = Vitex negundo var. heterophylla
  – var. **negundo** · D:Chinesischer Mönchspfeffer; E:Chinese Chaste Tree · ħ ŧ d Z8 Ⓚ VII-VIII ⚕; E-Afr., Madag., Ind., Sri Lanka, Afgh., China, SE-As., Phil.

Vitis L. -f- *Vitaceae* · 60-70 sp · D:Rebe, Weinrebe, Weintraube; E:Grape Vine; F:Vigne
– **aestivalis** Michx. · D:Sommer-Rebe; E:Summer Grape · ħ d ⌇ ♧ Z6 VI Ⓝ; USA: NE, NCE, NC, SC, SE
– **amurensis** Rupr. · D:Amur-Rebe; E:Amur Grape · ħ d ⌇ Z5 VI Ⓝ; Amur, N-China, Manch., Korea, Jap.
– *armata* Diels et Gilg = Vitis davidii
– **berlandieri** Planch. · E:Winter Grape · ħ d

⌇ ♧ Z7 VI Ⓝ; USA: N.Mex., Tex.
- **cinerea** Engelm. · E:Downy Grape · d ⌇ Z5 VI; N-Am.
- **coignetiae** Pulliat ex Planch. · D:Rostrote Rebe; E:Crimson Glory Vine · ♄ d ⌇ Z6 V-VII; Jap., Korea, Sachal.
- **davidii** (Carrière) Foex · D:Davids Rebe · ♄ d ⌇ Z7 VI-VII; China
- *dissecta* Carrière = Ampelopsis aconitifolia
- *elegans* K. Koch = Ampelopsis brevipedunculata var. maximowiczii 'Elegans'
- **flexuosa** Thunb. · E:Creeping Grape · ♄ d ⌇ Z6 VI; China, Korea, Jap.
- *gongylodes* Burch. ex Baker = Cissus gongylodes
- *heterophylla* Thunb. = Ampelopsis brevipedunculata var. maximowiczii
  - var. *maximowiczii* Regel = Ampelopsis brevipedunculata var. maximowiczii
- *japonica* Thunb. = Cayratia japonica
- *labrusca* auct. non L. = Vitis coignetiae
- **labrusca** L. · D:Fuchs-Rebe · ♄ d ⌇ ♧ Z5 VI Ⓝ; USA: NE, SE
- *orientalis* (Lam.) Boiss. = Ampelopsis orientalis
- **palmata** Vahl · D:Katzen-Rebe · ♄ d ⌇ Z5 VII-VIII; USA: NCE, SC, SE
- *pterophora* Baker = Cissus gongylodes
- *quinquefolia* (L.) Lam. = Parthenocissus quinquefolia var. quinquefolia
- **riparia** Michx. · D:Ufer-Rebe; E:Riverbank Grape · ♄ d ⌇ D Z4 VI Ⓝ; Can.: E; USA: NE, NCE, NC, Rocky Mts., SW, SC, SE
- **romanetii** Rom. Caill. ex Foëx · d ⌇ Z6; China
- **rotundifolia** Michx. · D:Muscadiner-Rebe; E:Muscadine Grape · ♄ d ⌇ ♧ Z5 VI Ⓝ; USA: NE, NCE, SE, Fla., SC; Mex.
- **rupestris** Scheele · D:Sand-Rebe; E:Bush Grape, Sand Grape · ♄ d ⌇ Z6 VI Ⓝ; USA: NE, NCE, SC, SE
- *sylvestris* C.C. Gmel. = Vitis vinifera subsp. sylvestris
- **thunbergii** Siebold et Zucc. · D:Thunbergs Weinrebe · ♄ d ⌇ Z6 VI-VII; Jap., China, Korea, Taiwan
- *veitchii* Lynch = Parthenocissus tricuspidata 'Veitchii'
- **vinifera** L.
  - **in vielen Sorten**
  - subsp. **caucasica** Vavilov · ♄ d ⌇ Z7 VI-VII; C-As.
  - subsp. **sylvestris** (C.C. Gmel.) Hegi · D:Wilde Weinrebe · ♄ d ⌇ Z7 VI-VII ▽; Eur.: Ap, Ba, EC-Eur., E-Eur.; TR, Cauc., N-Iran, C-As.
  - subsp. **vinifera** · D:Echter Weinstock, Weinrebe, Weintraube; E:Common Grape Vine, Grape, Vine · d ⌇ Z7 VI-VII ⚕; cult., nat. in Eur.
- *voinieriana* Baltet = Tetrastigma voinierianum
- **vulpina** L. · D:Winter-Rebe; E:Frost Grape · ♄ d ⌇ ♧ Z6 VI-VII Ⓝ; USA: NE, NCE, Kans., SC, SE, Fla.
- *vulpina* Leconte = Vitis riparia

Vittadinia A. Rich. -f- *Asteraceae (Compositae)* · 29 sp
- **australis** A. Rich. · ♄ Z9 Ⓚ VII-IX; Austr., Tasman., NZ
- *triloba* hort. non DC. = Erigeron karvinskianus

Vittaria Sm. -f- *Vittariaceae* · 50-80 sp · D:Bandfarn; F:Fougère rubannée
- **lineata** (L.) J. Sm. · D:Appalachen Bandfarn; E:Appalachian Shoestring Fern · ♃ Z10 Ⓦ; USA: Ga., Fla.; Mex., W.Ind., C-Am., S-Am.

Voandzeia Thouars = Vigna
- *subterranea* (L.) Thouars ex DC. = Vigna subterranea

Volkameria L. = Clerodendrum
- *fragrans* Vent. = Clerodendrum philippinum

Vriesea Lindl. -f- *Bromeliaceae* · 260-280 sp
- **atra** Mez · ♃ Z10 Ⓦ; Bras.
- **barilletii** E. Morren · ♃ Z10 Ⓦ; Bras.
- **bituminosa** Wawra · ♃ Z10 Ⓦ; Bras.
- *blokii* (Hemsl.) Mez = Vriesea regina
- **carinata** Wawra · ♃ Z10 Ⓦ; SE-Bras.
- **cereicola** (Mez) L.B. Sm. · ♃ Z10 Ⓦ; N-Peru
- **chrysostachys** E. Morren · ♃ Z10 Ⓦ; Col., Peru, Trinidad
- **conferta** Gaudich. · ♃ Z10 Ⓦ; Bras.
- **corcovadensis** (Britten) Mez · ♃ Z10 Ⓦ; Bras.
- **ensiformis** (Vell.) Beer · ♃ Z10 Ⓦ; Bras.
- **erythrodactylon** (E. Morren) E. Morren ex Mez · ♃ Z10 Ⓦ; Bras.
- **espinosae** (L.B. Sm.) Gilmartin · ♃ Z10 Ⓦ; S-Ecuad., N-Peru
- **fenestralis** Linden et André · ♃ Z10 Ⓦ;

Bras.
- **flammea** L.B. Sm. · ♃ Z10 (W); Bras.
- **fosteriana** L.B. Sm. · ♃ Z10 (W); Bras.
- **friburgensis** Mez · ♃ Z10 (W); Bras., Arg.
- **gigantea** Gaudich. · ♃ Z10 (W); Bras.
- *glaziouana* Carrière = Vriesea imperialis
- **guttata** Linden et André · ♃ Z10 (W); Bras.
- **heliconioides** (Humb., Bonpl. et Kunth) Hook. ex Walp. · ♃ Z10 (W); C-Am., trop. S-Am.
- **hieroglyphica** (Carrière) E. Morren · E:King of Bromeliads · ♃ Z10 (W); Bras.
- **imperialis** E. Morren ex Baker · ♃ Z10 (W); Bras.
- **incurvata** Gaudich.
  - var. **incurvata** · ♃ Z10 (W); Bras.
  - var. **inflata** (Wawra) Mez · ♃ Z10 (W); Bras.
- *inflata* Wawra = Vriesea incurvata var. inflata
- **jonghii** (Libon ex K. Koch) E. Morren · ♃ Z10 (W); Bras.
- *longibracteata* Baker = Vriesea splendens var. longibracteata
- **malzinei** E. Morren · ♃ Z10 (W); Mex.
- *musaica* (Linden et André) Cogn. et Marchal = Guzmania musaica
- **olmosana** L.B. Sm. · ♃ Z10 (W) IV; N-Peru
- **pardalina** Mez · ♃ Z10 (W); Bras.
- **platynema** Gaudich. · ♃ Z10 (W); Bras.
- **platzmannii** E. Morren · ♃ Z10 (W); Bras.
- **psittacina** (Hook.) Lindl. · ♃ Z10 (W); Bras., Parag.
- **racinae** L.B. Sm. · ♃ Z10 (W); Bras.
- **regina** (Vell.) Beer · ♃ Z10 (W); Bras.
- **rodigasiana** E. Morren · ♃ Z10 (W); Bras.
- *rostrum-aquilae* Mez = Vriesea incurvata var. incurvata
- **saundersii** (Carrière) E. Morren ex Mez · ♃ Z10 (W); Bras.
- **scalaris** E. Morren · ♃ Z10 (W); Bras.
- **sceptrum** Mez · ♃ Z10 (W); Bras.
- **simplex** (Vell.) Beer · ♃ Z10 (W); Col., Bras., Trinidad
- **splendens** (Brongn.) Lem.
  - var. **longibracteata** (Baker) L.B. Sm. · ♃ Z10 (W); N-Venez., Trinidad, Tobago, Guyana
  - var. **splendens** · D:Flammendes Schwert; E:Flaming Sword · ♃ Z10 (W); Venez., Surinam
- *tesselata* (Linden et André) E. Morren = Vriesea gigantea
- **viridiflora** (Regel) Wittm. · ♃ Z10 (W); Costa Rica
- **zamorensis** (L.B. Sm.) L.B. Sm. · ♃ Z10 (W); Ecuad.

Vulpia C.C. Gmel. -f- *Poaceae (Gramineae)* · 22 sp · D:Federschwingel, Fuchsschwingel; E:Fescue; F:Queue-de-renard, Vulpin
- **bromoides** (L.) Gray · D:Trespen-Federschwingel · ⊙ VI-VIII; Eur.*, TR, Syr., Cauc. N-Afr., Macaron., nat. in Afr., N-As., S-Am., Austr., NZ
- **ciliata** Dumort. · D:Behaarter Federschwingel · ⊙ IV-VI; Eur.: Ib, Fr, BrI, Ap, Ba, RO, Krim; TR, Syr., Lebanon, Israel, Cauc., Iran, Afgh., Pakist., Him., C-As., N-Afr.
- **ligustica** (All.) Link · ⊙; Eur.: Fr, Ap, Ba; TR, NW-Afr.
- **myuros** (L.) C.C. Gmel. · D:Mäuseschwanz-Federschwingel; E:Rat's Tail Fescue · ⊙ VI-X; Eur.*, TR, Levante, Palaest., Iraq, Cauc., Iran, Afgh., Pakist., C-As., Him., N-Afr.
- **unilateralis** (L.) Stace · D:Strand-Dünnschwanz, Strand-Federschwingel · ⊙ V-VI; Eur.: Fr, BrI, Ap, CH, Ba, Krim; TR, Syr., Lebanon, Palaest., Arab., Iraq, Cauc., Afgh., Pakist., Him., NW-Afr.

× **Vuylstekeara** hort. -f- *Orchidaceae* (*Cochlioda* × *Miltonia* × *Odontoglossum*)
- **Cultivars**
  - **in vielen Sorten**

Wachendorfia Burm. -f- *Haemodoraceae* · 5 sp
- **hirsuta** Thunb. · ♃ Z9 (K) IV; S-Afr.
- **paniculata** L. · ♃ Z9 (K) IV; S-Afr.
- **thyrsiflora** L. · ♃ Z9 (K) V; S-Afr.

Wahlenbergia Schrad. ex Roth -f- *Campanulaceae* · 150-200 sp · D:Moorglöckchen; E:Rock Bell; F:Campanille
- **capensis** (L.) A. DC. · D:Kap-Moorglöckchen; E:Cape Bluebell · ⊙ Z9 VII-VIII; S-Afr.
- *elongata* (Willd.) Schrad. ex Roth = Wahlenbergia capensis
- *grandiflora* (Jacq.) Schrad. = Platycodon grandiflorus
- **hederacea** (L.) Rchb. · D:Efeu-Moorglöckchen; E:Ivy-leaved Bellflower · ♃ ~ Z7 VI ▽; Eur.: BrI, D, Fr, Ib

Waitzia J.C. Wendl. -f- *Asteraceae (Compositae)* · 5 sp
– **aurea** Steetz · ⊙ ⌂K VII-VIII; Austr.
– **corymbosa** J.C. Wendl. · ⊙ ⌂K VII-VIII; W-Austr.
– *grandiflora* J.V. Thomps. = Waitzia aurea
– **grandiflora** Naudin · ⊙ ⌂K VII-VIII; Austr.
– *nivea* Benth. = Waitzia suaveolens
– *odontolepis* Turcz. = Waitzia suaveolens
– **suaveolens** (Benth.) Druce · ⊙ ⌂K VII-VIII; Austr.

Waldsteinia Willd. -f- *Rosaceae* · 6 sp · D:Golderdbeere, Waldsteinie; F:Fraisier doré
– **fragarioides** (Michx.) Tratt. · D:Golderdbeere; E:Barren Strawberry · ♃ Z3 V-VI; Can.: E; USA: NE, NCE, SE
– **geoides** Willd. · ♃ Z5 IV-V; Eur.: EC-Eur., Ba, E-Eur., nat. in D
– *sibirica* Tratt. = Waldsteinia ternata
– **ternata** (Stephan) Fritsch · D:Dreiblättrige Waldsteinie · ♃ ↝ Z3 IV-V; Eur.: C-Eur., EC-Eur., Ba, E-Eur.; E-Sib., Amur, Sachal., N-Jap., nat. in FIN
  – subsp. *trifolia* (Rochel ex W.D.J. Koch) Teppner = Waldsteinia ternata
– *trifolia* Rochel ex W.D.J. Koch = Waldsteinia ternata

Wallichia Roxb. -f- *Arecaceae (Palmae)* · 7 sp
– **caryotoides** Roxb. · ♄ e Z9 ⌂W; Ind., Myanmar
– **densiflora** (Mart.) Mart. · ♄ e Z9 ⌂W; Ind., Assam
– **disticha** T. Anderson · ♄ e Z9 ⌂W; Him., Ind., Myanmar

× **Warneara** hort. -f- *Orchidaceae* (*Comparettia* × *Oncidium* × *Rodriguezia*)

Warrea Lindl. -f- *Orchidaceae* · 4-6 sp
– **warreana** (Lodd. ex Lindl.) C. Schweinf. · ♃ Z10 ⌂W VII-VIII ▽ ✻; Col., Venez.

Warscewiczella Rchb.f. = Cochleanthes
– *amazonica* Rchb. f. et Warsz. = Cochleanthes amazonica
– *discolor* (Lindl.) Schult. et Garay = Cochleanthes discolor
– *flabelliformis* (Sw.) Schult. et Garay = Cochleanthes flabelliformis
– *wailesiana* (Lindl.) E. Morren = Cochleanthes wailesiana

Wasabia Matsum. -f- *Brassicaceae (Cruciferae)* · 2-4 sp · D:Japanischer Meerrettich; E:Wasabi; F:Raifort vert, Wasabi
– **japonica** (Miq.) Matsum. · D:Japanischer Meerrettich; E:Japanese Horseradish · ♃ Z8 ⌂K ⚕ Ⓝ; Jap., E-Sib.

Washingtonia H. Wendl. -f- *Arecaceae (Palmae)* · 2 sp · D:Priesterpalme, Washingtonpalme; E:Washingtonia; F:Palmier éventail, Washingtonia
– **filifera** (Linden ex André) H. Wendl. · D:Kalifornische Washingtonpalme; E:California Fan Palm, California Washingtonia, Cotton Palm · ♄ e Z9 ⌂K; USA: S-Calif., Ariz.; Baja Calif.
  – var. *robusta* (H. Wendl.) Parish = Washingtonia robusta
– **robusta** H. Wendl. · D:Mexikanische Washingtonpalme; E:Mexican Fan Palm, Mexican Washingtonia · ♄ e Z9 ⌂K; Mex.
– *sonorae* S. Watson = Washingtonia robusta

Watsonia Mill. -f- *Iridaceae* · 52 sp · D:Watsonie; E:Bugle Iris; F:Watsonia
– **beatricis** J.W. Mathews et L. Bolus · ♃ Z9 ⌂K VI-IX; Kap
– **bulbillifera** J.W. Mathews et L. Bolus · ♃ Z9 ⌂K IV-VI; Kap
– *coccinea* Herb. = Watsonia meriana
– **densiflora** Baker · ♃ Z9 ⌂K VI-VII; S-Afr: Natal, Orange Free State, Transvaal
– **humilis** Mill. · ♃ Z9 ⌂K VI; Kap
– **meriana** (L.) Mill. · ♃ Z9 ⌂K V-VI; Kap
– **pyramidata** (Andrews) Stapf · ♃ Z9 ⌂K V-VI; Kap
– *rosea* Ker-Gawl. = Watsonia pyramidata

Wattakaka Hassk. = Dregea
– *sinensis* (Hemsl.) Stapf = Dregea sinensis

Weberbauerocereus Backeb. -m- *Cactaceae* · 4-8 sp
– **fascicularis** (Meyen) Backeb. · ♄ ψ Z9 ⌂K ▽ ✻; S-Peru, N-Chile
– *horridispinus* Rauh et Backeb. = Weberbauerocereus weberbaueri
– **weberbaueri** (Vaupel) Backeb. · ♄ ψ Z9 ⌂K ▽ ✻; Peru

Weberocereus Britton et Rose -m- *Cactaceae* · 9 sp

- **tonduzii** (F.A.C. Weber) G.D. Rowley · ♄ ♆ ≹ ≹ ⤳ Z9 ⌂ ▽ ✻; Costa Rica

Wedelia Jacq. -f- *Asteraceae (Compositae)* · c. 70 sp
- **trilobata** (L.) Hitchc. · E:Goldcup · ♃ ≹ ≹ ⤳ Z10 ⌂ VII-IX; USA: S-Fla.; W.Ind., trop. Am.

Weigela Thunb. -f- *Caprifoliaceae* · 10 sp · D:Weigelie; E:Weigela; F:Weigelia
- *amabilis* Planch. = Weigela coraeensis
- **coraeensis** Thunb. · D:Koreanische Weigelie · ♄ d Z6 V-VII; Jap.
- **decora** (Nakai) Nakai · ♄ d Z6; Jap.
- **floribunda** (Siebold et Zucc.) K. Koch · D:Reichblütige Weigelie · ♄ d Z6 V-VI; Jap.
- **florida** (Bunge) A. DC. · D:Liebliche Weigelie · ♄ d Z5 V-VI; Korea, Manch., N-China
  - **in vielen Sorten**
- *grandiflora* (Siebold et Zucc.) K. Koch = Weigela coraeensis
- **hortensis** (Siebold et Zucc.) C.A. Mey. · ♄ d Z7 V-VI; Jap.
- **japonica** Thunb. · D:Japanische Weigelie · ♄ d Z6 V-VI; China, Jap.
- **maximowiczii** (S. Moore) Rehder · ♄ d Z6 V-VI; Jap.
- **middendorffiana** (Trautv. et C.A. Mey.) K. Koch · D:Gelbblütige Weigelie · ♄ d Z5 V-VI; Amur, Sachal. Kurilen, Jap.
- **praecox** (Lemoine) L.H. Bailey · D:Frühblühende Weigelie · ♄ d Z5 V; Korea, Manch.
- *rosea* Lindl. = Weigela florida
- **Cultivars**
  - **in vielen Sorten**

Weingaertneria Bernh. = Corynephorus
- *canescens* (L.) Bernh. = Corynephorus canescens

Weingartia Werderm. -f- *Cactaceae* · 4-9 sp
- *buiningiana* F. Ritter = Weingartia neocumingii
- *corroana* Cárdenas = Weingartia neocumingii
- *erinacea* F. Ritter = Weingartia neocumingii
- **fidaiana** (Backeb.) Werderm. · ♆ Z9 ⌂; Bol.
- *knitzei* F.H. Brandt = Weingartia neocumingii
- *multispina* F. Ritter = Weingartia neocumingii
- **neocumingii** Backeb. · ♆ Z9 ⌂ ▽ ✻; Bol.
- **neumanniana** (Backeb.) Werderm. · ♆ Z9 ⌂; Arg.: Jujuy
- *pilcomayensis* Cárdenas = Weingartia neocumingii
- *pulquinensis* Cárdenas = Weingartia neocumingii
- *trollii* Oeser = Weingartia neocumingii

Weldenia Schult.f. -f- *Commelinaceae* · 1 sp
- **candida** Schult. f. · ♃ Z9 ⌂ IV-V; Mex., Guat.

Wellingtonia Lindl. = Sequoiadendron
- *gigantea* Lindl. = Sequoiadendron giganteum

Welwitschia Hook.f. -f- *Welwitschiaceae* · 1 sp · D:Welwitschie; F:Welwitschia
- **mirabilis** Hook. f. · ♄ e Z9 ⌂ ▽ ✻; Namibia, Angola

Wercklea Pittier et Standl. -f- *Malvaceae* · 12 sp
- **insignis** Pittier et Standl. · ♄ e Z10 ⌂; Costa Rica

Westringia Sm. -f- *Lamiaceae (Labiatae)* · 25 sp
- **fruticosa** (Willd.) Druce · D:Australischer Rosmarin; E:Australian Rosemary · ♄ e Z10 ⌂ IV-VII; Austr.: Queensl., N.S.Wales
- *rosmariniformis* Sm. = Westringia fruticosa

Whitesloanea Chiov. -f- *Asclepiadaceae* · 1 sp
- **crassa** (N.E. Br.) Chiov. · ♃ ♆ Z10 ⌂; Somalia

Whitfieldia Hook. -f- *Acanthaceae* · 10 sp
- **elongata** C.B. Clarke · ♃ e Z10 ⌂ VI-VIII; W-Afr.
- **lateritia** Hook. · ♄ e Z10 ⌂ I-V; Afr.: Sierra Leone

Whitlavia Harv. = Phacelia
- *grandiflora* Harv. = Phacelia minor

Widdringtonia Endl. -f- *Cupressaceae* · 4 sp · D:Afrikazypresse; E:African Cypress; F:Cyprès africain
- **cedarbergensis** J. Marshall ·

D:Clanwilliams Afrikazypresse; E:Clanwilliam Cedar · ҄ƀ e Z9 Ⓚ Ⓝ; S-Afr.
– *cupressoides* (L.) Endl. = Widdringtonia nodiflora
– *dracomontana* Stapf = Widdringtonia nodiflora
– *juniperoides* (L.) Endl. = Widdringtonia cedarbergensis
– **nodiflora** (L.) Powrie · D:Milanji-Afikazypresse; E:Milanji Cedar · ƀ ƀ e Z9 Ⓚ Ⓝ; E-Afr., Zambia, Zimbabwe, S-Afr. (N-Transvaal)
– **schwarzii** (Marloth) Mast. · ƀ e Z10 Ⓚ; S-Afr.
– *whytei* Rendle = Widdringtonia nodiflora

Wigandia Kunth -f- *Hydrophyllaceae* · 2-3 sp · D:Wigandie; F:Wigandia
– **caracasana** Humb., Bonpl. et Kunth · ƀ Z10 Ⓚ; S-Mex., C-Am., Col., Venez., nat. in SW-Eur.

Wigginsia D.M. Porter = Notocactus
– *arechavaletai* (Mackie) D.M. Porter = Notocactus erinaceus
– *corynodes* (Otto ex Pfeiff.) D.M. Porter = Notocactus erinaceus
– *erinacea* (Haw.) D.M. Porter = Notocactus erinaceus
– *fricii* (Arechav.) D.M. Porter = Notocactus erinaceus
– *leucocarpa* (Arechav.) D.M. Porter = Notocactus erinaceus
– *sellowii* (Link et Otto) D.M. Porter = Notocactus erinaceus
– *sessiliflora* (Mackie) D.M. Porter = Notocactus erinaceus
– *tephracantha* (Link et Otto) D.M. Porter = Notocactus erinaceus
– *vorwerkiana* (Backeb.) D.M. Porter = Notocactus erinaceus

Wilcoxia Britton et Rose -f- *Cactaceae* · 3 sp
– **albiflora** Backeb. · ƀ Ψ Z9 Ⓚ; Mex. (Sonora, Sinaloa)
– **poselgeri** (Lem.) Britton et Rose · E:Dahlia Cactus, Pencil Cactus · ƀ Ψ Z9 Ⓚ; S-Tex., NE-Mex.
– **schmollii** (Weing.) Backeb. · E:Lamb's Tail Cactus · ƀ Ψ Z9 Ⓚ; Mex. (Querétaro, Hidalgo)
– *striata* (K. Brandegee) Britton et Rose = Peniocereus striatus
– *viperina* (F.A.C. Weber) Britton et Rose = Peniocereus viperinus

Willemetia Neck. -f- *Asteraceae (Compositae)* · 2 sp · D:Kronenlattich; F:Willemétie
– **stipitata** (Jacq.) Dalla Torre · D:Gestielter Kronenlattich · ♃ VI-VIII; Eur.: F, I, C-Eur., Ba

Willughbeia Roxb. -f- *Apocynaceae* · 15 sp
– **firma** Blume · ƀ ≹ Z10 Ⓦ Ⓝ; Malay. Pen.

× **Wilsonara** hort. -f- *Orchidaceae* (*Cochlioda* × *Odontoglossum* × *Oncidium*)
– **Cultivars**
  – **in vielen Sorten**

Winteria F. Ritter = Hildewintera
– *aureispina* F. Ritter = Hildewintera aureispina

Wissadula Medik. -f- *Malvaceae* · 40 sp
– **periplocifolia** (L.) Thwaites · ƀ Z10 Ⓦ Ⓝ; Trop.

Wisteria Nutt. -f- *Fabaceae (Leguminosae)* · 6 sp · D:Blauregen, Glyzine, Wisterie; E:Wisteria; F:Glycine
– *brachybotrys* Siebold et Zucc. = Wisteria floribunda
  – var. *alba* W.T. Mill. = Wisteria venusta
– *chinensis* DC. = Wisteria sinensis
– **floribunda** (Willd.) DC. · D:Japanischer Blauregen; E:Japanese Wisteria · d ≹ Z6 V-VI ☠; Jap.
  – **in vielen Sorten**
  – **'Macrobotrys'**
– × **formosa** Rehder (*W. floribunda* × *W. sinensis*) · d ≹ Z5 ☠; cult.
– **frutescens** (L.) Poir. · ƀ d ≹ Z5 VII-IX ☠; USA: NE, SE, Fla., SC
– **macrostachya** (Torr. et A. Gray) Nutt. · D:Amerikanischer Blauregen; E:Kentucky Wisteria · ƀ d ≹ Z6 VI-VII ☠; USA: NCE, SC, SE
– *multijuga* Van Houtte = Wisteria floribunda 'Macrobotrys'
– **sinensis** (Sims) Sweet · D:Chinesischer Blauregen; E:Chinese Wisteria · ƀ d ≹ Z6 IV-V ☠; China, nat. in USA: NE
  – **in vielen Sorten**
– *speciosa* Nutt. = Wisteria frutescens
– **venusta** Rehder et E.H. Wilson · D:Seidiger Blauregen; E:Silky Wisteria · ƀ d ≹ Z6 VI-VII ☠; China

Withania Pauquy -f- *Solanaceae* · 10 sp

– **somnifera** (L.) Dunal · ♄ e ⌂ ⚕ ☠; Eur.: Ib, I; Canar., Ind., Afr.

× **Withnerara** hort. -f- *Orchidaceae* (*Aspasia* × *Miltonia* × *Odontoglossum* × *Oncidium*)

Witsenia Thunb. -f- *Iridaceae* · 1 sp
– *corymbosa* Ker-Gawl. = Nivenia corymbosa
– **maura** Thunb. · ♄ Z9 ⌂; S-Afr.

Wittia K. Schum. = Wittiocactus
– *amazonica* K. Schum. = Wittiocactus amazonicus
– *costaricensis* Britton et Rose = Pseudorhipsalis himantoclada
– *panamensis* Britton et Rose = Wittiocactus amazonicus

Wittiocactus Rauschert -m- *Cactaceae* · 1 sp
– **amazonicus** (K. Schum.) Rauschert · ♄ ψ Z10 ⌂ ▽ ✻; Costa Rica, Panama, Col., Ecuad., Peru, Venez., Bras.
– *panamensis* (Britton et Rose) Rauschert = Wittiocactus amazonicus

Wittmackia Mez = Aechmea
– *lingulata* (L.) Mez = Aechmea lingulata

Wittrockia Lindm. -f- *Bromeliaceae* · 7-10 sp
– **amazonica** (Baker) L.B. Sm. · ♃ Z10 ⌂; Bras.

Wolffia Horkel ex Schleid. -f- *Lemnaceae* · - 7 sp · D:Zwergwasserlinse; E:Watermeal; F:Petite lentille, Wolffia
– **arrhiza** (L.) Horkel ex Wimm. · D:Wurzellose Zwergwasserlinse · ♃ ≈ Z7; Eur.* exc. Sc; Cauc., Ind., Afr., Austr.

Woodsia R. Br. -f- *Woodsiaceae* · 25 sp · D:Wimperfarn; E:Woodsia; F:Fougère ciliée, Woodsia
– **alpina** (Bolton) Gray · D:Alpen-Wimperfarn; E:Northern Cliff Fern, Northern Woodsia · ♃ △ Z5 VII-VIII ▽; Eur.*; N, mts.; TR, Cauc., Him., W-Sib., E-Sib., Kamchat., N-Am., Greenl.
– *hyperborea* (Lilj.) R. Br. = Woodsia alpina
– **ilvensis** (L.) R. Br. · D:Rostroter Wimperfarn, Südlicher Wimperfarn; E:Rusty Cliff Fern, Rusty Woodsia · ♃ △ Z1 VII-VIII ▽; Eur.* exc. Ib; W-Sib., E-Sib., Amur, Sachal., Kamchat., C-As.
  – subsp. *arvonica* (With.) Milde = Woodsia alpina
– **obtusa** (Spreng.) Torr. · D:Stumpfblättriger Wimperfarn; E:Blunt Lobe Cliff Fern, Common Woodsia · ♃ △ Z4 ▽; Can.: E; USA: NE, NCE, NC, SC, SE
– **polystichoides** Eaton · ♃ △ Z4 ▽; Amur, China, Manch., Korea, Jap., Sachal., Taiwan
– **pulchella** Bertol. · D:Zierlicher Wimperfarn · ♃ △ Z5 VII-VIII ▽; Pyr., E-Alp., C-Alp.

Woodwardia Sm. -f- *Blechnaceae* · 13 sp · D:Grübchenfarn, Kettenfarn; E:Chain Fern; F:Woodwardia
– **areolata** (L.) T. Moore · D:Netz-Kettenfarn; E:Netted Chain Fern · ♃ ~ Z7 ∧; Can.: E; USA: NE, NCE, SC, SE, Fla.
– **radicans** (L.) Sm. · D:Europäischer Kettenfarn; E:European Chain Fern · ♃ Z8 ⌂ ▽; Eur.: Ib.Ap, Crete, Canar., Madeira; Alger.
– **virginica** (L.) Sm. · D:Virginischer Kettenfarn; E:Virginia Chain Fern · ♃ ~ Z7 ∧; Can.: E; USA: NE, NCE, SC, SE, Fla.; Bermuda

Worsleya (Traub) Traub -f- *Amaryllidaceae* · 1 sp · D:Blaue Amaryllis; E:Blue Amaryllis; F:Amaryllis bleu
– **rayneri** (Hook.) Traub et Moldenke · D:Blaue Amaryllis; E:Blue Amaryllis · ♃ Z10 ⌂ VII-IX; Bras. (Serra dos Orgaos)

Wulfenia Jacq. -f- *Scrophulariaceae* · 3 (-5) sp · D:Kuhtritt, Wulfenie; F:Wulfénia
– **amherstiana** Benth. · ♃ △ Z5 VI-VII; Afgh., Him.
– **baldaccii** Degen · ♃ △ Z7 V-VI; N-AL
– **carinthiaca** Jacq. · D:Kärntner Kuhtritt, Wulfenie · ♃ △ Z5 VII; Eur.: I, A, Montenegro, ? AL; SE-Alp., Montenegro
– **orientalis** Boiss. · ♃ △ ⌂ ∧ V-VI; TR
– × **suendermannii** hort. (*W. baldaccii* × *W. carinthiaca*) · ♃ △ V-VI; cult.

Wurmbea Thunb. -f- *Colchicaceae* · 37 sp
– *campanulata* Willd. = Wurmbea capensis
– **capensis** Thunb. · ♃ Z10 ⌂ V-VI; S-Afr.

Wyethia Nutt. -f- *Asteraceae (Compositae)*
– **angustifolia** (DC.) Nutt. · E:California

Compassplant · ♃ Z7 ∧ VII-VIII; USA: Wash., Oreg., Calif.
– **helenioides** (DC.) Nutt. · E:Mule's Ear Daisy · ♃ Z7 ∧ VII-VIII; C-Calif.
– **mollis** A. Gray · E:Woolly Mule's Ears · ♃ Z8 Ⓚ ∧ VII-VIII; USA: Calif., Nev.
– **ovata** Torr. et A. Gray ex Torr. · ♃ △ Z8 Ⓐ ∧ V-VI; Calif.

Xantheranthemum Lindau -n- *Acanthaceae* · 1 sp
– **igneum** (Linden) Lindau · ♃ ⇝ Z9 Ⓦ; Peru

Xanthium L. -n- *Asteraceae (Compositae)* · 3 sp · D:Spitzklette; E:Cocklebur; F:Lampourde
– **albinum** (Widder) H. Scholz
  – subsp. **albinum** · D:Ufer-Spitzklette · ⊙ VIII-X; Eur.: Fr, C-Eur., EC-Eur., Sc, E-Eur.
  – subsp. **riparium** (Čelak.) Widder et Wagenitz · ⊙ Ⓝ; Eur.: D, PL, Balt.
– **brasilicum** Vell. · ⊙; W-As.
– **italicum** Moretti · D:Italienische Spitzklette · ⊙ VII-X; Eur.: Sp., F, I, Slove.; TR
– **orientale** L. · D:Großfrüchtige Spitzklette · ⊙ VIII-IX; Eur.: Sp., F, N-I., CH, D, A, Slov.
– *riparium* Lasch = Xanthium albinum subsp. riparium
– *ripicola* Holub = Xanthium albinum subsp. riparium
– **saccharatum** Wallr. · D:Zucker-Spitzklette · ⊙ VIII-X; N-Am., nat. in A, D
– **spinosum** L. · D:Dornige Spitzklette; E:Clotweed, Cocklebur · ⊙ VIII-IX; S-Am., nat. in Eur.* exc. Sc, BrI; cosmop. exc. trop. As.
– **strumarium** L. · D:Gewöhnliche Spitzklette; E:California Burr · ⊙ VII-X ⚕; Eur.* exc. BrI, Sc; TR, Cauc., Iran, W-Sib., C-As., N-Am., nat. in cosmop.

Xanthoceras Bunge -n- *Sapindaceae* · 1 sp · D:Gelbhorn; F:Epine jaune
– **sorbifolium** Bunge · D:Gelbhorn · ♄ ♄ d Z6 V-VI; N-China

Xanthophthalmum Sch. Bip. -n- *Asteraceae (Compositae)* · 2 sp · D:Wucherblume; E:Crown Daisy; F:Xanthophthalmum
– **coronarium** (L.) Trehane · D:Kronen-Wucherblume; E:Crown Daisy · ⊙ ✂ VI-IX; Eur.: Ib, Ap, Ba; TR, Levante, N-Iran, N-Afr., nat. in F, A, RO
– **segetum** (L.) Sch. Bip. · D:Saat-Wucherblume; E:Corn Marigold; F:Chrysanthème des moissons · ⊙ ✂ VII-X; Eur.* exc. EC-Eur.; TR, Cyprus, Syr., NW-Afr., Libya
– × **spectabile** (Lilja) Erhardt (*X. coronarium* × *X. segetum*) · ⊙ ✂ VII-IX; cult.

Xanthorhiza Marshall -f- *Ranunculaceae* · 1 sp · D:Gelbwurz; F:Xanthorhiza
– **simplicissima** Marshall · D:Gelbwurz; E:Yellowroot · ♄ d Z4 IV-V; USA: NE, SE, Fla.

Xanthorrhoea Sm. -f- *Xanthorrhoeaceae* · 28 sp · D:Grasbaum; F:Black boy
– **australis** R. Br. · D:Südlicher Grasbaum; E:Austral Grass Tree, Botany Bay Gum · ♃ e Z10 Ⓚ; Austr.: N.S. Wales, S-Austr., Tasman., Victoria
– **hastilis** R. Br. · ♃ e Z10 Ⓚ Ⓝ; Austr.: N.S.Wales, Victoria
– **quadrangulata** F. Muell. · ♃ e Z10 Ⓚ; S-Austr.

Xanthosoma Schott -n- *Araceae* · 57 sp · D:Goldnarbe; E:Malanga, Tannia, Yautia; F:Tanier taro
– *atrovirens* K. Koch et Bouché = Xanthosoma sagittifolium
– **belophyllum** Kunth · ♃ Z10 Ⓦ Ⓝ; Venez., nat. in W.Ind., n S-Am.
– **brasiliense** (Desf.) Engl. · ♃ Z10 Ⓦ Ⓝ; W.Ind., trop. S-Am.
– **caracu** K. Koch et Bouché · ♃ Z10 Ⓦ Ⓝ; trop. Am., nat. in Afr.
– *jacquinii* Schott = Xanthosoma undipes
– *lindenii* (André) Engl. = Caladium lindenii
– *mafaffa* Schott = Xanthosoma sagittifolium
– **maximilianum** Schott · ♃ Z10 Ⓦ; Bras.
– *nigrum* (Vell.) Mansf. = Xanthosoma violaceum
– **robustum** Schott · D:Capote-Goldnarbe; E:Capote · ♃ Z10 Ⓦ; Mex., C-Am.
– **sagittifolium** (L.) Schott · D:Tania-Goldnarbe; E:Malanga · ♃ Z10 Ⓦ Ⓝ; orig. ?; cult. trop. Am., trop. Afr.
– **undipes** (K. Koch) K. Koch · ♃ Z10 Ⓦ Ⓝ; Mex., C-Am., trop. S-Am., cult. W.Ind.
– **violaceum** Schott · D:Violette Goldnarbe; E:Blue Taro · ♃ Z10 Ⓦ Ⓝ; C-Am., W.Ind., trop. S-Am.

Xeranthemum L. -n- *Asteraceae (Compositae)* · 6 sp · D:Papierblume; F:Immortelle annuelle, Xéranthème
– **annuum** L. · D:Einjährige Papierblume; E:Common Immortelle · ⊙ ⋈ VI-IX; Eur.: A, EC-Eur., Ba, E-Eur.; TR, Syr., Lebanon, Cauc., NW-Iran, nat. in Sp., I
– **inapertum** (L.) Mill. · D:Felsenheide-Papierblume · ⊙ VI-VIII; Eur.: Ib, Fr, Ap, Ba, CH; TR, Cyprus, Lebanon, Cauc., NW-Afr.
– *sesamoides* L. = Edmondia sesamoides

Xerophyllum Michx. -n- *Melanthiaceae* · 2-3 sp · D:Bärengras, Truthahnbart; E:Bear Grass, Elk Grass; F:Xérophylle
– **asphodeloides** (L.) Nutt. · D:Truthahnbart; E:Turkey Beard · ♃ Z7 ∧ V-VII; USA: NE, SE
– **tenax** (Pursh) Nutt. · D:Bärengras; E:Elkgrass, Western Turkeybeard · ♃ ⋈ Z7 ∧ VI-VII; B.C., USA: NW, Rocky Mts., Calif.

Xerosicyos Humbert -m- *Cucurbitaceae* · 4 sp
– **danguyi** Humbert · ♄ ♆ Z10 Ⓚ; Madag.
– **perrieri** Humbert · ♃ ♆ ≹ Z10 Ⓚ; Madag.

Ximenia L. -f- *Olacaceae* · 8 sp
– **americana** L. · D:Falsches Sandelholz; E:Hog Plum, Tallow Wood · ♄ Z8 Ⓚ Ⓝ; USA: Fla.; Mex., W.Ind., C-Am., S-Am., Trop. Old World

Xiphidium Aubl. -n- *Haemodoraceae* · 1 sp
– **coeruleum** Aubl. · ♃ Z10 Ⓦ V-VI; Mex., C-Am., W.Ind., S-Am.

Xylia Benth. -f- *Mimosaceae (Leguminosae)* · 13 sp
– **xylocarpa** (Roxb.) Taub. · ♄ d Z10 Ⓦ Ⓝ; Ind., Myanmar, S-Vietn., Malay. Pen., Phil.

Xylobium Lindl. -n- *Orchidaceae* · 29 sp
– **hyacinthinum** (Rchb. f.) Schltr. · ♃ Z10 Ⓦ VII-VIII ▽ *; Venez.
– *squalens* (Lindl.) Lindl. = Xylobium variegatum
– **variegatum** (Ruiz et Pav.) Garay et Dunst. · ♃ Z10 Ⓦ VIII-IX ▽ *; C-Am., trop. S-Am.

Xylomelum Sm. -n- *Proteaceae* · 2 sp · D:Holzbirne; E:Woody Pear; F:Xylomèle
– **pyriforme** (Gaertn.) R. Br. · D:Gewöhnliche Holzbirne; E:Woody Pear · ♄ ⋈ Z10 Ⓚ; Austr.: Queensl., N.S.Wales

Xylopia L. -f- *Annonaceae* · c. 160 sp · D:Mohrenpfeffer; F:Malaguette, Maniguette
– **aethiopica** (Dunal) A. Rich. · D:Mohrenpfeffer; E:Guinea Pepper · ♄ e Z10 Ⓦ Ⓝ; W-Afr., C-Afr.
– **aromatica** Baill. · D:Guineapfeffer, Malaguetapfeffer · e Z10 Ⓝ; Afr., nat. in S-Am., Antill.
– **quintasii** Engl. et Diels · E:Negro Pepper · ♄ e Z10 Ⓦ Ⓝ; W-Afr.
– *striata* Engl. = Xylopia quintasii

Xylopleurum Spach = Oenothera
– *speciosum* (Nutt.) Raim. = Oenothera speciosa

Xylosma G. Forst. -f- *Flacourtiaceae* · 85-100 sp
– **japonicum** (Walp.) A. Gray · ♄ e; China, Taiwan, Jap.

Xyris L. -f- *Xyridaceae* · 200-400 sp · D:Degenbinse; E:Yellow-eyed Grass; F:Jonc-sabre
– **capensis** Thunb. · ♃ Z10 Ⓦ; trop. Afr., S-Afr.
– **indica** L. · D:Gelbaugengras, Indische Degenbinse; E:Yellow-eyed Grass · ♃ Z10 Ⓦ; Ind.
– **operculata** Labill. · D:Australische Degenbinse · ♃ Z10 Ⓦ; Austr.

Xysmalobium R. Br. -n- *Asclepiadaceae* · 10 sp
– **undulatum** (L.) R. Br. · ♃ Z9 Ⓚ ≹ ☠; S-Afr.

× **Yamadara** hort. -f- *Orchidaceae* (*Cattleya* × *Epidendrum* × *Laelia* × *Rhyncholaelia*)

× **Yapara** hort. -f- *Orchidaceae* (*Phalaenopsis* × *Rhynchostylis* × *Vanda*)

Yucca L. -f- *Agavaceae* · 47 sp · D:Palmlilie; E:Spanish Dagger; F:Yucca
– **aloifolia** L. · D:Graue Palmlilie; E:Dagger Plant, Spanish Bayonet · ♆ Z8 Ⓚ VIII-IX; USA: SE, Fla.; E-Mex., W.Ind.
– *angustifolia* Pursh = Yucca glauca
– **angustissima** Engelm. ex Trel. · ♆ Z8 Ⓚ;

USA: Ariz., N.Mex., Utah, Nev.
- *arborescens* (Torr.) Trel. = Yucca brevifolia
- **arizonica** McKelvey · ♆ Z9 ⓚ; Ariz., Mex: Sonora
- *australis* (Engelm.) Trel. = Yucca filifera
- **baccata** Torr. · D:Blaue Palmlilie; E:Banana Yucca, Blue Yucca · ♆ Z9 ⓚ; USA: Rocky Mts., SW
  - var. *australis* Haw. = Yucca torreyi
- **brevifolia** Engelm. · D:Josua-Palmlilie; E:Joshua Tree · ♆ Z8 ⓚ; USA: Calif., Rocky Mts, SW
- *bulbifera* hort. = Furcraea bedinghausii
- **canabensis** McKelvey · ♆
- **decipiens** Trel. · ♆; Mex.
- **desmetiana** Baker · ♆ Z9 ⓚ; Mex.
- **elata** Engelm. · D:Seifen-Palmlilie; E:Palmella, Soap Tree · ♆ Z9 ⓚ; USA: Ariz., N.Mex., Tex.; Mex.
- **elephantipes** Regel · D:Riesen-Palmlilie; E:Elephant Yucca · ♆ Z10 ⓚ VIII-IX; Mex., Guat.
- **filamentosa** L. · D:Fädige Palmlilie; E:Adam's Needle, Spoonleaf Yucca · ♃ Z5 VIII-IX; USA: NE, SE, Fla.
  - **in Sorten**
- **filifera** Chabaud · ♆ Z8 ⓚ VII-IX; Mex.
- **flaccida** Haw. · D:Schlaffe Palmlilie · ♆ Z5 VIII-IX; USA: SE
- **flexilis** Carrière · ♆ ⓚ; orig. ?
- *funifera* Lem. = Hesperaloe funifera
- *gigantea* Baker = Yucca elephantipes
- **glauca** Nutt. ex Fraser · D:Blaugrüne Palmlilie; E:Bear Grass, Blue Yucca, Spanish Bayonet · ♄ e Z7 ∧ VIII-IX; USA: NCE, NC, Rocky Mts, SW, SC, SE; Mex.
- **gloriosa** L. · D:Kerzen-Palmlilie; E:Roman Candle, Soft Tip Yucca · ♆ Z7 VII-IX; USA: SE, Fla.
- *graminifolia* Zucc. = Dasylirion graminifolium
- *guatemalensis* Baker = Yucca elephantipes
- × **karlsruhensis** Graebener (*Y. filamentosa* × *Y. glauca*) · ♆ Z5; cult.
- *longifolia* Schult. et Schult. f. = Nolina longifolia
- **louisianensis** Trel. · ♆ Z7; S-USA: La.
- *macrocarpa* (Torr.) Coville = Yucca torreyi
- *macrocarpa* Engelm. = Yucca schottii
- *parviflora* Torr. = Hesperaloe parviflora
- *pendula* Siebold = Yucca recurvifolia
- *puberula* Haw. = Yucca flaccida
- *radiosa* (Engelm.) Trel. = Yucca elata
- *recurva* Haw. = Yucca recurvifolia
- **recurvifolia** Salisb. · ♆ Z8 ⓚ; USA: SE
- **rostrata** Engelm. ex Trel. · ♆ Z8 ⓚ; Tex., N-Mex.
- **schottii** Engelm. · ♆ Z9 ⓚ; USA: SW; N-Mex.
- *serratifolia* Karw. ex Schult. f. = Dasylirion serratifolium
- **torreyi** Shafer · D:Torrey-Palmlilie; E:Torrey Yucca · ♆ Z9 ⓚ; USA: Tex., N.Mex.; N-Mex.
- **treculeana** Carrière · D:Bajonett-Palmlilie; E:Spanish Bayonet, Yucca · ♆ Z9 ⓚ; Tex., NE-Mex.
- **valida** Brandegee · ♆ Z9 ⓚ; Mex.
- *whipplei* Torr. = Hesperoyucca whipplei

Yulania Spach = Magnolia
- *conspicua* (Salisb.) Spach = Magnolia denudata
- **japonica**
  - var. *globosa* (Hook. f. et Thomson) P. Parm. = Magnolia globosa
  - var. *obovata* (Thunb.) P. Parm. = Magnolia obovata
- *japonica* Spach = Magnolia liliiflora
  - var. *purpurea* (Curtis) P. Parm. = Magnolia liliiflora
- *kobus* (DC.) Spach = Magnolia kobus

Yushania Keng f. -f- *Poaceae (Gramineae)* · c. 80 sp · D:Fontänenbambus; E:Fountain Bamboo; F:Bambou
- **alpina** (K. Schum.) Lin · ♄ Z9 ⓝ; Kenya, Tanzania, Uganda, Ruanda, Sudan, Eth.
- **anceps** (Mitford) W.C. Lin · D:Himalaya-Fontänenbambus; E:Himalayan Bamboo · ♄ Z9 ⓚ; Him.
- *jaunsarensis* (Gamble) Yi = Yushania anceps

Zaluzianskya F.W. Schmidt -f- *Scrophulariaceae* · 55 sp · D:Sternbalsam; F:Zaluzianskya
- **capensis** (Benth.) Walp. · ⊙ ⊙ ♃ ♄ ♄ D Z9 ⓚ VII-IX; S-Afr.
- *selaginoides* Walp. = Zaluzianskya villosa
- **villosa** F.W. Schmidt · ⊙ D Z9 VII-IX; S-Afr.

Zamia L. -f- *Zamiaceae* · 30-40 sp
- *angustifolia* Jacq. = Zamia pumila subsp. pumila
- *debilis* Aiton = Zamia pumila subsp. pumila

- **fairchildiana** L.D. Gomez · ♃ e Z10 ⓦ ▽ ✻; Costa Rica
- **fischeri** Miq. · ♃ e Z10 ⓦ ▽ ✻; Mex.
- *floridana* A. DC. = Zamia pumila subsp. pumila
- **furfuracea** L. f. · ♃ e Z9 ▽ ✻; Mex.
- **lindenii** Regel ex André · ♃ e Z10 ⓦ ▽ ✻; Ecuad.
- **loddigesii** Miq. · ♃ e Z10 ⓦ ▽ ✻; Mex.
- *media* Jacq. = Zamia pumila subsp. pumila
- **muricata** Willd. · ♃ e Z10 ⓦ ▽ ✻; Mex., Col., Venez.
- **obliqua** A. Braun · ♃ e Z10 ⓦ ▽ ✻; Col.
- **pseudoparasitica** Yates · ♃ e Z10 ⓦ ▽ ✻; Col., Ecuad., Peru
- **pumila** L.
  - subsp. **pumila** · ♃ e Z9 ⓦ ▽ ✻; Fla., W.Ind.
  - subsp. **pygmaea** (Sims) Eckenw. · E:Coontie · Z9 ⓦ ▽ ✻; W-Cuba
- *pygmaea* Sims = Zamia pumila subsp. pygmaea
- *roezlii* Regel = Zamia pseudoparasitica
- **skinneri** Warsz. · ♃ e Z10 ⓦ ▽ ✻; C-Am.
- **wallisii** A. Braun · ♃ e Z10 ⓦ ▽ ✻; Col.

Zamioculcas Schott -f- *Araceae* · 1 sp
- **zamiifolia** (Lodd.) Engl. · ♃ Ψ Z10 ⓦ; E-Afr.

Zannichellia L. -f- *Zannichelliaceae* · 3-8 sp · D:Teichfaden; E:Horned Pondweed; F:Zannichellia
- **palustris** L. · D:Teichfaden; E:Horned Pondweed · ♃ ≈ Z2 V-IX; Eur.*, Cauc., cosmop. exc. Austr.

Zantedeschia Spreng. -f- *Araceae* · 6 sp · D:Kalla, Zimmerkalla; E:Altar Lily, Arum Lily; F:Calla
- **aethiopica** (L.) Spreng. · D:Kalla; E:Arum Lily, Calla Lily, Pig Lily · ♃ ⋊ Z8 ⓚ I-VI ☠; S-Afr.: Kap, Natal
  - *'Elliottiana'* = Zantedeschia elliottiana
- **albomaculata** (Hook. f.) Baill. · D:Gefleckte Kalla; E:Spotted Arum · ♃ Z9 ⓚ; S-Afr.: Kap, Natal
- **elliottiana** (W. Watson) Engl. · D:Goldene Kalla; E:Golden Calla · ♃ ⋊ Z9 ⓚ VI-VIII; orig. ?
- **jucunda** Letty · ♃ ⋊ Z9 ⓚ; S-Afr.: Transvaal
- **rehmannii** Engl. · D:Rosafarbene Kalla; E:Pink Arum, Pink Calla · ♃ Z9 ⓚ VIII; S-Afr.: Natal

Zanthorhiza L'Hér. = Xanthorhiza
- *apiifolia* L'Hér. = Xanthorhiza simplicissima

Zanthoxylum L. -n- *Rutaceae* · c. 250 sp · D:Stachelesche; E:Prickly Ash; F:Clavalier
- *alatum* Roxb. = Zanthoxylum armatum
  - var. *planispinum* (Siebold et Zucc.) Rehder et E.H. Wilson = Zanthoxylum planispinum
- **americanum** Mill. · E:Toothache Tree · ♄ ♄ d Z3 IV Ⓝ; Can.: E; USA: NE, NCE, NC, SC, SE, Fla.
- **armatum** DC. · ♄ d Z6; Pakist., Him., Ind., Malay. Arch., Phil.
- *bungeanum* Maxim. = Zanthoxylum simulans
- *bungei* Planch. = Zanthoxylum simulans
- *fraxineum* Willd. = Zanthoxylum americanum
- **piperitum** DC. · D:Japanischer Pfeffer · ♄ ♄ d Z6 ⚕ Ⓝ; China, Manch., Korea, Jap.
- **planispinum** Siebold et Zucc. · ♄ d Z5 IV-V; China, Korea, Jap., Ryukyu-Is., Taiwan
- **schinifolium** Siebold et Zucc. · ♄ d Z5; Jap., Korea, E-China, Mandsch
- **simulans** Hance · D:Täuschende Stachelesche · ♄ d Z6 V-VI ⚕ Ⓝ; N-China, C-China

Zauschneria C. Presl = Epilobium
- *californica* C. Presl = Epilobium canum subsp. angustifolium
  - subsp. *angustifolia* Keck = Epilobium canum subsp. angustifolium
  - subsp. *cana* = Epilobium canum subsp. canum
  - subsp. *latifolia* (Hook.) Keck = Epilobium canum subsp. latifolium
- *cana* Greene = Epilobium canum subsp. canum
- *latifolia* (Hook.) Greene = Epilobium canum subsp. latifolium
  - var. *arizonica* (Davidson) Hilend = Epilobium canum subsp. latifolium

Zea L. -f- *Poaceae (Gramineae)* · 4 sp · D:Mais; E:Maize; F:Maïs
- **mays** L. · D:Mais; E:Corn, Maize · ⊙ Z7 VII-X ⚕ ; ? Mex., ? C-Am.
  - **Amylaca-Grp.** · D:Stärke-Mais · ⊙ VI-VII Ⓝ; cult.
  - **Ceratina-Grp.** · D:Wachs-Mais · ⊙ VII Ⓝ; cult.
  - **Dentiformis-Grp.** · D:Zahn-Mais · ⊙ VI-

VII Ⓝ; cult.
– **Microsperma-Grp.** · D:Perl-Mais, Popcorn; E:Popcorn · ⊙ VI-VII Ⓝ; cult.
– **Saccharata-Grp.** · D:Zucker-Mais; E:Sweet Corn · ⊙ VI-VII Ⓝ; cult.
– subsp. *mexicana* (Schrad.) Iltis = Zea mexicana
– **Vulgaris-Grp.** · D:Hart-Mais · ⊙ VI-VII Ⓝ; cult.
– **mexicana** (Schrad.) Reeves et Mangelsd. · ⊙ Z7 Ⓝ; Mex.

Zebrina Schnizl. = Tradescantia
– *flocculosa* G. Brückn. = Tradescantia zebrina var. flocculosa
– *pendula* Schnizl. = Tradescantia zebrina var. zebrina
– *purpusii* G. Brückn. = Tradescantia zebrina var. zebrina 'Purpusii'

Zehneria Endl. -f- *Cucurbitaceae* · 30 sp
– **indica** (L.) Keraudren · ♃ ≹ ♧ Z10 ⓚ; Jap.
– **scabra** (L. f.) Sond. · ⊙ ⊙ ♃ ≹ ♧ D Z10 ⓚ V-VIII; Mex.
– *suavis* (Schrad.) Endl. ex Walp. = Zehneria scabra

Zelkova Spach -f- *Ulmaceae* · 5 sp · D:Zelkove, Zelkowe; E:Zelkova; F:Faux-orme de Sibérie, Zelkova
– **carpinifolia** (Pall.) K. Koch · D:Kaukasische Zelkove; E:Caucasian Elm · ₺ d Z5 V Ⓝ; Cauc.
– **'Verschaffeltii'** · ₺ ₺ d; Cauc.
– *crenata* Spach = Zelkova carpinifolia
– *keaki* (Siebold) Maxim. = Zelkova serrata
– **serrata** (Thunb. ex Murray) Makino · D:Japanische Zelkove; E:Japanese Zelkova, Sawleaf Zelkova · ₺ d Z6 V Ⓝ; China, Korea, Jap.
– **sinica** C.K. Schneid. · ₺ d Z6; C-China, E-China
– *ulmoides* C.K. Schneid. = Zelkova carpinifolia
– × *verschaffeltii* (Dippel) Nichols. = Zelkova carpinifolia 'Verschaffeltii'

Zenobia D. Don -f- *Ericaceae* · 1 sp · D:Zenobie; F:Zénobia
– **pulverulenta** (W. Bartram ex Willd.) Pollard
– var. **pulverulenta** · D:Gewöhnliche Zenobie; E:Honeycup · ₺ s Z6 V-VI; USA: Va., N.C., S.C.
– var. **viridis** (Veill.) Boom · ₺ d Z6

Zephyranthes Herb. -f- *Amaryllidaceae* · 71 sp · D:Windblume, Zephirblume; E:Rain Flower, Zephyr Flower; F:Lis zéphir
– **atamasco** (L.) Herb. · ♃ Z8 ⓚ III-IV; USA: NE, SE, Fla.
– *aurea* Benth. et Hook. f. = Pyrolirion aureum
– *brasiliensis* (Traub) Traub = Zephyranthes drummondii
– **candida** (Lindl.) Herb. · D:Weiße Windblume; E:Flower-of-the-Western-Wind · ♃ Z9 ⓚ VII-X; Urug., Arg.
– *carinata* Herb. = Zephyranthes grandiflora
– **drummondii** D. Don · ♃ Z8 ⓚ; Bras.
– **grandiflora** Lindl. · D:Großblütige Windblume · ♃ Z9 ⓚ IV-VII; Mex., Guat., Cuba, Jamaica
– *robusta* (Herb. ex Sweet)Baker = Habranthus robustus
– **rosea** (Spreng.) Lindl. · D:Rosafarbene Windblume; E:Fairy Lily · ♃ Z10 ⓚ X; Guat., W.Ind.
– *tubiflora* (L'Hér.) Schinz = Pyrolirion aureum
– **verecunda** Herb. · ♃ Z10 ⓚ IV-VII; N-Mex.

Zigadenus Michx. -m- *Melanthiaceae* · 15-18 sp · D:Jochlilie; E:Death Camas; F:Zigadénus
– **elegans** Pursh
– subsp. **elegans** · D:Weiße Jochlilie; E:Death Camas · ♃ ~ Z3 VI-VIII; Alaska, Can.: W, Man.; USA* exc. Calif.
– subsp. **glaucus** (Nutt.) Hulten · ♃ ~ Z3; Can.: E; USA: NE, NCE, N.C.
– **fremontii** (Torr.) Torr. ex S. Watson · D:Fremonts Jochlilie; E:Fremont's Deathcamas, Star Lily · ♃ ~ Z8 ∧ VI-VIII; USA: Oreg., Calif.; Mex.: Baja Calif.
– *glaucus* Nutt. = Zigadenus elegans subsp. glaucus
– **nuttallii** A. Gray · D:Nuttals Jochlilie; E:Merryhearts, Poison Sego · ♃ Z6 V-VI; USA: Kans., Mo., SC, SE

Zingiber Boehm. -n- *Zingiberaceae* · -100 sp · D:Ingwer; E:Ginger; F:Gingembre
– *cassumunar* Roxb. = Zingiber purpureum
– **mioga** (Thunb.) Roscoe · D:Japan-Ingwer; E:Mioga Ginger · ♃ Z10 ⓦ Ⓝ; Jap.
– **officinale** Roscoe · D:Ingwer; E:Ginger · ♃

Z10 ⓦ ⚕ Ⓝ; ? Pacific. Is.
- **purpureum** Roscoe · D:Bengal-Ingwer, Blockzitwer; E:Bengal Ginger, Cassumunar Ginger · ♃ Z10 ⓦ Ⓝ; ? Ind.; cult. trop. As.
- **spectabile** Griff. · D:Nickender Ingwer; E:Nodding Gingerwort · ♃ Z10 ⓦ Ⓝ; Malay.Arch.
- **zerumbet** (L.) Sm. · D:Wilder Ingwer; E:Wild Ginger · ♃ Z10 ⓦ VIII-IX Ⓝ; cult.

Zinnia L. -f- *Asteraceae (Compositae)* · 11 (-33) sp · D:Zinnie; F:Zinnia
- *angustifolia* auct. non Humb., Bonpl. et Kunth = Zinnia haageana
- **angustifolia** Humb., Bonpl. et Kunth · ⊙ VII-X; USA: Ariz.
- **elegans** Jacq. · D:Zinnie; E:Youth-and-Old-Age · ⊙ VII-IX; Mex.
  - **in vielen Sorten**
- *gracillima* hort. = Zinnia elegans
- **haageana** Regel · ⊙ VII-IX; Mex.
- *linearis* Benth. = Zinnia angustifolia
- *mexicana* hort. = Zinnia haageana
- *pauciflora* L. = Zinnia peruviana
- **peruviana** (L.) L. · ⊙ VII-IX; USA: Ariz.; Mex., W.Ind., S-Am.

Zizania L. -f- *Poaceae (Gramineae)* · 3 sp · D:Wasserreis, Wildreis; E:Water Oats, Wild Rice; F:Riz sauvage
- **aquatica** L. · D:Kanadischer Wildreis; E:Annual Wild Rice, Canadian Wild Rice · ⊙ ≈ Z6 Ⓝ; Can.: E; USA: NE, NEC, SE, Fla., nat. in E-Eur.
- *caduciflora* (Turcz.) Hand.-Mazz. = Zizania latifolia
- **latifolia** (Griseb.) Turcz. · D:Gewöhnlicher Wildreis, Wasserbambus, Wasserreis; E:Water Rice, Wild Rice · ♃ ≈ Z7 Ⓝ; Eur.: E-Russ.; Sib., China, Jap., Taiwan, Myanmar, NE-Ind.
- *palustris* L. = Zizania aquatica

Zizia W.D.J. Koch -f- *Apiaceae (Umbelliferae)* · 4 sp
- **aurea** (L.) W.D.J. Koch · ♃ Z3; Can.: E, Sask.; USA: NE, NEC, SC, SE, Fla.

Ziziphora L. -f- *Lamiaceae (Labiatae)* · 25 sp
- **capitata** L. · ⊙; Eur.: Ba, E-Eur., ? Sp.; Cauc., Cyprus, Syr., N-Iraq, Iran, TR, nat. in I

Ziziphus Mill. -f- *Rhamnaceae* · 86 sp · D:Brustbeere, Judendorn, Jujube; E:Jujube; F:Jujubier, Lotus des Anciens
- **jujuba** Mill. · D:Brustbeere, Chinesische Dattel; E:Jujube · ♄ ♄ d Z8 ⓚ IV-V ⚕ Ⓝ; Cauc., Iran, C-As., Tibet, Him., Ind., Mong., China, Korea, Jap., nat. in Eur.: Sp., F, Ap, Ba, RO; TR
- **lotus** (L.) Lam. · ♄ d ⓚ Ⓝ; Eur.: Sp., Sic., GR; S-TR, Levante, N-Afr.
- **mauritiana** Lam. · D:Filziger Judendorn; E:Indian Jujube · ♄ ♄ s Z10 ⓚ IV-V Ⓝ; trop. Afr., Alger., SW-As., Afgh., Ind., China, Malay. Pen., Austr.
- *vulgaris* Lam. = Ziziphus jujuba

Zostera L. -f- *Zosteraceae* · 12 sp · D:Seegras; E:Eelgrass; F:Zostère
- **marina** L. · D:Gewöhnliches Seegras, Schmalblättriges Seegras; E:Eel Grass, Grass Wrack · ♃ ≈ VI-IX Ⓝ; Eur.*, TR, Cauc., Amur, Sachal., Kamchat., Manch., Korea, Jap., Maroc., Can.: E, B.C.; USA: NE, SE, NW, Calif.; coasts
- *nana* Mert. ex Roth p.p. = Zostera noltii
- **noltii** Hornem. · D:Zwerg-Seegras; E:Dwarf Eel Grass, Dwarf Grass Wrack · ♃ ≈ VI-VIII Ⓝ; Eur.*, TR, C-As., N-Iran, N-Afr., Canar., W-Afr.; coasts

Zosterella Small = Heteranthera
- *dubia* (Jacq.) Small = Heteranthera dubia

× **Zygobatemannia** hort. -f- *Orchidaceae* (*Batemannia* × *Zygopetalum*)

Zygocactus K. Schum. = Schlumbergera
- *truncatus* (Haw.) K. Schum. = Schlumbergera truncata

× **Zygocaste** hort. -f- *Orchidaceae* (*Zygopetalum* × *Lycaste*)

× **Zygocolax** hort. -m- *Orchidaceae* (*Colax* × *Zygopetalum*)

Zygopetalum Hook. -n- *Orchidaceae* · 15-20 sp
- **brachypetalum** Lindl. · ♃ Z10 ⓦ XI-XII ▽ ✱; Bras.
- *coeleste* Rchb. f. = Bollea coelestis
- **crinitum** Lodd. · ♃ D Z10 ⓦ X-II ▽ ✱; Bras.
- *jugosum* (Lindl.) Schltr. = Pabstia jugosa
- *lalindei* Rchb. f. = Bollea lalindei

– *lamellosum* Rchb. f. = Pescatoria lamellosa
– **mackayi** Hook. · ♃ D Z10 ⓦ X-II ▽ ✱; Bras.
– **maxillare** Lodd. · ♃ Z10 ⓦ VI-VII ▽ ✱; Bras. (Serra dos Orgaos)

× **Zygorhyncha** hort. -f- *Orchidaceae* (*Chondrorhyncha* × *Zygopetalum*)

× **Zygostylis** hort. -f- *Orchidaceae* (*Otostylis* × *Zygopetalum*)

IX Deutsche Pflanzennamen

Als Quellen für die deutschen Pflanzennamen wurden neben zahlreichen Monographien und älteren Werken vor allem folgende neuere Werke verwendet: BOERNER, F. (1989), CHEERS, G. (ed.) (1998), WIERSEMA, J. H. & LEÓN, B. (1999), WISSKIRCHEN, R. & HAEUPLER, H. (1998) sowie weitere deutschsprachige Florenwerke.

Wir haben uns bemüht, das binome Prinzip auch bei den deutschen Vulgärnamen anzuwenden, also den Gattungsnamen bei der Art beizubehalten. Wenn demnach die Gattung *Festuca* im Deutschen als »Schwingel« bezeichnet wird, heißt demnach *Festuca ovina* »Schaf-Schwingel«, wobei der Bindestrich den Wortstamm verdeutlicht. Im alltäglichen Gebrauch wäre die Schreibweise »Schafschwingel« jedoch möglich.

Die Anwendung des Prinzips, den Wortstamm stets allein zu stellen, führt mitunter zu zwei Bindestrichen im Wort, wenn es sich um Artengruppen handelt. Neben dem oben genannten Schaf-Schwingel gibt es nämlich unter anderem den »Dünen-Schaf-Schwingel«. Eine Zusammenziehung von »Dünen-Schafschwingel« ist möglich, unsinnig wäre es, von einem »Dünenschaf-Schwingel« zu sprechen. Da wir das nachfolgende Register nach den Wortstämmen (Gattungsnamen) sortieren, bleiben diese stets vom Artnamen abgegrenzt.

Aasblume = Huernia, Stapelia
Abendblüte = Hesperantha
Abendmohn = Hesperomecon
Absinth = Artemisia
Acajubaum = Anacardium
Ackerfrauenmantel = Aphanes
Ackerkohl = Conringia
Ackerlöwenmaul = Misopates
Ackerröte = Sherardia
Ackersalat = Valerianella
Adlerfarn = Pteridium
Adonisröschen = Adonis
Ährenhafer = Gaudinia
Ährenheide = Bruckenthalia
Ährenlilie = Narthecium
Affenblume = Mimulus
Affenbrotbaum = Adansonia
Affengesicht = Mimusops
Affenkamm = Pithecoctenium
Affenohrring = Pithecellobium
Affodill = Asphodelus
Afrikanische Teufelskralle = Harpagophytum
Afrikanischer Baldrian = Fedia
Afrikanischer Brotfruchtbaum = Treculia
Afrikanischer Tulpenbaum = Spathodea
Afrikazypresse = Widdringtonia
Afrogelbholz = Afrocarpus
Ahorn = Acer
Akanthus = Acanthus
Akazie = Acacia
Akee = Blighia
Akelei = Aquilegia
Akipflaume = Blighia
Alangie = Alangium
Alant = Dittrichia, Inula
Alerce = Fitzroya
Alexandrinischer Lorbeer = Danae
Algenfarn = Azolla
Alkannawurzel = Alkanna
Allamande = Allamanda
Almend = Terminalia
Almond = Terminalia
Aloe = Aloe
Alpenazalee = Loiseleuria
Alpenbalsam = Erinus
Alpendost = Adenostyles
Alpenglöckchen = Soldanella
Alpenheide = Loiseleuria
Alpenhelm = Bartsia
Alpenlattich = Homogyne
Alpenmargerite = Leucanthemopsis
Alpenrachen = Tozzia
Alpenrose = Rhododendron
Alpenscharte = Saussurea
Alpenveilchen = Cyclamen
Alpinie = Alpinia
Alraunwurzel = Mandragora
Amarant = Gomphrena
Amaryllis der Gärtner = Hippeastrum
Amazonaslilie = Eucharis
Amberbaum = Liquidambar
Amberkörbchen = Amberboa
Ambrosie = Ambrosia
Ameisenbaum = Cecropia
Ameisenknolle = Myrmecodia
Amerikanische Nelkenwurz = Spigelia
Amerikanischer Balsambaum = Bursera
Amerikanischer Froschlöffel = Limnobium
Amethystblume = Amethystea
Ammoniakpflanze = Dorema
Ampfer = Rumex
Amsonie = Amsonia
Anabaum = Faidherbia
Ananas = Ananas
Anattostrauch = Bixa
Andeniris = Libertia
Andenkönigin = Phaedranassa
Andenrose = Bejaria
Andenstrauch = Escallonia
Andenwein = Marsdenia
Andorn = Marrubium
Andrachne = Andrachne
Anemone = Anemone
Angelikabaum = Aralia
Angosturabaum = Galipea
Anis = Pimpinella
Anone = Annona
Antilopenstrauch = Purshia
Apachenpflaume = Fallugia
Apfel = Malus
Apfelbeere = Aronia
Apfelsine = Citrus
Aprikose = Prunus
Aralie = Aralia
Araukarie = Araucaria
Arbuse = Citrullus
Ardisie = Ardisia
Aremonie = Aremonia
Arnika = Arnica
Aronstab = Arum
Artischocke = Cynara
Arzneiehrenpreis = Veronicastrum
Aschenblume = Pericallis
Aschenwicke = Tephrosia
Asiatische Taubnessel = Meehania
Asphaltklee = Bituminaria
Asselkaktus = Pelecyphora
Astblume = Cladanthus
Aster = Aster

Astilbe = Astilbe
Atlasblume = Clarkia
Attich = Sambucus
Aubergine = Solanum
Augentrost = Euphrasia
Augenwicke = Swainsona
Augenwurz = Athamanta
Aukube = Aucuba
Aurikel = Primula
Australheide = Epacris
Australische Fuchsie = Correa
Australische Kastanie = Castanospermum
Australminze = Prostanthera
Avocado = Persea
Azalee = Rhododendron
Babassupalme = Orbignya
Backenklee = Dorycnium
Bärengras = Xerophyllum
Bärenkamille = Ursinia
Bärenklau = Acanthus, Heracleum
Bärenohr = Arctotis
Bärentraube = Arctostaphylos
Bärlapp = Lycopodium
Bärwurz = Meum
Baldrian = Valeriana
Baldriangesicht = Phuopsis
Ballonblume = Platycodon
Ballonerbse = Sutherlandia
Ballonrebe = Cardiospermum
Balsabaum = Ochroma
Balsamapfel = Clusia, Momordica
Balsambaum = Myroxylon
Balsamgurke = Momordica
Balsamine = Impatiens
Balsamkraut = Tanacetum
Balsampflaume = Spondias
Balsamstrauch = Amyris, Cedronella
Banane = Musa
Bandbusch = Homalocladium
Bandfarn = Vittaria
Banksie = Banksia
Baobab = Adansonia
Barbadoskirsche = Malpighia
Barbarakraut = Barbarea
Barbenkraut = Barbarea
Barlerie = Barleria
Bartblume = Caryopteris
Bartelpalme = Acanthophoenix
Bartfaden = Penstemon
Bartgras = Bothriochloa
Bartisie = Bartsia
Bartpippau = Tolpis
Baselle = Basella
Basilikum = Ocimum
Bastardblauheide = × Phyllothamnus
Bastardecheverie = × Pachyveria
Bastardfeuerdorn = × Pyracomeles
Bastardindigo = Amorpha
Bastardlauch = Nothoscordum
Bastardschaumblüte = × Heucherella
Bastardsenf = Hirschfeldia
Bastardstrandhafer = × Calammophila
Bastardzypresse = × Cupressocyparis
Bastpalme = Raphia
Bauernbohne = Schotia
Bauernsenf = Teesdalia
Bauhinie = Bauhinia
Baum der Reisenden = Ravenala
Baumanemone = Carpenteria
Baumaralie = Kalopanax
Baumaster = Olearia
Baumkraftwurz = Kalopanax
Baummohn = Bocconia, Dendromecon
Baumschlinge = Periploca
Baumstachelbeere = Averrhoa
Baumtomate = Cyphomandra
Baumwollbaum = Bombax
Baumwolle = Gossypium
Baumwürger = Celastrus
Becherblüte = Nierembergia
Becherblume = Scyphanthus
Becherfarn = Cyathea
Becherglocke = Edraianthus
Becherkätzchen = Garrya
Becherpflanze = Silphium
Becherschwertel = Cypella
Beerenmalve = Malvaviscus
Beerentraube = Schisandra
Begonie = Begonia
Beifuß = Artemisia
Beilholz = Securinega
Beilkaktus = Pelecyphora
Beilwicke = Securigera
Beinbrech = Narthecium
Beinwell = Symphytum
Beißrinde = Drimys
Belladonna = Atropa
Belladonnenlilie = Amaryllis
Benediktenkraut = Cnicus
Bennussbaum = Moringa
Berberitze = Berberis
Berberitzenmahonie = × Mahoberberis
Bergaralie = Oreopanax
Bergenie = Bergenia
Bergfarn = Oreopteris
Bergfenchel = Seseli
Bergflachs = Thesium
Berghülse = Nemopanthus
Bergknöterich = Aconogonon
Berglinse = Astragalus

Berglorbeer = Kalmia, Umbellularia
Bergmahagoni = Cercocarpus
Bergminze = Calamintha
Bergpalme = Chamaedorea
Bergscharte = Stemmacantha
Berle = Berula
Bermudagras = Cynodon
Bertolonie = Bertolonia
Bertram = Anacyclus
Berufkraut = Conyza, Erigeron
Besenginster = Cytisus
Besenheide = Calluna
Besenkraut = Bassia
Besenrauke = Descurainia
Bete = Beta
Betelpalme = Areca
Beutelfarn = Dicksonia
Bibernelle = Pimpinella
Bilsenkraut = Hyoscyamus
Bingelkraut = Mercurialis
Binse = Juncus
Binsenginster = Spartium
Binsenkaktus = Rhipsalis
Binsenlilie = Aphyllanthes
Binsenorchidee = Schoenorchis
Birke = Betula
Birkwurz = Ferulago
Birne = Pyrus
Birngrün = Orthilia
Bisamdistel = Jurinea
Bisameibisch = Abelmoschus
Bisampflanze = Amberboa
Bischofskappe = Mitella, Tiarella
Bischofsmütze = Astrophytum
Bitterblatt = Exacum
Bitterdistel = Cnicus
Bittererbse = Daviesia
Bitterholz = Picrasma, Quassia
Bitterklee = Menyanthes
Bitterkraut = Helminthotheca, Picris
Bitterling = Blackstonia
Bitterorange = Poncirus
Bitterwurzel = Lewisia
Blasenbaum = Koelreuteria
Blasenbinse = Scheuchzeria
Blasenfarn = Cystopteris
Blasenkirsche = Physalis
Blasenmiere = Lepyrodiclis
Blasenschötchen = Alyssoides
Blasenspiere = Physocarpus
Blasenstrauch = Colutea
Blattblüte = Phyllanthus
Blatteibe = Phyllocladus
Blattfahne = Spathiphyllum
Blattkaktus = Epiphyllum
Blaubeere = Vaccinium
Blaudolde = Trachymene
Blaue Amaryllis = Worsleya
Blauer Hibiscus = Alyogyne
Blaues Gänseblümchen = Brachyscome
Blauglockenbaum = Paulownia
Blauglöckchen = Mertensia
Blaugras = Sesleria
Blaugummibaum = Eucalyptus
Blauheide = Phyllodoce
Blaukissen = Aubrieta
Blauklee = Parochetus
Blauregen = Wisteria
Blauröhre = Cyananthus
Blauschote = Decaisnea
Blauspiere = Sibiraea
Blaustängel = Dichanthium
Blaustern = Scilla
Blauweiderich = Pseudolysimachion
Bleibusch = Amorpha
Bleiholz = Dirca
Bleiwurz = Plumbago
Blumenbinse = Butomus, Scheuchzeria
Blumenmaranthe = Stromanthe
Blumenrohr = Canna
Blumenspiere = Exochorda
Blutbeere = Rivina
Blutblume = Haemanthus, Scadoxus
Blutholzbaum = Haematoxylum
Blutständel = Ludisia
Blutwurzel = Sanguinaria
Bocksbart = Tragopogon
Bocksdorn = Lycium
Bockshornklee = Trigonella
Bocksknöterich = Atraphaxis
Bodenlorbeer = Epigaea
Bogenhanf = Sansevieria
Bohne = Phaseolus, Vicia
Bohnenkraut = Satureja
Boldo = Peumus
Boltonie = Boltonia
Bootfarn = Angiopteris
Borassuspalme = Borassus
Borretsch = Borago
Borstendolde = Torilis
Borstenhirse = Setaria
Borstgras = Nardus
Bougainvillee = Bougainvillea
Bouvardie = Bouvardia
Brachsenkraut = Isoetes
Brandkraut = Phlomis
Brandschopf = Celosia
Braunelle = Prunella
Braunwurz = Scrophularia
Braut in Haaren = Nigella

Brautkranz = Francoa
Brechnuss = Strychnos
Brechwurzel = Psychotria
Breiapfelbaum = Manilkara
Breitfaden = Platystemon
Breitsame = Orlaya
Breitschötchen = Braya
Brenndolde = Cnidium
Brennhülse = Mucuna
Brennnessel = Urtica
Brennpflanze = Laportea
Brennwinde = Caiophora
Brillenschötchen = Biscutella
Brodiee = Brodiaea
Brombeere = Rubus
Bronvauxmispel = + Crataegomespilus
Bronzeblatt = Galax, Rodgersia
Brotfruchtbaum = Artocarpus
Brotpalmfarn = Encephalartos
Browallie = Browallia
Bruchheil = Rhexia
Bruchkraut = Herniaria
Brunfelsie = Brunfelsia
Brunnenkresse = Nasturtium
Brunsvigie = Brunsvigia
Brustbeere = Ziziphus
Brutblatt = Bryophyllum
Bubiköpfchen = Soleirolia
Buche = Fagus
Buchenfarn = Phegopteris
Buchsbaum = Buxus
Buchtenfarn = Hypolepis
Buchweizen = Fagopyrum
Buckelbeere = Gaylussacia
Büchsenkraut = Lindernia
Büffelbeere = Shepherdia
Büffelgras = Buchloe
Bürstengras = Polypogon
Büschelbohne = Cyamopsis
Büschelglocke = Edraianthus
Büschelgras = Rostraria
Büschelschön = Phacelia
Buffonie = Bufonia
Bunge = Samolus
Buntnessel = Solenostemon
Burzeldorn = Tribulus
Buschgeißblatt = Diervilla
Buschklee = Kummerowia, Lespedeza
Buschmalve = Lavatera
Buschmannskerze = Sarcocaulon
Butterbaum = Madhuca
Caesalpinie = Caesalpinia
Calamondin = × Citrofortunella
Callisie = Callisia
Camassie = Camassia
Camholz = Baphia
Campecheholz = Haematoxylum
Cantue = Cantua
Carludovike = Carludovica
Cashewnuss = Anacardium
Cassavastrauch = Manihot
Catharanthe = Catharanthus
Chayote = Sechium
Chiclebaum = Manilkara
Chileglöckchen = Lapageria
Chilekrokus = Tecophilaea
Chilenuss = Gevuina
Chilezeder = Austrocedrus
Chili = Capsicum
Chinadickblatt = Sinocrassula
Chinafingerhut = Rehmannia
Chinagras = Boehmeria
Chinagreiskraut = Sinacalia
Chinaorchidee = Bletilla
Chinarindenbaum = Cinchona
Chininbaum = Cinchona
Chironie = Chironia
Christdorn = Paliurus
Christophskraut = Actaea
Christrose = Helleborus
Christusauge = Tolpis
Chrysantheme = Chrysanthemum
Cinerarie = Cineraria, Pericallis
Clarkie = Clarkia
Claytonie = Claytonia
Clematis = Clematis
Clivie = Clivia
Colletie = Colletia
Collinsie = Collinsia
Commeline = Commelina
Copihue = Lapageria
Correa = Correa
Dachwurz = Sempervivum
Dahlie = Dahlia
Dalbergie = Dalbergia
Dalechampie = Dalechampia
Damiana = Turnera
Dammarabaum = Agathis
Damoklesbaum = Oroxylum
Darlingtonie = Darlingtonia
Dattelpalme = Phoenix
Dattelpflaume = Diospyros
Degenbinse = Xyris
Deutzie = Deutzia
Dickähre = Pachystachys
Dickblatt = Crassula
Dickmännchen = Pachysandra
Dicknarbe = Paxistima
Dickröschen = Rosularia
Dickstängel = Sarcocaulon

Dickstamm = Pachyphytum
Dieffenbachie = Dieffenbachia
Dill = Anethum
Dingel = Limodorum
Diptam = Dictamnus
Distel = Carduus
Dodonaee = Dodonaea
Doldenrebe = Ampelopsis
Donarsbart = Jovibarba
Doppelährengras = Beckmannia
Doppelfrucht = Amphicarpaea
Doppelhörnchen = Diascia
Doppelmalve = Sidalcea
Doppelpalmfarn = Dioon
Doppelsame = Diplotaxis
Doppelschild = Dipelta
Dornfarn = Dryopteris
Dorngras = Crypsis
Dornkirsche = Prinsepia
Dornlattich = Launaea
Dornmelde = Bassia
Dornnelke = Drypis
Dornulme = Hemiptelea
Dorstenie = Dorstenia
Dost = Origanum
Dotterblume = Caltha
Douglasfichte = Pseudotsuga
Douglasie = Pseudotsuga
Drachenbaum = Dracaena
Drachenblatt = Dracophyllum
Drachenblutpalme = Daemonorops
Drachenkopf = Dracocephalum
Drachenmaul = Horminum
Drachenwurz = Dracunculus
Draculaorchidee = Dracula
Drahtstrauch = Muehlenbeckia
Drehfrucht = Streptocarpus
Drehkelch = Streptocalyx
Drehkrone = Streptosolen
Drehwurz = Spiranthes
Dreibiss = Tridax
Dreiblatt = Trillium
Dreiblattspiere = Gillenia
Dreiflügelfrucht = Tripterygium
Dreimasterblume = Tradescantia
Dreizack = Triglochin
Dreizahn = Danthonia
Dreizipfellilie = Trillium
Drüsenbaum = Adenanthera
Drüsenginster = Adenocarpus
Drüsenklee = Psoralea
Drüsenköpfchen = Cephalotus
Dryandra = Dryandra
Dudleya = Dudleya
Dünnfarn = Trichomanes
Dünnschwanz = Parapholis
Dünnschwingel = Micropyrum
Duftblüte = Osmanthus
Duftnessel = Agastache
Duftraute = Agathosma
Duftsiegel = Smilacina
Duftsteinrich = Lobularia
Dumpalme = Hyphaene
Durante = Duranta
Durianbaum = Durio
Ebenholz = Diospyros
Eberesche = Sorbus
Eberraute = Artemisia
Eberwurz = Carlina
Echeverie = Echeveria
Edeldistel = Eryngium
Edelweiß = Leontopodium
Efeu = Hedera
Efeuaralie = × Fatshedera
Efeutute = Epipremnum
Ehrenpreis = Veronica
Eibe = Taxus
Eibisch = Althaea
Eiche = Quercus
Eichenfarn = Gymnocarpium
Eidechsenschwanz = Anemopsis
Eidechsenwurz = Sauromatum
Eierfrucht = Passiflora, Pouteria, Solanum
Einbeere = Paris
Einblatt = Malaxis
Einblattorchis = Malaxis
Einhornpflanze = Ibicella
Eisenholz = Metrosideros
Eisenhut = Aconitum
Eisenkraut = Verbena
Eiskraut = Mesembryanthemum
Elefantenapfel = Limonia
Elefantenfarn = Todea
Elefantenholz = Bolusanthus
Elfenbeindistel = Ptilostemon
Elfenbeinpalme = Phytelephas
Elfenblume = Epimedium
Elsbeere = Sorbus
Emilie = Emilia
Engelsauge = Houstonia
Engelstrompete = Brugmansia
Engelwurz = Angelica
Entengrütze = Lemna
Enzian = Gentiana
Episcie = Episcia
Erbse = Pisum
Erbsenstrauch = Caragana
Erdbeerbaum = Arbutus
Erdbeere = Fragaria
Erdbirne = Apios

Erdkastanie = Conopodium
Erdkirsche = Physalis
Erdknolle = Bunium
Erdnuss = Arachis
Erdrauch = Fumaria
Erdstern = Cryptanthus
Erika = Erica
Erle = Alnus
Erlenblatt = Alniphyllum
Escallonie = Escallonia
Esche = Fraxinus
Eselsdistel = Onopordum
Esparsette = Onobrychis
Espartogras = Stipa
Espe = Populus
Essigbaum = Rhus
Eucryphie = Eucryphia
Eukalyptus = Eucalyptus
Eutaxie = Eutaxia
Fabiane = Fabiana
Fackelbrennkraut = Caiophora
Fackelholz = Amyris
Fackelingwer = Etlingera
Fackellilie = Kniphofia
Fadenenzian = Cicendia
Fadenkraut = Filago
Fadenröhre = Quisqualis
Fächerfarn = Sticherus
Färberdistel = Carduncellus
Färberholz = Chlorophora
Färberhülse = Baptisia
Färberkamille = Anthemis
Färberwaid = Isatis
Fahnenwicke = Oxytropis
Fallsamengras = Sporobolus
Falsche Alraunenwurzel = Tellima
Falsche Paradiesvogelblume = Heliconia
Falscher Fenchel = Ridolfia
Falscher Jasmin = Mandevilla
Faltenlilie = Lloydia
Faltensamenpalme = Ptychosperma
Falzblume = Micropus
Farnmyrte = Comptonia
Farnrauke = Hugueninia
Faselbohne = Lablab
Faserschirm = Trinia
Fatsie = Fatsia
Faulbaum = Frangula
Federblume = Acroptilon
Federborstengras = Pennisetum
Federbuschstrauch = Fothergilla
Federgras = Stipa
Federmohn = Macleaya
Federschwingel = Vulpia
Feenglöckchen = Disporum
Feige = Ficus
Feigenkaktus = Opuntia
Feilenblatt = Rhinephyllum
Feinstrahl = Erigeron
Felberich = Lysimachia
Feldsalat = Valerianella
Felsenbirne = Amelanchier
Felsenblümchen = Draba
Felsenlilie = Arthropodium
Felsenlippe = Micromeria
Felsenlöwenmaul = Asarina
Felsennelke = Petrorhagia
Felsenteller = Ramonda
Felskresse = Hornungia
Felswurz = Monanthes
Fenchel = Foeniculum
Fenchelholzbaum = Sassafras
Fensterblatt = Fenestraria, Monstera
Fensterpalme = Reinhardtia
Ferkelkraut = Hypochaeris
Fetthenne = Sedum
Fettkraut = Pinguicula
Feuerblüte = Cyrtanthus
Feuerdorn = Pyracantha
Feuerkolben = Arisaema
Feuerpalme = Archontophoenix
Feuerradbaum = Stenocarpus
Feuerranke = Pyrostegia
Fichte = Picea
Fichtenspargel = Monotropa
Fieberklee = Menyanthes
Fieberrindenbaum = Cinchona
Fieberstrauch = Lindera
Fieberwurz = Triosteum
Fiederaralie = Polyscias
Fiederpolster = Leptinella
Fiederspiere = Chamaebatia, Sorbaria
Filzblume = Otanthus
Filzkraut = Filago
Fingeraralie = Eleutherococcus
Fingerhirse = Digitaria, Eleusine
Fingerhut = Digitalis
Fingerkraut = Potentilla
Fingerlimette = Microcitrus
Finkensame = Neslia
Fischgras = Beckmannia
Fischkraut = Groenlandia
Fischschwanzpalme = Caryota
Fittonie = Fittonia
Flachbärlapp = Diphasiastrum
Flachs = Linum
Flachslilie = Dianella
Flacourtie = Flacourtia
Flamboyant = Delonix
Flamingoblume = Anthurium

Flammenblume = Phlox
Flammenbusch = Embothrium
Flammenerbse = Chorizema
Flammenlilie = Pyrolirion
Flanellstrauch = Fremontodendron
Flaschenbaum = Brachychiton
Flaschenbürste = Beaufortia
Flaschenbürstengras = Hystrix
Flaschenkürbis = Lagenaria
Flattergras = Milium
Fleischbeere = Sarcococca
Fleißiges Lieschen = Impatiens
Flieder = Syringa
Fliegenblume = Caralluma
Flockenblume = Centaurea
Flohkraut = Pulicaria
Flohsame = Psyllium
Florettseidenbaum = Chorisia
Flügelblatt = Filicium
Flügelfrucht = Pterocarpus
Flügelginster = Chamaespartium
Flügelkaktus = Pterocactus
Flügelknöterich = Fallopia
Flügelkopf = Pterocephalus
Flügelnuss = Pterocarya
Flügelstorax = Pterostyrax
Flügelzürgel = Pteroceltis
Flusszeder = Calocedrus, Libocedrus
Fontänenbambus = Yushania
Fontanesie = Fontanesia
Forestiere = Forestiera
Forsythie = Forsythia
Frangipani = Plumeria
Frankenie = Frankenia
Franklinie = Franklinia
Fransenbinse = Fimbristylis
Fransenenzian = Gentianella
Fransenhauswurz = Jovibarba
Fransenlilie = Thysanotus
Fransenschwertel = Sparaxis
Franzosenkraut = Galinsoga
Frauenfarn = Athyrium
Frauenhaarfarn = Adiantum
Frauenmantel = Alchemilla
Frauenschuh = Cypripedium
Frauenspiegel = Legousia
Freesie = Freesia
Freilandgloxinie = Incarvillea
Froschbiss = Hydrocharis
Froschkraut = Luronium
Froschlöffel = Alisma
Frühlingsblume = Eranthemum
Frühlingsschelle = Synthyris
Frühlingsstern = Ipheion
Fuchsbohne = Thermopsis
Fuchsie = Fuchsia
Fuchsschwanz = Amaranthus
Fuchsschwanzgras = Alopecurus
Fuchsschwanzorchidee = Rhynchostylis
Fuchsschwingel = Vulpia
Funkelstern = Chamaelirium
Funkie = Hosta
Fußblatt = Syngonium
Futtererdnuss = Amphicarpaea
Futterpalme = Hyophorbe
Gabelblatt = Psilotum
Gabelfarn = Gleichenia
Gämsheide = Loiseleuria
Gämshorn = Martynia, Proboscidea
Gämskresse = Pritzelago
Gämswurz = Doronicum
Gänseblümchen = Bellis
Gänseblümchenstrauch = Olearia
Gänsedistel = Sonchus
Gänsefuß = Chenopodium
Gänsekresse = Arabis
Gärtnerprotee = Leucospermum
Gagelstrauch = Myrica
Galtonie = Galtonia
Gamagras = Tripsacum
Gamander = Teucrium
Gambagras = Andropogon
Ganiterbaum = Elaeocarpus
Garbe = Achillea
Gardenie = Gardenia
Gartengloxinie = Sinningia
Gasterie = Gasteria
Gauchheil = Anagallis
Gauklerblume = Mimulus
Gazanie = Gazania
Gedenkemein = Omphalodes
Geißbart = Aruncus
Geißblatt = Lonicera
Geißfuß = Aegopodium
Geißklee = Chamaecytisus, Cytisus
Geißkleegoldregen = + Laburnocytisus
Geißraute = Galega
Gelbdolde = Smyrnium
Gelbe Klette = Amsinckia
Gelber Leberbalsam = Lonas
Gelbholz = Cladrastis
Gelbhorn = Xanthoceras
Gelbling = Sibbaldia
Gelbstern = Gagea
Gelbwurz = Xanthorhiza
Geleepalme = Butia
Gelenkblume = Physostegia
Genipap = Genipa
Georgine = Dahlia
Geranie der Gärtner = Pelargonium

Gerbera = Gerbera
Gerberstrauch = Coriaria
Germer = Veratrum
Gerste = Hordeum
Gesnerie = Gesneria
Gespensterorchidee = Mormodes
Geweihbaum = Gymnocladus
Geweihfarn = Platycerium
Gewürzdolde = Sison
Gewürzlilie = Kaempferia
Gewürzrinde = Cassia
Gewürzstrauch = Calycanthus
Giersch = Aegopodium
Giftbaum = Tephrosia
Giftbeere = Nicandra
Gilbgras = Chloris
Gilbweiderich = Lysimachia
Gilie = Gilia
Gillenie = Gillenia
Ginkgo = Ginkgo
Ginseng = Panax
Ginster = Genista
Gipskraut = Gypsophila
Gladiole = Gladiolus
Glanzbaum = Aglaia
Glanzbinse = Scirpoides
Glanzgras = Phalaris
Glanzheide = Daboecia
Glanzkölbchen = Aphelandra
Glanzmispel = Photinia
Glanzständel = Liparis
Glanzstrauch = Pimelea
Glaskraut = Parietaria
Glasschmalz = Salicornia
Glatthafer = Arrhenatherum
Gleditschie = Gleditsia
Gleichsaum = Kohleria
Gliederkaktus = Schlumbergera
Gliederzypresse = Tetraclinis
Gliedkraut = Sideritis
Glockenblume = Campanula
Glockenheide = Erica
Glockenrebe = Cobaea
Glockenwinde = Codonopsis, Nolana
Gloxinie = Gloxinia
Glyzine = Wisteria
Gnadenkraut = Gratiola
Godetie = Clarkia
Götterbaum = Ailanthus
Götterblume = Dodecatheon
Götterduft = Diosma
Götzenholz = Kigelia
Goldaster = Chrysopsis
Goldbaldrian = Patrinia
Goldbart = Chrysopogon
Goldblättchen = Ebracteola
Goldblatt = Macodes
Golddistel = Scolymus
Golderdbeere = Waldsteinia
Goldfaden = Coptis
Goldfarn = Coniogramme, Pityrogramma
Goldfruchtpalme = Chrysalidocarpus
Goldglocke = Uvularia
Goldglöckchen = Forsythia
Goldhaar = Chrysocoma
Goldhafer = Trisetum
Goldkelch = Solandra
Goldkeule = Orontium
Goldkörbchen = Chrysogonum
Goldkolben = Ligularia
Goldkrokus = Sternbergia
Goldlack = Erysimum
Goldlärche = Pseudolarix
Goldmargerite = Euryops
Goldmohn = Eschscholzia
Goldnarbe = Xanthosoma
Goldpflaume = Chrysobalanus
Goldprimel = Vitaliana
Goldregen = Laburnum
Goldrute = Solidago
Goldrutenaster = × Solidaster
Goldschwanzgras = Lamarckia
Goldsiegel = Uvularia
Goldspitzengras = Lamarckia
Goldstern = Bloomeria
Goldtropfen = Onosma
Goodenie = Goodenia
Gottesurteilsbaum = Erythrophleum
Gottesurteilsbohne = Physostigma
Gottvergess = Ballota
Granatapfel = Punica
Grannenhafer = Trisetaria, Ventenata
Grannenhirse = Oryzopsis
Grannenlilie = Aristea
Grapefruit = Citrus
Grasbaum = Xanthorrhoea
Graslilie = Anthericum
Grasnelke = Armeria
Grasnelkenhabichtskraut = Tolpis
Grasschwertel = Sisyrinchium
Graubartgras = Spodiopogon
Graukresse = Berteroa
Greisenbart = Tillandsia
Greiskraut = Senecio, Tephroseris
Grenadille = Passiflora
Gretel im Busch = Nigella
Grevillee = Grevillea
Grewie = Grewia
Grindelie = Grindelia
Grindkraut = Scabiosa

Griseline = Griselinia
Grönlandmargerite = Arctanthemum
Grübchenfarn = Woodwardia
Grüner Heinrich = Chlorophytum
Grünholz = Chloroxylon
Grünkappe = Pterostylis
Grünlilie = Chlorophytum
Guajave = Psidium
Guatemalagras = Tripsacum
Guayule = Parthenium
Günsel = Ajuga
Gürtelklaue = Peristrophe
Gujakbaum = Guaiacum
Gummibaum = Ficus
Gummikraut = Grindelia
Gummimyrte = Angophora
Gundelrebe = Glechoma
Gundermann = Glechoma
Gurania = Gurania
Gurke = Cucumis
Gurkenbaum = Averrhoa
Gurkenkraut = Borago
Gurkenstrauch = Decaisnea
Guttaperchabaum = Palaquium
Guzmanie = Guzmania
Haarbinse = Trichophorum
Haarblume = Melothria, Trichosanthes
Haarfarn = Trichomanes
Haargerste = Elymus
Haargurke = Sicyos
Haarhütchen = Trichopilia
Haarnixe = Cabomba
Haarsäulenkaktus = Pilosocereus
Haarschöpfchen = Ptilotus
Haarsimse = Trichophorum
Haarsschotengras = Bouteloua
Haarstrang = Peucedanum
Haberlee = Haberlea
Habichtskraut = Hieracium
Händelwurz = Gymnadenia
Härtling = Hypoxis
Hafer = Avena
Haferschmiele = Aira
Haftdolde = Caucalis, Turgenia
Hagebutte = Rosa
Hagebuttenbirne = × Sorbopyrus
Hahnenfuß = Ranunculus
Hahnenkamm = Celosia
Hahnenkopf = Hedysarum
Hainblume = Nemophila
Hainbuche = Carpinus
Hainsimse = Luzula
Hakea = Hakea
Hakenlilie = Crinum
Hakenpalme = Desmoncus
Halskraut = Trachelium
Hammerstrauch = Cestrum
Hanf = Cannabis
Hanfpalme = Trachycarpus
Hardenbergie = Hardenbergia
Harfenstrauch = Plectranthus
Hartgras = Sclerochloa
Hartheu = Hypericum
Hartriegel = Cornus
Harzklee = Psoralea
Harzspiere = Chamaebatiaria
Hasel = Corylus
Haselnuss = Corylus
Haselwurz = Asarum
Hasenglöckchen = Hyacinthoides
Hasenkümmel = Lagoecia
Hasenlattich = Prenanthes
Hasenohr = Bupleurum
Hasenpfotenfarn = Davallia
Hasenschwanzgras = Lagurus
Hauhechel = Ononis
Hauswurz = Sempervivum
Hautfarn = Hymenophyllum
Hautsamenbaum = Hymenosporum
Haworthie = Haworthia
Hechtkraut = Pontederia
Heckenkirsche = Lonicera
Hederich = Raphanus
Heide = Erica
Heidekraut = Calluna
Heidelbeere = Vaccinium
Heidelbeerkaktus = Myrtillocactus
Heideröschen = Daphne
Heilglöckchen = Cortusa
Heiligenkraut = Santolina
Heilwurz = Opopanax
Heliconie = Heliconia
Heliotrop = Heliotropium
Hellerkraut = Thlaspi
Helmbohne = Dolichos
Helmgras = Ammophila
Helmkraut = Scutellaria
Helwingie = Helwingia
Helxine = Soleirolia
Hemlocktanne = Tsuga
Hennastrauch = Lawsonia
Herbstmargerite = Leucanthemella
Herkulesstaude = Heracleum
Hermannie = Hermannia
Heroldstrompete = Beaumontia
Herrscherpalme = Archontophoenix
Herzblatt = Parnassia
Herzblattschale = Jeffersonia
Herzblume = Dicentra
Herzgespann = Leonurus

Herzkelch = Eucharis
Herzlöffel = Caldesia
Herznussbaum = Anacardium
Herzsame = Cardiospermum
Hesperidenpalme = Brahea
Heteranthere = Heteranthera
Heuschreckenbaum = Hymenaea
Heusenkraut = Ludwigia
Hexenkraut = Circaea
Hibalebensbaum = Thujopsis
Hibbertie = Hibbertia
Hickorynuss = Carya
Himbeere = Rubus
Himmelsbambus = Nandina
Himmelsblüte = Duranta
Himmelsherold = Eritrichium
Himmelsleiter = Polemonium
Hiobsträne = Coix
Hirschsprung = Corrigiola
Hirschwurz = Peucedanum
Hirse = Panicum
Hirtentäschel = Capsella
Höckerblume = Tricyrtis
Hoherie = Hoheria
Hohldotter = Myagrum
Hohlsame = Bifora
Hohlspelze = Stenotaphrum
Hohlzahn = Galeopsis
Hohlzunge = Coeloglossum
Holunder = Sambucus
Holzbirne = Xylomelum
Honigbaum = Greyia
Honigbeere = Melicoccus
Honigblume = Melianthus
Honigglöckchen = Hermannia
Honiggras = Holcus
Eoniglauch = Nectaroscordum
Honigorchis = Herminium
Honigpalme = Jubaea
Honigstrauch = Melianthus
Hopfen = Humulus
Hopfenbuche = Ostrya
Hornblatt = Ceratophyllum
Hornfarn = Ceratopteris
Hornklee = Lotus
Hornköpfchen = Ceratocephala
Hornkraut = Cerastium
Hornmelde = Krascheninnikovia
Hornmohn = Glaucium
Hornnarbe = Ceratostigma
Hortensie = Hydrangea
Hortensienbaum = Dombeya
Hottentottenfeige = Carpobrotus
Houttuynie = Houttuynia
Howeapalme = Howea
Hühnerhirse = Echinochloa
Hüllenklaue = Hypoestes
Hufeisenklee = Hippocrepis
Huflattich = Tussilago
Hummerschere = Heliconia
Hundsgift = Apocynum
Hundskamille = Anthemis
Hundskohl = Theligonum
Hundspetersilie = Aethusa
Hundsrauke = Erucastrum
Hundswürger = Cynanchum
Hundswurz = Anacamptis
Hundszahn = Erythronium
Hundszahngras = Cynodon
Hundszunge = Cynoglossum
Hungerblümchen = Erophila
Hurrikanpalme = Dictyosperma
Husarenknopf = Sanvitalia
Hyazinthe = Hyacinthus
Icacopflaume = Chrysobalanus
Igelginster = Erinacea
Igelgurke = Echinocystis
Igelkolben = Sparganium
Igelkopf = Echinacea
Igelkraftwurz = Oplopanax
Igelpolster = Acantholimon
Igelsäulenkaktus = Echinocereus
Igelsame = Lappula
Igelschlauch = Baldellia, Echinodorus
Immenblatt = Melittis
Immergold = Aichryson
Immergrün = Vinca
Immortelle = Rhodanthe
Indianergras = Sorghastrum
Indianernessel = Monarda
Indianerwiege = Caulophyllum
Indigostrauch = Indigofera
Indische Erdbeere = Duchesnea
Indische Maulbeere = Morinda
Indischer Spinat = Basella
Ingabohne = Inga
Ingwer = Zingiber
Ingwerlilie = Alpinia
Ingwerorchidee = Roscoea
Inkalilie = Alstroemeria
Insektenblume = Tanacetum
Iresine = Iresine
Iris = Iris
Isabellenholz = Persea
Ixlilie = Ixiolirion
Jaborandistrauch = Pilocarpus
Jabukistrauch = Rhodotypos
Jacarandabaum = Jacaranda
Jackbohne = Canavalia
Jägerblume = Callianthemum

Jakobskraut = Brachyglottis
Jakobsleiter = Polemonium
Jakobslilie = Sprekelia
Jamaikakirsche = Muntingia
Jambos = Syzygium
Jambuse = Syzygium
Jamesie = Jamesia
Japanische Schaumblüte = Tanakaea
Japanischer Meerrettich = Wasabia
Jasmin = Jasminum
Jasminwurzel = Gelsemium
Jerichorose = Anastatica
Jochlilie = Zigadenus
Johannisbeere = Ribes
Johannisbrotbaum = Ceratonia
Johanniskraut = Hypericum
Jojobastrauch = Simmondsia
Juckbohne = Mucuna
Judasbaum = Cercis
Judendorn = Ziziphus
Judenkirsche = Physalis
Jujube = Ziziphus
Jungfer im Grünen = Nigella
Jungfernrebe = Parthenocissus
Junggesellenknopf = Craspedia
Junkerlilie = Asphodeline
Jupitertränen = Coix
Justizie = Justicia
Jute = Corchorus
Kadsura = Kadsura
Kälberkropf = Chaerophyllum
Kängurubaum = Casuarina
Kängurublume = Anigozanthos
Kängurupfote = Anigozanthos
Kaffeestrauch = Coffea
Kaffernlilie = Schizostylis
Kafirpflaume = Harpephyllum
Kahngras = Hyparrhenia
Kahnorchis = Cymbidium
Kaimastrauch = Rhodotypos
Kaiserkrone = Fritillaria
Kaiserwinde = Ipomoea
Kakaobaum = Theobroma
Kaladie = Caladium
Kalanchoe = Kalanchoe
Kalandrine = Calandrinia
Kalebasse = Lagenaria
Kalebassenbaum = Crescentia
Kalifornischer Baummohn = Romneya
Kalkblatt = Titanopsis
Kalla = Zantedeschia
Kalmus = Acorus
Kameldorn = Alhagi
Kamelie = Camellia
Kamille = Matricaria, Tripleurospermum
Kammgras = Cynosurus
Kammmaranthe = Ctenanthe
Kammminze = Elsholtzia
Kammquecke = Agropyron
Kampferbaum = Cinnamomum
Kampferkraut = Camphorosma
Kanarenglockenblume = Canarina
Kanaribaum = Canarium
Kanarinuss = Canarium
Kaneelbaum = Canella
Kaninchenstrauch = Chrysothamnus
Kannenstrauch = Nepenthes
Kanonenblume = Pilea
Kanonierblume = Pilea
Kapaster = Felicia
Kapernstrauch = Capparis
Kapfuchsie = Phygelius
Kapgeißblatt = Tecomaria
Kaphyazinthe = Lachenalia
Kapkastanie = Calodendrum
Kapkörbchen = Dimorphotheca
Kaplilie = Tulbaghia
Kaplöwenzahn = Arctotheca
Kapmargerite = Euryops
Kapmyrte = Phylica
Kapokbaum = Ceiba
Kappenmohn = Eschscholzia
Kappenständel = Calypso
Kapuzinerkresse = Tropaeolum
Karakabaum = Corynocarpus
Kardamom = Amomum, Elettaria
Karde = Dipsacus
Kardendistel = Morina
Kardy = Cynara
Karnaubapalme = Copernicia
Kartoffel = Solanum
Kassie = Cassia
Kastanie = Castanea
Kasuarine = Casuarina
Kathstrauch = Catha
Katsurabaum = Cercidiphyllum
Katzenmaul = Misopates
Katzenminze = Nepeta
Katzenpfötchen = Antennaria
Katzenschwanz = Acalypha
Kaukasusvergissmeinnicht = Brunnera
Kaurifichte = Agathis
Kautschukbaum = Castilla
Kegelblume = Puschkinia
Kelchgras = Danthonia
Kellerhals = Daphne
Kennedie = Kennedia
Kentiapalme = Howea
Kerbel = Anthriscus
Kermesbeere = Phytolacca

Kerrie = Kerria
Kerzenbaum = Parmentiera
Kerzenstrauch = Fouquieria
Kettenfarn = Woodwardia
Keulenbaum = Casuarina
Keulenlilie = Cordyline
Keulenmohn = Meconopsis
Keuschbaum = Vitex
Kichererbse = Cicer
Kiefer = Pinus
Kielkrone = Calotropis
Kirsche = Prunus
Kirschmyrte = Eugenia, Syzygium
Kirschorange = Citropsis
Kitaibelie = Kitaibela
Kiwipflanze = Actinidia
Klaffmund = Chaenorhinum
Klapperhülse = Crotalaria
Klappertopf = Rhinanthus
Klauenfarn = Onychium
Klebgras = Cenchrus
Klebkraut = Galium
Klebsame = Pittosporum
Klebschwertel = Ixia
Klee = Trifolium
Kleefarn = Marsilea
Kleeseide = Cuscuta
Kleeulme = Ptelea
Kleinie = Kleinia
Kleopatranadel = Eremurus
Klette = Arctium
Klettengras = Tragus
Klettenkerbel = Torilis
Klettenkraut = Lappula
Kletterdahlie = Hidalgoa
Kletterfarn = Lygodium
Klettermäusedorn = Semele
Kletterschraubenpalme = Freycinetia
Klettertrompete = Distictis
Klimmdahlie = Hidalgoa
Klimme = Cissus
Klimmtraube = Artabotrys
Klippenfarn = Pellaea
Klumpstamm = Beaucarnea
Knabenkraut = Dactylorhiza, Orchis
Knäuel = Scleranthus
Knäuelgras = Dactylis
Knallerbsenstrauch = Symphoricarpos
Knautie = Knautia
Knebel = Sagina
Knoblauchsrauke = Alliaria
Knöterich = Persicaria
Knollenbohne = Sphenostylis
Knollenkümmel = Bunium, Conopodium
Knollenmiere = Pseudostellaria
Knopfkraut = Galinsoga
Knorpelkraut = Illecebrum, Polycnemum
Knorpellattich = Chondrilla
Knorpelmöhre = Ammi
Knotenblume = Leucojum
Knotendolde = Myrrhoides
Knotenfuß = Streptopus
Knotenschötchen = Braya
Kobraschlauchpflanze = Darlingtonia
Köcherblümchen = Cuphea
Königin der Nacht = Selenicereus
Königsblume = Daphne
Königsfarn = Osmunda
Königskerze = Verbascum
Königspalme = Roystonea
Kohl = Brassica
Kohlbaum = Andira
Kohlerie = Kohleria
Kohlröschen = Nigritella
Kokardenblume = Gaillardia
Kokastrauch = Erythroxylum
Kokkelstrauch = Cocculus
Kokosnuss = Cocos
Kokospalme = Cocos
Kolabaum = Cola
Kolanuss = Cola
Kolbenbaum = Cordyline
Kolbenfaden = Aglaonema
Kolbenhirse = Setaria
Kolbenlilie = Cordyline
Kolibritrompete = Epilobium
Kolkwitzie = Kolkwitzia
Koloquinte = Citrullus
Kolumnee = Columnea
Kompasspflanze = Silphium
Kopaivabalsam = Copaifera
Kopaivabaum = Copaifera
Kopfbusch = Cephalanthus
Kopfeibe = Cephalotaxus
Kopfgras = Oreochloa, Sesleria
Kopfried = Schoenus
Kopfsimse = Scirpoides
Korallenbaum = Erythrina
Korallenbeere = Symphoricarpos
Korallenkaktus = Rhipsalis
Korallenmoos = Nertera
Korallenraute = Boronia
Korallenstrauch = Erythrina
Korallentröpfchen = Bessera
Korallenwein = Antigonon
Korallenwurz = Corallorrhiza
Korbfarn = Drynaria
Korbmaranthe = Calathea
Kordie = Cordia
Koriander = Coriandrum

Korkbaum = Phellodendron
Kornblume = Centaurea
Kornblumenaster = Stokesia
Kornelkirsche = Cornus
Kornrade = Agrostemma
Kosmee = Cosmos
Kosobaum = Hagenia
Kostwurz = Costus
Krähenbeere = Empetrum
Krähenfuß = Coronopus
Kräuselmyrte = Lagerstroemia
Kraftwurz = Panax
Kragenblume = Carpesium
Kranzblume = Hedychium
Kranzschlinge = Stephanotis
Kranzspiere = Stephanandra
Krapp = Rubia
Kratzdistel = Cirsium
Krebsschere = Stratiotes
Kreisblume = Anacyclus
Kreiselkaktus = Strombocactus
Kreisfahne = Chorizema
Kresse = Lepidium
Kreuzblatt = Crucianella
Kreuzblümchen = Polygala
Kreuzdorn = Rhamnus
Kreuzkraut = Senecio
Kreuzkümmel = Cuminum
Kreuzlabkraut = Cruciata
Kreuzstrauch = Baccharis
Krötenlilie = Tricyrtis
Krokus = Crocus
Kronbart = Verbesina
Kronenlattich = Willemetia
Kronentau = Drypis
Kronwicke = Coronilla, Securigera
Kroton = Croton
Krugfarn = Davallia
Krugpflanze = Sarracenia
Krukenbaum = Lecythis
Krummfuß = Cyrtopodium
Kuchenbaum = Cercidiphyllum
Kudzubohne = Pueraria
Küchenschelle = Pulsatilla
Kümmel = Carum
Kürbis = Cucurbita
Küstenmammutbaum = Sequoia
Küstensequoie = Sequoia
Kugelbaum = Mimusops
Kugelbinse = Scirpoides
Kugelblume = Globularia
Kugeldistel = Echinops
Kugelfaden = Kadsura
Kugelknabenkraut = Traunsteinera
Kugelmalve = Sphaeralcea
Kugelorchis = Traunsteinera
Kugelschötchen = Kernera
Kuhbaum = Brosimum
Kuhblume = Taraxacum
Kuhbohne = Vigna
Kuhkraut = Vaccaria
Kuhschelle = Pulsatilla
Kuhtritt = Wulfenia
Kumquat = Fortunella
Kunigundenkraut = Eupatorium
Kurzfähnchen = Brachysema
Kurzstiel = Adromischus
Kussblume = Philesia
Labkraut = Galium
Lachenalie = Lachenalia
Lackbaum = Butea
Lackblatt = Schefflera
Lackmuskraut = Chrozophora
Lacksenf = Coincya
Laelie = Laelia
Lämmersalat = Arnoseris
Lärche = Larix
Läusekraut = Pedicularis
Lagerströmie = Lagerstroemia
Laichkraut = Potamogeton
Lakritze = Glycyrrhiza
Lamarkie = Lamarckia
Lampenputzergras = Pennisetum
Lampenputzerstrauch = Callistemon
Lampionblume = Physalis
Langfaden = Combretum
Lansibaum = Lansium
Lanzenfarn = Lonchitis
Lanzenrosette = Aechmea
Lapagerie = Lapageria
Lapeirousie = Lapeirousia
Lappenblume = Hypecoum
Laserkraut = Laserpitium
Lasthenie = Lasthenia
Latanie = Latania
Laternenbaum = Crinodendron
Laternenlilie = Sandersonia
Lattich = Lactuca
Lauch = Allium
Lauchkraut = Alliaria
Laugenblume = Cotula
Lavendel = Lavandula
Lavendelheide = Pieris
Lebendblatt = Tolmiea
Lebender Stein = Lithops
Lebensbaum = Thuja
Leberbalsam = Ageratum
Leberblümchen = Hepatica
Leberwurstbaum = Kigelia
Lederblatt = Chamaedaphne

Lederholz = Dirca
Lederhülsenbaum = Gleditsia
Lederstrauch = Ptelea
Leimkraut = Silene
Leimsaat = Collomia
Lein = Linum
Leinblatt = Thesium
Leindotter = Camelina
Leinkraut = Linaria
Leopardenblume = Belamcanda
Lerchensporn = Ceratocapnos, Corydalis, Pseudofumaria
Leschenaultie = Leschenaultia
Leuchterblume = Ceropegia
Levkoje = Matthiola
Lewisie = Lewisia
Leycesterie = Leycesteria
Leylandzypresse = × Cupressocyparis
Lichtblume = Bulbocodium
Lichtnelke = Silene
Liebesblume = Agapanthus
Liebesgras = Eragrostis
Liebesperlenstrauch = Callicarpa
Liebesröschen = Anacampseros
Liebstöckel = Levisticum
Lieschgras = Phleum
Ligularie = Ligularia
Liguster = Ligustrum
Lilie = Lilium
Lilienschweif = Eremurus
Lilientrichter = Blandfordia
Limette = Citrus
Linde = Tilia
Lindheimerie = Lindheimera
Linse = Lens
Lippenfarn = Cheilanthes
Lippenmäulchen = Mazus
Liriope = Liriope
Litschi = Litchi
Livingstonpalme = Livistona
Livistonie = Livistona
Loase = Loasa
Lobelie = Lobelia
Lochschlund = Anarrhinum
Löffelbaum = Cunonia
Löffelkraut = Cochlearia
Löwenmaul = Antirrhinum
Löwenohr = Leonotis
Löwenzahn = Leontodon, Taraxacum
Lolch = Lolium
Lorbeerbaum = Laurus
Lorbeerkirsche = Prunus
Lorbeerrose = Kalmia
Losbaum = Clerodendrum
Losstrauch = Clerodendrum
Lotosblume = Nelumbo
Lotuspflaume = Diospyros
Lotwurz = Onosma
Loulupalme = Pritchardia
Luftnelke = Tillandsia
Lungenkraut = Pulmonaria
Lupine = Lupinus
Luzerne = Medicago
Lyonie = Lyonia
Maackie = Maackia
Macadamianuss = Macadamia
Macassaölbaum = Schleichera
Macoré = Tieghemella
Madagaskarpalme = Pachypodium
Madagaskarpflaume = Flacourtia
Madie = Madia
Mädchenauge = Coreopsis
Mädchenhaarbaum = Ginkgo
Mädesüß = Filipendula
Mähnenpalme = Jubaea
Mänderle = Paederota
Mäusedorn = Ruscus
Mäuseschwänzchen = Myosurus
Mäuseschwanz = Arisarum
Maggikraut = Levisticum
Magnolie = Magnolia
Mahagonibaum = Khaya, Swietenia
Mahonie = Mahonia
Maiapfel = Podophyllum
Maiglöckchen = Convallaria
Mais = Zea
Majoran = Origanum
Malaguetapfeffer = Aframomum
Malayenblume = Phalaenopsis
Malve = Malva
Mammiapfel = Mammea
Mammutbaum = Sequoiadendron
Mammutblatt = Gunnera
Mandarine = Citrus
Mandel = Prunus
Manglebaum = Rhizophora
Mango = Mangifera
Mangostane = Garcinia
Mangrovebaum = Rhizophora
Mangrovefarn = Acrostichum
Manilapalme = Veitchia
Maniok = Manihot
Maniu = Dacrydium
Mannsschild = Androsace
Mannstreu = Eryngium
Marbel = Luzula
Margerite = Leucanthemum, Tanacetum
Mariendistel = Silybum
Mariengras = Hierochloe
Maskenblume = Alonsoa

Maskenorchidee = Coryanthes
Maßliebchen = Bellis
Mastkraut = Sagina
Mauerlattich = Mycelis
Mauermiere = Paronychia
Mauerpfeffer = Sedum
Maulbeere = Morus
Medinille = Medinilla
Meerbohne = Entada
Meerfenchel = Crithmum
Meerkohl = Crambe
Meerlavendel = Limonium
Meerrettich = Armoracia
Meerrettichbaum = Moringa
Meersenf = Cakile
Meerträubel = Ephedra
Meertraubenbaum = Coccoloba
Meerviole = Malcolmia
Meerzwiebel = Urginea
Mehlbeere = Sorbus
Meier = Asperula
Meister = Asperula
Melde = Atriplex
Melisse = Melissa
Melone = Cucumis
Melonenbaum = Carica
Melonenbegonie = Elatostema, Pellionia
Melonenkaktus = Melocactus
Menziesie = Menziesia
Merk = Berula, Sium
Mescalkaktus = Lophophora
Mesquitebaum = Prosopis
Metzgerpalme = Reineckea
Mexikanischer Knöterich = Antigonon
Mexikolattich = Tridax
Mexikomohn = Hunnemannia
Mexikostern = Milla
Michauxie = Michauxia
Miere = Minuartia
Milchbaum = Brosimum
Milchbusch = Synadenium
Milchfleckdistel = Galactites
Milchkraut = Glaux
Milchlattich = Cicerbita
Milchstern = Ornithogalum
Miltonie = Miltonia
Milzkraut = Chrysosplenium
Mimose = Mimosa
Mimose der Gärtner = Acacia
Minze = Mentha
Mispel = Mespilus
Mistel = Viscum
Mittagsblume = Delosperma, Dorotheanthus, Lampranthus
Mocanbaum = Visnea
Möhre = Daucus
Mönchskraut = Nonea
Mönchspfeffer = Vitex
Mohn = Papaver
Mohnmalve = Callirhoe
Mohrenhirse = Sorghum
Mohrenpfeffer = Xylopia
Molchschwanz = Saururus
Moltkie = Moltkia
Mombinpflaume = Spondias
Mondraute = Botrychium
Mondsame = Menispermum
Montbretie = Crocosmia
Moorabbiss = Succisella
Moorbeere = Vaccinium
Moorbinse = Isolepis
Moorglöckchen = Wahlenbergia
Moosauge = Moneses
Moosbeere = Vaccinium
Moosfarn = Selaginella
Moosglöckchen = Linnaea
Moosheide = Bryanthus, Phyllodoce
Mooskraut = Selaginella
Moosmiere = Moehringia
Morgenblüte = Orthrosanthus
Morgenländischer Lebensbaum = Platycladus
Moricandie = Moricandia
Mormonentulpe = Calochortus
Moschusgurke = Sicana
Moschuskraut = Adoxa
Moskitogras = Bouteloua
Mottenkönig = Plectranthus
Mühlenbeckie = Muehlenbeckia
Münzgold = Hibbertia
Mützenstrauch = Mitraria
Mummel = Nuphar
Muschelblümchen = Isopyrum
Muschelblume = Moluccella
Muskatnuss = Myristica
Mutterkraut = Tanacetum
Mutterwurz = Ligusticum
Myrobalane = Terminalia
Myrrhe = Commiphora
Myrsine = Myrsine
Myrte = Myrtus
Myrtenheide = Melaleuca
Myrtenkraut = Andrachne
Nabelkraut = Umbilicus
Nabelmiere = Moehringia
Nabelnüsschen = Omphalodes
Nachthyazinthe = Polianthes
Nachtkerze = Oenothera
Nachtschatten = Solanum
Nachtviole = Hesperis

Nacktfarn = Anogramma
Nacktried = Kobresia
Nadelkerbel = Scandix
Nadelkissen = Hakea
Nadelpalme = Rhapidophyllum
Nadelröschen = Fumana
Nagelbeere = Ochna
Nagelkraut = Paronychia, Polycarpon
Nandine = Nandina
Naraspflanze = Acanthosicyos
Nardenähre = Nardostachys
Narihirabambus = Semiarundinaria
Narzisse = Narcissus
Natalgras = Rhynchelytrum
Natternfarn = Ophioglossum
Natternkopf = Echium
Natternzunge = Ophioglossum
Nebelblume = Conoclinium
Nelke = Dianthus
Nelkenpfeffer = Pimenta
Nelkenwurz = Geum
Nelkenwurzodermennig = Aremonia
Nemesie = Nemesia
Nerine = Nerine
Nesselblatt = Acalypha
Nestbromelie = Nidularium
Nestwurz = Neottia
Netzblatt = Goodyera
Neuseelandedelweiß = Leucogenes
Neuseelandeibisch = Hoheria
Neuseelandflachs = Phormium
Neuseelandspinat = Tetragonia
Nierembergie = Nierembergia
Nieswurz = Helleborus
Nigersaat = Guizotia
Nikaupalme = Rhopalostylis
Nimbaum = Azadirachta
Nipapalme = Nypa
Nissegras = Gastridium
Nixkraut = Najas
Nonibaum = Morinda
Norfolkeibisch = Lagunaria
Nusseibe = Torreya
Nussmaul = Anguloa
Ochsenauge = Buphthalmum
Ochsenzunge = Anchusa
Ocotillostrauch = Fouquieria
Odermennig = Agrimonia
Ölbaum = Olea
Ölfrucht = Elaeocarpus
Ölpalme = Elaeis
Ölweide = Elaeagnus
Östlicher Hornmohn = Dicranostigma
Ohnsporn = Aceras
Ohrblume = Otanthus
Ohrkraut = Hedyotis
Okwabaum = Treculia
Oleander = Nerium
Olive = Olea
Opuntie = Opuntia
Orange = Citrus
Orangenbeere = Citriobatus
Orangenblume = Choisya
Orangenkirsche = Idesia
Orangenraute = Murraya
Orangenwurzel = Hydrastis
Orant = Chaenorhinum
Orchidee des armen Mannes = Schizanthus
Oregonpflaume = Oemleria
Orleanstrauch = Bixa
Osagedorn = Maclura
Osterglocke = Narcissus
Osterluzei = Aristolochia
Oysternuss = Telfairia
Päonie = Paeonia
Pagodenbaum = Sophora
Palasabaum = Butia
Palaspalme = Licuala
Palisadengras = Brachiaria
Palisander = Jacaranda
Palma Christi = Ricinus
Palmenschilf = Prionium
Palmettopalme = Sabal
Palmlilie = Yucca
Pampasgras = Cortaderia
Panamapalme = Carludovica
Pandorea = Pandorea
Pankrazlilie = Pancratium
Pantherblume = Belamcanda
Pantoffelblume = Calceolaria
Papageienblatt = Alternanthera
Papau = Asimina
Papaya = Carica
Papierblümchen = Acroclinium
Papierblume = Xeranthemum
Papierknöpfchen = Ammobium
Papiermaulbeerbaum = Broussonetia
Pappel = Populus
Paprika = Capsicum
Paradieslilie = Paradisea
Paradiesnuss = Lecythis
Paradiesvogelblume = Strelitzia
Parakautschukbaum = Hevea
Parakresse = Acmella
Paranuss = Bertholletia
Parentucellie = Parentucellia
Parkinsonie = Parkinsonia
Parrotie = Parrotia
Passionsblume = Passiflora
Passionsfrucht = Passiflora

Pastinak = Pastinaca
Patagonische Eibe = Saxegothaea
Patagonische Zypresse = Fitzroya
Paternosterbaum = Melia
Paternostererbse = Abrus
Paternosterstrauch = Osteospermum
Patschuli = Pogostemon
Paukenschlegel = Isopogon
Paulownie = Paulownia
Pavianblume = Babiana
Pechnelke = Silene
Peitschenkaktus = Aporocactus
Peitschenorchidee = Scuticaria
Pejote = Lophophora
Pelargonie = Pelargonium
Pellionie = Pellionia
Pellote = Lophophora
Pelzfarn = Cheilanthes
Peperomie = Peperomia
Pereskie = Pereskia
Perlbeere = Margyricarpus
Perlfarn = Onoclea
Perlgras = Melica
Perlkörbchen = Anaphalis
Perlschweif = Stachyurus
Perowskie = Perovskia
Perückenstrauch = Cotinus
Pestwurz = Petasites
Petersilie = Petroselinum
Petterie = Petteria
Petunie = Petunia
Peyotl = Lophophora
Pfaffenhütchen = Euonymus
Pfaffenröhrlein = Taraxacum
Pfahlrohr = Arundo
Pfannengras = Paspalum
Pfauenblume = Tigridia
Pfeffer = Piper
Pfefferbaum = Schinus
Pfefferkraut = Satureja
Pfeifengras = Molinia
Pfeifenstrauch = Philadelphus
Pfeifenwinde = Aristolochia
Pfeilaron = Peltandra
Pfeilblatt = Alocasia
Pfeilkraut = Sagittaria
Pfeilkresse = Cardaria
Pfeilwurz = Maranta
Pferdemelisse = Collinsonia
Pfingstrose = Paeonia
Pfirsich = Prunus
Pfirsichpalme = Bactris
Pflaume = Prunus
Pfriemenginster = Spartium
Pfriemengras = Stipa
Pfriemenkresse = Subularia
Philodendron = Philodendron
Phlox = Phlox
Phönixpalme = Phoenix
Pillenfarn = Pilularia
Pimentbaum = Pimenta
Pimpernuss = Staphylea
Pimpinelle = Pimpinella
Pinangpalme = Pinanga
Pindrowpalme = Attalea
Pinellie = Pinellia
Pippau = Crepis
Pissavepalme = Attalea
Pistazie = Pistacia
Platane = Platanus
Platterbse = Lathyrus
Pockholz = Guaiacum
Porst = Ledum
Portulak = Portulaca
Porzellanblume = Hoya
Porzellansternchen = Houstonia
Potenzholz = Ptychopetalum
Prachtglocke = Enkianthus
Prachtkerze = Gaura
Prachtlilie = Nomocharis
Prachtscharte = Liatris
Prachtspiere = Astilbe
Prärieampfer = Parthenium
Prärieenzian = Eustoma
Präriegras = Schizachyrium
Prärielilie = Camassia
Präriemalve = Sidalcea
Präriesonnenhut = Ratibida
Preiselbeere = Vaccinium
Priesterpalme = Washingtonia
Primel = Primula
Prophetenblume = Arnebia
Protee = Protea
Prunkblüte = Chlidanthus
Prunkblume = Clianthus
Prunkwinde = Ipomoea
Puderquastenstrauch = Calliandra
Purgierdolde = Thapsia
Purgiernuss = Jatropha
Purgierstrauch = Thymelaea
Purpurbohne = Kennedia
Purpurerbse = Hardenbergia
Purpurglöckchen = Heuchera
Purpurkranz = Petrea
Purpurschopf = Justicia
Purpurstängel = Phoenicaulis
Purpurtaupflanze = Disphyma
Purpurtüte = Syngonium
Purpurwinde = Ipomoea
Puschkinie = Puschkinia

Pusteblume = Taraxacum
Putorie = Putoria
Pyrenäennelke = Petrocoptis
Pyrethrum = Tanacetum
Quassiabaum = Quassia
Quecke = Elymus
Queenslandnuss = Macadamia
Queenslandpalmfarn = Bowenia
Quellbinse = Blysmus
Queller = Salicornia
Quellgras = Catabrosa
Quellkraut = Montia
Quellried = Blysmus
Quendel = Thymus
Quetschblume = Thladiantha
Quetschgurke = Thladiantha
Quitte = Cydonia
Rachenblatt = Faucaria
Rachenblüte = Lagotis
Rachenlilie = Chasmanthe
Rachenrebe = Columnea
Radbaum = Trochodendron
Radblüte = Trochiscanthes
Rade = Agrostemma
Radfrucht = Trochocarpa
Radieschen = Raphanus
Radmelde = Bassia
Radspiere = Exochorda
Raffiapalme = Raphia
Ragwurz = Ophrys
Rahle = Teesdalia
Raigras = Lolium
Rainfarn = Tanacetum
Rainkohl = Lapsana
Rainweide = Ligustrum
Rambutan = Nephelium
Ramie = Boehmeria
Ramondie = Ramonda
Ramtillkraut = Guizotia
Ranunkel = Ranunculus
Ranunkelstrauch = Kerria
Rapsdotter = Rapistrum
Rapünzchen = Valerianella
Rapunzel = Valerianella
Rasenbinse = Trichophorum
Rasenspiere = Petrophytum
Rasierpinselbaum = Pachira
Raspelfarn = Doodia
Rasselblume = Catananche
Ratanhia = Krameria
Raudolde = Trachymene
Raugras = Stipa
Rauke = Eruca, Sisymbrium
Raukensenf = Sisymbrium
Rauling = Trachystemon
Raupenähre = Beckmannia
Raupenfarn = Scyphularia
Rauschbeere = Vaccinium
Rauschopf = Dasylirion
Raute = Ruta
Rautenanemone = Anemonella
Ravennagras = Saccharum
Raygras = Lolium
Rebe = Vitis
Rebhuhnbeere = Gaultheria, Mitchella
Rechenblume = Symplocos
Regenbogenpflanze = Byblis
Rehmannie = Rehmannia
Reiherschnabel = Erodium
Reineckie = Reineckea
Reis = Oryza
Reispapierbaum = Tetrapanax
Reisquecke = Leersia
Reitgras = Calamagrostis
Resede = Reseda
Resedenwein = Anredera
Retamastrauch = Retama
Rettich = Raphanus
Rhabarber = Rheum
Rhododendron = Rhododendron
Ridolfie = Ridolfia
Riemenblatt = Clivia
Riemenblüte = Loropetalum
Riemenfarn = Campyloneurum
Riemenlippe = Habenaria
Riementillandsie = Catopsis
Riemenzunge = Himantoglossum
Riesenbambus = Gigantochloa
Riesenboretsch = Solenanthus
Riesenfenchel = Ferula
Riesenglocke = Ostrowskia
Riesenhülse = Entada
Riesenkaktus = Carnegiea
Riesenlilie = Cardiocrinum
Riesenseerose = Victoria
Ringblume = Anacyclus
Ringelblume = Calendula
Rippenfarn = Blechnum
Rippensame = Pleurospermum
Rispelstrauch = Myricaria
Rispenfarn = Osmunda
Rispengras = Poa
Rispenhirse = Panicum
Rittersporn = Consolida, Delphinium
Ritterstern = Hippeastrum
Rivinie = Rivina
Rizinus = Ricinus
Robinie = Robinia
Rodgersie = Rodgersia
Römische Kamille = Chamaemelum

Röte = Rubia
Roggen = Secale
Rohr = Phragmites
Rohrkolben = Typha
Rollfarn = Cryptogramma
Romanzoffie = Romanzoffia
Rose = Rosa
Rose von Jericho = Anastatica
Rosenapfel = Dillenia, Syzygium
Roseneibisch = Hibiscus
Rosenholz = Dalbergia
Rosenmyrte = Rhodomyrtus
Rosenwurz = Rhodiola
Rosinenbaum = Hovenia
Rosmarin = Rosmarinus
Rosmarinheide = Andromeda
Rosmarinweide = Itea
Rosskastanie = Aesculus
Rosskümmel = Laser
Rotangpalme = Calamus
Rotholz = Erythroxylum
Rotkelch = Erythrochiton
Rotschopfgras = Themeda
Ruchgras = Anthoxanthum
Rudel = Ruellia
Rübe = Beta
Rühr mich nicht an = Impatiens
Ruellie = Ruellia
Rüssellilie = Curculigo
Rüster = Ulmus
Ruhmesblume = Clianthus
Ruhmeskrone = Gloriosa
Ruhrkraut = Gnaphalium
Ruprechtsfarn = Gymnocarpium
Russelie = Russelia
Rutenaster = Microglossa
Rutenblume = Carmichaelia
Rutenkaktus = Rhipsalis
Rutenpalme = Rhapis
Sabalpalme = Sabal
Säbelblatt = Machairophyllum
Säckelblume = Ceanothus
Säuerling = Oxyria
Säulenblume = Stylidium
Saflor = Carthamus
Safranwurz = Curcuma
Sagopalme = Metroxylon
Sagopalmfarn = Cycas
Saguaro = Carnegiea
Salakpalme = Salacca
Salat = Lactuca
Salbei = Salvia
Salde = Ruppia
Salomonssiegel = Polygonatum
Salonefeu = Delairea
Salzbaum = Haloxylon
Salzkraut = Salsola
Salzkresse = Hymenolobus
Salzmelde = Suaeda
Salzmiere = Honckenya
Salzschwaden = Puccinellia
Salzstrauch = Halimodendron
Salztäschel = Hymenolobus
Sammetblume = Tagetes
Sammetmalve = Abutilon
Samtgras = Lagurus
Samtpappel = Abutilon
Samtpflanze = Gynura
Sanchezie = Sanchezia
Sand-Zwerggras = Mibora
Sandarakbaum = Tetraclinis
Sandbirne = Peraphyllum
Sandbüchsenbaum = Hura
Sanddorn = Hippophae
Sandelholz = Santalum
Sandglöckchen = Jasione
Sandimmortelle = Ammobium
Sandkraut = Arenaria
Sandkrokus = Romulea
Sandmyrte = Leiophyllum
Sandröschen = Tuberaria
Sandverbene = Abronia
Sanikel = Sanicula
Saphirbeere = Symplocos
Sarrazenie = Sarracenia
Sassafras = Sassafras
Saudistel = Sonchus
Sauerampfer = Rumex
Sauerbaum = Oxydendrum
Sauerdorn = Berberis
Sauerklee = Oxalis
Saumfarn = Lomariopsis, Pteris
Saumnarbe = Lomatogonium
Saxaul = Haloxylon
Schachblume = Fritillaria
Schachtelhalm = Equisetum
Schafgarbe = Achillea
Schafsteppich = Raoulia
Schaftdolde = Hacquetia
Schamblume = Clitoria
Schampflanze = Aeschynomene
Scharbockskraut = Ranunculus
Scharfkraut = Asperugo
Scharlachranke = Coccinia
Scharte = Serratula
Schattenblume = Maianthemum
Schattenröhre = Episcia
Schatullenfarn = Cibotium
Schaublatt = Rodgersia
Schaumblüte = Tiarella

Schaumkraut = Cardamine
Schaumkresse = Cardaminopsis
Schaumspiere = Holodiscus
Schefflera = Schefflera
Scheibenblume = Cyclanthus
Scheibenschötchen = Peltaria
Scheidenblatt = Spathiphyllum
Scheidenblütgras = Coleanthus
Scheinakazie = Robinia
Scheinakelei = Semiaquilegia
Scheinananas = Pseudananas
Scheinanemone = Anemonopsis
Scheinaster = Vernonia
Scheinbeere = Gaultheria
Scheinbuche = Nothofagus
Scheineller = Clethra
Scheinerdbeere = Duchesnea
Scheinfiederspiere = Chamaebatiaria
Scheingänseblümchen = Bellium
Scheingeißklee = Cytisophyllum
Scheinginseng = Pseudopanax
Scheingreiskraut = Erechtites
Scheinhanf = Datisca
Scheinhasel = Corylopsis
Scheinheide = Adenostoma
Scheinhopfenbuche = Ostryopsis
Scheinhortensie = Deinanthe
Scheinhyazinthe = Brimeura
Scheinindigo = Amorpha
Scheinkalla = Lysichiton
Scheinkamelie = Stewartia
Scheinkamille = Boltonia
Scheinkastanie = Castanopsis
Scheinkerrie = Rhodotypos
Scheinkrokus = Romulea
Scheinlerchensporn = Pseudofumaria
Scheinlobelie = Downingia
Scheinlorbeer = Daphniphyllum
Scheinmalve = Malvastrum
Scheinmohn = Meconopsis
Scheinmyrte = Anamirta
Scheinorchis = Roscoea
Scheinparrotie = Parrotiopsis
Scheinquitte = Chaenomeles
Scheinrebe = Ampelopsis
Scheinruhrkraut = Pseudognaphalium
Scheinschaumkraut = Pachyphragma
Scheinsonnenhut = Echinacea
Scheinulme = Eucryphia
Scheinveilchen = Ionopsidium
Scheinwasserpest = Lagarosiphon
Scheinzaunrübe = Diplocyclos
Scheinzypresse = Chamaecyparis
Schellenbaum = Thevetia
Schellenblume = Adenophora
Schibutterbaum = Vitellaria
Schiefblatt = Begonia
Schiefteller = Achimenes
Schierling = Conium
Schierlingstanne = Tsuga
Schildblatt = Darmera
Schildblume = Chelone
Schildfarn = Polystichum
Schildkraut = Clypeola
Schildkresse = Fibigia
Schildnarbe = Aspidistra
Schilf = Phragmites
Schilforchidee = Arundina
Schilfpalme = Thrinax
Schillergras = Koeleria
Schimmerbaum = Protea
Schingellolch = × Festulolium
Schirlingssilge = Conioselinum
Schirmbambus = Fargesia
Schirmbaum = Musanga
Schirmblatt = Diphylleia
Schirmtanne = Sciadopitys
Schlagkraut = Iva
Schlammling = Limosella
Schlangenäuglein = Asperugo
Schlangenbart = Ophiopogon
Schlangenhaargurke = Trichosanthes
Schlangenkaktus = Aporocactus, Selenicereus
Schlangenkopf = Chelone
Schlangenlilie = Dracaena
Schlangenstapelie = Echidnopsis
Schlangenwurz = Calla
Schlangenwurzel = Medeola
Schlankschwänchen = Polycycnis
Schlauchpflanze = Sarracenia
Schlehe = Prunus
Schleierkraut = Gypsophila
Schleifenblume = Iberis
Schleimbeere = Sarcococca
Schleimkraut = Brasenia
Schlickgras = Spartina
Schlingfarn = Lygodium
Schlitzblume = Schizanthus
Schlüsselblume = Primula
Schlupfsame = Crupina
Schmalwand = Arabidopsis
Schmerwurz = Tamus
Schmetterlingserbse = Centrosema
Schmetterlingsingwer = Hedychium
Schmetterlingsorchidee = Phalaenopsis
Schmetterlingsstrauch = Buddleja
Schmiele = Deschampsia
Schmielenhafer = Aira, Ventenata
Schmuckblume = Callianthemum

Schmuckkörbchen = Cosmos
Schmucklilie = Agapanthus
Schmuckmalve = Sidalcea
Schnabelried = Rhynchospora
Schnabelsenf = Coincya
Schneckenbaumwolle = Froelichia
Schneckenklee = Medicago
Schneckenkraut = Stachytarpheta
Schneeball = Viburnum
Schneebeere = Symphoricarpos
Schneefarn = Pyrrosia
Schneeflockenstrauch = Chionanthus
Schneeforsythie = Abeliophyllum
Schneeglanz = Chionodoxa
Schneeglöckchen = Galanthus
Schneeglöckchenbaum = Halesia
Schneelocke = Neviusia
Schneemohn = Eomecon
Schneestolz = Chionodoxa
Schneide = Cladium
Schnurbaum = Sophora
Schöllkraut = Chelidonium
Schöllkrautmohn = Stylophorum
Schönaster = Kalimeris
Schönfaden = Callistemon
Schönfrucht = Callicarpa
Schöngesicht = Coreopsis
Schöngift = Acokanthera
Schönhäutchen = Hymenocallis
Schönhülse = Calophaca
Schönmalve = Abutilon
Schönmund = Clytostoma
Schönnessel = Eucnide
Schönorchis = Calanthe
Schönpolster = Callisia
Schönranke = Eccremocarpus
Schönulme = Euptelea
Schöterich = Erysimum
Schopflilie = Eucomis
Schopfmyrte = Lophomyrtus
Schopfpalme = Acrocomia, Corypha
Schopfteufelskralle = Physoplexis
Schotenklee = Tetragonolobus
Schraubenbaum = Pandanus
Schraubenbohne = Prosopis
Schüsselfarn = Dennstaedtia
Schuhblüte = Pedilanthus
Schuppenblatt = Lemmaphyllum
Schuppenfaden = Lobostemon
Schuppenfarn = Cheilanthes
Schuppenheide = Cassiope
Schuppenkopf = Cephalaria
Schuppenmiere = Spergularia
Schuppenmund = Pholistoma
Schuppenried = Kobresia
Schuppenschwanz = Pholiurus
Schuppensimse = Isolepis
Schuppenwurz = Lathraea
Schusserbaum = Gymnocladus
Schusterkaktus = Epiphyllum
Schusterpalme = Aspidistra
Schwaden = Glyceria
Schwalbenwurz = Vincetoxicum
Schwammgurke = Luffa
Schwanenorchis = Cycnoches
Schwanzblume = Anthurium
Schwarzäugige Susanne = Thunbergia
Schwarzkümmel = Nigella
Schwarzmund = Melastoma
Schwarznessel = Ballota
Schwarzwurzel = Scorzonera
Schwefelsame = Urospermum
Schweifähre = Stachyurus
Schweifblume = Anthurium
Schwertbohne = Canavalia
Schwertelglocke = Libertia
Schwertfarn = Nephrolepis
Schwertlilie = Iris
Schwimmfarn = Salvinia
Schwimmlöffel = Luronium
Schwingel = Festuca
Schwingelschilf = Scolochloa
Scilla = Scilla
Seebeere = Haloragis
Seebinse = Schoenoplectus
Seefeige = Erepsia
Seegras = Zostera
Seeheide = Frankenia
Seeigelkaktus = Echinopsis
Seekanne = Nymphoides
Seerose = Nymphaea
Seetraube = Coccoloba
Segge = Carex
Seide = Cuscuta
Seidelbast = Daphne
Seidenakazie = Albizia
Seidenpflanze = Asclepias
Seidenwollbaum = Bombax
Seidenwurmdorn = Cudrania
Seifenbaum = Sapindus
Seifenkraut = Saponaria
Seifenspiere = Quillaja
Sellerie = Apium
Senf = Sinapis
Senna = Cassia, Senna
Sesam = Sesamum
Sesel = Seseli
Seychellennuss = Lodoicea
Sibthorpie = Sibthorpia
Sichelblattorchidee = Arpophyllum

Sichelmöhre = Falcaria
Sichelsalat = Rhagadiolus
Sicheltanne = Cryptomeria
Siebenstern = Trientalis
Siegesbeckie = Sigesbeckia
Siegwurz = Gladiolus
Signalgras = Brachiaria
Silberbaum = Leucadendron, Protea
Silberblatt = Leucophyta, Lunaria
Silberdistel = Carlina
Silbereiche = Grevillea
Silberfarn = Coniogramme, Pityrogramma
Silberginster = Argyrocytisus
Silbergras = Corynephorus
Silberhaut = Argyroderma
Silberimmortelle = Anaphalis
Silberkerze = Cimicifuga
Silberkerzenkaktus = Cleistocactus
Silberkraut = Lobularia
Silberne Strohblume = Cephalipterum
Silbernetzblatt = Fittonia
Silberpalme = Coccothrinax
Silberscharte = Jurinea
Silberwinde = Argyreia
Silberwurz = Dryas
Silge = Selinum
Simse = Scirpus
Simsenlilie = Tofieldia
Sinau = Aphanes
Sinnblume = Aeschynanthus
Sinnklee = Biophytum
Sinnpflanze = Mimosa
Skabiose = Scabiosa
Skimmie = Skimmia
Skorpionswicke = Scorpiurus
Sockenblume = Epimedium
Sodakraut = Salsola
Sode = Suaeda
Sojabohne = Glycine
Sommeraster = Callistephus
Sommerflieder = Buddleja
Sommerhyazinthe = Galtonia
Sommerjasmin = Philadelphus
Sommerwurz = Orobanche
Sommerzypresse = Bassia
Sonderkraut = Monopsis
Sonderling = Quisqualis
Sonnenauge = Heliopsis
Sonnenblitzle = Drosanthemum
Sonnenblume = Helianthus
Sonnenbraut = Helenium
Sonnenflügel = Helipterum
Sonnenfreund = Heliophila
Sonnenhut = Rudbeckia
Sonnenkrug = Heliamphora
Sonnenröschen = Helianthemum
Sonnenschirmbaum = Firmiana
Sonnentau = Drosera
Sonnenwende = Heliotropium
Sonneratie = Sonneratia
Sorghumhirse = Sorghum
Spaltblume = Schizanthus
Spaltglocke = Scaevola
Spaltgriffel = Schizostylis
Spalthortensie = Schizophragma
Spaltkörbchen = Schisandra
Spaltlilie = Anigozanthos
Spanische Ochsenzunge = Pentaglottis
Spanisches Rohr = Calamus
Spargel = Asparagus
Spargelbohne = Vigna
Spargelerbse = Tetragonolobus
Spark = Spergula
Spatzenzunge = Passerina, Thymelaea
Speckbaum = Portulacaria
Speerblume = Doryanthes
Speerfarn = Doryopteris
Speergras = Aciphylla
Speichenähre = Nardostachys
Speierling = Sorbus
Spergel = Spergula
Sperlingskopf = Passerina
Sperrkraut = Polemonium
Sperrstrauch = Eurya
Spierstrauch = Spiraea
Spießtanne = Cunninghamia
Spigelie = Spigelia
Spinat = Spinacia
Spindelstrauch = Euonymus
Spinnenlilie = Lycoris
Spinnenorchidee = Arachnis
Spinnenpflanze = Cleome
Spitzenblume = Ardisia
Spitzhülse = Oxylobium
Spitzkiel = Oxytropis
Spitzklette = Xanthium
Spornblume = Centranthus
Spreublume = Achyranthes
Springkraut = Impatiens
Spritzgurke = Ecballium
Spulenkaktus = Peniocereus
Spurre = Holosteum
Stachel-Seerose = Euryale
Stachelähre = Acanthostachys
Stachelbart = Centropogon
Stachelbeere = Ribes
Stachelesche = Zanthoxylum
Stachelgras = Cenchrus
Stachelgurke = Sechium
Stachelmohn = Argemone

Stachelnüsschen = Acaena
Stachelpalme = Aiphanes
Stachelspelze = Oplismenus
Stachelträubchen = Coris
Ständelwurz = Epipactis
Stechapfel = Datura
Stechdorn = Paliurus
Stechginster = Ulex
Stechpalme = Ilex
Stechwinde = Smilax
Stechwurzelpalme = Cryosophila
Steckenkraut = Ferula
Steckenpalme = Rhapis
Steifgras = Catapodium
Steifhalm = Cleistogenes
Steinapfel = Osteomeles
Steinbrech = Saxifraga
Steineibe = Podocarpus
Steinfruchteiche = Lithocarpus
Steinglocke = Symphyandra
Steinklee = Melilotus
Steinkraut = Alyssum
Steinkresse = Aurinia
Steinliguster = Phillyrea
Steinlinde = Phillyrea
Steinnusspalme = Phytelephas
Steinquendel = Acinos
Steinsame = Lithodora, Lithospermum
Steinschmückel = Petrocallis
Steintäschel = Aethionema
Stendelwurz = Epipactis
Steppendistel = Morina
Steppenkerze = Eremurus
Steppenraute = Peganum
Sterkulie = Sterculia
Stern von Bethlehem = Ornithogalum
Sternanis = Illicium
Sternapfel = Chrysophyllum
Sternauge = Asteriscus
Sternbalsam = Zaluzianskya
Sternbergie = Sternbergia
Sterndolde = Astrantia
Sterngras = Hypoxis
Sternhortensie = Decumaria
Sternhyazinthe = Chionodoxa
Sternjasmin = Trachelospermum
Sternkaktus = Astrophytum
Sternlattich = Rhagadiolus
Sternmiere = Stellaria
Sternnusspalme = Astrocaryum
Sternwurz = Orostachys
Stevie = Stevia
Stiefmütterchen = Viola
Stiefmütterchenorchidee = Miltoniopsis
Stielsamen = Scorzonera
Stiftblume = Albuca
Stinkbaum = Sterculia
Stinkeibe = Torreya
Stinkesche = Tetradium
Stinkkohl = Symplocarpus
Stinksalat = Aposeris
Stinkstrauch = Anagyris
Stockmalve = Althaea
Stockrose = Alcea
Stokesie = Stokesia
Storaxbaum = Styrax
Storchschnabel = Geranium
Stragel = Astragalus
Strahlenaralie = Schefflera
Strahlenfarn = Actiniopteris
Strahlengriffel = Actinidia
Strahlenpalme = Licuala
Strahlensame = Silene
Strandflieder = Limonium
Strandhafer = Ammophila
Strandling = Littorella
Strandroggen = Leymus
Strandsimse = Bolboschoenus
Strauchehrenpreis = Hebe
Straucheiskraut = Ruschia
Straucherbse = Eutaxia
Strauchmargerite = Argyranthemum
Strauchnessel = Laportea
Strauchpalmettopalme = Serenoa
Strauchpappel = Lavatera
Strauchportulak = Portulacaria
Strauchscharte = Staehelina
Strauchstrandflieder = Limoniastrum
Strauchveronika = Hebe
Straußenfarn = Matteuccia
Straußgras = Agrostis
Streichkraut = Datisca
Streifenfarn = Asplenium
Streifenrinde = Plagianthus
Strelitzie = Strelitzia
Striemendolde = Molopospermum
Strohblume = Helichrysum
Studentenblume = Tagetes
Suckowie = Succowia
Südbuche = Nothofagus
Südeiche = Lithocarpus
Südginster = Notospartium
Südseegold = Hibbertia
Südseemyrte = Leptospermum
Süßdolde = Myrrhis
Süßholz = Glycyrrhiza
Süßhülsenbaum = Prosopis
Süßklee = Hedysarum
Sumach = Rhus
Sumpfbärlapp = Lycopodiella

Sumpfbinse = Eleocharis
Sumpfblume = Limnanthes
Sumpfeibisch = Hibiscus
Sumpffarn = Thelypteris
Sumpffreund = Limnophila
Sumpfkalla = Calla
Sumpfkresse = Rorippa
Sumpfkrug = Heliamphora
Sumpflieb = Limnocharis
Sumpfpfennigkraut = Centella
Sumpfquendel = Peplis
Sumpfschraube = Vallisneria
Sumpfstern = Swertia
Sumpfwurz = Epipactis
Sumpfzypresse = Taxodium
Surenbaum = Toona
Sutherlandie = Sutherlandia
Swainsonie = Swainsona
Tabak = Nicotiana
Tacca = Tacca
Tännel = Elatine
Tännelkraut = Kickxia
Täschelkraut = Thlaspi
Tafelblatt = Astilboides
Tagblume = Commelina
Tagetes = Tagetes
Taglilie = Hemerocallis
Talerkürbis = Telfairia
Talgbaum = Sapium
Talipotpalme = Corypha
Tamarinde = Tamarindus
Tamariske = Tamarix
Tanne = Abies
Tannenwedel = Hippuris
Tarant = Swertia
Taschenblume = Bursaria
Taschenfarn = Dicksonia
Taubenbaum = Davidia
Taubenerbsenbaum = Cajanus
Taubenkropf = Cucubalus
Taubenorchis = Peristeria
Taublatt = Drosophyllum
Taubnessel = Lamium
Tauchsimse = Isolepis
Tauernblümchen = Lomatogonium
Taupflanze = Roridula
Tausendblatt = Myriophyllum
Tausendfrucht = Myriocarpa
Tausendgüldenkraut = Centaurium
Teakholz = Tectona
Teebaum = Leptospermum
Teerkraut = Grindelia
Teestrauch = Camellia
Teffgras = Eragrostis
Teichfaden = Zannichellia
Teichlinse = Spirodela
Teichrose = Nuphar
Teichsimse = Schoenoplectus
Telekie = Telekia
Telephie = Telephium
Tellerkraut = Montia
Tempelglocke = Smithiantha
Teppichlobelie = Pratia
Teppichverbene = Phyla
Ternströmie = Ternstroemia
Teufelsabbiss = Succisa
Teufelsauge = Adonis
Teufelsblüte = Tacca
Teufelsklaue = Huperzia
Teufelskralle = Phyteuma
Teufelspfeffer = Rauvolfia
Teufelszwirn = Lycium
Texasstern = Lindheimera
Thevetie = Thevetia
Thuja = Thuja
Thunbergie = Thunbergia
Thymian = Thymus
Tibetorchidee = Pleione
Tibouchine = Tibouchina
Tigerblume = Tigridia
Tigergras = Thysanolaena
Tigerschlund = Faucaria
Tillandsie = Tillandsia
Timboholz = Lonchocarpus
Tintenbaum = Semecarpus
Tipubaum = Tipuana
Titanenwurz = Amorphophallus
Tithonie = Tithonia
Tohabaum = Amherstia
Tollkirsche = Atropa
Tollkraut = Scopolia
Tolmie = Tolmiea
Tomate = Lycopersicon
Tongapflanze = Epipremnum
Tonkabohne = Dipteryx
Topffruchtbaum = Lecythis
Torenie = Torenia
Torfgränke = Chamaedaphne
Totenstrauch = Tarchonanthus
Townsendie = Townsendia
Tradeskantie = Tradescantia
Tränendes Herz = Dicentra
Tränengras = Coix
Träubel = Muscari
Tragant = Astragalus
Trapp = Leontice
Traubenapfel = Rhaphiolepis
Traubendorn = Danae
Traubenhafer = Danthonia
Traubenheide = Leucothoe

Traubenhyazinthe = Muscari
Traubenkirsche = Prunus
Traubenkraut = Ambrosia
Traubenrapunzel = Asyneuma
Traubenspiere = Neillia
Trauerbambus = Otatea
Trauerbaum = Nyctanthes
Trauerblume = Diapensia
Trauerglocke = Uvularia
Trespe = Bromus
Trichterbromelie = Nidularium
Trichterfarn = Matteuccia
Trichtermalve = Malope
Trichtermelisse = Moluccella
Trichterschwertel = Dierama
Triteleie = Triteleia
Tritome = Kniphofia
Tritonie = Tritonia
Troddelblume = Soldanella
Trollblume = Trollius
Trommelschlägel = Craspedia
Trompetenbaum = Catalpa
Trompetenblume = Campsis
Trompetenstrauch = Tecoma
Trompetenwein = Bignonia, Podranea
Trompetenwinde = Campsis
Trompetenzunge = Salpiglossis
Tropeneibisch = Thespesia
Trugkölbchen = Heteranthera
Truthahnbart = Xerophyllum
Tubawurzel = Derris
Tüpfelfarn = Polypodium
Türkenglocke = Michauxia
Tulbaghie = Tulbaghia
Tulpe = Tulipa
Tulpenbaum = Liriodendron
Tulpenmohn = Hunnemannia
Tulpenorchidee = Anguloa
Tungölbaum = Aleurites
Tupelobaum = Nyssa
Turgenie = Turgenia
Ulluco = Ullucus
Ulme = Ulmus
Upasbaum = Antiaris
Urnenpflanze = Dischidia
Urweltmammutbaum = Metasequoia
Usambaraveilchen = Saintpaulia
Vaillantie = Valantia
Vallisnerie = Vallisneria
Vancouverie = Vancouveria
Vanille = Vanilla
Vanilleapfel = Annona
Vegetabilisches Lamm = Cibotium
Veilchen = Viola
Veilchenbusch = Browallia
Veilchenständel = Ionopsis
Veilchenstrauch = Iochroma
Veltheimie = Veltheimia
Venusfliegenfalle = Dionaea
Venuskamm = Scandix
Venusnabel = Umbilicus
Venusschuh = Paphiopedilum
Venusspiegel = Legousia
Verbene = Verbena
Verbesine = Verbesina
Vergissmeinnicht = Myosotis
Vernonie = Vernonia
Versteckblume = Cryptanthus
Vetivergras = Vetiveria
Victoria = Victoria
Vierspornbaum = Tetracentron
Vilfagras = Sporobolus
Villarsie = Villarsia
Virginiamalve = Sida
Vogelbeere = Sorbus
Vogelfuß = Ornithopus
Vogelknöterich = Polygonum
Vogelkopf = Craniolaria
Vogelmilch = Ornithogalum
Wacholder = Juniperus
Wachsbaum = Carissa
Wachsblume = Cerinthe, Hoya
Wachsglocke = Kirengeshoma
Wachskürbis = Benincasa
Wachspalme = Ceroxylon
Wachtelweizen = Melampyrum
Waid = Isatis
Walch = Aegilops
Walddickblatt = Chiastophyllum
Waldgerste = Hordelymus
Waldhyazinthe = Platanthera
Waldkaktus = Hylocereus
Waldmohn = Hylomecon
Waldrebe = Clematis
Waldsteinie = Waldsteinia
Waldvögelein = Cephalanthera
Walnuss = Juglans
Walzenblatt = Cylindrophyllum
Wandelklee = Desmodium
Wandelröschen = Lantana
Wanzenblume = Coreopsis
Wanzensame = Corispermum
Waratahprotee = Telopea
Warzeneibe = Dacrycarpus
Warzenkaktus = Mammillaria
Warzensame = Thelesperma
Washingtonpalme = Washingtonia
Wasserähre = Aponogeton
Wasseraloe = Stratiotes
Wasserbläuling = Hydrolea

Wasserblatt = Hydrophyllum
Wasserbusch = Bossiaea
Wasserdost = Eupatorium
Wasserfalle = Aldrovanda
Wasserfarn = Bolbitis
Wasserfeder = Hottonia
Wasserfenchel = Oenanthe
Wasserfreund = Hygrophila
Wassergirlande = Lagarosiphon
Wasserhorn = Hydrocera
Wasserhyazinthe = Eichhornia
Wasserlinse = Lemna
Wassermelone = Citrullus
Wassermohn = Hydrocleys
Wassernabel = Hydrocotyle
Wassernuss = Trapa
Wasserpest = Egeria, Elodea
Wasserquirl = Hydrilla
Wasserreis = Zizania
Wassersalat = Pistia
Wasserschierling = Cicuta
Wasserschild = Brasenia
Wasserschlauch = Utricularia
Wasserschraube = Vallisneria
Wasserstern = Callitriche
Wassertrompete = Cryptocoryne
Wasserysop = Bacopa
Watsonie = Watsonia
Wau = Reseda
Wegerich = Plantago
Wegrauke = Sisymbrium
Wegwarte = Cichorium
Weichkraut = Mollugo
Weichorchis = Malaxis
Weichsel = Prunus
Weichwurz = Hammarbya
Weide = Salix
Weidelgras = Lolium
Weidenmyrte = Agonis
Weidenröschen = Epilobium
Weiderich = Lythrum
Weigelie = Weigela
Weihnachtsbeere = Chironia
Weihnachtsglöckchen = Blandfordia
Weihnachtskaktus = Schlumbergera
Weihrauchbaum = Boswellia
Weinbeere = Aristotelia
Weinpalme = Raphia
Weinrebe = Vitis
Weintraube = Vitis
Weißbecher = Nierembergia
Weißdorn = Crataegus
Weißdornmispel = × Crataemespilus
Weiße Sapote = Casimiroa
Weißfaden = Leucaena
Weißgummibaum = Bursera
Weißmiere = Moenchia
Weißnessel = Cnidoscolus
Weißwurz = Polygonatum
Weißzüngel = Pseudorchis
Weizen = Triticum
Wellingtonie = Sequoiadendron
Welwitschie = Welwitschia
Wendelähre = Spiranthes
Wendich = Calepina
Wermut = Artemisia
Wetterdistel = Carlina
Wicke = Vicia
Wickenstrauch = Podalyria
Widerbart = Epipogium
Widerstoß = Limonium
Wiesenhafer = Helictotrichon
Wiesenknöterich = Bistorta
Wiesenknopf = Sanguisorba
Wiesenraute = Thalictrum
Wiesensilge = Silaum
Wigandie = Wigandia
Wilder Wein = Parthenocissus
Wildreis = Zizania
Wimperfarn = Woodsia
Windblume = Zephyranthes
Winde = Convolvulus
Windendes Löwenmaul = Maurandya
Windhalm = Apera
Windröschen = Anemone
Winteraster = Chrysanthemum
Winterbeere = Heteromeles, Ilex
Winterblatt = Shortia
Winterblüte = Chimonanthus
Wintergrün = Pyrola
Winterlieb = Chimaphila
Winterling = Eranthis
Winterrinde = Cinnamodendron, Drimys
Wirbeldost = Clinopodium
Wisterie = Wisteria
Witwenblume = Knautia
Wohlverleih = Arnica
Wolfsauge = Anchusa
Wolfsbeere = Symphoricarpos
Wolfsbohne = Lupinus
Wolfshut = Aconitum
Wolfsmilch = Chamaesyce, Euphorbia
Wolfsschwertel = Hermodactylus
Wolfstrapp = Lycopus
Wollampfer = Eriogonum
Wollbaum = Chorisia
Wollblatt = Eriophyllum
Wollfadenraute = Eriostemon
Wollfruchtkaktus = Ariocarpus
Wollgras = Eriophorum

Wollknöterich = Eriogonum
Wollkopf = Eriocephalus
Wollkraut = Verbascum
Wollmispel = Eriobotrya
Wollstängel = Eriocaulon
Wucherblume = Tanacetum, Xanthophthalmum
Wüstenginster = Templetonia
Wüstenlimette = Eremocitrus
Wüstenrose = Adenium
Wulfenie = Wulfenia
Wunderbaum = Ricinus
Wunderblume = Mirabilis
Wunderstrauch = Codiaeum
Wundklee = Anthyllis
Wurmfarn = Dryopteris
Yamsbohne = Pachyrhizus
Yamswurzel = Dioscorea
Yohimbe = Pausinystalia
Ysander = Pachysandra
Ysop = Hyssopus
Zachunbaum = Balanites
Zackenschötchen = Bunias
Zahnbaum = Balanites
Zahnlilie = Erythronium
Zahntrost = Odontites
Zahnwurz = Cardamine
Zapfenblume = Strobilanthes
Zapfenkopf = Leuzea
Zapfennuss = Platycarya
Zartschötchen = Hymenolobus
Zaubernuss = Hamamelis
Zaunlilie = Anthericum
Zaunrübe = Bryonia
Zaunwinde = Calystegia
Zeder = Cedrus
Zederachbaum = Melia
Zedrele = Cedrela
Zehrwurz = Colocasia
Zeiland = Cneorum
Zeitlose = Colchicum
Zelkove = Zelkova
Zelkowe = Zelkova
Zenobie = Zenobia
Zephirblume = Zephyranthes
Zibetbaum = Durio
Zierbanane = Ensete
Zierquitte = Chaenomeles
Zierspark = Telephium
Ziest = Stachys
Zimbelkraut = Cymbalaria
Zimmeraralie = Fatsia
Zimmerhafer = Billbergia
Zimmerhopfen = Justicia
Zimmerimmergrün = Catharanthus
Zimmerkalla = Zantedeschia
Zimmerlinde = Sparrmannia
Zimmerrebe = Cissus
Zimmertanne = Araucaria
Zimtapfel = Annona
Zimtbaum = Cinnamomum
Zimterle = Clethra
Zimtlorbeer = Cinnamomum
Zimtrindenbaum = Canella
Zindelkraut = Cicendia
Zinnie = Zinnia
Zirmet = Tordylium
Zistrose = Cistus
Zitrone = Citrus
Zitronellagras = Cymbopogon
Zitronengras = Cymbopogon
Zitronenstrauch = Aloysia
Zittergras = Briza
Zuckerpalme = Arenga
Zuckerrohr = Saccharum
Zügelständel = Habenaria
Zürgelbaum = Celtis
Zungenfarn = Elaphoglossum
Zungenständel = Serapias
Zweiblatt = Listera
Zweiflügelfruchtbaum = Dipterocarpus
Zweizahn = Bidens
Zwenke = Brachypodium
Zwergalpenrose = Rhodothamnus
Zwergbambus = Sasa
Zwergbleiwurz = Plumbagella
Zwergflachs = Radiola
Zwerggänsekresse = Schivereckia
Zwergginster = Chamaecytisus
Zwerglebensbaum = Microbiota
Zwerglöwenmaul = Chaenorhinum
Zwergmaßliebchen = Bellium
Zwergmispel = Cotoneaster
Zwergölbaum = Cneorum
Zwergorange = Fortunella
Zwergpalme = Chamaerops
Zwergpalmfarn = Microcycas
Zwergpfeffer = Peperomia
Zwergsonnenblume = Helianthella
Zwergständel = Chamorchis
Zwergstendel = Chamorchis
Zwergwasserlinse = Wolffia
Zwetsche = Prunus
Zwiebel = Allium
Zwiebelblatt = Bulbophyllum
Zwillingsblatt = Jeffersonia
Zylinderputzer = Callistemon
Zypergras = Cyperus
Zypresse = Cupressus
Zypressenkiefer = Callitris

X Vernacular plant names

In addition to numerous monographs, the following works in particular have been used as sources for English plant names: BRICKELL, C. (ed.) (1996), GRIFFITHS, M. (1994), STACE, C. (1999), WIERSEMA, J. H. & LEÓN, B. (1999), and other English-language floras.
In the above-named sources, the respective written form of the English vernacular names is as follows: with an initial upper-case letter and without a hyphen between the word components; exclusively in upper case; with initial upper-case letter and with a hyphen between the word components; and with lower-case letters and hyphen between the word components of the generic name. Hence, how English vernacular names are applied is ultimately the user's preference.

Abelia = Abelia
Abraham = Trachystemon
Acalbir = Datisca
Adam's Laburnum = + Laburnocytisus
Adder's-Tongue = Ophioglossum
African Cherry Orange = Citropsis
African Cypress = Widdringtonia
African Daisy = Arctotis
African Hairbell = Dierama
African Hemp = Sparrmannia
African Lily = Agapanthus
African Tulip = Spathodea
African Valerian = Fedia
African Violet = Saintpaulia
Agrimony = Agrimonia
Air Plant = Tillandsia
Akee = Blighia
Alder = Alnus
Alder Buckthorn = Frangula
Alexanders = Smyrnium
Alexandrian Laurel = Danae
Alison = Alyssum
Alkali Grass = Puccinellia
Alkanet = Alkanna, Anchusa
Allamanda = Allamanda
Allspice = Pimenta
Almond = Prunus
Aloe = Aloe
Alpine Azalea = Loiseleuria
Alpine Chrysanthemum = Leucanthemopsis
Alpine Clubmoss = Diphasiastrum
Alpine Forget-me-not = Eritrichium
Alpine Saw Wort = Saussurea
Altar Lily = Zantedeschia
Amaranth = Amaranthus, Gomphrena
Amazon Lily = Eucharis
Anacyclus = Anacyclus
Andelmin = Andira
Anemone = Anemone
Angel Wings = Caladium
Angel's Trumpet = Brugmansia
Angelica Tree = Aralia
Angelim = Andira
Angostura = Galipea
Anise Tree = Illicium
Annual Mallow = Malope
Antelope Bush = Purshia
Apache Plume = Fallugia
Apple = Malus
Apple Berry = Billardiera
Apple of Peru = Nicandra
Apricot = Prunus
Arar Tree = Tetraclinis
Archangel = Angelica
Arrow Arum = Peltandra
Arrow Wood = Viburnum
Arrowgrass = Triglochin
Arrowhead = Sagittaria
Artillery Plant = Pilea
Arum Lily = Zantedeschia
Asarabacca = Asarum
Ashe = Fraxinus
Asiatic Poppy = Meconopsis
Asparagus = Asparagus
Aspen = Populus
Asphodel = Asphodelus
Aster = Aster
Athamanta = Athamanta
Aubrietia = Aubrieta
Australia Chestnut = Castanospermum
Australian Heath = Epacris
Australian Mint Bush = Prostanthera
Australian Pine = Casuarina
Australian Pitcher Plant = Cephalotus
Autumn Crocus = Colchicum
Autumn Daffodil = Sternbergia
Autumn Oxeye = Leucanthemella
Avens = Geum
Avocado = Persea
Awlwort = Subularia
Azalea = Rhododendron
Babassu Palm = Orbignya
Baboon Flower = Babiana
Baby's Breath = Gypsophila
Baby's Tears = Soleirolia
Balloon Flower = Platycodon
Balloon Pea = Sutherlandia
Balloon Vine = Cardiospermum
Balm = Melissa
Balsa = Ochroma
Balsam = Impatiens, Myroxylon
Balsam Apple = Clusia
Bamboo = Bambusa
Bamboo Fern = Coniogramme
Banana = Musa
Baneberry = Actaea
Banksia = Banksia
Bar-Room Plant = Aspidistra
Barbados Cherry = Malpighia
Barbara's Herb = Barbarea
Barbel Palm = Acanthophoenix
Barberry = Berberis
Barleria = Barleria
Barley = Hordeum
Bartsia = Bartsia, Odontites
Basil = Ocimum
Basket Fern = Drynaria
Basket Gras = Oplismenus
Basket Plant = Aeschynanthus, Episcia
Bastard Agrimony = Aremonia

Bastard Balm = Melittis
Bat Flower = Tacca
Bay = Laurus
Beach Fern = Phegopteris
Beach Grass = Ammophila
Beadplant = Nertera
Beak Sedge = Rhynchospora
Bean = Phaseolus, Vicia
Bean Tree = Laburnum
Bear Grass = Dasylirion, Xerophyllum
Bear's Breeches = Acanthus
Bearberry = Arctostaphylos
Beard Grass = Andropogon, Bothriochloa, Polypogon
Beauty Bush = Kolkwitzia
Bedstraw = Galium
Beebalm = Monarda
Beech = Fagus
Beefwood = Casuarina
Beet = Beta
Beggarweed = Desmodium
Begonia = Begonia
Belladonna Lily = Amaryllis
Bellflower = Campanula
Bellwort = Uvularia
Bent Grass = Agrostis
Bentinck's Palm = Bentinckia
Bermuda Grass = Cynodon
Berry Catchfly = Cucubalus
Betony = Stachys
Bilberry = Vaccinium
Billbergia = Billbergia
Billy Buttons = Craspedia
Bindweed = Calystegia
Birch = Betula
Bird of Paradise = Strelitzia
Bird's Eye = Veronica
Bird's Eye Bush = Ochna
Bird's Foot = Ornithopus
Bird's Nest = Monotropa
Bird's Nest Orchid = Neottia
Bird's-Nest Bromeliad = Nidularium
Birthwort = Aristolochia
Bishop's Cap = Mitella
Bishop's Head = Epimedium
Bishop's Mitre = Epimedium
Bissaba Palm = Attalea
Bitter Cress = Cardamine
Bitter Cucumber = Momordica
Bitter Orange = Poncirus
Bitter Peas = Daviesia
Bitter Wood = Lonchocarpus
Bitterroot = Lewisia
Bittersweet = Celastrus
Bitterwood = Quassia
Black Bryony = Tamus
Blackroot = Veronicastrum
Bladder Fern = Cystopteris
Bladder Senna = Colutea
Bladdernut = Staphylea
Bladderwort = Utricularia
Blanketflower = Gaillardia
Blazing Star = Chamaelirium
Bleeding Heart = Dicentra
Blessed Thistle = Cnicus
Blink = Montia
Blood Berry = Rivina
Blood Flower = Scadoxus
Blood Lily = Haemanthus
Bloodroot = Sanguinaria
Bloodwood Tree = Haematoxylum
Blowballs = Taraxacum
Blue Amaryllis = Worsleya
Blue Corn Lily = Aristea
Blue Cupidone = Catananche
Blue Daisy = Felicia
Blue Heath = Phyllodoce
Blue Margeruite = Felicia
Blue Oxalis = Parochetus
Blue Sowthistle = Cicerbita
Blue Star = Amsonia
Blue Stem = Andropogon, Dichanthium, Schizachyrium
Blue-eyed Grass = Sisyrinchium
Bluebeard = Caryopteris
Bluebell = Hyacinthoides, Mertensia, Phacelia
Blueberry = Vaccinium
Bluets = Hedyotis, Houstonia
Blush Wort = Aeschynanthus
Boerboon = Schotia
Bog Arum = Calla
Bog Asphodel = Narthecium
Bog Myrtle = Myrica
Bog Orchid = Hammarbya
Bog Rosemary = Andromeda
Bog Rush = Schoenus
Bogbean = Menyanthes
Boldo = Peumus
Bonnet Bellflower = Codonopsis
Borage = Borago
Boronia = Boronia
Botlebrush = Beaufortia
Bottle Gourd = Lagenaria
Bottle Palm = Hyophorbe
Bottle Tree = Brachychiton
Bottle-Brush Bush = Callistemon
Bottle-Brush Grass = Hystrix
Bottlebrush = Greyia
Bottlebrush Orchid = Arpophyllum

Bougainvillea = Bougainvillea
Bouvardia = Bouvardia
Bower Plant = Pandorea
Bowstring Hemp = Sansevieria
Box = Buxus
Bracken = Pteridium
Brake = Pteridium
Bramble = Rubus
Brazil Nut = Bertholletia
Breadfruit = Artocarpus, Treculia
Brid's Foot Trefoil = Lotus
Bridal Wreath = Francoa
Bridewort = Spiraea
Bristle Grass = Setaria
Broadleaf = Griselinia
Brome = Bromus
Bromelia = Bromelia
Bronvaux Medlar = + Crataegomespilus
Brookweed = Samolus
Broom = Cytisus
Broomrape = Orobanche
Brunsvigia = Brunsvigia
Bryony = Bryonia
Buck's Beard = Aruncus
Buckler Fern = Dryopteris
Buckthorn = Rhamnus
Buckwheat = Fagopyrum
Buffalo Berry = Shepherdia
Buffalo Gras = Buchloe
Buffalo Grass = Stenotaphrum
Bugbane = Cimicifuga
Bugle = Ajuga
Bugle Iris = Watsonia
Bugloss = Echium
Bugseed = Corispermum
Bullwort = Ammi
Bulrush = Typha
Bunga = Pinanga
Bur Clover = Medicago
Bur Cucumber = Sicyos
Bur Forget-me-not = Lappula
Bur Grass = Tragus
Bur Marigold = Bidens
Burdock = Arctium
Burnet = Sanguisorba
Burnet Saxifrage = Pimpinella
Burnweed = Erechtites
Burr Reed = Sparganium
Bush Clover = Kummerowia, Lespedeza
Bush Honeysuckle = Diervilla
Bush Nettle = Laportea
Bush Pea = Eutaxia
Bush Violet = Browallia
Busy Lizzie = Impatiens
Butcher's Broom = Ruscus
Butterbur = Petasites
Buttercup = Ranunculus
Butterfly Bush = Buddleja
Butterfly Flower = Schizanthus
Butterfly Orchid = Platanthera
Butterfly Pea = Centrosema, Clitoria
Buttertree = Madhuca
Butterwort = Pinguicula
Button Snake Root = Liatris
Buttonbush = Cephalanthus
Buttonweed = Cotula
Byfield Fern = Bowenia
Cabbage = Brassica
Cabbage Tree = Cordyline, Cussonia
Cacao = Theobroma
Calabar Bean = Physostigma
Calabash Tree = Crescentia
Calamint = Acinos, Calamintha, Clinopodium
Calandrina = Calandrinia
California Bay = Umbellularia
California Laurel = Umbellularia
California Lilac = Ceanothus
Californian Lobelia = Downingia
Californian Poppy = Eschscholzia
Calypso = Calypso
Camass = Camassia
Camel Thorn = Alhagi
Camellia = Camellia
Camphor Tree = Cinnamomum
Campion = Silene
Camwood = Baphia
Canary Grass = Phalaris
Canary Island Bellflower = Canarina
Candle Tree = Parmentiera
Candytuft = Iberis
Cane Reed = Arundinaria
Canna Lily = Canna
Cape Chestnut = Calodendrum
Cape Cowslip = Lachenalia
Cape Figwort = Phygelius
Cape Honeysuckle = Tecomaria
Cape Lily = Crinum
Cape Myrtle = Phylica
Cape Primerose = Streptocarpus
Cape Stock = Heliophila
Caper = Capparis
Caranda Palm = Copernicia
Caraway = Carum
Cardamom = Amomum, Elettaria
Carline Thistle = Carlina
Carnation = Dianthus
Carrion Flower = Stapelia
Carrot = Daucus
Cashew = Anacardium

Cassava = Manihot
Castor Oil Plant = Ricinus
Cat Mint = Nepeta
Cat's Ears = Antennaria, Hypochaeris
Cat's Tail = Acalypha, Phleum
Catalpa = Catalpa
Catchfly = Silene
Caterpillar Fern = Scyphularia
Caterpillar Plant = Scorpiurus
Catjang Pea = Cajanus
Caucasian Crosswort = Phuopsis
Cedar = Cedrus
Celandine Poppy = Stylophorum
Celery Pine = Phyllocladus
Centaury = Centaurium
Century Plant = Agave
Chaco = Sechium
Chain Fern = Woodwardia
Chalice Vine = Solandra
Chamois Cress = Pritzelago
Chamomile = Anthemis, Chamaemelum
Chastetree = Vitex
Chayote = Sechium
Cherry = Prunus
Cherry Mahogany = Tieghemella
Chervil = Anthriscus, Chaerophyllum
Chestnut = Castanea
Chick Pea = Cicer
Chickweed = Moenchia, Stellaria, Trientalis
Chicory = Cichorium
Chigaya = Imperata
Chile Bells = Lapageria
Chilean Cedar = Austrocedrus
Chilean Crocus = Tecophilaea
Chilean Iris = Libertia
Chilean Nut = Gevuina
China Aster = Callistephus
China Berry = Melia
China Fir = Cunninghamia
Chinese Bellflower = Platycodon
Chinese Foxglove = Rehmannia
Chinese Ground Orchid = Bletilla
Chinese Lantern Lily = Sandersonia
Chinese Olive = Canarium
Chinese Ragwort = Sinacalia
Chinese Swamp Cypress = Glyptostrobus
Chinese Windmill Palm = Trachycarpus
Chinquapin = Castanopsis
Chocolate Vine = Akebia
Chokeberry = Aronia
Christ's Thorn = Paliurus
Christmas Bells = Blandfordia
Christmas Berry = Chironia, Heteromeles, Photinia
Christmas Palm = Veitchia
Cineraria = Cineraria, Pericallis
Cinnamon = Cinnamomum
Cinquefoil = Potentilla
Claw Fern = Onychium
Clematis = Clematis
Cliff Brake = Pellaea
Cliffbush = Jamesia
Climbing Butcher's Broom = Semele
Climbing Dahlia = Hidalgoa
Climbing Hydrangea = Decumaria
Climbing Lily = Gloriosa
Clover = Trifolium
Club Rush = Isolepis, Schoenoplectus
Clubmoss = Lycopodium
Cluster Bean = Cyamopsis
Cluster Lily = Brodiaea
Coastal Redwood = Sequoia
Cobaiba = Copaifera
Cobra Lily = Arisaema, Darlingtonia
Coca = Erythroxylum
Cock's Foot = Dactylis
Cocklebur = Agrimonia, Xanthium
Cockscomb = Celosia
Cockspur = Echinochloa
Coco Plum = Chrysobalanus
Coconut = Cocos
Coffee = Coffea
Cola = Cola
Coleus = Solenostemon
Collomia = Collomia
Colt's Foot = Homogyne
Coltsfoot = Tussilago
Columbine = Aquilegia
Comfrey = Symphytum
Condorvine = Marsdenia
Cone Flower = Echinacea
Coneflower = Rudbeckia
Copal = Hymenaea
Copperleaf = Acalypha, Alternanthera
Coral Bell = Heuchera
Coral Drops = Bessera
Coral Necklace = Illecebrum
Coral Pea = Hardenbergia, Kennedia
Coral Plant = Berberidopsis
Coral Tree = Erythrina
Coral Vine = Antigonon
Coral Wood = Adenanthera
Coralroot Orchid = Corallorrhiza
Cord Grass = Spartina
Coriander = Coriandrum
Corktree = Phellodendron
Corn Lily = Ixia
Corncockle = Agrostemma
Cornel = Cornus
Cornsalad = Valerianella

Corydalis = Corydalis
Cotoneaster = Cotoneaster
Cotton = Gossypium
Cotton Grass = Eriophorum
Cotton Weed = Otanthus
CottonThistle = Onopordum
Cottonweed = Froelichia
Couch = Elymus
Cow Tree = Brosimum
Cow Wheat = Melampyrum
Cowbane = Cicuta
Cowherb = Vaccaria
Cowslip = Primula
Crab Grass = Panicum
Cradle Orchid = Anguloa
Cranberry = Vaccinium
Crane's Bill = Geranium
Crape Myrtle = Lagerstroemia
Crazy Weed = Oxytropis
Cream Cup = Platystemon
Creeping Lady's Tresses = Goodyera
Creeping Snapdragon = Asarina
Creeping Zinnia = Sanvitalia
Crepe Fern = Todea
Crocus = Crocus
Crosswort = Crucianella
Croton = Codiaeum, Croton
Crowberry = Corema, Empetrum
Crowfoot = Ranunculus
Crown Beard = Verbesina
Crown Daisy = Xanthophthalmum
Crown Vetch = Securigera
Cucumber = Cucumis
Cucumber Tree = Averrhoa
Cucumer Root = Medeola
Cudweed = Filago, Gnaphalium
Cumin = Cuminum
Cupflower = Nierembergia
Curly Water Thyme = Lagarosiphon
Currant = Ribes
Cushion Bush = Leucophyta
Custard Apple = Annona
Cut Grass = Leersia
Cycad = Cycas, Encephalartos
Cypress = Cupressus
Cypress-Pine = Callitris
Dacryberry = Dacrycarpus
Daffodil = Narcissus
Daggerpod = Phoenicaulis
Dahlia = Dahlia
Daisy = Bellis
Daisy Bush = Olearia
Dame's Violet = Hesperis
Dandelion = Taraxacum
Daphne = Daphne
Darling Pea = Swainsona
Date Palm = Phoenix
Day Lily = Hemerocallis
Dayflower = Commelina
Dead Nettles = Lamium
Deadly Nightshade = Atropa
Death Camas = Zigadenus
Deer Grass = Rhexia
Deergrass = Trichophorum
Desert Candle = Eremurus
Desert Lime = Eremocitrus
Desert Rose = Adenium
Deutsia = Deutzia
Devil Pepper = Rauvolfia
Devil Wood = Osmanthus
Devil's Bit Scabious = Succisa
Devil's Claw = Ibicella, Martynia, Proboscidea
Devil's Club = Oplopanax
Devil's Ivy = Epipremnum
Devil's Tongue = Amorphophallus
Dewplant = Lampranthus
Dill = Anethum
Dittany = Dictamnus
Dock = Rumex
Dodder = Cuscuta
Dog Fennel = Anthemis
Dog Grass = Agropyron
Dog's Tail = Cynosurus
Dog's Tooth Violet = Erythronium
Dogbane = Apocynum
Dogwood = Cornus, Piscidia
Double Coconut = Lodoicea
Douglas Fir = Pseudotsuga
Doum Plam = Hyphaene
Dove Orchid = Peristeria
Dove Tree = Davidia
Down-Tree = Ochroma
Dragon Arum = Dracunculus
Dragon Flower = Huernia
Dragon Tree = Dracaena
Dragon's Blood Palm = Daemonorops
Dragon's Head = Dracocephalum
Dragon's Mouth = Horminum
Dragon's Teeth = Tetragonolobus
Drop Tongue = Schismatoglottis
Dropseed = Sporobolus
Dropwort = Filipendula
Drum Sticks = Isopogon
Dryandra = Dryandra
Duckweed = Lemna
Dumb Cane = Dieffenbachia
Durian = Durio
Dwarf Pine = Microstrobos
Dwarf Snapdragon = Chaenorhinum

Earth Star = Cryptanthus
Eastern Horned Poppies = Dicranostigma
Ebony = Diospyros
Echeveria = Echeveria
Edelweiss = Leontopodium
Eel Grass = Vallisneria
Eelgrass = Zostera
Egg Fruit = Pouteria
Eggplant = Solanum
Elder = Sambucus
Elephant Apple = Limonia
Elephant Bush = Portulacaria
Elephant Ears = Bergenia
Elephant's Apple = Dillenia
Elephant's Ear = Caladium
Elephant's-Ear Plant = Alocasia
Elephantwood = Bolusanthus
Elk Grass = Xerophyllum
Elkhorn Fern = Platycerium
Elm = Ulmus
Elsholtzia = Elsholtzia
Enchanter's Nightshade = Circaea
Epaulette Tree = Pterostyrax
Esthwaite Waterweed = Hydrilla
Evening Primrose = Oenothera
Everlasting Flower = Helichrysum
Eyebright = Euphrasia
Fairy Bells = Disporum
Fairy Foxglove = Erinus
Fairy Lily = Chlidanthus
False Acacia = Robinia
False Anemone = Anemonopsis
False Asphodel = Tofieldia
False Brome = Brachypodium
False Buck's Beard = Astilbe
False Camellia = Stewartia
False Chamomile = Boltonia
False Cypress = Chamaecyparis
False Dayflower = Tinantia
False Dragon Head = Physostegia
False Fennel = Ridolfia
False Garlic = Nothoscordum
False Indigo = Baptisia
False Indogo = Amorpha
False Lupin = Thermopsis
False Mallow = Sidalcea, Sphaeralcea
False Mitrewort = Tiarella
False Myrtle = Anamirta
False Nettle = Boehmeria
False Oat Grass = Arrhenatherum
False Olive = Elaeodendron
False Rue Anemone = Isopyrum
False Salomon's Seal = Smilacina
False Sedge = Kobresia
False Spiraea = Sorbaria
False Vervain = Stachytarpheta
Fameflower = Talinum
Fan Fern = Sticherus
Fan Palm = Livistona, Trachycarpus
Fatsi = Fatsia
Feather Grass = Stipa
Felt Fern = Pyrrosia
Felwort = Gentianella, Swertia
Fen Orchid = Liparis
Fennel = Foeniculum
Fennel Flower = Nigella
Fenugreek = Trigonella
Fern Grass = Catapodium
Fern Palm = Dioon
Fern-leaf Aralia = Polyscias
Fescue = Festuca, Vulpia
Feverwort = Triosteum
Fiddleneck = Amsinckia
Field Bindweed = Convolvulus
Field Madder = Sherardia
Field Scabious = Knautia
Fiesta Flower = Pholistoma
Fig = Ficus
Figwort = Scrophularia
Filmy Fern = Hymenophyllum
Finger Grass = Chloris, Digitaria, Paspalum
Finger Lime = Microcitrus
Fir = Abies
Fir Clubmoss = Huperzia
Fire Bush = Embothrium
Fire Lily = Cyrtanthus
Firebush = Streptosolen
Firethorn = Pyracantha
Fishtail Palm = Caryota
Fishwort = Houttuynia
Five Finger = Potentilla
Flag = Iris
Flame Lily = Pyrolirion
Flame Nettle = Solenostemon
Flame Pea = Chorizema
Flame Tree = Delonix
Flamingo Flower = Anthurium
Flannel Bush = Fremontodendron
Flat Sedge = Blysmus
Flax = Linum
Flax Lily = Dianella
Fleabane = Conyza, Dittrichia, Erigeron, Inula, Pulicaria
Fleawort = Tephroseris
Flixweed = Descurainia
Floating Fern = Ceratopteris, Salvinia
Floating Heart = Nymphoides
Floating Water Plantain = Luronium
Florist's Chrysanthemum = Chrysanthemum
Florist's Cineraria = Pericallis

Florist's Gloxinia = Sinningia
Floss Silktree = Chorisia
Flossflower = Ageratum
Flowering Maple = Abutilon
Flowering Quince = Chaenomeles
Flowering Rush = Butomus
Flowering Stones = Lithops
Fluellen = Kickxia
Foam Flower = Tiarella
Foliage Flower = Phyllanthus
Foll's Parsley = Aethusa
Fontanesia = Fontanesia
Forest Poppy = Hylomecon
Forget-me-not = Myosotis
Fork Fern = Psilotum
Forsythia = Forsythia
Fountain Bamboo = Fargesia, Yushania
Fountain Grass = Pennisetum
Fox Nuts = Euryale
Foxglove = Digitalis
Foxglove Tree = Paulownia
Foxtail Grass = Alopecurus
Foxtail Orchid = Rhynchostylis
Foxtal Lily = Eremurus
Fragrant Orchid = Gymnadenia
Frangipani = Plumeria
Franklin Tree = Franklinia
Freesia = Freesia
French Oat Grass = Gaudinia
Fringe Flower = Thysanotus
Fringe Lily = Thysanotus
Fringe Tree = Chionanthus
Fringecup = Tellima
Fringed Water Lily = Nymphoides
Fritillary = Fritillaria
Frog Orchid = Coeloglossum
Frog's Lettuce = Groenlandia
Frogbit = Hydrocharis
Frogfruit = Phyla
Fuchsia = Fuchsia
Fumitory = Fumaria
Furze = Ulex
Fustic = Chlorophora
Galingale = Cyperus
Gallant Soldier = Galinsoga
Gardenia = Gardenia
Garland Lily = Hedychium
Garlic = Allium
Garlic Mustard = Alliaria
Gay Feather = Liatris
Genipap = Genipa
Gentian = Gentiana
Geranium = Pelargonium
German Ivy = Delairea
Germander = Teucrium
Gesneria = Gesneria
Ghost Orchid = Epipogium
Giant Bellflower = Ostrowskia
Giant Fennel = Ferula
Giant Lily = Cardiocrinum
Giant Mallow = Hibiscus
Giant Reed = Arundo
Giant Rhubarb = Gunnera
Giant Scabious = Cephalaria
Giant Water Lily = Victoria
Giboshi = Hosta
Gillyflower = Matthiola
Gily Flower = Gilia
Ginger = Zingiber
Ginger Lily = Alpinia, Hedychium
Ginkgo = Ginkgo
Ginseng = Panax
Gladiolus = Gladiolus
Glasswort = Salicornia
Globe Artichoke = Cynara
Globe Daisy = Globularia
Globe Mallow = Sphaeralcea
Globe Thistle = Echinops
Globe Tulip = Calochortus
Globeflower = Trollius
Glory Bush = Tibouchina
Glory Flower = Eccremocarpus
Glory Lily = Gloriosa
Glory of the Snow = Chionodoxa
Glory Pea = Clianthus
Gloxinia = Gloxinia
Goat Nut = Simmondsia
Goat's Beard = Tragopogon
Goat's Rue = Galega
Godetia = Clarkia
Gold Farn = Pityrogramma
Gold of Pleasure = Camelina
Gold Threat = Coptis
Golden Aster = Chrysopsis
Golden Club = Orontium
Golden Dog's Tail = Lamarckia
Golden Knee = Chrysogonum
Golden Larch = Pseudolarix
Golden Rain = Laburnum
Golden Rain Tree = Koelreuteria
Golden Saxifrage = Chrysosplenium
Golden Seal = Hydrastis
Golden Thistle = Scolymus
Goldenrod = Solidago
Goldenstars = Bloomeria
Goldilock = Chrysocoma
Gooseberry = Ribes
Goosefoot = Chenopodium
Gorse = Ulex
Goutweed = Aegopodium

Governor's Plum = Flacourtia
Grama Grass = Bouteloua
Grandilla = Passiflora
Grape Hyacinth = Muscari
Grape Ivy = Cissus
Grape Vine = Vitis
Grapefruit = Citrus
Grapple Plant = Harpagophytum
Grass of Parnassus = Parnassia
Grassy Bells = Edraianthus
Great Fen Sedge = Cladium
Great Forget-me-not = Brunnera
Great Pignut = Bunium
Greater Celadine = Chelidonium
Greater Duckweed = Spirodela
Greek Clover = Trigonella
Green Alkanet = Pentaglottis
Greenhood = Pterostylis
Greenthreads = Thelesperma
Greenweed = Genista
Grey Hair Grass = Corynephorus
Gromwell = Lithospermum
Ground Elder = Aegopodium
Ground Ivy = Glechoma
Gru Gru Palm = Acrocomia
Guava = Psidium
Guinea Gold Vine = Hibbertia
Gum = Eucalyptus
Gum Ammoniac = Dorema
Gum Lac = Schleichera
Gum Myrtle = Angophora
Gumplant = Grindelia
Gutta Percha = Palaquium
Gutta Percha Tree = Eucommia
Gypsywort = Lycopus
Hair Grass = Aira, Deschampsia, Koeleria
Hairy Rocket = Erucastrum
Hard Fern = Blechnum
Hard Grass = Parapholis
Hare's Ear = Bupleurum
Hare's Ear Mustard = Conringia
Hare's Foot Fern = Davallia
Hare's Tail = Lagurus
Harlequinflower = Sparaxis
Harmal = Peganum
Harmel = Peganum
Hartwort = Tordylium
Haw Medlar = × Crataemespilus
Hawk's Beard = Crepis
Hawkbit = Leontodon
Hawkweed = Hieracium
Hawthorn = Crataegus, Rhaphiolepis
Hazel = Corylus
Heath = Erica
Heath Grass = Danthonia
Heather = Calluna
Heavenly Bamboo = Nandina
Hedge Hyssop = Gratiola
Hedge Nettle = Stachys
Hedge Parsley = Torilis
Hedge Veronica = Hebe
Hedgehog Broom = Erinacea
Helen's Flower = Helenium
Heliotrope = Heliotropium
Hellebore = Helleborus
Helleborine = Cephalanthera, Epipactis
Helmet Flower = Scutellaria
Helmet Orchid = Coryanthes
Hemlock = Conium, Tsuga
Hemlock Spruce = Tsuga
Hemp = Cannabis
Hemp Agrimony = Eupatorium
Hemp Nettle = Galeopsis
Henbane = Hyoscyamus
Henna = Lawsonia
Herald's Trumpet = Beaumontia
Herb Paris = Paris
Hercules All Heal = Opopanax
Heron's Bill = Erodium
Hesper Palm = Brahea
Hiba = Thujopsis
Hickory = Carya
Hoary Alison = Berteroa
Hoary Mustard = Hirschfeldia
Hoary Pea = Tephrosia
Hog Paenut = Amphicarpaea
Hog Plum = Spondias
Hog's Fennel = Peucedanum
Hogweed = Heracleum
Holly = Ilex
Holly Fern = Polystichum
Holly Grape = Mahonia
Hollyhook = Alcea
Holy Grass = Hierochloe
Honesty = Lunaria
Honewort = Trinia
Honey Berry = Melicoccus
Honey Bush = Melianthus
Honey Garlic = Nectaroscordum
Honey Locust = Gleditsia
Honey Myrtle = Melaleuca
Honey Palm = Jubaea
Honeybells = Hermannia, Nothoscordum
Honeysuckle = Lonicera
Honeywort = Cerinthe
Hop = Humulus
Hop Hornbeam = Ostrya
Hop Tree = Ptelea
Horehound = Ballota, Marrubium
Hornbeam = Carpinus

Horned Pondweed = Zannichellia
Horned Poppy = Glaucium
Hornwort = Ceratophyllum
Horse Balm = Collinsonia
Horse Chestnut = Aesculus
Horse Gentian = Triosteum
Horse Radish = Armoracia
Horseradish Tree = Moringa
Horseshoe Vetch = Hippocrepis
Horsetail = Equisetum
Hot Water Plant = Achimenes
Hottentot Tobacco = Tarchonanthus
Hottentot-Fig = Carpobrotus
Hound's Tongue = Cynoglossum
House Leek = Sempervivum
Houseleek = Jovibarba
Huckleberry = Gaylussacia
Hyacinth = Hyacinthus
Hyacinth Bean = Lablab
Hydrangea = Hydrangea
Hyssop = Hyssopus
Ice-Cream Bean = Inga
Iceplant = Dorotheanthus
Indian Crocus = Pleione
Indian Grass = Sorghastrum
Indian Mallow = Abutilon
Indian Rhododendron = Melastoma
Indian Rhubarb = Darmera
Indian Strawberry = Duchesnea
Indigo = Indigofera
Ironbark = Eucalyptus
Irontree = Parrotia
Ironweed = Vernonia
Ironwood = Eusideroxylon, Parrotia
Isaac and Jacob = Trachystemon
Ivory Thistle = Ptilostemon
Ivy = Hedera
Ivy Tree = Schefflera
Jaborandi = Pilocarpus
Jacaranda = Jacaranda
Jack Bean = Canavalia
Jacob's Ladder = Polemonium
Jacob's Rod = Asphodeline
Jacobean Lily = Sprekelia
Jamaica Cherry = Muntingia
Jambos = Syzygium
Japanese Cedar = Cryptomeria
Japanese Dead Nettle = Meehania
Japanese Foam Flower = Tanakaea
Japanese Lanterns = Physalis
Jasmine = Jasminum, Mandevilla
Javan Grape = Tetrastigma
Jelly Palm = Butia
Jersey Fern = Anogramma
Jersey Lily = Amaryllis
Jessamine = Cestrum, Jasminum
Jesuit's Bark = Cinchona
Jewel Orchid = Goodyera
Job's Tears = Coix
Joint Fir = Ephedra
Joint Vetch = Aeschynomene
Jojoba = Simmondsia
Joseph's Coat = Alternanthera
Jujube = Ziziphus
Juneberry = Amelanchier
Juniper = Juniperus
Jute = Corchorus
Kaffir Lily = Clivia, Schizostylis
Kaffir Plum = Harpephyllum
Kangaroo Paw = Anigozanthos
Kapok Tree = Ceiba
Katsura Tree = Cercidiphyllum
Kauri Pine = Agathis
Kerria = Kerria
Key Palm = Thrinax
Khat = Catha
Kidney Vetch = Anthyllis
Killearney-Fern = Trichomanes
King Palm = Archontophoenix
Kiwi Fruit = Actinidia
Knapweed = Centaurea
Knawel = Scleranthus
Knotgrass = Polygonum
Knotweed = Fallopia
Kudzu = Pueraria
Kumquat = Fortunella
Labrador Tea = Ledum
Lac Tree = Schleichera
Lace Flower = Trachymene
Lacebark = Hoheria
Ladder Fern = Nephrolepis
Lady Fern = Athyrium
Lady Palm = Rhapis
Lady's Mantle = Alchemilla
Lady's Slipper = Cypripedium
Lady's Tresses = Spiranthes
Ladybells = Adenophora
Laelia = Laelia
Lamb's Succory = Arnoseris
Langsat = Lansium
Lantana = Lantana
Lantern Tree = Crinodendron
Larch = Larix
Larkspur = Consolida, Delphinium
Latan = Latania
Laurel = Laurus
Lavender = Lavandula
Lavender Cotton = Santolina
Lawn Lobelia = Pratia
Leadwort = Plumbago

Leather Farn = Acrostichum
Leatherleaf = Chamaedaphne
Leatherwood = Dirca
Lemon = Citrus
Lemon-scented Fern = Oreopteris
Lemongrass = Cymbopogon
Lentil = Lens
Leopard Lily = Belamcanda
Leopard Plant = Ligularia
Leopard's Bane = Doronicum
Leschenaultia = Leschenaultia
Lesser Clubmoss = Selaginella
Lesser Sea-Fig = Erepsia
Lesser Water Plantain = Baldellia
Lettuce = Lactuca
Leyland Cypress = × Cupressocyparis
Lignum Vitae = Guaiacum
Lilac = Syringa
Lilac Hibiscus = Alyogyne
Lily = Lilium
Lily of the Incas = Alstroemeria
Lily of the Valley = Convallaria
Lily Turf = Liriope
Lilyturf = Ophiopogon
Lime = Citrus, Tilia
Linden = Tilia
Lion's Ear = Leonotis
Lip Fern = Cheilanthes
Lipstick Tree = Bixa
Litchi = Litchi
Live Forever = Dudleya
Liverleaf = Hepatica
Living Granite = Pleiospilos
Living Rock = Ariocarpus, Pleiospilos
Living Stones = Lithops
Lizard Orchid = Himantoglossum
Lizard's Tail = Saururus
Lobelia = Lobelia
Longleaf = Falcaria
Loofah = Luffa
Loosestrife = Lysimachia, Lythrum
Loquat = Eriobotrya
Lords and Ladies = Arum
Lotus = Nelumbo
Loulu Palm = Pritchardia
Lousewort = Pedicularis
Lovage = Levisticum, Ligusticum
Love Charm = Clytostoma
Love Grass = Chrysopogon, Eragrostis
Love Plant = Anacampseros
Love-in-a-Mist = Nigella
Luckynut = Thevetia
Lungwort = Pulmonaria
Lupin = Lupinus
Lyme Grass = Leymus
Lyonia = Lyonia
Madagascar Periwinkle = Catharanthus
Madder = Rubia
Madeira Vine = Anredera
Madwort = Alyssum, Asperugo
Magnolia = Magnolia
Maguey = Agave
Mahogany = Khaya, Swietenia
Maidenhair Fern = Adiantum
Maidenhair Tree = Ginkgo
Maize = Zea
Majoram = Origanum
Malabar Nightshade = Basella
Malanga = Xanthosoma
Mallow = Malva
Malvastrum = Malvastrum
Mammee Apple = Mammea
Man Orchid = Aceras
Mandrake = Mandragora
Mango = Mangifera
Mangosteen = Garcinia
Mangrove Palm = Nypa
Manioc = Manihot
Manzanita = Arbutus
Maple = Acer
Maranta = Maranta
Mare's Tail = Hippuris
Marguerite = Argyranthemum
Marigold = Calendula, Tagetes
Marijuana = Cannabis
Mariposa Tulip = Calochortus
Marlberry = Ardisia
Marrow = Cucurbita
Marsh Clubmoss = Lycopodiella
Marsh Elder = Iva
Marsh Fern = Thelypteris
Marsh Grass = Spartina
Marsh Mallow = Althaea
Marsh Marigold = Caltha
Marsh Orchid = Dactylorhiza
Marsh Trefoil = Menyanthes
Marshwort = Apium
Mask Flower = Alonsoa
Masterwort = Astrantia
Mat Grass = Nardus
May Apple = Podophyllum
May Lily = Maianthemum
Mayweed = Matricaria
Meadow Beauty = Rhexia
Meadow Foam = Limnanthes
Meadow Grass = Poa
Meadow Rue = Thalictrum
Meadowsweet = Filipendula
Medick = Medicago
Mediterranean Hair Grass = Rostraria

Medlar = Mespilus
Melagueta Pepper = Aframomum
Melick = Melica
Melilot = Melilotus
Melon = Cucumis
Menziesia = Menziesia
Mercury = Mercurialis
Merry-Bells = Uvularia
Mescal = Lophophora
Mesquite = Prosopis
Mexican Aster = Cosmos
Mexican Hat = Ratibida
Mexican Hyssop = Agastache
Mexican Poppy = Argemone
Mexican Sunflower = Tithonia
Mexican Tulip Poppy = Hunnemannia
Michaelmas Daisy = Aster
Midnight Horror = Oroxylum
Mignonette = Reseda
Milfoil = Achillea
Milk Parsley = Selinum
Milk Thistle = Silybum, Sonchus
Milk Tree = Brosimum
Milk Vetch = Astragalus
Milkweed = Asclepias
Milkwort = Polygala
Millet = Milium, Sorghum
Mimosa = Acacia
Mind your own Business = Soleirolia
Mints = Mentha
Mist Flower = Conoclinium
Mistletoe = Viscum
Moccasin Grass = Melothria
Mock Azalea = Adenium
Mock Cucumber = Echinocystis
Mock Orange = Philadelphus
Mock Privet = Phillyrea
Moneywort = Sibthorpia
Monk's Hood = Aconitum
Monkey Nut = Lecythis
Monkey-bread Tree = Adansonia
Monkey-Puzzle = Araucaria
Monkeyflower = Mimulus
Montbretia = Crocosmia
Moon Carrot = Seseli
Moonseed = Cocculus, Menispermum
Moonwort = Botrychium
Moor Grass = Molinia, Sesleria
Mornig Flag = Orthrosanthus
Morning = Brunfelsia
Morning Glory = Argyreia, Ipomoea
Moth Orchid = Phalaenopsis
Motherwort = Leonurus
Mountain Ash = Sorbus
Mountain Avens = Dryas
Mountain Ebony = Bauhinia
Mountain Heather = Cassiope
Mountain Holly = Nemopanthus
Mountain Mahogany = Cercocarpus
Mountain Misery = Chamaebatia
Mountain Sorrel = Oxyria
Mouse Ear = Cerastium
Mousetail = Myosurus
Mousetailplant = Arisarum
Mud Plantain = Heteranthera
Mudwort = Limosella
Mug Bean = Vigna
Mugwort = Artemisia
Mulberry = Morus
Mullein = Verbascum
Musc Cucumber = Sicana
Musk = Mimulus
Musk Orchid = Herminium
Muskroot = Adoxa
Muskweed = Myagrum
Mustard = Sinapis
Myrobalan = Terminalia
Myrrh = Commiphora
Myrtle = Myricaria
Naiad = Najas
Naked Ladies = Colchicum
Nakedweed = Chondrilla
Narihira Bamboo = Semiarundinaria
Nasturtium = Tropaeolum
Natal Plum = Carissa
Navelseed = Omphalodes
Navelwort = Omphalodes, Umbilicus
Needle Grass = Stipa
Needle Palm = Rhapidophyllum
Neem Tree = Azadirachta
Neillia = Neillia
Nemophila = Nemophila
Nerine = Nerine
Nerve Plant = Fittonia
Nettle = Urtica
Nettle Tree = Celtis
New Zaeland Spinach = Tetragonia
New Zealand Bur = Acaena
New Zealand Edelweiss = Leucogenes
New Zealand Flax = Phormium
Niger = Guizotia
Nightshade = Solanum
Nikau Palm = Rhopalostylis
Ninebark = Physocarpus
Nipplewort = Lapsana
Nit Grass = Gastridium
Noon and Night = Brunfelsia
Norfolk Island Hibiscus = Lagunaria
Nutmeg = Myristica
Nutmeg Yew = Torreya

Oak = Quercus
Oak Fern = Gymnocarpium
Oat = Avena
Oat Grass = Helictotrichon
Obedient Plant = Physostegia
Oceanspray = Holodiscus
Ocotillo = Fouquieria
Oil Palm = Elaeis
Oleander = Nerium
Oleaster = Elaeagnus
Olive = Olea
Onion = Allium
Orache = Atriplex
Orange = Citrus
Orange Blossom = Choisya
Orange Jessamine = Murraya
Orchid = Ophrys, Orchis
Orchid Cactus = Epiphyllum
Ordeal Tree = Erythrophleum
Oregano = Origanum
Oregon Grape = Mahonia
Oregon Plum = Oemleria
Oriental Thuja = Platycladus
Osage Orange = Maclura
Osoberry = Oemleria
Ostrich Fern = Matteuccia
Ox Eye = Buphthalmum, Heliopsis
Ox Tongue = Helminthotheca
Oxeye = Telekia
Oxeye Daisy = Leucanthemum
Oxtongue = Picris
Oysterplant = Mertensia
Pagoda Tree = Melia
Painted Nettle = Solenostemon
Palas = Licuala
Pale Dewplant = Drosanthemum
Palm Grass = Curculigo
Palm Springs Daisy = Cladanthus
Palma Corcho = Microcycas
Palmetto = Sabal
Pampas Grass = Cortaderia
Panic Grass = Panicum
Pansy = Viola
Pansy Orchid = Miltonia, Miltoniopsis
Paper Daisy = Acroclinium, Rhodanthe
Paper Mulberry = Broussonetia
Paperbark = Melaleuca
Papoose Root = Caulophyllum
Para Cress = Acmella
Para Rubber = Hevea
Paradise Lily = Paradisea
Parasol Tree = Firmiana
Parsley = Petroselinum
Parsley Fern = Cryptogramma
Parsley Piert = Aphanes
Parsnip = Pastinaca
Partridge Berry = Mitchella
Pasqueflower = Pulsatilla
Passion Flower = Passiflora
Patagonian Cypress = Fitzroya
Patchouly = Pogostemon
Pawpaw = Asimina, Carica
Pea = Pisum
Pea Shrub = Caragana
Pea Tree = Caragana
Peace Lily = Spathiphyllum
Peach = Prunus
Peacock Flower = Tigridia
Peanut = Arachis
Pear = Pyrus
Pearl Fruit = Margyricarpus
Pearlbush = Exochorda
Pearlwort = Sagina
Pearly Everlasting = Anaphalis
Pecan = Carya
Pellitoeries of the Wall = Parietaria
Penny Cress = Thlaspi
Pennywort = Centella, Hydrocotyle
Penstemon = Penstemon
Peony = Paeonia
Pepper = Capsicum, Piper
Pepper Saxifrage = Silaum
Peppergrass = Lepidium
Peppertree = Schinus
Pepperwort = Marsilea
Perilla = Perilla
Periwinkle = Vinca
Perovskia = Perovskia
Persian Violet = Cyclamen
Peruvian Lily = Alstroemeria
Petunia = Petunia
Peyote = Lophophora
Pheasant's Eye = Adonis
Philodendron = Philodendron
Phlox = Phlox
Physicnut = Jatropha
Pick-a-back Plant = Tolmiea
Pickerel Weed = Pontederia
Pieris = Pieris
Pigmyweed = Crassula
Pignut = Conopodium
Pignut Palm = Hyophorbe
Pigweed = Amaranthus
Pillwort = Pilularia
Pimpernel = Anagallis
Pinang = Pinanga
Pincushion = Leucospermum
Pincushion Flower = Scabiosa
Pincushion Tree = Hakea
Pine = Pinus

Pineapple = Ananas
Pineapple Flower = Eucomis
Pinellia = Pinellia
Pink = Dianthus
Pink Root = Spigelia
Pipewort = Eriocaulon
Pistachio = Pistacia
Pitcher Plant = Nepenthes, Sarracenia
Pittosporum = Pittosporum
Plain Treasureflower = Arctotheca
Plane = Platanus
Plantain = Musa, Plantago
Plantain Lily = Hosta
Plum = Prunus
Plum Yew = Cephalotaxus
Plumbogo = Ceratostigma
Plume Grass = Saccharum
Plume Poppy = Macleaya
Podocarp = Podocarpus
Point Vetch = Oxytropis
Poison Bush = Acokanthera
Poison Tree = Acokanthera
Pokeweed = Phytolacca
Polka Dot Plant = Hypoestes
Polypody = Polypodium
Pomegranate = Punica
Pondweed = Aponogeton, Potamogeton
Poplar = Populus
Poppy = Papaver
Poppy Mallow = Callirhoe
Porcelaine Flower = Hoya
Portia Tree = Thespesia
Potato = Solanum
Potato Bean = Apios
Potency Wood = Ptychopetalum
Powder Puff Tree = Calliandra
Prairie Cone Flower = Ratibida
Prairie Dock = Silphium
Prairie Mallow = Sidalcea
Prickly Ash = Zanthoxylum
Prickly Ear = Acanthostachys
Prickly Pear = Opuntia
Prickly Thrift = Acantholimon
Primrose = Primula
Prince Albert's Yew = Saxegothaea
Prince's Pine = Chimaphila
Princess Palm = Dictyosperma
Privet = Ligustrum
Protea = Protea
Pumpkin = Cucurbita
Purple Dewplant = Disphyma
Purple Wreath = Petrea
Purslane = Claytonia, Portulaca
Puschkinia = Puschkinia
Pussy-Toes = Antennaria
Pyramid Orchid = Anacamptis
Pyrenean Violet = Ramonda
Quaking Grass = Briza
Quamash = Camassia
Quandong = Elaeocarpus
Quassia = Picrasma
Queen Lily = Phaedranassa
Queensland Nut = Macadamia
Quillwort = Isoetes
Quince = Cydonia
Rabbitbush = Chrysothamnus
Radiator Plant = Peperomia
Radish = Raphanus
Raffia = Raphia
Rag Gourd = Luffa
Ragweed = Ambrosia
Ragwort = Brachyglottis, Senecio
Rain Flower = Zephyranthes
Rainbow Plant = Byblis
Raisin Tree = Hovenia
Rambutan = Nephelium
Rampion = Phyteuma
Rannoch Rush = Scheuchzeria
Rapturewort = Herniaria
Rasp-Fern = Doodia
Raspberry = Rubus
Raspwort = Haloragis
Rat's-Tail Cactus = Aporocactus
Rata = Metrosideros
Rata Vine = Metrosideros
Rattan Palm = Calamus
Rattlebox = Crotalaria
Red Alder = Cunonia
Red Cedar = Thuja
Red Hot Poker = Kniphofia
Red Pucoon = Sanguinaria
Red Valerian = Centranthus
Redbud = Cercis
Redwood = Adenanthera, Metasequoia
Reed = Phragmites
Reedmace = Typha
Reineckea = Reineckea
Restharrow = Ononis
Retam = Retama
Rhatany = Krameria
Rhododendron = Rhododendron
Rhubarb = Rheum
Ribbon Fern = Pteris
Ribbon Wood = Plagianthus
Ribbonwood = Adenostoma
Rice = Oryza
Rice Flower = Pimelea
Rice Grass = Oryzopsis
Rice-Paper Plant = Tetrapanax
Rimu = Dacrydium

Ring Bellflower = Symphyandra
Rock Bell = Wahlenbergia
Rock Jasmine = Androsace
Rock Lily = Arthropodium
Rock Madwort = Aurinia
Rock Rose = Cistus, Helianthemum
Rock Spiraea = Petrophytum
Rockcress = Arabis
Rocket = Sisymbrium
Rocket Salad = Eruca
Romanzoffia = Romanzoffia
Rose = Rosa
Rose Bay = Nerium
Rose Mallow = Hibiscus
Rose Moss = Portulaca
Rose Myrtle = Rhodomyrtus
Rose of Jericho = Anastatica
Rosemary = Rosmarinus
Roseroot = Rhodiola
Rosewood = Dalbergia, Pterocarpus
Rosin-Weed = Silphium
Round-headed Club Rush = Scirpoides
Royal Fern = Osmunda
Royal Palm = Roystonea
Rubber Tree = Castilla
Ruby Grass = Rhynchelytrum
Rue = Ruta
Rue Anemone = Anemonella
Ruffle Palm = Aiphanes
Rukam = Flacourtia
Rush = Juncus
Russian Knapweed = Acroptilon
Rye = Secale
Rye Grass = Lolium
Sacred Bark = Cinchona
Safflower = Carthamus
Saffron Spike = Aphelandra
Sage = Phlomis, Salvia
Sago Palm = Metroxylon
Saguaro = Carnegiea
Sainforn = Onobrychis
Salak Palm = Salacca
Sallow = Salix
Salt Cedar = Tamarix
Salt Tree = Halimodendron
Saltbush = Atriplex
Saltmarsh Grass = Puccinellia
Sand Crocus = Romulea
Sand Grass = Mibora
Sand Myrtle = Leiophyllum
Sand Spurrey = Spergularia
Sand Verbena = Abronia
Sandalwood = Santalum
Sandbox Tree = Hura
Sandbur = Cenchrus
Sandwort = Arenaria, Minuartia, Moehringia
Sanicle = Sanicula
Sassafras = Sassafras
Satin Wood = Chloroxylon
Sausage Tree = Kigelia
Savory = Satureja
Saw Wort = Serratula
Saxaul = Haloxylon
Saxifrage = Saxifraga
Scabious = Scabiosa
Scarlet-fruited Gourd = Coccinia
Scentless False Chamomile = Tripleurospermum
Scorpion Orchid = Arachnis
Scorpion Vetch = Coronilla
Scorpion Weed = Phacelia
Screw Pine = Pandanus
Scurf Pea = Psoralea
Scurvygrass = Cochlearia
Sea Bean = Entada
Sea Blite = Suaeda
Sea Buckthorn = Hippophae
Sea Club Rush = Bolboschoenus
Sea Daffodil = Pancratium
Sea Grape = Coccoloba
Sea Heath = Frankenia
Sea Holly = Eryngium
Sea Kale = Crambe
Sea Lavender = Limonium
Sea Milkwort = Glaux
Sea Onion = Urginea
Sea Rocket = Cakile
Sea Sandwort = Honckenya
Sea Spurrey = Spergularia
Sedge = Carex
Selfheal = Prunella
Senna = Senna
Sensitive Fern = Onoclea
Sensitive Plant = Mimosa
Sentry Palm = Howea
Serviceberry = Amelanchier
Sesame = Sesamum
Seychelles Nut = Lodoicea
Shallon = Gaultheria
Shampire = Crithmum
Shamrock = Oxalis
Shaving-Brush Tree = Pachira
Shea Butter Tree = Vitellaria
Sheep Laurel = Kalmia
Sheep's Bit = Jasione
Shell Flower = Moluccella, Pistia
Shellflower = Chelone
Shepherd's Cress = Teesdalia
Shepherd's Purses = Capsella
Shield Fern = Polystichum

Shinleaf = Pyrola
Shittimwood = Bumelia
Shooting Star = Dodecatheon
Shower Tree = Cassia
Shrub Palmetto = Serenoa
Shrubby Dewplant = Ruschia
Shrubby Trefoil = Ptelea
Signal Grass = Brachiaria
Sildweed = Asclepias
Silk Tassel = Garrya
Silk Vine = Periploca
Silk-Cotton Tree = Bombax
Silkworm Thorn = Cudrania
Silky Bent = Apera
Silver Bell = Halesia
Silver Fern = Pityrogramma
Silver Fir = Abies
Silver Grass = Miscanthus
Silver Palm = Coccothrinax
Silver Tree = Leucadendron
Silver-flowered Everlasting = Cephalipterum
Skimmia = Skimmia
Skullcap = Scutellaria
Skunk Cabbage = Lysichiton, Symplocarpus
Sky Flower = Duranta
Sleepy Mallow = Malvaviscus
Slipper Orchid = Paphiopedilum
Slipper Spurge = Pedilanthus
Slipperwort = Calceolaria
Slough Grass = Beckmannia
Small Reed = Calamagrostis
Smartweed = Persicaria
Smilo Grass = Oryzopsis
Smoke Bush = Cotinus
Smokewood = Cotinus
Snake Gourd = Trichosanthes
Snake Plant = Sansevieria
Snake Wood = Cecropia
Snake's Head Iris = Hermodactylus
Snakeweed = Stachytarpheta
Snapdragon = Antirrhinum
Sneezeweed = Helenium
Snow Poppy = Eomecon
Snow Wreath = Neviusia
Snowbell = Soldanella, Styrax
Snowberry = Symphoricarpos
Snowdon Lily = Lloydia
Snowdrop = Galanthus
Snowdrop Tree = Halesia
Snowflake = Leucojum
Soap Bark Tree = Quillaja
Soapberry = Sapindus
Soapwort = Saponaria
Society Garlic = Tulbaghia
Soft Grass = Holcus
Solomon's Seal = Polygonatum
Sorrel = Oxalis
Sorrel Tree = Oxydendrum
Sourwood = Oxydendrum
Southern Beech = Nothofagus
Southern Broom = Notospartium
Sow Thistle = Sonchus
Sowbread = Cyclamen
Soya Bean = Glycine
Spangle Grass = Uniola
Spanish Broom = Spartium
Spanish Cherry = Mimusops
Spanish Dagger = Yucca
Spear Grass = Heteropogon, Stipa
Spear Lily = Doryanthes
Speargrass = Aciphylla
Speedwell = Veronica
Spicebush = Calycanthus
Spider Flower = Cleome, Grevillea
Spider Ivy = Chlorophytum
Spider Lily = Hymenocallis, Lycoris
Spider Plant = Anthericum, Chlorophytum
Spiderwort = Tradescantia
Spignel = Meum
Spike Grass = Uniola
Spike Heath = Bruckenthalia
Spike Rush = Eleocharis
Spinach = Spinacia
Spindle = Euonymus
Spiny-Club Palm = Bactris
Spiral Flag = Costus
Spiral Ginger = Costus
Spleenwort = Asplenium
Spotted Laurel = Aucuba
Spotted Orchid = Dactylorhiza
Spotted Rock Rose = Tuberaria
Spring Starflower = Ipheion
Spruce = Picea
Spur Leaf = Tetracentron
Spurge = Chamaesyce, Euphorbia
Spurge Nettle = Cnidoscolus
Spurrey = Spergula
Squill = Scilla
Squirting Cucmber = Ecballium
St Daboec's Heath = Daboecia
St John's Bread = Ceratonia
St John's Wort = Hypericum
St Paul's Wort = Sigesbeckia
Staghorn Fern = Platycerium
Star Apple = Chrysophyllum
Star Daisy = Lindheimera
Star Grass = Hypoxis
Star of Bethlehem = Gagea, Ornithogalum
Star Thistle = Centaurea
Starfish Flower = Stapelia

Statice = Psylliostachys
Stike's Aster = Stokesia
Stitchwort = Stellaria
Stock = Matthiola
Stone Cress = Aethionema
Stone Parsley = Sison
Stonecrop = Sedum
Stopper = Eugenia
Storax = Styrax
Stork's Bill = Erodium
Strap Air Plant = Catopsis
Strap Fern = Campyloneurum
Strapwort = Corrigiola
Strawberry = Fragaria
Strawberry Tree = Arbutus
Strawflower = Helipterum
Strychnine Tree = Strychnos
Sumac = Rhus
Sumach = Rhus
Summer Cypress = Bassia
Summer Hyacinth = Galtonia
Summer-Sweet = Clethra
Sun Marigold = Dimorphotheca
Sun Pitcher = Heliamphora
Sun Rose = Cistus, Helianthemum
Sundew = Drosera
Sunflower = Helianthus
Swallowwort = Vincetoxicum
Swamp Cypress = Taxodium
Swamp Pink = Helonias
Swan Orchid = Cycnoches
Swan River Daisy = Brachyscome
Swan River Pea = Brachysema
Sweet Alsion = Lobularia
Sweet Box = Sarcococca
Sweet Cicely = Myrrhis
Sweet Clover = Melilotus
Sweet Fern = Comptonia
Sweet Flags = Acorus
Sweet Grass = Glyceria
Sweet Gum = Liquidambar
Sweet Olive = Osmanthus
Sweet Pepper = Capsicum
Sweetpea Bush = Podalyria
Sweetshade = Hymenosporum
Sweetspire = Itea
Sweetwood = Glycyrrhiza
Swine Cress = Coronopus
Swiss-Cheese Plant = Monstera
Sword Lily = Iris
Swort Fern = Nephrolepis
Tail Flower = Anthurium
Tail Grape = Artabotrys
Tallow Tree = Sapium
Tamarind = Tamarindus
Tamarisk = Tamarix
Tanbark Oak = Lithocarpus
Tannia = Xanthosoma
Tansy = Tanacetum
Tansy-leaved Rocket = Hugueninia
Taro = Colocasia
Tarweed = Madia
Tasmanian Fuchsia = Correa
Tassel Tree = Garrya
Tasselweed = Ruppia
Tea Tree = Leptospermum
Teak = Tectona
Teaplant = Lycium
Teasel = Dipsacus
Teddy Bear Vine = Cyanotis
Temple Bells = Smithiantha
Temple Tree = Plumeria
Thale Cress = Arabidopsis
Thatch Plam = Thrinax
Thistle = Carduus, Cirsium
Thorn Apple = Datura
Thrift = Armeria
Throatwort = Trachelium
Thunbergia = Thunbergia
Thyme = Thymus
Tick Trefoil = Desmodium
Tickseed = Coreopsis
Tiger Flower = Tigridia
Tiger Grass = Thysanolaena
Tiger Jaws = Faucaria
Timothy = Phleum
Tipu Tree = Tipuana
Toad Lily = Tricyrtis
Toadflax = Chaenorhinum, Cymbalaria, Linaria
Tobacco = Nicotiana
Toddy Palm = Borassus
Tomato = Lycopersicon
Tongue Orchid = Serapias
Tonka Bean = Dipteryx
Toon = Toona
Toothwort = Lathraea
Torch Ginger = Etlingera
Torch Lily = Kniphofia
Torchwood = Amyris, Bursera
Tournesol = Chrozophora
Townsend Daisy = Townsendia
Trailing Azalea = Loiseleuria
Trailing Bellflower = Cyananthus
Transvaal Daisy = Gerbera
Traveller's Tree = Ravenala
Treasureflower = Gazania
Tree Anemone = Carpenteria
Tree Aralia = Kalopanax
Tree Celandine = Bocconia

Tree Fern = Cibotium, Cyathea, Dicksonia
Tree Groundsel = Baccharis
Tree Mallow = Lavatera
Tree of Damokles = Oroxylum
Tree of Heaven = Ailanthus
Tree of Sadness = Nyctanthes
Tree Poppy = Dendromecon
Tree Tomato = Cyphomandra
Treebine = Cissus
Trinity Flower = Trillium
Triphyllon = Bituminaria
Tritonia = Tritonia
Trumpet Bush = Tecoma
Trumpet Creeper = Campsis
Trumpet Vine = Bignonia, Podranea
Tuba Root = Derris
Tuberose = Polianthes
Tulip = Tulipa
Tulip Orchid = Anguloa
Tulip Tree = Liriodendron
Tuna = Opuntia
Tungoil Tree = Aleurites
Tupelo = Nyssa
Turk's Cap Cactus = Melocactus
Turnip Fern = Angiopteris
Turnsole = Heliotropium
Turtle Bone = Lonchocarpus
Twayblade = Listera
Twin Leaf = Jeffersonia
Twin-flower = Linnaea
Twining Snapdragon = Maurandya
Twisted Stalk = Streptopus
Ulluco = Ullucus
Ulmo = Eucryphia
Umbrella Leaf = Diphylleia
Umbrella Palm = Hedyscepe
Umbrella Pine = Sciadopitys
Umbrella Plant = Eriogonum
Umbrella Tree = Musanga, Schefflera
Umbrellawort = Mirabilis
Unicorn Plant = Ibicella, Martynia, Proboscidea
Upas Tree = Antiaris
Valerian = Valeriana
Vallis = Vallisneria
Vanilla = Vanilla
Vanilla Orchid = Nigritella
Veltheimia = Veltheimia
Velvet Bean = Mucuna
Velvet Plant = Gynura
Venus' Fly Trap = Dionaea
Venus' Looking Glass = Legousia
Venus' Slipper = Paphiopedilum
Vernal Grass = Anthoxanthum
Vervain = Verbena
Vetch = Vicia
Vetiver = Vetiveria
Violet = Viola
Violet Cress = Ionopsidium
Viper's Grass = Scorzonera
Virgina Stock = Malcolmia
Virginia Creeper = Parthenocissus
Virginia Mallow = Sida
Vodoo Lily = Sauromatum
Wake Robin = Trillium
Wall Lettuce = Mycelis
Wall Rocket = Diplotaxis
Wallflower = Erysimum
Walnut = Juglans
Wand Flower = Dierama
Wandflower = Galax
Wandplant = Galax
Waratah = Telopea
Warty Cabbage = Bunias
Wasabi = Wasabia
Washingtonia = Washingtonia
Water Arum = Calla
Water Bush = Bossiaea
Water Chestnut = Trapa
Water Clover = Marsilea
Water Cress = Rorippa
Water Dropwort = Oenanthe
Water Fern = Azolla, Ceratopteris
Water Hyacinth = Eichhornia
Water Hyssop = Bacopa
Water Lettuce = Pistia
Water Lily = Nymphaea
Water Melon = Citrullus
Water Milfoil = Myriophyllum
Water Nymph = Najas
Water Oats = Zizania
Water Parsnip = Sium
Water Plantain = Alisma
Water Poppy = Hydrocleys
Water Schield = Brasenia
Water Shield = Cabomba
Water Soldier = Stratiotes
Water Starwort = Callitriche
Water Trumpet = Cryptocoryne
Water Violet = Hottonia
Water Willow = Justicia
Watercress = Nasturtium
Waterleaf = Hydrophyllum
Watermeal = Wolffia
Waterweed = Egeria, Elodea
Waterwheel Plant = Aldrovanda
Waterwort = Elatine
Wax Flower = Hoya
Wax Gourd = Benincasa
Wax Palm = Ceroxylon

Waxflower = Eriostemon, Stephanotis
Wayfaring Tree = Viburnum
Weasel's Snout = Misopates
Weeping Bamboo = Otatea
Weigela = Weigela
Wellingtonia = Sequoiadendron
Whattle = Acacia
Wheat = Triticum
Wheatgrass = Agropyron
Wheeltree = Stenocarpus
Whisk Fern = Psilotum
White Alder = Clethra
White Forsythia = Abeliophyllum
White Sapote = Casimiroa
Whitebeam = Sorbus
Whitlow Grass = Draba
Whitlow-Wort = Paronychia
Whorl Grass = Catabrosa
Widow's Tears = Tinantia
Wild Bergamot = Monarda
Wild Buckwheat = Eriogonum
Wild Cinnamon = Canella
Wild Coffee = Psychotria
Wild Garlic = Tulbaghia
Wild Ginger = Asarum
Wild Oats = Uvularia
Wild Pea = Lathyrus
Wild Plantain = Heliconia
Wild Rice = Zizania
Willow = Salix
Willow Myrtle = Agonis
Willowherb = Epilobium
Windflower = Anemone
Window Palm = Reinhardtia
Windowleaf = Monstera
Wine Palm = Jubaea
Wineberry = Aristotelia
Winged Broom = Chamaespartium
Winged Everlasting = Ammobium
Wingnut = Pterocarya
Winter Aconite = Eranthis
Winter Cress = Barbarea
Winter Daffodil = Sternbergia
Winter Hazel = Corylopsis
Winter Purslane = Montia
Winter's Bark = Drimys
Winterberry = Ilex
Winterfat = Krascheninnikovia
Wintergreen = Moneses, Orthilia, Pyrola
Wintersweet = Chimonanthus
Winterthorn = Faidherbia
Wireplant = Muehlenbeckia
Wisteria = Wisteria
Witch Alder = Fothergilla
Witch Hazel = Hamamelis
Woad = Isatis
Woadwaxen = Genista
Wood Apple = Limonia
Wood Barley = Hordelymus
Wood Betony = Pedicularis
Wood Club Rush = Scirpus
Wood Fern = Dryopteris
Wood Lily = Trillium
Wood-Rush = Luzula
Woodruff = Asperula
Woodsia = Woodsia
Woody Pear = Xylomelum
Woolflower = Celosia
Wooly Sunflower = Eriophyllum
Worm Grass = Spigelia
Woundwort = Stachys
Yam = Dioscorea
Yam Bean = Pachyrhizus
Yam Pea = Sphenostylis
Yard Grass = Eleusine
Yarrow = Achillea
Yautia = Xanthosoma
Yellow Ageratum = Lonas
Yellow Centaury = Cicendia
Yellow Jessamine = Gelsemium
Yellow Oat Gras = Trisetum
Yellow Palm = Chrysalidocarpus
Yellow Pond Lily = Nuphar
Yellow Rattle = Rhinanthus
Yellow Wood = Cladrastis
Yellow Wort = Blackstonia
Yellow-eyed Grass = Xyris
Yellowwood = Afrocarpus
Yerba Mansa = Anemopsis
Yew = Taxus
Yohimbe = Pausinystalia
Zelkova = Zelkova
Zephyr Flower = Zephyranthes

XI Noms vernaculaires

Les noms français de plantes ont été réunis par Jean Pierre Cordier, Angers. En dehors de quelques monographies, les ouvrages suivants ont été utilisés: »Le Bon Jardinier«, Collectif, 152ème édition, 2 volumes, 1964, 153ème édition, 3 volumes, 1992. Testu, CH. (1970, 1972, 1976), Rol, R. (1962, 1963, 1965, 1968), ainsi que différentes flores et dictionnaires de langue française.

Abélia = Abelia
Abiu = Pouteria
Abricot pays = Mammea
Absinthe = Artemisia
Abutilon = Abutilon
Acacia = Acacia
Acacia jaune = Caragana
Acaena = Acaena
Acajou d'Afrique = Khaya
Acajou de montagne = Cercocarpus
Acanthe = Acanthus
Acantholimon = Acantholimon
Acanthopanax = Eleutherococcus
Acantostachys = Acanthostachys
Ache de montagne = Levisticum
Achillée = Achillea
Achimène = Achimenes
Achyranthes = Achyranthes
Aciphylla = Aciphylla
Acokanthéra = Acokanthera
Aconit = Aconitum
Acore = Acorus
Acroclinium = Acroclinium, Helipterum
Acrocomia = Acrocomia
Acrostic = Acrostichum
Actinidia = Actinidia
Actinioptéris = Actiniopteris
Adénanthéra = Adenanthera
Adénocarpe = Adenocarpus
Adénophore = Adenophora
Adénostome = Adenostoma
Adénostyle = Adenostyles
Adonide = Adonis
Adoxa = Adoxa
Adromischus = Adromischus
Aechméa = Aechmea, Streptocalyx
Aegopode = Aegopodium
Aeschynanthus = Aeschynanthus
Aethionema = Aethionema
Agapanthe = Agapanthus
Agastache = Agastache
Agathis = Agathis
Agave = Agave
Agérate jaune = Lonas
Agératum = Ageratum
Aglaonema = Aglaonema
Agonis = Agonis
Agripaume = Leonurus
Agrostis = Agrostis
Aigremoine = Agrimonia
Aiguille de Cléopâtre = Eremurus
Ail = Allium, Nectaroscordum, Nothoscordum
Ail rouge = Scadoxus
Ailanthe = Ailanthus
Aira = Aira
Airelle = Vaccinium
Ajonc = Ulex
Akébia = Akebia
Akee = Blighia
Alangium = Alangium
Alaterne = Rhamnus
Albizzia = Albizia
Alchémille = Alchemilla
Alchémille des champs = Aphanes
Aldrovandie = Aldrovanda
Aleurite = Aleurites
Aliboufier = Styrax
Alisier = Sorbus
Allamande = Allamanda
Alliaire = Alliaria
Alocasia = Alocasia
Aloe = Aloe
Aloès d'eau = Stratiotes
Alonsoa = Alonsoa
Alosure crépue = Cryptogramma
Alouchier = Sorbus
Alpinie = Alpinia
Alpiste = Phalaris
Alsine = Minuartia
Alstroemère = Alstroemeria
Alternanthère = Alternanthera
Alyogyne = Alyogyne
Alysson = Alyssum, Lobularia
Amandier des Indes = Terminalia
Amaranthe = Amaranthus
Amarantine = Gomphrena
Amaryllis = Amaryllis, Hippeastrum
Amaryllis bleu = Worsleya
Amaryllis de Rouen = Hippeastrum
Amaryllis doré = Sternbergia
Ambreuvade = Cajanus
Ambroisie = Ambrosia
Amélanchier = Amelanchier
Ammi = Ammi
Amorpha = Amorpha
Amour en cage = Physalis
Amourette = Briza, Eragrostis
Amsonia = Amsonia
Anacampseros = Anacampseros
Anacamptis = Anacamptis
Anacardier = Anacardium
Anagyre = Anagyris
Ananas = Ananas
Anarrhinum = Anarrhinum
Ancolie = Aquilegia
Andrachné = Andrachne
Andromède = Andromeda, Leucothoe, Pieris
Andropogon = Andropogon
Androsace = Androsace, Vitaliana

Anémone = Anemone
Anémonelle = Anemonella
Aneth = Anethum
Angélique = Angelica
Anguloa = Anguloa
Anis étoilé = Illicium
Anis vert = Pimpinella
Anogramma = Anogramma
Anone = Annona
Anthémis d'Arabie = Cladanthus
Anthurium = Anthurium
Anthyllis = Anthyllis
Aphélandra = Aphelandra
Aphyllanthe = Aphyllanthes
Apocyn = Apocynum
Aponogeton = Aponogeton
Aposéris = Aposeris
Arabette = Arabis
Arabette des sables = Cardaminopsis
Arachide = Arachis
Arachnanthe = Arachnis
Aralia = Aralia
Aralia en arbre = Kalopanax
Araucaria = Araucaria
Arbousier = Arbutus
Arbre à beurre = Madhuca
Arbre à caoutchouc = Hevea
Arbre à caoutchouc du Panama = Castilla
Arbre à concombres = Averrhoa
Arbre à cuiller = Cunonia
Arbre à gomme = Amyris
Arbre à gutta = Palaquium
Arbre à lait = Brosimum
Arbre à liège = Phellodendron
Arbre à pain = Artocarpus, Encephalartos
Arbre à perruque = Cotinus
Arbre à savon = Sapindus
Arbre à suif = Sapium
Arbre à térébenthine = Bursera
Arbre à upas = Antiaris
Arbre à violettes = Iochroma
Arbre amer = Picrasma
Arbre au parasol = Pandanus
Arbre aux pochettes = Davidia
Arbre aux quarante écus = Ginkgo
Arbre d'argent = Leucadendron
Arbre de feu = Embothrium
Arbre de Judée = Cercis
Arbre de neige = Chionanthus
Arbre du voyageur = Ravenala
Arbre-à-cire = Carissa, Myrica
Arbre-à-corail = Erythrina
Arbre-à-encens = Boswellia
Arbre-à-flanelle = Fremontodendron
Arbre-à-laque = Butea
Arbre-à-saucisses = Kigelia
Arbre-à-tomates = Cyphomandra
Arbre-aux-melons = Carica
Arbre-aux-oursins = Hakea
Arbre-aux-trompettes = Catalpa
Arbre-bouteille = Beaucarnea
Arbre-de-vie = Thuja
Arbre-fougère = Filicium
Arbres-aux-papillons = Buddleja
Arctotide = Arctotis
Ardisia = Ardisia
Arec = Areca
Arémonia = Aremonia
Arénaire = Arenaria
Aréquier = Areca, Chrysalidocarpus, Dictyosperma, Rhopalostylis
Argémone = Argemone
Argousier = Hippophae
Arisaema = Arisaema
Aristéa = Aristea
Aristoloche = Aristolochia
Aristotélia = Aristotelia
Armérie = Armeria
Armoise = Artemisia
Arnica = Arnica
Arnoséris = Arnoseris
Aronia = Aronia
Arrête-bouf = Ononis
Arroche = Atriplex
Artichaut = Cynara, Echeveria
Arum = Arum
Arum aquatique = Calla
Asaret = Asarum
Asclépiade = Asclepias
Asiminier = Asimina
Asperge = Asparagus
Aspérule = Asperula
Asphodèle = Asphodelus
Asphodéline = Asphodeline
Aspidistra = Aspidistra
Aster = Aster
Aster blanchâtre = Microglossa
Aster doré = Chrysopsis
Aster du Cap = Felicia
Aster-centaurée = Stokesia
Astérolide = Asteriscus
Astilbe = Astilbe
Astragale = Astragalus, Oxytropis
Astrance = Astrantia
Asyneuma = Asyneuma
Athamante = Athamanta
Atropa = Atropa
Attrape-mouche = Silene
Attrappe-mouches = Dionaea
Aubépine = Crataegus

Aubergine = Solanum
Aubour = Laburnum
Aubriète = Aubrieta
Aucuba = Aucuba
Aulne = Alnus
Aulnée = Inula
Aunée = Dittrichia
Avocatier = Persea
Avoine = Avena
Avoine barbue = Trisetaria
Avoine des prés = Helictotrichon
Avoine en chapelet = Arrhenatherum
Avoine jaunâtre = Trisetum
Azalée = Rhododendron
Baccharis = Baccharis
Bacopa = Bacopa
Badanier = Terminalia
Baguenaudier = Colutea
Baguette de tambour = Craspedia
Baie de Bison = Shepherdia
Balanites = Balanites
Baldingère = Phalaris
Balisier = Canna, Heliconia
Ballote = Ballota
Balsa = Ochroma
Balsamier = Myroxylon
Balsamine = Impatiens, Momordica
Bambou = Fargesia, Otatea, Semiarundinaria, Yushania
Bambou géant = Gigantochloa
Bambou nain = Sasa
Bambou sacré = Nandina
Bananier = Musa
Bananier d'Abyssinie = Ensete
Bancoulier = Aleurites
Banksia = Banksia
Baobab = Adansonia
Barbarée = Barbarea
Barbe de serpent = Ophiopogon
Barbe-de-bouc = Aruncus
Barbe-de-Jupiter = Jovibarba
Barbon = Andropogon, Chrysopogon
Bardane = Arctium
Bardanette = Tragus
Barléria = Barleria
Bartsie = Bartsia
Baselle = Basella, Ullucus
Basilic = Ocimum
Bassia = Bassia
Bâton de Jacob = Polemonium
Baudremoine = Meum
Bauhinia = Bauhinia
Baume de Galaad = Cedronella
Beaufortia = Beaufortia
Beaumontia = Beaumontia
Bec-de-grue = Geranium
Bec-de-héron = Erodium
Bec-de-perroquet = Clianthus
Beckmannia = Beckmannia
Bégonia = Begonia
Bel ombrage = Phytolacca
Belladonne = Atropa
Belle-de-nuit = Mirabilis
Bélopérone = Justicia
Benoîte = Geum
Berbéris = Berberis
Berce = Heracleum
Berce géante = Heracleum
Bergenia = Bergenia
Berle = Sium
Bermudienne = Sisyrinchium
Bertéroa = Berteroa
Bertolonia = Bertolonia
Bérula = Berula
Bessera = Bessera
Bétoine = Stachys
Betterave = Beta
Bibacier = Eriobotrya
Bident = Bidens
Bignone = Bignonia, Distictis, Tecoma
Bignone d'Argentine = Clytostoma
Bignone de Chine = Campsis
Bignone faux-jasmin = Pandorea
Billbergia = Billbergia
Biota = Thuja
Bistorte = Bistorta
Black boy = Xanthorrhoea
Blandfordia = Blandfordia
Blé = Triticum
Blé d'azur = Elymus
Blé noir = Fagopyrum
Blechnum = Blechnum
Bleuet = Centaurea
Bleuet d'Amérique = Hedyotis, Houstonia
Bloomeria = Bloomeria
Bocconia = Bocconia
Bois chandelle = Amyris
Bois de Gaïac = Guaiacum
Bois de Macassar = Schleichera
Bois de plomb = Dirca
Bois de rose = Dalbergia, Tipuana
Bois de santal = Pterocarpus
Bois jaune = Chloroxylon
Bois puant = Anagyris
Bois-de-fer = Metrosideros
Bois-joli = Daphne
Bois-lait = Thevetia
Bois-satin = Chloroxylon
Boldo = Peumus
Boltonia = Boltonia

Bonnet d'évêque = Astrophytum, Mitella
Bonnet-d'Evêque = Tiarella
Boronia = Boronia
Bossiaea = Bossiaea
Boucage = Pimpinella
Bougainvillée = Bougainvillea
Boule azurée = Echinops
Boule d'or = Trollius
Boule de neige = Viburnum
Bouleau = Betula
Bourrache = Borago
Bourrache du Caucase = Trachystemon
Bourrache géante = Solenanthus
Bourreau des arbres = Celastrus, Periploca
Bouteille = Lagenaria
Bouton de hussard = Sanvitalia
Bouvardie = Bouvardia
Bowénia = Bowenia
Brachyglottis = Brachyglottis
Brachypode = Brachypodium
Brasénie = Brasenia
Brésillet = Caesalpinia
Brimeura = Brimeura
Brodiaea = Brodiaea
Brome = Bromus
Browalia = Browallia
Brunelle = Prunella
Brunfelsia = Brunfelsia
Bruyère = Erica
Bruyère à balai = Calluna
Bruyère australe = Epacris
Bruyère d'hiver = Erica
Bruyère des Açores = Daboecia
Bryone = Bryonia
Bryophyllum = Bryophyllum
Buffonia = Bufonia
Bugle = Ajuga
Buglosse = Anchusa
Buglosse d'Espagne = Pentaglottis
Bugrane = Ononis
Buis = Buxus
Buis de Noël = Sarcococca
Buisson ardent = Pyracantha
Buisson-à-miel = Melianthus
Bulbocode = Bulbocodium
Bulbophyllum = Bulbophyllum
Bunias = Bunias
Buplèvre = Bupleurum
Busserole = Arctostaphylos
Butéa = Butea
Butome = Butomus
Byblis = Byblis
Cabomba = Cabomba
Cacahuète = Arachis
Cacaoyer = Theobroma
Cachiman = Annona
Cactus = Ariocarpus
Cactus à feuilles = Pereskia
Cactus à myrtilles = Myrtillocactus
Cactus ailé = Pterocactus
Cactus de Noël = Schlumbergera
Cactus des bois = Hylocereus
Cactus des savetiers = Epiphyllum
Cactus étoilé = Astrophytum
Cactus mille-pattes = Pelecyphora
cactus-gui = Rhipsalis
Cactus-hérisson = Echinopsis
Cactus-jonc = Rhipsalis
Cactus-melon = Melocactus
Cactus-serpent = Aporocactus
Caféier = Coffea
Caillou vivant = Lithops
Caïmitier = Chrysophyllum
Caladium = Caladium
Calamagrostis = Calamagrostis
Calament = Acinos, Calamintha
Calament commun = Clinopodium
Calamondinorange = × Citrofortunella
Calandrinia = Calandrinia
Calanthe = Calanthe
Calcéolaire = Calceolaria
Caldesia = Caldesia
Calebassier = Crescentia
Caliméris = Kalimeris
Calla = Calla, Zantedeschia
Calliandra = Calliandra
Callianthème = Callianthemum
Callicarpa = Callicarpa
Callisia = Callisia
Callistemon = Callistemon
Callitriche = Callitriche
Callune = Calluna
Calotropis = Calotropis
Calycanthus = Calycanthus
Calypso = Calypso
Camarine = Empetrum
Camassia = Camassia
Camélée = Cneorum, Daphne
Camélia = Camellia
Caméline = Camelina, Myagrum
Camomille = Anthemis, Matricaria
Camomille des ours = Ursinia
Camomille du Maroc = Anacyclus
Camomille romaine = Chamaemelum
Campanille = Wahlenbergia
Campanule = Campanula
Campanule des Canaries = Canarina
Campanule des pierres = Symphyandra
Campanule géante = Ostrowskia
Campêche = Haematoxylum

Camphorine = Camphorosma
Camphrier = Cinnamomum
Canarion = Canarium
Canche = Deschampsia
Canistelle lucume = Pouteria
Canne à pêche des anges = Dierama
Canne à sucre = Saccharum
Canne de Provence = Arundo
Canneberge = Vaccinium
Cannelier = Canella, Cinnamomum
Cantua = Cantua
Capillaire = Adiantum
Câprier = Capparis
Capselle = Capsella
Capuchon de moine = Arisarum
Capucine = Tropaeolum
Caquilier = Cakile
Caragana argenté = Halimodendron
Caralluma = Caralluma
Carambolier = Averrhoa
Cardaire = Cardaria
Cardamine = Cardamine
Cardamome = Amomum, Elettaria
Cardère = Dipsacus
Cardon = Cynara
Cardoncelle = Carduncellus
Carisse = Carissa
Carline = Carlina
Carmichaelia = Carmichaelia
Carotte = Daucus
Caroubier = Ceratonia
Carpésium = Carpesium
Carthame = Carthamus
Caryoptéris = Caryopteris
casse-lunette = Euphrasia
Cassiope = Cassiope
Cassis = Ribes
Casuarina = Casuarina
Catabrosa = Catabrosa
Cataleptique = Physostegia
Catalpa = Catalpa
Caucalis = Caucalis
Céanothe = Ceanothus
Cèdre = Cedrus
Cèdre à encens = Calocedrus
Cèdre bâtard = Cedrela, Toona
Cèdre du Chili = Austrocedrus
Cèdre du Japon = Cryptomeria
Cèdrella = Toona
Célandine = Stylophorum
Céleri = Apium
Céleri vivace = Levisticum
Célosie = Celosia
Centaurée = Centaurea
Centaurée jaune = Blackstonia
Centaurée musquée = Amberboa
Céphalaire = Cephalaria
Céphalanthère = Cephalanthera
Céphélis = Psychotria
Céraiste = Cerastium
Cératocéphale = Ceratocephala
Cératophylle = Ceratophyllum
Cercidiphyllum = Cercidiphyllum
Cerfeuil = Anthriscus
cerfeuil sauvage = Chaerophyllum
Cerfeuil vivace = Myrrhis
Cerima = Monstera
Cerise de la Jamaïque = Muntingia
Cerise espagnole = Mimusops
Cerisier de Chine = Litchi
Cerisier de Tahiti = Phyllanthus
Cerisier des Antilles = Malpighia
Céropégia = Ceropegia
Céroxylon = Ceroxylon
Cestrum = Cestrum
Chalef = Elaeagnus
Chamorchis = Chamorchis
Chanvre = Cannabis
Chardon = Carduus, Eryngium
Chardon bénit = Cnicus
Chardon ivoire = Ptilostemon
Chardon-des-ânes = Onopordum
Chardon-Marie = Galactites, Silybum
Charme = Carpinus
Chasmanthe = Chasmanthe
Châtaigne d'eau = Trapa
Châtaignier = Castanea
Châtaignier d'Australie = Castanospermum
Châtaignier de la Guyane = Pachira
Châtaignier du Cap = Calodendrum
Chayotte = Sechium
Cheilanthès = Cheilanthes
Chélidoine = Chelidonium
Chélone = Chelone
Chêne = Quercus
Chenille = Scorpiurus
Chénopode = Chenopodium
Chérimolier = Annona
Chérophylle = Chaerophyllum
Chervis = Sium
Chèvrefeuille = Lonicera
Chèvrefeuille du Cap = Tecomaria
Chicorée = Cichorium
Chicot du Canada = Gymnocladus
Chiendent = Agropyron, Cynodon
Chiendent des sables = Elymus
Chigommier = Combretum
Chili = Capsicum
Chimaphile = Chimaphila
Chimonanthe odorant = Chimonanthus

Chironia = Chironia
Choin = Schoenus
Chondrille = Chondrilla
Chorisia = Chorisia
Chorizema = Chorizema
Chou = Brassica
Chou marin = Crambe
Chou puant = Symplocarpus
Chou-chine = Colocasia
Chouard = Brimeura
Chrysanthème = Chrysanthemum
Chrysocome = Chrysocoma
Chrysogonum = Chrysogonum
Chrysopogon = Chrysopogon
Chrysothamne = Chrysothamnus
Cicer = Cicer
Cicutaire = Cicuta
Cierge = Cleistocactus, Fouquieria, Peniocereus
Cierge d'argent = Cimicifuga
Cierge de la Lune = Selenicereus
Cierge pileux = Pilosocereus
Cierge-hérisson = Echinocereus
Ciguë = Conium
Ciguë aquatique = Cicuta
Cinéraire = Cineraria, Pericallis, Senecio, Tephroseris
Circée = Circaea
Cirier = Myrica
Cirio = Fouquieria
Cirse = Cirsium
Ciste = Cistus
Citronnelle = Aloysia, Cymbopogon, Melissa
Citronnier = Citrus
Clandestine = Lathraea
Clarkia = Clarkia
Clavalier = Zanthoxylum
Claytone = Claytonia
Clématite = Clematis
Cléome = Cleome
Clérodendron = Clerodendrum
Cléthra = Clethra
Clinopode = Clinopodium
Clintonia = Downingia
Clivia = Clivia
Cloche de Noël = Sandersonia
Cloche du temple = Smithiantha
Clochette d'Irlande = Moluccella
Clochette des fées = Disporum
Clypéole = Clypeola
Cnicaut = Cnicus
Cnide = Cnidium
Cobée = Cobaea
Coca = Erythroxylum
Cocaïer = Erythroxylum
Cocculus = Cocculus
Cocotier = Cocos
Cocotier de Seychelles = Lodoicea
Cocriste = Rhinanthus
Codonopsis = Codonopsis
Cognassier = Cydonia
Cognassier du Japon = Chaenomeles
Colatier = Cola
Colchique = Colchicum
Coléus = Solenostemon
Colletia = Colletia
Collinsia = Collinsia
Collomia = Collomia
Cologlosse = Coeloglossum
Columnéa = Columnea
Comméline = Commelina
Compagnon = Silene
Comptonie = Comptonia
Concombre = Cucumis
Concombre chevelu = Sicyos
Concombre sauvage = Ecballium
Concombre-oursin = Echinocystis
Coniosélinum = Conioselinum
Conopode = Conopodium
Conringia = Conringia
Consoude = Symphytum
Copalier = Copaifera
Copalme = Liquidambar
Coptide = Coptis
Coquelicot du soleil levant = Eomecon
Corbeille d'argent = Arabis
Corbeille d'or = Alyssum
Cordia = Cordia
Cordyline = Cordyline
Coréopsis = Coreopsis
Corète = Kerria
Coriandre = Coriandrum
Coris = Coris
Corispermum = Corispermum
Cormier = Sorbus
Cornaret = Proboscidea
Corne d'abondance = Fedia
Corne d'eau = Hydrocera
Corne d'élan = Platycerium
Cornouiller = Cornus
Coronille = Coronilla
Corossol = Annona
Corrigiola = Corrigiola
Corroyère = Coriaria
Cortuse = Cortusa
Corydale = Corydalis
Corynocarpus = Corynocarpus
Cosmos = Cosmos
Costus = Costus
Cotonéaster = Cotoneaster

Diphylleia = Diphylleia
Diplotaxis = Diplotaxis
Diptérocarpus = Dipterocarpus
Dischidia = Dischidia
Dodonéa = Dodonaea
Dolique = Dolichos, Vigna
Dolique lablab = Lablab
Dompte-venin = Vincetoxicum
Doodia rude = Doodia
Doradille = Asplenium
Doréma = Dorema
Dorine = Chrysosplenium
Doronic = Doronicum
Dorstenia = Dorstenia
Dorycnium = Dorycnium
Dracula = Dracula
Dragonnier = Dracaena, Dracophyllum
Drave = Draba, Schivereckia
Drave des Pyrénées = Petrocallis
Drimys = Drimys
Drosanthème = Drosanthemum
Drosophylle = Drosophyllum
Dryade = Dryas
Dryandra = Dryandra
Drynaria = Drynaria
Dudleya = Dudleya
Duranta = Duranta
Durian = Durio
Durio = Durio
Durion = Durio
Ebène du Mexique = Pithecellobium
Ebène du Texas = Pithecellobium
Ecbalie = Ecballium
Eccremocarpus = Eccremocarpus
Echévéria = Echeveria
Echidnopsis = Echidnopsis
Echinacéa = Echinacea
Echinosperme = Lappula
Ecuelle d'eau = Hydrocotyle
Edelweiss = Leontopodium
Eglantier = Rosa
Egylops = Aegilops
Elatine = Elatine
Elemi = Canarium
Eleocharis = Eleocharis
Eleusine = Eleusine
Elodée = Elodea
Elsholtzia = Elsholtzia
Elyme = Elymus, Leymus
Emilie = Emilia
Enkianthus = Enkianthus
Epervière = Hieracium
Ephèdre = Ephedra
Ephémère = Commelina, Tradescantia
Epiaire = Stachys
Epicéa = Picea
Epigée = Epigaea
Epilobe = Epilobium
Epinard = Spinacia
Epinard de Malabar = Basella
Epinard de Nouvelle-Zélande = Tetragonia
Epine = Crataegus
Epine de chameau = Alhagi
Epine de Jérusalem = Parkinsonia
Epine de rat = Ruscus
Epine des rats grimpante = Semele
Epine du Christ = Paliurus
Epine du ver à soie = Cudrania
Epine jaune = Xanthoceras
Epine-vinette = Berberis
Epipactis = Epipactis
Epipogium = Epipogium
Episcie = Episcia
Eponge végétale = Luffa
Erable = Acer
Eragrostis = Eragrostis
Eranthe = Eranthis
Eranthémum = Eranthemum
Erigeron = Conyza, Erigeron
Erinacée = Erinacea
Erine = Erinus
Eriocaulon = Eriocaulon
Eriophylle = Eriophyllum
Eriostémon = Eriostemon
Erucastre = Erucastrum
Erythrine = Erythrina
Erythrochiton = Erythrochiton
Erythrone = Erythronium
Escallonia = Escallonia
Eschscholzia = Eschscholzia
Esparcette = Onobrychis
Esparsette = Stipa
Ethuse = Aethusa
Etoile = Stapelia
Etoile d'eau = Callitriche
Etoile de Bethléem = Ornithogalum
Etoile du Mexique = Milla
Etoile du Texas = Lindheimera
Eucalyptus = Eucalyptus
Eucnide = Eucnide
Eucomis = Eucomis
Eucryphia = Eucryphia
Eugenia = Eugenia
Eupatoire = Eupatorium
Euphorbe = Euphorbia
Euphorbe arborescente = Synadenium
Euphorbe du Japon = Pachysandra
Euphraise = Euphrasia
Euptéléa = Euptelea
Eurya = Eurya

Glycine = Wisteria
Glycine en arbre = Bolusanthus
Glycine tubéreuse = Apios
Gnaphale = Gnaphalium
Gnavelle = Scleranthus
Gobelets = Umbilicus
Gombo = Abelmoschus
Gomme-ammniaque = Dorema
Gommier = Bursera, Palaquium
Goodenia = Goodenia
Goodyera = Goodyera
Gouet = Arum
Gourde = Lagenaria
Goutte d'or = Chiastophyllum
Goyavier = Psidium
Grand orpin = Telephium
Grassette = Pinguicula
Gratiole = Gratiola
Grégoria = Vitaliana
Grémil = Lithodora, Lithospermum
Grenadier = Punica
Grenouillette = Alisma, Luronium
Grenouillette d'Amérique = Limnobium
Grévillée = Grevillea
Grewia = Grewia
Greya = Greyia
Griffe du diable = Physoplexis, Phyteuma
Grindelia = Grindelia
Griselinia = Griselinia
Gros millet = Sorghum
Groseillier = Ribes
Guayule = Parthenium
Gueule-de-loup = Antirrhinum
Gueule-de-tigre = Faucaria
Gui = Viscum
Guimauve = Althaea
Guizotia = Guizotia
Gurania = Gurania
Guttier = Garcinia
Guzmania = Guzmania
Gynure = Gynura
Gypsophile = Gypsophila
Gyroselle = Dodecatheon
Habénaire = Coeloglossum, Habenaria
Haberléa = Haberlea
Hacquetia = Hacquetia
Haematoxylon = Haematoxylum
Hakea = Hakea
Halésia = Halesia
Hamamélis = Hamamelis
Hardenbergia = Hardenbergia
Haricot = Phaseolus
Haricot de mer = Entada
Harmel = Peganum
Haworthia = Haworthia
Hebe = Hebe
Hédychium = Hedychium
Hédysarum = Hedysarum
Hélénie = Helenium
Héliamphora = Heliamphora
Hélianthelle = Helianthella
Hélianthème = Helianthemum
Héliophila = Heliophila
Héliopsis = Heliopsis
Héliotrope = Heliotropium
Hellébore = Helleborus
Helléborine = Eranthis
Helminthie = Helminthotheca
Helwingie = Helwingia
Helxine = Soleirolia
Hémanthe = Haemanthus, Scadoxus
Hémérocalle = Hemerocallis
Henné = Lawsonia
Hépatique = Hepatica
Herbe aux femmes battues = Tamus
Herbe aux kangourous = Themeda
Herbe aux turquoises = Ophiopogon
Herbe de la pampa = Cortaderia
Herbe de la St-Jean = Hypericum
Herbe de St-Augustin = Stenotaphrum
Herbe de St-Christophe = Actaea
Herbe de Ste-Barbe = Barbarea
Herbe des marais = Scolochloa
Herbe du Natal = Rhynchelytrum
Herbe du tigre = Thysanolaena
Herbe-à-brochet = Pontederia
Herbe-à-moustiques = Bouteloua
Herbe-à-panier = Oplismenus
Herbe-aux-bisons = Buchloe
Herbe-aux-écouvillons = Pennisetum
Herbe-aux-faisans = Leycesteria
Herbe-aux-goutteux = Aegopodium
Herbe-aux-pipes = Molinia
Herbe-aux-puces = Psyllium
Herbe-aux-vaches = Vaccaria
Herbe-aux-verrues = Chelidonium
Hermannia = Hermannia
Herminium = Herminium
Herniaire = Herniaria
Hétéranthère = Heteranthera
Hétéromelès = Heteromeles
Hêtre = Fagus
Hêtre austral = Nothofagus
Heuchère = Heuchera
Heuchèrelle = × Heucherella
Hibbertia = Hibbertia
Hibiscus bleu = Alyogyne
Hierochloa = Hierochloe
Hirschfeldia = Hirschfeldia
Hochet du vent = Briza

Hohéria = Hoheria
Holodiscus = Holodiscus
Holostée = Holosteum
Homalocladium = Homalocladium
Homogyne = Homogyne
Honckénéja = Honckenya
Horminelle = Horminum
Hortensia = Hydrangea
Hortensia en arbre = Dombeya
Hortensia grimpant = Schizophragma
Hottonie = Hottonia
Houblon = Humulus
Houque = Hierochloe, Holcus
Houttuynie = Houttuynia
Houx = Ilex
Hovéa = Howea
Huernia = Huernia
Hugueninia = Hugueninia
Hydrastis = Hydrastis
Hydrocotyle = Hydrocotyle
Hydrophylle = Hydrophyllum
Hygrophile = Hygrophila
Hyménophylle = Hymenophyllum
Hypécoum = Hypecoum
Hypoestes = Hypoestes
Hypolépis = Hypolepis
Hystrix = Hystrix
Icaquier = Chrysobalanus
Idésia = Idesia
If = Taxus
If de Patagonie = Saxegothaea
If du Prince Albert = Saxegothaea
If puant = Torreya
If verruqueux = Dacrycarpus
If-à-prunes = Cephalotaxus
Igname = Dioscorea
Illécèbre = Illecebrum
Illipe = Madhuca
Immortelle = Helichrysum, Rhodanthe
Immortelle annuelle = Xeranthemum
Immortelle argentée = Cephalipterum
Immortelle d'argent = Anaphalis
Immortelle de sables = Ammobium
Impatiens = Impatiens
Impératoire = Peucedanum
Incarvillée = Incarvillea
Indigo = Indigofera
Inule = Inula
Ionopsis = Ionopsis
Ipéca = Psychotria
Iphéion = Ipheion
Ipomée = Ipomoea
Irésine = Iresine
Iris = Iris
Iris tête-de-serpent = Hermodactylus
Iris tigré = Belamcanda
Iroko = Chlorophora
Ismène = Hymenocallis
Isoètes = Isoetes
Isopogon = Isopogon
Isopyre = Isopyrum
Itéa = Itea
Iva = Iva
Ixia = Ixia
Ixiolirion = Ixiolirion
Jaborandi = Pilocarpus
Jacaranda = Jacaranda
Jacinthe = Hyacinthus
Jacinthe blétille = Bletilla
Jacinthe du Cap = Galtonia, Lachenalia
Jacinthe sauvage = Hyacinthoides
Jacynthe d'eau = Eichhornia
Jambosier = Syzygium
Jamerosier = Syzygium
Jamesia = Jamesia
Jasione = Jasione
Jasmin = Jasminum
Jasmin de Madagascar = Stephanotis
Jasmin de Virginie = Gelsemium
Jasmin du Cap = Gardenia
Jasmin du Chili = Mandevilla
Jasmin étoilé = Trachelospermum
Jatropha = Jatropha
Jaunet d'eau = Nuphar
Jeffersonia = Jeffersonia
Jojoba = Simmondsia
Jonc = Juncus
Jonc des tonneliers = Schoenoplectus, Scirpus
Jonc fleuri = Butomus
Jonc palmier = Prionium
Jonc-sabre = Xyris
Joubarbe = Sempervivum
Jujubier = Ziziphus
Julienne = Hesperis
Julienne de Mahon = Malcolmia
Jurinée = Jurinea
Jusquiame = Hyoscyamus
Jussie = Ludwigia
Jute = Corchorus
Kadsura = Kadsura
Kaempferia = Kaempferia
Kaki = Diospyros
Kalanchoe = Bryophyllum, Kalanchoe
Kalmia = Kalmia
Kalopanax = Kalopanax
Kapokier = Bombax, Ceiba
Kénépier = Melicoccus
Kennedia = Kennedia
Kentia = Howea

Kernéra = Kernera
Keruing = Dipterocarpus
Ketmie = Hibiscus
Keulérie = Koeleria
Kickxia = Kickxia
Kiwi = Actinidia
Knautia = Knautia
Koelreuteria = Koelreuteria
Kohléria = Kohleria
Kolkwitzia = Kolkwitzia
Kouémé = Telfairia
Kraméria = Krameria
Kudzu = Pueraria
Kumquat = Fortunella
Laelia = Laelia
Lagerose = Lagerstroemia
Lagunaria = Lagunaria
Lagurier = Lagurus
Laîche = Carex
Lait de Notre-Dame = Silybum
Laiteron = Sonchus
Laitue = Lactuca
Laitue d'eau = Pistia
Laitue du Mexique = Tridax
Lamarckia = Lamarckia
Lamier = Lamium
Lampourde = Xanthium
Lampranthus = Lampranthus
Lampsane = Lapsana
Langue de Belle-mère = Sansevieria
Langue de serpent = Ophioglossum
Langue du diable = Amorphophallus
Langue-d'oiseau = Stellaria
Langue-de-chevreuil = Gasteria
Langue-de-chien = Cynoglossum
Langue-de-moineau = Passerina
Lansat = Lansium
Lantana = Lantana
Lantanier = Lantana
Lanterne chinoise = Abutilon, Physalis, Sandersonia
Lapageria = Lapageria
Lapeirousia = Lapeirousia
Laportea = Laportea
Larme-de-Job = Coix
Larme-de-Jupiter = Coix
Laser = Laser, Laserpitium
Latanier = Latania
Laurier = Laurus, Umbellularia
Laurier d'Alexandrie = Danae
Laurier rose = Nerium
Lavande = Lavandula
Lavande de mer = Limonium
Lavatère = Lavatera
Léersia = Leersia
Lenticule = Lemna
Lentille = Lens
Lentille d'eau = Lemna
Léontice = Leontice
Léonure = Leonurus
Leptospermum = Leptospermum
Leschenaultia = Leschenaultia
Lespédéza = Kummerowia, Lespedeza
Leucogenes = Leucogenes
Leucothoë = Leucothoe
Leuzée = Leuzea
Lewisia = Lewisia
Leycesteria = Leycesteria
Liane à râpe = Pithecoctenium
Liane corail = Antigonon
Liane de feu = Pyrostegia
Liane du voyageur = Cissus
Liane-orchidée = Podranea
Liatride = Liatris
Libertia = Libertia
Libocèdre = Libocedrus
Lierre = Hedera
Lierre terrestre = Glechoma
Ligulaire = Ligularia
Ligustique = Ligusticum
Lilas = Syringa
Lilas des Indes = Lagerstroemia, Melia
Limetier = Citrus
Limettier du désert = Eremocitrus
Limnanthes = Limnanthes
Limnophile = Limnophila
Limodore = Limodorum
Limoniastrum = Limoniastrum
Limoselle = Limosella
Lin = Linum
Lin de Nouvelle-Zélande = Phormium
Linaigrette = Eriophorum
Linaire = Chaenorhinum, Linaria
Lindera = Lindera
Lindheimera = Lindheimera
Linnée = Linnaea
Liparis = Liparis
Liriope = Liriope
Lis = Lilium
Lis d'un jour = Hemerocallis
Lis de Joséphine = Brunsvigia
Lis de la prairie = Camassia
Lis de St-Bruno = Paradisea
Lis de St-Jacques = Sprekelia
Lis de tigre = Tigridia
Lis des Cafres = Schizostylis
Lis des crapauds = Tricyrtis
Lis des impalas = Adenium
Lis des Incas = Alstroemeria
Lis des rochers = Arthropodium

Lis du Brésil = Eucharis
Lis géant = Cardiocrinum
Lis zéphir = Zephyranthes
Lis-araignée = Hymenocallis
Lis-cobra = Darlingtonia
Lis-javelot = Doryanthes
Lis-pancrais = Pancratium
Liseron = Convolvulus
Liseron arbustif = Argyreia
Liseron brûlant = Caiophora
Liseron des haies = Calystegia
Liseron épineux = Smilax
Listère = Listera
Litchi = Litchi
Littorelle = Littorella
Livistonia = Livistona
Loasa = Loasa
Lobélie = Lobelia
Loïdie = Lloydia
Loiseleuria = Loiseleuria
Longanier = Nephelium
Loropetalum = Loropetalum
Lotier = Lotus, Tetragonolobus
Lotus = Nelumbo
Lotus des Anciens = Ziziphus
Lotus des Indes = Nelumbo
Ludisia = Ludisia
Ludwigia = Ludwigia
Lunaire = Botrychium, Lunaria
Lunetière = Biscutella
Lupin = Lupinus
Lupin indigo = Baptisia
Luzerne = Medicago
Luzule = Luzula
Lychnis des Pyrénées = Petrocoptis
Lyciet = Lycium
Lycope = Lycopus
Lycopode = Diphasiastrum, Huperzia, Lycopodium
Lyonia = Lyonia
Lysichiton = Lysichiton
Lysimaque = Lysimachia
Maackia = Maackia
Maceron = Smyrnium
Mâche = Valerianella
Macle = Stratiotes
Macodes = Macodes
Macoré = Tieghemella
Madi = Madia
Magnolia = Magnolia
Magnolier = Magnolia
Mahogany d'Amérique = Swietenia
Mahonia = Mahonia
Maïanthème = Maianthemum
Maïs = Zea
Makoré = Tieghemella
Malaguette = Aframomum, Xylopia
Malaxis = Malaxis
Malope = Malope
Malvaviscus = Malvaviscus
Mammilaire = Mammillaria
Mandarinnier = Citrus
Mandragore = Mandragora
Mangoustanier = Garcinia
Manguier = Mangifera
Maniguette = Aframomum, Xylopia
Maniok = Manihot
Manteau de Notre-Dame = Alchemilla
Maranta = Maranta
Margose = Momordica
Marguerite = Leucanthemum
Marguerite d'automne = Leucanthemella
Marguerite des Alpes = Leucanthemopsis
Marguerite dorée = Euryops
Marguerite du Cap = Osteospermum
Marguerite en arbre = Argyranthemum
Marisque = Cladium
Marjolaine = Origanum
Marmite de singe = Lecythis
Marronnier = Aesculus
Marrube = Marrubium
Marsilée = Marsilea
Martynia = Craniolaria, Martynia
Martynia à trompe = Proboscidea
Massette = Typha
Matricaire = Matricaria, Tripleurospermum
Maurandie = Asarina
Mauve = Malva
Mauve de la Prairie = Sidalcea
Mauve de Virginie = Sida
Mauve-pavot = Callirhoe
Mazus = Lindernia, Mazus
Méconopsis = Meconopsis
Médinilla = Medinilla
Meehania = Meehania
Mélaleuca = Melaleuca
Mélampyre = Melampyrum
Mélastome = Melastoma
Mélèze = Larix
Mélianthe = Melianthus
Mélilot = Melilotus
Mélinet = Cerinthe
Mélique = Melica
Mélisse = Melissa
Mélitte = Melittis
Mélocoton = Sicana
Melon = Cucumis
Menthe = Mentha
Menthe coq = Tanacetum
Menthe d'Australie = Prostanthera

Menthe de montagne = Calamintha
Menthe-des-chats = Nepeta
Mentzelia = Eucnide
Menziesia = Menziesia
Mercuriale = Mercurialis
Mertensia = Mertensia
Mésembryanthème = Dorotheanthus
Métaséquoia = Metasequoia
Méum = Meum
Mibora = Mibora
Michauxia = Michauxia
Micocoulier = Celtis
Micocoulier ailé = Pteroceltis
Micromérie = Micromeria
Milla = Milla
Millepertuis = Hypericum
Millet = Milium
Millet à grappes = Setaria
Miltonia = Miltonia
Miltoniopsis = Miltoniopsis
Mimosa = Acacia, Mimosa
Mimulus = Mimulus
Miricaire = Myricaria
Miroir-de-Vénus = Legousia
Mitchella = Mitchella
Mitraria = Mitraria
Moehringia = Moehringia
Moenchia = Moenchia
Molène = Verbascum
Molinie = Molinia
Mollugine = Mollugo
Mollugo = Mollugo
Moloposperme = Molopospermum
Moltkia = Moltkia
Molucelle = Moluccella
Monaie du Pape = Lunaria
Monanthes = Monanthes
Monarde = Monarda
Monbin = Spondias
Monopsis = Monopsis
Monotropa = Monotropa
Montbretia = Crocosmia
Montia = Montia
Morelle = Solanum
Morène = Hydrocharis
Moricandia = Moricandia
Morina = Morina
Moringa = Moringa
Mormodes = Mormodes
Mors du diable = Succisa
Mors-de-grenouille = Hydrocharis
Mouron = Anagallis
Mousse espagnole = Tillandsia
Moutarde = Sinapis
Mouton végétal = Raoulia
Muehlenbeckia = Muehlenbeckia
Muflier = Antirrhinum
Muflier des champs = Misopates
Muflier grimpant = Asarina
Muguet = Convallaria
Mulgédie = Cicerbita
Mûrier = Morus
Mûrier à papier = Broussonetia
Mûrier des Indes = Morinda
Mûrier sauvage = Rubus
Murraya = Murraya
Muscadier = Myristica
Muscadier de Californie = Torreya
Muscari = Muscari
Myagrum = Myagrum
Myosotis = Myosotis
Myosotis du Caucase = Brunnera
Myosure = Myosurus
Myriocarpe = Myriocarpa
Myriophylle = Myriophyllum
Myrrhe = Commiphora
Myrsine = Myrsine
Myrte = Lophomyrtus, Rhodomyrtus
Myrte du Cap = Phylica
Myrtille des sables = Leiophyllum
Myrtillier = Vaccinium
Naïade = Najas
Narcisse = Narcissus
Nard = Nardus
Nardostachyde de l'Inde = Nardostachys
Narthécie = Narthecium
Ne-m'oubliez-pas = Myosotis
Néflier = Mespilus
Néflier de Bronvaux = + Crataegomespilus
Néflier du Japon = Eriobotrya
Neillia = Neillia
Némésia = Nemesia
Némopanthe = Nemopanthus
Némophile = Nemophila, Pholistoma
Nénuphar = Nymphaea
Nénuphar épineux = Euryale
Nénuphar jaune = Nuphar
Néottie = Neottia
Nepenthes = Nepenthes
Néphélium = Nephelium
Néphrolépis = Nephrolepis
Nérine = Nerine
Nerprun = Frangula, Rhamnus
Neslie = Neslia
Nidularium = Nidularium
Nielle = Agrostemma
Nierembergia = Nierembergia
Nigelle = Nigella
Nigritelle = Nigritella
Nipa = Nypa

Nivéole = Leucojum
Noisetier = Corylus
Noisetier du Chili = Gevuina
Noix d'Arec = Areca
Noix de Para = Bertholletia
Nolana = Nolana
Nombril de Vénus = Omphalodes, Umbilicus
Nomocharis = Nomocharis
Nonnée = Nonea
Nopal = Opuntia
Noyer = Juglans
Noyer d'Amérique = Carya
Noyer du Queensland = Macadamia
Ochna = Ochna
Odontitès = Odontites
Oeil du Christ = Tolpis
Oeil-de-bouf = Buphthalmum
Oeillet d'Inde = Tagetes
Oil de Jeune fille = Coreopsis
Oil-de-bouf = Telekia
Oillet = Dianthus
Oiseau de paradis = Strelitzia
Okra = Abelmoschus
Oléaria = Olearia
Olivier = Olea
Olivier du désert = Forestiera
Onagre = Oenothera
Onanthe = Oenanthe
Ongle du diable = Ibicella
Onocléa sensitive = Onoclea
Onosma = Onosma
Onothère = Oenothera
Onothère aquatique = Ludwigia
Ophioglosse = Ophioglossum
Ophrys = Ophrys
Oplismène = Oplismenus
Oplopanax = Oplopanax
Oponce = Opuntia
Opopanax = Opopanax
Oranger = Citrus
Oranger amer = Poncirus
Oranger des Osages = Maclura
Oranger du Mexique = Choisya
Orcanette = Alkanna
Orchidée = Arpophyllum, Cyrtopodium, Ophrys, Orchis, Polycycnis, Pterostylis
Orchidée du Tibet = Pleione
Orchidée-casque = Coryanthes
Orchidée-jonc = Schoenorchis
Orchidée-papillon = Phalaenopsis
Orchidée-roseau = Arundina
Orchis = Anacamptis, Chamorchis, Orchis
Orchis bouc = Himantoglossum
Orchis globuleux = Traunsteinera
Orchis moucheron = Gymnadenia
Orchis-homme pendu = Aceras
Oreille d'éléphant = Alocasia
Oreille-de-lièvre = Bupleurum
Oreille-de-lion = Leonotis
Oréochloa = Oreochloa
Oréopanax = Oreopanax
Orge = Hordeum
Orge des bois = Hordelymus
Origan = Origanum
Orlaya = Orlaya
Orme = Ulmus
Orme de Samarie = Ptelea
Ornithogale = Ornithogalum
Orobanche = Orobanche
Orontium = Orontium
Orpin = Sedum
Ortie = Urtica
Ortie de Chine = Boehmeria
Oryzopsis = Oryzopsis
Oseille = Rumex
Oseille sauvage = Rumex
Osmanthus = Osmanthus
Osmonde = Osmunda
Ostryer = Ostrya
Oxalide = Oxalis
Oxydendron = Oxydendrum
Oxyria = Oxyria
Oxytropis = Oxytropis
Oyat = Ammophila
Oyat bâtard = × Calammophila
Pachyphytum = Pachyphytum
Pachypodium = Pachypodium
Pachystachys = Pachystachys
Pain de pourceau = Cyclamen
Palétuvier = Rhizophora
Palissandre = Dalbergia
Palmette = Sabal
Palmier = Aiphanes, Astrocaryum, Ceroxylon, Corypha, Desmoncus, Dictyosperma, Pinanga, Pritchardia, Reinhardtia
Palmier à cire = Copernicia
Palmier à huile = Elaeis
Palmier à miel = Jubaea
Palmier à racines épineuses = Cryosophila
Palmier à sucre = Arenga
Palmier à vin = Borassus
Palmier argenté = Coccothrinax
Palmier butia = Butia
Palmier cohune = Orbignya
Palmier d'Egypte = Hyphaene
Palmier dattier = Phoenix
Palmier de Madagascar = Pachypodium
Palmier de manille = Veitchia
Palmier de montagne = Chamaedorea

Palmier des dames = Rhapis
Palmier doré = Chrysalidocarpus
Palmier doum = Hyphaene
Palmier du Panama = Carludovica
Palmier épineux = Acanthophoenix
Palmier éventail = Washingtonia
Palmier ivoire = Phytelephas
Palmier mexicain = Dioon
Palmier nain = Chamaerops
Palmier piassaba = Attalea
Palmier queue-de-poisson = Caryota
Palmier royal = Archontophoenix, Roystonea
Palmier sang-de-dragon = Daemonorops
Palmier talipot = Corypha
Palmier-à-gelée = Butia
Palmier-aiguille = Rhapidophyllum
Palmier-bouteille = Hyophorbe
Palmier-chanvre = Trachycarpus
Palmier-éventail = Brahea, Licuala
Pamier nain royal = Thrinax
Pamplemoussier = Citrus
Panacée des montagnes = Arnica
Panais = Pastinaca
Pancrais = Pancratium
Pancrais jaune = Chlidanthus
Pandanus = Pandanus
Panic = Echinochloa, Panicum
panic digité = Eleusine
Panicaut = Eryngium
Papayer = Carica
Pâquerette = Bellis
Pâquerette bleue = Brachyscome
Parasolier = Cecropia
Parentucelle = Parentucellia
Parfum des dieux = Diosma
Pariétaire = Parietaria
Parisette = Paris
Parmentiera = Parmentiera
Parnassie = Parnassia
Paronyque = Paronychia
Parrotia = Parrotia
Pas d'âne = Tussilago
Paspalum = Paspalum
Passerage = Lepidium
Passerage drave = Cardaria
Passerine = Passerina
Passerine thymélée = Thymelaea
Passiflore = Passiflora
Pastel = Isatis
Pastèque = Citrullus
Patchouli = Pogostemon
Patte-de-lièvre = Ochroma
Pâturin = Poa
Paulownia = Paulownia
Pavot = Papaver
Pavot bleu = Meconopsis
Pavot cornu = Glaucium
Pavot cornu d'Orient = Dicranostigma
Pavot d'eau = Hydrocleys
Pavot de Californie = Romneya
Pavot des bois = Hylomecon
Pavot du soir = Hesperomecon
Pavot en arbre = Dendromecon
Pavot plumeux = Macleaya
Pavot tulipe mexicain = Hunnemannia
Paxistima = Paxistima
Pédiculaire = Pedicularis
Pédilanthe = Pedilanthus
Péganion = Peganum
Peigne de singe = Pithecoctenium
Péjibaie = Bactris
Pelléa = Pellaea
Pellionia = Pellionia
Peltaire = Peltaria
Peltandre = Peltandra
Pensée = Viola
Penstemon = Penstemon
Pépéromia = Peperomia
Péplis = Peplis
Perce-neige = Galanthus
Perce-pierre = Crithmum
Peristeria = Peristeria
Péristrophe = Peristrophe
Pérovskia = Perovskia
Persicaire = Persicaria
Persil = Petroselinum
Pervenche = Vinca
Pervenche de Madagascar = Catharanthus
Pesse = Hippuris
Peste d'eau = Egeria, Elodea
Pet-d'âne = Onopordum
Pétasites = Petasites
Petit cycas = Microcycas
Petit houx = Ruscus
Petit nénuphar = Nymphoides
Petit plombago = Plumbagella
Petit smilax = Smilacina
Petit soleil = Helianthella
Petit toryle = Torilis
Petite bourrache = Omphalodes
Petite centaurée = Centaurium
Petite ciguë = Aethusa
Petite férule = Ferulago
Petite lentille = Wolffia
Petrea = Petrea
Pétrocallis = Petrocallis
Pétrocoptis = Petrocoptis
Petteria = Petteria
Pétunia = Petunia
Peucédan = Peucedanum

Peuplier = Populus
Peyote = Lophophora
Peyoti = Lophophora
Phacélie = Phacelia
Phalangère = Anthericum, Chlorophytum
Philésia = Philesia
Philodendron = Monstera, Philodendron
Phlomis = Phlomis
Phlox = Phlox
Photinia = Photinia
Phyllodoce = Phyllodoce
Physocarpe = Physocarpus
Phytolaque = Phytolacca
Pied-d'alouette = Delphinium
Pied-d'éléphant = Beaucarnea
Pied-d'oiseau = Ornithopus
Pied-de-chat = Antennaria
Pied-de-poule = Cynodon
Piéris = Pieris
Pigamon = Thalictrum
Piléa = Pilea
Pilocarpe = Pilocarpus
Pilulaire = Pilularia
Pimelea = Pimelea
Piment = Capsicum
Pimpinelle = Pimpinella
Pin = Pinus
Pin Huon = Dacrydium
Pin parasol japonais = Sciadopitys
Pin rouge = Dacrydium
Pin-cyprès = Callitris
Pinellia = Pinellia
Pissenlit = Taraxacum
Pistachier = Pistacia
Pittosporum = Pittosporum
Pivoine = Paeonia
Plagianthe = Plagianthus
Plantain = Plantago
Plantain d'eau = Alisma
Plante au feu d'artifice = Pilea
Plante aux fourmis = Myrmecodia
Plante des concierges = Aspidistra
Plante-arc-en-ciel = Byblis
Plante-aux-crevettes = Justicia
Plante-caillou = Argyroderma, Lithops, Titanopsis
Plante-cobra = Darlingtonia
Plante-compas = Silphium
Plante-corail = Russelia
Plante-du-savetier = Bergenia
Plante-outre = Cephalotus
Plante-perle = Nertera
Plaqueminier = Diospyros
Platane = Platanus
Platanthère = Platanthera
Platycaryer = Platycarya
Pléione = Pleione
Pléomèle = Dracaena
Pleurosperme = Pleurospermum
Plombago = Plumbago
Plume d'eau = Hottonia
Plume des Apaches = Fallugia
Podalyre = Baptisia
Podocarpus = Podocarpus
Poil à gratter = Mucuna
Poire des sables = Peraphyllum
Poirée = Beta
Poirier = Pyrus
Pois = Pisum
Pois à chapelet = Abrus
Pois bâtard = Centrosema
Pois d'angol = Cajanus
Pois de cour = Cardiospermum
Pois de senteur = Lathyrus
Pois puant = Sterculia
Pois razier = Clitoria
Pois savane = Clitoria
Pois vivace = Lathyrus
Pois-bouton = Cephalanthus
Pois-chiche = Cicer
Pois-patate = Pachyrhizus
Pois-rivière = Centrosema
Pois-sabre = Canavalia
Poivre de la Jamaïque = Pimenta
Poivre de muraille = Sedum
Poivre sauvage = Vitex
Poivrier = Piper
Polycarpon = Polycarpon
Polycnème = Polycnemum
Polygala = Polygala
Polygonum bistorte = Bistorta
Polypode = Polypodium
Polypogon = Polypogon
Polyscias = Polyscias
Polystic = Polystichum
Pomme d'éléphant = Limonia
Pomme d'or = Spondias
Pomme de mai = Podophyllum
Pomme de pierre = Osteomeles
Pomme de Sodome = Calotropis
Pomme de terre = Solanum
Pomme du diable = Datura
Pommier = Malus
Pommier baumier = Clusia
Poncir = Poncirus
Populage = Caltha
Porcelle = Hypochaeris
Potamot = Potamogeton
Potentille = Potentilla
Pothos = Epipremnum

Poule grasse = Lapsana
Pourpier = Portulaca
Pourpier en arbre = Portulacaria
Pratia = Pratia
Prêle = Equisetum
Prénanthe = Prenanthes
Primevère = Primula
Primevère du Cap = Streptocarpus
Pritchardia = Pritchardia
Prosopis = Prosopis
Prostanthère = Prostanthera
Protée = Protea
Pruche = Tsuga
Prune d'Espagne = Spondias
Prunier de l'Orégon = Oemleria
Prunier de Madagascar = Flacourtia
Prunier des Cafres = Harpephyllum
Psoralée = Psoralea
Psoralier = Psoralea
Ptéris = Lonchitis, Pteris
Ptérocarpe = Pterocarpus
Ptérocaryer = Pterocarya
Ptychosperme = Ptychosperma
Puéraria = Pueraria
Pulicaire = Pulicaria
Pulmonaire = Pulmonaria
Pulsatille = Pulsatilla
Puschkinia = Puschkinia
Putoria = Putoria
Pyrèthre = Tanacetum
Pyrole = Moneses, Orthilia, Pyrola
Quassier = Quassia
Quassier amer = Quassia
Quatre-épices = Pimenta
Queue-de-chat = Acalypha
Queue-de-cheval = Hippuris
Queue-de-lézard = Anemopsis, Saururus
Queue-de-lièvre = Lagurus
Queue-de-rat = Aporocactus
Queue-de-renard = Alopecurus, Vulpia
Queue-de-souris = Myosurus
Quillay = Quillaja
Quinquina = Cinchona
Quisqualier = Quisqualis
Racine corail = Corallorrhiza
radiaire = Astrantia
Radiole faux-lin = Radiola
Radis = Raphanus
Raifort = Armoracia
Raifort vert = Wasabia
Raisin d'Amérique = Phytolacca
Raisin de mer = Coccoloba, Ephedra
Raisin du Japon = Hovenia
Raisin-d'ours = Arctostaphylos
Raisinier = Coccoloba
Ramboutan = Nephelium
Ramonde = Ramonda
Rapette = Asperugo
Raphia = Raphia
Raphiolépis = Rhaphiolepis
Rapistre = Rapistrum
Raquette = Opuntia
Rauvolfia = Rauvolfia
Ravenelle = Raphanus
Raygras = Lolium
Réglisse = Glycyrrhiza
Réglisse sauvage = Astragalus
Rehmannia = Rehmannia
Reine des Andes = Phaedranassa
Reine-marguerite = Callistephus
Reineckéa = Reineckea
Renoncule = Ranunculus
Renouée = Persicaria, Polygonum
Renouée des montagnes = Aconogonon
Renouée grimpante = Fallopia
Renouée laineuse = Eriogonum
Réséda = Reseda
Réséda à balai = Descurainia
Rétama = Retama
Rhagadiole = Rhagadiolus
Rhatania = Krameria
Rhinanthe = Rhinanthus
Rhinephyllum = Rhinephyllum
Rhodanthe = Rhodanthe
Rhodiole = Rhodiola
Rhododendron = Rhododendron
Rhodothamnus = Rhodothamnus
Rhubarbe = Rheum
Rhubarbe géante = Gunnera
Rhynchospore = Rhynchospora
Rhynchostylis = Rhynchostylis
Ricin = Ricinus
Ridolfia = Ridolfia
Rince-bouteille = Callistemon
Rince-bouteille du Natal = Greyia
Rivinia = Rivina
Riz = Oryza
Riz barbu = Oryzopsis
Riz sauvage = Leersia, Zizania
Robinier = Robinia
Rocouyer = Bixa
Rodgersia = Rodgersia
Roi des Alpes = Eritrichium
Romanzoffia = Romanzoffia
Romarin = Rosmarinus
Romarin sauvage = Ledum
Romulée = Romulea
Ronce = Rubus
Rondier = Borassus
Roquette = Eruca

Roquette de mer = Cakile
Roridule = Roridula
Roripe = Rorippa
Rose d'Inde = Tagetes
Rose de Chine = Hibiscus
Rose de Jéricho = Anastatica
Rose de Noël = Helleborus
Rose des Andes = Bejaria
Rose du désert = Adenium
Rose trémière = Alcea
Roseau = Phragmites
Roseau de Chine = Miscanthus
Rosier = Rosa
Rossolis = Drosera
Rosulaire = Rosularia
Rotin = Calamus
Rubanier = Sparganium
Rudbeckia = Rudbeckia
Rue = Ruta
Rue de chèvre = Galega
Ruellia = Ruellia
Ruppia = Ruppia
Russélia = Russelia
Sabal = Sabal
Sabline = Arenaria
Sabot de Vénus = Paphiopedilum
Sabot-de-Vénus = Cypripedium
Safran bâtard = Carthamus
Sagaro = Carnegiea
Sagine = Sagina
Sagittaire = Sagittaria
Sagoutier = Metroxylon
Sainfoin = Onobrychis
Sainfoin oscillant = Desmodium
Salacca = Salacca
Salade de blé = Valerianella
Salicaire = Lythrum
Salicorne = Salicornia
Salpiglossis = Salpiglossis
Salsepareille = Smilax
Salsifis = Tragopogon
Salvinie = Salvinia
Samole = Samolus
Sanchezia = Sanchezia
Sanguinaire = Sanguinaria
Sanguisorbe = Sanguisorba
Sanicle = Sanicula
Sansévière = Sansevieria
Santal blanc = Santalum
Santoline = Santolina
Sapin = Abies
Sapin chinois = Cunninghamia
Sapin de Douglas = Pseudotsuga
Saponaire = Saponaria
Sapote blanche = Casimiroa
Sapotier = Manilkara
Sapotillier = Pouteria
Sarcaucolon = Sarcocaulon
Sarcococca = Sarcococca
Sarracénnie = Sarracenia
Sarrasin = Fagopyrum
Sarriette = Satureja
Sassafras = Sassafras
Sauge = Salvia
Sauge hormin = Horminum
Saule = Salix
Sauromatum = Sauromatum
Saussurée = Saussurea
Savon indien = Sapindus
Savonnier = Koelreuteria
Saxifrage = Saxifraga
Scabieuse = Knautia, Scabiosa
Scabieuse des champs = Galinsoga
Scabieuse du Parnasse = Pterocephalus
Scaevola = Scaevola
Scandix = Scandix
Sceau de Salomon = Polygonatum
Sceptre de l'Empereur = Etlingera
Schefflera = Schefflera
Scheuchzérie = Scheuchzeria
Schisandra = Schisandra
Schizanthe = Schizanthus
Scille = Puschkinia, Scilla
Scille maritime = Urginea
Scirpe = Isolepis, Scirpus
Scirpe gazonnant = Trichophorum
Scléranthe = Scleranthus
Sclérochloa = Sclerochloa
Scolyme = Scolymus
Scopolia = Scopolia
Scorpiure = Scorpiurus
Scorsonère = Scorzonera
Scrofulaire = Scrophularia
Scutellaire = Scutellaria
Scuticaire = Scuticaria
Sebestier = Cordia
Sécurigéra = Securigera
Seigle = Secale
Sélaginelle = Selaginella
Sélin = Selinum
Séné = Cassia, Senna
Séneçon = Kleinia, Senecio
Séneçon de Sibérie = Sinacalia
Sensitive = Biophytum, Mimosa
Séquoia = Sequoia
Sérapias = Serapias
Seringat = Philadelphus
Serpent végétal = Trichosanthes
Serpentaire = Dracunculus
Serpentaire de l'Inde = Rauvolfia

Serpolet = Thymus
Serratule = Serratula
Sésame = Sesamum
Séséli = Molopospermum, Seseli
Sesléria = Sesleria
Sétaire = Setaria
Shérardia = Sherardia
Shortia = Shortia
Sibbaldia = Sibbaldia
Sibérienne = Sibiraea
Sibthorpia = Sibthorpia
Sigesbeckia = Sigesbeckia
Silaüs = Silaum
Silène = Silene
Sinningia = Sinningia
Sinocrassula = Sinocrassula
Sison = Sison
Sisymbre = Sisymbrium
Skimmia = Skimmia
Smilax = Smilax
Soja = Glycine
Solandra = Solandra
Soldanelle = Soldanella
Soleil = Helianthus
Soleil mexicain = Tithonia
Sonnératia = Sonneratia
Sophora = Sophora
Sorbaria = Sorbaria
Sorbier = Sorbus
Sorgho = Sorghum
Souchet = Cyperus
Souci = Calendula
Souci de Cap = Dimorphotheca
Souci du Cap = Arctotheca
Soude = Salsola, Suaeda
Sparaxis = Sparaxis
Sparganier = Sparganium
Sparte = Spartium
Spartina = Spartina
Spathyphyllum = Spathiphyllum
Spergulaire = Spergularia
Spergule = Spergula
Sphéralcée = Sphaeralcea
Spigélia = Spigelia
Spiranthe = Spiranthes
Spirée = Petrophytum, Spiraea
Spirodèle = Spirodela
Spodiopogon = Spodiopogon
Sporobole = Sporobolus
Stachyurus = Stachyurus
Stapélia = Stapelia
Staphilier = Staphylea
Statice = Limonium
Stéhéline = Staehelina
Stellaire = Stellaria
Sténocarpe = Stenocarpus
Stephanandra = Stephanandra
Sterculier = Brachychiton, Sterculia
Stévie = Stevia
Stipa = Stipa
Stokésia = Stokesia
Streptocalyx = Streptocalyx
Streptope = Streptopus
Streptosolen = Streptosolen
Strobilanthe = Strobilanthes
Stromanthe = Stromanthe
Strychnos = Strychnos
Stuartia = Stewartia
Styrax = Styrax
Styrax ailé = Pterostyrax
Subulaire = Subularia
Succiselle = Succisella
Succowia = Succowia
Sucepin = Monotropa
Suéda = Suaeda
Sumac = Rhus
Superbe de Malabar = Gloriosa
Sureau = Sambucus
Surelle = Oxalis
Sutherlandia = Sutherlandia
Suzanne aux yeux noirs = Thunbergia
Swainsonia = Swainsona
Swertia = Swertia
Symphorine = Symphoricarpos
Symplocarpe = Symplocarpus
Symplocos = Symplocos
Syngonium = Syngonium
Synthyris = Synthyris
Tabac = Nicotiana
Tabaret = Thlaspi
Tacca = Tacca
Tagète = Tagetes
Tamarinier = Tamarindus
Tamarinier sauvage = Leucaena
Tamaris = Tamarix
Tamier = Tamus
Tanaisie = Tanacetum
Tanakéa = Tanakaea
Tanier taro = Xanthosoma
Tarchonanthus = Tarchonanthus
Taro = Colocasia
Tasse-de-singe = Nepenthes
Teck = Tectona
Tellima = Tellima
Télopéa = Telopea
Templetonia = Templetonia
Téphrosie = Tephrosia
Tesdalia = Teesdalia
Tête-de-dragon = Dracocephalum
Tétracentron = Tetracentron

Tétragone = Tetragonia
Tétragonolobe = Tetragonolobus
Tétrapanax = Tetrapanax
Thapsia = Thapsia
Thé d'Oswego = Monarda
Thé des bois = Gaultheria
Thé du Labrador = Ledum
Théier = Camellia
Thélésperme = Thelesperma
Théligone = Theligonum
Théobrome = Theobroma
Thésion = Thesium
Thésium = Thesium
Thespésia = Thespesia
Thévétia = Thevetia
Thladianthe = Thladiantha
Thlaspi = Iberis, Thlaspi
Thrinax = Thrinax
Thunbergie = Thunbergia
Thuya = Thuja
Thuya articulé = Tetraclinis
Thuya d'Algérie = Tetraclinis
Thuya d'Orient = Platycladus
Thuya jiba = Thujopsis
Thuya nain = Microbiota
Thym = Thymus
Thymélée = Thymelaea
Thysanothe = Thysanotus
Tiarelle = Tiarella
Tibouchina = Tibouchina
Tillandsia = Tillandsia
Tilleul = Tilia
Tilleul d'appartement = Sparrmannia
Tipu = Tipuana
Titanopsis = Titanopsis
Todéa = Todea
Tofieldia = Tofieldia
Tolmiée = Tolmiea
Tomate = Lycopersicon
Tonka = Dipteryx
Tordyle = Tordylium
Torénia = Torenia
Torilis = Torilis
Tortelle = Sisymbrium
Tournesol = Chrozophora
Townsedia = Townsendia
Tozzia = Tozzia
Trachélium = Trachelium
Trachymène = Trachymene
Tréculia = Treculia
Trèfle = Trifolium
Trèfle d'eau = Menyanthes
Trépane = Tolpis
Tribule = Tribulus
Trichomanès = Trichomanes
Trichopilia = Trichopilia
Tridax = Tridax
Trientale = Trientalis
Trigonelle = Trigonella
Trillium = Trillium
Trinia = Trinia
Trioste = Triosteum
Trisète = Trisetum
Triteleia = Triteleia
Tritome = Kniphofia
Tritonia = Tritonia
Trochiscanthe = Trochiscanthes
Trochocarpe = Trochocarpa
Trochodendron = Trochodendron
Troène = Ligustrum
Trolle = Trollius
Trompette d'eau = Cryptocoryne
Trompette des anges = Brugmansia
Troscart = Triglochin
Tubéraire = Tuberaria
Tubéreuse = Polianthes
Tulbaghia = Tulbaghia
Tulipe = Tulipa
Tulipe de la Prairie = Calochortus
Tulipier = Liriodendron
Tulipier africain = Spathodea
Tunique = Petrorhagia
Tupélo = Nyssa
Turgénia = Turgenia
Turmeric = Curcuma
Turnéra = Turnera
Tussilage = Tussilago
Ulluque = Ullucus
Umbilic = Orostachys
Urosperme = Urospermum
Utriculaire = Utricularia
Uvulaire = Uvularia
Vaccaire = Vaccaria
Vaillantie = Valantia
Valériane = Valeriana
Valériane africaine = Fedia
Valériane des jardins = Centranthus
Valériane dorée = Patrinia
Valériane grecque = Polemonium
Valérianelle = Valerianella
Vallisnérie = Vallisneria
Vancouvéria = Vancouveria
Vanillier = Vanilla
Vélar = Erysimum, Sisymbrium
Veltheimia = Veltheimia
Vérâtre = Veratrum
Verbésine = Verbesina
Verge-d'or = Solidago
Vergerette = Erigeron
Vernonie = Vernonia

Véronique = Paederota, Veronica
Véronique arbustive = Hebe
Véronique de Virginie = Veronicastrum
Verveine = Verbena
Verveine de Ceylan = Cymbopogon
Verveine des sables = Abronia
Vesce = Vicia
Vésicaire = Alyssoides
Vétiver = Vetiveria
Victoria = Victoria
Vigne = Vitis
Vigne d'appartement = Cissus
Vigne de Madeire = Anredera
Vigne des Andes = Marsdenia
Vigne vierge = Ampelopsis, Parthenocissus
Villarsia = Villarsia
Violette = Viola
Violette allemande = Exacum
Violette d'Usambara = Saintpaulia
Violier = Matthiola
Viorne = Viburnum
Vipérine = Echium
Virgilier = Cladrastis
Visnéa = Visnea
Vitellaire = Vitellaria
Vomiquier = Strychnos
Vrai myrte = Myrtus
Vulpin = Alopecurus, Vulpia
Wasabi = Wasabia
Washingtonia = Washingtonia
Watsonia = Watsonia
Weigelia = Weigela
Wellingtonia = Sequoiadendron
Welwitschia = Welwitschia
Wigandia = Wigandia
Willemétie = Willemetia
Wolffia = Wolffia
Woodsia = Woodsia
Woodwardia = Woodwardia
Wulfénia = Wulfenia
Xanthophthalmum = Xanthophthalmum
Xanthorhiza = Xanthorhiza
Xéranthème = Xeranthemum
Xérophylle = Xerophyllum
Xylomèle = Xylomelum
Yohimbeh = Pausinystalia
Ysope = Hyssopus
Yucca = Yucca
Zaluzianskya = Zaluzianskya
Zannichellia = Zannichellia
Zelkova = Zelkova
Zénobia = Zenobia
Zigadénus = Zigadenus
Zinnia = Zinnia
Zostère = Zostera

XII Autoren der Pflanzennamen
XII Authors of plant names
XII Auteurs des noms de plantes

- Die Abkürzungen folgen jetzt strikt der Liste von BRUMMITT & POWELL (1992), »Authors of Plant Names«. Die Sortierung erfolgt nach dem Nachnamen des Autors. Sie finden in Klammern angegeben die Lebensdaten des Autors, sind diese unbekannt, steht dort das Jahr der Veröffentlichung, gekennzeichnet durch die Abkürzung »fl.« für »floruit« – wirkte, oder »publ.« für »publicavit« – veröffentlichte.
- The abbreviations now strictly follow the list by BRUMMITT & POWELL (1992), »Authors of Plant Names«. We have sorted according to the author's surname. The latter is followed by the author's years of birth and death in parentheses; if these are not known, the year of publication is given instead, denoted by the abbreviation »fl.« for »floruit«, meaning when the person concerned was aktive, or »publ.« for »published«, meaning published.
- Les abréviations suivent maintenant strictement la liste de BRUMMITT & POWELL (1992), »Authors of Plant Names«. Le classement est effectué d'après le nom de l'auteur. Derrière le nom d'auteur, entre parenthèses, les dates de vie sont indiquées; si elles sont inconnues, l'année de la publication est indiquée, marquée par l'abréviation »fl.« pour »floruit« ce qui signifie »fut actif« ou »publ.« pour »a publié en«.

Aarons. = Aaron Aaronsohn, 1876-1919
S. Abe = S. Abe, fl. 1956-89
C. Abel = Clarke Abel, 1789-1826
Aberc. = Henry Duncan McLaren Aberconway, 1879-1953
Abrams = Le Roy Abrams, 1874-1956
Abrom. = Johannes Abromeit, 1857-1946
Adamović = Lujo (Lulji) (Lucian) Adamovic, 1864-1935
Adams = Johannes Michael Friedrich Adams, 1780-1838
Adans. = Michel Adanson, 1727-1806
Adelb. = Albert George Ludwig Adelbert, 1914-1972
Aedo = Carlos Aedo, 1960-
Aellen = Paul Aellen, 1896-1973
Afzel. = Adam Afzelius, 1750-1837
J. Agardh = Jakob Georg Agardh, 1813-1901
Agnew = Andrew David Quentin Agnew, 1929-
A. Agostini = Angela Agostini, fl. 1926
Aguiar = Joaquim Macedo de Aguiar, 1854-1882
Ahrendt = Leslie Walter Allen Ahrendt, 1903-1969
Airy Shaw = Herbert Kenneth Airy Shaw, 1902-1985
Aitch. = James Edward Tierney Aitchison, 1836-1898
Aiton = William Aiton, 1731-1793
W.T. Aiton = William Townsend Aiton, 1766-1849
Akasawa = Yoshyuki Akasawa, 1915-
Akeroyd = John Robert Akeroyd, 1952-
Akers = John F. Akers, 1906-
Akiyama = Shigeo Akiyama, 1906-
al. = (weitere) al. = altera
Albov = Nikolai Michailovich Albov, 1866-1897
Alderw. = Cornelis Rugier Willem Karel van Alderwerelt van Rosenburgh, 1863-1936
Alef. = Friedrich Georg Christoph Alefeld, 1820-1872
Alexander = Edward Johnston Alexander, 1901-1985
Alex. = M.A. Alexeenko, 1861-1919
Allan = Harry Howard Barton Allan, 1882-1957
Allemao = Francisco Freire Allemao e Cysneiro, 1797-1874
J. Allen = James Allen, c.1830-1906
P.H. Allen = Paul Hamilton Allen, 1911-1963
All. = Carlo Allioni, 1728-1804
Alston = Arthur Hugh Garfit Alston, 1902-1958
Ambrosi = Francesco Ambrosi, 1821-1897
L.M. Ames = Lawrence Marion Ames, 1900-1966
Ames = Oakes Ames, 1874-1950
Amin = Amal Amin, 1929-
Andersen = Johannes Carl Andersen, 1873-1962
E.S. Anderson = Edgar Shannon Anderson, 1897-1969
E.F. Anderson = Edward Frederick Anderson, 1932-
G. Anderson = George W. Anderson, fl. 1800-1817
Anderson = James Anderson, 1739-1809
T. Anderson = Thomas Anderson, 1832-1870
Andersson = Nils Johan Andersson, 1821-1880
Andrae = Carl Justus Andrae, 1816-1885
André = Éduoard-François André, 1840-1911
Andrews = Henry Charles Andrews, 1794-1830
Andrz. = Antoni Lukianowicz Andrzejowski, 1785-1868
Anliker = J. Anliker, fl. 1968
Anselmino = Elisabeth Bertha Petronella Anselmino, 1905-
Antoine = Franz Antoine, 1815-1886
Appel = Friedrich Carl Louis Otto Appel, 1867-1952
Applegate = Elmer Ivan Applegate, 1867-1949
Arcang. = Giovanni Arcangeli, 1840-1921
Archer-Hind = Thomas H. Archer-Hind, fl. 1880
Ardoino = Honoré Jean Baptiste Ardoino, 1819-1874
Ard. = Pietro Arduino, 1728-1805
Arechav. = José Arechavaleta, 1838-1912
Arends = Georg Arends, 1863-1952
Aresch. = John Erhard Areschoug, 1811-1887
J.B. Armstr. = Joseph Beattie Armstrong, 1850-1926
Arnold = Ferdinand Christian Gustav Arnold, 1829-1901
S. Arn. = Samuel Arnott, 1852-1930
Arn. = George Arnott Walker Arnott, 1799-1868

Arruda = Manoel Arruda da Cámara, 1752-1810
Arthur = Joseph Charles Arthur, 1850-1942
Arv.-Touv. = Jean Maurice Casimir Arvet-Touvet, 1841-1913
Asch. = Paul Friedrich August Ascherson, 1834-1913
Ashe = William Willard Ashe, 1872-1932
Ashwin = Margot Bernice Ashwin, 1935-
Aspegren = Georg Carsten Aspegren, 1791-1828
Assenov = Vulevi Ivan Assenov, fl. 1982
Asso = Ignacio Jordán de Asso y del Rio, 1742-1814
Aubert = Gustave Aubert, 1829-1902
Aubl. = Jean Baptiste Christophore Fusée Aublet, 1720-1778
Aucher = Pierre Martin Rémi Aucher-Éloy, 1792-1838
Audubon = John James Audubon, 1785-1851
Augustin = K. Augustin, fl. 1854
Auquier = Paul Henri Auquier, 1939-1980
D.F. Austin = Daniel Frank Austin, 1943-
Avé-Lall. = Julius Léopold Edouard Avé-Lallemant, 1803-1867
Azn. = Georges V. Aznavour, 1861-1920
Babc. = Ernest Brown Babcock, 1877-1954
Bab. = Charles Cardale Babington, 1808-1895
Bacig. = Rimo Carlo Felice Bacigalupi, 1901-1996
Backeb. = Curt Backeberg, 1894-1966
Backer = Cornelis Andries B. Backer, 1874-1963
Backh. = James Backhouse, 1794-1869
Backh. f. = James Backhouse, 1825-1890
V.M. Badillo = Victor Manuel Badillo, 1920-
Badoux = Henri Badoux, 1871-1951
Baehni = Charles Baehni, 1906-1964
Baen. = Karl (Carl) Gabriel Baenitz, 1837-1913
Bässler = Manfred Bässler, 1935-
C. Bailey = Charles Bailey, 1838-1924
D.K. Bailey = Dana K. Bailey, 1916-
E.Z. Bailey = Ethel Zoe Bailey, 1889-1983
F.M. Bailey = Frederick Manson Bailey, 1827-1915
Bailey = Jacob Whitman Bailey, 1811-1857
J.P. Bailey = John Paul Bailey, 1951-
L.H. Bailey = Liberty Hyde Bailey, 1858-1954
Baill. = Henri Ernest Baillon, 1827-1895
Bailly = Émile Bailly, 1829-1894
C.F. Baker = Charles Fuller Baker, 1872-1927
Baker f. = Edmund Gilbert Baker, 1864-1949
Baker = John Gilbert Baker, 1834-1920
R.T. Baker = Richard Thomas Baker, 1854-1941
Bakh. = Reinier Cornelis Bakhuizen van den Brink, 1881-1945
N.P. Balakr. = Nambiyath Puthansurayil Balakrishnan, 1935-
Balansa = Benedict (Benjamin) Balansa, 1825-1892
Balb. = Gioanni (Giovanni) Battista Balbis, 1765-1831
Bald. = Antonio Baldacci, 1867-1950
Balf. f. = Isaac Bayley Balfour, 1853-1922
Balf. = John Hutton Balfour, 1808-1884
Ball = John Ball, 1818-1889
P.W. Ball = Peter William Ball, 1932-
Ballard = Ernest Ballard, 1871-1952
P.R.O. Bally = Peter René Oscar Bally, 1895-1980
Baltet = Charles Baltet, 1830-1908
Bancr. = Edward Nathaniel Bancroft, 1772-1842
Banks = Joseph Banks, 1743-1820
Barbar. = Andrej Ivanovic Barbaricz, 1903-
Barbey = William Barbey, 1842-1914
Barb.-Boiss. = Caroline Barbey-Boissier, 1847-1918
Barbier = M. Barbier, fl. 1904
Barb. Rodr. = Joao Barbosa Rodrigues, 1842-1909
A.S. Barclay = Arthur S. Barclay, 1932-
Barker = George Barker, 1776-1845
W.F. Barker = Winsome Fanny Barker, 1907-1994
F.A. Barkley = Fred Alexander Barkley, 1908-1989
Barneby = Rupert Charles Barneby, 1911-2000
Barnéoud = François Marius Barnéoud, 1821-
P.E. Barnes = P.E. Barnes, fl. 1931
Barney = E.E. Barney, fl. 1877-79
Barnhart = John Hendley Barnhart, 1871-1949
Baroni = Eugenio Baroni, 1865-1943
Barrandon = Auguste Barrandon, 1814-1897
Barratt = Joseph Barratt, 1796-1882
Barratte = Jean François Gustave Barratte,

1857-1920
G.M. Barroso = Graziela Maciel Barroso, 1912-
Bartal. = Biagio Bartalini, 1746-1822
Barthlott = Wilhelm A. Barthlott, 1946-
Bartlett = Harley Harris Bartlett, 1886-1960
Bartl. = Friedrich Gottlieb Bartling, 1798-1875
Barton = Benjamin Smith Barton, 1766-1815
Bartram = John Bartram, 1699-1777
W. Bartram = William Bartram, 1739-1823
Bassi = Ferdinando Bassi, 1710-1774
Bastard = Toussaint Bastard, 1784-1846
Batalin = Alexander Theodorowicz Batalin, 1847-1896
Bateman = James Bateman, 1811-1897
D.M. Bates = David Martin Bates, 1935-
Bates = John Mallory Bates, 1846-1930
Batsch = August Johann Georg Karl Batsch, 1761-1802
Batt. = Jules Aimé Battandier, 1848-1922
Baudet = Jean C. Baudet, fl. 1970
Baudo = Firmin Baudo, fl. 1843
F.A. Bauer = Franz (Francis) Andreas Bauer, 1758-1840
Baum = Hugo Baum, 1866-1950
Baumann = Constantin Auguste Napoléon Baumann, 1804-1884
E. Baumann = Eugen Baumann, 1868-1933
H. Baumann = Helmut Baumann, 1937-
Baumg. = Johann Christian Gottlob Baumgarten, 1765-1843
J. Bausch = Jan Bausch, 1917-
Baxter = William Baxter, 1787-1871
Ehr. Bayer = Ehrentraud Bayer, fl. 1982
M. Bayer = Manfred Bayer, fl. 1986-
Beadle = Chauncey Delos Beadle, 1866-1950
Beaman = John Homer Beaman, 1929-
Bean = William Jackson Bean, 1863-1947
Beane = Lawrence Beane, 1901-
Beaton = Donald Beaton, 1802-1963
Beauverd = Gustave Beauverd, 1867-1942
Bebb = Michael Schuck Bebb, 1833-1895
Becc. = Odoardo Beccari, 1843-1920
Bech. = Alfred Becherer, 1897-1977
Bechst. = Johann Matthaeus Bechstein, 1757-1822
Beck = Günther von Mannagetta und Lërchenau Beck, 1856-1931
Becker = Johannes Becker, 1769-1833
W. Becker = Wilhelm Becker, 1874-1928
Bedd. = Richard Henry Beddome, 1830-1911
Beer = Johann Georg Beer, 1803-1873
Bég. = Augusto Béguinot, 1875-1940
Beille = Lucien Beille, 1862-1946
Beissn. = Ludwig Beissner, 1843-1927
Bél. = Charles Paulus Bélanger, 1805-1881
Bellair = Georges Adolphe Bellair, 1860-1939
Bellardi = Carlo Antonio Lodovico Bellardi, 1741-1826
Benary = Ernst Benary, 1819-1892
A.W. Benn. = Alfred William Bennett, 1833-1902
G. Benn. = George Bennett, 1804-1893
Benn. = John (Johannes) Joseph Bennett, 1801-1876
L.D. Benson = Lyman David Benson, 1909-1993
Benson = Robson Benson, 1822-1894
Benth. = George Bentham, 1800-1884
Bercht. = Bedricha (Friedrich) Wssemjra von Berchtold, 1781-1876
C.C. Berg = Cornelius C. Berg, 1934-
O. Berg = Otto Karl (Carl) Berg, 1815-1866
M.E. Berg = Maria Elizabeth van den Berg, fl. 1970
Bergann = Freidrich Bergann, 1904-
A. Berger = Alwin Berger, 1871-1931
Berger = Ernst Friedrich Berger, 1814-1853
Bergeret = Jean Bergeret, 1751-1813
Berggr. = Sven Berggren, 1837-1917
Bergius = Bengt (Benedictus) Bergius, 1723-1784
P.J. Bergius = Peter Jonas Bergius, 1730-1790
Bergmans = Johannes (John) Baptista Bergmans, 1892-1980
Berher = E. Berher, fl. 1987
Berk. = Miles Joseph Berkeley, 1803-1889
Berland. = Jean Louis Berlandier, 1805-1851
Moens = Jacob Carel Bernelot Moens, 1837-1886
Bernh. = Johann Jakob Bernhardi, 1774-1850
Berry = Andrew Berry, fl. 1780-1810s
P.E. Berry = Paul Edward Berry, 1952-
Bertero = Carlo Luigi Guiseppe Bertero, 1789-1831
Berthault = François Berthault, 1857-1916
Berthel. = Sabin Berthelot, 1794-1880
Bertol. = Antonio Bertoloni, 1775-1869
Bertoni = Moisés de Santiago Bertoni, 1857-1929

Bertrand = Marcel C. Bertrand
Besser = Wilibald Swibert Joseph Gottlieb von Besser, 1784-1842
Betche = Ernst Betche, 1851-1913
Beurl. = Pehr Johan Beurling, 1800-1866
Beusekom = C.F.van Beusekom, 1940-
Bewer. = W. Bewerunge, fl. 1948
Bhandari = Madan Mal Bhandari, 1929-
Biasol. = Bartolomeo Biasoletto, 1793-1859
C. Bicknell = Clarence Bicknell, 1842-1918
E.P. Bicknell = Eugene Pintard Bicknell, 1859-1925
Bidwill = John Carne Bidwill, 1815-1853
Bien. = Theophil Bienert, -1873
Bigelow = Jacob Bigelow, 1787-1879
Billot = Paul Constant Billot, 1796-1863
Binn. = Simon Binnendijk, 1821-1883
Birdsey = Monroe Roberts Birdsey, 1922-2000
Biria = J.A.J. Biria, 1789-
Bisset = James Bisset, 1843-1911
Bitter = Friedrich August Georg Bitter, 1873-1927
Biv. = Antonius de Bivona-Bernardi, 1774-1837
Bizzarri = Maria Paola Bizzarri, 1937-
J.M. Black = John McConnell Black, 1855-1951
Blackburn = Benjamin Coleman Blackburn, 1908-
Blake = Joseph Blake, 1814-1888
S.F. Blake = Sidney Fay Blake, 1892-1959
Blakeley = William Faris Blakeley, 1875-1941
Blanch. = William Henry Blanchard, 1850-1922
Blanche = Emanuel Blanche, 1824-1908
Blanco = Francisco Manuel Blanco, 1778-1845
Blaxell = Donald Frederick Blaxell, 1934-
Bluff = Mathias Joseph Bluff, 1805-1837
Blume = Carl (Karl) Ludwig von Blume, 1796-1862
Blumensch. = Almiro Blumenschein, fl. 1960
A. Blytt = Axel Gudbrand Blytt, 1843-1898
Blytt = Mathias Numsen Blytt, 1789-1862
Bobrov = Evgenij Grigorievicz Bobrov, 1902-1983
Bocq. = Henri Théophile Bocquillon, 1834-1883
Bodin = Nicolaus Gustavus Bodin, fl. 1798
Böcher = Tyge Wittrock Böcher, 1909-1983
Boeck. = Johann Otto Boeckeler, 1803-1899
Boed. = Friedrich Boedeker, 1867-1937
Böhme = Paul Böhme, 1860-1935
Boehm. = Georg Rudolf Boehmer, 1723-1803
Boenn. = Clemens Maria Griedrich von Boenninghausen, 1785-1864
Boerl. = Jacob Gijsbert Boerlage, 1849-1900
Börner = Carl (Karl) Julius Bernhard Börner, 1880-1953
Bogenh. = Carl Bogenhard, 1811-?1853
Bogin = Clifford Bogin, 1920-
Bogner = Josef Bogner, 1939-
Bois = Désiré Georges Jean Marie Bois, 1856-1946
Boiss. = Pierre Edmond Boissier, 1810-1885
Boivin = Louis Hyacinthe Boivin, 1808-1852
Bojer = Wenceslas (Wenzel) Bojer, 1797-1856
Boke = Norman Hill Boke, 1913-
Bolle = Carl (Karl) August Bolle, 1821-1909
Bolliger = Markus Bolliger, 1951-
O. Bolòs = Oriol de Bolòs i Capdevila, 1924-
A. Bolòs = Antonio de Bolòs y Vaireda, 1889-1975
Bolton = James Bolton, 1758-1799
L. Bolus = Harriet Margaret Louisa Bolus, 1877-1970
Bolus = Harry Bolus, 1834-1911
Bonavia = Emanuel Bonavia, 1826-1908
Bong. = August (Gustav) Heinrich von Bongard, 1786-1839
Bonnet = Edmond Bonnet, 1848-1922
Bonnier = Gaston Eugène Marie Bonnier, 1851??-1922
Bonpl. = Aimé Jacques Alexandre Bonpland, 1773-1858
Bonstedt = Carl Bonstedt, 1866-1953
Boom = Boudewijn Karel Boom, 1903-1980
Booth = William Beattie Booth, c.1804-1874
Boott = Francis M.B. Boott, 1792-1863
Bor = Norman Loftus Bor, 1893-1972
Borbás = Vinczé (Vincent) Borbás, 1844-1905
Boreau = Alexandre Boreau, 1803-1875
Borg = John Borg, 1873-1945
Boriss. = Antonina Georgievna Borissova, 1903-1970
Borkh. = Moritz (Moriz) Balthasar Borkhausen, 1760-1806
Bornm. = Joseph Friedrich Nicolaus Bornmüller, 1862-1948
Borrer = William J. Borrer, 1781-1862
Borsos = Olga Borsos, 1926-

Bort = Katherine Stephens Bort, 1870-
Bory = Jean Baptiste Georges Geneviève Marcellin Bory, 1778-1846
Borzí = Antonino Borzí, 1852-1921
Bosc = Louis Augustin Guillaume Bosc, 1759-1828
Bose = S.R. Bose, 1888-1970
Bosse = Julius Friedrich Wilhelm Bosse, 1788-1864
Botschantz. = Zinaida Petrovna Botschantzeva, 1907-1973
Bouché = Peter Carl Bouché, 1783-1856
Boucher = Jules Armand Guillaume Boucher de Crèvecoeur, 1757-1844
Boulenger = George Albert Boulenger, 1858-1937
Boutelje = Julius B. Boutelje, fl. 1954
Bowie = James Bowie, 1789-1869
Bowles = Edward Augustus Bowles, 1865-1954
Boynton = Kenneth Rowland Boynton, 1891-
Brade = Alexander Curt Brade, 1881-1971
Bramwell = David Bramwell, 1942-
Brand = August Brand, 1863-1930
K. Brandegee = Mary Katharine Brandegee, 1844-1920
Brandegee = Townshend Stith Brandegee, 1843-1925
Brandis = Dietrich Brandis, 1824-1907
F.H. Brandt = Fred H. Brandt, 1908-
Brandt = Johann Friedrich (von) Brandt, 1802-1879
M. Brandt = Max Brandt, 1884-1914
A. Braun = Alexander Karl (Carl) Heinrich Braun, 1805-1877
Heinr. Braun = Heinrich Braun, 1851-1920
Braun-Blanq. = Josias Braun-Blanquet, 1884-1980
Bravo = Helia Bravo Hollis, 1901-
W.L. Bray = William L. Bray, 1865-1953
Bréb. = Louis Alphonse de Brébisson, 1798-1872
Breda = Jacob Gijsbert Samuel van Breda, 1788-1867
Brederoo = A.J. ('Nol') Brederoo, fl. 1971
Breistr. = Maurice A.F. Breistroffer, 1910-
Breitenb. = Wilhelm Breitenbach, 1856-
Breitf. = Charlotte Breitfeld, 1902-
Bremek. = Cornelis Eliza Bertus Bremekamp, 1888-1984
Bremer = Hans Bremer, fl. 1947
K. Bremer = Kare (Kaare) Bremer, 1948-
Brenan = John Patrick Micklethwait Brenan, 1917-1985
Bresler = Moritz Bresler, 1802-c.1851
Brettell = R.D. Brettell
C.D. Brickell = Christopher David Brickell, 1932-
Brieger = Friedrich Gustav Brieger, 1900-1985
B.G. Briggs = Barbara Gillian Briggs, 1934-
F.E. Briggs = F.E. Briggs
S.M. Briggs = Scott Munro Briggs, 1889-1917
Brign. = Giovanni de Brignoli di Brunnhoff, 1774-1857
Briot = Pierre Louis (Charles Briot, 1804-1888
Briq. = John Isaac Briquet, 1870-1931
Britten = James Britten, 1846-1924
Britton = Nathaniel Lord Britton, 1859-1934
Bromf. = William Arnold Bromfield, 1801-1851
Brongn. = Adolphe Théodore (de) Brongniart, 1801-1876
Brot. = Felix de (Silva) Avellar Brotero, 1744-1828
Broun = Alfred Forbes Broun, 1858-
Brouss. = Pierre Marie Auguste Broussonet, 1761-1807
A. Br. = Addison Brown, 1830-1913
N.E. Br. = Nicholas Edward Brown, 1849-1934
R. Br. = Robert Brown, 1773-1858
S. Br. = Stewardson Brown, 1867-1921
F.E. Br. = F.E. Brown
P. Browne = Patrick Browne, 1720-1790
Brownsey = Patrick J. Brownsey, 1948-
Bruant = Georges Bruant, 1842-1912
Bruce = James Bruce, 1730-1794
G. Brückn. = Gerhard Brückner, 1902-
Brügger = Christian Georg Brügger, 1833-1899
H. Bruggen = Heinrich Wilhelm Eduard van Bruggen, 1927-
Brullo = Salvatore Brullo, 1947-
Brummitt = Richard Kenneth Brummitt, 1937-
Bruyns = Peter Vincent Bruyns, 1957-
Bubani = Pietro Bubani, 1806-1888
Buc'hoz = Pierre Joseph Buc'hoz, 1731-1807
L. Buch = Christian Leopold von Buch, 1774-1853
Buchanan = John Buchanan, 1819-1898
Buch.-Ham. = Francis Buchanan-Hamilton, 1762-1829
Buchenau = Franz Georg Philipp Buchenau,

1831-1906
Buchet = Samuel Buchet, 1875-1956
Buchheim = Arno Fritz Günther Buchheim, 1924-
Buchholz = Feodor (Fedor) Vladimirovic Buchholz, 1872-1924
Buckland = William Buckland, 1784-1856
Buckley = Samuel Botsford Buckley, 1809-1884
H. Buek = Heinrich Wilhelm Buek, 1796-1878
Buhse = Friedrich Alexander Buhse, 1821-1898
Buining = Albert Frederik Hendrik Buining, 1901-1980
Buist = Robert Buist, 1805-1880
Bukasov = Sergej (Sergei) Mikhailovich Bukasov, 1891-1983
W. Bull = William Bull, 1828-1902
Bull. = Jean Baptiste François ('Pierre') Bulliard, 1752-1793
Bullock = Arthur Allman Bullock, 1906-1980
Bunge = Alexander Andrejewitsch (Aleksandr Andreevic Bunge, 1803-1890
G.S. Bunting = George Sydney Bunting, 1927-
Bunting = R.H. Bunting, fl. 1923
Burb. = Frederick William Thomas Burbidge, 1847-1905
Burch. = William John Burchell, 1781-1863
Burck = William Burck, 1848-1910
Burdet = Hervé Maurice Burdet, 1939-
Bureau = Louis Édouard Bureau, 1830-1918
Burgess = Henry W. Burgess, fl. 1827-1833
Burgsd. = Friedrich August Ludwig von Burgsdorff, 1747-1802
Burk = William R. Burk, fl. 1991
Burkart = Arturo Erhardo (Erardo) Burkart, 1906-1975
Burkill = Isaac Henry Burkill, 1870-1965
Burkwood = A. Burkwood, fl. 1929
Burm. = Johannes Burman, 1707-1779
Burm. f. = Nicolaas Laurens (Nicolaus Laurent) Burman, 1733-1793
Burret = (Maximilian) Karl Ewald Burret, 1883-1964
B.L. Burtt = Brian Laurence ('Bill') Burtt, 1913-
Burtt Davy = Joseph Burtt Davy, 1870-1940
Burv. = Frédéric Burvenich, 1857-1917
Bury = Priscilla Susan Bury, fl. 1831-1837
Busch = Anton Busch, 1823-1895
Buse = Lodewijk Hendrik Buse, 1819-1888
Buser = Robert Buser, 1857-1931
Bush = Benjamin Franklin Bush, 1858-1937
B.T. Butler = Bertram Theodore Butler, 1872-
Butters = Frederick King Butters, 1878-1945
Buttler = Karl Peter Buttler, 1942-
Buxb. = Franz Buxbaum, 1900-1979
Buxton = Richard Buxton, 1786-1865
Byles = Ronald Stewart Byles, fl. 1957
Cabrera = Angel Lulio Cabrera, 1908-
Cajander = Aimo Kaarlo Cajander, 1879-1943
Caldas = Francisco José de Caldas, 1771-1816
Calder = James (Jim) Alexander Calder, 1915-1990
Calderón = Graciela Calderón, 1931-
Caldesi = Ludovico (Luigi) Caldesi, 1821-1884
Callier = Alfons S. Callier, 1866-1927
Calloni = Silvio Calloni, 1850-1931
Camargo = Felisberto Cardoso de Camargo, 1896-1943
Cambage = Richard Hind Cambage, 1859-1928
Cambess. = Jacques Cambessèdes, 1799-1863
Campd. = Francisco (François) Campderá, 1793-1862
A. Camus = Aimée Antoinette Camus, 1879-1965
E.G. Camus = Edmond Gustav(e) Camus, 1852-1915
Camus = Giulio Camus, 1847-1917
A. DC. = Alphonse Louis Pierre Pyramus de Candolle, 1806-1893
C. DC. = Anne Casimir Pyramus de Candolle, 1836-1918
DC. = Augustin Pyramus de Candolle, 1778-1841
Cannon = John Francis Michael Cannon, 1930-
Cárdenas = Hermosa Martin Cárdenas, 1899-1973
Cardot = Jules Cardot, 1860-1934
Carey = William Carey, 1761-1834
Cariot = Antoine Cariot, 1820-1883
Carr = Cedric Errol Carr, 1892-1936
Carretero = José Luis Carretero, 1941-
Carrière = Élie Abel Carrière, 1818-1896
Carruth. = William Carruthers, 1830-1922
W.R. Carter = William R. Carter, fl. 1921
Caruel = Théodore(Teodoro) Caruel, 1830-

1898
Casar. = Giovanni Casaretto, 1812-1879
Casp. = Johann Xaver Robert Caspary, 1818-1887
Casper = Siegfried Jost Casper, 1929-
Cass. = Alexandre Henri Gabriel de Cassini, 1781-1832
Castañeda = M. Castañeda, fl. 1941
A. Cast. = Alberto Castellanos, 1896-1968
Castetter = Edward Franklin Castetter, 1896-1978
Cav. = Antonio José(Joseph) Cavanilles, 1745-1804
Cavara = Fridiano Cavara, 1857-1929
Cavill. = François Georges Cavillier, 1868-1953
Celak. = Ladislav Josef Celakovsky, 1834-1902
Cels = Jacques Philippe Martin Cels, 1743-1806
Cerv. = Vicente (Vincente) de Cervantes, 1755-1829
Ces. = Vincenzo de Cesati, 1806-1883
Chabanne = Charles Gabriel Chabanne, 1862-1906
Chabaud = J.Benjamin Chabaud, 1833-1915
Chabert = Alfred Charles Chabert, 1836-1916
P. Chabert = Pierre Chabert, 1796-1867
Chaix = Dominique Chaix, 1730-1799
Chamb. = Charles Joseph Chamberlain, 1863-1943
D.F. Chamb. = David Franklin Chamberlain, 1941-
Cham. = Ludolf Karl Adelbert von Chamisso, 1781-1838
Champ. = John George Champion, 1815-1854
Chanc. = Lucien Chancerel, 1858-
Chandler = Alfred Chandler, 1804-1896
M.C. Chang = Mei Chen Chang, 1933-
T.B. Chao = Tien Bung(Bang) Chao, fl. 1981
Chapm. = Alvan(Alvin) Wentworth Chapman, 1809-1899
Chase = Mary Agnes Chase, 1869-1963
Châtel. = Jean Jacques Châtelain, 1736-1822
Chater = Arthur Oliver Chater, 1933-
Chatterjee = Debabarta Chatterjee, 1911-1960
Chaub. = Louis Athanase(Anastase) Chaubard, 1781-1854
Chav. = Édouard Louis Chavannes, 1805-1861
Chaz. = Laurent Marie Chazelles de Prizy, fl. 1790
Cheek = Martin Roy Cheek, 1960-
Cheel = Edwin Cheel, 1872-1951
Cheeseman = Thomas Frederic Cheeseman, 1845-1923
Cheesman = Ernest Entwistle Cheesman, 1898-
B.L. Chen = Bao Liang Chen, 1944-
S.C. Chen = Sing Chi Chen, 1931-
Z.H. Chen = Zheng Hai Chen, fl. 1989
W.C. Cheng = Wan Chun Cheng, 1904-1983
A. Chev. = Auguste Jean Baptiste Chevalier, 1873-1956
Chev. = E. Chevalier, 1826-1914
Chevall. = François Fulgis Chevallier, 1796-1840
Chew = Wee-Lek Chew, 1932-
J.L. Childs = John Lewis Childs
Ching = Ren Chang Ching, 1899-1986
Chiov. = Emilio Chiovenda, 1871-1941
Chitt. = Frederick James Chittenden, 1873-1950
P.L. Chiu = Pao Ling Chiu, fl. 1974
Chodat = Robert Hippolyte Chodat, 1865-1934
Choisy = Jacques Denys (Denis) Choisy, 1799-1859
Chouard = Pierre Chouard, 1903-1983
Choux = Pierre Choux, 1890-1983
H.J. Chowdhery = H.J. Chowdhery, 1949-
H. Christ = Konrad Hermann Heinrich Christ, 1833-1933
C. Chr. = Carl Frederik Albert Christensen, 1872-1942
K.I. Chr. = Knud Ib Christensen, 1955-
Christm. = Gottlieb Friedrich Christmann, 1752-1836
Chrtek = Jindrich Chrtek, 1930-
Chrtková = Anna Chrtková, 1930-
Chun = Woon Young Chun, 1889-
Cif. = Raffaele Ciferri, 1897-1964
Cirillo = Domenico Maria Leone Cirillo, 1739-1799
Clairv. = Joseph Philippe de Clairville, 1742-1830
Clapham = Abraham Clapham, fl. 1860-1880
A.R. Clapham = Arthur Roy Clapham, 1904-1990
Clarion = Jacques Clarion, 1776-1844
Clark = John Joseph Clark, 1898-
C.B. Clarke = Charles Baron Clarke, 1832-

1906
E.D. Clarke = Edward Daniel Clarke, 1769-1822
R.T. Clausen = Robert Theodore Clausen, 1911-1981
Clavaud = Armand Clavaud, 1828-1890
Clayberg = Carl Dudley Clayberg, 1931-
Clemente = Simón de Roxas (Rojas) Clemente y Rubio, 1777-1827
Clementi = Giuseppe C. Clementi, 1812-1873
Clem. = Frederick Edward Clements, 1874-1945
Clokey = Ira Waddell Clokey, 1878-1950
Clos = Dominique Clos, 1821-1908
Closon = Jules Closon, fl. 1897
Clover = Elzada Urseba Clover, 1896-1980
Coaz = Johann Wilhelm Fortunat Coaz, 1822-1918
Cockayne = Leonard C. Cockayne, 1855-1934
Cockerell = Theodore Dru Alison Cockerell, 1866-1948
Codd = Leslie Edward Wastell Codd, 1908-1999
Coe = Ernest F. Coe, 1867-1951
Coëm. = Henri Eugène Lucien Gaëtan Coëmans, 1825-1871
Cogn. = Célestin Alfred Cogniaux, 1841-1916
Cohen-Stuart = Combertus Pieter Cohen-Stuart, 1889-1945
Coincy = Auguste Henri Cornut de Coincy, 1837-1903
Coker = William Chambers Coker, 1872-1953
D.T. Cole = Desmond Thorne Cole, 1922-
Colebr. = Henry Thomas Colebrooke, 1765-1837
Coleman = William Higgins Coleman, ?1816-1863
Colenso = (John) William Colenso, 1811-1899
Colla = Luigi(Aloysius) Colla, 1766-1848
Collad. = Louis Théodore Frédéric Colladon, 1792-1862
Collett = Henry Collett, 1836-1901
Coltm.-Rog. = Charles Coltman-Rogers, 1854-1929
H.F. Comber = Harold Frederick Comber, 1897-1969
Comes = Orazio Comes, 1848-1923
Comm. = Philibert Commerson, 1727-1773
Compton = Robert Harold Compton, 1886-1979
Conert = Hans Joachim Conert, 1929-
Console = Michelangelo Console, 1812-1897
Const. = Ion (Ioan) Constantineanu, 1860-1931
Coode = Mark James Elgar Coode, 1937-
C.D.K. Cook = Christopher David Kentish Cook, 1933-
O.F. Cook = Orator Fuller Cook, 1867-1949
Coombs = Frank Andrew Coombs, 1877-1964
Cooper = Daniel Cooper, 1817?-1842
J.G. Cooper = James Graham Cooper, 1830-1902
R.E. Cooper = Rowland Edgar Cooper, 1890-1962
Copel. = Edwin Bingham Copeland, 1873-1964
Corb. = François Marie Louis Corbière, 1850-1941
Cordem. = Eugène Jacob de Cordemoy, 1835??-1911
Corner = Edred John Henry Corner, 1906-1996
Corrêa = José Francisco Corrêa da Serra, 1751-1823
Corr. Méllo = Joachim Correia de Méllo, 1816-1877
Correll = Donovan Stewart Correll, 1908-1983
Correns = Carl Franz Joseph Erich Correns, 1864-1933
Correvon = Louis Henry Correvon, 1854-1939
Cortés = Santiago Cortés, 1854-1924
Cory = Victor Louis Cory, 1880-1964
Coss. = Ernest Saint-Charles Cosson, 1819-1889
Costa = Antonio Cipriano Costa y Cuxart, 1817-1886
Costantin = Julien Noël Costantin, 1857-1936
H.J. Coste = Hippolyte Jacques Coste, 1858-1924
Coste = Jean François Coste, 1741-1819
Cotton = Arthur Disbrowe Cotton, 1879-1962
J.M. Coult. = John Merle Coulter, 1851-1928
Coult. = Thomas Coulter, 1793-1843
Court = Arthur Bertram Court, 1927-
Courtois = Richard Joseph Courtois, 1806-1835

Cout. = António Xavier Pereira Coutinho, 1851-1939
Coutts = John Coutts, 1872-1952
Covas = Guillermo Covas, 1915-1995
Coville = Frederick Vernon Coville, 1867-1937
Cowan = John Macqueen Cowan, 1891-1960
Cox = Euan Hillhouse Methven Cox, 1893-1977
Craib = William Grant Craib, 1882-1933
R.T. Craig = Robert T. Craig, 1847-1927
Cramer = Johann Christian Cramer, fl. 1803
Crantz = Heinrich Johann Nepomuk von Crantz, 1722-1799
Crép. = François Crépin, 1830-1903
Croizat = Léon Camille Marius Croizat, 1894-1982
Cronquist = Arthur John Cronquist, 1919-1992
H.B. Croom = Hardy Bryan Croom, 1797-1837
Croucher = George Croucher, 1833-1905
Crueg. = Hermann Crueger, 1818-1864
Crusio = W. Crusio, fl. 1979
Cuatrec. = José Cuatrecasas Arumi, 1903-1996
Cufod. = Georg Cufodontis, 1896-1974
Cullen = James Cullen, 1936-
Cullmann = Willy (Wilhelm) Cullmann, 1905-
A.M. Cunn. = Alida Mabel Cunningham, 1868-
A. Cunn. = Allan Cunningham, 1791-1839
R. Cunn. = Richard Cunningham, 1793-1835
Curran = Mary Katherine Curran, 1844-1920
C.H. Curtis = Charles Henry Curtis, 1869-1958
M.A. Curtis = Moses Ashley Curtis, 1808-1872
Curtis = William Curtis, 1746-1799
Cusson = Pierre Cusson, 1727-1783
Custer = Jakob Laurenz Custer, 1755-1828
Czeczott = Hanna Czeczott, 1888-1982
Czerep. = Sergei Kirillovich Czerepanov, 1921-
Czern. = Vassilii Matveievitch Czernajew, 1796-1871
d'Urv. = Jules Sébastian César Dumont d'Urville, 1790-1842
Däniker = Albert Ulrich Däniker, 1894-1957
Dahl = Andreas (Anders) Dahl, 1751-1789
Dahlgren = Bror Eric Dahlgren, 1877-1961
R. Dahlgren = Rolf Martin Theodor Dahlgren, 1932-1987
Dahlst. = Gustav Adolf Hugo Dahlstedt, 1856-1934
Dalla Torre = Karl (Carl) Wilhelm von Dalla Torre, 1850-1928
Dallim. = William Dallimore, 1871-1959
Dalzell = Nicol (Nicolas) Alexander Dalzell, 1817-1878
Dalziel = John McEwan Dalziel, 1872-1948
Damboldt = Jürgen Damboldt, 1937-1978
Dammann = Hildegard Dammann
Dammer = Carl Lebrecht Udo Dammer, 1860-1920
Dams = Erich Dams, fl. 1905
Dandy = James Edgar Dandy, 1903-1976
Danert = Siegfried Danert, 1926-1973
P. Daniel = P. Daniel, 1943-
Daniell = William Freeman Daniell, 1818-1865
Danser = Benedictus Hubertus Danser, 1891-1943
C.D. Darl. = Cyril Dean Darlington, 1903-1981
Darracq = Ulysse Darracq, -1872
Daubeny = Charles Giles Bridle Daubeny, 1795-1867
Davidian = Hagop Haroutune Davidian, 1907-
Davidson = Anstruther Davidson, 1860-1932
Davies = Hugh Davies, 1739-1821
P.H. Davis = Peter Hadland Davis, 1918-1992
Dawe = Morley Thomas Dawe, 1880-1943
E.Y. Dawson = Elmer Yale Dawson, 1918-1966
Day = Mary Anna Day, 1852-1924
de Boer = Hendrik Wijbrand de Boer, 1885-1970
de Haas = Th. de Haas, 1888-
de Hurst = de Hurst
De Jonch. = Gerardus J. de Joncheere, 1909-1989
De Jonghe = Jean De Jonghe, 1804-1876
De la Soie = Gaspard Abdon De la Soie, 1818-1877
de Lannoy = de Lannoy, fl. 1863
de Laub. = David John de Laubenfels, 1925-
De Not. = Giuseppe(Josephus) De Notaris, 1805-1877
De Smet = Louis De Smet, 1813-1887
de Vos = Cornelis de Vos, 1806-1895

de Vries = Hugo de Vries, 1848-1935
de Vriese = Willem Hendrik de Vriese, 1806-1862
W.J. de Wilde = Willem Jan Jacobus Oswald de Wilde, 1936-
De Wild. = Émile Auguste(e) Joseph De Wildeman, 1866-1947
de Wit = Hendrik Cornelius Dirk de Wit, 1909-
Dean = Richard Dean, 1830-1905
H. Deane = Henry Deane, 1847-1924
Debeaux = Jean Odon Debeaux, 1826-1910
Decne. = Joseph Decaisne, 1807-1882
Deflers = M.A. Deflers, fl. 1894
Degen = Arpád von Degen, 1866-1934
O. Deg. = Otto Degener, 1900-1988
Degl. = Jean Vincent Yves Degland, 1773-1841
Dehnh. = Friedrich Dehnhardt, 1787-1870
De Jong = Diederik Cornelius Dignus DeJong, 1931-
Dekapr. = Leonard Leonardovicz Dekaprelevicz, 1886-
Delacr. = Edouard Georges Delacroix, 1858-1907
Delarbre = Antoine Delarbre, 1724-1813
D. Delaroche = Daniel Delaroche, 1743-1813
F. Delaroche = François Delaroche, 1780-1813
Delavay = Pierre Jean Marie Delavay, 1834-1895
Deless. = Jules Paul Bejamin Delessert, 1773-1847
Deleuil = J.B.A. Deleuil, fl. 1874
Delile = Alire Raffeneau Delile, 1778-1850
C.Y. Deng = Chao Yi Deng, fl. 1987
D.L. Denham = Dale Lee Denham, 1922-
Denis = Marcel Denis, 1897-1929
Dennst. = August Wilhelm Dennstedt, 1776-1826
Derganc = Leodegar Derganc, fl. 1897-1903
Des Moul. = Charles Robert Alexandre Des Moulins, 1798-1875
Desc. = Bernard M. Descoings, 1931-
Déségl. = Pierre Alfred Déséglise, 1823-1883
Desf. = René Louiche Desfontaines, 1750-1833
Desmarais = Yves Desmarais, 1918-
Desp. = Jean Baptiste Réné Pouppé Desportes, 1704-1748
Desr. = Louis Auguste Joseph Desrousseaux, 1753-1838
Desv. = Nicaise Auguste Desvaux, 1784-1856
Devansaye = Alphonse de la Devansaye, 1845-1900
Dewar = Dewar
Dickoré = W.B. Dickoré, fl. 195
Dicks. = James (Jacobus) J. Dickson, 1738-1822
Didr. = Didrik Ferdinand Didrichsen, 1814-1887
Dieck = Georg Dieck, 1847-1925
Diels = Friedrich Ludwig Emil Diels, 1874-1945
Dierb. = Johann Heinrich Dierbach, 1788-1845
A. Dietr. = Albert Gottfried Dietrich, 1795-1856
D. Dietr. = David Nathaniel Friedrich Dietrich, 1799-1888
F. Dietr. = Friedrich Gottlieb Dietrich, 1768-1850
Dimpflm. = Dimpflmeier
B.Y. Ding = Bing Yang Ding, 1953-
Ding Hou = Ding Hou, 1921-
Dinter = Moritz Kurt Dinter, 1868-1945
Dippel = Leopold Dippel, 1827-1914
Dittrich = Manfred Dittrich, 1934-
Dode = Louis-Albert Dode, 1875-1945
Dodson = Calaway H. Dodson, 1928-
Döll = Johann(es) Christoph (Christian) Döll, 1808-1885
Doell. = Ignatz Doellinger, 1770-1841
Dölz = Bruno Dölz, -1945
Dörfl. = Ignaz Dörfler, 1866-1950
Dolliner = George Dolliner, 1794-1872
Dombey = Joseph Dombey, 1742-1796
Dombr. = Anna V. Dombrovskaja, 1926-
Domin = Karel Domin, 1882-1953
Domokos = János Domokos, 1904-
D. Don = David Don, 1799-1841
G. Don = George Don, 1798-1856
Don = George Don, 1764-1814
P.N. Don = Patrick N. Don, 1806-1876
Donald = John Donald Donald, 1923-1996
Donckel. = André Donckelaar, 1783-1858
Donn = James Donn, 1758-1813
Door. = Simon Gottfried Albert Doorenbos, 1891-1980
Dostál = Josef Dostál, 1903-1999
Douglas = David Douglas, 1798-1834
Drake = Emmanuel Drake del Castillo, 1855-1904
Drapiez = Pierre Auguste Joseph Drapiez, 1778-1856

Drège = Jean François (Johann Franz) Drège, 1794-1881
Drejer = Solomon(Salomon) Thomas Nicolai Drejer, 1813-1842
Drenth = Engbert Drenth, 1945-
Dress = William John Dress, 1918-
Dressler = Robert Louis Dressler, 1927-
Druce = George Claridge Druce, 1850-1932
Drude = Carl Georg Oscar Drude, 1852-1933
J.L. Drumm. = James Lawson Drummond, 1783-1853
J.R. Drumm. = James Ramsay Drummond, 1851-1921
Drumm. = Thomas Drummond, 1780-1835
Dryand. = Jonas Carlsson Dryander, 1748-1810
Du Roi = Johann Philipp Du Roi, 1741-1785
Du Tour = Du Tour de Salvert, fl. 1803-1815
Dubard = Marcel Marie Maurice Dubard, 1873-1914
Dubois = François Noel Alexandre Dubois, 1752-1824
Duby = Jean Étienne Duby, 1798-1885
Duch. = Pierre Étienne Simon Duchartre, 1811-1894
Duchesne = Antoine Nicolas Duchesne, 1747-1827
Ducke = Walter Adolpho Ducke, 1876-1959
Ducommun = Jules César Ducommun, 1829-1892
Ducros = Ducros de St. Germain, fl. ?1828
T.R. Dudley = Theodore ('Ted') Robert Dudley, 1936-1994
Dudley = William Russel Dudley, 1849-1911
Düben = Magnus Wilhelm von Düben, 1814-1845
Düll = Ruprecht Peter George Düll, 1939-
Dufour = Jean-Marie Léon Dufour, 1780-1865
Dufr. = Pierre Dufresne, 1786-1836
Dugand = Armando Dugand, 1906-1971
Duhamel = Henri Louis Duhamel du Monceau, 1700-1782
Dum.-Cours. = George(s) Louis Marie Dumont de Courset, 1746-1824
Dumort. = Barthélemy Charles Joseph Dumortier, 1797-1878
Dunal = Michel Félix Dunal, 1789-1856
Duncan = James Duncan, 1802-1876
Dunn = Stephen Troyte Dunn, 1868-1938
Dunst. = Galfrid Clement Keyworth Dunsterville, 1905-1988
Dupont = J.B. Dupont, fl. 1825
Durand = Elias (Elie) Magloire Durand, 1794-1873
T. Durand = Théophile Alexis Durand, 1855-1912
Durande = Jean François Durande, 1732-1794
Durazz. = Antonio Durazzini, fl. 1772
Durieu = Michel Charles Durieu de Maisonneuve, 1796-1878
Dusén = Per Karl Hjalmar Dusén, 1855-1926
Duthie = John Firminger Duthie, 1845-1922
Duval = Henri August Duval, 1777-1814
Dvoráková = Marie Dvoráková, 1940-
R.A. Dyer = Robert Allen Dyer, 1900-1987
Dyer = William Turner Thiselton (Thistleton) Dyer, 1843-1928
Dykes = William Rickatson Dykes, 1877-1925
Dylis = Nikolai Vladislavovich Dylis, 1915-1985
Eames = Edwin Hubert Eames, 1865-1948
Eastw. = Alice Eastwood, 1859-1953
Eaton = Amos Eaton, 1776-1842
D.C. Eaton = Daniel Cady Eaton, 1834-1895
Eberm. = Johann Erdwin Christopher Ebermaier, 1769-1825
Eckenw. = James E. Eckenwalder, 1949-
Eckl. = Christian Friedrich (Frederik) Ecklon, 1795-1868
Edgew. = Michael Pakenham Edgeworth, 1812-1881
Edmonds = Jennifer M. Edmonds, fl. 1971-86
Edmondston = Thomas Edmondston, 1825-1846
Edwards = Sydenham Teast Edwards, 1769-1819
Eggert = Heinrich Karl Daniel Eggert, 1841-1904
Eggl. = Willard Webster Eggleston, 1863-1935
Eggli = Urs Eggli, 1959-
T.V. Egorova = Tatiana V. Egorova, 1930-
C. Ehrenb. = Carl August Ehrenberg, 1801-1849
Ehrenb. = Christian Gottfried Ehrenberg, 1795-1876
Ehrend. = Friedrich Ehrendorfer, 1927-
Ehrh. = Jakob Friedrich Ehrhart, 1742-1795
Eichlam = Friedrich (Federico) Eichlam, -

1911
Eichler = August Wilhelm Eichler, 1839-1887
Eig = Alexander Eig, 1894-1938
Ekman = Erik Leonard Ekman, 1883-1931
Elliott = Stephen Elliott, 1771-1830
Ellis = Job Bicknell Ellis, 1829-1905
Elmer = Adolph Daniel Edward Elmer, 1870-1942
Elwert = Johann Caspar Philipp Elwert, 1760-1827
Elwes = Henry John Elwes, 1846-1922
Emb. = Marie Louis Emberger, 1897-1969
Endl. = Stephan Friedrich Ladislaus Endlicher, 1804-1849
Endress = Philipp Anton Christoph Endress, 1806-1831
Engelm. = Georg (George) Engelmann, 1809-1884
Engl. = Heinrich Gustav Adolf Engler, 1844-1930
English = Carl Schurz English, 1904-
Epling = Carl Clawson Epling, 1894-1968
Epple = Paul Epple, fl. 1951
Erhardt = Walter Erhardt, 1952-
Escal. = Manuel G. Escalante, fl. 1946
Eschsch. = Johann Friedrich Gustav von Eschscholtz, 1793-1831
Eschw. = Franz Gerhard (Franciscus Gerardus) Eschweiler, 1796-1831
Eshbaugh = William Hardy Eshbaugh, 1936-
Espinosa = Marcial Ramón Espinosa Bustos, 1874-1959
Etl. = Andreas Ernst Etlinger, fl. 1777
M.S. Evans = Maurice Smethurst Evans, 1854-1920
W.H. Evans = Walter Harrison Evans, 1863-1941
W.E. Evans = William Edgar Evans, 1882-1963
Everett = Thomas Henry Everett, 1903-
Evers = Georg Evers, 1837-1916
C.M. Evrard = Charles Marie Evrard, 1926-
Exell = Arthur Wallis Exell, 1901-1993
Fabr. = Philipp Conrad Fabricius, 1714-1774
Facchini = Francesco Facchini, 1788-1852
Faden = Robert B. Faden, 1942-
Falc. = Hugh Falconer, 1808-1865
Falkenb. = Paul Falkenberg, 1848-1925
W.P. Fang = Wen Pei Fang, 1899-1983
Farr = Edith May Farr, 1864-1956
Farrer = Reginald John Farrer, 1880-1920
Farw. = Oliver Atkins Farwell, 1867-1944
Fassett = Norman Carter Fassett, 1900-1954
Favrat = Louis Favrat, 1827-1893
Fawc. = William Fawcett, 1851-1926
B. Fearn = Brian Fearn, 1937-
Fedde = Friedrich Karl Georg Fedde, 1873-1942
Fed. = Andrej Aleksandrovich Fedorov, 1909-1987
B. Fedtsch. = Boris Alexjewitsch(Alexeevich) Fedtschenko, 1872-1947
O. Fedtsch. = Olga Alexandrowna Fedtschenko, 1845-1921
Fée = Antoine Laurent Apollinaire Fée, 1789-1874
Feer = Heinrich Feer, 1857-1892
Fenzl = Eduard Fenzl, 1808-1879
A.R. Ferguson = Allan Ross Ferguson, 1943-
I.K. Ferguson = Ian Keith Ferguson, 1938-
Fernald = Merritt Lyndon Fernald, 1873-1950
A. Fern. = Abílio Fernandes, 1906-1994
Fern. Casas = Francisco Javier Fernández Casas, 1945-
Fern.-Vill. = Celestino Fernández-Villar, 1838-1907
Fiala = Franz Fiala, 1861-1898
Fieber = Franz Xaver Fieber, 1807-1872
Fielding = Henry Barron Fielding, 1805-1851
Figert = Ernst Figert, 1848-1925
Finet = Achille Eugène Finet, 1863-1913
Fingerh. = Carl Anton Fingerhuth, 1802-1876
Fintelm. = Gustav Adolf Fintelmann, 1803-1871
Fiori = Adriano Fiori, 1865-1950
C.E.C. Fisch. = Cecil Ernest Claude Fischer, 1874-1950
Eb. Fisch. = Eberhard Fischer, fl. 1989
Fisch. = Friedrich Ernst Ludwig von (Fedor Bogdanovic) Fischer, 1782-1854
G. Fisch. = Georg Fischer, -1941
J. Fisch. = Jacob Benjamin Fischer, 1730-1793
M.A. Fisch. = Manfred A. Fischer, 1942-
Fisch.-Oost. = Carl von Fischer-Ooster, 1807-1875
Fitschen = Jost Fitschen, 1869-1947
Fittkau = Hans W. Fittkau, fl. 1971
Fitzg. = Robert Desmond (David) Fitzgerald, 1830-1892

Fitzh. = Wyndham Fitzherbert, -1916
Fleming = John Fleming, 1785-1857
Fletcher = James Fletcher, 1852-1908
Flinck = Karl Evert Flinck, 1915-
Flod. = Björn Gustaf Oscar Floderus, 1867-1941
Flörke = Heinrich Gustav Flörke, 1764-1835
Florin = Carl Rudolf Florin, 1894-1965
Flueck. = Friedrich August Flueckiger, 1828-1894
Flüggé = Johannes Flüggé, 1775-1816
Focke = Wilhelm Olbers Focke, 1834-1922
C.F. Först. = Carl Friedrich Förster, fl. 1846
Foëx = Gustave Louis Émile Foëx, 1844-1906
Fomin = Aleksandr Vasiljevich Fomin, 1869-1935
Font Quer = Pio(Pius) Font Quer, 1888-1964
F.B. Forbes = Francis Blackwell Forbes, 1839-1908
J. Forbes = James Forbes, 1773-1861
Forbes = John Forbes, 1798-1823
Ford = Neridah Clifton Ford, 1926-
Forkel = Forkel
Forman = Lewis Leonard Forman, 1929-1998
Forrest = George Forrest, 1873-1932
Forselles = Jacob Henrik af Forselles, 1785-1855
Forssk. = Pehr (Peter) Forsskål, 1732-1763
G. Forst. = Johann Georg Adam Forster, 1754-1794
J.R. Forst. = Johann Reinhold Forster, 1729-1798
Fortune = Robert Fortune, 1812-1880
Fosberg = Francis Raymond Fosberg, 1908-1993
Foster = Michael Foster, 1836-1907
R.C. Foster = Robert Crichton Foster, 1904-1986
Fotsch = Karl Albert Fotsch, -1940?
Foucaud = Julien Foucaud, 1847-1904
Foug. = Auguste Denis Fougeroux de Bondaroy, 1732-1789
Fourc. = Georges Henri Fourcade, 1866-1948
E. Fourn. = Eugène Pierre Nicolas Fournier, 1834-1884
P. Fourn. = Paul Victor Fournier, 1877-1964
Fourr. = Jules Pierre Fourreau, 1844-1871
Foxw. = Frederick William Foxworthy, 1877-1950
Fraas = Carl Nicolaus Fraas, 1810-1875
Frahm = G. Frahm, fl. 1898
Francey = Pierre Francey, fl. 1933
Franch. = Adrien René Franchet, 1834-1900
Franco = Joao Manuel Antonio do Amaral Franco, 1921-
G. Frank = Gerhard R.W. Frank, fl. 1963-1990
Frank = Joseph C. Frank, 1782-1835
Frapp. = Charles Frappier, fl. 1853-1895
Fraser = John Fraser, 1750-1811
Fraser-Jenk. = Christopher Roy Fraser-Jenkins, 1948-
G.F. Freeman = George Fouché Freeman, 1876-1930
Frém. = John Charles Frémont, 1813-1890
Fresen. = Johann Baptist Georg (George) Wolfgang Fresenius, 1808-1866
Freyer = Heinrich Freyer, 1802-1866
Freyn = Josef Franz Freyn, 1845-1903
Frič = Alberto Vojtech Fric, 1882-1944
Friedl. = Solomon Friedland, 1912-
H. Friedrich = Heimo Friedrich, fl. 1974-1983
Friedr. = Emanuel von Friedrichsthal, 1809-1842
R.E. Fr. = (Klas) Robert Elias Fries, 1876-1966
Fr. = Elias Magnus Fries, 1794-1878
Th. Fr. = Theodor (Thore) Magnus Fries, 1832-1913
Friis = Ib Friis, 1945-
Frikart = Carl Ludwig Frikart, 1879-1964
Fritsch = Karl Fritsch, 1864-1934
Friv. = Emerich (Imre) Frivaldszky von Frivald, 1799-1870
Frodin = David Gamman Frodin, 1940-
Froebel = Karl Otto Froebel, 1844-1906
Fröd. = Harald August Fröderström, 1876-1944
A. Froehner = Albrecht Froehner, fl. 1897
Froel. = Joseph Aloys von Froelich, 1766-1841
Frost = Charles Christopher Frost, 1805-1880
Fruwirth = Karl Fruwirth, 1862-1930
Fryxell = Paul Arnold Fryxell, 1927-
L.K. Fu = Li Kuo Fu, 1934-
S.H. Fu = Shu Hsia Fu, 1916-
H.P. Fuchs = Hans Peter Fuchs, 1928-1999
Fürnr. = August Emanuel Fürnrohr, 1804-1861
Fujita = Daisuke Fujita, 1958-
Funck = Heinrich Christian Funck, 1771-1839

Furtado = Caetano Xavier Furtado, 1897-1980
Fuss = Johann Mihály (Michael) Fuss, 1814-1883
Gable = Joseph Benson Gable, 1886-1972
Gaede = Gaede, fl. 1828
C.F. Gaertn. = Carl (Karl) Friedrich von Gaertner, 1772-1850
Gaertn. = Joseph Gaertner, 1732-1791
Gottfr. Gaertn. = Philipp Gottfried Gaertner, 1754-1825
Gagnebin = Abraham Gagnebin, 1707-1800
Gagnep. = François Gagnepain, 1866-1952
Gaill. = Charles Gaillardot, 1814-1883
Galeotti = Henri Guillaume Galeotti, 1814-1858
Galpin = Ernest Edward Galpin, 1858-1941
Gamble = James Sykes Gamble, 1847-1925
Gams = Helmut Gams, 1893-1976
Gand. = Michel Gandoger, 1850-1926
Ganesch. = Sergej Sergejewitsch Ganeschin, 1879-1930
Garay = Leslie Andrew Garay, 1924-
Garcke = Christian August Friedrich Garcke, 1819-1904
Garden = Alexander Garden, 1730-1792
J. Garden = Joy Garden, 1923-
C.A. Gardner = Charles Austin Gardner, 1896-1970
Gardner = George Gardner, 1812-1849
Garnier = Max Garnier, fl. 1895-1918
Gasp. = Guglielmo Gasparrini, 1804-1866
Gaterau = Gaterau, fl. 1789
H.E. Gates = Howard Elliott Gates, 1895-1957
Gatt. = Augustin Gattinger, 1825-1903
Gaudich. = Charles Gaudichaud-Beaupré, 1789-1854
Gaudin = Jean François Aimée Gottlieb Philippe Gaudin, 1766-1833
Gaussen = Henri Marcel Gaussen, 1891-1981
Gay = Claude Gay, 1800-1873
J. Gay = Jacques Étienne Gay, 1786-1864
Gáyer = Gyula(Julius) Gáyer, 1883-1932
Geisenh. = Franz Adolf Ludwig Geisenheyner, 1841-1926
Gentil = Ambroise Gentil, 1842-1929
A.H. Gentry = Alwyn Howard Gentry, 1945-1993
Genty = T.G. Genty, 1843-
A.S. George = Alexander Segger George, 1939-
Georgi = Johann Gottlieb Georgi, 1729-1802
Gerbeaux = Gerbeaux
N. Gerloff = N. Gerloff, fl. 1990
Germ. = Jacques Nicolas Ernest Germain de Saint-Pierre, 1815-1882
Gérôme = Joseph Gérôme, 1863-1928
Gerrard = William Tyrer Gerrard, -1866
Gerstl. = Lorenz Gerstlauer, 1863-1949
Ghiesbr. = Auguste Boniface Ghiesbreght, 1810-1893
Ghose = Birenda Nath Ghose, 1885-1983
Giacom. = Valerio Giacomini, 1914-1981
P.E. Gibbs = Peter Edward Gibbs, 1938-
A.C. Gibson = Arthur Charles Gibson, 1947-
Gibson = George Stacey Gibson, 1818-1883
Gilbert = Benjamin Davis Gilbert, 1835-1907
Gilg = Ernest Friedrich Gilg, 1867-1933
Gilib. = Jean-Emmanuel Gilibert, 1741-1814
Gillies = John Gillies, 1792-1834
Gilmartin = Amy Jean Gilmartin, 1932-1989
Gilmour = John Scott Lennox Gilmour, 1906-1986
Ging. = Frédéric Charles Jean Gingins de la Sarraz, 1790-1863
Giord. = Ferdinando Giordano, fl. early 19th Cent.
Girard = Frédéric de Girard, 1810-1851
Giroux = Mathilde Giroux, fl. 1933
Giseke = Paul Dietrich Giseke, 1741-1796
Glaetzle = W. Glaetzle, fl. 1983
Glasau = Fritz Glasau, fl. 1961
Glass = Charles Edward Glass, 1934-1998
Glassman = Sidney Frederick Glassman, 1919-
Glazebr. = Thomas Kirkland Glazebrook, 1780-1885
Glaz. = Auguste François Marie Glaziou, 1828-1906
Gleason = Henry Allan Gleason, 1882-1975
Gled. = Johann Gottlieb Gleditsch, 1714-1786
Glen = Hugh Francis Glen, 1950-
Glend. = Robert Glendinning, 1805-1862
Gloxin = Benjamin Peter Gloxin, 1765-1794
C.C. Gmel. = Carl (Karl) Christian Gmelin, 1762-1837
J.F. Gmel. = Johann Friedrich Gmelin, 1748-1804
J.G. Gmel. = Johann Georg Gmelin, 1709-1755
S.G. Gmel. = Samuel Gottlieb Gmelin, 1743~45-1774

Goaty = Etienne Louis Henri Goaty, 1830-1890
God.-Leb. = Alexandre Godefroy-Lebeuf, 1852-1903
Godfery = Masters John Godfery, 1856-1945
Godr. = Dominique Alexandre Godron, 1807-1880
Goebel = Karl Christian Traugott Friedemann Goebel, 1794-1851
Goldblatt = Peter Goldblatt, 1943-
Goldie = John Goldie, 1793-1886
B.A. Gomes = Bernardino António Gomes, 1806-1877
Gomes = Bernardino António Gomes, 1769-1823
L.D. Gómez = Luis Diego Gómez, 1944-
M. Gómez = Manuel Gómez de la Maza y Jiménez, 1867-1916
Gontsch. = Nikolai Fedorovich Gontscharow, 1900-1942
Good = Peter Good, -1803
Gordon = George Gordon, 1806-1879
Gorschk. = Sofia Gennadievna Gorschkova, 1889-1972
Gorski = Stanislaw Batys Gorski, 1802-1864
Gouan = Antoine Gouan, 1733-1821
Goujon = Joseph Goujon, 1858-
Gould = Frank Walton Gould, 1913-1981
Goupil = Clément Jacques Goupil, 1784-1858
Govaerts = Rafael Herman anna Govaerts, 1968-
Govorov = Leonid Ipatevich Govorov, 1885-1941
Gower = William Hugh Gower, 1835-1894
Grab. = Heinrich Emanuel Grabowski, 1792-1842
Graebener = Leopold Graebener, 1849-
Graebn. = Karl Otto Robert Peter Paul Graebner, 1871-1933
Graells = Mariano de la Paz Graells, 1809-1898
Gräser = Robert Gräser, 1893-1977
Graf = Siegmund (Sigismund) Graf, 1801-1838
R.A. Graham = Rex Alan Graham, 1915-1958
Graham = Robert C. Graham, 1786-1845
Grande = Loreto Grande, 1878-1965
Grant = James Augustus Grant, 1827-1892
Grassl = Carl Otto Grassl, 1908-
Grau = Hans Rudolph Jürke Grau, 1937-
Grauer = Sebastian Grauer, 1758-1820
A. Gray = Asa Gray, 1810-1888
L.H. Gray = Louis Harold Gray, 1905-1955
N.E. Gray = Netta Elizabeth Gray, 1913-1970
Gray = Samuel Frederick Gray, 1766-1828
J.R. Gray = J.R. Gray
Greb. = Igor Sergeevich Grebenshchikov, 1912-1986
Grecescu = Dimitrie (Demetrius) Grecescu, 1841-1910
M.L. Green = Mary Letitia Green, 1886-1978
P.S. Green = Peter Shaw Green, 1920-
Green = Thomas Green, fl. 1820
Greene = Edward Lee Greene, 1843-1915
Greenm. = Jesse More Greenman, 1867-1951
Gremli = August(e) Gremli, 1833-1899
Gren. = Jean Charles Marie Grenier, 1808-1875
Greuter = Werner Rodolfo Greuter, 1938-
Grev. = Robert Kaye Greville, 1794-1866
Grey-Wilson = Christopher Grey-Wilson, 1944-
Grierson = Andrew John Charles Grierson, 1929-1990
Griess. = Ludwig Griesselich, 1804-1848
Griff. = William Griffith, 1810-1845
Griffiths = David Griffiths, 1867-1935
Grimm = Johann Friedrich Carl Grimm, 1737-1821
Gris = Jean Antoine Arthur Gris, 1829-1872
Griseb. = August Heinrich Rudolf Grisebach, 1814-1879
L.E. Groen = L.E. Groen, 1946-
Groenland = Johannes Groenland, 1824-1891
Gronov. = Johan Frederik (Jan Fredrik) Gronovius, 1686-1762
H. Gross = Hugo Gross, 1888-
Gross = Rudolf Gross, 1872-
Grosser = Wilhelm Carl Heinrich Grosser, 1869-
Grossh. = Alexander Alfonsovich Grossheim, 1888-1948
H. Groves = Henry Groves, 1855-1912
J. Groves = James Groves, 1858-1933
Guédès = Michel Guédès, 1942-1985
Gueldenst. = Anton Johann von Gueldenstaedt, 1745-1781
Günther = Johann Christian Carl Günther, 1769-1833
Guépin = Jean Pierre Guépin, 1779-1858
Gürke = Robert Louis August Maximilian

Gürke, 1854-1911
Guers. = Louis Ben Guersent, 1776-1848
Guett. = Jean Étienne Guettard, 1715-1786
Gugler = Wilhelm Gugler, 1874-1909
Guicc. = Giacinto Guicciardi, fl. 1855
Guillaumin = André Guillaumin, 1885-1974
Guill. = Jean Baptiste Antoine Guillemin, 1796-1842
Guinea = Emilio Guinea, 1907-1985
Guinier = Philibert Guinier, 1876-1962
Guin. = Marcel Guinochet, 1909-1997
Guitt. = Guy Georges Guittonneau, 1934-
Gumbl. = William Edward Gumbleton, 1840-1911
Gunnerus = Johan Ernst Gunnerus, 1718-1773
Gusmus = Hermann Gusmus, 1843-
Guss. = Giovanni Gussone, 1787-1866
R. Guzmán = Rafael Guzmán, 1950-
Haage = Friedrich Adolph Haage, 1796-1866
W. Haage = Walther Haage, 1899-1992
Haberm. = V. Habermann, fl. 1975
Hablitz = Carl Ludwig von Hablitz, 1752-1821
Hack. = Eduard Hackel, 1850-1926
Hackett = Harold E. Hackett
Hacq. = Balsazar (Balthasar) A. Hacquet, 1739-1815
Haenke = Thaddäus(Tadeás) Peregrinus Xaverius Haenke, 1761-1817
Haens. = Felix Haenseler, 1766-1841
Hagerup = Olaf Hagerup, 1889-1961
G.E. Haglund = Gustaf Emanuel Haglund, 1900-1955
Haines = Henry Haselfoot Haines, 1867-1945
Halácsy = Eugen von (Eugène de) Halácsy, 1842-1913
Halda = Josef J. Halda, fl. 1971
A.D. Hall = Alfred Daniel Hall, 1864-1942
H.M. Hall = Harvey Monroe Hall, 1874-1932
Hall = William Hall, 1743-1800
H.C. Hall = Herman (Hermanus) Christiaan van Hall, 1801-1874
Haller f. = Albrecht von Haller, 1758-1823
Haller = Victor Albrecht von Haller, 1708-1777
Hallier f. = Hans (Johannes) Gottfried Hallier, 1868-1932
A.P. Ham. = Anthony Parke Hamilton, 1939-
Ham. = William Hamilton, 1783-1856
Hammel = Barry E. Hammel, 1946-
Hampe = Georg Ernst Ludwig Hampe, 1795-1880
Hance = Henry Fletcher Hance, 1827-1886
Hancock = Thomas Hancock, 1783-1849
Hand.-Mazz. = Heinrich R.E. Handel-Mazzetti, 1882-1940
Handlos = Wayne L. Handlos
Hanelt = Hans Peter Fritz Hanelt, 1930-
Hansen = Lars Hansen, 1788-1876
Hanson = Peter Hanson, 1824-1887
Hanst. = Johannes Ludwig Emil Robert von Hanstein, 1822-1880
H. Hara = Hiroshi Hara, 1911-1986
Hara = Kanesuke Hara, 1885-1962
K. Haraldson = Kerstin Haraldson, fl. 1978
Harb. = Thomas Grant Harbison, 1862-1936
Hardin = James Walker Hardin, 1929-
Hardouin = L. Hardouin, 1800-1858
Hardw. = Thomas Hardwicke, 1757-1835
Har. = Paul Auguste Hariot, 1854-1917
Harkn. = Harvey Wilson Harkness, 1821-1901
Harling = Gunnar Wilhelm Harling, 1920-
Harms = Hermann August Theodor Harms, 1870-1942
R.M. Harper = Roland McMillan Harper, 1878-1966
S.G. Harrison = Sydney Gerald Harrison, 1924-1988
R.L. Harrow = Robert Lewis Harrow, 1867-1954
Hartinger = Anton Hartinger, 1806-1890
Hartl = Dimitri Hartl, 1926-
Hartland = William Baylor Hartland, fl. 1903
Hartley = William Hartley, 1829-1907
Hartm. = Carl Johan(n) Hartman, 1790-1849
R.W. Hartm. = Robert Wilhelm Hartman, 1827-1891
Hartmann = Franz Xaver von Hartmann, 1737-1791
H.E.K. Hartmann = Heidrun Elsbeth Klara Osterwald Hartmann, 1942-
Hartog = Cornelis den Hartog, 1931-
Hartw. = Karl Theodor Hartweg, 1812-1871
Hartwich = Carl Hartwich, 1851-1917
Hartwig = August Karl Julius Hartwig, 1823-1913
Hartwiss = Nicolai Anders von Hartwiss, 1791-1860
Harv. = William Henry Harvey, 1811-1866
Harz = Carl (Karl) Otto Harz, 1842-1906

Hasselt = Johan Coenraad van Hasselt, 1797-1823
Hassk. = Justus Carl Hasskarl, 1811-1894
Hassl. = Émile Hassler, 1861-1937
Hatus. = Sumihiko Hatusima, 1906-
Hauman = Lucien Leon Hauman, 1880-1965
Hausm. = Franz von Hausmann, 1810-1878
Hausskn. = Heinrich Carl Haussknecht, 1838-1903
Havemeyer = Havemeyer
S.G. Haw = S.G. Haw, fl. 1980s-
A.D. Hawkes = Alex Drum Hawkes, 1927-1977
Hawkes = John Gregory Hawkes, 1915-
Haw. = Adrian Hardy Haworth, 1768-1833
Haw.-Booth = Michael Haworth-Booth, 1896-1986
Hay = William Perry Hay, 1872-1947
Hayata = Bunzô Hayata, 1874-1934
Hayek = August von Hayek, 1871-1928
Hayne = Friedrich Gottlob Hayne, 1763-1832
Hazsl. = Friedrich August (Frigyes Agost) Hazlinszky von Hazslin, 1818-1896
Heath = Fannie Mahood Heath, -1931
L.P. Hebert = L.P. Hebert, fl. 1983
Heckel = Édouard Marie Heckel, 1843-1916
Hedge = Ian Charleson Hedge, 1928-
Hedl. = Johan Teodor Hedlund, 1861-1953
Hedrick = Ulysses Prentiss Hedrick, 1870-1951
R. Hedw. = Romanus (Romanes) Adolf Hedwig, 1772-1806
Heer = Oswald von Heer, 1809-1883
Heese = Emil Heese, 1862-1914
Hegetschw. = Johannes Jacob Hegetschweiler, 1789-1839
Hegi = Gustav Hegi, 1876-1932
Heilborn = Otto Heilborn, 1892-1943
Heimerl = Anton Heimerl, 1857-1942
O.R. Heine = Otto Rudolph Heine, 1920-
Heinrich = Walter Heinrich, fl. 1925
Heiser = Charles Bixler Heiser, 1920-
Heist. = Lorenz Heister, 1683-1758
Heldr. = Theodor Heinrich Hermann von Heldreich, 1822-1902
A. Heller = Amos Arthur Heller, 1867-1944
Helm = Friedrich Gustav Helm, fl. 1809-1828
Hemsl. = William Botting Hemsley, 1843-1924
Henckel = Leo Victor Felix Henckel von Donnersmarck, 1785-1861
D.M. Hend. = Douglas Mackay Henderson, 1927-
Hend. = Edward George Henderson, 1782-1876
L.F. Hend. = Louis Forniquet Henderson, 1853-1942
M.D. Hend. = Mayda Doris Henderson, 1928-
Henfr. = Arthur Henfrey, 1819-1859
Henkel = Johann Baptist Henkel, 1815-1871
Henker = Heinz Henker, fl. 1999
Henn. = Paul Christoph Hennings, 1841-1908
Hennipman = Elbert Hennipman, 1937-
Henrard = Johannes(Jan) Theodoor Henrard, 1881-1974
Henriq. = Julio Augusto Henriques, 1838-1928
Henry = Aimé Constant Fidèle Henry, 1801-1875
A. Henry = Augustine Henry, 1857-1930
J. Henry = Joseph Henry, 1816-1887
L. Henry = Louis Henry, 1853-1903
Hensch. = August Wilhelm Eduard Theodor Henschel, 1790-1856
Hensl. = John Stevens Henslow, 1796-1861
Hepper = Frank Nigel Hepper, 1929-
Herb. = William Herbert, 1778-1847
Herbich = Franz Herbich, 1791-1865
Herborg = J. Herborg, fl. 1987
Herder = Ferdinand Gottfried Theobald Maximilian von Herder, 1828-1896
Hérincq = François Hérincq, 1820-1891
F. Herm. = Friedrich Hermann, 1873-1967
A.G.J. Herre = Adolar Gottlieb Julius (Hans) Herre, 1895-1979
Herre = Albert William Christian Theodore Herre, 1868-1962
Herrm. = Johann (Jean) Herrmann, 1738-1800
Herter = Wilhelm (Guillermo) Gustav(o) Franz (Francis) Herter, 1884-1958
Hesl.-Harr. = John William Heslop-Harrison, 1881-1967
H.E. Hess = Hans E. Hess, 1920-
Hess = Johann Jakob Hess, 1844-1883
Hesse = Hermann Albrecht Hesse, 1852-1937
Hester = J.Pinckney Hester, fl. 1943
Heuff. = János(Johann) A. Heuffel, 1800-1857
Heyder = Edward Heyder, 1808-1884
K. Heyne = Karel Heyne, 1877-1947
Heynh. = Gustav Heynhold, 1800-1860

Heywood = Vernon Hilton Heywood, 1927-
Hibberd = James Shirley Hibberd, 1825-1890
Hickel = Paul Robert Hickel, 1865-1935
Hicken = Cristóbal Mariá Hicken, 1875-1933
J.C. Hickman = James Craig Hickman, 1941-1993
Hiern = William Philip Hiern, 1839-1925
Hieron. = Georg Hans Emmo (Emo) Wolfgang Hieronymus, 1846-1921
Hiitonen = Henrik Ilmari Augustus Hiitonen, 1898-
Hildebr. = Friedrich Hermann Gustav Hildebrand, 1835-1915
Hildm. = H. Hildmann, -1895
Hilend = Martha Luella Hilend, 1902-
A.W. Hill = Arthur William Hill, 1875-1941
Hill = John Hill, 1716-1775
W. Hill = Walter Hill, 1820-1904
Hillc. = Jean Olive Dorothy Hillcoat, 1904-1990
Hilliard = Olive Mary Hilliard, 1926-
Hillier = Louis E.J. Hillier, 1869-1962
Hilsenb. = Richard A. Hilsenbeck, 1952-
Hitchc. = Albert Spear Hitchcock, 1865-1935
C.L. Hitchc. = Charles Leo Hitchcock, 1902-1986
E. Hitchc. = Edward Hitchcock, 1793-1864
Hjelmq. = Karl Jesper Hakon Hjelmquist, 1905-
Hochr. = Bénédict Pierre Georges Hochreutiner, 1873-1959
Hochst. = Christian Ferdinand Friedrich Hochstetter, 1787-1860
W. Hochst. = Wilhelm Christian Hochstetter, 1825-1881
Hodge = Walter Hendricks Hodge, 1912-
Höfft = Franz M.S.V. Höfft, fl. 1826
Hoefker = Heinrich Hoefker, 1859-1945
Hoehne = Frederico Carlos Hoehne, 1882-1959
Höppner = Hans Höppner, 1873-1946
Hörandl = Elvira Hörandl, fl. 1994
Höss = Franz Höss, 1756-1840
Hoffm. = George Franz Hoffmann, 1761-1826
O. Hoffm. = Karl August Otto Hoffmann, 1853-1909
K. Hoffm. = Käthe(Kaethe) Hoffmann, 1883-c.1931
Hoffm.-Grob. = Amelie Ennenda Hoffmann-Grobéty, 1884-
Hoffmanns. = Johann Centurius von Hoffmannsegg, 1766-1849
T. Hogg = Thomas Hogg, 1820-1892
Hogg = Thomas Hogg, 1777-1855
Hohen. = Rudolph Friedrich Hohenacker, 1798-1874
Holandre = Jean Joseph Jacques Holandre, 1778-1857
Holland = John Henry Holland, 1869-1950
Holm-Niels. = Lauritz B. Holm-Nielsen, 1946-
E. Holmb. = Eduardo Ladislao Holmberg, 1852-1937
Holmb. = Otto Rudolf Holmberg, 1874-1930
Holmboe = Jens Holmboe, 1880-1943
Holmes = Edward Morell Holmes, 1843-1930
Holttum = Richard Eric Holttum, 1895-1990
Holub = Josef Ludwig Holub, 1930-1999
Holz. = John Michael Holzinger, 1853-1929
Hombr. = Jacques Bernard Hombron, 1800-1852
Honck. = Gerhard August Honckeny, 1724-1805
Honda = Masaji(Masazi) Honda, 1897-1984
T. Hong = Tao Hong, fl. 1963
Hoog = Johannes Marius Cornelis (John) Hoog, 1865-1950
T.M. Hoog = Thomas M. Hoog, 1899-
Hoogland = Ruurd Dirk Hoogland, 1922-1994
Hooibr. = Danield Hooibrenk, fl. 1848-1861
Hook. f. = Joseph Dalton Hooker, 1817-1911
Hook. = William Jackson Hooker, 1785-1865
Hoola van Nooten = Bertha Hoola van Nooten, fl. 1914
Hoopes = Josiah Hoopes, 1832-1904
Hoover = Robert Francis Hoover, 1913-1970
Hope = John Hope, 1725-1786
Hopffer = Carl Hopffer, 1810-
Hopkins = Lewis Sylvester Hopkins, 1872-1945
Hoppe = David Heinrich Hoppe, 1760-1846
K.E. Horak = Karl E. Horak, fl. 1978
Horan. = Paul (Paulus) Fedorowitsch Horaninow, 1796-1865
Horkel = Johann Horkel, 1769-1846
Hornem. = Jens Wilken Hornemann, 1770-1841
Hornsch. = Christian Friedrich Hornschuch, 1793-1850
Hornung = Ernst Gottfried Hornung, 1795-

1862
Horny = Radvan Horny, fl. 1974
Horvat = Ivo Horvat, 1897-1963
Horv. = Tsigmond(Zigmund) Horvátovszky, 1746-?,fl. 1774
E. Hossain = A.B.M.Enayet Hossain, 1945-
Hosseus = Carl Curt Hosseus, 1878-1950
Host = Nicolaus Thomas Host, 1761-1834
Houllet = R.J.B. Houllet, 1811~15-1890
House = Homer Doliver House, 1878-1949
Houtt. = Maarten(Martin) Houttuyn, 1720-1798
Houz. = Jean Charles Houzeau de Lehaie, 1820-1888
Howard = John Eliot Howard, 1807-1883
J.T. Howell = John Thomas Howell, 1903-1994
Howell = Thomas Jefferson Howell, 1842-1912
Hoyle = Arthur Clague Hoyle, 1904-1986
Hrabetová = Anezka Hrabetová-Uhrová, 1900-1981
S.Y. Hu = Shiu Ying Hu, 1910-
Hu = Hsen Hsu Hu, 1894-1968
Hua = Henri Hua, 1861-1919
C.E. Hubb. = Charles Edward Hubbard, 1900-1980
F.T. Hubb. = Frederic Tracy Hubbard, 1875-1962
H. Huber = Heribert Franz Josef Huber, 1931-
Huber = Jakob ('Jacques') E. Huber, 1867-1914
J.A. Huber = Josef Anton Huber, 1899-
Hub.-Mor. = Arthur Huber-Morath, 1901-1990
Huds. = William Hudson, 1730-1793
Hügel = Carl(Karl) Alexander Anselm von Hügel, 1794-1870
Hülph. = K.A. Hülphers, 1882-1948
A. Huet = Alfred Huet du Pavillon, 1829-1907
Hughes = Dorothy Kate Hughes, 1899-1932
Hull = John Hull, 1761-1843
Hultén = Oskar Eric Gunnar Hultén, 1894-1981
Humbert = Jean-Henri Humbert, 1887-1967
Humb. = Friedrich Wilhelm Heinrich Alexander von Humboldt, 1769-1859
Humphries = Christopher John Humphries, 1947-
D.R. Hunt = David Richard Hunt, 1938-
Hunt = George Edward Hunt, 1841-1873
P.F. Hunt = Peter Francis Hunt, 1936-
Hunter = Alexander Hunter, 1729-1809
Hutch. = John Hutchinson, 1884-1972
J.B. Hutch. = Joseph Burtt Hutchinson, 1902-1988
Hutchison = Paul Clifford Hutchison, 1924-1997
Huter = Rupert Huter, 1834-1919
Huth = Ernst Huth, 1845-1897
B. Hyland = Bernard Patrick Matthew Hyland, 1937-
Hyl. = Nils Hylander, 1904-1970
B. Hylmö = Bertil Hylmö, 1915-
Ietsw. = J.H. Ietswaart, 1940-
Ihlenf. = Hans-Dieter Ihlenfeldt, 1932-
Iljin = Modest Mikhailovich Iljin, 1889-1967
Ilse = Hugo Ilse, 1835-1900
Iltis = Hugo Iltis, 1882-1952
Imlay = George (Gilbert) Imlay, 1754-
Ingram = Collingwood Ingram, 1880-1981
J.W. Ingram = John William Ingram, 1924-
Ingw. = Walter Edward Theodore Ingwersen, 1885-1960
Irish = Henry Clay Irish, 1868-1960
Irmsch. = Edgar Irmscher, 1887-1968
Irving = E.G. Irving, 1816-1855
W. Irving = Walter Irving, 1867-1934
H.S. Irwin = Howard Samuel Irwin, 1928-
Irwin = James Bruce Irwin, 1921-
H. Itô = Hiroshi Itô, 1909-
Itô = Keisuke Itô, 1803-1901
T. Itô = Tokutarô Itô, 1868-1941
Y. Itô = Yoshio Itô, 1907-
Ivanina = L.I. Ivanina, 1917-
Ivens = A.J. Ivens, fl. 1953
Jack = William Jack, 1795-1822
A.B. Jacks. = Albert Bruce Jackson, 1876-1947
Jacks. = George Jackson, 1790-1811
B.D. Jacks. = Benjamin Daydon Jackson, 1846-1927
Jacob-Makoy = Lambert Jacob-Makoy, 1790-1873
Jacobi = Georg Albano von Jacobi, 1805-1874
Jacobsen = Hans Jacobsen, 1815-1891
H. Jacobsen = Hermann Johannes Heinrich Jacobsen, 1898-1978
Jacquem. = Venceslas Victor Jacquemont, 1801-1832
Jacques = Henri Antoine Jacques, 1782-1866
J. Jacq. = Joseph Franz von Jacquin, 1766-1839

Jacq. = Nicolaus (Nicolaas) Joseph von Jacquin, 1727-1817
Jacquinot = Honoré Jacquinot, 1814-1887
Jaeger = Georg Friedrich (von) Jaeger, 1785-1866
Jakow. = Anton Jakowatz, 1872-
Jakubz. = Moisej Markovic(Markovich) Jakubziner, 1898-
Jalas = Arvo Jaakko Juhanni Jalas, 1920-1999
James = Thomas Potts James, 1803-1882
Jan = Georg(Giorgio) Jan, 1791-1866
Janch. = Erwin Emil Alfred Janchen, 1882-1970
Jancz. = Eduard von Glinka Janczewski, 1846-1918
Janisch. = Dmitrij E. Janischewsky, 1875-1944
Janka = Victor von Janka, 1837-1900
Janse = Johannes Albertus Janse, 1911-1977
Jansen = Pieter Jansen, 1882-1955
R.K. Jansen = Robert K. Jansen, 1954-
Janson. = Jan Jansonius, 1928-
C.-A. Jansson = Carl-Axel Jansson, 1925-
Jaquet = Firmin Jaquet, 1858-1933
Jasiewicz = Adam Jasiewicz, 1928-
Játiva = Carlos D. Játiva, fl. 1963
Jaub. = Hippolyte François Jaubert, 1798-1874
Jáv. = Sándor(Alexander) Jávorka, 1883-1961
C. Jeffrey = Charles Jeffrey, 1934-
J. Jeffrey = John Jeffrey, 1826-1854
Jeffrey = John Frederick Jeffrey, 1866-1943
Jenkins = Anna Eliza Jenkins, 1886-1973
Jenman = George Samuel Jenman, 1845-1902
Jeps. = Willis Linn Jepson, 1867-1946
Jermy = Anthony Clive Jermy, 1932-
Jess. = Karl Friedrich Wilhelm Jessen, 1821-1889
K. Jess. = Knud Jessen, 1884-1971
Jesson = E.M. Jesson, fl. 1915-1916
Jessop = John Peter Jessop, 1939-
Jeswiet = Jacob Jeswiet, 1879-1966
Jirasek = Jon (Johann) Jirasek, 1754-1797
V. John = Volker John, 1952-
Johnson = Charles Johnson, 1791-1880
H. Johnson = Joseph Harry Johnson, 1894-1987
L.A.S. Johnson = Lawrence Alexander Sidney Johnson, 1925-1997
M. Johnson = Magnus Johnson, fl. 1997
Johnst. = George Johnston, 1797-1855
I.M. Johnst. = Ivan Murray Johnston, 1898-1960
M.C. Johnst. = Marshall Conring Johnston, 1930-
B.M.G. Jones = Brian Michael Glyn Jones, 1933-
G.N. Jones = George Neville Jones, 1903-1970
M.E. Jones = Marcus Eugene Jones, 1852-1934
Jones = William Jones, 1746-1794
Jord. = Claude Thomas Alexis Jordan, 1814-1897
Joriss. = G. Jorissenne, fl. 1882
Jouin = V. Jouin, fl. 1910
Jourd. = (Claude) Pascal Jourdan, 1835-1881
Jowitt = John F. Jowitt, fl. 1908
Juel = Hans Oscar Juel, 1863-1931
Jum. = Henri Lucien Jumelle, 1866-1935
Junge = Paul Junge, 1881-1919
Jungh. = (Friedrich) Franz Wilhelm Junghuhn, 1809-1864
Jur. = Jakob (Jacob) Juratzka, 1821-1878
Jusl. = Abrahamus Danielis Juslenius, 1732-1803
A. Juss. = Adrien Henri Laurent de Jussieu, 1797-1853
Juss. = Antoine Laurent de Jussieu, 1748-1836
B. Juss. = Bernard de Jussieu, 1699-1777
Juz. = Sergei Vasilievich Juzepczuk, 1893-1959
Kabath = Hermann Kabath, 1816-1888
Kache = Paul Kache, 1882-1945
Kaempf. = Engelbert Kaempfer, 1651-1716
Kalkman = Cornelis Kalkman, 1928-1998
Kalm = Pehr Kalm, 1716-1779
Kalmb. = George Anthony Kalmbacher, 1897-1977
Kaneh. = Ryôzô Kanehira, 1882-1948
Kanitz = August (Agoston) Kanitz, 1843-1896
Kappert = Hans Kappert, 1890-
Kar. = Grigorij Silyc (Gregor Silitsch) Karelin, 1801-1872
Kárpáti = Zoltan E. Kárpáti, 1909-1972
Karrer = Sigmund Karrer, 1881-1954
G. Karst. = George Henry Hermann Karsten, 1863-1937
H. Karst. = Gustav Karl Wilhelm Hermann Karsten, 1817-1908
Karw. = Wilhelm Friedrich von Karwinsky von Karwin, 1780-1855

Kasapligil = Baki Kasapligil, 1918-1992
Kauffman = Calvin Henry Kauffman, 1869-1931
Kauffm. = Nikolai Nikolajevich Kauffmann, 1834-1870
Kaulf. = Georg Friedrich Kaulfuss, 1786-1830
Kearney = Thomas Henry Kearney, 1874-1956
Keay = Ronald William John Keay, 1920-1998
Keck = Karl Keck, 1825-1894
Keissl. = Karl (Carl) von Keissler, 1872-1965
B. Keller = Boris Aleksandrovich(Alexandrovic) Keller, 1874-1945
Keller = Johann Christoph Keller, 1737-1796
R. Keller = Robert Keller, 1854-1939
Kellerer = Johann Kellerer, 1859-
Kellerm. = William Ashbrook Kellerman, 1850-1908
M. Kellerm. = Maude Kellerman, 1888-
Kellogg = Albert Kellogg, 1813-1887
Kelsey = Francis Duncan Kelsey, 1849-1905
Kem.-Nath. = Liubov Manucharovna Kemularia-Nathadze, 1891-1985
H. Keng = Hsüan Keng, 1923-
Keng = Yi Li Keng, 1897-1975
Keng f. = Pai Chieh Keng, 1917-
G.C. Kenn. = George C. Kennedy, fl. 1976
H.A. Kenn. = Helen Alberta Kennedy, 1944-
P.B. Kenn. = Patrick Beveridge Kennedy, 1874-1930
Kensit = Harriet Margaret Louisa Kensit, 1877-1970
D.H. Kent = Douglas Henry Kent, 1920-1998
Kent = William Saville Kent, 1845-1908
Ker-Gawl. = John Bellenden Ker-Gawler, 1764-1842
Keraudren = Monique Keraudren, 1928-1981
Kerch. = Oswald Charles Eugène Marie Ghislain de Kerchove de Denterghem, 1844-1906
Kereszty = Zoltán Kereszty, 1937-
Kerguélen = Michel François Jacques Kerguélen, 1928-1999
J. Kern. = Johann Simon von Kerner, 1755-1830
A. Kern. = Anton Joseph Kerner, 1831-1898
Kesselr. = Friedrich Wilhelm Kesselring, 1876-1966
Kharkev. = Sigizmund Semenovich Kharkevich, 1921-
Kikuchi = Akio Kikuchi, 1883-1951
Kill. = Charles Killian, 1887-1957
Killick = Donald Joseph Boomer Killick, 1926-
Killip = Ellsworth Paine Killip, 1890-1968
Kimnach = Myron William Kimnach, 1922-
King = George King, 1840-1909
R.M. King = Robert Merrill King, 1930-
Kingdon-Ward = Francis Kingdon-Ward, 1885-1958
Kippist = Richard Kippist, 1812-1882
Kirchn. = Emil Otto Oskar von Kirchner, 1851-1925
G. Kirchn. = Georg Kirchner, 1837-1885
Kir. = Ivan Petrovich ('Johann') Kirilov, 1821-1842
Kirk = Thomas Kirk, 1828-1898
Kirkp. = Randolph Kirkpatrick, 1863-1950
Kirp. = Moisey Elevich Kirpicznikov, 1913-
Kirschl. = Frédéric R. Kirschleger, 1804-1869
Kirschner = J. Kirschner, fl. 1979
Kitag. = Masao Kitagawa, 1910-1995
Kit. = Pál (Paul) Kitaibel, 1757-1817
Kitam. = Siro Kitamura, 1906-
Kladiwa = Leo Kladiwa, 1920-
Klásk. = Anna Klásková, 1932-
Klatt = Friedrich Wilhelm Klatt, 1825-1897
E. Klein = Erich Klein, fl. 1989
Klein = Jacob Theodor Klein, 1685-1759
Kleopow = Jurij Dmitrievic Kleopow, 1902-1942
Klett = Gustav Theodor Klett, -1827
Klinge = Johannes Christoph Klinge, 1851-1902
H. Klinggr. = Hugo Erich Meyer von Klinggräff, 1820-1902
Klokov = Michail Vasiljevich (Mikhail Vasilevich) Klokov, 1896-1981
G. Klotz = Gerhard Klotz, 1928-
Klotz = Leo Joseph Klotz, 1895-
Klotzsch = Johann Friedrich Klotzsch, 1805-1860
Kluk = Krzysztof(Christoph) Kluk, 1739-1796
Knaf = Joseph(Josef) Friedrich Knaf, 1801-1865
Knerr = Ellsworth Brownell Knerr, 1861-1942
Kneuck. = Johann Andreas('Andrees') Kneucker, 1862-1946

H. Knight = Henry Knight, 1834-1896
Knight = Joseph Knight, 1777?-1855
O.W. Knight = Ora Willis Knight, 1874-1913
Knoll = Fritz Knoll, 1883-1981
Knoop = Johann Hermann Knoop, c.1700-1769
Knowles = George Beauchamp Knowles, fl. 1820-1852
Knuth = Paul Erich Otto Wilhelm Knuth, 1854-1899
R. Knuth = Reinhard Gustav Paul Knuth, 1874-1957
F.M. Knuth = Frederik Marcus Knuth, 1904-1970
Kobuski = Clarence Emmeren Kobuski, 1900-1963
C. Koch = Claus Koch
Koch = Johann Friedrich Wilhelm Koch, 1759-1831
K. Koch = Karl (Carl) Heinrich Emil (Ludwig) Koch, 1809-1879
W. Koch = Walo Koch, 1896-1956
W.D.J. Koch = Wilhelm Daniel Joseph Koch, 1771-1849
Kochs = Julius Kochs, 1900-
U. Köhler = Udo Köhler, 1911-1983
Köhler = Johann Christian Gottlieb Köhler, 1759-1833
Koehne = Bernhard Adalbert Emil Koehne, 1848-1918
Koeler = Georg Ludwig Koeler, 1765-1807
Koelle = Johann Ludwig Christian Koelle, 1763-1797
Koell. = Rudolf Albert von Koelliker, 1817-1905
C. Koenig = Charles Koenig, fl. 1925
K. Koenig = Karl Koenig, fl. 1841
K.D. Koenig = Karl Dietrich Eberhard Koenig, 1774-1851
J. König = Johann Gerhard König, 1728-1785
Körn. = Friedrich August Körnicke, 1828-1908
Körte = Heinrich Friedrich Franz (Ernst) Körte, 1782-1845
Koidz. = Gen'ichi (Geniti) Koidzumi, 1883-1953
Kolak. = Alfred Alekseevich Kolakovsky, 1906-
Komar. = L.E. Komarenko
Kom. = Vladimir Leontjevich (Leontevich) Komarov, 1869-1945
Koord. = Sijfert Hendrik Koorders, 1863-1919
Korneck = Dieter Korneck
Korsh. = Sergei Ivanovitsch Korshinsky, 1861-1900
Kort = Antoine Joseph Kort, 1874-1957
Korth. = Pieter Willem Korthals, 1807-1892
Kosanin = Nedelyko Kosanin, 1874-1934
Koso-Pol. = Boris Mikhailovic Koso-Poljansky, 1890-1957
Kostel. = Vincenz Franz Kosteletzky, 1801-1887
Kosterm. = André Joseph Guillaume Henri Kostermans, 1907-1994
Kostina = Klaudia Fedorovna Kostina, 1900-
Kostov = Dontcho Kostov, 1897-1949
Kotschy = Carl(Karl) Georg Theodor Kotschy, 1813-1866
Kovalev = Nikolai Vasilevich Kovalev, 1888-
Kovanda = Miloslav Kovanda, 1936-
Kraenzl. = Friedrich (Fritz) Wilhelm Ludwig Kraenzlin, 1847-1934
Krainz = Hans Krainz, 1906-1980
Krajina = Vladimir Joseph Krajina, 1905-1993
M. Král = Milos Král, 1932-
Kralik = Jean-Louis Kralik, 1813-1892
Kramer = Wilhelm Heinrich Kramer, -1765
Krasch. = Ippolit (Hippolit) Mikhailovich Krascheninnikov, 1884-1947
Krasn. = Andrej Nikovaevich Krasnov, 1862-1914
Krasser = Fridolin Krasser, 1863-1923
Krassiln. = Nikolay Aleksandrovich Krassilnikov, 1896-
E. Krause = Ernst Krause, -1858
E.H.L. Krause = Ernst Hans Ludwig Krause, 1859-1942
Krause = Johann Wilhelm Krause, 1764-1842
K. Krause = Kurt Krause, 1883-1963
Krauss = Johan Carl Krauss, 1759-1826
Krecz. = Lev Melkhisedekovich Kreczetowicz, 1878-
Krendl = Franz Xaver Krendl, 1926-
Kress = Alarich Alban Herwig Ludwig Kress, 1932-
Kreutzer = Karl(Carl) Joseph Kreutzer, 1809-1866
Kreuz. = Kurt G. Kreuzinger, 1905-1989
Kreyer = Georgij Kalowic(Karlovic) Kreyer, 1887-1942
Krock. = Anton Johann Krocker, 1744-1823

Krüssm. = Johann Gerd Krüssmann, 1910-1980
Krysht. = African Nikolaevich Kryshtofowicz, 1885-1953
Kudô = Yûshun Kudô, 1887-1932
Kühlew. = Paul Eduard Kühlewein, 1798-1870
Kündig = Jakob Kündig, 1863-1933
Künkele = Siegfried Künkele, 1931-
Kütz. = Friedrich Traugott Kützing, 1807-1893
Kuhn = Friedrich Adalbert Maximilian ('Max') Kuhn, 1842-1894
Kumm. = Ferdinand Kummer, 1820-1870
Kunth = Karl (Carl) Sigismund Kunth, 1788-1850
Kuntze = Carl (Karl) Ernst (Eduard) Otto Kuntze, 1843-1907
Kunz = Hans Kunz, 1904-
Kunze = Gustav Kunze, 1793-1851
Kupffer = Karl Reinhold Kupffer, 1872-1935
Kupper = Walter Kupper, 1874-1953
Kurtz = Fritz (Federico) Kurtz, 1854-1920
Kurz = Wilhelm Sulpiz Kurz, 1834-1878
Kusn. = Nicolai Ivanowicz Kusnezow, 1864-1932
Kuzen. = Olga Iakinfovna Kuzeneva, 1887-1978
L'Hér. = Charles Louis L'Héritier de Brutelle, 1746-1800
La Llave = Pablo de La Llave, 1773-1833
Labill. = Jacques Julien Houtton de Labillardière, 1755-1834
Labour. = J. Labouret, fl. 1853-58
Labroy = Labroy, fl. 1903-1924
Lace = John Henry Lace, 1857-1918
Lachen. = Werner de Lachenal, 1736-1800
J.A. Lackey = J.A. Lackey, fl. 1978
Lackey = James Bridges Lackey, 1893-
Länger = R. Länger, fl. 1992
Laest. = Lars Levi Laestadius, 1800-1861
Lag. = Mariano Lagasca y Segura, 1776-1839
Lagerh. = Nils Gustaf (von Lagerheim, 1860-1926
Lagger = Franz Joseph Lagger, 1802-1870
Lagr.-Foss. = Adrian Rose Arnaud Lagrèze-Fossat, 1818-1874
Lahaie = D.G. Lahaie, fl. 1978
Laharpe = Jean Jacques Charles de Laharpe, 1802-1877
Lahman = Bertha Marion Lahman, 1872-
Laichard. = Johann Nepomuk von Laicharding, 1754-1797
Laing = Robert Malcolm Laing, 1865-1941
Laínz = J.M. Laínz, 1900-
Lakela = Olga Korhoven Lakela, 1890-
H.J. Lam = Herman Johannes Lam, 1892-1977
Lam. = Jean Baptiste Antoine Pierre de Monnet de Lamarck, 1744-1829
Lamb. = Aylmer Bourke Lambert, 1761-1842
Lambertye = Léonce de Lambertye, 1810-1877
Lamotte = Martial Lamotte, 1820-1883
Lancaster = Charles Roy Lancaster, 1937-
Lander = Nicholas Sean Lander, 1948-
Landolt = Elias Landolt, 1926-
J.W. Landon = John W. Landon, fl. 1975
Laness. = Jean Marie Antoine de Lanessan, 1843-1919
Láng = Adolph (Adolf) Franz Láng, 1795-1863
O. Lang = Otto Friedrich Lang, 1817-1847
Lange = Johan Martin Christian Lange, 1818-1898
Langsd. = Georg Heinrich von Langsdorff, 1774-1852
Lapeyr. = Philippe Picot de Lapeyrouse, 1744-1818
Lapierre = Jean Marie Lapierre, 1754-1834
K. Larsen = Kai Larsen, 1926-
Lasch = Wilhelm Gottfried Lasch, 1787-1863
Lassen = Per Lassen, 1942-
Laterr. = Jean François Laterrade, 1784-1858
Lat.-Marl. = Joseph (Bory) Latour-Marliac, 1830-1911
Latourr. = Marc Antoine Louis Claret de (Fleurieu de) Latourrette, 1729-1793
A.B. Lau = Alfred B. Lau, fl. 1940-1980
Lauche = (Friedrich) Wilhelm (Georg) Lauche, 1827-1883
Lauener = Lucien André (Andrew) Lauener, 1918-1991
Launert = Georg Oskar Edmund Launert, 1926-
Lauterb. = Carl(Karl) Adolf Georg Lauterbach, 1864-1937
Lauth = Thomas Lauth, 1758-1826
Lavallée = Pierre Alphonse Martin Lavallée, 1836-1884
Lavis = Mary Gwendolene Lavis, 1902-
Lavrenko = Evgenii Mikhailovic Lavrenko, 1900-1987

Lawr. = George Lawrence, 1827-1895
C. Lawson = Charles Lawson, 1794-1873
M.A. Lawson = Marmaduke Alexander Lawson, 1840-1896
Laxm. = Erich (Erik) G. Laxmann, 1737-1796
Layens = Georges de Layens, 1834-1897
Le Gall = Nicholas Joseph Marie Le Gall de Kerlinou, 1787-1860
O. Le Grand = O. Le Grand, fl. 1895
Le Jol. = Auguste François Le Jolis, 1823-1904
L.C. Leach = Leslie (Larry) Charles Leach, 1909-1996
Leandri = Jacques Désiré Leandri, 1903-1982
Lebas = E. Lebas, 1800s
Lebasque = J. Lebasque, fl. 1933
Lebedev = E.L. Lebedev, fl. 1968
Lebrun = Jean-Paul Antoine Lebrun, 1906-1985
Leconte = John (Eatton) Leconte, 1784-1860
Lecoq = Henri Lecoq, 1802-1871
Ledeb. = Carl(Karl) Friedrich von Ledebour, 1785-1851
Leeke = Georg Gustav Paul Leeke, 1883-1933
Leenh. = Pieter Willem Leenhouts, 1926-
Leers = Johann Georg Daniel Leers, 1727-1774
C.B. Lehm. = Carl Berhard Lehmann, 1811-1875
F. Lehm. = Friedrich Carl Lehmann, 1850-1903
J.F. Lehm. = Johann Friedrich Lehmann, fl. 1809
Lehm. = Johann Georg Christian Lehmann, 1792-1860
Leichtlin = Maximilian Leichtlin, 1831-1910
Leight. = William Allport Leighton, 1805-1889
Leitn. = Edward Frederick (Friedrich August Ludwig) Leitner, 1812-1838
Lej. = Alexandre Louis (Alexander Ludwig) Simon Lejeune, 1779-1858
Lellinger = David Bruce Lellinger, 1937-
Lelong = Michel G. Lelong, 1932-
Lem. = (Antoine) Charles Lemaire, 1801-1871
Léman = Dominique Sébastien Léman, 1781-1829
Lemée = Albert Marie Victor Lemée, 1872-?
Lemmon = John Gill Lemmon, 1832-1908
Lemoine = (Pierre Louis) Victor Lemoine, 1823-1911
É. Lemoine = Émile Lemoine, 1862-1943
Lenné = Peter Joseph Lenné, 1789-1866
L.W. Lenz = Lee Wayne Lenz, 1915-
Léon = (Hermano) Léon, 1871-1955
Leonard = Emery Clarence Leonard, 1892-1968
Lepech. = Ivan Ivanovich Lepechin, 1737-1802
Leresche = Louis François Jules Rodolphe Leresche, 1808-1885
J.-F. Leroy = Jean-Francois Leroy, 1915-1999
Lesch. = Jean Baptiste Louis (Claude) Théodore Leschenault de la Tour, 1773-1826
A.C. Leslie = Alan Christopher Leslie, 1950-
Lesp. = Jean Martial Gustave Lespinasse, 1807-1876
Less. = Christian Friedrich Lessing, 1809-1862
Lest.-Garl. = Lester Vallis Lester-Garland, 1860-1944
T. Lestib. = Thémistocle Gaspard Lestiboudois, 1797-1876
Letty = Cythna Lindenberg Letty, 1895-1985
Leute = Gerfried Horand Leute, 1941-
H. Lév. = Augustin Abel Hector Léveillé, 1863-1918
Lév. = Joseph-Henri Léveillé, 1796-1870
Levier = Emile(Emilio) Levier, 1839-1911
Levyns = Margaret Rutherford Bryan Levyns, 1890-1975
F.H. Lewis = Frank Harlan Lewis, 1919-
H.F. Lewis = Harrison Flint Lewis, 1893-1974
M.R. Lewis = Margaret Ruth Ensign Lewis, 1919-
Lewis = Meriwether Lewis, 1774-1809
Lex. = Juan José Martinez de Lexarza, 1785-1824
Leyb. = Friedrich Leybold, 1827-1879
Leyss. = Friedrich Wilhelm von Leysser, 1731-1815
H.L. Li = Hui Lin Li, 1911-
Y.K. Li = Yong Kang Li, fl. 1986
J.J. Li = Jia Jue Li, 1938-
C.F. Liang = Chou Fen(g) Liang, 1921-
Libon = Joseph Libon, 1821-1861
Libosch. = Joseph Liboschitz, 1783-1824
Lidén = Magnus Lidén, 1951-
Liebl. = Franz Kaspar(Caspar) Lieblein,

1744-1810
Liebm. = Frederik Michael Liebmann, 1813-1856
Liebner = C. Liebner, fl. 1895
Liede = Siegrid Liede, 1957-
Lightf. = John Lightfoot, 1735-1788
Lilja = Nils Lilja, 1808-1870
Lilj. = Samuel Liljeblad, 1761-1815
Lillo = Miguel Lillo, 1862-1931
M.M. Lin = Mu Mu Lin, fl. 1987
W.C. Lin = Wei Chih Lin, fl. 1970
Lindau = Gustav Lindau, 1866-1923
G. Lindb. = Gustaf Anders Lindberg, 1832-1900
H. Lindb. = Harald Lindberg, 1871-1963
Lindb. = Sextus Otto Lindberg, 1835-1889
Lindblad = Matts Adolf Lindblad, 1821-1899
Lindeb. = Carl Johan Lindeberg, 1815-1900
Lindem. = Eduard Emanuilovitch von Lindemann, 1825-1900
Linden = Jean Jules Linden, 1817-1898
Linding. = Karl Hermann Leonhard Lindinger, 1879-
Lindl. = John Lindley, 1799-1865
Lindm. = Carl Axel Magnus Lindman, 1856-1928
G.E. Linds. = George Edmund Lindsay, 1916-
Lingelsh. = Alexander von Lingelsheim, 1874-1937
Link = Johann Heinrich Friedrich Link, 1767-1851
Linke = August Linke, fl. 1853-57
L. f. = Carl von Linnaeus, 1741-1783
L. = Carl von Linnaeus, 1707-1778
E.F. Linton = Edward Francis Linton, 1848-1928
Linton = William James Linton, 1812-1898
W. Lippert = Wolfgang Lippert, 1937-
Lipsch. = Sergej Julievitsch Lipschitz, 1905-1983
Lipsky = Vladimir Ippolitovich Lipsky, 1863-1937
Litard. = René Verriet de Litardière, 1888-1957
Little = Elbert Luther Little, 1907-
Litv. = Dimitri Ivanovich Litvinov, 1854-1929
H.L. Liu = Huo Lin Liu, fl. 1982
Tang S. Liu = Tang Shui Liu, fl. 1975
T.S. Liu = Tung Shui Liu, 1911-
D.G. Lloyd = David G. Lloyd, 1937-
J. Lloyd = James Lloyd, 1810-1896
Lockwood = Tommie Earl Lockwood, 1941-1975
Lodd. = Conrad (L.) Loddiges, 1738-1826
Loefgr. = (Johan) Albert(o) (Constantin) Loefgren, 1854-1918
Loefl. = Pehr Loefling, 1729-1756
Lönnr. = Knut Johan Lönnroth, 1826-1885
Loes. = Ludwig Eduard Theodor Loesener, 1865-1941
A. Löve = Askell Löve, 1916-1994
D. Löve = Doris Benta Maria Löve, 1918-
Loisel. = Jean Louis August(e) Loiseleur-Deslongchamps, 1774-1849
Lojac. = Michele Lojacono, 1853-1919
Lomakin = Aleksandr Aleksandrovich Lomakin, 1863-1930
D.G. Long = David Geoffrey Long, 1948-
R.W. Long = Robert William Long, 1927-1976
Loos = C.A. Loos, fl. 1950
G.H. Loos = Götz Heinrich Loos, fl. 1999
Looser = Gualterio Looser, 1898-1982
G. López = Ginés Alejandro López González, 1950-
Loret = Henri Loret, 1811-1888
Losinsk. = A.S.Losina- Losinskaja, 1903-1958
Loudon = John Claudius Loudon, 1783-1843
Louis = Jean Laurent Prosper Louis, 1903-1947
Lour. = Joao de Loureiro, 1717-1791
Lourteig = Alicia Lourteig, 1913-
H. Low = Hugh Low, 1824-1905
S.H. Low = Stuart Henry Low, 1826-1890
Lowe = Richard Thomas Lowe, 1802-1874
Lowry = Porter Peter Lowry, 1956-
Lozano = Gustavo Lozano-Contreras, 1938-
Ludlow = Frank Ludlow, 1885-1972
Ludw. = Christian Gottlieb Ludwig, 1709-1773
W. Ludw. = Wolfgang Ludwig, 1923-
Lueder = Franz Hermann Heinrich Lueder, -1791
Lüdi = Werner Lüdi, 1888-1968
Luehm. = Johann George W. Luehmann, 1843-1904
Luer = Carlyle A. Luer, 1922-
Luerss. = Christian Luerssen, 1843-1916
Lumn. = István(Stephan) Lumnitzer, 1750-1806
Lunan = John Lunan, fl. 1814
Lynch = Richard Irwin Lynch, 1850-1924
Lyon = Harold Lloyd Lyon, 1879-1957

Maack = Richard Karlovich Maack, 1825-1886
Maas = Paulus Johannes Maria Maas, 1939-
Mabb. = David John Mabberley, 1948-
J.F. Macbr. = James Francis Macbride, 1892-1976
T. Macbr. = Thomas Huston Macbride, 1848-1934
MacBryde = Bruce MacBryde, 1941-
Macfad. = James Macfadyen, 1798-1850
Macfarl. = John Muirhead Macfarlane, 1855-1943
J. Mackay = James Townsend Mackay, 1775-1862
Mack. = Kenneth Kent Mackenzie, 1877-1934
Mackie = William Wylie Mackie, 1873-
MacMill. = Conway MacMillan, 1867-1929
MacOwan = Peter MacOwan, 1830-1909
Macreight = Daniel Chambers Macreight, 1799-1857
Madison = Michael Madison, fl. 1977
F. Maek. = Fumio Maekawa, 1908-1984
Maek. = Tokujirô(Tokijiro) Maekawa, 1886-
Magyar = J. Magyar, 1884-1945
Maiden = Joseph Henry Maiden, 1859-1925
Maire = Réné Charles Joseph Ernest Maire, 1878-1949
Makino = Tomitarô Makino, 1862-1957
Malinv. = Louis Jules Ernst Malinvaud, 1836-1913
Malte = Malte Oscar Malte, 1880-1933
F. Maly = Franz de Paula Maly, 1823-1891
Maly = Joseph Karl(Carl) Maly, 1797-1866
Manda = W. Albert Manda, fl. 1892
Manden. = Ida P. Mandenova, 1907-1995
Manetti = Xaverio Manetti, 1723-1785
Mangelsd. = Paul Christoph Mangelsdorf, 1899-
G. Mann = Gustav Mann, 1836-1916
Manning = Jacob Warren Manning, 1826-1904
Mansf. = Rudolf Mansfeld, 1901-1960
Manten = Jacob(Jack) Manten Manten, 1898-1958
Marais = Wessel Marais, 1929-
Maratti = Giovanni Francesco Maratti, 1723-1777
Marchal = Élie Marchal, 1839-1923
Marchant = William James Marchant, 1886-1952
Marcow. = Vasil Vasilevicz Marcowicz, 1865-1942
Maréchal = Robert Joseph Jean-Marie Maréchal, 1926-
Markgr. = Friedrich Markgraf, 1897-1987
Markgr.-Dann. = Ingeborg Markgraf-Dannenberg, 1911-1996
Marloth = Hermann Wilhelm Rudolf Marloth, 1855-1931
Marn.-Lap. = Julien Marnier-Lapostolle, 1902-1976
Marnock = Robert Marnock, 1800-1889
C. Marquand = Cecil Victor Boley Marquand, 1897-1943
Marquand = Ernest David Marquand, 1848-1918
M. Bieb. = Friedrich August Marschall von Bieberstein, 1768-1826
Marsh = Charles Dwight Marsh, 1855-1932
Marshall = Humphry Marshall, 1722-1801
J. Marshall = Joseph Jewison Marshall, 1860-1934
W.T. Marshall = W.Taylor Marshall, fl. 1952
Marsili = Giovanni M. Marsili, 1727-1794
G. Martens = George Matthias von Martens, 1788-1872
M. Martens = Martin Martens, 1797-1863
F.L. Martin = Floyd Leonard Martin, 1909-
R.F. Martin = Robert Franklin Martin, 1910-
Mart Crov. = Raul Nereo Martinez Crovetto, 1921-1988
Martinovsky = Jan Otakar Martinovsky, 1903-1980
Martins = Charles Frédéric Martins, 1806-1889
Mart. = Carl (Karl) Friedrich Philipp von Martius, 1794-1868
Martyn = Thomas M. Martyn, 1736-1825
Masam. = Genkei Masamune, 1899-
Masf. = Ramón Masferrer y Arquimbau, 1850-1884
H. Mason = Herbert Louis Mason, 1896-1994
Masson = Francis Masson, 1741-1805
Mast. = Maxwell Tylden Masters, 1833-1907
B. Mathew = Brian Frederick Mathew, 1936-
J.W. Mathews = Joseph ('Jimmy') William Mathews, 1871-1949
Mathews = William Mathews, 1828-1901
Math. = Geir Mathiassen, 1954-
Mathieu = Charles Marie Joseph Mathieu, 1791-1873
Maton = William George Maton, 1774-1835

Matsum. = Jinzô Matsumura, 1856-1928
Mattf. = Johannes Mattfeld, 1895-1951
Matthieu = C. Matthieu, fl. 1853
Matt. = Heinrich Gottfried von Mattuschka, 1734-1779
Matuda = Eizi Matuda, 1894-1978
Mauer = Fedor Mihajlovic Mauer, 1897-1963
Maund = Benjamin Maund, 1790-1863
Mauri = Ernesto Mauri, 1791-1836
Maw = George Maw, 1832-1912
Maxim. = Carl Johann (Ivanovic) Maximowicz, 1827-1891
Maxon = William Ralph Maxon, 1877-1948
E. Mayer = Ernest Mayer, 1920-
Mayr = Heinrich Mayr, 1856-1911
Mazzuc. = Giovanni Mazzucato, 1787-1814
McAllister = H.A. McAllister, fl. 1993
McClell. = John McClelland, 1805-1883
D.C. McClint. = David Charles McClintock, 1913-
E.M. McClint. = Elizabeth May McClintock, 1912-
McClure = Floyd Alonzo McClure, 1897-1970
McDougal = Walter Byron McDougal, 1883-
McGill. = Donald John McGillivray, 1935-
McKelvey = Susan Adams McKelvey, 1888-1964
McMillan = A.J.S. McMillan, fl. 1990
McMinn = Howard Earnest McMinn, 1891-1963
McNab = William McNab, 1780-1848
McNair = James Birtley McNair, 1889-
McNeill = John McNeill, 1933-
McVaugh = Rogers McVaugh, 1909-
Medik. = Friedrich Kasimir Medikus, 1736-1808
Medw. = Jakob Sergejevitsch Medwedew, 1847-1923
Meerb. = Nicolaas Meerburgh, 1734-1814
Meikle = Robert Desmond Meikle, 1923-
Meinsh. = Karl Friedrich Meinshausen, 1819-1899
Meisn. = Carl Daniel Friedrich Meisner, 1800-1874
C.F.W. Meissn. = Carl Friedrich Wilhelm Meissner, 1792-1853
Melch. = Hans Melchior, 1894-1984
Melderis = Aleksandre Melderis, 1909-1986
Melle = Peter Jacobus van Melle, 1891-1953
Melville = Ronald Melville, 1903-1985
Melvin = Lionel Melvin, fl. 1956
H. Melzer = Helmut Melzer, 1922-
Menabde = Vladimir Levanovich Menabde, 1898-
Menet = André Menet, fl. 1908
Menitsky = Ju.L.(G.) Menitsky, 1937-
Menyh. = Lászlò (Ladislav) Menyhárt, 1849-1897
Menzel = Paul Julius Menzel, 1864-1927
Mérat = François Victor Mérat de Vaumartoise, 1780-1851
Merr. = Elmer Drew Merrill, 1876-1956
Mert. = Franz Karl (Carl) Mertens, 1764-1831
Merxm. = Hermann Merxmüller, 1920-1988
Mesa = Aldo Mesa, fl. 1971
Metcalfe = Orrick Baylor Metcalfe, 1879-1936
Mett. = Georg Heinrich Mettenius, 1823-1866
Metzg. = Johann Metzger, 1789-1852
Meyen = Franz Julius Ferdinand Meyen, 1804-1840
B. Mey. = Bernhard Meyer, 1767-1836
C.A. Mey. = Carl Anton (Andreevic) von Meyer, 1795-1855
E. Mey. = Ernst Heinrich Friedrich Meyer, 1791-1858
F.K. Mey. = Friedrich Karl Meyer, 1926-
G.L. Mey. = G.L. Meyer, fl. 1881
G. Mey. = Georg Friedrich Wilhelm Meyer, 1782-1856
T. Mey. = Teodoro Meyer, 1910-
Meyran = Octave Meyran, 1858-1944
Mez = Carl Christian Mez, 1866-1944
Michalet = (Louis) Eugène Michalet, 1829-1862
Michx. = André Michaux, 1746-1803
F. Michx. = François André Michaux, 1770-1855
Micheli = Marc Micheli, 1844-1902
Middleton = John Tylor Middleton, 1912-
Miégev. = Joseph Miégeville, 1819-1901
Miers = John Miers, 1789-1879
J.C. Mikan = Johann Christian Mikan, 1769-1844
Miki = Shigeru Miki, 1901-1974
Mildbr. = Gottfried Wilhelm Johannes Mildbraed, 1879-1954
Milde = Carl August Julius Milde, 1824-1871
J. Milde = Julius Milde, 1824-1902
Milk. = I. Milkovits, fl. 1987
R.R. Mill = Robert Reid Mill, 1950-
Millais = John Guille Millais, 1865-1931

Millán = Aníbal Roberto Millán, 1892-
A. Millar = Alan J.K. Millar, 1957-
J. Mill. = John Miller, 1849-1915
J.S. Mill. = John S. Miller, 1715-1780
Mill. = Philip Miller, 1691-1771
W.T. Mill. = Wilhelm (William Tyler) Miller, 1869-1938
Millsp. = Charles Frederick Millspaugh, 1854-1923
Milne-Redh. = Edgar Wolston Bertram Handsley Milne-Redhead, 1906-1996
T.L. Ming = Tien Lu Ming, 1937-
Miq. = Friedrich Anton Wilhelm Miquel, 1811-1871
Mirb. = Charles François Brisseau de Mirbel, 1776-1854
Mirek = Zbigniew Mirek, 1951-
Miscz. = Pavel Ivanovich Misczenko, 1869-1938
J. Mitch. = John Mitchell, 1762-
Mitford = Algernon Bertram Freeman Mitford, 1837-1916
Mitterp. = Ludwig Mitterpacher von Mitterburg, 1734-1818
Miyabe = Kingo Miyabe, 1860-1951
Miyoshi = Manabu Miyoshi, 1861-1939
Moç. = José Mariano Moçiño, 1757-1820
H. Möller = Hjalmar August Möller, 1866-1941
Moench = Conrad Moench, 1744-1805
Möschl = Wilhelm Möschl, 1906-1980
D. Mohr = Daniel Matthias Heinrich Mohr, 1780-1808
Mohr = Nicolai (i Pedersen) Mohr, 1742-1790
Moldenke = Harold Norman Moldenke, 1909-1996
Molina = Giovanni Ignazio (Juan Ignacio) Molina, 1737-1829
Molinet = Amorós Eugenio Molinet, fl. 1889
Monach. = Joseph Vincent Monachino, 1911-1962
Monv. = M.Chevalier (de) Monville, fl. 1838
Moon = Alexander Moon, -1825
A.H. Moore = Albert Hanford Moore, 1883-
C. Moore = Charles Moore, 1820-1905
D.D.T. Moore = Daniel David Tompkins Moore, 1820-1892
H.E. Moore = Harold Emery Moore, 1917-1980
J.W. Moore = John William Moore, 1901-
L.B. Moore = Lucy Beatrice Moore, 1906-1987
S. Moore = Spencer Le Marchant Moore, 1850-1931
T. Moore = Thomas Moore, 1821-1887
T.V. Moore = Thomas Verner Moore, 1877-1969
Moore = David Moore, 1808-1879
Moq. = Christian Horace Bénédict Alfred Moquin-Tandon, 1804-1863
Moran = Reid Venable Moran, 1916-
Mord. Laun. = Jean Claude Mien Mordant de Launay, c.1750-1816
Morel = Francisque Morel, c.1849-1925
Morelet = Pierre Marie Arthur Morelet, 1809-1892
Moretti = Giuseppe L. Moretti, 1782-1853
Moric. = Moïse Étienne (Stefano) Moricand, 1779-1854
Moris = Giuseppe Giacinto (Joseph Hyacinthe) Moris, 1796-1869
Moritzi = Alexandre Moritzi, 1807-1850
Morley = Thomas Morley, 1917-
Morong = Thomas Morong, 1827-1894
C. Morren = Charles François Antoine Morren, 1807-1858
E. Morren = Charles Jacques Édouard Morren, 1833-1886
D. Morris = Daniel Morris, 1844-1933
Morris = John Morris, 1810-1886
C.V. Morton = Conrad Vernon Morton, 1905-1972
J.K. Morton = John Kenneth Morton, 1928-
Morton = Julius Sterling Morton, 1832-1902
Moss = Charles Edward Moss, 1870-1930
Mottet = Séraphin Joseph Mottet, 1861-1930
Mottram = R. Mottram, fl. 1980
Mouill. = Pierre Mouillefert, 1845-1903
Mucher = Walter Mucher, fl. 1990
Mudie = Robert Mudie, 1777-1842
Mühlenb. = Viktor Mühlenbach, 1898-
H.L. Mühl. = Henry Ludwig Mühlenberg, 1756-1817
Muehlenpf. = F. Muehlenpfordt, fl. 1849-1891
F. Muell. = Ferdinand Jacob Heinrich von Mueller, 1825-1896
O.F. Müll. = Otto Friedrich (Friderich) Müller, 1730-1784
P.J. Müll. = Philipp Jakob Müller, 1832-1889
Müll. Arg. = Johannes (Jean) Müller Argoviensis, 1828-1896
Münchh. = Otto von Münchhausen, 1716-1774
Muhl. = Gotthilf Heinrich Ernest Muhlenberg, 1753-1815

Muirhead = Clara Winsome Muirhead, 1915-1985
Mulligan = Brian Orson Mulligan, 1907-
Munby = Giles Munby, 1813-1876
Munro = William Munro, 1818-1889
Munz = Philip Alexander Munz, 1892-1974
Murata = Gen Murata, 1927-
Muratova = V.S. Muratova, 1890-1948
Murb. = Svante Samuel Murbeck, 1859-1946
Murith = Laurent Joseph Murith, 1742-1816
Muroi = Hiroshi Muroi, 1914-
Murr = Josef Murr, 1864-1932
A. Murray = Andrew Murray, 180?-1850
E. Murray = Edward Murray, fl. 1969
Murray = Johan Andreas Murray, 1740-1791
Muschl. = Reinhold (Reno) Conrad Muschler, 1883-1957
Musil = Albina Frances Musil, 1894-
Mutel = Pierre Auguste Victor Mutel, 1795-1847
Mutis = José Celestino Bruno Mutis, 1732-1808
Nakai = Takenoshin(Takenosin) Nakai, 1882-1952
Nannf. = John(Johan) Axel Frithiof Nannfeldt, 1904-1985
Nash = George Valentine Nash, 1864-1921
Nath. = Alfréd Gabriel Nathorst, 1850-1921
Naudin = Charles Victor Naudin, 1815-1899
Nauenb. = Johannes D. Nauenburg, 1951-
Náves = Andrés Náves, 1839-1910
M.P. Nayar = Madhavan Parameswarau Nayar, 1932-
Neck. = Noel Martin Joseph de Necker, 1730-1793
Née = Luis Née, fl. 1789-1794
Nees = Christian Gottfried Daniel Nees von Esenbeck, 1776-1858
T. Nees = Theodor Friedrich Ludwig Nees von Esenbeck, 1787-1837
Neilr. = August Neilreich, 1803-1871
Nekr. = Vera Leontievna Nekrassova, 1881-1979
Nel = Gert Cornelius Nel, 1885-1950
A. Nelson = Aven Nelson, 1859-1952
J. Nelson = John Nelson, fl. 1860
Nendtv. = Carl Maximilian (Károli Miksa) Nendtvich, 1811-1892
Nestl. = Chrétien Géofroy (Christian Gottfried) Nestler, 1778-1832
Neuman = Leopold Martin Neuman, 1852-1922
A. Neumann = Alfred Neumann, 1916-1973
Neumann = Joseph Henri François Neumann, 1800-1858
Neumayer = Georg Balthasar von Neumayer, 1862-1909
H. Neumayer = Hans Neumayer, 1887-1945
Neutel. = T.M.W. Neutelings, fl. 1986
Nevski = Sergei Arsenjevic Nevski, 1908-1938
Newman = Edward Newman, 1801-1876
Nicholls = William Henry Nicholls, 1885-1951
Nichols = George Elwood Nichols, 1882-1939
G. Nicholson = George Nicholson, 1847-1908
Nicolai = Ernst August Nicolai, 1800-1874
Nicolson = Dan Henry Nicolson, 1933-
Nied. = Franz Josef Niedenzu, 1857-1937
Nieuwl. = Julius (Aloysius) Arthur Nieuwland, 1878-1936
A. Nilsson = Arvid Nilsson, 1897-
Nimmo = Joseph Nimmo, -1854
Nitz. = Tor Nitzelius, 1914-
Nocca = Domenico Nocca, 1758-1841
Noë = Friedrich Wilhelm Noë, -1858
Nolte = Ernst Ferdinand Nolte, 1791-1875
Nordal = Inger Nordal, 1944-
B. Nord. = Rune Bertil Nordenstam, 1936-
Nordm. = Alexander (Davidovic) von Nordmann, 1803-1866
Norl. = Nils Tycho Norlindh, 1906-
Noronha = Francisco Noroña, c.1748-1787
Norrl. = Johan Petter(Peter) Norrlin, 1842-1917
Novák = Frantisek Antonín Novák, 1892-1964
Nováková = Marcela Nováková
Nutt. = Thomas Nuttall, 1786-1859
Nyl. = (Wilhelm)William Nylander, 1822-1899
Nyman = Carl Frederik Nyman, 1820-1893
O'Brien = James O'Brien, 1842-1930
Oakes = William Oakes, 1799-1848
Oberd. = Erich Oberdorfer, 1905-
Oberh. = Ernst Oberholzer, fl. 1886-1950
Oberm. = Anna Amelia Obermeyer, 1907-
Oborny = Adolf Oborny, 1840-1924
Ochot. = Isaac Ochoterena, 1885-1950
Ockendon = David Jeffery Ockendon, 1940-
Oeder = George Christian Edler von Oldenburg Oeder, 1728-1791
Oefelein = Hans Oefelein, 1905-1970
Oehme = Hans Oehme, fl. 1940

Oerst. = Anders Sandoe Oersted, 1816-1872
Oeser = R. Oeser, fl. 1976
Ohashi = Hiro Ohashi, 1882-
H. Ohashi = Hiroyoshi Ohashi, 1936-
H. Ohba = Hideaki Ohba, 1943-
Ohba = Tatsuyuki Ohba, 1936-
Ohrnb. = Dieter Ohrnberger, fl. 1990
Ohwi = Jisaburo Ohwi, 1905-1977
Oken = Lorenz Oken, 1779-1851
Olin = Johan Henrick Olin, 1769-1824
Oliv. = Daniel Oliver, 1830-1916
W.R.B. Oliv. = Walter Reginald Brook Oliver, 1883-1957
Olivier = Guillaume Antoine Olivier, 1756-1814
Olney = Stephen Thayer Olney, 1812-1878
Oosten = M.W.B van Oosten, fl. 1840
Ooststr. = Simon Jan van Ooststroom, 1906-1982
Opiz = Philipp(Filip) Maximilian Opiz, 1787-1858
Orb. = (Alcide) Charles Victor Dessalines d' Orbigny, 1806-1876
Orcutt = Charles Russell Orcutt, 1864-1929
Ornduff = Robert Ornduff, 1932-2000
Orph. = Theodhoros Georgios Orphanides, 1817-1886
Ortega = Casimiro Gómez de Ortega, 1740-1818
J.G. Ortega = Jesús González Ortega, 1876-1936
Ortgies = Karl Eduard Ortgies, 1829-1916
Osbeck = Pehr Osbeck, 1723-1805
Osborn = Arthur Osborn, 1878-1964
Osten = Cornelius Osten, 1863-1936
Ostenf. = Carl Emil Hansen Ostenfeld, 1873-1931
Osti = G.L. Osti
Otto = Christoph Friedrich Otto, 1783-1856
Oudem. = Cornelius Anton Jan Abraham (Corneille Antoine Jean Abram) Oudemans, 1825-1906
G.B. Ownbey = Gerald Bruce Ownbey, 1916-
C. P'ei = Chien P'ei, 1903-
Pabst = Guido Frederico Joao Pabst, 1914-1980
C.N. Page = Christopher Nigel Page, 1942-
Page = William Bridgewater Page, 1790-1871
Paine = John Alsop Paine, 1840-1912
Palib. = Ivan Vladimirovich Palibin, 1872-1949
P. Beauv. = Ambroise Marie François Joseph Palisot de Beauvois, 1752-1820
Palla = Eduard Palla, 1864-1922
Pall. = Peter (Pyotr) Simon von Pallas, 1741-1811
Pallis = M. Pallis, fl. 1938
Palmer = Edward Palmer, 1831-1911
Palmgr. = Alvar Palmgren, 1880-1960
Pamp. = Renato Pampanini, 1875-1949
Pančić = Joseph Pancic, 1814-1888
Pang = Jin Hu Pang, fl. 1983
Pantl. = Robert Pantling, 1856-1910
Pant. = Jószef (Joseph) Pantocsek, 1846-1916
Panz. = Georg Wolfgang Franz Panzer, 1755-1829
Paol. = Giulio Paoletti, 1865-1941
Pappe = Karl(Carl) Wilhelm Ludwig Pappe, 1803-1862
Paris = Jean Édouard Gabriel Narcisse Paris, 1827-1911
Parish = Samuel Bonsall Parish, 1838-1928
H.M. Parker = H.M. Parker, fl. 1975
R. Parker = Richard Neville Parker, 1884-1958
Parker = W.K. Parker, 1823-1890
K.F. Parker = K.F. Parker, fl. 1962
Parkinson = Sydney C. Parkinson, 1745-1771
Parl. = Filippo Parlatore, 1816-1877
Parm. = Antoine Auguste Parmentier, 1737-1813
P. Parm. = Paul Evariste Parmentier, 1860-1946~47
J. Parn. = John Adrian Naicker Parnell, 1954-
Parn. = Richard Parnell, 1810-1882
Parodi = Lorenzo Raimundo Parodi, 1895-1966
Parry = Charles Christopher Parry, 1823-1890
Parsons = Samuel Browne Parsons, 1819-1906
Pass. = Giovanni Passerini, 1816-1893
Patzke = Erwin Patzke, 1929-
Pau = Carlos Pau, 1857-1937
H.K.G. Paul = Hermann Karl Gustav Paul, 1876-1964
Paul = William Paul, 1822-1905
Paunero = Elena Paunero, 1906-
Pauquy = Charles Louis Constant Pauquy, 1800-1854
Pav. = José Antonio Pavón, 1754-1844
Pavone = Pietro Pavone, 1948-
Pawl. = Bogumill Pawlowski, 1898-1971

Pax = Ferdinand Albin Pax, 1858-1942
Paxton = Joseph Paxton, 1803-1865
Pearce = Sydney Albert Pearce, 1906-
H. Pearson = Henry Harold Welch Pearson, 1870-1916
Pedley = Leslie Pedley, 1930-
Pellegr. = François Pellegrin, 1881-1965
Pennell = Francis Whittier Pennell, 1886-1952
Pépin = Pierre Denis Pépin, c.1802-1876
Percival = John Percival, 1863-1949
Perdue = Robert Edward Perdue, 1924-
E. Pereira = Edmundo Pereira, 1914-1986
Perkins = Janet Russell Perkins, 1853-1933
Pernh. = Gustav von Pernhoffer, 1831-1899
Perp. = Helena (Candida Lena) Perpenti, 1764-1846
E. Perrier = E. Perrier, 1844-1921
J.O.E. Perrier = Jean Octave Edmond Perrier de la Bâthie, 1843-1916
H. Perrier = Joseph Marie Henry Alfred Perrier de la Bâthie, 1873-1958
Perrine = Henry Perrine, 1797-1840
Perrot = Émile Constant Perrot, 1867-1951
Perrott = P.Elizabeth Thomas Perrott, fl. 1955
Perr. = George (Georges Guerrard) Samuel Perrottet, 1793-1870
L.M. Perry = Lily May Perry, 1895-1992
Perry = Matthew Calbraith Perry, 1794-1858
R.H. Perry = Reginald H. Perry, 1903-
Personnat = Victor Personnat, fl. 1854-1870
Pers. = Christiaan Hendrik Persoon, 1761-1836
Petagna = Vincenzo Petagna, 1734-1810
Peter = (Gustav) Albert Peter, 1853-1937
Peterm. = Wilhelm Ludwig Petermann, 1806-1855
Petersen = Otto George Petersen, 1847-1937
Petitm. = Marcel Georges Charles Petitmengin, 1881-1908
Petrie = Donald Petrie, 1846-1925
Petrov = Vsevolod Alexeevic Petrov, 1896-1955
Petrovic = Sava Petrovic, 1839-1889
Peyr. = Johann Joseph Peyritsch, 1835-1889
Pfeiff. = Louis(Ludwig) Karl Georg Pfeiffer, 1805-1877
Pfitzer = Ernst Hugo Heinrich Pfitzer, 1846-1906
Phil. = Rudolph Amandus (Rodolfo (Rudolf) Amando) Philippi, 1808-1904
F. Phil. = Federico Philippi, 1838-1910
Philipson = William Raymond Philipson, 1911-1997
E. Phillips = Edwin Percy Phillips, 1884-1967
Phillips = Henry Phillips, 1779-1840
Pic.Serm. = Rodolfo Emilio Giuseppe Pichi Sermolli, 1912-
Pichon = Marcel Pichon, 1921-1954
Pierrat = Dominique Pierrat, 1820-1893
Pierre = Jean Baptiste Louis Pierre, 1833-1905
Pignatti = Sandro(Alessandro) Pignatti, 1930-
Pike = Nicolas Pike, 1815-1905
Pilg. = Robert Knud Friedrich Pilger, 1876-1953
Pillans = Neville Stuart Pillans, 1884-1964
Piller = Mathias Piller, 1733-1788
Pilz = George E. Pilz, 1942-
Pio = Giovanni Battista Pio, fl. 1813
Piper = Charles Vancouver Piper, 1867-1926
Pirotta = Pietro Romualdo Pirotta, 1853-1936
Pit. = Charles-Joseph Marie Pitard, 1873-1927
R. Pitcher = R. Pitcher
Pittier = Henri François Pittier, 1857-1950
Planch. = Jules Émile Planchon, 1823-1888
Platzm. = Julius Platzmann, 1832-1902
Plenck = Joseph Jacob von Plenck, 1738-1807
Plowman = Timothy Charles Plowman, 1944-1989
Pobed. = Evgeniia (Eugenia) Georgievna Pobedimova, 1898-1973
Podlech = Dietrich Johannes Georg Podlech, 1931-
Podp. = Josef Podpera, 1878-1954
Poech = Josef (Alois) Poech, 1816-1846
Poelln. = Karl von Poellnitz, 1896-1945
Poepp. = Eduard Friedrich Poeppig, 1798-1868
Poggenb. = Justus Ferdinand Poggenburg, 1840-1893
Pohl = Johann Baptist Emanuel Pohl, 1782-1834
Poir. = Jean Louis Marie Poiret, 1755-1834
Poiss. = Henri Louis Poisson, 1877-1963
Poit. = Pierre Antoine Poiteau, 1766-1854
Pojark. = Antonina Ivanovna Pojarkova, 1897-1980
Pol. = Hellmuth Polakowski, 1847-1917
Polatschek = Adolf Polatschek, 1932-

Poljakov = Petr Petrovich Poljakov, 1902-1974
Pollacci = Gino Pollacci, 1872-1963
Pollard = Charles Louis Pollard, 1872-1945
G.E. Pollard = Glenn E. Pollard, 1901-1976
Pollich = Johann Adam Pollich, 1740-1780
Pomel = Auguste Nicolas Pomel, 1821-1898
Pons = Alexandre Pons, 1838-1893
Popov = Mikhail Grigoríevic (Grigoríevich) Popov, 1893-1955
Porsch = Otto Porsch, 1875-1959
Porta = Pietro Porta, 1832-1923
Port. = Franz von Portenschlag-Ledermayer, 1772-1822
D.M. Porter = Duncan MacNair Porter, 1937-
Porter = Thomas Conrad Porter, 1822-1901
Poselg. = Heinrich Poselger, 1818-1883
Post = George Edward Post, 1838-1909
Pott = Johann Friedrich Pott, 1738-1805
Potztal = Eva Hedwig Ingeborg Potztal, 1924-2000
Pourr. = Pierre André Pourret, 1754-1818
Pouzar = Zdenek Pouzar, 1932-
Powrie = Elizabeth Powrie, 1925-1977
Praeger = Robert Lloyd Praeger, 1865-1953
Prain = David Prain, 1857-1944
Prantl = Karl Anton Eugen Prantl, 1849-1893
Prassler = Maria Prassler, 1938-
L. Preiss = Johann August Ludwig Preiss, 1811-1883
Preiss = Balthazar Preiss, 1765-1850
C. Presl = Carl (Karl) Presl, 1794-1852
J. Presl = Jan Svatopluk (Swatopluk) Presl, 1791-1849
Preuss = Carl Gottlieb Traugott Preuss, 1795-1855
M.G. Price = Michael Greene Price, 1941-
Pringle = Cyrus Guernsey Pringle, 1838-1911
N.M. Pritch. = Noël Marshall Pritchard, 1933-
E. Pritz. = Ernst Georg Pritzel, 1875-1946
Pritz. = George August Pritzel, 1815-1874
Proctor = George Richardson Proctor, 1920-
Prodán = Iuliu(Julius) Prodán, 1875-1959
Prokh. = Jaroslav Ivanovic (Yaroslav Ivanovich) Prokhanov, 1902-1964
Prokudin = Juri Nikolajevi Prokudin, 1911-
Proust = Louis Proust, 1878-1959
Pugsley = Herbert William Pugsley, 1868-1947
Pulliat = Victor Pulliat, 1827-1866
Purdy = Carlton Elmer Purdy, 1861-1945
Purk. = Emanuel von Purkyne, 1832-1882
Purpus = Carl (Karl) Albert Purpus, 1851-1941
J.A. Purpus = Joseph Anton Purpus, 1860-1932
Pursh = Frederick Traugott Pursh, 1774-1820
Pusch = Jürgen Pusch, fl. 1996
Puschk. = B.M. Puschkarew
Putt. = Alois(Aloys) Putterlick, 1810-1845
Putz. = Jules Antoine Adolph Henri Putzeys, 1809-1882
Quehl = Leopold Quehl, 1849-1922
Rach = Louis Theodor Rach, 1821-1859
Racib. = Marjan (Maryan Raciborski, 1863-1917
Radcl.-Sm. = Alan Radcliffe-Smith, 1938-
Radde = Gustav Ferdinand Richard Johannes von Radde, 1831-1903
Raddi = Giuseppe Raddi, 1770-1829
Radlk. = Ludwig Adolph Timotheus Radlkofer, 1829-1927
Raeusch. = Ernst Adolf Raeuschel, fl. 1772-1797
Raffill = Charles Percival Raffill, 1876-1951
Raf. = Constantine Samuel Rafinesque, 1783-1840
Rafn = Carl Gottlob Rafn, 1769-1808
Ragion. = Attilio Ragionieri, 1856-1933
Ragonese = Arturo Enrique Ragonese, 1909-1992
Rahn = Knud Rahn, 1928-
Raim. = Rudolf Raimann, 1863-1896
Ramat. = Thomas Albin Joseph d'Audibert de Ramatuelle, 1750-1794
Ramond = Louis François Elisabeth Ramond de Carbonnière, 1753-1827
Randell = Barbara Rae Randell, 1942-
Raoul = Édouard Fiacre Louis Raoul, 1815-1852
Rapin = Daniel Rapin, 1799-1882
Raspail = François Vincent Raspail, 1794-1878
Rataj = Karel Rataj, 1925-
Ratzeb. = Julius Theodor Christian Ratzeburg, 1801-1871
Rauh = Werner Rauh, 1913-2000
Rausch = Walter Rausch, 1928-
Rauschert = Stephan Rauschert, 1931-1986
Raven = John Earle Raven, 1914-1980
Raymond = Louis-Florent-Marcel Raymond, 1915-1972
Raym.-Hamet = Raymond-Hamet, 1890-

1972
Raynaud = Christian Raynaud, 1939-1993
Read = Robert William Read, 1931-
Reade = Oswald Alan Reade, 1848-1929
Rebut = P. Rebut, -1898
Rech. = Karl Rechinger, 1867-1952
Rech. f. = Karl Heinz Rechinger, 1906-1998
Redouté = Pierre Joseph Redouté, 1759-1840
Reeves = Robert Gatlin Reeves, 1898-
Regel = Eduard August von Regel, 1815-1892
Rehder = Alfred Rehder, 1863-1949
Rehm = Heinrich (Simon Ludwig Friedrich Felix) Rehm, 1828-1916
Rehmann = Anton Rehmann, 1840-1917
Reichard = Johann Jacob(Jakob) Reichard, 1743-1782
Reiche = Karl Friedrich (Carlos Federico) Reiche, 1860-1929
Rchb. = (Heinrich Gottlieb) Ludwig Reichenbach, 1793-1879
F. Rchb. = F. Reichenbach, fl. 1896
Rchb. f. = Heinrich Gustav Reichenbach, 1824-1889
Reinsch = Paul Friedrich Reinsch, 1836-1914
Reinw. = Caspar Georg Carl Reinwardt, 1773-1854
Reisaeter = Oddvin Reisaeter, 1913-1983
Reissek = Siegfried Reissek, 1819-1871
Reitz = P.Raulino Reitz, 1919-1990
Rendle = Alfred Barton Rendle, 1865-1938
Renner = Otto Renner, 1883-1960
Repp. = Werner Reppenhagen, 1911-1996
Req. = Esprit Requien, 1788-1851
Resv.-Holms. = Hanna (Marie) Resvoll-Holmsen, 1873-1943
Retz. = Anders Jahan Retzius, 1742-1821
G. Reuss = Gustáv Reuss, 1818-1861
Reut. = George François Reuter, 1805-1872
P. Rev. = P. Reverchon, fl. 1878-1892
Reyn. = Jean Louis Antoine Reynier, 1762-1824
Riccob. = Vincenzo Riccobono, 1861-1943
A. Rich. = Achille Richard, 1794-1852
Rich. = Louis Claude Marie Richard, 1754-1821
A.J. Richards = Adrian John Richards, 1943-
P.W. Richards = Paul Westmacott Richards, 1908-1995
I. Richardson = Ian Bertram Kay Richardson, 1940-
Richardson = John Richardson, 1787-1865
A.G. Richt. = August Gottlieb Richter, 1742-1812
Richt. = Hermann Eberhard Friedrich Richter, 1808-1876
K. Richt. = Karl(Carl) Richter, 1855-1891
V.A. Richt. = Vincenz Aladár Richter, 1868-1927
Rickett = Harold William Rickett, 1896-1989
Ridd. = Harry Joseph Riddelsdell, 1866-1941
Ridl. = Henry Nicholas Ridley, 1855-1956
Riedl = Harald (Harold) Udo von Riedl, 1936-
Ríha = Jan Ríha, 1947-
Rikli = Martin Albert Rikli, 1868-1951
Riley = John Riley, c.1796-1846
Rinz = Rinz, fl. 1935
Risso = Joseph Antoine Risso, 1777-1845
F. Ritter = Friedrich Ritter, 1898-1989
Ritzb. = Englebert Ritzberger, 1868-1923
Rivers = Thomas Rivers, 1798-1877
C. Rivière = Charles Marie Rivière, 1845-
Rivière = Marie Auguste Rivière, 1821-1877
Rizzini = Carlos Toledo Rizzini, 1921-1992
Robatsch = K. Robatsch, fl. 1988
J.W. Robbins = James Watson Robbins, 1801-1879
E.P. Roberts = Evan Paul (Michigan) Roberts, 1914-
A.V. Roberts = A.V. Roberts, fl. 1977
Roberty = Guy Edouard Roberty, 1907-1971
B.L. Rob. = Benjamin Lincoln Robinson, 1864-1935
C.B. Rob. = Charles Budd Robinson, 1871-1913
H. Rob. = Harold Ernest Robinson, 1932-
N. Robson = Norman Keith Bonner Robson, 1928-
Robson = Stephen Robson, 1741-1779
Rocha Afonso = Maria da Luz de Oliveira Tavares Monteiro Rocha Afonso, 1925-
Rochel = Anton Rochel, 1770-1847
Rodigas = Émile Rodigas, 1831-1902
Rodin = Hippolyte Rodin, 1829-1886
Rodr. = José Demetrio Rodríguez, 1780-1846
Rodway = Leonard Rodway, 1853-1936
Röhl. = Johann Christoph Röhling, 1757-1813
Roehr. = Olivier Roehrich, fl. 1914
Roem. = Johann Jakob Roemer, 1763-1819
M. Roem. = Max Joseph Roemer, 1791-

1849
Roessler = Helmut Roessler, 1926-
Roezl = Benedikt(Benito) Roezl, 1824-1885
Rogow. = Afanasii Semenovich Rogowicz, 1812-1878
Rohmeder = Ernst Rohmeder, 1903-1972
Rohr = Julius Philip Benjamin von Rohr, 1737-1793
Rohrb. = Paul Rohrbach, 1846-1871
Rohweder = Otto Rohweder, 1919-
Rojas Acosta = Nicolás Rojas Acosta, 1873-1947
Rol.-Goss. = Robert Roland-Gosselin, 1854-1925
Rolfe = Robert Allen Rolfe, 1855-1921
Rom. Caill. = Frédéric Romanet du Caillaud, fl. 1881-1888
Ronniger = Karl (Carl) Ronniger, 1871-1954
Ronse Decr. = Louis-Philippe Ronse Decraene, fl. 1988
Roscoe = William Roscoe, 1753-1831
Rose = Joseph Nelson Rose, 1862-1928
Rosenst. = Eduard Rosenstock, 1856-1938
Roshkova = Olga Ivanovna Roshkova, 1909-1989
R. Ross = Robert Ross, 1912-
Rossi = Pietro Rossi, 1738-1804
Rostk. = Friedrich Wilhelm Gottlieb Theophil Rostkovius, 1770-1848
Roth = Albrecht Wilhelm Roth, 1757-1834
Rothm. = Werner Hugo Paul Rothmaler, 1908-1962
Rothr. = Joseph Trimble Rothrock, 1839-1922
Rottb. = Christen Friis Rottbooll, 1727-1797
Rottler = Johan Peter Rottler, 1749-1836
Rouhier = Alexandre Rouhier, fl. 1926
Rouleau = (Joseph Albert) Ernest Rouleau, 1916-1991
Rousi = Arne Henrik Rousi, 1931-
J. Rousseau = (Joseph Jules Jean) Jacques Rousseau, 1905-1970
Rouy = Georges C.Chr. Rouy, 1851-1924
Rovelli = Renato Rovelli, 1806-1880
Rowlee = Willard Winfield Rowlee, 1861-1923
G.D. Rowley = Gordon Douglas Rowley, 1921-
Roxb. = William Roxburgh, 1751-1815
Royen = Adriaan van Royen, 1704-1779
Royle = John Forbes Royle, 1798-1858
Rozanova = Maria Aleksandrovna(Alexandrovna) Rozanova, 1885-1957
Rozeira = Arnaldo Deodata da Fonseca Rozeira, 1912-
Rudd = Velva Elaine Rudd, 1910-
Rudge = Edward Rudge, 1763-1846
Rudolph = Johann Heinrich Rudolph, 1744-1809
Rudolphi = (Israel) Karl Asmund (Carl Asmunt(Asmus)) Rudolphi, 1771-1832
Rümpler = Karl Theodor Rümpler, 1817-1891
Ruhland = Wilhelm (Willy) Otto Eugen Ruhland, 1878-1960
Ruiz = Hipólito Ruiz López, 1754-1815
Runemark = Hans Runemark, 1927-
Runge = C. Runge, fl. 1889
Rupp = Herman Montague Rucker Rupp, 1872-1956
Ruppius = Heinrich Bernard Ruppius, 1688-1719
Rupr. = Franz Josef (Ivanovich) Ruprecht, 1814-1870
Rusby = Henry Hurd Rusby, 1855-1940
Ruthe = Johannes Friedrich Ruthe, 1788-1859
A. Rutherf. = Alison Rutherford, fl. 1993
Rydb. = Per Axel Rydberg, 1860-1931
Rydlo = Jaroslav Rydlo, 1950-
Rylands = Thomas Glazebrook Rylands, 1818-1900
Sabine = Joseph Sabine, 1770-1837
Sachet = Marie-Hélène Sachet, 1922-1986
Sadler = Joseph Sadler, 1791-1849
Saff. = William Edwin ('Ned') Safford, 1859-1926
St.-Amans = Jean Florimond Boudon de Saint-Amans, 1748-1831
J. St.-Hil. = Jean Henri Jaume Saint-Hilaire, 1772-1845
A. St.-Hil. = Auguste François César Prouvençal de Saint-Hilaire, 1779-1853
St.-Lag. = Jean Baptiste Saint-Lager, 1825-1912
St.-Yves = Alfred (Marie Augustine) Saint-Yves, 1855-1933
Saldanha = José de Saldanha da Gama, 1839-1905
Salisb. = Richard Anthony Salisbury, 1761-1829
Salm-Dyck = Joseph Franz Maria Anton Hubert Ignatz Fürst zu Salm Reifferscheid Dyck, 1773-1861
C.E. Salmon = Charles Edgar Salmon, 1872-1930

Salter = Samuel James Augustus Salter, 1825-1897
T.M. Salter = Terence Macleane Salter, 1883-1969
Salzm. = Philipp Salzmann, 1781-1851
Samp. = Gonçalo António da Silva Ferreira Sampaio, 1865-1937
Sampath = V. Sampath, fl. 1981
Samuelson = D.A. Samuelson, fl. 1985
Sam. = Gunnar Samuelsson, 1885-1944
Sánchez-Mej. = Hernando Sánchez-Mejorada, 1926-1988
Sander = Henry Frederick Conrad Sander, 1847-1920
Sand. = John Sanderson, 1820~21-1881
Sandwith = Noel Yvri Sandwith, 1901-1965
Santi = Giorgio Santi, 1746-1822
Sarg. = Charles Sprague Sargent, 1841-1927
Sarnth. = Ludwig von Sarnthein, 1861-1914
Sarsons = Thomas Dixon Sarsons, 1880-1951
Sart. = Giovanni Battista Sartorelli, 1780-1853
Sauer = Friedrich (Fritz) Ludwig Ferdinand Sauer, 1852-
W. Sauer = Wilhelm Sauer, 1935-
Saukel = J. Saukel, fl. 1992
Saunders = William Wilson Saunders, 1809-1879
Saut. = Anton Eleutherius Sauter, 1800-1881
Sauv. = Camille François Sauvageau, 1861-1936
Sav. = Paul Amedée Ludovic Savatier, 1830-1891
Savi = Gaetano Savi, 1769-1844
Savigny = Marie Jules César Lélorgne de Savigny, 1777-1851
Schaeff. = Jacob Christian (H.von) Schaeffer, 1718-1790
Schaeftl. = Hans Schaeftlein, 1886-
Schauer = Johannes Conrad Schauer, 1813-1848
S. Schauer = Sebastian Schauer, fl. 1847
Scheele = George Heinrich Adolf Scheele, 1808-1864
Scheer = Friedrich (Frederick) Scheer, 1792-1868
Scheff. = Rudolph Herman Christiaan Carel Scheffer, 1844-1880
Scheidw. = Michael Joseph François Scheidweiler, 1799-1861
Schelle = Ernst Schelle, 1864-1945
Schellm. = C. Schellmann, fl. 1938
Schenck = Johann Heinrich Rudolf Schenck, 1860-1927
Schenk = Joseph August Schenk, 1815-1891
Scherb. = Johannes Scherbius, 1769-1813
Scherff. = Aladár Scherffel, 1865-1938
Schick = Carl Schick, 1881-1953
Schiede = Christian Julius Wilhelm Schiede, 1798-1836
Schiffn. = Victor Félix Schiffner, 1862-1944
K.F. Schimp. = Karl (Carl) Friedrich Schimper, 1803-1867
Schindl. = Anton Karl Schindler, 1879-1964
Schinz = Hans Schinz, 1858-1941
Schipcz. = Nikolaj Valerianovich Schipczinski, 1886-1955
Schischk. = Boris Konstantinovich Schischkin, 1886-1963
Schkuhr = Christian Schkuhr, 1741-1811
Schltdl. = Diederich Franz Leonhard von Schlechtendal, 1794-1866
Schltr. = Friedrich Richard Rudolf Schlechter, 1872-1925
Schleich. = Johann Christoph Schleicher, 1768-1834
Schleid. = Matthias Jacob Schleiden, 1804-1881
Schmalh. = Johannes Theodor Schmalhausen, 1849-1894
B. Schmid = B. Schmid, fl. 1983
Em. Schmid = Emil Schmid, 1891-
W.G. Schmid = Wolfram George Schmid, fl. 1991
Schmidel = Casimir Christoph Schmidel, 1718-1792
E. Schmidt = Ernst Schmidt, 1834-1902
Schmidt = Franz Schmidt, 1751-1834
F.W. Schmidt = Franz Wilibald Schmidt, 1764-1796
J.A. Schmidt = Johann Anton Schmidt, 1823-1905
P.A. Schmidt = Peter A. Schmidt, 1946-
W.L.E. Schmidt = Wilhelm Ludwig Ewald Schmidt, 1804-1843
F. Schmidt = Friedrich (Karl) (Fedor Bogdanovich) Schmidt, 1832-1908
Schmoll = Hazel Marguerite Schmoll, 1891-1990
Schneev. = George Voorhelm Schneevoogt, 1775-1850
C.K. Schneid. = Camillo Karl Schneider, 1876-1951
U. Schneid. = Ulrike Schneider, 1936-
Schnittsp. = Georg Friedrich Schnittspahn, 1810-1865
Schnizl. = Adalbert Carl(Karl) Friedrich

Hellwig Conrad Schnizlein, 1814-1868
Schönb.-Tem. = E. Schönbeck-Temesy, 1930-
Schönh. = Friedrich Christian Heinrich Schönheit, 1789-1870
Schönland = Selmar Schönland, 1860-1940
Schönl. = Johann Lucas Schönlein, 1793-1864
Scholler = Friedrich Adam Scholler, 1718-1795
H. Scholz = Hildemar Wolfgang Scholz, 1928-
R.H. Schomb. = Robert Hermann Schomburgk, 1804-1865
Schoser = Gustav Schoser, 1924-
Schott = Heinrich Wilhelm Schott, 1794-1865
Schottky = Ernst Max Schottky, 1888-1915
Schousb. = Peder Kofod Anker Schousboe, 1766-1832
Schrad. = Heinrich Adolph Schrader, 1767-1836
Schrank = Franz von Paula von Schrank, 1747-1835
Schreb. = Johann Christian Daniel von Schreber, 1739-1810
Schrenk = Alexander Gustav von Schrenk, 1816-1876
F.G. Schroed. = Fred-Günter Schroeder, 1930-
Schrödinger = Rudolf Schrödinger, 1857-1919
Schub. = Gotthilf Heinrich von Schubert, 1780-1860
Schübl. = Gustav Schübler, 1787-1834
Schütz = Bogumil Schütz, 1903-
Schult. = Josef (Joseph) August Schultes, 1773-1831
Schult. f. = Julius Hermann Schultes, 1804-1840
R.E. Schult. = Richard Evans Schultes, 1915-
Schultz = Carl (Karl) Friedrich Schultz, 1766-1837
Sch. Bip. = Carl(Karl) Heinrich 'Bipontinus' Schultz, 1805-1867
F.W. Schultz = Friedrich Wilhelm Schultz, 1804-1876
J. Schultze-Motel = Jürgen Schultze-Motel, 1930-
W. Schultze-Motel = Wolfram Schultze-Motel, 1934-
O.E. Schulz = Otto Eugen Schulz, 1874-1936
Rich. Schulz = Richard Schulz, 1904-
R. Schulz = Roman Schulz, 1873-1926
M. Schulze = Carl Theodor Maximilian Schulze, 1841-1915
G.M. Schulze = Georg Martin Schulze, 1906-1985
Schumach. = Heinrich Christian Friedrich Schumacher, 1757-1830
Schum. = Julius (Heinrich Karl) Schumann, 1810-1868
K. Schum. = Karl Moritz Schumann, 1851-1904
Schummel = Theodor Emil Schummel, 1785-1848
Schur = Philipp Johann Ferdinand Schur, 1799-1878
J. Schust. = Julius Schuster, 1886-1949
Schwantes = Martin Heinrich Gustav (Georg) Schwantes, 1891-1960
Schwarz = Cornel Schwarz, 1818-1860
O. Schwarz = Otto Karl Anton Schwarz, 1900-1983
Schweick. = Herold Georg Wilhelm Johannes Schweickerdt, 1903-1977
Schweigg. = August Friedrich Schweigger, 1783-1821
C. Schweinf. = Charles Schweinfurth, 1890-1970
Schweinf. = Georg August Schweinfurth, 1836-1925
Schwein. = Lewis (Ludwig) David von Schweinitz, 1780-1834
Schwer. = Fritz Kurt Alexander von Schwerin, 1856-1934
Scop. = Joannes Antonius (Giovanni Antonio) Scopoli, 1723-1788
A.J. Scott = Andrew John Scott, 1950-
Scribn. = Frank Lamson- Scribner, 1851-1938
Sealy = Joseph Robert Sealy, 1907-
Sebast. = Francesco Antonio Sebastiani, 1782-1821
Sebeók = Alexander(Sándor) Sebeók de Szent-Miklós, fl. 1780
Seem. = Berthold Carl Seemann, 1825-1871
Seemen = Karl Otto von Seemen, 1838-1910
Ség. = Jean François Séguier, 1703-1784
Seibert = Russell Jacob Seibert, 1914-
Seidel = Johann Heinrich Seidel, fl. 1779
Seidl = Wenzel Benno Seidl, 1773-1842
P.D. Sell = Peter Derek Sell, 1929-
Sello = Hermann Ludwig Sello, 1800-1876
Sendtn. = Otto Sendtner, 1813-1859
Senghas = Karlheinz Senghas, 1928-

Senoner = Adolf Senoner, 1806-1895
Serebr. = T.J. Serebrjakova, 1893-
Ser. = Nicolas Charles Seringe, 1776-1858
Sesl. = Leonard (Lionardo) Sesler, -1785
Sessé = Martín Sessé y Lacasta, 1751-1808
Seub. = Moritz August Seubert, 1818-1878
Shafer = John Adolph Shafer, 1863-1918
Shap. = K.K. Shaparenko, 1908-1941
H. Sharsm. = Helen Katherine Sharsmith, 1905-1982
Sheph. = John Shepherd, 1764-1836
Shibata = Keita Shibata, 1877-1949
Shinners = Lloyd Herbert Shinners, 1918-1971
Shiras. = Homi (Yasuyoshi) Shirasawa, 1868-1947
Shivas = Mary Grant Shivas, 1926-
Shreve = Forrest Shreve, 1878-1950
Shurly = Ernest William Shurly, 1888-1963
Sibth. = John Sibthorp, 1758-1796
Sieber = Franz(e) Wilhelm Sieber, 1789-1844
Siebert = August Siebert, 1854-1923
Siebold = Philipp Franz (Balthasar) von Siebold, 1796-1866
Siehe = Walter Siehe, 1859-1928
Siesm. = Siesmayer, fl. 1888
Siev. = Johann Erasmus Sievers, -1795
Silba = John Silba, fl. 1984
P. Silva = António Rodrigo Pinto da Silva, 1912-1992
Q.J.P. Silva = Quitéria Jesus G. Pinto da Silva, 1911-
Silva Manso = António Luiz Patricio da Silva Manso, 1788-1818
Silva Tar. = Ernst Emmanuel Silva Tarouca, 1860-1936
Sim = Thomas Robertson Sim, 1856-1938
Simmler = Gudrun Simmler, 1884-
Simmonds = Joseph Henry Simmonds, 1845-1936
N.W. Simmonds = Norman Willison Simmonds, 1922-
Simon-Louis = Léon L. Simon-Louis, 1834-1913
Simonet = Marc Simonet, 1899-1965
Simonk. = Lájos von Simonkai, 1851-1910
B.B. Simpson = Beryl Britnall Simpson, 1942-
G. Simpson = George Simpson, 1880-1952
Sims = John Sims, 1749-1831
Sint. = Paul Ernst Emil Sintenis, 1847-1907
Sipliv. = Vladimir N. Siplivinsky, 1937-
Skalická = Anna Skalická, 1932-
Skalicky = Vladimír Skalicky, 1930-1994
Skan = Sidney Alfred Skan, 1870-1939
Skarupke = E. Skarupke, fl. 1973
Skeels = Homer Collar Skeels, 1873-1934
Skipwith = G.R. Skipwith, fl. 1929
Skipw. = John Peyton Skipworth, 1934-
L.E. Skog = Laurence Edgar Skog, 1943-
Skottsb. = Carl Johan Fredrik Skottsberg, 1880-1963
Skvortsov = Boris Vassilievich Skvortsov, 1890-1980
Sleumer = Hermann Otto Sleumer, 1906-1993
B. Sloane = Boyd Lincoln Sloane, 1885-
Sloane = Hans Sloane, 1660-1753
Sloss. = Margaret Slosson, 1872-
Small = John Kunkel Small, 1869-1938
Smejkal = Miroslav Smejkal, 1927-1997
Smiley = Frank Jason Smiley, 1880-1969
P.A. Smirn. = Pavel Aleksandrovich Smirnov, 1896-1980
Smirn. = Sergei Michailowitsch Smirnov, fl. 1870
A.R. Sm. = Alan Reid Smith, 1943-
A.C. Sm. = Albert Charles Smith, 1906-1999
C.P. Sm. = Charles Piper Smith, 1877-1955
C. Sm. = Christen Smith, 1785-1816
C.A. Sm. = Christo Albertyn Smith, 1898-1956
E.B. Sm. = Edwin Burnell Smith, 1936-
E.W. Sm. = Elmer William Smith, 1920-1981
G.G. Sm. = Gerald Graham Smith, 1892-1976
G.E. Sm. = Gerard Edwards Smith, 1804-1881
H. Sm. = Henry Smith, 1786-1868
H.G. Sm. = Henry George Smith, 1852-1924
J.D. Sm. = J.Drew Smith, fl. 1979
Sm. = James Edward Smith, 1759-1828
J.G. Sm. = Jared Gage Smith, 1866-1925
J.J. Sm. = Johannes Jacobus Smith, 1867-1947
J. Sm. = John Smith, 1798-1888
L.B. Sm. = Lyman Bradford Smith, 1904-1997
P.M. Sm. = Philip Morgans Smith, 1941-
R.E. Sm. = Ralph Elliott(Eliot) Smith, 1874-1953
R.M. Sm. = Rosemary Margaret Smith, 1933-
W.W. Sm. = William Wright Smith, 1875-1956
W.G. Sm. = Worthington George Smith,

1835-1917
Smyth = Bernard Bryan Smyth, 1843-1913
Sneddon = Barry Victor Sneddon, 1942-
Snijman = Deidré A. Snijman, 1949-
Snogerup = Sven E. Snogerup, 1929-
Snowden = Joseph Davenport Snowden, 1886-1973
Sobol. = Gregor Fedorovitch (Grigoriy Fedorowich) Sobolewsky, 1741-1807
Soderstr. = Thomas Robert Soderstrom, 1936-1987
Sodiro = Luis (Aloysius Sodiro, 1836-1909
Söhrens = Johannes Söhrens, fl. 1900
Soest = Johannes Leendert van Soest, 1898-1983
Soják = Jirí Soják, 1936-
Sol. = Daniel Carl Solander, 1733-1782
Sole = William Sole, 1741-1802
Soler. = Hans Solereder, 1860-1920
Solms = Hermann Maximilian Carl Ludwig Friedrich zu Solms-Laubach, 1842-1915
Sommier = Carlo Pietro Stefano(Stephen) Sommier, 1848-1922
Sond. = Otto Wilhelm Sonder, 1812-1881
Songeon = André Songeon, 1826-1905
Sonn. = Pierre Sonnerat, 1748-1814
Soó = Károly Rezsö Soó von Bere, 1903-1980
Sosn. = Dmitrii Ivanovich Sosnowsky, 1885-1952
Soul.-Bod. = Étienne Soulange-Bodin, 1774-1846
Soulié = Joseph Auguste Soulié, 1868-1930
Souster = John Eustace Sirett Souster, 1912-
Sowerby = James Sowerby, 1757-1822
Soy.-Will. = Hubert Félix Soyer-Willemet, 1791-1867
Spach = Édouard Spach, 1801-1879
Spae = Dieudonné Spae, 1819-1858
Späth = Franz Ludwig Späth, 1838-1913
Span. = Johan Baptist Spanoghe, 1798-1838
Speg. = Carlo Luigi (Carlos Luis) Spegazzini, 1858-1926
Spenn. = Fridolin Carl Leopold Spenner, 1798-1841
Speta = Franz Speta, 1941-
Spitzn. = Wenzel (Václav) Spitzner, 1852-1907
Splitg. = Frederik Louis Splitgerber, 1801-1845
Spongberg = Stephen Alex Spongberg, 1942-
Sprague = Thomas Archibald Sprague, 1877-1958
Spreeth = A.D. Spreeth, 1940-
A. Spreng. = Anton Sprengel, 1803-1851
Spreng. = Curt (Kurt) Sprengel, 1766-1833
Sprenger = Carl(Charles) Ludwig Sprenger, 1846-1917
Spring = Antoine Frédéric Spring, 1814-1872
Spruce = Richard Spruce, 1817-1893
Spruner = Wilhelm von Spruner, 1805-1874
H. St. John = Harold St. John, 1892-1991
Stace = Clive Anthony Stace, 1938-
Stadelm. = Ernst Stadelmeyer, -1840
Stafleu = Frans Antonie Stafleu, 1921-1997
Standl. = Paul Carpenter Standley, 1884-1963
Stapf = Otto Stapf, 1857-1933
Staudt = Günther Staudt, 1926-
Staunton = George Leonard Staunton, 1737-1801
Stearn = William Thomas Stearn, 1911-2001
Stearns = Samuel Stearns, 1747-1819
Stechm. = Johannes(Johann) Paul Stechmann, fl. 1775
Steck = Abraham Steck, fl. 1757
Steedman = Ellen Constance Steedman, 1859-1949
Steenis = Cornelis Gijsbert Gerrit Jan van Steenis, 1901-1986
Steetz = Joachim Steetz, 1804-1862
Stef. = Boris Stefanoff, 1894-1979
Stein = Berthold Stein, 1847-1899
Steinh. = Adolph(e) Steinheil, 1810-1839
Stent = Sydney Margaret Stent, 1875-1942
Stephan = Christian Friedrich Stephan, 1757-1814
Stephens = Edith Layard Stephens, 1884-1966
T. Stephenson = Thomas Stephenson, 1865-1948
T.A. Stephenson = Thomas Alan Stephenson, 1898-1961
Stern = Frederick Claude Stern, 1884-1967
Sternb. = Caspar(Kaspar) Maria von Sternberg, 1761-1838
Sterneck = Jakob (Daublebsky) von Sterneck, 1864-1941
Sterner = Karl Rikard Sterner, 1891-1956
Sterns = Emerson Ellick Sterns, 1846-1926
Steud. = Ernst Gottlieb von Steudel, 1783-1856
Steven = Christian von Steven, 1781-1863
Steyerm. = Julian Alfred Steyermark, 1909-1988

C.H. Stirt. = Charles Howard Stirton, 1946-
Stocks = John Ellerton Stocks, 1822-1854
Störck = Anton von Störck, 1731-1803
Stohr = Gerrit Stohr, 1928-
Stoj. = Nikolai Andreev Stojanov, 1883-1968
Stokes = Jonathan S. Stokes, 1755-1831
A.M. Stoor = Anu M. Stoor
Storie = James G. Storie, fl. 1880s
Stork = Adélaïde Louise Stork, 1937-
Stout = Arlow Burdette Stout, 1876-1957
Straley = Gerald B. Straley, fl. 1977
Strauss = Heinrich Christian Strauss, 1850-1922
Straw = Richard Myron Straw, 1926-
Strobl = P. Gabriel Strobl, 1846-1925
Struck = M. Struck, fl. 1986
D.C. Stuart = D.C. Stuart, 1940-
Stuntz = Stephen Conrad Stuntz, 1875-1918
Stur = Dionys Rudolf Josef Stur, 1827-1893
Subík = H. Subík, fl. 1960
Suckow = Georg Adolph Suckow, 1751-1813
Sudw. = George Bishop Sudworth, 1864-1927
Sünd. = Franz Sündermann, 1864-1946
Suess. = Karl Suessenguth, 1893-1955
Sukaczev = Vladimir Nikolajevich Sukaczev, 1880-1967
Suksd. = Wilhelm Nikolaus Suksdorf, 1850-1932
Summerh. = Victor Samuel Summerhayes, 1897-1974
J.V. Suringar = Jan Valckenier Suringar, 1864-1932
Suter = Johann Rudolf Suter, 1766-1827
Sutton = Charles Sutton, 1756-1846
S. Suzuki = Shizuo Suzuki, fl. 1962
Sw. = Olof (Peter) Swartz, 1760-1818
H.R. Sweet = Herman Royden Sweet, 1911-1991
Sweet = Robert Sweet, 1783-1835
Swingle = Walter Tennyson Swingle, 1871-1952
Syd. = Hans Sydow, 1879-1946
Syme = John Thomas Irvine Boswell Syme, 1822-1888
Syrach = Carl Syrach-Larsen, 1898-
Täckh. = Vivi Täckholm, 1898-1978
Tafalla = Juan José Tafalla, 1755-1811
Tagawa = Motozi Tagawa, 1908-1977
Tagg = Harry Frank Tagg, 1874-1933
Tagl. = Giuseppe Tagliabue, fl. 1816
Takeda = Hisayoshi Takeda, 1883-1972
Takht. = Armen Leonovich Takhtajan, 1910-
P.C. Tam = Pui Cheung Tam, 1921-
Tamamsch. = Sophia G. Tamamschjan, 1900-1981
Tanaka = Tyôzaburô Tanaka, 1885-
Tanfani = Enrico Tanfani, 1848-1892
H.C. Tang = Hune Cheung Tang, 1918-
Tardieu = Marie Laure Tardieu, 1902-
O. Targ. Tozz. = Ottaviano Targioni Tozzetti, 1755-1829
Tate = Ralph Tate, 1840-1901
Tatew. = Misao Tatewaki, 1899-
Taubenheim = Gerd Taubenheim, fl. 1975
Taub. = Paul Hermann Wilhelm Taubert, 1862-1897
Tausch = Ignaz Friedrich Tausch, 1793-1848
Tavel = (Rudolf) Franz von Tavel, 1863-1941
G. Taylor = George Taylor, 1904-1993
N.P. Taylor = Nigel Paul Taylor, 1956-
N. Taylor = Norman Taylor, 1883-1967
P. Taylor = Peter Geoffrey Taylor, 1926-
T.M.C. Taylor = Thomas Mayne Cunninghame Taylor, 1904-1983
F.W. Taylor = F.W. Taylor, fl. 1925
Teijsm. = Johannes Elias Teijsmann, 1809-1882
Ten. = Michele Tenore, 1780-1861
Teppner = Herwig Teppner, 1941-
Terán = Manuel de Mier y Terán, -1852
N. Terracc. = Nicola Terracciano, 1837-1921
Terracino = A. Terracino
Teusch. = Heinrich (Henry) Teuscher, 1891-1984
Thell. = Albert Thellung, 1881-1928
S. Theun. = S. Theunissen, fl. 1981
Thévenau = Antonin Victor Thévenau, 1815-1876
Thiébaut = Jean Thiébaut, -1953
Thieret = John William Thieret, 1926-
D. Thomas = David Thomas, 1776-1859
H.H. Thomas = Hugh Hamshaw Thomas, 1885-1962
Thommen = Edouard Thommen, 1880-1961
C.H. Thomps. = Charles Henry Thompson, 1870-1931
J. Thomps. = John Thompson, fl. 1798
J.V. Thomps. = John Vaughan Thompson, 1779-1847
J.S. Thomson = John Scott Thomson, 1882-1943

J. Thomson = Joseph Thomson, 1858-1895
Thomson = Thomas Thomson, 1817-1878
Thonn. = Peter Thonning, 1775-1848
G. Thor = Göran Thor, 1953-
Thore = Jean Thore, 1762-1823
Thorsrud = Arne Thorsrud, 1895-1964
Thory = Claude Antoine Thory, 1759-1827
Thouars = Louis Marie Aubert du Petit Thouars, 1758-1831
Thouin = André Thouin, 1747-1824
Thuill. = Jean Louis Thuillier, 1757-1822
Thunb. = Carl Peter Thunberg, 1743-1828
Thurb. = George Thurber, 1821-1890
Thwaites = George Henry Kendrick Thwaites, 1812-1882
Tidestr. = Ivar (Frederick) Tidestrom, 1864-1956
Tiegel = E. Tiegel, -1936
Tiegh. = Phillippe Édouard Léon van Tieghem, 1839-1914
Tiep = Nguyen Anh Tiep, fl. 1965
Timm = Joachim Christian Timm, 1734-1805
Tindale = Mary Douglas Tindale, 1920-
Tineo = Vincenzo Tineo, 1791-1856
Tischer = Arthur Tischer, 1895-2000
Tissière = Pierre Germain Tissière, 1828-1868
Tjaden = William Louis Tjaden, 1913-
Tobler = Friedrich Tobler, 1879-1957
Tod. = Agostino Todaro, 1818-1892
Toelken = Hellmut Richard Toelken, 1939-
Toledo = Joaquim Franco de Toledo, 1905-1952
Topf = Alfred Topf, fl. 1850
Torr. = John Torrey, 1796-1873
F. Towns. = Frederick Townsend, 1822-1905
Towns. = Joseph Townsend, 1739-1816
Trab. = Louis (Charles) Trabut, 1853-1929
Tracey = John Geoffrey Tracey, 1930-
R. Tracey = R. Tracey, 1951-
Tratt. = Leopold Trattinnick, 1764-1849
Traub = Hamilton Paul Traub, 1890-1983
Trautv. = Ernst Rudolf von Trautvetter, 1809-1889
Trécul = Auguste (Adolphe Lucien) Trécul, 1818-1896
Trehane = Piers Trehane
Trel. = William Trelease, 1857-1945
Trevir. = Ludolf Christian Treviranus, 1779-1864
Trevis. = Vittore Benedetto Antonio Trevisan de Saint-Léon, 1818-1897
Trew = Christoph Jakob Trew, 1695-1769
Triana = José Jéronimo Triana, 1834-1890
Tricker = Charles William Bret Tricker, 1852-1916
Trimen = Henry Trimen, 1843-1896
Trin. = Carl Bernhard von Trinius, 1778-1844
Trotter = Alessandro Trotter, 1874-1967
A.F. Tryon = Alice Faber Tryon, 1920-
Tryon = Henry Tryon, 1856-1943
Tubergen = Cornelis Gerrit van Tubergen, 1844-1919
Tuck. = Edward Tuckerman, 1817-1886
Tul. = Louis René ('Edmond') Tulasne, 1815-1885
Turcz. = Porphir Kiril Nicolai Stepanowitsch Turczaninow, 1796-1863
Turner = Dawson Turner, 1775-1858
Turpin = Pierre Jean François Turpin, 1775-1840
Turra = Antonio Turra, 1730-1796
Turrill = William Bertram Turrill, 1890-1961
Tussac = François Richard de Tussac, 1751-1837
Tutin = Thomas Gaskell Tutin, 1908-1987
Tuyama = Takasi Tuyama, 1910-
Tuzson = János Tuzson, 1870-1943
Tzvelev = Nikolai Nikolaievich Tzvelev, 1925-
Uchida = Shigetaro Uchida, 1885-
Ucria = Bernardino da Ucria, 1739-1796
Uechtr. = Maximilian(Max) Friedrich Sigismund von Uechtritz, 1785-1851
Uitewaal = Antonius Josephus Adrianus Uitewaal, 1899-1963
Uittien = Hendrik Uittien, 1898-1944
Ujhelyi = József Ujhelyi, 1910-1979
Ulbr. = Oskar Eberhard Ulbrich, 1879-1952
Ule = Ernst Heinrich Georg Ule, 1854-1915
Uline = Edwin Burton Uline, 1867-1933
Underw. = Lucien Marcus Underwood, 1853-1907
Urb. = Ignatz Urban, 1848-1931
Ursch = Eugène Ursch, 1882-1962
Urum. = Ivan Kiroff Urumoff, 1857-1937
Vacc. = Lino Vaccari, 1873-1951
Vahl = Martin (Henrichsen) Vahl, 1749-1804
Vail = Anna Murray Vail, 1863-1955
Valeton = Theodoric Valeton, 1855-1929
Van Eselt. = Glen Parker Van Eseltine, 1888-1938
Van Geel = Pierre Corneille (Petrus

Cornelius) Van Geel, 1796-1836
Van Geert = August(e) Van Geert, 1888-1938
Van Houtte = Louis Benoît Van Houtte, 1810-1876
Van Jaarsv. = Ernst Jacobus Van Jaarsveld, 1953-
Vandas = Karel(Karl) Vandas, 1861-1923
Vand. = Domingo(Domingos Vandelli, 1735-1816
Vaniot = Eugène Vaniot, -1913
Vanucchi = Vanucchi, fl. 1838
Vasc. = Joao de Carvalho e Vasconcellos, 1897-1972
Vatke = (Georg(George) Carl) Wilhelm Vatke, 1849-1889
Vaucher = Jean Pierre Étienne Vaucher, 1763-1841
Vaupel = Friedrich Karl Johann Vaupel, 1876-1927
Vauvel = Léopold Eugène Vauvel, 1848-1915
Vavilov = Nikolaj Ivanovich Vavilov, 1887-1943
Veill. = Veillard, fl. 1800
J.H. Veitch = James Herbert Veitch, 1868-1907
Veitch = John Gould Veitch, 1839-1870
Velen. = Josef (Joseph) Velenovsky, 1858-1949
Vell. = José Mariano da Conceiçao Vellozo, 1742-1811
Vent. = Étienne Pierre Ventenat, 1757-1808
Verdc. = Bernard Verdcourt, 1925-
Verd. = Frans Verdoorn, 1906-1984
I. Verd. = Inez Clare Verdoorn, 1896-1989
Verl. = Jean Baptiste Verlot, 1825-1891
Verm. = Pieter Vermeulen, 1899-1981
Vermoesen = (François Marie) Camille Vermoesen, 1882-1922
Verschaff. = Ambroise Colette Alexandre Verschaffelt, 1825-1886
Verv. = Frederico B. Vervoorst, 1923-
Vesque = Julien (Joseph) Vesque, 1848-1895
Vest = Lorenz Chrysanth von Vest, 1776-1840
Vickery = Joyce Winifred Vickery, 1908-1979
Vict. = Joseph Louis Conrad Marie-Victorin, 1885-1944
Vidal = António José (Rodrigo) Vidal, 1808-1879
S. Vidal = Sebastian Vidal, 1842-1889
Vieill. = Eugène (Deplanche Émile) Vieillard, 1819-1896
Vielh. = A. Vielhoefer, fl. 1920
Vierh. = Friedrich (Karl Max) Vierhapper, 1876-1932
Vignolo = Ferdinando Vignolo-Lutati, 1878-1965
Vigo = Josep Vigo Bonada, 1937-
Vig. = L.G.Alexandre Viguier, 1790-1867
R. Vig. = René Viguier, 1880-1931
Vill. = Domínique Villars, 1745-1814
M. Vilm. = (Auguste Louis) Maurice (Lévêque) de Vilmorin, 1849-1918
A. Vilm. = (Pierre Philippe) André (Lévêque) de Vilmorin, 1776-1862
Vilm. = (Pierre) Louis (François Lévêque) de Vilmorin, 1816-1860
Vines = Sydney Howard Vines, 1849-1934
Vis. = Roberto de Visiani, 1800-1878
Vitek = Ernst Vitek, 1953-
Vitman = Fulgenzio Vitman, 1728-1806
Viv. = Domenico Viviani, 1772-1840
Vliet = D.J.van Vliet, fl. 1969
Vogel = (Julius Rudolph) Theodor Vogel, 1812-1841
Vogler = Johann Philipp Vogler, 1746-1816
Vogt = R.M. Vogt, 1957-
Voigt = Joachim (Johann) Otto Voigt, 1798-1843
Volkart = Albert Volkart, 1873-1951
Voll = Otto Voll, -1959
Vollm. = Franz Vollmann, 1858-1917
Vollmer = Albert Michael Vollmer, 1896-1977
Vorosch. = Vladimir Nikolaevich Voroshilov, 1908-
Voss = Andreas Voss, 1857-1924
Vrugtman = Freek Vrugtman, 1927-
Vuill. = (Jean) Paul Vuillemin, 1861-1932
Vuk. = Ljudevit Farkas Vukotinovic, 1813-1893
Vved. = Aleksei Ivanovich Vvedensky, 1898-1972
Wacht. = Willem Hendrik Wachter, 1882-1946
Wagenitz = Gerhard Wagenitz, 1927-
Wagenkn. = Rodolfo Wagenknecht, fl. 1955
J. Wagner = János (Johannes) Wagner, 1870-1955
Wahlenb. = Georg (Göran) Wahlenberg, 1780-1851
Waisb. = Anton Waisbecker, 1835-1916
Wakef. = Elsie Maud Wakefield, 1886-1972
Waldst. = Franz de Paula Adam von

Waldstein, 1759-1823
Wale = Royden Samuel Wale, -1952
S. Walker = Stanley Walker, 1924-1985
J.T. Wall = J.T. Wall, fl. 1934
Wallace = Alfred Russel Wallace, 1823-1913
Wall. = Nathaniel Wallich, 1786-1854
Wallis = Gustav Wallis, 1830-1878
B. Walln. = Bruno Wallnöfer, 1960-
Wallr. = Carl(Karl) Friedrich Wilhelm Wallroth, 1792-1857
Walp. = Wilhelm Gerhard Walpers, 1816-1853
H. Walter = Hans Paul Heinrich Walter, 1882-
Walter = Thomas Walter, 1740-1789
Walters = Stuart Max Walters, 1920-
E. Walther = (Edward) Eric Walther, 1892-1959
Walther = Friedrich Ludwig Walther, 1759-1824
Walton = Frederick Arthur Walton, 1853-1922
X.M. Wang = Xiao Ming Wang, fl. 1987
Wangenh. = Friedrich Adam Julius von Wangenheim, 1749-1800
Wangerin = Walther (Leonhard) Wangerin, 1884-1938
E.F. Warb. = Edmund Frederic Warburg, 1908-1966
Warb. = Otto Warburg, 1859-1938
Warder = John Aston Warder, 1812-1883
Warm. = Johannes Eugen(ius) Bülow Warming, 1841-1924
Warner = Richard Warner, 1711~13?-1775
Warsz. = Joseph von Rawicz Warszewicz, 1812-1866
Wartm. = Friedrich Bernhard Wartmann, 1830-1902
Wassh. = Dieter Carl Wasshausen, 1938-
J.T. Waterh. = John Teast Waterhouse, 1924-1983
H.C. Watson = Hewett Cottrell Watson, 1804-1881
J.F. Watson = John Forbes Watson, 1827-1892
P. Watson = Peter William Watson, 1761-1830
S. Watson = Sereno Watson, 1826-1892
W. Watson = William Watson, 1858-1925
D. Watt = David Allan Poe Watt, 1830-1917
G. Watt = George Watt, 1851-1930
Wawra = Heinrich Wawra, 1831-1887
Weath. = Charles Alfred Weatherby, 1875-1949
Weathers = John Weathers, 1867-1928
C.J. Webb = Colin James Webb, 1949-
D.A. Webb = David Allardice Webb, 1912-1994
Webb = Philip Barker Webb, 1793-1854
C. Weber = Claude Weber, fl. 1968
F.A.C. Weber = Frédéric Albert Constantin Weber, 1830-1903
F. Weber = Friedrich Weber, 1781-1823
Weber = George Heinrich Weber, 1752-1828
J.G.C. Weber = Jean-Germaine Claude Weber, 1922-
Weberb. = August Weberbauer, 1871-1948
Webr = Karel Mirko Webr, fl. 1974
Wedd. = Hugh Algernon Weddell, 1819-1877
H.R. Wehrh. = Heinrich Rudolf Wehrhahn, 1887-1940
Weick = Alphonse Weick, fl. 1863
Weide = Heinz Weide, 1933-
Weidlich = E. Weidlich, fl. 1928
Weigel = Christian Ehrenfried (von) Weigel, 1748-1831
Weihe = Carl Ernst August Weihe, 1779-1834
Weiller = Marc Weiller, 1880-1945
Weing. = Wilhelm Weingart, 1856-1936
Weinm. = Johann Anton Weinmann, 1782-1858
Welw. = Friedrich Martin Josef Welwitsch, 1806-1872
Wender. = Georg Wilhelm Franz Wenderoth, 1774-1861
H.L. Wendl. = Heinrich Ludolph Wendland, 1792-1869
J.C. Wendl. = Johann Christoph Wendland, 1755-1828
H. Wendl. = Hermann Wendland, 1825-1903
A. Wendt = Albert Wendt, 1887-1958
Wenz. = (Johann) Theodor Wenzig, 1824-1892
Wercklé = Karl(Carl) Wercklé, 1860-1924
Werderm. = Erich Werdermann, 1892-1959
Werner = Roger-Guy Werner, 1901-1977
Wernisch. = Johann Jacob(Jakob) Wernischeck, 1743-1804
Wesm. = Alfred Wesmael, 1832-1905
Wessner = Wilhelm Wessner, 1904-1903
Westc. = Frederic Westcott, -1861
Wester = Peter Jansen Wester, 1877-1931
Weston = Richard Weston, 1733-1806

Wettst. = Richard Wettstein, 1863-1931
Weyer = W.van de Weyer, fl. 1920
L.C. Wheeler = Louis Cutter Wheeler, 1910-1980
Wherry = Edgar Theodore Wherry, 1885-1982
A.C. White = Alain Campbell White, 1880-1951
C.T. White = Cyril Tenison White, 1890-1950
F.B. White = Francis Buchanan White, 1842-1894
Whitehead = F.H. Whitehead, 1913-
H.C. Whitmore = H.C. Whitmore
Whittall = Edward Whittall, 1815-1917
Wibel = August Wilhelm Eberhard Christoph Wibel, 1775-1813
Widder = Felix Joseph Widder, 1892-1974
Widmer = Elisabeth Widmer, 1862-1952
Wiegand = Karl McKay Wiegand, 1873-1942
Wiehler = Hans Joachim Wiehler, 1930-
Wierzb. = Piotr Pawlus (Peter(Petrus) Paulus) Wierzbicki, 1794-1847
Wiesb. = Johann Baptist Wiesbaur, 1836-1906
F.H. Wigg. = Friedrich Heinrich (Fridrich Hindrich) Wiggers, 1746-1811
Wight = Robert Wight, 1796-1872
W. Wight = William Franklin Wight, 1874-1954
Wijnands = Dirk Onno Wijnands, 1945-1993
Wikstr. = Johan Emanuel Wikström, 1789-1856
Wilcox = Edwin (Forrest) Mead Wilcox, 1876-1931
Wilczek = Ernst Wilczek, 1867-1948
R. Wilczek = Rudolf Wilczek, 1903-1984
Wild = Hiram Wild, 1917-1982
Willd. = Carl Ludwig von Willdenow, 1765-1812
Willemet = (Pierre) Remi Willemet, 1735-1807
B.S. Williams = Benjamin Samuel Williams, 1824-1890
F.N. Williams = Frederic Newton Williams, 1862-1923
I. Williams = Ion James Muirhead Williams, 1912-
L.O. Williams = Louis Otho (Otto) Williams, 1908-1991
Williams = Samuel Williams, 1743-1817
P.A. Will. = Phyllis Alison Williamson, 1925-
Willk. = Heinrich Moritz Willkomm, 1821-1895
J. Willm. = John Willmott, 1775-1834
Wilmott = Alfred James Wilmott, 1888-1950
E.H. Wilson = Ernest Henry Wilson, 1876-1930
G.F. Wilson = George Fox Wilson, 1896-1951
Paul G. Wilson = Paul Graham Wilson, 1928-
P. Wilson = Percy Wilson, 1879-1944
P.G. Wilson = Peter Gordon Wilson, 1950-
R.G. Wilson = Robert Gardner Wilson, 1911-
Wilson = William M. Wilson, 1799-1871
Wimm. = Christian Friedrich Heinrich Wimmer, 1803-1868
E. Wimm. = Franz Elfried Wimmer, 1881-1961
C. Winkl. = C. Winkler, fl. 1887
Winkl. = Eduard Winkler, 1799-
H. Winkl. = H. Winkler, fl. 1868
Wirtg. = Phillip Wilhelm Wirtgen, 1806-1870
Wissk. = Rolf Wisskirchen, 1950-
Witasek = Johanna A. Witasek, 1865-1910
With. = William Withering, 1741-1799
Witte = Heinrich Witte, 1825-1917
Wittm. = (Marx Carl) Ludwig(Ludewig) Wittmack, 1839-1929
Wocke = Erich Wocke, 1863-1941
Wohlf. = Rudolf Wohlfarth, 1830-1888
C.B. Wolf = Carl Brandt Wolf, 1905-1974
E.L. Wolf = Egbert Ludwigowitsch Wolf, 1860-1931
Wolf = Nathanael Matthaeus von Wolf, 1724-1784
Wolfg. = Johann Friedrich Wolfgang, 1776-1859
Woll. = George Buchanan Wollaston, 1814-1899
E. Woll. = Eustach Wolloszczak, 1835-1918
A.W. Wood = Alphonso W. Wood, 1810-1881
J.M. Wood = John Medley Wood, 1827-1915
M.W. Wood = Mark W. Wood, fl. 1973
Wood = William Wood, 1745-1808
J. Woods = Joseph Woods, 1776-1864
Woodson = Robert Everard Woodson, 1904-1963
Wooton = Elmer Ottis Wooton, 1865-1945

Wormsk. = Martin Wormskjöld, 1783-1845
Woron. = Nikolai Nikolaevich Woronichin, 1882-
Woronow = Georg Jurij Nikolaewitch Woronow, 1874-1931
Wóycicki = Zygmunt Wóycicki, 1871-1941
Woyn. = Heinrich Karl Woynar, 1865-1917
Wraber = T. Wraber, fl. 1982
C.H. Wright = Charles Henry Wright, 1864-1941
C. Wright = Charles(Carlos) Wright, 1811-1885
Wulfen = Franz Xavier von Wulfen, 1728-1805
Wurmb = Friedrich von Wurmb, -1781
Wydler = Heinrich Wydler, 1800-1883
Wyley = Andrew Wyley, 1820-
Yabuno = Tomosaburo Yabuno, 1924-
Yalt. = Faik Yaltiiriik, 1930-
S.C. Yang = Shao Cheng Yang, fl. 1988
Yatabe = Ryôkichi (Ruôkichi) Yatabe, 1851-1899
Yates = Lorenzo Gordin Yates, 1837-1909
Yeo = Peter Frederick Yeo, 1929-
T.P. Yi = Tong Pei Yi, fl. 1980
D.P. Young = Donald Peter Young, 1917-1972
R.A. Young = Robert Armstrong Young, 1876-1963
Young = Thomas Young, 1773-1829
Yunck. = Truman George Yuncker, 1891-1964
Zabel = Hermann Zabel, 1832-1912
Zahlbr. = Alexander Zahlbruckner, 1860-1938
J. Zahlbr. = Johann Baptist Zahlbruckner, 1782-1851
Zamelis = Aleksander Zamelis, 1897-1943
Zapał. = Hugo Zapalowicz, 1852-1917
Zauschn. = Johann Baptista Josef Zauschner, 1737-1799
Zeiss. = H. Zeissold, fl. 1895
Zenari = Silvia Zenari, 1896-1956
Zengerl = Zengerl
Zeyh. = Carl Ludwig Philip(p) Zeyher, 1799-1858
Q.F. Zheng = Qing Fang Zheng, fl. 1985
Zhuk. = Peter Mikhailovich Zhukovsky, 1888-1975
Ziesenh. = Rudolf Christian Ziesenhenne, 1911-
Zijp = Coenraad van Zijp, 1879-
A. Zimm. = (Philipp William) Albrecht Zimmermann, 1860-1931
F. Zimm. = Friedrich Zimmermann, 1855-1928
Zimmeter = Albert Zimmeter, 1848-1897
Zinn = Johann Gottfried Zinn, 1727-1759
Zipp. = Alexander Zippelius, 1797-1828
Ziz = Johann Baptist Ziz, 1779-1829
Zodda = Giuseppe Zodda, 1877-1968
Zoëga = Johann Zoëga, 1742-1788
Zoll. = Heinrich Zollinger, 1818-1859
Zuccagni = Attilio Zuccagni, 1754-1807
Zucc. = Joseph Gerhard Zuccarini, 1797-1848

XIII Literaturverzeichnis
XIII Bibliography
XIII Références bibliographiques

Allgemeine Botanik und Systematik, Wörterbücher / General botany and systematics, dictionaries / Botanique générale et systématique, dictionnaires

AESCHIMANN, D., HEITZ, C. (1996): Synonymie-Index der Schweizer Flora. Géneve: Zentrum des Datenverbundnetzes der Schweizer Flora.

BACKER, C. A. (1936): Verklarend Woordenboek der wetenschappelijke namen van de in Nederland en Nederlandsch-Indie in het wild groeiende en in tuinen en parken gekweekte varens en planten. Batavia: Noordhoff-Kolff, Visser & Co.

Bundesministerium der Justiz (2001): Bekanntmachung der besonders und streng geschützten Tier- und Pflanzenarten gemäß § 20a Abs. 5 des Bundesnaturschutzgesetzes vom 1. Februar 2001. Bundesanzeiger 53, Nummer 35a.

BISCHOFF, G. H. (1833–1844): Handbuch zur botanischen Terminologie und Systemkunde. 3 Bände. Nürnberg: Verlag J. L. Schrag.

BOERNER, F. (1989): Taschenwörterbuch der botanischen Pflanzennamen (4. Aufl.). Berlin, Hamburg: Verlag Paul Parey.

BREMER, K. (1994): Asteraceae (Cladistics & Classification). Portland: Timber Press.

Der Brockhaus (2001): Tiere und Pflanzen von A-Z. Leipzig, Mannheim: F. A. Brockhaus.

BRUMMITT, R. K. (1992): Vascular Plant Families and Genera. Kew: Royal Botanic Gardens.

BRUMMITT, R. K. & POWELL, C. E. (1992): Authors of Plant Names. Kew: Royal Botanic Gardens.

CRONQUIST, A. (1981): An Integrated System of Classificationof Flowering Plants. New York: Columbia Univerity Press.

ENGLER, A. (1900–1953): Das Pflanzenreich. 107 Hefte. Leipzig: Verlag W. Engelmann (zuletzt Berlin: Akademie Verlag).

– (1940–...): Die natürlichen Pflanzenfamilien (2. Aufl.). Berlin: Duncker und Humblot-Verlag.

– (1954/64): Syllabus der Pflanzenfamilien, Band 1 und 2 (12. Auflage, ed. H. Melchior et E. Werdermann). Berlin: Gebrüder Borntraeger-Verlag.

– PRANTL, K. (1887–1915): Die natürlichen Pflanzenfamilien (1. Aufl.). Leipzig: W. Engelmann-Verlag.

ERHARDT, A. & W. (2000): Pflanze gesucht? (4. Aufl.). Stuttgart: Verlag Eugen Ulmer.

FARR, E. R., LEUSSINK, J. A., STAFLEU F. A., (eds.) (1979): Index Nominum Genericorum (Plantarum). Regnum Veg. 100–102: 1–1896.

– – ZIJLSTRA, G., (eds.) (1986): Index Nominum Genericorum (Plantarum) Supplementum I. Regnum Veg. 113: 1–126.

GENAUST, H. (1996): Etymologisches Wörterbuch der botanischen Pflanzennamen (3. Aufl.). Basel, Stuttgart: Birkhäuser Verlag.

GEORGES, K. E. (1913): Ausführliches Lateinisch-Deutsches Handwörterbuch. 2 Bände. Hannover.

GOVAERTS, R. (1995–1999): World Checklist of Seed Plants, Vol. 1–3. Antwerpen: Continental Publishing.

GREUTER, W. et al. (1993): Names in Current Use for Extant Plant Genera. Königstein: Koeltz Scientific Books.

– et al. (1994): International Code of Botanical Nomenclature (Tokyo Code). Königstein: Koeltz Scientific Books.

– et al. (1995): Internationaler Code der Botanischen Nomenklatur (Tokyo Code – deutsche Übersetzung von Greuter, W., Hiepko, P.). Königstein: Koeltz Scientific Books.

– BURDET, H. M., LONG, G. (1984): Med-Checklist, Vol. 1–3 (2nd/1st ed.). Genève: Conservatoire et jardin botaniques de la ville de Genève.

GUNN, C. R. et al. (1992): Families and Genera of Spermatophytes Recognized by the Agricultural Research Service. U. S. Department of Agriculture.

HANSEN, R., MÜSSEL, H., SIEBER, J. (1970): Namen der Stauden. Weihenstephan-Freising: Internationale Stauden Union.

HEYWOOD, V. H. (ed.) (1982): Blütenpflanzen der Welt. Basel, Stuttgart: Birkhäuser Verlag.

HUTCHINSON, J. (1964–67): The Genera of Flowering Plants, Vol 1 & 2. Oxford: Clarendon Press.

Index Kewensis (1895–1995): 22 Bände. Oxford 1895–1996. (Verzeichnis aller bis 1995 veröffentlichter Namen für Blütenpflanzen-Arten und -Gattungen).

ISTA (International Seed Testing Association) (1988): List of stabilized plant names (3. Aufl.) Zürich.

KUBITZKI, K. (ed.) (1990): The Families and Genera of Vascular Plants, Vol. I: Pteridophytes and Gymnosperms. Berlin, Heidelberg: Springer Verlag.

– (ed.) (1993): The Families and Genera of Vascular Plants, Vol. II: Magnoliid, Hamamelid and Caryophyllid Families. Berlin, Heidelberg: Springer Verlag.

– (ed.) (1998a): The Families and Genera of Vascular Plants, Vol. III: Lilianae (except Orchidaceae). Berlin, Heidelberg: Springer Verlag.

– (ed.) (1998b): The Families and Genera of Vascular Plants, Vol. IV: Alismatanae and Commelinanae (except Gramineae). Berlin, Heidelberg: Springer Verlag.

LAUNERT, E. (1998): Biologisches Wörterbuch Deutsch – Englisch / Englisch – Deutsch. Stuttgart: Verlag Eugen Ulmer.

LEUNIS, J., FRANK, A. B. (1883–1886) Synopsis der Pflanzenkunde. 3 Bände (3. Aufl.). Hannover: Hahnsche Hofbuchhandlung.

LORD, T. (ed.) (2001): The RHS Plant Finder 2001–2002 (15th ed.). London, New York: Dorling Kindersley.

MABBERLEY, D. J. (1997): The Plant Book (2nd ed.). Cambridge: University Press.

NATHO, G., MÜLLER, C., SCHMIDT, H. (1990): Morphologie und Systematik der Pflanzen (2 Bände). Stuttgart: Gustav Fischer Verlag.

NICOLOV, H. (1996): Dictionary of Plant Names. Berlin, Stuttgart: J. Cramer.

PRITZEL, G. A. (1871–1877): Thesaurus Literaturae Botanicae: Nachdruck Milano 1950; weiterer Nachdruck Koenigstein-Ts. 1972.

SCHUBERT, R., WAGNER, G. (1979): Pflanzennamen und botanische Fachwörter. Melsungen, Berlin: Verlag J. Neumann-Neudamm.

– – (2000): Botanisches Wörterbuch. Stuttgart: Verlag Eugen Ulmer.

SMITH, A. W. (1963): A gardener's dictionary of plant names. A handbook on the origin and meaning of some plant names. New York: St. Martin's Press.

STAFLEU, F. A., COWAN, R. S. (1976–1989): Taxonomic Literature (7 Vols., 2nd ed.). Den Haag.

STEARN, W. T. (1983): Botanical Latin (3rd. ed.). Newton Abbot, London: David & Charles.

STRASBURGER, E. et al (eds: Sitte, P., Ziegler, H., Ehrendorfer, F., Bresinsky, A.) (1998): Lehrbuch der Botanik für Hochschulen (34. Aufl.). Jena, New York: Gustav Fischer .

TERRELL, E. E. et al. (1986): A checklist of names for 3000 vascular plants of economic importance. Washington, D. C.:United States Department of Agriculture.

TREHANE, P. et al. (1995): International Code of Nomenclature for Cultivated Plants. Wimbourne: Quarterjack Publishing.

WALTER, K. E., GILETT, H. J. (ed.) (1998): 1997 IUCN Red List of Threatened Plants. Gland, Cambridge: IUCN, The World Conservation Union.

WARBURG, O. (1913–1922): Die Pflanzenwelt (3. Bde.). Mannheim: Bibliographisches Institut.

WEBERLING, F., SCHWANTES, H. O. (1987): Pflanzensystematik. Stuttgart: Verlag Eugen Ulmer.

WIELGORSKAYA, T. (1995): Dictionary of Generic Names of Seed Plants. New York: Columbia University Press.

WILLIS, J. C. (1973): A Dictionary of the Flowering Plants and Ferns (8th ed., neu bearbeitet. von Airy Shaw, K. H.) Cambridge: University Press.

Florenwerke / Floras / Flores

ABRAMS, L., FERRIS, R. S. (1968–1975): Illustrated Flora of the Pacific States, Vol. 1–4 (2nd ed.) Stanford: Stanford University Press.

ADAMS, C. D. (1972): Flowering Plants of Jamaica. Mona Jamaica: University of the West Indies.

ADLER, W. et al. (1994): Exkursionsflora von Österreich. Stuttgart: Verlag Eugen Ulmer.

AICHELE, D., SCHWEGLER, H.-W. (1994–1996): Die Blütenpflanzen Mitteleuropas, Vol. 1–5. Stuttgart: Franckh-Kosmos Verlag.

ALLAN, H. H. et al. (1961–1980) Flora of New Zealand (3 Vols.). Wellington: Verlag P. D. Hasselberg.

ASCHERSON, P. F. A., GRAEBNER, K. O. R. P. P. (1896–1939): Synopsis der mitteleuropäischen Flora. Leipzig: Verlag W. Engelmann (später: Gebr. Bornträger).

BACKER, C. A., BACKHUIZEN VAN DEN BRINK, R. C. (1963–1968): Flora of Java, Vol. 1–3. Groningen: N. V. P. Noordhoff.

BENKERT, D., FUKAREK, F., KORSCH, H. (1996): Verbreitungsatlas der Farn- und Blütenpflanzen Ostdeutschlands. Jena, Stuttgart, Lübeck, Ulm: Gustav Fischer Verlag Jena.

BINZ, A. (1990): Schul und Exkursionsflora für die Schweiz (19. Aufl.). Basel: Schwabe & Co.

BLUNDELL, M. (1982): The Wild Flowers of Kenya. London: Collins.

BOLÒS, O. et al. (1990): Flora Manual dels Paisos Catalans. Barcelona: Editorial Pórtic.

BOND, P. & GOLDBLATT, P. (1984): Plants of the Cape Flora. A descriptive catalogue. Kirstenbosch: Botanical Society of South Africa.

CABRERA, A. L., ZARDINI, E. M. (1978): Manual de la Flora de los Alrededores de Buenos Aires. Buenos Aires: Editorial Acme S. A. C. I.

CASTROVIEJO et al. (1986): Flora Iberica, Vol. 1–5 & 8. Madrid.

CORELL, D. S., JOHNSTON, M. C. (1970): Manual of the Vascular Plants of Texas. Renner: Texas Research Foundation.

DAVIS, P. H. (1965–1988): Flora of Turkey and the East Aegean Islands, Vol. 1–10. Edinburgh: University Press.

EHRENDORFER, F. et al. (1973): Liste der Gefäßpflanzen Mitteleuropas (2. Aufl.). Stuttgart: Verlag Gustav-Fischer.

ELIOVSON, S. (1984): Wild Flowers of Southern Africa. (7th. ed.). (ohne Ort und Verlag).

FERNALD, M. L. (1950): Gray's Manual of Botany. (8th ed.). New York: American Book Company.

Flora of North America Editorial Committee (1993–2000): Flora of North America, Vol. 1–3, 22. Oxford: University Press.

FOURNIER, P. (1977) Les quatre flores de la France, Corse comprise. (2. Aufl.). Paris: Paul Lechevallier.

GAMBLE, J. S. (1935): Flora of the Presidency of Madras, 3 Vol.. Reprint 1957 Calcutta: Botanical Survey of India.

GARCKE, A. (1972): Illustrierte Flora, Deutschland und angrenzende Gebiete. Berlin, Hamburg: Verlag Paul Parey.

GENTRY, A. H. (1993): A Field Guide to the Families and Genera of Woody Plants of Northwest South America (Columbia, Ecuador, Peru). Washington, D. C.: Conservation International.

GIBBS RUSSEL, G. E. (1985): List of Species of South African Plants. (2nd ed.). Pretoria: Botanical Research Institute.

GLEASON, H. A. (1952): The New Britton and Brown Illustrated Flora of Northeastern United States and Adjacent Canada (3 Vols.). New York.

GOLDBLATT, P., MANNING, J. (2000): Cape Plants. St. Louis: Missouri Botanical Garden.

HAEUPLER, H., SCHÖNFELDER, P. (1989): Atlas der Farn- und Blütenpflanzen Deutschlands (2. Aufl.). Stuttgart: Verlag Eugen Ulmer.

HAYEK, A. VON (1927–1933): Prodromus Florae peninsulae Balcanicae, 1–3. Band. Nachdruck 1970 Koenigstein Taunus: Verlag Otto Koeltz.

HEGI, G. (1906–1931): Illustrierte Flora von Mitteleuropa. München: J. F. Lehmanns Verlag.

– (1936–*): Illustrierte Flora von Mitteleuropa (2. Aufl.). München: Carl Hanser Verlag, ab 1975: Berlin, Hamburg: Verlag Paul Parey.

– (eds.: Conert, H. J, Jäger, E. J., Kadereit, J. W. et al.) (1966–*): Illustrierte Flora von Mitteleuropa in 6 Bänden und 23 Teilbänden (3. Aufl., noch nicht vollständig erschienen). Berlin: Blackwell Verlag.

Heß, H. E., Landold, E., Hirzel, R. (1976–1980): Flora der Schweiz und angrenzender Gebiete, Band 1–3 (2. Aufl.). Basel, Stuttgart: Birkhäuser Verlag.

Hillard, O. M. (1977): Compositae in Natal. Pietermaritzburg: University of Natal Press.

Hohenester, A., Weiß, W. (1993): Exkursionsflora für die Kanarischen Inseln. Stuttgart: Verlag Eugen Ulmer.

Hitchcock, C. L., Cronquist, A. (1973): Flora of the Pacific Northwest. Seattle and London: University of Washington Press.

Hooker, J. D. (1872–1897): The Flora of British India, Vol. 1–7. Reprint 1973 Dehra Dun: Bishen Singh Mahendra Pal Singh.

Hutchinson, J., Dalziel, J. M. (1963–1973): Flora of West Tropical Africa, Vol. 1–3 (2nd ed.). London: Crown Agents for Overseas Governments and Administration.

Iconographia Cormophytorum Sinicorum (1972–1976): Vol. 1–5. Peking (+ Supplementa 1 und 2. 1982–1983).

Jahn. R., Schönfelder, R. (1995): Exkursionsflora für Kreta. Stuttgart: Verlag Eugen Ulmer.

Kartesz, J. T. (1994): A Synonymized Checklist of the Vascular Flora of the United States Canada, and Greenland (2 Vols., 2nd ed.). Portland: Timber Press.

Kearny, T. H., Peebles, R. H. et al. (1973): Arizona Flora. Berkeley, Los Angeles, London: University of California Press.

Lauber, K., Wagner, G. (1998): Flora Helvetica (2. Aufl.). Bern, Stuttgart, Wien: Verlag Paul Haupt.

Lid, J. (1985): Norsk, svensk, finsk Flora. Oso: Det Norske Samlaget.

Meusel, H., Jäger, E., Rauschert, S., Weinert, E. (1965–1992): Vergleichende Chorologie der zentraleuropäischen Flora, Bd. 1–3. Jena: VEB Gustav Fischer.

Mossberg, B., Stenberg, L. (1992): Den Nordiska Floran. Wahlström &Widstrand.

Munoz Pizarro, C. (1966): Synopsis de la Flora Chilena. Valparaiso: Editiones de la Universidad de Chile.

Oberdorfer, E. (1994): Pflanzensoziologische Exkursionsflora (7. Aufl.). Stuttgart: Verlag Eugen Ulmer.

Ohwi, J. (1965): Flora of Japan. Washington D. C.: Smithonion Institution.

Pignatti, S. (1982): Flora d'Italia (3 Vols.). Bologna: Edagricola.

Polunin, O. (1980): Flowers of Grece and the Balkans. Oxford: University Press.

– Stainton, A. (1984): Flowers of the Himalaya. Oxford: University Press.

Porsild, A. E., Cody, W. J. (1980): Vascular Plants of Continental Northwest Territories, Canada. Ottawa: National Museums of Canada.

Press, J. R., Short, M. J. (eds.) (1994): Flora of Madeira. London: The Natural History Museum, London.

Quezel, P., Santa, S. (1962–1963): Nouvelle Flore de l'Algérie, Tome I, Tome II. Paris: Editions du Centre National de la Recherche Scientifique.

Radford, A. E., Ahles, H. E., Bell, C. R. (1968): Manual of the Vascular Flora of the Carolinas. Chapel Hill: The University of North Carolina Press.

Rothmaler, W. et al. (1990–1994): Exkursionsflora für die Gebiete der DDR und der BRD Band 2–4 (9., 17. und 8. Aufl.). Stuttgart: Verlag Gustav Fischer; seit 2002: Heidelberg, Berlin: Spektrum Akademischer Verlag.

Rydberg, A. (1932): Flora of the Prairies and Plains of Central North America. Reprint 1965, New York, London: Hafner Publishing Company.

Rydberg, P. A. (1922): Flora of the Rocky Mountains and Adjacent Plains. Reprint 1969, New York and London: Hafner Publishing Company.

Schmeil-Fitschen (eds.: Senghas, K., Seybold, S.) (2000): Flora von Deutschland. (90. Aufl.). Wiebelsheim: Quelle und Meyer.

SCOGGAN, H. J. (1978): Flora of Canada (4 Vols.). Ottawa: National Museum of Natural Sciences.
SEBALD, O., SEYBOLD, S., PHILIPPI, G. (eds.) (1992–1998): Die Farn- und Blütenpflanzen Baden-Württembergs, Band 1–8 (1./2. Aufl.). Stuttgart. Verlag Eugen Ulmer.
SELL. P., MURRELL, G. (1996): Flora of Great Britain and Irleand, Vol. 5. Cambridge: University Press.
SHETLER, S. G., SKOG, L. E. (1978): A provisional Checklist of Species for Flora North America. Missouri: Botanical Garden.
SMALL, J. K. (1933): Manual of the South Eastern Flora. University of North Carolina Press.
STACE, C. (1997): New Flora of the British Isles (2nd ed.). Cambridge: University Press.
– (1999): Field Flora of the British Isles. Cambridge: University Press.
STANDLEY, P. C. (1920–1926): Trees and Shrubs of Mexico. Contributions from the United States Herbarium, Vol. 23. Washinghton, D. C.: Smithsonian Press.
TURLAND, N. J., CHILTON, L., PRESS, J. R. (1993): Flora of the Cretan Area. London: HMSO.
TUTIN, T. G. (1968–1993): Flora Europaea, Vol. 1–5. (2nd/1st ed.) Cambridge: University Press.
VALDÉS, B., TALAVERA, S., FERNÁNDEZ-GALIANO, E. (1987): Flora Vascular de Andalucía Occidental. Barcelona: Ketres Editora.
WISSKIRCHEN, R., HAEUPLER, H. (1998): Standardliste der Farn- und Blütenpflanzen Deutschlands. Stuttgart: Verlag Eugen Ulmer.

Kulturpflanzen, allgemein / Cultivated plants, general / Plantes cultivées, en général

BAILEY, L. H. (1919): The Standard Cyclopedia of Horticulture (6 Vols.). New York, London: Macmillan Company.
– (1949): Manual of Cultivated Plants (2nd ed.). New York.
– BAILEY, E. Z. (1976): Hortus Third. Revised and expanded by The Staff of the Liberty Hyde Bailey Hortorium. New York: Macmillan Publishing Company.
BOOM, B. K. (1970): Flora de gekweekte, kruidachtige Gewassen (2. Aufl.). Wageningen.
BRICKELL, C. (ed.) (1996): The RHS A-Z Encyclopedia of Garden Plants (2 Vols.). London, New York: Dorling Kindersley.
CHEERS, G. (ed.) (1998): Botanica. Köln: Könemann Verlagsgesellschaft.
ENCKE, F. (ed.) (1958/60): Pareys Blumengärtnerei, Band 1 und 2. Berlin, Hamburg: Verlag Paul Parey.
GRAF, A. B. (1992): Hortica, Color Cyclopedia of Garden Flora and Indoor Plants. East Rutherford, N. J, USA: Roehrs Company Publishers.
GRIFFITHS, M. (1994): Index of Garden Plants. London, Basingstoke: The Macmillan Press.
HABERER, M. (1990): Farbatlas Zierpflanzen. Stuttgart: Verlag Eugen Ulmer.
HUXLEY, A. J. (ed.) (1992): New Royal Horticultural Society Dictionary of Gardening (4 Vols.). London: Macmillan.
LÓPEZ LILLO, A. et al. (2000): Flora Ornamental Espanola, tomo I. Sevilla, Madrid.
MAATSCH, R. (ed.) (1956): Pareys Illustriertes Gartenbaulexikon (5. Aufl.). Berlin, Hamburg: Verlag Paul Parey.
PIENAAR, K. (1984): The South African What Flower is That? C. Struik Publishers.
WALTERS, S. M. et al. (1984–2000): The European Garden Flora, Vol. 1–6. Cambridge: University Press.

Kulturpflanzen, Farne und Gräser / Cultivated plants, ferns and grasses / Plantes cultivées, fougères, graminées, cypéracées et juncacées

AICHELE, D., SCHWEGLER, H.-W. (1988): Unsere Gräser. Stuttgart: Franckh'sche Verlagshandlung.
CONERT, H. J. (2000): Pareys Gräserbuch. Berlin: Verlag Paul Parey.
DENKEWITZ, L. (1995): Farngärten. Stuttgart: Verlag Eugen Ulmer.
GROUNDS, R. (1989): Ornamental Grasses. Bromley: Christopher Helm Ltd.
HITCHCOCK, A. S. (1971): Manual of the Grasses of the United States (2nd revised ed.), 2 Vols. New York: Dover Publications.

HUBBARD, C. E. (1985): Gräser (2 Aufl.). Stuttgart: Verlag Eugen Ulmer.
JONES, D. L. (1987): Encyclopaedia of Ferns. Portland: Timber Press.
MAATSCH, R. (1980): Das Buch der Freilandfarne. Berlin, Hamburg: Verlag Paul Parey.
OHRNBERGER, D. (1999): The Bamboos of the World. Amsterdam, Lousanne, New York: Elsevier.
SCHMICK, H. (1990): Farne und Natur und Garten. Glinde: Privatdruck.

Kulturpflanzen, Gehölze / Cultivated plants, woody plants / Plantes cultivées, ligneux

BÄRTELS, A. (1991): Gartengehölze (3. Aufl.). Stuttgart: Verlag Eugen Ulmer.
– (2001): Enzyklopädie der Gartengehölze. Stuttgart: Verlag Eugen Ulmer.
BERG, J., HEFT, L. (1979): Rhododendron und immergrüne Laubgehölze (2. Aufl.). Stuttgart: Verlag Eugen Ulmer.
BOOM, B. K. (1978): Nederlandsche Dendrologie (10. Aufl.). Wageningen: Verlag H. Veenman u. Zonen.
BRANDIS, D. (1906): Indian Trees. Reprint 1971 Dehra Dun.
CALLAWAY, D. J. (1994): Magnolias. London: B. T. Batsford Ltd.
CHEERS, G. (ed.) (1999): Rosen. Köln: Könemann Verlagsgesellschaft.
CHMELAR, J., MEUSEL, W. (1986): Die Weiden Europas. Wittenberg: A. Ziemsen Verlag.
COX, P. A., COX, N. E. (1997): The Encyclopedia of Rhododendron Species. Perth: Glendoick Publishing.
DALLIMORE, W., JACKSON, A. B. (1966): A Handbok of Coniferae and Ginkgoaceae. London: Edward Arnold Publishers.
Deutsche Dendrologischen Gesellschaft (1981/82): Mitteilungen der Deutschen Dendrologischen Gesellschaft. 1981, 1982. Nr. 73, 74: Erhebung über das Vorkommen winterharter Freilandgehölze. Stuttgart: Verlag Eugen Ulmer.
DIRR, R. (1994): Hamamelis und andere Zaubernussgewächse. Stuttgart: Verlag Eugen Ulmer.
ELLISON, D. (1995): Cutivated Plants of the World: Trees, Shrubs, Climbers. Brisbane Queensland Australia: Flora Publications International.
FARJON, A. (1998): World Checklist and Bibliography of Conifers. Kew: The Royal Botanic Gardens.
FITSCHEN, J. (2002): Gehölzflora (11. Aufl.). Wiebelsheim: Quelle und Meyer.
FRODIN, D. G., GOVAERTS, R. (1996): World Checklist and Bibliography of Magnoliaceae. Kew: The Royal Botanic Gardens.
GALLE, F. C. (1987): Azaleas. Portland: Timber Press.
– (1997): Hollies, The Genus Ilex. Portland: Timber Press.
GELDEREN, D. M. VAN, JONG, P. C. DE, OTERDAM, H. J. (1994): Maples ot the World. Portland: Timber Press.
GOVAERTS, R., FRODIN, D. G. (1998): World Checklist and Bibliography of Fagales. Kew: The Royal Botanic Gardens.
GREY-WILSON, C. (2000): Clematis – The Genus. London: B. T. Batsford Ltd.
HARKNESS, P. (1992): Rosen. Augsburg: Weltbild Verlag.
HARRISON, R. E. (1974): Handbook of Trees and Shrubs. Wellington, Sydney, London: A. H & A. W. Reed.
HILLIER, J. K. & J. (ed.) (1997): The Hillier Bäume & Sträucher. Braunschweig: Thalacker Medien.
KOLOC, K. (1961): So heißen die Werkhölzer. Handelsnamen – Botanische Namen. Leipzig.
KRÜSSMANN, G. (1976–1978): Handbuch der Laubgehölze (3 Bände). Berlin, Hamburg: Verlag Paul Parey.
– (1983): Handbuch der Nadelgehölze (2. Aufl.). Berlin, Hamburg: Verlag Paul Parey.
LEWIS, J. (ed.) (1987–1998): The International Conifer Register, Part 1–4. London: The Royal Horticultural Society.
LITTLE, E. L. (1971–1978): Atlas of United States trees (5 Vols.). Washington.
– (1979): Checklist of United States trees (native and naturalized). Washington.
MCNAUGHTON, V. (2000): Lavender – the Grower's Guide. Woodbridge: Garden Art Press.
NEWSHOLME, C. (1992): The Genus Salix. London: B. T. Batsford Ltd.

OSTI, G. L. (1999): The Book of Tree Peonies. Turin: Umberto Allemandy & C.
PALGRAVE, K. C. (1983): Trees of Southern Africa. Cape Town: C. Struik Publishers.
PHILLIPS, R., RIX, M. (1989): Sträucher. München: Droemersche Verlagsanstalt.
REHDER, A. (1940): Manual of Cultivated Trees and Shrubs (2nd ed.). New York: The Macmillan Company.
– (1949): Bibliography of Cultivated Trees and Shrubs. Jamaica Plain (Mass.): The Arnold Arboretum of Harvard University.
ROLOFF, A., BÄRTELS, A. (1996): Gehölze. Stuttgart: Verlag Eugen Ulmer.
ROSE, P. Q. (1996): The Gardener's Guide to Growing Ivies. Portland: Timber Press.
SALLEY, H. E., GREER, H. E. (1992): Rhododendron Hybrids (2nd ed.). Portland: Timber Press.
SAVIGE, T. J. (ed.) (1993): The International Camellia Register (2 Vols.). Wirlinga: International Camellia Society.
SCHMIDT, W. (1999): Gehölze für mediterrane Gärten (Hortus Mediterranus Bd. 2). Stuttgart: Verlag Eugen Ulmer.
SCHULTZE-MOTEL, J. (1966): Verzeichnis forstlich kultivierter Pflanzenarten. Die Kulturpflanze, Beiheft 4. Berlin.
SILVA TAROUCA, E., SCHNEIDER, C. (1922): Unsere Freiland-Laubgehölze (2. Aufl.). Leipzig: Verlag G. Freytag.
– – (1923): Unsere Freiland-Nadelgehölze (2. Aufl.). Leipzig: Verlag G. Freytag.
SNOEIJER, W. (1996): Checklist of Clematis grown in Holland. Fopma, Boskoop, Netherlands: Privatdruck.
SPUY, U. VAN DER (1976): South African Shrubs and Trees for the Garden. Johannesburg: Hugh Keartland Publishers.
VALDER, P. (1995): Wisterias. Portland: Timber Press.
WELCH, H., HADDOW, G. (1993): The World Checklist of Conifers. Combe Martin: Landman's Bookshop.
WRIGLEY, J. W., FAGG, M. (1979): Australian Native Plants. Sidney, London: Collins.

Kulturpflanzen, Kakteen und Sukkulenten / Cultivated plants, cacti and succulents / Plantes cultivées, cactées et succulentes

ANDERSON, E. F. (2001): The Cactus Family. Portland: Timber Press.
BACKEBERG, C. (1958–1962): Die Cactaceae (6. Bände). Jena: Gustav Fischer Verlag.
– (1970): Das Kakteenlexikon (2. Aufl.). Jena: Gustav Fischer Verlag.
Eggli, U., Taylor, N. (eds.) (1991): List of Cactaceae Names. Edinburgh: University Press.
– (1994): Sukkulenten. Stuttgart: Verlag Eugen Ulmer.
– (ed.) (2001): Sukkulenten-Lexikon Band 1: Einkeimblättrige Pflanzen. Stuttgart: Verlag Eugen Ulmer.
GÖTZ, E., GRÖNER, G. (2000): Kakteen (7. Aufl.). Stuttgart: Verlag Eugen Ulmer.
IRISH, M. & F. (2000): Agaves, Yuccas and related Plants. Portland: Timber Press.
JACOBSEN, H. (1981): Das Sukkulentenlexikon (2. Aufl.). Stuttgart, New York: Gustav Fischer Verlag.
PRESTON MAFHAM, R. & K. (1992): Kakteen-Atlas. Stuttgart. Verlag Eugen Ulmer.
RAUH, W. (1979): Die großartige Welt der Sukkulenten (2. Aufl.). Berlin, Hamburg: Verlag Paul Parey.
RASCHIG, W. (1971): Die botanischen Kakteennamen. Ingelheim/Rhein: Stachelpost.
SAJEVA, M., COSTANZO, M. (2000): Succulents II. Portland: Timber Press.
TAYLOR, N. P. (1985): The Genus Echinocereus. Portland: Timber Press.

Kulturpflanzen, Nutzpflanzen / Cultivated plants, useful plants / Plantes cultivées, plantes utiles

BECKER, K., JOHN, S. (2000): Farbatlas Nutzpflanzen in Europa. Stuttgart: Verlag Eugen Ulmer.
BLANCKE, R. (2000): Farbatlas Exotische Früchte. Stuttgart: Verlag Eugen Ulmer.
BOWN, D. (1996): Du Mont's große Kräuterenzyklopädie. Köln: DuMont Buchverlag.
CHEVALLIER, A. (1998): Die BLV Enzyklopädie der Heilpflanzen. München, Wien, Zürich: BLV.

FRANKE, W. (1997): Nutzpflanzenkunde. Stuttgart, New York: Thieme Verlag.
GEISLER, G. (1991): Farbatlas Landwirtschaftliche Kulturpflanzen. Stuttgart: Verlag Eugen Ulmer.
HEEGER, E. F. (1956): Handbuch des Arznei- und Gewürzpflanzenbaues. Drogengewinnung. Berlin: Verlag Harri Deutsch.
HILLER, K., BICKERICH, G. (1988): Giftpflanzen. Leipzig, Jena, Berlin: Urania Verlag.
HOHENBERGER, E., CHRISTOPH, H.-J. (1998): Pflanzenheilkunde. Bad Wörishofen: Kneipp-Verlag.
HOPPE, H. A. (1958): Drogenkunde. 7. Auflage. Hamburg: Walter De Gruyter.
MANSFELD, R. (1986): Verzeichnis landwirtschaftlicher und gärtnerischer Kulturpflanzen (2. Aufl. herausgegeben von SCHULTZE-MOTEL, 4 Bände). Berlin: Springer-Verlag.
MOSIG, A. (1961): Kurze Systematik der Arzneipflanzen (5. Aufl.). Dresden, Leipzig.
PAHLOW, M. (2001): Das große Buch der Heilpflanzen. Augsburg: Weltbild Verlag.
PHILLIPS, R., RIX, M. (1993): Vegetables. London. Pan Macmillan Publishers Ltd.
PURSEGLOVE, J. W. (1968): Tropical Crops. Dicotyledons. London: Longman.
– (1975): Tropical Crops. Monocotyledons. London: Longman.
ROTH, L., DUNDERER, M., KORMANN, K. (1994): Giftpflanzen, Pflanzengifte, 4. Aufl.. Landsberg: ecomed.
SCHNEIDER, W., FREY, A. (1970): Drogenkunde (4. Aufl.). Darmstadt.
SILBEREISEN, R., GÖTZ, G., HARTMANN, W. (1996): Obstsorten-Atlas. Stuttgart: Verlag Eugen Ulmer.
UPHOF. J. C. T. (1968): Dictionary of Economic Plants (2nd ed.). Lehre: Verlag von J. Cramer.
Urania-Pflanzenreich (1991–1994): 4 Bde.. Urania-Verlag.
VERMEULEN, N.(O. J.): Die Enzyklopädie der Kräuter. Frechen: Komet Verlagsgesellschaft.
VOGEL, G. (1996): Handbuch des speziellen Gemüsebaues. Stuttgart: Verlag Eugen Ulmer.
VOTTELER, W. (1993): Verzeichnis der Apfel- und Birnensorten. München: Obst- und Gartenbauverlag.
– (1996): Lexikon der Obstsorten. München: Obst- und Gartenbauverlag.
WIERSEMA, J. H., LEÓN, B. (1999): World Economic Plants. Boca Raton, London, New York: CRC Press.

Kulturpflanzen, Orchideen / Cultivated plants, orchids / Plantes cultivées, orchidées

BAKER, M. L. & C. O. (1991): Orchid Species Culture: Pescatoria – Pleione. Portland: Timber Press.
– (1996): Orchid Species Culture: Dendrobium. Portland: Timber Press.
BAUMANN, H., KÜNKELE, S. (1988): Die Orchideen Europas. Stuttgart: Franckh'sche Verlagshandlung.
BECHTEL, H. et al. (1980): Orchideenatlas. Stuttgart: Verlag Eugen Ulmer.
BOCKEMÜHL, L. (1989): Odontoglossum. Hildesheim: Brücke Verlag.
CRIBB, P. (1987): The Genus Paphiopedilum. Twickenham: Collingridge Books.
– (1997): The Genus Cypripedium. Portland: Timber Press.
– BUTTERFIELD, J. (1998): The Genus Pleione. Portland: Timber Press.
CULLEN, J. (1992): The Orchid Book. Cambridge: University Press.
DELFORGE, P. (1995): Orchids of Britain and Europe. London: Harper Collins Publishers.
DRESSLER, R. L. (1993): Phylogeny and Classification of the Orchid Family. Cambridge: University Press.
GRUß, O., WOLFF, M. (1995): Phalaenopsis. Stuttgart: Verlag Eugen Ulmer.
JONES, D. L. (1994): Native Orchids of Australia. Canberra: REED.
PRIDGEON, A. M. et al. (eds.) (1999–2001): Genera Orchidacearum Vol. 1–2. Oxford: University Press.
PRIDGEON, A. M. (ed.) (1992): The Illustrated Encyclopedia of Orchids. Portland: Timber Press.
SCHLECHTER, R. (1971–*): Die Orchideen (3. Aufl.). Berlin, Hamburg. Verlag Paul Parey.
SHEEHAN, T. & M. (1994): An illustrated Survyey of the Orchid Genera. Cambridge: University Press.

Kulturpflanzen, Stauden und Sommerblumen / Cultivated plants, perennial herbs and summer flowers / Plantes cultivées, vivaces et annuelles

BECKETT, K. (ed.) (1993): AGS Encyclopaedia of Alpines (2 Vols.). Pershore: AGS Publications.

CASE, F. W. & R. B. (1997): Trilliums. Portland: Timber Press.

CLEBSCH, B. (1997): A Book of Salvias. Portland: Timber Press.

CLIFTON, R. T. F. (ed.) (1995): Geranium Family Species Check List Part 2: Geranium. Dover: The Geraniaceae Group.

COBB, J. L. S. (1989): Meconopsis. Portland: Timber Press.

ERHARDT, W. (1988): Hemerocallis – Taglilien. Stuttgart: Verlag Eugen Ulmer.

EVANS, R. L. (1983): Handbook of Cultivated Sedum. Northwood, Middlesex: Science Reviews Limited.

FUCHS, H. (1994): Phlox. Stuttgart: Verlag Eugen Ulmer.

GREY-WILSON, C. (1989): The Genus Dionysia. Woking: Alpine Garden Society.

– (1993): Poppies. London: B. T. Batsford Ltd.

HALDA, J. J. (1996): The Genus Gentiana. Dobré: SEN.

HANSEN, R., STAHL, F. (1997): Die Stauden und ihre Lebensbereiche in Gärten und Grünanlagen (5. Aufl.). Stuttgart: Verlag Eugen Ulmer.

HERBEL, D. (1992): Sommerblumen. Stuttgart: Verlag Eugen Ulmer.

HIELSCHER, A., (1986): Sommerblumen in Wort und Bild (3. Aufl.). Leipzig, Radebeul: Neumann Verlag.

KAISER, K. (1995): Anemonen. Stuttgart: Verlag Eugen Ulmer.

KÖHLEIN, F. (1984): Primeln. Stuttgart: Verlag Eugen Ulmer.

– (1990): Nelken. Stuttgart: Verlag Eugen Ulmer.

– MENZEL, P. (1992): Das neue große Blumenbuch. Stuttgart: Verlag Eugen Ulmer.

– (1994): Das große Buch der Steingartenpflanzen. Stuttgart: Verlag Eugen Ulmer.

– (1995): Saxifragen (2. Aufl.). Stuttgart: Verlag Eugen Ulmer.

LIDÉN, M., ZETTERLUND, H. (1997): Corydalis. Pershore: AGS Publications.

LODEWICK, R. & K. (1999): Key to the Genus Penstemon and its related Genera in the Tribe Cheloneae. Oregon: Privatdruck.

MATHEW, B. (1989): The Genus Lewisia. Portland: Timber Press.

MCGERGOR, M. (1995): Saxifrages – The Complete Cultivars and Hybrids. The Saxifrage Society.

MCGERGOR, M., HARDING, W. (1998): Saxifrages – The Complete List of Species. The Saxifrage Society.

PHILLIPS, R., RIX, M. (1992): Stauden. München: Droemersche Verlagsanstalt.

RICE, G., STRANGMAN, E. (1993): The Gardener's Guide to Growing Hellebores. Newton Abbot: David & Charles.

RIVIERE, M. (1996): Prachtvolle Päonien. Stuttgart: Verlag Eugen Ulmer.

SCHACHT, W., FEßLER, A. (eds.) (1985): Die Freiland-Schmuckstauden (3. Aufl.). Stuttgart. Verlag Eugen Ulmer.

SCHMID, W. G. (1991): The Genus Hosta. Portland: Timber Press.

SCHÖLLKOPF, W. (1995): Astern. Stuttgart: Verlag Eugen Ulmer.

SILVA TAROUCA, E., SCHNEIDER, C. (1934): Unsere Freilandstauden (5. Aufl.). Leipzig: Verlag G. Freytag.

SMITH, G., LOWE, D. (1997): The Genus Androsace. Pershore: AGS Pubilcations Ltd.

Species Group of the British Iris Society (1997): A Guide to Species Irises. Cambridge: University Press.

STEPHENSON, R. (1999): Sedum. Portland: Timber Press.

TREHANE, P. (1989): Index Hortensis, Vol. 1: Perennials. Wimborne: Quarterjack Publishing.

WEBB, D. A., GORNALL, R. J. (1989): Saxifrages of Europe. London: Christopher Helm.

YEO, P. F. (1988): Geranium. Stuttgart: Verlag Eugen Ulmer.

Kulturpflanzen, tropische Pflanzen, Kübel- und Zimmerpflanzen / Cultivated plants, tropical plants, tub and indoor plants / Plantes cultivées, plantes tropicales, plantes pour bacs et d'appartement

BAENSCH, U. & U. (1994): Blühende Bromelien. Nassau, Bahamas: Tropic beauty Publishers.
BÄRTELS, A. (2000): Farbatlas Tropenpflanzen (4. Aufl.). Stuttgart: Verlag Eugen Ulmer.
BERGEN, M. VAN, SNOEIJER, W. (1996): Catharanthus. Leiden: Backhuys Publishers.
BLANCKE, R. (1999): Farbatlas Pflanzen der Karibik und Mittelamerikas. Stuttgart: Verlag Eugen Ulmer.
BOOM. B. K. (1968): Flora von Kamer- en Kasplanten. Wageningen.
BOULLEMIER, L. B. (ed.) (1985): The Checklist of Species, Hybrids and Cultivars of the Genus Fuchsia. Poole: Balndford Press.
CLIFTON, R. T. F. (ed.) (1999): Geranium Family Species Check List Part 4: Pelargonium. Dover: The Geraniaceae Group.
COURTRIGHT, G. (1988): Tropicals. Portland: Timber Press.
ENCKE, F. (1987): Kalt- und Warmhauspflanzen (2. Aufl.). Stuttgart: Verlag Eugen Ulmer.
ERHARDT, W. & A. (1993): Schöne Usambaraveilchen und andere Gesnerien. Stuttgart: Verlag Eugen Ulmer.
GRAF, A. B. (1963): Exotica III. Pictoral Cyclopedia of Indoor Plants. Rutherford.
– (1978): Tropica, Color Cyclopedia of Exotic Plants and Trees for the Tropics and Subtropics. East Rutherford, N. J, USA: Roehrs Company Publishers.
HILLIARD, O. M., BURTT, B. L. (1971): Streptocarpus. Pietermaritzburg: University of Natal Press.
JONES, D. L. (1965): Cycads of the World. Chatswood: REED.
– (2000): Palmen. Köln: Könemann Verlagsgesellschaft.
KAWOLLEK, W. (1995): Kübelpflanzen. Stuttgart: Verlag Eugen Ulmer.
KÖCHEL, C. (2000): Oleander. Stuttgart: Verlag Eugen Ulmer.
KÖHLEIN, F. (1997): Die Haus und Kübelpflanzen. Stuttgart: Verlag Eugen Ulmer.
MILLER, D. (1996): Pelargoniums. London: B. T. Batsford Ltd.
MOORE jr., H. E. (1957): African Violets, Gloxinias and their relatives. New York: Macmillan Company.
PHILLIPS, R., RIX, M. (1997): Conservatory and Indoor Plants (2 Vols.). London: Macmillan Publishers Ltd.
PREISSEL, U. & H.-G. (1997): Engelstrompeten – Brugmansia und Datura. Stuttgart: Verlag Eugen Ulmer.
RAUH, W. (1990): Bromelien (3. Aufl.). Stuttgart: Verlag Eugen Ulmer.
RÜCKER, K. (1998): Die Pflanzen im Haus (2. Aufl.). Stuttgart: Verlag Eugen Ulmer.
SLACK, A. (1995): Karnivoren. Stuttgart: Verlag Eugen Ulmer.
ULMER, B. & T. (1997): Passionsblumen – Eine faszinierende Gattung. Witten: Privatdruck.

Kulturpflanzen, Wasserpflanzen / Cultivated plants, aquatic plants / Plantes cultivées, plantes aquatiques

DE WIT, H. C. D. (1971): Aquarienpflanzen. Stuttgart: Verlag Eugen Ulmer.
HORST, K. (1986): Pflanzen im Aquarium. Stuttgart: Verlag Eugen Ulmer.
KASSELMANN, C. (1995): Aquarienpflanzen. Stuttgart: Verlag Eugen Ulmer.
KRAUSCH, H.-D. (1996): Farbatlas Wasser- und Uferpflanzen. Stuttgart: Verlag Eugen Ulmer.
PASCHER, A. (1980–1981): Süßwasserflora von Mitteleuropa. Band 23–24. Stuttgart, New York: Verlag Gustav Fischer.
RIEHL, R., BAENSCH, H. A. (2001): Aquarien Atlas Band 1 (13. Aufl.) Melle: Mergus Verlag.
SLOCUM, P. D., ROBINSON, P. (1996): Water Gardening – Water Lilies and Lotuses. Portland: Timber Press.
WACHTER, K. (1993): Der Wassergarten. (7. Aufl.). Stuttgart: Verlag Eugen Ulmer.
– (1998): Seerosen. Stuttgart: Verlag Eugen Ulmer.

Kulturpflanzen, Zwiebel- und Knollenpflanzen / Cultivated plants, bulbous and tuberous plants / Plantes cultivées, plantes bulbeuses et tubéreuses

BOTSCHANTZEVA, Z. P. (1982) Tulips. Rotterdam: A. A. Balkema.

BOYCE, P. (1993): The Genus Arum. london: HMSO.

BRYAN, J. E. (1989):. Bulbs (2 Vols.). Portland: Timber Press.

COOKE, J. (2001): The Gardener's Guide to Growing Cannas. Newton Abbot: David & Charles.

DAVIS, D. (1992): Allium. Stuttgart: Verlag Eugen Ulmer.

DAVIS, P. A. (1999): The Genus Galanthus. Portland: Timber Press.

ERHARDT, W. (1993): Narzissen. Stuttgart: Verlag Eugen Ulmer.

FELDMEIAER, C., MCRAE, J. (1982): Lilien (2. Aufl.). Stuttgart: Verlag Eugen Ulmer.

FRANK, R. (1986): Zwiebel- und Knollengewächse. Stuttgart: Verlag Eugen Ulmer.

GOLDBLATT, P. (1986): Gladiolus in Tropical Africa. Portland: Timber Press.

– (1989): The Genus Watsonia. Kirstenbosch: National Botanic Garden.

GREY-WILSON, C. (1988): The Genus Cyclamen. Portland: Timber Press.

GRUNERT, C. (1980): Das Blumenzwiebelbuch. Stuttgart: Verlag Eugen Ulmer.

JEFFERSON-BROWN, M., HOWLAND, H. (1995): The Gardener's Guide to Growing Lilies. Newton Abbot: David & Charles.

KINGTON, S. (ed.) (1998): The International Daffodil Register and Classified List 1998. London: The Royal Horticultural Society.

MATHEW, B. (1982): The Crocus. London: B. T. Batsford Ltd.

PHILLIPS, R., RIX, M. (1989): Bulbs. London: Pan Books.

PRATT, K., JEFFERSON-BROWN, M. (1997): The Gardener's Guide to Growing Fritillaries. Newton Abbot: David & Charles.

ROWLANDS, G. (1999): The Gardener's Guide to Growing Dahlias. Newton Abbot: David & Charles.

SCHEEPEN, J. VAN. (ed.) (1996): Classified List and International Register of Tulip Names. Hillegom: KAVB.

SNIJMAN, D. (1984): The Genus Haemanthus. Kirstenbosch: National Botanic Gardens.

SYNGE, P. M. (1973): Collin's Guide to Bulbs. London: Book Club Associates.

Zeitschriften / Journals / Revues

Gartenpraxis – Ulmers Pflanzenmagazin. Stuttgart: Verlag Eugen Ulmer.

TAXON – International Journal of Plant Taxonomy, Phylogeny and Evolution. Washington: Smithonian Institution.

The Garden – Journal of the Royal Horticultural Society. London: Royal Horicultural Society

The New Plantsman. London: Royal Horticultural Society.

CD-ROMs / CD-ROMs / CD-roms

BÖDEKER, N., KIERMEIER, P. (1999): Plantus (2. Aufl.). Stuttgart: Verlag Eugen Ulmer.

BUDDENSIEK, V. (1999): The Succulent Euphorbias.

BURKHARD, I. (2000): Die Rosen-Datenbank (Vers. 4).

DIETZE, P., BEER, H. et al. (2000): Gehölze für Garten und Landschaft. Stuttgart: Verlag Eugen Ulmer.

– – et al. (2001): Sommerblumen und Stauden. Stuttgart: Verlag Eugen Ulmer.

ERHARDT, A. & W. (2000): PPP-Index – Pflanzeneinkaufsführer für Europa (4. Aufl.). Stuttgart: Verlag Eugen Ulmer.

GIESEL, O. (1999): Agaven 1.0 – Bromelia 1.0 – Stapelia 1.0.

GÖTZ, E. (2001): Pflanzen bestimmen mit dem Computer. Stuttgart: Verlag Eugen Ulmer.

GÖTZ, H., HÄUSSERMANN, M., SIEBER, J. (2002.): Stauden-CD (3. Aufl.) Stuttgart: Verlag Eugen Ulmer.

SEYBOLD, S. et al. (eds.) (2001): Schmeil-Fitschen interaktiv. Die umfassende Bestimmungs- und Informationsdatenbank der Pflanzenwelt Deutschlands und angrenzender Länder. Wiebelsheim: Verlag Quelle u. Meyer.

STOCKDALE, J. (2000): RHS Plant Finder 1999–2000. Lewes: The Plant Finder.

WIESCHUS, C., BÖDEKER, N. (2000): Plantus Süd. Stuttgart: Verlag Eugen Ulmer.